KUHMINSA

한 발 앞서나가는 출판사, 구민사

구민사 출간도서 中 수험서 분야

- 용접
- 자동차
- 조경/산림
- 품질경영
- 산업안전
- 전기
- 건축토목
- 실내건축
- 기술사
- 기계
- 금속
- 환경
- 보일러
- 가스
- 공조냉동
- 위험물

자격증 시험 접수부터 자격증 수령까지!

01

필기 원서 접수

큐넷(www.q-net.or.kr)
필기 시험은 회원 가입 후 인터넷 접수만 가능
(사진 파일, 접수비(인터넷 결제) 필요)
응시자격 요건 반드시 확인

02

필기시험

입실 시간 미준수 시 시험 응시 불가
준비물 : 수험표, 신분증, 필기구 지참

03

필기 합격 확인

큐넷(www.q-net.or.kr)
사이트에서 확인

04

실기 원서 접수

큐넷(www.q-net.or.kr)
응시 자격 서류는 실기시험 접수기간(4일 내)에
제출해야만 접수 가능

05

실기 시험

필답형과 작업형으로 분류

원서 접수 시 선택한 장소와 시간에 맞게 시험을 봅니다.

준비물 : 수험표, 신분증, 필기구 지참

06

최종합격 확인

큐넷(www.q-net.or.kr)

사이트에서 확인

07

자격증 신청

인터넷으로 신청(상장형 자격증 발급을 원칙으로 하며,

희망 시 수첩형 자격증 발급 신청/ 발급 수수료 부과)

08

자격증 수령

인터넷으로 발급(출력)

(수첩형 자격증 등기 수령 시 등기 비용 발생)

D-DAY 60

조경기사 필기 D-60일 합격 플랜

(위의 플랜은 가장 이상적인 것이므로 참고하여 개인의 입장과 일정에 맞춰 준비하시기 바랍니다.)

월요일	화요일	수요일	목요일	금요일	토요일	일요일
D-60	D-59	D-58	D-57	D-56	D-55	D-54
Part 1&2 이론 학습						
D-53	D-52	D-51	D-50	D-49	D-48	D-47
Part 3&4 이론 학습						
D-46	D-45	D-44	D-43	D-42	D-41	D-40
Part 4&5 이론 학습						
D-39	D-38	D-37	D-36	D-35	D-34	D-33
Part 6&전체 이론 복습						
D-32	D-31	D-30	D-29	D-28	D-27	D-26
과년도 문제 풀이						

D-DAY 60

놓친 부분 다시보기

월요일	화요일	수요일	목요일	금요일	토요일	일요일
D-25	D-24	D-23	D-22	D-21	D-20	D-19
		이론 복습 (O | X)				문제 풀이 (O | X)
D-18	D-17	D-16	D-15	D-14	D-13	D-12
		이론 복습 (O | X)				문제 풀이 (O | X)
D-11	D-10	D-9	D-8	D-7	D-6	D-5
		이론 복습 (O | X)				문제 풀이 (O | X)
D-4	D-3	D-2	D-1			
		이론 복습 (O | X)				

시험장 가기 전에 Tip

Q 계산기를 따로 가져가야 하나요?

A 시험을 치르는 PC에 설치된 계산기를 이용하실 수 있습니다.(개인 계산기 지참 가능)

Q PC로 시험을 치르면 종이는 못 쓰나요?

A 시험장에서 필요한 사람에 한해 종이를 제공합니다. 시험장마다 상황이 다를 수 있으니 전화로 해당 시험장의 상황을 파악해보시길 권장합니다. 이 때 시험이 끝나고 종이 반납은 필수입니다.

Preface

머리말

쾌적하고 멋진 환경에서의 삶에 대한 욕구가 매우 강해지고 있는 시기입니다.
환경오염이 심각하고, 각종 사회적 문제들까지도 환경문제로 연결되며, 개인적 공간 또한 미적 · 환경적 관심이 증대된 이유일 것입니다.
따라서 일반인들의 관심과 인식이 증대되어 자연을 가까이서 느끼며 환경을 고려해 주는 공간조성을 하는 조경에 관한 수요가 급속히 증대되었으며, 앞으로도 더욱 친환경적인 공간을 지향하는 미래가 다가올 것입니다.
이에 발맞추어 조경전문인력에 대한 필요성이 증대되면서 조경기사 자격증에 대한 관심이 그 어느 때보다도 높아지고 있습니다.

본 조경 기사 필기 교재의 특징은

1. 최근에 출제되는 문제를 분석하여 이론을 정립하였고 실전연습문제로 자격증 시험에 대비할 수 있도록 하였다.
2. 과년도문제를 과목별로 분류함과 동시에 출제년도를 표기해 최근의 출제경향을 쉽게 파악할 수 있게 하였다
3. 이론 중 중요한 부분은 별표로 표기해 개념정리에 큰 도움이 될 수 있게끔 하였다.
4. 상세하고 구체적인 문제풀이로 실전문제는 물론이고 응용문제까지 대비할 수 있도록 하였다.
5. 부록으로 이론핵심정리 핸드북을 제공하여 핵심내용을 쉽게 정리하고 어디서나 쉽게 공부를 할 수 있게끔 하였다.

아무쪼록 이 교재를 통해 공부하시는 수험생 여러분들에게 더 없이 큰 도움이 되어 좋은 인력을 양성하는 기본 자료로서의 역할을 잘 수행할 수 있기를 바라며, 수험생 여러분들은 보다 나은 쾌적하고 바람직한 공간을 조성하는 조경가가 되는 일에 큰 자부심을 가지시길 바랍니다.
덧붙여 앞으로도 새로운 출제경향과 내용에 민감하게 대처할 수 있는 수험서가 될 수 있도록 끊임없이 노력할 것을 약속합니다.
끝으로 이 책이 완성되기까지 최선을 다해 힘써주신 구민사 조규백 사장님 아래 임직원분들 그리고 마음 편하게 원고를 집필할 수 있게 힘써준 사랑하는 가족들에게도 깊은 감사의 말씀을 드립니다.

저자 구민아

Contents 목차

Contents 목차

PART 4 조경식재

PART 5 조경시공구조학

Contents 목차

PART 6 조경관리론

부록 최근기출문제

Construct

이 책의 구성과 특징

01. 체계적인 핵심 요약

각 단원마다 체계적인 핵심요약과 연습문제를 기반으로 이론을 탄탄하게 구성하였습니다. 또한 중요 내용에는 별(★)의 갯수를 달리하여 중요도를 표시하였습니다. PART 1. 조경사, PART 2. 조경계획, PART 3. 조경설계, PART 4. 조경식재, PART 5. 조경시공구조학, PART 6. 조경관리론, 부록 최근기출문제로 구성되어 있습니다.

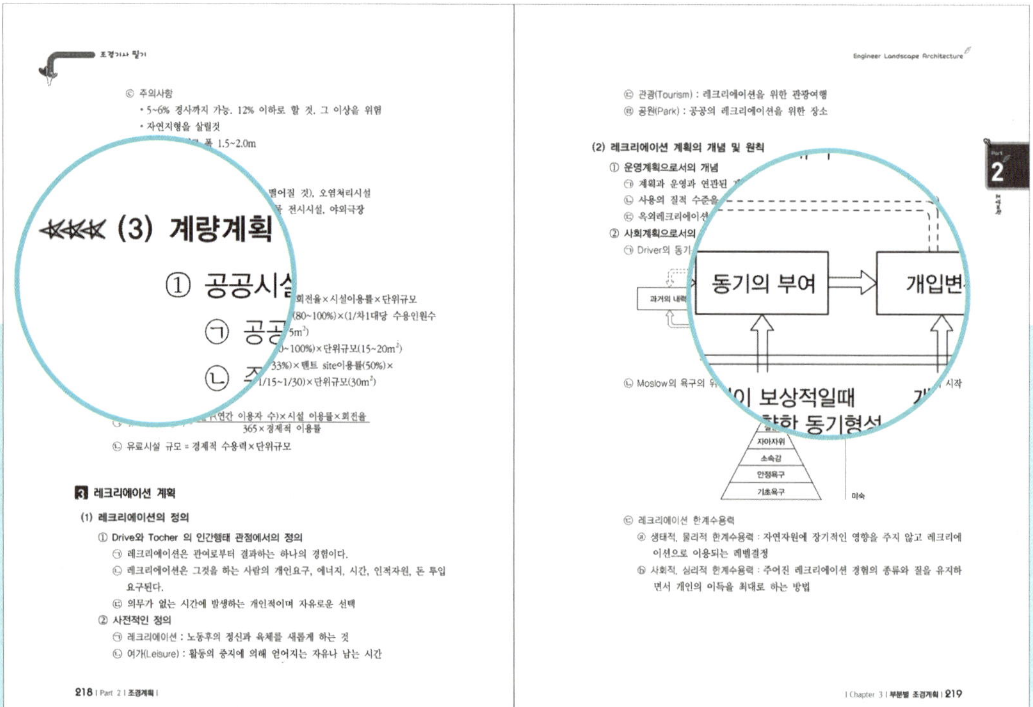
조경기사 필기

ⓒ 주의사항
- 5~6% 경사까지 가능. 12% 이하로 할 것. 그 이상을 위험
- 자연지형을 살릴것

폭 1.5~2.0m

떨어질 것), 오염처리시설

전시시설, 야외극장

★★★ (3) 계량계획

① 공공시설 회전율×시설이용률×단위규모

㉠ 공공 (80~100%)×(1/차1대당 수용인원수 5m²)

~100%)×단위규모(15~20m²)

㉡ 주 33%)×텐트 site이용률(50%)×1/15~1/30)×단위규모(30m²)

(연간 이용자 수)×시설 이용률×회전율 / 365×경제적 이용률

㉡ 유료시설 규모 = 경제적 수용력×단위규모

3 레크리에이션 계획

(1) 레크리에이션의 정의

① Drive와 Tocher 의 인간행태 관점에서의 정의
㉠ 레크리에이션은 관여로부터 결과하는 하나의 경험이다.
㉡ 레크리에이션은 그것을 하는 사람의 개인요구, 에너지, 시간, 인적자원, 돈 투입 요구된다.
㉢ 의무가 없는 시간에 발생하는 개인적이며 자유로운 선택

② 사전적인 정의
㉠ 레크리에이션 : 노동후의 정신과 육체를 새롭게 하는 것
㉡ 여가(Leisure) : 활동의 중지에 의해 얻어지는 자유나 남는 시간

218 | Part 2 | 조경계획 |

Engineer Landscape Architecture

㉢ 관광(Tourism) : 레크리에이션을 위한 관광여행
㉣ 공원(Park) : 공공의 레크리에이션을 위한 장소

(2) 레크리에이션 계획의 개념 및 원칙

① 운영계획으로서의 개념
㉠ 계획과 운영과 연관된
㉡ 사용의 질적 수준을
㉢ 옥외레크리에이션

② 사회계획으로서의
㉠ Driver의 동기

㉡ Moslow의 욕구의

㉢ 레크리에이션 한계수용력
ⓐ 생태적, 물리적 한계수용력 : 자연자원에 장기적인 영향을 주지 않고 레크리에이션으로 이용되는 레벨결정
ⓑ 사회적, 심리적 한계수용력 : 주어진 레크리에이션 경험의 종류와 질을 유지하면서 개인의 이득을 최대로 하는 방법

| Chapter 3 | 부분별 조경계획 | 219

02. 실전연습문제 수록

핵심이론 뒤에 실전연습문제와 상세한 해설을 수록하여 실전 시험에 대비하였습니다.
또한 출제시기를 함께 표시하여 시험 출제 경향을 알아볼 수 있습니다.

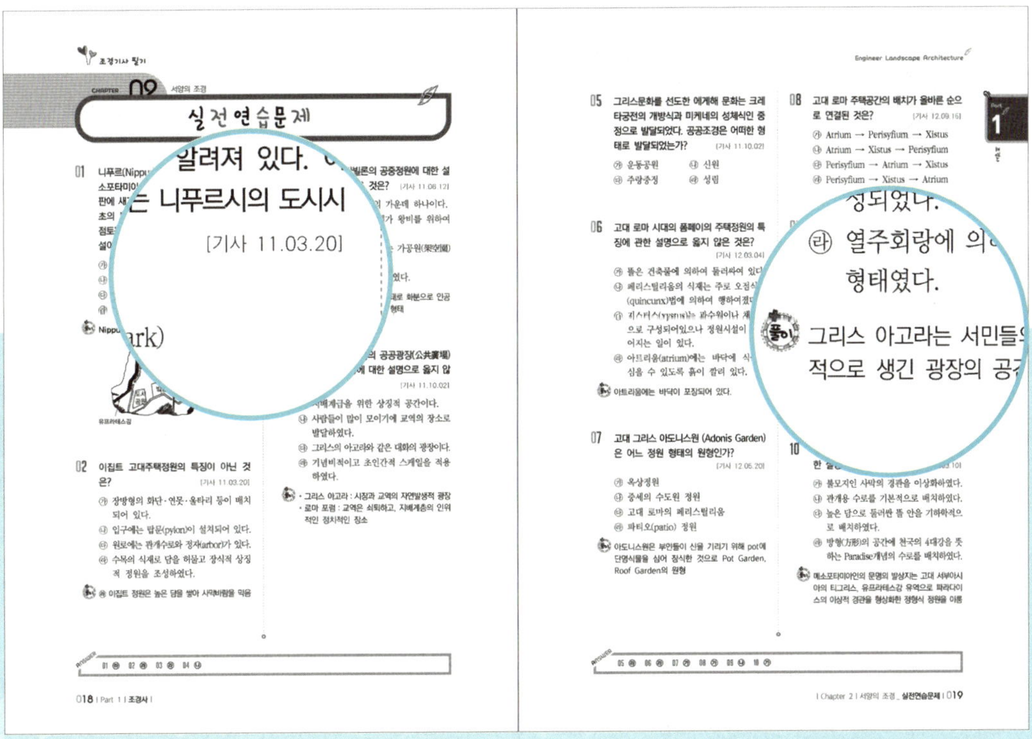

Construct

이 책의 구성과 특징

03. 최근기출문제 수록

최근기출문제와 해설을 수록하여 실전 시험에 대비하였습니다.

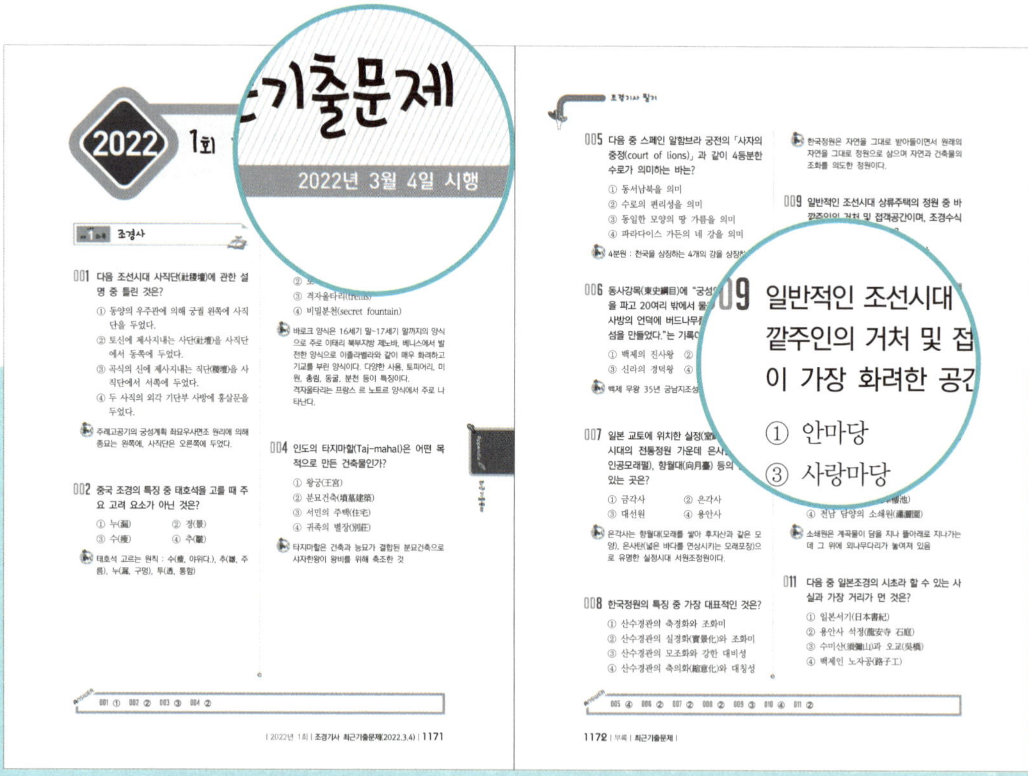

Standard 조경기사 필기 출제기준

직무분야	건설	중직무분야	조경		
자격종목	조경기사	적용기간	2025.1.1~2027.12.31		
직무내용	자연환경과 인문환경에 대한 현장조사 및 현황조사 분석을 기초로 기본구상 및 기본계획을 수립, 실시설계를 작성하여 시공 및 감리업무를 통해 조경 결과물을 도출하고 이를 관리하는 행위를 수행하는 직무이다.				
필기검정방법	객관식	문제수	120	시험시간	3시간

필기과목명	문제수	주요항목
조경사	20	1. 조경사 일반 2. 조경양식 변천사 3. 서양의 조경 4. 동양의 조경 5. 한국 조경
조경계획	20	1. 조경일반 2. 조경계획과정 3. 대상지별 조경 계획 4. 시설물의 조경 계획 5. 조경계획 관련 법규
조경설계	20	1. 제도의 기초 2. 설계과정 3. 경관분석 4. 조경미학 5. 조경시설의 설계
조경식재	20	1. 식재일반 2. 식재계획 및 설계 3. 조경식물재료 4. 조경식물의 생태와 식재 5. 식재공사
조경시공구조학	20	1. 시공의 개요 2. 조경시공일반 3. 공종별 공사 4. 조경적산 5. 기본구조역학
조경관리론	20	1. 운영 관리 2. 조경식물관리 3. 시설물관리 4. 이용관리계획

※ 출제기준의 세부 · 세세항목은 큐넷에서 확인하실 수 있습니다.

part 1 조경사

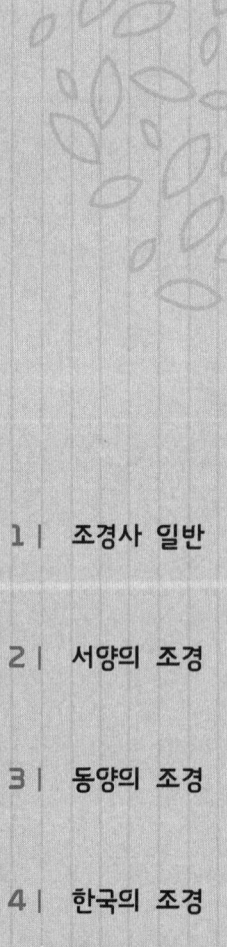

Engineer Landscape Architecture

CHAPTER 1

조경사 일반

1 조경의 기원과 조경양식의 발달

1 정원의 시작

① 인공적 언덕, 거석을 세워 놓음으로 지구경관에 인간의지를 표현하기 시작

② 외부환경에 대처하기 위해 울타리를 설치하고 집안에 가축을 기르고, 농사를 짓기 시작하면서 유목 생활을 하지 않아도 되는 안정되고 이상적인 공간을 만들기 시작함

③ Garden의 어원 : Gan + oden의 합성어

㉠ gan : 방어 목적의 울타리를 둘러쌈

㉡ oden(eden) : 즐거움과 쾌락, 에덴의 동산을 연상하는 이상적인 공간

2 조경사의 의의

① 인간 역사의 올바른 이해

② 과거 조경가의 역할과 미래 조경가의 역할에 대한 이해

③ 조경사의 창조적 활동에 도움을 줌

3 조경양식의 범주

① 감상자에게 제공되는 미적효과에 따른 분류

㉠ 고전주의 양식 : 형태구성원리가 비교적 평온성이 있고 자제적, 형식미가 있으며 주로 신화에 바탕을 두고 다소 세련된 특징을 갖춘 표준적 양식. 즉 농업경관에서 따온 기하학적 관계 패턴이 많음

㉡ 낭만주의 양식 : 인간의 연상작용을 통해 다양성, 대비효과로서 인간의 정서를 자극하고 감성에 직접적이고 의도적으로 호소하는 양식

② 설계에 포함하고 있는 물체의 형태와 공간적 구성관계에 따른 분류

㉠ 형식주의(Formal style) : 공간구성이나 물체들이 기하학적 관계로 배열됨. 건축적,

대칭적, 규칙적, 좌우균형 등의 원리를 가짐

ⓛ 비형식주의(Informal style) : 18세기 영국의 사실주의적 자연양식과 같이 자연이 가지는 형태를 중심으로 한 정원으로 뚜렷한 형식이 없음

③ 설계가가 표현하고자 하는 의도에 따른 분류

㉠ 인간화된 양식(Humanized style) : 인간의 우위와 의지를 표현하며, 자연의 재료나 자연력에 대해 설계자가 통제를 가할 수 있는 대상으로 생각함. 거대한 구조물, 건물 등이 해당

ⓛ 자연주의적 양식(Naturalistic style) : 자연의 힘과 자연미에 대한 설계자의 인식을 바탕으로 자연적 특성의 균형과 조화, 유기적 관계에서의 통일성이 반영됨

4 조경양식의 발달과정

① **정형식 정원** : 주로 서양에서 16세기까지 나타난 형태. 좌우대칭과 종교적인 연관성을 가짐

② **자연풍경식** : 동양을 중심으로 발달하였으며 서양에서는 18세기 영국의 자연풍경식 양식이 큰 주류를 이룸. 자연이 가진 원래의 모습을 그대로 재현한 듯한 정원의 모습

③ **혼합식** : 정형식과 자연풍경식을 절충한 형식

④ 서양 정원양식의 큰 흐름

㉠ 16세기 이탈리아 노단건축식 양식

ⓛ 17세기 프랑스 평면기하학식 양식

ⓒ 18세기 영국 자연풍경식 양식

5 국가별 국민들의 기질과 정원의 관계

	국가	국민들의 기질	정원형태
1	그리스	옥외생활 즐김.	정원이 사회, 정치, 학문의 중심. 광장 발생
2	이탈리아	학자, 주로 예술가들이 정원에서 감상하는 것 즐김.	옥외미술관적 성격
3	프랑스	행사, 축제 즐김.	무대, 옥외살롱역할, 국가 살롱행사하는 장소적 정원
4	스페인	낮잠 즐기며 활발.	그늘 만들고 분수물로 청량감을 주는 옥외실
5	중국	명상 즐김.	명상을 위한 공간
6	영국	정적인 것보다 산책, 운동 즐김.	푸른잔디밭과 양떼처럼 선유하는 자연풍경식 정원 발생

6 시대별 조경양식의 흐름

구분	나라	시대	정원양식
고대	이집트	BC 3200 ~ BC 525	정형식
	서부 아시아	BC 3000 ~ BC 333	정형식
	그리스	BC 5C	정형식
	로마	BC 5C 후반 ~ 8C	정형식
중세	서부 유럽	5 ~ 14C	정형식
이슬람	이란	7 ~ 13C	정형식
	스페인	8 ~ 15C	중정형 정형식
	무굴인도	16 ~ 19C	정형식
르네상스	이탈리아	15 ~ 16C	노단건축식(정형식)
	프랑스	17C	평면기하학식(정형식) 17C 바로크양식
	영국	16 ~ C	정형식
근세 18세기	영국	18C	자연풍경식
	프랑스	18C 말 ~ 19C 초	자연풍경식
	독일	18C 말	생태학적 풍경식
19세기	미국 식민지시대	17 ~ 19C	절충식
	영국 공공정원	19C	풍경식
	미국	19 ~ 20C	풍경식
20세기	영국 주택정원		절충식
	미국 공공정원		캘리포니아 스타일
	독일 주택정원		구성식

2 인간과 환경의 관계 변천사

★★★★★ 1 굿카인드의 환경에 대한 인간변화태도의 단계

① I–Thou(나–당신) 1단계 : 안전을 위한 욕망, 원시사회의 마을과 경작지의 유기적인 상호의존과 종족에 대한 정주공간의 배치

② I–Thou(나–당신) 2단계

㉠ 다른 욕구를 위해 환경에 대한 논리적인 적응을 갖도록 자기 스스로 자신감을 키워 나가는 단계

㉡ 자기수련의 과정으로 자연의 도전을 받아 나-당신의 관계 유지

㉢ 중국과 동양의 논밭, 중동의 고대 문명발생지에서 농작물의 관개 위한 강의 통제, 이집트 피라미드, 신전, 중세의 도시

③ I–It(나–그것) 3단계

㉠ 현재의 상태. 기술적인 개발 사회가 아직 진전 중인 단계로 공격과 정복이 지배적. 자동차의 발생과 현대문명의 발달로 오지의 도시발달 등 환경의 오염

④ I–It(나–그것) 4단계

㉠ 책임과 통일의 시대. 자연현상에 대한 새로운 이해. 생태학과 비재생자원의 보전에 관한 단계

㉡ 생태학적인 여러 계획

㉢ 4단계는 아주 어려우며 에너지 과다소비 함정과 전쟁에서 벗어날 수 있고, 잠재력을 이용하는 방법을 배울 수 있다면 진실로 굿카인드의 네 번째 단계를 성취할 수 있다.

★★★★★★ 2 메슬로우(Maslow)의 인간욕구단계

① 1단계 : 생물학적 욕구(Physiological)

② 2단계 : 안전에 대한 욕구(Safety)

③ 3단계 : 사회적 욕구(Society)

④ 4단계 : 자긍심에 대한 욕구(Esteem)

⑤ 5단계 : 자기실현에 대한 욕구(Self-Actualisation)

3 도시 및 건축의 변천과 관계

서양의 조경에서 각 시대별 비교표 중 건축, 도시계획 참조

CHAPTER 2 서양의 조경

1 고대의 조경

✓ 고대 각 나라별 특성비교

	이집트	서부아시아	그리스	로마
강	Nile강	티그리스, 유프라테스강 메소포타미아 지방	이오니아해, 에게해	알프스산맥, 티베르강
사회, 경제	Nile강 유역의 많은 나라	측량학 발전으로 최초 도시 발생	산악 많아 독립지방도시 추상적, 명상적	실체적, 과학적 기질
기후, 땅	사막	숲, 오픈된 땅, 침략이 용이	지중해성 옥외생활가	온난, 더위로 villa 발생
종교	다신교, 영원불멸, 사후세계 ⇒ 조경의 큰 영향	1. 다신교, 현세관 ⇒ 신전 2. 왕 – 주권자, 신의 집행자	모든 것은 신이 원인 신 = 인간	현실적, 과학적, 보편적 통합
건축	1. 분묘건축(아스타바, 피라미드, 스핑크스, 암굴분묘) 2. 신전건축 3. 오벨리스크, 주택건축 웅장, 영구적	1. Ziggurat(고탑) 2. 수평적 지붕, 평탄 – Hanging G. 흙, 벽돌 사용	1. 코린트식. 조망되어지는 형태미. 2. 경관과의 조화 파르테논 신전	1. 기하학 균제적 열주형태, 화려 장식적 건축이 우세함. 2. 토목기술 발달. 3. 원형극장, 투기장, 포럼, 목욕탕
도시 계획		1. 최초도시 Nippur 도시계획 2. 바빌론시 – 의도적 건설, 성곽도시 3. 함무라비 법전	1. Hippodamos의 priene시 2. 격자형 가로망 도시 아테네 건설 이론화 건축통제, 하수처리–도시계획 기본요소	• 토목기술 발달. Pompeii시 "모든 길은 로마로 통한다." – 대도로, 고가수로
조경	1. 권위, 추상적, 기하학적 2. 정형적, 3. 원예발달, 수목 신성시	1. 의도적 계획적 담, 수로, 농업경관 2. 방형공간 + 천국의 4강 상징하는 수로	공공조경 페르시아 수렵원 + 이집트 농업기술	1. 그리스 영향 – Villa 발전 2. 농업 발달, 원예
조경 기술	관개기술, 관수	1. 농업관개기술 2. Hanging Garden	1. 격자형 도시계획 2. Pot Garden (Adonis원)	1. 토목기술 – 건축, 공공건축 2. Topiary 처음시작

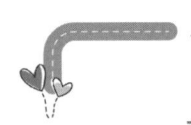

	이집트	서부아시아	그리스	로마
식재, 수종	1. 유실수, 녹음수 2. 연꽃 - 이집트 상징	지상의 모든 과실수	성림, 녹음수, 화훼류	1. 정원 - 화훼, 방향성, 토피아리 2. Villa - 실용수, 장식수 3. Xytus - 실용원
주택 정원	1. 중거의 분묘 (아메노피스3세) 2. 메리네 정원	페르시아 Paradise Garden	1. Priene 정원 2. Adonis원 (부인들의 정원)	• Pansa가, Vetti가, Tiburtius가
주택 정원 요소	1. 높은 울담 2. 담안의 몇겹의 수목열식 3. 침상지 4. 물가에 Kiosk pavilion 5. 탑문 6. 아취형 포도등책 7. 분에 식재	1. 높은 울담 2. 관수용 수로	1. 울타리(소음격리) 2. 거실 중정 향하게 3. 주정식 중정(Patio) 4. 돌로 포장 5. 분에 장식식물	1. 제 1중정 Atrium 2. 제 2중정 Peristylium 3, 제 3중정 Xystus
주요 정원	〈신전주위 정원〉 1. Shrine Garden 2. 사자의 정원 (Cometry G.)	〈궁전정원〉 1. Hunting Park 2. Ziggrats 슈베르 지방 Z. Uruk의 Z. 바벨탑 바빌론의 Z.	〈공공조경〉 1. 성림 (델포이, 올림피아) 2, Gymnasium 3. Academy 4. Stadia(올림피아 S. 아테네 S.) 5. 야외극장(메가로폴리스, 에피쿠로스 극장, Dionysis 극장) 〈도시조경〉 1. Agora(아테네) 2. Acropolis (아테네 파르테논 신전 A.)	〈귀족 Villa〉 1. Villa Laurentiana 2. Villa Tuscana 3. Villa Adriana 4. 네로황제의 티베르강 서한의 Vill 5. Villa Hortus 〈도시 공공조경〉 1. Forum 2. Temple(신전) - 예배당 3. Basilica (상업건물-교회) 4. 투기장(콜로세움) 5. 경마장 (circus,Maximus) 6. Thermal(욕장) 7. 개선문, 기념주

1 이집트

(1) 개관

① **자연적 배경** : 아프리카 동북부에 위치, 국토의 절반이 사막. 나일강가의 문명의 발생지

② 기후적 배경

㉠ 강우량이 250mm 이하로 매우 무덥고 건조함

㉡ 산림과 수목의 결핍으로 수목을 신성시(특히 녹음수)

㉢ 일찍부터 원예가 발달, 관수의 발달로 관개농업 발달

③ **사회적 배경** : 종교가 모든 것을 지배하는 신정정치(다신교, 태양신 알라 숭배). 종교적 신전이 발달

④ **건축** : 종교적 영향의 신전 중심

㉠ 분묘건축 : 마스타바(mastaba), 피라미드(pyramid), 스핑크스(sphinx), 암굴분묘

> Tip
>
> **피라미드** ★★★★
>
> 선의 혼 Ka를 통해 태양신 Ra에 접근하려는 탑이자 현인신 파라오의 권위를 나타내는 최초의 가장 단순하고 추상적, 기하학적인 형태

㉡ 신전건축 : 장제신전, 예배신전

㉢ 오벨리스크(obelisk)

(2) 주택정원

① **아메노피스 3세의 중거의 분묘** : 탑문에서 저택중앙까지 아치형 포도나무

② **메리네 정원** : 침상지, 관목·화훼류를 분에 심어 원로에 배식

★★★ ③ **주택정원의 특징**

㉠ 방형의 높은 담장으로 둘러싸여져 있다.

㉡ 수목을 여러 그루 열식하여 프라이버시 확보함

㉢ 성형식 정원 : 균세, 대칭, 축의 강조

㉣ 탑문(pylon) : 정원입구에 정원문을 설치

㉤ 침상지 : 네모꼴, T자형이 많으며 물고기, 정자형식의 키오스크(kiosk), 파빌리온(pavilion) 설치

(3) 신원

★★★ ① **샤린 가든(Shrine Garden)**

㉠ 델멜바하리(Del-el-Bhari)의 합셉수트(Hatshepsut) 여왕의 장제신전

㉡ 세누트(Sennut) 설계, 현존하는 최고(最古)의 신원이며 정원유적

㉢ 태양신 암몬(Ammon)을 모시며 3개의 경사로, 3개의 아트리움(중정), 좌우대칭

㉣ 식혈(식재 구덩이) 존재 : 테라스 구배를 이용해 구멍에서 구멍으로 흘러내리게 하는 관개기법

㉤ punt 보랑 벽에 그려진 벽화에서 수목을 수입하는 노예들의 모습을 볼 수 있음

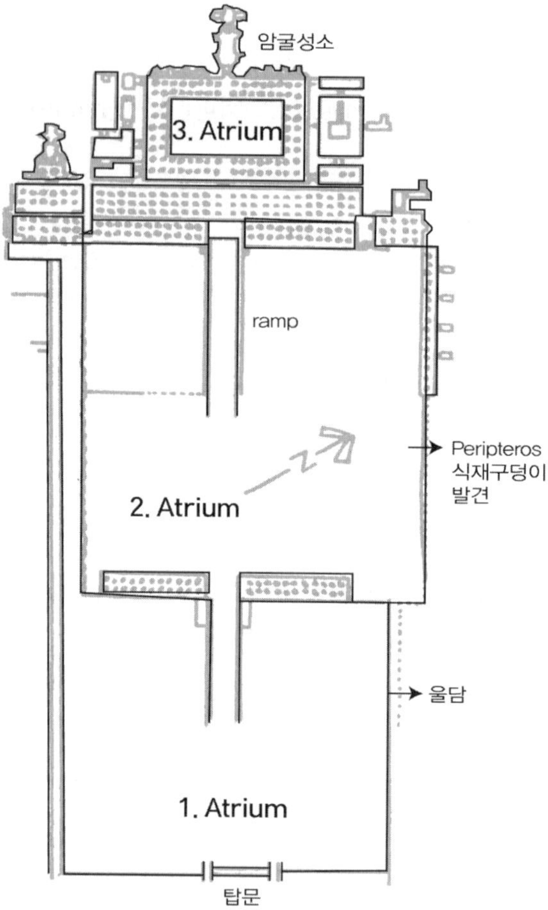

• 샤린가든 공간구성도 •

② 사자의 정원(Cemetry Garden)

㉠ "시누헤이야기", 레크미라 무덤벽화에 기록

㉡ 사후세계에 대한 이상향(미라 만들어 Ka라는 신이 찾아와 소생함을 믿음)

㉢ 중심에 사각형의 연못, 소정원, Kiosk 설치, 수목의 열식, 노예

2 고대 서부아시아

(1) 개관

① **자연적 배경** : 티그리스, 유프라테스강 유역, 메소포타미아 문명의 발상지. 자연적 숲이 무성함

② 문화적 배경

㉠ 측량학의 발전으로 최초의 도시 형성

㉡ 도시계획이 이루어짐 : Ur, Nippur(최초의 도시계획), Ninevch, 바빌론

㉢ 함무라비 법전 : 최초의 도시계획 및 법규에 관한 내용의 책으로 바빌론의 도시계획에 관한 것

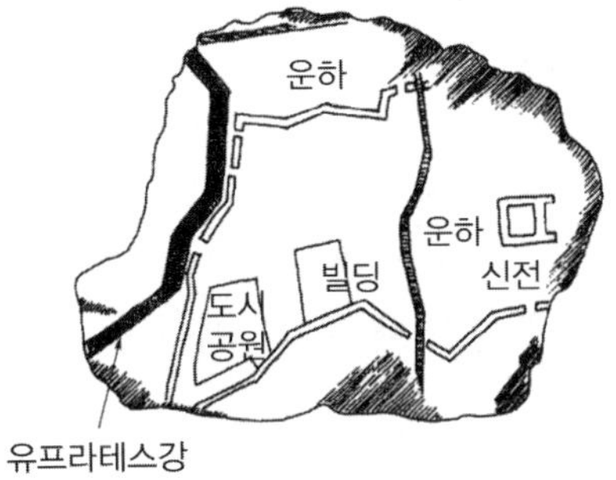

• Nippur 도시지도 •

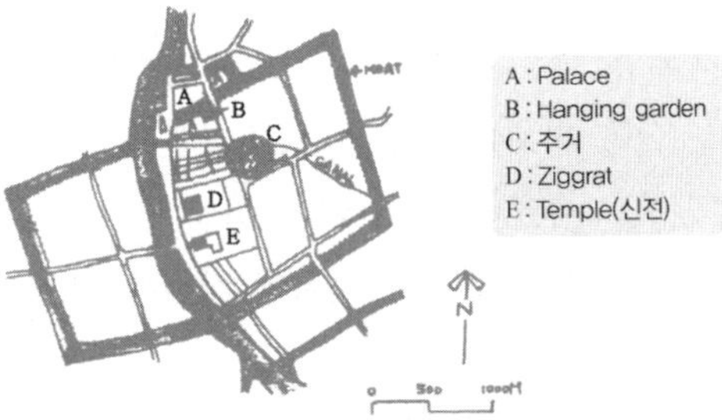

• 바빌론 계획 •

③ **종교적 배경** : 다신교(모든 생물에는 신이 있다), 천지숭배, 점성술 발달, 현세관(내세관)

④ **정치적 배경** : 왕은 주권자이자 신의 집행자이다. 신전 중심의 도시계획 이루어지게 함

⑤ 건축

㉠ 건축재료 : 석재, 목재, 흙벽돌, 효성벽돌, 갈대와 진흙, 플래스트

㉡ 공법 : 아취형, 볼트(Vault), 공법, 지붕은 낮고 수평적

(2) 조경유적

★★★ ① 수렵원 Hunting Park

㉠ 길가메시 서사시에 기록(바빌론에 있는 서사시)

㉡ Quitsu(자연적, 천연적인 숲), Kiru(인공적으로 만든 숲)로 구별됨

㉢ 오늘날 Park의 의미로 '짐승을 기르기 위해 울타리를 두른 숲'

㉣ 인공 언덕 만들어 수호신(Assur)을 모시고 저지대에 인공호수와 소나무, 사이프레스 위주의 정형적 식재

㉤ 니네베(Nineveh)의 센나체리브왕의 수렵원 : 높이 15m 성벽, 둘레 8mile

★★★ ② Hanging Garden

㉠ 신바빌로니아 수도의 성안 성벽에 부속되어 축조

㉡ 세계 7대 불가사의 중의 하나이다.

㉢ 현대적 의미로 Roof Garden

㉣ 네부카드네자르왕이 산악지역이 고향인 아미티스여왕을 위해 축조

㉤ 정방형의 나선형태로 직사각형 형태, 피라미드형의 테라스와 외부에는 회랑, 내부 여러 방들과 동굴, 욕실 배치. 4에이커(약 300평) 규모

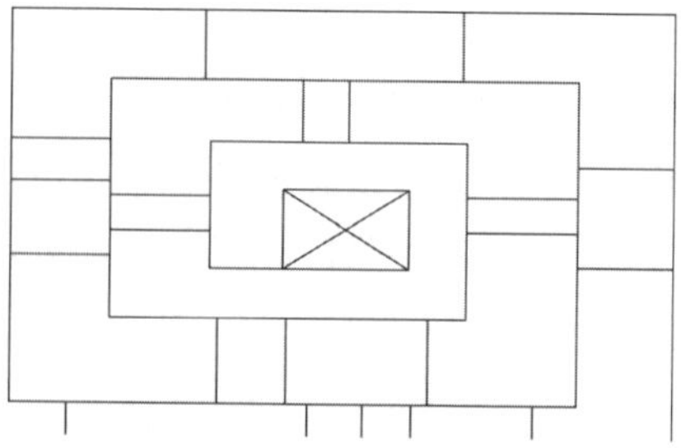

• 행잉가든 공간형태 •

ⓑ 벽채는 벽돌과 아스팔트를 굳혀서 사용

ⓢ 유프라테스강에서 물을 끌어 들여 인공적인 수조에 담아 관수

ⓞ 식재법 - 암석 위에 갈대를 깔고, 석고와 벽돌을 깔아 배수층을 만들고 토양 넣고 식재

★★★ ③ Ziggrats(고탑)

㉠ 메소포타미아지방의 종교용 건축물

㉡ 평면은 거형, 상승하면서 피라미드형

㉢ 3개의 테라스로 된 거대한 탑(각 부분마다 다른 색으로 채색), 정상에 광장과 신전건축

㉣ 장식을 많이 하고, 재단과 수목이 많으며, 정상에는 덩굴식물 식재

예 바벨탑, 우륵 슈베르지방의 지구라트(가장 오래된 것), 바빌론의 8단거형의 지구라트

• Ziggrats •

★★★ ④ 페르시아 파라다이스 가든

㉠ 귀족의 개인정원

㉡ 높은 담으로 둘러싸여 있고, 맑은 물(수로가 교차하는 4분원), 녹음이 우거진 지상의 낙원을 재연한 것

㉢ 과실나무를 많이 식재

★★★★★ 3 그리스

(1) 개관

① **자연적 배경** : 지중해성 기후와 해안선의 발달, 대륙과 인접해 교통이 편리

★★★ ② **문화적 배경** : 에게 문명이 발달해 그리스 문화(헬레니즘 문화) 형성

㉠ 에게해의 크레타섬 : 평화로움, 진보된 조경, 개방식

㉡ 반도의 미케네 : 전쟁에 시달려 폐쇄적, 메가론(Megalon)이라는 아트리움의 전신이 발달

③ **인문적 배경** : 토론을 즐기며 자유로운 여가와 일상을 즐기는 기질과 지중해성 기후의 옥외활동하기 좋은 날씨가 만나 공공조경이 발달

④ **종교적 배경** : 신인동형동성설(신과 인간은 같은 존재이며, 단지 영웅적인 존재일 뿐). 12신

⑤ **건축**

㉠ 양식 : 도리아식, 이오니아식, 코린트식

㉡ 특징 : 평면의 기능, 구조기술, 합리화보다 조망되어지는 형태미에 치중

예 파르테논 신전

(2) 공공조경

① **성림**

㉠ 델포이성림(아폴로신전) : 장소가 지닌 특성에 대한 표현, 이해가 탁월

㉡ 올림피아성림(제우스신전) : 4년에 한 번 제사를 지내며 도시국가 사이에 운동경기한 것이 후에 김나지움(Gymnasium)의 시초이자 올림픽 경기의 기초

㉢ 신전 주위에 수목을 식재해 성스러운 정원을 만들어 일종의 신원의 하나

㉣ 수목을 신성시, 종려, 떡갈, 플라타너스 식재. 유실수보다는 녹음수 식재

② **Gymmasium**

㉠ 아테네 청소년들의 체육, 운동공간

㉡ 사방에 녹음수 플라타너스 식재한 정방형의 공간, 주변에 의자, 욕실 설치

㉢ 나지의 체육공간에 시몬이 녹음수를 식재하여 시민 산책, 집회에 이용하게 함. 오늘날 공원의 의미

예 엘리스, 올림피아

③ **Academy**

㉠ 최초의 대학 캠퍼스

㉡ 아카데모스라는 영웅을 위한 경기장이 교육공간으로 이용되면서 아카데미라 함

㉢ 벽으로 둘러싸여 있고 대리석 수로가 사방으로 둘러쌈. 플라타너스로 우거진 오솔길(철인의 원로라 불려짐)이 있어 사색, 산책, 명상의 공간

④ Stadia

㉠ 제사 때 경기장으로 사용된 마재형의 공식적인 경기장

㉡ 올림피아 스테디아, 아테네 올림픽경기장(1896년 1회 올림픽 열림)

⑤ 야외극장

㉠ 디오니소스신에게 제사를 지낼 때 가무하던 것을 관중이 구경한 것에서 유래됨

㉡ 사면을 이용해 관람석(계단형), 중앙에 무대, 야외극장의 평면은 반원보다 크고 2/3원보다는 작다.

예 메가로폴리스극장, 에피다우루스 극장(가장 완벽한 형태), 디오니서스 극장

(3) 도시조경

① 아고라(Agora)

㉠ 도시 옥외활동의 구심점으로 시민의 시장, 집회, 종교, 경기 회합, 토론의 장소

㉡ 아고라가 로마 포럼으로 발전, 나아가 중세 Piazza, 프랑스 Place, 영국 Square로 발전, 더 나아가 오늘날 Plaza(광장)로 발전함

㉢ 열주회랑, 주변 도서관, 의회당, 신전, 야외음악당 등의 건물로 둘러싸인 중앙의 공공광장 역할

㉣ 도시 전체 지역의 5% 정도, 폭과 길이는 도심지역 한 면의 1/5 정도

② 아크로폴리스(Acropolis)

㉠ 아테네 파르테논신전 주위의 소구릉에 수호신을 모시고 요세화시킨 지역

㉡ 입구에 큰 규모의 대문(propylaea) 설치

★★★ ③ 도시계획

㉠ 히포다모스(Hippodamos) : 최초의 도시계획가로 도시계획을 이론화함, 격자형 가로망을 도입하여 밀레토스에 계획

㉡ 도시계획의 기본요소 : 격자형 가로망, 건축물 통제, 도시하수처리, 아고라

㉢ Priene시의 도시계획 : 고 밀레투스 주변의 격자형 도시. 인구 5천~1만 명, 도시면적 60~70에이커

(4) 주택정원

① 아도니스원

㉠ 아테네 부인들이 아도니스 신을 기리기 위해 만든 것

㉡ 후에 Pot Garden, Roof Garden으로 발전

㉢ 단명식물(아네모네)을 화분(pot)에 심어 배치

② Priene의 주택

㉠ 주랑식 중정(Megalon)

㉡ 바닥은 돌로 포장, 분에 방향성 식물, 조각과 대리석 분수로 장식
㉢ patio(가족공용 중정) : 중정의 시초. 거실과 방이 중정을 향해 집중
㉣ 폐쇄식 주택구조로 도로 쪽을 폐쇄하고 patio 향해 개방되도록 됨

★★★★★ 4 로마

(1) 개관

① **자연적 배경** : 티베르강에 위치하며 구릉지임. 지중해성 기후로 겨울에도 온화
② **문화적 배경** : 과학적, 현실적, 실제적인 기질로 과학기술, 토목기술, 법학, 의학이 발달
③ 건축
㉠ 그리스 건축을 그대로 받아들이되 기하학적, 균제적
㉡ 열주형태의 건축양식, 대규모적이며, 화려·장식적
㉢ 구조물을 경관보다 우세하게 고려
㉣ 토목기술 발달(상·하수도 설치)
④ 도시계획
㉠ 아우구스투스의 도시계획 : 전체 14구역으로 나누어 계획
㉡ 토목기술의 발달 : "모든 길은 로마로 통한다" 대도로, 고가수로 건설
⑤ 정원식물
㉠ 화훼식물, 방향성 식물 사용
㉡ 토피아리(형상수) : 수목을 기하학적인 형태, 글씨, 동물의 형태 등으로 본떠서 다듬은 것

(2) 빌라

> **Tip**
> **villa rustica와 villa urbana의 차이 ★★★★★**
> • villa rustica – 실용적, 전원적 별장
> • villa urbana – 도시풍, 장식적 별장

① 로렌티아나 빌라(villa Laurentina)
㉠ 로마주변 바닷가에 위치, 창문에 처마 설치
② 터스카나 빌라(villa Tuscana)
㉠ 구릉에 위치한 피서용 별장
㉡ 공간구성 : 주건물과 부수물 + 구릉에 있는 건물군 + 경기장
㉢ 경기장 : 필리니가 "정원 중 가장 아름다운 곳"이라 한 곳으로 주건물 동쪽 아래의 평지와 장방형 식재

③ 하드리아나 빌라(villa Adriana)
　㉠ 하드리아누스왕의 별장, 현존하는 대규모 왕궁과 정원을 겸한 대별궁
　㉡ 인공호수, 신전, 거주지, 야외공연장, 호반극장, 대목욕탕, 도서관, 광장 등
④ 네로황제의 티베르강 서한의 빌라
　㉠ 초인간적 규모, 황제와 신하의 파라다이스
⑤ 호르투스 빌라(villa Hortus)
　㉠ 로마시민의 작은 채원 중심정원이 있는 빌라

★★★ (3) 포럼(Forum)

① 공간특징
　㉠ 그리스의 아고라가 자연스러운 시민의 공간인데 반해 적극적이며 목적의식 있는 의도적 공간
　㉡ 지배계급을 위한 상징적 공간
② 유형 : 둘러싸인 건물에 따라서 일반광장, 시장광장, 황제광장(가장 많이 남아)으로 구분

★★★★ (4) 공공건축

① Temple(신전) : 기념적 의미에서의 건축, 후에 그리스도교의 예배당으로 사용
② Basilica : 원래 재판용도의 건물, 부분적 집회, 상업적 역할, 후에 교회당으로 사용
③ 투기장(콜로세움) : 원래 짐승들과의 격투장, 타원형, 티투스(Titus)가 설계
④ 경마장 : circus, 긴 마제형 경기장
⑤ 욕장(Thermal) : 위락, 공공욕장을 합성, 온실, 열기실, 탈의실, 화장실, 도서실, 소극장 등
⑥ 개선문, 기념주 : 기념건축물

★★★ (5) 주택정원(Pansa家, Vetti家, Tiburtius家)

① 제1중정(Atrium)
　㉠ 포장, 빗물받이 수반(impluvium), 무열주
　㉡ 외부손님 접대용 공간으로 장방형의 홀형태. 분에 심은 식물로 장식
② 제2중정(2개의 peristylium)
　㉠ 포장 안 됨(주랑의 바닥에만 포장됨)
　㉡ 열주의 중정, 주정으로 사적인 공간
　㉢ 회랑 벽면에 분수, 퍼골라, 트렐리스(trellis), bird bath(조욕대)의 그림을 걸어두어 정원을 넓어 보이게 함

③ 제3중정(Xystus) : 5점 식재, 실용원, 수로 중심, 원로와 화단을 대칭배치, 대형주택 후원

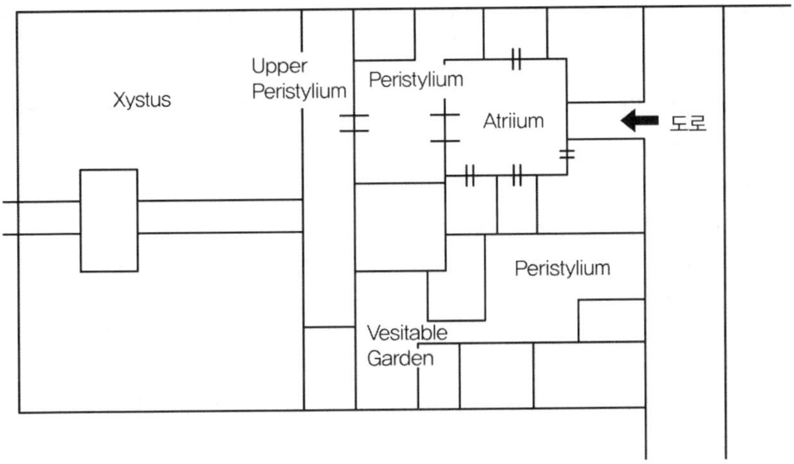

• 로마 주택정원 공간 구성도 •

실전연습문제

01 니푸르(Nippur)시는 B.C 4500년경에 메소포타미아지역에 건설된 도시로서 점토판에 새겨진 이 도시의 평면도는 세계 최초의 도시계획자료라고 알려져 있다. 이 점토판에서 볼 수 있는 니푸르시의 도시시설이 아닌 것은? [기사 11.03.20]

㉮ 운하(Canal)
㉯ 도시공원(City Park)
㉰ 신전(Temple)
㉱ 지구라트(Ziggurat)

풀이 Nippur 도시지도

02 이집트 고대주택정원의 특징이 아닌 것은? [기사 11.03.20]

㉮ 장방형의 화단·연못·울타리 등이 배치되어 있다.
㉯ 입구에는 탑문(pylon)이 설치되어 있다.
㉰ 원로에는 관개수로와 정자(arbor)가 있다.
㉱ 수목의 식재로 담을 허물고 장식적·상징적 정원을 조성하였다.

풀이 ㉱ 이집트 정원은 높은 담을 쌓아 사막바람을 막음

03 다음 중 고대바빌론의 공중정원에 대한 설명으로 옳지 않은 것은? [기사 11.06.12]

㉮ 세계 7대 불가사의 가운데 하나이다.
㉯ 네브카드네자르 2세가 왕비를 위하여 축조하였다.
㉰ Hanging garden 또는 가공원(架空園)이라 한다.
㉱ 하늘에 매달아 조성하였다.

풀이 공중정원은 산의 형태이며, 화분식재로 인공건축물에 수목으로 뒤덮어 놓은 형태

04 다음 중 고대 로마의 공공광장(公共廣場)인 포럼(Forum)에 대한 설명으로 옳지 않은 것은? [기사 11.10.02]

㉮ 지배계급을 위한 상징적 공간이다.
㉯ 사람들이 많이 모이기에 교역의 장소로 발달하였다.
㉰ 그리스의 아고라와 같은 대화의 광장이다.
㉱ 기념비적이고 초인간적 스케일을 적용하였다.

풀이
- 그리스 아고라 : 시장과 교역의 자연발생적 광장
- 로마 포럼 : 교역은 쇠퇴하고, 지배계층의 인위적이고 정치적인 장소

ANSWER 01 ㉱ 02 ㉱ 03 ㉱ 04 ㉯

05 그리스 문화를 선도한 에게해 문화는 크레타궁전의 개방식과 미케네의 성체식인 중정으로 발달되었다. 공공조경은 어떠한 형태로 발달되었는가? [기사 11.10.02]

㉮ 운동공원 ㉯ 신원
㉰ 주랑중정 ㉱ 성림

06 고대 로마 시대의 폼페이 주택정원의 특징에 관한 설명으로 옳지 않은 것은? [기사 12.03.04]

㉮ 뜰은 건축물에 의하여 둘러싸여 있다.
㉯ 페리스틸리움의 식재는 주로 오점식재(quincunx)법에 의하여 행하여졌다.
㉰ 지스터스(xystus)는 과수원이나 채소밭으로 구성되어 있으나 정원시설이 갖추어지는 일이 있다.
㉱ 아트리움(atrium)에는 바닥에 식물을 심을 수 있도록 흙이 깔려 있다.

풀이 아트리움에는 바닥이 포장되어 있다.

07 고대 그리스 아도니스원(Adonis Garden)은 어느 정원 형태의 원형인가? [기사 12.05.20]

㉮ 옥상정원
㉯ 중세의 수도원 정원
㉰ 고대 로마의 페리스틸리움
㉱ 파티오(patio) 정원

풀이 아도니스원은 부인들이 신을 기리기 위해 pot에 단명식물을 심어 장식한 것으로 Pot Garden, Roof Garden의 원형

08 고대 로마 주택공간의 배치가 올바른 순으로 연결된 것은? [기사 12.09.15]

㉮ Atrium → Peristylium → Xistus
㉯ Atrium → Xistus → Peristylium
㉰ Peristylium → Atrium → Xistus
㉱ Peristylium → Xistus → Atrium

09 그리스 페리클레스 시대에 아테네에 있었던 아고라의 형태를 가장 잘 설명한 것은? [기사 13.03.10]

㉮ 신전과 같은 기념적인 건물을 축으로 생각하여 조성하였다.
㉯ 인간의 이용을 중심으로 한 공간으로 분절시켰으며 부정형이었다.
㉰ 주도로를 측면으로 낀 사각형 형태로 조성되었다.
㉱ 열주회랑에 의해 둘러싸여진 정형적인 형태였다.

풀이 그리스 아고라는 서민들의 자발적이고 자연발생적으로 생긴 광장의 공간

10 고대 메소포타미아인들의 정원 개념에 대한 설명으로 틀린 것은? [기사 13.03.10]

㉮ 불모지인 사막의 경관을 이상화하였다.
㉯ 관개용 수로를 기본적으로 배치하였다.
㉰ 높은 담으로 둘러싼 뜰 안을 기하학적으로 배치하였다.
㉱ 방형(方形)의 공간에 천국의 4대강을 뜻하는 Paradise 개념의 수로를 배치하였다.

풀이 메소포타미아인의 문명의 발상지는 고대 서부아시아의 티그리스, 유프라테스강 유역으로 파라다이스의 이상적 경관을 형상화한 정형식 정원을 이룸

ANSWER 05 ㉱ 06 ㉱ 07 ㉮ 08 ㉮ 09 ㉯ 10 ㉮

11 공중정원, 바벨탑 등의 인공경관과 관련이 있는 고대도시는? [기사 13.03.10]

㉮ 우르(Ur) ㉯ 바빌론(Babylon)
㉰ 니네베(Nineveh) ㉱ 기제(Gizeh)

풀이 공중정원, 바벨탑은 바빌론에 건설되었다.

12 고대로마 포럼(forum)은 주위의 건축군에 따라 유형이 달라지는데, 그 유형에 속하지 않는 것은? [기사 13.09.28]

㉮ 일반광장(forum civil)
㉯ 로마광장(forum romannum)
㉰ 시장광장(forum venalia)
㉱ 황제광장(imperial forum)

13 이집트를 상(上)이집트와 하(下)이집트로 구분할 때 각각 상징하는 식물의 연결이 올바른 것은? [기사 13.09.28]

㉮ 상(上)이집트 - 장미, 하(下)이집트 - 아네모네
㉯ 상(上)이집트 - 연꽃, 하(下)이집트 - 파피루스
㉰ 상(上)이집트 - 무화과, 하(下)이집트 - 석류나무
㉱ 상(上)이집트 - 아카시아, 하(下)이집트 - 포도나무

풀이 이집트는 나일강을 기준으로 남쪽은 상이집트, 북쪽은 하이집트로 구분되며 상이집트왕인 나메르왕이 하이집트를 정복하면서 통일되었다. 하이집트 상징 파피루스는 나일강에 자라는 습지식물로 이집트 예술에 자주 등장한다. 상이집트의 상징은 로터스(Lotus)로 연꽃을 의미한다.

14 고대 그리스의 아카데미 주변에 조성된 철인(哲人)의 가로에 식재된 녹음수 수종은? [기사 13.09.28]

㉮ 플라타너스 ㉯ 포플러
㉰ 소나무 ㉱ 대추야자

풀이 성림의 주 수종은 플라타너스, 사이프러스, 참나무, 월계수 등으로 유실수보다는 녹음수를 식재하였다.

ANSWER 11 ㉯ 12 ㉯ 13 ㉯ 14 ㉮

2 중세의 조경

✓ 중세 각 나라별 조경의 간략비교정리

나라 / 구분	서구	회교식(사라센식)		
		페르시아	스페인	인도
종교	기독교	이슬람교 (유대교+기독교)	이슬람교 (유대교+기독교)	이슬람교 (유대교+기독교)
지역	유럽	아라비아 반도(이란)	에스파냐안달루시아 지방	에스파냐
기후		건조한 초원, 사막, 기후변화 극심	비교적 온난, 혜류혜택으로 해안 따라 녹지	캐시미르-온화한, 비옥한 산간 눈덮인 고산지대와 가까워 수원이 풍부 아그라 델리-열대성, 대평원
제국(인종)	비잔틴 제국	아랍민족	무어인(사라센 제국)	무굴인(무굴제국)
철학, 문화	기독교 교회 권위가 절대적. 암흑시대 봉건영주의 봉건제 고대~8C : 비잔틴 미술 9C~12C : 루마네스크 양식 13C~15C : 고딕양식	코란의 의지에 복종 페르시아 – 사라센 양식	사막에서는 하늘이 지배적 스페인-사라센양식 정원 Rome 중정, 비잔틴 정원 유형 계승	인도-이슬람 문화 (궁정 중심의 귀족문화)
주요 도시		1. 이스파한 도시계획 2. 시라즈 도시계획	안달루시아 코르도바시	1. 캐시미르지방 2. 아그라, 델리지방
조경 특성	수도원 중심의 정원 좌우대칭 정형식 정원	종교영향 큼 좌우대칭 정형식 정원	궁전정원중심의 Patio 정원 좌우대칭 정형식 정원	좌우대칭 정형식 정원
주요 정원	1. 수도원 정원 2. 성곽정원 3. 중세광장(Square)	Paradise Garden	1. Cordoba 대모스크 2. 알함브라 궁원 3. 헤네랄리페 이궁	1. 캐시미르지방 : 니샷바그(B), 살리마흐 바그, 이사벨 B. 베리나그 B. 2. 아그라, 델리지방 : 타지마할 B. 람바그 B. 아크바르 B.

★★★★★ 1 개관

① **시대적 배경** : 서로마 제국의 멸망 후에 유럽의 3대 영향권

② **문화적 배경** : 기독교 중심과 봉건영주에 의한 암흑의 시대

③ **건축** : 교회의 권위에 대한 기독교건축 발달

> Tip
>
> **건축양식의 발달**
> 1. 고대 ~ 8C : 비잔틴 미술의 영향
> 2. 9C ~ 12C : 로마네스크 양식(둥근 아치형태, 안정감)
> 3. 13C ~ 15C : 고딕양식(끝이 뾰족, 수직적 고양)

2 서구

(1) 수도원 정원 – 중세 전기

① **실용원이 발달** : 야채원, 약초원 등 식량이나 환자를 위한 시설

② **장식정원(회랑식 중정, Cloister Garden)**

㉠ 종교적 측면에서 재단에 바치거나 장식을 위한 정원

㉡ 회랑식 정원 : Parapet(흉벽)이 있는 형식으로 지붕은 덮여 있고, 회랑 바닥은 포장되어 있다.

> Tip
>
> **주랑과 회랑의 차이**
> 기둥과 기둥 사이에 가슴 높이의 흉벽이 있으면 회랑이며, 기둥만 있으면 주랑임

㉢ 파라디소(Paradiso) : 4분하는 원로가 교차하는 중심에 대형 수목과 수반, 우물을 배치한 것

㉣ 공간구성 : 원로에 의해 4분하며 각면의 중앙이나 네 귀퉁이에 정원으로 들어가는 문이 있음

(2) 성곽정원 – 중세 후기

① 봉건제도의 발달로 봉건영주의 거주지로 요새화된 정원(성곽을 물로 된 해자로 둘러쌈)

② 프랑스, 잉글랜드 지방 중심

③ 화려한 화훼 중심, 미로(labyrinth), Knot(무늬화단), Topiary(토피어리)

④ "장미의 이야기"에 기록되어 전해 내려옴

(3) 중세광장

① Town Square : Place나 현대의 plaza로 발전

② 자연발생적 도시 광장적 개방 공간

③ 불규칙한 사각형의 형태로 비대칭적 접근

예 이탈리아 프로렌스 지방의 광장 : 중앙의 넵틴 분수, 주변 여러 조각상

④ Claustrum : 중세 사원에서 건물에 둘러싸인 네모난 공지

(4) 중세정원의 특성

① **초본원** : 오늘날 유원, 과수원

★★★ ② **식물 중심** : 74종의 채소, 약초, 16종 과수, 진귀한 수종을 분에 심어 장식, 토피어리, 화단

③ **4대 정원구성물** : Fountain(분수), Pergola(퍼골라), Turfseat(나무 주변의 앉을 수 있는 단), Water fence(수반)

★★★★ 3 중세 페르시아 회교식 정원(사라센식)

(1) 조경 특징

① **기후영향** : 중요 정원요소로서 물의 사용, 관개시설, 못, 분천, Canal, 수조, 캐스케이드

② **종교영향** : 이슬람교, 녹음수와 정원식물에 대한 동경으로 숲을 조성하고 원로, 원정(천국의 정원) 설치

③ **국민성** : 녹음수의 수호자

④ 울담으로 둘러싸 바람을 막음, Canad(관수 위한 수로 조성. 인공관개)

⑤ 정원

예 파라다이스 가든(Paradise Garden)

(2) 도시계획

① 이스파한

㉠ 압바스 1세 때 축조된 도시계획

㉡ 차하르바흐(Chahar-bach) : 사이프레스와 플라타너스, 화단, 수로의 넓은 도로 중심의 도로공원

㉢ 7km 테자르천, 수로, 화단, 연못

㉣ 왕의 광장 : 380m×40m 크기의 마이단(Maidon)

㉤ 40주궁 : 왕의 광장과 차하르바흐 사이의 궁전구역

② 시라즈

㉠ 황제도로(Shah Ra)가 관통

㉡ 안락의 정원 : 커넬, 오렌지나무 늘어선 산책로

㉢ 왕좌의 정원, Bach-i-Eram(오렌지 숲, 사이프레스 가로수)

★★★★ 4 중세 스페인(무어인) 회교식 정원

(1) 조경 특징

① 고가사다리, villa, Rome 유적 많음

② 로마 정원의 Peristylium(중정형) 형식

③ 돔(Dome)같은 건축물이 사라지고, 섬세한 조각 등 내향적 공간추구

④ **안달루시아 코르도바(Cordoba)시** : 주요 정원 유적이 많음

⑤ **스페인 중정(Patio, 페티오) 양식 생성**

㉠ 둘러싸여 위요된 공간

㉡ 분수, 덩굴식물로 덮인 내부중정의 독특한 양식

㉢ 스페인 남부지방 중심으로 3개의 도시에서 발달

(2) 주요 정원

① **코르도바(Cordoba) 대모스크**

㉠ 축조 : 압드 알 라흐만(Abd al-Rahman) 2세

㉡ 공간구성 : 오렌지나무 1/3, 아라비아 특성, 공간구성 모호, 귀퉁이 연못(성소 들어가기 전 속죄)

② **알함브라 궁원**

㉠ 특징 : 색채(붉은색) 중요, 건물의 수학적 비례감

㉡ 공간구성

ⓐ Court of Alberca : 연못의 Patio. 주정, 천인화의 Patio, Camares Tower(사라센 양식의 타워)

ⓑ Court of Lions : 12마리 사자의 조상이 받드는 대분천, 수로에 의한 4분원, 가장 화려

ⓒ Court of Daraja : 부인 전용, 원로, 분수, 회양목으로 가장자리 처리

ⓓ Court of Reja : 사이프레스 Patio. 자갈 포장, 소규모, U자 Canel

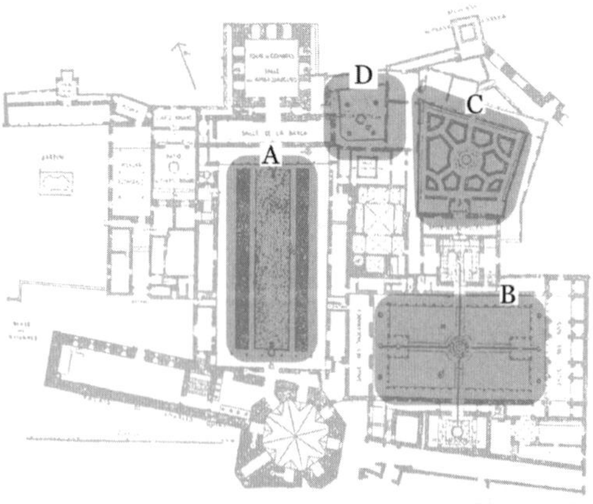

A : 연못의 파티오 (천인화의 파티오)
B : 사자의 파티오
C : 다라하의 파티오
D : 레하의 파티오

• 알함브라 궁원의 공간구성도 •

③ 헤네랄리페(Generalife) 이궁
㉠ 조망 좋게 하기 위해 높은 언덕 구릉에 위치한 왕의 피서지
㉡ 르네상스 이탈리아 정원에 영향을 줌(노단건축식의 시초)
㉢ 공간구성
ⓐ Court of Canals(수로의 중정) : 연꽃 모양의 분천, 가장 아름다움
ⓑ 사이프레스 중정(Water Step) : 노단의 정상부
ⓒ miradors(북쪽문)

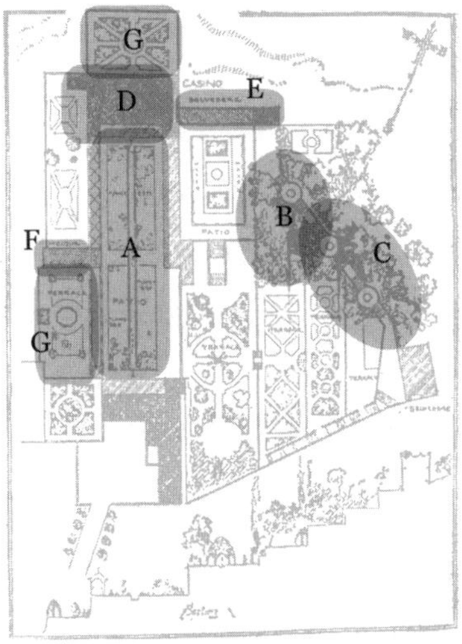

A : 수로의 중정
B : 사이프레스 중정
C : 물계단(Water step)
D : 카치노(Casino)
E : 벨레데레(Beledere) 궁
F : 모스크(Mosgue)
G : 테라스

• 헤네랄리페이궁 공간구성도 •

④ 세비야(Sevilla)의 알카자르공원(Alcazar)
㉠ 요세형 궁전 정원으로 무어의 영향
㉡ Abu-Yakub Jusuf가 건설
㉢ 평지에 위치하며 3부분으로 구획
㉣ 장식적 정원문, 창살 달린 창문, 연못, 분수

★★★★ 5 중세 인도(무굴인)의 회교식 정원

(1) 조경 특징

① 수경 중심(연꽃) : 물을 중시
② 원정(장식+실용)과 녹음수, 높은 담장
③ 입지 : 구릉지, 샘터 중심으로 선정
④ Bagh 발달
㉠ 캐시미르지방 : 북부고원지대, 자연경관이 우수하여 경사지에 왕이나 귀족의 피서를

위한 별장이 많다.

예 니샷바그(Nishut B.), 살리마흐 바그(Shalimar B.), 이사벨 B. 베리나그 B.

㉡ 아그라, 델리지방 : 평지, 완만 구릉지로 평면기학학적 형태가 많고 궁전, 능묘가 많다.

예 타지마할 B. 람바그 B. 아크바르 B.

⑤ 정원과 묘지의 결합으로 묘원이 많다.

⑥ **인도정원에 대한 문호** : 인도 2대 서사시 Ramayama, Mahabharat에 궁전정원에 관한 기술

(2) 주요 정원

① 니샷 바그(Nishut Bagh)

㉠ 누르마할 형제가 캐시미르지방 다할 호수에 축조

㉡ 수경 중심 정원 : 12개 노단을 중심으로 수로와 폭포, 분수, 캐스캐이드, 분천 설치

㉢ 화단 조성(백합, 장미, 재라리움, 코스모스 등), 포플라, 플라타너스 식재

② 살리마르 바그(Shalimar Bagh)

㉠ 샤자한(Sha Jahan) 왕이 설치한 3개의 노단으로 된 캐시미르 지방의 정원

㉡ 4분원, 제2테라스 연못에 돌로 된 섬이 축조

㉢ 수로 양단 원로의 무늬벽돌포장

㉣ 공간구성

ⓐ 제1테라스 : Public garden

ⓑ 제2테라스 : Emperor's garden

ⓒ 제3테라스 : Ladies garden

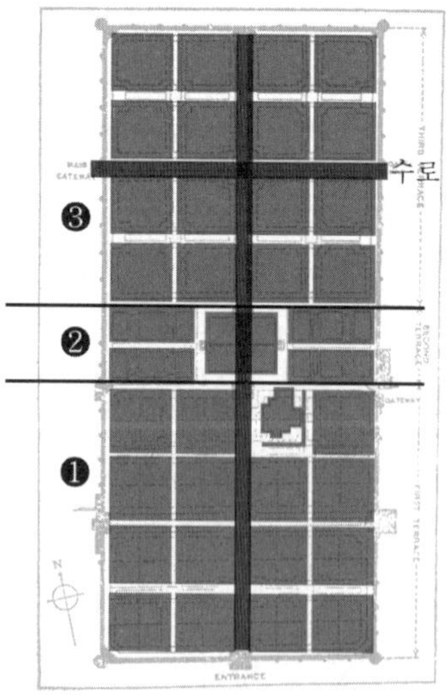

❶ 제1테라스 : Public garden
❷ 제2테라스 : Emperor's garden
❸ 제3테라스 : Ladies garden

• 살리마르 바그 공간구성도 •

③ 타지마할(Taj Mahal Bagh)

㉠ 건축 + 능묘의 형태로 샤자한(Sha Jahan) 왕이 왕비를 위해 축조

㉡ 건축특성 : 경쾌하면서 우아한 이슬람 건축의 백미. 중앙의 큰 돔과 주위의 4개의 돔 형식

㉢ 정원특성

ⓐ 건물 앞에 흰 대리석의 대분천지가 정원을 4분하면서 건물과 주변경관을 투영함

ⓑ 완벽한 좌우 대칭형으로 말단부에 원정(Pavilion)이 있음

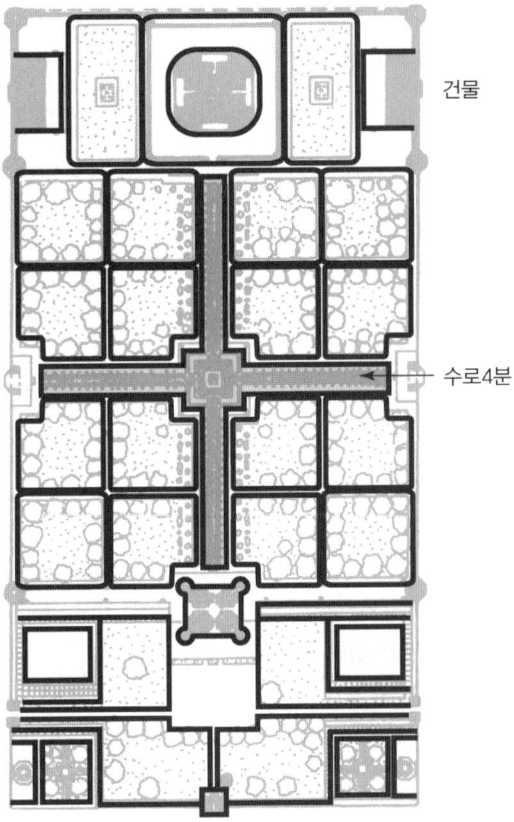

• 타자마할 공간구성도 •

CHAPTER 09 서양의 조경

실전연습문제

01 다음 무굴왕조의 이슬람 정원 중 샤-자한 시대의 것이 아닌 것은? [기사 11.03.20]

㉮ 차스마-샤히 ㉯ 샬리마르-바그
㉰ 타지마할 ㉱ 니샤트-바그

풀이 ㉱ 니샤트-바그 : 자항기르왕때 누르마할 형제가 축조

02 16세기 페르시아 압바스(Abbas)왕이 이스파한(Isfahan)에 만든 왕의 광장이라 불리는 옥외공간은? [기사 11.06.12]

㉮ 차하르 바그(Chahar-bagh)
㉯ 마이단(Maidan)
㉰ 40주궁(Cheher Sutun)
㉱ 아샤발 바그(Achabal-bagh)

03 사방이 회랑으로 둘러싸이고 각 회랑 중앙에서 중정으로 향한 출입구가 열려 원로를 구성하는 한편 그 교차점인 중정의 중앙에 샘이나 수반, 분수가 있는 정원의 형태는? [기사 12.03.04]

㉮ 고대 로마의 중정
㉯ 스페인의 파라다이스 가든 (paradise garden)
㉰ 중세의 클로이스터 가든 (cloister garden)
㉱ 중세의 미로(maze)

풀이 **중세 클로이스터 가든**
가슴 높이의 흉벽이 있는 회랑형식으로 지붕은 덮여있고, 회랑의 바닥은 포장되어 있음

04 페르시아인의 이상적인 정원으로서 파라다이스에 대한 원칙적 개념으로 틀린 것은? [기사 12.03.04]

㉮ 맑은 시내(水路)
㉯ 신선한 녹음과 풍성한 과수
㉰ 담으로 둘러싸인 곳
㉱ 중정에 인체 조각상 설치

풀이 페르시아인의 이상적인 정원은 파라다이스 정원으로 담으로 둘러싸이면서 물, 과수, 식량이 풍부한 공간임.

05 스페인 헤네랄리페의 주정은 무엇인가? [기사 12.05.20]

㉮ 사이프레스의 파티오 (Patio de los Cirpreses)
㉯ 수로의 파티오(Court of the Canal)
㉰ 연못의 파티오(Court of the Myrtles)
㉱ 다라하의 파티오(Patio de Daraxa)

06 인도 무굴왕조 자한기르 시대에 조영되어 물의 약동성, 히말라야 산록의 조망, 비스타의 강조 그리고 단풍나무의 녹음과 가을 풍경 등이 특징인 정원은? [기사 12.05.20]

㉮ 샤리마르 - 바그
㉯ 니샤트 - 바그
㉰ 아차발 - 바그
㉱ 이티맛드 - 우드 - 다우라묘

ANSWER 01 ㉱ 02 ㉯ 03 ㉰ 04 ㉱ 05 ㉯ 06 ㉰

07 스페인 알함브라 궁원 내 '사자의 중정'에 대한 특징을 가장 잘 설명한 것은? [기사 13.03.10]

㉮ 수로의 중정 ㉯ 도금양의 중정
㉰ 주랑식 중정 ㉱ 사이프러스 중정

풀이 **알함브라 궁원의 공간구성**
① 연못의 파티오(천인화의 파티오)
② 사자의 파티오 : 주랑식으로 수로에 의해 4분되며, 12마리 사자의 조상이 받드는 분천이 있음
③ 다라하의 파티오 : 부인 전용의 원로와 회양목으로 구성
④ 레하의 파티오 : 사이프레스 중정으로 자갈로 포장됨

08 Cloister Garden에 대한 설명으로 옳지 않은 것은? [기사 13.09.28]

㉮ 교회 건물의 남쪽에 위치한 네모난 공지
㉯ 흉벽(parapet)이 있는 중정
㉰ 원로의 교차점인 중정 중앙에는 로타르라는 연못 설치
㉱ 2개의 직교하는 원로(園路)에 의해 4분

풀이 4분하는 원로가 교차하는 중심에는 파라디소(Paradiso)를 설치하였다.

09 페르시아 정원양식 중 이스파한(Isfahan)에 대한 설명으로 옳지 않은 것은? [기사 14.03.02]

㉮ 16세기 압바스(Abbas : 1557 ~ 1628) 왕이 왕궁을 옮겨 시가의 형태를 정비하였다.
㉯ 체하르바그(Tshehar Bagh)라고 불리는 7km 이상 넓게 뻗은 도로가 있다.
㉰ 샬리마르 바그(Shalimar Bagh)라고 하는 3개의 노단으로 나누어진 정원이 있다.
㉱ 거리에는 "마이단"이라고 부르는 380×140m나 되는 장방형의 공원광장이 있다.

풀이 **샬리마르 바그(Shalimar Bach)**
캐시미르지방에 축조된 3개의 노단으로 이루어진 중세 인도 회교식 정원으로 중세 페르시아 회교식 이스파한과 거리가 멀다.

10 이슬람 정원의 특징이 아닌 것은? [기사 14.03.02]

㉮ 주건물의 남향이나 서향에 위치
㉯ 카나드(Canad)에 의해 물 공급
㉰ 정원의 유형은 경사지 정원과 평지 정원으로 구분
㉱ 경사지 정원에는 키오스크(kiosk) 설치

풀이 이슬람정원의 대표적인 것으로 알함브라궁원, 제네랄리페이궁, 중세 스페인 회교식 정원 등을 들 수 있는데 이는 대부분 중정형태를 보이고 있으므로 주건물의 남향이나 서향에 위치한 것이 아니다.

11 다음 중 헤네랄리페 정원의 특징이 아닌 것은? [기사 14.09.20]

㉮ 노단으로 된 정원이다.
㉯ 정원을 내려다볼 수 있게 처리되어 있다.
㉰ 강력한 주축선에 의해 지배된다.
㉱ 계단, 물계단 등은 르네상스시대 이탈리아의 별장 디자인의 전조가 된다.

풀이 **헤네랄리페 정원**
중세시대 조망을 위해 높은 언덕에 노단식으로 지은 왕의 피서지로 르네상스 노단식의 시초가 되며, 강한 축은 없다.

ANSWER 07 ㉰ 08 ㉰ 09 ㉰ 10 ㉮ 11 ㉰

12 중세 조경의 특징으로 옳은 것은?

[기사 14.09.20]

㉮ 왕족의 빌라가 발달하였다.

㉯ 전기에는 성관정원이 발달하였다.

㉰ 실용적인 클로이스터 가든을 조성하였다.

㉱ 오픈 노트(open knot)와 클로즈드노트(closed knot)의 두 기법이 성관정원에 행해졌다.

풀이 **중세조경**

- 전기는 수도원 정원, 후기는 성관정원이 주를 이룸
- 수도원 정원은 대부분 실용적인 부분으로 이루어져 있는데 반해, 클로이스터 가든은 장식적인 목적의 정원이다.
- 노트(Knot)는 화단으로 성관정원에 오픈노트와 클로즈드 노트의 기법이 사용됨

13 12단의 테라스와 캐스케이드, 차경원으로 유명한 인도무굴 왕조의 정원은?

[기사 14.09.20]

㉮ 샬리마르 바그(Shalimar Bagh)

㉯ 니샤트 바그(Nishat Bagh)

㉰ 아차발 바그(Achabal Bagh)

㉱ 이티맛드 우드 다우라(Itimad-Daula) 묘

풀이 ㉮ 샬리마르 바그 : 샤자한 왕이 설치한 3개의 노단으로 된 정원

㉯ 니샤트 바그 : 누르마할 형제가 축조한 수경중심의 12개 노단의 차경원

㉰ 아차발 바그 : 히말라야 산맥에 접한 정원으로 물을 즐기는 정원

㉱ 이티맛드 우드 다우라 묘 : 아그라에 위치한 무굴왕조 자한기르 시대 정원

ANSWER 12 ㉱ 13 ㉯

3 르네상스(15~17C)의 조경

1 배경

(1) 르네상스의 발생과 특징

① 중세사조에 반대되는 새로운 신풍조로 르네상스란 문예부흥을 의미한다.

② 중세 암흑기를 벗어나 광명, 자유의 시대, 인본주의 휴머니즘, 인문주의 즉 인간의 존엄성을 높이기 시작

③ 정원이 예술의 한 분야로 속하게 되었다.

중세	르네상스
암흑의 시대	광명의 시대
속박의 시대	자유의 시대
그리스도교의 신본주의 사회	휴머니즘, 인문주의 사회
정원은 신의 영광을 찬양하기 위한 것	정원은 인간의 존엄성, 취미, 품위를 높이기 위한 것

(2) 시대적 흐름

① **15세기 초기 르네상스** : Tuscan 지방의 플로렌스지방 중심

② **16세기 중기 르네상스** : 로마와 그 근교를 중심으로 발전

③ **17세기 후기 바로크양식** : 이탈리아 북부지방 제노바, 베니스에서 발전

2 이탈리아

(1) 개관

① **시대적 배경** : 동로마제국의 학자, 예술가들이 이탈리아로 도피해 르네상스 운동의 원동력

② **르네상스 문화의 중심지** : 피렌체(정치적, 지리적, 자연적 우연성)

③ **건축** : 고대 로마양식 기초로 수평선을 건축이장의 기본 요소로 안정과 대칭, 균제 강조

④ **알베르티(Albertii)의 입지선정규정이론(15C)** : 비트리비우스의 "The Architecture"에 준용함

㉠ 배수가 잘되는 겸허한 곳

㉡ 방향을 태양과 이루는 수평·수직각도 선택

㉢ 여름에는 시원한 바람, 겨울에는 찬바람을 막을 수 있어야 함

㉣ 수원을 적절히 이용할 수 있어야 함
㉤ 구조물, 시설물은 그 지방의 환경에 적합한 그 지방의 재료를 쓰는 것이 좋다.

★★★★★ (2) 15C(Tuscan 피렌체) : 르네상스 초기

① villa Medici di careggi(카레기에 있는 메디치장 : 미켈로지)
㉠ 르네상스 최초의 빌라
㉡ 미켈로지 설계에 의해 건물과 정원설계(설계가 이름을 건물에 새기는 것이 특징 : 인본주의 특징)
㉢ 고대 로마의 별장특성 + 중세의 세부시설, 색채 + 르네상스적 입지 선정
㉣ 정원특성 : 높은 담으로 둘러싸고 있으며 정원에서 도시경관 조망이 가능함. 테라코타 화분으로 장식

② villa Medici di Fiesole(피에졸에 있는 메디치장 : 미켈로지)
㉠ 피렌체 동쪽 경사지의 전원형식의 별장. 언덕의 사이프레스, 올리브나무 배경
㉡ 정원 부지의 선택과 Site 개발이 중요
㉢ 언덕 경사지에 테라스(노단)를 만들어 지형 이용한 설계. 차경효과(주변경관까지 흡수) 우수
㉣ "To see without to be seen"(밖에서는 모두 노출되지 않고 안에서는 밖이 잘 보이게)
㉤ 상하 테라스가 직접 연결되지 않으며, 은백색의 올리브나무와 청록의 사이프레스 나무의 대비

③ 그외 villa Palmieri, villa Daggia Cazajo, villa di castello

(2) 16C(로마) 노단건축식

① Bevedere garden at Rome(로마에 있는 벨베데르원 : 브라망테)
㉠ 바티칸궁과 벨베데르 구릉의 별장을 서로 연결하여 설계
㉡ 브라망테 설계. 라파엘의 확장계획
㉢ 경사지를 3개의 테라스로 구성. 경사지에 옹벽, 계단 설치
㉣ 조경특성
ⓐ 최상의 테라스 : 'casino' 설치. 장식적 정원으로 벽감(Niche, 반원형의 주랑으로 전망대 역할하는 구조물)
ⓑ 중앙의 테라스 : 높고 평탄한 대지, 수목식재. 관람석, 최저 최고 테라스를 연결하는 대규모 계단으로 연결. 노단건축식 양식의 시작
ⓒ 최하의 테라스 : 바티칸 궁전건물과 반원형의 중정을 연결. 잔디 식재, 위의 니케(niche)가 보이도록

② villa Madama at the slope of Monte Mario(몽테마리오 산에 있는 마다마빌라 : 라파엘로)
  ㉠ 로마 시내가 한눈에 내려다보이는 조망
  ㉡ 라파엘로 설계하여 Sangallo가 완성
  ㉢ 3개의 노단식 정원. 남북의 긴 축을 3개의 노단으로 기하학적인 축선에 따라 시선이 연속적이고 변화 있는 디자인
  ㉣ 주건물과 옥외 외부공간의 시각적 완전한 결합을 시도

③ villa D'este at Tivoli(티볼리에 있는 에스테원 : 리고리오)
  ㉠ 에스테 소유이며 리고리오가 설계한 전원별장형식의 성관건물로서 이탈리아 3대 정원 중 하나
  ㉡ 명확한 중심축을 따라 3개의 테라스 연결
    ⓐ 최하의 테라스 : 평탄하며 중앙부분에 원형의 공지(rotunda) 주위 사이프레스 식재 자수화단, 미원, 연못, 넵튠(Neptune) 분수, 조각물, 물풍금
    ⓑ 둘째 테라스 : 감탕나무 숲 사이로 세 갈래 계단이 평행되게 배치
      사면에 타원형의 용의 분수(Dragon Fountain)가 분사
    ⓒ 최상의 테라스 : 경사면을 따라 100개의 분수로 된 긴 산책로. 물의 분천, 안개, 방울의 연출. 로마도시 모형, 오바타(ovata) 분수(거대한 타원형의 분수), 분수들 뒤에 호수. 감탕나무총림, 전망대
  ㉢ 정원특징 : 정원에 물을 최대한 이용한 수경의 연출, 강한 대비효과(빛과 그늘, 분수와 총림 등)

④ villa Lante at Bagnaning(바그나닝에 있는 빌라 랑테 : 비뇰라)
  ㉠ 랑테가의 소유로서 비뇰라가 설계한 카지노(casino)와 정원을 완벽하게 결합시킨 4개의 테라스로 이루어진 형태
  ㉡ 이탈리아 3대정원 중 하나
    ⓐ 최하의 테라스 : 물의 정원, 정방형의 연못, 못 가운데 둥근 섬을 4개의 다리로 연결. 몬탈토(Montalto) 분수. 1~2노단 사이 두 개의 대칭적 카지노
    ⓑ 제2테라스 : 플라타너스 군식. 원형의 분수
    ⓒ 제3테라스 : 소규모 잔디원, 잔디원 사이의 장방형의 못. 거인의 분수
    ⓓ 최상의 테라스 : 인공폭포와 인공수로, 돌고래 분수, 벽감, 2개의 원정(정자 parvilium)

⑤ villa Farnese(빌라 파르네제 : 비뇰라)
  ㉠ 파르네제 추기경의 소유지로 비뇰라가 설계한 이탈리아 3대 정원 중 하나
  ㉡ 2개의 테라스로 주변에 울타리가 없이 주변경관과의 조화를 이룬 구성
  ㉢ 물을 많이 이용하지 않고 좌우대칭의 일상생활 위주의 설계

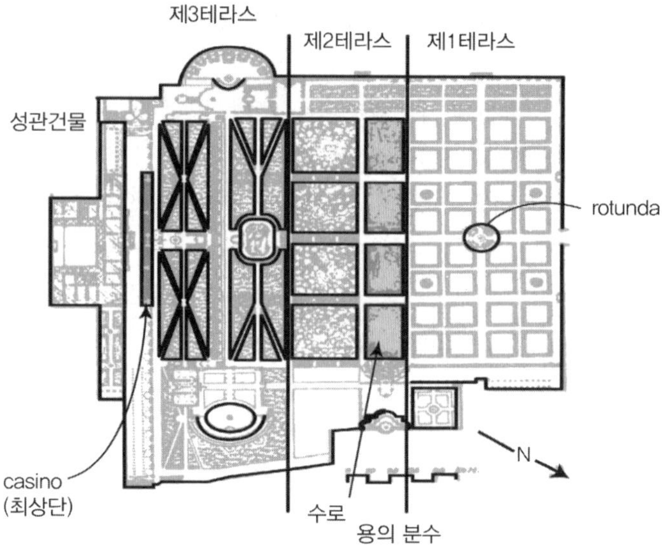

• villa D'este 공간구성도 •

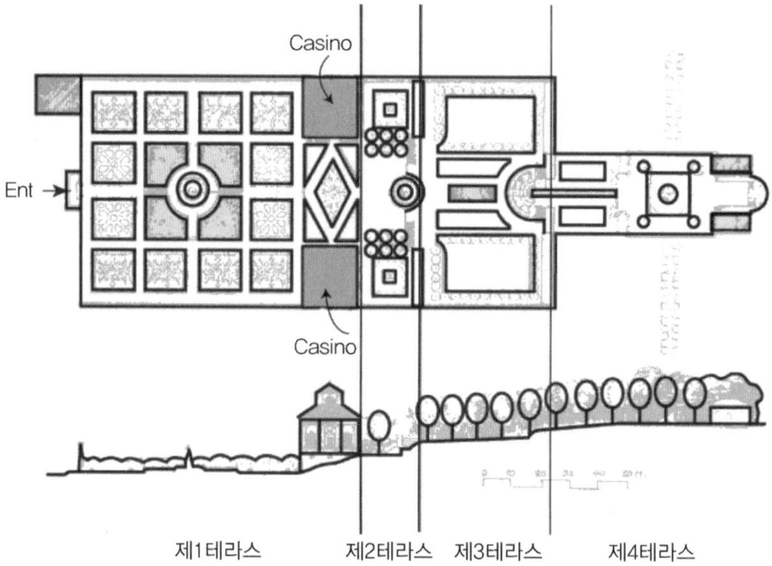

• Villa Lante 공간구성도 •

(3) 17C 후기 바로크

① villa Gamberaia(감베라이아 빌라)

㉠ 감베라이아 추기경 소유

㉡ 주건물을 정원 중앙에 두고 전체 공간 구성을 심플하게 처리

㉢ 정원구성 : grotto원, 물의 정원, 레몬원, 사이프레스원, 남북의 긴 산책로, 전망대, 올리브숲

② villa Aldobrandini(알도브란디니 빌라)

㉠ 로마 주변에 위치하며 추기경 알도브란디니 소유

㉡ Giacomo della Parta 설계

㉢ 공간구성 : Plaza, 벽감, 카지노, 물극장, 인공폭포, 물 극장이 있는 좌우대칭의 구조

③ villa Isola bella(이졸라 벨라)

㉠ 바로크정원양식의 대표작으로 호수의 섬 전체를 10개의 노단으로 구성하여 만든 화려한 정원

㉡ 공중정원 같은 형식

㉢ 섬 동편 선착장에서 돌계단을 따라 전정으로 들어가 궁전건물이 있으며 정원이 펼쳐지는데 궁전과 정원의 축선이 다르나 시각 착시효과로 일직선인 것처럼 보인다.

㉣ 각 테라스마다 대리석 난간, 조각물, 화병, 오벨리스크, 과다한 장식, 꽃의 사용

㉤ 최상단 테라스에 물 극장은 바로크 성격이 매우 강함

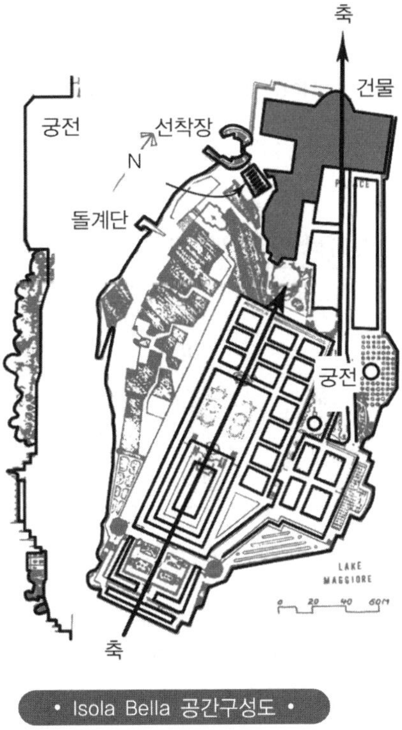

• Isola Bella 공간구성도 •

④ villa Garzoni(가르조니 빌라)

㉠ 이탈리아 북부지방의 건물과 정원의 축이 분리된 2개의 테라스로 이루어진 정원

㉡ 바로크 양식의 최고봉

㉢ 상단 테라스 : 무대, 조망, 총림 조성으로 대비경관 연출, 하단 테라스 : 밝고 화려한 빠르떼르, 원형의 연못

⑤ 그외 villa Lancelotti(란테로티 빌라)

(4) 이탈리아 르네상스 조경의 특징

	초기 르네상스(15C) 조경의 특징	
1	고대 특징	고대 로마의 별장과 전원 스타일의 계승
2	중세적 특징	건물, 의장, 세부시설
3	르네상스적 특징	위치 선정, site 개발, 독특성
4	식물 자체에 흥미를 가짐	

	이탈리아 르네상스 정원양식의 특징	
1	지형의 경사에 따라 테라스를 설계한 노단 건축식 양식	
2	축선의 사용	Medici(건축축, 정원축 따로 세 개의 축), Lante(강한 주축), D'est(등고선에 직각으로 테라스 설치해 주축 없이 독립된 테라스)
3	카지노의 위치	최상단에 있는 경우 : D'este, Belvedere  중앙테라스에 있는 경우 : 알도브란디니 빌라, Lante  최하단에 있는 경우 : 카스텔로장  주건물은 테라스 최상에 배치하는 것이 일반적 
4	시각구성적 특성	강한 대비, 원근효과, 색채를 강조
5	물의 다채로운 이용	바로크시대에 매우 활발. 물극장, 비밀분천, 경악분천

	정원에 나타난 바로크 양식	
1	정원동굴(gratto)	기이한 것을 찾으려는 마음의 산물
2	물에 대한 다양한 기교	분천, 캐스케이드, 연못, 물 극장, 물 오르간, 놀람분수, 비밀분수
3	토피어리(Topiary)	수목을 인위적인 형태로 깎아 만든 것
4	세부 형태의 선	곡선적인 것을 선호하기 시작

① 이탈리아 르네상스의 각국의 영향(구릉지형의 노단식은 지형에 따라 많이 도입 못함)

㉠ 프랑스

ⓐ 몰레에게 영향 : 르 노트르(Le Notre) 양식 계승, 전하, 자수구획화단, 관상정원

ⓑ 브와소 : 「원예론」 다채로운 단목, 구획화단, 화훼·모래·유색흙으로 변화 주기

ⓒ 세르 : 「농업의 무대」. 용도별 구별(차소원, 화단, 초본원, 과수원), 프랑스 화단에 다채로운 꽃 도입

㉡ 독일

ⓐ 페세엘 : 「독일 정원서」. 이탈리아·프랑스 정원서 번역

ⓑ 프르덴바하 : 이탈리아를 다녀와 이탈리아·프랑스정원을 독일식으로 바꿈. 학교원(사상 최초), 포장정원

㉢ 네덜란드

ⓐ 드 브리스 : 이탈리아 조경 도입

ⓑ 루벤스 : 정원에 이탈리아적 취향

ⓒ 에라스무스 : 「Colloquid」. 구획되어지며, 우아하고, 아름다운 정신 순화시키는 정원이어야 함

★★★★★ 3 프랑스

(1) 개관

① **자연환경** : 지형이 평탄하고 삼림이 풍부하여 정원 형성에 유리

② **사회경제환경** : 17세기 루이 14세의 절대왕정과 문학예술의 후원으로 베르사이유 궁전과 정원 유적 발생

③ **시대별 특징**

㉠ 15세기 : 이탈리아 르네상스 모방시대. 샤를 8세, 프란시스 1세의 이탈리아원정으로 이탈리아 문화에 매료됨

㉡ 16세기 : 이탈리아 양식으로 성곽과 정원을 개조하기 시작. 몽텐블로, 블로와성, 샹보르, 아네성, 샤를르발, 튈러리, 샹 제르멩알레이, 뤽상부르크 외

㉢ 17세기 : 본격적 프랑스 르네상스 정원이 창출(평면기하학식 정원). 앙드레 르 노트르(1613~1700)의 르네상스 설계의 대가로 인해 보르비꽁트, 베르사이유 정원

★★★ ④ **이탈리아와 프랑스 르네상스 조경의 차이**

	이탈리아 노단건축식	프랑스 평면기하학식
도시적 특성	도시국가, 부축적, 교외 구릉지 산간에 전원생활의 빌라	도시 주변의 성곽 중심, 해자로 둘러싸인 정원
지형상 특성	구릉과 산악 중심으로 다이나믹한 수경 연출	평지로 호수 같은 장식적 수경 연출
양식상 특성	노단 건축식 정원양식	평면기하학식 정원양식
물이용 특성	캐스캐이드(cascade)	커넬(canel)
조경 특성	테라스(노단) 중심의 시각적 view(높은 곳에서의 조망) 중심	parterre(화단) 중요시, 수직적 요소 많이 사용한 전체적 vista 형성
소유주체	도시 부유 상인계층	왕족, 귀족 중심
기능면	기능(실용) + 장식	철저한 장식원
식물 재료	기후 온화, 다양한 식물 재료	단순한 식물 재료
자연경관 이용	자연을 이용(차경, 경사지 이용) 외국 전파가 난해	자연을 의도적으로 변화 외국 전파가 용이

(2) 정원유적

① Vaux–le Vicomte(보르비꽁트, Le Notre)

㉠ 배경 : 귀족들의 대저택 소유의 유행으로 루이 14세 때의 재무 대신인 푸케가 소유한 성관에 부속된 정원

㉡ 설계 : 건축설계 - Le Vau, 회화·조각·실내장식 - Le Brum, 정원·조경 - Le Notre

㉢ 특징

ⓐ 평면기하학식의 최초 정원(새로운 정원양식의 출현)

ⓑ 성관건물이 정원에 부속되는 것으로 정원 중심적 공간개발

ⓒ 르 노트르 조경가를 배출하여 베르사이유 궁원을 만드는 계기

㉣ 규모 : 남북 1200m, 동서 600m

㉤ 시설물 : 자수화단, 원형분수, 산책로, 동서의 수로, 동굴(grotto), 분천, 방형의 Basin, 헤라클레스상

㉥ 공간구성적 특징

ⓐ 성관건물이 정원에 종속적인 것이다.(정원 중심적 공간개발)

ⓑ Vista Garden(View 중심이 아니라 사방으로 산책로가 뻗어난 형태)

- 남북방향의 주축, 동서방향의 부축, 성관건물을 남북의 주축의 중앙에 위치

ⓒ 보스케(Bosquet)의 적극적 활용(비스타 구성, 정원시설의 배경적 구성)

② 베르사이유 궁전(Le Notre, Le Vau)

㉠ 배경 : 루이 14세가 축조하고, 공사비 노동력에 구애받지 않고 공사한 원래 앙리 4세 때 수렵원이었던 장소

㉡ 특징 : 최대의 정형식 정원

㉢ 설계 : 건축설계 - Le Vau, 회화·조각·실내장식 - Le Brum, 정원·조경 - Le Notre

㉣ 공간구성

ⓐ 모든 공간이 주축을 중심으로 축선이 방사선으로 전개되는 태양왕의 이미지 상징

ⓑ 물의 원로, 물 극장, 총림, 미원(maze), 롱프윙(사냥), 분수(라툰다분수, 아폴로분수), 야외극장배치

ⓒ 대트리아농 : 북단에 위치한 몽테스왕 부인을 위한 도기로 만든 작은 집. 로코코양식으로 중국식 건물과 도자기를 전시하고 진기한 화초로 장식

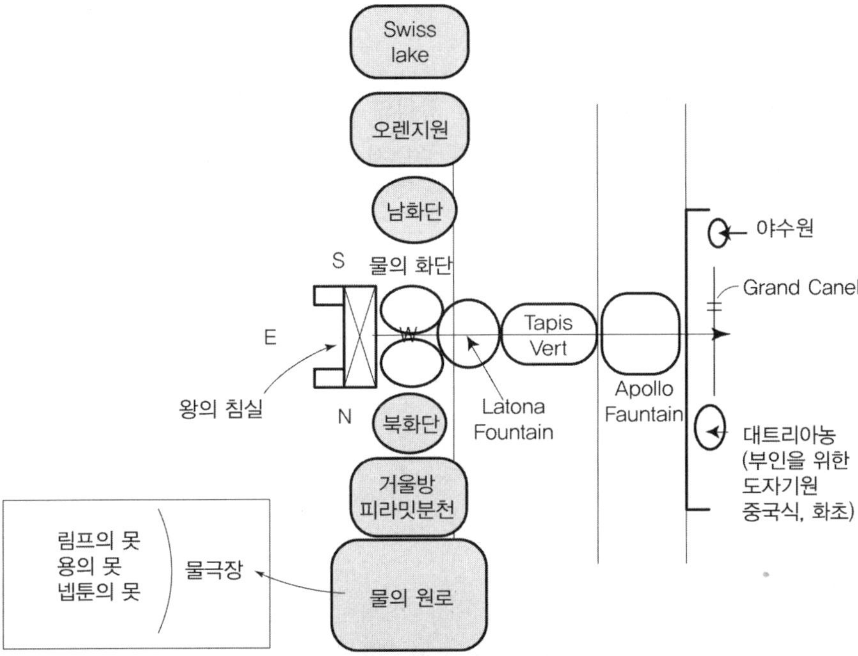

• 베르사유 궁전 공간구성도 •

③ 그외 생 클로트(Saint-cloud)

(3) 르 노드르

① 1613년 파리 태생으로 3대째 궁전정원사로 일함

② **주요 정원설계** : 생클루드(Saint-cloud), 퐁텐블로정원(Foutain bleau), 보르비꽁트, 샹델리정원

③ **르 노트르 정원의 특징**

㉠ 대규모의 장엄함을 강조한 비스타(vista)중심의 경관 전개

㉡ 정원이 주택의 부요소가 아니라 주요소로 설계

㉢ 평면공간을 단정하게 깎은 산울타리와 보스켓을 이용해 공간을 구분

㉣ 넓은 평지에 조각, 분수 등을 공간의 악센트 요소로 사용

㉤ 개개 바스켓을 구분하는 소로를 활용해 중요시설 연결하는 동선과 비스타(vista) 형성의 도구로 사용

㉥ 비스타 구성을 위하여 구획총림, 성형총림, 5점형 총림, 볼링그린(총림 중앙에 잔디밭과 분수 설치)

㉦ 총림으로 둘러싼 공간을 화단으로 장식 : 자수화단, 대칭화단, 영국화단, 구획화단, 감귤화단, 물화단

④ 시설적인 특징

㉠ 소로(Allee)

ⓐ 원래 수렵을 위한 도로로 정원의 주요부분 연결시켜주는 연결로

ⓑ 개개의 Bosquet를 구분해 주면서 연결시켜 주는 동선

ⓒ 비스타(Vista) 구성

㉡ 보스케(Bosquet)

ⓐ 평면적이면서 입체적인 형태로 대체로 낙엽활엽수 이용

ⓑ 한 그루의 수형이 아니라, 녹색의 mass로 취급

ⓒ 공간의 수직적 요소를 이룸

㉢ 비스타(Vista)

ⓐ 멀리서 전망축이 있는 경관으로 르 노트르는 총림, 벽체를 써서 형성시킴

ⓑ 비스타 형성 수단

- 구획총림
- 성형총림 : 총림 속에 성형, 원형의 소공간 만든 것
- 5점형 총림 : 잔디밭 가운데 V자형 식재
- 볼링 그린(Bowling Green) : 총림 중앙에 잔디밭을 조성해 분수 설치

㉣ 장식적 정원

ⓐ 정원이 보스케에 의해 쌓이고, 그 공간을 화려하게 장식적 공간으로 주변의 산림과 강하게 대비시켜 놓음

ⓑ 화단 종류

- 자수화단 : 회양목, 로즈메리 등 지피식물로 당초무늬 모양 만듦
- 대칭화단 : 대칭적 4부분에 의해 나선무늬, 매듭무늬를 만드는 것
- 영국화단 : 단순히 잔디밭으로 이루어지는 화단
- 구획화단 : 회양목으로만 정원의 가장자리를 대칭적으로 구성
- 감귤화단 : 오렌지나무를 정형적 식재
- 물화단(Water Garden) : 대칭적 거형의 평면적 수조의 형태로 중앙에 분수, 네 귀퉁이에 조각·조상·대리적 Base 둠

㉤ 격자울타리(trellis)

ⓐ 정원 사이에 이동하는 정원문으로 퍼골라 형식으로 지어져 원로와 수목원을 분할함

ⓑ 쉽게 구축할 있는 것으로 많이 보급됨

ⓒ 원정(parbilion), salone, gallery, 보행용 반건축용 고도에 사용

⑤ 르 노트르 정원의 외국전파 영향

㉠ 평면지형에 장식된 정원양식으로 지형적 구애를 받지 않고 전파가 쉬우며, 유럽 도시경관의 변화를 가져오는 계기가 됨

㉡ 시설적 특징의 도시계획에의 전파

ⓐ Allee(소로) : 도시의 동선으로 적용

ⓑ Bosquet : 도시의 주택군으로 적용

ⓒ Rond point : 도시 광장으로 적용

ⓓ 러시아 상트페테르스부르크, 미국의 워싱턴 수도 계획에 영향

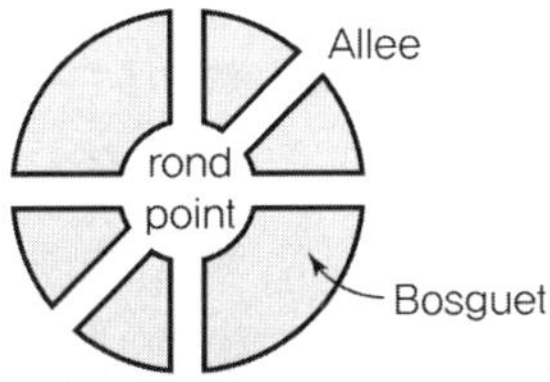

• 르 노트르 정원의 도시계획적 특징 •

㉢ 영향을 준 정원 : 이탈리아 카세르타궁원, 오스트리아 쉔브룬성, 독일 칼스루헤성관, 네덜란드 프랑스식 화단(파르테르), 스페인 라 그랑하, 포르투갈 퀠루츠, 덴마크 플로렌스부르크, 중국 만수산 원명원 이궁

4 네덜란드(운하식)

① 15세기 도시 거주자들의 초본식물 위주의 정원. 운하식 인공미를 강조한 운하식 정원

② **정원구성물** : 과수원, 소채원, 약초원, 화단(단순 사삭형 화난), 장살울타리(사경수법), 정자(벽돌, 돌로 축조) 미원, 토피아리 중심

③ 풍부한 화초로 변화감 있게 조성함. 하며 노단이 거의 없고 토피아리와 수로로서 부지경계의 역할

④ 화단 : 단순 사각형의 화단으로 화려하지 않음

⑤ 노단이 거의 없으며, 인공가산을 만드는 경우도 있음

⑥ 영국 Levens Hall에 영향을 줌

예 Summer House 도시정원

5 영국 르네상스(15~17세기) : 정형식

(1) 튜터조 정원

① **배경** : 신문화를 흡수하면서 새로운 토지소유자들이 저택형 조경을 하면서 프랑스, 이탈리아를 여행하고 모방하기 시작. 암흑시대가 끝나고 정원을 확장해 나감

② **정원 특징**

㉠ 화훼, 정원에 대한 관심 증대

㉡ 화단 : 격자울타리에 둘러싸여 여러 개로 구획. 벽돌, 다듬을 돌에 의해 땅보다 약간 높게 조성

㉢ 토피아리 도입 : 노단과 물의 기교는 맞지 않아 토피아리로 장식

㉣ 가산 축조 : 외부경관을 바라보기 위한 장소에 담장 대신 정자 짓고 주변 경치 감상

㉤ 매듭화단(Kontted bed) : 튜터조가 창시함

㉥ 회랑(gallery) : 가장 특징적인 정원시설. 정원 밖 건물과의 통로구실

③ **대표 정원** : 햄턴 코오트(Hampton court = 사원 Pravy garden)

㉠ 헨리8세를 위해 축조한 정형식 정원. 토지 확장하면서 정원에 대한 관심이 고조

㉡ 정원구성물 : 격자울타리에 의한 화단, 토피아리, 가산축조, 매듭화단, 회랑, 야수상(왕가 문양 나타낸 것), 풍신기, 해시계

㉢ 연못의 정원 : 가장 오래된 정원으로 침상원(sunken Garden) 3개의 노단, 중앙의 원형분천, 산울타리로 전체를 둘러싸는 형태

(2) 엘리자베스 시대

① **배경** : 이탈리아, 프랑스, 네덜란드에서 도입된 새로운 정원양식을 결합하기 시작. 대륙에 비해 화려한 화단으로 밝게 꾸며 음울한 기후에 대책

② **정원 특징**

㉠ 전정 : 주택 앞 담장에 둘러싸인 전정 조성

㉡ 노단 : 정원경관을 바라보기 편리한 곳에 노단 배치

㉢ 화단 : 네모난 모양

㉣ 격자원정 : 이용 편리한 곳, 구석진 자리에 배치

㉤ 유원 : 영국정원에서 중요한 요소로서 단순한 경계적 산울타리 역할(주로 라벤더, 로즈마리 등)

㉥ 토피어리 : 영국 정형식 정원에서의 중요 요소

㉦ 볼링 그린 : 구기장, 활터

③ **대표 정원** : 몬타큐트(Montacute)

㉠ 유럽을 모방하면서 대륙에 비해 화려한 화단으로 음울한 기후에 대한 대책

㉡ 정원구성물 : 주택 앞 담장에 둘러싸인 전정, 노단, 화단, 격자원정, 유원(산울타리로 경계), 토피아리, 볼링 그린(구기장)

㉢ 단순하면서 의식적 주축선 강조

(3) 17C~18C 초 스튜어트 왕조

① **배경** : 장원건축, 조경의 퇴보. 이탈리아, 프랑스, 폴란드, 중국의 영향받음

② **주요정원** : 브라함(Bramham) Park, Wrest Park, Hampton court, 멜보른 Hall, Wrest court, Levens Hall

㉠ 햄프턴 코트(Hampton Court) : 가장 여러 나라의 영향을 많이 받아 개조됨

㉡ 웨스트베리 코트(Westbury Court) : 연못 중심의 정원. 차경수법(개방된 창울타리 통해 주위 경치 받아들임), 소채원(5점 식재, 관목으로 둘러싸임)

㉢ 레벤스 홀(Levens Hall) : 토피아리의 정원, 튤립(네덜란드의 영향), 주축선, 소로, 비스타 등 프랑스 영향, 볼링 그린, 채소원 등

(4) 영국 정형식 정원의 특징

① 부유층을 위한 것

② **테라스** : 이탈리아 양식, 석재 난간에 둘러싸여 병, 화분 조상으로 장식

③ **주도로(Forthright)** : 4명 정도 걸을 수 있는 평행선의 산책로로 잔디나 자갈로 포장

④ **가산(Mound)** : 원래 중세 방어 감시탑이 정상에 원정을 배치하여 주변 감상하는 언덕으로 조성

⑤ **볼링 그린(Bowling Green)** : 볼링 경기 장소. 단순하다가 프랑스 영향으로 화려해짐. 매우 반자연적으로 후에 자연풍경식 발생의 촉매가 됨

⑥ **약초원(Herb Garden)** : 거형, 장방형의 형태

⑦ **3대 정원요소**

㉠ 문주(가문의 문양을 그려 조상물 만든 것)

㉡ 매듭화단(상록식물로 매듭무늬로 만든 화단)

㉢ 토피아리(수목을 인위적인 형태로 다듬어 배열한 것) : 지나치게 남용, 비자연적

CHAPTER 09 서양의 조경

실전연습문제

01 다음 중 몬탈토(Montalto)의 분수와 쌍둥이 카지노(twin casino)가 있는 곳은? [기사 11.03.20]

㉮ 란테장(Villa Lante)
㉯ 메디치장(Villa Medici)
㉰ 에스테장(Villa d'Este)
㉱ 파르네제장(Villa Farnrse)

02 프랑스 베르사유궁원에서 사용된 "파르테르(Parterre)"란 명칭으로 가장 적당한 것은? [기사 11.03.20]

㉮ 분수 명칭 ㉯ 화단 명칭
㉰ 연못 명칭 ㉱ 산책로

03 다음 유럽 조경사의 각 시대를 주도권의 관점에서 특징적으로 구분한 것 중 부적합한 것은? [기사 11.03.20]

㉮ 15세기 - 이탈리아 노단건축식 정원
㉯ 16세기 - 이탈리아 바로크식 정원
㉰ 17세기 - 프랑스 평면기하학식 정원
㉱ 18세기 - 독일 구성식 정원

풀이 ㉱ 독일 구성식 정원 : 20세기

04 통경선 정원(Vista Garden)을 주로 설계한 조경가는? [기사 11.06.12]

㉮ William Kent
㉯ William Robinson
㉰ André Le Nôtre
㉱ John Vanbrugh

풀이 **르 노트르**
프랑스 평면기하학식의 대가로 비스타 구성을 위해 총림과 볼링그린을 사용

05 다음의 그림은 이탈리아 노단건축양식(Terrace-dominantarchitectural style)의 3대 평면유형 가운데 하나이다. 이 유형의 이름과 여기에 해당하는 별장의 이름은? [기사 11.06.12]

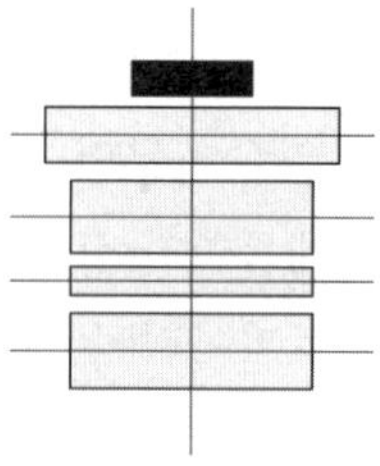

㉮ 직렬형 - 랑테장
㉯ 병렬형 - 에스테장
㉰ 직교형 - 메디치장
㉱ 교차형 - 이졸라벨라

ANSWER 01 ㉮ 02 ㉯ 03 ㉱ 04 ㉰ 05 ㉯

06 알베르티(Alberti)가 "De Architecture" 라는 책 속에서 설명한 이상적인 정원의 꾸밈새가 아닌 것은? [기사 11.10.02]

㉮ 수목은 한 줄이거나 석 줄이거나 모두 직선이 되도록 줄을 맞추어 심는다.
㉯ 석조원주로 평탄한 지붕을 받친 녹랑(pergola)에는 덩굴식물을 올려 원로에 짙은 그늘을 만든다.
㉰ 물이 흘러 떨어지는 산허리에 응회암으로 동굴을 만들고 그 건너편에 양어지, 목장, 과수원, 채소원을 설치한다.
㉱ 아무리 작은 정원이라도 진흙이나 구운 벽돌로 높은 울담을 두른다.

07 다음 중 라파엘로(Raffaelo)가 디자인에 참여한 작품은? [기사 11.10.02]

㉮ 빌라 마다마(Villa Madama)
㉯ 빌라 랑테(Villa Lante)
㉰ 빌라 메디치(Villa Medici)
㉱ 빌라 하드리안(Villa Hadrian)

풀이
- 마다마 – 라파엘로
- 랑테 – 비뇰라
- 메디치 – 미켈로지

08 영국에 프랑스식 정원 양식을 도입하는 데 공헌한 사람들 중 관계없는 인물은? [기사 12.03.04]

㉮ 르 노트르(Andre Le Notre)
㉯ 로즈(John Rose)
㉰ 페로(Claude Perrault)
㉱ 포프(Alexander Pope)

풀이 포프는 영국의 전원시로 유명한 시인, 비평가

09 르네상스 시대의 프랑스와 이탈리아 조경의 차이점이 아닌 것은? [기사 12.03.04]

㉮ 프랑스는 성관이 발달하였고, 이탈리아는 빌라의 큰 발달을 보게 되었다.
㉯ 프랑스는 중세의 방어요소인 호를 호수와 같은 장식적 수경으로 전환시킨 반면에 이탈리아는 캐스케이드, 분수, 물풍금 등의 다이나믹한 수경을 나타내고 있었다.
㉰ 프랑스정원은 이탈리아 정원보다 파르테르를 중요시하였다.
㉱ 프랑스 정원은 경사지의 옹벽에 의해서 지지된 테라스나 평탄한 지역이 만들어졌으며, 다양한 형태의 계단 혹은 연속적인 계단 그리고 경사로로 연결되었다.

풀이 ㉱ 프랑스 정원은 평면에 장식적인 평면기하학식 정원이며, 이탈리아 정원은 경사지에 계단이나 테라스, 옹벽으로 이루어진 노단건축식 정원이다.

10 영국 정형식 정원의 특징으로 옳지 않은 것은? [기사 12.05.20]

㉮ 마운드는 기하학적인 규칙성을 가진 인공적 언덕이었다.
㉯ 조각이나 병, 화분 등으로 테라스, 원로를 장식했다.
㉰ 정원의 대부분은 도시 근로자의 휴식을 위한 것이다.
㉱ 산책로는 자갈, 잔디, 타일, 판석 등으로 대개 포장을 하였다.

풀이 영국 정원은 귀족 전유물이던 것이 일반 대중에게 개방된 자연풍경식 정원이다.

ANSWER 06 ㉱ 07 ㉮ 08 ㉱ 09 ㉱ 10 ㉰

11 다음 중 Andre Le Notre의 작품은? [기사 12.09.15]

㉮ Central Park
㉯ Villa Lante
㉰ Taj Mahal
㉱ Vaux-le-Viconte

풀이 르 노트르는 프랑스 평면기하학식 정원가

12 17세기 프랑스의 베르사이유 궁전 주축 끝 중요 부분에 아폴로 분수(Fountion Apollo)를 설치했는데 그 이유로서 가장 합당한 것은? [기사 12.09.15]

㉮ 아폴로 조각이 그 장소에 합당
㉯ 신화 속 아폴로의 의미 상징화
㉰ 주축의 통경선(vista)을 강조하기 위한 목적
㉱ 유리의 방에서 왕자의 가로(Tapis vert) 이후 주축의 좋은 시계(view)를 유지하기 위한 목적

13 다음 [보기]가 설명하는 곳은? [기사 12.09.15]

보기
중앙축은 중심으로 대칭이며, 현관 앞을 3단계로 구성하여 올라가면서 시계의 변화를 얻을 수 있도록 처리하였다. 정원 국부에는 축을 중심으로 축선상에 원형공지, 용의 분수, cento fountain이 설치되며, 도로는 트렐리스 터널로 형성되었다.

㉮ Villa Lante
㉯ Villa d'Este
㉰ Villa Farneseiana
㉱ Villa Medici

14 클리포드(D.Clifford)의 주장에 의하면 어느 시대가 되어야 비로소 정원이 예술의 한 범주에 속하게 되었다고 하였는가? [기사 12.09.15]

㉮ 고대 로마 제국 시대
㉯ 10세기경 이슬람 대제국 시대
㉰ 르네상스 시대
㉱ 근대 산업혁명 시대

풀이 르네상스 시대에는 이탈리아 노단건축식, 프랑스 평면기하학식 등의 뚜렷한 형식의 정원이 발생함

15 르네상스 정원에 대한 설명 중 적합하지 않은 것은? [기사 13.03.10]

㉮ 정원은 인간의 품위를 높이고 고상한 취미 생활을 위한 것이었다.
㉯ 정원형태는 대단히 엄격한 고전적 비례와 수학적 계산에 의해 구성되었다.
㉰ 주택은 정원과 자연경관을 향해 내향적이었다.
㉱ 빌라는 아름답고 트인 조망과 미풍을 맞을 수 있는 구릉이나 산간의 경사지에 입지하게 되었다.

16 Versailles가 계획된 계기가 되었고, 그 디자인에 가장 큰 영향을 미쳤던 작품은? [기사 13.03.10]

㉮ Villa d' Este
㉯ Vaux-le-Vicomte
㉰ Villa Medici
㉱ Villa Lante

풀이 보르비꽁트는 최초의 기하학식 정원으로 르 노트르라는 조경가를 배출하여 베르사이유 궁원을 만드는 계기가 됨

ANSWER 11 ㉱ 12 ㉯ 13 ㉯ 14 ㉰ 15 ㉰ 16 ㉯

17 조지 런던과 헨리 와이즈의 협력작품으로, 설계는 방사형의 소로와 중심축선의 강조를 통한 바로크적인 새로운 지면분할의 방식을 취하면서 프랑스 왕궁과 경쟁한 저명한 영국의 정원은? [기사 13.06.02]

㉮ 스토우원　㉯ 햄프턴 코트
㉰ 에르메농빌르　㉱ 말메종

풀이 햄프턴 코트는 영국 정형식 정원으로 각국의 영향을 많이 받아 조성되었다. 프랑스 베르사이유 궁궐의 방사형과 비견할 특징을 가지고 있다.

18 보르 뷔 꽁트(Vaux-le-Viconte)에 사용된 중요한 조경기법이 아닌 것은? [기사 13.06.02]

㉮ 장식화단
㉯ 가산(假山 : mound)
㉰ 다양한 형태의 소로(allee)
㉱ 주축선에 의한 비스타(vista) 조성

풀이 가산은 동양 정원 양식이다.

19 다음 [보기]의 설명에 해당하는 빌라는? [기사 13.06.02]

보기
- 메디치가에서 설치한 빌라이다.
- Florence시를 내려다보고 있는 언덕에 건물과 테라스를 이상적으로 균형되게 배치하였다.
- 전체의 가시경관이 "결합된 일부"가 되고 있는 작품이다.

㉮ Villa Farnese　㉯ Villa Madama
㉰ Villa Careggi　㉱ Villa Lante

풀이 **빌라 마다마**
몽테마리오산에 있는 빌라로 로마 시내가 한 눈에 내려다보이며 라파엘로가 설계했으며, 3개의 노단식 정원으로 주건물과 옥외 외부공간의 시각적 완전한 결합을 시도함.

20 다음 중 피렌체 메디치장(Villa Medici)에 관한 설명으로 옳은 것은? [기사 13.09.28]

㉮ 1450년경 코지모 디 메디치(Cosimo de, Medici)가 조경가 알베르티(Alberti)의 설계에 따라 만들었다.
㉯ 남쪽 사면의 비탈면을 깎아 3개의 단(terrace)을 만들었다.
㉰ 첫째 단에는 파르테르(parterre)를 만들고 3번째 단위 최상단에는 카지노(casino)를 두었다.
㉱ 첫째 단의 정원은 중앙에 축을 두고 조경요소를 대칭적으로 배치하고 있다.

풀이 **메디치장**
미켈로지가 설계했으며, 피렌체 동쪽 사면의 경사지에 만든 별장으로 상하 테라스가 직접 연결되지 않은 특징이 있다.

21 이탈리아 르네상스식 빌라정원의 중정을 의미하며 야외공연장으로 이용되는 시설은? [기사 14.03.02]

㉮ 닌페오(Ninfeo)
㉯ 코르틸레(Cortile)
㉰ 스칼리나타(Scalinata)
㉱ 테라자(Terazza)

풀이 ㉮ 닌페오(ninfeo) : 라틴어 님페움(nymphaeum)의 이탈리아어로 로마 시대의 분수, 조각상이나 꽃밭 정원 따위에 있는 오락용 시설이나 건물
㉯ 코르틸레(Cortile) : 이탈리아어로 숨겨진 뜰이란 뜻으로 르네상스 빌라의 중정을 의미함
㉰ 스칼리나타(Scalinata) : 좌우 2개로 나뉜 노단에 올라가는 계단
㉱ 테라자(Terrazza) : 테라스, 발코니라는 뜻

ANSWER 17 ㉯ 18 ㉯ 19 ㉰ 20 ㉱ 21 ㉯

22 몬탈또(Montalto) 분수, 빛의 분수(Fountain of Lights), 거인의 분수, 돌고래 분수 등과 같은 정원 시설물을 만들어 놓은 이탈리아의 정원은? [기사 14.03.02]

㉮ Villa d'Este(에스테장)
㉯ Villa Lante(란테장)
㉰ Villa Gamberaia(감베라이아장)
㉱ Villa Aldobrandini(알도브란디니장)

풀이 **빌라 란테**
이탈리아 3대정원 중 하나로 4개의 노단으로 되어 있으며, 1테라스에 몬탈또 분수, 3테라스에 거인의 분수, 4테라스에 돌고래 분수 등이 있다.

23 이탈리아의 테라스식 조경이 특징적으로 발달하게 된 가장 결정적인 환경 요인은? [기사 14.03.02]

㉮ 전망과 풍요한 자연
㉯ 전망과 도시설계의 발달
㉰ 지형과 기후
㉱ 건축양식 발달과 지형

풀이 테라스식 정원은 이탈리아 지형이 구릉지와 경사지가 많아 자연적으로 만들어진 것으로 프랑스의 평면식 또한 평면지형 때문에 발생한 것임으로 지형과 기후에 의한 영향이 가장 크다.

24 이탈리아와 프랑스의 전통조경 발달과정의 차이점을 설명한 것 중 옳은 것은? [기사 14.05.25]

㉮ 프랑스는 일찍부터 도시국가가 발달하고 부(富)를 축적하여 교외 구릉지에 빌라가 발달하였다.
㉯ 이탈리아는 도시주택 겸 수렵용 건물인 성관이 발달하였다.
㉰ 이탈리아는 프랑스보다 다이나믹한 수경(水景) 중심에서 잔잔하고 넓은 수경으로 발달하였다.
㉱ 프랑스의 조경은 이탈리아보다 화단 파르테르(Parterre)를 중요시하였다.

풀이 이탈리아는 지형이 구릉지이기에 노단식이 발달하고, 경사지에 물을 흘려 역동적인 표현을 할 수 있었고, 프랑스는 지형이 평지이기 때문에 기하학식이 발달하여, 화단 파르테르가 매우 발달하였다.

25 영국 르네상스 정원을 구성하는 정원의장으로 볼 수 없는 것은? [기사 14.05.25]

㉮ 토피어리(topiary)
㉯ 총림(bosquet)
㉰ 문주(門柱)
㉱ 매듭화단

풀이
- 총림(Bosquet) : 프랑스 정원의 비스타 형성 수단
- 영국 르네상스 정원 정원의장 : 정형식 정원으로 화훼, 화단, 토피아리, 가산, 매듭화단, 회랑 등

26 이탈리아 정원에 있어서 문예부흥(르네상스)이 끼친 가장 큰 영향은? [기사 14.05.25]

㉮ 성곽(城廓)정원에서 탈피하여 별장 중심의 정원으로 전환되었다.
㉯ 실용(實用)주의 정원으로 발전하였다.
㉰ 대중을 위해 공공조경에 관심을 쏟았다.
㉱ 자연과의 조화를 강조하였다.

풀이 르네상스는 중세 암흑기를 벗어나 광명, 자유의 시대, 인본주의 휴머니즘, 인문주의 즉 인간의 존엄성을 높이기 시작하면서 발생한 것으로 특히 이탈리아 르네상스는 노단식 빌라가 많이 생겨남

ANSWER 22 ㉯ 23 ㉰ 24 ㉱ 25 ㉯ 26 ㉮

27 다음 설명 중 ( ) 안에 공통으로 들어갈 내용으로 알맞은 것은? [기사 14.09.20]

> 클리포드(D. clifford)는 ( ) 시대에 이르러서 비로소 정원이 예술의 한 범주에 속하게 되었다고 지적했다. 우리가 알고 있는 ( ) 이전의 정원 발달에 대해 연속적 맥락을 찾아보기 어렵고, 정원은 건축·회화·음악 혹은 문학과 달리 가변적인 예술이어서 위대한 정원이 당초 설계대로 남아 있기 어려울 수 밖에 없는 실제 정황을 염두에 둔 지적이다.

㉮ 산업혁명 ㉯ 르 노트르
㉰ 르네상스 ㉱ 근세

풀이 **클리포드(Dereck Clifford)**
"르네상스 시대에 이르러서 비로소 정원이 예술의 한 범주에 속하게 되었다"고 하고, 18C를 조경사에 있어서 위대한 혁명기라고 함

28 르네상스 시대 알베르티(Alberti)의 부지 선정에 대한 이론이 아닌 것은? [기사 14.09.20]

㉮ 배수가 잘되는 견고한 부지
㉯ 태양이 이루는 각도를 고려한 부지 방향
㉰ 인근 도시와의 연결성 고려
㉱ 계절에 따른 풍향과 부지와의 관계 고려

풀이 **알베르티(Albertii)의 입지선정규정이론(15C)**
① 트리비우스의 "The Architecture"에 준용함
② 배수가 잘되는 겸허한 곳
③ 방향을 태양과 이루는 수평·수직각도 선택
④ 여름에는 시원한 바람, 겨울에는 찬바람을 막을 수 있어야 함
⑤ 수원을 적절히 이용할 수 있어야 함
⑥ 구조물, 시설물은 그 지방의 환경에 적합한 그 지방의 재료를 쓰는 것이 좋다.

29 평면기하학식 정원양식을 확립한 프랑스의 조경과 앙드레 르 노트르의 작품이 아닌 것은? [기사 14.09.20]

㉮ 퐁텐블로(fontainebleau)
㉯ 샹티(chantilly)
㉰ 프티 트리아농(petit trianon)
㉱ 튈러리(tuilereies)

풀이 프티 트리아농은 프랑스 풍경식 정원으로 가브리엘이 설계함

ANSWER 27 ㉰ 28 ㉰ 29 ㉰

4 18세기의 조경

1 18C 영국 자연풍경식

(1) 시대적 배경

① 르네상스 이래 강조된 휴머니즘과 합리주의, 근대 과학정신이 첨가

② 도시화로 인한 노동자계급의 사람들이 발생하여 위생시설, 복지시설의 개념이 생겨나며 새로운 도시에 대한 고려로 도시공원이 발생

③ 새로운 인간에 대한 사상, 문인들, 풍경화의 발달로 인해 자연주의 풍경식이 싹트기 시작

④ 영국 정형식 정원의 비자연적, 인공적인 형태에 대한 반발

(2) 영국 풍경식 조경가

① 스와이저(Switzer, 1682~1745)

㉠ 최초의 풍경식 정원가

㉡ 정원은 울타리를 없애고 주변 모든 경관을 이용해 정원을 확장해야 한다.

② 찰스 브리지맨(Charles Bridgman, 1690~1738)

㉠ 주요작품 : 리치먼드 궁원, Stowe Garden, Chisuick Garden, Stourhead

㉡ 조지 1세의 궁전정원사로 정원은 숲의 외모를 가져야 한다고 주장

㉢ Stowe가든에서 하하(ha-ha) 개념을 도입하여 차경효과 정원조성

③ 윌리엄 켄트(William Kent, 1684~1748)

㉠ 주요 작품 : Chisuick Garden, Stowe Garden 수리, Kensington Garden, Rousham Garden, Stourhead

㉡ 풍경식 정원의 전성기를 이룬 선도 역할로 브리지맨의 제자

㉢ "자연은 직선을 싫어한다." 자연 그대로의 나무나 회화적 풍경묘사에 관심

④ 란셀로티 브라운(Lancelot Brown, 1715~1783)

㉠ 주요작품 : Stowe Garden 개조, Burghly 개조(발레이), 블렌하임(Blenheim) 개조(원래 Wise 설계) Wakefield hodge의 연못

㉡ 풍경식 정원의 대가이며 켄트의 제자. 풍경화를 경관에 옮겨 보려는 노력

㉢ 부지의 잠재력 강조하여 부드러운 기복이 있는 잔디와 잔잔한 수면, 우거진 수목과 굽이치는 원로

㉣ 정원에서 건축물과 색채는 중요하지 않으며 테라스와 자수화단도 없어야 한다.

㉤ 급작스러운 정원양식의 변화에 대한 반발이 생기기도 했다.

⑤ 험프리 렙턴(Humphry Repton, 1752~1818)

㉠ 50여 개 궁전 개조

㉡ 풍경식 정원의 완성가로 이론설 주장. 브라운파

㉢ 브라운보다 융통성 있고 실용적 합리주의적 입장

㉣ Landscape Gardener라는 명칭 최초로 사용

㉤ 정원의 천연의 미를 강조하며 기교를 감추고 경관을 도와 정원이 천연의 작품과 같아야 한다.

㉥ Red Book 창안(부지설계에 관한 스케치)

⑥ 윌리엄 챔버(Sir. William Chamber, 1726~1796)

㉠ Kew Garden 설계

㉡ 중국정원을 영국에 소개. 브라운파에 반대하는 회화파의 입장(정원은 보는 사람들이 감탄하는 미적 쾌감이 있어야 한다.)

브라운파(Brownist)	회화파(Picturesque)
• 전형적 영국의 사실주의적 자연풍경식 • 구불어지고 완만히 굽이 친 원로를 따라 차례로 전개되는 변화 많은 풍경이 주조 • 브라운, 렙턴 + 영국인 원래의 기질	• 정원에 지적요소를 도입 • 정원이 목적하는 바는 보는 사람들로 하여금 경탄감을 자아내게 하는 동시에 여러 가지 미적 쾌감을 주어야 한다. • 정원을 소요하면서 고전적인 조사, 도자기, 작은 정자, 고딕스타일의 폐허지 도입 • 이질적인 기호, 미적 쾌감 유발 • 챔버

★★★ (3) 영국 풍경식 정원의 작품

① 스투어 가든(Stowe Garden, 브리지맨 → 브라운, 켄트 개조 → 브라운 개조)

㉠ 브리지맨과 반브로프가 설계하고 브라운과 켄트가 개조한 후 다시 브라운이 개조하여 완성

㉡ 하하(Ha-Ha) 수법의 사용 : 정원 경계부에 물리적 경계 구분 없이 도랑을 파 경계의 역할을 하여 가축을 보호하고 인접한 목장, 삼림지를 정원의 풍경 속으로 끌어들이는 의도로 사람들이 도랑을 보고 '하하' 라고 하면서 감탄한 데서 생긴 이름

㉢ 브리지맨과 반브로프 설계 당시 : 기하학적 정원으로 주축이나 부축이 완전 대칭이 아닌 과도기적 형태. 자수화단, 수영장, 분수 등

㉣ 브라운, 켄트 개조 시 : 직선요소 과감히 없애고 울타리 넘어 모든 자연을 차경으로 활용

㉤ 브라운 개조 시 : 모든 자연은 정원이다. 지역의 자연환경이 가지는 모든 자연요소를 정원으로 활용

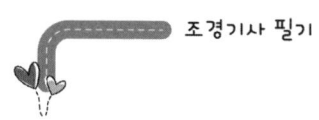

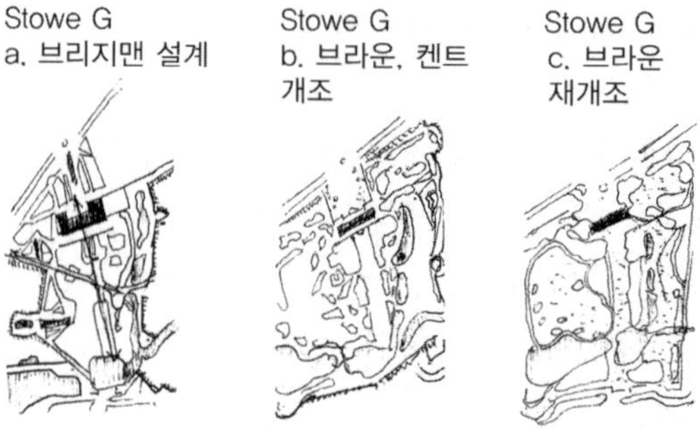

• Stowe garden 설계 변천 과정 : 점점 곡선이 많이 사용되며 자연적 형태로 변함 •

② 칙스윅 하우스(Chiswick House, 켄트)
  ㉠ 켄트에 의해 설계된 낭만주의 풍경식 정원의 대표작
  ㉡ 전통적 규칙성과 야생적 경관을 혼용한 방식
  ㉢ Landscape Garden이란 언어의 사회적 공식화
③ 스투어헤드(Stourhead, 켄트, 브리지맨)
  ㉠ 현재 원형이 가장 잘 남아있는 정원으로 헨리 호어의 소유로 켄트와 브리지맨이 설계
  ㉡ 전설에 나오는 에이네이어스를 테마로 자연을 배외하는 영웅의 인생항로를 느낄 수 있게 공간 구성
  ㉢ 인공 호수를 따라 아폴로 신전, 판테온 신전, 플로라 신전 등을 배치. 신전이 정원 중심적 공간 이루면서 호수에 비치도록 설계. 지적 의미를 가지고 정원의 각 부분을 시와 신화의 기초지식 위에서 감상하도록 함

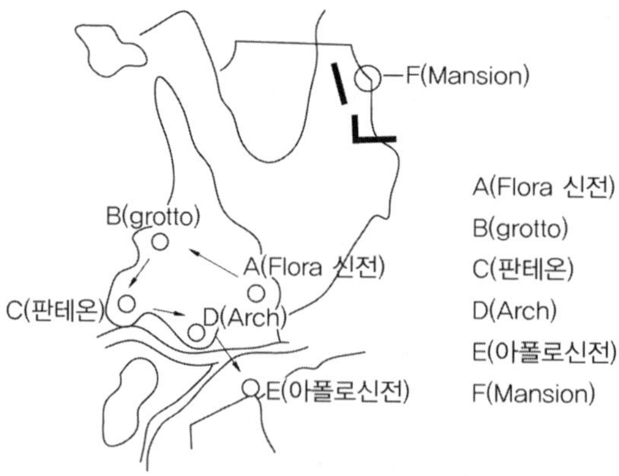

• Stourhead 공간모식도 •

(4) 영국 풍경식 정원의 조경사적 의의

① 근대조경에 지대한 영향. 새로운 양식의 도래
② 옥외공간의 설계에서 야생의 자연과 일치하도록 경관을 창출

③ 당시 조경가의 주요관심이 그동안 무관심했던 삼림과 농촌풍경을 보존하자는 움직임. 이를 최대한 확장하려는 노력으로 이어짐

★★★★ 2 프랑스 풍경식

(1) 배경

① 18세기말에서 19세기 초까지 영국 풍경식 정원이 유행

② 당대의 계몽주의 사상, 루소의 자연복귀사상 "자연으로 돌아가라"

★★★★★ (2) 대표적 정원

① 프티 트리아농(Petit Trianan)

㉠ 가브리엘 설계

㉡ 이탈리아식 건축양식 + 정형식, 비정형식 동시의 정원

㉢ 루이 14세가 축조하여 루이 15세 때 식물원 같은 모습으로 외국수종을 많이 식재함. 루이 16세 때 앙투아네트를 위해 영국식 정원으로 개조하여 소박한 전원적 생활을 하는 곳으로 만듦

② 엘름논빌(Ermenonville)

㉠ 프랑소와 지라르뎅 설계

㉡ 앙리 4세가 세운 성관을 풍격식 정원으로 조성

㉢ 공간구성 : 대임원, 소임원, 벽지(야생의 방치된 모래땅)로 구성됨. 그 속에 동굴, 폭포, 하천, 연못 중앙의 섬 등이 있다. 당시 문인들의 기념비와 루소의 무덤이 있음

③ 말메이존(Malmaision)

㉠ 베르토 설계

㉡ 임원형식의 조세핀(나폴레옹 황제의 황후)의 만년거처

㉢ 아름다운 수목과 많은 화훼류가 있음. 큰 온실에 외국의 진귀한 수종 수집연구

④ 그외 Morfountaine, Bagatelle, Monceau Park

(3) 프랑스 풍경식의 특징

① **영국 후기 풍경식 정원형식** : 사실적 자연풍경양식

② 이국적 정서, 취향을 적극적으로 받아들임

③ **정원이 작은 농촌의 촌락과 같이 보이게 조성** : 농가, 창고, 물레방아, 풍차 등 실제로 이용

④ **첨경물의 적극적 사용** : 정원미를 높이고 경관효과를 위해 낭만주의적 경관 조성

⑤ **곡선 그리는 원로** : 가장 독창적인 것으로 정원의 지배요소

3 독일 생태학적 풍경식 정원

(1) 특성

① 기존 농가를 중심으로 한 소규모 정원으로 삼림 위주의 생태학적 정원

② 과학적 기반 : 식물생태학, 식물지리학의 발전

(2) 주요 조경가

① 히르시 펫트(1743–1792) : 삼림미학자. 미학강의교수. 풍경식 정원에 대한 정원예술론 연구. 경관의 미적쾌감을 여러 가지로 분류해 풍경식 정원을 설명

② 칸트(Kant) : 저서 "판단력 비판"에서 예술을 분류함에 있어 조경에 대한 정의 회화와 조경술로 구분. 조경술은 자연재료를 미적으로 배합하는 예술이다.

③ 괴테 : 낭만주의 문학의 대가. 바이마르원(Weimar Garden) 설계

④ 쉴러 : 괴테에 이어 풍경식 정원의 비판자. "정원 속의 자연은 이미 외부자연과 같지 않다."

★★★★★ (3) 주요 정원

① 시뵈메르원

㉠ 독일최초의 풍경식 정원으로 진기한 외국수종이 많다.

② 데시테드원

㉠ 임원형식으로 식물지리학적 생육상태에 맞게 과학적인 설계

㉡ 외국수종이 많음

③ Muskau성의 대임원

㉠ 무스카우공작 소유로 성관과 대규모의 농경지로서 공작이 직접 설계함. 전원생활의 여러 활동을 담을 수 있는 실용적인 공간으로 조성

㉡ 후에 미국 센트럴파크에 영향을 줌

㉢ 무스카우 공작의 정원설계에 대한 9가지 이론 : "Hints on Landscape Gardening"

- 일관성, 응집력, 차경, 단순, 인간도 자연이다. 주거와 정원의 일체감, 다양성, 생태환경, 교육적 가치 등

㉣ 공간구성 : 낙엽활엽수 위주의 임원, 수경시설 활용(장식적 수로와 호수와 연결), 곡선의 산책로, 목가적인 초원 등

④ 그 외 바이마르원(weimar Garden) - 괴테

실전연습문제

01 브리지맨(Bridgeman)에 대한 설명 중 맞지 않는 것은? [기사 11.03.20]

㉮ 버킹검의 스토우(stowe)원을 설계하였다.
㉯ 궁원(宮苑)의 관리를 담당하고 있던 사람이다.
㉰ 런던과 와이지의 정원조성방식을 탈피하고자 했다.
㉱ 부지를 작게 구획 짓는 수법을 구사하였다.

풀이 브리지맨은 부지를 작게 구획 짓는 수법을 배척하였다.

02 다음 조경가(造景家)와 그들이 설계한 중요한 작품의 연결이 옳지 않는 것은? [기사 11.06.12]

㉮ 윌리엄 켄트 - 햄프턴 코트
㉯ 앙드레 르 노트르 - 베르사이유 궁전
㉰ 옴스테드 - 센트럴 파크
㉱ 베르니니 - 포폴로 광장

풀이 **햄프턴 코트**
영국 르네상스 정형식 정원이며, 켄트는 풍경식 정원가

03 18세기부터 19세기에 걸쳐 사실주의 풍경식 정원양식이 주도적으로 펼쳐진 국가는? [기사 11.06.12]

㉮ 영국 ㉯ 독일
㉰ 프랑스 ㉱ 미국

04 "Humphry Repton"과 관련이 없는 것은? [기사 11.10.02]

㉮ 풍경식 정원
㉯ Red Book
㉰ 스투어헤드(stourhead)
㉱ Landscape Gardener

풀이 **스투어헤드**
브리지맨과 켄트가 설계

05 프랑스의 건축가 가브리엘이 조성하여 루이 16세 왕비 마리 앙투아네트가 전원생활을 즐겼던 곳은? [기사 11.10.02]

㉮ 베르사유궁 ㉯ 에르메농빌르
㉰ 말메이존 ㉱ 프티 트리아농

06 다음 Lancelot Brown의 설계관에 관한 설명으로 옳지 않은 것은? [기사 12.05.20]

㉮ 부드러운 기복의 잔디밭
㉯ 자수화단 설치로 색채효과
㉰ 거울같이 잔잔한 수면
㉱ 빛과 그늘의 대조

풀이 브라운은 대표적인 영국 풍경식 정원가로 자수화단은 프랑스 평면기하학식에 해당함

ANSWER 01 ㉱ 02 ㉮ 03 ㉮ 04 ㉰ 05 ㉱ 06 ㉯

07 영국의 전원시인 센스톤(Shenstone)은 정원미를 세가지로 나누었는데 다음 중 여기에 해당되지 않는 것은? [기사 12.05.20]

㉮ 장미(壯美, sublime)
㉯ 우미(優美, beautiful)
㉰ 음울 또는 한적(陰鬱 또는 閑寂, melancholy or pensive)
㉱ 별미(別味, uinque)

08 프랑스의 풍경식 정원이 아닌 것은? [기사 12.09.15]

㉮ 프티 트리아농(Petit Trianon)
㉯ 에르메농빌르(Ermenonville)
㉰ 무스코(Muskau)성
㉱ 말메종(Malmason)

풀이 무스코성은 독일 생태적 풍경식 정원임

09 현상을 그린 그림과 개조 후의 경관을 그린 그림을 한데 모아 개조 전, 후의 대지 상황을 한눈에 비교할 수 있는 슬라이드(Slide) 방법을 쓴 정원가는? [기사 13.03.10]

㉮ 켄트(William Kent)
㉯ 랩턴(Humphry Repton)
㉰ 브리지맨(Charles Bridgeman)
㉱ 에디슨(Joseph Addison)

풀이 영국 풍경식 정원가 랩턴의 Red Book에 대한 설명으로 설계의 내용을 스케치하는 노트를 말함

10 「동양정원론」을 간행하여 중국정원을 영국에 소개하고 풍경식 정원에 중국취미를 받아들일 것을 제안한 사람은? [기사 13.06.02]

㉮ 윌리암 챔버 ㉯ 브리지맨
㉰ 켄트 ㉱ 브라운

풀이 **윌리암 챔버**
Kew garden에 중국정원을 소개함

11 영국 풍경식 조경에 미친 영향으로 볼 수 없는 것은? [기사 13.06.02]

㉮ 동양문화의 영향
㉯ 풍경화의 낭만주의 문학
㉰ 기후, 지형, 식생 등 자연환경
㉱ 직선적인 건축물과의 조화와 균형

풀이 영국 풍경식은 자연스러운 곡선을 강조함

12 레프턴이 완성시켜 놓은 영국풍경식 조경수법은 자연을 어떤 비율로 묘사해 놓았는가? [기사 13.09.28]

㉮ 1 : 1 ㉯ 1 : 2
㉰ 1 : 10 ㉱ 1 : 100

풀이 영국의 자연풍경식은 자연의 모습을 그대로 재현한 것으로 1 : 1이라 할 수 있다.

ANSWER
07 ㉱ 08 ㉰ 09 ㉯ 10 ㉮ 11 ㉱ 12 ㉮

13 다음 설명하는 정원은? [기사 13.09.28]

- 초기에는 앙리 4세가 세운 성관(城館)의 형태였다.
- 정원 내에는 이 원림에서 세상을 떠난 루소의 분묘가 있다.
- 대림원(大林苑)과 소림원(小林苑) 및 벽지(僻地)의 세부분으로 구성되어 있다.
- 이를 소유했던 후작(侯爵)은 정원 내에서 악단에게 전원적 선율의 음악을 연주하게 하였으며, 부인이나 아이들에게 일부러 농민복장을 착용시켜 정원을 돌아다니게 하기도 하였다.

㉮ 에름논빌(Ermenonville)
㉯ 보르비콩트(Vaux-le-Viconte)
㉰ 프티 트리아농(Petit Trianon)
㉱ 말메이존(Malmaison)

14 영국 자연풍경식 정원의 발달에 기여한 조경가의 작품 연결이 올바른 것은? [기사 14.05.25]

㉮ 윌리엄 챔버 - 켄싱턴원
㉯ 윌리엄 켄트 - 큐 가든
㉰ 찰스 브리지맨 - 스토우원
㉱ 험프리 랩턴 - 스투어헤드

풀이
㉮ 윌리엄 챔버 – 큐가든
㉯ 윌리엄 켄트 – 스투어가든 개조, 칙스윅 하우스, 스투어헤드 등
㉰ 찰스 브리지맨 – 스투어가든, 스투어헤드
㉱ 험프리 랩턴 – 궁전 개조, 레드북 창안

ANSWER
13 ㉮ 14 ㉰

5 19세기의 조경

✓ 공공조경의 역사

고대	그리스	아고라
	로마	포럼, 운동장, Gymnasium(김나지움)
	서부아시아	Sharine garden(샤린가든)
중세	성내 정원광장, 오락장, 특수 경기장, quid(상공업자들이 모이는 곳)	
	귀족의 개인정원 개방	
르네상스	임원 공개 → 19C에 법령·왕실령에 의해 개방	
18C~19C	영국 런던	Kensington Garden(캔싱턴 가든)
		Hyde Park(하이드 파크)
		Green Park(그린 파크)
		St. James Park(성 제임스공원)
		Regent Part(리젠트 파크)
	프랑스 파리	Champs Elysees
		Palais Rotal
		Parc Monceau(몽소 공원)
		Jardin des Plantes
		Luxembourg
20C	미국	필라델피아시 계획
		워싱턴시 계획
		뉴욕시 계획
		옴스테드 Central Park
	파리	Bois de Boulogue
		Monsouris
		Bois de Vincennes

★★★★★ 1 영국조경(공공조경)

(1) 배경

① 산업화 도시화로 인해 도시문제를 해결하기 위한 방법으로 공원이 등장

② 도시 확산에 대한 견해로 전원 도시안 등장

③ 귀족정원에 대한 흥미가 사라지고 공원에 대한 대중의 관심이 증대

④ 귀족정원을 대중에게 개방

⑤ 19세기 초 정원 개조 : 감상주의에서 벗어나 절충주의

㉠ 현실 그대로의 식물에 관심 기울이기 시작

㉡ 배리(Berry)

ⓐ 로마 근교의 별장에 반정형적 수법 사용

ⓑ 정원작품은 풍경원과 분리되어 건물 한쪽 면에 붙여서 축조

ⓒ 지형이 허용하면 이탈리아식 난간, 그렇지 않으면 침상원(sunken garden)으로 멀리서 볼 수 있게

㉢ 팩스턴(Paxton)

ⓐ Chatsworth 정원 개조 : 정형식의 주원로를 남기는 풍경식

ⓑ Crystal palace(수정궁) 설계 : 정형식+비정형식의 혼합

★★★ (2) 대표적 정원

① 리젠트 파크(Regent Park)

㉠ 배경 : 18세기까지 귀족의 전유물이었다가 19세기에 오면서 특정한 날 개방되다가 점차 확대되어 공공의 집회장소로 활용되기까지 하면서 정원이 공공기관에 기부됨.

㉡ 원래 리젠트 왕자의 수렵원을 존 나쉬(John Nash)에 의해 런던의 주요가로를 개조하여 그 중 리젠트거리에 띠모양 숲을 만들어 녹지의 중요성을 불러일으킨 공원

㉢ 절충식 정원(고전양식 + 낭만양식)

② 버큰헤느 파크(Birkenhead Park)

㉠ 1843년 조셉 팩스턴(Joseph Paxton)이 설계한 시민의 힘으로 개방된 최초의 공원

㉡ 양식 : 풍경식 양식을 살리면서 여러 양식이 혼합된 절충주의적 양식

㉢ 영향 : 미국 센트럴파크에 지대한 영향을 줌. 도시공원설립의 자극적 계기

㉣ 공간구성 : 공원 주변에 공원을 향한 주택의 배치방식. 대규모의 초원, 완만한 곡선의 마차길, 산책로, 대규모 인공연못 등

③ 세인트제임스 공원(St. James Park)

㉠ 존 나쉬가 긴 커넬을 물결무늬의 연못으로 개조한 공원

(3) 19C 말 영국 구성식 정원 : 건축식 양식의 신고전파

① 블롬필드(Blomfield)

㉠ 구성식 일으키게 한 건축가

㉡ 민주적 도시소정원에서 비롯하며, 풍경식 정원 역시 인공적이라 함

㉢ 넓은 부지를 작은 공간으로 분할하는 영국 르네상스, 산울타리 이용

㉣ 건축적 감각이 담겨진 정원의장에 대한 관심

② 무테시우스(Muttesius)

㉠ Outdoor Living Room : 건물과 정원이 서로 조화를 이루면서 정원은 또 다른 거실이다.

㉡ 노단, 화단, 채원은 하나의 외부의 방의 성격을 지닌 공간이다.

(4) 소정원운동

① 윌리엄 로빈슨(William Robinson)

㉠ 소정원운동의 대표주자인 원예가

㉡ 처음 야생정원을 만들어 자생식물이나 귀화식물 식재

② 재킬여사(Gertrude Jeckll)

㉠ 아마추어 원예가

㉡ Wall Garden, Water Garden 등 소주택에 어울리는 정원 고안

★★★★★ 2 미국조경(식민지 정형식 → 풍경식 → 기능주의)

(1) 식민지 시대

① 배경

㉠ 콜롬버스가 신대륙을 발견하면서 유럽제국의 식민지 시대로서 자국의 정원, 주택의 양식을 그대로 반영

㉡ 선주민이었던 인디언의 촌락, 정원에 대한 관심

② 특징

㉠ 정형적 정원의 형식

㉡ 주도로 : 주택을 중심으로 축선상의 짧고 곧은길. 격자형 포도밭, 꿀벌통, 넓은 잔디밭, 가장자리에 회양목 두른 화단, 채소밭, 원정 등이 있음

③ 대표 정원

㉠ 코로니얼 윌리엄스버그(Colonial Williamsburg)

ⓐ 버지니아의 수도

ⓑ 프랑스 정형식 정원 양식을 모방한 절충식 양식, 영국과 프랑스 양식의 혼합

ⓒ 기하학적 중심의 공간구성

㉡ 마운트 버논(Mount Vernon)

ⓐ 영국 풍경식 + 프랑스 기하학식의 혼합

ⓑ 초대 미국 대통령 조지 워싱턴의 사유지

㉢ 몬티첼로(Monticello)

ⓐ 미국 제3대 대통령 토마스 제퍼슨 사저

ⓑ 토마스 제퍼슨이 직접 설계하고 리모델링한 독창적인 건축과 정원

★★★ (2) 19세기 풍경식 공공정원

① **배경** : 남북전쟁 이후 도시 거주자들의 별장과 조경이 발달. 이민자들의 증가로 도시 정리 필요에 따라 공원이 발생

② 1800~1850년대 풍경식 정원가

㉠ Andre Parmentier(파르망띠에)

ⓐ 최초의 풍경식 정원설계. 대규모의 사유지 정원설계

ⓑ 영국적 풍경식 양식을 미국적 풍경식 양식으로 적용

㉡ Andrew Jackson Downing(다우닝)

ⓐ 미국문화 기후에 맞게 설계해야 함을 주장. 사유지정원을 낙원 만듦

ⓑ 영국 스토우가든(Stowe G.)을 원형으로 프라이버시 위한 경계수목, 산책로 만듦

ⓒ 미국 최초의 조경관계 문필가

ⓓ 백악관, 의사당 주변 정원설계

㉢ Fredrick Law Olmsted(옴스테드)

ⓐ 조경의 아버지

ⓑ 3대 작품 : Central Park, 1866 Prospect Park(브루클린), 1885 Franklin Park(보스턴)

ⓒ 경험이 풍부한 농부, 작가, 경영인의 찬사를 받음

ⓓ 미국 노예제도가 사회, 경제에 미치는 영향을 연구하기도 함

ⓔ 1856년 유럽을 여행하고 공원시설 연구

ⓕ 센트럴 파크 등 80여 개의 공원설계와 나이아가라 자연경관 보호 설계, 요세미테 국립공원 건설의 지도자 역할

ⓖ 옴스테드와 보우의 3대 공원 : 센트럴 파크, 프로스펙트 공원, 프랭크린 공원

③ 미국 공공공원의 발달과정

㉠ 1851년 뉴욕시의 공원법 통과

㉡ 1858년 센트럴 파크 조성

㉢ 공중위생에 대한 관심, 낭만주의적 미적관심의 발달, 경제적 성장 등

④ 센트럴 파크

㉠ 옴스테드의 그린스워드 안(Greensward Plan)으로 설계공모에 당첨되어 1858년 센트럴 파크 조성

㉡ 보우의 건축설계

㉢ 계획내용

ⓐ 입체적 동선체계 : 동서 7개 횡단보도, 4개의 지하로, 3개의 평면도로 등

ⓑ 공원 가장자리의 경계식재로 차음차폐

ⓒ 도시의 격자패턴에 반대하는 아름다운 자연경관 연출

ⓓ 산책, 대화, 만남 위한 정형식 패턴의 몰, 대형 도로를 몰과 연결
ⓔ 건강과 위락 위한 드라이브 코스, 넓고 쾌적한 마차길, 동선분리
ⓕ 퍼레이드 위한 광장, 호수, 적극적 놀이 공간, 교육적 수목원

㉣ 의의
ⓐ 조경 전문직의 대두
ⓑ 재정적으로 성공한 미국 도시공원 운동의 효시
ⓒ 국립공원 운동에 자극을 주어 최초의 국립공원 엘로스톤 국립공원을 1872년 지정함
ⓓ Landscape Architect(조경가)라는 명칭 처음 사용하여 사회적 공인 받음
ⓔ 옥외 레크리에이션의 촉진. 4계절 위락시설 배치
ⓕ Big idea and Small detail : 전체 스케일은 크게 하고 세부적 시설에 대해서는 정교

⑤ 찰스 엘리어트(Charles Eliot, 1859~1897)
㉠ 수도권 공원계통(metro politan park system) 수립
㉡ 보스턴공원계통 : 엘리오트와 옴스테드 부자에 의해 보스턴의 홍수조절과 하수의 악취 제거를 위해 오픈 스페이스 시스템 개념 도입
㉢ 1890년 수도권의 체계화된 공원시스템을 위한 공원 계통을 설립하여 새로운 전원도시를 창출하게 함
㉣ 여러 국립, 주립공원 생기는 데 공헌

⑥ 시카고 만국 박람회(1893) - 콜롬비아 박람회라고도 일컬음
㉠ 미대륙 발견 40주년 기념을 위해 시카고에서 만국박람회가 개최 됨
㉡ 다니엘 번함 건축설계, F.L. Olmsted 설계소에서 조경설계
㉢ 박람회의 영향
ⓐ 도시미화운동으로 발전
ⓑ 도시계획 설계에 대한 관심 증대 : 도시를 기능적 과학적으로 보게 됨
ⓒ 조경전문직에 대한 일반인들의 인식 증대
ⓓ 대규모의 공공사업(건축, 토목과의 공동작업), 조경발전의 계기
ⓔ 로마에 아메리칸 아카데미(American academy) 설립

6 현대의 조경(20세기)

1 미국의 조경

(1) 1900~1차 세계대전

① 도시미화운동

㉠ 시카고 박람회의 영향으로 도시를 아름답게 만듦으로서 도시문제와 이익을 얻을 수 있다는 인식에서 일어난 운동

㉡ 로빈슨(Charles Mulford Robinson)과 번함(Daniel Burnham)이 주도하여 Civic center를 건설하고 도심부를 재개발하는 등 각종 도시개발을 전개

㉢ 단점

ⓐ 미에 대한 오류 : 디자인의 절충주의가 여전히 남아 있음

ⓑ 도시계획의 관심이 커 조경의 영역 감소

② 전원도시운동

㉠ 영국에서 시작됨

㉡ 산업혁명 후 문제되는 도시의 인구, 환경문제를 위해 1902년 하워드(Ebenezer Howard 1850~1928)가 Green city of Tomorrow라는 이상도시 제안

㉢ 1903년 레치워드(Letchword), 1920년 웰윈(Welwyne)의 최초의 전원도시를 건설하였으나, 이상적 도시 조성에는 실패함

㉣ 미국의 옴스테드와 번함에게 영향을 주어 레드번(Redburn) 계획으로 이어짐

㉤ 범세계적인 뉴타운 건설의 붐을 일으키고 새로운 공간조성에 조경가가 적극적 참여하는 계기가 됨

(2) 1차 세계대전 ~ 1944년

① 공원계통

㉠ Eliot에 의해 최초 수립

㉡ 미국 : 지역공원계통의 수립, 새로운 전원도시(레드번) 창조, 주립·국립공원운동, 뉴딜정책 수행 사업 중 지역 계획적 스케일의 조경계획 일어남

㉢ 맨해튼의 웨스터체스터 공원계통

ⓐ 하나의 공원 속에 설정하는 도로, 공원계통

ⓑ 하나씩 산재된 위락지역과 자연경관을 목걸이 꿰듯 공원도로로 연결하는 것

② 광역조경계획

㉠ 소규모적인 조경이 아니라 도시와 도시를 연결하는 넓은 의미의 조경계획

ⓛ 뉴딜정책 : 농업조정법(A.A.A)과 산업부흥법(N.I.R.A), T.V.A(Tenessee Valley Authority)를 시행하여 경제 공황을 극복하려고 함

ⓒ 도시개발을 국가적인 차원에서 해결

ⓔ T.V.A(Tenessee Valley Authority)

ⓐ 수자원개발에 관한 효시

ⓑ 지역개발의 효시

ⓒ 미시시피하구에 21개의 댐을 건설하여 하수통제, 홍수조절과 수력발전으로 공업도시개발을 이루는 목적

ⓓ 조경가들이 대거 참여한 사례이다.

③ 래드번(Radburn) 계획

㉠ 미국의 소규모 전원도시

ⓛ 라이트(Henry Wright)와 스타인(Clarence Stein)이 설계

ⓒ 내용

ⓐ 슈퍼 블록(Super block)을 설정해 차도와 보도를 분리하고 쿨데삭(Cul-de-sac)으로 시설을 배치하여 통과교통을 차단하고 전원풍경을 느끼게 하였다.

ⓑ 인구 25,000명을 수용하고 공원 같은 주거지를 창출하고자 함

ⓒ 위락중심지, 학교, 타운센터, 쇼핑시설을 주거지에서부터 공원과 같은 보도로 연결

★★★ 2 주택정원과 기타

(1) 미국정원

① 소정원양식

㉠ 다우닝 : 원예가로 유연, 자연, 낭만적 사유지 조경의 전성기. 조경전문직에 대한 일반 대중의 인식을 높임

ⓛ 플래트(platt) : 신고전주의 정원의 장을 열게 됨. 브루클린의 폴크서 농장. 전 계획과정에서의 신중한 연구. 힘찬 배치, 축선의 배치, 결함없는 수목 배치 등

② 캘리포니아 개인정원 스타일

㉠ 경제성장과 커뮤니케이션의 영향으로 동양문화의 영향

ⓛ 피타고라스의 기하학 + 동양의 음양조화에 바탕을 둔 표현형태

ⓒ 스틸(Steel) : 소정원계획, 정원은 옥외실이다.

ⓔ 토마스 처치 : 대중을 위한 소정원, 정원은 사적공간으로 가족환담 장소

예 도넬가든(Donnel Garden)

ⓜ 그 외 서해 캘리포니아 스타일 : 가렛 에크보, 로렌스 할프린
동해 캘리포니아 스타일 : 제임스 로스

(2) 영국

① 절충식 정원

㉠ 팩스톤 : 쳇워드 정원의 개조와 수정궁에서 정형과 비정형의 혼합양식

㉡ 루우돈 : 정원은 반정형과 반자연적이며 정원식물은 장식이 아니라 그 자체를 위해 심겨져야 함

㉢ 베리경 : 풍경원과 정형원의 절충된 반정형적 정원 건설

㉣ 브롬필드 : 1892년 '영국의 정형식 정원'에서 정원은 건축적이어야 한다고 함

② 소정원 운동

㉠ 윌리엄 로빈슨, 재킬여사 : 영국의 자생식물, 귀화식물로 야생정원 최초 조성

㉡ 재킬여사 : 월가든(Wall Garden), 워터가든(Water Garden)으로 소정원에 어울리는 양식 개발

(3) 독일

① 복스 파크(Volks park)

㉠ 루드비히 레저(L. Lesser)가 제창한 것으로 전 국민을 위하여 심신단련, 휴식, 녹지를 조성하여 후생을 위한 공원

㉡ 1차 세계대전 후 독일 조경계를 대표하는 백화점식 공원

㉢ 면적 10ha 이상 인구 50만 이상의 도시에 설치

㉣ 일광, 공기욕장, 취선장 등 월등

예 구르거파크, 시타트파크

② 독일의 분구원

㉠ 시레베르(Schreber)가 주장하여 소공원지구 시당국에 제공한 것으로 소정원 지구단위를 200m^2 정도로 하는 대도시 주민이 나무 가꾸면서 즐기는 자리를 제공

㉡ 1차 세계대전 이후 식량 제공을 위해 사용한 것이 현재 화훼 재배장으로 사용됨

③ 도시림(Stadtuald)

㉠ 1935년 연방자연보존법이 도시림을 산림공원으로 보존, 개발하게 하였으며 광역조경개발과 밀접한 연관성을 가지며, 고속도로 조경이 매우 우수하였다.

④ 구성식 정원양식 나타남

⑤ 바우하우스

㉠ 월터그리피우스가 세운 조형학교

㉡ 건축과 인간환경 창조를 목적으로 기능주의에 입각하여 1919년 독일에 세움

(4) 스위스 현대건축국제회의(1929년)

① 그루피우스, 르 꼬르뷔제, 마알토, 기이디온 등의 주도로 개최

② 기능주의에 입각한 국제건축 부각되기 시작

(5) 파리 제1회 국제 조경회의(1937년)

① 스웨덴 기능주의적 이론 제시

② 각국의 아이디어 교환, 새로운 동향 전하는 계기

③ 터나드(Tannard) : '현대조경에 있어서의 정원'이라는 저서로 세계 각국의 동향 기술

(6) 국제조경가협회(I.F.L.A, 1937년)

① 런던 젤리코어 회장으로 런던에서 결성

② 러스킨, 모리스에 의해 시작된 조형운동을 현대 기능 추구해 현대적 양식으로 모색

실전연습문제

01 범세계적인 뉴타운 건설 붐을 일으켰고 새로운 도시공간을 창조하는데 조경가의 적극적인 참여 계기가 된 것은? [기사 11.06.12]

㉮ 도시미화운동
㉯ 시카고 대박람회
㉰ 전원도시론
㉱ 그린스워드(Green sward)안

풀이 **전원도시론**
영국에서 환경문제를 위해 하워드가 제시한 것

02 미국에서 도시미화운동(City beautiful movement)의 계기가 된 것은? [기사 11.10.02]

㉮ 미국의 프로스펙드 공원(prospect park)
㉯ 미국 시카고의 세계 콜롬비아 박람회(world's columbian exposition)
㉰ 미국 시카고의 리버사이드 단지계획(riverside estate plan)
㉱ 미국 와이오밍(wyoming) 지역의 옐로우스톤(yellowstone) 국립공원

03 문화재와 같이 인간의 생존환경을 주체로 하는 환경대책으로 적합한 용어는? [기사 11.10.02]

㉮ 보호(protection)
㉯ 보전(conservation)
㉰ 보존(preservation)
㉱ 지속(sustenance)

풀이
- 보전 : 약간의 좋은 방향의 개발과 개입이 허용된 것
- 보존 : 조금의 개입도 허용되지 않고 있는 그대를 잘 가져가는 것

04 도시의 문제점들을 시간, 위치, 규모의 관점에서 잘 예측하고, 인식하여 이루어진 근대도시공원 계획은? [기사 11.10.02]

㉮ 그린스워드(Greensward) 계획
㉯ 파라다이스(Paradise) 계획
㉰ 에르메농빌르(Ermenonville) 계획
㉱ 시뵈베르(Schwobber) 계획

풀이 **그린스워드 계획**
미국의 옴스테드가 설계한 센트럴 파크 계획안

05 미국에서 도시미화운동(都市美化運動, city beautiful movement)의 계기가 된 최초의 것은? [기사 12.03.04]

㉮ 옐로우스톤(Yellowstone) 국립공원
㉯ 전원도시 운동
㉰ 콜롬비아 박람회
㉱ 위성도시의 성립

ANSWER 01 ㉰ 02 ㉯ 03 ㉰ 04 ㉮ 05 ㉰

06 다음 중 1930년대 미국의 캘리포니아 스타일과 가장 관련이 깊은 조경가는?

[기사 12.05.20]

㉮ 찰스 플래트(Charles Platt)
㉯ 토마스 처치(Thomas church)
㉰ 헨리 라이트(Henry wright)
㉱ 다니엘 번함(Daniel Burnham)

풀이 토마스 처치는 대중을 위한 소정원으로 캘리포니아 개인정원 스타일로 도넬가든이 유명함

07 독일의 폴크스파크(Volkspark)에 관한 설명 중 옳지 않은 것은? [기사 12.05.20]

㉮ 20세기 초에 루드비히 레서(L.Lesser)가 제창하였다.
㉯ 국민의 전계층을 대상으로 하는 심신단련용을 위한 녹지의 일종이다.
㉰ 면적규모는 10ha 이상을 원칙으로 하였다.
㉱ 자연풍경식 정원양식을 주축으로 하였다.

풀이 폴크스파크는 국민의 후생을 위해 도시에 조성한 백화점식 공원이다.

08 멕시코의 풍토와 자연에 대비되는 채색, 전통요소의 응용으로 작품성을 평가받고 있는 조경가는? [기사 12.09.15]

㉮ 루이스 바라간 ㉯ 가렛 에크보
㉰ 단 카일리 ㉱ 벌 막스

풀이 **루이스 바라간**
멕시코 건축가로 "감성적 건축"으로 유명하며, 미를 통해 감동을 받아야 한다는 주의로 멕시코 풍토를 잘 살린 조경으로 유명

09 20세기 초 미국의 레드번에서 영국의 하워드의 전원도시의 이상과 이념을 갖고 계획되었는데 그 개념과 거리가 먼 사항은?

[기사 12.09.15]

㉮ 대가구(super block)를 설정
㉯ 가로의 활성화를 위해 보도와 차도를 혼용
㉰ 막다른 골목(cul-de-sac)의 설치로 근린성을 높이고 전원풍경을 창출
㉱ 근린주구시설을 보도로써 연결

풀이 레드번은 보차 분리의 원리 적용

10 프레드릭 로 옴스테드(Frederic Law Olmsted)의 설계작품이 아닌 것은?

[기사 13.06.02]

㉮ 프로스펙트 파크
㉯ 센트럴 파크
㉰ 레드번(Redburn)
㉱ 프랭클린 파크

풀이 **레드번**
하워드와 스타인의 전원도시 계획

11 미국에서 1872년 최초의 국립공원으로 지정된 공원은? [기사 13.06.02]

㉮ 센트럴 파크(Central Park)
㉯ 보스턴 파크(Boston Park)
㉰ 옐로우스톤 파크(Yellowstone Park)
㉱ 요세미티 파크(Yosemite Park)

ANSWER 06 ㉯ 07 ㉱ 08 ㉮ 09 ㉯ 10 ㉰ 11 ㉰

12 19C 풍경식 조경에 있어 식물생태학과 식물지리학 등 자연과학적 지식을 기초로 한 자연경관의 복구를 가장 먼저 시도한 나라는? [기사 13.06.02]

㉮ 미국 ㉯ 독일
㉰ 영국 ㉱ 프랑스

13 Birkenhead Park에 관련된 내용이 아닌 것은? [기사 13.09.28]

㉮ James Pennethorne가 설계
㉯ 공원 경계부에 택지조성으로 공원건설의 재정 지원
㉰ F.L.Olmsted의 공원 개념에 큰 영향
㉱ 도시공원설립의 계기

풀이 버큰헤드 파크(Birkenhead Park)는 조셉 팩스턴이 설계

14 시대별 연결이 바르지 않은 것은? [기사 13.09.28]

㉮ 1948년 - 세계 조경가협회 창립
㉯ 1934년 - 암스테르담의 보스공원개장
㉰ 1872년 - 옐로스톤 국립공원으로 지정
㉱ 1925년 - 영국의 국제 정원설계 전시회

15 다음 중 미국의 토마스 제퍼슨이 설계한 정원은? [기사 14.03.02]

㉮ 킹랜드 ㉯ 파트룬
㉰ 몬티첼로 ㉱ 마운트버논

풀이 **토마스 제퍼슨**
몬티첼로는 미국 제3대 대통령인 토마스 제퍼슨의 사저로서 토마스 제퍼슨이 직접 건축 공부를 해 독창적인 설계와 리모델링을 해 지은 건물과 정원이다.

16 최초로 조경가(Kandscape Architect)라는 공식 명칭을 사용하여 조경 전문직이 탄생하게 된 역사적 의미를 마련한 인물은? [기사 14.03.02]

㉮ 보와 옴스테드(Vaux and Olmsted)
㉯ 조셉 팩스턴(Joseph Paxton)
㉰ 스타인과 라이트(Stein and Wright)
㉱ 윌리엄 켄트(William Kent)

풀이 **보와 옴스테드**
미국 센트럴 파크를 설계함으로써 대중에게 조경가라는 공식명칭과 조경전문직이 탄생하게 되는 큰 계기가 되었다.

17 도시공원체계 수립 등 현대 미국 조경의 중흥에 획기적인 공로를 한 조경가는? [기사 14.05.25]

㉮ 다우닝 ㉯ 옴스테드
㉰ 팩스턴 ㉱ 하바드

풀이 **옴스테드**
소경의 아버지라고 불리며, 센드럴파크와 도시공원체계를 수립하는 등 미국 조경에 획기적인 역할을 한 사람이다.

ANSWER 12 ㉯ 13 ㉮ 14 ㉱ 15 ㉰ 16 ㉮ 17 ㉯

18 옴스테드(Frederick Law Olmsted)의 센트럴파크(Central Park)의 설계특징이 아닌 것은? [기사 14.05.25]

㉮ 자연경관의 비스타(vista)
㉯ 정형적인 몰(mall)
㉰ 입체적 동선체계
㉱ 넓은 커낼(canal)

풀이 **센트럴 파크의 특징**

① 입체적 동선체계 : 동서 7개 횡단보도, 4개의 지하로, 3개의 평면도로 등
② 공원가장자리의 경계식재로 차음차폐
③ 도시의 격자패턴에 반대하는 아름다운 자연경관 연출
④ 산책, 대화, 만남 위한 정형식 패턴의 몰, 대형도로를 몰과 연결
⑤ 건강과 위락위한 드라이브 코스, 넓고 쾌적한 마차길, 동선분리
⑥ 퍼레이드를 위한 광장, 호수, 적극적 놀이 공간, 교육적 수목원

ANSWER
18 ㉱

CHAPTER 3 동양의 조경

1 중국(사의주의(事意主義)적 풍경식)

시대	대표정원	정원의 중요특징	조경관련문헌
은(殷)	원시적 도시		
주(周)	원(園), 유(囿), 포(圃), 원유		영대(시경의 대아편) 원유(춘하좌씨전)
진(秦)	아방궁		
한(漢)	상림원(곤명호) 감천원 태액지 대·관·각, 호원(양혼궁)	연못	서경잡기
삼국시대	화림원		
진(晋)			왕희지 난정기 (곡유수법)
수(隨)	현인궁		
당(唐)	온천궁(→화청궁) 취미궁(→태화궁) 장안성 정원 대명궁원의 금원 이덕유의 평천산장	인위적 정원 (중국정원양식의 완성기) 태호석 사용 시작	백낙천의 장안가 (화청궁 예찬)
송(宋)	경림원, 금명지, 의춘원, 옥진원 취미전 만세산(→간산)	태호석	이격비의 낙양명원기 구양수의 화방제기, 취옹정기
남송	덕수궁, 유자청의 정원 소주 → 남원, 석호구정, 약포, 창랑정	태호석	주밀의 오흥원림기
금(金)	금원		
원(元)	금원 개조(→북해공원) 소주→아운림, 사자림 정원	석가산 만수산	
명(明)	소주→서참의원, 소귀원, 졸정원, 서동경원, 유원	차경	문진형의 장물지 12권 이계성의 원야 3권
청(淸)	어화원, 건융화원, 경산(풍수설), 서원 창춘원, 원명원 이궁 만수산 이궁(이화원) 열하 피서산장	석수, 이어	

✓ 고대

1 은(殷)

① 원시적 도시, 사냥하나 수렵원 없음

2 주(周)

① 영대(靈臺)

㉠ 시경의 대아편에 소개

㉡ 낮에는 조망하고 밤에는 은성명월을 즐기기 위한 높은 자리

㉢ 연못 파고 흙을 쌓아올려 지대를 높인 것

㉣ 연못에는 물고기 물새가 있고 수림에는 사슴떼가 노는 모습

㉤ 토속신앙으로 정치적 안정과 안민을 비는 종교적 장소의 역할을 하기도 함

② 원유(園囿)

㉠ 춘추좌씨전에 소개

ⓐ 혜왕(BC 671~652)이 신하의 채소 심는 곳을 개발하여 '유(囿)'를 만들었다 한다.

ⓑ 성공왕 때 '유'에서 왕후와 뱃놀이를 하다 부인이 장난이 너무 심해 친정으로 돌려보냈다는 내용

ⓒ 문왕 때 야생동물 방사하는 수렵원으로 사방 70리(4km)의 '원유'를 만들었다.

㉡ 왕후의 놀이터로 숲과 못이 갖추어진 동물 사육하는 광대한 원림으로 후세에 이궁의 역할

3 진(秦) : BC 249~207

① 아방궁(阿房宮)

광대한 토목공사를 한 동서 500보 남북 50척이나 되는 건물로 170km가 되는 거리의 규모

② 진시황의 묘와 만리장성 축조

4 한(漢) : BC 206~AD 220

(1) 궁원

① 상림원(上林園)

㉠ 중국 최초의 정원으로 무제(武帝)가 BC 138에 축조하였으며 주위 수 백km로 장안의 궁원

㉡ 70여 개의 이궁과 희귀한 꽃나무 3000여 종과 백수(흰가축)를 길렀으며 사냥터로 쓰여짐

㉢ 곤명호(昆明湖)를 비롯해 6개 대호수가 있으며 곤명호는 동서양쪽 물가에 견우직녀 석상이 은하수를 비유하며 호수 속에 길이 7m나 되는 돌고래가 있다고 함

㉣ 호반에 상장대를 비롯한 건물을 세워 감상하게 하며 수전 관람하기도 하였다.

② 태액지(太液池)원

㉠ 궁궐에 가까운 금원

㉡ 장안 건장궁(建章宮) 북쪽에 있는 곡지

㉢ 신선사상을 상징하는 세 개의 섬(봉래, 영주, 방장)이 있고 지반에 청동, 대리석으로 조수, 용서를 조각

③ 그 외 감천원, 어숙원, 사람원, 박망원, 서교원 등의 궁원

㉠ 감천원 : 장안에서 170km 떨어진 곳에 감천궁을 중심으로 무제시대에 조성한 것

(2) 건축특징

① 대(臺)·관(觀)·각(閣)

㉠ 한시대 건축의 특징으로 토단을 작은 산 모양으로 쌓아올려 그 위에 건물을 짓는다.

㉡ 대 : 토단에 올린 건물보다 더 높게 지은 건물

㉢ 관 : 높은 곳에서 경치를 바라보기 위한 건물. 임고관(臨高觀)

㉣ 각 : 살림집이 있는 정원건물

② 바닥에 전돌로 포장하는 수법

(3) 그 외

① **임원** : 귀족, 신하들도 임원을 만들어 즐김

② **"서경잡기"** : 양혼궁에 호원 축조, 화궁 조성

③ **개인주택 정원이 일반화** : 원광한이라는 사람은 매우 큰 규모의 기이한 수종, 산석, 연못, 짐승, 과수 등의 정원을 꾸밈

④ **한나라 정원의 특성** : 자연경관을 본떠서 정원을 꾸미려는 사상이 일반화

5 삼국시대(위(魏), 촉(蜀), 오(吳)시대) : AD 220~AD 264

① 화림원(華林園)
  ㉠ 궁원으로 연못을 중심으로 하는 간단한 정원
  ㉡ 자연과 수경을 감상하기 위해 여러 개의 대를 축조

6 진(晋) : AD 265~419

① 왕희지(王羲之) 「난정기(蘭亭記)」
  ㉠ 곡수연(曲水宴)을 즐기기 위해 곡수거(曲水) 조성이 기록
  ㉡ 난정에서 벗 모아 연회를 베풀어 그 광경을 묘사한 것으로 원정에 유수를 돌리는 수법
② 도연명의 안빈낙도, 고개지의 회화

7 남북조(南北朝)시대 : AD 420~581

① **남조의 금원** : 삼국시대 오나라의 화림원을 계승하여 자연경관이 우수한 자연그대로의 수림을 감상
② **북조의 금원** : 삼국시대 위나라 화림원을 복원하여 양현지(楊衒之)의 낙양가람기(洛陽伽藍記)에 기록

8 수(隋) : AD 581~618

① **현인궁(顯仁宮)** : 궁궐 내에 진귀한 초목류와 기금, 금수를 두고 현인궁 외에 14개의 궁이 더 지어졌다고 한다.

9 당(唐) : AD 618~907

① 정원 특징
  ㉠ 인위적 정원(중국정원양식의 완성기)
  ㉡ 태호석 사용 시작
② 궁원
  ㉠ 온천궁(→ 화청궁)
    ⓐ 백낙천의 장한가에 형용

ⓑ 대표적 이궁으로 태종이 건설하고 후에 현종 때 화청궁으로 바뀜
ⓒ 전각과 누각을 많이 짓고 온천이 깨끗한 곳으로 유명
ⓓ 그 외 이궁으로 흥경궁(興慶宮), 구성궁(九成宮)이 있다.

㉡ 수도 장안성(長安城) 경원
㉢ 대명궁원(大明宮園) : 대표적 금원으로 대명궁이 금원의 동남에 위치하며 태액지를 중심으로 정원이 조성
㉣ 그 외 장안의 유명한 금원으로 서내원(西內苑), 동내원(東內苑), 대흥원(大興苑)이 있다.

★★★★★ ④ 당나라 조경 관련 서적

㉠ 백거이(백락천)의 「백모단」과 「동파종화」
ⓐ 중국 조경사 연구의 중요한 자료로서 화원을 꾸미며 즐기면서 풍류로 지은 것
ⓑ 중국 조경사상의 아버지로 정원을 자연 그 자체에서 더 발전해 인위적으로 꾸미는 방향을 제시
ⓒ 수지, 천석, 수목, 화훼 배치, 가축을 키우는 것이 인위적인 조경으로 건물 사이 공지를 전돌로 포장하고 화훼류를 가꾸는 등 별장생활을 하면서 정원을 가꾸는 기법들이 기록되어 있다.
ⓓ 운하를 이용해 명석을 실어나를 수 있는 시설이 있어 태호석 사용의 기반

⑤ 민간정원

㉠ 백거이의 낙양에 있는 정원 : 수지, 천축석, 수목, 화훼를 배치하고 "학" 키움
㉡ 이덕유의 평천산장 : 기석, 기수로 꾸밈
㉢ 왕유의 망천별업 : 산수화법 정원

★★★★★ ✓ 중세

10 송(宋) : AD 960~1279

① 송나라 조경 특징

㉠ 태호석 유행 : 거석을 운반하는 배를 화석강이라 함. 너무 성행하여 송의 멸망 원인이 됨
㉡ 산수화수법으로 아취가 넘친다.
㉢ 국부경관 조성

② 금원

㉠ 4대원 : 경림원(瓊林苑), 금명지(金明池), 의춘원(宜春苑), 옥진원(玉津園)

㉡ 휘종(徽宗)황제시기의 4대원으로 경림원과 금명지는 새로이 개축한 것이며, 의춘원과 옥진원은 전해 내려오는 곳

③ 정원유적

㉠ 취미전(翠微殿) : 화자강이라는 구릉을 만들어 그 상단에 취미전을 짓고 그 옆에 운기, 청수라는 정자를 지음

㉡ 만세산원(萬歲山苑)(→ 간산)

ⓐ 항주의 봉황산을 닮은 가산을 쌓아올리고, 정원을 꾸미는 태호석이 유행

ⓑ 주면이 설계

④ 조경 관련 문헌

㉠ 이격비의 「낙양명원기」

ⓐ 사대부들의 정원을 묘사한 기록

예 독락원, 백낙천의 고택인 대사자정원, 오씨원, 천왕완화원, 인풍원, 동원, 장씨원, 호씨원

㉡ 구양수의 「화방제기」, 「취옹정기(醉翁亭記)

ⓐ 구양수 정원을 묘사

ⓑ 방 양쪽에 정원이 있으며 전원생활을 즐기며 한쪽에는 거석배치하고 한쪽에는 수목을 배치

11 남송(南宋) : AD 1127~1279

① 덕수궁(德壽宮)

㉠ 고종의 어원으로 서호풍경을 모방하여 석가산을 쌓아 비래봉과 흡사하게 만듦

㉡ 각종 수목을 배치, 많은 루정 지음

㉢ 태호석을 배치

② 주밀의 「오흥원림기」

㉠ 주밀의 「오흥원림기」에 30여 개의 명원을 소개하는데 그중 유자청의 정원이 유명하며 서화에 능한 유자청이 직접 계획한 곳이다.

㉡ 유자청의 정원 묘사 : 석가산과 100여 개의 기봉, 사이사이의 곡절한 계곡, 오색의 자갈에 맑은 물, 철쭉, 일수를 누리며 담쟁이 노송줄기가 무성하며 석안 따라 고기들이 유영하는 모습을 기록

③ 남송시대 전해 내려오는 소주지방의 유명한 정원 : 남원, 석호구정, 약포, 창랑정

12 금(金) : AD 1115~1234

① 금원(禁苑)
- ㉠ 여진족이 북경에 금원을 창시하여 태액지를 만들고 경화도라는 섬을 만듦
- ㉡ 후에 원, 명, 청 3대의 궁원 역할을 하고 현재 북해공원으로 일반에게 공개됨

13 원(元) : AD 1206~1367

① 원림(園林) : 북경을 수도로 삼고 삼림이 우거진 정원을 만듦

② 금원 개조
- ㉠ 도처에 석가산과 동굴을 조성
- ㉡ 경화도 중앙에 산을 만수산이라 하고 그 정상에 티베트식인 흰색 라마탑이 설치
- ㉢ 서남산정에 온석석실, 연분정과 의천전 사이에 목교가 설치

③ 원나라 시대에 소주지방의 유명한 정원 아운림, 사자림 정원(주덕윤 설계)

✓ 근세

★★★★★ 14 명(明) : AD 1368~1644

① 궁원
- ㉠ 어화원(御花苑) : 자금성 근처의 금원으로 건물과 정원이 모두 대칭적인 구조로 되어 있다.
- ㉡ 경산(景山)
  - ⓐ 자금성 정북 쪽의 만세산이라 부름
  - ⓑ 풍수설에 따라서 5개의 봉우리를 만들어 정상에 정자를 축조, 주변의 자금성, 태액지 등을 조망

② 민간정원
- ㉠ 졸정원(拙政園)
  - ⓐ 민간정원의 대표작으로 소주에 위치하며 약 12,000평 정도의 면적
  - ⓑ 정원에서 연못이 대부분 차지하며 그 안에 3개의 섬과 이를 연결하는 곡교(曲橋)가 있음
  - ⓒ 여수동좌헌(與誰同坐軒))이라는 부채꼴 정자가 있으며 우리나라 관람정과 유사
- ㉡ 작원
  - ⓐ 명원으로 손꼽히는 곳으로 대문에 들어서면 연못이 있고 문수피라는 문

ⓑ 작해당이라는 대가 있으며, 태호석과 수목이 우거지고 곳곳에 다리를 두어 정자들을 연결하고 있어 여러 곳에서 경관을 조망할 수 있도록 함

㉢ 유원

ⓐ 소주지방의 4대 명원

ⓑ 원래 명대 태복사 관료 서태시가 조성하여 청대 용봉의 소유가 됨

ⓒ 북쪽 누창은 투과해 본 정원으로 남쪽 중정 등으로 변화 있는 공간 처리와 유기적 건축 배치수법

☆☆☆☆☆ ③ **명나라 경원 관련 서적**

㉠ 문진형(文震亨)의 「장물지(長物志)」 12권

자연환경이 우수한 소주지방 출신으로 12권 중 1~3권에 신록, 화목, 수석에 관한 내용 서술

㉡ 이계성(李計成)의 「원야(園冶)」 3권

ⓐ 정원을 전문적으로 다룬 유일한 서적

ⓑ 설계자가 시공자보다 중요하며 원내배치나 차경수법에 관해 설명

ⓒ 차경이란 일차(원경), 인차(근경), 앙차(올려보기), 부차(내려다보기), 응시이차(계절에 따른 경관)로 공간의 모든 면을 고려하는 수법에 관한 것

ⓓ 정원시설로서 토지의 외모는 편배한 곳이 탁월하며, 건물의 구조는 원내의 자연과 합치된 것이어야 하며, 정원시설 조작 등에 관한 내용을 기술

ⓔ 홍조론 : 강남에서의 작정경험을 기초로 작성

원설 : 상지(相地), 입기(立基), 옥우(屋宇), 장절(裝折), 난간(欄杆), 문창(門窓), 장원(牆垣), 포지(鋪地), 철산(綴山), 선석(選石), 차경(借景) 11항으로 구성

㉢ 그 외 왕세정의 「유금릉제원기」, 유조형의 「경」

④ **명시대 소주지방의 정원유적** : 서참의원, 소귀원, 졸정원, 서동경원, 유원

✓ 근세 후기

☆☆☆☆ 15 청(淸) : AD 1616~1911

① 자금성의 금원

㉠ 어화원(御花苑)

ⓐ 북경의 자금성 금원으로 북문인 신무문과 곤녕궁 사이에 위치

ⓑ 화단(모란, 태평화), 노송, 동쪽에 곡지

㉡ 건융화원(乾隆花園)

ⓐ 자금성 내 영수궁에 귀 건륭제가 은거 후를 위해 꾸며둔 정원

ⓑ 5부분으로 나누어져 계단식 화원이며, 석가산과 정각이 거석 위에 건립

ⓒ 고화헌, 수초당, 췌상루, 부망각, 권근재의 5부분으로 구분

㉢ 경산(景山) : 풍수설에 따라 쌓아올린 인조산으로 황성의 방풍구실을 하기도 하며 3개의 봉우리로 이루어짐

㉣ 서원(西苑)

ⓐ 황궁의 외원으로 금나라 때부터 내려오는 금원으로 길이 2,300m의 가늘고 굴곡된 태액지가 위치

ⓑ 호수는 북해, 남해, 중해로 이루어져 있으며 중해와 북해를 백석교가 연결하며, 북해는 현재 남아 있는 경원 중 가장 오래된 것

② 이궁(離宮)

㉠ 이궁의 특징 : 조망이 매우 좋고 노송고백이 울창한 지역에 위치하며 건륭시대 만수산 청의원, 옥천산 정명원, 향산 정의원, 원명원, 창춘원을 일컬어 삼산오원이라 한다. 이중 이화원과 피서 산장이 현존

㉡ 원명원(圓明園) 이궁

ⓐ 창춘원에서 조금 떨어진 곳에 위치하며, 프랑스 선교사 베누아가 설계한 프랑스식 정원으로 서양식 정원의 시초

ⓑ 설계도, 모형, 시방서를 작성해 조성

ⓒ 해기취, 해안당 같은 서양건물이 조성

㉢ 만수산(萬壽山) 이궁(이화원)

ⓐ 너비 300ha로 현존하는 유적 중 가장 규모가 크다.

ⓑ 초기에 청의원이었던 것을 개칭

ⓒ 전체의 대부분이 곤명호인 연못이며 그 중심에 만수산이 있다.

ⓓ 네 구역으로 나뉘는데 4개의 호수 서호, 태호, 동정호, 곤명호를 본떠서 궁정구, 호정구, 전산구, 후호구로 구성

㉣ 열하 피서산장

ⓐ 만주 승덕산에 있는 규모 564ha 되는 황제의 여름별장

ⓑ 왕의 연무를 위해 위장사냥터에 지은 이궁

ⓒ 남방의 명승과 건축을 모방, 소나무가 자생하여 소나무 위주의 식재와 청음각을(극장) 설치

16 지방에 따른 명원

① 양주의 명원
- ㉠ 강남 : 기온이 온화하여 수목, 화훼 종류가 많고 기암괴석, 정원이 많은 지역임. 예부터 경치의 중심지 연못과 운하가 개발되며, 태호석이 배치됨
- ㉡ 호화별장, "양주화방록" 18권에 양주의 명원이 저술됨
- ㉢ 평산당 유명

② 소주의 명원
- ㉠ 물이 풍부하고 태호가 가까워 태호석을 이용하기 편하고 자연경치가 뛰어남
- ㉡ 소주지방의 유명한 4대 정원 : 졸정원(명), 사자림(원), 유원(명), 창랑정(북송) 그외 망사원(남송), 이원, 환수산장
- ㉢ 건축적 기술(흰벽과 푸른나무대조, 직선·곡선대조), 조경적 기술(회랑, 창문모양, 기둥모양, 가구, 일용품까지 미세한 신경)의 발달

★★★★★ 17 중국정원의 특징

① **원시 공원 같은 형태** : 자연경관 즐기기 위해 관직에 있는 자가 수려한 경관에 누각, 정자 지어 즐김

② **자연과 인공의 미를 겸비한 정원** : 자연경관이 아름다운 곳에 일부 인위적으로 암석을 배치하고 수목을 심어 심산유곡 같은 느낌 조성

③ **성내 제한된 공간에 부속되는 정원** : 주거용 건물의 뒤나 좌우의 공지에 정원을 축조하고 태호석·거석이 발달함

④ **주택의 건물 사이에 만들어지는 중정** : 전돌에 의해 포장, 금붕어, 어항 등을 배치하고 꽃나무 식재

⑤ **대비에 중점** : 자연적 경관을 주 구성요소로 삼기는 하나 조화보다는 대비에 중심

⑥ **Non Scale** : 정원에 여러 비율로 꾸며줌

⑦ 상징적 사의주의

⑧ 선 = 직선 + 곡선

18 중국 원림경관 조성기법

① **억경(장경(藏景)** : 석가산·영벽(影壁)·병장(屛障) 등을 이용해 원림의 일부를 가려 원림이 한눈에 드러나지 않도록 하는 기법

② **투경** : 나무 등과 같은 요소들로 경관을 하나의 그림으로 틀 짜기 하듯 만드는 것

③ **첨경** : 형태가 우수한 요소를 주 경관에 첨가·보완하는 것

④ **협경** : 주요 원로(園路)를 따라 나무나 돌 등을 놓아서 경관을 꾸미는 것
⑤ **대경** : 비슷한 요소들을 병렬 시킴으로써 경관을 얻는 수법
⑥ **격경(장경, 障景)** : 서로 독립적인 요소들을 돌·건축물·수목 등으로 분리시키는 것
⑦ **광경** : 문동·풍창 등에 의해 벽 속의 그림으로 만들어지는 경관
⑧ **누경** : 광경보다 더 발전된 형태로, 누창 등에 의해 그림 속의 또 다른 그림으로 경관을 꾸미는 것
⑨ **차경** : 외부의 우수한 경관을 원림 내의 배경 요소로 끌어들이는 방법

CHAPTER 03 동양의 조경

실전연습문제

01 중국 청조(淸朝)의 원림 중 3산5원에 해당하지 않는 것은? [기사 11.03.20]

㉮ 만수산 소원(小園)
㉯ 향산 정의원(靜宜園)
㉰ 옥천산 정명원(靜明園)
㉱ 원명원(圓明園)

풀이 **3산5원**
창춘원, 원명원, 향산 정의원, 옥천산 정명원, 만수산 청의원

02 중국의 전통적인 원림에서는 "나타내려하고 숨기고(欲顯而隱), 노출하려 하여 감춘다(欲顯而藏)."는 수법을 사용하고 있다. 원문(園門)을 통과했을 때 볼 수 있는 이 수법의 물질적인 요소는? [기사 11.03.20]

㉮ 포지(鋪地) ㉯ 영벽(影壁)
㉰ 석순(石筍) ㉱ 회랑(回廊)

풀이 **영벽**
중국정원에서 정원에 들어서자 마자 건물이 바로 보이지 않도록 벽을 만들어 놓은 것

03 다음 [보기]에서 설명하는 정원으로 맞는 것은? [기사 11.06.12]

보기
- 중국 소주지방의 4대 명원 가운데 하나이다.
- 전체 면적의 5분의 3을 점하는 지당을 중심으로 구성되어 건물이 아름답다.
- 시정화의(詩情畵意)에 가득 차 있다.

㉮ 졸정원 ㉯ 유원
㉰ 사자림 ㉱ 창랑정

04 중국 한시(漢詩)의 사상에서 유래하고, 명승 88경을 배치한 정원은? [기사 11.10.02]

㉮ 삼보원 ㉯ 육의원
㉰ 정유리사 ㉱ 서본원사

풀이 **육의(六義)**
중국의 한어집에서 유래한 것으로 경승지와 명승지 88경을 묘사한 것이며, 육의원 안에 못을 파고 축산을 하였으며 그 섬의 돌이 기이한 수석의 형태로 뛰어나다.

05 다음 중 중국 소주의 졸정원(拙政園)에 없는 건물은? [기사 11.10.02]

㉮ 원향당(遠香當)
㉯ 하풍사면정(下風四面亭)
㉰ 방안정(放眼亭)
㉱ 오봉선관(五峯仙館)

풀이 **오봉선관**
중국 유원의 중원에 있는 건물

ANSWER 01 ㉮ 02 ㉯ 03 ㉮ 04 ㉯ 05 ㉱

06 고전적 조경서(造景書)의 저자가 잘못된 것은? [기사 11.10.02]

㉮ 장물지 - 계성
㉯ 낙양명원기 - 이격비
㉰ 애련설 - 주돈이
㉱ 유금릉제원기 - 왕세정

풀이 장물지의 저자는 문진형

07 「시경(詩經)」에 나타난 사항 중 정원문화와 관계 있는 것은? [기사 11.10.02]

㉮ 영대(靈臺)
㉯ 천지조산(穿池造山)
㉰ 삼신산(三神山)
㉱ 석가산(石假山)

풀이 **주나라 시경에 나타난 문화**
영대(대), 영유(가축기르는 곳), 영소(연못)

08 다음 중 중국의 시대별 고서와 작자의 연결이 옳은 것은? [기사 12.03.04]

㉮ 낙양명원기 - 당 - 이격비
㉯ 유금릉제원기 - 명 - 왕세정
㉰ 장물지 - 송 - 문진형
㉱ 오흥원림기 - 청 - 양현지

풀이
- 낙양명원기 - 송 - 이격비
- 장물지 - 명 - 문진형
- 오흥원림기 - 남송 - 주밀

09 과실을 심은 곳을 원(園)이라 하고 채소를 심은 곳을 포(圃)라 했으며, 유(囿)는 금수를 키우는 곳을 가리킨다고 풀이해 놓은 서적은? [기사 12.03.04]

㉮ 한제고 ㉯ 보원기
㉰ 설문해자 ㉱ 동파종화

풀이 **설문해자**
중국 후한(23 ~ 220) 때 허신(許愼)이란 이가 편찬한 최초의 문자학 사전임

10 중국의 한나라의 상림원(上林苑)과 관계가 없는 것은? [기사 12.03.04]

㉮ 곤명호
㉯ 견우와 직녀의 상징 조각상
㉰ 만수산
㉱ 돌고래 조각상

풀이 만수산은 청나라 만수산 이궁(이화원)과 관련

11 다음 중 5계단으로 이루어진 중국의 계단식 정원(階段式庭園)은? [기사 12.05.20]

㉮ 영수궁의 건륭화원(乾隆花園)
㉯ 북해(北海)의 단성(團城)
㉰ 자금성(紫金城)의 북쪽에 있는 경산(景山)
㉱ 자금성 흠안전의 어화원(御花園)

ANSWER 06 ㉮ 07 ㉮ 08 ㉯ 09 ㉰ 10 ㉰ 11 ㉮

12 원경이 한눈에 드러나지 않도록 하며 갑자기 넓은 공간을 출현시켜 경관의 대비를 이루도록 하는 중국의 원림경관 구성기법은? [기사 12.05.20]

㉮ 억경(抑景) ㉯ 투경(透景)
㉰ 협경(夾景) ㉱ 대경(對景)

풀이 **중국 원림경관 조성기법**

① 억경(장경(藏景) : 석가산·영벽(影壁)·병장(屛障) 등을 이용해 원림의 일부를 가려 원림이 한눈에 드러나지 않도록 하는 기법
② 투경 : 나무 등과 같은 요소들로 경관을 하나의 그림으로 틀 짜기 하듯 만드는 것
③ 첨경 : 형태가 우수한 요소를 주 경관에 첨가·보완하는 것
④ 협경 : 주요 원로(園路)를 따라 나무나 돌 등을 놓아서 경관을 꾸미는 것
⑤ 대경 : 비슷한 요소들을 병렬 시킴으로써 경관을 얻는 수법
⑥ 격경(장경, 障景) : 서로 독립적인 요소들을 돌·건축물·수목 등으로 분리시키는 것
⑦ 광경 : 문동·풍창 등에 의해 벽 속의 그림으로 만들어지는 경관
⑧ 누경 : 광경보다 더 발전된 형태로, 누창 등에 의해 그림 속의 또 다른 그림으로 경관을 꾸미는 것
⑨ 차경 : 외부의 우수한 경관을 원림 내의 배경 요소로 끌어들이는 방법

13 조경 관련 고문헌을 저술한 인물 연결이 옳지 않은 것은? [기사 12.05.20]

㉮ 서유거 - 임원경제지
㉯ 계성 - 원야
㉰ 왕세정 - 낙양명원기
㉱ 귤준망 - 작정기

풀이 이격비 – 낙양명원기

14 중국 청대 원림의 특징 중 만수산 이궁과 관련 없는 사항은? [기사 12.09.15]

㉮ 이화원 ㉯ 청의원
㉰ 곤명호 ㉱ 어화원

풀이 어화원은 청나라 자금성의 금원

15 중국 명대(明代) 말에 저술된 원야(圓冶)에서 원림(圓林)터 조성에 관해 설명한 부분은 다음 중 어느 부분인가? [기사 12.09.15]

㉮ 상지(相地) ㉯ 입기(立基)
㉰ 옥우(屋宇) ㉱ 철산(鐵山)

풀이 원야의 중심적인 부분으로 상지(相地), 입기(立基 터잡기), 옥우(屋宇), 장절(裝折), 난간(欄杆), 문창(門窓), 장원(牆垣), 포지(鋪地), 철산(綴山), 선석(選石), 차경(借景) 11부분으로 나눔.

16 한(漢)나라의 무제(武第)가 꾸민 상림원(上林苑)에 관한 설명으로 옳은 것은? [기사 13.03.10]

㉮ 원림 내에는 황제가 봄, 가을 수렵할 수 있는 곳이 마련되어 있다.
㉯ 원림안에는 곤명호를 비롯한 일곱 개의 호수가 만들어졌다.
㉰ 곤명호의 동서 언덕에는 견우·직녀와 봉황새 그리고 거북이의 돌조상(石彫像)이 배치되었다.
㉱ 태액지에는 한 개의 봉래섬이 만들어졌고 호수가에는 청동의 동물상이 배치되었다.

풀이
- 곤명호 : 이화원의 연못
- 태액지 : 궁궐 안에 조성한 연못

ANSWER 12 ㉮ 13 ㉰ 14 ㉱ 15 ㉯ 16 ㉮

17 조경양식의 국제 교류에 대한 사실로서 틀린 것은? [기사 13.03.10]

㉮ 중국 명(明)시대에 평면기하학식 정원의 도입이 이루어졌다.

㉯ 프랑스에도 영국의 풍경식 정원이 직접 영향을 미쳤다.

㉰ 멜버른 홀(Melbourne Hall)은 프랑스식 정원양식의 영향이 컸다.

㉱ 영국의 큐가든(Kew Garden)은 중국식 정원양식의 영향을 받았다.

18 중국 이화원(頤和園)의 설명으로 맞지 않는 것은? [기사 13.03.10]

㉮ 청(淸)의 건륭제(乾隆帝)가 북경에 처음으로 조영했다.

㉯ 건륭 29년에 원림공사를 완료하고 청의원이라 했다.

㉰ 만수산(萬壽山)이라고 하는 인공산이 있다.

㉱ 곤명호(昆明湖)가 있다.

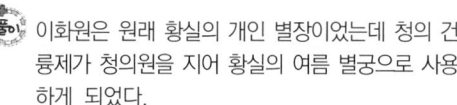

풀이 이화원은 원래 황실의 개인 별장이었는데 청의 건륭제가 청의원을 지어 황실의 여름 별궁으로 사용하게 되었다.

19 항주의 봉황산을 묘사한 축경 정원은? [기사 13.06.02]

㉮ 북위(北魏)의 화림원(華林園)

㉯ 당나라의 대명궁원(大明宮苑)

㉰ 북송(北宋)의 만세산 정원

㉱ 수양제(隋煬帝)가 조영한 서원(西苑)에 있는 북해정원

20 연암 박지원의 열하일기(熱河日記)의 배경이 된 중국의 「열하피서산장」에 대한 설명으로 틀린 것은? [기사 13.09.28]

㉮ 만주 승덕에 있는 황제의 여름별장으로 근처에 큰 강이 있어 여름에도 서늘한 기상조건을 보인다.

㉯ 강희제(康熙帝)는 산장 속의 경관 좋은 36곳을 골라 시를 지어 궁정화가(宮廷畵家) 침유(沈喩)가 그림을 곁들여 간행하였다.

㉰ 피서산장 내의 담박경성전(澹泊敬誠殿)은 황와(黃瓦)와 홍주(紅柱)로 이루어진 궁전식 누각이다.

㉱ 피서, 정치적 회견, 수렵장의 중계지점으로서의 존재 가치가 높았다.

풀이 **담박경성전**
청 황제들이 집무실로 쓰던 곳으로 남목이라는 고급 목재로 지은 건물임

21 명나라 시대의 「원야(園冶)」 3권은 정원서적으로 유명하다. 그 관련된 설명이 옳지 않은 것은? [기사 13.09.28]

㉮ 일명 탈천공(奪天工)이라고도 한다.

㉯ 저자는 문진형(文震亨)이다.

㉰ 제1권은 흥조론(興造論)과 원설(園設)로 나누어 저술하였다.

㉱ 제2권은 난간(欄干)에 관하여 저술하였다.

풀이 원야 3권의 저자는 계성

ANSWER 17 ㉮ 18 ㉮ 19 ㉰ 20 ㉰ 21 ㉯

22 중국 소주의 정원 중 화려한 정원 건축물이 많고 허와 실, 명암대비 등 변화 있는 공간처리와 유기적 건축배치를 가진 것은? [기사 14.03.02]

㉮ 졸정원 ㉯ 사자림
㉰ 작원 ㉱ 유원

풀이 **유원**
명나라 때 소주지방의 정원으로 소주지방의 4대 명원 중 하나. 북쪽에 있는 누창을 통해 정원을 투과해 보는 기법이 유명하며, 변화 있는 공간처리와 유기적 건축배치수법의 정원

23 중국 진나라 때 도연명의 '안빈낙도(安貧樂道)'하는 생활철학과 관련 있는 시문으로 된 것은? [기사 14.03.02]

㉮ 귀거래사, 낙양가람기
㉯ 귀원전거, 도화원기
㉰ 오류선생전, 장한가
㉱ 동파종화, 난정기

풀이 **도연명의 저서**
음주(飮酒), 귀원전거(歸園田居) 등 전원생활을 소재로 한 시와 귀거래혜사(歸去來兮辭), 도화원기(桃花源記)와 같은 산문

24 중국 왕희지(王羲之)의 난정고사(蘭亭故事)에 연유해 조성된 조경 요소는? [기사 14.03.02]

㉮ 곡수거(曲水渠)
㉯ 누정(樓亭)
㉰ 별서정원(別墅庭園)
㉱ 방지원도(方池圓島)

풀이 **왕희지 난정고사**
높은 산과 산맥과 무성하고 긴 대나무가 있으며, 또한 맑은 시내와 급히 흐르는 여울이 좌우로 빙 둘러 있어, 그것을 끌어다 유상곡수(流觴曲水 : 물을 구불구불한 홈통에 끌어다 술잔을 띄워 먹으며 노는 것)로 삼고 벌려서 차례로 앉으니, 비록 사죽관현(絲竹管絃 : 옛날의 관현악기를 총칭함 여기서는 훌륭한 음악을 말함)의 성대함은 없었지만, 술 한잔에 시 한 수를 읊음이 또한 충분히 그윽한 심정을 엮어내기에 충분하였다고 기록한다.

25 중국 청나라 시대 이화원에 대한 설명으로 틀린 것은? [기사 14.05.25]

㉮ 중국의 고전적인 정원의 대표작으로 중국에서 가장 규모가 크고 보존이 잘 된 황가의 이궁이다.
㉯ 서태후는 청의원을 이화원이라 개명하는 등 이화원 재건의 주역이다.
㉰ 만수산과 곤명호로 이루어졌으며 만수산의 요지에 배운전과 불향각이 있다.
㉱ 퇴수산에는 태호석을 주로 한 석순을 배치하여 인공암산의 모습을 나타낸다.

풀이 퇴수산은 자금성 어화원에 조성되어 있음

26 중국에서 조경에 관계되는 한자의 의미 설명이 잘못된 것은? [기사 14.05.25]

㉮ 원(園) : 과수류를 심었던 곳으로 울타리가 있는 공간
㉯ 유(囿) : 짐승이나 조류를 기르던 울타리가 있는 공간
㉰ 원(苑) : 짐승이나 조류, 식물 등을 기르거나 자생하던, 울타리가 있는 공간
㉱ 정(庭) : 건물이나 울타리에 둘러싸인 평탄한 뜰

풀이 **원(苑)**
큰집의 정원에 만들어 놓은 작은산이나 숲

ANSWER 22 ㉱ 23 ㉯ 24 ㉮ 25 ㉱ 26 ㉰

27 중국 한나라 때의 태액지(太液池)에 대한 설명으로 틀린 것은? [기사 14.09.20]

㉮ 신선사상을 반영한 정원양식이다.
㉯ 못 속에 봉래, 방장, 영주의 세 섬을 축조하였다.
㉰ 주로 직선으로 된 연못의 서쪽 남북축선상에 궁전이 배치되었고, 부속건물들은 연못의 남쪽에 배치되었다.
㉱ 지반에는 청동이나 대리석으로 만든 조수(鳥獸)와 용어(龍魚) 등의 조각을 배치하였다.

풀이 한나라 태액지는 곡지임

28 중국 한(漢)나라의 조경유적이 아닌 것은? [기사 14.09.20]

㉮ 장안의 상림원 ㉯ 태액지의 삼신산
㉰ 건장궁의 신명대 ㉱ 난지궁의 장지

풀이 **난지궁**
중국 진나라 궁궐

29 다음 중 중국 정원에 대한 설명으로 틀린 것은? [기사 14.09.20]

㉮ 승덕 피서산장은 청대(淸代)의 이궁(離宮)에 속한다.
㉯ 후한시대에 포(圃)는 금수를 키우던 곳을 말한다.
㉰ 졸정원, 유원, 사자림 등은 소주(蘇州)의 정원이다.
㉱ 송(宋)나라 때는 태호석에 의해 석가산을 축조하는 정원이 조성되었다.

풀이 후한시대 유(囿)가 금수를 키우는 곳이다.

30 유상곡수연을 위한 유배거(流盃渠) 시설과 관련 없는 것은? [기사 14.09.20]

㉮ 중국 송나라의 졸정원(拙政園) 유적
㉯ 왕희지의 난정기(蘭亭記) 내용
㉰ 일본 나라시 평성궁(坪城宮) 유적
㉱ 중국의 영조법식(營造法式) 서적의 내용

풀이 졸정원은 중국 명나라 유적으로 연못과 3개의 섬, 다리로 연결되어 있고, 곡수연과 관계 없음

ANSWER 27 ㉰ 28 ㉱ 29 ㉯ 30 ㉮

2 일본(자연재현 → 추상화 → 축경화)

시 대	우리나라 해당시기	조경양식	특징	정원유적
비조시대 (아스카시대)	통일신라시대	임천식	도대신, 백제 노자공의 수미산, 홍교	
내양시대 (나라시대)		임천식	만연집 정원석 마포산수도	평안궁 궁궐지
평안시대전기 (헤이얀시대)		침전식 정원	신선정원 해안풍경묘사	신천원 조우원 차아원 등원양방의 영전 하원원 서궁 육조원 평전제풍 정원
평안시대후기	고려시대	회유임천식	작정기 신선사상 불교 정토사상	동삼조전의 지천(心자형)
겸창시대 (가마쿠라시대)		회유임천식	정토사찰정원	정유리사, 청명사, 영보사
			선종사원	서천사, 서방사, 만선원
남북시대		침전식 축산임천식 산수화회화적		몽창국사(서방사 정원, 천룡사) 족리의만(금각사 정원, 동영당)
실정시대 (무로마찌시대)			정토정원	족리의정의 은각사(동산전)
	14C 안압지	축산고산수식		대선원정원(정토, 선)
	15C	평정고산수식		용안사 석정
도산시대 (모모야마시대)	16C 임진왜란때	다정식 (=노지형)	신선정원, 다정원	삼보원 정원, 이조성의 정원
강호시대 (에도시대)	17C	회유식 정원 (원유파 임천형)	회유임천식+다정	소굴원주의 소척선, 후락원, 서원, 낙수천, 계리궁, 취상어원, 포어전, 육의전, 동해암정원, 남선사, 금지원-후락원
명치시대 이후	19C	축경식 정원 경화식 풍경원	서구식 정원 등장	신숙어원 적반이궁 무린안, 춘산장

1 일본 조경 개관

① 일본정원의 특징

㉠ 자연재현 → 추상화 → 축경화로 발달 : 자연의 사실적 묘사보다는 이상화, 상징화한 모습 표현

㉡ 기교와 관상적 가치에 치중하여 세부적 수법이 매우 발달

㉢ 중국정원 Non Scale, 우리나라 조경 1 : 1인데 비해 일본조경은 1/50, 1/100 등 축소의 정원

★★★ ② 정원양식 기법과 내용

㉠ 임천식, 회유임천식 : 정원에 연못, 섬을 만들고 다리 연결해 주변을 회유하며 감상하는 수법

㉡ 침전식 : 가산 위, 지당 주위, 물속 군데군데 자연석 놓는 수법

㉢ 축산 고산수식 : 나무를 극소수로 사용하며, 다듬어 산봉우리 생김새 나타내고, 바위를 세워 폭포 연상, 왕모래로 냇물이 흐르는 것을 연상시키는 수법

㉣ 평정고산수식 : 일체 식물은 쓰지 않고 석축, 모래로 자연을 상징화하는 수법

㉤ 다정 양식 : 다실을 중심으로 좁은 공간에 효율적으로 시설들을 배치하고 곡선 윤곽 많이 사용한 양식

㉥ 원주파 임천형 : 임천양식 + 다정양식의 결합으로 실용미 가미

㉦ 축경식 : 자연경관을 축소하여 정원에 옮기는 수법

2 비조시대(아스카시대) : 593~700 중도지천식(임천식)

① 우리나라 삼국 말기(통일신라시대)에 해당

② **유수연** : 중국의 영향으로 못에 배 띄워 놀고 잔 띄워 시 짓기

③ **"일본서기"** : 도대신이 뜰 가운데 못 파고 섬 쌓기(가산)

④ **백제 노자공** : 수미산(불교에서 구산팔해의 중심에 있다는 상상의 산), 홍교를 만듦

3 내양시대(나라시대) : 701~793

① **평안궁 궁궐지** : 곡수자리, 호박돌 높은 못가의 선

② **"만연집"** : 정원석에 대한 관심. 바위 더미 생김새 만들어 초화로 장식한 일종의 가산 만듦

③ **마포산수도** : 돌·식물 생태에 관심, 규모 큰 정원을 그린 그림

④ 지형과 수계가 좋지 않은 지방이어서 정원문화를 꽃피우지 못함

4 평안시대전기(헤이안시대) : 793~966 침전식 정원

① 평안경은 하천과 분지로 이루어져 정원문화 크게 발달

② 흐르는 냇물 중심의 작은 규모의 정원양식 개발 시작(침전식)

③ 귀족소유의 귀족정원
- ㉠ 신천원 : 궁 남쪽에 수렵원 겸 사교장
- ㉡ 차아원 : 궁 북쪽

④ 귀족의 저택
- ㉠ 등원양방의 염전
- ㉡ 하원원 : 못에 섬 여러 개 만들고 소나무 식재. 못가에 해수 끓여 연기 솟아오르게 함
- ㉢ 서궁, 육조원

⑤ **평전제풍 정원** : 작은 샘, 초목, 돌 곁들인 작은 규모의 정원

⑥ **해안풍경 본떠서 만든 정원** : 하원원, 육조원

⑦ **신선사상의 정원** : 대각사 정원, 신천원, 조우전 후원

⑧ **차경식 정원** : 요리미치가 아버지 미치나가의 별장을 사원으로 개축한 곳으로 건물이 아름다운 정원

5 평안시대 후기 : 967~1191 회유임천식, 침전식

① 동삼조전
- ㉠ 건물과 정원 배치가 정형적
- ㉡ 지천(心자형) 침전조 양식 : 가산의 완만한 산허리에 경석 앉히는 기법. 못은 크고 3개의 섬, 못가의 섬에 구산가진 홍교, 평교 설치
- ㉢ 꽃나무로 계절 변화를 느끼며, 화원 꾸밈

② 불교적 정토신상사상(정토정원)
- ㉠ 일본정원은 상징적으로 변화시키는 동기
- ㉡ 정토사상을 바탕으로 한 사원정원 양식
- ㉢ 기본 배치 : 남대문 → 홍교 → 중도 → 평교 → 금당의 직선배치

③ "작정기"(11C)
- ㉠ 일본 최초의 정원의장에 관한 지침서
- ㉡ 귀족들 사이에 내려온 비전서
- ㉢ 침전조 건물에 어울리는 조경법 소개
- ㉣ 내용 : 돌을 세울 때 마음가짐, 세우는 법, 못의 형태, 섬의 형태, 야리미즈(년수, 도수법), 폭포 만드는 법

④ 신선사상
㉠ 조우이궁 : 원지에 창해도, 봉래산 축조한 신선도를 본떠 본격 정원의 시초
㉡ 족리존씨정원 : 신선도를 본떠 임천

6 겸창시대(가마꾸라시대) : 1192~1333 침전식, 회유임천식

① 선종사상 선종사원 : 초기에 규모를 축소해 주축선 위에 섬, 홍교, 평교 가설
② 정토사상 사찰정원 : 직선에 의한 양쪽 터가르기. 일반주택에도 양식 보임

7 남북시대 : 축산임천식

① 몽창국사
㉠ 천석에 관심
㉡ “벽암모” 내용을 배워 호남정, 서래정, 지동암 짓고 주위에 황금치 돌려 그 속에 섬
㉢ 서방사 정원 축조
㉣ 천룡사 : 간산임수적 기법(산수화에서 빌어온 기법). 폭포 밑에 석교, 못 속에 입석 배치
㉤ 신원과 정토교적 정원의 구분이 명확하지 않음
② 족리의만
㉠ 금각사 정원(녹원사, 북산전) 축조
ⓐ 화려한 3층 누각, 사리전 중심
ⓑ 전면에 못 파고 연꽃 : 만다라 그려진 8공덕수가 가득한 7보지 상징하는 7개 보배
ⓒ 구산팔해석(수미산) : 불교 세계관에서 세계에서 가장 높은 산
㉡ 동영당
ⓐ 정토세계 신상사상
ⓑ 불전과 7보지를 구성표현하고 의미부여하는 형식

8 실정시대(무로마찌 시대) : 1334~1573 고산수식

① 정토정원 족리의정의 은각사(동산전)
㉠ 과거 지형위주 경향에서 벗어나 조석이 두드러지게 중요시
㉡ 부지가 협소해졌으며 전란으로 경제 쇠퇴해 정원면적이 축소화
㉢ 일목일석에 대해 소중히 여겨 고도의 세련미 요구

② 고산수식 정원

㉠ 고산수식의 특징

ⓐ 물 대신 돌, 모래로 바다나 계류를 상징하는 수법

ⓑ 다듬은 수목은 먼 산을 상징

ⓒ 산수를 추상적 의장으로 변화시켜 상징화

ⓓ 돌과 나무 사이의 균형을 깨지 않기 위해 생장이 느린 상록활엽수 사용

ⓔ 평정고산수식에서는 식물을 완전히 거부하기도 함

㉡ 축산고산수식(선사상으로 탄생) 대선원 정원 : 약간의 식물 도입

ⓐ 좁은 공간에 조석과 흰모래로 표현

ⓑ 폭포 표현한 입석에 관음석, 부동석 명칭

ⓒ 정원석 : 보물선의 배모양으로 백사장 한 가운데 배치

ⓓ 고산수정원이면서 신선사상의 정토세계 희원

ⓔ 삼존석 : 부처 상징한 정원석 조석수법

ⓕ 16나한 정원 : 16개 입석으로 나한을 상징

㉢ 평정고산수식 용안사의 석정 : 식물을 전혀 사용하지 않음

ⓐ 상징화의 극대화

ⓑ 왕모래 파도무늬와 15개의 정원석

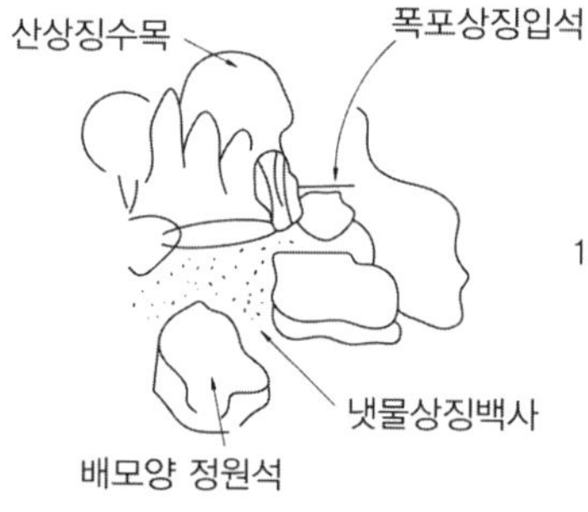

• 대선원 정원 모식도 •

• 용안사 석정 구성도 •

9 도산시대(모모야마시대) : 1576~1651 다정

① 신선정원

㉠ 정원유적 : 삼보원 정원, 이조성의 정원

㉡ 특징

ⓐ 일본특유의 간소화와 달리 호화로운 조석, 고른 명목으로 사람 위압하고자 함

ⓑ 강렬한 색채, 느낌, 과장된 표현

ⓒ 자연 순응에서 벗어나 과장하고자 하는 경향

② 다정원(노지형)

㉠ 다정의 이념적 배경

ⓐ 와비 : 인간생활의 어려움을 초월하여 정원에서 미를 찾고 검소하고 한적하게 산다는 개념

ⓑ 사비 : 이끼가 끼어 있는 정원석에서 고담(枯淡)과 한아(閑雅)를 느끼는 것

㉡ 특징

ⓐ 다도를 즐기는 데서 발달한 양식으로 실용적인 면 중요시

ⓑ 음지식물은 사용하지만, 화목류는 일체 사용하지 않음

ⓒ 다도 즐기는 자리의 간소화된 건축

ⓓ 다실 : 실정시대 비롯된 일종의 다도 즐기는 자리 꾸민 건축

ⓔ 제한된 공간에 산골정서를 담고자 함

ⓕ 상징 : 돌 물그릇(샘 상징), 마른 소나무 잎 깔기(지피 상징), 석등·석탑(수림 속에 묻힌 고찰 분위기)

ⓖ 선사상이 근원 : 다도의 실질적 기본정신은 선이다.

ⓗ 화경정숙 : 다도를 완전히 행하기 위해 갖추어야 할 것

- 화 : 화열
- 경 : 종교적 감정, 성실
- 정 : 정돈, 청결
- 숙 : 정숙, 고요함

ⓘ "남방록" : 다도에 관한 서적. 세상에 청정무호의 불토실현하고 일시모임이지만 이상으로 하는 사회를 구현하는 것을 지향

㉢ 다도정원 : 삼보원, 원성사 불정원

㉣ 대표적 조원가 : 천리휴, 소굴원주

10 강호시대(에도시대) : 1603~1867 원주파임천식

① **원주파 임천식** : 임천양식과 다정양식의 혼합된 지천회유식

㉠ 등원시대 복고정신 + 호화정원 + 초기 다정 = 새로운 양식(자연축경식) 탄생

㉡ 다정양식이 완성되며 고산수 축산임천식이 회유정원구성으로 변화함 : 석등, 수수관 설치

㉢ 정원사상 제3의 황금기

② **시대별 대표정원**

㉠ 초기 정원 : 소굴원주의 소척선, 후락원(건물 속에 흐르는 물 즉, 곡수식 다정, 중국적 정원요소인 소여산, 원월교 서호제가 배치), 서원, 낙수천, 계리궁

㉡ 중기 정원 : 취상어원, 포어전, 육의전

③ 신선사상의 대표정원
  ㉠ 동해암정원 : 동해일전의 정원이라는 표제의 설계도가 있는 정원. 규격에 맞는 삼신선도의 연못, 소나무 식재
  ㉡ 남선사 금지원(후락원)
    ⓐ 신선도를 1~2개로 간소화하여 학과 거북 생김새의 2개 섬 축조
    ⓑ 상징
      • 학섬 : 장수를 상징. 양을 의미
      • 거북섬 : 머리, 다리, 꼬리에 조석 둠(신라시대 안압지 영향). 음을 의미함

11 명치시대 이후 : 축경식, 경화식 풍경원

① 초기 서양식 정원
  ㉠ 프랑스식 정형원, 영국식 풍경원의 영향으로 서양식 화단, 암석원 설치
  ㉡ 대표정원 : 동경의 신숙어원(앙리 마르티네 설계), 적반이궁(프랑스 베르사이유 형식), 히비야공원(일본 최초의 서양식 공원)
② 중기 축경식 정원
  ㉠ 특징
    ⓐ 자연풍경을 그대로 축소시켜 묘사하는 수법
    ⓑ 작은 공간에 기암절벽, 폭포, 산, 연못, 탑 등을 한눈에 감상하도록 배치
  ㉡ 대표정원 : 무린안, 춘산장
  ㉢ 차경수법 도입한 차경원 : 의수원, 남대문

실전연습문제

01 일본 서방사(西芳寺) 정원에 맞지 않는 것은? [기사 11.03.20]

㉮ 고산수(枯山水)
㉯ 구산팔해석(九山八海石)
㉰ 정토사상(淨土思想)
㉱ 황금지(黃金池)

풀이 ㉯ 구산팔해석 : 금각사정원

02 일본 실정(무로마치)시대 선종사원인 대덕사 대선원(大仙苑) 석정(石庭)의 특징을 가장 잘 설명한 것은? [기사 11.03.20]

㉮ 추상적 고산수식 정원
㉯ 원근법의 원리를 살린 대풍경의 묘사
㉰ 평지에 15개 돌을 배치하고 흰모래로 마감한 의장기법
㉱ 수학적 비례에 의한 조화와 안정감

풀이 **대덕사 대선원**
축산고산수식으로 배모양의 정원석, 냇물 상징 백사, 산상징 수목, 폭포 상징 입석 등 원근법에 의해 대풍경을 묘사함
㉰의 설명은 평정고산수식 용안사 석정임.

03 일본의 도산(모모야마)시대 다정(茶庭)에서 발달한 일본의 주요 전통정원 요소와 관련 있는 것은? [기사 11.03.20]

㉮ 인공모래펄 석등
㉯ 석등과 수수분(水手盆)
㉰ 수수분(水手盆)과 학돌
㉱ 학돌과 석등

풀이 **다정에서의 정원요소**
돌물그릇, 마른 소나무, 석등, 석탑, 수수분

04 일본 선사상(仙思想)의 정원에 대한 설명이 틀린 것은? [기사 11.06.12]

㉮ 실정(室町, 무로마치) 시대에 강한 영향을 미쳤다.
㉯ 사실주의에 입각하여 경관을 조성한다.
㉰ 대선원서원(大仙院書院) 정원이 있다.
㉱ 고산수수법(枯山水手法)이다.

풀이 **선사상**
상징화와 추상화

05 헤이안시대 침전조(寢殿造) 정원에 대한 설명 중 틀린 것은? [기사 11.06.12]

㉮ 왕족을 중심으로 한 사교장소였다.
㉯ 연못에는 홍교나 평교를 설치하였다.
㉰ 침전조의 원형은 평등원이다.
㉱ 조전(釣殿)은 뱃놀이를 위한 승·하선(乘·下船) 장소로 이용되기도 하였다.

풀이 **평등원**
일본 헤이안시대 차경식 정원

ANSWER 01 ㉯ 02 ㉯ 03 ㉯ 04 ㉯ 05 ㉰

06 다음 정원 양식 중 시대가 가장 늦은 것은? [기사 11.10.02]

㉮ 고산수식 ㉯ 축경식
㉰ 다정식 ㉱ 임천식

풀이 **일본양식 변천사**
임천식 → 침전식 → 회유임천식 → 축산임천식 → 고산수식 → 다정식 → 회유식 → 축경식

07 몽창국사의 서방사(西芳寺) 정원에 관한 설명으로 옳은 것은? [기사 12.03.04]

㉮ 경관의 기능적, 심미적, 객관적 묘사를 꾀하였다.
㉯ 이끼정원 서쪽에 은사탄과 향월대를 조성하였다.
㉰ 지동암 앞에는 담북정을 짓고 고산수석조를 조성하였다.
㉱ 벽암록(碧巖綠)에 기술된 선의 이상향을 실현하고자 조성하였다.

08 일본의 석조 방식에는 기본이 되는 돌의 형태에 따라 오행석으로 분류하였다. 그 가운데 주석(主石)이 되는 돌의 이름은? [기사 12.03.04]

㉮ 기각석 ㉯ 지형석
㉰ 영상석 ㉱ 심체석

풀이 ㉮ 기각석 : 소가 누워 있는 형상
㉯ 지형석 : 역삼각형 모양의 역동적 형태
㉰ 영상석 : 사방에서 관람할 수 있는 채동석과 유사하나 좀 더 낮고 안정적인 형태로 주석
㉱ 심체석 : 윗면이 편평한 형태

09 일본 침전조정원의 원형으로 평안에 위치한 「등원양방」의 저택은? [기사 12.05.20]

㉮ 동삼조전 ㉯ 평등원
㉰ 삼보원 ㉱ 정유리사

10 일본 용안사 석정과 관련이 없는 것은? [기사 12.05.20]

㉮ 암석 ㉯ 장방형
㉰ 추상적 고산수 ㉱ 침전조

풀이 용안사 석정은 실정시대 평정고산수식으로 침전조는 남북시대에 해당

11 수목산수화 풍경을 묘사하고 원근법 원리를 잘 활용한 일본의 구상적 고산수식 정원은? [기사 12.09.15]

㉮ 용안사 석정(石庭)
㉯ 대덕사 대선원 동정(東庭)
㉰ 은각사의 은사탄과 향월대
㉱ 서본원서 호계(虎磎)의 정원

12 일본 도산(모모야마) 시대를 대표하는 정원으로서 풍신수길이 "등호석"이라는 유명한 돌을 운반하여 조성한 정원이 있는 곳은? [기사 13.03.10]

㉮ 이조성 ㉯ 삼보원
㉰ 계리궁 ㉱ 육의원

풀이

정원의 중심에 아미타삼존을 상징하는 돌을 두어 천하의 명석이라 불리움

ANSWER 06 ㉯ 07 ㉱ 08 ㉰ 09 ㉮ 10 ㉱ 11 ㉯ 12 ㉯

13 일본의 전형적 지당(池塘) 중심의 정토정원(淨土庭園)을 꾸미는 데 있어서 공식처럼 되어 있는 구성요소의 순서가 옳게 나열된 것은? [기사 13.03.10]

㉮ 남문 - 홍교(虹橋) - 중도(中島) - 평교(平橋) - 금당(金堂)
㉯ 남문 - 평교(平橋) - 중도(中島) - 홍교(虹橋) - 금당(金堂)
㉰ 남문 - 반교(盤橋) - 중도(中島) - 홍교(虹橋) - 금당(金堂)
㉱ 남문 - 평교(平橋) - 홍교(虹橋) - 중도(中島) - 금당(金堂)

14 귤준망의 작정기(作庭記)에 대한 설명으로 옳지 않은 것은? [기사 13.06.02]

㉮ 현존하는 일본 최초의 조원 지침서이다.
㉯ 침전조 건물에 어울리는 조원법을 기록하였다.
㉰ 정원 전체의 땅가름, 연못, 섬 등 정원에 관한 모든 내용을 기록하였다.
㉱ 아스카(비조) 시대 일본 조경의 개념형성에 큰 영향을 미쳤다.

풀이 작정기는 헤이안(평안시대) 후기에 작성된 것으로 비조시대보다 후에 만들어진 것이다.

15 「일본서기」에 추고천황(推古天皇) 20년(612 A.D)에 들어가 수미산과 오교수법을 전하였다고 기록된 사람은? [기사 13.06.02]

㉮ 몽창국사 ㉯ 노자공(路子工)
㉰ 소아씨(蘇我氏) ㉱ 도선선사

16 대표적인 일본정원에 관련된 주요 조경요소를 설명한 것 중 옳지 않은 것은? [기사 13.09.28]

㉮ 오모데센께(表千家)의 불심암(不審庵) 정원은 통일감 있고 인공적인 외관이 돋보인다.
㉯ 녹원사(금각사)의 경호지 안에 구산팔해석(야박석)이 배치된 정토경원양식이다.
㉰ 자조사(은각사)의 금경지가에는 모래로 이루어진 은사탄과 향월대가 있다.
㉱ 용안사의 방장 뜰에는 15개의 암석이 동쪽에서 서쪽방향으로 5.2.3.2.3의 석조로 배치되어 있다.

풀이 불심암 정원은 다정양식으로 자연의 단편적 경관 속에서 대자연의 정취를 느끼게 하는 천리휴 정원으로, 인공적이고 직선적인 소굴원주류와 구분된다.

17 일본을 대표하는 정원 중 하나인 용안사(龍安寺)에 대한 설명 가운데 틀린 것은? [기사 14.03.02]

㉮ 평정고산수 양식을 대표한다.
㉯ 겸창(가마쿠라)시대 때 조성하였다.
㉰ 일본의 바다를 표현했다는 학설도 있다.
㉱ 크고 작은 15개의 정원석으로 만든 정원이다.

풀이 용안사는 실정시대(무로마찌시대) 유적이다.

ANSWER 13 ㉮ 14 ㉱ 15 ㉯ 16 ㉮ 17 ㉯

18 무로마찌(室町) 시대 정원의 특징으로 옳지 않는 것은? [기사 14.05.25]

㉮ 석조(石組)가 두드러지게 중요시되어 과거 지형위주의 경향에서 벗어나게 되었다.
㉯ 묵화(墨畵)적인 산수(山水)를 사실적으로 취급한 것에서 점점 추상적인 의장으로 발전하였다.
㉰ 응인(應仁)의 전란 이후 제약을 받아 사찰도 재정이 부족하여 부지가 협소한 장소에 조성된다.
㉱ 수목의 비중이 중요시되어 후에는 상록활엽수가 정원의장의 가장 중요한 요소로 등장한다.

풀이 **무로마찌시대 조경**
축산고산수식, 평정고산수식으로 식물을 거의 쓰지 않고, 모래나 돌로 정원을 표현한 양식을 말한다.

19 일본 조경사에서 곡수연이 시작된 시기는? [기사 14.05.25]

㉮ 비조(아스카)시대
㉯ 평안(헤이안)시대
㉰ 실정(무로마치)시대
㉱ 도산(모모야마)시대

풀이 **비조시대 곡수연**
중국의 영향으로 못에 배 띄워 놀고 잔 띄워 시 짓기

20 일본에 백제사람 노자공이 정원을 조성하였다는 기록이 일본서기에 기록되어 있다. 이때 반영된 주요 사상은? [기사 14.05.25]

㉮ 불교사상(佛教思想)
㉯ 상세사상(常世思想)
㉰ 신선사상(神仙思想)
㉱ 도교사상(道教思想)

풀이 **수미산**
불교의 세계관에 나오는 구산팔해의 중심에 있다고 하는 상상의 산으로 노자공이 일본에 가서 수미산, 홍교를 만들었다.

21 일본의 전통석조방식 가운데 하나인 7·5·3 석조 방식으로 정원을 꾸민 곳은? [기사 14.09.20]

㉮ 계리궁 ㉯ 대덕사
㉰ 용안사 ㉱ 수학원이궁

풀이 **용안사 석정**
15개의 정원석과 모래로만 꾸민 정원으로 15개의 돌을 동쪽에서 서쪽으로 5개, 2개, 3개, 2개, 3개씩 무리지어 배치하였는데 돌의 모양, 크기, 배치를 통하여 우주를 표현하고 있는 7·5·3 석조방식

ANSWER
18 ㉱ 19 ㉮ 20 ㉮ 21 ㉰

CHAPTER 4 한국의 조경

시대	정원유적				기록문헌 또는 소재지
고구려	안학궁(장수왕)				
	장안성(양원왕)				
백제	임유각(동성왕)				동사강목, 대동사강, 삼국사기
	궁남지(무왕)				삼국사기, 동사강목, 동국통감
	왕흥사(무왕)				삼국사기, 삼국유사, 동사강목, 동국통감
신라	월성, 반월성 등 많은 산성(파사왕)				
	황룡사(법흥왕) 목단씨(진평왕)				
통일신라	안압지(문무왕 19년 AD 674)				삼국사기, 동사강목
	포석정(헌강왕)				삼국유사, 동국여지승람
고려	궁궐 정원	화원(예종 8년)			고려사, 동국통감, 동국여지승람, 송경지, 고려사절요, 동국이상국집, 고려경(서경)
		격구장(의종)			
		동지			
		정자			
		풍치조성(정종)			
	사찰 정원	문수원정원(인종)			
	객관 정원	순천관			
조선	궁궐 정원	경복궁(태조 4년)			서울
		창덕궁(태종 5년, 인조, 숙종)			서울
		창경궁 통명정원(성종)			서울
	민간 정원	주택 정원	후원 정원	김윤제 환벽당 정원(명종 9년 1554)	광주시 충효동 386번지
			사랑 정원	유이주 운조루 정원	전라남도 구례군 토지면 오미리
				정영방의 임재정원(1610~1636)	
				정영방의 경정지원(1577~1650)	경상북도 영양군 입안면 연담리
			별당 정원	유운의 화운당 정원	전라남도 무안군 청계면 사마리
				다산 정약용의 초당(1808~1829)	전라남도 강진군 도암면 안덕리

시대	정원유적		기록문헌 또는 소재지
조선	별서	양산보 소쇄원(중종)	전라남도 담양군 남면 지곡리 지곡촌
		고산 윤선도의 부용강 정원(인조)	전라남도 완도군 보길도 부곡동
		소한정	경상남도 양산
		석파정, 옥호정	서울
	루정원림	광한루(조선 초~1444)	전라남도 남원
		이후의 활래정지원(1700)	강원도 강릉시 운정동
	서원 조경	소수서원	경상북도 영주군 순흥면 내죽리
		옥산서원	경상북도 경주군 안강읍 옥산리
		도산서원	경상북도 안동군 도산면 토계리
		무성서원	전라북도 정읍군 칠보면 무성리
		둔암서원	충청남도 논산군 연산면 임리
	사찰 조경	통도사	경상남도 양산시 하북면 지산리
		해인사	경상남도 합천군 가야면 치인리
		송광사	전라남도 승주군 송광면 조계산

★★★★ 1 한국조경사 개관

(1) 한국정원의 특성

① **신선사상 배경** : 지중에 섬, 괴석 배치 & 정원담, 굴뚝에 나타난 십장생
② 직선적 윤곽선 처리
③ 선과 공간의 구성의 단조로움
④ **자연곡선지** : 고구려 안학궁, 신라 임해전지원(안압지)
⑤ 주정원 = 후원(풍수지리 영향)
⑥ **수심양성의 장** : 유교 영향, 도연명의 안빈낙도 생활철학
⑦ 풍류생활의 장
⑧ **자연과의 일체감 형성**
  ㉠ 정원이 자연의 일부
  ㉡ 수목에 대한 인공처리 회피
  ㉢ 수목은 낙엽활엽수로 계절변화 즐김

(2) 우리나라 조경의 예술문화사 면에서의 변천

① **힘의 예술** : 원시시대(삼국시대) - 건설, 창조, 시대성
② **꿈의 예술** : 고대(통일신라) - 건설, 창조, 시대성

③ **슬픔의 예술** : 중세(고려) - 계승, 모방
④ **멋의 예술** : 근세(조선) - 계승, 모방

(3) 예부터 명산의 의미

① 그 지방 민족 조성신화에 해당되는 지역
② 한 지역 가운데 가장 특출한 형태
③ 적을 맞는 국경선에 있어서 방장관액의 역할
④ 신앙의 대상이 되는 존재

2 원시시대

① **구석기 시대** : 강가, 물 주변에 주거 발견. 집터, 화덕자취
② **신석기시대** : 지답리유적, 궁산리유적, 움집, 온돌 사용
③ **청동기시대** : 고인돌, 선돌, 움집, 동검, 거울
④ **철기시대** : 수혈 주거, 난방장치, 돌무덤

3 고조선

① **유(囿)** : "대동사강"에 노을왕이 유(위요된 울타리)를 만들어 짐승을 키웠다는 기록. 최초의 정원
② **청유각**
　㉠ 선양왕 때 청유각을 후원에 세워 군신과 큰 잔치했다는 기록
　㉡ 각 : 계단을 따라 올라가야 하는 높은 건축물
③ **구선대**
　㉠ 신선사상에 의해 신선이 살 수 있는 공간 창출
　㉡ 뱃놀이
④ **신산** : 수도왕 때 패강 속에 신산을 쌓아 그 위에 무대를 만들고 금벽으로 장식

4 고구려

① **국내성** : 방형의 평지성으로 서쪽 제외한 3면에 해자를 둔 천연지세 이용한 성
② **안학궁(安鶴宮) 궁원(장수왕)**
　㉠ 안학궁
　　ⓐ 경복궁보다 큰 규모로 5개의 궁(남북으로 남궁, 중궁, 북궁 그리고 동서로 2개

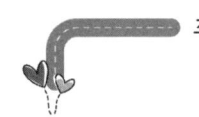

의 궁이 있었으며, 남궁은 외전으로 국가 행사용이었음)이 있었으며, 정원은 남궁와 서문사이, 북문과 침전사이에 정원터가 있음

ⓑ 동서에 해자 있고, 토성벽 축조(진흙 + 석비례)

ⓒ 성벽과 해자에 순환보도(돌 포장), 성문이 6개, 수구문 2개

㉡ 안학궁 내 정원

ⓐ 가산 축조

- 길이 100m, 너비 70m, 높이 4~8m 진흙 가산
- 궁내의 지형적 결함을 보완하기 위한 지형의 변화
- 풍수지리는 아니며, 음양오행설, 사신주신앙
- 앞이 낮거나 지나치게 트인 곳을 가리기 위한 조산
- 일본보다 5C 앞선 가산

ⓑ 자연석의 사용

- 가산 위, 지당 주위, 물속 군데군데 자연석 놓음
- 일본 평안조 침전식 정원으로 전래됨

ⓒ 지당조성

- 인공으로 판 못
- 방지 : 가산축조 안됨. 건물지 주변 토성 동남 귀퉁이에 조성. 방지의 원류는 고구려 안학궁
- 곡지 : 가산 축조됨. 건물지에서 멀어진 자연경관 우세지에 자연스럽고 변화성 있는 형태. 지하수위 낮추기 위한 용도, 뱃놀이 하기도 함

③ 장안성(양원왕)

㉠ 고구려 후기 최고의 도성으로 포곡식, 대동강이 있어 해자가 필요없음

㉡ 4개의 성 : <u>내성(궁궐보호), 북성(산성), 중성(관아), 외성(민가, 자갈로 포장된 도로), 성곽 내외부에 해자 설치</u>

④ **묘지경관** : 동명왕릉의 진주지(眞珠池)

㉠ 못 안에 신선사상의 4개의 섬

㉡ 한무제 태액지원의 영향

★★★ 5 백제

① 임류각(臨流閣 : 동성왕 22년)

㉠ 동사강목, 삼국사기에 기록되어진 내용으로 추정

㉡ 동성왕 때 조성한 궁의 후원에 해당함

㉢ 못 파서 물을 끌어다 대고, 사각형의 못에 버드나무 식재하고, 방장을 연상하는 섬 축조

② 왕흥사(미륵사)

㉠ 동사강목, 동국통감, 삼국유사에 기록되어 전해옴

㉡ 못에서 뱃놀이 하였다는 기록

③ 사비성내 궁남지(宮南池 : 무왕)

㉠ 삼국사기, 동국통감, 삼진기의 봉래산 후에 기록됨

㉡ 특징

ⓐ 정방지, 신선사상(봉주, 영래, 방장), 삼신상, 버드나무, 못가에 포룡정

ⓑ 대왕포 : 고관사가 세워져 있는 큰 암반

ⓒ 의자왕이 망해정 지음

④ 노자공 : 조산, 수미산, 오도를 만듦. 일본정원에 인공산 축조함

⑤ 석연지(石蓮池)

㉠ 정림사지 5층석탑에 새겨진 내용에 기록이 있음

㉡ 정원용 점경물로 화강석으로 물고기 모양 만들어 물 담아 연꽃 띄워 감상

㉢ 지름 180cm, 깊이 1m

㉣ 조선시대 풍수설에 의해 연못이 소형화되어 택지에서 주거후면에 화단규모에 맞게 장식하는 세심석으로 발전

6 신라

① 파사왕의 많은 산성 : 월성, 반월성 등 많은 산성 축조

② 법흥왕 때 목단씨 도입

★★★★★ 7 통일신라

① 임해전과 동궁과 월지(안압지(雁鴨池), 임해전지원)

㉠ AD 674 삼국통일 직후에 조성

㉡ 안압지(안하지)의 뜻 : 기러기가 서식하는 곳이라 하여 바다를 연상케 하는 장소로 연꽃을 심지 않음

㉢ 면적 : 전체 약 3,600m^2, 못 면적 약 1,600m^2

㉣ 용도 : 왕과 신하의 정적 위락공간, 동적 선유공간(뱃놀이), 수전감상의 장소

㉤ 지안

ⓐ 건물지 있는 서안, 남안 : 2.5m 이상으로 다른 곳보다 높다.

ⓑ 서안 : 장대석, 대형 석재를 수직으로 쌓음. 물에 잠기는 부분은 자연석 괴석, 노출된 곳은 장대석

ⓒ 서안 외 나머지 호안 : 사괴석 형태의 화강암을 1.6m 높이로 쌓음

ⓓ 전 호안 석축 하부에 직경 50cm 정도 둥근 냇돌을 80~120cm 간격으로 배치

ⓔ 서안 제외한 전 호안 석축 상부에 괴석 모양의 바닷가돌 배치해 바닷가 풍경 묘사

ⓗ 지중의 섬(신선사상의 봉주, 영래, 방장 상징)

ⓐ 대도 : 동남쪽 모퉁이에 위치. 타원형. 면적 약 $90m^2$

ⓑ 중도 : 서북쪽 구석진 곳에 원형의 거북 모양. 면적 약 $60m^2$

ⓒ 소도 : 대도의 북쪽에 10개의 경석

ⓢ 입수구와 출수구

ⓐ 입수구 : 보문지 → 북천 → 황룡사 앞 계곡 → 석조(2개의 타원형돌) → 수로(거칠게 다듬은 돌 40m) → 석구(물흐름 바꾸는 곳) → 수로 → 입수구(자연석으로 만든 작은 못으로 떨어지는 폭포) → 수직받침돌(자연석, 흙 패는 것 방지) → 4단의 돌계단

ⓑ 출수구 : 위로부터 4개의 구멍을 뚫어 나무마개로 막아 수위를 조절. 수위 2.1m 유지

ⓞ 조산 : 중국 무산12봉을 본뜸(망하, 취병, 조운, 송만, 집선, 취학, 정단, 상승, 초든, 비봉, 등용, 성천)

ⓙ 식생 : 기화이초, 소나무, 단풍, 산수유, 모란, 난, 모과 등 큰 교목류는 없다.

ⓒ 동물 : 양진금기수(진귀한 새와 짐승), 원숭이·사슴(당나라 교류), 백조·황새(보문지 철새), 원앙, 공작, 붕어, 잉어, 거북, 자라 등

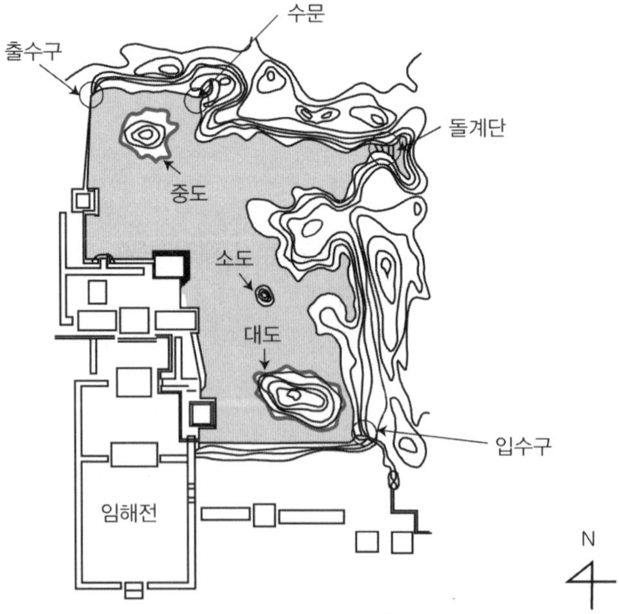

• 안압지 공간 구성도 •

② 포석정(鮑石亭)(헌강왕)

㉠ 음양 : 포어(물이 흐르는 곳, 여성의 음 상징), 구형석(거북머리 형상. 남성인 양을 상징)

㉡ 유상곡수연

ⓐ 중국 진나라 왕희지 난정기의 곡수연 영향

ⓑ 곡수연 : 흐르는 물에 술잔 띄워 자기 앞에 당도할 때까지 시를 지어 잔들고 읊은 후에 다른 사람에게 잔 보내는 풍류놀이

㉢ 용도 : 내부에는 왕과 신하들의 유희장소, 외부는 관람석

㉣ 치석 : 유수로 전반에 정밀한 치석이 마찰계수를 줄이기 위해 정밀하게 다듬으며, 입수면은 거칠게, 수로면은 매끄럽게 처리

㉤ 구성 : 안쪽 돌 12개(12개월 상징), 밖의 돌 24개(24절기 상징)

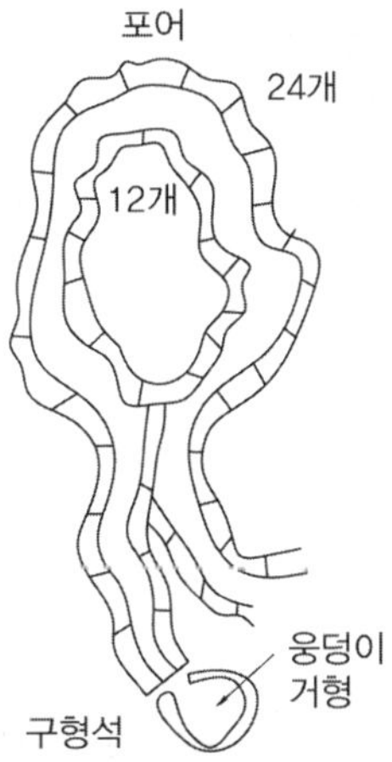

• 포석정 구성도 •

③ 사절유택(四節遊宅)(헌강왕)

㉠ 철 따라 자리 바꾸며 놀이 즐기는 것

㉡ 봄 : 동야택, 여름 : 곡안택, 가을 : 구지택, 겨울 : 여군택

④ 최치원의 해인사 계류의 홍류동 별서 : 당나라 유학 후에 별당 지어 즐기는 풍습 시작

⑤ 만불산(萬佛山) : 오색전 위에 가산 쌓고 각 구역마다 각국 산수를 연출하여 그 가운데 만불안치

CHAPTER 04 한국의 조경

실전연습문제

01 고구려 장수왕 15년(427년)에 평양으로 천도 후 궁을 축조하고 훌륭한 궁원(宮苑)을 조성하였다. 이 궁의 명칭은? [기사 11.03.20]

㉮ 대성궁(大成宮) ㉯ 안학궁(安鶴宮)
㉰ 동명궁(東明宮) ㉱ 대동궁(大東宮)

02 대동사강(大東史綱)에 기씨조선 의양왕은 "후원에 정자를 세워 신하들과 잔치를 베풀었다"는 기록이 있다. 이 정자의 이름은? [기사 11.03.20]

㉮ 임류각(臨流閣) ㉯ 구선각(求仙閣)
㉰ 청류각(淸流閣) ㉱ 청연각(淸燕閣)

풀이 **청류각**
고조선시대 대동사강의 기록에 의한 후원

03 창덕궁 후원 옥류천 계류가에 존재하지 않는 정자는? [기사 11.03.20]

㉮ 취한정 ㉯ 태극정
㉰ 소요정 ㉱ 농수정

풀이 **옥류천가의 정자**
청의정, 소요정, 태극정, 취한정, 농산정

04 다음 궁성 중 외성, 중성, 내성, 북성으로 된 것은? [기사 11.06.12]

㉮ 신라의 반월성
㉯ 백제의 사비궁
㉰ 고구려의 장안성
㉱ 고려 만월대 궁원

풀이 **장안성**
내성(궁궐 보호), 북성(산성), 중성(관아), 외성(민가)

05 백제 귀족문화의 속성이 강하게 나타나는 3탑 3금당형의 3원식 가람 구조를 보이는 사례는? [기사 12.03.04]

㉮ 부여 군수리 절터
㉯ 부여 동남리 절터
㉰ 익산 미륵사터
㉱ 부여 정림사터

풀이 ① 1탑 1금당형 : 부여 정림사터, 금강사터,
② 1탑 3금당형 : 군수리 절터, 청암리사지(평양 근교), 신라 황룡사지
③ 3탑 3금당(삼원식)형 : 미륵사터
④ 2탑 2금당형 : 사천왕사지, 망덕사지, 감은사지

ANSWER
01 ㉯ 02 ㉰ 03 ㉱ 04 ㉰ 05 ㉰

06 동사강목(東史綱目)에 궁남지(宮南池)에 대하여 "궁성의 남쪽에 못을 파고 20여 리 밖에서 물을 끌어들이고 사방의 언덕에 버드나무를 심고, 못 속에 섬을 만들어 방장선산을 모방하였다."라고 기록하고 있는데 어느 때 조성한 것인가? [기사 12.03.04]

㉮ 백제의 진사왕 ㉯ 백제의 무왕
㉰ 신라의 경덕왕 ㉱ 신라의 문무왕

07 일본에 귀화한 백제사람 노자공(路子工)이 아스카(飛鳥)시대에 궁궐 남쪽 뜰에 수미산을 세우고 못에 오교(吳橋)를 놓았다는 기록이 있는 문헌은? [기사 12.03.04]

㉮ 일본의 고사기(古事記)
㉯ 일본의 일본서기(日本書記)
㉰ 한국의 삼국사기(三國史記)
㉱ 한국의 삼국유사(三國遺事)

08 우리나라 왕명(王名)과 그들이 조성했거나 변형시킨 작품과의 연결이 옳지 않은 것은? [기사 12.05.20]

㉮ 조선 세조 - 창덕궁 후원
㉯ 고려 충혜왕 - 방장선산
㉰ 조선 태종 - 경회루
㉱ 연산군 - 만세산

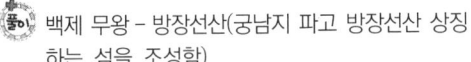

풀이 백제 무왕 - 방장선산(궁남지 파고 방장선산 상징하는 섬을 조성함)

09 동양에서 시를 짓고 풍류놀이인 곡수연(曲水演)을 하게 된 직접적인 요인으로 가장 적합한 것은? [기사 12.09.15]

㉮ 풍류를 좋아하는 민족성 때문이다.
㉯ 산악지형의 자연스러움과 물의 성질을 이용했기 때문이다.
㉰ 왕희지의 난정고사에 근원을 두어 그 생활철학을 본받으려 했기 때문이다.
㉱ 자연적인 물의 흐름으로 음양사상을 적용했기 때문이다.

10 통일신라시대의 대표적 산지사찰인 화엄사(華嚴寺)에 대한 설명 중 틀린 것은? [기사 12.09.15]

㉮ 회랑이 없는 점
㉯ 입체적으로 형성된 공간 구성
㉰ 대웅전을 중심으로 좌우대칭이 아닌 점
㉱ 계곡의 방향과 일치하는 동서축선을 기준으로 한 점

풀이 **화엄사**
자연환경에 순응해서 공간구성을 하여, 진입과정에서 불이문, 금강문, 천왕문 그리고 보제루가 자리를 계속 서쪽으로 옮겨가면서 꺾인 축선상에 배치되는 형식을 취하고 있는 것이 큰 특징임

11 다음 중 고구려 안학궁원(安鶴宮苑)의 설명으로 옳은 것은? [기사 13.06.02]

㉮ 수구문은 동쪽과 서쪽에 설치되어 있었다.
㉯ 궁의 북서쪽 모서리에 태자국이 있었다.
㉰ 정원터는 서문과 외전 사이에 북문과 침전 사이에 있었다.
㉱ 가장 큰 규모의 정원터는 동문과 내전 사이이다.

ANSWER 06 ㉯ 07 ㉯ 08 ㉯ 09 ㉰ 10 ㉱ 11 ㉰

12 다음 중 직선과 곡선을 혼용한 원지(苑池)는? [기사 13.09.28]

㉮ 경주의 월지(안압지)
㉯ 경복궁의 경회루지
㉰ 창덕궁의 몽답정지
㉱ 창덕궁의 애련지

풀이
- 안압지 : 서쪽과 남쪽의 건물 있는 곳은 호안이 직선이고, 동쪽과 북쪽 호안은 곡선형이다.
- 경복궁 경회루지 : 직선 위주의 좌우 대칭적 평면기하학식 지원, 큰 방지와 2개의 방도
- 창덕궁 애련지 : 방지와 정자

13 궁남지 연못의 섬을 「방장선산(方丈仙山)」의 상징이라고 기록한 문헌은? [기사 14.05.25]

㉮ 동경잡기 ㉯ 동국여지승람
㉰ 삼국사기 ㉱ 삼국유사

풀이 **백제 궁남지 관련 기록 문헌**
삼국사기, 동사강목, 동국통감으로 삼국사기에 방장선산의 상징으로 기록되어 있다.

14 다음 중 방장선산의 신선사상을 가장 먼저 상징화한 곳은? [기사 14.09.20]

㉮ 부여의 궁남지
㉯ 서울의 애련지
㉰ 남원의 광한루 지당
㉱ 개성 송도의 동지

풀이
㉮ 부여 궁남지 : 백제 별궁의 연못
㉯ 서울 애련지 : 조선시대 창덕궁 내
㉰ 남원 광한루 지당 : 조선초기
㉱ 개성 송도의 동지 : 고려 도읍지 내 연못

ANSWER
12 ㉮ 13 ㉰ 14 ㉮

8 발해

① 도성과 경원

㉠ 5경, 상경용천부(바둑판 모양의 시가지 형성)

㉡ 고구려 안학궁과 같은 정원이 있으며, 뜰, 인공연못, 가산을 만들고 화초, 진귀한 짐승 기름

㉢ 귀족들이 저택에 연못 꾸미고 모란 식재해 정원 조성

★★★★ 9 고려(중세)

① **풍수지리** : 진산, 조산, 좌청룡 우백호를 가진 명당에 관한 이론이 유행. 도성 위치 선정에 중요

② **금원(궁궐정원)**

㉠ 화원(花圓)(예종)

ⓐ 관상 목적의 화목, 화훼 중심의 주연 베풀고 감상, 시문의 대상 장소인 정원

ⓑ 진수이화는 송·원에서 수입

ⓒ 쌍학, 앵무새, 공작 등 다금기축

㉡ 동지(귀령각(龜齡閣) 지원(池苑))

ⓐ 궁궐 동쪽에 위치한 원지로 귀령각은 동지의 주건물

ⓑ 뱃놀이 감상, 호수의 자연경관 감상하는 장소, 또는 왕이 진사 시험치는 선발 장소

ⓒ 노획한 왜선 띄우기도 하며, 진금기축 사육, 목종 때 확장공사

㉢ 격구장(의종)

ⓐ 영국 폴로경기와 비슷한 마상하키 경기로 중동지방, 인도, 중국을 거쳐 우리나라에 전래

ⓑ 수창국 북원에 위치한 대규모 경기장으로 대궐 내 종합적 운동공원

㉣ 풍치조성(정종) : 땔나무 가져가는 것을 금지하고 풍치림, 보완림 설치

㉤ 정자

ⓐ 휴식, 조망 위해 원림 내에 설치하는 소 건축물

ⓑ 안여정(문종 11년), 상춘정(문종 24년), 사루(숙종), 어금내 사루(예종), 정연각·보문각(학문 즐기는 강의 장소)

㉥ 석가산

ⓐ 돌을 쌓아 산봉우리나 언덕같이 한 정원축조물로 중국에서 시작됨

ⓑ 괴석을 예종 11년 도입해 고려 말엽에 중국보다 더 성행

ⓒ 서유구의 「임원십육지」 : 석가산 축조기법

ⓓ 우리나라 석가산 기법의 변천

시대		내용
고려	예종 11년	중국에서 처음 도입
	김인존이 "청연각 연기"	궁궐정원의 석가산 꾸민 기록
	서거의 "고려국경"	궁전항에 석가산 이용
	의종 6년	수창궁 북원에 가산 쌓고 만수정 축조
	의종 10년	양성정 곁에 괴석 쌓아 가산 축조
	의종 11년	민가 50여 구를 헐고 태평정 정원 조성
	고려말기 안축	석가산, 괴석이 일반 민가에 널리 보급
조선	강희맹의 가산찬 서거정의 가산기	정원에 석가산
	중종	루, 소쇄원에 석가산
	서울 후남동 주택 후정	사당터 뒤의 석가산 흔적
	조선후기	자연경치 존중에 반대되는 것이어서 쇠퇴

ⓔ 중국과 우리나라 석가산의 비교
- 중국 : 굴곡이 심한 돌을 석회로 굳혀 쌓아 올림
- 우리나라 : 납작한 판석을 겹겹이 쌓아 올림

③ **이궁** : 중미정(의종), 만춘정(맑은 유수), 연복정(절벽), 장원정(長源亭)

④ **사원 경원** : 문수원(文殊院) 정원

㉠ 이자현이 청평사에 은거생활 위한 장소로 일본 고산수식 서방사 정원에 영향 줌

㉡ 정원 구성기법

ⓐ 첩석과 첩석성산 : 자연 그대로의 석산으로 각암을 여러 겹 쌓아 산과 같이 조성

ⓑ 남지 : 물이 맑고 깨끗해 부용봉이 비치며, 연못 속에 자연석 3개 배치

ⓒ 공간구성 : 중원, 남원, 동원, 북원으로 조성

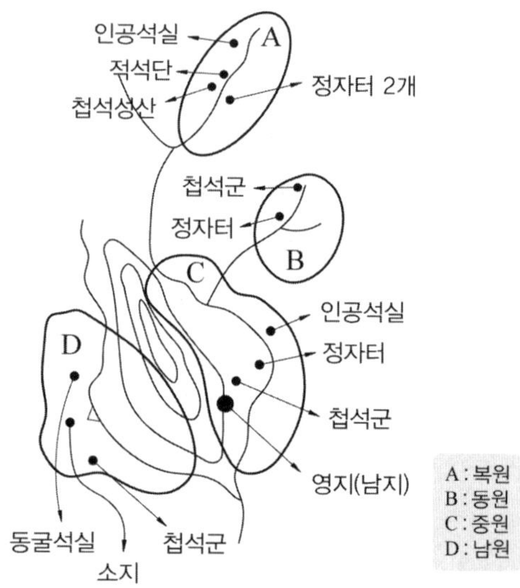

• 문수원 정원 공간 구성도 •

⑤ **객관(客館)정원 순천관(順天館)**

㉠ 외국 사신이 왕래하는 길목이나 궁원 내 설치해 사신을 접대하는 곳

㉡ 화원, 향림정, 임원이 조성

⑥ **사찰정원** : 불교 융성으로 도내 10대 사찰 조성

⑦ **개인저택정원** : 의종 이후에 궁궐 못지 않은 규모. 최충헌의 정원, 류정동, 내사동 저택, 남산리 별장

⑧ **내원서(內苑署)** : 충렬왕 때 궁궐의 정원을 맡아보는 관서 설치. 조선말까지 계승

⑨ **고려시대 정원식물**

㉠ 고려사 : 화려한 화훼식물 식재. 작약, 석류화, 두견화, 매화, 연화, 국화 등

㉡ 이규보의 동국이상국집

ⓐ 패랭이꽃(석죽화), 원추리(훤초), 무궁화(근화), 닥풀(황촉규), 맨드라미(계관화), 미화, 목련(목필화), 겹복숭아(백엽도), 사계화(월계화), 배롱나무(자경), 아그배나무(해당), 봉선화(옥매), 백목련(옥란), 동백(산다), 목백일홍(자미), 연(부거)

ⓑ 분식식물 : 측백나무(다백), 복숭아나무(협죽도), 창포(석창포)

ⓒ 채원 : 오이(과), 무(정), 파(총), 아욱(규), 박(호)

실전연습문제

01 고려시대 개성 만월대에 대한 설명으로 틀린 것은? [기사 11.03.20]

㉮ 김홍도가 그린 기로세련계도의 소재가 되었다.
㉯ 높은 축대를 쌓고 동서축으로 건물을 배치하였다.
㉰ 숙종 때 모란으로 명성이 높았던 사루가 있었다.
㉱ 상춘정에는 곡연(曲宴)을 행하였다는 기록이 있다.

풀이 **만월대**
건물 배치는 회경전 중심의 외전 일곽, 장화전 중심의 내전 일곽과 서북쪽의 침전 일곽으로 구분됨. 구릉지에 위치한 지형적 특성상 높은 축대를 쌓고 건물들을 세웠으나 건물들의 배치가 자유로웠다.

02 한자로 된 식물명을 한글로 잘못 적은 것은? [기사 11.03.20]

㉮ 槐 : 회화나무 ㉯ 紫微 : 장미화
㉰ 木槿 : 무궁화 ㉱ 山茶 : 동백

풀이 ㉯ 자미(紫微) : 배롱나무

03 이동식 정자인 사륜정(四輪亭)을 고안한 사람은? [기사 12.03.04]

㉮ 이규보(1201) ㉯ 기홍수(1210)
㉰ 최충헌(1219) ㉱ 홍만선(1241)

풀이 이규보가 설계한 사륜정은 수레형 정자로 그 기록이 동국 이상국집에 기록되어 있으며, 실제로 정자가 만들어진 것은 아니다.

04 다음 고려시대 누정 가운데 궁궐 내에 조영된 것은? [기사 12.05.20]

㉮ 상춘정 ㉯ 장원정
㉰ 향림정 ㉱ 부벽루

풀이 고려사에 고려시대 개경 궁궐 안에 상춘정이란 정자를 지었다는 기록 전함

05 고려시대에 조영된 민간정원과 관련 인물의 연결이 잘못된 것은? [기사 13.03.10]

㉮ 김치양 - 행단(杏亶)
㉯ 기홍수 - 퇴식재(退食祭)
㉰ 이규보 - 이소원(理小園)
㉱ 최충헌 - 남산리제(男山里第)

풀이 김치양은 고려시대 최초의 민간정원 조성자이나 정원이 현재 남아있지 않고, 행단은 고려후기 최영 장군의 고택인 맹사성의 고택으로 아산 맹씨 행단의 민간정원을 말함

06 다음 중 고려시대 이규보의 「동국 이상국집」에 나오는 사람이 끌고 다닐 수 있는 정자는? [기사 13.09.28]

㉮ 장원정 ㉯ 상춘정
㉰ 연복정 ㉱ 사륜정

풀이 **사륜정**
이규보의 동국 이상국집 내용 중 바퀴가 넷이며 사방이 6척, 돌기둥이 넷, 사방에 난간을 만든 이동식 정자

ANSWER
01 ㉯ 02 ㉯ 03 ㉮ 04 ㉮ 05 ㉮ 06 ㉱

07 고려시대 인공폭포를 조성하고 석가산을 쌓았으며 특이한 정자를 많이 건립한 군주는? [기사 14.05.25]

㉮ 예종 ㉯ 의종
㉰ 명종 ㉱ 공민왕

풀이 **고려 의종**
수창궁 북원에 가산 쌓고 만수정 축조, 양성정 곁에 괴석 쌓아 가산 축조, 민가 50여 구를 헐고 태평정 정원 조성, 만춘정, 연복정, 중미정 등 경관이 수려한 곳에 정자지어 놀이터로 삼는 등 석가산, 인공폭포, 정자를 많이 세움

08 각 국가별로 중요 조경유적의 연결이 바른 것은? [기사 14.05.25]

㉮ 고구려 - 궁남지(宮南池)
㉯ 신라 - 임류각(臨流閣)
㉰ 고려 - 동지(東池)
㉱ 백제 - 감은사(感恩寺)

풀이 백제 – 궁남지, 백제 – 임류각, 고려 – 동지
신라 – 감은사

09 예성 강변에 위치한 장원정(長遠亭)의 설명이 옳은 것은? [기사 14.09.20]

㉮ 고려시대 별서정원
㉯ 고려시대 이궁
㉰ 조선시대 행궁
㉱ 조선시대 별서정원

풀이 **고려시대 이궁**
장원정, 중미정, 연복정, 만춘정으로 경관이 빼어난 곳에 풍수지리의 영향으로 지어짐

ANSWER 07 ㉯ 08 ㉰ 09 ㉯

10 조선시대(근세)

(1) 개관

① 사상

㉠ 풍수지리사상 : 택지 선정의 제약으로 후원이 발달

㉡ 음양오행사상 : 연못의 형태가 방지원도

㉢ 유교사상 : 유교의 기본원리(인, 의, 예, 지, 신)로 인해 귀족들이 임금보다 좋은 정원, 집을 가질 수 없었음

② 조경 특징

㉠ 중국 조경 양식의 영향에서 벗어나 한국적 색채가 발달

㉡ 자연환경과의 조화, 융합의 원칙을 중시

유형	정의	형질	용도
석가산	자연산을 쌓아올려 산의 모양을 축소 표현 수직적 괴체를 형성함 수목이나 수경을 곁들이기도 함	자연석을 조합·배치	조형 + 장식
치석	수목의 밑이나 물가 등에 자연석을 여러 개 앉힘 수평면에 수평방향으로 배치함		
괴석	기이한 형질의 자연석 한 덩어리를 홀로 앉힘 석함에 심어 세워 둠	자연석을 단독 배치	
수석	실내 조경용으로 쓰이는 괴석 평반에 배치함		
식석	추상적 상징을 하는 소형의 정형적 석조물	인공석을 단독 배치	
석탑	사찰의 석탑을 옮겨다 놓았거나 축소, 모방 원래 정원용은 아니나 더러 사용함		
석상	넓고 평평한 바위를 다듬어 탁자나 평상으로 사용 인공을 가하거나, 자연석을 그대로 씀 다리를 붙이거나, 치수석법으로 깔기도 함	평평한 면을 사용	조형 + 실용
하마석	넓고 평평한 바위를 다듬어 말이나 가마를 타고 내리는 디딤돌로 사용함		
석연지	넓고 두터운 돌을 큰 수조처럼 다듬어 작은 연지, 어항으로 사용함 수면 반영효과를 즐겨 세심석이라고도 함		
돌확	돌을 절구나 도가니처럼 다듬어 석연지나 물거울로 사용함	그릇/도구로써 사용	
석분	괴석을 받쳐놓게끔 다듬은 작은 돌그릇		
석등	야간의 조명을 위하여 만든 등		
대석	화분, 등, 해시계, 석함 등을 얹어 놓게끔 다듬은 받침돌		
석주	드물게 시구나 장소명을 새겨서 세워둠	구조물	

(2) 궁원

★★★ ① 경복궁(景福宮)(태조 14년)

㉠ 궁건물

ⓐ 태조 4년 완공, 정도전이 이름 지었으며, 임진왜란 때 소실된 것을 흥선대원군이 재건

ⓑ 공간분류

- 치조공간 : 근정전(정무를 보는 곳)
- 연침공간 : 강녕전(왕의 정침), 교태전(왕비의 정침). 일상생활과 숙식하는 곳
- 조원공간 : 경회루 지원, 교태전 후원, 향원정 지원

★★ ㉡ 경회루(慶會樓) 지원

ⓐ 기능 : 외국사신 영접, 연회장소, 시험장소, 무예감상 등의 장소

ⓑ 형식 : 직선 위주의 좌우대칭적 평면기하학식 지원. 큰방지에 루건물이 있는 큰방도와 2개의 작은방도로 총 3개의 방도

ⓒ 시설물 : 루, 동쪽 3개의 석교(48개의 돌기둥으로 이루어짐), 2개의 섬(장방형)

ⓓ 식재 : 연(연못 내), 적송(2개의 섬), 느티나무, 회화나무(서, 북쪽 못 호안가)

ⓔ 규모 : 128m×113m 크기의 방지

ⓕ 가산 : 못가에 만세산이라는 가산 축조("연산군일기")

★★ ㉢ 교태전(交泰殿) 후원(아미산원)

ⓐ 특징 : 계단식 화계

- 제1단 : 괴석 2개, 석지(연화모양, 용모양) 2개
- 제2단 : 방형의 괴석, 형석지 2개(향월지, 낙하담)
- 제3단 : 굴뚝(6각형 꽃전으로 축조한 첨겸물로 높이 260cm, 벽면에 십장생이 새겨져 있음)
- 제4단 : 회화, 피나무, 느티, 매화, 앵두나무, 말채나무, 배나무, 소나무 등 식재

ⓑ 기능 : 관상, 산책목적의 후원(고목 울창한 후원)

★★ ㉣ 향원정(香遠亭) 지원

ⓐ 궐내 북쪽에 위치

ⓑ 동서 76m, 남북 70m 부정형의 방지(마름모꼴)와 중심에 원도가 있으며 정육각형의 루건물인 향원정이 있음

ⓒ 취향교 : 중도와 지안을 연결하는 목교

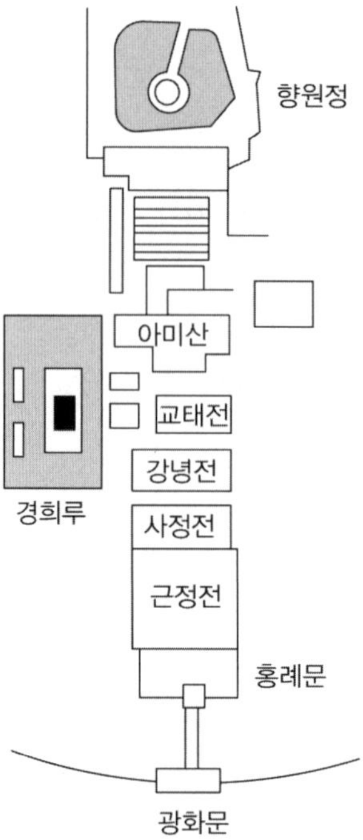

• 경복궁 공간구성도 •

② 창덕궁(昌德宮)(태종 5년, 인조, 숙종)

㉠ 건물

ⓐ 태종 5년에 창건한 풍수에 의한 별궁

ⓑ 인정전, 선정전, 희정당, 경흥각, 대조전

㉡ 창덕궁 후원

ⓐ 북동쪽 자연 구릉지에 휴식, 위락 위한 원림

ⓑ 조경요소

- 부용정 : 어수문과 주합루가 보이는 방지에 있는 정면 단층다각기와지붕의 정자
- 주합루 : 8각 지붕형 루정건물로 아래에는 서고. 직선적 지형처리 공간
- 어수문 : 천지인의 이치를 밝히며 군신이 물과 고기처럼 화합함. 어수문을 통해 주합루에서 천인합일사상(음양오행의 영향)
- 어수당, 애련정 : 주합루 언덕 너머 상·하 2개의 방지와 정자
- 연견당 : 신선이 사는 집이라 해 이조시대 상류주택의 99칸 민가주택을 모방한 집
- 반월지 : 자연곡선형태의 연못과 원림. 존덕정과 관람정 있음. 진달래, 산철쭉으로 둘러싸여 가장 아름답고 아담하고 조용한 곳

- 옥류천 : 후원의 가장 북쪽에 옥류천 중심으로 여러 정자(청의정*, 소요정, 태극정, 취한정, 농산정)를 배치. 곡수거의 장소, 폭포 등의 조용한 위락공간
  * 청의정 : 방지방도의 섬에 삿갓지붕형의 단간 모정(模亭)
- 취병 : 관목류 덩굴성 식물 등을 심어 가지를 틀어 올려 병풍 모양으로 만든 울타리로 공간분할 역할과 공간의 깊이를 더하기 위해 만든 것으로 창덕궁 여러 곳에 설치되어 있다. 임원십육지(林園十六志)의 관병법에 취병의 설치 기법이 적혀있는데 상록수로 대나무, 향나무, 주목, 측백, 사철나무 등과 고리버들, 화목류, 등나무 같이 가지가 연한 수종을 사용하여 만든다고 한다.

㉢ 낙선재(樂善齋) 후원

ⓐ 화강석 장대석으로 쌓은 4~5단의 계단식 후원

ⓑ 단 높이가 올라갈수록 적어지며, 제일 아래 화단에 굴뚝 있음

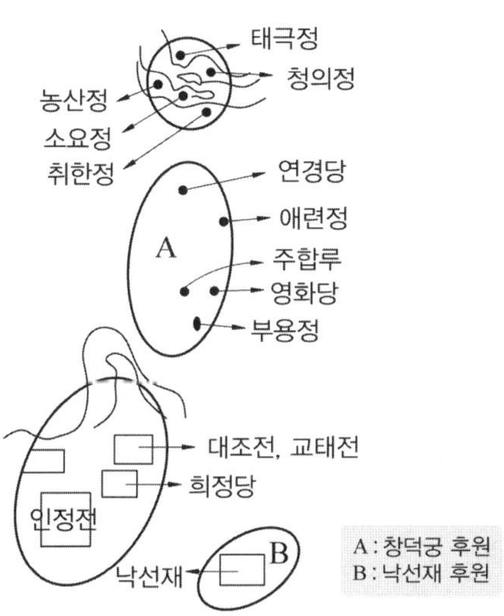

• 창덕궁 공간 구성도 •

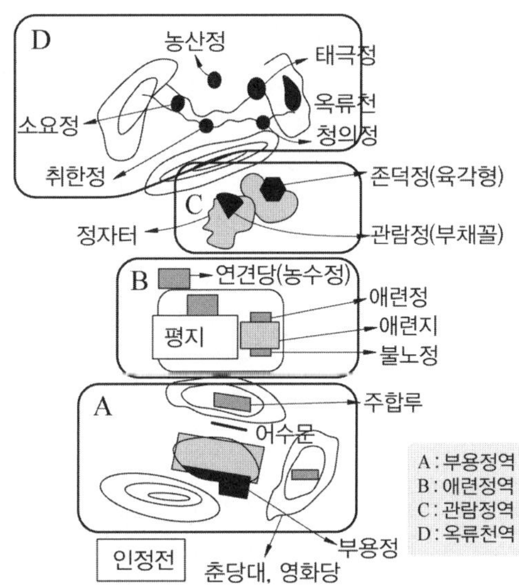

• 창덕궁 후원 공간 구성도 •

③ 창경궁 통명정(通明殿)원(성종)

㉠ 배경 : 초기에 창덕궁에 속하였으며, 성종 때 독립된 궁궐로 창건

㉡ 조경요소 : 통명전과 그 주변공간

ⓐ 전후에 계단식 후원

ⓑ 쪽에 석란간의 정방형지(중도형 장방지) : 불교의 정토사상의 영향

ⓒ 환취정 정자

(3) 민간정원

1) 민간정원의 유형

① **주택정원** : 도시 근처에 정원

㉠ 주택정원 공간구성

ⓐ 안마당 : 안채 앞의 마당. 큰 나무와 물 금기해 조경요소 거의 없음

ⓑ 사랑마당 : 바깥주인의 거처 및 접객공간인 사랑채 앞의 정원. 연못 등 조경적 요소가 많음

ⓒ 사당마당 : 사당 앞마당으로 주로 큰 나무 몇 그루 식재

ⓓ 행랑마당 : 대문 앞 행랑채에 달린 노비들의 공간으로 조경요소 없음

ⓔ 별당마당 : 내별당은 약간의 수목과 경물의 정적공간, 외별당은 연지, 정자 등 조경요소가 많음

ⓕ 바깥마당 : 대문 밖 공간으로 대체로 공지로 남겨둠

ⓖ 뒷마당 : 경사지를 이용한 계단식 화계, 특히 사랑채와 연결되면 많은 조경요소들이 발견됨

㉡ 주거공간 세부조경기법

ⓐ 재식법 : 낙엽활엽수 위주의 화목과 과실수

ⓑ 재식방법 : 상징성, 사상, 장소, 방위에 따른 재식

장소	적정함	수종
문앞	적절	회화나무, 문정에 두 그루 대추나무, 버드나무
	꺼림	마른나무(枯樹), 한그루, 두 모양이 같은 나무, 상록수, 수양버들
중정	적절	화초류
	꺼림	큰나무, 많은 수목
정전	적절	석류나무, 서향화
	꺼림	오동나무, 파초
울타리 옆	적정	동쪽울타리 옆에 홍벽도, 국화
	꺼림	참죽나무
우물 옆	꺼림	복숭아나무
집 주위	적정	울창한 소나무와 대나무
	꺼림	단풍나무, 사시나무, 가죽나무
주택 내	꺼림	무궁화, 뽕나무, 상륙(자리공), 살구나무, 큰나무, 상록수

ⓒ 석물의 활용 : 석가산, 괴석, 석분, 석지와 돌확, 석상과 석탑

ⓓ 수경시설의 도입 : 지당, 폭포, 수구의 다양한 이용

② **별장(別莊)·별서(別棲)·별업(別業)정원**

㉠ 별장정원 : 도시 근교 경치 좋은 곳에 집 + 정원

㉡ 별서정원 : 은둔사상, 유교적, 산속에 유유자적한 공간으로 농사+정원+시골집
㉢ 별업정원 : 별채 중심의 정원

③ **루정원림** : 주거를 떠나 경관 수려한 곳에 간단한 정자 세우고 자연과 벗하며 즐기기 위한 곳

2) 주택정원

- 후원형식의 정원

① **김윤제 환벽당 정원(명종 9년 1554)**
3단의 직선처리, 연못중심의 호단, 장방형의 대상지형, 정자, 식재(감나무, 모과, 벽오동, 매화 등)

- 사랑채 중심의 사랑정원

② **유이주 운조루(雲鳥樓) 정원**
㉠ "오미동가도"에 조감도 있음
㉡ 사랑채뜰에 내원(관상, 차폐)과 대문 밖의 외원(방형지당, 방지원도, 적송)

③ **정영방의 임재정원(1610~1636)**
㉠ 내원 : 주생활권, 독서, 사교, 영농관리
㉡ 외원 : 산책, 낚시, 영농, 환경보존

④ **정영방의 경정지원(1577~1650)**
㉠ 병자호란 후 은거목적의 방지중심 정원
㉡ 양석지 : 중도 없음. 4우단이 못안쪽으로 돌출, 서석지(서석지 돌 99개로 희귀한 수석경 이룸)
㉢ 별당정원

⑤ **유운의 화운당 정원** : 소요 자적한 공간으로 화운당과 중도 방지

⑥ **다산 정약용의 초당(草堂)(1808~1829)**
㉠ 연못과 화개 중심의 정원
㉡ 중도형 방지 : 섬 위 3개의 경석(신선사상)과 바닷가 돌 주워 석가산
㉢ 염원기능 : 차나무 재배법 배워 약초 기르기, 초당 앞 평석에서 차 마시기

3) 별서

① **양산보 소쇄원(중종 1520~1557년)**
㉠ 가장 세련되며 원형 잘 보존된 조선 민간정원 중 가장 으뜸
㉡ 중국 당나라 원림인 이덕유의 평천산장을 모델로 한 정원으로 안빈낙도, 유교사상, 신선사상을 포함
㉢ "소쇄원도", "김인후의 48종류"에 소쇄원이 묘사됨

㉣ 공간구성

ⓐ 전원 : 입구 부분으로 원로, 상·하 방지, 수대(물방아), 대황대, 광장(애양단)

ⓑ 후원(계정) : 자연계류 이용. 2개의 유수구, 계류, 암반, 광풍각, 수대(물레방아), 석가산, 위교(전원 입구와 광풍각 연결하는 계류 건너는 다리)

ⓒ 내원 : 재월당·매대 중심의 정원. 매대(2단 축산의 직선통로), 거암, 부헌당, 고암정사(후학훈도하는 사랑방)

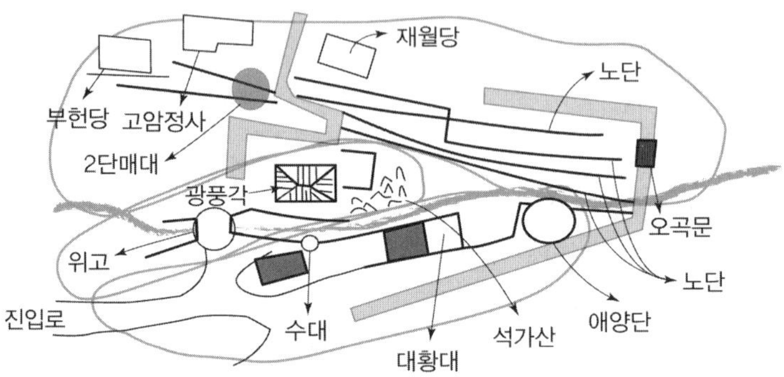

• 소쇄원 공간 구성도 •

② 고산 윤선도의 부용강 정원(인조14, 1636년)

㉠ 고산 윤선도의 은둔지

㉡ 공간구성

ⓐ 낙서재, 낭음계 : 정원의 중심지로 곡수당, 장방형지, 낙서제(정자), 낭음계(계천과 방지 속의 3개의 괴석)

ⓑ 동천석실 : 자연암벽에 석실 축조, 지하석실, 방지

ⓒ 세연정역 : 계담 주변의 계곡물 막아 조성. 자연계담과 인공방지가 같이 존재, 수석단, 축대, 세연지

㉢ 조경특징 : 자연 그 자체가 울타리 없는 정원이며, 선과 관련된 신선정원

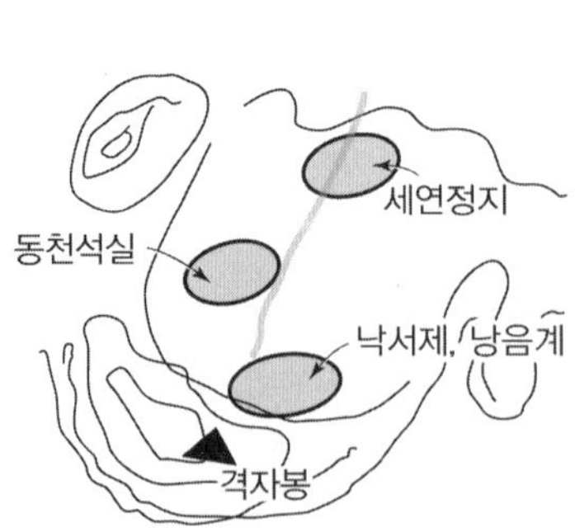

• 부용강 정원 공간구성도 •

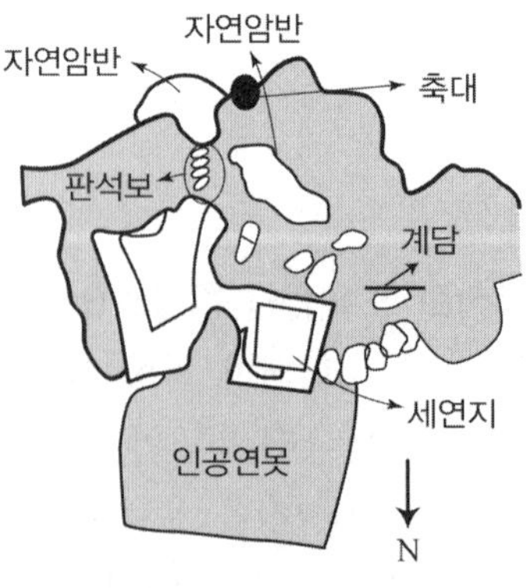

• 세연정역 공간구성도 •

③ **우암 송시열의 남간정사** : 샘의 물이 대청밑으로 흘러 곡지원도의 연못으로 들어가는 양식

④ 그 외 소한정, 석파정, 옥호정

⑤ **별업정원** : 윤계포의 조석루원 : 척연정 앞 금고지가 원림 경관의 중심으로 조성

⑥ **별장정원** : 김조순의 옥호정원 : ㅁ자형 주거 중심의 계단식 후원으로 직선적 공간처리와 화계

4) 루정원림

① 광한루(조선 초~1444)

㉠ 지방장관이 신선사상 중심으로 인공경관에 정자, 누각 세움

㉡ 공간구성 : 광한루, 연못(은하수 상징하는 장방형), 중도(삼신상 상징), 홍예(오작교), 돌자라(장수)

㉢ 식재 : 대나무(봉래섬), 백일홍(방장섬), 연꽃(영주섬)

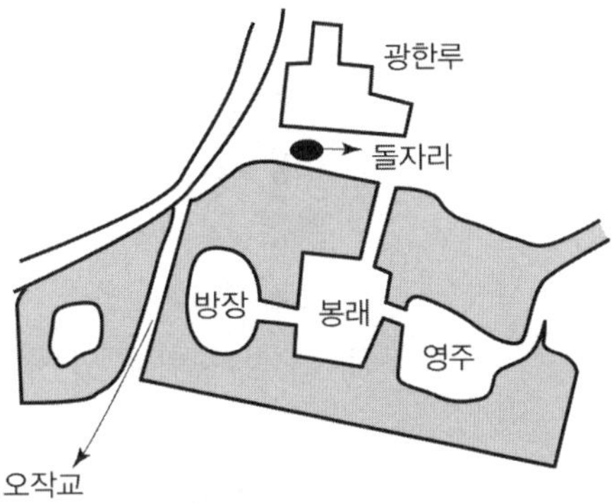

• 광한루 공간구성도 •

② 이후의 활래정(活來亭) 지원(1700)

㉠ 강릉 선교장 앞에 활래정

㉡ 활래정의 유래 : 주희의 활수래(수원이 마르지 않고 끊임없이 흘러 들어간다.)

㉢ 정방형의 방지, 정자, 원지, 4개의 석주를 못 안에 둠

㉣ 외부에서는 정자 감상, 내부에서는 경관 감상

(4) 조선시대 누·정 조경

① 누와 정의 비교

	누(樓)	정(亭)
조영자	고을의 수령	다양
이용행태	공적 이용공간	유상, 사적 이용
건물형태	2층이며 대부분 방이 있음	높은 곳에 세우며 방이 있는 것도 있고 없는 것도 있음

② 누정의 입지유형

㉠ 강이나 계류 옆에 있는 누정

㉡ 연못 주위에 있는 누정

㉢ 강변 절벽이나 암반이 좋은 곳에 있는 누정

㉣ 강이 휘어져 돌아 나가는 곳의 절벽 위에 있는 누정

㉤ 언덕 위에 있는 누정

ⓑ 암반이나 바위 위에 있는 누정 : 진주 촉석루, 산척 죽서루, 의령 정암루, 합천 함벽루 등

③ 누정의 경관기법

㉠ 허(虛)(비어있음) : 비어 있지 못하면 만 가지 경관을 끌어들이지 못한다.

㉡ 원경(遠景) : 맑고 시원한 원명을 보며 심리적 안정과 원대한 계획을 세울 수 있다.

㉢ 취경(聚景)과 다경(多景) : 많은 경관을 한 곳의 누정에 모은다는 일련의 조망축을 갖는 경관구조

㉣ 읍경(揖景)

ⓐ 자연경관 구성요소들을 누정 속으로 끌어들이는 기법

ⓑ 차경과 읍경의 차이

- 차경 : 단순히 담너머 경관을 빌어오는 것
- 읍경 : 외적으로 자연경관 속에서 정자로 시선 집중시키는 수렴방식과 내적으로 정자에 올라 원경이 갖는 심리적 효과를 살려 주는 것

㉤ 환경 : 누정 주위에 있는 푸르름, 물, 산 등을 누정에 두르도록 입지시키는 기법

(5) 조선시대 읍성 정주지의 조경

① **읍성의 정의** : 군현제도의 말단 자치단위 중심취락으로 성 내에 관아와 민가가 함께 수용되고, 배후지나 주변지역에 대한 행정적 통제와 군사적 방어기능이 복합적으로 이루어진 정주지

② **규모** : 면적 99,000~165,300m^2, 300~500호에 인구 800~1500명

③ **경관구성**

㉠ 시각구조적 측면 : 영역성을 표현하는 물리적 경관요소, 경관구성의 축

㉡ 경관인식적 측면 : 풍수적 경관, 의미적 형태, 향으로서 경관

㉢ 경관행태적 측면 : 종족 결합과 샤머니즘적 성격

(6) 조선시대 서원조경

① **입지** : 산수가 수려한 곳에 주향자의 연고지 중심으로 위치

② **공간구성**

㉠ 강학공간(강당, 양재), 제향공간(사당, 전사청), 고사 등 부속공간과 집입공간

㉡ 공간구성 요소

ⓐ 식생 : 학자수(느티, 은행, 향, 회화나무), 숲(송림, 죽림)

ⓑ 연못 : 수심양성 도모하기 위해 방지

ⓒ 점경물 : 야간에 밝히기 위해 정료대, 제향시, 손 씻는 관세대, 춘추대 향시, 그 외 생단, 석등, 석연지

③ 경관구성
㉠ 서원의 누정을 통해 자연경관으로 확산되어 곡(曲)과 경(景)이 설정
㉡ 외부 경관의 명명, 암각에 의미 부여, 인공적대, 첨경요소 통한 차경과 첨경기법

④ 대표서원
㉠ 소수서원
ⓐ 회헌 안향을 모시기 위한 우리나라 최초의 사액서원
ⓑ 죽계구곡(竹溪九曲), 취한대, 경염정
㉡ 옥산서원 : 이언적을 모시는 서원. 폭포 용추, 외나무다리, 세심대, 무변루
㉢ 도산서원 : 퇴계 이황의 후학 양성하던 곳. 절우사, 노거수, 천광운영대, 천연대, 탁영담, 만타석, 정우당(중국 진의 주렴계의 애련설 영향으로 못에 연을 심음)
㉣ 무성서원 : 최치원을 기리는 사당(태산사), 상춘곡, 유상대에서 유상곡수
㉤ 둔암서원 : 김장생 추모하는 서원. 연지

(7) 조선시대 사찰조경

① **입지** : 성스러운 종교적 의미가 작용하는 택지법에 의해 처음에는 산과 무관한 평지에 입지하다가 나중에 산과 밀접해짐
② **공간구성** : 탑 중심형 → 탑·금당병립형 → 금당 중심형
③ 공간구성기법
㉠ 자연환경과의 조화 고려
㉡ 계층적 질서의 추구
㉢ 공간 상호간의 연계성 제고
㉣ 인간척도의 유지
㉤ 공간축 설정 : 방향성과 중심성 강조하기 위해 축이 뚜렷히 나타남

④ 경관구성요소
㉠ 지형경관요소 : 석단(경사지의 공간 구분 예 부석사, 불국사), 계단, 화계
㉡ 수경관요소 : 계류와 다리, 연지, 영지, 석수조와 우물
㉢ 건축적요소 : 문, 담, 굴뚝
㉣ 석조점경물 : 석부도, 석등, 당간지주
㉤ 진입형식상 누하진입형(누각을 통한 진입) : 용문사 해운루, 송광사 종고루, 부석사 안양루

⑤ 대표사찰
㉠ 통도사 : 산지중심형 사찰, 남북 일직선 주축과 부축, 탑 중심형, 금강계단, 구룡지
㉡ 해인사 : 지형적 특성을 이용한 수직적 위계성의 공간. 홍류동 계곡을 따라 절선축의 중심축

㉢ 송광사 : 선종에 바탕을 둔 공간 구성. 의도적 지형 조정으로 두 단의 석축으로 공간 구분. 계담

(8) 조선시대 조경 관련 서적과 관련 부서

① 조경 관련 문헌

㉠ 강희안의 「양화소록(養花小錄)」 : 조경식물에 관한 최초 문헌

㉡ 강희안의 「화암수록」 : 양화소록의 부록. 45종 화목을 품격에 따라 9등과 9품으로 나눔

1등 : 매화, 국화, 연꽃, 대나무
2등 : 모란, 작약, 왜철쭉, 해류, 파초
3등 : 동백, 치자, 사계화, 종려, 만년송
4등 : 화리, 소철, 서향화, 포도, 귤
5등 : 석류, 도화, 해당화, 장미, 수양버들
6등 : 진달래, 살구, 백일홍, 감, 오동
7등 : 배, 정향, 목련, 앵도, 단풍
8등 : 무궁화, 석죽, 옥잠화, 봉선화, 두충
9등 : 해바라기, 전추라, 금전화, 석창포, 화양목

1품 : 소나무, 대나무, 연, 국화
2품 : 모란
3품 : 사계, 월계, 왜철쭉, 영산홍, 진송, 석류, 벽오
4품 : 작약, 서향화, 노송, 단풍, 수양, 동백
5품 : 치자, 해당, 장미, 홍도, 벽도 등
6품 : 백일홍, 홍철쭉, 홍두견, 두충
7품 : 이화, 향화, 보장화, 정향, 목련
8품 : 촉규화, 산단화, 옥매, 출장화, 백유화
9품 : 옥잠화, 불등화, 석죽화, 봉선화, 무궁화 등

㉢ 식재가 상징하는 의미

ⓐ 유교적 배경 : 사절우(매, 송, 국, 죽)와 군자의 꽃인 연을 많이 식재

ⓑ 태평성대 희구 : 대나무, 오동나무

ⓒ 도연명의 안빈낙도 : 국화, 버드나무, 복숭아

㉣ 홍만선의 「산림경제(山林經濟)”

ⓐ 1권은 복거, 2권은 양화

ⓑ 주택의 왼쪽에는 흐르는 개울, 오른쪽에는 긴 길, 집 앞에는 연못, 집 뒤에는

언덕 있는 장소가 좋음

ⓒ 주요내용 : 복거(卜居 : 주택의 선정과 건축)·섭생(攝生 : 건강)·치농(治農 : 곡식과 기타 특용작물의 재배법)·치포(治圃 : 채소류·화초류·담배·약초류 재배법)·종수(種樹 : 과수와 임목의 육성)·양화(養花)·양잠(養蠶)·목양(牧養 : 가축·가금·벌·물고기 양식)·치선(治膳 : 식품저장법·조리법·가공법)·구급(救急)·구황(救荒)·벽온(辟瘟)·벽충(辟蟲)·치약(治藥)·선택(選擇 : 길흉일과 방향의 선택)·잡방(雜方 : 그림·글씨·도자기 등을 손질하는 방법) 등

㉤ 이가환·이재위 부자의 「물보(物譜)」

㉥ 유희의 「물보(物譜)(물명고)」

㉦ 서유거의 「임원경제지(林園經濟志)」 : 예원지, 상택지에 나옴

② 조경 관련 부서

㉠ 상림원과 장원서 : 조선시대 조경담당 부서

㉡ 동산바치 : 조선시대 조경 일을 하는 사람을 일컬음

㉢ 우리나라 조경관리 부서의 변천사

시대		이름
고려		내원서(內苑署)
조선	태조	상림원(上林苑)
	태종	산택사(散澤師)
	세조	장원서(掌苑署)
	연산군	원유사(苑囿師)
	중종	장원서 부활

③ 조선시대 지리서

㉠ 동국여지승람 : 1481년(성종 12)에 성종(成宗)의 명에 따라 노사신(盧思愼), 양성지(梁誠之), 강희맹(姜希孟) 등이 편찬한 역사와 산물, 풍속이 기록된 지리지.
전국을 양경(兩京) 8도(八道)로 나누어 한성부(漢城府)와 개성부(開城府), 경기도, 충청도, 경상도, 전라도, 황해도, 강원도, 함경도, 평안도로 구분하였다. 그리고 경도(京都)의 첫머리에 '팔도총도(八道總圖)'를 첨부하고, 각 도(道)의 앞에도 도별 지도를 수록하여 공간적인 이해를 도우려 하였다. 각 도별로는 연혁과 관원, 풍속, 형승(形勝), 물산, 사묘, 인물 등이 조목별로 기술
성종 16에 김종직(金宗直) 등에 의해 연혁과 풍속, 인물 성씨와 봉수, 고적 등의 항목이 추가

㉡ 이중환의 택리지 : 1751년(영조 27) 실학자 이중환(李重煥)이 현지 답사를 기초로 하여 저술한 우리 나라 지리서로 사민총론(四民總論), 팔도총론(八道總論 : 평안도·함경도·황해도·강원도·경상도·전라도·충청도·경기도), 복거총론(卜居總論 : 地理·生利·人心·山水), 총론 등으로 구성되어 있다.

ⓐ 사민총론 : 사농공상(士農工商)의 유래와 함께 사대부의 역할과 사명, 그리고 사대부로서의 행실을 수행하기 위해서는 관혼상제(冠婚喪祭)의 사례를 지키기 위해 여유 있는 생업을 가져야 하며, 살만한 곳을 마련할 것을 강조하고 있다.

ⓑ 팔도총론 : 우리 나라 산세와 위치를 중국의 고전 산해경(山海經)을 인용하여 논하고 있으며, 백두산을 산해경의 불함산(不咸山)으로 생각하고 중국의 곤륜산(崑崙山)에서 뻗는 산줄기의 연장선상에 있다고 보았다. 그리고 팔도의 위치와 그 역사적인 배경을 간략하게 요약하고 있다.

ⓒ 복거총론 : 택리지 전체 분량의 거의 반을 차지할 만큼 높은 비중을 차지하고 있는데, 18세기 한국인이 가지고 있던 주거지 선호의 기준 지리·생리·인심·산수를 설명함

(9) 조선시대 공공조경

① **후자(태조)**

㉠ 이정표로서 흙 쌓아올린 대의 생김새

㉡ "목민심서" : 경복궁 앞을 원표기점으로 10리에 소후, 30리에 대후 설치. 5리마다 정자, 30리마다 느릅나무, 버드나무 심어 녹음 제공

② **환경개선(세조)** : 짐승은 밤에 가두고, 옥사 주위에 녹음 식재, 수질오염대책(문종)

③ **경승지 개발** : 경관 좋은 곳에 간단한 시설하여 오늘날 산림공원, 자연공원으로 여김.

11 최근세 조경(개항~8.15 광복) 및 현대

① **독립문(독립궁)** : 중국 사신 맞는 모화궁을 개조하여 독립협회사무실로 사용

② **덕수궁 석조전** : 브라운이 설계한 프랑스식 침상형 정형정원. 후에 장충단공원이 됨

③ **파고다공원** : 탑동공원. 영국 브라운(John McLeavy Brown)이 설계. 원각사비, 십삼층한수석탑, 해시계

④ **공원법** : 1967년 3월 공원법, 1967년 12월 지리산 최초 국립공원

⑤ 1971년 도시계획법, 1980년 자연공원법과 도시공원법 분리, 1974년 서울 어린이 대공원, 1978년 자연보호 헌장발표

⑥ 그 외 1904년 공중변소 설치, 1925년 종합경기장(현 동대문 운동장), 1928년 효창공원, 1930년 남산공원 등

⑦ **자연경관지 지정**

㉠ 미국 : 1865년 요세미테 자연공원. 1872년 옐로우스톤 국립공원(국립공원법), 현재 29개 국립공원 지정

㉡ 일본 : 1931년 국립공원법, 12개 국립공원. 1958년 국립공원법 → 자연공원법, 현재 26개 국립공원, 48개 국정공원, 그 외 280여 개

㉢ 우리나라

ⓐ 1967년 3월 공원법, 1967년 12월 지리산을 최초의 국립공원으로 지정하였음, 현재 22개 국립공원, 31여 개 도립공원, 31개 군립공원 지정(2019년 기준)

ⓑ 국립공원 지정순서 : 지리산 → 경주(사적지형) → 계룡산 → 한려해상 → 설악산 → 속리산 → 한라산 → 내장산 → 가야산 → 덕유산 → 오대산 → 주왕산 → 태안해안 → 다도해상 → 북한산 → 치악산 → 월악산 → 소백산 → 변산반도 → 월출산 → 무등산 → 태백산

실전연습문제

01 조선시대 별서 가운데 충청지방에 조영된 것은? [기사 11.03.20]

㉮ 석파정(김홍근) ㉯ 초간정(권문해)
㉰ 남간정사(송시열) ㉱ 명옥헌(오명중)

풀이 ㉮ 석파정 : 서울
㉯ 초간정 : 경상북도 예천군 용문면 죽림리
㉰ 남간정사 : 대전 동구 가양동
㉱ 명옥헌 : 전라남도 담양군 고서면 산덕리

02 다음 중 누하 진입형이 아닌 것은? [기사 11.03.20]

㉮ 화엄사 진제루(晋濟樓)
㉯ 용문사 해운루(海雲樓)
㉰ 송광사 종고루(鐘鼓樓)
㉱ 부석사 안양루(安養樓)

풀이 **누하(樓下) 진입형**
누각을 만들어 그 밑으로 진입하는 형식으로 화엄사 진제루는 옆으로 돌아가는 형식임

03 국제 조경가 연합에 관한 설명 중 옳지 않는 것은? [기사 11.03.20]

㉮ 일명 "이플라(IFLA)"라고도 한다.
㉯ 1948년 미국의 뉴욕에서 창립되었다.
㉰ 초대 회장은 제리코어(G.A.Gellicoe)였다.
㉱ 창립 회원국 수는 14개국이었다.

풀이 ㉯ 영국에서 창립됨
㉱ 창립일 당일 네덜란드가 불참하여 14개국이며, 네덜란드가 나중에 추가됨

04 덕수궁 석조전 앞의 분수와 연못을 중심으로 한 정원의 양식은? [기사 11.06.12]

㉮ 독일의 풍경식
㉯ 프랑스의 정형식
㉰ 영국의 절충식
㉱ 이탈리아의 노단건축식

풀이 덕수궁 석조전은 브라운이 설계한 프랑스식 침상형 정형정원임

05 도산서당 마당 동쪽 한구석의 못에 연(蓮)을 심고 정우당이라고 한 것은 중국 진시대에 무엇에 영향을 받았는가? [기사 11.06.12]

㉮ 주렴계(周濂溪)의 애련설
㉯ 왕희지(王羲之)의 난정고사
㉰ 도연명(陶淵明)의 귀거래사
㉱ 중장통(仲長統)의 락지론

풀이 연을 심은 이유는 염계 주돈이(1017 ~ 1073) 선생께서 지은 애련설에서 본받아 연이 더러운 진흙에서 자라지만 깨끗함을 지닌 것이 선비의 이미지와 닮아서 연꽃의 이미지를 통하여 군자의 고고한 삶을 지향함

ANSWER 01 ㉰ 02 ㉮ 03 ㉯ 04 ㉯ 05 ㉮

06 다음의 정원 가운데 방지원도형의 지당이 있는 곳은? [기사 11.06.12]

㉮ 청평사 문수원 영지
㉯ 창덕궁 부용지
㉰ 경복궁 경회루 원지
㉱ 창덕궁 애련지

풀이 ㉮ 연못 내 세 개의 자연석
㉰ 방지방도
㉱ 방지

07 다음 중 우리나라 최초의 공원으로 맞는 것은? [기사 11.06.12]

㉮ 남산공원 ㉯ 장충단공원
㉰ 사직공원 ㉱ 파고다공원

풀이 **파고다공원**
영국 브라운이 설계한 탑동공원이라고도 함

08 조선 숙종 때 문신인 우암 송시열이 지은 별서로 곡지원도형의 연못이 있는 곳은? [기사 11.06.12]

㉮ 동춘당 ㉯ 암서제
㉰ 풍암정사 ㉱ 남간정사

풀이 ㉮ 송준길의 별업건물
㉯ 우암선생의 화양구곡의 넓은 암반 위의 정자
㉰ 풍암 김덕보의 무등산 원효계곡의 팔작지붕 정자
㉱ 송시열의 별서로 샘의 물이 대청밑으로 흘러 연못으로 들어가는 양식

09 전통정원에서의 「석탑(石榻)」과 유사한 형태의 오늘날 현대 조경 시설물은? [기사 11.06.12]

㉮ 파골라 ㉯ 벤치
㉰ 음수대 ㉱ 전망대

풀이 **석탑**
크고 넓적한 돌을 일정한 두께로 잘 다듬어 제 귀에 받침대를 괴어 앉기에 알맞은 높이로 만든 형태로 주변 경관을 즐기는 조망지점을 향해 두는 휴게시설

10 조선 태종 때에 설치된 오늘날의 이정표 역할을 한 것의 명칭은? [기사 11.06.12]

㉮ 후자(堠子) ㉯ 지표(地表)
㉰ 돈대(墩臺) ㉱ 물보(物譜)

11 조성시기가 빠른 것부터 순서대로 옳게 나열된 것은? [기사 11.06.12]

㉮ 영양 서석지 → 대전 남간정사 → 강진 다산초당 → 서울 부암정
㉯ 영양 서석지 → 강진 다산초당 → 대전 남간정사 → 서울 부암정
㉰ 대전 남간정사 → 영양 서석지 → 강진 다산초당 → 서울 부암정
㉱ 대전 남간정사 → 강진 다산초당 → 영양 서석지 → 서울 부암정

풀이
- 서석지(광해군5년 1613)
- 남간정사(숙종9년 1683)
- 다산초당(순조1년 1801)
- 부암정(1880년대)

ANSWER 06 ㉯ 07 ㉱ 08 ㉱ 09 ㉯ 10 ㉮ 11 ㉮

12 조선시대에는 풍수지리설 및 음양오행사상 등이 정원수의 선정에도 영향을 미쳤다고 볼 수 있다. 당시 주택정원의 장소에 따른 수종 선택이 적합하지 않은 것은? [기사 11.06.12]

㉮ 문 앞 - 회화나무
㉯ 중정(中庭) - 화초류
㉰ 전정(前庭) - 오동나무
㉱ 울타리 옆 - 국화

풀이 **주택정원 장소별 수종**

장소	적정함	수종
문앞	적절	회화나무, 문정에 두 그루 대추나무, 버드나무
	꺼림	마른나무(枯樹), 한그루, 두 모양이 같은 나무, 상록수, 수양버들
중정	적절	화초류
	꺼림	큰나무, 많은 수목
전정	적절	석류나무, 서향화
	꺼림	오동나무, 파초
울타리 옆	적정	동쪽울타리 옆에 홍벽도, 국화
	꺼림	참죽나무
우물 옆	꺼림	복숭아나무
집 주위	적정	울창한 소나무와 대나무
	꺼림	단풍나무, 사시나무, 가죽나무
주택 내	꺼림	무궁화, 뽕나무, 상륙(자리공), 살구나무, 큰나무, 상록수

13 조선시대 양화소록의 화목구등품(花木九等品) 중 1품에 해당되는 식물로만 구성된 것은? [기사 11.10.02]

㉮ 복숭아나무, 잣나무, 향나무, 장미
㉯ 매화나무, 대나무, 국화, 연
㉰ 소나무, 향나무, 무궁화, 파초
㉱ 동백, 작약, 석류, 치자

풀이 **화암수록의 화목 9등품**

- 1등품 : 매화, 국화, 연꽃, 대나무
- 2등품 : 모란, 작약, 왜철쭉, 해류, 파초
- 3등품 : 동백, 치자, 사계화, 종려, 만년송
- 4등품 : 화리, 소척, 서양화, 포도, 귤
- 5등품 : 석류, 도화, 해당화, 장미, 수양버들
- 6등품 : 진달래, 살구, 백일홍, 감, 오동

14 다음 그림과 같은 중교형(中橋型)의 방지(方池) 형태는 어디에서 볼 수 있는가? [기사 11.10.02]

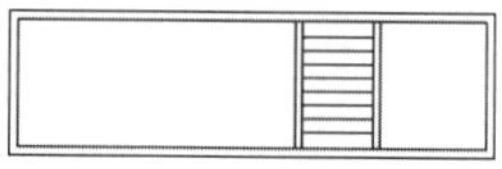

㉮ 창경궁의 통명전(通明殿) 옆
㉯ 창덕궁의 연경당(延慶堂) 입구
㉰ 통도사의 금강계단(金剛戒檀) 앞
㉱ 해인사의 일주문 앞

풀이 **통명전 옆 지당**
석지로 된 방지와 석교로 이루어진 정원

15 삼재사상(三才思想)에 포함되지 않는 것은? [기사 11.10.02]

㉮ 천(天) ㉯ 수(水)
㉰ 지(地) ㉱ 인(人)

16 한국정원(韓國庭園)의 특색이라고 볼 수 없는 것은? [기사 11.10.02]

㉮ 후원을 잘 꾸미도록 하였다.
㉯ 자연의 아름다움을 자연 나름대로 즐기도록 하였다.
㉰ 대풍경을 모방한 축경수법을 많이 사용하였다.
㉱ 수목의 심는 위치를 많이 고려하였다.

풀이 축경식은 일본정원의 특징

ANSWER 12 ㉰ 13 ㉯ 14 ㉮ 15 ㉯ 16 ㉰

17 조선시대의 별서 중 원규투류(垣竅透流)의 수경기법을 나타내는 곳은? [기사 11.10.02]

㉮ 보길도 세연정　㉯ 영양 서석지
㉰ 담양 소쇄원　㉱ 함양 거연정

풀이 **원규투류**
담장 밑을 뚫고 흐르는 물이란 뜻.
소쇄원의 담밑에 흐르는 계류를 말하며 자연을 최대한 살리는 기법

18 전통정원 연못에 도입된 섬의 형태가 3도형(三島型)이 아닌 곳은? [기사 11.10.02]

㉮ 창경궁 춘당지
㉯ 남원 광한루 원지
㉰ 경주 임해전 안압지
㉱ 경복궁 경회루 원지

풀이 **창경궁 춘당지**
원도(둥근섬)

19 송시대(宋詩代)의 유학자인 주렴계(주돈이)가 주장한 애련설(愛憐設)과 관련이 없는 명칭은? [기사 12.03.04]

㉮ 경복궁 후원에 있는 향원정(香遠亭)
㉯ 전라북도 화순군에 있는 임대정(臨對亭)
㉰ 경상북도 안동군에 있는 도산서당의 정우당(淨友塘)
㉱ 강원도 강릉에 있는 선교장의 활래정(活來亭)

풀이 ㉱ 활래정은 성대 성리학의 주자인 주희의 활수래의 뜻을 취해 활래라 이름 지음

20 양산보의 소쇄원(瀟灑園)의 성격과 거리가 먼 것은? [기사 12.03.04]

㉮ 계류중심의 위락공간
㉯ 직선적인 단상(段狀) 처리
㉰ 석가산 수법
㉱ 방지방도(方池方島)형

풀이 소쇄원의 연못은 상·하 2개의 방지로 방도는 없음

21 다음 중 조선왕릉(王陵)에 남아있는 건물이 아닌 것은? [기사 12.03.04]

㉮ 정자각(丁字閣)　㉯ 수복방(守僕房)
㉰ 비각(碑閣)　㉱ 독성각(獨聖閣)

풀이 ㉱ 독성각은 해인사에 있는 중생에게 큰 복을 내린다는 나반존자(那畔尊者)를 모신 전각

22 다음 중 고산 윤선도가 경영한 별서 중 지역이 나머지 셋과 다른 곳은? [기사 12.03.04]

㉮ 수정동 별서　㉯ 부용동 별서
㉰ 문소동 별서　㉱ 금쇄동 별서

풀이 수정동, 문소동, 금쇄동 별서 – 해남
부용동 – 보길도

23 조선시대의 선비들이 즐겨 심고 가꾸었던 사절우(四節友)에 해당하는 식물들로 구성된 것은? [기사 12.03.04]

㉮ 대나무, 매화나무, 국화, 난초
㉯ 소나무, 대나무, 매화나무, 국화
㉰ 소나무, 전나무, 향나무, 연꽃
㉱ 매화나무, 목단, 국화, 연꽃

ANSWER 17 ㉰ 18 ㉮ 19 ㉱ 20 ㉱ 21 ㉱ 22 ㉯ 23 ㉯

24 돌을 절구나 도가니처럼 다듬어 석연지나 물거울로 사용하는 전통 점경물은? [기사 12.05.20]

㉮ 식석　㉯ 돌확
㉰ 석분　㉱ 대석

25 다음 한국정원의 특징에 관한 설명으로 거리가 먼 것은? [기사 12.05.20]

㉮ 중국정원의 영향을 받았다.
㉯ 공간의 처리가 직선적이다.
㉰ 정원의 수법은 자연환경의 극복과 재창조를 목적으로 한다.
㉱ 풍수지리설(風水地理說)과 음양오행설(陰陽五行說)의 영향을 받았다.

26 다음 정원의 경영자와 조성년대가 맞지 않은 것은? [기사 12.05.20]

㉮ 소쇄원 : 양산보, 1520 ~ 1557년
㉯ 서석지원 : 정영방, 1610 ~ 1636년
㉰ 문수원선원 : 이자현, 1090 ~ 1110년
㉱ 부용동 정원 : 윤선도, 1301 ~ 1327년

풀이 부용동정원 : 윤선도, 1636

27 다음 중 구례 운조루 정원의 특징에 관한 설명으로 가장 거리가 먼 것은? [기사 12.05.20]

㉮ 운조루는 후정에 있는 누각이다.
㉯ 바깥마당 장방형의 연못이 있다.
㉰ 낙안군수 유이주가 조성하였다.
㉱ 「전라구례오미동가도」에 정원의 모습이 남아있다.

풀이 운조루의 누각은 사랑채와 연결되어 있으므로 후정에 있는 것은 아니다.

28 수목에 관한 한자 중 근리(槿籬)란 무엇을 의미하는가? [기사 12.05.20]

㉮ 동백나무 생울타리
㉯ 대나무 생울타리
㉰ 무궁화 생울타리
㉱ 탱자나무 생울타리

29 다음 중 중국, 한국, 일본의 정원을 조성한 시기가 모두 16세기에 해당하는 것은? [기사 12.09.15]

㉮ 원명원 · 주합루 · 육의원
㉯ 유원 · 옥호정 · 선동어소
㉰ 졸정원 · 소쇄원 · 대덕사 대선원
㉱ 창춘원 · 서석지 · 수학원이궁

풀이 졸정원(중국 명1509)
소쇄원(조선 중종1520 ~ 1557)
대덕사 대선원(일본 무로마찌시대)

30 연못의 형태가 잘못 연결된 것은? [기사 12.09.15]

㉮ 선교장 - 방지방도
㉯ 창덕궁 부용지 - 방지원도
㉰ 윤증고택의 연못 - 방지원도
㉱ 활래정 원지 - 방지원도

풀이 활래정 원지 - 방지방도

ANSWER 24 ㉯ 25 ㉰ 26 ㉱ 27 ㉮ 28 ㉰ 29 ㉰ 30 ㉱

31 취병(翠屛)에 대한 설명 가운데 틀린 것은? [기사 12.09.15]

㉮ 전통놀이 시설이다.
㉯ 덩굴식물을 올려 놓는 것이다.
㉰ 서양의 트레리스와 비슷하다.
㉱ 옥호정도에 그려져 있다.

풀이 **취병**
한국의 전통적인 궁궐 내부의 생울타리로 된 담장으로 시누대를 시렁이로 엮어 낮게 둘러싸고 그 안에 키 작은 나무나 덩굴식물을 심어 자라게 하여 여름에는 녹색의 담, 겨울에는 대나무 담으로 사용하였다. 서양에서는 장미넝쿨로 만든 꽃담을 트렐리스라고 부른다. 창덕궁 부용정과 규장각 사이의 꽃계단에 동궐도의 그림대로 취병을 설치함

32 경회루 원지에 대한 설명 중 맞는 것은? [기사 12.09.15]

㉮ 경회루 진입 다리는 목교로 홍예형이다.
㉯ 수원은 북쪽 호안가에 있는 샘이다.
㉰ 출수구는 방지 서남쪽에 있다.
㉱ 세섬에는 화복뉴로만 화려하게 상식하였다.

풀이 **경회루 원지**
방지의 물은 지하에서 샘이 솟아나고 있으며, 북쪽 향원지(香遠池)에서 흐르는 물이 배수로를 타고 동쪽 지안(池岸)에 설치된 용두의 입을 통하여 폭포로 떨어진다.

33 조선시대 별서정원은 입지적 특성상 임수형과 내륙형으로 구분할 수 있다. 다음 중 내륙형 정원이 아닌 것은? [기사 12.09.15]

㉮ 명옥헌 ㉯ 암서재
㉰ 남간정사 ㉱ 서석지

풀이 **암서재**
우암 송시열 선생이 제자들 가르치던 곳으로 화양동 계곡에 절벽과 조화를 이루는 별서로 임수형이라 들 수 있다.

34 동양정원에 관련된 저서에 대한 설명 중 맞는 것은? [기사 12.09.15]

㉮ 계성은 원야에서 주인(조영자)보다 장인들의 중요성을 주장하였다.
㉯ 산림경제 복거편에는 수목 식재방법이 소개된다.
㉰ 양화소록은 조선시대 전기 조경관련 대표 저술서로 정원식물의 특성과 번식법 화분의 관리법 등이 소개된다.
㉱ 홍만선(1643 ~ 1715)은 임원경제지라는 농가생활에 필요한 백과전서를 소개했다.

풀이 홍만선의 산림경제이며, 복거는 주택의 선정과 건축에 관한 것이다.

35 화암수록의 화목 9등품제에 기록된 석죽(石竹)의 또 다른 이름은? [기사 12.09.15]

㉮ 작약 ㉯ 봉선화
㉰ 옥잠화 ㉱ 패랭이꽃

36 낙안읍성의 성곽 동문밖에 풍수지리적 이유로 돌로 만들어진 한쌍의 동물은? [기사 13.03.10]

㉮ 청룡 ㉯ 해태
㉰ 개 ㉱ 불가사리

풀이 풍수지리적으로 순천시를 둘러싸고 있는 산의 험준한 기운을 막기 위해 3마리의 삽살개를 세운 것으로, 한 마리는 오봉산을, 또 한마리는 제석산과 거석봉을, 또 한마리는 금전산과 우산, 고동산의 기운을 누르기 위함

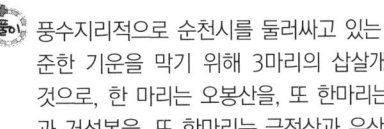

ANSWER
31 ㉮ 32 ㉰ 33 ㉯ 34 ㉰ 35 ㉱ 36 ㉰

37 화암수록(花庵隨錄)의 28우(友)에 근거한 식물의 상징성과 일치하지 않는 것은? [기사 13.03.10]

㉮ 송 : 노우(老友)
㉯ 연 : 정우(淨友)
㉰ 대나무 : 청우(淸友)
㉱ 매화 : 시우(時友)

풀이 매화 : 古友(고우)

38 한국, 중국, 일본에 있어서 왕의 절대 권력과 연관되어 발달된 도시계획 형태는? [기사 13.03.10]

㉮ 환상(環狀)형 ㉯ 방사(放射)형
㉰ 격자(格子)형 ㉱ 대상(帶狀)형

39 다음 중 별서(別墅)에 대한 설명으로 틀린 것은? [기사 13.03.10]

㉮ 별서는 별장형과 별업형 별서가 있으며, 제1의 주택개념이다.
㉯ 기록에 의한 국내 최초의 별서 경영자는 최치원이다.
㉰ 소쇄원, 명옥헌, 남간정사, 옥호정 등은 별서에 해당한다.
㉱ 사절유택(四節遊宅)은 신라시대의 별서 주택개념이다.

풀이 별서는 은둔 생활을 하는 주거로 농사+정원+시골집의 형태이다. 별업형 정원과는 다른 개념이다.

40 다음 창덕궁 내에 있는 정자 중 입지 특성이 다른 하나는? [기사 13.03.10]

㉮ 애련 ㉯ 부용정
㉰ 농수정 ㉱ 관람정

풀이 **창덕궁 후원의 공간별 정자**
① 옥류천 계류 부분 정자 : 농산정, 태극정, 청의정, 소요정, 취한정
② 반월지 부분 정자 : 존덕정, 관람정
③ 애련지 부분 정자 : 연견당의 농수전, 애련정, 불노정
④ 어수문 인정전 부근 정자 : 주합루, 부용정, 춘당대, 영화당
위 보기에서 애련정(애련지), 부용정(부용지), 관람정(반월지)는 연못 주위에 있는 정자이며, 농수정은 연견당 건물 옆에 위치한 것이다.

41 다산초당(茶山草堂) 연못 조성과 관련된 글인 "中起三峯石假山"에서 삼봉의 의미는? [기사 13.03.10]

㉮ 금강산, 지리산과 한라산의 산악신앙에 의한 명산을 상징한다.
㉯ 봉래, 방장과 영주의 신선사상에 의한 삼신산을 상징한다.
㉰ 돌의 배석기법인 불교에 의한 삼존석불을 상징한다.
㉱ 천·지·인의 우주근원을 나타낸 삼재사상을 상징한다.

ANSWER 37 ㉱ 38 ㉰ 39 ㉮ 40 ㉰ 41 ㉯

42 다음 중 누각과 정자의 차이점에 대한 설명으로 옳지 않은 것은? [기사 13.03.10]

㉮ 누각은 공적으로 이용하던 공간이고 정자는 사적으로 이용하던 공간이다.
㉯ 누각은 대부분 방이 있으며 폐쇄적인 반면에 정자는 방이 없으며 개방적이다.
㉰ 누각은 일반적으로 장방형인데 비해 정자는 다양한 형태로 나타난다.
㉱ 누각은 주로 지방의 수령들에 의해 조영되는 반면에 정자는 다양한 계층에 의해 조영되었다.

풀이 누각은 1층이며 대부분 방이 있으며, 정자는 높은 곳에 세우며 방이 있는 것도 있고 없는 것도 있다.

43 궁궐 정전 건축물의 기단을 뜻하는 것은? [기사 13.06.02]

㉮ 월대 ㉯ 풍기대
㉰ 서총대 ㉱ 사대

풀이 **월대**
궁궐의 정전(正殿)과 같은 중요한 건물 앞에 놓이는 넓은 대로 각종 행사가 있을 때 이용되며 그 위에 다른 시설물을 설치하지 않는다.

44 조선시대를 대표하는 정원유적물의 조성 순서로 바르게 나열한 것은? [기사 13.06.02]

㉮ 소쇄원 → 서석지 → 부용동정원 → 다산초당 → 소한정
㉯ 소쇄원 → 부용동정원 → 서석지 → 다산초당 → 소한정
㉰ 소쇄원 → 다산초당 → 서석지 → 부용동정원 → 소한정
㉱ 소쇄원 → 부용동정원 → 다산초당 → 서석지 → 소한정

풀이 소쇄원(1520년대 후반, 1530년대 중반 추정), 서석지(1631년 광해군5), 부용동정원(1636년 인조14), 다산초당(1801년 순조1), 소한정(1920)

45 다음 중 한국 전통정원에 사용되어진 구조물에 해당되지 않는 것은? [기사 13.06.02]

㉮ 괴석(怪石)과 세심석(洗心石)
㉯ 장식용 굴뚝(煙突)
㉰ 돈대(墩台)
㉱ 수세분(手洗盆)

46 강릉 선교장에는 주택 전면부에 방지방도가 조성되어 있다. 이 연못에 있는 정자의 명칭은? [기사 13.06.02]

㉮ 활래정 ㉯ 농산정
㉰ 부용정 ㉱ 하엽정

47 석가산의 조영에 관한 내용의 기록과 관계 없는 것은? [기사 13.06.02]

㉮ 강희맹 - 가산찬(假山讚)
㉯ 서거정 - 가산기(假山記)
㉰ 정약용 - 다산화사이십수(茶山花史二十首)
㉱ 이규보 - 사륜정기(四輪亭記)0

ANSWER 42 ㉯ 43 ㉮ 44 ㉮ 45 ㉱ 46 ㉮ 47 ㉱

48 경복궁 경회루(慶會樓)와 관련된 설명으로 잘못된 것은? [기사 13.06.02]

㉮ 바깥기둥 36개는 단면이 원형이며 이는 양(陽)과 하늘을 상징한다.
㉯ 경회루는 36간(間)으로 주역의 36궁(宮)을 상징한다.
㉰ 경회루 주변에 불가사리 등 동물조각이 배치된 것은 화마(火魔)를 막기 위한 것이다.
㉱ 태조 때 이미 작은 누각이 있었으나 태종 때 크게 지었다.

풀이 바깥쪽의 24개 기둥들은 한 개 한 개가 24절기의 한 절기에 해당된다.

49 다음 설명 중 「도산서원」과 가장 거리가 먼 것은? [기사 13.06.02]

㉮ 사산오대(四山五臺)
㉯ 연(蓮)을 식재한 애련설(愛蓮說)
㉰ 매(梅), 죽(竹), 송(松), 국(菊)
㉱ 정우당(淨友堂)과 몽천(蒙泉)

풀이 **사산오대**
옥산서원에 있는 경치로 네 개의 산과 다섯 개의 대를 이름지은 것 마을을 둘러싼 네 개의 산을 화개산(華蓋山), 자옥산(紫玉山), 무학산(舞鶴山), 도덕산(道德山)이라 부르고, 계곡 주변의 넓직한 암반석들이 품고 있는 수려한 경관들은 세심대(洗心臺), 관어대(觀漁臺), 탁영대(擢纓臺), 징심대(澄心臺), 영귀대(詠歸臺)라 불렀다.

50 담양의 소쇄원 초입에 '대봉대(臺鳳待)'라는 초정(草亭)을 짓고 오동나무와 대나무를 심었는데, 이 구성이 의미하는 바에 가장 적합한 설명은? [기사 13.06.02]

㉮ 친한 친구를 기쁘게 맞이한다는 뜻으로 조성
㉯ 태평성대를 의구하는 뜻으로 조성
㉰ 선비 또는 신하의 지조를 담는 뜻으로 조성
㉱ 자연에 순응하는 선비관을 표현하도록 조성

51 다음 중 우리나라의 서원조경에 대한 설명으로 옳지 않은 것은? [기사 13.09.28]

㉮ 학문연구와 선현제향을 위해 설립된 사설교육기관이며 향촌자치기구이다.
㉯ 일반적으로 산수가 수려한 곳에 입지하고 있다.
㉰ 기능에 따라 진입공간, 강학공간, 제향공간, 부속공간으로 구성되어 있다.
㉱ 시각적 정취를 위해서 비구를 만들어 정원 내에 물을 도입하고 있다.

풀이 우리나라 서원조경은 수심양성 도모를 하기 위해 방지의 연못을 공간구성 요소로 도입하였다.

52 다음 중 정자(亭子) 내 방의 위치가 다른 곳은? [기사 13.09.28]

㉮ 소쇄원 ㉯ 다산초당
㉰ 명옥헌 ㉱ 임대정

ANSWER
48 ㉮ 49 ㉮ 50 ㉯ 51 ㉱ 52 ㉯

53 교태전 동쪽에는 대비전인 자경전이 위치하고 이곳의 꽃담에는 십장생 무늬가 장식되어 있다. 다음 중 십장생이 아닌 것은? [기사 13.09.28]

㉮ 용 ㉯ 산
㉰ 학 ㉱ 해

풀이 **십장생**
해·산·물·돌·소나무·달 또는 구름·불로초·거북·학·사슴·대나무

54 한국 정원의 특징을 가장 알맞게 설명한 것은? [기사 13.09.28]

㉮ 산수경관의 축경화와 조화미
㉯ 산수경관의 실경화(實景化)와 조화미
㉰ 산수경관의 모조화와 강한 대비성
㉱ 산수경관의 축의화(縮意化)와 대칭성

풀이 ㉮ 축경화는 일본정원의 특징
㉰ 대비는 중국정원의 특징
㉱ 축의화와 대칭성은 프랑스정원의 특징

55 사랑채 축단 위에 경석을 설치하여 관상의 대상으로 삼은 사대부가는? [기사 13.09.28]

㉮ 충남 논산의 윤증고택
㉯ 전북 정읍의 김동수가
㉰ 전남 구례의 운조루
㉱ 경북 달성의 박엽가

56 다음 정원 시설물 중 불교사상과 관계가 없는 것은? [기사 13.09.28]

㉮ 망주석 ㉯ 삼존석
㉰ 배례석 ㉱ 좌선석

풀이 **망주석**
무덤을 꾸미기 위하여 무덤 앞의 양옆에 하나씩 세우는 돌로 만든 기둥으로 종족번창을 기원하는 토착신앙과 관련된 것으로 불교와는 무관함

57 다음 설명하는 용어는? [기사 14.03.02]

> 꽃나무를 심고 그 가지를 틀어올려서 문이나 병풍처럼 꾸민 것으로 시선을 가리거나 공간의 깊이를 더하기 위하여 또는 관상하며 즐기기 위하여 도입된 것

㉮ 취병 ㉯ 화분
㉰ 화오 ㉱ 화계

풀이 ① 취병 : 관목류 덩굴성 식물 등을 심어 가지를 틀어 올려 병풍모양으로 만든 울타리로 공간분할 역할과 공간의 깊이를 더하기 위해 만든 것으로 창덕궁 여러 곳에 설치되어 있다. 임원십육지(林園十六志)의 관병법에 취병의 설치기법이 적혀있는데 상록수로 대나무, 향나무, 주목, 측백, 사철나무 등과 고리버들, 화목류, 등나무 같이 가지가 연한 수종을 사용하여 만든다고 한다.
③ 화오 : 낮은 둔덕의 꽃밭
④ 화계 : 뒤뜰의 벽쪽에 계단식으로 만든 화단

ANSWER 53 ㉮ 54 ㉯ 55 ㉮ 56 ㉮ 57 ㉮

58 이중환의 「택리지」에 언급된 수구(水口)의 설명으로 옳은 것은? [기사 14.03.02]

㉮ 역으로 흘러드는 물이 판국(版局)을 가로막으면 좋지 못하다.
㉯ 집터는 수구가 꼭 닫힌 듯하고 그 안이 펼쳐진 곳이 좋다.
㉰ 산중에서는 들판에 비해 수구가 닫힌 곳을 찾기 어렵다.
㉱ 수구막이는 수구나 마을의 은폐를 위한 자연의 마을숲이다.

풀이 **택리지의 수구**

① 높은 산이나 그늘진 언덕이나 역으로 흘러드는 물이 힘 있게 판국을 가로막으면 좋은 곳
② 물이 들어오고 나가는 곳으로 수구가 엉성하고 널따랗기만 한 곳은 비록 좋은 들과 집이 있더라도 다음 세대까지 가지 못한다. 그러므로 집터를 잡으려면 반드시 수구가 닫힌 듯하고 안에 들이 펼쳐진 곳을 구해야 한다.
③ 산중에는 구하기 쉬운데 들판에는 어려우니 반드시 거슬러 들어오는 물이 있어야 한다.
④ 수구막이란 내앞 마을의 농경지를 보호하고 바람과 물의 장애요인을 제거하기 위한 것

59 담양 소쇄원의 조영에 영향을 끼친 정원은? [기사 14.03.02]

㉮ 원광한의 정원 ㉯ 만유당
㉰ 어화원 ㉱ 평천산장

풀이 **소쇄원**

안견의 몽유도원도와 같은 상상적 경치를 정원으로 만들고자 한 것이며, 중국 당나라 원림인 평천산장을 모델로 한 정원으로 양산보는 평천산장의 이덕유의 말을 인용해 정원의 돌을 하나라도 옮기지 말 것을 후세에 당부하기도 하였다 한다.

60 창경궁 내 통명전 석란지(石欄池) 축조의 주된 사상적 배경이라 할 수 있는 것은? [기사 14.03.02]

㉮ 음양오행사상 ㉯ 정토사상
㉰ 자연숭배사상 ㉱ 유교사상

풀이 석란지는 불교의 영향으로 정토사상이 배경이다.

61 광주 경렴정(景濂亭) 별서정원과 관련 없는 것은? [기사 14.03.02]

㉮ 뜰에는 채소원이 조성되어 있다.
㉯ 조선시대 조성된 별서정원이다.
㉰ 연못 안에 섬을 만들었다.
㉱ 탁광무가 조성하였다.

풀이 **광주 경렴정**

탁광무가 고려 공민왕 때 벼슬이후 은둔생활을 하며 지냈던 곳으로 이제현이 중국 송나라 주돈이를 경모한다는 의미로 붙인 이름이다.

62 다음 중 경회루 지원(慶會樓 池園)에 관한 설명으로 틀린 것은? [기사 14.03.02]

㉮ 정면 7칸, 측면 5칸의 팔각지붕
㉯ 방지2방도(方池二方島)
㉰ 경회루 외부의 사각기둥 24개
㉱ 경회루가 있는 섬에 들어가는 길은 3개의 아름다운 석교가 연결

풀이 **경회루 지원**

큰 방지에 경회루 건물이 있는 큰 방도(네모난섬) 하나와 작은 방도 2개 총 3개의 방도로 이루어져 있다.

ANSWER 58 ㉯ 59 ㉱ 60 ㉯ 61 ㉯ 62 ㉯

63 다음 중 조선시대에 축조된 정원을 오래된 연대부터 옳게 나열한 것은? [기사 14.03.02]

㉮ 양산보의 소쇄원 → 윤선도의 부용동 원림 → 다산초당 원림 → 선교장 활래정 지원
㉯ 윤선도의 부용동 원림 → 양산보의 소쇄원 → 선교장 활래정 지원 → 다산초당 원림
㉰ 양산보의 소쇄원 → 다산초당 원림 → 윤선도의 부용동 원림 → 선교장 활래정 지원
㉱ 윤선도의 부용동 원림 → 양산보의 소쇄원 → 다산초당 원림 → 선교장 활래정 지원

풀이 양산보 소쇄원(중종 1520 ~ 1557), 윤선도 부용동원림(인조14년, 1636), 다산초당원림(1808 ~ 1818), 선교장 활래정 지원(1816)

64 다음 중 조경과 관련된 옛 문헌과 저자의 연결이 틀린 것은? [기사 14.03.02]

㉮ 임원십육지(林園十六志) - 서유구
㉯ 고사신서(攷事新書) - 서명응
㉰ 산림경제(山林經濟) - 강희안
㉱ 순원화훼잡설(淳園花卉雜設) - 신경준

풀이 산림경제 - 홍만선, 양화소록 - 강희안

65 다음 중 창덕궁 후원의 가장 깊은 곳인 옥류천(玉流川) 주위에 어정(御井)을 파고 소요정(逍遙亭), 태극정(太極亭), 청의정을 지은 왕은? [기사 14.03.02]

㉮ 태종(1400 ~ 1418)
㉯ 숙정(1659 ~ 1674)
㉰ 인조(1623 ~ 1649)
㉱ 광해군(1608 ~ 1623)

풀이
- 1405년(태종 5) 조선의 이궁으로 건설
- 1494년(연산군 즉) 창덕궁 인정문에서 즉위, 후원을 꾸밈
- 1636년(인조 14) 옥류천 주변에 소요정, 청의정, 태극정 건설

66 한국정원의 특징이 아닌 것은? [기사 14.05.25]

㉮ 신선사상 배경
㉯ 풍류생활의 장
㉰ 원지의 단조로움
㉱ 곡선적인 윤곽선 처리

풀이 한국정원은 연못도 직선형 방도이며, 몇몇 사례를 제외하고는 직선적 윤곽 처리가 대부분이다.

67 다음 중 정자에 만들어진 방의 위치가 다른 하나는? [기사 14.05.25]

㉮ 소쇄원 광풍각 ㉯ 담양 명옥헌
㉰ 예천 초간정 ㉱ 화순 임대정

풀이 **예천 초간정**
앞면 3칸과 옆면 2칸 중 앞면 왼쪽 2칸이 온돌방이며, 나머지는 대청마루임.
소쇄원 광풍각, 담양 명옥헌, 화순 임대정-마루가운데 온돌방

68 다음 중 조성시기가 빠른 순으로 나열된 것은? [기사 14.05.25]

㉮ 영양 서석지 → 강진 다산초당 → 대전 남간정사 → 서울 부암정
㉯ 영양 서석지 → 대전 남간정사 → 강진 다산초당 → 서울 부암정
㉰ 대전 남간정사 → 영양 서석지 → 강진 다산초당 → 서울 부암정
㉱ 대전 남간정사 → 강진 다산초당 → 영양 서석지 → 서울 부암정

ANSWER 63 ㉮ 64 ㉰ 65 ㉰ 66 ㉱ 67 ㉰ 68 ㉯

풀이 영양 서석지(1640) - 대전 남간정사(1683) - 강진 다산초당(1808) - 서울 부암정(1905)

69 우리나라의 전형적인 주택정원의 전통 양식은? [기사 14.05.25]

㉮ 앞뜰을 중요시한 자연풍경식
㉯ 안뜰을 중요시한 노단건축식
㉰ 뒷뜰을 중요시한 후원식
㉱ 안뜰을 중요시한 자연풍경식

풀이 우리나라 정원은 풍수지리의 영향으로 뒷뜰을 중요시하는 후원정원이 발달함

70 색상이 푸르고 깎아 지른 듯하여 골짜기에 구름을 감춘 듯한 모양으로 이끼가 잘 자라는 괴석을 양화소록에서는 최상으로 언급하고 있다. 이 돌의 명칭은? [기사 14.05.25]

㉮ 운경석 ㉯ 산경석
㉰ 금경석 ㉱ 차경석

풀이 **강희안의 양화소록**
색상이 푸르고 깎아 지른 듯하여 골짜기에 구름을 감춘 듯한 모양으로 이끼가 잘 자라는 괴석인 산경석을 최고 으뜸으로 언급한다.

71 조선시대 신궁인 종묘의 배치와 조경적 특징에 부합되지 않는 것은? [기사 14.05.25]

㉮ 정궁을 중심으로 한 좌묘우사(左廟右社)의 배치
㉯ 배산임수의 지세를 택하여 감산(坎山)을 주산으로 배치
㉰ 방지원도형 연못과 시원한 박석포장의 도입
㉱ 괴석과 화목을 도입한 화계와 정자의 활용

풀이 **종묘**
조선왕조 역대 왕과 왕후 및 추존된 왕과 왕후의 신주를 모신 유교사당으로 좌묘우사의 배치, 배산임수의 배치와 방지원도형 연못, 박석포장 등의 공간이며, 괴석이나 화계는 관계가 멀다.

72 소쇄원 내의 명칭 중 "부모에 대한 효"와 관계 있는 것은? [기사 14.09.20]

㉮ 오곡문 ㉯ 애양단
㉰ 광풍각 ㉱ 제월당

풀이 **애양단(愛陽壇)**
글씨처럼 사랑하고 양육하는 공간으로 따뜻하게 담으로 둘러싸인 마당인데 부모님의 따뜻한 정을 느끼게 하는 효의 공간으로, 겨울에 눈이 내리면 가장 빨리 녹는 따뜻한 곳이다.

73 다음 중 정면 5칸, 측면 1칸 맞배지붕, 방마루, 부엌이 존재하는 창덕궁 후원의 정자는? [기사 14.09.20]

㉮ 취규정 ㉯ 존덕정
㉰ 용산정 ㉱ 승재정

풀이 ㉮ 취규정 : 정면 3칸, 측면 1칸의 팔작지붕
㉯ 존덕정 : 육각형 정자
㉰ 용산정 : 옥류천 지역에 정면 5칸, 측면 1칸의 맞배지붕
㉱ 승재정 : 정면 1칸, 측면 1칸

ANSWER 69 ㉰ 70 ㉯ 71 ㉱ 72 ㉯ 73 ㉰

74 용주사는 현륭원(顯隆園)의 원찰로 일반 사찰에서는 찾기 어려운 구성요소를 볼 수 있는데 이에 해당되지 않는 것은? [기사 14.09.20]

㉮ 석조 해태상
㉯ 꽃담
㉰ 대우석의 삼태극 무늬
㉱ 기단 상면의 전돌포장

풀이 용주사는 왕실의 사도세자의 원찰로서 해태상, 대우석의 삼태극 무늬, 기단상면의 전돌포장 등을 볼 수 있으나, 꽃담은 경복궁 자경전에 해당되는 내용임

75 경복궁 교태전 후원의 아미산과 관련 없는 것은? [기사 14.09.20]

㉮ 장대석으로 축조된 화계
㉯ 향원지를 파낸 흙으로 만든 인공산
㉰ 아미산은 중국 선산(仙山)의 이름을 따옴
㉱ 커다란 흰 바탕의 직사각형에 길상의 세계인 십장생이 조각된 굴뚝 배치

풀이 아미산원은 4개의 단으로 이루어진 계단식 화계로 인공산은 아니다. 각단마다 괴석, 굴뚝, 식재 등이 있다.

76 경관을 취하는 대표적 조경시설인 정자가 부채꼴(扇亭) 형태로 조영된 사례로만 짝지어진 것은? [기사 14.09.20]

㉮ 경복궁 후원의 양원정, 사자림의 진취정
㉯ 창덕궁 후원의 관람정, 졸정원의 여수동좌헌
㉰ 창경궁 낙선재 후원의 상량정, 유원의 호복정
㉱ 덕수궁 후원의 정관헌, 망사원의 냉천장

풀이 **부채꼴 모양 정자**
창덕궁 관람정(조선), 졸정원 여수동좌헌(중국 명나라), 사자정(중국 원나라)

77 조선시대 한양의 도성계획은 중국 주나라의 "주례고공기(周禮考工記)"에 의해 이루어졌다. 경복궁을 중심으로 좌측에 설치한 도시 기능은? [기사 14.09.20]

㉮ 종묘 ㉯ 사직단
㉰ 시장 ㉱ 조정

풀이 **조선 한양 도성계획**
주례고공기에 의해 좌묘우사, 전조후시에 의함으로 경복궁 동쪽에 종묘를, 서쪽에는 사직(社稷)을 배치 전조후시(前朝後市)는 경복궁 전면에는 육조(六曹)를, 그 후면에는 시전(市廛)을 배치한다는 것

78 배구 혹은 고목(古木)과 가장 가까운 조경시설은? [기사 14.09.20]

㉮ 수로 유도 ㉯ 석가산
㉰ 경관목 ㉱ 야간 조명용 석등

풀이 **비구 혹은 고목**
높이 띄워 물을 나르는 것으로 오늘날 수로의 의미와 가깝다.

ANSWER 74 ㉯ 75 ㉯ 76 ㉯ 77 ㉮ 78 ㉮

MEMO

part 2

조경계획

Engineer Landscape Architecture

CHAPTER 1

조경계획개념

1 조경의 개념 및 영역

1 조경학의 정의

① 인간과 자연, 나아가 인간과 환경의 관계에 초점을 맞추려는 학문
② 각 시대마다 인간의 요구, 사회의 필요성이 변함에 따라 성격과 정의를 달리함
③ 외부 공간을 취급하는 계획 및 설계 전문 분야
④ 토지를 미적 경제적으로 조성 시 필요한 기술과 예술이 종합된 실천과학
⑤ 인공환경을 미적으로 그 특성을 다루는 전문분야
⑥ 환경을 이해하고 보호하는 데 관련된 전문분야
⑦ **현대과학으로서의 조경** : 1974년 미국 조경가협회(ASLA) 발족해서 정의
"조경은 토지를 계획 설계 관리하는 기술로서 자연요소와 인공요소와의 결합, 구성해서 유용하고 쾌적한 환경을 조성하는 것이 목적"
⑧ **옴스테드(F.L. Olmsted)**
㉠ 1858년 조경의 학문적 영역 정립
㉡ 조경가라는 말을 처음 사용한 후 조경이라는 용어가 보편화됨
㉢ 정원설계에서 탈피하여 학문적 영역으로 정착
⑨ **일본** : 과거 전통사회에서부터 '조원'이란 말 사용
⑩ **우리나라** : 1950년 말부터 '조경'이란 말 사용
⑪ **유명 조경, 건축가들의 정의**
㉠ Hubbard, Kimball(허바드, 킴볼) : 바쁜 사회 속에서 원기 회복해 조경기술을 이용한 장소 만들어 도시인에게 안락, 편리, 건강을 준다.
㉡ Carrett Eckbo(가렛트 에크보) : 건축학의 연장. 생활공간 우선으로 인간에 의해 형상화된 경관미. 단지계획과 관련되며 인간과 설계 사이의 관계이다.
㉢ Paxton(팩스톤) : 건축과 조경의 차이는 기본목표가 아니라 수단, 기술, 재료이다.
㉣ Hackett(해케트) : 조경(생태순환계, 경관의 환경적 과정)의 제약요소는 다른 분야보다 많다. 더 좋은 환경을 만들기 위한 것이다.
㉤ Kassler(카슬러) : 회화 건축 조각으로부터 뿐만 아니라 생태학과 행동과학의 과학적인 지식과 연구로부터 행태의 결정요소들을 끌어내어 더 잘되게 하는 것이다.

2 조경학 이론

① **자연적 요소** : 지질, 토양, 수문, 지형, 기후, 식생, 야생동물 등에 관한 자연과학적 지식과 생태적 관계에 관한 이해가 필요

② **사회적 요소** : 인간의 행태, 인간의 문화차이, 물리적 혹은 사회적 요구의 차이를 이해하고 사회적 자치나 규범, 인간의 기본요구를 연구한다.(심리학, 인류학, 비교문화 연구)

③ **공학적 지식** : 식재공법, 우수배수, 포장기술, 구조학, 재료학 등이 필요

④ **설계방법론** : 컴퓨터를 활용

⑤ **표현기법** : 자기의 구상을 상대방에게 전달하기 위해서 표현방법, 표현기술, 전달매체 등에 관한 지식

⑥ **가치에 관한 것** : 조경가 자신의 가치관이 설정되기 위해서는 철학, 도덕, 윤리 등에 관한 지식이 요구

Tip

바람직한 조경가

자연과 자연에 관한 철저한 이해, 인간에 대한 예민한 고찰, 그리고 이를 토대로 예술적, 기능적으로 자기의 아이디어를 표현하여 상대방에게 전달하고 설득시키는 것이다.

3 조경의 대상

① **정원** : 전정광장, 중정, 공적인 정원, 옥상정원 등

② **공원(도시내 공원 녹지)** : 도시공원 및 녹지 등에 관한 법률에 의거 생활권공원(소공원, 어린이공원, 근린공원), 주제공원(역사공원, 문화공원, 수변공원, 묘지공원, 체육공원, 각 시·도의 조례가 정하는 공원)

③ **자연공원** : 국립공원, 도립공원, 군립공원, 사찰경내, 문화유적지 천연기념물 보호구역 등

④ **관광 및 레크리에이션 시설** : 육상시설(야영장, 경마장, 골프장, 스키장), 수상시설(해수욕장, 조정장, 낚시터, 수상스키장)

⑤ **시설조경** : 공업단지, 가로 및 고속도로 조경, 캠퍼스 계획 및 조경

⑥ **기타** : 도시환경 악화로 시민의 요구 증대. 대규모 삼림지역이나 강유역의 보존 및 개발방향에 관한 평가, 정책결정, 환경영향 연구 등 관심의 증대

4 조경공간의 분류

① **생활환경계 조경공간** : 주택정원, 도시주택 집합주택의 외부공간, 학교 문화시설
② **레크리에이션계 조경공간** : 도시 내 공원, 자연공원, 유원지, 해수욕장, 국립공원
③ **유통계 커뮤니케이션계 조경공간** : 고속도로, 자전거도로, 네이저트레일, 보행자전용도로

2 조경가의 역할

★★★★ 1 굿카인드의 환경에 대한 인간변화태도의 단계

① **I-Thou(나-당신) 1단계** : 안전을 위한 욕망, 원시사회의 마을과 경작지의 유기적인 상호의존과 종족에 대한 정주공간의 배치
② **I-Thou(나-당신) 2단계**
   ㉠ 다른 욕구를 위해 환경에 대한 논리적인 적응을 갖도록 자기 스스로 자신감을 키워 나가는 단계. 자기수련의 과정으로 자연의 도전을 받아 나-당신의 관계 유지
   예 중국과 동양의 논밭, 중동의 고대 문명발생지에서 농작물의 관개 위한 강의 통제, 이집트 피라미드, 신전, 중세의 도시
③ **I-It(나-그것) 3단계** : 현재의 상태. 기술적인 개발 사회가 아직 진전 중인 단계로 공격과 정복이 지배적. 자동차의 발생 현대 문명의 발달로 오지의 도시발달 등. 환경의 오염
④ **I-It(나-그것) 4단계** : 책임과 통일의 시대. 자연현상에 대한 새로운 이해. 생태학과 비재생자원의 보전. 생태학적인 여러 계획

2 조경가의 역할

① **조경계획과 평가** : 대지의 체계적인 연구를 바탕으로 시각적 질과 생태학 자연과학과 관련
② **단지계획** : 단지의 특징과 대지의 이용에 대한 계획의 요구조건들을 창조적인 종합성으로 이끄는 과정
③ **세부조경설계** : 단지계획에서 도식화된 공간과 지역에 특수한 질을 부여하는 과정
④ **도시설계** : 건물의 위치 순환체계를 위한 건물 사이의 공간의 조직과 공공이용에 대한 것

3 조경가의 세분

① **조경계획가** : 종합적 계획, 대규모 프로젝트에 관여하는 종합적 사고력을 지닌 사람. Generalist(제너럴리스트) 입장

② **조경설계가** : 스페셜리스트의 입장에서 활동을 하며 기술적인 지식과 예술적 감각으로 구체적인 형태나 패턴의 구상, 설계에 관여한다.

③ **조경기술자** : 소위 시공업자라고 한다. 공학적 지식을 갖춘 전문가

④ **조경원예가** : 조경식물에 관련된 자료 관리기술을 가진 사람

CHAPTER 01 조경계획개념

실전연습문제

01 다음 설명하는 조경가는? [기사 11.03.20]

- 통상 고전적 근대주의자라고 불리며, 모더니즘 조경설계 최초의 주창자 중 한사람이었으면서도 에크보우와는 달리 축과 직각구성 등 정태적 형성이 그의 작품의 주조를 이루었다.
- 그의 작품에 나타나는 정통기하학과 수평성은 고전적 균형감각과 고요한 명상적 분위기를 느끼게 해준다.

㉮ 로런스 핼프린
㉯ 단 카일리
㉰ 루이스 바라간
㉱ 로베르토 벌막스

풀이 **단 카일리**
미국 보스턴 출생으로 에크보와 함께 하버드대학원에서 조경을 공부한 고전적 근대주의자

02 조경가의 역할 설명으로 틀린 것은? [기사 11.06.12]

㉮ 인간이 필요로 하는 여러 시설과 시설물을 만들어 제공하는 시설 제공자의 역할
㉯ 각각의 경관요소를 조화롭게 구성하고 대규모 경관 형성에 기여하는 경관 형성자의 역할
㉰ 경관의 아름다움을 자연미와 인간미의 조화로 파악하고 종합적인 경관미를 추구하는 창작자의 역할
㉱ 대중의 미적신호보다는 자신의 미적 상상력만을 중요시하는 예술가의 역할

풀이 조경가는 대중의 미적선호를 바탕으로 하여 그것을 좀 더 나은 공간으로 만들어 주는 능력을 가져야 함

03 궁극적인 조경계획의 목표와 가장 거리가 먼 것은? [기사 14.03.02]

㉮ 자연자원의 이해와 적절한 활용
㉯ 토지의 생산력 증가
㉰ 국토의 효율적 보전 및 이용
㉱ 환경문제 전반에 걸친 문제의 해결

풀이 궁극적인 조경의 목표는 생태와 인간 간의 조화로운 자연의 활용과 이용에 있는 것이며, 토지 자체의 생산력의 증진과는 관계가 없다.

ANSWER 01 ㉯ 02 ㉱ 03 ㉯

3 조경 대상 및 타 분야와의 관계

1 도시계획, 설계와 조경의 관계

① 도시계획과 설계의 차이

㉠ 도시계획 : 도시나 어느 대단위 지역에 관한 사회적, 물리적, 계획에 관련

㉡ 도시설계 : 도시계획 및 건축의 중간단계. 도시의 물리적 골격과 형태에 관심

도시설계	최종 모습의 틀 제공해 도시계획 조경, 건축 사이의 교량
조경	최종적인 환경의 모습에 관심

② **최초의 도시계획** : 도시계획가 히포데이모스(Hippodamos)의 BC 3C경 그리스 밀레토스에 장방형 도시계획

③ 현대 도시계획

㉠ 하워드(Haward) 전원도시론

ⓐ 소도시론. 자족적 자급도시

ⓑ 1898년 "Garden Cities for Tommorrw"에서 제안

ⓒ 인구 3만 2천명 수용

ⓓ 1903년 레치워드(최초), 1920년 웰윈에 계획 : 성공하지는 못함

ⓔ 도시의 편리함과 농촌의 자연성을 결합시킨 형태

ⓕ 도시, 전원, 전원도시를 3개의 자석(margnet)으로 삼고 하나의 전원도시가 계획인구로 성장하면 또 하나의 전원도시를 건설하여 이것들을 철도와 도로로 연결하여 도시집단을 형성한다.

㉡ 테일러(Tayler) 위성도시론

ⓐ 도시의 기능을 교외로 분산해 신도시 건설

ⓑ 인구 3만명 수용

㉢ 페리(Perry)의 근린주구이론

ⓐ 근린주구에서 생활의 편리, 쾌적, 주민 간의 교류 - 주거단지계획의 기본개념

ⓑ 초등학교 학군을 기준으로 생활권 선정

ⓒ 규모, 경계, 오픈 스페이스, 공공건축용지, 근린상가, 지구내 가로체계 6가지 개념

㉣ 레드번(Rdeburn) 계획

ⓐ 라이트와 스타인. 하워드 전원도시 개념을 적용한 미국 전원도시

ⓑ 뉴저지에 인구 2만 5천명 수용

ⓒ 10~20ha 슈퍼블록(super block) 설정

• 2~4가구를 하나의 블록 선정

- 블록 내 광장, 소공원 확보하여 차량의 통행에서 안전한 어린이 놀이장소 형성
- 보차 분리 개념

ⓓ 쿨데삭(Cul-de-sac) 도로

- 통과 교통방지
- 교통 방해 없는 녹지조성이 가능
- 근린성 높이고 차량이 단지 내 진입하여 회전해 나오는 형태

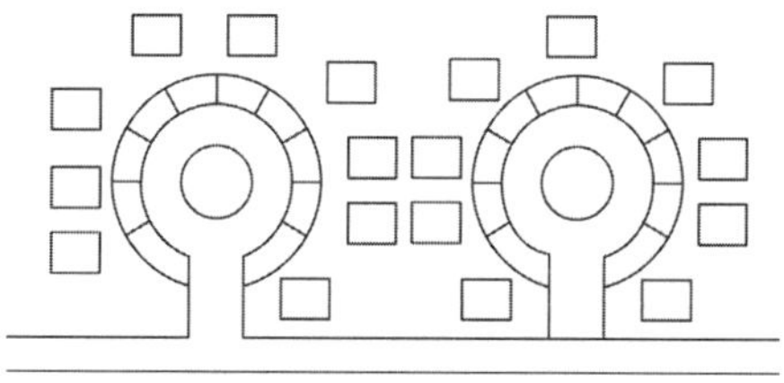

• 쿨데삭 도로형태 •

㉤ 꼬르뷔제(Le Corbusier)의 대도시론

ⓐ 건축적 기능주의 강조

ⓑ 인구 300만의 거대도시 계획. 중심에 초고층빌딩, 외곽에 녹지 형성

2 그린벨트(녹지계통) 형태에 의한 도시계획

형태		특징	해당지역
분산식	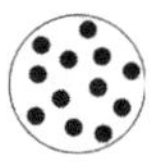	녹지대가 여기저기 여러 형태로 산재한 형태	
환상식		도시 중심으로 환상형태로 5~10km 폭으로 조성하여 도시확산방지	오스트리아 비엔나
방사식		도시 중심에서 외부로 방사형태 녹지대 조성	독일의 하노버, 비스바덴, 미국 인디애나폴리스
방사환상식	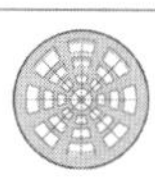	방사식과 환상식의 혼합. 가장 이상적 형태	독일의 쾰른
위성식	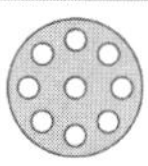	대도시에 적용. 대도시 인구분산 위한 형태	독일 프랑크푸르트
평행식	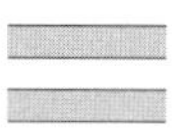	도시형태가 대상형일 때 띠모양으로 일정 간격을 두고 평행하게 배치	스페인 마드리드, 러시아, 스탈린그라드

3 조경과 타 분야와의 관계

① **건축** : 환경 속에 실체로 나타난 건물의 계획이나 설계에 관련됨. 공학과 미학의 결합
건축 - 실내, 조경 - 외부공간

② **토목** : 도로, 교량, 지형의 변화, 댐, 상하수 설계 등의 설계와 공법에 관심
지표를 중심으로 밑바닥, 공학적 측면에 강조

③ **환경설계**

㉠ 환경디자인, 환경전반에 걸친 설계에 관련되는 재분야를 포괄

㉡ 인간의 행태와 물리적 환경사이의 상호관계의 영역에서 특히 조경은 자연에 관한 지식과 더불어 인간에 관한 이해도 강조되고 있으며, 건축, 도시계획 분야와 함께 인간의 모든 활동공간 영역을 다루는 환경설계의 가장 중요한 하나의 분야로 인식되어야 한다.

㉢ 환경설계 : 건축, 조경, 실내장식, 도시설계 등 개별분야 모두 포함한다.

㉣ 모든 용도의 토지의 합리적 이용, 나아가 환경문제 전반에 걸친 문제의 해결

CHAPTER 01 조경계획개념

실전연습문제

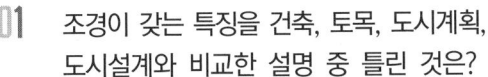

01 조경이 갖는 특징을 건축, 토목, 도시계획, 도시설계와 비교한 설명 중 틀린 것은? [기사 11.06.12]

㉮ 건축에 비해 조경은 외부공간을 주된 대상으로 한다.
㉯ 토목이나 도시계획에 비교하면 조경은 미적인 측면을 강조한다.
㉰ 도시설계에 비교하면 조경은 최종 모습이 존재하기 위한 틀을 제공한다.
㉱ 다른 분야와는 달리, 자연의 보전과 활용에 관심을 갖는다.

풀이
- 도시계획 : 최종모습의 틀 제공
- 조경 : 최종적인 환경의 모습에 관심

02 레드번 도시계획에 관한 설명으로 옳지 않은 것은? [기사 12.05.20]

㉮ 슈퍼블럭을 채택
㉯ 통과교통을 단지 내로 통과 배제
㉰ 보도망의 형성 및 보도와 차도의 입체적 분리
㉱ Howard에 의해 조성된 대표적인 전원도시

풀이 Howard의 전원도시론 개념을 적용한 미국의 전원도시로서 라이트, 스타인이 주장

03 공원과 공원을 서로 "파크웨이(park way)"로 연결시키도록 하는 공원계통의 이념을 확립시킨 사람은? [기사 12.05.20]

㉮ Humphrey Repton
㉯ William Kent
㉰ Lancelet Brown
㉱ F.L Olmsted

04 하워드(E. Howard)의 전원도시에 대한 설명 중 틀린 것은? [기사 12.09.15]

㉮ 시가지의 형태는 방사환상형, 중심부에 공공시설을 배치하도록 하였다.
㉯ 하워드는 1903년 최초의 전원도시인 레치워드를 설계하였다.
㉰ 위성도시의 발달은 하워드의 전원도시에서 유래하였다.
㉱ 하워드는 전원도시의 수법을 도시, 전원, 전원도시의 3개의 자석(magnet)에 비유하였다.

풀이 레치워드는 하워드의 전원도시 계획으로 시작되었으나 설계는 언윈(R. Unwin)과 배리파커(B. Parker)가 하였다.

ANSWER 01 ㉰ 02 ㉱ 03 ㉱ 04 ㉯

05 1970년 네덜란드의 델프트시에서 최초로 등장한 보차공존 도로는? [기사 12.09.15]

㉮ 커뮤니티 도로
㉯ 본 엘프(Woomerf)
㉰ 쿨데삭(cul-de-sac)
㉱ 트랜짓몰(transit mall)

풀이 **본 엘프**
1970 네덜란드 델프트시에서 최초로 등장한 도로로, 직역하면 생활의 정원이라고 불린다. 보도와 차도를 특별히 구분하지는 않지만, 차도를 굽어지게 하고, 폭을 좁히고, 턱을 두어 차량이 고속으로 주행할 수 없도록 하며, 도로에는 주민을 위한 주차공간을 확보하되 도로 양쪽에 번갈아 가면서 주차공간을 확보하고, 차의 통로를 지그재그 모양으로 만들어 감속을 유도하고 있다. 처음에는 외부차량 통제를 위해 각종 장애물을 설치하던 것이 시에서 공식적인 방법으로 장애시설을 설치한 것이다.

06 쿨데삭(cul-de-sac) 형태의 도로 패턴이 가장 효과적으로 이용될 수 있는 장소는? [기사 13.03.10]

㉮ 주거단지　㉯ 공업단지
㉰ 관광단지　㉱ 도심지

풀이 쿨데삭 도로는 돌아 나오는 형태로 통과교통이 없고, 녹지와 공공공간 조성이 유리하여 주거지에 적합함

07 뉴어바니즘(New Urbanism)의 계획이념과 가장 거리가 먼 것은? [기사 13.09.28]

㉮ 동일한 주거형태를 이용하여 지역의 명료성을 강조하는 계획
㉯ 보행자를 최대한 고려한 계획
㉰ 도로가 서로 연결된 계획
㉱ 모든 요소를 종합하여 단지의 조화와 유지를 위해 강력한 디자인 코드를 사용하는 계획

풀이 **뉴어바니즘의 계획이념**
- 보행자를 최대한 고려한 계획
- 다양한 종류의 주거형태가 조화를 이루는 계획
- 근린센터가 공원, 정부청사 및 상업건물과 연계된 계획
- 모든 도로가 서로 연결된 계획
- 지역이 서로 연관되어 단지의 일체화된 개성 추구
- 모든 요소를 종합하여 단지의 조화와 유지를 위해 강력한 디자인 코드를 사용

08 주거단지계획 시에 쿨데삭(cul-de-sac) 도로 이용의 장점을 가장 잘 설명하고 있는 것은? [기사 14.05.25]

㉮ 차량의 접근성을 높일 수 있다.
㉯ 차량동선을 가장 짧게 할 수 있다.
㉰ 단지 내 보행동선을 가장 짧게 할 수 있다.
㉱ 차량으로 인한 위험이 없는 녹지를 단지 내에 확보할 수 있다.

풀이 **쿨데삭(Cul-de-sac) 도로**
차량이 단지 내 진입하여 회전해 나오는 형태로 근린성을 높이고 통과 교통방지, 교통 방해 없는 녹지조성이 가능하다. 하지만, 동선이 길어지는 단점이 있다

09 도시조경의 목표로서 가장 거리가 먼 것은? [기사 14.05.25]

㉮ 친환경적 도시건설
㉯ 친인간적 도시건설
㉰ 아름다운 도시건설
㉱ 교통 편의적 도시건설

풀이 도시조경은 도시를 환경적으로 생태적으로 만들어 친인간적이고, 아름답고 살기 좋은 공간으로 만드는 것이 목표이다.

ANSWER 05 ㉯　06 ㉮　07 ㉮　08 ㉱　09 ㉱

CHAPTER 2

조경계획과정

1 조경계획과 설계

1 계획의 일반과정

목표와 목적 설정 → 기준 및 방침 모색 → 대안 작성 및 평가 → 최종안 결정 및 시행

2 계획과 설계의 비교

계획	설계
• 문제의 발견과 관련 • 논리적이고 객관적 접근 • 지침서, 분석결과를 서술형식으로 표현 • 체계적이며 일반론이 존재 • 사회요구, 수요, 경제적 가치 등을 양적 표현	• 문제의 해결과 관련 • 주관적, 직관적, 창의성과 예술성 강조 • 도면, 그림, 스케치로 표현 • 개인의 능력, 개인감각에 크게 의존 • 양적으로 주어진 토지를 질적 표현

3 계획의 접근방법

① 토지 이용계획으로서의 조경계획

㉠ 필요성 : 토지자원의 한계성, 공간형태 특정성, 인간욕망 무한성, 용도의 다양성, 효용의 기대성

㉡ 목적 : 토지 이용 가치 촉진, 국민 생활 향상, 질서 편리, 지역 내 기능적 조화, 지역발전 체계화

㉢ 방법 : 조사 분석하여 계획에 대한 경관유형의 예측. 경관의 부적합한 변화방지와 경관적 의미 예측 및 자문, 장래발전에 대한 대략적 계획 및 제시

㉣ 토지 이용계획의 접근방법

주요 시스템 접근 방식 (Key systems Approach)	미시적 접근		
	체계적 접근	Activity System(주제)	
		Development system(이윤추구)	
		Enviroment System(생태계)	
시장과 사회적 힘의 기능 (Market force and social forces function)	경제학적 원리		
	사회학적 원리	Ecological Process(생태학적)	
		Organizational Process (조직적)	동심원 이론, 부채꼴 이론, 대학론
	공공정책적원리	경찰권적 규제, 토지 취득에 의한 방법, 조세 가격에 의한 방법, 자본증진 계획	

★★★ ② S. Gold의 5가지 레크리에이션 접근방법

1. 자원접근방법	자원의 수용력과 생태적 입장이 중요인자 물리적 자원이 레크리에이션의 양을 결정함
2. 활동접근법	과거의 레크리에이션 참가사례가 앞으로의 기회를 결정하도록 하는 방법 이용자 측면이 강조되나 새로운 경향의 여가형태가 반영되기 어렵다.
3. 경제접근법	그 지역의 경제적 기반, 예산규모가 레크리에이션 양과 입지 결정 비용편익분석에 의해 가입자가 많이 선택. 이용자 고려 안 함
4. 행태접근방법	이용자의 선호도, 만족도에 의해 계획이 반영되는 방법 잠재적 수요까지 파악, 수준 높은 시민참여 필요
5. 종합접근방법	각 방법의 긍정적 측면만 취하여 이용자의 요구와 자원의 활용 가능성을 함께 조화시키도록 하는 방법

4 조경계획의 과정

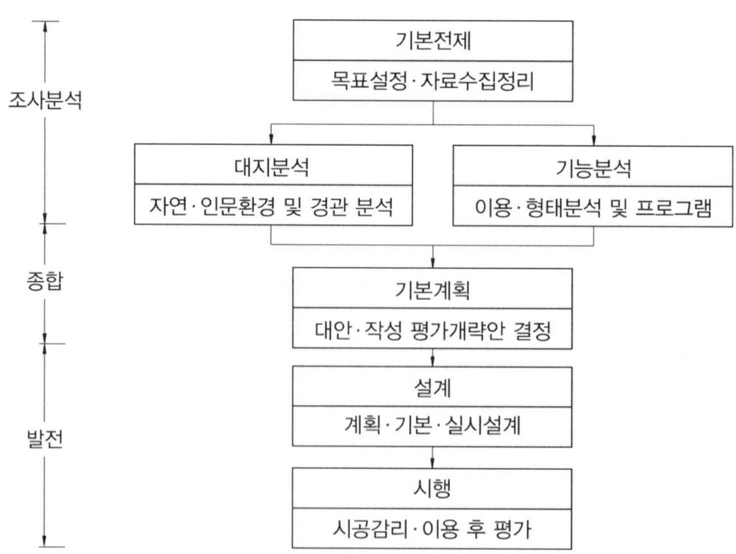

① 조사분석

㉠ 분석대상

자연환경분석	지질, 지형, 토양, 기후, 식생, 수문, 생물, 기후, 경관 등
인문환경분석	인구, 교통, 토지 이용, 시설물, 역사문화, 이용행태 등

㉡ 분석내용

ⓐ 대지분석

자연적 인자	생태적 분석과 관계 있음
지권	토양, 지질, 지형, 경사도 분석 등
수권	수문, 지표수, 우수배수, 지하수 분석 등
대기권	기후 및 일기
생물권	식생, 야생동물 등
문화적 인자	토지 이용, 교통동선, 인공구조물 등의 현황, 변천과정, 역사 등
미학적 인자	시각적 특성, 경관의 가치, 경관의 이미지 등

ⓑ 기능분석 : 현재 이용 실태를 파악해 사용 목적에 따라 어떤 활동을 얼마만큼 수용할 것인가 추정. 양적 수요파악, 사회심리조사, 설문, 관찰 조사분석

② 종합 및 평가

㉠ 각종 제한인자와 가능성을 모두 갖고 있는 대지에 어떻게 프로그램에 나온 기능을 배치하는가를 결정하는 단계

㉡ 개념도의 대안들을 만드는 작업에서 시작

㉢ K. Lynch의 3가지 유형의 개념도 : 토지 이용계획, 동선계획, 시각적 형태

③ 설계발전 및 시행

㉠ 기본계획 또는 계획설계

ⓐ 정의 : 개략적인 골격, 토지 이용과 동선체계. 각종시설 및 녹지위치 정하는 단계

ⓑ 내용 : 조건정리, 기본구상, 토지 이용계획, 공공시설기본계획, 사업비약산

ⓒ 도면 크기 : 1/3,000~1/10,000

㉡ 기본설계

ⓐ 정의 : 공간의 형태, 시각적 특징, 기능성과 효율성 등이 구체화되는 과정

ⓑ 내용 : 배치설계도, 도로설계도, 정지계획도, 배수설계도, 식재계획도, 공원녹지설계, 검산사업비 산정, 자금계획

ⓒ 도면크기 : 1/1,000~1/3,000

㉢ 실시설계

ⓐ 정의 : 시공자가 알아 볼 수 있는 구체적이고 상세한 도면 작성

ⓑ 내용 : 각종 설계도, 상세도, 고저식재, 토공, 각종시설설계, 수량산출서, 일위대가표, 공사비, 시방서, 공정표 등

ⓒ 도면크기 : 1/1,000 이상

㉣ 환경영향평가 : 개발에 따른 생태적, 사회적, 경관적 영향에 초점, 사전평가

㉤ 이용 후 평가 : 마무리 단계로 시행된 후까지 책임지면서 이용상태 중심으로 평가

CHAPTER 09 조경계획과정

실전연습문제

01 계획 시 반영되는 표준치(standard)의 설명 중 옳지 못한 것은? [기사 11.10.02]

㉮ 계획이나 의사결정 과정에서 지침 또는 기준이 된다.

㉯ 목표의 달성 정도를 평가하는데 도움이 된다.

㉰ 여가시설의 효과도(effectiveness)를 판단하는데 도움이 된다.

㉱ 방법론적으로 우수하며, 확실성이 있다.

풀이 표준치라는 것은 수많은 변수들을 고려한 것이 아니라서 확실성이 있다고 할 수 없다.

02 계획과 설계에 관한 설명 중 옳지 않은 것은? [기사 11.10.02]

㉮ 계획은 문제의 발견에 관련하고, 설계는 문제의 해결에 관련한다.

㉯ 계획은 분석에 깊이 관련되고 설계는 종합에 깊이 관련된다.

㉰ 계획은 논리적이고 객관적인 반면, 설계는 주관적이고 직관적이다.

㉱ 일반적으로 계획은 설계가 이루어진 다음 수행된다.

풀이 계획 이후 설계가 진행

03 조경계획 및 설계 과정의 특성 중 잘못된 것은? [기사 12.09.15]

㉮ 조경계획 과정은 크고 작은 의사결정 과정의 연속이다.

㉯ 주어진 문제를 해경하기 위해 합리적인 과정을 거친다.

㉰ 창의적인 사고를 통하여 창조적 형태를 만들어 가는 과정을 거친다.

㉱ 창의적인 과정과 합리적인 과정이 상호 독립적으로 존재한다.

풀이 창의적인 과정과 합리적인 과정이 잘 연결되어야 함

ANSWER 01 ㉱ 02 ㉱ 03 ㉱

2 자연환경 조사 분석

1 식생생태조사

① 조사방법

㉠ 전수조사 : 수목 개수를 모두 조사하는 것 좁은 면적에 실시

㉡ 표본조사 : 군락구조 해석을 주로 표본만 선정해 조사하는 것

② 표본구의 설정

㉠ 조사대상이 단립성 있고, 균질의 식물 집단일 때 표본추출

㉡ 균질이 아닐 경우 몇 개의 균질한 지역으로 나누어 표본추출

㉢ 층화된 경우 무작위추출법, 체계적 표출법 통해 표본추출

★★★ ③ 각종 군락측도

㉠ 군락측도 : 군락의 여러 특질을 재는 척도

㉡ 빈도 : 군락 내 종의 분포의 일 양성, 종간의 양적 관계 알기 위해 측정

ⓐ 빈도(F) = $\frac{\text{어떤 종의 출현 쿼드라트 수}}{\text{조사한 총 쿼드라트 수}} \times 100$

ⓑ 상대빈도(RF) = $\frac{\text{어떤 종의 빈도}}{\text{전동의 빈도의 총화}} \times 100$

㉢ 밀도 : 단위 넓이당 개체수

평균밀도 : 그 종의 1개체가 출현하는 평균적 넓이

ⓐ 밀도(D) = $\frac{\text{어떤 종의 개체수}}{\text{조사한 총 넓이}} = \frac{\text{어떤 종의 총 개체수}}{\text{조사한 총 쿼드라트 수}}$

ⓑ 평균밀도(M) = $\frac{\text{조사한 총 넓이}}{\text{어떤 종의 총 개체수}} = \frac{1}{D}$

㉣ 수도 : 밀도와 관계하는 추정적 개체수 또는 출현한 쿼드라트만큼의 평균개체수

ⓐ 수도(A) = $\frac{\text{어떤 종의 총 개체수}}{\text{어떤 종의 출현한 쿼드라트 수}} = 100 \times \frac{D}{F}$

㉤ 피도(C) : 식물의 지상부의 지표면에 대한 피복비율. 100%를 넘을 수도 있다.

㉥ 우점도

ⓐ 우점도 : 피도, 또는 종 군락 내에 우열의 비율을 종합적으로 나타내는 척도로 사용

ⓑ Braun- Blanquet의 피도와 수도의 조합에 의한 우점도를 7계급으로 나눔

- DFD지수 = 밀도 + 빈도 + 피도
- 상대우점값(IV) = 상대밀도 + 상대빈도 + 상대피도
- 적산우점도(종합적 우점도; SDR) = 밀도비 + 빈도비 + 피도비(%)

④ 조사방법

㉠ 쿼드라트법 : 정방형 조사지역 설정해 식생조사

ⓐ 쿼드라트 크기 : 군락 최소넓이 이상의 적당한 넓이(군락 최소넓이 : 어떤 군락이 그 특징적인 조성구조를 발전시킬 수 있는 최소넓이)

ⓑ 쿼드라트 최소넓이

경지, 잡초군락	0.1 ~ 1m^2
방목, 초원군락	5 ~ 10m^2
산림 군락	200 ~ 500m^2

㉡ 접선법

ⓐ 군락 내 일정길이 선을 몇 개 긋고 그 선안에 나타나는 식생 조사해 측정

ⓑ 빈도는 1개선을 1쿼드라트로 계산, 피도는 선길이를 100으로 해 100분율로 계산

㉢ 점에 의한 법

ⓐ 쿼드라트법에서 쿼드라트 넓이를 대단히 작게 한 것

ⓑ 보통 frame에 낀 핀을 45도, 90도 각도로 지표면에 내려 여기에 접촉한 식물을 기록하는 방법

ⓒ 초원, 습원 등 높이 낮은 군락에서만 사용 가능

㉣ 4분법

ⓐ 두 식물 개체 간 거리, 임의점과 개체 사이 거리를 측정해 구성종, 군락 전체의 양적관계 측정하는 방법

ⓑ 교목, 아교목에 적용

ⓒ 간격법 : 최단거리법, 인접개체법, 제외각법, 분각법

㉤ 각 조사법이 적용되는 군락

		고목군락	저목군락	초본군락	이끼, 바위옷군란
쿼드라트법		○	○	○	○
접선법		△	△	○	○
포인트법		×	×	○	○
간격법	최단거리법	○	△	×	×
	인접개체법	○	△	×	×
	제외각법	○	△	×	×
	4분각법	○	△	×	×

※ ○ : 가장 적당함, △ : 적용되나 가장 적당한 것은 아님, × : 적용되지 않음

2 기후

① 대기와 온도

㉠ 기후란? : 태양의 복사에 의해 대기의 물리적 조건이 좌우되어 변동하는 상태로 식물과 밀접한 관계

㉡ 쾌적기후 : 온도 18~21℃(70~80℉), 상대습도 50~60%

㉢ 동결심도(땅이 어는 깊이) : 서울 1m, 남부 0~50cm

② 강수량

㉠ 우리나라 연간 강수량 600~1,400mm로 6~8월 사이의 집중호우형

㉡ 강수량은 식생과 밀접한 관계

③ 일조, 일사

㉠ 일사 : 태양으로부터 복사되는 열량 측정

㉡ 일사각 : 정오시의 태양각의 입사각

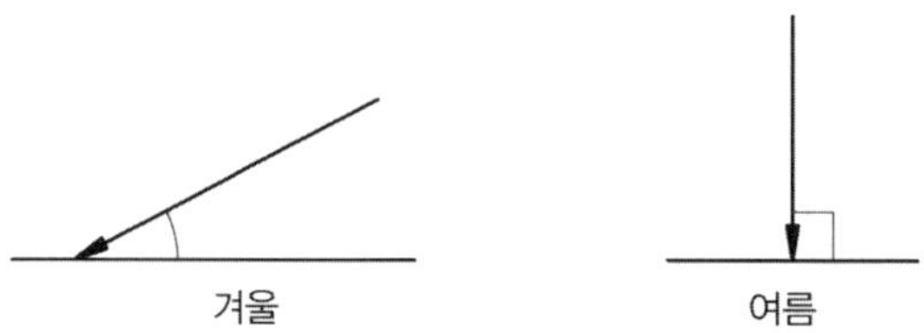

• 태양의 입사각 •

㉢ 일조량 : 태양이 지구면에 비치는 시간 측정

★★★ ㉣ 우리나라 법적 일조시간 : 최저 2시간 30분

㉤ 도시경관에서는 가로수, 건물 유형에 따라 일사량이 달라짐

④ 미기후

㉠ 국부적 장소에 나타나는 기후로 조경에서 중요한 인자

㉡ 미기후요소 : 대기요소, 서리, 안개, 시정, 자외선, 이산화황, 이산화탄소

㉢ 미기후인자 : 지형, 수륙분포에 따른 안개의 발생, 지상피복 및 특수 열원동

㉣ 알베도(Albedo) : 표면에 닿는 복사열이 반사되는 %

예 거울1.0, 산림이나 잔디 0에 가까움

예 갓내린 눈 > 오래된 눈 > 마른 모래 > 초지 > 젖은 모래 = 산림 > 검은흙 > 바다

㉤ 전도 : 건조, 다공질일수록 전도율 낮다.

예 화강석 > 얼음 > 젖은 모래 > 부식토 > 젖은 점토 > 마른 모래 > 갓내린 눈 > 공기

ⓐ 알베도 낮고 전도율 높으면 미기후 온화안정

ⓑ 알베도 높고 전도율 낮으면 미기후 극단적

㉥ 풍동현상 : 건물 사이에 주위보다 바람이 세게 부는 현상

ⓢ 도시 미기후 : 포장면 방대와 구조물 밀집으로 열섬효과, 대기 상승효과가 있으므로, 콘크리트 아스팔트 억제, 수경요소와 식재지 확대할 것

★★★ 3 토양조사

① 토양의 단면

㉠ Ao층(유기물층)

ⓐ L층(Litter Layer) : 낙엽이 분해되지 않고 원형 그대로 쌓여 있음

ⓑ F층(Fomentation Layer) : 낙엽이 소동물 혹은 미생물에 의해 분해되지만 다소 원형 유지. 식물의 조직을 육안으로 알 수 있고 유체 식별 가능

ⓒ H층(Jumus Layer) : 육안으로 낙엽의 기원을 전혀 알 수 없는 유기물, 흑갈색

㉡ A층(표층) : 광물 토양의 최상층으로 외계와 접촉되어 그 영향을 직접 받는 층. 식물에 필요한 양분이 가장 풍부함

㉢ B층(집적층) : 표층에 비해 부식함량이 적어 황갈색, 적갈색

㉣ C층(모재층) : 광물질이 풍화된 층

㉤ D층(기암층)

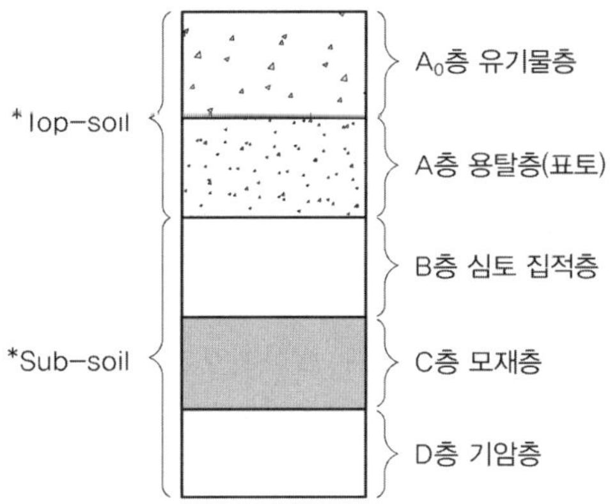

② 토양입자의 구조

㉠ 입상 : 입단이 다면상, 구형이며 정밀도 중간, 유기물 많은 토양에서 형성됨

㉡ 단립(團粒) : 입상구조와 같은 다면상, 구상, 공극이 많다.

㉢ 단단립 : 토양입자가 단독으로 배열된 구조

㉣ 세단립 : 미세한 입자가 단독으로 배열된 구조

㉤ 현과상 : 각괴상 같은 괴상, 다면상, 대부분 모서리가 둥글다.

③ 토양의 구조

㉠ 입상구조 : 가장 흔한 형태로 토양 표층에 나타나며, 입자 지름 약 1 ~ 2mm 구형으로 뭉쳐 있으며, 입단 사이 공극에 물이 저장되어 식물에게 적합함

㉡ 판상구조 : 토양입자가 수평방향으로 배열되어 수분이 아래로 잘 빠지지 않는다. 습윤지대나 A층에서 주로 나타남

㉢ 괴상구조 : 판상구조보다 크며 가로와 세로의 비율이 거의 같은 다면체 형태로 밭이나 산림에 주로 나타남

㉣ 주상구조 : 프리즘 또는 기둥 모양의 세로 구조로 수분 침투나 증발이 잘 일어나며 건조지나 습윤배수불량지에 나타남

④ 토양의 광물질 입자의 단경구분

자갈	2.0mm 이상
조사	2.0~0.2mm
세사	0.2~0.02mm
미사	0.02~0.002mm
점토	0.002mm 이하

⑤ 토성의 구분

사토	85% 이상 모래
사질양토	점토 25~45%, 모래 55% 이상
양토	점토 2/3, 모래 1/3
식토	대부분 점토

⑥ 토양의 산도

㉠ 산성토 : pH 6.5 이하. 양분이 없고 빨간흙(철이 많음). 주로 침엽수, 소나무자생

㉡ 알칼리토 : pH 7.5 이상. 건조지역의 양분 많음. 낙엽수 위주의 수종

㉢ 중성 : pH 6.5~7.5

⑦ 토양수분

㉠ 화합수(결합수) : 어떤 성분과 화학적으로 결합되어 있는 물로 직접 이용 못함

㉡ 흡습수 : 토양 고물질과 같은 입자 표면에 피막처럼 흡착되는 물로 식물체에 이용 못함

㉢ 모관수 : 흡습수의 둘레를 싸고 있는 물로 식물에 이용 가능함

㉣ 중력수 : 중력에 의해 자유롭게 흐르는 물

⑧ 토양조사방법

㉠ 입지환경조사 : 표고, 지형, 경사, 퇴적양식, 토양침식, 암석노출도 등 조사

㉡ 토양단면조사 : 수직 1m, 세로 1m, 가로 1m 채굴하여 A, B층을 각 1kg 채취해 조사

⑨ 토양생성인자에 의한 주요 토양생성작용

㉠ 포드졸화 작용(podzolization) : 박테리아의 활동에 지장이 있을 정도의 저온이나 삼림이 자랄 만큼 수분이 충분한 기후에서 진행되는 토양생성작용으로 서안해안

성기후, 온난대륙성기후, 고산지역에 전형적으로 나타남. 소나무나 전나무 같은 침엽수 삼림에서 가장 활발히 진행됨. 용탈층과 집적층의 발달이 특징이다.

㉡ 라테라이트화 작용(laterization) : 열대우림기후, 사바나기후, 아열대습윤기후 등의 고온다습한 기후하에서 진행됨. 토양이 붉은색을 보이며 토층의 발달이 분명하지 않고, 농업에 적합하지 않다.

㉢ 석회화 작용(calcification) : 수분의 증발량이 강수량보다 많은 반건조지역 또는 스텝기후지역에서 진행됨. 탄산칼슘이 주된 성분으로 집적되며 염기의 순환이 일어나는 A층과 토양의 부식이 풍부한 B층이 두드러진다.

㉣ 글레이화 작용(gleization) : 냉량 또는 한랭습윤기후지역 중에서 지하수위가 높은 저습지나 배수가 불량한 곳에서 진행되는 작용. 툰드라 기후나 습윤 대륙성기후 지역에서 나타난다. 강산성의 토탄층 밑에 글레이층이라 불리는 치밀한 점토질 물질로 이루어진 토층이 특징이다.

㉤ 염류화 작용(salinization) : 건조지역에서 가용성 염류가 토양의 표면에 집적되는 과정. 염류화작용은 농경에 큰 장애요인이 되며 제거에 경비와 시간이 많이 든다.

4 수문조사

① **자연배수** : 평상시 물이 흐르거나 고여 있는 상태

② **지하수** : 경관효과는 없으나 용수 측면에서 중요. 지표에 떨어진 물의 약 10%

③ **표면수** : 비가 올 때 표면에서 빠져나가는 물로 집수구역의 유량과 관련

④ **우수유출량**

$$Q = C \cdot I \cdot A$$

C : 유출량계수, I : 우수강도, A : 배수지면적

5 지질조사

① **주요 암석과 특징**

㉠ 화성암류 : 화산에서 분출된 용암이 굳어서 생긴 것 예 화강암, 화성암

㉡ 변성암류 : 암석이 당시와 다른 상황(큰 압력, 높은 온도, 화학성분 등)에서 변한 것 예 편마암

㉢ 퇴적암류 : 지표에 나타난 암석이 표면에서 계속 풍화작용, 침식작용을 받아 암석 분해, 물에 용해되어 기암에서 분리된 것 예 석회암

② **지질조사방법**

㉠ 보링조사(boring)

ⓐ 토층보링 : 기계 보링, 오오거 보링에 의해 흙 굳기 정도 조사, 시료 채취해 흙 성질 파악

ⓑ 암반보링 : 기계 보링에 의해 구멍 뚫고 전진속도, 코어 채취율, 채취한 코어 관찰 통해 암질 판단

㉡ 사운딩(sounding) : 깊이 방향으로 연속적 지반 저항 측정하는 방법

ⓐ 정적 사운딩 : 점토지반에 적용. cone을 일정 속도로 주입하는 데 요하는 하중 측정법

ⓑ 동적 사운딩 : 사질토지반에 사용. 일정한 동적 에너지 주고 땅에 박는 주입실험

6 지형조사

① 지형의 거시적 파악

㉠ 지형의 형성, 물리적, 생태적 현상 등을 주변 지역 계획 대상지 포함해 파악

㉡ 자연지역보전계획, 지역휴양개발계획, 관광정비계획 등에 사용

② 지형의 미시적 파악

㉠ 지형도자료 : 1/50,000, 1/25,000, 1/5,000 또는 도시계획 내 1/10,000 지형도, 항공사진

㉡ 분석내용

ⓐ 계획구역의 도면표시

ⓑ 산정과 계곡의 능선 흐름조사

ⓒ 등고선의 간격 검토

ⓓ 개천이나 하천 등 유수패턴조사, 동선체계, 소로, 등산로 확인

ⓔ 경사방향 확인

③ 고도분석

㉠ 지형의 높낮이를 한눈에 볼 수 있게 분석하는 것

㉡ 선 사용 시 : 고도가 높을수록 좁은 간격의 선

㉢ 색 사용 시 : 고도가 높을수록 짙은 색 사용

㉣ 정밀한 계획 : 등고선을 1m 간격으로 분석, 1/25,000에서는 20m 간격

㉤ 개발 대상지 낮고 평탄한 지대 : 5~10m 간격, 높아짐에 따라 10~25m 또는 40~50m

④ 경사도분석

㉠ 등고선 간격에 의한 법

$$G = D/L \times 100$$

G : 경사도

L : 등고선에 직각인 두 등고선 간의 평면거리

D : 등고선 간격

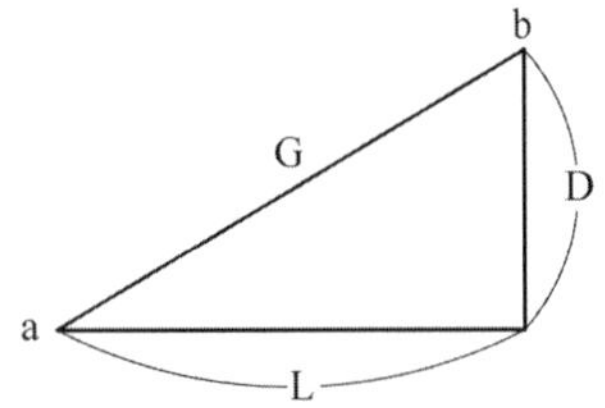

Tip

등고선 특징

두 개의 등고선 사이의 수직거리는 항상 일정. 수평거리는 등고선 간격에 따라 달라짐. 일정한 경사도는 일정한 수평거리

㉡ 방안법 : 지형도에 선 긋고 단위 그리드에 들어있는 등고선의 수를 세어 경사도 구하는 법

㉢ 경사도에 따른 토지분석

경사도	토지 이용
2~5%	평탄, 운동장
4~10%	수정해서 도로, 산책로 가능
6%	경제상 높은 밀도 위한 주택 적합
10%	도로 최대 허용경사
10% 이상	자유롭게 놀기, 도로나 산책은 불능
15%	차량 움직이는 최대경사
25%	변경해야 사용 가능. 잔디를 심을 수 있는 상한선
25% 이상	대개 사용 못하며, 침식으로 흙파괴
50~60% 이상	경관적 효과로만 가능

㉣ 경사형태에 대한 안정도

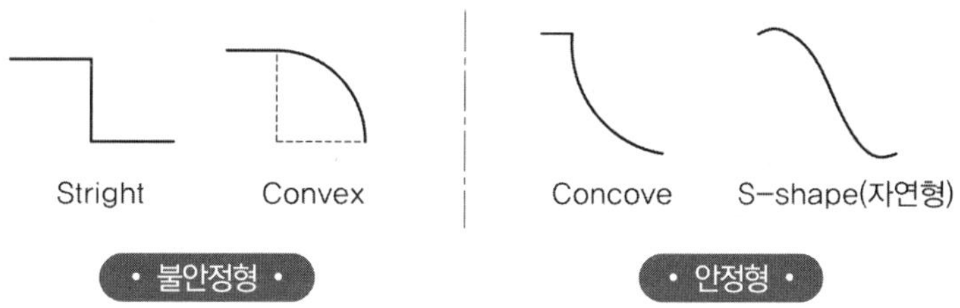

7 경관조사

① 경관의 형식

자연경관	산림경관	
	평야경관	
	해양경관	
문화경관	도시경관	가로경관
		택지경관
		교외경관
	농촌경관	취락경관
		경작지경관

② 기호화 방법

㉠ Kevin Lynch의 도시이미지 기호화 : 지표(landmark), 지역(districts), 접합점(nodes), 경계(edges), 통로(paths) (상세한 내용은 조경설계과목의 경관분석항 참고)

㉡ Worskett의 경관 조망하는 시점에서의 특성 기호화

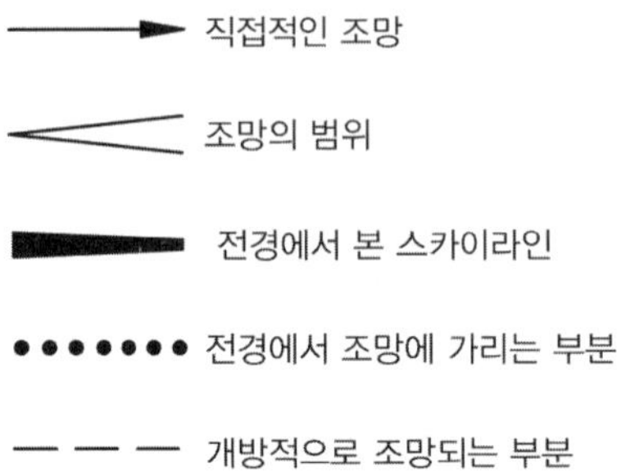

③ 심미적 요소의 계량화 방법

㉠ Leopold의 상대적 척도로서의 계량화 : 계곡경관 평가 위해 12개 대상지역 경관 계량화

④ 시각회랑에 의한 방법

㉠ Litton의 삼림경관 기본유형

ⓐ 전경관(파노라믹경관) : 초원, 시야가 가리지 않고 멀리 펴져 보이는 경관

ⓑ 지형경관 : 지형이 특징적이어서 관찰자가 강한 인상을 받게 되며, 경관의 지표가 됨

ⓒ 위요경관 : 평탄한 중심 공간 주위로 숲이나, 산으로 둘러쌓인 경관

ⓓ 초점경관 : 시선이 한곳으로 집중되는 경관, 계곡 끝 폭포

㉡ Litton의 산림경관 보조적 유형

ⓐ 관개경관 : 상층이 나무의 숲, 나무의 줄기가 기둥처럼 들어서 있거나 하층은 관목이나 어린나무로 이루어진 경관 안정감, 친근감이 든다.

ⓑ 세부경관 : 관찰자가 가까이 접근해 나무의 잎, 열매 등을 감상 가능할 때

ⓒ 일시경관 : 대기의 상황에 따라 모습이 달라지는 경관

예 수면에 투영된 영상, 안개 등

㉢ 경관의 우세요소 : 형태, 선, 색채, 질감

경관의 우세원칙 : 대조, 연속성, 축, 집중, 상대성, 조형

경관의 변화요인 : 운동, 빛, 기후조건, 계절, 거리, 관찰위치, 규모, 시간

⑤ 사진에 의한 분석

㉠ 항공사진, 일반사진 이용

㉡ Shafer, James Meitz의 흑백사진으로 자연경관 시각적 선호의 계량적 모델연구 : 시각적 선호 변화 66%를 설명하여 모델 적합성이 높게 나옴

8 원격탐사(Remote sensing)에 의한 환경조사

① 항공기, 기구, 인공위성 등을 이용하여 땅위의 것을 탐사

② **장점** : 단기간에 광범위한 지역의 정보 수집, 기록들의 재현 가능, 대상물에 손대지 않고 정보수집

③ **단점** : 표면, 표층정보는 직접 얻지만, 내면 심토층정보는 간접적으로 얻는다. 경비가 많이 든다.

④ 해석

㉠ 검정색 : 탄광지대, 물, 침엽수림, 활엽수림

㉡ 회백색 : 도로

㉢ 백색 : 모래사장

실전연습문제

01 지질도에서 다음 그림과 같이 나타났을 경우 암석층 A의 경사각 표현으로 가장 적합한 것은? [기사 11.03.20]

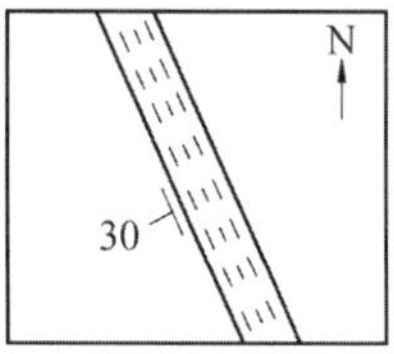

㉮ 수평면으로부터 30° 기울여졌다.
㉯ 수직면으로부터 좌측으로 30° 기울여졌다.
㉰ 지표면으로부터 30° 기울여졌다.
㉱ 정북(北)으로부터 좌측으로 30° 기울여졌다.

02 다음 [보기]의 설명은 무엇인가? [기사 11.06.12]

보기
- 생태계에서는 일반적으로 불안정한 상태에서 안정된 상태로 옮겨가는 자연적인 경향이 있다.
- 종(species)이 다양해지고 유기물질이 증가하고 구조적으로 복잡해지는 경향이 있다.

㉮ Ecological structure
㉯ Ecological succession
㉰ Stable ecosystem
㉱ Ecological climax

풀이
㉮ 생태 구조
㉯ 생태 천이
㉰ 알맞은 환경시스템
㉱ 생태적 극상

03 다음 [보기]에서 설명하는 내용으로 적합한 것은? [기사 11.06.12]

보기
- 기존의 녹지자연도를 보완하여 식생보전등급의 정확한 기준과 평가지침을 제시하고자 환경부에서 제작한 도면
- 산·하천·내륙습지·농지·도시 등에 대하여 자연환경을 생태적 가치, 자연성, 경관적 가치 등에 따라 등급화하여 작성한 지도

㉮ 생태자연도 ㉯ 녹지구분도
㉰ 식생분포도 ㉱ 경관가치도

04 야생동물의 조사와 관련된 설명 중 틀린 것은? [기사 11.06.12]

㉮ 식생도면은 야생동물의 서식처에 관한 기초자료이다.
㉯ 상대적으로 중요한 희귀종을 조사한다.
㉰ 주민의 안전을 위협하는 위험종을 조사한다.
㉱ 야생동물이 만나는 곳을 에코톤(ecotone)이라 한다.

풀이 **에코톤**
2개 또는 그 이상의 상이한 서식지나 생태계가 접하는 경계 지역

ANSWER 01 ㉮ 02 ㉯ 03 ㉮ 04 ㉱

05 경사면에 장방형의 건물을 배치할 경우 배치 방법이 가장 경제적이고 기존 지형과의 조화가 두드러진 것은? [기사 12.03.04]

㉮ 건물의 긴 변이 등고선에 수직되게 배치한다.
㉯ 건물의 긴 변이 등고선과 45° 방향으로 배치한다.
㉰ 건물의 긴 변이 등고선과 30° 방향으로 배치한다.
㉱ 건물의 긴 변이 등고선과 평행되게 배치한다.

06 정밀토양도에서 토양의 명칭을 "MnC2"라고 명명하였을 경우 '2'가 뜻하는 바는? [기사 12.05.20]

㉮ 침식 정도 ㉯ 경사도
㉰ 비옥도 ㉱ 배수 정도

07 축척이 1/50000인 지형도의 어떤 사면 경사를 알기 위해 측정한 계곡선 간의 도상 수평 최단거리가 1.4cm이었을 때 이 두 점의 사면 경사도는? [기사 12.09.15]

㉮ 약 8% ㉯ 약 10%
㉰ 약 14% ㉱ 약 20%

풀이 1/50000 지형도에서 계곡선 간격은 100m
따라서 경사도는 약 14%

$$\frac{100}{0.014\times 50000}\times 100 ≒ 14.29\%$$

08 엔트로피(entropy)와 관련된 설명 중 옳지 않은 것은? [기사 12.09.15]

㉮ 엔트로피란 변환과정에서 생성되는 이용할 수 없는 에너지의 척도이다.
㉯ 엔트로피는 에너지 붕괴와 관련된 무질서도의 일반적인 지표로서 사용된다.
㉰ 엔트로피 법칙은 어떤 에너지 변환도 집중형에서 분산형으로의 에너지의 쇠퇴 이외에는 자발적인 변환이 일어나지 않는다는 법칙으로 설명할 수 있다.
㉱ 엔트로피 법칙은 다른 말로 열역학 제1법칙이라고 표현한다.

풀이 열역학 제1법칙은 에너지 보존법칙임.

09 다음 중 우수유량을 결정하는 데 영향력이 가장 적은 요소는? [기사 13.03.10]

㉮ 강우시간 및 강우강도
㉯ 지표면의 경사방향
㉰ 지표면을 형성하는 토양의 종류
㉱ 지표면에 형성된 식생의 종류

풀이 우수유량은 지표면의 지형, 지질, 식생, 토양, 강우강도, 강우시간이 가장 많은 영향을 준다. 경사도는 영향이 크나 경사의 방향은 영향이 거의 없다.

ANSWER 05 ㉱ 06 ㉮ 07 ㉰ 08 ㉱ 09 ㉯

10 주로 유기물이 많은 표층토에서 발달하고 지렁이와 같은 토양동물의 활동이 많은 토양에서 발견되는 토양구조는? [기사 13.03.10]

㉮ 판상(板狀) 구조
㉯ 각주상(角柱狀) 구조
㉰ 괴상(塊狀) 구조
㉱ 구상(球狀) 구조

풀이 **토양의 구조**

㉮ 판상구조 : 토양입자가 수평방향으로 배열되어 가수분이 아래로 잘 빠지지 않는다. 습윤지대나 A층에서 주로 나타남
㉯ 각주상구조 : 프리즘 또는 기둥 모양의 세로 구조로 수분 침투나 증발이 잘 일어나며 건조지나 습윤배수불량지에 나타남
㉰ 괴상구조 : 판상구조보다 크며 가로와 세로의 비율이 거의 같은 다면체 형태로 밭이나 산림에 주로 나타남
㉱ 입상(구상)구조 : 가장 흔한 형태로 토양표층에 나타나며, 입자 지름 약 1~2mm 구형으로 뭉쳐있으며, 입단 사이 공극에 물이 저장되어 식물에게 적합함

11 쿨데삭(cul-de-sac)형 가로의 특징으로 적당하지 않은 것은? [기사 13.06.02]

㉮ 보차도 분리에 의하여 보행자 전용 도로를 설치할 수 있다.
㉯ 통과 교통을 금지하여 거주성과 프라이버시가 좋다.
㉰ 쓰레기 처리 등 서비스 동선이 좋다.
㉱ 가로의 끝에는 차량이 회전할 수 있는 시설이 필요하다.

12 범람원(flood plain)의 개발 특성과 가장 관련이 깊은 것은? [기사 13.06.02]

㉮ 지하수위가 비교적 낮아서 개발이 용이하다.
㉯ 지하암반이 높게 형성되어 토지의 굴착이 어렵다.
㉰ 자갈층이 두텁게 충적되어 골재의 이용도가 높다.
㉱ 표토의 유기질 함량도가 높다.

풀이 **범람원**
하천의 하류 지역에서 하천의 범람으로 운반 물질이 하천 양안에 퇴적되어 형성된 평탄 지형을 말함으로 표토의 유기질 함량이 높다.

13 조경계획 분야에서 특히 중요한 지리정보체계(GIS)에 대한 설명 중 틀린 것은? [기사 13.06.02]

㉮ 도면 중첩기능이 특히 뛰어나다.
㉯ 삼차원 지형처리를 통하여 경사도, 가시권 분석 등이 가능하다.
㉰ GIS는 Geographic Information System의 약자이다.
㉱ CAD가 주로 그래픽자료를 처리하는 반면 지리정도체계는 속성자료만 처리하는 점이 가장 큰 차이점이다.

풀이 지리정보체계는 속성자료뿐 아니라 그래픽자료도 함께 처리한다.

ANSWER 10 ㉱ 11 ㉰ 12 ㉱ 13 ㉱

14 다음 중 미기후 현상 중 안개 및 서리는 주로 어느 지역에서 발생하는가? [기사 13.09.28]

㉮ 경사가 완만하고 수목이 밀생한 지역
㉯ 지하수위가 낮고 사질양토인 지역
㉰ 수목이 없고 겨울철 북서풍에 노출되는 지역
㉱ 지형이 낮고 배수가 불량한 지역

15 조경용 식물의 생육에 필요한 토양의 깊이(cm)로 가장 적합한 것은? (단, 조경설계기준을 적용한다.) [기사 13.09.28]

	생존최소토심	생육최소토심
잔디, 초본	15	(①)
소관목	(②)	45
대관목	45	(③)
천근성교목	60	(④)
심근성교목	90	(⑤)

㉮ ① 15 ② 30 ③ 45 ④ 60 ⑤ 100
㉯ ① 20 ② 20 ③ 40 ④ 70 ⑤ 120
㉰ ① 30 ② 30 ③ 60 ④ 90 ⑤ 150
㉱ ① 40 ② 40 ③ 80 ④ 120 ⑤ 150

풀이

식물의 종류	생존 최소 토심(cm)	생육 최소 토심(cm)
잔디, 초화류		(30)
소관목	(30)	45
대관목	45	(60)
천근성 교목	60	(90)
심근성 교목	90	(150)

16 '2차 천이의 산림단계 초기이거나 지속적인 인간 간섭하에 놓인 식생형'에 대한 녹지자연도(DGN)의 판정등급은? [기사 13.09.28]

㉮ 5 ㉯ 6
㉰ 7 ㉱ 8

풀이 **녹지자연도의 등급구분(11단계)**

- 0등급 : 강, 호수, 저수지 등 수체가 존재하는 부분과 식생이 존재하지 않는 하중도와 하안을 포함
- 1등급 : 식생이 존재하지 않는 지역
- 2등급 : 논, 밭, 텃밭 등의 경작지/비교적 녹지가 많은 주택지
- 3등급 : 과수원이나 유실수 재배지역 및 묘포장
- 4등급 : 이차적으로 형성된 키가 낮은 초원식생(골프장, 공원묘지 등)
- 5등급 : 이차적으로 형성된 키가 큰 초원식생(묵밭 등 훼손지역의 억새군락이나 기타 잡초군락 등)
- 6등급 : 인위적으로 조림된 후 지속적으로 관리되고 있는 식재림
- 7등급 : 자연식생이 교란된 후 2차 천이의 진행에 의하여 회복단계에 들어섰거나 인간에 의한 교란이 심한 삼림식생
- 8등급 : 자연식생이 교란된 후 2차 천이에 의해 다시 자연식생에 가까울 정도로 거의 회복된 상태의 삼림식생
- 9등급 : 식생천이의 종국적인 단계에 이른 극상림 또는 그와 유사한 자연림
- 10등급 : 삼림식생 이외의 자연식생이나 특이식생

17 다음 중 미기후(micro climate)에 영향을 가장 적게 끼치는 것은? [기사 14.03.02]

㉮ 보차포장 재료
㉯ 대상지 주변의 식재 현황
㉰ 주변 건물의 배치
㉱ 운행 중 차량 소음

풀이 **미기후**

전체적인 도시나 지역의 날씨가 아닌 아주 작은 공간에서 발생하는 기후로 바닥 포장재료, 식재, 건물, 향, 호수 등의 요인으로 발생한다.

ANSWER 14 ㉱ 15 ㉰ 16 ㉰ 17 ㉱

18 다음 중 도면중첩법에 대한 설명으로 맞지 않는 것은? [기사 14.03.02]

㉮ 트레싱지와 같은 투명한 종이에 식생, 토양 등 주제도를 작성하여 이들을 중첩시켜 토지적합성을 판단한다.
㉯ 관련인자를 모두 고려하여 주변경관과 다른 특이성을 도출해 내는 방법이다.
㉰ 컴퓨터를 사용하는 지리정보체계(GIS) 프로그램을 활용하여 주제도를 중첩시켜 토지적합성을 판단할 수 있다.
㉱ 부지를 격자(grid)로 나누어 주제도를 작성하여 중첩시키는 방법과 주제도를 점, 선, 면적으로 표현하여 중첩시키는 방법이다.

풀이 **도면중첩법**
관련인자들을 모두 고려하여 계획의 목적에 맞는 적지를 찾기 위한 것으로 특이성을 찾기 위한 것은 아니다.

19 다음 중 I.McHarg가 주로 사용해 정착된 적지 판정법은? [기사 14.03.02]

㉮ CGN method
㉯ motation method
㉰ image map method
㉱ overlay method

풀이 **맥하그**
생태적 접근방법에 대한 연구로 유명하며, 오버레이 기법(overlay method)은 지역의 적지를 분석하는데 있는 여러 인자들을 중첩하여 가장 적합한 적지를 찾아내는 방법

ANSWER 18 ㉯ 19 ㉱

3 인문, 사회환경조사

1 인구 및 역사 유물조사

① 인구조사
㉠ 광범위한 인구현황조사, 계획부지, 주변인구, 이용하게 되는 이용자수 분석
㉡ 남녀별, 연령별, 학력별, 직업별, 소득별 조사

② 역사적 유물조사 : 유형, 무형의 것, 역사적 변천, 가치성

2 토지 이용 조사

① 등기부상의 법적 지목과 실제 이용 상태조사
② 소유별로 국유, 공유, 사유, 행정적 관할 구역조사

3 교통조사

교통체계조사, 동선, 모든 종류의 움직이는 것 조사

4 시설물 조시

건축물, 설비구조의 위치, 지하케이블, 가스관망로, 도로 및 교량

5 인간 행태의 유형

이용자 대상으로 관찰, 면담, 설문조사

6 공간의 수요량 산정

① 시계별 모델 : 시간과 관계하여 예측연도가 단기간일 경우에, 변화가 적은 경우에, 유용 요인상호 관계가 적은 경우
② 중력 모델 : 요인상호관계가 큰 경우에 사용. 인구수×관광매력도에 비례하며 두 지역 간 거리에 반비례
③ 요인분석모델 : 과거 이용추세로 추정해보는 인과모형

④ 계획 계량에 필요한 자료

㉠ 일일 이용자 수 : 연간 관광객수에 대한 비율(최대일률, 최대일집중률, 피크율)

계절형	1계절형	2계절형	3계절형	4계절형
최대일률	1/30	1/40	1/60	1/100

㉡ 회전율 : 1일 중에 가장 많은 이용자수, 그날의 총 이용자수에 대한 비율

㉢ 동시수용률

$$M = Y \cdot C \cdot S \cdot R$$

M : 동시수용력 Y : 연간 관광객수
C : 최대일률 R : 회전율
S : 서비스율
(경영효율상 최대일 관광객수의 60~80% 정도)

㉣ 최대일 이용자수 = 연간이용자수×최대일률

㉤ 최대시 이용자수 = 최대일이용자수×회전율

4 형태 환경 심리 기능의 조사분석

1 물리·생태적 접근

① 물리·생태적 접근

㉠ 자연의 가치와 인간 사회가치에 대한 접근으로 계획안 이끌어내는 것

㉡ 생태적 형성과정을 고려한 접근 : 기상, 지질, 수문, 수질, 토양, 식생, 야생동물, 토지 이용 8가지 형성과정에 대한 이해와 종합으로 계획

② 생태계의 법칙

㉠ 에너지 순환

ⓐ 환경 내의 모든 물질변화는 에너지의 순환에서 비롯됨

ⓑ 조경에서는 효율적인 계획 설계를 통해 낮은 엔트로피를 추구해야 함

㉡ 제한인자

ⓐ 개체의 크기나 개체군의 수 증가를 제한하는 인자

ⓑ 조경에서 모든 생물에 대한 제안인자 파악해 자연의 질서에 부합되는 계획안 수립

㉢ 생태적 결정론(Mcharg)

ⓐ 자연을 형성과정으로 파악하며 자연과 인간, 자연과학과 인간환경의 관계를 생태적 결정론으로 연결

ⓑ 자칫 경제성에만 치우치기 쉬운 환경계획을 자연과학적 근거에서 인간환경적 응 문제로 파악함

ⓒ 적지설정을 위한 도면결합법(Overlay) 제시

㉣ 생태적 종합분석

ⓐ 자연 형성과정 요소들의 상호 관련성 검토

ⓑ 자연계를 4대권(암석권, 수권, 생물권, 대기권)으로 나누어 관련성 검토

ⓒ 인간의 활동이 자연 형성과정에 미치는 영향을 파악하여 앞으로 변화추세 예측

2 시각 미학적 접근

① 시각적 분석과정

㉠ 물리적 환경의 시각적 특성 : 시각요소, 경관단위에 관한 시각적 요소의 파악

㉡ 이용자들의 반응에 대한 분석 : 이용자의 주관적 느낌을 객관적으로 정리(선호도, 연속적 경험)

㉢ 위 두 가지의 상호연관성을 연구하여 문제 제기를 통하여 해결안을 모색함

② 시각적 구성의 기본 요소

㉠ 전망(view) : 유리한 위치에서 볼 수 있는 장면 예 별장, 전망대, 창문 위치

㉡ Vista : 전망의 하나로 결정적이며 강력한 전망을 향한 요소. 중요한 경관을 보도록 인공적으로 조직하여 상징성, 기념성을 가지도록 함

㉢ 축(Axis) : 두 개 이상의 지점을 잇는 선모양의 계획요소

㉣ 구성(Sequence) : 이동하는 데 따른 경관의 변화. 관찰자의 이동에 따른 변화는 일련의 상호관련성을 가지며 연속성을 가진다.

㉤ 대칭, 비대칭

ⓐ 대칭적 균형 : 눈에 띄며, 단조로움

ⓑ 비대칭적 균형 : 양쪽은 달라도 그 비중은 같으며 변화 있고, 흥미롭다.

③ 미적반응과정

㉠ Berlynr의 4단계 : 자극 탐구 → 자극 선택 → 자극 해석 → 반응

㉡ 지각과 인지의 차이

ⓐ 지각 : 감각기관이 생리적 자극 통해 "받아들이는 과정"

ⓑ 인지 : 개인의 환경에 대한 지식, 이미지, 가치관 등에 의해 "해석되는 과정"

④ 시각적 효과분석

㉠ 연속적 경험

ⓐ 틸(Thiel) : 연속적 경험을 기호로 표시. 미시적 측면에서 세부 공간 표현

ⓑ 할프린(Halprin) : 모테이션 심볼이란 인간행동 움직 표시법 고안

틸(Thiel)	공간형태변화 기록	장소중심적(폐쇄성 높은 공간, 즉 도심지)
할프린(Halprin)	상대적 위치를 주로 기록	진행중심적(폐쇄성 낮은 공간, 즉 교외, 캠퍼스)

ⓒ 아버나티와 노우(Abernathy & Noe) : 시간, 공간을 동시에 고려한 연속적 경험 살린 설계방법 주장

㉡ 이미지

★★★ ⓐ 린치(Lynch) : 도시 이미지 형성하는 5가지 물리적 요소로 도시이미지 연구 즉, 통로(path), 모서리(edge), 지역(district), 결절점(node), 랜드마크(Landmark)

ⓑ 스타이니츠(Steinitz) : 린치의 이미지 발전시켜 컴퓨터그래픽, 상관계수 분석 통해 도시환경에서의 형태(form), 행위(activity)의 일치성 연구(일치성 유형 : 영향 일치성, 밀도 일치성, 타입 일치성)

린치(Lynch)	물리적 형태의 시각적 이미지 중시
스타이니츠(Steinitz)	물리적 형태와 그 형태가 지닌 행위적 의미의 상호관련성 중시

㉢ 시각적 복잡성

ⓐ Amos, Rapoport의 시각적 복잡성에 관한 연구

ⓑ 중간 정도의 복잡성에 대한 선호도가 가장 높다.

㉣ 시각적 영향

ⓐ 야곱과 웨이(Jacobs & Way)

- 토지 이용이 시각적 환경에 미치는 영향에 관한 연구
- 시각적 투과성 : 식생의 밀집정도 및 지형적 위요정도에 따라 결정
- 시각적 복잡성 : 상호 구별될 수 있는 시각적 요소의 수에 따라 결정
- 시각적 투과성이 높고, 시각적 복잡성이 낮은 곳은 시각적 흡수력이 낮다.
- 즉, 시각적 흡수력이 낮은 곳은 개발에 따른 시각적 영향이 매우 크다는 의미

ⓑ 리튼(Litton) : 자연경관의 경관 훼손 가능성, 민감성 연구로 조경설계 시 고려

㉤ 경관가치평가

ⓐ 레오폴드(Leopold) : 하천을 긴 경관가치 평가를 12개 대상지역으로 계량화

ⓑ 이버슨(Iverson) : 주요 조망점에서 보여지는 관찰회수 고려해 경관가치 평가

㉥ 시각적 선호

ⓐ 시각적 선호에 관한 변수 : 물리적 변수, 추상적 변수, 상징적 변수, 개인적 변수

ⓑ 시각적 선호 계량화 : 도면화 가능, 모델작성 가능, 변수간의 관계 파악 가능. 시각적질 예측 가능

3 사회, 행태적 접근

① 환경심리학

㉠ 환경과 행태의 상호관계, 상호작용에 관한 연구

㉡ 환경설계, 계획을 보다 과학적으로 접근할 수 있는 토대

② 홀(Hall)의 개인적 공간

친밀한 거리	0~1.5ft	씨름, 아기 안기 같은 가까운 사람들의 거리
개인적 거리	1.5~4ft	일상적 대화 유지거리
사회적 거리	4~12ft	업무상 대화 유지거리
공적 거리	12ft 이상	연사와 청중과의 거리 등 공적거리

③ 영역성

㉠ 알트만(Altman)의 인간영역 구분

1차적 영역	일상생활 중심의 반영구적 점유 공간	가정, 사무실
2차적 영역	사회적 특정 그룹, 소속이 점유하는 공간	교회, 기숙사, 교실
공적 영역	대중 누구나 이용 가능한 공간	광장, 해변

㉡ 뉴먼(Newman)의 영역 개념의 옥외공간 설계

ⓐ 아파트 지역에 범죄 발생률이 높은 이유는 1차영역만 존재하고 2차영역이 없기 때문

ⓑ 아파트에 중정, 벽, 담장, 문주, 식재 등 2차영역 구분해 주변과의 귀속감 증대시키면 범죄 발생률 줄일 수 있음

④ 설계가와 행태과학자

㉠ 설계가 : 장소지향적, 일정단위의 장소에 초점을 맞추고 단위내 일어나는 사회적 행태적 문제를 종합적으로 다룸

㉡ 행태과학자 : 행태지향적, 일정한 사회행태에 초점. 일정행태가 여러 다양한 장소에서 어떻게 일어나는가 연구

CHAPTER 09 조경계획과정

실전연습문제

01 경관분석에 있어서 시각적 효과 분석 방법에 대한 설명 중 옳은 것은? [기사 11.03.20]

㉮ 린치(Lynch)는 도시 이미지 형성에 기여하는 물리적 요소로 통로, 모서리, 지역, 결절점 및 랜드마크의 5가지를 제시하였다.

㉯ 틸(Thiel)은 인간 행동의 움직임을 표시하는 모테이션 심볼을 고안하였다.

㉰ 할프린(Halprin)은 개개의 공간 표현보다 부분적 공간의 연결로 형성되는 전체적 공간에 대한 종합적 경험을 더욱 중시하고 있다.

㉱ 아버나티(Anernathy)는 외부공간을 모호한 공간, 한정된 공간, 닫혀진 공간으로 구분하였다.

풀이 ㉯ 모테이션 심벌 – 할프린
㉰ 할프린 – 진행중심적
㉱ 아버나티 – 시간, 공간을 동시에 고려한 연속적 경험설계

02 홀(Hall)은 대인관계의 거리를 4종류로 구분하였다. 다음 중 종류와 거리와의 관계가 틀린 것은? [기사 11.06.12]

㉮ 친밀한 거리 : 0 ~ 1.5피트(약 0 ~ 45cm)
㉯ 개인적 거리 : 1.5 ~ 4피트(약 45 ~ 1.2cm)
㉰ 사회적 거리 : 4 ~ 12피트(약 1.2 ~ 3.6cm)
㉱ 공유 거리 : 12 ~ 14피트(약 3.6 ~ 4.2cm)

풀이 **홀의 대인관계거리 4종류**
㉮·㉯·㉰와 공적거리 12피트 이상으로 나뉨

03 Kevin Lynch의 도시이미지 구성요소가 아닌 것은? [기사 11.06.12]

㉮ 결절점(node)
㉯ 랜드마크(landmark)
㉰ 통로(path)
㉱ 건물(building)

풀이 **케빈 린치 5가지 도시이미지**
㉮·㉯·㉰와 지역(District), 모서리(Edge)

04 환경설계에서 연속적 경험의 중요성에 대한 연구와 관련이 없는 사람은? [기사 11.06.12]

㉮ 할프린(Halprin)
㉯ 틸(Thiel)
㉰ 맥하그(Mcharg)
㉱ 아버나티(Abernathy)

풀이 맥하그는 생태학적 연구와 밀접함

05 다음 중 경관영향 및 경관의 질 평가에 있어서 전문가적 판단, 선호도 판단 그리고 이 둘을 절충하는 방법이 있는데, 이 절충 방법에 해당되지 않는 것은? [기사 11.06.12]

㉮ 형식심리적 모델
㉯ 다목적계획 모형
㉰ 심리물리적 모델
㉱ 혼합모형

ANSWER 01 ㉮ 02 ㉱ 03 ㉱ 04 ㉰ 05 ㉯

06 조경계획에서 통경(vista)을 도입하고자 할 때 고려할 사항으로 틀린 것은? [기사 11.10.02]

㉮ 보는 장소, 시각적 초점이 되는 물체, 보는 장소와 시각적 초점이 되는 물체 사이의 공간이 상호조화를 이루도록 한다.
㉯ 보는 장소와 시각적 초점이 되는 물체가 서로 바뀌는 역 통경은 고려하지 않는다.
㉰ 시각적 초점이 되는 물체를 한 개의 보는 장소에서 보이게 하거나, 여러 개의 보는 장소에서 볼 수 있도록 계획한다.
㉱ 통경의 시선 축을 따라 이동하면서 시각적 초점이 되는 물체를 점진적으로 보이게 한다.

07 건축물 등 시각대상물이 단지 일반적인 경관으로 보이고 폐쇄성을 잃게 되는 앙각은 얼마인가? (단, D/H는 높이와 거리의 비율이다.) [기사 11.10.02]

㉮ D/H = 4　　㉯ D/H = 3
㉰ D/H = 2　　㉱ D/H = 1

풀이

앙각(°)	D/H비	특징	건물식별 정도
40	1	전방을 볼 때	건물의 세부와 부분 식별. 상당한 폐쇄감
27	2	높이의 2배	건물 전체 식별. 적당한 폐쇄감
18	3	높이의 3배	건물을 포함한 건물군 보기, 최소한의 폐쇄감
4	4	높이의 4배	폐쇄감 소멸하며 특징적 공간으로서 장소식별 불가능

08 조경계획의 과정에서 기초자료의 분석은 주로 자연환경, 인문사회환경, 시각미학환경 분석으로 대별할 수 있다. 다음 중 인문사회환경의 분석요소가 아닌 것은? [기사 11.10.02]

㉮ 인구　　㉯ 교통
㉰ 식생　　㉱ 토지 이용

풀이 **식생**
자연환경 분석요소

09 공간수식 기법에 대한 설명 중 옳지 않은 것은? [기사 11.10.02]

㉮ 인간적 척도란 인간활동에 관련된 적절한 크기를 말한다.
㉯ 기념성이 강조되는 곳은 인간적 척도(human scale)로만 구성 가능하다.
㉰ 주조색(主調色)을 선정하는 데 있어서는 공간의 특성이 문제가 된다.
㉱ 슈퍼그래픽은 건물 전체를 하나의 화폭으로 생각하고 색채 디자인을 하는 것이다.

풀이 기념성이 강조되는 곳은 초인간적 스케일이 적당하다.

10 조경과 관련 있는 분야로 현상학적 접근을 바탕으로 문화 경관, 장소성 등에 관심이 많은 학문 분야이며 아이켄, 렐프, 튜안 등의 학자들이 대표적인 학문 분야는? [기사 12.03.04]

㉮ 인문지리학　　㉯ 건축학
㉰ 도시계획학　　㉱ 인문생태학

풀이 현상학적 접근이란 환경이 의식과의 관계에서 일어나는 개인적, 체험적, 현상학적 입장에서 분석하는 방법으로 인문지리학과 관계됨

ANSWER 06 ㉯ 07 ㉮ 08 ㉰ 09 ㉯ 10 ㉮

11 인간 행동의 움직임을 부호화한 표시법(motation symbols)을 창안하여 설계에 응용한 사람은? [기사 12.03.04]

㉮ Ian L. McHarg
㉯ Philip Thiel
㉰ Laurence Halprin
㉱ Christopher J. Jones

12 특이성비를 이용한 Leopold의 주된 접근 방법은? [기사 12.03.04]

㉮ 현상학적 접근방법
㉯ 경관자원적 접근방법
㉰ 인간행태적 접근방법
㉱ 경제학적 접근방법

풀이 **레오폴드의 특이성비**
하천 낀 계곡의 경관가치 평가 연구로 12개 대상 지역을 상대적 경관가치로 계량해 특이성 정도를 산출한 것으로 생태학적인 경관자원적 접근방법에 해당함

13 최대일집중율(피크율)이 가장 높은 조경 계획 대상은? [기사 12.03.04]

㉮ 골프장 ㉯ 스키장
㉰ 국립공원 ㉱ 유원지

풀이 최대일집중율은 계절형에 따라 다른데. 1계절형 1/30, 2계절형 1/40, 3계절형 1/60, 4계절형 1/100로 1계절형인 스키장이 가장 높다.

14 다음 중 영역성(territoriality)의 설명으로 옳지 않은 것은? [기사 12.03.04]

㉮ 영역은 주로 집을 중심으로 고정된 지역 혹은 공간을 말한다.
㉯ 영역성은 사람뿐만 아니라 일반 동물에서도 흔히 볼 수 있는 행태이다.
㉰ 공적 영역은 배타성이 가장 높으며 일정 시의 이용자는 잠재적인 여러 이용자 가운데의 한 사람일 뿐이다.
㉱ 영역적 행태는 필요한 경우 타인의 침입을 방어하는 욕구를 나타낸다.

풀이 사적 영역이 배타성이 가장 높다.

15 다음 중 환경심리학에 관한 설명 중 옳지 않은 것은? [기사 12.05.20]

㉮ 환경과 인간행위 상호 간의 관계성을 연구한다.
㉯ 사회심리학과 많은 공동 관심분야를 지니고 있다.
㉰ 이론적 연구에는 관심이 없고 현실적 문제 해결에만 관심을 둔다.
㉱ 다소 정밀하지 않더라도 문제해결에 도움이 되는 가능한 모든 연구방법을 사용한다.

16 일반적으로 물체를 자극으로부터 지각하는 과정으로 맞는 것은? [기사 12.05.20]

㉮ 지각(perception) → 반응(reaction) → 판단(judgement)
㉯ 반응(reaction) → 지각(perception) → 판단(judgement)
㉰ 지각(perception) → 판단(judgement) → 반응(reaction)
㉱ 판단(judgement) → 지각(perception) → 반응(reaction)

ANSWER
11 ㉰ 12 ㉯ 13 ㉯ 14 ㉰ 15 ㉰ 16 ㉰

17 동선계획을 구체화하는 과정에서 공간의 경험과 체험이 연속적으로 되는 기능과 시설을 배치하고자 하는 것을 무엇이라 하는가? [기사 12.05.20]

㉮ Sequence ㉯ Scale
㉰ Contrast ㉱ Context

풀이 연속적 경험 - Sequence

18 뉴먼(Newman)은 주거단지 계획에서 환경심리학적 연구를 응용하여 범죄 발생률을 줄이고자 하였다. 뉴먼이 적용한 가장 중요한 개념은? [기사 12.05.20]

㉮ 영역성(territoriality)
㉯ 개인적 공간(personal space)
㉰ 혼잡성(crowding)
㉱ 프라이버시(privacy)

19 디음 인문생대적 조경이론(Human Ecological Planning)을 설명한 것 중 틀린 것은? [기사 12.05.20]

㉮ 미국의 조경가 맥하그(Ian McHarg)에 의해 주도되었다.
㉯ 인문주의적 조경이론이다.
㉰ 생태환경과 이용자들을 위해 가장 적합한 환경을 추구하고자 한다.
㉱ 물리, 생물, 문화적 시스템을 서로 연관지어 설명하고자 한다.

풀이 인문생태적 조경이론은 자연주의적 생태론적 조경이론이다.

20 조경계획을 위한 부지조사시 인문환경 조사항목에 속하는 것은? [기사 12.09.15]

㉮ 지질 ㉯ 경관
㉰ 토양 ㉱ 토지 이용

21 Ashihara는 사람의 키에 대한 벽면이나 구조물의 높이에 의해서 폐쇄성이 결정된다고 했다. 다음 중 시각적으로 공간의 연속성이 있기 때문에 폐쇄성을 가질 정도는 되지 않으며, 기대 앉고 싶은 정도인 것은? [기사 12.09.15]

㉮ 180cm ㉯ 150cm
㉰ 120cm ㉱ 60cm

22 자료수집방법의 하나인 인터뷰(interview)와 관련된 설명 중 옳지 않은 것은? [기사 13.03.10]

㉮ 개인별 또는 일정그룹을 대상으로 한다.
㉯ 상황에 대한 사전분석을 통하여 어떤 점이 중요한지 조사한다.
㉰ 인터뷰 과정에서 보다 확실한 정보를 얻기 위하여 적절한 대응(probing)이 필요하다.
㉱ 누가, 무엇을, 누구와 함께 행동하는지를 조사한다.

ANSWER 17 ㉮ 18 ㉮ 19 ㉯ 20 ㉱ 21 ㉱ 22 ㉱

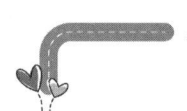

23 **개인적 공간의 거리 및 기능에 대한 설명 중 틀린 것은?** [기사 13.03.10]

㉮ 친밀한 거리 : 0 ~ 45cm의 거리로, 부모와 아기 혹은 연인들과 같은 아주 가까운 사람들 사이의 거리이다.

㉯ 개인적 거리 : 45 ~ 120cm의 거리로, 친한 친구 혹은 잘 아는 사람들 간의 일상적 대화가 유지되는 거리이다.

㉰ 사회적 거리 : 120 ~ 360cm의 거리로, 주로 업무상의 대화에서 유지되는 거리이다.

㉱ 공적 거리 : 거리와 상관 없는 개념으로, 방송 등을 통한 추상적 거리가 이에 해당한다.

풀이 **공적거리**

연사와 청중과의 거리 등 12ft 이상이 되는 거리

24 **바람직한 도시경관을 형성하기 위해서 건축물의 높이기준이 제시된다. 이때 최고높이 규제가 필요한 경우에 해당하지 않는 경우는?** [기사 13.03.10]

㉮ 주변경관이나 가로경관과 조화를 이루지 못하고 어지러운 스카이라인이 형성될 것이 예상되는 경우

㉯ 도로에 접한 벽면의 높이와 폭이 이루는 비율을 적절하게 형성하고 건축물의 높이에 균일성을 주고자 하는 경우

㉰ 이면도로 또는 주거지의 경계에 대규모 건축물이 들어섬으로써 이면도로에 과부하를 주거나 주거환경에 침해를 주는 것이 예상되는 경우

㉱ 간선도로변 또는 주요 결절점에 가설건물, 소규모 및 저층건축물이 난립하여 적정 토지 이용 밀도를 유지하지 못하거나 경관 저해가 현저하게 발생될 경우

25 **K.Lynch의 도시 이미지 형성 요소의 연결이 바르지 못한 것은?** [기사 13.06.02]

㉮ 통로 - 종로 ㉯ 모서리 - 63빌딩
㉰ 지역 - 명동 ㉱ 랜드마크 - 남대문

풀이 63빌딩은 랜드마크

26 **도시인구예측모델을 비요소모형과 요소모형으로 구분할 때, 다음 중 비요소모형에 해당하지 않는 것은?** [기사 13.06.02]

㉮ 지수성장모형 ㉯ 곰페르츠모형
㉰ 로지스틱모형 ㉱ 연령집단생잔모형

풀이 **도시인구예측모델**

① 비요소모형 : 총량적 예측방법으로 과거의 인구추세에 의한 외삽추정방식으로 선형모형, 지수모형, 수정된 지수모형, 곰페르트모형, 로지스틱모형 등이 있다.

② 요소모형 : 도시 인구를 출생, 사망 및 인구이동이라는 세 가지 요소를 합산하여 인구변화를 예측하는 방식으로 인구예측모형이라고도 하며, 연령집단생산모형과 인구이동모형이 있음.

27 **경관의 미적반응을 측정하기 위한 척도의 유형과 그 예를 잘못 연결한 것은?** [기사 13.06.02]

㉮ 명목척 - 운동선수의 등번호

㉯ 순서척 - 리커트 척도(Likert scale)

㉰ 등간척 - 어의구별척도(sementic differential scale)

㉱ 비례척 - 부피

풀이 **리커드척도 - 등간척**

- 리커드척도 : 일정상황에 대한 정도를 5개 구간으로 나누어 등간척으로 답하는 방식. 예로 아름다움의 정도를 높다, 낮다의 5단계로 나누는 것을 들 수 있다.

ANSWER 23 ㉱ 24 ㉱ 25 ㉯ 26 ㉱ 27 ㉯

28 만약 어떤 사람이 공원에 가서 잔디밭에 앉으려고 돗자리를 깔았다면 돗자리에 의해 새로이 만들어진 공간은 공간 한정 요소 중 어느 것에 속하는가? [기사 13.06.02]

㉮ 바닥면 ㉯ 벽면
㉰ 천장면 ㉱ 관개면

29 다음 중 경관분석의 기법에 해당하지 않는 것은? [기사 13.06.02]

㉮ 기호화 방법
㉯ 군락측도 방법
㉰ 메시(mash)에 의한 방법
㉱ 게슈탈트(gestalt)에 의한 방법

풀이
- 군락측도 방법 : 식생분석의 기법

30 버라인(Berlyne)이 설명한 미적 반응의 순서로 맞는 것은? [기사 13.06.02]

㉮ 자극 선택 → 자극 → 자극 탐구 → 자극 해석 → 반응
㉯ 자극 → 자극 선택 → 자극 탐구 → 자극 해석 → 반응
㉰ 자극 → 자극 탐구 → 자극 선택 → 자극 해석 → 반응
㉱ 자극 선택 → 자극 → 자극 해석 → 자극 탐색 → 반응

31 이용자의 태도조사에 이용되는 리커트 척도(Likert scale)는 다음의 어느 척도 유형에 속하는가? [기사 13.09.28]

㉮ 명목척(nominal scale)
㉯ 순서척(ordinal scale)
㉰ 등간척(interval scale)
㉱ 비례척(ratio scale)

풀이
① 리커드 척도 : 일정상황에 대한 정도를 5개 구간으로 나누어 등간척으로 답하는 방식
② 명목척 : 사물의 특성에 고유한 번호를 부여하는 것 예 유니폼 번호
③ 순서척 : 일정 크기의 크고 작음을 비교하여 크기 숫자로 숫자를 부여하는 것 예 키순, 성장순
④ 등간척 : 상대적 비교와 동시에 상대적 크기도 비교하는 것 예 리커드척도, 어의구별척도 등
⑤ 비례척 : 등간척에서 불가능 했던 직접적인 비례계산 예 길이, 무게 비교 등

32 다음 중 조경계획을 위한 분석과정 중 경관분석방법의 분류 형태에 포함되지 않는 것은? [기사 13.09.28]

㉮ 생태학적 접근
㉯ 사회학적 접근
㉰ 형식미학적 접근
㉱ 경제학적 접근

풀이 **경관분석의 접근방식**
생태학적 접근, 형식미학적 접근, 정신물리학적 접근, 심리학적 접근, 기호학적 접근, 현상학적 접근, 경제학적 접근

ANSWER
28 ㉮ 29 ㉯ 30 ㉰ 31 ㉰ 32 ㉯

33 브로드벤트(G. Broadbent)가 설명하는 설계방법론 중 환경심리학 및 생태심리학에 대한 관심이 높아지면서 이용 후 평가가 도입되는 등 설계과정에서 순환적 과정으로 발전된 설계방법론에 해당하는 것은? [기사 13.09.28]

㉮ 제1세대 설계방법론
㉯ 제2세대 설계방법론
㉰ 제3세대 설계방법론
㉱ 제4세대 설계방법론

34 도입활동 간 상관성 분석에 관한 설명 중 틀린 것은? [기사 14.03.02]

㉮ 공간상 거리와 이동시간을 고려한다.
㉯ 도입활동의 규모나 부지조건을 고려한다.
㉰ 사람, 물건, 정보의 이동을 고려한다.
㉱ 이상적인 기능적 상관관계를 고려한다.

풀이 **활동간 상관성 분석**
여러 가지 활동들 간의 거리, 이동시간, 기능 등이 어떻게 관계를 가지는가 하는 것으로 도입활동의 규모나 부지조건은 한 공간을 설계할 때 고려해야 할 사항으로 상관성과 거리가 멀다.

35 연간이용자수가 100,000명인 관광지에서 최대일이용자수(A)와 최대시이용자수(B) 산정으로 올바른 것은? (단, 회전율 1/4, 최대일율 1/50로 한다.) [기사 14.03.02]

㉮ A : 2,000명, B : 500명
㉯ A : 2,000명, B : 600명
㉰ A : 2,500명, B : 500명
㉱ A : 2,500명, B : 600명

풀이 최대일 이용자수 = 연간이용자수 × 최대일률
따라서, 100,000 × 1/50 = 2,000명
최대시 이용자수 = 최대일이용자수 × 회전율
따라서, 2,000 × 1/4 = 500명

36 다음 중 영역성에 대한 설명으로 옳지 않은 것은? [기사 14.03.02]

㉮ 영역성은 사람뿐만 아니라, 일반 동물에서도 흔히 볼 수 있는 형태이다.
㉯ 1차적 영역은 일상생활의 중심이 되는 반영구적으로 점유되는 공간이다.
㉰ 2차적 영역은 사회적 특정그룹 소속원들이 점유한다.
㉱ 공적 영역은 모든 사람들이 영구적이고 실제적으로 점유한다.

풀이 **공적영역**
누구나 이용하는 공간을 말하며, 이는 일시적이고 임시로 이용하거나 점유하는 것이 일반적이다.

37 이용자 행태의 현장, 관찰의 이점이 아닌 것은? [기사 14.05.25]

㉮ 관찰자가 있으므로 이용자의 행태에 변화가 생길 수 있다.
㉯ 이용자의 행태를 연속적으로 살필 수 있다.
㉰ 예기치 못한 행태를 도출해 낼 수 있다.
㉱ 이용자 행태가 발생하는 데 있어서 영향을 미치는 주변 분위기 조사가 가능하다.

풀이 관찰자가 있어 이용자의 행태에 변화가 생길 수 있는 것은 단점에 해당함

ANSWER
33 ㉱ 34 ㉯ 35 ㉮ 36 ㉱ 37 ㉮

38 환경심리학의 특징에 관한 설명 중 적합하지 않은 것은? [기사 14.05.25]

㉮ 환경과 인간행태의 관계성을 종합된 하나의 단위로서 연구한다.
㉯ 현실적인 인간형태에 대한 문제 해결을 위한 이론 및 그 응용을 연구한다.
㉰ 도심지 환경영향평가시 계량화된 주요 지표로 이용된다.
㉱ 환경과 인간형태 상호간에 영향을 주고 받는 상호작용을 연구한다.

풀이 **환경심리학**
인간과 환경간의 관계를 연구해 인구행태에 관한 문제해결과 경관을 통해 느끼는 인간의 심리들을 연구한다.

39 동질적인 성격을 가진 비교적 큰 규모의 경관을 구분하는 것으로 주로 지형 및 지표상태에 따라 구분하는 것을 무엇이라고 하는가? [기사 14.09.20]

㉮ 경관요소 ㉯ 경관유형
㉰ 토지형태 ㉱ 경관단위

풀이 **경관단위**
동질적 질감을 지닌 경관의 구분으로 경관구역을 형성하는 요소임

40 비교적 높은 공간적 밀도하에서 혼잡(crowding)을 느끼는 정도는 구성원들 간의 아는 정도와 환경(공간)에 대한 익숙한 정도에 따라 달라진다. 다음 중 혼잡을 느끼는 정도가 가장 높은 것은? [기사 14.09.20]

㉮ 서로 잘 아는 그룹이 익숙한 환경 내에 있을 때
㉯ 서로 잘 아는 그룹이 익숙하지 못한 환경 내에 있을 때
㉰ 서로 잘 모르는 그룹이 익숙한 환경 내에 있을 때
㉱ 서로 잘 모르는 그룹이 익숙하지 못한 환경 내에 있을 때

풀이 주관적인 상황에 따라 혼잡이 다르게 느껴지는데, 익숙하지 않거나 모르는 사람들 속에서 더 혼잡을 강하게 느낀다.

41 오픈 스페이스(open space)의 개방성을 가장 잘 설명한 것은? [기사 14.09.20]

㉮ 부지의 경계가 없는 것을 의미한다.
㉯ 부지를 개방하는 시간으로 나타낸다.
㉰ 부지에 건물이 적게 들어서 있는 정도를 의미한다.
㉱ 이용자들이 얼마나 자유롭게 활동할 수 있는가를 의미한다.

풀이 오픈스페이의 개방성은 지역사회 활동의 중심지로서 누구나 지역인이 이용할 수 있는 개방성을 말하는 것으로 시간이나 경계의 의미와는 거리가 멀다.

ANSWER 38 ㉰ 39 ㉱ 40 ㉱ 41 ㉱

5 분석의 종합 및 평가

1 기능분석

① **설비기능** : 교통기능, 급수, 배수, 전기, 가스
② **이용기능** : 기구와 시설, 조명
③ **경관기능** : 조망이나 차폐
④ **토지 이용기능** : 지형, 경사도, 토지형상, 토지소유권
⑤ **재해방지기능** : 방풍, 방화, 방음, 침식 방지

2 규모분석

① **공간량 분석** : 적정이용밀도, 수용량, 이동량, 이용량, 단위면적당 이용량, 단위이용량당 소요면적, 시설소요면적
② **시간적 분석** : 도달시간 거리, 체제시간, 회전율, 이용시간 등
③ **예산규모 분석** : 단위 면적당 경비, 예산분배, 장기적, 단기적 예산규모
④ **토목적인 분석** : 유수량, 토사이용량 등

㉠ 건축적인 분석

ⓐ 건폐율 = $\frac{\text{1층 바닥면적}}{\text{대지면적}} \times 100$

ⓑ 용적률 = 건폐율 × 건물층수 = $\frac{\text{건물연면적}}{\text{대지면적}} \times 100$

3 구조분석

① **공간 및 경관구조** : 설비, 시설의 구조, 지형, 식생, 기상, 토양, 물 등
② **이용구조** : 정적이용, 동적이용, 고밀도이용, 저밀도 이용, 집단적 이용, 개인적 이용, 연령층별 이용 등

4 형태분석

구조물이나 시선의 형태, 토지 이용의 형태, 지표면 형태, 수면형태, 수목이나 식재의 형태 등 종합분석

5 상위계획의 수용

① **상위계획** : 국토종합개발계획, 지역계획, 도시계획, 관광지개발계획 등
② 계획부지를 포함한 상위계획을 파악, 수용

6 종합

① 모든 자료의 단순한 합이 아니라, 계획 설계의 목표에 맞도록 필요한 자료들을 상호 관련지어 분석하는 것
② 각 자료의 상대적 중요성을 검토하여 기본구상의 기초가 되는 자료를 제공하는 것

CHAPTER 09 조경계획과정

실전연습문제

01 조사 및 분석 내용을 기본도에 표현하는 방법이 아닌 것은? [기사 13.03.10]

㉮ 범례로 표현
㉯ 다이어그램(diagram)으로 표현
㉰ 그래픽 심벌(graphic symbol)로 표현
㉱ 자세한 문장으로 표현

02 다음 중 조경계획 및 설계의 3대 분석과정에 해당하지 않는 것은? [기사 13.09.28]

㉮ 물리·생태적 분석
㉯ 환경영향평가 분석
㉰ 사회·행태적 분석
㉱ 시각·미학적 분석

풀이 **조경계획 및 설계의 3대 분석**
① 물리·생태적 분석
② 사회·행태적 분석
③ 시각·미학적 분석

ANSWER
01 ㉱ 02 ㉯

6 대안의 작성

1 계획의 접근방법

출제기준에 제시된 항목임으로 물리생태, 시각미학, 사회행태 등의 방법은 "제2장 조경계획과정의 4. 행태 환경 심리기능의 조사분석 항목"을 참고할 것

2 기본구상 및 대안작성

① 기본구상
- ㉠ 제반자료의 분석, 종합을 기초로 프로그램에 제시된 계획방향에 의거해 구체적 계획안의 개념을 정립하는 것
- ㉡ 프로그램 혹은 자료수집 분석과정에서 제기된 프로젝트의 주요 문제점을 부각시키고 해결방안을 제시해야 함

② 대안작성
- ㉠ 바람직하다고 생각되는 몇 개의 안을 만들어 상호 비교하는 과정
- ㉡ 기본적인 문제를 다른 측면에서 다룬 대안들을 만들어내는 것이 바람직
- ㉢ 대안 중 하나를 선택하는 것이 아니라 여러 안들을 혼합 선택하여 최종안을 만들어 냄

7 기본계획

1 프로그램 작성

① **프로그램** : 문자로 표현된 계획의 방향, 내용
② **내용** : 프로젝트의 목적, 시설물 종류와 규모, 토지 이용, 예산 등의 문자화된 내용
③ 조경가는 의뢰인의 생각과 자료, 과거의 경험에 의거해 체계적이고 세부적인 프로그램 작성

2 토지 이용계획

① **순서** : 토지 이용분류 → 적지 분석 → 종합 배분
② 토지 본래의 잠재력, 이용행위의 관련성에 따라 토지 이용 구분

3 교통 동선계획

① 토지 이용에 따른 보행 및 차량의 발생에 따라 교통량 배분과 통행로 선정
② 직선거리가 바람직하나 심리적, 경관을 고려해 우회하기도 함
③ **교통, 동선체계** : 서로 다른 통행수단의 연결, 분리가 적절해야 함
　㉠ 격자형 패턴 : 도심지, 고밀도의 토지 이용에 바람직함
　㉡ 위계형 : 주거지, 공원, 어린이 놀이터 등 모임과 분산의 체계적 활동이 있는 곳
　㉢ 단순체계 : 박람회장, 종합놀이터 등 시설물, 혹은 행위의 종류가 많고 복잡한 곳

4 공간 및 시설물 배치계획

① **시설물이란?** : 주거용, 상업용, 오락용, 교육용 관계 모든 건물과 구조물, 옥외시설물을 말한다.
② 유사한 기능의 구조물을 모아서 배치
③ **관광지의 집단시설지구 설정** : 무질서한 분산 억제해 환경적 영향 최소화 목적

5 식재계획

① **수종 선택** : 계획 지역의 환경적 여건에 맞는 자생종, 지역수종으로 선택
② **배식** : 공간의 기능, 분위기에 따라 정형식, 비정형식 등으로 식재
③ **녹지체계** : 녹지가 독립적으로 떨어져 산재하지 않고 하나의 체계가 되도록 연결

6 하부 구조계획

전기, 전화, 상하수도, 가스 등 공급처리 시설에 관한 계획

7 집행계획

투자계획, 법규검사, 유지관리안 작성 등 실행하기 위한 계획

CHAPTER 09 조경계획과정

실전연습문제

01 조경계획, 생태계획, 환경계획의 과정에서 생태학적 원리와 생태계의 이론을 응용하고, 생태적 관심을 정책결정에 반영할 수 있는 접근방법이 아닌 것은? [기사 11.03.20]

㉮ 토지가격의 분석
㉯ 환경영향평가
㉰ 환경의 기능과 서비스의 화폐가치 환산
㉱ 생태계 구성 요소간 상호관계 파악

풀이 ㉮ 토지가격의 분석은 경제적인 방법

02 다음은 계획대상지의 개발여건을 SWOT 분석한 결과이다. 위협요인에 해당하는 것은? [기사 11.06.12]

㉮ 지자체 간 관광지 개발경쟁 심화
㉯ 도시민의 휴식공간 부족
㉰ 환경친화적 관광수요의 증가
㉱ 오염되지 않은 청정환경

풀이 SWOT 분석
S(strength · 강점), W(weakness · 약점), O(opportunity · 기회), T(threat · 위협)의 뜻으로 특정한 과제를 해결하기 위해, SO(강점기회전략), ST(강점위협전략), WO(약점기회전략), WT(약점위협전략) 등의 전략을 수립하는 방법 따라서, ㉯·㉰·㉱항은 기회요인, 강점요인에 해당함

03 조경기본계획안이 작성되면 설계자 스스로가 기본계획안에 대한 내적 평가를 하게 된다. 이때 평가의 일반적 기준이 될 수 없는 것은? [기사 12.05.20]

㉮ 분석·종합의 기준
㉯ 표현기법
㉰ 계획목표
㉱ 프로그램

풀이 표현기법은 설계단계의 표현과 관계되는 것으로 내적평가와 거리가 멀다.

04 대안 작성 시 고려할 대상으로 가장 거리가 먼 것은? [기사 12.09.15]

㉮ 시공의 경제성 ㉯ 공간의 합리성
㉰ 토지의 기능성 ㉱ 설계의 편의성

05 구체적인 기본계획의 단계를 가장 적절하게 설명하고 있는 것은? [기사 13.06.02]

㉮ 공간의 수요량을 산정하여 대안을 작성한다.
㉯ 부문별 계획으로 나누어 진행하고 이를 종합하여 최종계획안을 작성한다.
㉰ 시설물제작을 위한 도면을 작성한다.
㉱ 현장의 여건에 적합하도록 도면을 수정 및 재작성한다.

ANSWER 01 ㉮ 02 ㉮ 03 ㉯ 04 ㉱ 05 ㉯

06 다음 중 조경계획의 일반적인 과정으로 가장 적합한 것은? [기사 13.09.28]

㉮ 환경조사 - 기본계획 - 개념화 - 시공계획
㉯ 기본구상 - 개념계획 - 적지 선정 - 기본설계
㉰ 기본계획 - 문헌 및 현지조사 - 중간검토 - 종합계획
㉱ 기본조사 - 기본구상 - 기본계획 - 기본설계 - 실시설계

07 1,000m^2의 슬로프 면적을 갖는 눈썰매장의 최대 부지면적은 얼마까지 할 수 있는가? [기사 14.03.02]

㉮ 1,000m^2 ㉯ 2,000m^2
㉰ 3,000m^2 ㉱ 4,000m^2

풀이 **체육시설법 시행령 제8조 시설물의 설치 및 부지면적의 제한**
눈썰매장의 부지면적은 슬로프 면적의 3배의 면적을 초과할 수 없다. 즉 슬로프면적이 1,000m^2임으로 3,000m^2가 최대면적임.

08 기본계획은 프로젝트(project)에 관한 프로그램(혹은 기본전제)이 일단 정해진 후 프로그램의 방향에 맞추어 물리, 생태적, 시각, 미학적 자료들의 분석, 종합 및 기본구상의 단계를 거쳐서 이루어진다. 프로그램 작성을 위해 필요한 사항이 아닌 것은? [기사 14.03.02]

㉮ 프로젝트의 목적
㉯ 시설물의 구체적 요건
㉰ 이용객의 만족도
㉱ 장래 성장 및 기능변화에 대한 유연성

풀이 이용객의 만족도는 시설 설치 후 관리 단계에서 이루어진다.

09 다음 중 조경계획 시 대안의 수립과정에 있어 가장 합리적인 방식은? [기사 14.03.02]

㉮ 사소한 문제를 가지고 서로 상이한 안을 만들기보다는 보다 기본적인 측면에서 서로 상이한 안이 되게 작성한다.
㉯ 계획의 흐름을 바꾸지 않는 범위 내에서 각 대안을 작성해야 한다.
㉰ 대안의 작성은 기본구상 단계에서만 진행한다.
㉱ 각개의 안은 완전히 상이하여 동일한 기본구상 아래 수립하면 평가 결정이 용이하다.

풀이 대안이란 또 다른 방향에서 접근한 새로운 생각으로 구성하여야 여러 대안들 중에서 가치를 평가하고 결정하기가 좋다.

10 공원 내에 연못을 조성하고자 할 때 계획기준으로 옳지 않은 것은? [기사 14.05.25]

㉮ 연못의 배치는 계획 및 설계대상 공간 배수시설을 겸하도록 지형이 높은 곳에 배치한다.
㉯ 연못 주변의 하천이나 계곡의 물·지표면의 빗물 등 자연 급수와 지하수·상수·정화된 물(중수) 등 인공 급수 등을 여건에 맞게 반영한다.
㉰ 연못의 평면 및 단면 형태 시 수리, 수량, 수질의 3가지 요소를 충분히 고려한다.
㉱ 못 안에 분수 및 조명시설 등의 시설물을 배치할 경우에는 물을 뺀 다음의 미관을 고려해야 한다.

풀이 연못이 대상공간 배수시설을 겸하기 위해서는 공원부지 내 지형이 낮은 곳에 배치하는 것이 물을 자연스럽게 흘려 배수시키기에 더 유리하다.

ANSWER
06 ㉱ 07 ㉰ 08 ㉰ 09 ㉮ 10 ㉮

11 다음 중 조경계획과정에서 대안 설정의 기준으로서 일반적으로 가장 중요하게 고려되는 것은? [기사 14.09.20]

㉮ 동선 및 식재계획
㉯ 식재 및 토지 이용계획
㉰ 동선 및 토지 이용계획
㉱ 토지 이용 및 시설물 배치계획

풀이 동선과 토지 이용계획은 공간의 형태를 만드는 가장 큰 계획방법으로 대안 설정 시 다른 동선과 토지용도 이용을 배치해 봄으로써 또 다른 공간들이 만들어진다.

12 다음 중 기본계획안(Masterplan)에 포함되지 않아도 되는 것은? [기사 14.09.20]

㉮ 토지 이용계획 ㉯ 교통 동선계획
㉰ 시설물 배치계획 ㉱ 정지계획

풀이 **기본계획안**
토지 이용계획, 교통 동선계획, 시설물 배치계획, 식재계획, 하부 구조계획, 집행계획 등

ANSWER 11 ㉰ 12 ㉱

8 환경영향평가(EIA)와 이용 후 평가(POE)

1 환경영향평가(EIA : Environmental Impact Assessment) 역사

① 미국

㉠ 1969년 국가환경 정책법 제정하면서 시작

㉡ 모든 연방 정부기관이 인간환경의 질에 지대한 영향을 미칠 수 있는 행위 및 법규의 제정 전에 환경영향 평가서를 제출할 것을 규정

② **우리나라 환경관련법 변천과정** : 1977년 환경보전법 제정, 1990년 환경정책기본법, 1993년 환경영향평가법, 1999년 환경·교통·재해영향평가법, 2009년 환경영향평가법

2 환경영향평가법(2015.1.20 개정)

① 환경영향평가법 용어(제2조)

㉠ 전략환경영향평가 : 환경에 영향을 미치는 상위계획을 수립할 때에 환경보전계획과의 부합 여부 확인 및 대안의 설정·분석 등을 통하여 환경적 측면에서 해당 계획의 적정성 및 입지의 타당성 등을 검토하여 국토의 지속 가능한 발전을 도모하는 것

㉡ 환경영향평가 : 환경에 영향을 미치는 실시계획·시행계획 등의 허가·인가·승인·면허 또는 결정 등을 할 때에 해당 사업이 환경에 미치는 영향을 미리 조사·예측·평가하여 해로운 환경영향을 피하거나 제거 또는 감소시킬 수 있는 방안을 마련하는 것

㉢ 소규모 환경영향평가 : 환경보전이 필요한 지역이나 난개발(亂開發)이 우려되어 계획적 개발이 필요한 지역에서 개발사업을 시행할 때에 입지의 타당성과 환경에 미치는 영향을 미리 조사·예측·평가하여 환경보전방안을 마련하는 것

㉣ 환경영향평가등 : 전략환경영향평가, 환경영향평가 및 소규모 환경영향평가를 말한다.

㉤ 협의기준 : 사업의 시행으로 영향을 받게 되는 지역에서 다음 각 목의 어느 하나에 해당하는 기준으로는 「환경정책기본법」 제12조에 따른 환경기준을 유지하기 어렵거나 환경의 악화를 방지할 수 없다고 인정하여 사업자 또는 승인기관의 장이 해당 사업에 적용하기로 환경부장관과 협의한 기준

ⓐ 「가축분뇨의 관리 및 이용에 관한 법률」 제13조에 따른 방류수 수질기준

ⓑ 「대기환경보전법」 제16조에 따른 배출 허용기준

ⓒ 「수질 및 수생태계 보전에 관한 법률」 제12조제3항에 따른 방류수 수질기준

ⓓ 「수질 및 수생태계 보전에 관한 법률」 제32조에 따른 배출 허용기준
ⓔ 「폐기물관리법」 제31조제1항에 따른 폐기물처리시설의 관리기준
ⓕ 「하수도법」 제7조에 따른 방류수 수질기준
ⓖ 그 밖에 관계 법률에서 환경보전을 위하여 정하고 있는 오염물질의 배출기준

② 환경영향평가등의 기본원칙(제4조)

㉠ 환경영향평가등은 보전과 개발이 조화와 균형을 이루는 지속 가능한 발전이 되도록 하여야 한다.

㉡ 환경보전방안 및 그 대안은 과학적으로 조사·예측된 결과를 근거로 하여 경제적·기술적으로 실행할 수 있는 범위에서 마련되어야 한다.

㉢ 환경영향평가등의 대상이 되는 계획 또는 사업에 대하여 충분한 정보 제공 등을 함으로써 환경영향평가등의 과정에 주민 등이 원활하게 참여할 수 있도록 노력하여야 한다.

㉣ 환경영향평가등의 결과는 지역주민 및 의사결정권자가 이해할 수 있도록 간결하고 평이하게 작성되어야 한다.

㉤ 환경영향평가등은 계획 또는 사업이 특정 지역 또는 시기에 집중될 경우에는 이에 대한 누적적 영향을 고려하여 실시되어야 한다.

③ 전략환경영향평가의 대상(제9조)

1. 도시의 개발에 관한 계획
2. 산업입지 및 산업단지의 조성에 관한 계획
3. 에너지 개발에 관한 계획
4. 항만의 건설에 관한 계획
5. 도로의 건설에 관한 계획
6. 수자원의 개발에 관한 계획
7. 철도(도시철도를 포함한다)의 건설에 관한 계획
8. 공항의 건설에 관한 계획
9. 하천의 이용 및 개발에 관한 계획
10. 개간 및 공유수면의 매립에 관한 계획
11. 관광단지의 개발에 관한 계획
12. 산지의 개발에 관한 계획
13. 특정 지역의 개발에 관한 계획
14. 체육시설의 설치에 관한 계획
15. 폐기물 처리시설의 설치에 관한 계획
16. 국방·군사 시설의 설치에 관한 계획
17. 토석·모래·자갈·광물 등의 채취에 관한 계획
18. 환경에 영향을 미치는 시설로서 대통령령으로 정하는 시설의 설치에 관한 계획

④ 평가 항목·범위 등의 결정(제11조)
㉠ 전략환경영향평가 대상지역
㉡ 토지 이용구상안
㉢ 대안
㉣ 평가 항목·범위·방법 등

⑤ 전략환경영향평가서 초안의 작성(시행령 11조)
㉠ 요약문
㉡ 개발기본계획의 개요
㉢ 개발기본계획 및 입지(구체적인 입지가 있는 경우만 해당한다)에 대한 대안
㉣ 전략환경영향평가 대상지역
㉤ 개발기본계획의 적정성
㉥ 입지의 타당성(구체적인 입지가 있는 경우만 해당한다)
㉦ 환경영향평가협의회 심의내용
㉧ 제10조제2항에 따른 주민 등의 제출의견에 대한 검토 내용

⑥ 환경영향평가등의 분야별 세부평가항목(제2조1항)

1. 전략환경영향평가	가. 정책계획	1) 환경보전계획과의 부합성	가) 국가 환경정책
			나) 국제환경 동향·협약·규범
		2) 계획의 연계성·일관성	다) 상위 계획 및 관련 계획과의 연계성
			라) 계획목표와 내용과의 일관성
		3) 계획의 적정성·지속성	가) 공간계획의 적정성
			나) 수요 공급 규모의 적정성
			다) 환경용량의 지속성
	나. 개발기본계획	1) 계획의 적정성	가) 상위계획 및 관련 계획과의 연계성
			나) 대안 설정·분석의 적정성
		2 입지의 타당성	가) 자연환경의 보전 (1) 생물다양성·서식지 보전 (2) 지형 및 생태축의 보전 (3) 주변 자연경관에 미치는 영향 (4) 수환경의 보전
			나) 생활환경의 안정성 (1) 환경기준 부합성 (2) 환경기초시설의 적정성 (3) 자원·에너지 순환의 효율성
			다) 사회·경제 환경과의 조화성 : 환경친화적 토지 이용

2. 환경 영향 평가	가. 자연생태환경 분야	1) 동·식물상
		2) 자연환경자산
	나. 대기환경 분야	1) 기상
		2) 대기질
		3) 악취
		4) 온실가스
	다. 수환경 분야	1) 수질(지표·지하)
		2) 수리·수문
		3) 해양환경
	라. 토지환경 분야	1) 토지 이용
		2) 토양
		3) 지형·지질
	마. 생활환경 분야	1) 친환경적 자원 순환
		2) 소음·진동
		3) 위락·경관
		4) 위생·공중보건
		5) 전파장해
		6) 일조장해
	바. 사회환경·경제환경 분야	1) 인구
		2) 주거(이주의 경우를 포함)
		3) 산업
3. 소규모 환경 영향 평가	가. 사업개요 및 지역 환경현황	1) 사업개요
		2) 지역개황
		3) 자연생태환경
		4) 생활환경
		5) 사회·경제환경
	나. 환경에 미치는 영향 예측·평가 및 환경보전방안	1) 자연생태환경(동·식물상 등)
		2) 대기질, 악취
		3) 수질(지표, 지하), 해양환경
		4) 토지 이용, 토양, 지형·지질
		5) 친환경적 자원순환, 소음·진동
		6) 경관
		7) 전파장해, 일조장해
		8) 인구, 주거, 산업

3 환경영향평가 문제점

① 일정행위로 초래되는 장·단기 환경적 영향에 대한 과학적 자료 미흡
② 환경파괴에 대한 지표설정 어려움. 회복불가능 정도의 환경파괴에 대한 자료 불확실
③ 얼마만한 자료 수집해야 하는지 모름
④ 수학적 모델이 실제 환경적 영향 제대로 반영하는가에 대한 평가부족
⑤ 추상적 가치의 정량적 분석 어려움
⑥ 외부요인(경제, 정치요인)에 의한 과소평가, 정보통제 행해짐
⑦ 허가기준 일반성명 가능하나, 허가, 불허가에 대한 명확한 경계 규정하기 어려움

4 이용 후 평가(POD : Post Occupancy Evaluation)

① 목표 : 프리드만(Friedmann)
㉠ 인간과 인공환경의 관계성 연구
㉡ 기존환경의 개선, 새로운 환경의 창조를 위한 의사결정에 평가자료를 반영시킴.
㉢ 장래 설계교육에 필요한 중요한 자료 마련
㉣ 이용자 만족도 및 환경의 적합성 예측을 위한 능력개발 시도
㉤ 정책 및 프로그램의 효율성 분석을 위한 자료 마련
② 건물의 평가 : 로비노위츠(Robinowitz)
㉠ 기술적 측면 : 건물의 구조 및 설비 등 공학적 측면
㉡ 기능적 측면 : 공간의 합리적 배치분석
㉢ 형태적 측면 : 이용자들의 환경에 대한 반응에 초점
③ 옥외공간 평가 : 프리드만(Friedmann)의 4가지 고려사항
㉠ 물리, 사회적 환경 : 조직의 목표 및 필요성, 조직의 기능, 이용재료, 구조적 요소, 공간 및 설계안, 소음, 빛, 온도 등의 환경적 조절, 물리적 환경의 상태, 잠정적 요소 등
㉡ 이용자 : 이용자들의 기호, 필연성, 태도, 개인적 특성, 그룹의 행위패턴
㉢ 주변환경 : 주변환경의 질, 토지 이용, 자원시설 등
㉣ 설계과정 : 설계 참여자들의 역할 및 의사결정, 이용자 행태 및 환경에 대한 가치관, 예산, 시공 후 이용자, 관리인 혹은 설계자에 의한 공간 변경

CHAPTER 09 조경계획과정

실전연습문제

01 환경영향평가서를 작성하는 주체는 누구인가? [기사 11.03.20]

㉮ 관할 시장·군수 ㉯ 관할 시·도지사
㉰ 환경부장관 ㉱ 사업자

02 이용 후 평가(Post Occupancy Evaluation)의 목적을 가장 올바르게 설명하고 있는 것은? [기사 11.03.20]

㉮ 몇 개의 프로젝트 가운데서 가장 우수한 작품을 선정하기 위해
㉯ 유사한 다음의 프로젝트에 장단점을 반영시키기 위해
㉰ 평가를 통하여 효율적인 시공 후 관리를 위해
㉱ 환경영향 평가자료로 이용하기 위해

03 인공위성이나 비행기 등에서 대상물 또는 대상에 대한 현상을 관측 탐사하여 환경평가하는 방법을 무엇이라 하는가? [기사 11.10.02]

㉮ 컴퓨터 해석 기법
㉯ 리모트 센싱 기법
㉰ 도면결합법
㉱ 매트릭스 평가법

04 프리드만(Friedmann)이 제시한 옥외공간 이용후 평가시 수행하여야 할 분석 사항과 비교적 관련이 없는 것은? [기사 11.10.02]

㉮ 사전환경영향평가 분석
㉯ 이용자 분석
㉰ 설계 관련 행위 분석
㉱ 주변 환경 분석

풀이 **프리드만의 옥외공간 평가사항**
㉯, ㉰, ㉱ 외 물리사회적 환경

05 다음 중 환경영향평가의 어려움에 관한 설명으로 옳지 않은 것은? [기사 12.05.20]

㉮ 일정행위로 인해 초래되는 환경적 영향에 대한 과학적 자료가 미흡하다.
㉯ 쾌적함, 아름다움 등의 추상적 가치에 관한 정량적 분석이 어렵다.
㉰ 환경적 영향을 충분히 분석하기 위하여 어느 만큼의 자료가 수집되어야 하는가에 대한 지식이 부족하다.
㉱ 건설 후에 평가를 하게 되므로 완화대책을 시행하는 데 비용이 많이 든다.

풀이 환경영향평가는 건설하기 전에 미리 평가해 보는 것임

ANSWER 01 ㉱ 02 ㉯ 03 ㉯ 04 ㉮ 05 ㉱

06 환경영향평가(EIA)에 대한 설명 중 옳지 않은 것은? [기사 13.03.10]

㉮ 미국의 국가환경정책법(National Environmental Policy Act)이 세계 최초의 법이다.
㉯ 우리나라에서는 환경영향평가법이 이와 관련된 법이다.
㉰ 평가서에는 환경상 악영향에 대한 저감 방향을 서술해야 한다.
㉱ 환경영향평가는 시공 후에 실시한다.

풀이 환경영향평가는 조성 후에 발생할 환경의 변화에 대한 예측 조사로 시공 전에 실시한다.

07 이용 후 평가(P.O.E)의 기본적 목표가 아닌 것은? [기사 14.03.02]

㉮ 우수 작품 홍보
㉯ 인간 행태 이해 증진
㉰ 기존 환경개선을 위한 평가자료 제공
㉱ 새로운 환경 창조를 위한 자료 제공

풀이 **이용 후 평가**
(POD : Post Occupancy Evaluation)
프리드만(Friedmann)의 연구가 유명하며 다음의 목표를 가진다.
① 인간과 인공환경의 관계성 연구
② 기존환경의 개선, 새로운 환경의 창조를 위한 의사결정에 평가자료를 반영시킴.
③ 장래 설계교육에 필요한 중요한 자료 마련
④ 이용자 만족도 및 환경의 적합성 예측을 위한 능력개발 시도
⑤ 정책 및 프로그램의 효율성 분석을 위한 자료 마련

08 환경영향평가법 시행규칙상 전략환경평가서의 계획의 승인 등이 된 후 보존 기간은? [기사 14.05.25]

㉮ 3년 ㉯ 5년
㉰ 10년 ㉱ 20년

풀이 **환경영향평가법 시행규칙 제25조(환경영향평가서 등의 보존기간 등)**
• 전략환경영향평가서 : 해당 계획의 승인 등이 된 후 10년

09 프리드만(Friedmann, 1978)이 주장한 이용 후 평가의 고려요소가 아닌 것은? [기사 14.09.20]

㉮ 이용자 ㉯ 관찰자
㉰ 설계과정 ㉱ 물리·사회적 환경

풀이 **프리드만 옥외공간 설계 평가사항**
물리·사회적 환경, 이용자, 주변환경, 설계과정

ANSWER 06 ㉱ 07 ㉮ 08 ㉰ 09 ㉯

CHAPTER 3 부문별 조경계획

1 주거공간(단독, 집합)의 조경계획

1 단독주거 공간

(1) 정원의 변천

① **원시시대** : 실용적 측면, 자기 보호, 생활근거지
② **봉건시대** : 왕족, 귀족의 전유물, 외국산 수종 수집
③ **근대시대** : 정원의 대중화, 휴식, 보건, 미관
④ **현대** : 식물생태학적 관점, 공공정원

(2) 에크보(G. Eckbo)의 정원 공간구분

① **전정**
㉠ 대문과 현관 사이의 공간
㉡ 공적에서 사적으로 전환되는 공간
㉢ 주택과 정원의 이미지 전달
② **주정**
㉠ 주택 내 가장 중요한 사적 공간
㉡ 가장 특색 있게 내부 주거실과 외부 거실이 동선으로 연결되도록 할 것
㉢ patio : 중세 스페인에서 생긴 중정식 정원으로 거실에서 주정 사이의 반 건축적 공간
③ **후정**
㉠ 우리나라 후원과 유사하고 실내공간의 휴식과 연결되며 조용하고 정숙한 공간
㉡ 내부에서 시선과 동선을 살리고, 외부에서의 시각 기능은 차단할 것
④ **측정(작업정)**
㉠ 주방, 세탁실, 다용도실과 연결
㉡ 장독대, 빨래터, 건조장, 쓰레기 하치장, 채소밭, 가구집기 보관장소 설치
⑤ **문정** : 대문 중심의 주택에 진입하는 첫부분

(3) 에크보(G. Eckbo)의 정원 양식 분류

① **기하학적·구조적 정원** : 기하학적 골격, 식물 재료는 부요소
② **기하학적·자연적 정원** : 구조적인 골격. 식물 재료가 또한 중요
③ **자연적·구조적 정원** : 식물 재료나 물, 바위, 지형이 지배적이지만 기하학적 구성감이 있는 것
④ **자연적 정원** : 자연적 요소가 지배적이며, 다른 인위적 형태나 골격은 잘 드러나지 않는 것

(4) 정원수 배식의 원리

① 아름다움을 위주로 한 배식
② 화학적 구성의 배식
③ 입면형으로서의 구성
④ 관련과 대립의 구성
⑤ 조화와 연계로서의 구성
⑥ 요점식재
⑦ 실용식재

(5) 정원시설물 설계원리

① **원로** : 소정원에서 폭 60cm 전후, 대정원에서 1.8m 정도
② **테라스** : 빗물을 고려하여 정원 쪽으로 약간 경사지도록 함
③ **계단** : 1.4~1.8m 폭 적당
④ **퍼골라** : 통경선이 끝나는 곳에 설치
⑤ **연못** : 깊이 60cm, 윗 가장자리로부터 약 10cm 정도의 익류구 설치. 1 : 2 : 4철근콘크리트 사용

2 집합주거공간

(1) 아파트 조경계획

① 세대수에 따른 구분

구분	세대수	중심시설	공간권역(m)
인보구	20~50	어린이 놀이터	반경 30~40
근린분구	100~200	휴게소, 잡화점	100~150
소근린분구	300~500	생활편익시설	250~400
대근린분구	1,000~1,600	국민학교	600~800

② 인동간격

㉠ 동지의 정오를 포함하여 4시간 일조 가능해야 함

㉡ 동서방향으로 30도 이상 편향시키지 말 것

㉢ 건물의 높이 : 인동간격 : 건물길이 = 1 : 3 : 9

③ **아파트 조경계획의 과정** : 적지 선정 → 단지 분석 → 구획과 토지 이용계획 → 시설 배치 및 식재계획 → 실시설계

④ 공간별 경사도

지 역	경사도(%)	
	최대	최소
운전 서비스지역, 주차장, 가로	8.0	0.5
집산도로 및 접근로	10.0	0.5
보도	4.0	1.0
경사로	15.0	·
놀이터(포장)	2.0	0.5
잔디	25.0	1.0
놀이터(잔디)	4.0	0.5
배수	10.0	1.0
잔디제방	25.0	1.0
초목제방	30.0	1.0

⑤ 아파트 단지 내 가로망의 기본유형별 특성

구분	형태	특성
1. 격자형	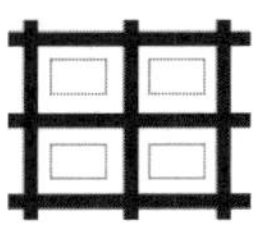	• 평지에서 도로 형성, 건물 배치가 용이함 • 토지 이용상 효율적이며, 평지에서는 정지 작업이 용이함 • 경관이 단조로우며, 지형의 변화가 심한 곳에서는 급구배 발생 • 북사면에서 일조상 불리하며, 접근로에 혼동이 오기 쉬우며, 교차점의 빈발
2. 우회형	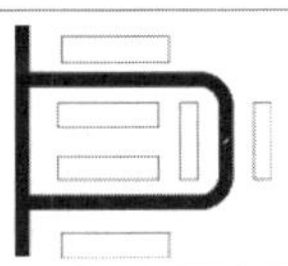	• 통과교통이 상대적으로 적어서 주거환경의 안전성이 확보됨. • 사람과 차의 동선이 길어질 수 있음 • 불필요한 접근로가 발생되기 때문에 시공비가 증대됨.
3. 대로형	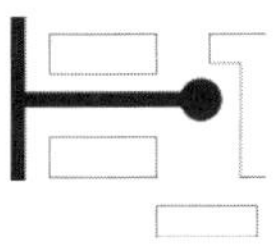	• 통과교통이 없어서 주거환경의 안정성이 확보됨. • 각 건물에 접근하는 데 불편함을 초래할 수 있음. • 건물군에 의해 단순하게 처리되지만, 도로의 연계체계가 미확보됨. • 공동공간이나 시설을 배치시킬 수 있으며 독특한 공간을 구성시킴.
4. 우회전진형	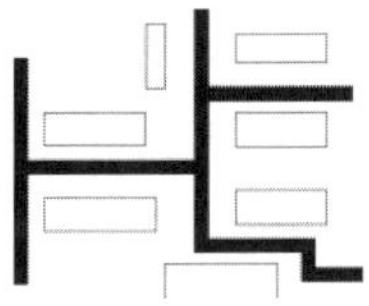	• 격자형에서 발생되는 교차점을 감소시킬 수 있음. • 통과교통이 상대적으로 배제되지만 동선이 길어질 수 있음. • 접근성에 있어 불편함을 초래하고 보행자와 교차가 빈번해짐. • 운전시에 급한 커브가 많이 발생되며, 방향성을 상실하기 쉬움.

⑥ 근로자주택 및 영구임대주택의 건설기준과 부대시설 및 복리시설의 설치기준(주택건설기준 등에 관한 규정 제2조. 개정 2015.5.6)

㉠ 진입도로

ⓐ 주택단지가 기간도로와 접하는 너비 또는 진입도로의 너비

주택단지의 총세대수	기간도로와 접하는 너비 또는 진입도로의 너비
300세대 미만	6m 이상
300세대 이상 1천세대 미만	8m 이상
1천세대 이상 2천세대 미만	12m 이상
2천세대 이상	15m 이상

ⓑ 주택단지의 진입도로가 둘 이상인 경우(너비 6m 미만의 도로는 기간도로와 통행거리 200m 이내인 경우에만 진입도로로 본다.)

주택단지의 총세대수	너비 4m 이상의 진입도로 중 2개의 진입도로 너비의 합계
300세대 이상 1천세대 미만	12m 이상
1천세대 이상 2천세대 미만	16m 이상
2천세대 이상	20m 이상

㉡ 주택단지 안의 도로

100세대 미만인 경우라도 막다른 도로로서 그 길이가 35m를 넘는 경우에는 그 너비를 6m 이상으로 하여야 한다.

기간도로 또는 진입도로에 이르는 경로에 따라 주택단지 안의 도로(최단거리의 것)를 이용하는 공동주택의 세대수	도로의 너비
100세대 미만	4m 이상
100세대 이상 500세대 미만	6m 이상
500세대 이상 1천세대 미만	8m 이상
1천세대 이상	12m 이상

㉢ 주차장(영구임대주택에 설치하는 주차장만 해당)

주차장 설치기준(대/m^2)		
서울특별시	광역시 및 수도권 내의 시지역	수도권 외의 시지역 및 수도권 내의 군지역과 그 밖의 지역
1/160	1/180	1/200

㉣ 100세대 이상의 근로자주택(영구임대주택) 부대시설 및 복리시설의 설치기준

<table>
<tr><th colspan="2" rowspan="2">시설의 종류</th><th colspan="4">시설의 규모</th><th rowspan="2"></th></tr>
<tr><th>100세대 이상 300세대 미만</th><th>300세대 이상 1천세대 미만</th><th>1천세대 이상 2천500 세대 미만</th><th>2천500 세대 이상</th></tr>
<tr><td colspan="2">가. 관리사무소</td><td colspan="4">세대당 $0.1m^2$를 더한 면적 이상
(면적의 합계가 $100m^2$를 초과하는 경우 $100m^2$까지로 할 수 있다)</td><td rowspan="5">2천500세대 이상의 주택을 건설하는 경우 이외에 「도시·군계획 시설의 결정·구조 및 설치기준에 관한 규칙」에 적합한 학교(초등학교·중학교·고등학교만)의 부지를 확보한다.</td></tr>
<tr><td rowspan="2">나. 주민공동시설</td><td>1) 주민운동시설 및 어린이놀이터</td><td colspan="2">세대당 $1.5m^2$를 더한 면적 이상</td><td colspan="2">$600m^2$에 세대당 $0.9m^2$를 더한 면적 이상</td></tr>
<tr><td>2) 주민운동시설 및 어린이놀이터를 제외한 주민공동시설</td><td colspan="4">세대당 $0.3m^2$를 더한 면적 이상
(영구임대주택의 경우 $0.2m^2$)</td></tr>
<tr><td colspan="2">다. 근린생활시설</td><td colspan="4">각 시설의 바닥면적을 합한 면적이 1천m^2를 넘는 경우 : 주차·하역 등에 필요한 공터를 설치, 주변에 소음·악취의 차단과 조경을 위한 식재 그 밖에 필요한 조치</td></tr>
<tr><td colspan="2">라. 유치원</td><td colspan="4">2000세대 이상 시 설립(300m 내 유치원 존재 시, 200m 내 학교보건법에 의한 유치원 존재 시, 노인·외국인 전용 아파트 시 제외)</td></tr>
</table>

CHAPTER 03 부분별 조경계획

실전연습문제

01 아파트 단지내 가로망의 기본 유형별 특징 설명으로 옳은 것은? [기사 11.03.20]

㉮ 격자형(格子形) : 통과교통이 상대적으로 적어서 주거환경의 안전성이 확보된다.
㉯ 우회형(迂廻型) : 토지 이용상 효율적이며, 평지에서는 정지작업이 용이하다.
㉰ 대로형(袋路型) : 각 건물에 접근하는데 불편함을 초래할 수 있다.
㉱ 우회전진형(迂廻前進型) : 통과교통이 없어서 주거환경의 안정성이 확보된다.

풀이
㉮ 격자형 : 통과교통이 발생하며, ㉮항의 설명은 우회형에 해당함
㉯ 우회형 : 불필요한 접근로가 발생하며, ㉯항의 설명은 격자형에 해당함
㉱ 우회전진형 : 보행자와 교차가 빈번해 불편함

02 주택단지에서 주거환경 악화의 원인으로 가장 거리가 먼 것은? [기사 11.10.02]

㉮ 생활 편익시설의 부족
㉯ 생활권의 무계획적인 가로망에 의해 분단
㉰ 어린이 놀이공간의 부족
㉱ 획일적인 주택 규모

03 다음 중 용적률을 나타내는 개념과 거리가 먼 것은? [기사 12.05.20]

㉮ 연상면적÷대지면적
㉯ 평균층수×건폐율
㉰ 호수밀도×1호당 면적
㉱ 총 층수÷건물 동수

04 다음 중 페리(Perry)가 주장한 근린주구이론에서 하나의 근린단위가 갖고 있어야 하는 기본요소에 해당하지 않는 것은? [기사 12.05.20]

㉮ 운동장　㉯ 완충 녹지
㉰ 작은 공원　㉱ 소규모 가게

05 다음 중 공동주택의 일조 등의 확보를 위한 높이 제한에 대한 설명 중 (　) 안에 적합한 것은? [기사 12.09.15]

> 같은 대지에서 두 동 이상의 건축물이 마주보고 있는 경우 그 대지의 모든 세대가 (　)를 기준으로 (　)시 사이에 2시간 이상을 계속하여 일조를 확보할 수 있는 거리 이상으로 할 수 있다.

㉮ 하지, 9 ~ 15　㉯ 하지, 10 ~ 16
㉰ 동지, 9 ~ 15　㉱ 동지, 10 ~ 16

06 100ha의 토지에 단독주택 단지를 계획하고자 한다. 1필지의 규모가 평균 $200m^2$이고, 공공용지율이 40%일 때 순인구밀도는 얼마인가? (단, 1호, 1세대당 4인 가족을 기준으로 한다.) [기사 13.03.10]

㉮ 83인/ha　㉯ 180인/ha
㉰ 200인/ha　㉱ 333인/ha

풀이 $200m^2$: 4인 = $600{,}000m^2$: x
(공공용지 제외한 주택공간 60ha에 몇 명이 사는지 계산한다.)
x = 12,000명

ANSWER 01 ㉰ 02 ㉱ 03 ㉱ 04 ㉯ 05 ㉰ 06 ㉰

따라서, 60ha : 12,000인 = 1ha : x
(1ha당 인구밀도를 구한다.)
x = 200인/ha

07 관리사무소를 설치하여야 하는 공동주택을 건설하는 주택 단지의 최소 규모는? (단, 주택건설기준 등에 관한 규정에 따른다) [기사 13.03.10]

㉮ 50세대 ㉯ 100세대
㉰ 150세대 ㉱ 300세대

08 단지 계획 시 건폐율의 설명으로 옳은 것은? [기사 13.06.02]

㉮ 건축물의 각층의 바닥면적의 합계
㉯ 대지면적에 대한 건축연면적의 비율
㉰ 객실면적 합계의 건축연면적에 대한 비율
㉱ 대지면적에 대한 건축면적의 비율

09 공동주거공간 계획 시 주거의 쾌적성 및 안전성 확보 노력과 관련이 가장 먼 것은? [기사 13.09.28]

㉮ 자투리 땅을 이용한 녹지 확보
㉯ 도로위계에 따른 영역성 확보
㉰ 인동간격의 유지
㉱ 완충공간의 확보

10 조경설계 기준상의 공동주택 휴게공간의 평면구성과 관련된 설명으로 옳지 않은 것은? [기사 13.09.28]

㉮ 휴게공간은 시설공간, 보행공간, 녹지공간 등으로 구분하여 설계한다.
㉯ 휴게공간의 입구는 2개소 이상 배치하되, 1개소 이상에는 12.5% 이하의 경사로로 설계한다.
㉰ 건축물이나 휴게시설 설치공간과 보행공간 사이에는 완충공간을 설치한다.
㉱ 놀이터에서는 휴게보다 놀이에 어린이들이 집중할 수 있도록 휴게시설을 설치하지 않는다.

풀이 **조경설계기준 9.3.2 휴게공간의 구성 가. 입지 및 배열**
(4) 놀이터에는 놀이시설을 이용하는 유아가 노는 것을 보호자가 가까이에서 볼 수 있도록 휴게시설을 배치한다.

11 주거단지 경관계획의 기본방향으로 가장 적합하지 않은 것은? [기사 14.05.25]

㉮ 자연조건의 반영
㉯ 조화와 개성의 부여
㉰ 획일적 시각적 이미지
㉱ 커뮤니티 감각의 부여

풀이 **주거단지 경관계획 기본방향**
자연조건이 반영된 경관계획, 조화와 개성이 부여된 경관계획, 역사와 문화가 담긴 경관계획, 커뮤니티 감각을 부여하는 경관계획

ANSWER
07 ㉮ 08 ㉱ 09 ㉮ 10 ㉱ 11 ㉰

12 다음 중 근린주구(neighborhood) 내에서 자동차 동선계획 시 고려사항으로 가장 거리가 먼 것은? [기사 14.05.25]

㉮ 도로의 위계 및 밀도와 종류를 고려하여 계획한다.

㉯ 주변 버스 또는 지하철 등의 외부동선 연계보다는 지구 내 안전성 위주로 독립 계획한다.

㉰ 요일별, 계절별로 교통량 변동사항을 고려해야 한다.

㉱ 가급적 보행전용동선을 단절하지 않도록 계획한다.

풀이 근린주구에서는 주변 버스, 지하철 등 외부동선 연계도 매우 중요하다.

13 단지 내 보행자 공간의 역할과 가장 거리가 먼 것은? [기사 14.09.20]

㉮ 산책, 놀이, 대화 등의 생활공간으로 활용될 수 있다.

㉯ 쾌적한 보행자 공간의 조성을 통해 연도 상가의 환경을 개선시킬 수 있다.

㉰ 특정 주택단지의 정체성을 높여 저소득 계층과의 구분이 가능하도록 해 준다.

㉱ 안락하고 편리한 보행자 공간을 이용하여 보행자들이 목적지까지 편리하게 도달할 수 있게 한다.

풀이 **단지 내 보행자 공간**

생활공간, 여가공간, 교류공간, 환경보호, 쾌적한 환경제공 등의 역할을 가지며 계층구분을 위한 것은 아니다.

ANSWER 12 ㉯ 13 ㉰

2 레크리에이션계의 조경계획

1 공원 녹지계획

(1) 공원과 녹지의 정의

① 공원

㉠ 정의 : 국토의 계획 및 이용에 관한 법에 의해 설치되는 일종의 도시계획 시설

㉡ 특성 : 일정한 경계, 비건폐상태의 땅, 녹지와 공원시설, 제한되나 지정되지 않는 쓰임새

② 녹지

㉠ 좁은 뜻 : 법에 의해 설치되는 도시계획 시설

㉡ 넓은 뜻 : 공원뿐 아니라 하천, 산림, 농경지까지 포함한 오픈 스페이스

(2) 오픈 스페이스 개념

① **형질(생김새)로 본 오픈 스페이스** : 개방지, 비건폐지, 위요공간, 자연환경

② **기능상으로 본 오픈 스페이스** : 도시 안 모든 땅처럼 적극적이고 뚜렷한 기능을 가진 땅

③ **행태로 본 오픈 스페이스** : 시민이 자유롭게 선택하고 행동, 창조하며 여가를 즐길 수 있는 장소

(3) 오픈 스페이스의 효용성

도시개발의 조절	도시개발형태의 조절	
	도시의 확산과 연담(도시가 맞붙어버림) 방지	
	도시개발의 촉진	
도시환경의 질 개선	도시생태계의 기반 조성	
	환경조절	화재의 방지, 완화
		공해의 방지, 완화
		미기후 조절
시민생활의 질 개선	창조적 생활의 기틀 제공	
	도시경관의 질 고양	

(4) 오픈 스페이스의 유형

① 법률에 의한 유형

도시공원	어린이공원	도시계획 구역 안에 자연경관의 보호와 시민의 건강, 휴양, 정서, 생활 향상에 기여하기 위한 도시공공시설
	근린공원	
	도시자연공원	
녹지	완충녹지	공해방지, 재해방지, 사고방지 등
	경관녹지	자연환경보전, 주민 일상생활 쾌적, 안전성 확보
각종 도시 계획 시설	유원지	시민의 복지향상에 기여하기 위한 오락, 휴양시설
	공공공지	주요 시설물, 환경보호, 경관유지, 시민의 휴식공간 확보
	광장	교통광장 – 교차점광장, 역전광장, 주요 시설광장 미적광장 – 중심대광장, 근린광장, 경관광장 지하광장
	공동묘지	묘지공원과 구별되는 도시계획 시설
	운동장	국제경기종목의 운동장, 골프장, 종합운동장 등
지역, 지구	녹지지역	녹지지역, 풍치지역, 개발제한구역
	풍치지역	

② 공공, 사유에 따른 오픈 스페이스

공공 오픈 스페이스	녹지(시설녹지, 공용녹지, 제한녹지), 각종공원, 공영운동장, 광장, 공원묘지, 공원도로, 공원분구원
준공공 오픈 스페이스	학교운동장, 공개원지, 사찰경내 및 묘지 기타 부속원지, 수로, 수면
사유 오픈 스페이스	개인정원, 민영운동장, 유원지, 경륜장, 경마장, 민영묘지, 민영분구원, 농지, 산림, 양묘지, 사유수면(유료낚시터)

③ 오픈 스페이스의 기능상 분류

㉠ 실용 오픈 스페이스 : 생산토지, 공급처리시설, 하천, 보전녹지

㉡ 녹지 : 원생지, 보호구역, 자연공원, 도시공원, 레크리에이션 시설, 도시개발에 의한 녹지

㉢ 교통용지 : 통행로, 주차장, 터미널, 교차시설, 경관녹지

④ 터나드(C. Tunnard)의 분류

㉠ 생산적 오픈 스페이스

㉡ 보호적 오픈 스페이스

㉢ 장식적 오픈 스페이스

(5) 도시공원

① 도시공원의 설치 및 규모의 기준(2019.1.4 개정)

공원구분	설기준	유치거리	규모
1. 생활권 공원			
㉮ 소공원	제한 없음	제한 없음	제한 없음
㉯ 어린이 공원	제한 없음	250m 이하	1,500m^2 이상
㉰ 근린공원			
(1) 근린생활권근린공원 (주로 인근에 거주하는 자)	제한 없음	500m 이하	10,000m^2 이상
(2) 도보권근린공원 (주로 도보권 안에 거주하는 자)	제한 없음	1,000m 이하	30,000m^2 이상
(3) 도시지역권 근린공원 (도시지역 안에 거주자)	해당도시공원의 기능을 충분히 발휘할 수 있는 장소에 설치	제한 없음	100,000m^2 이상
(4) 광역권근린공원 (광역적인 이용)	해당도시공원의 기능을 충분히 발휘할 수 있는 장소에 설치	제한 없음	1,000,000m^2 이상
2. 주제공원			
㉮ 역사공원	제한 없음	제한 없음	제한 없음
㉯ 문화공원	제한 없음	제한 없음	제한 없음
㉰ 수변공원	하천·호수 등의 수변과 접하고 있어 친수 공간을 조성할 수 있는 곳에 설치	제한 없음	제한 없음
㉱ 묘지공원	정숙한 장소로 장래시가화가 예상되지 아니하는 자연녹지 지역에 설치	제한 없음	100,000m^2 이상
㉲ 체육공원	해당도시공원의 기능을 충분히 발휘할 수 있는 장소에 설치	제한 없음	10,000m^2 이상
㉳ 도시농업공원	제한 없음	제한 없음	10,000m^2 이상
㉴ 법 제15조제1항제2호사목에 따른 공원	제한 없음	제한 없음	제한 없음

② 도시공원 안의 공원시설 부지면적(2019.1.4 개정)

공원구분	공원면적	공원시설 부지면적
1. 생활권 공원		
㉮ 소공원	전부 해당	100분의 20 이하
㉯ 어린이 공원	전부 해당	100분의 60 이하
㉰ 근린공원	(1) 30,000m^2 미만	100분의 40 이하
	(2) 30,000m^2 이상 100,000m^2 미만	100분의 40 이하
	(3) 100,000m^2 이상	100분의 40 이하

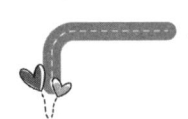

공원구분	공원면적	공원시설 부지면적
2. 주제공원		
㉮ 역사공원	전부 해당	제한 없음
㉯ 문화공원	전부 해당	제한 없음
㉰ 수변공원	전부 해당	100분의 40 이하
㉱ 묘지공원	전부 해당	100분의 20 이상
㉲ 체육공원	(1) 30,000m^2 미만	100분의 50 이하
	(2) 30,000m^2 이상 100,000m^2 미만	100분의 50 이하
	(3) 100,000m^2 이상	100분의 50 이하
㉳ 도시농업공원	전부 해당	100분의 40 이하
㉴ 법 제15조제1항 제2호 사목에 따른 공원	전부 해당	제한 없음

[비고] 바목에 따른 도시농업공원의 부지면적을 산정할 때 도시텃밭의 면적은 제외한다.

(6) 녹지

① 녹지의 유형과 목적

유형	설치목적		설치장소	설치기준
완충녹지	공해의 방지/완화	생산시설의 공해 차단/완화	공장, 사업장 주변	녹지면적률 80% 이상, 원인시설 양측에 균등배치
		교통시설의 공해차단/완화	철도, 고속도로 주변	
	재해의 방지/완화	재해발생 시 피난	공장, 사업장 주변	
	사고의 방지/완화	사고발생 시 피난	철도, 고속도로 주변	
경관녹지	자연환경의 보전		필요한 지역	도시공원과 기능상 상충되지 않을 것
	주민 일상생활의 쾌적성과 안전성 확보		필요한 지역	

② 녹지계획 수립과정의 유형

㉠ 단일형
- ⓐ 지방 공공단체가 계획의 책임자
- ⓑ 도시규모, 주민의향, 생활수준을 산정해 장래 레크리에이션 수요 산정
- ⓒ 단점 : 주민의사 반영이 명확치 않다. 실천 뒤 검증이 되지 않는다.

㉡ 선택형
- ⓐ 서로 관련 없는 전문가들이 만든 계획안 몇 가지 중에 주민이 좋다는 것으로 선정
- ⓑ 단일형보다 그 지역의 자연적, 사회적 조건을 깊이 통찰하며, 주민요구 이해함
- ⓒ 단점 : 많은 경비, 시간 소요, 계획 판단하는 준비 수준이 높아야 함. 결과예측 어려움

㉢ 연환형

ⓐ 목표, 주제가 결정되었을 때 계획안에 따라 어디까지 만족시켜 줄 것인가 미리 점검할 수 있는 단계를 짝지어 놓는 방법

ⓑ 장점 : 계획안 효과 제고를 위해 수정을 요하는 부분을 쉽게 찾을 수 있다. 도시계획의 다른 과정과 결합해 전체적 체계를 구성시킬 수 있는 장점

ⓒ 단점 : 녹지효과의 조직적 예측방법이 확립되어 있지 않는 것이 문제

(7) 공원녹지 체계계획

① **정의** : 도시 전체 구조 속에서 광역적 배치나 조직에 관한 사항을 다루는 계획

② **기본이념**

㉠ 도시의 과도한 인공성 완화

㉡ 산발적이고 자족적인 공원녹지의 한계극복

㉢ 현대 도시 속성을 수용해 자연환경 요소를 보존, 변경하여 인공환경의 질을 높이고자 함

③ **공원체계화의 역사**

㉠ 개별공원 : 18~19C 급격한 도시화로 영국의 공원개방과 미국의 공원조성

㉡ 보스턴시 공원체계조성 : 옴스테드(Olmsted), 엘리엇(Eliot)의 계획으로 도시 전체 차원의 공원개념

㉢ 캔사스시 공원녹지제계 조성 : 카슬러(Kassler)가 조성

㉣ 미네아 폴리스시의 공원녹지체계 : 도시 주변에 산재한 호수 활용

④ **계획 개념**

㉠ 핵화(focalization) : 가장 활동이 활발, 시각적 지배요소의 핵설정

예 도시 내 산, 구릉, 문화재, 광장

㉡ 위요(encirclement) : 주변에 핵을 감싸 성격 부각시킴

예 하천, 경관도로, 녹지대

㉢ 결절(nodalization) : 방향성이 다른 오픈 스페이스를 한곳에 만나게 하여 결절점 형성

예 결절점에 공원, 유원지, 광장 활성

㉣ 중첩(superimposition) : 정연한 인공환경 위에 자유롭고 개연성 큰 오픈 스페이스 체계 중첩함 예 도시내 작은하천, 복개도로, 구릉군, 보행자 전용도로 등

㉤ 관통(penetration) : 강력한 선적 오픈 스페이스가 인공환경 속을 뚫어 중첩을 강하게 함 예 하천, 능선, 대상광장 등

㉥ 계기(sequence) : 각 오픈 스페이스마다 독립, 완결되는 체험, 활동을 선형으로 연결해 시간의 흐름에 따라 더 풍성하고 총체적 체험을 제공

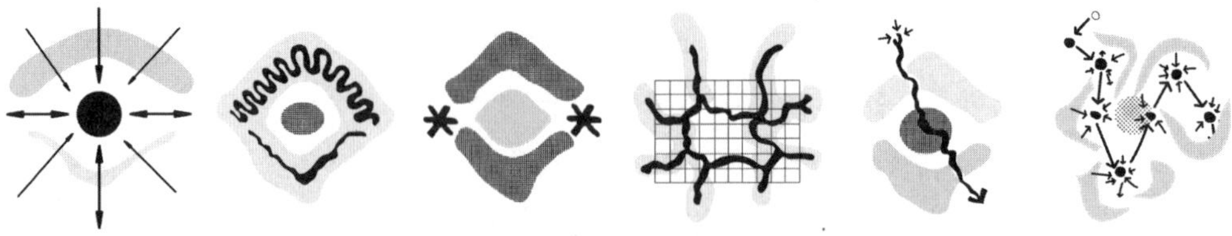

• 공원녹지 체계계획 •

(8) 공원계획

① **공원계획과정** : 계획과제 정립 → 지표계획 수립 → 물적계획 수립 → 사업진행계획 수립 → 관리계획 지침 제시

② **계획기준** : 접근성, 안정성, 쾌적성, 편익성, 시설 적지성

(9) 공원녹지 정책계획 중 수요분석

① **질적수요** : 이용자 행태, 의식파악에 의함

② **양적수요**

㉠ 기능 분배방식 : 기능별로 적정비율 선정해 배분. 신도시개발, 대규모 단지조성시 유용

㉡ 생태학적 방식 : 산소공급지로 계산, 인식해 녹지수요 결정
1인 소모 산소공급에 필요한 수림 = $40m^2$

㉢ 인구기준 원단위적용방식 : 공원녹지 면적을 1인당 또는 1,000인당 요구면적으로 산출

㉣ 공원이용률에 의한 방식 : 유형별 이용률 감안해 공원수요 산출해 공원면적 수요산출

ⓐ 전체공원면적 = $\sum \frac{\text{공원이용자 수} \times \text{이용률} \times \text{1인당 활동면적}}{\text{유효면적률}}$

㉤ 생활권별 배분방식 : 어린이공원, 근린공원, 지구공원 등 생활권 위계별로 배치

③ **수용력**

㉠ 동시 수용력 = 방문객수×최대일률×회전율×서비스율

㉡ 동시체제 이용자 수 = 최대일 이용자수×회전율

㉢ 회전율

체재시간	3	4	5	6
회전율	1/1.8	1/1.6	1/1.5	1/1.4

(10) 공원유형별 특성과 계획기준

	유아공원	유소년 공원	근린공원
정의	취학전 아동의 놀이터와 부인, 노인과 같은 보호자의 휴식, 교육을 위한 공원이다.	국민학생과 중학생을 이용자로 하는 놀이(play)위주의 활동을 위한 공원이다.	정주단위 내의 주민을 이용자로 하는 공원이다.
성격	• 정적이며 완결형이다.	• 정적활동과 동적활동이 구분되어 있다. • 완결형일 수도 있으나 교종, 근린공원 등과 연관시킬 수 있다.	• 정적활동과 동적활동이 구분되어 있다. • 복합목적을 수용하며, 소규모의 유아, 아동 공원도 포함할 수 있다.
대상권	• 어린이를 중심으로 함	• 아동의 행동권을 중심으로 한 자연사회	• 정주단위
유치거리 및 시간	150~200m 이내 도보 3~4분	500m 이내 도보 3~4분	800m 이내 도보 10분
주이용자	유아 및 보호자	취학아동	청소년, 가족, 노장년
적정규모	$500m^2$ 정도 1인당 $3 \sim 4m^2$	$2{,}500m^2$ 정도 1인당 $9 \sim 14m^2$	$1{,}500m^2$ 정도 주민 1인당 $1 \sim 2m^2$ 이용자 1인당 $25m^2$
후보지의 조건	• 보행자 전용도와 접합거나 교통사고 위험이 없는 것 • 규모가 큰 공원의 주변 • 유치원, 탁아소, 보육원과 근접한 곳 • 평탄지	• 교통이 안전한 곳 • 교정을 활용할 수 있는 곳 • 기타 규모가 큰 공원의 일부 • 평탄지 또는 약간의 구릉지	• 교통이 안전한 곳 • 접근이 균등하면서 용이한 곳 • 평탄지 또는 구릉
접근방법	도보	도보, 자동차	도보, 자동차
이용형태	계절, 기상과 관계없이 매일	계절, 기상과 관계없이 매일	아동, 청소년은 매일, 기타는 매주

	지구공원	중앙공원	종합공원	운동공원
정의	수개의 정주단위군을 이용권으로 하는 복합목적의 공원이다.	중심지 내에 설치되는 공원이다.	위락목적의 시민공원이다.	체육운동시설을 위주로 하는 활동이 이루어지는 공원이다.
성격	• 정적활동과 동적활동이 구분되어 있다. • 복합목적을 수용한다.	• 정적활동과 동적활동이 구분되어 있다. • 복합목적을 수용한다.	• 정적활동과 동적활동이 구분되어 있다. • 동식물원, 마리나 등과 같은 특수시설을 수용한다.	• 체육 위주의 동적활동 중심이다. • 각종 행사장도 포함된다.
대상권	• 수개의 정주단위군	• 도시지역	• 도시전역 및 관역전국	• 도시전역 및 관역전국
유치거리 및 시간	1.5km 이내	2 ~ 5km 이내	10 ~ 30km 이내	30 ~ 100km 이내
주이용자	청소년, 가족, 노장년	중심지 이용자	시민, 인근지역 주민	시민, 인근지역 주민 기타
적정규모	20,000m^2	개발불능지 전부	개발불능지 전부	90 ~ 100ha
후보지의 조건	• 교통이 안전한 곳 • 접근이 균등하면서 용이한 곳 • 평탄지 또는 구릉 • 건축용지로 쓰기 어려운 곳	• 도시 중심지 • 대중교통이 편리한 곳	• 환경조건이 특수시설 배치에 적합한 곳 • 대중교통이 편리한 곳 • 도시외곽	• 대중교통이 편리한 곳 • 일단의 토지 • 평탄지 또는 구릉, 수면
접근방법	자전거	지하철, 도보	지하철, 승용차, 자전거	지하철, 교외선, 지역간 도로
이용형태	주 3 ~ 4회	매일	주말	계절 및 주 2 ~ 3회

2 자연공원(제 4장의 2) 자연공원법 참고)

(1) 역사

① **최초지정** : 1872년 미국 국립공원제도 : "옐로우 스톤" 국립공원 지정

② **우리나라** : 1967년 공원법 제정, 지리산 국립공원 최초 지정
현재 22개 국립공원, 31개 도립공원, 31개 군립공원 지정(2019년 기준)

(2) 자연공원 시설별 계획기준

① **교통 운수시설**

㉠ 차도 : 자동차를 이용하며 다음사항은 피할 것

ⓐ 원시적 자연환경지

ⓑ 아고산대, 급경사지로 붕괴하기 쉬운 지역

ⓒ 희귀식물, 동물, 곤충 서식지

ⓓ 우수 경관지

㉡ 보도 : 흥미 대상, 안정성, 풍치의 영향을 판단해 노선결정

㉢ 자연연구로

ⓐ 자연공원적 흥미 있는 곳을 보도와 연결해 조성해 놓은 곳

ⓑ 주의사항

- visitor center의 전시내용과 관계를 가질 것
- 연장 2~3km, 폭 1.5~2m
- 종단구배 10° 이하
- 이해하기 쉬운 표현방법
- 일관된 팸플렛, 설명판
- 보도는 보행에 편하고 배수가 양호할 것

㉣ 자전거 도로 : 자전거 반경은 차에 비해 적고, 차도와 완전 분리시킬 것
평균시속 15km로 주행자 시각적 이미지 중시할 것

㉤ 주차장 : 대규모 수목제지 피하고 원래 환경유지. 동선교차하지 않도록

㉥ 교량, 케이블카 : 불가피한 경우 자연손상치 않도록 하며, 원칙적으로는 금지

② **숙박시설** : 호텔, 여관, 야영장, 대피소

③ **운동시설** : 운동장, 수영장, 선유장, 스키장 등

④ **원지시설**

㉠ 원지

ⓐ 야외 레크리에이션 경관조성을 위한 공간으로 산책, 피크닉, 풍경감상

ⓑ 종류 : 피크닉 원지, 전망 원지, 차경 원지, 보존 원지

ⓒ 주의사항
- 5~6% 경사까지 가능. 12% 이하로 할 것 그 이상은 위험
- 자연지형을 살릴것
- 원지 내 원로 폭 1.5~2.0m

ⓛ 휴식소

ⓒ 전망시설

⑤ **위생시설** : 공중변소(우물에서 5m 이상 떨어질 것), 오염처리시설

⑥ **교화시설** : 박물관, 동식물원, 수족관, 박물 전시시설, 야외극장

⑦ 기타 표지판

★★★★ (3) 계량계획

① 공공시설 수용력 규모산정

㉠ 공공시설 규모 = 연간이용자수×최대일률×회전율×시설이용률×단위규모

㉡ 주차장 = 최대시 이용실수×주차장 이용률(80~100%)×(1/차1대당 수용인원수 즉 1/10~1/45)×단위규모(25~75m²)

㉢ 원지 = 최대시 체류객수×원지이용률(80~100%)×단위규모(15~20m²)

㉣ 야영장 = 연간 이용자수×야영비(12~33%)×텐트 site 이용률(50%)×야영장 최대 일률(1/10~1/15~1/30)×단위규모(30m²)

② 유료시설

㉠ 유료시설 수용력 $= \dfrac{\text{실수(연간 이용자 수)×시설 이용률×회전율}}{\text{365×경제적 이용률}}$

㉡ 유료시설 규모 = 경제적 수용력×단위규모

3 레크리에이션 계획

(1) 레크리에이션의 정의

① 드라이버(Drive)와 토처(Tocher)의 인간행태 관점에서의 정의

㉠ 레크리에이션은 관여로부터 결과하는 하나의 경험이다.

㉡ 레크리에이션은 그것을 하는 사람의 개인요구, 에너지, 시간, 인적자원, 돈 투입 요구된다.

㉢ 의무가 없는 시간에 발생하는 개인적이며 자유로운 선택

② 사전적인 정의

㉠ 레크리에이션 : 노동 후의 정신과 육체를 새롭게 하는 것

㉡ 여가(Leisure) : 활동의 중지에 의해 얻어지는 자유나 남는 시간

ⓒ 관광(Tourism) : 레크리에이션을 위한 관광여행
ⓡ 공원(Park) : 공공의 레크리에이션을 위한 장소

(2) 레크리에이션 계획의 개념 및 원칙

① 운영계획으로서의 개념
㉠ 계획과 운영과 연관된 계획이어야 한다.
㉡ 사용의 질적 수준을 고려해야 한다.(교육 프로그램을 통한 계몽, 정보제공)
㉢ 옥외레크리에이션 토지 이용계획에서 경험의 완충지역을 두는 것이 원칙

② 사회계획으로서의 개념
㉠ 드라이버(Driver)의 동기-편익모델 : 행태가 "개인적인 만족과 이들을 위한 질서있는 움직임"

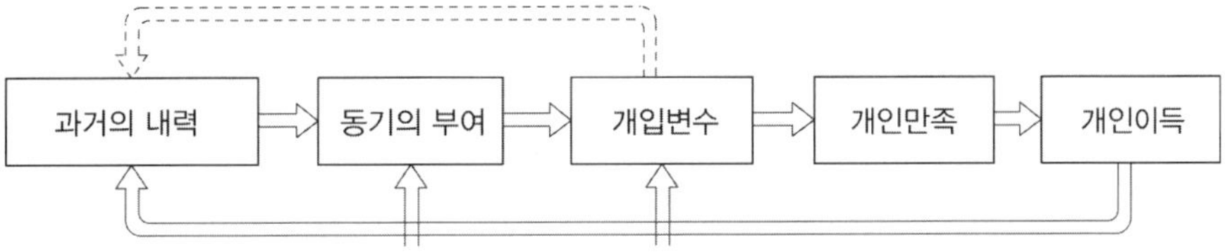

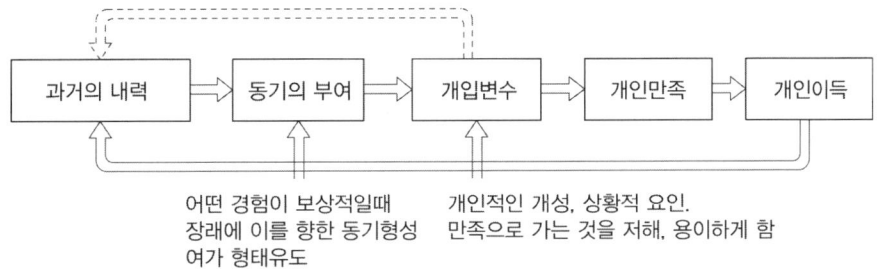

㉡ 머슬로(Moslow)의 욕구의 위계 : 욕구가 인간행동에 일차적인 영향을 준다는 가설에서 시작

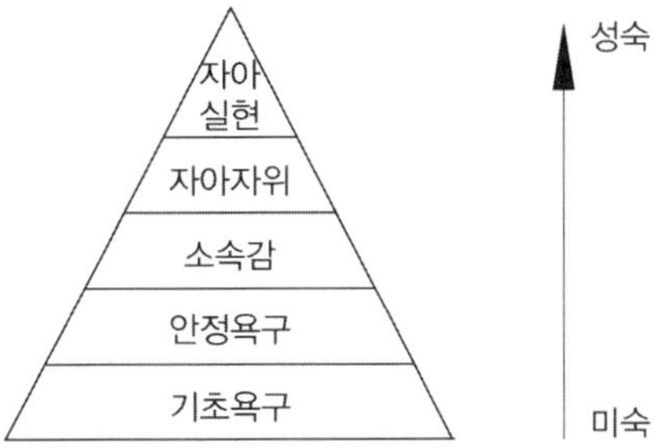

㉢ 레크리에이션 한계수용력
ⓐ 생태적, 물리적 한계수용력 : 자연자원에 장기적인 영향을 주지 않고 레크리에이션으로 이용되는 레벨결정
ⓑ 사회적, 심리적 한계수용력 : 주어진 레크리에이션 경험의 종류와 질을 유지하면서 개인의 이득을 최대로 하는 방법

ⓒ 알란 주벤빌(Alan Jubenvil)의 레크리에이션 경험모형

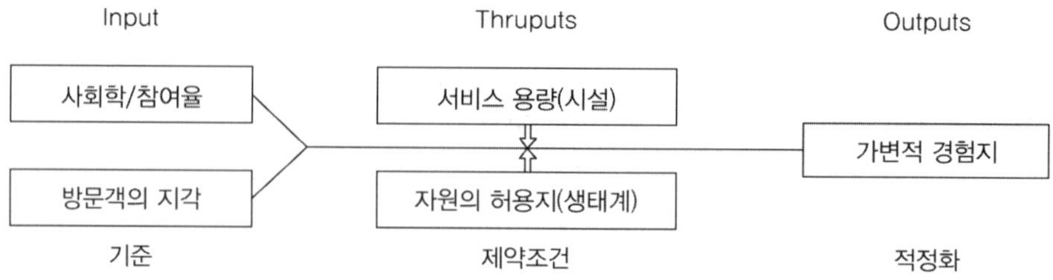

③ 자원계획으로서의 개념

㉠ 자연의 미학 : 시각적 조화, 독특한 경관, 시각공해, 개발수단

㉡ 회복능력의 원칙 : 활동형의 개발은 정도가 클수록 자원형의 개발방향으로 돌아올 수 없다.

㉢ 자원의 잠재력 : 자원지역과 인구집중지역은 가까울수록 우선 개발되는 경향이 있다.

④ 서비스로서의 계획개념 : 대중 참여를 위한 중요한 수단으로 생각

(3) 옥외 레크리에이션 체계계획모델

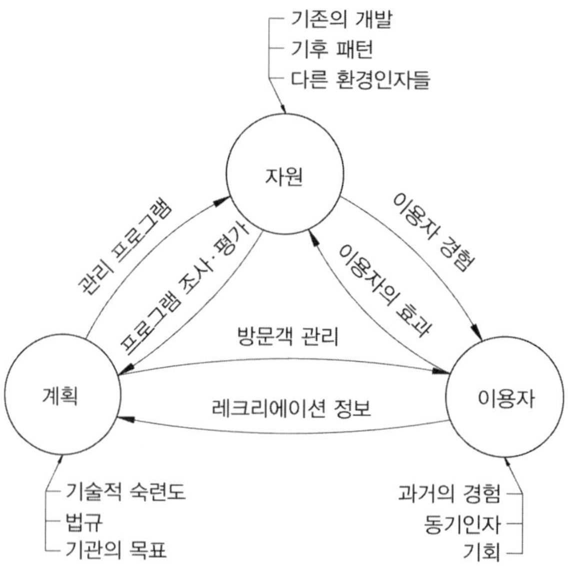

(4) 레크리에이션 계획의 접근방법

접근방법 / 내용	자원형 (resource approach)	활동형 (activity approach)	경제형 (economic approach)	행태형 (behavioral approach)	혼합형 (combined approach)
개념	자원이 레크리에이션 기회의 종류와 양을 결정한다.	과거의 참여패턴이 장래의 기회를 결정한다. 또한 공급이 수요를 창출한다.	지역의 경제기반 또는 재원이 레크리에이션 기회의 양, 형태, 위치를 결정한다. 수요와 공급은 가격으로 환산	개인 및 그룹의 자유시간의 사용이 공적/사적 기회로 전환된다. 경험으로서의 레크리에이션	이용자 그룹과 자원타입을 분류하여 결합시킨다.
지표	한계수용력(natural carrying capacity) 환경 영향	인구비 기준 면적비 기준 선호도/참여율/방문객수	시장수요와 기회의 가격 B/C 분석 cost/effectiveness	이용자 선호도/만족도 잠재수요 및 유효수요	이용자 자원+자원
대상자	비도시지역, 국·도립공원, 자원공원 등	소도시(주로 공공공원)	대도시 또는 지역레벨	도시의 공공/민간개발	주로 지역레벨
기법의 발견	Lewis(1961) McHarg(1969)	Batier(1967) Bannon(1976) N.R.P.A(1971)	Clawson and Knetch(1966)	Driver(1970) Gold(1973) Hester(1975)	Anderson의 N.A.C.(1959)

(5) 레크리에이션 수요

① 수요의 정의

㉠ 잠재수요 : 인간에게 본래 내재하는 수요지만 기존의 시설을 이용할 때만 반영되어 나타나며 적당한 시설, 접근수단, 정보가 제공되면 참여가 기대되는 수요

㉡ 유도수요 : 사람들로 하여금 그들의 여가 형태를 변경하여 참여시킬 수 있는 수요

㉢ 표출수요 : 기존의 레크리에이션 기회를 실제 이용하고 있는 수요

② 수요측정방법

㉠ 집중률(최대일률) : 최대일방문객의 연간방문객에 대한 비율. 계절에 따라 다름

㉡ 가동률(서비스율) : 최대일방문객의 연간방문객에 대한 비율

㉢ 회전율 : 1일 중 가장 방문객이 많은 시점의 방문객수와 그 날의 전체 방문객에 대한 비율

4 각종 레크리에이션 시설

(1) 리조트(Resort)

① **정의** : 일상 생활권에서 벗어나 일정거리 떨어져 있으면서 좋은 자연환경 속에 위치해 여유를 즐길 수 있는 공간

② **목적** : 자연속에서 심리적 여유와 정신적 스트레스 해소, 건강의 회복과 증진

③ **종류** : 스포츠 리조트(골프장, 스키장), 요양형 리조트(온천, 삼림욕장), 교양문화용 리조트(민속촌), 종합형 리조트

(2) 마리나(Marina)

① **정의** : 계류시설, 보관 수리시설 등 요트나 보트를 이용한 레크리에이션을 위한 해안 휴양지

② **입지조건**

㉠ 수심 3~4m, 파도높이 1m 이내

㉡ 교통편리하며, 2~3시간에 유치할 수 있는 대도시가 있을 것

㉢ 풍향의 변화가 심하지 않을 것

(3) 해변 유원지

① **물의 레크리에이션 종류**

㉠ 능동적(Active)인 것

ⓐ 자연환경에 의한 것 : 해수욕, 요트

ⓑ 인공적 시설에 의한 것 : 수영풀장

㉡ 수동적(Negative)인 것

ⓐ 자연환경에 의한 것 : 폭포관람, 유람선

ⓑ 인공적 시설에 의한 것 : 연못, 분수

② **자연조건**

㉠ 동남, 남에 구릉지, 산이 있으면 바람직

㉡ 모래사장 기준 : 해안선 500m 이상, 폭 200~400m, 경사 2~10% 되어야 함

㉢ 부유물, 부유생물 없을 것

㉣ 수림지 있고, 한여름 24도 이상의 맑은 날 1주 이상, 수온 23~25℃, 풍속 5~10m/sec 이하

㉤ 물이 오염되지 않을 것(투시도 30cm 이상, pH 7.8~8.3)

㉥ 해수욕장 모래밭의 1인당 기준 면적 : 8~15m^2, 수영장 1인당 수변면적 : 4.6~9m^2

③ 사회적 조건
㉠ 생산시설, 도시시설과 결합하지 말 것
㉡ 교통시설 충분할 것

(4) 육상유원지

① **입지조건** : 구릉지를 이용한 입체적 지형, 도심에서 1시간 이내의 거리
② **면적기준**
㉠ 최소한 6.6ha 필요, 운동시설 한 경우 16.5ha 필요
㉡ 1인당 200m^2 면적 필요
㉢ 전체의 1/3만 집약적 이용하고 나머지는 자연 그대로 활용

(5) 스키장

① **입지조건** : 북동향 사면이 가장 좋음. 동향, 북향도 양호
② **슬로프** : 15도 경사면 기준으로 1인당 최소 100m^2, 150m^2 적정
경사가 클수록 폭이 넓어야 함(10° 이하일 때 10m 이상, 15°일 때 20m 이상, 30°일 때 40m 이상)
③ **리프트** : 경사 30° 이하, 폭 7m 정도, 속도 2.5m/sec 이하, 철탑간격 30~40m 이하

(6) 온천지

① **기능** : 숙박지형 온천, 요양지형 온천, 보양지형 온천, 관광지형 온천
최근에는 관광지형이 가장 많음
② **수용능력** : 1인당 1일 온천물 소요량 : 700~900L, 온천온도 43℃

(7) 청소년 수련장, 야영장

① 야영장 선정기준
㉠ 평균습도 80% 전후의 온난한 기후
㉡ 완경사지며 배수가 양호한 곳
㉢ 식생과 경관이 양호하며, 강풍이 없고 비, 눈의 해가 없는 곳
② 텐트 수용공간
㉠ 텐트 캠프 : 1인당 50~60m^2
㉡ 캐빈 캠프 : 1인당 30m^2
㉢ 오토 캠프 : 1대당 200~300m^2
③ **청소년 수련시설 입지 기준** : 산악 및 구릉지에 설치하는 것이 좋으며 대상지 지형

활용

④ 시설별 면적기준

㉠ 단위시설 : 1개소당 100~200m^2

㉡ 실내집회장 : 150인까지 150m^2, 초과 1인당 0.8m^2

㉢ 야외집회장 : 150인가지 200m^2, 초과 1인당 0.7m^2

㉣ 야영지 : 1인당 20m^2 이상

(8) 종합휴게소

① **설치장소** : 교통시설 내 휴식소, 공 원내 휴식소, 체육시설 내 휴식소, 휴양지 관광지 내 휴식소, 작업장 공장 내 휴식소

② 공간구분

㉠ 정적 휴게공간 : 휴양녹지, 대화의 장

㉡ 동적 휴게공간 : 간이 어린이 놀이터, 간단한 운동시설

③ 면적기준

㉠ 휴식소 면적 = 휴양지 이용객수×휴식소 이용률×1인당 소요면적

㉡ 휴식소 이용률 : 자연휴양소 0.1~0.13

㉢ 1인당 소요면적 : 1.5m^2

CHAPTER 03 부분별 조경계획

실전연습문제

01 공원 녹지의 수요 분석 방법 중 양적 수요 산정방법이 아닌 것은? [기사 11.03.20]

㉮ 생태학적 방식
㉯ 심리적 수요에 의한 방식
㉰ 공원 이용률에 의한 방식
㉱ 생활권별 배분 방식

풀이 **도시공원녹지 수요산정방식**
① 총량적 수요
- 기능분배방식
- 생태학적방식

② 공원유형별 수요
- 인구기준 원단위 적용방식
- 이용률에 의한 방식
- 생활권별 분배방식

02 관광, 레크리에이션 수요추정에 사용되는 시설 가동률에 대한 설명으로 옳지 않은 것은? [기사 11.03.20]

㉮ 관광 수요가 가장 극대점에 도달하는 계절에는 100%를 초과하여 수요추정을 한다.
㉯ 시설의 경영상 수지분기점이 되는 지표이다.
㉰ 시설의 연중 평균이용률을 고려하여 설정한다.
㉱ 경영효율은 상한선보다 하한선 설정이 더 중요하다.

풀이 ㉮ 초과수요의 수용은 무리를 따른다.

03 우리나라의 스키장 입지에 가장 좋지 못한 것은? [기사 11.03.20]

㉮ 정상부 급경사, 하부 완경사
㉯ 500~1700m의 표고
㉰ 남서사면
㉱ 관련시설을 포함하여 최소 10ha 이상

풀이 우리나라 스키장은 해가 많이 들지 않는 북서사면이 가장 적합하다.

04 마리나(marina)에 대한 설명으로 옳은 것은? [기사 11.06.12]

㉮ 위락용 보트의 보관시설과 기타 서비스 시설을 갖춘 일종의 정박시설이다.
㉯ 2차 대전 후 유럽에서 시작된 군사시설이다.
㉰ 항구의 물품을 하역하기 위한 항만시설이다.
㉱ 미국의 해안에 발달한 본격적인 해수욕 시설이다.

05 어느 도시의 인구가 100,000인일 때 전 시민이 이용하는 근린공원의 소요면적을 산출하고자 한다. 근린공원의 이용률 1/50, 공원이용자 1인당 활동면적 50m^2, 유효면적률 50%일 때 소요 면적은? [기사 11.06.12]

㉮ 5ha ㉯ 10ha
㉰ 15ha ㉱ 20ha

풀이 $100,000 \times 1/50 \times 50/0.5 = 200,000m^2$
즉, 20ha

ANSWER 01 ㉯ 02 ㉮ 03 ㉰ 04 ㉮ 05 ㉱

06 한계 수용력(carrying capacity) 혹은 수용능력이 지표가 되는 레크리에이션의 유형은? [기사 11.10.02]

㉮ 자원접근형 ㉯ 활동접근형
㉰ 행태접근형 ㉱ 경제접근형

풀이 한계수용력은 자연이 가지고 있는 생태적인 능력을 이야기하는 것으로 자원접근형과 관련됨

07 인구 1,000,000명의 도시에 필요한 근린공원의 규모를 산정하고자 한다. 근린공원의 이용률 1/40, 공원이용자 1인당 활동면적 $60m^2$, 유효 면적률 40%일 때 근린공원의 총면적은 얼마가 바람직한가? [기사 11.10.02]

㉮ $750,000m^2$ ㉯ $1,500,000m^2$
㉰ $3,000,000m^2$ ㉱ $3,750,000m^2$

풀이

$$\frac{1,000,000 \times \frac{1}{40} \times 60}{40} = 3,750,000m^2$$

08 도심지 내 소공원의 입지선정 기준 중 가장 중요한 것은? [기사 12.03.04]

㉮ 안전성 ㉯ 접근성
㉰ 쾌적성 ㉱ 상징성

09 다음 [보기]에서 설명하는 계약은? [기사 12.03.04]

보기
특별시장은 도시녹화를 위하여 필요한 경우에는 도시지역의 토지 소유자 또는 거주자와 수림대 등의 보호, 해당지역의 면적 대비 식생 비율의 증가, 해당 지역을 대표하는 식생의 증대 등에 해당하는 조치를 하는 것을 조건으로 묘목의 제공 등 그 조치에 필요한 지원을 하는 것을 내용으로 하는 계약을 체결할 수 있다.

㉮ 생물다양성관리계
㉯ 녹지활용계약
㉰ 녹화계약
㉱ 경관협정

10 Clarence A. Perry의 근린주구(近隣住區) 개념과 거리가 먼 것은? [기사 12.03.04]

㉮ 초등학교 1개의 학구(學區)를 기준단위로 규모는 반경 400m 정도이며, 초등학교가 근린주구의 중앙에 위치한다.
㉯ 그 단위는 통과교통이 내부를 관통하지 않고 용이하게 우회할 수 있는 충분한 넓이의 간선도로에 의해 구획되어야 한다.
㉰ 근린쇼핑시설은 도로 결절점이나 인접 근린주구 내의 유사지구 부근에 위치한다.
㉱ 보행로와 차도 혼용도로를 설치한다.

풀이 페리의 근린주구 개념에는 보차 분리한다.

ANSWER
06 ㉮ 07 ㉱ 08 ㉯ 09 ㉰ 10 ㉱

11 자연공원의 적정 수용력을 결정하는 방법 중 이용자가 만족스러운 경험을 갖기 위해서 일정 지역에 어느 정도의 인원을 수용하는 것이 적절할 것인가를 기준으로 삼는 수용력은? [기사 12.03.04]

㉮ 물리적 수용력 ㉯ 심리적 수용력
㉰ 생태적 수용력 ㉱ 특수 수용력

풀이 이용자의 입장에서 어느 정도의 심리적 만족인가에 초점이 맞추어지는 것은 심리적 수용력이다.

12 레크리에이션의 양적 공간 계획 시 최대일용량(Daliy capacity)이란? [기사 12.03.04]

㉮ 최대시 이용객수/회전율
㉯ 1일 이용객수×회전율
㉰ 월 이용객수/30
㉱ 년 이용객수/365

13 레크리에이션 계획은 접근방법에 따라 서로 다른 결과를 낳을 수 있다. 대상지가 자연공원으로 지표를 한계수용력 및 환경영향으로 할 때 계획의 접근방법으로 가장 적합한 것은? [기사 12.03.04]

㉮ 자원형 ㉯ 활동형
㉰ 경제형 ㉱ 행태형

14 자연공원에 있어서 오물처리문제의 일반적인 특징을 잘못 설명한 것은? [기사 12.03.04]

㉮ 발생하는 쓰레기는 대부분 소각하기 쉬운 것이다.
㉯ 타 지역에서 일시적으로 방문한 사람들에 의해 초래된다.
㉰ 방문하는 이용자 수에 의해 발생 쓰레기의 양이 좌우된다.
㉱ 통제를 하지 않으면 인간의 행위에 따라 쓰레기의 산재(散在)하는 범위가 광범위하다.

풀이 자연공원에서 발생하는 쓰레기는 소각하기 어려운 것도 많다.

15 관개용 저수지나 댐 주변의 유원지 개발 시 일반적으로 가장 큰 장애요인이 될 수 있는 것은? [기사 12.05.20]

㉮ 접근도가 낮다.
㉯ 주변경관이 단조롭다.
㉰ 수상 및 육지에 시설을 하여야 하므로 설계가 어렵다.
㉱ 만수 시와 갈수 시의 수심 차이가 심하여 수변 위락시설의 적극적 이용이 힘들다.

풀이 만수 시 유원지 내 시설물 파손, 이용 불가 등으로 가장 어려움이 많다.

ANSWER
11 ㉯ 12 ㉮ 13 ㉮ 14 ㉮ 15 ㉱

16 특정공원의 연간 수요량을 알아보기 위하여 요인분석 모델을 사용한 결과 관계 함수식이 다음과 같았다.

$$Y = 0.4 + 0.2X1 + 0.25X2 + 3X3 + 0.5X4$$

만약 1ha의 식재지를 포함한 공원의 면적이 3ha, 공원내 시설물이 20개, 입장료가 100원이라면 이 공원의 연간 수요량은 얼마인가? (단, Y : 연간수요량(명), X1 : 공원의 면적(ha), X2 : 공원 내 시설물의 개수(개), X3 : 공원 내 식재지 면적/공원의 면적, X4 : 입장료(원)) [기사 12.05.20]

㉮ 54명 ㉯ 55명
㉰ 56명 ㉱ 57명

풀이 $Y = 0.4+(0.2\times3)+(0.25\times20)+(3\times1/3)+(0.5\times100)$
$= 57$(명)

17 다음 중 도시 오픈 스페이스의 역할로 가장 부적합한 것은? [기사 12.09.15]

㉮ 도시개발의 조절
㉯ 도시환경의 질 개선
㉰ 다양한 형태의 문화생활의 억제
㉱ 경작지 제공을 통한 도시농업 가능

풀이 **도시 오픈 스페이스 역할**
도시개발 조절, 도시환경의 질 개선, 시민생활의 질 개선(창조적 생활의 기틀 제공, 도시경관의 질 고양)

18 기존의 레크리에이션으로 기회에 참여 또는 소비하고 있는 수요를 무엇이라 하는가? [기사 12.09.15]

㉮ 잠재수요 ㉯ 유도수요
㉰ 유효수요 ㉱ 표출수요

19 샹디가르(Chandigarh)에 적용된 공원·녹지체계 유형은? [기사 13.03.10]

㉮ 집중형 ㉯ 분산형
㉰ 대상형 ㉱ 격자형

풀이 인도 샹디가르는 르 꼬르뷔제에 의해 일정 폭의 녹지를 직선적으로 길게 조성하는 대상형 공원녹지체계이다.

20 예측년도가 단기간이고 환경변화가 적으며 현재의 추세가 장래에도 계속된다고 가정할 때 효과적인 공간 수요량 산정 모델은? [기사 13.03.10]

㉮ 시계별 모델 ㉯ 중력 모델
㉰ 요인분석 모델 ㉱ 외삽 모델

풀이 **공간의 수요량 산정 모델**
① 시계별 모델 : 시간과 관계하여 예측연도가 단기간일 경우에, 변화가 적은 경우에, 유용 요인 상호가 관계가 적은 경우에 산정
② 중력 모델 : 요인상호관계가 큰 경우에 사용
③ 요인분석모델 : 과거 이용추세로 추정해 보는 인과모형

ANSWER 16 ㉱ 17 ㉰ 18 ㉱ 19 ㉰ 20 ㉮

21 관광지 계획에서 설명하는 유치권이란? [기사 13.03.10]

㉮ 관광지에 찾아올 가능성이 있는 사람이 거주하는 범위
㉯ 관광지의 매력과 관광객의 욕구에 의해 결정되는 범위
㉰ 관광객을 서로 보내고 받는 보완관계가 성립하는 범위
㉱ 계획하는 관광지와 경합되는 관광지가 존재하는 범위

22 관광계획에서 수요예측방법 시 해수욕장의 육지부 시설 규모를 산정하기 위해 적용해야 할 공간 단위로 가장 적합한 것은? [기사 13.06.02]

㉮ 2 ~ 5m^2/인 ㉯ 5 ~ 10m^2/인
㉰ 10 ~ 20m^2/인 ㉱ 50 ~ 100m^2/인

23 여가활동을 증가 시키고 있는 요소 중 가장 관계가 적은 것은? [기사 13.06.02]

㉮ 인간서비스 및 사회복지의 확충
㉯ 교육수준의 향상
㉰ 소득의 증대
㉱ 맞벌이 가정의 증가

24 공원 및 녹지체계의 유형 중 녹지의 연결성과 접근성의 측면에서 바람직하다고 볼 수 있으나, 한정된 녹지가 넓은 면적에 분포하게 되어 녹지의 폭이 좁아지는 단점이 있는 것은? [기사 13.09.28]

㉮ 단지 내 녹지를 한곳으로 모으는 집중형
㉯ 단지 내 녹지를 고르게 분포시키는 분산형
㉰ 일정 폭의 녹지를 길게 조성하는 대상형
㉱ 대상형을 가로, 세로로 겹쳐 놓은 격자형

25 대상지역의 생태계가 어느 정도의 훼손까지를 흡수하여 스스로 회복할 능력이 있는가를 판단하는 기준은? [기사 14.03.02]

㉮ 물리적 수용능력
㉯ 사회적 수용능력
㉰ 생태적 수용능력
㉱ 지역적 수용능력

풀이 생태계에 수용능력에 해당함

26 유원지에서 위락활동의 수요에 직접적으로 영향을 주는 요소로 가장 거리가 먼 것은? [기사 14.05.25]

㉮ 토지가격 ㉯ 지리적인 위치
㉰ 이용자의 수입 ㉱ 교육정도

풀이 위락지를 얼마나 많이 이용할 것인가는 위락지의 위치, 이용자들의 수입, 교육정도, 대도시와의 거리 등과 관계가 있다.

ANSWER 21 ㉮ 22 ㉰ 23 ㉱ 24 ㉱ 25 ㉰ 26 ㉮

27 레크리에이션 적정수와 산정을 위한 중력 모델의 내용으로 옳은 것은?

[기사 14.05.25]

㉮ 현재와 장래의 수요 예측
㉯ 인구와 거리에 따른 단기적 수요 예측
㉰ 여러 변수에 의한 장기적 수요 예측
㉱ 외부발생 변수를 고려한 수요 예측

풀이 **공간의 수요량 산정 모델**

① 시계별 모델 : 시간과 관계하여 예측연도가 단기간일 경우에, 환경변화가 적은 경우에, 유용요인상호가 관계가 적은 경우에 산정하며, 현재까지의 추세가 장래에도 계속된다고 생각되는 경우에 효과적
② 중력 모델 : 대단지에서 단기적으로 예측하거나, 요인상호관계가 큰 경우에 사용
③ 요인분석모델 : 과거 이용추세로 추정해 보는 인과모형

28 사람들에게 내재해 있는 수요로 적당한 시설, 접근수단, 정보가 제공되면 참여가 기대되는 수요는?

[기사 14.05.25]

㉮ 잠재수요 ㉯ 유도수요
㉰ 표출수요 ㉱ 유효수요

풀이
㉮ 잠재수요 : 적절한 시설, 접근도 등이 개선되면 언제나 참여할 수 있는 수요
㉯ 유도수요 : 광고, 선전, 교육 등을 통해 이용을 권장 할수 있는 수요
㉰ 표출수요 : 기존의 레크리에이션으로 기회에 참여, 소비하고 있는 수요
㉱ 유효수요 : 사람들의 마음속에 있는 주관적 욕망이 아니라 실제 여건이 허락해 관광활동에 참가할 수 있는 수요

29 관광지의 수요예측 모형 중 방문자 수를 피설명 변수(dependent variable)로 그리고 방문자 수에 영향을 미치는 변수들을 설명변수(independent variable)로 설정하여 방문자수를 선형적으로 예측하는 통계적 방법을 무엇이라 하는가?

[기사 14.09.20]

㉮ Judgement Aided Models
㉯ Regression Analysis
㉰ Gravity Model
㉱ Delphi Technique

풀이 **Regression Analysis(회귀분석)**

독립변수가 종속변수에 미치는 영향력의 크기를 측정하여 독립변수의 일정한 값에 대응되는 종속변수의 값을 예측하기 위한 방법

ANSWER 27 ㉯ 28 ㉮ 29 ㉯

3 교통계의 조경계획

★★★ 1 보행도로

① 폭원 10m 이하 도로에서는 보도를 만들지 않는 것이 좋다.

② 우리나라는 원칙적으로 시가지 간선도로에는 보도를 설치하도록 되어 있다.

③ **보도의 폭원** : 차도 전체폭의 1/4

④ **적정 보도폭**

보도폭	최소치(m)	적정치(m)
보도에 가로수 식재 시	2.25	3.25
보도 + 가로수 + 노상시설	2.25	3.00
보도만	1.50	2.25

2 고속국도

① **계획과정** : 기능노선 제시 → 조경 기초조사 → 조경기본계획수립 → 조경실시설계작성 → 시공 → 유지관리

② **도로설계의 재요소**

㉠ 횡단구배 : 직선부는 배수 때문에 구배, 곡선부는 편구배

ⓐ 편구배 $I = \frac{V^2}{127R} - f$

I : tan (6 ~ -2%) R : 곡선부 곡선반경(m) V : 차량의 속도[km/hr]

f : 노면과 타이어의 마찰계수(일반적 0.4 ~ 0.8, 습윤이나 동결 시 0.1
우리나라 70km/hr 이상일 때 0.1, 70km/hr 이하일 때 0.15)

㉡ 종단구배 : 노면이 중심선상의 양 지점 간 수평거리에 대한 수준차의 비

구분	평지부	산지부
종단구배 최대치	3(5)	5(7)
종단구배 최소치	0.5	0.5

㉢ 시거 : 자동차가 안전하게 주행하기 위해서 전방을 내다볼 수 있는 거리

ⓐ 안전시거 : 위험이 따르지 않은 정도의 시거

ⓑ 정지시거 : 전방에서 오는 차량을 인지하고 제동정지하는 데 필요한 시거

ⓒ 피주시거 : 핸들을 돌려 전방의 차량을 피하는 데 필요한 시거

ⓓ 추월시거 : 전방의 차량을 추월하는 데 필요한 시거

㉣ 선형(곡선부) : 평면도상에 나타난 도로중심선의 형상

ⓐ 곡선부에서의 선형은 원곡선 사용

ⓑ 원곡선의 종류 : 단곡선, 복합곡선, 배향곡선, 반향곡선

ⓒ 최소곡선장 : 곡선부의 교각이 작으면 곡선장이 짧게 됨에 따라 운전자의 핸들 조작 불편, 원심 가속도의 증가, 곡선반경에 대한 착각유발

㉤ 완화구간장 : 자동차가 직선부에서 곡선부로 출입 시 곡선반경이 무한에서 유한 또는 유한에서 무한으로 되는데 이때 직선부에서 곡선부로 들어가면서 점차 변화하도록 한 구간. 클로소이드 곡선을 많이 사용

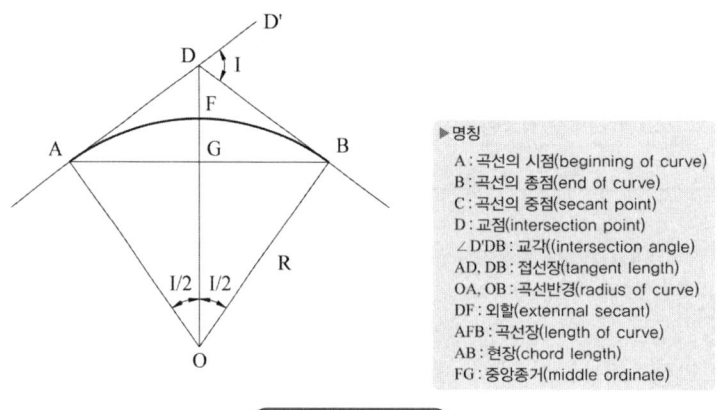

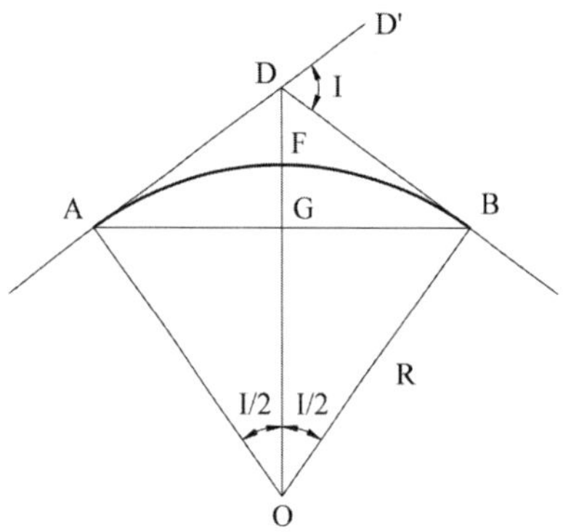

▶명칭

A : 곡선의 시점(beginning of curve)
B : 곡선의 종점(end of curve)
C : 곡선의 중점(secant point)
D : 교점(intersection point)
∠D'DB : 교각((intersection angle)
AD, DB : 접선장(tangent length)
OA, OB : 곡선반경(radius of curve)
DF : 외할(extenrnal secant)
AFB : 곡선장(length of curve)
AB : 현장(chord length)
FG : 중앙종거(middle ordinate)

• 단곡선의 명칭 •

③ 휴게소 계획

㉠ 종류

ⓐ 단순휴게소(Rest area) : 단시간 휴식, 차량정비 점검 위한 무인 휴게실

ⓑ 지원휴게소(Service area) : 상업시설 갖춘 휴식시설. 단순휴식과 주유, 음식, 매점, 수리, 적재, 적하, 보관 등의 기능

㉡ 종류별 배치간격과 규모

종별		배치간격	규 모	기능(시설내용)
단순휴게소		표준 15km 최대 25km	표준 25~40대 최소 15대 최대 60대	주차장, 원지광장, 화장실, 매점 (최상한의 시설)
지원 휴게소	타입 1	표준 50km 최소 30km 최대 60km (교통량이 많은 주유 수요가 높은 경우)	표준 50~80대 최소 30대 최대 100대	주차장, 원지, 광장, 보도, 화장실, 매점, 주요소(최소 필요조건)
	타입 1	표준 50km 최대 100km	표준 100~150대 최소 70대 최대 200~250대	주차장, 원지, 광장, 보도, 화장실, 매점, 식당, 무료휴게소(비를 가릴 수 있는 시설구비), 주유소, 수리소

㉢ 설치형태

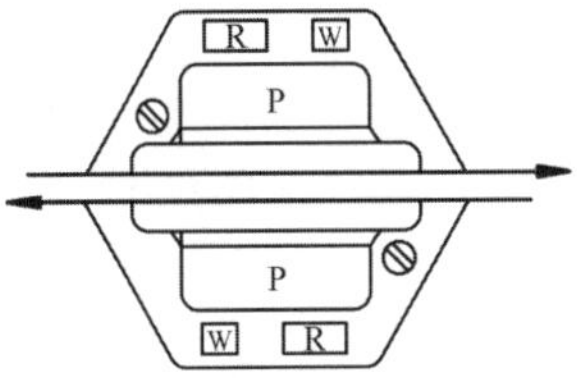

• 양측의 분리형 •

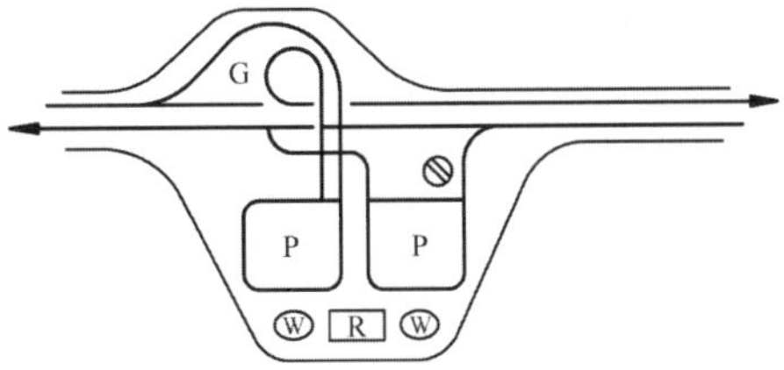

• 편측분리형 •

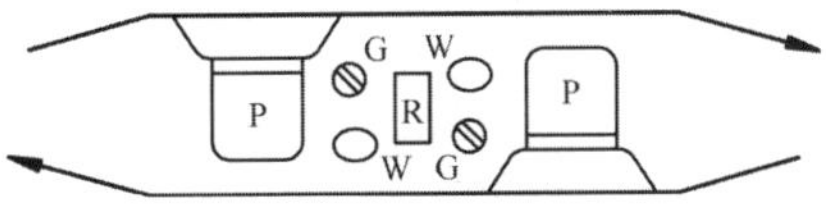

• 중앙집약형 •

④ **교차로**

㉠ 기능 : 차량을 안전하게 고속도로에 유입, 유출시키며, 교통을 합류, 분화시킴

㉡ 종류

ⓐ 기본형 : 우절램프, 루프, 반직결램프, 직결램프

ⓑ 3지교차 : T형, Y형, 직결형, 나팔형

ⓒ 4지교차 : 다이아몬드형, 완전 클로버잎형, 불완전 클로버잎형

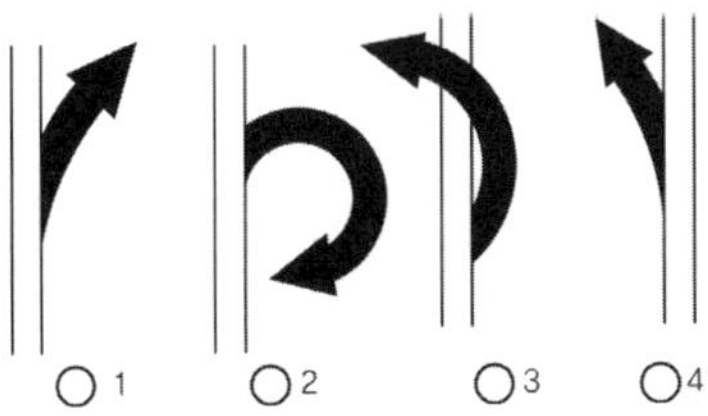

• 램프의 기본형 •

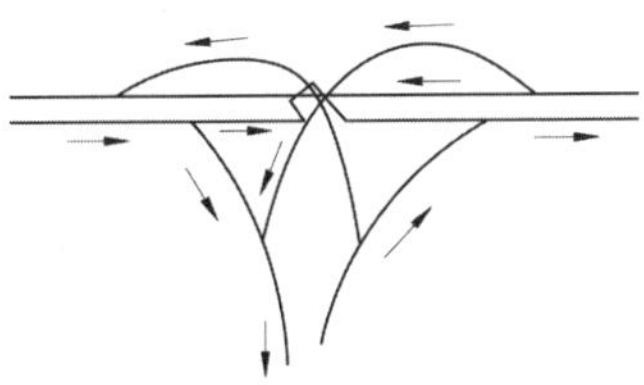

• 직결형 •

• 완전클로버잎형 •

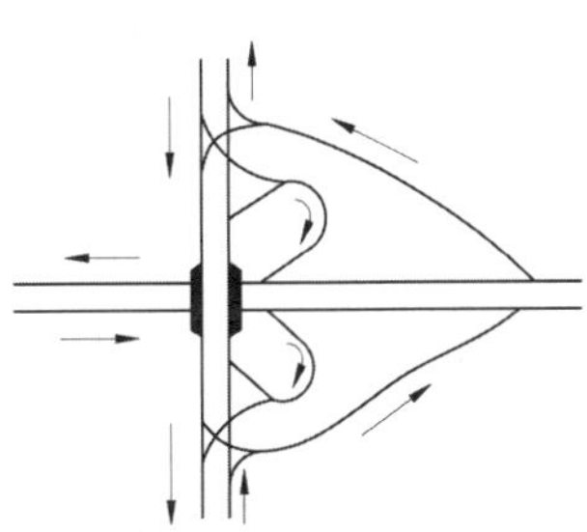

• 불완전 클로버잎형 •

3 간선도로

① 설계속도

구분	지형	설계속도(km/hr)
제1종	평지부	80
	산지부	60
제2종	평지부	70
	산지부	50
제3종	평지부	50
	산지부	35
제4종	도시부	50
제5종	도시부	30

② 도로의 폭원

㉠ 차도 폭원 : 1차선 폭원 3.0~3.75m, 2차선 폭원 최소 6m 이상, 산지부 시가지 최소 5.5m

㉡ 보도 폭원 : 보행의 안전을 위해 10m 이하 도로에서는 보도를 두지 않음

㉢ 노견

ⓐ 목적 : 규정된 차도폭 보전, 고장차 대피, 완속차와 사람의 대피, 도로표지 등 노상시설 설치

ⓑ 최소 0.5m, 고속도로 1m 이상

ⓒ 시가지에 도로 있을 경우 0.75m 이상, 터널, 교량, 고속도로에서는 0.25m까지 축소가능

㉣ 분리대

ⓐ 4차선 이상의 도로에서 중앙분리대 만들며 우리나라는 차도폭원 14m 이상일 때 설치

ⓑ 분리대 폭 0.5m, 분리대에 노상시설 있을 경우 1.0m 이상

㉤ 노상시설대 : 공공시설, 도로표지, 가로등, 전무등 설치
공공시설의 폭 0.5m, 가로수, 노상시설이 있을 경우 1.0m 이상

㉥ 주차대 : 평행주차폭 2.5m, 직각주차폭 6.0m, 사선주차폭 6.0m

4 주차장계획

★★★★ ① 크기

주차각도	폭	각도별폭	길이	차로폭	전체	회전반경(입구)
90도	2.7	2.7	5.7	7.2	18.6	R=3.8, 1.5
60도	2.7	3.1	6.3	5.4	18.0	R=3.8, 1.5
45도	2.7	3.8	5.9	3.9	15.7	R=3.8

★★★★ ② 주차형식과 차로의 폭

주차형식	주차구획표시	주차 1대당 소요면적 (m^2/대)	차로의 폭	
			출입구가 2개 이상일 때	출입구가 1개일 때
평행주차	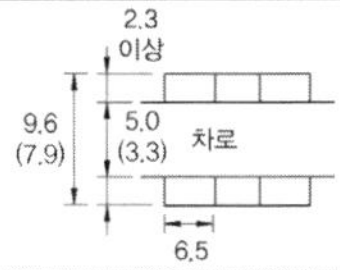		3.5m	5.5m
직각주차	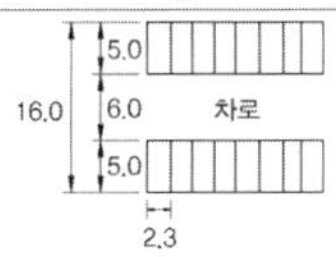	27.2	7.6m	7.6m
60도 대향주차	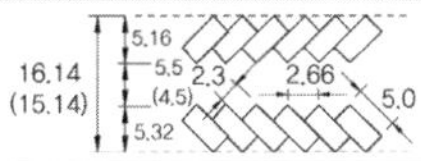	29.8	6.4m	6.4m
45도 대향주차	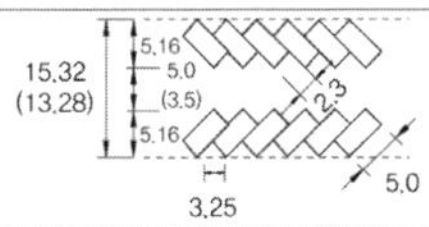	32.2	3.8m	5.5m
교차주차			3.8m	5.5m

Tip

노외주차장

노외주차장 출입구 너비는 3.5m 이상, 주차규모대수가 50대 이상인 경우는 출구와 입구 분리하거나 너비 5.5m 이상 출입구 설치할 것

③ **최대 허용구배** : 5%

④ **노상주차장 설치기준**

㉠ 주요 간선도로에는 가급적 설치하지 않으며, 완속차도, 분리대, 주차장 등이 있는 경우 간선도로에도 설치가능

㉡ 차도폭 6m 이상, 보차 구별이 있는 도로에만 설치가능

㉢ 보차구분이 없고 폭 8m 이상, 보행자의 통행에 지장이 없는 곳에 설치

㉣ 종단구배 4% 이하인 도로에 설치하며 평행주차가 바람직. 폭넓은 경우는 30° 허용

⑤ **노외주차장 설치 시 피해야 할 사항**

㉠ 교차점, 횡단보도, 건널목, 궤도부지 내

㉡ 교차점 옆, 가로 모퉁이에서 5m 이내

㉢ 안전지대의 우측 및 앞뒤에서 10m 이내

㉣ 버스, 노면전차 정류장에서 10m 이내

㉤ 건널목 앞뒤에서 10m 이내

㉥ 육교 아래, 거리, 터널에서 10m 이내

㉦ 폭 6m 미만의 가로

㉧ 구배 10% 이상의 가로

5 특수기능도로 계획

① 유보도

㉠ 도시 내 중심부, 상업, 업무, 위탁 등이 활발한 곳에 보행자가 확보할 수 있는 거리

㉡ 휴게공간, 보행, 심미적 공간 확보

㉢ 경우에 따라 천장과 가설물 개성화

② 자전거도로

㉠ 평균시속 15km, 최대구배 7%, 곡선반경 2.4m(최대 6m)

㉡ 보행로와 연계되어 주변경관의 연속성 유지, 경계부근 단처리 고려

㉢ 자전거 이용시설의 구조·시설 기준에 관한 규칙(2010.10.14)

ⓐ 설계속도(부득이한 경우 다음에서 10km 뺀 속도 가능)

- 자전거전용도로 : 시속 30km
- 자전거보행자겸용도로 : 시속 20km
- 자전거전용차로 : 시속 20km

ⓑ 자전거 도로의 폭 : 차로를 기준으로 1.5m 이상(부득이한 경우 1.2m 이상 가능)

ⓒ 곡선반경

- 설계속도 30km/hr 이상 : 27m
- 설계속도 20~30km/hr : 12m
- 설계속도 10~20km/hr : 5m

ⓓ 종단경사

- 7% 이상 : 제한길이 120m 이하
- 6~7% 미만 : 제한길이 170m 이하
- 5~6% 미만 : 제한길이 120m 이하
- 4~5% 미만 : 제한길이 350m 이하
- 3~4% 미만 : 제한길이 470m 이하

ⓔ 하향경사 정지시거

경사도 \ 설계속도	10~20km/hr	20~30km/hr	30km/hr 이상
2% 미만	9	20	37
2~3%	9	21	38
3~5%	9	22	40
5~8%	9	23	41
8~10%	9	25	44

ⓕ 상향경사 정지시거

경사도 \ 설계속도	10~20km/hr	20~30km/hr	30km/hr 이상
2% 미만	8	20	35
2~3%	8	20	34
3~5%	8	20	33
5~8%	8	20	31
8~10%	8	20	31

ⓖ 시설한계 : 자전거의 원활한 주행을 위하여 폭은 1.5m 이상, 높이는 2.5m 이상(부득이한 경우 축소 가능)

③ 자동차 전용도로

㉠ 도시내 교통과 지역의 교통을 이어주는 기능

㉡ 다른 도로보다 밝게, 보호책, 분리시설물, 식재확보 필요

④ 보도

구분	포장재료	형태	폭	구배
상업	• 평탄하고 모듈이 크게 구분될 수 있는 것으로 한다. • 일률적인 것으로 할 수 있다.	• 단순한 것을 택한다. • 기본단위가 큰 것으로 한다.	넓을수록 좋다.	0.5~3%
위락	• 원색, 질감 등에서 눈에 띄는 것으로 한다. • 변화가 있는 것으로 할 수 있다.	• 변화가 있는 것을 택한다. • 다양한 것을 택한다.	적을수록 좋다.	0.5~8%
업무	• 부드럽고 균일한 것으로 한다. • 변화가 없어야 한다.	• 동일한 모듈을 택한다. • 크기에는 관계가 없다.	중간크기로 한다.	0.5~5%
주거	• 변화가 없어야 한다. • 부드러우면서 균질한 것으로 한다.	• 동일한 모듈을 택한다. • 기본단위를 작게 한다.	적을수록 좋다.	0.5~15%
공업	• 변화가 없어야 한다. • 동선을 강조할 수 있어야 한다.	• 동일한 모듈을 택한다. • 크기에는 관계가 없다.	넓을수록 좋다.	0.5~8%
현대건축	• 고층일수록 평탄하고 일률적인 것이 좋다. 저층일수록 다양한 재료를 사용할 수 있다. • 건축의 외장재료와 동질성을 지닌 것으로 한다.	• 고층일수록 개발단위가 크며 저층일수록 적다. • 수직적인 건축일 경우 형태를 단순하게 하고, 수평적인 경우 다양하게 한다.	교통량에 따라 달리한다.	0.5~15%
고건축	• 마사토, 전돌, 돌 등과 같은 재료를 활용한다. • 동선을 강조하기보다 건축물에 의해 종속적으로 결정된다.	• 균질하고 균일한 것으로 한다.	교통량에 따라 달리한다.	0.5~10%

⑤ **산책로**

㉠ 종단최대구배 25% 이내

㉡ 산책로 길이 30~200m, 최소폭 1.2m

㉢ 결절점에 쉼터, 벤치 설치, 자연환경 최대로 존중한 노선 설정

⑥ **도로공원**

㉠ 노변의 여지에 잔디밭, 식재공간 두어 휴게, 조경공간 설치

㉡ 주차장, 휴게실, 산책로 설치

⑦ **가로공원**

㉠ 적극적으로 위락활동을 유도할 수 있는 가로

㉡ 조명, 휴게시설 중심으로 식재공간을 만들거나 넓은 잔디밭으로 만들 수 있다.

6 계단

① **원로구배** : 18% 초과하면 안전

② **계단구배** : 30~35°

③ 단높이(h)는 18cm 이하, 디딤면 너비(b)는 25cm 이상
계단은 반드시 2단 이상 설치할 것(안전상의 문제)

$$2h + b = 60\sim65(\text{cm})$$

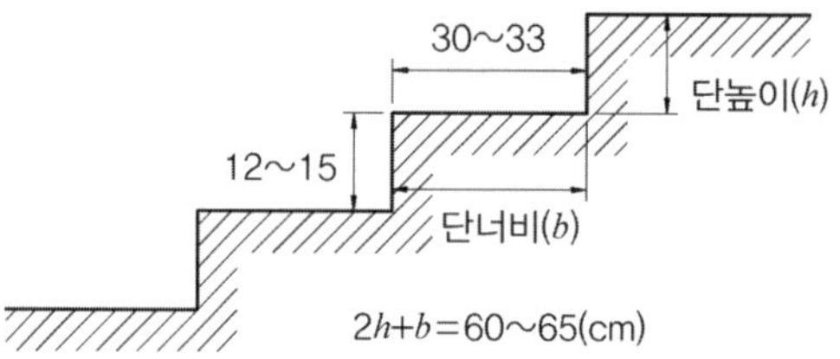

㉠ 공원 : 단높이 15cm, 디딤면 너비 30cm 적당

㉡ 캠퍼스 : 단높이 13cm, 디딤면 너비 37cm 적당

㉢ 정원 : 디딤면 너비 : 1.4~1.8m 적당

④ **계단참**

㉠ 너비 : 1인용 90~110cm, 2인용 130cm 정도

㉡ 계단 높이가 3m 이상인 경우 설치

㉢ 보통 정원에서 3~5단마다 2~3단 너비의 참 설치

⑤ 난간
㉠ 높이 80cm, 벽면에 설치할 경우 벽에서 3.5m 이상 떨어져
㉡ 계단 폭 3m 초과하면 매 3m마다 난간 설치(단, 단높이 15cm, 단너비 30cm 이상은 예외)

7 경사로

① 10% 이하, 신체장애자를 위해서는 8% 경사
② 접근로 유효폭은 120cm 이상
③ 휠체어 사용 시 다른 휠체어 또는 유모차와 교행할 수 있게 50m마다 10.5m×1.5m 이상의 교행구역 설치

CHAPTER 03 부분별 조경계획

실전연습문제

01 자동차 속도에 대한 설명 중 설계속도(design speed)에 대한 설명으로 옳은 것은? [기사 11.03.20]

㉮ 도로 조건만으로 정한 최고 속도로서 도로의 기하학적 설계기준이 된다.
㉯ 교통용량이 최대가 되는 속도이며, 이론적으로 교통용량을 생각할 때 적용된다.
㉰ 일정한 구간을 주행한 시간으로 나누어서 구한 속도이다.
㉱ 도로 실시 설계 시 기준이 되는 속도로서 도로폭원을 정하는 데 기준이 된다.

02 고속도로 휴게시설 계획에서 이용자 측면의 입지 선정조건과 가장 거리가 먼 것은? [기사 11.03.20]

㉮ 시설의 식별성
㉯ 인접지의 토지 이용 형태
㉰ 유지, 관리의 경제성
㉱ 기상조건

풀이 ㉰ 유지, 관리의 경제성은 관리자 측면

03 다음 중 공원 녹지 계획 시 고려해야 할 사항에 해당되는 것은? [기사 11.03.20]

㉮ 시설 위주의 계획
㉯ 대형 위주의 계획
㉰ 공급 위주의 계획
㉱ 접근성 위주의 계획

04 격자형(格子型)의 도로체계가 가장 적합한 것은? [기사 11.06.12]

㉮ 고밀상업업무지구
㉯ 단독주택지구
㉰ 역사문화지구
㉱ 농촌주거지구

05 다음 중 주거단지 내 통과 교통을 배제할 수 있지만 우회도로가 없는 결점을 개량하여 만든 것으로 도로율이 높아지는 단점이 있는 도로 유형은? [기사 11.10.02]

㉮ T자형 ㉯ 격자형
㉰ 루프형 ㉱ 쿨데삭형

06 존별 목표연도의 인구, 토지 이용, 자동차 보유대수 등의 추정과 통행의 유출·유입량과 사회·경제적 지표와의 관계 해석에 의해 구해진 원단위로부터 통행량을 예측하는 기법은? [기사 11.10.02]

㉮ 원단위법 ㉯ 증감율법
㉰ 회귀분석법 ㉱ 분류분석법

풀이 **통행량 예측 기법**

① 원단위법
- 원단위법 : 각종지표를 이용하여 설정된 원단위에 상응하는 장래 지표를 곱하여 앞으로 발생할 유출, 유입량을 산출
- 증감율법 : 현재의 통행유출입을 기준으로 사회경제적 지표변화율을 곱해서 장래의 유출입량을 산출

ANSWER
01 ㉮ 02 ㉰ 03 ㉱ 04 ㉮ 05 ㉰ 06 ㉮

② 회귀분석법 : 과거추세 연장법이라고도 하며 수학적으로는 잔차제곱합이 최소가 되는 수식을 만들어서 예측
③ 분류분석법 : 교차분류 또는 카테고리분석법이라고도 하며 비슷한 유형별로 분류하여 유형별 대표치를 산출한 후 예측

07 국립공원, 관광지 등의 계획을 위한 교통·동선 계획 시 가장 보편적으로 이용되는 순서는? [기사 11.10.02]

㉮ 통행량 분석 → 통행로 선정 → 통행량 배분
㉯ 통행량 분석 → 통행량 배분 → 통행로 선정
㉰ 통행로 선정 → 통행량 분석 → 통행량 배분
㉱ 통행로 선정 → 통행량 배분 → 통행량 분석

08 고속도로조경 계획 시 가용노선 선정의 고려사항을 도로 이용도와 경제적 측면, 기술적 측면으로 구분할 수 있는데, 다음 중 기술적 측면의 조건에 포함되지 않는 항목은? [기사 12.09.15]

㉮ 직선도로를 유지하도록 노선을 선정한다.
㉯ 운수속도(運輸速度)가 가장 바른 노선을 선정한다.
㉰ 오르막 구배가 너무 급하게 되면 우회노선을 선정한다.
㉱ 토량 이동(절·성토)이 균형을 이루는 노선을 선정한다.

풀이 운수속도는 경제적인 면과 관계됨

09 도로조경에서 교량부근의 계획수법과 관계가 가장 먼 것은? [기사 12.09.15]

㉮ 진출부근에 명암순응식재
㉯ 진출부근에 지표식재
㉰ 곡선부 교량에는 배경에 교목식재
㉱ 교대(橋臺)와 사면에는 침입방지식재

풀이 진출부근의 명암순응식재는 터널식재에 해당.

10 다음 중 기능적 위계가 큰 도로의 순서대로 바르게 나열한 것은? [기사 12.09.15]

㉮ 주간선도로 - 보조간선도로 - 국지도로 - 집산도로
㉯ 집산도로 - 주간선도로 - 국지도로 - 보조간선도로
㉰ 주간선도로 - 보조간선도로 - 집산도로 - 국지도로
㉱ 주간선도로 - 집산도로 - 보조간선도로 - 국지도로

11 휴양림 지역 내 진입(進入)도로의 종점(終點)에 설치된 주차장으로부터 휴양림의 주요시설 입구를 순환, 연결하는 기능을 담당하는 도로를 가리키는 것은? [기사 13.03.10]

㉮ 임도 ㉯ 목도
㉰ 보도 ㉱ 녹도

풀이 ① 임도 : 산림을 보호 관리하기 위한 목적으로 일정한 구조와 규격을 갖추고 산림 내 또는 산림에 연결하여 시설하는 차도
② 녹도 : 공간 휴식을 제공할 목적으로 조성된 선형의 녹지

Part 2 조경계획

ANSWER 07 ㉯ 08 ㉯ 09 ㉮ 10 ㉰ 11 ㉮

12 다음 노외주차장의 설치에 대한 계획기준 중 ( ) 안에 적합한 것은? [기사 13.03.10]

주차대수 ( )대를 초과하는 규모의 노외주차장의 경우에는 노외주차장의 출구와 입구를 각각 따로 설치하여야 한다. 다만, 출입구의 너비의 합이 5.5m 이상으로서 출구와 입구가 차선 등으로 분리되는 경우에는 함께 설치할 수 있다.

㉮ 300대 ㉯ 400대
㉰ 500대 ㉱ 600대

13 단지조성사업 등으로 설치되는 노외주차장에는 경형자동차를 위한 전용주차구획을 대통령령으로 정하는 비율에 따라 설치하여야 한다. 여기서 "대통령령으로 정하는 비율"이란 노외주차장 총주차대수의 몇 퍼센트를 말하는가? [기사 13.06.02]

㉮ 2 ㉯ 3
㉰ 5 ㉱ 8

14 운전은 용이하나 토지 이용 측면에서는 가장 비효율적인 주차방식은? [기사 13.09.28]

㉮ 45° 주차 ㉯ 60° 주차
㉰ 90° 주차 ㉱ 평행주차

풀이 **주차 1대당 소요면적(m^2/대)**

- 직각주차 : 27.2
- 60° 주차 : 29.8
- 45° 주차 : 32.2으로 가장 많이 차지하는 것은 45도 주차임.

15 다음 중 도로설계에 대한 설명으로 틀린 것은? [기사 14.09.20]

㉮ 교통량이 적은 노선보다 많은 노선에서 설계속도를 빠르게 잡는다.
㉯ 일반적으로 설계속도는 평지부보다 산지부가 더 빠르다.
㉰ 도로의 속도는 지점속도, 주행속도, 구간속도, 운전속도, 임계속도 등으로 세분될 수 있다.
㉱ 단거리 교통의 지방도로보다 장거리 교통이 많은 간선도로에서 설계속도를 빠르게 잡는다.

풀이 설계속도는 평지부가 산지부보다 더 빠르다.

구분	지형	설계속도(km/hr)
제1종	평지부	80
	산지부	60
제2종	평지부	70
	산지부	50
제3종	평지부	50
	산지부	35
제4종	도시부	50

ANSWER
12 ㉯ 13 ㉰ 14 ㉮ 15 ㉯

4 공장 및 산업단지 조경계획

1 공장조경의 필요성

① **산업공해의 완화** : 폐수, 폐기물, 소음, 악취 등의 처리
② **생활환경의 개선** : 자연환경의 보전, 주거환경의 정비 및 보호
③ **생활활동의 제고** : 효율적인 근로장의 배치, 생산, 운반, 보관, 관리 위한 공간구성
④ **복지시설의 확보** : 휴식, 운동, 산책, 조망, 위락 등의 활동을 위한 시설확보
⑤ **부수효과의 증대** : 방화, 방재

2 공장 공간구성

구분	시설
직접제조 활동공간	사무실, 작업장, 실험시험실, 장치용지, 검사장
간접제조 활동공간	재료창고, 제품창고, 야적장, 적하장, 폐기물처리장
지원설비공간	도로, 주차장, 변전소, 유류 및 가스저장소, 통신용지, 상·하수도용지
부수보조공간	수위실, 탈의실, 샤워실, 초소, 진입로, 출입공간, 정문, 경계공간
후생지원공간	식당, 휴게실, 목욕탕, 진료소, 기숙사, 주택, 체육관, 운동장, 잔디밭, 녹지

① 구내도로
㉠ 폭 4m, 차량의 교차를 위해서는 6m 이상
㉡ 도로 구배는 최소 0.5%, 최대 10.5% 이하여야 하며, 1~5%가 바람직
㉢ 일방향 도로체계가 바람직하며 보차 분리할 것
㉣ 회전반경 최소 20m 이상

② 주차장
㉠ 종업원용 주차장은 정문과 본관 사이에 두고, 운반용 주차장은 창고 근처에 구분
㉡ 주차간격은 차폭에 80cm 더하는 것을 최소폭
㉢ 주차장 표준조도는 50lx, 30~70lx 일반적
㉣ 이용대수를 충족하되 보행거리가 짧을수록 좋음

③ **식당** : 1인당 1.5m^2 정도의 면적 소요. 1,000명이 넘는 경우는 이용시간 달리하여 운영

④ **바람직한 공장의 공간구성** : 건축물 22%, 옥외작업장용지 2%, 도로, 주차장용지 33%, 녹지면적 25%, 운동시설면적 13%, 기타 4%

3 공장 공간별 식재방법

① **공장 주변부** : 수림대 폭 30m 이상 이상적, 상록수 : 낙엽수의 비 = 8 : 2
② **사무소에서 정문까지의 접근도로 주변 및 사무소주변부** : 조망 좋은 경관수와 넓은 잔디밭, 녹음수 배식
③ **공장건물 주변부** : 폭 5m 이상의 토지를 확보하고 계획적으로 녹화하여 공장건물을 차폐
④ **구내도로연변** : 보·차도 사이에 폭 1m 이상의 잔디대 보유해 녹음수 열식
⑤ **공장을 중심으로 한 녹지대**
　㉠ 공장에서부터 키가 작은 나무부터 큰나무 순서로 배식
　㉡ 상록활엽수 양측에, 침엽수 중앙부에 배식
　㉢ 공장주변의 주거지역에는 광역적인 녹지대 조성하고 주로 상록교목 식재
⑥ **운동광장** : 녹음수를 식재해 차단·완충효과, 풍치림 조성, 지역주민에게 개방
⑦ **확장예정지** : 나지에 잔디, 크로바를 파종해 피복하거나 묘목 식재해 공장 녹화하는 것이 바람직

4 산업단지 조경

① 산업공원
　㉠ 특별한 설비계통, 교통, 서어비스 관리 등에 의해 분해, 구획하여 공장 특수용도에 종합적으로 계획된 토지의 이용
　㉡ 근로작업 환경개선, 능률성 확보, 교통·공장확장에 따른 부지확보, 양호한 서비스 이용
　㉢ 설계 시 고려사항 : 적정부지, 소요면적, 건폐율, 노외주차장, 적하시설, 건물고, 창고면적과 창고관리규정, 고속도로와 도로로부터의 건축선 후퇴, 소방법규와 소방시설, 건축미관상 기본사항, 조경 요구사항, 건축 최소 안전요구사항, 유지관리사항 등
　㉣ 장점
　　ⓐ 공장의 유지관리비용 절감
　　ⓑ 소규모 공장이라도 대규모 공장에서 얻을 수 있는 지역적 서비스의 다양성 획득
　　ⓒ 시간이 지날수록 공장부지의 가치 증대와 안정성과 보완성을 제공받음
　　ⓓ 고용자에게 사회보장 서비스 제공, 세금 감면 등의 혜택
　㉤ 규모 : 미국의 경우 일반적 0.4~0.8ha

CHAPTER 03 부분별 조경계획

실전연습문제

01 다음 중 공장조경 계획의 원칙에 가장 위배되는 것은? [기사 11.06.12]

㉮ 종업원을 위한 휴양 및 휴게공간, 운동공간, 위락공간의 필요성은 크지 않다.

㉯ 동선 배치는 기능적이며 효율적이어야 하고, 방사용 장래성을 감안하여 충분히 잡는다.

㉰ 공장 구내(構內) 녹지조성 시 북측에 방풍, 방화, 방사용 식수대를 조성한다.

㉱ 공장 부지 내 토양이 부적당한 경우에는 밭흙을 객토하여 후일의 식물생육에 대비한다.

풀이 공장조경에서 종업원들의 휴양, 휴게공간 등도 매우 중요함

02 공장조경 식재계획 시의 원칙으로 가장 부적합한 것은? [기사 13.06.02]

㉮ 수종의 선정에 기능식재를 중시한 원칙을 수용한다.

㉯ 식재방법은 자연환경과 주변의 지역적, 도시적 여건을 고려한 인문환경을 존중한다.

㉰ 녹화용 수목의 경우 이식이 용이하며 성장속도가 빠르고, 병충해가 적어 관리가 용이한 수종을 선택하는 것이 유리하다.

㉱ 공장의 차폐 및 은폐 등의 부분적인 식재가 공장경관을 창출하는 종합적인 식재보다 중요하다.

03 다음 중 일반적인 공장부지 내의 공간요소를 적합하게 배치하기 위한 계획기준으로 맞는 것은? [기사 14.09.20]

㉮ 생산시설지구는 정문에 가깝게 배치한다.

㉯ 복리후생지구는 생산시설에서 이격시킨다.

㉰ 주거시설지구는 생산시설에서 근접시킨다.

㉱ 환경시설지구는 주민의 출입을 가급적 금지시킨다.

풀이 **공장계획**

생산시설지구는 정문에 가깝게, 복리후생시설은 생산시설 가깝게, 주거시설지구는 생산시설에서 떨어진 곳, 환경시설지구는 주민이용 가능하도록 한다.

ANSWER 01 ㉮ 02 ㉱ 03 ㉮

5 학교 및 캠퍼스 조경계획

1 학교환경조성의 기본전제

① 지적개발 조장하는 환경
② 심리적 안정감, 즐거움을 주는 곳
③ 보건적, 건강 증진케 하는 환경
④ 학생의 사회적 성장을 촉진하는 곳
⑤ 아름답고 깨끗한 환경
⑥ 지역주민의 교화장소가 되어야 함

2 학교의 공간구성계획

① **교사부지** : 전정구, 중정구, 측정구, 후정구
② **체육장 용지** : 운동공간, 놀이공간, 휴식공간
③ **야외실습지** : 교재원(수목원, 약초원, 화초원, 유실수원 등), 생산원(묘포장, 소동물사육장, 경작원, 온실, 비닐하우스 등)
④ **외곽녹지대** : 차폐식재, 방음식재, 방풍식재

6 업무빌딩 및 상업시설의 조경계획

1 전정광장

① 건물앞의 동선을 끌어들이며, 도로와 건물사이의 과정적 공간의 역할
② 자체로 특징 있으면서 주변 주차장, 통로와 긴밀한 연관성이 있어야 한다.
③ **환경조형물 설치** : 주변환경과 어울리면서 건물, 오픈 스페이스, 조각이 통일성 있게
④ 주차, 보행인의 출입, 야외 휴식 및 감상 등 서로 상반되는 기능들이 동시에 만족

2 상업시설, 몰(mall) 공간

① 상업시설의 목적을 충분히 달성할 수 있는 보도의 확보와 가로조경

② 보행자전용도로나 대중교통만 통행하는 등의 쾌적한 공간 확보
③ 서비스 동선의 제공
④ 몰 : 이용객의 비나 해를 피할 수 있는 처리, 충분한 공간 필요. 다양한 행사나 이벤트 연출 가능

7 특수 환경의 조경계획

1 옥상정원

① 도시경관 개선에 크게 도움이 됨
② 인공지반 위에 만들어지는 것이기에 제반 고려사항, 제약조건들이 많다.
㉠ 지반의 구조, 강도가 조경할 수 있을 정도가 되어야 한다.
㉡ 배수시설과 방수, 급수위한 동력장치 고려
㉢ 옥상의 기후조건(매우 덥거나 매우 춥고 바람이 많음)에 적합한 수종 선택
㉣ 노출이 심하므로 프라이버시를 지키기 위한 담장, 녹음수, 정자 등이 필요

2 실내정원(인공지반)

① 호텔, 레스토랑, 아파트 쇼핑센터, 사무소, 미술관 등에 많이 설치
② 유의사항
㉠ 위치 선정, 조경요소의 선정, 건물 내부의 동선흐름, 이용패턴, 내부공간성격 등을 고려
㉡ 광선의 유입 : 자연광, 인공광 등 식물에게 필요한 광선 조달
㉢ 습도제공 : 실내는 매우 건조하기에 식물에게 필요한 적정량의 습도를 제공
㉣ 실내에서 잘 자라는 식물 재료의 선택

3 문화유적지 조경

① 기본계획
㉠ 정제된 관상수는 사용하지 않으며, 전지하지 않고 자연 그대로 둔다.
㉡ 고건물 기와에 동파를 주거나 습기를 지니게 하는 수종은 피한다.
㉢ 성곽 가까이에는 키가 큰 나무를 심지 않는다.

㉣ 생가에는 향나무가 좋으며, 민가조경에는 안마당에 나무를 심지 않고 장독대 주위에 작은 관목류를 식재한다.

㉤ 건물 후정이나 경사진 곳은 계단식 화개를 만든다.

② 설계기준

㉠ 축대쌓기 : 돌을 눕혀서 쌓고 들쑥날쑥한 돌을 세워 쌓는 형식으로 하기

㉡ 보도 : 직선을 피하고 많은 이용객이 있는 곳은 포장

㉢ 광장 : 판석이나 블록포장

㉣ 사찰경내나 석조물 앞, 고분 주위 경관 : 나무에 가려지지 않도록 하고 후면을 울창하게 배경식재할 것

㉤ 민가조경 : 유실수를 많이 식재

㉥ 시설물 : 가능한 자연석이나 화강석 등 자연적 재료를 사용할 것

4 골프장

① 입지선정기준

㉠ 교통 1시간 ~ 1시간 반 정도 소요되는 곳

㉡ 경치 양호하고 주변에 관광위락시설이 있는 곳

㉢ 동남향 경사지에 남북으로 긴 지형

㉣ 수원지가 될 수 있는 개울, 연못, 수림이 있는 곳

② 구성

㉠ 18홀 : 쇼트홀 4홀, 미들홀 10홀, 롱홀 4홀 60~100만m^2, 길이 6,500~7,000야드 소요, 72파로 구성

㉡ 9홀 : 기본. 쇼트홀 2홀, 미들홀 5홀, 롱홀 2홀

③ 설계요령

㉠ 홀 사이는 20~30야드 이상 차이둘 것

㉡ 쇼트홀은 1, 9, 10, 18번 피할 것

㉢ 18홀을 파 5로 어렵게, 9홀마다 하나씩은 쉽게 설계

㉣ 그린에서 티의 최대 하향구배 : 10~15%, 최대 상향구배 : 23%

④ 홀계획

㉠ 티(Tee) : 표준면적 400~500m^2, 표면배수를 위해 1.5% 정도 경사
잔디 : 한랭지는 크리핑 벨트, 온난지방은 들잔디

㉡ 그린(Green) : 홀의 종점부분으로 한 개의 홀에 1~2개 정도 설치
면적 600~900m^2, 경사 2~5%

㉢ 하자드(Hazard) : 연못, 계곡, 하천 등의 장애구역

㉣ 벙커(Bubker) : Tee에서 바라볼 수 있는 모래웅덩이로 벌칙을 주고 장애물로서 홀의 난이도에 변화주는 효과. 페어웨이와 그린에 설치
㉤ 라프(Rough) : 풀이 자라서 치기 어렵게 해둔 지역
㉥ 에이프런(Apron) : 그린 주위에 풀을 깎지 않고 방치해 둔 지역
㉦ 페어웨이(Fairway) : 짧게 잔디를 깎아 둔 곳. 최소폭원 30m, 일반적으로 40~50m 적당. 2~10% 경사, 25% 이상 안 됨

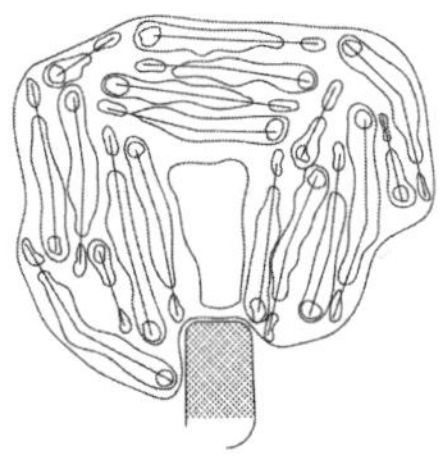

• 18홀 코오콜프코스의 예 •

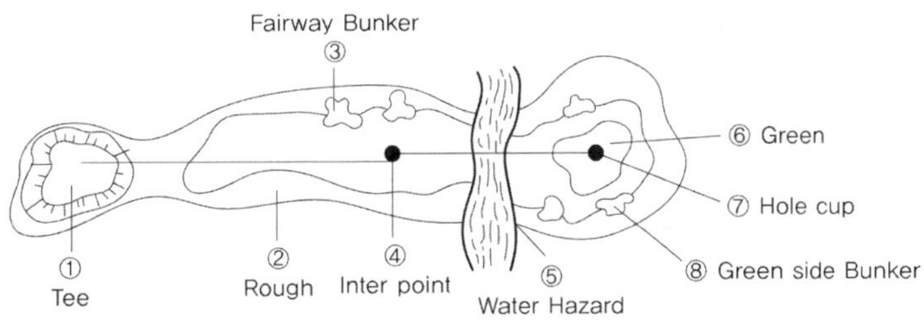

• 홀의 구성 •

CHAPTER 03 부분별 조경계획

실전연습문제

01 다음 정규 골프 코스의 계획 설계에 관한 설명으로 틀린 것은? [기사 11.06.12]

㉮ 일반적으로 18홀을 기준으로 해서 최소 10ha 정도의 면적은 있어야 한다.

㉯ 각 골프코스의 길이를 합한 총길이는 18홀인 골프장은 6,000m를 기준으로 하며, 지형에 따라 총길이의 25% 범위 내에서 증감할 수 있다.

㉰ 산악지에서는 롱홀을 먼저 배치해야 전체 배치가 쉽고, 평탄지에서는 숏 홀을 먼저 배치해야 숏 홀의 특성을 살린 배치가 가능하다.

㉱ 페어웨이의 폭은 티에서부터의 위치에 따라서 또 자연과의 조화 및 홀의 성격에 따라서 다소 달라지며, 최소 20m 정도에서 30~60m 정도가 일반적이다.

풀이 골프코스는 18홀 기준으로 평탄지 60~70만 m^2 필요함

02 스키장의 입지기준에서 지형사면의 방향으로 가장 양호한 것은? [기사 12.05.20]

㉮ 서북향 ㉯ 서남향
㉰ 북동향 ㉱ 남동향

풀이 스키장은 눈이 잘 녹지 않는 사면 즉, 해가 가장 짧게 비치는 사면인 북동향이 가장 적합

03 다음과 같은 조건에서 소요되는 상업지역의 면적은 얼마인가? [기사 12.09.15]

- 건폐율 : 80%
- 공공용지율 : 20%
- 평균층수 : 5층
- 상업지역 내 수용인구 : 40,000명
- 1인당 상업시설 소요면적 : $12m^2$

㉮ 15ha ㉯ 20ha
㉰ 150ha ㉱ 200ha

풀이

$$A = \frac{n \cdot a}{N \cdot r(1-p)}$$

n : 상업지역 이용인구
A : 상업지역면적
r : 건폐율(약 70%)
P : 공공용지율(약 30~40%)
a : 1인당 평균상면적[$15m^2$(임의로 적용한 수치임)]
N : 평균층수

따라서, $\frac{40,000 \times 12}{5 \times 0.8(1-0.2)} = 150,000m^2$

즉, 15ha

04 다음 중 옥상정원 계획 시 반드시 고려해야 할 사항이라고 볼 수 없는 것은? [기사 13.03.10]

㉮ 지반의 구조 및 강도
㉯ 지하수위
㉰ 구조체의 방수 및 배수계통
㉱ 미기후의 변화

풀이 지하수위는 지표면에 지하수가 어느 정도 깊이로 지나가는지의 수치로 옥상정원 같은 인공지반에서는 고려사항과 관계가 멀다.

ANSWER 01 ㉮ 02 ㉰ 03 ㉮ 04 ㉯

05 다음 옥상정원 설치 시 고려해야 할 사항 중 가장 영향이 적은 것은? [기사 13.09.28]

㉮ 토양 및 수목의 하중
㉯ 배수 및 관수
㉰ 이용자의 하중
㉱ 구조물의 방수

06 Mitsch와 Gosselink(2000)가 제시한 습지생태계 복원을 위한 일반적인 원리로 가장 부적합한 것은? [기사 14.03.02]

㉮ 습지 주변에 완충지대를 배치하라.
㉯ 범람, 가뭄, 폭풍 등으로부터 피해를 받지 않도록 주변에 제방을 계획하라.
㉰ 식물, 동물, 미생물, 토양물은 스스로 분포하고 유지될 수 있도록 계획하라.
㉱ 적어도 하나의 주목표와 여러 개의 부수적 목표를 설정하라.

풀이 제방은 동물의 이동경로에 많은 방해를 줌으로 습지복원원리와 거리가 멀다.

07 다음 중 친환경 단지조성을 위해 도입하고 있는 지표나 제도가 아닌 것은? [기사 14.03.02]

㉮ 생태면적률 도입
㉯ 빗물침투시설 의무화
㉰ 친환경 용적률 인센티브 제도
㉱ 지하주차장 의무화

풀이 지하주차장은 인공적 비환경요소로서 친환경 단지조성과는 무관하다.

08 옥상정원의 인공지반을 녹화할 때 가장 우선적이고, 중요하게 고려해야 할 하중은? [기사 14.05.25]

㉮ 고정하중 ㉯ 적재하중
㉰ 적설하중 ㉱ 풍하중

풀이 인공지반에는 수목과 토양이 만들어져 적재되는 적재하중이 중요함

09 조경분야의 구조물 중 식생벽(벽면녹화)의 계획 시 고려해야 할 사항으로 옳지 않은 것은? [기사 14.09.20]

㉮ 일반적인 요구성능 사항으로는 구조물 설치장소가 인공구조물 상부일 경우 설치지역의 방수층이 파손되지 않도록 설치해야 한다.
㉯ 성능평가 항목으로는 구조적 안정성, 시각적 안전성, 주변환경과 맞는 친환경적인 재료 사용 등을 고려한다.
㉰ 콘크리트 구조물의 내구성 평가는 의무적으로 표면에 유출되지 않은 내부의 균열이나 작은 균열의 검출을 위한 방법으로 가장 좋은 파괴검사만을 선택하여 실시한다.
㉱ 도시미관의 경관적 목적 및 도심 열섬현상 완화, 미기후 조절, 단열·방음·방진 효과, 온실가스 흡수효과 등을 위하여 기존 수직적 구조물 및 실내공간의 표면에 부가·설치한다.

풀이 **조경설계기준 콘크리트 구조물의 내구성 평가**
표면에 유출되지 않은 내부의 균열이나 작은 균열의 검출을 위해 파괴검사나 비파괴검사를 할 수 있다.

Part 2 조경계획

ANSWER 05 ㉰ 06 ㉯ 07 ㉱ 08 ㉯ 09 ㉰

CHAPTER 4 조경계획 관련법규

관련법규는 자주 개정되므로 실전연습문제, 기출문제에 출제된 법규 관련 문제의 정답이 해당년도에는 현재와 내용이 달라서 이론에서 정리되어 있는 기준과 다를 수 있습니다. 따라서, 본 교재 각 법규에 적힌 개정년도를 잘 확인하시기 바라며, 본 교재에서는 법규 중에 조경과 관련 있으며 시험 기출문제에 빈도가 높은 내용들만 정리해 놓은 것으로, 이 내용을 중심으로 국가법령정보센터(www.lawgo.kr)에서 원문을 다운받아 비교해 보면서 정확하게 전문을 공부하시기 바랍니다.

1 국토의 계획 및 이용에 관한 법률의 관련규정(2019.8.20 개정)

1 제2조 정의 : 용어의 정의

① **광역도시계획** : 지정된 광역계획권의 장기발전방향을 제시하는 계획을 말한다.

② **도시계획** : 특별시·광역시·시 또는 군(광역시의 관할구역안에 있는 군 제외)의 관할구역에 대하여 수립하는 공간구조와 발전방향에 대한 계획으로서 도시기본계획과 도시관리계획으로 구분한다.

③ **도시기본계획** : 특별시·광역시·시 또는 군의 관할구역에 대하여 기본적인 공간 구조와 장기발전방향을 제시하는 종합계획으로서 도시관리계획수립의 지침이 되는 계획

④ **도시관리계획** : 특별시·광역시·시 또는 군의 개발·정비 및 보전을 위하여 수립하는 토지 이용·교통·환경·경관·안전·산업·정보통신·보건·후생·안보·문화 등에 관한 다음의 계획

㉠ 용도지역·용도지구의 지정 또는 변경에 관한 계획

㉡ 개발제한구역·도시자연공원구역·시가화조정구역·수산자원보호구역의 지정 또는 변경에 관한 계획

㉢ 기반시설의 설치·정비 또는 개량에 관한 계획

㉣ 도시개발사업 또는 정비사업에 관한 계획

㉤ 지구단위계획구역의 지정 또는 변경에 관한 계획과 지구단위계획

⑤ **지구단위계획** : 도시계획 수립대상 지역안의 일부에 대하여 토지 이용을 합리화하고 그 기능을 증진시키며 미관을 개선하고 양호한 환경을 확보하며, 당해 지역을 체계적·계획적으로 관리하기 위하여 수립하는 도시관리계획

⑥ **기반시설** : 대통령령이 정하는 다음의 시설
  ㉠ 도로 · 철도 · 항만 · 공항 · 주차장 등 교통시설
  ㉡ 광장 · 공원 · 녹지 등 공간시설
  ㉢ 유통업무설비, 수도 · 전기 · 가스공급설비, 방송 · 통신시설, 공동구 등 유통 · 공급시설
  ㉣ 학교 · 운동장 · 공공청사 · 문화시설 및 공공필요성이 인정되는 체육시설 등 공공 · 문화체육시설
  ㉤ 하천 · 유수지 · 방화설비 등 방재시설
  ㉥ 화장장 · 공동묘지 · 납골시설 등 보건위생시설
  ㉦ 하수도 · 폐기물처리시설 등 환경기초시설

⑦ **도시계획 시설** : 기반시설 중 도시관리계획으로 결정된 시설

⑧ **광역시설** : 기반시설 중 광역적인 정비체계가 필요한 대통령령이 정하는 다음 시설
  ㉠ 2 이상의 특별시 · 광역시 · 시 또는 군의 관할구역에 걸치는 시설
  ㉡ 2 이상의 특별시 · 광역시 · 시 또는 군이 공동으로 이용하는 시설

⑨ **공동구** : 지하매설물(전기 · 가스 · 수도 등의 공급설비, 통신시설, 하수도시설 등)을 공동수용함으로써 미관의 개선, 도로구조의 보전 및 교통의 원활한 소통을 기하기 위하여 지하에 설치하는 시설물을 말한다.

⑩ **도시계획 시설사업** : 도시계획 시설을 설치 · 정비 또는 개량하는 사업

⑪ **도시계획사업** : 도시관리계획을 시행하기 위한 사업으로서 도시계획 시설사업, 도시개발법에 의한 도시개발사업 및 도시재개발법에 의한 재개발사업

⑫ **도시계획사업시행자** : 도시계획사업을 시행하는 자를 말한다.

⑬ **공공시설** : 도로 · 공원 · 철도 · 수도 그 밖에 대통령령이 정하는 공공용시설

⑭ **국가계획** : 중앙행정기관이 법률에 의하여 수립하거나 국가의 정책적인 목적달성을 위하여 수립하는 계획 중 도시관리계획으로 결정하여야 할 사항이 포함된 계획

⑮ **용도지역** : 토지의 이용 및 건축물의 용도 · 건폐율 · 용적률 · 높이 등을 제한함으로써 토지를 경제적 · 효율적으로 이용하고 공공복리의 증진을 도모하기 위하여 서로 중복되지 아니하게 도시관리계획으로 결정하는 지역

⑯ **용도지구** : 토지의 이용 및 건축물의 용도 · 건폐율 · 용적률 · 높이 등에 대한 용도지역의 제한을 강화 또는 완화하여 적용함으로써 용도지역의 기능을 증진시키고 미관·경관·안전 등을 도모하기 위하여 도시관리계획으로 결정하는 지역

⑰ **용도구역** : 토지의 이용 및 건축물의 용도 · 건폐율 · 용적률 · 높이 등에 대한 용도지역 및 용도지구의 제한을 강화 또는 완화하여 따로 정함으로써 시가지의 무질서한 확산방지, 계획적이고 단계적인 토지 이용의 도모, 토지 이용의 종합적 조정·관리 등을 위하여 도시관리 계획으로 결정하는 지역

⑱ **개발밀도관리구역** : 개발로 인하여 기반시설이 부족할 것으로 예상되나 기반시설을 설치하기 곤란한 지역을 대상으로 건폐율이나 용적률을 강화하여 적용하기 위하여 지정하는 구역

⑲ **기반시설부담구역** : 개발밀도관리구역 외의 지역으로서 개발로 인하여 도로, 공원, 녹지 등 대통령령으로 정하는 기반시설의 설치가 필요한 지역을 대상으로 기반시설을 설치하거나 그에 필요한 용지를 확보하게 하기 위하여 지정·고시하는 구역을 말한다.

⑳ **기반시설설치비용** : 단독주택 및 숙박시설 등 대통령령으로 정하는 시설의 신·증축 행위로 인하여 유발되는 기반시설을 설치하거나 그에 필요한 용지를 확보하기 위하여 부과·징수하는 금액

2 제6조 국토의 용도구분

① **도시지역** : 인구와 산업이 밀집되어 있거나 밀집이 예상되어 당해 지역에 대하여 체계적인 개발·정비·관리·보전 등이 필요한 지역

② **관리지역** : 도시지역의 인구와 산업을 수용하기 위하여 도시지역에 준하여 체계적으로 관리하거나 농림업의 진흥, 자연환경 또는 산림의 보전을 위하여 농림지역 또는 자연환경보전지역에 준하여 관리가 필요한 지역

③ **농림지역** : 도시지역에 속하지 아니하는 농지법에 의한 농업진흥지역 또는 산지관리법에 의한 보전산지 등으로서 농림업의 진흥과 산림의 보전을 위하여 필요한 지역

④ **자연환경보전지역** : 자연환경·수자원·해안·생태계·상수원 및 문화재의 보전과 수산자원의 보호·육성 등을 위하여 필요한 지역

3 제36조 용도지역의 지정

국토교통부장관, 시·도지사 또는 대도시 시장은 용도지구의 지정 또는 변경을 도시·군관리계획으로 결정한다.

① 도시지역

㉮ 주거지역 : 거주의 안녕과 건전한 생활환경의 보호를 위하여 필요한 지역

㉯ 상업지역 : 상업 그 밖의 업무의 편익증진을 위하여 필요한 지역

㉰ 공업지역 : 공업의 편익증진을 위하여 필요한 지역

㉱ 녹지지역 : 자연환경·농지 및 산림의 보호, 보건위생, 보안과 도시의 무질서한 확산을 방지하기 위하여 녹지의 보전이 필요한 지역

② 관리지역

㉮ 보전관리지역 : 자연환경보호, 산림보호, 수질오염방지, 녹지공간 확보 및 생태계 보전 등을 위하여 보전이 필요하나, 주변의 용도지역과의 관계 등을 고려할 때 자연환경보전지역으로 지정하여 관리하기가 곤란한 지역

㉯ 생산관리지역 : 농업·임업·어업생산 등을 위하여 관리가 필요하나, 주변의 용도지역과의 관계 등을 고려할 때 농림지역으로 지정하여 관리하기가 곤란한 지역
㉰ 계획관리지역 : 도시지역으로의 편입이 예상되는 지역 또는 자연환경을 고려하여 제한적인 이용·개발을 하려는 지역으로서 계획적·체계적인 관리가 필요한 지역

③ 농림지역
④ 자연환경보전지역

4 제37조 용도지구의 지정

국토교통부장관, 시·도지사 또는 대도시 시장은 용도지구의 지정 또는 변경을 도시·군관리계획으로 결정한다.

① **경관지구** : 경관을 보호·형성하기 위하여 필요한 지구
② **미관지구** : 미관을 유지하기 위하여 필요한 지구
③ **고도지구** : 쾌적한 환경조성 및 토지의 고도이용과 그 증진을 위하여 건축물의 높이의 최저한도 또는 최고한도를 규제할 필요가 있는 지구
④ **방화지구** : 화재의 위험을 예방하기 위하여 필요한 지구
⑤ **방재지구** : 풍수해, 산사태, 지반의 붕괴 그 밖의 재해를 예방하기 위하여 필요한 지구
⑥ **보존지구** : 문화재, 중요 시설물 및 문화적·생태적으로 보존가치가 큰 지역의 보호와 보존을 위하여 필요한 지구
⑦ **시설보호지구** : 학교시설·공용시설·항만 또는 공항의 보호, 업무기능의 효율화, 항공기의 안전운항 등을 위하여 필요한 지구
⑧ **취락지구** : 녹지지역·관리지역·농림지역·자연환경보전지역·개발제한구역 또는 도시자연공원구역 안의 취락을 정비하기 위한 지구
⑨ **개발진흥지구** : 주거기능·상업기능·공업기능·유통물류기능·관광기능·휴양기능 등을 집중적으로 개발·정비할 필요가 있는 지구
⑩ **특정용도제한지구** : 주거기능 보호 또는 청소년 보호 등의 목적으로 청소년 유해시설 등 특정시설의 입지를 제한할 필요가 있는 지구
⑪ 그 밖에 대통령령이 정하는 지구

5 제38조 개발제한구역의 지정

① **국토교통부장관**은 도시의 무질서한 확산을 방지하고 도시 주변의 자연환경을 보전하여 도시민의 건전한 생활환경을 확보하기 위하여 도시의 개발을 제한할 필요가 있거나 국방부 장관의 요청이 있어 보안상 도시의 개발을 제한할 필요가 있다고 인정되는 경우에는 개발제한구역의 지정 또는 변경을 도시관리계획으로 결정할 수 있다.
② 개발제한구역의 지정 또는 변경에 관하여 필요한 사항은 따로 법률로 정한다.

6 제38조의2 도시자연공원구역의 지정

① 시·도지사는 도시의 자연환경 및 경관을 보호하고 도시민에게 건전한 여가·휴식공간을 제공하기 위하여 도시지역 안의 식생이 양호한 산지(山地)의 개발을 제한할 필요가 있다고 인정하는 경우에는 도시자연공원구역의 지정 또는 변경을 도시관리계획으로 결정할 수 있다.

② 도시자연공원구역의 지정 또는 변경에 관하여 필요한 사항은 따로 법률로 정한다.

7 제77조 용도지역안에서의 건폐율

① 도시지역
  ㉮ 주거지역 : 70% 이하
  ㉯ 상업지역 : 90% 이하
  ㉰ 공업지역 : 70% 이하
  ㉱ 녹지지역 : 20% 이하

② 관리지역
  ㉮ 보전관리지역 : 20% 이하
  ㉯ 생산관리지역 : 20% 이하
  ㉰ 계획관리지역 : 40% 이하

③ 농림지역 : 20% 이하

④ 자연환경보전지역 : 20% 이하

8 제78조 용도지역 안에서의 용적률

① 도시지역
  ㉠ 주거지역 : 500% 이하
  ㉡ 상업지역 : 1500% 이하
  ㉢ 공업지역 : 400% 이하
  ㉣ 녹지지역 : 100% 이하

② 관리지역
  ㉠ 보전관리지역 : 80% 이하
  ㉡ 생산관리지역 : 80% 이하
  ㉢ 계획관리지역 : 100% 이하

③ 농림지역 : 80% 이하

④ 자연환경보전지역 : 80% 이하

9 시행령(2019.8.6 개정) 제2조 기반시설

① "대통령령이 정하는 시설"이라 함은 다음 각 호의 시설을 말한다.

㉠ 교통시설 : 도로 · 철도 · 항만 · 공항 · 주차장 · 자동차정류장 · 궤도 · 삭도 · 운하, 자동차 및 건설기계검사시설, 자동차 및 건설기계운전학원

㉡ 공간시설 : 광장 · 공원 · 녹지 · 유원지 · 공공공지

㉢ 유통 · 공급시설 : 유통업무설비, 수도·전기·가스·열공급설비, 방송·통신시설, 공동구·시장, 유류저장 및 송유설비

㉣ 공공 · 문화체육시설 : 학교 · 운동장 · 공공청사 · 문화시설 · 체육시설 · 도서관 · 연구시설 · 사회복지시설 · 공공직업훈련시설 · 청소년수련시설

㉤ 방재시설 : 하천 · 유수지 · 저수지 · 방화설비 · 방풍설비 · 방수설비 · 사방설비 · 방조설비

㉥ 보건위생시설 : 화장장 · 공동묘지 · 납골시설 · 장례식장 · 도축장 · 종합의료시설

㉦ 환경기초시설 : 하수도 · 폐기물처리시설 · 수질오염방지시설 · 폐차장

② 기반시설 중 도로 · 자동차정류장 및 광장은 다음 각 호와 같이 세분할 수 있다.

㉠ 도로

ⓐ 일반도로

ⓑ 자동차전용도로

ⓒ 보행자전용도로

ⓓ 자전거전용도로

ⓔ 고가도로

ⓕ 지하도로

㉡ 자동차정류장

ⓐ 여객자동차터미널

ⓑ 화물터미널

ⓒ 공영차고지

ⓓ 공동차고지(화물자동차 운수사업법에 따른 협회, 연합회가 설치하는 경우에만 해당)

ⓔ 화물자동차 휴게소

ⓕ 복합환승센터

㉢ 광장

ⓐ 교통광장

ⓑ 일반광장

ⓒ 경관광장

ⓓ 지하광장

ⓔ 건축물부설광장

10 시행령 제30조 용도지역의 세분

① 주거지역
- ㉠ 전용주거지역 : 양호한 주거환경을 보호하기 위하여 필요한 지역
  - ⓐ 제1종전용주거지역 : 단독주택 중심의 양호한 주거환경을 보호하기 위한 지역
  - ⓑ 제2종전용주거지역 : 공동주택 중심의 양호한 주거환경을 보호하기 위한 지역
- ㉡ 일반주거지역 : 편리한 주거환경을 조성하기 위하여 필요한 지역
  - ⓐ 제1종일반주거지역 : 저층주택을 중심으로 편리한 주거환경을 조성하기 위한 지역
  - ⓑ 제2종일반주거지역 : 중층주택을 중심으로 편리한 주거환경을 조성하기 위한 지역
  - ⓒ 제3종일반주거지역 : 중고층주택을 중심으로 편리한 주거환경을 조성하기 위한 지역
- ㉢ 준주거지역 : 주거기능을 위주로 이를 지원하는 일부 상업기능 및 업무기능을 보완하기 위하여 필요한 지역

② 상업지역
- ㉠ 중심상업지역 : 도심·부도심의 상업기능 및 업무기능의 확충을 위하여 필요한 지역
- ㉡ 일반상업지역 : 일반적인 상업기능 및 업무기능을 담당하게 하기 위하여 필요한 지역
- ㉢ 근린상업지역 : 근린지역에서의 일용품 및 서비스의 공급을 위하여 필요한 지역
- ㉣ 유통상업지역 : 도시 내 및 지역 간 유통기능의 증진을 위하여 필요한 지역

③ 공업지역
- ㉠ 전용공업지역 : 주로 중화학공업, 공해성 공업 등을 수용하기 위하여 필요한 지역
- ㉡ 일반공업지역 : 환경을 저해하지 아니하는 공업의 배치를 위하여 필요한 지역
- ㉢ 준공업지역 : 경공업 그 밖의 공업을 수용하되, 주거기능·상업기능 및 업무기능의 보완이 필요한 지역

④ 녹지지역
- ㉠ 보전녹지지역 : 도시의 자연환경·경관·산림 및 녹지공간을 보전할 필요가 있는 지역
- ㉡ 생산녹지지역 : 주로 농업적 생산을 위하여 개발을 유보할 필요가 있는 지역
- ㉢ 자연녹지지역 : 도시의 녹지공간의 확보, 도시확산의 방지, 장래 도시용지의 공급 등을 위하여 보전할 필요가 있는 지역으로서 불가피한 경우에 한하여 제한적인 개발이 허용되는 지역

11 시행령 제31조 용도지구의 지정

① 경관지구
 ㉠ 자연경관지구 : 산지·구릉지 등 자연경관의 보호 또는 도시의 자연풍치를 유지하기 위하여 필요한 지구
 ㉡ 시가지경관지구 : 주거지역의 양호한 환경조성과 시가지의 도시경관을 보호하기 위하여 필요한 지구
 ㉢ 특화경관지구 : 지역 내 주요 수계의 수변 또는 문화적 보존가치가 큰 건축물 주변의 경관 등 특별한 경관을 보호 또는 유지하거나 형성하기 위하여 필요한 지구
② 미관지구가 있었으나 삭제
③ 고도지구가 있었으나 삭제
④ 방재지구
 ㉠ 시가지방재지구 : 건축물·인구가 밀집되어 있는 지역으로서 시설 개선 등을 통하여 재해 예방이 필요한 지구
 ㉡ 자연방재지구 : 토지의 이용도가 낮은 해안변, 하천변, 급경사지 주변 등의 지역으로서 건축 제한 등을 통하여 재해 예방이 필요한 지구
⑤ 보호지구
 ㉠ 역사문화환경보호지구 : 문화재·전통사찰 등 역사·문화적으로 보존가치가 큰 시설 및 지역의 보호와 보존을 위하여 필요한 지구
 ㉡ 중요시설물보호지구 : 국방상 또는 안보상 중요한 시설물의 보호와 보존을 위하여 필요한 지구
 ㉢ 생태계보호지구 : 야생동식물서식처 등 생태적으로 보존가치가 큰 지역의 보호와 보존을 위하여 필요한 지구
⑥ 시설보호지구가 있었으나 삭제
⑦ 취락지구
 ㉠ 자연취락지구 : 녹지지역·관리지역·농림지역 또는 자연환경보전지역안의 취락을 정비하기 위하여 필요한 지구
 ㉡ 집단취락지구 : 개발제한구역안의 취락을 정비하기 위하여 필요한 지구
⑧ 개발진흥지구
 ㉠ 주거개발진흥지구 : 주거기능을 중심으로 개발·정비할 필요가 있는 지구
 ㉡ 산업·유통개발진흥지구 : 공업기능 및 유통·물류기능을 중심으로 개발·정비할 필요가 있는 지구
 ㉢ 산업개발진흥지구, 유통개발진흥지구가 분리되어 있었으나 통합되면서 삭제
 ㉣ 관광·휴양개발진흥지구 : 관광·휴양기능을 중심으로 개발·정비할 필요가 있는 지구

ⓜ 복합개발진흥지구 : 주거기능, 공업기능, 유통·물류기능 및 관광·휴양기능중 2 이상의 기능을 중심으로 개발·정비할 필요가 있는 지구

ⓗ 특정개발진흥지구 : 주거기능, 공업기능, 유통·물류기능 및 관광·휴양기능 외의 기능을 중심으로 특정한 목적을 위하여 개발·정비할 필요가 있는 지구

실전연습문제

01 개발로 인하여 기반시설이 부족할 것으로 예상되나 기반시설을 설치하기 곤란한 지역을 대상으로 건폐율이나 용적률을 강화하여 적용하기 위하여 지정하는 구역은? (단, 국토의 계획 및 이용에 관한 법률을 적용한다.) [기사 11.03.20]

㉮ 기반시설부담구역
㉯ 개발밀도관리구역
㉰ 지구단위계획구역
㉱ 용도구역

풀이 ㉮ 기반시설부담구역 : 개발밀도관리구역 외의 지역으로서 개발로 인하여 도로, 공원, 녹지 등 대통령령으로 정하는 기반시설의 설치가 필요한 지역을 대상으로 기반시설을 설치하거나 그에 필요한 용지를 확보하게 하기 위하여 지정·고시하는 구역
㉱ 용도구역 : 토지의 이용 및 건축물의 용도·건폐율·용적률·높이 등에 대한 용도지역 및 용도지구의 제한을 강화하거나 완화하여 따로 정함으로써 시가지의 무질서한 확산방지, 계획적이고 단계적인 토지 이용의 도모, 토지 이용의 종합적 조정·관리 등을 위하여 도시·군관리계획으로 결정하는 지역

02 다음 중 용도지역과 그 지정목적의 연결이 옳은 것은? [기사 11.03.20]

㉮ 보전녹지지역 : 도시의 자연환경·경관·산림 및 녹지공간을 보전할 필요가 있는 지역
㉯ 근린상업지역 : 일반적인 상업기능 및 업무기능을 담당하게 하기 위하여 필요한 지역
㉰ 준공업지역 : 환경을 저해하지 아니하는 공업의 배치를 위하여 필요한 지역
㉱ 제1종 전용주거지역 : 저층주택을 중심으로 편리한 주거환경을 조성하기 위하여 필요한 지역

풀이 **국토의 계획 및 이용에 관한 법률 시행령**
① 근린상업지역 : 근린지역에서의 일용품 및 서비스의 공급을 위하여 필요한 지역(㉯항의 설명은 일반상업지역에 해당함)
② 준공업지역 : 경공업 그 밖의 공업을 수용하되, 주거기능·상업기능 및 업무기능의 보완이 필요한 지역(㉰항의 설명은 일반공업지역에 해당함)
③ 제1종 전용주거지역 : 단독주택 중심의 양호한 주거환경을 보호하기 위한 지역(㉱항의 설명은 제1종일반주거지역에 해당함)

03 다음 중 도시관리계획에 관한 지형도면의 작성방법에 대한 설명으로 옳지 않은 것은? (단, 국토의 계획 및 이용에 관한 법률 시행령을 적용한다.) [기사 11.06.12]

㉮ 산업단지조성사업이 완료된 구역인 경우 지적도 사본에 도시관리계획사항을 명시한 도면으로 지형도면에 갈음할 수 있다.
㉯ 도면을 작성하는 경우 지적이 표시된 지형도의 데이터베이스가 구축되어 있는 경우에는 이를 사용할 수 있다.
㉰ 도면이 2매 이상인 경우에는 축척 5천분의 1 내지 5만분의 1의 총괄도를 따로 첨부할 수 있다.
㉱ 녹지지역 안의 임야에 대해서는 축척 500분의 1 내지 1천500분의 1의 지적도에 지형도면을 작성하여야 한다.

ANSWER 01 ㉯ 02 ㉮ 03 ㉱

풀이 국토의 계획 및 이용에 관한 법률 시행령 제4장 1절 27조
"대통령령이 정하는 축척"이라 함은 축척 500분의 1 내지 1천500분의 1(녹지지역 안의 임야, 관리지역, 농림지역 및 자연환경보전지역은 축척 3천분의 1 내지 6천분의 1로 할 수 있다)을 말한다.

04 우리나라의 국토는 4개의 용도지역으로 구분된다. 다음 농림지역의 설명 중 각각의 ( )에 알맞은 용어들은? [기사 11.10.02]

> 농림지역 : 도시지역에 속하지 아니하는 '농지법'에 따른 (①) 또는 '산지관리법'에 따른 (②) 등으로서 농림업을 진흥시키고 산림을 보전하기 위하여 필요한 지역

㉮ ① 절대농지 ② 관리산지
㉯ ① 절대농지 ② 산지관리지역
㉰ ① 농업진흥지역 ② 보전산지
㉱ ① 농업진흥지역 ② 산지관리지역

풀이 국토의 계획 및 이용에 관한 법률 제6조(국토의 용도 구분)
① 도시지역 : 인구와 산업이 밀집되어 있거나 밀집이 예상되어 그 지역에 대하여 체계적인 개발·정비·관리·보전 등이 필요한 지역
② 관리지역 : 도시지역의 인구와 산업을 수용하기 위하여 도시지역에 준하여 체계적으로 관리하거나 농림업의 진흥, 자연환경 또는 산림의 보전을 위하여 농림지역 또는 자연환경보전지역에 준하여 관리할 필요가 있는 지역
③ 농림지역 : 도시지역에 속하지 아니하는 「농지법」에 따른 농업진흥지역 또는 「산지관리법」에 따른 보전산지 등으로서 농림업을 진흥시키고 산림을 보전하기 위하여 필요한 지역
④ 자연환경보전지역 : 자연환경·수자원·해안·생태계·상수원 및 문화재의 보전과 수산자원의 보호·육성 등을 위하여 필요한 지역

05 국토의 계획 및 이용에 관한 법률에 대한 설명 중 틀린 것은? [기사 12.03.04]

㉮ 국토의 용도구분은 도시지역, 관리지역, 농림지역, 자연환경보전지역으로 구분한다.
㉯ 용도지역의 지정 시 도시지역은 주거지역, 상업지역, 공업지역, 보전관리지역, 개발제한지역으로 구분된다.
㉰ 국토해양부장관, 시·도지사 또는 대도시 시장은 용도지구의 지정 또는 변경을 도시관리계획으로 결정한다.
㉱ 국토해양부장관은 국방부장관의 요청이 있어 보안상 도시의 개발을 제한할 필요가 있다고 인정되면 개발 제한 구역의 지정 또는 변경을 도시관리계획으로 결정할 수 있다.

풀이 용도지역 지정 시 도시지역은 주거지역, 상업지역, 공업지역, 녹지지역으로 구분된다.

ANSWER 04 ㉰ 05 ㉯

06 다음은 국토의 계획 및 이용에 관한 법률 시행령에서 용도지역 중 주거지역의 세분 사항이다. (   ) 안에 알맞은 것은?

[기사 12.05.20]

> 중고층주택을 중심으로 편리한 주거환경을 조성하기 위하여 필요한 지역을 (①)이라고 하고, 공동주택 중심의 양호한 주거환경을 보호하기 위하여 필요한 지역을 (②)라고 한다.

㉮ ① 제2종전용주거지역
② 제3종일반주거지역

㉯ ① 제3종전용주거지역
② 제2종일반주거지역

㉰ ① 제3종일반주거지역
② 제2종전용주거지역

㉱ ① 제2종일반주거지역
② 제3종전용주거지역

> 암기 Tip
> 제1종전용주거(단독주택), 제2종전용주거(공동주택)
> 제1종일반주거(저층주택), 제2종일반주거(중층주택)
> 제3종일반주거(중고층주택)

07 국토의 계획 및 이용에 관한 법률에 의하여 관리지역을 구분, 지정하여 도시 관리계획으로 결정할 수 없는 지역은?

[기사 12.09.15]

㉮ 보전관리지역 ㉯ 경관관리지역
㉰ 생산관리지역 ㉱ 계획관리지역

08 국토의 계획 및 이용에 관한 법률상 용도지역에 해당하는 녹지지역의 건폐율과 용적률 범위 기준으로 맞는 것은?

[기사 13.06.02]

㉮ 건폐율 : 20퍼센트 이하,
용적율 : 100퍼센트 이하

㉯ 건폐율 : 30퍼센트 이하,
용적율 : 300퍼센트 이하

㉰ 건폐율 : 10퍼센트 이하,
용적율 : 100퍼센트 이하

㉱ 건폐율 : 40퍼센트 이하,
용적율 : 400퍼센트 이하

09 토지 이용계획을 실현하기 위하여 강제적 수단을 통한 용도지역의 규제내용이 아닌 것은?

[기사 13.09.28]

㉮ 용도의 규제
㉯ 건폐율의 규제
㉰ 건축물의 높이 제한
㉱ 건축물의 소유권 제한

풀이 국토의 계획 및 이용에 관한 법률 제2조

15. "용도지역"이란 토지의 이용 및 건축물의 용도, 건폐율, 용적률, 높이 등을 제한함으로써 토지를 경제적·효율적으로 이용하고 공공복리의 증진을 도모하기 위하여 서로 중복되지 아니하게 도시·군관리계획으로 결정하는 지역을 말한다.

ANSWER 06 ㉰ 07 ㉯ 08 ㉮ 09 ㉱

10 **개발밀도관리구역 외의 지역으로서 개발로 인하여 도로, 공원, 녹지 등 대통령령으로 정하는 기반시설의 설치가 필요한 지역을 대상으로 기반시설을 설치하거나 그에 필요한 용지를 확보하게 하기 위하여 지정·고시하는 구역은?** (단, 국토의 계획 및 이용에 관한 법률을 적용한다.) [기사 14.05.25]

㉮ 기반시설부담구역
㉯ 개발밀도관리구역
㉰ 지구단위계획구역
㉱ 용도구역

풀이 **국토의 계획 및 이용에 관한 법률**

① 기반시설부담구역 : 개발밀도관리구역 외의 지역으로 추가적인 개발로 인하여 기반시설의 용량이 부족할 것으로 예상되는 지역 가운데 기반시설의 추가설치가 가능한 지역을 대상으로 지정하는 구역
② 개발밀도관리구역 : 개발행위로 기반시설(도시계획 시설 포함)의 처리, 공급 또는 수용능력이 부족할 것이 예상되는 지역 중 기반시설의 설치가 곤란한 지역을 대상으로 건폐율이나 용적률을 강화하여 적용하기 위해 지정하는 구역
③ 지구단위계획구역 : 도시계획 수립 대상지역의 일부에 대하여 토지 이용을 합리화하고 그 기능을 증진시키며 미관을 개선하고 양호한 환경을 확보하며, 그 지역을 체계적·계획적으로 관리하기 위하여 수립하는 도시관리계획으로 결정, 고시한 구역
④ 용도구역 : 토지의 이용과 건축물의 용도·건폐율·용적률·높이 등에 대한 용도지역 및 용도지구의 제한을 강화하거나 완화하여 따로 정함으로써 시가지의 무질서한 확산방지, 계획적이고 단계적인 토지 이용의 도모, 토지 이용의 종합적 조정·관리 등을 위하여 도시관리계획으로 결정하는 지역

11 **용도지역의 세분 중 도심·부도심의 상업기능 및 업무 기능의 확충을 위하여 필요한 상업지역은?** (단, 국토의 계획 및 이용에 대한 법률 시행령을 적용) [기사 14.09.20]

㉮ 중심상업지역 ㉯ 일반상업지역
㉰ 근린상업지역 ㉱ 유통상업지역

풀이 **국토의 계획 및 이용에 관한 법률 용도지역 세분 중 상업지역 종류**

㉮ 중심상업지역 : 도심·부도심의 상업기능 및 업무기능의 확충을 위하여 필요한 지역
㉯ 일반상업지역 : 일반적인 상업기능 및 업무기능을 담당하게 하기 위하여 필요한 지역
㉰ 근린상업지역 : 근린지역에서의 일용품 및 서비스의 공급을 위하여 필요한 지역
㉱ 유통상업지역 : 도시 내 및 지역 간 유통기능의 증진을 위하여 필요한 지역

ANSWER 10 ㉮ 11 ㉮

2 자연공원법상의 관련규정(2018.10.16 개정)

1 제2조 정의

① **자연공원** : 국립공원·도립공원 및 군립공원(郡立公園)을 말한다.
② **국립공원** : 우리나라의 자연생태계나 자연 및 문화경관(이하 "경관"이라 한다)을 대표할 만한 지역으로 지정된 공원
③ **도립공원** : 특별시·광역시·도 및 특별자치도의 자연생태계나 경관을 대표할 만한 지역으로서 지정된 공원
④ **군립공원** : 시·군 및 자치구의 자연생태계나 경관을 대표할 지역으로서 지정된 공원
⑤ **공원구역** : 자연공원으로 지정된 구역
⑥ **공원기본계획** : 자연공원을 보전·이용·관리하기 위하여 장기적인 발전방향을 제시하는 종합계획으로서 공원계획과 공원별 보전·관리계획의 지침이 되는 계획
⑦ **공원계획** : 자연공원을 보전·관리하고 알맞게 이용하도록 하기 위한 용도지구의 결정, 공원시설의 설치, 건축물의 철거·이전, 그 밖의 행위 제한 및 토지 이용 등에 관한 계획
⑧ **공원별 보전·관리계획** : 동식물 보호, 훼손지 복원, 탐방객 안전관리 및 환경오염 예방 등 공원계획 외의 자연공원을 보전·관리하기 위한 계획
⑨ **공원사업** : 공원계획과 공원별 보전·관리계획에 따라 시행하는 사업
⑩ **공원시설** : 자연공원을 보전·관리 또는 이용하기 위하여 공원계획과 공원별 보전·관리 계획에 따라 자연공원에 설치하는 시설(자연공원 밖의 진입도로 또는 주차시설을 포함)로서 대통령령으로 정하는 시설

2 제4조2 국립공원의 지정 철차 : 환경부장관이 필요한 서류를 작성하여 진행

① 주민설명회 및 공청회의 개최
② 관할 시·도지사 및 군수의 의견 청취
③ 관계 중앙행정기관의 장과의 협의
④ 제9조에 따른 국립공원위원회의 심의
  ㉠ 제1항에 따라 의견의 제시를 요청받은 시·도지사 및 군수, 협의를 요청받은 관계 중앙행정기관의 장은 특별한 사유가 없으면 그 요청을 받은 날부터 30일 이내에 환경부장관에게 의견을 제시하여야 한다.
  ㉡ 제1항에 따른 국립공원의 지정에 필요한 서류는 대통령령으로 한다.

3 자연공원의 지정기준

자연생태계, 경관 등을 고려하여 대통령령으로 정한다.

4 제12조 국립공원계획의 결정 절차 : 국립공원 공원계획은 환경부장관이 결정

① 관할 시·도지사의 의견 청취
② 관계 중앙행정기관의 장과의 협의
③ 국립공원위원회의 심의

5 제18조 자연공원 용도지구

① **공원자연보존지구** : 다음 각 목의 어느 하나에 해당하는 곳으로서 특별히 보호할 필요가 있는 지역
   ㉠ 생물다양성이 특히 풍부한 곳
   ㉡ 자연생태계가 원시성을 지니고 있는 곳
   ㉢ 특별히 보호할 가치가 높은 야생 동식물이 살고 있는 곳
   ㉣ 경관이 특히 아름다운 곳
② **공원자연환경지구** : 공원자연보존지구의 완충공간(緩衝空間)으로 보전할 필요가 있는 지역
③ **공원마을지구** : 취락의 밀집도가 비교적 낮은 지역으로서 주민이 취락생활을 유지하는데 필요한 지역
④ **공원문화유산지구** : 「문화재보호법」 제2조제2항에 따른 지정문화재를 보유한 사찰(寺刹)과 「전통사찰의 보존 및 지원에 관한 법률」 제2조제1호에 따른 전통사찰의 경내지 중 문화재의 보전에 필요하거나 불사(佛事)에 필요한 시설을 설치하고자 하는 지역

6 제23조 행위허가

① 건축물이나 그 밖의 공작물을 신축·증축·개축·재축 또는 이축하는 행위
② 광물을 채굴하거나 흙·돌·모래·자갈을 채취하는 행위
③ 개간이나 그 밖의 토지의 형질 변경(지하 굴착 및 해저의 형질 변경을 포함한다)을 하는 행위
④ 수면을 매립하거나 간척하는 행위
⑤ 하천 또는 호소(湖沼)의 물높이나 수량(水量)을 늘거나 줄게 하는 행위

⑥ 야생동물[해중동물(海中動物)을 포함한다. 이하 같다]을 잡는 행위
⑦ 나무를 베거나 야생식물(해중식물을 포함한다. 이하 같다)을 채취하는 행위
⑧ 가축을 놓아먹이는 행위
⑨ 물건을 쌓아 두거나 묶어 두는 행위
⑩ 경관을 해치거나 자연공원의 보전·관리에 지장을 줄 우려가 있는 건축물의 용도 변경과 그 밖의 행위로서 대통령령으로 정하는 행위

7 시행령(2019.1.15 개정) 제2조 공원시설의 종류

① 공원관리사무소·탐방안내소·매표소·우체국·경찰관파출소·마을회관·도서관·환경기초시설 등의 공공시설
② 사방·호안·방화·방책·조경시설 등 공원자원을 보호하고, 탐방자의 안전을 도모하는 보호 및 안전시설
③ 체육시설(골프장·골프연습장 및 스키장을 제외)과 유선장·어린이놀이터·광장·야영장·청소년수련시설·휴게소·전망대·대피소·공중화장실 등의 휴양 및 편익시설
④ 식물원·동물원·수족관·박물관·전시장·공연장·자연학습장 등의 문화시설
⑤ 도로(탐방로를 포함)·주차장·교량·궤도·무궤도열차, 소규모 공항(활주로 1,200m 이하), 수상경비행장 등 교통·운수시설
⑥ 기념품판매점·약국·식품접객업소(유흥주점을 제외한다)·미용업소·목욕장·유기장 등의 상업시설
⑦ 호텔·여관 등의 숙박시설
⑧ 제1호 내지 제7호의 시설의 부대시설

8 시행령 제2조의3 국립공원 지정에 필요한 서류

① 자연공원의 명칭 및 종류
② 공원지정의 목적 및 필요성
③ 공원구역 예정지의 도면 및 행정구역별 면적
④ 동·식물의 분포, 지형·지질, 수리·수문(水文), 자연경관, 자연자원 등 자연환경현황
⑤ 인구, 주거, 문화재 등 인문현황
⑥ 토지의 이용현황 및 그 현황을 표시한 도면
⑦ 토지의 소유구분(국유·공유 또는 사유로 구분하고 사유토지 중 사찰 소유의 토지는 따로 표시한다)
⑧ 공원구역 예정지의 용도지구계획안 및 그 계획을 표시한 도면

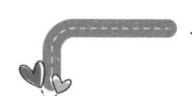

9 시행령 제3조 자연공원의 지정기준

구분	기준
자연생태계	자연생태계의 보전상태가 양호하거나 멸종위기야생동식물·천연기념물·보호야생동식물 등이 서식할 것
자연경관	자연경관의 보전상태가 양호하여 훼손 또는 오염이 적으며 경관이 수려할 것
문화경관	문화재 또는 역사적 유물이 있으며, 자연경관과 조화되어 보전의 가치가 있을 것
지형보존	각종 산업개발로 경관이 파괴될 우려가 없을 것
위치 및 이용편의	국토의 보전·이용·관리측면에서 균형적인 자연공원의 배치가 될 수 있을 것

10 시행령 제14조2항 공원자연보존지구에서 허용되는 최소한의 공원시설 및 공원사업

구분		규모
공공시설	관리사무소	부지면적 2,000m² 이하
	매표소	부지면적 100m² 이하
	탐방안내소	부지면적 4,000m² 이하
안전시설		별도의 제한규모 없음
조경시설		부지면적 4,000m² 이하
휴양 및 편익시설	야영장	부지면적 6,000m² 이하
	휴게소	부지면적 1,000m² 이하
	전망대	부지면적 200m² 이하
	야생동물관찰대	부지면적 200m² 이하
	대피소	부지면적 2,000m² 이하
	공중화장실	부지면적 500m² 이하
교통·운송시설	도로	2차로 이하, 폭 12m 이하(일방통행방식의 지하차도 및 터널은 편도 2차로 이하, 폭 12m 이하로 하며 구난·대피공간을 추가할 수 있음)
	탐방로	폭 3m 이하, 차량 통과구간은 폭 5m 이하
	교량	폭 12m 이하
	궤도(삭도 제외)	2킬로m 이하, 50명용 이하
	삭도	5킬로m 이하, 50명용 이하
	선착장	부지면적 300m² 이하
	헬기장	부지면적 400m² 이하
공원사업		공원구역에서 기존시설의 이전·철거·개수

11 시행규칙(2017.5.30 개정) 제3조 공원지정 등의 고시 : 다음 각 호의 사항이 포함

① 자연공원의 명칭 및 종류
② 자연공원의 위치 또는 범위
③ 공원구역의 면적
④ 공원지정의 목적 및 근거법령
⑤ 공원구역 안의 주요자원의 명칭, 위치 또는 범위와 규모
⑥ 공원구역 안의 토지의 소유구분(국·공유 및 사유로 구분한다)에 따른 면적을 표시한 서류. 이 경우 사유토지 중 공원구역 면적의 100분의 10 이상의 면적에 해당하는 토지를 하나의 종교단체법인 등 사인이 소유하고 있을 때에는 그 소유자를 구체적으로 표시한다.
⑦ 공원관리청(법 제80조의 규정에 의하여 공원관리청의 직무를 위임 또는 위탁하는 경우에는 그 수임자 또는 수탁자)
⑧ 지정연월일
⑨ 공원지정에 따른 관계도서의 열람에 관한 사항

12 시행규칙 제22조 공원대장, 공원관리대장의 서식

① 공원대장 서식
  ㉠ 공원구역의 경계
  ㉡ 행정구역의 명칭
  ㉢ 공원계획의 내용
  ㉣ 주요공원시설의 명칭 및 위치
② 공원관리대장 서식
  ㉠ 공원사업시행에 관한 사항
  ㉡ 공원시설관리에 관한 사항
  ㉢ 법 제23조제1항 본문의 규정에 의한 행위허가 사항
  ㉣ 법 제71조제2항의 규정에 의한 협의사항

CHAPTER 04 조경계획 관련법규

실전연습문제

01 자연공원법에 관한 사항 중 옳은 것은? [기사 11.10.02]

㉮ 법률로 지정되는 공원은 도시공원, 군립공원, 도립공원, 국립공원 등이다.
㉯ 국립공원은 국토해양부장관이 지정한다.
㉰ 국립공원위원회의 회의는 구성원 2/3 출석으로 개의하고, 전체위원 과반수의 찬성으로 의결한다.
㉱ 도립공원은 시·도지사가 지정한다.

풀이 ㉮ 자연공원 : 국립공원, 도립공원, 군립공원
㉯ 국립공원지정 : 환경부장관
㉰ 구성원 과반수의 출석으로 개의하고, 출석위원 과반수의 찬성으로 의결한다.

02 다음 자연공원법 시행령의 내용 중 대통령령으로 정하는 규모로 맞는 것은? [기사 12.03.04]

> 시·도지사는 지정된 도립공원을 폐지하거나 대통령령으로 정하는 규모 이상을 축소하려는 경우에는 절차를 거친 후 환경부장관의 승인을 받아야 한다.

㉮ 3만m^2 ㉯ 5만m^2
㉰ 10만m^2 ㉱ 20만m^2

풀이 **자연공원법 시행령 제2조의5(승인을 받아야 하는 도립공원의 축소 규모)**
"대통령령으로 정하는 규모"란 10만 m^2를 말한다.

03 다음은 자연공원법상 사용되는 용어의 설명이다. (　　) 안에 알맞은 것은? [기사 12.05.20]

> (　　)이란 자연공원을 보전·이용·관리하기 위하여 장기적인 발전방향을 제시하는 종합계획으로서 공원계획과 공원별 보전·관리계획의 지침이 되는 계획을 말한다.

㉮ 공원개발계획 ㉯ 공원기본계획
㉰ 공원보전계획 ㉱ 공원보존계획

04 다음 중 어떤 지역에 해당되지 않는 것은? [기사 12.09.15]

> 환경부장관·국토해양부장관 또는 시·도지사는 습지 중 어떤 지역에서 특별히 보전할 가치가 있는 지역을 습지보호지역으로 지정하고, 그 주변지역을 습지주변관리지역으로 지정할 수 있다.

㉮ 자연상태가 원시성을 유지하고 있거나 생물다양성이 풍부한 지역
㉯ 희귀하거나 멸종위기에 처한 야생동·식물이 서식·도래하는 지역
㉰ 특이한 경관적·지형적 또는 지질학적 가치를 지닌 지역
㉱ 습지생태계의 보전상태가 불량한 지역 중 인위적인 관리 등을 통하여 개선할 가치가 있는 지역

ANSWER 01 ㉱ 02 ㉰ 03 ㉯ 04 ㉱

05 다음 자연공원법 시행규칙상 공원 점유료 등의 징수를 위한 점용료 또는 사용료 요율기준이다. ( ) 안에 알맞은 것은? [기사 13.03.10]

> 건축물 기타 공작물의 신축·증축·이축이나 물건의 야적 및 계류의 경우 기준요율을 인근 토지 임대료 추정액의 ( ) 이상으로 한다.

㉮ 100분의 20 ㉯ 100분의 30
㉰ 100분의 40 ㉱ 100분의 50

06 다음 중 자연공원법상의 용도지구 분류로 틀린 것은? [기사 13.03.10]

㉮ 공원자연보존지구
㉯ 공원자연환경지구
㉰ 공원밀집마을지구
㉱ 공원문화유산지구

풀이 **자연공원법상 용도지구**
공원자연보존지구, 공원자연환경지구, 공원자연마을지구, 공원밀집마을지구

07 자연공원법상 국립공원 내의 지정된 장소 밖에서 야영행위를 한 사람에 대한 과태료 기준은? [기사 13.06.02]

㉮ 200만원 이하 ㉯ 100만원 이하
㉰ 50만원 이하 ㉱ 10만원 이하

풀이 **자연공원법 제86조 참고 ②항 50만원 이하의 과태료 부과기준**
① 지정된 장소 밖에서 야영행위를 한 자
② 제한되거나 금지된 지역에 출입하거나 차량 통행을 한 자
③ 정당한 사유 없이 출입 또는 사용 등을 거부·방해 또는 기피한 자

08 국립공원은 누가 지정하고 관리하는가? [기사 13.09.28]

㉮ 대통령 ㉯ 국무총리
㉰ 국토교통부 ㉱ 환경부장관

풀이 국립공원계획의 지정 – 환경부 장관
개발제한구역의 지정 – 국토해양부 장관
도시자연공원구역의 지정 – 시·도지사

09 자연공원의 공원성(公園性)을 판단하는 기준과 거리가 먼 것은? [기사 13.09.28]

㉮ 경관
㉯ 토지소유 관계
㉰ 해발고도
㉱ 교통의 편리 또는 이용객 수용능력

10 공원자연보존지구의 완충공간(緩衝空間)으로 보전할 필요가 있는 지역은? [기사 14.05.25]

㉮ 공원자연환경지구
㉯ 공원마을지구
㉰ 공원문화유산지구
㉱ 공원집단시설지구

풀이 **자연공원법 제18조 자연공원 용도지구**
1. 공원자연보존지구 : 다음 각 목의 어느 하나에 해당하는 곳으로서 특별히 보호할 필요가 있는 지역
   ㉮ 생물다양성이 특히 풍부한 곳
   ㉯ 자연생태계가 원시성을 지니고 있는 곳
   ㉰ 특별히 보호할 가치가 높은 야생 동식물이 살고 있는 곳
   ㉱ 경관이 특히 아름다운 곳
2. 공원자연환경지구 : 공원자연보존지구의 완충공간(緩衝空間)으로 보전할 필요가 있는 지역
3. 공원자연마을지구 : 취락의 밀집도가 비교적 낮은 지역으로서 주민이 취락생활을 유지하는 데 필요한 지역

ANSWER 05 ㉱ 06 ㉰ 07 ㉰ 08 ㉱ 09 ㉰ 10 ㉮

4. 공원밀집마을지구 : 취락의 밀집도가 비교적 높거나 지역생활의 중심 기능을 수행하는 지역으로서 주민이 일상생활을 유지하는 데 필요한 지역
5. 공원집단시설지구 : 자연공원에 들어가는 자에 대한 편의 제공 및 자연공원의 보전·관리를 위한 공원시설이 모여 있거나 공원시설을 모아 놓기에 알맞은 지역

11 자연공원법에 의한 공원위원회의 심의를 생략할 수 있는 공원계획의 경미한 사항의 변경에 해당하는 것은? [기사 14.09.20]

㉮ 공원자연보존기구를 공원자연환경지구로 변경하는 경우

㉯ 공원마을지구를 공원자연보존지구로 변경하는 경우

㉰ 공원집단시설지구를 공원자연마을지구로 변경하는 경우

㉱ 공원집단시설지구 외의 지구에 계획된 공원시설을 공원집단시설지구로 위치를 변경하는 경우

풀이 **자연공원법 시행령 제11조(공원계획의 경미한 변경) : 다음 각 호에 해당 시**

1. 공원마을지구를 공원자연보존지구 또는 공원자연환경지구로 변경하는 경우
2. 제2조에 따른 공원시설의 부지면적을 5천m^2(공원자연보존지구는 2천m^2) 범위에서 변경하는 경우
3. 이미 결정·고시된 공원시설계획을 축소 또는 폐지하거나 그 계획에 의한 공원시설의 부지면적을 100분의 20 이하로 확대하는 경우
4. 동일한 부지에서 건축물을 증축하거나 위치를 변경하는 경우

ANSWER

11 ㉯

3 도시공원 및 녹지 등에 관한 법률의 관련규정(2018.12.18 개정)

1 제1조 목적

도시에 있어서의 공원녹지의 확충·관리·이용 및 도시녹화 등에 관하여 필요한 사항을 규정함으로써 쾌적한 도시환경을 형성하여 건전하고 문화적인 도시생활의 확보와 공공의 복리증진에 기여함을 목적으로 한다.

2 제2조 정의

① **공원녹지** : 쾌적한 도시환경을 조성하고 시민의 휴식과 정서함양에 이바지하는 다음 공간 또는 시설

㉠ 도시공원·녹지·유원지·공공공지(公共空地) 및 저수지

㉡ 도시자연공원구역

㉢ 나무·잔디·꽃·지피식물(地被植物) 등의 식생(이하 "식생"이라 한다)이 자라는 공간

㉣ 그 밖에 국토교통부령으로 정하는 공간 또는 시설

② **도시녹화** : 식생·물·토양 등 자연친화적인 환경이 부족한 도시지역에 식생을 조성하는 것

③ **도시공원** : 공원으로서 도시지역 안에서 도시자연경관의 보호와 시민의 건강·휴양 및 정서생활을 향상시키는 데 이바지하기 위하여 설치, 지정된 도시·군관리계획으로 결정된 공원, 도시자연공원구역

④ **공원시설의 분류**

㉠ 도로 또는 광장

㉡ 조경시설 : 화단·분수·조각 등

㉢ 휴양시설 : 휴게소, 긴 의자 등

㉣ 유희시설 : 그네·미끄럼틀 등

㉤ 운동시설 : 테니스장·수영장·궁도장 등

㉥ 교양시설 : 식물원·동물원·수족관·박물관·야외음악당 등

㉦ 편익시설 : 주차장·매점·화장실 등 이용자를 위한 시설

㉧ 공원관리시설 : 관리사무소·출입문·울타리·담장 등

㉨ 도시농업시설 : 실습장·체험장·학습장·농자재 보관창고 등

㉩ 그 밖에 도시공원의 효용을 다하기 위한 시설로서 국토교통부령이 정하는 시설

⑤ **녹지** : 「국토의 계획 및 이용에 관한 법률」 제2조제6호나목에 따른 녹지로서 도시지역에서 자연환경을 보전하거나 개선하고, 공해나 재해를 방지함으로써 도시경관의 향상을 도모하기 위하여 도시·군관리계획으로 결정된 것

3 제6조 공원녹지기본계획의 내용 : 수립기준은 대통령령이 정하는 바에 따라 국토교통부장관이 정한다.

① 지역적 특성 및 계획의 방향·목표에 관한 사항
② 인구·산업·경제·공간구조·토지 이용 등의 변화에 따른 공원녹지의 여건변화에 관한 사항
③ 공원녹지의 종합적 배치에 관한 사항
④ 공원녹지의 축(軸)과 망(網)에 관한 사항
⑤ 공원녹지의 수요 및 공급에 관한 사항
⑥ 공원녹지의 보전·관리·이용에 관한 사항
⑦ 도시녹화에 관한 사항
⑧ 그 밖에 공원녹지의 확충·관리·이용에 필요한 사항으로서 대통령령이 정하는 사항

4 제15조 도시공원의 세분 및 규모

① **생활권공원** : 도시생활권의 기반공원 성격으로 설치·관리되는 공원으로서 다음 각목의 공원
㉠ 소공원 : 소규모 토지를 이용하여 도시민의 휴식 및 정서함양을 도모하기 위하여 설치하는 공원
㉡ 어린이공원 : 어린이의 보건 및 정서생활의 향상에 기여함을 목적으로 설치된 공원
㉢ 근린공원 : 근린거주자 또는 근린생활권으로 구성된 지역생활권 거주자의 보건·휴양 및 정서생활의 향상에 이바지함을 목적으로 설치하는 공원

② **주제공원** : 생활권공원 외에 다양한 목적으로 설치되는 다음 각목의 공원
㉠ 역사공원 : 도시의 역사적 장소나 시설물, 유적·유물 등을 활용하여 도시민의 휴식·교육을 목적으로 설치하는 공원
㉡ 문화공원 : 도시의 각종 문화적 특징을 활용하여 도시민의 휴식·교육을 목적으로 설치하는 공원
㉢ 수변공원 : 도시의 하천변·호숫가 등 수변공간을 활용하여 도시민의 여가·휴식을 목적으로 설치하는 공원
㉣ 묘지공원 : 묘지이용자에게 휴식 등을 제공하기 위하여 일정한 구역 안에 묘지와

공원 시설을 혼합하여 설치하는 공원

ⓜ 체육공원 : 주로 운동경기나 야외활동 등 체육활동을 통하여 건전한 신체와 정신을 배양함을 목적으로 설치하는 공원

ⓗ 도시농업공원 : 도시민의 정서순화 및 공동체의식 함양을 위하여 도시농업을 주된 목적으로 설치하는 공원

ⓢ 그 밖에 특별시·광역시·특별자치시·도특별자치도 또는 서울특별시·광역시 및 특별자치시를 제외한 인구 50만 이상 대도시의 조례로 정하는 공원

5 제24조 도시공원의 점용허가

① 도시공원에서 다음에 해당하는 행위를 하려는 자는 대통령령으로 정하는 바에 따라 그 도시공원을 관리하는 특별시장·광역시장·특별자치시장·특별자치도지사·시장 또는 군수의 점용허가를 받아야 한다. 다만, 산림의 솎아베기 등 대통령령으로 정하는 경미한 행위의 경우에는 제외한다.

ⓐ 공원시설 외의 시설·건축물 또는 공작물을 설치하는 행위

ⓑ 토지의 형질변경

ⓒ 죽목(竹木)을 베거나 심는 행위

ⓓ 흙과 돌의 채취

ⓔ 물건을 쌓아놓는 행위

6 제35조 녹지의 세분

① **완충녹지** : 대기오염·소음·진동·악취 그 밖에 이에 준하는 공해와 각종 사고나 자연재해, 그 밖에 이에 준하는 재해 등의 방지를 위하여 설치하는 녹지

② **경관녹지** : 도시의 자연적 환경을 보전하거나 이를 개선하고 이미 자연이 훼손된 지역을 복원·개선함으로써 도시경관을 향상시키기 위하여 설치하는 녹지

③ **연결녹지** : 도시 안의 공원·하천·산지 등을 유기적으로 연결하고 도시민에게 산책공간의 역할을 하는 등 여가·휴식을 제공하는 선형(線型)의 녹지

7 시행규칙(2019.10.23 개정) 제4조 면적기준

하나의 도시지역 안에서 해당 도시지역 안에 거주하는 주민 1인당 $6m^2$ 이상, 개발제한구역·녹지지역 제외한 도시지역 안에서는 주민 1인당 $3m^2$ 이상

8 시행규칙 제3조 공원시설의 종류

공원시설	종 류
1. 조경시설	관상용식수대·잔디밭·산울타리·그늘시렁·못 및 폭포 그 밖에 이와 유사한 시설로서 공원경관을 아름답게 꾸미기 위한 시설
2. 휴양시설	야유회장 및 야영장(바비큐시설 및 급수시설을 포함), 경로당, 노인복지관, 수목원(2019.10.23 개정 시 추가)
3. 유희시설	시소·정글짐·사다리·순환회전차·궤도·모험놀이장, 유원시설(「관광진흥법」에 따른 유기시설 또는 유기기구), 발물놀이터·뱃놀이터 및 낚시터 그 밖에 이와 유사한 시설로서 도시민의 여가선용을 위한 놀이시설
4. 운동시설	「체육시설의 설치·이용에 관한 법률 시행령」 별표 1에서 정하는 운동종목을 위한 운동시설. 다만, 무도학원·무도장 및 자동차경주장은 제외하고, 사격장은 실내사격장에 한하며, 골프장은 6홀 이하의 규모에 한한다. 자연체험장
5. 교양시설	도서관, 독서실, 온실, 야외극장, 문화회관, 미술관, 과학관, 장애인복지관(국가 또는 지방자치단체가 설치하는 경우에 한정), 청소년수련시설(생활권 수련시설에 한함),학생기숙사, 어린이집, 천체 또는 기상관측시설, 기념비, 고분·성터·고옥 그 밖의 유적 등을 복원한 것으로서 역사적·학술적 가치가 높은 시설, 공연장, 전시장, 어린이 교통안전교육장, 재난·재해 안전체험장, 생태학습원(유아숲체험원 및 산림교육센터를 포함), 민속놀이마당, 정원 그 밖에 이와 유사한 시설로서 도시민의 교양함양을 위한 시설
6. 편익시설	우체통·공중전화실·휴게음식점, 일반음식점·약국·수화물예치소·전망대·시계탑·음수장·제과점, 사진관 그 밖에 이와 유사한 시설로서 공원이용객에게 편리함을 제공하는 시설. 유스호스텔, 선수 전용 숙소, 운동시설 관련 사무실, 대형마트 및 쇼핑센터
7. 공원관리시설	창고·차고·게시판·표지·조명시설·폐쇄회로 텔레비전(CCTV)·쓰레기처리장·쓰레기통·수도, 우물, 태양에너지설비(건축물 및 주차장에 설치하는 것으로 한정한다), 그 밖에 이와 유사한 시설로서 공원관리에 필요한 시설
8. 도시농업시설	도시텃밭, 도시농업용 온실·온상·퇴비장, 관수 및 급수 시설, 세면장, 농기구 세척장, 그 밖에 이와 유사한 시설로서 도시농업을 위한 시설
9. 그 밖의 시설	장사시설, 역사 관련 시설, 동물놀이터

9 시행규칙 제6조 도시공원의 설치 및 규모의 기준

공원구분	설치기준	유치거리	규모
1. 생활권 공원			
㉮ 소공원	제한 없음	제한 없음	제한 없음
㉯ 어린이 공원	제한 없음	250m 이하	1,500m^2 이상
㉰ 근린공원			
(1) 근린생활권근린공원 (주로 인근에 거주하는 자)	제한 없음	500m 이하	10,000m^2 이상
(2) 도보권근린공원 (주로 도보권 안에 거주하는 자)	제한 없음	1,000m 이하	30,000m^2 이상
(3) 도시지역권 근린공원	해당도시공원의 기능을 충분히 발	제한 없음	100,000m^2

공원구분	설치기준	유치거리	규모
(도시지역 안에 거주자)	휘할 수 있는 장소에 설치		이상
(4) 광역권근린공원 (광역적인 이용)	해당도시공원의 기능을 충분히 발휘할 수 있는 장소에 설치	제한 없음	1,000,000 m^2 이상
2. 주제공원			
㉮ 역사공원	제한 없음	제한 없음	제한 없음
㉯ 문화공원	제한 없음	제한 없음	제한 없음
㉰ 수변공원	하천·호수 등의 수변과 접하고 있어 친수 공간을 조성할 수 있는 곳에 설치	제한 없음	제한 없음
㉱ 묘지공원	정숙한 장소로 장래시가화가 예상되지 아니하는 자연녹지 지역에 설치	제한 없음	100,000m^2 이상
㉲ 체육공원	해당도시공원의 기능을 충분히 발휘할 수 있는 장소에 설치	제한 없음	10,000m^2 이상
㉳ 도시농업공원	제한 없음	제한 없음	10,000m^2 이상
㉴ 법 제15조제1항제2호사목에 따른 공원	제한 없음	제한 없음	제한 없음

10 시행규칙 제11조 도시공원 안 공원시설 부지면적

공원구분	공원면적	공원시설 부지면적
1. 생활권 공원		
가. 소공원	전부 해당	100분의 20 이하
나. 어린이공원	전부 해당	100분의 60 이하
다. 근린공원	(1) 30,000m^2 미만	100분의 40 이하
	(2) 30,000m^2 이상 100,000m^2 미만	100분의 40 이하
	(3) 100,000m^2 이상	100분의 40 이하
2. 주제공원		
가. 역사공원	전부 해당	제한 없음
나. 문화공원	전부 해당	제한 없음
다. 수변공원	전부 해당	100분의 40 이하
라. 묘지공원	전부 해당	100분의 20 이상
마. 체육공원	(1) 30,000m^2 미만	100분의 50 이하
	(2) 30,000m^2 이상 100,000m^2 미만	100분의 50 이하
	(3) 100,000m^2 이상	100분의 50 이하
바. 도시농업공원(도시텃밭의 면적은 제외)	전부 해당	100분의 40 이하
사. 법 제15조제1항제2호사목에 따른 공원	전부 해당	제한 없음

[비고]

1. 제1호다목의 근린공원의 부지면적을 산정할 때 수목원의 부지면적은 해당 수목원 안에 있는 건축물의 면적만을 합산하여 산정한다.
2. 제2호바목의 도시농업공원의 부지면적을 산정할 때 도시텃밭의 면적은 제외하여 산정한다.

11 시행규칙 제19조 특정 원인에 의한 녹지의 설치허가 신청 시 구비서류

① 공사설계서

② 사용 또는 수용되는 토지나 건물의 소재지 · 지번 · 지목 및 소유권 외의 권리의 명세서

③ 사용 또는 수용되는 토지나 건물의 소유자와 「공익사업을 위한 토지 등의 취득 및 보상에 관한 법률」 제2조제5호의 규정에 의한 관계인의 주소 · 성명을 기재한 서류

④ 녹지의 관리방법을 기재한 서류

⑤ 녹지의 위치도 및 계획평면도

실전연습문제

01 다음 중 완충녹지의 설치 목적으로 볼 수 없는 것은? [기사 11.03.20]

㉮ 자연환경의 보전
㉯ 공해의 완화
㉰ 재해의 방지
㉱ 사고의 방지

풀이 **35조 녹지의 세분**
㉮ 자연환경의 보전은 경관녹지의 설치 목적

02 다음 중 우리나라 공원녹지 정책의 기본전략이 될 수 없는 것은? [기사 11.10.02]

㉮ 이용자 중심의 공원개발
㉯ 대공원 위주의 양적 확보
㉰ 효율적 · 지속적 행정체제의 구축
㉱ 균형개발 및 자원의 효율적 이용

03 도시공원 및 녹지 등에 관한 법률 시행규칙상 체육공원에 설치할 수 없는 공원시설은? [기사 12.09.15]

㉮ 야영장 ㉯ 경로당
㉰ 낚시터 ㉱ 폭포

풀이 **제9조(공원시설의 설치 · 관리기준)**
- 10항 : 체육공원에 설치할 수 있는 공원시설은 조경시설 · 휴양시설(경로당 및 노인복지회관은 제외한다) · 유희시설 · 운동시설 · 교양시설(고분 · 성터 · 고옥 그 밖의 유적 등을 복원한 것으로서 역사적 · 학술적 가치가 높은 시설, 공연장, 과학관, 미술관, 박물관 및 문화회관으로 한정한다) 및 편익시설로 하되, 원칙적으로 연령과 성별의 구분 없이 이용할 수 있도록 할 것 이 경우 운동시설에는 체력단련시설을 포함한 3종목 이상의 시설을 필수적으로 설치하여야 한다.

04 도시공원 및 녹지 등에 관한 법률상 공원시설 구분과 해당시설이 올바르게 연결된 것은? [기사 13.03.10]

㉮ 휴양시설 : 긴 의자, 분수
㉯ 편익시설 : 휴게소, 주차장
㉰ 공원관리시설 : 출입문, 담장
㉱ 교양시설 : 관리사무소, 노인복지회관

풀이 ㉮ 휴양시설 : 휴게소, 긴 의자, 야외탁자 등
㉯ 편익시설 : 주차장, 매점, 화장실 등
㉰ 공원관리시설 : 관리사무소, 출입문, 울타리, 담장 등
㉱ 교양시설 : 식물원, 동물원, 수족관, 박물관, 야외음악당 등

ANSWER 01 ㉮ 02 ㉯ 03 ㉯ 04 ㉰

05 다음 중 도시공원 및 녹지 등에 관한 법률에서 분류하는 「주제공원」에 해당되지 않는 것은? [기사 13.06.02]

㉮ 역사공원 ㉯ 체육공원
㉰ 해안공원 ㉱ 묘지공원

풀이 주제공원

역사공원, 문화공원, 수변공원, 묘지공원, 체육공원, 특별시·광역시 또는 도의 조례가 정하는 공원

06 도시공원 및 녹지 등에 관한 법률상의 '공원녹지'에 해당하지 않는 것은? [기사 13.09.28]

㉮ 유원지 ㉯ 저수지
㉰ 도시자연공원구역 ㉱ 공공공지

풀이 도시공원 및 녹지 등에 관한 법률 제2조

1. "공원녹지"란 쾌적한 도시환경을 조성하고 시민의 휴식과 정서 함양에 이바지하는 다음 각 목 의 공간 또는 시설을 말한다.
   가. 도시공원, 녹지, 유원지, 공공공지(公共空地) 및 저수지
   나. 나무, 잔디, 꽃, 지피식물(地被植物) 등의 식생(이하 "식생"이라 한다)이 자라는 공간
   다. 그 밖에 국토교통부령으로 정하는 공간 또는 시설

07 유치거리와 규모 모두에 제한이 있는 도시공원으로 묶여진 것은? [기사 14.03.02]

㉮ 소공원 - 어린이공원 - 역사공원
㉯ 소공원 - 도보권근린공원 - 수변공원
㉰ 어린이공원 - 근린생활권근린공원 - 도보권근린공원
㉱ 근린생활권근린공원 - 도보권근린공원 - 체육공원

풀이

	유형	유치거리	규모
생활권공원	소공원	제한 없음	제한 없음
	어린이공원	250m 이내	1,500m^2 이상
	근린공원	500m 이내	10,000m^2 이상
		1km 이내	30,000m^2 이상
		제한 없음	100,000m^2 이상
		제한 없음	1,000,000m^2 이상
주제공원	역사공원	제한 없음	제한 없음
	문화공원	제한 없음	제한 없음
	수변공원	제한 없음	제한 없음
	묘지공원	제한 없음	100,000m^2 이상
	체육공원	제한 없음	10,000m^2 이상
	도시농업공원	제한 없음	10,000m^2 이상

08 도시의 자연적 환경을 보전하거나 이를 개선하고 이미 자연이 훼손된 지역을 복원·개선함으로써 도시경관을 향상시키기 위하여 설치된 녹지는? (단, 도시공원 및 녹지 등에 관한 법률을 적용한다.) [기사 14.03.02]

㉮ 완충녹지 ㉯ 경관녹지
㉰ 자연녹지 ㉱ 미관녹지

풀이 도시공원 및 녹지 등에 관한 법률 제35조

① 완충녹지 : 대기오염, 소음, 진동, 악취, 그 밖에 이에 준하는 공해와 각종 사고나 자연재해 등의 방지를 위하여 설치하는 녹지
② 경관녹지 : 도시의 자연적 환경을 보전하거나 이를 개선하고 이미 자연이 훼손된 지역을 복원·개선함으로써 도시경관을 향상시키기 위하여 설치하는 녹지
③ 연결녹지 : 도시 안의 공원, 하천, 산지 등을 유기적으로 연결하고 도시민에게 산책공간의 역할을 하는 등 여가·휴식을 제공하는 선형(線型)의 녹지

ANSWER 05 ㉰ 06 ㉰ 07 ㉰ 08 ㉯

09 도시공원 및 녹지 등에 관한 법률 시행규칙상 도시농업공원의 공원시설 부지면적 기준으로 가장 적합한 것은?

[기사 14.09.20]

㉮ 100분의 20 이상
㉯ 100분의 40 이하
㉰ 100분의 50 이하
㉱ 100분의 60 이하

풀이 **도시공원 및 녹지 등에 관한 법률 시행규칙(제11조 관련)**

공원구분	공원면적	공원시설 부지면적
1. 생활권 공원		
㉮ 소공원	전부 해당	100분의 20 이하
㉯ 어린이공원	전부 해당	100분의 60 이하
㉰ 근린공원	(1) 30,000m² 미만	100분의 40 이하
	(2) 30,000m² 이상 100,000m² 미만	100분의 40 이하
	(3) 100,000m² 이상	100분의 40 이하
2. 주제공원		
㉮ 역사공원	전부 해당	제한 없음
㉯ 문화공원	전부 해당	제한 없음
㉰ 수변공원	전부 해당	100분의 40 이하
㉱ 묘지공원	전부 해당	100분의 20 이상
㉲ 체육공원	(1) 30,000m² 미만	100분의 50 이하
	(2) 30,000m² 이상 100,000m² 미만	100분의 50 이하
	(3) 100,000m² 이상	100분의 50 이하
㉳ 도시농업공원	전부 해당	100분의 40 이하
㉴ 법 제15조 제1항 제2호 사목에 따른 공원	전부 해당	제한 없음

[비고] 바목에 따른 도시농업공원의 부지면적을 산정할 때 도시 뒷밭의 면적은 제외한다.

ANSWER 09 ㉯

4 건축법상의 관련규정

1 건축법(2019.4.30 개정) 제42조 대지의 조경

① 면적이 200m^2 이상인 대지에 건축을 하는 건축주는 용도지역 및 건축물의 규모에 따라 해당 지방자치단체의 조례로 정하는 기준에 따라 대지에 조경이나 그 밖에 필요한 조치를 하여야 한다. 다만, 조경이 필요하지 아니한 건축물로서 대통령령으로 정하는 건축물에 대하여는 조경 등의 조치를 하지 아니할 수 있으며, 옥상 조경 등 대통령령으로 따로 기준을 정하는 경우에는 그 기준에 따른다.

② 국토교통부장관은 식재(植栽) 기준, 조경 시설물의 종류 및 설치방법, 옥상 조경의 방법 등 조경에 필요한 사항을 정하여 고시할 수 있다.

2 건축법 시행령(2019.3.12 개정) 제27조 대지의 조경

① 다음 각 호에 해당하는 건축물에 대하여는 조경 등의 조치를 하지 아니할 수 있다.

㉠ 녹지지역에 건축하는 건축물

㉡ 면적 5,000m^2 미만인 대지에 건축하는 공장

㉢ 연면적의 합계가 1,500m^2 미만인 공장

㉣ 산업집적활성화 및 공장설립에 관한법률의 산업단지 안의 공장

㉤ 대지에 염분이 함유되어 있는 경우 또는 건축물 용도의 특성상 조경 등의 조치를 하기가 곤란하거나 조경 등의 조치를 하는 것이 불합리한 경우로 건축조례가 정하는 건축물

㉥ 축사

㉦ 가설건축물

㉧ 연면적의 합계가 1,500m^2 미만인 물류시설(주거지역 또는 상업지역에 건축하는 것을 제외)로서 국토교통부령이 정하는 것

㉨ 국토의 계획 및 이용에 관한법률에 의하여 지정된 자연환경보전지역농림지역 또는 관리지역(지구단위계획구역으로 지정된 지역을 제외) 안의 건축물

㉩ 다음 각 목의 어느 하나에 해당하는 건축물 중 건축조례로 정하는 건축물

- 관광진흥법 제2조제6호에 따른 관광지 또는 같은 조 제7호에 따른 관광단지에 설치하는 관광시설
- 관광진흥법 시행령 제2조제1항제3호가목에 따른 전문휴양업의 시설 또는 같은 호 나목에 따른 종합휴양업의 시설

- 「국토의 계획 및 이용에 관한 법률 시행령」 제48조제10호에 따른 관광·휴양형 지구단위계획구역에 설치하는 관광시설
- 체육시설의 설치·이용에 관한 법률 시행령에 따른 골프장

② 조경 등의 조치에 관한 기준

㉠ 공장 및 물류시설

ⓐ 연면적의 합계가 2,000m^2 이상인 경우 : 대지면적의 10% 이상

ⓑ 연면적의 합계가 1,500m^2 이상 2,000m^2 미만인 경우 : 대지면적의 5% 이상

㉡ 항공법 규정에 의한 공항시설 : 대지면적(활주로·유도로·계류장·착륙대등 항공기의 이·착륙시설에 이용하는 면적을 제외한다)의 10% 이상

㉢ 「철도건설법」 제2조제1호에 따른 철도 중 역시설 : 대지면적(선로·승강장 등 철도운행에 이용되는 시설의 면적은 제외한다)의 10퍼센트 이상

㉣ 기타 면적 200m^2 이상 300m^2 미만인 대지에 건축하는 건축물 : 대지면적의 10% 이상

③ 건축물의 옥상에 법 규정에 의하여 옥상부분의 조경면적의 3분의 2에 해당하는 면적을 대지 안의 조경면적으로 산정할 수 있다. 이 경우 조경면적으로 산정하는 면적은 조경면적의 100분의 50을 초과할 수 없다.

5 경관법상의 관련규정(2018.3.13 개정)

1 제2조 용어정의

① **경관** : 자연, 인공요소 및 주민의 생활상 등으로 이루어진 일단의 지역환경적 특징을 나타내는 것

② **건축물** : 「건축법」 제2조 제1항 제2호에 따른 건축물을 말한다.

2 제3조 경관관리의 기본원칙

① 국민이 아름답고 쾌적한 경관을 누릴 수 있도록 할 것

② 지역의 고유한 자연·역사 및 문화를 드러내고 지역주민의 생활 및 경제활동과의 긴밀한 관계 속에서 지역주민의 합의를 통하여 양호한 경관이 유지될 것

③ 각 지역의 경관이 고유한 특성과 다양성을 가질 수 있도록 자율적인 경관행정 운영방식을 권장하고, 지역주민이 이에 주체적으로 참여할 수 있도록 할 것

④ 개발과 관련된 행위는 경관과 조화 및 균형을 이루도록 할 것
⑤ 우수한 경관을 보전하고 훼손된 경관을 개선·복원함과 동시에 새롭게 형성되는 경관은 개성 있는 요소를 갖도록 유도할 것
⑥ 국민의 재산권을 과도하게 제한하지 아니하도록 하고, 지역 간 형평성을 고려할 것

3 제6조 경관정책기본계획의 수립 등

경관정책기본계획을 5년마다 수립·시행하여야 한다.

① 국토경관의 현황 및 여건 변화 전망에 관한 사항
② 경관정책의 기본목표와 바람직한 국토경관의 미래상 정립에 관한 사항
③ 국토경관의 종합적·체계적 관리에 관한 사항
④ 사회기반시설의 통합적 경관관리에 관한 사항
⑤ 우수한 경관의 보전 및 그 지원에 관한 사항
⑥ 경관 분야의 전문인력 육성에 관한 사항
⑦ 지역주민의 참여에 관한 사항
⑧ 그 밖에 경관에 관한 중요 사항

4 제16조 경관사업의 대상

① 가로환경의 정비 및 개선을 위한 사업
② 지역의 녹화와 관련된 사업
③ 야간경관의 형성 및 정비를 위한 사업
④ 지역의 역사·문화적 특성을 지닌 경관을 살리는 사업
⑤ 농산어촌의 자연경관 및 생활환경을 개선하는 사업
⑥ 그 밖에 경관의 보전·관리 및 형성을 위한 사업으로서 해당 지방자치단체의 조례로 정하는 사업

5 시행령(2018.2.27 개정) 제4조 경관계획의 수립 또는 변경을 위한 기초조사의 대상

① 지형, 지세(地勢), 수계(水界) 및 식생(植生) 등 자연적 여건
② 인구, 토지 이용, 산업, 교통 및 문화 등 인문·사회적 여건
③ 경관과 관련된 다른 계획 및 사업의 내용
④ 그 밖에 경관계획의 수립 또는 변경에 필요한 사항

6 시행령 제8조 경관사업 사업계획서

① 사업의 목표
② 사업주체
③ 사업 내용 및 추진방법
④ 경관계획과의 연계성
⑤ 유지관리 방안
⑥ 사업비용
⑦ 그 밖에 해당 지방자치단체의 조례로 정하는 사항

6 자연환경보전법 관련규정(2018.10.16 개정)

1 제2조 정의

① **자연환경** : 지하·지표(해양을 제외한다) 및 지상의 모든 생물과 이들을 둘러싸고 있는 비생물적인 것을 포함한 자연의 상태(생태계 및 자연경관을 포함한다)
② **자연환경보전** : 자연환경을 체계적으로 보존·보호 또는 복원하고 생물다양성을 높이기 위하여 자연을 조성하고 관리하는 것
③ **자연환경의 지속가능한 이용** : 현재와 장래의 세대가 동등한 기회를 가지고 자연환경을 이용하거나 혜택을 누릴 수 있도록 하는 것
④ **자연생태** : 자연의 상태에서 이루어진 지리적 또는 지질적 환경과 그 조건 아래에서 생물이 생활하고 있는 일체의 현상
⑤ **생태계** : 일정한 지역의 생물공동체와 이를 유지하고 있는 무기적(無機的) 환경이 결합된 물질계 또는 기능계
⑥ **소(小)생태계** : 생물다양성을 높이고 야생동·식물의 서식지 간의 이동가능성 등 생태계의 연속성을 높이거나 특정한 생물종의 서식조건을 개선하기 위하여 조성하는 생물서식 공간
⑦ **생물다양성** : 육상생태계 및 수생생태계(해양생태계를 제외한다)와 이들의 복합생태계를 포함하는 모든 원천에서 발생한 생물체의 다양성을 말하며, 종내(種內)·종간(種間) 및 생태계의 다양성을 포함
⑧ **생태축** : 생물다양성을 증진시키고 생태계 기능의 연속성을 위하여 생태적으로 중요한 지역 또는 생태적 기능의 유지가 필요한 지역을 연결하는 생태적 서식공간

⑨ **생태통로** : 도로·댐·수중보(水中洑)·하굿둑 등으로 인하여 야생동·식물의 서식지가 단절되거나 훼손 또는 파괴되는 것을 방지하고 야생동·식물의 이동 등 생태계의 연속성 유지를 위하여 설치하는 인공 구조물·식생 등의 생태적 공간

⑩ **자연경관** : 자연환경적 측면에서 시각적·심미적인 가치를 가지는 지역·지형 및 이에 부속된 자연요소 또는 사물이 복합적으로 어우러진 자연의 경치

⑪ **대체자연** : 기존의 자연환경과 유사한 기능을 수행하거나 보완적 기능을 수행하도록 하기 위하여 조성하는 것

⑫ **생태·경관보전지역** : 생물다양성이 풍부하여 생태적으로 중요하거나 자연경관이 수려하여 특별히 보전할 가치가 큰 지역으로서 환경부장관이 지정·고시하는 지역

⑬ **자연유보지역** : 사람의 접근이 사실상 불가능하여 생태계의 훼손이 방지되고 있는 지역 중 군사상의 목적으로 이용되는 외에는 특별한 용도로 사용되지 아니하는 무인도로서 대통령령이 정하는 지역과 관할권이 대한민국에 속하는 날부터 2년간의 비무장지대

⑭ **생태·자연도** : 산·하천·내륙습지·호소(湖沼)·농지·도시 등에 대하여 자연환경을 생태적 가치, 자연성, 경관적 가치 등에 따라 등급화하여 작성된 지도를 말한다.

⑮ **자연자산** : 인간의 생활이나 경제활동에 이용될 수 있는 유형·무형의 가치를 가진 자연상태의 생물과 비생물적인 것의 총체

⑯ **생물자원** : 사람을 위하여 가치가 있거나 실제적 또는 잠재적 용도가 있는 유전자원, 생물체, 생물체의 부분, 개체군 또는 생물의 구성요소

⑰ **생태마을** : 생태적 기능과 수려한 자연경관을 보유하고 이를 지속가능하게 보전·이용할 수 있는 역량을 가진 마을로서 환경부장관 또는 지방자치단체의 지정한 마을

⑱ **생태관광** : 생태계가 특히 우수하거나 자연경관이 수려한 지역에서 자연자산의 보전 및 현명한 이용을 통하여 환경의 중요성을 체험할 수 있는 자연친화적인 관광

2 제12조 생태·경관보전지역

① 지정기준

㉠ 자연상태가 원시성을 유지하고 있거나 생물다양성이 풍부하여 보전 및 학술적연구가치가 큰 지역

㉡ 지형 또는 지질이 특이하여 학술적 연구 또는 자연경관의 유지를 위하여 보전이 필요한 지역

㉢ 다양한 생태계를 대표할 수 있는 지역 또는 생태계의 표본지역

㉣ 그 밖에 하천·산간계곡 등 자연경관이 수려하여 특별히 보전할 필요가 있는 지역

② 지역구분

㉠ 생태·경관핵심보전구역(핵심구역) : 생태계의 구조와 기능의 훼손방지를 위하여 특별한 보호가 필요하거나 자연경관이 수려하여 특별히 보호하고자 하는 지역

㉡ 생태·경관완충보전구역(완충구역) : 핵심구역의 연접지역으로서 핵심구역의 보호를 위하여 필요한 지역

㉢ 생태·경관전이(轉移)보전구역(전이구역) : 핵심구역 또는 완충구역에 둘러싸인 취락지역으로서 지속가능한 보전과 이용을 위하여 필요한 지역

7 체육시설의 설치·이용에 관한 법률(2018.9.18 개정)

1 제2조 정의

① **체육시설** : 체육 활동에 지속적으로 이용되는 시설과 그 부대시설

② **체육시설업** : 영리를 목적으로 체육시설을 설치·경영하는 업(業)

③ **체육시설업자** : 체육시설업을 등록하거나 신고한 자

④ **회원** : 체육시설업의 시설을 일반이용자보다 우선적으로 이용하거나 유리한 조건으로 이용하기로 약정한 자를 말한다.

⑤ **일반이용자** : 1년 미만의 일정 기간을 정하여 체육시설의 이용료를 지불하고 그 시설을 이용하기로 체육시설업자와 약정한 자

2 제10조 체육시설업의 구분·종류

① **등록 체육시설업** : 골프장업, 스키장업, 자동차 경주장업

② **신고 체육시설업** : 요트장업, 조정장업, 카누장업, 빙상장업, 승마장업, 종합 체육시설업, 수영장업, 체육도장업, 골프 연습장업, 체력단련장업, 당구장업, 썰매장업, 무도학원업, 무도장업, 야구장업, 가상체험 체육시설업(2018.9.18 개정 추가)

8 주차장법 시행령 제6조 부설주차장의 설치대상 시설물 종류 및 설치기준(2019.3.12 개정)

시설물	설치기준
1. 위락시설	• 시설면적 $100m^2$당 1대(시설면적/$100m^2$)
2. 문화 및 집회시설(관람장은 제외한다), 종교시설, 판매시설, 운수시설, 의료시설(정신병원·요양병원 및 격리병원은 제외한다), 운동시설(골프장·골프연습장 및 옥외수영장은 제외한다), 업무시설(외국공관 및 오피스텔은 제외한다), 방송통신시설 중 방송국, 장례식장	• 시설면적 $150m^2$당 1대(시설면적/$150m^2$)
3. 제1종 근린생활시설[「건축법 시행령」 별표 1 제3호바목 및 사목(공중화장실, 대피소, 지역아동센터는 제외한다)은 제외한다], 제2종 근린생활시설, 숙박시설	• 시설면적 $200m^2$당 1대(시설면적/$200m^2$)
4. 단독주택(다가구주택은 제외한다)	• 시설면적 $50m^2$ 초과 $150m^2$ 이하 : 1대 • 시설면적 $150m^2$ 초과 : 1대에 $150m^2$를 초과하는 $100m^2$당 1대를 더한 대수 [1+{(시설면적−$150m^2$)/$100m^2$}]
5. 다가구주택, 공동주택(기숙사는 제외한다), 업무시설 중 오피스텔	• 「주택건설기준 등에 관한 규정」 제27조제1항에 따라 산정된 주차대수. 이 경우 다가구주택 및 오피스텔의 전용면적은 공동주택의 전용면적 산정방법을 따른다.
6. 골프장, 골프연습장, 옥외수영장, 관람장	• 골프장 : 1홀당 10대(홀의 수×10) • 골프연습장 : 1타석당 1대(타석의 수×1) • 옥외수영장 : 정원 15명당 1대(정원/15명) • 관람장 : 정원 100명당 1대(정원/100명)
7. 수련시설, 공장(아파트형은 제외한다), 발전시설	• 시설면적 $350m^2$당 1대(시설면적/$350m^2$)
8. 창고시설	• 시설면적 $400m^2$당 1대(시설면적/$400m^2$)
9. 학생용 기숙사	• 시설면적 $400m^2$당 1대(시설면적/$400m^2$)
10. 그 밖의 건축물	• 시설면적 $300m^2$당 1대(시설면적/$300m^2$)

9 자전거 이용시설의 구조·시설 기준에 관한 규칙(2017.2.16 개정)

1 제4조 자전거도로의 설계속도

다음 각 호의 구분에 따른 속도 이상으로 한다. 다만, 지역 상황 등에 따라 부득이하다고 인정되는 경우에는 다음 각 호의 속도에서 10킬로m를 뺀 속도 이상을 설계속도로 할 수 있다.

① 자전거전용도로 : 시속 30킬로m
② 자전거보행자겸용도로 : 시속 20킬로m
③ 자전거전용차로 : 시속 20킬로m

2 제6조 정지시거

• 하향경사의 경우 정지시거

(단위 : m)

설계속도 / 경사도	시속 10킬로m 이상 20킬로m 미만	시속 20킬로m 이상 30킬로m 미만	시속 30킬로m 이상
2퍼센트 미만	9	20	37
2퍼센트 이상 3퍼센트 미만	9	21	38
3퍼센트 이상 5퍼센트 미만	9	22	40
5퍼센트 이상 8퍼센트 미만	9	23	41
8퍼센트 이상 10퍼센트 미만	9	25	44

• 상향경사의 경우 정지시거

(단위 : m)

설계속도 / 경사도	시속 10킬로m 이상 20킬로m 미만	시속 20킬로m 이상 30킬로m 미만	시속 30킬로m 이상
2퍼센트 미만	8	20	35
2퍼센트 이상 3퍼센트 미만	8	20	34
3퍼센트 이상 5퍼센트 미만	8	20	33
5퍼센트 이상 8퍼센트 미만	8	20	31
8퍼센트 이상 10퍼센트 미만	8	20	31

3 제7조 곡선반경

다음 표의 거리 이상으로 한다.

설계속도	곡선반경
시속 30킬로m 이상	27m
시속 20킬로m 이상 30킬로m 미만	12m
시속 10킬로m 이상 20킬로m 미만	5m

4 제9조 종단경사

지형 상황 등으로 인하여 부득이 하다고 인정되는 경우에는 제한길이를 두지 아니할 수 있다.

종단경사	제한길이
7퍼센트 이상	120m 이하
6퍼센트 이상 7퍼센트 미만	170m 이하
5퍼센트 이상 6퍼센트 미만	220m 이하
4퍼센트 이상 3퍼센트 미만	350m 이하
3퍼센트 이상 4퍼센트 미만	470m 이하

CHAPTER 04 조경계획 관련법규

실전연습문제

01 다음 중 도시 및 주거환경정비법에 따라 (　　)에 들어갈 내용으로 맞지 않은 것은? (단, 보기의 설명은 모두 등기된 권리라고 가정한다.) [기사 11.03.20]

보기

대지 또는 건축물을 분양받을 자에게 관련 규정에 의하여 소유권을 이전한 경우 종전의 토지 또는 건축물에 설정된 (　　)은 소유권을 이전받은 대지 또는 건축물에 설정된 것으로 본다.

㉮ 지역권　　㉯ 저당권
㉰ 전세권　　㉱ 지상권

02 다음 계단에 관한 설명 중 (　　)에 적합한 것은? [기사 11.03.20]

주택건설기준 등에 관한 규정에서 높이 1m를 넘는 계단으로서 그 양측에 벽 기타 이와 유사한 것이 없는 경우에는 난간을 설치하여야 하며, 그 계단의 폭이 (　　)m를 넘는 경우에는 계단의 중간에도 폭 (　　)m 이내마다 난간을 설치할 것 다만, 계단의 단높이가 15cm 이하이고 단너비가 30cm 이상인 것은 그러하지 아니한다.

㉮ 2　　㉯ 3
㉰ 4　　㉱ 5

03 다음 [보기]의 주차장법 시행규칙상 노외주차장의 설치에 대한 계획기준 설명 중 (　　) 안에 알맞은 것은? [기사 11.03.20]

보기

특별시장·광역시장·시장·군수 또는 구청장이 설치하는 노외주차장에는 주차대수 (　　)대마다 1면의 장애인 전용주차구획을 설치하여야 한다.

㉮ 15　　㉯ 25
㉰ 40　　㉱ 50

04 "주택건설기준 등에 관한 규정"에 관한 설명 중 (　　)에 적합한 것은? [기사 11.03.20]

도로(주택단지의 도로를 포함한다.) 및 주차장(지하, 필로티, 그 밖에 이와 비슷한 구조에 설치하는 주차장 및 차로는 제외한다.)의 경계선으로부터 공동주택의 외벽(발코니나 그 밖에 이와 비슷한 것을 포함한다. 이하 같다.)까지의 거리는 (　　)m 이상 띄워야 하며, 그 띄운 부분에는 식재 등 조경에 필요한 조치를 하여야 한다. 다만, 필로티에 설치된 보행용 도로에 사업계획승인권자가 인정하는 보행자 안전시설이 설치된 경우에는 그러하지 아니한다.

㉮ 1.5　　㉯ 2
㉰ 3.5　　㉱ 5

ANSWER

01 ㉮　02 ㉯　03 ㉱　04 ㉯

05 시설면적 15000m^2의 문화 및 집회시설이 상업지역에 있다. 주차장법 시행령에 명시된 주차대수 기준을 적용하면 부설 주차장에 설치하여야 하는 최소 주차대수는? [기사 11.06.12]

㉮ 50대 ㉯ 75대
㉰ 100대 ㉱ 150대

풀이 **부설주차장의 설치대상 시설물 종류 및 설치기준**

시설물	설치기준
1. 위락시설	• 시설면적 100m^2당 1대 (시설면적/100m^2)
2. 문화 및 집회시설(관람장 제외), 종교시설, 판매시설, 운수시설, 의료시설(정신병원·요양병원 및 격리병원은 제외), 운동시설(골프장·골프연습장 및 옥외수영장은 제외한다), 업무시설(외국공관 및 오피스텔은 제외한다), 방송통신시설 중 방송국, 장례식장	• 시설면적 150m^2당 1대 (시설면적/150m^2)
3. 제1종 근린생활시설	• 시설면적 200m^2당 1대 (시설면적/200m^2)
4. 단독주택 (다가구주택은 제외한다)	• 시설면적 50m^2 초과 150m^2 이하 : 1대 • 시설면적 150m^2 초과 : 1대에 150m^2를 초과하는 100m^2당 1대를 더한 대수 [1+{(시설면적-150m^2)/100m^2}]
5. 다가구주택, 공동주택 (기숙사는 제외한다), 업무시설 중 오피스텔	「주택건설기준 등에 관한 규정」 제27조 제1항에 따라 산정된 주차대수
6. 골프장, 골프연습장, 옥외수영장, 관람장	• 골프장 : 1홀당 10대 (홀의 수×10) • 골프연습장 : 1타석당 1대(타석의 수×1) • 옥외수영장 : 정원 15명당 1대(정원/15명) • 관람장 : 정원 100명당 1대(정원/100명)
8. 창고시설	시설면적 400m^2당 1대 (시설면적/400m^2)
9. 그 밖의 건축물	시설면적 300m^2당 1대 (시설면적/300m^2)

06 주차장법에 따라 일정 규모 이상의 노외주차장을 설치하여야 하는 단지조성사업에 해당하지 않는 것은? [기사 11.06.12]

㉮ 택지개발사업
㉯ 역세권개발사업
㉰ 도시재개발사업
㉱ 산업단지개발사업

풀이 **주차장법 제12조의3(단지조성사업등에 따른 노외주차장)**

택지개발사업, 산업단지개발사업, 도시재개발사업, 도시철도건설사업, 그 밖에 단지 조성 등을 목적으로 하는 사업

07 자전거도로의 종단경사가 4퍼센트 이상 5퍼센트 미만일 때 제한길이 기준은 얼마 이하인가? (단, 지형 상황 등으로 인하여 부득이하다고 인정되는 경우는 고려하지 않는다.) [기사 11.10.02]

㉮ 120m ㉯ 170m
㉰ 220m ㉱ 350m

풀이 **자전거 이용시설의 구조·시설 기준에 관한 규칙 제9조**

종단경사	제한길이
7퍼센트 이상	120m 이하
6퍼센트 이상 7퍼센트 미만	170m 이하
5퍼센트 이상 6퍼센트 미만	220m 이하
4퍼센트 이상 5퍼센트 미만	350m 이하
3퍼센트 이상 4퍼센트 미만	470m 이하

ANSWER 05 ㉰ 06 ㉯ 07 ㉱

08 다음 설명의 ( ) 안에 공통적으로 적용될 소음도 기준은? (단, 주택건설기준 등에 관한 규정을 적용한다.) [기사 11.10.02]

> 공동주택을 건설하는 지점의 소음도(실외소음도)가 ( ), 데시벨 이상인 경우에는 방음벽, 수림대 등의 방음시설을 설치하여 해당 공동주택의 건설지점의 소음도가 ( )데시벨 미만이 되도록 하여야 한다.

㉮ 30　㉯ 45
㉰ 50　㉱ 65

풀이 **주택건설기준 등에 관한 규정, 제2장 시설의 배치 등, 제9조(소음 등으로부터의 보호)**
공동주택을 건설하는 지점의 소음도(이하 "실외소음도"라 한다)가 65데시벨 이상인 경우에는 방음벽·수림대 등의 방음시설을 설치하여 해당 공동주택의 건설지점의 소음도가 65데시벨 미만이 되도록 하여야 한다.

09 다음 중 ①과 ②에 들어갈 것은? [기사 11.10.02]

> 도시개발구역을 지정하는 자는 환지(換地) 방식의 도시개발사업에 대한 개발계획을 수립하려면 환지방식이 적용되는 지역의 토지면적의 (①) 이상에 해당하는 토지 소유자와 그 지역의 토지 소유자 총수의 (②) 이상의 동의를 받아야 한다.

㉮ ① 2/3　② 1/2
㉯ ① 1/3　② 1/2
㉰ ① 1/2　② 1/2
㉱ ① 1/2　② 2/3

풀이 도시개발법 제4조 4항에 해당함

10 1875년 영국에서 불결한 도시주거환경을 제거하기 위해 새로이 건설되는 주택의 상하수도 시설과 정원 크기 및 주변 도로의 폭 등 주거환경기준을 규제하는 목적으로 제정된 법은? [기사 12.03.04]

㉮ 건축법(building code)
㉯ 공중위생법(public health act)
㉰ 단지조성법(site planning act)
㉱ 미관지구에 관한 법
(law of beautification district)

11 지역의 환경을 쾌적하게 조성하기 위하여 대통령령으로 정하는 용도와 규모의 건축물은 일반이 사용할 수 있도록 대통령령으로 정하는 기준에 따라 소규모 휴식시설 등의 공개 공지 또는 공개 공간을 의무적으로 설치하지 아니하여도 되는 곳은? (단, 건축법을 적용한다.) [기사 12.03.04]

㉮ 전용주거지역　㉯ 일반주거지역
㉰ 준주거지역　㉱ 준공업지역

12 주택건설기준 등에 관한규정에 제시되어 있지 않은 기준은? [기사 12.03.04]

㉮ 주택의 구조·설비
㉯ 주택의 재개발
㉰ 부대시설
㉱ 복리시설

ANSWER 08 ㉱ 09 ㉮ 10 ㉯ 11 ㉮ 12 ㉯

13 다음 중 "생태·경관보전지역"에 대한 설명으로 옳은 것은? [기사 12.03.04]

㉮ 생물다양성을 높이고 야생 동·식물의 서식지 간의 이동가능성 등 생태계의 연속성을 높이거나 특정한 생물종의 서식조건을 개선하기 위하여 조성하는 생물서식공간
㉯ 생물다양성이 풍부하여 생태적으로 중요하거나 자연경관이 수려하여 특별히 보전할 가치가 큰 지역으로서 환경부장관이 지정·고시하는 지역
㉰ 야생 동·식물의 서식지가 단절되거나 훼손 또는 파괴되는 것을 방지하고 생태계의 연속성 유지를 위하여 설치하는 인공 구조물·식생 등의 생태적 공간
㉱ 사람의 접근이 사실상 불가능하여 생태계의 훼손이 방지되고 있는 지역 중 군사상의 목적으로 이용되는 외에는 특별한 용도로 사용되지 아니하는 무인도

풀이 자연환경보전법 제2조

14 자연생태·경관보전지역의 관리, 생물다양성의 보전, 자연자산의 관리, 생태계보전협력금 등을 규정한 법규는? [기사 12.05.20]

㉮ 자연환경보전법
㉯ 환경정책기본법
㉰ 자연공원법
㉱ 국토의 계획 및 이용에 관한 법률

15 자전거 이용시설의 구조·시설 기준에 관한 규칙상의 자전거도로 설치에 관한 설명 중 옳지 않은 것은? [기사 12.05.20]

㉮ 자전거도로의 폭은 하나의 차로를 기준으로 1.5m 이상으로 한다. (다만, 지역상황 등에 따라 부득이하다고 인정되는 경우에는 1.2m 이상으로 할 수 있다.
㉯ 2% 미만의 경사도에 설계속도 20~30km/h를 가진 도로에서의 하향경사 정지시거는 20m이다.
㉰ 시속 30km의 설계속도를 가진 도로에서의 곡선반경은 27m 이상 두어야 한다.
㉱ 7% 이상의 종단경사를 가진 도로는 제한길이를 170m 이하로 유지하여야 한다.

풀이 7% 이상의 종단경사를 가진 도로는 제한길이를 120m 이하

16 도시계획 시설의 결정·구조 및 설치기준에 관한 규칙상 광장의 구조 및 설치기준에 대한 설명이 틀린 것은? [기사 12.05.20]

㉮ 경관광장에는 주민의 사교·오락·휴식 등을 위한 시설을 설치하여야 하며, 광장 인근에 당해 지역을 통과하는 교통량을 처리하기 위한 도로를 배치하지 아니할 것
㉯ 교차점광장에는 횡단보행자의 통행에 지장이 없는 시설을 설치하고, 「도로법」의 규정에 의한 도로부속물을 설치할 수 있도록 할 것
㉰ 교차점광장은 자동차의 설계속도에 의한 곡선반경 이상이 되도록 하여 교통처리가 원활히 이루어지도록 할 것
㉱ 역전광장 및 주요시설광장에는 이용자를 위한 보도·차도·택시정류장·버스정류장·휴식시설 등을 설치할 것

ANSWER 13 ㉯ 14 ㉮ 15 ㉱ 16 ㉮

풀이 도시계획 시설의 결정·구조 및 설치기준에 관한 규칙상〈경관광장〉

1. 주민의 휴식·오락 및 경관·환경의 보전을 위하여 필요한 경우에 하천, 호수, 사적지, 보존가치가 있는 산림이나 역사적·문화적·향토적 의의가 있는 장소에 설치할 것
2. 경관물에 대한 경관유지에 지장이 없도록 인근의 토지 이용현황을 고려할 것
3. 주민이 쉽게 접근할 수 있도록 하기 위하여 도로와 연결시킬 것

17 자전거 이용시설의 구조·시설 기준에 관한 규칙상 자전거 도로의 폭은 하나의 차로 기준으로 몇 m 이상으로 하는가? (단, 지역 상황 등에 따라 부득이하다고 인정되는 경우는 제외한다) [기사 12.09.15]

㉮ 1.25m ㉯ 1.5m
㉰ 1.95m ㉱ 3.0m

18 우리나라 국립공원 중 해안 및 해상을 주제로 지정된 국립공원은 몇 개소인가? [기사 12.09.15]

㉮ 2개소 ㉯ 3개소
㉰ 4개소 ㉱ 5개소

풀이 한려해상 국립공원, 태안해안, 다도해상, 변산반도

19 대통령령이 정하는 규모 이상의 개발계획을 수립하는 자는 도시공원 또는 녹지의 확보계획을 개발계획에 포함하여야 하는바, 다음 개발계획의 규모별 공원 및 녹지의 확보기준으로 맞는 것은? [기사 13.03.10]

㉮ 「도시개발법」에 의한 1만m^2 이상 30만m^2 미만의 개발계획은 상주인구 1인당 $2m^2$ 이상 또는 부지면적의 10% 이상 중 큰 면적
㉯ 「주택법」에 의한 1천세대 이상의 주택건설사업계획은 1세대당 $2m^2$ 이상 또는 부지면적의 5% 이상 중 큰 면적
㉰ 「도시 및 주거환경정비법」에 의한 5만m^2 이상의 정비계획은 1세대당 $2m^2$ 이상 또는 부지면적의 5% 이상 중 큰 면적
㉱ 「택지개발촉진법」에 의한 10만m^2 이상 30만m^2 미만의 개발계획은 상주인구 1인당 $3m^2$ 이상 또는 부지면적의 10% 이상 중 큰 면적

20 습지보전법 시행규칙상 습지보호지역 중 4분의1 이상에 해당하는 면적의 습지를 불가피하게 훼손하게 되는 경우 당해 습지보호지역 중 존치해야 하는 기준은? [기사 13.03.10]

㉮ 지정 당시의 습지보호지역 면적의 2분의 1 이상
㉯ 지정 당시의 습지보호지역 면적의 3분의 1 이상
㉰ 지정 당시의 습지보호지역 면적의 4분의 1 이상
㉱ 지정 당시의 습지보호지역 면적의 10분의 1 이상

ANSWER 17 ㉯ 18 ㉰ 19 ㉰ 20 ㉮

Part 2 조경계획

21 **체육시설업의 종류에 따른 필수 운동시설 기준으로 틀린 것은?** (단, 체육시설의 설치·이용에 관한 법률 시행규칙을 적용한다.) [기사 13.06.02]

㉮ 골프장업 : 회원제 골프장업은 3홀 이상, 정규 대중골프장업은 18홀 이상, 일반 대중골프장업은 9홀 이상 18홀 미만, 간이 골프장업은 3홀 이상 9홀 미만의 골프코스를 갖추어야 한다.

㉯ 수영장업 : 물의 깊이는 0.9m 이상 2.7m 이하로 하고, 수영조의 벽면에 일정한 거리 및 수심 표시를 하여야 한다.

㉰ 스키장업 : 평균 경사도가 10도 이하인 초보자용 슬로프를 2면 이상 설치하여야 한다.

㉱ 승마장업 : 실내 또는 실외 마장면적은 $500m^2$ 이상이어야 하고, 실외 마장은 0.8m 이상의 목책을 설치하여야 한다.

풀이 **체육시설업 설치기준 참고**

- 스키장업 : 평균 경사도가 7도 이하인 초보자용 슬로프를 1면 이상 설치하여야 한다.

22 **도시·군계획 시설의 결정·구조 및 설치기준에 관한 규칙에서 정하고 있는 용도지역별 도로율 기준으로 틀린 것은?** [기사 13.06.02]

㉮ 주거지역 : 20퍼센트 이상 30퍼센트 미만

㉯ 녹지지역 : 5퍼센트 이상 15퍼센트 미만

㉰ 상업지역 : 25퍼센트 이상 35퍼센트 미만

㉱ 공업지역 : 10퍼센트 이상 20퍼센트 미만

풀이 도시·군계획 시설의 결정·구조 및 설치기준에 관한 규칙에서는 용도지역별 도로율을 녹지지역은 제외한 주거지역, 상업지역, 공업지역만 지정하고 있음.

23 **도시·군계획 시설의 결정·구조 및 설치기준에 관한 규칙상 도시지역 외의 지역에 설치하는 청소년수련시설의 구조 및 설치기준으로 올바른 것은?** [기사 13.09.28]

㉮ 산지에 건축물을 배치하는 경우 평균 경사도가 35도 이하이고 표고가 산자락 하단을 기준으로 100m 이하인 지역으로 할 것

㉯ 건축물은 가급적 외부로부터 격리되어 아늑하고 위요된 지역에 설치할 것

㉰ 건축물의 길이는 경사도가 15도 이상인 산지에서는 50m 이내로 하고, 그 밖의 지역에서는 100m 이내로 할 것

㉱ 경사도가 15도 이상인 산지에 건축물 등을 2 이상 설치하는 경우에는 경관·조망권 등의 확보를 위하여 길이가 긴 것을 기준으로 그 길이의 5분의 1 이상을 이격하도록 할 것

풀이 **도시·군 계획 시설의 결정·구조 및 설치기준에 관한 규칙**

제114조(청소년수련시설의 구조 및 설치기준)

㉮ 도시지역 외의 지역에 설치하는 청소년수련시설의 구조 및 설치기준은 다음 각 호와 같다. 〈개정 2012.10.31〉

1. 산지에 건축물을 배치하는 경우 평균 경사도가 25도 이하이고 표고가 산자락 하단을 기준으로 250m 이하인 지역으로 할 것
2. 기존 지형을 고려하여 건축물을 배치하고, 양호한 조망을 확보할 수 있도록 할 것
3. 건축물의 길이는 경사도가 15도 이상인 산지에서는 100m 이내로 하고, 그 밖의 지역에서는 150m 이내로 할 것
4. 경사도가 15도 이상인 산지에 건축물 등을 2 이상 설치하는 경우에는 경관·조망권 등의 확보를 위하여 길이가 긴 것을 기준으로 그 길이의 5분의 1 이상을 이격하도록 할 것
5. 제1호·제3호 및 제4호의 기준을 적용함에 있어 경사도 및 표고는 원지형을 기준으로 산정할 것

ANSWER 21 ㉰ 22 ㉯ 23 ㉱

24 우리나라에서는 용도지역별 도로율은 『도시교통정비 촉진법』에 따른 교통영향분석·개선대책, 건축물의 용도·밀도, 주택의 형태 및 지역여건에 따라 적절히 증감할 수 있다. 다음 중 『주거지역』의 도로율은 얼마를 기준으로 하는가? [기사 13.09.28]

㉮ 10퍼센트 이상~20퍼센트 미만
㉯ 15퍼센트 이상~25퍼센트 미만
㉰ 20퍼센트 이상~30퍼센트 미만
㉱ 25퍼센트 이상~35퍼센트 미만

풀이 **도시계획 시설의 결정·구조 및 설치기준에 관한 규칙**
제11조(용도지역별 도로율)
㉮ 용도지역별 도로율은 다음 각 호의 구분에 따르며, 「도시교통정비 촉진법」 제15조에 따른 교통영향분석·개선대책, 건축물의 용도·밀도, 주택의 형태 및 지역여건에 따라 적절히 증감할 수 있다.
1. 주거지역 : 20% 이상 ~ 30% 미만(주간선도로 10% 이상 ~ 15% 미만)
2. 상업지역 : 25% 이상 ~ 35% 미만(주간선도로 10% 이상 ~ 15% 미만)
3. 공업지역 : 10% 이상 ~ 20% 미만(주간선도로 5% 이상 ~ 10% 미만)

25 다음 중 자연환경보전법에 의한 자연경관영향의 협의가 이루어지는 지역에 해당되지 않는 것은? (단, 해당하는 지역으로부터 대통령령이 정하는 거리 이내의 지역에서의 개발사업 등) [기사 14.03.02]

㉮ 생태·경관보전지역
㉯ 자연공원법의 규정에 의한 자연공원
㉰ 습지보전법의 규정에 의하여 지정된 습지보호지역
㉱ 문화재보호법상의 천연기념물보호지역

풀이 자연환경보전법 제28조(자연경관영향의 협의 등)
다음 각목의 어느 하나에 해당하는 지역으로부터 대통령령이 정하는 거리 이내의 지역에서의 개발사업 등에 있어서 환경부장관 또는 지방환경관서의 장과 협의하여야 한다.
가. 자연공원법 제2조제1호의 규정에 의한 자연공원
나. 습지보전법 제8조의 규정에 의하여 지정된 습지보호지역
다. 생태·경관보전지역

26 「주택건설기준 등에 관한 규정」에서는 공동주택 단지 조경시설에 대한 시설 기준을 제시하고 있다. 본 규정에서 조경하고자 하는 부분의 지하에 주차장 등 지하구조물이 설치된 경우 최소 식재 토층을 조성하도록 규정하고 있는데, 이는 몇 m(m)인가? [기사 14.03.02]

㉮ 0.5m ㉯ 0.7m
㉰ 0.9m ㉱ 1.2m

풀이 **주택건설기준 등에 관한 규정 제29조(조경시설 등)**
조경을 하고자 하는 부분의 지하에 주차장 등 지하구조물을 설치하는 경우에는 식재에 지장이 없도록 두께 0.9m 이상의 토층을 조성하여야 한다.

27 주택법상 장기수선계획의 설명 중 각 호의 조건에 해당되는 것은? [기사 14.03.02]

> 다음 각 호의 어느 하나에 해당하는 공동주택을 건설·공급하는 사업주체 또는 리모델링을 하는 자는 대통령령으로 정하는 바에 따라 그 공동주택의 공용부분에 대한 장기수선계획을 수립하여 사용검사를 신청할 때에 사용검사권자에게 제출하고, 사용검사권자는 이를 그 공동주택의 관리주체에게 인계하여야 한다.

㉮ 200세대 이상의 공동주택
㉯ 200세대 이상의 지역난방식 난방방식의 공동주택

ANSWER 24 ㉰ 25 ㉱ 26 ㉰ 27 ㉱

㉰ 지역난방식 난방방식의 공동주택
㉱ 승강기가 설치된 공동주택

풀이 주택법 제47조(장기수선계획)

다음 각 호의 어느 하나에 해당하는 공동주택을 건설·공급하는 사업주체 또는 리모델링을 하는 자는 대통령령으로 정하는 바에 따라 그 공동주택의 공용부분에 대한 장기수선계획을 수립하여 제29조에 따른 사용검사를 신청할 때에 사용검사권자에게 제출하고, 사용검사권자는 이를 그 공동주택의 관리주체에게 인계하여야 한다. 이 경우 사용검사권자는 사업주체 또는 리모델링을 하는 자에게 장기수선계획의 보완을 요구할 수 있다.〈개정 2013.6.4., 2013.12.24.〉

1. 300세대 이상의 공동주택
2. 승강기가 설치된 공동주택
3. 중앙집중식 난방방식 또는 지역난방방식의 공동주택
4. 「건축법」 제11조에 따른 건축허가를 받아 주택 외의 시설과 주택을 동일 건축물로 건축한 건축물

28 자연환경보전법상의 자연유보지역의 설명 중 ( ) 안에 적합한 숫자는? [기사 14.03.02]

> 사람의 접근이 사실상 불가능하여 생태계의 훼손이 방지되고 있는 지역 중 군사상의 목적으로 이용되는 외에는 특별한 용도로 사용되지 아니하는 무인도로서 대통령이 정하는 지역과 관할권이 대한민국에 속하는 날로부터 ( )년간의 비무장지대를 말한다.

㉮ 2　　㉯ 4
㉰ 5　　㉱ 10

풀이 자연환경보전법 제2조 정의 자연유보지역

사람의 접근이 사실상 불가능하여 생태계의 훼손이 방지되고 있는 지역 중 군사상의 목적으로 이용되는 외에는 특별한 용도로 사용되지 아니하는 무인도로서 대통령령이 정하는 지역과 관할권이 대한민국에 속하는 날부터 2년간의 비무장지대를 말한다.

29 주택건설기준 등에 관한 규정에서 공동주택을 건설하는 주택단지의 대지안에 확보하여야 하는 녹지면적의 비율은 얼마 이상으로 조치하여야 하는가? [기사 14.05.25]

㉮ 20/100　　㉯ 30/100
㉰ 40/10　　㉱ 5/10

풀이 주택건설기준에 관한 규정 29조

공동주택 건설하는 주택단지의 대지안에 확보하여야 하는 녹지면적의 비율은 30/100 이상이어야 한다.

30 생물다양성을 증진시키고 생태계 기능을 연속성을 위하여 생태적으로 중요한 지역 또는 생태적 기능의 유지가 필요한 지역을 연결하는 생태적 서식공간을 무엇이라고 하는가? [기사 14.05.25]

㉮ 생태축　　㉯ 생태통로
㉰ 생태경관보전지역　　㉱ 자연유보지역

풀이 자연환경보전법 제2조 정의

① 생태축 : 생물다양성을 증진시키고 생태계 기능의 연속성을 위하여 생태적으로 중요한 지역 또는 생태적 기능의 유지가 필요한 지역을 연결하는 생태적 서식공간을 말한다.
② 생태통로 : 도로·댐·수중보(水中洑)·하구언(河口堰) 등으로 인하여 야생동·식물의 서식지가 단절되거나 훼손 또는 파괴되는 것을 방지하고 야생동·식물의 이동 등 생태계의 연속성 유지를 위하여 설치하는 인공 구조물·식생 등의 생태적 공간을 말한다.
③ 생태경관보전지역 : 생물다양성이 풍부하여 생태적으로 중요하거나 자연경관이 수려하여 특별히 보전할 가치가 큰 지역으로서 환경부장관이 지정·고시하는 지역을 말한다.
④ 자연유보지역 : 사람의 접근이 사실상 불가능하여 생태계의 훼손이 방지되고 있는 지역중 군사상의 목적으로 이용되는 외에는 특별한 용도로 사용되지 아니하는 무인도로서 대통령령이 정하는 지역과 관할권이 대한민국에 속하는 날부터 2년간의 비무장지대를 말한다.

ANSWER
28 ㉮　29 ㉯　30 ㉮

31 다음 중 노외주차장인 주차전용건축물의 건폐율, 용적률, 대지면적의 최소한도 및 높이 제한 등 건축제한에 대한 기준으로 틀린 것은? [기사 14.05.25]

㉮ 건폐율 : 100분의 90 이하

㉯ 용적률 : 1,000퍼센트 이하

㉰ 대지면적의 최소한도 : $45m^2$ 이상

㉱ 대지가 너비 12m 미만의 도로에 접하는 경우 : 건축물의 각 부분의 높이는 그 부분으로부터 대지에 접한 도로의 반대쪽 경계선까지의 수평거리의 3배

풀이 **주차장법 제12조의2(다른 법률과의 관계)**

노외주차장인 주차전용건축물의 건폐율, 용적률, 대지면적의 최소한도 및 높이 제한 등 건축 제한에 대하여는 다음 각 호의 기준에 따른다.

① 건폐율 : 100분의 90 이하

② 용적률 : 1천500퍼센트 이하

③ 대지면적의 최소한도 : $45m^2$ 이상

④ 높이 제한 : 다음 각 목의 배율 이하

가. 대지가 너비 12m 미만의 도로에 접하는 경우 : 건축물의 각 부분의 높이는 그 부분으로부터 대지에 접한 도로(대지가 둘 이상의 도로에 접하는 경우에는 가장 넓은 도로를 말한다. 이하 이 호에서 같다)의 반대쪽 경계선까지의 수평거리의 3배

나. 대지가 너비 12m 이상의 도로에 접하는 경우 : 건축물의 각 부분의 높이는 그 부분으로부터 대지에 접한 도로의 반대쪽 경계선까지의 수평거리의 36/도로의 너비(m를 단위로 한다)배. 다만, 배율이 1.8배 미만인 경우에는 1.8배로 한다.

32 도시·군계획 시설의 결정·구조 및 설치기준에 관한 규칙상 용도지역별 도로율 기준이 틀린 것은? (단, 주간선도로의 도로율은 제외한다.) [기사 14.05.25]

㉮ 주거지역 : 20% 이상 30% 미만

㉯ 상업지역 : 25% 이상 35% 미만

㉰ 공업지역 : 10% 이상 20% 미만

㉱ 녹지지역 : 5% 이상 15% 미만

풀이 **도시·군 계획 시설의 결정·구조 및 설치기준에 관한 규칙 제11조(용도지역별 도로율)**

① 주거지역 : 20퍼센트 이상 30퍼센트 미만. 이 경우 주간선도로의 도로율은 10퍼센트 이상 15퍼센트 미만이어야 한다.

② 상업지역 : 25퍼센트 이상 35퍼센트 미만. 이 경우 주간선도로의 도로율은 10퍼센트 이상 15퍼센트 미만이어야 한다.

③ 공업지역 : 10퍼센트 이상 20퍼센트 미만. 이 경우 주간선도로의 도로율은 5퍼센트 이상 10퍼센트 미만이어야 한다.

3개 항목만 있으며, 녹지지역은 규정이 없음!

33 유원시를 설치하고 관리하는 상세한 내용을 규정하고 있는 것은? [기사 14.05.25]

㉮ 국토기본법

㉯ 자연공원법

㉰ 도시공원 및 녹지 등에 관한 법률

㉱ 도시·군계획 시설의 결정·구조 및 설치기준에 관한 규칙

풀이 **도시·군 계획 시설의 결정 구조 및 설치기준에 관한 규칙(범위)**

교통시설(철도, 공항, 자동차정류장 등), 공간시설(광장, 유원지, 공공공지 등), 유통 및 공급시설(전기, 수도, 가스, 열, 시장), 공공·문화체육시설(학교, 운동장, 공공청사, 문화시설, 체육시설, 청소년수련시설 등), 방재시설(하천, 유수지, 저수지, 사방설비 등) 등

ANSWER
31 ㉯ 32 ㉱ 33 ㉱

34 자연환경보전기본계획의 시행 관련 설명 중 (   ) 안에 알맞은 것은?

[기사 14.09.20]

- 환경부장관은 관련 규정에 의하여 자연환경보전기본계획을 확정한 때에는 이를 지체 없이 관계 중앙행정기관의 장 및 시·도지사에게 통보하여야 한다.
- 환경부장관은 자연환경보전기본계획의 시행성과를 (   )마다 정기적으로 분석·평가하고 그 결과를 자연환경보전정책에 반영하여야 한다.

㉮ 6개월　　㉯ 1년
㉰ 2년　　㉱ 3년

풀이 자연환경보전법 제10조 참조
2년마다 정기적으로 분석·평가한다.

35 시설물의 설치 및 부지면적의 제한과 관련된 다음 설명 중 (   ) 안에 들어갈 각각의 내용으로 부적합한 것은? (단, 체육시설의 설치·이용에 관한 법률 시행령 적용)

[기사 14.09.20]

골프연습장업(실외 골프연습장만 해당)의 골프연습장 부지면적은 타석 면적과 (㉮)를/을 설치한 토지면적을 합한 면적의 (㉯)의 면적을 초과할 수 없다. 다만, 골프코스를 설치하는 경우에는 골프코스 (㉰)마다 (㉱)을/를 추가할 수 있고, 피칭 및 퍼팅 연습용 코스를 설치하는 경우에는 이에 해당하는 면적을 추가할 수 있다.

㉮ 보호망　　㉯ 2배
㉰ 2홀　　㉱ $13000m^2$

풀이 체육시설의 설치·이용에 관한 법률 시행령 제 8조 부지면적 제한
골프연습장의 부지면적은 타석면적과 (보호망)을 설치한 토지면적을 합한 면적의 (2배)의 면적을 초과할 수 없다. 다만, 골프코스를 설치하는 경우에는 골프코스 (1홀)마다 (1만3천 m^2)를 추가할 수 있고, 피칭 및 퍼팅 연습용 코스를 설치하는 경우에는 이에 해당하는 면적을 추가할 수 있다.

36 다음 중 녹화계약의 체결 시 정하여야 하는 내용에 해당하지 않는 것은?

[기사 14.09.20]

㉮ 녹화지역의 토양에 관한 사항
㉯ 도시녹화의 관리기간에 관한 사항
㉰ 심어 가꾸는 수목 등의 종류·수 및 장소에 관한 사항
㉱ 묘목 등 도시녹화재료의 소유권 및 권리에 관한 사항

풀이 도시공원 및 녹지 등에 관한 법률 시행령 제 11조 녹화계약의 체결기준
녹화계약을 체결하는 때에는 다음 각 호 중 필요한 사항을 정하여야 한다.
1. 심어 가꾸는 수목 등의 종류·수(數) 및 장소에 관한 사항
2. 심어 가꾸는 수목 등의 관리에 관한 사항
3. 도시녹화의 관리기간에 관한 사항
4. 녹화계약의 변경 또는 해지에 관한 사항
5. 녹화계약에 위반한 경우의 조치 등에 관한 사항
6. 묘목 등 도시녹화재료의 제공 및 행정적·재정적 지원 등 도시녹화에 필요한 지원에 관한 사항
7. 녹화계약지역의 경계표시 등에 관한 사항
8. 묘목 등 도시녹화재료의 소유권 및 권리에 관한 사항
9. 그 밖에 특별시장·광역시장·특별자치시장·특별자치도지사·시장 또는 군수가 필요하다고 인정하는 사항

ANSWER 34 ㉰ 35 ㉰ 36 ㉮

37 **건축법상 면적이 $200m^2$ 이상인 대지에 건축을 하는 건축주는 용도지역 및 건축물의 규모에 따라 당해 지방자치단체의 조례가 정하는 기준에 따라 대지에 조경이나 그 밖에 필요한 조치를 하여야 한다. 다음 중 건축물에 대하여 조경 등의 조치를 하지 아니할 수 있는 경우에 해당하지 않는 것은?** [기사 14.09.20]

㉮ 축사
㉯ 녹지지역에 건축하는 건축물
㉰ 면적 5천 m^2 미만인 대지에 건축하는 공장
㉱ 연면적의 합계가 1천$500m^2$ 미만인 상업지역의 물류시설로서 국토교통부령으로 정하는 것

풀이 **건축법 제42조 대지의 조경**

면적이 $200m^2$ 이상인 대지에 건축을 하는 건축주는 용도지역 및 건축물의 규모와 해당 지방자치단체의 조례로 정하는 기준에 따라 대지에 조경이나 그 밖에 필요한 조치를 하여야 한다. 다음의 경우 조경 등의 조치를 하지 아니할 수 있다.

1. 녹지지역에 건축하는 건축물
2. 면적 5천m^2 미만인 대지에 건축하는 공장
3. 연면적의 합계가 1천$500m^2$ 미만인 공장
4. 「산업집적활성화 및 공장설립에 관한 법률」에 따른 산업단지의 공장
5. 대지에 염분이 함유되어 있는 경우 또는 건축물 용도의 특성상 조경 등의 조치를 하기가 곤란하거나 조경 등의 조치를 하는 것이 불합리한 경우로서 건축조례로 정하는 건축물
6. 축사
7. 법 제20조제1항에 따른 가설건축물
8. 연면적의 합계가 1천$500m^2$ 미만인 물류시설(주거지역 또는 상업지역에 건축하는 것은 제외한다)로서 국토교통부령으로 정하는 것
9. 「국토의 계획 및 이용에 관한 법률」에 따라 지정된 자연환경보전지역·농림지역 또는 관리지역(지구단위계획구역으로 지정된 지역은 제외한다)의 건축물
10. 다음 각 목의 어느 하나에 해당하는 건축물 중 건축조례로 정하는 건축물
   가. 「관광진흥법」에 따른 관광단지에 설치하는 관광시설
   나. 「관광진흥법 시행령」에 따른 전문휴양업의 시설 또는 같은 호 나목에 따른 종합휴양업의 시설
   다. 「국토의 계획 및 이용에 관한 법률 시행령」에 따른 관광·휴양형 지구단위계획구역에 설치하는 관광시설
   라. 「체육시설의 설치·이용에 관한 법률 시행령」에 따른 골프장

ANSWER 37 ㉱

MEMO

part 3

조경설계

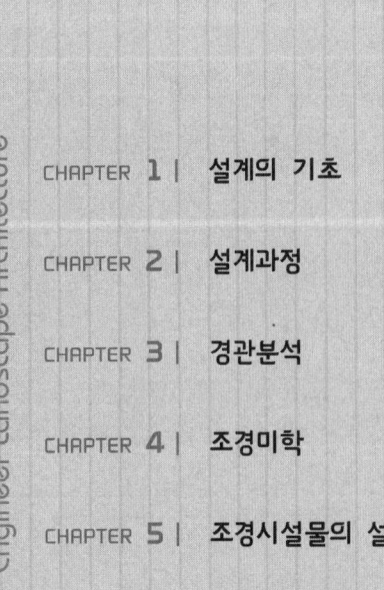

Engineer Landscape Architecture

CHAPTER 1

설계의 기초

1 선

★★★★ 1 선의 종류와 용도

① **실선** : 외형선이나 단면선인 전선과 설명 보조선, 치수선, 지시선에 사용되는 가는 선
   ㉠ 태선(굵은선) : 0.6~0.8mm, 큰 도면의 외곽선, 특별한 그래픽 강조, 건물의 외곽선, 단면선, 식생 등
   ㉡ 중선(중간선) : 0.2~0.6mm, 작은 규모의 단면선, 내부의 단면선, 디자인 요소 등
   ㉢ 세선(가는선) : 0.2mm, 문자보조선, 레터링 보조선, 치수선, 인출선 등
② **파선** : 숨은선이나 등고선에 사용. 전선의 1/2
③ **일점쇄선** : 중심선, 물체의 대칭축, 절단선으로 사용
④ **이점쇄선** : 가상선, 경계선으로 사용

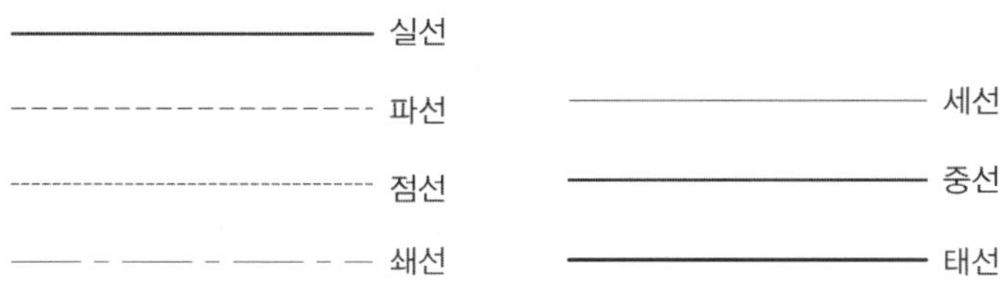

• 선의 종류 •　　• 실선의 종류 •

2 제도용구를 사용한 선 그리기

① 선 긋는 방향은 왼쪽에서 오른쪽, 아래에서 위로 긋는다.
② 선을 처음 시작할 때는 긋고자 하는 길이를 생각해 두고 긋는다.
③ 선은 일관성과 통일성을 가져야 하며, 같은 목적으로 사용되는 선의 굵기와 진하기는 같게 한다.
④ 선은 처음부터 끝나는 부분까지 일정한 힘으로 긋는다.
⑤ 선의 연결과 교차부분은 정확히 만나거나 약간 지나가도록 그린다.

2 치수선의 사용

1 치수선 표기 방법

① 단위는 mm가 원칙이며, 다른 단위를 쓸 경우는 반드시 명시하여 줄 것
② 필요한 치수가 누락되지 않도록 하고 바르고 명확히 기입
③ 오차 방지를 위해 가능한 도형 밖에 치수보조선 그어 인출할 것
④ 치수선이 수평이면 치수선 상단에 왼쪽에서부터 글을 쓰고, 치수선이 수직이면 치수선 왼쪽에 글을 쓰며, 아래에서 위로 읽도록 글을 쓴다.
⑤ 치수선(실선)과 치수보조선(실선 혹은 세선)은 직각이 되도록 한다.

2 치수선의 용도와 종류

① **치수선** : 가는 실선으로 치수보조선과 직각으로 긋는다.
② **치수보조선** : 실선 혹은 세선으로 치수선을 긋기 위해 도형 밖으로 인출한 선

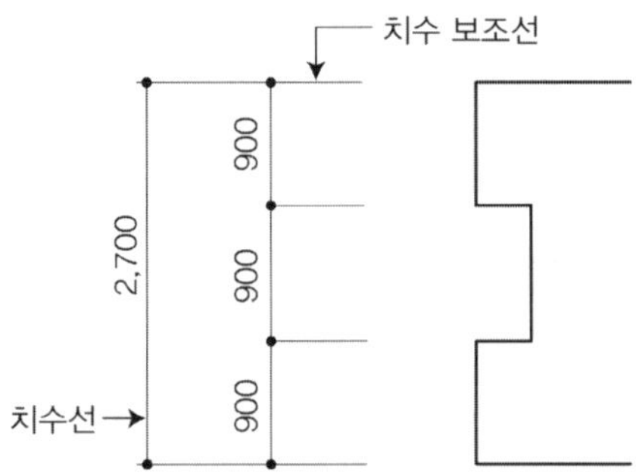

3 인출선

① **정의** : 그림 자체에 기재할 수 없을 때 인출하여 사용하는 선
② **용도** : 주로 조경 수목을 기입하기 위해 많이 사용
③ **방법**
㉠ 세선으로 명료하면서 끝부분 마무리 처리가 잘 되어야 함
㉡ 인출선의 수평부분의 길이는 기입사항의 길이와 맞추는 것이 좋다.
㉢ 인출선의 방향 기울기를 통일하는 것이 보기 좋다.
㉣ 인출선끼리의 교차는 피하며, 동일도면에서는 동일한 굵기, 질이 되도록 함

3 설계기호 및 표현기법

1 설계기호

① 조경소재표시

	축척		수로		인조석
	경계선		철도		흙
	공사구분선		궤도		자갈
M 104.00	등고선		침엽수		호박돌
	기존수림지		광엽수		콘크리트
	기존독립수목		특수수		목재
	수목식재지		포기물		정자
	피토(皮土) 식재지		침엽수기식		야외탁자
	가로수		광엽수기식		벤치
	생나무울타리		포기물기식		대형4인용그네
	화단		덩굴식물		2줄시소
	건설예정건물		수성식물		안전그네
	기존건물		잔디		미끄럼대
	옥외조명등		축산(築山)		회전미끄럼대
	주차장		문책(門柵)		대형파동회전탑
	간선도로		담		5틀5단 정글짐
	보조도로		용벽		4탑식 캐슬짐

② 구조재 마감표시

	벽일반		벽돌일반		블럭벽
	철재		콘크리트 및 철근콘크리트		철골

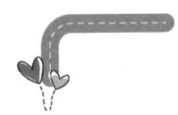

	지반		잡석	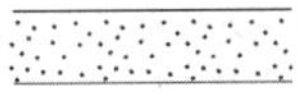	자갈 및 모래
	석재	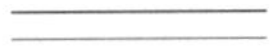	바르기 마감	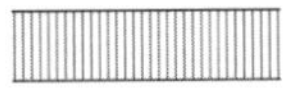	보온, 흡음재, 차단재
	벽일반		타일 및 테라코타	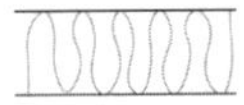	차단재
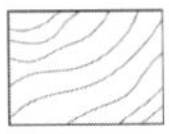	치장재	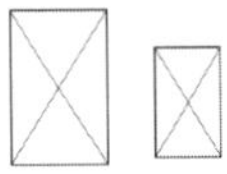	구조재 부조구조재	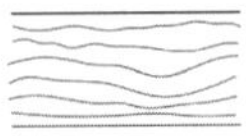	합판

2 설계의 표현기법

① **손으로 제도한 도면** : 각종 평면도, 단면도, 투시도 등을 제도하여 다양한 칼라재료를 사용해 컬러화하여 도면으로 제작하여 표현으로 가장 기본적인 기법

② **컴퓨터를 사용한 도면** : CAD, Photoshop, Illustrator, Sketchup, GIS 등의 다양한 프로그램들을 사용하여 컴퓨터의 다양한 색감을 이용하여 도면을 작성하고, 분석하여 표현하며, 동영상과 같이 실지로 움직이면서 공간을 볼 수 있게 하는 시뮬레이션으로 표현 가능함. 현재 많은 방법들이 연구되고 널리 사용하고 있는 방법

③ **모델링** : 실제 형상을 축소하여 모형을 만들어 현실감 있는 시뮬레이션

4 기타 제도사항

1 제도에 사용되는 문자

① 도면에서 선으로만 모든 내용을 표현하는 데 한계가 있으므로 문자, 기호의 표현을 사용

② 필요한 설명만 문자와 기호를 사용해 표현

③ 읽기 쉽고, 이해하기 좋고, 착오나 누락이 없도록 함

④ 문자의 크기, 굵기, 진한 정도 등이 고르게 하고 보조선을 사용하여 도면의 체제에 일관성 있도록 작성

2 제도 척도

① **정의** : 실물에 대한 도면의 크기의 비를 척도(scale)라 함

② 조경도면에서의 관용축척

도면종류	축척	설명
배치도	1/200~1/600	규모에 따라 달라짐
평면도	1/100~1/300	주택정원은 대체로 1/100정도
입면도	1/100~1/300	가능한 평면도와 같은 축척이 바람직
단면도	1/100~1/300	평면도와 같은 축척이면서 규모에 따라 달라짐
상세도	1/40 이상	

③ 요령

㉠ 도면마다 축척을 기입하되 같은 도면 내 다른 축척이 있을 시는 각각 명시한다.

㉡ 작은 축척일 경우 막대바에 의한 축척표시법이 이해를 쉽게 도와줌

㉢ 스케일에 맞지 않는 스케치 같은 경우는 non scale을 표시해 줌

3 제도용구 및 필기용 도구

① **제도판** : 특대판 120cm×90cm, 대판 105cm×75cm, 중판 90cm×60cm, 소판 60cm×45cm가 있으며, 조경용으로는 도면이 큰 것이 많아 특대판, 대판을 많이 사용함

② **제도대** : 제도판을 올려놓는 대로서 높이와 경사를 조절할 수 있도록 되어 있음

③ **제도용자**

㉠ T자 : 평행선을 긋는 데 사용하는 것으로 굽지 않고 견고하고 정확한 것이어야 함. 120, 105, 90, 75, 60, 45cm 종류가 있으며 제도판의 규격과 맞추어 사용함

㉡ 삼각자 : 수직방향의 직선과 45도, 60도, 30도의 각도를 긋는 데 사용

㉢ 곡선용자

ⓐ 운형자 : 불규칙한 곡선을 그을 때 사용

ⓑ 곡선자 : 원호자라고도 하며 다양한 원호의 형태로 되어 있음

ⓒ 자재곡선자 : 마음대로 구부려서 사용

ⓓ 템플릿 : 다양한 크기의 원과 삼각형 등 구멍이 뚫린 자로 필요한 도형을 그릴 수 있다.

㉣ 삼각스케일 : 축척에 맞추어 길이를 재는 것으로 각 변에 1/100~ 1/600까지의 눈금이 그려져 있어 각 축척에 맞추어 사용함

④ **제도용지**

㉠ 원도용지 : 켄트지, 도화지, 모조지 등으로 켄트지는 연필, 잉킹제도에 적합

㉡ 투사용지

ⓐ 트레이싱 페이퍼 : 가장 보편적인 것으로 다양한 두께의 여러 종류가 있으며 투과성이 좋아 연필, 잉킹제도에 적합하나 습기에 약해 수축이 잘 일어남

ⓑ 트레이싱클로스 : 원도를 장기간 보관할 때 사용하며 연필보다는 잉킹이 적합하며 가격이 비싼 단점

⑤ 필기용 도구

㉠ 연필 : 심의 무른 정도에 따라 9H ~ H, F, HB, B ~ 6B순이며, B쪽으로 갈수록 진하고 무른 것임. B, HB, F, H, 2H를 가장 많이 사용하며 선의 굵기와 진하기에 따라 선택하여 사용

㉡ 잉킹 : 만년필, 로터링 등 잉크제도를 위한 것으로 다양한 굵기로 선택해 사용할 수 있음

4 도면의 크기와 윤곽

① 실제 도면의 내용과 크기는 종이의 크기보다 작음

② **도면 표제란** : 일정한 곳에 표제란을 통일시켜 공사명칭, 도면명칭, 축척, 도면번호, 설계자명, 제도년월일, 제작회사명 등을 기재함

③ **윤곽선** : 상, 하, 우는 일정하게 1cm 여유를 두며, 왼쪽부분은 도면의 철을 위해 2.5cm 여유를 두고 윤곽선을 그림

CHAPTER 01 설계의 기초

실전연습문제

01 KS표준에 의한 A0용지의 크기에 해당하는 것은? [기사 11.03.20]

㉮ 594×841mm ㉯ 841×1189mm
㉰ 1189×1090mm ㉱ 1090×1200mm

02 일반적으로 조경설계에서 사용되는 축척에 대한 설명으로 틀린 것은? [기사 11.03.20]

㉮ 축척이란 실물 크기가 도면상에 나타날 때의 비율이다.
㉯ 축척은 대지의 규모나 도면의 종류에 따라 달라진다.
㉰ 일반적으로 어린이공원 계획평면도는 세밀한 표현이 가능한 1/400～1/1,000 축척을 사용한다.
㉱ 일반적으로 상세고에서는 1/10～1/50 축척을 사용한다.

풀이 ㉰ 세밀한 표현은 1/100 ~ 1/200 정도여야 한다.

03 조경식재설계 도면에서 인출선을 뽑아서 표기하는 내용이 아닌 것은? [기사 11.06.12]

㉮ 수목 주수 ㉯ 수종명
㉰ 수종 규격 ㉱ 수종 성상

풀이 $\frac{3 \cdot \text{소나무}}{H2.0 \times W1.5} = \frac{\text{수목주수} \cdot \text{수종명}}{\text{수종규격}}$

04 단면의 표시기호 중 지반면(흙)을 나타낸 것은? [기사 11.06.12]

㉮  ㉯ 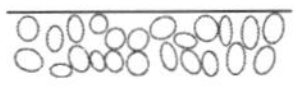
㉰  ㉱ 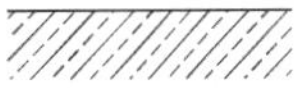

05 등고선 간격(수직거리)이 50m일 때 경사도가 20%이면, 축척(縮尺) 1 : 25,000인 지도상에서 등고선 간의 평면거리(수평거리)는? [기사 11.10.02]

㉮ 0.5cm ㉯ 1cm
㉰ 2cm ㉱ 3cm

풀이 수직거리/수평거리×100 = 경사도
50/L×100 = 20%
따라서 L = 250(m)
1 : 25,000 지도상이므로
25,000(cm)/25,000 = 1(cm)

06 A0 제도용지의 가로(장변)와 세로(단변)의 비는? [기사 11.10.02]

㉮ 정수비 ㉯ 루트비
㉰ 피보나치비 ㉱ 등차비

풀이 **루트비**
1.41 : 1이며, 과거 우리나라 건축물과 문화재에서 뚜렷하게 나타난다. 예로 부석사 무량수전, 석굴암
A0 = 1189mm×841mm

ANSWER
01 ㉯ 02 ㉰ 03 ㉱ 04 ㉰ 05 ㉯ 06 ㉯

07 조경제도의 척도에 관한 용어 중 대상물의 크기보다 작은 크기로 도형을 그릴 때의 용어는? [기사 11.10.02]

㉮ 현척　　㉯ 배척
㉰ 축척　　㉱ 감척

08 다음의 도면 재료 표시기호가 의미하는 것은? [기사 11.10.02]

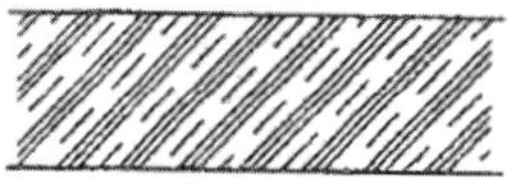

㉮ 인조석　　㉯ 석재
㉰ 합판　　㉱ 철근콘크리트

09 축척이 1/50,000인 지형도 위에 어떤 사면의 경사를 알기 위해 측정한 계곡선 간의 수평거리가 1.4cm이었을 때 이 사면의 경사도는 약 얼마인가? [기사 12.03.04]

㉮ 10.5%　　㉯ 14.3%
㉰ 17.4%　　㉱ 20.2%

풀이 1/50,000 지형도에서 계곡선 간격은 100m이며, 지도에서 1.4cm는 실제로 1.4×50,000 = 70,000cm(700m)임.

따라서, 경사도는 $\frac{100}{700} \times 100 \fallingdotseq 14.3\%$

10 도면의 척도에서 현척(실척, full scale)에 대한 설명으로 옳은 것은? [기사 12.03.04]

㉮ 실물과 동일한 크기로 그린다.
㉯ 실물의 실제 크기보다 축소해서 그린다.
㉰ 실물의 실제 크기보다 조금 확대해서 그린다.
㉱ 비율은 1 : 10, 1 : 20, 1 : 50, 1 : 100, 1 : 200으로 그린다.

풀이 현척(실척)이란 실제크기를 말한다.

11 제도용 A3용지의 크기는? [기사 12.03.04]

㉮ 298mm×597mm
㉯ 297mm×420mm
㉰ 420mm×594mm
㉱ 594mm×841mm

12 도면에서 굵은 실선으로 표시하여야 하는 것은? [기사 12.03.04]

㉮ 절단면　　㉯ 해칭선
㉰ 단면선　　㉱ 치수선

풀이 ① 굵은 실선 : 도면 외곽선, 건물 외곽선, 단면선 등
② 가는 실선 : 치수선, 인출선
③ 일점쇄선 : 절단선

ANSWER 07 ㉰ 08 ㉮ 09 ㉯ 10 ㉮ 11 ㉯ 12 ㉰

13 치수선에는 분명한 단말 기호(화살표 또는 사선)를 표시한다. 다음 중 단말기호 표시에 대한 설명으로 옳지 않은 것은? [기사 12.03.04]

㉮ 사선은 30도 경사의 짧은 선으로 그린다.
㉯ 한 장의 도면에는 같은 종류의 화살표 기호를 사용한다.
㉰ 기호의 크기는 도면을 읽기 위해 적당한 크기로 비례하여 그린다.
㉱ 화살표는 끝이 열린 것, 닫힌 것 및 빈틈없이 칠한 것 중 어느 것을 사용해도 상관없다.

풀이 사선은 45도 60도를 많이 사용한다.

14 다음 중 설계 도면의 작성 목적으로 가장 거리가 먼 것은? [기사 12.05.20]

㉮ 시공자가 정확하게 공사하기 위해
㉯ 인·허가에 필요해서
㉰ 설계자의 설계능력을 표시하기 위해
㉱ 시방서 작성과 공사비 산정을 위해

15 $200m^2$의 대지면적에 건축면적 $50m^2$인 4층짜리 건물에 대한 건폐율은? [기사 12.05.20]

㉮ 25% ㉯ 50%
㉰ 100% ㉱ 200%

풀이 건폐율 = 건축면적/대지면적 = 50/200×100 = 25%

16 제도 용지에 대한 설명으로 옳지 않은 것은? [기사 12.05.20]

㉮ A2 용지의 크기는 A0의 1/4이다.
㉯ A0 용지의 넓이는 약 $1m^2$이다.
㉰ 제도 용지의 가로와 세로의 비는 $\sqrt{2}$: 1이다.
㉱ 큰 도면을 서류철용으로 접을 때에는 A3의 크기로 접는 것을 원칙으로 한다.

17 다음 중 현의 길이 치수 기입을 옳게 나타낸 것은? [기사 12.05.20]

㉮ 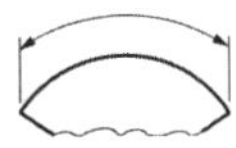
㉯ 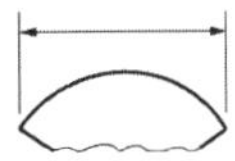
㉰ 
㉱ 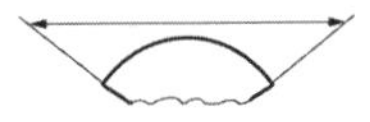

18 다음 중 1/5000 지형도에서 주곡선의 간격은? [기사 12.09.15]

㉮ 5m ㉯ 10m
㉰ 20m ㉱ 50m

19 자갈을 나타내는 재료 단면의 경계 표시는? [기사 12.09.15]

㉮ 
㉯ 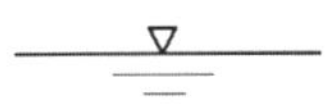
㉰ 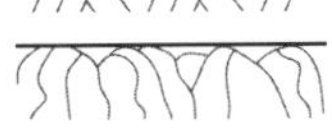
㉱ 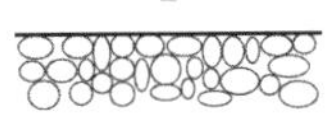

ANSWER 13 ㉮ 14 ㉰ 15 ㉮ 16 ㉱ 17 ㉯ 18 ㉮ 19 ㉱

20 제도의 치수기입에 관한 설명으로 옳지 않은 것은? [기사 12.09.15]

㉮ 치수는 특별히 명시하지 않는 한 마무리 치수로 표시한다.
㉯ 치수 기입은 치수선 중앙 윗부분에 기입하는 것이 원칙이다.
㉰ 협소한 간격이 연속될 때에는 인출선을 사용하여 치수를 쓴다.
㉱ 치수의 단위는 cm를 원칙으로 하고, 이때 단위기호는 쓰지 않는다.

풀이 치수의 단위는 mm

21 제도에서 한글 서체는 수직에 대하여 오른쪽으로 어느 정도 경사지게 쓰는 것이 원칙인가? [기사 13.03.10]

㉮ 10°　　㉯ 15°
㉰ 20°　　㉱ 30°

22 척도에 관한 설명으로 옳지 않은 것은? [기사 13.03.10]

㉮ 현척은 실제 크기를 의미한다.
㉯ 배척은 실제보다 큰 크기를 의미한다.
㉰ 축척은 실제보다 작은 크기를 의미한다.
㉱ 그림의 크기가 치수와 비례하지 않으면 NP를 기입한다.

풀이 그림의 크기가 치수와 비례하지 않으면 non scale이라고 표기함

23 재료의 단면 표시 중 벽돌을 나타내는 것은? [기사 13.03.10]

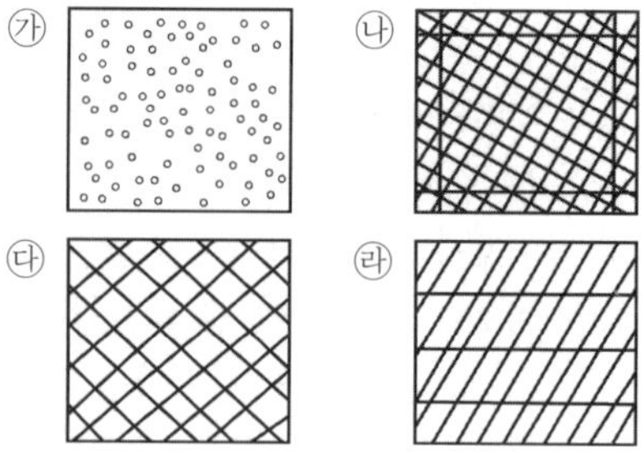

24 그림과 같은 재료 단면의 경계 표시가 나타내는 것은? [기사 13.06.02]

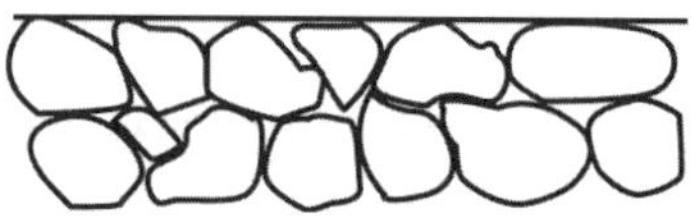

㉮ 흙　　㉯ 바위
㉰ 잡석　　㉱ 호박돌

25 다음 중 자연석의 단면 표시로 옳은 것은? [기사 13.06.02]

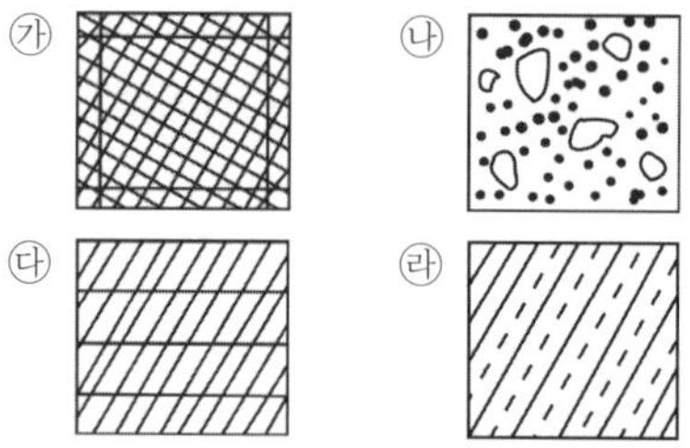

ANSWER 20 ㉱ 21 ㉯ 22 ㉱ 23 ㉱ 24 ㉱ 25 ㉱

26 다음 중 반지름 치수 기입 방법으로 옳은 것은? [기사 13.06.02]

㉮ 반지름 치수는 증상을 반드시 표시하여 기입해야 한다.
㉯ 반지름 치수를 표시할 때에는 치수선의 양쪽에 화살표를 모두 붙인다.
㉰ 화살표나 치수를 기입할 여유가 없을 경우에는 중심방향으로 치수선을 연장하여 긋고 화살표를 붙인다.
㉱ 반지름이 커서 그 중심 위치까지 치수선을 그을 수 없을 때에는, 자유 실선을 원호 쪽에 사용하여 치수를 표기한다.

27 축척 1/100의 도면을 축척 1/300의 도면으로 만들고자 한다. 축척 1/100에서 크기 A를 갖는 도형은 축척 1/300에서 그 크기가 얼마나 되는가? [기사 13.06.02]

㉮ 3A　　㉯ $\frac{1}{3}A$
㉰ $\frac{1}{6}A$　　㉱ $\frac{1}{9}A$

풀이 1/100에서 1/300이란 길이는 1/3, 면적은 1/9이 되는 것이다.

28 조경제도에서 대상물의 보이지 않는 부분을 표시하는 데 사용하는 선의 종류는? [기사 13.06.02]

㉮ 파선　　㉯ 1점 쇄선
㉰ 2점 쇄선　　㉱ 가는 실선

풀이 파선 – 숨은선
1점 쇄선 – 중심선
2점 쇄선 – 경계선
가는 실선 – 보조선, 치수선 등

29 A2 제도지의 도면에 테두리를 만들 때 여백을 최소한 얼마나 두어야 하는가? (단, 도면을 묶지 않을 경우) [기사 13.09.28]

㉮ 5mm　　㉯ 10mm
㉰ 15mm　　㉱ 20mm

30 삼각스케일에 표기되어 있는 흔적이 아닌 것은? [기사 14.03.02]

㉮ 1/100　　㉯ 1/300
㉰ 1/600　　㉱ 1/800

풀이 삼각 스케일에는 1/100, 1/200, 1/300, 1/400, 1/500, 1/600이 표시되어 있으며, 나머지 다른 스케일은 그려진 축척에 배수를 곱하여 계산하여 그린다.

31 조경도면의 치수 기입 방법에 관한 설명으로 옳은 것은? [기사 14.03.02]

㉮ 치수는 특별히 명시하지 않는 한 마무리 치수로 표시한다.
㉯ 치수 기입은 치수선 중앙 아랫부분에 기입하는 것이 원칙이다.
㉰ 치수 기입은 치수선에 평행하게 도면의 오른쪽에서 왼쪽으로, 위로부터 아래로 읽을 수 있도록 기입한다.
㉱ 치수선의 양끝은 화살 또는 점으로 혼용해서 사용할 수 있으며 같은 도면에서 치수선이 작은 것은 점으로 표시한다.

풀이 치수는 마무리치수로 표시하며, 치수기입은 치수선 위에 기입하며, 왼쪽에서 오른쪽으로, 아래에서 위로 읽도록 한다.

Part 3 조경설계

ANSWER
26 ㉰ 27 ㉱ 28 ㉮ 29 ㉯ 30 ㉱ 31 ㉮

32 다음 중 마커를 사용하여 프리핸드(free hand)에 의한 레터링(lettering)을 할 때 유의할 사항이 아닌 것은? [기사 14.03.02]

㉮ 팔이나 몸을 회전시키지 않는다.
㉯ 마커는 돌려서 사용하지 않는다.
㉰ 종이에 마커의 전체 면이 닿지 않도록 주의한다.
㉱ 수직선, 대각선, 곡선을 그을 때 마커의 면이 수직이 되도록 한다.

풀이 마커는 전체면이 닿게 그려야 한다. 그렇지 않으면 색칠한 두께가 일정하지 않아 보기 좋지 않다.

33 GIS의 자료처리 및 구축을 위한 전반적인 작업과정으로 옳은 것은? [기사 14.05.25]

㉮ 자료입력 - 자료수집 - 자료조작 및 분석 - 자료처리 - 출력
㉯ 자료수집 - 자료입력 - 출력 - 자료처리 - 자료조작 및 분석
㉰ 자료수집 - 자료조작 및 분석 - 자료처리 - 자료입력 - 출력
㉱ 자료수집 - 자료입력 - 자료처리 - 자료조작 및 분석 - 출력

풀이 **GIS자료처리순서**
컴퓨터로 지리정보를 분석하여 원하는 분석데이터를 얻기 위한 프로그램으로 자료수집 - 입력 - 처리 - 조작, 분석 - 출력에 의한다.

34 제도에서 사용되는 문자에 대한 설명으로 옳지 않은 것은? [기사 14.05.25]

㉮ 숫자에는 아라비아 숫자가 주로 쓰인다.
㉯ 문자의 크기는 문자의 폭으로 나타낸다.
㉰ 한글의 서체는 활자체에 준하는 것이 좋다.
㉱ 도면에 사용되는 문자로는 한글, 숫자, 영자(로마자) 등이 있다.

풀이 제도에 사용하는 문자는 높이로 크기를 나타낸다.

35 실제 길이 3m는 축척 1/30 도면에서 얼마로 나타나는가? [기사 14.05.25]

㉮ 1cm ㉯ 10cm
㉰ 3cm ㉱ 30cm

풀이

$$축척 = \frac{도면길이}{실제길이}$$

즉, $\frac{1}{30} = \frac{x}{3m}$, $x = 0.1m$ 즉, 10cm

36 선과 선이 서로 교차할 때 표시법으로 옳지 않은 것은? [기사 14.05.25]

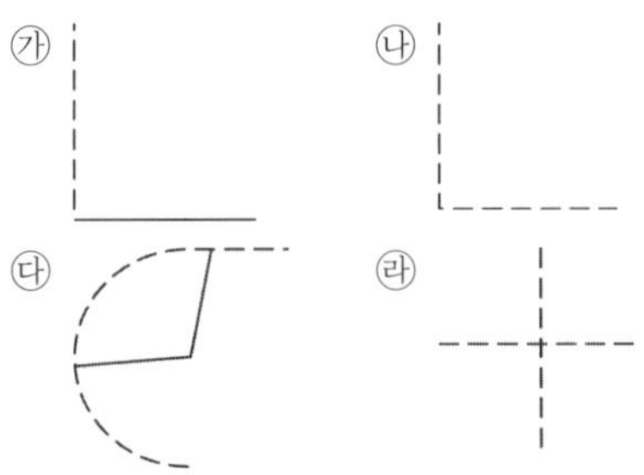

풀이 선과 선은 반드시 만나거나 약간 겹치도록 그리고, 덜 만나게 그리면 절대 안된다. 점선일 경우는 만나는 부분이 반드시 선 두개가 교차하도록 그려야 한다.

ANSWER 32 ㉰ 33 ㉱ 34 ㉯ 35 ㉯ 36 ㉮

37 지리정보체계(GIS)의 특징에 해당하지 않는 것은? [기사 14.09.20]

㉮ 한번 구축된 주제도는 수정이 용이하다.
㉯ 공간정보에 속성정보가 연결되어 분석이 쉽다.
㉰ 제작기간이 짧고, 비용이 적게 소요되어 일반적으로 활용된다.
㉱ 구축된 주제도는 저장, 화면에 올리기, 출력 등이 용이하다.

풀이 **지리정보체계**
컴퓨터 프로그램에 의해 분석하고 계획하는 것으로 초기제작시간과 비용은 많으나, 분석이 쉽고, 수정도 용이하며, 컴퓨터상에서 저장, 화면에 올리기, 출력 등이 용이하다.

38 도면에서 그림과 같은 치수기입 방법으로 옳지 않은 것은? [기사 14.09.20]

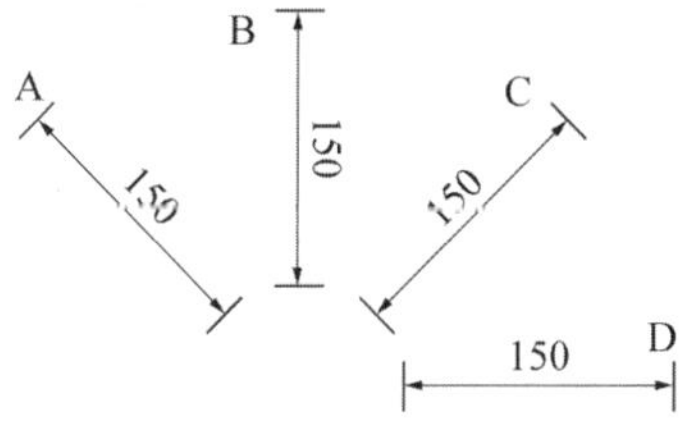

㉮ A ㉯ B
㉰ C ㉱ D

풀이 세로치수기입은 왼쪽부분에 아래에서 위로 읽도록 기입한다.

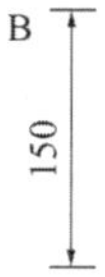

39 다음 제도의 선 중 위계(hierarchy)가 굵음에서 가는 쪽으로 올바르게 배열된 것은? [기사 14.09.20]

㉮ 단면선 → 구조물 → 주차선
㉯ 치수선 → 단면선 → 건물외곽
㉰ 식생 → 인출선 → 도로
㉱ 건물외곽 → 도로 → 주차선

풀이 선 굵기의 위계는 건물선, 단면선 등 중요선들이 가장 높으며, 치수선, 보조선 등이 가장 낮다.

Part 3 조경설계

ANSWER 37 ㉰ 38 ㉯ 39 ㉱

CHAPTER 2 설계과정

1 기본설계와 세부설계

1 설계도의 종류

① 평면도

㉠ 계획의 전반적인 사항을 알기 위해 건물의 형태, 위치, 면적, 조경시설물, 수목배치 등 가장 기초적이고 중요한 도면

㉡ 식재평면도, 시설물 평면도 등 각 부분별 평면도 작성

② 입면도와 단면도

㉠ 입면도 : 평면도와 같은 축척으로 수직적 공간구성을 보여주는 정면도, 배면도, 측면도 등을 말함

㉡ 단면도 : 공간을 수직으로 자른 단면을 보여주는 것

③ 상세도 : 평면도나 단면도에서 잘 나타나지 않는 부분을 대축척을 사용하여 상세하게 표현한 도면

④ 투상도

㉠ 정의 : 물체의 형태, 위치, 크기 등을 표현하기 위해 일정한 법칙에 따라 물체를 평면상에 정확히 그리는 방법

㉡ 종류

ⓐ 평행투상 : 정투상(제1각법, 제3각법), 축측투상(등각투상, 부등각투상), 시투상(정방투상, 이분투상)

ⓑ 투시투상(1소점투시도, 2소점투시도, 3소점 투시도 등)

㉢ 정투상도 방법

ⓐ 제 1각법 : 물체를 제1각에 놓고 정투상 하는 방법으로 평화면, 측화면을 입화면과 같은 평면이 되도록 회전시키면 (나)와 같이 정면도의 왼쪽에 우측면도가 놓이고, 평면도는 정면도의 아래쪽에 놓이게 된다.

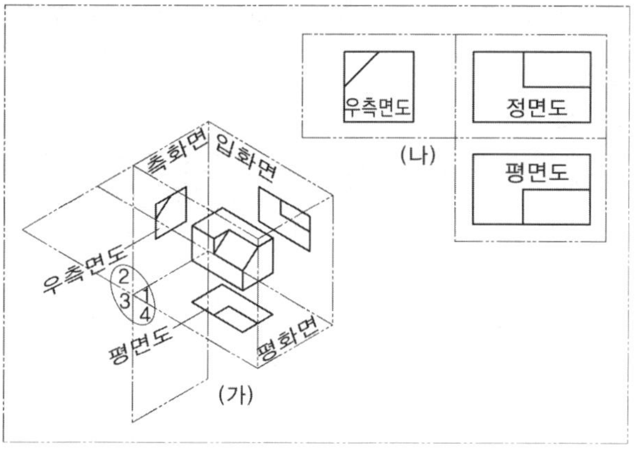

ⓑ 제 3각법 : 물체를 제3각에 놓고 정투상 하는 방법으로 평화면, 측화면을 입화면과 같은 평면이 되도록 회전시키면 (나)와 같이 정면도의 위에 평면도가 놓이고, 정면도의 오른쪽에 우측면도가 놓이게 된다. 제3각법은 제1각법에 비하여 도면을 이해하기 쉬우며, 치수기입이 편리하고, 보조투상도를 사용하여 복잡한 물체도 쉽고 정확하게 나타낼 수 있으며, 한국산업규격(KS)은 기계 제도에 규정하고 있다.

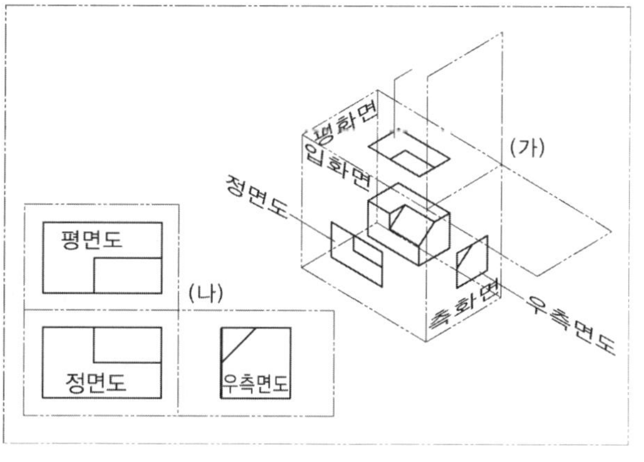

⑤ 투시도

㉠ 정의 : 공간의 3차원적인 모습을 입체적으로 소점을 이용해 나타낸 것 임의의 점에서 물체를 바라볼 때 물체와 눈 사이에 투명한 직립면에 투영되는 상을 그리는 것

㉡ 요령

ⓐ 시점의 높이 : 일반적으로 높이 1.5m가 적당

ⓑ 평면과 화면과의 각도 : 30도, 60도가 통례

ⓒ 시선의 각도 : 건물을 포함한 시선의 각도가 60도를 넘으면 비뚤어지고 부자연스러움

ⓓ 시점의 거리 : 시점이 건물에 너무 가까우면 비뚤어지고, 너무 떨어지면 입체감 상실

㉢ 투시도 용어

용어	영어	약어	뜻
화면	Picture plane	PP	물체가 투영되어 투시도가 그려지는 면
수평선	Horizontal line	HL	화면상의 눈의 중심을 통한 선
기선 or 지반선	Ground line	GL	화면과 기면이 만나는 선
시점	Point of sight	PS	보는 사람의 위치
입점 or 정점	Stand point (Station point)	SP	시점이 한 곳에 나타나는 점
심점(心點) or 시점	Center of vision (Visual center)	CV VC	눈의 중심
심점(心点) or 시심	Visual center		시점의 입면도
족선	Foot line		물체의 평면도의 각점과 정점을 이은 직선
소실점 or 소점	Vanishing point		무한원점이 만나는 점
족점	Foot point		족선과 족점이 만나는 점

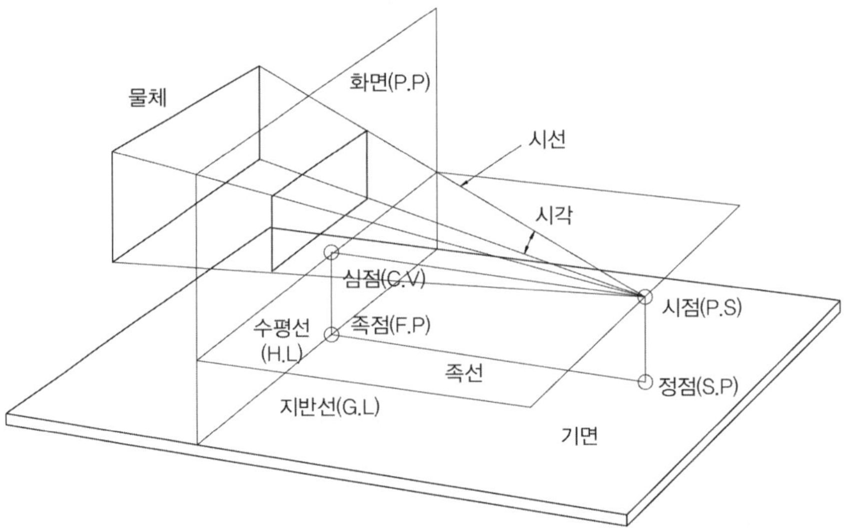

㉣ 투시도의 종류

ⓐ 평면투시도 : 물체가 화면에 평행하고 기면에 평행한 경우 나타나는 투시도

ⓑ 유각, 성각투시도 : 밑면만 지반면에 평행인 경우로 물체가 화면과 일정한 각도를 지니고 지반선에 수직하여 나타나는 투시도로 2개의 소점이 생기며 일반적으로 사용하는 투시도법

ⓒ 사각투시도 : 3개의 소점을 가지며 대상물체가 화면과 지반선에 모두 평행하지 않는 경우로 조경도면에서는 거의 쓰지 않는다.

ⓓ 시점의 위치에 따른 분류
- 일반투시도(perspective) : 사람이 선 자세로 본 투시도
- 조감도(birds eye view) : 시점이 아주 높아 새가 본 듯한 곳에서 그린 투시도

⑥ 스케치 : 눈높이나 그보다 조금 높은 위치에서 보이는 공간을 표현하는 그림

★★★ 2 기본설계

① 시설의 배치계획, 공사별 개략설계를 작성해 사업실시에 기본이 되도록 한다.

② 배치계획, 도로설계, 정지설계, 배수설계, 공원녹지설계 등 소축척의 스케일로 작성

> **Tip**
> 출제기준에 따른 기본설계 항목의 주택정원, 도시조경설계, 도로조경설계, 골프장설계 등은 조경계획과목의 각 부분별 조경계획부분과 중복되므로 조경계획과목을 참고 바람

3 실시설계

① 공사비를 적산하고 공사 시공자가 공사 내역 명세서를 작성할 수 있게 하는 설계

② 식재설계, 토공설계, 기초설계, 고저설계, 옹벽설계 등 각 세부적인 도면들로 구성

③ 현장에 시공할 때 가장 중요한 세부적인 내용을 담은 설계로 대축척의 스케일 즉, 상세도, 단면도, 조감도 등을 많이 사용

2 설계 설명서

1 시방서

① 정의 : 설계자가 도면에 표시하기 어려운 사항을 자세히 기술하여 설계자의 의사를 충분히 전달하기 위한 문서

② 종류

㉠ 일반시방서 : 학·협회에서 표준적이고 일반적인 기준을 표시한 것으로 공사의 명칭, 종류, 규모, 구조 등 일반적인 사항에 관한 것

㉡ 전문시방서 : 발주기관에서 전 공종을 대상으로 종합적인 시공기준을 정하여 제시한 것

㉢ 특별시방서 : 발주기관에서 당해 공사의 수행을 위한 세부적이고 전문적인 일반시방서 내용의 삭제·추가·보완하는 내용으로 재료의 품질, 종류, 시공방법, 마감방법 등 세부적 내용을 다루며 일반시방서보다 우선해서 적용

2 설계서 작성

① **작성순서** : 표지 → 목차 → 설계설명서 → 일반시방서 → 특별시방서 → 예정공정표 → 동원 인원계획표 → 내역서 → 일위대가표 → 자재표 → 중기사용료 및 잡비 계산서 → 수량계산서 → 설계도면 → 설계지침서(원본) → 산출기초(원본)

② **유의점** : 설계서 변경 시 원설계는 적색, 변경설계서는 청색 또는 흑색 사용

③ **설계도서 규격**

㉠ 기본계획도 : A2(420mm×594mm), 청사진용 감광지

㉡ 실시설계도 : A0(841mm×1,189mm), A1(594mm×841mm), 청사진용 감광지

㉢ 각종 서류 : A4(210mm×297mm), A3(297mm×420mm), 모조지 혹은 갱지

CHAPTER 09 설계과정

실전연습문제

01 다음 중 경관분석의 기법에 해당하지 않는 것은? [기사 11.03.20]

㉮ 기호화 방법
㉯ 군락측도 방법
㉰ 메시(mech)에 의한 방법
㉱ 게슈탈트(gestalt)에 의한 방법

풀이 ㉯ 군락측도는 식생조사 방법임.

02 입체물을 경사 또는 회전시켜서 3면을 볼 수 있는 위치에 놓고 수직투상을 한 투상의 종류는? [기사 11.03.20]

㉮ 축측투상(axonometric projection)
㉯ 투시투상(perspective projection)
㉰ 복면투상(double-plane projection)
㉱ 표고투상(indexed projection)

풀이 ㉯ 투시투상 : 투시도라고 불리며 사물을 사진을 찍은 듯한 투시방법
㉰ 복면투상 : 정투상이라고도 하며, 두 개 이상의 투상면으로 표현되는 투상법
㉱ 표고투상 : 등고선과 같이 지점의 표고를 표시해 기준면위에 투사한 것

03 설계과정을 문제해결이라는 측면에서 볼 때 설계안(設計案)을 가장 적절하게 설명하고 있는 것은? [기사 11.03.20]

㉮ 설계안은 단 하나의 정답만이 존재한다.
㉯ 설계안은 정답(正答)과 오답(誤答)으로 구분할 수 있다.
㉰ 설계안은 더 나은 안(案) 혹은 더 못한 안(案)으로 구분할 수 있다.
㉱ 설계안은 절대평가 및 상대평가가 가능하다.

04 투시도에서 G.P(기면)가 의미하는 것은? [기사 11.03.20]

㉮ 사람이 서 있는 면
㉯ 물체와 시점 사이에 기면과 수직한 직립평면
㉰ 눈의 높이에 수평한 면
㉱ 수평면과 화면의 교차선

05 어의 구별척도(Semantic Differential Scale)에 대한 설명으로 틀린 것은? [기사 11.06.12]

㉮ 양극으로 표현되는 형용사의 목록으로 항목들이 구성된다.
㉯ 제한응답설문에서 사용되고 있는 척도법이다.
㉰ 태도를 관찰하는 척도법의 한 가지이다.
㉱ 제시된 사물이 응답자에게 어떠한 의미를 지니고 있는지를 선택하게 한다.

ANSWER
01 ㉯ 02 ㉮ 03 ㉰ 04 ㉮ 05 ㉰

06 경관분석 방법이 지녀야 할 요건이 아닌 것은? [기사 11.06.12]

㉮ 신뢰성 ㉯ 타당성
㉰ 예민성 ㉱ 주관성

풀이 **경관분석 요건**
신뢰성, 타당성, 예민성, 실용성, 비교가능성으로 주관적이어서는 안 됨.

07 정투상도에 의한 제1각법으로 도면을 그릴 때 도면 위치는? [기사 11.06.12]

㉮ 정면도를 중심으로 평면도가 위에, 우측면도는 정면도의 왼쪽에 위치한다.
㉯ 정면도를 중심으로 평면도가 위에, 우측면도는 정면도의 오른쪽에 위치한다.
㉰ 정면도를 중심으로 평면도가 아래에, 우측면도는 정면도의 오른쪽에 위치한다.
㉱ 정면도를 중심으로 평면도가 아래에, 우측면도는 정면도의 왼쪽에 위치한다.

풀이 **제1각법**
물체를 제1각에 놓고 정투상 하는 방법으로 평화면, 측화면을 입화면과 같은 평면이 되도록 회전시키면 (나)와 같이 정면도의 왼쪽에 우측면도가 놓이고, 평면도는 정면도의 아래쪽에 놓이게 된다.

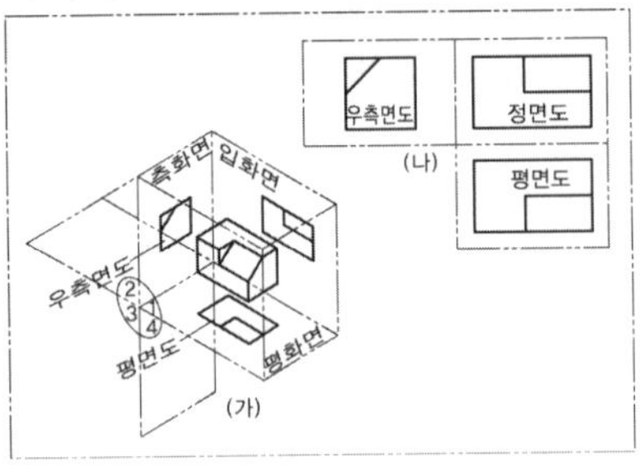

08 그림과 같이 경사지게 잘린 사각뿔의 전개도로 가장 적합한 형상은? [기사 11.10.02]

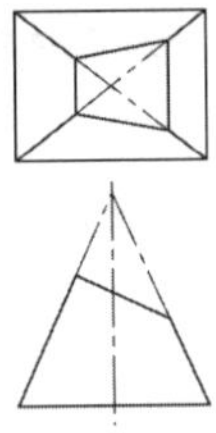

㉮ ㉯ ㉰ ㉱

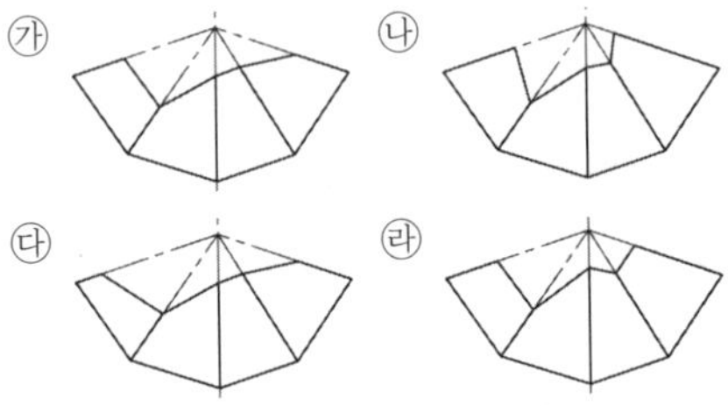

09 다음 그림은 무엇을 하기 위한 과정인가? [기사 12.03.04]

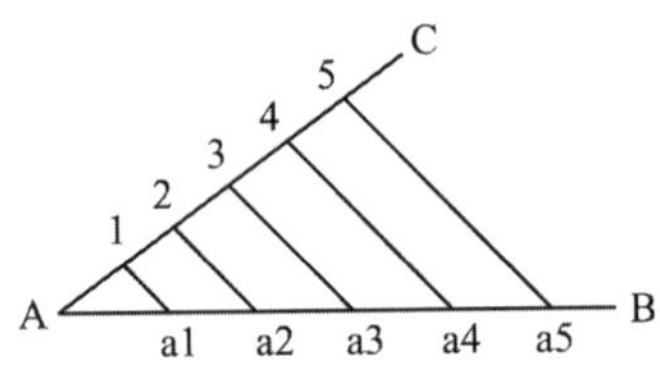

㉮ 직선을 n등분 하기
㉯ 삼각형의 각도 나누기
㉰ 직선을 주어진 비로 나누기
㉱ 삼각형을 n 등분하여 나누기

ANSWER 06 ㉱ 07 ㉱ 08 ㉮ 09 ㉮

10 다음 중 1소점 투시도법의 특징으로 옳은 것은? [기사 12.03.04]

㉮ 육면체의 가운데 모서리를 중심으로 양쪽으로 각각 화면에 경사져 있다.
㉯ 화면에 대한 경사각에 따라 30도, 45도, 60도 투시도법으로 나뉜다.
㉰ 좌우의 소점 이외에 육면체의 높이도 지표면으로 연장하여 갈수록 좁아진다.
㉱ 육면체의 한 면이 화면에 평행으로 놓여 있어 수평 및 수직의 모서리는 연장하면 수평이 된다.

풀이 1소점 투시도는 평면투시도로 물체가 화면에 평행하고, 기면에 평행한 경우 나타나는 투시도로 수평 및 수직 모서리를 연장하면 수평이 된다.

11 다음 그림과 같은 도형에서 화살표 방향에서 본 투상을 정면으로 할 경우 우측면도로 올바른 것은? [기사 12.05.20]

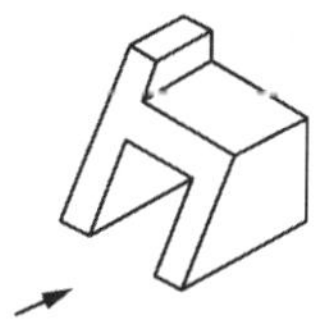

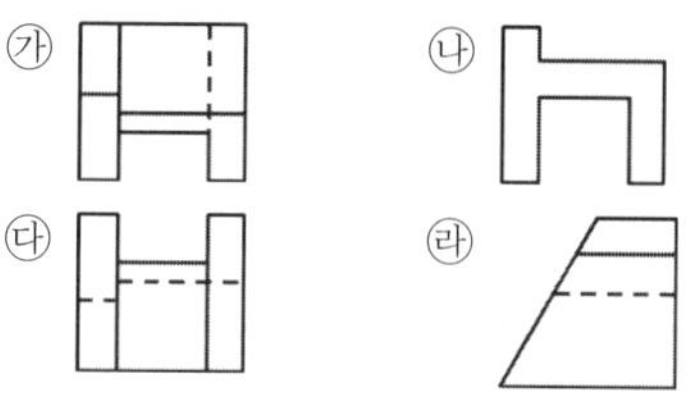

12 조각, 건축, 환경, 조경 등 환경관련 예술 분야들이 한 작품 속에 융합된 형태의 작업을 나타내고, 팝아트(pop art), 설치미술 양자의 성격을 동시에 가지며, 서술적 건축(narrative architecture), 녹색 건축(green architecture)을 말하는 설계 그룹 또는 사람은? [기사 12.05.20]

㉮ SITE(Sculpture In The Environment)
㉯ 발캔버그(Valkenburgh, M. V)
㉰ 에밀리오 암바즈(Ambasz, E)
㉱ 지오프리 젤라코(Jellicoe, G.)

13 어떤 물체를 제 3각법으로 투상했을 때 평면도로 올바른 것은? [기사 12.09.15]

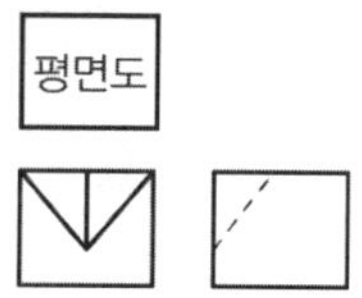

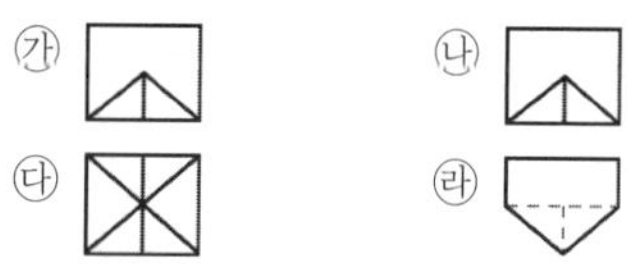

풀이 평면도 아래 왼쪽 그림은 정면도, 오른쪽 그림은 우측면도임

ANSWER 10 ㉱ 11 ㉱ ㉮ 13 ㉮

14 다음 중 등고선과 단면의 관계가 옳지 않은 것은? [기사 12.09.15]

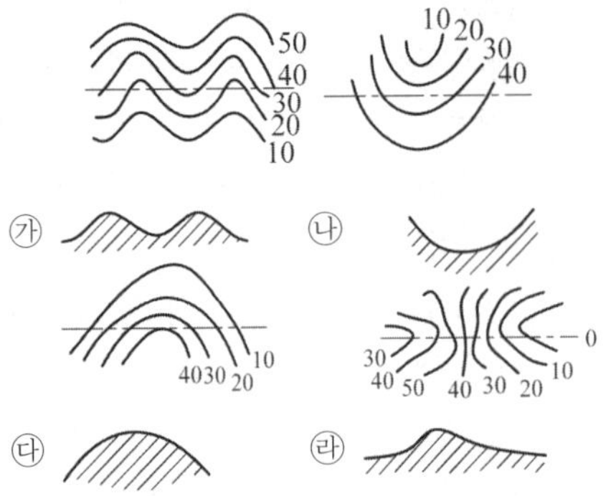

풀이 ㉮의 단면 산정과 계곡이 반대모양이 되어야 한다.

15 구조물 전체의 개략적인 모양을 표시하는 도면으로 구조물 주위의 지형지물을 표시하여 지형과 구조물과의 연관성을 명확하게 표현하는 도면은? [기사 13.03.10]

㉮ 구조도 ㉯ 측량도
㉰ 설명도 ㉱ 일반도

16 다음 입체도를 제3각법 정투상도로 옳게 나타낸 것은? [기사 13.03.10]

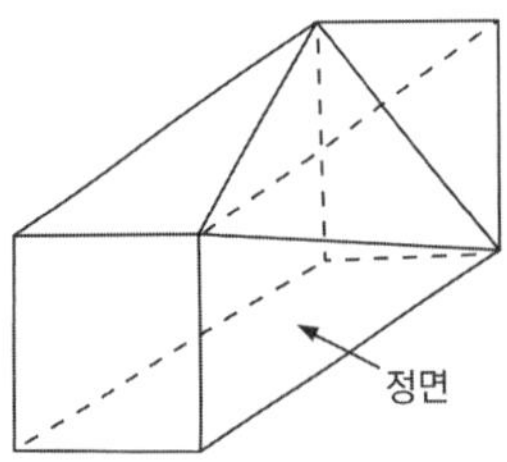

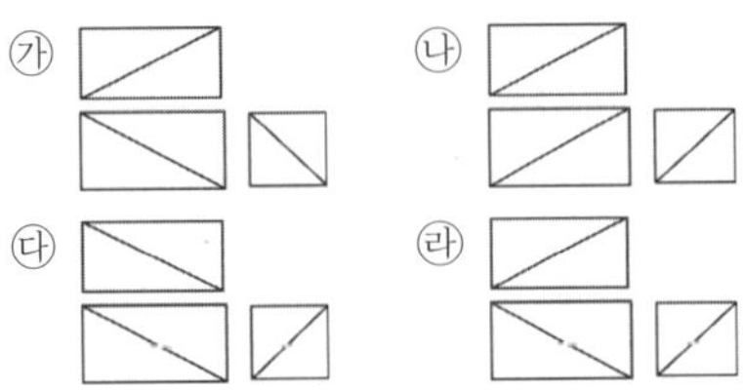

풀이 제3각법 정투상도는 왼쪽 위에 평면도, 왼쪽 아래에 정면도, 오른쪽 아래에 우측면도를 그린다.

17 다음 등각도를 3각법으로 투상할 때 평면도로 맞는 것은? [기사 13.06.02]

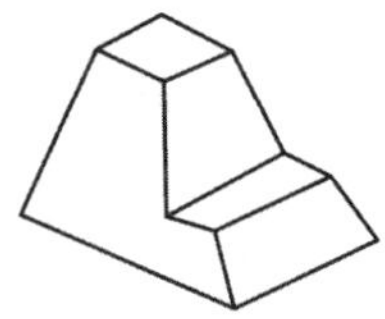

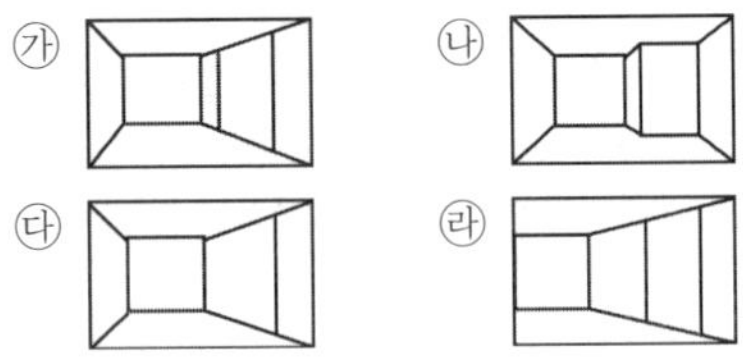

풀이 평면도는 위에서 본 모습이니 위에서 볼 때 위쪽에 있는 사각형이 두 개 있는 것을 잘 찾도록 한다.

18 조경설계에서 수경요소(waterscape)의 기능으로 효과가 가장 약한 것은? [기사 13.06.02]

㉮ 공기 냉각기능
㉯ 동선의 연결기능
㉰ 소음 완충기능
㉱ 레크리에이션의 수단기능

풀이 수경요소는 동선을 단절하는 역할을 한다.

ANSWER
14 ㉮ 15 ㉰ 16 ㉱ 17 ㉯ 18 ㉯

19 설계연구(Allen & Yen, 1979)를 위하여서는 연구방법의 신뢰도와 타당성이 검증되어야 한다. 타당성(Validity)의 유형에 속하지 않는 것은? [기사 13.06.02]

㉮ 개념의 타당성 ㉯ 예측의 타당성
㉰ 논리의 타당성 ㉱ 내용의 타당성

20 시방서 작성은 다음 중 어느 단계에서 이루어지는가? [기사 13.06.02]

㉮ 종합단계 ㉯ 기본계획단계
㉰ 기본설계단계 ㉱ 실시설계단계

풀이 시방서란 공사의 기술적인 방법에 대해 기술한 것으로 실시설계단계에 이루어진다.

21 투상에 사용하는 숨은선을 올바르게 적용한 것은? [기사 13.09.28]

㉮ 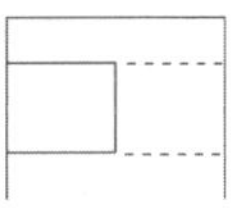
㉯ 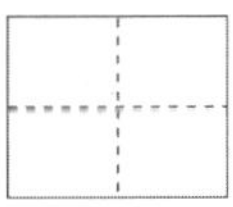
㉰ 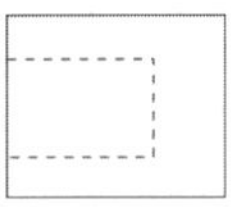
㉱ 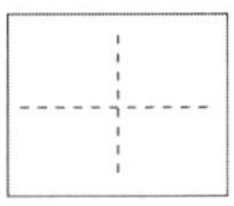

풀이 ㉯ 교차점이 바르게 연결되지 않았다.
㉰ 교차점이 정확하게 표시되지 않았다.
㉱ 양 끝점이 정확하게 그어지지 않았다.

22 그림과 같은 입체도에서 화살표 방향이 정면일 경우 평면도로 가장 적합한 것은? [기사 13.09.28]

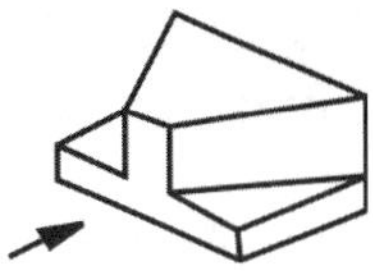

㉮ 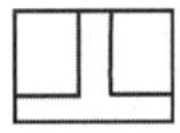
㉯ 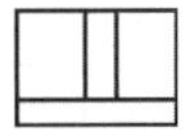
㉰ 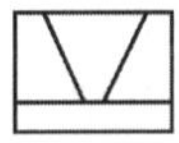
㉱ 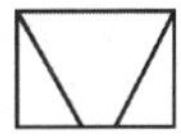

23 다음 중 평면도의 표제란에 포함되지 않는 것은? [기사 13.09.28]

㉮ 도면명칭 ㉯ 설계자
㉰ 공사자 ㉱ 도면번호

24 설계자가 의뢰자에 대한 서비스 사항에 포함되지 않는 것은? [기사 13.09.28]

㉮ 대상지의 분석과 평가
㉯ 정확한 공사비의 내역산출
㉰ 시공자의 선정
㉱ 설계안의 작성

ANSWER 19 ㉰ 20 ㉱ 21 ㉮ 22 ㉱ 23 ㉰ 24 ㉰

25 직육면체의 직각으로 만나는 3개의 모서리가 모두 120°를 이루는 투상도는?

[기사 13.09.28]

㉮ 사투상도 ㉯ 정투상도
㉰ 등각투상도 ㉱ 부등각투상도

풀이 ㉮ 사투상도 : 물체의 주요면을 투상면에 평행하게 놓고 투상면에 대하여 수직보다 다소 옆면에서 보고 그린 투상도를 말한다.
㉯ 정투상도 : 서로 직각으로 교차하는 세 개의 화면, 즉 평화면, 입화면, 측화면 사이에 물체를 놓고 각 화면에 수직되는 평행 광선으로 투상한다.
㉰ 등각투상도 : 평면, 정면, 측면을 하나의 투상면 위에서 동시에 볼 수 있게 표현된 투상으로 수평면과 각각 30°씩 이루며, 세 축이 120°의 등각을 이룬다.
㉱ 부등각투상도 : 물체의 3개의 축이 모두 투사면에 다른 각도를 만들 경우에 쓰이며, 30°, 60°를 사용한다.

26 고전주의로 대표되는 정형주의 정원의 기본적인 설계언어가 아닌 것은?

[기사 13.09.28]

㉮ 축(axis)
㉯ 비스타(vista)
㉰ 그리드(grids)
㉱ 자수화단(parterre)

27 다음 그림은 제3각법으로 제도한 것이다. 이 물체의 등각 투상도로 알맞은 것은?

[기사 14.03.02]

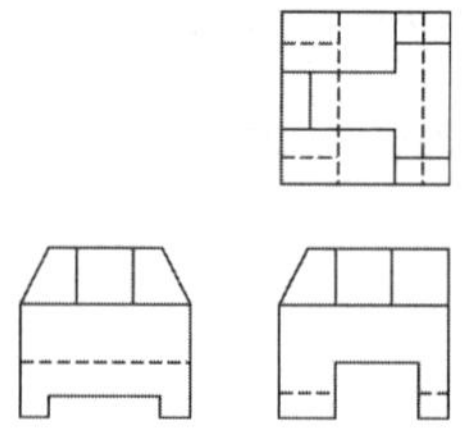

㉮ 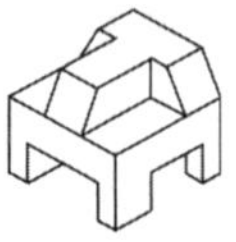 ㉯ 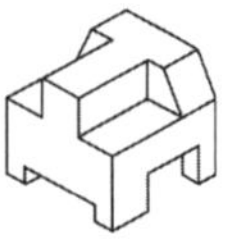
㉰ 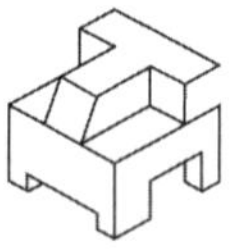 ㉱ 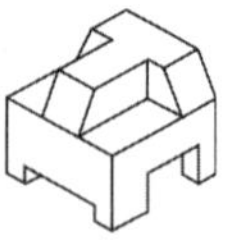

풀이 제3각법에서 제시된 도면 3개 중에 위에 것은 평면도, 아래 왼쪽 그림은 정면도, 아래 오른쪽 그림은 우측면도에 해당한다.

28 고속도로 노선을 선정하고자 할 때 고려할 사항으로 가장 거리가 먼 것은?

[기사 14.03.02]

㉮ 되도록 직선인 노선
㉯ 건조하기 쉽고 통풍이 잘되는 노선
㉰ 곡선반경이 작은 노선
㉱ 경관파괴가 최저로 발생되는 노선

풀이 고속도로에서는 차량속도가 빠르기 때문에 곡선반경이 작으면 매우 위험하므로 곡선반경이 큰 노선을 선택하는 것이 바람직하다.

ANSWER 25 ㉰ 26 ㉰ 27 ㉱ 28 ㉰

29 다음 그림과 같이 정지설계(grading design)를 함에 있어 절토량이 가장 많은 부위는? [기사 14.05.25]

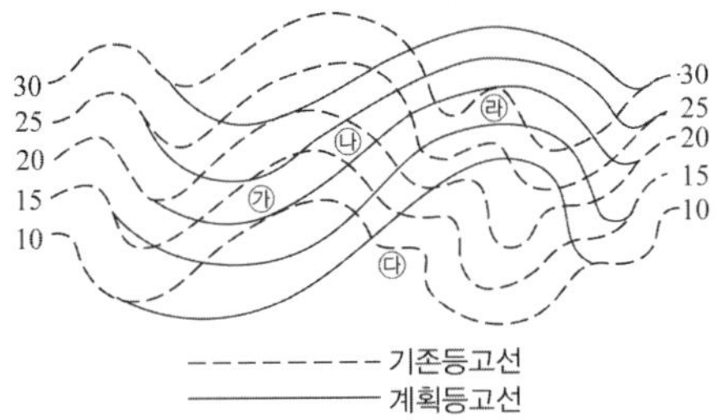

㉮ ㉮　　㉯ ㉯
㉰ ㉰　　㉱ ㉱

풀이 절토는 기존 등고선이 낮은 등고선으로 수정된 것으로 ㉮와 ㉯는 성토이고, ㉰부분은 절·성토의 중간부분이며, ㉱부분이 절토로만 이루어지는 부분이다.

30 멀고 가까운 거리감을 느낄 수 있도록 하나의 시점과 물체의 각 점을 방사선으로 이어서 그리는 도법은? [기사 14.09.20]

㉮ 투시도법　　㉯ 구조 투상도법
㉰ 부등각 투상법　　㉱ 축측 투상도법

풀이 ㉮ 투시도법 : 시점을 하나 잡아서 물체를 원근에 의해 그리는 기법
㉰ 부등각투시도 : 물체의 3개의 축이 모두 투사면에 다른 각도를 만들 경우에 쓰이며, 30°, 60°를 사용함
㉱ 축측 투상도법 : 대상물의 좌표면이 투상면에 대해 직각이거나 물체가 경사를 가지는 투상도로서 물체의 모든 면이 투상면과 경사가 되도록 배치하는 수직 투상법

31 일반적인 조경설계 과정에서 만들어지는 그래픽 제작물에 해당되지 않는 것은? [기사 14.09.20]

㉮ 이행서류　　㉯ 표현도
㉰ 과업지시서　　㉱ 단지 분석도

풀이 **과업지시서**
지켜야 할 사항을 기술한 문서로 그래픽 제작물이 아니다.

ANSWER 29 ㉱ 30 ㉮ 31 ㉰

CHAPTER 3 경관분석

1 경관분석의 분류

★★★★ 1 자연경관분석

① 자연경관의 형식적 유형

㉠ 파노라믹 경관 : 시야가 제한받지 않고 멀리까지 트인 경관

예 바다 한가운데 수평선

㉡ 지형경관 : 독특한 형태와 큰 규모의 지형지물이 강한 인상을 주는 경관

예 장엄함 산봉우리

㉢ 위요경관 : 주위 경관요소들에 의해 울타리처럼 둘러싸여 있는 경관

예 산으로 둘러싸인 산중호수

㉣ 초점경관 : 관찰자의 시선이 한 점으로 유도되는 구성의 경관

예 분수, 조각 등의 초점 경관 비스타 경관과 유사

ⓐ 초점경관 : 중앙의 초점을 중심으로 강한 구심점이 되어 끌어들이는 힘을 가진 경관

ⓑ 비스타경관 : 시선이 좌우로 제한되고 중앙의 한 점으로 시선이 모이도록 구성된 경관

㉤ 관개경관 : 교목의 수관 아래에 형성되는 경관 예 숲 속 오솔길

㉥ 세부경관 : 시야가 제한되고 협소한 공간 규모로 세부적인 사항까지 지각될 수 있는 경관 예 숲 속에서 나뭇가지, 잎모양, 꽃 색의 인식

㉦ 일시적 경관 : 경관유형에 부수적으로 중복되어 나타나는 경관

예 수면에 투영되는 영상, 동물의 일시적 출현 등

② 레오폴드(Leopold)의 하천을 낀 계곡의 경관가치 평가

㉠ 상대적 경관가치를 계량화 하여 절대적 척도, 상대적 척도로 나타냄.

㉡ 특이성 계산 : 물리적 인자, 생태적 인자, 인간 이용 및 흥미적 인자 등에 대해 계산

㉢ 계곡의 폭, 근처 구릉의 높이, 하천깊이 등의 인자에 대한 특이성 계산

③ 세이퍼(Shafer) 모델

㉠ 자연경관을 근경, 중경, 원경으로 나누고 각 지역을 다시 식생, 비식생으로 10개 지

역으로 세분 : 하늘, 근경 식생지역, 중경 식생지역, 원경 식생지역, 근경비 식생지역, 중경비 식생지역, 원경비 식생지역, 하천지역, 폭포지역, 호수지역

ⓛ 위 10개의 자연경관에 대한 시각적 선호에 관한 계량적 예측 모델 연구

★★★ 2 도시경관분석

① 케빈 린치(Kevin Lynch)의 도시경관분석

㉠ 도시 이미지 형성하는 5가지 물리적 요소

ⓐ 통로(paths) : 도로, 길과 같이 연속적인 형태로 운전자에게 보여지는 경관

ⓑ 모서리(edges) : 도로, 길 등이 보행자에게 보여지는 경관

ⓒ 지역(districts) : 주거지역, 상업지역 등의 개념

ⓓ 결절점(nodes) : 시가지내의 중요한 장소, 도로나 구역이 한데 만나는 곳, 광장, 교차로, 사거리, 로터리와 같은 지점

ⓔ 랜드마크(landmarks) : 심리적으로 가장 인상이 강한 건물 또는 지형물

ⓛ 5개 요소는 우세요소와 열세요소로 나누어 질 수 있다.

② 피터슨(peterson) 모델

㉠ 도시경관에 대한 시각적 선호를 예측하는 모델

ⓛ 9개의 독립변수 : 푸르름, 오픈 스페이스, 건설 후 경과년수, 값비쌈, 안전성, 프라이버시, 아름다움, 자연으로의 근접성, 사진의 질

③ 도시광장의 척도(D : 기로폭, H : 건물높이)

㉠ 린치(Lynch)

ⓐ D/H = 2, 3 정도가 적당하며 24m가 인간척도임

ⓑ 폐쇄감 상실 : 높이의 4배거리, 앙각 14° (D/H = 4)일 때

ⓛ 메르텐스와 린치의 연구 종합

앙각(°)	D/H비	특징	건물식별 정도
40	1	전방을 볼 때	건물의 세부와 부분 식별. 상당한 폐쇄감
27	2	높이의 2배	건물 전체 식별. 적당한 폐쇄감
18	3	높이의 3배	건물을 포함한 건물군 보기, 최소한의 폐쇄감
14	4	높이의 4배	폐쇄감 소멸하며 특징적 공간으로서 장소식별 불가능

④ 거리에 따른 지각

아시하라 분류		스프라이레겐(Spreiregen) 분류	
거리(m)	지각정도	거리(m)	지각정도
2~3	개개의 건물 인식	1	접촉 가능한 거리
30~100	건물이라는 인식	1~3	대화하는 거리
100~600	건물의 스카이라인 식별	3~12	얼굴 표정 식별 가능

아시하라 분류		스프라이레겐(Spreiregen) 분류	
거리(m)	지각정도	거리(m)	지각정도
600~1,200	건물군 인식	12~24	외부공간에서 인간척도 느끼는 한계
1,200 이상	도시경관으로 인식	24~135	동작을 구분
		135~1,200	사람을 인식

2 경관분석방법 및 유형

1 방법의 선택(다음 4가지 고려사항)

① **분석자** : 누가 분석할 것인가에 관한 고려사항으로 최근에는 전문가와 일반인이 공동으로 참여하는 심층 인터뷰 방법이 제안되고 있다.

② **분석의 측면** : 미적·문화적·생태적·경제적 측면 등 여러 측면 등 어느 측면에서 분석할 것인가에 대한 고려

③ **시뮬레이션 기법** : 직접경관을 보고 분석하기 어려운 경우에 사진, 슬라이드, 스케치, 비디오 등의 시뮬레이션 기법을 통해 분석

④ **분석결과** : 분석의 목적에 따라 정성적 결과 또는 정량적 결과 중 효율적인 방법을 선택

2 방법의 일반적 조건

① **신뢰성** : 동일한 상황에서 동일한 방법으로 반복 분석했을 경우 같은 결과가 나올수록 신뢰성이 높다고 할 수 있다.

② **타당성** : 분석방법이 분석하고자 하는 경관의 질이나 선호도 등을 제대로 분석했는가 하는 것

③ **예민성** : 평가 대상 경관의 속성의 차이를 얼마나 예민하게 구별하느냐 하는 것

④ **실용성** : 가능한 적은 시간과 비용으로 정확한 결과를 얻는 것

⑤ **비교 가능성** : 한 가지 분석측면이 다른 측면에서도 비교가 가능한 것

3 방법의 분류

① 아서 등(Arther et al.)의 분류

㉠ 목록 작성 : 경관 구성요소의 특성에 관한 목록을 통해 결과를 도출하는 방법

㉡ 대중 선호 모델 : 설문지, 면담을 통해 대중의 선호 가치 알아내 경관분석

㉢ 경제적 분석 : 아름다움, 쾌적함 등의 경관 속성을 금전적 가치로 환산하여 분석

② 쥬비 등(Zube et al)의 분류

㉠ 전문가적 판단에 의지하는 방법

㉡ 정신물리학적 방법

㉢ 인지적 방법

㉣ 개인적 경험에 의지하는 방법

③ 대니얼과 바이닝(Daniel and Vining)의 분류

㉠ 생태학적 접근

㉡ 형식미학적 접근

㉢ 정신물리학적 접근

㉣ 심리학적 접근

㉤ 현상학적 접근

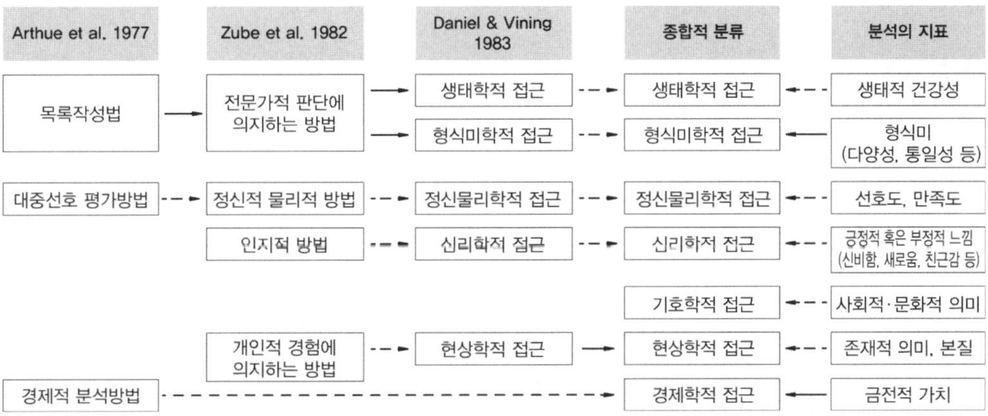

• 경관 분석 방법의 비교 및 종합적 분류 •

★★★ 3 경관분석의 접근방식

1 생태학적 접근

① 정의 : 자연형성과정을 이해하여 경관을 분석하는 방법 즉, 기상, 지질, 수문, 수질, 토양, 식생, 야생동물 등

② 맥하그(Mcharg)의 생태적 결정론 : 생태적 형성과정이 자연경관을 결정한다.

③ 분석방법

㉠ 맥하그(Mcharg)의 분석방법 : 자연형성과정의 생태적 목록을 조사해 종합하는 도면결합법(Overlay Method)

㉡ 레오폴드(Leopold)의 분석방법 : 하천 낀 계곡의 경관가치 평가 연구로 12개 대상 지역을 상대적 경관가치로 계량화해 특이성 정도 산출

㉢ 녹지자연도(DGN)에 의한 방법 : 지표상태, 식생타입에 따라 11등급으로 나누어 분석

〈녹지자연도 11등급〉

등급	1	2	3	4	5	6	7	8	9	10	11
명칭	시가지 조성지	농경지	과수원	이차 초원A	이차 초원B	조림지	이차림 A	이차림 B	자연림	고산자 연초원	수역
개요	식생 거의 없음			키낮은 식생	키 큰 식생		수령 20년 까지	수령 20~ 50년	다층 극상림		

2 형식미학적 접근

① 형식미의 원리

㉠ 르 꼬르비지에(Le Corbusier)의 황금비례(1 : 1.618) : 인체치수와 관련지어 설명

㉡ 형태심리학

ⓐ 도형과 배경 : 보는 관점에 따라 도형과 배경이 바뀌어지는 현상

ⓑ 도형조직의 원리 : 접근성, 유사성, 연결성, 방향성, 완결성, 대칭성

㉢ 미적구성원리 : 통일성, 다양성

② **경관의 형식적 유형** : 파노라믹 경관, 지형경관, 위요경관, 초점경관, 관개경관, 세부경관, 일시적 경관

③ 분석방법

㉠ 리튼(Litton)의 시각적 훼손가능성 : 경관기본유형별(전경관, 지형경관, 위요경관, 초점경관), 도로나 벌목 등에 의한 시각적 훼손에 관한 연구

㉡ 제이콥스와 웨이(Jacobs and Way)의 시각적 흡수능력

ⓐ 시각적 투과성 : 식생밀집정도, 지형위요 정도에 따라 다르다.

ⓑ 시각적 복잡성 : 상호 구별될 수 있는 시각적 요소의 수에 따라 다르다.

ⓒ 시각적 투과성이 높으면 시각적 복잡성이 낮아 시각적 흡수력도 낮아진다.

㉢ 경관회랑, 경관구성, 경관통제점 분석

ⓐ 경관회랑 : 주요 통행로를 따라 가시권을 설정한 것

ⓑ 경관구역 : 이질적 패턴이라도 하나의 장소로 느껴지면 하나의 경관구역

ⓒ 경관단위 : 동질적 질감을 지닌 경관의 구분

ⓓ 경관통제점 : 좋은 조망지점, 이용 많은 지역의 조망점

㉣ 고속도로, 송전선의 시각적 영향

㉤ 스카이라인 분석 : 건물과 하늘이 만나는 경계선을 연결한 것

ⓐ 스카이라인 형태 : 리듬있는 형태, 자연에 적응된 형태, 하늘과 균형을 이룬 형태, 악센트가 있는 형태, 추상적 형태, 중첩된 형태, 프레임된 형태로 분류

ⓑ 스카이라인의 경험 : 극적 전개, 연속적 전개, 병치, 은유적 해석

㉥ 연속적 경험

ⓐ 틸(Thiel)의 공간형태의 표시법 : 기호로서 장소 중심적 인간의 움직임 표시

ⓑ 할프린(Halprin)의 움직임 표시법 : 모테이션 심벌이라는 움직임 표시법 고안, 시간·진행 중심적 움직임 해석

ⓒ 아버나티와 노우(Abernathy and Noe)의 속도변화 고려 : 자동차, 보행 등의 다른 속도에 따른 공간 분석

3 정신물리학적 접근

① **정의** : 감지와 자극 사이의 계량적 관계를 연구하는 정신물리학적 입장에서의 분석방법

② **형식미학과의 비교**

㉠ 형식미학적 접근 : 정성적 관계이며 전문가적 판단에 의한 것

㉡ 정신물리학적 접근 : 정량적 관계이며 일반인에 대한 실험에 의한 것

③ **분석모델**

㉠ 선형-비선형 모델 : 경관의 물리적 속성과 반응에 관한 1차식(선형), 2차 지수함수(비선형). 여러 개의 변수를 동시에 고려할 수 있는 선형모델을 많이 사용함

㉡ 자연경관·도시경관 모델

㉢ 직접-간접 모델 : 물리적 속성을 직접 측정하느냐, 피험자에게 조사하느냐 하는 것

④ **분석방법**

㉠ 세이퍼(Shafer) 모델

ⓐ 자연환경, 선형, 직접모델

ⓑ 자연환경에서의 시각적 선호에 관한 계량적 예측 모델

ⓒ 경관지역을 근경, 중경, 원경으로 나누고 각각 식생 비식생으로 나눈 10개 지역으로 세분화하여 선호도 조사함

㉡ 피터슨(Peterson) 모델

ⓐ 도시환경, 선형, 간접모델

ⓑ 주거지역 주변의 경관에 대한 시각적 선호 예측 모델

㉢ 칼스(Carls) 모델 : 옥외 레크리에이션 지역 경관의 시각적 선호 예측 모델

㉣ 중정모델

ⓐ 도시환경의 중정의 비례를 이용해 시각적 선호도 예측하는 모델

ⓑ 층별 투시도 분석 : 3층 - 높이비 9.5, 5층 - 높이비 6.95, 12층 - 높이비 5.1에서 최대의 선호도를 보임

㉤ 경관도 작성 : 1×1km 격자로 나누어 유형별 경관으로 분류

4 심리학적 접근

① **정의** : 인간의 느낌, 감정, 이미지에 대한 관점에서의 접근방식

② **심리학적 접근의 유형** : 개인적 차이, 경관에 대한 느낌, 경관의 이미지

③ **분석방법**

㉠ 시각적 복잡성

ⓐ 시각적 복잡성과 선호도의 관계 : 역U자형으로 중간 정도의 복잡성이 선호가 가장 높다.

ⓑ 다양성과 선호도의 관계

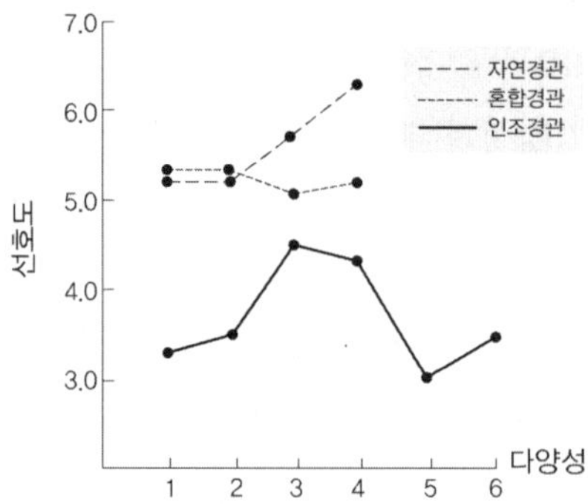

• 자연경관, 혼합경관, 인조경관에 대한 선호도의 다양성의 관계 •

ⓒ 도시 〉 농촌 복잡성일 때, 상업 〉 주거 복잡성일 때 경관이 더 아름답다. 즉, 고유한 특성의 복잡성이 있어야 한다.

㉡ 인간적 척도

ⓐ 인간적 척도의 유형 : 사회적 측면, 물리적 측면으로 나뉨
물리적 측면은 신체척(생활도구, 공업제품), 보행척(보행능력), 감각척(시각, 청각, 후각, 미각, 촉각)과 관련됨

ⓑ 척노기준

- 보통 인간척도 : 70~80ft
- 친근한 인간척도(얼굴표정을 읽을 수 있는 거리) : 48ft

- 공적인간척도(비스타같이 인간존재 유무확인거리) : 4000ft
- 초인간척도 : 교회, 성당과 같이 인간과 무관한 웅장한 크기

㉢ 경관의 이미지

ⓐ 인지도 : 린치의 인지에서 주요 요소를 추출해 설계에 응용함

ⓑ 이미지 : 린치의 5가지 도시 이미지(paths, edges, districts, node, landmarks) (※ 앞 도시환경분석 항목에서 상세내용을 참조할 것)

ⓒ 인공물과 자연물 : 함께 존재할 때 인공물이 더 두드러져 보인다.

5 기호학적 접근

① **정의** : 환경은 의미를 전달하는 기호의 장으로서 그 기호들을 파악하는 분석

② **기호의 유형** : 도상(icon), 지표(index), 상징(symbol)

③ **분석방법**

㉠ 기호체계의 분석 : 건축이나 도시에 의한 기호체계를 분석하는 것

예 중세는 폐쇄적 총체적 기호체계, 르네상스는 미적대상이면서 도상적 기호체계 등

㉡ 상징성의 분석 : 건축, 정원이 상징하는 의미를 파악하는 것

㉢ 종합적 분석 : 가변성 정도에 따라 고정적 요소, 반고정적 요소, 비고정적 요소로 구분

6 현상학적 접근

① **정의** : 환경이 의식과의 관계에서 일어나는 개인적, 체험적, 현상학적 입장에서 분석하는 방법

② **장소성**

㉠ 경관과 장소

ⓐ 경관 : 눈 앞에 펼쳐지는 전경. 물리적 구성의 의미로 넓은 공간적 범위 가짐

ⓑ 장소 : '중심' 또는 '점'의 의미. 행위함축적이며 행동중심적인 것

㉡ 내부성과 외부성(Relph의 4가지 유형)

ⓐ 간접적 내부성 : 간접적으로 장소를 경험하는 것

ⓑ 행동적 내부성 : 한 장소에서 경계에 둘러싸여 바로 여기 있음을 느끼는 것

ⓒ 감정적 내부성 : 장소를 단순히 보는 것이 아니라 본질적 요소를 감상하는 것

ⓓ 존재적 내부성 : 장소에 대한 소속감과 장소와의 일체감과 같은 의도하지 않은 경험을 통하면서도 풍부한 의미를 느끼는 것

㉢ 장소애착과 장소혐오 : 개인적 경험, 애정에 따라 느끼는 것

㉣ 장소의 영혼 : 모든 존재에는 영혼이 있으며, 장소에 대한 영혼을 파악해 설계에 응용

③ 현상학적 접근의 유형

㉠ 지리학적 접근(문화경관의 해석) : 문화의 단서, 경관요소의 동등성, 일상적 경관해석의 어려움, 역사성, 지리적 상황, 물리적 환경에 관한 지식, 불명확한 전달

㉡ 장소의 무용 : 인간의 공간행태는 현상학적으로 신체무용과 시·공간적 습관들의 결합으로 해석함

㉢ 실존적 접근 노베르그슐츠(Norberg-Schulz)의 4가지 경관유형 : 낭만적 경관, 우주적 경관, 고전적 경관, 복합적 경관

㉣ 풍수지리설

ⓐ 정의 : 이념과 사상에 의해 경관을 이해하는 이론체계

ⓑ 풍수지리의 원리

- 간룡법 : 용맥의 흐름이 좋고 나쁨을 살피는 일
- 장풍법 : 명당 주변의 지세에 관한 이론
- 득수법 : 산은 음, 수는 양으로 산과 수의 어울림에 관한 이론
- 정혈법 : 혈은 지기가 흐르는 중요한 장소로 혈을 정하는 이론
- 형국론 : 지형의 외관에 의해 지기의 흐름을 판단하는 이론
- 좌향론 : 혈의 뒤쪽으로 등진 방위로 좌향이나 산과 물의 흐르는 방향 등 방위에 관한 이론

④ 분석방법

㉠ 전문가의 경험적 고찰

㉡ 개방적 인터뷰

㉢ 분류법 : 인터뷰에서 도출된 여러 개념들을 가정하여 여러 기준에 따라 분류하여 다차원적 분석기법을 활용

7 경제학적 접근

① **정의** : 경관의 질, 아름다운, 쾌적함 등의 추상적 가치를 화폐가치로 나타내보는 분석

② **유형**

㉠ 편익계산 : 레크리에이션의 편익을 화폐가치로 계산하여 상호 비교

㉡ 교환게임 : 경관 상호 간의 가치를 비교하기 위해서 경관을 직접적으로 비교할 수 없는 가치(접근가능성, 수자원, 주거편리성 등)들과 교환하여 선호도를 파악해 비교 평가하는 것

③ **분석방법**

㉠ 지불용이성을 이용한 방법 : 일정한 장소를 방문할 때 선호도는 동일하다는 가정하에 수요곡선에 대한 분석

㉡ 기회비용을 이용한 방법 : 먼 곳의 장소를 선택하지 않고 유사하지만 가까운 장소를 선택했을 때 절약되는 기회비용을 고려해 매력도를 계산하는 방법

㉢ 지출비용을 이용한 방법 : 이용자의 지출비용 또는 조성·관리하는 비용을 계산하는 것

㉣ 국민총생산을 이용한 방법, 부동산 가격을 이용하는 방법

㉤ 윌슨의 교환게임 : 근린 주구 시설의 종류와 서비스 수준을 결정하는 것

㉥ 호인빌의 교환게임 : 우선 순위 평가판을 도입해 소음, 차량통행, 보행자 안전성 등의 순위를 나누어서 분석

㉦ USC 교환게임 : 주거 환경 계획 및 설계 기준을 도출하기 위해 11개 기회인자로 나누어 분석

㉧ 채프만과 리츠도프의 교환게임 : 공동주택의 이상적 위치에 관한 연구로 각 인자별 5단계 척도로 나누어 분석

★★★ 4 경관평가 수행기법

1 경관의 물리적 속성

① 경관의 규모

㉠ 점적경관 : 폭포, 산봉우리 같은 것으로 한 장의 사진, 한 번의 현장 평가로 가능

㉡ 면적경관 : 지역, 구역과 같은 것으로 여러 방향에서 관찰하거나 촬영, 표본지역 추출하여 예측모델을 만들어 평가하는 등 각 분석방법이 달라야 함

② **경관의 특성** : 경관의 미적 지각에 영향을 미치는 주요 변수를 파악하여 평가기준을 설정. 예 공간의 크기, 비례, 면적, 명암, 채색 등

③ **계절에 따른 변화** : 4계절에 걸쳐 표본사진을 선정하여 평가, 하루 중 일조시간에 따른 변화와 경관에 미치는 영향을 고려하여 분석

2 시뮬레이션 기법

① **사진 및 슬라이드를 이용한 평가** : 여러 명의 평가자가 이동하는 시간을 줄일 수 있다.

② **사진 및 슬라이드 표본 선정** : 장소가 넓은 경우 어떤 사진으로 평가할 것인가 하는 것으로 무작위 추출 방법이 많이 사용됨

③ **시뮬레이션 순서** : 이질적 경관 평가에선 순서가 영향을 미치나, 유사경관에서는 순서에 의한 영향이 거의 없다.
④ **관찰** : 평가자가 편안한 심적 상태에서 할 수 있도록 사진 관찰시간을 결정
⑤ **계획된 경관의 시뮬레이션** : 실제 존재하는 경관이 아니라 앞으로 계획되어지는 경관의 평가 시에 사진합성, 모형, 컴퓨터 그래픽 등의 방법을 이용한다.

3 평가자 선정

① 전문가와 이용자
㉠ 전문가 평가
ⓐ 장점 : 작업이 단순하고 빠르며 일반인이 모르는 사항도 파악할 수 있음
ⓑ 단점 : 이용자의 선호와 달라 주관에 치우칠 수 있음
㉡ 일반인 평가
ⓐ 장점 : 일반 대중의 선호를 잘 반영하며 공공성이 높아 설득력이 높다.
ⓑ 단점 : 효과적 표본추출과 평가 수행비용, 시간이 많이 소요됨
② **집단의 선호 패턴** : 개인차는 있지만 일정집단 안의 선호도 패턴은 유사하다.
③ **친근감** : 평가 대상의 경관에 대해 익숙한 정도에 따라 선호도가 달라질 수 있다.

4 미적반응측정

① 척도의 유형
㉠ 명목척(nominal scale) : 사물의 특성에 고유번호를 부여하는 것
예 운동선수의 유니폼의 번호
㉡ 순서척(ordinal scale) : 일정 특성의 크고 작음을 비교하여 크기 순서로 숫자를 부여하는 것 예 성적순
㉢ 등간척(interval scale) : 순서척처럼 상대적 비교와 동시에 상대적 크기도 비교
예 온도 차이, 리커드 척도, 어의구별척
㉣ 비례척(ration scale) : 등간척에서 불가능한 비례계산
예 길이 비교
② 측정방법
㉠ 형용사목록법 : 경관을 서술하는 형용사들로 경관의 특성을 파악하도록 하는 것
예 동적인, 인공적인, 푸른, 넓은, 고요한 등
㉡ 카드분류법 : 경관을 기술하는 문장을 각각 카드 한 장에 적어 보여주면서 분류하는 방법 예 장엄한 전망을 가지고 있다.

㉢ 어의구별척 : 경관의 질을 파악하는 것이 아니라, 경관의 특성, 의미를 밝히기 위해 양극으로 표현되는 형용사 목록을 제시해 7단계로 나누어 정도를 표시하는 것
예 아름답다와 추하다의 정도를 7단계로 나누어 그 정도를 표시하도록 함

㉣ 순위조사 : 여러 경관의 상대적 비교로 선호도에 따라 순서대로 늘어놓아 번호를 매기도록 하는 방법으로 등간척을 사용함

㉤ 리커드 척도 : 일정상황에 대한 정도를 5개 구간으로 나누어 등간척으로 답하는 방식 예 경관의 아름다움의 정도를 낮음과 높음으로 5단계 나누어 표시하도록 함

CHAPTER 03 경관분석

실전연습문제

01 Meinig는 경관을 해석하는 10가지 다양한 관점을 제시한 바 있다. 다음 중 경관을 해석하는 관점에 해당되지 않는 것은? [기사 11.03.20]

㉮ 체계로서의 경관
㉯ 정서로서의 경관
㉰ 부로서의 경관
㉱ 문제로서의 경관

풀이 **Meinig의 10가지 경관해석관점**
자연, 거주지, 인공구조물, 체계, 문제점, 부, 이념, 역사, 장소, 미적으로서의 경관

02 "DESIGN WITH NATURE"이라는 저술을 통해 생태학적 접근 방법과 지도중첩기법을 제안하여 전 세계의 조경계 및 도시계획에 절대적인 영향을 미친 생태조경가의 작품이 아닌 것은? [기사 11.03.20]

㉮ 미국의 리치몬드 파크웨이
㉯ 포토맥 유역 포인트 공원
㉰ 캔들스틱 포인트 공원
㉱ 뉴욕 리버데빌 공원개발계획

풀이 문제는 맥하그(Ian Mcharg)에 관한 설명이다.
㉰ 프로미식축구팀 샌프란시스코 포티나이너스의 홈구장이다.

03 리튼(R.B.Litton)이 분류한 산림경관의 7가지 유형이 아닌 것은? [기사 11.03.20]

㉮ 전경관(panoramic landscape)
㉯ 위요경관(enclosed landscape)
㉰ 농촌경관(rural landscape)
㉱ 관개경관(canopied landscape)

풀이 **리튼의 7가지 산림경관**
전경관, 지형경관, 위요경관, 초점경관, 관개경관, 세부경관, 일시경관

04 도시경관을 분석하는데 환경적 요소를 부호화하고 진행에 따라 변화하는 요소를 평면적·수직적의 두 측면에서 기록하고, 여기에 시간적 요소를 첨가하는 방법을 시도한 사람은? [기사 11.03.20]

㉮ 필립 틸(Phlip Thiel)
㉯ 로렌스 할프린(Lawrence Halprin)
㉰ 케빈 린치(Hevin Lynch)
㉱ 크리스토퍼 알렉산더(Christopher Alexander)

풀이 할프린의 모테이션 심볼에 관한 내용

ANSWER 01 ㉯ 02 ㉰ 03 ㉰ 04 ㉯

05 상층이 나무 숲으로 덮혀 있고 하층은 관목이나 어린 나무들로 이루어져 있는 공간은 산림경관의 분류상 어디에 속하는가? [기사 11.06.12]

㉮ 관개경관 ㉯ 세부경관
㉰ 위요공간 ㉱ 초점경관

풀이 ㉮ 천개되어진 경관
㉯ 자세히 볼 때 이루어지는 경관
㉰ 둘러싸여지는 형태
㉱ 한곳으로 시선이 집중되는 형태

06 시각적 선호(visual preference)를 결정하는 변수가 아닌 것은? [기사 11.06.12]

㉮ 생태적 변수 ㉯ 물리적 변수
㉰ 상징적 변수 ㉱ 개인적 변수

풀이 **시각적 선호 변수**
물리적, 상징적, 추상적, 개인적 변수

07 경관의 복잡성(Complexity)과 선호도(Preference)의 일반적인 관계는? [기사 11.06.12]

㉮ 정비례 관계를 이룬다.
㉯ 반비례 관계를 이룬다.
㉰ 거꾸로 된 "U" 형태(역 U자)의 관계를 이룬다.
㉱ 불규칙적인 관계를 이룬다.

풀이 중간정도의 복잡성을 가질 때 가장 선호도가 높다.

08 경관조직(landscape sculpture)은 보통 구체적인 사물의 형태를 일단 추상화(abstraction)시켜 형태를 재현하는 방식을 택한다. 이 추상화 과정에 관한 설명 중 옳지 않은 것은? [기사 11.06.12]

㉮ 대상의 성격 혹은 총제적인 속성을 파악한다.
㉯ 대상의 인상(image)이 일반화되는 형태로 추출한다.
㉰ 개체의 개성이나 속성을 구상화 과정에 의해서 추출해낸다.
㉱ 구상적 형태를 점이나 선, 면 등으로 분해하여 추상화된 형태로 추출한다.

풀이 구상화란 실제 있는 사물을 그대로 재현한 것을 말함

09 Leopold가 계곡경관의 평가에 사용한 경관가치의 상대적 척도의 계량화 방법은? [기사 11.06.12]

㉮ 특이성비 ㉯ 연속성비
㉰ 유사성비 ㉱ 상대성비

풀이 물리적 인자, 생태적 인자, 인간 이용 및 흥미적 인자 등에 대한 특이성 비로 계산

10 Litton이 제시한 산림경관의 기본적 유형(fundamental types)에 포함되지 않는 것은? [기사 11.10.02]

㉮ 전경관(Panoramic Landscape)
㉯ 일시경관(Ephemeral Landscape)
㉰ 위요경관(Enclosed Landscape)
㉱ 지형경관(Feature Landscape)

풀이 **리튼의 산림경관 기본유형**
전경관, 지형경관, 위요경관, 초점경관

ANSWER 05 ㉮ 06 ㉮ 07 ㉰ 08 ㉰ 09 ㉮ 10 ㉯

Part 3 조경설계

11 경관가치평가방법에서 생태학적 분석방법에 해당하지 않는 것은? [기사 11.10.02]

㉮ 맥하그(McHarg)의 분석방법
㉯ 레오폴드(Leopold)의 분석방법
㉰ 린치(Lynch)의 이미지 분석방법
㉱ 녹지자연도 사정방법

풀이 린치의 이미지 분석방법은 심리학적 분석에 해당함

12 경관분석시 관찰 통제점의 선정 기준에 적합하지 않는 것은? [기사 11.10.02]

㉮ 주요 도로 및 산책로
㉯ 이용밀도가 높은 장소
㉰ 특별한 가치가 있는 경관을 조망하는 장소
㉱ 주변지형 중 가장 표고가 높은 곳

풀이 관찰 통제점은 가치가 있거나 통행량이 많은 곳을 선정하는 것으로 표고가 높다고 반드시 선정되는 것은 아니다.

13 시각적 선호(visual preference)와 시각적 복잡성(visual complexity)과의 관계를 가장 잘 나타내는 그림은? [기사 11.10.02]

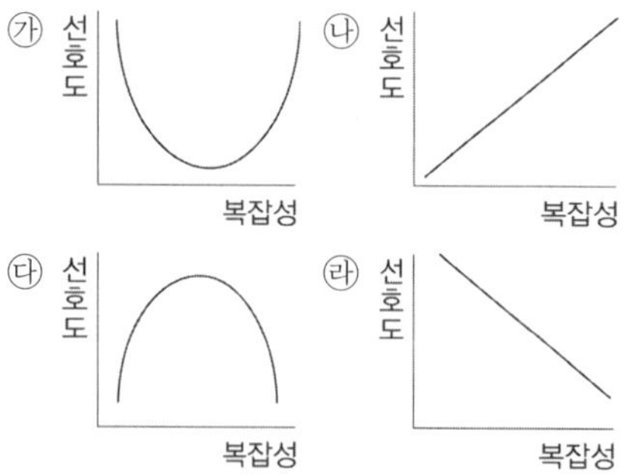

풀이 시각적 복잡성은 중간정도일 때 가장 선호도가 높다.

14 아래의 설명에 적합한 용어는? [기사 11.10.02]

> 자연지역에 형성되는 경관으로서 자연적 요소를 배경으로 인공적 요소가 침입하는 경관이다. 인공적 요소의 규모 및 형태에 따라 경관훼손 정도가 결정되며 대부분의 경우 인공구조물의 침입은 경관의 질을 저하시킨다. 따라서 자연경관 보전노력이 가장 많이 필요하다.

㉮ 순수한 자연경관 ㉯ 반자연경관
㉰ 반인공경관 ㉱ 인공경관

15 경관의 인지 과정에서 관찰자의 가치에 영향을 받아 결정되는 요소는? [기사 12.03.04]

㉮ 시각정보의 지각
㉯ 시각특성의 인지
㉰ 시각의 질의 해석
㉱ 시각 양식의 파악

16 리튼(Litton)이 제시한 자연경관에서의 경관 훼손가능성(Visual Vulnerability)에 대한 설명 중 틀린 것은? [기사 12.03.04]

㉮ 저지대보다 고지대가 경관 훼손가능성이 높다.
㉯ 어두운 곳보다 밝은 곳이 경관 훼손 가능성이 높다.
㉰ 급경사지보다 완경사지가 경관 훼손 가능성이 높다.
㉱ 혼효림보다 단순림이 경관 훼손 가능성이 높다.

풀이 급경사지가 완경사지보다 경관 훼손 가능성이 더 높다.

ANSWER 11 ㉰ 12 ㉱ 13 ㉰ 14 ㉯ 15 ㉰ 16 ㉰

17 경관통제점(landscape control point)에 관계된 설명 중 옳지 않은 것은? [기사 12.03.04]

㉮ 아이버슨(Iverson)의 경관분석방법
㉯ 이용자들의 주 통행로상에 설정
㉰ 각 경관지역 내에서 1개의 통제점을 선정
㉱ 하천 주변 경관가치의 평가에 주로 사용

풀이 하천경관평가는 레오폴드와 관계

18 루빈(E. Rubin)이 형태심리학에서 주장하는 도형(圖形, figure)과 배경(背景, ground)의 설명으로 옳지 않은 것은? [기사 12.03.04]

㉮ 도형은 배경보다 더욱 가깝게 느껴진다.
㉯ 도형은 배경에 비하여 더욱 의미 있는 형태로 연상된다.
㉰ 도형은 배경에 비하여 더욱 지배적이며 잘 기억된다.
㉱ 도형은 물질 같은 성질을 지니며 배경은 물건 같은 성실을 지닌다.

풀이 도형은 물건 같은 성질을 지니며, 배경은 물질(물체의 본바탕) 같은 성질을 지닌다.

19 자연경관을 대상으로 할 때 경관의 시각적 특성을 이해하기 위한 형식적 분류 항목에 해당되지 않는 것은? [기사 12.03.04]

㉮ 초점경관 ㉯ 관개경관
㉰ 세부경관 ㉱ 개방경관

풀이 **경관의 형식적 분류**
파노라믹 경관, 지형경관, 위요경관, 초점경관, 관개경관, 세부경관, 일시적 경관

20 렐프(Relph)는 장소성을 설명하는 개념으로 내부성과 외부성을 거론한 바가 있다. 다음 중 내부성과 관련하여 렐프가 제시한 유형이 아닌 것은? [기사 12.05.20]

㉮ 직접적 내부성 ㉯ 존재적 내부성
㉰ 감정적 내부성 ㉱ 행동적 내부성

풀이 **랄프의 4가지 내부성 유형**
간접적 내부성, 행동적 내부성, 감정적 내부성, 존재적 내부성

21 건물의 전면(前面) 전부를 보며 심리적 압박감이 없어질 수 있는 거리는 건물에서부터 최소 얼마의 거리를 떨어져 보아야 하는가? [기사 12.05.20]

㉮ 건물높이의 1.0배
㉯ 건물높이의 2.0배
㉰ 건물높이의 3.0배
㉱ 건물높이의 4.0배

22 경관을 구성하는 지배적 요소 중 경관의 우세요소(dominance elements)에 속하지 않는 것은? [기사 12.05.20]

㉮ 형태(form) ㉯ 질감(texture)
㉰ 다양성(variety) ㉱ 선(line)

ANSWER 17 ㉱ 18 ㉱ 19 ㉰ 20 ㉮ 21 ㉯ 22 ㉰

23 다음 중 Albedo값이 높은 것부터 낮은 것으로 옳게 나열한 것은? [기사 12.05.20]

㉮ 눈 → 숲 → 바다 → 마른모래
㉯ 마른모래 → 숲 → 눈 → 바다
㉰ 눈 → 마른모래 → 숲 → 바다
㉱ 숲 → 바다 → 마른모래 → 눈

풀이 알베도는 빛을 반사하는 정도로 높다는 것은 모두 반사한다는 뜻

24 다음 중 특이성비(uniqueness ratio)를 통하여 계곡(하천)의 경관가치를 평가한 사람은? [기사 12.05.20]

㉮ Iverson ㉯ Halprin
㉰ Leopold ㉱ McHarg

25 Lynch의 도시 이미지 형성에 기여하는 물리적인 요소로만 구성된 것은? [기사 12.09.15]

㉮ path, skyline, form
㉯ edge, district, skyline
㉰ node, landmark, form
㉱ path, edge, landmark

풀이 **린치의 5가지 도시이미지**
path, edge, district, node, landmark

26 아파트 외곽 담장은 Altman이 구분한 인간의 영역 중에 어느 영역을 구분하고 있는가? [기사 12.09.15]

㉮ 1차영역과 2차영역
㉯ 2차영역과 공적영역
㉰ 1차영역과 공적영역
㉱ 해낭되는 영역이 없다.

풀이
- 1차영역 : 일상생활 중심의 반영구적 점유공간으로 가정, 사무실
- 2차영역 : 사회적 특정 그룹, 소속이 점유하는 공간으로 교회, 기숙사, 교실 등
- 3차영역(공적영역) : 대중 누구나 이용 가능한 공간으로 광장, 해변

따라서, 아파트 내부인 2차영역과 밖의 공적영역을 구분하는 것

27 사진 및 슬라이드를 이용한 경관평가의 장점으로 보기 어려운 것은? [기사 12.09.15]

㉮ 시간 및 노력의 절약
㉯ 관찰시간의 통제
㉰ 관찰 조건 통제의 용이성
㉱ 스케일감 및 입체감의 파악

28 다음 중 파노라믹 경관(panoramic land scape)을 가장 잘 설명한 것은? [기사 13.03.10]

㉮ 수림이나 계곡이 보이는 자연경관
㉯ 원거리의 물체들이 가까이 접근해 있는 물체의 일부에 가리워 액자(額子)에 넣어진듯 보이는 경관
㉰ 원거리의 물체들을 시선을 가로막는 장애물 없이 조망할 수 있는 경관
㉱ 아침 안개나 저녁 노을과 같이 기상조건에 따라 단시간 동안만 나타나는 경관

풀이
㉮ 지형 경관
㉯ 프레임 경관
㉰ 파노라믹 경관
㉱ 일시적 경관

ANSWER
23 ㉰ 24 ㉰ 25 ㉱ 26 ㉯ 27 ㉱ 28 ㉰

29 보행전용도로 양쪽에 10m 높이의 건물을 신축하고자 한다. 이때 이 건물에 의해 위요된 공간에 친밀한 성격을 부여하기 위해 띄워야 하는 거리의 범위는 어느 것이 가장 적당한가? [기사 13.03.10]

㉮ 5～10m ㉯ 10～30m
㉰ 30～60m ㉱ 60～80m

풀이 건물높이의 1～3배 거리가 가장 적당

30 현상학적 입장의 경관분석기법에 속하지 않는 것은? [기사 13.06.02]

㉮ 분류법
㉯ 개방적 인터뷰
㉰ 전문가의 경험적 고찰
㉱ 경관요소의 계량적 분석

풀이 **현상학적 경관분석**
환경이 의식과의 관계에서 일어나는 개인적, 체험적, 현상학적 입장에서 분석하는 방법

31 경관생태학에서는 토지를 바탕(matrix), 조각(patch), 통로(corridor)의 3가지 경관요소로 구분하여 설명하고 있다. 다음 중 경관바탕이 아닌 것은? [기사 13.06.02]

㉮ 전체 토지면적의 반 이상을 덮고 있는 부분
㉯ 구역의 경관 역동성을 좌우하는 공간 부분
㉰ 두 가지 특징이 한 구역에서 동등할 때 연결성이 높은 부분
㉱ 서식처, 도관, 장애, 여과, 공급원, 수용처 등 기능을 갖는 부분

풀이
- 바탕 : 가장 넓은 면적을 차지하고 연결성이 가장 좋은 경관요소
- 조각 : 지표상에서 생태적·시각적 특성이 주변과 다르게 나타나는 비선형적 지역인 경관요소
- 통로 : 바탕에 놓여 있는 선형의 경관요소

32 다음의 경관요소 중 적은 인위적 변화에 대하여 가장 큰 시각적 영향을 받는 것은? [기사 13.06.02]

㉮ 급경사지 ㉯ 논, 밭
㉰ 삼림 ㉱ 초지

풀이 시각적 영향이 크다는 말은 조그만 변화에도 크게 느껴지는 것을 말한다. 따라서, 급경사지의 인위적 변화는 다른 곳보다 더 많은 변화가 있는 것처럼 느껴진다.

33 공간지각의 친밀성은 D/H비와 함께 수평적 거리의 영향을 받는다. 가로 50m, 세로 50m의 정방향 광장을 친밀한 공간으로 구분한다면 이 광장은 최소 몇 개로 구분되는가? [기사 13.09.28]

㉮ 4개 ㉯ 25개
㉰ 12개 ㉱ 20개

풀이 스프라이레겐의 분류에서 3～12m 거리는 얼굴 표정 식별이 가능하고, 12～24m 거리는 외부 공간에서 인간척도를 느끼는 한계로 친밀한 공간이 되기 위해서는 12m 정도이므로 50m를 약 4개로 구분하는 것이 적정하다.

ANSWER
29 ㉯ 30 ㉱ 31 ㉱ 32 ㉮ 33 ㉮

34 자연생태계의 구조와 기능을 체계적으로 이해하는 데 필요한 자연경관·생물분포 및 토지 이용현황에 대한 정보를 1 : 25,000 지도상에 종합적으로 표시하여 우리 국토의 보전과 개발을 위한 토대가 되는 자료는 어느 것인가? [기사 13.09.28]

㉮ 녹지자연도 ㉯ 현존식생도
㉰ 지형경관도 ㉱ 생태·자연도

풀이 ① 녹지자연도 : 인간에 의한 간섭의 정도에 따라 식물군락이 가지는 자연성의 정도를 11등급(0 ~ 10등급)으로 나눈 지도이다.
② 현존식생도 : 식물군락의 지리적인 분포를 지도 위에 구체적으로 표시하고 있으며, 잔존 자연 식생과 입지조건 등에서 원식생을 추정하여 그 분포를 도시한 것

35 환경(environment)과 인간의 환경에 대한 시각선호도(visual preference)의 관계를 설명하는 다음 모형 중 옳은 것은? [기사 13.09.28]

㉮ 환경자극 → 지각 → 인지 → 태도
㉯ 환경자극 → 인지 → 지각 → 태도
㉰ 환경자극 → 태도 → 지각 → 인지
㉱ 환경자극 → 인지 → 태도 → 지각

36 이용자의 시각적 선호 또는 만족도는 다음 중 어느 개념에 속하는가? [기사 13.09.28]

㉮ 행태 ㉯ 환경태도
㉰ 환경지각 ㉱ 환경인지

37 자연을 과정으로서 이해할 수 있는 경관의 모습에 대한 설명이 옳지 않은 것은? [기사 14.03.02]

㉮ 죽어서 썩어가는 나무
㉯ 산에 피어 있는 꽃과 단풍
㉰ 정원에 있는 아름다운 조형수
㉱ 산불이 난 곳에 새롭게 자라난 유목

풀이 자연을 과정으로 이해한다는 것은 인위적인 힘이 가해지지 않은 자연 그대로의 모습의 진행을 말하는 것으로, 정원에 있는 조형수는 사람의 인위적인 힘이 가해진 것이다.

38 Kevin Lynch가 제시한 도시 이미지 형성에 기여하는 물리적 요소 개념에 속하지 않는 것은? [기사 14.03.02]

㉮ 통로(paths) ㉯ 모서리(edges)
㉰ 연결(links) ㉱ 결절점(node)

풀이 **케빈린치의 도시이미지 요소**
Path(통로), edge(모서리), district(지역), node(결절점), Landmark

39 식재기반을 조성하기 위해서는 토양이 중요하다. 토양분석에 있어서 토양의 입자 크기가 옳은 것은? [기사 14.05.25]

㉮ 모래 : 직경 2 ~ 5mm
㉯ 모래 : 직경 0.05 ~ 2mm
㉰ 미사 : 직경 0.01 ~ 0.5mm
㉱ 미사 : 직경 0.01 ~ 0.005mm

풀이 • 굵은 모래 : 지름 0.25 ~ 2mm 정도 알맹이 돌
• 잔모래 : 지름 0.05 ~ 0.25mm 정도 알맹이 돌 기준으로 넓게 0.05 ~ 2mm라 할 수 있다.

ANSWER 34 ㉱ 35 ㉮ 36 ㉯ 37 ㉰ 38 ㉰ 39 ㉯

40 케빈 린치(Kevin Lynch)가 말하는 도시 경관의 구성요소 중 「통로(path)」의 성격으로 가장 거리가 먼 것은? [기사 14.05.25]

㉮ 연속성과 방향성이 있다.
㉯ 동선의 네트워크(network)이다.
㉰ 주로 관찰자가 빈번하게 통행하는 지역이다.
㉱ 한 지역을 타 지역과 분리시키는 경계의 역할을 한다.

풀이 린치의 통로는 도시 이미지를 형성하는 요소중 하나로 도로, 길과 같이 연속적으로 보여지는 동선을 말하는 것이다.

41 인간의 환경에 대한 반응 중 가장 먼저 일어나는 현상은? [기사 14.05.25]

㉮ 환경지각(environmental perception)
㉯ 환경태도(environmental attitude)
㉰ 행태(behavior)
㉱ 환경인지(environmental cognition)

풀이 **환경에 대한 반응순서**
환경자극 - 환경지각 - 환경인지 - 환경태도
따라서 자극이 주어진 다음 지각이 가장 먼저 일어남

42 다음 중 케빈 린치의 도시 이미지에 관한 설명으로 틀린 것은? [기사 14.09.20]

㉮ 관찰자에 따라 도시에 관한 이미지가 다를 수 있다.
㉯ 대상물의 물리적 성질은 형상, 색채, 배치 등이 될 수 있다.
㉰ 도시의 이미지와 관련된 것은 대체로 개인의 이미지이다.
㉱ 이미지를 불러 일으키기 위해서는 대상물의 물리적 성질이 마음속의 어느 요소와 관련되어야 한다.

풀이 **도시이미지**
물리적 형태의 시각적 이미지를 통로(path), 모서리(edge), 지역(district), 결절점(node), 랜드마크(Landmark)의 물리적 요소로 구분함

ANSWER 40 ㉱ 41 ㉮ 42 ㉰

CHAPTER 4

조경미학

1 디자인 요소

1 점

① 크기는 일정하지 않으며, 위치를 표시한다.

② 특징

㉠ 점이 면, 공간에 한 개 놓이면 구심점이 되어 주의력 집중

㉡ 밝은 점은 크고 어두운 점은 작게 보인다.

㉢ 두 점 사이에는 보이지 않는 선이 생겨 서로 잡아당기는 힘이 생김. 이때 눈에 보이지 않는 선은 가까우면 굵게, 멀면 가늘게 느껴짐

㉣ 점의 크기가 각각 다르면 동적감각, 같은 크기면 정적인 소극적인 면이 암시

2 선

① **직선** : 선의 기본으로 균형의 성질, 중립적 성질로 환경융화가 쉬우나 지나치면 불친철함과 압박감을 느낌

② **곡선**

㉠ 방향성과 곡선 종류에 따라 감정이 다르며, 편안함과 여성적인 느낌

㉡ 약간 휘어진 곡선 : 자유롭고 신축성이 있으며 유동적이며, 여성적, 부드러운 느낌

㉢ 급하게 휘어진 곡선 : 방향의 급전, 능동성, 강력한 성질

③ **방향성** : 모든 선은 방향을 갖는다.

㉠ 수평방향 : 중력과의 조화로 휴식, 고요, 수동적, 침착, 안정감

㉡ 수직방향 : 평형, 균형, 강하고 굳건함, 위엄, 열망, 의기양양함

㉢ 사선(대각선)방향 : 변화적, 역동적, 움직임 연상하는 동적방향

④ **인공적인 선과 자연적인 선**

㉠ 인공적인 선 : 수학적인 선, 인간이론에 의해 얻어진 선으로 많은 경우 단순, 인공적이면서 조용한 느낌이나 인간 감정을 무시한 듯한 느낌이 듦

㉡ 자연적인 선 : 자연 또는 인간이 만든 자유곡선. 다양하고 변화무쌍하며 많을 경우 감정에 좌우되고 야무짐 없는 느낌이 듦

⑤ **사선** : 특정방향과 움직임이 있는 선으로 수직, 수평선의 평면상 질서를 파괴하는 역동적인 느낌

3 형태

① **원과 구** : 하나의 중심점을 가지며 중심점의 작용에 의해 주위를 향해 동일하게 방사하는 움직임, 집중하는 움직임을 가지므로 강조적, 집중시키기 쉽다.

㉠ 정원형 : 특정 방향성은 없고 동등한 방사성으로 주위와 잘 융화됨

㉡ 타원형 : 2개의 중심이 있으며 중심 위치에 의해 방향성이 생기고 주변과 조화가 어렵다.

② **사각형**

㉠ 정방형 : 원에 가까운 성질로 중립의 성질

㉡ 사다리꼴 : 사선의 성질로 변화하는 느낌

㉢ 장방형(거형) : 조경의도에 맞추어 가장 이용하기 쉬운 형태 예 황금비

③ **형의 감정**

㉠ 원 : 매우 상쾌함, 따뜻함, 부드러움, 조용함

㉡ 반원 : 따뜻함, 조용함, 둔함

㉢ 부채꼴 : 날카로움, 시원함, 가벼움, 화려함

㉣ 정삼각형 : 시원함, 예민함, 딱딱함, 메마름, 강함, 가벼움, 화려함

㉤ 마름모꼴 : 시원함, 메마름, 예민, 딱딱함, 강함

㉥ 사다리꼴 : 무거움, 딱딱함, 기름짐

㉦ 정방형 : 딱딱, 강함, 무거움, 품위 있음, 상쾌함

㉧ 장방형 : 시원함, 메마름, 딱딱함, 강함

④ **형상의 성격(W.Metzger의 심리학적인 형태의 법칙)**

㉠ 둘러싸는 법칙 : 개방되기보다는 내부로 인식하는 경향

㉡ 가까움의 법칙 : 가까운 것끼리 연결해서 인식하는 경향

㉢ 안쪽의 법칙 : 내부로 향하는 성질

㉣ 군화 또는 통합의 법칙 : 형태를 통합하려고 하는 성질

㉤ 대칭의 법칙

㉥ 동일폭의 법칙

㉦ 통과하는 곡선의 법칙

㉧ 그 외 분명의 법칙, 바탕에 대한 최대 통일성의 법칙 등

4 공간

① 3차원적인 것으로 길이, 폭, 깊이가 있다.

② 가공적인 깊이를 암시하기도 하고 빛의 방향, 세기에 따라 입체감을 주어 공간의 분위기를 조절함

③ 색 효과, 빛을 이용(난색계, 한색계)하여 넓어 보이게 하거나 좁아 보이게 하는 등의 효과 줄 수 있다.

5 질감

① 재질감, 촉감 등의 느낌으로 부드러움, 거침, 매끈함 등

② 질감 조화의 방법

㉠ 동일조화 : 땅 표면의 질감과 같은 재료를 담장, 울타리 등에서도 사용하여 조화를 이룸 예 지피, 모래 포장의 땅과 담장

㉡ 유사조화 : 유사한 재질이나 시공방법을 사용해 조화를 이룸

㉢ 대비조화 : 다른 재질의 재료로 각 재료의 성질이 잘 드러나도록 하여 조화시키는 방법 예 동양식 정원의 이끼 가운데 사석이나 디딤돌

6 스파늉(Spannung)

점, 선, 면 등의 구성요소가 2개 이상 작용할 때 상호 관련되어 발생되는 방향감을 갖는 성질

2 색채이론

1 빛과 색

① 빛의 성질

㉠ 물리적 성질

ⓐ 광도(lux) : 빛의 강한 정도로 단위 입체에 닿는 빛의 양

ⓑ 반사도 : 알베도로 나타내며 흡수와 반사로 표면 미기후 온도에도 영향을 미침

ⓒ 광원색 : 인공광색이 다양하며 백열등은 붉은빛, 노란빛, 형광등은 자연조명에 가까운 푸른 빛을 가진다.

㉡ 심리적 성질 : 분위기를 연출하는 요소로 작용하며 밝은 빛은 환기를 불러일으키며, 번쩍이는 빛은 시선을 다른 곳으로 돌리게 하는 등의 효과

② 빛의 종류

㉠ 자연 조명 : 자연계의 광원인 태양에 의한 조명

㉡ 인공조명 : 인공의 광원에 의한 조명

③ 인공조명의 특성

종류	백열전구	할로겐램프	형광등	수은등	나트륨등
용량	2~1,000W	500~1,500W	6~110W	40~1,000W	20~400W
효율	7~22lm/W	20~22lm/W	48~80lm/W	30~55lm/W	80~150lm/W
수명	1,000~1,500h	2,000~3,000h	7,500h	10,000h	6,000h
전등부속장치	불필요	불필요	안정기 등 부속 장치가 필요	안정기가 필요	안정기 등 부속 장치가 필요
용도	비교적 좁은 장소의 전반조명, 액센트조명, 기분을 주로 한 효과를 얻기가 쉽다. 대형인 것은 높은 천장, 각종 투광조명에 적합하다.	장관형은 높은 천장이나 경기장, 광장 등의 투광조명에 적합하다. 단관형은 영사기용에 적합하다.	옥내외, 전반조명, 국부조명에 적합하다. 명시를 주로 한 양질 조명을 경제적으로 얻을 수 있다. 또한, 간접 조명에 의해서 무드 조명에도 효과적이다.	1등당 큰 광속을 얻을 수 있고, 또한 수명이 길므로, 높은 천장, 투광조명, 도로조명에 적합하다.	광질의 특성 때문에 도로조명, 터널 조명에 적합하다.
광색 광질	적색, 고휘도	적색, 고휘도	백색(조절), 저휘도	청백색, 고휘도	등황색(저압) 황백색(고압)

④ 색의 삼속성

㉠ 색상(hue) : 색을 구별하는 데 필요한 색의 이름

㉡ 명도(value) : 빛의 밝기 정도. 가장 명도 높은 것은 흰색, 낮은 것은 검정색. 무채색명도 11단계로 나뉨

㉢ 채도(chroma) : 색의 선명한 정도. 채도가 높을수록 색상이 잘 나타나며 가장 채도가 높은 색을 순색이라 함. 가장 낮은 채도를 1, 가장 높은 채도를 16으로 17단계로 나눔

⑤ 색 용어

㉠ 순색(純色) : 가장 채도가 높은 색으로 색입체의 가장 왼쪽에 있는 색

㉡ 청색(靑色), 탁색(濁色) : 채도가 높은 색을 청색이라 하며 그중 명도가 높은 것을 명청색, 낮은 것은 암청색이라 채도와 명도가 같이 낮은 색을 탁색

㉢ 색조(色調) : 색상이 달라도 명도나 채도가 유사하면 같은 인상을 주는 상태

㉣ 보색(補色) : 색상환의 중심점에서 반대편에 있는 색으로 두 색을 혼합하면 검정이 됨

㉤ 색명법(色名法) : 색의 이름을 색명이라 하며, 이것을 표현하는 방법

2 색채지각과 지각적 특성 및 감정효과

① **명암순응** : 우리의 눈이 빛의 밝기에 순응하여 물체를 보는 것

㉠ 전체순응 : 시각한도 내에서 전체 평균 밝기에 순응하는 것

㉡ 명순응 : 밝은 곳에서 눈이 익숙해지는 것

㉢ 암순응 : 어두운 곳에서 눈이 익숙해지는 것

물체의 밝기는 그 물체의 빛을 반사하는 비율에 따라 다르게 보이는 것임

② **색의 항상작용** : 물체의 고유한 색을 조명광과 구별해서 느끼는 것

★★★ ③ **푸르키니에 현상** : 빛의 파장이 긴 적색이나 황색은 어둡게, 파장이 짧은 파랑과 녹색은 비교적 밝게 보이는 현상. 즉 파장이 짧은 색은 약간의 빛만 있어도 잘 보이지만, 긴 파장의 색은 많은 광량이 있어야 보인다.

예 노을 질 무렵 파장이 짧은 보라색만 보이는 이유

④ **잔상** : 잠시 동안 어느 물체를 보고 있다가 다른 곳을 볼 때 눈의 회복이 늦어져 잠시 동안 색이나 명암이 반대되는 색이 보이는 현상

⑤ **색의 대비** : 어느 색이 다른 색의 영향을 받아 볼 때와는 달라져 보이는 현상

예 명도 대비, 채도 대비

★★★ ⑥ **리브만 효과**

㉠ 도형과 바탕의 명도가 비슷하면 도형의 윤곽이 뚜렷하지 않고 형상이 사라져 보이는 현상. 즉 명도차가 클수록 가시도가 높고 명도가 가까울수록 가시도는 낮다.

㉡ 가시도가 가장 높은 배색 : 황색 - 흑색, 흰색 - 흑색

㉢ 가시도가 가장 낮은 배색 : 황색 - 백색, 적색 - 녹색

⑦ **진출색과 후퇴색**

㉠ 진출색 : 가까워 보이는 색으로 온색계통 예 노란색, 빨간색

㉡ 후퇴색 : 멀어 보이는 색으로 한색계통 예 청색

⑧ **색의 연상** : 색 자극에 의해 그것과 관계되는 어느 사물을 생각하는 것

⑨ **색의 상징**

㉠ 적색 : 정열, 혁명, 공산주의, 위험, 소방차 상징

㉡ 황색 : 태양의 색, 인도-장려, 명예의 상징, 중국-황제의식 등

㉢ 녹색 : 자연, 생장, 평화, 안전의 상징

㉣ 청색 : 하늘의 색, 행복, 희망 상징

㉤ 자색 : 고귀하고 장중한 색, 서양에서 국왕의 신분이나 고귀한 가문을 상징

㉥ 백색 : 순수와 결백, 선, 신성함의 상징

⑩ 색 형상의 움직임(간딘스키)

⑪ 색의 현상(간딘스키) : 청색은 원형의 둔각, 적색은 사각형의 직각, 황색은 삼각형의 예각의 느낌

⑫ 색의 기호

㉠ 남성은 한색계를 좋아하고 여성은 온색계를 좋아하는 경향이 있다.

㉡ 순색계통은 연령이 낮을수록 좋아한다.

⑬ 안전색채와 안전색광

㉠ 안전색채 : 빨강, 노랑, 주황, 녹색, 자색, 청색, 흰색, 검정 8색상

㉡ 안전색광 : 빨강, 노랑, 녹색, 자주, 흰색 5색광

3 색의 혼합(Newton의 연구)

① 색광의 혼합(가법혼색) : 색광의 혼합은 성분이 증가할수록 밝아진다.

② 물감색의 혼합(감법혼색) : 물체색은 혼합할수록 색이 어두워진다.

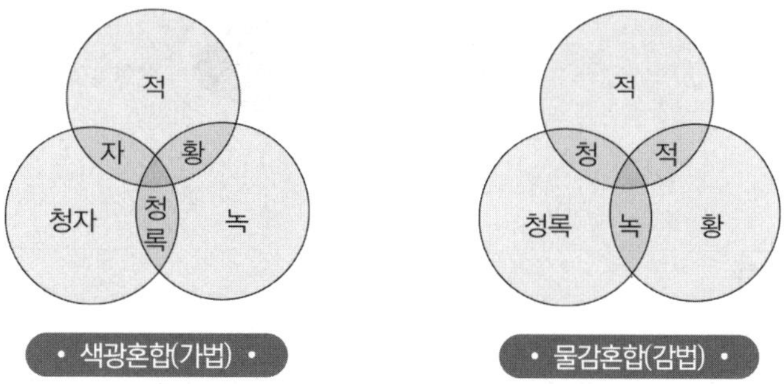

③ 각 안료의 삼원색인 가색법의 적색, 녹색, 청자색과 감색법의 청록, 적, 황색은 각각 보색관계임. 즉, 가법의 적색과 감법의 청록, 가법의 녹색과 감법의 적색, 가법의 청자색과 감법의 황색이 보색관계임

4 색의 체계 및 조화, 대비

① 표색계

㉠ 종류

ⓐ 먼셀표색계 : 한국공업규격에서 채택하고 가장 많이 사용하는 방법

ⓑ 오스트발트표색계 : 순색과 흑, 백의 적당한 혼합에 의해 구분하는 것

ⓒ CIE(국제조명 위원회)

㉡ 먼셀표색계

ⓐ 5가지 주된 색상(R, Y, G, B, P)와 그 중간의 5색상(YR, GY, BG, PB, RP) 넣어 10 색상을 기본으로 하고, 그것을 다시 10색상으로 세분하여 100색상으로 이루어짐

ⓑ 실용적으로 10순색을 2.5, 5, 7.5, 10 4단계로 구분해 40단계로 나누어 활용함

ⓒ 무채색 명도 1~9, 유채색 2~8단계

ⓓ 표시방법 : HV/C(색상, 명도/채도). 예 적색의 순색 5R4/14

ⓔ 2015년 한국산업규격 개정 색이름 변경

YR → O, GY → YG, PB → bV, RP → rP

따라서, 먼셀 기본 10색 : R(빨강), O(주황), Y(노랑), YG(연두), G(녹색), BG(청록), B(파랑), bV(남색), P(보라), rP(자주)

② **색입체** : 색의 3속성을 이용해 세로축에 명도, 원주상에 색상, 가로방향으로 채도

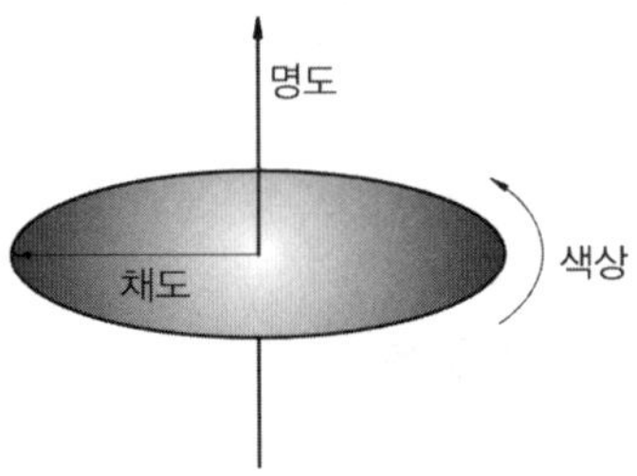

③ 색의 조화

㉠ 색상조화

ⓐ 단색조화 : 한 가지 색으로 명도와 채도를 변화시켜 통일감을 주면서 다양하게 조화

ⓑ 2색조화 : 2가지 색상으로 동색조화, 근사조화, 중간조화, 대비조화 등 이룸

ⓒ 3색조화 : 가장 균형 있는 배색효과로 색상환에서 동색조화, 정삼각조화, 이등변삼각조화, 부등변삼각조화 등이 있음

ⓓ 다색조화 : 4가지 이상의 색을 사용하여 조화

㉡ 명도조화 : 동일조화, 중간조화, 대비조화로 명도에 따른 조화

㉢ 채도조화 : 동일조화, 중간조화, 대비조화로 채도에 따른 조화

④ 색채대비

㉠ 명도대비 : 균일한 회색면이 더 어두운 영역에 접근해 있으면 더 밝게 보이는 현상

㉡ 색상대비 : 같은 오렌지색이 적색, 황색바탕에 있을 때 그 오렌지색이 다르게 느껴지는 현상

㉢ 채도대비 : 채도 높은 색, 낮은 색 병치 시 높은 색은 더 높게, 낮은 색은 더 낮게 느껴짐

㉣ 보색대비 : 보색 병렬 시 더 선명하게 강조됨 예 잔디밭의 빨간 장미꽃

㉤ 한난대비 : 찬 색, 어두운 색 병렬 시 더 인상이 진해짐

㉥ 면적대비 : 명도가 높은 것이 면적이 더 넓게 느껴지는 현상

㉦ 계시대비 : 시각을 직접 자극한 후 눈에 나타나는 보색이 잔상으로 나타나는 것

㉧ 동시대비 : 두 색을 같이 놓을 때 보색에 가까울수록 경계선 태도가 높아지며 오래 응시하면 반대색이 보이는 현상

⑤ 식물의 색소

㉠ 엽록소 : 녹색. 잎이나 줄기, 꽃, 미숙한 과일에도 포함

㉡ 크산토필 : 황색. 엽록소와 공존하며 가을이 되어 엽록소 파괴 시 나타남

㉢ 카로티노이드 : 황색, 등색, 적색. 과실이나 꽃에 많음

㉣ 안토시안 : 적색, 청색, 자색. 꽃이나 잎에 함유. 가장 화려

★★★

3 디자인원리 및 형태구성

1 조화

① **정의** : 두 개 이상의 조형요소 사이에 공통성, 차이성이 동시에 존재하는데 그 사이에서 융합해서 새로운 성격이 만들어져 아름다움을 창출할 때 조화롭다고 한다.

② 종류

㉠ 유사조화 : 통일과 유사하며 공통적인 것으로 안정감, 편안함을 조성

㉡ 대비조화 : 전혀 다른 두 요소로 미적 효과 만들어내 대조, 대립과도 유사

2 통일과 변화

① **통일** : 각 요소와 관계를 맺고 하나의 정리된 형태로 조화되는 것으로 가장 쉬운 방법이나, 지나치면 단순, 지루함을 낳는다.

② **변화** : 대립이 아니라 서로 유기적 관계 속에서 이루어질 때 더 효과적

3 균형

① **정의** : 한쪽에 치우침이 없이 전체적으로 균등하게 분배된 구성

② **균형을 결정짓는 인자 : 무게, 방향**

㉠ 무게 : 인지하는 자리에서의 힘의 관계로 인지하는 거리의 조건에 의존

ⓐ 중심에서 좌우 또는 전후에 있는 물체는 무겁게 느낀다.

ⓑ 상부는 하부보다 무게 있게 느껴진다.

ⓒ 좌우에서 오른쪽이 무겁게 느껴진다.

㉡ 방향 : 수직, 수평선으로 물체가 끌어당기는 듯한 느낌으로 물체와 물체 사이에 서로 이끄는 힘이 작용해 힘의 균형이 유지된다.

③ **균형의 종류**

㉠ 대칭균형 : 소극적, 이지적, 형식적 느낌으로 종교예술에 많이 나타남

㉡ 비대칭균형 : 시각적 무게는 같으나 형태나 구성이 다른 것으로 동적, 능동적, 감성, 자연스러운 느낌을 준다.

㉢ 방사상 균형 : 중심공간 주위에 원형으로 돌면서 균형이 있는 것

예 베르사유 궁전

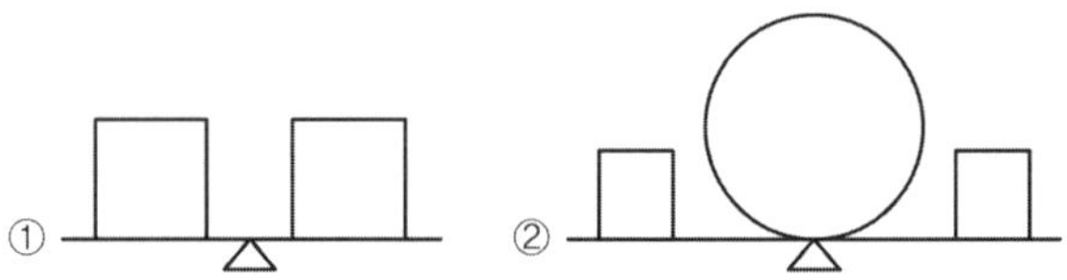

• 대칭균형 •

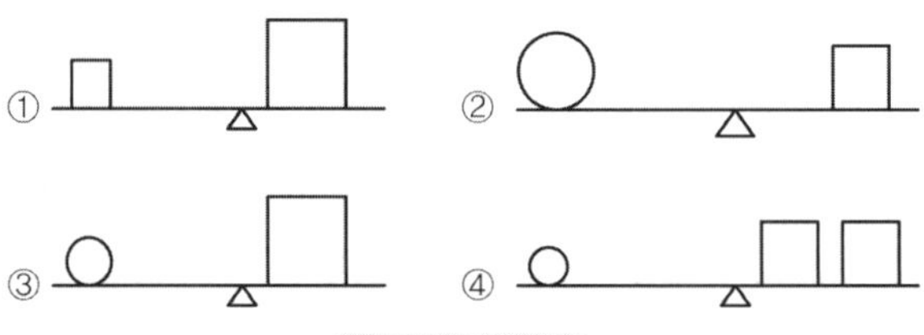

• 비대칭균형 •

4 율동(리듬)

① **정의** : 균형이 잡힌 뒤 나타나는 변화원리로 통일화 원리의 하나

② **종류**

㉠ 반복 : 통일성과 질서 이루기 가장 쉬우나 단조롭게 되기 쉽다.

㉡ 점진(점이) : 색, 형 등이 차례로 변화하는 것 복잡하고 동적

㉢ 교채 : 역동적인 효과로 지나치면 혼란스럽다.
㉣ 대조 : 갑작스러운 대조로써 상반된 분위기를 조성하나 지나치면 혼란스럽다.

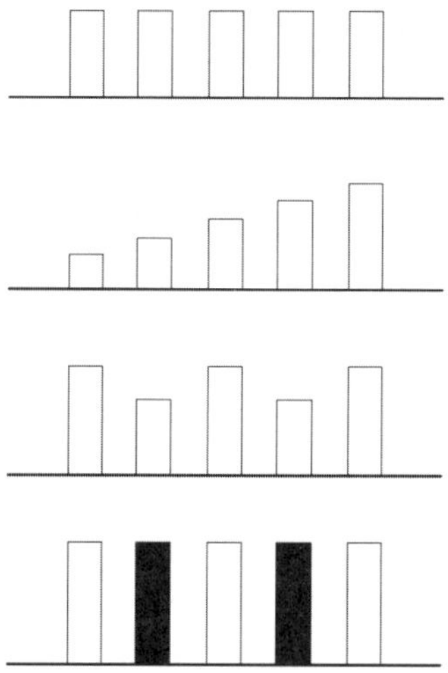

5 강조

① **정의** : 하나의 작품에 여러 가지 요소나 소재가 쓰일 때 그 요소나 소재 사이에 주종의 관계가 형성되는 것
② **강조를 이루는 방법**
㉠ 주종의 부분을 구별
㉡ 집중시키기 위해 대상의 외관을 단순화하며 필요 없는 것 생략
③ **강조의 정도** : 강조, 우세, 보조, 종속으로 나눔

6 기타

① **축** : 부지 내 공간을 통일하는 요소로 주축, 부축으로 나누어 계획하며 축에 의해 질서가 발생함
② **비례** : 한 부분과 전체에 대한 척도조화
㉠ 황금분할(1 : 1.618) : 코르뷔제는 황금비를 이용한 인체분할에 대한 연구
㉡ 린치의 광장 또는 중정의 폭과 건물 높이의 적정 비례연구
㉢ 동양에서의 비 : 4 : 6, 3 : 7 등 화단면적은 정원면적의 5% 등
③ **통경선(vista)** : 시선의 집중을 이루며 원경 조망 시에 원근감 조성하는 방법
④ **아이스톱(eye-stop)** : 넓은 공간에 랜드마크나 비스타 조망대상이 되는 것

⑤ **구획** : 목적에 맞는 공간을 만들기 위해 공간을 한정하는 것
⑥ **눈가림** : 눈가림식재, 즉 동양적 개념으로 변화와 거리감을 강조한다.
⑦ **단순미** : 동양정원식재에 주로 나타나며, 독립수, 낙화의 아름다움 등 명쾌한 느낌

4 환경미학

1 시각의 척도와 시지각의 특성

① **도형과 그림** : 그림을 볼 때 배경과 도형으로 구분하여 보려는 성질로 다음 그림에서 어떤 것을 도형으로 인식하는가는 보는 관점에 따라 달라진다.

흰색을 도형으로 보면, 모래시계로 보이며
검은색을 도형으로 보면 두 명으로 보임.

② 도형조직의 원리

㉠ 근접성 : 가까운 요소들을 하나의 그룹으로 인식하려는 특징
㉡ 유사성 : 유사한 그룹끼리 하나의 그룹으로 묶는 성질
㉢ 연속성 : 같은 방향으로 연결되는 선, 곡선을 하나의 그룹으로 인식하는 특징
㉣ 방향성 : 동일한 방향으로 움직이는 요소들은 같은 그룹으로 보이는 현상
㉤ 완결성 : 떨어져 있더라도 완결된 형태로 인식하려는 현상
㉥ 대칭성 : 비대칭보다 대칭적인 구성으로 그룹을 형성하려는 현상

• 근접성의 원리 •

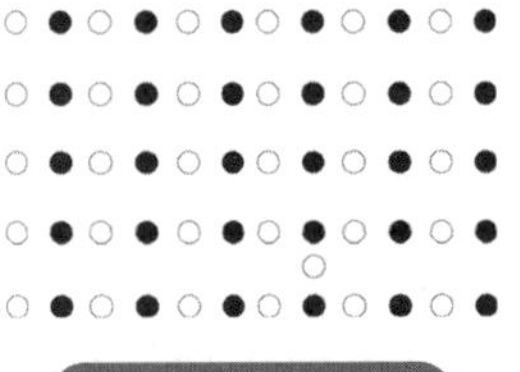

• 유사성의 원리 •

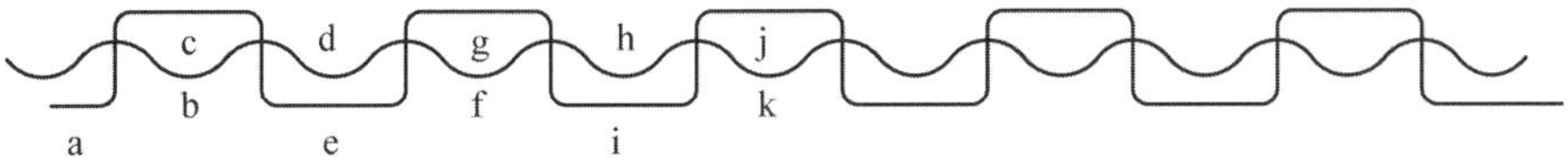

• 연속성의 원리 •

• 완결성의 원리 •

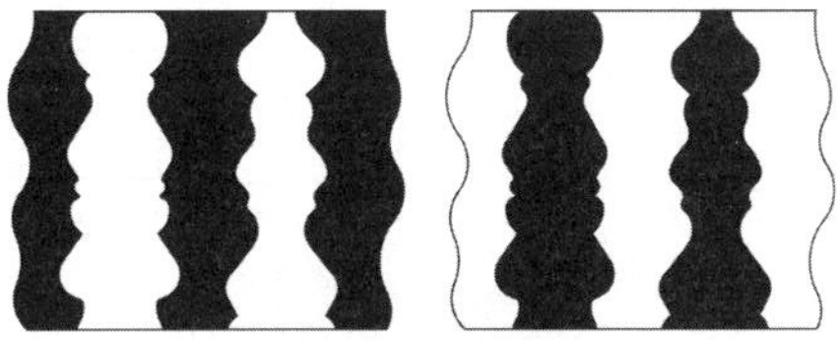

• 대칭성의 원리 •

③ 시각의 착시

㉠ 각도, 방향에 대한 착시

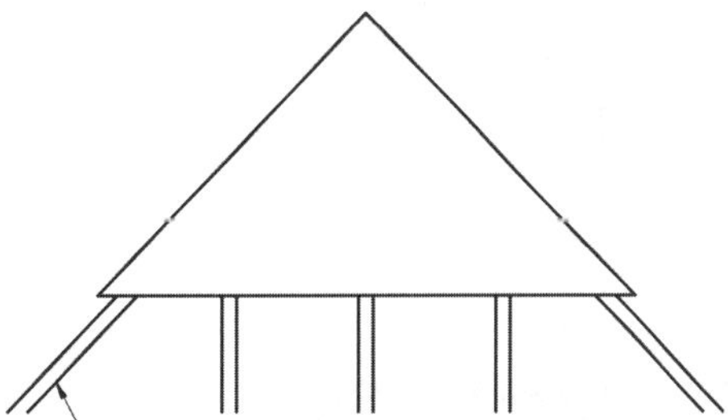

㉡ 분할에 대한 착시 : $ab = bc$인데 $ab < bc$로 보인다.

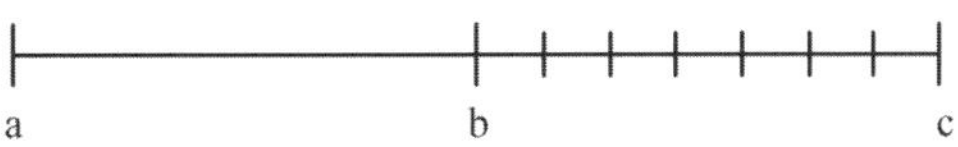

㉢ Möller Lyer도형

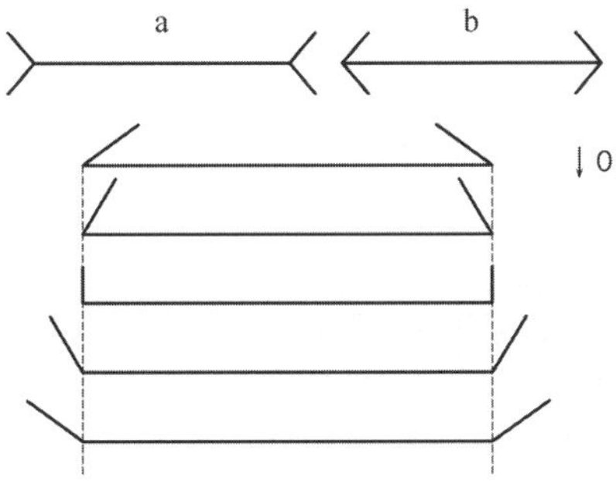

a=b이나 a>b로 보인다.

↓ 아래로 갈수록 크게 보인다.

㉣ 대비의 착시

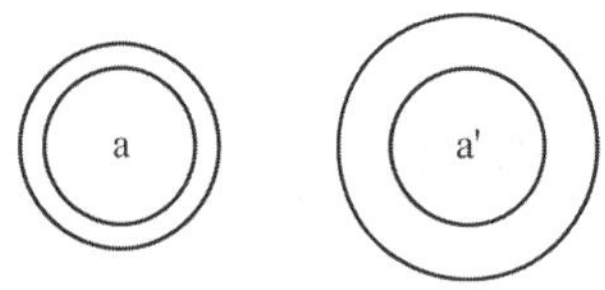

a=a' 이나 a>a' 보인다.

㉤ 상방거리의 과대치 : 윗부분이 크게 보인다.

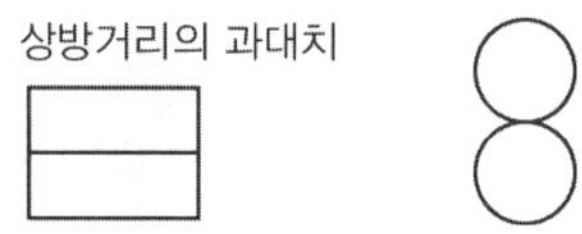

㉥ 수평, 수직에 관한 착시

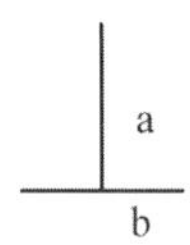

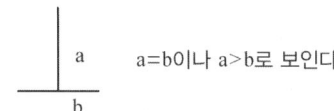

a=b이나 a>b로 보인다.

㉦ 면적에 대한 착시

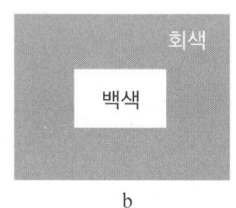

각 면적은 같으나
a의 백색이 b의 백색보다
크게 보인다.

2 경관의 우세원칙과 시각요소의 가변인자

① **경관의 우세원칙** : 대비(contrast), 연속(sequence), 축(axis), 집중(convergence), 대등(codominance), 구성(enframement)

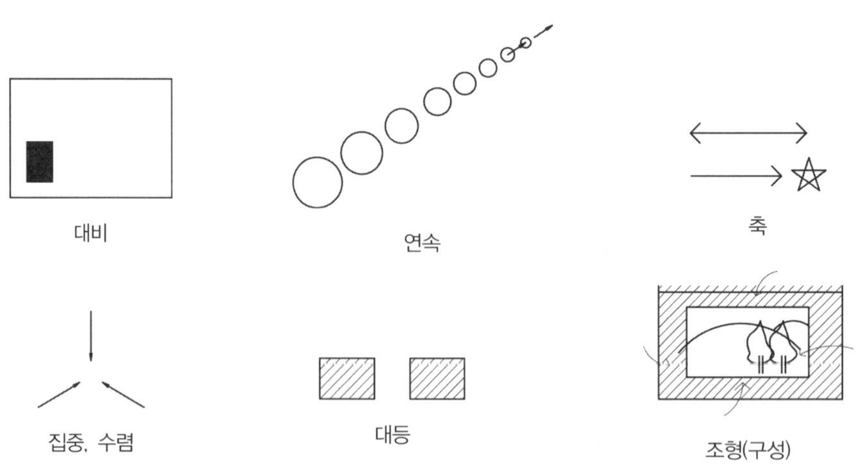

② 시각요소의 가변인자
㉠ 거리 : 근경, 중경, 원경
㉡ 관찰점 : 상, 중, 하, 좌우
㉢ 명도 : 광도
㉣ 형태 : 공간비율
㉤ 규모 : 대, 중, 소
㉥ 시간변화 : 1일 변화, 계절 변화
㉦ 운동 : 이동에 따른 변화
㉧ 장소 : 지리적 특수성
③ 경관의 우세요소 : 형태, 선, 색채, 질감

3 공간

① 공간을 한정 짓는 경계와 영역
㉠ 경계 : 서로 다른 이질적인 두 영역을 구분하는 윤곽선
㉡ 영역 : 둘러싸이거나 갇혀 있는 부분. 하나의 영역에는 하나의 윤곽선이 존재
② 공간의 거리감
㉠ 색채 : 한색일 경우 공간이 멀어 보이며, 난색일 경우 가까워 보임
㉡ 질감 : 고운질감 → 중간질감 → 거친질감으로 조성시 공간이 가까워 보이며, 반대로 조성시는 공간이 멀어 보인다.
③ 공간의 개방감과 폐쇄감
㉠ 광장과 건물의 높이와의 연구(「3과목 3장 1절 2. 도시경관분석」 참고)에서 폐쇄성 정도
㉡ 산울타리 : 사람의 눈높이 이상의 산울타리는 폐쇄의 느낌이며 그보다 낮은 것은 높이에 따라 개방정도가 달라진다.
ⓐ 높이 30cm : 이미지상으로만 공간을 구분하는 역할
ⓑ 높이 60cm : 시각적으로 연속성 가짐
ⓒ 높이 120cm : 공간구분, 안식감을 느끼는 위요정도
ⓓ 높이 150cm : 폐쇄성. 몸이 가려지는 높이
ⓔ 높이 180cm : 완전한 가로막이 역할
④ 타우효과
㉠ 헬슨과 킹(Helson and King)이 거리지각이 시간경과에 영향 있음에 관한 연구
㉡ 시간 간격이 공간 간격의 지각에 영향을 미쳐 착각을 일으키는 현상. 같은 거리에 있는 세 광점을 시간 간격을 다르게 하여 제시하면, 시간 간격이 짧을수록 광점 사이의 거리가 더 가깝게 느껴지는 현상

CHAPTER 04 조경미학

실전연습문제

01 축(軸)이 강조되는 경관에 대한 설명 중 옳지 않은 것은? [기사 11.03.20]

㉮ 축은 어떠한 공간의 심리적 안정감을 줄 수도 있다.
㉯ 축이 존재하는 경관은 장엄, 엄정하나 간혹 단조롭다.
㉰ 축은 부축(minor axis)이 되는 요소가 있으므로 더욱 강조된다.
㉱ 축은 좌우대칭의 경우에만 강조될 수 있다.

풀이 축은 반드시 좌우대칭이 아니더라도 조성, 강조할 수 있다.

02 포스트모더니즘 조경에 있어서 나타나는 강한 형태적 특징으로 볼 수 없는 것은? [기사 11.03.20]

㉮ 기본도형(원, 삼각형, 사각형)
㉯ 포인트그리드(point-grids)
㉰ 임의사선
㉱ 수직선

03 다음 디자인의 원리에 관한 설명 중 ( ) 안에 각각 적합한 요소는? [기사 11.03.20]

> 지나치게 (㉠)을(를) 강조하면 지루하고 단조로워 아름다운 자극을 흐리게 하고, (㉡)만을 추구하면 질서가 없어지므로 감정에 혼란과 불쾌감을 유발시킬 수 있다.

㉮ ㉠ 통일, ㉡ 변화
㉯ ㉠ 대비, ㉡ 조화
㉰ ㉠ 균형, ㉡ 대칭
㉱ ㉠ 집중, ㉡ 리듬

04 다음 중 먼셀 색체계의 기본 10색상이 아닌 것은? [기사 11.03.20]

㉮ 흰색(W) ㉯ 보라(P)
㉰ 초록(G) ㉱ 주황(YR)

풀이 **먼셀 표색계 기본 10색**
빨강(R), 주황(YR), 노랑(Y), 연두(GY), 녹색(G), 청록(BG), 파랑(B), 남색(PB), 보라(P), 자주(RP)

05 색의 3속성에 관한 설명 중 옳은 것은? [기사 11.03.20]

㉮ 색상은 색의 밝고 어두운 정도를 나타낸다.
㉯ 명도는 색을 느끼는 강약이며, 맑기이고, 선명도이다.
㉰ 색상은 물체의 표면에서 반사되는 주파장의 종류에 의해 결정된다.
㉱ 같은 회색 종이라도 흰 종이보다 검은 종이 위에 놓았을 때가 더욱 밝아 보이는 것은 채도와 관련된 현상이다.

ANSWER 01 ㉱ 02 ㉱ 03 ㉮ 04 ㉮ 05 ㉰

06 눈의 망막에 있는 시세포의 하나인 추상체에 대한 설명으로 틀린 것은? [기사 11.06.12]

㉮ 원추세포(Cone)라고 불리며 망막의 중심부에 많다.
㉯ 색을 인식, 식별하는 기능을 한다.
㉰ 매우 약한 빛을 감지한다.
㉱ 추상체가 활동하고 있는 상태를 명순응시라고 하는데, 주로 낮에 밝은 곳에서 작용한다.

풀이 추상체는 색을 인식하고 밝은 곳에서만 반응하며, 간상체는 빛의 밝고 어두움을 구분함

07 다음 그림과 같은 착시현상과 가장 관계가 깊은 것은? [기사 11.06.12]

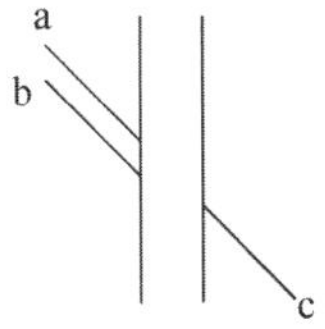

㉮ Hering의 착시(분할착오)
㉯ Köhler의 착시(윤곽착오)
㉰ Poggendorf의 착시(위치착오)
㉱ Möler-Lyer의 착시(동화착오)

08 다음 기하학적 형태 주제 중 그 상징성과 의미가 부드러움, 혼합, 연결, 조화를 나타내는 것은? [기사 11.06.12]

㉮ 45°/ 90°각의 형태
㉯ 원 위의 원형
㉰ 호와 접선형
㉱ 원의 분할형

09 먼셀표색계에서 색상의 기준이 되는 5가지 색이 아닌 것은? [기사 11.06.12]

㉮ 적색(R) ㉯ 녹색(G)
㉰ 흑색(B) ㉱ 자색(P)

풀이 **먼셀표색계 5가지 기준색**
R(적색), Y(노랑), G(녹색), B(파랑), P(보라)

10 자연주의적 형(shape)의 특징과 가장 관련이 적은 것은? [기사 11.06.12]

㉮ 사진적 ㉯ 감정적
㉰ 정적 ㉱ 비조형적

11 디자인에 있어 형태와 공간을 구성하는 가장 기본적인 수단으로서, 공간 속의 두 점 또는 그 이상이 연결되어 이루어진 직선계획 요소이며 형태와 공간은 이것을 중심으로 규칙 또는 불규칙하게 배열될 수 있는 디자인 요소는 무엇인가? [기사 11.06.12]

㉮ 축(axis)
㉯ 연속성(sequence)
㉰ 조망(view)
㉱ 둘러싸기(enframement)

Part 3 조경설계

ANSWER 06 ㉰ 07 ㉰ 08 ㉰ 09 ㉰ 10 ㉯ 11 ㉮

12 색의 가시도에 대한 리브만 효과(Liebmann's effect)에 대한 설명으로 옳지 않은 것은? [기사 11.10.02]

㉮ 도형색과 바탕색의 색상과 명도가 다를지라도 채도가 비슷할 때 나타나는 현상
㉯ 도형색과 바탕색의 색상과 명도와 채도가 다를지라도 채도가 낮을 때 나타나는 현상
㉰ 도형색과 바탕색의 색상과 채도가 다를지라도 명도가 비슷할 때 나타나는 현상
㉱ 도형색과 바탕색의 색상과 채도와 명도가 다를지라도 조명하는 빛이 지나치게 강하거나 낮을 때 나타나는 현상

13 자연의 이미지를 표현(형태화)하는 방법이 아닌 것은? [기사 11.10.02]

㉮ 추상화(抽象化) ㉯ 모방(模倣)
㉰ 직해(直解) ㉱ 유사성(類似性)

14 설계가가 감상자의 마음속에 쾌감을 일으키는 데는 통일성을 부여하는 것이 좋다. 다음 중 이러한 통일성에 속하지 않는 것은? [기사 11.10.02]

㉮ 논리적 통일성 ㉯ 윤리적 통일성
㉰ 미학적 통일성 ㉱ 대표적 통일성

15 관람자가 고정된 위치에서 보았을 때 대상경관이 회화적 구도를 가지도록 정적인 설계를 하는 시각구조 조작기법을 무엇이라 하는가? [기사 11.10.02]

㉮ 착시(illusion)
㉯ 여과(filter)
㉰ 은폐(camouflage)
㉱ 틀짜기(frame)

16 다음 중 시각적 통일성을 얻기 위해 가장 널리 사용되는 유용한 방법 중 관계가 먼 것은? [기사 11.10.02]

㉮ 근접(proximity)
㉯ 분리(isolation)
㉰ 반복(repetition)
㉱ 연속(continuation)

17 형광등 아래에서 같은 두 색이 백열등 아래서는 색이 다르게 보이는 것처럼, 광원의 빛의 분광 특성이 물체의 색의 보임에 미치는 효과를 무엇이라 하는가? [기사 11.10.02]

㉮ 휘도 ㉯ 연색성
㉰ 유목성 ㉱ 명시성

풀이
㉮ 휘도 : 스틸브(sb) 또는 니트(nt)라는 단위로 일정한 넓이를 가진 광원 또는 빛의 반사체 표면의 밝기를 나타내는 양
㉰ 유목성 : 주위를 기울이지 않아도 사람의 시선을 끄는 성질
㉱ 명시성 : 두 가지 이상의 색·선·모양을 대비시켰을 때, 금방 눈에 띄는 성질

18 다음 중 동·식물, 광물, 지명, 인물 등의 연상에 의해 떠올리는 색 표현 방법이며, 오래전부터 전해 내려오는 습관상의 고유 색명은? [기사 11.10.02]

㉮ 일반색명 ㉯ 관용색명
㉰ 계통색명 ㉱ 기본색명

ANSWER
12 ㉮ 13 ㉰ 14 ㉱ 15 ㉱ 16 ㉯ 17 ㉯ 18 ㉯

19 실내조경의 색채계획에서 연속배색을 적용한 설명으로 맞는 것은? [기사 11.10.02]

㉮ 명도가 밝은 색채에서부터 일정한 방향성을 갖고 이동하여 명도가 어두운 색채를 띠는 식물을 선택하여 배색한다.
㉯ 보라, 자주, 빨강의 애매한 유사색상 꽃들 사이에 하얀색 꽃을 삽입하는 배색을 한다.
㉰ 2가지색 이상의 식물을 사용하여 규칙적으로 반복되는 배색을 한다.
㉱ 연두색과 초록색 계통의 관엽류가 지배적인 디자인에 빨강계통의 꽃이나 열매를 볼 수 있는 식물을 소량 추가하여 지루함을 없애고 초록색을 더욱 신선하게 표현하는 배색을 한다.

20 조경설계기준상의 운동시설의 계획 시 야구장의 적정 소요면적(최소규격)으로 옳은 것은? [기사 12.03.04]

㉮ $5630m^2$ ㉯ $6889m^2$
㉰ $8960m^2$ ㉱ $11030m^2$

풀이 **야구장 다이아몬드 크기**
27.432m, 사용면 크기 105m×105m, 최소면적 $11030m^2$

21 르 꼬르뷔제의 "Modulor"는 무슨 개념에 의한 것인가? [기사 12.03.04]

㉮ 비례 ㉯ 리듬
㉰ 통일 ㉱ 조화

풀이 **모듈러**
공간의 크기를 계량화하는 기본으로 인체치수를 분석하여 기하학적 원리에 근거하여 만든 인간척도 체계로 비례와 관계됨.

22 색채와 모양에 대한 공감각이 삼각형의 형태를 상징하는 색으로 명시도가 높아 날카로운 이미지를 갖고 있어서 항상 유동적이고 운동량이 많은 느낌을 주는 색은? [기사 12.03.04]

㉮ 빨간색 ㉯ 녹색
㉰ 노란색 ㉱ 보라색

Part 3 조경설계

23 한국의 전통색채 및 색채의식에 대한 설명 중 틀린 것은? [기사 12.03.04]

㉮ 음양오행사상을 기본으로 한다.
㉯ 오정색과 오간색의 구조로 되어 있다.
㉰ 색채의 기능적 실용성보다는 상징성에 더 큰 의미를 두었다.
㉱ 계급서열과 관계없이 서민들에게도 모든 색채 사용이 허용되었다.

풀이 전통사회에서의 색채는 계급서열과 관계가 깊다.

24 다음 중 가장 대칭적(symmetrical)인 구도로 가장 안정감을 갖고 있는 것은? [기사 12.05.20]

㉮ 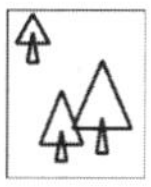
㉯ 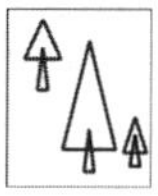
㉰ 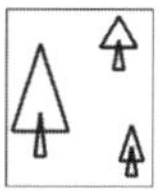
㉱ 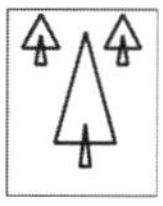

ANSWER 19 ㉮ 20 ㉱ 21 ㉮ 22 ㉰ 23 ㉱ 24 ㉱

25 색의 3속성 중 색의 순수한 정도, 색채의 포화상태, 색채의 강약을 나타내는 성질은? [기사 12.05.20]

㉮ 색상 ㉯ 명도
㉰ 채도 ㉱ 명암

풀이 **색의 3속성**
① 색상 : 색을 구분하는 이름
② 명도 : 빛의 밝고 어두운 정도
③ 채도 : 색의 맑고 탁함, 순수한 정도, 색의 강약, 포화도를 나타내는 성질

26 한색과 난색의 감정효과 – 거리와 크기감 – 시간의 경과감에 대한 연결이 맞는 것은? [기사 12.05.20]

㉮ 한색 : 따뜻한 색, 흥분색 - 멀고 작게 - 느리게 느껴짐
㉯ 난색 : 차가운 색, 진정색 - 가깝고 크게 - 느리게 느껴짐
㉰ 한색 : 차가운 색, 진정색 - 멀고 작게 - 빠르게 느껴짐
㉱ 난색 : 따뜻한 색, 흥분색 - 가깝고 크게 - 빠르게 느껴짐

27 교통표지판은 주로 색의 어떤 성질을 이용한 것인가? [기사 12.09.15]

㉮ 시인성 ㉯ 관습성
㉰ 대비성 ㉱ 잔상성

풀이 시인성이란 사물을 인식하고 식별하기 쉬운 성질

28 다음 중 푸르킨예 현상으로 밝은 곳에서 가장 밝게 느껴지는 색은? [기사 12.09.15]

㉮ 노랑 ㉯ 보라
㉰ 파랑 ㉱ 청록

풀이 **푸르킨예 현상(Purkinje Phenomenon)**
파장이 긴 황색이 밝게 보이고, 암순응에서는 파장이 짧은 파랑, 녹색이 더 잘 보이는 현상

29 안전색채에서 안전색이 나타내는 일반적 의미로 맞는 것은? [기사 12.09.15]

㉮ 빨강 : 정지, 주의
㉯ 녹색 : 안전, 위생
㉰ 노랑 : 주의, 위험
㉱ 파랑 : 지시, 금지

30 먼셀시스템에서 10가지 기본 색상에 해당되지 않는 것은? [기사 12.09.15]

㉮ Blue ㉯ Green
㉰ Red-Purple ㉱ Yellow-Blue

풀이 **먼셀표색 10색상**
주색상(R, Y, G, B, P), 그 중간색상(O, YG, BG, bV, rP) 10개

31 조형미의 원리 중 통일감이 부족하거나 평범한 분위기를 생기롭게 해주는 원리는? [기사 12.09.15]

㉮ Proportion ㉯ accent
㉰ contrast ㉱ balance

풀이 accent(강조)

ANSWER 25 ㉰ 26 ㉰ 27 ㉮ 28 ㉮ 29 ㉯ 30 ㉱ 31 ㉯

32 황금분할(golden section)에 관한 다음 설명 중 옳지 못한 것은? [기사 12.09.15]

㉮ 이 비율을 응용으로 달팽이 등의 성장곡선을 작도할 수 있다.
㉯ 함수는 $1+\sqrt{5}$ 또는 $\sqrt{5}$ 구형으로 작도할 수 있다.
㉰ 피보나치(Fibonacci) 급수와는 유사하다.
㉱ 하나의 선분을 대소 두 개 의 선으로 나눌 때 큰 것과 작은 것의 길이의 비가 전체와 큰 것의 길이 비와 동일하다.

33 색의 명시도에 가장 큰 영향을 끼치는 것은? [기사 12.09.15]

㉮ 색상차 ㉯ 질감차
㉰ 명도차 ㉱ 채도차

34 다음의 두 도형에 있어서 동일 면적인 작은 원 a, b 중 a가 b보다 크게 보이는 착시현상은 무엇 때문인가? [기사 13.03.10]

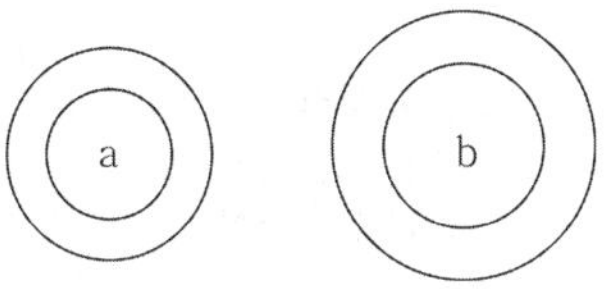

㉮ 대비의 착시
㉯ 분할의 착시
㉰ 면적에 대한 착시
㉱ 수평수직에 의한 착시

35 '자연경관처럼 사람들에게 잘 알려진 색은 조화롭다'와 연관된 색채조화론 원리는? [기사 13.03.10]

㉮ 질서의 원리 ㉯ 명료성의 원리
㉰ 유사성의 원리 ㉱ 친근감의 원리

36 균형에 관한 설명 중 틀린 것은? [기사 13.03.10]

㉮ 의도적으로 불균형을 구성할 때도 있다.
㉯ 좌우의 무게는 시각적 무게로 균형을 맞춰야 한다.
㉰ 전체적인 조화를 위해서 불균형이 강조되어야 한다.
㉱ 균형은 안정감을 창조하는 질(Quality)로서 정의된다.

풀이 조화를 위해비대칭서는 대칭균형, 비대칭균형 등 균형을 이루어야 한다.

37 미적 반응과정 순서가 옳게 연결된 것은? [기사 13.03.10]

㉮ 자극 → 자극탐구 → 자극선택 → 자극해석 → 반응
㉯ 자극 → 자극선택 → 자극탐구 → 자극해석 → 반응
㉰ 자극 → 자극해석 → 자극선택 → 자극탐구 → 반응
㉱ 자극 → 자극선택 → 자극탐구 → 자극해석 → 반응

38 색의 3속성에 대한 설명 중 옳은 것은? [기사 13.03.10]

㉮ 색의 강약, 즉 포화도를 명도라고 한다.
㉯ 감각에 따라 식별되는 색의 종류를 채도라 한다.
㉰ 두 색 중에서 빛의 반사율이 높은 쪽이 밝은 색이다.
㉱ 그레이 스케일(Gray scale)은 채도의 기준 척도로 사용된다.

풀이 **색의 3속성**
색상(색을 구별하는 색이름), 명도(빛의 밝고 어두운 정도), 채도(색의 맑고 탁한 정도, 순수한 정도, 색의 강약, 포화도를 나타내는 성질)

ANSWER 32 ㉯ 33 ㉰ 34 ㉮ 35 ㉱ 36 ㉰ 37 ㉮ 38 ㉰

39 다음 색에 관한 설명 중 옳은 것은?
[기사 13.03.10]

㉮ 파랑 계통은 한색이고, 진출색 · 팽창색이다.
㉯ 파랑 계통은 난색이고, 후퇴색 · 팽창색이다.
㉰ 빨강 계통은 난색이고, 진출색 · 팽창색이다.
㉱ 빨강 계통은 한색이고, 후퇴색 · 팽창색이다.

40 해링의 반대색설(4원색설)에서 색채지각의 기본이 되는 4가지 색의 상이 바르게 연결된 것은?
[기사 13.06.02]

㉮ 노랑 - 빨강, 검정 - 흰색
㉯ 빨강 - 파랑, 노랑 - 녹색
㉰ 빨강 - 녹색, 검정 - 흰색
㉱ 노랑 - 파랑, 빨강 - 녹색

풀이 **헤링의 반대색설**
독일의 심리학자이며 생리학자인 헤링(Hering, Karl Ewald Konstantin, 1834 ~ 1918)은 세 종류의 광화학 물질인 빨강-초록 물질, 파랑-노랑 물질, 검정-하양 물질이 존재한다고 가정하고, 망막에 빛이 들어올 때 분해와 합성이라고 하는 반대 반응이 동시에 일어나 그 반응의 비율에 따라서 여러 가지 색이 보이는 것이라는 색 지각설

41 어떤 색을 보고 난 후 다른 색을 볼 때 먼저 본 색의 영향으로 뒤에 본 색이 다르게 보이는 현상은?
[기사 13.06.02]

㉮ 계시대비 ㉯ 동시대비
㉰ 면적대비 ㉱ 연변대비

42 질감(texture)에 관한 설명으로 옳지 않은 것은?
[기사 13.06.02]

㉮ 모든 물체는 일정한 질감을 갖는다.
㉯ 질감의 선택에서 중요한 것은 스케일, 빛의 반사와 흡수 등이다.
㉰ 매끄러운 재료는 빛을 흡수하므로 무겁고 안정적인 느낌을 준다.
㉱ 촉각 또는 시각으로 지각할 수 있는 어떤 물체의 표면상 특징을 말한다.

풀이 미끄러운 재료는 빛을 반사한다.

43 빛에 대한 설명으로 옳은 것은?
[기사 13.09.28]

㉮ 자외선은 열적작용을 하므로 열선이라고도 한다.
㉯ 가시광선의 범위는 380nm에서 780nm라고 한다.
㉰ 가시광선에서 파장이 긴 부분은 푸른색을 띤다.
㉱ 분광된 빛을 프리즘에 통과시키면 또 분광이 된다.

풀이 ㉮ 자외선은 화학작용이 강하므로 화학선이라 하기도 한다. 열선이라고도 하는 것은 적외선이다.
㉰ 가시광선에서 파장이 가장 긴 부분은 붉은색을 띤다. 푸른색은 파장이 짧은 부분이다.
㉱ 분광된 빛을 프리즘에 통과시키면 빛이 합성된다.

ANSWER 39 ㉰ 40 ㉱ 41 ㉮ 42 ㉰ 43 ㉯

44 자연의 생물학적 형태요소가 조형요소를 만드는데 응용한 사례가 아닌 것은? [기사 13.09.28]

㉮ 솟대
㉯ 나선형 계단
㉰ 고린도식 기둥의 주두
㉱ 사다리

풀이 ㉮ 솟대 : 나무나 돌로 만든 새를 장대나 돌기둥 위에 앉혀 마을 수호신으로 믿는 상징물
㉯ 나선형 계단 : 소용돌이 모양을 한 삼차원 공간의 커브 모양의 계단
㉰ 고린도식 기둥의 주두 : 기둥의 주두에는 파피루스, 꽃 또는 연꽃의 봉오리·싹, 나뭇잎 등이 장식되었다.

45 다음 중 무채색에 대한 설명으로 옳은 것은? [기사 13.09.28]

㉮ 채도는 없고 색상, 명도만 있다.
㉯ 색상은 없고 명도, 채도만 있다.
㉰ 색상, 명도가 없고 채도만 있다.
㉱ 색상, 채도가 없고 명도만 있다.

풀이 무채색이란 감각상 색상, 채도를 가지지 않고 밝기만으로 구별된다. 백색, 흑색, 회색 등과 같이 색채를 갖지 않는 것을 무채색이라 한다. 무채색은 많은 표색계에서 명도의 기준으로 사용한다.

46 정수비(整數比), 급수비(級數比), 황금비(黃金比)와 같은 비율과 도형상의 색채차라든가 질감에 있어서의 강약까지 포함하여 비례의 안정을 찾는 것을 무엇이라 하는가? [기사 13.09.28]

㉮ 반복(反復)
㉯ 대조(對照)
㉰ 점층(漸層)
㉱ 비대칭균형(非對稱均衡)

47 다음 [보기]의 시간경과와 거리지각의 관계 설명에 해당되는 것은? [기사 14.03.02]

보기
- 헬슨과 킹(Helson and King)은 두 점 간의 거리지각이 시간경과에 영향을 미칠 수 있음을 보여주었다.
- 팔에 등간격으로 A, B, C의 세 점을 표시하고, A와 B를 자극하는 시간간격이 A와 C를 자극하는 시간간격보다 길 경우에 AB의 거리보다 길다고 느낀다.

㉮ 장의이론 ㉯ 카파효과
㉰ 타우효과 ㉱ SBE 기법

풀이 **타우효과**
시간 간격이 공간 간격의 지각에 영향을 미쳐 착각을 일으키는 현상. 같은 거리에 있는 세 광점을 시간 간격을 다르게 하여 제시하면, 시간 간격이 짧을수록 광점 사이의 거리가 더 가깝게 느껴지는 현상 따위이다.

48 서로가 대조되는 양극단이 유사하거나 조화를 이루어 단계적 연속성을 나타내는 것은? [기사 14.03.02]

㉮ 반복(repetition) ㉯ 조화(harmony)
㉰ 통일(unity) ㉱ 점이(gradation)

풀이 **점이**
색, 형 등이 차례로 단계적으로 변화하는 것으로 복잡하고 동적인 느낌을 준다.

ANSWER 44 ㉱ 45 ㉱ 46 ㉱ 47 ㉰ 48 ㉱

49 먼셀의 색입체에 대한 설명으로 옳은 것은? [기사 14.03.02]

㉮ 색입체에서의 명도는 위로 갈수록 높고 아래로 갈수록 낮다.
㉯ 색의 4가지 속성을 3차원 공간에 계통적으로 배열한 것이다.
㉰ 색의 3요소에서 색상은 방사선으로 명도는 수직으로, 채도는 원으로 배열한 것이다.
㉱ 무채색 축을 중심으로 수직 절단하면, 좌우면에 유사색상을 가진 두 가지의 동일 색상면이 보인다.

풀이 **먼셀 색입체**
색의 3속성을 이용해 세로축에 명도, 원주상에 색상, 가로방향으로 채도이며 명도는 위로 갈수록 높아지고, 아래로 갈수록 낮아진다. 색상은 원주상에 돌기 때문에 무채색 축을 중심으로 수직 절단하면 한 가지 색상에 대하여 명도와 채도 상태만 볼 수 있다.

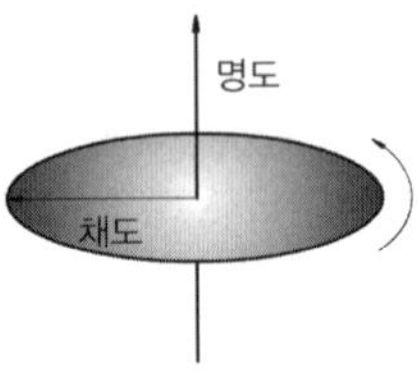

50 도시공원에 일반적인 수경요소(폭포, 분수 등)을 도입할 경우 공간 지각의 측면에서 볼 때 어느 요소로 보는 것이 가장 타당하겠는가? [기사 14.03.02]

㉮ 시각(視角) 및 청각(聽角)적 요소
㉯ 시각 및 촉각(觸角)적 요소
㉰ 청각 및 촉각적 요소
㉱ 청각 및 후각(喉覺)적 요소

풀이 수경요소는 청각적 요소로 소음을 안 들리게 하기도 하고, 시각적으로도 우수한 요소이다.

51 차폐(screen)와 은폐(camouflage)의 차이점 중 정확한 것은? [기사 14.03.02]

㉮ 차폐는 시선을 가리는 것이고, 은폐는 대상물을 여과(filter)시켜 보이게 하는 것이다.
㉯ 차폐는 시선을 가리는 것이고, 은폐는 대상물을 다른 물체로 위장시키는 것이다.
㉰ 차폐는 시선을 여과시키는 것이고, 은폐는 대상물을 매몰하는 것이다.
㉱ 차폐는 시선을 여과(filter)시키는 것이고, 은폐는 대상물을 다른 물체로 위장시키는 것이다.

풀이 차폐는 시선에서 가리기 위해 식재나 구조물로 가는 것이고, 은폐는 다른 물체인 것처럼 만드는 것이다.

52 색의 진출과 후퇴에 대한 설명 중 틀린 것은? [기사 14.03.02]

㉮ 따뜻한 색은 진출색이 된다.
㉯ 후퇴색은 팽창색이 된다.
㉰ 명도가 높은 색은 진출색이 된다.
㉱ 채도가 낮은 색은 후퇴색이 된다.

풀이 후퇴하는 색은 수축색이다.

ANSWER 49 ㉮ 50 ㉮ 51 ㉯ 52 ㉯

53 먼셀 표색계에 대한 설명으로 맞지 않는 것은? [기사 14.05.25]

㉮ 먼셀은 3차원 색공간을 색상, 명도, 채도의 차원으로 나누었다.
㉯ 눈으로 색을 보아서 색을 느끼는 지각에 따라 측도를 정한 것이다.
㉰ 혼합하는 색의 양이 많고 적음에 따라 만들어 순색, 흰색, 검정의 각 함유량으로 표시한다.
㉱ 색상, 명도, 채도의 기호는 H, V, C 이고 표기법은 HV/C로 한다.

풀이 **먼셀표색계**
① 5가지 주된 색상(R, Y, G, B, P)와 그 중간의 5색상(O, YG, BG, bV, rP)을 넣어 10색상을 기본으로 하고, 그것을 다시 10색상으로 세분하여 100색상으로 이루어짐
② 실용적으로 10순색을 2.5, 5, 7.5, 10, 4단계로 구분해 40단계로 나누어 활용함
③ 무채색 명도 1 ~ 9, 유채색 2 ~ 8단계
④ 표시방법 : HV/C(색상, 명도/채도)

54 수 설계(water desgin) 과정에서 공간을 구성 연출하기 위한 공간 구성의 틀로 볼 수 없는 것은? [기사 14.05.25]

㉮ 골격(spine)
㉯ 세팅(setting)
㉰ 변환(transformation)
㉱ 참여(involvement)

55 다음 요소 중 조경색채 계획의 시지각(視知覺)에 가장 크게 영향을 미치는 것은? [기사 14.05.25]

㉮ 대상물 면적의 크기
㉯ 대상물의 무게
㉰ 대상물의 가격
㉱ 대상물의 구조

풀이 대상물 면적의 크기가 클수록 색채의 지각이 매우 강하게 느껴진다.

56 먼셀기호 2.5YR 4/8에 가장 가까운 색이름은? [기사 14.05.25]

㉮ 갈색 ㉯ 밤색
㉰ 대자색 ㉱ 호박색

풀이 YR은 주황색 계통으로 명도 4, 채도 8이므로 주황색 계통 중에서도 명도가 낮고 채도가 높은 갈색임

57 다음 그림과 같이 평행선이 사선 때문에 가운데가 굵게 보이는 형태의 착시는? [기사 14.05.25]

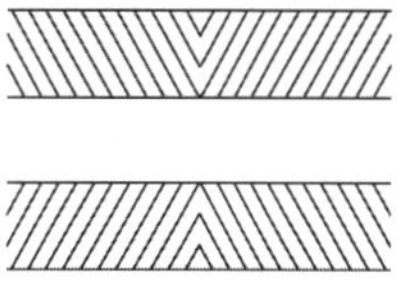

㉮ 대비의 착시
㉯ 분할의 착시
㉰ 반전실체의 착시
㉱ 각도 또는 방향의 착시

풀이 **각도·방향에 의한 착시**
사선이 다른 선에 의해 곡선으로 보이기도 하고, 더 꺾어져 보이기도 하고, 평행선이 굵어 보이기도 하는 등 인간의 시지각에 의한 현상이다.

ANSWER 53 ㉰ 54 ㉰ 55 ㉮ 56 ㉮ 57 ㉱

58 다음 중 두 색을 대비 시켰을 시 두 색이 각각 색상환에서 서로 멀어지려는 현상은? [기사 14.05.25]

㉮ 보색대비 ㉯ 명도대비
㉰ 채도대비 ㉱ 색상대비

풀이 ㉮ 보색대비 : 보색 병렬 시 더 선명하게 강조됨(잔디밭의 빨간 장미꽃)
㉯ 명도대비 : 균일한 회색면이 더 어두운 영역에 접근해 있으면 더 밝게 보이는 현상
㉰ 채도대비 : 채도 높은 색, 낮은 색 병치 시 높은 색은 더 높게, 낮은색은 더 낮게 느껴짐
㉱ 색상대비 : 같은 오렌지색이 적색, 황색 바탕에 있을 때 그 오렌지색이 다르게 느껴지는 현상

59 자연의 형태에서 찾아볼 수 있는 피보나치 수열(Fibonacci Sequence)에 대한 설명이다. 틀린 것은? [기사 14.05.25]

㉮ 레오나르도 피보나치가 1200년경 발견하였다.
㉯ 원형울타리의 길이를 계산하는 데 사용될 수 있다.
㉰ 식물의 잎 차례나 해바라기씨에 의해 만들어지는 나선형에서 찾아볼 수 있다.
㉱ 수학적으로 각 수는 그것을 앞서는 2개의 수의 합인 연속의 수를 말한다.

풀이 **피보나치 수열**
레오나르도 피보나치가 발견하였으며, 1, 1, 2, 3, 5, 8, 13, 21, 34…등으로 전개되며, 인접하는 2개의 항 중에서 뒤의 항을 앞의 항으로 나누면 숫자가 클수록 황금비에 가까워진다. 앞선 두 개의 수를 더하면 뒤의 수가 된다. 많은 생물계에 이와 같은 비례가 존재한다.

60 맑은 날의 하늘이 더욱 파랗게 보이는 것, 해가 뜨고 질 때 생기는 붉은 노을은 빛의 어떤 특성 때문인가? [기사 14.05.25]

㉮ 간섭 ㉯ 굴절
㉰ 산란 ㉱ 회절

풀이 **빛의 산란**
태양 빛이 공기 중의 질소, 산소, 먼지 등 작은 입자와 부딪혀 사방으로 재방출되는 현상으로 가시광선 중 파장이 짧고 진동수가 클수록 산란이 잘 일어나 보라와 파랑이 빨강보다 산란이 잘되어 저녁노을이 발생

61 조경 관련 시설의 일조를 고려한 배치에 관한 설명으로 옳지 않은 것은? [기사 14.09.20]

㉮ 육상경기장은 태양광선에 의한 눈부심을 최소화하기 위해, 트랙과 필드의 장축은 북-남 혹은 북북서-남남동 방향으로 배치한다.
㉯ 야구장 방위는 내·외야수가 오후의 태양을 등지고 경기할 수 있도록 홈플레이트를 동쪽과 북서쪽 사이에 자리 잡게 한다.
㉰ 야외공연장은 주변환경에 주거단지 등이 있으면 그곳의 정면방향으로 배치하여, 주거민들의 자유로운 감상과 흥미를 유도한다.
㉱ 테니스 코트는 경기를 위해 장축을 정남~북을 기준으로 동서 5~15° 편차 내의 범위로 설치하는 것이 좋다.

풀이 **조경설계기준 야외공연장**
주변환경에 주거단지 등이 있으면 그곳의 반대방향으로 배치하여, 음향에 직접적으로 영향을 받지 않도록 한다.

ANSWER 58 ㉱ 59 ㉯ 60 ㉰ 61 ㉰

62 형식미학(形式美學)에 대한 설명으로 옳은 것은? [기사 14.09.20]

㉮ 상징미학과 동일한 개념으로 사용되고 있다.
㉯ 형식(form)은 내용(content)에 상대되는 개념이다.
㉰ 형태로부터 느껴지는 감정이나 의미에 관심을 갖는다.
㉱ 환경적 자극으로부터 연상되는 의미를 전달받는 2차적 지각의 영역에 해당한다.

풀이 **형식**
감각적 현상으로서의 형식, 즉 미적 대상의 감각적·실제적·객관적 측면을 뜻하며, 정신적·관념적·주관적 측면을 뜻하는 내용과 대립된다. 어떤 것을 중요시하느냐에 따라 형식미학과 내용미학으로 나뉜다.
㉯항의 설명은 형식미학, ㉱항의 설명은 상징미학에 해당함

63 환경색채 디자인에서 주의할 점이 아닌 것은? [기사 14.09.20]

㉮ 인공 시설물의 색채는 제외시킨다.
㉯ 자연환경과 인공환경의 조화를 고려해야 한다.
㉰ 대상 지역 전체의 색채 이미지와 부분의 색채 이미지가 잘 조화될 수 있도록 계획한다.
㉱ 외부 환경색채 디자인의 경우 광, 온도, 기후 등 대상지역에 대한 정확한 조사를 바탕으로 색채계획이 이루어져야 한다.

풀이 환경색채는 인간이 살아가고 있는 환경에 대한 디자인으로 인공 시설물의 색채나 디자인도 매우 중요하다.

64 색의 무게감에 가장 큰 영향을 미치는 속성은? [기사 14.09.20]

㉮ 명도 ㉯ 색상
㉰ 질감 ㉱ 채도

풀이 명도가 높은 색은 밝고 가벼우며, 명도가 낮은 색은 어둡고 무겁게 느껴진다.

65 다음 중 황금비에 대한 설명으로 옳지 않은 것은? [기사 14.09.20]

㉮ 피타고라스가 발견하였다.
㉯ 파르테논 신전에도 적용되었다.
㉰ 한 선분을 둘로 나눌 때 전체와 긴 선분의 비율이 긴 선분과 짧은 선분의 비율과 일치하는 비율이다.
㉱ 사람들은 무의식 속에 길이와 폭의 다양한 비율을 보여주더라도 대부분 황금비인 0.618에 가까운 비율을 선호한다.

풀이 **황금비**
피타고라스(BC 500년경)가 정오각형에서 황금비를 발견하였다고 하지만 훨씬 앞서 BC4700년경에 건설된 이집트 피라미드에서도 황금비가 쓰였을 뿐만 아니라 우리나라 청동기 후기인 다뉴세문경, 석굴암 등에서도 황금비는 발견되어 엄밀히 누구라고 할 수 없다고 한다.

ANSWER
62 ㉯ 63 ㉮ 64 ㉮ 65 ㉮

66 자연경관에서 일정한 간격을 두고 변화되는 형태, 색채, 선, 소리 등은 다음 중 어떠한 형식미의 원리인가? [기사 14.09.20]

㉮ 비례미(proportion)
㉯ 통일미(unity)
㉰ 운율미(rhythm)
㉱ 변화미(variety)

풀이 **운율미**
일정한 간격으로 색채, 형태, 선, 소리 등이 변화하면서 리듬이 발생

67 색채대비와 동화현상에 대한 설명으로 틀린 것은? [기사 14.09.20]

㉮ 채도대비는 유채색과 무채색 사이에서 더욱 뚜렷하게 느낄 수 있다.
㉯ 같은 색이라도 면적이 커지면 본래의 색보다 더 밝게 보이는 현상을 명도대비라 한다.
㉰ 대비효과는 순간적으로 일어나며 계속하여 한곳을 보게 되면 대비효과는 적어진다.
㉱ 색들에게 서로 영향을 주어서 인접선에 가까운 색으로 느껴지는 것을 동화현상이라 한다.

풀이 **명도대비**
균일한 회색면이 더 어두운 영역에 접근해 있으면 더 밝게 보이는 현상

ANSWER
66 ㉰ 67 ㉯

CHAPTER 5

조경시설물의 설계

1 조경시설물 설계

1 각 운동시설 규격

경기장	종류	규격	면적
운동장	특급	132ha	
	1급	66ha	
	2급	33ha	
	3급	16.5ha	
	4급	10ha	
	올림픽용	132~160ha	
축구장	국제경기용	70m×105m(경기면)	9,000m²
		80m×115m(사용면)	
정구장	단식	8.23m×23.77m(경기면)	570m²
		15.6m×36.6m(사용면)	
	복식	10.97m×23.77m(경기면)	920m²
		23m×40m(사용면)	
배구장	9인제		450~900m²
	남자6인제	11×22m	480m²
		17×28m	
	여자6인제	9×18m	360m²
		15×24m	
테니스장	복식	10.97×23.77m(경기면)	920m²
		23×40m(사용면)	
	단식	8.23×23.77m(경기면)	570m²
		15.6×36.6m(사용면)	
수영장	국제규격	길이 50m, 수심 1.8~2.0m	
	다이빙	깊이 2.4m	

경기장	종류	규격	면적
배드민턴장	복식	6.1m×13.4m	
	단식	5.18m×13.4m	
게이트볼장		15m×20m	300m^2
야구장		18.44m×27.43m(다이아몬드 크기)	11,030m^2(최소면적)
		105m×105m(사용면 크기)	
씨름장		직경 9m 원형, 30~70cm 깊이	
핸드볼장		20m×40m	800m^2
롤러스케이트		125m, 200m, 250m	

2 각 운동시설별 설계기준

① **육상경기장** : 경기장 눈부심을 방지하기 위해 트랙, 필드, 장축은 북-남, 북북서-남남동으로 배치, 관람자 메인 스탠드는 트랙의 서쪽에 배치

② **축구장** : 장축을 남-북으로 배치

③ **테니스장** : 코트 장축을 정남-북 기준으로 동서 5~10도 편차 내 범위로 가능하면 코트장축과 주 풍향의 방향과 일치되게 배치

④ **배구장** : 장축을 남-북으로, 바람 영향 없게 방풍수목 등 배치

⑤ **농구장** : 남-북 범위 기준. 가까이 건축물이 있을 경우 사이드라인을 건축물과 각각 또는 평행되게 배치

⑥ **야구장** : 내·외야수가 오후의 태양을 등지고 경기할 수 있도록, 홈플레이트를 동쪽과 북서쪽 사이에 자리 잡게 함

2 놀이시설물 설계

1 각종 시설별 설계치수

① 미끄럼대

㉠ 미끄럼면 너비 40~50cm, 양 가장자리에는 높이 15cm 손잡이판 부착

㉡ 미끄럼 정지면 높이 10cm, 미끄럼대와 지표와의 각도 30~33°, 사다리 각도 70°로 손잡이 설치, 사다리 발판의 한 단 높이 20cm 정도

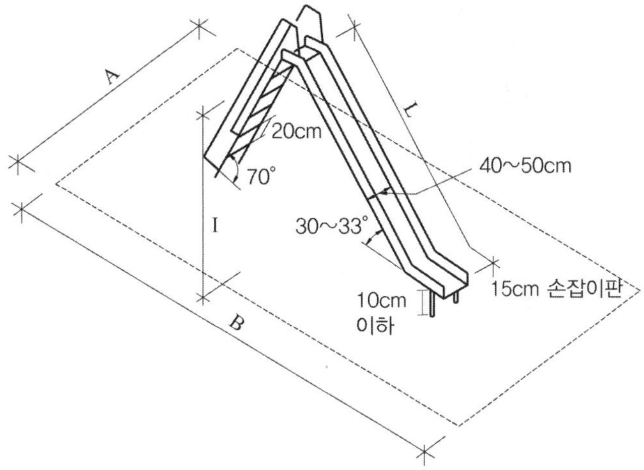

I	L	어린이	
		A	B
1.5	3.0	2.4	6.0
1.8	3.6	2.4	6.6
2.1	4.2	2.4	7.2

• 미끄럼대 설계치수 •

㉢ 착지판 : 미끄럼판 높이가 90cm 이상인 경우 미끄럼판의 아래 끝부분에 감속용 착지판 설계해야 하며, 착지판 길이 50cm 이상, 물이 고이지 않게 바깥쪽으로 2~4°을 기울기 주어 설계

㉣ 날개벽 : 미끄럼판 높이가 1.2m 이상인 경우 미끄럼판 양옆으로 높이 15cm 이상 날개벽을 전 구간에 연속설치

㉤ 안전손잡이 : 미끄럼판 높이 1.2m 이상인 경우 미끄럼판과 상계판 사이에 균형유지를 위한 안전손잡이를 설치하되 높이 15cm 기준

② 그네

㉠ 지표면에서 발판까지 높이 35~45cm, 발판두께 3cm

㉡ 위험방지용 울타리 : 그네줄 길이 160cm인 경우 그네 중심에서 250cm, 줄 길이 250cm인 경우 340cm 띄워서 설치, 울타리 높이 69cm

㉢ 4연식 그네 : 2.5m(높이)×7.3m(길이)×4.8m(너비)

㉣ 2연식 그네 : 2.5m×4.6m×4.8m

㉤ 그네보호책 : 그네와 통과동선 사이에 그네 길이보다 1m 멀리, 높이 60cm 기준으로 설치

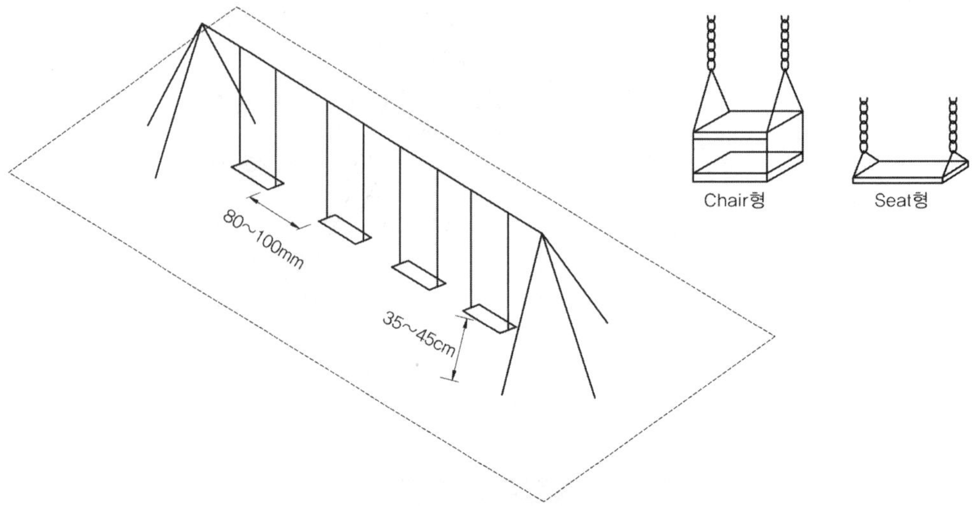

• 그네 설계 치수 •

③ **시소** : 길이 3.0~3.6m. 2개 설치 시 시소폭 1.8m, 사용면적 3.0m×6.0m
④ **정글짐** : 1.8m(길이)×1.2~1.8m(폭)×2.0m(높이)
⑤ **철봉** : 높이 다른 철봉 3개의 각 높이 1.2m, 1.7, 2.1m, 철봉 한 개의 길이 1.2m
⑥ **모래사장** : 너비 4×5m, 30~50m^2 적절, 깊이 30~40cm, 하루 5~6시간 햇볕이 드는 곳
⑦ **도섭지** : 수심 30cm 정도 50cm 이하, 관리인 상주하며, 미끄럽지 않도록 설치
⑧ **사다리 등 기어오르는 기구** : 기울기 65~70°, 너비 40~60cm, 디딤판은 사다리보다 높게
⑨ **놀이벽** : 두께 20~40cm, 평균높이 0.6~1.2m 주변바닥 완충재료 설치
⑩ **계단** : 기울기 35°, 폭 최소 50cm 이상, 디딤판 깊이 15cm 이상, 디딤판 높이 15~20cm 사이, 길이 1.2m 이상 시 난간 설치

2 놀이시설물 설계 고려사항

① 안전을 고려하여 미끄럼 방지, 보호시설 설치, 시설물 간격 등을 고려할 것
② 현재 복합, 기성제품 놀이시설물들이 많으며 이를 이용하면 손쉽게 놀이터 조성 가능함
③ 테마 위주의 놀이공간은 주제에 잘 맞추어진 시설물들을 잘 배치, 계획해야 함

3 휴게시설물, 안내표지시설, 조명시설물 설계

1 휴게시설물별 설계 고려사항

① **퍼고라(그늘시렁)** : 기둥과 지붕으로 구성되어 비바람을 피하고 햇빛을 막기 위한 구조물

㉠ 일반적 규격 : 높이 220~250cm, 너비 180~250cm, 등책간격 30~40cm

㉡ 덩굴식재 : 등나무, 으름덩굴, 칡, 인동덩굴, 수세미, 포도나무 등

㉢ 설계배치 : 경관의 포인트가 되는 곳, 건축선이 끝나는 곳, 시각적으로 넓게 조망할 수 있는 곳에 설치

㉣ 주의점 : 화장실, 급한 비탈면, 연약지반, 고압철탑 전선 밑의 위험지역, 외진 곳 및 불결한 곳을 피할 것

② **벤치**

㉠ 벤치의 규격

용도	좌고(cm)	좌판폭(cm)	길이(cm)
소인용	30~35	35~40	150(2인용)
대인용	37~43	40~45	60(1인용)
겸용	35~40	38~43	80~200

㉡ 등받이 구배 95~110°, 벤치간격 90cm

㉢ 설계 고려사항

ⓐ 동선에 방해받지 않고 바람이 강하지 않은 곳에 설치

ⓑ 폭 2.5m 이하 산책로 변에는 1.5~2m 포켓공간을 만들어 배치하거나, 경계석에서 최소 60cm 이상 떨어뜨려 배치

ⓒ 재료별 특징 고려

- 목재는 부드러운 느낌이나 방부처리 유의
- 플라스틱은 깨지기 쉬워 교체 가능한 구조로 만들 것
- 콘크리트는 풍화하기 쉽고 튼튼하나, 겨울에 차갑고 기초로 고정해야 함

③ **앉음벽** : 앉아서 쉬기 위한 선형의 벽체 구조물

㉠ 배치 : 마당, 광장, 놀이터 등 짧은 휴식에 이용되므로 이용빈도 고려해 배치

㉡ 규칙 : 짧은 휴식에 적합한 재질·마감방법으로 설계. 앉음벽 높이 34~64cm

④ **야외 테이블** : 높이 70cm, 의자와의 간격 35cm, 의자높이 35cm로 앉았을 때 탁자 중간에 손닿을 정도로 설치

⑤ **음수대**

㉠ 높이 : 성인용 60~70cm, 어린이용 40~50cm, 장애자 휠체어용 76cm

㉡ 발판높이 10~15cm, 폭 30~40cm, 음수대와 사람과의 거리 50cm
㉢ 받침접시의 경사도 2% 정도로 배수가 원활하도록 함

⑥ 휴지통, 재떨이
㉠ 휴지통
ⓐ 투입구 높이 60~75cm, 벤치 2~4개소마다 1개, 원로 20~60m마다 1개 설치
ⓑ 진행방향 우측에 설치하여 보행방향에 방해되지 않게 배치
㉡ 재떨이 : 입식은 0.7~1.0m, 좌식은 0.5~0.6m 높이로 벤치 2~3개소에 1개 설치

⑦ 화장실
㉠ 여성용 변기 5개, 남성용 대변기 2개, 소변기 3개로 면적 약 $25m^2$ 소요
㉡ 중앙공원 : 150~200m마다 1개소 설치, 대체로 1.5~2ha마다 1개 설치
㉢ 남성용은 한색계, 여성용은 난색계 사용
㉣ 창문높이 최저 1.6m

⑧ **안내표지시설** : 각 안내 표지 시설의 재료, 형태, 색의 통일과 식별성이 높고 명확한 글과 간단한 지도 포함한 것
㉠ **정의** : 공원, 주택단지, 보행 공간 등 옥외공간에서 보행자나 방문객에게 주요 시설물이나 주요 목표지점까지의 정보전달을 목적으로 하는 시설물
㉡ **종류** : 유도표지시설, 해설표지시설, 종합안내표지시설, 도로 표지시설
㉢ **설계 검토사항** : 시스템으로서의 구성, 기능적 효율성, 인간 척도의 고려, 지역적 이미지 표출, 경제적 효용성, 안전성, 주변환경과의 조화, 인간지향성 및 환경친화성 검토, 가독성, 유지관리 고려
㉣ **설계요소**
ⓐ CIP는 독자적 이미지를 구축하는 것으로 도로 교통수단인 경우는 안전성을 위해 관례를 따라야 함
ⓑ 가독성을 위해 인식, 방향성, 정보성이 잘 나타나도록 한다.
ⓒ 가시지역과 거리기준을 고려한다.
ⓓ 서체 : 한글, 아라비아 숫자, 영문을 조합해 간결하게
ⓔ 기타 방향표시, 그림문자(픽토그램), 색채를 고려할 것
㉤ 문화재 안내판 규격
ⓐ 대형 9.46×4.22cm, 중형 7.54×5.94cm, 소형 2.4×3.5cm
ⓑ 한글은 왼편, 영문은 오른편에 기재
㉥ 운전자를 위한 표지판 높이 : 1.07~1.2m

⑨ 울타리
㉠ 목적 : 경계구분, 통행제한, 위험방지, 방향표시 등
㉡ 높이별 기능
ⓐ 1.8~2m : 사람침입방지 예 주택의 담
ⓑ 0.6~1m : 출입금지 예 공원, 원지

ⓒ 0.4m 이상 : 내부경계 예 문화재 보존지

㉢ 조경설계기준상 규칙

ⓐ 0.5m 이상 : 단순 경계표시

ⓑ 0.8~1.2m : 소극적 출입통제 기능

ⓒ 1.5~2.1m : 적극적 침입방지 기능

⑩ **자전거 보관시설** : 주택단지 경우 주거동, 복지관, 상가건물마다 1개소 이상 설계. 보통 100세대마다 15~25대 보관시설 설계

⑪ **환경조형시설**

㉠ 정의 : 도시옥외공간 및 주택단지 등 공적공간에 설치되는 예술작품으로서 주변 환경 여건과의 조화 등을 염두에 두어 쾌적한 주거환경 조성 및 이용자의 미적 욕구를 수용하는 공공목적으로 설치되는 시설로 미술장식품, 순수창작조형물, 기능성 환경조형물, 모뉴멘트 등

㉡ 설계원칙 : 인간 척도적용, 조형성, 기능성, 안전성, 주변여건과의 조화, 내구성, 인간지향적, 환경친화성, 전통사상

★★★ 2 조명 시설물 설계

① 조명효과 주는 방식

㉠ 상향식 조명 : 일반적인 조명 방식의 반대로 조명효과에 인상을 줄 수 있는 방식으로 식생이나 다른 조경적인 특색이 강조

㉡ 하향식 조명 : 상향식보다 덜 인상적이지만 수목의 정상 부분이나 다른 높은 구조물을 통해서 광선을 직접 비춤으로 지면에 질감상태를 나타낼 수 있는 특징

㉢ 산포식 조명 : 수목, 담, 장대에 설치한 일광등으로 빛을 넓은 지역에 부드럽게 펼쳐지게 하여 물체를 부드러운 달빛과 같은 인상을 주며 변이의 공간, 개인적 공간에 유용

㉣ 그림자와 질감을 나타내기 위한 조명 : 물체를 측면에서나 하향식으로 비춤으로 잔디 지역에 흥미를 첨가시켜 주거나 자연적인 성격을 가진 포장된 표면에 흥미를 줌

㉤ 강조하기 위한 조명 : 조경의 주체를 집중 조명하여 강조하는 방법

㉥ 실루엣을 나타내기 위한 조명 : 정면의 물체에 단지 외곽 부피만을 배경면에 비춤으로 효과를 얻는 방법

㉦ 간접에 의한 조명 : 빛을 필요한 지역에 재산포시키는 방법으로 반사면에 대해 광원을 직접 부딪치는 방식

② 각 공간별 조명 설계

㉠ 보행등 : 보행의 안전을 위해 계단이나 턱이 있는 곳은 반드시 발아래를 낮게 비추고, 인도나 보행길을 전체적으로 높게 비추는 이중적 조명방식이 필요. 보행로 경계에서 50cm 거리에 배치. 보행로 3lx

㉡ 정원등 : 낮은 실루엣을 강조하거나, 높은 조명보다는 낮은 조명으로 은은하고 부드러운 느낌을 주는 설계가 필요. 등주높이 2m 이하로 고압 수은형광등 사용.
㉢ 수목등, 잔디등 : 수목을 강조하기 위해 산포식, 상향식 조명을 사용하기도 하며, 하향식 조명 또한 나뭇잎들의 분산으로 은은한 분위기 조성. 잔디등 높이 1m 이하.
㉣ 공원등 : 공원 전체를 밝혀주는 높은 등이나 부분적 강조조명, 보행등 등 다양한 방법들이 사용됨. 중요장소 5~30lx, 기타장소 1~10lx, 휴게공간(운동, 놀이, 광장 등) 6lx 이상
㉤ 수중등 : 야간 분수에 다양한 색깔 조명을 사용하며 다양한 빛의 느낌으로 또 다른 환상적인 분위기를 분수쇼 등으로 연출 가능하며 방수에 신경써야함. 규정된 용기 속에 조명등을 넣고, 전선에 접속점을 만들지 말 것
㉥ 그 외 : 현재 투광등, 광섬유조명 등의 다양한 개발로 야간에 색다른 느낌의 공간 연출이 가능하며, 대형스크린이나 레이저쇼 등의 연출로 다양하게 활용하고 있음

4 각종 포장설계 및 기타 시설물 설계

1 포장설계

① 재료 선정 방법
㉠ 생산량이 많고, 시공이 쉬우며, 내구성 및 내마모성이 클 것
㉡ 미끄럽지 않고 외관 및 질감이 좋은 것으로 선정

② 포장재 종류
㉠ 아스팔트, 콘트리트 : 차도나 통행이 많은 도로에 설치
㉡ 벽돌, 시멘트 블록 : 인도, 광장, 공원 등에 설치
㉢ 마사토, 자갈 : 공원내 원로, 주차장 등에 설치
㉣ 그 외 친환경 흙블럭, 구멍 뚫린 블록 : 중간에 식물이 자랄 수 있도록 배려

2 조경석(조경시공구조학 석재, 석축공편의 내용 외 설계관련사항)

Tip

최근 출제기준에 의한 수경시설물, 급·관수 시설, 조경구조물, 잔디 초화류식재, 비탈면, 인공지반, 생태복원 설계 등은 조경시공구조학의 각 공종별 공사와 조경식재의 내용과 중복되므로 각 과목을 참고 바람)

① 경관석 놓기

㉠ 중심석, 보조석 등으로 구분하여 크기, 외형 및 설치위치 등이 주변 환경과 조화를 이루도록 설치

㉡ 경관석 놓기는 무리지어 설치할 경우 주석과 부석의 2석조가 기본이며, 특별한 경우 이외에는 3석조, 5석조, 7석조 등과 같은 기수로 조합하는 것을 원칙으로 한다.

㉢ 4석조 이상의 조합은 1석조, 2석조, 3석조의 조합을 기준으로 조합한다.

㉣ 단독으로 배치할 경우 : 돌이 지닌 특징을 잘 나타낼 수 있도록 관상위치를 고려하여 배치

㉤ 무리 지어 배치할 경우 : 큰 돌을 중심으로 곁들여지는 작은 돌이 큰 돌과 잘 조화되도록 배치

㉥ 3석을 조합하는 경우 : 삼재미(천지인)의 원리를 적용하여 중앙에 천(중심석), 좌우에 각각, 지, 인을 배치한다.

㉦ 5석 이상을 배치하는 경우 : 삼재미의 원리 외에 음양 또는 오행의 원리를 적용하여 각각의 돌에 의미를 부여한다.

㉧ 돌을 묻는 깊이 : 경관석 높이의 1/3 이상이 지표선 아래로 묻히도록 한다.

② 디딤돌(징검돌) 놓기

㉠ 보행자를 위해 공원, 정원, 계류, 연못, 보행자공간, 기타 녹지 등에 적절한 간격과 형식으로 배치

㉡ 보행에 적합하도록 지면과 수평으로 배치한다.

㉢ 징검돌의 상단은 수면보다 15cm 정도 높게 배치하고 한 면의 길이가 30~60cm 정도로 되게 한다. 요소(시점, 종점, 분기점)에 대형이며 모양이 좋은 것을 선별하여 배치하고, 디딤 시작과 마침 돌은 절반 이상 물가에 걸치게 한다.

㉣ 배치 간격은 어린이와 어른이 보폭을 고려하여 결정하되, 일반적으로 40~70cm로 하며 돌과 돌 사이의 간격이 8~10cm 정도가 되도록 배치한다. 정원에서는 배치 간격을 20~30%로 줄인다.

㉤ 양발이 각각의 디딤돌을 교대로 디딜 수 있도록 배치하며, 부득이 한 발이 한 면에 2회 이상 닿을 경우 3.5… 등 홀수 회가 닿을 수 있도록 한다.

㉥ 디딤돌은 크기가 30cm 내외의 경우에는 디딤돌의 상면이 지표면보다 3cm 정도 높게 배치하고 50~60cm인 경우에는 지표면보다 6cm 정도 높게 배치한다.

㉦ 디딤돌 및 징검돌의 장축은 진행방향에 직각이 되도록 배치한다.

㉧ 디딤돌은 2연석, 3연석, 2·3연석, 3·4연석 놓기를 기본으로 한다.

③ 자연석 쌓기

㉠ 주변지형과 어울리게 하며, 연석 쌓기의 상단부는 다소의 기복을 주어 자연석의 자연스러움을 보완, 강조

㉡ 자연석 쌓기의 높이는 1~3m 정도가 바람직하며 그 이상은 안정성에 대한 검토

㉢ 경사진 절·성토면에 돌쌓기를 할 경우에는 석재면을 경사지게 하거나 약간씩 들여놓아 쌓도록 한다.

㉣ 맨 밑에 놓는 기초석은 비교적 큰 것으로 안정감 있는 돌을 사용하여 지면으로부터 20~30cm 깊이로 묻히도록 한다.

㉤ 호안이나 기타 구조적 문제가 발생할 염려가 있는 곳은 콘크리트 기초로 보강한다.

④ **호박돌 쌓기** : 찰쌓기 원칙으로 바른층 쌓기하여 통줄눈이 생기지 않도록 함

⑤ **계단돌 쌓기(자연석 층계)**

㉠ 보행에 적합하도록 비탈면에 일정한 간격과 형식으로 지면과 수평이 되게 한다.

㉡ 계단의 최고 기울기는 30~35° 정도로 한다.

㉢ 한 단의 높이는 15~18cm, 단의 폭은 25~30cm 정도

㉣ 계단의 폭은 1인용일 경우 90~110cm, 2인용일 경우 130cm 정도

㉤ 돌계단의 높이는 2m를 초과할 경우 또는 방향이 급변하는 경우에는 안전을 위해 너비 120cm 이상의 층계참을 설치

⑥ **돌틈식재** : 자연석쌓기의 단조로움과 돌틈의 공간을 메우기 위해 관목류, 지피류, 화훼류 및 이끼류 등을 식물이 생육할 수 있도록 양질의 토양을 조성하고 수분을 충분히 공급하여 식재한다.

3 생태못 조성

① 종다양성을 높이기 위해 관목숲, 다공질공간 등 다른 소생물권과 연계되도록 한다.

② 못의 내부에 섬을 만들어 식생기반을 조성하고 야생동물을 유인하여 종다양성을 확보

③ 호안은 곡선으로 처리하고, 바닥에 적정한 기울기를 두어 다양한 생물서식공간으로 설계

④ 조류, 어류, 기타 곤충류 등을 유인하기 위하여 못 안과 못가에 수생식물을 배식

⑤ **오수정화 못** : 오수정화시설의 유출부에 설치하여 1차 처리된 방류수(방류수 20ppm)를 수원으로 물고기를 도입하고, 수질정화 기능이 있는 식물을 배식

⑥ **수서곤충 못** : 잠자리, 개똥벌레(반딧불이)를 비롯한 여러 곤충류와 어류가 공존할 수 있는 소생물권을 조성, 도입, 곤충의 생활 특성을 고려하여 유충이 살 수 있는 조건과 산란조건을 조성하여, 성충을 유인할 수 있는 서식공간을 설계

4 자연탐방로

① **노선** : 지형에 순응하여 등고선을 따라 설치하고, 인공요소의 흔적을 감추도록 하며 직선코스의 설치를 피한다.

② **노폭** : 적정노폭은 1.2m로 하되 최소 60cm(주변수목의 최소 개척폭 1.2m, 개척높이 2.1m)를 확보, 급경사지는 2.4~3.2m의 넉넉한 폭, 소방로를 겸하는 경우에는 최소 2.4m 이상

③ **포장** : 노선의 기울기가 30% 미만일 경우는 비포장으로 하며, 그 이상의 경사로는 자연석이나 통나무를 이용한 자연스런 계단식 보도를 설치

5 청소년 수련 시설

① **코스** : 산악 및 구릉지에 설치하는 것이 좋으며 계획대상지의 지형조건을 이용하여 적절한 코스를 설정

② **단위 시설** : 연쇄적으로 이용되도록 배치하며 규모에 따라 10~20개의 단위 시설을 설치, 단위시설 사이의 간격은 20~30cm 정도

③ **시설별 면적기준**

㉠ 단위시설 : 1개소당 100~200m^2

㉡ 실내집회장 : 150인까지 150m^2, 초과 1인당 0.8m^2

㉢ 야외집회장 : 150인까지 200m^2, 초과 1인당 0.7m^2

㉣ 강의실 : 1실당 50m^2 이상

㉤ 야영지 : 1인당 20m^2 이상

CHAPTER 05 조경시설물의 설계

실전연습문제

01 조경설계기준에 따른 안내표지 시설 설계 시 우선 검토사항이 아닌 것은? [기사 11.03.20]

㉮ 시스템으로서의 구성
㉯ 가독성
㉰ 안정성
㉱ 예술성

02 다음 중에서 경사도가 가장 완만한 것은? [기사 11.03.20]

㉮ 1 : 2　　㉯ 45%
㉰ 45°　　㉱ 1 : 1

풀이 ㉮ 1 : 2 = 30°
㉯ 45% = 24.2°
㉱ 1 : 1 = 45°

03 출입구가 1개인 주차장의 경우 주차형식이 교차주차일 때 차로 폭은 몇 m 이상 되어야 하는가? (단, 주차장법 시행규칙의 노외주차장의 구조·설비기준을 적용한다.) [기사 11.03.20]

㉮ 5.0m　　㉯ 5.5m
㉰ 6.0m　　㉱ 6.4m

04 조경설계기준상의 야외공연장 설계와 관련된 설명으로 옳지 않은 것은? [기사 11.03.20]

㉮ 공연 시 음압레벨의 영향에 민감한 시설로부터 이격시킨다.
㉯ 객석의 전후영역은 표정이나 세밀한 몸짓을 이상적으로 감상할 수 있는 생리적 한계인 50m 이내로 하는 것을 원칙으로 한다.
㉰ 객석에서의 부각은 15도 이하가 바람직하며 최대 30도까지 허용된다.
㉱ 좌판 좌우간격은 평의자의 경우 40~45cm 이상으로 하며, 등의자의 경우 45~50cm 이상으로 한다.

풀이 ㉯ 객석의 전후영역은 표정이나 세밀한 몸짓을 이상적으로 감상할 수 있는 생리적 한계인 15m 이내로 하는 것을 원칙으로 한다.

05 조경설계기준에 따른 경기장 배치에 관한 설명 중 틀린 것은? [기사 11.03.20]

㉮ 축구장 : 장축은 가능한 동-서로 주풍향과 직교시킨다.
㉯ 테니스장 : 코드 장축을 정남-북을 기준으로 동서 5~15도 편차 내의 범위로 하며 가능하면 코트의 장축 방향과 주풍향 방향이 일치하도록 한다.
㉰ 배구장 : 장축을 남북방향으로 배치하며 바람의 영향을 받기 때문에 주풍향 방향이 일치하도록 한다.
㉱ 농구장 : 농구코트의 방위는 남-북축을 기준으로 하고, 가까이에 건축물이 있는 경우에는 사이드라인을 건축물과 직각 혹은 평행하게 배치한다.

풀이 ㉮ 축구장 장축은 남북으로 한다.

ANSWER
01 ㉱　02 ㉯　03 ㉮　04 ㉯　05 ㉮

06 수질오염 방지시설의 수질오염 방지방법은 물리적, 화학적, 생물학적 처리방법으로 구분된다. 다음 중 물리적인 처리방법에 속하지 않는 것은? [기사 11.06.12]

㉮ 스크린(screen)
㉯ 침사지(sedimentation)
㉰ 활성슬러지(activity sludge)
㉱ 여과(filtration)

풀이 **활성슬러지**
폐수처리에서, 오염수를 충분하게 통기(Aeration) 시켜 산소를 공급하면 호기적(好氣的) 미생물(박테리아)이 번식하여 갈색풀 모양의 침전물이 생기는데 이것을 활성슬러지라 하며, 생물학적 처리방법에 해당

07 다음 중 녹시율(綠視率)에 대한 설명으로 적절한 것은? [기사 11.06.12]

㉮ 특정의 조망지점에서 보여야 할 조망대상(산이나 강 등)의 실제 입면적과 보여지는 입면적의 비율을 말한다.
㉯ 조망지점에서 바라보이는 조망대상의 부위를 말한다.
㉰ 특정 지점의 전망에서 녹지요소의 점유율을 말하며, 보통 사진면적에서 나타나는 녹지의 면적율을 사용한다.
㉱ 대지면적 중에서 녹지면적이 차지하는 비율을 말한다.

08 다음 중 유희시설 설계 시 고려할 사항이 아닌 것은? [기사 11.06.12]

㉮ 평탄지, 경사지 등의 지형특성에 맞는 이용을 고려한다.
㉯ 편리성, 예술성보다 안전성을 더욱 고려해야 한다.
㉰ 놀이기구는 가능한 한 다양하게 많은 기구를 배치하도록 한다.
㉱ 이용계층(유아, 소년 등)에 맞는 놀이시설을 배치하도록 한다.

09 주택건설기준 등에 관한 규정에서 공동주택을 건설하는 주택단지에는 그 단지면적의 얼마를 녹지로 확보하여 공해방지에 필요한 조치를 하여야 하는가? [기사 11.06.12]

㉮ 1백분의 10　　㉯ 1백분의 20
㉰ 1백분의 30　　㉱ 1백분의 50

풀이 **주택건설기준 등에 관한 규정 제29조(조경시설 등)**
공동주택을 건설하는 주택단지에는 그 단지면적의 1백분의 30에 해당하는 면적(공동주택의 1층에 주민의 공동시설로 사용하는 피로티를 설치하는 경우에는 그 단지면적의 1백분의 30에 해당하는 면적에서 그 단지면적의 1백분의 5를 초과하지 아니하는 범위에서 피로티 면적의 2분의 1에 해당하는 면적을 공제한 면적)의 녹지를 확보하여 공해방지 또는 조경을 위한 식재 기타 필요한 조치를 하여야 한다.

ANSWER 06 ㉰ 07 ㉰ 08 ㉰ 09 ㉰

10 다음 [보기]는 도시공원 및 녹지 등에 관한 법률 시행규칙상의 도시공원 면적에 관한 기준이다. (   ) 안에 적합한 것은? [기사 11.06.12]

보기

하나의 도시지역 안에 있어서의 도시공원의 확보 기준은 해당도시지역 안에 거주하는 주민 1인당 (①)m^2 이상으로 하고, 개발제한구역 및 녹지지역을 제외한 도시지역 안에 있어서의 도시공원의 확보기준은 해당 도시지역 안에 주거하는 주민 1인당 (②)m^2 이상으로 한다.

㉮ ① 3, ② 6　㉯ ① 4, ② 2
㉰ ① 6, ② 3　㉱ ① 2, ② 4

풀이 도시공원 및 녹지 등에 관한 법률 시행규칙 제4조 (도시공원의 면적기준)

11 조경설계기준에서 정한 의자(벤치)에 관한 설명으로 틀린 것은? [기사 11.10.02]

㉮ 앉은판의 높이는 약 34 ~ 46cm 기준으로 하되 어린이를 위한 의자는 낮게 할 수 있다.
㉯ 등받이 각도는 수평면을 기준으로 약 95 ~ 110°를 기준으로 하고, 휴식시간이 길수록 등받이 각도를 크게 한다.
㉰ 등받이의 넓이는 사람의 등 뒤로부터 무릎까지의 길이보다 넓어야 한다.
㉱ 의자의 길이는 1인당 최소 45cm를 기준으로 하되, 팔걸이 부분의 폭은 제외한다.

풀이 **조경설계 기준 벤치의자(벤치)의 형태 및 규격**

① 의자는 크기에 따라 1인용·2인용·3인용으로 조합형태에 따라 일렬형·병렬형·ㄱ형·ㄷ형·사각형·원형·자연형·시설연계형으로, 집합도에 따라 단식·연식형, 이동성에 따라 고정식·이동식으로, 등받이 유무에 따라 등의자·평의자로 구분한다.
② 체류시간을 고려하여 설계하며, 긴 휴식에 이용되는 의자는 앉음판의 높이가 낮고 등받이를 길게 설계한다.
③ 등받이 각도는 수평면을 기준으로 95 ~ 110°를 기준으로 하고, 휴식시간이 길어질수록 등받이 각도를 크게 한다.
④ 앉음판의 높이는 34 ~ 46cm를 기준으로 하되 어린이를 위한 의자는 낮게 할 수 있다.
⑤ 앉음판의 폭은 38 ~ 45cm를 기준으로 한다.
⑥ 앉음판에는 물이 고이지 않도록 설계한다.
⑦ 팔걸이의 높이는 앉음판으로부터 18 ~ 25cm를 기준으로 하고, 팔걸이의 폭은 3cm 이상으로 하며, 부착각도는 수평면을 기준으로 등받이쪽으로 10 ~ 20° 낮게 설계한다.
⑧ 의자의 길이는 1인당 최소 45cm를 기준으로 하되, 팔걸이 부분의 폭은 제외한다.
⑨ 지면으로부터 등받이 끝까지 전체높이는 75 ~ 85cm를 기준으로 한다.
⑩ 등의자의 곡률반경은 앉음판의 오금 부위는 15 ~ 16cm, 엉덩이 부위는 7 ~ 8cm, 등받이 상단은 15 ~ 16cm를 기준으로 한다.

12 안내표지시설 설치 시 고려해야 할 기본적인 전제 조건으로 옳지 않은 것은? [기사 11.10.02]

㉮ 설계대상공간의 주변 환경과 조화를 갖도록 한다.
㉯ 식별성보다는 우선적으로 아름다움을 고려한다.
㉰ 부지내의 다른 표지판, 게시판들과 통일되어야 한다.
㉱ 다양한 유형의 안내시설물이 한 장소에 설치될 필요가 있을 경우에는 하나의 종합표지판과 이를 보조할 표지판으로 구분하여 배치한다.

풀이 **조경설계기준 제17장 안내표지시설 설계 검토사항**

① 시스템으로서의 구성 : 다양한 안내체계를 종합계획을 통하여 하나의 체계적이고 유기적인 시스템이 되도록 함
② 기능적 효율성 : 기능적 효율성과 주변경관과의 조화를 고려하여 설치해야 한다.
③ 인간척도의 고려 : 시인성, 가독성, 주목성 등

ANSWER 10 ㉰ 11 ㉰ 12 ㉯

을 확보하도록 이용자의 신체적 조건을 고려

④ 지역적 이미지 표출 : 지역시설물로서의 정체성과 조형성이 부각될 수 있도록 환경조형물로서의 부가기능을 고려

⑤ 경제적 효용성 : 중복 배치를 피하며 정확하고 체계적인 정보전달이 이루어지도록 함

⑥ 안전성 : 보행자 등 이용자의 안전성을 고려한다.

⑦ 주변 환경과의 조화 : 설계대상공간의 주변 환경과 조화

⑧ 인간지향성 및 환경친화성의 검토

⑨ 가독성 : 다양한 유형의 안내시설물이 한 장소에 설치될 필요가 있을 경우에는 하나의 종합표지판과 이를 보조할 표지판으로 나누어 배치한다.

⑩ 유지관리의 고려 : 외부 요인에 따른 변형·마모 등에 대한 유지·관리 등을 고려

13 자전거 이용시설의 구조·시설 기준에 관한 규칙의 "시설한계"에 대한 설명 중 각각의 (   )에 알맞은 것은? [기사 12.03.04]

> 자전거도로의 시설한계는 자전거의 원활한 주행을 위하여 폭은 (①)m 이상으로 하고, 높이는 (②)m 이상으로 한다. 다만, 지형 상황 등으로 인하여 부득이하다고 인정되는 경우에는 시설한계 높이를 축소할 수 있다.

㉮ ① 1.2, ② 1.5 ㉯ ① 1.5, ② 2.5

㉰ ① 1.5, ② 2.0 ㉱ ① 1.2, ② 2.0

14 포장 패턴(paving pattern) 설계의 수단으로서 고려할 사항 중 가장 거리가 먼 것은? [기사 12.03.04]

㉮ 포장재료의 질감

㉯ 포장재료의 견고성

㉰ 포장재료의 색채

㉱ 포장재료의 단위크기

15 미끄럼대의 미끄럼판 설계기준 중 틀린 것은? (단, 조경설계기준을 적용한다.) [기사 12.03.04]

㉮ 1인용 미끄럼판의 폭은 40 ~ 50cm를 기준으로 한다.

㉯ 미끄럼판은 높이 1.2m(유아용) ~ 2.2m(어린이용)의 규격을 기준으로 한다.

㉰ 미끄럼판의 기울기는 45 ~ 500으로 재질을 고려하여 설계한다.

㉱ 미끄럼판 출입구의 폭은 미끄럼 폭과 같은 크기로 한다.

풀이 미끄럼판 기울기는 30 ~ 33°

16 다음 중 공원등을 설계할 때 설계기준으로 틀린 것은? (단, 조경설계기준을 적용한다.) [기사 12.03.04]

㉮ 광원은 원칙적으로 수명이 긴 수은등을 적용한다.

㉯ 운동장 놀이터의 정방형 시설면적에 따라 $350m^2$ 미만은 1등용 1기를 배치한다.

㉰ 공원의 진입부·보행공간·놀이공간·광장 등 휴게공간·운동공간에 배치한다.

㉱ 주두형 등주인 경우 그 높이는 2.7 ~ 4.5m를 표준으로 하되, 상징적인 경관의 창출 등 특수한 목적을 위한 경우에는 그 목적 달성에 적합한 높이로 한다.

풀이 광원은 원칙적으로 메탈할라이드등을 적용한다.

ANSWER 13 ㉯ 14 ㉯ 15 ㉰ 16 ㉮

17 다음 [보기]의 ( ) 안에 적합한 값은?

[기사 12.03.04]

보기

경사가 있는 보도교의 경우 종단 기울기가 ( )를 넘지 않도록 하며 미끄럼을 방지하기 위해 바닥을 거칠게 표면처리 하여야 한다.

㉮ 3% ㉯ 5%
㉰ 8% ㉱ 15%

18 다음 설명 중 ( ) 안에 적합한 것은?

[기사 12.05.20]

보도의 유효폭은 보행자의 통행량과 주변 토지 이용상황을 고려하여 결정하되, 최소 ( )m 이상으로 하여야 한다. 다만, 지방지역의 도로와 도시지역의 국지도로는 지형상 불가능하거나 기존 도로의 증설·개설 시 불가피하다고 인정되는 경우는 제외한다.

㉮ 1.0 ㉯ 1.2
㉰ 1.5 ㉱ 2.0

19 소음이 발생하는 작업에 대한 설계 시 산업안전보건기준에 관한 규칙에 따라 1일 8시간 작업을 기준으로 몇 데시벨 이상일 경우 소음작업으로 구분하는가?

[기사 12.05.20]

㉮ 80 ㉯ 85
㉰ 90 ㉱ 100

20 다음조경설계기준상의 생태통로 중 암거형 종류에 대한 설명으로 옳지 않은 것은?

[기사 12.05.20]

㉮ 박스형 암거 : 농촌의 농로 또는 수로의 역할을 겸할 수 있는 폭 3 ~ 4m 내외의 사각형 구조물로 너구리의 이용에 유리하다.
㉯ 파이프형 암거 : 지름 1m 내외의 콘크리트 또는 철재 원형관으로서 너구리, 족제비, 설치류의 이용에 유리하다.
㉰ 수로형 암거 : 콘크리트 배수로를 보완한 지름 1 ~ 2m의 사각 구조물로서 동물이 물에 빠지지 않고 이동하도록 벽에 선반을 설치해 준다. 수달, 삵, 너구리, 족제비, 설치류의 이용에 유리하다.
㉱ 저면습지용 암거 : 양서류 또는 파충류의 이동을 확보하기 위한 구조로서 0.2 ~ 0.5m 폭으로 조성하며, 배수구조물은 별도로 조성한다.

풀이 **저면습지용 암거**
양서류 이동을 위한 구조로 배수구조물과 함께 조성한다.

21 목재를 이용한 시설물설계에서 고려해야 하는 설계기준이 아닌 것은?

[기사 12.05.20]

㉮ 전단강도를 요구할 경우에는 직각방향으로 제재한다.
㉯ 도포법은 침지법보다 경제적인 방부처리 방법이다.
㉰ 가급적 목재는 이어쓰기를 피하는 것이 효율적이다.
㉱ 내구력이 떨어지고 품질이 균일하지 못한 특성이 있다.

ANSWER
17 ㉰ 18 ㉱ 19 ㉯ 20 ㉱ 21 ㉯

22 다음 중 조경설계기준상의 축구장 배치 방법으로 가장 적합한 것은? [기사 12.05.20]

㉮ 장축은 남북 방향으로 길게 배치한다.
㉯ 장축을 동서 방향으로 길게 배치한다.
㉰ 장축을 북서-남동 방향으로 길게 배치한다.
㉱ 장축을 북동-남서 방향으로 길게 배치한다.

23 조경설계기준상의 환경조형시설에 관한 설명으로 틀린 것은? [기사 12.05.20]

㉮ 환경조형시설은 도시옥외공간 및 주택단지 및 공적 공간에 설치되는 예술작품으로서 미술장식품, 순수창작조형물, 기능성 환경조형물, 모뉴멘트 등을 말한다.
㉯ 환경조형시설은 그 내용과 형식에 있어서 설치장소의 환경맥락과 지역주민의 정서에 적합하여야 하며, 공공성 있는 조형물로서 본래의 설치 목적과 취지를 반영하도록 한다.
㉰ 미술장식품은 문화예술진흥법에 따라 공동주택단지등에 설치되는 조형예술품과 벽화, 분수대, 상징탑 등의 환경조형물로서 관련 조례에 따라 심의 등의 절차를 필요로 하는 시설을 말한다.
㉱ 기능성 환경조형물은 시계탑, 조명기구, 문주 등 본래 시설물이 지니는 기능을 충족시키면서 조형적 가치와 의미가 충분히 발휘되도록 설계한 환경조형물이며 관련조례에 따라 심의 등의 절차를 필요로 한다.

풀이 관련조례에 따라 심의 등의 절차를 필요로 하는 것은 미술장식품만 해당됨.

24 조경설계기준상 토지 이용 상충지역 완충녹지의 설계로 옳지 않은 것은? [기사 12.09.15]

㉮ 완충녹지의 폭원은 최소 20m를 확보한다.
㉯ 재해 발생 시의 피난지로서 설치하는 녹지는 교목 식재를 하고, 전체 녹화 면적률이 50% 정도가 되도록 한다.
㉰ 임해매립지의 방풍·방조녹지대의 폭원은 200 ~ 300m를 확보한다.
㉱ 보안, 접근 억제, 상충되는 토지 이용의 조절 등을 목적으로 설치하는 녹지는 교목, 관목 또는 잔디, 기타 지피식물을 재식하고 녹화면적률이 80% 이상이 되도록 한다.

풀이 재해 발생 시의 피난지로서 설치하는 녹지는 관목 또는 잔디, 기타 지피식물 등을 식재하고 녹화 면적률이 70% 이상이 되도록 한다.

25 조경설계기준상 경사로 설계 내용으로 옳은 것은? [기사 12.09.15]

㉮ 장애인 등의 통행이 가능한 경사로의 종단기울기는 1/18 이하로 한다.(단, 지형조건이 합당한 경우)
㉯ 연속경사로의 길이 50m마다 1.2m×3m 이상의 수평면으로 된 참을 설치하여야 한다.
㉰ 휠체어 사용자가 통행할 수 있는 경사로의 유효폭은 100cm가 적당하다.
㉱ 바닥 표면은 휠체어가 잘 미끄러질 재료를 채용하고, 울퉁불퉁하게 마감한다.

풀이 **조경설계기준상 경사로 내용**
① 바닥표면은 미끄럽지 않은 재료를 채용하고 평탄한 마감으로 설계한다.
② 장애인 등의 통행이 가능한 경사로의 종단기울기는 1/18 이하로 한다. 다만, 지형조건이 합당하지 않을 경우에는 종단기울기를 1/12까지 완화할 수 있다.

ANSWER 22 ㉮ 23 ㉱ 24 ㉯ 25 ㉮

③ 휠체어사용자가 통행할 수 있는 경사로의 유효폭은 120cm 이상으로 한다.
④ 연속 경사로의 길이 30cm마다 1.5m×1.5m 이상의 수평면으로 된 참을 설치할 수 있다.

26 다음의 노외주차장의 설치에 대한 계획기준 내용 중 (　　) 안에 알맞은 것은? [기사 12.09.15]

> 특별시장·광역시장, 시장·군수 또는 구청장이 설치하는 노외주차장에는 주차대수 (　　)대마다 한 면의 장애인 전용주차구획을 설치하여야 한다.

㉮ 20　　㉯ 30
㉰ 40　　㉱ 50

27 옹벽이나 급경사지 등 추락 위험이 있는 놀이터, 휴게소, 산책로에 안전난간을 설계하고자 한다. 다음 중 안전난간의 설명으로 틀린 것은? (단, 조경설계기준을 적용한다.) [기사 12.09.15]

㉮ 폭은 10cm 이상으로 한다.
㉯ 높이는 바닥의 마감면으로부터 90cm 이하로 한다.
㉰ 위험이 많은 장소에 설치하는 간살의 간격은 안목치수 10cm 이하로 한다.
㉱ 철근콘크리트 또는 강도 및 내구성이 있는 재료로 설계한다.

풀이 높이는 바닥의 마감면으로부터 110cm 이상으로 한다.

28 다음과 같은 조건에 있는 건축물의 지상에 설치하여야 하는 조경 면적은 최소 얼마 이상이어야 하는가? [기사 12.09.15]

> 조건
> • 대지면적 : 300m^2
> • 옥상 조경면적 : 60m^2
> • 조경설치면적 기준 : 대지면적의 10% 이상

㉮ 10m^2　　㉯ 15m^2
㉰ 30m^2　　㉱ 70m^2

풀이 옥상정원은 2/3만 인정함으로 60m^2 중 40m^2 인정하나, 조경면적의 50% 이상 초과할 수 없기에 조경면적 30m^2 중 15m^{2}만 인정하고, 나머지 15m^{2}는 지상에 설치해야함

29 다음 중 환경조형시설의 일반적인 조경설계기준으로 옳지 않은 것은? [기사 13.03.10]

㉮ 「문화예술진흥법」에 따른 미술장식품과 설계대상공간에 대중적 문화예술품으로 설치되는 환경조형시설의 설계를 적용한다.
㉯ 기능성 환경조형물은 시계탑, 조명기구, 문주 등 본래 시설물이 가지는 기능은 충족시키면서 덧붙여 조형적 가치와 의미가 충분히 발휘되도록 설계한 환경조형물이다.
㉰ 기능성 환경조형시설은 놀이기능(조형놀이시설), 어귀의 식별성(공원이나 단지의 문주), 공간의 분리(장식벽) 등의 본래의 기능 발휘에 충실하여야 한다.
㉱ 시각적 특성과 관람자의 호기심을 유도하기 위해 조형물 전체를 감상하기 위해서는 시설물 높이의 1 ~ 2배의 관람거리를 확보한다.

ANSWER 26 ㉱ 27 ㉯ 28 ㉯ 29 ㉱

풀이 **조경설계 기준 18.3.4 환경조형시설물 배치기준**
시각적 특성과 관람자의 시선을 확보한다. 조형물 전체를 감상하기 위해서는 시설물 높이의 23배의 관람 거리를 확보한다.

30 다음의 노외주차장의 구조·설비에 관한 기준 내용 중 ( ) 안에 알맞은 것은? [기사 13.03.10]

> 자동차용 승강기로 운반된 자동차가 주차구획까지 자주식으로 들어가는 노외주차장의 경우에는 주차대수 ( )마다 1대의 자동차용 승강기를 설치하여야 한다.

㉮ 20대 ㉯ 30대
㉰ 50대 ㉱ 100대

31 다음 중 계단의 설치기준이 틀린 것은? (단, 건축물의 피난·방화구조 등의 기준에 관한 규칙을 적용한다.) [기사 13.03.10]

㉮ 높이가 3m를 넘는 계단에는 높이 3m 이내마다 너비 1.2m 이상의 계단참을 설치하여야 한다.
㉯ 높이가 1m를 넘는 계단 및 계단참의 양옆에는 난간(벽 또는 이에 대치되는 것을 포함한다.)을 설치하여야 한다.
㉰ 계단의 유효높이(계단의 바닥 마감면부터 상부 구조체의 하부 마감면까지의 연직방향의 높이를 말한다)는 1.5m 이상으로 한다.
㉱ 계단의 손잡이는 최대지름이 3.2cm 이상 3.8cm 이하인 원형 또는 타원형의 단면으로 하여야 한다.

풀이 계단의 유효 높이(계단의 바닥 마감면부터 상부 구조체의 하부 마감면까지의 연직방향의 높이를 말한다)는 2.1m 이상으로 할 것

32 공원 내 보행자 도로를 설계하려 할 때 설계기준으로 부적합한 것은? [기사 13.03.10]

㉮ 원활한 배수처리를 위하여 10% 정도의 경사를 준다.
㉯ 배수 구조물은 연석에 접한 곳에 설치한다.
㉰ 연석은 단차를 두어 경계를 분명히 하는 것이 좋다.
㉱ 표면처리는 미끄럽지 않은 부드러운 재료로 사용하는 것이 좋다.

풀이 배수를 위한 경사는 2%

33 다음 중 어도의 조경설계기준 설명으로 옳지 않은 것은? [기사 13.03.10]

㉮ 어도의 설치 위치는 하천의 유황과 하상변동, 대상어종의 생태 및 습성, 어도의 규모, 상류부의 취수시설 위치 등을 고려하여 결정한다.
㉯ 어도하류부의 기본 하상고는 하상변동에 의해 낙차가 크게 발생해야 어도기능을 충분히 수행할 수 있으므로 보의 하류부 하상고 이상으로 설치한다.
㉰ 어도의 길이와 경사는 하천공작물의 높이와 경사에 의해 결정하는 데, 일반적으로 1/10～1/20의 경사가 적당하다.
㉱ 폭은 어류가 주로 이동하는 시기에 어도로 물이 흐를 수 있는 조건과 어류가 유영할 때 꼬리치는 폭이 체장의 1/2정도이므로 이를 감안하여 보 길이의 1～15% 범위로 하고, 유영이 필요한 최소 수심은 체고의 2배로 한다.

풀이 **조경설계기준 30.5.5. 어도 참고**
• 30.5.5 어도
가. 설치 위치
① 어도의 설치위치는 하천의 유황과 하상변동, 대상어종의 생태 및 습성, 어도의 규모, 상류부의 취수시설 위치 등을 고려하여 결정한다.

ANSWER 30 ㉯ 31 ㉰ 32 ㉮ 33 ㉯

Part 3 조경설계

② 어류의 습성상 하천의 가장자리를 통하여 이동하는 종이 많으므로 하천 양안에 설치하는 것이 좋으나, 하천 유량이 부족할 경우 하천중앙 또는 한쪽에 설치한다.

나. 대상 동물

① 하천에 서식하는 회유성 어류, 갑각류, 포유류 등이 주요 대상이 된다.

다. 규모 및 대상

① 어도의 규모는 대상어종 이동시기의 하천 유량과 어류의 생태와 습성을 고려하여 결정한다.

② 폭은 어류가 주로 이동하는 시기에 어도로 물이 흐를 수 있는 조건과 어류가 유영할 때 꼬리치는 폭이 체장의 1/2 정도이므로 이를 감안하여 보 길이의 1~15% 범위로 하고, 유영에 필요한 최소 수심은 체고의 2배로 한다.

③ 어도의 길이와 경사는 하천공작물의 높이와 경사에 의해 결정하는 데, 일반적으로 1/10~1/20의 경사가 적당하다.

④ 어도하류부의 기본 하상고는 하상변동에 의해 심한 낙차가 발생하여 어도기능을 치명적으로 저해할 수 있으므로 보의 하류부 하상고보다 이하로 설치한다.

⑤ 어도 형식 선정은 하천의 유량, 상·하류측 수위차 및 변동, 대상어류의 상류로 이동하는 능력, 입지조건 및 경제성 등과 각 어도형식의 특징을 충분히 이해하고 선정한다(〈부표 30-3〉 참조).

⑥ 어도의 재질은 어도의 안정성이 확보되고 조달이 가능한 재질을 선택하는데, 일반적으로 하천공작물과 동일 재질 또는 주변경관과 어울리는 재질을 선택하여 사용한다.

34 다음 중 그네에 관한 조경설계기준으로 옳지 않은 것은? [기사 13.03.10]

㉮ 그네는 햇빛을 마주하지 않도록 북향 또는 동향으로 배치한다.

㉯ 놀이터 외곽이나 모서리를 피하여 중앙이나 출입구 주변에 배치한다.

㉰ 2인용을 기준으로 높이 2.3 ~ 2.5m, 길이 3.0 ~ 3.5m, 폭 4.5 ~ 5.5m를 표준규격으로 한다.

㉱ 그네의 안장과 모래밭과의 높이는 35 ~ 45cm가 되도록 하며, 이용자의 나이를 고려하여 결정한다.

풀이 **조경설계기준 14.4.3 그네**

가. 그네의 유형구분

그네는 규모에 따라 1인용·2인용·3인용, 안장에 따라 발판식·의자식, 나이에 따라 유아용·어린이용으로 구분한다.

나. 배치

① 그네는 놀이터의 규모나 성격에 어울리는 유형을 배치한다.

② 그네는 햇빛을 마주하지 않도록 북향 또는 동향으로 배치한다.

③ 그네의 요동운동을 고려하여 주변시설과 적정거리를 이격시킨다.

④ 놀이터 중앙이나 출입구 주변을 피하여 모서리나 외곽에 배치한다.

⑤ 집단적인 놀이가 활발한 자리 또는 통행량이 많은 곳에는 배치하지 않는다.

다. 규격

① 2인용을 기준으로 높이 2.3~2.5m, 길이 3.0~3.5m, 폭 4.5~5.0m를 표준규격으로 한다.

② 지지용 수평파이프는 어린이가 오르기 어려운 구조로 설계한다.

③ 수평파이프와 그네줄을 연결하는 베어링은 좌우로 흔들리지 않고, 회전에 의해 풀리지 않도록 풀림방지너트로 설계하며, 마모 시 교체가 쉬운 기성제품 구동구로 설계한다.

④ 그네줄이 쇠줄일 경우에는 표면을 폴리우레탄 등의 부드러운 재료로 피복하는 등 보호막이 있는 형태로 설계한다.

⑤ 안장과 그네줄의 연결 부분은 파손되지 않도록 설계한다.

ANSWER 34 ㉯

35 노상주차장의 구조·설비기준에 관한 내용 중 옳지 않은 것은? [기사 13.03.10]

㉮ 고가도로에 설치하여서는 아니 된다.
㉯ 너비 6m 미만의 도로에 설치하지 않는 것이 원칙이다.
㉰ 주차대수 10대마다 장애인 전용주차구획을 1면씩 확보하여야 한다.
㉱ 종단경사도(자동차 진행방향의 기울기)가 4%를 초과하는 도로에 설치하지 않는 것이 원칙이다.

풀이 **주차장법 시행규칙 제4조(노상주차장의 구조·설비기준) 참고**
주차대수 규모가 20대 이상 50대 미만인 경우에는 장애인 전용주차구획을 한 면 이상 설치하여야 한다.

36 주택건설기준 등에 관한 규정상 어린이놀이터의 설명 중 ( ) 안에 적합한 숫자는? [기사 13.06.02]

> 면적이 ( )m^2 이상인 어린이놀이터는 건축물(유치원·새마을유아원·어린이집·주민운동시설 및 청소년수련시설을 제외한다.)의 외벽 각 부분으로부터 5m(개구부가 없는 측벽은 3m) 이상, 인접대지경계선(도로·광장·시설녹지 기타 건축이 허용되지 아니하는 공지에 접한 경우에는 그 반대편의 경계선을 말한다.)으로부터 3m 이상, 주택단지안의 도로 또는 주차장으로부터 2m 이상의 거리를 두어야 한다.

㉮ 100 ㉯ 150
㉰ 200 ㉱ 300

37 조경설계기준상의 쓰레기통 설치기준에 대한 설명으로 옳지 않은 것은? [기사 13.06.02]

㉮ 매 단위공간마다 배치할 필요는 없고, 단위공간 몇 개를 조합하여 그 중간에 1개소 설치한다.
㉯ 내구성 있는 재질을 사용하거나 내구성 있는 표면마감방법으로 설계한다.
㉰ 각 단위공간의 의자 등 휴게시설에 근접시키되, 보행에 방해가 되지 않도록 하고 수거하기 쉽게 배치한다.
㉱ 설계대상공간의 휴게공간·운동공간·놀이공간·보행공간과 산책로 등 보행동선의 결절점, 관리사무소, 상점 등의 건물과 같이 이용량이 많은 지점의 직접 위치에 배치한다.

풀이 **쓰레기통 설치기준**
각 단위공간의 의자 등 휴게시설에 근접시키되, 보행에 방해가 되지 않도록 하고 수거하기 쉽게 배치하며, 단위공간마다 1개소 이상 배치한다.

38 단위놀이시설로서 모래밭의 깊이는 놀이의 안전을 고려하여 얼마 이상으로 설계하는가? [기사 13.06.02]

㉮ 10cm ㉯ 15cm
㉰ 20cm ㉱ 30cm

Part 3 조경설계

ANSWER 35 ㉰ 36 ㉯ 37 ㉮ 38 ㉱

39 「주택건설기준 등에 관한 규정」에서 규정하고 있는 「기타부대시설」에 해당하는 것은? [기사 13.06.02]

㉮ 안내표지판
㉯ 제2종 근린생활시설
㉰ 주민공동시설
㉱ 사회복지관

풀이 주택건설 기준 등에 관한 규정 제4조에서 기타 부대시설의 종류

① 보안등 · 대문 · 경비실 · 자전거보관소
② 조경시설 · 옹벽 · 축대
③ 안내표지판 · 공중화장실
④ 저수시설 · 지하양수시설 · 대피시설
⑤ 쓰레기수거 및 처리시설 · 오수처리시설 · 정화조
⑥ 소방시설 · 냉난방공급시설(지역난방공급시설은 제외한다) 및 방범설비
⑦ 「환경친화적 자동차의 개발 및 보급 촉진에 관한 법률」 제2조제3호에 따른 전기자동차에 전기를 충전하여 공급하는 시설
⑧ 그 밖에 제1호부터 제7호까지의 시설 또는 설비와 비슷한 것으로서 국토교통부령으로 정하는 시설 또는 설비

40 다음 중 조적공사에서 치장줄눈용 모르타르 배합비는? [기사 13.06.02]

㉮ 1 : 1 ㉯ 1 : 2
㉰ 1 : 3 ㉱ 1 : 4

41 다음 중 운동시설의 설계기준에 대한 설명 중 틀린 것은? (단, 조경설계기준을 적용한다.) [기사 13.09.28]

㉮ 배드민턴 경기장의 규격은 세로 23.77m, 가로는 복식 10.97m, 단식 8.23m이다.
㉯ 배드민턴장의 라인은 4cm 폭의 백색 또는 황색선으로 그리고 네트 포스트의 높이는 코트 표면으로부터 1.55m로 설치한다.
㉰ 게이트볼장에 설치되는 게이트의 개수는 3개이며, 지면에서 20cm 높이로 설치한다.
㉱ 옥외에 설치된 게이트볼장의 경우 배수를 위해 0.5%까지 기울기를 둔다.

풀이 배드민턴 경기장 규격은 단식 = 5.18m × 13.4 복식 = 6.1m × 13.4m이다.

42 다음 설명의 (   ) 안에 적합한 수치 기준은? [기사 13.09.28]

- 휠체어사용자가 통행할 수 있도록 접근로의 유효폭은 (①)m 이상으로 하여야 한다.
- 휠체어사용자가 다른 휠체어 또는 유모차 등과 교행할 수 있도록 (②)m마다 1.5×1.5m 이상의 교행구역을 설치할 수 있다.

㉮ ① 1.2, ② 25 ㉯ ① 1.2, ② 50
㉰ ① 1.5, ② 50 ㉱ ① 1.5, ② 100

ANSWER 39 ㉮ 40 ㉮ 41 ㉮ 42 ㉯

43 공원의 휴식공간에 설치하고자 하는 음수대(飮水臺)의 디자인에 영향을 주는 요소로 가장 거리가 먼 것은? [기사 13.09.28]

㉮ 사용대상 ㉯ 사용목적
㉰ 배수구 ㉱ 관리인의 유무

44 다음 중 편리하고 안전한 보행환경 중 하나인 몰(Mall)을 계획하고자 할 때 옳지 않은 것은? [기사 13.09.28]

㉮ 트랜싯몰은 대중교통수단의 통행이 가능하며, 자가용 승용차 및 트럭의 통행은 금지되는 도로이다.
㉯ 보행자구역은 도시의 일정구역 전체를 자동차 출입금지구역으로 하고 보행자만이 다닐 수 있는 도로이다.
㉰ 세미몰은 자가용을 포함한 모든 차량의 통행을 금지하여, 차량통행량과 주차공간을 줄이고 보도를 넓힌 도로이다.
㉱ 옥내몰은 가로에 지붕을 덮어서 교외의 쇼핑몰과 흡사한 환경을 제공하여 추위와 더위, 비바람에 영향을 받지 않고 통행할 수 있도록 조성된 도로이다.

풀이
① 몰(Mall)이란 나무그늘이 있는 산책로란 뜻이며, 최근에는 단순히 통행을 위한 가로만이 아니라 광장, 벤치, 분수 등 가로장치물을 배치하여 휴식, 놀이, 모임 등의 기능을 부여한 것을 가리킨다.
② 트랜싯몰(transit mall)이란 일반의 자동차 교통을 배제하고 버스, 노면전차 등 공공교통기관을 배치하여 보행자의 안전과 교통수단을 모두 확보한 것이다.
③ 보행자구역은 도심의 상업, 업무지구에서 간선도로로 둘러싸인 대형가구내부에 차량진입을 완전히 통제하고 보행광장, 소공원, 보행자 전용도로 등을 복합적으로 조성한 구역을 말한다.
④ 차량진입을 완전히 배제한 것을 풀몰(full mall)이라고 하고, 공공교통의 진입만을 제한적으로 허용하는 것을 세미몰(semi mall)이라고 한다.

45 자전거도로에서 해당 자전거의 설계속도가 30(킬로m/시)일 경우 확보해야 할 최소 곡선반경(m) 기준은? (단, 자전거 이용시설의 구조·시설 기준에 관한 규칙을 적용한다.) [기사 13.09.28]

㉮ 15 ㉯ 20
㉰ 27 ㉱ 35

풀이 **자전거도로의 곡선반경**
- 설계속도 30km/hr 이상 : 27m
- 설계속도 20 ~ 30km/hr : 12m
- 설계속도 10 ~ 20km/hr : 5m

46 도로의 기능별 구분을 통한 설계속도에 관한 설명이다. 지방지역 구릉지 주간선도로(일반도로)의 설계속도(킬로m/시간)는? (단, 도로의 구조·시설 기준에 관한 규칙을 적용한다.) [기사 14.03.02]

㉮ 40 ㉯ 50
㉰ 60 ㉱ 70

풀이

도로의 기능별 구분		설계속도(킬로m/시간)			
		지방지역			도시지역
		평지	구릉지	산지	
고속도로		120	110	100	100
일반도로	주간선도로	80	70	60	80
	보조간선도로	70	60	50	60
	집산도로	60	50	40	50
	국지도로	50	40	40	40

ANSWER 43 ㉰ 44 ㉰ 45 ㉰ 46 ㉱

47 다음 설명의 ( ) 안에 적합한 것은? [기사 14.03.02]

> 자전거도로의 시설한계는 자전거의 원활한 주행을 위하여 폭은 ( )m 이상으로 하고, 높이는 2.5m 이상으로 한다. 다만, 지형 상황 등으로 인하여 부득이 하다고 인정되는 경우에는 시설한계 높이를 축소할 수 있다.

㉮ 0.8 ㉯ 1.0
㉰ 1.5 ㉱ 2.0

풀이 **자전거 이용시설의 구조, 시설에 관한 규칙 제10조 시설한계**
자전거도로의 시설한계는 자전거의 원활한 주행을 위하여 폭은 1.5m 이상으로 하고, 높이는 2.5m 이상으로 한다. 다만, 지형 상황 등으로 인하여 부득이 하다고 인정되는 경우에는 시설한계 높이를 축소할 수 있다.
- 시설한계 : 자전거도로 위에서 차량이나 보행자의 교통안전을 위하여 일정한 폭과 일정한 높이의 범위 내에는 장애가 될 만한 시설물을 설치하지 못하게 하는 자전거도로 위 공간 확보의 한계를 말한다.

48 다음 중 도시공원에서 「저류시설의 설치 및 관리기준」에 관한 설명이 틀린 것은? [기사 14.03.02]

㉮ 저류시설은 지표면 이래로 빗물이 침투될 경우 지반의 붕괴가 우려되거나 자연환경의 훼손이 심하게 예상되는 지역에서는 설치하여서는 아니 된다.
㉯ 하나의 도시공원 안에 설치하는 저류시설부지의 면적비율은 해당 도시공원 전체면적의 50퍼센트 이하이어야 한다.
㉰ 하나의 저류시설부지 안에 설치하여야 하는 녹지의 면적은 해당저류시설부지에 대하여 상시저류시설은 40퍼센트 이상, 일시저류시설은 20퍼센트 이상이 되어야 한다.
㉱ 저류시설은 빗물을 일시적으로 모아 두었다가 바깥 수위가 낮아진 후에 방류하기 위하여 설치하는 유입시설, 저류지, 방류시설 등 일체의 시설을 말한다.

풀이 **도시공원 및 녹기에 관한 법률 시행규칙 제13조 별표6 저류시설의 설치 및 관리기준**
하나의 저류시설부지 안에 설치하여야 하는 녹지의 면적은 해당저류시설부지에 대하여 상시저류시설은 60퍼센트 이상, 일시저류시설은 40퍼센트 이상이 되어야 한다.

49 조경설계기준상의 「생태못」 설계와 관련된 설명으로 옳지 않은 것은? [기사 14.03.02]

㉮ 일반적으로 종다양성을 높이기 위해 관목숲, 다공질 공간 등 다른 소생물권과 연계되도록 한다.
㉯ 야생동물 서식처 목적의 생태연못의 최소 폭은 5m 이상 확보하고 주변식재를 위해 공간을 확보한다.
㉰ 수질정화 목적의 못은 수질정화 시설의 유출부에 설치하여 2차 처리된 방류수(방류수 10ppm)를 수원으로 한다.
㉱ 수질정화 목적의 못 안에 붕어 등의 물고기를 도입하고, 부레옥잠, 달개비, 미나리 등 수질정화 기능이 있는 식물을 배식한다.

풀이 **조경설계기준 생태못 설계**
수질정화 시설의 유출부에 설치하여 1차 처리된 방류수(방류수 20ppm)를 수원으로 한다.
- 다음 생태못 설계 중 수질정화 목적의 못에 관한 사항 참고
  ① 수질정화 시설의 유출부에 설치하여 1차 처리된 방류수(방류수 20ppm)를 수원으로 한다.
  ② 못 안에 붕어 등의 물고기를 도입하고, 부레옥잠, 달개비, 미나리 등 수질정화 기능이 있는 식물을 배식한다.
  ③ 다양한 식생을 도입하며, 생물서식공간으로서의 기능을 함께 고려한다.

ANSWER 47 ㉰ 48 ㉰ 49 ㉰

④ 유기·무기물질 제거, 재생이용 및 재순환이 가능하도록 한다.
⑤ 유독성물질(살충제), 중금속(Cd, Pb, Hg, Zn 등) 등의 제거도 부수적으로 고려한다.

50 조경설계기준의 계단돌 쌓기(자연석 층계)에 대한 설명으로 틀린 것은? [기사 14.03.02]

㉮ 계단의 최고 기울기는 30 ~ 35° 정도로 한다.
㉯ 한 단의 높이는 15 ~ 18cm, 단의 폭은 25 ~ 30cm 정도로 한다.
㉰ 계단의 폭은 1인용일 경우 90 ~ 110cm, 2인용인 경우에 130cm 정도로 한다.
㉱ 돌계단 높이가 5m를 초과할 경우 너비 100cm 이상의 계단참을 설치한다.

풀이 **계단돌 쌓기(자연석 층계)**
① 보행에 적합하도록 비탈면에 일정한 간격과 형식으로 지면과 수평이 되게 한다.
② 노상토의 기울기가 심하여 해당 토양의 안식각 이상으로서 구조적인 문제가 발생할 염려가 있는 경우에는 콘크리트 기초 및 모르타르로 보강한다.
③ 계단의 최고 기울기는 30~35° 정도로 한다.
④ 한 단의 높이는 15~18cm, 단의 폭은 25~30cm 정도로 한다.
⑤ 계단의 폭은 1인용일 경우 90~110cm, 2인용일 경우 130cm 정도로 한다.
⑥ 돌계단의 높이가 2m를 초과할 경우 또는 방향이 급변하는 경우에는 안전을 위해 너비 120cm 이상의 계단참을 설치한다.

51 다음의 건축선에 따른 건축제한과 관련된 기준 내용 중 (　　) 안에 알맞은 것은? [기사 14.03.02]

> 도로면으로부터 높이 (　　)m 이하에 있는 출입구, 창문, 그 밖에 이와 유사한 구조물은 열고 닫을 때 건축선의 수직면을 넘지 아니하는 구조로 한다.

㉮ 3.5　　㉯ 4.5
㉰ 6　　㉱ 10

풀이 **건축법 제47조(건축선에 따른 건축제한)**
① 건축물과 담장은 건축선의 수직면(垂直面)을 넘어서는 아니 된다. 다만, 지표(地表) 아래 부분은 그러하지 아니하다.
② 도로면으로부터 높이 4.5m 이하에 있는 출입구, 창문, 그 밖에 이와 유사한 구조물은 열고 닫을 때 건축선의 수직면을 넘지 아니하는 구조로 하여야 한다.

52 조경설계기준상 「환경조경시설」의 설계 원칙 요소로 가장 부적합한 것은? [기사 14.05.25]

㉮ 인간척도 적용　　㉯ 조형성
㉰ 환경적 지속성　　㉱ 독창적 고비용성

풀이 환경조형시설은 주변 환경여건과의 조화 등을 염두에 두어 쾌적한 주거환경 조성 및 이용자의 미적 욕구를 수용하는 등 공공 목적으로 설치하는 것으로 조경설계기준상 고비용성과는 관계가 없다.

ANSWER 50 ㉱ 51 ㉯ 52 ㉱

Part 3 조경설계

53 조경설계 도면의 치수를 나타낸 그림 중 가장 나쁘게 표현한 것은? [기사 14.05.25]

㉮ 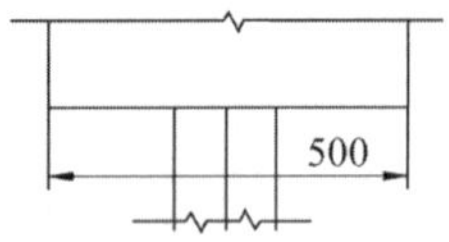

㉯ 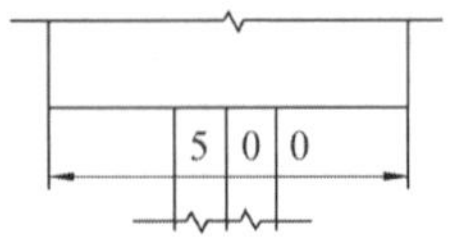

㉰ 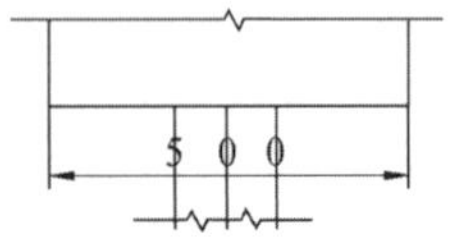

㉱ 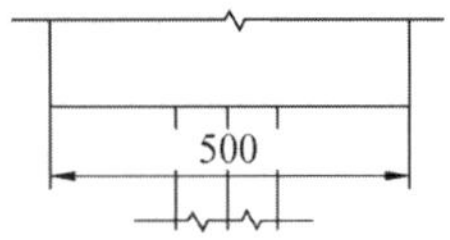

풀이 ㉰항은 숫자가 치수선에 겹쳐서 가장 좋지 않음.

54 조경설계기준상의 「계단」과 관련된 설명으로 틀린 것은? [기사 14.05.25]

㉮ 계단의 폭은 연결도로의 폭과 같거나 그 이상의 폭으로 단높이는 18cm 이하, 단너비는 26cm 이상으로 한다.

㉯ 높이 2m를 넘는 계단에는 2m 이내마다 당해 계단의 유효폭 이상의 폭으로 너비 120cm 이상인 참을 둔다.

㉰ 계단의 단높이가 15cm 이하이고 단비가 30cm 이상일 경우 높이 1m를 초과하는 계단에 양측에 벽이 없는 경우 의무적으로 난간을 두며, 계단의 폭이 3m를 초과하면 매 3m 이내마다 난간을 설치한다.

㉱ 옥외에 설치하는 계단의 단수는 최소 2단 이상으로 하며 계단바닥은 미끄러움을 방지할 수 있는 구조로 설계한다.

풀이 **조경설계기준상 계단의 난간기준**

높이 1m를 초과하는 계단으로서 계단 양측에 벽, 기타 이와 유사한 것이 없는 경우에는 난간을 두고, 계단의 폭이 3m를 초과하면 매 3m이내마다 난간을 설치한다. 다만, 계단의 단 높이가 15cm 이하이고 단 너비가 30cm 이상일 경우에는 예외로 할 수 있다.

55 자전거 이용시설의 구조·시설 기준에 관한 규칙상의 자전거 도로의 설계와 관련된 설명으로 틀린 것은? [기사 14.05.25]

㉮ 자전거도로의 색상은 별도의 색상 포장 없이 포장재 고유의 색상을 유지한다.

㉯ 자전거도로의 차선은 중앙분리선은 노란색, 양 측면은 흰색으로 표시한다.

㉰ 자동차의 횡단을 허용하는 자전거도로의 포장구조는 자동차의 중량 등을 고려하여 결정하여야 한다.

㉱ 자전거도로의 포장면에는 물이 고이지 아니하도록 2퍼센트 이상 3퍼센트 이하의 횡단경사를 설치하여야 한다.

풀이 **자전거 이용시설의 구조·시설 기준에 관한 규칙 제15조(포장 및 배수)**

자전거도로의 포장면에는 물이 고이지 아니하도록 1.5퍼센트 이상 2.0퍼센트 이하의 횡단경사를 설치하여야 한다. 다만, 투수성(透水性) 자재를 사용하는 경우에는 그러하지 아니하다.

56 도로 안내 표지를 디자인할 때 가장 중점을 두어야 하는 것은? [기사 14.05.25]

㉮ 배경색과 글씨의 채도차를 고려한다.

㉯ 배경색과 글씨의 색상차를 고려한다.

㉰ 배경색과 글씨의 명도차를 고려한다.

㉱ 배경색과 글씨의 보색대비 효과를 고려한다.

ANSWER 53 ㉰ 54 ㉰ 55 ㉱ 56 ㉰

풀이 가장 빨리 눈에 띄는 방법은 명도차를 두는 것이며 따라서, 도로안내표지판은 명도차를 두어서 빨리 식별할 수 있도록 해야 한다.

57 대지안의 조경면적의 산정 기준으로 틀린 것은? (단, 국토교통부 고시 내용을 적용) [기사 14.09.20]

㉮ 하나의 조경시설공간의 면적은 $10m^2$ 이상이어야 한다.

㉯ 조경면적은 식재된 면적과 조경시설 공간 면적을 합한 면적으로 산정한다.

㉰ 하나의 식재면적은 한 변의 길이가 2m 이상으로서 $2m^2$ 이상이어야 한다.

㉱ 식재면적은 당해 지방자치단체의 조례에서 정하는 조경면적의 50% 이상이어야 한다.

풀이 하나의 식재면적은 한 변의 길이가 1m 이상으로서 $1m^2$ 이상이어야 한다.

58 소경설계기준상 생물 서식공간의 조성은 종의 멸종 위기를 최소화하거나 평형종 수를 극대화하기 위하여 적용하는데, 그 원리로 적당하지 않는 것은? [기사 14.09.20]

㉮ 거리는 인접한 공간이 가까울수록 효과적이다.

㉯ 서로 떨어진 공간을 이동통로로 연결하는 것이 효과적이다.

㉰ 여러 개의 공간이 같은 거리를 유지하며 직선적으로 배열되는 것이 효과적이다.

㉱ 면적은 클수록 종 보존에 효과적이다. (같은 크기인 경우 큰 단위공간 하나가 여러 개의 작은 공간보다 효과적이다.)

풀이 **조경설계기준 소생물권**

생물서식공간의 조성은 종의 멸종 위기를 최소화하거나 평형 종수를 극대화하기 위해 다음 원리를 적용한다.

1. 면적은 클수록 종 보존에 효과적이다. 같은 크기인 경우 큰 단위공간 하나가 여러 개의 작은 공간보다 효과적이다.
2. 거리는 인접한 공간이 가까울수록 효과적이다.
3. 여러 개의 공간이 직선적으로 배열되는 것보다 같은 거리로 모여 있는 것이 효과적이다.
4. 서로 떨어진 공간을 이동통로로 연결하는 것이 효과적이다.
5. 다른 여건이 같다면 길쭉한 형태보다 둥근 형태가 효과적이다.

59 다음 중 교차점광장의 결정기준에 해당하지 않는 것은? (단, 도시·군계획 시설의 결정·구조 및 설치기준에 관한 규칙을 적용) [기사 14.09.20]

㉮ 자동차전용도로의 교차지점인 경우에는 입체교차방식으로 할 것

㉯ 주민의 사교, 오락, 휴식 및 공동체 활성화 등을 위하여 근린주거지역별로 설치할 것

㉰ 혼잡한 주요도로의 교차점에서 각종 차량과 보행자를 원활히 소통시키기 위하여 필요한 곳에 설치할 것

㉱ 주간선도로의 교차지점인 경우에는 접속도로의 기능에 따라 입체교차방식 등에 의한 평면교차방식으로 할 것

풀이 **도시·군계획 시설의 결정·구조 및 설치기준에 관한 규칙 제50조 광장의 결정기준**

1. 교차점광장
   (1) 혼잡한 주요도로의 교차지점에서 각종 차량과 보행자를 원활히 소통시키기 위하여 필요한 곳에 설치할 것
   (2) 자동차전용도로의 교차지점인 경우에는 입체교차방식으로 할 것
   (3) 주간선도로의 교차지점인 경우에는 접속도로의 기능에 따라 입체교차방식으로 하거나 교통섬·변속차로 등에 의한 평면교차방식으로 할 것 다만, 도심부나 지형여건상 광장의 설치가 부적합한 경우에는 그러하지 아니하다.

ANSWER 57 ㉰ 58 ㉰ 59 ㉯

60 도로에는 차도와 접속하여 길어깨를 설치하여야 한다. 도로의 횡단구성 중 도시지역 고속도로의 차도 오른쪽에 설치하는 길어깨의 최소 기준 폭(m)은 얼마인가? (단, 일방통행도로 등 분리도로의 차도 왼쪽에 설치하는 경우는 제외한다.) [기사 14.09.20]

㉮ 1.5 ㉯ 2.0
㉰ 2.5 ㉱ 3.0

풀이 **도로의 구조·시설에 관한 규칙 제 12조 길어깨**

도로의 구분			차도 오른쪽 길어깨의 최소 폭(m)		
			지방지역	도시지역	소형차도로
고속도로			3.00	2.00	2.00
일반도로	설계속도(km/h)	80 이상	2.00	1.50	1.00
		60 이상 80 미만	1.50	1.00	0.75
		60 미만	1.00	0.75	0.75

61 오픈 스페이스의 기능에 대한 설명으로 틀린 것은? [기사 14.09.20]

㉮ 시냇물·연못·동산 등과 같은 자연 경관적 요소들을 제공한다.
㉯ 기존의 자연환경을 보전·향상시켜 줄 수 있는 수단을 제공한다.
㉰ 공기정화를 위한 순환통로의 기능을 수행함으로써 미기후의 형성에 영향을 준다.
㉱ 오픈 스페이스의 적극적 확보를 위하여 평탄한 곳과 접근성이 뛰어난 곳을 우선 확보하여야 한다.

풀이 **오픈 스페이스의 기능**
㉮·㉯·㉰ 외에 제한된 도시생활에서의 답답함을 씻어주는 치유와 새로운 환경의 접촉 등을 들 수 있다.

62 조경시설물의 구성원칙에 대한 설명으로 옳지 않은 것은? [기사 14.09.20]

㉮ 구조적 안정성을 통하여 통일성을 얻을 수 있다.
㉯ 조화는 개체적인 요소 간의 관계로서 조경시설물이 서로 일치되는 상태를 말한다.
㉰ 통일성은 우세와 종속, 결집, 군집 등의 미적효과를 통하여 얻을 수 있다.
㉱ 통일성은 분리된 조경시설물이 전체적으로 하나로 구성되어 보이는 것이다.

풀이 **조경시설물의 구성원칙에서 통일성**
반복배치하거나 연결성을 이루어 만들어 낸다.

63 조경설계기준상의 디딤돌(징검돌) 놓기 설계 시 옳지 않은 것은? [기사 14.09.20]

㉮ 보행에 적합하도록 지면과 수평으로 배치한다.
㉯ 디딤돌 및 징검돌의 장축은 진행방향에 평행이 되도록 배치한다.
㉰ 디딤돌은 2연석, 3연석, 2·3연석, 3·4연석 놓기를 기본으로 한다.
㉱ 정원을 제외한 배치 간격은 어린이와 어른의 보폭을 고려하여 결정하되, 일반적으로 40~70cm로 하며 돌과 돌 사이의 간격이 8~10cm 정도가 되도록 배치한다.

풀이 **조경설계기준디딤돌 놓기**
디딤돌 및 징검돌의 장축은 진행방향에 직각이 되도록 배치한다.

ANSWER 60 ㉯ 61 ㉱ 62 ㉮ 63 ㉯

64 조경설계기준상의 「실개울」에 관련한 설명으로 옳은 것은? [기사 14.09.20]

㉮ 평균 물 깊이는 30 ~ 50cm 정도로 한다.

㉯ 지형의 기울어짐은 적으나 높이차가 있는 곳에 배치하며, 옷이나 분수 등과의 분리배치를 고려한다.

㉰ 설계대상 공간의 어귀나 중심광장·주요 조형요소·결절점의 시각적 초점 등으로 경관효과가 큰 곳을 제외하여 배치한다.

㉱ 물의 순환으로 설계할 경우 이동수량을 고려하여 충분한 용량의 하부 못이나 저류조를 반영한다.

풀이 **조경설계기준 실개울**

① 평균 물깊이는 3~4cm 정도로 한다.

② 지형의 높이차는 적으나 기울어짐이 있는 곳에 배치하며, 못이나 분수 등과의 연계배치를 고려한다.

③ 설계대상 공간의 특성·지형조건·주변의 시설 등을 고려하여 서로가 어울리거나 대조되는 경관을 연출하도록 형태를 설계한다.

④ 물의 순환으로 설계할 경우 이동수량을 고려하여 충분한 용량의 하부 못이나 저류조를 반영한다.

65 조경설계기준상 놀이공간의 구성 및 시설의 배치로 옳지 않은 것은? [기사 14.09.20]

㉮ 놀이터와 도로·주차장 기타 인접 시설물과의 사이에는 폭 2m 이상의 녹지공간을 배치한다.

㉯ 그네·회전무대 등 충돌의 위험이 많은 시설은 놀이동선과 통과동선이 상충되지 않도록 고려한다.

㉰ 미끄럼대 등 높이 3.5m가 넘는 시설물은 인접한 주택과 정면 배치를 피하고, 활주판·그네 등 시설물의 주 이동방향과 놀이터의 출입로가 주택의 정면과 서로 마주치지 않도록 배치한다.

㉱ 공동주택단지의 어린이놀이터는 건축물의 외벽 각 부분으로부터 5m 이상 떨어진 곳에 배치하는 등 「주택 건설 기준 등에 관한 규정」에 적합해야 한다.

풀이 **조경설계기준 미끄럼대**

미끄럼대 등 높이 2m가 넘는 시설물은 인접한 주택과 정면 배치를 피하고, 활주판·그네 등 시설물의 주 이용 방향과 놀이터의 출입로가 주택의 정면과 서로 마주치지 않도록 배치한다.

ANSWER 64 ㉱ 65 ㉰

MEMO

part 4

조경식재

Engineer Landscape Architecture

CHAPTER 1

식재일반

1 식재의 효과와 기능

1 식재의 의의

식재설계는 조경설계에 있어서 심미적 인자 및 생태적 인자를 고려한 식물의 기능적 이용을 다루는 것 즉, 시각적으로 바람직하고 생태적으로 건강한 식재를 하여 기능을 최대화함으로써 보다 나은 쾌적한 생활환경을 창조하는 데 기여하기 위한 노력이다.

2 식재의 효과

(1) 시각적 조절

① 섬광조절
- ㉠ 반사광에 의한 시각적 피로를 완화하는 기능
- ㉡ 수광지역에 가까이 식재할수록 차광효과가 높아진다.
- ㉢ 섬광이란 태양광과 인조광 등의 직사광을 모두 가리킴

② 공간 만들기
- ㉠ 식물의 건축적 이용에 해당
- ㉡ 식물에 의해 벽, 천장, 바닥면을 창조해 시각적 공간감을 부여함을 뜻함
- ㉢ 식물이 성장하면서 공간이 변화하므로 정확한 예측이 필요함

③ 사생활 조절
- ㉠ 식재의 높이와 투시도를 통해 시각적으로 격리하므로 사생활의 수준이 결정됨

④ 차폐
- ㉠ 차폐란 매력적이지 못한 경관이나 대상을 보다 좋은 소재를 사용하여 시각적으로 가리는 것
- ㉡ 차폐는 적극적 차폐(차폐를 통해 환경의 질을 높이려는 것)와 소극적 차폐(시야에서 단순히 추한 환경을 차단하는 것)가 있으며, 식재에 의한 차폐는 적극적 차폐에 해당함

⑤ 시선유도
  ㉠ 관찰자가 식재지를 통과해 지나감에 따라 주요 경관이 차츰 나타나게 하는 식재
  ㉡ 수목으로 경관을 짜서 시야를 제한해 시선유도함

(2) 물리적 울타리

① 식재에 의한 울타리는 사람의 이동을 효과적으로 조절할 수 있다.
② 식재 높이에 의해 조절효과가 달라짐
  ㉠ 90~180cm : 통행이 매우 효과적으로 조절됨
  ㉡ 180cm 이상 : 통행뿐 아니라 시선조절도 가능

(3) 기후조절(국지적인 미기후를 변화시키는 것)

① 태양복사 및 온도의 조절
  ㉠ 식물은 아스팔트나 어두운 표면보다 태양복사 반사비율이 높고, 흡수된 열도 빨리 방사함
  ㉡ 여름날 녹음수가 시원한 그늘을 제공하는 것이 대표적인 예
② 바람조절
  ㉠ 식물은 바람을 차단, 유도하여 쾌적한 기후를 형성함
  ㉡ 식재의 높이, 식재밀도, 식재폭에 의해 바람 감소율이 결정되며, 식재높이가 가장 중요하며, 다음으로 밀도와 형태가 중요함
  ㉢ 방풍효과가 미치는 거리는 바람막이 높이에 비례
    ⓐ 대체로 높이의 5배 수평거리에서 방풍효과가 가장 큼
    ⓑ 그 점을 지나 점점 풍속이 증가해 30배 거리에서 효과가 상실함
  ㉣ 조밀한 방풍림은 풍속을 75~85%까지 감소시킨다.
③ 강수 및 습도조절
  ㉠ 강우의 상당량이 잎에 모여 강수를 조절하며, 식물 체내에 상당량의 수분을 보유하고 있어 호흡작용으로 방출하여 습도를 조절함
  ㉡ 잎이 많고 증산량 많은 수종이 효과적

(4) 소음조절

① 식생은 고주파소음 조절에 효과가 더 크다.
② 수관이 지면에 거의 닿고 지엽이 밀생하는 상록수가 소음조절 효과가 크다.
③ 한 가지 수목만의 식재는 고음파 저음에는 효과 있으나 중음 조절능력이 떨어져 혼식이 더 바람직하며, 진디나 지피식물도 소음조절 효과가 상당함

④ 식재대는 크고 치밀하고, 최소한 7~8m 폭은 되어야 가능하며 넓을수록 좋다.
⑤ 소음조절식재는 마운딩과 함께 조절하면 효과가 높아진다.

(5) 공기정화

① 연기나 먼지, 오염가스를 흡수 또는 침착함으로서 공기를 정화
② 잎에 섬모가 있는 식물이 정화능력이 높다.
③ 180m 정도의 넓은 식재대는 먼지 감소율 75% 정도됨

(6) 토양침식 조절

① 빗물의 충격을 줄이고 뿌리에 의해 토양입자를 고정시켜며, 표면유수를 감소시켜 토양 침식을 억제함
② 잔디같은 지피식물이 가장 빠른 효과를 얻을 수 있음

3 식재의 기능

(1) 건축적 이용

① 사생활의 보호
② 차단 및 은폐
③ 공간분할
④ 점진적인 이해

(2) 공학적 이용

① 토양침식 조절
② 섬광조절
③ 음향조절
④ 반사광선 조절
⑤ 대기정화 작용
⑥ 통행조절

(3) 기상학적 이용

① 태양 복사열 조절 작용
② 바람의 조절 작용
③ 우수의 조절 작용

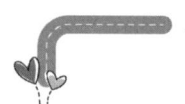

④ 온도의 조절 작용
⑤ 습도의 조절 작용

(4) 미적 이용

① 조각물로서의 이용
② 반사
③ 영상
④ 섬세한 선형미
⑤ 장식적인 수벽
⑥ 조류 및 소동물 유인
⑦ 배경용
⑧ 구조물의 유화

4 식물성상별 식재효과와 이용

① 교목
㉠ 가장 크고 영속적, 녹음수 기능이 가장 뚜렷함. 그 외 경관 프레임 형성, 차폐, 배경으로 사용
㉡ 상록성 교목은 겨울철 햇빛 필요지역에 식재하면 안 됨

② 관목
㉠ 인간척도 수준으로 공간 스케일을 만들 수 있음
㉡ 이용 가능한 수종이 많고 교목과 함께 하부식재로 이용

③ 지피식물
㉠ 관목과 함께 지표면의 흥미 있는 질감 주기
㉡ 외관 향상, 토양침식 억제효과
㉢ 통행이 많은 지역을 피하고, 관찰거리가 가까울수록 섬세하고 치밀하게 식재

④ 초화
㉠ 겨울을 나지 못해 영구적이지 못함
㉡ 경관 내 액세서리 용도로 화단식재, 초화경재식재 등으로 이용
㉢ 한 계절 택해 효과 극대화하도록 식재

5 푸르름의 효과

① **푸르름의 물리적 효과** : 기후완화, 대기정화, 소음방지, 방풍, 방화 등 주로 물리적인 환경요소를 완화하고 재해를 방지하는 기능에 대한 효과

② **푸르름의 심리적 효과** : 인간이 오감을 통해서 푸르름과 접촉할 때 인간의 심리에 미치는 효과

6 식재에 대한 사고

① 조경식재는 식물에 의한 환경형성효과나 환경보전 효과를 중요시하여 그것에 의하여 보다 나은 인간 생활공간을 구성하고자 하는 행위이다.

② 조경식재는 살아있는 식물 재료를 구사하여 공간구성을 하기 때문에 구성재료 자체가 생장, 생육 등 소위 생물로서의 생활 현상을 영위한다.

CHAPTER 01 식재일반

실전연습문제

01 조경식물의 기능적 이용은 건축적, 공학적, 기상학적, 미적 이용으로 구분될 수 있다. 그중 공학적 측면에서 얻을 수 있는 효과로 가장 적합한 것은? [기사 12.03.04]

㉮ 토양 침식의 조절
㉯ 공간 분할
㉰ 장식적인 수벽
㉱ 강수 조절 작용

풀이 공간분할(건축적 이용), 장식적인 수벽(미적 이용), 강수조절 작용(기상학적 이용)

02 식물을 건축적, 미적, 기상학적, 공학적 등으로 이용할 수 있다. 다음 중 건축적 이용으로 나타나는 기능은? [기사 14.09.20]

㉮ 기상조절
㉯ 방풍효과
㉰ 토양침식의 조절
㉱ 사생활 보호

풀이 **식재의 건축적 이용**
사생활의 보호, 차단 및 은폐, 공간분할, 점진적인 이해

ANSWER
01 ㉮ 02 ㉱

2 배식원리

1 정원구성에서 배식의 의의

① 관련과 대립으로서의 구성
② 아름다움으로서의 구성
③ 조화 및 연계로서의 구성
④ 단절, 혼합으로서의 구성
⑤ 생산성으로서의 구성

Tip

정원수 아름다움의 3대 원리
색채미, 형태미, 내용미

2 식재설계의 물리적 요소

(1) 형태

① 가장 먼저 고려해야 하는 요소
② 수목 형태종류
㉠ 원주형 : 양버들, 이탈리안 사이프레스, 비자나무 등
㉡ 원통형 : 측백나무, 사철나무, 포플러 등
㉢ 원추형 : 전나무, 삼나무, 독일가문비, 낙엽송, 금송, 개잎갈나무 등
㉣ 우산형 : 편백, 화백, 매화나무, 솔송나무 등
㉤ 탑형 : 개잎갈나무, 섬잣나무, 가이즈까 향나무 등
㉥ 원개형 : 느티나무, 팽나무, 산벚나무, 녹나무, 후피향나무, 회양목 등 지하고가 낮고 수목이 옆으로 확장하는 지엽을 형성
㉦ 타원형 : 녹나무, 느릅나무, 치자나무, 박태기나무 등
㉧ 난형 : 가시나무, 구실잣밤나무, 메밀잣밤나무 등
㉨ 역삼각형(편정형) : 느티나무, 계수나무, 자귀나무 등
㉩ 구형 : 반송, 수국 등
㉪ 횡지형(불규칙형) : 단풍나무, 자귀나무, 배롱나무, 석류나무 등
㉫ 종지형(종모양) : 수양버들, 싸리 등
㉬ 포복형 : 누운향나무, 뚝향나무, 진백 등
㉭ 피복형 : 잔디, 눈주목, 조릿대 등

ⓐ 만경형 : 으름덩굴, 등나무, 능소화 등

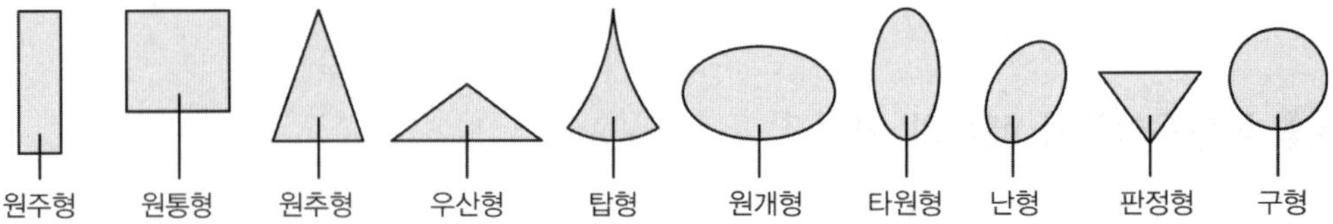

③ 대체로 낙엽관목류 - 직립형, 원형, 낙엽교목류 -원형, 난형, 능수형 상록성 수종 - 피라미드형이나 원형이 많다.

④ **식재설계 시 형태 이용 방법**

㉠ 단일식재 시 3차원적인 볼록한 형태 - 여러 가지 시선을 돌아보게 하는 외부 체험적 특징, 오목한 형태 - 내부로부터의 시각적 경험이 유리한 형태임.

㉡ 여러 가지 수형을 다양하게 결합한 형태는 리드미컬한 선의 효과와 다양한 변화, 흥미를 제공함

(2) 질감

① 식재구성의 두 번째 요소

② **거친질감 수목** : 큰 잎, 줄기, 눈가진 식물, 듬성듬성한 잎을 가진 식물

고운질감 수목 : 두껍고 촘촘한 잎 가진 식물

③ **잎 표면의 질에 따라**

㉠ 한쪽 광택, 한쪽 희게 보이는 잎 : 고운 질감

㉡ 길고 가는 엽병 가진 식물, 길고 뾰족한 모양의 식물 : 고운 질감

㉢ 작은 잎, 짧은 엽병 가진 식물 : 거친 질감

④ **바라보는 거리에 따라**

㉠ 가까이에서는 잎 표면의 질감에 따라 느껴짐

㉡ 멀리서는 수목 전체의 질감에 따라 전체 빛과 음영의 효과로 느껴짐

⑤ **빛과 그림자에 따라**

㉠ 부드러운 질감의 그림자 : 엷게 보임

㉡ 거친 질감의 그림자 : 진하게 보임

⑥ **식물연령에 따라**

㉠ 어린식물 : 거친 질감(잎이 크고 무성)

㉡ 노목 : 부드러운 질감(작은 잎)

⑦ **식재설계 시 질감의 이용방법**

㉠ 연속적 변화를 주기 위해 첫 번째 식물은 거친 한주 → 잎 크기가 앞의 1/2인 수목 3주 → 더 고운 잎 수목 7주 이러한 방법으로 자연스럽게 변화감 주기

㉡ 보는 시선을 거친 곳에서 고운 곳으로 이동되도록 함

㉢ 구석진 곳의 양끝은 거친 질감 식재. 관목식재군 다음에는 점차 중간 정도 질감이나 밀도 가진 수목을 사용하고 중간지점이나 모퉁이에는 제일 부드러운 질감의 수목 배치

㉣ 동일질감을 많이 사용하지 말고 적은 면적에는 거친 질감을 사용하지 말 것

㉤ 보는 사람에 따라 심리학적 물리학적 효과가 있으며

ⓐ 고운 질감 → 중간 질감 → 거친 질감 : 식재구성을 앞으로 끌어당긴다(공간이 가깝게 보임)

ⓑ 거친 질감 → 중간 질감 → 고운 질감 : 식재구성이 멀어 보임(공간이 멀어 보임)

(3) 색채

① 세 번째 디자인 요소로서 가장 강력한 호소력과 반응을 일으키는 요소

② 바라보는 거리, 직·간접의 빛의 양, 그늘의 양, 식재지역의 토양상태에 따라 색채가 다르게 보여짐

③ 설계가에게 주로 이용되는 색채종류

㉠ 바탕색 : 기본색으로 경관에 나타난 조망과 잘 어울리도록 하기 위해 이용

㉡ 강조색 : 식재구성 중 어떤 특질을 강조하기 위해 사용

④ 식재 설계 시 색채 이용방법

㉠ 울타리, 포장, 건물이 낮은 명도와 채도를 가진 중간색채를 갖게 해 한층 작고 멀세 보임

㉡ 정원에서 녹색 잎 식물 : 화려한 식물의 비를 9 : 1 정도 되게

㉢ 꽃 색은 같은 시기 개화 꽃이 조화를 이루게 함

㉣ 붉은 가지 말채나무, 수피가 흰 자작나무는 껍질과 잔가지에 특이한 색을 가짐으로 배경색과 조화를 이루게 배경으로 상록수를 식재하면 여름에 잎의 강한 대비와 겨울에는 진한 녹색 상록수 잎에 대비되는 수피가 매력적이 됨.

⑤ 식재구성에서 색채 사용 시 고려사항

㉠ 사람들은 빛과 선명한 색에 쏠리는 심리적 경향이 있음

㉡ 잔잔한 빛과 시원한 색은 우울한 감상을 더욱 진하게 함

㉢ 밝은 빛, 따뜻한 색은 흥분시키는 경향이 있어 보는 사람의 시선을 공간을 통해 이동하게 유도할 수 있다.

㉣ 색변화는 연속성 파괴하지 않게 점진적 단계를 두어야 함

㉤ 따뜻한 색은 가깝게 전진하는 느낌, 찬색은 멀어져 후퇴하는 느낌

㉥ 희미하고 연한 색은 고운 질감, 밝고 선명한 색은 거친 질감의 느낌

3 식재설계의 미적요소

① 통일성

㉠ 동질성 창출을 위한 여러 부분들의 조화 있는 조합

㉡ 통일성은 6가지 요소(단순, 변화, 균형, 강조, 연속, 비례)의 성공적인 조합으로 달성

㉢ 통일성의 목적 : 매력과 주위를 집중시켜 디자인 이해를 도와 전체를 질서 있는 단위로 유기적 관련을 갖게 하는 것

② 단순

㉠ 단순은 우아함을 낳는다.

㉡ 단순함은 반복에서 창조된다.

㉢ 식물형태의 반복은 우리 눈이 경관 전체에 기분 좋게 옮겨 가게 하면 친숙한 장면에서 안도감을 느낌

㉣ 지루함을 방지하기 위해 주의 깊게 단순을 절제해야 함

③ 변화

㉠ 변화는 다양성, 대비를 가져옴

㉡ 지나친 반복은 단조로움을 가져오며, 지나친 변화는 혼잡한 경관을 만들어 냄.

④ 균형

㉠ 대칭균형과 비대칭균형으로 나눔

㉡ 색채를 활용하면 시각적 무게를 더해 줄 수 있음

㉢ 거친 질감은 무겁게 느껴지며, 고운질감은 가볍게 느껴짐

⑤ 강조

㉠ 경관출현에 극적효과 가짐

㉡ 주의력 집중, 시각적 구성 조절

㉢ 너무 많으면 불쾌, 혼돈감을 줌

㉣ 색채, 질감, 선 등을 활용해 강조 가능

⑥ 연속

㉠ 형태, 질감(고운 질감 → 중간 질감 → 거친 질감), 색채(밝은 색 → 중간 색 → 어두운 색)의 적절한 연속

㉡ 식물 집단의 생장능력 고려하여 연속감 있게

⑦ 스케일

㉠ 대상물의 절대적인 크기(대상물의 크기, 치수), 상대적 크기(비례로서 판단) 가리키는 척도

㉡ 부지의 크기에 따라서 작은 스케일의 부지는 조망거리가 짧아 식물체계의 미세한 부분까지 접근해 관찰할 수 있게 방향식물 사용 등을 고려해야 함

CHAPTER 01 식재일반

실전연습문제

01 식재설계의 미적요소에 관계없는 것은? [기사 11.03.20]

㉮ 형태 ㉯ 공간
㉰ 질감 ㉱ 색채

02 거친 돌 조각물을 더욱 돋보이게 하기 위한 배경식재로 가장 적합한 것은? [기사 11.06.12]

㉮ 큰 잎이 넓은 간격으로 소생하는 수종
㉯ 작은 잎이 넓은 간격으로 소생하는 수종
㉰ 작은 잎이 조밀하게 밀생하는 수종
㉱ 잎의 크기나 간격과는 관계가 없다.

03 식재 설계 시 설계자는 수목의 성숙규모(mature size)를 고려하여 설계하여야 하는데 일반적으로 설계 시에 고려하는 성숙규모의 정도는? [기사 11.10.02]

㉮ 10 ~ 20% ㉯ 25 ~ 50%
㉰ 50 ~ 75% ㉱ 75 ~ 100%

04 조경배식 계획 시에 수목의 생장속도를 고려하여야 하는데 생장속도를 고려하여 그림과 같이 A, B를 배식한다고 할 때 수목의 조합이 가장 옳게 된 것은? [기사 13.03.10]

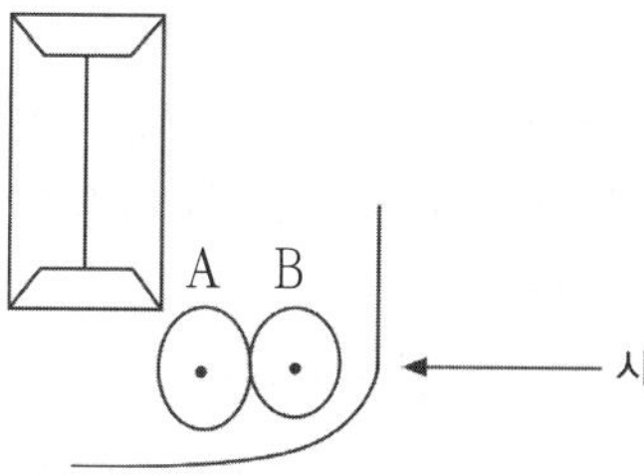

㉮ A : *Sambucus williamsii* var. *coreana* Nakai
B : *Paeonia suffruticosa* Andr.
㉯ A : *Prunus mume* Siebold & Zucc. for. mume
B : *Albizia julibrissin* Durazz.
㉰ A : *Viburnum opulus* for. *hydrangeoides* Hara
B : *Acer negundo* L.
㉱ A : *Chamaecyparis pisifera* var. *filifera*
B : *Juniperus chinensis* 'Kaizuka'

풀이
㉮ 딱총나무, 모란
㉯ 매실나무, 자귀나무
㉰ 불두화, 네군도단풍
㉱ 실편백, 가이즈까향나무

ANSWER 01 ㉯ 02 ㉰ 03 ㉱ 04 ㉮

05 식재의 미적원리를 그림과 같이 표현하였다면, 이 그림이 나타내고 있는 디자인 원리에 가장 적합한 것은? [기사 13.06.02]

㉮ 균형 ㉯ 대비
㉰ 조화 ㉱ 리듬

풀이 리듬이란 어떤 운율을 느낄 수 있는 변화를 말한다.

06 다음 중 배식설계 시 섬세한 질감 가운데에 잎의 크기를 활용한 아주 강한 질감의 수목을 위치시켜 시선을 자극시키려 할 때 가장 적당한 수목은? [기사 13.06.02]

㉮ *Buxus koreana* Nakai ex Chung & al.
㉯ *Juniperus chinensis* var. sargentii A.Henry
㉰ *Ulmus parvifolia* Jacq.
㉱ *Platanus orientalis* L.

풀이 ㉮ 회양목
㉯ 눈향나무
㉰ 참느릅나무
㉱ 플라타너스

07 수목배식 시 질감을 효과적으로 이용하여 실제 거리보다 멀리 느끼게 하기 위한 가장 적절한 배식 요령은? [기사 13.09.28]

㉮ 수목의 색깔이 밝은 것을 중앙에 배치하고, 어두운 것을 가장자리에 배식한다.
㉯ 관찰자의 전면에서부터 거친 질감, 중간, 고운 질감의 순으로 배식한다.
㉰ 화목류를 산발적으로 배식하면 분산효과가 있어 멀리 보인다.
㉱ 어떤 수목이든지 일단 심으면 모든 거리가 가깝게 느껴진다.

08 식재설계 시 고려해야 할 수목의 물리적 요소에 관계 없는 것은? [기사 14.09.20]

㉮ 형태 ㉯ 질감
㉰ 색채 ㉱ 균형

풀이 **식재설계 시 수목의 물리적 요소**
형태, 질감, 색채

09 다음 중 일정한 거리에서 볼 때 수관의 질감이 상대적으로 가장 거친 수종은? [기사 14.09.20]

㉮ *Sophora japonica* L.
㉯ *Robinia pseudoacacia* L.
㉰ *Quercus dentata* Thunb.
㉱ *Gleditsia japonica* Miq.

풀이 ㉮ 회화나무
㉯ 아까시나무
㉰ 떡갈나무
㉱ 주엽나무
• 식재에서 거친 질감 수목 : 큰잎, 줄기, 눈가진 식물, 듬성듬성한 잎을 가진 식물

ANSWER 05 ㉱ 06 ㉱ 07 ㉯ 08 ㉱ 09 ㉰

3 식생과 토양

1 토양의 물리, 화학적 성질

① 물리적 성질

㉠ 점토 함유량에 따라

사토	사양토	양토	식양토	식토
12.5%	12.5~25%	25~37.5%	37~50%	50% 이상

㉡ 입경구분

점토	실토	세사	조사	자갈
0.002mm	0.002~0.02mm	0.02~0.2mm	0.2~2mm	2mm 이상

㉢ 수목에는 양토, 사양토 같은 보수력과 통기력 좋은 토양이 바람직

㉣ 단립(團粒)구조 토양이 식물에 좋음 : 단립(團粒)이란 몇 개 토립이 모여 하나의 덩어리를 만드는 것으로 비가 빨리 하층으로 스며들며, 비가 그치면 곧 큰 틈에는 공기, 작은 틈에는 물이 가득해 식물생육에 좋은 상태가 됨.

㉤ 식물 생육에 알맞은 흙의 용적비율 : 광물질(45%)+유기질(5%)+공기(20%)+수분(30%)

㉥ 토양 이학성을 나타내는 용어

ⓐ 용적중 : 일정용적의 토양 속에 함유되어 있는 건조세토의 중량. 용적중이 클 때는 토양구조의 발달이 불량하고 견밀한 경우가 많다.

ⓑ 공극률 : 토양이 차지하는 용적에 대해 물 및 공기가 차지하는 체적의 백분율. 공극률이 클수록 식재상의 조건은 좋다.

ⓒ 최대 용적량 : 토양이 포화수분상태에 놓여 있을 때의 함수량. 수치가 클수록 식물의 생육에 좋다.

ⓓ 최대 용기량 : 토양이 포화수분상태에 있을 때 그 속에 남아있는 공기량의 백분율

② 화학적 성질

㉠ 표토층 A층이 부식이 가장 많이 되어 식물에게 바람직

㉡ 표토층은 단립구조이며, 부식이 양분 보유능력과 물 흡수능력을 높이며, 미생물 발생을 촉진시킴

㉢ 토양의 화학적 성질 판단기준

C/N율	토양비옥도 판단기준
pH	pH 7에 가까울수록 식물에 유용
치환산도	수치가 작을수록 식물에 유용

2 토양 수분

① 종류
㉠ 흡습수 : 흙 입자 표면에 분자 간 인력에 의해 흡착되는 수분
㉡ 모관수 : 흙 공극의 표면장력에 의해 유지되는 수분, 식물이 이용 가능한 수분
㉢ 중력수 : 중력에 의해 아래로 이동하는 수분

② **식물이 이용 가능한 수분** : 모관수(pF 2.7~4.5) 중 pF 2.7~4.2 범위의 유효수
㉠ 영구 위조점 : pF 4.2에 도달하여 식물이 고사하는 점
㉡ 초기 위조점 : pF 3.9에 도달할 때
㉢ 위조점 : 시들은 식물을 습기 포화된 상황에 24시간 노출시켜도 회생되지 못할 때의 토양수분량. 따라서 초기위조점이 되기 전에 관수해야 함

3 토양 양분

① **식물에 필요한 다량원소** : C, H, O, N, P, K, S, Ca, Mg
② **식물에 필요한 미량원소** : Fe, Hn, Cu, Zn, B, Mo, Cl
③ **비료목** : 지력이 낮은 척박지에 지력을 증진시키기 위한 수단으로 근류근을 가진 수종.
예 아까시나무, 자귀나무, 싸리, 족제비, 칡, 사방오리나무, 산오리나무, 오리나무, 보리수 등

4 토양 반응(산도)

① 보통 점토 pH 5.0~6.5, 산림토양 pH 7.0보다 낮게, 보통은 pH 4.5~6.5, 콩과식물 pH 6.0 이상
② **토양의 부식질 함량** : 5~20% 적당
③ Kenturky Blue grass 적합 토양산도 : pH 6.0~7.8

5 토심(표토층의 깊이)

분 류	잔디, 초본	소관목	대관목	천근성교목	심근성교목
생존최소심도(cm)	15	30	45	60	90
생육최소심도(cm)	30	45	60	90	150

① 조경설계기준 토심기준

㉠ 식물의 생육토심

식물의 종류	생존 최소 토심(cm)			생육 최소 토심(cm)		배수층의 두께
	인공토	자연토	혼합토 (인공토 50% 기준)	토양등급 중급이상	토양등급 상급이상	
잔디, 초화류	10	15	13	30	25	10
소관목	20	30	25	45	40	15
대관목	30	45	38	60	50	20
천근성 교목	40	50	50	90	70	30
심근성 교목	60	75	75	150	100	30

㉡ 인공지반에 식재된 식물과 생육에 필요한 식재토심

형태상 분류	자연토양 사용 시(cm 이상)	인공토양 사용 시(cm 이상)
잔디/초본류	15	10
소관목	30	20
대관목	45	30
교목	70	60

Tip

최소유효심도란?

생육에 필요한 수분과 양분 및 호흡작용에 필요한 공기를 확보할 수 있는 동시에 근계의 보존이 가능한 깊이

6 토성

① **수목의 생육에 알맞은 토양** : 사양토, 양토, 식양토

② **식토** : 점토 함유량이 많아 토양 입자의 응집력이 크고 점성과 가소성, 보수력이 큼. 통기성이 나쁘고 배수성이 불량하며 점기가 크다.

③ **사토** : 보수성이 낮고 양분 흡착력이 약하다.

7 토양 견밀도(토양 경도)

① 잔디 18~24mm, 수목 23~25mm 정도에서 성장 우수

② **견밀토양에서 잘 생육하는 수목** : 소나무, 참나무류, 서어나무, 리기다 소나무, 젓나무, 일본잎갈나무, 느티나무 등

③ 견밀도가 낮은 토양에서 잘 생육하는 수종 : 밤나무, 느릅나무, 아카시아, 버드나무, 오리나무, 삼나무, 편백, 화백 등

8 토양단면

① A_0층 : 부식질이 충분히 함유되어 있어 식물 생육에 가장 중요한 부분

② 토양단면도

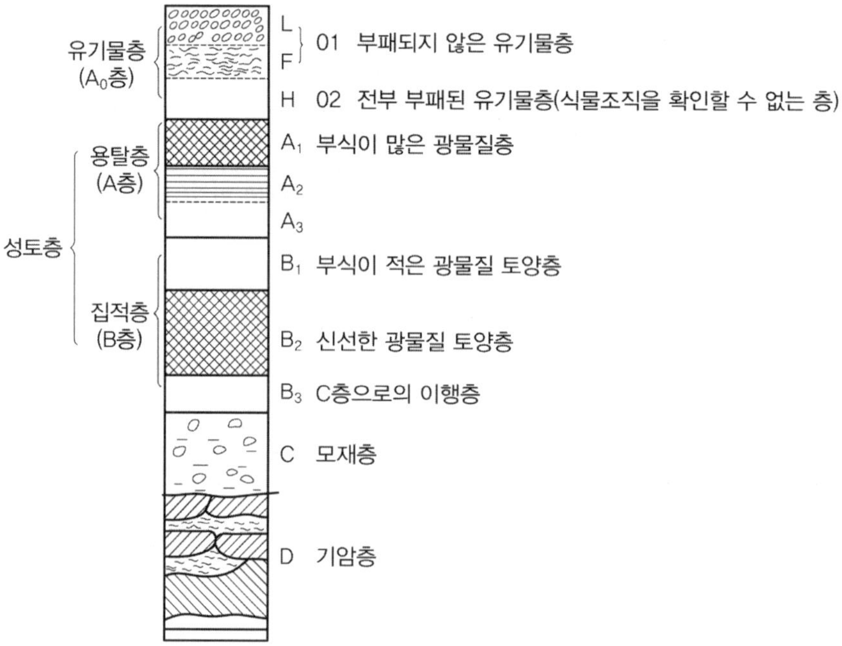

CHAPTER 01 식재일반

실전연습문제

01 다음 [보기]의 (　　) 안에 적합한 용어는? [기사 11.06.12]

보기
토양수분은 흙 입자 표면에 분자 간 응집력에 의해 흡착되는 수분인(①)와 흙 공극의 표면장력에 의해 유지되는 (②)로 구분된다.

㉮ ① 결합수 ② 모관수
㉯ ① 결합수 ② 중력수
㉰ ① 흡습수 ② 모관수
㉱ ① 흡착수 ② 결합수

02 식재지의 토질로서 가장 이상적인 것은? [기사 11.10.02]

㉮ 떼알구조로서 토양입자 70%, 수분 15%, 공기 15%
㉯ 떼알구조로서 토양입자 50%, 수분 25%, 공기 25%
㉰ 홑알구조로서 토양입자 70%, 수분 15%, 공기 15%
㉱ 홑알구조로서 토양입자 50%, 수분 25%, 공기 25%

03 토양에 단립(團粒)구조를 갖게 하기 위한 것으로 맞지 않는 것은? [기사 12.03.04]

㉮ 배수를 좋게 한다.
㉯ 유기질 비료를 많이 준다.
㉰ 식질 토양에는 점토로 객토하는 것이 중요하다.
㉱ 사질 토양은 식토로 객토하는 것이 중요하다.

풀이 점토는 식물에게 좋은 단립구조를 가지고 있지 않다.

04 토탄(土炭)이라고도 불리며, 한랭한 곳의 습지에 생육하는 갈대나 이끼가 흙 속에 묻혀 저온으로 인해 썩지 않고 반 가량 탄소화된 것을 캐올려 말린 경량토는? [기사 12.09.15]

㉮ 피트(peat)
㉯ 클링커(clinker)
㉰ 펄라이트(pearlite)
㉱ 버미큘라이트(vermiculite)

05 불두화, 박태기나무, 병꽃나무 등 대관목의 생육에 필요한 최소토심(cm, 토양등급 중급 이상)은 얼마인가? (단, 조경설계기준을 따른다.) [기사 14.03.02]

㉮ 60　　㉯ 90
㉰ 120　　㉱ 150

풀이

식물의 종류	생존 최소 토심 (cm)	생육 최소 토심 (cm)
잔디, 초화류	15	30
소관목	30	45
대관목	45	60
천근성 교목	60	90
심근성 교목	90	150

ANSWER 01 ㉰ 02 ㉯ 03 ㉰ 04 ㉮ 05 ㉮

Part 4 조경식재

CHAPTER 2 식재계획 및 설계

1 식재계획

1 식재설계순서

부지분석 → 식재기능 선정 → 식물 선정 → 설계

2 녹지수립 과정

① **단일형** : 지방공공단체가 계획의 책임자로 모든 여건을 고려해 계획 결정하는 방식
② **선택형** : 전문가가 여러 안을 내놓으면 일반주민들의 의견으로 좋은 것을 결정하는 방법
③ **연환형** : 목표에 따라 계획안의 만족도를 점검할 수 있도록 짝지어 놓은 양식

★★★ 2 식재환경

1 온도

① **수목생육에 관한 온도** : 최적온도 : 24~34℃, 최고온도 36~46℃, 최저온도 : 0~16℃
② **유효온도** : 15℃ 이상이면 생장 등 생리활동 시작
③ **일반적 수목생장 최적온도** : 20℃ 내외
④ **적산온도** : 일정한 기간 내의 온도를 합산한 것
㉠ 일적산온도 : 일 평균기온으로부터 그 식물의 생육에 관여되지 않는 저온을 매일 가산해간 수치로 빚나무 개화나 단풍예측에 적용
㉡ 월적산온도 : 일적산온도와 같이 월평균기온을 매월 가산한 수치로 온량지수와 함께 식재수종 선정의 기준에 적용

㉢ 온량지수 : 식물의 생육 가능한 온도를 일 평균기온 5℃로 보고, 월평균기온이 5℃이상 되는 달의 평균기온으로부터 5℃를 제한수치를 1년간 합계한 수치. 식물의 종이나 삼림대의 분포한계와 밀접

㉣ 한량지수 : 각 월평균온도에서 5℃ 이하 되는 것을 골라 -5℃를 한 온도를 1년간 합계 한 수치

Tip

식물의 생육, 생장에 밀접한 관계가 있는 온도

유효온도, 적산온도, 연평균기온, 월평균기온, 최저기온

2 광선

① **식물의 생육에 필요한 광요인** : 빛의 강도, 빛의 성질, 빛의 계속시간

② **광파장** : 녹적색광이 식물생육에 필요

③ **광량**

㉠ 식물이 생장할 수 있는 광량 : 전수광량의 50%(음수), 전수광량의 70%(양수)

㉡ 잎 한 장에 대한 전수투광량 : 10~30%

㉢ 고사한계의 최소수광량 : 5%(음수), 6.5%(양수)

④ **광포화점** : 광도가 낮은 경우에 광합성을 위한 CO_2의 흡수와 호흡작용에 의한 CO_2의 방출이 같은 양을 이룰 때의 점, 즉 광포화점이 낮은 식물-음지식물, 광포화점이 높은식물-양지식물

3 공해

① 공해에 대한 내구성

㉠ 상록활엽수가 낙엽활엽수에 비해 강하다.

㉡ 상록수는 강해 보이지만 대체로 약하다.

㉢ 가장자리에 있는 나무가 피해를 입기 쉽다.

㉣ 봄에서 여름까지 생장최성기에 피해를 입기 쉽다.

㉤ 지표식물 : 인체보다 오염에 대한 감수성을 이용하여 오염에 가장 예민한 서양나팔꽃, 스카알렛, 오하라 등을 이용해 공해를 파악함

② SO_2(아황산가스)

㉠ 급성장해서 엽맥 사이에 괴저현상 일어남

㉡ 잎의 기공으로 침입하며 잎 가장자리에 둥근 표백현상이 생긴다.

㉢ 기온이 높고 일사가 강할수록, 공중습도가 높을수록, 토양수분이 윤택할수록 피해가 크다.

㉣ 강도순서 : 소나무(약) - 삼나무 - 편백

③ 배기가스

㉠ 잎의 끝부분, 가장자리, 엽맥 사이에 흰백색, 갈색을 띈 반점이 생기고 황화현상

㉡ 낙엽수 - 낙엽기가 빨라지는 피해, 상록수 - 잎의 수가 적어지고 말라죽는 가지 늘어남

④ 분진과 매연

㉠ 가장 피해가 심한 수종 : 소나무, 가로수로 가장 피해가 적은 수종 - 은행나무

㉡ 대체로 침엽수가 활엽수보다 피해가 많다.

⑤ O_3

㉠ 엽록소 파괴로 인해 동화작용이 억제되어 효소작용을 저해

⑥ 옥시탄트(광화학 스모그)

㉠ 자동차 배기가스에서 기인한 것

㉡ O_3, PAN, 이산화질소의 혼합물로서, 주성분은 90% O_3

㉢ 녹색의 백화현상, 잎의 적색화, 잎 표면의 백색화, 백색 소반점 출현, 불규칙한 대형 제크로시스 발현 등의 피해

⑦ 수목의 가스흡착능력과 매진 부착력

㉠ 상록활엽수가 낙엽활엽수보다 높다.

㉡ 강우로 인한 흡착물 용탈량 : 보통 90%, 오염이 심한 지구는 80% 이하

㉢ 수림의 내부에서 엽면에 부착되는 매진량 : 외주부에 비해 약 40% 감소

⑧ 도시림의 효과

㉠ SO_2 가스에 대한 효과

ⓐ 수림 속 SO_2 농도는 주변 시가지에 비해 1/5 ~ 1/17로 감소

ⓑ 도시림의 외주부에 있어 SO_2 농도변화는 낮에 높고 심야에 낮다.

ⓒ 수림 내 SO_2 농도는 여름보다 겨울에 높다. (낙엽수가 잎이 떨어지기 때문)

㉡ 매연과 같은 입상오염물질에 대한 효과

ⓐ 도시림속의 부유매진량은 시가지의 1/2정도

ⓑ 수림내부에서 엽면에 부착되는 매진량은 외주부에 비해 약 40% 감소

ⓒ 수림의 두께가 증가할수록 매진량이 둔감하다.

ⓓ 수림의 매진 정화기능은 수엽에 의한 여과작용과 수림이 바람의 흐름을 변경시키는 간접작용에 의한 것

4 염분

① 해안지대의 염분 분포

㉠ 사토 : 염분이 빗물에 녹아 속히 용탈한다.

㉡ 점질토 : 투수성이 작기 때문에 거의 영구적으로 염분이 잔유한다.

② 염분에 의한 식물 장애

㉠ 염분의 결정이 기공을 막아 호흡작용을 저해하거나 엽면에 부착해 탈수현상을 일으키거나, 엽육 속으로 침투해 화학적 피해를 준다.

③ 내조 내염성

㉠ 식물이 피해를 입었을 때는 10시간 내에 맑은 물을 살포하여 세정하면 막을 수 있다.

㉡ 침엽수, 상록활엽수는 낙엽활엽수보다 내조성이 약하다.

㉢ 염분의 피해 한계농도 : 잔디 - 0.1%, 수목 - 0.05%

CHAPTER 09 식재계획 및 설계

실전연습문제

01 페퍼(Pfeffer)에 의하면 수목 생육에 대한 최적온도는 어느 정도가 적합한가? [기사 11.03.20]

㉮ 10~17℃ ㉯ 18~20℃
㉰ 24~34℃ ㉱ 35~46℃

02 식재계획 시 향토자생 수종을 이용하는 데 있어서 장점이 될 수 없는 것은? [기사 11.06.12]

㉮ 주변지형 및 식생경관과 잘 조화된다.
㉯ 대량구입이 용이하다.
㉰ 지역 환경에 적응이 잘 된다.
㉱ 유지관리에 비용이 적게 든다.

풀이 자생 수종을 대량 구입하기는 어렵다.

03 다음 중 온도와 식물과의 관계 설명으로 틀린 것은? [기사 11.10.02]

㉮ 온도는 식물의 개화와 결실에 매우 중요한 역할을 한다.
㉯ 식물은 일반적으로 5℃ 이상이 되면 정상적인 생리활동을 시작하는데 이보다 높은 온도를 일적산온도라 한다.
㉰ 식물은 낮은 온도에 어느 정도 노출되어 있느냐에 따라 생존이 결정된다.
㉱ 연평균온도는 식재수종 선정 시 참고가 되며 월평균온도는 식물의 생리적 현상과 밀접한 관계가 있다.

풀이 일적산온도
일 평균기온으로부터 그 식물의 생육에 관여되지 않는 저온을 매일 가산해 간 수치로 벚나무 개화나 단풍예측에 사용함

04 다음 중 연간 총 강우량과 극상생물군집의 분류가 옳지 않은 것은? [기사 11.10.02]

㉮ 0 ~ 25mm : 사막
㉯ 250 ~ 760mm : 초원, 사바나
㉰ 760 ~ 1,000mm : 건조림
㉱ 1,000mm 이상 : 온대림

05 수목의 아황산가스 피해에 대한 설명 중 잘못된 것은? [기사 11.10.02]

㉮ 기온이 낮은 봄철보다 여름에 더욱 큰 피해를 입는다.
㉯ 아황산가스는 석탄이나 중유 또는 광석 속의 유황이 연소하는 과정에서 발생한다.
㉰ 공중습도가 높고 토양수분이 많은 때에 피해가 줄어든다.
㉱ 토양 속으로도 흡수되어 토양의 산성을 높임으로써 뿌리에 피해를 주고 지력은 감퇴시키기도 한다.

풀이 습도가 높을 때는 피해가 적다. 오염을 줄이기 위해 증산억제제를 투여하기도 한다.

ANSWER 01 ㉰ 02 ㉯ 03 ㉯ 04 ㉱ 05 ㉰

06 다음에 제시된 월별평균기온자료에 의한 온량지수는 얼마인가? [기사 12.03.04]

월	1	2	3	4	5	6
평균 온도 (℃)	-3.4	-1.1	-4.5	11.8	17.4	21.5
	7	8	9	10	11	12
	24.6	25.4	20.6	14.3	6.6	-0.4

㉮ 81.8℃ ㉯ 102.2℃
㉰ 182.2℃ ㉱ 200.2℃

풀이 **온량지수**
월평균기온이 5℃ 이상 되는 달의 평균기온으로부터 5℃를 제한 수치를 1년간 합계한 수치
즉, 4월에서 11월까지의 온도를 각 5도씩 빼서 더함
(11.8−5)+(17.4−5)+(21.5−5)+(24.6−5)
+(25.4−5)+(20.6−5)+(14.3−5)+(6.6−5)
= 102.2℃

07 다음 수목의 광합성 작용과 관련된 설명 중 옳은 것은? [기사 12.05.20]

㉮ 수목의 생존가능조도는 광보상점과 광포화점 사이에 있다.
㉯ 수목의 생존가능조도는 광보상점 이하이다.
㉰ 수목의 생존가능조도는 광포화점 이상이다.
㉱ 수목의 생존가능조도는 특정한 기준 없이 지속적으로 상승한다.

풀이 ① 광보상점 : 식물에 의한 이산화탄소의 흡수량과 방출량이 같아져서 식물체가 외부 공기 중에서 실질적으로 흡수하는 이산화탄소의 양이 0이 되는 광의 강도
② 광포화점 : 식물의 광합성 속도가 더 이상 증가하지 않을 때의 빛의 세기

08 다음 중 생존최소조도가 500Lux 정도로 가장 낮은 실내 식물은? [기사 12.09.15]

㉮ 아스파라거스 ㉯ 맥문동
㉰ 벤자민고무나무 ㉱ 테이블야자

09 산림 수종의 내음성 분류기준으로 옳은 것은? [기사 13.06.02]

㉮ 극음수 : 전광의 10% 이하에서 생존가능
㉯ 음수 : 전광의 20 ~ 40% 이하에서 생존가능
㉰ 양수 : 전광의 30 ~ 60% 이하에서 생존가능
㉱ 극양수 : 전광의 70% 이하에서 생존가능

풀이 ① 극음수 : 전광의 1 ~ 3%
② 음수 : 전광의 3 ~ 10%
③ 중성수 : 전광의 10 ~ 30%
④ 양수 : 전광의 30 ~ 60%
⑤ 극양수 : 전광의 60% 이상

Part 4 조경식재

ANSWER 06 ㉯ 07 ㉮ 08 ㉱ 09 ㉰

10 식물생육에 필요한 환경요소 중 하나인 온도에 관한 설명으로 옳지 않은 것은? [기사 13.09.28]

㉮ 식물의 개화와 결실에 매우 중요한 역할을 한다.
㉯ 월적산온도는 월평균온도를 매월 합산한 값이다.
㉰ 식물은 낮은 온도에 어느 정도 노출되어 있느냐에 따라 생존이 결정된다.
㉱ 식물은 일반적으로 5℃ 이상이 되면 정상적인 생리활동을 시작되는데 이보다 높은 온도를 적산온도라 한다.

풀이 **적산온도**
일정한 기간 내의 온도를 합산한 것 즉, 식물의 생육 가능한 온도를 일 평균기온 5℃로 보고, 월평균기온이 5℃ 이상 되는 달의 평균기온으로부터 5℃를 제한수치를 1년간 합계한 수치는 온량지수라고 한다.

11 환경영향평가 항목 중 식생 조사를 할 때 위성 데이터를 활용하면 얻을 수 있는 유리한 점이 아닌 것은? [기사 14.05.25]

㉮ 사실성 ㉯ 광역성
㉰ 동시성 ㉱ 주기성

풀이 위성데이터는 현장실사조사가 아니기 때문에 사실성을 얻기 어렵다.

ANSWER 10 ㉱ 11 ㉮

3 기능식재

1 차폐식재

① 차폐란 : 외관상 보기 흉한 곳이나 구조물 등을 외부로부터 보이지 않게 시선이나 시계를 차단하는 것

② 차폐식재의 위치와 크기

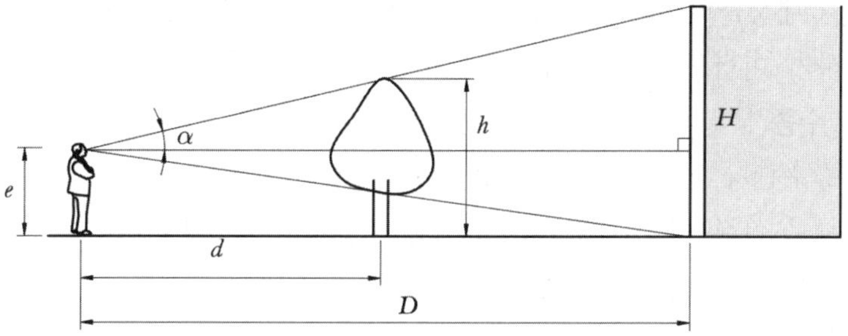

$\tan\theta = (h-e)/d = (H-e)/D$

즉, $h = \tan\theta \cdot d + e = d/D(H-e)+e$

즉, 시점에서 멀어질수록 큰 나무를 심어야 한다는 결론

③ 주행시 측방차폐

㉠ 사람이 차에 앉아 진행하면서 측방에 있는 건물 등이 보이지 않게 하는 것

㉡ $S = 2r/\sin\theta = d/\sin\theta$ (θ는 통상 30도) 적용하며 $S = 2d$

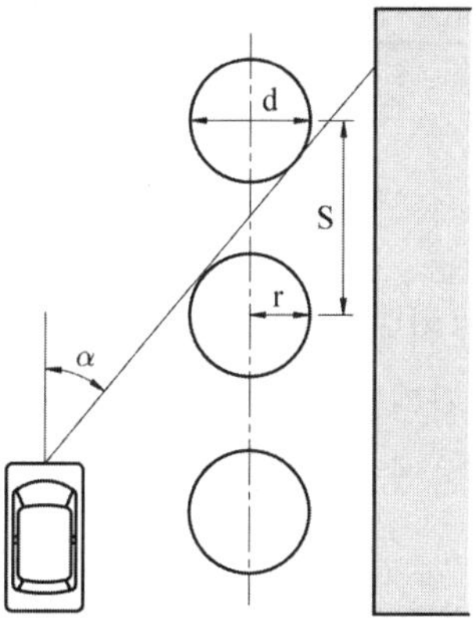

㉢ 즉, 열식수의 간격을 수관직경의 2배 이하로 잡는다면 전방을 주시하는 운전자에게 주변 차폐대상물은 차폐된다.

④ 주행 시 수목 사이로 풍경을 인지시키는 수법

㉠ 경관의 노출시간이 경관을 인지하는 시간보다 길어야 한다.

㉡ $w = vt$

(w : 나무사이간격, t : 경관인지시간(반응 시간+노출시간), v : 나무의 상대적속도)

⑤ 산울타리 차폐효과

㉠ 지엽이 밀생하여야 하며, 시점에 가까우면 나무의 간격이 좁아야 함

⑥ 카무플라즈(Camouflage)

㉠ 대상물을 눈에 띄지 않도록 하는 수법

㉡ 동질화수법 : 주위 사물의 형태와 색채, 질감이 같도록 하여 일체화 시키는 방법

예 군인들이 군복이나 얼굴 변장을 주변과 비슷하도록 하는 것

㉢ 분산수법 : 대상물의 일부를 가려 외관상 작고 분할되게 하여 하나의 종합된 형태로 인지하기 어렵도록 하는 수법

⑦ 차폐식재용 수종

㉠ 상록수로 수관이 크고 지엽이 밀생한 것

㉡ 적은 재료로 가장 큰 차폐효과는 교목을 두 줄로 교호식재하고 그 앞에 관목을 한 줄로 열식하는 방법이 바람직

㉢ 적합 수종

침엽수	가이즈까 향나무, 노간주나무, 미국측백, 연필향나무, 전나무, 주목, 측백나무, 편백, 향나무, 화백 등
상록활엽교목	가시나무, 감탕나무, 광나무, 구실잣밤나무, 금목서, 녹나무, 메밀잣밤나무, 아왜나무, 은목서, 제주광나무, 홍가시나무, 후피향나무 등
상록활엽관목	돈나무, 동백나무, 사철나무, 식나무, 유엽도, 팔손이나무 등
낙엽활엽교목	느티나무, 단풍나무, 미릅나무, 비슬나무, 산딸나무, 서어나무, 양버들, 은행나무, 참느릅나무, 홍단풍 등
만경류	남오미자(상록), 담쟁이덩굴, 덩굴(상록), 미국담쟁이, 인동덩굴, 칡 등

2 가로막기 식재

① 기능과 효과 : 부지주위나 부지내의 국부적 가로막기를 위해 조성되는 식재로 산울타리 화단이나 잔디밭의 가장자리 조성, 경계부에 대한 식재로 경계표시, 눈가림, 진입방지, 통풍조절, 일사량 조절 등의 기능

② 산울타리 조성방법

㉠ 수고 90cm 정도의 어린나무를 30cm 간격으로 일렬 내지 2열교호로 식재

㉡ 산울타리 표준높이 : 120cm, 150cm, 180cm, 210cm로 두께는 30~60cm 정도

㉢ 산울타리 경재식재 높이 : 30cm~1m

㉣ 방풍용 산울타리 : 3~5m

③ 산울타리용 수종
㉠ 맹아력이 강하고 전정에 강한 것
㉡ 지엽이 밀생하고 상록수가 바람직
㉢ 아랫가지가 오랫동안 말라죽지 않고 성질이 강한 것
㉣ 아름다운 것

④ **산울타리 전정** : 꽃나무일 경우는 개화 후에 실시. 나머지는 대체로 6월과 10월 두 번 전정

⑤ 가장자리 긋기용 수종(경계식재)
㉠ 원로나 화단, 잔디밭 가장자리에 높이 30~90cm, 너비 30~60cm 정도의 나무 심어 사람들의 침입에 의한 손상을 방지하기 위한 식재
㉡ 원로 폭이 좁을수록 낮게 하는 것이 바람직

⑥ 산울타리용 수종

양지 바른 곳에 적합한 수종	향나무, 가이즈까향나무, 가시나무류, 탱자나무, 화백, 편백, 삼나무, 측백나무, 꽝꽝나무, 덩굴장미, 명자나무, 무궁화, 개나리, 피라칸사, 회양목, 보리수나무, 사철나무, 아왜나무 등
일조 부족한 곳에 적합한 수종	주목, 눈주목, 식나무, 붉가시나무, 비자나무, 동백나무, 솔송나무, 광나무, 감탕나무, 회양목 등

3 녹음수

① 효과
㉠ 잎에 의해 햇빛이 차단되는 것으로 한 장의 잎을 투과하는 햇빛량은 전광선량의 10~30% 정도
㉡ 임외의 나지를 100으로 했을 때 임내의 상대적 일사량은 구성밀도에 따라 다르긴 하나 일반적으로 나지의 5~10% 정도

② 녹음수의 구조
㉠ 한 여름에 원로나 휴식 장소에 그늘이 생겨나도록 고려하면서 위치를 선정해야 함
㉡ 주택지에 대해서는 원칙적으로 동지에 하루 4시간 이상, 가능하면 6시간 정도의 일조를 받을 수 있게 고려.
㉢ 퍼골라나 등나무 아래 공간의 높이는 210cm 정도 되게

③ 녹음 식재용 수종 조건
㉠ 수관이 커야 함
㉡ 머리가 닿지 않을 지하고 유지(1.6~2.0m)
㉢ 낙엽교목
㉣ 잎이 넓고 악취나 가시, 병충해가 없는 수종
㉤ 근원부의 다짐에 별 지장을 받지 않는 수종

④ 수목의 그림자 길이 구하기

그림자 길이 = $H \times \cot\alpha$	H : 수목의 수고, α : 태양과 지면과의 각도

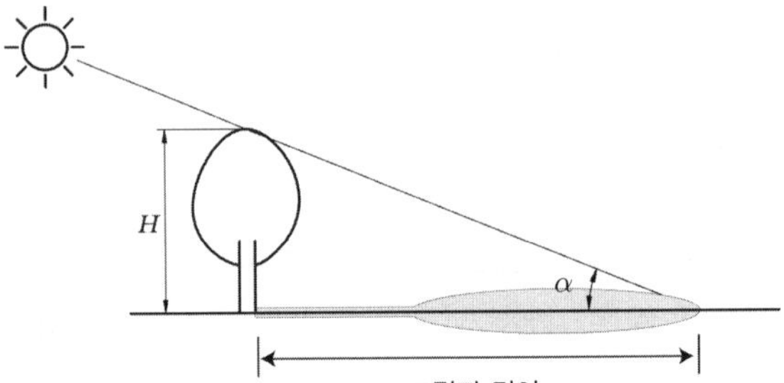

⑤ 녹음수용 수종

낙엽활엽대교목 (20m 내외)	가중나무, 고로쇠나무, 느티나무, 동백나무, 멀구슬나무, 은행나무, 일본목련, 칠엽수, 플라타너스, 회화나무, 백합나무, 팽나무, 목련 등
낙엽활엽소교목 (10m 내외)	단풍나무, 머귀나무, 염주나무, 예덕나무, 은백양, 회나무, 층층나무 등

4 방음식재

① 소음의 표시단위 : dB(데시벨)

② 방음대책

㉠ 충분한 거리를 둘 것

㉡ 담과 같은 차음효과를 갖는 구조물을 중간에 설치하는 방법

㉢ 노면을 부지보다 낮추어 도랑과 같은 생김새로 하거나, 노전에 둑을 쌓아올리는 방법

㉣ 길가에 식수대를 조성

㉤ 노면의 요철을 없애는 방법

㉥ 노면구배를 완만하게 하는 방법

③ 거리에 의한 소음의 감쇠현상

㉠ 점음원인 경우(소음의 원인이 되는 것이 정지해 있는 경우)

ⓐ 점음원의 감쇠량 : 거리가 2배 멀어질 때마다 6dB 감소한다.

ⓑ 소음원과 보호대상지간에 거리가 23m 이상 시 식재 방음효과가 유효함

ⓒ 고속도로 소음시 가장 효과적인 차폐율 : 식재폭 7.5~10.5m

㉡ 선음원인 경우(소음의 원인이 되는 것이 움직이는 경우) : 거리가 2배로 늘 때마다 3dB 감소

④ 차음구조물에 의한 감쇠현상

㉠ 차음체(담장)의 높이가 높을수록 차음효과가 크고, 파장이 짧은 음 즉, 주파수가 높은 음일수록 잘 감쇠한다.

㉡ 차음체의 위치는 음원에 가까울수록 차음효과가 크고 양자의 중간지점에 설치될 때 가장 효과가 떨어진다.

㉢ 수음점이 높은 경우 차음체를 음원에 접근해 설치하는 것이 효과적

⑤ **둑이나 절토, 성토에 의한 감쇠효과** : 차도와 병행해 노면보다 높은 둑은 차음담의 효과를 가짐

⑥ 식수에 의한 감쇠현상

㉠ 단위면적당 밀도, 배열방법, 수종, 수고, 지하고, 지엽밀도 등에 따라 감소효과 다름

㉡ 구조물보다는 감소효과가 적으나, 심리적 효과는 큼

㉢ 식수대를 수음점(소음방지 대상지 즉 주택지) 가까이 구성하는 것보다 가급적 소음원인 도로 가까이 위치하는 것이 좋다.

㉣ 도로의 중심선에서 15~24m 떨어진 곳에 식수대 가장자리 위치, 식수대 넓이 20~30m, 수고는 중앙부분이 13.5m 이상 되게 함

㉤ 시가지의 경우

ⓐ 도로 중심선에서 3~15m에 위치, 식수대 너비 3~15m

ⓑ 식수대와 가옥과의 거리 : 적어도 30m

ⓒ 도로에 따라 설치되는 식수대의 길이는 음원과 수음점의 거리와 거의 비슷한 거리

⑦ 완충지대에 관한 법규

㉠ 1종, 2종 주거전용지역 또는 양호한 주거환경을 보전할 필요가 있는 지역을 통과하는 간선도로는 차도 끝으로부터 너비 10m의 토지를 도로용지로 매수해야 함

㉡ 자동차 전용도로에서 야간의 시간당 최고 교통량이 3,000대를 넘는 지구는 너비 20m의 완충지대를 설치한다. 단 부근의 건물이 철근이나 블록 등 내구성이 높은 것이 많은 경우에는 10m로 한다.

⑧ 방음 식재용 수종의 조건

㉠ 지하고가 낮고 잎이 수직방향으로 치밀하게 부착하는 상록교목

㉡ 지하고가 높을 때는 교목과 관목을 짝짓는 수법 사용

㉢ 추위가 심한 곳에서는 상록수의 사용이 어려우므로, 낙엽수와 추위에 강한 상록수 혼용

㉣ 차량 소음인 경우는 배기가스에 강한 수종 선정

⑨ 방음용 수종

상록교목	구실잣밤나무, 녹나무, 모밀잣밤나무, 태산목, 감탕나무, 동강나무, 죽가시나무 등
상록관목	잣나무, 명자나무, 돈나무, 동백나무, 호랑가시나무, 다정큼나무, 식나무, 차나무, 팔손이나무, 회양목 등
낙엽교목	가죽나무, 벽오동, 왕버들, 참느릅나무, 피나무, 회화나무, 뽕나무, 층층나무 등
낙엽관목	산사나무, 쥐똥나무, 개막살나무, 매자나무 등
침엽수	가이즈까향나무, 둥근향나무, 비자나무, 편백 등

5 방풍식재

① 식재에 의한 방풍

㉠ 방풍이 미치는 범위

ⓐ 바람 위쪽에 대해 수고의 6~10배 거리

ⓑ 바람 아래쪽에 대해 25~30배의 거리

ⓒ 가장 효과가 큰 것은 바람 아래쪽의 수고 3~5배에 해당하는 지점으로 풍속의 65%가 감소함

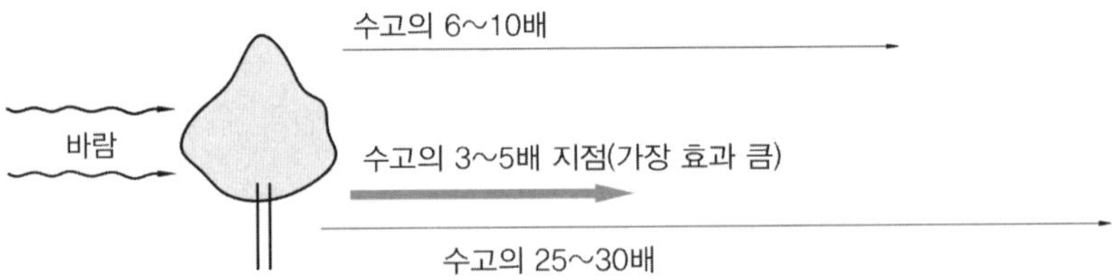

㉡ 수림의 밀폐도 : 수림 50~70%, 산울타리 45~55%

② 방풍림의 구조

㉠ 1.5~2m의 간격을 가진 정삼각형 식재가 가장 바람직

㉡ 5~7열의 수열로 10~20m 너비

㉢ 수림대의 길이 : 적어도 수고의 12배 이상 필요

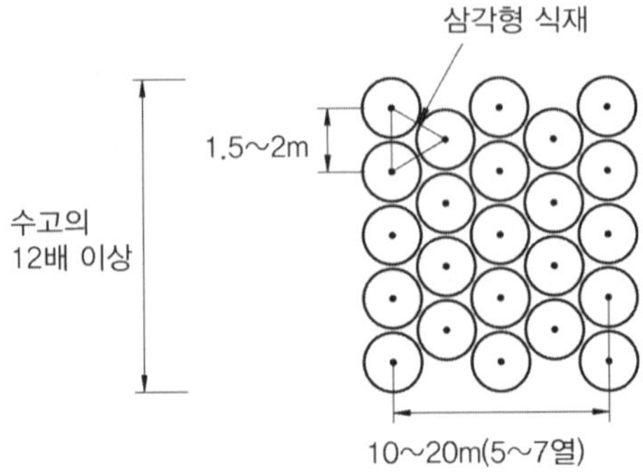

③ 방풍용 식재의 조건

㉠ 심근성이고 줄기나 가지가 바람에 꺾어지지 않는 수종

㉡ 지엽이 치밀한 상록수

㉢ 활엽수는 침엽수보다 줄기가 꺾어지기 어렵다.

④ 방풍용 수종

방풍용	소나무, 곰솔, 가시나무류, 향나무, 팽나무, 삼나무, 후박나무, 동백나무, 솔송나무, 녹나무, 대나무, 참나무, 편백, 화백, 감탕나무, 사철나무 등

6 방화식재

① 수목의 방화기능

㉠ 복사열 차단

㉡ 화염이 흐르는 것을 방지하고, 불꽃을 막아준다.

② 방화식재의 구조

㉠ 식수대가 두 줄인 경우

ⓐ 공지는 너비가 6m 이상

ⓑ 지표는 포장하거나 수면으로 조성

ⓒ 식수대는 수고 10m 이상 되는 교목을 서로 어긋나게 $4m^2$당 한 그루 밀도로 식재

ⓓ 식수대 너비는 6~10m 단위가 되게

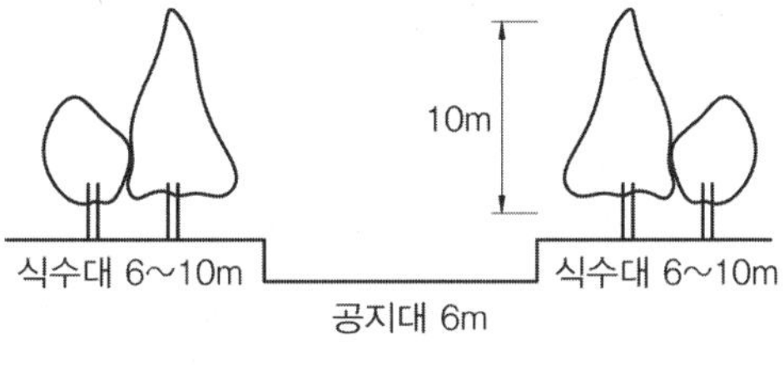

㉡ 건물과 옆 건물 간의 간격

ⓐ 3m 이하일 때 : 식재로만 방화효과 어려움. 블록담을 세워 가리도록 차폐식재

ⓑ 5m 정도일 때 : 추녀 밑과 창문을 중점으로 보호할 수 있게 높은 산울타리 조성하고 그 앞에 산울타리 배치

ⓒ 7m 정도일 때 : 교목을 2열 배치하되 각 식재열의 가지 끝을 2m 정도 떨어지게 해 연소속도를 낮춘다.

③ 방화 식재용 수종조건

㉠ 잎이 두텁고 함수량이 많은 것

㉡ 잎이 넓으며 밀생한 것

㉢ 상록수일 것 - 말라 죽은 잎이 오래 가지에 매달려 있지 않는 나무
㉣ 수관의 중심이 추녀보다 낮은 위치에 있을 것
㉤ 유지를 함유하고 연소성 높은 나무는 삼가할 것

방화용으로 부적합 수종	녹나무, 삼나무, 소나무, 구실잣밤나무, 모밀잣밤나무, 목서류, 비자나무, 태산목

㉥ 지엽, 줄기가 타도 다시 맹아하여 수세가 회복되는 나무
㉦ 침엽수는 활엽수보다 내화성이 약하다. (은행나무는 내화성이 강함)

④ 방화용 수종

방화용	가시나무류, 동백나무, 아왜나무, 후박나무, 식나무, 사철나무, 사스레피나무, 굴거리나무, 후피향나무, 광나무, 금송

7 방설식재

① 수림의 눈보라 방지기능
㉠ 풍속이 4~5m/sec에 달하면 눈보라가 일기 시작하며, 눈보라 이동량은 풍속의 3제곱과 비례한다.
㉡ 식재 밀도가 높을수록 방지기능이 높다.
㉢ 식재 너비가 넓을수록 방지기능이 높다.
㉣ 식재밀도, 너비가 같은 경우 수고가 높을수록 방지기능이 높다.
㉤ 다른 조건은 같을 때, 지하고가 낮을수록 방지기능이 높다.
㉥ 대체로 10열 정도의 수목이 방설기능이 크며, 너비 20~30m 정도이다.

② 눈보라 방지림의 구조
㉠ 최소 수림너비 30m 정도
㉡ 눈보라가 심하지 않은 곳은 20m 안팎
㉢ 용지 확보가 어려운 경우 두 줄로 임대설치하고 수림의 가장자리를 도로에서 15~20m 떨어지게 할 것
㉣ 인접지로부터 화재를 막기 위해 임연부 및 임단부에 최소 4m 너비의 방화선을 설치하고 지피물을 완전 제거하고 표토를 노출시켜야 함
㉤ 2개의 임대로 하나의 방설림 조성 시 간격이 6m 정도
㉥ 유목으로 조성 시 수목의 거리 간격은 1.4m 또는 2.0m씩 떼어 놓은 삼각배치함
ⓐ 1.4m인 경우 : ha당 약 5,100그루의 유목 필요
ⓑ 2.0m인 경우 : ha당 약 2,500그루의 유목 필요
㉦ 두 개의 수열로 조성 시 거리 간격을 1.2m씩 떼어 놓은 교호식재로 가급적 큰 유목 설치

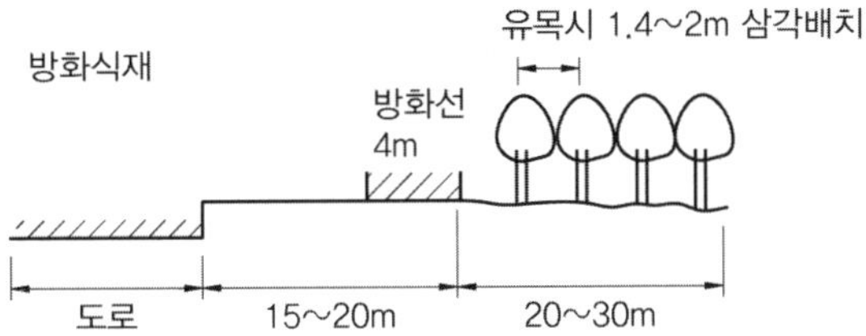

③ 방설식재용 수종의 조건

㉠ 지엽이 밀생하는 직간성 나무

㉡ 심근성이고 생장이 왕성하여 바람에 강할 것

㉢ 조림이 쉬울 것

㉣ 눈에 의해 가지꺾임이 없을 것(가지가 튼튼할 것)

㉤ 아랫가지가 잘 마르지 않을 것

㉥ 척박지에도 잘 견딜 것

④ 방설용 수종

방설용	소나무, 스트로브 잣나무, 곰솔, 잣나무, 주목, 화백, 편백, 일본잎갈나무, 삼나무, 독일가문비, 떡갈나무, 갈참나무, 졸참나무, 상수리나무, 물푸레나무, 히말라야시더

⑤ 방설책

㉠ 높이 4m 정도로 말뚝을 쳐서 net를 세우거나 판책을 세운다.

㉡ 판책의 판자는 평탄지일 때는 가로로 붙이고, 경사지일 때는 세로로 붙인다.

㉢ 판책 너비 : 15~25cm, 두께 : 18~24mm, 판자사이 10cm씩 떼어 고착

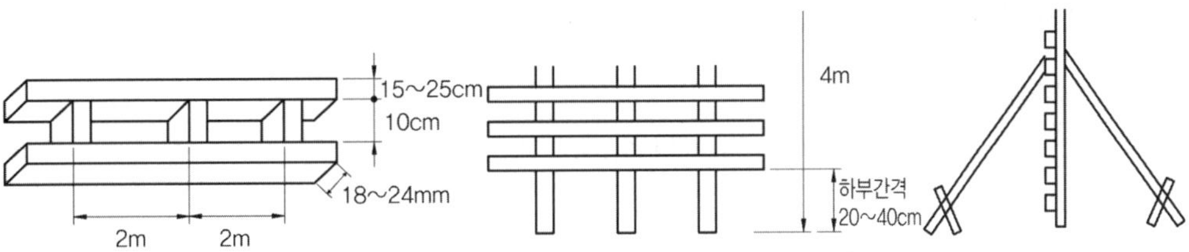

8 지피식재

① **지피식재** : 지피식물을 써서 지표를 평면적으로 낮게 덮어주는 식재수법

② **지피식재의 기능과 효과**

㉠ 바람에 흙이 날리는 것 방지 : 1/3 ~ 1/6 줄일 수 있음

㉡ 강우로 인한 진땅방지 : 럭비장, 야구장, 골프장 같이 우천에도 사용하는 곳에 유용

㉢ 침식 방지 : 경사면, 성토 절토의 침식 방지

㉣ 동상방지 : 겨울 기온저하로 인한 토양 동상방지

㉤ 미기후 완화 : 여름철에 잔디밭이 나지보다 온도가 낮고, 겨울에는 높다.

㉥ 운동, 휴식효과 : 넘어져도 덜 다침

㉦ 미적효과 : 푸르름의 효과, 색채효과, 눈이 부시지 않다.

③ 지피식재용 수종조건

㉠ 식물체의 키가 낮은 것(30cm 이하)

㉡ 다년생 식물로서 가급적 상록일 것

㉢ 비교적 속성이며, 번식력이 왕성한 것

㉣ 지표를 치밀하게 피복하여 나지를 남기지 않을 것

㉤ 깎기작업이나 잡초 뽑기, 병충해 방지 등 관리에 되도록 손이 덜 들것

㉥ 답압에 잘 견딜 것

㉦ 잎과 꽃이 아름답고 악취나 가시가 없고 즙이 적은 것

④ 지피용 식물

지피식물	잔디, 클로버, 맥문동, 타래붓꽃, 애기붓꽃, 양잔디, 이끼, 고사리, 대사초, 길상초, 왜곰취, 돌나무, 범의귀, 고려조릿대, 헤데라, 줄사철나무

4 경관조성식재

1 정형식 식재

① 개념, 원리

㉠ 시각적 강한 축선이 설치되며, 축선과 축선간 교차점 기준으로 질서, 균형, 규칙성, 균질성, 대칭성이 부여됨

㉡ 단위 식재공간 안에 식재재료는 수종, 크기, 형태 등 시각적 특성이 거의 균일해야 효과가 큼

㉢ 식물의 자연성보다 재료의 조형적 특성이 먼저 고려되는 식재수법

② 기법

㉠ 직선식재 : 강한 방향력과 표현력을 주는 방법

㉡ 무늬식재 : 키 작은 식재재료로 장식무늬의 도형을 구성하는 수법

예 중세 유럽의 미로정원, 프랑스 자수화단 등

㉢ 축선의 설정과 대칭식재

㉣ 비스타를 구성하는 수림 : 프랑스식 보스케(bosquet)를 절개해 vista 형성

③ 식재양식

㉠ 단식(표본식재) : 형태 우수한 정형수목을 중요한 자리, 교차점에 단독식재

㉡ 대식 : 축의 좌우에 형태, 크기 같은 동일수종나무를 쌍으로 식재
㉢ 열식 : 형태, 크기 같은 동일수종을 일정간격 줄지어 식재
㉣ 교호식재 : 열식을 변형해 같은 간격을 서로 어긋나게 식재
㉤ 집단식재 : 다수수목을 규칙적 배식해 mass로 양감을 형성하는 식재

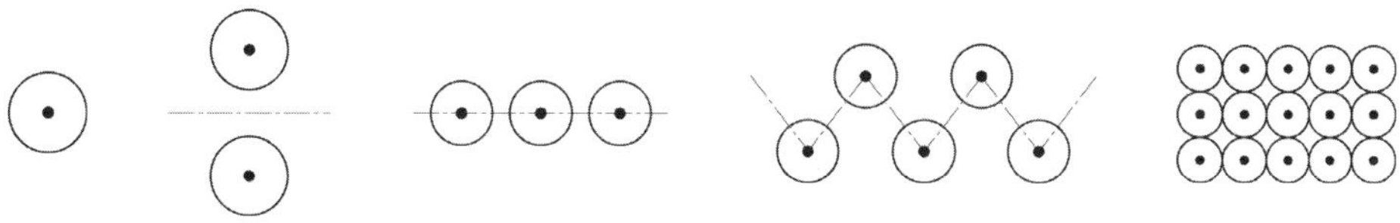

단식 대식 열식 교호식재 집단식대

2 자연풍경식 식재

① 개념, 원리
㉠ 자연풍경과 유사한 경관재현
㉡ 비대칭적 균형감, 심리적 질서감 존중
㉢ 식물의 자연미 강조

② 기법
㉠ 비대칭적 균형식재 : 크기가 다르면서도 전체적 무게감이 대립적으로 안정된 상태
㉡ 사실적 식재 : 실제 존재하는 자연경관을 충실히 묘사. 18C 영국 자연풍경식 수법

③ 식재양식
㉠ 부등변 삼각형 식재 : 부등변 삼각형 형태로 비대칭균형을 이루도록 식재
㉡ 임의식재 : 다수수목을 부등변 삼각형 형태로 순차적으로 확대해가면서 식재
㉢ 모아심기 : 몇 그루 모아심어 단위 수목경관 만들기
예 세 그루 심기, 다섯 그루 심기, 일곱 그루 심기
㉣ 무리심기 : 모아심기보다 더 많은 수목을 식재
㉤ 배경식재 : 주경관의 배경을 구성하기 위해 임의식재 형태로 두드러지지 않게 식재
㉥ 주목(경관목) : 경관의 중심이 되어 경관을 지배하는 수목

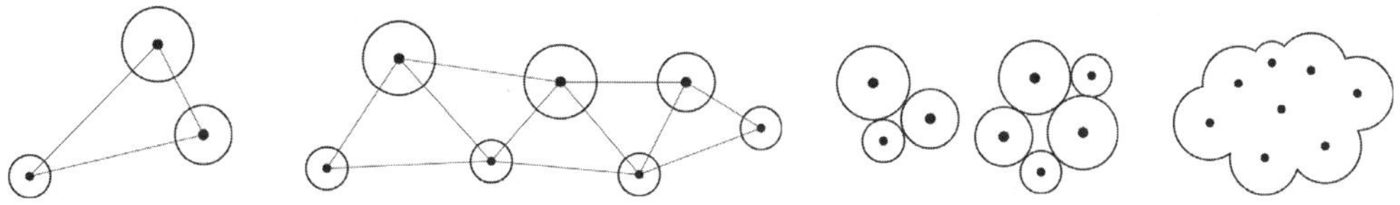

부등변삼각형식재 임의식재 모아심기 무리심기

3 자유식재

① 개념, 원리

㉠ 2차 세계대전 이후 각국에서 사용

㉡ 인공적이면서도 선, 형태가 자유롭고 비대칭적 기법 사용

㉢ 새로운 조경양식으로 장식을 배제하면서 기능성을 중요시함

② 기법

㉠ 식재지 경관이 단순하며, 사용하는 수목의 종류가 적고 혼식하지 않음

㉡ 주요 근접지역에는 키 큰 대관목과 키 작은 소관목류로 수관 아래나 위로 시야가 트이게 함

③ **식재양식** : 특별한 양식이 없고 설계하면서 필요에 따라 자유로이 정형식, 자연풍경식 등을 이용하여 개발함

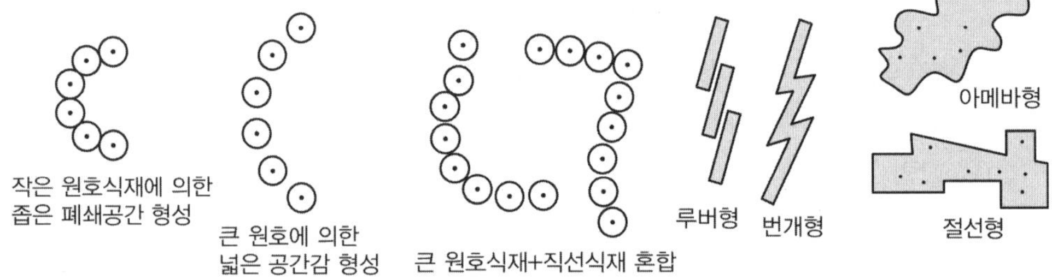

4 미적 효과와 관련한 경관 식재형식

① **표본식재** : 가장 단순하게 중요지점에 독립수를 식재하여 뛰어난 시각적 효과를 누리는 식재

② **강조식재** : 한 그루 이상의 수종으로 시각적 변화와 대비에 의한 강조효과를 만드는 식재

③ **군집식재** : 3~5그루 모아 식물군의 실루엣의 시각적 효과를 가짐. 무리식재

④ **산울타리 식재** : 한 종류의 수목을 선형으로 반복하는 식재

⑤ **경재식재** : 공간의 외곽 경계부위나 원로를 따라 식재하며 관목류를 주로 사용

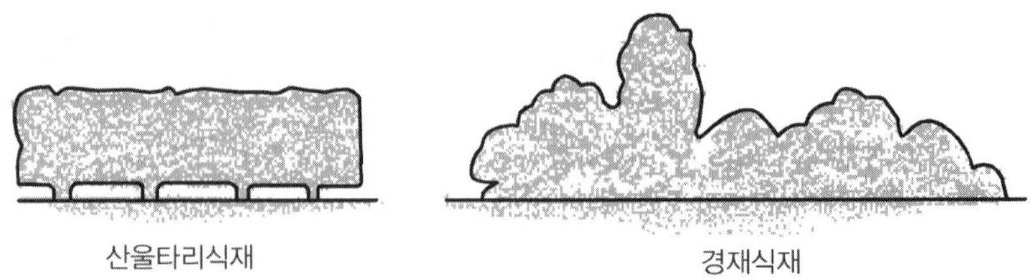

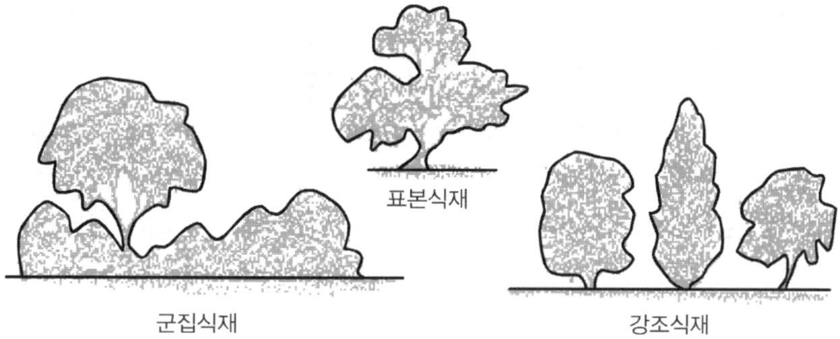

5 건물과 관련된 경관 식재형식

① **초점식재** : 건물의 현관 같이 초점이 되는 공간에 쉽게 인식할 수 있도록 하는 식재

② **모서리식재** : 건물의 모서리의 앞이나 옆에 식재해 건축선을 완화시키는 효과

③ **배경식재** : 건물과 주변경관을 융화시키기 위해 건물보다 키 큰 수종 식재

④ **가리기식재** : 보기 싫은 건축선의 외관을 향상하기 위해 가려주는 식재

CHAPTER 09 식재계획 및 설계

실전연습문제

01 다음 중 표본식재(specimen planting)의 설명으로 옳지 않은 것은? [기사 11.03.20]

㉮ 가장 단순한 식재 형식이다.
㉯ 어느 방향에서 보더라도 좋은 모양이어야 한다.
㉰ 건축물의 기초 부분 가까운 지면에 식물을 식재한다.
㉱ 축선상의 끝에서 종점특질로 이용되기도 한다.

풀이 **표본식재**
가장 단순하게 중요지점에 독립수로 식재하여 뛰어난 시각적 효과를 누리는 식재

02 다음 중 일반적으로 관목의 식재밀도가 적합하지 않은 것은? [기사 11.03.20]

㉮ 산울타리용 관목은 식재간격이 0.25~0.75m일 때 1.5~4본/m^2이다.
㉯ 지피·초화류는 식재간격이 0.2~0.3m일 때 11~25본/m^2이다.
㉰ 크고 성장이 보통인 관목은 식재간격이 1~1.2m일 때 3본/m^2이다.
㉱ 작고 성장이 느린 관목은 식재간격이 0.45~0.6m일 때 3~5본/m^2이다.

03 동일한 지표면에서 성격이 다른 두 공간에 프라이버시를 주기 위한 최소한의 수목 높이는? [기사 11.03.20]

㉮ 120cm ㉯ 150cm
㉰ 180cm ㉱ 210cm

풀이 사람의 평균키 높이는 넘어야 함

04 다음 중 내풍력이 커서 방품림 조성에 가장 알맞은 수종은? [기사 11.06.12]

㉮ *Quercus myrsinaefolia*
㉯ *Cephalotaxus koreana*
㉰ *Robinia pseudoacacia*
㉱ *Populus nigra* var. *italica*

풀이 ㉮ 가시나무
㉯ 개비자나무
㉰ 아까시나무
㉱ 양버들
방풍림은 뿌리가 심근성이며, 지엽이 치밀한 상록수가 적당

ANSWER 01 ㉰ 02 ㉰ 03 ㉰ 04 ㉮

05 수목을 차폐의 소재로 사용하기 위하여 평가되어야 할 사항이 아닌 것은? [기사 11.06.12]

㉮ 차폐가 필요한 방향
㉯ 차폐대상의 질감
㉰ 관찰자의 위치 및 접근각도
㉱ 차폐대상의 계절적 경관특성

06 정형식재의 기본 패턴에 대한 설명 중 틀린 것은? [기사 11.06.12]

㉮ 단식(單植)은 건물의 측면이나 연결 부위에 사용하는 수법이다.
㉯ 축의 좌우에 상대적으로 같은 형태의 수목 두 그루를 한짝으로 식재하는 수법을 대식(對植)이라 한다.
㉰ 같은 간격으로 서로 어긋나게 식재하는 수법을 교호(交互)식재라 한다.
㉱ 정해진 땅을 완전히 피복하는 수법을 군식(群植)이라 한다.

풀이 **단식**
표본식재라고도 하며, 형태가 우수한 정형수목을 중요한 자리나 교차점에 단독으로 식재하는 것

07 다음 중 정형식 식재에 해당되는 식재 양식군은? [기사 11.10.02]

㉮ 표본식재, 임의식재, 교호식재
㉯ 배경식재, 열식, 원호식재
㉰ 대식, 집단식재, 열식
㉱ 부등변삼각형식재, 대칭식재, 단식

풀이 ① 정형식 식재 : 단식, 대식, 열식, 교호식재, 집단식재
② 자연풍경식 식재 : 부등변삼각형식재, 임의식재, 모아심기, 무리심기, 배경식재, 주목
③ 자유식재 : 루버형, 번개형, 아메바형, 절선형 등

08 다음 그림에 대한 설명 중 가장 관련이 없는 것은? [기사 11.10.02]

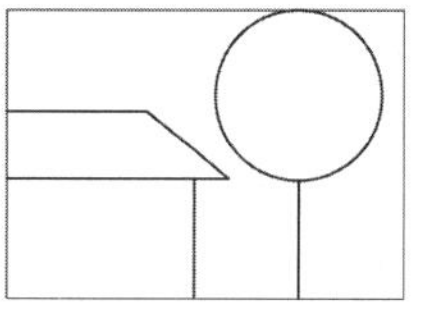

㉮ 나무의 성상은 낙엽활엽교목이다.
㉯ 건물은 여름에 나무 그늘로 인해 응달이 된다.
㉰ 나무의 기상학적 이용 중 온도조절 기능에 해당한다.
㉱ 수종은 *Machilus thunbergii* Siebold & Zucc가 가장 적합하다.

풀이 ㉱항의 학명은 후박나무로 상록활엽교목이므로 주거지 바로 앞에는 부적당함

09 식재수법을 정형식, 자연풍경식, 자유식, 군락식으로 구분할 때, 그중 자유식재(自由植栽) 수법에 해당하는 것은? [기사 12.03.04]

㉮ 교호식재 ㉯ 사실적식재
㉰ 루버형식재 ㉱ 랜덤형식재

풀이 **자유식재**
원호식재, 루버형, 번개형, 아메바형, 절선형 등

ANSWER 05 ㉯ 06 ㉮ 07 ㉰ 08 ㉱ 09 ㉰

10 **사실(寫實)적 식재의 설명으로 옳지 않은 것은?** [기사 12.05.20]

㉮ 실존하는 자연경관을 충분히 모사하는 수법이다.
㉯ 영국의 William Robinson이 제창한 야생원이 이에 속한다.
㉰ 식물생태를 존중하는 군락식재를 행한다.
㉱ 대표적인 것이 스페인의 중정이다.

11 **$0.2N/m^2$와 $1N/m^2$의 음압을 발생하는 음원에 접근하여 방음식재를 한 결과 소음이 감쇠되어 수음점에서는 50dB의 음압도를 나타냈다. 수림대에 의해 감쇠된 소음은 몇 dB인가?** (단, 두 음압이 상호 간에 간섭이 없는 조건으로 한다.) [기사 12.09.15]

㉮ 11dB ㉯ 21dB
㉰ 31dB ㉱ 41dB

12 **다음 중 자연풍경식의 식재 수법으로 많이 이용되는 형식은?** [기사 12.09.15]

㉮ 정삼각형식
㉯ 이등변삼각형식
㉰ 일직선의 3본형형식
㉱ 부등변삼각형식

풀이 자연풍경식 식재 수법 : 부등변삼각형식재, 임의식재, 모아심기, 무리심기, 배경식재, 주목

13 **생울타리 및 차폐용 수종의 구비조건으로 적합하지 않은 것은?** [기사 12.09.15]

㉮ 지엽이 치밀할 것
㉯ 아래가지가 오래도록 말라 죽지 않을 것
㉰ 맹아력이 강할 것
㉱ 지하고가 높을 것

풀이 지하고는 가로수 식재의 조건

14 **방풍식재(防風植栽)를 했을 경우 방풍림 후면은 풍속이 급격히 떨어지는데 임대(林帶)의 밀도가 최적(最適)일 때 풍속이 최저로 떨어지는 구간은?** (단, 바람 위쪽에 대한 수고 기준으로 한다.) [기사 12.09.15]

㉮ 수고의 5 ~ 10배까지의 구간
㉯ 수고의 10 ~ 15배까지의 구간
㉰ 수고의 15 ~ 20배까지의 구간
㉱ 수고의 20 ~ 25배까지의 구간

15 **수목을 차폐의 소재로 사용하기 위한 평가사항으로 적합하지 않은 것은?** [기사 13.03.10]

㉮ 관찰자의 움직임
㉯ 차폐가 필요한 방향
㉰ 바람과 태양의 이동방향
㉱ 차폐대상의 계절적 경관 특성

풀이 바람과 태양의 이동방향은 기상학적 이용에 해당함

16 **보행자로부터 5m 떨어진 장소에서 멈춰 서 있는 택시의 경적 소리가 60dB의 크기로 들린다고 가정할 때, 2배 멀어진 거리에서 들리는 경적 소리의 크기(dB)는 약 얼마인가?** [기사 13.03.10]

㉮ 57 ㉯ 54
㉰ 51 ㉱ 48

풀이 소리는 거리가 2배 멀어질 때마다 6dB 감소한다.

ANSWER 10 ㉰ 11 ㉰ 12 ㉱ 13 ㉱ 14 ㉮ 15 ㉰ 16 ㉯

17 배식에 있어서 대식(對植)에 대한 설명으로 옳지 않은 것은? [기사 13.03.10]

㉮ 수종은 달라도 수형만 동일하면 된다.
㉯ 동형동종의 수목을 한 조로 한다.
㉰ 건물이나 기단의 전면에 축을 중심으로 좌우에 배치한다.
㉱ 사찰, 궁전, 기념물 등의 전면에 주로 사용하며 장중한 느낌을 준다.

풀이 대식은 양쪽 대칭으로 식재하는 것으로 수종, 수형이 같아야 한다.

18 생울타리용 수종으로 일조가 부족한 곳에서도 가장 잘 자랄 수 있는 수종은? [기사 13.09.28]

㉮ *Taxus cuspidata* Siebold & Zucc.
㉯ *Prunus yedoensis* Matsum.
㉰ *Buxus Koreana* Nakai ex Chung & al.
㉱ *Celtis sinensis* Pers.

풀이 ㉮ *Taxus cuspidata* Siebold & Zucc. : 주목
㉯ *Prunus yedoensis* Matsum. : 왕벚나무
㉰ *Buxus Koreana* Nakai ex Chung & al. : 회양목
㉱ *Celtis sinensis* Pers. : 팽나무

19 식재를 하고자 할 경우 부등변삼각형식재는 다음 중 어느 식재수법에 해당되는가? [기사 13.09.28]

㉮ 정형식재 ㉯ 자연풍경식재
㉰ 자유식재 ㉱ 절충식재

20 정형식 식재방법에 대한 설명으로 옳지 않은 것은? [기사 14.03.02]

㉮ 잔디밭 중앙에 한 그루 식재
㉯ 테라스 좌우에 같은 모양의 두 그루 식재
㉰ 미관상 좋지 못한 건물을 가리기 위해 일정하게 좁은 간격으로 식재
㉱ 하나의 패턴을 이루도록 한 그루씩 드물게 식재

풀이 **정형식 식재방식**
시각적으로 강한 축선이 설치되며, 축선과 축선 간 교차점 기준으로 질서, 균형, 규칙성, 균질성, 대칭성이 부여되는 방식으로 식물의 자연성보다 조형적 특성이 먼저 고려되는 식재수법

21 수림의 경우, 방풍효과를 높일 수 있는 가장 적절한 밀폐도는? [기사 14.03.02]

㉮ 15 ~ 30% ㉯ 35 ~ 50%
㉰ 50 ~ 70% ㉱ 80 ~ 100%

풀이 수림의 방풍효과는 50 ~ 70% 밀폐에서 가장 효과가 크다.

22 다음 중 지표(指標)식재의 기능과 거리가 가장 거리가 먼 것은? [기사 14.05.25]

㉮ 존재 위치를 알려주는 것
㉯ 바람이 부는 방향과 세기를 알리는 것
㉰ 도로의 경관을 높이는 것
㉱ 식물 생육의 정도를 알아보기 위한 것

풀이 지표식재란 건물입구의 위치나 중요한 지점의 위치, 바람정도, 생육정도 등을 알려주는 기능으로 도로의 경관을 높이는 것은 경관식재라 할 수 있다.

Part 4 조경식재

ANSWER 17 ㉮ 18 ㉮ 19 ㉯ 20 ㉱ 21 ㉰ 22 ㉰

23 다음 중 녹음수로서 가장 적합한 수종은?

[기사 14.05.25]

㉮ *Camellia japonica* L
㉯ *Thuia orientalis* L
㉰ *Sophora japonica* L
㉱ *Juniperus chinensis* L

풀이
㉮ *Camellia japonica* L. 동백나무
㉯ *Thuja orientalis* L. 측백나무
㉰ *Sophora japonica* L. 회화나무 : 예로부터 정자에 녹음수로도 많이 사용함
㉱ *Juniperus chinensis* L. 향나무

24 녹음수인 동시에 야생 조류 먹이 수목으로 적합한 것은?

[기사 14.05.25]

㉮ *Cedrus deodara*
㉯ *Sophora japonica*
㉰ *Juglans regia*
㉱ *Sorbus alnifolia*

풀이
㉮ *Cedrus deodara* 개잎갈나무
㉯ *Sophora japonica* 회화나무
㉰ *Juglans regia* 호두나무
㉱ *Sorbus alnifolia* 팥배나무 : 낙엽활엽교목으로 팥배라는 열매가 먹이가 된다.

25 맑은 날 오후 2시의 태양고도가 cot 45인 지대에서 25% 경사를 나타내는 남사면에 수고 10m의 느티나무가 식재되었을 때 이 나무의 그림자의 길이는 얼마인가?

[기사 14.05.25]

㉮ 5m ㉯ 6m
㉰ 7m ㉱ 8m

풀이
그림자 길이 = $H \times \cot\alpha$
(H : 수목의 수고, α : 태양과 지면과의 각도)

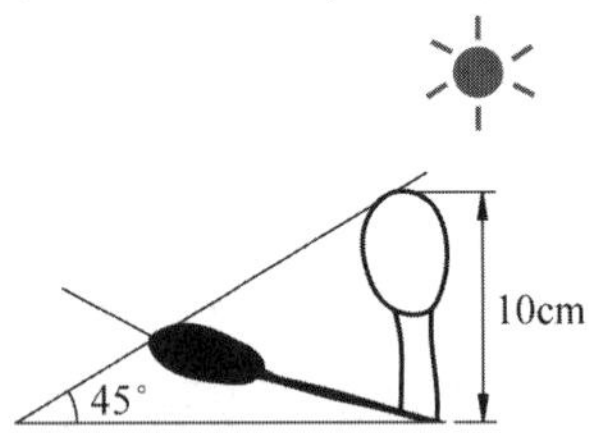

경사없는 땅일 때, 그림자 길이 = $H \times \cot\alpha$
(H : 수목높이, α : 태양고도)
10×cot 45 = 10m
25% 경사 = 1 : 4이므로 10m 중에서 8m 하면 높이는 2가 되어 2 : 8 = 1 : 4이므로,
$x = \sqrt{8^2+2^2} = 8.24$

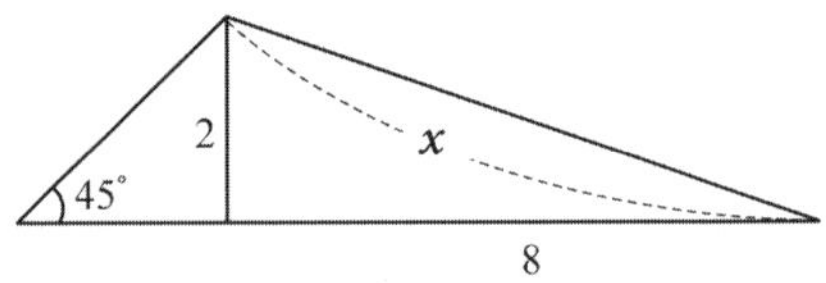

26 다음 중 강조식재(accent planting)를 가장 잘 나타낸 것은?

[기사 14.05.25]

㉮ 동일한 수형의 식재
㉯ 동일 수종의 관목 식재
㉰ 동일 수종의 교목 식재
㉱ 형태, 질감, 색채 등이 그 주위와 대비를 이룬 식재

풀이
강조식재
한 그루 이상의 수종으로 시각적 변화와 대비에 의한 강조효과를 만드는 식재

ANSWER 23 ㉰ 24 ㉱ 25 ㉱ 26 ㉱

27 다음 중 방음(防音)식재에 관한 설명으로 옳지 않은 것은? [기사 14.05.25]

㉮ 산울타리는 높은 주파수의 음향일수록 잘 흡수한다.
㉯ 방음수벽과 가옥과의 거리는 30m 정도가 좋다.
㉰ 방음 식수대의 너비는 약 20 ~ 30m 유지되게 조성한다.
㉱ 식수대는 소음원과 수음점의 중간 지점에 조성한다.

풀이 방음식재는 소음의 원인이 되는 소음원에 가까이 식재할수록 효과가 크다.

28 다음 중 엽면적 지수(LAI)를 바르게 나타낸 것은? [기사 14.09.20]

㉮ 단위면적/지상의 엽면적 합계
㉯ 지상의 엽면적 합계/단위면적
㉰ (지상의 엽면적 합계)^2/단위면적
㉱ 지상의 엽면적 합계/(단위면적)^2

풀이 엽면적 지수 = 지상의 엽면적 합계/단위면적

29 다음 중 화재의 방지 또는 확산을 막거나 지연시킬 목적으로 식재하는 방화수종으로 가장 부적합한 것은? [기사 14.09.20]

㉮ *Camellia japonica* L.
㉯ *Daphniphyllum macropodum* Miq.
㉰ *Euonymus japonicus* Thunb.
㉱ *Abelia mosanensis* T. H. Chung *ex* Nakai

풀이 방화수종은 잎이 넓고 밀생하며 두텁고 함수량이 많은 것일수록 좋다.
㉮ 동백나무, ㉯ 굴거리나무
㉰ 사철나무, ㉱ 댕강나무

30 자연풍경식 식재에 관한 설명으로 옳지 않은 것은? [기사 14.09.20]

㉮ 수종의 선택과 식재가 자유로움
㉯ 비대칭적 균형감과 심리적 질서감에 초점을 둠
㉰ 평면구성에 중점을 두어 식물의 조형미를 강조함
㉱ 자연풍경과 유사한 경관을 재현하는 식재 방법임

풀이 **자연풍경식 식재**
자연풍경과 유사한 입체적인 경관을 재현하는 방식임.

ANSWER 27 ㉱ 28 ㉯ 29 ㉱ 30 ㉰

5 공간특성별 식재

1 주택정원, 공원 용도별 식재

① 주택정원
- ㉠ 건물과 어울리는 식재를 항상 고려해야 함
- ㉡ 녹음수를 제공해주는 테라스식재, 건물 뒷면의 배경식재

② 아동공원
- ㉠ 공원면적에 대한 식재지 면적 비율 : 약 40~60%
- ㉡ 식재지 m^2당 수목의 본수 : 교목류 0.1주, 관목류 0.2주
- ㉢ 수종선정기준 : 약 20~30종
  (근린공원 50~100종, 운동공원 30~40종, 종합공원 50~100종)

③ 근린공원
- ㉠ 식재율 : 40~50%
- ㉡ 유지비용이 최소화되면서 그 지역의 토성과 토양에 적합하고 병충해와 공해에 강한 수종 선정

④ 지구공원
- ㉠ 공원과 주변지역을 차폐시키고, 바람을 막고, 내공해성 수종으로 오염도 조절
- ㉡ 공간구분을 명확히 하고, 인공구조물 주변에 배경식재를 함

⑤ 종합공원
- ㉠ 정적 후생을 위한 지역 : 정숙해야 하므로 상록수와 낙엽수를 식재하면서 낙엽활엽수를 많이 식재. 다양한 수종, 꽃, 열매, 향기가 있는 수종을 활용
- ㉡ 동적 후생을 위한 지역 : 상록수와 낙엽수의 비를 5 : 5로 적합하게 조성

⑥ 운동공원
- ㉠ 식재율 : 40%
- ㉡ 주변의 자연식생 파악, 조속히 녹화시켜 녹음수를 만들 것, 외곽에 3열 이상의 방풍, 차폐식재 필요
- ㉢ 정구, 농구, 배구장 코트 남쪽면에는 상록교목을 식재하면 겨울에 결빙이 생길 수 있음

⑦ 완충녹지
- ㉠ 공업단지 및 공업단지간 주변 : $10m^2$당 교목 1주와 관목 3주, 상록수와 낙엽수를 8 : 2로 식재
- ㉡ 공장주변의 녹지대 : 여러 크기의 상록수 혼식이 효과적. 양쪽에 상록활엽수 심고 중앙에 침엽수와 활엽수를 적절히 선정

㉢ 토지 이용 상충지역 및 재해 발생지 : 방풍, 방화 녹지, 방설 녹지 등

⑧ 풍치공원

㉠ 입지조건과 작업종을 고려하여 그 지역의 자생종이 적합

㉡ 시각뿐 아니라 오감의 지각이 종합적으로 감지되도록 식재

⑨ 동·식물원

㉠ 병충해에 강하고, 벌레가 없으며, 값이 싸고, 수형, 꽃, 과실이 아름다운 수종

㉡ 교육적 가치가 있을 것

㉢ 가시나 독성이 없고, 동물의 먹이가 되는 열매가 있는 것

⑩ 사적공원

㉠ 보존구역 : 정적 공간으로 가장 한국적인 향토수종과 배치

㉡ 휴식구역 : 이용자들에게 녹음제공, 향토수종으로 열매와 꽃이 있는 수종이 바람직

㉢ 완충지역 : 위의 두 기능을 연결하는 지역으로 보존구역으로 차츰 정숙해지도록 식재

★★★★★ 2 도로식재

(1) 고속도로 식재

① 도로식재의 역할 : 운전자의 심리적 기능을 좋게 함

② 고속도로식재의 기능과 종류

기능	식재종류
주행	시선유도식재, 지표식재
사고방지	차광식재, 명암순응식재, 진입방지식재, 완충식재
방재	비탈면식재, 방풍식재, 방설식재, 비사방지식재
휴식	녹음식재, 지표식재
경관	차폐식재, 수경식재, 조화식재
환경보전	방음식재, 임연보호식재

③ 주행과 관련된 식재

㉠ 시선유도식재

ⓐ 주행 중의 운전자에게 도로의 선형변화를 미리 알 수 있게 시선을 유도하는 식재

ⓑ 도로의 곡률반경이 700m 이하가 되는 작은 곡선부에서 반드시 조성

ⓒ 곡률반경이 적을수록 식재밀도를 높여야 한다.

ⓓ 중앙분리대 : 길이 굽어 있을 때 앞쪽은 관목, 뒤쪽은 교목 식재

ⓔ 골짜기 구간 : 가장 낮은 구간은 피할 것 높은 곳은 교목, 낮은 곳은 관목식재

ⓕ 산형구간 : 높은 곳은 작은 나무, 낮은 곳은 큰 나무 식재

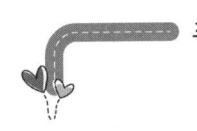

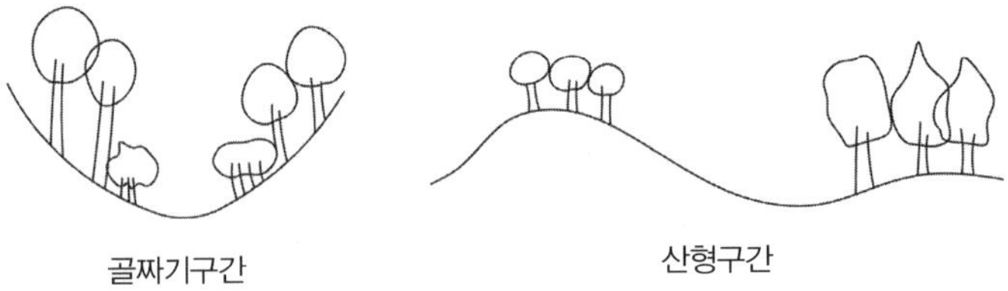

㉡ 지표식재

ⓐ 랜드마크를 형성시켜 주행자에게 그 위치를 알리고자 하는 식재수법

ⓑ 예로 인터체인지 앞 뒤 일정구간의 중앙분리대에 꽃나무를 심어 나머지구간과 쉽게 식별할 수 있게 하는 방법

④ 사고방지를 위한 식재

㉠ 차광식재

ⓐ 대향해서 주행해 오는 차량이나 측도로부터의 광선을 차단하기 위한 식재

ⓑ 차광식재의 식재간격 : $D=2r/\sin\theta$($\sin\theta$=헤드라이트 조사각 12°, r=수관반경)
$D=2r/0.2$ 즉 $D=10r$

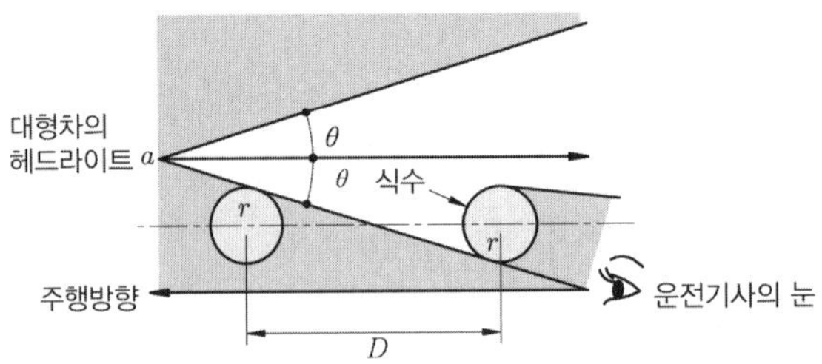

$$D=\frac{2\pi}{\sin\theta}$$

D : 식재간격
r : 식재반경
θ : 조사각

ⓒ 식재간격과 수관폭

식재간격(D) (cm)	수관폭($2r$) (cm)
200	40
300	60
400	80
500	100
600	120

ⓓ 보통시거

설계속도(km/h)	시거(m)
120	210
100	160
80	110
60	75
50	55
40	40

ⓔ 승용차의 경우 눈높이가 150cm 정도이므로 수고는 150cm 정도면 된다.

ⓕ 가이즈까 향나무 - 차광성 우수, 금목서, 사철 - 차광성 불량

㉡ 명암순응식재

ⓐ 어두운 곳에서 밝은 곳으로, 밝은 곳에서 어두운 곳으로 갑작스레 들어가면 잠시 눈이 안 보이는 순응시간에 맞추어서 주위의 밝기를 차츰차츰 바꾸어 주는 식재

ⓑ 터널입구를 기점으로 200~300m 구간에 교목을 열식하여 서서히 명암이 조절되도록 함

㉢ 진입방지식재 : 도로의 외부로부터 고속도로 내부로 사람 또는 동물의 침입을 방지하는 식재

㉣ 쿠션식재(완충식재) : 차선 밖으로 튀어나간 차량의 충격을 완화시켜 사고를 최소화하게 하는 식재

⑤ 경관을 위한 식재

㉠ 차폐식재 : 도로 주변의 좋지 않은 경관을 가려 경관구성에 도움을 주는 상록수 식재

㉡ 조화식재

ⓐ 위화감을 주는 도로구조물에 대해 경관 및 식생과 조화를 이루도록 하는 식재

ⓑ 휴게시설 주변, 터널의 출입구, 오버브리지 시설부, 비탈면, 절토에 의한 천이면 등에 설치

㉢ 강조식재

ⓐ 도로경관의 단조로움에 변화를 주어 졸음이 오지 않도록 하는 식재

ⓑ 성토가 연속되는 곳은 비탈면에 교목을 군식, 절토지에는 관목이나 화목을 식재

㉣ 조망식재

ⓐ 휴게소 등 조망이 좋은 곳이나, 주행경관 중 대상경관을 적당히 은폐해 인상깊은 경관으로 만드는 식재

ⓑ 전방에 있는 산악을 향해 도로 양측에 수목 열식해 비스타 형성, 터널 출구나 오버브리지 이용해 전방의 경관을 연관시켜 원근감을 증폭시키는 식재

⑥ 그 외 기타 식재

㉠ 임면보호식재

ⓐ 절개에 의해 헐벗은 임면이 생겨날 때 그 부분을 보호하고 경관을 개선하기 위해 관목류와 소교목류를 섞어서 식재

㉡ 비탈면 식재

ⓐ 진달래, 철쭉 등 관목류 - 1 : 2 경사

ⓑ 잣나무, 소나무, 단풍나무 등 교목, 소교목 - 1 : 3 경사

ⓒ 묘목 1 : 2 경사

⑦ 중앙분리대 식재

㉠ 중앙분리대 분리폭(너비) : 12m 이상적

㉡ 우리나라 경우 토지 이용상 문제로 120km/hr인 경우 분리대 너비 3m

㉢ 너비 2m 이하의 분리대는 식수 대신 방현망을 설치함

㉣ 우리나라 경부고속도로 중앙분리대 식재거리 : 직선거리 6m, 곡선거리 4m

㉤ 중앙분리대 식수방식

	식재수법	장점
정형식 (整形式)	• 같은 크기 생김새의 수목을 일정간격으로 식재	• 정연한 아름다움
례식법	• 열식하여 산울타리 조성	• 차광효과가 큼 • 다듬기작업 용이 • 보행자 횡단제어 효과 등
랜덤식	• 여러 가지 크기, 형태의 수목을 동일하지 않은 간격으로 식재	• 식재열의 변화 • 동일크기 형태가 아니어도 좋다. • 약간 상해도 눈에 띄지 않음
루버식	• 짧은 산울타리를 루버와 같은 생김새로 배열하는 방식	• 열식보다는 수목수량이 적게 듬
무늬식	• 기하학적 도안에 따라 관목을 심어 정연하게 배열하는 방식	• 장식기능이 강함 • 시가지도로에 조성
군식법	• 무작위로 크고 작은 집단으로 식재	• 유지관리가 용이
평식법	• 분리대 전체 내용에 관목보식	• 보행자횡단금지 효과 등 • 기계화 관리가 용이

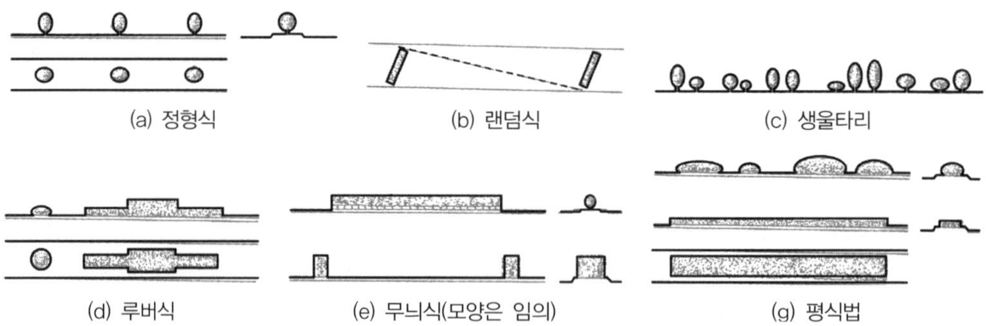

• 중앙분리대 식재형식 •

㉥ 중앙분리대 식재수종 배기가스나 건조에 내성이 강하고 지엽 밀생, 전정에 강한 상록수

교목	가이즈까향나무, 졸가시나무, 향나무
관목	꽝꽝나무, 다정큼나무, 돈나무, 둥근향나무, 섬쥐똥나무, 광나무, 아왜나무
화목	협죽도, 철쭉류, 큰꽃댕강나무

④ 인터체인지 식재

㉠ 두 개 이상의 도로가 만나는 지점에 설치되는 교통시설

㉡ 지방종 식재, 빈 공간은 잔디처리, 램프에는 키 큰 나무를 식재하면 시야 가리므로 위험

㉢ 인터체인지 종류

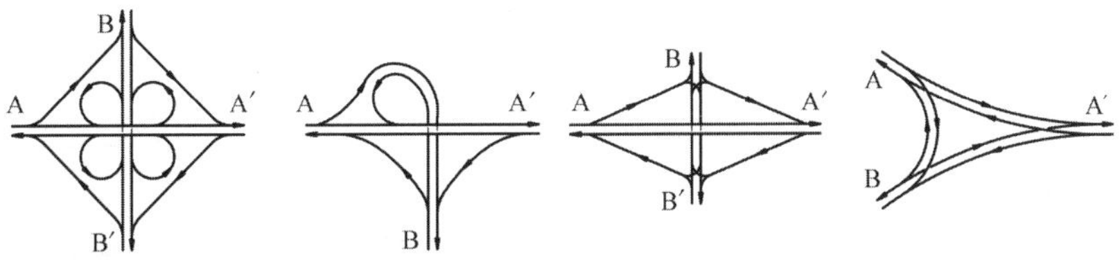

클로버형 트럼프형 다이아몬드형 직결 Y형

㉣ 인터체인지 식재

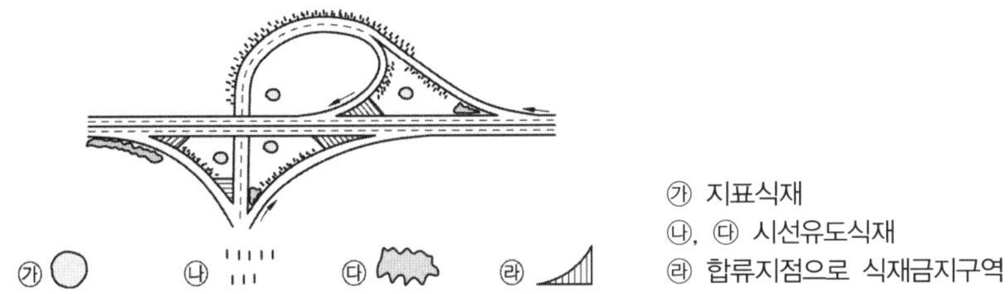

⑤ 고속도로 조경식재율

공간	Parking Area	Interchange	Service Area	노변식재
식재율	7~15%	5~10%	7~10%	1km당 양쪽 노면에 200그루가 표준

(2) 가로식재

① 가로수 식재 형식

㉠ 차도 곁에서 0.65m 이상 떨어져 심기

㉡ 건물로부터 5~7m 떨어져 심기

㉢ 수간거리는 수관이 인접수와 접촉하지 않도록 보통 6~10m 정도로 함

㉣ 가로수는 대지경계선과 관계없이 일정한 간격으로 심기

㉤ 특수효과를 위한 가로수를 제외하고는 한 가로변에는 동일수종 식재

㉥ 열간거리는 수간거리에 준하여 정하며 일반적으로 6m 이상

㉦ 3열 또는 그 이상 가로수에서는 서로서로 비껴 심어 수관배치를 자연적으로 해주며 열간거리를 5m 정도 줄여준다.

② 가로수 수종 조건

㉠ 적어도 교목 3.5m 이상, 흉고 6cm 이상, 지하고 1.8m 이상이어야 함

ⓛ 줄기가 곧고 가지가 고루 발달되고 수형의 균형이 잡혀 있는 것
ⓒ 생육상태가 양호하고 뿌리분의 크기는 근원직경의 4~6배 이상
ⓔ 수피 손상이 없고 병충해 피해가 없을 것

③ 가로수용 수종

난대지방	주로 상록활엽수, 담팔수, 소귀나무 등
온대지방	주로 낙엽활엽수, 배롱나무, 참느릅나무 등
그 외	플라타너스, 은행나무, 가중나무, 능수버들, 미루나무, 녹나무, 유엽도, 후박나무, 후피향나무 등

④ 녹도

ⓐ 통학, 산책 등을 위한 보행과 자전거 통행을 위주로 한 자연요소가 많은 도로
ⓛ 녹도 양쪽에 교목과 관목의 식수대와 너비 1.5m 이상의 보도, 2m 이상의 자전거 도로로 구성되어 최소 너비 10m 내외가 되어야 함

3 공장식재

① 공장식재의 기능

분류	기능
경관상의 기능	주변환경 및 인공시설물과의 조화, 경관조성
작업상의 기능	종업원의 정서함양, 종업원의 작업능률 향상
대기상의 기능	대기정화기능, 방진기능, 기상완화기능
방재상의 기능	화재·폭발방지기능, 방풍·방조기능, 방음기능, 피난장소기능
휴게 및 레크리에이션 기능	휴게, 레크리에이션, 스포츠시설

② 공장유형별 수종 선택

공장 유형	재해	적정수종	
		남부지방	중부지방
석유화학지대	아황산 가스	태산목, 후피향나무, 녹나무, 굴거리나무, 아왜나무, 가시나무	화백, 눈향나무, 은행나무, 튤립나무, 버즘나무, 무궁화
제철공업지대 (금속·기계)	불화수계 염화수계	치자나무, 사스레피나무, 감탕나무, 호랑가시나무, 팔손이나무	아카시아나무, 참나무, 포플러, 향나무, 주목
임해공업지대	조해 염해	동백나무, 광나무, 후박나무, 돈나무, 꽝꽝나무, 식나무	향나무, 눈향나무, 곰솔, 사철나무, 회양목, 실란
시멘트 공업지대	분진 소음	삼나무, 비자나무, 편백, 화백, 가시나무	잣나무, 향나무, 측백, 가문비나무, 버즘나무

③ 오염 식재지역 조성방법

ⓐ 성토법

ⓐ 매립지반에 타 지역의 양질의 흙을 성토하여 식재조건을 완화하는 방법
ⓑ 성토두께 : 잔디 15cm, 관목 30cm, 교목 60~100cm 이상
ⓒ 배수효과가 적을 때는 배수구 파서 모래, 쇄석을 넣고 막히지 않게 모래로 피복해 암거배수함
ⓓ 배수구 크기 : 폭, 깊이 60~100cm, 간격 5~10m 내외

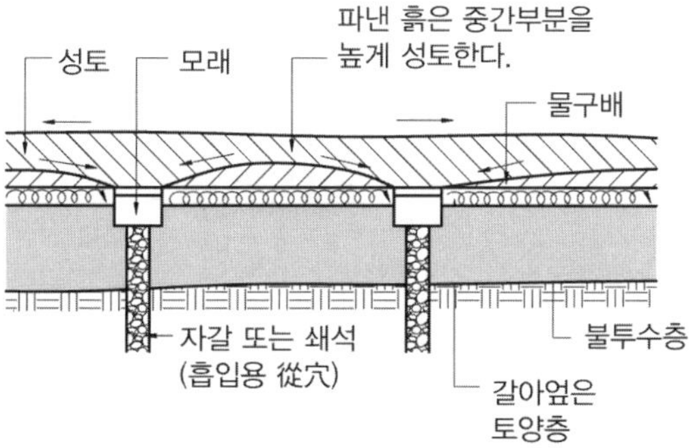

(a)

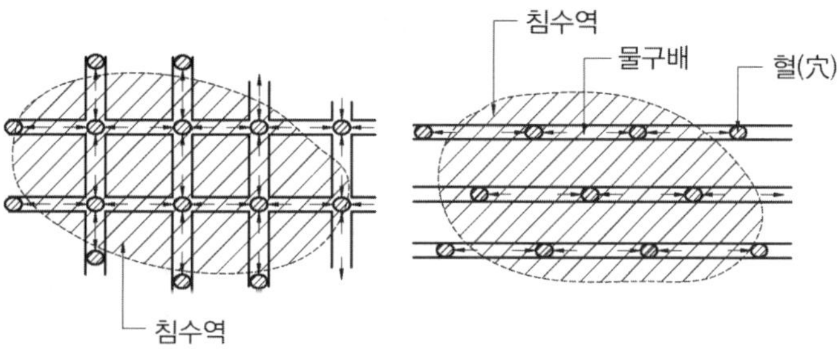

(b)

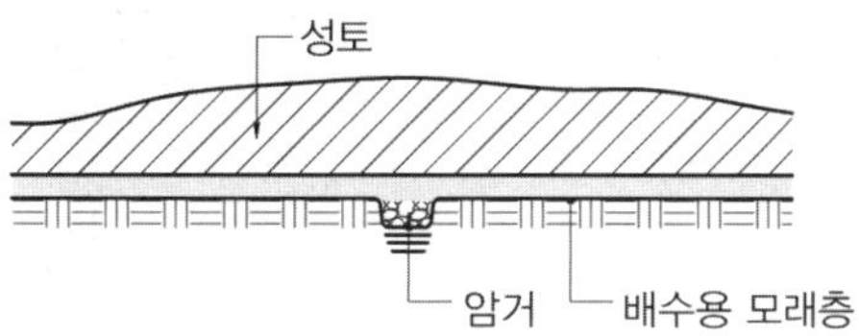

(c)

㉡ 객토법

ⓐ 지반을 파내고 외부에서 반입한 토양으로 교체하는 공법
ⓑ 전지역에 객토하는 전면객토법, 수목 한그루마다 객토하는 단목객토법
ⓒ 객토량 : 묘목, 관목은 주당 $0.05m^3$, 3m 이상 교목일 때 주당 $0.2\sim0.3m^3$가 표준

(a) 전면객토법 또는 대상객토법

(b) 단목객토법

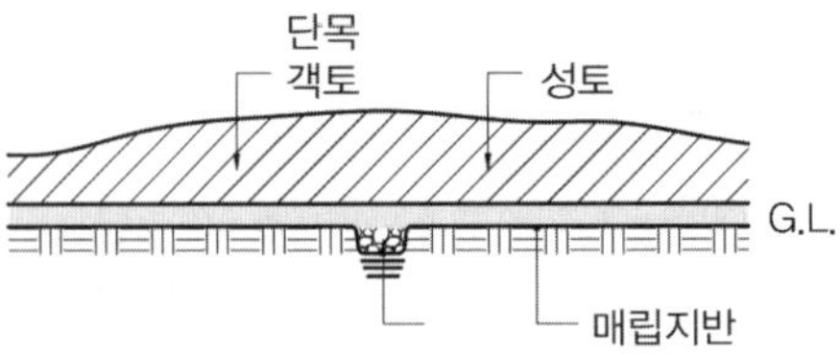

(c) 성토+단목객토법

• 객토법•

㉢ 사주법 및 사구법

ⓐ 사주법 : 오염층에 샌드파일(sand pile) 공법에 의해 길이 6~7m, 직경 40cm 정도의 철파이프를 오니층 아래의 원래 지표층에까지 넣어 흙을 파낸 후 파이프 속에 모래나 모래가 많은 산흙으로 채운 다음 철파이프를 빼내는 방법. 염분 제거, 배수에 효과가 많고 사주의 크기나 숫자가 많을수록 효과가 크다.

ⓑ 사구법 : 오니층이 가라앉은 가장 낮은 중심부에서 주변부를 통해 배수구를 파놓은 다음, 이 배수구 속에 모래 흙을 혼합하여 넣고, 이곳에 수목을 식재하는 방법

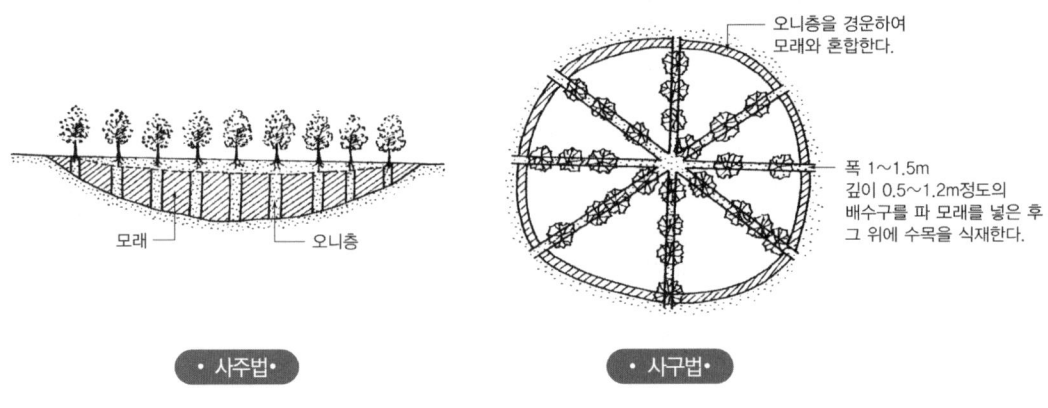

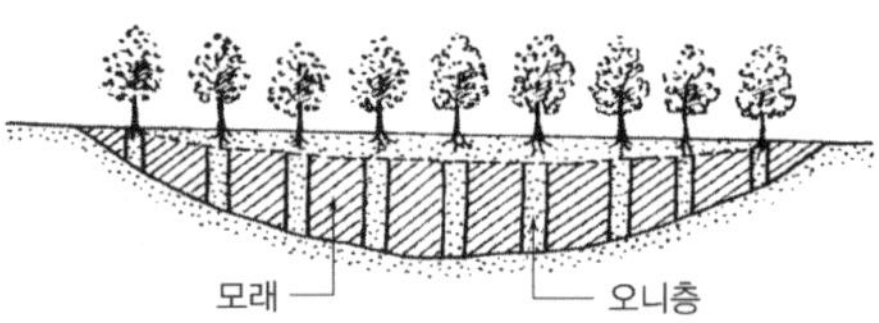

• 사주법•

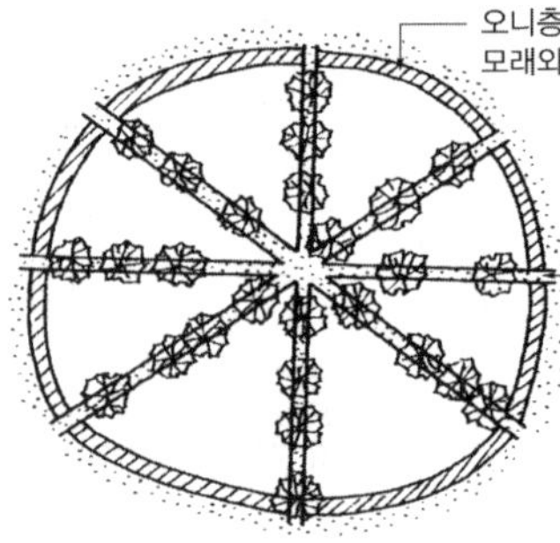

• 사구법•

★★★ 4 학교식재

① 학교식재 선정방법

㉠ 교과서에 취급된 식물을 우선적으로 선정

㉡ 학생들의 기호를 고려하여 선정

㉢ 향토식물 선정

㉣ 관상가치가 있는 식물을 선정

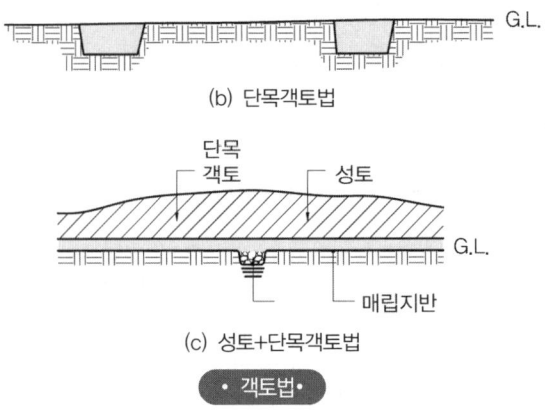

㉤ 학교를 상징하고 학생들에게 애교심을 줄 수 있는 교목과 교화 선정

ⓑ 관리가 쉬운 수종 선정
ⓢ 야생동물의 먹이가 풍부한 식물 선정
ⓞ 주변환경에 내성이 강한 식물 선정
ⓙ 생장속도가 빠른 수목 우선적 선정
ⓒ 식물소재의 구들 여부를 확인 후에 선정

② 학교부지에 다른 식재
㉠ 전정구 : 건물과의 관계를 고려해 학교의 이미지를 심어주는 식재
㉡ 중정구 : 학생들의 휴식공간으로 벤치나 퍼골라를 설치하고 방화식재도 고려
㉢ 측정구 : 건물에 인접해 있고 휴식할 수 있게 녹음수 식재
㉣ 후정구 : 겨울철 북서풍을 막아줄 수 있는 상록수로 방풍식재

③ 체육장 용지의 식재
㉠ 운동공간 : 먼지 방지로 잔디밭이나 초생지를 조성할 수 있음
㉡ 체육장 주변 : 휴식공간으로 지하고 높은 녹음수 식재
㉢ 운동장 주변 : 관람용 스탠드지역으로 흙이나 잔디 스탠드 활용 가능

④ 야외 실습지의 식재
㉠ 교재원 : 교과서에 나오는 식물을 직접 공부하는 것으로 한곳에 모아 독립교재원 조성하거나 학교 전체에 분산시켜 분산교재원을 조성할 수도 있음
㉡ 생산원 : 묘포장, 소동물사육장, 경작원, 온실 등으로 직접 체험의 기회 제공

⑤ 외곽 녹지의 식재
㉠ 차폐식재 : 학교 밖의 좋지 못한 조망을 차폐할 대교목 식재
㉡ 방음식재 : 식재대 너비 20~30m 이상으로 식재
㉢ 방풍식재 : 내한성 강하고 지엽이 밀생한 상록수 중심의 낙엽수 적절히 섞어 식재

5 화단조성

① 계절에 의한 화단
㉠ 봄화단(3월하순~6월상순)
ⓐ 한해살이 : 팬지, 데이지, 프리뮬러, 금잔화, 알리섬, 양귀비
ⓑ 여러해살이 : 꽃잔디, 은방울꽃, 금계국, 붓꽃
ⓒ 알뿌리 : 튤립, 크로커스, 수선화, 무스카리, 히아신스
㉡ 여름화단(6월~9월중순)
ⓐ 한해살이 : 페튜니아, 색비름, 천일홍, 맨드라미, 일일초, 채송화, 봉선화, 접시꽃, 메리 골드
ⓑ 여러해살이 : 아스틸베, 리아트리스, 붓꽃, 옥잠화, 작약

ⓒ 알뿌리 : 글라디올라스, 만나, 다알리아, 튜베로스, 진자, 백합

㉢ 가을화단(10월초~11월말)

ⓐ 한해살이 : 베리골드, 맨드라미, 페튜니아, 토레니아, 코스모스, 살비아, 아게라텀, 과꽃

ⓑ 여러해살이 : 국화, 루드베키아, 숙근플록스

ⓒ 알뿌리 : 달리아

㉣ 겨울화단(10월~2월말) : 꽃양배추

★★★ ② 양식에 의한 화단

㉠ 경재화단 : 건물, 담장, 울타리 등을 배경으로 그 앞쪽에 길게 만들어져 한쪽에서만 조망 가능한 화단

㉡ 기식화단 : 작은 면적의 잔디밭이나 광장 가운데 도는 주위에 있는 공간에 가운데 키 큰 화초와 가장자리에 키 작은 화초를 심어 사방에서 바라볼 수 있도록 한 화단

㉢ 카펫화단 : 광장이나 잔디밭 가운데 문양을 새겨 화초를 심은 화단

㉣ 리본화단 : 넓은 부지의 원로, 보행로, 도로 등 산울타리, 건물, 연못 따라 나비가 좁고 긴 화단

㉤ 암석화단 : 바위덩어리들 사이에 식물을 식재

㉥ 침상화단 : 보도에서 1m 정도 낮은 평면에 기하학적 모양으로 만든 화단

㉦ 용기화단 : 화분, 윈도박스, 다양한 식물재배용기 등에 식재한 화단

㉧ 수재화단 : 수생식물이나 수중식물을 용기에 심어 배치한 화단

실전연습문제

01 고속도로 사고방지 기능의 식재방법에 속하지 않는 것은? [기사 11.03.20]

㉮ 명암순응식재 ㉯ 차광식재
㉰ 지표식재 ㉱ 완충식재

풀이 **고속도로 사고방지 식재**
차광식재, 명암순응식재, 진입방지식재, 완충식재

02 다음 중 학교조경 설계 시 식물 재료의 선정조건으로 부적합한 것은? [기사 11.06.12]

㉮ 잎이나 꽃이 아름다운 외국 수종
㉯ 학생들의 교과서에 설명된 수종
㉰ 척박한 환경에 잘 견디는 수종
㉱ 그 학교를 상징할 수 있는 수종

03 다음 중 어린이놀이터, 모래놀이터 근처에 식재하기 가장 적합한 수종은? [기사 12.09.15]

㉮ *Gleditsia japonica*
㉯ *Pyracantha angustifolia*
㉰ *Rhododendron yedoense* for *poukhanense*
㉱ *Poncirus trifoliata*

풀이 ㉮ 주엽나무(산꼴자기나 물가에 자람)
㉯ 피라칸사
㉰ 산철쭉
㉱ 탱자나무(가시있음)

04 공원에 파고라(pergola)를 설치하고, 덩굴성 식물로 파고라 주변에 식재하려 한다. 그 목적을 달성하기 위하여 어떠한 식물이 가장 적합한가? [기사 13.03.10]

㉮ *Wisteria floribunda* DC. for. *floribunda*
㉯ *Forsythia koreana* Nakai.
㉰ *Abeliophyllum distichum* Nakai
㉱ *Chaenomeles sinensis* Koehne

풀이 ㉮ 등나무
㉯ 개나리
㉰ 미선나무
㉱ 모과나무

05 '보도에서 1m 정도 낮은 평면에 기하학적 모양으로 조성한 화단'은 무엇인가? [기사 13.06.02]

㉮ 기식화단 ㉯ 침상화단
㉰ 리본화단 ㉱ 카펫화단

풀이 **화단의 종류**
1. 평면화단
   ① 카펫화단(모전화단) : 작은 초화류로 양탄자 모양으로 기하학적 무늬를 만든 화단
   ② 리본화단 : 건물이나 울타리 앞면, 보행로 양쪽에 키 낮은 화초로 리본처럼 길게 만든 화단
   ③ 포속화단 : 전원, 잔디밭의 통로, 분수, 연못, 조각물 주위에 편평한 돌을 깔고 키 낮은 화초를 심어 만든 화단
2. 입체화단
   ① 기식화단 : 조경의 중앙이나 동선의 교차점에 원형, 타원형, 각형화단을 만들고 사방에서 관람할 수 있도록 만든 화단

ANSWER 01 ㉰ 02 ㉮ 03 ㉰ 04 ㉮ 05 ㉯

② 경재화단 : 진입로나 담장, 건물을 배경으로 뒤쪽부터 키가 큰 식물을 심고, 앞쪽으로 키 작은 식물을 심는 화단
③ 노단화단 : 경사진 땅에 자연석을 쌓아 계단 모양으로 만들고 초화류를 식재한 화단
④ 석벽화단 : 경사지에 자연석 축대를 쌓고 자연석 사이에 관목, 초화류 식재
⑤ 침상화단 : 지면보다 낮은 공간에 sunken 시켜 만든 화단

06 다음은 도로 중앙분리대에 식재할 수종이다. 식재 후의 생육환경 병·충해 및 관리 측면을 고려할 때 가장 부적합한 수종은?

[기사 14.03.02]

㉮ *Euonymus japonica* Thunb.
㉯ *Juniperus chinensis* kaizuka.
㉰ *Ligustrum japonicum* Thunb.
㉱ *Pittosporum tobira* Ait.

풀이
㉮ *Euonymus japonica* Thunb. : 사철나무
㉯ *Juniperus chinensis* kaizuka : 가이즈까 향나무
㉰ *Ligustrum japonicum* Thunb. : 광나무
㉱ *Pittosporum tobira* Ait. : 돈나무
고속도로 중앙분리대에는 자동차배기가스나 건조에 내성이 강하고 지엽이 밀생, 전정에 강한 상록수가 바람직하며, 가이즈까향나무, 졸가시나무, 향나무, 돈나무, 꽝꽝나무, 광나무, 아왜나무 등이 적합하다.

07 고속도로 커브에서 유도기능을 나타내기 위한 식재방법으로 옳은 것은?

[기사 14.05.25]

㉮ 교목을 안쪽(內側) 커브에만 심는다.
㉯ 교목을 바깥쪽(外側) 커브에만 심는다.
㉰ 교목을 양쪽 커브에다 심는다.
㉱ 양쪽 다 나무를 심지 않는다.

풀이 **고속도로 커브유도식재**
커브의 형태가 수목의 식재로 잘 보여지게 해서 안전한 운전을 할 수 있는 것이 목적으로 바깥쪽 넓은 곡선에 큰 교목을 식재하여 멀리서도 잘 보이도록 한다.

08 새로 신축한 아파트는 지하에 주차장이 들어서 있고 주차장 상부에는 플랜터박스가 마련되어 있으나 깊이가 최고 깊이 50cm이다. 이곳에 식재할 적절한 수목이 아닌 것은?

[기사 14.05.25]

㉮ *Buxus koreana*
㉯ *Nandina domestica*
㉰ *Berberis amurensis*
㉱ *Celtis sinensis*

풀이
㉮ *Buxus koreana* 회양목
㉯ *Nandina domestica* 남천
㉰ *Berberis amurensis* 매발톱나무
㉱ *Celtis sinensis* 팽나무 : 키큰 낙엽교목이며 심근성으로 인공지반위의 토량 50cm에 생육하기 곤란하다.

ANSWER
06 ㉮ 07 ㉯ 08 ㉱

6 특수지역식재

1 임해매립지 식재

① 임해매립지 환경조건
   ㉠ 매립재료 : 해저의 모래나 해감, 산비탈을 깎은 흙, 굴취잔토, 도시의 쓰레기 등
   ㉡ 통기성 불량, 가스나 열의 발생, 지반의 침하현상이 일어남

② 매립지 염분제거
   ㉠ 식물생육에 미치는 염분의 한계농도 : 수목(0.05%), 채소류(0.04%), 잔디(0.1%)
   ㉡ 탈염방법 : 2m 간격으로 깊이 50cm 이상, 너비 1m 이상되는 도랑 파고 그 속에 모래를 채워 사구를 만든 다음 도랑 이외의 곳에는 토양개선제나 모래를 혼합함으로써 투수성을 향상시켜 놓은 다음 전면에 걸쳐서 스프링클러로 물을 뿌려 탈염한다.

③ 임해매립지 주변 수림대 식재 밀도
   ㉠ 교목 성목 : 4m 이상 0.05주/m^2
   ㉡ 교목 어린나무 : 1.5~2m 이상 0.15주/m^2
   ㉢ 관목 : 0.5주/m^2
   ㉣ 상록 : 낙엽의 비 = 8 : 2

④ 매립지 비사방지책(모래가 날리는 것 방지)
   ㉠ 매립지 전면에 산흙을 10cm 정도 깊이로 피복하거나 방풍울타리로써 발이나 염화비닐로 엮은 네트를 친다.

⑤ 임해매립지 식생
   ㉠ 선구식물 : 내조성 강한 쥐명아주, 명아주, 망초, 실망초, 달맞이꽃
   ㉡ 물이 괴는 곳 : 갈대, 매자기, 부들, 골물의 군락
   ㉢ 건조한 것 : 마디풀, 금달맞이, 흰명아주 군락
   ㉣ 목본식물 : 비수리, 들콩

⑥ 해안수림 조성요령
   ㉠ 해안 최전선의 나무 : 수고 50cm 정도의 관목
   ㉡ 내륙으로 갈수록 차례로 키 큰 나무를 심어 수관선이 포물선형이 되도록 함
   ㉢ 식재 후 1년 동안은 식재지 앞쪽에 높이 1.8m 정도의 바람막이 펜스 설치

⑦ 해안식재용 수종

적용장소	수종
바닷물이 튀어 오르는 곳의 지피(S급)	버뮤다글라스, 잔디
바닷바람을 막는 전방 수림(특A급)	눈향나무, 다정큼나무, 돈나무, 섬쥐똥나무, 유카, 졸가시나무, 흑송
위에 이어지는 전방수림(A급)	볼레나무, 사철나무, 위성류, 유엽도
전방 수림에 이어지는 후방 수림(B급)	비교적 내조성이 큰 수종
내부 수림(C급)	일반 조경용 수종

2 옥상 및 인공지반에 대한 식재

① 구조상 제약조건

㉠ 하중

ⓐ 수목의 중량

수목 전체의 중량(W) =	수목의 지상부 중량(W_1)+수목의 지하부 중량(W_2)	
수목 지상부 중량(W_1)	$W_1 = f\pi(d/2)^2 HW_0(1+\mathrm{P})$	W_1 : 수목의 지상부 중량(kg) d : 흉고직경(m) H : 수고 f : 수간의 형상계수 W_0 : 수간의 단위체적당 생체중량 P : 지엽의 다소에 따른 할증률 (약 1.0(고립목) ~ 0.3(임목))
수목 지하부 중량(W_2)	접시분 $V=\pi r^3$ 보통분 $V=\pi r^3+1/6\pi r^3=3.6\pi r^3$ 조개분 $V=\pi r^3+1/3\pi r^3=4\pi r^3$ 따라서 $W_2=V\times k$	V : 뿌리분의 체적(m^3) r : 뿌리분의 반경 W_2 : 뿌리분의 중량(kg) k : 뿌리분의 단위당 중량(kg/m^3) $=1.3t/m^3$

ⓑ 토양의 중량 해결 : 경량토사용

경량토	용도	특성
버미큘라이트	식재토양층에 혼용	흑운모 변성암을 고온으로 소성한 것 다공질로 보수성, 통기성, 투수성이 좋다. 염기성 치환용량이 커서 보비력이 크다. pH 7.0 정도
펄라이트	식재토양층에 혼용	진주암을 고온으로 소성한 것 다공질로 보수성, 통기성, 투수성이 좋다. 염기성 치환용량이 작아 보비성이 없다. 중성~약알칼리성

경량토	용도	특성
화산자갈	배수층	화산 분출암 속의 수분과 휘발성 성분이 방출된 것
화산모래	배수층, 식재토양층에 혼용	다공질로 통기성, 투수성이 좋다.
석탄재	배수층, 식재토양층에 혼용	석탄 연소가 타지 않고 남은 덩어리 다공질로 통기성 투수성이 좋다. 한냉한 습지의 갈대나 이끼가 흙 속에서 탄소화된 것
피트	식재, 토양층에 혼용	보수성, 통기성, 투수성이 좋다. 염기성 치환 용량이 커서 보비성이 좋다. 산도가 높다.

㉡ 배수

ⓐ 슬라브의 방수층 → 굵은 화산이나 탄재찌꺼기 10~20cm → 왕모래 → 거친 모래 5cm → 경량재 섞은 흙

ⓑ 바닥면 2% 정도의 경사로 구배

㉢ **관수** : 매주 2번 관수시는 매회 25~35mm, 한번 관수 시는 40~50mm 장시간 관수

살수기 용량	$g = \dfrac{D \cdot SL \cdot Sm}{60 \cdot T}$	q : 살수기 용량(l/min) D : 살수깊이(mm) SL : 살수기 간격(m) Sm : 살수열의 간격(m) T : 관수시간(hr)
살수 강도	$I = \dfrac{60 \cdot q}{A}$	I : 살수강도(mm/hr) q : 살수기의 용량(l/min) A : 살수기 1개의 살수면적(m^2)(SL · Sm)

② 옥상토양의 환경과 배식

㉠ 옥상토양의 환경 : 콘크리트 슬래브의 열전도율이 높아 기온변동이 커 토양이 건조하며 양분이 적다.

㉡ 식재층의 조성 : 사질양토에 퇴비나 부엽토를 7 : 3 비율로 혼합하고 이것에 경량토를 3 : 1 ~ 5 : 1 비율이 되게

㉢ 식물의 선택 : 하중, 토양깊이, 식재위치, 바람, 토양비옥도, 토양건조 등을 고려 천근성으로 척박지에서도 잘 자라며, 전정이 용이하고, 자라는 속도가 비교적 느리며, 병충해에 강한 수종 선택

③ 옥상조경용 수종

상록침엽교목	가이즈까향나무, 섬잣나무, 소나무, 실화백, 주목, 편백, 향나무, 화백
상록침엽관목	눈향나무, 눈주목, 둥근측백, 둥근향나무
상록활엽교목	가시나무류, 동백나무, 동청목, 아왜나무, 후피향나무
상록활엽관목	광나무, 꽝꽝나무, 왜철쭉, 남천, 다정큼나무, 돈나무, 목서, 사스레피나무, 사쯔기나무, 사철나무, 서향, 식나무, 자금우, 피라칸사, 협죽도, 호랑가시나무, 회양목, 조릿대, 유카
낙엽활엽교목	단풍나무류, 대추나무, 때죽나무, 떡갈나무, 모감주나무, 목련, 백목련, 복자기, 붉나무, 산사나무, 서나무, 쉬나무, 자귀나무, 자작나무, 참빗살나무

활엽관목	가막살나무, 개나리, 고광나무, 고추나무, 골담초, 낭아초, 댕강나무, 라일락, 말발도리, 매발톱나무, 명자나무, 무궁화, 박태기, 백당나무, 병꽃나무, 보리수나무, 분꽃나무, 산철쭉, 산초나무, 생강나무, 앵두나무, 쥐똥나무
낙엽덩굴	노박덩굴, 능소화, 등나무, 모란, 인동덩굴, 으름덩굴
지피식물	잔디, 들잔디, 맥문동, 바위떡풀, 비비추, 송악, 아주가, 옥잠화, 파키산드라

7 실내식물환경조성 및 설계

1 실내공간 식재의 기능

① 상징적 기능 : 상징적으로 사용하여 감정을 나타내는 연상의 근거가 되게 함
② 감각적 기능 : 인간의 다양한 감정에 영향을 줌
③ 건축적 기능 : 구획의 명료화, 동선의 유도, 차폐효과, 사생활 보호, 인간척도로서의 역할
④ 공학적 기능 : 음향의 조절, 공기의 정화작용, 섬광과 반사광의 조절
⑤ 미적 기능 : 시각적 요소, 장식적 요소

2 실내식재의 환경여건

① 광선
㉠ 광도의 조절 : 빛의 세기가 광보상점 이상 광포화점 이하라야 식물이 자람. 실내에서는 내음성 식물이 적당
㉡ 광질의 조절
ⓐ 가시광선 중 파란색 파장은 식물의 키가 작고 줄기가 뚱뚱하고 잎색이 짙어짐
ⓑ 가시광선 중 빨간색 파장은 식물이 길고 날씬해지며 성글고 잎이 엷어짐
ⓒ 따라서 적절히 섞어서 사용
㉢ 빛의 공급시간 조절 : 일반적 일조시간은 12시간이나, 실내에서는 12~18시간 정도 필요

② 온도
㉠ 열대식물 25~30℃, 아열대식물 20~25℃, 온대식물 15~20℃
㉡ 실내정원의 낮 온도는 21~24℃, 밤 온도 15~18℃ 되도록 유지

③ 수분 : 식물체의 약 85%가 수분이며, 수동식, 점적관수, water loops system, 자체급수용기 등으로 급수함

④ **습도** : 식물 적정습도 70~90%이나 인간최적습도는 50~60%이므로 분수나 풀사용하면 효과적임
⑤ **토양** : 무게가 가볍고 배수력이 좋은 경량토(질석, 펄라이트, 피트모스, 수태, 피트)
⑥ **용기** : 이동식 플랜터, 붙박이식 플랜터의 형태로 재료, 크기, 모양에 따라 다양함
⑦ **배수** : 펄라이트, 작은 자갈, 숯, 스티로폼을 사용해 배수층 만듦
작은용기는 지름 2.5cm, 큰 용기는 4.5~6cm, 플랜터의 1/3까지 배수층

3 실내공간 특성에 따른 식물도입기법

① **섬기법** : 눈에 잘 띄는 곳에 섬처럼 정원 만드는 것
② **겹치기(Overlap) 기법** : 실내 몇 개층이 탁트여져 상층이 돌출되어 입체적인 식재형태
③ **캐스케이드 기법** : 벽면에 단을 만들어 식재하거나 폭포 주위에 식재

4 실내식물 설계

① **식물의 색채이용** : 단색, 강조색 등을 조화롭게 배치하고 공간의 질서를 갖도록 함
② **식물의 질감이용** : 질감의 변화가 점진적으로 효과를 가질 것
③ **식물의 수고이용** : 키 큰 식물부터 식재하며 나머지 작은 키 식물을 배치하고 지피류를 활용해 수풀 효과를 줄 것. 키 큰 식물을 중심에서 약간 옆으로 1/3지점쯤에 배치하면 효과적임
④ 낮은 광에 잘 자라고, 건조에 강한 잎보기 식물을 위주로 식재하며, 꽃식물은 단기로 활용

CHAPTER 09 식재계획 및 설계

실전연습문제

01 **다음 임해매립지(臨海埋立地)의 조경에 관한 설명으로 틀린 것은?** [기사 11.10.02]

㉮ 매립지에 맨 먼저 침입해 오는 선구식물은 취명아주, 명아주 등이다.

㉯ 임해매립지는 산성이 너무 강하므로 내산성 식물을 선택해야 한다.

㉰ 염분의 농도를 낮추어 주기 위해서 사구(砂溝)를 만들거나, 물을 뿌려 염분을 제거 시킨다.

㉱ 잘 견디어 살 수 있는 내조성(耐潮性) 수종은 사철나무, 식나무, 팽나무 등이다.

풀이 임해매립지는 염분에 대해 저항성이 큰 식물을 선택해야 한다.

02 **고립목 상태로 자라고 있는 느티나무의 흉고직경은 40cm이고, 수고가 10m이며, 단위체적당 생체 중량은 1300kg/m³이다. 이 나무의 근원단위 면적당 지상부의 중량은 얼마인가?** (단, 수간형상 계수는 0.5, 근원직경은 흉고직경에 비례계수 a를 곱셈함으로써 얻어지고, a는 2이다. 지엽의 할증률은 0.1이다.) [기사 12.03.04]

㉮ 178.75kg ㉯ 357.5kg

㉰ 1787.5kg ㉱ 3575kg

풀이 수목의 지상부 중량$(W_1) = f\pi(\frac{d}{2})^2 HW_0(1+P)$

d : 흉고직경

H : 수고

f : 수간의 형상계수

W_0 : 수간의 단위체적당 생체중량

P : 지엽의 다소에 따른 할증률 (고립목0.1, 임목0.3)

따라서, $0.5\times3.14\times(\frac{0.4}{2})^2\times10\times1300\times(1+0.1)$

$= 898.04$kg

따라서, 근원단위 면적당 중량

= 수목의 중량/근원부면적

즉, $\frac{898.04}{3.14\times0.4^2} = 1787.5$kg

03 **옥상조경을 위한 구조적 조건과 관계없는 것은?** [기사 12.05.20]

㉮ 식재층의 중량 ㉯ 수목의 중량

㉰ 비배관리 ㉱ 방수

04 **실내식물의 환경조건에 대한 설명으로 옳지 않은 것은?** [기사 13.03.10]

㉮ 실내에서는 건축적 제약으로 인하여 하루 12 ~ 18시간 정도 빛을 공급받아야 한다.

㉯ 실내정원의 낮 온도는 21～24℃, 밤에는 15～18℃로 유지시켜야 한다.

㉰ 식물에 있어서 최적습도는 70 ~ 90%인데, 상대습도가 30% 이상이면 대부분의 식물은 적응할 수 있다.

㉱ 실내조경용 토양은 배수가 양호하고 양분이 많은 순수토양을 사용해야 한다.

풀이 **조경시방서 실내조경 항목 참고**

실내식물의 생장 기반이 되는 토양은 배수력과 보수력을 동시에 가져야 하며, 토양 개량제를 포함하는 배합토를 사용하는 경우 인공토양식재토심 기준을 적용한다.

ANSWER 01 ㉯ 02 ㉰ 03 ㉰ 04 ㉱

05 다음 설명은 어떤 등반유형별 식재방법에 해당하는가? [기사 13.03.10]

- 입면의 요소에 식재공간을 설치한다.
- 덩굴식물을 식재하여 사방으로 부착시키는 방법
- 입면공간이 충분하고 식재공간 설치가 가능한 경우에 이용
- 박람회장이나 이벤트장에서 유용

㉮ 등반부착형 ㉯ 등반감기형
㉰ 면적형 ㉱ 하수형

풀이 등반부착형, 등반감기형, 하수형은 건축물 벽면녹화방법으로 벽면을 피복시키는 방법임.

06 수목의 지상부 중량을 계산하는 식과 관련한 설명 중 틀린 것은? [기사 14.03.02]

$$W = K\pi\left(\frac{d^2}{2}\right)H\omega_1(1+p)$$

㉮ K : 수간 형성지수
㉯ d : 근원직경(m)
㉰ ω_1 : 수간의 단위체적당 중량
㉱ P : 지엽의 다소(多少)에 의한 할증률

풀이 W_1 : 수목의 지상부 중량(kg)
d : 흉고직경(m)
H : 수고
f : 수간의 형상계수
W_0 : 수간의 단위체적당 생체중량
P : 지엽의 다소에 따른 할증률(약 1.0(고립목) ~ 0.3(임목))

07 다음 중 옥상정원 식재(roof planting) 시 가장 우선적으로 고려해야 할 것은? [기사 14.03.02]

㉮ 식재간격 ㉯ 식재형태
㉰ 토양산도 ㉱ 뿌리의 특징

풀이 옥상정원은 인공토양이며, 하중, 토심, 배수에 아주 민감하므로 뿌리가 심근성인지 천근성인지가 중요한 요인으로 작용한다.

08 임해매립지 식재 시 염분피해를 줄이기 위해 취할 수 있는 방법으로 가장 부적합한 것은? [기사 14.09.20]

㉮ 지하수위를 낮추기 위해 맹암거를 설치한다.
㉯ 염분용탈을 위해 지속적으로 관수한다.
㉰ 화산재를 이용하여 염분을 제거한다.
㉱ 마운딩을 하여 식재하거나 객토를 한다.

풀이 **임해매립지 식재지 보완**
염도 없는 물을 충분히 관수, 석고를 토양에 혼합, 식재지 토양을 양호한 토양으로 교체, 지하수위를 낮춤 등

Part 4 조경식재

ANSWER 05 ㉰ 06 ㉯ 07 ㉱ 08 ㉰

CHAPTER 3 조경식물 재료

1 조경식물의 학명분류 및 특성 분류

1 성상별 분류

분	성상	수종
낙엽활엽수	낙엽활엽교목	단풍나무, 느티나무, 목련, 자작나무, 칠엽수
	낙엽활엽관목	개나리, 조팝나무, 낙상홍, 좀작살나무
낙엽침엽수	낙엽침엽교목	낙우송, 메타세콰이어, 낙엽송, 은행나무
상록침엽수	상록침엽교목	소나무, 전나무, 개잎갈나무, 잣나무, 측백나무, 주목
	상록침엽관목	개비자나무, 눈향나무, 눈주목
상록활엽수	상록활엽교목	광나무, 가시나무, 차나무, 소귀나무
	상록활엽관목	피라칸사, 다정큼나무, 자금우
만경류	만경류	등나무, 칡나무, 청미래덩굴, 인동덩굴

2 수고에 따른 분류

분류	수고	수종
대교목	12m	소나무, 전나무, 은행나무, 느티나무
중교목	9~12m	단풍나무, 감나무, 때죽나무, 층층나무, 모감주나무, 아왜나무, 버드나무, 뽕나무, 감탕나무
소교목	3~6m	향나무, 동백나무, 배롱나무, 마가목, 살구나무, 꽃아그배나무, 자귀나무, 매화나무
대관목	3~4.5m	돈나무, 광나무, 금목서, 쥐똥나무, 무궁화
중관목	1~2m	회양목, 둥근주목, 싸리나무, 영산홍, 명자나무, 조팝나무, 해당화, 개나리, 매자나무, 병꽃나무, 고광나무, 박태기나무, 화살나무
소관목	1m 이하	수국, 철쭉, 진달래, 모란, 골담초, 꼬리조팝나무, 눈향나무
지피식물	30cm 이하	붓꽃, 옥잠화, 비비추, 원추리
만경류		능소화, 노박덩굴, 포도, 담쟁이덩굴, 머루, 송악, 오미자, 등나무

3 수령에 따른 분류

① 유목 : 수관의 길이가 수관폭보다 크고, 좌우대칭을 이룸
② 성목 : 수종 고유의 형태를 나타냄
③ 노목 : 가지가 옆으로 확장하여 운치 있는 수형

4 라운키에르에 식물생활형에 따른 분류

① 지상식물(거대, 대형, 소형, 왜소, 다육식물, 참생식물)
② 지표식물
③ 반지중심물
④ 지중식물(토중식물, 수중식물)
⑤ 하록성 식물
⑥ 한해살이

5 학명에 따른 분류

① 학명의 구성
㉠ 속명(식물의 일반적 종류) + 종명(각각 개체를 구별하는 수식적 형용사) + 명명자
㉡ 전 세계 공통으로 사용하며 정확성이 높지만, 라틴어라서 우리에게 생소한 면이 있다.

② 학명사용의 특성
㉠ 한 식물은 한 개의 학명을 가진다.
㉡ 학명은 속명에 종명이 연결된 이명식이다.
㉢ 한 종에 대하여 둘 또는 그 이상의 학명이 있으면 최초의 학명이 적당한 이름이다.
㉣ 속명은 대문자로 시작되고 종명은 소문자로 씀
㉤ 종명 뒤에 명명자의 이름을 연결
㉥ 서로 다른 두 식물군이 통합되었을 때는 더 오래된 군의 학명이 사용됨
㉦ 학명은 이탤릭체로 기울여 쓴다.

③ 종에 따른 학명(과거 출제문제에 등장한 수종 ★ 표시)

종	학명
소철과(Cycaceae)	소철(*Cycas revoluta*)
은행나무과(Ginkgoaceac)	은행(*Ginkgo biloba*) ★
주목과(Taxaceae)	개비자(*Cephalotaxus koreana*) 주목(*Taxus cuspidata*) ★ 눈주목(*Taxus cuspidata var. nana*) 비자나무(*Torreya nucifera*) ★
소나무과(Pinaceae)	젓나무(*Abies holophylla*) ★ 구상나무(*Abies koreana*) ★ 분비나무(*Abies nephrolepis*) 히말라야시더(*Cedrus deodara*) ★ 일본잎갈나무(*Larix kaempfer*) ★ 독일가문비(*Picea abies*) ★ 방크스소나무(*Pinus banksiana*) 백송(*Pinus bungeana*) ★ 소나무(*Pinus densiflora*) ★ 반송(*Pinus densiflora 'Multicaulis'*) 잣나무(*Pinus koraiensis*) ★ 리기다소나무(*Pinus rigida*) 곰솔(*Pinus thunbergiana*) ★ 대왕송(*Pinus palustris*) 섬잣나무(*Pinus parviflora*) ★ 푼겐스소나무(*Pinus pungens*) 스트로브스잣나무(*Pinus strobus*) ★ 솔송나무(*Tsuga sieboldii*)
낙우송과(Taxodiacea)	삼나무(*Cryptomeria japonica*) 메타세쿼이아(*Metasequoia glyptostroboides*) ★ 낙우송(*Taxodium distichum*) ★ 금송(*Sciadopitys verticillata*) ★
측백나무과(Cupressaceae)	편백(*Chamaecyparis obtusa*) ★ 실편백(*Chamaecyparis obtusa var. pendula*) 화백(*Chamaecyparis pisifera*) ★ 실화백(*Chamaecyparis pisifera var. filfera*) 비단화백(*Chamaecyparis pisifera var. squarrosa*) 향나무(*Juniperus chinensis*) ★ 둥근 향나무(옥향나무)(*Juniperus chinensis var. globosa*) 가이즈까향나무(*Juniperus chinensis 'Kaizuka'*) ★ 눈향나무(*Juniperus chinensis var. sargentii*) ★ 스카이로켓향나무(*Juniperus scopulorum 'Skyrocket'*) 연필향나무(*Juniperus virginiana*) 서양측백나무(*Thuja occidentalis*) ★ 측백나무(*Thuja orientalis*) ★ 천지백(*Thuja orientalis for. sieboldii*)

종	학명
버드나무과(Salicaceae)	은백양(*Populus alba*) ★ 은사시나무(*Populus×albaglandulosa*) 미류나무(*Populus deltoides*) ★ 이탈리아포플러(*Populus euramericana*) 양버들(*Populus nigra var. italica*) 노랑버들(*Populus alba var. ritellina*) 왕버들(*Populus glandulosa*) ★ 용버들(*Salix matsudana 'Tortuosa'*) 능수버들(*Salix pseudo-lasiogyne*) ★
가래나무과(Juglandacea)	가래나무(*Juglans mandshurica*) 호두나무(*Juglans sinensis*) 중국굴피나무(*Pterocarya stenoptera*)
자작나무과(Betulaceae)	사방오리(*Alnus firma*) ★ 오리나무(*Alnus japonica*) ★ 물(산)오리(*Alnus hirsuta*) 자작나무(*Betula platyphylla var. japonica*) ★ 박달나무(*Betula schmidtii*) 난티잎개암나무(*Corylus heterophylla*) 개암나무(*Corylus heterophylla var. thunbergii*) 소사나무(*Carpinus coreana*) 서어나무(*Carpinus laxiflora*) ★
참나무과(Fagaceae)	밤나무(*Castanea crenata var. dulcis*) ★ 너도밤나무(*Fagus multinervis*) 상수리나무(*Quercus acutissima*) ★ 갈참나무(*Quercus aliena*) ★ 떡갈나무(*Quercus dentata*) ★ 신갈나무(*Quercus mongolica*) ★ 가시나무(*Quercus myrsinaefolia*) ★ 졸참나무(*Quercus serrata*) ★ 굴참나무(*Quercus variabilis*)
느릅나무과(Ulmaceae)	푸조나무(*Aphananthe aspera*) 팽나무(*Celtis sinensis*) ★ 시무나무(*Hemiptelia davidii*) 느릅나무(*Ulmus davidiana var. japonica*) ★ 느티나무(*Zelkova serrata*) ★
뽕나무과(Moraceae)	닥나무(*Broussonetia kazinoki*) ★ 꾸지뽕나무(*Cudrania tricuspidata*) 무화과(*Ficus carica*) ★ 천선과나무(*Ficus erecta*) 모람(*Ficus nipponica*) 뽕나무(*Morus alba*)
계수나무과(Cercidiphyllaceae)	계수나무(*Cercidiphyllum japonicum*) ★

종	학명
미나리아재비과(Ranunculaceae)	모란(*Paeonia suffruticosa*) ★ 위령선(*Clematis florida*) 큰꽃으아리(*Clematis patens*)
으름덩굴과(Lardizabalaceae)	으름덩굴(*Akebia quinata*) ★ 멀꿀(*Stauntonia hexaphylla*)
매자나무과(Berberidaceae)	매발톱나무(*Berberis amurensis*) 매자나무(*Berberis koreana*) ★ 당매자나무(*Berberis poiretii*) 중국남천(*Nandina fortunei*) 남천(*Nandina domestica*) ★
목련과(Magnoliaceae)	태산목(*Magnolia grandiflora*) ★ 백목련(*Magnolia hyptapeta*) 일본목련(*Magnolia hypoleuca*) ★ 목련(*Magnolia kobus*) ★ 함박꽃나무(*Magnolia sieboldii*) 별목련(*Magnolia stellata*) 자목련(*Magnolia quinquepeta*) ★ 튤립나무(*Liriodendron tulipifera*) ★ 오미자(*Schizandra chinensis*)
녹나무과(Lauraceae)	녹나무(*Cinnamomum camphora*) ★ 월계수(*Laurus nobilis*) ★ 생강나무(*Lindera obtusiloba*) ★ 참식나무(*Neolitsea sericea*) 센달나무(*Persea japonica*) 후박나무(*Persea thunbergii*) ★
범의귀과(Saxifragaceae)	미국고광나무(*Hydrangea arborescens*) 나무수국(*Hydrangea paniculata*) 고광나무(*Philadelphus schrenckii*) ★
돈나무과(Pittosporaceae)	돈나무(*Pittosporum tobira*) ★
버즘나무과(Platanaceae)	단풍버즘나무(*Platanus acerifolia*) 양버즘나무(*Platanus occidentalis*) ★ 버즘나무(*Platanus orientalis*) ★
장미과(Rosaceae)	채진목(*Amelanchier asiatica*) 풀명자(*Chaenomeles japonica*) 명자나무(*Chaenomeles lagenaria*) ★ 코토네아스터(*Cotoneaster horizontalis*) 산사나무(*Crataegus pinnatifida*) ★ 미국산사나무(*Crataegus scabrida*) 모과나무(*Cydonia sinensis*) ★ 비파나무(*Eriobotrya japonica*) 가침박달(*Exochorda serratifolia*) 황매나무(*Kerria japonica*) ★

종	학명
장미과(Rosaceae)	죽단화(*Kerria japonica var. plena*) 야광나무(*Malus baccata*) 꽃사과(*Malus floribunda*) 사과나무(*Malus domestica*) 아그배나무(*Malus sieboldii*) 윤노리나무(*Pourthiaea villosa*) 살구나무(*Prunus armeniaca var. ansu*) 옥매화(*Prunus glandulosa*) 수양벚나무(*Prunus leveilleana var. pendula*) 매실나무(*Prunus mume*) 귀룽나무(*Prunus padus*) 올벚나무(*Prunus pendula var. ascendens*) 복사나무(*Prunus persica*) 자두나무(*Prunus salicina*) 열여수(*Prunus salicina var. columnaris*) 앵도나무(*Prunus tomentosa*) 산벚나무(*Prunus sargentii*) 왕벚나무(*Prunus yedoensis*) 피라칸사(*Pyracantha angustifolia*) 돌배나무(*Pyrus pyrifolia*) 다정큼나무(*Raphiolepis umbellata*) 병아리꽃나무(*Rhodotypos scandens*) 장미(*Rosa centifolia*) 찔레꽃(*Rosa multiflora*) 노란해당화(*Rosa xanthina*) 해당화(*Rosa rugosa*) 용가시나무(*Rosa maximowicziana*) 팥배나무(*Sorbus alnifolia*) 마가목(*Sorbus commixta*) 국수나무(*Stephanandra incisa*) 조팝나무(*Spiraea prunifolia var. simpliciflora*) 꼬리조팝나무(*Spiraea salicifolia*) 개쉬땅나무(*Sorbaria sorbifolia var. stellipila*)
콩과(Leguminosae)	자귀나무(*Albizzia julibrissin*) 족제비싸리(*Amorpha fruticosa*) 골담초(*Caragana sinica*) 박태기나무(*Cercis chinensis*) 개느삼(*Echinosophora koreensis*) 주엽나무(*Gleditsia japonica var. koraiensis*) 땅비싸리(*Indigofera kirilowii*) 낭아초(*Indigofera pseudo-tinctoria*) 조록싸리(*Lespedeza maximowiczii*) 참싸리(*Lespedeza cyrtobotrya*) 싸리(*Lespedeza bicolor*)

종	학명
콩과(Leguminosae)	다릅나무(*Maackia amurensis*) 애기등(*Wisteria japonica*) 칡(*Pueraria thunbergiana*) 꽃아카시아(*Robinia Hispida*) 아카시아나무(*Robinia pseudoacacia*) 회화나무(*Sophora japonica*) 등(*Wistaria floribunda*)
운향과(Rutaceae)	유자나무(*Citrus junos*) 귤나무(*Citrus unshiu*) 쉬나무(*Evodia daniellii*) 황벽나무(*Phellodendron amurense*) 탱자나무(*Poncirus trifoliata*)
먹구슬나무과(Meliaceae)	참중나무(*Cedrela sinensis*) 먹구슬나무(*Melia azedrach var. japonica*)
소태나무과(Simaroubaceae)	가중나무(*Ailanthus altissima*) 소태나무(*Picrasma quassioides*)
회양목과(Buxaceae)	좀회양목(*Buxus microphylla*) 회양목(*Buxus microphylla var. koreana*)
옻나무과(Anacardiaceae)	안개나무(*Cotinus coggygria*) 붉나무(*Rhus chinensis*)
감탕나무과(Aquifoliaceae)	호랑가시나무(*Ilex cornuta*) 감탕나무(*Ilex integra*) 대팻집나무(*Ilex macropoda*) 먼나무(*Ilex rotunda*) 낙상홍(*Ilex serrata*) 꽝꽝나무(*Ilex crenata*)
노박덩굴과(Celastraceae)	노박덩굴(*Celastrus orbiculatus*) 화살나무(*Euonymus alatus*) 줄사철나무(*Euonymus japonica var. radicans*) 사철나무(*Euonymus japonica*) 참빗살나무(*Euonymus sieboldiaus*)
단풍나무과(Aceraceae)	중국단풍(*Acer buergerianum*) 신나무(*Acer ginnala*) 고로쇠나무(*Acer mono*) 복장나무(*Acer mandshuricum*) 네군도 단풍(*Acer negundo*) 단풍나무(*Acer palmatum*) 홍단풍(*Acer palmatum var. sanguineum*) 당단풍(*Acer pseudo-sieboldianum*) 은단풍(*Acer saccharinum*) 설탕단풍(*Acer saccharum*) 산겨릅나무(*Acer tegmentosum*) 복자기(*Acer triflorum*)

종	학명
칠엽수과(Hippocastanaceae)	칠엽수(*Aesculus turbinata*) ☆ 마로니에(*Aesculus hippocastanum*)
포도과(Vitaceae)	담쟁이덩굴(*Parthenocissus tricuspidata*) ☆ 머루나무(*Vitis coignetiae*) 포도(*Vitis labrusca*)
피나무과(Tiliaceae)	피나무(*Tilia amurensis*) 염주나무(*Tilia megaphylla*)
벽오동과(Sterculiaceae)	벽오동(*Firmiana simplex*) ☆
다래나무과(Actinidiaceae)	다래(*Actinidia arguta*)
차나무과(Theaceae)	동백나무(*Camellia japonica*) ☆ 비쭈기나무(*Cleyera japonica*) 사스레피나무(*Eurya japonica*) ☆ 우묵사스레피(*Eurya emarginata*) 노각나무(*Stewartia koreana*) ☆ 후피향나무(*Ternstroemia japonica*) ☆
위성류과(Tamaricaceae)	위성류(*Tamarix chinensis*)
팥꽃나무과(Thymelaeaceae)	서향(*Daphne odora*)
보리수나무과(Elaeagnaceae)	보리수나무(*Elaeagnus umbellata*) ☆
부처꽃과(Lythraceae)	배롱나무(*Lagerstroemia indica*) ☆
석류과(Punicaceae)	석류(*Punica granatum*) ☆
박쥐나무과(Alangiaceae)	박쥐나무(*Alangium platanifolium var. macrophylum*)
두릅나무과(Araliaceae)	오갈피(*Acanthopanax koreanum*) 황칠나무(*Dendropanax morbifera*) 팔손이(*Fatsia japonica*) ☆ 송악(*Hedera rhombea*) ☆ 음나무(*Kalopanax pictus*)
층층나무과(Cornaceae)	식나무(*Aucuba japonica*) ☆ 층층나무(*Cornus controversa*) ☆ 꽃산딸나무(*Cornus florida*) 말채나무(*Cornus walteri*) ☆ 흰말채나무(*Cornus alba*) 곰의말채나무(*Cornus brachypoda*) 산수유(*Cornus officinalis*) ☆
진달래과(Ericaceae)	만병초(*Rhododendron brachycarpum*) 황철쭉(*Rhododendron japonicum*) 영산홍(*Rhododendron indicum*) ☆ 철쭉(*Rhododendron schlippenbachii*) ☆ 산철쭉(*Rhododendron yedoense var. poukhanense*) 진달래(*Rhododendron mucronulatum*) ☆
자금우과(Myrsinaceae)	백량금(*Ardisia crenata*) 자금우(*Ardisia japonica*)

종	학명
감나무과(Ebenaceae)	감나무(*Diospyros kaki*)
때죽나무과(Styracaceae)	때죽나무(*Styrax japonica*) ★ 쪽동백(*Styrax obassia*)
노린재나무과(Symplocaceae)	노린재나무(*Symplocos chinensis var. pilosa*)
물푸레나무과(Oleaceae)	미선나무(*Abeliophyllum distichum*) ★ 개나리(*Forsythia koreana*) ★ 물푸레나무(*Fraxinus rhynchophylla*) ★ 이팝나무(*Chionanthus retusus*) ★ 광나무(*Ligustrum japonicum*) ★ 쥐똥나무(*Ligustrum obtusifolium*) ★ 영춘화(*Jasminum nudiflorum*) 목서(*Osmanthus fragrans*) 금목서(*Osmanthus fragrans var. aurantiacus*) ★ 은목서(*Osmanthus latifolius*) ★ 구골목서(*Osmanthus heterophylla*) 수수꽃다리(*Syringa dilatata*) ★ 정향나무(*Syringa palibiniana*) 털개회나무(*Syringa velutina*) 라일락(*Syringa vulgaris*) ★
협죽도과(Apocynaceae)	협죽도(*Nerium indicum*) ★ 마삭줄(*Trachelospermum asiaticum var. intermedium*) ★
마편초과(Verbenaceae)	좀작살나무(*Callicarpa dichotoma*) 작살나무(*Callicarpa japonica*) ★ 순비기나무(*Vitex rotundifolia*) 누리장나무(*Clerodendrum trichotomum*) ★
꿀풀과(Labiatae)	백리향(*Thymus quinquecostatus*)
현삼과(Scrophulariaceae)	참오동(*Paulownia tomentosa*) 오동나무(*Paulownia coreana*) ★
능소화과(Bignoniaceae)	개오동(*Catalpa ovata*) 꽃개오동(*Catalpa bignonioides*) 능소화(*Campsis grandiflora*) ★
꼭두서니과(Rubiaceae)	치자나무(*Gardenia jasminoides*) 백정화(*Serissa japonica*)
인동과(Caprifoliaceae)	댕강나무(*Abelia mosanensis*) 인동(*Lonicera japonica*) 아왜나무(*Viburnum awabuki*) ★ 병꽃나무(*Weigela subsessilis*)
무환자나무과(Sapin daceae)	모감주나무(*Koelreuteria paniculata*) ★ 무환자나무(*Sapindus mukurossi*)
갈매나무과(Rhamnaceae)	대추나무(*Zizyphus jujuba var. inermis*)

종	학명
조록나무과(Hamamelidaceae)	히어리(*Corylopsis coreana*) 조록나무(*Distylum racemosum*) 풍년화(*Hamamelis japonica*) ★ 미국풍나무(*Liquidambar stylaciflua*)
대극과(Euphorbiaceae)	굴거리나무(*Daphniphyllum macropodum*) ★ 좀굴거리나무(*Daphniphyllum glaucescens*) 예덕나무(*Mallotus japonica*)
아욱과(Malvaceae)	무궁화(*Hibiscus syriacus*) ★ 부용(*Hibiscus mutabilis*)
팥꽃나무과(Thymelaeaceae)	팥꽃나무(*Daphne genkwa*) ★
벼과(Gramineae)	오죽(*Phyllostachys nigra*) 이대(*Pseudosasa japonica*) 조릿대(*Sasa borealis*) ★

★★★★★ 6 소나무과 잎의 형태에 따른 분류

① **2엽속생** : 소나무, 반송, 해송, 방크소스나무, 금송, 육송, 곰솔
② **3엽속생** : 백송, 리기다소나무
③ **5엽속생** : 섬잣, 스트로브잣나무

★★★★★ 2 조경식물의 이용상 분류

※ 조경식물의 이용상의 분류에는

1. 생울타리 차폐용 수목
2. 녹음용 수목
3. 방풍용 수목
4. 방화용 수목
5. 방사, 방진용 수목
6. 방설용 수목
7. 방조용 수목
8. 방오용 수목으로 나누어지나

1, 2, 3, 4, 6번의 수종은 제 2장 식재계획 및 설계 중 2. 기능식재에 설명되어 있으므로 여기서는 5, 7, 8번에 관한 수종설명을 함

1 방사, 방진용 수목

① 미립자의 토양 이동을 막기 위해 토양을 굳힐 수 있는 수목 선택

② 생장이 빠르고 발근력이 왕성하며 뿌리뻗음이 깊고, 넓게 퍼지며, 지상부가 무성하면서 지엽이 바람에 상하지 않는 수종

③ 방사, 방진용 수종

방사, 방진용	눈향나무, 사철나무, 쥐똥나무, 동백나무, 보리장나무, 찔레나무, 해당화, 오리나무, 줄거리나무, 족제비싸리, 싸리나무류 등

2 방조용 수목

※ 제 2장 식재계획 및 설계 중 2 특수지역식재 중 1. 임해매립지 식재 참고

상록수	소나무, 녹나무, 히말라야시더, 참식나무, 후박나무, 향나무, 가이즈까향나무, 감나무, 개비자나무, 주목, 굴거리나무, 사스레피나무, 회양목, 아왜나무, 광나무, 돈나무, 사철나무, 다정큼나무, 소철, 인동덩굴, 눈주목, 서향, 협죽도, 식나무, 팔손이나무, 꽝꽝나무, 백량금
낙엽수	은행나무, 느티나무, 멀구슬나무, 버즘나무, 음나무, 가중나무, 위성류, 팽나무, 아까시나무, 회화나무, 노박덩굴, 층층나무, 왕쥐똥나무, 구기자, 해당화, 보리수나무, 예덕나무, 산딸나무, 쥐똥나무, 산초나무, 붉나무, 으름덩굴, 참빗살나무

3 방오용 수목

① 아황산가스에 강한 수목

침엽수	은행나무, 가이즈까향나무, 비자나무, 개비자나무, 개잎갈나무, 반송, 편백, 화백, 실편백, 향나무
상록활엽수	녹나무, 가시나무류, 후박나무, 굴거리나무, 월계수, 아왜나무, 감탕나무, 소귀나무, 광나무, 후피향나무, 꽝꽝나무, 동백나무, 돈나무, 사스레피나무, 사철나무, 협죽도, 호랑가시나무, 황칠나무, 남천, 다정큼나무, 식나무, 팔손이나무
낙엽활엽수	가중나무, 떡갈나무, 갈참나무, 멀구슬나무, 물푸레나무, 미루나무, 튤립나무, 벽오동, 상수리나무, 아까시나무, 오동나무, 일본목련, 졸참나무, 주엽나무, 참느릅나무, 칠엽수, 양버즘나무, 회화나무, 능수버들, 산오리나무, 용버들, 층층나무, 무궁화, 자귀나무, 쥐똥나무, 누리장나무, 왕쥐똥나무, 매자나무

② 아황산가스에 약한 수목

침엽수	낙엽송, 노간주나무, 젓나무, 섬잣나무, 가문비나무, 독일가문비, 대왕송, 삼나무, 소나무, 일본잎갈나무
낙엽수	고로쇠나무, 느티나무, 매실나무, 벚나무류, 감나무, 밤나무, 자작나무, 다릅나무, 단풍나무, 홍단풍, 히말라야시더

③ 배기가스에 강한 수목

침엽수	비자나무, 향나무, 가이즈까향나무, 편백, 화백, 측백나무, 눈향나무, 은행나무, 개잎갈나무, 반송
상록활엽수	굴거리나무, 녹나무, 태산목, 후피향나무, 아왜나무, 졸가시나무, 협죽도, 다정큼나무, 식나무, 감탕나무, 소귀나무, 먼나무, 꽝꽝나무, 월계수, 광나무, 돈나무, 동백나무, 비쭈기나무, 왜철쭉, 서향, 피라칸사
낙엽활엽수	벽오동나무, 참느릅나무, 버드나무류, 석류나무, 가중나무, 중국굴피나무, 물푸레나무, 자작나무, 중국단풍, 양버즘나무, 피나무, 겹벚나무, 위성류, 층층나무, 마가목, 무궁화, 산사나무, 가막살나무, 개나미, 댕강나무, 말발도리나무, 매자나무, 병꽃나무, 왕쥐똥나무, 꽃아까시나무
덩굴식물, 기타	등나무, 송악, 줄사철나무, 대나무류, 종려, 당종려, 소철, 워싱턴야자

④ 배기가스에 약한 수목

침엽수	삼나무, 소나무, 왜금송, 젓나무
상록활엽수	금목서, 은목서, 호랑가시나무
낙엽활엽수	단풍나무, 고로쇠나무, 벚나무류, 목련, 자목련, 튤립나무, 팽나무, 감나무, 매실나무, 무궁화, 수수꽃다리, 무화과나무, 자귀나무, 개쉬땅나무, 고광나무, 단풍철쭉, 명자나무, 박태기나무, 조팝나무, 산수국, 수국백당, 협죽도, 화살나무

CHAPTER 03 조경식물 재료

실전연습문제

01 수형은 원추형을 이루고 내음성과 내조성이 강한 상록침엽으로서 큰 나무의 이익은 곤란하나 전정에 잘 견디며 경계식재나 기초식재에 이용하는 수목은? [기사 11.03.20]

㉮ *Cedrus deodara* Loudon
㉯ *Magnolia LiLiflora* Desr
㉰ *Taxus cuspidata* Siebold & Zucc
㉱ *Acer palmatum* Thunb. ex Murray

풀이 ㉮ 개잎갈나무 ㉯ 자목련
㉰ 주목 ㉱ 단풍나무

02 다음 중 마가목의 학명으로 옳은 것은? [기사 11.03.20]

㉮ *Prunus verecunda* Koidz
㉯ *Sorbus commixta* Hedl
㉰ *Firmiana simplex* W.F.Wight
㉱ *Weigela subsessilis* L.H.Bailey

풀이 ㉮ 개벚나무 ㉯ 마가목
㉰ 벽오동 ㉱ 병꽃나무

03 다음 나무의 한자어 이름이 잘못된 것은? [기사 11.03.20]

㉮ 진달래 - 두견화(杜鵑化)
㉯ 산딸나무 - 사조화(四照化)
㉰ 자귀나무 - 야합수(夜合樹)
㉱ 은행나무 - 학자수(學者樹)

풀이 ㉱ 회화나무 – 학자수

04 다음 중 같은 과(科)에 해당되지 않는 것은? [기사 11.03.20]

㉮ 개맥문동 ㉯ 곰취
㉰ 구절초 ㉱ 털머위

풀이 ㉮ 개맥문동(백합과)
나머지는 모두 국화과

05 다음 중 측백나무과(科)에 속하지 않는 것은? [기사 11.03.20]

㉮ *Thuja orientalis* for. *sieboldii* Rehder
㉯ *Torreya nucifera* Siebold & Zucc
㉰ *Juniperus rigida* Siebold & Zucc
㉰ *Juniperus chinensis* var. *globosa*

풀이 ㉮ 둥근측백
㉯ 비자나무(주목과)
㉰ 노간주나무
㉱ 둥근향나무

06 집단식재기법을 적용하여 배식함으로써 수관의 층화(stratification)를 형성하고자 한다. 상층 수관을 적절하게 형성할 수 있는 수종으로만 짝지어진 것은? [기사 11.06.12]

㉮ *Abies holophylla, Zelkova serrata*
㉯ *Pinus densiflara, Syringa patula* var. kamibayshii
㉰ *Juniperus chinensis* var. *sargentii, Ailanthus altissima*
㉱ *Liriodendron tulipifera, Nerium indicum*

ANSWER 01 ㉰ 02 ㉯ 03 ㉱ 04 ㉮ 05 ㉯ 06 ㉮

풀이 ㉮ 전나무, 느티나무
㉯ 소나무, 정향나무
㉰ 눈향나무, 가중나무
㉱ 튤립나무, 협죽도
수관의 상층부가 가지와 잎이 많은 형태의 수종

07 *Pinus rigida*와 *Juniperus rigida*에 대한 다음 설명 중 잘못된 것은? [기사 11.06.12]

㉮ 공통적으로 외래종이다.
㉯ 공통적으로 상록침엽수이다.
㉰ 공통적으로 우리나라 산지에서 볼 수 있다.
㉱ 종면 '*rigida*'는 단단하다는 뜻이다.

풀이
- *Pinus rigida* (리기다 소나무) : 북아메리카 원산지
- *Juniperus rigida* (노간주 나무) : 한국이 원산지

08 일본목련(Magnolia obovata)과 후박나무에 대한 다음 설명 중 잘못된 것은? [기사 11.06.12]

㉮ 일본목련은 목련과(科), 후박나무는 녹나무과(科)이다.
㉯ 일본목련은 낙엽활엽교목이고 후박나무는 상록활엽교목이다.
㉰ 후박나무는 한국자생종이다.
㉱ 일본목련의 한자명은 목란(木蘭)이다.

풀이 일본목련의 한자명은 후박(厚朴)으로 우리나라에서 부르는 녹나무과의 후박나무(楠)와는 다르다.

09 우리나라에서 낙엽성 참나무류 중 천연기념물로 4곳(울진, 서울, 안동, 강릉)에 지정되어 있는 수종은? [기사 11.06.12]

㉮ 신갈나무 ㉯ 상수리나무
㉰ 떡갈나무 ㉱ 굴참나무

풀이 **천연기념물 굴참나무**
① 울진(蔚珍) 수산리(守山里) 굴참나무(천연기념물 제96호)
② 서울 신림동(新林洞) 굴참나무(천연기념물 제271호)
③ 안동 임동면 굴참나무(천연기념물 제288호)
④ 강릉시 옥계면 굴참나무(천연기념물 제461호)

10 다음 중 개오동나무의 과(科)명으로 적합한 것은? [기사 11.06.12]

㉮ 능소화과 ㉯ 장미과
㉰ 물푸레나무과 ㉱ 버드나무과

풀이 **개오동나무**
현화식물문 〉 쌍떡잎식물강 〉 통꽃식물목 〉 능소화과

11 다음 *Populus nigra var. italica* Koehne에 관한 설명으로 틀린 것은? [기사 11.10.02]

㉮ 버드나무과 수종이다.
㉯ 수형은 원주형으로 빗자루처럼 좁은 형태이다.
㉰ 농촌지역의 가로수 및 지표수로 적합한 수종이다.
㉱ 잎의 길이가 나비보다 긴 특징이 있다.

풀이 양버들에 관한 설명으로 잎은 삼각형이며 길이가 너비보다 짧음

ANSWER 07 ㉮ 08 ㉱ 09 ㉱ 10 ㉮ 11 ㉱

12 다음 중 참나무과(科) 식물에 해당되지 않는 종은? [기사 11.10.02]

㉮ *Corylus heterophylla*
㉯ *Fagus multinervis*
㉰ *Quercus myrsinaefolia*
㉱ *Castanea crenata*

풀이 ㉮ 개암나무(자작나무과)
㉯ 너도밤나무
㉰ 가시나무
㉱ 밤나무

13 다음 중 무궁화의 학명으로 맞는 것은? [기사 12.03.04]

㉮ *Lagerstroemia indica* L.
㉯ *Cornus controversa* Hemsl. ex Prain
㉰ *Cedrus deodara* Loudon
㉱ *Hibiscus syriacus* L.

풀이 ㉮ 배롱나무
㉯ 층층나무
㉰ 개잎갈나무
㉱ 무궁화

14 다음 중 상록활엽 만경목(常綠闊葉蔓莖木)에 해당되는 것은? [기사 12.03.04]

㉮ 송악 ㉯ 계요등
㉰ 능소화 ㉱ 노박덩굴

풀이 계요등, 능소화, 노박덩굴은 낙엽성 덩굴임

15 다음 중 활엽수로 가장 크게 자랄 수 있는 수종은? [기사 12.03.04]

㉮ *Platanus occidentalis*
㉯ *Abies Koreana*
㉰ *Cercis chinensis*
㉱ *Rosa rugosa*

풀이 ㉮ 양버즘나무(플라타너스)
㉯ 구상나무
㉰ 박태기나무
㉱ 해당화

16 우리나라의 자생지가 울릉도인 수종은? [기사 12.03.04]

㉮ *Ficus carica* L.
㉯ *Quercus mongolica* Fisch. ex Ledeb.
㉰ *Acer pseudosieboldianum* Kom.
㉱ *Fagus engleriana* Seemen ex Diels

풀이 ㉮ 무화과나무
㉯ 신갈나무
㉰ 당단풍나무
㉱ 너도밤나무

17 다음 중 상록성이 아닌 것은? [기사 12.05.20]

㉮ *Ilex crenata* ㉯ *Ilex cornuta*
㉰ *Ilex integra* ㉱ *Ilex serrata*

풀이 ㉮ 꽝꽝나무
㉯ 호랑가시나무
㉰ 감탕나무
㉱ 낙상홍

ANSWER 12 ㉮ 13 ㉱ 14 ㉮ 15 ㉮ 16 ㉱ 17 ㉱

18 *Hibiscus syriacus* L.에 대한 설명으로 부적합한 것은? [기사 12.05.20]

㉮ 성상은 낙엽활엽관목이다.
㉯ 음양성은 양수에 가깝다.
㉰ 내공성은 강하다.
㉱ 개화기는 초봄이다.

풀이 무궁화에 대한 설명으로 5월에서 7월 사이 여름에 꽃 핀다.

19 아랍어로 자이툰이라고 하며 2002년 그리스올림픽 때 메달수여자의 월계관에 이용된 나무이다. 우리나라 실내 조경 식물로 이용하기도 하는 것은? [기사 12.05.20]

㉮ 계수나무 ㉯ 올리브나무
㉰ 월계수 ㉱ 파피루스

20 다음 중 물푸레나무, 가중나무, 느릅나무, 계수나무의 공통점은? [기사 12.05.20]

㉮ 암수 한그루이다.
㉯ 우리나라 자생종이다.
㉰ 잎은 기수 1회 우상복엽이다.
㉱ 종자에는 날개가 달려 있다.

21 다음 설명하는 수목의 특징에 가장 적합한 종은? [기사 12.05.20]

- 유럽에서 들어온 상록교목으로 원산지에서는 50m까지 자란다.
- 소지는 밑으로 처지고 동아는 붉은빛이 돌거나 연한 갈색이고 수지(樹脂)가 없다.
- 열매는 땅을 보고 달린다.
- 자웅동주로서 꽃은 6월에, 열매는 10월에 익으며 잎은 침상 능형이다.

㉮ *Picea koraiensis*
㉯ *Picea abies*
㉰ *Picea pungsanensis*
㉱ *Picea Jezoensis*

풀이 ㉮ 종비나무
㉯ 독일가문비
㉰ 털가문비나무
㉱ 가문비나무

22 *Pinus thunbergil* Parl.에 대한 설명으로 옳지 않은 것은? [기사 12.05.20]

㉮ 동아(冬芽)는 붉은 색이다.
㉯ 수피는 흑갈색이다.
㉰ 줄기는 단일절(單一節)이다.
㉱ 해안지역의 평지에 많이 분포한다.

풀이 곰솔에 관한 설명으로 동아(겨울눈)은 흰색이다.

ANSWER 18 ㉱ 19 ㉯ 20 ㉱ 21 ㉯ 22 ㉮

23 다음 [보기]에서 설명하는 식물은?
[기사 12.09.15]

보기
- 백합과 식물이다.
- 잎은 길이가 30 ~ 50cm, 폭 8 ~ 12mm로 납작한 진록색 잎이 한 뿌리에서 총생한다.
- 개화기가 5 ~ 6월로 꽃이 3 ~ 5개씩 마디마다 모여 피는 총상화서로 연보라색이다.
- 중부이남 지역의 나무 그늘아래 음습지에서 자생한다.

㉮ 맥문동 ㉯ 꽃창포
㉰ 노루귀 ㉱ 털머위

24 다음 중 수목 중 학명이 틀린 것은?
[기사 12.09.15]

㉮ 박태기나무 : *Cercis chinensis* Bunge
㉯ 감찰나무 : *Quercus aliena* Blume
㉰ 은단풍 : *Acer pictum* L.
㉱ 모과나무 : *Chaenomeles sinensis* Koehne

풀이 은단풍 : Acer saccharinum L.

25 다음 중 총상화서의 흰색 꽃이 5월경에 피는 속성 공원수로서 공해(대기오염)에 강한 수종은?
[기사 12.09.15]

㉮ *Prunus padus* L. for. *padus*
㉯ *Prunus sargentii* Rehder
㉰ *Lindera obtusiloba* BI.
㉱ *Prunus berecunda* var. *pendula*

풀이 ㉮ 귀룽나무, ㉯ 산벚나무
㉰ 생강나무, ㉱ 처진개벚나무

26 다음 설명하는 수종은?
[기사 12.09.15]

- 속명(屬名)은 *Cercidiphyllum*이다.
- 낙엽활엽교목으로 원추형 수형을 보인다.
- 한자명이 연향수(連香樹)이다.
- 심장형의 잎과 노란색 또는 주황색으로 물드는 단풍이 아름답다.

㉮ 월계수 ㉯ 박태기나무
㉰ 계수나무 ㉱ 다정큼나무

27 수목명, 학명 및 영명의 연결이 서로 옳지 않은 것은?
[기사 12.09.15]

㉮ 부용 - *Hibiscus syriacus*
- Victors Laurel
㉯ 화살나무 - *Euonymus alatus*
- Winged Spindle tree
㉰ 가죽나무 - *Ailanthus altissima*
- Tree of Heaven
㉱ 미선나무 - *Abeliophullum distichum*
- White Forsythia

풀이 부용 - *Hibiscus mutabilis L.* - Cotton Rose

28 다음 중 자귀나무에 대한 설명으로 틀린 것은?
[기사 12.09.15]

㉮ 학명은 *Albizia julibrissin* Durazz 이다.
㉯ 삽목, 접목을 통해서 번식한다.
㉰ 잎은 어긋나기하며, 짝수 2회 깃모양겹잎이다.
㉱ 열매는 길이 15cm 정도의 편평한 협과에 5 ~ 6개의 정도의 종자가 들어 있다.

풀이 **자귀나무 번식**
종자번식(가을에 익은 꼬투리를 따서 종자를 채취해 뿌린다.)

ANSWER
23 ㉮ 24 ㉰ 25 ㉮ 26 ㉰ 27 ㉮ 28 ㉯

29 다음 조경수 중 상록수끼리만 나열된 것은? [기사 13.03.10]

㉮ 은행나무, 주목, 낙우송
㉯ 측백나무, 자금우, 가시나무
㉰ 버드나무, 소귀나무, 가래나무
㉱ 태산목, 녹나무, 멀구슬나무

30 다음 단풍나무과(科) 식물에 관한 설명으로 옳지 않은 것은? [기사 13.03.10]

㉮ *Acer tataricum* subsp. *ginnala* Wesm.는 잎의 하단부에서 3개로 갈라지며 복거치가 있고, 단풍은 붉은 색이다.
㉯ *Acer negundo* L 은 잎이 5~7개로 갈라지고 가장자리에 거친 톱니가 있으며, 단풍은 붉은 색이다.
㉰ *Acer triflorum* Kom의 잎은 3출엽으로 단풍은 붉은 색이다.
㉱ *Acer saccharinum* L은 잎이 5개로 갈라지며 복거치가 있고, 잎 뒷면이 은백색이다.

풀이 *Acer negundo* L(네군도단풍)
잎은 대생하고 3~5(때로는 7~9)개의 소엽으로 된 우상복엽

31 다음 중 원산지가 외래수종으로 짝지어진 것은? [기사 13.03.10]

㉮ *Juglans regia* Dode, *Punica granatum* L.
㉯ *Cornus kousa* F. Buerger *ex* Miquel, *Sorbus alnifolia* K. Koch
㉰ *Cornus alba* L. *Forsythia koreana* (Rehder) Nakai
㉱ *Crataegus pinnatifida* Bunge, *Berberis koreana* Palib.

풀이 ㉮ 호두나무, 석류나무
㉯ 산딸나무, 팥배나무
㉰ 흰말채나무, 개나리
㉱ 산사나무, 매자나무

32 다음 중 속명(屬名)이 Trachelospermum이고, 명명이 Chinese Jasmine이며, 한자명이 백화등(白花藤)인 것은? [기사 13.03.10]

㉮ 으아리 ㉯ 마삭줄
㉰ 인동덩굴 ㉱ 줄사철

33 다음 중 배기가스에 강한 수목은? [기사 13.06.02]

㉮ *Cinnamomum camphora* (L.) J. Presl
㉯ *Acer pictum subsp.* mono (Maxim.) Ohashi
㉰ *Abies holophylla* Maxim
㉱ *Prunus sargentii* Rehder

풀이 ㉮ 녹나무
㉯ 고로쇠나무
㉰ 전나무
㉱ 산벚나무

34 다음 중 후박나무의 학명으로 알맞은 것은? [기사 13.06.02]

㉮ *Magnolia liliiflora* Desr.
㉯ *Magnolia obovata* Thunb.
㉰ *Magnolia grandiflora* L.
㉱ *Machilus thunbergii* Siebold & Zucc

풀이 ㉮ 자목련
㉯ 일본목련
㉰ 태산목
㉱ 후박나무

ANSWER 29 ㉯ 30 ㉯ 31 ㉮ 32 ㉯ 33 ㉮ 34 ㉱

35 다음 중 *Prunus yedoensis* Matsum.에 대한 설명으로 옳지 않은 것은? [기사 13.06.02]

㉮ 열매는 구형의 핵과이다.
㉯ 암술대에는 털이 있다.
㉰ 잎 가장자리에는 예리한 이중거치가 있다.
㉱ 일본원산으로 한국에는 일제강점기 때 도입되었다.

풀이 왕벚나무에 대한 설명으로 원산지는 한국이다.

36 다음 중 우리나라가 원산지인 수종이 아닌 것은? [기사 13.06.02]

㉮ *Chionanthus retusus* Lindl. & Paxton
㉯ *Robinia pseudoacacia* L.
㉰ *Styrax japonicus* Siebold & Zucc.
㉱ *Thuja orientalis* L.

풀이 ㉮ 이팝나무
㉯ 아까시나무(원산지 미국)
㉰ 때죽나무
㉱ 측백나무

37 다음 식물 중 같은 과(科)에 해당하지 않는 것은? [기사 13.06.02]

㉮ *Alnus sibirica Fisch.* ex Turcz.
㉯ *Betula platyphylla* var. japonica Hara
㉰ *Carpinus cordata* Blume
㉱ *Castanea crenata* Siebold & Zucc,

풀이 ㉮ 물오리나무(자작나무과)
㉯ 자작나무(자작나무과)
㉰ 까치박달나무(자작나무과)
㉱ 밤나무(참나무과)

38 다음 중 *Abies holophylla*에 대한 설명으로 틀린 것은? [기사 13.09.28]

㉮ 잎 뒷면의 기공조선이 4줄이다.
㉯ 오대산 월정사 진입로에 열식되어 있다.
㉰ 종명은 그리스어의 holos와 phyllon의 합성어이다.
㉱ 수고 20 ~ 40m에 달하는 고산성상록침엽교목으로서 풍치수로 흔히 식재된다.

풀이 • *Abies holophylla* : 전나무
잎 끝이 뾰족하고 잎 뒷면에 2줄의 백색기공조선이 있다.

39 다음 장미과(科)수목 중 Malus 속에 해당되는 것은? [기사 13.09.28]

㉮ 돌배나무 ㉯ 아그배나무
㉰ 마가목 ㉱ 산사나무

풀이 ㉮ 돌배나무 : *Pyrus pyrifolia*
㉯ 아그배나무 : *Malus sieboldii*
㉰ 마가목 : *Sorbus commixta*
㉱ 산사나무 : *Crataegus pinnatifida*

40 다음 중 조경수의 특성으로 틀린 것은? [기사 14.03.02]

㉮ *Pinus thunbergii* Parl : 잎이 2개씩 속생하며 수피는 흑갈색이다.
㉯ *Sciadopitys verticillata* Siebold & Zucc : 3개씩 속생하는 잎이 단지 위에 붙어 윤생하는 것처럼 보인다.
㉰ *Pinus koraiensis* Siebold & Zucc : 잎이 5개씩 속생, 수피는 흑갈색이다.
㉱ *Pinus rigida* Mill : 잎이 3개씩 속생, 수피에 맹아가 발달한다.

풀이 *Sciadopitys verticillata* Siebold & Zucc
금송의 학명으로 2엽속생에 해당함

ANSWER
35 ㉱ 36 ㉯ 37 ㉱ 38 ㉮ 39 ㉯ 40 ㉯

41 다음 중 참나무과(科)가 아닌 것은? [기사 14.03.02]

㉮ 가시나무 ㉯ 홍가시나무
㉰ 밤나무 ㉱ 구실잣밤나무

풀이 홍가시나무는 장미과임.

42 다음 중 덩굴성 식물로만 짝지어진 것은? [기사 14.03.02]

㉮ *Celastrus orbiculatus* - *Actinidia arguta*
㉯ *Campsis grandifolia* - *Aesculus turbinata*
㉰ *Parthenocissus tricuspidata* - *Callicarpa dichotoma*
㉱ *Lonicera japonica* - *Hydrangea macrophylla*

풀이 ㉮ *Celastrus orbiculatus*(노박덩굴) - *Actinidia arguta*(다래)
㉯ *Campsis grandifolia*(능소화) - *Aesculus turbinata*(칠엽수)
㉰ *Parthenocissus tricuspidata*(담쟁이덩굴) - *Callicarpa dichotoma*(좀작살나무)
㉱ *Lonicera japonica*(인동덩굴) - *Hydrangea macrophylla*(수국)

43 *Prunus padus* L에 대한 설명으로 틀린 것은? [기사 14.03.02]

㉮ 수피는 흑갈색이다.
㉯ 생육속도가 매우 느리다.
㉰ 5월에 백색의 꽃이 핀다.
㉱ 원산지는 한국으로 내공해성이 강하다.

풀이 ***Prunus padus* L.(귀룽나무)**
높이 15m에 이르며 가지가 무성하며 아주 잘 자란다.

44 다음 설명하는 식물은? [기사 14.05.25]

- 꽃고비과이다.
- 잎은 상록성다년초로 경질이며 군생한다.
- 잎의 형태는 피침평 내지는 침상으로 1.3m 내외가 된다.

㉮ 바위치 ㉯ 프리뮬러
㉰ 삼지구엽초 ㉱ 지면패랭이꽃

풀이 **지면패랭이꽃**
학명 *Phlox subulata* L. 꽃고비과에 속한다. 관상용이며 상록성 다년생초본으로 꽃은 4 ~ 9월에 붉은색, 자주색, 분홍색, 흰색 등으로 줄기의 윗부분의 갈라진 가지에 1개씩 달린다. 높이 10cm이고 잔디처럼 땅을 덮고 많은 가지가 갈라진다. 잎은 마주나며 주로 끝이 뾰족한 바소 모양이고 가장자리가 꺼칠하고 잎자루가 없다.

45 다음 차나무(Theaceae)과 수목 중 낙엽활엽교목인 것은? [기사 14.05.25]

㉮ *Camellia sinensis*
㉯ *Cleyera japonica*
㉰ *Terstroemia japonica*
㉱ *Stewartia koreana*

풀이 ㉮ *Camellia sinensis* 차나무(상록활엽관목)
㉯ *Cleyera japonica* 비쭈기나무(상록활엽소교목)
㉰ *Ternstroemia japonica* 후피향나무(상록활엽소교목)
㉱ *Stewartia koreana* 노각나무(낙엽성교목)

ANSWER 41 ㉯ 42 ㉮ 43 ㉯ 44 ㉱ 45 ㉱

46 다음 중 *Chionanthus retusus* Lindl & Paxton에 대한 설명이 아닌 것은? [기사 14.05.25]

㉮ 과명은 물푸레나무과이다.
㉯ 속명 *Chionanthus*은 Chion(눈)과 anthos(꽃)의 합성어이다.
㉰ 우리나라에서 뿐만 아니라 중국, 일본에도 자생한다.
㉱ 암수한그루이다.

풀이 *Chionanthus retusus* Lindl. & Paxton : 이팝나무로 암수딴그루이다.

47 다음 중 원산지가 한국이 아닌 수종은? [기사 14.05.25]

㉮ *Stewartia koreana*
㉯ *Carpinus turczaninovii*
㉰ *Paeonia suffruticosa*
㉱ *Prunus yedoensis*

풀이 ㉮ *Stewartia koreana* 노각나무 : 원산지 한국
㉯ *Cleyera japonica* 비쭈기나무 : 원산지 한국
㉰ *Paeonia suffruticosa* 황금목단 : 원산지 중국
㉱ *Prunus yedoensis* 왕벚나무 : 원산지 한국

48 다음 중 일반적으로 생장속도가 가장 빠른 수종은? [기사 14.09.20]

㉮ *Diospyros kaki* Thunb.
㉯ *Populus tomentiglandulosa* T. B. Le
㉰ *Acer palmatum* Thunb.
㉱ *Quercus dentata* Thunb.

풀이 ㉮ 감나무
㉯ 은사시나무 : 생장이 매우 빠르다.
㉰ 단풍나무
㉱ 떡갈나무

49 다음 중 협죽도과(科)의 수종은? [기사 14.09.20]

㉮ 좀작살나무 ㉯ 목서
㉰ 마삭줄 ㉱ 치자나무

풀이 ㉮ 좀작살나무(마편초과)
㉯ 목서(물푸레나무과)
㉰ 마삭줄(협죽도과)
㉱ 치자나무(꼭두서니과)

50 「*Euonymus fortunei var. radicans*」은 어떤 나무의 학명인가? [기사 14.09.20]

㉮ 사철나무 ㉯ 줄사철나무
㉰ 노박덩굴 ㉱ 참빗살나무

풀이 ㉮ *Euonymus japonicus* Thunb. : 사철나무
㉯ *Euonymus for tunei var. radicans* : 줄사철나무
㉰ *Celastrus orbiculatus* Thunb. : 노박덩굴
㉱ *Euonymus hamiltonianus* Wall. : 참빗살나무

51 다음 중 북아메리카 원산의 수목은? [기사 14.09.20]

㉮ 노각나무 ㉯ 쉬나무
㉰ 정향나무 ㉱ 아까시나무

풀이 ㉮ 노각나무(한국)
㉯ 쉬나무(중국, 한국, 일본)
㉰ 정향나무(한국)
㉱ 아까시나무(북아메리카)

ANSWER 46 ㉱ 47 ㉰ 48 ㉯ 49 ㉰ 50 ㉯ 51 ㉱

3 조경식물의 형태적 특성

1 조경식물의 규격표시

① **수고(*H*)** : 지면에서 수관의 맨 위 끝부분까지 수직적 높이
② **수관폭(*W*)** : 수목의 최대나비. 덩굴식물 규격표시에 중요
③ **지하고(*B.H*)** : 수관의 맨 아래 가지에서 지면까지의 수직거리 가로수 수종 선택 시 중요
④ **흉고직경(*B*)** : 지상에서 가슴높이에 있는 줄기의 지름. 주로 120cm 정도 높이
⑤ **근원직경(*R*)** : 줄기가 가슴높이 전후에서 갈라진 수종에 대해 지상부와 지하부가 마주치는 줄기의 지름. 주로 지상 30cm 정도에서 측정

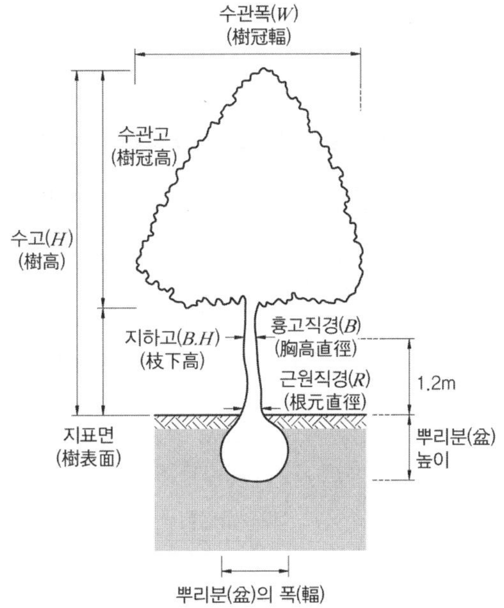

⑥ **줄기 수(*CA*)** : 줄기가 지면에서 여러 가지로 갈라지는 관목의 경우 줄기의 개수를 세는 것

2 조경식물의 규격 표시방법

① H×B : 흉고의 직경을 잴 수 있는 일정한 형태의 수형을 가진 낙엽활엽교목류

예) 백합나무(H3.0×B5), 왕벚나무(H3.0×B5), 은행나무(H4.0×B5), 버즘나무, 은단풍, 플라타너스, 일본목련, 회화나무, 산벚나무, 살구나무, 자작나무, 참나무, 메타세쿼이아, 녹나무

② H×W : 지상부 수간이 가지와 지엽들로 둘러싸여 흉고를 재기 어려운 교목류와 대부분의 관목

예) 독일가문비(H8.0×W4.0), 섬잣나무(H2.0×W1.0), 스트로브 잣나무, 잣나무, 전나무, 오엽송, 독일가문비, 금송, 동백나무, 구상나무, 서양측백, 주목, 병꽃나무, 반송, 명자나무, 가이즈까 향나무, 측백, 자귀나무, 협죽도, 개비자나무, 돈나무, 붉나무 그리고 대부분의 관목으로 회양목, 쥐똥나무, 사철나무, 수수꽃다리, 철쭉류, 산철쭉, 화살나무, 영산홍 등

③ H×R : 지상부 수간의 형태와 원직경이 현저히 나타나는 수종

예) 감나무(H2.0×R5), 느티나무(H3.0×R6), 청단풍, 모과나무, 매화나무, 자귀나무, 굴참나무, 신갈나무, 상수리나무, 낙우송, 층층나무, 생강나무, 매화, 목련, 꽃사과, 때죽나무, 백목련, 벽오동, 배롱나무, 산수유, 칠엽수, 아왜나무, 동백나무, 후박나무, 오리나무, 함박꽃나무, 물푸레나무, 만경류(등나무) 등

④ 특이하게 기록하는 것들

- $H \times W \times L$: 눈향($H\,0.3 \times W\,0.4 \times L\,0.8$)
- $H \times W \times R$: 소나무($H\,3.0 \times W\,1.5 \times R\,10$)
- $H \times L \times R$: 등나무($H\,3.0 \times L\,2.0 \times R\,6$)
- $H \times W \times$ 가지수 : 개나리($H\,1.2 \times W\,0.6 \times$ 5지), 쥐똥나무

3 수관의 모양과 특성에 따른 분류

수형			특성	수종
정형	직선형	원주형	기둥 같은 긴 수관 형성	무궁화, 비자, 양버들
		원통형	아래·위 수관폭이 같음	무궁화, 사철나무, 측백나무
		원추형	상단이 뾰족한 긴 삼각형	가이즈까향나무, 낙엽송, 리기다소나무, 삼나무, 섬잣나무, 젓나무
		우산형	수관이 우산모양	네군도단풍, 복숭아나무, 솔송나무, 왕벚나무, 편백, 화백
	곡선형	피라미드형	위·아래의 수관선이 양쪽으로 들어가는 원추형 곡선모양	독일가문비나무, 히말라야시더
		원개형	지하고 낮게 지엽이 옆으로 확장	녹나무, 후피향나무, 회양목
		타원형	수관이 타원모양	동백, 박태기나무, 치자나무
		난형	수관이 달걀모양	가시나무, 꽃사과, 구실잣나무, 동백나무, 모밀잣밤나무
		편정형	수관 상부가 평면 또는 곡선을 이루는 술잔 모양	계수나무, 느티나무
		구형	수관이 공모양	반송, 수국
부정형		횡지형	가지가 옆으로 확장	단풍나무, 배롱나무, 석류나무, 자귀나무
		능수형	가지가 길게 아래로 늘어짐	능수버들, 딱총나무, 수양벚나무, 싸리나무, 황매
		포복형	줄기가 지표를 따라 생육	누운향나무
		피복형	수관 하단선이 지표 가까이 닿음	눈주목, 진달래, 조릿대, 주목, 산철쭉
		만경형	다른 물체에 기대어 자람	능소화, 등나무, 으름덩굴, 인동덩굴, 줄사철

4 잎의 특성에 따른 분류

① 잎 모양에 따른 분류

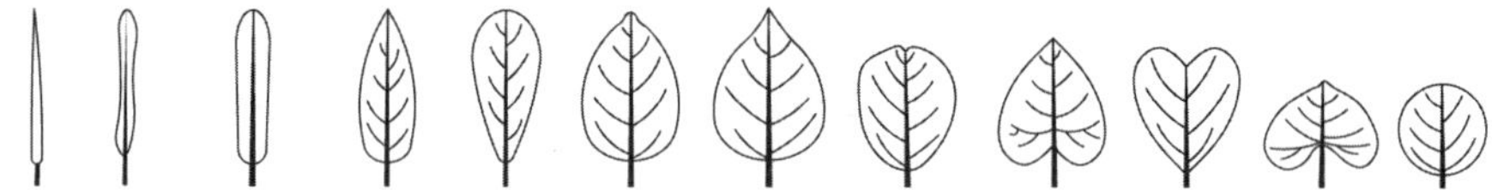

침형 선형 넓은선형 피침형 거꿀피침형 타원형 난형 도란형 심장형 거꿀심장형 신장형 원형

② 잎차례에 따른 분류

어긋나기 마주나기 돌려나기 모여나기

③ 잎맥의 종류에 따른 분류

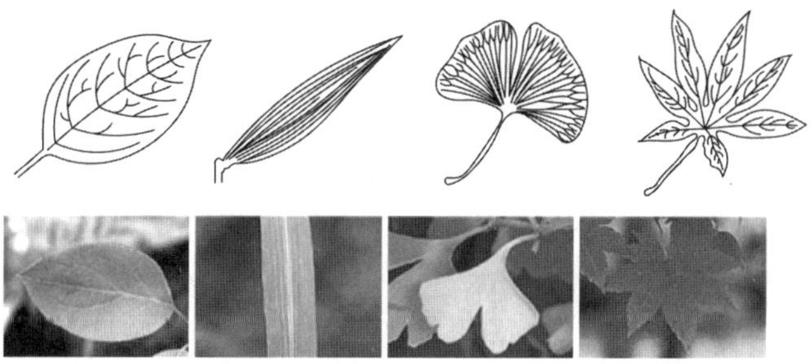

그물맥(망상맥) 나란히맥(평행맥) 차상맥 손모양맥(장상맥)

④ 잎맥의 종류에 따른 분류

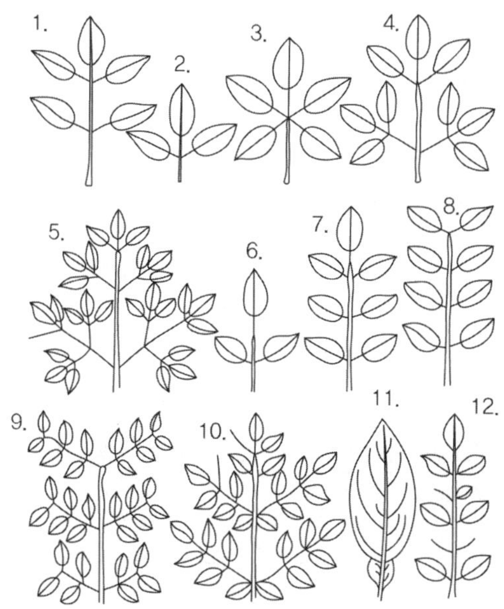

복엽

1. a) 소탁엽(stipel)
   b) 소엽병(petiolule)
   c) 소엽(leaflet)
   d) 총엽병(rachis)

2~5. 장상복엽(palmately compound leaf)
2. 3출엽(ternated or trifoliolate leaf)
3. 5출엽(pemtafoliolate leaf)
4. 2회 3출엽(biternate leaf)
5. 3회 3출엽(triternate leaf)

6~10. 우상복엽(pinnately compound leaf)
6. 기수 1쌍 우상복엽(oddpinnate unijuate, leaves)
7. 기수 1회 우상복엽
8. 우수 1회 우상복엽(even-pinnate leaf)
9. 우수 2회 우상복엽(even-bipinnate leaf)
10. 기수 2회 우상복엽(odd-bipinnate leaf)
11. 단신복엽(unifoliolate compound leaf)
12. 부제 우상복엽(interrupted pinnate compound leaf)

5 열매의 형태상 분류

① **구과(毬果, 방울열매)** : 소나무과 식물의 열매로 목질의 비늘 조각이 여러 겹으로 포개져서 구형이나 원추형을 이룸.

② **견과(堅果, 殼果〈각과〉, 굳은 열매)** : 다 익은 뒤에도 껍질이 터지지 않는 과실로 주로 민들레, 떡갈나무, 단풍나무, 밤, 도토리, 은행, 호두의 열매

③ **수과(瘦果, = 장미과(薔薇果), 여윈열매)** : 겉으로 보기에는 마치 씨처럼 생겼으나 작고, 여물어도 벌어지지 않고 단단함, 주로 메밀, 민들레, 비단쑥, 할미꽃 등에 해당

④ **이과(理科, 능금나무과 열매)** : 다육부가 있는 배, 능금, 사과 등

⑤ **장과(漿果, 液果, 물과실)** : 다육(多肉)이며 액즙도 많고 내부에 한 개 또는 여러 개의 종자를 가진 과실, 포도, 귤, 감, 토마토 등

⑥ **영과(穎果, 穀果〈곡과〉)** : 견과의 한 가지로 과피가 건조하여 종피(種皮, 씨껍질)와 꼭 붙어 있고 씨도 하나임. 보리, 벼, 밀 등의 포아풀과 식물의 열매

⑦ **시과(翅果, 翼果, 날개열매)** : 과피가 자라서 날개 모양이 되어 바람에 흩어지기 편리하게 된 열매. 단풍나무, 물푸레나무, 복장나무 등

⑧ **핵과** : 열매의 조직이 서로 다르고, 열매 중앙에 1개의 딱딱한 종자(핵)가 있는 열매(팽나무, 복숭아, 자두, 살구, 앵두, 층층나무, 감탕나무, 가래나무, 호두나무, 벚나무, 산수유, 대추 등)

⑨ 그 외 삭과(나팔꽃, 양귀비꽃), 협과(꼬투리로 여는 과실, 콩, 팥, 완두, 쥐엄나무), 골돌과(작약, 바곳)

4 조경식물의 생리, 생태적 특성

1 꽃의 생리, 생태적 특성(개화기, 색상에 따른 분류)

빨간색	봄	진달래, 박태기나무, 산철쭉, 동백나무, 명자나무, 모란, 월계화 등
	여름	배롱나무, 협죽도, 자귀나무, 석류나무, 능소화 등
	가을	무궁화, 싸리, 늦동백나무, 부용
흰색	봄	목련, 흰철쭉, 조팝나무, 산사나무, 딱총나무, 고광나무 등
	여름	장미, 치자나무, 산딸기, 불두화, 마가목, 모란, 이팝나무, 산딸나무, 층층나무 등
	가을	은목서, 백정화, 호랑가시나무, 차나무 등
	겨울	팔손이나무

노란색	봄	개나리, 산수유, 황매화, 풍년화 등
	여름	장미, 골담초, 황철쭉
	가을	금목서
	겨울	비파나무
보라색	봄	자목련, 등나무, 라일락, 모란 등
	여름	수국, 무궁화, 멀구슬나무, 정향나무, 모란 등
	가을	싸리나무, 부용 등

2 열매가 아름다운 수목

적색	옥매, 해당화, 마가목, 동백, 산수유, 감탕나무, 사철나무 등
황색	살구나무, 매화나무, 복사나무, 자두나무, 탱자나무, 치자나무, 모과나무 등
보라색	생강나무, 분꽃나무, 작살나무, 개머루, 노린재나무 등

3 줄기 색채가 아름다운 수목

백색	백송, 분비나무, 플라타너스, 자작나무, 양버즘나무, 서어나무, 동백나무 등
갈색	편백, 배롱나무, 철쭉류
흑갈색	곰솔, 독일가문비, 가문비나무, 오죽, 팽나무, 상수리나무, 갈참나무, 히말라야시다 등
적갈색	소나무, 주목, 가라목, 노각나무, 흰말채나무, 삼나무, 모과나무, 섬잣나무 등

4 향기가 좋은 수목

명자나무, 비파나무, 가문비나무, 녹나무, 모란, 보리장, 모과나무, 개비자나무, 전나무, 구상나무, 유자나무 등

5 단풍이 아름다운 수목

붉은색	단풍나무, 화살나무, 산벚나무, 참빗살나무, 낙상홍, 단풍철쭉, 남천, 감나무, 붉나무, 마가목, 산딸나무, 매자나무, 담쟁이 덩굴 등
황색	은행나무, 중국단풍, 튤립나무, 포플러, 석류나무, 메타세쿼이아, 고로쇠나무, 오리나무, 양버즘나무, 칠엽수, 느티나무, 층층나무, 떡갈나무, 철쭉류, 배롱나무, 때죽나무, 피나무, 벽오동, 다릅나무 등

Tip

단풍의 색소

백색(안토시안), 노랑색(카로티노이드), 황갈색(탄닌), 갈색(카테콜)

CHAPTER 03 조경식물 재료

실전연습문제

01 녹색 수피를 갖는 수종만으로 짝지워진 것은? [기사 11.03.20]

㉮ *Firmiana simplex* L., *Celtis aurantiaca* Nakai
㉯ *Aucuba japonaica* Thunb, *Kerria japonica* L.
㉰ *Chaenomeles sinensis* Koehne, *Lagerstroemia indica* L.
㉱ *Ulmus parvifolia* Jacq, *Platanus occidentalis* L.

풀이 ㉮ 벽오동, 산팽나무
㉯ 금식나무, 황매화
㉰ 모과나무, 배롱나무
㉱ 참느릅나무, 양버즘나무

02 다음 수목들 중 7월경에 꽃이 피는 수종은? [기사 11.03.20]

㉮ *Liriodendron tulipifera* L
㉯ *Albizia julibrissin* Durazz
㉰ *Osmanthus fragrans* var. *aurantiacus* Makino
㉱ *Lindera obtusiloba* Blume

풀이 ㉮ 튤립나무(5 ~ 6월)
㉯ 자귀나무(7월)
㉰ 금목서(9월)
㉱ 생강나무(3월)

03 다음 목련류 중 개화시기가 가장 늦은 수종은? [기사 11.03.20]

㉮ *Magnolia denudata* Desr
㉯ *Magnolia kobus* DC
㉰ *Magnolia liliflora* Desr
㉱ *Magnolia sieboldii* K. Koch

풀이 ㉮ 백목련(4 ~ 5월)
㉯ 목련(4월)
㉰ 자목련(4월)
㉱ 함박꽃나무(5 ~ 6월)

04 다음 지피식물(地被植物) 가운데 석죽과로 7~8월에 분홍색 꽃이 피며, 척박토의 양지에 생육한다. 생육가능 지역 및 특성은 노출이고 이용형태는 평면인 것은? [기사 11.03.20]

㉮ 술패랭이 ㉯ 맥문동
㉰ 꽃잔디 ㉱ 송악

05 다음 중 한 나무에서 수꽃과 암꽃이 각각 피는 수종이 아닌 것은? [기사 11.03.20]

㉮ *Castanopsis sieboldii* Hatus
㉯ *Carpinus laxiflora* Blume
㉰ *Quercus acutissima* Carruth
㉱ *Lindera obtusiloba* Blume

풀이 ㉮ 구실잣밤나무
㉯ 서어나무
㉰ 상수리나무
㉱ 생강나무

ANSWER 01 ㉯ 02 ㉯ 03 ㉱ 04 ㉮ 05 ㉱

풀이 한 나무에서 꽃과 암꽃이 각각피는 수종을 자웅동주라 하며 오리나무, 왕가래나무, 삼나무, 소나무, 구실잣밥나무, 서어나무, 상수리나무 등이 있다. 생각나무는 자웅이주(수꽃과 암꽃이 각기 다른 개체에 피는 수종)이다.

06 다음 특징에 해당하는 식물은? [기사 11.03.20]

- 남아메리카 원산의 꿀풀과 식물로써 가을이 되면 붉은색의 꽃이 아름답다.
- 네모난 줄기에 잎이 마주 난다.
- 꽃씨는 봄에 뿌린다.
- 여러 번 이식할수록 뿌리가 좋아진다.
- 산성 땅을 싫어하고 유기질이 있는 부드러운 흙을 좋아한다.

㉮ 맨드라미 ㉯ 천일홍
㉰ 샐비어 ㉱ 향유

07 목본식물에 기생하는 외생균근을 형성하는 수목이 아닌 것은? [기사 11.03.20]

㉮ *Larix kaempferi* Carriere
㉯ *Acer pictum subsp. mono* Ohashi
㉰ *Betula platyphylla* var. *japonoca* Hara
㉱ *Fagus engleriana* Seemen ex Diels

풀이 ㉮ 낙엽송 ㉯ 고로쇠나무
㉰ 자작나무 ㉱ 너도밤나무

08 일반적으로 식재설계는 식물의 생리생태적인 특성을 이용하여 식재해야 하는데 다음 중 옳은 것은? [기사 11.06.12]

㉮ 은방울꽃(*Convallaria keiskei*)은 빛이 드는 양지에 식재한다.
㉯ 벌개미취(*Aster koraiensis*)는 산림의 건조한 지역에 식재한다.
㉰ 줄(*Zizania latifolia*)은 냇가나 습지에 식재한다.
㉱ 애기부들(*Typha angustata*)은 물이 없는 곳에 식재한다.

풀이 ㉮ 은방울꽃 : 반그늘에서 자람
㉯ 벌개미취 : 물기가 많은 곳에서 자람
㉱ 애기부들 : 얕은 물속에서 자람

09 다음 수목 중 속생하는 잎의 수가 가장 많은 것은? [기사 11.06.12]

㉮ *Pinus bungeana*
㉯ *Pinus thunbergii*
㉰ *Pinus densiflora*
㉱ *Pinus parviflara*

풀이 ㉮ 백송(3엽) ㉯ 곰솔(2엽)
㉰ 소나무(2엽) ㉱ 섬잣나무(5엽)

10 다음 중 붉은색 단풍이 드는 수종은? [기사 11.10.02]

㉮ *Euonymus alatus* Siebold
㉯ *Acer mono* var. savatieri Nakai
㉰ *Morus bombycis Koidz.* var. bombycis
㉱ *Cryptomeria japonica* D. Dom

풀이 ㉮ 화살나무, ㉯ 왕고로쇠나무
㉰ 산뽕나무, ㉱ 삼나무

ANSWER 06 ㉰ 07 ㉯ 08 ㉰ 09 ㉱ 10 ㉮

11 다음 Spiraea 속 식물 중 6 ~ 7월에 줄기 끝에서 큰 원추화서가 발달하고, 꽃색이 연한 적색인 것은? [기사 11.10.02]

㉮ *Spiraea salicifolia* Lour
㉯ *Spiraea blumei* G. Don
㉰ *Spiraea prunifolia* for. simpliciflora Nakai
㉱ *Spiraea cantoniensis* Lour

풀이 ㉮ 꼬리조팝나무 ㉯ 산조팝나무
㉰ 조팝나무 ㉱ 공조팝나무

12 수목의 잎은 잎끝의 형태는 물론 각도에 따라서 모양의 명칭이 달라진다. 다음 중 "점첨두(漸尖頭, acuminate)"에 관한 설명으로 옳은 것은? [기사 11.10.02]

㉮ 잎끝이 오목하게 파진 모양
㉯ 침처럼 뾰족한 부분이 튀어나와 있는 모양
㉰ 잎끝이 둔탁하게 튀어나와 있는 모양
㉱ 잎끝이 점차 좁아지면서 뾰족해지는 모양

풀이 **잎의 형태**
첨두 → 예첨두 → 점첨두의 순서로 더 뾰족해짐.

13 다음 중 수목과 열매의 명칭이 틀린 것은? [기사 12.03.04]

㉮ *Pinus densiflora* - 구과
㉯ *Quercus dentata* - 견과
㉰ *Prunus persica* - 장과
㉱ *Acer pseudosieboldianum* - 시과

풀이 *Prunus persica* : 복숭아나무로 핵과에 해당
• 열매의 형태상 분류
① 구과(毬果, 방울열매) : 소나무과 식물의 열매로 목질의 비늘 조각이 여러 겹으로 포개져서 구형이나 원추형을 이룸
② 견과(堅果, 殼果〈각과〉,굳은 열매) : 다 익은 뒤에도 껍질이 터지지 않는 과실로 주로 민들레, 떡갈나무, 단풍나무, 밤, 도토리, 은행, 호두의 열매
③ 수과(瘦果, = 장미과(薔薇果), 여윈열매) : 겉으로 보기에는 마치 씨처럼 생겼으나 작고, 여물어도 벌어지지 않고 단단함. 주로 메일, 민들레, 비단쑥, 할미꽃 등에 해당
④ 이과(梨果, 능금나무과 열매) : 다육부가 있는 배, 능금, 사과 등
⑤ 장과(漿果, 液果, 물과실) : 다육(多肉)이며 액즙도 많고 내부에 한 개 또는 여러 개의 종자를 가진 과실. 포도, 귤, 감, 토마토 등
⑥ 영과(穎果, 穀果〈곡과〉) : 견과의 한가지로 과피가 건조하여 종피(種皮, 씨껍질)와 꼭 붙어 있고 씨도 하나임. 보리 벼 밀 등의 포아풀과 식물의 열매
⑦ 시과(翅果, 翼果, 날개열매) : 과피가 자라서 날개 모양이 되어 바람에 흩어지기 편리하게 된 열매. 단풍나무, 물푸레나무, 복장나무 등
⑧ 핵과 : 열매의 조직이 서로 다르고, 열매 중앙에 1개의 딱딱한 종자(핵)가 있는 열매(팽나무, 복숭아, 자두, 살구, 앵두, 층층나무, 감탕나무, 가래나무, 호두나무, 벚나무, 산수유, 대추, 등)
⑨ 그 외 삭과(나팔꽃, 양귀비꽃), 협과(꼬투리로 여는 과실. 콩, 팥, 완,두 쥐엄나무), 골돌과(작약, 바곳)

14 다음 참나무속 중 잎 앞 · 뒷면에 성모(星毛)가 밀생하고, 잎이 대형이며 시원하고, 야성적이 미가 있어 자연풍치림 조성에 적당한 수종은? [기사 12.03.04]

㉮ *Quercus dentata* Thunb. ex Murray
㉯ *Quercus variabilis* Blume
㉰ *Quercus acutissima* Carruth
㉱ *Quercus serrata* Thunberg

풀이 ㉮ 떡갈나무
㉯ 굴참나무
㉰ 상수리나무
㉱ 졸참나무

ANSWER 11 ㉮ 12 ㉱ 13 ㉰ 14 ㉮

15 다음 식물 중 기수 1회 우상복엽이 아닌 것은? [기사 12.03.04]

㉮ 굴피나무 ㉯ 소태나무
㉰ 물푸레나무 ㉱ 멀구슬나무

풀이

(기수 1회 우상복엽)
멀구슬나무는 기수 2 ~ 3회 우상복엽임

16 다음 중 주로 잎을 관상하는 식물이 아닌 것은? [기사 12.03.04]

㉮ 쑥부쟁이 ㉯ 관중
㉰ 음양고비 ㉱ 돌단풍

풀이 쑥부쟁이는 국화과로 꽃이 자주 또는 노란색으로 관상용임.

17 다음 설명은 어느 수종에 관한 것인가? [기사 12.03.04]

- 자웅이주로 가지 끝에 원추화서로 달린다.
- 잎은 호생하고 기수 1회 우상복엽이다.
- 낙엽활엽교목으로서 소엽의 기부 거치에 선점이 발달하고 초여름에 꽃이 핀다.
- 잎이나 꽃에서 강한 냄새가 난다.
- 가을에 날개가 달린 열매가 익는다.
- 수피는 회갈색으로 옅게 갈라진다.
- 원산지는 중국 북부이지만 광범위한 기후에 적응한다.

㉮ *Ginkgo biloba* L.
㉯ *Nerium indicum* Mill.
㉰ *Pinus bungeana* Zucc ex Endl.
㉱ *Ailanthus altissima*(Mill.) Swingle for. *altissima*

풀이 ㉮ 은행나무
㉯ 협죽도
㉰ 백송
㉱ 가죽나무

18 다음 중 잎보다 먼저 꽃이 피는 수종은? [기사 12.05.20]

㉮ *Magnolia sieboldii* K. Koch
㉯ *Magnolia denudata* Desr.
㉰ *Magnolia obovata* Thunb.
㉱ *Machilus thunbergii* siebold & Zucc

풀이 ㉮ 함박꽃나무 ㉯ 백목련
㉰ 일본목련 ㉱ 후박나무

19 열매가 10월에 짙은 자줏빛으로 아름답고 새의 먹이로 사용되며, 정원의 하목(下木)으로 이용되는 낙엽관목의 정원수는? [기사 12.05.20]

㉮ *Callicarpa dichotoma* K. Koch
㉯ *Ligustrum obtusifolium* Siebold & Zucc.
㉰ *Abeliophyllum distichum* Nakai
㉱ *Celastrus orbiculatus* Thunb.

풀이 ㉮ 좀작살나무 ㉯ 쥐똥나무
㉰ 미선나무 ㉱ 노박덩굴

ANSWER 15 ㉱ 16 ㉮ 17 ㉱ 18 ㉯ 19 ㉮

20 다음 수목 중 들새(野鳥)의 식이식물(食餌植物)로 적합하지 않은 것은? [기사 12.05.20]

㉮ *Juniperus chinensis* 'Kaizuka'
㉯ *Sorbus alnifolia* K. Koch
㉰ *Pyracentha angustifolia* C. K. Schneid
㉱ *Cornus controvera* Hemsl. ex. Prain

풀이 ㉮ 가이즈까 향나무 ㉯ 팥배나무
㉰ 피라칸사 ㉱ 층층나무

21 다음 중 줄기가 적갈색(赤褐色)계의 색채를 나타내는 수종은? [기사 12.05.20]

㉮ *Cedrus deodara* Loundon
㉯ *Myrica rubra* Siebold & Zucc.
㉰ *Taxus cuspidata* Siebold & Zucc
㉱ *Firmiana simplex* W. F. Wight

풀이 ㉮ 히말라야시더(개잎갈나무 : 회갈색)
㉯ 소귀나무(회색)
㉰ 주목
㉱ 벽오동(청록색)

22 가을이 되면 잎이 크산토필(xanthophyll) 등을 포함하는 카로티노이드(carotenoid)에 의하여 색깔이 변하는 수종은? [기사 12.09.15]

㉮ 화살나무 ㉯ 은행나무
㉰ 붉나무 ㉱ 마가목

풀이 크산토필은 노란색 계열의 색소

23 다음의 열매 중 분포영역을 확장하기 위하여 바람 등의 물리적인 힘을 빌려 멀리 뻗어 가기 가장 어려운 것은? [기사 12.09.15]

㉮ 시(翅)과류 ㉯ 장(漿)과류
㉰ 협(莢)과류 ㉱ 수(瘦)과류

풀이 **장과**
과육(果肉) 부분에 수분이 많고, 연한 조직으로 되어 있는 열매로, 씨방벽이 비대 발달하며, 외과피는 얇고 중과피는 다육화하여 액상이다. 육질로 익어도 열개(裂開)하지 않고, 다소 단단한 씨가 들어 있다. 토마토, 포도, 감 등이 해당됨.

24 조경수목의 종류와 규격표시방법의 연결이 맞는 것은? [기사 12.09.15]

㉮ 수고×분얼수 : 회양목, 만경목
㉯ 수고×흉고직경 : 은행나무, 메타세콰이아
㉰ 수고×수관폭 : 잣나무, 감나무
㉱ 수고×근원직경 : 화살나무, 가중나무

풀이 회양목(수고×수관폭), 감나무(수고×근원직경), 화살나무(수고×수관폭)

25 다음 [보기]의 설명에 적합한 수종은? [기사 13.03.10]

보기
- 옻나무과이다.
- 기수 1회 우상복엽으로 엽축에 날개가 있으며, 잎에 달리는 벌레집을 오배자라 하고, 약용으로 하거나 염료로 사용된다.
- 우리나라 전국 산지에서 자생하며 척박지에서도 잘 자란다.

㉮ *Rhus javanica* L.
㉯ *Acer palmatum*.Thunb.
㉰ *Ailanthus altissima* Swingle for. *altissima*
㉱ *Zanthoxylum schinifolium* Siebold & Zucc

ANSWER 20 ㉮ 21 ㉰ 22 ㉯ 23 ㉯ 24 ㉯ 25 ㉮

풀이 ㉮ 붉나무
㉯ 단풍나무
㉰ 가죽나무
㉱ 산초나무

26 다음 중 꽃이 아름다운 수목의 개화기(開化期)가 빠른 것부터 순서대로 옳게 나열된 것은? [기사 13.03.10]

㉮ *Rosa multiflora* var. *platyphylla* Thory → *Daphne odora* Thunb.
㉯ *Cornus kousa* F.Buerger ex Miquel → *Sophora japonica* L.
㉰ *Osmanthus fragrans* var. *aurantiacus* Makino →*Wisteria floribunda* DC.for.*floribunda*
㉱ *Hibiscus mutabilis* L.→ *Ligustrum obtusifolium* Siebold&Zucc

풀이 ㉮ 덩굴장미(5~7월) → 서향(3~4월)
㉯ 산딸나무(6~7월) → 회화나무(7~8월)
㉰ 금목서(9~10월) → 등나무(5월)
㉱ 부용(8~10월) → 쥐똥나무(5~6월)

27 다음 중 성숙했을 때 검은색의 열매를 갖는 수종은? [기사 13.03.10]

㉮ *Ilex crenata* Thunb. var. *crenata*
㉯ *Callicarpa dichotoma* K.Koch
㉰ *Ilex integra* Thunb.
㉱ *Euonymus japonicus* Thunb.

풀이 ㉮ 꽝꽝나무(검은색 열매)
㉯ 좀작살나무(자주색 열매)
㉰ 감탕나무(적색 열매)
㉱ 사철나무(적색 열매)

28 다음 중 줄기의 색채가 회갈색인 것은? [기사 13.03.10]

㉮ *Camellia japonica* L.
㉯ *Pinus densiflora* for. erecta Uyeki
㉰ *Taxus cuspidata* Siebold & Zucc
㉱ *Cryptomeria japonica* D.Don

풀이 ㉮ 동백나무
㉯ 금강소나무(붉은수피)
㉰ 주목(적갈색 수피)
㉱ 삼나무(붉은 수피)

29 다음 [보기]의 설명에 적합한 용어는? [기사 13.03.10]

보기
소나무의 (　　)는(은) 줄기조직과 한 개 이상의 바늘잎, 그리고 기부에 숙존하는 아린으로 구성된 특이한 단지구조를 일컫는다.

㉮ 권상　　㉯ 단정화서
㉰ 부아　　㉱ 속생지

30 다음 [보기]의 설명에 가장 적합한 수종은? [기사 13.06.02]

보기
하층식생으로서 오랫동안 자랄 수 있고 주위의 경쟁목이 제거되면 즉시 수고생장과 직경생장이 촉진된다.
자연낙지(natural pruning)가 잘 안되어 맨 밑에 있는 오래된 가지에도 잎이 살아 있으므로 지하고가 낮고, 혼효림을 잘 이루며 높은 임분밀도를 유지할 수 있고, 성숙기에 늦게 도달하는 특징이 있다.

㉮ *Pinus densiflora* Siebold & Zucc.
㉯ *Abies holophylla* Maxim
㉰ *Platanus orientalis* L.
㉱ *Betula platyphylla* var. japonica Hara

ANSWER
26 ㉯　27 ㉮　28 ㉮　29 ㉱　30 ㉯

Part 4 조경식재

풀이 ㉮ 소나무
㉯ 전나무
㉰ 플라타너스
㉱ 자작나무

31 소나무과 중에서 가을에 낙엽이 되는 속(genus)은? [기사 13.06.02]

㉮ 소나무(Pinus)속
㉯ 가문비나무(Picea)속
㉰ 개잎갈나무(Cedrus)속
㉱ 잎갈나무(Larix)속

32 다음 중 화목류의 개화기가 옳지 않은 것은? [기사 13.06.02]

㉮ *Forsythia koreana* Nakai : 3 ~ 4월
㉯ *Gardenia jasminoides* Ellis : 6 ~ 7월
㉰ *Lagerstroemia indica* L. : 5 ~ 6월
㉱ *Daphne odora* Thunb. : 3 ~ 4월

풀이 ㉮ 개나리
㉯ 치자나무
㉰ 배롱나무 : 7~9월
㉱ 서향

33 다음 수목 중 가을에 황색의 열매가 달리는 것은? [기사 13.06.02]

㉮ *Rosa rugosa Thunb.* var. rugosa
㉯ *Ilex integra Thunb.*
㉰ *Ligustrum japonicum* Thunb. var. japonicum
㉱ *Chaenomeles sinensis* Koehne

풀이 ㉮ 해당화(붉은색)
㉯ 감탕나무(붉은색)
㉰ 광나무(자흑색)
㉱ 모과나무(황색)

34 감나무, 마가목, 옻나무, 낙우송, 백합나무, 칠엽수 등의 수종에서 나타나는 공통된 특징은? [기사 13.06.02]

㉮ 가을철 단풍이 아름다운 수종들이다.
㉯ 대기 정화 효과가 뛰어난 수종들이다.
㉰ 열매가 아름다워 도심지 가로수용으로 적합한 수종들이다.
㉱ 추운 지방에 잘 견디는 내한성이 매우 강한 수종들이다.

35 다음 중 생태공원에서 야생조류를 유도하기 위한 식이식물로 적합하지 않은 것은? [기사 13.06.02]

㉮ *Ligustrum obtusifolium*
㉯ *Callicarpa japonica*
㉰ *Rhododendron macranthum*
㉱ *Sorbus alnifolia*

풀이 ㉮ 쥐똥나무
㉯ 작살나무
㉰ 진달래
㉱ 팥배나무

36 *Camellia japonica* L.과 관련된 설명으로 옳지 않은 것은? [기사 13.06.02]

㉮ 꽃은 백색이고, 꽃잎은 한 장씩 떨어진다.
㉯ 염분의 해를 잘 받지 아니한다.
㉰ 우리나라에는 난온대 기후대인 남해안과 제주도에 자생한다.
㉱ 기부에서 갈라져 관목상으로 되는 것이 많으며 나무껍질은 회갈색이고, 평활하며 일년생가지는 갈색이다.

풀이 동백나무에 관한 설명이다. 꽃은 적색 통꽃으로 떨어진다.

ANSWER 31 ㉱ 32 ㉰ 33 ㉱ 34 ㉮ 35 ㉰ 36 ㉮

37 다음 중 이가화(二家花) 또는 자웅이주(雌雄異株)에 해당하지 않는 수종은? [기사 13.06.02]

㉮ *Chaenomeles speciosa*
㉯ *Ginkgo biloba*
㉰ *Lindera obtusiloba*
㉱ *Actinidia arguta*

풀이 ㉮ 산당화
㉯ 은행나무
㉰ 생강나무
㉱ 다래

풀이 자웅이주는 수꽃과 암꽃이 각기 다른 개체에서 피는 것을 말하며, 은행나무, 생강나무, 다래, 비자나무, 주목 등이 있다. 산당화는 자웅동주이다.

38 다음 중 꽝꽝나무의 설명으로 옳지 않은 것은? [기사 13.09.28]

㉮ 자웅이주이다.
㉯ 학명은 *Ilex crenata Thunb.* var. crenata 이다.
㉰ 잎은 호생하고 넓은 타원형으로서 예두(銳頭)이며, 표면은 광택이 나고 짙은 녹색이다.
㉱ 열매는 열개(裂開)하는 삭과(蒴果)로서 6 ~ 7월에 결실한다.

풀이 꽝꽝나무의 열매는 핵과로서 10월에 결실한다.

39 다음 중 수목의 특징 설명이 옳지 않은 것은? [기사 13.09.28]

㉮ *Abies koreana* wilson은 낙엽활엽소교목으로 수형은 구형이다.
㉯ *Populus dilatata* Aiton은 줄기가 곧추 자라고 가지가 빗자루 모양으로 좁게 퍼지며, 수피는 흑갈색으로 세로로 갈라진다.
㉰ *Prunus salicina Lindl.* var. salicina의 꽃은 4월에 잎보다 먼저 피고 지름 2 ~ 2.2cm로 백색이며 보통 3개씩 달린다.
㉱ *Poncirus trifoliata* Raf의 열매는 장과로 지름 3 ~ 5cm이며 노란색의 진한 향기가 있고, 수피는 짙은 녹색으로 가시가 발달했다.

풀이 ㉮ *Abies koreana* wilson : 구상나무. 상록침엽교목으로 수형은 원추형이다.
㉯ *Populus dilatata* Aiton : 양버들
㉰ *Prunus salicina Lindl.* var. salicina : 자두나무
㉱ *Poncirus trifoliata* Raf : 탱자나무

40 다음 중 이른 봄에 산에서 가장 먼저 꽃이 피고, 가을철 황색단풍이 특징인 나무는? [기사 13.09.28]

㉮ *Ilex integra* Thunb.
㉯ *Cercis chinensis Bunge*
㉰ *Lindera obtusiloba Blume*
㉱ *Viburnum opulus* var. calvescens (Rehder) H.Hara

풀이 ㉮ *Ilex integra* Thunb. : 감탕나무
㉯ *Cercis chinensis Bunge* : 박태기나무
㉰ *Lindera obtusiloba Blume* : 생강나무
㉱ *Viburnum opulus* var. calvescens (Rehder) H.Hara : 백당나무

41 화서는 화축에 달린 꽃의 배열을 말한다. 밑에서 위로 향하여 꽃이 피는 무한화서(indeterminate inflorescence)와 식물종이 잘못 짝지어진 것은? [기사 13.09.28]

㉮ 원추화서(panicle) : 쥐똥나무
㉯ 미상화서(catkin) : 자작나무
㉰ 총상화서(raceme) : 수수꽃다리
㉱ 산방화서(corymb) : 산사나무

ANSWER 37 ㉮ 38 ㉱ 39 ㉮ 40 ㉰ 41 ㉰

Part 4 조경식재

42 다음 중 초록빛 수피를 가진 수종은?

[기사 13.09.28]

㉮ *Firmiana simplex* W.F.Wight
㉯ *Paulownia coreana* Uyeki
㉰ *Chaenomeles sinensis* Koehne
㉱ *Ulmus davidiana* var. japonica Nakai

풀이
㉮ *Firmiana simplex* W.F.Wight : 벽오동(초록빛 수피)
㉯ *Paulownia coreana* Uyeki : 오동나무(회갈색 수피)
㉰ *Chaenomeles sinensis* Koehne : 모과나무(얼룩무늬 수피)
㉱ *Ulmus davidiana* var. japonica Nakai : 느릅나무(회갈색 수피)

43 다음 [보기]가 설명하는 수종은?

[기사 13.09.28]

보기
- 콩과에 속하는 낙엽활엽관목이다.
- 잎은 어긋나기하며 단엽으로 혁질이고, 심장형이다.
- 꽃은 4월 하순에 잎보다 먼저 피며 길이 1.2 ~ 1.8cm로 홍자색이다. 화경이 없고 7 ~ 8개(20 ~ 30개)씩 우산 모양 꽃차례를 이룬다.

㉮ *Cercis chinensis*
㉯ *Sophora japonica*
㉰ *Wisteria floribunda*
㉱ *Robinia pseudoacacia*

풀이
㉮ *Cercis chinensis* : 박태기나무
㉯ *Sophora japonica* : 회화나무
㉰ *Wisteria floribunda* : 등나무
㉱ *Robinia pseudoacacia* : 아까시나무

44 소나무 및 전나무 등에서 균사가 뿌리피층의 세포간극에 균사망을 형성하는 균근은?

[기사 14.03.02]

㉮ 의균근　㉯ 외생균근
㉰ 내생균근　㉱ 내외생균근

풀이 **외생균근**
균근(菌根) 중 균사가 고등식물의 뿌리의 표면, 또는 표면에 가까운 조직 속에 번식하여 균사는 세포간극에 들어가지만 뿌리의 세포 내에까지 침입하지 않는다. 균체는 식물체로부터 탄수화물의 공급을 받는 한편 토양 중의 부식질을 분해하여 유기질소화합물을 뿌리가 흡수하여 동화할 수 있는 형태로 식물에 공급한다. 내생균근에 반대되는 용어이다.

45 다음 조경 수목 중 개화시기가 가장 늦은 수종은?

[기사 14.03.02]

㉮ *Camellia japonica* L.
㉯ *Chaenomeles speciose* (Sweet) Nakai
㉰ *Fatsia japonica* (Thunb.) Decne. & Planch.
㉱ *Albizia julibrissin* Durazz.

풀이
㉮ *Camellia japonica* L. : 동백나무 1 ~ 4월 개화
㉯ *Chaenomeles speciosa* (Sweet) Nakai : 산당화(명자나무) 4 ~ 5월 개화
㉰ *Fatsia japonica* (Thunb) Decne. & Planch : 팔손이나무 10 ~ 12월 개화
㉱ *Albizia julibrissin* Durazz. : 자귀나무 6 ~ 7월 개화

ANSWER
42 ㉮　43 ㉮　44 ㉯　45 ㉰

46 *Koelreuteria paniculata* Laxmann에 대한 설명으로 틀린 것은? [기사 14.03.02]

㉮ 잎은 호생이며, 기수 1회 우상복엽
㉯ 꽃은 6월경에 백색으로 개화
㉰ 열매는 삭과로 검은색
㉱ 낙엽활엽교목으로 수형은 원정형

풀이 *Koelreuteria paniculata* Laxmann : 모감주나무 6 ~ 7월에 황색꽃이 핀다.

47 다음 중 암수한그루로 나열된 것으로 옳은 것은? [기사 14.03.02]

㉮ 왕버들, 소철
㉯ 자작나무, 오리나무
㉰ 은행나무, 버드나무
㉱ 물푸레나무, 단풍나무

풀이 **자웅동주(암수한그루)**
호박, 오이, 거북꼬리, 쐐기풀, 오리나무, 왕가래나무, 삼나무, 소나무, 너도밤나무, 버즘나무, 자작나무 등이 있다.

48 종자 발아능력 검사방법 중 생리적인 면을 다룰 수 없는 것은? [기사 14.03.02]

㉮ 발아시험
㉯ X선 사진법
㉰ 배추출시험
㉱ 테트라졸리움시험

풀이 종자의 발아능력검사는 발아시험, 배추출시험, 테트라졸리움 용액시험 등이 있으며, X선 사진으로는 물리적인 검사만 가능하다.

49 다음 중 붉은색 열매를 볼 수 있는 것이 아닌 것은? [기사 14.05.25]

㉮ *Lycium chinense*
㉯ *Elaeagnus multiflora*
㉰ *Cornus alba*
㉱ *Ardisia japonica*

풀이 ㉮ *Lycium chinensis*(구기자) : 붉은 열매
㉯ *Elaeagnus multiflora*(보리수나무) : 붉은 열매
㉰ *Cornus alba*(흰말채나무) : 흰색열매
㉱ *Ardisia japonica*(자금우) : 붉은 열매

50 다음 Abies속에 속하는 식물종으로 가장 적합한 것은? [기사 14.05.25]

- 구과는 하늘을 향해 달린다.
- 꽃은 5월에 피며, 수꽃화서는 자주색이고 암꽃화서는 여러 색이다.
- 한라산, 덕유산, 지리산의 고산지대에 자라는 산림청 지정 희귀식물이다.

㉮ 구상나무 ㉯ 솔송나무
㉰ 가문비나무 ㉱ 종비나무

풀이 Abies속 중에 구상나무는 고산지대에 자생하는 수종으로 유명하다.

51 다음 중 「*Sophora japonica* L.」에 대한 설명으로 틀린 것은? [기사 14.09.20]

㉮ 잎은 어긋나기하며 홀수 깃모양겹잎이다.
㉯ 꽃은 원추화서로 5월에 자주색으로 핀다.
㉰ 열매는 염 주모양이며, 10월경에 성숙한다.
㉱ 일년생가지는 녹색이며, 나무껍질은 회양갈색으로 세로로 갈라진다.

풀이 회화나무에 관한 설명으로 꽃은 원추화서로 8월에 황백색으로 핀다.

ANSWER 46 ㉯ 47 ㉯ 48 ㉯ 49 ㉰ 50 ㉮ 51 ㉯

52 다음 수종 중 흰색 꽃이 피는 것은?

[기사 14.09.20]

㉮ *Chaenomeles sinensis* Koehne
㉯ *Poncirus trifoliata* Raf.
㉰ *Punica granatum* L.
㉱ *Cercis chinensis* Bunge

풀이 ㉮ 모과나무(분홍색)
㉯ 탱자나무(백색)
㉰ 석류나무(주홍색)
㉱ 박태기나무(홍자색)

53 종자 및 종자번식에 관한 설명으로 틀린 것은?

[기사 14.09.20]

㉮ 휴면타파를 위한 충적처리는 고온건조한 조건에서 50일 전후의 일정기간을 경과시켜야 한다.
㉯ 발아한 유식물체에 광선이 부족하면 황화현상이 일어날 수 있다.
㉰ 종자파종방법은 직파(Field sowing)와 상파(Bed sowing)로 구분한다.
㉱ 종자는 일반적으로 배, 배유, 종피의 주요한 부분으로 나뉜다.

풀이 종자의 휴면타파를 위한 충적처리는 3 ~ 5℃ 습윤상태에서 1 ~ 4개월 정도 저장하는 것이 좋다.

54 다음 중 수피에 코르크가 발달하는 수목이 아닌 것은?

[기사 14.09.20]

㉮ *Quercus variabilis* Blume
㉯ *Prunus mandshurica* Koehne
㉰ *Phellodendron amurense* Rupr.
㉱ *Aphananthe aspera* Planch.

풀이 ㉮ 굴참나무, ㉯ 개살구나무
㉰ 황벽나무, ㉱ 푸조나무
(수피가 세로방향으로 배열되어 갈라진다.)

55 다음 [보기] 수종들의 공통점은?

[기사 14.09.20]

보기
- *Lagerstroemia indica* L.
- *Stewartia pseudocamellia* Maxim.
- *Euonymus alatus* Siebold
- *Hibiscus syriacus* L.

㉮ 모두 우리나라 자생종이다.
㉯ 성상은 모두 낙엽활엽교목이다.
㉰ 꽃은 모두 봄철에 핀다.
㉱ 열매 종류는 모두 삭과이다.

풀이 보기 순서대로
- 배롱나무(중국, 낙엽활엽교목, 여름개화, 삭과)
- 노각나무(한국, 낙엽활엽교목, 여름개화, 삭과)
- 화살나무(한국, 중국, 일본, 낙엽활엽관목, 봄개화, 삭과)
- 무궁화(인도북부, 중국남서부지역, 낙엽활엽관목, 여름개화, 삭과)

ANSWER 52 ㉯ 53 ㉮ 54 ㉱ 55 ㉱

5 조경식물의 내환경성

1 산림식생과 기온에 따른 수종

난대림	후피향나무, 녹나무, 생달나무, 동백나무, 빗죽이나무, 돈나무, 붉가시나무, 가시나무, 감탕나무, 후박나무, 식나무, 구실잣밤나무, 모밀잣밤나무
온대남부	개비자나무, 대나무, 곰솔, 산초나무, 사철나무, 굴피나무, 팽나무, 줄사철나무, 백동백, 단풍나무, 서어나무, 소나무, 오동나무
온대중부	때죽나무, 졸참나무, 신갈나무, 향나무, 젓나무, 소나무
온대북부	박달나무, 신갈나무, 시닥나무, 정향나무, 잣나무, 젓나무, 잎갈나무
한대림	가문비나무, 분비나무, 낙엽송, 종비나무, 잣나무, 젓나무, 주목, 눈잣나무

2 수목과 온도

한랭지	계수나무, 고로쇠나무, 네군도단풍, 독일가문비, 목련, 서양측백, 산벚나무, 아까시나무, 은단풍, 은행나무, 일본잎갈나무, 자작나무, 잣나무, 주목, 포플라, 버즘나무, 피나무, 매자나무, 박태기나무, 산철쭉, 수수꽃다리, 쥐똥나무, 진달래, 철쭉, 해당화, 화살나무
온난지	가시나무, 굴거리나무, 녹나무, 단팥수, 동백나무, 붉가시나무, 지귀나무, 후박나무, 돈나무, 유엽도

3 수목과 광조건

강음수	나한백, 왜금송, 주목, 눈주목, 식나무, 팔손이나무, 사철나무, 굴거리나무, 개비자나무, 꽝꽝나무, 회양목, 돈나무, 사스레피나무, 종려, 동청목
음수	비자나무, 가문비나무, 독일가문비나무, 젓나무, 눈측백, 너도밤나무, 구상나무, 솔송나무, 함박꽃나무, 비쭈기나무, 섬쥐똥나무, 종려, 녹나무, 아왜나무, 먼나무, 월계수, 감탕나무, 생달나무, 참식나무, 다정큼나무, 화살나무, 치자나무, 광나무, 멀굴, 송악, 개쉬땅나무, 이팝나무, 노각나무
중용수	동백나무, 산다화, 후박나무, 가시나무류, 차나무, 섬잣나무, 편백, 잣나무, 단풍나무류, 느릅나무류, 서어나무류, 황매화, 남천, 호두나무, 팽나무, 꽃아까시나무, 회나무, 참나무류, 벽오동, 목련류, 철쭉류, 태산목, 매화나무, 고추나무, 댕강나무, 수국, 말채나무, 명자나무, 낙상홍, 미선나무, 아그배나무, 탱자나무, 석류나무, 산초나무, 목서류, 병꽃나무, 개나리, 골담초, 담쟁이덩굴, 오갈피나무

Part 4 조경식재

양수	삼나무, 측백나무, 노간주나무, 개잎갈나무, 사스레피나무, 곰솔, 소나무, 대왕송, 낙우송, 버드나무류, 떡갈나무, 느티나무, 벚나무류, 오동나무, 튤립나무, 산사나무, 다정큼나무, 멀구슬나무, 장미류, 아카시아나무, 호랑가시나무, 플라타너스, 개오동나무, 비피나무, 박태기나무, 조팝나무, 무궁화, 매화나무, 살구나무, 자두나무, 복숭아나무, 배나무, 감나무, 밤나무, 꽃아그배나무, 협죽도, 해당화, 석류나무, 배롱나무, 모란, 일본목련, 대추나무, 자귀나무, 가중나무, 갈참나무, 향나무, 층층나무, 소철, 죽류, 모과나무, 보리장나무, 부용, 쥐똥나무, 산수유, 등나무, 유카
강양수	낙엽송, 자작나무, 예덕나무, 드릅나무, 붉나무, 순비기나무

4 수목과 토양

① 토성에 따른 식재 수종

사양토에 적합	은행나무, 젓나무, 솔송나무, 히말라야시더, 소나무, 곰솔, 섬작나무, 삼나무, 금송, 향나무류, 자작나무, 모란 가시나무류, 목련, 태산목, 병꽃나무, 돈나무, 버즘나무, 해당화, 매화, 벚나무류, 등나무, 싸리나무류, 가중나무, 회양목, 사찰나무, 동백나무, 광나무, 오동나무, 능소화, 유카
양토에 적합	주목, 눈주목, 잣나무, 낙우송, 메타세쿼이어, 수양버들, 포플러, 은백양, 졸참나무, 갈참나무, 목련류, 피라칸사, 장미류, 단풍나무류, 칠엽수, 무궁화, 배롱나무, 층층나무, 산딸나무, 철쭉류, 아왜나무
식양토에 적합	개비자나무, 편백, 화백, 상수리나무, 느티나무, 튤립나무, 벽오동, 살구나무, 자두나무, 감나무, 호랑가시나무, 비자나무, 아왜나무, 서어나무, 석류나무, 야광나무, 명자나무, 산당화
사질토에 적합	곰솔, 향나무, 감탕나무, 돈나무, 순비기나무, 해당화, 사철나무, 협죽도, 다정큼나무, 아까시나무, 뽕나무, 위성류, 보리수나무, 자귀나무, 등나무, 인동덩굴
급경사지에 견디는 수종	삼나무, 소나무, 솔송나무, 일본잎갈나무, 젓나무, 편백, 화백, 아까시나무, 싸리나무, 칡, 조릿대, 참대

② 표토층의 심도에 다른 수종

심근성	소나무, 비자나무, 젓나무, 주목, 곰솔, 가시나무, 구실잣밤나무, 굴거리나무, 녹나무, 종가시나무, 참식나무, 태산목, 후박나무, 소귀나무, 금목서, 동백나무, 은목서, 호랑가시목서, 고로쇠나무, 굴참나무, 느티나무, 떡갈나무, 목련, 튤립나무, 상수리나무, 은행나무, 졸참나무, 칠엽수, 팽나무, 호두나무, 회화나무, 단풍나무, 모과나무, 수양벚나무, 홍단풍, 마가목, 백목련, 자목련, 싸리나무, 조록싸리
천근성	가문비나무, 독일가문비나무, 솔송나무, 일본잎갈나무, 편백, 눈주목, 미루나무, 아까시나무, 양버들, 자작나무, 사시나무, 은수원사시나무, 황칠나무, 매화나무

③ 토양수분에 따른 수종

습지에 잘 견디는 수종	낙우송, 가문비나무, 수양버들, 은백양, 호두나무, 가래나무, 자작나무, 물푸레나무, 층층나무, 벽오동, 팔손이나무, 버드나무, 황매화, 삼나무, 사철나무
건조지에 잘 견디는 수종	은행나무, 향나무, 곰솔, 조릿대류, 해당화, 소나무, 섬잣나무, 가이즈까향나무, 누운향나무, 졸참나무, 갈참나무, 매자나무, 찔레나무, 낙산홍, 명자나무, 매화, 아까시나무, 가중나무, 호랑가시나무, 리기다소나무, 오리나무류, 싸리류, 은수원사시나무

④ 토양견밀도에 다른 수종

견밀토양에서 잘 생육하는 수종	소나무, 참나무류, 서어나무, 리기다소나무, 젓나무, 일본잎갈나무, 느티나무
견밀도 낮은 토양에서 잘 자라는 수종	밤나무, 느릅나무, 아까시나무, 버드나무, 오리나무, 삼나무, 편백, 화백

⑤ 토양산도에 따른 수종

강산성에 견디는 수종	가문비나무, 리기다소나무, 밤나무, 산방오리나무, 싸리나무류, 상수리나무, 소나무, 아까시나무, 잣나무, 젓나무, 종비나무, 편백, 곰솔
약산성~중성에 견디는 수종	가시나무, 갈참나무, 녹나무, 느티나무, 떡갈나무, 붉가시나무, 삼나무, 일본잎갈나무, 졸참나무
석탄암지대에 견디는 수종	가래나무, 개나리, 고광나무, 낙우송, 남천, 너도밤나무, 단풍나무, 들매나무, 물푸레나무, 비슬나무, 비파나무, 사시나무, 생강나무, 서어나무, 소귀나무, 소태나무, 조팝나무, 황매화, 호두나무, 회양목

⑥ 토양양분에 따른 분류

척박지에서 잘 견디는 수종	소나무, 곰솔, 노간주나무, 향나무, 소귀나무, 졸가시나무, 떡느릅나무, 버드나무, 상수리나무, 아까시나무, 오리나무, 왕버들, 자작나무, 졸참나무, 중국단풍, 능수버들, 다릅나무, 산오리나무, 보리수나무, 자귀나무, 싸리나무, 등나무, 인동덩굴, 해당화
비옥지에서 요구도가 큰 것	가시나무, 느티나무, 녹나무, 오동나무, 느릅나무, 밤나무, 가중나무, 은행나무, 팽나무, 동백나무, 낙우송, 가래나무, 층층나무, 피나무, 왕느릅나무
비료목	다릅나무, 아까시나무, 자귀나무, 주엽나무, 싸리나무, 족제비싸리, 오리나무

CHAPTER 03 조경식물 재료

실전연습문제

01 내한성이 가장 약한 수종들끼리만 짝지어진 것은? [기사 11.06.12]

㉮ *Albizia julibrissin, Cornus controversa*
㉯ *Euonymus japonicus, Firmiana simplex*
㉰ *Quercus accutissima, Symplocos chinensis*
㉱ *Machilus thunbergii, Camellia japonica*

풀이 ㉮ 자귀나무, 층층나무
㉯ 사철나무, 벽오동
㉰ 상수리나무, 노린재나무
㉱ 후박나무, 동백나무(난대림에서 자라는 수종)

02 다음 중 음수에 속하지 않은 수종은? [기사 11.10.02]

㉮ *Cephalotaxus koreana* nakai
㉯ *Sciadopitys verticillata* Siebold & Zucc
㉰ *Larix kaempferi* Carriere
㉱ *Ardisia japonica* Blume

풀이 ㉮ 개비자나무
㉯ 금송
㉰ 일본잎갈나무
㉱ 자금우

03 다음 중 내염성이 가장 강한 수종은? [기사 12.03.04]

㉮ *Alnus japonica* Steud.
㉯ *Larix kaempferi* Carriere
㉰ *Berberis Koreana* Palib.
㉱ *Ligustrum obtusifolium* Siebold & Zucc

풀이 ㉮ 오리나무
㉯ 일본잎갈나무
㉰ 매자나무
㉱ 쥐똥나무

04 다음 중 산성토양에서 가장 잘 견디는 수종은? [기사 12.03.04]

㉮ *Juglans regia* Dode
㉯ *Lindera obtusiloba* Blume
㉰ *Fagus engleriana* Seemen ex Diels
㉱ *Quercous mongolica* Fisch ex Ledeb.

풀이 ㉮ 호두나무
㉯ 생강나무
㉰ 너도밤나무
㉱ 신갈나무

ANSWER 01 ㉱ 02 ㉰ 03 ㉱ 04 ㉱

05 다음 수목 중 내음성이 가장 강한 것은? [기사 12.05.20]

㉮ *Aucuba japonica* Thunb
㉯ *Betula platyphylla* var. *japonica* Hara
㉰ *Populus nigra* var. *italica* Koehne
㉱ *Cornus officinalis* Siebold & Zucc.

풀이 ㉮ 식나무
㉯ 자작나무
㉰ 양버들
㉱ 산수유

06 다음 중 천근성(淺根性) 수종은? [기사 12.05.20]

㉮ *Zelkova serrata* Makino
㉯ *Abies holophylla* Maxim.
㉰ *Quercus acutissima* Carruth.
㉱ *Populus euramericana* Guinier.

풀이 ㉮ 느티나무
㉯ 전나무
㉰ 상수리나무
㉱ 이탈리아포플러

07 다음 중 하기(夏期)의 더위에 견디는 힘이 가장 좋은 것은? [기사 12.09.15]

㉮ Zoysia grass류
㉯ Bent grass류
㉰ Kentucky bluegrass류
㉱ Ryegrass류

08 다음 중 조경 수종의 특성을 감안한 이용법으로 옳은 것은? [기사 12.09.15]

㉮ *Ginkgo biloba* - 내공해성 - 가로수용
㉯ *Acer palmatum* - 내화성 - 생울타리용
㉰ *Abies holophylla* - 내건성 - 공장 군식용
㉱ *Lagerstroemia indica* - 내한성 - 방설용

풀이 ㉮ 은행나무
㉯ 단풍나무
㉰ 전나무
㉱ 배롱나무

09 다음 조경수들 중 양수끼리만 짝지어진 것은? [기사 12.09.15]

㉮ 낙엽송, 소나무, 자작나무, 오동나무
㉯ 독일가문비나무, 매화나무, 아왜나무, 미선나무
㉰ 층층나무, 태산목, 구상나무, 꽝꽝나무
㉱ 쪽동백나무, 개비자나무, 회양목, 팔손이

10 질소가 식물이 이용할 수 있는 형태로 전환되는 질소고정(nitrogen fixation)을 할 수 있는 수목으로 적합하지 않는 종은? [기사 12.09.15]

㉮ *Sorbus alnifolia* K. Koch
㉯ *Pueraria lobata* Ohwi
㉰ *Elaeagnus umbellata* Thunb.
㉱ *Alnus japonica* Steud.

풀이 ㉮ 팥배나무
㉯ 칡
㉰ 보리수나무
㉱ 오리나무

ANSWER 05 ㉮ 06 ㉱ 07 ㉮ 08 ㉮ 09 ㉮ 10 ㉮

11 개울가, 연못 가장자리 등 습윤지에서 잘 자라는 수종이 아닌 것은? [기사 13.03.10]

㉮ *Taxodium distichum* Rich.
㉯ *Juniperus chinensis* L.
㉰ *Salix pseudolasiogyne* H.Lev
㉱ *Cryptomeria japonica* D.Don

풀이 ㉮ 낙우송 ㉯ 향나무
㉰ 능수버들 ㉱ 삼나무

12 양지식물 중 강한 빛에서 잘 자라지만 그늘 밑에서도 상당히 잘 자라는 능성음지식물(能性陰地植物)에 해당하는 종은? [기사 13.09.28]

㉮ *Populus alba* L.
㉯ *Larix kaempferi* Carriere
㉰ *Betula platyphylla* var. japonica Hara
㉱ *Acer palmatum* Thunb.

풀이 ㉮ *Populus alba* L. : 은백양
㉯ *Larix kaempferi* Carriere : 일본 잎갈나무
㉰ *Betula platyphylla* var. japonica Hara : 자작나무
㉱ *Acer palmatum* Thunb. : 단풍나무

13 다음 중 뿌리가 가장 얕게 뻗는 천근성 수종은? [기사 13.09.28]

㉮ *Abies holophylla* Maxim.
㉯ *Zelkova serrata* Makino
㉰ *Daphniphyllum macropodum* Miq.
㉱ *Robinia pseudoacacia* L.

풀이 ㉮ *Abies holophylla* Maxim. : 전나무(심근성)
㉯ *Zelkova serrata* Makino : 느티나무(심근성)
㉰ *Daphniphyllum macropodum* Miq. : 굴거리나무(심근성)
㉱ *Robinia pseudoacacia* L. : 아카시나무(천근성)

14 완도 내 해발 100m 이하인 지역에 생태공원을 조성하고자 한다. 다음 중 식재하기에 가장 부적절한 수종은? [기사 14.03.02]

㉮ 모람 ㉯ 족제비싸리
㉰ 종가시나무 ㉱ 갈참나무

풀이 족제비싸리는 공해, 건조, 추위에 강하여 산이나 강둑 녹화용으로 주로 심으나, 완도는 남해 섬으로 바닷바람이나 염해에 강해야 한다.

15 다음 중 심근성 수종으로만 짝지어진 것은? [기사 14.03.02]

㉮ 서양측백, 보리수나무, 미루나무
㉯ 둥근향나무, 수양버들, 쪽동백
㉰ 주목, 느티나무, 굴거리나무
㉱ 편백, 칠엽수, 마가목

풀이 ① 심근성수종 : 소나무, 비자나무, 젓나무, 주목, 곰솔, 가시나무, 구실잣밤나무, 굴거리나무, 녹나무, 종가시나무, 참식나무, 태산목, 후박나무, 소귀나무, 금목서, 동백나무, 은목서, 호랑가시목서, 고로쇠나무, 굴참나무, 느티나무, 떡갈나무, 목련, 튤립나무, 상수리나무, 은행나무, 졸참나무, 칠엽수, 팽나무, 호두나무, 회화나무, 단풍나무, 모과나무, 수양벚나무, 홍단풍, 마가목, 백목련, 자목련, 싸리나무, 조록싸리
② 천근성 수종 : 가문비나무, 독일가문비나무, 솔송나무, 일본잎갈나무, 편백, 눈주목, 미루나무, 아까시나무, 양버들, 자작나무, 사시나무, 은수원사시나무, 황칠나무, 매화나무

ANSWER 11 ㉯ 12 ㉱ 13 ㉱ 14 ㉯ 15 ㉰

16 다음 중 조경수목에 관한 설명으로 옳은 것은? [기사 14.09.20]

㉮ 「*Fatsia japonica* (thunb.) Decne. & Planch.」와 「*Ardisia pusilla* A. DC.」는 음수로 분류된다.

㉯ 「*Juniperus chinensis* L.」와 「*Nerium indicum* Mill.」는 내음성이 강하다.

㉰ 지하수위가 높은 곳에 자라는 수종은 바람에 강하다.

㉱ 「*Ligustrum obtusifolium* Siebold & Zucc.」는 맹아력이 약하므로 「*Buxus koreana* Nakai ex Chung & al.」처럼 전정할 수 없다.

풀이 ㉮ 학명순으로 팔손이나무, 산호수이며, 둘 다 음수
㉯ 향나무와 협죽도이며, 향나무는 내음성이 강하다.
㉰ 지하수위가 높은곳에 자라는 수종은 천근성 수종으로 바람에 약하다.
㉱ 백당나무와 회양목을 말하며, 백당나무도 맹아력이 강해 강전정할 수 있다.

Part 4 조경식재

ANSWER
16 ㉮

6 실내 조경식물 재료의 특성

1 실내공간별 설계

① 현관 : 첫인상을 주는 부분으로 깨끗하고 경쾌한 계절에 맞는 음지 초화류와 절화 식재

예 테리스, 신고니움, 안스리움, 피트니아, 페페로미아, 스킨답서스 등

② 거실 : 동선의 분기점이며 가족의 주생활장소로 밝고 쾌적하게 설계

예 파키라, 고무나뮤류, 드라세나 등

2 실내조경 식물 특성

① 낮은 광에서 잘 자라며 고온, 다습, 건조에 강한 식물

② 잎보기 식물을 주로 하며 꽃피는 식물은 단기로 활용

③ 짙은 녹색보다 옅은 녹색 선호

3 특성별 식물 종류

① 어두운 곳에 어울리는 음지식물 : 테리스, 신고니움, 안스리움, 피트니아, 페페로미아 등

② 밝고 경쾌한 이미지 주는 반그늘 또는 양지식물 : 파키라, 고무나무류, 드라세나 등

③ 밝고 화려한 색을 활용하는 식물 : 아라우카리아, 아디안텀, 아스플레니움, 프테리스 등

④ 성장이 빠른 식물 : 아글라오네마, 피토니아, 쉐플레라, 선란, 신고니움 등

⑤ 꽃식물 : 아프리칸 바이올렛, 아프리아봉선화, 안스리움, 스파티필름, 아펠란드라 등

CHAPTER 4

조경식물의 생태와 식재

1 식물생태계의 특성

1 생태적 천이(Succession)

① 천이의 정의 : 시간에 따른 군집 구조의 예측 가능한 일정한 변화

② 천이의 종류

㉠ 1차천이 : 바위나 모래, 정지된 물처럼 황폐한 공간에서부터 발생

㉡ 2차천이 : 기존 군락이 산불, 홍수 같이 인위적으로 파괴되어 일어나는 것

③ 천이의 순서 : 나지 → 1년생 초본 → 다년생 초본 → 음수관목 → 양수교목 → 음수교목

④ 천이별 식물

㉠ 나지식물 : 망초, 개망초

㉡ 1년생 초본 : 쑥, 쑥부쟁이

㉢ 다년생 초본 : 억새

㉣ 음수관목 : 싸리, 붉가시나무, 개옻나무, 찔레

㉤ 양수 교목 : 소나무, 참나무류

㉥ 음수 교목 : 서어나무, 가치박달나무

⑤ 선구식물(Pioneer) : 황폐한 땅에 처음으로 들어오는 식물

⑥ 극상(Climax)

㉠ 천이가 완결되어 안정된 상태에 들어선 상태. 다양한 층의 산림구조 가짐

㉡ 넓은 지리적 분포를 보이는 육상 극상군락을 생물군계라 하는데 이는 온대초지, 툰드라, 온대림, 사막, 열대우림, 고산지대 등을 말함

2 수생생태계(호수나 연못)

① 추수식물(정수식물, 물가에서 자라는 식물)

㉠ 습지의 가장자리에 살며, 뿌리는 물 속 바닥에 내리고 줄기와 잎을 물속에서 뻗치고 있는 식물.

㉡ 예 갈대, 줄, 부들, 창포 등

② 부엽식물(물위에 잎을 내는 식물)

㉠ 뿌리를 물속 밑바닥에 내리고 잎은 물에 떠 있는 식물

㉡ 예 가래, 마름, 수련, 어리연꽃 등

③ 부유식물(물위에 떠서 사는 식물)

㉠ 몸을 물위에 띄우고 생활하는 식물

㉡ 예 개구리밥, 물옥잠, 자라풀, 생이가래 등

④ 침수식물(물속에 잠겨 사는 식물)

㉠ 모든 부분이 물속에 잠겨 있는 식물

㉡ 예 붕어마름, 물수세미, 검정말, 나사말 등

3 비오톱(Biotop)

① **정의** : 생물이 생육, 서식하는 장소 즉, 생활할 수 있는 환경을 갖춘 장소
서식처(habitat)는 특정한 종이나 개체의 서식공간, Biotop은 생물군집의 서식공간

② **특성** : 비오톱 지도를 작성해 관리 보호함
대체로 연못이나 수변공간이 많고 암반이나 황무지도 비오톱의 대상이 됨

4 라운키에르의 식물생활형

식물의 생육에 적합하지 않은 시기에 형성되는 휴면아의 위치에 따라 지상식물, 지표식물, 반지하식물, 지중식물, 1년생 식물로 구분됨

CHAPTER 04 조경식물의 생태와 식재

실전연습문제

01 생태연못이나 저습지 조성 시 도입되는 수생식물의 분류로 옳은 것은? [기사 11.03.20]

㉮ 추수식물 - 갈대, 줄
㉯ 부엽식물 - 수련, 생이가래
㉰ 침수식물 - 검정말, 꽃창포
㉱ 부유식물 - 개구리밥, 이삭물수세미

풀이
㉮ 추수식물 : 갈대, 줄, 부들, 창포 등
㉯ 부엽식물 : 가래, 마름, 수련, 어리연꽃 등
㉰ 침수식물 : 붕어마름, 물수세미, 검정말, 나사말 등
㉱ 부유식물 : 개구리밥, 물옥잠, 자라풀, 생이가래 등

02 천이는 개시 시기의 환경조건에 의하여 천이를 구분할 수 있는데 육상의 암석지, 사지(砂地) 등과 같은 무기 환경조건에서 전개되는 천이는? [기사 11.06.12]

㉮ 삼차천이 ㉯ 이차천이
㉰ 건생천이 ㉱ 습생천이

03 다음 중 "갈대"에 대한 설명으로 틀린 것은? [기사 11.10.02]

㉮ 학명은 *Phragmites japonica*이다.
㉯ 다년생 초본류로 습지지역에 식재할 수 있다.
㉰ 원줄기는 속이 비고 마디에 털이 있는 것도 있으며 길고 원주형으로 모여난다.
㉱ 근경은 거칠고 크며 길게 가로로 뻗고 마디에서 다수의 수염뿌리가 나며 황백색이다.

풀이
- 갈대의 학명 : *phragmites communis* Trin
㉮에 적힌 학명은 달뿌리풀

04 효율적인 비오톱 배치원칙으로 옳지 않은 것은? [기사 12.05.20]

㉮ 비오톱은 가능한 한 넓은 것이 좋다.
㉯ 분할하는 경우에는 분산시키지 않는 것이 좋다.
㉰ 불연속적인 비오톱은 생태적 통로로 연결시키는 것이 좋다.
㉱ 비오톱의 형태는 가능한 한 선형이 좋다.

풀이 비오톱은 생물이 서식하는 장소로 연결되어 있고 가능한 넓은 것이 좋다.

ANSWER
01 ㉮ 02 ㉰ 03 ㉮ 04 ㉱

05 다음 중 천이의 순서가 올바르게 나열된 것은? [기사 13.09.28]

㉮ 나지 → 일년생초본 → 다년생초본 → 양수관목림 → 양수교목림 → 음수교목림
㉯ 나지 → 일년생초본 → 다년생초본 → 음수교목림 → 양수관목림 → 양수교목림
㉰ 나지 → 일년생초본 → 다년생초본 → 양수교목림 → 양수관목림 → 음수교목림
㉱ 나지 → 다년생초본 → 일년생초본 → 양수관목림 → 양수교목림 → 음수교목림

06 야생 조류를 보호하기 위한 자연보호지구를 설정할 때 고려할 사항이 아닌 것은? [기사 14.03.02]

㉮ 자연보호구에 대한 목표 설정이 명확해야 한다.
㉯ 생물 자원에 대한 목록이 우선적으로 작성되어야 한다.
㉰ 생태이동통로를 설정할 때 생태계 파괴의 주범인 역류의 원리가 발생하는 일은 절대 피해야 한다.
㉱ 자연보호기구는 지속적으로 자연환경의 변화를 모니터링할 수 있는 장소가 되어야 한다.

ANSWER
05 ㉮ 06 ㉰

2 군집의 생태

1 식물군락(Plant Community)

① **식물군락** : 식생의 구성단위로 동일한 종군이 출현하여 성립하는 식물사회
군락의 구성단위 - 군집

② **식물군락 성립시키는 환경요인**

㉠ 외적요인 : 기후, 토양, 생물적 요인(인간에 의한 벌목, 경작, 곤충의 영향 등)

㉡ 내적요인

ⓐ 경합(경쟁) : 제한된 자원을 차지하기 위해 자리싸움을 하는 것

ⓑ 공존 : 비슷한 생물학적 조건으로 하나의 기반을 공동으로 이용하여 집합생활을 하는 것

2 삼림식생의 계층

교목층, 소교목층, 관목층, 초본층, 선태층으로 나눔

3 식물군락 분류

① **표징종** : 군집에 공통적인 종. 표징종에 따라 아군단, 군단, 오더, 클래스로 나눔

② **우점종** : 양적으로 군집을 점유하는 종으로 아군집, 변군집, 아변군집, 파시스로 나눔

③ **추이대** : 두 개 이상의 이질적인 군집 사이의 중간부분

④ **전형** : 한 표징종이나 식별종을 갖지 않는 부분

4 식생의 종류

① **자연식생** : 인간의 영향을 받지 않고 자연 그대로의 상태로 생육하고 있는 식생

② **원식생** : 인간에 의한 영향을 받기 이전의 자연식생

③ **대상식생** : 인간에 의한 영향을 받음으로써 대치된 식생

④ **잠재자연식생** : 인간에 의한 영향을 제거했다고 가정했을 때 예상되는 자연식생

5 식생형의 분류 단위

① **군계(formation)** : 독특한 기후조건에 의해 형성된 지질학적 지역 내에서의 식물과 동물의 특수한 배열
② **군단(alliance)** : 군집, 군목 내 하위단위 예 신갈나무－잣나무군단
③ **군집(community)** : 생물군계 내에서 동일집단을 형성하고 작용하면서 존재하는 개체군들의 집합
④ **군총(association)** : 뚜렷한 특징으로 쉽게 알아 볼 수 있는 집합

3 개체군의 생태

1 개체군

① **의미** : 특정장소에 동시에 차지하고 있는 같은 종의 생물군
② **밀도** : 단위면적이나 체적에서의 개체수 또는 생체량
③ **특성** : 개체의 구성밀도, 출생률, 이입률, 이출률, 유전적 구성, 분산
④ **Allee 성장형** : 적절한 밀도일 때 최대 생존을 갖는다.

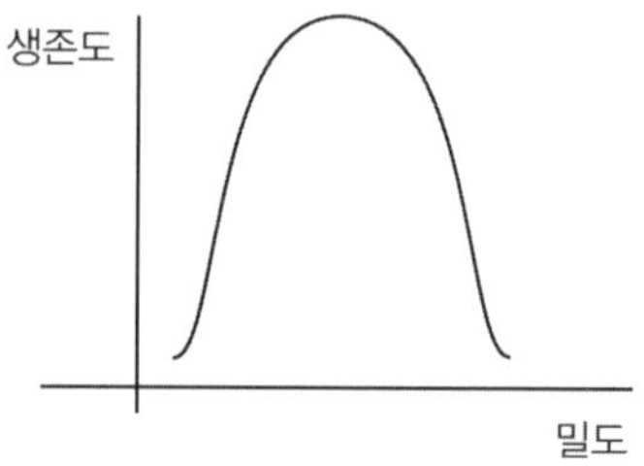

2 개체군들 상호간의 작용

① **중립** : 둘 이상의 종이 서로 영향을 받지 않는 것
② **경쟁** : 두 종이 서로 상대적으로 같은 환경여건을 차지하기 위해 노력하는 것
③ **공생** : 서로 다른 종이 밀접한 관련을 유지하면서 어느 한쪽은 어떤 이익을 얻는 것
④ **편리공생** : 서로 다른 종이 한쪽은 이익을 얻지만 한쪽은 이해가 없는 관계
⑤ **상리공생** : 두 생물 모두에게 이익이 되는 공생관계
⑥ **기생** : 기생생물이 숙주라 불리는 생물의 체내나 체외에서 양분을 얻는 관계

4 개체군락구조의 측정

1 군락조성표

① **의미** : 조사 쿼드라트 내의 모든 출현종의 피도, 우점도를 기록한 것

② **특징** : 이것을 기준으로 그 지역의 식물군락의 구분이나 광역적 비교 가능
식생군락을 이해하기 위한 기본적인 데이터로 식생도 작성의 기초가 됨

③ **방법**

㉠ 현지에서 우점종을 기초로 입지조건이 가능한 균질한 식생을 선정해 쿼드라트 설치

㉡ 쿼드라트 크기 : 수림 10m×10m, 초지 2m×2m

㉢ 조사시점의 식생계층을 교목층, 아교목층, 관목층, 초본층으로 구분해 각각 식피율 조사

㉣ 각 계층별 출현종의 식물의 피도(被度)와 수도(數度)를 조합한 우점도(優點度)와 군도(群度) 기록 : 이는 브라운 블랑케의 종합피도측정법에 의한 것임

㉤ 우점도 5단계, 군도 5단계로 구성

㉥ 우점도 : 1단계 - 다수이지만 피도 낮거나 소수이지만 피도 높은 것
2단계 - 매우 많은 수
3단계 - 조사면적의 1/4~1/2 피복
4단계 - 조사면적의 1/2~3/4 피복
5단계 - 조사면적의 3/4 이상 피복

2 브라운 블랑케(Braun Branque)의 식생조사

① 식물의 피도, 군도, 상재도로 식생조사

② **피도** : 식물 전체 피복률과 층별식피율의 백분율. 피복률 7단계로 구성

③ **군도** : 조사구 내의 개개 식물의 배분상태로 5단계로 구성

㉠ 1단계 : 단독으로 서식하는 것

㉡ 2단계 : 군상, 총상으로 생육하는 것

㉢ 3단계 : 반상으로 생육하는 것

㉣ 4단계 : 작은 군락조성하거나, 큰 반점형태

㉤ 5단계 : 융단상태 같이 전면 덮는 것

④ **상재도** : 각 식물종이 전체 조사구에 나타나는 빈도 %

⑤ **조사구역** : 교목림 15~500m^2, 관목림 50~200m^2

⑥ 군락식별표

㉠ 5mm 눈금 속에 피도와 군도기입, 상재도가 높은 순서로 상재도표 만들기

㉡ 조사구의 배열순서나 식물종의 배열을 바꾸어 가면서 여러 차례 짝지음을 바꾸어 식별종군을 알기 쉬운 생김새로 grouping하여 상재도와 연관하여 군락식별표를 만듦

3 각종 군락측도

① **빈도** : 군락 내 종의 분포의 일양성, 종간의 양적 관계 알기 위해 측정

㉠ $빈도(F) = \frac{어떤\ 종의\ 출현\ 쿼드라트\ 수}{조사한\ 총\ 쿼드라트\ 수} \times 100$

㉡ $상대빈도(RF) = \frac{어떤\ 종의\ 빈도}{전종의\ 빈도의\ 총화} \times 100$

② **밀도** : 단위 넓이당 개체수

평균밀도 : 그 종의 1개체가 출현하는 평균적 넓이

㉠ $밀도(D) = \frac{어떤\ 종의\ 개체수}{조사한\ 총\ 넓이} = \frac{어떤\ 종의\ 총\ 개체수}{조사한\ 총\ 쿼드라트\ 수}$

㉡ $평균밀도(M) = \frac{조사한\ 총\ 넓이}{어떤\ 종의\ 총\ 개체수} = \frac{1}{D}$

③ **수도** : 밀도와 관계하는 추정적 개체수 또는 출현한 쿼드라트만큼의 평균개체수

㉠ $수도(A) = \frac{어떤\ 종의\ 총\ 개체수}{어떤\ 종의\ 출현한\ 쿼드라트\ 수} = 100 \times \frac{D}{F}$

④ **피도(C)** : 식물의 지상부의 지표면에 대한 피복비율. 100% 넘을 수도 있다.

⑤ **우점도**

㉠ 우점도 : 피도, 또는 종 군락 내에 우열의 비율을 종합적으로 나타내는 척도로 사용

㉡ Braun-Blanquet의 피도와 수도의 조합에 의한 우점도를 7계급으로 나눔

ⓐ DFD지수 = 상대밀도 + 빈도 + 상대피도

ⓑ 상대우점값(IV) = 상대밀도 + 상대빈도 + 상대피도

ⓒ 적산우점도(종합적 우점도 : SDR) = 밀도비 + 빈도비 + 피도비(%)

⑥ **Sorensen 지수**

$$S = 2\left(\frac{C}{A+B}\right)$$

(S : Sorensen 지수, A : A종수, B : B종수, C : 조사구에서 조사된 공통종의 수)

실전연습문제

01 다음 중 종 풍부도(species richness)에 대한 설명으로 맞는 것은? [기사 11.03.20]

㉮ simpson 지수
㉯ shannon-wiener 지수
㉰ 종의 이질성의 척도
㉱ 일정 면적 내의 종수

풀이 **종 풍부도(species richness)**
종 다양성을 나타내는 가장 간단한 계량은 종의 수(s)임.
㉮ simpson 지수 : 종 수 및 전체 개체수뿐 아니라 각 종에 속한 개체들의 비율 즉 우점도에 관한 것
㉯ shannon-wiener 지수 : 군집 내 종의 다양성을 평가하기 위한 지수로 종풍부성과 균등도의 복합 개념으로 종다양성지수

02 다음 중 브라운 블랑케(Braun -Blanquet)의 식물 군락구조에서 우점도를 나타내는 것은? [기사 11.10.02]

㉮ 피도 ㉯ 빈도
㉰ 밀도 ㉱ 균재도

풀이 ㉯ 빈도 : 군락 내 종의 분포의 일양성
㉰ 밀도 : 단위 넓이당 개체수

03 개체군 분포를 나타내는 분산은 흔히 3가지 기본형으로 구분하고 있는데 이들 기본형 중 자연계에서 가장 흔히 볼 수 있으며, 고분산으로 해석되는 형태는? [기사 11.10.02]

㉮ 균일분포형 ㉯ 괴상분포형
㉰ 무작위분포형 ㉱ 불규칙분포형

04 다음 중 잠재자연식생을 가장 잘 설명한 것은? [기사 11.10.02]

㉮ 인간의 영향으로 바뀐 식생으로 안정을 이루고 있는 군집
㉯ 현재 존재하고 있는 식생으로 극상의 상태인 식물 군집
㉰ 현재의 인위적 작용을 중단할 때 토지능력상 가질 수 있는 식생
㉱ 인위작용을 받지 않는 자연상태의 식생

05 식생에 대한 인간의 영향 설명으로 틀린 것은? [기사 12.03.04]

㉮ 인간에 의해 영향을 받기 이전의 식생을 원식생이라 한다.
㉯ 인간에 의해 영향을 받지 않고 자연상태 그대로의 식생을 자연식생이라 한다.
㉰ 인간에 의한 영향을 받음으로써 대치된 식생을 보상식생이라 한다.
㉱ 변화한 입지조건하에서 인간의 영향이 제거되었을 때 예상되는 자연식생을 잠재자연식생이라 한다.

풀이 인간에 의해 영향을 받아 대치된 식생은 대상식생이라 한다.

06 우점도(dominance, D)를 산출하는 공식으로 맞는 것은? [기사 12.03.04]

㉮ 우점도 = 1 - 다양도지수
㉯ 우점도 = 1 - 균제도지수
㉰ 우점도 = 1 - 밀도지수
㉱ 우점도 = 1 - 피도지수

ANSWER 01 ㉱ 02 ㉮ 03 ㉯ 04 ㉰ 05 ㉰ 06 ㉯

07 초원과 같이 거의 균질한 식생이 광대한 면적에 걸쳐 이루어진 경우에 적용하기 가장 좋은 표본추출법은? [기사 12.03.04]

㉮ 계통추출법 ㉯ 대상추출법
㉰ 전형표본추출법 ㉱ 무작위추출법

08 다음 피도(coverage, C)에 대한 설명 중 틀린 것은? [기사 12.05.20]

㉮ 단위면적당 개체수로서, 총 조사면적 중 어떤 종의 개체수를 백분율로 나타낸 것이다.
㉯ 각 식물종이 차지하는 투영면적을 상층, 중층, 하층으로 구분하여 조사한다.
㉰ 브라운-블랑케(Braun-Blanquet)는 피도를 7단계로 구분하였다.
㉱ 상대피도를 구하는 공식은 어떤 한 종의 피도를 모든 종의 피도로 나눈 후 100을 곱한 값이다.

풀이 피도는 식물의 지상부의 지표면에 대한 피복비율
단위면적당 개체수는 밀도

09 군집 A는 30종을 포함하고 있고, 군집 B는 22종을 포함하고 있으며, 이 군집에 공통된 종이 18종이라면 이 군집의 유사성을 측정하기 위한 Sorensen 계수는? [기사 12.05.20]

㉮ 0.321 ㉯ 0.582
㉰ 0.692 ㉱ 0.895

풀이
Sorensen 계수 $S = 2(\frac{C}{A+B})$
(A : A종수, B : B종수, C : 조사구에서 조사된 공통종의 수)
따라서, $2(\frac{18}{30+22}) \fallingdotseq 0.692$

10 다음 중 상관(相觀)에 의한 식생구분은? [기사 13.03.10]

㉮ 군계에 의한 것
㉯ 우점종에 의한 것
㉰ 표징종에 의한 것
㉱ 구분종에 의한 것

풀이 상관이란 서로 다른 모습에 관한 비교에 의한 식생구분으로 식생형에 따른 분류인 군계(독특한 기후조건에 의해 형성된 지질학적 지역내에서의 식물과 동물의 특수한 배열), 군단, 군집, 군종과 관계가 깊다. 표징종, 우점종 등은 식물군락을 분류하는 방법이다.

11 다음 식물의 층위를 설명한 것 중 옳지 않은 것은? [기사 13.03.10]

㉮ 식물이 자생하는 곳에서는 상층목, 하층목, 관목, 초본, 이끼 등의 단계가 있다.
㉯ 층화는 식물의 종류들이 각기 적절한 공간을 이루며 생장한다.
㉰ 생태적 식재를 위한 공간에서는 층화를 응용하는 것이 필요하다.
㉱ 식물의 층화는 활엽수나 침엽수의 수목 종별에 따라 후발적으로 발생하는 것이다.

풀이 식물의 층화는 수목성상별과 양수, 음수에 따라 발생한다.

12 A와 B 지역을 조사한 결과 두 지역에 공통적으로 나타난 종이 12종, A 지역에는 출현하나 B 지역에는 출현하지 않은 종이 10종, B 지역에는 출현하나 A 지역에는 출현하지 않은 종이 8종인 경우 Jaccard coefficient를 이용하여 구한 두 지역의 community 유사도는? [기사 13.06.02]

㉮ 2 ㉯ 4/5
㉰ 4/10 ㉱ 4

ANSWER 07 ㉱ 08 ㉯ 09 ㉰ 10 ㉮ 11 ㉱ 12 ㉰

풀이 자카드 계수 = $\frac{\text{공통으로 나타나는 종}}{\text{공통종+A지역만 나타나는 종+B지역만 나타나는 종}}$

따라서 $\frac{12}{30} = \frac{4}{10}$

13 식생조사 시 조사구역 내의 개개의 식물 배분상태(군도)는 보통 몇 단계로 나누어 판정하는가? [기사 13.09.28]

㉮ 5단계 ㉯ 6단계
㉰ 7단계 ㉱ 8단계

풀이 군도 5단계, 피도 7단계임

14 개체군 생장곡선과 환경저항에 대한 설명으로 옳은 것은? [기사 13.09.28]

㉮ 지속적인 J자형의 생장은 규칙적으로 반복된다.
㉯ 특정한 환경하에서 일정한 밀도를 유지하는 생장곡선을 J자형 생장곡선이라 한다.
㉰ J자형 생장곡선에서 증가율을 빠르게 하는 것은 환경적 제약 조건 때문이다.
㉱ J자형 생장곡선의 형태로 개체군이 끊임없이 증가하는 것은 자연상태에서는 거의 불가능하다.

풀이 특정한 환경하에서 일정한 밀도를 유지하는 생장곡선은 S자형 생장곡선이라 한다.
J자형 생장곡선에서 증가율을 빠르게 하는 것은 환경적 제약조건이 없기 때문이다.

15 r-선택과 K-선택에 따른 개체군의 생태학적 발달 유형을 바르게 설명한 것은? [기사 14.03.02]

㉮ K - 선택을 하는 개체군의 수명은 보통 1년 이상으로 길다.
㉯ K - 선택을 하는 개체군의 종내·종간 경쟁은 변하기 쉽고 느슨하다.
㉰ r - 선택을 하는 개체군의 사망은 좀 더 방향성이 있고 밀도 의존적이다.
㉱ 기후가 변하기 쉽고 예견하기 어려우며 불확실한 때에 개체군은 K - 선택을 한다.

풀이 **r-선택, K-선택**
20세기초 수리생물학자 앨프레드 로트카(Afred James Ldtka)와 비토 볼테라(Vito Volterra)가 제안한 개체군 생태학적 발달 유형임.
① r-선택 : 변동이 크고 예측이 어려운 불확실한 환경에서 생존하기 위한 선택 전략으로서 생존율과 번식률을 최대로 하기 위하여 빠른 생식, 빠른 성장, 많은 자손을 낳는 기회 전략을 택함. 그러나 초기 사망률이 높고 수명이 짧아 개체군의 크기가 평형 상태에 이르지 못하고 그 결과 종간 경쟁과 종내 경쟁은 약한 편으로 하루살이, 윤충, 물벼룩 등이 있다.
② K-선택 : 생물진화에 있어서 개체의 생존 능력을 높이는 방향으로 진행되는 자연 도태를 말하며, 일반적으로 대형의 새끼를 적게 낳는 종이 이에 해당. 개체군의 평형지수(K)에 따라 개체군의 성장이 지배되는 현상. 평형종(equilibrium species)의 대표적 특성은 느린 성적 성숙, 긴 생활사, 연간 생식(번식) 기회 소수, 낮은 사망률로 수명이 1년 이상으로 길다. 심해어와 대부분의 포유류가 해당된다.
따라서 ① 항목은 K-선택을 하는 개체군 수명이 길기 때문에 잘못된 설명이다.

Part 4 조경식재

ANSWER 13 ㉮ 14 ㉱ 15 ㉮

16 개체군 조절에 영향을 미치는 내적요소가 아닌 것은? [기사 14.05.25]

㉮ 종내경쟁
㉯ 이입과 이출
㉰ 생리적이고 행동적인 변화
㉱ 종간경쟁

풀이 종간의 경쟁은 개체군 외부에서 일어나는 외적요소에 해당됨.

17 조경가 K씨는 해안매립지에 적절한 수종을 선발하기 위해 태안해안국립공원을 찾아 수목 조사를 실시하였다. 다음 중 K씨가 조사한 수종 목록에 적합하지 않은 것은? [기사 14.05.25]

㉮ *Abies koreana*
㉯ *Rosa rugosa*
㉰ *Carpinus turczaninovii*
㉱ *Pinus thunbergii*

풀이 ㉮ *Abies koreana* 구상나무 : 주로 해발 1300m 고산지대에 자생함
㉯ *Rosa rugosa* 해당화
㉰ *Carpinus turczaninovii* 소사나무
㉱ *Pinus thumbergii* 곰솔

18 군집의 안정성 및 성숙도를 표현하는 지표로서 중요도, 균재도지수, 우점도 등이 이용되는 것은? [기사 14.05.25]

㉮ 녹지자연도 ㉯ 층화도
㉰ 산재도 ㉱ 종다양도

풀이 **종다양도**
종수 - 개체수의 관계로부터 본 군집 구조의 복잡성의 정도를 나타내는 것으로 군집의 안정성, 성숙도의 지표로 사용된다.

19 다음 중 군락측정과 관련된 설명으로 옳지 않은 것은? [기사 14.09.20]

㉮ 군도 : 식물이 군생하는 상태를 나타내는 측도
㉯ 우점도 : 군락 내에서 제일 큰 종이 차지하는 비율
㉰ 밀도 : 단위면적당 식물의 개체수
㉱ 피도 : 식물이 공간을 피복하고 있는 상태를 나타내는 측도

풀이 **우점도**
피도, 또는 종 군락 내에 우열의 비율을 종합적으로 나타내는 척도로 사용됨.

ANSWER 16 ㉱ 17 ㉮ 18 ㉱ 19 ㉯

CHAPTER 5

식재공사

★★★★★ 1 이식계획

1 가지주 설치 : 수고 4.5m 이상의 수목에 설치

2 뿌리돌림

① **목적** : 이식력이 약한 수종의 뿌리분의 세근을 발달시키는 작업

② **시기** : 이식기로부터 6개월~2년 전에 실시, 봄보다 가을이 효과적

③ **방법**

㉠ 정지 : 지엽이 밀생한 수관을 정지해 수분유실을 막는다.

㉡ 수직파기 : 굴취폭은 분 크기보다 30cm 이상 크게 해 새끼감기가 가능하도록 함

㉢ 환상박피 : 남겨둔 굵은 곁뿌리를 뿌리분에서 15~20cm 길이로 환상박피해 새뿌리가 생기도록 함

㉣ 허리감기 : 뿌리분 측면 위에서 아래로 마포로 감싸 새끼줄로 감아주는 것

㉤ 되묻기

㉥ 죽 쑤기 : 뿌리분 묻고, 충분히 관수한 뒤 막대기로 쑤셔 공기를 빼 뿌리분과 흙이 밀착되게 함

3 굴취 : 이식을 위해 수목을 캐내는 작업

① **구덩이 파기** : 분뜨기 작업을 위해 뿌리분 주변 돌려 파기

② **분뜨기** : 흙이 떨어지지 않게 새끼, 가마니, 철사 등 재료로 잘 고정시킴.

㉠ 뿌리분 크기 : 근원직경의 3~5배

★★★★★ • 뿌리분 직경 : 24+(근원직경−3)×d(d : 상록수는 4, 낙엽수는 5)

㉡ 뿌리분 깊이 : 세근의 밀도가 현저히 감소되는 부위까지

㉢ 뿌리분 모양 : 둘레는 원형, 옆면은 수직, 밑면은 둥글게 다듬기

㉣ 뿌리분 종류 : 조개분(심근성 수종), 접시분(천근성 수종), 보통분(일반수종)

③ **전정** : 기본형 훼손되지 않는 범위 내에서 증산억제 및 운반에 도움되게 전정

④ **수간보호** : 1.2m 수간되는 부위에 가마니와 보조목 대고 철선으로 고정해 수간의 손상을 방지

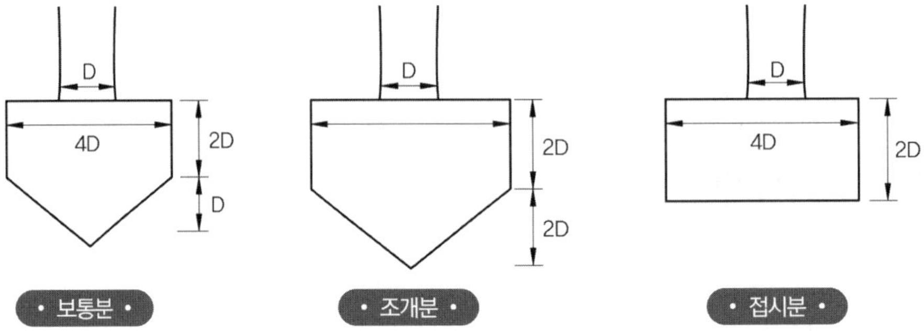

4 운반과 가식

① **작은 나무나 근거리 운반** : 목도, 이륜차, 리어카
큰나무, 장거리 운반 : 트럭, 트레일러

② 운반 시 주의점

㉠ 뿌리분의 보토를 철저히 할 것

㉡ 세근이 절단되지 않도록 충격을 주지 않아야 함

㉢ 수목의 줄기는 간편하게 결박

㉣ 이중 적재를 금함

㉤ 비포장 도로 운반 시에는 뿌리분이 충격받지 않게 완충재로 흙이나 가마니, 짚을 깔고 서행운전

㉥ 수목과 접촉하는 고형부에는 완충재 삽입

㉦ 수송 도중 바람에 의한 증산 억제와 강우로 인한 뿌리분 토양 유실 방지를 위해 증산억제제 살포

㉧ 차량 용량에 따라 적정 수량만 적재

③ 가식

㉠ 정의 : 당일 식재가 원칙이나 불가피한 경우에 다른 곳에 임시로 심어 두는 것

㉡ 방법 : 바람이 없고, 약간 습하며 그늘지고, 배수가 양호하며, 본 식재지와 가까우면서 다른 공사에 영향을 주지 않는 장소에 땅을 약간 파 뿌리와 수관이 맞닿을 정도로 놓고 흙 덮은 후 관수해 줌

5 수목의 이식시기

① **낙엽수** : 3월 중하순~4월 중순(해토 직후), 10월 중순~11월 중순(휴면기 시작)
② **상록침엽수** : 3월 중순~4월 중순, 9월 하순
③ **상록활엽수** : 새잎이 나기 전, 6월 상순~7월 상순(신록이 굳은 시기)
④ **기타 수종** : 배롱나무 4~6월, 석류나무, 대나무 5~7월, 야자나무 6~7월, 유카·목련 5~6월

2 수목식재

1 가식

당일 식재가 원칙이나 그렇지 못할 경우에 임시로 다른 곳에 식재

2 식재구덩이 파기

구덩이 크기는 분 크기의 1.5배 이상

3 심기

식재 구덩이에 경관을 고려하여 정확한 방향을 정한 후 식재 심는 깊이는 원래 수목이 심어져 있던 깊이만큼 심는다.

4 묻기(객토)

기초 토양이 불량한 경우 구덩이에서 파낸 흙을 모두 버리고 비옥한 토양을 채워넣는 것 부식질이 풍부하고 매수 양호한 사질양토가 적합

5 물조임

물을 식재 구덩이에 충분히 넣고, 각목이나 삽으로 흙이 밀착되게 쑤셔준 다음, 복토를 하고 흙으로 둥글게 물집을 쌓아준다.

6 지주 세우기 : 외부충격에 흔들리지 않게 지주 설치

① **지주의 재료** : 박피 통나무, 각목, 고안된 재료(파이프, 와이어 로프, 플라스틱) 등 목재는 방부 처리하고, 지주목과 수목 결박 부위에 완충재(고무, 목재, 새끼)를 넣어 수간 손상 방지

② **지주의 종류 및 방법**

종 류	수목크기	특 징
단각지주	수고 1.2m 이하	1개 말뚝에 주간 묶어 사용
이각지주	수고 2m 이하	양쪽에 각목이나 말뚝설치
3각 4각지구	수고 4.5m 이하	통행량이 많은 곳에 설치. 경사70도
삼발이 지주소형	수고 5m 이하	경관상 중요지점이 아닌 곳에 설치
삼발이 지주대형	수고 5m 이상	
삼발이 버팀형	견고한지지 필요 시와 근원직경 20cm 이상	
당김줄형	수고 4.5m 이상	비용 저렴. 경관적 가치가 요구되는 중요지점
매몰형		경관상 매우 중요한 지점
연계형		군식되어 있을 때 나무끼리 연결

7 뒷정리

잔토깔기, 잡재료의 청소 등 식재현장 주변 정리

실전연습문제

01 관목을 이식할 때 멀칭을 하는 이유로 부적합한 것은? [기사 11.06.12]

㉮ 토양에 습기유지
㉯ 잡초발생 억제
㉰ 토양결빙 방지
㉱ 수분증발 촉진

풀이 멀칭은 수분증발을 억제함

02 수령이 오래된 노거수의 경우, 줄기가 부패하여 공동(空胴)이 생기는 경우가 많다. 다음 중 공동현상이 일어난 수목의 치유방안에 대한 설명으로 틀린 것은? [기사 11.06.12]

㉮ 부패한 목질부를 끌이나 칼 등을 이용하여 먼저 깨끗이 깎아 낸다.
㉯ 동공이 큰 경우 버팀대를 박고, 충전재를 채워 넣는다.
㉰ 공동의 충전재로는 콘크리트, 폴리우레탄, 펄라이트 등이 사용된다.
㉱ 공사를 끝낸 후에 목질부의 부패를 방지하기 위하여, 유리섬유, 접착용 수지 등으로 이들 사이에 틈이 생기지 않도록 처리해 준다.

풀이 펄라이트는 토양개량제로 인공토양임. 공동 충전재는 콘크리트, 아스팔트, 목재, 발포성수지, 비발포성 수지 등이 있다.

03 식재 시 수목의 방한(防寒)을 위한 조치가 아닌 것은? [기사 11.06.12]

㉮ 뿌리덮게 ㉯ 줄기싸기
㉰ 증산촉진제 살포 ㉱ 방풍

04 아조변이 된 식물, 반입식물을 번식시키는 방법으로 적당하지 못한 것은? [기사 11.10.02]

㉮ 접목 ㉯ 취목
㉰ 실생 ㉱ 삽목

풀이 **아조변이**
생장 중의 가지 및 줄기의 생장점(生長點)의 유전자에 돌연변이가 일어나 두셋의 형질이 다른 가지나 줄기가 생기는 일로 가지변이라고도 하며 삽목, 접목, 취목 등으로 번식함

05 수목을 이식할 때 뿌리분의 모양을 다음과 같이 하면 부적합한 수종은? [기사 11.10.02]

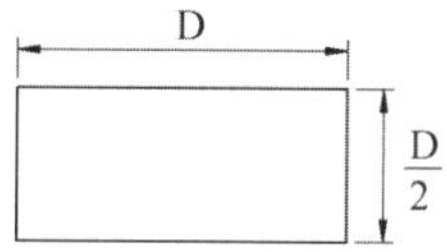

㉮ *Pinus thunbergii*
㉯ *Picea abies*
㉰ *Betula platyphylla* var. *japonica*
㉱ *Populus davidiana*

풀이 그림은 천근성 수종의 접시분의 형태
㉮ 곰솔(심근성) ㉯ 독일가문비
㉰ 자작나무 ㉱ 사시나무

ANSWER 01 ㉱ 02 ㉰ 03 ㉰ 04 ㉰ 05 ㉮

06 정원수의 이식 적기 중 틀린 것은? [기사 11.10.02]

㉮ 낙엽활엽수는 전년도의 낙엽진 후~3월 하순
㉯ 상록활엽수는 3월 하순~4월 하순
㉰ 배롱나무, 석류나무는 7~9월
㉱ 침엽수는 해토 후~4월 상순, 9월 하순~10월 하순

풀이 배롱나무, 석류나무 : 4~6월

07 다음 중 가장 이식이 쉬운 수종은? [기사 12.03.04]

㉮ *Taxus cuspidata*
㉯ *Poncirus trifoliata*
㉰ *Picea abies*
㉱ *Taxodium distichum*

풀이 ㉮ 주목
㉯ 탱자나무
㉰ 독일가문비나무
㉱ 낙우송

08 도장지(徒長枝)에 대한 설명으로 옳지 않은 것은? [기사 12.05.20]

㉮ 부정아(不定芽)가 힘차게 자란 세력이 강한 가지이다.
㉯ 도장지가 많으면 수형이 무질서해진다.
㉰ 가지 중의 일부가 나무 수간을 향하여 뻗어 있는 가지이다.
㉱ 일반적으로 조직이 연하고 약한 것이 특징이다.

풀이 나무 수간 쪽으로 자라는 가지는 역지라고 함

09 퇴화종자(退化種子)에서 볼 수 있는 각종 증상이 아닌 것은? [기사 13.09.28]

㉮ 효소활동 상실 ㉯ 종자 침출물 감소
㉰ 호흡 감소 ㉱ 지방산 증가

풀이 퇴화종자란 생산력이 우수하던 종자가 재배년수를 경과하는 동안에 생산력이 감퇴하는 현상을 말하는데 유전적, 생리적 및 병리적 퇴화가 있다. 그 증상으로는 효소활동의 저하, 호흡의 감소, 종자 침출액의 증가, 유리지방산의 증가 등이 있다.

10 다음 조경공사 표준시방서상의 수목 및 잔디 관련 내용 중 옳지 않은 것은? [기사 13.09.28]

㉮ 도입잔디는 현지의 제반 여건에 따라 감독자와 협의하여 종자를 선정하며 발아율 80% 이상, 순량률 98% 이상이어야 한다.
㉯ 수목의 표준적인 뿌리분의 크기는 근원직경의 4배를 기준으로 하며, 분의 깊이는 세근의 밀도가 현저히 감소된 부위로 한다.
㉰ 수목재료가 포트, 콘테이너 등의 용기 재배품인 경우에는 지정규격에서 10% 범위까지를 기준으로 채택할 수 있다.
㉱ 특별시방서에 명시가 없을 경우 공사에 지장이 되는 기존 식생은 제거하는 것을 원칙으로 한다.

풀이 기존식생은 생태적인 측면에서도 잘 살려서 시공하는 것이 바람직하다.

ANSWER 06 ㉰ 07 ㉱ 08 ㉰ 09 ㉯ 10 ㉱

11 **다음 중 식재공사를 위한 일반적인 이행요구 조건으로 가장 부적합한 것은?** [기사 14.03.02]

㉮ 식재공사에 앞서 토목공사가 선행되는 곳은 표토를 미리 채취해서 보관하여야 한다.

㉯ 식재지 토양은 배수성과 통기성이 좋은 단립(單粒)구조이어야 한다.

㉰ 식물 재료의 굴취에서부터 식재까지의 기간은 수목 생리상 지장이 없는 범위 내에 실시한다.

㉱ 공사 착수 전에 설계도서에 따라 정확한 식재위치를 감독자 입회하에 결정한다.

풀이 **단립(團粒)구조**

단립이란 몇 개 토립이 모여 하나의 덩어리를 만드는 것으로 비가 빨리 하층으로 스며들며, 비 그치면 곧 큰 틈에는 공기, 작은 틈에는 물이 가득해 식물생육에 좋은 상태가 됨

㉯ 단립(單粒)에서 단(單)은 흩어져 있는 낱개를 말함

12 **근원직경 20cm인 수목을 3배 접시분으로 분뜨기를 하려고 한다. 지상부를 제외한 분의 중량은 얼마인가?** (단, 접시분의 뿌리분 체적은 $V=\pi r^3$으로 구하고, 단위중량은 1.3ton/m^3, 원주율(π)은 3.14로 계산할 것) [기사 14.05.25]

㉮ 0.011ton　　㉯ 0.11ton

㉰ 0.026ton　　㉱ 0.26ton

풀이 뿌리분직경 = 근원직경의 3배 접시분이므로

0.2m × 3 = 0.6m

접시분 체적 $V = \pi r3V$,

V = 3.14 × 0.3m^3 V = 0.08478m^3

따라서 분의 중량은

0.08478m^3 × 1.3ton/m^3 = 0.110214ton

ANSWER 11 ㉯ 12 ㉯

Part 4 조경시공

3 초본류 식재

1 초화류 식재

① **객토** : 화초의 특성에 따라 유기질 토양으로 배양토 조성

② **토심** : 최소토심 30~40cm

③ **식재방법** : 바닥을 부드럽게 파서 고른 후 뿌리가 상하지 않도록 근원부위를 잡고 약간 들어올리는 듯하면서 재배용토가 재빨리 사이에 빈틈없이 채워지도록 심고 충분히 관수. 심은 후 액비를 주면 도움

④ **수종** : 맥문동, 이끼, 헤데라(아이비), 돌나무 등

2 잔디 식재

① 잔디 종류

한국잔디(난지형)	서양잔디(한지형)
들잔디(Zoysia japonica), 비로드 잔디(Zoysia tenuifolia), 금잔디(Zoysia matrella), 갯잔디(Zoysia sinica), 왕잔디(Zoysia macrostachya)	Kenturky bluegrass, Bent grass(품질이 좋고 골프장 그린에서 사용), Fescue grass, Rye grass(정착활력도 가장 빠름), Weeping live grass
버뮤다 그래스(서양잔디이면서 난지형) 버팔로 그래스(〃)	

② **잔디 규격** : 가로 30cm, 세로 30cm, 흙두께 3cm

③ **잔디 떼식재 공법**

㉠ 평떼 공법(전면 붙이기)

ⓐ 잔디 식재 전면적에 걸쳐 뗏장을 1~2cm 간격으로 맞붙이는 방법

ⓑ 단시일내 잔디밭 조성 가능

㉡ 줄떼 공법

ⓐ 잔디장은 5, 10, 15, 20cm 정도로 잘라 줄떼붙이기 간격을 15, 20, 30cm로 식재

ⓑ 뗏장 간격이 높아 호미로 잔디뿌리가 흙속에 묻히도록 표토를 파 가면서 붙이기

㉢ 어긋나게 붙이기

ⓐ 잔디장을 20~30cm 간격으로 어긋나게 놓거나 서로 맞물려 어긋나게 배열

㉣ 떼심기 방법

ⓐ 뗏장을 붙인 후 롤러로 고른 후 세토를 전면에 균일하게 살포하고 다시 진압

ⓑ 잔디장 사이에 잡초가 함유되지 않은 흙을 채우고 충분히 관수

ⓒ 경사면 시공 시는 잔디장 1매당 2개의 떼꽂이로 고정하고 경사면 아래에서 위로 시공

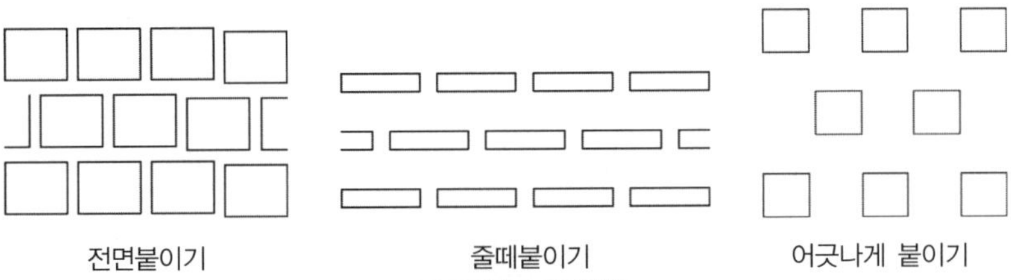

• 떼심기 방법 •

④ 잔디 파종

㉠ 5~6월 외기온도 20~25℃일 때 종자와 모래를 섞어 가로 세로로 파종

㉡ 난지형 잔디 발아적온 : 20~25℃, 5~6월경에 파종

㉢ 한지형 잔디 발아적온 : 10℃, 11월 초순에도 가능. 3~6월, 8~9월경 파종

4 특수환경지의 식재

1 비탈면

① 종자판 붙임 공법(식생 매트공법)

㉠ 종자와 비료를 매트 모양의 종자판에 부착시켜 식재 지역 전면에 피복하는 방법

㉡ 비탈면 녹화나 평탄지 잔디광장 조성에 사용

㉢ 여름과 겨울에도 시공 가능하며 시공 직후부터 보호효과를 얻을 수 있는 장점

② 종자 살포 공법(Seed Spray)

㉠ 방법 : 기계와 기구를 이용하여 압축 공기와 압력수에 의해 종자를 뿜어 붙이는 공법

㉡ 절토비탈면 : 종자와 비료에 진흙을 섞어 뿜어 붙여 표토층이 얇고 급경사 절토지에 적합

㉢ 성토 비탈면, 매립지 : 진흙은 사용하지 않고 종자와 비료만 뿜어 붙이는 공법

㉣ 특성 : 공기가 단축되고 광대한 면적에 시공이 용이, 암비탈면, 마사토, 비탈민 등에 녹화가 가능하고 파종시기에 제한이 적다.

2 쓰레기 매립지

식재 적합한 토양으로 객토 후 식재

3 연약지반

매트류를 부설하거나 양호한 토양을 두껍게 부설한 후 식재

4 인공지반

지반의 완전방수와 토양의 경량제, 인공토 사용

참고 제2장 식재계획 및 설계의 ❼ 실내식물환경조성 및 설계

5 임해매립지

탈염법으로 토양 염분제거. 군식과 비료목 식재. 방풍과 염분에 강한 수종 식재.

참고 제2장 식재계획 및 설계의 ❻ 특수지역식재

6 습지설계

적은 수량으로 환경유지가 가능함. 계단식 논 방식이 가장 용이함

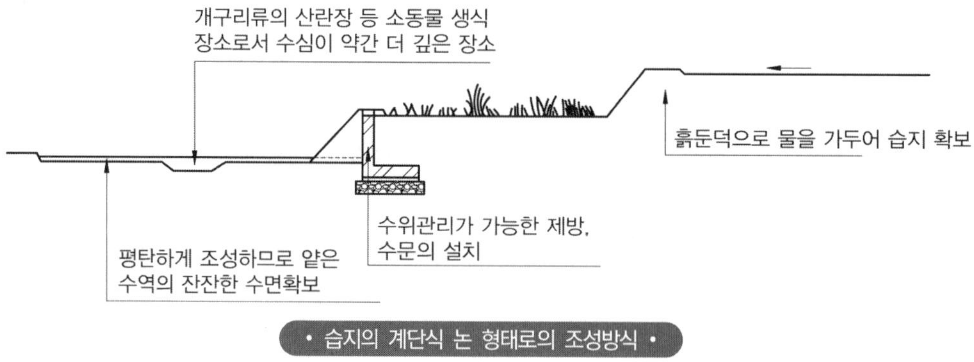

• 습지의 계단식 논 형태로의 조성방식 •

7 생태호안공법

다양한 생물적 조건을 바탕으로 수제(水際)환경을 조성하여 수서식물대 조성이나, 생물 서식지 공간을 조성하는 것

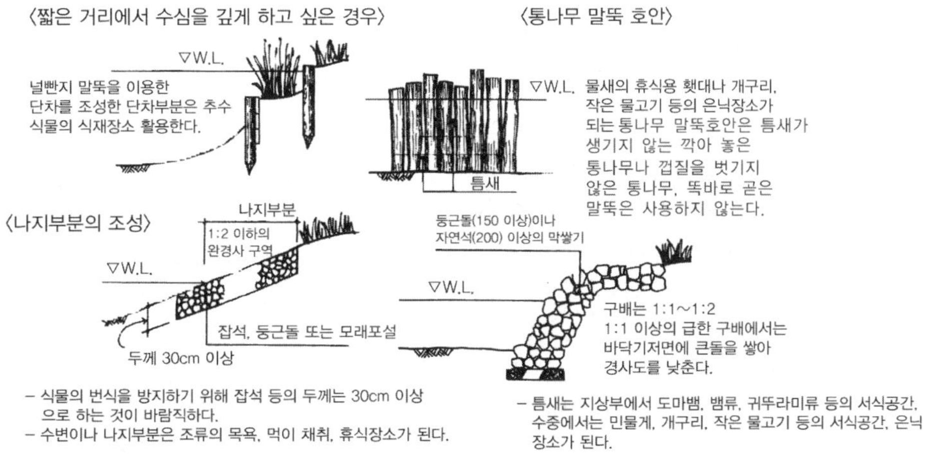

• 호안공법 •

8 연못, 늪 저수지 등 정체수역의 녹화

수제환경과 수변환경, 물부분 등 각 공간별 서식환경에 맞는 식물로 소성하여 다양한 생태를 형성해야 함

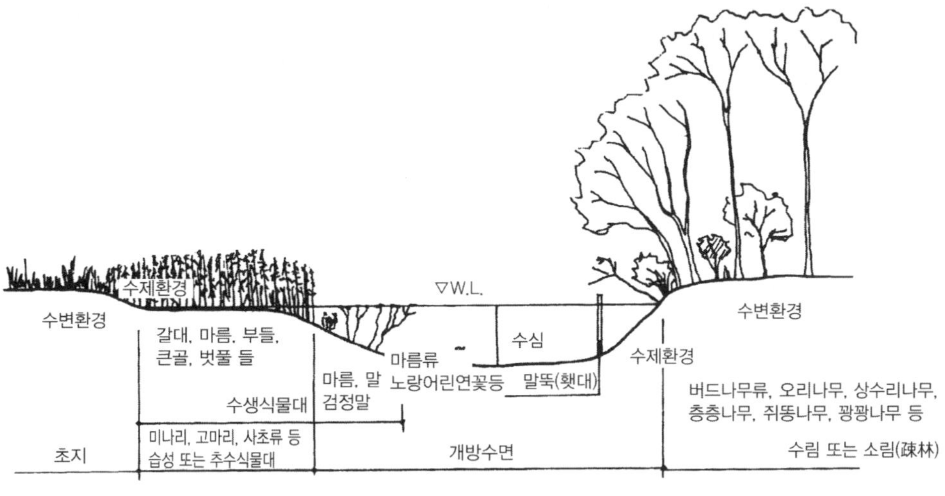

• 정체수역환경의 단면모식구조도 •

- 연못의 밑바닥은 적색점토나 점토 등의 자연소재나 방수소재로 하며, 방수소재로는 비닐이나 콘크리트는 피하고, 팽윤성 고형물(스메크타이트) 등을 사용한다.

CHAPTER 05 식재공사

실전연습문제

01 무성(영양)번식에 대한 설명으로 틀린 것은? [기사 11.06.12]

㉮ 영양번식에 의한 식물체는 생장과 개화가 종자식물에 비해 빠르다.
㉯ 영양번식에 의한 식물체는 종자번식에 비해 대량번식이 쉽다.
㉰ 접목은 분리된 구 식물체의 조직을 유합시켜 하나의 식물체를 만드는 방법이다.
㉱ 분구는 백합류, 칸나 등의 구근을 지니는 조경식물의 지하부 구근을 분주하여 번식하는 방법이다.

풀이
• 영양번식 : 생물의 모체(母體)로부터 영양기관의 일부가 분리 발육하여 독립적인 한 개체로 발전하는 생식
• 종자번식 : 종자에 의해 번식하는 방법
따라서, 종자번식이 대량번식에 더 유리하다.

02 다음 영양번식에 의한 잔디밭 조성에 대한 설명으로 옳은 것은? [기사 11.10.02]

㉮ 조성공사에 시간적 제한이 거의 없으나 비용이 많이 들고 공사기간이 비교적 길다.
㉯ 급경사지뿐만 아니라 암반지역에서도 50% 이상의 피복이 가능하다.
㉰ 세밀한 관리가 필요하며 한정된 시기에만 공사가 가능하다.
㉱ 주로 불량 토질에 사용되는 방법이며 잔디의 피복속도가 느리다.

03 다음 설명하는 특징의 잔디로 가장 적합한 것은? [기사 12.05.20]

• 한지형 잔디로 여름철에는 잘 자라지 못하며 병해가 많이 발생하나 서늘할 때는 그 생육이 왕성한 편이다.
• 일반적으로 답압에 약하지만 재생력이 강하므로 답압의 피해는 그리 크게 발생하지 않는다.
• 아황산가스에 대한 내성이 약하다.
• 불완전 포복형이지만 포복력이 강한 포복경을 지표면으로 강하게 뻗는다.

㉮ 켄터키블루 그라스
㉯ 벤트 그라스
㉰ 들잔디
㉱ 라이 그라스

04 경사면(法面) 피복용 초본류가 갖추어야 할 조건으로 틀린 것은? [기사 12.09.15]

㉮ 건조와 척박지의 상황에 잘 견뎌야 한다.
㉯ 단기간 내 발아와 피복이 가능해야 한다.
㉰ 건조에 견디게 하기 위해 심근성 초본류의 선택이 바람직하다.
㉱ 토착종의 종자는 생태계교란의 우려가 있어 피해야 한다.

풀이 토착종은 빠른 정착으로 유리하다.

ANSWER 01 ㉯ 02 ㉮ 03 ㉯ 04 ㉱

05 다음 [보기]에서 설명하는 지피식물은?

[기사 13.03.10]

보기
- 벼과의 조경용 소재이다.
- 잎은 녹색으로 길이 10~25cm 정도로 타원상 피침형이며, 잔거치가 있다.
- 줄기는 황갈색으로 성목의 경우 1~2m 까지 자란다.
- 꽃은 복총상화로 4월에 개화하며, 열매는 5~6월에 결실한다.
- 주로 수림하의 피복용, 삼림경관 조성에 이용, 단지 내 조경이나 공원 색재로 밀식, 첨경용으로 사용하면 좋다.

㉮ *Equisetum hyemale* L.
㉯ *Typha orientalis* Presl
㉰ *Sasa borealis* Makino
㉱ *Hosta minor* Nakai

풀이 ㉮ 속새(야생화)
㉯ 부들
㉰ 조릿대
㉱ 좀비비추

06 다음 중 춘파한해살이 초화류에 해당하지 않는 것은? [기사 13.06.02]

㉮ 채송화 ㉯ 메리골드
㉰ 봉선화 ㉱ 구절초

풀이 구절초 : 여러해살이

07 우리나라의 주요 야생초화류 중 돌나물과에 해당하지 않는 것은? [기사 13.06.02]

㉮ 섬기린초 ㉯ 바위채송화
㉰ 꿩의비름 ㉱ 까치수염

풀이 까치수염 : 앵초과

08 다음 [보기]의 ( )에 해당하는 성분은?

[기사 13.09.28]

보기

잔디의 생육에 가장 필요로 하는 성분이며 엽록소, 단백질, 효소의 주요 구성요소이고 총건물량의 3~6%에 달하며 식물체 내의 이동성이 강하여 부족 시는 오래된 잎의 ( )성분이 전개된 잎이나 생장점으로 이동하여 생육에 사용된다. ( )비료의 과다 사용 시에는 지나친 지상부의 신장으로 인해 지하부의 생육이 약해지면서 각종 생리장애 및 병충해에 대한 저항성이 떨어진다.
아울러, 부족 시 생육둔화 및 잎이 녹황색으로 변하며, 페어웨이(fairway)에서는 달러스팟(dollar spot) 등의 병이 침입하기 쉽다.

㉮ P ㉯ N
㉰ Ca ㉱ K

09 다음 중 주요 잔디류의 정착활력도(establishment vigor)가 가장 빠른 것은? [기사 14.05.25]

㉮ Perennial ryegrass
㉯ Tall fescue
㉰ Kentucky bluegrass
㉱ Creeping bentgrass

풀이 **Perennial ryegrass**
초기 정착활력도가 높고, 발아와 정착이 잘된다.

Part 4 조경식재

ANSWER 05 ㉰ 06 ㉱ 07 ㉱ 08 ㉯ 09 ㉮

10 다음 지피식물 중 해안가 생육에는 가장 부적합하지만 건조지의 생육에는 가장 적합한 것은? [기사 14.09.20]

㉮ 털머위 ㉯ 바위솔
㉰ 모람 ㉱ 흰대극

풀이 **바위솔**

우리나라 각처 산과 바위에 붙어 자라는 다년생 초본으로 햇볕이 잘 들고 건조한 곳에 잘 자란다.

11 지피류 및 초화류 식재 시의 기준에 어긋나는 것은? [기사 14.09.20]

㉮ 종자의 규격은 중량단위의 수량과 순량률 및 발아율로 초화류의 규격은 분얼, 포기 등으로 표시한다.
㉯ 지피류 및 초화류는 뿌리가 충실하며, 흙이 충분히 붙어 있어야 한다.
㉰ 토심은 초장의 높이와 잎, 분얼의 상태에 따라 다르나 지피류 식재를 위한 표토최소토심은 0.5 ~ 0.6m 내외로 한다.
㉱ 왜성 대나무류 및 지피류 식재간격은 설계도서에 지정되지 않은 경우 0.15m(44주/m^2)를 표준으로 한다.

풀이

분 류	잔디, 초본	소관목	대관목	천근성 교목	심근성 교목
생존최소심도 (cm)	15	30	45	60	90
생육최소심도 (cm)	30	45	60	90	150

ANSWER 10 ㉯ 11 ㉰

5 식재 후 조치

1 가지솎기

손상된 지엽이나 가지를 솎아내어 수분증산을 막는다.

2 물받이

수관폭의 1/3 정도 또는 뿌리분 크기보다 약간 크게 해 높이 10cm 정도로 함

3 수피감기

새끼줄, 거적, 가마니 등을 싸 수분증발 억제

4 시비 및 관수

비료가 직접 뿌리에 닿지 않도록 시비하고 관수는 일출일몰 시에 시행

5 멀칭

토양수분 유지와 비옥도 증진, 잡초발생억제 등을 위해 수피, 낙엽, 볏짚, 콩깍지 등 제재소에서 나오는 부산물을 뿌리분 주위에 5~10cm 두께로 피복하는 것

6 약제살포

수분증산억제제와 영양제를 뿌려주고, 상태가 나쁜 수목은 수간주사 실시

CHAPTER 05 식재공사

실전연습문제

01 이식수목의 지주설치 내용으로 틀린 것은? [기사 11.06.12]

㉮ 매몰형 지주는 경관상 매우 중요한 곳이나 지주목이 통행에 지장을 많이 가져오는 곳에 설치한다.

㉯ 거목이나 경관적 가치가 특히 요구되는 곳, 주간 결박지점의 높이가 수고의 2/3가 되는 곳에 당김줄형을 사용한다.

㉰ 삼발이(버팀형)는 견고한 지지를 필요로 하는 수목이나 근원직경 20cm 이하의 수목에 적용한다.

㉱ 단각지주는 주간이 서지 못하는 묘목 또는 수고 1.2m 미만의 수목에 적용한다.

풀이 조경설계 기준 22.5.1 지주세우기(국토해양부 승인 조경설계기준 2013) 참고
- 삼발이(버팀형) : 견고한 지지 필요 시와 근원직경 20cm 이상의 수목에 적용함

02 수목식재 후 설치하는 지주목의 장점이 아닌 것은? [기사 11.06.12]

㉮ 수고생장에 도움을 준다.

㉯ 수간의 굵기가 다양하게 생육하도록 해준다.

㉰ 지상부의 생육에 비교하여 근부의 생육을 적절하게 해준다.

㉱ 바람의 피해를 줄일 수 있다.

03 수목 식재 후 지주목을 설치하려 한다. 경관상 매우 중요한 위치에 적합한 지주 방법은? [기사 12.05.20]

㉮ 삼각지주 ㉯ 매몰형지주

㉰ 당김줄형지주 ㉱ 버팀형지주

04 다음 중 이식 후 줄기에 새끼감기를 해줄 필요가 없는 나무는? [기사 13.09.28]

㉮ 지하고가 낮고 가지가 많이 나 있는 나무

㉯ 수피가 밋밋하고 얇은 나무

㉰ 쇠약 상태에 빠져 있는 나무

㉱ 노대목(老大木)이나 줄기가 상당히 굵은 나무

풀이 지하고가 높은 나무에 새끼감기가 필요하다.

ANSWER 01 ㉰ 02 ㉯ 03 ㉯ 04 ㉮

part 5

조경시공 구조학

Engineer Landscape Architecture

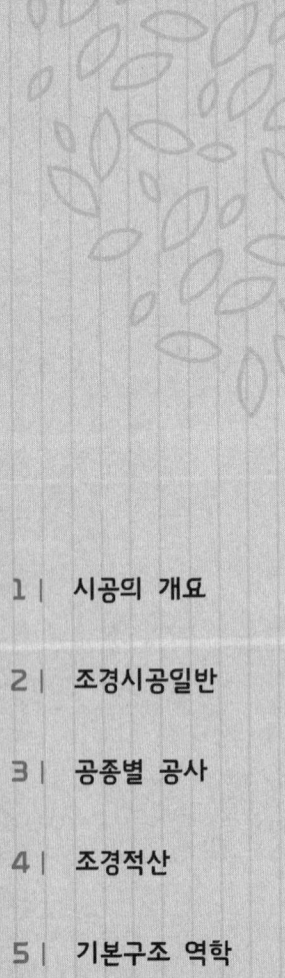

CHAPTER 1

시공의 개요

1 조경시공 재료

1 조경시공재료의 적용

① 재료의 종류 : 자연재료(흙, 돌, 물, 식물 등) + 인공재료(시멘트, 콘크리트, 금속재, 합성수지재 등) + 조경시설물 + 조명재료 등

② 현재 재료의 발달 : 1970년대 인조목, 인조암, 최근 재활용 소재의 생태복원재료, 향토소재 등

2 시공재료의 분류

구분		주요재료
생산방법에 의한 분류	천연재료	목재, 석재, 골재, 점토 등
	인공재료	콘크리트 및 제품, 금속제품, 요업제품, 석유화학제품 등
화학적 조성에 의한 분류	무기재료	금속재료 : 철재, 알루미늄, 구리, 납, 아연, 합금류 등
		비금속재료 : 석재, 시멘트, 벽돌, 유리, 석화, 콘크리트, 도자기류 등
	유기재료	천연재료 : 목재, 아스팔트, 섬유류 등
		합성수지 : 플라스틱, 도료, 접착제 등
사용목적에 의한 분류	구조재료	목구조재(목재), 철근콘크리트구조재(철근, 콘크리트), 철골구조재(형강), 조적구조재(석재, 벽돌, 블록) 등
	수장재료	내·외장재 : 타일, 유리, 도료, 금속판, 섬유판, 석고판 등
		차단재 : 페어글라스, 유리섬유, 암면, 아스팔트, 실링재 등
		채광재료 : 유리, 플라스틱 등
		창호재 : 목재, 금속재, 플라스틱재, 셔터 등
		방화 및 내화 : 방화문, 방화셔터, PC부재, 내화벽돌, 내화모르타르, 내화점토 등
		기타 : 포장, 장식재, 방수재, 접착재, 가구재, 긴결재 등
	설비재료	급배수 및 수경시설재료, 냉·난방재료, 전기조명재료 등
공사구분에 의한 분류		식재공사용, 석재공사용, 목공사용, 철근콘크리트공사용, 조적공사용, 타일공사용, 방수공사용, 금속공사용, 미장공사용, 포장공사용, 수경시설공사용, 수장시설용, 설비공사용, 생태환경복원공사용 재료 등

3 시공재료의 요구성능

① 사용목적에 맞는 품질
② 사용환경에 알맞은 내구성 및 보존성
③ 대량생산 및 공급이 가능하며 가격이 저렴할 것
④ 운반취급 및 가공이 용이할 것

4 조경식물 재료의 요구성능

① 식재지역 환경에 적응성이 큰 식물
② 미적·실용적 가치가 있는 식물
③ 이식 및 유지·관리가 용이한 식물
④ 수목시장이나 생산지에서 입수가 용이한 식물 등

5 시공재료의 현장적응성

① 주변환경과 조화로운 색채, 형태, 질감 등이 요구되는 재료
② 개별 재료특성이 부각되면서 전체적인 조형미가 요구됨
③ 장소적 의미의 문화전통성이나 토속성이 반영되어야 함
④ 이용자의 관점에서 편리하고 안전하며 쾌적한 재료
⑤ 실용적이면서 가능한 최선의 재료 선호성이 고려되어야 함

6 시공재료의 규격화

① **우리나라 한국산업규격(KS) 밑줄은 건설관련 재료** : 16개 부분 기본(A), 기계(B), 전기(C), 금속(D), 광산(E), 토건(F), 일용품(G), 식료품(H), 섬유(K), 요업(L), 화학(M), 의료품(P), 수송기계(R,) 조선(V), 항공(W), 정보산업(X)

> **Tip**
> 밑줄 그은 부분은 조경과 관계 있는 분야로 기호를 암기하기

② **국제기준** : ISO(국제표준화기구), SI(국제적 단위계) 우리나라는 ISO 선택
③ **미국** : ASTM(미국재료시험협회), ACI(미국콘크리트협회), FS(연방규격과 특허)
④ 영국(BS), 중국(CNS), 일본(JIS), 독일(DIN) 등

2 시방서

1 시방서의 포함내용

① 시공에 대한 보충 및 주의사항
② 시공방법의 정도, 완성정도
③ 시공에 필요한 각종 설비
④ 재료 및 시공에 관한 검사
⑤ 재료의 종류, 품질 및 사용

2 도면 시방서간의 적용순위

현장설명서 → 공사 시방서 → 설계도면 → 표준시방서 → 물량내역서

모호한 경우 감독자의 지시에 따른다.

3 시방서의 분류

① **표준시방서** : 발주처 또는 설계가가 활용하기 위해 시설물별로 정해 놓은 표준적인 시공기준으로 한국조경학회에서 만들고 국토해양부에서 제정한 것, 토지공사, 수자원공사 등 공기업에서 만든 것들도 있다.
② **전문시방서** : 표준시방서를 근거하여 시설물별 공종을 대상으로 특정한 공사의 시공을 위한 시공기준
③ **공사 시방서** : 표준시방서와 전문시방서를 기본으로 공사수행을 위한 시공방법, 자재성능, 규격 등 도급자가 해당 공사에 대한 내용을 적은 도급계약서류에 포함되는 것

공사 시방서는 강제기준의 역할이며, 표준시방서는 기초자료이기에 강제성은 없으나 전체 공종을 포괄하는 것으로 중요하다.

4 시방서 작성요령

① 공법과 마감상태 등 정밀도를 명확하게 규정한다.
② 공사 전반에 걸쳐서 중요사항을 빠짐없이 기록한다.

③ 간단 명료하게 기술하고, 명령법이 아닌 서술법으로 한다.
④ 설계도면의 내용이 불충분한 부분은 보충 설명한다.
⑤ 재료의 품목을 명확하게 규정하고 선정에는 신중을 기한다.
⑥ 중복 기재를 피하고, 설계도면과 시방서 내용이 상이하지 않도록 한다.
⑦ 작성순서는 공사 진행 순서와 일치하도록 한다.

5 시방서 작성순서 : 공사 진행 순서와 일치시킨다.

① 건설공사의 명칭 및 위치, 규모 등의 개괄적인 사항 작성
② 공사 진행 순서에 따라 공사 각 부문에 관하여 명확하고 상세히 기술
③ 주의사항 및 질의응답사항 등 포함시켜 공사비 견적에 편리하도록 하여 시공지침 및 기준이 되도록 한다.

6 시방서 용어정리

① **발주자** : 해당공사의 시행주체로서, 공사를 시행하기 위하여 입찰을 부여하거나 공사를 발주하고 계약을 체결하여 이를 집행하는 자
② **수급인** : 공사에 관해 발주자와 도급계약을 체결한 자 또는 회사를 말하며, 기타 규정에 의거 인정된 수급인의 대리인과 승계인을 포함한다.
③ **하수급인** : 수급인으로부터 건설공사를 하도급받은 자
④ **감독자** : 공사감독을 담당하는 자로서 발주자가 수급인에게 감독자로 통고한 자와 그의 대리인 및 보조자를 포함한다. 발주자가 감리원을 선정한 경우에는 감리원이 감독자를 대신한다.
⑤ **감리원** : 발주자의 위촉을 받아 공사의 시공과정에서 발주자의 자문에 응하고 설계도서 대로의 시공여부를 확인하는 등의 감리를 행하는 자
⑥ **현장대리인(현장기술관리인)** : 관계법규에 의하여 수급인이 지정하는 책임 시공기술자로서 그 현장의 공사관리 및 기술관리, 기타 공사업무를 시행하는 현장요원
⑦ **계약문서** : 계약서, 설계서, 공사입찰유의서, 공사계약 일반조건, 공사계약 특수조건 및 산출내역서
⑧ **설계서** : 공사 시방서, 설계도면, 물량내역서 및 현장설명서 및 질의응답서
⑨ **지시** : 감독자(혹은 발주자, 감리원)가 현장대리인(혹은 수급인)에게 권한의 범위 내에서 필요사항을 지시하고 실시케 함
⑩ **승인** : 수급인(혹은 현장대리인)으로부터 요청된 사항에 대해, 감독자(혹은 발주자, 감리원)가 권한의 범위 내에서 서면으로 허락함

⑪ **협의** : 감독자(혹은 발주자, 감리원)와 현장대리인(혹은 수급인)이 대등한 입장에서 합의함을 뜻함

⑫ **유지관리** : 시공 중의 각 공정별 유지관리와 부분공사 완료 후 준공시점까지의 유지관리, 준공 후 일정기간(보통 하자기간에 이루어지는 공정)의 유지관리와 별도의 계약조건에 의한 조경유지관리 공정에서 행하여지는 유지관리를 포함한다.

CHAPTER 01 시공의 개요

실전연습문제

01 다음 중 공사발주를 위하여 발주자가 작성하여야 하는 적산서류에 해당되지 않는 것은? [기사 12.03.04]

㉮ 특기시방서 작성 ㉯ 공사수량 산출
㉰ 일반관리비 계산 ㉱ 견적서 작성

02 시방서에 대한 설명으로 틀린 것은? [기사 12.05.20]

㉮ 표준시방서는 발주자가 작성하여 시공자에게 전달한다.
㉯ 시방서는 설계자의 의도를 시공자에게 전달하기 위해 설계도에 기재할 수 없는 사항을 기재한다.
㉰ 공사 시방서에는 특정 공사용으로 작성된 시방서로 공통시방서와 특기시방서를 포함한다.
㉱ 재료, 공법을 정확하게 지시하고 도면과 시방서가 상이하지 않게 기록하는데 주의를 기울인다.

03 시방서 작성 시의 주의사항에 대한 설명으로 부적합한 것은? [기사 14.05.25]

㉮ 시공순서에 따라 빠짐없이 기재한다.
㉯ 중복되지 않고 간단 명료하게 작성한다.
㉰ 공법 및 마무리 정도를 명확히 규정한다.
㉱ 재료에 대한 공사비의 내역을 정확하게 기재한다.

풀이 시방서는 공사방법에 대한 내용으로 공사비와는 관계없다.

04 비탈면의 잔디식재 공사에 대한 표준시방서 내용으로 틀린 것은? [기사 14.09.20]

㉮ 잔디생육에 적합한 토양의 비탈면 기울기가 1 : 1보다 완만할 때에는 비탈면을 일시에 녹화하기 위해서 흙이 붙어 있는 재배된 잔디를 사용하여 붙인다.
㉯ 잔디고정은 떼꽂이를 사용하여 잔디 1매당 2개 이상 견실하게 고정하며, 시공 후에는 모래나 흙으로 잔디붙임면을 얇게 덮은 후 고루 두들겨 다져준다.
㉰ 비탈면 줄떼다지기는 잔디폭이 0.1m 이상 되도록 하고, 비탈면에 0.1m 이내 간격으로 수평골을 파서 수평으로 심고 다짐을 철저히 한다.
㉱ 비탈면 전면(평떼)붙이기는 줄눈을 틈새 없이 붙이고 십자줄이 형성되도록 붙이며, 잔디 소요면적은 비탈면 면적의 10%를 추가 적용한다.

풀이 **조경공사 표준시방서**
비탈면 전면(평떼)붙이기 줄눈을 틈새 없이 붙이고 십자줄이 형성되지 않도록 어긋나게 붙이며, 잔디 소요면적은 비탈면 면적과 동일하게 적용한다.

ANSWER 01 ㉱ 02 ㉮ 03 ㉱ 04 ㉱

3 공사계약 및 시공방식

1 공사계약

① 계약의 범위 : 발주자는 정확한 계약목적물의 완성, 계약상대자에게는 계약의 이행에 따른 정당한 대가를 요구하는 것

② 계약체결 및 절차

발부방법 결정 → 공고 → 입찰 → 낙찰자 결정 → 계약체결 → 계약이행 → 검사 → 대금지급

2 계약서 및 도급계약 내용

① 공사내용, 설계서(설계도면, 시방서 등), 공사비 내역서, 공정관리표 등
② 도급금액
③ 공사의 착공일과 준공일
④ 도급 금액의 지불방법
⑤ 설계변경, 공사중지, 천재지변의 경우 발생하는 손해부담에 관한 규정
⑥ 설계변경, 물가변동 등에 의한 도급금액 또는 공사내용의 변경에 관한 사항
⑦ 하도급대금 지급보증서의 교부에 관한 사항(하도급계약의 경우)
⑧ 산업안전보건법 규정에 의한 표준안전관리비, 산업재해보상보험법에 의한 산업재해보상보험료, 고용보험법에 의한 고용보험료 등에 관한 사항
⑨ 당해공사에서 발생된 폐기물의 처리방법과 재활용에 관한 사항
⑩ 인도를 위한 검사시기 및 공사완성 후의 도급금액의 지급시기
⑪ 계약이행 지체의 경우 위약금, 지연이자의 지급 등 손해배상에 관한 사항
⑫ 하자담보 책임기간과 담보방법 및 분쟁발생 시 해결방법에 관한 사항

3 입찰의 흐름

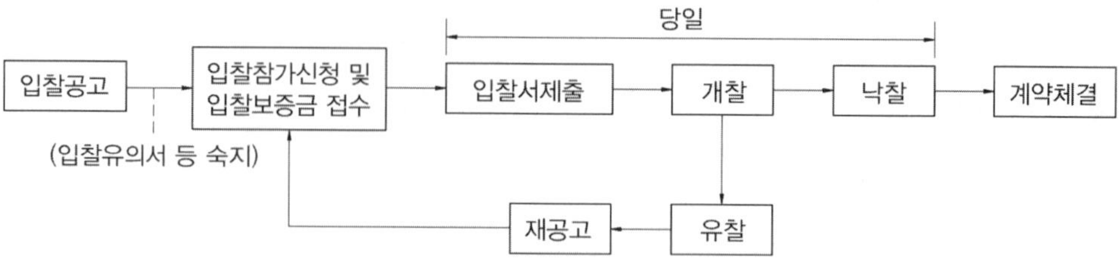

• 입찰의 흐름도 •

4 입찰의 준비사항

경쟁입찰의 경우 입찰전 건설업자가 견적할 수 있는 일정기간을 주어야 한다.(건설산업기본법)

공사예정금액	공사현장 설명일로부터 기간
30억 원 이상	20일 이상
10억 원 이상	15일 이상
1억 원 이상	10일 이상
1억 원 미만	5일 이상

5 입찰과 낙찰

① **입찰자** : 입찰보증금 납입하고 입찰보증금은 공사계약보증금으로 대체

② **낙찰** : 입찰 시 견적의 오산, 부당가격, 오기 등이 있어도 예정가격 이내라면 낙찰가능하며 재입찰, 제3입찰을 거쳐서도 낙찰자가 없을 경우 최저가격입찰자와 수의계약으로 낙찰

6 입찰제도의 합리화와 제도

① **입찰제도의 합리화** : 입찰방식의 결정, 입찰참가자와 자격심사, 낙찰가격의 제한, 공사의 분리발주, 발주공사 도급보증제도

② **우리나라 입찰제도** : 최저가격으로 낙찰하지만 부실공사를 막기 위한 다음의 조건이 있다.

㉠ 중·소규모 공사계약시 : 예정가격 86.5~87.74% 이상 중에서 낙찰하는 제한적 평균가 낙찰제 적용

㉡ 중·대형공사계약시 : 최저가격 순으로 공사 수행능력과 내부 상태, 과거 계약이행의 성실도, 입찰가격 등 종합 심사하여 85점 이상 시 낙찰

7 입찰 관련 용어

① **추정가격** : 예정가격 결정 및 입찰공고에 앞서 추산하여 공사비를 계상한 금액
② **예정가격** : 발주자가 입찰 전에 결정기준으로 삼기 위해 작성한 금액
③ **입찰참여방법** : 직접입찰, 상시입찰, 우편입찰, 전자입찰
④ **보증금** : 입찰보증금(낙찰자가 계약을 체결하지 않을 시 미반환하는 것으로 의지 없는 참가자를 막기 위한 것), 계약보증금(도급자가 계약 불이행 시 반환하지 않는 것으로 도급자의 시공계약 보증을 위한 것으로 공사 완료 후 반환함)
⑤ **제한적 최저가 낙찰제** : 덤핑예방을 위해 예정가격 이하이고 적정가격 범위 이상인 최저가격 입찰자를 낙찰하는 제도
⑥ **담합** : 입찰 경쟁 사간에 미리 낙찰자를 정하여 입찰에 참여하는 부정행위
⑦ **덤핑** : 예정가격 80% 이하로 저가도급을 맡은 부당행위

8 공사 시공방식

① **직영방식** : 사입자가 직접 계획을 세우고 재료구입, 노무자 동원, 시설물 투입, 가설물 등 일체의 공사를 직접하는 것
㉠ 장점 : 입찰경쟁의 피해 방지, 입찰의 복잡한 행정절차가 필요 없음. 공사비가 절감되며 양호한 품질을 가져옴
㉡ 단점 : 공정관리 차질 우려, 공사비가 예산보다 초과되기 쉽고, 공사 종사원 능률이 저하되어 공사기간 지연
② **도급방식** : 시공 전문인에게 공사를 줌
㉠ 일식도급 : 공사 전반을 한 사람에게 도급
ⓐ 장점 : 시공 책임 한계가 분명, 공사관리가 용이, 계약 및 감독이 용이, 전체 공사비 예측 가능, 공사비 절감 효과
ⓑ 단점 : 도급자의 주관적 해석에 의한 설계해석으로 부실공사 및 공사비 증대
㉡ 분할도급 : 공사를 세분해서 각기 따로 도급자 결정. 전문공종별, 공정별, 공구별, 직종별·공종별
ⓐ 장점 : 공사의 질적 향상 기대, 중소업자의 균등기회 부여
ⓑ 단점 : 공사 전체의 통제관리 번거로움. 가설 및 시공기계 설치의 중복으로 공사비 증대

㉢ 공동 도급 : 2개 이상의 도급자가 공동 출자회사 조직하여 시공
ⓐ 장점 : 공사이행의 확실성, 기술·자본·위험부담의 분산과 감소, 기술 확충, 신용도 증대
ⓑ 단점 : 한 회사에 도급시키는 것보다 경비 증대, 공동 출자 회사 간 의견차이 발생
㉣ 설계·시공일괄도급(턴키도급, turn-key base contract) : 계획, 설계, 재료, 시공, 가동 단계까지 건설업자가 조달하여 준공 후 인도하는 방식으로 대형시설공사에 적용
ⓐ 장점 : 설계·시공이 동일업체이므로 공정관리가 쉽고, 공사비 절감, 공기단축, 공법의 연구 및 개발, 창의성 있는 설계 유도 및 책임시공에 의한 기술개발 가능
ⓑ 단점 : 설계·견적기간이 짧아 계획안 부실 우려, 최저가 낙찰제로 설계내용의 우수성 미반영 우려, 품질저하 우려, 대형 건설업자만 참여하게 되어 덤핑 우려, 중소건설업체 육성을 저해, 공사비 절감을 위한 설계의 질적 저하 우려
ⓒ 특징 : 우리나라의 경우 100억원 이상인 경우 실시
발주기간의 입찰안내서, 현장설명서 외에는 모두 계약상대자가 작성
발주기관이 예정가격을 작성하지 않기에 낙찰률도 없다.

9 도급금액 결정방식

① **총액도급** : 총공사비를 경쟁입찰에 붙여 최저가 입찰자와 계약을 체결하는 제도
㉠ 장점 : 경쟁입찰로써 공사비를 절감, 총공사비가 산정되어 있어 발주자가 원가관리, 자금예정이 용이
㉡ 단점 : 공정관리를 잘해야 공정을 수행할 수 있고, 설계변경 시 발주자와 대립이 있을 수 있다. 입찰 전에 설계도면·시방서가 완비되어 있어야 하므로 소요시간이 길다.
② **단가도급(내역입찰도급)** : 일정기간 시공과 관련된 재료 및 노력이 요구될 때 재료단가, 노력단가 또는 재료와 노력이 가해진 수량 및 면적· 체적단가만 결정하여 공사도급하는 방식
㉠ 장점 : 설계변경에 따른 수량 증감과 공사비 산정 용이
㉡ 단점 : 공사 전체 총수량을 고려하지 않아 공사비 상대적으로 증가 우려, 준공까지 소요되는 총공사비 예측의 어려움
㉢ 우리나라 : 추정가격 50억원 이상인 중·대형 규모공사 중 대안입찰, 턴키입찰을 제외한 공사에 실시하며, 반드시 현장설명회에 참가하여야 한다.
㉣ 내역입찰 : 입찰 시 총액을 기재한 입찰서에 입찰금액의 산출기준이 되는 산출내역서를 첨부하는 입찰방식이라서 내역입찰이라고도 한다.

③ **실비정산 보수가산도급** : 발주자·감독자·시공자의 3자 입회하에 공사실비와 보수를 협의, 결정하여 시공자에게 공사비 지급하는 방법
직영·도급공사의 장점을 살리고 단점 제거한 방식
㉠ 장점 : 시공자는 예상치 못한 손해를 입을 우려가 없어짐
㉡ 단점 : 공사기간이 지연되고 공사비가 증가되기 쉽다.
㉢ 실비 : 원도급자의 이윤을 제외한 일체 소요경비, 하도급자가 제시한 견적금액
㉣ 실비정산 보수가산도급에서 실비 : 원도급자의 이윤을 제외한 일체 소요경비로 일체의 실비에 일정비율을 곱한 금액을 보수로 받고, 이 보수에서 인건비·영업비·이윤 등 일체를 지출하는 것
㉤ 보수에 포함되는 비용 : 본점 및 공사 관계 지점에서 직·간접으로 사용한 인건비 및 영업비, 업체비용에 대한 이자, 현장사무소에 직·간접으로 사용한 일체의 인건비 및 영업비, 회사를 유지·발전시키기 적당하고 정당한 이윤

4 공사의 입찰방법

1 일반경쟁입찰

① **정의** : 관보, 신문 등을 통하여 일정한 자격을 가진 불특정 다수의 희망경쟁에 참가케 하여 가장 유리한 조건을 선정 계약 체결하는 것
② **장점** : 저렴한 공사비, 기회균등
③ **단점** : 낙찰자의 신용, 기술, 경험, 능력의 불확실
④ **적용** : 정부, 지방자치단체, 정부투자기관의 계약은 공정성을 위해 사용

2 제한경쟁입찰

① **정의** : 계약의 목적, 성질 등에 필요하다고 인정될 때 참가자의 자격을 제한할 수 있도록 한 제도
② **조건** : 공사비 10억원 초과, 특수한 장비, 기술, 공법에 의한 공사일 경우, 관할 시·도에 주 영업소가 있는 자로 제한

3 지명경쟁입찰

① **정의** : 자금력, 신용 등에 있어서 적당하다고 인정되는 특정 다수의 경쟁참가자를 지명하여 입찰방법에서 낙찰자 결정
② **장점** : 시공상의 신뢰성, 부당한 업자 제거
③ **단점** : 담합의 우려가 크다.

4 제한적 평균가 낙찰제

① **정의** : 중·소규모 공사 대상으로 예산가격 미만의 낙찰자 중 86.5~87.745%(우리나라의 경우) 이상 되는 입찰자를 가려내 입찰금액의 평균치 바로 아래에 있는 입찰자를 낙찰하는 제도
② **장점** : 과도한 경쟁으로 인한 덤핑입찰 방지, 중·소건설업체의 수주기회 부여
③ **단점** : 기술개발 의욕의 위축, 계획적 수주가 불가능하여 사행심 조장

5 대안입찰

발주자가 작성한 설계서에서 대체가 가능한 공종에 대해 다른 대안제출이 허용된 공사의 입찰

① **의도** : 설계·시공상의 기술능력 개발을 유도하고 설계경쟁으로 공사 품질향상을 위한 것
② **적용** : 우리나라는 추정가격 100억원 이상인 공사 중 중앙건설기술심의위원회의 심의에서 결정된 경우 적용
③ **대안** : 설계도서상의 대체가 가능한 공종에 대해 기본방침의 변경없이 발주자가 작성한 설계에 대체될 수 있는 동등 이상의 기능 및 효과를 가진 신공법·신기술·공기단축 등이 반영되어 설계서상의 가격보다 낮고 공사기간을 초과하지 않는 범위에서 시공할 수 있는 대안

6 설계 시공일괄입찰

① **정의** : 발주가가 제시하는 설계와 시공내용 일체를 조달하여 준공 후 인도할 것을 약정하는 방식

7 수의계약(특명입찰)

① **정의** : 예정가격을 미리 결정한 후 이를 공개하지 않고 견적서를 제출하여 경쟁입찰에 단독으로 참가하는 형식

② **집행기준**

㉠ 계약의 성질상 특정인의 기술이 필요하여 경쟁을 할 수 없는 경우

㉡ 천재지변, 긴급행사 등

㉢ 비밀을 요하는 공사일 때

㉣ 추정가격 1억원 이하의 일반공사(전문 : 7천만원, 전기·정보통신공사 등 : 5천만원)

㉤ 준공시설물의 하자에 대한 책임구분이 곤란한 경우로서 직전 또는 현재의 시공자와 계약을 하는 경우

㉥ 작업상의 혼잡 등으로 동일현장에서 2인 이상의 시공자가 공사를 추진할 수 없는 경우로서 현재의 시공자와 계약을 하는 경우

㉦ 마감공사에 있어서 직전 또는 현재의 시공자와 계약을 하는 경우

③ **조건** : 발주자가 물량내역서를 교부하지 않기에 수급인이 산출내역서(공종, 물량, 규격, 단위, 수량, 금액 기재)를 직접 작성해 착공계 제출 시 제출해야 한다.

CHAPTER 01 시공의 개요

실전연습문제

01 입찰과 관련된 용어의 설명 중 틀린 것은?
[기사 11.06.12]

㉮ 담합이란 경쟁사들이 협의하여 적합한 낙찰자를 미리 선정할 수 있도록 하는 입찰방식이다.
㉯ 덤핑(dumping)이란 공사의 수주를 위해 공사원가 이하로 입찰에 참여하여 저가도급을 맡는 부당행위를 말한다.
㉰ 예정가격이란 발주자가 입찰 또는 계약체결 전에 입찰 및 도급계약금액의 결정 기준으로 삼기 위하여 작성한 금액을 말한다.
㉱ 입찰보증금은 낙찰이 되어도 계약을 체결할 의지가 없는 건설업자의 입찰참가를 방지하기 위한 제도이다.

풀이 **담합**
사업자가 협약·협정·의결 또는 어떠한 방법으로 다른 사업자와 공동으로 부당하게 짜고 경쟁을 제한하는 행위를 말함

02 일정한 자격을 갖춘 불특정다수의 공사수주 희망자를 입찰경쟁에 참가시켜 가장 유리한 조건을 제시한 자를 낙찰자로 선정하여 계약을 체결하는 입찰방법은?
[기사 11.10.02]

㉮ 지명경쟁입찰
㉯ 제한경쟁입찰
㉰ 일반경쟁입찰
㉱ 제한적 평균가 낙찰제

03 공사방법에 있어서 전문 공사별, 공정별, 공구별로 도급을 주는 방법은?
[기사 12.03.04]

㉮ 분할도급 ㉯ 공동도급
㉰ 일식도급 ㉱ 직영도급

04 아파트, 지하철공사, 고속도로공사 등 대규모공사에서 지역별로 공사를 구분하여 발주하는 도급방식은? [기사 12.05.20]

㉮ 공구별 분할도급
㉯ 공정별 분할도급
㉰ 전문공사별 분할도급
㉱ 직종별, 공정별 분할도급

05 다음 공사계약방식 중 공사수행방식에 따른 분류에 해당하지 않는 것은?
[기사 12.09.15]

㉮ 턴키계약
㉯ 설계 시공일괄계약
㉰ 설계·시공분리계약
㉱ 실비정산보수가산계약

풀이 **실비정산보수가산계약**
도급방식과 직영방식의 장점을 취한 방식으로 건축주와 시공업체는 공사실비에 이윤에 대한 약정에 의하여 계약을 하고 공사를 하는 방식으로 공사수행방식과 관련은 없다.

ANSWER 01 ㉮ 02 ㉰ 03 ㉮ 04 ㉮ 05 ㉱

06 제한적 평균가 낙찰제에 대한 설명으로 옳지 않은 것은? [기사 13.09.28]

㉮ 부찰제로도 불린다.
㉯ 낙찰적격자가 1인인 경우에는 무효로 한다.
㉰ 중·소 건설업체에게 수주기회를 부여한다.
㉱ 건설업체의 과도한 경쟁으로 인한 덤핑입찰을 방지하고 적정이윤을 보장할 수 있다.

풀이 제한적 평균가 낙찰제(부찰제)는 입찰자들의 투찰 금액을 예정가격의 85% 이상의 금액으로 입찰한 자를 낙찰자로 선정하는 입찰방식

07 다음 각각의 입찰방법에 대한 설명으로 틀린 것은? [기사 14.03.02]

㉮ 일반경쟁입찰은 저렴한 공사비와 공사 수주희망자에게 기회를 균등하게 줄 수 있으며 신용, 기술, 경험, 능력을 신뢰할 수 있어 우수한 입찰방법이다.
㉯ 제한경쟁입찰은 계약의 목적, 성실에 따라 입찰참가자의 자격을 제한할 수 있다.
㉰ 지명경쟁입찰은 자금력과 신용 등에서 적합하다고 인정되는 특정 다수의 경쟁 참가자를 지명하여 입찰에 참여하도록 한다.
㉱ 수의 계약은 소규모 공사, 특허공법에 의한 공사, 신기술에 의한 공사인 경우 체결할 수 있다.

풀이 **일반경쟁입찰**

관보, 신문 등을 통하여 일정한 자격을 가진 불특정 다수의 희망경쟁에 참가케 하여 가장 유리한 조건을 선정, 계약을 체결하는 것

① 장점 : 저렴한 공사비, 기회균등
② 단점 : 낙찰자의 신용, 기술, 경험, 능력의 불확실

08 지명경쟁입찰 제도에 있어서 입찰자를 지명하는 가장 중요한 목적은? [기사 14.09.20]

㉮ 공기를 단축시키기 위하여
㉯ 공사비를 저렴하게 하기 위하여
㉰ 부적당한 업자를 배제하기 위하여
㉱ 예산의 범위 내에서 완성시키기 위하여

풀이 **지명경쟁입찰**

일반경쟁입찰의 경우 기회가 균등하긴 하지만, 회사를 신뢰할 수 없는 단점을 보완하기 위해 경쟁에 참가하는 회사의 자격을 정하고 지명하여 입찰하는 방식

ANSWER 06 ㉯ 07 ㉮ 08 ㉰

5 공정표 종류

1 사선 공정표

① 공사 기성고, 재료 반입량, 노무자 수 등을 세로축에, 기간을 가로축에 하여 공사 진척 상황을 표시한 것 일반적으로 S자형이 이상곡선

② **단점** : 공사결과 추적 분석하는 데 편리하나 작업의 관련성을 나타낼 수 없음

2 횡선식 공정표

한눈에 파악 가능, 각 작업에 대한 상세한 일수나 내용을 알기 어렵다.

① **장점** : 공정별, 전체 공사 시기 등이 일목요연하여 알아보기 쉽다. 단순하여 작성하기 쉽고 수정하기 쉽다.

② **단점** : 작업 상호 간의 관계가 불분명하다. 전체의 합리성이 떨어지고 관리통제가 어렵다. 대형공사에서는 세부공사를 표현하기 어렵다.

③ **용도** : 간단한 공사, 공정의 비교, 시급을 요하는 공사, 개략적인 공정표 필요시

3 기성고 공정곡선

① **정의** : 그래프식 공정표로 1일 공사기성량을 누계곡선으로 표현한 것

② **목적** : 공정의 움직임 파악이 어려운 횡선식 공정표를 보완하기 위해 예정공정과 실시공정을 대비시켜 진도관리를 하기 위함

③ **방법** : 공사기간을 횡축(월별), 공사비를 종축에 표시하고, 각 월의 공사비를 누계한 예정공정곡선을 그린다.

④ **특징** : 기성고 공정곡선은 초기에는 준비단계로 증가하지 않고, 중간시점에서 많이 증가하며, 준공시점에는 차츰 감소하는 S자형 곡선을 보인다.

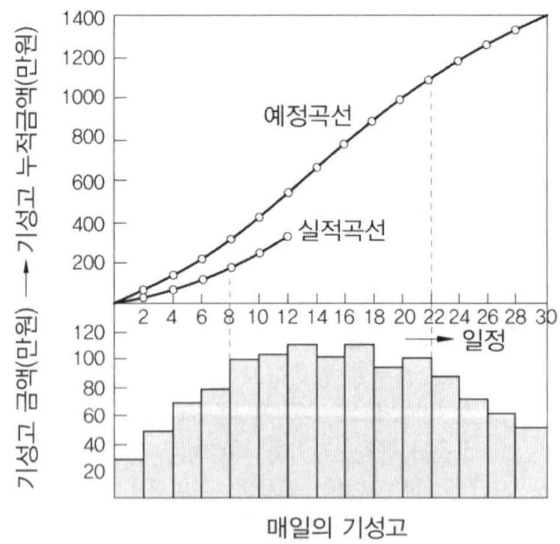

• 기성고 공정곡선 •

⑤ **바나나곡선(banana curve)** : 기성고 공정곡선의 상하에 상한선과 하한선을 허용한 한계선을 그려서 안전구역내 유지되도록 하기 위한 곡선

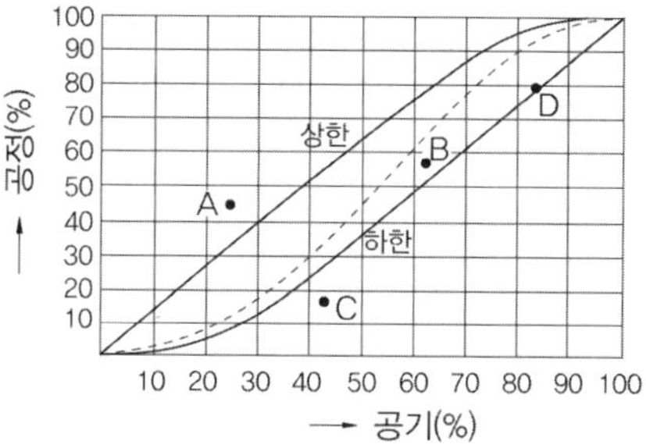

① A점은 예정보다 많이 진척된 경우
– 허용한계선 바깥이므로 비경제적
② B점은 예정에 가까운 진척의 경우
③ C점은 허용한계를 벗어나 늦어진 경우
– 공기단축의 대책이 필요함
④ D점은 하한선에 근접한 경우
– 공정의 독려가 필요하다.

• 바나나곡선 •

4 네트워크식 공정표

작업의 관련성, 방향 파악이 쉬우나 작성하기 어렵다.

① **장점** : 공사 전체의 파악이 쉽다.
작업의 흐름 및 작업 상호관계가 명확히 표시된다.
공사계획 관리면에서 신뢰도가 높다.
공사의 완급정도 및 상호관계가 명확하여 중점관리를 할 수 있다.

② **단점** : 작성이 어렵고 시간을 많이 요한다.
작성 및 검사에 숙련을 요하며 수정하기 어렵다.

③ **용도** : 복잡한 공사, 중요한 공사, 대형공사

④ **종류**
㉠ 퍼트(PERT) : 효율적인 작업순서 관계파악
㉡ 시피엠(CPM) : 비용을 최소화하는 것을 추구
㉢ 램프스(RAMPS) : 시간과 비용을 동시에 진행

⑤ PERT와 CPM의 차이

구분	PERT	CPM
개발	미해군개발, Polaris 잠수함탄도미사일 개발에 응용	Dupont사 플랜트 보전에 이용
주목적	공사기간 단축	공사비용 절감
활용	신규사업, 비반복사업, 대형 project	반복사업, 경험이 있는 사업
요소작업 시간추정	3점 추정 $t_e = \frac{t_o + 4t_m + t_p}{6}$ t_e : 소요시간, t_o : 낙관시간 t_m : 정상시간, t_p : 비관시간	1점 추정 $t_e = t_m$ t_e : 소요시간, t_o : 낙관시간 t_m : 정상시간, t_p : 비관시간

구분	PERT	CPM
일정계산	결합점 중심의 일정계산 ① 최조시간 ET, TE(earlist expected time 또는 earliest time) ② 최지시간 LT, TL(latest allowable time 또는 latest time)	1. 작업중심의 일정계산 ① 최조개시시간(EST) ② 최지개시시간(LST) ③ 최조완료시간(EFT) ④ 최지완료시간(LFT) 2. 작업중심의 여유시간 ① 총여유(TF) ② 자유여유(FF) ③ 간섭여유(IF) ④ 독립여유(INDF)
주공정	LT-ET = 0(굵은선)	TF-FF = 0(굵은선)
일정계획	일정계산이 복잡 결합점 중심의 이완도 산출	일정계산이 자세하고 작업 간 조정 가능 작업 재개에 대한 이완도 산출

5 횡선식 공정표와 네트워크 공정표 비교

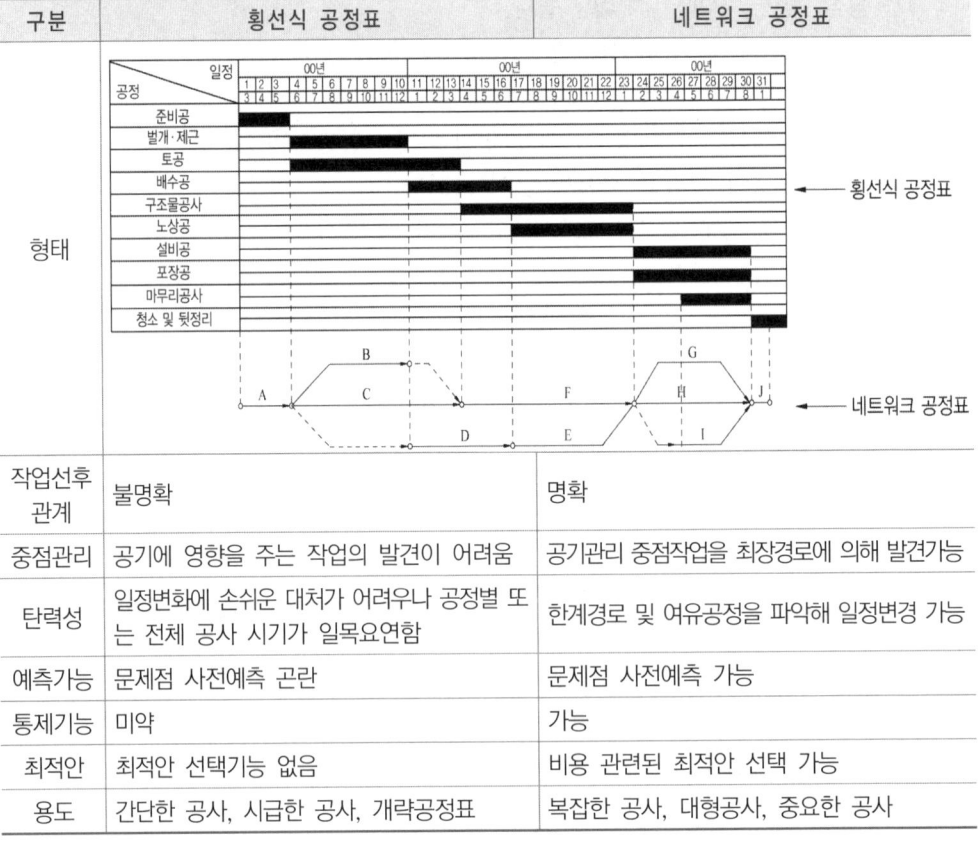

구분	횡선식 공정표	네트워크 공정표
형태	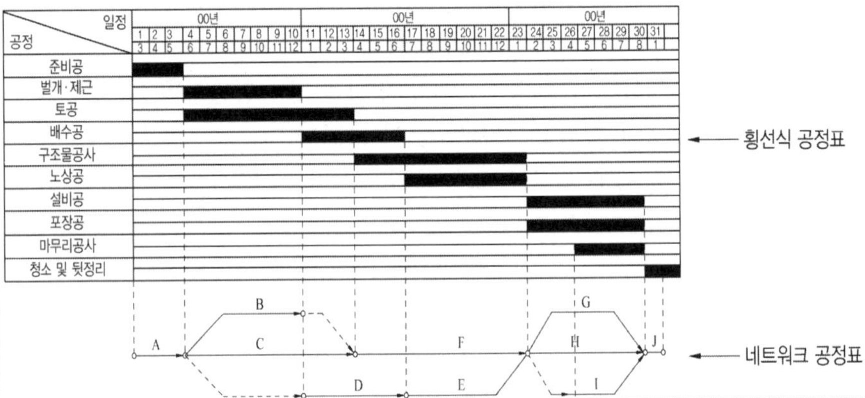	
작업선후 관계	불명확	명확
중점관리	공기에 영향을 주는 작업의 발견이 어려움	공기관리 중점작업을 최장경로에 의해 발견가능
탄력성	일정변화에 손쉬운 대처가 어려우나 공정별 또는 전체 공사 시기가 일목요연함	한계경로 및 여유공정을 파악해 일정변경 가능
예측가능	문제점 사전예측 곤란	문제점 사전예측 가능
통제기능	미약	가능
최적안	최적안 선택기능 없음	비용 관련된 최적안 선택 가능
용도	간단한 공사, 시급한 공사, 개략공정표	복잡한 공사, 대형공사, 중요한 공사

6 네트워크 공정표 작성

1 네트워크 공정표(CPM식) 용어정리

	용 어	기호	내 용
1	작업(job=activity)	⟶	작업 화살표로 위에 작업명, 아래에 시간 적음
2	결합점(event=node)	○	개시점, 종료점, 결합점으로 작업의 시작과 종료를 표시
3	더미(dummy)	·······▸	명목상의 작업으로 작업이나 시간적인 요소는 없고, 작업 상호 관계만 표시
4	EST (Earlist starting time)		가장(작업을 시작하는) 빠른 개시 시
5	EFT (Earlist finishing time)	EST | LST	가장(작업을 끝낼 수 있는) 빠른 종료 시
6	LST (Latest starting time)	LFT EFT	가장 늦은 개시시각 (공기에 영향 없이 작업을 가장 늦게 개시해도 되는 시각)
7	LFT (Latest finishing time)		가장 늦은 종료시각 (공기에 영향 없이 작업을 가장 늦게 종료하여도 좋은 시각)
8	크리티컬 패스 (Critical path)	CP	개시결합점에서 종료결합점에 이르는 가장 긴 패스
9	플루트(float)		작업의 여유시간(공기에 영향을 주지 않고 지연시킬 수 있는 시간)
10	Total float	TF	가장 빠른 개기시각에 시작하여 가장 늦은 종료시각으로 완료할 때 생기는 여유시간 • TF = LFT – EFT
11	Free float	FF	해당 작업과 후속 작업이 모두 가장 빠른 개시 시각에 시작하여도 존재하는 여유시간 • FF = 후속작업 EST – 그 작업의 EFT
12	Dependent float	DF	후속작업의 TF에 영향되는 플로트 • DF = TF – FF

2 네트워크 공정표 작성규칙

① 양쪽에 대응하는 결합점을 가지는 작업은 반드시 하나이다.

② 결합점에 들어오는 작업들이 모두 종료되지 않으면 그 결합점에서 나오는 작업은 시작할 수 없다.

③ 네트워크의 개시결합점과 완료결합점은 각각 하나이다.

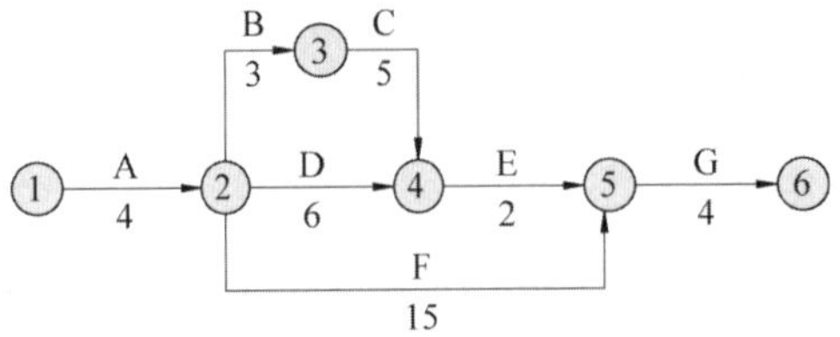

④ 하나의 결합점에서 두 개 이상의 작업이 동시에 시작하여 동시에 종료할 때는 반드시 더미를 사용하고 결합점을 추가한다. 즉, 결합점과 결합점 사이의 작업은 반드시 하나이어야 한다.

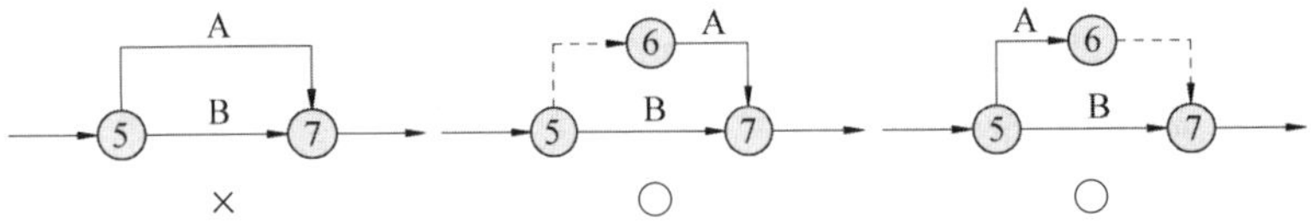

⑤ 작업들의 종속관계(예 A, B작업이 끝나야 C작업을 시작할 수 있는 경우)를 나타내는 경우 더미를 사용하여 종속관계를 나타내 준다. 즉, 선행작업이 하나의 결합점에서 만나서 종료해야 후속작업이 가능하다.

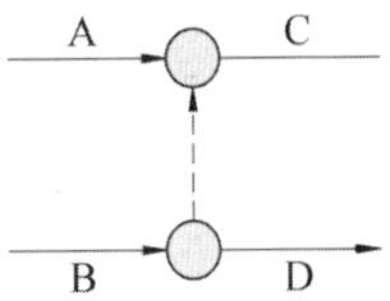

⑥ 선행작업이 두 개 이상일 경우 선행작업들을 하나로 모을 수 있도록 배치시킨다.

⑦ 화살표는 역진하거나 회전하여서는 안 된다.

⑧ 화살표가 가능한 교차하지 않도록 한다.

⑨ 더미는 꼭 필요한 경우 사용하며, 의미가 없는 더미가 중복되지 않도록 한다.

3 공사기간 산정 방법

① EST(최조개시시각), EFT(최지완료시간) 계산방법

㉠ 전진계산한다.

㉡ 개시결합점의 EST는 0이다.

㉢ 작업의 EFT는 그 작업의 EST+공기

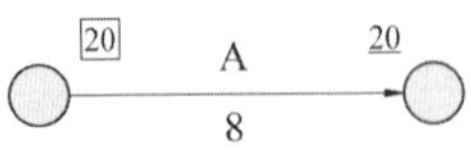

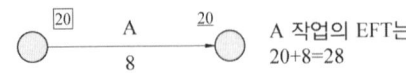

A 작업의 EFT는 20+8=28

㉣ 표시방법

ⓜ 어떤 작업의 EST는 선행작업의 EFT 중에서 최댓값으로 한다.

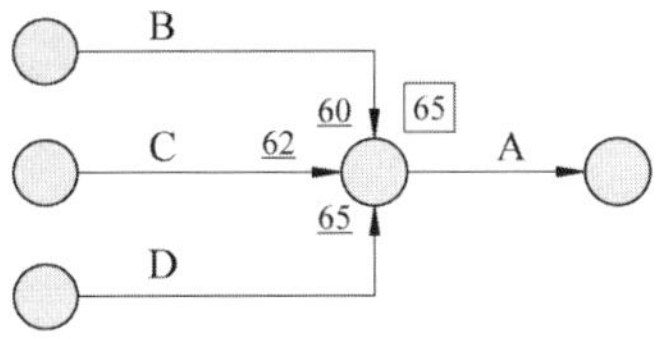

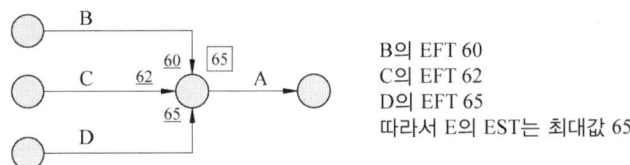

B의 EFT 60
C의 EFT 62
D의 EFT 65
따라서 E의 EST는 최대값 65임.

ⓑ 종료결합점으로 들어가는 작업의 EFT중 최댓값이 계산공기(T)이다.

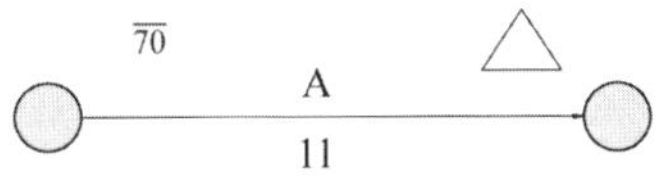

A 작업의 LST는
81-11=70

② LST(최지개시시각), LFT(최지완료시각) 계산방법

㉠ 역진계산한다.

㉡ 완료결합점에 들어가는 작업의 LFT를 그 공사의 공기로 한다.

㉢ 어떤 작업의 LST는 그 작업의 LFT에서 공기를 감한 기간이다.

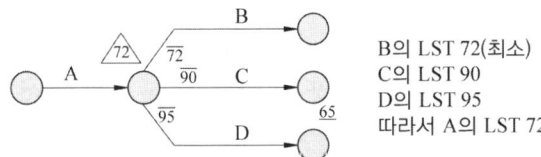

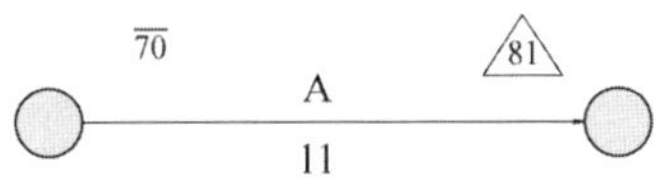

A 작업의 LST는
81-11=70

㉣ 작업의 LFT는 그 후속작업의 LST중에서 최솟값으로 한다.

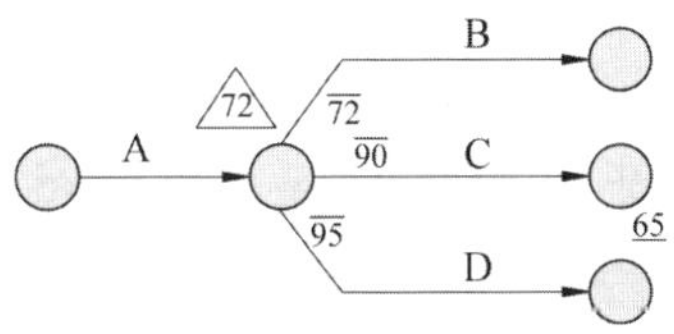

B의 LST 72(최소)
C의 LST 90
D의 LST 95
따라서 A의 LST 72

ⓜ LST, LFT 계산은 역진으로 개시결합점까지 진행한다.

4 여유시간 계산

① 여유시간의 개념

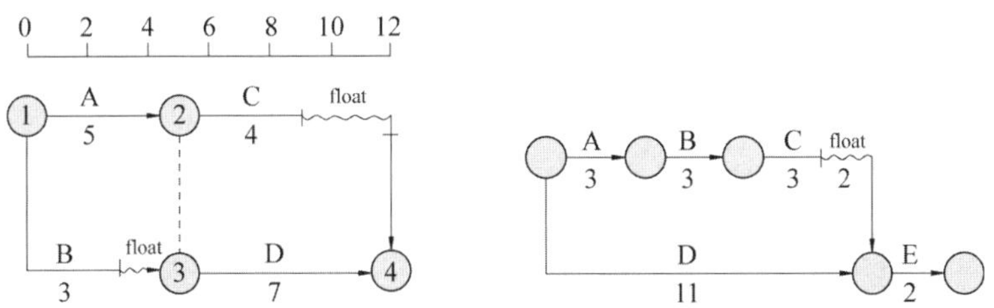

A　　　　　　　　B

㉠ A 타임스케일도에서 보면 B작업이 2일, C작업이 3일 여유시간이 있는 것을 쉽게 알 수 있다.

㉡ B 그림에서 C작업의 여유 2일은 A, B, C 모두가 공유할 수 있는 시간으로 총여유시간이라 한다.

㉢ B 그림에서 C의 2일은 자유여유라 하는데, A, B에는 없으며 C에만 적용되는 여유시간으로 이는 연속되는 작업에서 합류결합점 직전의 작업만이 자유여유를 가지게 되는 원칙에 의한 것이다.

② 여유시간 계산방법

㉠ TF(총여유시간) = LFT - EFT

㉡ FF(자유여유시간) = 후속작업의 EST - 당해작업의 EFT

㉢ DF(종속여유시간) = TF - FF

③ 여유시간 표시방법

5 CP(Critical Path, 최장기간) 계산방법

① 여유시간이 모두 0인 공사가 주공정선이 됨

② 공사기간이 가장 긴 기간으로 연결한 기간이 주공정선이 됨

③ CP는 개시결합점에서 종료결합점까지의 가장 긴 최장코스를 말하며 이것의 합이 공기이다.

예제

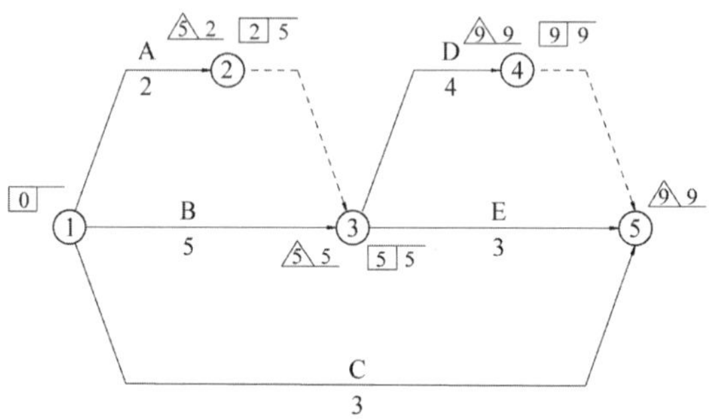

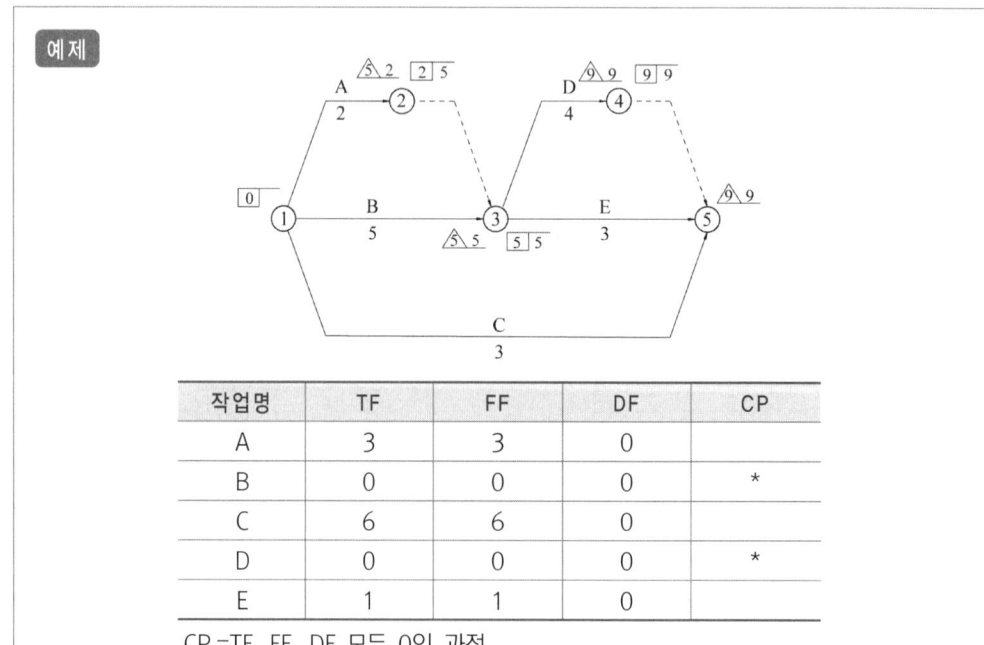

작업명	TF	FF	DF	CP
A	3	3	0	
B	0	0	0	*
C	6	6	0	
D	0	0	0	*
E	1	1	0	

CP =TF, FF, DF 모두 0인 과정

CHAPTER 01 시공의 개요

실전연습문제

01 PERT와 CPM 공정표의 차이점으로 옳은 것은? [기사 11.03.20]

㉮ CPM은 신규 및 경험이 없는 건설공사에 이용되나 PERT는 경험이 있는 공사에 이용된다.
㉯ CPM은 더미(Dummy)를 사용하나 PERT는 사용하지 않는다.
㉰ CPM은 화살선으로 작업을 표시하나 PERT는 원으로 작업을 표시한다.
㉱ CPM은 소요시간 추정에서 1점 추정인 반면 PERT는 3점 추정으로 한다.

풀이
- PERT : 시간을 기본으로 하는 관리이며, 효율적인 작업순서관계 결정하는 것이 목적이며, 신규사업에 적합
- CPM : 비용을 최소화하는 경제적인 일정계획으로 반복사업에 적합

02 공정표 작성 시 공정계산에 관한 설명으로 옳은 것은? [기사 11.06.12]

㉮ 복수의 작업에 선행되는 작업의 LFT는 후속작업의 LST 중 최댓값으로 한다.
㉯ 복수의 작업에 후속되는 작업의 EST는 선행작업의 EFT 중 최솟값으로 한다.
㉰ 전체여유(TF)는 작업을 EST로 시작하고 LFT로 완료할 때 생기는 여유시간이다.
㉱ 종속여유(DF)는 후속작업의 EST에 영향을 주지 않는 범위 내에서 한 작업이 가질 수 있는 여유시간이다.

03 직접비와 간접비를 합한 총공사비가 최소가 되는 가장 경제적인 공기를 말하는 것은? [기사 11.06.12]

㉮ 고정공기 ㉯ 최적공기
㉰ 원가공기 ㉱ 한계공기

04 일반적으로 네트워크에 의한 공정계획을 수립할 때 가장 먼저 수행해야 하는 것은? [기사 12.03.04]

㉮ 공사기일을 조절한다.
㉯ 각 작업의 순서를 결정한다.
㉰ 각 작업의 시간을 산정한다.
㉱ 프로젝트를 단위작업으로 분해한다.

05 어떤 결과(특성)에 영향을 미치는 원인(요인)과 그 결과와의 관계를 한눈에 알아볼 수 있도록 정리한 그림을 무엇이라 하는가? [기사 12.09.15]

㉮ 산점도 ㉯ 상관도
㉰ 파레토도 ㉱ 특성요인도

ANSWER 01 ㉱ 02 ㉰ 03 ㉯ 04 ㉱ 05 ㉱

06 공정표의 종류 중 작업의 관련성을 나타낼 수는 없으나 공사의 기성고를 표시하는 데 편리한 공정표로 각 부분공사의 상세를 나타내는 부분공정표에 적합하지만 보조적인 수단으로 사용되는 것은? [기사 12.09.15]

㉮ 횡선식공정표 ㉯ 사선식공정표
㉰ 진도관리곡선 ㉱ 네트워크공정표

07 다음 중 네트워크공정표의 특징이 아닌 것은? [기사 13.06.02]

㉮ 대형공사에서는 세부를 표현할 수 없다.
㉯ 중점관리를 할 수 있다.
㉰ 작성과 수정이 힘들다.
㉱ 작업 간의 관계가 명확하다.

풀이 네트워크 공정표는 대형공사에서 세부사항을 나타내기 유리하다.

08 퍼트(PERT)에 관한 설명 중 틀린 것은? [기사 13.09.28]

㉮ CPM은 PERT와 함께 네트워크식 공정관리의 일종이다.
㉯ 효율적인 작업순서의 관계를 정할 수 있다.
㉰ 한 공정의 지연이 타 공정 혹은 전체 공정에 미치는 영향을 나타낸다.
㉱ 주목적은 공사비 절감을 위하여 필요한 공정관리이다.

풀이 퍼트는 시간을 기본으로 한 관리로 효율적인 작업순서관계를 결정하는 것이 목적이며, 비용을 최소화하기 위한 일정계획은 CPM에 해당함

09 공정표 작성 시 네트워크(Net work) 수법의 장점에 해당되는 것은? [기사 14.03.02]

㉮ 작성 및 검사에 특별한 기능이 요구되지 않는다.
㉯ 다른 공정표에 비하여 익힐 때까지 작성 습득 시간이 짧다.
㉰ 실제의 공사가 구분되어 이행되지 않으므로 진척 사항에 대한 특별한 연구가 필요하다.
㉱ 개개의 작업 관련이 도시되어 있어 내용을 알기 쉽다.

풀이 **네트워크 공정표의 장점**
① 개개 작업 관련이 도시되어 내용이 알기 쉬우며 전자계산기 이용이 가능
② 주공정선의 일에 현장인원 중점배치가 가능
③ 작성자 외에도 알기 쉽다.

10 공정관리기법 중 듀폰사의 Walk와 레민턴랜드사의 Kelly에 의하여 개발, 경험이 많은 반복적인 사업 또는 작업표준이 확립된 사업에서 주로 이용하는 관리기법은? [기사 14.05.25]

㉮ 횡선식공정표 ㉯ 기성고 공정곡선
㉰ PERT ㉱ CPM

풀이 **네트워크 공정표 종류**
① 퍼트(PERT) : 시간을 기본으로 한 관리. 효율적인 작업순서관계를 결정하는 것이 목적. 신규사업에 적합
② CPM : 비용을 최소화하는 경제적인 일정계획. 반복사업에 적합
③ RAMPS : 시간과 비용을 동시에 고려하며 진행함

ANSWER
06 ㉯ 07 ㉮ 08 ㉱ 09 ㉱ 10 ㉱

11 다음 네트워크(Network)에서 작업 E의 LF값으로 옳은 것은? [기사 14.09.20]

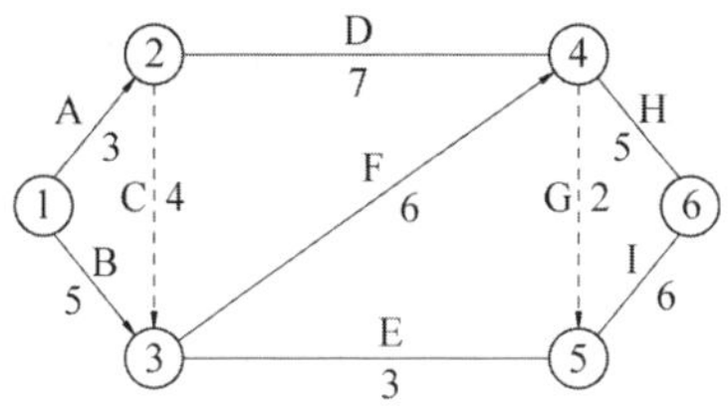

㉮ 10일 ㉯ 12일
㉰ 13일 ㉱ 15일

풀이 **LF(latest finish)**
E작업의 LF임이므로 E작업이 도착하는 5번으로 가는 경로 중 가장 늦게 마쳐도 되는 시간은 A-C-F-G 구간으로 3+4+6+2 = 15일

12 다음 중 CPM기법의 공정표 설명으로 틀린 것은? [기사 14.09.20]

㉮ 반복사업 등에 이용
㉯ 공사비 절감이 주목적
㉰ 불명확한 신공법 프로젝트의 공정관리 기법
㉱ 시간의 경과와 시행되는 작업을 네트(망)로 표현

풀이 CPM은 반복사업이나 경험이 있는 사업에 사용하며, 신규사업에는 PERT가 적당

ANSWER 11 ㉱ 12 ㉰

CHAPTER 2 조경시공일반

1 공사준비

1 보호대상의 확인 및 관리

① 문화재의 보호 : 부지 내에 문화재가 있거나 문화재 발굴이 예상되는 공사현장에서는 보호조치를 철저히 하고, 공사 도중 매장문화재가 발굴된 경우 즉시 작업을 중지하고 문화재보호법의 규정에 따른다.

② 기존수목의 보호 : 기존수목은 공사과정에서 가지 절단, 수피 손상 등 직접적 피해뿐 아니라 차량통행, 자재 야적, 토양 고결 등으로 고사할 우려가 있으므로 보호용 울타리, 지지대, 투수성 포장공법 등의 환경친화적 노력이 필요하다.

③ 자연생태계의 보호

㉠ 자연성 높은 지역의 피해사례 : 토양답압, 배수체계의 변화, 수림대 및 습지의 훼손 등

㉡ 시공기술자들의 자연생태계에 대한 인식의 재고가 요구

㉢ 공사 착수 전 자연생태계 보호를 위한 적절한 교육과 보호조치 필요

㉣ 불가피한 경우 생태조사를 통한 환경특성과 군집구조를 확인해 보존 및 재생방안 마련

④ 구조물 및 기반시설의 보호

㉠ 파손되기 쉬운 재료로 만들어진 구조물은 합판으로 보호

㉡ 기존 포장구간은 도로 우회시키며, 부득이한 경우 탄성이 있는 완충재를 덮거나 판자, 철판을 이용하여 하중을 포장 바깥쪽으로 작용하도록 한다.

㉢ 얕게 매설된 기반시설은 사전에 자료를 수집하여 경고 및 차단시설을 설치하고 유사 시 안전체계를 구축하여야 한다.

2 지장물의 제거

① **구조물** : 포장 시설이나 기초와 같은 것으로 소형고압블록 같이 재활용이 가능한 것은 수집하고, 현장에서 재활용이 어려운 것은 잘게 분리하여 재활용 업체에 보내거나 폐기한다.

② **기반공급시설** : 전기, 가스, 상하수도 등과 같은 기반공급시설에서 불필요한 것은 제거, 차단하여야 준공 후 관리에 혼돈을 주지 않으므로, 관련법규를 준수하고 전문가에 의해 작업하도록 한다.

3 부지배수 및 침식 방지

① **표면배수로 설치** : 가능한 표면유출거리를 작게 하고 경사면의 경사를 완만하게 하여 침식을 최소화해야 한다.

② **조기녹화** : 표면유출과 침식을 줄이기 위해 비탈면은 공사 초기에 파종한다.

③ **임시저수시설, 물막이공 설치** : 공사부지 내 우수 및 혼탁류가 외부로 유출되어 주변 지역에 피해를 주지 않도록 부지 규모가 큰 경우에 설치

4 재활용

① **조경재료의 재활용** : 블록이나 포장재를 경계 및 계단용 재료로 사용, 파쇄된 콘크리트를 포장재료로 사용, 수목 식재를 위해 골라낸 돌은 맹암거용 재료로 사용 등

② 재활용 재료 촉진을 위한 정책 필요

③ 재활용 고무매트, 재활용 플라스틱 수목보호 홀덮개 및 지지대, 재생플라스틱 배수관, 파쇄 콘크리트를 이용한 포장재 등 새롭게 개발 가능한 재활용 재료의 도입이 필요

2 토양 및 토질

1 토양의 분류

① 토양입자의 크기에 따른 분류(국제토양학회법, 미국농무성법에 의한 표)

구 분	국제토양학회법	미국농무성법
자갈(gravel)	〉2.00	〉2.00
왕모래(very corse sand)	-	2.00~1.00
거친모래(coase sand)	2.00~0.20	1.00~0.50
중모래(medium sand)	-	0.50~0.25
가는모래(fine sand)	0.20~0.02	0.25~0.10
고운모래(very fine sand)	-	0.10~0.05
가루모래(silt)	0.02~0.002	0.05~0.002
찰흙(clay)	0.002 이하	0.002 이하

② 토양입자의 조성에 따른 분류

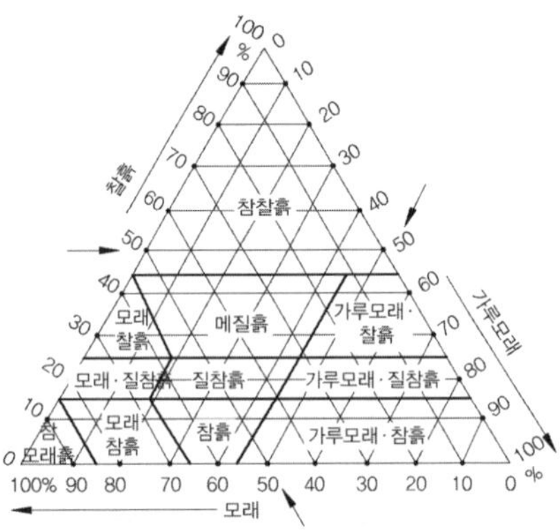

• 국제토양학회법에 의한 토성 구분 •

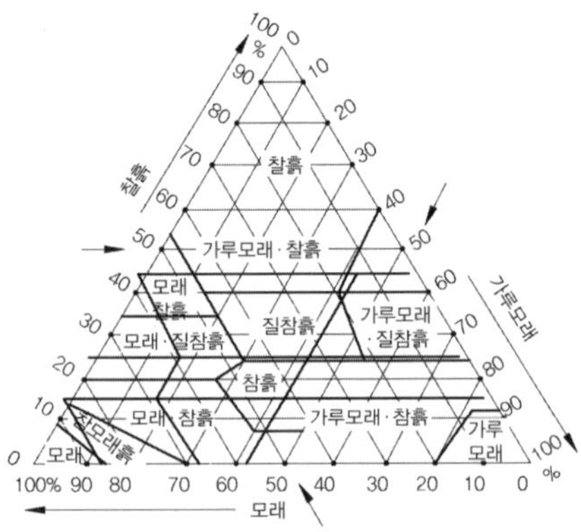

• 미국농부성법에 의한 토성 구분 •

③ 입도와 견지성에 의한 분류

㉠ AASHTO 분류법(A 분류법)

ⓐ Hogentoyler에 의해 고안된 것

ⓑ 입도, 액성한계, 소성지수를 이용하여 0~20 범위의 군지수(G.I)를 산출하고, 군지수를 A-1에서 A-7까지 7군으로 분류

ⓒ A-1은 입도에 따라 A-1-a, A-1-b로 다시 나누며, A-2는 액성한계와 소성지수에 따라 A-204, A-2-5, A-2-6, A-2-7로 다시 나누며, A-7은 소성지수에 따라 A-7-5, A-7-6으로 세분한다.

ⓓ 군지수 사용 : 도로건설을 위한 노상토 평가에 사용하며, 군지수가 클수록 노상토로서 부적합하다.

일반적 분류		조립토 (0.075mm체 통과량≦35%)							세립토 (0.075mm체 통과량≧35%)			
									실토		점토	
군분류		A-1		A-3	A-2				A-4	A-5	A-6	A-7
		A-1-a	A-1-b		A-2-4	A-2-5	A-2-6	A-2-7				A-7-5 A-7-6
체 통과량	2.0mm(%) (10번체)	50 이하										
	0.42mm(%) (40번체)	30 이하	50 이하	51 이하								
	0.075mm(%) (20번체)	15 이하	25 이하	10 이상	35 이하	35 이하	35 이하	35 이하	36 이상	36 이상	36 이상	36 이상
연경도	액성한계(%)				40 이하	41 이상	40 이하	41 이상	40 이하	41 이상	40 이하	41 이상
	소성지수(%)	6 이하		NP	10 이하	10 이하	11 이상	11 이상	10 이하	10 이하	11 이상	11 이상
군지수		0		0	0		4이하		8 이하	12 이하	16 이하	20 이하
주성분의 종류		암편, 자갈 및 모래		세사	가루모래질 또는 점토질의 자갈 및 모래				가루모래질토			점토질토
노상으로서의 가부		우~양호					가~불가					

㉡ 통일분류법

ⓐ Casagrande가 제안한 분류법으로 도로 등 시설의 설치기반 토양에 대한 분류방법으로 우리나라에서 흙의 공학적 분류방법으로 KS F 2424에 규정되어 있다.

ⓑ 입도와 견지성을 근거로 2개의 로마자를 조합하여 표시. 첫째 문자는 흙의 형, 둘째 문자는 흙의 속성을 나타낸다.

ⓒ 단, S, M, O, C로 표시되는 흙은 액성한계와 소성지수로 표현한 소성도표로 분류한다.

ⓓ 제1문자

- 200번체(0.074mm)에 50% 이상 통과하면 세립토(M,C,O), 50% 이하면 조립토(G,S)
- 조립토는 4번체(4.76mm)에 50% 통과하면 모래(S), 50% 이하면 자갈(G)
- 세립토는 입자지금으로 분류할 수 없기에 소성도로 실트(M), 점토(C), 유기질토(O)로 구분, 이탄은 색과 냄새로 분류

ⓔ 제2문자

- 조립토는 200번체의 통과량 5% 이하인 경우 균등계수, 곡률계수로 입도판단
- 입도가 골고루 섞여 있으면 W, 입도가 고르지 못하면 P
- 200번체 통과량이 5~12%, 12% 이상일 때는 소성도와 소성지수 이용해 M, C로 구분. 세립토는 액성한계 50% 기준으로 고압축성(H), 저압축성(L)으로 표시

2 토양의 조성

① 토양의 구조

㉠ 단립구조(單粒構造) : 모래알과 같이 입자가 하나하나 떨어져 있는 것으로 자갈, 모래, 조립질 흙에서 볼 수 있는 대표적인 구조로 충분히 다지면 구조물의 기반으로 적합한 토양

㉡ 입단구조(粒團構造) : 찰흙과 같이 입경이 극히 작아서 입자들 간의 전기적 작용이나 점착력에 의해 입자들이 집단화되어 벌집모양이나 면모구조를 이루는 것으로 공극이 크거나 결합이 느슨해서 가벼운 하중에도 쉽게 파괴되므로 시설물 기반보다는 식물생육 기반으로 적당하다. 자연토양의 구조는 단립에서 시작하여 서로 뭉쳐서 입단으로 발달한다.

② 자연토양의 구조

㉠ 판상구조 : 토양입자가 수평방향으로 배열되어 수분이 아래로 잘 빠지지 않는다. 습윤지대나 A층에서 주로 나타남

㉡ 주상구조 : 프리즘 또는 기둥 모양의 세로 구조로 수분 침투나 증발이 잘 일어나며, 찰흙 함량이 많은 염류토의 심토, 건조지나 습윤배수불량지에 나타남

㉢ 괴상구조 : 판상구조보다 크며 가로와 세로의 비율이 거의 같은 다면체 형태로 밭이나 산림, 심토에서 주로 나타나며 상당히 큰 덩어리로 되어 있다.

㉣ 입상구조 : 가장 흔한 형태로 토양 표층에 나타나며, 입자 지름 약 1 ~ 2mm 구형으로 뭉쳐 있으며, 입단 사이 공극에 물이 저장되어 식물에게 적합함. 입상구조는 주로 경작지 토양, 유기물이 많은 토양에서 잘 발견되며 인위적인 영향을 크게 받는다.

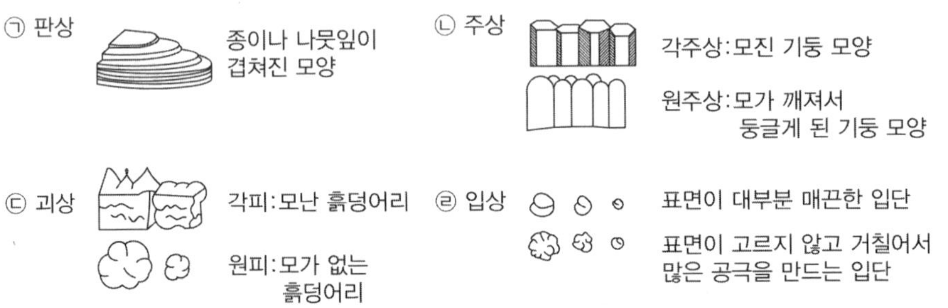

③ 토양의 구성과 공극

㉠ 토양은 3상(고상, 액상, 기상)으로 구성된다. 고상이 제일 크고, 그 다음 액상, 기상순이다. 액상과 기상은 서로 반대되는 관계로 액상이 늘어나면 기상이 줄고, 기상이 커지면 액상이 줄어든다.

㉡ 공극 : 액상과 기상을 합하여 공극이라 한다. 사질토보다 양질토가 공극량이 많으며, 심토보다는 표토에서 공극량이 크다.

㉢ 토양의 3상(미사질양토) : 무기물(광물) 45% + 유기물 5% + 물 25% + 공기 25%

3 토양의 조사분석

① 토양도

㉠ 제작과정 : 항공사진 해독, 현지 토양조사 및 토양분류, 토양분석, 토양도 제작

㉡ 조사목적에 따른 분류

ⓐ 개략토양조사 : 넓은 지역 즉, 도 이상의 지역에 적용. 작도단위별 최소면적 0.25ha, 조사지점 간의 거리 500~1,000m

ⓑ 반정밀토양조사 : 한 지역에 대하여 일부에는 개략토양조사, 그 밖에는 정밀토양 조사하는 방법

ⓒ 정밀토양조사 : 가장 중요한 방법으로 일반적으로 소지역, 군 단위 범위와 개개 부지계획에 적용. 작도단위는 토양형, 토양상을 사용하며, 기본도의 축척 1 : 25,000보다 큰 대축척이며, 토양도는 1 : 25,000으로 제작. 지도상 표시되는 작도단위별 최소면적은 0.25ha, 조사지점 간 거리는 100~200m

② **현지토양조사** : 제한된 부지의 상세조사

㉠ 과정 : 조사지점 선정, 토양시료 채취 및 조제, 모양의 물리적 화학적 특성에 대한 분석

㉡ 토양단면조사

ⓐ 자연토양인 경우 : 토양형별로 조사, 동일 토양형일 경우 0.5ha당 1개소

ⓑ 인위적 반입토양인 경우 : 토양의 특성이 바뀌는 지점마다 토양단면 조사

ⓒ 조사용 구덩이 : 가로 1m, 세로 1.5m, 깊이 1m로 하며, 한쪽 면에는 단면과 축상이 각각 30cm인 계단을 설치

㉢ 조사내용 : 목적에 따라 일반적 토양사항, 단면내용, 물리적(입도, 투수성, 유효수분량, 토양경도 등) 특성분석, 화학적(토양산도, 전기전도도, 염기치환용량, 전질소량, 유기물 함량 등) 특성분석

③ 토질조사와 토질시험

㉠ 토질조사 : 퇴적토의 지질학적 조사, 토층단면에서의 각 토층의 두께와 분포조사, 기초암반의 위치와 암질 조사, 지하수의 양과 위치 등에 관한 조사로 조경에서는 표층의 토질조사가 제일 중요함

㉡ 토질시험

ⓐ 흙의 분류 및 판별시험 : 입도시험, 컨시스턴시 시험

ⓑ 흙의 공학적 성질을 파악하기 위한 시험 : 전단시험, 투수시험, 압밀시험, 다짐시험, C.B.R시험

ⓒ 자연지반의 성질을 알기 위한 시험 : 각종 관입시험, 평판재하시험, 노반의 C.B.R 및 지반계수시험 등

4 흙의 성질

① 흙의 기본성질

간극비 (공극비)	흙입자 부분의 체적에 대한 간극체적의 비(얼마나 비어 있나?) 대략, 모래 e=0.4~1.0, 점토 e=0.8~3	
	$e=\frac{V_v}{V_s}$	V_s : 흙입자 부분체적 V_v : 간극체적 e : 간극비
간극률 (공극률)	흙덩이 전체체적에 대한 간극체적의 백분율	
	$n=\frac{V_v}{V}\times 100$	V : 흙덩이 전체 체적 V_v 간극체적
간극비와 간극률의 관계식	$e=\frac{n}{1-n}$ $n=\frac{e}{1+e}$	
함수비	흙입자 부분의 중량에 대한 함유수분 중량의 비	
	$\omega=\frac{W_w}{W_s}\times 100$	W_w : 110℃±5℃로 24시간 노건조 시킬 때 증발한 수분중량 W_s : 110℃±5℃로 24시간 노건조된 흙의 중량
함수율	흙 전체 중량에 대한 함유수분 중량과의 백분비	
	$\omega'=\frac{W_w}{W}\times 100$	
함수비와 함수율의 관계식	$\omega'=\frac{100\omega}{100+\omega}$	
비중	흙입자 중량을 이것과 같은 용적의 15℃ 증류수의 중량으로 나눈 것	
	겉보기비중 (흙전체중량에 대한 것) $G=\frac{r}{rw}=\frac{W}{V}\cdot\frac{1}{rw}$	rw : 물의 단위중량(g/cm³, t/m³) r : 흙 전체의 단위중량(g/cm³, t/m³) rs : 흙입자만의 단위중량(g/cm³, t/m³)
	진비중 (흙입자만의 중량에 대한 것) $G_s=\frac{rs}{rw}=\frac{W_s}{V_s}\cdot\frac{1}{rw}$	
포화도	흙 속에 포함된 간극만의 체적에 대한 함유수분 체적의 비	
	$S=\frac{Vw}{Vv}\times 100$	S가 100%는 공기가 전혀없이 물이 채워진 상태
전체단위중량	흙을 자연상태에 있을 때의 단위중량으로 습윤단위중량	
	$r_t=\frac{W}{V}=\frac{G+S\cdot e}{1+e}rw=\frac{1+\omega}{1+e}Grw$	
건조단위중량	흙을 노건조 시켰을 때의 단위중량	
	$r_d=\frac{W_s}{V}=\frac{G\cdot rw}{1+e}$	

건조단위중량과 전체단위중량의 관계	$r_d = \frac{r_t}{1+\omega}$
포화단위중량	흙이 수중 또는 완전포화 시의 단위중량
	$r_{sat} = \frac{W}{V} = \frac{G+S \cdot e}{1+e} rw = \frac{G+e}{1+e} rw$
수중단위중량	흙이 지하수위 아래에 있어 물의 무게만큼 부력을 받는 중량
	$r_{sub} = r_{sat} - rw = \frac{G+e}{1+e} rw - rw = \frac{G-1}{1+e} rw$

② **토양의 팽창** : 물의 양성이 점토나 부식의 음성과 만나 토양입자를 부풀게 하는데 건조한 모래에 5~6% 수분 가하면 25% 정도까지 팽창하며, 계속 수분을 가하면 점착력이 약해져 입자가 분리되면서 체적이 감소한다.

③ **토양의 수축** : 토양이 말라서 용적이 줄어드는 것

㉠ 수축의 단계 : 정규수축(삼투압이나 극성에 의해 흡수된 물이 마를 때 물의 감소량에 비례하여 수축하는 것) → 잔수축(정규수축 다음으로 일어나는 미세한 수축) → 수축한계(더 이상 줄지 않는 한계점)

㉡ 반-데르-발스(Van der Waals)의 힘 : 수축한계에 이른 토양입자는 반-데르-발스의 힘에 의해 견고히 결속되는데, 이 힘은 접촉면이 클수록 크기 때문에 모래알과 같이 표면적이 작을 때는 결속력이 약하고, 찰흙이나 몬모릴로나이트는 매우 강하다.

④ 흙 속의 수리특성

㉠ 흙의 투수성 : 흙 속의 공극을 통해 물이 침투하는 현상으로 구조물의 침하나 붕괴, 표면수의 지하침투와 관련이 깊다. 사질토가 점토질보다 투수계수가 높다.

㉡ 흙의 동해 : 겨울철에 토양온도가 0℃ 이하로 내려가 지표면 아래의 토양수분이 동결하여 얼음층이 생기고, 이에 따라 구조물의 기초 등에 피해를 일으키는 현상

ⓐ 동상현상 : 흙 속의 공극수가 동결하여 흙 속에 얼음층이 형성되어 부피팽창에 따라 지표면이 위로 떠올려지는 현상

ⓑ 연화현상 : 동결했던 지반이 기온의 상승으로 융해하여 흙 속에 다량의 수분이 생겨 지반이 연약화되는 현상

ⓒ 동해방지 조치

- 심토층 배수로 지하수위 낮추기
- 세립질 흙을 동상이 발생하지 않는 조립질 흙으로 치환
- 조립질 흙으로 된 차단층을 지하수위보다 높은 위치에 설치
- 동결깊이보다 위에 있는 흙은 잘 동결하지 않는 자갈, 쇄석, 석탄재를 사용한다.
- 포장면 아래 지표 가까운 부분에 외기와 단열을 위해 석탄재, 이탄 찌꺼기, 코크스 등 단열재 사용

- 지표의 흙을 $CaCl_2$, $MaCl_2$, NaCl 등 화학약품으로 처리하여 동결온도를 내린다.
- 보온장치 설치한다.

ⓓ 동결심도 : 춘천 120mm, 서울 100mm, 대전 85mm, 대구 80mm, 부산 20mm 등

⑤ **흙의 다짐** : 토양 내 기상의 공극을 제거하고 물과 토양입자가 함께 결합하도록 진동, 충격을 가해서 인공적으로 흙의 밀도를 높이는 작업

㉠ 다짐밀도 : 토질, 함수량, 다짐에너지에 따라 달라진다.

㉡ 건조한 흙의 함수비를 증가 시키면서 다짐시험 : 수화단계(함수비 20.7% 이내), 윤활단계(함수비 26% 정도), 팽창단계(함수비 44.7% 정도), 포화단계(함수비 55% 정도), 윤활단계를 지나 최적함수비 31%에 달한다면 건조밀도가 점점 낮아지면서 팽창단계, 포화단계로 간다.

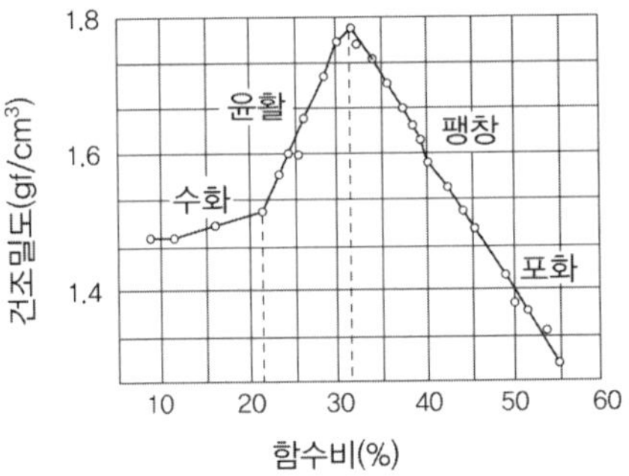

㉢ 토질의 다짐효과 : 흙을 다지면 공극이 매우 작아져 투수성이 저하되고, 전단강도와 압축강도는 높아져서 안전성이 커진다. 최적함수비가 높은 사질양토를 시공기계로 다졌을 때 전압횟수가 대부분 5회일 때 건조밀도가 급격히 증가한다.

5 포장공간의 설계

① 노반 및 노상의 지지력 시험

㉠ 평판재하시험 : 도로와 같은 흙 구조물의 기초 지지력계수를 얻기 위한 시험으로 지지력은 재하판의 재하중강도에 재하판의 침하량을 나누어 구하며, 콘크리트 포장 설계에 사용된다.

㉡ C.B.R(Califonia bearing ratio test) 시험(KS F2320, KS F2321에 규정)

ⓐ C.B.R(노상지지력비) : 직경 5cm 강제원봉을 공시체 속에 관입시켜 그때의 관입깊이에서의 표준 하중강도에 대한 시험 하중강도와의 비를 백분율로 표시한 것

ⓑ 여기서, 표준 하중강도란 잘 다져진 쇄석에 직경 5cm 강봉을 관입시켰을 때 침하하는 관입깊이에 따른 하중강도를 말한다.

ⓒ 지지력 측정의 필요 : 노상의 지지력이 크면 포장의 두께를 얇게 해도 되며, 지지력이 작으면 포장의 두께를 두껍게 해야 하는 등 가소성 포장(즉, 아스팔트 포장) 두께를 결정하는 요소이다.

6 전단강도와 사면의 안정

① 흙의 전단강도

㉠ 전단응력 : 흙에 면해서 구조물의 외력이 작용하면 흙 내부 각 점에 응력이 생겨 활동을 일으키다가 파괴된다.

㉡ 전단저항 : 흙 속에 전단응력이 생길 때 활동에 대하여 저항하려는 힘

㉢ 전단강도 : 전단저항이 한계에 이르러 파괴되기 시작하는 강도

㉣ 전단강도 측정식(쿨롱Coulomb 방정식)

전단강도식	$S = C + \sigma\tan\phi$	S : 흙의 전단강도(kg$_f$/cm^2) C : 점착력(kg$_f$/cm^2) σ : 흙의 내부마찰각 $\tan\phi$: 마찰계수

㉤ 흙의 종류에 따른 전단응력

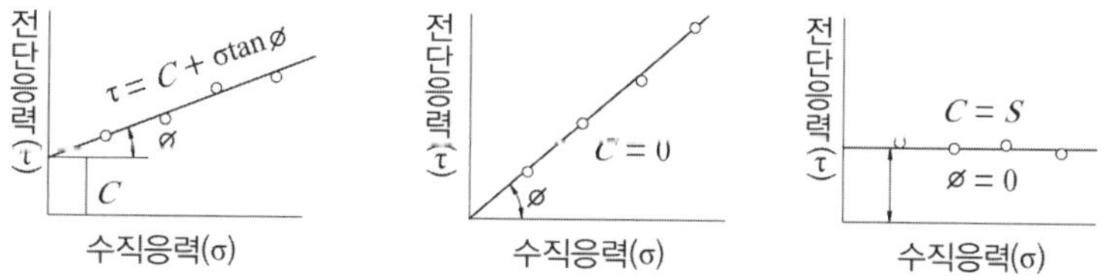

(a) 보통 흙 (b) 점착력이 없는 흙 (c) 점착성의 흙

② 사면의 안정

㉠ 전단응력이 그 흙이 가지고 있는 전단강도를 넘지 않는 것이 안정하며, 따라서 전단응력을 줄이고 전단강도를 높이기 위한 조치가 필요하다.

㉡ 흙 속의 전단응력 높이는 원인

ⓐ 외적요인 : 건물, 물, 눈 등 외력의 작용, 함수비의 증가에 따른 흙의 단위중량 증가, 균열 내에 작용한 수압 등

ⓑ 내적요인 : 흡수로 인한 점토의 팽창, 공극수압의 작용, 수축·팽장·인장으로 생기는 미세한 균열, 다짐 불충분, 융해로 인한 지지력 감소 등

㉢ 사면의 종류

ⓐ 직립사면 : 연직으로 절취된 사면으로 암반이나 일시적 점토사면에 나타남

ⓑ 반무한사면 : 일정한 경사를 가진 사면이 계속되어 펼쳐진 것으로 일반 경사진 산이 해당되며, 활동면이 깊이에 비해 길이가 긴 평판상으로 만들어진다.

ⓒ 단순사면 : 사면의 일반적 형태로 사면의 길이가 한정되어 있으며, 사면의 선단

부와 꼭지부가 평면을 이루고 활동면의 위치에 따라 기초암반의 위치가 깊을 때는 저부파괴, 얕을 때는 사면 내 파괴, 중간일 때는 사면선단파괴가 일어남

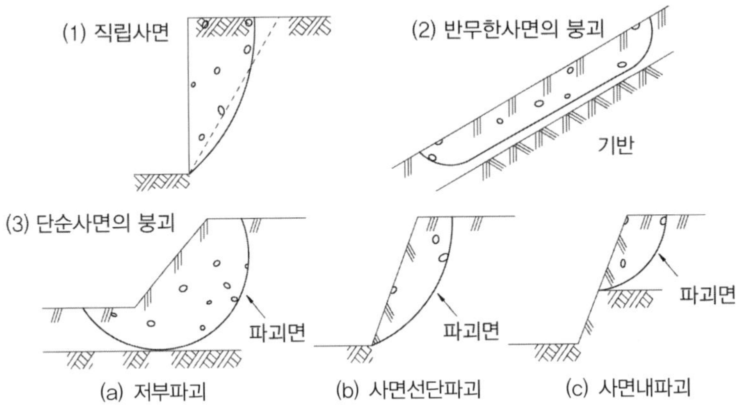

㉣ 사면의 안정 계산 : 임계활동면(가장 위험한 활동면)을 찾아 저항하는 힘 계산해 안정성 판단. 활동에 저항하는 힘이 활동을 일으키는 힘보다 크면 안정하다. 안전율 F는 1보다 커야 안정하다.

안전율(F)	안정성 여부
〈1.0	불안정
1.0~1.2	안정적이나 다소 불안
1.3~1.4	굴착이나 성토에 대해서는 안전, earth dam에 대해서는 불안
〉1.5	earth dam에도 안전, 지진을 고려할 때 필요

안전율	평면활동일 때 $F=\dfrac{\text{활동에 저항하는 힘}(S)}{\text{활동을 일으키는 힘}(\tau)}$	
	원형활동일 때 $F=\dfrac{\text{활동에 저항하는 힘의 활동원의 중심에 대한 모멘트}}{\text{활동을 일으키는 힘의 활동원의 중심에 대한 모멘트}}$	
	점토사면에 대한 Taylor의 안전율 $F=\dfrac{\text{흙이 발휘할 수 있는 최대 점착력}}{\text{흙이 현재 나타내고 있는 점착력}}$	
	$F_c=\dfrac{C_e}{C_d}$	C_e : 토질고유의 점착력 C_d : 사면안정 위해 필요한 점착력 ϕ_e : 토질 고유의 마찰력 ϕ_d : 사면안정 위해 필요한 마찰력 F_c : 점착력 안전율 F_ϕ : 마찰력 안전율 F_s : 전단강도 안전율 S : 전단강도 τ : 전단응력 σ' : 유효응력에 의한 수직응력
	$F_\phi=\dfrac{\phi_e}{\phi_d}$	
	$F_s=\dfrac{S}{\tau}=\dfrac{C_e+\sigma'\tan\phi_e}{C_d+\sigma'\tan\phi_d}$	

7 비탈면의 보호

① 비탈면 녹화공법

㉠ 종자뿜어붙이기공

ⓐ 압축공기를 이용한 모르타르건방법 : 종자, 비료, 토양에 물을 섞어 뿜어붙이기 절토비탈면, 높은 비탈면과 급구배 장소에 적합

ⓑ 수압에 의한 펌프 기계파종기방법 : 종자, 비료, 파이버를 물과 혼합해 살포. 절·성토 비탈면 어느 곳에나 사용 가능하나 낮은 장소에 적합

㉡ 식생매트 : 종자, 비료를 붙인 매트를 피복해 녹화

㉢ 평떼붙임공 : 평떼를 비탈면 전면에 붙여 떼꽂이로 고정. 절, 성토 어느 곳에나 사용

㉣ 식생띠공 : 종자, 비료 부착한 띠모양의 종이를 일정 간격으로 삽입하며 인공줄떼 공법이라고도 함. 피복효과가 빠르다.

㉤ 줄떼심기공 : 주로 성토비탈면에 길이 30cm, 너비 10cm 반떼심기

㉥ 식생판공 : 종자와 비료 섞은 판을 깔아 붙이기. 판자체가 두꺼워 객토효과

㉦ 식생자루공 : 종자, 비료, 흙을 자루망에 넣고 비탈면 수평으로 판 골속에 넣어 붙이기, 급경사지, 풍화토 지반시공에 적합

㉧ 식생구멍공 : 비탈면에 일정 간격 구멍파고 혼합물을 채워넣는 공법 비료 유실이 적고 단단한 점질토나 절토비탈면에 적합

(1) 종자뿜어붙이기공 (gun 사용)

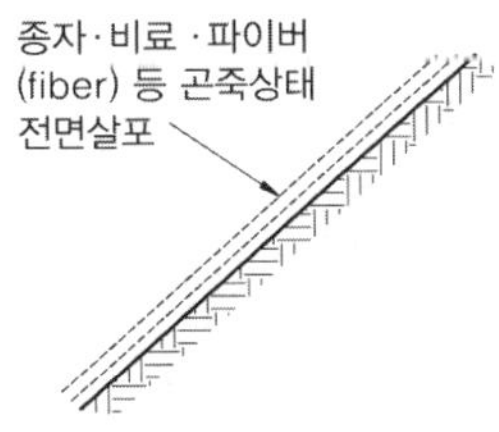

(2) 종자뿜어붙이기공 (pump 사용)

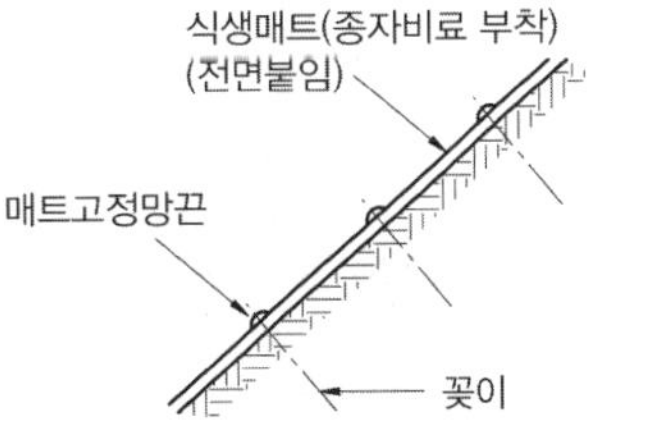

(3) 식생 매트(mat)공

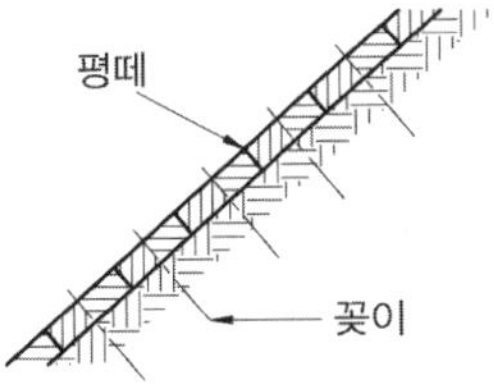

(4) 평떼심기공

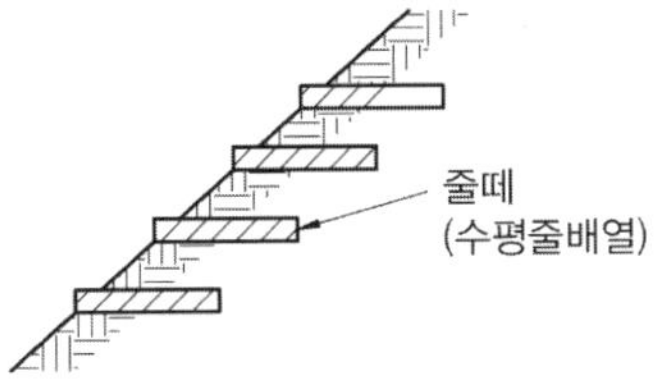

(5) 줄떼심기공

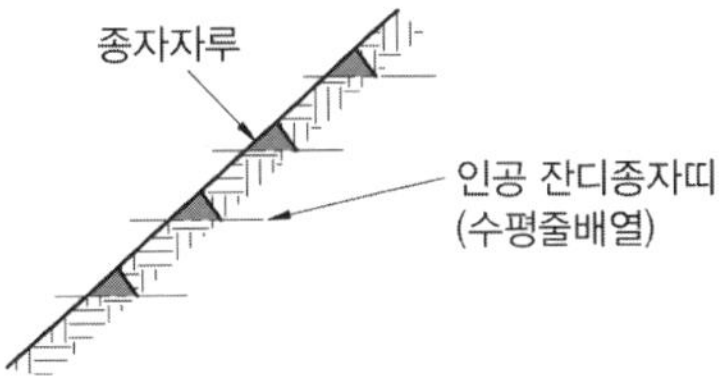

(6) 식생띠공

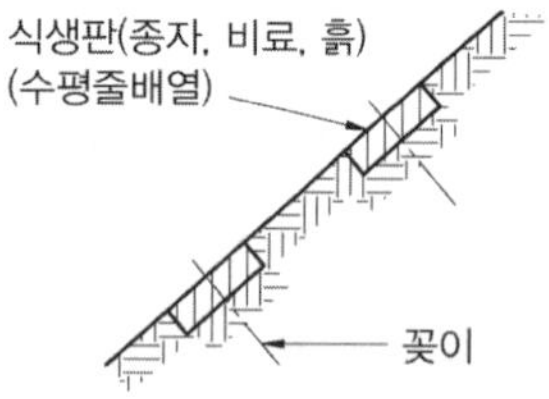

(7) 식생판공

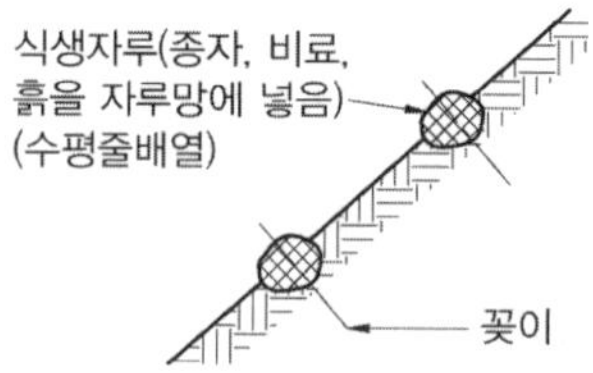

(8) 식생자루공

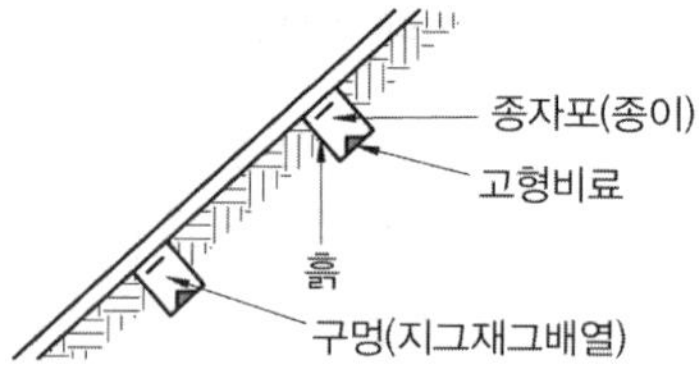

(9) 식생구멍공

② **구조개선공법** : 구조재 자체 자중이나 자체강도를 이용하여 비탈면 붕괴를 예방하는 구조공법

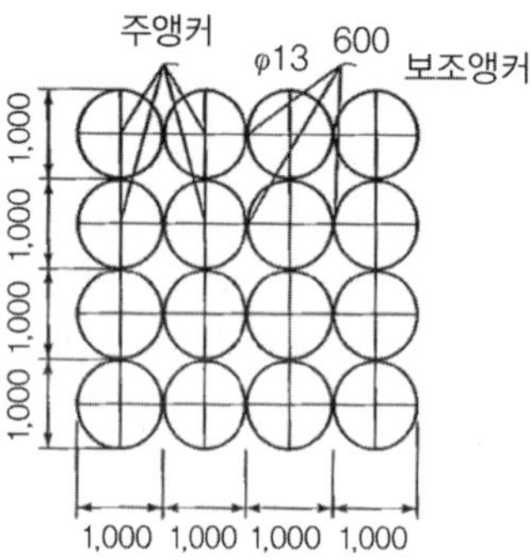

(a) 원형강재 경량틀

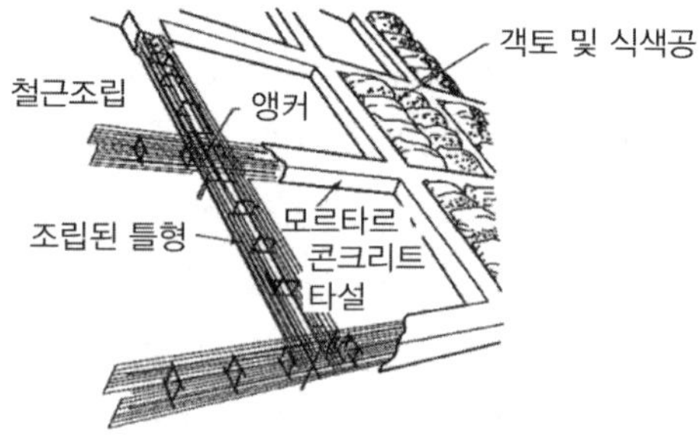

(b) 현장콘크리트 사면틀(free frame 공법)

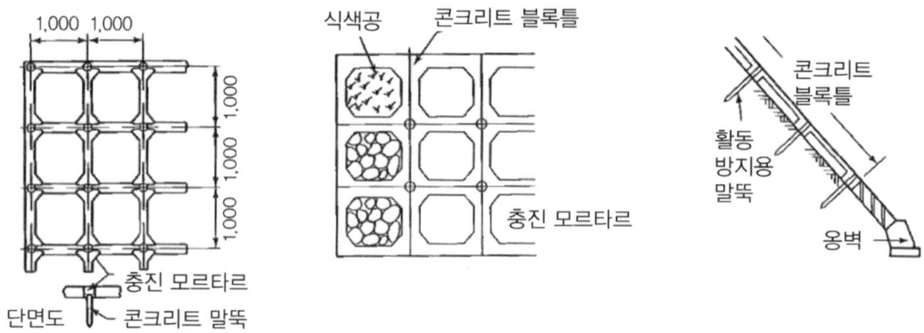

(c) 콘크리트블럭틀에 돌과 식생을 병용

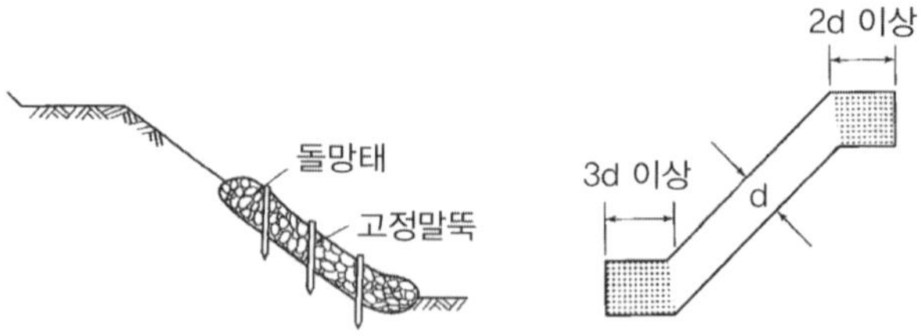

(d) 돌망태공

③ 배수공법

㉠ 지표배수공법

ⓐ 수로운반공법 : 지표수를 모으기 위해 비탈어깨, 소단, 비탈기슭에 설치되는 집수로와 집수된 지표수를 비탈면 외부로 방류하기 위해 수로 조성

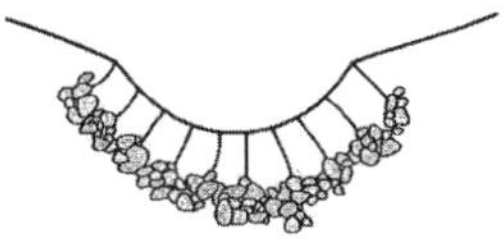
돌수로공(반원형)

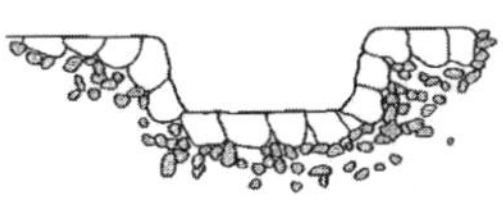
돌수로공(사다리꼴형)

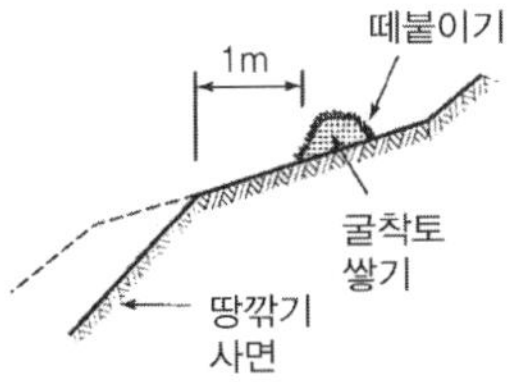

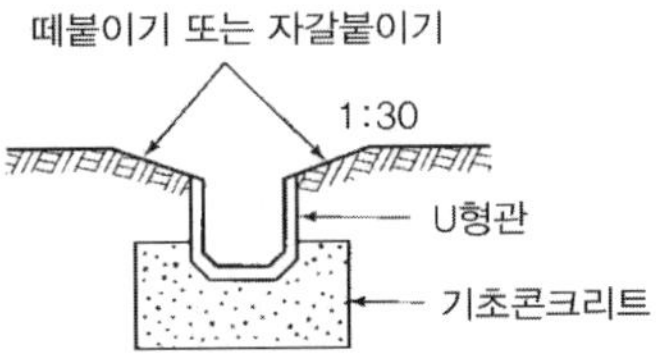

U형 측구

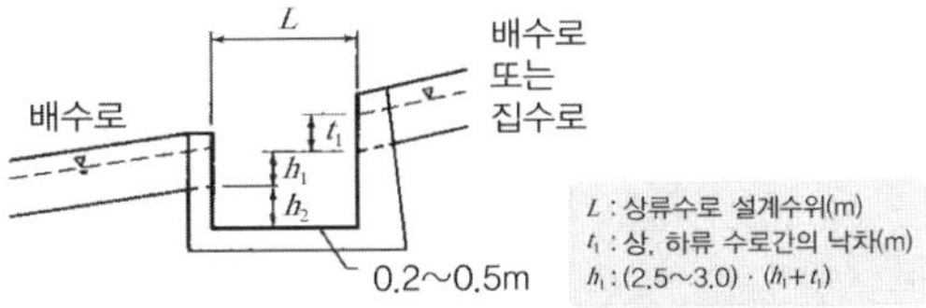

ⓑ 표면배수공법 : 비탈면녹화와 같이 잔디, 지피식생을 도입하는 방법으로 매트나 블랭킷을 이용해 지표면이나 수로경사면을 덮어 침식을 완화하는 방법

㉡ 지하배수공법 : 맹암거(지표면으로부터의 침투수를 배제하고, 지반조건이 습하거나 투수성이 낮은 점성토 사면에 효과적), 수평배수공법, 집수정공법, 배수터널공법, 지하수차단공법 등

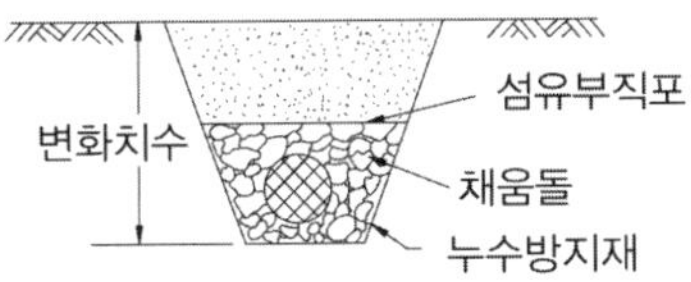

• 맹암거 •

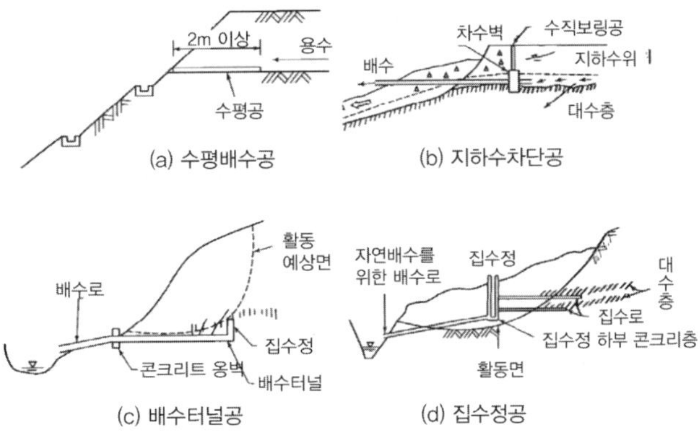

• 지하배수공법 •

8 토압과 구조물

① 토압

㉠ 정의 : 지형 내부에서 생기는 응력과 흙과 구조물 사이의 접촉면에서 생기는 모든 힘으로 토양의 무게, 옹벽의 배면경사, 표토의 습윤상태, 휴식각에 의해 변함

㉡ 종류

ⓐ 주동토압 : 압력으로 회전하거나 왼쪽으로 약간 이동 → 배토증가 → 파괴

ⓑ 수동토압 : 옹벽을 배면쪽으로 밀면 배토의 압축을 받아 압축이 커져서 파괴될 때의 압력

ⓒ 정지토압 : 주동·수동토압이 평행을 이룰 때

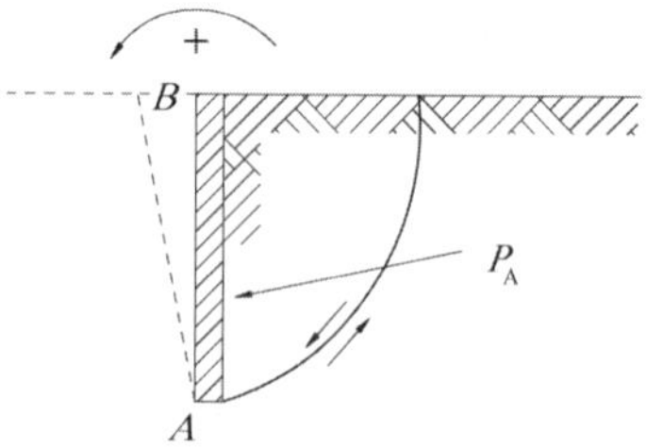

• 주동토압 •

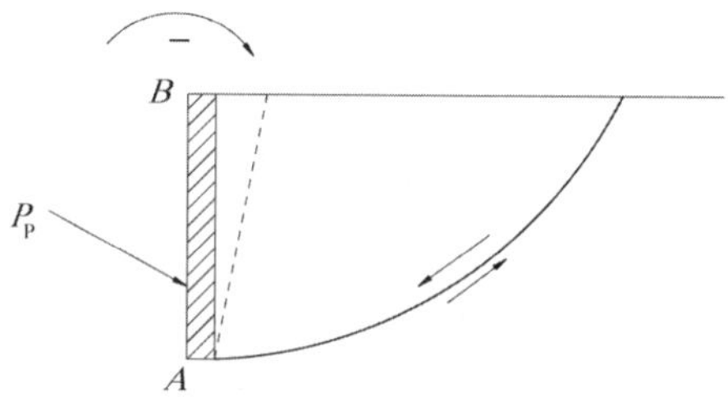

• 수동토압 •

② 옹벽의 종류

㉠ 중력식 옹벽

ⓐ 일반적으로 상단이 좁고 하단이 넓은 형태로 무근 콘크리트 옹벽, 조적식 옹벽이 해당됨

ⓑ 자체무게는 토압에 저항하도록 설계

ⓒ 4m 정도까지 비교적 낮은 경우에 유리

ⓓ 반중력식 옹벽 : 철근으로 보강해 구조체 두께를 얇게 하여 자중을 줄이는 만큼 중심 위치를 낮추고 내부에 생기는 인장력을 철근이 받도록 설계

㉡ 캔틸레버식 옹벽

ⓐ 기단 위의 성토가 주중으로 간주되므로 중력식 옹벽보다 경제적

ⓑ 역T형, L형이 있으며, 6m까지 사용가능

ⓒ 철근콘트리트로 구성. 수직 슬라브와 수평 슬라브로 이루어져 수직과 수평적 기초가 철근으로 일치되게 경결되고 기초부분 한 방향으로 돌출시켜 안전성 유지

ⓓ 기초폭 : 수평하중일 때 높이의 0.45배, 과재하중일 때 높이의 0.6배

㉢ 부축벽 옹벽

ⓐ 철근 콘크리트 옹벽으로 강도가 부족할 경우에 보강하기 위해 수직벽과 직교된 밑판 위에 일정한 간격으로 부벽을 연결한 것

ⓑ 뒷부벽식이 일반적이며, 앞부벽식도 있다.

㉣ 조립식 옹벽 : 콘크리트 블록을 사용하는 것으로 다양한 곡선을 만들 수 있는 장점이 있는 반면 옹벽 배면의 수압을 줄이기 위한 별도의 조치가 필요하다.

③ 옹벽에 토압을 일으키는 배토

㉠ 배토 : 흙의 휴식각 외부에 옹벽과 접하는 토양

㉡ 휴식각 : 흙을 높이 쌓아두면 미끄러져 내려와 안정되는 경사면의 각도

㉢ 토압 작용점

ⓐ 배토의 지표면이 옹벽과 평행할 경우 : 수평하중은 옹벽높이의 1/3지점에서 작용

ⓑ 배토의 지표면이 경사진 경우 : 경사진 지표면에 평행하게 옹벽 높이 1/3지점에서 하중이 작용

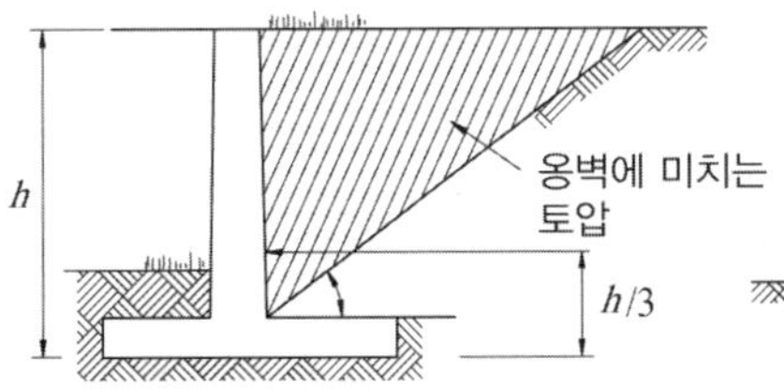

• 옹벽에 영향을 주는 토압 •

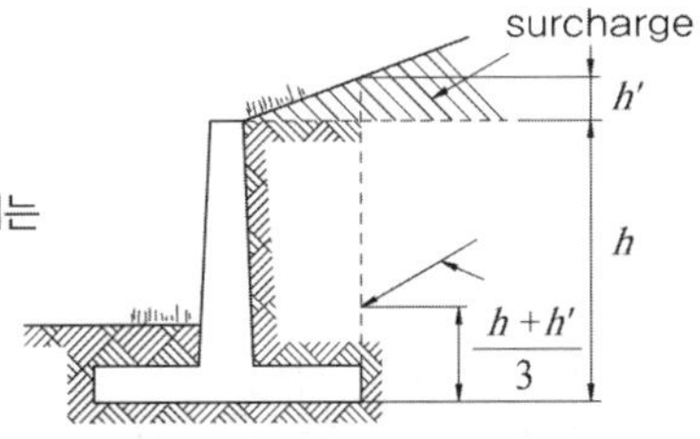

• 상재하중이 작용하는 옹벽 •

㉣ 옹벽에 작용하는 토압과 작용점

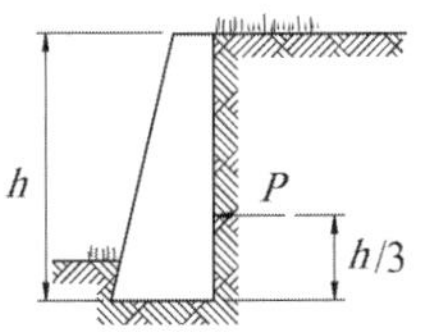

$P = 0.286\frac{Wh^2}{2}$

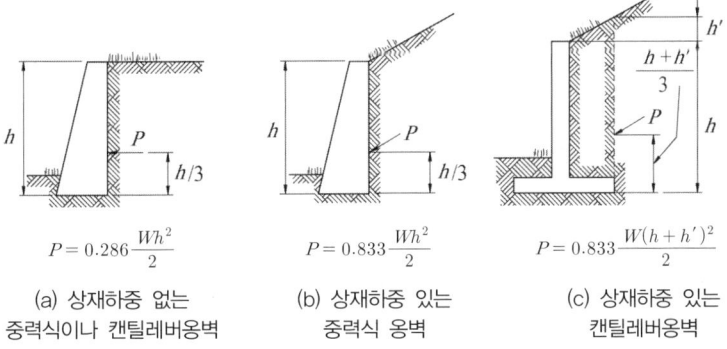

(a) 상재하중 없는 중력식이나 캔틸레버옹벽

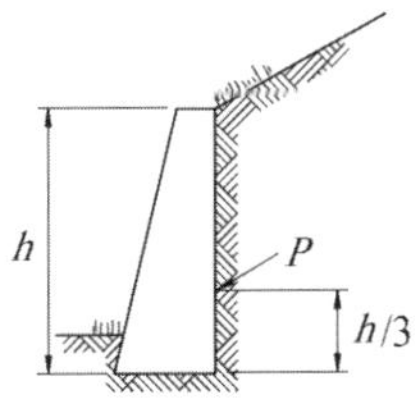

$P = 0.833\frac{Wh^2}{2}$

(b) 상재하중 있는 중력식 옹벽

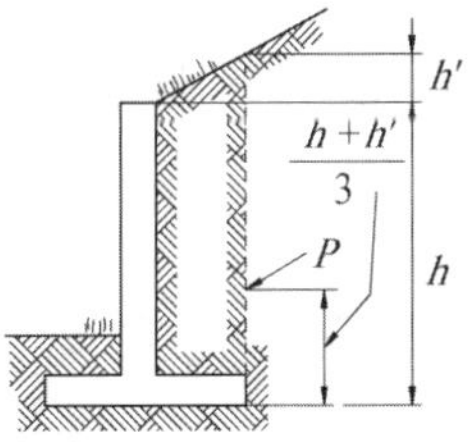

$P = 0.833\frac{W(h+h')^2}{2}$

(c) 상재하중 있는 캔틸레버옹벽

④ 옹벽의 안정 조건

㉠ 일반적 안정 : 옹벽에 작용하는 토압과 옹벽의 중량의 합력이 옹벽기부의 중앙삼분점(middle third) 부분에 작용하면 등분포하중이 작용해 안정하다.

㉡ 활동(sliding)에 대한 안정 : 옹벽의 중량과 그것이 지지하고 있는 토양의 중량의 합에 마찰계수를 곱한 마찰력이 저항력인데, 이 저항력이 활동력보다 1.5~2.0배 되면 안정

㉢ 전도(overturning)에 대한 안정 : 저항모멘트가 회전모멘트보다 2배 이상되면 안정

㉣ 침하(settlement)에 대한 안정 : 지반의 지지력이 외력의 최대압축응력보다 크면 안정

CHAPTER 09 조경시공일반

실전연습문제

01 다음 중 흙의 성질에 관한 산출식으로 틀린 것은? [기사 11.06.12]

㉮ $\text{예민비} = \dfrac{\text{이긴시료의 강도}}{\text{자연시료의 강도}}$

㉯ $\text{간극비} = \dfrac{\text{간극의 용적}}{\text{토립자의 용적}}$

㉰ $\text{포화도} = \dfrac{\text{물의 용적}}{\text{간극의 용적}} \times 100(\%)$

㉱ $\text{함수율} = \dfrac{\text{젖은 흙의 물의 중량}}{\text{건조한 흙의 중량}} \times 100(\%)$

풀이 $\text{예민비} = \dfrac{\text{자연시료의 강도(천연시료의 강도)}}{\text{이긴시료의 강도(흐트러진 시료의 강도)}}$

02 식물의 근계생장에 가장 적당한 토양경도(산중식토양경도계)는 얼마인가? [기사 12.03.04]

㉮ 18mm 이하 ㉯ 18 ~ 23mm
㉰ 23 ~ 27mm ㉱ 27 ~ 30mm

03 풍화작용에 의해 규산염광물이나 산화광물로부터 용해된 철성분이 토양 내에서 산소 또는 물과 결합하여 토색에 영향을 미치는 작용은? [기사 12.03.04]

㉮ 회색화작용 ㉯ 갈색화작용
㉰ 이탄화작용 ㉱ 포드졸화작용

04 어느 지역 토양의 공극률(porosity) 측정을 위해 토양 $60cm^3$를 채취하여 고형입자 부피와 수분 부피를 측정하였더니 각각 $36cm^3$와 $12cm^3$였다. 이 지역 토양의 공극률(%)은? [기사 12.05.20]

㉮ 10 ㉯ 20
㉰ 30 ㉱ 40

풀이 공극률 = 토양부피−(고형입자부피/토양부피)×100
= 60−(36/60)×100 = 40(%)

05 사질토와 점질토에 관한 특징 설명으로 옳지 않은 것은? [기사 12.05.20]

㉮ 압밀속도는 점질토가 사질토 보다 느리다.
㉯ 투수계수는 점질토가 사질토 보다 작다.
㉰ 동결피해는 점질토가 사질토 보다 크다.
㉱ 내부마찰각은 점질토가 사질토 보다 크다.

풀이 사질토의 내부마찰각은 크며, 점질토의 내부마찰각은 없다.

ANSWER 01 ㉮ 02 ㉯ 03 ㉯ 04 ㉱ 05 ㉱

06 동결된 지반이 해빙기에 융해되면서 얼음 렌즈가 녹은 물이 빨리 배수되지 않으면 흙의 함수비는 원래보다 훨씬 큰 값이 되어 지반의 강도가 감소하게 되는데 이러한 현상을 무엇이라 하는가? [기사 13.09.28]

㉮ 동상현상 ㉯ 연화현상
㉰ 분사현상 ㉱ 모세관현상

풀이 ㉮ 동상현상 : 기온이 영하로 내려가면 흙속의 빈 틈에 있는 물이 동결하여 흙속에 빙층이 형성되기 때문에 지표면에 떠올라 오는 현상
㉯ 연화현상 : 겨울에 동결한 지반이 융해할 때에 흙 속에 수분이 들어가서 지반이 연약화하는 현상
㉰ 분사현상 : 땅속의 모래가 지하수와 함께 분출하는 현상
㉱ 모세관현상 : 액체 속에 폭이 좁고 긴 관을 넣었을 때, 관 내부의 액체 표면이 외부의 표면보다 높거나 낮아지는 현상

07 흙의 투수계수에 관한 설명으로 틀린 것은? [기사 14.03.02]

㉮ 흙의 투수계수는 형상계수에 따라 변화한다.
㉯ 흙의 투수계수는 물의 단위중량에 비례한다.
㉰ 흙의 투수계수는 물의 점성계수에 비례한다.
㉱ 흙의 투수계수는 흙 유효입경의 제곱에 비례한다.

풀이 흙의 투수계수는 점성계수에 반비례한다.

08 건조할 경우 흙의 안식각 크기 비교를 틀리게 나타낸 것은? [기사 14.05.25]

㉮ 점토 〉모래 ㉯ 모래 〉점토
㉰ 자갈 〉점토 ㉱ 자갈 〉모래

풀이 **흙의 안식각**
자갈 〉모래 〉점토

09 토성 분류에 대한 설명 중 맞는 것은? [기사 14.05.25]

㉮ 토성은 입경구분에서 구한 모래, 미사, 점토 함량을 입경분포도에 적용시켜 구분한다.
㉯ 전통적인 토성삼각도는 아랫부분에 점토 함량, 왼쪽 경사면에 모래 함량, 오른쪽 경사면에 미사함량을 나타낸다.
㉰ 토성면은 직선들의 만나는 점이 두 토성의 경계선에 위치할 경우에는 작은 입자가 많은 토성으로 한다.
㉱ 토성을 분류할 때에는 3mm 이하의 토양입자만을 대상으로 한다.

풀이 ㉯ 토성삼각도 : 아래에 모래, 왼쪽에 점토, 오른쪽에 미사함량으로 표시
㉱ 토성은 모래, 점토가 얼마만큼의 비율로 구성되어 있는지로 구분하며, 점토는 0.002mm 입자이며, 입자에 따라 자갈, 조사, 세사, 미사로 2mm ~ 0.002mm를 구분하여 말한다.

ANSWER 06 ㉯ 07 ㉰ 08 ㉮ 09 ㉰

10 국제토양학회의 토양 입경 구분이 틀린 것은? [기사 14.09.20]

㉮ 자갈 : 〉2.0mm
㉯ 굵은모래 : 2.0 ~ 0.2mm
㉰ 가는모래 : 0.2 ~ 0.02mm
㉱ 점토 : 0.02 ~ 0.002mm

풀이 **국제토양학회 토양입경구분**
자갈 2.0mm 이상, 조사 2.0 ~ 0.2mm,
세사 0.2 ~ 0.02mm, 미사 0.02 ~ 0.002mm
점토 0.002mm 이하

11 토양입자가 수직방향으로 배열되어 있고, 찰흙의 함량이 많은 염류토의 심토에서 보기 쉬우며, 건조지방의 심토에서 발달되는 토양 구조는? [기사 14.09.20]

㉮ 판상 ㉯ 주상
㉰ 괴상 ㉱ 입상

풀이 **토양의 구조**
① 판상구조 : 토양입자가 수평방향으로 배열되어 수분이 아래로 잘 빠지지 않는다. 습윤지대나 A층에서 주로 나타남
② 주상구조 : 프리즘 또는 기둥 모양의 세로 구조로 수분 침투나 증발이 잘 일어나며 건조지나 습윤배수불량지에 나타남
③ 괴상구조 : 판상구조보다 크며 가로와 세로의 비율이 거의 같은 다면체 형태로 밭이나 산림에 주로 나타남
④ 입상구조 : 가장 흔한 형태로 토양 표층에 나타나며, 입자 지름 약 1 ~ 2mm 구형으로 뭉쳐 있으며, 입단 사이 공극에 물이 저장되어 식물에게 적합함

12 토양분류에 대한 설명으로 옳지 않은 것은? [기사 14.09.20]

㉮ 현재까지 토양목은 총 12개 목으로 분류되어 있다.
㉯ 생성학적으로 보아 동질성을 가지는 특성에 따라 분류한 것이 아목이다.
㉰ 특징적 층위의 존재 여부와 정렬순서에 따라 분류한 것을 대군이라 한다.
㉱ 생성론적 토양분류는 목, 아목, 대군, 아군의 4개로 구성된다.

풀이 **생성론적 토양분류**
목(order), 아목(suborder), 대토양군(great soil group), 과(family), 통(series), 구(type), 상(phase)

ANSWER 10 ㉱ 11 ㉯ 12 ㉱

3 지형 및 시공측량

1 지형의 묘사

① **음영법** : 지표기복에 따라 명암이 생기는 이치를 응용
 ㉠ 수직음영법 : 빛이 수평으로 비추었을때 평행으로 동등한 강도를 가지는 기법
 ㉡ 사선음영법 : 빛이 왼쪽에 있다고 가정하여 남동으로 그림자를 표시한 것
 ㉢ 쇄상선법 : 쇄상선의 간격, 굵기, 길이, 방향 등에 의해 표시

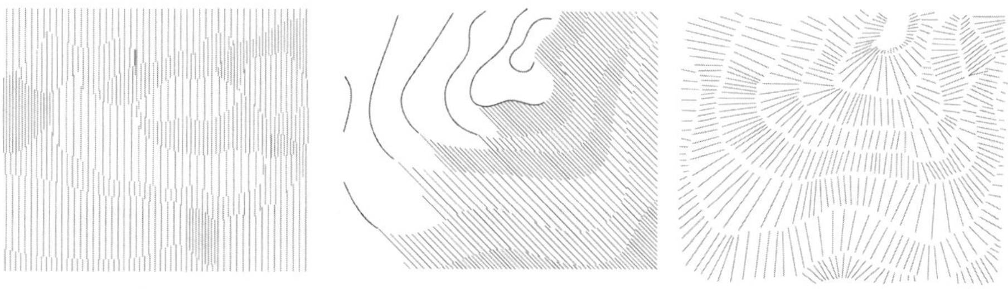

• 수직음영법 • • 사선음영법 • • 쇄상선법 •

 ⓐ 급경사는 굵고 짧게, 완경사는 가늘고 길게 표현
 ⓑ 기복의 변화는 잘 나타내나 고저의 표현이 안 됨
 ⓒ 야외에서 그리기 어려우며 제도에 용이하지 않음
 ⓓ 쇄상선은 등고선간의 최단거리이며 등고선에 대해 수직인 선

② **점고선법** : 등고선으로 나타내기 어려운 부분을 숫자로 표기하는 방법
③ **단면도에 의한 방법** : 토지의 수직적 지형을 나타내는 데 이용
④ **지형모형법** : 3차원적 형상을 나타내는 것으로 일반적으로 이용하기 어렵다.
⑤ **단채법(채색법)** : 높이의 증가에 따라 진한 색으로 변화시키는 방법
⑥ **등고선법** : 지표의 같은 점을 선으로 연결한 것으로 가장 널리 사용하는 방법

2 등고선의 정의 및 특징

① 등고선상의 모든 점은 동일한 높이를 갖는다.
② 모든 등고선은 분리되거나 합치되지 않고 등고선 자체의 완결성을 갖는다.
③ 동심원을 이루는 집중된 등고선은 항상 산정, 최저지역이다.
④ 높이가 다른 등고선은 수직면이나 돌출부를 제외하고는 교차하거나 만나지 않는다.

⑤ 등고선 간격이 동일할 때는 경사는 일정하다.

⑥ convex slope(凸형)은 높은 지형의 등고선의 간격이 넓다.
concave slope(凹형)은 낮은쪽으로 갈수록 등고선 간격이 넓다.

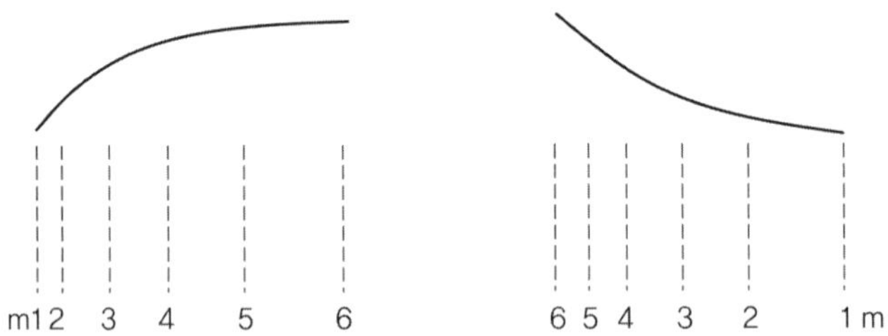

• convex slope(凸형) •　• convex slope(凹형) •

⑦ 산정과 계곡의 등고선

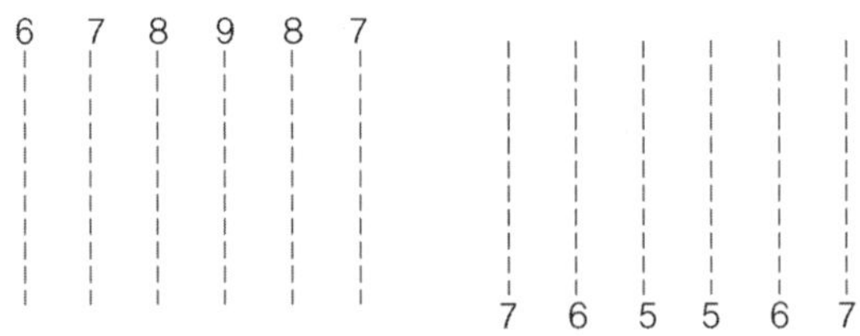

• 단면도 ∩ 형태 : 산정 •　• 단면도 ∪ 형태 : 계곡 •

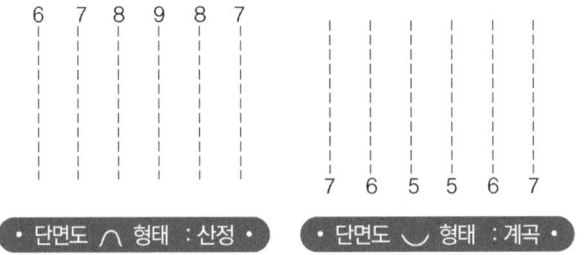

⑧ 등고선의 간격이 좁을수록 경사의 정도가 심하다.

⑨ 간격이 넓을수록 완경사

⑩ 등고선이 없을 때는 두 등고선 사이 중간을 이등분해서 생각

⑪ 두 개의 등고선에서 최단거리는 등고선에 직각되는 거리임

⑫ 산령와 계곡이 만나 이들의 등고선이 서로 쌍곡선을 이루는 것 같은 부분을 안부(鞍部)(saddle) 즉, 고개라 함

3 등고선의 종류와 간격

① **주곡선** : 기본선. 가는 실선으로 표시

② **계곡선** : 주곡선 5개마다. 굵은 실선으로 표시

③ **간곡선** : 주곡선의 1/2, 가는 파선으로 표시

④ **조곡선** : 간곡선의 1/2. 가는 점선으로 표시

축척 종류	1/50,000	1/25,000	1/10,000
주곡선	20m	10m	5m
계곡선	100m	50m	25m
간곡선	10m	5m	2.5m
조곡선	5m	2.5m	1.25m

4 등고선 읽는 용어들

① **지성선** : 지모(地貌)의 골격이 되는 선

② **지성변환점** : 지성이 변화하는 지점

③ **산령선** : 분수령. 지표면의 최고부를 연결한 선. AA, A'A'

④ **계곡선** : 지표면의 최저부, 계곡의 최저부의 선. BB선

⑤ **방향전환점** : 계곡선과 산령선이 그 방향을 바꾸어 다른 방향으로 향하는 것
계곡이 합류하는 점, 산령이 분기하는 점. a, a'. b, b'점

⑥ **경사변환점** : 산령선, 계곡선상의 경사상태가 변하는 점. C_1, C_2, C_3점

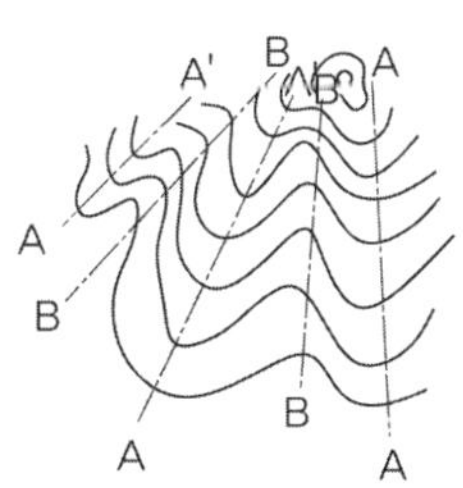

• 산령과 계곡선 •

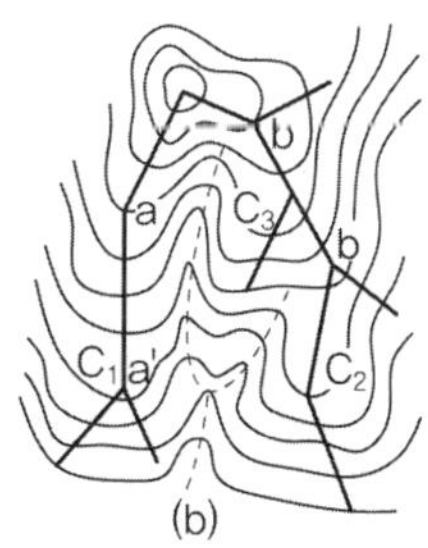

• 방향전환점과 경사변환점 •

5 지형도

① 지형도 종류

㉠ 대축척 : 1 : 1,000 이상

㉡ 중축척 : 1 : 1,000 ~ 1 : 10,000

㉢ 소축척 : 1 : 10,000 이하

㉣ 기본지형도 : 1 : 5,000, 1 : 25,000. 1 : 50,000

㉤ 경사변경을 위해 쓰이는 축척 : 1 : 300, 1 : 600(1 : 500), 1 : 1,200(1 : 1,000)

② 우리나라 지형도 도식(지형도의 기호와 표현약속) : 도식기호, 주기, 난외주기로 구성

㉠ 도식기호 : 위치, 투영면, 도상표현 한도, 색도, 음영 등 기본원칙과 지형, 지물 표시하는 기호

㉡ 주기 : 인공물과 자연물의 명칭, 산정의 표고, 등고선 수치, 수심 등 기호로만 표시하기 어려운 내용을 설명하는 것

㉢ 난외주기 : 지형도의 표제, 인접도와의 관계, 내용설명 등 필요한 사항을 도곽 외부에 간결하게 기입하는 것

㉣ 우리나라 지형도 도엽번호 예 NI52-6-02일 때 지형도 읽는 방법

ⓐ NI : UTM좌표구역으로 N은 북반부, I는 적도에서 북방으로 위도 4°씩 A, B, C...로 부여한 것임으로 I는 위도 32° ~ 36°를 나타낸다.

ⓑ 52 : 경도 180°를 기준으로 동쪽으로 경도 6°씩 1,2,3... 번호를 붙인 것으로 52는 경도 126°~132°E

ⓒ 6 : 1 : 25,000 축척의 번호

ⓓ 02 : 1 : 25,000 축척의 도면을 28개 구역으로 번호를 부여해 만든 1 : 50,000 도면의 위치

6 측량일반

① 측량의 의의 : 지구표면상의 여러 점의 상호관계위치를 측정하여 이들 방향, 각도, 고도 측정하여 그의 형상, 넓이, 부피를 산정하고 지도 작성하여 다시 현장에 옮기는 작업

② 측량의 기준

㉠ 형상의 기준 : 우리나라는 Bessel의 기준 사용. 지구의 회전타원체 모양에 대한 것으로 편평도 Bassel 1 : 299.15 사용

㉡ 위치 기준 : 경도, 위도 기준에 대한 것

ⓐ 경도기준 : 영국 그리니치 천문대, 위도중심 : 적도

ⓑ 우리나라 대삼각본점 : 적영도, 거제도. 대삼각본점간의 거리 = 41758.98m

㉢ 높이의 기준

ⓐ 측정방법 : 만조에서 간조까지 변화하는 해수면의 높이를 장기간 측정해 얻은 평균값 즉 수준원점

ⓑ 우리나라 수준원점 : 인천

③ 측량의 오차

㉠ 과오 : 측량자의 부주의, 미숙

㉡ 정오차 : 측지기구의 신축에 의한 오차, 관측의 횟수에 따라 수반

㉢ 부정오차 : 원인이 불분명, 관측할 때마다 변화. "최소자승법"에 의해 조정
㉣ 지구의 곡률반지름 : 지구는 평면이 아니라 구형이기에 곡률반지름 허용오차 1/10,000
즉, 110km까지는 평면으로 보아도 되지만 그 이상일 때는 곡선임을 고려

④ 수평거리측정
㉠ 줄자에 의한 관측법 : 삼각측량, 기선측량 같은 매우 정확한 값이 필요시만 사용
㉡ 전자기파거리측량(EDM) : 적외선, 레이저광선, 극초단파 등의 전자기파를 이용하여 거리를 관측하는 방법으로 장애물이 있어도 간편하게 측량이 가능함

⑤ **수직거리측량(직접수준측량)** : 조경에서는 레벨을 사용한 표척의 눈금차이를 구하는 직접 수준측량 사용
㉠ 직접수준측량 용어
ⓐ 고저기준점(수준점. B.M : bench mark) : 고저측량의 기준이 되는 점으로 기준 수준 면에서의 높이를 정확히 구하여 놓은 점
ⓑ 고저측량망(수준망. leveling net) : 각 고저기준 점간을 왕복 관측하여 그 관측차가 허용오차 이내가 되도록 고저기준점을 만들고 다시 원출발점과 다른 표고의 고·저기준점 사이를 연결하여 망을 이룬 것
ⓒ 후시(B.S. : back-sight) : 높이를 알고 있는 기지점에 세운 표척의 눈금을 읽는 것
ⓓ 전시(F.S : fore-sight) : 표고를 구하려는 점에 세운 표척의 눈금을 읽는 것
ⓔ 기계고(I.H. : instrument height) : 기계를 고정시켰을 때 지표면으로부터 망원경의 시준선까지의 높이(I.H = G.H.+B.S.)
ⓕ 지반고(G.H. : ground height) : 표척을 세운 점의 표고
ⓖ 전환점(T.P. : turning point) : 전시와 후시를 같이 취하여 전후의 측량을 연결하는 점으로 이동하거나 침하되지 않도록 해야 한다.
ⓗ 중간점(I.P. : intermediate point) : 전시만을 읽는 점

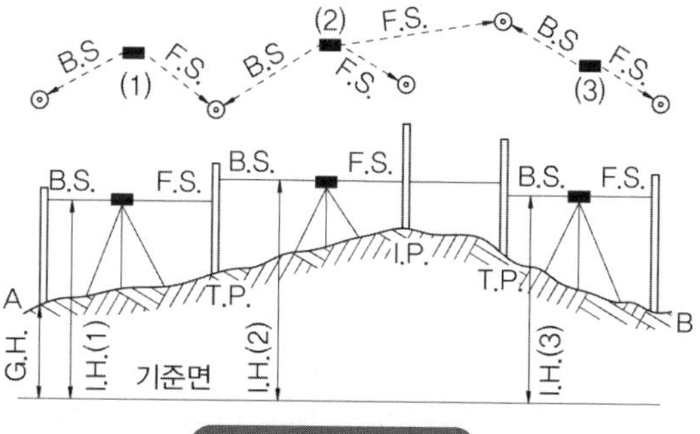

• 직접수준측량 •

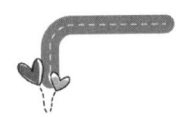

㉡ 두 점 간의 고저차 계산방법

후시합 - 전시합(= ΣB.S. - ΣF.S) = $(a_1 + a_2 + a_3 \cdot\cdot\cdot)$-$(b_1 + b_2 + b_3 \cdot\cdot\cdot)$

즉, B점의 표고는 A점표고 + (후시의 합-전시의 합)

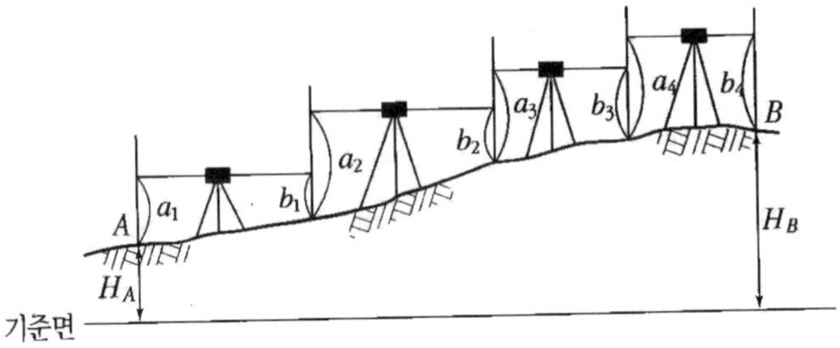

㉢ 야장기입법

ⓐ 고차식(2란식) : 후시와 전시의 2란만으로 고저차를 나타내어 2점 간 높이만 구하는 것이 주목적으로 점검이 용이하지 않다.

ⓑ 승강식 : F.S값이 B.S값보다 작을 때는 그 차를 승란에, 클 때는 강란에 기입하여 검산할 수 있으나, 중간점이 많을 때는 계산이 복잡하고 시간이 많이 걸림

ⓒ 기고식 : 시준높이를 구한 다음 여기에 임의의 점의 지반높이에 그 후시를 가하여 기계높이를 얻은 다음 이것에서 다른 점의 전시를 빼어 그 점의 지반높이를 얻는 방법으로 후시보다 전시가 많을 때 편리하고, 중간시가 많은 경우 편리하나 완전한 검산을 할 수 없는 단점

⑥ **평판측량** : 평판을 위에 엘리데이더로 목표물의 방향, 거리, 각도, 높이차를 관측해 직접 현장에서 위치를 결정하는 측량방법으로 가장 오래된 방법이며, 현장에서 평면도를 작성함으로 시간과 노력이 적게 들고 소규모 측량에 효과적이나 제도지 수축 등의 오차가 발생한다.

㉠ 평판측량기 구조 : 평판, 삼각, 엘리데이드, 구심기와 추, 자침함

㉡ 평판설치법

ⓐ 정치(수평맞추기) : 평판 수평되게 하여 지상의 측점과 도면상 점이 수직선상에 오도록 맞추기

ⓑ 치심(중심맞추기) : 평판상의 측점위치를 지상의 측점과 일치시키는 것

ⓒ 표정(방향맞추기) : 평판상 그려진 모든 선을 이것에 해당하는 선과 평행하게 평판 돌리는 것

㉢ 평판 측량방법

ⓐ 방사법 : 장애물 없는 넓은 지역에 가장 많이 사용하는 방법 필요지점을 시준해선 긋고 직접 줄자로 거리를 재는 방법으로 측량은 쉬우나 오차 검토 불가능

ⓑ 전진법 : 측량구역이 좁고 길거나 장애물이 있을 때 사용하는 방법으로 측점에서 측점으로 차례로 방향과 거리를 관측하여 전진하면서 도상에서 트래버스를

만들어가며 측정한다. 오차 검사가 가능하나 평판을 옮기는 횟수가 많아 시간이 많이 걸린다.

ⓒ 교선법 : 2개 또는 3개의 기지점에서 방향선을 그어 그 교점에서 미지점의 위치를 도상에서 결정하는 방법으로 방향선의 교각은 90° 내외가 바람직하다.

- 전방교선법 : 기지점에서 미지점의 위치를 결정하는 방법으로 측량지역이 넓고 장애물이 있어 목표점까지 거리를 재기가 곤란한 경우 사용
- 후방교선법 : 기지의 3점으로부터 미지의 점을 구하는 방법으로 레만법, 베셀법, 투사지법이 있다.
- 측방교선법 : 전방교회법과 후방교회법을 겸한 방법으로 기지의 2점 중 한점에 접근이 곤란한 경우 기지의 2점을 이용하여 미지의 한 점을 구하는 방법

⑦ 삼각측량

㉠ 정의 : 가장 많이 사용되는 수평위치 측량 방법으로 측지학적 측량(지구의 곡률을 고려하여 측량하는 방법), 평면삼각측량(지구의 곡률을 고려하지 않고 평면으로 간주하여 측량하는 방법)

㉡ 삼각측량의 원리

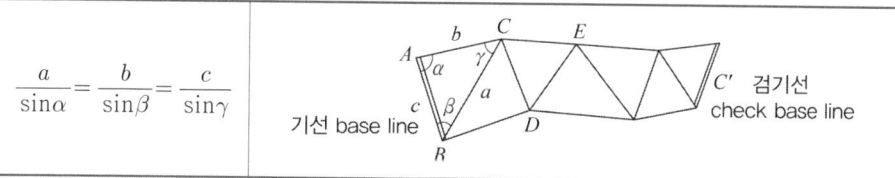

$\frac{a}{\sin\alpha}=\frac{b}{\sin\beta}=\frac{c}{\sin\gamma}$	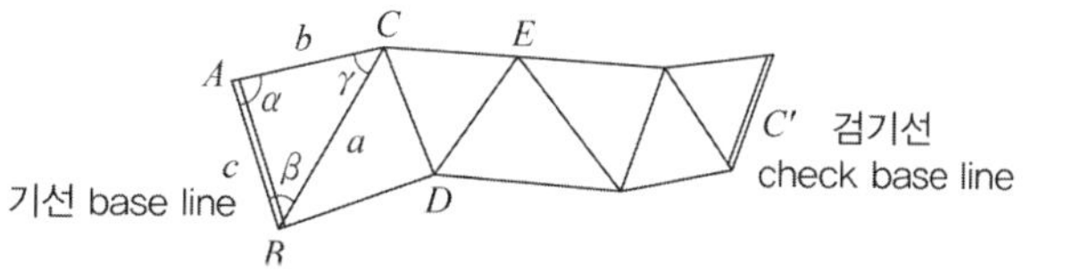

㉢ 삼각점 : 경위도원점을 기준으로 경위도 정하고, 고저기준원점(수준원점)을 기준으로 표고를 정한다.

㉣ 삼각망 : 지역 전체를 고른 밀도로 덮는 삼각형으로 광범위한 지역 측량에 사용

⑧ 다각측량

㉠ 정의 : 기준이 되는 측점을 연결하는 기선의 길이와 그 방향을 관측하여 측점의 위치를 결정하는 방법으로 세부 측량 기준이 되는 골조 측량

㉡ 종류

ⓐ 개방다각형 : 기지점에서 미지점까지 몇 개의 지점으로 연결측량하는 것으로 정확도가 낮고 노선측량 답사에 사용된다.

ⓑ 결합다각형 : 기지점에서 시작해 기지점으로 연결되는 방법으로 정확도가 가장 높고 대규모 정밀 측량에 적용

ⓒ 폐합다각형 : 어떤 측점에서 시작해 차례로 측량을 하고 다시 출발점으로 되돌아오는 방법으로 측량결과를 점검할 수 없고, 소규모 토지의 기준점을 결정하는 데 사용할 수 있어 조경에서 효과적으로 사용함

ⓓ 다각망 : 앞 3가지 방법을 필요에 따라 그물망으로 연결한 방법

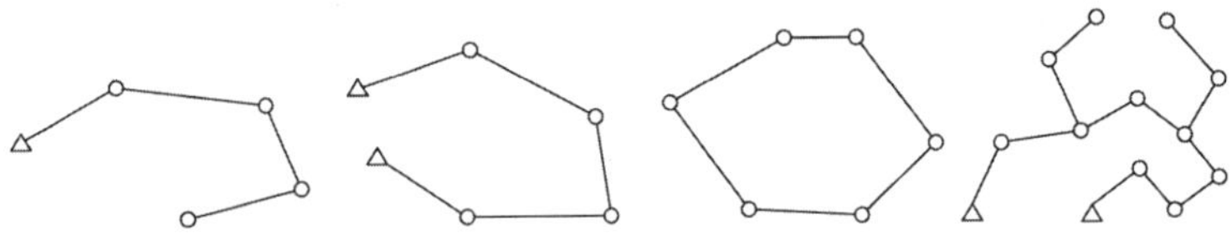

(a) 개방다각형　(b) 결합다각형　(c) 폐합다각형　(d) 다각망

㉢ 폐합다각형 측량의 오차

허용오차	$E_a = \pm \varepsilon_a \sqrt{n}$	ε_a : 수평각의 허용오차 n : 각관측수
허용오차범위	시가지 : $0.3' \sqrt{n} \sim 0.5/ \sqrt{n}$ 평탄지 : $0.5' \sqrt{n} \sim 1' \sqrt{n}$ 산림이나 복잡한 지형 : $1.5' \sqrt{n}$	
폐합오차	$\varepsilon = \sqrt{\varepsilon_l^2 + \varepsilon_d^2}$	ε_l : 폐합오차 ε의 위거성분 ε_d : 폐합오차 ε의 경거성분
폐합오차 조정	트랜시트 법칙	조정량 = $\frac{\text{해당(경)위거}}{\text{(위)경거의 절대값의 총합}}$ × (위)경거의 오차량
	콤파스 법칙	조정량 = $\frac{\text{해당 측선의 길이}}{\text{측선의 총합}}$ × (위)경거의 오차량

7 좌표 및 측점

① **좌표** : 평면직교좌표의 원리에 따라 건축물, 기초바닥선, 기둥중심선 위치나 굴곡부, 진입부 등의 곡선반경의 중심점, 맨홀이나 집수정 등 배수시설 등의 위치는 미리 정해 놓은 기준선으로부터 거리를 좌표로 표시하면 복잡한 치수선 없이 도면을 작성할 수 있다. 좌표 예 (21+56.02 S, 5+56.42 E), (20+94.22 S, 5+36.42 E)

② **측점** : 도로나 하수도의 중심선과 같은 선형 구조물의 위치를 정하는 데 사용되며, 시작점을 0+00에서 시작하여 일정간격으로 측점번호를 1, 2, 3...순서로 매긴 다음 각 측점에서 곡선부, 접선장, 완화곡선시점 등의 위치를 0+68.29, 1+59.43와 같이 표시한다.

CHAPTER 09 조경시공일반

실전연습문제

01 다음 축척에 대한 설명 중 옳은 것은? [기사 11.03.20]

㉮ 축척 $\frac{1}{500}$ 도면상 면적은 실제 면적의 $\frac{1}{1,000}$ 이다.

㉯ 축척 $\frac{1}{600}$ 의 도면을 $\frac{1}{200}$ 로 확대했을 때 도면의 면적은 3배가 된다.

㉰ 축척 $\frac{1}{300}$ 도면상 면적은 실제 면적의 $\frac{1}{900}$ 이다.

㉱ 축척 $\frac{1}{500}$ 인 도면을 축척 $\frac{1}{1,000}$ 로 축소했을 때 도면의 면적은 $\frac{1}{4}$ 이 된다.

풀이 축척이 1/2이 되면 면적은 1/4이 된다.

02 다각형의 전측선 길이가 600m일 때 폐합비를 1/3000로 하기 위해서는 축척 1/500의 도면에서 폐합오차는 어느 정도까지 허용할 수 있는가? [기사 11.03.20]

㉮ 0.4mm ㉯ 0.6mm
㉰ 0.8mm ㉱ 1mm

풀이 폐합비(축척환산) = 폐합오차/측선길이의 총계

따라서 $\frac{1}{3000} \times \frac{1}{500} = \frac{x}{600}$

즉, x = 0.4mm

03 평판측량에 있어 2 ~ 3개의 기지점으로부터 미지점의 위치를 구하려고 할 때 이용하는 방법은? [기사 11.06.12]

㉮ 후방교회법 ㉯ 도해전진법
㉰ 전방교회법 ㉱ 측방교회법

풀이 **평판측량 중 교회법의 종류**
① 전방교회법 : 기지점에서 미지점의 위치를 결정하는 방법으로 측량지역이 넓고 장애물이 있어 목표점까지 거리를 재기가 곤란한 경우 사용
② 후방교회법 : 기지의 3점으로부터 미지의 점을 구하는 방법
③ 측방교회법 : 전방교회법과 후방교회법을 겸한 방법으로 기지의 2점 중 한점에 접근이 곤란한 경우 기지의 2점을 이용하여 미지의 한점을 구하는 방법

04 축석 1 : 50000 우리나라 지형도에서 990m의 산정과 510m의 산중턱 간에 들어가는 계곡선의 수는? [기사 11.06.12]

㉮ 4개 ㉯ 5개
㉰ 20개 ㉱ 24개

풀이 1 : 50000 축척에서 주곡선 20m, 계곡선 100m 간격임. 따라서 990과 510 사이에 100m 간격으로 600m, 700m, 800m, 900m 4개가 들어감.

ANSWER 01 ㉱ 02 ㉮ 03 ㉮ 04 ㉮

05 표준길이보다 3mm 늘어난 50m 테이프로 정사각형의 어떤 지역을 측량하였더니, 면적이 250000m²이었다. 이때의 실제 면적은 얼마인가? [기사 11.10.02]

㉮ 250030m²　㉯ 260040m²
㉰ 170050m²　㉱ 280040m²

풀이 정오차 = 측정횟수(측량길이/줄자의 길이)×1회 오차면적이 250,000이니까 한 변이 500m인 정사각형임.
한 변의 측정에서의 오차 : 500/50×3 = 30mm
실제 한 변의 길이는 500−0.03 = 499.97m
따라서 실제면적은
499.97×499.97 ≒ 249,970
따라서 이 문제는 정답이 없어 전항정답으로 처리됨

06 평판측량에서 평판을 정치하는 데 생기는 오차 중 측량결과에 가장 큰 영향을 주므로 특히 주의해야 할 것은? [기사 11.10.02]

㉮ 수평맞추기 오차
㉯ 중심맞추기 오차
㉰ 방향맞추기 오차
㉱ 앨리데이드의 수준기에 따른 오차

07 다음의 등고선에서 D-D'의 설명으로 맞는 것은? [기사 12.03.04]

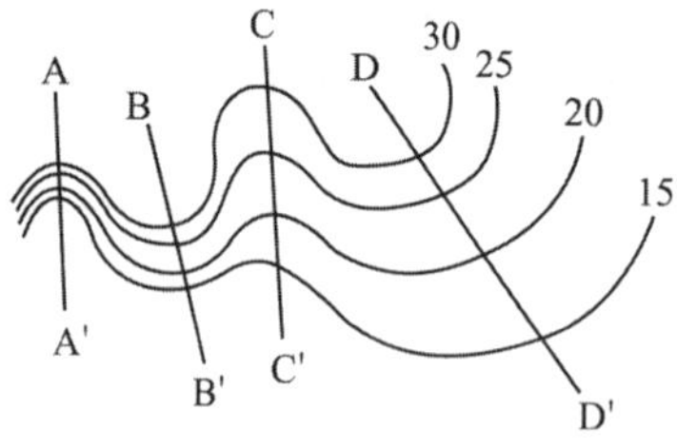

㉮ 완경사 능선　㉯ 완경사 계곡
㉰ 급경사 능선　㉱ 급경사 계곡

풀이 AA' : 급경사 계곡
BB' : 급경사 능선
CC' : 완경사 계곡
DD' : 완경사 능선

08 그림과 같은 방법으로 수평거리(D)를 구하려고 할 때 올바른 식은? [기사 12.03.04]

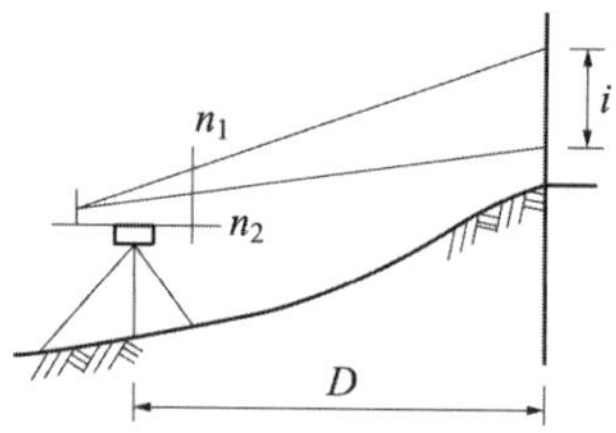

㉮ $\frac{100i}{n_1-n_2}$　㉯ $\frac{100i}{n_2-n_1}$
㉰ $\frac{n_1+n_2}{50i}$　㉱ $\frac{50i}{n_1+n_2}$

풀이 $100 : D = n_1-n_2 : i$
따라서 $D = \frac{100i}{n_1-n_2}$

09 전시와 후시의 거리를 같게 해도 소거되지 않는 오차는? [기사 12.03.04]

㉮ 기차(氣差)에 의한 오차
㉯ 시차(視差)에 의한 오차
㉰ 구차(球差)에 의한 오차
㉱ 레벨의 조정 불량에 따른 오차

ANSWER 05 전항정답 06 ㉰ 07 ㉮ 08 ㉮ 09 ㉯

10 다음 야장에서 측점 No.C의 기계고는 얼마인가? [기사 12.05.20]

S	BS	FS	IH	GH
A	1.15			20.000m
B		2.16		
C	2.43	2.33		
D		1.67		

㉮ 21.15m ㉯ 21.25m
㉰ 21.33m ㉱ 21.43m

풀이 기계고 = 기지점 지반고+후시합-전시합+그 지점의 후시(단, 전시중 IP는 제외)
(BS : 후시, FS : 전시, GH : 지반고, IH : 기계고, IP : 전시만 있는 중간점, TP : 전시와 후시의 연결점)
따라서, 20+1.15-2.33+2.43 = 21.25m
(B지점의 FS는 BS가 없으니 IP임)

11 다음은 축척 1 : 50,000의 평면도면에 그려진 3각형의 땅이다. 이 땅의 실제 면적은 약 얼마인가? [기사 12.05.20]

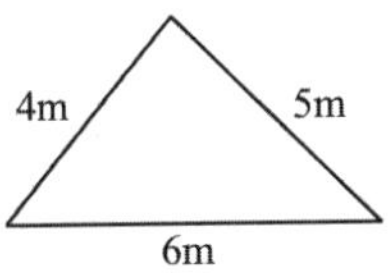

㉮ 50ha ㉯ 248ha
㉰ 263ha ㉱ 320ha

풀이 **헤론의 공식**

S = $\sqrt{s(s-a)(s-b)(s-c)}$ ($s=\frac{a+b+c}{2}$)

각변의 길이로 삼각형 면적을 구하는 공식
일단, 각 길이를 축척대비 실제 크기로 환산하면
4m-200km, 5m-250km, 6m-300km
따라서, $\sqrt{375(375-200)(375-250)(375-300)}$
≒ 24803.92m^2 ≒ 248ha

12 표준테이프보다 5mm가 긴 50m 테이프로 잰 거리가 150m이었다면 정확한 실제 거리는? [기사 12.09.15]

㉮ 149.985m ㉯ 149.995m
㉰ 150.015m ㉱ 150.005m

풀이 50m 테이프로 3번 측정했으니 5×3 = 15mm
따라서, 150+0.015 = 150.015m

13 지형의 특성에서 경사지의 높은 곳으로 간격이 좁고, 낮은 곳으로 간격이 넓은 등고선은 어떤 경사를 나타내는가? [기사 12.09.15]

㉮ 요(凹)경사지 ㉯ 철(凸)경사지
㉰ 평지 ㉱ 등경사지

14 레벨의 불완전 조정에 의한 오차를 제거하는 데 가장 유의해야 할 점은? [기사 12.09.15]

㉮ 표적을 수직으로 세운다.
㉯ 전시와 후시의 표척거리를 같게 한다.
㉰ 관측 시 기포가 항상 중앙에 오게 한다.
㉱ 시준선 거리를 될 수 있는 한 짧게 한다.

ANSWER 10 ㉯ 11 ㉯ 12 ㉰ 13 ㉮ 14 ㉯

15 그림 A, C 사이에 연속된 담장이 가로막혔을 때의 수준측량시 C점의 지반고는? (단, A점의지반고 10cm이다.) [기사 12.09.15]

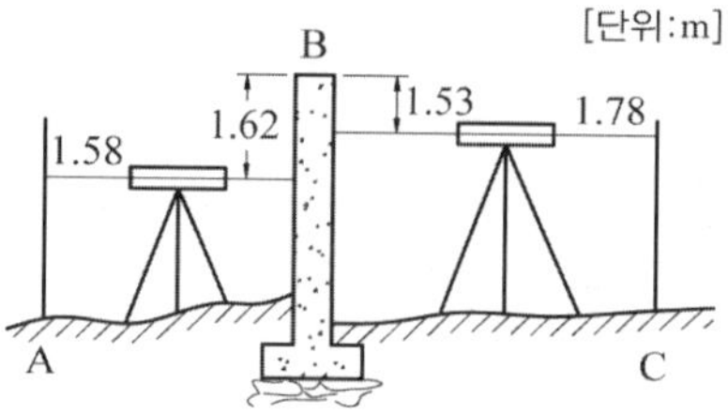

㉮ 9.89m　㉯ 10.62m
㉰ 11.86m　㉱ 12.54m

풀이 Hc = 10m+1.58m+1.62m−1.53m−1.78m
= 9.89m

16 등고선의 특성을 설명한 것 중 옳지 않은 것은? [기사 13.03.10]

㉮ 같은 등고선상에 있는 모든 점은 같은 높이에 있다.
㉯ 모든 등고선을 도면 내에서만 폐합(廢合)한다.
㉰ 등고선은 단애(斷崖)나 절벽이 아니고는 서로 만나지 않는다.
㉱ 등고선의 간격은 급경사지에서는 좁고 완경사지에서는 넓다.

풀이 등고선은 폐합하는 게 원칙이나, 도면에서는 한정된 부분을 설정한 것으로 도면 내에서 모든 등고선이 폐합하지는 않는다.

17 축척 1 : 500 지형도(30cm×30cm)를 기초로 하여 축척이 1 : 2500인 지형도(30cm×30cm)를 제작하기 위해서는 축척 1 : 500 지형도가 몇 매 필요한가? [기사 13.03.10]

㉮ 25매　㉯ 15매
㉰ 10매　㉱ 5매

풀이 1/500과 1/2500은 길이가 5배 다른 것이므로, 1/2500도면을 채우기 위해서는 가로, 세로 5배씩 25매가 필요함

18 90m의 측선을 10m 줄자를 관측하였다. 이때 1회의 관측에 +5mm의 누적오차와 ±5mm의 우연오차가 있다면 실제 거리로 옳은 것은? [기사 13.06.02]

㉮ 90.045±0.015m
㉯ 90.45±0.15m
㉰ 90±0.015m
㉱ 90±0.15m

풀이 누적오차 실제길이 = $\frac{\text{부정길이}\times\text{관측길이}}{\text{표준길이}}$(mm)

$= \frac{5\times90}{10} = 0.045\text{mm}$

우연오차 = ±1회 측정오차×$\sqrt{\text{횟수}(n)}$
$\pm5\times\sqrt{9} = \pm15\text{mm}$
따라서 실제거리는 측선과 두 오차를 합하여 90.045±0.015m

ANSWER 15 ㉮ 16 ㉯ 17 ㉮ 18 ㉮

19 다음은 가상지형에 대한 직접수준측량치를 나타낸 그림이다. A와 B 지점의 표고차는? (단, 이때 B.M.은 5m이다.)

[기사 13.06.02]

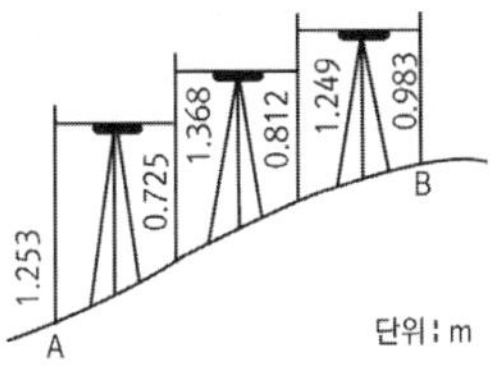

㉮ 1.350m ㉯ 6.350m
㉰ 3.650m ㉱ 8.650m

풀이 고저차 = 후시의 합 − 전시의 합
따라서,
(0.725+0.812+0.983)−(1.253+1.368+1.249)
= 2.52−3.87 = −1.35m

20 다음은 고저측량에서 기고식 야장기입의 일부이다. A와 B점의 고저차이는 얼마인가?

[기사 13.09.28]

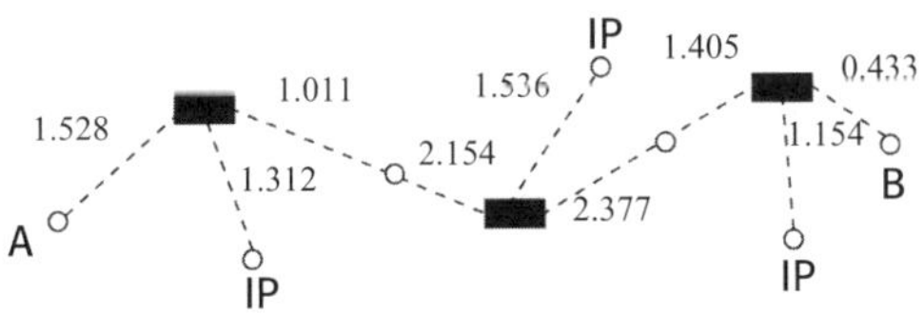

㉮ +1.266 ㉯ -1.266
㉰ +1.424 ㉱ -1.424

풀이 (1.528+2.154+1.405)−(1.011+2.377+0.433) = 1.266

21 수준측량에서 전시와 후시의 시준거리를 같게 함으로써 소거할 수 있는 오차는?

[기사 13.09.28]

㉮ 시차에 의해 발생하는 오차
㉯ 표척 눈금의 오독으로 발생하는 오차
㉰ 표척을 연직방향으로 세우지 않아 발생하는 오차
㉱ 시준축이 기포관축과 평행하지 않기 때문에 발생하는 오차

22 지상 $1km^2$의 면적을 지도상에서 $4cm^2$로 표시하기 위해서는 다음 중 어느 축적으로 하여야 하는가?

[기사 14.03.02]

㉮ 1/500 ㉯ 1/5,000
㉰ 1/50,000 ㉱ 1/500,000

풀이 축척 = 실제거리/지도상거리
= 2cm/1km = 0.02m/1,000m
= 1/50,000
여기서, 주의할 점은 면적을 거리로 바꾸어 계산하여야 한다. 면적 $1km^2$는 한 변의 거리가 1km이며, 면적 $4cm^2$는 한 변이 2cm이다.

23 수준측량에서 우연오차로 판단되는 것은?

[기사 14.03.02]

㉮ 빛의 굴절에 의한 오차
㉯ 지구 곡률에 의한 오차
㉰ 십자선의 굵기로 인해 발생하는 읽음 오차
㉱ 표척의 눈금이 표준척에 비해 약간 크게 표시되어 발생하는 오차

풀이 ① 정오차(누적오차)
- 기계적 오차(기계의 불완전성으로 생기는 오차)
- 물리적 오차(관측 중 온도변화, 빛의 굴절 등으로 생기는 오차)
- 개인적 오차(개인의 시각, 청각 등 관측습관에 의해 생기는 오차)

ANSWER 19 ㉮ 20 ㉮ 21 ㉱ 22 ㉰ 23 ㉰

② 부정오차(우연오차) : 오차를 일으키는 원인이 확실하지 않아 실태를 파악하기 어려운 것이나, 원인을 알고 있더라도 그 영향을 제거할 수 없는 것 등 복잡하게 겹쳐서 생기는 오차로 관측할 때마다 달라진다.

24 사면의 종류별 특성에 대한 설명이 틀린 것은? [기사 14.03.02]

㉮ 사면은 단면형태에 따라 직립사면, 반무한사면, 단순사면으로 구분할 수 있다.
㉯ 단순사면은 일정한 경사를 가진 사면에 계속되어 펼쳐진 것이다.
㉰ 직립사면은 연직으로 절취된 사면으로 암반으로 볼 수 있다.
㉱ 단순사면의 붕괴는 저부파괴, 사면선단파괴, 사면내파괴로 구분된다.

풀이 **단순사면**
사면의 정상부와 사면의 끝쪽(끝나는 쪽, 아래쪽)이 평평한 사면으로 다음과 같은 모양을 말한다.

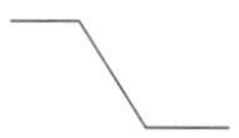

25 광파거리 측정기(Light Wave EDM)의 특징으로 틀린 것은? [기사 14.03.02]

㉮ 종국과 주국으로 구성되어 있다.
㉯ 경량이며, 작업이 신속하다.
㉰ 움직이는 장애물의 간섭을 받지 않는다.
㉱ 관측범위는 단거리용 5km 이내, 중거리용 60km 이내이다.

풀이 **광파거리측정기**
주국에서 광파를 발사하여 이것을 10Mc등으로 병조해서, 이것이 종국의 거울 또는 프리즈(prism)에서 반사되어 주국으로 되돌아가는 원리로 거리를 측정하는 것이며, 이 두 점 간의 광파가 왕복한 시간을 알아내어 거리를 구하는 기계임

26 지오이드(Geoid)에 관한 설명으로 틀린 것은? [기사 14.05.25]

㉮ 하나의 물리적 가상면이다.
㉯ 평균 해수면과 일치하는 등포텐셜면이다.
㉰ 지오이드면과 기준 타운체면과는 일치한다.
㉱ 지오이드상의 어느 점에서나 중력 방향에 연직이다.

풀이 **지오이드**
평균해수면을 이용하여 지구의 모양을 나타낸 것으로 기존의 지구를 회전타원체로 나타내는 방법은 지표면의 요철을 전혀 나타낼 수 없는데, 지오이드는 실제에 가깝게 지구의 모양을 나타냄. 지오이드는 지표면의 70%를 차지하는 해수면의 평균을 잡아서 육지까지 연장한 것으로 어디에서나 중력 방향에 수직이며, 해양에서는 평균해수면과 일치하고 육상에서는 땅 속을 통과하게 된다. 따라서 지오이드면과 기준 타원체면과는 다르며, 실제 지구모양과 지구타원체의 중간에 위치한다.

27 일반적으로 도로와 하수도의 중심선과 같은 직선적인 구조물의 위치를 도면화시킬 때 사용하는 방법 중 가장 적합한 것은? [기사 14.05.25]

㉮ 좌표 ㉯ 측점
㉰ 거리 ㉱ 단면도

풀이 철도, 도로, 상하수도 등의 중심선과 같은 폐합트래버스의 경우에 측점을 사용해 위치를 정해나가고, 도면에도 측점으로 표시한다.

ANSWER 24 ㉯ 25 ㉮ 26 ㉰ 27 ㉯

4 정지 및 표토복원

1 일반사항

현장의 흙을 분석하여 작업기반 마련과 부지를 정지하고, 식물생육에 적합한 표토는 반드시 모아두었다가 활용할 것

2 정지작업의 고려사항

① **흙의 양** : 토량이 충분한지 반입, 반출해야 하는지 확인
② **흙의 질** : 식물생육과 관련하여 시설물 설치에 적합한 흙인지 확인
③ **정지작업의 과정에 대한 이해** : 중장비 공정과 장비이용의 효율성 고려
④ **날씨에 의한 영향 고려**
㉠ 점토나 유기물이 많은 토양이 젖어 있을 때는 정지작업을 하지말 것
㉡ 다짐을 위해서 완전히 건조한 흙보다는 적정한 수분을 함유하고 있을 때 다짐할 것
㉢ 부지의 배수상태를 파악하고 정지작업으로 인해 새롭게 웅덩이가 만들어지지 않도록 할 것
㉣ 정지작업과정에서 발생하는 침식을 방지할 것

3 정지작업의 준비 및 시행

① **현장조건의 파악** : 설계도서와 현장조건의 일치여부를 검토하고 대책 마련
② **정지작업** : 정지작업이란 부지를 조성하기 위해 성토와 절토작업을 말한다.
㉠ 정지작업 마감면 높이 : 추후 설치될 기초 및 기층부와 상층 마감부 두께를 고려할 것
㉡ 절토 : 현재 높이가 계획보다 높은 경우에 시행
㉢ 성토 : 성토지반은 사전에 다져서 안정된 성토면을 이루고, 성토부 침하를 고려해 여유 있게 성토하며, 물을 가하면 성토효과를 높일 수 있다.
㉣ 식재지 성토 : 식물생육에 부적합한 토양일 경우 흙을 치환하여 성토할 것

4 정지 및 토공사, 성토와 절토의 체적

(1) 정의 : 계획에 따라 땅의 형태를 만드는 작업

(2) Grading의 기본원칙

① 모든 건물의 인접지역은 그 건물에서 반대방향으로 경사지게 한다.
② 평면은 배수경사를 지녀야 한다.
③ 부지 소유권, 경계지 넘어선 경사를 두지 말 것
④ 폭우에 대비해 배수지역을 충분히 확보
⑤ 경사안정도, 안식각에 대한 고려
⑥ 토지가 평지이고, 등고선 간격이 균등할 때 등고선 중간에 1/2, 1/3선의 간곡선, 세곡선을 넣어 자세히 한다.
⑦ 절토시 top soil은 식물성장에 중요한 부분이므로 모아두었다가 성토 시에 재이용한다.
⑧ **토량변화 고려**
㉠ L = 흐트러진 상태의 토량/자연상태의 토량 〉1
㉡ C = 다져진 상태의 토량/자연상태의 토량 〈 1(암반일 경우 제외)
⑨ 경사도 = 높이차/수평거리×100(%)

(3) 정지계획의 목적

① **기능적 목적** : 자연배수로의 특징이나 하수도 위치까지의 구배 결정, 자연배수를 위한 습지대 조성, 방음, 방축, 식재를 위한 방축만들기, 시설물 입지를 위한 경사도 조절 등
② **미적 목적** : 평탄한 대지에 관심 제공, 시계유지 및 차단, 구조물과 대지의 조화, 공간의 크기와 모양의 착각 강조, 지형과 수원의 경관상 연결, 순환로의 강조와 조절
③ **정지계획을 위한 준비** : 경사분석도, 배수도, 지질도, 식생현황도, 문화적인 지도(인공구조물, 설비물)

(4) 정지공사의 방법

① **평탄지 조성 방법**
㉠ 흙깎기(절토) : 토취장, 연못 등을 조성하기 위한 것으로 표토 보존이 중요. 낮은 등고선을 높은 쪽으로 그려 연결

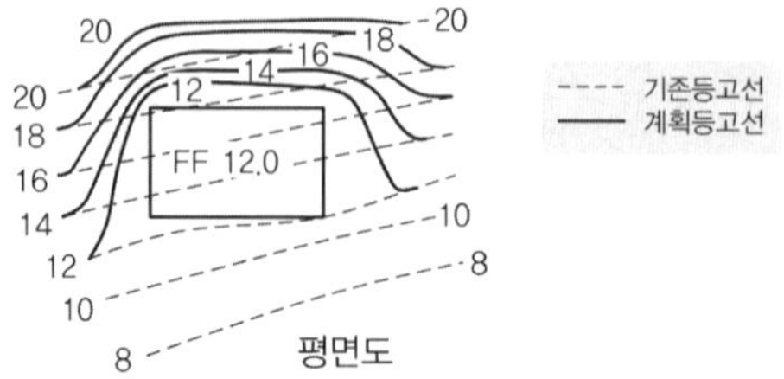

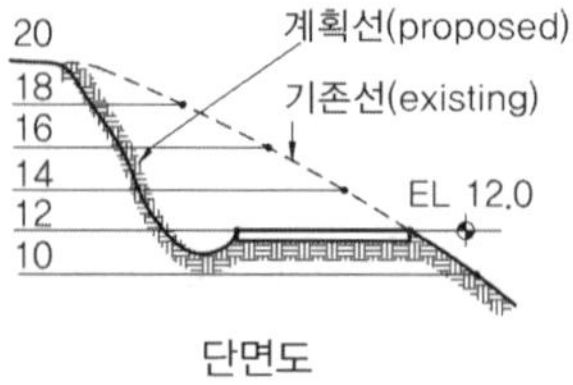

• 절토에 의한 방법 •

㉡ 흙쌓기(성토) : 30~60cm마다 다짐실시, 흙쌓기 비탈면경사 1:1.5, 더돋기 실시. 높은 등고선을 낮은 쪽으로 그려 연결

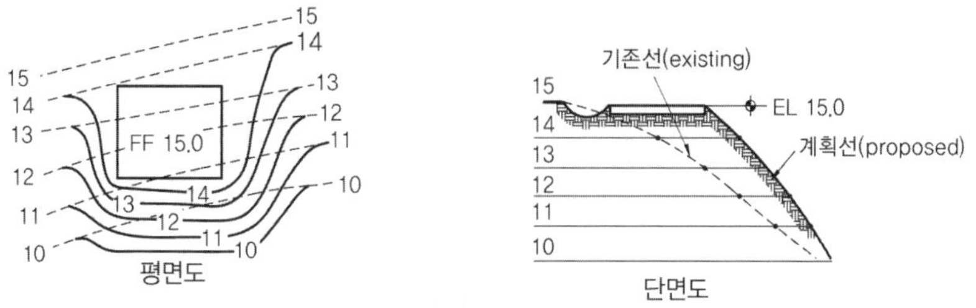

• 성토에 의한 방법 •

㉢ 성토와 절토의 혼합 : 비용을 감소시키며 중간 높이의 등고선을 선택한다.

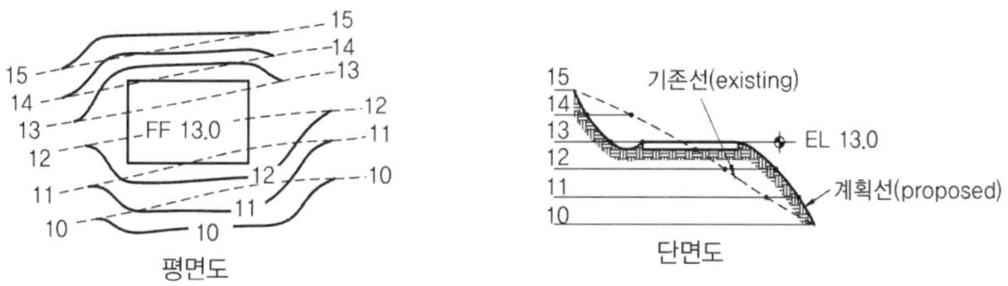

• 성토와 절토의 혼합 •

㉣ 옹벽에 의한 방법 : 등고선이 합병되어 나타나며 가장 실제적

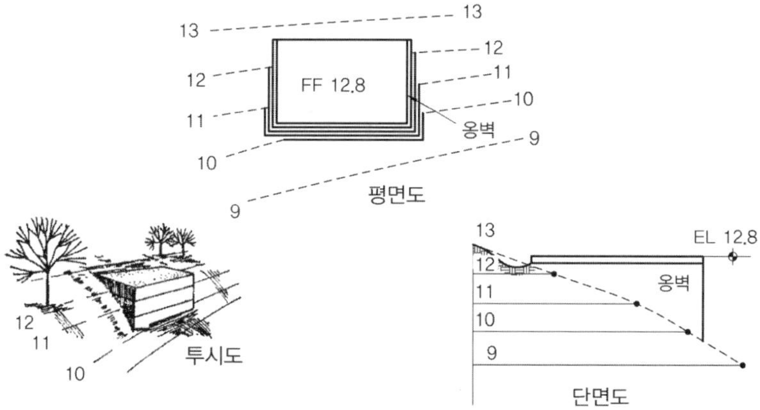

• 옹벽에 의한 방법 •

② 순환로 조성 방법

㉠ 절토에 의한 방법 : 도로에 수직으로 낮은 등고선에서 위로 올라감

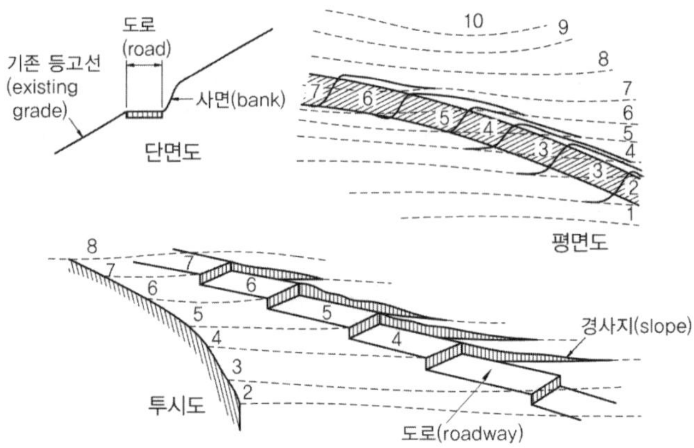

• 절토에 의한 방법 •

㉡ 성토에 의한 방법 : 도로에 수직되게 높은 등고선에서 시작

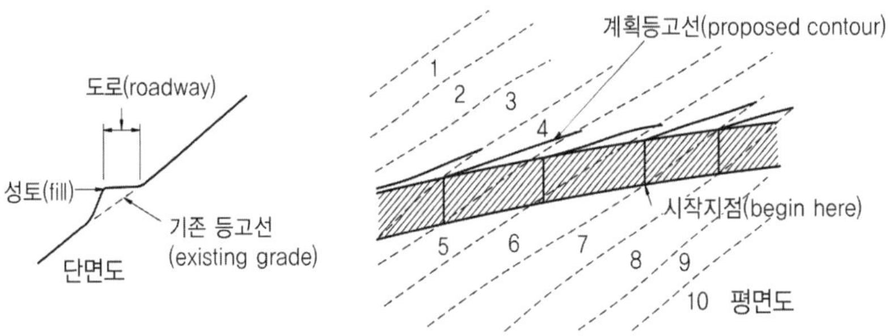

• 성토에 의한 방법 •

㉢ 절토와 성토에 의한 방법 : 등고선의 반반씩 성·절토를 하면 공사비 절감, 경제적

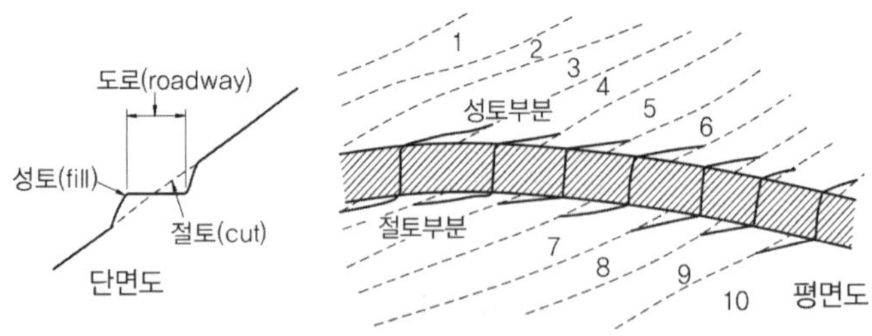

• 절토와 성토의 혼합에 의한 방법 •

③ 각 조성방법의 장·단점

㉠ 절토에 의한 방법

ⓐ 장점 : 지반이 안정되며, 급경사지에 사용 가능함

ⓑ 단점 : 절토한 흙을 처리의 문제

㉡ 성토에 의한 방법

ⓐ 장점 : 이용면적을 넓힌다.

ⓑ 단점 : 성토할 흙 찾거나 운반하기 어렵고, 침식이나 산사태 등 지반이 불안정하다.

㉢ 성토와 절토에 의한 방법 : 가장 많이 사용하는 방법으로 대규모의 대지에서 성토량과 절토량의 균형이 맞으면 흙 처리문제가 발생하지 않아 경제적

(5) 토공량 계산식

양단면평균법	$V=\frac{I(A_1+A_2)}{2}$	I : 양단면간 거리 $A_{1,}A_2$: 양단면의 면적
중앙단면법	$V=\mathrm{A_m}\times\ell$	A_m : 중앙단면 면적 ℓ : 양단면간의 거리
각주공식	$V=\frac{I(A_1+4A_\mathrm{m}+A_2)}{6}$	I : 양단면간의 거리 $A_{1,}A_2$: 양단면의 면적 A_m : 중앙단면 면적
점고법	$V=\frac{1}{4}A(h_1+h_2+h_3+h_4)$	A : 수평저면적 $h_1,\ h_2,\ h_3,\ h_4$: 각 점의 수직고
거형분할식	$V=\frac{1}{4}A(\Sigma h_1+2\Sigma h_2+3\Sigma h_3+4\Sigma h_4)$	A : 수평저면적 $\Sigma h_1 \sim \Sigma h_4$: 각 정점의 높이합 ($h \sim h_4$까지 각 정점은 만나는 거형의 수에 따른다.)
삼각형분할식	$V=\frac{1}{3}A(\sum h_1+2\sum h_2+3\sum h_3+\cdots 8\sum h_8)$	A : 수평저면적 $\Sigma h_1 \sim \Sigma h_8$: 각 정점의 높이합 ($h_1 \sim h_8$까지 각 정점은 만나는 거형의 수에 따른다.)
등고선법	$V=\frac{h}{3}\begin{Bmatrix} A_1+4(A_2+A_4+\cdots A_{\mathrm{n}-1}) \\ +2(A_3+A_5+\cdots A_{\mathrm{n}-2})+A_\mathrm{n}\end{Bmatrix}$	h : 등고선 간격 n : 단면수 $A_1 \sim A_\mathrm{n}$: 등고선으로 둘러싸인 면적 ※ 참고 : 등고선법은 각주공식을 여러 번 겹쳐 놓은 것과 같다.
독립기초 터파기량	$V=\frac{h}{6}((2a+a')b+(2a'+a)b')$	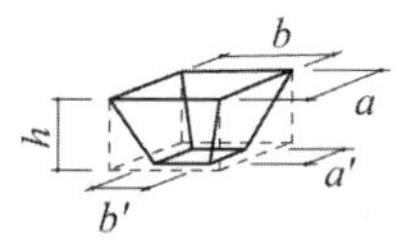
줄기초 터파기량	$V=\frac{a+b}{2}\times h\times\ell$	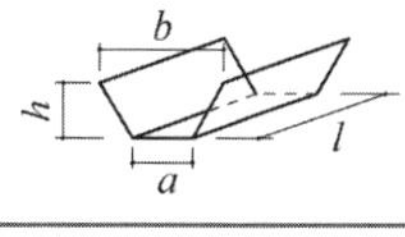

Part 5 조경시공구조학

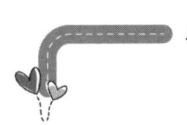

Tip

체적계산법의 실체적과의 크기비교

양단면평균법(실체적보다 크다) 〉 각주공식(실체적) 〉 중앙단면적(실체적보다 작다)

Tip

심프슨 제1법칙(기준선과 불규칙한 경계선으로 둘러싸인 면적을 구하는 법칙)

$$A=\frac{d}{3}\{y_1+y_n+4(y_2+y_4+y_6+\cdots+y_{n-1})+2(y_3+y_5+\cdots+y_{n-2})\}$$

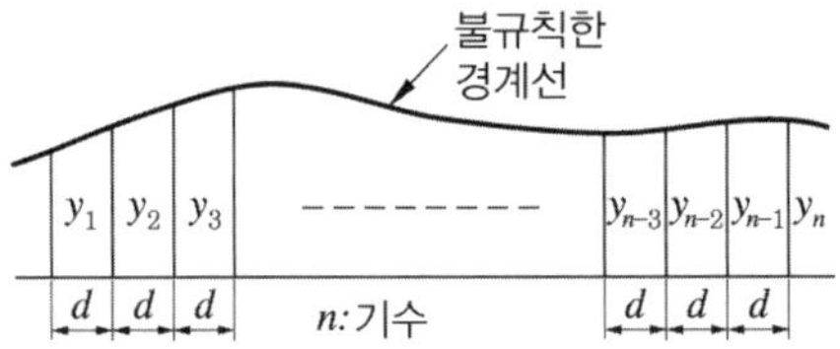

5 표토의 채취, 보관, 복원

① **표토** : 지표면의 토양중 토층의 A층에 해당하며, 암색 또는 암갈색으로 다량의 미생물, 유기물을 포함하고 있어 식물생육에 적합한 토양

② **표토의 채취** : 식물생육에 반드시 필요하므로 모아두었다가 복원해야 하며, A층이 고른 두께로만 분포하지 않기 때문에 B층도 포함될 수 있도록 계획한다.

③ **표토의 채취·보관·복원과정** : 표층식생의 제거→임시 침식 방지시설의 설치→표토의 채취→표토의 포설→개략적인 정지

④ **표토의 채취 및 보관**

㉠ 채취공법 : 일반채취법, 계단식 채취법, 표층 절취법

㉡ 운반거리를 최소화하며, 가적치 장소는 배수 양호하고 평탄, 바람 영향이 적은 곳

㉢ 가적치 최적두께 : 1.5m 기준으로 최대 3.0m를 넘지 않도록 한다.

⑤ **표토의 깊이** : 일반적으로 잔디·초화류 20~30cm, 관목 50cm, 소교목 70cm, 대교목 100cm

실전연습문제

01 부지의 정지계획은 다양한 기능적·미적 목적을 달성하기 위하여 이루어진다. 다음 중 기능적인 목적이 아닌 것은? [기사 12.09.15]

㉮ 지형침식 상태를 해결한다.
㉯ 부지 내의 배수상태를 조정한다.
㉰ 계곡, 산복, 급경사지 등의 불리한 지형을 개량한다.
㉱ 평탄한 대지에 자연적으로 흥미 있는 관심을 제공한다.

풀이 ㉱는 미적 목적에 해당한다.

02 정지계획을 위한 등고선 조작방법 중에서 절토에 의한 방법의 장점으로 가장 적합한 것은? [기사 14.03.02]

㉮ 지반을 비교적 안정하게 할 수 있다.
㉯ 대규모 대지에서 가장 유리하다.
㉰ 여러 지역에서 일정한 경사를 유지할 수 있다.
㉱ 절토와 성토의 균형을 이루어 공사비를 절감할 수 있다.

풀이 **절토의 장점**
지반이 안정되며, 급경사지에 사용 가능함

03 ABCD로 조성되는 면적을 절토로만 평탄하게 하려면 계획지반의 마감높이를 어떻게 정하여야 하는가? [기사 14.05.25]

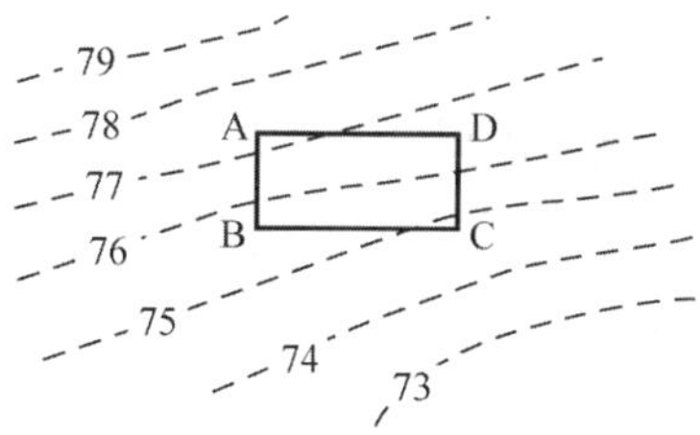

㉮ 74.5m　　㉯ 75.5m
㉰ 77.0m　　㉱ 79.0m

풀이 절토할 때는 높은 등고선을 낮게 만드는 것으로 부지에서 가장 낮은 등고선은 75이므로 모두 절토할 때는 75보다 낮게 하여야 한다.

ANSWER 01 ㉱ 02 ㉮ 03 ㉮

5 가설공사

1 가설시설 분류

① **직접가설시설** : 공사용 도로, 전력 및 급수설비, 규준틀, 비계, 동바리
② **간접가설시설** : 가설건물(현장사무실, 창고, 숙소), 가설울타리, 가식장, 가설주차장

2 가설울타리

특별시방서 규정이 없을 시 1.8m 이상이며, 미관상 필요한 곳에는 조립식 울타리를 설치하고 출입구는 편리한 곳에 설치하며, 건축공사와 병행할 때는 조경공사에서 따로 설치하지 않는다.

3 가설건물

가설사무소, 가설변소, 노무자숙소, 작업장, 가설창고, 식당 등으로 건축에서는 연면적에 따라, 토목에서는 공사금액에 따라, 조경에서는 관계자와 협의하여 결정하며, 임시설치 시설로서 사전에 관할 주민자치센터에 신고하여 허가받아야 한다.

① **가설사무소** : 주진입로에서 접근이 용이하고 현장을 관망할 수 있는 장소에 설치하며, 대부분 패널로 된 조립식 건물, 개량된 컨테이너 사용. 전기, 급수, 위생시설 등 부대시설 설치
② **가설창고**
㉠ 경제적 가치가 높은 현장에서 사용하는 재료·기계·공구를 저장하는 것으로 안전상 사무실 주변에 설치
㉡ 시멘트창고 설치 시 주의사항
ⓐ 바닥은 지면에서 30cm 이상 높게 깔판을 깔고, 그 위에 방습시트를 깐다.
ⓑ 주변에 배수도랑을 두고 우수의 침투를 방지한다.
ⓒ 바람에 날리지 않게 방풍하고, 공기유통 차단을 위해 개구부를 최소화한다.
ⓓ 시멘트 사용은 먼저 반입된 것부터 사용한다.
ⓔ 시멘트 쌓는 높이 13(10~15)포대, 장기간 둘 때는 7포대 이상 쌓지 않는다.
ⓕ $1m^2$당 쌓기는 30~50포대
ⓖ 시멘트 창고 필요면적 : $A = 0.4 \times \frac{N}{n}$

(A : 창고면적, n : 시멘트 쌓아올리는 단수, N : 저장포대수)

4 가설공급시설

① **용수** : 도시지역에서는 가설상수도 또는 다량의 물이 필요할 때 미리 관정하여 쓰고 연못 등의 용수로 사용하며, 자연지역에서는 연못, 계곡의 물 사용

② **전력공급과 전기설비** : 최대전력량을 기준으로 관할 한국전력지사에 임시동력 또는 전등 사용을 신청하여 승인 받아 사용. 전선은 통행에 방해되지 않도록 지중매설, 전주에 배선하며, 사용장소에 분전반을 두어 개별 스위치, 브레이커, 단자 설치해 접속. 누전이나 안전사고에 주의

③ **가식장** : 반입된 수목을 임시로 가식하기 위한 장소로 공사에 지장이 없는곳, 바람이 심하게 불거나 먼지가 심하게 날리지 않는 장소로 사질양토의 배수가 잘되는 곳 선정

5 공사용 도로

① **현장 접근로** : 가능한 간단한 경로로 선정, 시계확보, 도로교통에 방해되지 않도록, 접근이 쉽도록, 파손되기 쉬운 지하기반시설이 없는 곳, 시공작업에 방해되지 않는 곳에 위치

② **가설도로** : 대부분 하중이 큰 중장비가 통행하기 때문에 부지에 노반과 보조기층을 깔고 임시로 설치하면 사전에 다짐효과를 얻을 수 있어 유리. 조경공사의 경우 보행로, 주차장 설치 시나 잔디식재지에 가설도로 설치 시 지나친 다짐이 발생하므로 잔디 식재 전에 토양 경운 하여야 한다.

6 현장관리

(1) 공정관리

① **시공관리 3대 목표** : 공정관리(공사기한 단축), 품질관리(품질유지), 원가관리(경제성)

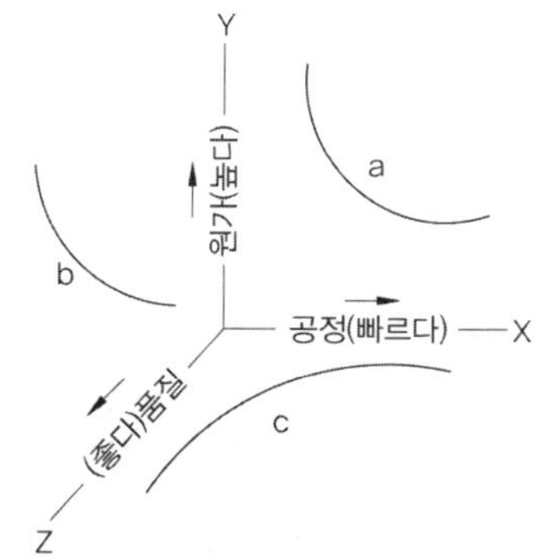

• 공정·원가·품질의 상관관계 •

② **공정계획 절차** : 부분 시공순서 결정 - 시공기간 산정 - 총공사기간 내에서 시공속도 균등배치 - 각 공정 시간 내 진행 - 공기 내 공사가 종료되도록 하며, 공정표를 작성하여 관리한다.

㉠ 최적공기 : 직접비(노무비, 재료비, 가설비, 기계운반비 등), 간접비(관리비, 감가상각비 등)를 합한 총건설비가 최소로 되는 가장 경제적인 공기

㉡ 표준공기 : 표준비용(각 공종의 직접비가 최소로 투입되는 공법으로 시공하면 전체 공사의 총직접비가 최소가 되는 비용)에 요하는 공기로 직접비가 최소가 되는 공기로 공사의 직접비를 최소로 하는 최장공기(그림에서 A지점)

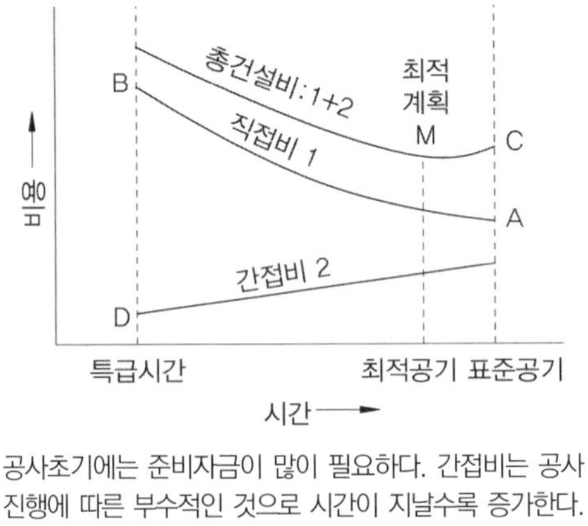

• 공기 및 건설비 곡선 •

㉢ 채산속도 : 공사 채산성을 확보하고, 손익분기점 이상의 시공성과를 유지하기 위해 낙관할 수 있는 공정속도(채산성 : 수입과 지출 등의 손익을 따져서 이익이 나는 정도)

㉣ 경제속도 : 손익분기점 이상의 채산속도를 유지하기 위해 여러 조건에 적정한 관리가 병행될 때의 속도

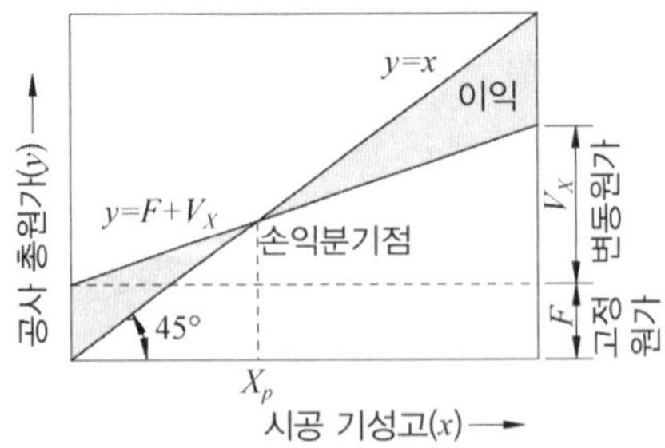

• 이익도표 •

ⓜ 기대시간 : 건설공사 작업요소시간 산정 시 추정치로 계산한 공사기간

$$D = \frac{1}{6}(a+4m+b)$$

a : 낙관시간(정상상태에서 시공목적물을 완성시키는 데 필요한 최소시간)
m : 정상시간(가장 타당하다고 판단되는 최적시간)
b : 비관시간(천재지변을 제외하고 예상되는 최악의 상황기간)

(2) 품질관리

① **정의** : 물품이 가지는 효용으로 기능적 품질과 외관, 설계 등의 비기능적 품질까지 포함하는 여러 조건들을 평가한 것

② **기능과 목적**

품질관리 기능	품질관리의 목적
1. 품질의 설계(Design)	1. 시공능률의 향상
2. 공정의 관리(Make)	2. 품질 및 신뢰성의 향상
3. 품질의 보증(Sell)	3. 설계의 합리화
4. 품질의 시험(Test)	4. 작업의 표준화

③ **품질관리 대상(5M)** : 사람(Men), 재료(Materials), 기계(Machines), 자금(Money), 공법(Methods)

④ **품질관리 종류**

㉠ 통계적 품질관리(SQC : Statistical quality control) : 좋은 품질을 경제적으로 생산하기 위해 생산의 모든 단계에 통계적인 수법을 사용하는 것

㉡ 통합적 품질관리 (TQC) : 각 부문의 품질유지와 개선 노력을 체계적, 종합적으로 조정하는 체계

ⓐ 품질유지 - 평상시관리 - 관리도법
ⓑ 품질향상 - 작업개선 - 공정실험법
ⓒ 품질보증 - 공사의 검사 - 발취검사

⑤ **품질관리의 기능** : 품질설계(design), 공정관리(make), 품질의 보증(sell), 품질의 시험(test)

⑥ **품질활동의 목적** : 시공능률의 향상, 품질 및 신뢰성의 향상, 설계의 합리화, 작업의 표준화

⑦ **표준화와 통계적 방법의 활용** : 계량치, 계수치, 통계량, 도수분포와 히스토그램, 파레토도(Pareto Diagram : 불량 발생건수를 크기 순서대로 나열해 놓은 그래프), 체크시트, 그 외 그래프

⑧ **조경공사의 품질관리** : 시공단계에 따라 즉, 시공 전, 시공 중, 시공 후로 구분하여 적용하는 것이 좋으며, 살아있는 식물을 다루기 때문에 보강공사나 재시공이 생기지 않도록 하는 것이 중요하다.

(3) 원가관리

① **원가관리 지표** : 실행예산과 실제 시공비를 대조하여 차액분석, 공사예산편성

② **원가관리 저해요인** : 시공관리의 불철저, 작업의 비능률, 작업대기시간의 과다, 부실시공에 따른 재시공작업 발생, 물가 등 시장정보 부족, 자재 및 노무, 기계의 과잉조달

③ **원가관리 수단** : 가동률 향상, 기계설비 정비, 품질관리 강화, 공정관리 개선, 공법 개선, 구매방법 개선, 현장경비 절감

④ **자금조달계획**

㉠ 수급인의 시공수입 : 선급금, 중간 기성금, 준공금

㉡ 자금조달계획 : 자금 지출시기는 발생 시점보다 약간 늦으므로 계획을 조정하고, 지출액이 수령액보다 많을 시 부족액을 조달할 수 있는 계획을 세워야 자금관리가 원활함

(4) 안전관리

① **재해의 원인**

㉠ 인적원인 : 심리적 원인(미지와 미숙련, 부주의와 태만)
생리적 원인(신체의 결함, 질병과 피로)
기타(노약자, 복장의 불비 등)

㉡ 물적원인

ⓐ 설비 : 구조, 재료 및 안전설비의 불완전, 협소한 작업장

ⓑ 작업 : 정비·점검 및 수리의 불량, 기계공구의 불비, 급속한 시공, 불합리한 지시 등

ⓒ 기타 : 예산부족, 공기상의 불합리 등

㉢ 천후원인 : 추위, 바람, 더위, 비, 눈 등

② **안전대책**

㉠ 안전관리 고려사항

ⓐ 계획단계 : 자연재해의 방지, 시공중, 준공 후 자연환경의 보전대책 검토

ⓑ 설계단계 : 건설된 시설이나 구조물 등의 안전성 확보 검토

ⓒ 시공단계 : 노동재해나 현장 주변의 제3자 재해 방지 검토

㉡ 안전대책 실시내용 : 안전관리기구의 구성, 노동재해기구의 방지계획, 안전교육의 실시, 매일 현장점검, 현장의 정리정돈, 위험장소의 기술적 안전대책 검토, 응급시설의 완비 등

(5) 노무관리, 자재관리, 자금관리, 장비관리

① **노무관리** : 시공계획에 따른 인부들을 효과적으로 배치하고 작업반장 등으로 관리

② **자재관리** : 시공에 필요한 자재를 시간에 맞추어 필요한 장소에 최소의 비용으로 공급하는 관리

③ **자금관리** : 경제적으로 시공하기 위해 재료비, 노무비, 그 밖의 장부를 기록해 분석하여 관리

④ **장비관리** : 공사에 사용되는 기계, 장비의 공정에 맞춘 효율적 이용에 관한 관리

CHAPTER 09 조경시공일반

실전연습문제

01 시공계획 결정과정에서 검토할 중심과제가 아닌 것은? [기사 12.09.15]

㉮ 입찰서
㉯ 기본공정표
㉰ 현장의 공사조건
㉱ 발주자가 제시한 계약조건

02 TQC를 위한 7가지 도구 중 다음 설명이 의미하는 것은? [기사 13.03.10]

> 모집단에 대한 품질특성을 알기 위하여 모집단의 분포상태, 분포의 중심위치, 분포의 산포 등을 쉽게 파악할 수 있도록 막대그래프 형식으로 작성한 도수분포도를 말한다.

㉮ 체크시트 ㉯ 파레토도
㉰ 히스토그램 ㉱ 특성요인도

풀이 **TQC 7가지 도구**

① 파레토도 : 불량 등 발생건수를 분류항목별로 나누어 크기순서대로 나열해 놓은 그림
② 특성요인도 : 결과에 원인이 어떻게 관계하고 있는가를 한눈에 알 수 있도록 작성한 그림
③ 층별 : 집단을 구성하고 있는 많은 데이터를 몇 개의 부분집단으로 나누는 것
④ 산점도 : 대응되는 두 개의 짝으로 된 데이터를 그래프 용지 위에 점으로 나타낸 그림
⑤ 히스토그램 : 계량치의 데이터가 어떠한 분포를 하고 있는지 알아보기 위하여 작성하는 그림
⑥ 체크시트
⑦ 각종 그래프

03 공사관리의 핵심은 설계도서를 근거로 적합하게 시공할 수 있는 조건과 방법을 계획하는 측면인 시공계획과 계획대로 시공하기 위한 시공관리로 구분되는데 시공관리에 포함되지 않는 것은? [기사 13.03.10]

㉮ 노무관리 ㉯ 품질관리
㉰ 원가관리 ㉱ 공정관리

04 TQC를 위한 7가지 도구 중 다음 설명이 의미하는 것은? [기사 13.06.02]

> 모집단에 대한 품질특성을 알기 위하여 모집단의 분포상태, 분포의 중심위치, 분포의 산포 등을 쉽게 파악할 수 있도록 막대그래프 형식으로 작성한 도수분포도를 말한다.

㉮ 특성요인도 ㉯ 히스토그램
㉰ 체크시트 ㉱ 파레토도

풀이 **TQC 7가지 도구**

① 파레토도 : 불량 등 발생건수를 분류항목별로 나누어 크기순서대로 나열해 놓은 그림
② 특성요인도 : 결과에 원인이 어떻게 관계하고 있는가를 한눈에 알 수 있도록 작성한 그림
③ 층별 : 집단을 구성하고 있는 많은 데이터를 몇 개의 부분집단으로 나누는 것
④ 산점도 : 대응되는 두 개의 짝으로 된 데이터를 그래프 용지 위에 점으로 나타낸 그림
⑤ 히스토그램 : 계량치의 데이터가 어떠한 분포를 하고 있는지 알아보기 위하여 작성하는 그림
⑥ 체크시트
⑦ 각종 그래프

ANSWER 01 ㉮ 02 ㉰ 03 ㉮ 04 ㉯

05 공정관리의 기본적인 기능은 계획기능과 통제기능으로 나눌 수 있다. 다음 중 통제기능이 아닌 것은? [기사 13.06.02]

㉮ 진도관리 - 공정진척의 계획과 실시와의 비교
㉯ 사용계획 - 재료, 노무, 기계설비, 자금 등의 소요시기, 품목, 수량 및 수송
㉰ 조달관리 - 재료, 노동력, 기계 자금 등의 조달
㉱ 시정조치 - 작업내용의 개선, 공정진척, 계획의 재검토

풀이 공정관리의 계획기능은 순서와 방법결정과 관련된 것이며, 통제기능은 작업배정, 여력관리, 진도관리와 같은 것이다.

06 TQC를 위한 7가지 도구 중 다음 설명에 해당하는 것은? [기사 13.09.28]

> 모집단에 대한 품질특성을 알기 위하여 모집단의 분포상태, 분포의 중심위치, 분포의 산포 등을 쉽게 파악할 수 있도록 막대그래프 형식으로 작성한 도수분포도를 말한다.

㉮ 체크시트 ㉯ 파레토도
㉰ 특성요인도 ㉱ 히스토그램

풀이 **TQC 7가지 도구**

① 파레토도 : 불량 등 발생건수를 분류항목별로 나누어 크기순서대로 나열해 놓은 그림
② 특성요인도 : 결과에 원인이 어떻게 관계하고 있는가를 한눈에 알 수 있도록 작성한 그림
③ 층별 : 집단을 구성하고 있는 많은 데이터를 몇 개의 부분집단으로 나누는 것
④ 산점도 : 대응되는 두 개의 짝으로 된 데이터를 그래프 용지 위에 점으로 나타낸 그림
⑤ 히스토그램 : 계량치의 데이터가 어떠한 분포를 하고 있는지 알아보기 위하여 작성하는 막대그래프 그림
⑥ 체크시트
⑦ 각종 그래프

07 건설공사의 관리 중 시공계획의 검토 과정에 있어 「조달계획」에 해당하는 것은? [기사 14.09.20]

㉮ 계약서 검토 ㉯ 예정공정표 작성
㉰ 하도급 발주계획 ㉱ 실행예산서 작성

풀이 **조달계획**
노무계획, 기계계획, 재료계획, 운반계획, 하도급 발주계획

ANSWER 05 ㉯ 06 ㉱ 07 ㉰

Part 5 조경시공구조학

CHAPTER 3 공종별 공사

1 조경재료 일반

1 재료와 제품

① **재료** : 어떤 물건을 만드는 데 사용되는 물질로 가공하지 않은 그대로의 것
② **제품** : 재료를 이용하여 만든 물품으로 특정 기능을 갖는 목적물
③ **조경자재산업** : 조경수 조경식재공사, 조경시설물
④ **조경자재산업 발전방향** : 고품질 조경자재 생산, 생산 및 유통 과정의 효율화, 친환경 기술의 개발, 고기능 고부가가치형 기술 개발, 산학협동연구의 증진

2 재료의 표준 규격화

① **한국산업표준(KS)** : 산업표준화법에 근거하여 만든 국가표준으로 기본부문(A)부터 정보부문(X)까지 21개 부문으로 구성. 조경 관련되는 항목은 금속(D), 건설(F), 요업(L), 화학(M)부문이다.
② **외국 국가표준** : ASTM(미국), TOCT(러시아), CSA(캐나다), CNS(중국), NF(프랑스), JIS(일본), DIN(독일), BS(영국)
③ **국제표준** : ISO(국제표준화기구)로 164개국이 가입. ISO 9000(품질경영규격), ISO 14000(환경경영시스템 규격) 등이 있다.

3 특허와 신기술

① **건설신기술(국토교통과학기술진흥원)** : 1990년부터 시행해 2013년 기준 693개 지정. 조경신기술 19개 지정(대부분이 비탈면녹화공법, 옥상녹화, 하천호안녹화 등)
② **환경신기술(환경부 한국환경산업기술원)** : 환경기술 및 환경산업 지원법에 의거 수질, 대기, 폐기물, 생태복원 등으로 구분되어 2012년 기준 전체 425개, 조경분야 7개 인증

③ **신기술인증(NET. 산업통상자원부 기술표준원)** : 산업기술혁신촉진법에 의거 신기술 상용화와 구매력 창출을 조성함

④ **녹색인증** : 저탄소 녹색성장 기본법에 의거 녹색기술 인증, 녹색사업 인증, 녹색전문 기업 확인, 녹색기술제품 확인 등 4가지로 구분. 2013년 기준 1074개 인증

⑤ **산업재산권** : 조경분야 특허 등록건수 2006년 기준 4,399건. 조경분야 실용신안 등록 2006년 기준 2,523건으로 시멘트 및 콘크리트 제품, 포장재, 수목관리재가 주를 이룬다.

4 조경재료의 일반적 성질

① **역학적 성질** : 강도, 경도, 강성, 소성, 탄성, 점성 등

㉠ 탄성 : 재료의 외력이 작용하여 순간적으로 변형되었다 외력이 제거되면 원래 형태로 회복되는 성질

㉡ 소성 : 재료에 작용하는 외력이 어느 한도에 이르러 외력의 증가 없이도 변형이 증대하는 성질

㉢ 점성 : 재료에 외력이 작용했을 때 변형이 하중속도에 따라 영향을 받는 성질

㉣ 강도 : 재료에 외력이 작용할 때 그 외력에 의한 변형과 파괴 없이 저항할 수 있는 응력으로서 압축강도, 인장강도, 휨강도, 전단강도 등이 있음

㉤ 경도 : 재료의 단단한 정도

㉥ 강성 : 재료가 외력에 강한 성질

② **물리적 성능** : 비중, 흡수, 함수, 투과, 반사 등

㉠ 비중 : 동일한 체적을 4℃ 물의 중량으로 나눈 값

㉡ 함수율 : 재료 속에 포함된 수분의 중량을 건조 시의 중량으로 나눈 값

㉢ 흡수율 : 재료를 일정시간 물 속에 넣었을 때 재료의 건조중량에 대한 흡수량의 비

㉣ 열전도율 : 재료의 마주하는 면에 단위온도차를 주었을 때 단위시간당 전해지는 열량

㉤ 연화점 : 재료에 열을 가하면 물러져 액체로 변하는 상태에 달하는 온도

㉥ 인화점 : 연화상태에 계속 열을 가하면 가스가 발생해 불에 닿으면 인화하는 지점

㉦ 투과율 : 광선이 재료의 투과정도

③ **화학적 성능** : 화학반응 및 화학약품에 의한 부식, 변질 등

④ **내구성능** : 산화, 변질, 재해, 충해 등

⑤ **내화성능** : 연소, 발연, 인화 등

⑥ **감각적 성능** : 색채, 명도, 오염 등

⑦ **생산성능** : 생산성, 가공성, 공해, 운반 등

CHAPTER 03 공종별 공사

실전연습문제

01 다음 중 유리의 제성질에 대한 일반적인 설명으로 옳지 않은 것은? [기사 11.03.20]

㉮ 열전도율 및 열팽창률이 작다.
㉯ 굴절률은 1.5~1.9 정도이고 납을 함유하면 낮아진다.
㉰ 약한 산에서는 침식되지 않지만 염산·황산·질산 등에는 서서히 침식된다.
㉱ 광선에 대한 성질은 유리의 성분, 두께, 표면의 평활도 등에 따라 다르다.

02 재료의 성질과 관련된 용어의 설명으로 틀린 것은? [기사 12.03.04]

㉮ 취성(brittleness) : 재료가 작은 변형에도 파괴되는 성질을 말한다.
㉯ 인성(toughness) : 재료가 하중을 받아 파괴될 때까지의 에너지 흡수능력을 나타낸다.
㉰ 연성(ductility) : 재료에 인장력을 주어 가늘고 길게 늘어나게 할 수 있는 재료를 연성이 풍부하다고 한다.
㉱ 강성(rigidity) : 큰 외력에 의해서도 파괴되지 않는 재료를 강성이 큰 재료라고 하며, 강도와 관계가 있으나, 탄성계수와는 관계가 없다.

풀이 **강성**
재료가 탄성변형을 할 때 변형에 저항하는 정도를 나타낸 것으로 힘이나 모멘트의 크기 외에 탄성체의 형상, 지지 방법, 재료의 탄성계수 등에 따라 달라진다.

03 재료의 성질을 나타낸 용어에 대한 설명으로 옳지 않은 것은? [기사 12.05.20]

㉮ 취성 : 작은 변형에도 파괴되는 성질
㉯ 연성 : 재료를 두들길 때 엷게 펴지는 성질
㉰ 강성 : 외력을 받았을 때 변형에 저항하는 성질
㉱ 소성 : 힘을 제거해도 본래 상태로 돌아가지 않고 영구 변형이 남는 성질

풀이 **연성**
탄성한계를 넘는 힘을 가함으로써 물체가 파괴되지 않고 늘어나는 성질

ANSWER 01 ㉯ 02 ㉱ 03 ㉯

2 조경재료별 특성과 공사

1 목재와 목공사

(1) 목재의 특성

① 목재의 장점
- ㉠ 가볍고 운반하기 쉽다.
- ㉡ 가공하기 쉽고 외관이 아름답다.
- ㉢ 중량에 비해 강도가 크고, 열, 소리, 전기 등의 전도성이 작다.
- ㉣ 온도에 대한 팽창, 수축이 비교적 작다.
- ㉤ 생산량이 많으며 구입이 용이하다.
- ㉥ 가격이 비교적 저렴하다.

② 목재의 단점
- ㉠ 가연성이며, 부식성이 크다.
- ㉡ 함수량이 증감에 따라 팽창, 수축하여 변형, 균열이 생기기 쉽다.
- ㉢ 재질, 강도 등의 균질성이 적다.
- ㉣ 크기에 제한을 받는다.

(2) 목재의 규격

① 치수표시방법
- ㉠ 제재치수 : 톱날의 중심 간 거리를 목재치수로 호칭 - 구조재, 일반재
- ㉡ 제재 정치수 : 제재해 나온 목재 자체에 정미치수를 호칭한 것 - 특수 수장재, 건축 가구재
- ㉢ 마무리 치수 : 제재목에 대패질 등 기타 마무리 손질한 목재의 치수 - 창호재, 정밀가구재

② 목재의 규격
- ㉠ 목재 정척 : 1.8m(6자), 2.7m(9자), 3.6m(12자) 즉 1자 = 30cm
- ㉡ 각재의 단면 : 기본 12, 10.5, 9cm 오림목(4등분 정도 이하인 것), 대각재(한 변의 너비가 타변의 2배 이상인 것)

③ 목재규격분류기준

원목	통나무 (전혀 제재하지 않는 원목)	(대구경) 말구지름이 30cm 이상	
		(중구경) 말구지름이 14~30cm	
		(소구경) 말구지름이 14cm 미만	
	조각재 (제작전에 4면을 따내고 그 최소단면에 있어서 차변을 보완, 4면의 합계에 대하여 차변의 합계가 80% 미만인 사각의 원목)	(대조각재) 최소단면이 30cm 이상	
		(중조각재) 최소단면이 14~30cm	
		(소조각재) 최소단면이 14cm 미만	
제재목	각재류 (폭이 두께의 3배 미만인 제재목)	각재 : 두께가 6cm 이상 되는 각재류	(정각재) 횡단면이 정방형 (평각재) 횡단면이 장방형
		소각재 : 두께가 6cm 미만인 각재류	(정소각재) 횡단면이 정방형 (평소각재) 횡단면이 장방형
	판재류 (두께가 6cm 미만이고 폭이 두께의 3배 이상 되는 제재목)	후판재 : 두께가 3cm 이상 되는 판재류	
		판재 : 두께가 3cm 미만이고 폭이 12cm 이상	
		소폭판재 : 두께가 3cm 미만이고 폭이 12cm 미만	

(3) 목재 재적 계산법

① 단위기준

㉠ m법

ⓐ $1m^3 = 1m \times 1m \times 1m = 1{,}000dm^3 = 299.475$재

ⓑ $1dm^3(l) = 1{,}000cm^3 = 0.2995$재

㉡ 척관법

ⓐ 1재(사이) = 1치×1치×12자 = 0.12세제곱척

ⓑ 1석 = 1자×1자×10자 = 10세제곱척 = 83.3재

ⓒ 기타 : 1보드피트 = 1'×1'×1''=0.703재

② 재적 계산법

통나무(원목) 계산법	길이×중앙 단면적
	길이×(원구면적+말구면적)1/2
	길이×(원구면적+말구면적+4×중앙 단면적)×1/6
	산림청 시행 계산법 • 길이 6m 미만일 때 : $D^2 \times L \times \frac{1}{10{,}000}(m^3)$ • 길이 6m 이상일 때 : $(D+\frac{L'-4}{2})^2 \times L \times \frac{1}{10{,}000}(m^3)$ (D : 통나무의 말구지름(cm), L 통나무의 길이(m), L' : 통나무의 길이로 1m 미만의 끝수 끊어버린 것(m))

제재목	$T \times W \times L \times \frac{1}{10,000} (m^3)$ (T : 제재목의 두께(cm), W : 제재목의 폭(cm), L : 제재목의 길이(m))
판재	쪽널을 펴놓아 $1m^2$이 되는 단위로 취급

(4) 목재 방부법

① 표면 탄화법

㉠ 목재의 표면을 불에 그을려서 표면을 탄화시키는 것

㉡ 장점 : 처리 간단, 가격 저렴

㉢ 단점 : 탄화한 부분에 습기가 침입하기 쉬워 효과의 영속성이 적음

㉣ 주사용지 : 말뚝, 울타리 등 땅 속에 묻는 기둥 등에 많이 사용

② 약제 도포법

㉠ 외부의 습기, 균류, 충류의 침입을 막기 위해 목재의 건조한 표면에 약제를 칠하는 방법

㉡ 약제 종류 : 페인트, 바니스, 크레오소트, 타르, 아스팔트

③ 약제 주입법

㉠ 방부제 속에 목재를 담가두는 방법

㉡ 약제 종류 : 크레오소트, C.C.A방부(크롬, 구리, 비소의 화합물을 고압으로 처리)

㉢ C.C.A 방부의 특징

ⓐ 목재를 제작치수로 제단, 마감 후에 방부처리

ⓑ 방부효과 크고, 지속성 크고, 냄새 없고, 취급이 용이

ⓒ 비바람에 강하고 수중에서 효과 크며, 사람·동물에게 해가 없다.

(5) 목재 함수율

$$W = \frac{W_1 - W_2}{W_2} \times 100$$

(W : 함수율, W_1 : 건조전 중량, W_2 : 전건중량)

① **전건중량** : 환기가 양호한 건조기 속에 100 ~ 105℃로 건조 시켜 함량에 도달했을 때 중량

② 목재에 세균 번식할 수 있는 함수율

㉠ 적당세균 : 30 ~ 60%

㉡ 미약세균 : 25% 이하

㉢ 세균없음 : 22 ~ 23% 이하

(6) 목재의 강도

① 비중이 높은 것부터 낮은 순서로

참나무 → 떡갈나무 → 단풍나무 → 벚나무 → 느티나무 → 낙엽송 → 소나무 → 밤나무 → 전나무 → 삼나무 → 오동나무

② 압축강도 높은 것부터 낮은 순서로

참나무 → 낙엽송 → 단풍나무 → 벚나무 → 느티나무 → 전나무 → 떡갈나무 → 소나무 → 삼나무 → 오동나무 → 밤나무

③ 휨강도 높은 것부터 낮은 순서로

참나무 → 단풍나무 → 벚나무 → 느티나무 → 낙엽송 → 전나무 → 떡갈나무 → 소나무 → 오동나무 → 밤나무 → 삼나무

(7) 목공사

① 목재의 접합과 목재시설의 설치

㉠ 턱이음 : 두 부재의 연결부에 반대되는 턱을 만들어 잇는 방법

㉡ 장부이음 : 한쪽에는 톱, 자귀 등으로 장부 만들고 다른 쪽에는 장부가 낄 장부구멍을 파서 밀착되게 결구하는 방식

㉢ 턱끼음 : 한 부재에 홈을 파고 끼임 부재에는 턱을 깎아 접합하는 방식

㉣ 턱짜임 : 연결되는 2개의 부재에 모두 턱을 만들어 서로 직각, 경사되게 물리게 하는 방법

㉤ 사괘짜임 : 기둥머리에 4개축 만들어 ㅈ자형으로 짜임하는 기법

② 목재의 고정 및 연결

㉠ 목재접착제 : 초산비닐 수지에멀션 목재접착제, 요소수지 목재접착제, 페놀수지 목재접착제, 목재용 카세인접착제, 멜라민·요소 공축합성수지 목재접착제

㉡ 목구조용 철물 : 못, 나사못, 볼트, ㄱ자쇠, 감잡이쇠, 꺽쇠 등 접합철물

③ 목재시설의 제작 및 설치

㉠ 작업순서 : 절단 - 건조 - 구멍뚫기, 따내기 - 방부처리 - 이음 및 접합

㉡ 목재시설의 기초 : 각종 철물 이용해 지면과 분리하며, 목재기둥 매설 시는 부식방지

㉢ 목재의 부착 : 콘크리트나 석재, 금속재와 연결하는 경우 ㄱ형강, 플렌지 접합 등으로 견고히 처리

CHAPTER 03 공종별 공사

실전연습문제

01 건설용 재료로 목재를 사용하기 위하여 목재를 건조 시키는 목적 및 효과로 부적합한 것은? [기사 11.03.20]

㉮ 가공성을 향상시킨다.
㉯ 균류의 발생을 방지할 수 있다.
㉰ 목재의 중량을 경감시킬 수 있다.
㉱ 수축균열 및 부정변형을 방지할 수 있다.

02 약 80~120℃의 크레오소트 오일액 중에 3~6시간 침지한 후 다시 냉액(冷液) 중에 5~6시간 침지(浸漬)하여 15mm 정도 방수처리를 하는 목재 방부제 처리법은? [기사 11.03.20]

㉮ 도포(塗布)법
㉯ 생리적 주입법
㉰ 상압(常壓)주입법
㉱ 가압(加壓)주입법

03 목재의 함수율을 측정하기 위해 시험을 실시한 결과 다음과 같은 값을 얻었다. 함수율은 얼마인가? [기사 11.06.12]

• 시험편의 건조 전 중량 : 2.75kg
• 시험편의 건조 후 중량 : 2.35kg

㉮ 15% ㉯ 17%
㉰ 19% ㉱ 21%

풀이

$$함수율 = \frac{건조전\ 중량 - 건조후\ 중량}{건조\ 후\ 중량} \times 100$$

$$= \frac{2.75-2.35}{2.35} \times 100$$

$$= 17\%$$

04 목재를 건조하는 목적이 아닌 것은? [기사 11.10.02]

㉮ 건조수축이나 변형을 방지할 수 있다.
㉯ 무게가 경감되어 운반 및 시공이 쉬워진다.
㉰ 되도록 건조를 많이 하여 가연성을 증대시킨다.
㉱ 강도, 탄성, 경도, 내마모성 등의 성질을 증대시킨다.

05 목재의 비중에 영향을 끼치는 인자가 아닌 것은? [기사 12.03.04]

㉮ 이방성 ㉯ 추재율
㉰ 연륜폭 ㉱ 수종

풀이 **목재의 비중**
목재의 전건무게 비율로 밀도이기도 한데 이는 생장률, 추재율(목재단면에서 추재 부분의 비율), 연륜폭, 심재율에 따라 달라진다.
이방성이란 목재의 방향에 따른 수축·팽창 이방성으로 건조 시 뒤틀림이나 갈라짐이 생기는 원인임.

ANSWER 01 ㉮ 02 ㉰ 03 ㉯ 04 ㉰ 05 ㉮

06 다음 중 소나무 각재의 압축 강도시험을 할 때 측정하지 않아도 되는 것은? [기사 12.05.20]

㉮ 비열 ㉯ 비중
㉰ 함수율 ㉱ 평균 연륜폭

풀이 **비열**
단위 중량(1kg)의 물질의 온도를 1℃ 올리는 데 요하는 열량으로 압축강도와 관계없음.

07 목재의 탄성적 성질의 영향인자에 대한 설명 중 틀린 것은? [기사 12.09.15]

㉮ 함수율이 감소되면 탄성계수는 작아진다.
㉯ 탈리그닌화된 목섬유와 같이 리그닌이 없는 식물체는 강성이 작다.
㉰ 목재비중이 커지면 외력에 대한 저항이 증가되므로 탄성계수는 목재비중에 비례하여 증가된다.
㉱ 옹이가 끼치는 영향은 옹이의 수, 크기 및 분포위치에 따라 달라지나, 강성에 미치는 영향을 정량화하기 어렵다.

풀이 목재는 함수율이 많을수록 탄성계수가 줄어든다.

08 다음 목재에 관한 설명 중 옳지 않은 것은? [기사 13.03.10]

㉮ 목재의 강도는 절대 건조일 때 최대가 된다.
㉯ 제재 후의 심재는 변재보다 썩기 쉽다.
㉰ 벌목시기는 가을에서 겨울이 최적기이다.
㉱ 목재는 세포막 중에 스며든 결합수가 감소하면 수축변형한다.

09 목재는 같은 재료일지라도 탈습과 흡습에 따라 평형함수율이 달라지며 평형함수율은 탈습에 의한 경우보다 흡습에 의한 경우가 낮다. 이러한 현상을 무엇이라 하는가? [기사 13.09.28]

㉮ 이력현상 ㉯ 동적평형현상
㉰ 기건수축현상 ㉱ 목재의 이방성

풀이 ㉮ 이력현상 : 어떤 물리량이 그때의 물리조건만으로는 일의적으로 결정되지 않고, 그 이전에 그 물질이 경과해 온 상태의 변화과정에 의존하는 현상
㉯ 동적평형현상 : 생물이 변화가 많은 외계와 밀접한 관계를 지속하면서 자기의 내부환경을 일정하게 유지하는 현상
㉱ 목재의 이방성 : 목재의 방향에 따른 수축, 팽창 이방성으로 건조 시 뒤틀림이나 갈라짐이 생기는 원인(이방성 : 물체의 물리적 성질이 방향에 따라 다른 성질)

10 목재에 관한 설명으로 옳지 않은 것은? [기사 14.03.02]

㉮ 기건상태에서 목재의 함수율은 15% 정도이다.
㉯ 열전도도가 낮아 여러 가지 보온 재료로 사용된다.
㉰ 섬유포화점 이하에서는 함수율이 감소할수록 강도는 증대하며 인성은 감소한다.
㉱ 섬유포화점 이상의 함수상태에서는 함수율의 증감에 비례하여 신축을 일으킨다.

풀이 목재의 수축은 섬유포화점보다 수분이 적을 때만 일어난다. 섬유포화점 이상이 되면 더 이상 신축을 일으키지 못한다.

ANSWER 06 ㉮ 07 ㉰ 08 ㉯ 09 ㉮ 10 ㉱

11 목재에 반복하여 하중을 가하면 기계적 성질이 저하하여 비교적 작은 하중에도 마지막에는 파괴되는데 이때의 응력은? [기사 14.05.25]

㉮ 항복점 ㉯ 피로한도
㉰ 비례한도 ㉱ 탄성한도

풀이 **피로한도**
반복 시험에서 어떤 응력도까지의 범위에서는 무한히 반복해도 재료가 파괴하지 않는 한계로 그 한도를 넘으면 갑자기 작은 힘으로도 파괴된다.

12 목재의 전기 저항에 대한 설명 중 맞는 것은? [기사 14.09.20]

㉮ 온도가 상승하면 감소한다.
㉯ 섬유주향에 영향을 받지 않는다.
㉰ 함수율이 증가할수록 저항률은 직선으로 증가한다.
㉱ 전기저항에 대한 밀도의 영향은 함수율에 비하여 중요하다.

풀이 **목재의 진기저항**
온도가 상승하면 감소하며, 섬유방향의 직각방향이 더 크며, 수분의 영향이 가장 크다.

13 다음 목재의 역학적 성질에 가장 영향을 미치지 않는 것은? [기사 14.09.20]

㉮ 비중 ㉯ 옹이
㉰ 나이테 ㉱ 함수율

풀이 **목재의 역학적 성질(압축, 인장, 휨, 마찰, 충격 등에 대한 응력)에 영향을 주는 인자**
함수율, 비중, 가력방향, 수종, 옹이

ANSWER
11 ㉯ 12 ㉮ 13 ㉰

2 석재와 석공사

(1) 석재의 특성

① 풍부한 지하 자원을 가지고 있는 우수한 조경소재
② **용도** : 자연상태 그대로, 건축구조용, 돌쌓기, 포장용, 외관장식용
③ **단점** : 자체 중량이 커 운반 경비가 많이 들고 평지가 아니면 작업조건이 불리함
④ **개발품** : 단점을 보완하기 위해 콘크리트 인조석, FRP 인조석

(2) 석재의 분류

① 형상별 분류

㉠ 건설공사용 석재 : 적합한 강도를 갖고 균열이나 결점이 없고 질이 좋은 치밀한 것이며, 풍화나 동결의 해를 받지 않는 것
㉡ 판석 : 두께 15cm 미만, 너비가 두께의 3배 이상
㉢ 각석 : 너비가 두께의 3배 미만
㉣ 다듬돌 : 각석, 주석과 같이 일정 규격으로 다듬어져 건축, 포장공사에 쓰여지는 것
㉤ 막다듬돌 : 다듬돌을 만들기 위해 다듬돌 규격치수 가공에 필요한 여분치수 가진 돌
㉥ 견치돌 : 정사각형으로 다듬어진 돌. 접촉면 폭은 전면 1변 길이의 1/10 이상, 접촉면 길이는 1변 평균길이의 1/2 이상인 돌(직각으로 잰 길이가 최소변의 1.5배 이상)
㉦ 깬돌 : 견치돌보다 치수가 불규칙하고 뒷면이 없는 돌로 접촉면의 폭과 길이는 각각 전면의 한 변 평균 길이의 약 1/2과 1/3이 되는 돌
㉧ 깬 잡석 : 모암에서 일차 폭파한 원석을 파쇄한 돌
㉨ 사석 : 막 깬돌 중 유수에 견딜 수 있는 중량을 가진 큰 돌
㉩ 야면석 : 천연석으로 표면 가공하지 않은 것으로서 운반이 가능하고 공사용으로 사용
㉪ 호박돌 : 호박형의 천연석으로 가공하지 않은 상태의 지름이 18cm 이상
㉫ 조약돌 : 가공하지 않은 천연석으로 지름 10~20cm 정도의 계란형 돌
㉬ 굵은 자갈 : 가공하지 않은 천연석으로 지름 7.5~20cm 정도
㉭ 자갈 : 천연석으로 지름 0.5~7.5cm 정도의 둥근 자갈
㉮ 굵은 모래 : 지름 0.25~2mm 정도의 알맹이 돌
㉯ 잔모래 : 지름 0.05~0.25mm 정도의 알맹이 돌

② 경연에 의한 분류

㉠ 일반적 분류

종류	상태	일반적인 분류	압축강도 (kg/cm^2)	경도	비중	흡수율 (%)
연석	약간풍화	집괴암, 현마암, 석회암, 혈암, 사암, 역암	100~500	11.0	2~2.5	5~15
보통암	약간풍화	석회암, 안산암, 분암, 점판암, 현무암	500~1,100	15.0	2.5~2.7	5 미만
경석	풍화없음	화강암, 안산암, 사암, 규암, 결정편암, 섬록암	1,100~1,500	18.5		
극경암	풍화없음	규암, 각암, 경안산암, 경사암, 안산암, 현무암	1,500 이상	19.5		

㉡ 자주 다루어지는 석재의 강도와 비중

석재 \ 강도	압축강도(kg/cm^2)	비중	흡수율(%)
화강암	1,450~2000	2.62~2.69	0.33~0.5
안산암	1,050~1,150	2.53~2.59	1.83~3.2
사암	360	2.5	13.2
응회암	90~370	2~2.4	13.5~18.2
대리석	1,000~1,800	2.7~2.72	0.09~0.12

㉢ 석새 흡수율(%)

$$\frac{W_3 - W_1}{W_2} \times 100$$

(W_1 : 절대 건조공기 중 수량, W_2 : 96시간 증류수 속에 담근 후 수중에서 측정한 수량
W_3 : 96시간 증류수 속에 담근 후 공기 중에서 측정한 수량)

③ 산지별 분류

㉠ 산석 : 산의 능선부에 묻혀 마모되고 이끼가 낀 돌

㉡ 수석(하천석) : 유수에 의해 마모되고 무늬와 석질이 뚜렷한 것

㉢ 해석 : 해변의 파도로 마모되고 무늬가 아름다운 것 염분 제거 후 사용할 것

④ 이용에 따른 분류

㉠ 경석 : 공간 구성상 주요 지점에 하나 또는 2~3개를 배치하여 석산, 계곡의 분위기 연출

㉡ 조석(군석) : 크고 작은 돌을 조합해 석산의 형태, 계곡 분위기 연출

㉢ 수석 : 위치, 크기에 관계없이 돌 하나가 지닌 형태, 질감, 색 감상

㉣ 징검돌 : 보행을 위해 배치, 공간의 미적 구성 기능

⑤ 성인(成因)에 의한 분류

성인에 의한 분류		암석종류
화성암	심성암	화강암, 섬록암, 반려암
	화산암	안산암(휘석, 각섬, 운모, 석영)
		석영, 조면암
수성암 (퇴적암)	쇄설암	점판암, 이판암, 나판암
		사암, 역암
		응회암
	유기암	석회암
	침적암	석고
변성암	수성암계	대리석
	화성암계	사문암

(3) 가공석의 종류

① **마름돌** : 긴면에서 직사각형 육면체가 되게 다듬은 돌. 대체로 30×30cm, 길이 50~60cm
② **견치돌** : 돌쌓기공사에 많이 사용. 골쌓기 원칙.
③ **대리석** : 원석을 2~5cm 두께로 톱켜기 한 돌.
주성분은 탄산석회로 600~800℃에서 생석회로 변한 것
풍우받는 외장용으로 부적당하며 마모에 약해 출입바닥에 부적합
④ **인조석(모조석)** : 시멘트의 일종으로 씻어서 긁어낸 다음 잔다듬한 모조석(캐스트 스톤)
⑤ **테라조** : 모조석의 일종. 대리석 부스러기로 만든 판
⑥ **막깬돌** : 소규모 돌쌓기에 사용. 길이는 면길이의 1.5배 이상, 면은 정사각형에 가까움
⑦ **간사(間砂)** : 약 20~30cm 정도의 모진 막돌로 석축, 돌쌓기에 사용
⑧ **사괴석(四塊石)** : 15~25cm 정도의 각석으로 한식 건물의 바깥벽담, 방화벽에 사용
⑨ **장대석(長臺石)** : 네모지고 긴 석재로 전통공간의 후원, 섬돌, 디딤돌에 사용
⑩ **판석(板石)** : 두께 15cm 미만, 폭이 두께의 3배 이상으로 궤도용으로 사용
⑪ **각석(角石)** : 폭이 두께의 3배 미만이고 폭보다 길이가 긴 직육면체형으로 구조용.
⑫ **경계석(境界石)** : 포장면을 구획하는 것으로 두께 10~30cm, 너비 10~25cm, 길이 100cm 정도의 화강석 규격품

(4) 정원석

① 정원석 형태에 따른 분류
㉠ 입석(立石) : 서 있는 것
㉡ 평석(平石) : 밑이 평평한 것

㉢ 환석(丸石) : 둥글둥글한 것
㉣ 각석(角石) : 삼사각형
㉤ 사석(斜石) : 비스듬히 누운 돌
㉥ 횡석(橫石) : 눕혀 놓은 것
㉦ 와석(臥石) : 소가 누워있는 모양

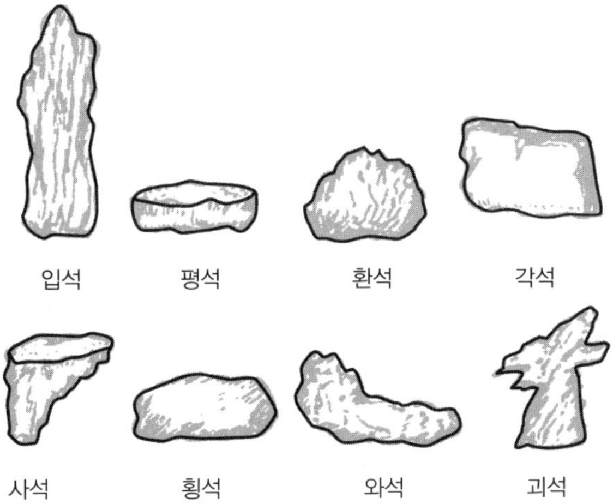

② **색채, 광택** : 운치 있고, 차분한 흑색계 무난
③ **경도** : 경도가 높은 것은 기품과 운치 있는 것이 많고 무게감 있어 보인다.
④ **정원석 사용방법**
㉠ 축석(築石) (축석의 순서 : 근석 → 동석 → 천석 → 구석돌)
ⓐ 사경적 축석 : 자연의 경치를 그대로 본떠서 쌓아올리는 것
ⓑ 상징적 축석 : 어떠한 자연적 경치 상징
ⓒ 구성적 축석 : 돌을 써서 어떠한 아름다움을 나타냄
㉡ 배석(配石) : 사경적, 상징적, 구성적 배석
㉢ 치석(置石) : 장식용으로 단 1개의 아름다운 생김새를 가진 돌을 가장 잘 눈에 띄는 자리에 놓는 수법
㉣ 근체(根締) : 정원수의 밑둥에 앉혀서 수간의 기부를 가려 자연미를 높이는 동시에 운치를 주고자 하는 수법
⑤ **오행석** : 영상석, 체동석, 심체석, 기각석, 지형석

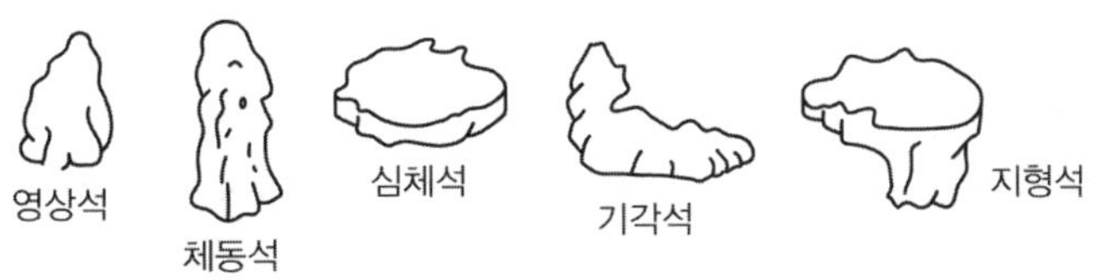

⑥ 돌을 사용한 경사면 수법

㉠ 붕괴적

ⓐ 자연 그대로의 돌이 계곡, 산록지대에 쌓여 안정상태를 이루고 있는 모양을 재생하여 쌓아올리는 수법

ⓑ 1.5m 한계로 천단부는 수평으로 적석의 단면은 凹가 되도록 한다.

㉡ 옥석적

ⓐ 직경 20~40cm 정도의 둥근돌을 쌓아올리는 방법

ⓑ 크기가 고른 옥석을 쌓아올리기에 아름답지만 기하학적이므로 자연식 정원에는 안 어울림

ⓒ 사면의 중앙부가 오목해지도록 쌓기

㉢ 면적(평적)

ⓐ 납작하고 편평한 생김새의 자연석을 쌓아올리는 수법

ⓑ 자연주의의 양식정원에 수직이 되도록 쌓아올린다.

⑦ 폭포 돌짜임(농석조)

㉠ 방법 : 수락석 → 농부석 → 동자석

㉡ 수락석은 어두운 청석 사용. 폭포 주변부나 배경에는 나무를 심어 어둡게 함

⑧ 디딤돌

㉠ 크기 : 한발용 직경 25cm, 두발용 50~60cm

㉡ 두께 : 10~15cm, 간격 : 8~10cm, 중심거리 : 50cm

㉢ 지표보다 3~6cm 정도 높아지도록 앉힌다.

㉣ 방법

ⓐ 돌의 머리가 경관의 중심을 향하도록 놓는다.

ⓑ 돌의 긴쪽이 걸어가는 방향에 대해서 가로로 놓이도록 앉힌다.

(5) 석재 다듬기

① **혹다듬질** : 메다듬질, 큰망치

② **정다듬** : 거친정, 고운정, 줄정

③ **잔다듬** : 도두락망치, 날망치

④ **물갈기** : 금강사 순돌갈기, 기계갈기, 손갈기

⑤ **표면 가공형태 거친순서** : 혹두기 〉 정다듬 〉 도두락다듬 〉 잔다듬

(6) 석축공

① 석재판붙임

㉠ 외관이 아름답고 내구성 있게 하기 위해 우수한 원석을 가공해 제작

㉡ 화강석판석 붙이기, 대리석 붙임

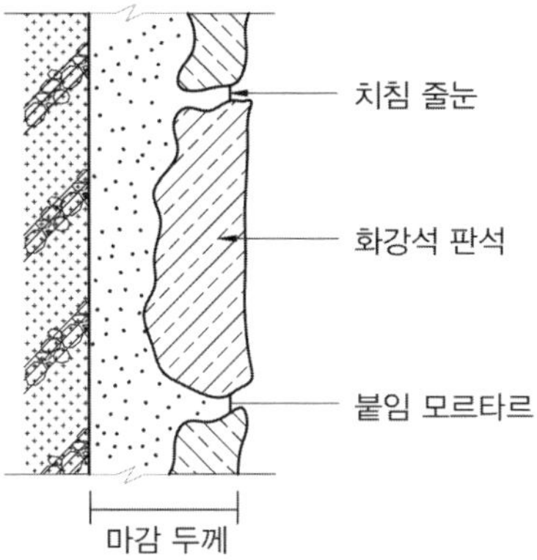

• 화강석 판석 붙이기 •

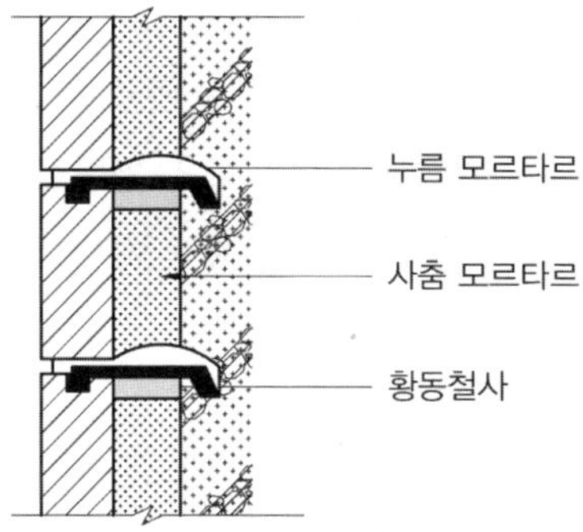

• 대리석 붙임 •

② 자연석 쌓기

㉠ 못의 호안, 축대 또는 벽천 등의 수직적 구조물에 자연석을 수직, 사선으로 사면이 되도록 설치하는 것

㉡ 쌓기 평균 뒷길이 0.5m, 공극률 40%, 실적률 60%, 단위중량 2.65ton/m^3

㉢ 가로쌓기 : 약간 경사진 수직면을 쌓을 때 하부가 안정되도록 고임돌 뒷채움 콘크리트해 무너지지 않도록 하며, 돌틈 생기지 않게 잔돌 끼우기

㉣ 세워쌓기

ⓐ 터파기한 지면을 다지거나 콘크리트 기초하고 그 위에 자연석 세우기

ⓑ 사충돌, 고인돌, 받침돌, 콘크리드사층 설치

ⓒ 윗돌은 하부석의 윗부분 뒤에 약간 걸리게 세우기

ⓓ 흙 채워가며 쌓기, 흙 채우기, 다지고 나서 지면 고르기해 마무리

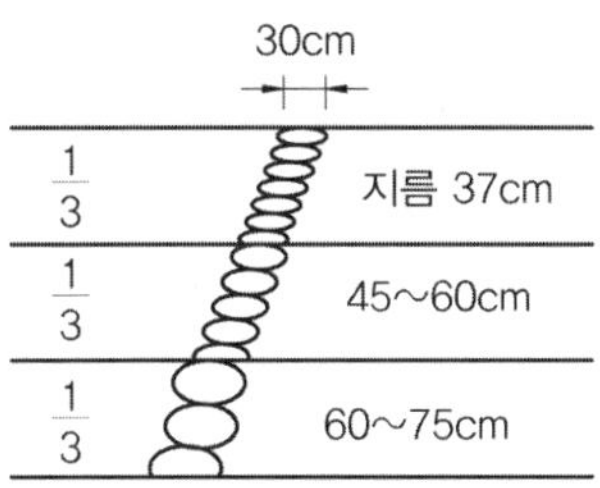

아랫돌과 윗돌의 크기

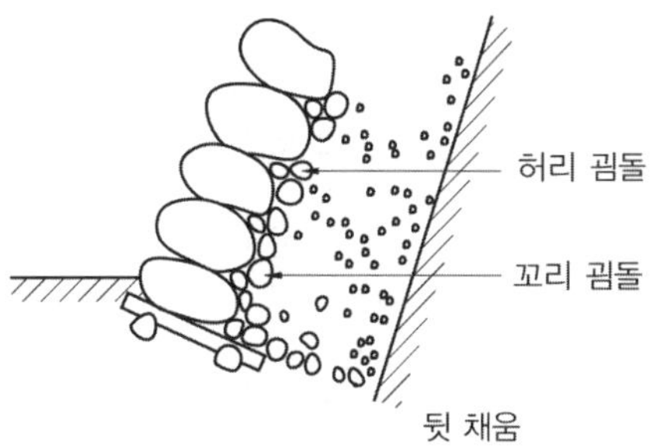

③ 돌쌓기

㉠ 돌쌓기 공법의 분류

ⓐ 재료에 의한 분류 : 호박돌, 마름돌, 견치돌, 막깬돌, 콘크리트블록 등의 돌쌓기

ⓑ 구조에 의한 분류 : 치장식, 중력식

ⓒ 뒷채움 유무에 의한 분류 : 메쌓기(뒷채움 없음), 찰쌓기(뒷채움 있음)

ⓓ 쌓는 방법에 의한 분류 : 구갑쌓기, 줄쌓기, 화살날개 무늬쌓기, 골쌓기, 켜쌓기

㉡ 공법

ⓐ 야면석 쌓기 : 호박돌보다 모양이 큰 자연석으로 모양이 정연하지 못하다.

ⓑ 깬돌쌓기 : 산석을 적당한 크기로 깨어 줄쌓기, 골쌓기 등 어떤 형태로든 쌓기

ⓒ 견치돌쌓기 : 30×30×45cm 규격의 네모뿔형을 규칙적으로 쌓기

ⓓ 귀갑쌓기 : 재래식 전통공법으로 사찰 등에 사용

ⓔ 줄쌓기

ⓕ 골쌓기 : 면의 네모진 석재의 축선이 수평축에서 45도가 되도록 직각 석재를 쌓기

ⓖ 화살날개 무늬쌓기 : 골쌓기의 변형

ⓗ 메쌓기 공법 : 뒷채움을 하지 않고 돌과 흙을 뒤섞어서 일종의 구조를 만듦 메쌓기 접촉부위 5~10mm

ⓘ 찰쌓기 공법 : 뒷채움 콘크리트를 사용하며, 줄눈 모르타르를 발라서 시공 2~3m^{2}마다 1개의 비율로 지름 3~6cm 물빼기관 설치

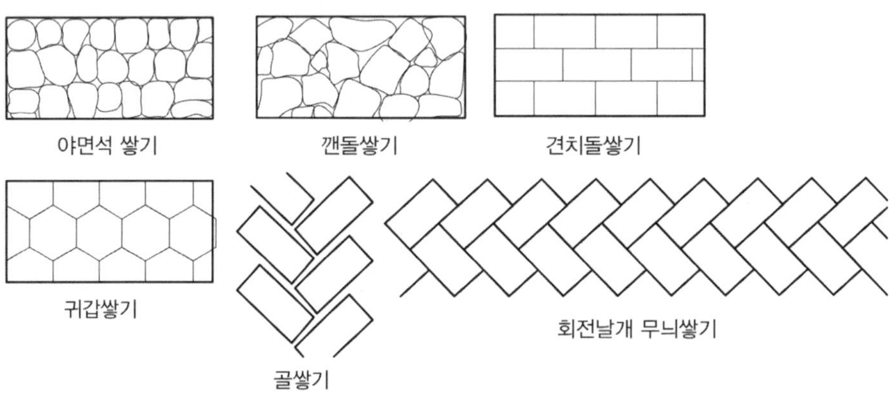

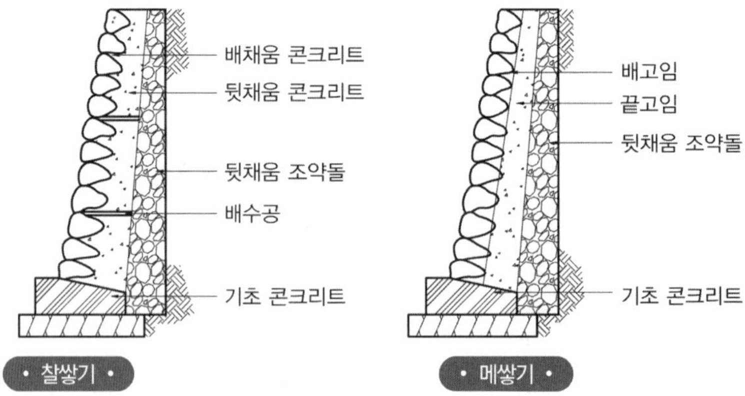

CHAPTER 03 공종별 공사

실전연습문제

01 견치돌 사이에 모르타르를 다져 넣고, 뒷채움 돌에도 콘크리트를 채워 넣는 석축 시공법을 무엇이라 하는가? [기사 11.03.20]

㉮ 건쌓기 ㉯ 메쌓기
㉰ 찰쌓기 ㉱ 층지어쌓기

02 석재의 형상별 설명이 적합하지 않은 것은? [기사 11.10.02]

㉮ 전석은 1개의 크기가 $0.5m^3$ 이상 되는 석괴이다.
㉯ 호박돌은 호박형의 천연석으로 가공하지 않은 상태의 지름이 10cm 이상의 크기의 돌이다.
㉰ 야면석은 천연석으로 표면을 가공하지 않은 것으로서 운반이 가능하고 공사용으로 사용될 수 있는 비교적 큰 석괴이다.
㉱ 다듬돌은 지름이 10 ~ 30cm 정도의 것이 크고, 작은 돌로 골고루 섞여져 있다.

풀이 ㉯ 호박돌은 지름이 18cm 이상의 크기
㉱ 다듬돌은 일정한 규격으로 다듬어 놓은 돌

03 석재의 표면을 요철이 없게 거친 면 마무리를 할 수 있는 장비는? [기사 11.10.02]

㉮ 평날망치 ㉯ 외날망치
㉰ 도드락망치 ㉱ 양날망치

풀이 **석재 표면마무리 순서**
혹두기(쇠메) → 정다듬(정) → 도두락다듬(도드락망치) → 잔다듬(날망치) → 광내기(금강사)
① 도드락망치 : 망치의 단면에 격자형으로 요철부위가 있는 것
② 날망치 : 망치 끝부분에 날이 선 것으로 평날망치, 양날망치와 외날망치가 있으며 돌에 줄을 새기는 등의 정교한 작업에 사용

04 일반적으로 석재의 흡수율이 큰 것부터 작은 순서로 옳게 나열한 것은? [기사 12.05.20]

㉮ 안산암 - 사암 - 응회암 - 화강암 - 대리석
㉯ 안산암 - 응회암 - 사암 - 화강암 - 대리석
㉰ 응회암 - 사암 - 화강암 - 안산암 - 대리석
㉱ 응회암 - 사암 - 안산암 - 화강암 - 대리석

05 내구성 및 강도가 크고 외관이 수려하나 함유광물의 열팽창계수가 달라 내화성이 약한 석재로 외장, 내장, 구조재, 도로포장재, 콘크리트 골재 등에 사용되는 것은? [기사 12.09.15]

㉮ 대리석 ㉯ 응회암
㉰ 화강암 ㉱ 화산암

ANSWER 01 ㉰ 02 ㉯, ㉱ 03 ㉮ 04 ㉱ 05 ㉰

06 다음 중 석재의 종류별 특징에 대한 설명으로 옳지 않은 것은? [기사 13.06.02]

㉮ 화강암은 강도가 뛰어나고 구조용으로 적합하다.

㉯ 대리석은 내산성이 약하여 실외공간에는 적합하지 않다.

㉰ 응회암은 비중이 커서 조경석으로 가장 많이 사용된다.

㉱ 안산암은 내화성이 크고 강도와 내구성이 크다.

풀이 응회암은 압축강도와 비중이 매우 낮고, 흡수율이 높은 특징이 있다.

07 조경석 쌓기 시공상 유의해야 할 사항 중 옳지 않은 것은? [기사 14.03.02]

㉮ 전체적으로 하부의 돌을 상부의 돌보다 큰 것을 사용한다.

㉯ 가로쌓기는 설계도면 및 공사 시방서에 명시가 없는 경우, 높이가 1.5m 이하일 때에는 메쌓기를 한다.

㉰ 세워쌓기의 경우 좌우 돌의 겹치기, 띄기 등은 설계 도면에 따라 전체가 조화되게 배열한 다음 흙을 필요한 높이까지 채워 다진다.

㉱ 돌쌓기는 오르기, 맞대기, 한줄이음(막힌줄눈) 등의 시공으로 안전도를 높여야 한다.

풀이 **조경공사표준시방서 조경석 쌓기**

① 기초부분은 터파기한 지면을 다지거나 콘크리트기초를 한다.

② 크고 작은 조경석을 서로 어울리게 배석하여 쌓되 전체적으로 하부의 돌을 상부의 돌보다 큰 것을 쓰며, 석재의 노출면은 자연스러운 면이 노출되게 하고 서로 맞닿는 면은 흔들림이 없도록 한다.

③ 뒷부분에는 고임돌 및 뒤채움돌을 써서 튼튼하게 쌓아야 하며, 필요에 따라 중간에 뒷길이가 0.6~0.9m 정도의 돌을 맞물려 쌓아 붕괴를 방지한다.

④ 사전에 지반을 조사하여 연약지반은 말뚝박기 등으로 지반을 보강하고 필요한 경우 콘크리트나 잡석 등으로 기초를 보완하는 등 하중에 의한 침하를 방지하여야 한다.

⑤ 가로쌓기

㉠ 조경석을 약간 기울어진 수직면으로 쌓을 때에는 설계도면 및 공사 시방서에 따라 석재면을 기울어지게 하거나 약간씩 들여쌓되, 돌을 기초 또는 하부돌에 안정되게 맞물리고 고임돌과 뒤채움콘크리트 등을 처넣어 흔들리거나 무너지지 않게 쌓는다.

㉡ 상·하, 좌·우의 석재는 크기, 면, 모양새가 서로 잘 어울리고 돌틈이 크게 나지 않게 하며 잔돌을 끼우는 일이 적도록 가로로 길게 놓아 쌓는다.

㉢ 설계도면 및 공사 시방서에 명시가 없을 경우 높이가 1.5m 이하일 때에는 메쌓기를 하고 1.5m 이상인 경우와 상시 침수되는 연못, 호수 등은 찰쌓기로 한다.

⑥ 세워쌓기

㉠ 조경석을 줄지어 세워 놓고 돌 주위는 뒤채움돌, 고임돌, 받침돌 또는 콘크리트를 채워 견고하게 설치한다.

㉡ 좌·우 돌의 겹치기, 띄기 등은 설계도면에 따라 전체가 조화되게 배열한 다음 흙을 필요한 높이까지 채워 다진다.

㉢ 둘째단 돌의 밑부분은 하부석의 윗부분 뒤에 약간 걸리게 세워놓고 주위는 흙을 채워 다지며, 다음의 돌은 둘째단의 돌 뒤에 걸리게 세워 놓고 흙을 채우며 소정 높이까지 쌓는다.

㉣ 돌쌓기가 완료되면 뒤에 흙을 채워 다지며 지면고르기를 하여 마무리한다.

⑦ 파쇄암쌓기는 현장에서 채집되는 파쇄암을 이용한 돌쌓기로 조경석쌓기에 준한다.

ANSWER 06 ㉰ 07 ㉱

3 콘크리트재와 콘크리트 공사

(1) 시멘트

① **시멘트** : 교착재의 총칭으로 포틀랜드 시멘트가 대표적(영국 포틀랜드 지방의 자연석과 색깔이 비슷하여 붙여진 이름)이며, 시멘트 주성분은 실리카, 알루미나, 산화철, 석회

② **시멘트 특성**

㉠ 석회암에 진흙과 광석찌꺼기를 섞어 1,000~1,200℃에서 가열해 만듦

㉡ 단위 : 포대, 1포대 = 40kg(0.026m^3), 시멘트 1m^3 = 1,500kg

㉢ 응결시간 : 초결 1시간, 종결 10시간

③ **시멘트 종류**

㉠ 포틀랜드 시멘트

ⓐ 보통 포틀랜드 시멘트 : 조경공사로 많이 사용. 생산량이 많고 제조공정이 비교적 쉽고 성질이 대단히 좋아 가장 많이 사용. 단위용적중량 : 1,300~2,100kg/m^2, 비중 3.1~3.15. 거푸집 보호 안 된 콘크리트 양생기간 = 7일 이상

ⓑ 백색 포틀랜드 시멘트 : 치장용, 구조용으로 적합

ⓒ 조강 포틀랜드 시멘트 : 공사를 서두를 때, 겨울철 공사에 적합 보통 포틀랜드 시멘트 28일 강도를 7일 만에 만듦

ⓓ 중용열 포틀랜드 시멘트

- 수화작용에 의한 발열량을 낮게 하는 것이 목적
- 조기강도는 낮으나 장기강도는 크며, 체적의 변화가 적어서 균열이 적다.
- 내침식성, 내구성 강함
- 댐, 도로포장용, 방사능 차단, Mass 콘크리트에 사용

종류	기간	강도(kg/cm^2)
조강 포틀랜드 시멘트	재령 1일간 강도	120
	재령 3일간 강도	210
중용열 포틀랜드 시멘트	재령 3일간 강도	70
	재령 7일간 강도	125
보통 포틀랜드 시멘트	재령 3일간 강도	85
	재령 7일간 강도	150
	재령 28일 강도	245

㉡ 혼합시멘트

ⓐ 실리카 포틀랜드 시멘트 : 방수용으로 사용

ⓑ 플라이 애쉬(flay ash) 시멘트 : 알의 모양이 둥글어서 동일한 장기강도를 얻을 수 있고, 워커빌리티가 좋아지므로 사용 수량을 적게 할 수 있다.

ⓒ 고로시멘트

- 고철에서 선철을 만들때 나오는 광재를 공기 중에서 냉각시켜 잘게 부순 것을 포틀랜드 시멘트, 크림커와 혼합해 적당히 분쇄해 분말로 만든 것
- 초기강도는 적지만 팽창이 적고 화학작용에 대한 저항성이 큼
- 장기에 걸쳐 강도 증가되며 응결 시 발열량이 적다.
- 해수, 하수, 공장폐수 접하는 공사에 적합

④ 용어

㉠ 시멘트 클링커(cement clinker) : 최고온도까지 소성이 이루어진 후에 공기를 이용하여 급랭시켜 소성물을 배출하고 난 후의 화산암 같은 검은 입자

㉡ 비중 : 보통포틀랜드 시멘트 비중 3.05~3.17 풍화할수록, 소성이 불충분할수록 비중은 작아진다.

㉢ 분말도 : 시멘트 1g 중의 전립자의 표면적을 cm^2로 표시한 것 분말도가 클수록 물에 접촉하는 면이 크고 응결이 빠르며, 발열량이 많아 초기강도 크다.

㉣ 시멘트풀 : 시멘트에 물을 부은 것

⑤ 시멘트의 경화과정

㉠ 수화작용 : 시멘트에 물을 가하면 화학변화를 일으켜 새로운 화합물을 만드는 작용

㉡ 응결과정 : 수화작용에 의해 점차 유동성을 잃어 굳어지는 상태. 1시간 뒤부터 응결을 시작해 10시간 후에 완료. 강도는 양생온도 30도까지는 높을수록 커지고, 재령이 커짐에 따라 강도가 높아진다. 우리나라 보통포틀랜드 시멘트 응결시간을 초결 4시간, 종결 6시간 전후

㉢ 경화과정 : 응결을 끝낸 시멘트가 더욱 더 조직을 견고히 강도를 증가 시켜 나가는 과정으로 경화촉진제 $CaCl_2$. 분말도가 높을수록, 알루미나분이 많은 시멘트일수록 급결성되고, 물·시멘트비가 작으면 온도가 높을수록 응결이 빨라진다.

(2) 골재

① 크기에 따른 분류

㉠ 잔골재(모래) : 5mm 채에 쳐서 중량비로 85% 이상 통과하는 골재.
단위무게 1,450~1,700kg/m^3 **참고** 모래의 단위 = 루베

㉡ 굵은 골재(자갈) : 5mm 채에 쳐서 중량비로 85% 이상 남는 골재
단위무게 1,550~1,850kg/m^3

② 형성원인에 따른 분류

㉠ 천연골재 : 강모래, 강자갈, 바다모래, 바다자갈, 육지모래, 육지자갈, 산모래, 산자갈 등

㉡ 인공골재 : 부순모래, 부순자갈 등

㉢ 산업부산물 이용골재 : 고로슬래그 부순모래, 고로슬래그 부순자갈

㉣ 재생골재 : 콘크리트 폐기물 분쇄한 부순모래, 부순자갈

③ 비중에 따른 종류

㉠ 보통골재 : 전건비중 2.5~2.7 정도, 강모래·강자갈·부순모래·부순자갈 등

㉡ 경량골재 : 전건비중 2.0 이하의 천연의 화산재, 경석, 인공의 질석, 펄라이트 등

㉢ 중량골재 : 전건비중 2.8 이상으로 중정석, 철광석 등에서 얻은 골재

④ 골재의 품질

㉠ 강도가 단단하고, 강하며 시멘트풀이 경화되었을 때 최대강도 이상이어야 한다.

㉡ 골재 표면 : 거칠고 구형에 가까워야 하며, 표면이 매끄럽거나 모양이 편평하면 좋지 않다.

㉢ 잔 것과 굵은 것이 골고루 혼합된 것이 좋다.

㉣ 유해량 이상의 염분이 없어야 하고, 진흙이나 유기불순물 등 유해물이 없어야 한다.

㉤ 운모가 포함된 골재는 콘크리트 강도를 떨어뜨리고, 풍화되기 쉽다.

㉥ 마모에 견딜 수 있고 화재에 견딜 수 있어야 한다.

㉦ 입도가 균일한 것보다 크기가 다른 것이 섞여 있는 것이 좋다.

⑤ 골재의 공극률

㉠ 공극률이 적은 골재를 사용한 콘크리트는 수밀성, 내구성 증가

㉡ 공극률 너무 크면(지나친 잔골재) 분리되고, 너무 작으면(지나친 굵은골재) 모르타르의 소요량이 적어짐

㉢ 잔골재 공극률 : 30~40%

⑥ 골재함수율

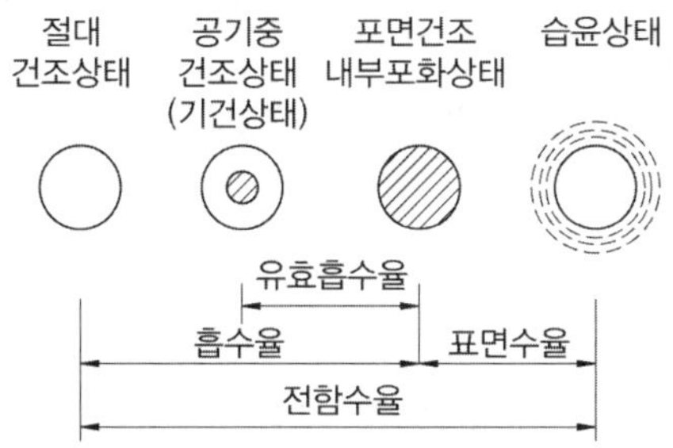

㉠ $\text{함수율(\%)} = \dfrac{\text{습윤상태} - \text{절건상태}}{\text{절건상태}}$

㉡ $\text{표면수율(\%)} = \dfrac{\text{습윤상태} - \text{표면건조내부포수상태}}{\text{표면건조내부포수상태}}$

㉢ $\text{흡수율(\%)} = \dfrac{\text{표면건조내부포수상태} - \text{절건상태}}{\text{절건상태}}$

㉣ $\text{유효 흡수율(\%)} = \dfrac{\text{표면건조내부포수상태} - \text{기건상태}}{\text{기건상태}}$

(3) 시멘트 혼화재료

> **참고** 혼화재(混和材)와 혼화제(混和劑)의 비교
> 혼화재 : 사용량이 비교적 많아 자체용적이 콘크리트 배합계산에 포함되는 것
> 예) 포졸란, 암석분말
> 혼화제 : 사용량이 적어 배합계산에서 제외되는 것
> 예) AE제, 감수제, 지연제, 촉진제, 급결제, 방수제 등

① 혼화재

㉠ 종류 : 플라이애시, 고로슬래그 분말, 인공 포졸란류

㉡ 효과 : 콘크리트 수화열 저감효과, 워커빌리티 증진, 초기강도의 저하, 장기 강도의 증진, 알칼리 골재반응 억제효과

㉢ 팽창재 : 수축균열 방지효과

㉣ 플라이애시 : 석탄을 원료로 하는 화력발전소에서 미분탄을 약 1400~1500℃ 고온으로 연소시켰을 때 회분이 용융되어 고온의 연소가스와 함께 굴뚝에 이르는 도중에 급격히 냉각되어 표면장력에 의해 구형이 되는 0.5~100μm의 미세한 분말

㉤ 플라이애시 사용 시 장점 : 유동성 개선, 장기강도 개선, 수화열 감소, 알칼리 골재반응 억제, 황산염에 대한 저항성이 큼, 콘크리트 수밀성 향상

② 혼화제

㉠ A·E제

ⓐ 독립된 공기를 콘크리트 중에 균일하게 분포해 가동성이 좋아지게 함

ⓑ 콘크리트 내구성은 증가하나 강도가 약간 떨어짐

ⓒ 종류 : 프로텍스(protex), 다렉스(darex), 빈솔레진(vinsol resin)

ⓓ 매스콘크리트에 유리

㉡ 분산제

ⓐ 시멘트 입자를 분산시켜 콘크리트 워커빌리티를 증대하며 단위수량 감소시킴

ⓑ 블리딩(bleeding)이 적어 시멘트 입자의 분산으로 물과 접촉하는 면적이 증가해 수화작용 촉진, 강도증진에 도움

㉢ 방수제 : 지하실 등 방수가 필요한 곳에 사용

㉣ 포졸란 : 해수에 대한 화학적 저항성, 수밀성 개선

㉤ 경화촉진제 : 주성분 $CaCl_2$(염화칼슘), Na_2SiO_3(규산나트륨). 수중콘크리트에 사용

㉥ 그 외 : 방동·방한제, 수화발열억제제, 시멘트착색안료제, 감수제 등

(4) 물

상수도, 공업용수, 지하수 및 하천수 등 음용 가능할 정도의 깨끗한 물

(5) 콘크리트의 배합

① 배합표시방법

㉠ 절대용적배합 : 콘크리트 $1m^3$당 절대용적(ℓ)으로 표시하는 가장 기본되는 방법 시멘트, 잔골재, 굵은 골재를 각각 용적으로 배합. 예로 1 : 2 : 4(철근콘크리트에 사용), 1 : 3 : 6(무근콘크리트에 사용, 강도가장 강함)

㉡ 표준계량용적배합 : 콘크리트 $1m^3$당 시멘트 포대수, 골재 단위용적중량(다져진 상태)으로 표시

㉢ 현장계량용적배합 : 콘크리트 $1m^3$당 시멘트 포대수, 골재 현장계량용적(m^3, 다져지지 않은 상태)으로 표시

㉣ 임의계량용적배합 : 콘크리트 $1m^3$당 현장계량용적배합으로 사용하거나, 통계량용적배합과 다른 임의용적배합계량방법이 적용

㉤ 중량배합 : 콘크리트 $1m^3$당 중량(kg)으로 표시. 레미콘 제조에 주로 사용하며, 절대용적배합의 재료량에 비중 곱하여 계산

㉥ 복식배합 : 골재는 용적(ℓ) 기준, 시멘트는 중량(kg) 사용. 프랑스, 벨기에에서 주로 사용

② 콘크리트 공사의 순서

㉠ 콘크리트의 배합

㉡ 비비기

ⓐ 방법 : 재료의 혼합상태가 균등질이 되어 성형성, 작업성이 좋아지고 큰 강도를 낼 수 있도록 충분히 비빈다.

ⓑ 종류 : 인력비비기(삽비비기 순서 : 잔골재 → 시멘트 → 물 → 굵은골재 → 물) 기계비비기(믹서배합 : 처음에 물 넣고 모래, 시멘트, 골재 넣고 섞기)

㉢ 운반

㉣ 치기(타설) : 운반한 콘크리트를 거푸집 속에 처넣는 작업

㉤ 다지기 : 공극을 없애고 거푸집 구석구석 들어가도록 하기 위함

㉥ 보양 : 응결·경화가 완전히 이루어지도록 표면을 덮어 수분 증발하지 않도록 하는 것 보양온도 20℃ 전후, 최고 35℃ **참고** 콘트리트 동결온도 : -3℃

(6) 콘크리트 공사 관련용어

① 블리딩(Bleeding)

㉠ 콘크리트 친 후 물이 위로 2~4시간 정도 스며 나오는 현상

㉡ 이 현상이 심하면 콘크리트는 다공질이 되고 강도·수밀성·내구성이 저하됨

② 슬럼프 테스트(Slump test)

㉠ 콘크리트 작업의 워커빌리티를 측정하는 방법

㉡ 콘크리트 위에 무거운 물건을 떨어뜨려 내려앉는 높이(cm)로 측정해 표시

③ 워커빌리티(Workability)

㉠ 반죽질기 정도에 따라 재료가 굳지않는 콘크리트 성질

㉡ 시멘트 양이 많거나 미세한 입자는 워커빌리티 좋아짐

㉢ 입자가 모나거나 납작한 것은 워커빌리티를 해친다.

④ **성형성** : 거푸집 제거 시 거의 모양이 변하지 않으면서 굳지않는 콘크리트의 기본성질

⑤ **피니셔빌리티(finisherbility)** : 표면 마무리 작업의 난이도를 나타내는 굳지 않은 콘크리트 성질

⑥ 물과 시멘트의 비 (W/C)

㉠ 물과 시멘트의 중량비에 따라 콘크리트 강도 결정하는 것

• $W/C = \frac{물무게}{시멘트무게} \times 100$

• Abrams가 제창, 일반적으로 40~70%

⑦ **콘크리트 흡수율** : 15~22%

⑧ 레미콘(ready mixed concrete)

㉠ 시멘트 제조회사가 만들어 팔고 있는 굳지 않은 상태의 콘크리트

㉡ 현장협소하거나 기초, 지하콘크리트 공사 시, 긴급공사, 균등질 요구 시 등에 사용

㉢ 가설비, 기계손료, 인건비, 동력비 감소

⑨ 콘크리트에 사용하는 철근

㉠ 이형철근 : 표면에 凹凸(요철)이 있어 부착강도를 원형철근의 2배 정도 높이는 것

㉡ 원형철근 : 표면이 매끄럽고 지름 9~32mm 정도

⑩ **강도(압축강도)** : 인장강도의 8~10배로 재령 28일째 강도를 나타냄

(7) 콘크리트 배합설계방법

① **물·시멘트비(W/C)** : 물과 시멘트의 중량백분율. 물·시멘트비가 낮을수록 높은 강도이다.

② 굵은 골재의 치수와 슬럼프

㉠ 굵은 골재의 최대치수가 클수록 단위수량, 단위시멘트양이 줄어들고, 소요 워커빌리티를 가진 경제적 콘크리트를 만들 수 있다.

㉡ 슬럼프치는 소정의 워커빌리티를 얻을 수 있게 한다.

(8) 콘크리트 성질

① 콘크리트 요구성질

㉠ 소요강도를 얻을 수 있을 것

㉡ 적당한 워커빌리티를 가질 것

㉢ 균일성을 유지하도록 할 것

㉣ 내구성이 있을 것

㉤ 수밀성 등 기타 수요자가 요구하는 성능을 만족시킬 것

㉥ 가장 경제적일 것

② 굳지않은 콘크리트 성질 및 시험법

㉠ 굳지않은 콘크리트(fresh concrete) : 경화한 콘크리트로 비빔 직후부터 거푸집 내에 부어넣어 소정의 강도를 발휘할 때까지의 콘크리트를 말함

㉡ 워커빌리티(workability) : 반죽의 질긴 정도로 콘크리트를 운반해서 부어넣기까지 재료분리가 발생하지 않고 적당한 반죽질기를 가지는 성질

ⓐ 슬럼프시험 : KS F 2402에 규정. 슬럼프통에 3회 나누어 채운 다음 슬럼프통을 올리면 콘크리트는 가라앉는데 이때 가라앉은 정도가 슬럼프값(cm). 슬럼프값이 클수록 묽다.

ⓑ 공기량 : 일반적으로 3~6%(4.5±1.5%)로 단위용적 중량방법, 공기실 압력법(가장 많이 사용), 용적법, 블리딩시험, 응결시험 등

(9) 특수콘크리트의 시공

① **한중콘크리트** : 콘크리트 동결우려가 있을 때 일평균 기온이 4℃ 이하일 때 AE제, AE감수제 등의 혼화제를 사용해 공기포 도입하는 콘크리트

② **서중콘크리트** : 기온이 높아 콘크리트의 슬럼프 저하나 수분 증발 등의 위험이 있을 경우 소요 품질에 달할 때까지 슬럼프 저하, 발열 등 강도에 관하여 시방서에 따라 관리를 하는 것으로 일평균 25℃ 이상이나 일최고온도가 35℃ 이상일 때 적용된다.

③ **경량콘크리트** : 콘크리트는 강도에 비해 비중이 크기 때문에 자중이 커서 경량골재 등을 사용하여 제조하는 콘크리트

④ **유동화콘크리트(베이스 콘크리트 base concrete)** : 믹서로 비빔을 완료한 된 비빔 콘크리트에 유동화제를 첨가하여 혼합하여 유동성을 증대시킨 콘크리트

⑤ **고내구성 콘크리트** : 높은 내구성이 요구되는 구조물을 위해 내구성에 영향을 미치는 염화물 이온제거, 동결융해 피해 축소, 물·시멘트비 등에 민감히 적용하여 관리하는 콘크리트

⑥ **매스콘크리트** : 부재단면의 최소치수가 80cm 이상, 수화열에 의한 콘크리트 내부 최고온도와 외기온도 차가 25℃ 이상되는 콘크리트로 높은 수화열이 발생하기 때문에 수화열에 의한 균열 방지대책이 필요

⑦ **수밀콘크리트** : 콘크리트 중 수밀성이 높은 콘크리트로 수조, 수영장 등에 밀실하고 경화 후에도 균열이 발생하지 않는 배합

⑧ **팽창콘크리트** : 팽창제를 넣어 비빈 것으로 경화한 후에 체적팽창을 일으키는 콘크리트로 건조수축에 의한 균열을 최소화한 것

⑨ **섬유보강 콘크리트** : 모르타르나 콘크리트에 강섬유, 유리섬유 등을 골고루 분산시켜 압축강도 증진, 전단강도, 휨강도를 향상한 콘크리트

⑩ **고유동 콘크리트** : 굳지않은 콘크리트 상태에서 재료분리에 대한 저항성을 손상시키지 않고 유동성을 현저히 높인 콘크리트의 총칭으로 부어넣기 할 때 진동, 다짐을 하지 않아도 거푸집 내에서 완전히 충전할 수 있는 자기 충전성을 갖춘 콘크리트로 슬럼프 플로값 60±10cm

⑪ **폴리머콘크리트** : 강도의 증대, 균열특성의 개선, 대기조건과 각종 열악한 환경조건에 대해 새롭게 고안된 모르타르 및 콘크리트로 폴리머를 첨가한 콘크리트

⑫ **식생콘크리트** : 식물이 육성할 수 있는 콘크리트로 콘크리트 구조물에 부착생물, 암초성 생물 등 부착 서식할 수 있도록 공극률 확보, 중화 처리하여 하천제방, 댐 경사면, 수중생물 서식공간 등에 많이 활용

(10) 철근공사

① **개요** : 콘크리트 자체로는 휨, 전단, 비틀림에 약해 균열 발생하기에 인장응력이 강한 철근+압축응력이 강한 콘크리트를 결합

② **철근재료**

㉠ 원형철근 : 단면이 원형, 표준길이 4.5m 그 외 6.0~9.0m

㉡ 이형철근 : 표면에 두 줄의 돌기와 마디가 있는 철근으로 부착력이 원형철근의 40% 이상. 표준길이는 4.5m 그 외 5.0~9.0m

㉢ 고장력 이형철근, 기타 각강, 철근

CHAPTER 03 공종별 공사

실전연습문제

01 시멘트의 저장방법 중 적합하지 않은 것은? [기사 11.03.20]

㉮ 13포대 이상으로 쌓지 않는다.
㉯ 통풍이 잘되도록 조치한다.
㉰ 지상에서 30cm 이상 떨어지도록 마루판을 설치한 후 적재한다.
㉱ 입하(入荷) 순서대로 사용한다.

풀이 시멘트 저장고에는 창문이 필요 없다.

02 일반 콘크리트 타설에 대한 설명으로 틀린 것은? [기사 11.03.20]

㉮ 콘크리트의 타설 도중 블리딩에 의해 표면에 떠올라 있는 물은 제거한 후 타설하여야 한다.
㉯ 타설한 콘크리트를 거푸집 안에서 횡방향으로 이동시켜서는 안된다.
㉰ 콘크리트를 2층 이상으로 나누어 타설할 경우 상층의 콘크리트 타설은 하층의 콘크리트가 굳은 후 실시하여야 한다.
㉱ 한 구획 내의 콘크리트는 타설이 완료될 때까지 연속해서 타설해야 한다.

풀이 굳기 전에 실시한다.

03 포틀랜드시멘트 클링커에 철 용광로로부터 나온 슬래그와 급랭한 급랭슬래그를 혼합하여 이에 응결시간 조정용 석고를 혼합하여 분쇄한 것으로, 수화열량이 적어 매스콘크리트용으로도 사용할 수 있는 시멘트는? [기사 11.03.20]

㉮ 고로시멘트
㉯ 조강시멘트
㉰ 보통포틀랜드시멘트
㉱ 알루미나시멘트

04 백색포틀랜드시멘트에 대한 설명으로 옳지 않은 것은? [기사 11.06.12]

㉮ 제조 시 흰색의 석회석을 사용한다.
㉯ 안료를 섞어 착색 시멘트를 만들 수 있다.
㉰ 보통포틀랜드시멘트에 비하여 조기강도가 매우 낮다.
㉱ 제조 시 사용하는 점토에는 산화철이 가능한 한 포함되지 않도록 한다.

풀이 **백색포틀랜드시멘트 특성**
순백색이며 수경성임. 강도가 높고 내구성이 우수하다.
백색도가 높아 착색력이 우수해 미장용으로 많이 사용

ANSWER
01 ㉯ 02 ㉰ 03 ㉮ 04 ㉰

05 어느 골재의 단위용적중량이 1.62kg/L, 골재의 비중이 2.7일 때 공극률은?

[기사 11.10.02]

㉮ 40% ㉯ 50%
㉰ 60% ㉱ 67%

풀이 공극률(v) = (1-W/p)×100
W : 단위용적중량(kg/L), p : 비중

$$\left(\frac{1-2.62}{2.7}\times 100\right)= 40\%$$

06 콘크리트의 재료분리현상을 줄이기 위한 방법으로 옳지 않은 것은? [기사 11.10.02]

㉮ 중량골재와 경량골재 등 비중차가 큰 골재를 함께 사용한다.
㉯ 플라이애쉬를 적당량 사용한다.
㉰ 세장한 골재보다는 둥근 골재를 사용한다.
㉱ AE제나 AE감수제 등을 사용하여 사용수량을 감소시킨다.

풀이 골재의 비중차이가 많이 나면 재료분리현상이 생긴다.

07 특정한 입도를 가진 굵은 골재를 거푸집 속에 채워 넣고 그 공극 속에 특수한 모르타르를 펌프의 적당한 압력으로 주입하여 만든 콘크리트의 종류는? [기사 11.10.02]

㉮ 숏크리트
㉯ 프리스트레스트 콘크리트
㉰ 레디믹스트 콘크리트
㉱ 프리팩트 콘크리트

풀이 ㉮ 숏크리트(shotcrete) : 시멘트건(cement gun)과 같은 압축공기에 의한 분사기를 사용하여 분사되는 모르타르를 말하며, 건조 시킨 모래와 시멘트를 섞은 것을 펌프로 압송하여 노즐 끝에서 물과 함께 분사하는 방법이나 이미 모르타르로 만든 것을 분사하는 방법이 있다. 수밀성(水密性)과 강도가 뛰어난 모르타르를 얻을 수 있어, 구조물의 표면 마무리, 보수용, 강재(鋼材)의 녹 방지용으로 쓰인다.

㉯ 프리스트레스트 콘크리트(prestressed concrete) : 철근콘크리트 제품의 한 종류로서 약칭 PS, PS 콘크리트라고도 함. 피아노선·특수강선 등을 사용해 미리 부재 내에 응력을 줌으로써 사용 시 받는 외력을 없앤다. 조립 철근콘크리트 구조용 부재 외에, 교량의 PC빔, 철도의 침목 등에도 널리 사용된다.

㉰ 레디믹스트 콘크리트(ready-mixed concrete) : 공장에서 제조하여 아직 굳지 않은 상태로 배달되는 콘크리트. 믹서로 다 비빈 다음 교반(攪拌)하면서 운반하는 것, 어느 정도 비비고 운반 도중에 비빔을 끝내는 것, 운반 도중에 비비기 시작하여 배달하는 것 등이 있다.

08 시멘트 풍화에 대한 설명으로 옳지 않은 것은? [기사 12.03.04]

㉮ 시멘트가 풍화하면 밀도가 떨어진다.
㉯ 풍화한 시멘트는 강열감량이 감소한다.
㉰ 풍화는 고온다습한 경우 급속도로 진행된다.
㉱ 시멘트가 저장 중 공기와 접촉하여 공기 중의 수분 및 이산화탄소를 흡수하면서 나타나는 수화반응이다.

풀이 **강열감량**
시멘트를 950±50℃로 항량(恒量)이 될 때까지 가열했을 때의 중량의 감소 백분율로 시멘트의 풍화가 진행한다거나 혼합물이 존재하면 이 값이 커진다.

ANSWER 05 ㉮ 06 ㉮ 07 ㉱ 08 ㉯

09 콘크리트 워커빌리티(workability)를 측정하는 방법이 아닌 것은? [기사 12.03.04]

㉮ flow 시험
㉯ 비비(vee-bee) 시험
㉰ 모듈러스(modulus) 시험
㉱ 리몰딩(remolding) 시험

풀이 **모듈러스 시험**
탄성 실링재 등의 특성을 나타내는 수치시험으로 재료를 1.5배로 늘렸을 때의 인장 응력(kg/cm^2)을 말함
워커빌리티 시험이란 시멘트의 굳지 않는 성질로 반죽의 질기정도를 실험하는 것으로 슬럼프시험, 흐름시험, 비비시험, 다짐계수, 케리볼 관입시험, 일리발렌시험, 리몰딩 시험 등이 있음.

10 조경구조물 시공순서 중 맞는 것은? [기사 12.03.04]

a. 버림콘크리트 타설
b. 철근 조립
c. 본 콘크리트 타설
d. 거푸집 조립

㉮ a → d → b → c
㉯ d → b → a → c
㉰ a → b → d → c
㉱ b → d → a → c

11 공사현장에서 750포대를 보관할 시멘트 창고 바닥면적은 약 얼마인가? [기사 12.03.04]

㉮ $5.77m^2$ ㉯ $7.69m^2$
㉰ $11.54m^2$ ㉱ $23.08m^2$

풀이 $0.4 \times \frac{N}{n}$(N : 보관할 시멘트양, n : 쌓기단수13)

따라서, $0.4 \times \frac{750}{13} \fallingdotseq 23.08m^2$이지만, 600포대 미만일때는 전량 창고 가설이며, 600포대 이상일 경우는 공사기간에 따라 1/3을 저장 할 수 있는 창고 기준임
따라서 750포대의 1/3(250포대)로 계산 시는 $7.69m^2$이므로 전항정답처리됨.

12 다음 [보기]에서 설명하는 시멘트의 종류는? [기사 12.05.20]

보기
• 화학 저항성이 크고 내산성이 우수하다.
• 건조수축은 작은 편에 속한다.
• 조기강도는 보통시멘트에 비해 작으나 장기강도는 보통시멘트와 같거나 약간 크다.
• 수화열이 보통시멘트보다 적으므로 댐이나 방사선차폐용, 매시브한 콘크리트 등 단면이 큰 콘크리트용으로 적합하다.

㉮ 실리카 시멘트(Silica cement)
㉯ 알루미나 시멘트(Alumina cement)
㉰ 저열 포틀랜드 시멘트 (low-heat portland cement)
㉱ 중용열 포틀랜드 시멘트 (moderate-heat portland cement)

ANSWER 09 ㉰ 10 ㉰ 11 ㉯ 12 ㉱

13 골재의 함수상태에 관한 설명으로 옳지 않은 것은? [기사 12.09.15]

㉮ 공기 중 건조상태 : 실내에 방치한 경우 골재입자의 표면과 내부의 일부가 건조한 상태
㉯ 습윤상태 : 골재입자의 내부에 물이 채워져 있고, 표면에도 물이 부착되어 있는 상태
㉰ 절대건조상태 : 대기 중에서 골재의 표면이 완전히 건조된 상태
㉱ 표면건조포화상태 : 골재입자의 표면에 물은 없으나 내부의 공극에는 물이 꽉 차 있는 상태

풀이 **골재 절대건조상태**
골재를 100 ~ 110℃로 일정한 무게가 될 때까지 건조해서, 골재에 들어 있는 수분이 전혀 없는 상태를 말한다.

14 서중콘크리트에 대한 설명으로 옳은 것은? [기사 12.09.15]

㉮ 장기강도의 증진이 크다.
㉯ 워커빌리티가 일정하게 유지된다.
㉰ 콜드조인트가 쉽게 발생하지 않는다.
㉱ 동일 슬럼프를 얻기 위한 단위수량이 많아진다.

풀이 **서중콘크리트**
기온이 높아서 슬럼프의 저하와 수분의 급격한 증발 등의 위험성이 있는 시기에 시공되는 콘크리트로 하루 평균기온이 25℃ 또는 최고온도가 30℃를 넘으면 서중콘크리트를 시공함. 슬럼프 확보를 위해 단위수량 추가 시 건조수축 균열발생 및 내구성 저하됨.

15 모래의 전단력 차이에 의해 모래의 불교란 시료를 채취하기 곤란한 경우 현지의 지반에서 직접 밀도를 측정하는 시험방법은? [기사 12.09.15]

㉮ 전단시험 ㉯ 지내력시험
㉰ 표준관입시험 ㉱ 베인테스트

16 다음 중 아스팔트의 물리적 성질에 있어 아스팔트의 견고성 정도를 평가한 것은? [기사 12.09.15]

㉮ 신도 ㉯ 침입도
㉰ 내후성 ㉱ 인화점

풀이 **침입도**
경도를 표시하는 수치. 침입도계에 있어 보통 25℃, 하중 100g의 바늘을 5초간 시료에 관입하는 깊이를 mm단위로 측정하여 그 수의 10배로 표시한다.

17 다수의 미세한 기포의 작용에 의해 콘크리트의 워커빌리티와 동결융해에 대한 저항성을 개선시키는 것은? [기사 13.03.10]

㉮ 촉진제
㉯ AE제
㉰ 지연제
㉱ 포졸란(pozzolan)

18 계속 타설 중인 콘크리트에 있어서 외기온이 25℃ 미만일 때의 이어붓기 시간 간격의 한도로 옳은 것은? [기사 13.03.10]

㉮ 150분 ㉯ 120분
㉰ 90분 ㉱ 60분

풀이 **콘크리트 이어붓기 시간 간격**
25도 미만일 때 150분, 25도 이하일 때 120분

ANSWER
13 ㉰ 14 ㉱ 15 ㉰ 16 ㉯ 17 ㉯ 18 ㉮

19 다음 중 콘크리트의 크리프(creep)에 대한 설명으로 틀린 것은? [기사 13.03.10]

㉮ 작용응력이 클수록 크리프는 크다.
㉯ 재하재령이 빠를수록 크리프는 크다.
㉰ 물시멘트비가 작을수록 크리프는 크다.
㉱ 시멘트페이스트가 많을수록 크리프는 크다.

풀이 **콘크리트 크리프**
콘크리트에 일정한 하중을 계속 가하면 하중의 증가없이 시간의 경과에 따라 변형이 계속 증대되는 현상으로 증가원인은 다음과 같다.
① 재령이 적은 콘크리트에 재하시기가 빠를수록
② 강도가 낮을수록(물시멘트비가 클수록)
③ 대기습도가 적을수록(건조정도가 높을수록)
④ 양생(보양)이 나쁠수록
⑤ 재하응력이 클수록
⑥ 외부습도가 높을수록 작으며, 온도가 높을수록 크다.
⑦ 부재치수가 작을수록 크리프는 크다.
⑧ 조강시멘트는 보통시멘트보다 크리프가 작고, 중용열시멘트나 혼합시멘트는 크리프가 크다.
⑨ 물시멘트비가 증가할수록 크리프가 크다.

20 시험재의 전건무게가 1,000g이고, 건조 전에 시험재의 무게가 1,300g일 때 건량기준 함수율은 얼마인가? [기사 13.06.02]

㉮ 20% ㉯ 25%
㉰ 30% ㉱ 35%

풀이 건량기준 함수율

$$= \frac{\text{건조전 무게} - \text{전건무게}}{\text{건조전 무게}} \times 100$$

$$= \frac{300}{1,000} \times 100 = 30\%$$

21 일반 콘크리트의 다지기에 대한 설명으로 옳지 않은 것은? [기사 13.06.02]

㉮ 내부진동기는 콘크리트로부터 천천히 빼내어 구멍이 남지 않도록 하여야 한다.
㉯ 재진동을 할 경우에는 콘크리트에 나쁜 영향이 생기지 않도록 초결이 일어난 후에 실시하여야 한다.
㉰ 진동다지기를 할 때에는 내부진동기를 하층의 콘크리트 속으로 0.1m 정도 찔러 넣어야 한다.
㉱ 콘크리트는 타설 직후 바로 충분히 다져서 콘크리트가 철근 및 매설물 등의 주위와 거푸집의 구석구석까지 잘 채워져 밀실한 콘크리트가 되도록 한다.

풀이 재진동을 할 경우에는 콘크리트에 나쁜 영향이 생기지 않도록 초결이 일어나기 전에 실시한다.

22 콘크리트 내구성에 영향을 주는 아래 화학반응식의 현상은? [기사 13.06.02]

$$Ca(OH)_2 + CO_2 \rightarrow CaCO_3 + H_2O \uparrow$$

㉮ 콘크리트 염해 ㉯ 동결융해현상
㉰ 알칼리 골재반응 ㉱ 콘크리트 중성화

23 콘크리트의 신축이음에 대한 설명 중 틀린 것은? [기사 13.06.02]

㉮ 신축이음에는 필요에 따라 이음재, 지수판 등을 배치하여야 한다.
㉯ 신축이음은 양쪽의 구조물 혹은 부재가 구속된 구조이어야 한다.
㉰ 신축이음의 단차를 피할 필요가 있는 경우에는 장부나 홈을 두는 것이 좋다.
㉱ 신축이음의 단차를 피할 필요가 있는 경우에는 전단 연결재를 사용하는 것이 좋다.

ANSWER 19 ㉰ 20 ㉰ 21 ㉯ 22 ㉱ 23 ㉯

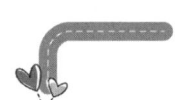

24 거푸집 등의 형상에 순응하여 채우기 쉽고, 분리가 일어나지 않는 성질, 거푸집에 잘 채워질 수 있는지의 난이도 정도, 재료의 분리에 저항하는 정도를 나타내는 용어는? [기사 13.06.02]

㉮ 컨시스턴시(consistency)
㉯ 펌퍼빌리티(pumpability)
㉰ 플라스티시티(plasticity)
㉱ 모빌리티(mobility)

25 포졸란 반응의 특징이 아닌 것은? [기사 13.09.28]

㉮ 블리딩이 감소한다.
㉯ 작업성이 좋아진다.
㉰ 초기강도와 장기강도가 증가한다.
㉱ 발열량이 적어 단면이 큰 대형 구조물에 적합하다.

풀이 포졸란 반응이란 단독으로는 물과 반응하여 경화하는 성질이 없는 물질이 석회와 수중에서 반응하여 경화하는 반응

포졸란 반응에 따른 효과
① 워커빌리티 개선효과
② 재료분리 및 블리딩 감소
③ 수화열 감소
④ 해수 및 화학적 저항성의 증진
⑤ 초기강도는 감소하나 장기강도는 증가
⑥ 수밀성 향상
⑦ 인장강도와 신장능력 향상

26 한중콘크리트에 관한 설명으로 옳지 않은 것은? [기사 13.09.28]

㉮ 하루의 평균기온이 4℃ 이하가 예상되는 기상조건에서는 한중콘크리트로 시공한다.
㉯ 콘크리트를 비비기 할 때 재료를 가열할 경우, 물 또는 골재를 가열하는 것으로 하며, 시멘트는 어떠한 경우라도 직접 가열할 수 없다.
㉰ 한중콘크리트에는 공기연행 콘크리트를 사용하는 것을 원칙으로 한다.
㉱ 추위가 심한 경우 또는 부재 두께가 얇은 경우 소요의 압축강도가 얻어질 때까지 콘크리트의 양생온도는 0℃ 이상을 유지하여야 한다.

풀이 양생 중 콘크리트의 온도는 5℃ 이상으로 유지하여야 한다.

27 건설 공사 시에 발생하는 백화방지 대책으로 옳지 않은 것은? [기사 13.09.28]

㉮ 수용성 염류가 적은 소재를 사용한다.
㉯ 흡수율이 작은 벽돌이나 타일을 사용한다.
㉰ 줄눈 모르타르의 단위시멘트양을 높게 한다.
㉱ 벽돌이나 줄눈에 빗물이 들어가지 않는 구조로 한다.

풀이
- 백화현상 : 시멘트 콘크리트 양생과정에서 혼합이 잘 안 되거나 동절기 시공 시 발생하며 표면에 흰가루 같은 것이 생기는 현상
- 백화현상 발생원인
  ① 환경조건 : 그늘진 북측면, 우기 등 습기가 많을 때, 기온이 낮을 때, 화학적 변화가 있을 때
  ② 물리적조건 : W/C비 높고, 잉여수 발생 시, 시멘트양의 증가 시, 모르타르 치밀도가 낮아 우수가 침투할 때, 재료 흡수율이 클 때

ANSWER 24 ㉰ 25 ㉰ 26 ㉱ 27 ㉰

28 콘크리트의 수밀성을 확보하기 위한 시공 방안으로 적당하지 않은 것은? [기사 14.03.02]

㉮ 연직 시공이음에는 지수판의 사용을 원칙으로 한다.
㉯ 혼화재료로서 팽창재는 콘크리트의 누수 원인이 되어 수밀성을 저해한다.
㉰ 소요의 품질을 갖는 수밀 콘크리트를 얻을 수 있도록 적당한 간격으로 시공이음을 두어야 한다.
㉱ 수밀 콘크리트는 양질의 AE제와 고성능 감수제 또는 포졸란 등을 사용하는 것을 원칙으로 한다.

풀이 팽창제를 첨가한 팽창콘크리트는 초기 균열을 막을 수 있고, 내구성이 향상된다. 수축균열 때문에 생기는 지하 누수를 방지하는 효과가 있으며, 휨인장 강도가 증가되어 제품이 가벼워져 경제적으로 제작할 수 있는 이점이 있다.

29 팽창균열이 없고 화학저항성이 높아 해수·공장폐수·하수 등에 집하는 콘크리트에 적합하고, 수화열이 적어 매스 콘크리트에 적합한 시멘트는? [기사 14.03.02]

㉮ 고로시멘트
㉯ 폴리머시멘트
㉰ 알루미나시멘트
㉱ 조강포틀랜드시멘트

풀이 **고로시멘트**
고철에서 선철을 만들 때 나오는 광재를 공기 중에서 냉각시켜 잘게 부순 것을 포틀랜드 시멘트, 크링커와 혼합해 적당히 분쇄해 분말로 만든 것으로 초기강도는 적지만 팽창이 적고 화학작용에 대한 저항성이 큼. 장기에 걸쳐 강도 증가되며 응결시 발열량이 적고, 해수, 하수, 공장폐수 접하는 공사에 적합하다.

30 표면마무리에 대한 설명으로 옳은 것은? [기사 14.03.02]

㉮ 표면마무리는 내구성, 수밀성에 영향을 주지 않는다.
㉯ 마모를 받는 면의 경우에는 물-결합재비를 크게 한다.
㉰ 거푸집 제거 후 발생한 콘크리트 표면 균열은 방치해도 좋다.
㉱ 표면 마무리는 콘크리트 윗면으로 스며 올라온 물을 처리한 후에 한다.

풀이 표면마무리는 콘크리트의 내구성, 수밀성에 영향을 주며, 표면균열 또한 처리한 후, 블리딩현상으로 스며나온 물을 처리한 후 표면마무리한다.

31 콘크리트의 경화나 강도 발현을 촉진하기 위해 실시하는 촉진 양생방법에 속하지 않는 것은? [기사 14.05.25]

㉮ 막양생 ㉯ 전기양생
㉰ 고온고압양생 ㉱ 상압증기양생

풀이 **막양생**
콘크리트를 타설한 후에 일반적인 습윤 양생방법이 곤란할 때 밀봉제로 콘크리트 표면을 피복하여 콘크리트 속의 수분 증발을 막는 양생 방법으로 일반적으로 시행하는 양생방법이며, 다른 항목들은 강도발현을 촉진하기 위해 실시하는 촉진 양생법에 해당됨.

32 다음 중 콘크리트의 공기량에 대한 설명으로 틀린 것은? [기사 14.05.25]

㉮ 공기량이 많을수록 슬럼프는 증대한다.
㉯ 공기량이 많을수록 강도는 저하한다.
㉰ AE공기량은 진동을 주면 감소한다.
㉱ AE공기량은 온도가 높을수록 증가한다.

풀이 콘크리트 온도는 온도 10℃ 증가에 공기량이 20~30% 감소한다.

Part 5 조경시공구조학

ANSWER 28 ㉯ 29 ㉮ 30 ㉱ 31 ㉮ 32 ㉱

33 매스콘크리트에 대한 설명 중 옳지 않은 것은? [기사 14.05.25]

㉮ 온도균열방지 및 제어 방법으로 프리쿨링 및 파이프쿨링 방법 등이 이용되고 있다.

㉯ 콘크리트의 온도상승을 감소시키기 위해 소요의 품질을 만족시키는 범위 내에서 단위 시멘트양이 적어지도록 배합을 선정하여야 한다.

㉰ 수축이음을 설치할 경우 계획된 위치에서 균열 발생을 확실히 유도하기 위해서 수축이음의 단면 감소율을 10% 이상으로 하여야 한다.

㉱ 매스콘크리트로 다루어야 하는 구조물의 부재치수는 일반적인 표준으로서 넓이가 넓은 평판구조에서는 두께 0.8m 이상으로 한다.

풀이 **국토해양부고시 콘크리트 표준시방서**
계획된 위치에서 균열 발생을 확실히 유도하기 위해서 수축이음의 단면 감소율을 35퍼센트 이상으로 하여야 한다.

34 콘크리트의 신축이음과 관련된 설명 중 틀린 것은? [기사 14.09.20]

㉮ 신축이음에는 필요에 따라 이음재, 지수판 등을 배치하여야 한다.

㉯ 신축이음은 양쪽의 구조물 혹은 부재가 구속된 구조이어야 한다.

㉰ 신축이음의 단차를 피할 필요가 있는 경우에는 장부나 홈을 두는 것이 좋다.

㉱ 신축이음의 단차를 피할 필요가 있는 경우에는 전단면 결재를 사용하는 것이 좋다.

풀이 신축이음은 양쪽의 구조물 또는 부재가 구속되지 않는 구조이어야 한다.

35 고온·고압이 증기솥 속에서 상압보다 높은 압력으로 고온의 수증기를 사용하여 실시하는 콘크리트의 양생방법은? [기사 14.09.20]

㉮ 촉진양생

㉯ 증기양생

㉰ 고주파양생

㉱ 오토클레이브양생

풀이 ① 촉진양생 : 단시일 내 소요강도를 내기 위해 경화를 촉진시켜 고온양생하는 것으로 주로 공장생산에 많이 사용
② 증기양생 : 증기를 방출하는 양생실에 콘크리트를 넣고 양생하는 것
③ 고주파양생 : 거푸집과 콘크리트 윗면에 철판을 넣고 고주파를 흘려 양생하는 것
㉱ 오토클레이브양생 : 고압증기양생이라고도 하며, 대기압이 넘는 압력용기인 오토클레이브 가마에서 양생한다. 24시간안에 28일 압축강도를 내며 내구성이 향상된다.

ANSWER 33 ㉰ 34 ㉯ 35 ㉱

4 금속재와 금속공사

(1) 금속의 장단점

① 장점

㉠ 강도, 경도, 내마모성 등 역학적 성질이 뛰어나다.

㉡ 고유의 특유한 광택을 갖는다.

㉢ 열 및 전기의 양도체로 전성과 연성이 높다.

㉣ 변형과 가공이 자유롭다.

㉤ 역학적인 결점은 합금을 통해 개선이 가능하다.

② 단점

㉠ 비중이 크므로 재료의 응용범위가 제한된다.

㉡ 산소와 쉽게 결합하여 녹이 발생한다.

㉢ 가공설비가 많이 필요하며, 제작비용이 과다하다.

(2) 금속의 종류

① 철금속

㉠ 순철 : 순수한 철로 연질이며, 탄소 함유량 0.035%

㉡ 탄소강 : 강(鋼, steel)이라 하며, 0.035~1.7% 탄소를 함유해 담금질 등 열처리가 가능해 일반적 철제품에 사용된다.

㉢ 주철 : 무쇠, 선철이라고도 하며, 1.7% 이상의 탄소를 함유한 철은 주물을 제작하는데 사용하며, 배수파이프, 맨홀뚜껑, 가로시설, 조각, 정원시설, 가로수 보호덮개 등에 사용된다.

㉣ 스테인리스강 : 탄소강에 10.5% 이상의 크롬, 니켈, 몰리브덴, 티타늄 등의 금속이 첨가된 것으로 내식성이 뛰어나고 기계적 성질이 우수해 조경시설물, 조형물에 많이 사용됨

㉤ 내후성 강재 : 강에 구리, 크롬, 니켈, 인을 혼합한 것으로 대기 중에서 산화막을 형성하여 특유의 녹슨 듯한 적색을 띈다.

㉥ 표면처리강 : 강의 표면을 보호하기 위해 아연도금, 알루미늄, 아연합금도금, 납합금도금, 유기코팅 등의 보호조치를 한 것

② 비철금속

㉠ 구리 : 비중 8.94, 열팽창계수 0.017mm/mk, 전기 및 열 전도성이 높고 전연성이 뛰어나 가공 및 접합이 용이. 화학적 저항성이 커 내식성이 양호

㉡ 황동 : 놋쇠라고도 하며, 50% 이상의 구리에 아연을 가한 것 전연성, 내식성이 뛰어나며 금색광택으로 주로 난간, 계단 논슬립, 지붕, 나사, 볼트, 정원장식물 등에 사용된다.

㉢ 청동 : 구리에 주석 10~20%를 넣은 것으로 황동보다 단단하고 부식에 의한 청동색과 높은 내구성, 내마모성이 있어 환경조각으로 많이 사용

㉣ 알루미늄 : 철에 이은 제2의 금속으로 비중 2.7로 낮으면서 강도가 높고 내식성 풍부해 가공이 용이하여 조경에서 펜스, 가드레일, 볼라드, 알루미늄 캐스팅 의자, 그레이팅 등 경량구조물에 사용됨

(3) 철강재의 가공 및 제작(조경공사 시방서 15-3장 참고)

① **녹막이 처리** : 강철 및 철금속 제품은 녹막이처리 및 도금처리 해야 한다.

② **절단** : 변형되지 않도록 절단기나 가스절단 등 마무리 치수를 고려해 절단한다.

③ **구멍뚫기** : 드릴로 뚫는 것이 원칙이나, 지름 13mm 이하인 경우 전단 구멍뚫기, 30mm 이상인 경우 가스 구멍뚫기를 한다.

④ **성형** : 상온이나 적열상태로 하며, 가열가공은 적열상태로 시행

⑤ **용접**

㉠ 용접은 해당작업의 공인자격증을 소유한 용접공에 의해 시행해야 한다.

㉡ 철강재의 용접은 가스용접, 불활성가스 아크용접, 아르곤가스용접 등의 방법을 사용하고 재료 및 부위별 용접방식의 선택은 설계도면 및 공사 시방서에 따른다.

㉢ 모재의 용접면은 용접 전에 도료, 기름, 녹, 수분, 스케일 등 용접에 지장이 있는 것을 제거하여야 한다.

㉣ 용접봉은 습기를 흡수하지 않도록 보관하고 피복재의 박탈, 오손, 변질, 흡습, 녹이 발생한 것은 사용해서는 안 되며, 흡습이 의심되는 용접봉은 재건조하여 사용하여야 한다.

㉤ 용접부 간격은 스페이서를 이용하여 조정해야 하며, 중심을 맞추기 위하여 관에 무리한 외력을 가해서는 안된다.

㉥ 우천 또는 바람이 심하게 불거나 기온이 0℃ 이하일 때에는 용접을 행해서는 안된다.

㉦ 용접은 원칙적으로 하향자세로 하고 관의 경우 회전하면서 한다.

⑥ 볼트, 리벳접합

⑦ 설치

(4) 금속 부식방지 표면 피복법

① 페인트, 바니시 등 도료를 사용한다.

② 아스팔트, 콜타르 등 광유성재를 도포한다.

③ 고무 및 합성수지로 소부한다.

④ 아연도금이나 주석도금을 한다.

⑤ 인산염 용액에 금속을 담가 표면에 피막을 형성한다.

⑥ 모르타르 및 콘크리트로 피복하면 강표면에 형성되는 $Fe(OH)_2$는 알칼리 중에서도 안정

(5) 금속제품

① **구조용 강재** : 형강, 봉강, 강관, 강판

② 금속선 및 금속망(용접철망, 크림프철망, 직조철망, 엑스펜디드 메탈)

③ **긴결재 또는 이음재** : 못, 볼트 및 너트, 리벳, 목구조용 철물

CHAPTER 03 공종별 공사

실전연습문제

01 다음 중 조경재료로 사용되는 금속의 물리적 특성으로 전성(展性, Malleability)이 제일 작은 것은? [기사 11.03.20]

㉮ 니켈 ㉯ 철
㉰ 알루미늄 ㉱ 구리

풀이 **금속의 전성순서**
금(Au) 〉 은(Ag) 〉 알루미늄(Al) 〉 구리(Cu) 〉 주석(Sn) 〉 백금(Pt) 〉 납(Pb) 〉 아연(Zn)〉 철(Fe) 〉 니켈(Ni)

02 일반적인 금속재료에 대한 특징 설명 중 틀린 것은? [기사 11.06.12]

㉮ 연성과 전성이 작다.
㉯ 전기, 열의 전도율이 크다.
㉰ 금속 고유의 광택이 있으며 빛에 불투명하다.
㉱ 일반적으로 상온에서 결정형을 가진 고체로서 가공성이 좋다.

풀이
- 연성 : 탄성한계를 넘는 힘을 가함으로써 물체가 파괴되지 않고 늘어나는 성질로 백금, 금, 은 구리 같은 금속이 이러한 성질이 강하다.
- 전성 : 금속에 압력·타격을 가함으로써 얇은 조각으로 만들 수 있는 성질로 연성(延性)과 마찬가지로 금·은·주석·알루미늄과 같은 부드러운 금속에 풍부함

03 각종 금속에 대한 설명 중 옳지 않는 것은? [기사 14.03.02]

㉮ 납은 비중이 비교적 작고 융점이 높아 가공이 어렵다.
㉯ 알루미늄은 비중이 철의 1/3 정도로 경량이며 열·전기 전도성이 크다.
㉰ 청동은 구리와 주석을 주체로 한 합금으로 건축장식 부품 또는 미술공예 재료로 사용된다.
㉱ 동은 건조한 공기 중에서는 산화되지 않으나, 습기가 있거나 탄산가스가 있으면 녹이 발생한다.

풀이 납은 비중이 무거운 금속이지만, 자르거나 압연이 쉬워 가공이 용이하다.

04 특수강 중 하나인 스테인리스강에 대한 설명으로 옳지 않은 것은? [기사 14.09.20]

㉮ 탄소량이 적고 내식성이 우수하다.
㉯ 전기저항이 작고 열전도율이 크다.
㉰ 크롬, 니켈 등이 주성분으로 구성되어 있다.
㉱ 경도에 비해 가공성이 좋으며 납땜도 가능하다.

풀이 **스테인리스강**
용접 시 전기저항이 크고 열전도율은 낮다.

ANSWER 01 ㉮ 02 ㉮ 03 ㉮ 04 ㉯

5 점토 및 타일과 조적공사

(1) 생성과정에 따른 종류

① **1차점토** : 암석이 풍화한 위치에 그대로 남아 있는 점토로 상대적으로 가소성이 적고 입자가 크다.

㉠ 고령토 : 물이나 탄산 등에 의한 화학적 작용으로 바위와 돌이 분해되어 생긴 순수한 진흙으로 도자기의 원료

㉡ 도석 : 화강암, 석영 등 장석질 암석은 풍화하면 장석이 되는데 충분한 풍화작용이 일어나지 않아 입자가 거친 덩어리 상태로 남아 있는 것으로 도자기, 고급타일에 사용

② **2차점토** : 물이나 바람에 의해 이동하여 침적된 미세한 입자의 집합체로 불순물이 함유되어 있어 소성액이 유색이다.

㉠ 볼클레이(ball clay) : 화강암질 암석이 멀리 밀려가 쌓인 것으로 엷은 황갈색

㉡ 석기점토 : 많은 장석질을 함유

㉢ 내화점토 : 규산, 알루미나, 물을 주성분으로 약간의 철분과 불순물을 포함하며, 고온소성하면 유리질 물질을 생성하여 단열벽돌, 경질내화벽돌에 사용

㉣ 도기점토 : 예전에 사용하던 도자기 재료이며 건축용 적벽돌, 타일, 화분 등에 사용됨

㉤ 벤토나이트 : 입자가 작은 점토로 화산재가 분해되어 만들어진 것으로 물을 가하면 부풀어 올라 팽유토라고도 한다.

(2) 점토 제품의 종류

① **점토벽돌** : 점토나 고령토 등을 원료로 혼련, 성형, 건조, 소성시켜 만든 벽돌로 한국산업규격 KS L 4201

② **타일** : 점토 또는 암석의 분말을 성형, 소성하여 만든 박판제품의 총칭

㉠ 원료 : 장석, 도석, 납석, 고령토, 규석

㉡ 성형제조 방법 : 건식방법(압력으로 찍어내는 것), 습식방법(반죽으로 만들며 표면이 거칠어 외벽용 타일로 주로 사용)

㉢ 구분

ⓐ 호칭명에 따른 구분 : 내장타일, 외장타일, 바닥타일, 모자이크타일

ⓑ 소재의 질에 따른 구분 : 자기질 타일, 석기질 타일, 도기질 타일

ⓒ 유약의 유무에 따른 구분 : 시유타일, 무유타일

③ **테라코타** : 구운 흙으로 붉은 도기 점토를 반죽하여 상대적으로 낮은 800~900℃에서 소성한 조각이나 속이 빈 대형의 점토제품으로 모양과 색을 자유롭게 연출할 수 있어 조경에서는 부조판, 화분, 플랜터 등에 사용하지만 제작비가 많이 든다.

(3) 조적공사

① 재료의 종류

㉠ 보통벽돌 : 형상대로 틀에 넣어 성형. 가열온도에 따라 광채벽돌, 생벽돌 생성

ⓐ 표준형 : 190×90×57mm

ⓑ 기존형 : 210×100×60mm

㉡ 내화벽돌 : 열에 강해 1580℃ 이상에서 연소

㉢ 시멘트 벽돌 : 보통벽돌보다 강도는 약하나 고압 성형한 고압시멘트벽돌

② 벽돌공사의 장·단점

㉠ 장점 : 풍화에 강, 내화·내구성 있다. 시공용이, 형태와 색채가 자유롭다. 화학작용에 대한 저항력이 강하며 미관상 보기 좋다.

㉡ 단점 : 형태가 작아 쌓는 시간이 많이 걸린다. 숙련공이 필요하며 횡력에 약하다.

③ 벽돌쌓기 방법

㉠ 영국식 : 구조가 가장 튼튼함

㉡ 프랑스식 : 매단에 길이쌓기, 마구리쌓기를 번갈아 쌓기

㉢ 길이쌓기 : 굴뚝 등 반장벽 쌓기에 적합

㉣ 마구리쌓기

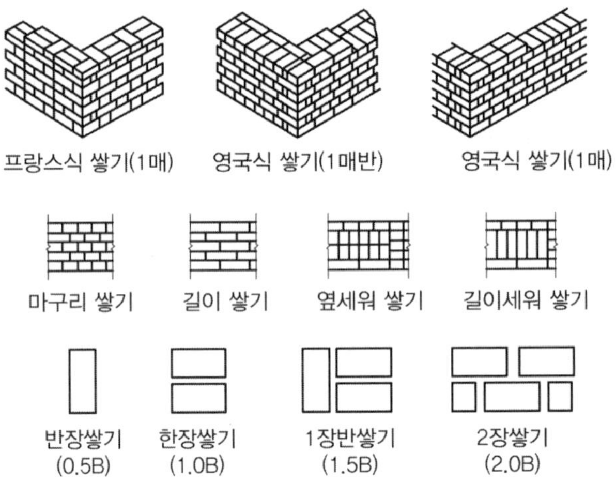

㉤ 벽돌쌓기 유의사항

ⓐ 벽돌을 10분 이상 물에 담가 충분히 흡수시킨 뒤 사용

ⓑ 1회에 쌓아올릴 수 있는 높이 1.2m(20단) 이하, 12시간 경과 후 다시 쌓기

ⓒ 줄눈은 가로 세로 10mm가 표준, 9mm도 가능

ⓓ 규준틀, 표준을 만들어 보통 3단마다 심줄을 그어 높이를 표시한 후 쌓기

ⓔ 모르타르 배합비 : 보통 1 : 3, 중요한 곳 1 : 2, 치장줄 1 : 1 또는 1 : 2

④ 치장 줄눈(벽돌사이 이음줄)의 종류

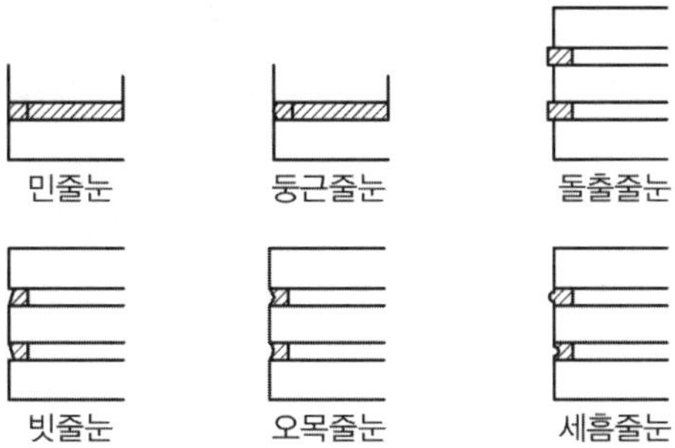

⑤ 표준규격 벽돌 기준수량

(m^2당, 단위 : 매)

벽돌 두께 \ 벽 두께	0.5B	1.0B	1.5B	2.0B	2.5B	3.0B
210×100×60(기존형)	65	130	195	260	325	390
190×90×57(표준형)	75	149	224	299	373	447

면적산출방법 (m^2당 벽돌수량)	$N=\dfrac{1}{(l+n)(d+m)}$	N: $1m^2$에 필요한 벽돌의 수(매/m^2) l : 벽돌의 길이(m) d : 벽돌의 두께(m) n : 세로줄눈 너비(m) m : 가로줄눈 너비(m)
체적산출방법 (m^3당 벽돌수량)	$N=\dfrac{1}{(l+n)(b+n)(d+m)}$	N: $1m^3$에 필요한 벽돌이 수(매/m^3) l : 벽돌의 길이(m) d : 벽돌의 두께(m) b : 벽돌의 너비(m) m : 가로줄눈 너비(m) n : 세로줄눈 너비(m)

CHAPTER 03 공종별 공사

실전연습문제

01 벽면적 $4.8m^2$ 크기에 1.5B 두께로 붉은 벽돌을 쌓고자 할 때 벽돌 소요 매수로 옳은 것은? (단, 표준형 벽돌을 사용하고, 할증은 3%로 한다.) [기사 11.03.20]

㉮ 374 ㉯ 743
㉰ 1108 ㉱ 1487

풀이 표준형벽돌 1.5B $1m^2$당 소요매수 = 224매
따라서, 224×4.8×1.03 = 1107.456매
즉, 1108매

02 다음 중 벽돌쌓기에 관한 설명으로 틀린 것은? [기사 11.03.20]

㉮ 벽돌구조는 수직압력에는 강하나 횡압력에는 약하다.
㉯ 쌓기용 모르타르는 1 : 3의 조합이 보통이다.
㉰ 일반적으로 1일의 쌓기는 2.0m 이내로 한다.
㉱ 벽돌벽은 어느 부분이든 균일한 높이로 쌓아 올라간다.

풀이 벽돌쌓기 : 1회에 쌓아올릴 수 있는 높이 1.2m이며, 12시간 경과 후 다시 쌓기

03 슬래그를 분쇄한 것에 8 ~ 12%의 소석회를 혼합하고 물 반죽한 후에 대기 중에서 2 ~ 3개월 경화시키거나 고압증기가마에 경화시켜 만든 벽돌은? [기사 11.06.12]

㉮ 광재벽돌 ㉯ 날벽돌
㉰ 오지벽돌 ㉱ 이형벽돌

04 높이 2.5m, 길이 100m의 벽을 붉은 벽돌 1.5B 두께로 쌓을 때 소요되는 벽돌량으로 가장 적당한 것은? (단, 붉은 벽돌의 규격은 21cm×10cm×6cm이며, 할증률을 포함한다.) [기사 11.10.02]

㉮ 47508매 ㉯ 48750매
㉰ 50213매 ㉱ 578680매

풀이 1.5B 쌓을 때 기존형 벽돌소요매수 : $1m^2$당 195매
따라서 2.5×100×195×1.03 = 50212.5
즉 50213매

05 벽돌벽의 균열에 대한 설명으로 옳지 않은 것은? [기사 12.05.20]

㉮ 벽돌강도는 모르타르의 강도보다 더 크게 한다.
㉯ 건물의 평면·입면의 불균형을 초래하지 않는다.
㉰ 온도변화와 신축을 고려한 control joint를 설치한다.
㉱ 벽돌벽의 길이, 높이에 비해 두께가 부족하거나 벽체강도가 부족하지 않도록 한다.

ANSWER 01 ㉰ 02 ㉰ 03 ㉮ 04 ㉰ 05 ㉮

06 다음 조적공사의 설명으로 옳은 것은?

[기사 14.05.25]

㉮ 네덜란드식은 마구리와 길이놓기를 반복하여 서로 켜마다 어긋쌓기하여 통줄눈이 생기지 않는다.

㉯ 영국식은 5단까지는 길이쌓기 하고 그 위에 한 켜는 마구리 쌓기로 뒷벽돌에 물려 쌓는다.

㉰ 표준형 벽돌 규격은 210×100×60이며, 내화벽돌 규격은 190×90×50이다.

㉱ 벽돌쌓기에서 가로, 세로 줄눈의 나비는 특별히 지정하지 않을 경우 10mm를 표준으로 한다.

풀이

㉮ 네덜란드식은 영국식과 같으나, 모서리 끝에 칠오토막을 사용함

㉯ 프랑스식 : 매단에 길이쌓기, 마구리쌓기를 번갈아 쌓기

㉰ 표준형 : 190×90×57mm,
기존형 : 210×100×60mm

Part 5 조경시공구조학

ANSWER 06 ㉱

6 합성수지, 미장 및 도장재와 공사

(1) 합성수지

① **정의** : 석탄, 석유, 천연가스 등의 원료를 인공적으로 합성시켜 얻은 고분자 물질

② **종류**

㉠ 열가소성 수지 : 폴리에틸렌(PE) 수지, 폴리프로필렌(PP) 수지, 염화비닐(PVC) 수지, 염화비닐리덴(PVDC) 수지, 초산비닐(PVDC) 수지, 메타크릴(PMMA) 수지, 폴리카보네이트(PC) 수지, 폴리스티렌(PS) 수지, ABS 수지, 불소(PTFE) 수지, 폴리아미드, PET 수지

㉡ 열경화성 수지 : 페놀(PF) 수지, 요소(UF) 수지, 멜라민(MF) 수지, 알키드(AIK) 수지, 불포화 폴리에스테르(UP) 수지, 에폭시(EP) 수지, 규소(SI) 수지, 폴리우레탄(PUR) 수지

㉢ 탄성중합체 : 스타이렌 부다티엔 고무, 클로로프렌(네오프렌) 고무, EPDM 고무

㉣ 대표적 4대 합성수지 : PVC(염화비닐 수지), PS(폴리스틸렌 수지), PP(폴리프로필렌 수지), PE(폴리에틸렌 수지)

③ **성질**

㉠ 열에 대한 성질 : 내열성 약하고 열에 의한 팽창수축이 심해 연소시 유독가스 발생

㉡ 내후성이 약하여 외부공간에서 취약하다.

㉢ 역학적 성질 : 비중 0.9~2.0으로 콘크리트에 비해 경량이며 강도가 크며 강화재로 유리섬유를 넣어서 유리섬유 강화 플라스틱으로 사용

㉣ 내마모성이 약해 외부 공간에서 흠이 나기 쉽다.

㉤ 가공성, 성형성 높으며 내약품성은 콘크리트나 강보다 우수하다.

㉥ 전기절연성 우수하고, 외관이 자유롭고, 접착성이 좋다.

④ **조경용 합성수지 제품** : 합성수지 매트 및 네트, 합성목재, 잔디보호 매트 및 투수성 플라스틱 포장재, GFRP, 배수 및 저류시설, 막구조용 섬유, 생분해성 플라스틱

(2) 도장재

① **도료** : 구조재의 용도상 필요한 물리·화학적 성질을 강화시키고 미관을 증진시킬 목적으로 재료의 표면에 피막을 형성시키는 액체재료

② **도료의 구성** : 유지, 수지, 건조제, 가소제, 분산제, 안료(무기안료, 유기안료, 체질안료), 용제

③ **도료의 분류(한국산업규격)** : 수성도료, 유성도료, 방청도료, 래커도료, 바니시, 도료용 희석제, 분체도료

④ 종류

재료	종류	특성
페인트	수성페인트	유기질 도료, 무기질 도료
	유성페인트	안료를 보일류에 이겨 만든 것 건조 빠르고 광택 우수, 내후성, 내마모성 우수
	에나멜페인트	안료를 바니스에 이겨서 만든 페인트. 두껍고 색채 및 광택이 좋음
	녹막이페인트	연단페인트 많이 사용. 철재 · 경금속재의 녹이 생기는 것을 방지
바니시	유성 바니시, 휘발성 바니시	유용성 수지류를 건성류에 가열·용해하여 휘발성 용제로 희석한 것 목재부 도장에 많이 사용하며 옥외에는 잘 사용하지 않는다.
합성수지 도료	에폭시 수지도료	단단하고, 내마모성이 좋고, 내산·내알칼리성이 우수해 콘크리트 바닥에 사용
	합성수지 에멀션 페인트	외부도장에 많이 사용하며, 물을 사용하기에 화재와 폭발의 위험이 없어 옥내·외 외부도장에 가장 많이 사용
	그 외 알카드 수지도료, 폴리에스테르 수지도료 등	
특수도료	방청도료	금속 부식방지도료로 녹막이 도료라 함
	본타일	합성수지와 체질안료 혼합해 입체무늬 내는 뿜칠용 도료
	단청 도료	안료를 아교풀에 개어 솔칠하는 도료로 목재내부 보호

⑤ **녹방지 도료** : 알미늄 분도료, 연단도료, 산화철도료, 광명단

(3) 도장공사

① **목부 유성페인트 공사** : 바탕 만들기(오염물 제거, 샌드페이퍼 문지르기, 수직처리, 용이처리 구멍메우기) → 초벌칠 → 퍼티칠 → 샌드페이퍼 문지르기 → 재벌칠 1회째 → 샌드페이퍼 문지르기 → 재벌칠 2회째 → 정벌칠

② **철부 유성페인트 공사** : 바탕 만들기(오염물의 제거, 유류 제거, 녹떨기, 화학처리, 피막마감) → 방청제 메우기 및 퍼티칠 → 샌드페이퍼 문지르기 → 재벌칠 1회째 → 샌드페이퍼 문지르기 → 재벌칠 2회째 → 샌드페이퍼 문지르기 → 정벌칠

③ **에나멜 페인트칠** : 유성페인트칠과 같으며 건조가 빠르기 때문에 뿜칠이 좋다.

④ **수성페인트** : 바탕 만들기 → 바탕누름 → 초벌칠 → 페이퍼 문지르기 → 정벌칠

⑤ **바니시** : 바탕 만들기(바탕조정, 눈먹임, 착색, 색흠 바로잡기, 색누름 등) → 초벌칠하기 → 페이퍼 문지르기 → 재벌칠하기 → 페이퍼 문지르기 → 정벌칠하기 → 마무리

⑥ **분체도장** : 합성수지를 고체 분말형태로 하여 피도물에 코팅하는 분말수지를 유기용제나 물에 용해하는 도장하는 것 소지조정(오염물제거) → 1차 도색 → 1차 열처리 → 2차 도색 → 제색

(4) 미장공사

① 미장재료

㉠ 시멘트 : 보통포틀랜드 시멘트, 백색 시멘트

㉡ 석회 : 생석회, 소석회, 산화마그네슘

㉢ 기타 : 석고, 흙, 점토 등

② 미장공사

㉠ 종류 : 시멘트 모르타르 바름, 석회 바름, 인조석 바름, 테라조 바름

㉡ 모르타르 용적 배합비

ⓐ 1 : 1 (치장줄눈, 방수, 기타 중요한 곳)

ⓑ 1 : 2 (미장용 정벌 바르기, 기타 중요한 곳)

ⓒ 1 : 3 (미장용 정벌 바르기, 쌓기 줄눈)

ⓓ 1 : 4 (미장용 초벌 바르기)

ⓔ 1 : 5 (기타 중요하지 않는 곳)

7 기타 옥외포장재, 생태복원재

(1) 옥외포장재

① 분류

㉠ 생산소재에 따른 분류 : 자연재료, 인공재료

㉡ 제조방식에 따른 분류

ⓐ 혼합물계 : 아스팔트계, 콘크리트계, 수지계, 흙, 목질계

ⓑ 도포계 : 우레탄 포장, 수지모르타르 포장

ⓒ 제품계 : 소형 고압블록 포장, 석재타일 포장, 점토바닥벽돌, 벽돌포장, 고무블록 포장, 잔디블록 포장

② 포장재료별 특성

㉠ 아스팔트 콘크리트 포장 : 경제성, 내구성 높아 도로, 주차장, 자전거도로, 산책로, 광장 등에 사용

㉡ 콘크리트 포장 : 가장 일반적 포장으로 공원, 도로, 주차장, 자전거도로, 산책로, 광장에 사용

㉢ 블록 포장

ⓐ 소형고압블록 포장 : 보행로, 주차장, 광장 등에 사용

ⓑ 점토바닥벽돌 포장 : 보행로, 광장, 휴게공간 등에 사용

ⓒ 벽돌포장 : 보행로, 정원 등에 사용

ⓓ 목재블록포장 : 정원, 휴게공간, 데크 등에 사용

ⓔ 투수블록 포장 : 보행로, 주차장, 광장, 공개공지 등에 사용
ⓕ 석재 및 자연석 포장류 : 보행로, 광장, 휴게공간에 사용
ⓖ 타일포장 : 콘크리트 기초 위에 접착. 보행로, 광장에 사용
ⓗ 흙 포장류 : 마사토 포장(운동장, 자연산책로), 혼합토포장(자연산책로, 전통공간)
ⓘ 기타 : 색조포장, 우드칩 포장, 우레탄 포장, 인조잔디 포장, 고무칩 포장

(2) 생태복원재

① **식물 부산물** : 분쇄한 짚, 매트, 롤, 폐지 멀칭재 등
② **식물 발생재** : 식물의 지엽부와 목질부를 혼합하여 재활용
③ **목재** : 목재 멀칭재, 목재 침상, 다공성 목편 콘크리트 블록, 목재 블록
④ **콘크리트** : 다공질 콘크리트 블록(녹화 가능), 공동 콘크리트 투수 블록
⑤ **석재** : 개비온(금속망에 석재 채워 호안에 사용하는 공법), 돌망태, 자연석, 화산석
⑥ **합성수지** : 합성수지 네트, 매트, 주머니, 잔디보호 플라스틱 포장재 등으로 사용. 환경위해성 문제로 인해 친환경 합성수지 개발이 필요

CHAPTER 03 공종별 공사

실전연습문제

01 다음의 합성수지 중 발포제품으로 만들어 단열재로 사용되는 것은? [기사 11.03.20]

㉮ 멜라민수지 ㉯ 폴리스틸렌수지
㉰ 염화비닐수지 ㉱ 폴리아미드수지

02 도료의 건조제(dryer) 중 상온에서 기름에 용해되는 건조제에 해당하지 않는 것은? [기사 12.03.04]

㉮ 연(Pb)
㉯ 초산염
㉰ 붕산망간
㉱ 이산화망간(MnO_2)

풀이 초산염을 아세트산염이라고도 하며 금속 산화물, 수산화물, 탄산염을 아세트산에 녹여서 만든다.

03 다음 [보기]에서 설명하는 합성수지 접착제는? [기사 12.03.04]

보기
- 수용형, 용제형, 분말형 등이 있다.
- 목재, 금속, 플라스틱 및 이들 이종재(異種材) 간의 접착에 사용되지만 금속의 접착에는 적당하지 않다.
- 액상인 것은 완전히 굳으면 적동색을 띠므로 경화 정도를 쉽게 판단할 수 있다.

㉮ 페놀수지 접착제
㉯ 카세인 접착제
㉰ 초산비닐 접착제
㉱ 폴리에스테르수지 접착제

04 다음 중 에폭시수지에 대한 특징 설명으로 옳은 것은? [기사 12.05.20]

㉮ 가격이 저렴하다.
㉯ 금속의 접착성이 좋다.
㉰ 내수성이 좋지 못하다.
㉱ 내약품성이 좋지 못하다.

05 다음 합성수지 중 열경화성수지에 해당하는 것은? [기사 12.09.15]

㉮ 프란수지 ㉯ 셀룰로이드
㉰ 초산비닐수지 ㉱ 폴리아미드수지

풀이 ① 열경화성 수지 : FRP, 프란수지, 요소수지, 멜라민수지, 폴리에스테르 수지, 페놀수지, 실리콘, 우레탄 등
② 열가소성 수지 : 염화비닐, 아크릴, 폴리에틸렌

06 합성수지 중 무색 투명판으로 착색이 자유롭고 광선이나 자외선의 투과성이 크며, 유기유리로도 불리는 것은? [기사 13.03.10]

㉮ 멜라민 수지
㉯ 초산비닐수지
㉰ 아크릴 수지
㉱ 폴리에스테르수지

ANSWER 01 ㉯ 02 ㉮ 03 ㉮ 04 ㉯ 05 ㉮ 06 ㉰

07 다음 중 철제 조경시설관리에서 도장의 목적이 아닌 것은? [기사 13.03.10]

㉮ 물체 표면의 보호
㉯ 부식 및 노화의 방지
㉰ 미관의 증진
㉱ 방충성 증진

풀이 방추성 도장은 목재에 필요하다.

08 내열성이 크고 발수성을 나타내어 방수제로 쓰이며 저온에서도 탄성이 있어 gasket, packing의 원료로 쓰이는 합성수지는? [기사 13.09.28]

㉮ 페놀수지
㉯ 실리콘수지
㉰ 에폭시수지
㉱ 폴리에스테르수지

09 다음 중 옥상조경 시공에 있어서 가장 우선적으로 시공하여야 할 공정은? [기사 13.09.28]

㉮ 토양층 조성 ㉯ 방조층 설치
㉰ 방수층 설치 ㉱ 배수층 설치

풀이 옥상조경은 인공지반이므로 건물 내에 물이 스며들지 않도록 방수공사가 매우 중요하다.

10 발포제로서 보드상으로 성형하여 단열재로 널리 사용되며 건축벽 타일, 천장재, 전기용품 등에 쓰이는 열가소성 수지는? [기사 14.03.02]

㉮ 실리콘수지
㉯ 아크릴수지
㉰ 폴리에스테르수지
㉱ 폴리스티렌수지

풀이
- 열가소성수지 : 염화비닐, 아크릴, 폴리에틸렌수지
- 열경화성 수지 : FRP, 요소수지, 멜라민 수지, 폴리에스테르 수지, 페놀수지, 실리콘, 우레탄 등

ANSWER 07 ㉱ 08 ㉯ 09 ㉰ 10 ㉱

3 공종별 공사

1 포장공사

(1) 포장의 종류

① **용도별 종류** : 차량전용도로포장, 보행자전용도로포장, 관리용도로포장, 자전거전용도로포장, 주차장 포장, 운동장 포장

② **사용재료별 종류**

㉠ 인공재료 : 아스팔트, 시멘트 콘크리트, 벽돌, 콘크리트 블록, 타일 등

㉡ 자연재료 : 호박돌, 조약돌, 자연석·판석 포장, 마사토포장 등

③ **포장단면 처리 용어 설명**

㉠ 표층 : 교통에 의해 마모되며 빗물침투방지, 평탄하고 미끄럼 방지되어야 함

㉡ 기층 : 표층에서의 하중을 분산시키는 역할

㉢ 보조기층 : 교통하중 분산과 노상이 안전하게 노상토 침투방지

㉣ 노상 : 포장 하부 흙부분으로 강도가 균등해 지지력을 갖게 해야 함

㉤ 프라임코트 : 기층 위에 포장층 포설 위해 액체 아스팔트를 뿌리는 것

㉥ 택코트 : 기초 포장면과 새 아스팔트 혼합을 양호하게 하기 위해 아스팔트 재료를 뿌려주는 것

㉦ 실코트 : 포장면의 내구성·수밀성·미끄럼저항 증가를 위해 아스팔트 재료, 골재를 살포해 견고히 만든 얇은 층

④ **재료별 포장방법**

㉠ 흙다짐

ⓐ 적용기준 : 정구장, 배구장, 배드민턴장 등 운동장 포장, 공원산책로, 자연공원, 등산로 등의 도로포장에 적용

ⓑ 시공방법

- 모든 토공사 완료되고 인접 배수시설, 구조물시설 완료, 뒷채움 끝난 다음 시행
- 보조기층 연약, 동결 시 포설하지 말 것
- 포설 후 전압 고려해 설계두께 30% 더한 두께로 고르게 할 것
- 다짐 완성 후 두께오차 ±10% 이내 되도록

㉡ 블록포장

ⓐ 적용기준 : 보도, 주차장, 광장, 퍼골라 바닥, 옥상 등 모든 단위포장재료 포함

ⓑ 시공방법

- 기초침하가 생기지 않게 충분히 다지고 평탄하게 할 것
- 성토지반일 경우 균등한 지지력을 얻도록 0.5ton 이상 진동롤러로 전압함

- 깔기 전 최종바닥 높이 10cm 위에 수평, 평형 위한 실눈 띄우기
- 블록 깐 후 가는 모래 전면에 살포하고 줄눈 안에 쓸어 넣어 줄눈틈 메우기
- 모래깔기 두께 최소 4cm, 다진 후 모래두께 3cm 되도록
- 안정층 포설 모래입도 2~8mm, 포설 후 까는 모래 3mm 이하

㉢ 합성수지포장

ⓐ 적용기준 : 운동장(육상경기장, 정구장, 배구장 등), 건물옥상 등 바닥포장

ⓑ 시공방법

- 재료는 KS 규격품을 사용할 것
- 접착제는 용제와 잘 혼합해 균질하게 도포하여 요철이 생기지 않도록 하며 화기에 주의
- 온도 10℃ 이하에서는 접착력 떨어지므로 주의

㉣ 인조잔디포장

ⓐ 적용기준 : 운동장, 실내골프장, 옥상 등

ⓑ 시공방법

- 잡석층 위에 아이콘 콘크리트 타설 후 접착제 바르고 잔디 깔기
- 이음부위 틈 생길 시 무거운 것으로 눌러 잘 고정

㉤ 투수콘 포장

ⓐ 적용기준 : 공원, 유원지도로, 주차장, 자전거도로, 산책로 등에 포장

ⓑ 시공방법

- 모래, 마사층, 골새층은 재료 분리 없게 기계로 충분히 전압
- 투수콘 혼합물은 분리 생기지 않게 롤러기계 사용해 신속전압
- 주변 토사유입으로 투수공 막혀서 투수효과가 감소되지 않도록 경계석 설치할 것

㉥ 아스팔트, 콘크리트포장

ⓐ 적용기준 : 보도, 자전거도로, 공원내 도로, 광장, 주차장 등

ⓑ 시공방법

- 수목근원부는 포장하지 않고 일정 거리 이상 떨어져 시공
- 줄눈 : 부등침하, 온도변화로 수축, 팽창에 의한 파손을 막기 위해 일정간격 설치
- 팽창줄눈 : 새로 포장하는 곳, 기존 포장구조물과 만나는 곳에 반드시 설치 지반조건에 따라 팽창줄눈 부위에 포장면 상하이동 우려되는 곳에 설치
- 수축줄눈 : 콘크리트 타설 후 완전히 굳기 전 슬라브 표면을 일정 간격으로 자르는 것 배치간격 최대 7m 이내
- 콘크리트 포장 시 양쪽 모서리는 줄눈용 흙손으로 모따기 할 것
- 콘크리트 4℃ 이하, 30℃ 이상에는 포설하지 말 것

⑤ 각 포장별 단면도

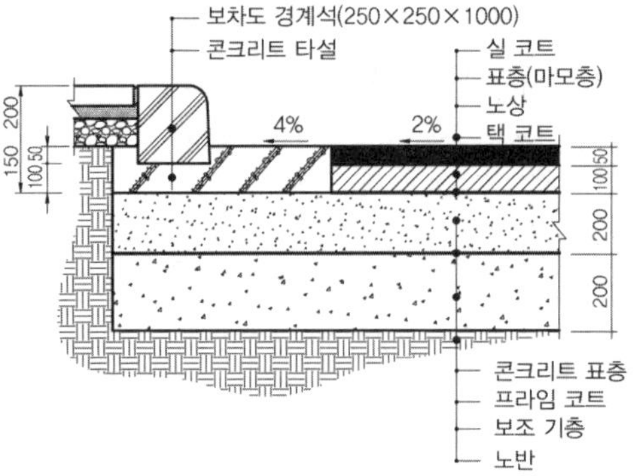

• 아스팔트 콘크리트 포장 단면 예 •

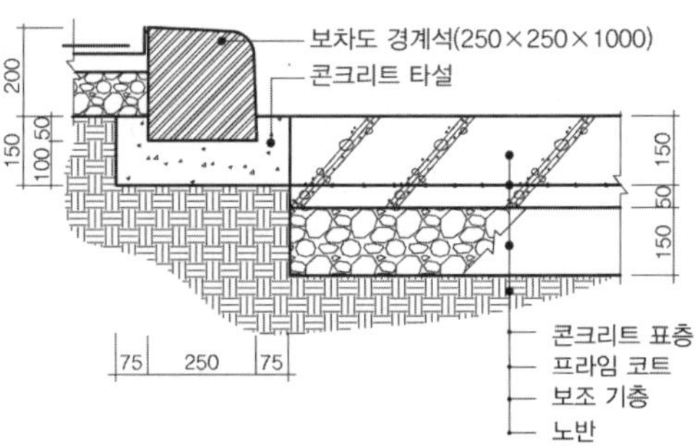

• 시멘트 콘크리트 포장 단면 예 •

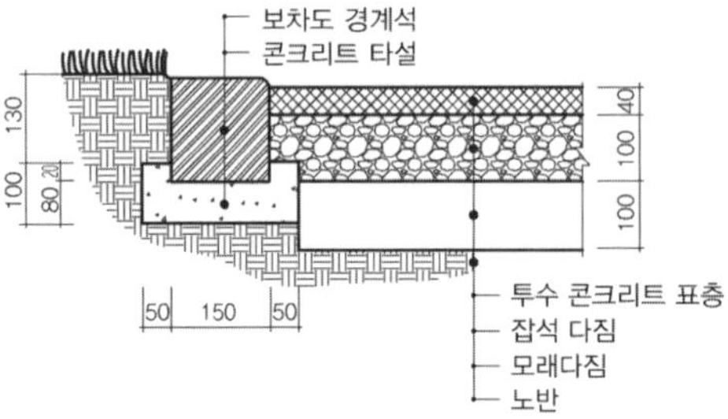

• 투수콘 포장 단면 예 •

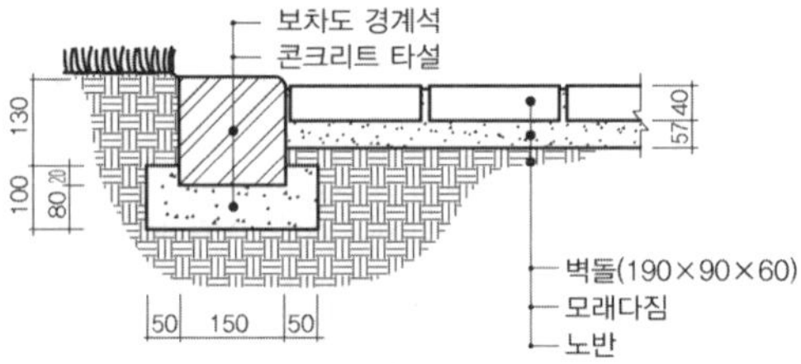

• 벽돌 포장 단면 예 •

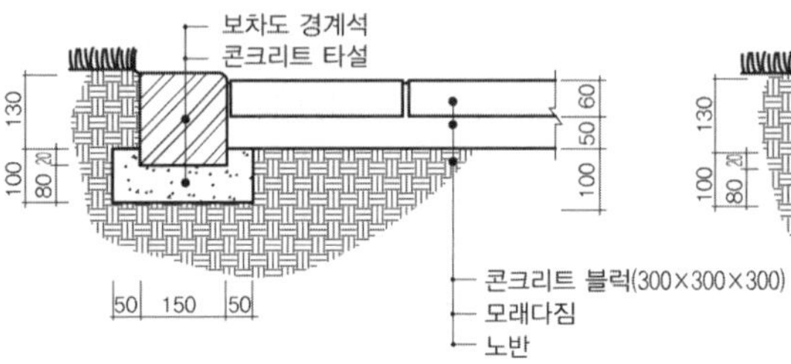

• 콘크리트 보도블록 포장 단면 예 •

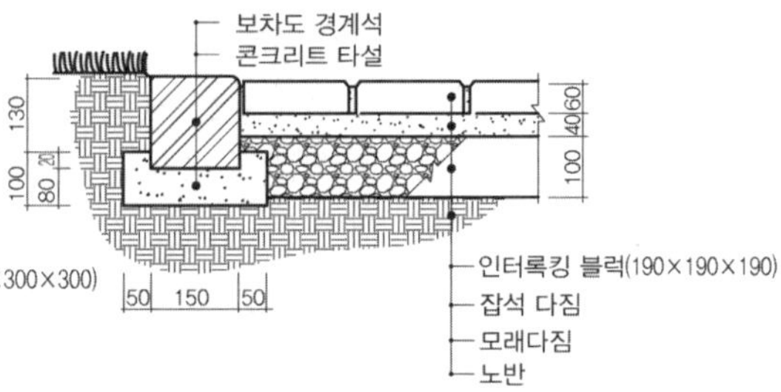

• 소형 고압 블록 포장 단면 예 •

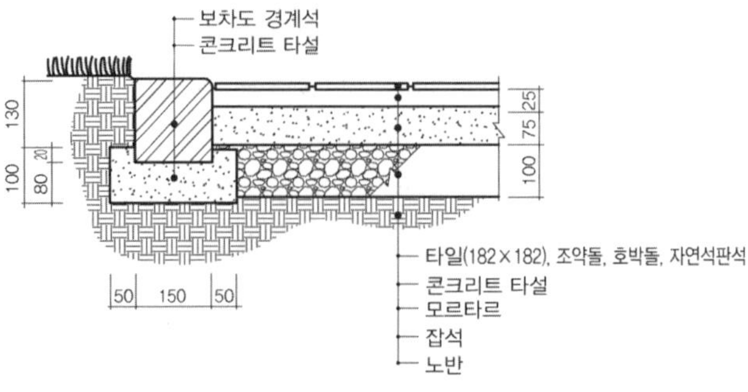

• 타일포장, 조약돌, 호박돌, 자연석 포장 단면 예 •

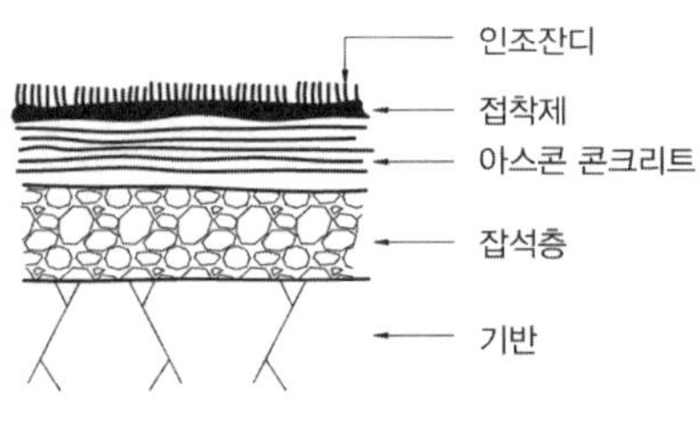

• 인조잔디 포장 단면 예 •

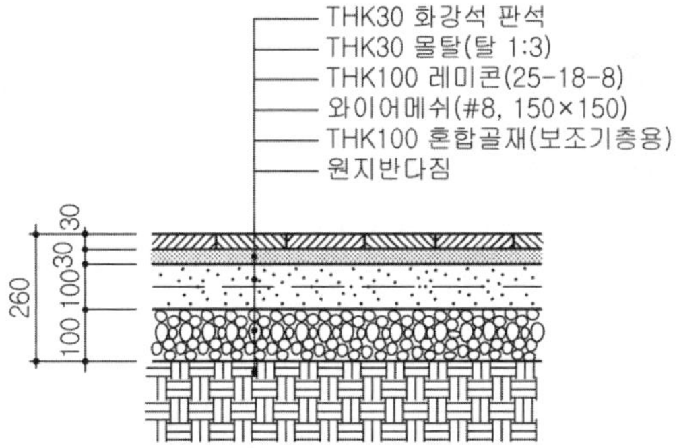

• 화강석판석 시공 단면 예 •

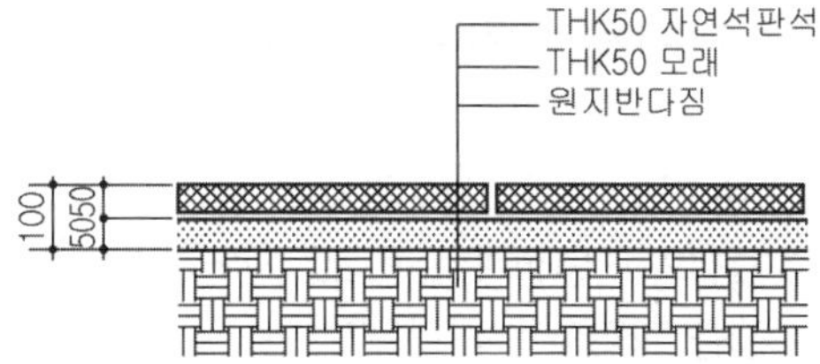

• 자연석판석 시공 단면 예 •

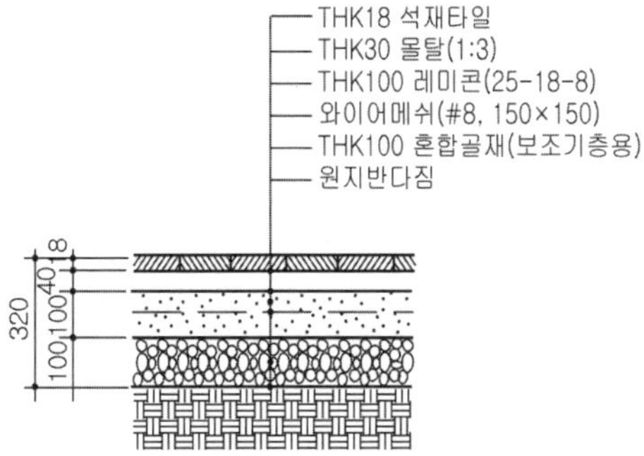

• 석재타일 시공 단면 예 •

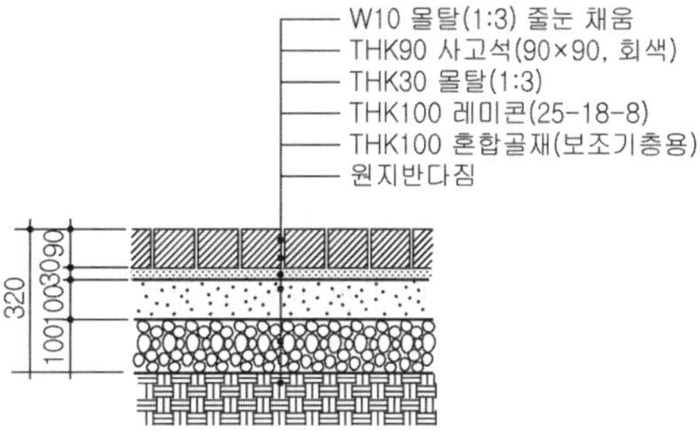

• 사고석 시공 단면 예 •

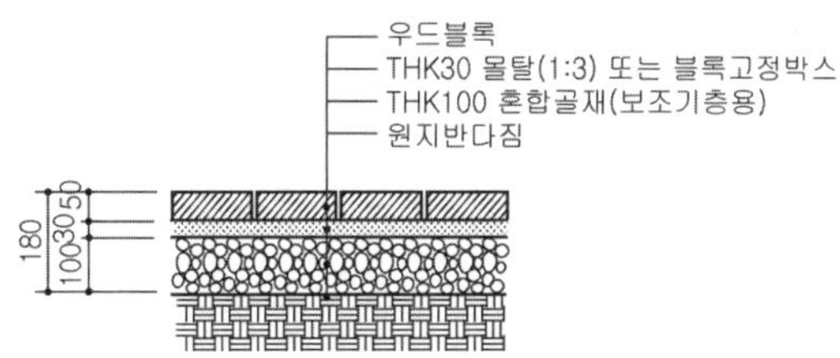

• 우드블록 시공 단면 예 •

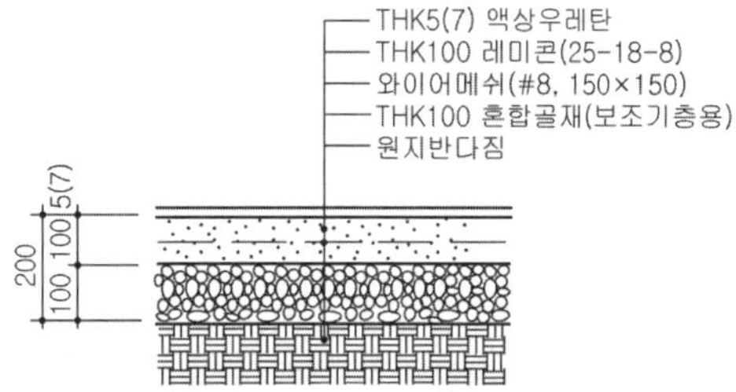

• 우레탄포장 시공 단면 예 •

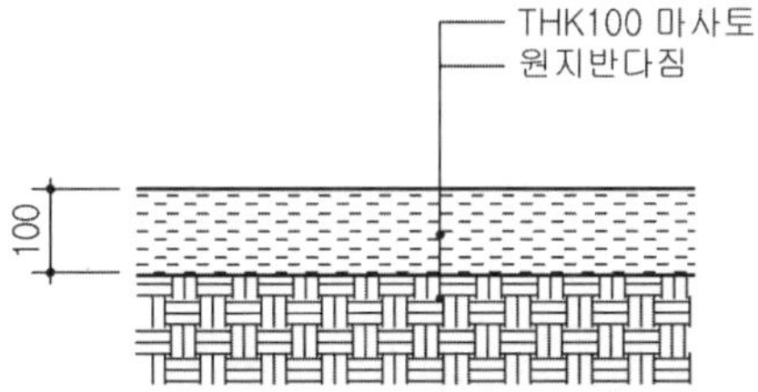

• 마사토포장(산책로) 시공 단면 예 •

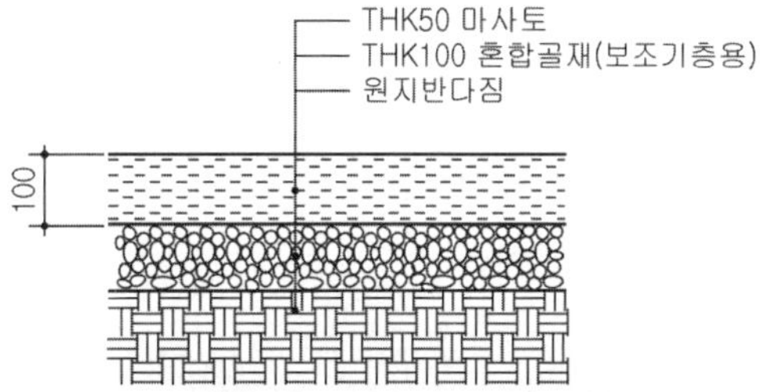

• 마사토포장(운동장) 시공 단면 예 •

CHAPTER 03 공종별 공사

실전연습문제

01 주로 노반 또는 기초의 두께 결정, 가소성 포장의 단면설계 목적으로 자연지반의 성질을 파악하는 시험은? [기사 13.06.02]

㉮ 평판재하시험
㉯ CBR시험
㉰ vane 전단시험
㉱ cone penetration 시험

풀이 **CBR 시험**
도로나 비행장의 포장두께를 결정하기 위하여 포장을 지지하는 노상토의 강도, 압축성, 팽창, 수축 등의 특성을 알기 위해 캘리포니아 도로국에서 포장 설계를 위해 개발한 반경험적 지수로서 어떤 관입깊이에서 표준 단위 하중에 대한 시험 단위 하중의 비율을 백분율로 나타낸 것

02 콘크리트 포장과 비교했을 때 아스팔트 포장의 장점이 아닌 것은? [기사 13.06.02]

㉮ 마찰저항이 작다.
㉯ 소음이 적다.
㉰ 파손 시 보수가 용이하다.
㉱ 공사비가 저렴하다.

풀이 아스팔트 포장은 콘크리트 포장보다 비싸다.

ANSWER 01 ㉯ 02 ㉱

2 배수공사

(1) 배수계획

① 배수의 종류

㉠ 표면배수 : 지표에서 물의 관리, 운반, 저장 처리

㉡ 심토층 배수 : 지하수의 관리, 조절, 보호

② 배수방법

㉠ 명거배수 : 배수구를 지표면에 노출 시킨 배수

㉡ 암거배수(배수관배수) : 배수관을 지하에 매설하여 처리하는 배수

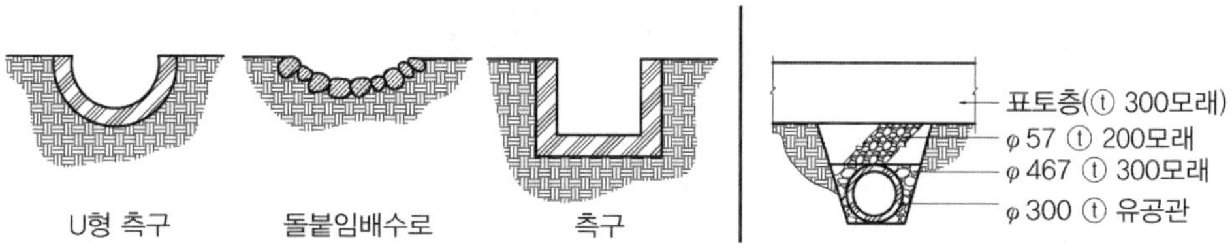

• 명거 배수 •　　• 명암거 배수 •

㉢ 심토층배수 : 심토층에서 유출되는 물을 유공관이나 자갈층형성으로 처리

㉣ 심토전면배수 : 표면배수와 심토층 배수를 동시에 시행

③ 배수관 배수방법

㉠ 합류식 : 우수와 오수를 동일한 관에 배수하는 방법
비용이 적게 들며, 관거 크고 검사가 편리하지만, 많은 양의 물을 오염 처리해야 하는 단점

㉡ 분류식 : 비용이 많이 들며, 오수·우수관을 잘못 연결해 문제가 발생할 수도 있으나, 오수만 오염 처리하면 되기에 경제적임. 현재 대부분 분류식을 채택함

④ 배수계통

㉠ 직각식 : 하수를 강에 직각으로 연결하는 관거로 배출. 신속하고 구축비 절감

㉡ 차집식 : 오수를 직접 하천으로 방류하지 않고 차집거로 모았다가 우수 때 하천으로 방류

㉢ 선형식 : 지형이 한 방향으로 규칙적 경사를 가질 때, 하수처리 관계상 전체지역의 하수를 한 개의 어떤 장소로 집중시켜야 할 때 사용

㉣ 방사식 : 지역이 광대해 하수를 한곳에 모으기 곤란할 때

㉤ 평행식 : 토지의 고저차가 심하거나 광대한 지역에서 이 방법이 합리적일 때 사용

㉥ 집중식 : 사방에서 한 지점으로 집중적으로 흐르게 해 다른 지점으로 이동. 저지구의 중간 펌프장으로 집중 양수할 경우

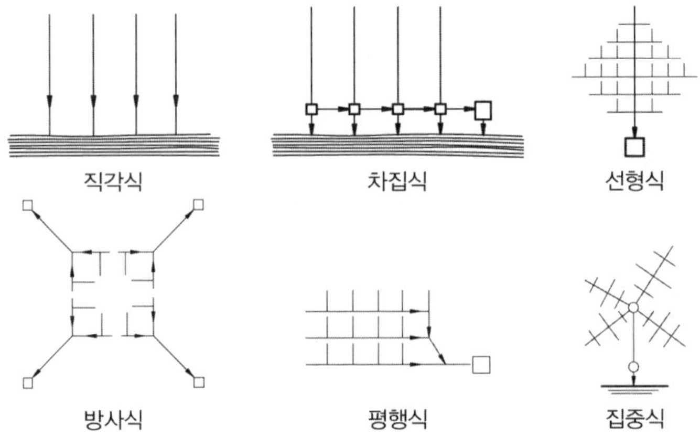

• 배수계통의 종류 •

⑤ 간선 및 지선

㉠ 간선 : 하수 종말처리장, 토구에 연결, 도입되는 모든 노선

㉡ 지선

ⓐ 간선 매설하고, 각 건물이나 배수지역으로부터 관거배수설치와 표면배수를 원활히 하기 위한 것

ⓑ 지선망 계통을 결정하는 방침

- 우회곡절을 피할 것
- 교통이 빈번한 가로, 지하매설물이 많은 가로에는 대관거 매설 회피
- 폭원이 넓은 가로에서는 소관거 2조로 시설, 양측에 설치
- 급한 고개에는 구배가 급한 대관거를 매설하지 말 것

(2) 우수량

① **강우강도** : 어느 시간 내에 내린 비의 깊이로 보통 mm/hr로 표시

② **유출계수** : 단위시간의 유출량과 강우량의 비

지역	공원 광장	잔디밭 정원	삼림지구	상업지역	주거지역	공업지역
유출계수	0.1~0.3	0.05~0.25	0.01~0.2	0.6~0.7	0.3~0.5	0.4~006

③ 우수유출량 산정

우수유출량	$Q=\frac{1}{360}CIA$	Q : 우수유출량(m^3/sec) C : 유출계수 I : 강우강도(mm/hr) A : 배수면적(ha)
	$Q=\frac{1}{360}C\cdot\frac{b}{Tta}\cdot A$ $T=t_1+\frac{L}{V60}$	T : 유달시간(min) a, b : 각 지방의 상수 t_1 : 유입시간(분) L : 거리(m) V : 유속(m/sec)

(3) 표면배수계통의 설계

① 개수로

㉠ 자연하천, 운하용수로, 배수로 등의 흐름은 반드시 자유수면을 갖는데 이 수로를 총칭함

㉡ 뚜껑이 없는 수로, 덮여 있는 수로 모두 물이 일부만 차 흐르면 개수로에 해당

㉢ 개수로의 흐름은 정수압이나 다른 압력에 의해 흐르는 것이 아니고, 흐름에 작용하는 중력이 수면방향의 분력에 의해 자유수면을 가지는 흐름

② 평균유속공식(Manning 공식)

평균유속공식	$V=\frac{1}{n}R^{\frac{2}{3}}I^{\frac{1}{2}}$	V : 평균유속(m/sec) R : 동수반경(경심)(cm) I : 유역의 평균경사 n : 수로의 조도계수

㉠ 일반적 유속 : 잔디수로(0.6~1.22), 포장된 수로나 관수로(0.6~2.44)

(4) 지하우수배수관 설계

① 배수관거

㉠ 정의 : 우수를 지표 유입구에서 집수시켜 처리함. 즉 하수처리장이나 토구로 운반하는 밀폐된 도관

㉡ 관거의 형상

ⓐ 수리학상 유리할 것

ⓑ 하중에 대하여 경제적일 것

ⓒ 축조가 용이할 것

ⓓ 유지 관리상 경제적일 것

㉢ 배수관거의 구배 및 유속의 한계

ⓐ 지형에 순응하며 구배를 정한 수, 관거의 크기 결정

ⓑ 유속이 작을 때 : 최소 0.6m/sec 이상의 유속 되도록 설계

ⓒ 소구경관거일 때 : 0.9m/sec 이상 유속 되도록

ⓓ 유속이 과대할 때 : 최대 1.5~2.5m/sec

ⓔ 배수관거의 유속은 상류에서 하류로 갈수록 크게, 하류로 갈수록 완만하게 설계

ⓕ 보통 유속한계 : 0.9~1.5m/sec

ⓖ 자정 작용 갖는 이상적 유속 : 1.0~1.8m/sec

② 관거의 유속과 유량 공식

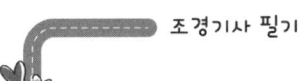

유속	$V = C\sqrt{RI}$	V : 유속(m/sec) C : 평균유속계수 R : 경심A/P(m) A : 유수단면적 P : 윤변 I : 수면구배
유량	$Q = A \cdot C\sqrt{RI}$	Q : 유량(m^3/sec) A : 유수단면적(m^2)

③ 최소관경
- ㉠ 오수관거 및 우수토실의 오수관 : 200mm 이상
- ㉡ 우수관거 및 합류관거 : 250mm 이상

④ 관거의 접합 및 연결
- ㉠ 관거접합에서 평면상으로 합류 또는 굴곡의 관중심선에 대한 교각이 60도 이내
- ㉡ 그 접합부는 곡선을 사용함
- ㉢ 내경 100mm 이상의 관거는 접합개소의 곡선반경을 관내경의 5배 이상으로 함

⑤ 관거의 설치
- ㉠ 합류식 하수거를 가로중앙에 배치 : 양측 하수도와의 거리, 구배에서 편리
- ㉡ 노폭이 넓을 때 양측보도 밑에 설치 : 건축물의 기초 손상주의
- ㉢ 오수관거의 최소 피토 : 1.2m
- ㉣ 우수관거 : 도로폭 좁고 교통량이 적은 곳. 보도 60cm, 차도 1m, 최대 3m

⑥ 유출을 조절하기 위한 시설
- ㉠ 체수지 : 하수거의 중간에 설치해 유출량을 감소시키기 위한 시설
- ㉡ 익류언 설치 : 완전언, 잠언

⑦ 부대시설
- ㉠ 유입벽과 유출벽 : 물을 명거에서 암거로 유출입시키는 것
- ㉡ 배수유입구조물
  - ⓐ 낙하유입
    - 지역배수구(area drain) : 소규모 지역에 가장 낮은 곳에 뚜껑 덮어 만듦
    - French drain : 경사진 주차장 입구, 계단의 상하단, 진입로 입구
    - 측구(side gutter) : 도로나 수유지 경계선 따라 도로 수지내 설치하는 배수로
  - ⓑ 집수지(catch basin) : 구조물 바닥에 침전지를 설계하는 것
  - ⓒ 지선하수거 : 하수관거를 부설하는 도로 양측에 설치
  - ⓓ 우수받이(빗물받이)(street inlet) : 측구에서 흘러나오는 빗물을 하수본관으로 유하시키기 위해 측구 도중에 우수받이 설치
  - ⓔ 연결하수관 : 우수받이에 집수하는 우수를 하수도관에 연결하는 관

㉢ 접근할 수 있는 구조물

ⓐ 맨홀 : 관거 내의 검사, 청소를 위한 출입구

- 종류 : 표준맨홀, 낙하맨홀, 측면맨홀, 계단맨홀, 연동맨홀
- 맨홀 설치간격(거의 관경의 120배 정도)

관거내경	30cm 이하	60cm 이하	90cm 이하	120cm 이하	130cm 이하
맨홀설치 최대간격	50m	75m	100m	130m	160m

ⓑ 등공(lamp hole) : 맨홀 대용으로 오수관거의 통기 목적으로 맨홀간격 100m를 초과할 때마다 그 중간에 내경 25cm의 등공설치

ⓒ 세척장치 : 세척 요하는 유속 2.5m/sec 이하 시 300~600m 거리 세척할 수 있는 유량 저수해 일시에 방류하는 방법

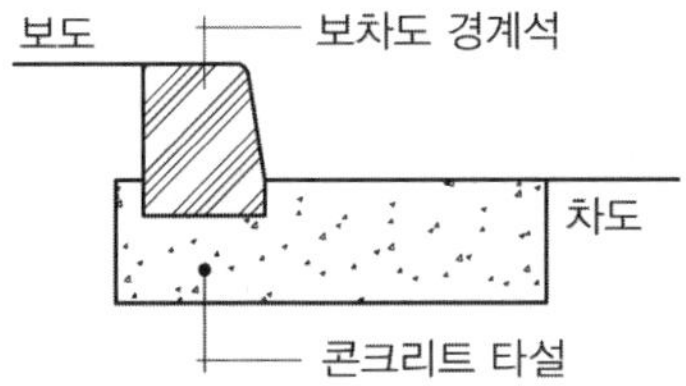

• L형 측구 •

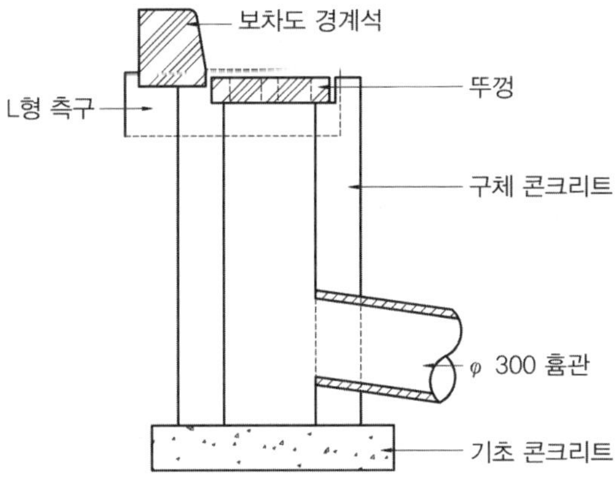

• 빗물받이 •

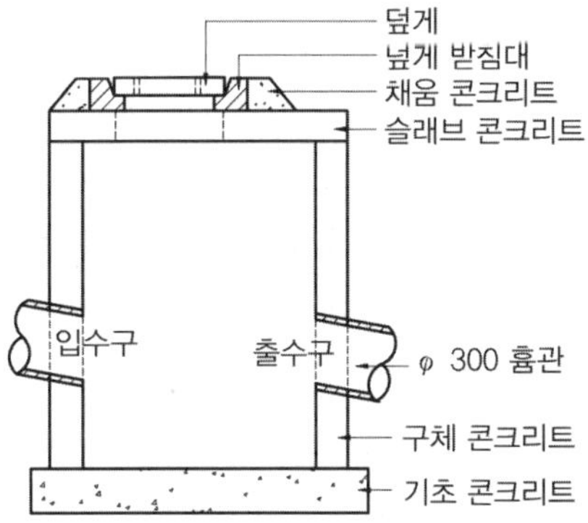

• 맨 홀 •

(5) 심토층 배수설계

① 정의 : 지표면에서 투수층을 따라 움직이면서 흐르는 물

② 심토층 배수의 역할

㉠ 불침투성인 토양이나 진흙, 암석으로부터 물 운반

㉡ 기초벽으로부터 스며나오는 물 제거

㉢ 낮은 평탄지역의 지하수위를 낮추기 위함

㉣ 불안정한 지반을 제거

㉤ 지하에 있는 배수관과 결합하여 표면유출 운반하여 처리

③ 배수계획

㉠ 완화배수 : 평탄한 지역에 높은 지하수위 가진 곳에 적용

㉡ 차단배수 : 지하수가 일반적으로 높은 수리경사를 가진 급경사지에 채택

㉢ 자갈피복 : 자갈로 집수하여 제거, 유수의 유출은 지하배수로서 처리

④ 심토층 배수의 배치유형

㉠ 어골형(herringbone type)

ⓐ 경기장 같은 평탄지에 적합

ⓑ 전지역에의 배수가 균일하게 요구되는 지역

ⓒ 주관은 중앙에 경사지게 설치

ⓓ 지관은 최장 30m 이하, 45도 이하 교각 가지게 함

㉡ 즐치형(gridiron type)

ⓐ 소면적의 전 지역을 균일하게 배수

ⓑ 지역경계 부근에 주관 설치해 주관 한쪽 끝에 지관설치 연결한 것

㉢ 선형(fun shaped type)

ⓐ 1개 지점에 집중되게 설치

ⓑ 2곳에서 집수. 배수구 만들어 배수

ⓒ 주관, 지관 구분 없이 같은 크기관이 부채살모양으로 1개 지점에 집중

㉣ 차단형(intercepting system)

ⓐ 도로법면에 많이 사용

ⓑ 경사면 자체의 유수방지를 하기위해 경사면 바로 위에 배수구 설치해 경사면으로 되는 것을 유수막는 것

㉤ 자연형(natural type)

ⓐ 대규모 공원같이 완전한 배수가 요구되지 않는 지역에 사용

ⓑ 지형에 따라 자연 등고선을 고려해 주관 설치, 주관 중심으로 양측에 지관설치

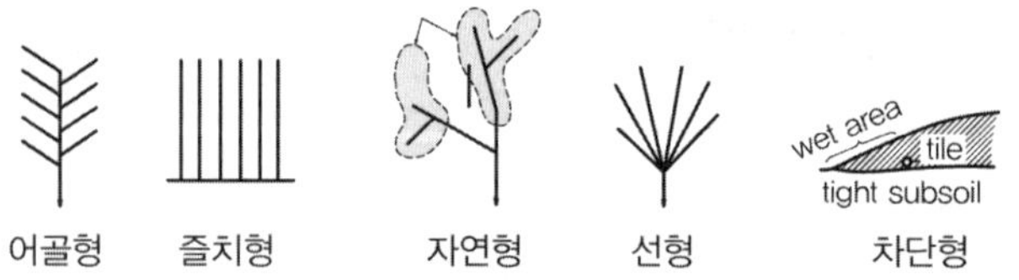

• 심토층 배수유형 •

⑤ 관거의 기준

㉠ 관거의 크기 : Manning 공식에 의해 결정. 일반적으로 주관 150~200mm, 지관 100mm

㉡ 경사 : 침전물이 정체되지 않게 충분한 유속을 갖도록 최소유속 0.6m/sec, 1% 경사 100mm 관경인 콘크리트관, 도관은 1.2%가 최소

㉢ 깊이와 간격 : 동결선 이하

㉣ 유출구

ⓐ 명거 유출 시는 명거의 수면보다 60cm 정도 높게 배출구 설치

ⓑ 하수거로 배수 시는 맨홀 같은 배수구조물을 이용하며, 하수거보다 최소 15cm 이상 높게 설치

3 관수공사

(1) 관수의 종류

① **낙수식 관수(drip irrigation)** : 교목 및 관목류에 사용한다. 낙수기를 통해 개개의 수목에 급수하여 물이 깊게 흡수된다. 뿌리가 깊은 교목, 관목에 적당하며, 시설비는 많이 드나 물을 절약할 수 있다.

② **살수식 관수(sprinkler system)** : 살수기에 의한 것으로 초화류나 잔디 등 밀식되어 있는 경우에 적합

(2) 살수기

① **주요 부품** : 분무정부(head), 벨브(valve), 조절상치(control device), 관(pipe), 부속품(fitting), 펌프(pump)

② **밸브 종류**

㉠ 수동조절 밸브 : 고정식 또는 기반식 살수기와 함께 작용

ⓐ 구체밸브 : 쉽게 수리할 수 있고 압력과 흐름을 효과적으로 조정

ⓑ 게이트 밸브 : 구체밸브보다 저렴하며 물에 이물질, 모래 등이 있으면 밸브의 대받이나 쇄기모양받이를 유지하기 어렵다.

ⓒ 급연결 밸브 : 압력이 작용하고 있는 살수시설에 빨리 작동시키기 위해 사용

㉡ 원격조절 밸브 : 중앙조절지점에서 물을 개폐시키는 것을 자동으로 관개하는 시설

㉢ 방향조절밸브 : 물이 다른 방향으로 흐르지 않도록 사용하는 것

③ **살수기의 종류**

㉠ 분무살수기

ⓐ 고정된 동체와 분사공만으로 된 가장 간단한 살수기

ⓑ 살수형태 : 정방형, 구형, 원형, 분원형

ⓒ 사용지역 : 좁은 잔디지역과 불규칙한 지역에 대해 사용하는 것이 효과적

ⓓ 수압 1~2kg/cm^2, 살포범위 6~12m, 시간당 25~50mm 관수 요구시 사용

㉡ 분무입상살수기: 분무공은 같으나 물이 흐를 때 동체가 입상관에 의해 분무공이 지표면 위로 올라오게 한 장치로 물이 흐르지 않으면 다시 지표면과 같게 됨

㉢ 회전살수기
ⓐ 관개지역에 살수하도록 회전하여, 여러 개의 분무공을 갖는다.
ⓑ 살수형태 : 원형, 분원형
ⓒ 회전원리 : 분사작용, 충격작용, 마찰작용, 전동운동
ⓓ 수압 2~6kg/cm^{2}에서 작동. 살수범위 24~60m, 시간당 2.5~12.5mm
ⓔ 사용지역 : 넓은 잔디지역에 효과적

㉣ 회전입상살수기
ⓐ 단순히 물이 흐르면 동체로부터 분무공이 올라와서 살수되는 것
ⓑ 가장 많이 사용하는 것

㉤ 특수살수기
ⓐ 계류살수기 : 바람의 영향을 적게 받고, 낮은 압력하에서도 작동하며 계속적인 적은줄기로 물을 살포하는 형태(잔디지역에는 부적당)
ⓑ 거품식 살수기 : 물이 식물의 잎에 접촉되는 것이 만족스럽지 않은 지역에 사용

④ **펌프**

㉠ 원심펌프
ⓐ 펌프나 모터가 일반적으로 함께 장치된 펌프
ⓑ 원심력만으로 살수하기에 토출부 저항이 증대되면 수량감소
ⓒ 펌프정지 시 물 낙하방지는 흡입관 입구에 후트밸브 달아 조절

㉡ 터번펌프
ⓐ 실제로 수원에 잠겨 있고, 깊은 우물에서 퍼 올리는 문제를 해결하는데 용이.
ⓑ 곧은 긴 굴대 필요

㉢ 잠항펌프
ⓐ 수원에 잠입, 동력선과 연결시켜 작동
ⓑ 깊은 우물에 설치가능. 많은 유량이 요구되는 사업에 효과적

(3) 살수관개시설 설계

① **관수량 결정**

㉠ 토양의 보수력, 살수 중에 일어나는 수분의 손실량과 잔디의 생육에 따른 증산량에 따라 좌우
㉡ 잔디, 관목숲의 요구량 : 보통기후에서 1주일에 25mm, 따뜻한 기후에서 1주일에 45mm
㉢ 골프코스의 경우 : 그린 50mm, 페어웨이 25mm

② **살수기 배치와 간격**

㉠ 삼각형 배치가 가장 효과적인 균등계수(85~95%)를 가짐
㉡ 간격 : 살수 작동직경의 60~65%, 열과 열사이 간격 0.87d

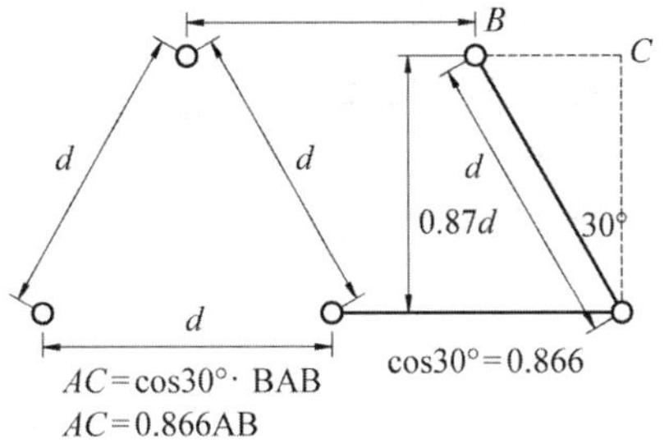

③ 살수 강도

㉠ 토양종류, 경사, 피복식생, 기후나 바람 등 여러 조건에 따라 결정됨

㉡ 보통 살수강도는 10mm/hr가 적합

㉢ 살수기 용량과 살수강도 구하는 식

살수기 용량	$q=\frac{DS_rS_m}{60T}$	q : 살수기 용량(ℓ/min) T : 관개시간(hr) S_r : 살수기 간격(m) S_m : 살수열 간격(m) D : 살수심(mm) I : 살수강도(mm/hr)
살수강도	$I=\frac{60q}{A}$	A : 살수기 1개의 살수면적(m^2) 살수강도 〈 허용관개강도 되어야 함 $A=S_r \times S_m$

④ 급수원에 따른 분배방법

㉠ 직선분배방법 : 일반적인 단거리에 적합. 요구지점이 멀수록 마찰손실이 축적되기에 더 큰 관이 필요

㉡ 환상식 분배방법 : 살수지점까지 2개의 분배선에 의해 균등하게 배분하며, 설치 시 많은 비용이 들어 효력 증가시키기 어려운 단점

㉢ 이중급수원 분배방식 : 두 방향에서 유수되도록 하며 실제적이지 못한 방법

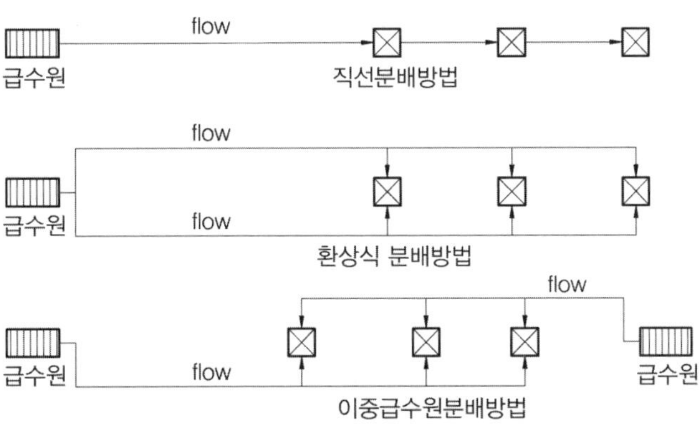

CHAPTER 03 공종별 공사

실전연습문제

01 다음 그림의 경심은? [기사 11.03.20]

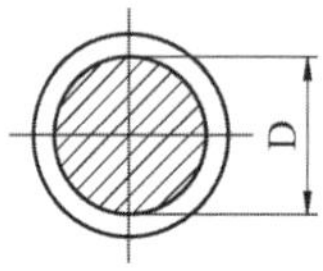

㉮ $\frac{D}{4}$ ㉯ $\frac{\pi^2 D^2}{4}$

㉰ πD ㉱ $\frac{\pi}{4}$

02 다음 배수관거와 관련된 설명 중 옳지 않은 것은? [기사 11.06.12]

㉮ 원형관이 수리학상 유리하다.
㉯ 관거의 매설깊이는 동결심도와 상부하중을 고려한다.
㉰ 배수관거의 유속은 1.0 ~ 1.8m/sec가 이상적이다.
㉱ 일반적으로 관거의 접합은 평면상으로 간선과 지선의관 중심선에 대한 교각이 90°일 때 배수효과가 가장 좋다.

풀이 관거의 접합부는 관 중심선에 대한 교각이 60도 이내가 적당하며, 접합부는 곡선이어야 한다.

03 심토층 배수계획을 함에 있어서 "자연형"의 배치 형태에 관한 설명으로 옳지 않은 것은? [기사 11.10.02]

㉮ 부지 전체보다는 국부적인 공간의 물을 배수하기 위해 사용한다.
㉯ 경기장과 같은 평탄한 지역에서 설치한다.
㉰ 자연 등고선을 고려하여 설치한다.
㉱ 지형에 따라 배수가 원활하지 못한 지역에 설치한다.

풀이 경기장 같은 넓고 평탄한 지역에서는 어골형의 배수계획이 바람직

04 단지계획에서 배수관 배수방법 중 합류식으로 하는 경우의 장점에 해당하는 것은? [기사 11.10.02]

㉮ 전체 오수(汚水)를 하수처리장에 도달시킬 수 있다.
㉯ 유량이 항상 일정하므로 관내에 침적물이 생기지 않는다.
㉰ 오수를 수역에 방류하지 않으므로 수질오염을 방지하는 데 유리하다.
㉱ 우수배출 시설이 정비되어 있지 않은 지역에서 유리한 방법이다.

풀이 **합류식**
우수와 오수를 동일한 관에 배수하는 방법으로 비용이 적게 들며, 관거가 크고 검사가 편리하지만, 많은 양의 물을 오염 처리해야 하는 단점이 있음.

ANSWER 01 ㉮ 02 ㉱ 03 ㉯ 04 ㉱

05 어떤 부지 내 잔디지역의 면적 0.23ha(유출계수 0.25), 아스팔트포장지역의 면적 0.15ha(유출계수 0,9)이며, 강우 강도는 20mm/hr일 때 합리식을 이용한 총 우수유출량은? [기사 12.03.04]

㉮ $0.0032m^3/sec$ ㉯ $0.0075m^3/sec$
㉰ $0.0107m^3/sec$ ㉱ $0.017m^3/sec$

풀이 우수유출량 $Q(m^3/sec) = \frac{1}{360}CIA$

C : 유출계수
I : 강우강도(mm/hr)
A : 배수면적(ha))

따라서, $(\frac{1}{360} \times 0.25 \times 20 \times 0.23)$
$+(\frac{1}{360} \times 0.9 \times 20 \times 0.15)$
$\fallingdotseq 0.0107(m^3/sec)$

06 개수로(開水路)에 대한 설명으로 옳지 않은 것은? [기사 12.05.20]

㉮ 개수로의 흐름은 압력에 의하어 흐르는 것이 아니다.
㉯ 자연하천 및 배수로 등이 자유수면을 가질 때 개수로라 한다.
㉰ 흐름에 작용하는 중력이 수면방향의 분력에 의하여 자유수면을 가지는 흐름을 말한다.
㉱ 지하배수관거와 같이 뚜껑이 덮여 있는 암거는 물이 일부만 차 흘러가므로 개수로라 할 수 없다.

풀이 개수로는 천연적인 하천이나 인공적인 개거(開渠) 등과 같이 수면이 대기와 접하여 흐르는 수로를 말하며, 관로(管路)는 수도관과 같이 물이 관을 채우고 압력이 가하여져서 흐르는 수로를 말한다.

07 살수반경이 4m 되는 살수기를 2.8m 간격으로 배치하였다. 정삼각형 배치방법으로 설치한다면 열과 열 사이 거리는 얼마가 적당한가? [기사 13.03.10]

㉮ 1.6m ㉯ 1.8m
㉰ 2.2m ㉱ 2.4m

풀이 살수기 열과 열사이 간격은 0.87d
따라서, $0.87 \times 2.8 = 2.436(m)$

08 다음 중 배수의 필요성을 결정하는 요소에 해당되지 않는 것은? [기사 13.09.28]

㉮ 토지 이용 ㉯ 인구밀도
㉰ 지형 ㉱ 지면 마감상태

풀이 배수는 땅의 상태와 관련되는 것임.

09 어떤 단지에 있어 건물 50%, 도로 30%, 녹지 20%의 지역인 경우 우수유출계수가 각각 0.90, 0.80, 0.10인 경우 평균유출계수는? [기사 13.09.28]

㉮ 0.5 ㉯ 1.0
㉰ 0.71 ㉱ 0.92

풀이 $(0.90 \times 0.5)+(0.80 \times 0.3)+(0.10 \times 0.2) = 0.71$

ANSWER 05 ㉰ 06 ㉱ 07 ㉱ 08 ㉯ 09 ㉰

10 유속은 지표면이나 관의 내부 조건에 따라 크게 영향을 받는다. 표면의 거친 정도를 표시하는 용어는 다음 중 어느 것인가? [기사 13.09.28]

㉮ 수로의 동수구배
㉯ 유적
㉰ 경심
㉱ 조도(粗度)계수

풀이
㉮ 수로의 동수구배 : 물의 유동방향의 두 지점 사이에서 거리에 대한 수위 차의 비
㉯ 유적 : 흐르는 물의 단면적
㉰ 경심 : 유적(흐르는 물의 단면적)을 윤변(적셔지는 변)으로 나눈 것
㉱ 조도계수 : 흐름이 있는 경계면의 거친 정도를 나타내는 계수

11 폭원 10m의 포장 도로의 양편에 측구를 만들되 측구 간의 간격(중심간의 거리)을 200m로 하고, 강우 강도가 100mm/hr일 때 편도측구에 유입하는 1초간의 유량(m^3/sec)은 약 얼마인가? (단, 유출계수를 1로 하고, 유출량은 노면에 내린 우수만을 고려한다.) [기사 14.05.25]

㉮ 0.0139　　㉯ 0.0278
㉰ 0.0556　　㉱ 0.1112

풀이

$$Q = \frac{1}{360}CIA$$

Q : 우수유출량(m^3/sec)
C : 유출계수
I : 강우강도(mm/hr)
A : 배수면적(ha)

$$Q = \frac{1}{360} \times 1 \times 100 \times 0.1 \fallingdotseq 0.0278$$

A(배수면적) = 편도측구를 구하는 것이므로
5m × 200m = 0.1ha

ANSWER 10 ㉯ 11 ㉯

4 수경시설 기타 일반 토목공사

(1) 수경시설

① 분수와 풀

㉠ 노즐의 종류

ⓐ 단일구경노즐 : 투명하고 부드러운 물기둥을 얻기 위한 가장 단순한 형태

ⓑ 에어레이팅 노즐 : 많은 공기 물방울과 혼합된 물기둥을 일으키기에 높은 압력이 필요하며 먼거리에서 분수를 보고자 할 때

ⓒ 형태를 이루게 하는 노즐 : 특수한 노즐로 꽃모양, 버섯모양 등의 효과 만듦

㉡ 펌프의 종류

ⓐ 원심력 펌프 : 높은 작동 압력과 많은 유량이 요구되는 분수, 풀에 사용. 근처에 시설장소를 만들어야 하기에 시각적으로 나쁘다.

ⓑ 잠항 펌프 : 물속에 넣어 사용하는 것으로 작은 분수에 사용하며 또 다른 시설장소가 필요없다. 40cm 이하의 수위에서는 사용할 수 없다.

ⓒ 터빈펌프 : 고저차가 클 때 유리하며 흡입높이 최대 약 6m, 깊은 물에 적당

㉢ 분수, 풀 설계 시 고려사항

ⓐ 규모 : 전체적인 공간 환경에 적합한 분수나 풀의 크기, 용량 결정

ⓑ 수반 : 적정 물 깊이 35~60cm로 그보다 작으면 수변 아래 등을 설치하기 어렵다.

ⓒ 바닥 : 맑은 물을 유지하는 경우에 바닥 패턴이나 질감이 효과를 증대시킬 수 있다.

ⓓ 단(edge)과 갓돌(copings) : 미끄럽지 않게 수면차이 고려해 단 설치

ⓔ 립(lips)과 원류보(weirs) : 떨어지는 물의 효과를 다루는 방법

- 립 : 떨어지는 물의 난류와 희게 보이는 물의 효과는 립위를 흐르는 수심에 대한 용적과 수평면에 따라 움직여 나오는 유속에 대해 직접적으로 비례함
- 원류보 : 원류보 뒤에 풀이 물의 동요를 감소할 수 있기 때문에 많은 용량의 물을 부드러운 면으로 흐르게 하기 쉽다.

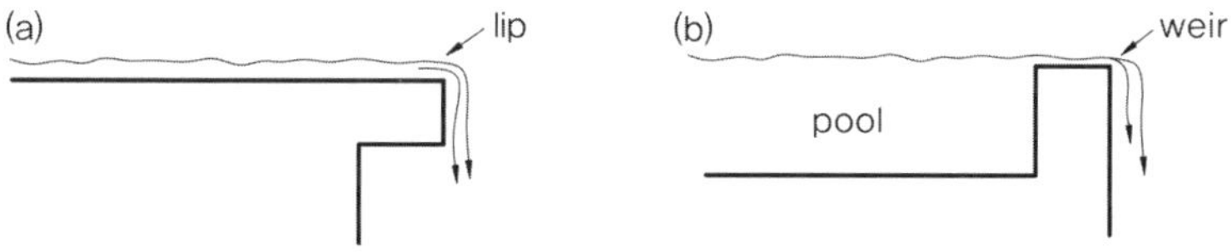

② 연못

㉠ 바닥처리 : 진흙다짐처리(진흙, PE필름, 자갈 등으로 처리), 콘크리트 바닥 처리

㉡ 익류구(overflow)는 위 가장자리로부터 약 10cm 되는 곳에 만들고, 배수구 설치

㉢ 퇴수, 급수시설 : 퇴수구 높이는 표준수면과 같게, 급수구는 그보다 높게 하며 노출되지 않도록 함

㉣ 필요시 수생식생 및 어류 사용

(2) 전기시설 공사

① 용어

㉠ 조도(illumination) : 단위면에 수직으로 투하된 광속밀도

ⓐ 어떤 면 위의 조도는 광원의 광도에 비례하고 거리의 제곱에 반비례한다.

ⓑ 주요시설 2.01lux, 원로·광장 0.51lux

㉡ 균일도 : 최고, 최저의 조도와 그 평균치의 차가 30% 이하가 되도록 한다.

㉢ 광속 : 방사속 중에 육안으로 느끼는 부분으로 단위는 루멘(lm)

㉣ 광도 : 광원의 세기를 표시하는 단위. 발광체가 발하는 광속의 밀도 단위. 단위 cd

㉤ 휘도 : 발광면 또는 조명면에 빛나는 율. 단위 스틸브(sb), 니트(nt) 사용

② 광원의 종류와 특성비교

종류	백열전구	할로겐램프	형광등	수은등	나트륨등
용량	2~1,000W	500~1,500W	6~110W	40~1,000W	20~400W
효율	7~22lm/W	20~22lm/W	48~80lm/W	30~55lm/W	80~150lm/W
수명	1,000~1,500h	2,000~3,000h	7,500h	10,000h	6,000h
전등 부속 장치	불필요	불필요	안정기 등 부속 장치가 필요	안정기가 필요	안정기 등 부속 장치가 필요
용도	비교적 좁은 장소의 전반조명, 액센트조명, 기분을 주로 한 효과를 얻기가 쉽다, 대형인것은 높은 천장, 각종 투광조명에 적합하다.	장관형은 높은 천장이나 경기장, 광장 등의 투광조명에 적합하다. 단관형은 영사기용에 적합하다.	옥내외, 전반조명, 국부조명에 적합하다. 명시를 주로 한 양질 조명을 경제적으로 얻을 수 있다. 또한, 간접 조명에 의해서 무드 조명에도 효과적이다.	한등당 큰 광속을 얻을 수 있고, 또한 수명이 길어, 높은 천장, 투광조명, 도로조명에 적합하다.	광질의 특성 때문에 도로조명, 터널조명에 적합하다.
광색 광질	적색 고휘도	적색 고휘도	백색(조절) 저휘도	청백색 고휘도	등황색(저압) 황백색(고압)

③ 조명효과 주는 방식

㉠ 상향식 조명

ⓐ 일반적인 조명 방식과 반대로 조명효과에 인상을 줄 수 있는 방식

ⓑ 식생이나 다른 조경적인 특색이 강조될 수 있다.

ⓒ 우수한 확산성과 낮은 휘도로 위생적인 시각조건을 갖는다.

㉡ 하향식 조명

ⓐ 상향식보다 덜 인상적

ⓑ 수목의 정상 부분이나 다른 높은 구조물을 통해서 광선을 직접 비춤으로 지면에 질감 상태를 나타낼 수 있는 특징

㉢ 산포식 조명
ⓐ 수목, 담, 장대에 설치한 일광등에 의해 이루어짐
ⓑ 빛을 넓은 지역에 부드럽게 펼쳐지게 한다.
ⓒ 물체를 부드러운 달빛과 같은 인상을 주며 변이의 공간, 개인적 공간에 유용

㉣ 그림자와 질감을 나타내기 위한 조명
ⓐ 물체를 측면에서나 하향식으로 비추므로 이루어진다.
ⓑ 질감을 나타내기 위한 조명은 잔디 지역과 자연적인 성격을 가진 포장된 표면에 흥미를 줄 수 있다.

㉤ 강조하기 위한 조명
ⓐ 조경의 주체를 단지 집중 조명하는 것과 연결
ⓑ 강조는 뚜렷한 대조를 보여주는 어떤 다른 방식의 조명에 의해서도 이루어질 수 있다.

㉥ 실루엣을 나타내기 위한 조명 : 정면의 물체에 단지 외곽 부피만을 배경면에 비추므로 효과를 얻는 방법

㉦ 간접에 의한 조명 : 빛을 필요한 지역에 재산포하는 방법으로 반사면에 대해 광원을 직접 부딪치는 방식

④ 가로조명

㉠ 조명기구
ⓐ 주두형 : 등주의 꼭대기에 직접 설치하는 기구
ⓑ 현수형 : 등주로부터 팔을 내어 매달리게 하는 형
ⓒ 하이웨이형 : 등주에 팔을 내고 이에 기구를 가설하는 것으로 도로조명에 효율적

㉡ 가로조명기구의 배치
ⓐ 직선도로 : 대칭식, 지그재그식, 중앙열식, 편측식 등 높이 6~10m, 간격 30~40m
ⓑ 곡선도로 : 대칭식 또는 편측배치일 경우는 곡선의 바깥쪽에 설치
곡률반경이 적을수록 조명 기구의 간격을 짧게 한다.
ⓒ 교차점 : 다른 곳보다 많은 조도가 요구되며 십자로에서는 십자로 끝낸 왼쪽에 배치

⑤ 터널조명

㉠ 입구조명 : 200lux를 유지해야 함
㉡ 조명기구 배열 : 대칭식 $S \leq 2.5H$, 중앙배열식 $S \leq 1.5H$, 지그재그배열식 $S \leq 1.5H$(S : 가설간격, H : 가설높이)

⑥ 주택 및 인도조명

㉠ 가로등 높이 : 4m를 초과하면 안 됨
㉡ 등주의 간격 : 60cm보다 작게

⑦ 고속도로 조명

㉠ 1개 기둥당 3~6개 전구로 등주가 높고 등이 밝아야 함

㉡ 고압수은 형광등, 고압나트륨램프 사용

㉢ 전지역에 50lux 비추도록 함

㉣ 교차로에서 등주높이 25m, 간격 75~100m

⑧ 분수용 조명장치 설치요령

㉠ 규정된 용기 속에 수중조명등을 설치할 것

㉡ 기구에 따라 정해진 최대수심을 넘지 않는 범위 내에서 설치할 것

㉢ 규정용량을 넘는 전구 사용치 말 것

㉣ 수중전용조명기구는 수면위로 노출시켜 사용하지 말 것

㉤ 대기전압은 150V 이하로 할 것

㉥ 이용전선 $0.75mm^2$ 이상의 방수된 전선을 사용할 것

㉦ 전선에는 접속점을 만들지 말 것

㉧ 조명등의 금속제품에는 접지공사를 할 것

CHAPTER 03 공종별 공사

실전연습문제

01 조명시설의 용어 중 단위 면에 수직으로 투하된 광속밀도를 무엇이라 하는가? [기사 13.03.10]

㉮ 광도(luminous intensity)
㉯ 조도(illumination)
㉰ 휘도(brightness)
㉱ 배광곡선

풀이 **조명시설 용어**
- 조도(illumination) : 단위면에 수직으로 투하된 광속밀도.
- 균일도 : 최고, 최저의 조도와 그 평균치와의 차가 30% 이하 되도록 한다.
- 광속 : 방사속 중에 육안으로 느끼는 부분으로 단위는 루멘(lum)
- 광도 : 광원의 세기를 표시하는 단위. 발광체가 발하는 광속의 밀도 단위. 단위 cd
- 휘도 : 발광면 또는 조명면에 빛나는 율. 단위 스틸브(뉴), 니트(nt) 사용

02 다음 중 빛과 관련된 용어 설명이 옳은 것은? [기사 13.06.02]

㉮ 광속 : 광원의 세기를 표시하는 단위
㉯ 광도 : 방사에너지 시간에 대한 비율
㉰ 조도 : 단위 면에 수직으로 투하된 광속밀도
㉱ 휘도 : 빛의 세기를 표시하는 단위

풀이 ㉮ 광속 : 방사속 중에 육안으로 느끼는 부분
㉯ 광도 : 광원의 세기를 표시하는 단위
㉱ 휘도 : 일정한 넓이를 가진 광원 또는 빛의 반사체 표면의 밝기를 나타내는 양

03 생태복원공사에 사용되는 비점오염 저감시설에 대한 설명으로 옳지 않은 것은? [기사 13.06.02]

㉮ 저류지는 농경배수지, 산업단지 등으로서 홍수유량의 조절이 가능한 형태의 저수지이다.
㉯ 인공습지는 경관적으로도 활용되며 자연습지의 원리를 이용하여 오염된 물을 저류한다.
㉰ 식생여과대는 협소한 침투성 높은 토양지역에 도랑을 판 후 자갈, 모래 등을 채우는 시설이다.
㉱ 장치형 시설은 도시지역, 도로 등에 사용되며 시설부지가 적은 지역에서 정화시설물을 이용한다.

풀이 식생여과대는 식물을 심어 오염원이 지나면서 오염물질을 거르는 지대를 말함

04 다음 옥외조명에 관한 사항으로 옳은 것은? [기사 14.05.25]

㉮ 광도(光度)는 단위 면에 수직으로 떨어지는 광속밀도로서 단위는 룩스(lx)를 쓴다.
㉯ 수은등은 고압나트륨등에 비해 2배 이상의 효율을 가지고 있다.
㉰ 도로 조명은 휘도 차에서 오는 눈부심을 줄이기 위해 광원을 멀리한다.
㉱ 교차로에서는 조명등의 높이가 매우 높으며, 간격은 10m 정도가 좋고, 아래의 여러 방향으로 방사하도록 한다.

풀이 ㉮ 광도 : 광원의 PRL를 표시하는 단위로 Cd 사용.
㉯ 수은 등 효율 30 ~ 55lm/w, 나트륨 등 효율 80 ~ 150lm/w, 나트륨등의 효율이 더 높다.
㉱ 교차로에서는 다른 곳보다 더 밝아야 한다.

ANSWER 01 ㉯ 02 ㉰ 03 ㉰ 04 ㉰

Part 5 조경시공구조학

05 50촉광(candle power)인 점광원으로부터 2m 거리에서 그 방향과 직각인 면과 30° 기울어진 평면 위의 조도는 얼마인가? (단, cos30° = 0.86, sin30° = 0.5)

[기사 13.03.10]

㉮ 6.25룩스 ㉯ 10.75룩스
㉰ 12.5룩스 ㉱ 25.0룩스

풀이

조도 $= \frac{1}{d^2} \times \cos\theta$

따라서, $\frac{50}{4} \times 0.86 = 10.75$(룩스)

ANSWER

05 ㉯

5 운반 및 기계화시공

(1) 기계화시공의 장점

① 공사기간의 단축이 가능하다.
② 공사의 품질이 향상된다.
③ 대규모 공사에서는 공사비가 절감된다.
④ 인력에 의해 불가능한 공사도 쉽게 처리할 수 있다.
⑤ 안전사고를 감소시킬 수 있다.

(2) 기계화시공의 단점

① 기계의 구입과 관리비용이 많이 든다.
② 숙련된 운전자와 관리자가 필요하다.
③ 소규모 공사에서는 공사비가 고가이다.
④ 인력을 대신하므로 실업률이 증가한다.
⑤ 기계부품, 연료, 정비 및 관리를 위한 시설이 필요하다.

(3) 건설기계 선정

공사규모, 기간, 공사목적, 현장조건 등 최소 공사비의 장비 선택

(4) 건설기계 종류

① 불도저
㉠ 단거리 절토, 성토, 정비, 흙 운반작업에 사용
㉡ 작업장치 조작방식에 따른 분류 : 유압식, 케이블식
㉢ 구동장치에 의한 분류 : 무한궤도식, 차륜식(타이어식)
㉣ 무한궤도식 불도저 장단점

장점	① 접지면적이 크고 차체 중량이 무한궤도상에 분포되므로 견인력이 자중의 약 80%까지 크다. ② 접지압이 작기 때문에 연약한 지반이라도 주행이 가능하다. ③ 경사지 35도 정도까지 올라가며, 선회반경이 작다.
단점	① 최대속도가 9km/ha로 고속운전이 곤란하다. ② 운전 및 보수가 어려우며, 제작비 및 수리비가 크다.

㉤ 차륜식 불도저 장단점

장점	타이어식으로 운전속도가 빠르다.
단점	① 속도가 빨라 사고방지, 위험방지를 하여야 한다. ② 타이어 특성상 미끄러지거나 접지압이 작아 토양에 빠지는 것을 주의해야 한다.

② 백호

㉠ 사용 : 가장 기동력이 좋으며 굴삭작업, 대형목 이식, 자연석 놓기 등 조경공사에 가장 많이 사용됨

㉡ 유압식 백호이며 파워셔블군에 속하는 굴삭기계임

㉢ 차륜식 백호 : 기동성이 좋고 이동이 편리함

㉣ 무한궤도식 백호 : 접지압이 작아 연약지반에서도 용이함

㉤ 습지 백호 : 습지작업을 위해 넓은 특수 구동판 장착

㉥ 특징

ⓐ 경량으로 이동 또는 운반이 편리하고, 자체적으로 좌우 독립주행이 용이하기에 협소한 장소에서도 작업이 가능

ⓑ 동력 전달이 유압배관뿐이므로 구조가 간단하고 정비가 용이

ⓒ 운전 조작이 쉽고 사이클 타임이 빨라 작업능률이 좋다.

ⓓ 굴삭 또는 주행 시 충격력을 흡수하므로 과부하에 대해서도 안전함

③ 로더 : 불도저의 속도를 보완한 것

㉠ 종류 : 차륜식, 무한궤도식, 레일식, 세미 크롤러식 등

㉡ 차륜식 : 주행속도가 빠르고 기동성이 좋지만, 굴삭력은 약해 흐트러진 재료 적재에 사용

㉢ 무한궤도식 : 굴삭력은 떨어지지만 일반적인 굴삭과 적재에는 파워셔블보다 경제적. 접지압이 작아 연약지반 작업도 가능

㉣ 적재방식에 따른 분류 : 프런트 엔드식, 오버 헤드식, 스윙식, 투웨이식, 연속식 등 일반적으로 프런트 엔드식을 많이 사용함

④ 덤프트럭

㉠ 적재함 하역방법 : 후방 45~65도, 측방 45~55도 기울어지게 함

㉡ 소형과 대형 덤프트럭의 비교

구분	소형 덤프트럭	대형 덤프트럭
장점	1. 기동성이 좋아 운반거리 짧을 때 유리 2. 작업 중 1~2대가 고장나도 작업공정에 큰 영향없음 3. 적재시간 짧고, 대기시간의 발생에 따른 보조작업에 유리	1. 운반단가가 낮아 공사비 절감 2. 작업대수 적어 작업관리 용이, 정비비 절감 3. 시간손실 적어 작업능률 높음
단점	1. 공사단가가 비쌈 2. 작업대수가 많아 정비비가 증가 3. 대기가 많아지므로 작업 관리가 복잡하고, 시간적 손실이 큼	1. 운반로 훼손이 크고 도로 유지보수 필요 2. 고장 발생 시 작업공정에 영향을 줌 3. 대기시간 발생 시 공사비 증가

⑤ 크레인

㉠ 용도 : 중량물을 수직으로 올리고 내리는 기계

㉡ 사용 : 대형수목 및 자연석 적재, 운반, 쌓기, 놓기에 사용

⑥ 진동 콤팩터

㉠ 구조 : 내연기관으로 진동의 발생장치와 평판 진동체를 조합해 자주식 전용 트렉터에 부착한 것

㉡ 사용 : 포장공사에 널리 사용하는 하향력 다짐기계

(5) 건설기계 작업종류별 분류

작업종류	건설기계종류
벌개, 제근	불도저(레이크도저)
굴삭	로더, 굴삭기, 불도저, 리퍼, 셔블계굴삭기(파워셔블, 백호, 드래그라인, 크렘쉘)
적재	로더, 버킷식엑스커베이터, 셔블계굴삭기(파워셔블, 백호, 드래그라인, 크렘쉘)
굴삭, 적재	로더, 굴삭기, 버킷식엑스커버이터, 셔블계굴삭기(파워셔블, 백호, 드래그라인, 크렘쉘)
굴삭, 운반	불도저, 스크레이퍼
운반	불도저, 덤프트럭, 벨트컨베이어
부설	불도저, 모터그레이더
함수량 조절	살수차
다짐	롤러(타이어, 탬핑, 진동, 로드), 불도저, 진동콤팩터, 래머, 탬퍼
정지	불도저, 모터그레이더
도랑파기	굴삭기, 트렌처

6 도로공사

(1) 도로의 종류

① 지역간도로(freeway) : 도시와 도시 중심을 연결하는 차량만 통행하는 도로

② 고속도로(expressway) : 입체교차로를 갖추며 원거리 도시들을 연결하는 도로로 도시의 광대한 스케일과 구성미를 감지할 수 있는 경관을 제공함

③ 간선도로(arterials)

㉠ 장거리 이용교통을 대량 수송하는 기능

㉡ 주변의 토지나 건물에서 도시 제반활동이 가능하도록 차량출입을 허가함

㉢ 신호등, 교차로에 의해 교통을 조절

㉣ 운행서비스와 노상서비스 간의 마찰이 심함

④ 집산도로(collector streets)

㉠ 지구 내 도로로부터 발생하는 교통을 모아 간선도로 또는 이 집산도로변에 위치한 시설물에 교통을 유도시킬 수 있도록 체계화된 도로

㉡ 주거 밀도의 고저에 따라 구획 간격

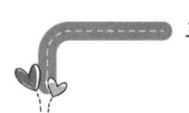

㉢ 노상주차 가능, 도시 부대시설 설치
㉣ 도시조경에 있어 지구의 독자성이 보다 강조됨

⑤ 지구 내 도로(local streets)
㉠ 지구제반활동이 가능하도록 사람, 차량의 출입을 원활하게 함
㉡ 통과교통을 허용하지 않음
㉢ 노상주차지로서 사용 가능

⑥ 막다른 도로(cul-de-sac)
㉠ 끝에서 차량이 원형으로 회전하여 돌아나오는 형태
㉡ 120m 정도의 짧은 도로

(2) 도로계획

① 노선계획
㉠ 도로망의 기본계획에 따라 우선순위가 높고 긴급을 요하는 노선순으로 선정함
㉡ 도로현황, 자동차 이용현황, 경제조사, 측량조사, 지질·토지조사, 기상·수리조사 등 필요
㉢ 기술적 고려
ⓐ 가장 완만한 구배의 노선 선택
ⓑ 오르막 구배가 급하면 우회하며 되도록 직선으로 설계
ⓒ 건조 용이, 통풍이 쉬운 곳 용이, 지하수 대책 고려
ⓓ 타 교통과의 교차점 유의
ⓔ 하천과 되도록 직각으로 교량 건설

② 경관계획
㉠ 도로설계의 미(美)는 위치, 노선 설정, 단면, 척도, 환경적 영향, 건축적 상세도, 조경개발에 대한 고려 등을 통해 이루어진다.
㉡ 운전하는 데 쾌적해야 한다.
㉢ 시각적인 경험의 다양성을 제공해야 한다.
㉣ 흥미 있는 시계와 운전자에게 연속적으로 펼쳐지는 흐름으로 매력적인 이미지 제공

③ 운전자의 지각특성에 따른 설계기준 조절
㉠ 운전자의 판단시간 : 인식, 판단, 반응의 과정과 시간을 고려해야 함
㉡ 속도에 따른 운전자의 초점거리와 시계반경

시간당 속도(KPH)	시선 초점거리(m)	시계반경(°)
40	180	100
72	365	65
105	610	40

(3) 도로의 설계요소

① 속도의 종류

㉠ 지점속도(spot speed) : 어떤 지점을 자동차가 통과할 때의 순간적인 속도

㉡ 주행속도(running speed) : 자동차가 어떤 구간을 주행한 시간으로 정지시간은 미포함

㉢ 구간속도(overall speed) : 어떤 구간을 주행하기 위해 소요된 전체시간과 그 구간의 거리로부터 구하는 속도로 정지시간 포함

㉣ 운전속도(operation speed) : 운전자가 도로상황에 대해 유지해 나갈 수 있는 속도

㉤ 한계속도(optimum speed) : 교통용량이 최대가 되는 속도

㉥ 설계속도(design speed) : 도로조건만으로 정한 최고속도로 대체로 주행속도보다 빠르다.

ⓐ 도로의 구조, 시설 기준에 관한 규칙 제8조 설계속도에 관한 규정
설계도는 도로의 기능별 구분에 따라 다음 표의 속도 이상으로 한다. 다만, 지형 상황 및 경제성 등을 고려하여 필요한 경우에는 다음 표의 속도에서 시속 20킬로m 이내의 속도를 뺀 속도를 설계속도로 할 수 있다. 〈개정 2011. 12.23.〉

도로 기능별 구분		설계속도(킬로m/시간)			
		지방지역			도시지역
		평지	구릉지	산지	
고속도로		120	110	100	100
일반도로	주간선도로	80	70	60	80
	보조간선도로	70	60	50	60
	집산도로	60	50	40	50
	국지도로	50	40	40	40

ⓑ 제1항에도 불구하고 자동차 전용도로의 설계속도는 시속 80킬로m 이상으로 한다. 다만, 자동차 전용도로가 도시지역에 있거나 소형차도로일 경우에는 시속 60킬로m 이상으로 할 수 있다.

② 도로폭원의 재요소

㉠ 차도(vehicle way)

ⓐ 차량 통행에만 쓰이는 목적의 도로 대체로 3.0 ~ 3.75m

ⓑ 미국에서 1차선은 3.0~3.6m

ⓒ 지방도로 설계속도 80km/kr 시 최소폭원 7m

ⓓ 완속차 많은 시가지의 경우 분리대와 완속차도를 만들어 고속차와 분리하며 폭원 3.5m 이상

㉡ 보도(pedestrian way)

ⓐ 폭원 10m 이하 도로에서는 보도를 만들지 않는 것이 좋다.

ⓑ 우리나라는 원칙적으로 시가지 간선도로에는 보도를 설치하도록 되어 있다.

ⓒ 보도의 폭원 : 차도 전체폭의 1/4

ⓓ 적정 보도폭

보도폭	최소치(m)	적정치(m)
보도에 가로수 식재 시	2.25	3.25
보도+가로수+노상시설	2.25	3.00
보도만	1.50	2.25

㉢ 노견(shoulder)

ⓐ 노견의 목적

- 차도를 규정된 폭원으로 보전
- 고장차를 대피
- 자동차의 속도를 내기 위해 횡방향에 여유를 둔다.
- 완속차, 사람을 대피
- 도로표지, 및 전주 등 노상시설을 설치

ⓑ 폭 : 최소한 0.5m, 고속도로에서는 1m 이상, 시가지에 보도 없을 때는 0.75m 이상

㉣ 분리대(median strip)

ⓐ 보통 4차선 이상 도로에서는 중앙분리대가 좋다.

ⓑ 우리나라에서 차도폭원 14m 이상일 때 고려하며, 보통 0.5m, 노상시설 있을 때 1m 이상

㉤ 노상시설대(street strip)

ⓐ 차도폭원 14m일 때 노상시설 있으면 1m 이상, 없으면 0.5m 이상으로 설치

ⓑ 공공시설 설치 시는 0.5m 정도이지만, 식수대 설치 시 1m 정도되어야 함

㉥ 건축한계와 건축선

ⓐ 건축한계 : 도로폭원 내 각 부분에서 높이의 범위 내 장애물을 없애기 위한 공간. 도로 위 4.5m, 보도 위 3.0m로 규정

ⓑ 건축선 : 대지의 건축물이나 공작물을 설치할 수 있는 한계선 통과도로시 도로폭 4m, 막다른 골목시 6m 이내에는 건물을 설치할 수 없다.

(4) 도로설계의 재요소

① **횡단구배** : 노면 종류에 상관없이 배수를 위하여 차도를 향해 편구배 2% 표준

② 종단구배

㉠ 노면의 중심선에서 경사를 가지고 표시하며, 수평거리와 양단높이 차의 비로 표시

㉡ 오르막 구배일 때는 자동차의 속도가 떨어지고 연료 손실량 많고 타이어 마모 증가

㉢ 구배의 대소에 따라 구배의 길이의 한도 즉, 제한장이 필요

㉣ 제한장이 넘는 긴 오르막에서는 제한장 이내마다 2.5%보다 완만한 구배를 50m 이상 설치

㉤ 노면배수를 위한 최소구배 0.5%

③ 시거(sight distance) : 전방을 내다볼 수 있는 거리

㉠ 시거의 종류 : 보통도로에서는 정지시거, 피주시거, 고속도로에서는 추월시거 포함

㉡ 제동정지시거 : 전방 차량을 인지하고 제동 정지하는 데 필요한 거리

㉢ 피주시거 : 전방 차량을 인지하고 핸들을 돌려 정지하는 데까지의 거리

④ 선형(곡선부)

㉠ 정의 : 평면선형을 말하며 평면도상에 나타난 도로중심선의 형상

㉡ 곡선의 종류 : 단곡선, 복합곡선, 배향곡선, 반향곡선

㉢ 곡선반경 : 곡선 부분에서 자동차가 직선부와 같이 안전하게 주행할 수 있는 곡선 반경

㉣ 최소곡선장

ⓐ 운전자의 핸들조작의 범위를 고려한 곡선장 결정

ⓑ 원심가속도의 증가율이 커질 경우, 적어도 완화구간장의 2배기 필요

ⓒ 교각 5~7도 사이에 가장 착각하기 쉬우므로 7도를 한계로 이보다 클 때는 최소곡선장을 일정하게 하고 작을 때는 최소곡선장을 점차 크게 한다.

㉤ 편구배

ⓐ 원심력에 대한 보정으로 차량의 회전 반대방향으로 구배를 높이는 것

ⓑ 곡선부에서 미끄러지는 위험을 감소시키고 차량을 도로의 오른쪽으로 향해 유지하도록 유인한다.

곡선반경	$R \geq \frac{V^2}{127(i+f)}$	f : 노면과 타이어의 마찰계수 우리나라 70km/hr 이상 시 0.1 우리나라 70km/hr 이하 시 0.15 i : tanα(α: 편구배가 수평과 이루는 각도)
최소 곡선장	$L = R\theta = \frac{2\pi R}{360} I$	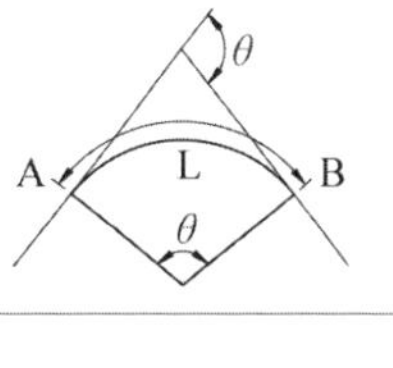
편구배	$I = \frac{V^2}{127R} - f$	I : 편구배(cm/m) f : 횡마찰계수(cm/m) V : 설계속도(KPH)

ⓑ 곡선부의 차도광폭 : 자동차가 곡선부 통과 시에 뒷바퀴는 앞바퀴보다 내측을 지나고 이때 다른 차선을 침범하지 않도록 곡선부 차폭은 직선부보다 넓어야 함

ⓢ 완화구간장 : 직선부에서 곡선부로 점차적으로 변화하도록 하는 구간으로 클로소이드 곡선(곡선장에 반비례해 곡선반경이 감소하는 성질을 가진 곡선)이 적합함

ⓞ 교차

ⓐ 평면교차 : 단순교차, 로터리교차가 있으며 회전에 따른 반경을 고려해야 함

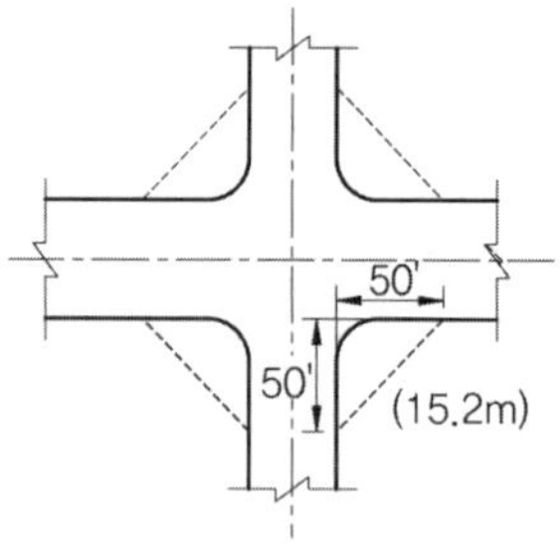

+자형 교차로에서 15.2m가 되는 삼각형 지역은 시각에 방해물이 없어야 한다.

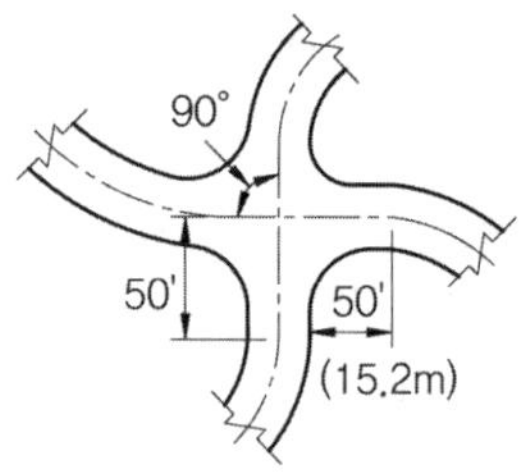

교차로 접근하는 도로는 12.5m 이내에는 90° 를 유지

ⓑ 입체교차 : 고가도, 지하도 등

- 장점 : 차량속도 유지, 시간과 경비의 절약
- 단점 : 넓은 용지 필요, 구조물의 건설과 유지비가 많이 듦

(5) 도로의 설계

① **수평노선 설정** : 평면에서 본 도로, 곡선부분과 직선부분을 말함

㉠ 단곡선의 명칭

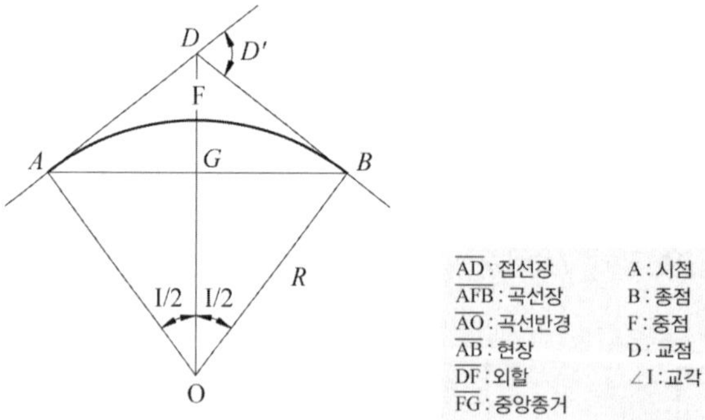

• 단곡선 명칭 •

㉡ 곡선장(100피트의 현에 대한 중심각의 표시방법)과 접선장 구하는 공식

곡선장	$L=\dfrac{2\pi RI}{360}=\dfrac{RI}{57.3}$	$L=\dfrac{100I}{D}$	I : 접선장의 교차각 R : 호의 반지름
접선장	$T=Rtan\dfrac{I}{2}$		

② **수직노선 설정** : 단면에서 본 도로, 도로의 요철, 경사, 종단곡선장을 말함

㉠ 종단곡선 : 두 구배를 적당한 곡선으로 원활하게 연결하는 곡선

㉡ 최소수직곡선은 경사의 차이가 3% 이상 되어야 급격한 동요를 피할 수 있다.

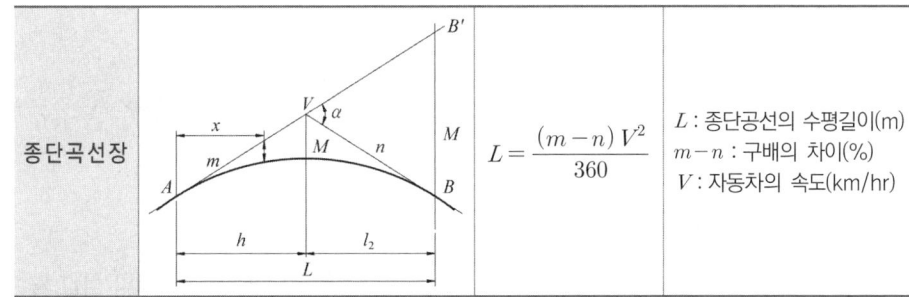

종단곡선장	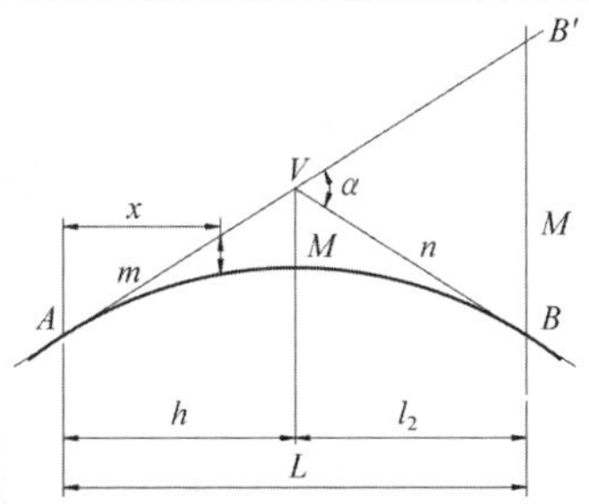 	$L=\dfrac{(m-n)V^2}{360}$	L : 종단공선의 수평길이(m) $m-n$: 구배의 차이(%) V : 자동차의 속도(km/hr)

㉢ 수직곡선장 : 완화곡선과 같이 연직면 내에서 차량의 급격한 운동을 완화시키는 것이 목적

③ **수평노선과 수직노선 설정의 조정**

㉠ 수평, 수직 노선의 변화는 동시에 시작하고 끝나면 안 됨

㉡ 급작스런 수평곡선은 수직곡선의 정상 또는 그 부근에 설계되어서는 안 됨

㉢ 연속적으로 긴 경사지역에서 짧게 소규모의 움푹 파진 곳이나 짧고 뜻밖의 표면이 붕기되는 지점은 피한다.

㉣ 반향곡선 사이에 짧은 직선 구간이 사용되면 불만족스러운 상태가 발생한다.

CHAPTER 03 공종별 공사

실전연습문제

01 자동차의 주행에 영향을 미치는 도로의 기하구조와 물리적 형상을 결정하는 기준이 되는 속도는? [기사 11.03.20]

㉮ 주행속도 ㉯ 구간속도
㉰ 운전속도 ㉱ 설계속도

02 다음 그림과 같은 도로의 수평노선에 곡선장과 접선장의 길이는 각각 얼마인가? [기사 11.06.12]

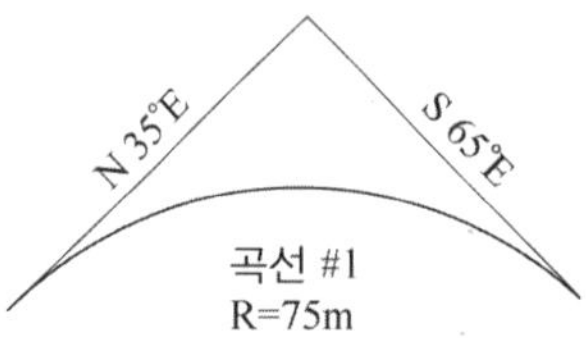

㉮ 약 104.7m와 62.9m
㉯ 약 104.7m와 425.3m
㉰ 약 52.5m와 62.9m
㉱ 약 425.3m와 104.7m

풀이 곡선장

$L = \frac{2\pi RI}{360}$(R : 호의 반지름, I : 접선장의 교차각)

$= 2\times3.14\times75\times80/360$

$= 104.7m$

$T = R\tan\frac{I}{2}$

$= 75\times\tan 80/2$

$= 62.9m$

03 반지름이 100m이고 접선장의 교각이 30°일 때 도로의 곡선장은 약 몇 m인가? [기사 11.10.02]

㉮ 8.3 ㉯ 16.6
㉰ 45.6 ㉱ 52.4

풀이 곡선장 $L = \frac{\pi RI}{180} \times \frac{\pi\times100\times30}{180} ≒ 52.35$

따라서 52.4m

04 다음 중 불도저의 작업 특성으로 적합하지 않은 것은? [기사 11.10.02]

㉮ 굴착, 운반, 다지기 작업이 동시에 가능한 대표적인 토공장비이다.
㉯ 절취토량의 운반 최대 유효거리는 60m 정도이다.
㉰ 토공판의 각도에 따라 스트레이트도저, 앵글도저, 틸트도저 등으로 분류된다.
㉱ 무한궤도식 불도저는 연약지반 작업에 타이어식 불도저보다 작업 조건이 불리하다.

풀이 무한궤도식은 바닥에 닿는 접지면적이 넓어 습지나 연약지반에 유리하다.

ANSWER 01 ㉱ 02 ㉮ 03 ㉱ 04 ㉱

05 다음 중 자동차를 도시 내의 한곳에서 다른 곳으로 가는 장거리 이동 교통을 대량 수송케 하며, 토지 또는 건물의 출입이 제한되고, 교통조절은 신호등, 교차로에 의한다. 또한 도시의 Open-Space로서의 역할을 주로 하여 대규모의 도시경관 설계를 할 수 있는 도로는? [기사 11.10.02]

㉮ 지역간도로(freeway)
㉯ 고속도로(expressway)
㉰ 간선도로(arterial road)
㉱ 집산도로(collector road)

풀이 ㉮ 지역간도로 : 도시와 도시 중심을 연결하는 도로
㉯ 고속도로 : 원거리도시들을 연결하는 도로
㉱ 집산도로 : 지구 내 도로로부터 발생하는 교통을 모아 간선도로 또는 이 집산도로변에 위치한 시설물에 교통을 유도시킬 수 있도록 체계화된 도로

06 곡선반경이 R인 곡선부에서 차량이 미끄러지지 않도록 곡선반경(R)과 횡활동 미끄럼마찰계수(f)를 이용해서 편구배를 계산할 때, 공식으로 옳은 것은? (단, 설계속도는 V이다.) [기사 12.03.04]

㉮ $\dfrac{V^2}{150 \times R} - f$ ㉯ $\dfrac{V^2}{150 \times R} + f$

㉰ $\dfrac{V}{127 \times R} + f$ ㉱ $\dfrac{V}{127 \times R} - f$

07 도로 설계 시 곡선부가 원곡선일 경우 중앙종거의 값은? (단, 곡선반경이 100m, 교각(交角)이 60° 임) [기사 12.09.15]

㉮ 약 13.40m ㉯ 약 26.80m
㉰ 약 40.20m ㉱ 약 50.00m

풀이 중앙종거(M) : R−R×cos I/2
(R : 곡선반경, I : 교각)
따라서, 100−100×cos30 ≒ 13.397
약 13.40m

08 노선 측량 시 완화곡선에 대한 설명으로 옳지 않은 것은? [기사 13.03.10]

㉮ 완화곡선의 곡률($\frac{1}{R}$)은 곡선길이에 비례한다.
㉯ 완화곡선의 접선은 시점에서 원호에, 종점에서 직선에 접한다.
㉰ 곡선반경은 완화곡선의 시점에서 무한대, 종점에서 원곡선 R로 된다.
㉱ 직선과 원곡선 사이에 반시름이 무한대로부터 점점 작아져서 원곡선에 일치하도록 설치하는 특수곡선이다.

풀이 완화곡선의 접선은 시점에서 직선에, 종점에서 원호에 접한다.

Part 5 조경시공구조학

ANSWER 05 ㉰ 06 ㉱ 07 ㉮ 08 ㉯

09 다음 중 차량의 속도구분에 있어 임계속도(臨界速度)에 해당하는 설명은? [기사 13.06.02]

㉮ 일정한 구간의 거리를 주행한 시간으로 나누어 구한 속도이다.
㉯ 특정 지점을 통과할 때의 순간적인 속도이다.
㉰ 도로조건만을 감안한 최고속도로서 도로의 기하학적 설계의 기준이 된다.
㉱ 교통 용량이 최대가 되는 속도로서 이론적으로 교통용량을 산정할 때 쓰인다.

풀이
㉮ 일정한 구간의 거리를 주행한 시간으로 나누어 구한 속도 : 구간속도
㉯ 특정 지점을 통과할 때의 순간적인 속도 : 지점속도
㉰ 도로조건만을 감안한 최고속도로서 도로의 기하학적 설계의 기준 : 설계속도
㉱ 교통 용량이 최대가 되는 속도로서 이론적으로 교통용량을 산정 시 사용 : 임계(한계)속도

10 자동차가 회전할 때 원심력에 저항할 수 있도록 편경사를 주어야 하는데 횡활동 미끄럼마찰계수가 0.15, 설계속도가 100km/hr, 곡선반경이 50m일 때 편경사는? [기사 13.09.28]

㉮ 0.24 ㉯ 0.44
㉰ 0.82 ㉱ 1.42

풀이

$$I = \frac{v^2}{127R} - f$$

I : 편구배
V : 설계속도
f : 횡마찰계수

$$I = \frac{100^2}{127 \times 50} - 0.15 = 1.42$$

11 토사의 절취 후 운반 작업거리가 50~60m 이내, 최대 100m의 배토작업에 가장 합리적으로 사용할 수 있는 배토 정지용 건설기계 장비는? [기사 14.05.25]

㉮ 불도저(bull dozer)
㉯ 덤프트럭(dump truck)
㉰ 로더(loader)
㉱ 백호우(back hoe)

풀이 **불도저**
단거리 절토, 성토, 정지, 흙 운반작업에 유리함

12 다음 중 덤프트럭에 대한 설명으로 옳지 않은 것은? [기사 14.05.25]

㉮ 무한궤도식은 이동속도가 느리다.
㉯ 적재함을 기울여 흙을 방출한다.
㉰ 적재기계를 고려하여 적재용량을 결정한다.
㉱ 운반도로의 조건이 작업량에 영향을 준다.

풀이 무한궤도식은 바닥에 닿는 접지면적이 넓어 습지나 연약지반에 유리하나, 이동속도가 매우 느리다. 하지만 덤프트럭은 운반용 특수화물차로 무한궤도식은 없고 타이어식만 있다.

ANSWER 09 ㉱ 10 ㉱ 11 ㉮ 12 ㉮

13 **노선의 곡선 중에서 반지름이 각기 다른 2개의 원곡선으로 구성되고 이 두 곡선의 연속점에서 공통접선을 가지며 곡선중심이 공통접선에 대하여 서로 반대쪽에 있는 곡선을 무엇이라고 하는가?** [기사 14.09.20]

㉮ 단곡선　　　㉯ 복곡선
㉰ 반향곡선　　㉱ 클로소이드

풀이 ㉮ 단곡선 : 1개의 원호로 이루어지는 즉, 곡률이 일정한 곡선. 단곡선
㉯ 복곡선 : 반경이 다른 두 개의 단곡선으로 이루어지며, 그 접점에 있어서의 공통접선의 같은 쪽에서 연속되는 곡선
㉰ 반향곡선 : S자형 곡선이라고도 하며, 두개의 단곡선이 그 접점에서 공통 접선을 갖고 그 원호가 양측에서 연락하는 곡선
㉱ 클로소이드 : 곡선 길이에 비례하여 곡률이 증대(곡률 반경이 감소)하는 성질을 가진 곡선의 일종

14 **도로에서 곡선부의 길이가 짧거나 교각이 작을 경우 생길 수 있는 현상이 아닌 것은?** [기사 14.09.20]

㉮ 고속의 경우 사고의 위험성이 증가한다.
㉯ 운전자에게 도로가 끊어진 것처럼 보인다.
㉰ 운전자에게 곡선의 길이가 실지보다 길게 느껴진다.
㉱ 운전자의 핸들조작이 빨라져 운전 쾌적도가 저하된다.

풀이 도로에서 곡선부의 길이가 짧거나 교각이 작으면 운전자는 곡선의 길이가 더 짧게 느껴지고 도로가 꺾여 있는 것처럼 보여 사고 위험이 증대된다.

ANSWER
13 ㉰　14 ㉰

CHAPTER 4

조경적산

1 수량산출

1 토공량

① 토량변화율

토량체적변화율 $L = \dfrac{\text{흐트러진 상태의 체적}(m^3)}{\text{자연 상태의 체적}(m^3)}$ $C = \dfrac{\text{다져진 상태의 체적}(m^3)}{\text{자연 상태의 체적}(m^3)}$

L 〉 1, C 〈 1(L값은 1보다 크고, C값은 1보다 작다.(다만, C값은 암석, 조약돌, 역질토일 때는 1보다 크다.)

② 체적환산계수(f)표

구하는 Q / 기준이 되는 q	자연상태의 토량	흐트러진 상태의 토량	다져진 후의 토량
자연상태의 토량	1	L	C
흐트러진 상태의 토량	1/L	1	C/L
다져진 후의 토량	1/C	L/C	1

③ 터파기 계산공식

독립기초파기	$A = \dfrac{h}{6}\{(2a+a')b+(2a'+a)b'\}$	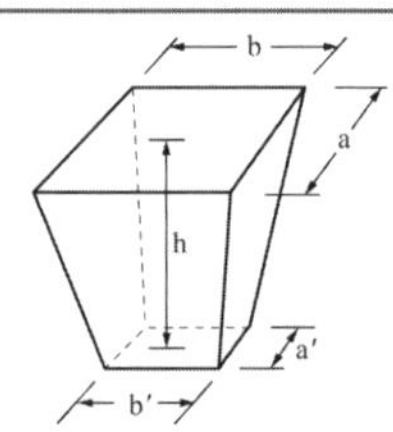
줄기초파기	$A = \dfrac{a+b}{2}h \times$(줄기초길이)	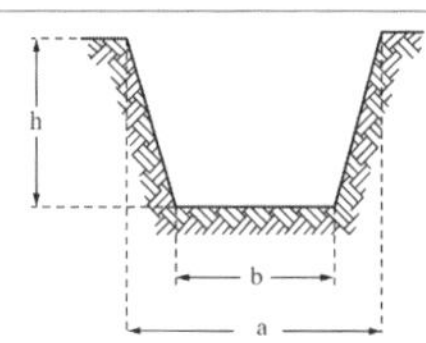
양단면평균법	$V = \dfrac{I}{2}(A_1 + A_2)$	I : 양단면간의 거리 A_1, A_2 : 양단면의 면적
중앙단면법	$V = A_m \times \ell$	A_m : 중앙단면 면적 ℓ : 양단면간의 거리

각주공식	$V=\frac{I}{6}(A_1+4A_m+A_2)$	I : 양단면간의 거리 A_1, A_2 : 양단면의 면적 A_m : 중앙단면 면적
점고법	$V=\frac{1}{4}A(h_1+h_2+h_3+h_4)$	A : 수평저면적 h_1, h_2, h_3, h_4 : 각점의 수직고
거형분할식	$V=\frac{1}{4}A(\Sigma h_1+2\Sigma h_2+3\Sigma h_3+4\Sigma h_4)$	A : 수평저면적 $\Sigma h_1 \sim \Sigma h_4$: 각정점의 높이합 ($h \sim h_4$까지 각 정점은 만나는 거형의 수에 따른다.)
삼각형분할식	$V=\frac{1}{3}A(\Sigma h_1+2\Sigma h_2+3\Sigma h_3 ...+8\Sigma h_8)$	A : 수평저면적 $\Sigma h_1 \sim \Sigma h_8$: 각정점의 높이합 ($h_1 \sim h_8$까지 각 정점은 만나는 거형의 수에 따른다.)
등고선법	$V=\frac{h}{3}\left\{\begin{matrix} A_1+4(A_2+A_4+...+A_{n-1}) \\ +2(A_3+A_5+...+A_{n-2})+A_n \end{matrix}\right\}$	h : 등고선 간격 n : 단면수 $A_1 \sim A_n$: 등고선으로 둘러싸인 면적

④ 되메우기

㉠ 적용 범위 : 터파기한 장소에 구조물 설치한 후 잔여공간에 파낸 흙을 되메우는 작업

㉡ 되메우기토량 = (터파기체적 − 기초부 체적)× 체적변화율 C

⑤ 잔토처리

㉠ 적용 범위 : 터파기 한 흙에서 되메우기 하고 남은 잔여토량을 버리는 작업

㉡ 잔토처리량 = 디파기 세적-되베우기 제적
　　　　= 터파기 체적-(되메우기 체적+돋우기 체적) : 흙돋우기 시행 시
　　　　= 구조체 제척(돋우기 없을 시)

2 기계장비의 시공능력 산정

인력운반	$Q=N\times q$ $N=\frac{VT}{(120L+Vt)}$ $Cm=120L/V+t$	Q : 1일 운반량(m^3, kg) N : 1일 운반회수 Cm : 1회 운반소요시간 q : 1회운반량(m^3, kg) T : 1일 실작업시간(450분) L : 운반거리(m) t : 적재, 적하소요시간(3분) V : 왕복평균속도(m/hr)
목도운반	운반비$=\frac{M}{T}\times A(\frac{120L}{V}+t)$	M : 필요한 목도공의 수(인) T : 1일 실작업시간(450분) L : 운반거리(m) V : 왕복 평균속도(km/hr) t : 준비작업시간(2분) 목도공 1회운반량 : 40kg 경사지 환산거리 : 환산계수×L

불도저	$Q=\frac{60q \cdot f \cdot E}{Cm}$ $q=q^0 \times e$ Cm =전진시간+후진시간 +기어변속시간(0.25분)	Q : 시간당 작업량(m^3/hr) q : 삽날의 용량(m^3) q^0 : 거리를 고려하지 않는 삽날의 용량(m^3) e : 운반거리 계수 f : 토량 환산 계수 E : 작업효율 Cm : 1회 사이클 시간(분)
백호우 로더	$Q=\frac{3600q \cdot K \cdot f \cdot E}{Cm}$	Q : 시간당 작업량(m^3/hr) q : 버키트의 용량(m^3) f : 토량 환산 계수 E : 작업효율 K : 버키트 계수 Cm : 1회 사이클 시간(초)
덤프트럭	$Q=\frac{60q \cdot f \cdot E}{Cm}$ $q=\frac{T}{r^t} \cdot L$ Cm = 적재시간+적하시간+왕복시간 +대기시간 + 적재함 덮개 설치 및 해체시간	Q : 1시간당 흐트러진 상태의 작업량(m^3/hr) q : 흐트러진 상태의 덤프트럭 1회 적재량(m^3) r^t : 자연상태에서의 토석의 단위중량(ton/m^3) T : 덤프 트럭의 적재용량(ton) L : 토량 환산계수에서의 토량변화율 f : 토량 환산 계수 E : 작업효율(0.9) Cm : 1회 사이클시간(분)
롤러	$Q=\frac{1000 \cdot V \cdot W \cdot E \cdot D \cdot f}{N}$ $A=\frac{1000 \cdot V \cdot W \cdot E}{N}$	Q : 시간당 다짐토량(m^3/hr) V : 다짐속도(km/hr) E : 작업효율 f : 체적환산계수 A : 시간당 다짐면적(m^2/hr) W : 롤러의 유효폭(m) D : 펴는 흙의 두께(m) N : 소요다짐횟수
플레이트 콤팩트	$Q=\frac{1000 \cdot V \cdot W \cdot E \cdot D \cdot f}{N}$ $A=\frac{1000 \cdot V \cdot W \cdot E}{N}$	Q : 시간당 다짐토량(m^3/hr) V : 다짐속도(km/hr) E : 작업효율 f : 토량환산계수 A : 시간당 다짐면적(m^2/hr) W : 롤러의 유효폭(m) D : 펴는 흙의 두께(m) N : 소요다짐횟수
경운기	$Q=\frac{60 \cdot q \cdot f \cdot E}{Cm}$ $Cm=(L/V_1)+(L/V_2)+t$	Q : 1시간당 작업량(m^3/hr) q : 흐트러진 상태의 경운기 1회 적재량(m^3) f : 토량 환산 계수 E : 작업효율(0.9) Cm : 1회 사이클시간(분) V_1 : 적재 시 속도(m/분) V_2 : 공차 시 속도(m/분) L : 거리(m) t : 적재 적하시간(분)
이동식 임목파쇄기	93.25kW용 $Q=6.0$(m^3/hr) 354.35~402.84kW용 $Q=q \cdot K \cdot S \cdot E$	Q : 시간당 파쇄능력(m^3/hr) q : 354.35kW의 시간당 표준파쇄량(m^3/hr) = 26(m^3/hr) K : 임목파쇄기의 규격별 능력계수 E : 작업효율 S : 임목파쇄기의 스크린계수

3 벽돌 수량산출(표준규격 벽돌 기준수량)

(m^2당, 단위 : 매)

벽돌 두께 \ 벽 두께	0.5B	1.0B	1.5B	2.0B	2.5B	3.0B
210×100×60(기존형)	65	130	195	260	325	390
190×90×57(표준형)	75	149	224	299	373	447

면적산출방법 (m^2당 벽돌수량)	$N=\dfrac{1}{(l+n)(d+m)}$	N : $1m^2$에 필요한 벽돌의 수(매/m^2) l : 벽돌의 길이(m) d : 벽돌의 두께(m) n : 세로줄눈 너비(m) m : 가로줄눈 너비(m)
체적산출방법 (m^3당 벽돌수량)	$N=\dfrac{1}{(l+n)(b+n)(d+m)}$	N : $1m^3$에 필요한 벽돌의 수(매/m^3) l : 벽돌의 길이(m) d : 벽돌의 두께(m) b : 벽돌의 너비(m) m : 가로줄눈 너비(m) n : 세로줄눈 너비(m)

4 콘크리트, 거푸집 수량산출

① 콘크리트 재료량

㉠ 용적배합비 $\ell : m : n$이고, 물·시멘트비 X%일때

$V=\dfrac{\ell W_c}{g_c}+\dfrac{m W_s}{g_s}+\dfrac{n W_g}{g_g}+W_cX$	V : 콘크리트의 비벼내기량(m^3) W_c : 시멘트의 단위용적무게(kg/m^3 또는 kg/ℓ) W_s : 표면건조, 내부포화상태 모래의 단위용적무게 (kg/m^3 또는 kg/ℓ) g_c : 시멘트의 비중 즉, 시멘트소요량 C = ℓ/V(ton) g_s : 모래의 비중 즉, 모래소요량 S = m/V(m^3) g_g : 자갈의 비중 즉, 자갈소요량 G = n/V(m^3)

㉡ 배합비 1 : m : n 인 콘크리트 $1m^2$당 재료량(V : 비벼내기량)

ⓐ 시멘트양 : 1/V(m^2) 이때 시멘트 단위용적중량은 500kg/m^3이므로 무게로 환산 가능

ⓑ 모래양 : m/V(m^2)

ⓒ 자갈양 : n/V(m^2)

ⓓ 물의 양 : 시멘트 중량×물·시멘트비

② 콘크리트 수량산출

연속기초	$V=$ 기초단면적 × 중심연장길이	거푸집 면적 산출 시 양쪽 마구리 부분과 줄기초와 줄기초가 만나는 부분은 제외한다.
독립기초 산출 방법 1	$V=\frac{h}{6}[(2a+a')b+(2a'+a)b']$	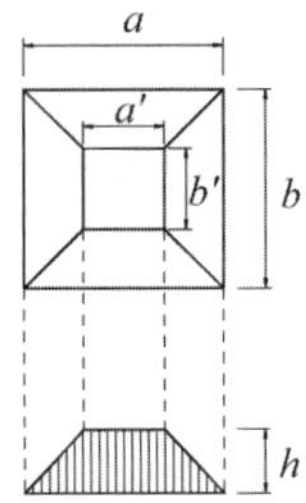
독립기초 산출 방법 2	$V=\frac{h}{3}[ab+a'b'+\sqrt{(a'b)\cdot(ab')}]$	

③ 거푸집 면적산출

기초	기울기 30도 기준으로 $\theta \geqq 30$도는 경사면으로, $\theta < 30$도는 수직면 (D)로 산출 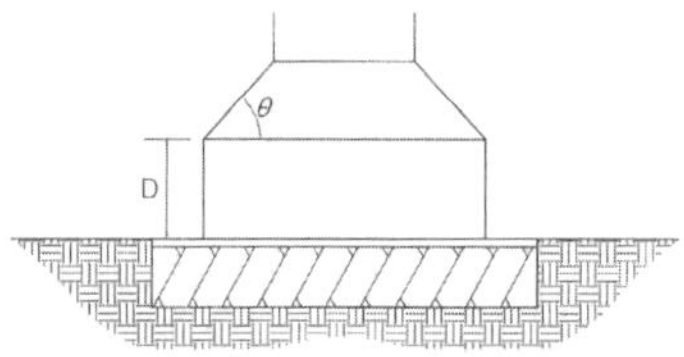
기둥	기둥 둘레길이×기둥높이(이때, 기둥의 윗층바닥면은 뺀다.)
벽체	(벽면적-개구부면적)×2
보	(기둥간의 내부길이×바닥판 두께를 뺀 보의 옆면적)×2
계단	계단너비×챌면 층높이×계단수(옥외계단은 챌면의 면적만 계산)
개구부	$1m^2$ 이하의 개구부는 거푸면적에서 제외하지 않는다.
접합부	기초와 지중보, 지중보와 기둥, 기둥과 보, 큰보와 작은보, 기둥과 벽체, 보와 벽, 바닥판과 기둥의 접합부 면적은 거푸집 면적에서 제외하지 않는다.

5 수목 및 잔디양

① 규격표시

㉠ 수목은 형상에 따라 H×B, H×W, H×R로 표시하며 주수로 계산한다.

㉡ 잔디 및 초화류 : 피목 면적(m^2)으로 계산하며, 잔디는 뗏장수로 계산하기도 한다.

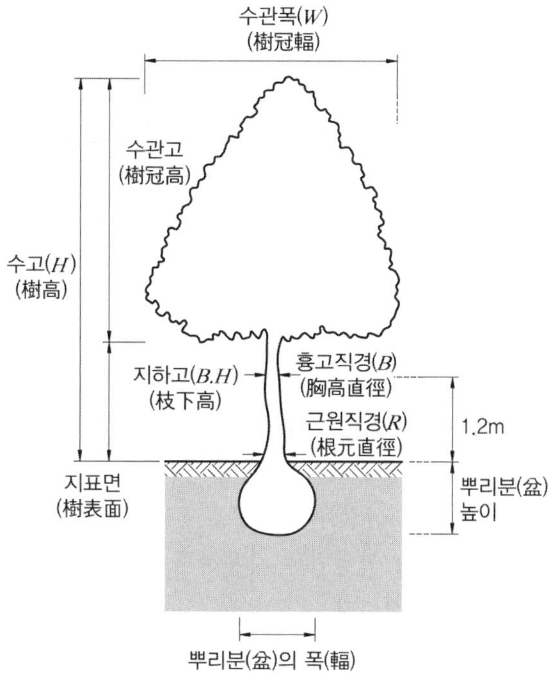

② 식재공사 수목의 중량 구하는 공식

뿌리분 크기	뿌리분 지름(cm)$=24+(N-3)\times d$	N : 근원직경(cm) d : 상수(상록수 4, 낙엽수 5)
수목의 지상부 중량	$W_1 = k\times\pi\times(\frac{d}{2})^2\times H\times\omega_1\times(1+p)$	k : 수간형상계수(0.5) d : 흉고직경, 근원직경×0.8 H : 수고(m) ω_1 : 수간의 단위중량(kg/m^2) p : 지엽의 다소에 따른 할증률
수목의 지하부 중량	$W_2 = V\times\omega_2$	V : 뿌리분 체적(m^3) ① 접시분 $V=\pi r^3$ ② 보통분 $V=\pi r^3+\frac{1}{6}\pi r^3$ ③ 조개분 $V=\pi r^3+\frac{1}{3}\pi r^3$ ω_2 : 뿌리분의 단위체적중량(kg/m^2)

2 표준품셈, 일위대가표

1 수량산출의 개념, 목적

① 시공현장에서의 소요재료, 물량을 집계한 것으로 총공사비 산정의 중요과정

② 종류

㉠ 설계수량 : 실시설계, 상세설계도에 따라 산출한 것

㉡ 계획수량 : 설계도에 명시되지 않은 시공계획 수립상 소요되는 수량

㉢ 소요수량 : 손실량을 예측해 부가한 할증수량

2 수량산출기준

① 수량은 C.G.S.(즉, Centimeter-Gram-Second) 사용

② 수량단위, 소수위는 표준품셈단위표준에 의한다.

③ 소수점 한 자리까지 구하고 4사5입(반올림)

④ 분도는 분까지, 원주율, 삼각함수의 유효숫자는 3자리로 한다.

⑤ 순서에 의거해 계산하고 약분법은 사용하지 않는다. 각 분수마다 값을 구해 합산하며, 소수 2자리까지 계산한다.

⑥ 면적계산은 수학공식 삼각법(3회 이상 측정한 평균)을 사용한다.

⑦ 체적은 공식에 의거가 원칙이나 토사입적은 양단면평균값에 그 단면 간 거리를 곱해 산출

⑧ 다음 체적과 면적은 구조물 수량에서 공제하지 않는다.

㉠ 콘크리트 구조물 중의 말뚝머리

㉡ 볼트의 구멍

㉢ 모따기 또는 물구멍

㉣ 이음줄눈의 간격

㉤ 포장공종의 1개소당 $0.1m^2$ 이하의 구조물 자리

㉥ 철근콘크리트 중의 철근

㉦ 조약돌 중의 말뚝 체적 및 책동목

㉧ 강구조물의 리베트 구멍

3 재료 및 금액의 단위

① 재료 : C.G.S 원칙

㉠ 모래, 자갈 : 단위수량 m^3, 소수 2위까지 사용

㉡ 조약돌 : 단위수량 m^3, 소수 2위까지 사용

㉢ 모르타르, 콘크리트 : 단위수량 m^3, 소수 2위까지 사용

㉣ 목재 : 규격이 길이 m, 소수 1위 사용할 때 - 단위수량 m^2, 소수 2위 사용
규격이 폭·두께 cm, 소수 1위 사용할 때 - 단위수량 m^3, 소수 3위 사용

② 금액

종목	단위	지휘	비고
설계서의 총액	원	1,000	이하 버림(단, 10,000원 이하의 공사는 100원 이하 버림)
설계서의 소계	원	1	미만 버림
설계서의 금액한	원	1	미만 버림
일위대가표의 계금	원	1	미만 버림
일위대가표의 금액란	원	0.1	미만 버림

③ 재료의 단위중량

종별	형상	중량(kg/m^2)
암석	화산암 안산암 사암 현무암	2,600~2,700 2,300~2,710 2,400·2,790 2,700~3,200
자갈	건조 습기 포화	1,600~1,800 1,700~1,800 1,800~1,900
모래	건조 습기 포화	1,200~1,700 1,700~1,800 1,800~1,900
점질토	보통의 것 자갈이 섞인 것 자갈이 섞이고 습한 것	1,500~1,700 1,600~1,800 1,900~2,100
목재 소나무 소나무(적송) 미송	생송재(生淞材) 건재(乾材)	800 580 590 420~700
시멘트 철근콘크리트 콘크리트 시멘트모르타르		1,500 2,400 2,300 2,100

4 할증량(조경에서 중요한 부분만 발췌)

① **재료의 할증** : 할증은 재료의 손실량을 말하는 것으로 재료비의 단가 계산시에 할증량을 포함한 소요량을 곱해서 산출한다.

종류		할증률(%)
노상 및 노반재료	모래	6
	부순돌·자갈·막자갈	4
	석분	0
	점질토	6
강재류	원형철근	5
	이형철근	3
	일반볼트	5
목재	각재	5
	판재	10
합판	일반용합판	3
	수장용합판	5
벽돌	붉은벽돌	3
	시멘트벽돌	5
	내화벽돌	3
블록	경계블록	3
	호안블록	5
	시멘트블록	4
조경용 수목		10
잔 디		10

② **품의 할증**

㉠ 법정 근로시간 : 1일 8시간, 1주에 44시간, 1주일 12시간 한도로 연장근무 가능

㉡ 군사작전 지구내 20%, 도서지구·공항·산악지역 50%, 야간작업 20% 등

㉢ 소운반 운반거리 : 20m 이상일 때 할증. 경사면 소운반거리 = 직고 1m를 수평거리 6m로 계산

㉣ 공구손료 : 직접노무비의 3%까지 계상

5 조경관련 품셈

① **정의** : 공사 목적물의 달성을 위해 단위 물량당 소요하는 노력과 물질을 수량으로 표시한 것으로 건설교통부에서 표준품셈을 제정하여 시행

② 조경공사에 주로 적용하는 표준품셈 예

㉠ 자연석 공사(톤당)

ⓐ 자연석 놓기 : 조경공 2인+보통인부 2인

ⓑ 자연석 쌓기 : 조경공 2.5인+보통인부 2.5인

㉡ 잔디공사

ⓐ 평떼 : 보통인부 0.069인, 떼 뜰 경우 0.06일

ⓑ 줄떼 : 보통 인부 0.062인, 떼 뜰 경우 0.03인

ⓒ 전면파종 : 특별인부 0.015인

(6) 일위대가표 작성

① 일위대가(재료의 단위 규격당 노무의 단위, 인당 필요한 수량의 표를 만드는 것) 종류

㉠ 기초일위대가 : 수량산출 없이 표준품셈에서 적용되는 항목을 추출해 작성할 수 있는 터파기, 콘크리트, 거푸집 등에 해당

㉡ 단위일위대가 : 기산출된 단위공종별 수량에 단가 또는 기초일위대가를 곱하여 작성한 것 기본적인 단위 시공 1단위당 순공사비로서 파고라 1개소, 화강석포장 $1m^2$, 소나무 1주 등을 기준으로 재료비, 노무비, 경비를 계산한 것이다.

② 일위대가표 작성 예

㉠ 시비(관목) (식재면적 $100m^2$당)

품목	규격	단위	수량	단가	금액	비고
비료	유기질 산림용	kg	100			비료의 종류는 지역 여건에 따라 선택
고형복합비료		개	200			
조경공		인	0.3			
보통인부		인	0.8			
계						

㉡ 수목전정(낙엽수 흉고직경 B 10cm 미만) (주당)

품목	규격	단위	수량	단가	금액	비고
조경공		인	0.05			
보통인부		인	0.015			
계						

㉢ 자연석 놓기 (ton 당)

품목	규격	단위	수량	단가	금액	비고
자연석	목도석	ton	1.0			
조원공		인	2.0			
보통인부		인	2.0			
계						

3 공사비 산출

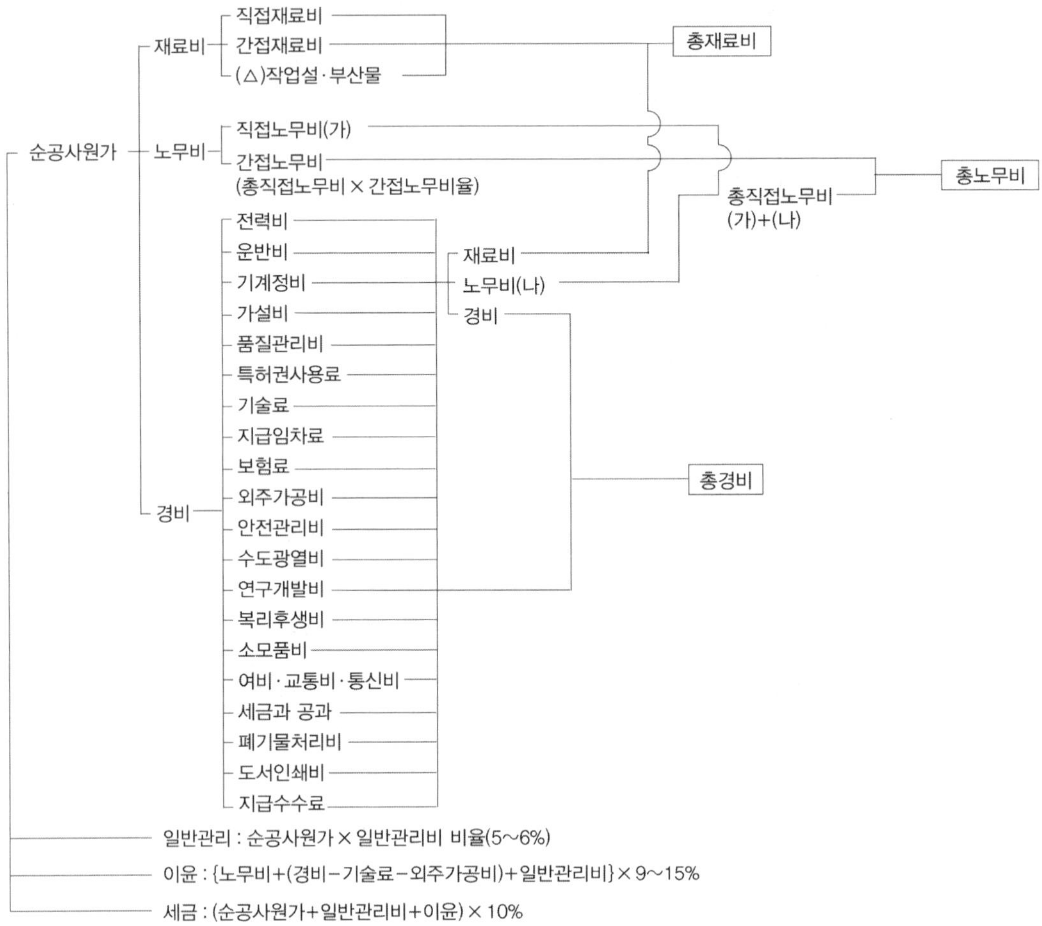

*총공사원가=순공사원가+일반관리비+이윤+세금

1 공사비

① **재료비** : 직접재료비+간접재료비-작업부산물

㉠ 직접재료비 : 공사 목적물의 실체. 주요 재료비와 부분품비

㉡ 간접재료비 : 공사에 보조적으로 소비되는 재료. 소모성 물품의 가치 소모재료비, 소모공구·기구·비품비, 가설재료비가 해당

㉢ 부대비용 : 재료에 직접 관련되어 발생하는 구입 후 경비. 운임, 보험료, 보관비 등

㉣ 작업설, 부산물 : 작업 잔재료 중 환금이 가능한 재료로 재료비에서 공제 시멘트 공포대, 공드럼, 수목의 할증분

② 노무비(직접노무비+간접노무비)
 ㉠ 직접노무비 : 공사현장에서 작업에 종사하는 사람에게 지급하는 수당상여금, 퇴직급여충담금
 ㉡ 간접노무비 : 공사장에서 직접 일하지 않고 보조적 작업을 하는 사람의 임금
 간접노무비 = 직접노무비×간접노무비율 예 현장사무소 직원

③ 경비
 ㉠ 종류 : 전력비, 운반비, 기계경비, 특허권사용료 등 위 표를 참고할 것
 ㉡ 경비 중 전력비, 운반비, 기계경비, 가설비, 품질관리비의 재료비와 노무비는 각 총재료비와 총노무비에 포함됨

④ 일반관리비 : 공사업체를 지속하기 위해 발생하는 비용으로 순공사비 합계의 6%를 초과할 수 없다.

⑤ 기타경비 : (재료비 + 노무비)×6% 정도

⑥ 이윤 : (노무비 + (경비 - 기술료 - 외주가공비) + 일반관리비)×9~15%
 (순공사원가 + 일반관리비 - 재료비)×9~15%

⑦ 세금 : (순공사원가 + 일반관리비 + 이윤)×10%

⑧ 총공사비 : 순공사원가(재료비 + 노무비 + 경비) + 일반관리비 + 이윤 + 세금

2 총공사비 산출

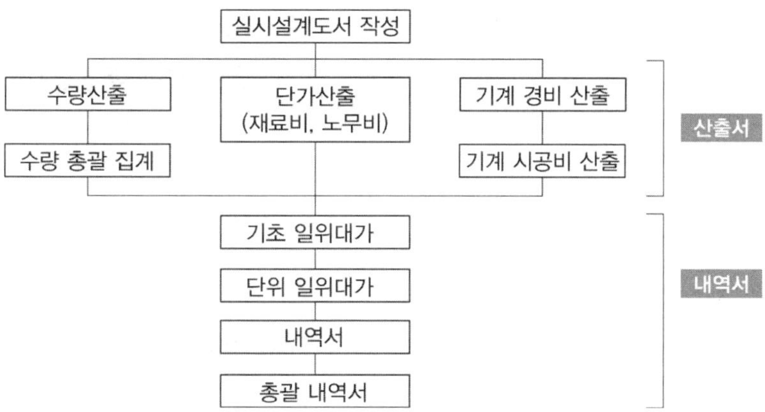

① 내역서(순공사비) : 수량과 일위대가에 의해 산정된 단가를 곱하여 공사비를 추출하는 것

② 총괄내역서 : 내역서에 간접노무비, 산업재해 보상보험료, 고용보험료 등 총공사원가와 총공사비를 산출하는 것

CHAPTER 04 조경적산

실전연습문제

01 다음 중 간접재료비에 포함되는 것은? [기사 11.03.20]

㉮ 수목 ㉯ 시멘트
㉰ 조명등 ㉱ 동바리

풀이 **간접재료비**
공사현장의 실물을 만들기 위해 부수적으로 사용되는 것

02 공사원가에 포함되지 않는 것은? [기사 11.03.20]

㉮ 부가가치세 ㉯ 직접노무비
㉰ 운반비 ㉱ 기계 경비

풀이 순공사원가 = 재료비+노무비+경비

03 다음 중 재료비에 대한 설명으로 틀린 것은? [기사 11.06.12]

㉮ 부분품비는 직접재료비이다.
㉯ 용접가스비는 직접재료비이다.
㉰ 소모공구는 간접재료비이다.
㉱ 거푸집은 간접재료비이다.

풀이 용접가스비는 간접재료비임. 직접재료비는 공사 구조물의 직접형 형태를 만드는 데 필요한 것이며, 간접재료비는 공사물을 만드는 데 부수적으로 따르는 재료비를 말함

04 건설공사표준품셈의 수량 계산 시 체적 및 면적 구조물의 계산에서 공제할 수 있는 것은? [기사 11.06.12]

㉮ 볼트의 구멍
㉯ 이음줄눈의 간격
㉰ 철근콘크리트 중의 철근
㉱ 철근콘크리트의 구조용 큰 파이프

풀이 **공제하지 않는 것**
① 콘크리트 구조물 중의 말뚝머리
② 볼트의 구멍
③ 모따기 또는 물구멍
④ 이음줄눈의 간격
⑤ 포장공종의 1개소당 $0.1m^2$ 이하의 구조물 자리
⑥ 철근콘크리트 중의 철근
⑦ 조약돌 중의 말뚝 체적 및 책동목
⑧ 강구조물의 리베트 구멍

05 다음 중 구조물 수량 산출 시 체적과 면적을 공제하여야 하는 항목은? [기사 11.10.02]

㉮ 볼트의 구멍
㉯ 철근콘크리트 중의 철근
㉰ 콘크리트 구조물 중의 말뚝머리
㉱ 포장공종의 1개소당 $1m^2$ 이하의 구조물 자리

풀이 **공제하지 않는 것**
① 콘크리트 구조물 중의 말뚝머리
② 볼트의 구멍
③ 모따기 또는 물구멍
④ 이음줄눈의 간격
⑤ 포장공종의 1개소당 $0.1m^2$ 이하의 구조물 자리
⑥ 철근콘크리트 중의 철근
⑦ 조약돌 중의 말뚝 체적 및 책동목
⑧ 강구조물의 리베트 구멍

ANSWER 01 ㉱ 02 ㉮ 03 ㉯ 04 ㉱ 05 ㉱

06 다음 중 원가계산에 의하여 공사비 구성항목을 분류할 때 순공사원가에 속하는 경비 항목이 아닌 것은? [기사 12.03.04]

㉮ 연구개발비 ㉯ 복리후생비
㉰ 가설비 ㉱ 일반관리비

풀이 일반관리비 = 순공사원가×일반관리비율

07 8ton 덤프트럭으로 자연상태에서 토석의 단위 중량 1500kg/m^{3}인 점질토를 운반하려 할 때 1회 적재량은 약 얼마인가? (단, C값은 0.9, L값은 1.25이다.) [기사 12.05.20]

㉮ 4.8m^3 ㉯ 10.8m^3
㉰ 6.7m^3 ㉱ 4.2m^3

풀이

$$q = \frac{T}{r^t}L$$

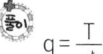

q : 덤프트럭 1회적재량
T : 덤프트럭 적재용량
r^t : 자연상태에서의 토석의 단위중량
L : 토량환산계수에시의 도량변화율

따라서, $\frac{8000}{1500} \times 1.25 \fallingdotseq 6.7\text{m}^3$

08 산업재해 보상보험료(산재보험료)에 대한 설명으로 옳지 않은 것은? [기사 13.03.10]

㉮ 보험료의 산출은 노무비 총액에 일정 요율을 곱하여 산정한다.
㉯ 경비항목에 포함시켜 계상한다.
㉰ 일반관리비 산정 시에는 제외시켜 계상한다.
㉱ 법령에 의하여 강제적으로 가입되는 항목이다.

풀이 산재보험료는 경비에 해당하는 항목으로 일반관리비 산정 시 포함된다.

09 다음 중 품셈을 가장 잘 설명한 것은? [기사 13.03.10]

㉮ 물체를 만드는 데 필요한 노력과 물질의 수량이다.
㉯ 시공현장에서 소요되는 재료의 물량을 집계한 것이다.
㉰ 건설공사에 소요되는 공사비를 산정하는 과정을 말한다.
㉱ 공사에 소요되는 노무량만을 수량으로 표시하여 금액을 산출 할 수 있게 한 것이다.

10 건축시공 중 발생하는 발생재의 처리에 대한 설명으로 옳지 않은 것은? [기사 13.06.02]

㉮ 발생재 공제 시 적용단가는 현장거래가격을 기준으로 한다.
㉯ 철재시설에서 발생하는 고철재는 70%를 공제한다.
㉰ 발생재의 대금을 설계 당시 미리 공제한다.
㉱ 공제금액의 계산은 (발생량/공제율)×고재단가로 한다.

풀이 공제금액 계산 : 발생량×공제율×고재단가

ANSWER 06 ㉱ 07 ㉰ 08 ㉰ 09 ㉮ 10 ㉱

11 석재 1m³를 리어카를 사용하여 100m 거리에 소운반하려 할 때 운반비는 약 얼마인가? (단, V : 3,000m/hr, 리어카 1회 운반량 : 250kg, 석재 : 1,700kg/m³, 2인 1조 실작업시간 : 450분, 노임 : 20,000원, 석재류 적재·적하시간 : 5분) [기사 13.06.02]

㉮ 3,922원 ㉯ 5,442원
㉰ 6,729원 ㉱ 7,095원

풀이 인력운반 $Q = N \times q,\ N = \frac{VT}{120L + Vt}$

Q : 1일 운반량
N : 1일 운반횟수
q : 1회 운반량
V : 왕복평균시간
T : 1일 실작업시간
t : 적재적하소요시간

따라서, $N = \frac{3,000 \times 450}{120 \times 100 + 3,000 \times 5} = 50$회

$Q = 50 \times 250 = 12,500\text{kg}$

1일 운반량이 12,500kg이며, 석재 1,700kg을 2인이 운반하여야 하므로

$\frac{1,700}{12,500} \times 40,000 = 5,440$원

12 건설공사표준 품셈을 적용한 설계서 및 공사관련 일위대가표의 금액산정에 적용되는 단위표준으로 적합하지 않은 것은? [기사 13.06.02]

㉮ 설계서의 금액란은 1원 미만은 버린다.
㉯ 설계서의 소계는 10원 미만은 버린다.
㉰ 일위대가표의 금액란은 0.1원 미만은 버린다.
㉱ 설계서의 총액이 10,000원 이하의 공사는 100원 이하는 버린다.

풀이 설계서 소계는 1원 미만은 버린다.

13 기업의 유지를 위한 관리활동 부문에서 발생하는 제비용을 무엇이라고 하는가? [기사 13.06.02]

㉮ 일반관리비 ㉯ 기업유지비
㉰ 기업관리비 ㉱ 공사관리비

14 다음 중 굴취 시 흉고직경 기준에 의하여 품셈을 산정하는 수종은? [기사 13.09.28]

㉮ 칠엽수 ㉯ 이팝나무
㉰ 대추나무 ㉱ 모감주나무

풀이 **흉고직경 기준**
칠엽수, 벚나무, 은행나무, 자작나무, 참나무, 회화나무, 플라타너스 등

15 다음 중 조경공사의 특성 설명으로 가장 거리가 먼 것은? [기사 13.09.28]

㉮ 공사종류는 다양하지만 각 공사별로 규모는 크지 않다.
㉯ 현장의 상황에 따라 조정할 경우가 많다.
㉰ 생명체를 다루는 공사이므로 다른 공사에 우선하여 시공하여야 한다.
㉱ 전문공사는 조경식재와 조경시설물 설치공사로 구분된다.

풀이 살아있는 재료를 다루는 공사이므로 재료 구입, 식재시기 등에 제약이 많다.

ANSWER 11 ㉯ 12 ㉯ 13 ㉮ 14 ㉮ 15 ㉰

16 덤프트럭의 1회 사이클 시간(Cm)을 결정할 때 포함되는 시간이 아닌 것은?
[기사 13.09.28]

㉮ 적재시간
㉯ 왕복시간
㉰ 기어변속시간
㉱ 적재함 덮개 설치 및 해체시간

풀이 덤프트럭의 사이클 시간(Cm) = $t_1+t_2+t_3+t_4$
t_1 : 적재시간
t_2 : 왕복시간
t_3 : 적하시간
t_4 : 적재함 덮개 설치 및 해체시간

17 5000m^{3}를 성토하여 주차장을 조성하고자 한다. 토취장의 토질이 사질토일 때 자연상태의 토량은 어느 정도 굴착해야 하는가? (단, $L=1.20$, $C=0.95$이다.)
[기사 14.03.02]

㉮ 4167m^3 ㉯ 4750m^3
㉰ 5263m^3 ㉱ 6000m^3

풀이 다져진 상태의 흙 5000m^{3}가 필요하므로 자연상태의 토량에 $\frac{1}{C}$를 곱하여 구한다.

$5000\times\frac{1}{C} = 5000\times\frac{1}{0.95} ≒ 5263\text{m}^3$

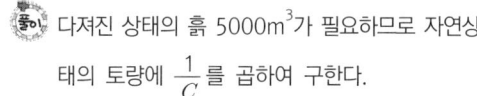

18 다음 식재품 중 건설공사 시 표준품셈에 수록되어 있지 않은 것은? [기사 14.03.02]

㉮ 뿌리분 크기에 의한 식재
㉯ 나무높이(수고)에 의한 식재
㉰ 초류종자 살포(기계살포)
㉱ 유지관리를 위한 가로수 선정

풀이 표준품셈의 식재에서 뿌리분 크기에 관한 품은 없다.

19 "다져진 상태의 토량÷흐트러진 상태의 토량"을 표기한 체적환산계수(f)는?
[기사 14.03.02]

㉮ C ㉯ L
㉰ $\frac{1}{L}$ ㉱ $\frac{C}{L}$

풀이 다져진 상태의 토량계수는 C, 흐트러진 상태의 토량계수는 L.
따라서 $\frac{C}{L}$

20 다음 그림의 면적을 심프슨(simpson) 제1법칙을 이용하여 구하면 얼마인가?
[기사 14.05.25]

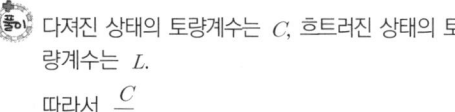

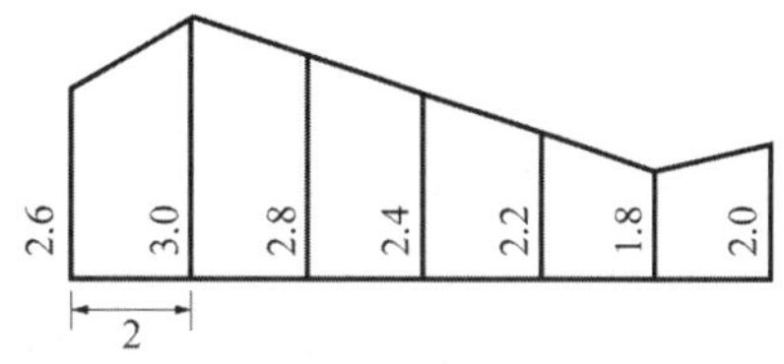

㉮ 28.93m^2 ㉯ 29.00m^2
㉰ 29.10m^2 ㉱ 29.17m^2

풀이 **심프슨 제1법칙**

$$A = \frac{d}{3}\{y_1+y_n+4(y_2+y_4+y_6+\cdots+y_{n-1}) +2(y_3+y_5+\cdots+y_{n-2})\}$$

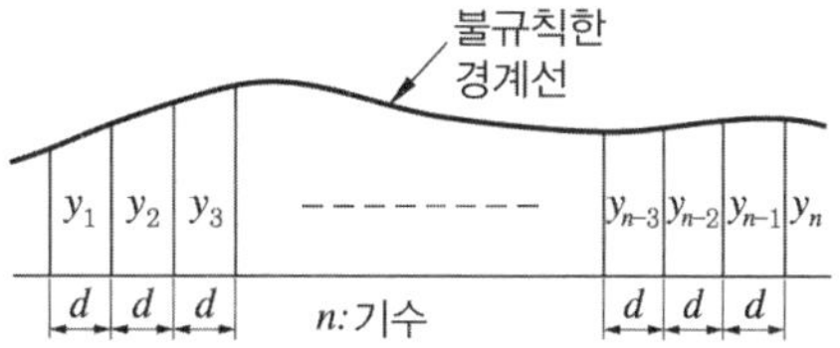

$$A = \frac{2}{3}\{2.6+2.0+4(3.0+2.4+1.8)+2(2.8+2.2)\}$$
$$= \frac{2}{3}\times 43.4 ≒ 28.93\text{m}^2$$

ANSWER 16 ㉰ 17 ㉰ 18 ㉮ 19 ㉱ 20 ㉮

21 다음 표준품셈에 대한 설명으로 옳은 것은? [기사 14.05.25]

㉮ 품셈이란 인간이나 기계가 목적물을 완성하기 위하여 단위물량당 소요되는 물질과 수량으로 표시한 것이다.
㉯ 표준품셈 기준은 현장 조건에 따라 변동이 전혀 불가능하여 불합리한 공사비 산출을 초래할 수 있다.
㉰ 표준품셈의 적용은 특수한 공법과 공종에 한하여 공사비 산출에 적용된다.
㉱ 표준품셈에 적용되는 노무비 단가는 각 지역 실정에 적합하도록 차등 적용한다.

풀이 현장조건에 따라 변동이 가능하고, 대부분의 공사에 적용되며, 노무비단가는 정부고시로 정해져 있다.

22 평균 뒷길이가 0.6m, 단위중량이 2.65 ton/m^3, 공극률이 35%, 실적률이 65%이다. 자연석을 20m^2 면적에 쌓을 때 자연석 쌓기 중량은? [기사 14.05.25]

㉮ 1.03ton　　㉯ 11.13ton
㉰ 20.67ton　　㉱ 34.85ton

풀이 $0.6 \times 20 \times 2.65 \times 0.65 = 20.67$

23 그림과 같이 85m에서부터 5m 간격으로 증가하는 등고선이 삽입된 지형도에서 85m 이상의 체적을 구한다면 약 얼마인가? (단, 정상의 높이는 108m이고, 마지막 1구간은 원추공식으로 구한다.) [기사 14.09.20]

등고선의 면적
105m : 30.5m^2
100m : 290m^2
95m : 545m^2
90m : 950m^2
85m : 1525.5m^2

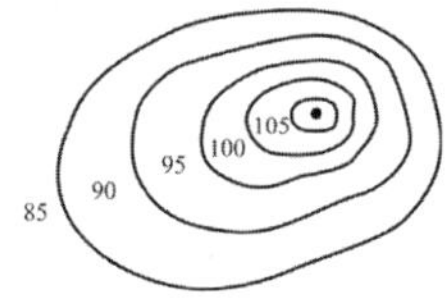

㉮ 12677m^3　　㉯ 12707m^3
㉰ 12894m^3　　㉱ 12516m^3

풀이 등고선법 공식

$$V = \frac{h}{3}\begin{Bmatrix} A_1 + 4(A_2 + A_4 + \dots + A_{n-1}) \\ +2(A_3 + A_5 + \dots + A_{n-2}) + A_n \end{Bmatrix}$$

h : 등고선 간격, n : 단면수
$A_1 \sim A_n$: 등고선으로 둘러싸인 면적

따라서, $\frac{5}{3}\{30.5+4(290+950)+2(545)+1525.5\}$
$\fallingdotseq 12{,}676.76m^3$

마지막 구간 원추공식(원뿔체적)

$\frac{1}{3}\pi r^2 h = \frac{1}{3}$밑면넓이×높이

$= \frac{1}{3} \times 30.5 \times 3 = 30.5$

따라서, $12{,}676.67+30.5 = 12{,}707.17m^3$

ANSWER 21 ㉮ 22 ㉰ 23 ㉯

24 아래와 같은 배합설계에 의해 콘크리트 1m^{3}을 배합하는 데 필요한 단위잔골재량(kg)은 약 얼마인가? (단, 소수점 아래는 버림한다.) [기사 14.09.20]

- 잔골재율(S/a) : 40%
- 단위시멘트양 : 350kg
- 시멘트 밀도 : 0.00315g/mm^3
- 물-시멘트비 : 50%
- 잔골재 표건밀도 : 0.00259g/mm^3
- 굵은골재 표건밀도 : 0.00262g/mm^3
- 공기량 : 4%

㉮ 175 ㉯ 350
㉰ 698 ㉱ 1059

풀이 전체 골재의 체적
= 1m^3-(시멘트 체적+물의 체적+공기량 체적)

① 시멘트 체적 = $\dfrac{350}{3.15 \times 1{,}000}$

② 물의 체적 = $\dfrac{175}{1{,}000}$

이때 물의 중량 : 물-시멘트비(W/C)

$= \dfrac{\text{물의 중량}}{\text{시멘트 중량}} = \dfrac{\text{물의 중량}}{350} = 50\%$

따라서 물의 중량은 175kg

③ 공기량 체적 = $\dfrac{4}{100}$

각 식에 대입하면

$1-\left(\dfrac{350}{3.15\times1{,}000}+\dfrac{175}{1{,}000}+\dfrac{4}{100}\right)=0.674\text{m}^3$

잔골재율 40%이므로

$0.674\times0.4=0.2696\text{m}^3$

단위잔골재율 = $0.2696\times2.59\times1{,}000$
= 698kg

25 0.7m^3 용량의 유압식 백호우를 이용하여 작업상태가 양호한 자연상태의 사질토를 굴착 후 선회각도 90°로 덤프트럭에 적재하려 할 때 시간당 굴착작업량은? (단, 버킷계수는 1.1, L은 1.25, 1회 사이클 시간은 16초, 토질별 작업효율은 0.85 이다.) [기사 14.09.20]

㉮ 1.79m^3 ㉯ 3.07m^3
㉰ 117.81m^3 ㉱ 184.08m^3

풀이 백호우 시간당 작업량 $Q=\dfrac{3600\cdot q\cdot K\cdot f\cdot E}{Cm}$

Q : 시간당 작업량(m^3/hr)
q : 버키트의 용량(m^3)
f : 토량 환산 계수
E : 작업효율
K : 버키트 계수
Cm : 1회 사이클 시간(초)
따라서,

$Q=\dfrac{3600\times0.7\times1.1\times0.8\times0.85}{16}=117.81\text{m}^3$

26 다음 중 공사 발주자가 공사 발주를 위한 예정가격 산정순서로 올바른 것은? [기사 14.09.20]

㉮ 현지조사 → 설계도 작성 → 시방서 작성 → 단가결정 → 수량산출 → 공사비 산정 → 예정가격 결정
㉯ 현지조사 → 설계도 작성 → 수량산출 → 단가결정 → 공사비 산정 → 시방서 작성 → 예정가격 결정
㉰ 현지조사 → 설계도 작성 → 수량산출 → 단가결정 → 시방서 작성 → 공사비 작성 → 예정가격 결정
㉱ 현지조사 → 설계도 작성 → 수량산출 → 시방서 작성 → 단가결정 → 공사비 산정 → 예정가격 결정

풀이 **발주자 공사비 산정순서**
현지조사 → 설계도작성 → 수량산출 → 공사기간 결정 → 특기시방서 작성→ 명종단가결정 → 직접 공사비 적산 → 공사계획결정 → 공통가설비 적산 → 현장관리비 적산 → 일반관리비 적산 → 설계서 심사 → 설계서 확정 → 예정가격 결정

Part 5 조경시공구조학

ANSWER 24 ㉰ 25 ㉰ 26 ㉱

CHAPTER 5 기본구조 역학

1 구조설계의 개념과 과정, 힘과 모멘트

1 구조계산의 과정

① 하중산정 : 중력하중, 풍하중, 지진하중, 적재하중, 시공하중
② 반력산정
③ 외응력산정 : 곡모멘트, 전단력, 축력
④ 내응력산정
⑤ 내응력과 재료의 허용강도 비교

2 구조 용어

① 힘(force) : 힘의 3요소(작용점, 방위와 방향, 크기)

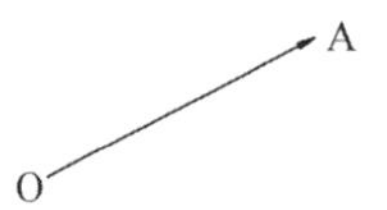

$\overline{OA}$는 힘의 크기
→는 힘의 방향, OA는 힘의 방위
상향 +, 하향 −

② 모멘트(moment) : 힘의 한 점에 대한 회전능률

M = pa 시계방향 +, 반시계방향 −	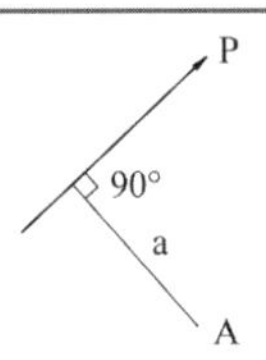	M : 모멘트(kg · cm/t · m) p : 힘의 크기 a : 힘까지의 거리(모멘트팔) A : 모멘트의 중심

③ 우력(couple force) : 방향과 작용점만 다르고 힘의 크기와 방위가 같을 경우

$M = Px_1+P(a-x_1) = Pa$ (O_1처럼 모멘트중심이 우력 사이에 있을 때) $M = Px_2-P(x_2-a) = Pa$ (O_2처럼 모멘트중심이 우력 바깥에 있을 때)	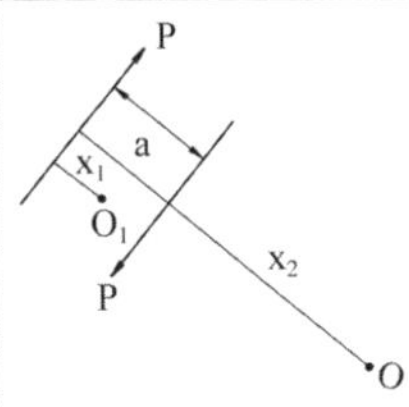	M : 우력의 모멘트 P : 힘의 크기 a : 우력 사이의 거리(우력의 팔) x_1, x_2 : 모멘트중심까지의 거리

④ 합력과 분력(resultant and component)

㉠ 합력 : 물체에 작용하는 여러 개의 힘을 한 개의 힘으로 합성하였을 때 그 힘의 물체 전체에 대한 역학적 효과가 힘의 합성 전과 동일하고 한 개로 대치된 힘을 여러 개의 힘에 대한 합력이라고 함

㉡ 분력 : 물체에 작용하는 한 개의 힘을 물체 전체의 역학적 효과에 아무런 변동도 주지 않는 여러 개의 힘으로 분해할 때 이 분해된 여러 개의 힘들을 주어진 한 개에 대한 분력이라 함

⑤ 반력(reaction)

㉠ 구조물에 하중이 작용하면 그 지점에 반력이 발생한다.

㉡ 구조물의 외력은 하중 + 외력인 전외력이다.

㉢ 구조물에서 생기는 반력 : 수평반력, 수직반력, 모멘트반력

2 구조물

1 하중의 종류

① 이동하중 : 구조물 위를 이동하는 하중. 구조물에 대한 영향은 시시각각으로 변한다.

② 고정하중 : 구조물 자신의 무게. 구조물 위에 정지된 물품의 무게(정하중, 사하중)

③ 집중하중 : 하중이 한 점에 집중하여 작용 예 자동차의 차륜

④ 분포하중 : 일정 면적, 길이에 동일한 세력으로 분포(등분포하중)

2 하중의 계산

① 적재하중(활하중) : 역학적 효과가 동등하다고 인정되는 바닥면당 등분포하중으로 환산하여 계산을 진행

② 설하중(snow load) : 눈의 단위중량으로 내린 직후 2kg/m^2, 경과된 후 3kg/m^2. 수평면보다 경사면의 설하중이 더 가벼우며 산간지방은 장기하중, 온난지방은 단기하중

③ 풍하중(wind load) : 우리나라 최대풍속 50m/sec, 바람의 속도압 150kgm^2

④ 고정하중(dead load) : 보, 주, 지붕률과 같은 구조체 자체 무게로 구조체 체적에 재료의 단위용적을 곱한다.

3 지점과 반력

① **지점** : 구조물에 하중이 작용할 때 구조물이 정지상태에 있기 위해 구조물을 지지하기 위한 곳

㉠ 이동지점(roller) : 지단에 직교하는 방향으로만 부재의 운동이 구속되어 이동 및 회전이 가능하기에 수직반력만 발생함

㉡ 회전지점(hinge) : 돌쩌귀, 정착볼트처럼 회전은 가능하지만 이동이 안 되기에 수평반력, 수직반력 두 가지가 발생한다.

㉢ 고정지점(fixed) : 부재가 다른 벽 등에 단단히 고정되어 있기에 이동, 회전 모두 할 수 없어 수평반력, 수직반력, 회전반력 세 가지가 발생한다.

② **반력** : 각 지점에는 하중과 평형을 유지하기 위해 반력이 발생한다.

4 구조물의 정지조건

① 구조물에 작용하는 외력과 내력이 균형을 이루면 구조물은 안전하게 정지한다.

② 각 힘의 수평분력의 합, 수직분력의 합, 모멘트의 합이 모두 0이 되어야 한다.

5 구조물의 역학적 분류

① **정정구조물** : 안정된 구조물 중 힘의 균형이 3개의 정지조건식을 이용해 구할 수 있는 총 반력수가 수평, 수직, 회전반력 3개인 구조물

② **부정정구조물** : 구조물 총 반력수가 3개보다 많아 탄성이론, 기타 특수이론에 의해 더 많은 조건식들이 필요한 구조물

CHAPTER 05 기본구조 역학

실전연습문제

01 다음 중 단순보의 모멘트에 관한 설명으로 틀린 것은? [기사 11.06.12]

㉮ 모멘트의 단위는 kg·cm, 또는 t·m이다.
㉯ 모멘트의 부호는 시계방향일 때 (+), 시계 반대방향일 때 (-)이다.
㉰ 모멘트의 크기는 작용하는 힘의 크기에 비례하고 중심에서의 거리에 반비례한다.
㉱ 휨모멘트가 최대인 곳에서 전단력은 0이다.

풀이 모멘트의 크기는 힘의 크기와 거리에 비례한다.

02 다음 그림은 보의 단면을 도해한 것이다. 연직방향으로 하중이 작용할 때 휨에 대한 강도의 비율로 맞는 것은? (단, 강도의 비율은 단면계수(Z)로 구한다.) [기사 11.06.12]

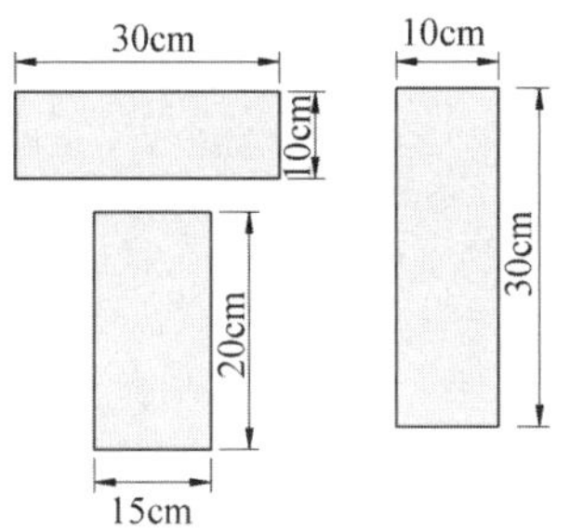

㉮ 1 : 2 : 3　　㉯ 1 : 2 : 4
㉰ 1 : 2 : 5　　㉱ 1 : 2 : 6

풀이
단면계수 $Z = \frac{bd^2}{6}$(b : 가로, d : 세로)

① $\frac{30\times10^2}{6} = 500$, ② $\frac{15\times20^2}{6} = 1{,}000$

③ $\frac{10\times30^2}{6} = 1{,}500$

따라서 ① : ② : ③ = 1 : 2 : 3

03 그림과 같이 P(크기)가 같고 방향이 다른 두 힘의 점 A에서 발생하는 우력모멘트는? [기사 11.06.12]

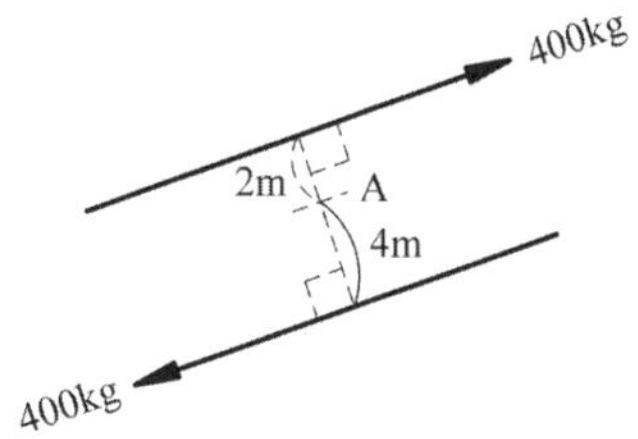

㉮ 0.8t·m　　㉯ 1.6t·m
㉰ 2.4t·m　　㉱ 3.6t·m

풀이 $400\times2+400\times4 = 2400$kg·m
즉, 2.4t·m

04 다음 그림에서 힘 P의 점 O에 대한 모멘트값은? [기사 11.10.02]

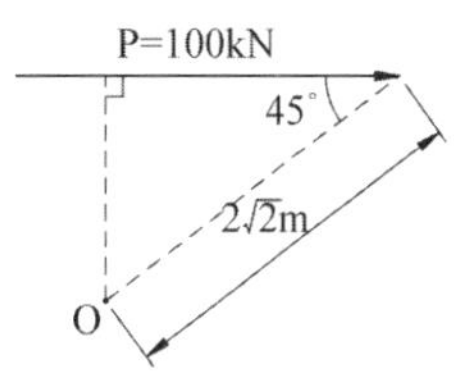

㉮ 100kN·m　　㉯ 200kN·m
㉰ $200\sqrt{2}$ kN·m　　㉱ $100\sqrt{2}$ kN·m

풀이 모멘트 = 힘×수직거리 이므로
$100\times2\sqrt{2}\sin45° = 200$kN·m

ANSWER 01 ㉰ 02 ㉮ 03 ㉰ 04 ㉯

Part 5 조경시공구조학

05 구조물에 작용하는 하중 중 바람 및 지진 또는 온난한 지방의 눈하중과 같이 구조물에 잠시 동안만 작용하는 하중을 말하는 것은? [기사 12.05.20]

㉮ 이동하중 ㉯ 집중하중
㉰ 고정하중 ㉱ 단기하중

06 다음 보에 걸리는 휨 모멘트(bending moment)에 대한 해설로 옳은 것은? [기사 12.09.15]

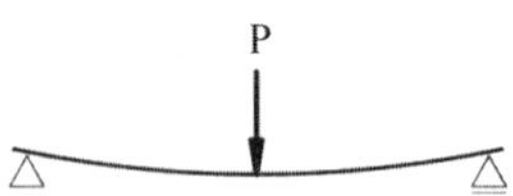

㉮ 보의 상부는 인장력, 하부는 압축력을 받으며, 부(-)의 힘으로 작용한다.
㉯ 보의 상부는 압축력, 하부는 인장력을 받으며, 부(-)의 힘으로 작용한다.
㉰ 보의 상부는 압축력, 하부는 인장력을 받으며, 정(+)의 힘으로 작용한다.
㉱ 보의 상부는 인장력, 하부는 압축력을 받으며, 정(+)의 힘으로 작용한다.

07 다음 중 모멘트(moment)에 대한 설명으로 옳은 것은? [기사 13.06.02]

㉮ 작용점과 방위와 방향을 말한다.
㉯ 구조물에 하중이 작용할 때의 지점의 반력을 말한다.
㉰ 힘의 한 점에 대한 회전능률을 말한다.
㉱ 힘의 압축력을 말한다.

08 다음 지점(Supporting point)을 도해한 것 중 구분, 지점 상태, 표시법이 모두 올바르게 연결된 것은? [기사 14.09.20]

㉮ 이동단 

㉯ 이동단 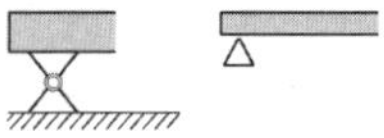

㉰ 회전단 

㉱ 회전단 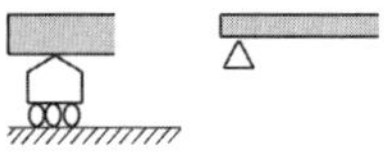

풀이

구분	지점상태	표시법	반력수
이동 지점	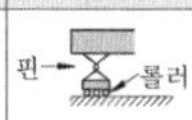	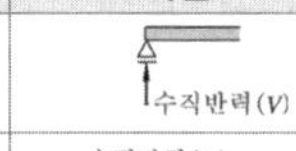	1개 (V)
회전 지점	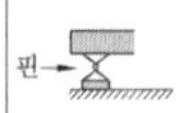	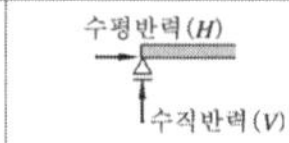	2개 (V, H)
고정 지점		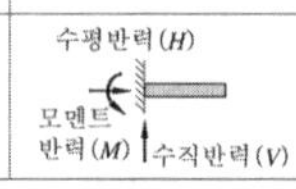	3개 (V, H, M)

ANSWER 05 ㉱ 06 ㉰ 07 ㉰ 08 ㉮

3 부재의 선택과 크기결정

1 보의 종류

① **단순보(simple beam)** : 한 개의 보가 양단에 지지되어 그 일단이 회전지점이고 타단이 가동지점으로 지지하여 있는 것

② **캔틸레버보** : 한 단이 고정지점, 타단은 자유인 상태

③ **내다지보** : 지점의 구조는 단순보와 같으나 보의 한 단 또는 양 단의 지점에서 바깥쪽으로 내다지 되어 있는 것

④ **고정보** : 보의 양단을 메워넣고 고정한 것

⑤ **게르버보** : 보를 3개 이상의 지점으로 지지. 단순보와 내다지보를 조합한 것

⑥ **연속보** : 한 개의 보를 3개 이상으로 지지

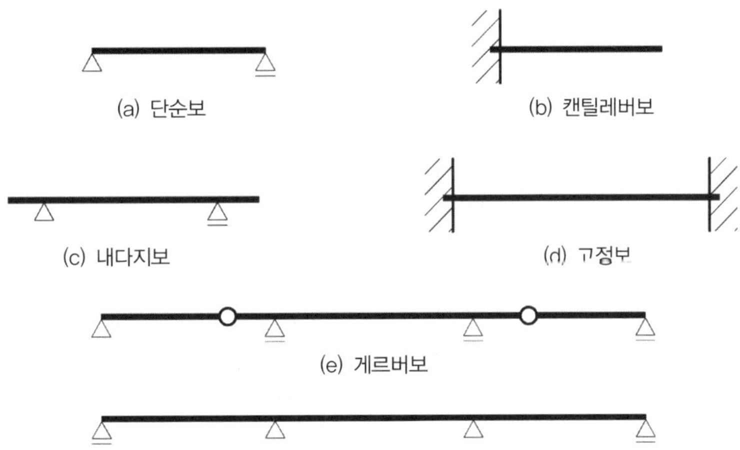

(a) 단순보 (b) 캔틸레버보

(c) 내다지보 (d) 고정보

(e) 게르버보

(f) 연속보

2 외응력

① 종류(외응력은 곡모멘트, 전단력, 축력, 열모멘트로 구성)

㉠ 곡(휨)모멘트(bending moment) : 구조물에 작용하는 외력들이 구조물상의 한 점을 회전하려고 하는 회전 능률

㉡ 전단력(shear) : 부재를 전단하려고 하는 외력의 세력

㉢ 축력(axial force) : 구조물상의 한 점에서 부재를 축 방향으로 압축, 인장하려고 하는 외력의 세력. 압축일 때 -, 인장일 때 +

㉣ 열모멘트(twisting moment) : 부재의 축선에서 이탈하여 축과 직교하는 하중

외응력	단면의 좌측을 생각할 때 부호	단면의 우측을 생각할 때 부호
축력방향	인장 +	인장 +
	압축 -	압축 -
전단력	상향 +	상향 -
	하향 -	하향 +
곡(휨)모멘트	상향(시계방향) +	상향(반시계방향) +
	하향(반시계방향) -	하향(시계방향) -

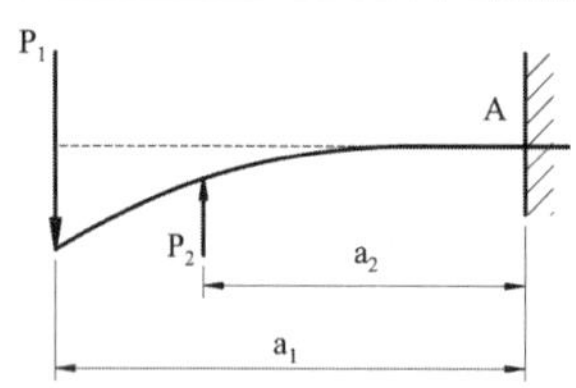

곡모멘트 $M_A = -P_1a_1 + P_2a_2$

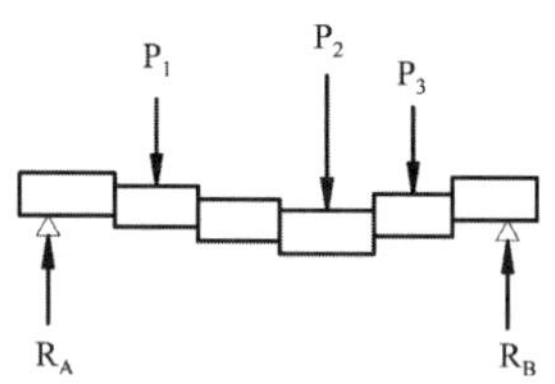

전단력 $S_A = P_1 + P_2$

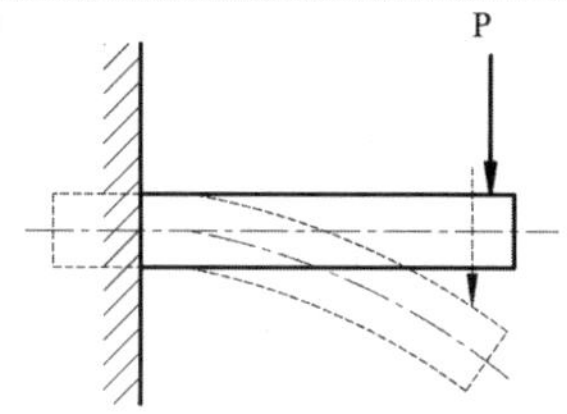

축력

② 외응력 산정

㉠ 1개의 집중하중이 작용하는 단순보

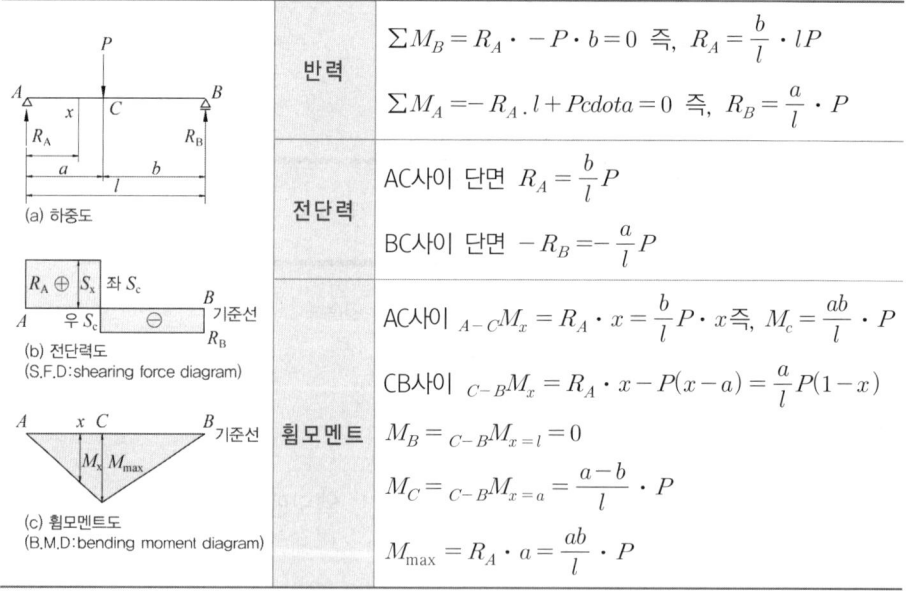

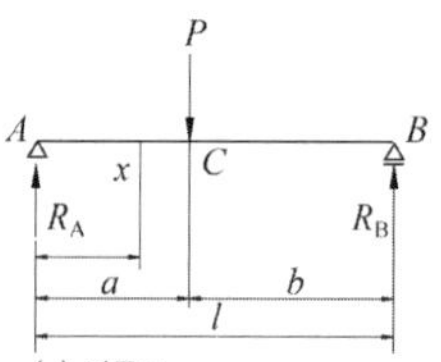

(a) 하중도

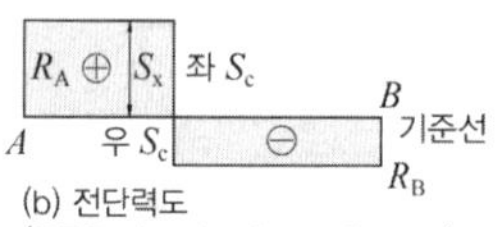

(b) 전단력도
(S.F.D:shearing force diagram)

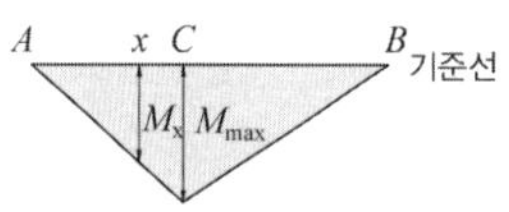

(c) 휨모멘트도
(B.M.D:bending moment diagram)

반력	$\Sigma M_B = R_A \cdot -P \cdot b = 0$ 즉, $R_A = \frac{b}{l} \cdot lP$
	$\Sigma M_A =- R_A . l + Pcdota = 0$ 즉, $R_B = \frac{a}{l} \cdot P$
전단력	AC사이 단면 $R_A = \frac{b}{l}P$
	BC사이 단면 $-R_B =- \frac{a}{l}P$
휨모멘트	AC사이 $_{A-C}M_x = R_A \cdot x = \frac{b}{l}P \cdot x$즉, $M_c = \frac{ab}{l} \cdot P$
	CB사이 $_{C-B}M_x = R_A \cdot x - P(x-a) = \frac{a}{l}P(1-x)$
	$M_B = {}_{C-B}M_{x=l} = 0$
	$M_C = {}_{C-B}M_{x=a} = \frac{a-b}{l} \cdot P$
	$M_{max} = R_A \cdot a = \frac{ab}{l} \cdot P$

✔ 연습문제

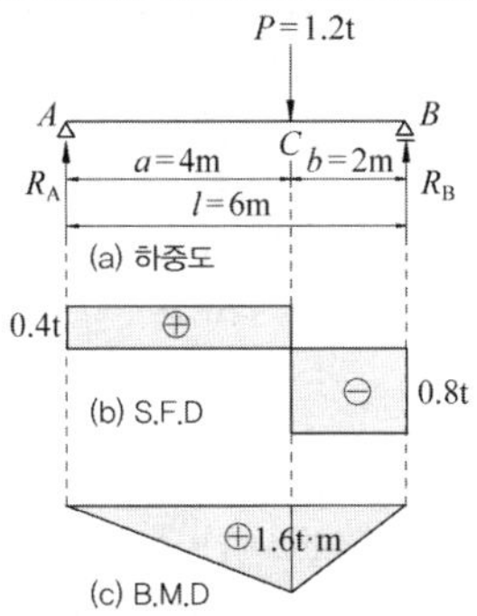

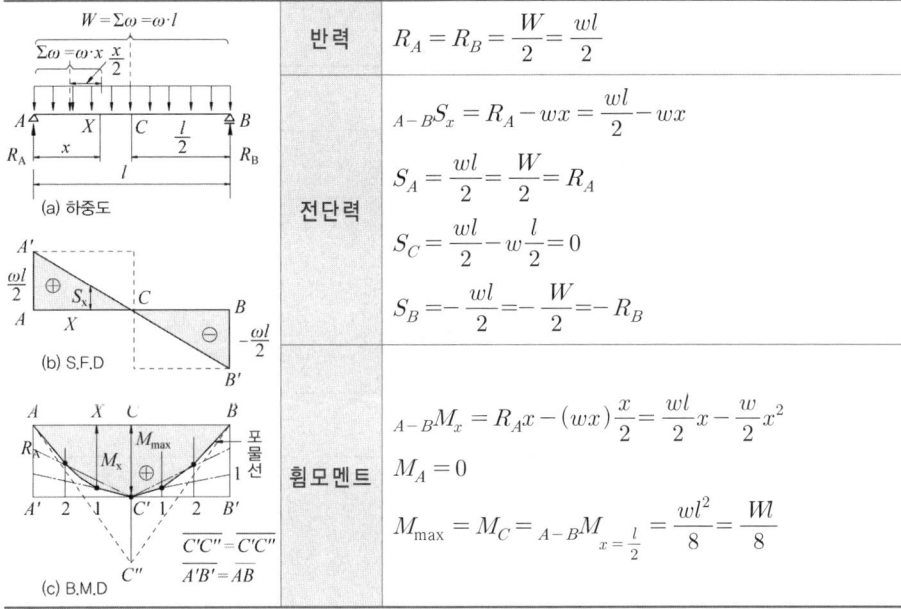

반력	$R_A = \frac{b}{l}P = \frac{1.2\times2}{6}0.4t$ $R_B = \frac{a}{l}P = \frac{1.2\times4}{6} = 0.8t$ 검산: $R_A + R_B - P = 0.4 + 0.8 - 1.2 = 0$
전단력	${}_{A-C}S = R_A = 0.4t$ ${}_{C-B}S = -R_B = -0.8t$
휨모멘트	$M_A = 0, M_B = 0$ $M_C = M_{max} = R_A a = 0.4\times4 = 1.6\text{t}\cdot\text{m}$

㉡ 등분포하중이 보 전체에 작용하는 단순보

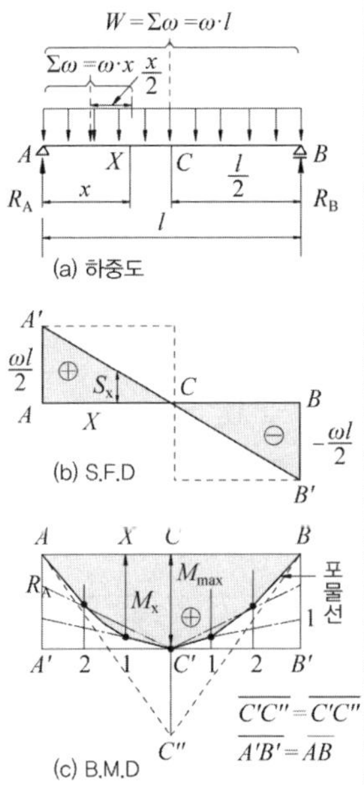

반력	$R_A = R_B = \frac{W}{2} = \frac{wl}{2}$
전단력	${}_{A-B}S_x = R_A - wx = \frac{wl}{2} - wx$ $S_A = \frac{wl}{2} = \frac{W}{2} = R_A$ $S_C = \frac{wl}{2} - w\frac{l}{2} = 0$ $S_B = -\frac{wl}{2} = -\frac{W}{2} = -R_B$
휨모멘트	${}_{A-B}M_x = R_A x - (wx)\frac{x}{2} = \frac{wl}{2}x - \frac{w}{2}x^2$ $M_A = 0$ $M_{max} = M_C = {}_{A-B}M_{x=\frac{l}{2}} = \frac{wl^2}{8} = \frac{Wl}{8}$

✔ 연습문제

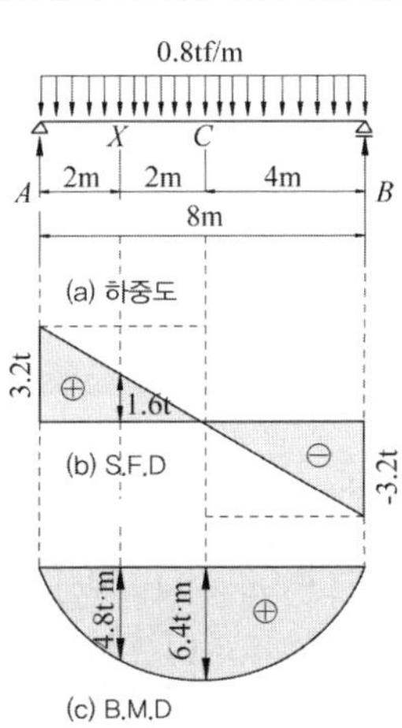

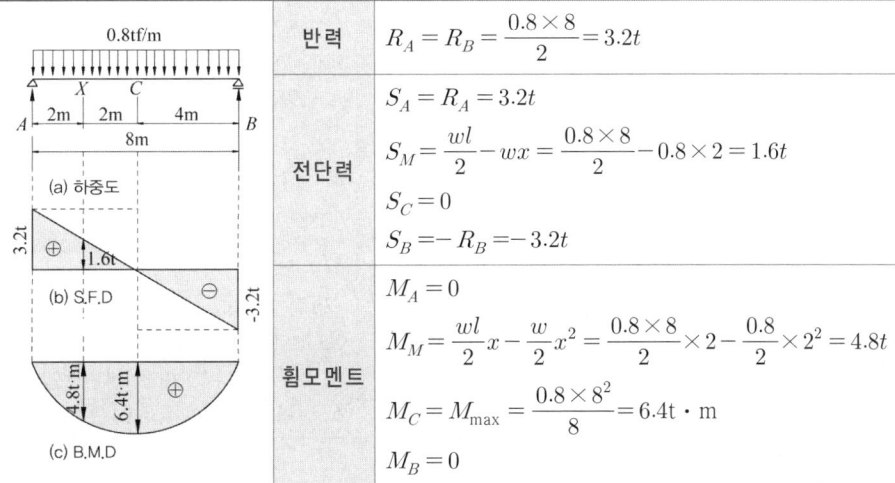

반력	$R_A = R_B = \frac{0.8\times8}{2} = 3.2t$
전단력	$S_A = R_A = 3.2t$ $S_M = \frac{wl}{2} - wx = \frac{0.8\times8}{2} - 0.8\times2 = 1.6t$ $S_C = 0$ $S_B = -R_B = -3.2t$
휨모멘트	$M_A = 0$ $M_M = \frac{wl}{2}x - \frac{w}{2}x^2 = \frac{0.8\times8}{2}\times2 - \frac{0.8}{2}\times2^2 = 4.8t$ $M_C = M_{max} = \frac{0.8\times8^2}{8} = 6.4\text{t}\cdot\text{m}$ $M_B = 0$

ⓒ 집중하중이 작용하는 캔틸레버보

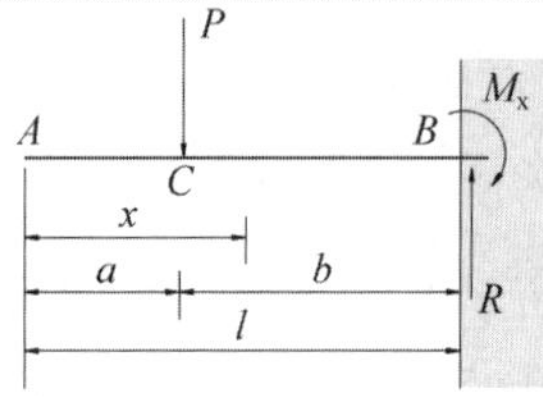

(a) 하중도

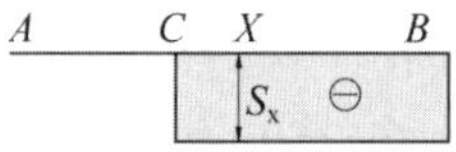

(b) S.F.D

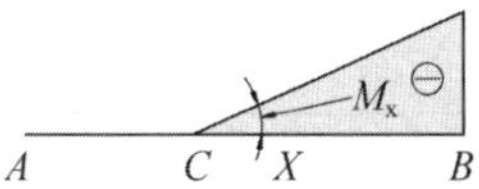

(c) B.M.D

반력	$\Sigma Py = R - P = 0 \therefore R = P = \lvert S_B \rvert$ $\Sigma M_B = -Pb + M_r = 0 \therefore M_r = Pb = \lvert M_B \rvert$
전단력	$0 < x < a \quad {}_{A-C}S_x = 0 \quad \therefore S_A = 좌S_C = 0$ $a < x < 1 \quad {}_{C-B}Sx = -P \quad \therefore 우S_C = S_B = -P$
휨모멘트	힘의 평행조건식에 의해 $0 < x < a \ {}_{A-C}Mx = 0 \quad \therefore M_A = M_C = 0$ $a < x < 1 \ {}_{C-B}M_x = -P(x-a)$ $\therefore M_C = {}_{C-B}M_{x=a} = -P(a-a) = 0$ $M_B = {}_{C-B}M_{x=l} = -P(l-a) = -Pb$

ⓔ 간접하중을 받는 단순보

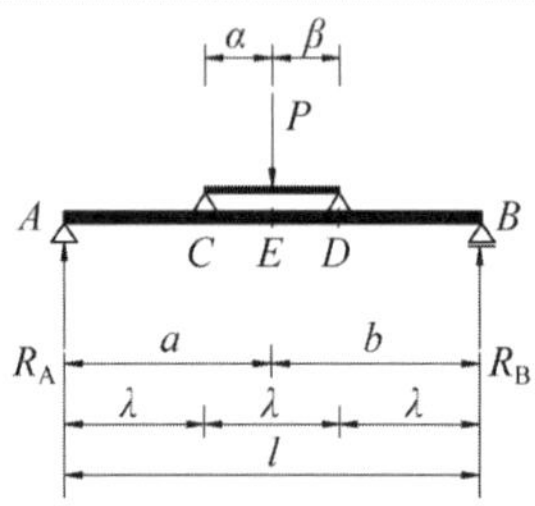

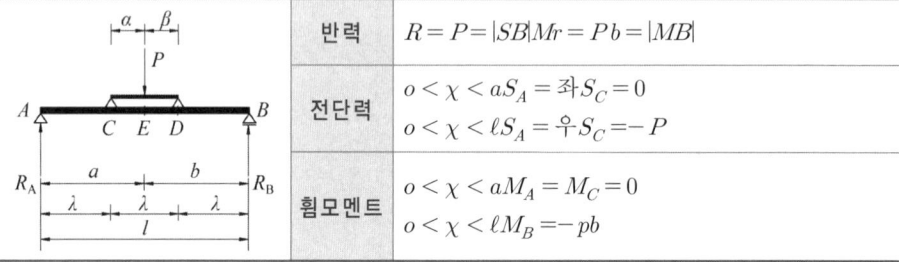

반력	$R = P = \lvert SB \rvert Mr = Pb = \lvert MB \rvert$
전단력	$o < \chi < aS_A = 좌S_C = 0$ $o < \chi < \ell S_A = 우S_C = -P$
휨모멘트	$o < \chi < aM_A = M_C = 0$ $o < \chi < \ell M_B = -pb$

ⓜ 집중하중을 받는 내다지보

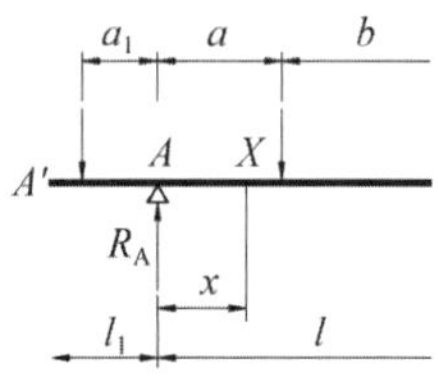

(a) 하중도

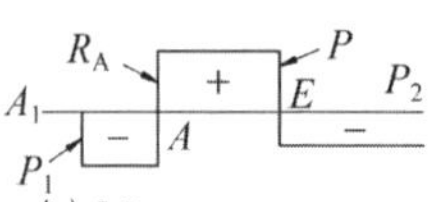

(b) S.D

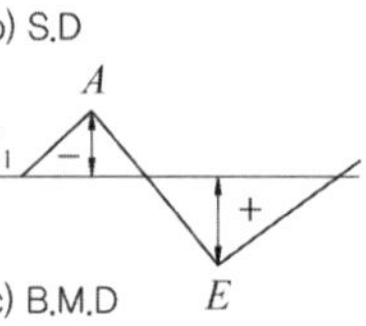

(c) B.M.D

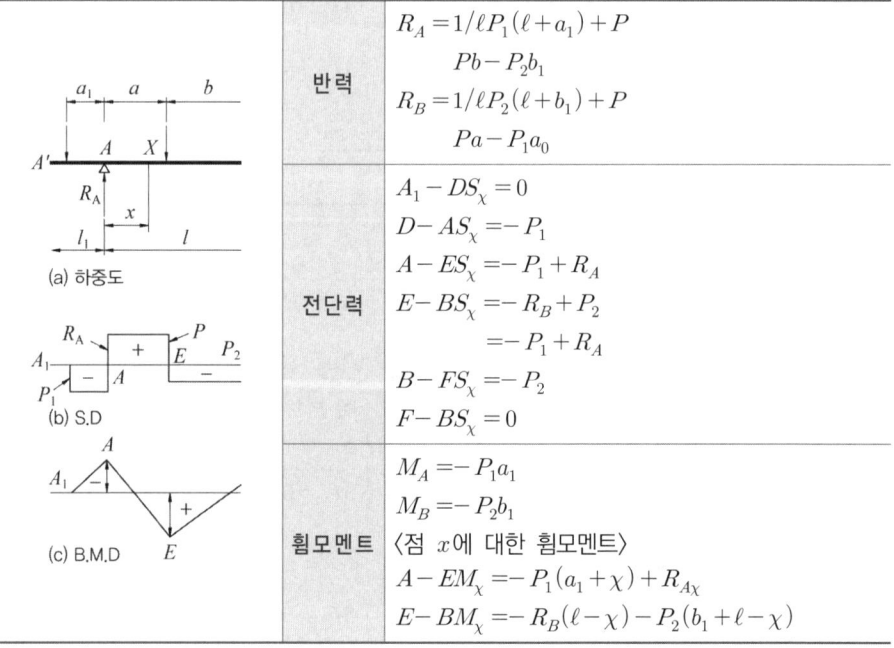

반력	$R_A = 1/\ell P_1(\ell + a_1) + P$ $Pb - P_2 b_1$ $R_B = 1/\ell P_2(\ell + b_1) + P$ $Pa - P_1 a_0$
전단력	$A_1 - DS_\chi = 0$ $D - AS_\chi = -P_1$ $A - ES_\chi = -P_1 + R_A$ $E - BS_\chi = -R_B + P_2$ $= -P_1 + R_A$ $B - FS_\chi = -P_2$ $F - BS_\chi = 0$
휨모멘트	$M_A = -P_1 a_1$ $M_B = -P_2 b_1$ 〈점 x에 대한 휨모멘트〉 $A - EM_\chi = -P_1(a_1 + \chi) + R_{A\chi}$ $E - BM_\chi = -R_B(\ell - \chi) - P_2(b_1 + \ell - \chi)$

3 내응력

① **정의** : 외력에 의해 구조물의 단면 내에 생기며, 직접적으로 구조물의 각 부분에 작용하는 외응력에 따라 단면 내에 유발되는 힘

② **특성** : 내응력의 합은 외응력의 크기와 같다.

③ **종류**

㉠ 곡응력 : 보에 작용하는 외력들이 축에 직교하고 단면의 대칭축 내에 있을 때 보에 생기는 곡모멘트는 대칭 곡모멘트인데 이로 인해 보의 단면 내 생기는 곡응력을 말함

㉡ 단면성질계수

ⓐ 정의 : 구조부재 내에 생기는 내응력의 값을 구하는 계산요소

ⓑ 종류

- 단면 1차 모멘트(cm^3) : 단면중심을 구할 때 면적에 길이를 곱한 것
- 단면 2차 모멘트(cm^4) : 응력산정에 많이 사용하며 면적에 거리제곱을 곱한 것

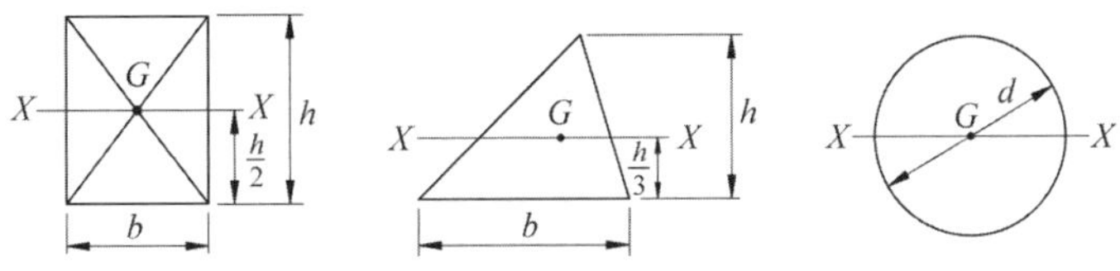

(a) $I=\frac{bh^2}{12}$ (b) $I=\frac{bh^3}{36}$ (c) $I=\frac{\pi d^4}{64}$

- 단면극 2차 모멘트(cm^4) : 응력산정에 사용하며 면적에 길이제곱을 곱한 것
- 단면상호 모멘트 : 측심응력, 비대칭곡선에 의한 곡응력 계산 시에 사용
- 단면 2차반경(cm) : 장주설계식에 사용

㉢ 전단응력

ⓐ 축에 직교방향으로 직교하려는 성질

ⓑ 축직교 하중에 의해 부재 내에 수직, 수평방향의 전단응력이 동시에 발생

㉣ 비트는 응력 : 축에 수직압력으로 꼬이는 현상으로 전단응력의 일종

㉤ 편심응력 : 단면상에서 편심축력이 작용하는 점이 부재단면의 대칭축상에 있지 않을 때나, 대칭축이 없는 단면에 편심축력이 작용할 때 부재 단면 내에 생기는 응력과 같은 것

㉥ 장주응력

ⓐ 장주 : 축력에 의한 평균축 응력이 재료의 탄성한계 이내에서 벌써 좌굴현상이 나타나는 주

ⓑ 장주응력 : 편심응력과 같으며 실용 구조 계산에서 장주 설계 시 장주단면 내 응력 분산 조사하는 일은 없고, 그 평균 축응력을 기준해 설계를 진행함

4 보의 설계과정

① 작용하는 최대 휨모멘트 M_{max}와 최대 전단력 S_{max}를 구한다.

② 최대 휨모멘트 M_{max}에 대해서 필요한 단면계수 Z_r을 다음과 같이 산출한다.

$$\sigma = \frac{M}{Z_r} \qquad Z_r \geqq \frac{M_{max}}{\sigma_a}$$

③ 이 단면계수 Z_r에서 크고 가까운 단면계수를 가진 단면을 가정한다.

④ 전단응력에 대해서 안전한지의 여부를 검토한다. $r_{max} \leqq r_a$

⑤ 가정단면의 검산을 한다.(최대휨응력이 허용응력 이하인지, 단면이 견딜 수 있는 최대 휨모멘트가 보에 작용하는 최대휨모멘트 이상인지 검산)

⑥ 추가로 부재의 허용가능처짐률이 실제처짐률보다 높게 조정한다.

5 장·단주 설계

① 단주

도심에 축방향 압축력이 작용하는 단주	압축응력 $\sigma_c = -\frac{P}{A}$ P : 외력, A : 단면적
편심하중이 작용하는 단주	압축응력 $\sigma_c = -\frac{P}{A}$ 휨모멘트에 의한 응력 $\sigma = \pm\frac{M}{Z}$

② **장주** : 장주의 좌굴현상은 기둥의 세장비와 양 끝의 지지상태에 따른 좌굴의 길이에 따라 달라진다.

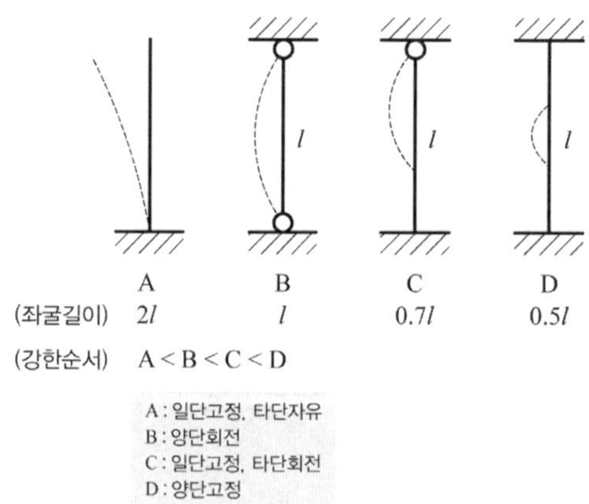

6 담장의 구조설계

(1) 담장

① 담장 붕괴의 원인

㉠ 기초파괴, 전도 : 재료의 허용인장응력을 초과하는 기초에 작용하는 최대편심하중에 기인한 것으로 가장 고려해야 함

㉡ 전도에 의한 파괴 : 풍압이나 외압에 의해 넘어 지려는 성질이 저항하려는 모멘트보다 클 때 파괴

㉢ 기초의 부동침하 : 상부구조에 일종의 강제 변형을 주는 것이기에 구조물에 인장응력, 압축응력이 생김

㉣ 균열 : 인장응력에 직각방향으로 침하가 적은 부분에서 많은 부분에 빗방향으로 발생

② 편심응력의 산정

㉠ Middle third 원칙

ⓐ 응력이 작용한 단면을 세 부분으로 나눌 때 중앙부에 작용해야 안전하다는 원칙

ⓑ 모든 외력과 응력이 압축력이고, 구조물의 합력이 기초의 middle third에서 작용하는 것을 의미함

㉡ 편심하중

ⓐ 기초의 중심에서 편심거리 e만큼 움직였을 때 작용하는 하중

ⓑ 편심축력 P가 작용할 때 중심점 O를 중심으로 수직방향으로 d/3지점이 middle third

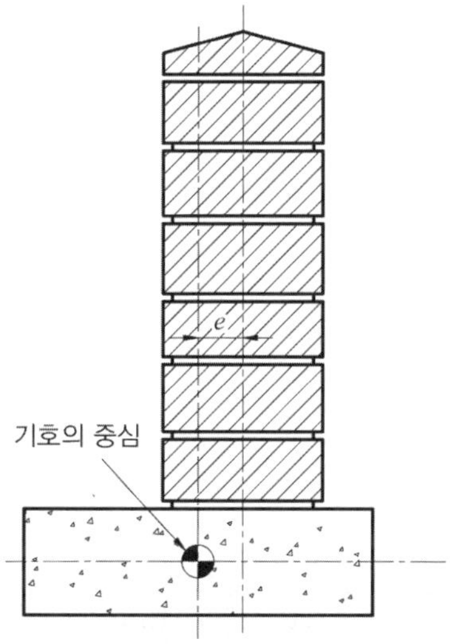

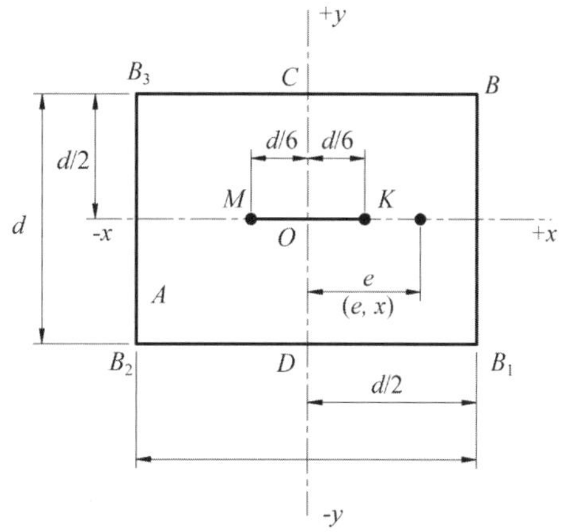

③ 전도모멘트(overtuning)와 저항모멘트(resisting moments)

㉠ 담장 : 바람에 의한 전도모멘트를 고려해야 하며 저항모멘트 〉 전도모멘트 되어야 안전

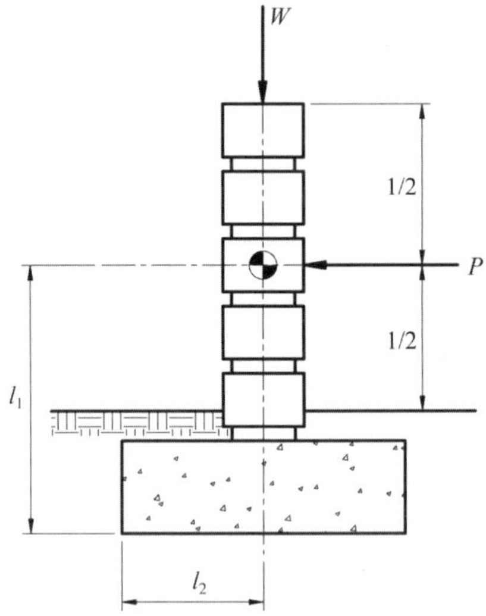

M_r(저항모멘트) = wl_2
M_o(저항모멘트) = Pl_1
∴ M_r〉M_o 되어야 안전

㉡ 울타리

ⓐ 풍하중에 대한 안정은 말뚝의 깊이와 토양의 성질에 따른다.

ⓑ 말뚝 깊이 : 속도압 145kg/m²까지는 울타리 높이의 1/3
속도압 145kg/m² 이상일 때는 높이의 1/2이 지하에 묻혀야 함

④ 담장의 측지

㉠ 측지 : 조적식 담장일 경우 안정을 유지하기 위해 중간중간에 세우는 벽기둥

㉡ 측지 사이의 최대 허용거리 : 속도압에 따라 기둥 사이의 거리와 담장의 폭의 비로 결정

예 속도압 195kg/m² 되는 곳에 1.0B벽돌 담장을 쌓을 경우
L/T = 12(아래표), 벽돌담장의 폭(T) = 21cm(기존형벽돌 1.0B이기에). 따라서 L = 2.52m 즉 2.52m마다 측지를 세우는 것이 좋다.

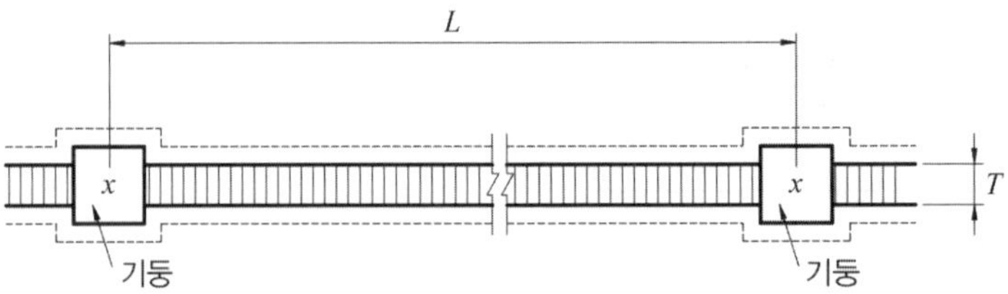

속도압		최대비율 (L/T)
Lb/ft^2	kg/m^2	
5	24	35
10	49	25
15	73	20
20	98	18
25	122	16
30	147	14
35	171	13
40	195	12

7 데크의 구조설계

① **설계하중계산** : 데크의 모양에 따라 나누어 각 면적에 하중을 곱하여 전체하중 산출
② **각 구조요소에 전달되는 하중과 다이어그램 계산** : 각 보의 지지면적에 대한 보에 작용하는 하중도를 계산한다.
③ **구조재 단면의 결정** : 반력, 최대전단력, 최대휨모멘트를 산출하여 최댓값보다 낮아서 안전한지 검증한다.

8 옹벽의 안전성 검토

① 옹벽의 안정조건
㉠ 활동에 대한 저항력 : 수평력의 1.5배 이상
㉡ 저항력 : 옹벽 뒤의 토압에 대한 회전력의 2배 이상
㉢ 옹벽이 지반을 누르는 힘보다 지지력이 커서 부동침하에 대한 안정성이 있어야 함
㉣ 옹벽재료가 외력보다 강한 재료로 구성되어야 함

② 옹벽에 작용하는 토압
㉠ 정의 : 지형 내부에서 생기는 응력과 흙과 구조물 사이의 접촉면에서 생기는 모든 힘으로 토양의 무게, 옹벽의 배면경사, 표토의 습윤상태, 휴식각에 의해 변함
㉡ 종류
ⓐ 주동토압 : 압력으로 회전하거나 왼쪽으로 약간 이동 → 배토 증가 → 파괴
ⓑ 수동토압 : 옹벽을 배면 쪽으로 밀면 배토의 압축이 커져서 파괴될 때의 압력
ⓒ 정지토압 : 주동·수동토압이 평행을 이룰 때

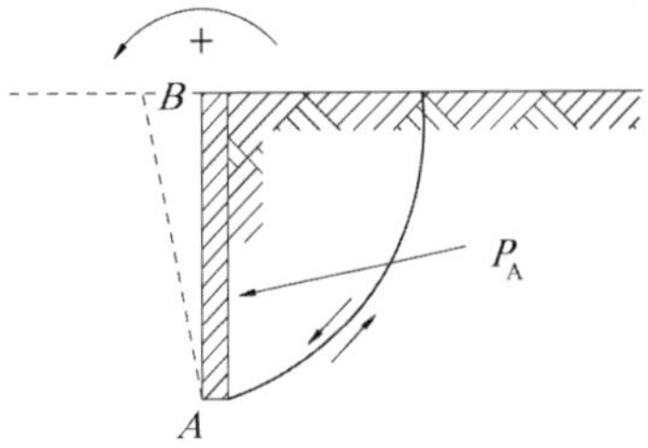

• 주동토압 •

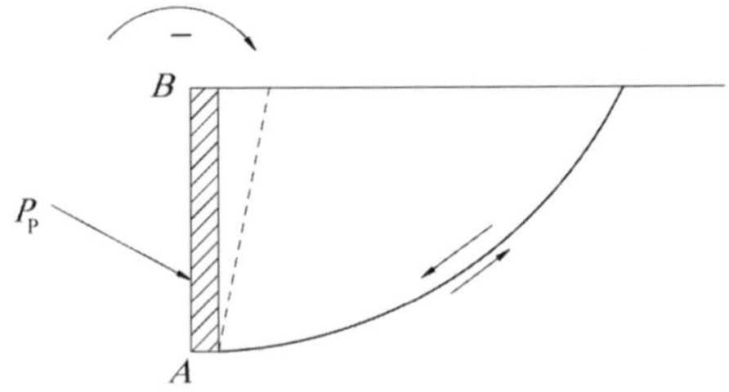

• 수동토압 •

ⓒ 활동에 대한 안정성 : $P < W \cdot u$

(P : 토압의 합계, W : 옹벽과 저판 위에 있는 흙의 중량의 합계, u : 마찰계수)

ⓓ 배토

ⓐ 배토 : 흙의 휴식각 외부에 옹벽과 접하는 토양

ⓑ 휴식각 : 흙을 높이 쌓아두면 미끄러져 내려와 안정되는 경사면의 각도

ⓒ 토압 작용점

- 배토의 지표면이 옹벽과 평행할 경우 : 수평하중은 옹벽 높이의 1/3지점에서 작용
- 배토의 지표면이 경사진 경우 : 경사진 지표면에 평행하게 옹벽 높이 1/3지점에서 하중이 작용

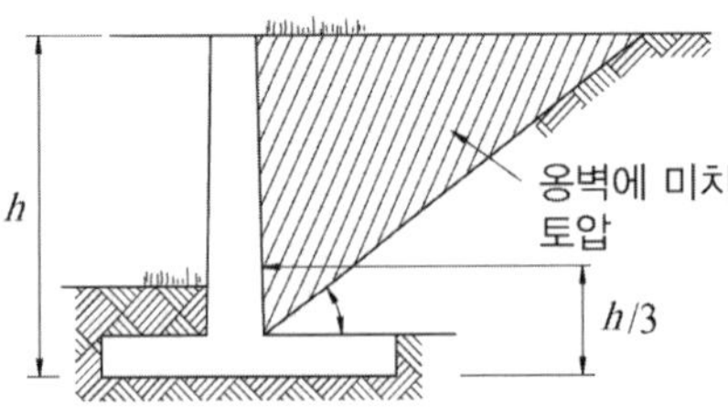

• 옹벽에 영향을 주는 토압 •

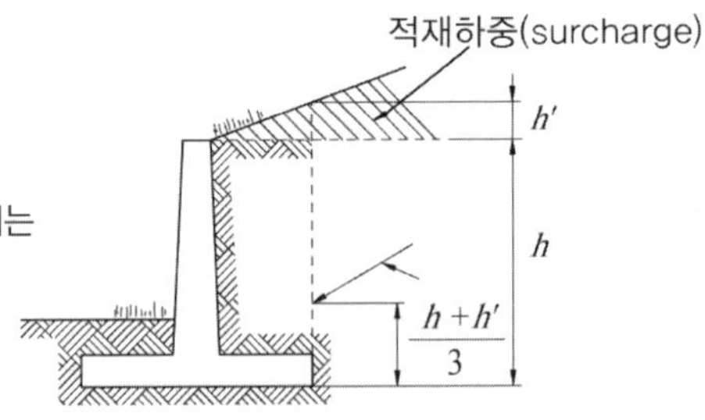

• 상재하중이 작용하는 옹벽 •

ⓔ 옹벽에 작용하는 토압 구하는 공식

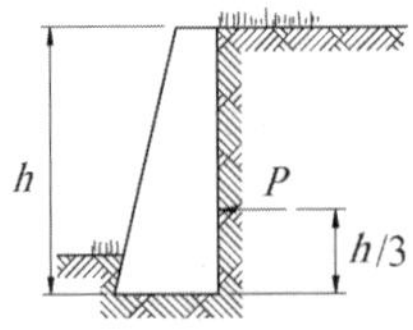

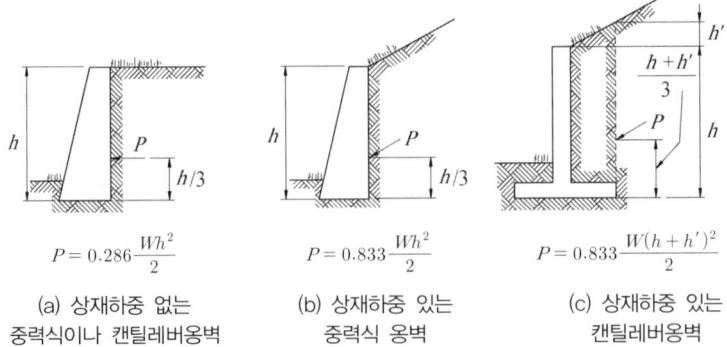

$P = 0.286\dfrac{Wh^2}{2}$

(a) 상재하중 없는 중력식이나 캔틸레버옹벽

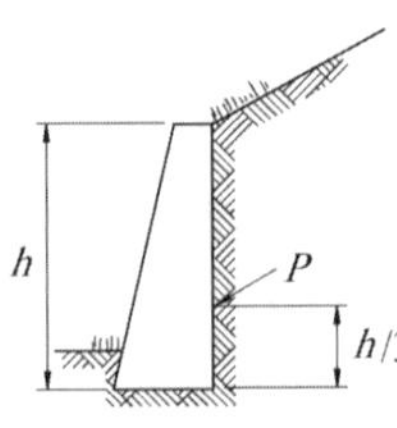

$P = 0.833\dfrac{Wh^2}{2}$

(b) 상재하중 있는 중력식 옹벽

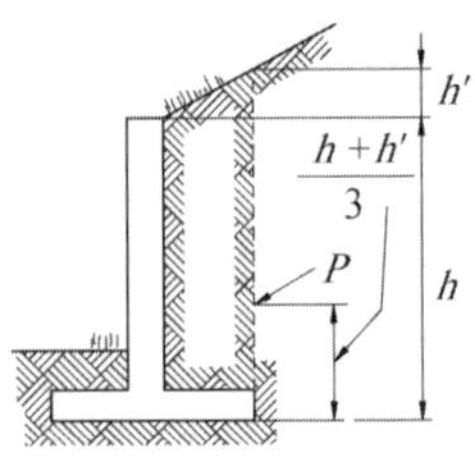

$P = 0.833\dfrac{W(h+h')^2}{2}$

(c) 상재하중 있는 캔틸레버옹벽

CHAPTER 05 기본구조 역학

실전연습문제

01 담장의 측지(側支)설계 시 속도압이 196 kg/cm^2이고 1.0B가 되게 표준형 벽돌 담장을 쌓을 경우 최대허용거리와 담장의 폭의 비를 12로 한다면 최대 몇 m마다 측지를 세워야 하는가? [기사 11.03.20]

㉮ 1.6m ㉯ 1.9m
㉰ 2.2m ㉱ 2.5m

풀이 L/T = 12(L : 기둥 사이의 거리, T : 담장의 폭)
T = 19cm(표준형벽돌 1.0B이기 때문에)
따라서, L/0.19 = 12 L = 2.28(m)

02 그림과 같은 내민보에서 D점에 집중하중 P = 5t이 작용할 경우 C점에서의 휨모멘트 크기는? [기사 11.03.20]

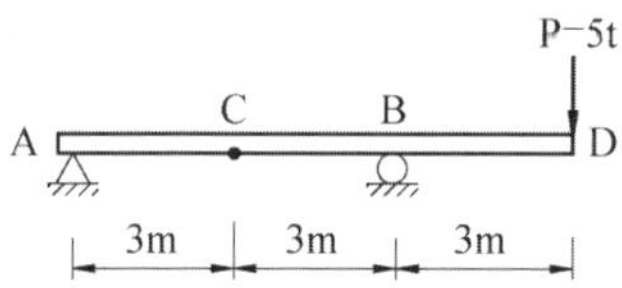

㉮ 10t·m ㉯ 7.5t·m
㉰ 5t·m ㉱ 2.5t·m

풀이
$R_A = \frac{5\times3}{6} = \frac{15}{6} = 2.5t$

$R_B = \frac{5(3+6)}{6} = \frac{45}{6} = 7.5t$

$S_c = -R_A = -2.5t$

$M_C = -2.5\times3 = -7.5tm$

03 Rankine의 토압이론에 의하면 그림과 같이 옹벽 뒤 배토의 지표면이 수평일 경우 토압의 작용점은 어디인가? [기사 11.06.12]

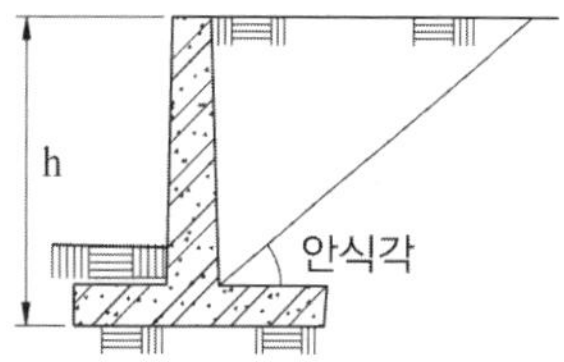

㉮ 옹벽높이의 1/2 지점에 수평으로 작용
㉯ 옹벽높이의 1/2 지점에 안식각과 같은 각으로 작용
㉰ 옹벽높이의 1/3 지점에 수평으로 작용
㉱ 옹벽높이의 1/3 지점에 안식각과 같은 각으로 작용

04 담장시공에서 전도(轉倒)의 위험성 고려 시 가장 중요한 것은? [기사 11.06.12]

㉮ 설(雪)하중 ㉯ 풍(風)하중
㉰ 수직등분포하중 ㉱ 자중(自重)

풀이 전도 : 풍압이나 외압에 의해 넘어지려는 성질

ANSWER 01 ㉰ 02 ㉯ 03 ㉰ 04 ㉯

Part 5
조경시공구조학

05 다음과 같은 양단고정보의 단부 휨모멘트 값은? (단, 보의 휨강도 EI는 일정하다.)

[기사 11.06.12]

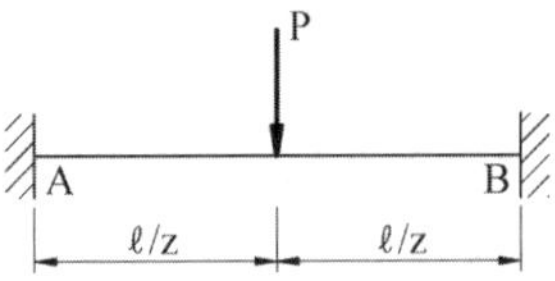

㉮ $\frac{3Pl}{16}$　㉯ $\frac{Pl}{8}$

㉰ $\frac{Pl}{12}$　㉱ $\frac{Pl}{4}$

06 옹벽의 안정을 계산할 때는 옹벽에 접한 토사 전체의 진단에 의한 활동파괴와 옹벽 자체의 파괴를 검토해야 한다. 다음 중 옹벽의 안정성 고려항목에 해당되지 않는 것은?

[기사 11.10.02]

㉮ 자중(自重)에 의하여 밑으로 움직인다.

㉯ 전체옹벽이 수평이동을 한다.

㉰ 옹벽이 앞으로 기울어진다.

㉱ 토압에 의하여 위로 움직인다.

풀이 토압은 옹벽의 뒤에서 작용함

07 캔틸레버보의 고정점에 대하여 보의 끝부분에 작용하는 회전능률은 무엇인가?

[기사 11.10.02]

㉮ 작용점　㉯ 압축력

㉰ 모멘트　㉱ 인장력

08 지름이 d인 원형단면의 단면 2차 반지름은?

[기사 12.03.04]

㉮ $\frac{d}{4}$　㉯ $\frac{d}{2}$

㉰ $\frac{2d}{3}$　㉱ $\frac{3d}{4}$

09 그림과 같은 단순보에 집중하중이 작용할 때 최대 굽힘 모멘트는 얼마인가?

[기사 12.03.04]

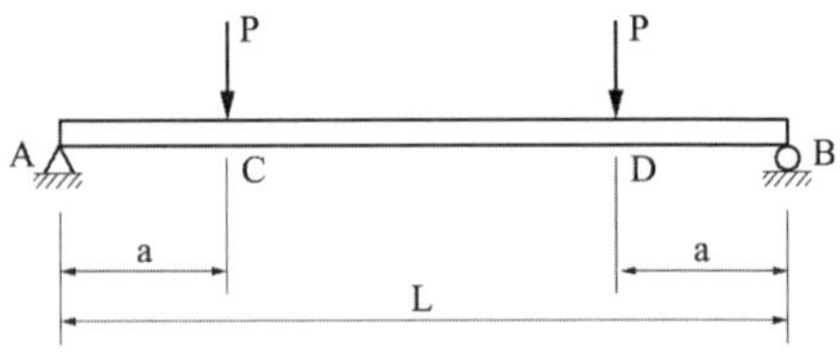

㉮ Pa　㉯ 2Pa

㉰ PL　㉱ 2PL

10 다음 구조계산의 순서 중 옳은 것은?

[기사 12.03.04]

㉮ 하중산정 → 응력산정 → 반력산정 → 응력과 재료의 허용 강도 비교

㉯ 하중산정 → 반력산정 → 응력산정 → 응력과 재료의 허용 강도 비교

㉰ 반력산정 → 응력산정 → 응력과 재료의 허용 강도 비교 → 하중산정

㉱ 반력산정 → 응력산정 → 하중산정 → 응력과 재료의 허용 강도 비교

ANSWER
05 ㉯ 06 ㉱ 07 ㉰ 08 ㉮ 09 ㉮ 10 ㉯

11 그림과 같은 단순보의 C지점에 대한 휨모멘트(Bending Moment)는?

[기사 12.05.20]

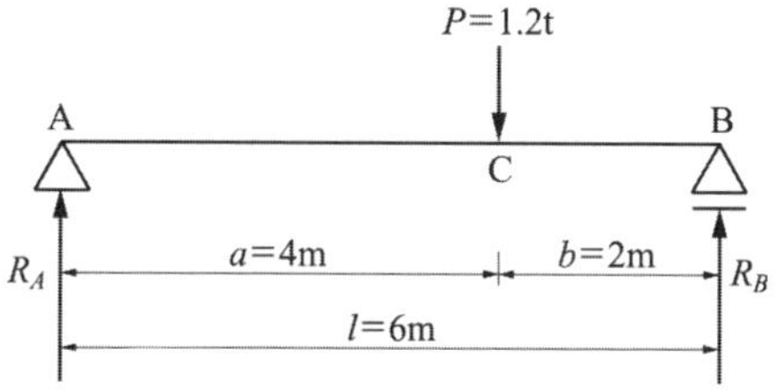

㉮ 3.2t · m ㉯ 2.4t · m
㉰ 1.6t · m ㉱ 0.8t · m

풀이 일단, 반력 R_A 구하면 $\Sigma M_B = 0$이니까

$1.2 \times 2 - R_A \times 6 = 0$

따라서, $R_A = 0.4t$ 다음으로 M_c를 구하면

$\Sigma M_c = 0$ $M_c - 0.4 \times 4 = 0$ $M_c = 1.6t \cdot m$

12 그림과 같은 단순보에 사다리꼴 형태의 분포하중이 작용한다. 보의 중앙점의 단면에 작용하는 굽힘모멘트의 크기는 몇 kN/m인가?

[기사 12.05.20]

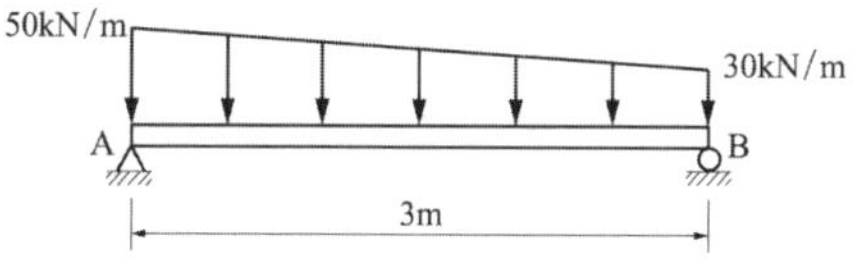

㉮ 15 ㉯ 25
㉰ 35 ㉱ 45

풀이 먼저 R_A를 구하면, $\Sigma R_B = 0$

$30 \times 3 \times 1.5 + \frac{1}{2} \times 20 \times 3 \times 2 - R_A \times 3 = 0$

따라서 $R_A = 6.5t$

다음으로 M_c는 $\Sigma M_c = 0$

$40 \times 1.5 \times 0.75 + \frac{1}{2} \times 10 \times 1.5 \times 1 - 65 \times 1.5 + M_c = 0$

따라서 $M_c = 45kN/m$

13 그림과 같은 장주의 좌굴길이의 크기를 옳게 표시한 것은? (단, 기둥의 재질과 단면 크기는 모두 동일하다.)

[기사 12.05.20]

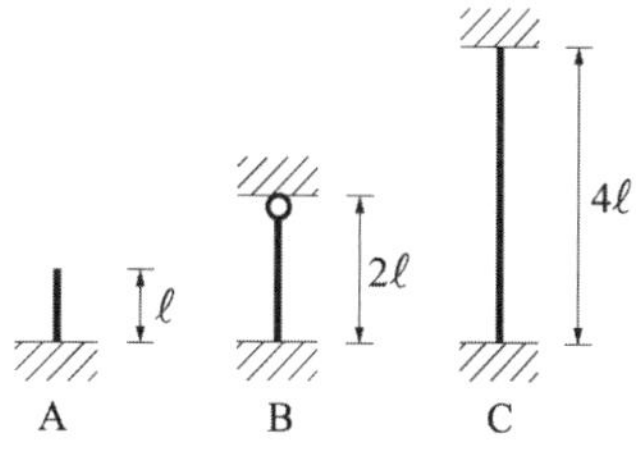

㉮ A = B < C ㉯ A < B < C
㉰ B < A = C ㉱ B < A < C

14 그림과 같은 단순보의 중앙점에 작용하는 전단력의 크기를 구하면 몇 kN인가?

[기사 12.09.15]

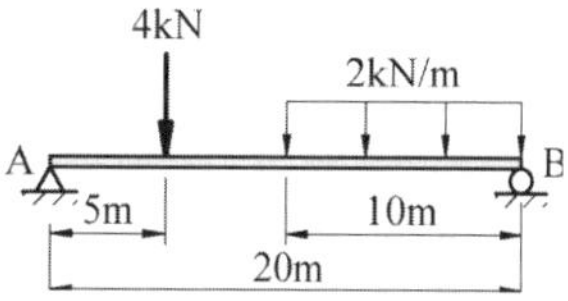

㉮ 2 ㉯ 4
㉰ 6 ㉱ 8

풀이 반력 R_A부터 구하면,

$\Sigma M_B = 0$

$R_A \times 20 - (4kN \times 15m) - (2kN/m \times 10m \times 5m) = 0$

$R_A = 8kN$

다음으로 V_c 구하면 $V_c + 4kN - 8kN = 0$

$V_c = 4kN$

Part 5 조경시공구조학

ANSWER
11 ㉰ 12 ㉱ 13 ㉰ 14 ㉯

15 다음 보에 대한 설명으로 옳지 않은 것은? [기사 12.09.15]

㉮ 단순보는 일단이 회전지점이고 타단이 이동지점이다.
㉯ 캔틸레버보는 일단이 고정지점이고 타단이 회전지점이다.
㉰ 게르버보는 3개 이상의 지점으로 지지된다.
㉱ 내민보는 지점의 구조는 단순보와 같으나 일단 또는 양단이 지점에서 밖으로 나와 있다.

풀이 캔틸레버보는 한단이 고정지점, 타단은 자유지점.

16 그림과 같은 등변분포하중이 작용하는 단순보의 최대휨모멘트 Mmax는? [기사 13.03.10]

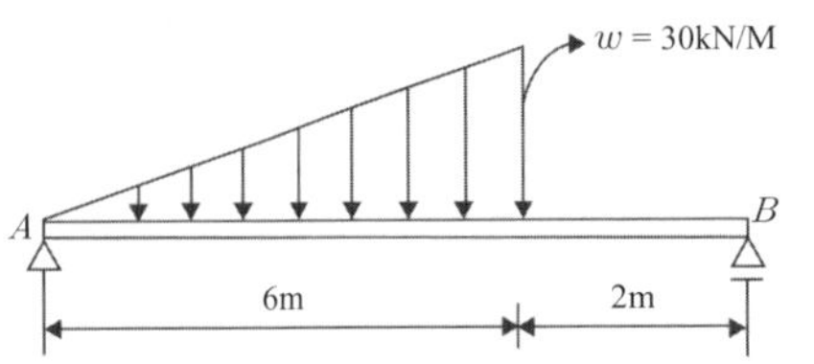

㉮ $25\sqrt{2}$ kN·m ㉯ $90\sqrt{2}$ kN·m
㉰ $25\sqrt{3}$ kN·m ㉱ $90\sqrt{3}$ kN·m

풀이
$\Sigma M_A = 0,\quad \frac{1}{2}\times 6\times 30\times 4 - R_B\times 8 = 0$

$R_B = 45\text{kN}$

$R_A + 45 - \frac{1}{2}\times 6\times 30 = 0$

$R_A = 45\text{kN}$

M_{Max}는 $V = 0$인 지점에 발생

$V = 45 - \frac{1}{2}\times \chi \times 5\chi = 0$

$\chi = 3\sqrt{2}$

$\Sigma M_y = 0$

$M - 45\times \chi + \frac{1}{2}\times \chi\times 5\chi\times \frac{\chi}{3} = 0$

$M = 45\times 3\sqrt{2} - \frac{1}{2}\times 3\sqrt{2}\times 5\times 3\sqrt{2}\times \frac{3\sqrt{2}}{3}$

$= 90\sqrt{2}\text{ kN}\cdot\text{m}$

17 캔틸레버보(Cantilever beam)의 설명으로 옳은 것은? [기사 13.03.10]

㉮ 보의 양단(兩端)을 메워 넣어서 고정시킨 것
㉯ 일단(一端)이 회전점, 타단(他端)이 이동지점인 것
㉰ 일단(一端)이 고정지점이고 타단(他端)에는 지점이 없는 자유단인 것
㉱ 3개 이상의 지점으로 지지하고 있는 보로서 단순보와 내다지보를 조합한 것

18 그림과 같은 보에서 지점 B에서의 반력의 크기는 몇 kN인가? [기사 13.03.10]

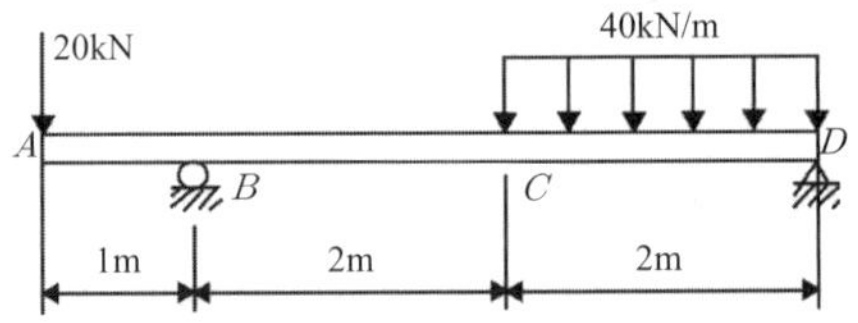

㉮ 35 ㉯ 45
㉰ 55 ㉱ 65

풀이
$\Sigma R_B = 0$

$R_B\times 4 - 20\times 5 - 40\times 2\times 1 = 0$

$R_B = 45\text{kN}$

ANSWER 15 ㉯ 16 ㉯ 17 ㉰ 18 ㉯

19 그림에서 도심축에 대한 단면 2차모멘트는 얼마인가? [기사 13.03.10]

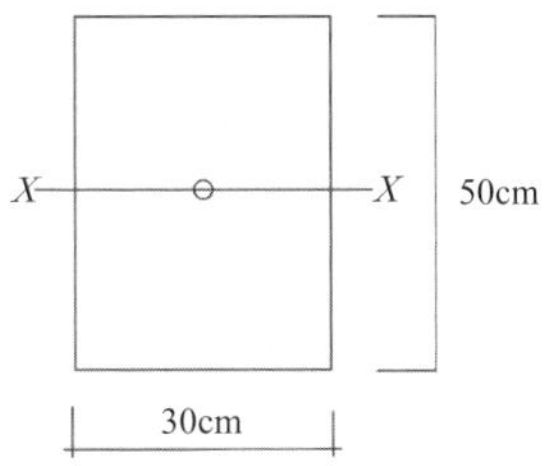

㉮ $31250cm^4$ ㉯ $312500cm^4$
㉰ $37500cm4^4$ ㉱ $375000cm^4$

풀이
2차 모멘트값 : $\frac{1}{12}bh^3$(b : 가로길이 h : 세로길이)

따라서, $\frac{30\times50^2}{12} = 312500m^4$

20 그림과 같은 보에서 지점 A에서의 반력이 0이 되려면 P는 몇 kN인가? [기사 13.06.02]

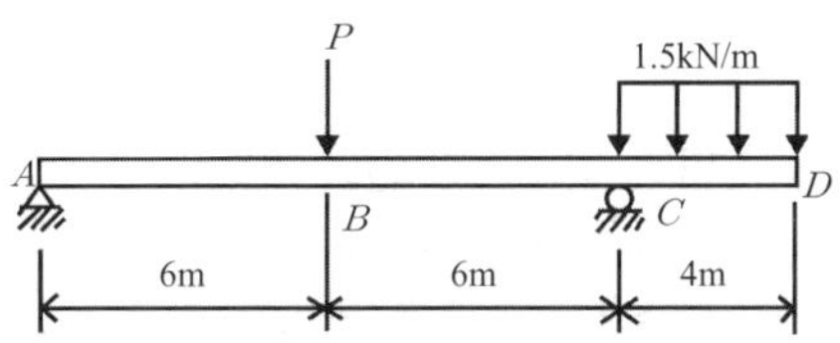

㉮ 1 ㉯ 2
㉰ 3 ㉱ 4

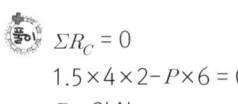

풀이
$\Sigma R_C = 0$
$1.5\times4\times2-P\times6 = 0$
$P = 2kN$

21 다음 그림과 같은 부정정보에서 C점에 작용하는 휨모멘트는? [기사 13.09.28]

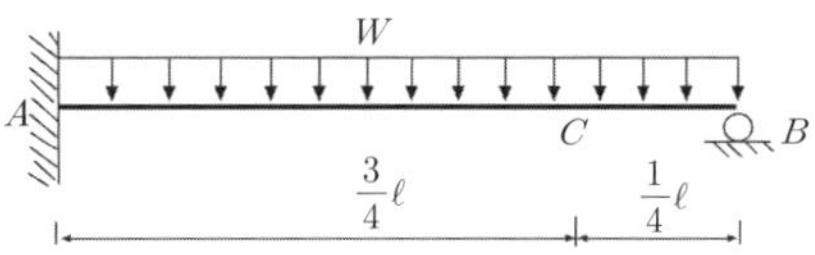

㉮ $\frac{1}{12}w\ell^2$ ㉯ $\frac{1}{16}w\ell^2$
㉰ $\frac{3}{32}w\ell^2$ ㉱ $\frac{5}{24}w\ell^2$

풀이
$\Sigma M_A = 0,\quad R_B = \frac{w\ell}{8}$

$\Sigma M_c = 0,\quad M_c = \frac{w\ell}{4}\times\frac{\ell}{8}+\frac{w\ell}{8}\times\frac{\ell}{4} = \frac{1}{16}w\ell^2$

22 밑변 6cm, 높이 12cm인 삼각형의 밑변에 대한 단면 2차모멘트의 값은? [기사 13.09.28]

㉮ $216cm^4$ ㉯ $288cm^4$
㉰ $864cm^4$ ㉱ $1728cm^4$

풀이 이차모멘트 값 구하는 공식
$\frac{bh^3}{12} = \frac{6\times12^3}{12} = 864cm^4$

ANSWER
19 ㉯ 20 ㉯ 21 ㉯ 22 ㉰

23 그림과 같은 보에서 최대 굽힘모멘트의 크기는 몇 kNm인가? [기사 14.03.02]

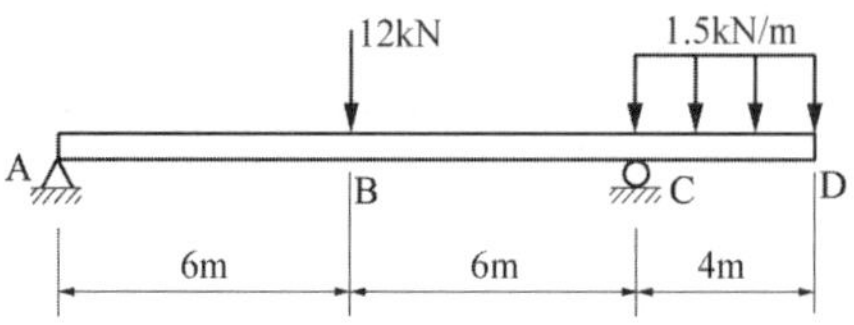

㉮ 12 ㉯ 30
㉰ 72 ㉱ 156

풀이 $\Sigma M_c = 0$

$R_A = \dfrac{(12\times6)-(1.5\times4\times2)}{12} = 5\text{kN}$

최대굽힘 모멘트

$M_B = R_A\times6 = 5\times6 = 30\text{kNm}$

24 정사각형 도형의 단면계수가 36cm^3일 때 한 변의 길이는 몇 cm인가? [기사 14.03.02]

㉮ 4 ㉯ 6
㉰ 8 ㉱ 10

풀이 단면계수 $\dfrac{bd^2}{6}$(b : 가로, d : 세로)

따라서, 정사각형임으로 $36 = \dfrac{b^3}{6}$, b = 6

즉, 한 변은 6cm

25 다음 중 장주(長柱)의 설명으로 옳지 않은 것은? [기사 14.05.25]

㉮ 장주는 세장비가 일정한 값 이상이 되는 기둥을 말하며, 좌굴에 의해 파괴되는 기둥을 말한다.
㉯ 단면2차모멘트가 최대인 축은 그만큼 휨에 대하여 약하므로 좌굴을 일으키게 된다.
㉰ 장주의 좌굴응력(강도)을 계산할 때는 좌굴에 대한 안전을 고려하여 최고 단면 2차반지름이 되도록 설계한다.
㉱ 좌굴(挫屈 : buckling)현상은 단면에 비하여 길이가 긴 장주에서 중심축 하중을 받는데도 부재의 불균일성에 기인하여 하중이 집중되는 부분에 편심모멘트가 발생함에 따라 압축응력이 허용강도에 도달하기 전에 휘어져 버리는 현상이다.

풀이 단면2차모멘트가 작은 축에 대해 수직방향으로 좌굴이 발생한다.

26 다음 직사각형 단면(30cm×20cm)을 가지는 보에 최대 휨모멘트(M)가 20kN·m 작용할 때 최대 휨응력은? [기사 14.05.25]

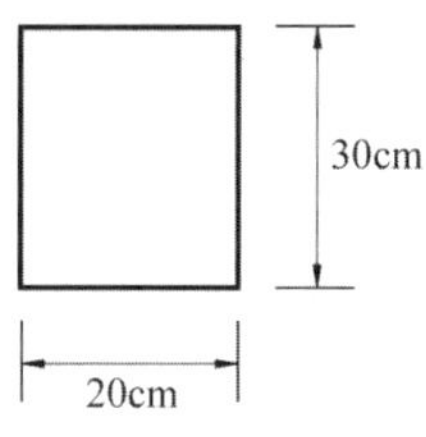

㉮ 3.33MPa ㉯ 4.44MPa
㉰ 5.56MPa ㉱ 6.67MPa

풀이 $\sigma_{max} = \dfrac{M_{max}}{Z}$, $Z = \dfrac{bh^2}{6}$

$\sigma_{max} = \dfrac{20{,}000{,}000}{\dfrac{200\times300^2}{6}} \fallingdotseq 6.67\text{MPa}$

ANSWER 23 ㉯ 24 ㉯ 25 ㉯ 26 ㉱

27 그림과 같은 단순보에 등분포하중이 작용할 때 최대 굽힘모멘트는 얼마인가?

[기사 14.09.20]

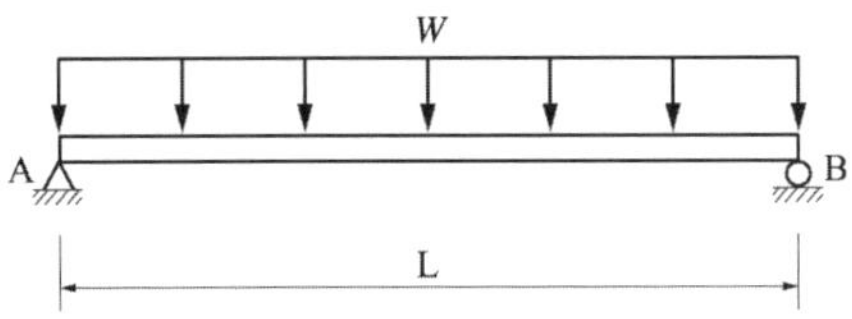

㉮ $\frac{wL^2}{32}$　　㉯ $\frac{wL^2}{16}$

㉰ $\frac{wL^2}{8}$　　㉱ $\frac{wL^2}{4}$

풀이 **등분포하중을 받는 보의 경우**

$$M_c = \frac{PL}{8} = \frac{\omega L^2}{8}$$

Part 5 조경시공구조학

ANSWER 27 ㉰

MEMO

part 6

조경관리론

Engineeer Landscape Architecture

조경관리 서문

1. 조경관리란?

환경의 재창조와 쾌적함의 연출로서 조경공간의 질적 수준 향상과 유지를 기하고 운영 및 이용에 관해 관리하는 것

2. 조경관리의 구분

① 유지관리 : 조경 수목, 시설물 등을 점검, 보수하여 원활한 서비스 제공이 가능하도록 하여 본래의 기능을 양호한 상태로 유지하고자 함이 목적

② 운영관리 : 시설관리에 의해 얻어지는 이용 가능한 구성요소를 더 효과적이며 안전하게, 더 많이 이용하게 하기 위한 방법에 대한 것

③ 이용관리 : 조성목적에 맞게 이용을 유도. 적극적인 이용을 위한 프로그램 개발, 작성, 홍보함

3. 조경관리계획의 입안

① 관리목표의 결정 → ② 관리계획의 수립 → ③ 관리조직의 구성 → ④ 각 관리조직의 업무확정 및 협조체계 수립 → ⑤ 관리업무의 수행 → ⑥ 업무의 평가

4. 조경관리의 특성

① 관리대상 자원의 변화성

② 비생산성

③ 조경공간 기능의 다양성, 유동성

5. 조경관리의 지표

① 경영특성 : 관리주체의 법적성격, 이용주체의 성격, 법체계, 경영방침, 조직체계

② 입지특성 : 사회적, 물리적, 자연적 입지특성

③ 시설특성 : 공간, 설비, 재료 특성

CHAPTER 1

조경관리의 운영 및 인력관리

1 운영관리계획

1 운영관리 계획

① 운영관리의 시스템

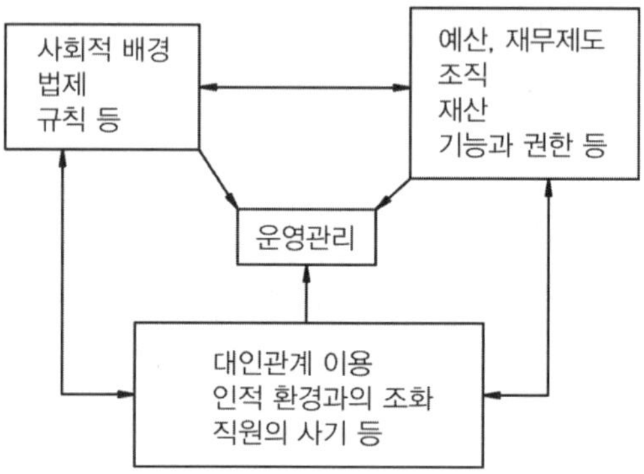

② **이용조사** : 이용자수의 계측, 연간, 월별, 계절별, 요일별, 시간별 이용상황, 이용행태, 이용의식, 심리상황 등 조사

③ **양의 변화** : 조성비의 0.8~1.2% 경비 소요

㉠ 부족이 예측되는 시설의 증설 : 출입구, 매점, 화장실, 음수대, 휴게시설 등

㉡ 이용에 의한 손상이 생기는 시설의 보충 : 잔디, 벤치, 음수대, 울타리 등 제시설물

㉢ 내구연한이 된 각종 시설물 : 각종 시설물

㉣ 군식지의 생태적 조건변화에 따른 갱신

④ **질의 변화**

㉠ 조경공간의 기능적인 면에서나 대상물의 내적인 요구의 변화로 발생

㉡ 양호한 식생의 확보가 다음의 원인으로 곤란한 경우가 많다.

ⓐ 대기오염

ⓑ 지표면의 폐쇄로 인한 토양수분 부족과 토양조건 악화

ⓒ 포장면과 건축물의 증가로 복사열의 급증과 일조량의 감소

ⓓ 야간조명으로 인한 일장효과의 장해

ⓔ 귀화식물의 증대

ⓕ 지형변화나 식물의 무계획적 벌채 등으로 인한 자연조건의 급변

㉢ 개방된 토양면의 확보가 중요한데 다음의 원인으로 곤란한 경우가 있다.

ⓐ 조경공간에 대한 이용밀도의 급증

ⓑ 포장재료의 발전

ⓒ 인공적 시설의 급등

⑤ 관리계획의 추적, 검토내용

㉠ 이용조사에 의한 시민요구의 구체적 행동의 평가

㉡ 관리단계의 지장이 되는 원인의 분석

㉢ 구체적 시민의 요구

2 운영관리의 체계

① **관리조직** : 생활공간의 쾌적성 요구, 여가시간 증대에서 오는 생활패턴 변화로 인해 관리 대상물 자체의 다양함과 사회적 변화에 적절히 대응하는 인적, 기술적 관리체계의 확보가 필요

② **관리인원** : 관리작업, 내용을 계량화, 단순화하여 각 작업별로 1ha당 소요인원 산출

③ **예산**

㉠ 축적된 자료에 의한 합리적, 객관적 관리계획에 입각해 잡을 것

㉡ 관리비 상승요인 : 이용자 다양한 요구도, 고도레벨의 레크리에이션 요구도, 열악한 입지 조건, 특수환경에서의 녹지, 인건비 상승 등

3 운영관리의 방식

	직영방식	도급방식
대상	• 재빠른 대응이 필요한 업무 • 연속해서 행할 수 없는 업무 • 진척상황이 명확치 않고 건사하기 어려운 업무 • 금액이 적고 간편한 업무 • 일상적으로 행하는 유지 관리적인 업무	• 장기에 걸쳐 단순작업을 행하는 업무 • 전문적 지식, 기능, 자격을 요하는 업무 • 규모가 크고, 노력, 재료 등을 포함하는 업무 • 관리 주체가 보유한 설비로는 불가능한 업무 • 직영의 관리인원으로서는 부족한 업무
장점	• 관리책임이나 책임 소재가 명확 • 긴급한 대응이 가능 • 관리실태를 정확히 파악 • 임기응변적 조치 가능 • 이용자에게 양질의 서비스 제공 • 애착심을 가지므로 관리 효율의 향상	• 규모가 큰 시설의 관리가 효율적 • 전문가를 합리적으로 이용 • 번잡한 노무관리를 하지 않고 관리의 단순화 • 전문적 지식, 기능, 자격에 의한 양질의 서비스를 기할 수 있다. • 관리비가 싸고 장기적으로 안정된다.

	직영방식	도급방식
단점	• 업무의 타성화 • 관리직원의 배치전환 여지가 적다. • 인건비가 필요이상 든다. • 인사정체가 되기 쉽다.	• 책임의 소재나 권한의 범위가 불명확 • 전문업자를 충분히 활용 못할 수 있다.

4 관련법규 중 공원대장

① 조서내용
- ㉠ 공원의 명칭 및 종류
- ㉡ 구역 및 면적
- ㉢ 공원지정 연월일 및 공고번호
- ㉣ 공원계획의 개요
- ㉤ 공원시설의 개요
- ㉥ 주요자연경관 및 문화경관
- ㉦ 공원보호구역에 관한 사항

② **도면** : 기본도와 부속도면을 사용하되, 다음 사항이 표시되어야 함
- ㉠ 공원구역 및 보호구역의 경계
- ㉡ 행정구역의 명칭
- ㉢ 공원계획의 내용
- ㉣ 주요공원시설의 명칭 및 위치
- ㉤ 토지 이용 계획도

CHAPTER 01 조경관리의 운영 및 인력관리

실전연습문제

01 동·식물원 관리계획에 관한 항목에 해당하지 않는 것은? [기사 11.03.20]

㉮ 자연지형의 이용 가능한 정도를 파악해야 한다.
㉯ 생력화(省力化)를 위한 충분한 배려를 하여야 한다.
㉰ 배수시설과 하수로는 충분한 용량을 확보해야 한다.
㉱ 기능적인 관리동선을 위해 충분한 너비로 하여 기계화를 가능하게 하여야 한다.

02 다음 중 위탁관리의 장점이 아닌 것은? [기사 11.03.20]

㉮ 관리주체가 보유해야 할 담당인원을 줄일 수 있다.
㉯ 작업내용이 특수한 기술, 설비를 필요로 할 경우의 예산절감 효과가 있다.
㉰ 작업내용이 법령 등에 의해 의무화되어 있을 경우 인력 축소가 가능하다.
㉱ 관리 주체의 취지가 잘 반영되고 관리책임이 명확해진다.

풀이 위탁관리 시 관리책임이 불명확함

03 다음 중 무재해운동 추진 시 무재해 시간의 산정기준에 있어 건설현장 근로자의 실근로시간의 산정이 곤란한 경우 1일 몇 시간을 근로한 것으로 하는가? [기사 12.09.15]

㉮ 8시간　㉯ 9시간
㉰ 10시간　㉱ 12시간

04 다음 공사 중에 발생되는 환경관리에 대한 설명 중 옳지 않은 것은? [기사 12.09.15]

㉮ 공사현장의 자생수목으로서 단지조성 등의 기반공사 후 활용이 가능하다고 판단되는 수목은 수급인이 판단하여 굴취, 가식 등의 보호조치 후 활용하여도 된다.
㉯ 공사로 인한 주변환경과 자연생태계의 훼손 및 오염을 최소화하도록 노력한다.
㉰ 공사 중 법정 보호동식물 등이 발견되는 경우에는 감독자에게 보고하고 지시를 받는다.
㉱ 공사현장의 공사 전 자연식생은 생태조사를 통하여 환경특성과 군락구조를 확인하고 보존 또는 재생방법을 감독자와 협의한다.

풀이 ㉮항목은 조경계획단계에서 결정한다.

05 조경관리비의 단위년도당 예산수립은 $a = T \cdot P$식에 의하여 산정할 수 있다. 여기서 P는 무엇을 의미하는가? (단, a는 단위년도 당 예산, T는 작업 전체의 비용이다.) [기사 13.03.10]

㉮ 연간 작업회수　㉯ 작업률
㉰ 작업효율　㉱ 이용률

ANSWER 01 ㉮ 02 ㉱ 03 ㉰ 04 ㉮ 05 ㉯

Part 6 조경관리론

06 공원관리비 예산책정에 있어 작업 전체비용이 30,000,000원이고, 작업률이 3년에 1회일 때 단위연도의 예산은? [기사 13.06.02]

㉮ 10,000,000원 ㉯ 30,000,000원
㉰ 60,000,000원 ㉱ 90,000,000원

풀이
$30,000,000 \times \frac{1}{3} = 10,000,000$원

07 운영관리체계화의 부정적 요인으로 작용하는 것이 아닌 것은? [기사 13.09.28]

㉮ 직원의 사기
㉯ 규격화의 곤란성
㉰ 이용주체의 다양화에 따른 예측의 의외성
㉱ 조경공간의 주요 대상이 자연이라는 특성

08 공사 발주자 측의 입장에서 공사운영을 도급공사에서 직영공사 형태로 해 나갈 경우 현장에서의 노무관리 중 예상되는 상황이 아닌 것은? [기사 14.09.20]

㉮ 관리책임이나 책임소재가 명확하다.
㉯ 노무자의 업무가 타성화되기 쉽다.
㉰ 노무자의 인건비를 정확히 파악할 수 있다.
㉱ 번잡한 노무관리를 하지 않고, 관리의 단순화를 기할 수 있다.

풀이 **직영방식**
① 장점
- 관리책임이나 책임소재가 명확
- 긴급한 대응이 가능
- 관리실태를 정확히 파악 가능
- 임기응변적 조치 가능
- 이용자에게 양질의 서비스 제공
- 애착심을 가지므로 관리효율의 향상

② 단점
- 업무의 타성화
- 관리직원의 배치전환 여지가 적다.
- 인건비가 필요 이상 든다.
- 인사정체가 되기 쉽다.
- 노무관리가 번잡하다.

ANSWER 06 ㉮ 07 ㉮ 08 ㉱

2 유지관리계획

1 연간작업계획

	작업종류	작업시기 및 횟수													적요
		4월	5월	6월	7월	8월	9월	10월	11월	12월	1월	2월	3월	연간 작업횟수	
식재지	전정(상록)		▬	▬			▬	▬						1 ~ 2	
	전정(낙엽)				▬	▬			▬	▬	▬	▬	▬	1 ~ 2	
	관목다듬기		▬	▬	▬	▬	▬	▬	▬					1 ~ 3	
	깍기(생울타리)		▬	▬	▬	▬	▬	▬	▬					3	
	시비			▬						▬	▬	▬	▬	1 ~ 2	
	병충해 방지		▬	▬	▬	▬	▬	…			▬	▬		3 ~ 4	살충제 살포
	거적감기							▬	▬			▬		1	동기 병충해 방제
	제초 · 풀 베기	▬	▬	▬	▬	▬	▬	▬	▬					3 ~ 4	
	관수			▬	▬	▬								적의	식재장소, 토양조건 등에 따라 횟수 결정
	줄기감기		▬											1	햇빛에 타는 것으로부터 보호
	방한	▬							▬	▬			…	1	난지에는 3월부터 철거
	지주결속 고치기	…	…	…	▬	▬	▬	…	…	…	…	…	…	1	태풍에 대비해서 8월 전후에 작업
잔디밭	잔디깎기		▬	▬	▬	▬	▬	▬						7 ~ 8	
	떼밥주기	▬										▬	▬	1 ~ 2	운동공원에는 2회 정도 실시
	시비	▬	▬	▬	▬	▬	▬					▬	▬	1 ~ 2	
	병충해 방지	▬		▬	▬	▬	▬						▬	3	살균제 1회, 살충제 2회
	제초	▬	▬	▬	▬	▬	▬	▬						3 ~ 4	
	관수				▬	▬	▬							적의	
화단	식재교체	▬	▬	▬	▬	▬	▬	▬	▬	▬			▬	4 ~ 5	
	제초		▬	▬	▬	▬	▬	▬	▬	▬				4	식재 교체기간에 1회 정도
	관수(pot)	▬	▬	▬	▬	▬	▬	▬	▬	▬	▬	▬	▬	70 ~ 80	노지는 적당히 행한다.
원로	풀 베기	…	▬	▬	▬	▬	▬	▬						5 ~ 6	
	제초	▬	▬	▬	▬	▬	▬	▬						3 ~ 4	
광장	제초 · 풀 베기		▬	▬	▬	▬	▬	▬						4 ~ 5	
자연림	잡초 베기	…	…	▬	▬	▬	▬	▬						1 ~ 2	
	병충해 방지	▬	▬	▬	▬	…								2 ~ 3	
	고사목 처리	▬	▬	▬	▬	▬	▬	▬	▬	▬	▬	▬	▬	1	연간작업
	가지치기	▬				▬	▬	▬	▬	▬	▬	▬	▬		

★★ 2 시설정비 보수계획

시설의 종류	구조	내용 년수	계획보수 (중요함)	보수사이클 (중요함)	정기점검보수	보수의 목표	적요
원로·광장	아스팔트 포장	15년			균열	전면적의 5 ~ 10% 균열 함몰이 생길 때(3 ~ 5년), 전반적으로 노화가 보일 때(10년)	
	평판 포장	15년			평판고쳐놓기 평판교체	전면적의 10% 이상 이탈이 생길 때(3~5년) 파손장소가 특히 눈에 띌 때(5년)	
	모래자갈 포장	10년	노면수정 자갈보충	반년 ~ 1년 1년	배수정비	배수가 불량할 때 진흙청소(3 ~ 5년)	
분수		15년	전기·기계의 조정점검 물교체, 청소, 낙엽 제거	1년 반년 ~ 1년 3 ~ 4년	펌프, 밸브 등 교체 절연성의 점검을 행한다.	수중펌프 내용연수(5 ~ 10년) 펌프의 마모에 따라서 연못, 계류의 순환펌프에도 동일 적용	
파골러	철재	20년	도장	3 ~ 4년	서까래 보수	서까래의 부식도에 따라서 목제 5 ~ 10년 철제 10~15년 갈대발 2 ~ 3년	
	목재	10년	도장	3 ~ 4년	서까래 보수	상동	
벤치	목재	7년	도장	2 ~ 3년	좌판 보수	전체의 10% 이상 파손, 부식이 생길 때(5 ~ 7년)	
	플라스틱	7년			좌판 보수 볼트, 너트 조이기	전체의 10% 이상 파손, 부식이 생길 때(3 ~ 5년) 정기점검시 처리	
	콘크리트	20년	도장	3 ~ 4년	파손장소 보수	파손장소가 특히 눈에 띌 때(5년)	
그네	철재	15년	도장	2 ~ 3년	좌판 교체 볼트조이기, 기름치기, 쇠사슬, 고리마포교체	부식도에 따라서 조속히(3 ~ 5년) 정기점검 때 처리 마모도에 따라서 조속히(5 ~ 7년)	
미끄럼틀	콘크리트제철제	15년	도장	2 ~ 3년	미끄럼판 보수	마모도에 따라서(5 ~ 7년)	
모래사장	콘크리트	20년	모래보충 연석도장	1년 2 ~ 3년	모래 경운 배수 정비	모래보충시 처리	
정글짐	철재	15년	도장	2 ~ 3년	볼트, 너트 조이기	정기점검시 처리	철봉, 등반봉 등 금속제 놀이기구에도 적용
시소		10년	도장	2 ~ 3년	베어링 보수, 좌판 보수	삐걱삐걱 소리가 난다(베어링마모)(3 ~ 4년) 부식도에 따라서(특히 손잡이가 떨어지기 쉽다)	
목제놀이 기구		10년	도장	2 ~ 3년	부품 교체	정기점검 때 처리 마모도, 부식도에 따라서	도장은 방부제 도포를 포함

시설의 종류	구조	내용년수	계획보수(중요함)	보수사이클(중요함)	정기점검보수	보수의 목표	적요
야구장		20년	그라운드면 고르기 잔디 손질 조명시설보수점검정비	1년 1년 1년	Back Net 교체 모래보충 조명등의 교체	파손상황에 따라서(5년) 모래의 소모도에 따라서(1 ~ 2년)	
테니스 코트	전천후 코트	10년			코트보수 네트교체 바깥울타리보수	균열, 파손상황에 따라서(3 ~ 5년) 네트의 파손도에 따라서(2 ~ 3년) 파손상황에 따라서(2 ~ 3년)	
	클레이 코트	10년		1년	네트교체 바깥울타리보수	네트의 파손도에 따라서(2 ~ 3년) 파손상황에 따라서(2 ~ 3년)	
화장실	목조	15년	도장	2 ~ 3년	문 보수 배판보수 탱크청소	파손상황에 따라서(1년) 〃 (1년) 정기점검시 처리(1년)	도장은 방부제 도포를 포함. 문, 배관류는 임시보수가 많다.
	철근 콘크리트조	20년	도장	3 ~ 4년	문 보수 배판보수 변기류보수	파손상황에 따라서(1년) 〃 (1년) 〃 (1년)	문, 배관은 임시보수가 많다.
시계탑		15년	분해점검 도장 시간조정	1 ~ 3년 2 ~ 3년 반년 ~ 1년	유리 등 파손장소 보수	파손상황에 따라서(1 ~ 2년)	임시보수의 경우가 많다.
담장·등	파이프제 울타리	15년	도장	2 ~ 3년	파손장소 보수	파손상황에 따라서(1 ~ 3년)	
	철사울타리	10년	도장	3 ~ 4년	파손장소 보수	파손상황에 따라서(1 ~ 2년)	
	로프 울타리	5년			로프교체 파손장소 보수 기둥교체	파손 부식상황에 따라서(2 ~ 3년) 〃 (1 ~ 2년) 〃 (3 ~ 5년)	
안내판	철재	10년	안내글씨 교체	3 ~ 4년	파손장소 보수	파손상황에 따라서	
	목재	7년	안내글씨 교체	2 ~ 3년	파손장소 보수	파손상황에 따라서	
가로등		15년	전주도장 전등청소	3 ~ 4년 1 ~ 3년	전등교체 부속기구교체 (안정기, 자동 점멸기 등)	끊어진 것, 조도가 낮아진 것 절연저하·기능저하 안정기(5 ~ 10년) 자동점멸기(5 ~ 10년) 전선류(15 ~ 20년) 분전반(15 ~ 20년)	

3 재해안전대책

(1) 사고의 종류

① 설치하자에 의한 사고

㉠ 시설의 구조자체의 결함에 의한 것

예 시설물의 구조상 접속부에 손이 끼거나 사용, 내구성이 다하는 등의 구조자체의 결함에 의한 사고

㉡ 시설설치의 미비에 의한 것

예 제대로 고정되지 않아 시설이 쓰러지는 사고

㉢ 시설배치의 미비에 의한 것

예 그네 뛰어 내리는 곳에 벤치가 있어 충돌

② 관리하자에 의한 사고

㉠ 시설의 노후 파손에 의한 것

예 시설의 노후로 인한 파손부위에 상처입거나 시설에 깔리는 사고

㉡ 위험장소에 대한 안전대책 미비에 의한 것

예 접근방지용 펜스 미설치 사고

㉢ 이용시설 이외의 시설의 쓰러짐, 떨어짐에 의한 것

예 블록, 간판이 떨어짐, 맨홀뚜껑이 제대로 닫혀 있지 않거나 부식되어 쓰러지는 사고

㉣ 위험물 방치에 의한 것

예 유리조각 방치, 낙엽 소각 후 재를 만진 아이가 화상입은 사고

③ 이용자, 보호자, 주최자의 부주의에 의한 사고

㉠ 이용자 자신의 부주의, 부적정 이용에 의한 것

예 그네를 잘못 타다가 떨어지거나 미끄럼틀에서 거꾸로 떨어지는 사고

㉡ 유아, 아동의 감독, 보호 불충분에 의한 것

예 유아가 방호책을 기어넘어 연못에 빠지는 사고

㉢ 행사주최자의 관리 불충분에 의한 것

예 관객이 백네트에 기어 올라갔다가 백네트가 기울어져 다치는 사고

④ 자연재해 등에 의한 사고

4 안전대책(중요)

(1) 사고방지대책

① 설치하자에 대한 대책

㉠ 시설은 설치 후에도 이용방법, 이용빈도 등을 조사해 관찰할 것

㉡ 시설의 구조자체, 설치미비, 배치미비 등으로 생긴 사고는 결함이 있다고 인정될 경우 철거, 개량, 보강 조치해야 함

② 관리하자에 대한 대책

㉠ 시설관리업무의 일환으로 계획적, 체계적 순시 점검필요

㉡ 시설노후, 위험장소 안전대책 미비, 시설의 떨어짐, 위험물 방치 등에 의한 사고는 시설관리업무의 체계화로 빠른 조치가 가능하게 하고 재료의 성질에 따라 안전기준 설정, 점검사항에 대한 표를 만들어 점검한다.

③ 이용자, 보호자, 주최자의 부주의에 대한 대책

㉠ 시설의 개량 또는 안내판 등 이용지도 필요

(2) 사고처리

① 사고자의 구호

② 관계자에 통보

③ 사고상황의 파악 및 기록

④ 사고책임의 명확화

(3) 보상대책 : 피해자에 대한 손해배상

CHAPTER 01 조경관리의 운영 및 인력관리

실전연습문제

01 공원에서 청소한 낙엽을 모아 소각 처리한 재가 잘못 묻어 어린이가 화상을 입었을 경우 어느 사고에 해당하는가? [기사 11.03.20]

㉮ 관리 하자 ㉯ 설치 하자
㉰ 이용자 부주의 ㉱ 보호자의 부주의

02 다음 목재 중 클레오소트유 주입 시 내구연한은 가장 길지만 무처리재(소재)의 경우는 내구연한이 가장 작은 것은? [기사 11.06.12]

㉮ 졸참나무 ㉯ 느릅나무
㉰ 너도밤나무 ㉱ 단풍나무

풀이 **클레오소트유**
목재 방균처리약품

03 공사현장에서는 인위적이든 자연적이든 반드시 재해에 대한 관리가 이루어져야 한다. 다음 중 재해예방의 원칙과 관련된 설명이 틀린 것은? [기사 11.06.12]

㉮ 재해는 원칙적으로 원인만 제거되면 예방이 가능하다.
㉯ 재해예방을 위한 가능한 대책은 반드시 존재한다.
㉰ 사고와 손실과의 관계는 필연적이다.
㉱ 재해발생은 반드시 그 원인이 존재한다.

04 다음 중 굴착작업의 안전조치사항으로 옳지 않은 것은? [기사 11.06.12]

㉮ 배수구를 설치하여 굴착구간으로 표면수가 유입되는 것을 방지하고, 굴착작업 부근의 표면수가 원활히 배수되도록 한다.
㉯ 암석을 제외한 토질의 굴착 시 구조물의 안정성과 작업 전의 안전조치가 선행되지 않은 경우는 굴착작업을 중지시켜야 한다.
㉰ 지층이 상이한 토질의 굴착 시 지지층의 사면안식각이 그 위 지층의 사면안식각보다 작아야 한다.
㉱ 굴착구간 위로 작업원이나 자재를 운반할 필요가 있을 경우 필히 난간이 부착된 안전통로를 설치한 후 작업한다.

풀이 지층이 상이한 토질의 굴착 시 지지층의 사면안식각이 그 위 지층의 사면안식각보다 커야 안전하다.

05 목재놀이기구의 내용년수는 몇 년으로 보는가? [기사 11.06.12]

㉮ 10년 ㉯ 20년
㉰ 25년 ㉱ 30년

ANSWER 01 ㉮ 02 ㉱ 03 ㉰ 04 ㉰ 05 ㉮

06 조경 시설물의 유지관리에 대한 설명으로 옳지 않은 것은? [기사 11.10.02]

㉮ 시설물의 내구연한까지는 보수점검을 생략한다.
㉯ 기능성과 안전성이 도모되도록 유지관리해야 한다.
㉰ 주변환경과 조화를 이루는 가운데 경관성과 기능성이 유지되어야 한다.
㉱ 시설물의 기능저하에는 이용 빈도나 고의적인 파손 등의 인위적 원인이 많다.

풀이 시설은 내구연한 되기 전에도 수시점검을 해야한다.

07 공원 유지관리를 위하여 1인이 순찰은 1일 4회, desk work 1일 1시간, 보폭은 75cm, 걸음수는 1분간 40보, 유효시계는 50m, 1회 소요시간은(7×60)/4 = 105분 일 때 면적(m^2)과 단위작업률(일/m^2)로 가장 적합한 것은? [기사 11.10.02]

㉮ $1575m^2$, 0.00063
㉯ $157500m^2$, 0.0000063
㉰ $6300m^2$, 0.000153
㉱ $630000m^2$, 0.00000153

풀이
- 면적 : 0.75×40×105×50 = $157500m^2$
- 단위작업률 : 1/157500 = 0.0000063

08 시공현장에서 부주의 발생에 관한 외적조건에 속하지 않는 것은? [기사 12.03.04]

㉮ 기상조건 ㉯ 작업강도
㉰ 의식의 우회 ㉱ 작업순서 부적당

풀이 의식의 우회는 부주의 발생시키는 내적 요건이다.

09 유지관리계획에서 비용계획을 진행시키는데 유의해야 할 사항으로 옳지 않은 것은? [기사 12.03.04]

㉮ 비용절감 방법의 강구
㉯ 시설이용 수입의 증대 방안
㉰ 시설의 합리적인 지속 방안
㉱ 관리성에 따른 시설 개량의 불균형 파악

10 조경공사 현장에서 다음과 같은 안전재해 사례가 발생하였다. 다음 분석 내용으로 옳은 것은? [기사 12.05.20]

> 작업자가 벽돌을 손으로 운반하던 중 떨어뜨려 벽돌이 발등에 부딪혀 발을 다쳤다.

㉮ 가해물 : 벽돌, 기인물 : 벽돌, 사고유형 : 낙하
㉯ 가해물 : 벽돌, 기인물 : 손, 사고유형 : 충돌
㉰ 가해물 : 벽돌, 기인물 : 손, 사고유형 : 추락
㉱ 가해물 : 벽돌, 기인물 : 사람, 사고유형 : 비래

풀이 재해를 일으킨 직접적인 것은 가해물, 기인물은 재해의 원인이 된 기계, 장치, 물건 등
예로 작업자가 비계에서 떨어져 지면에 추락했다 : 기인물 → 비계, 가해물 → 지면.
따라서 이 경우는 재해의 원인도 재해를 일으킨 것도 벽돌임.

ANSWER 06 ㉮ 07 ㉯ 08 ㉰ 09 ㉯ 10 ㉮

Part 6 조경관리론

11 유지관리계획 수립 시 영향을 미치는 주요 인이 아닌 것은? [기사 12.09.15]

㉮ 계획이나 설계목적
㉯ 관리대상의 양과 질
㉰ 관리대상의 특성
㉱ 관리대상의 수익성

12 조경시공 중 안전관리 시 기준으로 삼아야 할 안전관련 법규에 해당되지 않는 것은? [기사 13.03.10]

㉮ 근로기준법
㉯ 소방기본법
㉰ 건설산업기본법
㉱ 엔지니어링산업진흥법

풀이 **엔지니어링산업진흥법**
엔지니어링산업의 기반을 조성하고 경쟁력을 강화함으로써 관련 산업 간의 균형발전을 도모하고, 창의적인 지식기반사회의 실현과 국민경제의 발전에 이바지함이 목적임.

13 조경공사 현장에서 재해발생의 경중, 즉 강도를 나타내는 척도로서 연간 총 근로시간 1,000시간당 재해발생에 의해서 잃어버린 근로손실일수를 말하는 것은? [기사 13.09.28]

㉮ 도수율　㉯ 강도율
㉰ 빈도율　㉱ 천인율

풀이
① 도수율 : 산업 재해 지표의 하나로 노동 시간에 대한 재해의 발생빈도를 나타내는 것
② 강도율 : 산업 재해 지표의 하나로 발생한 재해의 강도를 나타내는 것. 1,000노동시간당의 노동손실일수를 나타낸 것
③ 빈도율 : 산업재해의 발생빈도로서 연간 총 근로시간 합계 100만 시간당 재해발생건수를 말한다.
④ 천인율 : 근로자 1,000명당 재해자수를 말한다.

14 공원 내 쓰레기통을 추가 설치하고자 한다. 설치장소 결정 시 고려해야 할 요인으로 가장 거리가 먼 것은? [기사 13.09.28]

㉮ 쓰레기의 회수율
㉯ 사람의 동선 흐름
㉰ 회수 체계
㉱ 1일 쓰레기 회수빈도

풀이 쓰레기통이 얼마나 가득 차는 지, 사람들 통행이 많은지에 따라 결정된다.

15 어떤 시설물에 3년마다 600만원이 소요되는 작업을 3년에 1회씩 도장공사를 실시하면, 단위연도(單位年度)의 예산은 얼마인가? [기사 14.03.02]

㉮ 100만원　㉯ 200만원
㉰ 300만원　㉱ 600만원

풀이 600만원을 3년마다 시행하므로 1/3로 나누어 단위연도당 200만원으로 예산한다.

16 다음 [보기]에 대한 설명은 조경관리의 종류 중 어느 것인가? [기사 14.03.02]

보기
시설관리에 의하여 얻어지는 이용 가능한 구성요소를 더 효과적이며 안전하게 그리고 더 많이 이용하게 하기 위한 방법에 대한 것이다. 또, 적절한 관리를 위한 조직의 구성과 사업분담도 중요하며 각 조직 간의 협조체계도 수립되어야 한다.

㉮ 사전관리　㉯ 운영관리
㉰ 유지관리　㉱ 이용관리

풀이 **조경관리의 구분**
㉰ 유지관리 : 조경 수목, 시설물 등을 점검, 보수하여 원활한 서비스 제공이 가능하도록 하여 본래의

ANSWER 11 ㉱ 12 ㉱ 13 ㉯ 14 ㉱ 15 ㉯ 16 ㉯

기능을 양호한 상태로 유지시키고자 함이 목적
㉯ 운영관리 : 시설관리에 의해 얻어지는 이용 가능한 구성요소를 더 효과적이며 안전하게, 더 많이 이용하게 하기 위한 방법에 대한 것
㉱ 이용관리 : 조성목적에 맞게 이용을 유도. 적극적인 이용을 위한 프로그램 개발, 작성, 홍보함

17 식물관리에 있어서 수림지 관리 항목으로 가장 부적합한 것은? [기사 14.05.25]

㉮ 하예 ㉯ 제벌, 간벌
㉰ 병·충해방지 ㉱ 개화조절 전정

풀이 수림지는 수목이 많이 모여있는 곳으로 하예, 제벌, 간벌, 병·충해 방지가 중요함

18 수림지 관리에 있어서 풀베기 작업의 검토 항목이 아닌 것은? [기사 14.09.20]

㉮ 계속년수 ㉯ 현존량
㉰ 연간횟수 ㉱ 작업시기

풀이 **정비보수계획 시 검토항목**
내용년수, 보수사이클, 정기점검보수, 작업시기, 연간 작업횟수

19 공원 내 이동식 축구 골대에 매달려 장난을 치다 골대가 넘어져 부상을 입었을 경우 하자 책임 유형은? [기사 14.09.20]

㉮ 설치 하자 ㉯ 관리 하자
㉰ 설계 하자 ㉱ 시공 하자

풀이 **관리 하자에 의한 사고**
시설의 노후 파손에 의한 것, 위험장소에 대한 안전대책 미비에 의한 것, 이용시설 이외의 시설의 쓰러짐, 떨어짐에 의한 것, 위험물 방치에 의한 것
이동식이므로 안전장치 미비나 관리의 소홀에 해당함

20 다음 중 건설용 장비인 크레인, 이동식 크레인, 리프트 등을 사용하여 작업하기 전에 공통적으로 점검하여야 하는 사항은? (단, 산업안전보건법령상의 내용 적용) [기사 14.09.20]

㉮ 바퀴의 이상 유무
㉯ 전선 및 접속부 상태
㉰ 브레이크 및 클러치의 기능
㉱ 작업면의 기울기 또는 요철 유무

풀이 **산업안전보건기준에 관한 규칙 제35조 작업시작 전 점검사항(크레인을 사용하여 작업을 하는 때)**
가. 권과방지장치, 브레이크, 클러치 및 운전장치의 기능
나. 주행로의 상측 및 트롤리가 횡행하는 레일의 상태
다. 와이어로프가 통하고 있는 곳의 상태

21 조경시설물의 일반적인 유지관리 목표가 아닌 것은? [기사 14.09.20]

㉮ 경관미가 있는 공간과 시설물을 조성, 유지한다.
㉯ 이용객들에게 이용 기회를 많게 하여 이용수입을 증대시킨다.
㉰ 공간과 시설을 안전하고 쾌적하게 이용하게 한다.
㉱ 조경 공간과 시설을 항시 깨끗하고 정돈된 상태로 유지한다.

풀이 조경시설물 유지관리는 이용객에 쾌적하고 안전한 환경을 제공하는 것이 목표이며, 이용수입과는 거리가 멀다.

ANSWER
17 ㉱ 18 ㉯ 19 ㉯ 20 ㉰ 21 ㉯

CHAPTER 2 조경식물 관리

1 정지 및 전정

1 정지·전정의 정의, 목적, 효과

① 정의

㉠ 정지(整枝, training) : 수목의 수형을 영구히 유지 또는 보존하기 위해 줄기나 가지의 생장을 조절하여 심은 목적에 알맞은 수형을 인위적으로 만들어가는 기초정리작업

㉡ 전정(剪定, pruning) : 수목의 관상, 개화결실, 생육상태 조절 등의 목적에 따르거나, 조경수의 건전한 발육을 위해 가지나 줄기의 일부를 잘라내는 정리작업

㉢ 정자(整姿, trimming) : 나무 전체의 모양을 일정한 양식에 따라 다듬는 것

㉣ 전제(剪除, trailing) : 생장력에는 관계가 없는 필요 없는 가지나 생육에 방해가 되는 가지를 잘라버리는 작업

② 목적

㉠ 미관상 목적 : 미적 조형미를 높이기 위함

㉡ 실용상 목적 : 방화, 방풍, 가로수 등의 원래 목적 달성을 위함

㉢ 생리상 목적 : 지엽이 너무 밀생한 수목을 정지해 병충해 방지 및 저항력을 강하게 함. 꽃이나 열매 맺는 수목은 강한 가지를 전정해 생장을 억제하고 개화 결실 촉진. 이식한 수목을 전정하여 수목 크기 조정하고 공간에 적응하도록 함

③ 효과

㉠ 수관을 구성하는 가지들을 균형 있게 발육시키며 고유의 수형 유지

㉡ 수관 내부에 바람이 잘 통하게 하여 병충해 발생을 억제하고 충실한 새 가지 발육을 도와줌

㉢ 화목, 열매수종의 개화, 결실 촉진

㉣ 도장지나 허약한 가지를 제거해 건전한 가지 생육을 도움

㉤ 수목형태를 조절해 정원의 넓이나 건물과 조화를 이루게 함

㉥ 수목의 기능적 목적(차폐, 방풍, 방화)의 효과를 높임

2 정지, 전정의 목적에 따른 분류

① 조형을 위한 전정
- ㉠ 의의 : 수목의 본래 특성, 자연의 조화미, 개성미, 수형 등을 효과적으로 살리기 위한 전정
- ㉡ 시기 : 식물의 생육이 중지된 10℃, 낙엽수 10월 말~11월 말, 봄 3월 중순~4월 중순
- ㉢ 방법
  - ⓐ 고사지, 병지, 허약지는 절단
  - ⓑ 주지를 결정하고 나머지를 잘라냄
  - ⓒ 수관 내부는 환하게 솎고, 외부는 수형에 지장이 없을 정도로 잘라냄
  - ⓓ 교차지와 난지를 잘라냄
  - ⓔ 수형을 축소, 왜화시킬 때 봄에 수액이 유동하기 전에 몇 개의 맹아를 남기고 강전정

② 생장을 조정하기 위한 전정
- ㉠ 의의 : 묘목이나 어린 나무의 병충해를 입은 가지나 고사지, 손상지 제거해 생장을 조장하려는 목적
- ㉡ 방법
  - ⓐ 묘목육성 시 : 아래쪽의 곁가지를 적당히 자르거나 곁가지 끝을 일정한 길이로 다듬어 키성장 촉진
  - ⓑ 추위에 약한 수종 : 주간을 잘라 곁가지를 강하게 키움
  - ⓒ 벚나무, 오동나무 빗자루병 : 허약한 잔가지가 밀생하는 병으로 잘라내 소각
  - ⓓ 왕벚나무가 겹벚나무 밑줄기분에 움이 돋아나는 경우 : 수세가 약해지므로 자르기

③ 생장을 억제하기 위한 전정
- ㉠ 의의 : 일정한 형태로 유지시키거나 일정한 공간에 필요 이상으로 자라지 않게 하기 위해서 실시
- ㉡ 방법
  - ⓐ 크기 억제 : 느티나무, 배롱나무, 단풍나무, 모과나무 등 맹아력 강한 수종의 굵은 가지 길이를 줄이고 잔가지를 발생시킴
  - ⓑ 도장 억제 : 소나무의 순꺾기, 팽나무, 단풍나무의 순따기와 잎따기

④ 갱신을 위한 전정
- ㉠ 의의 : 맹아력 강한 활엽수 중에 너무 늙은 나무나 개화 불량한 가지를 자르는 것
- ㉡ 방법 : 팽나무 굵은 가지를 잘라 새 가지 형성시키기

⑤ 생리조정을 위한 전정
- ㉠ 의의 : 이식할 때 뿌리 손상으로 지엽이 말라 죽는 것을 방지하는 전정

㉡ 방법 : 소나무처럼 맹아력 약한 수종은 부분적으로 솎아내고, 맹아력 강한 수종(팽나무, 느티, 배롱, 모과, 수양버들)은 굵은 가지 잘라도 됨

⑥ 개화결실을 촉진시키기 위한 전정

㉠ 의의 : 과수나 화목류의 개화 촉진, 결실 위주의 관상, 개화 결실 동시에 촉진

㉡ 방법

ⓐ 수액이 유동하기 전에 실시 : 사계장미
개화 직후에 실시하는 경우 : 개나리, 진달래

ⓑ 감나무 : 매년 결실을 위해서는 매년 전정

ⓒ 매화나무 : 해마다 꽃피고 난 후 가지를 강전정하면 많은 꽃

ⓓ 묵은 가지나 병충해 걸린 것은 수액이 유동하기 전에 제거

ⓔ 약지는 짧게, 강지는 길게 자른다.

ⓕ 마지막 눈을 외측으로 남기고 자른다.

ⓖ 장미, 개나리 등은 신지 나올 부분 20cm 남겨두고 강전정

ⓗ 교차지, 평행지, 역지, 직간지, 내측지, 동지, 분얼지, 도장지 등은 이용에 따라 제거

3 정지, 전정의 도구

① 사다리

② 톱

㉠ 전정가위로 자르기 힘든 큰 가지나 썩은 노목을 제거 시에 사용

㉡ 톱의 종류 : 대지용(大枝用) 36~45cm, 소지용(小枝用) 25~30cm 날의 폭은 4~5cm

㉢ 요령 : 대지를 자를 때는 단번에 자르지 않고 여러 번 나누어 자르기
소지의 경우 톱날을 가지 사이에 끼워 넣고 단번에 자르기

③ 전정가위

㉠ 지름 3cm 정도의 가지를 주로 자르는 가위

㉡ 요령

ⓐ 가는가지 자를 때는 전정할 가지에 가위날을 밑으로 가게 하여 전정가위를 잡고 날을 직각으로 대어 단번에 자른다.

ⓑ 굵은가지는 전정가위를 위쪽에서 앞쪽으로 수직으로 돌리면서 자르면 가위날도 상하지 않고 힘도 덜 든다.

④ **적심가위 또는 순치기가위** : 연하고 부드러운 가지, 끝순, 수관 내부의 가늘고 약한가지를 자르거나 꽃꽂이 할 때 주로 사용하며, 지름 1cm 이하의 가지 자를 때만 사용

⑤ **적과가위, 적화가위** : 꽃눈이나 열매 솎을 때, 과일 수확에 사용
⑥ **고지가위** : 높은 곳의 가지나 열매를 채취하기 위해 장대 끝에 가위를 달아 사용
⑦ **긴자루 전정가위** : 자르기 힘든 지름 3cm 이상 굵은 가지를 자를 때 쓰는 대형가위
⑧ **산울타리 전정가위** : 산울타리의 가지나 잎을 빨리 다듬기 위해 만들어진 가위
⑨ **산울타리용 전동식 전정기** : 전기나 휘발유의 힘을 사용한 것
⑩ **혹가위 및 보조용 칼** : 도려내는 작업 시 사용

4 정지, 전정의 시기

① 일반적 전정시기
㉠ 낙엽활엽수 : 잎이 단단해진 7~8월, 낙엽후 10~12월, 신록이 굳어진 3월
㉡ 상록활엽수 : 이른봄 3월, 9~10월
㉢ 침엽수 : 한겨울 피한 11~12월, 이른봄

② 수종별 전정시기

전정시기	수종	비고
봄전정 (4, 5월)	상록활엽수(감탕나무, 녹나무 등)	잎이 떨어지고 새잎이 날 때 전정
	침엽수(소나무, 반송, 섬잣나무 등)	순꺾기(5월 상순)
	봄꽃나무(진달래, 철쭉류, 목련 등)	화목류는 꽃이 진 후 곧바로 전정
	여름꽃나무(무궁화, 배롱나무, 상비 능)	눈이 움직이기 전에 이른봄 전정
	산울타리(향나무류, 회양목, 사철나무 등)	5월말
	과일나무(복숭아, 사과, 포도 등)	이른봄 전정
여름전정 (6, 7, 8월)	낙엽활엽수(단풍나무류, 자작나무 등)	강 전정은 피한다.
	일반수목	도장지, 포복지, 맹아지 제거
가을전정 (9, 10, 11월)	낙엽활엽수 일부	강전정은 동해를 받기 쉽다.
	상록활엽수 일부	남부 지방에서만 전정
	침엽수 일부	묵은잎 적심
	산울타리	2번 정도 전정
겨울전정 (12, 1, 2, 3월)	일반수목	수형을 잡아주기 위한 굵은 가지 전정
	교차지, 내향지, 역지 등	가지 식별이 가능하므로 전정

★★★★★ ③ 전정을 하지 않는 수종

침엽수	독일가문비, 금송, 히말라야시더, 나한백 등
상록활엽수	동백나무, 늦동백나무(산다화), 치자나무, 굴거리나무, 녹나무, 태산목, 만병초, 팔손이, 남천, 다정큼나무, 월계수 등
낙엽활엽수	느티나무, 팽나무, 회화나무, 참나무류, 푸조나무, 백목련, 튤립나무, 수국, 떡갈나무

5 방법

① 정지, 전정 시 고려사항
- ㉠ 주변환경과 조화를 이루어야 한다.
- ㉡ 수목의 생리, 생태특성 등을 잘 파악해야 한다.
- ㉢ 전정을 가지런히 하여 각 가지의 세력을 평균화하고 수목의 미관을 유지시킨다.

★★★ ② 정지, 전정의 일반원칙
- ㉠ 무성하게 자란 가지는 제거한다.
- ㉡ 지나치게 길게 자란 가지는 제거한다 : 윗가지는 짧게 아랫가지는 길게, 강하게 자라는 가지는 1/3~1/4 정도로 가볍게 전정
- ㉢ 수목의 주지(主枝)는 하나로 자라게 한다.
- ㉣ 평행지를 만들지 않는다.
- ㉤ 수형이 균형을 잃을 정도의 도장지는 제거한다.
  - ⓐ 도장지 : 힘이 강한 가지의 기부에 자리 잡은 부정아가 어떤 자극을 받아 굵고 생장이 왕성한 가지
  - ⓑ 도장지는 일단 반 정도 잘라 힘을 줄여준 다음 이듬해 봄에 바짝 잘라준다.
- ㉥ 역지, 중하지, 난지를 제거한다.
  - ⓐ 역지 : 수관 안쪽으로 역행해 자라는 가지
  - ⓑ 중하지 : 똑바로 아래방향으로 처진 가지
  - ⓒ 난지 : 방향이 잡히지 않는 난잡한 생김새로 자란 가지
- ㉦ 같은 모양의 가지나 정면으로 향한 가지를 만들지 않는다.
- ㉧ 뿌리 자람의 방향과 가지의 유인을 고려한다.
- ㉨ 기타 불필요한 가지를 제거한다.

③ 정지, 전정의 기술
- ㉠ 굵은 가지 치는 방법
  - ⓐ 상록수는 2/3, 낙엽수는 1/3 정도 쳐서 생육을 도와주는 것
  - ⓑ 시기 : 이른 봄 눈이 움직이기 전
    해토되기 전에 수액이 오르는 나무(단풍)는 11~12월
    상록활엽수는 4월 상, 중 맹아 직전
  - ⓒ 방법
    - 지름 5~6cm 정도의 가지는 기부에서 10cm 내외 되는 곳을 톱으로 자르고 남은 부분은 자른다.
    - 지름 5~6cm 이상 가지는 기부에서 10~15cm 되는 곳에 굵기의 1/3 정도 썬 다음 톱으로 돌려 약간 바깥쪽을 위에서 내려 썰면 수피가 벗겨지지 않게 썰림

- 직각으로 자른다.
- 자른 자리는 콜타르, 클레오소트, 우수프런 등으로 소독

㉡ 가지의 길이를 줄이는 방법

ⓐ 시기

- 상록활엽침엽수 : 4월 ~ 장마 전까지
- 낙엽수 : 낙엽 직후~싹트기 전
- 화목류 : 꽃이 지고 난 후

ⓑ 방법

- 엽아 바로 위에서 잘라준다.
- 새로 날 가지의 신장을 위해 아래쪽에 있는 눈은 남긴다.
  (가지가 밑으로 처지는 수양버들, 수양벚나무는 위쪽의 눈 남김)
- 비스듬히 자르며, 강한 가지는 길게, 약한 가지는 짧게 잎을 2~3개 남기고 자른다.

㉢ 가지를 솎는 방법

ⓐ 잔가지, 도장지 등을 없애기 위해 2~3년에 1번씩 작업

ⓑ 시기 : 낙엽수는 낙엽 진 후, 상록활엽수, 침엽수는 겨울 제외한 언제나 가능

㉣ 부정아를 자라게 하는 방법

ⓐ 전정 : 바깥쪽의 가지를 전부 다듬고 새로운 곁가지를 자라게 하는 방법

ⓑ 깎아다듬기 : 신초의 발육이 정지되는 늦봄~6월중순, 9월에 다시 한 번 실시

★★★ ⓒ 적아와 적심

- 적아(눈지르기) : 불필요한 눈을 제거하는 것으로 전정이 불가능한 수목에 이용 예 벚나무, 모란, 자작
- 적심(순지르기) : 지나치게 자라는 가지의 신장 억제를 위해 신초의 끝부분을 따버리는 것
  예 소나무 매해 4~5월, 순이 5~10cm 될 무렵(수형 빨리 만들 수 있음), 향나무 5~6월
- 적아와 적심의 횟수 : 상록수는 7~8월 1회, 신장이 빠른 낙엽수는 이른 봄 신아발생기, 여름
- 적아와 적심의 효과 : 곁눈발육 촉진, 새로 자라는 가지의 배치를 고르게 하고 개화 촉진

ⓓ 적엽(잎따기) : 우거진 잎이나 묵은 잎따기, 일반활엽수 7~8월, 소나무 8월, 삼나무 편백 3~8월

ⓔ 유인 : 지주목, 철사, 새끼 등을 이용해 원하는 수형을 만들어 가는 것
예 소나무류, 단풍나무류, 매화나무, 느티나무, 벚나무

ⓕ 가지비틀기 : 가지가 너무 뻗어나가는 것 방지
예 분재용

ⓖ 아상 : 원하는 자리에 새로운 가지를 나오게 하거나 꽃눈을 형성시키기 위해 이른 봄에 눈의 위쪽이나 아래쪽에 상처를 내어 생장촉진, 억제효과

ⓗ 단근
- 근원직경 5~6배 넓이로 원을 그려 위치를 40~50cm 깊이로 파서 뿌리를 적당한 각도 30도, 45도로 1년에 2~3번 정도 자름
- 지상부 균형유지, 노화현상 방지, 도장억제, 아랫가지 발육을 좋게 하고 꽃눈의 수를 늘림

CHAPTER 09 조경식물 관리

실전연습문제

01 전정작업의 목적과 관계가 먼 것은? [기사 11.03.20]

㉮ 미관 ㉯ 실용
㉰ 생리 ㉱ 법규

02 전정의 목적 중 토피아리와 같이 형상적 수형을 만드는 전정의 목적은? [기사 12.03.04]

㉮ 미관상 목적 ㉯ 실용상 목적
㉰ 생리상 목적 ㉱ 생육적 목적

03 조경수목의 정자, 전지, 전정 등의 관리방법으로 옳지 않은 것은? [기사 12.05.20]

㉮ 수목관리 시 도장지는 제거하여 준다.
㉯ 벚나무는 수형을 잡아주기 위하여 자주 가지치기를 해야 한다.
㉰ 정자(整姿, trimming)란 나무 전체의 모양을 일정한 양식에 따라 다듬는 작업이다.
㉱ 봄에 꽃피는 진달래는 꽃이 진 후에 전정을 하면 다음 해에 더 많은 꽃을 볼 수 있다.

풀이 벚나무는 전정하지 않는 수종

04 조경수목 관리에서 단근(斷根)에 관한 설명으로 옳지 않은 것은? [기사 12.09.15]

㉮ 뿌리의 노화현상을 방지한다.
㉯ 꽃과 열매를 요하는 수목은 약하게 단근한다.
㉰ 아랫가지의 발육을 좋게 한다.
㉱ 수목의 도장을 억제한다.

풀이 단근은 꽃과 열매를 실하게 해준다.

05 수목 이식 후 쇠약해진 나무의 줄기를 새끼, 천 등으로 감아 주는 목적에 해당되지 않는 것은? [기사 13.06.02]

㉮ 나무의 수분 증산을 억제한다.
㉯ 강한 햇빛을 받아 껍질이 타는 것을 방지한다.
㉰ 나무의 가지 성장을 번성하게 하여 수체 형성을 아름답게 하기 위해서이다.
㉱ 쇠약해진 나무에 병해충 침입을 방지한다.

풀이 이식 후 쇠약해진 나무의 보호를 위해 새끼, 천 등으로 감아 수분 증발을 억제, 병충해를 방지한다.

06 정지·전정의 일반적 원칙이 아닌 것은? [기사 13.06.02]

㉮ 하나의 주지보다는 주지와 경합하는 가지를 다수 키운다.
㉯ 무성하게 자란 가지는 제거한다.
㉰ 지나치게 길게 자란 가지는 제거한다.
㉱ 평행지는 만들지 않는다.

풀이 하나의 주지를 강하게 키운다.

ANSWER 01 ㉱ 02 ㉮ 03 ㉯ 04 ㉯ 05 ㉰ 06 ㉮

07 소나무류의 순꺾기 시기로 가장 적합한 것은? [기사 13.06.02]

㉮ 2 ~ 3월　㉯ 4 ~ 5월
㉰ 6 ~ 7월　㉱ 8 ~ 9월

08 정원수 전정에 있어서 그 제거 대상으로 적당하지 않는 것은? [기사 14.03.02]

㉮ 병균이 붙어 있는 가지
㉯ 도장지(徒長枝)
㉰ 근생아(根生芽)
㉱ 화지(花枝)

풀이 **전정하는 가지**
도장지(웃자란 가지), 역지(역방향으로 난가지), 중하지, 난지(어지럽게 자란 가지), 병원가지, 무성한 가지, 평행지, 근생아(모여난 싹) 등

09 수목의 부정아(不定芽)를 유도하는 방법으로 가장 거리가 먼 것은? [기사 14.05.25]

㉮ 전정　㉯ 엽면시비
㉰ 단근(斷根)　㉱ 가지비틀기

풀이 **부정아를 유도하는 방법**
전정, 깎아다듬기, 적아와 적심, 적엽, 유인, 가지비틀기, 아상, 단근

10 다음 중 정원수 이식 직후에 실시하는 전정의 가장 주요한 목적은? [기사 14.05.25]

㉮ 수목의 조형을 위해
㉯ 개화결실을 촉진하기 위해
㉰ 생리조절을 위해
㉱ 생장을 조장하기 위해

풀이 이식 직후의 전정은 빠른 활착을 위해서 잘라주는 것으로 생리조절의 의미가 크다.

ANSWER　07 ㉯　08 ㉱　09 ㉯　10 ㉰

2 시비

1 결핍된 양분의 현상과 이의 보정

① 토양비료의 다량원소

	특징	결핍현상	시비방법
질소(N)	• 단백질의 구성원소 • 뿌리줄기의 잎의 발육 촉진, 생장에 필요한 비료	• 활엽수의 경우 : 황록색으로 변함. 잎 크기가 작고 두껍다. 조기 낙엽현상. 눈의 크기도 작고 적색 또는 적자색으로 변함 • 침엽수의 경우 : 침엽이 짧다.	• 토양에 시비 : 1~2kg/100m^2 • 엽면시비 : 물 1ℓ당 1kg씩 희석하여 시비 ※ 과용하면 동해·상해받기 쉽다.
인(P)	• 핵산·효소의 구성요소 • 뿌리부분의 발육 촉진, 새로운 눈이나 잔가지의 형성을 돕고 조직을 튼튼하게 • 전염병 발생 줄임	• 잎 밑부분에 적색·자색으로, 조기낙엽하며, 개화 지연, 열매 크기가 작다. • 침엽이 구부러지며 하부에서 점차 고사	• 사질토인 경우 : 1~2kg/100m^2 • 점토인 경우 : 2~4kg/100m^2
칼륨(K)	• 단백질합성에 관여 • 수분조절 • 생장이 왕성한 부분에 多. 뿌리나 가지의 생육촉진 • 건조에 강하게 하기 위해 필요(K_2O) • K_2O : 잔디의 발육에 중요 세포분열과 삼투압에 영향이 크다.	• 황화현상, 잎이 쭈글쭈글해지고 말린다. • 끝부분이 고사. 화아는 적게 맺힘 • 침엽이환, 황갈색으로 변함. 끝부부이 괴사 • 묘목의 경우 서리 피해받기 쉽다. • 과일의 수량이 감소	• 사질토 : 2~8kg/100m^2 • 점토 : 8~15kg/100m^2
칼슘(Ca) : 석회	• 세포를 튼튼하게 하며 식물체가 웃자라는 것 방지 • 액제 채내 유기산과 화합하고 중화하여 꽃 화아형성을 좋게 함	• 잎의 백화, 황화현상. 엽선이 뒤틀린다. • 새 가지 잎의 끝부분 고사, 뿌리는 끝 부분이 갑자기 짧아져서 고사 • 정단부분(頂端)의 생육정지, 잎의 끝부분 고사	• 알칼리성 토양의 경우 황산칼슘을 사질토에 : 40~75kg/100m^2 • 황산칼슘을 점토에 : 75~150kg/100m^2
마그네슘(Mg)		• 활엽수 : 잎이 얇아져 부스러지기 쉽다. 조기 낙엽현상, 잎맥과 잎가 부위에 황백화. 정상보다 작은 크기의 열매 • 침엽수 : 잎 끝부분이 황 or 적으로 변함	• 토양에 시비하는 경우 (황산마그네슘) - 사토 : 12~25kg/100m^2 - 점토 : 25~75kg/100m^2 • 엽산살포 → 100ℓ당 25kg 희석해 잎에 살포
황(S)		• 활엽수 : 잎이 짙은 황록색으로 변함 질소의 부족현상과 비슷 • 침엽수 : 잎 끝부분이 황색 or 적색으로 변함	(황산칼슘) - 사토 : 5~8kg/100m^2 - 점토 : 8~12kg/100m^2

② 토양비료의 미량원소

	결핍현상	시비방법
붕소 (B)	• 활엽수 : 잎이 적색, 어린잎에 증상이 먼저 나타난다. 작고 두꺼워진다. 열매는 쭈그러지고 괴사한다. • 침엽수 : 끝부분이 'J' 형태로 굽어지며 정아·측아가 고사한다.	• 토양(Borax 투여) - 사토 : 0.2~0.5kg/100m^2 - 점토 : 0.5~1.0kg/100m^2 • 엽면시비(붕산 H_3BO_2) - 100ℓ당 0.125~0.250kg을 희석
구리 (Cu)	• 활엽수 : 정상보다 크기가 작다. 새 가지의 끝부분이 갈색 • 침엽수 : 어린 침엽은 잎 끝부분이 고사·조기 낙엽현상	• 토양(황산동 투여) - 사토 : 0.25~1.5kg/100m^2 - 점토 : 1.5~5.0kg/100m^2 • 엽면시비 - 100ℓ당 0.5~0.8kg 희석
철 (Fe)	• 활엽수 : 어린잎 황화, 크기가 작다. 조기낙엽, 조기낙과 열매-암색 • 침엽수 : 백화(白化)현상	• 토양시비(황산철) - 사토 : 12kg/100m^2 - 점토 : 18kg/100m^2 • 엽면시비 - 0.5kg/물100ℓ
망간 (Mn)	• 활엽수 : 잎이 황색, 엽맥 따라 녹색선이 생김, 열매 작아짐 • 침엽수 : 철분의 부족현상과 함께 나타난다. 구별이 어렵다.	• 토양시비(황산망간) - 2~10kg/100m^2 • 엽면시비 - 0.25~1.0kg/물100ℓ
몰리브덴 (Mo)	• 활엽수 : 질소 부족현상과 비슷 잎폭이 좁아지고 꽃 작아짐	• 토양시비(Na_2, $MoSO_4$, MoO_4, $2H_2O(NH_4)$) - 2~20kg/100m^2 • 엽면시비 - 10~100kg/물100ℓ 희석
아연 (Zn)	• 활엽수 : 잎이 황색, 엽폭 좁고, 낙엽. 눈이 가늘고 끝부분 고사. 열매는 가늘고 끝부분 고사 • 침엽수 : 가지와 잎의 크기가 매우 작고 황색	• 토양시비(chelate) - 1kg/100m^2 • 엽면시비 - 0.125~0.25kg/물100ℓ

2 시비방법

① **표토시비법** : 작업방법이 신속하나 비료의 유실량이 많다. 질소시비에 적당
성숙한 교목에 비료주는 부위는 수관외주선의 지상투영부위 20cm 내외가 바람직함

② **토양내 시비법** : 깊이 20~30cm, 간격 0.6~1.0m 정도의 구덩이를 파서 용해하기 어려운 비료 시비에 적당

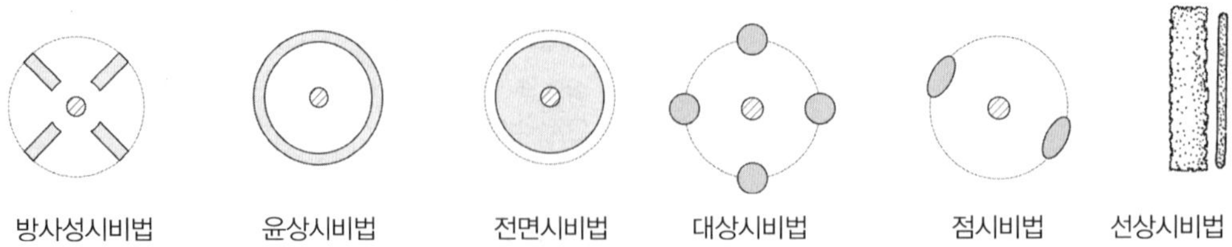

〈토양내 시비법의 종류〉

③ **엽면시비법** : 물 1L당 60~120ml 비율로 희석해 직접 엽면에 살포하는 것으로 미량 원소 부족 시 효과가 좋다.

④ **수간주사법** : 수목에 드릴로 구멍을 내 비료 주입하거나 링거병 달기
주로 5~8월 사이에 거목이나 경제성 높은 수목에 적당

★★★ 3 시비시기

① **기비(밑거름, 지효성)** : 늦가을 낙엽수 10월 말~11월 말, 땅 얼기전까지, 2월 말~3월 말 잎 피기 전 예 두엄, 계분 즉 질소질(N) 비료

② **추비(덧거름, 속효성)** : 수목 생장기인 4월 말~6월 말까지. 사토에서는 추비를 많이 함
예 칼륨(K) 비료

③ **화비** : 꽃이 지거나, 열매를 딴 후 수세를 회복하기 위해 시비하는 속효성 비료
예 황산암모늄, 질산암모늄, 요소 등 인산질(P) 비료

실전연습문제

01 수목의 시비(施肥)에 대한 설명으로 옳지 않은 것은? [기사 11.03.20]

㉮ 기비(밑거름)는 휴면기에 시비한다.
㉯ 추비(덧거름)는 생육초반기(봄)에 주로 시비한다.
㉰ 엽면시비는 건전한 생육을 위하여 자주 실시한다.
㉱ 이식목의 활착, 동해회복에는 엽면시비가 효과적이다.

02 다음 성질을 가지는 질소질 비료는? [기사 11.03.20]

- 녹는점 이상에서 생성되는 뷰렛은 발아초기 식물에 유해
- 화학적으로나 생리적으로 중성
- 황산근(SO_4^{2-})이 들어 있지 않아 노후화 논에 사용가능
- 토양 중 각종 미생물에서 분비되는 가수분해효소로 분해되는 최종산물은 CO_2와 암모니아
- 순수한 것은 무색의 주상결정이나 비료로 쓰이는 것은 흡수되어 백색

㉮ 요소 ㉯ 석회질소
㉰ 황산암모늄 ㉱ 질산암모늄

03 일반적으로 성숙된 조경 수목(교목)에 비료를 주는 부위는 어느 지점이 가장 효과적인가? [기사 11.10.02]

㉮ 나무의 줄기에서 10 ~ 30cm 내외
㉯ 수관외주선(樹冠外周線)의 지상투영 부위 20cm 내외
㉰ 수관내주선(樹冠內周線)에서 나무줄기 쪽으로 30cm 부위
㉱ 나무줄기에서 1 ~ 10cm 내외

풀이 비료는 뿌리에 닿지 않도록 하는 것이 바람직

04 질소질 비료의 형태에서 토양광물 콜로이드(colloid)에 가장 잘 흡착되는 것은? [기사 11.10.02]

㉮ 유기태 ㉯ 질산태
㉰ 암모니아태 ㉱ 시안아미드태

풀이
- 토양 콜로이드 : 토양의 무기성분 중에 콜로이드 성질을 갖는 입경이 0.001mm 이하 크기의 입자를 말한다. 이는 입자가 작기 때문에 비표면적이 커서 반응성이 높으며 콜로이드 입자의 표면에는 각종의 양이온들이 부착되어 쉽게 치환할 수 있는 성질을 가지고 있어 비료성분의 흡착, 탈착 등에 매우 중요한 역할을 함
- 암모니아의 흡착고정 : NH_4^+는 치환반응으로 토양콜로이드에 흡착되는데 점토광물에서은 격자 내부, 석회질 토양에서는 NH_3 휘산됨

ANSWER 01 ㉰ 02 ㉮ 03 ㉯ 04 ㉰

05 다음 [보기]에서 설명하는 비료는? [기사 12.03.04]

보기
- 주성분은 인산1칼슘과 황산칼슘이다.
- 회백색 또는 담갈색의 분말이다.
- 강산성이고 특유의 냄새가 있다.
- 염기성비료와 배합하면 좋지 않다.

㉮ 용성인비 ㉯ 질산칼륨
㉰ 토머스인비 ㉱ 과린산석회

06 질산나트륨과 혼용하면 오히려 불리한 비료는? [기사 12.05.20]

㉮ 황산칼륨 ㉯ 염화칼륨
㉰ 황산암모늄 ㉱ 과린산석회

07 조경수목 보호 관리를 위한 엽면시비의 설명으로 옳지 않은 것은? [기사 12.05.20]

㉮ 엽면살포는 비오는 날 하는 것이 좋다.
㉯ 미량원소 부족 시 엽면시비의 효과가 크게 나타난다.
㉰ 잎이 흡수하는 양분은 극히 소량이므로 주로 미량원소의 빠른 효과를 위하여 엽면 살포한다.
㉱ 엽면시비는 많은 양의 비료성분을 충분히 공급하지 못하므로 다량원소의 시비에는 적합하지 않다.

풀이 엽면살포는 맑은 날 실시한다.

08 수목에서 질소(N) 결핍에 관한 설명으로 옳지 않은 것은? [기사 12.05.20]

㉮ 조기 낙엽현상을 보인다.
㉯ 복엽의 경우 정상적인 잎보다 수가 적다.
㉰ 상부에서 하부로 점차 고사한다.
㉱ 활엽수의 경우 성숙잎은 황록색으로 변한다.

풀이 하부에서 상부로 점자 고사한다.

09 유효질소 24kg이 필요하여 요소(N : 50%, 흡수율 : 80%)로 충당하려 한다. 이 때 요소의 필요량은? [기사 12.05.20]

㉮ 30kg ㉯ 40kg
㉰ 60kg ㉱ 80kg

풀이 $24 \times 2 \times 1.2 = 57.6$
약 60kg

10 비료의 유실양(流失量)이 가장 많은 시비법은? [기사 12.09.15]

㉮ 엽면시비법 ㉯ 표토시비법
㉰ 토양내 시비법 ㉱ 수간주사법

11 상해를 예방하기 위하여 속효성 비료를 주는 동시에 늦가을까지 가지가 도장(徒長)되지 않도록 주는 비료는? [기사 13.03.10]

㉮ K ㉯ N
㉰ P ㉱ Ca

ANSWER
05 ㉱ 06 ㉱ 07 ㉮ 08 ㉰ 09 ㉰ 10 ㉯ 11 ㉮

12 삽목 시 발근촉진을 위해 사용하는 식물호르몬제는? [기사 13.03.10]

㉮ 나드 분제
㉯ 말레이 액제
㉰ 비나인 수화제
㉱ 이나벤화이드 입제

풀이 ① 나드 분제 : 삽목, 삽묘의 발근을 촉진시키는 식물호르몬제로 발근작용을 매우 촉진시켜 활착에 우수한 효과
② 비나인 수화제 : 주로 화훼류에서 신장생장을 억제시킴으로서 관상 가치를 향상시키고, 안정적인 생육을 도모하는 생장조절제
③ 이나벤화이드 입제 : 벼도복 경감제

13 마그네슘(Mg)과 길항관계를 갖는 양분은? [기사 13.03.10]

㉮ Mn ㉯ Cu
㉰ Na ㉱ Fe

풀이 길항작용이란 서로 흡수를 방해하는 물질을 말함

14 다음 토양에서 가장 유효도가 떨어지는 성분은? [기사 13.06.02]

㉮ P ㉯ N
㉰ K ㉱ Ca

15 요소(N 46%, 흡수율 83%)로써 유효질소 40kg을 충당할 경우 필요한 요소량은 약 몇 kg인가? [기사 13.09.28]

㉮ 48.2 ㉯ 52.4
㉰ 87.0 ㉱ 104.8

풀이 Y = 요소량

$$Y \times \frac{83}{100} \times \frac{46}{100} = 40$$

$$Y = 40 \times \frac{100}{83} \times \frac{100}{46} = 104.76$$

16 기공의 개폐에 관여하는 다량원소는? [기사 13.09.28]

㉮ N ㉯ P
㉰ K ㉱ Ca

풀이 K의 농도에 따라 농도가 높을 때 기공이 열리고, 낮으면 기공이 닫히는데 이는 K이 공변세포의 삼투압을 변화시켜 개폐시키는 것이다.

17 토양중의 일부 미생물은 공기 중의 질소를 고정시키는 기능을 갖고 있다. 다음 중 공기 중 질소를 고정시키는 미생물이 아닌 것은? [기사 14.03.02]

㉮ *Azotobacter* ㉯ *Nitribacter*
㉰ *Rhizoblum* ㉱ *Clostridium*

풀이 ① *Azotobacter* : 뿌리혹박테리아
② *Nitrobacter* : 니트로박터(호기성 자급 영양 세균으로 토양 내 암모늄으로부터 생성된 아질산을 질산으로 산화시킴)
③ *Rhizobium* : 리조리움(근균류)
④ *Clostridium* : 클로스트리디움
• 질소고정미생물
 1. 공생질소고정미생물 : 콩과식물의 리조비움(*Rhizobium*), 균근균, 엽립균, 경립균 등
 2. 비공생질소고정미생물 : 유기영양호기성 세균의 *Azotobacter*, *Beijerinckia*, *Achromobacter*, 유기영양혐기성 세균의 *Clostridium*, *Aerobacter* 등, 광합성세균의 *Chlorobacterium*, 메탄세균의 *Methanobacterium*, 황산환원균의 *Desulfovibrio*, 방선균의 *Nocardia* 등, 사상균의 *Aspergillus*, 효모의 *Saccharomyces*, 그리고, 시아노박테리아인 *Anabaena* 등이 있다.

ANSWER 12 ㉮ 13 ㉮ 14 ㉮ 15 ㉱ 16 ㉰ 17 ㉯

18 양이온 치환용량(CEC)에 대한 설명으로 옳지 않은 것은? [기사 14.03.02]

㉮ CEC가 크면 대체로 토양의 비옥도가 높다.
㉯ 유기물이 많은 토양은 대체로 CEC가 크다.
㉰ 토양의 pH가 낮아질수록 CEC는 크다.
㉱ 토양이 미세할수록 CEC는 크다.

풀이 **양이온 치환용량**
일정량의 토양이나 교질물이 가지고 있는 치환성 양이온의 총량을 당량으로 표시한 것이며, 토양 100g당 수소이온이 양이온으로 치환할 수 있는 자리의 수 즉 음전하의 수와 같으며 mg당량(mille equivalent)로 표시한다. 또한, 양이온 치환용량은 염기포화도와 비례관계인데, 이 염기포화도는 토양의 pH가 높으면 염기가 많은 것이므로 토양의 pH가 높을수록 CEC가 크다고 볼 수 있다.

19 수목에 나타나는 미량요소 결핍과 관련한 설명 중 옳지 않는 것은? [기사 14.03.02]

㉮ B 결핍은 황 결핍과 동반하여 나타나는 특징이 있다.
㉯ Zn이 결핍되면 잎이 작아지고 괴사반점으로 얼룩진다.
㉰ Mn 결핍은 잎을 누렇게 변색시키며 새 순의 왜성화를 일으킨다.
㉱ Fe 결핍은 산성토양보다 알칼리토양에서 더 쉽게 일어난다.

풀이 붕소는 생장점의 신장에 영향을 주며 초기증상은 생장점 부근에서 나타나며, 초기 결핍증상은 Ca 결핍증상과 매우 유사하다.

20 다음 질소 비료의 형태 중 일반적으로 직접 흡수할 수 없는 것은? [기사 14.05.25]

㉮ 무기태질소 ㉯ 유리태질소
㉰ 질산태질소 ㉱ 암모늄태질소

풀이 **유리태질소**
공기 중의 약 4/5가 유리태질소이며, 이는 뿌리혹박테리아에 의해 고정되는 질소

21 진밀도가 $2.5g/cm^3$이고 가밀도가 $1.0g/cm^3$인 토양의 공극률은 몇 %인가? [기사 14.05.25]

㉮ 40 ㉯ 45
㉰ 53 ㉱ 60

풀이
$$\text{공극량}(\%) = 100\times\frac{\text{진밀도}-\text{가밀도}}{\text{진밀도}}$$
$$= 100\times\frac{1.5}{2.5} = 60(\%)$$

22 다음 중 생리적 반응 시 산성비료인 것은? [기사 14.09.20]

㉮ 요소 ㉯ 중과인산석회
㉰ 염화칼륨 ㉱ 용성인비

풀이
- 생리적 반응 시 산성비료 : 황산암모늄, 질산암모늄, 염화암모늄, 황산칼륨, 염화칼륨 등
- 생리적 반응 시 중성비료 : 요소, 과인산석회, 중과인산석회, 석회질소 등
- 생리적 반응 시 염기성비료 : 칠레초석, 용성인비, 토머스인비, 퇴구비, 나뭇재 등

Part 6 조경관리론

ANSWER 18 ㉰ 19 ㉮ 20 ㉯ 21 ㉱ 22 ㉰

23 다음 중 토양에서 질소기아 현상은 탄질비가 최소 얼마 이상일 때 일어나는가?

[기사 14.09.20]

㉮ 10 ㉯ 12
㉰ 15 ㉱ 20

풀이 **질소기아**

토양 중에 있는 질소의 양이 작물의 생육에는 부족하지 않으나, 탄질률(탄소와 질소의 비율)이 높은 유기물을 넣을 때 미생물이 원래 토양 중에 있는 질소를 빼앗아 이용함으로써 작물이 일시적으로 질소의 부족증상을 일으키는 현상.

기아상태가 되는 탄질비는 토양 10, 작물 20 ~ 30, 볏집 70, 톱밥 225이다.

ANSWER

23 ㉮

★★★ 3 제초 및 관수

1 제초

① 잡초의 분류
㉠ 1년생 : 돌피, 명아주, 바랭이, 석류풀, 마디풀, 쇠비름, 이탈리아호밀풀, 포아풀류
㉡ 다년생 : 우산풀, 토끼풀, 쑥, 서양민들레, 야생마늘류, 괭이밥류, 질경이류, 크로바

② 제초
㉠ 물리적(인력 제거, 깎기, 경운, 유기물이나 비닐, 왕모래 사용한 제초)방법
화학적(접촉성 제초제, 이행성 제초제, 토양소독제 사용)방법
㉡ 잡초의 뿌리 및 지하경을 완전히 제거해야 하며 제거된 잡초는 멀리 방출하여 처리

③ 제초제
㉠ 크로바 제초제 : 2.4D, BPA, CAT(씨마진), ATA, banble-D
㉡ 아미이드 계통의 제초제 : 마세트, 라쏘, 스템에프-34, 2.4D
㉢ 비선택성 제초제 : 근사미, 그라목손, 글라신액제, 파라크액제
난지형 잔디의 겨울잡초 제거 시 모든 초화류의 제초
㉣ 발아전 제초제 : 시마진, 데브니놀, 론파, 닥탈, 론스타, 스톰프, 시드론, 베네핀
㉤ 광엽 경엽처리제 : 2.4D, MCPP, 반벨 및 반벨디, 밧사그란 등

④ 제추제 사용방법
㉠ 액제 : 제조제를 물에 잘 녹여 조제해 액제로 만든 것
㉡ 유제 : 기름에 녹는 약제를 녹여서 사용
㉢ 수화제 : 물에 잘 녹지않는 약제를 표면적 넓은 다른 물질과 물에 잘 젖게 하는 물질을 첨가해 물에 잘 퍼지게 조제한 것
㉣ 입제 : 약제에 중량제를 섞어 입자로 조제한 것 소면적에 사용하는 낮은 농도 제초제

2 관수

① 관수시기 판단요령
㉠ 식물을 주의 깊게 관찰해 잎이 시들기 전에 관수, 기온이 5℃ 이상이며, 토양온도 10℃ 이상인 날이 10일 이상 지속될 때 관수.
㉡ 토양의 건습 정도로 판단
㉢ 장력계, 전기저항계 사용(영구위조점 1500cb) 판단
㉣ 증산흡수율 측정
㉤ 엽면의 온도 측정 : 수분이 적으면 호흡작용이 감소해 엽면 온도가 올라감

② 관수방법

㉠ 지표면 관수 : 인력, 기계를 이용한 인공살수

㉡ 엽면관수 : 잎에 관수하는 것으로 이식수목의 활착, 노거수 등에 효과적

③ 관수시기 : 구름 낀 날, 일출 일몰 시가 원칙

④ 관개방법

㉠ 침전식 관개 : 수간 주위에 도랑을 파 유수, 호스, 스프링클러 등에 의해 수분을 공급해 측방에서 천천히 스며들게 함

㉡ 도랑식 관개 : 도랑의 경사로, 유속에 따라서 도랑 이용해 비교적 균일하게 관수

㉢ 점적식 관개 : 호스가 식물체 줄기 근처로 지나가면서 작은 구멍을 통해 소량의 물을 조금씩 내보내는 것 수량이 감소되고 식물의 잎, 꽃에 물이 고이는 일 없고 병해 방제에 도움됨

㉣ 지하 관개법 : 지하에 유공관 설치해 관개

㉤ 살수관개법(Sprinkler Irrigation)

고정식	분무살수기	고정된 본체와 분사공으로 가장 간단한 살수기 다른 살수기보다 저렴. 낮은 수압에도 작동 6~12m 직경의 살포범위
	분무입상 살수기	분무형과 같으나 본체가 지표면위로 올라왔다 들어갔다함 잔디 깎을 때 표면에 노출된 기계가 없어 편리
회전식	회전살수기	회전하면서 넓은 지역에 살수. 높은 수압에서 작동 24~60m 직경의 살포범위 넓은 잔디밭에 사용이 효과적
	회전입상 살수기	회전하면서도 지표면에 올라왔다 내려갔다 하는 형태 오늘날 대규모 지역에 가장 많이 사용
특수살수기		스팀스프레이(계속적으로 작은 물줄기를 살포하나 살수가 균일하지 못함) 거품식(물이 식물에 접촉되는 것이 만족스럽지 않은 지역에 사용)

CHAPTER 09 조경식물 관리

실전연습문제

01 식물의 광합성 량과 자체의 호흡량이 같아지는 때의 빛의 강도를 무엇이라 하는가? [기사 11.03.20]

㉮ 최대 수광점 ㉯ 광보상점
㉰ 광포화점 ㉱ 최저 수광점

풀이 ㉰ 광포화점 : 식물의 광합성 속도가 더 이상 증가하지 않을 때의 빛의 세기를 말함. 광보상점과 구별할 것

02 다음 중 암발아 잡초는? [기사 11.10.02]

㉮ 냉이 ㉯ 바랭이
㉰ 쇠비름 ㉱ 향부자

풀이
- 암발아 종자 : 별꽃, 냉이, 광대나물, 독말풀
- 광발아 종자 : 바랭이, 쇠비름, 개비름, 향부자, 강피, 참방동사니

03 토양의 가비중이 1.33일 때 공극률은 약 얼마인가? (단, 토양의 진비중은 2.65이다.) [기사 11.10.02]

㉮ 30% ㉯ 40%
㉰ 50% ㉱ 60%

풀이

$$공극률 = \left(1 - \frac{가비중}{진비중}\right) \times 100$$

$$= \left(1 - \frac{1.33}{2.65}\right) \times 100 = 49.51$$

즉 50%

04 산성비 피해에 관한 설명 중 옳은 것은? [기사 12.03.04]

㉮ 산성비는 토양의 인산결핍을 초래한다.
㉯ 산성비는 토양의 염기포화도를 증가 시키는 피해를 준다.
㉰ 수소이온 자체는 직접적으로 수목에 영향을 주지 않는다.
㉱ 산성비에 의한 잎의 습윤각 감소는 책상조직 파괴에 따른 결과이다.

05 다음 중 외래잡초로만 구성되어 있는 것은? [기사 12.05.20]

㉮ 서양민들레, 올방개, 방동사니
㉯ 올챙이고랭이, 미국자리공, 생이가래
㉰ 개망초, 단풍잎돼지풀, 서양민들레
㉱ 단풍잎돼지풀, 미국가막사리, 중대가리풀

06 다음 토양수분 중 토양입자에 가장 강하게 흡착되어 있는 것은? [기사 12.05.20]

㉮ 결합수 ㉯ 흡습수
㉰ 모세관수 ㉱ 중력수

풀이 **결합수**
토양 속에 있는 물 중에서 그들 구성 분자에 강하게 붙어 있어서 간단하게는 제거할 수 없는 것

ANSWER
01 ㉯ 02 ㉮ 03 ㉰ 04 ㉮ 05 ㉰ 06 ㉮

Part 6 조경관리론

07 호르몬형의 선택 살초성을 지닌 이행형 제초제로서 잔디밭의 광역 잡초 방제용으로 주로 사용되는 것은? [기사 12.09.15]

㉮ 이사디(2,4-D)
㉯ 벤타존(bentazon)
㉰ 프로닐(propanil)
㉱ 벤설푸론(bensulfuron)

풀이 **광엽 경엽처리제**
2.4D, MCPP, 반벨 및 반벨디, 밧사그란 등

08 주요 잡초종 중 식물분류학적으로 분포비율이 높은 과(科)들로만 나열된 것은? [기사 12.09.15]

㉮ 화본과, 콩과, 메꽃과
㉯ 국화과, 방동사니과, 가지과
㉰ 국화과, 화본과, 방동사니과
㉱ 명아주과, 화본과, 십자화과

09 토양수분 중 토양에 함유되어 있는 식물양분의 유실에 관여되는 것은? [기사 12.09.15]

㉮ 중력수 ㉯ 흡습수
㉰ 결합수 ㉱ 모세관수

풀이 아래로 흐르는 중력수에 의해 양분이 빠져나간다.

10 다음 중 토양의 공극률 결정에 가장 중요한 요인은? [기사 13.03.10]

㉮ 토성(土性) ㉯ 토양반응
㉰ 염기포화도 ㉱ 가비중과 진비중

풀이
- 가비중 : 일정 용적의 건조토양의 무게를 그 부피로 나눈 값
- 진비중 : 공극을 고려하지 않은 입자만의 비중으로 입자의 대소와는 관계없고, 주로 토양을 구성하는 광물의 종류와 양 그리고 유기물의 함량에 의하여 결정된다.

11 다음 중 토양수분포텐셜(soil water potential)의 단위가 아닌 것은? [기사 13.06.02]

㉮ pF ㉯ %
㉰ bar ㉱ kPa

풀이 토양수분포텐셜은 단위당 토양수분이 갖는 에너지를 말하며 단위는 바(bar), 밀리바(mbar), 킬로파스칼(kPa), 수분장력(pF)을 사용한다.

12 광엽잡초와 화본과잡초의 분류로 옳은 것은? [기사 13.06.02]

㉮ 광엽잡초 - 돌피
㉯ 광엽잡초 - 명아주
㉰ 화본과잡초 - 여뀌
㉱ 광엽잡초 - 바랭이

풀이 **돌피, 바랭이 - 화본과잡초**
① 광엽잡초 : 쌍자엽 식물로서 망상맥을 가지고 있는 잎이 넓은 잡초. 망초, 토끼풀, 쑥, 냉이, 비름, 물달개비, 가래, 가막사리 등
② 화본과잡초 : 잎은 어긋나기이며, 입맥이 평행한 특성이 있으며, 돌피, 바랭이, 뚝새풀, 강아지풀, 갈대, 억새 등이 있다.

ANSWER 07 ㉮ 08 ㉰ 09 ㉮ 10 ㉱ 11 ㉯ 12 ㉯

13 토양의 Laterite화 작용이 일어날 수 있는 조건은? [기사 13.09.28]

㉮ 고온다우 ㉯ 한냉습윤
㉰ 고온건조 ㉱ 한냉건조

풀이 **Laterite**
덥고 습한 조건에서 용탈 때문에 알루미늄·산화철 및 미량의 규소를 함유하고 있는 붉은색 토양

14 다음 중 물리적 잡초방제법이 아닌 것은? [기사 14.03.02]

㉮ 소각(flaming)
㉯ 피복(covering)
㉰ 윤작(crop rotation)
㉱ 솔라리제이션(solarization)

풀이 **윤작**
돌려짓기라고도 하며 투입하는 노동력의 연간 평준화로 매년 수입을 균등하게 하여 경영을 안정화시키고 지력을 유지, 증대시켜 작물생산량을 높게 유지하며 이어짓기에 의한 병충해의 증가를 예방, 방제한다. 또한 작물의 종류에 따라 잡초의 종류가 달라지므로 잡초 발생을 억제시키고 목초를 심어 토양의 침식을 방지하는 방법으로 물리적인 방제법은 아니다.

15 일반적으로 잡초에 의한 피해를 줄이기 위하여 철저히 방제를 하여야 할 작물의 생육 시기는? [기사 14.05.25]

㉮ 생육초기 ㉯ 생육중기
㉰ 생육중~후기 ㉱ 생육후기

풀이 생육초기에 방제하는 것이 가장 효과적이다.

16 문제잡초(problem weeds)는 경합력이 특히 강하고 끈질기게 생존하는 습성을 갖고 있어서 방제가 쉽지 않으며 발생밀도가 낮음에도 수량에 크게 영향을 미친다. 다음 중 문제잡초의 주요 특성에 해당하지 않는 것은? [기사 14.09.20]

㉮ 광합성 효율이 높고 생장이 빠르다.
㉯ 종자 또는 영양번식을 하며 생식력이 높다.
㉰ 어린시기에는 주로 영양생장을 하고, 성숙도 느리다.
㉱ 휴면성을 갖고 있으며 불량조건하에서는 휴면상태에 들어간다.

풀이 대부분 잡초는 영양생장을 할 때 성숙이 매우 빠르다.

ANSWER 13 ㉮ 14 ㉰ 15 ㉮ 16 ㉰

4 병해충방제

1 병해

(1) 용어 정리

① **병원** : 병을 일으키는 원인이 되는 것

② **병원체** : 병원이 생물이거나 바이러스일 때

③ **주인(主因)** : 병의 주된 원인

④ **유인(誘因)** : 상처, 기상조건이 식물과 주인(主因)의 친화성인 상호관계를 도와 병을 유발하는 경우

⑤ **기주식물** : 병원체가 이미 침입해 정착한 병든 식물

⑥ **감수체** : 병원체가 침입하기 전에 병에 걸릴 수 있는 상태의 식물

⑦ **병원성** : 병원체가 감수성인 수목에 침입하여 병을 일으킬 수 있는 능력

⑧ **침해력** : 병원체가 감수성인 수목에 침입하여 그 내부에 정착하고 양자간에 일정한 친화 관계가 성립될 때까지 발휘하는 힘

⑨ **발병력** : 수목에 병을 일으키게 하는 힘

⑩ **병징(病徵)(symptom)** : 병든 식물 자체의 조직변화에 유래하는 이상
비전염성병, 바이러스병, 마이코플라즈마에 의한 병은 병징만 나타남

⑪ **표징(標徵)(sign)** : 병원체 자체가 병든 식물체상의 환부에 나타나 병의 발생을 알리는 것 병원체가 진균일 때 대부분 표징이 나타남

⑫ **감염(感染)(infection)** : 식물에 침입한 병원체가 그 내부에 정착하여 기생관계가 성립되는 과정

⑬ **병환(炳環)(disease cycle)** : 발병한 기주식물에 형성된 병원체가 새로운 기주식물에 감염하여 병을 일으키고 병원체를 형성하는 일련의 연속적인 과정

(2) 병원의 종류

① 생물성 원인 : 전염성병(기생성병)

a	바이러스에 의한 병		진딧물 매개체
b	파이토플라즈마에 의한 병		빗자루병
c	세균에 의한 병		세균무름병(바이올렛, 아이리스, 백합), 풋마름병(다알리아), 목썩음병
d	곰팡이에 의한 병	진균	녹병, 흰가루병, 가지마름병, 그을음병, 묘입고병, 검은무늬병, 시들음병, 회색곰팡이병, 역병
e		점균	
f		조균	
g	종자식물에 의한 병		
h	선충에 의한 병		

② 비생물성 원인 : 비전염성병(비기생성병)
　㉠ 부적당한 토양조건에 의한 병
　㉡ 부적당한 기상조건에 의한 병
　㉢ 유해물질에 의한 병
　㉣ 농기구 등 기계적 상해

(3) 수목의 주요 병징

색깔변화	① 황화 예 소나무, 낙엽송 황화현상 ② 위황화 : 철 부족, 석회 과잉, 바이러스에 의해 예 오동나무 빗자루병, 밤나무 ③ 은색화 : 표피하에 부자연한 공기층 형성되어 예 자색비늘버섯에 의한 활엽수 은색화 ④ 백화 : 염색체 형성 안 되거나 유전적, 바이러스에 의한 것 예 사철나무 ⑤ 자색화, 적색화 예 소나무, 낙엽송 자색화병, 침엽수 입고병 ⑥ 청변 예 소나무 청변병 ⑦ 국소적 변색 : 반점(플라타너스 갈점병, 버드나무류 윤반병) ⑧ 얼룩(뽕나무 오엽병)
천공	세균, 균류에 의한 경우, 연해, 동해에 의한 경우 예 벚나무 천공성 갈반병
위조	이병식물의 전신 일부가 시드는 경우 예 입고병, 아카시아 자귀나무 위조병
괴사	세포, 조직이 죽는 것 예 활엽수 반점병류, 삼나무 적고병
위축	질병에 의해 기관의 크기가 작아지는 것 예 뽕나무 위축병, 밤나무 위황병, 소나무소엽병
비대	예 진달래, 동백나무 비대병, 버드나무 잎자루병
기관의 탈락	예 낙엽송 낙엽병
암종	일부가 부풀어 혹이 생기는 경우 예 소나무 혹병
빗자루 모양	환부에 가늘고 병든 소지가 총생하는 것 예 대추나무, 오동나무, 벚나무 빗자루병
잎마름	예 소나무 엽고병, 삼나무 적고병, 밤나무 통고병
지고	작은가지의 끝에 가까운 부분이 고사하는 경우 예 삼나무 흑점지고병, 낙엽송 선고병
동고 및 부란	국소적 고사 예 오동나무 부란병, 밤나무 동고병, 분비나무 동고병
분비	조직에서 액즙, 점질물, 수지가 나오는 경우 예 복숭아 수지병, 편백나무 수지병
부패	조직이 썩는 경우

(4) 병원체의 전반

① 전반(傳搬)(dissemination) : 병원체가 여러 방법으로 다른 식물체에 운반되는 것

② 전반방법

a	바람에 의한 전반	잣나무 털녹병균, 밤나무 줄기마름병균, 밤나무 흰가루병균
b	물에 의한 전반	근두암종병균, 묘목의 입고병균, 향나무 적성병균
c	곤충, 소동물에 의한 전반	오동나무, 대추나무 빗자루병균, 포플러 모자이크병균
d	종자에 의한 전반	오리나무 갈색무늬병균, 호두나무 갈색부패병균
e	묘목에 의한 전반	잣나무 털녹병균, 밤나무 근두암종병균
f	식물체의 영양번식기관에 의한 전반	오동나무, 대추나무 빗자루병균, 포플러 아카시아 모자이크병균
g	토양에 의한 전반	묘목의 입고병균, 근두암종병균
h	기타방법에 의한 전반	① 건전한 뿌리와 병든 뿌리가 접촉하여 전반 ② 벌채 후 통나무와 재목 등에 병원균이 잠재해 전반

(5) 식물병의 방제법

① 예방법

1	비배관리	질소비료 과잉 - 동해, 상해받기 쉽다. 황산암모니아 - 토양 산성화 인산질, 가리질 비료 - 전염병 발생을 적게 함
2	환경조건의 개선	토양전염병 - 일광부족이나 토양습도 부족 시 발생
3	전염원의 제거	병든 가지, 잎은 제거하여 소각
4	중간기주의 제거	잣나무 털녹병 - 송이풀 까치밥나무 포플러 입녹병 - 낙엽송
5	윤작실시	연작에 의해 피해 심한 병 : 침엽수 입고병, 오리나무 갈색무늬병, 오동나무 탄저병, 뿌리혹 선충병
6	식재식물 검사	
7	작업기구, 작업자의 위생관리	
8	종묘소독	종묘소독제 : 유기수은제, 티람제, 캡탄제
9	토양소독	토양소독제 : 클로로피크린, 포르말린, PCNB제, 티람제, DAPA제, NCS제
10	약제살포	
11	검역	
12	수병의 발생예찰	미리 예상해 방제책을 강구하는 목적
13	임업적 방제법	수종 선택, 종자의 산지, 묘목의 취급과 식재방법, 벌채시기
14	내병성 품종 이용	

② 치료법

㉠ 내과적 요법 : 약제주입, 살포, 뿌리의 흡수작용 이용

㉡ 외과적 요법 : 병환부 잘라내고 보강

ⓐ 가지에 대한 처리 : 자른 부위에 석회황합제, 크레오소트 발라 소독, 페인트, 접밀, 발코트 등 발라 방수

ⓑ 줄기에 대한 처리 : 공동생긴 경우 소독, 방수처리 후에 빈 구멍에 시멘트, 아스팔트, 수지 등으로 채우기

ⓒ 뿌리에 대한 처리 : 죽은 뿌리 자르고 토양살균제로 노출될 곳 바르고 살균제 뿌리고 흙으로 덮기

③ 살균제

동제(보르도액)		6-12식 석회보르도액 : 물 1L에 유산동 6g, 생석회 12g 4두식 보르도액 : 황산동 450g, 생석회 450g + 물 4斗(80L) (황산동과 생석회를 다른 통에 만들어 석회유에 황산동을 부어야 함) 1차전염이 일어나기 약 1주일 전에 살포 바람이 없는 약간 흐린 날 살포
유기수은제		종자소독에 한해서만 사용. 그늘에서 제조하며 1~2일안에 사용할 것
황제	무기황제	석회황합제 : 적갈색 물약, 흰가루병, 녹병의 방제, 강알칼리 황 : 미분말, 미세할수록 효과 좋음. 흰가루병, 녹병 방제
	유기황제	a. 지네브제 : 녹병에 효과. 다이센 Z-78, 파제이트 b. 마네브제 : 녹병에 효과. 다이센 M-22 c. 퍼밤제 : 녹병, 흰가루병, 점무늬병에 효과. 퍼메이트 d. 지람제 : 퍼밤제와 효과 같음. 저얼레이트 e. 티람제 : 종자소독, 토양소독에 사용. 아라산, 티오산 f. 아모밤제 : 각종 녹병, 흰가루병에 효과. 다이센스테인리스
기타 유기합성살균제		a. PCNB제 : 라이족토니아(Rhizotonia)균에 의한 입고병에 효과 큼 b. CPC제 : 휴면기살포제 c. 캡탄제 : 종자소독, 잿빛곰팡이병, 모잘록병에 효과

④ 농약희석 물의 양 구하기

$$\text{물의 양} = \text{원액의 용량} \times \left(\frac{\text{원액의 농도}}{\text{희석하려는 농도}} - 1\right) \times \text{원액의 비중}$$

(6) 식물의 주요 병해와 방제약제

① 흰가루병

㉠ 병징 : 주야 온도차가 크고 습기 많을때 주로 잎에 흰곰팡이가 생기는 병

㉡ 피해수목 : 사철나무, 단풍나무, 배롱나무, 가중나무, 밤나무, 참나무, 감나무, 물푸레나무, 느티나무

㉢ 방제약 : 톱신수화제, 석회유황합제, 포리독신, 가라센, 다이센 M-45, 지오판수화제 200배액, 황수화제 500배액, 4-4식 보르도액

② 탄저병

㉠ 병징 : 주로 장마철에 잎, 줄기에 갈색반점이 생기며 주로 어린묘목에 많이 발생

㉡ 피해수목 : 녹나무, 오동나무, 호두나무, 아까시나무, 옻나무, 물푸레나무, 감나무, 대추나무, 동백나무, 무화과

㉢ 방제약 : 만코지수화제, 지네브수화제 400-500배액, 보르도액, 디프라탄, 다이젠 M-45, 다이젠 Z-7

③ 잎녹병

㉠ 병징 : 4월 초에 1개월간 침엽수에 황색이나 황백색 주머니 포자가 형성돼 가을에 흑색 덩어리로 변함

㉡ 피해수목 : 잣나무, 소나무, 젓나무, 버드나무, 향나무

㉢ 방제약 : 석회황합제 1,000배액, 지네브 수화제 600배액, 만코지 수화제 600배액 (9~10월에 2주간격으로 2~3번 살포)

④ 입고병(잎잘록병)

㉠ 병징 : 나무의 지체부가 갈색으로 변하여 넘어지며, 토양에서 감염

㉡ 피해수목 : 소나무류

㉢ 방제약 : 종자소독(우수푸른, 메르크톤), 토양소독(PCNB, 다찌가렌) 질소질 비료의 과잉을 피하고 인산질 비료를 많이 시비함. 관수, 배수, 통풍에 유의

⑤ 털녹병

㉠ 병징 : 5월 상~중순에 황색가루가 줄기에 발생

㉡ 피해수목 : 가시나무류, 잣나무류

㉢ 방제 : 만코지 수화제 600배액 월 2회 8월까지 살포. 8월 전 중간기주 제거(송이풀, 까치밤나무)

⑥ 잎마름병

㉠ 병징 : 6월경 잎에 갈색반점이 생기며 주로 장마철에 많이 발생

㉡ 피해수목 : 밤나무, 감나무, 소나무, 편백

㉢ 방제 : 4-4식 보르도액, 만코지 수화제 500배액 2주간격으로 살포

⑦ 그을음병

㉠ 병징 : 흡즙성 해충의 배설물이 기생하여 균체가 검은색이라 그을음 생긴 것처럼 보임

㉡ 피해나무 : 소나무, 주목, 대나무, 감나무

㉢ 방제 : 4월 초~9월에 메치온 수화제 살포

⑧ 빗자루병

㉠ 병징 : 가지의 일부에 잔가지가 많이 발생. 마이코플라즈마균에 의한 것

㉡ 피해나무 : 오동나무, 대추나무, 벚나무

㉢ 방제 : 8-8식 보르도액, 파라티온유제, 메타유제 1,000배액

⑨ 갈색무늬병

㉠ 병징 : 주로 봄부터 가을 사이에 잎에 갈색 병반이 발생

㉡ 피해수목 : 무궁화, 라일락, 굴거리나무, 개나리

㉢ 방제 : 만코지수화제, 마네브수화제, 동수화제 500~600배액

⑩ 그 외

㉠ 단풍나무 가지마름병(가지에 암갈색 병반, 겨울에 석회황제 10배 살포)

㉡ 은행나무 자줏빛날개무늬병(자색의 균사가 뿌리를 고사시킴. 뿌리제거하고 PCNB살포)

㉢ 모과나무 적성병(향나무 중간기주 제거. 마이탄수화제 600배액)

㉣ 장미 부탄병(줄기에 농갈색 병반. 소독 후 발코트 바르기)

2 충해

(1) 조경식물 주요해충

흡즙성 해충	깍지벌레류	살충제 : 메티온유제, 메카밤유제, 디메토유제 살포 천적 : 무당벌레류 풀잠자리
	응애류	살충제 : 테디온유제, 디코풀유제, 벤지란유제, 다노톤유제 천적 : 무당벌레, 풀잠자리, 거미
	진딧물류	살충제 : 메타유제, 마라톤유제, 아시트수화제, 펜토유제 천적 : 무당벌레류, 꽃등애류, 풀잠자리류, 기생봉
식엽성 해충	노랑쐐기나방, 독나방, 버들재주나방, 솔나방, 어스랭이나방, 오리나무잎벌, 잣나무 넓적잎벌레, 짚시나방, 참나무 재주나방, 텐트나방, 흰불나방	
	살충제 : 대부분 디프액제, 메프수화제, 쥬론수화제	
천공성 해충	미끈이하늘소, 박쥐나방, 버들바구미, 소나무좀, 측백하늘소 등	
	살충제 : 대부분 메프유제, 테라빈수화제, 파라티온 등	
충영형성해충	밤나무혹벌	천적 : 꼬리좀벌, 노랑꼬리좀벌, 상수리좀벌, 큰다리남색좀벌류
	솔잎혹파리	살충제 : 오메톤유제, 포스팜액제, 테믹 15%(땅의 유충방제), 나크 3%(성충우화기에 지면살포) 천적 : 산솔새, 솔잎혹파리먹좀벌, 혹파리등뿔먹좀벌, 혹파리살 이먹좀벌 등
묘포해충	거세미나방, 땅강아지, 풍뎅이류, 복숭아명나방 살충제 : 대부분 마라톤유제, 디프제, 파라티온유제	

(2) 소나무의 3대 해충

① **솔나방** : 마라톤유제수관, 디프액제, 파라티온

② **소나무좀** : 천적인 개미붙이, 줄침노린재 이용

③ **솔잎혹파리** : 5월초 테믹 15% 뿌리부근에 살포, 성충우화기에 나크 3% 지면에 살포 천적 산솔새, 솔잎혹파리먹좀벌, 혹파리등뿔먹좀벌, 혹파리살이먹좀벌 등

(3) 그 외 주요 해충

① 흰불나방

㉠ 유충이 잎을 먹으면서 실을 토해 잎을 싸고 그 속에서 군식

㉡ 1년에 2~3회 발생
㉢ 발견이 쉽고 가로수, 정원수에 피해를 줌
㉣ 포플러류, 버즘나무에 피해

② 박쥐나방
㉠ 유충구멍을 초기에 발견해 마라톤 500배액 주입하고 구멍을 진흙으로 막기
㉡ 6월 이전에 나무하부 잡초제거
㉢ 지표에 마라톤, 파라티온 살포
㉣ 발생장소에 끈끈이 발라 유충 침입방지

3 노거수목 관리

(1) 상처치료

굵은 가지 3단계로 자르기. 상처부 절단면에 도료(오렌지 셀락, 아스팔렘 페인트, 크세오소트 페인트, 접목용 밀랍, 하우스 페인트, 라놀린 페인트)를 발라 부패방지

(2) 뿌리 보호

① 나무우물(tree wall) 만들어 산소공급
② 절토 시 뿌리가 노출되지 않게
③ 포장 시 뿌리와 수분 통할 수 있는 공간 만들어 주기
④ 뿌리 보호판(tree gate) 설치

(3) 공동처리단계

깨끗이 닦아내기 → 공동내부 다듬기 → 버팀대 박기 → 살균, 치료하기

(4) 공동충전제

특수충전제, 콘크리트, 아스팔트 혼합물, 폴리우레탄폼, 고무블럭, 벽돌, 나무 덩어리 등

(5) 수간주입 및 수간주사

① 병충해 걸린 나무나 수세가 약한 나무의 회복을 위해
② **주입시기** : 수액이동이 활발한 5월 초~9월 말 사이에 증산작용이 활발하고 맑게 갠 날 실시
③ **방법** : 수간주입(나무밑 근처에 구멍을 앞뒤로 비스듬히 뚫어 주입)
수간주사(주사기 바늘을 줄기의 물관부에 찔러 약제(메네델, 레인보) 공급)

CHAPTER 09 조경식물 관리

실전연습문제

01 소나무 시들음병(재선충병)에 대한 설명이 아닌 것은? [기사 11.03.20]

㉮ 잣나무에서도 발병한다.
㉯ 병원선충은 Belonolaimus sp.이다.
㉰ 갑자기 침엽이 변색하며 나무 전체가 말라 죽는다.
㉱ 감염된 나무를 베어내어 훈증하는 것은 매개충을 구제하기 위한 것이다.

풀이 **재선충병 병원선충**
Bursaphelenchus xylophilus
Belonolaimus sp.는 양파 및 마늘의 병해충

02 Gymnosporangium asiaticum이 향나무에서 배나무로 침입하는 포자 형태는? [기사 11.03.20]

㉮ 녹포자 ㉯ 여름포자
㉰ 겨울포자 ㉱ 담자포자

풀이 배나무 붉은별 무늬병으로 담자균류에 속한다.

03 소나무 시들음병을 일으키는 소나무재선충이 수목간을 이동하는 경로는? [기사 11.03.20]

㉮ 바람 ㉯ 종자전염
㉰ 매개충 ㉱ 토양전염

04 해충의 콜린에스테라제 효소활성을 저해시키는 약제는? [기사 11.03.20]

㉮ 네오진액제 ㉯ 부라에스유제
㉰ 다이아지논유제 ㉱ 석회보르도액

05 계면활성제를 구성하는 원자단 중 친유성(親油性)이 가장 강한 것은? [기사 11.03.20]

㉮ - CH_2OR ㉯ - COOH
㉰ - OH ㉱ - $SO_3H(Na)$

풀이 **계면활성제**
계면이란 고체/기체, 고체/액체, 고체/고체, 액체/기체, 액체/액체가 서로 맞닿은 경계면을 말하며, 계면활성제란 이런 계면에 흡착하여 계면의 경계를 완화시키는 물질

06 다음 중 유리나방과(科), 명나방과(科), 솔나방과(科)를 포함하는 목(目)은? [기사 11.03.20]

㉮ Blattaria ㉯ Hemiptera
㉰ Plecoptera ㉱ Lepidoptera

풀이 ㉱ 인시목 : 나비류와 나방류를 합친 것으로 절지동물 곤충강의 한 목(目)

Part 6 조경관리론

ANSWER 01 ㉯ 02 ㉱ 03 ㉰ 04 ㉰ 05 ㉮ 06 ㉱

07 녹병균 중에서 기주교대(寄主交代)는 다음 어느 경우에 이루어지는가?

[기사 11.03.20]

㉮ 동종기생성 ㉯ 수종(數種)기생성
㉰ 이종기생성 ㉱ 이주(異珠)기생성

08 우리나라 참나무류에 피해를 주고 있는 참나무 시들음병에 대한 설명으로 잘못된 것은?

[기사 11.03.20]

㉮ 참나무류 중에서 신갈나무에 가장 피해가 심하다.
㉯ 피해를 입은 나무는 7월 말경부터 빠르게 시들면서 빨갛게 말라 죽는다.
㉰ 매개충의 암컷 등에는 포자를 저장할 수 있는 균낭(mycangia)이 존재한다.
㉱ 병원균은 Raffaelea sp이고 이것을 매개하는 매개충은 북방수염하늘소이다.

풀이 **참나무 시들음병**
매개충인 광릉긴나무좀을 통해 전염된 라펠리아 병원균이 참나무류의 수액 통로를 막음으로써 말라죽게 되는 병

09 다음 농약 중 비선택성 제초제는?

[기사 11.06.12]

㉮ 이사 - 디액제(이사디아민염)
㉯ 디캄바액제(반벨)
㉰ 베노밀수화제(벤레이트)
㉱ 패러쾃디클로라이드액제(그라목손)

풀이 **비선택성 제초제**
근사미, 그라목손

10 담자균류에 의해 발생하는 수목병은?

[기사 11.06.12]

㉮ 밤나무 흰가루병
㉯ 낙엽송 가지끝마름병
㉰ 잣나무 털녹병
㉱ 소나무 피목가지마름병

풀이 ㉮·㉯·㉱ 자낭균류
① 담자균류 : 주로 버섯에 해당되며, 담자기에서 포자를 만드는 균류
② 자낭균류 : 효모균·푸른곰팡이·누룩곰팡이 등의 보통 곰팡이 외에 다수의 식물병원균과 대형의 버섯이 해당되며 균체는 균사로 이루어짐.

11 다음 [보기]는 옥시테트라사이클린(17%)과 관련된 설명이다. (　　) 안에 적합한 것은?

[기사 11.06.12]

보기
- 조제방법은 수돗물 또는 맑은 우물물 1L에 옥시테트라사이클린 수화제(　　)g을 정량한 후 잘 저어서 녹인다.
- 옥시테트라사이클린 수화제는 기타성분이 혼합되어 있기 때문에 찌꺼기를 가라앉혀 찌꺼기를 제외한 혼합된 물을 약통에 넣고 수간주입을 한다.
- 주입약량은 나무의 크기에 따라 다르지만 원줄기 직경 10cm 기준으로 1L를 사용하고, 나무의 흉고직경에 따라 달리한다.

㉮ 30 ㉯ 20
㉰ 10 ㉱ 5

ANSWER 07 ㉰ 08 ㉱ 09 ㉱ 10 ㉰ 11 ㉱

12 소나무재선충을 매개하는 솔수염 하늘소의 월동 충태는? [기사 11.06.12]

㉮ 알 ㉯ 유충
㉰ 번데기 ㉱ 성충

13 다음 [보기]에서 설명하는 수목의 피해 현상을 보이는 해충은? [기사 11.06.12]

보기

어린 유충은 초본의 줄기 속을 식해하지만 성장한 후에는 나무로 이동하여 수피와 목질부 표면을 환상(環狀)으로 식해하면서 거미줄을 토하여 벌레똥과 먹이 잔재물을 피해부위 바깥에 처리하므로 혹 같아 보인다. 처음에는 인피부를 고리 모양으로 식해하지만, 이어 줄기의 중심부로 먹어 들어가며 위와 아래로 갱도를 뚫으면서 식해한다.

㉮ 미국흰불나방 ㉯ 참나무재주나방
㉰ 천막벌레나방 ㉱ 박쥐나방

14 참나무 겨우살이에 대한 설명으로 옳은 것은? [기사 11.06.12]

㉮ 줄기와 꽃으로만 이루어져 있다.
㉯ 감염된 참나무 가지에서는 수지가 많이 흐른다.
㉰ 감염을 가장 쉽게 확인할 수 있는 시기는 겨울이다.
㉱ 가장 좋은 방제법은 살충제를 수간주입하는 것이다.

15 다음 중 해충조사 방법이 아닌 것은? [기사 11.06.12]

㉮ 수관부 조사 ㉯ 수간부 조사
㉰ 축차조사 ㉱ 공간조사

16 벼 물바구미 성충방제를 위하여 유제를 1,000배로 희석하여 10a당 140L를 살포하려고 한다. 논 전체 살포면적이 80a일 때 소요되는 약량(mL)은? [기사 11.06.12]

㉮ 140 ㉯ 560
㉰ 1120 ㉱ 2800

풀이

$$소요약량 = \frac{총소요량}{희석배수} = \frac{140}{1,000} = 0.14rmL = 140mL$$

10a : 140 = 80a : x

∴ x = 1120mL

17 수목의 병해에 대한 설명 중 옳지 않은 것은? [기사 11.06.12]

㉮ 그을음병은 진딧물이나 깍지벌레의 배설물에 곰팡이가 기생하여 생긴다.
㉯ 자낭균에 의한 빗자루병은 벚나무류에는 걸리지 않는다.
㉰ 포플러 잎녹병은 5 ~ 6월에 잎 뒷면에 여름포자가 발생하여 8월 말까지 계속 반복전염을 하면서 피해를 확대시킨다.
㉱ 잣나무 털녹병은 병든 가지 또는 줄기의 수피가 노란색 내지 갈색으로 변하면서 방추형으로 부풀고 수피가 거칠어지며 수지(resin)가 흘러 병든 부위는 지저분하게 보인다.

풀이 벚나무 빗자루병은 자낭균류의 곰팡이에 의한 병

ANSWER

12 ㉯ 13 ㉱ 14 ㉰ 15 ㉰ 16 ㉰ 17 ㉯

18 다음 반응에 관여하는 세균은?
[기사 11.06.12]

$$C_6H_{12}O_6 + 4NO_3^- \rightarrow 6CO_2 + 6H_2O + 2N_2$$

㉮ 탈질균
㉯ 질소고정균
㉰ 질산화성균
㉱ 암모니아 산화세균

풀이
㉮ 탈질균 : 질산염 또는 아질산염을 환원하여 질소 가스를 만드는 세균
㉯ 질소고정균 : 공기 중에 존재하는 유리질소를 고정시켜 암모니아 또는 아미노산을 합성하는 세균
㉰ 질산화성균 : 암모니아를 아질산을 거쳐 질산으로 산화시키는 일군의 세균
㉱ 암모니아 산화세균 : 암모니아를 산화하여 아질산으로, 아질산을 산화하여 질산으로 하는 토양세균

19 병의 진단에 가장 확실한 증거를 보여주는 것은?
[기사 11.06.12]

㉮ 표징 ㉯ 병징
㉰ 매개충 ㉱ 발생 시기

풀이
- 표징 : 병원체 자체가 병든 식물체상의 환부에 나타나 병의 발생을 알리는 것
- 병징 : 병든 식물 자체의 조직변화에 유래하는 이상현상

20 미국흰불나방의 월동 형태로 가장 적합한 것은?
[기사 11.10.02]

㉮ 알로 땅속
㉯ 성충으로 땅속
㉰ 유충으로 나무 속
㉱ 번데기로 수피 사이

21 다음 중 카바메이트(carbamate)계 농약은?
[기사 11.10.02]

㉮ 루페뉴론 ㉯ 페노뷰카브
㉰ 트리사이클라졸 ㉱ 페니트로티온

풀이
카바메이트계 농약
카바믹산(Carbamic acid)의 골격을 가진 화합물로 유기인계와 작용방식이 비슷하나 독성은 약한 편으로 살충작용이 선택적이며 넓은 적용범위를 갖는 장점이 있다. 종류에는 Cabaryl, Mesomyl, Propoxur, Aldicarb, Oxamyl, Carbofuran, 페노뷰카브, 아이소프로카브, 카보퓨란, 티오디카보 등이 있음.

22 바이러스에 의하여 발생된 수목병을 진단하는데 적용하기 어려운 방법은?
[기사 11.10.02]

㉮ 전자현미경을 이용한 진단
㉯ 배지 배양에 의한 진단
㉰ 유전자를 이용한 진단
㉱ 지표식물을 이용한 진단

풀이
배지배양(PDA)은 세균에 의한 병 진단에 사용

23 다음 중 뿌리혹병의 병원 미생물은 어디에 속하는가?
[기사 11.10.02]

㉮ 진균(Fungus)
㉯ 세균(Bacteria)
㉰ 파이토플라스마(Phytoplasma)
㉱ 바이러스(Virus)

ANSWER
18 ㉮ 19 ㉮ 20 ㉱ 21 ㉯ 22 ㉯ 23 ㉯

24 다음 중 보르도액에 대한 설명으로 옳지 않은 것은? [기사 11.10.02]

㉮ 1885년 프랑스의 Millardet가 포도의 노균병 방제에 보르도액이 효과가 있음을 발견했다.

㉯ 황산동액에 석회유를 부어서 혼합해야 한다.

㉰ 흰가루병이나 토양전염성병에는 거의 효과 없다.

㉱ 1차 전염이 일어나기 1주일 전에 살포해야 한다.

풀이 알칼리성에서 만드는 것이 산성에서 만드는 것보다 더 미세하므로 석회유에 황산구리액을 넣어서 만듦

25 유주포자를 형성하는 균류는? [기사 11.10.02]

㉮ 난균류 ㉯ 불완전균류
㉰ 담자균류 ㉱ 자낭균류

풀이 **유수포자**

무성생식을 하는 포자 중에 편모가 있어서 물 속을 유영할 수 있는 것

㉮ 난균류 : 균사가 잘 발달되고, 보통 2편모성의 유주자에 의하여 무성적으로 증식하며 유성적으로 난포자를 형성하는 조균류임. 사슬주머니곰팡이목(Legenidiales)·물곰팡이목(Saprolegniales)·마디물곰팡이목(Lep-tomitales)·부패곰팡이목(Pythiales)·이슬곰팡이목(Peronosporales)이 있음.

㉯ 불완전균류 : 진균류 중에 자낭이나 담자기 같은 관을 형성하지 않고 무성적인 번식기관만을 갖는 균류로 곰팡이나 사상균류가 해당됨

㉰ 담자균류 : 유성생식을 통해 담자기에서 포자를 만드는 균류로 목이버섯, 송이버섯, 느타리버섯 등이 이에 속함

㉱ 자낭균류 : 유성생식으로 자낭에 자낭포자를 만드는 균류로 효모균·푸른곰팡이·누룩곰팡이 등의 보통 곰팡이 외에 다수의 식물병원균과 대형의 버섯 등이 있다.

26 보호살균제(保護殺菌濟)의 특성 설명으로 틀린 것은? [기사 12.03.04]

㉮ 강력한 포자발아 억제작용을 나타낸다.

㉯ 약효가 일정기간 유지되는 지효성이 있다.

㉰ 균사체에 대하여 강력한 살균작용을 나타낸다.

㉱ 살포 후 작물체 표면에서의 부착성과 고착성이 우수하다.

풀이 **살균제 종류**

- 보호살균제 : 병균이 식물에 침투하는 것을 예방하기 위한 약제(ex : 보르도액, 도제)
- 직접살균제 : 병균 침입의 예방은 물론 침입된 균을 죽이는 데 쓰는 약제(ex : 석회유황합제, 디폴라탄)

27 농약의 잔류 허용기준을 산출하는데 해당되지 않는 것은? [기사 12.03.04]

㉮ 안전계수 ㉯ 반수치사량
㉰ 최대무작용량 ㉱ 1일 섭취허용량

28 최근 침입한 외래 해충으로 가로수인 양버즘나무(플라타너스)에 연 3회 대발생하여 잎을 황화시키는 흡즙성 해충은? [기사 12.03.04]

㉮ 목화진딧물

㉯ 소나무재선충

㉰ 꽃노랑총채벌레

㉱ 버즘나무방패벌레

Part 6 조경관리론

ANSWER 24 ㉯ 25 ㉮ 26 ㉰ 27 ㉯ 28 ㉱

29 다음 중 기주교대를 하지 않는 병원균은? [기사 12.03.04]

㉮ 소나무 혹병균
㉯ 잣나무 털녹병균
㉰ 소나무 잎떨림병균
㉱ 배나무 붉은별무늬병균

풀이 **중간기주**
소나무 혹병균(참나무), 잣나무 털녹병균(까치밥나무류와 송이풀류), 배나무 붉은별무늬병균(향나무)

30 산불 발생 직후에 특히 많이 발생되는 수목 병해는? [기사 12.03.04]

㉮ 소나무 혹병(Pine Gall Rust)
㉯ 리지나뿌리썩음병(Rhizina Root Rot))
㉰ 잣나무 피목가지마름병 (Dieback of Pines)
㉱ 아밀라리아뿌리썩음병 (Armillaria Root Rot)

31 다음 중 잎을 가해하는 해충의 피해도 결정인자가 아닌 것은? [기사 12.05.20]

㉮ 입목(立木)의 굵기
㉯ 입목(立木)의 밀도
㉰ 수령
㉱ 수고

32 녹병균(rust)이나 깜부기(smut)균처럼 후막의 휴면포자인 겨울포자가 발아해서 전균사(promycelium)를 만드는 균이 소속된 분류군은? [기사 12.05.20]

㉮ 자낭균류 ㉯ 담자균류
㉰ 접합균류 ㉱ 불완전균류

풀이 **담자균류**
유성생식한 결과로 담자기에서 포자를 만드는 균류이며, 스스로 양분을 만들지 못하여 기생하는 생물로 버섯류를 들 수 있다. 원생, 이형, 동생담자균강 중 원생담자균강(Protobasidiomycetes)은 자실체를 형성하지 않고, 담자기가 균사에서 직접 형성되지 않으며, 먼저 녹병균 포자 또는 깜부기병균 포자라고 하는 특수한 후막포자(厚膜胞子)를 형성하여, 그것이 발아하면 담자기가 만들어진다.

33 바람 압력에 의하여 살포하는 방법으로 약제의 손실이 적고, 균일하게 살포하는 방법은? [기사 12.05.20]

㉮ 분무법(spray)
㉯ 연무법(fog machine)
㉰ 침지법(dipping)
㉱ 미스트법(mist spray)

풀이 **미스트법**
액체농약을 분무기로 살포할 때는 많은 물로 묽게 희석하여 많이 살포하여야 하는데, 미스트법은 근래에 물의 양을 적게 하여 진한 약액을 미립자로 살포하는 방법으로 분무법에 비하여 살포량이 1/3 ~ 1/5로 충분하므로 노동력이 절감됨.

ANSWER 29 ㉰ 30 ㉯ 31 ㉱ 32 ㉯ 33 ㉱

34 다음 중 신경독 살충제는? [기사 12.05.20]

㉮ 제충국제 ㉯ 기계우유제
㉰ 유기수은제 ㉱ 클로로피크린

풀이 **제충국제**
국화과에 속하는 제충국이라는 식물에서 추출한 것으로 사람과 동물에게 무해하며, 곤충에게만 유해한 신경을 마비시키는 살충제

35 수목병과 매개충이 바르게 짝지어지지 않은 것은? [기사 12.05.20]

㉮ 대추나무 빗자루병 - 담배장님노린재
㉯ 오동나무 빗자루병 - 담배장님노린재
㉰ 쥐똥나무 빗자루병 - 마름무늬매미충
㉱ 느릅나무 시들음병 - 나무좀

풀이 대추나무 빗자루병 – 마름무늬매미충

36 매개충에 의하여 감염되므로 가지치기나 전정으로 방제효과를 얻기가 가장 어려운 수목병은? [기사 12.05.20]

㉮ 붉나무 빗자루병
㉯ 소나무 잎떨림병
㉰ 삼나무 붉은마름병
㉱ 낙엽송 잎떨림병

풀이 **붉나무 빗자루병**
병원체는 파이토플라즈마이며, 매개충은 모무늬매미충으로 감염된 나무는 빨리 제거해야 한다.

37 탄저병 예방약제인 Mancozeb는? [기사 12.05.20]

㉮ 구리 화합물계 농약
㉯ 유기 유황계 농약
㉰ 무기 유황계 농약
㉱ 유기 수은제 농약

풀이 **Mancozeb**
미국에서 다이센 M-45라는 상품명으로 개발한 살균제 농약으로 한국에서는 '만코지'라는 품목명으로 고시된 유기 유황계 농약으로 주로 탄저병 예방에 쓰임.

38 벚나무 빗자루병에 대한 설명이 아닌 것은? [기사 12.09.15]

㉮ 잔가지가 총생한다.
㉯ 전신성 병은 아니다.
㉰ 증상이 나타난 가지에는 꽃이 피지 않는다.
㉱ 병원균은 파이토플라스마(phytoplasma)이다.

풀이 병원균 Taphrina wiesneri 곰팡이균

39 사과의 탄저병 등에 효과가 있는 카바메이트계 살균제는? [기사 12.09.15]

㉮ 다조멧(dazomet) 입제
㉯ 에토프로포스(ethoprophos) 입제
㉰ 포스티아제이트(fosthiazate) 액제
㉱ 티오파네이트메틸(thiophanate-methyl) 수화제

ANSWER 34 ㉮ 35 ㉮ 36 ㉮ 37 ㉯ 38 ㉱ 39 ㉱

40 제초제 계통의 일반적인 주요 작용기작이 잘못 연결된 것은? [기사 12.09.15]

㉮ triazine계 - 광합성 저해
㉯ diphenyl ether계 - 세포막 파괴
㉰ dinitroaniline계 - 세포분열 억제
㉱ sulfonylurea계 - 지질 생합성 억제

풀이 sulfonylurea계 - 분열조직 저해

41 다음 중 전염성병이 아닌 것은? [기사 12.09.15]

㉮ 바이러스에 의한 병
㉯ 진균에 의한 병
㉰ 종자식물에 의한 병
㉱ 토양 중에 유독물질에 의한 병

42 천공성 해충인 소나무좀의 월동 충태는? [기사 12.09.15]

㉮ 알 ㉯ 유충
㉰ 번데기 ㉱ 성충

43 다음 중 아황산(SO_2)가스에 대한 설명으로 옳은 것은? [기사 12.09.15]

㉮ 광화학적 산화제이다.
㉯ 지표식물은 글라디올러스이다.
㉰ 산사나무는 아황산가스에 저항성이 강하다.
㉱ 잎맥 사이 엽육조직이 갈색으로 변하며 마른다.

풀이 아황산가스의 식물해는 엽록소 파괴를 시작으로 세포의 괴사, 황화현상이 오다가 한계에 이르면 조직이 갈색으로 변하며 수분 보유능력이 상실된다.

44 조경수의 해충방제를 위한 방법이 아닌 것은? [기사 12.09.15]

㉮ 적절한 시비, 배수, 관수를 통하여 수목의 활력을 증진시킨다.
㉯ 낙엽, 가지 등 지피물을 제거함으로써 해충의 월동장소를 없앤다.
㉰ 조경설계 시 가급적 단일수종을 선택하여 해충에 대한 내성을 증대시킨다.
㉱ 간벌 및 가지치기를 통해 병든 가지를 제거하고 천공충의 서식지를 제거한다.

풀이 단일수종만 선택하면 해충에 대해 전면 피해를 입을 수 있다.

45 자외선에 의해 광화학산화반응으로 형성되는 2차 오염물질로서 광화학산물 중에서 가장 독성이 큰 오염물질은? [기사 12.09.15]

㉮ SO_2 ㉯ PAN
㉰ VOC ㉱ NaCl

풀이 PAN(Peroxy Acetyl Nitrate ; $C_2H_3NO_5$)
광화학산화물로 광화학스모그의 원인이며, 대부분 자동차배기가스의 질소산화물(NOx)이 햇빛의 자외선에 의해 이차오염물질인 PAN으로 생성된다. 가장 많이 생성되는 시간은 햇볕이 강한 점심시간인 12시임.

ANSWER 40 ㉱ 41 ㉱ 42 ㉱ 43 ㉱ 44 ㉰ 45 ㉯

46 노거수의 뿌리관리에 관한 설명 중 옳지 않은 것은? [기사 13.03.10]

㉮ 기존수목(주변에 성토가 불가피할 때)을 보호하고 산소공급을 원활하게 하기 위하여 나무우물을 만들어 준다.
㉯ 도로개설 공사로 정지작업 후 기존지면의 뿌리가 노출될 경우 돌옹벽을 쌓아서 보호한다.
㉰ 도로개설 시 노거수를 보호하기 위하여 줄기 둘레에 가까이 콘크리트 포장을 하도록 한다.
㉱ 주변에 사람이 모일 것이 예상되면 수목뿌리 보호판을 설치하여야 한다.

풀이 노거수 주변에 콘크리트 포장을 하면 노거수에 피해를 줄 수 있다.

47 피레드린(Pyrethrin) 성분을 함유하는 천연살충용 식물은? [기사 13.03.10]

㉮ 송지 ㉯ 연초
㉰ 테리스 ㉱ 제충국

48 다음 중 담자균류에 의한 수목병이 아닌 것은? [기사 13.03.10]

㉮ 소나무 잎녹병
㉯ 밤나무 줄기마름병
㉰ 오리나무류 줄기마름병
㉱ 가문비나무 줄기썩음병

풀이 밤나무 줄기마름병의 병원균은 Cryphonectria parasitica임

49 다음 설명의 (①)과 (②)에 들어갈 용어로 짝지어진 것은? [기사 13.03.10]

> 각피감염을 하는 병원균의 대부분은 발아관 끝에 (①)를(을) 만들어 각피에 붙으며, 그 아래쪽에 가느다란 (②)를 내어 각피를 뚫는다.

㉮ ① 기공하낭 ② 침입균사
㉯ ① 기공하포 ② 근상균사
㉰ ① 부착기 ② 침입균사
㉱ ① 생식기 ② 근상균사

50 오동나무 빗자루병의 매개충은? [기사 13.03.10]

㉮ 말매미 ㉯ 목화진딧물
㉰ 꽃노랑총채벌레 ㉱ 담배장님노린재

51 최근 우리나라 참나무림에 피해를 주고 있으며 시들음병을 매개하는 해충은? [기사 13.03.10]

㉮ 오리나무좀 ㉯ 미국느릅나무좀
㉰ 광릉긴나무좀 ㉱ 가문비왕나무좀

Part 6 조경관리론

ANSWER 46 ㉰ 47 ㉱ 48 ㉯ 49 ㉰ 50 ㉱ 51 ㉰

52 농약의 물리적 성질 중 현수성(Suspensibility)의 의미를 가장 잘 설명한 것은? [기사 13.03.10]

㉮ 농약을 물에 가했을 때 물과 약제와의 친화도를 나타낸다.
㉯ 농약을 물에 가하여 작물에 뿌렸을 때 잘 부착되는 성질을 말한다.
㉰ 농약을 물에 가했을 때 균일하게 분산, 부유하는 성질과 그 안정성을 나타낸다.
㉱ 농약을 물에 가했을 경우 유입자가 균일하게 분산하여 유탁액을 만드는 성질이다.

53 다음 중 병원체가 종자의 표면에 부착해서 전반(傳搬)되는 것은? [기사 13.03.10]

㉮ 근두암종병균
㉯ 잣나무 털녹병균
㉰ 밤나무 줄기마름병균
㉱ 오리나무 갈색무늬병균

54 그 자체만으로는 살충력이 없으나, 혼용되는 살충제의 생물활성을 증대시키는 물질은? [기사 13.03.10]

㉮ 증량제 ㉯ 공력제
㉰ 용제 ㉱ 저해제

55 다음 중 알라타체에 대한 설명으로 옳은 것은? [기사 13.06.02]

㉮ 휴면타파의 기능을 한다.
㉯ 변태조절 호르몬을 분비한다.
㉰ 앞가슴에 있는 내분비샘이다.
㉱ 노숙세포에 특히 많다.

풀이 알라타체 호르몬은 변태·난성숙(卵成熟)·색채적응 및 성유인물질(性誘引物質)의 분비 등 많은 생리현상을 지배하는 작용

56 주로 뿌리에 병을 일으키는 곰팡이는? [기사 13.06.02]

㉮ Septoria spp.
㉯ Uncinula spp.
㉰ Verticillium spp.
㉱ Colletotrichum spp.

57 병에 걸린 생물체로부터 분리한 미생물이 그 병의 원인이라고 인정을 받기 위해서는 4가지 조건을 충족시켜야 한다. 다음 중 코흐의 원칙 조건에 해당하지 않는 것은? [기사 13.06.02]

㉮ 병든 생물에 병원체로 의심되는 특정 미생물이 존재해야 한다.
㉯ 특정 미생물은 기주생물로부터 분리되고 배지에서 순수 배양되어야 한다.
㉰ 순수배양한 미생물을 동일 기주에 접종하였을 때 동일한 병이 발생하여야 한다.
㉱ 병든 생물체로부터 접종할 때 사용하였던 미생물과 동일한 특성의 미생물은 재분리 배양되어서는 아니 된다.

풀이 **코흐의 4가지 원칙조건**
① 어떠한 경우의 질병이든 예외 없이 미생물이 존재해야 한다.
② 질병에 걸린 숙주에서 미생물을 분리하여 순수배양할 수 있어야 한다.
③ 순수배양된 미생물이 다른 건강한 숙주에 접종되었을 때, 특정질병이 유발되어야 한다.
④ 실험적으로 감염시킨 숙주로부터 다시 그 미생물을 분리할 수 있어야 한다.

ANSWER 52 ㉰ 53 ㉱ 54 ㉯ 55 ㉯ 56 ㉰ 57 ㉱

58 잣나무 털녹병의 전염경로를 포자형으로 바르게 설명한 것은? [기사 13.06.02]

㉮ 잣나무 하포자 → 송이풀 동포자 → 송이풀 하포자 → 잣나무에 침입
㉯ 잣나무 담자포자(소생자) → 송이풀 하포자 → 송이풀 동포자 → 잣나무에 침입
㉰ 잣나무 녹포자 → 송이풀 하포자 → 송이풀 녹포자 → 송이풀 동포자 → 잣나무에 침입
㉱ 잣나무 녹포자 → 송이풀 하포자 → 송이풀 동포자 → 송이풀 담자포자(소생자) → 잣나무에 침입

59 살충제 가운데 물에 녹지 않는 농약원제를 활석이나 카우린 등 증량제와 계면활성제를 혼합하여 미세한 가루로 만든 제형은? [기사 13.06.02]

㉮ 유제(emulsifiable concentrate)
㉯ 분제(dust)
㉰ 수화제(wettable powder)
㉱ 수용제(soluble powder)

풀이 **농약의 제형**

① 분제 : 분말상태의 고운 가루로 된 농약제제. 제품 그대로를 살포한다.
② 입제 : 작은 입자 상태로 된 농약제제. 역시 제품 그대로를 살포한다.
③ 수화제 : 물에 타서 쓰는 분제 형태의 농약제제. 물에 잘 녹지 않는 농약원제를 벤토나이트나 고령토 같은 증량제와 계면활성제 등을 섞어 고운 가루로 만들어 물에 타서 쓸 수 있게 만든 농약제제
④ 입상수화제 : 물에 타서 쓰는 입제 형태의 수화제.
⑤ 액상수화제 : 물에 타서 쓰는 액체 상태의 수화제. 물에 잘 녹지 않는 농약원제를 부재와 물과 함께 섞어 녹인 액체 상태의 농약제제.
⑥ 수용제 : 물에 잘 녹는 농약원제에 적당한 부제를 넣어 분제로 만든 농약제제. 물에 녹이면 투명한 수용액이 된다.
⑦ 입상수용제 : 입제 형태의 수용제. 물에 녹이면 투명한 수용액으로 된다.
⑧ 유제 : 물에는 녹기 어렵고 유기용제에는 잘 녹는 농약원제를 유기용제에 녹여 계면활성제(유화제)를 첨가하여 물에 타서 쓸 수 있게 만든 액체 상태의 농약제제. 제제의 외관은 보통 투명하나 물을 가하면 유화하여 우윳빛색을 띈다.
⑨ 유탁제 : 유탁제는 유제에 사용되는 유기용제를 줄이기 위한 방안으로 개발된 제형이다. 소량의 소수성 용매에 농약원제를 용해하고 유화제를 사용하여 물에 유화시켜 제제한다. 이 경우 유화성이 우수한 유화제의 선택이 가장 중요한 요소이다.

60 양버즘나무를 가해하는 버즘나무방패벌레의 월동 충태와 장소로 옳은 것은? [기사 13.06.02]

㉮ 알 - 수피 틈　㉯ 유충 - 지피물 속
㉰ 번데기 - 흙 속　㉱ 성충 - 수피 틈

61 살충제 B 유제 50%를 0.05%(1,000배액)로 1ha에 1,000L 살포 시에 필요한 원액량은? [기사 13.09.28]

㉮ 100mL　㉯ 500mL
㉰ 1,000mL　㉱ 10,000mL

풀이

$$\text{소요약량} = \frac{\text{사용량 농도(\%)} \times \text{사용량(ml)}}{\text{원액농도(\%)}}$$

$$= \frac{0.05 \times 1{,}000{,}000}{50} = 1{,}000\text{ml}$$

ANSWER 58 ㉱ 59 ㉰ 60 ㉱ 61 ㉰

Part 6 조경관리론

62 다음 녹병균의 포자형(spores type)에 속하지 않는 것은? [기사 13.09.28]

㉮ 녹병포자 ㉯ 여름포자
㉰ 자낭포자 ㉱ 담자포자

풀이 **녹병균의 포자형**
녹병포자, 녹포자, 여름포자, 겨울포자, 소생자(일종의 담자포자)

63 제초제의 선택성에 관여하는 생물적 요인이 아닌 것은? [기사 13.09.28]

㉮ 잎의 각도 ㉯ 제초제 처리량
㉰ 잎의 표면조직 ㉱ 생장점의 위치

풀이 제초제 처리량은 생물학적 요인이 아니라 화학적 요인이다.

64 단풍나무 가지 부분에 암갈색의 병반이 생겨 점차 확대되며, 병반은 약간 움푹 들어가며 작은 소립이 많이 형성되고 심하면 고사하는 병은? [기사 13.09.28]

㉮ 가지마름병
㉯ 흰가루병
㉰ 줄기마름병
㉱ 자줏빛날개무늬병

풀이 **단풍나무 가지마름병**
가지에 암갈색 병반이 생기고, 겨울에 석회황제 10배 살포

65 다음 중 샤이고메터(shigometer)에 대한 설명으로 가장 적합한 것은? [기사 13.09.28]

㉮ 식물 바이러스병의 진단에 이용되는 기기이다.
㉯ 수목의 목재썩음병의 진단에 이용되는 기기이다.
㉰ 수목의 선충(nematode)감염을 진단하는 기기이다.
㉱ 수목의 파이토플라스마병의 진단에 이용되는 기기이다.

풀이 **샤이고측정기**
뿌리, 수간, 가지 내의 부패를 탐지하는 장비로 수간 속으로 직경 2 ~ 3mm의 작은 구멍을 뚫어 특수전극을 넣는다. 저항이 급격히 하락하면 부패했음을 알 수 있는 기기이다.

66 모과나무, 명자꽃, 사과나무류의 장미과 나무 가까이에 향나무를 심지 않는 이유는? [기사 13.09.28]

㉮ 모과나무의 진딧물 벌레가 향나무에 옮기기 때문이다.
㉯ 모과나무, 명자꽃의 향기를 향나무의 향기가 흡수하기 때문이다.
㉰ 향나무는 붉은별무늬병(赤星病)의 중간 기주이기 때문이다.
㉱ 모과나무, 사과나무의 흰가루병이 향나무로 옮기기 때문이다.

풀이 향나무는 장미과의 붉은별무늬병을 옮기는 중간 기주이다.

ANSWER 62 ㉰ 63 ㉯ 64 ㉮ 65 ㉯ 66 ㉰

67 **다음 중 식물체 부위의 이상비대 또는 이상증식 및 비정상적 생장과 관련된 병징이 아닌 것은?** [기사 13.09.28]

㉮ 무사마귀(clubroot)
㉯ 더뎅이(scab)
㉰ 잎오갈(leaf curls)
㉱ 혹(galls)

풀이 병징이란 병이 걸렸음을 표면으로 나타내는 현상을 말한다.

- 더뎅이 : 과실·줄기·잎맥·잎자루 등에 솟아오르는 둥근 모양의 병반(病斑)이 생기는 작물의 병이름

68 **다음 중 불완전변태의 설명으로 옳은 것은?** [기사 13.09.28]

㉮ 번데기 과정이 없다.
㉯ 풀잠자리는 불완전변태를 한다.
㉰ 변태를 성공적으로 하지 못한 경우에 해당한다.
㉱ 딱정벌레목에서 불완전변태를 하는 경우가 있다.

풀이 불완전변태란 번데기 과정을 거치지 않고 어른벌레가 되는 것을 말한다.

69 **식물 잎의 기공을 통하여 흡수된 대기오염 가스로 인해 식물에 나타나는 증상이 아닌 것은?** [기사 14.03.02]

㉮ 효소작용의 교란
㉯ 각종 대사작용의 저해
㉰ 체내 성분의 분해·결합
㉱ 양·수분의 급격한 배출

풀이 **대기오염의 피해**
잎의 기공을 통해 유해물질이 흡수되어 광합성저해, 각종 대사저해, 체내 성분의 분해·결합 등을 일으켜 세포나 조직에 해를 끼친다.

70 **다음 중 병원체가 토양 내에서 월동하는 것은?** [기사 14.03.02]

㉮ 소나무 혹병 ㉯ 밤나무 잉크병
㉰ 낙엽송 끝마름병 ㉱ 오동나무 부란병

풀이 **병원체가 토양 내에서 월동하는 것**
뿌리썩이선충류, 뿌리혹선충류, 오동나무빗자루병, 근두암종병균, 자주빛날개무늬병균이며, 밤나무 잉크병은 조균류에 의한 수병으로 병원체가 토양에서 월동한다.

71 **조경수목에 살포한 농약이 시간의 경과에 따라 물리, 화학적으로 변화되는 주성분 또는 물리성을 확인하는 시험방법은?** [기사 14.03.02]

㉮ 경시변화시험 ㉯ 내열내한성시험
㉰ 저장 안정성시험 ㉱ 저온 안전성시험

ANSWER 67 ㉯ 68 ㉮ 69 ㉱ 70 ㉯ 71 ㉮

72 칠레초석에 과인산석회를 배합하면 화학적으로 어떤 불리한 영향을 초래하는가?

[기사 14.03.02]

㉮ 양분의 불용해화
㉯ 암모늄태 질소의 휘발
㉰ 질산태질소의 환원에 의한 손실
㉱ 질산태질소의 무수질산으로의 휘발

풀이 질산태질소(칠레초석, 질산 암모니아, 초석 등)는 산(과인산석회)이 작용하면 무수질산으로 되어 휘발한다.

73 다음 중 표징(標徵)이라 볼 수 없는 것은?

[기사 14.03.02]

㉮ 포자 ㉯ 자실체
㉰ 궤양 ㉱ 균사조직

풀이
- 표징(sign) : 병원체 자체가 병든 식물체상의 환부에 나타나 병의 발생을 알리는 표시(포자, 자실체, 균사조직 등)
- 병징(symptom) : 병든 식물 자체의 조직 변화에 유래하는 이상현상으로 궤양은 병징에 해당됨

74 다음 중 다주기성 병에 대한 설명으로 옳은 것은?

[기사 14.03.02]

㉮ 활엽수에 주로 나타난다.
㉯ 곰팡이에 의한 병은 모두 다주기성이다.
㉰ 2차전염원을 만들어 여러 번 반복 감염을 시킨다.
㉱ 여러 생육기에 걸쳐 병원균의 한 세대가 완성된다.

풀이
- 다주기성 병원체(polycyclic pathogen) : 식물의 한 재배기간 동안 병원체가 여러 세대를 거치는 경우
- 단주기성 병원체(monocyclic pathogen) : 1년에 단 한 번의 병환 또는 병환의 일부분을 마치는 병원체

75 농약의 분자구조 중 요소($H_2N-CO-NH_2$) 골격을 가진 화합물로 구성된 형태는?

[기사 14.03.02]

㉮ 우레아(Urea)계
㉯ 아마이드(Amide)계
㉰ 다이아진(Diazine)계
㉱ 트리아진(Triazine)계

풀이 **요소계농약(Urea pesticide)**
리누론(linuron), 디우론(diuron) 등과 같이 분자구조 내에 요소 골격을 가지는 화합물로서 대부분 제초제로 사용되고 있다.

76 해충의 살충제에 대한 저항성 발현정도에 대한 설명으로 틀린 것은?

[기사 14.03.02]

㉮ 해충 밀도가 높을수록 크다.
㉯ 해충 세대 간이 짧을수록 크다.
㉰ 농약의 잔효성이 길수록 크다.
㉱ 살포 농약의 횟수가 많거나 농도가 높을수록 크다.

풀이 해충은 초기에 밀도가 낮을 때 살포해야 효과적이며, 밀도가 높을수록 방재효과가 떨어진다.

77 수화제와 비교한 유제(乳劑)에 대한 설명으로 옳지 않은 것은?

[기사 14.05.25]

㉮ 수화제보다 제조비가 높다.
㉯ 수화제보다 약효가 다소 낮다.
㉰ 수화제보다 포장·수송·보관이 어렵다.
㉱ 수화제보다 살포액의 조제가 편리하다.

풀이 유제는 수화제보다 조제가 편리하고 약효가 더 높다.
- 수화제 : 물에 녹지 않는 농약을 점토나 규조토를 증량제로 해 계면활성제와 분산제를 가하여 만든 고체성 농약
- 유제 : 농약의 주제를 용제에 녹여 유화제로 하고 계면활성제를 가해 제조한 것으로 주로 유리병에 들어있다.

ANSWER 72 ㉱ 73 ㉰ 74 ㉰ 75 ㉮ 76 ㉮ 77 ㉯

78 파이토플라스마에 의한 수목병의 전염방법에 속하지 않는 것은? [기사 14.05.25]

㉮ 즙액전염 ㉯ 접목전염
㉰ 새삼전염 ㉱ 매개충전염

풀이 **파이토플라즈마 수목병 전염방법**
접목전염, 매개충전염, 새삼전염

79 수목병의 원인 중 뿌리혹병, 불마름병 등의 원인이 되는 생물적 원인은? [기사 14.05.25]

㉮ 세균 ㉯ 선충
㉰ 곰팡이 ㉱ 바이러스

풀이 **세균에 의해 발생하는 병**
뿌리혹병, 불마름병, 들불병, 반점세균병 등

80 잣송이를 가해하여 수확을 감소시키는 중요한 해충이며, 구과 속의 가해부위에 벌레똥을 채워놓고 외부로도 똥을 배출하여 구과 표면에 붙여 놓으며 신초에도 피해를 주는 해충은? [기사 14.05.25]

㉮ 소나무좀 ㉯ 낙엽송잎벌
㉰ 솔수염하늘소 ㉱ 솔알락명나방

풀이 **솔알락명나방**
앞날개는 좁고 길며 회갈색 바탕에 흑색 비늘가루로 덮여 있으며, 주로 소나무류의 잎이나 열매를 가하는 해충

81 해충의 구제방법들 중 기계적 방제법에 해당하는 것은? [기사 14.05.25]

㉮ 인공포살(人工捕殺)
㉯ 온도(溫度)처리법
㉰ 접촉살충제살포(接觸殺蟲劑撒布)
㉱ 기생봉(寄生蜂) 이용

풀이
- 방제 : 생물학적 방제(천적 이용 등), 화학적 방제(농약 사용), 기계적방제(물리적 방제)
- 기계적 방제 : 포충망이나 손으로 직접 어린 벌레를 잡거나, 흙을 뒤지고 파서 어린벌레를 잡거나, 잎에 산란한 알을 채집하여 잡아주는 등 인공포살을 말한다.

82 조경 수목의 종자 훈증제(fumigant) 구비조건으로 옳지 않은 것은? [기사 14.09.20]

㉮ 휘발성이 작아야 한다.
㉯ 불연성이고 비폭발성이어야 한다.
㉰ 종자의 활력에 영향을 주지 말아야 한다.
㉱ 가격이 싸고 사용할 때 증발이 쉬워야 한다.

풀이 **종자 훈증제**
휘발성 가스를 방출하여 소독하는 것으로 인화성이 없어야 하며 휘발성이 커야한다.

83 다음 중 모과나무에 발생되는 병이 아닌 것은? [기사 14.09.20]

㉮ 붉은별무늬병 ㉯ 점무늬병
㉰ 갈색무늬병 ㉱ 잎떨림병

풀이 **잎떨림병**
소나무, 해송, 낙엽송 등 침엽수에서 주로 발생하며, 잎이 떨어진다는 뜻에서 지음

ANSWER 78 ㉮ 79 ㉮ 80 ㉱ 81 ㉮ 82 ㉮ 83 ㉱

84 월동처와 병원체의 연결이 옳지 않은 것은? [기사 14.09.20]

㉮ 기주의 체내 - 잣나무 털녹병균
㉯ 병든 잎 - 낙엽송 잎떨림병균
㉰ 새로운 가지 - 소나무류 가지마름병균
㉱ 토양 중 - 밤나무 줄기마름병균

풀이
- 밤나무 줄기마름병균 : 병환부, 죽은 기주체에서 월동하는 병균
- 토양중에서 월동 : 입고병균, 근두암종변균, 자줏빛 날개무늬병균 등

85 느티나무벼룩바구미에 대한 설명으로 맞지 않는 것은? [기사 14.09.20]

㉮ 성충의 체장은 2 ~ 3mm이다.
㉯ 유충은 주로 가지를 식해한다.
㉰ 수피에서 성충으로 월동한다.
㉱ 4월 초순에 성충을 대상으로 페니트로티온 유제(50%)로 방제한다.

풀이 **느티나무벼룩바구미**
유충은 잎속에서 잎을 갉아 먹으며, 성충은 2 ~ 3mm 정도로 나무껍질 속에서 월동한 후 4월 중순에 출현하며, 10월까지 수피에서 나무를 갉아 먹으며 산다. 4월 상순에 살충제인 D.D.V.P 유제(50%)를 800배로 희석, 살포하면 99%까지 구제할 수 있다.

ANSWER
84 ㉱ 85 ㉯

5 동해방지(저온의 해 및 고온의 해)

1 저온의 해(한해(寒害))

① 한해의 종류

㉠ 한상(寒傷) : 열대식물 같은 종류가 0℃ 이하 저온에서 식물 체내의 결빙은 일어나지 않으나 생활기능 장애를 받아 죽는 것

㉡ 동해(凍害) : 식물체 조직 내 결빙이 일어나 그 조직이 상해 죽는 것

② 상해(霜害)의 종류

㉠ 만상(晩霜, spring frost)

ⓐ 원인 : 초봄에 발육이 시작된 후 0℃ 이하로 갑자기 기온이 하강해 피해

ⓑ 피해부위 : 어린가지의 고사, 낙엽교목의 잎 고사, 침엽수 엽침고사

ⓒ 피해 입는 수목 : 회양목, 말채나무, 피라칸사, 참나무류, 미국 팽나무, 물푸레나무

㉡ 조상(早霜, autumn frost) : 초가을 서리에 의한 피해

㉢ 동상(冬霜, winter frost) : 겨울 동안 유현상태에 생긴 해

③ 한해를 입기 쉬운 수종 : 질소비료의 혜택을 입은 수종, 늦가을에 생장을 많이 한 수목

④ 한해의 현상

㉠ 상렬(霜裂)

ⓐ 정의 : 겨울밤 수액이 얼어 부피가 증대해 수간외층이 냉각, 수축해 수선방향으로 갈라지는 것

ⓑ 발생수종 : 유목이나 배수 불량한 토양, 낙엽교목에서 주로 발생

ⓒ 관리방법 : 계속되는 생렬과 융합은 균류침입장소가 되므로 수간에 사이잘 크라프트지를 감아주거나, 백도제, 볼트박음으로 결합시켜줌

㉡ cup-shakes : 상렬과 반대상황에서 발생. 수간 외층조직이 태양광선에 의해 온도가 높다가 갑자기 온도가 낮아져 외층조직이 내층조직보다 급속한 팽창으로 나이테를 따라 분리되는 현상

㉢ 상해옹이 : 수목 수간, 가지, 갈라진 지주에서 발생. 남쪽이나 서쪽 노출지역에 많이 발생. 지면 가까이있는 수목껍질이나 신생조직이 저온에 피해를 받기 쉽다.

⑤ 동해의 부분에 따른 형태분류

㉠ 초고형 : 정상의 끝순만 온도의 급강하나 찬바람에 피해를 받는 것

㉡ 아고형 : 이른 봄이나 늦가을에 나온 제일 어린 연한 싹의 동해

㉢ 동고형 : 수목의 수간밑둥 1m 이하의 수피부분이 이상기온강하로 동해

㉣ 반동고형 : 동고형과 같이 부분적으로 수간 밑부분이 반만 피해

ⓜ 완전고사형 : 전체 수목이 동해받아 죽음

ⓑ 전면수관고사형 : 상록수일 때 수관의 지엽만이 동해받아 죽음

ⓢ 부분수관고사형 : 부분적으로 고사. 북쪽보다는 남쪽에 더 많은 동해가 있음

ⓞ 지고형 : 낙엽수에서 부분적으로 가지가 동해를 입어 발생한 피해

⑥ 지형과 시기, 방향에 따른 동해

㉠ 오목한 지형에 있는 수종

㉡ 일교차가 심한 남쪽경사면에 있는 수종

㉢ 맑고 바람 없는 날

㉣ 성목보다 유령목에 더 많은 피해

㉤ 건조토양보다 과습토양에 더 많은 피해

㉥ 늦가을과 이른 봄, 비가 많이 오는 추운 겨울에 많이 발생

⑦ 월동작업

㉠ 줄기싸주기 : 이식수목이나 지하고 높은 나무일 때 수분증발 억제하고 병충해 방제효과 있음. 마포, 유지, 새끼 이용해 줄기 싸주기

㉡ 뿌리덮개 : 수분증발 억제와 잡초방지 효과. 예리한 풀잎, 왕겨, 퇴비, 비닐로 덮기

㉢ 방풍 : 바람이 심한 지역에 식재할 경우 수분이 증발하지 않도록 줄기 및 가지 감기

㉣ 방한 : 기온 5℃ 이하로 하강 시 짚싸주기, 뿌리덮개, 관목류 동해방지덮개 등 조치

㉤ 뗏밥주기

⑧ 월동방법

㉠ 성토법 : 사계장미 같이 월동 약한 관목에 이용. 수간을 30~50cm 흙으로 성토

㉡ 피복법 : 지표를 20~30cm 두께로 낙엽, 왕겨, 짚으로 피복

㉢ 매장법 : 석류, 장미류에 사용. 뿌리 전체를 파내 60cm 깊이의 땅에 묻음

㉣ 포장법 : 내한성이 약한 낙엽화목류(목백일홍, 모과, 장미, 벽오동)에 이용. 짚감기

㉤ 방풍법 : 내산성 약한 상록교목(가이즈까, 히말라야시다) 담, 방풍벽, 비닐, 짚 이용

㉥ 훈연법 : 늦가을, 초봄에 내리는 서리피해 방지나 싹나온 후 급강하 온도 조절

㉦ 관수법 : 서리 내렸을 때 아침 일찍 관수하여 서리를 녹임

㉧ 시비조절법 : 질소질 비료를 사용하지 말고 인산질 비료 중심으로 골고루 사용

2 고온의 해

① 고온의 해의 종류

㉠ 일소(日燒, sunscald)

ⓐ 정의 : 건조 때문에 엽맥, 잎에 직사광선을 받아 잎이 갈색, 수피가 고사하는 현상. 콘크리트 포장지역, 아스팔트 차도 같은 곳에서 많이 발생

ⓑ 관리방법 : wilt · pruf 잎에 살포, 비료와 적절한 물주기, 칼슘 결핍 시나 브롬, 염화나트륨 과다 시 고사 우려

㉡ 한해(旱害, drought injury)

ⓐ 토양습도 부족, 통풍불량, 결빙토양, 상해, 질병 등 수분이 결핍되어 줄기와 가지에 해를 주고 질병을 일으킴.

ⓑ 뿌리 거들링(girdling) 현상 : 수간이 수직으로 토양에 쑥 들어가거나 수간주위가 땅속으로 움푹들어가면 뿌리가 변형띠를 이룬 거들링 증세임

㉢ 피소(皮燒) : 코르크층이 발달되지 않은 수종이 만서, 서편에 위치하여 태양광선의 직사광선을 받아 입은 피해. 수간감기로 관리

② 한해(旱害)대책

㉠ 관수 : 가장 이상적 방법으로 이른 봄과 6월이 가장 심함. 물받이 만들어 관수

㉡ 갈아엎기 : 수분 증발 억제하기 위함

㉢ 퇴비사용 : 건조 토양 시 퇴비로 토양 보수력 증가 시킴

㉣ 차광 : 작은 유목이나 관목에 사용

㉤ 짚깔기(멀칭, mulching) : 가뭄 방지

㉥ 수피감기 : 가뭄과 겨울철 수피의 동해 예방

CHAPTER 09 조경식물 관리

실전연습문제

01 다음 중 동절기 공사의 일반적인 주의사항이 아닌 것은? [기사 11.10.02]

㉮ 영하의 기온에서 모든 공사는 공법 및 가열보온 조치를 확인 후 시행한다.
㉯ 영상일지라도 기온이 점차 강하할 때는 양지부터 그늘로, 내부공사부터 외부공사 순서로 시행한다.
㉰ 동해 발생 우려 시는 적절한 보온조치가 필요하다.
㉱ 각종 통로의 미끄럼 방지 시설 및 화재발생 취약 지구를 확인한다.

풀이 기온이 점차 내려갈 때는 그늘부터 양지로, 내부공사보다 외부공사부터 먼저 시행한다.

02 다음 멀칭에 관한 설명으로 옳은 것은? [기사 12.05.20]

㉮ 토양 수분의 증발을 촉진시킨다.
㉯ 재료는 반드시 식물이어야 한다.
㉰ 토양 온도와는 관련이 없다.
㉱ 파쇄목 사용 시 잡초의 발생이 억제된다.

풀이 멀칭은 짚 등으로 토양을 덮어두어 토양 수분 증발 억제, 동해방지, 잡초 발생 억제 등의 효과가 있다.

03 식재한 조경수목을 보호하기 위하여 나무의 뿌리분 위의 둘레에 짚, 낙엽 등으로 피복하여 얻을 수 있는 효과가 아닌 것은? [기사 14.05.25]

㉮ 토양수분 증산억제
㉯ 잡초발생 억제
㉰ 유기질 비료제공
㉱ 관수작업의 용이

풀이 멀칭에 관한 설명으로 토양습기 유지, 잡초발생 억제, 유기질 비료제공, 토양결빙 방지의 효과가 있음

ANSWER 01 ㉯ 02 ㉱ 03 ㉱

6 실내 조경식물관리

1 온도조절

적정온도를 유지시키고, 냉난방기구의 바람이 직접 닿지 않게 한다.

2 수분, 습도조절

잎 표면이 건조하므로 자주 잎면에 분무기로 적셔준다. 소형분수와 안개분수 같은 것을 활용하면 좋다.

3 용기

배수구와 물받이가 있거나 배수구가 없을 시는 배수층을 만들어야 한다.

4 배수

펄라이트, 자갈, 숯 등의 배수층을 작은 용기는 지름 2.5cm, 큰화분은 4.5~6cm의 배수층을 만든다. 실내정원에서의 플랜터는 1/3 정도까지 배수층을 만든다.

5 관리

① 병해충을 입은 식물은 발견 즉시 제거 또는 방제하여 조속히 처리할 것
② 배수에 이상이 있거나 용기 주변 인공지반에 배수문제로 누수 발생 시 조속히 방수처리
③ 외부식생과 달리 냉난방에 의한 피해 발생하지 않도록 냉난방기 방향 조절
④ 근접이용객이 많은 실내식물은 사람에 의한 물리적 피해를 입을 가능성이 크므로 예방과 피해 후 교체나 절단 등 조속한 관리 필요

7 기타 관리사항

1 잔디관리

(1) 사용용도에 따른 분류

① 사용이 많은 곳 : Tall fescue, Perennial ryegrass, Zoysiagrass, Bermudagrass

② 사용이 적으면서 푸른 기간이 오래 지속되기를 원하는 곳 : Kenkucky bluegrass, Perennial ryegarss, Tall fescue

③ 겨울철의 혹심한 추위가 예상되는 곳 : Kentucky bluegrass

④ 여름철의 고온건조가 심한 곳 : Zoysiagrass, Bermudagrass, Tall fescue

⑤ 그늘이 예상되는 곳 : Fine fescue, Zoysiagrass, Kenturky bluegrass

⑥ 물에 잠길 우려가 있는 곳 : Tall fescue, Bermudagrass

⑦ 염해가 심히 예상되는 곳 : Tall fescue, Bermudagrass, Zoysiagrass

⑧ 집중적인 관리가 어려운 곳 : Fine fescue, Tall fescue, Zoysiagrass

(2) 번식방법

① 종자번식

㉠ 종류 : 대부분 잔디. Perennial ryegrass, Kenturky bluegrass, Fine fescue, Tall fescue, Creeping bentgrass

㉡ 종자번식의 장점 : 비용이 저렴, 균일하고 치밀한 잔디면 조성 가능, 작업이 용이

㉢ 종자번식의 단점 : 조성시일이 오래 걸리며, 조성 시까지 답압이 없어야 하며 파종기가 제한되어 있고, 경사지에 파종하기 어렵다.

② 영양번식

㉠ 종류 : Zoysiagrass, Kentucky bluegrass, Creeping bentgarss

㉡ 장점 : 짧은 시일 내 조성 가능. 공사 시기 제한 없음. 조성공사가 매우 안전하고 경사지에도 가능

㉢ 단점 : 비용이 많이 들고, 공사기간이 많이 걸린다.

(3) 잔디조성 단계

전반적인 토목공사 → 표면의 준비→ 표토의 준비 → 발아 전 제초 → 파종 → Sprigging, 줄떼 및 평떼 → 기타방법 분사파종 → 조성 후 관리

(4) 잔디지역의 토양

① PH 6.0~7.0 사이, 양이온총량(CEC) 15~20me/100g

② 유기물 3~15me/100g

③ 배수통기 좋을 때 CEC 높을수록 식물생육에 유리

(5) 관수, 배수

① 내습성 약한 잔디는 물빠짐이 좋도록 원로보다 약간 높게 조성

② 관수 시 물이 20~30cm 깊이로 들어갈 수 있도록

③ 한번에 25~30mm 관수

④ 이른 아침이나 늦은 오후에 관수

(6) 잔디깎기

① 시기 : 난지형은 6~8월 2회, 9월 중 1회. 한지형은 4월 1~2회, 5~10월 주 1회씩

② 유의사항

㉠ 지나치게 길게 자라도록 방치하면 안 됨

㉡ 잘려진 잎은 끝나는 대로 긁어모아 걷어낼 것

㉢ 깎은 뒤에 거름줄 것

㉣ 깎는 빈도와 높이는 규칙적으로

㉤ 이슬이 있거나 비온 뒤 물기 있을 때는 잘 안 깎임

㉥ 너무 길게 자란가지는 예초기로 자르면 안되고, 처음에는 높게 차츰 짧게 자를것

③ 잔디 깎는 높이

㉠ 골프장 Green Bent grass : 3~4mm

㉡ 중간정도 높이 한국잔디, Kenturky bluegrass, Perennial ryegrass : 12~37mm

㉢ 정원용 잔디 경우 한지형은 50mm, 한국잔디 Zoysiagrass 30~40mm

(7) 잔디의 제초

① 물리적 방제 : 인력 제거, 깎기, 경운

② 화학적 방제

㉠ 발아전 제초제 : CAT, TCTP, PCP

㉡ 광엽 경엽처리제 : 2.4D, MCPP, BPA, TCBA, 반벨, 반벨디

㉢ 비선택적제초제 : 근사미, 그라목손

③ 잔디 깎는 기계

㉠ 핸드모아(hand mower) : 인력으로 바퀴가 돌아가면서 날이 돌아서 깎는 것 50평 미만의 작은 잔디밭 관리

㉡ Green mower : 핸드모어보다 약간 크며 동력으로 깎는다. 골프장 그린, 테니스코트 등 섬세한 곳에 사용

㉢ Rotary mower : 날이 수평으로 돌아서 깎이며 깎이는 면이 거침 50평 이상의 골프장 러프, 공원 수목지역에 사용

㉣ Approach mower : 잔디품질이 좋게 유지되어야 하는 넓은 지역에 사용. 속도가 빠름

㉤ Gang mower : 골프장, 운동장, 경기장 등 5000평 이상의 대면적에 사용 트랙터나 짚차에 달아서 사용. 경사지에도 사용할 수 있다.

(8) 잔디의 시비

① 잔디에 사용하는 비료

㉠ 속효성 비료 : 황산암모늄, 질산암모늄, 요소

㉡ 완효성 비료 : IBDU, UF, SCU

② **시비시기** : 봄부터 7월 말 생장기, 8월 이후 즉, 한국형 잔디는 봄 · 여름에, 서양 잔디는 봄 · 가을에

③ **시비량** : 토양에 따라 다르나 질소(N) : 인산(P) : 칼륨(K)으로 3 : 1 : 2가 통상

(9) 잔디의 객토(뗏밥)

① **정의** : 잔디 포복경이 노출되어 생장이 나쁘거나 답압으로 떼가 쇠약할 때 4~6월경 비옥한 흙 0.5~1cm 정도 뿌려 노출된 포복경을 덮어 주어 부정아와 부정근을 발생시켜 치밀한 잔디밭을 만드는 방법

② **방법**

㉠ 시기 : 한지형은 이른 봄이나 가을, 난지형은 늦봄에서 초여름

㉡ 횟수 : 잔디 생육이 왕성할 때 1~2회

㉢ 객토량 : 두께 1.6~4.1mm 정도 다시 줄 때는 15일 지난 후에

㉣ 흙성분 : 세사2 + 토양1 + 유기물(퇴비, 어박, 대두박)

㉤ 효과 : 비료유출을 막고 비료와 동시에 행해지므로 잔디의 분얼과 생육 촉진 잔디밭 흙의 개량. 흙을 소독하여 잡초와 병충해 방지

㉥ 방법 : 뗏밥이 잔디 사이에 잘 스며들도록 빗자루로 쓸어준다. 뗏밥을 주고 금방 물을 줄 필요없다.

(10) 기타 재배관리방법

① Core aerification : 통기작업. 단단한 토양에 구멍내 허술하게 채우기
물과 양분, 뿌리생육이 용이하나 구멍이 해충의 근거지가 될 수 있음
② Slicing : 칼로 토양을 베어주는 작업. 잔디의 포복경, 지하경을 잘라주어 통기작업
③ Spiking : 못 같은 것으로 구멍을 내는 것으로 효과는 떨어지나 회복시간이 짧다.
④ Vertical mowing : slicing과 유사하나 토양 표면까지 잔디만 잘라주는 역할
⑤ Rolling : 표면정리작업. 습해, 건조의 해를 받지 않게 봄철 들뜬 토양을 눌러주는 것
⑥ Topdressing : 배토. 잔디 뗏밥 주는 작업(위 9번항 참고)

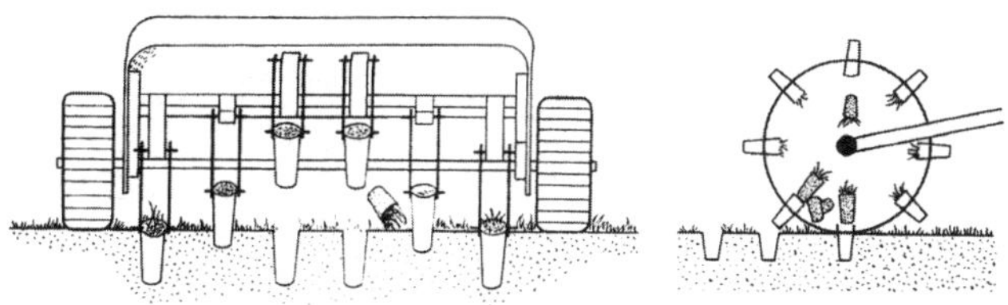

① 통기작업

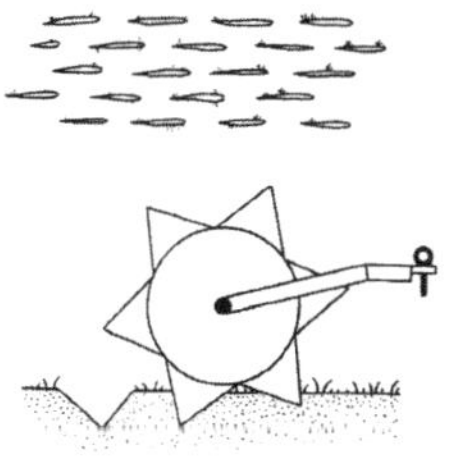

② slicing 작업

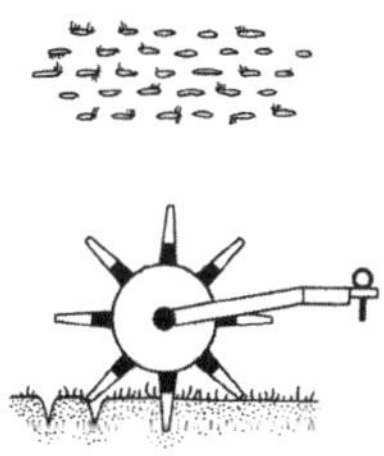

③ spiking 작업

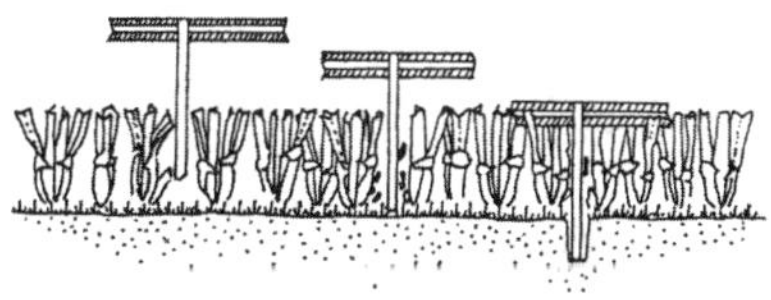

④ 깊이에 따른 vertical mowing의 정도

(11) 잔디의 병충해와 방제

한국 잔디병	고온성병	녹병(rust)	병징 : 등황색반점, 커피가루 같은 포자 발생 원인 : 영양 불균형, 답압, 배수불량에서 나타남 방제법 : 다이젠, 석회황합제, 보르도액
		황화병	병징 : 원형상태의 황화현상 원인 : 고온건조, 일조 부족, 심한 풀깎기, 객토 과다 등 방제법 : 우스푸론, 메르크론, 오소사이드
		입고병	병징 : 잎끝에서 황색이 갈색되다가 시듦 원인 : 그늘진 곳, 통풍불량, 잔디 포장된 곳에 주로 발생 방제법 : 메르크론, PCP90%수화제
		반엽병	병징 : 담갈색의 반점 원인 : 질소과용, 과도한 잔디 깎기 방제법 : 우스푸론, 다이젠 살표
	저온성병	후라리움 패치(Fusarium patch)	병징 : 이른 봄 원형상태로 황화현상 원인 : 저온다습이나 질소비료 과잉 방제법 : 다이젠, 마네브수화제

서양 잔디병	고온성병	문고병 (Brown patch)	병징 : 잎이 물에 잠긴 것처럼 처지며 미끌하다. 발생 시기 : 3월~11월 원인 : 질소과다, 태치의 축척. Bentgarss에 많음
		백색부패병 (Smild mold)	원인 : 고온다습 방제 : 오소사이드 살포
		황갈반점병 (Dollar spot)	병징 : 15cm 정도의 병반 원인 : 밤낮 기온차가 심하고 고온 다습 방제법 : 다이젠 실포, 적절한 시비
		면부병 (Rythium blight)	병징 : 잎이 물에 잠긴 것처럼 땅에 눕는다. 원인 : 고온다습, 여름우기때 곰팡이균에 의함 방제법 : 지상부를 건조한 상태로 유지
	저온성병	설부병 (Snow mold)	병징 : 3~4월 엷은 회색에서 갈색으로 변하면서 줄기와 잎이 고사 방제법 : 오소사이드, 세레산 살포
		후라리움 패치 (Fusarium patch)	병징 : 이른 봄 원형상태의 황화현상 원인 : 저온다습이나 질소비료 과잉 방제법 : 다이젠, 마네브수화제

2 초화류관리

(1) 토양관리

① 통기성, 배수성, 보수성, 보비성, 병충해, 잡초 방제

② **토양개량제 선택 시 유의사항** : 토양공극량 크고, 답압에 높은 저항성, 낮은 가격, 병균이나 해충 없는 것

③ **유기물질** : 토탄류, 짚, 왕겨, 줄기, 목재부산물, 동식물 노폐물

④ **토양배합** : 중점토일 때 밭흙 : 유기물질 : 굵은 골재 = 1 : 2 : 2,
중간토일 때 1 : 1 : 1, 경점토일 때 1 : 1 : 0

(2) 시비방법

전면시비, 측면시비, 엽면시비 등 작물에 따라 적용

(3) 월동관리

① **화단의 부지선택** : 가능한 지대가 낮고 움푹 들어간 지역에 화단조성을 피할 것

② **보온막 설치** : 식물을 비닐이나 짚으로 씌운다.

③ **가온** : 온실이나 불을 피거나 하여 온도를 높여줌

(4) 병충해방제

① 초화류의 주병해

㉠ 곰팡이에 의한 병 : 흰가루병, 그을음병, 녹병, 묘입고병

㉡ 세균에 의한 병 : 세균성무름병, 풋마름병, 목썩음병

㉢ 바이러스에 의한 병 : 구근류에 주로 나타나며 잎에 주름살이 생기거나 위축됨

② 충해 : 진딧물, 응애, 깍지벌레, 나방류, 파리류에 의한 병

★★★ 3 비탈면 관리

(1) 비탈면 보호시설공법

① 식생공

㉠ 종자뿜어붙이기공

ⓐ 압축공기를 이용한 모르타르건방법 : 종자, 비료, 토양에 물 섞어 뿜어붙이기. 절토비탈면, 높은 비탈면과 급구배 장소에 적합

ⓑ 수압에 의한 펌프 기계파종기방법 : 종자, 비료, 파이버를 물과 혼합해 살포. 절·성토 비탈면 어느 곳에나 사용 가능하나 낮은 장소에 적합

㉡ 식생매트 : 종자, 비료 붙인 매트를 피복해 녹화

㉢ 평떼붙임공 : 평떼를 비탈면 전면에 붙여 떼꽂이로 고정. 절, 성토 어느 곳에나 사용

㉣ 식생띠공 : 종자, 비료 부착한 띠모양의 종이를 일정 간격으로 삽입, 인공줄떼공법이라고도 함. 피복효과가 빠르다.

㉤ 줄떼심기공 : 주로 성토비탈면에 길이 30cm, 너비 10cm 반떼 심기

㉥ 식생판공 : 종자와 비료 섞은 판을 깔아 붙이기. 판자체가 두꺼워 객토효과

㉦ 식생자루공 : 종자, 비료, 흙을 자루망에 넣고 비탈면 수평으로 판 골속에 넣어 붙이기 급경사지, 풍화토 지반시공에 적합

㉧ 식생구멍공 : 비탈면에 일정 간격 구멍을 파고 혼합물을 채워넣는 공법 비료 유실이 적고 단단한 점질토나 절토비탈면에 적합

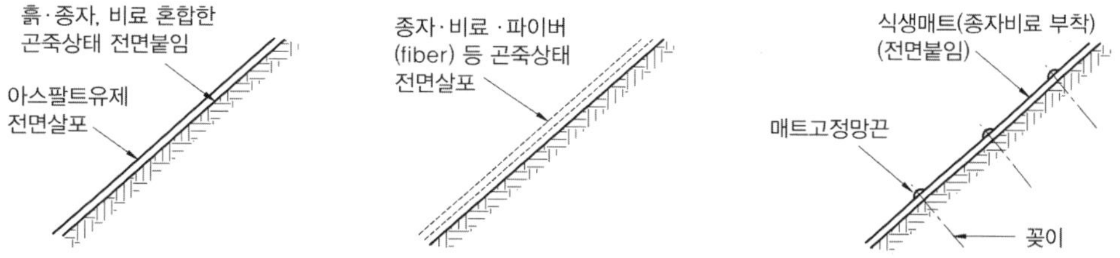

(1) 종자뿜어붙이기공 (gun 사용)　(2) 종자뿜어붙이기공 (pump 사용)　(3) 식생 매트(mat)공

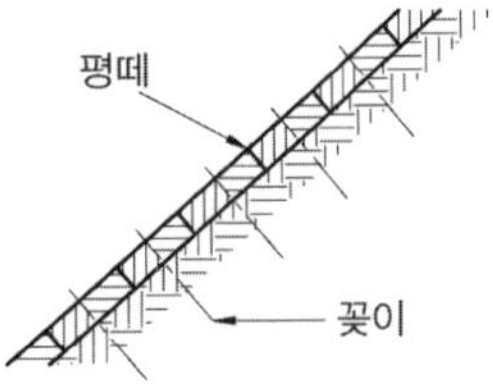

(4) 평떼심기공

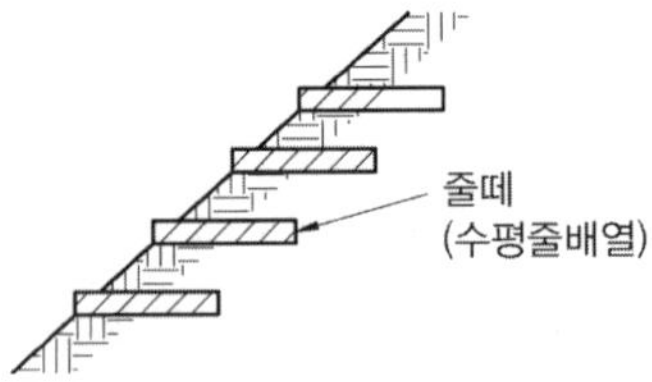

(5) 줄떼심기공

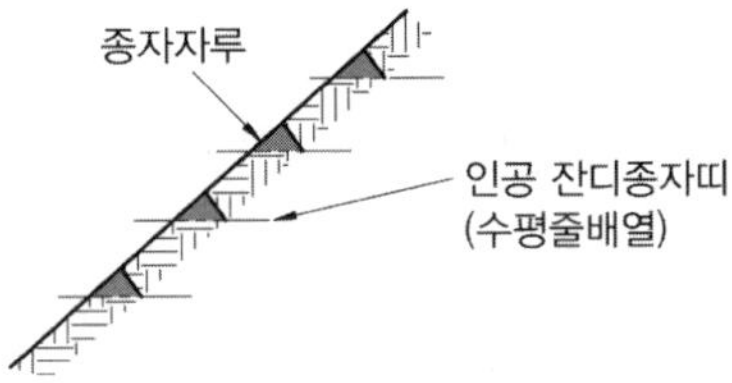

(6) 식생띠공

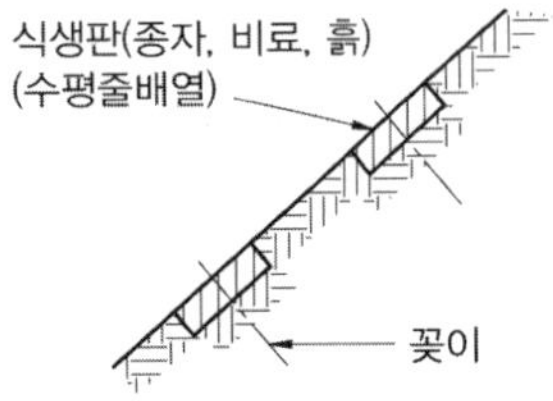

(7) 식생판공

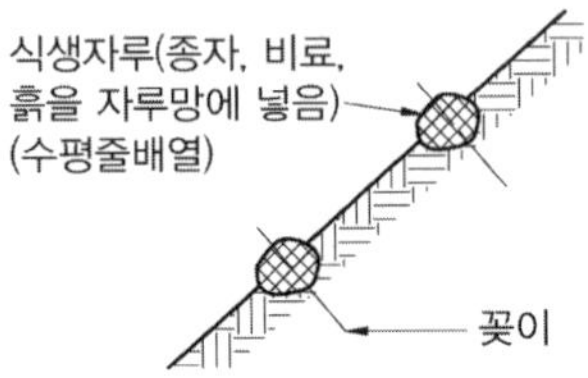

(8) 식생자루공

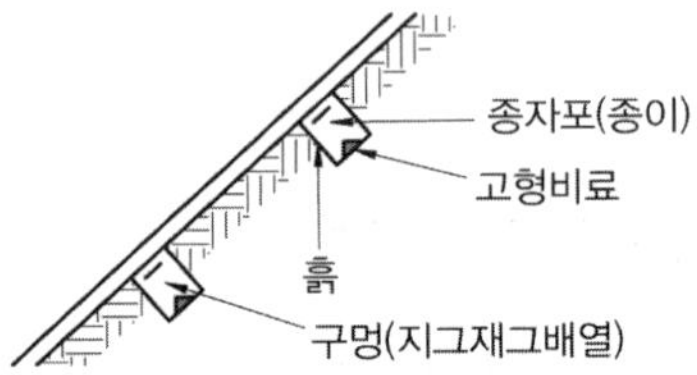

(9) 식생구멍공

② 구조물에 의한 비탈면보호공

㉠ 돌붙임 및 블록붙임공 : 완구배로 접착력 없는 토양, 식생 곤란한 풍화토, 점토의 경우

㉡ 콘크리트판 설치공 : 암의 절리가 많은 지역에서 콘크리트 격자공이나 모르타르 뿜어 붙이기공으로는 약하다고 생각되는 경우

㉢ 콘크리트 격자형블록 및 심줄박기공 : 유수가 있는 절토비탈면, 표준구배보다 급한 성토 비탈면, 식생이 적당하지 않고 표면이 무너질 우려가 있는 경우

㉣ 시멘트 모르타르 및 콘크리트 뿜어붙이기공 : 용수가 없고, 붕괴 우려가 없는 지역에 풍화되어 적석이 예상되는 암, 식생이 부적당한 곳에 시공

㉤ 편책공법 : 식생이 생육되기까지 비탈면의 토사유출을 방지하기 위해 일시적으로 사용 비탈면에 나무말뚝을 박고 나뭇가지, 대나무, 아연, 철망 등을 뒷면에 붙인 뒤 흙 채워 넣는다.

㉥ 비탈면 돌망태공 : 비탈면에 용수가 있어 토사유출 우려가 있는 경우

㉦ 낙석방지망공 : 절토비탈면에 낙석 우려가 있는 곳, 3m×3m망

㉧ 낙석방지책공 : 절토비탈면이 길어서 집중호우에 낙석 예상되는 경우

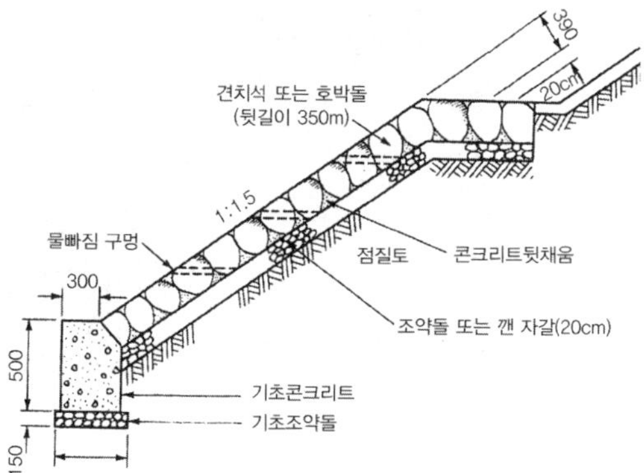

a. 돌붙임비탈면 보호공(단위 mm), 직고 3m 정도(한도)

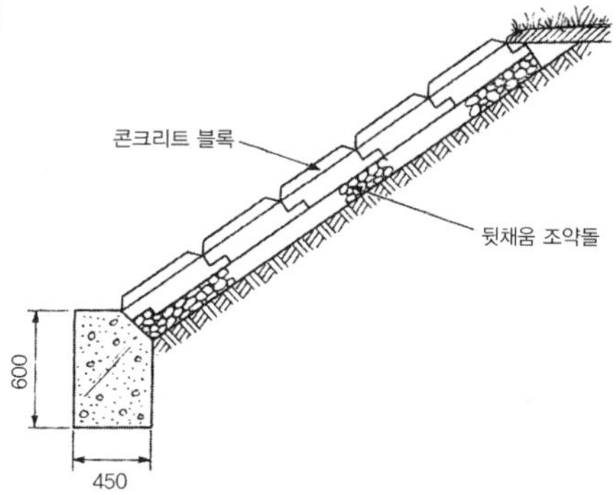

b. 콘크리트 블록 붙임공(단위 mm)

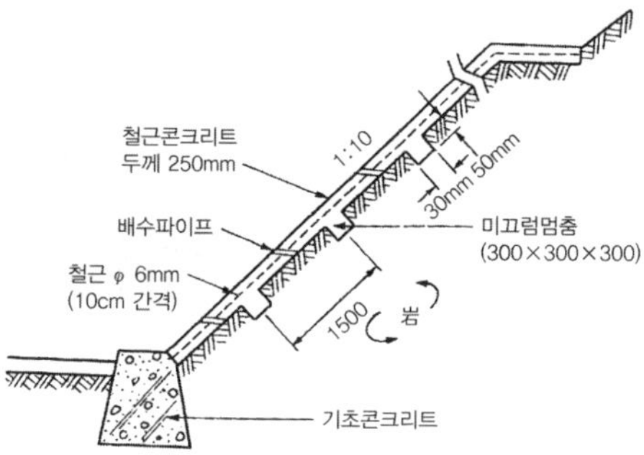

c. 콘크리트판 설치공(단위 mm)

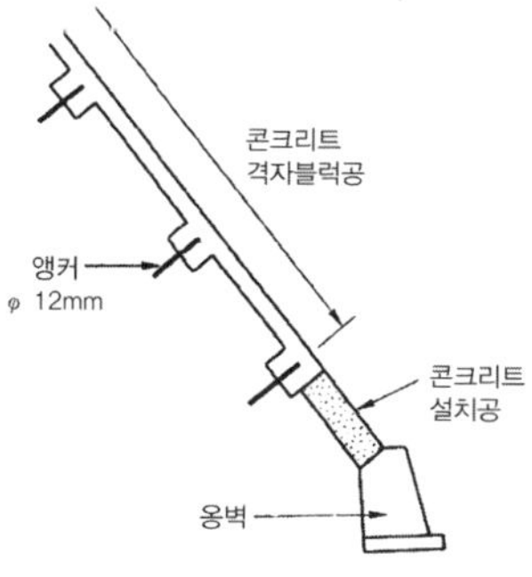

d. 비탈면 격자블럭 설치공

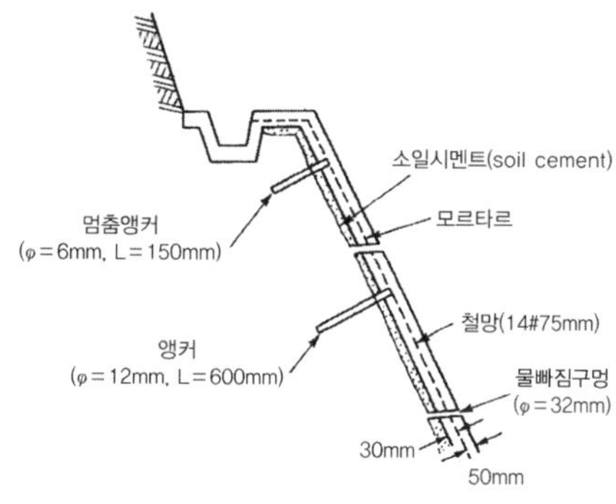

e. 모르타르 뿜어붙이기공(단위 mm)

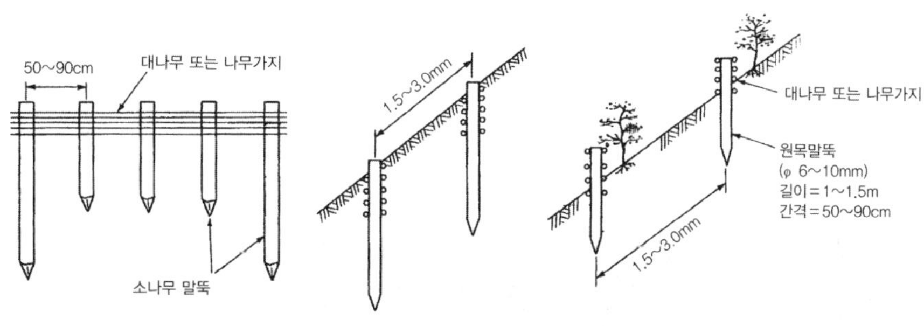

① 대표적인 것의 예 ② 편책을 묻어서 하는 경우 ③ 편책의 일부를 표면에 나오게 하는 경우

f. 비탈면 보호 편책공

① 보통 돌망태　　② 이불모양 돌망태

g. 비탈면 돌망태

h. 낙석방지망

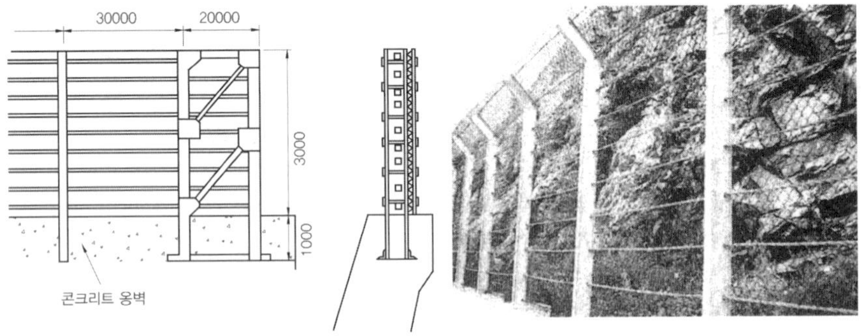

i. 콘크리트 옹벽상의 낙석방지책공

(2) 비탈면 유지관리

① 식생공에 의한 비탈면 유지관리

㉠ 연 1회이상 시비 : 약한 농도로 여러 번 하는 것이 좋다.

㉡ 잡초제거 및 풀베기 작업 : 초장 10cm 이상 6~10월 시행

㉢ 관수 및 병충해 방제 : 비탈면 상단부 관리가 중요

② 구조물에 의한 비탈면보호공의 유지관리

㉠ 보호공 자체의 노후화에 의한 변형

㉡ 비탈면 자체의 변형

㉢ 주로 균열, 파손, 꺼짐, 용수 등의 상황을 파악해 보수

4 옹벽 관리

(1) 옹벽의 유형 및 구조

① **중력식 옹벽** : 돌쌓기, 무근 콘크리트 사용. 보통 4m 이하 옹벽

② **반중력식 옹벽** : 중력식을 철근으로 보강한 것

③ **역 T형 옹벽** : 옹벽 높이가 약간 높은 철근 콘크리트 옹벽

④ **L형옹벽** : 경제성이 높은 5m 내외의 옹벽

⑤ **부벽식옹벽** : 안정성 중시한 철근콘크리트 옹벽으로 5~7m 정도 높이 옹벽
⑥ **지지벽 옹벽** : 부벽식보다 안정성이 떨어짐
⑦ **블록옹벽** : 콘크리트 블록 사용해 중량이 가벼워 비탈면 구배 높이거나 뒷채움 두껍게 할 때
⑧ **돌 쌓기 옹벽** : 자연석, 잡석, 깬돌 사용해 메쌓기, 찰쌓기(뒷채움콘크리트 있는 것)한 것

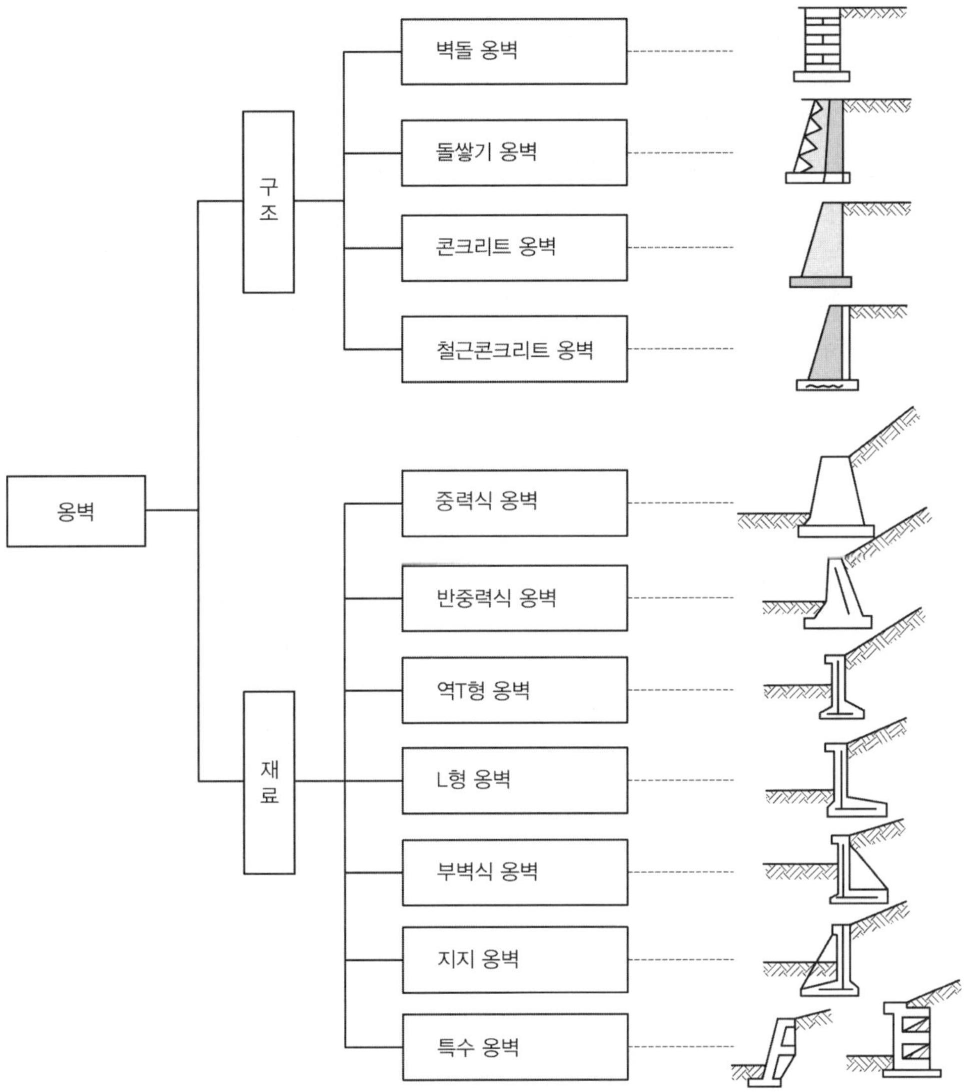

• 옹벽의 종류 •

(2) 파손형태

경사, 침하 및 부등침하, 이음새 어긋남, 균열, 이동, 세굴

(3) 보수 유지관리

① 석축옹벽

㉠ 균열 있을 때 : 배수구 만들어 토압감소, 재시공

㉡ 구멍 났을 때 : 뒷면에 이상이 없으면 콘크리트로 채움, 이상 있으면 그 부분 재시공

㉢ 옆으로 넘어지려고 할 때 : 뒷면토압이 옹벽에 비해 크면 콘크리트 옹벽 설치 석축기초 세굴이 원인이면 세굴 부분을 채우고 콘크리트나 사석암으로 성토

② 콘크리트 옹벽(앞으로 넘어질 우려 있을 때)

㉠ P.C 앵커공법 : 기존 기초지반이 좋을 때

㉡ 부벽식 콘크리트 옹벽공법 : 기초지반이 암이고 기초가 침하될 우려 없을 때

㉢ 말뚝에 의한 압성토공법 : 옹벽이 활동을 일으킬 때 옹벽 전면에 암을 따서 압성토 하는 공법

㉣ 그라우팅 공법 : 옹벽 뒷면의 지하수를 배수구멍에 유도시키고 토압을 경감시키는 공법

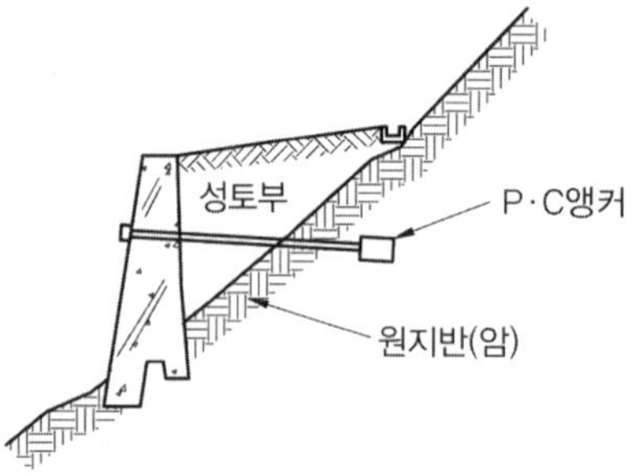

a. P.C 앵커

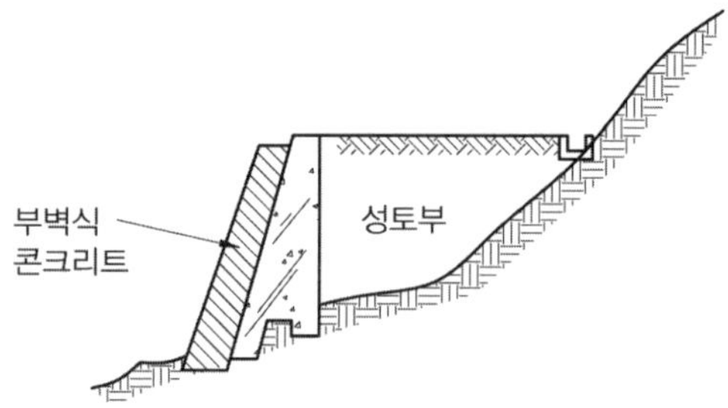

b. 부벽식 옹벽공법

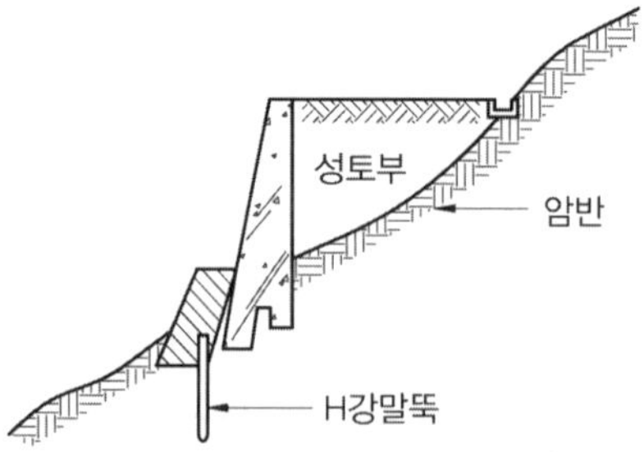

c. 압성토공법

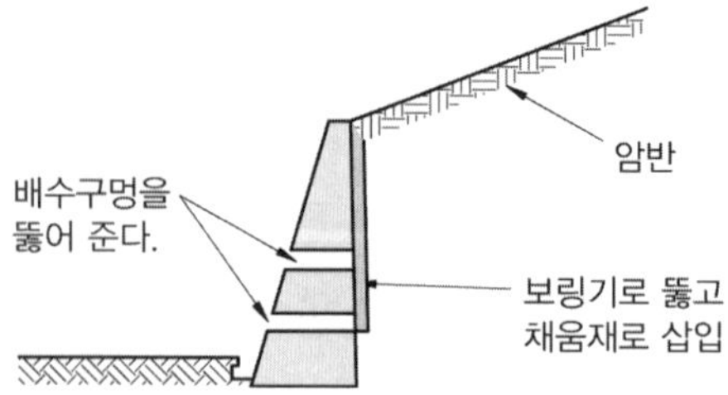

d. 그라우팅공법

실전연습문제

01 1년에 한번만 잔디밭에 뗏밥을 봄철에 두껍게 주려고 한다. 알맞은 뗏밥 두껍게 주려고 한다. 알맞은 뗏밥 두께는? [기사 11.10.02]

㉮ 1 ~ 2mm ㉯ 2 ~ 4mm
㉰ 5 ~ 10mm ㉱ 10 ~ 15mm

02 잔디의 녹병(綠病, Rust)에 관한 설명으로 옳지 않은 것은? [기사 12.03.04]

㉮ 토양전염병원균으로 고온 건조할 때가 많다.
㉯ 화학적인 방제는 디니코나졸수화제를 발병초기부터 일정 간격으로 사용한다.
㉰ 병의 발생은 영양부족, 시비의 불균형, 과도한 답압(踏壓) 등이 있다.
㉱ 잔디의 잎줄기에서 늦가을에 흑색의 반점을 남기며 포자체로 활동한다.

풀이 잔디녹병은 영양불균형이나, 답압, 배수불량에서 나타남. 고온건조 시에는 주로 황화병이 발생

03 다음 그림의 종자저장 방법은? [기사 12.03.04]

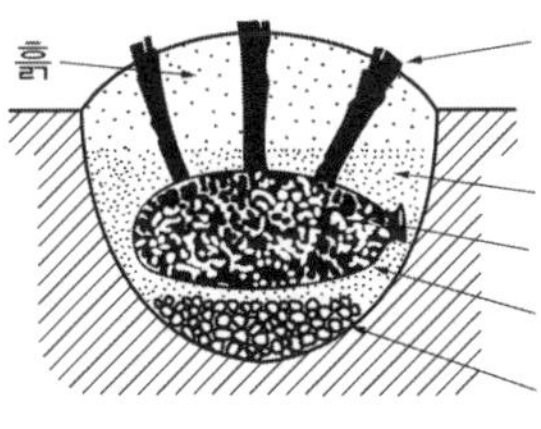

㉮ 노천매장법 ㉯ 밀봉저장법
㉰ 보호저장법 ㉱ 실온저장법

04 다음 포장용수량의 얼마의 토양수분 함유 상태가 잔디생육에 가장 적합한가? [기사 12.03.04]

㉮ 20 ~ 30% ㉯ 40 ~ 60%
㉰ 60 ~ 80% ㉱ 80 ~ 90%

05 다음 잔디 중 지상의 포복경으로 번식하는 잔디는? [기사 12.09.15]

㉮ 파인 훼스큐
㉯ 톨 훼스큐
㉰ 크리핑 벤트그래스
㉱ 페레니얼 라이그래스

06 토양의 투수성, 통기성, 보수성, 경운작업의 용이성 등에 영향을 미치는 토양특성은? [기사 13.03.10]

㉮ 양이온교환용량 ㉯ 토성
㉰ 토양반응 ㉱ 염기포화도

07 다음 중 짧은 예취에 견디는 힘(內短刈性)이 가장 강한 잔디는? [기사 13.03.10]

㉮ 켄터키블루그라스
㉯ 레드훼스큐
㉰ 페레니얼라이그라스
㉱ 벤트그라스

ANSWER 01 ㉰ 02 ㉮ 03 ㉮ 04 ㉰ 05 ㉰ 06 ㉯ 07 ㉱

08 잔디의 스컬핑(Sculping) 현상이란? [기사 13.03.10]

㉮ 햇볕이 부족해서 도장하는 현상
㉯ 과도한 깎기로 줄기만 남는 현상
㉰ 과도한 답압으로 생기는 생육불량 현상
㉱ 배수불량으로 말라죽는 현상

09 잔디밭의 뗏밥(肥土)주기와 관련하여 가장 옳은 것은? [기사 13.06.02]

㉮ 5년마다 1회 정도 실시한다.
㉯ 시기에 있어서 이른 봄 발아 전에 실시한다.
㉰ 두께는 40mm 정도로 한다.
㉱ 뗏밥에 타비료 혼합을 금지한다.

풀이 **잔디밭 뗏밥주기**
잔디 생육이 왕성할 때 1 ~ 2회 준다. 두께는 1.6 ~ 4.1mm 정도이며 비료와 함께 주면 잔디의 분얼과 생육을 촉진시킬 수 있다.

10 다음 중 한국 잔디의 설명으로 옳지 않은 것은? [기사 14.03.02]

㉮ 생육적온은 10 ~ 20℃ 정도이다.
㉯ 한국 원산의 숙근초로서 보통 들잔디라고도 부른다.
㉰ 완전포복경으로 지하경이 왕성하게 뻗어 옆으로 기는 성질이 강하다.
㉱ 5 ~ 6월에 개화하며, 6 ~ 7월에 결실하고, 지상부는 늦가을에 생육이 정지되면서 고사한다.

풀이 한국 잔디 생육적온 25 ~ 35℃으로 난지형 잔디임.

11 다음 중 잔디밭에서 제초제로 사용하기 부적합한 약제는? [기사 14.05.25]

㉮ 에마멕틴벤조에이트 입상수화제
㉯ 엠시피에이 액제
㉰ 페녹슐람 액상수화제
㉱ 디캄바 액제

풀이 **에마멕틴벤조에이트 입상수화제**
살충제로 주로 소나무재선충 약재로 사용함

12 잔디는 종류에 따라 생장습성이 다르다. 다음 중 적정 상대예고(刈高)를 가장 낮게 잘라 주어야 하는 것은? [기사 14.05.25]

㉮ creeping bentgrass
㉯ smooth brome
㉰ tall fescue
㉱ kentucky bluegrass

풀이 한국잔디는 최소 예고(잔디를 깎는 높이) 2cm인 반면 서양잔디의 경우는 3.0mm까지 가능하다. 서양잔디 중 짧은 예고를 가지는 잔디는 벤트그라스로 골프장 그린에 주로 사용한다.

13 다음 중 잔디깎기에 가장 약한 잔디는? [기사 14.09.20]

㉮ 버뮤다그라스
㉯ 벤트그라스
㉰ 들잔디
㉱ 켄터키블루그라스

풀이 **켄터키블루그라스**
너무 짧게 자르면 쇠약해지므로 3cm 정도로 깎아야 한다.

ANSWER 08 ㉯ 09 ㉯ 10 ㉮ 11 ㉮ 12 ㉮ 13 ㉱

CHAPTER 3 시설물의 특수관리

1 시설물 관리 개요

1 유지관리의 목표

① 조경공간과 시설을 항시 깨끗하고 정돈된 상태로 유지한다.
② 경관미가 있는 공간과 시설을 조성, 유지한다.
③ 공간과 시설을 건강하고 안전한 환경조성에 기여할 수 있도록 유지관리한다.
④ 유지관리를 통해 쾌적하고 즐거운 휴게, 오락 기회를 제공함으로써 관리 주체와 이용자간에 좋은 유대관계가 형성되도록 한다.

2 유지관리와 시간, 인력, 장비, 재료의 경제성

① 시간 절약
② 인력의 절약
③ 장비의 효율적 이용
④ 재료의 경제성

3 시설물 유지관리 고려사항

이용밀도, 날씨, 지형, 감독자의 수와 기술수준, 조경시설 이용 프로그램, 이용자의 시설물 파손행위

2 기반시설물 관리

1 배수시설

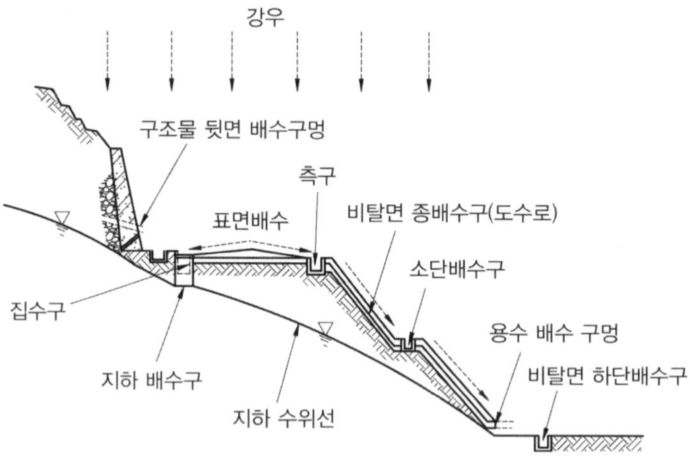

• 배수의 유형 •

(1) 표면배수

① **정의** : 강우에 의해 발생한 지표면을 따라 흐르는 물 또는 인접하는 지역에서 원지 내로 유입하여 들어오는 물을 처리하는 배수형태

② **시설 구조와 각 유지관리**

㉠ 측구(gutter)

ⓐ 정의 : 도로상이나 인접부지의 우수물을 다른 배수처리지점으로 이동시키는 도랑

ⓑ 종류 : 재료에 따라 토사측구, 잔디 및 돌붙임측구, 돌 및 블록쌓기측구, 콘크리트측구
형상에 따라 L형, U형, 반원형, V형, 사다리꼴

ⓒ 유지관리

- 정기적인 점검으로 토사나 낙엽 등 찌꺼기가 쌓이지 않도록 청소
- 저면구배를 일정하게 유지하고, 유수에 의한 토사측구 침식이나 퇴적이 현저한 곳은 필요에 따라 콘크리트측구로 개조
- 콘크리트 제품은 연결이음새의 결함이 많아 누수되기 쉬우므로 보수 교체 실시

㉡ 빗물받이홈(집수구)

ⓐ 정의 : 배수되는 물을 한 곳에 모아 다시 배수계통으로 보내는 배수시설

ⓑ 관리

- 찌꺼기가 쌓여 물빠짐이 방해되어 물이 유출되지 않게 정기적인 청소
- 주변 토사나 콩자갈 등이 유출되거나 지반이 침하되어 집수구가 솟아 올라 물이 유입되지 않을때는 집수구를 절단하여 낮춘다.
- 주변지반보다 솟아있거나 움푹 들어 있을 때는 통행에 위험하므로 즉시 조치
- 뚜껑이 분실, 파손되었을 경우 위험하므로 보수 전 울타리, 표지판을 설치하고 교체 보수

ⓒ 배수관, 도수관

ⓐ 정의 : 다른 집수구나 배수지로 흘려보내는 관

ⓑ 관리

- 오물에 의해 유수단면이 좁아졌는지 관측, 판단 개량
- 누수나 체수 발견 시 즉시 보수
- 기초 불량하여 침하되거나 경사 급격히 달라질 때는 재설치나 개량

ⓔ 맨홀(manhole)

ⓐ 정의 : 지하배수관거를 점검하고 청소를 하거나 전력, 통신 케이블 관로의 접속과 수리 등을 위해 사람이 출입할 수 있는 통로

ⓑ 관리

- 주변지반보다 솟아있거나 움푹 들어가 있을 때는 통행에 위험하므로 즉시 조치
- 뚜껑이 분실, 파손되었을 경우 위험하므로 보수 전 울타리, 표지판을 치고 교체 보수

(2) 지하배수

① **정의** : 지반 내의 배수를 목적으로 하여 지표면를 밑의 지하수위 저하시키든지, 지하에 고인물, 지면으로부터 침투하는 물을 배수하는 형태

② **시설구조**

㉠ 암거배수시설 : 배수관거에 의해 지표수 처리하는 시설

㉡ 유공관 배수시설 : 지하수와 같이 심토층에서 용출되는 물이나 지표수가 지하로 침투한 물을 차단해 배수하는 시설

㉢ 자갈, 모래층의 맹암거배수시설

③ **관리사항**

㉠ 설치년월, 배치위치, 구조 등 명시한 도면을 별도로 만들어 놓는다.

㉡ 배수 유출구가 기능 다하는지 주의 관찰

㉢ 지하배수시설은 유출구 외에는 육안으로 보이지 않기에 비온 뒤에는 항상 이상유무를 유출구를 통해 확인한다.

㉣ 배수기능이 떨어질 때는 다른 위치에 재설치하는 것이 효과적
㉤ 지하배수가 불충분할 때는 새로운 시설을 설치하는 것이 좋다.

(3) 비탈면배수

① 정의 : 강우에 의한 빗물이나 표면 유수 등을 비탈면으로 유입되지 않게 하는 것. 비탈면의 지하수를 안전하게 비탈면 밖으로 배수하는 방법
② 시설구조
㉠ 비탈면 어깨배수구 : 인접지역에서 흘러 들어오는 것을 차단하는 것
㉡ 종배수구 : 비탈면 자체에 내리는 우수를 흘러내리게 하는 것
㉢ 소단배수구 : 비탈면 소단에 가로로 받아 종배수구에 연결시키는 것
③ 관리사항
㉠ 높은 성토비탈면의 소단배수구 및 절·성토비탈면 상단의 어깨배수구 정기 점검
㉡ 배수구의 무너진 흙, 낙석, 잡초 등의 수시 제거
㉢ U형 콘크리트 제품은 지반의 부등침하로 이음새가 어긋나는 경우가 많으므로 재설치

★★★★ 2 도로 및 광장 포장공사

(1) 용도별 포장유형

① 자전거 및 관리용 차량도로
㉠ 아스팔트 콘크리트 포장
㉡ 시멘트 콘크리트 포장
② 보도, 광장, 원로
㉠ 블록포장
㉡ 타일포장
㉢ 화강석 및 자연석 평판포장
㉣ 토사 포장

(2) 토사포장

① 포장방법
㉠ 혼합물(자갈이나 깬돌+모래, 점토)을 30~50cm 깔아 다지기
㉡ 노면자갈의 최대굵기는 30~50mm 이하, 노면 총두께의 1/3 이하
㉢ 점토질은 10% 이하, 모래질은 30% 이하
㉣ 노면자갈 = 자갈(30~50mm) 55~75% + 모래(2~0.07mm) 15~30% + 점토(0.07 이하) 5~10%

② 보수, 시공방법

㉠ 개량 : 지반치환공법, 노면치환공법, 배수처리공법

㉡ 보수

ⓐ 흙먼지방지 : 살수, 약품살포, 역청재료의 혼합법

ⓑ 노면요철부처리 : 노면 횡단경사 3~5% 유지, 노면자갈 1~4회/1년 보충

ⓒ 동상, 진창흙 방지 : 흙을 비동상성 재료로 바꾸고 배수시설로 지하수위 저하

ⓓ 도로배수 : 배수불량지역에 토사측구 굴착

(3) 아스팔트 콘크리트 포장

① 포장단면도

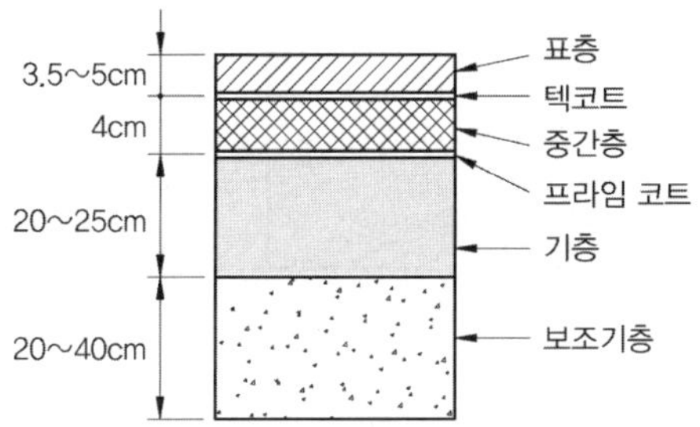

• 포장구조도 •

② 점검

㉠ 노면상황조사 : 균열조사, 요철조사

㉡ 노면 상세조사 : 처짐량, 균열, 요철, 미끄럼 저항, 침하량, 마모, 박리조사

③ 파손원인

㉠ 균열 : 아스콘 혼합물 배합이 나쁠 때, 아스팔트 노화 시, 아스팔트 두께가 부족할 때

㉡ 국부적 침하 : 기초 노체의 시공불량, 노상의 지지력 부족이 원인임

㉢ 파상의 요철 : 지지력 불균일, 아스팔트 과잉, 아스콘의 입도불량, 공극률 부족시

㉣ 노면연화 : 아스팔트 과잉, 골재입도불량, 택코트 과잉

㉤ 박리 : 표층 품질 불량, 지하수위 높은 곳이나 차량기름이 떨어진 곳

④ 보수, 시공방법

㉠ 균열에 의한 파손

ⓐ 패칭공법(patching) : 가열혼합식, 상온혼합식, 침투식 공법
파손부위 절단 → 택코트시행 → 가열된 아스팔트 혼합물 주입살포 → 다지기 → 표면에 석재, 모래살포 → 식으면 개통

ⓑ 표면처리공법 : 차량통행이 적고 피해가 심각하지 않은 부위에 골재나 아스팔트만으로 균부분을 메우거나 덮어씌우는 방법

ⓒ 덧씌우기 공법(overlay) : 파손 부위를 패칭과 같이 부분보수

㉡ 국부적 침하에 의한 파손

ⓐ 꺼진 곳 메우기 : 경미한 침하일 때 절단하고 택코트, 혼합물을 사용해 메우기

ⓑ 치환설치 : 절단 → 골재로 메우기 → 프라임코트 → 중간층 → 택코트 → 표층

㉢ 파상의 요철에 의한 훼손 : 요철은 깎아내고 표면은 덧씌우기

㉣ 표면연화에 의한 파손 : 석분, 모래 균등히 살포하여 전압

㉤ 박리 : 패칭, 덧씌우기, 부분적 박리일 때는 꺼진 곳 메우기 처리

(4) 시멘트 콘크리트 포장

① 포장구조

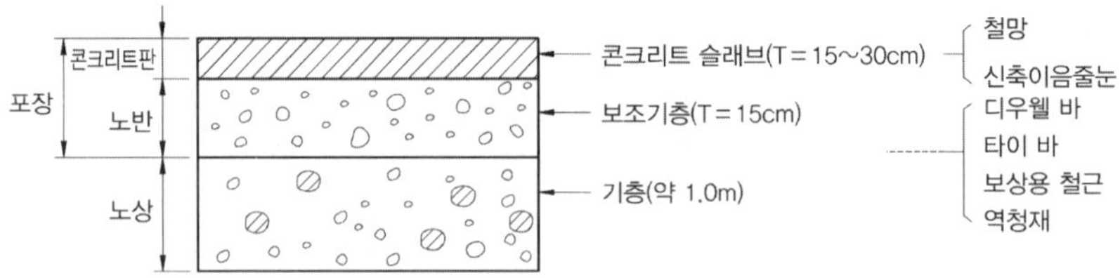

② 파손원인

㉠ 콘크리트, 슬래브 자체의 결함

㉡ 노상, 보조기층의 결함

③ 파손형태 : 균열, 융기, 단차, 마모에 의한 바퀴자국, 박리, 침하

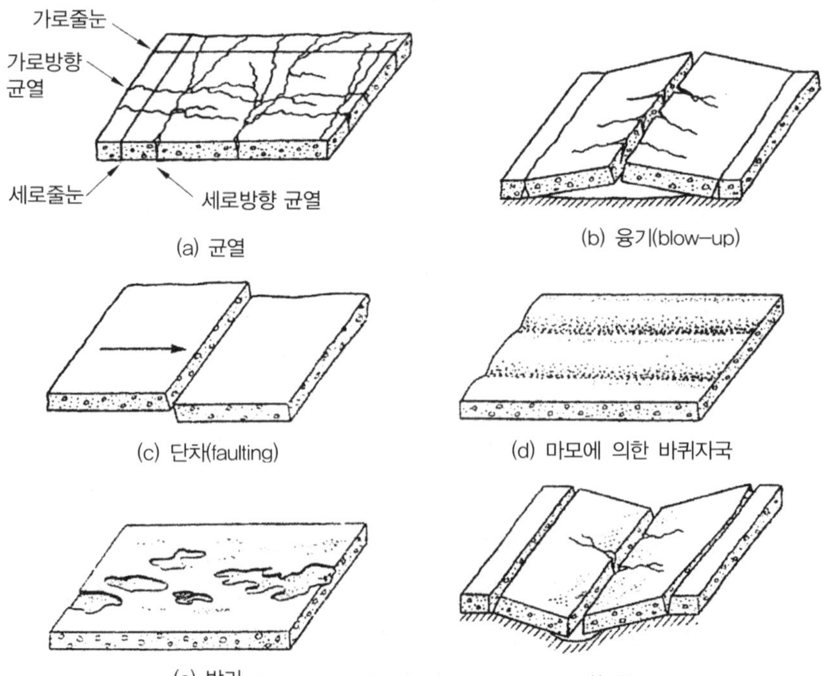

(a) 균열

(b) 융기(blow-up)

(c) 단차(faulting)

(d) 마모에 의한 바퀴자국

(e) 박리

(f) 침하

④ 보수 및 시공

☆☆☆ ㉠ 줄눈 및 표면의 균열

ⓐ 충전법 : 쓰레기 제거 → 접착제(프리미어) 살포 → 충전재 주입 → 열 나면 모래뿌리기

ⓑ 꺼진 곳 메우기 : 아스팔트 유제 채우기. 심한 곳은 아스팔트 모르타르, 혼합물로 메우기

ⓒ 덧씌우기 : 전면적 파손 우려가 있는 경우

ⓓ 모르타르 주입공법 : 포장판과 기층과의 공극을 메워 기층의 지지력 회복시킴.

- 시공방법 : 주입구멍 뚫기 → 공기 불어넣어 청소 → 가열 아스팔트나 시멘트 모르타르 주입 → 구멍에 마개 → 주입재료가 굳으면 마개 떼고 시멘트 모르타르 채우기 → 시멘트는 3일간 양생

ⓔ 패칭 : 넓은 면적에 파손이 심할 때 기계로 인한 공사

㉡ 콘크리트 슬래브 꺼짐 : 노상, 노면의 결함과 표면의 균열로 우수가 들어가 노반이 파손되었을 때 초기는 주입공법, 심하면 메우기나 패칭

㉢ 박리 : 저온이 오랫동안 지속 시 초기는 시멘트풀, 심하면 시멘트 모르타르 바르기

(5) 블록포장

① 포장유형

㉠ 시멘트 콘크리트 재료 : 콘크리트 평판블럭, 벽돌블럭, 인터로킹블럭

㉡ 석재료 : 화강석 평판 블록, 판석블럭

㉢ 목재료 : 목판블럭

② 포장구조

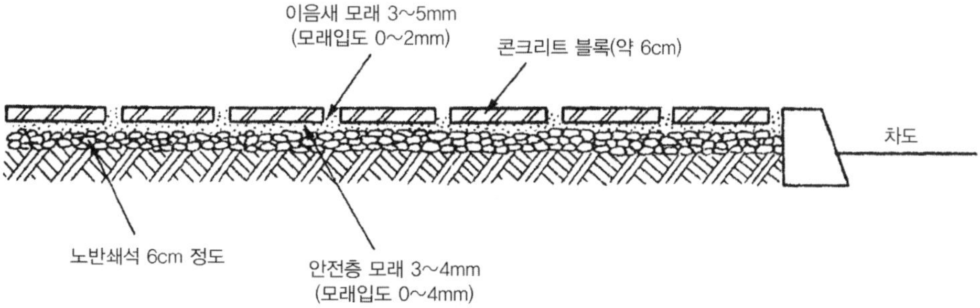

• 평판블록 포장단면도 •

③ **점검** : 제품 자체의 파손, 시공불량 파손

④ **파손원인** : 블록모서리 파손, 블록자체 파손, 블럭 포장 요철, 단차이, 표면의 만곡

⑤ **보수 및 시공방법** : 위치 선정 → 블록제거 → 기층보수 → 기층진압 → 안전층 모래(3~4cm) → 콤팩트 진압 → 블록깔기 → 충진모래 삽입(빗자루로 쓸기) → 콤펙트 다짐 → 검사

3 급수, 관수시설

① 급수관의 정기적 검사. 수압 검사해 급수관의 상태 파악
② 낡은 급수관은 부식, 이물질로 채워져 수질상태 악화시킴
③ 정기적인 교체와 관 매설 도면을 별도로 관리

CHAPTER 03 시설물의 특수관리

실전연습문제

01 광장이나 녹지의 적절한 유지관리를 위한 배수시설에 대한 설명 중 부적합한 것은? [기사 11.03.20]

㉮ 일반적으로 배수시설에는 표면에 노출하는 개거식과 지하에 매설하는 암거식 두 가지로 분류한다.
㉯ 도로와 광장의 배수는 물매를 붙여 측구를 통해 맨홀에 모이게 한다.
㉰ 콘크리트 측구는 L, V, 사다리꼴형 등을 적절하게 이용하게 한다.
㉱ 지하수위가 높은 저습지는 배수시설이 필요하지 않다.

풀이 ㉱ 지하수위가 높은 저습지는 반드시 배수시설을 요한다.

02 아스팔트 포장의 파손부분을 사각형 수직으로 따내고 보수하는 공법으로 포장이 균열되었거나 국부적 침하, 부분적 박리일 때 적용하는 공법은? [기사 11.06.12]

㉮ 패칭 공법　㉯ 표면처리 공법
㉰ 덧씌우기 공법　㉱ 혈매 공법

03 시설물의 유지보수공사는 일반 조성공사보다 공사비에 약간의 할증(割增)을 행한다. 이 때의 이유에 해당하지 않는 것은? [기사 11.10.02]

㉮ 공사비의 소액성(少額性)
㉯ 공사의 수시성(隨時性)
㉰ 장소의 산재성(散在性)
㉱ 장소의 격리성(隔離性)

04 콘크리트재 부분을 보수할 때 사용하는 고무(gum)압식 주입공법의 설명으로 옳지 않은 것은? [기사 12.09.15]

㉮ 주입재는 24시간 이상 양생시켜야 한다.
㉯ 주입구과 주입파이프의 중간에 고무튜브를 설치하는 것이다.
㉰ 시멘트 반죽이나 고분자계 유제 혹은, 고무유액을 혼입하는 것이 일반적이다.
㉱ 고무 튜브를 직경에 맞도록 팽창시키고 튜브 내 압력이 $3kg/cm^2$ 정도로 유지되도록 한다.

풀이 고무튜브를 직경 2배까지 팽창시키고 압력을 주어 파이프 통해 주입재 삽입

05 배수시설의 관리에 의한 효용이 아닌 것은? [기사 13.06.02]

㉮ 강우 및 강설량의 조절
㉯ 유속 및 유량감소로 토양침식 방지
㉰ 토양의 포화상태를 감소시켜 지내력 확보
㉱ 해충의 번식원인이 될 수 있는 고여 있는 물을 제거

ANSWER 01 ㉱ 02 ㉮ 03 ㉱ 04 ㉱ 05 ㉮

06 다음 중 아스팔트 포장의 보수공법으로 가장 부적합한 것은? [기사 13.09.28]

㉮ 패칭 공법 ㉯ 표면처리 공법
㉰ 덧씌우기 공법 ㉱ 그라우딩 공법

풀이 **아스팔트 포장의 보수방법**

㉮ 패칭공법 : 포장균열, 국부침하 등 넓은 면적이거나 파손이 심할 때 파손부분을 떠내고 보수함
㉯ 표면처리공법 : 차량통행이 적고 피해가 심각하지 않은 부위나 골재나 아스팔트만으로 균부분을 메우거나 덮어씌우는 방법
㉰ 덧씌우기공법 : 파손부위를 패칭과 같이 부분보수
㉱ 그라우딩공법 : 콘크리트옹벽의 보수방법으로 옹벽 뒷면의 지하수를 배수구멍에 유도시키고 토압을 경감시키는 공법이다.

07 표면 배수시설 중 측구(側溝)에 관한 설명으로 옳지 않은 것은? [기사 14.05.25]

㉮ 토사 측구는 단면(斷面) 및 저면(低面) 구배를 일정하게 유지한다.
㉯ 토사 측구의 침식이나 퇴적이 현저한 지점은 필요에 따라 콘크리트 측구로 개조하는 것이 필요하다.
㉰ 콘크리트 측구는 측벽 주위의 토압에 눌려 넘어지거나 파손되는 경우가 많다.
㉱ 일반적으로 제품(concrete precast)으로 된 측구는 연결 이음새의 결합이 적어 보편적으로 사용된다.

풀이 콘크리트 제품은 연결 이음새의 결합이 많아 누수되기 쉬우므로 보수 교체 실시해야 함

08 다음 중 토사포장의 보수방법으로 옳지 않은 것은? [기사 14.05.25]

㉮ 먼지 억제를 위해 살수를 통한 일시적 방법이나 염화칼슘을 사용한 약품살포법이 있다.
㉯ 요철부의 처리는 배수가 잘되는 모래, 자갈로 채우고 다짐을 한다.
㉰ 진창흙의 방지를 위해 배수시설을 하거나 지하수위를 저하시킨다.
㉱ 노면 횡단경사를 8 ~ 10% 이하로 유지하고 지표수는 신속히 배제한다.

풀이 **토사포장 노면요철부 처리 보수**

노면 횡단경사 3 ~ 5% 유지, 노면자갈 1 ~ 4회/1년 보충한다.

09 시멘트 콘크리트 포장의 보수를 위한 패칭(Pathing)공법의 시공 내용으로 가장 부적합한 것은? [기사 14.09.20]

㉮ 포장의 파손부분을 쓸어낸다.
㉯ 깨끗이 쓸어낸 뒤 택코팅한다.
㉰ 슬래브 및 노반의 면 고르기를 한다.
㉱ 필요 기간 동안 충분한 양생작업을 한다.

풀이 **시멘트 콘크리트 패칭공법(patching)**

균열에 의한 파손 시 보수하는 방법으로 넓은 면적에 파손이 심할 때 기계로 인한 공사로 파손부위 청소 – 굴착하여 절단 – 슬래브 및 면 고르기 – 콘크리트 혼합물을 넣고 슬래브 면 고르기 – 양생
택코트는 아스팔트 콘크리트 패칭 시 시행함

ANSWER 06 ㉱ 07 ㉱ 08 ㉱ 09 ㉯

10 품질관리수법 중 다음 그림의 산포도는 어떤 상관관계를 의미하는가? (단, r은 상관계수이다.) [기사 14.09.20]

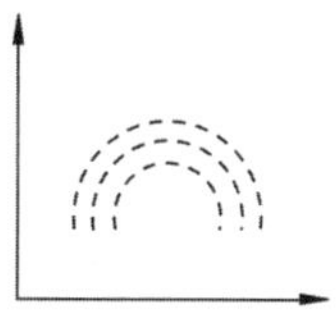

㉮ $r = 0$ ㉯ $r = -1$
㉰ $r = 1$ ㉱ $r = 0.5$

풀이
- 산포도 : 두 변수 간의 관계를 알아보기 위해 두 변수값을 나타내는 점을 도표에 나타낸 것
- 상관관계 : 두 면수의 관계를 알아보기 위해 각각의 축에 변수를 설정하고 두 변수 간의 상관관계를 나타내는 상관계수 r로 분석한 것으로 $1 > r > -1$임. $r > 0$면 양의 상관관계, $r < 0$이면 음의 상관관계, $r = 0$이면 무상관이며 1과 -1 사이에서 숫자가 클수록 강한관계라 한다.

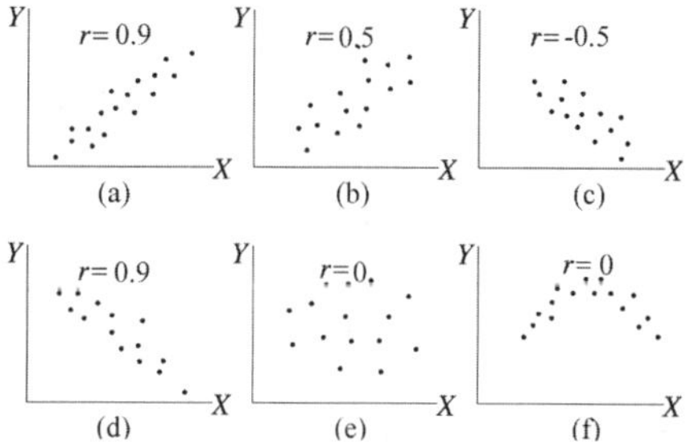

ANSWER 10 ㉮

3 편익 및 노후시설물 관리

1 간판 및 표지시설

(1) 표지판 유형

① **유도표지** : 장소의 지명, 다음 대상지 및 주요시설물이 위치한 장소의 방향, 거리 표시
② **안내표지** : 탐방대상지 위치, 거리, 소요시간, 방향 등 대상지 안내도
③ **해설표지** : 문화재나 유물의 배경과 가치의 중요성 설명
④ **도로표지** : 통행상 금지, 제한을 전달해 도로사용 규칙 주지

(2) 표지판의 재료

사용재료	가공상태	재료의 특성	비고
목재	• 자연상태 • 인공상태 • 자연과 인공의 복합	• 자연환경과 조화를 이루기가 쉽다. • 내구성이 약하다.	
석재	• 자연상태 • 인공상태 • 자연과 인공의 복합	• 내구성이 강하다. • 자연환경과 조화를 이루기가 쉽다. • 가공이 어렵고, 용도가 한정된다.	
금속재	• 인공상태	• 내구성이 강하고, 주조성이 좋다. • 가공 및 조립이 용이하다. • 도장할 경우 퇴색 및 벗겨질 우려가 있다.	• 법랑은 내구성이 강하고(10년), 아름다우나 충격에 약하다. • 알루미늄은 가볍고 녹슬지 않으나(5년), 해수에 약하다.
콘크리트재	• 인공상태 • 자연형태를 모방한 변형	• 다양한 형태의 제작이 가능하다. • 목재가 가지는 결이나 표피의 효과를 낼 수 있다. • 미관상 목재나 석재에 뒤진다.	• 자연적인 배경과 조화를 고려해야 한다.
합성수지재 (아크릴, 플라스틱)	• 인공상태	• 내구성이 약해서 문자판과 지주로 사용하기 어렵다.	

(3) 표지판 손상부분 점검

구분		점검항목
재료별	목재	• 부패된 부분 • 잘라지거나 뒤틀린 부분, 파손된 부분
	석재	• 충격에 의해 파손되거나 금이 간 부분
	금속재	• 파손된 부분, 뒤틀리거나 찌그러진 부분
	콘크리트재	• 금이 가거나 갈라진 부분, 파손된 부분 • 기초의 노출상태
	연와재, 합성수지재	• 금이 가거나 파손된 부분, 흠이 생긴 곳
기타		• 문자나 사인이 보이지 않는 부분 • 소정의 방향을 향해 있지 않는 것, 넘어진 것 • 도장이 벗겨진 곳, 퇴색한 곳

(4) 유지관리

① 전반적인 관리

㉠ 청소 : 포장도로, 공원에서는 월 1회, 비포장도로는 월 2회

㉡ 도장 : 2~3년에 1회

② 보수, 교체

㉠ 재료의 특징에 대한 보수는 벤치, 야외탁자와 동일

㉡ 접합부분 이완 시 잘 조이며, 부품 마모나 녹이 심하게 슨 것은 교체

㉢ 글자, 사인 등 손상 시는 수정, 보수, 도장이 벗겨진 경우 재도장

2 벤치, 야외탁자

(1) 재료별 특징

재료	장점	단점
목재 (자연목, 제재목)	• 감촉이 부드럽다. • 4계절을 통하여 이용하기 좋다. (열 전도율이 낮음) • 수리가 용이하다. • 무늬모양이 아름답다.	• 파손되기 쉽다. • 습기에 약하며 썩기 쉽다. • 병충해의 피해를 받기 쉽다. • 내화력이 좋다.
철재 (특수강, 주철, 강철)	• 가장 튼튼하다. • 가공하기 쉽다. • 무게가 있고, 안정감이 있다. • 내구성이 좋다.	• 시각적, 촉각적으로 찬 느낌을 준다. • 기온에 민감하다. • 녹슬기 쉽다.

재료	장점	단점
콘크리트재 (제치장, 모르타르 바름, 연마, 타일붙임, 인조석물갈기, 자연석 붙임)	• 자유로운 형태조작이 가능하다. • 표면처리를 다양하게 할 수 있다. • 내구성이 좋다. • 제작비가 저렴하다. • 유지관리가 용이하다.	• 감촉이 딱딱하다. • 파손된 부분은 아주 흉하다. • 알칼리 성분이 스며 나와 미관상 좋지 않다.
합성수지재	• 성형 가공되기 때문에 자유로운 디자인이 가능하다. • 제작된 제품은 색채가 쉽게 변하지 않는다.	• 파손되면 보수가 곤란하다. • 높은 강도가 요구된다.
도기재	• 색채와 무늬가 아름답다. • 쉽게 더러워지지 않는다. • 변화 있는 형태의 창조가 가능하다.	• 파손되면 부분보수가 곤란하다.
석재 (자연석, 가공석)	• 견고하다. • 외관이 아름답다. • 내구성이 좋다. • 유지관리가 용이하다.	• 제작 및 운반이 곤란하다. • 값이 비싸다. • 감촉이 딱딱하다.

(2) 목재관리

① 목재의 기본적 성질에 의한 보수방법

㉠ 인위적 힘에 의한 파손 : 파손부분 교체 및 보수

㉡ 온도와 습도에 의한 파손 : 파손부위 제거 후 나무못 박기, 빠데 채움, 교체

㉢ 균류에 의한 피해 : 균은 20~30℃, 목재 함수율 20% 이상에서 생육함.
방균제 살포, 부패 제거후 나무못 박기, 빠데 채움, 교체

㉣ 충류에 의한 피해 : 유기염소계통, 유기인계통 방충제 살포

② 유지관리

㉠ 부패되었을 경우

ⓐ 충류

- 건조제 가해하는 충류 : 가루나무좀류, 개나무좀류, 빗살수염벌레류, 하늘소류
- 습윤제 가해하는 충류 : 흰개미류
- 목재방부제 종류 : 유기염소계통, 유기인계통, 붕소계통, 불소계통

ⓑ 균류

- 포자상태로 공기 중에 존재. 목재 표면에 떨어져 적당 수분, 온도 주어져 발아
- 목재 방균제 : 유상 방부제(타르, 크레오소트) 유속성 방부제(유기은 화합물, 클로로 페놀류) 수용성 방수제(C.C.A, P.C.A.P)

㉡ 갈라졌을 경우

ⓐ 목재 피목되어 있는 페인트, 이물질 청소

ⓑ 빠데를 갈라진 틈에 매우기

ⓒ 목재와 빠데 바른 부분이 일치하도록 샌드페이퍼로 문지르고 마무리

ⓓ 목재 부패 방지를 위해 조합페인트, 바니스칠 등 도장처리

㉢ 교체

ⓐ 지면과 접하고 있는 목재부분은 썩기 쉬우니 모르타르 바르거나 정기적 방부제 칠

ⓑ 매끈히 대패질 → 연결 볼트, 철물 제거 → 새좌판 조정후 연결해 고정 → 마감

★★★ (3) 콘트리트재 부분 유지관리

① 균열부 보수

㉠ 표면 실링(sealing)공법

ⓐ 0.2mm 이하의 균열부에 적용

ⓑ 애폭시계 재료를 폭 3cm, 깊이 3mm 도포

ⓒ 알칼리성 골재 반응할 경우 폴리우레탄으로 표면방수 실링해 반응 정지시킬 것

㉡ V자형 절단공법

ⓐ 균열부를 V자로 잘라내 충전재를 삽입하는 것

ⓑ 표면실링보다 확실. 누수가 있는 곳의 애폭시계 주입제 사용이 적절치 못한 경우

ⓒ 충전재 삽입 후 파이프를 통해 지수재(폴리우레탄 계열) 주입

㉢ 고무벅(gum)식 주입공법

ⓐ 주입구와 주입파이프 중간에 고무튜브 설치하는 것

ⓑ 고무튜브를 직경 2배까지 팽창시키고 압력을 주어 파이프 통해 주입재 삽입

② 연약부 보수

㉠ 시멘트 모르타르에 의한 보수

ⓐ 표면에서 수직으로 절단하고 내부는 원형으로 만든다.

ⓑ 중력비 1 : 1 조강시멘트, 세사 0~2mm 모르타르 사용

㉡ 콘크리트 뿜어붙이기에 의한 보수

ⓐ 뿜어붙이기층은 1회당 2~5cm로 건식법을 사용해 호스로 공급

③ 전면 재시공

㉠ 파손이 심해 전면시공이 경제적일 때, 부분보수 시 미관상 크게 손상 시 등 사용

(4) 철재부분

① 인위적인 힘에 의한 파손관리

㉠ 나무망치로 복원, 부분절단 후 교체

㉡ 용접 시는 젖거나 바람이 많이 불거나, 기온이 0℃ 이하일 때는 삼가

② 온도, 습도에 의한 부식관리

㉠ 약한부식 : 샌드페이퍼로 닦아낸 후 도장, 심한 부식 : 부분절단 후 교체

(5) 석재부분

① 파손부분 보수

㉠ 알코올 세척후 접착제(에폭시계, 아크릴계)로 접착

㉡ 완전 경화될 때까지 고무로프로 견고히 잡아 매기

㉢ 접착제 사용은 대기상온 7℃ 이상에서 할 것

② 균열부분 보수

㉠ 작은 균열폭 : 표면실링공법

㉡ 큰 균열폭 : 고무벽식 주입공법 사용

(6) 합성수지재, 도기재

① 파손원인 : 강한 힘, 열 등에 잘 파손됨

② 파손부위는 부분보수 할 수 없고 교체해야 함

3 휴지통

(1) 손상점검항목

구분	점검항목
철재	용접 등의 접합부분, 충격에 의해 비틀리거나 파손된 부분, 부식된 부분
목재	접합부분, 갈라진 부분, 파손된 부분, 부패된 부분
콘크리트재	파손된 부분, 갈라진 부분, 금이 간 부분, 침하된 부분
합성수지재	갈라진 부분, 파손된 부분, 변형된 부분
기타	도장이 벗겨진 곳, 퇴색된 곳, 담배불이나 화재 등으로 인한 파손상태 등

(2) 유지관리

① 전반적 관리

㉠ 이용량에 따라 개수가 증가함

㉡ 벤치나 야외탁자 주위는 쓰레기가 많으므로 설치개수나 장소 재검토

② 보수, 교체

㉠ 벤치, 야외탁자와 동일

㉡ 이용자가 많은 곳은 접합부 볼트, 너트를 충분히 조인다.

㉢ 본체, 뚜껑, 지지부속이 꺾이고 굽은 것은 보수, 교체

4 음수대

(1) 손상점검항목

구분		점검항목
개통별	급수관	• 매설장소에 있어서 누수 및 함몰이 현저한 지반침하 등의 이상 유무 • 제수변 내의 퇴수용 밸브, 게이트밸브 등의 개폐를 행하여 작동상태 확인 • 제수변 내부에 토사의 유입 유무 • 제수변의 파손 유무
	배수관	• 맨홀을 점검하여 오물 및 오수가 괸 곳 • 배수관 내의 오수의 흐름상태 • 배수관 내, 매설지 표면의 움푹한 곳, 함몰 등의 유무, 드레인의 상태 확인
재료별	철재	• 용접 등의 접합부분, 충격에 비틀린 곳, 파손된 곳, 부식된 곳
	콘크리트재	• 금이 간 곳, 파손된 곳, 침하된 곳
	도기재, 블록재	• 금이 간 곳, 파손된 곳
기타		• 제수변의 먼지 및 오물 적재상태, 작동 여부, 도장이 벗겨진 곳, 퇴색된 곳, 접합부분 등

(2) 유지관리

① 전반적 유지관리

㉠ 배수구가 막히지 않게 찌꺼기 제거

㉡ 3계절형인 곳은 겨울에 gate 밸브 잠가 물 빼기, 동파 방지

㉢ 제수변은 손상입지 않게 외부인 출입이 없는 곳에 설치

② 보수, 교체

㉠ 급수관

ⓐ 누수 시 밸브 잠그고 관리

ⓑ 염화비닐관 : 내산성, 내약품성이 좋고 녹이 슬지 않고, 가볍고 시공이 용이(장점) 5℃ 이하 저온에 약하고 60℃ 이상 고온에 위험(단점)

㉡ 본체 마감면 : 인조석 바르기, 테라조 바르기, 타일 붙이기, 석재 붙이기

5 유희시설

(1) 유희시설의 유형

고정식	정적 놀이시설	진동계	그네, 늘어진 손잡이
		요동계	시소
		회전계	회전그네, 메리고라운드
	동적 놀이시설	현수운동계	정글짐, 철봉
		활강계	미끄럼틀
		등반계	정글짐, 비탈면 오르기
		수직계	늑목(수직래더)
		수평계	수평대, 플레이스탭
	조합놀이시설		조합놀이대, 미로, 놀이벽, 조각놀이대
이동식	구성놀이		어린이 상상력, 창조력을 통해 조립 제작하는 형태로 모래성, 구조물 만들기 놀이형식

(2) 유희시설의 재료

제한 이용시설	목재와 합판, 철재, 플라스틱, F.R.P, 석재, 가죽 등
유용한 재료	케이블, 릴, 드럼통, 콘크리트관, 전신주, 침목, 타이어, 튜브 등
폐자재	폐비행기, 폐자동차, 폐보트, 폐수레, 블록, 마닐라 로프, 통나무, 그물망, 판자집, 농기구 등
기타재료	모래, 진흙, 물, 수목, 장난감 등

(3) 유지관리

① 전반적 관리

㉠ 염분, 대기오염 심한 곳은 가급적 스테인리스 제품을 사용

㉡ 파손 우려 시설물을 사용하지 못하게 조치하고 즉시 보수할 것

② 보수, 교체

㉠ 철재 유희시설 : 방청처리, 접합부 조이기, 연결부의 벌어짐 등 심한 경우는 교환 회전 부분에 잡음이 생기면 정기적으로 구리스 주입

㉡ 목재 유희시설 : 방부처리, 연결부분 조이기, 기초보수

㉢ 콘크리트재 유희시설 : 철근 노출 시 보충, 3년에 1번씩 미관도장

㉣ 합성수지재 유희시설 : 마모, 퇴색, 깨지기 쉽고 부분보수보다는 전면교체

6 조명시설

(1) 광원의 유형과 특성

백열등	• 수명이 짧고 효율이 낮음 • 열이 나며 전구가 소형, 광속유지 우수하고 색채연출 가능
형광등	• 자연스럽고 청명한 색채 • 빛이 둔하고 흐려 강조조명에 쓸 수 없다. • 면하는 기온, 조건하에서 전등발광과 효율을 일정하게 유지하기 어려움
수은등	• 수명이 가장 길다. • 녹색, 푸른색 외 색채연출이 불량한 것은 보완한 인을 코팅한 전등 사용
금속할로겐등	• 빛 조절이나 통제가 용이하며 색채연출 우수 • 고출력의 높은 전압에서만 작용해 정원, 광장에서 사용 곤란
나트륨등	• 열효율 높고, 투시성이 뛰어남 • 설치비는 비싸고, 유지관리비는 싸다.

(2) 옥외등주의 특성

등주재료	제작	장점	단점
철 재	• 합금, 강철 혼합으로 제조	• 내구성이 강하다. • 페넌트 부착이 용이하다.	• 부식을 피하기 위해 방부 처리를 요한다. • 무겁다.
알루미늄	• 알루미늄 합금으로 제조	• 부식에 대한 저항력이 강하고 유지관리에 용이하다. • 가벼워서 설치가 용이하다. • 비용이 저렴하다.	• 내구성이 약하다. • 페넌트 부착이 곤란하다.
콘트리트재	• 철근콘크리트와 압축 콘크리트의 원심적 기계과정에 의해 제조	• 유지관리가 용이하다. • 부식에 강하다. • 내구성이 강하다.	• 무겁다. • 설치에 중장비를 요한다. • 타 부속물 부착이 곤란하다.
목재	• 미송, 육송 등으로 제조	• 전원적 성격이 강하다. • 초기의 유지관리가 용이하다.	• 부패를 막기 위해 크레오소트, C.C.A 등으로 방부처리를 요한다.

(3) 유지관리

① 형광등, 수은등, 고압나트륨등은 전용의 조광형안정기로 1주당 광속조절

② 나트륨등은 1개의 등주에 2개의 등기구를 설치해야 경제적

③ 등기구 청소는 1년에 1회 이상, 3~5년에 1번씩 도장

CHAPTER 03 시설물의 특수관리

실전연습문제

01 합성수지 재료로 만든 조경공작물의 특성으로 옳은 것은? [기사 11.03.20]

㉮ 마모나 훼손에 강하므로 내구성이 있다.
㉯ 한 번 마모된 시설은 보수가 간편하다.
㉰ 색깔이 아름다우므로 공장지대나 밝은 태양 아래 설치하면 좋다.
㉱ 성형이 용이하고 규격화할 수 있다.

02 금속제 시설물의 부식이 가장 늦은 곳은? [기사 12.03.04]

㉮ 해안별장지대
㉯ 전원주택지
㉰ 시가지나 공업지대
㉱ 산악지의 스키장

풀이 염분이나 물, 오염이 없는 곳이 부식이 적다.

03 다음 중 빛의 조절이나 통제가 용이하며, 색채 연출이 우수하지만, 고출력의 높은 전압에서만 작동이 가능하므로 정원, 광장 등에는 사용이 곤란한 옥외 조명은? [기사 12.05.20]

㉮ 백열등 ㉯ 형광등
㉰ 수은등 ㉱ 금속할로겐등

04 미끄럼판에 사용되는 F.R.P 제품의 일반적 성질 중 물리적 성질이 아닌 것은? [기사 12.05.20]

㉮ 내열성 ㉯ 압축강도
㉰ 인장강도 ㉱ 내약품성

05 다음 유희시설의 전반적인 유지관리 중 적절하지 않은 것은? [기사 12.09.15]

㉮ 해안의 염분, 대기오염의 현저한 지역에서는 강력한 방청처리를 하거나 스테인리스제품을 사용한다.
㉯ 사용재료에 균열발생 등 파손우려가 있거나 파손된 시설물은 사용하지 못하도록 한다.
㉰ 바닥모래를 충분히 건조된 것으로서 어린이가 다치지 않도록 최대한 가는 모래를 깐다.
㉱ 놀이터 내에 물이 고이는 곳이 없도록 모래면을 평탄하게 고른다.

06 다음 시설물 중 부식이 가장 빠르게 나타날 수 있는 조건은? [기사 14.03.02]

㉮ 그늘에 설치된 플라스틱 제품
㉯ 콘크리트에 묻힌 철제 지주
㉰ 고온지대에 설치된 철 제품
㉱ 물 표면에 접한 목재부분

풀이 철제나 목재는 수분으로 인해 부식이 일어난다.

07 다음 목재로 된 벤치에 대한 단점으로 가장 거리가 먼 것은? [기사 14.03.02]

㉮ 병해충의 피해를 받기 쉽다.
㉯ 습기에 약하며 썩기 쉽다.
㉰ 내화력이 작다.
㉱ 파손되면 보수가 곤란하다.

ANSWER 01 ㉱ 02 ㉯ 03 ㉱ 04 ㉱ 05 ㉰ 06 ㉱ 07 ㉱

풀이 목재는 파손이 되면 목재의 성질을 이용하여 부분 교체나 보수가 가능함

08 **옥외 조명등의 관리상 열효율이 높고, 투시성이 뛰어나며, 설치비는 비싸지만 유지관리비가 저렴한 것은?** [기사 14.03.02]

㉮ 금속 할로겐등 ㉯ 나트륨등
㉰ 수은등 ㉱ 형광등

풀이

종류	백열전구	할로겐램프	형광등
용량	2 ~ 1,000W	500 ~ 1,500W	6 ~ 110W
효율	7 ~ 22lm/W	20 ~ 22lm/W	48 ~ 80lm/W
수명	1,000 ~ 1,500h	2,000 ~ 3,000h	7,500h
점등 부속장치	불필요	불필요	안정기 등 부속장치가 필요
용도	비교적 좁은 장소의 전반조명, 액센트조명. 대형인 것은 높은 천장, 각종 투광조명에 적합하다.	장관형은 높은 천장이나 경기장, 광장 등의 투광조명에 적합하다. 단관형은 영사기용에 적합하다.	옥내외, 전반조명, 국부조명에 적합하다. 명시를 주로 한 양질 조명을 경제적으로 얻을 수 있다. 또한, 간접 조명에 의해서 무드 조명에도 효과적이다.
광색	적색	적색	백색, 조절
광질	고휘도	고휘도	저휘도

종류	수은등	나트륨등
용량	40 ~ 1,000W	20 ~ 400W
효율	30 ~ 55lm/W	80 ~ 150lm/W
수명	10,500h	6,000h
점등 부속장치	안정기가 필요	안정기 등 부속장치가 필요
용도	1등당 큰 광속을 얻을 수 있고, 또한 수명이 길므로, 높은 천장, 투광조명, 도로조명에 적합하다.	광질의 특성 때문에 도로조명, 터널조명에 적합하다. 곤충이 모여들지 않는다.
광색	청백색	등황색(저압)
광질	고휘도	황백색(고압)

09 **다음 유희시설물 중 정글짐, 철봉 등의 현수운동계 놀이시설은 어느 시설로 분류되는가?** [기사 14.05.25]

㉮ 동적놀이시설 ㉯ 정적놀이시설
㉰ 조합놀이시설 ㉱ 이동식놀이시설

풀이
- 정적놀이시설 : 시소, 흔들말, 정글짐, 철봉 등
- 동적놀이시설 : 그네, 회전무대, 미끄럼틀 등

10 **음수대의 일반적 유지관리에 대한 설명으로 옳지 않은 것은?** [기사 14.09.20]

㉮ 유원지, 관광지 등 3계절형인 곳에서는 겨울철에 게이트 밸브를 열고 물을 채워 둔다.
㉯ 배수구가 막힌 경우에는 대나무나 봉 등으로 쑤셔보거나 물을 흘리면서 철선으로 찌르기를 반복한다.
㉰ 드레인이 파손되면 오물이 배수구로 들어가 막히게 되므로 항상 안전한 상태를 유지한다.
㉱ 지수전은 조작의 편의상 음수대 가까이에 설치하고 상부 뚜껑은 무분별한 조작을 방지하기 위해 잠금장치를 설치해야 한다.

풀이 **음수대 유지관리**
3계절형인 곳은 겨울에 gate 밸브 잠궈 물빼기, 동파방지

11 **부식의 기능으로 거리가 먼 것은?** [기사 14.09.20]

㉮ 보비력을 증대시킨다.
㉯ 보수력을 증대시킨다.
㉰ 입단화를 촉진한다.
㉱ 점토함량을 증가 시킨다.

풀이 부식이 과다한 부식토의 경우 점토의 함량이 낮아져 식물에게 불리함

ANSWER 08 ㉯ 09 ㉯ 10 ㉮ 11 ㉱

4 건축물관리

1 건축물 제비용 백분율

유지관리비 75%, 건설비 20%, 준비 계획비 3%, 설계비 2%

2 건물과 설비 유지관리 접근방법

① **보수관리 위주의 접근방법** : 문제점의 해결을 중심으로, 예산부족 시 사용, 비경제적
② **예방관리 위주의 접근방법** : 사전 발견과 예방조치 중심, 경제적, 초기 비용 많음.

3 예방 유지관리 작업의 분담

① 구역별 분담방법
㉠ 특징 : 일정구역 내의 건물을 개인에게 분담. 대규모공원, 오락시설단지에 적합
㉡ 장점 : 예방이 수월, 현장보수 용이, 서류작업과 왕래에 소요시간이 적다.
대상지 특성 파악이 용이하며 융통성 부여됨
㉢ 단점 : 개인능력이 한계가 있어 전문적이지 못함
② 분야별 분담방법
㉠ 특징 : 분야별 기술자가 조를 이루어 작업
㉡ 장점 : 각 특성에 따라 인력배치가 융통적임
㉢ 단점 : 대상지가 넓고 친숙도 적다. 책임한계가 불명확, 인력낭비

4 청소

① 청소요원결정방법
㉠ 면적에 의한 청소요원수 결정
㉡ 특정지역별 측정에 의한 방법
㉢ 계량적 분석방법에 의한 결정 : 가장 효과적이고 정확한 인원 산출이 가능하며 종합적 작업계획 작성 가능
② 청소작업할당
㉠ 개인할당 청소
ⓐ 홀로 책임지므로 성취욕이 강해짐

ⓑ 여러 가지 임무를 수행하므로 단조로움이 덜하다.
ⓒ 이직률을 줄일 수 있다.
ⓓ 작업불량, 파손, 사소한 도난에 대한 책임이 생긴다.
ⓔ 작업진행에 대한 정리가 쉬워진다.

㉡ 조할당청소
ⓐ 전문화로 인한 효과로 많은 일을 할 수 있다.
ⓑ 동료와 협동심, 책임감이 증진
ⓒ 개인할당보다 청소비품이 덜 필요하다.
ⓓ 청소작업이 보다 균등하게 분배된다.
ⓔ 갑작스런 결근으로 차질을 예방할 수 있다.

③ 청소대행
㉠ 장점 : 상황에 맞게 적절한 계획 수립 경제적, 효율적, 전문적
㉡ 단점 : 융통성 없어서 지체되는 경우 발생, 별도의 수당을 요구함
㉢ 방안 : 대규모 시설일수록 비경제적이기에 고도의 기술과 시설이 필요한 일은 도급을 주고 그 밖의 일은 자체 인력을 활용하는 것이 바람직

CHAPTER 4

이용관리 계획

1 공원 이용관리

1 이용자 관리

① 이용지도

㉠ 정의 : 공원 내 조례에 의해 금지되어 있는 행위의 금지, 주의, 이용안내, 레크리에이션 지도, 상담 등으로 이용자가 쾌적하고 편리하게 이용할 수 있도록 배려하는 것

㉡ 사례 : 공원자원봉사계획(다양한 연령층의 발룬티어가 참가해 31개 미국 주립공원에서 안내 등 이용지도), 놀이공원

㉢ 이용지도의 구분

목 적	내 용	대상이 되는 행위·시설
공원녹지의 보전	조례 등에 의해 금지되어 있는 행위의 금지 및 주의	식물의 채취, 공원녹지의 손상·오손·출입금지구역, 광고물의 표시, 불의 사용 등
안전·쾌적이용	위험행위의 금지 및 주의	놀이기구로부터 뛰어내림, 풀에서의 위험행위, 아동공원에서 어른들이 골프·야구를 하는 행위 등
	특수한 시설 혹은 위험을 수반하는 시설의 올바른 이용방법 지도	모험광장, 물놀이터, 수면이용시설(보트풀), 사이클링, 승마장, 롤러스케이트장, 트레이닝기구, 각종 경기장
유효이용	이용안내	시설의 유무소개, 공원 내의 루트
	레크리에이션 활동에 대한 상담·지도	식물관찰·조류관찰·오리엔티어링·게이트볼 등의 지도, 유치원·학교 등의 단체에 대한 활동프로그램의 조언

㉣ 이용지도 방법

ⓐ 지도원에 의한 상주지도, 순회지도

ⓑ 요일, 일시를 정해 행하는 정기지도 외에 표지, 간판, 팜플렛 등에 의한 안내, 주의

ⓒ 레크리에이션 활동에 대해 상담창구에 의한 지도, 교실의 개최, 활동의 조직화 등

㉤ 이용자가 원하는 이용지도의 형태
ⓐ 각 공원녹지에서 가능한 놀이지도
ⓑ 각종 스포츠의 규칙이나 놀이방법지도
ⓒ 식물이나 원예지식에 관한 지도
ⓓ 계절별 꽃감상 및 볼만 한 장소에 대한 정보전달 및 지도
ⓔ 지역의 역사 등 교양적인 내용에 관한 지도

② **행사**

㉠ 행사계획의 필요성
ⓐ 행정홍보의 수단
ⓑ 커뮤니티 활동의 일환
ⓒ 공원녹지 이용의 다양화를 도모하는 수단

㉡ 행사개최의 형태
ⓐ 공공적인 목적의 행사 : 교통안전, 도시녹화, 자연보호 등 캠페인
ⓑ 체력, 건강향상, 오락을 위한 행사 : 운동회, 축제, 쇼 등
ⓒ 문화향상을 위한 행사 : 전람회, 연주회, 연극, 강연회, 심포지엄, 노래자랑대회 등

㉢ 행사개최 방법 : 기획 → 제작 → 실시 → 평가

㉣ 행사기획 시 유의사항
ⓐ 시설이 설치목적에 맞을 것
ⓑ 관계법령을 준수할 것
ⓒ 행사는 가능한 한 풍부한 내용을 갖도록 할 것
ⓓ 계절, 일시를 고려하여 행사계획을 세울 것
ⓔ 예산에 맞는 내용을 정할 것
ⓕ 대안을 만들어 놓을 것
ⓖ 통상이용자에 대한 배려

③ **홍보, 정보제공**

㉠ 목적 : 유용한 이용, 이용촉진을 도모하며, 사회교육, 계몽, 이용자의 만족도를 높이는 것

㉡ 방법 : 홍보지, TV, 라디오의 홍보 프로그램, 영화, 기자의 발표, 소책자, 기타 간행물

④ **의견청취**

㉠ 목적 : 관리주체와 주민과의 쌍방의 정보교류 가능해 상호 신뢰 쌓기

㉡ 방법 : 이용자 모니터제도, 설문조사, 시설견학, 시정간담회, 요망사항 및 애로점 상담, 주민조직·이용자 단체와 관리자와의 연락협의, 이용자에 의한 운영위원회 설치 등

2 주민참가

① 정의 : 주민이 결정과정에 참가해 주민 자신과 관련행정당국과의 의견을 조정하는 것

② 종류

㉠ 주민과의 대화(요구형 → 토의형) : 주민조직과의 대화, 각종 간담회, 시장과 담화하는 날 결정, 현지사찰

㉡ 행정에의 참가(대결형 → 협력형) : 물가안정시민회의, 고속자동차선 검토 전문위원회, 주민연락협의회

㉢ 정책에의 참가(주민참가의 정책형성) : 내일의 도시를 생각하는 시민회의, 시민심포지엄, 교통심의회, 그린시민회의

㉣ 기반 만들기(활동의 기반 만들기) : 시민상담, 종합페트롤, 일조조정위원회, 주택환경과

③ 발전과정

㉠ 내셔널 트러스트(The National Trust) 운동 : 영국 로버트 헌터경이 만들어 국민에 의한 국토보존과 관리의 의미 가짐. 아름다운 자연과 건축물을 구입해 보존하도록 함

㉡ 풍치보전회 : 내셔널 트러스트의 영향으로 일본 가마쿠라에서 효시
「上에서 下」로의 성격 가짐

㉢ 안시타인의 발전과정 : 비참가형(치료, 조작) → 형식적 참가(정보제공, 상담, 유화) → 시민권력의 단계(파트너십, 권한위양, 자치관리)

④ 주민참가의 조건

㉠ 규모 및 전문성이 주민의 수탁능력을 넘지 않을 것

㉡ 주민참가에 의해 효과가 기대될 것

㉢ 운영상 주민의 자발적 참가, 협력을 필요요건으로 할 것

㉣ 주민참가에 있어서 이해의 조정과 공평심을 가질 것

⑤ 주민참가활동의 내용

청소	제초
놀이기구의 점검	공원을 사용한 레크리에이션 행사의 개최
병충해방제	금지행위, 위험행위의 주의
화단식재	사고, 고장 등의 통보
어린이의 놀이지도	열쇠 등의 보관
공원관리에 관한 제안	관수
시설기구 등의 대출	시비
공원이용에 관한 규칙 만들기	공원 녹화관련 행사의 개최
공원에 관한 홍보	

⑥ 주민참가의 효과

㉠ 연대감, 상호신뢰, 융화감이 생긴다.

㉡ 단체 상호 간의 친목을 도모할 수 있다.

㉢ 친구를 사귈 수 있다.

㉣ 행정과 주민과의 신뢰감이 쌓인다.

㉤ 노인들의 건강관리에 좋다.

㉥ 봉사정신이 길러진다.

㉦ 정서교육에 좋다.

㉧ 공중도덕심, 공공애호정신이 생긴다.

㉨ 자기 자신들의 공원이라고 하는 관심과 애착심 생긴다.

㉩ 안전하게 이용할 수 있다.

⑦ 관련제도의 사례

㉠ 소공원관리계약제도(미국) : 공원 레크리에이션국과 근린주민그룹 간에 공원의 일상적 관리에 대한 계약 체결. 즉 주민단체가 일상적 관리를 하고 행정당국은 소정의 비용을 지급하는 것

㉡ 공원애호회(일본) : 「도시공원의 관리의 강화에 대하여」라는 지시에 의해 관리 강조

㉢ 녹화협정(일본) : 지역주민이 자주적으로 녹지가 풍부한 생활환경을 창조 관리코자 하는 주민의 의사를 반영하기 위해 관련된 사항을 제도화한 것 도시녹지보존법에 의거

CHAPTER 04 이용관리계획

실전연습문제

01 관광지의 자원보호 차원에서 적정한 수용력에 합당한 이용 규제가 절대적으로 요구되고 있다. 다음 중 관광지의 이용 규제방법으로서 적합하지 못한 것은? [기사 11.03.20]

㉮ 예약된 손님 이외에는 입장시키지 않는다.
㉯ 도시형 관광지일 경우 진입도로를 일방적으로 규제한다.
㉰ 자가용차를 규제하고 버스만의 입장을 허용하여 관광객의 절대량을 감소시킨다.
㉱ 관광지내의 편익시설, 특히 숙박시설을 일정 수용력 이하로 제한하여 수용인원을 한정한다.

풀이 진입도로의 일방적 규제는 바람직하지 않다.

02 다음 중 이용자관리에 있어서 이용지도의 목적이 아닌 것은? [기사 11.06.12]

㉮ 공원녹지의 손상 ㉯ 공원녹지의 보전
㉰ 안전·쾌적 이용 ㉱ 유효이용

03 공원에서 각종행사(Event)를 개최하는 의의에 관한 내용이 아닌 것은? [기사 11.06.12]

㉮ 공원 이용의 다양화와 활성화를 꾀할 수 있다.
㉯ 행정 홍보의 수단으로도 이용할 수 있다.
㉰ 시민의 교양, 문화 등의 교육의 장이 될 수 있다.
㉱ 행사를 통하여 입장수입을 증대할 수 있다.

04 이용관리 계획 중 주민참가의 발전과정이 아닌 것은? [기사 11.10.02]

㉮ 시민권력의 단계
㉯ 개인 참가의 단계
㉰ 비참가의 단계
㉱ 형식적 참가의 단계

풀이 **안시타인의 주민참가 발전과정**
비참가형(치료, 조작) → 형식적 참가(정보제공, 상담, 유화) → 시민권력의 단계(파트너십, 권한위양, 자치관리)

05 산 쓰레기 관리(Backcountry litter control) 전략은 대상지의 특성, 이용자의 특성, 장려보상의 선택으로 분류된다. 다음 중 대상지의 특성을 살린 관리 방안에 해당되는 것은? [기사 11.10.02]

㉮ 회수지점을 명기한 안내판을 시설한다.
㉯ 행락 위주의 이용목적을 건전한 방향으로 유도한다.
㉰ 쓰레기의 해악(害惡)에 대한 인식을 높인다.
㉱ 수거용 비닐을 배포하고 유상매입가격을 높인다.

풀이 **산쓰레기 관리전략**
① 대상지 특성
㉠ 공원하부에 소풍·야영 등을 위한 시설계획
㉡ 회수지점의 수평적·수직적 다변화 고려
㉢ 보다 설득력 있는 계도용 표지판과 회수지점을 명시한 안내판 설치

ANSWER 01 ㉯ 02 ㉮ 03 ㉱ 04 ㉯ 05 ㉮

② 이용자의 특성
- ㉠ 쓰레기의 해악에 대한 인식 높이기
- ㉡ 행락 위주의 이용목적을 전환하도록 도모
- ㉢ 홍보, 교육, 자연공원의 쓰레기처리에 관한 법규, 이용자 직접회수에 관한 조례 등을 통해 구체화

③ 장려보상의 선택
- ㉠ 장려보상은 보조수단이어야 한다.
- ㉡ 회수위치가 명시된 수거용 비닐의 배부가 효과적
- ㉢ 유상매입가격을 높이고 보상을 이용한 사후 정화가 가능

06 자연공원에서 동·식물 서식지 확대를 위한 모니터링(Monitoring)의 효과적 방법이라 하기 어려운 것은? [기사 12.03.04]

㉮ 측정지표의 정성화
㉯ 신뢰성 있는 기법의 도입
㉰ 최소비용의 도모
㉱ 위치 선정의 타당성

07 공원관리에 있어서 시민참가에 관한 요건 중 옳지 않은 것은? [기사 12.03.04]

㉮ 전문성 있는 직업이어야 한다.
㉯ 주민의 자발적 참가를 필요조건으로 한다.
㉰ 규모가 시민들의 참여능력을 넘지 않아야 한다.
㉱ 시민참가에 의해 참가자 간의 융화를 도모해야 한다.

풀이 시민참가는 비전문적 분야로 누구나 할 수 있는 일이어야 한다.

08 자연공원지역의 관리 중 이용자에 의한 손상관리의 단계를 기술한 것 중 옳지 않은 것은? [기사 13.06.02]

㉮ 문제되는 조건(바람직하지 않은 이용자에 의한 손상)의 파악
㉯ 바람직하지 않은 손상들의 발생과 정도에 영향을 주는 잠재적 요인의 결정
㉰ 바람직하지 않은 조건들을 완화시킬 수 있는 관리전략의 선택
㉱ 바람직하지 않은 손상을 막을 수 있는 이용객에 대한 활발한 교육실시

09 자연공원의 모니터링에 대한 설명 중 틀린 것은? [기사 13.09.28]

㉮ 영향을 유효 적절히 측정할 수 있는 지표를 설정해야 한다.
㉯ 측정단위들의 위치설정은 등간격으로 분산되어야 한다.
㉰ 측정기법은 신뢰성이 있고 민감해야 한다.
㉱ 영향에 대한 시각적 평가, 물리적 자원의 변화측정을 통해 이루어진다.

풀이 측정단위들의 위치설정은 등간격으로 분산시키기보다는 합리적인 위치를 찾아 설정하는 것이 바람직하다.

ANSWER 06 ㉮ 07 ㉮ 08 ㉱ 09 ㉯

10 조경관리에 있어서 안시타인이 설명한 주민참가 과정에 대한 3단계의 발전 과정으로 옳은 것은? [기사 13.09.28]

㉮ 비참가 → 형식적 참가 → 시민권력의 단계
㉯ 시민권력의 단계 → 비참가 → 소극적 참가
㉰ 소극적 참가 → 적극적 참가 → 시민권력의 단계
㉱ 형식적 참가 → 소극적 참가 → 적극적 참가

11 공공조경을 이용하는 이용자의 지도방법으로 가장 부적합한 것은? [기사 14.05.25]

㉮ 정기지도 ㉯ 안내·주의
㉰ 순회지도 ㉱ 조언·규제

풀이 **이용지도 방법**
상주지도, 순회지도, 정기지도, 간판·팜플렛에 의한 안내, 주의

ANSWER
10 ㉮ 11 ㉱

2 레크리에이션 시설이용 관리

★★★★ 1 레크리에이션 관리의 개요

① **개념** : 이용자들의 쾌적한 레크리에이션 활동과 녹지공간의 만족스러운 이용을 최대한 보장하면서도 레크리에이션 자원을 유지, 보수할 수 있게 하기 위한 관리행위

② **옥외 레크리에이션관리의 두가지 측면**

㉠ 부지의 생태적 측면 : 주 관심대상. 부지생태에 악영향을 미치는 요인 - 반달리즘, 무지, 과밀이용 등

㉡ 이용에 관련된 사회적 측면 : 이용자 관리에서 다룸

③ **일반적 원칙**

㉠ 레크리에이션 자원의 관리는 사회적 가치와 연계되므로 자원의 관리라 할지라도 이용자의 문제가 바로 유지관리의 문제이다.

㉡ 자원의 보전도 중요하지만, 이용자의 레크리에이션 경험의 질도 중요하다.

㉢ 부지의 변형은 가능하다.

㉣ 접근성은 이용자의 레크리에이션 이용에 결정적인 영향을 준다.

㉤ 레크리에이션 자원은 단순히 이용활동에 제공될 뿐 아니라 자연적인 경관미를 제공한다.

㉥ 레크리에이션자원의 파괴는 돌이킬 수 없게 되는 한계가 있고, 일단 이러한 상태에 이르면 부지의 원상회복은 불가능하다.

④ **레크리에이션 관리의 목표설정 기준** : 경제적 효율성, 균형성, 공공적 요구에 부응하는 것

⑤ **레크리에이션 공간관리의 기본전략**

㉠ 완전방임형 관리전략 : 가장 원시적인 방법으로 오늘날 과잉 이용공간에는 적용할 수 없다.

㉡ 폐쇄 후 자연회복형 : 부지 악화 발생 시 자연이 스스로 회복할 수 있도록 하는 것으로 시간이 많이 걸리고 이용자들의 불만을 가져옴. 자원중심형 자연지역에 적용

㉢ 폐쇄 후 육성관리 : 폐쇄 후 집중 육성관리 즉, 외래종 도입, 토양통기작업, 시비 등

㉣ 순환식 개방에 의한 휴식기간 확보 : 충분한 시설과 공간이 추가적으로 확보되었을 때 가능

㉤ 계속적인 개방, 이용상태하에서 육성관리 : 최소한의 손상이 발생한 경우에 유효하며 가장 이상적인 방법

2 레크리에이션 관리의 체계

① 옥외 레크리에이션 관리체계의 세 가지 기본요소 : 이용자, 자연자원기반, 관리

② 레크리에이션 관리체계의 주요기능 관점에서의 세 가지 부체계

㉠ 이용자관리

ⓐ 이용자의 레크리에이션 경험과 질을 극대화하기 위한 사회적 환경관리

ⓑ 이용자관리 프로그램과 이용자에 대한 이해 부분으로 나누어짐

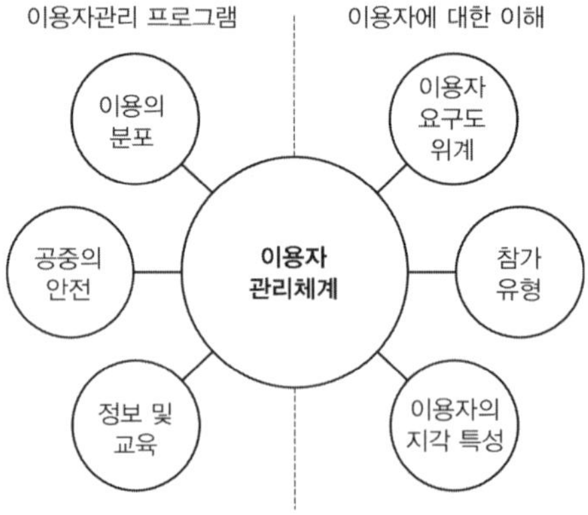

• 이용자 관리체계의 모델 •

㉡ 자원관리 : 모니터링과 프로그램으로 두 가지 단계의 작업으로 구성

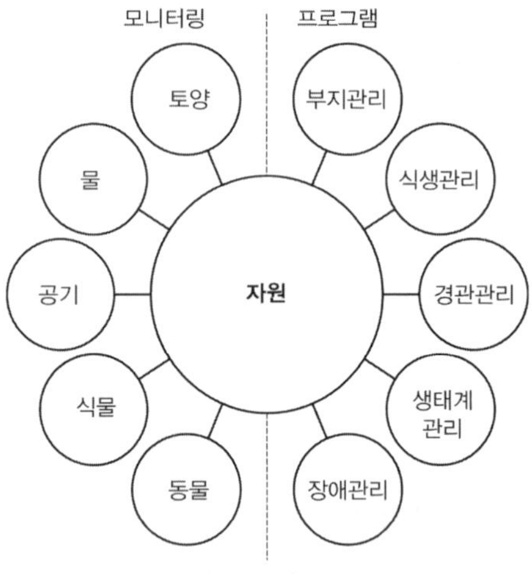

• 자원관리체계의 모델 •

㉢ 서비스관리

ⓐ 이용자를 수용하기 위해 물리적인 공간을 개발하거나 특정 서비스를 제공하는 것

ⓑ 제한인자들과 관리 프로그램들로 나누어짐

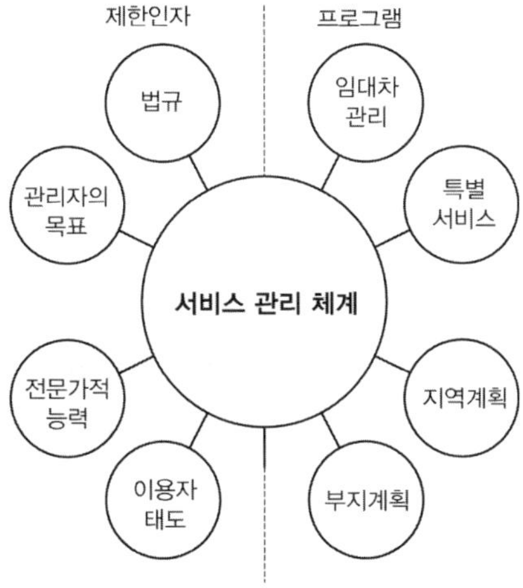

• 서비스 관리 체계 •

㉣ 옥외 관리체계의 통합적 모델 : 위 3가지 관리가 복합, 상호 연관되어짐

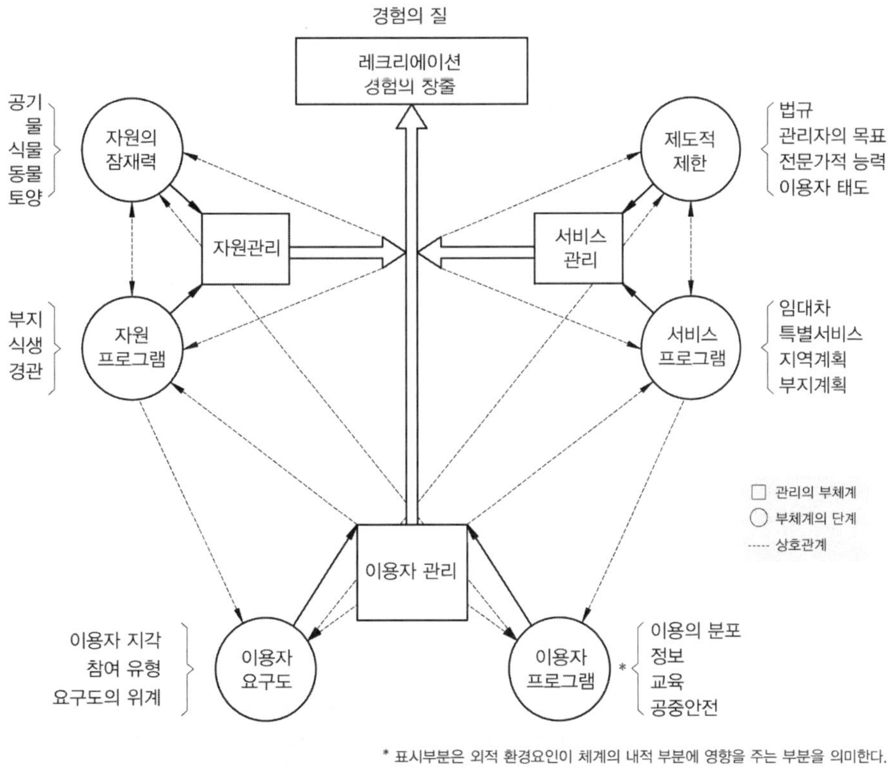

• 옥외의 관리체계의 통합모델 •

Part 6 조경관리론

3 레크리에이션 부지의 관리

① 도시공원녹지의 관리

㉠ 특징 : 이용자중심형 공간이므로 자원보전보다는 이용자 레크리에이션요구도에 주안점

㉡ 식물관리

ⓐ 수목관리 : 녹음, 장식, 차폐, 관상 등의 기능 유지하기 위한 식생이 대상

예 전정, 전지, 시비, 병충해방제, 관수, 지주목 설치, 교체, 보식

ⓑ 수림지관리 : 장기적인 관점에서 식물공간 형성을 목적으로 수림 관리하는 것

예 하예(하부식생 베어내는 것), 가지치기, 제벌, 지주목 설치 및 교체, 시비, 보식

ⓒ 잔디관리 : 활동목적 잔디와 장식관상목적 잔디로 나눔

예 잔디깎기, 시비, 배토, 복토, 제초, 병충해방제, 관수, 통기작업

ⓓ 초화류관리 : 식재(재료입수, 정지, 시비, 관수), 관리(관수, 시비, 제초, 병충해방제, 적심)로 나눔

ⓔ 식물관리비 계산 : 식물관리비 = 식물의 수량×작업률×작업회수×작업단가

㉢ 시설관리

ⓐ 목적 : 시설의 기능을 충분히 발휘하고, 한적하고 쾌적한 이용을 하기 위한 것

ⓑ 건물관리 : 예방보전(점검, 청소, 도장, 기구 점검 등), 사후보전(임시점검, 보수)

ⓒ 공작물 관리 : 토목시설과 소공작물로 구분되며 부분적 보수나 전면교체 등 관리 건물관리와 마찬가지로 예방보전과 사후관리로 나뉨

㉣ 설비관리

ⓐ 급수설비 : 배관계통, 기기누수, 파손의 정기점검, 보수

ⓑ 배수설비, 처리시설 : 배수계통 및 각종 기기의 정기청소, 점검, 보수, 처리시설의 운전, 작동상황점검, 운전조건의 조정 및 청소, 유입수 및 방류수의 수질검사

ⓒ 전기설비 : 배전반설비, 배전설비

② 자연공원지역의 관리

㉠ 특징 : 자원중심형 공간으로 이용보다는 자원보전에 관점을 두며, 모니터링이 중요

㉡ 이용자 손상의 관리

ⓐ 레크리에이션에 의한 손상의 속성 : 손상의 상호관련성, 이용과 손상의 관계성, 손상에 대한 내성의 변화, 활동특성에 따른 손상, 공간특성에 따른 영향을 파악해야 한다.

ⓑ 이용자에 의한 손상의 종류

- 생태적 손상(식생, 토양, 수질, 야생동물 등)
- 사회 심리적 영향 (다른 이용자의 이용에 따른 혼잡감, 이용활동에 대한 불쾌감, 흔적에 대한 만족도 감소 등)

㉢ 이용자에 의한 손상관리의 절차
- 1단계 : 기초자료의 사전평가 및 검토
- 2단계 : 관리목표의 검토
- 3단계 : 주요 영향지표의 설정
- 4단계 : 주요 영향지표의 표준설정
- 5단계 : 표준과 현재조건의 비교
- 6단계 : 바람직하지 않은 손상의 발생원인 검토
- 7단계 : 관리전략의 검토 설정
- 8단계 : 실행

㉢ 모니터링 : 좋은 모니터링의 조건
ⓐ 영향을 유효 적절히 측정할 수 있는 지표 설정
ⓑ 측정 기법이 신뢰성 있고 민감해야 함
ⓒ 비용이 많이 들지 않아야 한다.
ⓓ 측정단위들의 위치설정이 합리적

㉣ 산쓰레기 관리
ⓐ 특징 : 쉽게 소각 안 되며, 수집처리 곤란지역이 많고, 이용형태에 따라 발생량과 위치가 다르다. 일상생활 쓰레기와 다르며, 기동력에 의해 처리할 수 없어 효율이 떨어진다.
ⓑ 산쓰레기 관리전략
- 대상지 특성 파악
- 이용자 특성 파악
- 장려보상의 선택

4 레크리에이션 수용능력

① 개념 및 정의
㉠ Wager(1951) : 레크리에이션 수용능력이란 용어 처음 사용
㉡ 개념, 정의의 변화과정

학자	연도	개념/정의	특징
J.V.K Wagar	1951	3가지 요인 • 이용자의 태도 • 토양, 식생 등의 내성/회복능력 • 가능한 관리의 총량	• 수용능력의 인자를 설명한 최초의 연구
James & Ripley	1963	수용능력 : 행락 이용을 수용할 수 있는 생물적/물리적 한계	• 물리적/생태적 수용능력

학자	연도	개념/정의	특징
LaPage	1963	심미적(aesthetic) 수용능력 생물적(biotic) 수용능력 • 레크리에이션의 질(quality)과 이용과의 만족도(satisfaction)에 준거함	• 이용자측면이 수용능력 산정에 반영됨 • 최초의 수용능력 분류 시도
Chubb & Ashton	1696	• 생물학적, 물리적 악화 또는 행락경험의 질 저하 없이 행락지역이 수용할 수 있는 이용자의 수와 기간 • 공간용량 : 주어진 시간에 만족스럽게 수용할 수 있는 최대이용자수 • 수용용량 : 심각한 악영향 없이 수용될 수 있는 이용의 양	• 수용능력의 분류 시도
O'Riordan	1696	환경용량(environmental capacity) : 어떤 장소를 이용하는 이용자들의 만족도의 합이 최대가 될 수 있는 용량	• total satisfaction(총만족량) 개념의 도입
Lime & Stankey	1971	이용자의 경험과 물리적 환경의 질 저하가 없는 수준에서 개발된 지역에 의해 일정기간 유지될 수 있는 이용의 성격 3가지 구성요소로 이루어짐 • 관리목적(management) • 이용자의 태도(user) • 자원에 대한 행락의 영향(resource)	• 수용능력의 3가지 구성요소 설정/이론적 기반확립
Penfold (conservation foundation)	1972	본질적인 변화 없이 외부영향을 흡수할 수 있는 능력 ① 물리적 수용능력 ② 생리적 수용능력 ③ 심리적 수용능력	• 수용능력 분류체계의 확립/오늘날의 통설
Sudia & Simpson	1972	한 행락자가 행락에 제공할 수 있는 이용자수로서 이의 기본요인은 공원계획 및 개발의 요소들이다. • 설계 수용력(design capacity) • 최대 수용력(maximum capacity) • 적정 수용력(optimum capacity)	수용능력의 용량 수준 분화
Godschalk & Parker	1975	• 수용능력 개념을 환경계획의 조작적 도구, 수단(operational tool)으로 이용가능성을 제안함 • 환경적 용량 (environmental capacity) • 제도적 용량 (institutional capacity) • 지각적 용량 (perceptual capacity)	• 수용능력의 이론적 측정기법의 개발(예 수리모형)
근등삼웅 (일본)	1980	• 표준 수용력(standard capacity) • 한계 수용력(critical capacity) • 적정 수용력(optimum capacity)	• 수용능력의 수준 분화

② 분류 발전과정

La Page (1963)	Chubb & Ashton(1969)	O'riordan (1969)	Aldredge (1972)	Penfold (1972)	Godschal & Parker(1975)
1. 생물학적 수용능력 2. 미학적 수용능력	1. 수용능력 2. 공간적 수용능력	1. 환경적 수용능력	1. 시설 수용능력 2. 자원내구 수용능력 3. 이용자 수용능력	1. 물리적 수용능력 2. 생태적 수용능력 3. 심리적 수용능력	1. 환경 수용능력 2. 제도적 수용능력 3. 지각적 수용능력

* 음영처리 부분은 시험에 많이 출제된 적이 있는 중요한 부분임

③ 레크리에이션 수용능력의 결정인자

㉠ 고정적 결정인자

ⓐ 특정활동에 대한 참여자의 반응정도

ⓑ 특정활동에 필요한 사람의 수

ⓒ 특정활동에 필요한 공간의 최소면적

㉡ 가변적 결정인자

ⓐ 대상지의 성격

ⓑ 대상지의 크기와 형태

ⓒ 대상지 이용의 영향에 대한 회복능력

ⓓ 기술과 시설의 도입으로 인한 수용능력 자체의 확장 가능성

④ Knudson(1984)의 수용능력 산정 시 고려해야 할 영향요인

㉠ 자원기반의 특성 : 지질, 토양, 지형, 향, 식생, 기후, 물, 동물

㉡ 관리의 특성 : 정책, 관리, 설계

㉢ 이용자의 특성 : 이용자 심리, 설비의 유형, 사회적 관심 및 이용 패턴

⑤ 수용능력과 관리(다음 세가지 기본 구성요소)

㉠ 관리목표 : 다양한 레크리에이션 기회의 제공을 위해 각종 공간의 물리적, 생태적, 사회적 조건들을 관리 프로그램을 통해 조성, 유지, 발전시키기 위한 지침

㉡ 이용자 태도 : 관리자가 선호하는 공간과 이용자들이 추구하는 공간은 다르다.

㉢ 물리적 자원에의 영향 : 이용에 의한 변화를 어느 정도까지 허용할 것인가

⑥ 수용능력과 관리기법

관리유형	방법	구체적인 조절기법
부지관리 (부지설계·조성 및 조경적 측면에 중점을 둠)	부지강화 (harden site) 이용유도 (channel use) 시설개발 (develop facilities)	• 내구성 있는 바닥재료 도입 • 관수(irrigate) • 시비(fertilize) • 재식재(revegetate) • 내성이 강한 수종으로 교체 • 지피류 및 상부식생의 제거 → 이용 • 장애물 설치(기둥, 담장, 가드레일) • 보행자동선, 교량 등의 설치 • 조경(식재, 패턴 등) • 비이용구역으로의 접근성 제고 • 공중위생시설의 설치 • 숙박시설의 개발 • 임대시설(매점 등)의 개발 • 활동위주의 시설개발(캠핑, 피크닉, 보트장, 놀이시설, 운동시설 등)
직접적 이용제한 (이용형태, 개인적 선택권의 제한 및 강한 통제에 중점을 둠)	정책강화 구역별 이용 (zone use) 이용강도의 제한 (restrict use intensity) 활동의 제한 (restrict activities)	• 세금의 부과 • 구역감시의 강화, 그린벨트 • 상충적 이용의 공간적 구분, 시간대별 이용 • 시간에 따라 이용구분 • 순환식 이용 • 예약제의 도입, 휴식년제 적용 • 접근로에 있어서의 이용제한 • 이용자수의 제한 • 지정된 장소만 이용케 함 • 이용시간의 제한 • 캠프 파이어(camp fires)의 제한, 취사금지 • 낚시 및 사냥의 제한 등
간접적 이용제한 (이용형태를 조절하되 개인의 선택권을 존중하고, 간접적인 조절을 함)	물리적 시설의 개조 (alter physical facilities) 이용자에 정보를 제공함 (inform users) 자격요건의 부과 (set eligibility requirements)	• 접근로의 증설 및 감소 • 캠프장 등 집중이용 장소의 증설 및 감축 • 야생동물의 수를 늘리거나 줄임 • 구역별 특성을 홍보함 • 주변지역에서의 행락기회의 범위를 설정·홍보함 • 이용자들에게 생태학의 기본개념을 교육함 • 저밀도이용구역 및 일반적인 이용패턴을 홍보함 • 일정한 입장료의 부과 • 탐방로, 구역 및 계절 등에 따른 이용요금의 차등부과 • 생태학적 이해도 및 행락활동에 있어서의 기술을 요구함

⑦ 레크리에이션 시설 수용력

㉠ 전체공원면적 = $\sum \dfrac{\text{공원이용자 수} \times \text{이용률} \times \text{1인당 활동면적}}{\text{유효면적률}}$

㉡ 동시수용력 = 방문객 수×최대일률×회전율×서비스율

㉢ 동시체제 이용자 수 = 최대일 이용자 수×회전율

㉣ 회전율

체재시간	3	4	5	6
회전율	1/1.8	1/1.6	1/1.5	1/1.4

CHAPTER 04 이용관리계획

실전연습문제

01 열병합 발전소, 쓰레기 매립장, 폐기물 소각장 등 혐오시설물의 지역 내 설치에 대한 관계 당사자들의 견해와 관련된 용어는? [기사 11.03.20]

㉮ 반달리즘(Vandalism)
㉯ 님비(NIMBY)현상
㉰ 수용능력(Carrying Capacity)
㉱ 내셔널 트러스트(National Trust)

풀이 **님비현상**
혐오시설을 자기집 주변에 두기를 꺼려하는 현상

02 레크리에이션 수용능력의 결정인자는 고정인자와 가변인자로 구분되어 지는데 다음 중 고정적 결정인자가 아닌 것은? [기사 11.03.20]

㉮ 특정활동에 대한 참여자의 반응정도
㉯ 특정활동에 의한 이용의 영향에 대한 회복능력
㉰ 특정활동에 필요한 사람의 수
㉱ 특정활동에 필요한 공간의 최소면적

풀이 ① 고정적 결정인자 : ㉮·㉰·㉱ 항
② 가변적 결정인자 : ㉯항, 대상지의 성격, 대상지의 크기와 형태, 기술과 시설의 도입으로 인한 수용능력 자체의 확장 가능성

03 관리유형에 따른 적절한 레크리에이션 이용의 강도와 특성의 조절을 위한 관리유형은 부지관리, 직접적 이용제한, 간접적 이용제한이 있다. 그중 이용자의 행위를 간접적으로 규제하는 방법에 해당되는 것은? [기사 11.10.02]

㉮ 접근로를 증설하거나 구역별 특성을 홍보
㉯ 특정 활동의 제한
㉰ 시간에 따른 구역별 이용 구분
㉱ 기둥이나 가드레일 등 설치

풀이
- 직접적 이용제한 : 정책강화, 구역별 이용, 이용강도의 제한, 활동의 제한
- 간접적 이용제한 : 물리적 시설의 개조, 이용자에게 정보를 제공함, 자격요건의 부과

04 수용능력(carrying capacity)에 대한 설명 중 틀린 것은? [기사 12.03.04]

㉮ 수용능력개념 중 심미적 요소에 대한 개념은 없다.
㉯ 레크리에이션 지역의 관리 시 유용한 개념으로 이용되고 있다.
㉰ 수용능력의 개념은 원래 생태계 관리분야에서 유래되었다.
㉱ 이용에 따른 환경파괴를 최소화하고, 자원의 내구성을 높이며, 양호한 여가활동의 즐거움을 제공할 수 있는 기회를 증대한다.

풀이 수용능력개념에 심미적 요소도 포함된다.

ANSWER 01 ㉯ 02 ㉯ 03 ㉮ 04 ㉮

05 다음 펜폴드(Penfold)가 주장한 레크리에이션 수용능력의 분류방법에 속하지 않는 것은? [기사 12.03.04]

㉮ 물리적 수용능력 ㉯ 생태적 수용능력
㉰ 심리적 수용능력 ㉱ 사회적 수용능력

풀이 **Penfold의 수용능력 분류**
물리적, 생태적, 심리적 수용능력

06 수용능력(carrying capacity)의 개념을 종래의 생태적 측면에서 이용자의 레크리에이션 질 및 만족도 등의 사회·심리적 측면으로까지 확대발전시키는 데 기여한 사람은? [기사 12.05.20]

㉮ Lucas ㉯ J.V.K Wagar
㉰ LaPage ㉱ O' Riordan

07 레크리에이션 이용의 특성과 강도를 조절하는 관리기법에 대한 설명 중 옳지 않은 것은? [기사 12.05.20]

㉮ 이용자를 유도하는 방법은 부지관리기법이 아니다.
㉯ 간접적 이용제한은 이용행태를 조절하되 개인의 선택권을 존중하는 방법이다.
㉰ 부지관리기법은 부지설계, 조성 및 조경적 측면에 중점을 두는 방법이다.
㉱ 직접적 이용제한 관리기법은 정책 강화, 구역별 이용, 이용강도 및 활동의 제한 등이 있다.

풀이 **수용능력과 관리기법**
① 부지관리 : 부지강화, 이용유도, 시설개발이 있음
② 직접적 이용제한 : 정책강화, 구역별 이용, 이용강도의 제한, 활동의 제한
③ 간접적 이용제한 : 물리적 시설의 개조, 이용자에 정보를 제공함, 자격요건의 부과

08 옥외 레크리에이션의 관리체계 중 서비스 관리체계에 영향을 주는 외적환경 인자가 아닌 것은? [기사 13.06.02]

㉮ 관리자의 목표 ㉯ 전문가적 능력
㉰ 이용자 태도 ㉱ 공중 안전

풀이 **서비스 관리체계에 영향을 주는 4가지 외적환경인자**
① 법규
② 관리자의 목표
③ 전문가적 능력
④ 이용자 태도

09 수용능력(carrying capacity) 개념은 원래 어느 분야에서 비롯되었는가? [기사 13.06.02]

㉮ 생태계 관리분야
㉯ 환경 계획분야
㉰ 환경 심리분야
㉱ 레크리에이션 분야

10 도시공원 내 식재된 수목관리와는 다른 자연공원 내 수림지관리의 고유 특성이라 보기 어려운 것은? [기사 13.09.28]

㉮ 천연갱신의 유도
㉯ 대부분 생태적 복원력에 의지
㉰ 수목 생장에 따른 보식 및 갱신
㉱ 식생천이계열의 존중

풀이 수목 생장에 따른 보식 및 갱신은 도시공원 내의 수목관리의 특성이다.

ANSWER 05 ㉱ 06 ㉯ 07 ㉮ 08 ㉱ 09 ㉮ 10 ㉰

11 국립공원을 포함한 자연공원에서는 휴식년제를 실시하고 있는데 조경관리의 기본전략 중 어디에 속하는 내용인가? [기사 14.03.02]

㉮ 완전방임형 관리 방법
㉯ 폐쇄후 육성관리
㉰ 폐쇄후 자연회복형
㉱ 순환식 개방에 의한 휴식시간 확보

풀이 **레크리에이션 공간관리의 기본전략**
① 완전방임형 관리전략 : 가장 원시적인 방법으로 오늘날 과잉 이용공간에는 적용할 수 없다.
② 폐쇄 후 자연회복형 : 부지 악화 발생 시 자연이 스스로 회복할 수 있도록 하는 것으로 시간이 많이 걸리고 이용자들의 불만을 가져옴. 자원중심형 자연지역에 적용
③ 폐쇄 후 육성관리 : 폐쇄 후 집중 육성관리 즉, 외래종 도입, 토양통기작업, 시비 등
④ 순환식 개방에 의한 휴식기간 확보 : 충분한 시설과 공간이 추가적으로 확보되었을 때 가능
⑤ 계속적인 개방, 이용상태하에서 육성관리 : 최소한의 손상이 발생한 경우에 유효하며 가장 이상적인 방법

12 짧은 폐쇄·회복기에도 최대한의 회복효과를 얻을 수 있고, 따라서 이용자에게 불편을 적게 줄 수 있으며, 특히 손상이 심한 부지에 가장 이상적인 레크리에이션 공간의 관리 방안은? [기사 14.05.25]

㉮ 완전방임형 관리 전략
㉯ 폐쇄 후 자연회복형
㉰ 폐쇄 후 육성관리
㉱ 순환식 개방에 의한 휴식기간 확보

풀이 폐쇄하는 것이 가장 회복이 빠르며, 손상이 심할 경우에는 자연회복하도록 두는 것보다 육성관리하는 것이 바람직하다.

13 레크레이션(Recreation) 수용능력의 기본적 구성요소가 아닌 것은? [기사 14.09.20]

㉮ 관리목표
㉯ 이용자 태도 및 선호도
㉰ 물리적 자원에의 영향
㉱ 이용압에 대한 회복능력

풀이 **레크레이션 수용능력 기본적 구성요소**
관리목표, 이용자 태도, 물리적 자원에의 영향

14 부지관리에 있어서 이용자에 의해 생태적 악영향을 미치는 주된 원인으로 가장 거리가 먼 것은? [기사 14.09.20]

㉮ 반달리즘(Vandalism)
㉯ 요구도(Needs)
㉰ 무지(Ignorance)
㉱ 과밀이용(Over-Use)

풀이 이용자의 반달리즘, 무지, 과밀이용 등으로 생태적 악영향을 미칠 수 있다.
• 반달리즘 : 다른 문화나 종교 예술 등에 대한 무지로 그것들을 파괴하는 행위

ANSWER 11 ㉱ 12 ㉰ 13 ㉱ 14 ㉯

부록

최근기출문제

Engineer Landscape Architecture

2018 1회 조경기사 최근기출문제

2018년 3월 4일 시행

제1과목 조경사

001 다음 중 A와 B에 해당하는 것은?

> 역대 중국정원은 지방에 따라 많은 명원(名園)을 볼 수 있다.
> 그중 소주(蘇州)에는 (A) 등이 있고, 북경(北京)에는 (B) 등이 있다.

① A : 유원(留園), B : 졸정원(拙政園)
② A : 자금성(紫禁城), B : 원명원 이궁(圓明園離宮)
③ A : 졸정원(拙政園), B : 원명원 이궁(圓明園離宮)
④ A : 만수산 이궁(萬壽山離宮), B : 사자림(師子林)

풀이
- 소주 : 졸정원(명), 사자림(원), 유원(명), 창랑정(북송), 그 외 망사원(남송), 이원, 환수산장
- 북경 : 자금성, 원명원 이궁 등

002 고려시대 궁원에 관한 기록에서 동지(東池)는 5대 경종에서 31대 공민왕에 이르기까지 자주 나타나고 있다. 기록상으로 추측할 때 동지에 대한 설명으로 틀린 것은?

① 정전(政殿)인 회경전 동쪽에 위치
② 연꽃을 감상하기 위한 정적인 소규모 연못
③ 연못 주변과 언덕에 누각 조성
④ 학, 거위, 산양 등을 길렀던 유원 조성

풀이 고려시대 궁궐정원 중 동지(귀령각 지원)
- 궁궐 동쪽에 위치한 원지로 귀령각은 동지의 주 건물
- 뱃놀이 감상, 호수의 자연경관을 감상하는 장소, 또는 왕이 진사 시험을 치는 선발장소
- 노획한 왜선을 띄우기도 하며, 진금기축 사육

003 안동 하회마을 부용대에서 체험할 수 있는 다차원적 놀이문화와 관계가 먼 것은?

① 천천히 줄에 매달려 강을 건너는 불
② 독특한 송진 타는 냄새 맡기
③ 짚단에 불붙여 절벽 아래 던지기
④ 물 위에 술잔 띄워 돌리기

풀이 ④은 경주 포석정에서 주로 하던 놀이

004 이슬람 정원에서 4개의 수로로 분할되는 4분 정원의 기원은?

① 마스지드(al-Masjid)
② 차하르 바그(Chahar Bagh)
③ 지구라트(Ziggurat)
④ 마이단(Maidan)

풀이 차하르 바그는 도로 중앙에 7km 이상 수로와 화단이 있는 도로공원이며 이를 본떠 4분원을 조성하였다.

ANSWER 001 ③ 002 ② 003 ④ 004 ②

005 통일신라시대 경주의 도시구획 패턴으로 가장 적합한 것은?

① 직선형 ② 격자형
③ 십자형 ④ 동심원형

풀이 통일신라시대부터 격자형 가로망이 정비되었다.

006 서원의 외부공간 구성요소가 아닌 것은?

① 성생단 ② 관세대
③ 소전대 ④ 정료대

풀이 **서원의 공간구성 요소**
- 성생단 : 재물로 쓰는 염소를 매어두는 곳
- 관세대 : 손을 씻는 곳
- 정료대 : 불을 밝히기 위한 곳

그 외 춘추대 향시, 생단, 석등, 석연지 등이 있었다.

007 16~17C의 네덜란드 정원에서 흔히 볼 수 있었던 정원 시설물이 아닌 것은?

① 캐스케이드
② 창살울타리
③ 화상(花床)
④ 정자

풀이 캐스케이드는 이탈리아 노단건축식 정원에서 쓰는 기법

008 중세 스페인 알함브라 궁전의 주정으로 일명 "천인화의 파티오"라 불리는 것은?

① 사자의 파티오
② 연못의 파티오
③ 다라하의 파티오
④ 레하의 파티오

풀이 **알함브라 궁원의 공간구성**
- 연못의 파티오(천인화의 파티오)
- 사자의 파티오 : 주랑식으로 수로에 의해 4분되며, 12마리 사자의 조상이 받드는 분천이 있음
- 다라하의 파티오 : 부인 전용의 원로와 회양목으로 구성
- 레하의 파티오 : 사이프레스 중정으로 자갈로 포장됨

009 다음 중 동일한 서원 공간에 존재하지 않는 것은?

① 송죽매국 ② 절우사
③ 시사단 ④ 관어대

풀이
- 절우사 : 도산서원 내 작은 화단
- 시사단 : 도산서원의 비석

관어대는 경주 옥산서원 주변에 있다.

010 19세기에 공공공원(public park)을 마련한 기본적인 원인이 아닌 것은?

① 포스트모더니즘의 등장
② 공중위생에 대한 관심
③ 국민의 도덕에 대한 관심 증가
④ 낭만주의적·미적인 관심 증가

풀이 포스트모더니즘은 1960년(20세기)에 일어난 문화운동이다.

ANSWER 005 ② 006 ③ 007 ① 008 ② 009 ④ 010 ①

011 조선시대 주례고공기(周禮考工記)의 적용에 관한 설명 중 옳지 않은 것은?

① 조선 궁궐을 만드는 원칙 가운데 하나이다.
② 삼조삼문의 치조는 정전과 편전이 있는 곳을 의미한다.
③ 우리나라에서는 전조후시 원칙을 적용하여 궁궐을 조성했다.
④ 삼조삼문의 외조는 신하들이 활동하는 관청이 있는 곳이다.

풀이 **주례고공기는 조선 한양 도성계획**
주례고공기의 좌묘우사, 전조후시에 따라 경복궁 동쪽에 종묘를, 서쪽에는 사직(社稷)을 배치
전조후시(前朝後市)는 경복궁 전면에는 육조(六曹)를 그 후면에는 시전(市廛)을 배치한다는 것

012 경복궁의 아미산(峨眉山)원에서 볼 수 있는 경관요소가 아닌 것은?

① 굴뚝 ② 정자
③ 석지(石池) ④ 수조(水槽)

풀이 아미산원은 계단식 화계로 정자는 없다.

013 중국의 북경에 있는 원명원(圓明園)에 관한 설명 중 옳은 것은?

① 강희(康熙)황제가 꾸며 공주에게 넘겨준 것이다.
② 1860년에 침략한 일본군에 의하여 파괴되었다.
③ 원명원을 중심으로 동쪽에는 만춘원이 있고, 남동쪽에는 장춘원이 있다.
④ 뜰(園) 안에는 대분천(大噴泉)을 중심으로 하는 프랑스식 정원이 꾸며져 있다.

풀이 **원명원**
프랑스 선교사 베누아가 설계한 프랑스식 정원으로 대분천을 중심으로 하는 서양식 정원이다.

014 다음 중 카지노가 테라스 최상단에 위치한 빌라는?

① 에스테 ② 란테
③ 알도브란디니 ④ 코르도바

풀이 **카지노 위치에 따른 빌라**
- 최하단 : 란테, 카스텔로장
- 중간 : 알도브란디니
- 최상단 : 에스테, 벨베데르

015 고대 그리스의 공공조경이 아닌 것은?

① 아도니스원 ② 성림
③ 아카데미 ④ 김나지움

풀이 고대 그리스의 아도니스원은 부인들이 신을 기리기 위해 Pot에 단명식물을 심어 장식한 정원으로 Pot Garden, Roof Garden의 원형이다.

016 정원시설과 관련된 인물의 연결이 적절하지 않은 것은?

① 오곡문 - 양산보
② 암서재 - 송시열
③ 초간정 - 권문해
④ 동천석실 - 정영방

풀이 동천석실 - 윤선도

ANSWER 011 ③ 012 ② 013 ④ 014 ① 015 ① 016 ④

017 다음 중 베티가(House of vettii)의 설명으로 맞지 않는 것은?

① 고대 그리스 별장에 속한다.
② 실내공간과 실외공간의 구분이 모호하다.
③ 2개의 중정과 지스터스로 이루어져 있다.
④ 아트리움(Atrium)과 페리스틸리움(Peristylium)을 갖추고 있다.

풀이 베티가(House of vettii)는 고대 로마의 주택정원이다.

018 영국 버컨헤드(Birkenhead) 공원의 설계자는?

① Humphty Repton
② Joseph Paxton
③ Joseph Nash
④ Robert Owen

019 일본정원에 학도(鶴島)와 구도(龜島)가 함께 조성된 정원은?

① 용안사 석정
② 은각사 향월대
③ 서방사 이끼정원
④ 남선사 금지원

020 고대 서부아시아 수렵원(Hunting Park)에 관한 설명으로 가장 거리가 먼 것은?

① 오늘날 공원(park)의 시초가 된다.
② 인공으로 호수와 언덕을 만들고, 물가에 신전을 세웠다.
③ 소나무, 사이프러스에 대한 관개를 위해 규칙적으로 식재하였다.
④ 니네베(Nineveh)의 인공 언덕 위에 세워진 궁전 사냥터가 유명하다.

풀이 인공으로 호수와 언덕을 만들고, 언덕에 신전을 세우고, 소나무, 사이프러스 나무를 식재하였으며, 저지대에 호수를 만들었다.

제 2 과목 조경계획

021 공장배치 및 조경의 체계에 가장 부합되지 않는 것은?

① 일반적으로 입구 정면에 수위실을 두어 근무자와 화물의 출입을 통제한다.
② 관련도가 높은 공장들은 모이게 배치하고, 관련성이 없는 것은 떨어지게 배치한다.
③ 외부공간에 도입되는 설계요소를 단순화시켜 작업 효율의 향상에 기여한다.
④ 직접 제조활동, 간접 제조활동, 지원 설비공간, 부수 보조공간 및 후생 지원공간들이 공장조경에 고려되어야 한다.

풀이 외부공간을 다양화하여 작업자들에게 휴식을 주어야 한다.

ANSWER 017 ① 018 ② 019 ④ 020 ② 021 ③

022 다음 중 도로조경 계획의 설명으로 가장 거리가 먼 것은?

① 주변 토지이용과 노선의 구조적 특성 및 시각적 효과를 고려한 식재 및 시설물 배치를 한다.
② 철도, 도로 등 다른 교통과 교차점이 많은 노선에 효율적으로 배치한다.
③ 절·성토의 균형 및 완만한 구배를 얻는 노선을 계획하도록 한다.
④ 가능한 곡선 반경을 크게 주어, 운전자가 되도록 직선에 가까운 노선으로 느끼게 한다.

풀이 도로조경은 다른 교통과 교차점이 적은 노선에 효율적으로 배치한다.

023 도시공원 및 녹지 등에 관한 법률 시행규칙상 도시농업공원의 공원시설 부지면적의 기준은?

① 100분의 20 이상
② 100분의 40 이하
③ 100분의 50 이하
④ 100분의 60 이하

풀이 **도시공원 및 녹지 등에 관한 법률 시행규칙 제11조 별표4**
도시농업공원의 공원시설 부지면적은 100분의 40 이하로 하며, 부지면적을 산정할 때 도시텃밭의 면적은 제외한다.

024 통경(vista)의 배치 방법으로 가장 거리가 먼 것은?

① 시점, 종점의 물체, 연결공간이 시각적 단위를 형성하도록 한다.
② 종점에서 시점을 보는 역통경(reverse vista)은 피한다.
③ 종점의 물체를 몇 개의 시점에서 보이도록 배치할 수 있다.
④ 종점의 물체를 부분적으로 보이도록 배치할 수 있다.

풀이 통경(vista)이란 시선의 집중을 이루며 원경을 조망할 때 원근감을 조성하는 방법으로 역통경도 고려한다.

025 외부 공간 설계에 관한 세부 설계 기법의 설명으로 옳지 않은 것은?

① 소공원(mini-park) 주변의 자동차 소음을 완화하기 위하여 폭포를 설치하였다.
② 인간적 척도(human scale)를 위하여 60층 건물의 입구에 돌출된 현관을 따로 만들었다.
③ 사적지의 엄숙함을 강조하기 위하여 고운 질감을 가진 수목 위주로 식재하였다.
④ 어린이 놀이 시설에 즐거움을 더하기 위하여 중성색 위주로 색칠하였다.

풀이 어린이 놀이시설에 즐거움을 더하기 위한 색은 중성색보다 다양한 색을 활용하는 것이 좋다.

ANSWER 022 ② 023 ② 024 ② 025 ④

026 리모트 센싱에 의한 환경해석의 특징이 아닌 것은?

① 광역적인 환경을 파악할 수 있다.
② 시각적 선호도에 의한 경관을 예측할 수 있다.
③ 시간적 추이에 따른 환경의 변화를 파악할 수 있다.
④ 특정지역의 환경 특성을 광역 환경과 비교하면서 파악할 수 있다.

풀이 **리모트 센싱**
원격탐사로 멀리서 기구, 인공위성 등을 이용한 관측
- 시각적 선호도는 설문조사, 인문조사에 의한 방법이다.

027 다음 설명에 해당하는 표지판의 종류는?

- 공원 내 시야가 막히거나 동선이 급변하는 지점에 설치하고 세계적 공용문자를 사용
- 개별 단위 시설물이나 목표물의 방향 또는 위치에 관한 정보를 제공하여 목적하는 시설 또는 방향으로 안내하는 시설

① 안내표지 ② 해설표지
③ 유도표지 ④ 주의표지

풀이 **표지판의 유형**
① 안내표지 : 탐방대상지 위치, 거리, 소요시간, 방향 등 대상지 안내도
② 해설표지 : 문화재나 유물의 배경과 가치의 중요성 설명
③ 유도표지 : 장소의 지명, 다음 대상지 및 주요시설물이 위치한 장소의 방향, 거리 표시
④ 도로표지 : 통행상 금지, 제한을 전달해 도로사용 규칙 주지

028 다음 중 안내시설의 계획 시 고려사항으로 옳지 않은 것은?

① 도시의 CIP 개념과 독자적으로 계획하는 것이 바람직하다.
② 야간 이용을 고려하여 조명시설을 반영하는 것이 필요하다.
③ 재료는 내구성·유지관리상·경제성·시공성·미관성·환경친화성 등 다양한 평가항목을 고려하여 종합적으로 판단한다.
④ 이용자에게 시각적 방해가 되는 장소는 피하여야 하며, 보행 동선이나 차량의 움직임을 고려하여 배치하여야 한다.

풀이 CIP는 독자적 이미지를 구축하는 것으로 도로 교통수단인 경우의 안내시설은 안전성을 위해 관례를 따라야 함

029 도시구성에 있어서 도로의 위계 체제를 명확히 함과 동시에 거주환경지역(Environmental Area)을 설정하여 일상생활에서 보행자를 우선하도록 주장한 보고서는?

① Barlow Report
② Buchanan Report
③ Utwatt Report
④ Regional Survey of New York and its Environs Vol. Ⅲ

풀이 ① Barlow Report : 기술교육 현황 및 장래의 전망을 기술한 보고서
② Buchanan Report : 도시 및 교통계획 정책에 관한 보고서이며, 자동차로 인한 잠재적 손상에 대해 경고함과 동시에 이를 완화하는 방법을 제시함
③ Utwatt Report : 미개발지에서는 토지의 소유권으로부터 개발권을 분리하여 국가에 귀속시키고 기개발지에서는 과세를 통해 개발이익을 환수하는 방안을 제시한 보고서

ANSWER 026 ② 027 ③ 028 ① 029 ②

030 일반적인 스카이라인 형성기준과 거리가 먼 것은?

① 단일 고층건물의 배경에 산이 있을 경우, 건물의 높이는 산 높이의 60~70%가 되게 한다.
② 고층건물 주변에 일정 높이의 건물이 있을 경우, 고층건물의 높이는 주변 건물 높이의 160~170%가 되게 한다.
③ 주변건물에 비하여 현저하게 높은 건물은 위로 갈수록 좁아지는 피라미드 또는 첨탑 형태로 한다.
④ 신도시와 같이 고층건물을 집합적으로 계획할 경우, 주요 조망점에서 볼 때 하나의 형태로 겹쳐서 보이게 한다.

풀이 스카이라인은 하나의 덩어리보다 두세 개의 리듬으로 보여지도록 하며 주변 산의 리듬과 맞추도록 한다.

031 특정 대상이 지닌 의미를 파악하고자 할 때 여러 단어루 구성된 목록을 통해 자신들이 느끼는 감정의 정도를 측정하는 방법은?

① 직접 관찰 ② 물리적 흔적관찰
③ 어의구별 척도 ④ 리커드 태도 척도

풀이
- 어의구별 척도 : 경관의 질을 파악하는 것이 아니라 경관의 특성, 의미를 밝히기 위해 양극으로 표현되는 형용사 목록을 제시해 7단계로 나누어 정도를 표시하는 것. 아름답다와 추하다의 정도를 7단계로 나누어 그 정도를 표시하도록 함
- 리커드 척도 : 일정 상황에 대한 정도를 5개 구간으로 나누어 등간척으로 답하는 방식. 예로 아름다움의 정도를 높다, 낮다의 5단계로 나눔

032 주차장에 대한 설명으로 맞는 것은?

① 노외주차장의 출입구 너비는 3m 이상으로 하여야 한다.
② 경형차의 평형주차 형식의 주차구획은 폭 1.5m, 길이 4m로 한다.
③ 노상주차장은 너비 4m 미만의 도로에 설치하여서는 아니 된다.
④ 주차단위구획이란 자동차 1대를 주차할 수 있는 구획을 말한다.

풀이
① 노외주차장의 출입구 너비는 3.5m 이상으로 하여야 하며, 주차대수 규모가 50대 이상인 경우에는 출구와 입구를 분리하거나 너비 5.5m 이상의 출입구를 설치하여 소통이 원활하도록 하여야 한다. (주차장법 시행규칙 제6조 1항 4호)
② 경형차의 평행주차 형식의 주차구획은 너비 1.7m 이상, 길이 4.5m 이상으로 한다. (주차장법 시행규칙 제3조 1항)
③ 노상주차장은 너비 6m 미만의 도로에 설치하여서는 아니 된다. 다만, 보행자의 통행이나 연도(沿道)의 이용에 지장이 없는 경우로서 해당 지방자치단체의 조례로 따로 정하는 경우에는 그러하지 아니하다. (주차장법 시행규칙 제4조 1항3호)

ANSWER 030 ④ 031 ③ 032 ④

033 도시공원 및 녹지 등에 관한 법률의 설명으로 틀린 것은?

① 10만제곱미터 이하 규모의 도시공원을 새로 조성하는 경우 공원녹지기본계획 수립권자는 공원녹지기본계획을 수립하지 아니할 수 있다.
② 공원녹지기본계획에는 도시녹화에 관한 사항 및 공원녹지의 종합적 배치에 관한 사항 등이 포함되어야 한다.
③ 도시·군관리계획 중 도시공원 및 녹지에 관한 도시·군관리계획은 공원녹지기본계획에 부합되어야 한다.
④ 도시녹화계획에는 「자연공원법」에 따라 도시지역의 녹지를 체계적으로 관리하기 위하여 수립된 시책이 반영되어야 한다.

풀이 **도시공원 및 녹지 등에 관한 법률 제11조 2항**
도시녹화계획에는 「산림기본법」 제18조에 따라 도시지역의 녹지를 체계적으로 관리하기 위하여 수립된 시책이 반영되어야 한다.

034 생태(연못)의 조상과 관련된 설명으로 틀린 것은?

① 바닥의 물 순환을 위하여 바닥물길을 설계한다.
② 자연 지반 내에 생태연못 조성 시 방수시트를 사용하여 물을 담수한다.
③ 종다양성을 높이기 위해 관목숲, 다공질 공간 등 다른 소생물권과 연계되도록 한다.
④ 흙, 섶단, 자연석 등 자연재료를 도입하고 주변에 향토수종을 배식하여 자연스러운 경관을 형성한다.

풀이 입수구의 물의 유속과 수심, 바닥 형상에 변화를 주어 다양한 서식환경을 조성하며, 물은 순환시키고 물순환 과정에서 자연적으로 정화되도록 하여야 한다.

035 자연공원 계획 시 필요한 적정 수용력의 분석에 해당되지 않는 것은?

① 물리적 수용력
② 사회적 수용력
③ 생태학적 수용력
④ 심리적 수용력

풀이 **수용력 분석**
물리적 수용력, 심리적 수용력, 생태적 수용력

036 공원 녹지의 수요 분석 방법 중 양적 수요 산정방법이 아닌 것은?

① 생태학적 방식
② 생활권별 배분 방식
③ 심리적 수요에 의한 방식
④ 공원 이용률에 의한 방식

풀이 **양적수요 방식**
기능 분배 방식, 생태학적 방식, 인구 기준 원단위 적용 방식, 공원이용률에 의한 방식, 생활권별 배분방식

037 건축법 시행령에 따른 대지의 조경이 필요한 건축물은?

① 축사
② 녹지지역 안에 건축하는 건축물
③ 면적 3,000m^2인 대지에 건축하는 공장
④ 상업지역의 연면적 합계가 2,000m^2인 물류시설

풀이 **건축법 시행령 제27조(대지의 조경) 1항**
다음 각 호의 어느 하나에 해당하는 건축물에 대하여는 조경 등의 조치를 하지 아니할 수 있다.
1. 녹지지역에 건축하는 건축물
2. 면적 5천m^2 미만인 대지에 건축하는 공장
3. 연면적의 합계가 1천500m^2 미만인 공장
4. 「산업집적활성화 및 공장설립에 관한 법률」

ANSWER 033 ④ 034 ② 035 ② 036 ③ 037 ④

제2조제14호에 따른 산업단지의 공장
5. 대지에 염분이 함유되어 있는 경우 또는 건축물 용도의 특성상 조경 등의 조치를 하기가 곤란하거나 조경 등의 조치를 하는 것이 불합리한 경우로서 건축조례로 정하는 건축물
6. 축사
7. 법 제20조제1항에 따른 가설건축물
8. 연면적의 합계가 1천500m^2 미만인 물류시설(주거지역 또는 상업지역에 건축하는 것은 제외한다)로서 국토교통부령으로 정하는 것
9. 「국토의 계획 및 이용에 관한 법률」에 따라 지정된 자연환경보전지역 · 농림지역 또는 관리지역(지구단위계획구역으로 지정된 지역은 제외한다)의 건축물
10. 다음 각 목의 어느 하나에 해당하는 건축물 중 건축조례로 정하는 건축물
    가. 「관광진흥법」 제2조제6호에 따른 관광지 또는 같은 조 제7호에 따른 관광단지에 설치하는 관광시설
    나. 「관광진흥법 시행령」 제2조제1항제3호 가목에 따른 전문휴양업의 시설 또는 같은 호 나목에 따른 종합휴양업의 시설
    다. 「국토의 계획 및 이용에 관한 법률 시행령」 제48조제10호에 따른 관광 · 휴양형 지구단위계획구역에 설치하는 관광시설
    라. 「체육시설의 설치 · 이용에 관한 법률 시행령」 별표 1에 따른 골프장

038 다음 중 환경심리학에 관한 설명 중 옳지 않은 것은?

① 환경과 인간행위 상호 간의 관계성을 연구한다.
② 사회심리학과 공동의 관심분야를 많이 지니고 있다.
③ 이론적이고 기초적인 연구에만 관심을 둔다.
④ 다소 정밀하지 않더라도 문제해결에 도움이 되는 가능한 모든 연구방법을 사용한다.

풀이 환경심리는 이론을 바탕으로 환경과 인간의 행동으로 확대되어 도시, 조경, 건축 등에 실제로 활용한다.

039 조경 공사업의 등록기준으로 틀린 것은?

① 개인 자본금의 경우 7억원 이상
② 「건설기술 진흥법」에 따른 토목 분야 초급 건설기술자 1명 이상
③ 「건설기술 진흥법」에 따른 건축 분야 초급 건설기술자 1명 이상
④ 「국가기술자격법」에 따른 국토개발 분야의 조경기사 또는 「건설기술 진흥법」에 따른 조경 분야의 중급 이상 건설기술자인 사람 중 2명을 포함한 조경분야 초급 이상의 건설기술자 4명 이상

풀이 **조경공사업 등록기준**
- 법인자본금 : 7억원 이상
- 개인자본금 : 14억원 이상

040 여가활동을 증가시키고 있는 요소 중 가장 관계가 적은 것은?

① 소득의 증대
② 교육수준의 향상
③ 맞벌이 가정의 증가
④ 인간서비스 및 사회복지의 확충

ANSWER 038 ③ 039 ① 040 ③

제 3 과목 조경설계

041 일반적으로 경관분석 기법과 그 분석 내용을 잘못 짝지은 것은?

① 계량화 방법 : 특이성비의 산출
② 사진에 의한 방법 : 지각 횟수와 지각 강도의 산출
③ 기호화 기법 : 조망시점에서 본 경관의 특성과 형태
④ 시각회랑에 의한 방법 : 경관우세 요소와 변화 요인의 파악

풀이 **사진에 의한 방법**
항공 사진, 촬영 사진을 통해 시각적 선호 계량 등 산출

042 도심 소공원의 설계과정에서 초기 단계에서 분석되어야 할 요소가 아닌 것은?

① 주변건물의 용도와 형태
② 보행자 동선의 유입 방향
③ 투자에 대한 경제적 효용성
④ 이용자 특성에 따른 도입활동의 선정

풀이 경제적 효용성을 계획 전에 이루어져야한다.

043 다음 제도의 선 중 위계(hierarchy)가 굵음에서 가는 쪽으로 옳게 나열된 것은?

① 식생 → 인출선 → 도로
② 단면선 → 구조물 → 주차선
③ 건물 외곽 → 도로 → 주차선
④ 치수선 → 단면선 → 건물 외곽

044 다음 중 조경포장 설계와 관련된 설명으로 틀린 것은?

① 「간이포장」이란 비교적 교통량이 적은 도로의 도로면을 보호·강화하기 위한 도로포장으로 주로 차량의 통행을 위한 아스팔트 콘크리트 포장과 콘크리트 포장을 제외한 기타의 포장을 말한다.
② 포장재를 선정할 때는 내구성·내후성·보행성·안전성·시공성·유지관리성·경제성·환경친화성 그리고 관련 법규 등을 고려한다.
③ 포장용 점토바닥벽돌은 흡수율 10% 이하, 압축강도 20.58MPa 이상, 휨강도는 5.88MPa 이상의 제품으로 한다.
④ 포장지역의 표면은 배수구나 배수로 방향으로 최소 0.3% 이하의 기울기로 설계한다.

풀이 포장지역의 표면은 배수구나 배수로 방향으로 최소 0.5% 이상의 기울기로 설계한다.

045 다음 입체도의 화살표 방향 투상도로 가장 적합한 것은?

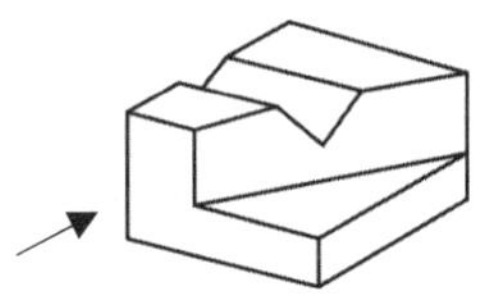

① 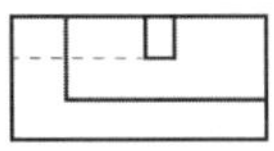
② 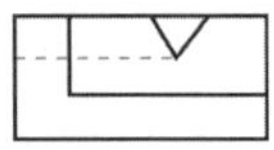
③ 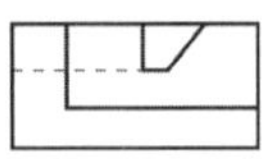
④ 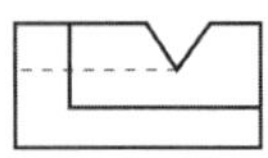

ANSWER 041 ② 042 ③ 043 ③ 044 ④ 045 ②

046 일반적인 제도 용지의 규격(mm)이 틀린 것은?

① A_1 : 594×841 ② A_4 : 210×297
③ B_2 : 515×728 ④ B_5 : 257×364

풀이 • B_5 용지 규격 : 182×257

047 투시도에서 물체가 기면에 평행으로 무한히 멀리 있을 때 수평선 위의 한 점으로 모이게 되는 점은?

① 사점 ② 대점
③ 정점 ④ 소점

048 오스트발트(Ostwald) 표색계에 대한 설명 중 옳지 않은 것은?

① 무채색, 유채색 모두 W + B + C = 100%이다.
② 헤링(E. Hering)의 4원색설을 기본으로 하였다.
③ 혼합하는 색량의 비율에 의하여 만들어진 체계이다.
④ 기본 색채는 순색(C), 이상적 백색(W), 이상적 검정(B)이다.

풀이 **오스트발트 표색계의 기본 개념**
- 모든 빛을 완벽히 반사하는 이상적인 백(W)
- 모든 빛을 완벽히 흡수하는 이상적인 흑(B)
- 특정 영역의 빛만을 완전하게 반사하고 나머지 파장 영역을 완전하게 흡수하는 이상적인 순수색(C)
  - 무채색 : W + B = 100%
  - 유채색 : W + B + C = 100%

049 조경계획과 조경설계의 개념적 차이를 설명한 것 중 틀린 것은?

① 조경설계는 미학적 창의성이 많이 요구되는 과정이다.
② 조경설계는 개념상 상위계획으로 조경계획에 선행하여 실행된다.
③ 조경계획과 조경설계는 상호 순환적 검증(feed back)을 거쳐 완성된다.
④ 조경계획은 문제 해결방안의 합리적인 제시가 많이 요구되는 과정이다.

풀이 조경계획이 조경설계보다 상위계획이며, 설계에 선행하여 실행된다.

050 일상생활에서 하나의 부분적 경관을 체계적으로 연결하여 풍부한 연속적 경험을 줄 수 있도록 "연속적 경관 구성"이라는 관점에서 주로 연구한 학자가 아닌 것은?

① 틸(Thiel)
② 린치(Lynch)
③ 할프린(Halprin)
④ 아버니티와 노우(Abernathy & Noe)

풀이 • 린치(Lynch) : 도시 이미지를 형성하는 5가지 물리적 요소로 도시 이미지를 연구한 학자

연속적 경관 연구
- 틸(Thiel) : 연속적 경험을 기호로 표시(공간형태변화 기록 - 장소 중심적)
- 할프린(Halprin) : 인간행동 움직임 표시법 고안(상대적 위치를 주로 기록 - 진행 중심적)
- 아버나티와 노우(Abernathy & Noe) : 시간, 공간을 동시에 고려한 연속적 경험을 살린 설계법

Appendix 최근 기출문제

ANSWER 046 ④ 047 ④ 048 ① 049 ② 050 ②

051 제도의 치수기입에 관한 설명으로 옳은 것은?

① 치수는 특별히 명시하지 않는 한, 마무리 치수로 표시한다.
② 치수기입은 치수선을 중단하고 선의 중앙에 기입하는 것이 원칙이다.
③ 치수의 단위는 밀리미터(mm)를 원칙으로 하며, 반드시 단위 기호를 명시하여야 한다.
④ 치수 기입은 치수선에 평행하게 도면의 오른쪽에서 왼쪽으로 읽을 수 있도록 기입한다.

풀이 치수선이 수평이면 치수선의 상단에 왼쪽에서부터 글을 쓰고, 치수선이 수직이면 치수선 왼쪽 아래에서 위로 읽도록 끝을 쓴다.
단위는 mm가 원칙이며, 다른 단위를 쓸 경우에 반드시 명시하여야 한다.

052 건축물 설계와 관련된 도면의 작성에서 실시설계 단계의 조경 관련 도면의 축척이 옳은 것은? (단, 주택의 설계도서 작성기준을 적용한다.)

① 지주목 상세도 : 1/20~1/50
② 담장 도면도 : 1/100~1/200
③ 단지종합 안내판 : 1/10~1/100
④ 가로수 식재 평면도 : 1/300~1/1,000

풀이 ① 지주목 상세도 : 1/10~1/30
② 담장 단면도 : 1/10~1/100
③ 단지종합 안내판 : 1/10~1/100
④ 가로수 식재 평면도 : 1/100~1/600

053 먼셀 색입체를 수직으로 절단했을 경우 나타나는 것은?

① 10색상의 채도변화
② 같은 명도의 10색상
③ 2가지 반대색상의 명도변화
④ 2가지 반대색상의 명도, 채도변화

풀이 **색입체 수직단면도**

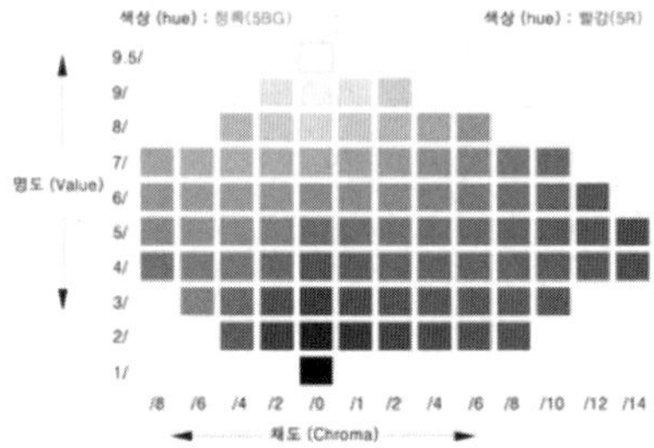

054 색조(Hue key)의 정의를 설명한 것은?

① 강한 악센트를 주는 색채의 효과
② 색상을 비교하는 데 기준이 되는 색
③ 조화적인 색채들이 대비를 파괴하는 색상
④ 주색상이 구성의 주조를 결정하게 되는 원리

ANSWER 051 ① 052 ③ 053 ④ 054 ④

055 조경설계기준상의 하천조경 설계 시 관찰시설 설치와 관련된 내용이 틀린 것은?

① 야생동물이 자주 출현하는 곳에 작은 규모의 야생동물 관찰소를 설치한다.
② 안전을 위한 데크의 난간 높이는 100cm 이상으로 하며, 장애자가 이용하는 데크는 최소 80cm의 폭이 확보되도록 계획한다.
③ 관찰시설 설치는 생태·미관의 교육, 체험, 서식처 보호, 훼손 확산방지를 위한 이용객 동선 유도 등 꼭 필요한 장소에 설치한다.
④ 관찰시설은 사회적 약자를 배려하여 진행 도중 추락의 위험이 없도록 안전난간을 설치하는 등 안전한 관찰 및 탐방이 가능하도록 설치한다.

풀이 안전을 위한 데크 등의 난간 높이는 120cm 이상으로 하며, 장애자가 이용하는 데크는 최소 100cm의 폭이 확보되도록 계획한다.

056 경관의 형식은 자연경관과 문화경관(인공경관)으로 구분된다. 다음 중 자연경관에 속하는 것은?

① 평야경관 ② 교외경관
③ 경작지경관 ④ 취락경관

풀이
- 자연경관 : 산림경관, 평야경관, 해양경관
- 문화경관 : 도시경관(가로경관, 택지경관, 교외경관), 농촌경관(취락경관, 경작지경관)

057 시각적 선호도(visual preference)의 일반적 측정방법에 해당하지 않는 것은?

① 구두측정(verbal measure)
② 행태측정(behavioral measure)
③ 표정측정(expressional measure)
④ 정신생리측정(psychophysiological measure)

풀이 **시각적 선호도의 측정방법**
구두측정, 행태측정, 정신생리측정

058 린치(Lynch)의 도시의 이미지 형성요소에 포함되지 않는 것은?

① 통로(path) ② 결절점(node)
③ 모서리(edge) ④ 비스타(vista)

풀이 **케빈 린치(Kevin Lynch)의 도시 이미지 형성요소**
통로(path), 모서리(edge), 지역(district), 결절점(node), 랜드마크(Landmark)

059 경관을 구성하는 방법 중 눈앞에 보이는 주위의 자연경관을 어떤 구도(構圖) 속에 포함시켜 그 구도가 한층 큰 효과를 갖도록 교묘히 구성하는 방법은?

① 축경(縮景) ② 차경(借景)
③ 원경(遠景) ④ 첨경(添景)

풀이
- 축경 : 자연경관을 축소하여 정원에 옮기는 수법
- 원경 : 멀리서 보이는 경치
- 첨경 : 형태가 우수한 요소를 주 경관에 첨가, 보완하는 수법

ANSWER 055 ② 056 ① 057 ③ 058 ④ 059 ②

060 리듬(Rhythm)과 가장 관련이 없는 것은?

① 대칭 ② 반복
③ 방사 ④ 점진

풀이 리듬이란 균형이 잡힌 뒤 나타나는 변화원리로 통일화 원리의 하나이며, 종류는 반복, 점진, 교체, 대조, 방사가 있다.

제4과목 조경식재

061 11월에 백색 꽃이 피는 수종은?

① *Albiea julibrissin*
② *Lagerstroemia indica*
③ *Fatsia japonica*
④ *Prunus padus*

풀이 ① 자귀나무 : 개화시기는 6~7월, 붉은꽃
② 배롱나무 : 개화시기는 8~9월, 붉은꽃
③ 팔손이 : 개화시기 11월, 흰꽃
④ 귀룽나무 : 개화시기 5월, 흰꽃

062 지주목 설치에 대한 설명 중 틀린 것은?

① 목재를 지주목으로 사용할 경우 각재로서 나왕, 미송이 가장 좋으며, 되도록 방부처리를 하지 않는 것이 좋다.
② 수피가 직접 닿는 부분은 수피가 상하지 않게 보호대를 설치한 후 지주대를 설치한다.
③ 대나무 지주의 경우에는 선단부를 고정하고 결속부에는 대나무에 홈을 넣어 유동을 방지한다.
④ 지주목 해체는 목재의 경우 5~6년 경과 후 해체하지만 수목이 완전히 활착될 때까지는 설치를 유지하도록 한다.

풀이 지주목은 육송, 미송이 좋으며, 내구성이 강한 방부목이 좋다.

063 공원의 원로나 건물 앞에 어울리는 화단의 형태는?

① 경재화단(border flower bed)
② 기식화단(assorted flower bed)
③ 모둠화단(carpet flower bed)
④ 침상원(sunken garden)

풀이 ① 경재화단 : 진입로나 담장, 건물을 배경으로 키가 큰 식물을 심고, 앞쪽으로 키 작은 식물을 심는 화단
② 기식화단 : 조경의 중앙이나 동선의 교차점에 원형, 타원형, 각형화단을 만들고 사방에서 관람할 수 있도록 만든 화단
③ 모둠화단(카펫화단) : 작은 초화류로 양탄자 모양으로 기하학적 무늬로 만든 화단
④ 침상화단 : 지면보다 낮은 공간에 sunken시켜 만든 화단

064 다음 중 자연수형이 나머지 3종과 가장 차이나는 것은?

① 전나무(*Abies holophylla*)
② 구상나무(*Abies koreana*)
③ 느티나무(*Zelkova serrata*)
④ 일본잎갈나무(*Lzrix kaempferi*)

풀이 • 원추형 : 전나무, 구상나무, 일본잎갈나무
• 구형 : 느티나무

ANSWER 060 ① 061 ③ 062 ① 063 ① 064 ③

065 지피식물(地被植物)로 이용하기에 적합한 상록다년초는?

① 자금우 ② 골담초
③ 수호초 ④ 협죽도

풀이 ① 자금우 : 상록소관목
② 골담초 : 낙엽관목
③ 수호초 : 상록 여러해살이풀
④ 협죽도 : 상록관목

066 미적 효과와 관련한 식재형식 중 경관식재와 밀접한 관계가 없는 것은?

① 표본식재 ② 산울타리식재
③ 경재식재 ④ 방풍식재

풀이 방풍식재는 강풍으로부터 보호하기 위해 조성하는 것이며, 기능식 방재식재에 속한다.

067 식재지의 토양조건에 대한 설명으로 틀린 것은?

① 좋은 토양구조와 토성을 지닌 혼합물
② 느슨하지 않고 쉽게 부스러지지 않는 토양
③ 유기질과 양분함량이 높고, 물을 저류하거나 배수하기 용이한 토양
④ 산소 함량이 지속적으로 높음과 동시에 식물 생육에 적합한 pH를 지닌 토양

풀이 수목의 생육에 알맞은 토양은 사양토, 양토, 식양토이다. 느슨하지 않고 쉽게 부스러지지 않는 토양은 점토 함유량이 많아 토양 입자의 응집력이 크고, 통기성과 배수성이 불량하여 수목 생육이 좋지 않다.

068 식물 분포의 결정 요인이 아닌 것은?

① 토양조건
② 기후조건
③ 인근 종에 대한 친화성
④ 변화하는 환경요인에 대한 적응성

069 식재지의 토질로서 가장 이상적인 것은?

① 떼알구조로 토양입자 70%, 수분 15%, 공기 15%
② 홑알구조로 토양입자 70%, 수분 15%, 공기 15%
③ 떼알구조로 토양입자 50%, 수분 25%, 공기 25%
④ 홑알구조로 토양입자 50%, 수분 25%, 공기 25%

풀이 **식물 생육에 알맞은 흙의 용적비율**
광물질 45%, 유기질 5%, 공기 25%, 수분 25%

070 다음 중 요점(要點)식재와 가장 관련이 먼 것은?

① 경관의 강조 ② 위험방지
③ 건물의 차폐 ④ 첨경(添景)

풀이 **요점식재**
중요지점에 강조하기 위한 식재

ANSWER
065 ③ 066 ④ 067 ② 068 ③ 069 ③ 070 ③

071 천이에 대한 설명으로 틀린 것은?

① 식물 군락의 구성종이 변환하여 타군락으로 변하는 것을 천이라 한다.
② 천이가 반복되어 식물군락이 안정된 상태를 극상이라 한다.
③ 천이는 자연의 힘에서만 일어나며 인위적 작용은 관계없다.
④ 천이가 일어나는 원인은 환경조건의 변화와 관계있다.

풀이 천이란 시간에 따른 군집 구조의 예측 가능한 일정한 변화이며, 산불, 환경오염 및 벌목 등의 인위적인 작용의 영향을 받는다.

072 비탈면(법면) 식재공법의 종류 중 식물 도입이 곤란한 불량 토질에 사용하고, 피복 속도가 느리기는 하지만 비료의 효과가 오래도록 계속되는 공법은?

① 식생반공(植生盤工)
② 식생대공(植生袋工)
③ 식생혈공(植生穴工)
④ 식생조공(植生條工)

풀이 **식생혈공**
구멍을 뚫어 비료 등 혼합물을 채워넣는 공법으로 비료유실이 적다.

073 임해매립지 식재 시 염분 피해를 줄이기 위해 취할 수 있는 방법으로 틀린 것은?

① 석고, 석회, 염화칼슘 등을 이용하여 염분을 제거한다.
② 염분용탈을 위해 지속적으로 관수한다.
③ 투수성이 불량한 곳에는 점질토로 객토한다.
④ 마운딩을 하여 식재하거나 객토를 한다.

풀이 **매립지 염분제거 방법**
2m 간격으로 깊이 50cm 이상, 너비 1m 이상 되는 도랑 파고 그 속에 모래를 채워 사구를 만든 다음 도랑 이외의 곳에는 토양개선제나 모래를 혼합함으로 투수성을 향상시켜 놓은 다음 전면에 걸쳐서 물을 뿌려 탈염한다.

074 잎차례가 대생(對生)인 수종은?

① 수수꽃다리 ② 박태기나무
③ 느티나무 ④ 때죽나무

풀이
- 대생(마주나기) : 수수꽃다리
- 호생(어긋나기) : 박태기나무, 느티나무, 때죽나무

075 다음 중 느티나무(*Zelkova serrata Makino*)에 대한 설명이 아닌 것은?

① 내한성이 약하다.
② 성상은 낙엽활엽교목이다.
③ 과명은 느릅나무과이다.
④ 수피는 오래되면 비늘조각으로 떨어진다.

풀이 느티나무는 내한성이 강하다.

076 상관(相觀)에 의한 식생 구분은?

① 군계에 의한 것
② 우점종에 의한 것
③ 표징종에 의한 것
④ 군락 구분종에 의한 것

풀이 상관이란 서로 다른 모습에 관한 비교에 의한 식생 구분으로 식생형에 따른 분류인 군계, 군단, 군집, 군종과 관계 깊다. 표징종, 우점종 등은 식물군락을 분류하는 방법이다.

ANSWER 071 ③ 072 ③ 073 ③ 074 ① 075 ① 076 ①

077 배경식재에 관한 설명으로 틀린 것은?

① 고층빌딩군 주변에 적용되는 식재기법으로 자연성을 증진시킨다.
② 설계 시 건물과 연계하여 식재기능을 충족시킬 수 있는 식재 위치의 선정이 중요하다.
③ 주로 사용되는 수목은 대교목으로 그늘을 제공하거나 방풍, 차폐기능을 동반한다.
④ 자연경관이 우세한 지역에서 건물과 주변경관을 융화시키기 위해서 기본적으로 요구되는 식재기법이다.

078 왕버들(*Salix chaenomeloides*)에 대한 설명으로 틀린 것은?

① 꽃은 6월에 핀다.
② 잎 뒷면은 흰빛을 띤다.
③ 잎이 새로 나올 때는 붉은빛이 난다.
④ 풍치수, 정자목 등으로 이용된 한국전통수종이다.

풀이 • 왕버들 개화시기 : 4월

079 *Cornus* 에 해당되는 수목은?

① 산수유 ② 박태기나무
③ 팽나무 ④ 서어나무

풀이 ① 산수유 : *Cornus officinalis*
② 박태기나무 : *Cercis chinensis*
③ 팽나무 : *Celtis sinensis Persoon*
④ 서어나무 : *Carpinus laxiflora*

080 열매가 익었을 때 붉은색이 아닌 것은?

① 귀룽나무, 작살나무
② 팥배나무, 마가목
③ 덜꿩나무, 청미래덩굴
④ 딱총나무, 뜰보리수

풀이 • 귀룽나무 열매색 : 흑색
• 작살나무 열매색 : 보라색

제 5 과목 조경시공구조학

081 다음 조건을 참고하여 양단면평균법을 사용한 체적은?

• A면 각 변 길이 : 7m×8m
• B면 각 변 길이 : 9m×10m
• 양단면 간의 거리 : 12m

① $568m^3$ ② $876m^3$
③ $1136m^3$ ④ $1752m^3$

풀이 **양단면평균법**

$$V=\frac{L}{2}(A_1+A_2)$$

(단, A_1, A_2는 양단면적, L : 양단면간의 거리)

$$V=\frac{12m}{2}\{(7m\times8m)+(9m\times10m)\}$$
$$=876m^3$$

ANSWER 077 ① 078 ① 079 ① 080 ① 081 ②

082 그림과 같은 기둥에서 유효좌굴길이는?

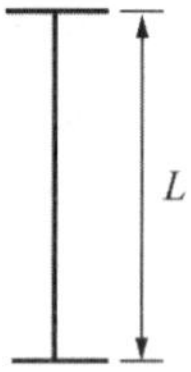

① 0.5L ② 0.7L
③ 1.0L ④ 2.0L

083 미장용 정벌 바르기 또는 벽돌쌓기 줄눈용도로 많이 사용되는 모르타르의 적합한 용적배합비는?

① 1 : 1 ② 1 : 2
③ 1 : 3 ④ 1 : 4

풀이 **모르타르 배합비**
줄눈용도로 보통 1:3, 중요한 곳 : 1:2, 치장눈 1:1 또는 1:2

084 다음 중 콘크리트에 발생하는 크리프가 큰 경우가 아닌 것은?

① 작용 응력이 클수록
② 재하재령이 느릴수록
③ 물시멘트가 클수록
④ 부재 단면이 작을수록

풀이 **콘크리트 크리프**
콘크리트에 일정한 하중을 계속 가하면 하중의 증가 없이 시간의 경과에 따라 변형이 계속 증대되는 현상으로 증가원인은 다음과 같다.
① 재령이 적은 콘크리트에 재하시기가 빠를수록
② 강도가 낮을수록(물시멘트비가 클수록)
③ 대기습도가 적을수록(건조정도가 높을수록)
④ 양생(보양)이 나쁠수록
⑤ 재하응력이 클수록
⑥ 외부습도가 높을수록 작으며, 온도가 높을수록 크다.
⑦ 부재치수가 작을수록 크리프는 크다.
⑧ 조강시멘트는 보통시멘트보다 크리프가 작고, 중용열시멘트나 혼합시멘트는 크리프가 크다.
⑨ 물 시멘트비가 증가할수록 크리프가 크다.

085 기반조성공사, 식재공사, 잔디 및 지피·초화류공사, 조경석공사, 시설물공사, 수경시설물설치공사 등으로 공사의 과정별로 분할하여 도급계약하는 방식은?

① 전문공종별 분할도급
② 공정별 분할도급
③ 공구별 분할도급
④ 직종별·공종별 분할도급

086 다음 수목 굴취공사와 관련된 설명으로 틀린 것은?

① 은행나무와 칠엽수는 나무 높이에 의한 굴취품을 적용한다.
② 굴취 시 야생일 경우에는 굴취품의 20%까지 가산할 수 있다.
③ 관목의 굴취 시 나무높이가 1.5m를 초과할 때는 나무높이에 비례하여 할증할 수 있다.
④ 뿌리돌림은 수목 식재 전에 뿌리분 밖으로 돌출된 뿌리를 깨끗이 절단하여 주근 가까운 곳의 측근과 잔뿌리의 발달을 촉진시키는 작업이다.

풀이 은행나무, 칠엽수는 흉고직경에 의한 굴취품을 적용한다.

ANSWER
082 ① 083 ③ 084 ② 085 ② 086 ①

087 변재(邊材)와 심재(心材)에 대한 설명으로 틀린 것은?

① 수심에 가까운 부위가 변재이다.
② 심재보다 변재가 내후성이 작다.
③ 일반적으로 심재는 변재에 비해 강도가 강하다.
④ 변재는 심재보다 비중이 적으나 건조하면 변하지 않는다.

풀이 변재는 목재의 바깥 부분이며 심재는 중심에서 내부 쪽에 있는 부위이다.

088 조경 시공관리의 3대 기능에 해당되지 않는 것은?

① 공정관리 ② 자원관리
③ 품질관리 ④ 원가관리

풀이 **조경 시공관리의 3대 기능**
공정관리, 품질관리, 원가관리

089 다음 배수관거와 관련된 설명 중 옳지 않은 것은?

① 원형관이 수리학상 유리하다.
② 관거의 매설깊이는 동결심도보다 상부 하중을 고려한다.
③ 배수관거의 유속은 1.0~1.8m/sec가 이상적이다.
④ 관거는 간선과 지선이 90°일 때 배수효과가 가장 좋다.

풀이 관거는 간선과 지선의 각도가 적을수록 배수효과가 가장 좋으며, 90°일 때 가장 효과적이지 못하다.

090 점토에 대한 설명으로 옳지 않은 것은?

① 순수점토일수록 용융점이 높고 저급점토는 낮다.
② 점토의 일반적 성분은 SiO_2, Al_2O_3, Fe_2O_3, CaO, MgO 등이다.
③ 화학적으로 순수한 점토를 카올린(고령토)이라 한다.
④ 침적점토는 바람이나 물에 의해 멀리 운반되어 침적되므로 입자가 크며 가소성이 적다.

풀이 침적점토는 바람이나 물에 의해 멀리 운반되어 침적되므로 입자가 작으며 가소성이 크다.

091 식물의 관수량을 결정하는 요소와 관계가 가장 거리가 먼 것은?

① 토양의 침투율(浸透率)
② 토양의 포장용수량(圃場容水量)
③ 토양의 위조함수량(萎凋含水量)
④ 토양의 유효수분함량(有效水分含量)

092 그림과 같은 하중을 받는 단순보의 지점 D에서 휨모멘트 크기는?

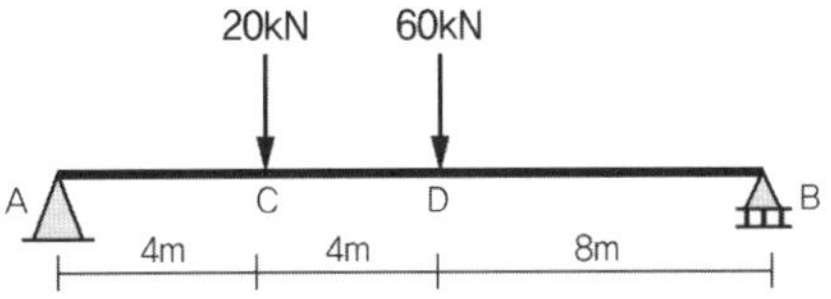

① 90kNm ② 180kNm
③ 280kNm ④ 360kNm

Appendix 최근기출문제

ANSWER 087 ① 088 ② 089 ④ 090 ④ 091 ③ 092 ③

093 다음 중 합성수지에 관한 설명으로 틀린 것은?

① 폴리우레탄수지는 도막 방수재 및 실링재로서 이용된다.
② 폴리스티렌수지는 발포제로서 보드상으로 성형하여 단열재로 사용된다.
③ 실리콘수지는 내열성·내한성이 우수한 수지로 접착제, 도료로 사용된다.
④ 염화비닐수지는 내산·내알칼리성이 작지만 내후성이 커서 건축 재료로 널리 사용된다.

풀이 염화비닐수지는 내산성, 내알칼리성, 내수성이 매우 크다.

094 건설공사로 활용되는 석재에 관한 설명 중 틀린 것은?

① 사석(捨石) : 막 깬 돌 중에서 유수에 견딜 수 있는 중량을 가진 큰 돌
② 잡석(雜石) : 크기가 지름 10~30cm 정도의 것이 고르게 섞여진, 형상이 고르지 못한 큰 돌
③ 전석(轉石) : 1개의 크기가 $0.5m^3$ 내·외의 정형화되지 않은 석괴
④ 야면석(野面石) : 호박형의 천연석으로서 지름이 10cm 정도 크기의 둥근 돌

풀이 **야면석**
천연석으로 표면 가공하지 않은 것으로서 운반이 가능하고 공사용으로 사용

095 다음 중 횡선식 공정표(Bar Chart)의 특징으로 틀린 것은?

① 복잡한 공사에 사용된다.
② 주공정선의 파악이 힘들어 관리통제가 어렵다.
③ 각 공종별 사와 전체의 공사시기 등이 알기 쉽다.
④ 각 공종별의 상호관계, 순서 등이 시간과 관련성이 없다.

풀이 횡선식 공정표는 작성하기 쉽고 한눈에 간단히 파악할 수 있어 간단한 공사에 사용된다.

096 다음 항공사진 측량의 판독에 대한 설명 중 옳지 않은 것은?

① 사진상의 크기나 형상은 피사체의 내용을 판독하기 위하여 중요한 요소이다.
② 사진의 음영은 촬영고도에 따라 변화하기 때문에 판독에는 불필요한 요소이다.
③ 사진의 정확도는 사진상의 변형, 색조, 형상 등 제반 요소의 영향을 고려해야 한다.
④ 사진의 색조는 피사체로부터의 반사광량에 따라 변화하나 사용하는 필름 현상의 사진처리 등에 따라 영향을 받는다.

풀이 **항공사진 판독요소**
크기, 형상, 색조, 모양, 질감, 음영 등으로 수종을 파악하기도 한다.

ANSWER
093 ④ 094 ④ 095 ① 096 ②

097 다음 광원(光源)에 대한 설명으로 틀린 것은?

① 백열등 : 광색이 따뜻한 느낌을 주기 때문에 휴식공간 조명에 적당하다.
② 형광등 : 내벽의 형광물질로 자외선을 발생시켜 빛을 얻으며 광색이 차다.
③ 나트륨등 : 적색을 띤 독특한 광색으로 열효율이 낮고 투시성이 수은등에 비하여 낮다.
④ 수은등 : 수은증기압을 고압으로 가압하여 고효율의 광원을 얻으며, 큰 광속(光束)으로 가로 조명에 적합하다.

풀이 **나트륨등**
열효율이 높고, 투시성이 뛰어나다. 설치비는 비싸지만 유지관리비는 저렴하다.

098 다져진 후 토량이 40,000m^3, 성토에서 원지반 토량이 25,000m^{3}일 때 흐트러진 상태의 토량은 몇 m^{3}이 필요한가? (단, 토량변화율은 L = 1.30, C = 0.85이다.)

① 1,153.85 ② 11,700
③ 22,950 ④ 28,676.47

풀이 **다져진 후 토량 40,000m^{3}의 원지반 토량**
= 토량×(1/C) = 40,000x(1/0.85)
= 40,000/0.85 = 47,058.82m^3
• 필요한 원지반 토량
= 47,058.82m^3 − 25,000m^3 = 22,058.82m^3
• 필요한 원지반토량의 흐트러진 상태의 토량
= 토량×L = 22,058.82m^3×(1.3)
= 22,058.82×1.3 = 28,676.47m^3

099 다음 네트워크에서 주공정선(critical path)은?

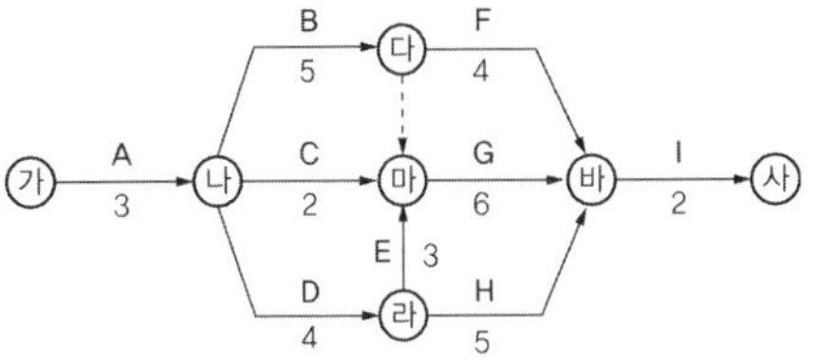

① ㉮ - ㉯ - ㉱ - ㉲ - ㉳ - ㉴
② ㉮ - ㉯ - ㉰ - ㉳ - ㉴
③ ㉮ - ㉯ - ㉲ - ㉳ - ㉴
④ ㉮ - ㉯ - ㉰ - ㉲ - ㉳ - ㉴

풀이 CP(주공정선)은 공사기간이 가장 긴 기간으로 연결한 기간이다.
① ㉮ → ㉯ → ㉱ → ㉲ → ㉳ → ㉴
= 3+4+3+6+2 = 18일
② ㉮ → ㉯ → ㉰ → ㉳ → ㉴
= 3+5+4+2 = 14일
③ ㉮ → ㉯ → ㉲ → ㉳ → ㉴
= 3+2+6+2 = 13일
④ ㉮ → ㉯ → ㉰ → ㉲ → ㉳ → ㉴
= 3+5+0+6+2 = 16일

100 콘크리트용 혼화재료로 사용되는 고로슬래그 미분말에 대한 설명으로 틀린 것은?

① 고로슬래그 미분말을 사용한 콘크리트는 보통 콘크리트보다 콘크리트 내부의 세공경이 작아져 수밀성이 향상된다.
② 플라이애시나 실리카흄에 비해 포틀랜드 시멘트와의 비중차가 작아 혼화재로 사용할 경우 혼합 및 분산성이 우수하다.
③ 고로슬래그 미분말의 혼합률을 시멘트 중량에 대하여 70% 정도 혼합한 경우 중성화 속도가 보통 콘크리트의 1/2 정도로 감소된다.
④ 고로슬래그 미분말을 혼화재로 사용한 콘크리트는 염화물 이온 침투를 억제하여 철근 부식 억제효과가 있다.

Appendix 최근기출문제

ANSWER 097 ③ 098 ④ 099 ① 100 ③

풀이 고로슬래그 미분말을 사용한 콘크리트는 중성화가 보통 콘크리트에 비해 빠르게 진행된다.

제 6 과목 조경관리론

101 근로자 2000명이 1일 9시간씩 연간 300일 작업하는 A시설물 제작 작업장에서 1명의 사망자와 의사 진단에 의한 60일의 휴업일수를 가져왔다. 이 사업장의 강도율은 약 얼마인가?

① 1.21 ② 1.40
③ 1.57 ④ 1.84

풀이 강도율은 산업재해의 지표의 하나로 발생한 재해의 강도를 나타내는 척도로, 연간 총 근로시간 1,000시간당 재해발생에 의해서 잃어버린 근로손실일수를 말한다.
강도율 = (근로손실일수/연근로시간수)×1,000
- 연근로시간수 = 2,000명×9시간×300일 = 5,400,000시간
- 근로손실일수 = 장애등급별 근로손실일수 + 비장애 등급 휴업일수×(300/365)

[참고]
사망(또는 영구 전노동불능 : 1-3등급)일 경우 7,500일, 4등급 5,500일, 14등급 50일
= 7,500+(60×(300/365) = 7,500+49.315
= 7,549.315
- 강도율 = (7,549.315/5,400,000)×1,000 = 1.3980 ≒ 1.40

102 벚나무 빗자루병의 병원체가 속하는 분류 그룹은?

① 자낭균 ② 난균
③ 담자균 ④ 불완전균

풀이 벚나무 빗자루병은 자낭균류의 곰팡이에 의한 병이다.

103 질소가 0.5%인 퇴비(이용률 20%) 40톤 중에 유효한 질소량은 몇 kg인가?

① 10 ② 20
③ 30 ④ 40

풀이 40,000kg×0.5%×20%
= 40,000×0.005×0.2 = 40kg

104 재해원인 분석방법의 통계적 원인분석 중 다음에서 설명하는 것은?

> 사고의 유형, 기인물 등 분류항목을 큰 순서대로 도표화한다.

① 관리도 ② 파레토도
③ 크로스도 ④ 특성 요인도

풀이
① 관리도 : 재해 발생 건수 등의 추이를 파악하여 목표관리를 행하는 데 필요한 월별 재해 발생수를 그래프화한 것
② 파레토도 : 불량 등 발생건수를 분류항목별로 나누어 크기 순서대로 나열해 놓은 그림
③ 크로스도 : 2가지 이상의 문제 관계를 분석하는데 사용하며, 요인별 결과내역을 교차한 그림을 작성하여 분석
④ 특성요인도(Chracteristics diagram) : 어떤 결과(특성)에 영향을 미치는 원인과 그 결과의 관계를 한눈에 알아볼 수 있도록 정리한 그림

ANSWER
101 ② 102 ① 103 ④ 104 ②

105 조경석 쌓기의 설명으로 틀린 것은?

① 경관적 목적 또는 구조적 목적으로 조경석을 쌓아 단을 조성하는 경우에 적용한다.
② 가로쌓기는 설계도면 및 공사시방서에 명시가 없을 경우 높이가 1.5m 이하일 때에는 찰쌓기로 1.5m 이상인 경우와 상시 침수되는 연못, 호수 등으로 메쌓기로 한다.
③ 뒷부분에는 고임돌 및 뒤채움돌을 써서 튼튼하게 쌓아야 하며, 필요에 따라 중간에 뒷길이가 0.6~0.9m 정도의 돌을 맞물려 쌓아 붕괴를 방지한다.
④ 사전에 지반을 조사하여 연약지반은 말뚝박기 등으로 지반을 보강하고 필요한 경우 콘크리트나 잡석 등으로 기초를 보완하는 등 하중에 의한 침하를 방지하여야 한다.

풀이 가로쌓기는 설계도면 및 공사시방서에 명시가 없을 경우 높이가 1.5m 이하일 때에는 메쌓기를 하고, 1.5m 이상인 경우와 상시 침수되는 연못, 호수 등은 찰쌓기로 한다.

106 수목관리와 비교한 수림지 관리만의 고유 특성이라 분류하기 어려운 것은?

① 천연갱신의 유도
② 생태적 복원력에 의지
③ 정상천이계열의 존중
④ 수목생장에 따른 보식 및 갱신

풀이 수림지 관리란 장기적인 관점에서 식물공간 형성하는 목적으로 수림을 관리하는 것이다.
수목생장에 따른 보식 및 갱신은 수림지 관리뿐 아니라 수목관리에도 해당되는 사항이므로 고유 특성이라 하기는 어렵다.

107 다음 중 옹벽의 변화 상태를 육안으로 확인할 수 있는 것이 아닌 것은?

① 이음새의 어긋남
② 구조체의 균열
③ 침하 및 부등 침하
④ 기초의 강도 저하

풀이 **옹벽의 변화상태 확인**
침하 및 부등 침하 - 이음새의 어긋남 - 경사 - 균열 - 이동 - 세굴

108 레크리에이션 관리의 내용이 아닌 것은?

① 집약적 시설의 제공
② 도시의 무질서한 확산 방지
③ 접근성이 필수적인 활동 허용
④ 개인 또는 소집단에 필요한 활동 허용

109 콘크리트 포장 보수를 위한 패칭(patching) 공법의 설명으로 틀린 것은?

① 포장의 파손 부분을 쓸어낸다.
② 깨끗이 쓸어낸 뒤 택코팅한다.
③ 슬래브 및 노반의 면 고르기를 한다.
④ 필요기간 동안 충분히 양생작업을 한다.

풀이 택코팅은 아스팔트 콘크리트 패칭 시 시행하는 것

ANSWER 105 ② 106 ④ 107 ④ 108 ② 109 ②

110 다음과 같은 피해현상을 보이는 해충은?

> 어린 유충은 초본의 줄기 속을 식해하지만 성장한 후에는 나무로 이동하여 수피와 목질부 표면을 환상(環狀)으로 식해하면서 거미줄을 토하여 벌레똥과 먹이 잔재물을 피해 부위 바깥에 처리하므로 혹 같아 보인다.
> 처음에는 인피부를 고리모양으로 식해하지만, 이어 줄기의 중심부로 먹어 들어가며 위와 아래로 갱도를 뚫으면서 식해한다.

① 미국흰불나방 ② 참나무재주나방
③ 천막벌레나방 ④ 박쥐나방

풀이 위 설명은 천공성 해충에 의한 피해를 나타내는 것이다.
- 천공성 해충 : 박쥐나방, 미끈이하늘소, 버들바구미, 소나무좀, 측백하늘소 등

111 다음 조경시설물에 보수의 목표(보수시기) 설명으로 옳은 것은?

① 원로, 광장의 아스팔트 포장 균열 보수 : 전면적의 15~20%의 함몰이 생길 때(3~5년)
② 원로, 광장의 평판 교체 : 파손장소가 눈에 띨 때(2년)
③ 시소의 베어링 보수 : 베어링이 마모되어 삐걱삐걱 소리가 날 때(3~4년)
④ 목재 벤치의 좌판 보수 : 전체의 20% 이상 파손, 부식이 생길 때(5~7년)

풀이 ① 원로, 광장의 아스팔트 포장 균열 보수 : 전면적의 5~10%의 함몰이 생길 때(3~5년)
② 원로, 광장의 평판 교체 : 파손장소가 눈에 띨 때(3~5년)
④ 목재 벤치의 좌판보수 : 전체의 10% 이상 파손, 부식이 생길 때(5~7년)

112 수목에 시비하는 방법 중 토양 내 시비하는 방법에 해당하지 않는 것은?

① 엽면시비법 ② 방사상시비법
③ 전면시비법 ④ 선상시비법

풀이 엽면시비법은 물 1L당 60~120ml 비율로 희석해 직접 엽면에 살포하는 것으로 미량원소 부족시 효과가 좋다.

113 운영관리계획 중 양적인 변화에 대응한 관리는?

① 개방된 토양면의 확보로 양호한 수분과 토양 조건을 구축
② 자연 발아된 식생의 증식과 생육에 따른 과밀식생의 이식, 벌채
③ 조경공간의 구조적 개량으로 경관관리와 양호한 생태계의 확보
④ 레크리에이션적 기능에서 어메니티 기능중심으로 구조적 변화

풀이 **운영관리계획 중 양의 변화에 대응한 관리**
- 부족이 예측되는 시설의 증설
- 이용에 의한 손상이 생기는 시설의 보충
- 내구연한이 된 각종 시설물 보강
- 군식지의 생태적 조건변화에 따른 갱신

114 빛의 조절이나 통제가 용이하며 색채연출이 우수하고, 고출력의 높은 전압에서만 작동이 가능한 옥외 조명의 광원은?

① 나트륨등 ② 수은등
③ 백열등 ④ 금속 할로겐등

ANSWER 110 ④ 111 ③ 112 ① 113 ② 114 ④

115 그네, 시소 및 미끄럼틀과 관련한 설명 중 틀린 것은?

① 그네 줄 상단의 베어링은 좌우로 흔들리지 않아야 하며 회전에 의해 풀리지 않도록 풀림방지 너트로 고정하고 마모 시에 교체할 수 있도록 해야 한다.
② 미끄럼틀 미끄럼판의 기울기 각도는 설계도면의 기준을 따르고 활주면은 요철이 없으며 미끄러워야 한다.
③ 미끄럼틀 최종 활주면은 모래판 및 지면에서 0.6m 미만으로 이격시키고, 활주면 최하단의 앉음판은 0.3m 이상으로 한다.
④ 시소의 좌판이 지면에 닿는 부분에 중고 타이어 등의 재료를 사용하여 충격을 줄여야 하며 마모가 심하여 철선이 노출되거나 찢어진 것을 사용해서는 안 된다.

풀이 최종 활주면은 모래판 및 지면에서 0.2m 미만으로 이격시키고, 활주면 최하단의 앉음판은 0.5m 이상으로 하며 바깥쪽으로 약간의 기울기를 주어 물이 고이지 않도록 해야 한다.

116 그 자체만으로는 약효가 없으나 농약제품에 첨가할 경우 농약의 약효에 대해 상승작용을 나타내는 보조제는?

① 협력제 ② 유화제
③ 유기용제 ④ 증량제

117 다음 중 병환부에 직접 살균제를 살포하여 효과를 얻을 수 있는 병이 아닌 것은?

① 흰가루병 ② 잿빛곰팡이병
③ 녹병 ④ 시들음병

풀이 시들음병은 주로 곤충의 몸에 붙어 매개체로 하여 옮기는 것으로 병원균자체의 이동성이 없기 때문에 곰팡이에 의한 병에 비해 병환부에 직접 살균해도 크게 효과를 얻기 어렵다.

118 잔디초지의 예초높이는 토양 표면으로부터 예초될 잔디의 높이를 말하는데 이를 지배하는 요인으로 가장 거리가 먼 것은?

① 잔디의 생육형
② 토양수분
③ 해충의 종류
④ 잔디의 이용형태

119 식물생육에 필요한 양분 중에서 공기로부터 얻을 수 있는 필수원소는?

① P ② K
③ Ca ④ C

풀이 공기 중에서 얻을 수 있는 요소는 C, H, O와 같이 이산화탄소, 산소이다.

120 해충의 구제 방법들 중 기계적 방제법에 해당하는 것은?

① 인공 포살(人工捕殺)
② 온도(溫度)처리법
③ 접촉살충제 살포(接觸殺蟲劑撒布)
④ 기생봉(寄生蜂) 이용

풀이 **기계적 방제**
포충망이나 손으로 직접 어린 벌레 잡기, 흙을 뒤지고 파서 어린 벌레 잡기, 잎에 산란한 알을 채집하여 잡기 등 인공 포살을 말한다.

ANSWER
115 ③ 116 ① 117 ④ 118 ③ 119 ④ 120 ①

2018 2회 조경기사 최근기출문제

2018년 4월 28일 시행

제1과목 조경사

001 12단의 테라스와 캐스케이드, 차경의 정원으로 유명한 인도무굴 왕조의 정원은?

① 샤리마르 바그(Shalimar Bagh)
② 니샤트 바그(Nishat Bagh)
③ 아차발 바그(Achabal Bagh)
④ 이티맛드 우드 다우라(Itimad-ud-Daula)

풀이 ① 샤리마할 바그 : 샤자한 왕이 설치한 3개의 노단으로 된 정원
② 니샤트 바그 : 누르마할 형제가 축조한 수경 중심의 12개 노단의 차경원
③ 이차발 바그 : 히말라야 산맥에 접한 정원으로 물을 즐기는 정원
④ 이티맛드 우드 다우라 묘 : 아그라에 위치한 무굴왕조 자한기르 시대 정원

002 중국 소주의 정원 중 화려한 정원 건축물이 많고 허와 실, 명암대비 등 변화 있는 공간처리와 유기적 건축배치를 가진 곳은?

① 졸정원 ② 사자림
③ 작원 ④ 유원

풀이 **유원**
소주지방의 4대 명원으로 원래 명대 태복사 관료 서태시가 조성하여 청대 용봉의 소유가 되었으며, 북쪽 누창은 투과해 본 정원으로 남쪽 중정 등으로 변화 있는 공간 처리와 유기적 건축 배치수법으로 유명함

003 다음 중 르네상스 시대 로마의 대표적인 3대 별장에 속하지 않는 것은?

① 카렛지오장(Villa Careggio)
② 란테장(Villa Lante)
③ 데스테장(Villa D'Este)
④ 파르네제장(Villa Farness)

풀이 **이탈리아 3대 별장**
데스테장, 란테장, 파르네제장

004 다음 한·중·일 정원에 관한 설명 중 틀린 것은?

① 일본 무로마치(室町) 시대의 용안사(龍安寺)는 사실적(寫實的) 조경의 대표적인 것이다.
② 조선시대 소쇄원(瀟灑園)의 주요 조경식물은 송(松), 죽(竹), 매(梅), 국(菊)이었다.
③ 태호석(太湖石)은 북송(北宋)시대 정원의 인공 석산(石山)의 재료이다.
④ 조선시대 경복궁 경회루원은 방지와 3개의 방도로 축조했다.

풀이 용안사는 무로마치 시대의 평정고산수식 정원으로 불교 선종사상을 바탕으로 하여 식물을 전혀 사용하지 않고 사물을 석축, 모래에 상징화 시키는 상징적 조경수법이다.

ANSWER 001 ② 002 ④ 003 ① 004 ①

005 축조물의 형태에 있어서 다른 셋과 같은 유형이 아닌 것은?

① 피라미드(Pyramid)
② 아도니스원(Adonis garden)
③ 공중공원(Hanging garden)
④ 지구라트(Ziggurat)

풀이 **아도니스원**
고대 아테네 부인들이 아도니스 신을 기리기 위해 만든 것으로 단명식물을 pot에 심어 배치하였다. 후에 Pot garden, Roof garden으로 발전하였다. 피라미드, 공중정원, 지구라트는 거대한 계단구조물로 올라갈수록 좁아지는 형태를 가진다.

006 강릉 선교장에는 주택 전면부에 방지방도(方池方島)가 조성되어 있다. 이 연못에 있는 정자의 명칭은?

① 활래정 ② 농산정
③ 부용정 ④ 하엽정

풀이 ① 활래정 : 강릉 선교장
② 농산정 : 창덕궁 후원 옥류천 계류 부분
③ 부용정 : 창덕궁 후원 어수문, 인정전 부근
④ 하엽정 : 대구 달성 삼가헌 고택

007 유명한 조경가와 대표적인 작품을 짝지은 것 중 옳지 않은 것은?

① Olmsted - Central Park
② Paxton - Crystal Palace
③ Michelozzi - Villa Medici
④ Brown - Stowe garden

풀이 **Stowe garden**
Bridgeman이 설계하였으며 후에 Kent, Brown에 의해 개조되었다.

008 세계 제1차대전 후 루드비히 레서(L. Lesser)가 제창한 대표적 독일 조경은?

① 분구원
② 생태원
③ 야생동물원
④ 폴크스파크(Volkspark)

풀이 폴크스파크는 국민의 후생을 위해 도시에 조성한 백화점식 공원으로 루드비히 레서가 제창하였다.

009 고구려 시대의 산성과 도성이 맞게 짝지어진 것은?

① 환도산성 - 안학궁성
② 흘승골성 - 국내성
③ 대성산성 - 안학궁성
④ 환도산성 - 장안성

풀이
- 대성산성 – 안학궁성
- 오녀산성 – 흘승골성
- 평양성 – 장안성

010 우리나라 고려시대의 대표적인 궁궐은?

① 안학궁 ② 국내성
③ 만월대 ④ 칠궁

풀이 안학궁, 국내성은 고구려 시대 도성이며, 만월대는 고려 시대 왕궁터이다.

ANSWER
005 ② 006 ① 007 ④ 008 ④ 009 ③ 010 ③

011 르 노트르의 조경양식에 영향을 받아 축조된 것으로 알려진 중국의 정원은?

① 서화원　② 옥천산 이궁
③ 원명원　④ 상림원

풀이 **원명원**
프랑스 선교사 베누아가 설계한 프랑스식 정원으로 서양식 정원의 시초이다.

012 계성의 원야에서 기술한 차경수법 중 시선의 높낮이와 관계 있는 것은?

① 일차(日借)　② 석차(席借)
③ 부차(俯借)　④ 수차(水借)

풀이 **차경**
일차(원경), 인차(근경), 앙차(올려보기), 부차(내려다보기), 응시이차(계절에 따른 경관)로 공간의 모든 면을 고려하는 수법에 관한 것

013 처음으로 대가구를 설정하고, 보도와 차도를 완전히 분리했으며 쿨데삭(cul-de-sac)을 도입한 곳은?

① Chicopee, Georgia
② Greenbelt, Maryland
③ Radburn, New Jersey
④ Welwyn, Herfordshire

풀이 **레드번(Rdeburn) 계획**
- 라이트와 스타인, 하워드 전원도시 개념을 적용한 미국 전원도시
- 뉴저지에 인구 2만 5천명 수용
- 10~20ha 슈퍼블록(super block) 설정
- 2~4가구를 하나의 블록 선정
- 블록 내 광장, 소공원 확보하여 차량의 통행에서 안전한 어린이 놀이장소 형성
- 보차분리 개념

014 근대 도시공원계통 수립의 선구자는?

① 다니엘 번암(Daniel Bunharm)
② 찰스 엘리어트(Charles Eliot)
③ 칼버트 보(Calvert Vaux)
④ 프레데릭 로 옴스테드(Frederick Law Olmsted)

풀이 **찰스 엘리어트(Charles Eliot, 1859~1897)**
- 수도권 공원계통(metro politan park system) 수립
- 보스턴 공원계통 : 엘리오트와 옴스테드 부자에 의해 보스턴의 홍수조절과 하수의 악취제거를 위한 오픈　페이스 시스템 개념 도입
- 1890년 수도권의 체계화된 공원 시스템을 위한 공원 계통을 설립하여 새로운 전원도시를 창출하게 함
- 여러 국립, 주립공원 생기는 데 공헌

015 알함브라 궁원 사자의 중정에 있는 12마리 사자가 받치고 있는 수반과 관련된 사조는?

① 비잔틴　② 로마네스크
③ 고딕　④ 로코코

016 일본의 석조원생팔중원전(石組園生八重垣傳)에 소개된 오행석(五行石) 중 체동석(體胴石)은 어느 것인가?

①

②
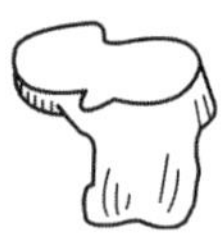
③
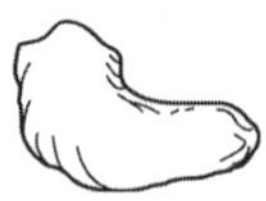
④

풀이

ANSWER
011 ③　012 ③　013 ③　014 ②　015 ①　016 ①

017 이집트 주택정원의 특징으로 가장 거리가 먼 것은?

① 입구에는 탑문(pylon)이 설치되어 있다.
② 원로에는 관개수로와 정자(arbor)가 있다.
③ 장방형의 화단·연못·울타리 등이 배치되어 있다.
④ 수목의 식재로 담을 허물고 장식적, 상징적 정원을 조성하였다.

풀이 이집트 주택정원은 자연에 대한 방어와 파라다이스에 대한 이상으로 담을 높게 두르는 형식이다.

018 고려 말 탁광무가 전라남도 광주에 조성한 정원은?

① 임류각 ② 팔석정
③ 천천정 ④ 경렴정

019 프랑스 정원에 관한 설명으로 틀린 것은?

① 대칭적 균형(均衡)을 중요시했다.
② 정원을 기하학적 모양으로 만들었다.
③ 본격적 규모로 만들어진 것은 보르비콩트(Vaux-Le-Viconte)이다.
④ 구릉과 산악을 평탄하게 하고 파르테르(Parterre)를 조성했다.

풀이 프랑스는 원래 지형이 평탄하여 파르테르를 조성하여 장식하였다.

020 로마 근교의 바그나이아에 있는 전원형 별장으로 빛의 분천, 거인의 분천, 워터체인, 돌고래 분천 등이 있는 곳은?

① 빌라 알도브란디니
② 빌라 데시트
③ 빌라 감베라이아
④ 빌라 란테

풀이 **빌라 란테**
이탈리아 3대정원 중 하나로 4개의 노단으로 되어 있으며, 1테라스에 몬탈또분수, 3테라스에 거인의 분수, 4테라스에 돌고래분수 등이 있다.

제 2 과목 조경계획

021 공원 내에 설치되는 화장실에 대한 계획기준으로 가장 거리가 먼 것은?

① 청결감이 나타나게 디자인한다.
② 환기와 채광이 가장 중요하다.
③ 습기나 그늘이 많은 곳에 배치한다.
④ 도로로부터 쉽게 접근하도록 한다.

풀이 화장실은 환기, 채광이 중요하므로 습기, 그늘이 많은 곳은 부적합하다.

022 자연환경 조사 중 토양 단면조사의 설명으로 틀린 것은?

① 토양단면조사는 식물의 생장에 가장 중요한 환경인자인 토양의 수직적 구성 및 형태를 분석한다.
② A층은 광물토양의 최상층으로 외부환경과 접촉되어 그 영향을 직접 받는 층이다.
③ B층은 대부분의 토양수를 보유하는 층으로 식물의 뿌리 발달에 가장 큰 영향을 미치는 층이다.
④ C층은 외부 환경으로부터 토양 생성 작용을 받지 못하고 단지 광물질이 풍화된 층이다.

풀이 물의 뿌리 발달에 가장 큰 영향을 미치는 층은 A층이다.

ANSWER
017 ④ 018 ④ 019 ④ 020 ④ 021 ③ 022 ③

023 국토의 계획 및 이용에 관한 법률상 도시계획 기반시설인 "광장"의 종류로서 규정되어 있지 않은 것은?

① 건축물부설광장 ② 미관광장
③ 일반광장 ④ 지하광장

풀이 국토의 계획 및 이용에 관한 법률 시행령 제2조 기본시설

광장

- 교통광장
- 일반광장
- 경관광장
- 지하광장
- 건축물부설광장

024 다음 설명의 (   ) 안에 가장 적합한 용어는?

> (   )은/는 1928년 미국의 페리(C. A. Perry)가 제안한 주거단지 개념으로, 어린이들이 위험한 도로를 건너지 않고 걸어서 통학할 수 있는 단지규모에서 생활의 편리성과 쾌적성, 주민 간의 사회적 교류 등을 도모할 수 있도록 조성된 물리적 환경을 말한다.

① 가든시티 ② 근린주구
③ 스몰블럭 ④ 커뮤니티

풀이 **페리의 근린주구**
규모, 경계, 오픈 스페이스, 공공건축용지, 근린상가, 지구 내 가로체계 6가지 개념에 대한 계획체계

025 생태적 결정론에 대한 설명으로 옳지 않은 것은?

① 생태적 계획의 이론적 뒷받침으로서 미국의 Ian McHarg 교수가 주장한 것이다.
② 환경계획을 자연과학적 근거에서 인간의 환경적응 문제를 파악하고자 하였다.
③ 자연과 인간, 자연과학의 인간환경의 관계를 생태적 질서를 통하여 규명하고자 하였다.
④ 자연의 경제적 가치를 중요시하고 이를 극복해야 할 대상으로 파악하고자 하였다.

풀이 **생태적 결정론**
자연을 형성과정으로 파악하며 자연과 인간, 자연과학과 인간환경의 관계를 생태적 결정론으로 연결한 것이다. 자칫 경제성에만 치우치기 쉬운 환경계획을 자연과학적 근거에서 인간환경 적응문제로 파악하였다.

026 공원녹지 관련법 체계가 상위법에서 하위법으로의 흐름을 바르게 나타낸 것은?

① 국토기본법 → 도시공원 및 녹지 등에 관한 법률 → 국토의 계획 및 이용에 관한 법률
② 도시공원 및 녹지 등에 관한 법률 → 국토의 계획 및 이용에 관한 법률 → 국토기본법
③ 국토의 계획 및 이용에 관한 법률 → 국토기본법 → 도시공원 및 녹지 등에 관한 법률
④ 국토기본법 → 국토의 계획 및 이용에 관한 법률 → 도시공원 및 녹지 등에 관한 법률

027 자연경관지역을 계획하는 올바른 방법이 아닌 것은?

① 경관의 질을 강조하는 요소를 도입한다.
② 구성요소 중 부조화 요소를 제거한다.
③ 대조(contrast)를 통하여 통일감이 형성되어도 대조는 피한다.
④ 시설이나 사용공간이 경관의 구성요소가 되도록 한다.

풀이 미적형식원리로 대조를 통해 강조할 수도 있다.

ANSWER 023 ② 024 ② 025 ④ 026 ④ 027 ③

028 레크리에이션 계획의 접근방법에 대한 설명 중 옳은 것은?

① 자원형은 한계수용력과 환경영향을 지표로 한다.
② 형태형은 과거의 참여 패턴이 장래의 기회를 결정한다는 것을 전제로 한다.
③ 활동형은 대도시 또는 지역레벨의 대상지에 적용하는 기법이다.
④ 경제형은 이용자 선호도와 만족도가 지표이다.

풀이 **S. Gold의 5가지 레크리에이션 접근방법**
① 자원접근방법
- 자원의 수용력과 생태적 입장이 중요인자
- 물리적 자원이 레크리에이션의 양을 결정함

② 활동접근법
- 과거의 레크리에이션 참가사례가 앞으로의 기회를 결정하도록 하는 방법
- 이용자 측면이 강조되나 새로운 경향의 여가형태가 반영되기 어렵다.

③ 경제접근법
- 그 지역의 경제적 기반, 예산규모가 레크리에이션 양과 입지 결정
- 비용편익분석에 의해 가업지가 많이 선택, 이용자 고려 안 함

④ 행태접근방법
- 이용자의 선호도, 만족도에 의해 계획이 반영되는 방법
- 잠재적 수요까지 파악, 수준 높은 시민참여 필요

⑤ 종합접근방법
- 각 방법의 긍정적 측면만 취하여 이용자의 요구와 자원의 활용 가능성을 함께 조화시키도록 하는 방법

029 다음 중 실시 설계 단계에서 작성하는 것이 아닌 것은?

① 버블다이어그램 ② 내역서
③ 시설물 상세도 ④ 특기시방서

풀이 버블다이어그램은 개념도와 기본구상 단계에서 사용한다.

030 도로 및 동선계획에서 동선의 패턴 형태와 그 특징에 대한 설명이 틀린 것은?

① 격자형 : 시각적으로 단조롭고 불필요한 통과교통이 발생할 수 있다.
② 방사형 : 도시중심의 상징성을 부여하고 각 도로의 방향성을 부여할 수 있다.
③ 선형 : 도로의 구간 내에서 교통이 원활하지 않을 수 있으나 교통 서비스 효율이 높다.
④ cul-de-sac : 국지도로나 소규모 지역의 도로계획에 적용 가능하며 블록단위별 자기 완결성을 가진다.

풀이 **선형**
도로의 구간 내에서 교통이 원활하지만 중심성이 없고, 교통서비스 효율이 낮다.

031 녹지자연도(Degree of green naturality)에 대한 설명으로 옳지 않은 것은?

① 녹지자연도 0등급은 개발지역이다.
② 자연지역은 이차림, 자연림, 고산자연초원으로 구분한다.
③ 녹지자연도는 우리 국토 전체를 개발지역, 반자연지역, 자연지역, 수역으로 나눈다.
④ 녹지자연도를 통하여 특정지역의 자연성 혹은 식생의 천이상황을 알 수 있다.

풀이 녹지자연도의 0등급은 수역으로 호수, 저수지, 해안사구 등이 해당된다.

ANSWER 028 ① 029 ① 030 ③ 031 ①

032 습지보전법상 습지보전을 위해 설치할 수 있는 시설 중 가장 거리가 먼 것은?

① 습지연구시설
② 습지준설복원시설
③ 습지오염방지시설
④ 습지생태관찰시설

풀이 **습지보전법 제12조(습지보전 · 이용시설)**
① 환경부장관, 해양수산부장관, 관계 중앙행정기관의 장 또는 지방자치단체의 장은 제13조제1항에도 불구하고 습지의 보전·이용을 위하여 다음 각 호의 시설(이하 "습지보전·이용시설"이라 한다)을 설치·운영할 수 있다.
1. 습지를 보호하기 위한 시설
2. 습지를 연구하기 위한 시설
3. 나무로 만든 다리, 교육·홍보 시설 및 안내·관리 시설 등으로서 습지보전에 지장을 주지 아니하는 시설
4. 그 밖에 습지보전을 위한 시설로서 대통령령으로 정하는 시설
① 습지오염을 방지하기 위한 시설
② 습지생태를 관찰하기 위한 시설

033 공원 녹지를 비롯한 오픈 스페이스 계획에 있어서 주요 계획 개념 및 설명이 틀린 것은?

① 계기 : 각 오픈 스페이스의 독립 및 완결성을 연결하여 보다 연속된 효과를 느끼게 할 경우에 사용
② 위요 : 핵이 되는 경관요소를 감싸줌으로써 그 성격 및 존재를 부각시킬 경우에 사용
③ 관통 : 보다 더 강력한 대상의 오픈 스페이스 요소가 인공 환경과의 강한 대조효과를 연출하는 경우에 사용
④ 분절 : 각 지점이 상이할 경우, 새로운 장소의 전환기법으로 사용

풀이 **오픈 스페이스 계획 개념**
핵화, 위요, 결절, 중첩, 관통, 계기

034 상호관련성 분석을 포함하여 자연의 동적인 과정을 파악하는 데 중점을 두는 "자연현상 종합분석"에 대한 설명으로 옳은 것은?

① 완경사지역은 주로 고지대 계곡부에 분포한다.
② 급경사지역은 주로 저지대 하천변에 분포한다.
③ 고지대는 건조하여 토양발달이 불량한 곳이다.
④ 저지대는 건조하여 토양발달이 불량한 곳이다.

풀이 ① 완경사지역은 주로 저지대 하천변에 분포한다.
② 급경사지역은 주로 고지대 계곡부에 분포한다.
④ 저지대는 습하여 토양발달이 좋다.

035 「도시공원 및 녹지 등에 관한 법률」 중 공원녹지기본계획에 대한 설명으로 틀린 것은?

① 시의 시장은 5년을 단위로 하여 관할 구역의 도시지역에 대하여 공원녹지의 확충·관리·이용 방향을 종합적으로 제시한다.
② 지역적 특성 및 계획의 방향·목표에 관한 사항을 제시한다.
③ 인구, 산업, 경제, 공간구조, 토지이용 등의 변화에 따른 공원녹지의 여건 변화에 관한 사항을 제시한다.
④ 공원녹지기본계획 수립권자는 대통령령으로 정하는 바에 따라 공원녹지기본계획의 내용을 공고하고 일반인이 열람할 수 있도록 하여야 한다.

풀이 시의 시장은 10년 단위로 하여 관할 구역의 도시지역에 대하여 공원녹지의 확충·관리·이용 방향을 종합적으로 제시한다.

ANSWER 032 ② 033 ④ 034 ③ 035 ①

036 자연공원 내 공원 입장객에 대한 편의제공 및 공원의 보호, 관리 등을 위해 지정되는 용도지구에 해당되지 않는 곳은?

① 공원마을지구
② 공원자연보존지구
③ 공원자연환경지구
④ 공원집단시설지구

풀이 **자연공원법 제18조 용도지구**
공원자연보존지구, 공원자연환경지구, 공원마을지구, 공원문화유산지구로 지정된다.

037 다음 설명의 (가)에 들어갈 용어는?

(가)(이)라 함은 외국인 관광객의 유치 촉진 등을 위하여 관광활동과 관련된 관계법령의 적용이 배제되거나 완화되는 지역으로서 관광진흥법에 의하여 지정된 곳을 말한다.

① 관광특구 ② 관광단지
③ 관광지 ④ 관광사업

풀이 **관광진흥법 제2조(정의)**
① "관광특구"란 외국인 관광객의 유치 촉진 등을 위하여 관광 활동과 관련된 관계 법령의 적용이 배제되거나 완화되고, 관광 활동과 관련된 서비스·안내 체계 및 홍보 등 관광 여건을 집중적으로 조성할 필요가 있는 지역으로 이 법에 따라 지정된 곳을 말한다.
② "관광단지"란 관광객의 다양한 관광 및 휴양을 위하여 각종 관광시설을 종합적으로 개발하는 관광 거점 지역으로서 이 법에 따라 지정된 곳을 말한다.
③ "관광지"란 자연적 또는 문화적 관광자원을 갖추고 관광객을 위한 기본적인 편의시설을 설치하는 지역으로서 이 법에 따라 지정된 곳을 말한다.
④ "관광사업"이란 관광객을 위하여 운송·숙박·음식·운동·오락·휴양 또는 용역을 제공하거나 그 밖에 관광에 딸린 시설을 갖추어 이를 이용하게 하는 업(業)을 말한다.

038 조경계획을 위한 분석과 종합과정에 대한 설명으로 틀린 것은?

① 분석은 관련 자료를 부분적으로 나누어 검토하는 것이며, 종합은 이들을 체계화하고 중요도에 따라 우선순위를 결정하는 것이다.
② 분석과 종합을 위해서는 창의성보다는 합리적 접근이 보다 많이 요구된다.
③ 분석은 주로 정량적(定量的) 특성을 지니며 종합은 주로 정성적(定性的) 특징을 지닌다.
④ 분석은 관련 자료를 분야별로 나누어 조사하는 것이며, 종합은 이들을 평가하여 대안작성을 위한 기초를 마련하는 것이다.

풀이 분석은 정량적 분석, 정성적 분석이 있으며, 종합은 모든 분석을 통합하여 계획에 활용 가능하도록 정리한 것이다.

039 18홀 정규 골프장의 계획·설계 시 토지이용의 효율성을 고려할 때 490~575야드(yard) 정도의 롱 홀(long hole)은 몇 개 정도 설치하는 것이 바람직한가?

① 2개 ② 4개
③ 6개 ④ 10개

풀이 골프장 18홀은 쇼트홀 4홀, 미들홀 10홀, 롱홀 4홀로 구성된다.

ANSWER 036 ④ 037 ① 038 ③ 039 ②

040 다음 그림에서 해발표고 225m와 235m의 두 지점 A~B사이는 몇[%] 경사 지역인가? (단, AB 사이의 거리는 지표상의 거리임)

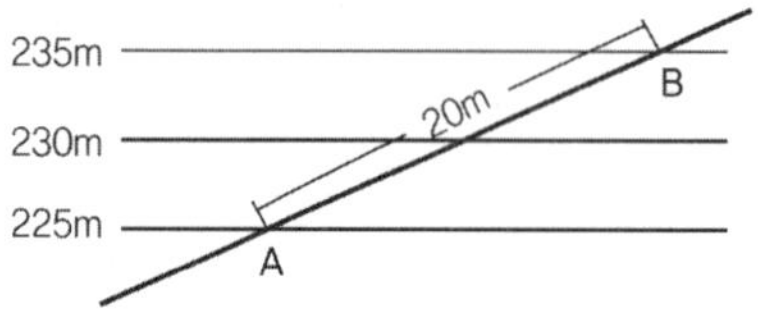

① $\frac{1}{\sqrt{3}}\times 100[\%]$ ② $\sqrt{3}\times 100[\%]$

③ $\sqrt{2}\times 100[\%]$ ④ $\frac{1}{\sqrt{2}}\times 100[\%]$

풀이 수평거리 = $\sqrt{경사거리^2 - 고저차^2}$

$= \sqrt{20^2 - 10^2} = \sqrt{300} = 17.32$

경사도 = $\frac{수직거리}{수평거리}\times 100$

$= \frac{10}{17.32}\times 100 = \frac{1}{\sqrt{3}}\times 100(\%)$

제3과목 조경설계

041 오방색(五方色)에 대한 설명 중 틀린 것은?

① 오방색이란 우리나라의 전통색채에서 사용되어 오던 색이다.
② 오방색은 동, 서, 남, 북, 중앙의 5가지 방위로 이루어져 있다.
③ 각 방위에 따른 색상, 오행, 계절, 방향, 풍수, 맛, 오륜 등이 있다.
④ 기본색은 오정색이라 불렀으며 청(靑), 적(赤), 황(黃), 녹(綠), 백(白)색이다.

풀이 오방색의 기본색은 청, 적, 황, 백, 흑색이다.

042 다음 도시경관(Townscape)에 관한 기술 중 적당하지 않은 것은?

① 플로어 스케이프(Floorscape)는 연못 혹은 호수 면과 같이 수평적인 경관을 말한다.
② 사운드 스케이프(Soundscape)는 도시 속의 각종 소리의 종류나 크기와 관계가 있다.
③ 카 스케이프(Carscape)는 대규모 주차장의 차 혼잡을 비평한 말이다.
④ 와이어 스케이프(Wirescape)는 공중의 전깃줄과 전화줄의 보기 싫은 모습을 비난한 말이다.

풀이 플로어 스케이프는 도시 개방공간의 지면경관을 말하며 바닥포장, 조명, Street furniture 등을 포함한다.

043 P.D.Soreiregen은 건물의 높이(H)와 거리(D)의 비가 어느 정도일 때 공간의 폐쇄감이 완전히 소멸되고, 특징적 공간으로서의 장소 식별이 불가능해지는가?

① D/H = 1 ② D/H = 2
③ D/H = 3 ④ D/H = 4

풀이

앙각(°)	D/H비	특징	건물식별 정도
40	1	전방을 볼 때	건물의 세부와 부분 식별, 상당한 폐쇄감
27	2	높이의 2배	건물 전체 식별, 적당한 폐쇄감
18	3	높이의 3배	건물을 포함한 건물군 보기, 최소한의 폐쇄감
14	4	높이의 4배	폐쇄감 소멸하며 특징적 공간으로서 장소식별 불가능

ANSWER 040 ① 041 ④ 042 ① 043 ④

044 Edward. T. Hall이 구분한 대인 간격거리에 적합하지 않은 것은?

① 0.45m 미만 : 밀집거리
② 0.45m~1.2m 미만 : 개체거리
③ 1.2m~3.6m 미만 : 사회거리
④ 3.6m 이상 : 업무거리

풀이 **3.6m 이상**
공적거리로 연사, 배우 등의 개인과 청중사이에 유지되는 거리

045 등각투상도법(Isometrics)에 관한 설명 중 옳지 않은 것은?

① 평행도법의 일종이다.
② 보이는 면이 다 같이 강조된다.
③ 모든 수직선은 수직으로 나타나며 서로 평행하다.
④ 평면의 도형을 그대로 이용하기 때문에 작도가 편리하다.

풀이 **등각투상도**
평면, 정면, 측면을 하나의 투상면 위에서 동시에 볼 수 있게 표현된 투상으로 수평면과 각각 30°씩 이루며, 세 축이 120°의 등각을 이룬다.

046 안개가 많거나 밤에도 멀리서 잘 보이며 가장 눈에 잘 띄는 조명의 색은?

① 빨강 ② 노랑
③ 파랑 ④ 초록

풀이 노랑은 파장이 길어 사람의 눈에 가장 잘보이며, 주의와 위험을 알리는 안전색채이다. 빨강은 정지를 의미한다.

047 다음 조경설계기준상의 설명 중 ( ) 안에 적합한 수치는?

> 보행자 전용도로의 너비는 1.5m 이상으로 하고, 필요한 경우 경사로나 계단을 설치하며 경사로는 어린이나 노약자, 신체장애인이 스스로 오를 수 있는 기울기로서 최대 ( )%를 초과하지 않도록 한다.

① 5 ② 8
③ 12 ④ 15

048 다음 중 안내시설의 설계 시 검토사항으로 가장 부적합한 것은?

① 보행자 등 이용자의 안전성을 고려한다.
② 외부 요인에 따른 변형·마모 등에 대한 유지·관리 등을 고려하여 설계한다.
③ 안내시설은 인간 감성의 회복에 기여하고 환경친화성을 높일 수 있도록 설계한다.
④ 다양한 유형의 인내시설물이 한 장소에 설치될 필요가 있을 경우에는 각 유형별로 여러 개의 종합표지판을 나누어 배치한다.

풀이 **조경설계기준 안내시설**
한곳에 여러 개의 표지를 배치할 경우에는 혼동을 주지 않도록 고려한다.

049 같은 도면에서 2종류 이상의 선이 중복되었을 때 가장 우선시되는 선은?

① 치수 보조선 ② 절단선
③ 외형선 ④ 중심선

풀이 도면의 외형을 그려놓은 실선이 가장 우선된다.

ANSWER 044 ④ 045 ④ 046 ② 047 ② 048 ④ 049 ③

050 경관조사방법 중 경관의 특징, 주위경관의 유사성 변화 등을 밝혀내기 위한 경관의 우세요소가 아닌 것은?

① 형태(form) ② 색채(color)
③ 규모(scale) ④ 질감(texture)

풀이 **경관의 우세요소**
질감, 형태, 색채, 선

051 그림과 같은 정면도와 평면도에 가장 적합한 우측면도는?

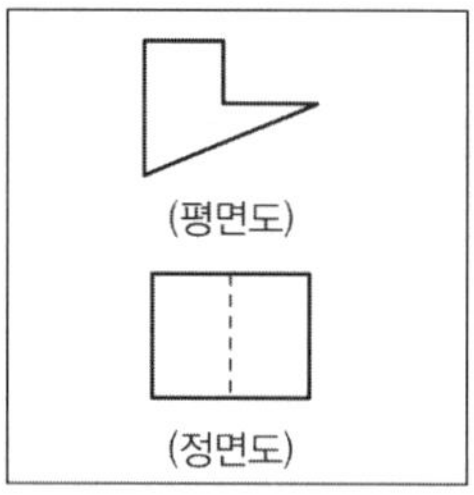

① 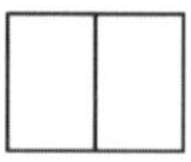 ② 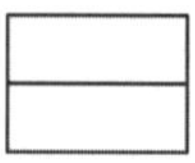
③ 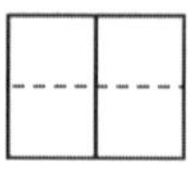 ④ 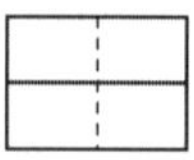

052 조경구조물 중 「얕은 기초」의 설명에서 ( ) 안에 적합한 것은?

> 상부구조로부터의 하중을 직접 지반에 전달시키는 형식의 기초로서 기초의 최소폭과 깊이의 비가 대체로 ( ) 이하인 경우를 말한다.

① 1.0 ② 1.5
③ 2.0 ④ 3.0

053 고대 그리스에서 나타나고 있는 여러 작품(조각, 변화 등) 중 인체를 황금비로 구분하는 기준점의 신체 부위는?

① 배꼽 ② 어깨
③ 가슴 ④ 사타구니

풀이 **레오나르도 다빈치의 인체 황금비율**
배꼽을 기준으로 하고 있다.

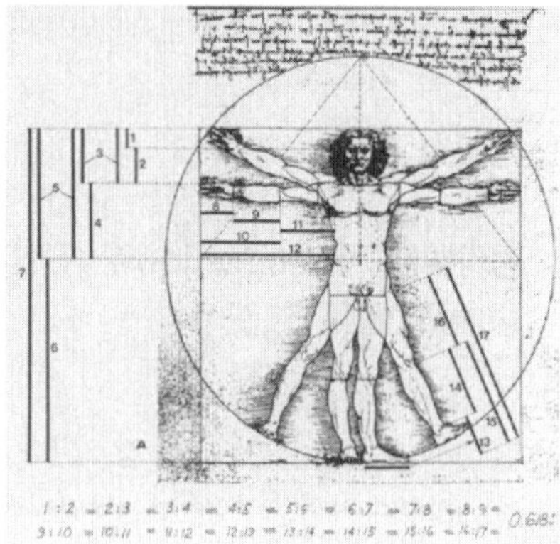

054 다음 중 평면도의 표제란에 포함되지 않는 것은?

① 기관정보
② 도면정보
③ 시공자 정보
④ 도면번호

풀이 **도면 표제란**
일정한 곳에 표제란을 통일시켜 공사 명칭, 도면명칭, 축척, 도면 번호, 설계자명, 작성년월일, 제작회사명 등을 기재함

ANSWER
050 ③ 051 ① 052 ① 053 ① 054 ③

055 잔상(after image)에 대한 설명으로 틀린 것은?

① 잔상의 출현은 원래 자극의 세기, 관찰시간, 크기에 의존한다.
② 원래의 자극과 색이나 밝기가 반대로 나타나는 것은 음성잔상이다.
③ 보색잔상은 색이 선명하지 않고 질감도 달라 면색(面色)처럼 지각된다.
④ 잔상현상 중 보색잔상에 의해 보게 되는 보색을 물리보색이라고 한다.

풀이
- 심리보색은 눈의 보색잔상에 의해 보게 되는 색을 말한다.
- 물리 보색은 물감 혼합(감법 혼합)이 아닌 원판 회전 혼합(가법 혼합)이며 회전혼합 결과 무채색이 되는 두 색을 말한다.

056 제도용지 A2의 크기는 A0용지의 얼마 정도의 크기인가?

① 1/2 ② 1/4
③ 1/8 ④ 1/16

풀이

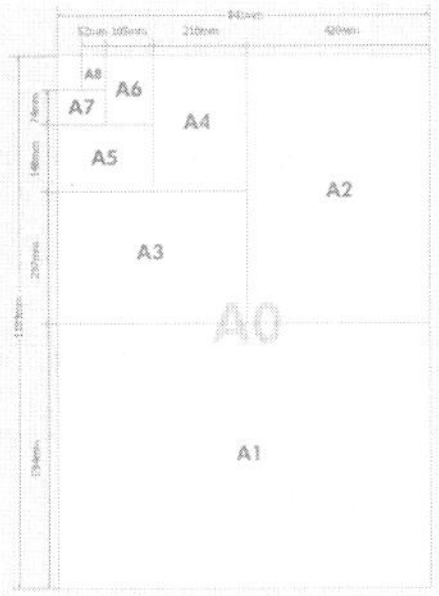

057 디음 그림의 착시(錯視)에 관한 설명 중 틀린 것은?

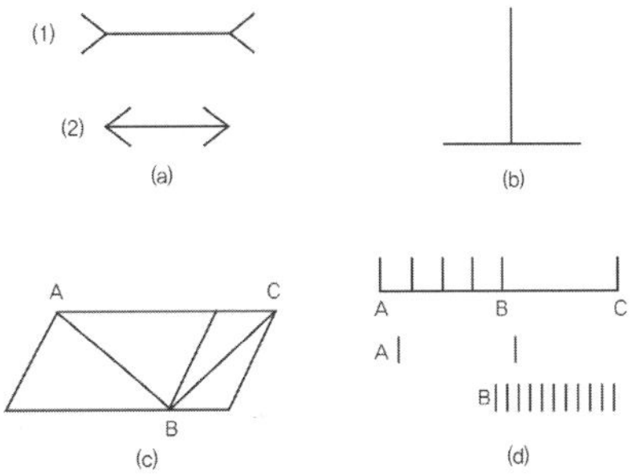

① (a) : 방향의 착시를 보여주는 상태에서 바깥쪽(2)으로 향한 선이 더 길어 보인다.
② (b) : 수평선보다도 수직선 편이 길게 보인다.
③ (c) : 2개의 평행사변형 내에 있는 대각선의 길이가 동일하지만 다르게 보인다.
④ (d) : 단순한 선분보다도 분할선이 많은 선분이 길게 보인다.

풀이 (a) : Möller Lyer 도형으로 방향의 착시를 보여주는 상태에서 바깥쪽(1)으로 향한 선이 더 길어 보인다.

058 달리는 차 안에서 바라보는 가로수가 관찰자의 이동과는 무관하게 변함없이 서 있음을 알게 하는 지각 원리는?

① 위치 항상성 ② 크기 항상성
③ 모양 항상성 ④ 색채 항상성

풀이 위치가 고정되어 있음으로 위치 항상성

ANSWER 055 ④ 056 ② 057 ① 058 ①

059 조경설계기준상 배수시설의 설계 시 고려해야 할 설명으로 틀린 것은?

① 녹지의 표면배수 기울기는 고려하지 않아도 된다.
② 배수에는 지표면 배수와 심토층 배수의 두 방법이 있다.
③ 관거 이외의 배수시설의 기울기는 0.5% 이상으로 하는 것이 바람직하다.
④ 개거배수는 지표수의 배수가 주목적이지만 지표, 저류수, 암거로의 배수, 일부의 지하수 및 용수 등도 모아서 배수한다.

풀이 **조경설계기준 잔디지반조성 23.4.4**
배수가 원활하지 못한 식재기반의 잔디면에 표면배수를 적용할 경우에는 2% 이상의 기울기를 유지하고, 빗물이 모이는 부분에는 잔디도랑 등 물침투시설과 배수시설을 연계시켜 설계한다.

060 조경설계기준상의 정원조경(공장) 중 다음 설명의 ( ) 안에 적합한 수치는?

- 공장정원의 바닥은 나지로 남겨두어서는 안 된다.
- 공해물질에 내성이 강하고 먼지의 흡착력이 강한 활엽수의 식재면적을 전체 수목(수관부 면적)의 ( )% 이상으로 정한다.

① 50　② 60
③ 70　④ 80

풀이 **조경설계기준 3.3.11 정원조경**
나. 공장정원
(1) 공장정원의 바닥ㅇ은 나지로 남겨두어서는 안 된다.
(2) 공해물질에 내성이 강하고 먼지의 흡착력이 강한 활엽수의 식재면적을 전체 수목식재면적(수관부 면적)의 70% 이상으로 정한다.

제 4 과목 조경식재

061 지상부의 줄기가 목질화되지 않는 식물은?

① 능소화　② 작약
③ 모란　④ 멀꿀

풀이 모란과 작약은 매우 유사한데 줄기부 목질화가 되는 것은 모란, 되지 않는 것은 작약이다.

062 잎이 2개씩 속생하는 수종은?

① 리기다소나무(*Pinus rigida*)
② 스트로브잣나무(*Pinus strobus*)
③ 백송(*Pinus bungeana*)
④ 반송(*Pinus densiflora for. multicaulis*)

풀이 **소나무과 잎의 형태에 따른 분류**
- 2엽속생 : 소나무, 반송, 해송, 방크스소나무, 금송, 육송, 곰솔
- 3엽속생 : 백송, 리기다소나무
- 5엽속생 : 섬잣, 스트로브잣나무

063 산울타리용으로 가장 적합한 수목은?

① 때죽나무(*Styrax japonicus*)
② 계수나무(*Cercidiphyllum japonicum*)
③ 사철나무(*Euonymus japonicus*)
④ 수양버들(*Salix babylonica*)

풀이 사철나무, 쥐똥나무는 산울타리용으로 대표적이다.

ANSWER
059 ① 060 ③ 061 ② 062 ④ 063 ③

064 멸종위기 야생동물 Ⅱ급에 속하는 식물종은? (단, 야생생물 보호 및 관리에 관한 법률 시행규칙을 적용한다.)

① 처녀치마(*Heloniopsis koreana*)
② 얼레지(*Erythronium japonicum*)
③ 가시연(*Euryale ferox*)
④ 초롱꽃(*Campanula punctata*)

풀이 **멸종위기 야생생물 1급**

	종명
1	광릉요강꽃 *Cypripedium japonicum*
2	금자란 *Gastrochilus fuscopunctatus*
3	나도풍란 *Sedirea japonica*
4	만년콩 *Euchresta japonica*
5	비자란 *Thrixspermum japonicum*
6	암매 *Diapensia lapponica var. obovata*
7	죽백란 *Cymbidium lancifolium*
8	털복주머니란 *Cypripedium guttatum*
9	풍란 *Neofinetia falcata*
10	한라솜다리 *Leontopodium hallaisanense*
11	한란 *Cymbidium kanran*

멸종위기 야생생물 2급

	종명
1	가는동자꽃 *Lychnis kiusiana*
2	가시연 *Euryale ferox*
3	가시오갈피나무 *Eleutherococcus senticosus*
4	각시수련 *Nymphaea tetragona var. minima*
5	개가시나무 *Quercus gilva*
6	개병풍 *Astilboides tabularis*
7	갯봄맞이꽃 *Glaux maritima var. obtusifolia*
8	검은별고사리 *Cyclosorus interruptus*
9	구름병아리난초 *Gymnadenia cucullata*
10	기생꽃 *Trientalis europaea ssp. arctica*
11	끈끈이귀개 *Drosera peltata var. nipponica*
12	나도승마 *Kirengeshoma koreana*
13	날개하늘나리 *Lilium dauricum*
14	넓은잎제비꽃 *Viola mirabilis*
15	노랑만병초 *Rhododendron aureum*
16	노랑붓꽃 *Iris koreana*
17	단양쑥부쟁이 *Aster altaicus var. uchiyamae*
18	닻꽃 *Halenia corniculata*
19	대성쓴풀 *Anagallidium dichotomum*
20	대청부채 *Iris dichotoma*
21	대흥란 *Cymbidium macrorhizon*
22	독미나리 *Cicuta virosa*
23	두잎약난초 *Cremastra unguiculata*
24	매화마름 *Ranunculus trichophyllus var. kadzusensis*
25	무주나무 *Lasianthus japonicus*
26	물고사리 *Ceratopteris thalictroides*
27	방울난초 *Habenaria flagellifera*
28	백부자 *Aconitum coreanum*
29	백양더부살이 *Orobanche filicicola*
30	백운란 *Vexillabium yakusimensis var. nakaianum*
31	복주머니란 *Cypripedium macranthos*
32	분홍장구채 *Silene capitata*
33	산분꽃나무 *Viburnum burejaeticum*
34	산작약 *Paeonia obovata*
35	삼백초 *Saururus chinensis*
36	새깃아재비 *Woodwardia japonica*
37	서울개발나물 *Pterygopleurum neurophyllum*
38	석곡 *Dendrobium moniliforme*
39	선제비꽃 *Viola raddeana*
40	섬개야광나무 *Cotoneaster wilsonii*
41	섬개현삼 *Scrophularia takesimensis*
42	섬시호 *Bupleurum latissimum*
43	세뿔투구꽃 *Aconitum austrokoreense*
44	손바닥난초 *Gymnadenia conopsea*
45	솔붓꽃 *Iris ruthenica var. nana*
46	솔잎난 *Psilotum nudum*
47	순채 *Brasenia schreberi*
48	신안새우난초 *Calanthe aristulifera*
49	애기송이풀 *Pedicularis ishidoyana*
50	연잎꿩의다리 *Thalictrum coreanum*
51	왕제비꽃 *Viola websteri*
52	으름난초 *Cyrtosia septentrionalis*
53	자주땅귀개 *Utricularia yakusimensis*
54	전주물꼬리풀 *Dysophylla yatabeana*
55	정향풀 *Amsonia elliptica*
56	제비동자꽃 *Lychnis wilfordii*
57	제비붓꽃 *Iris laevigata*
58	제주고사리삼 *Mankyua chejuense*
59	조름나물 *Menyanthes trifoliata*
60	죽절초 *Sarcandra glabra*
61	지네발란 *Cleisostoma scolopendrifolium*

ANSWER 064 ③

	종명
62	진노랑상사화 *Lycoris chinensis var. sinuolata*
63	차걸이란 *Oberonia japonica*
64	참물부추 *Isoetes coreana*
65	초령목 *Michelia compressa*
66	칠보치마 *Metanarthecium luteo-viride*
67	콩짜개란 *Bulbophyllum drymoglossum*
68	큰바늘꽃 *Epilobium hirsutum*
69	탐라란 *Gastrochilus japonicus*
70	파초일엽 *Asplenium antiquum*
71	피뿌리풀 *Stellera chamaejasme*
72	한라송이풀 *Pedicularis hallaisanensis*
73	한라옥잠난초 *Liparis auriculata*
74	해오라비난초 *Habenaria radiata*
75	혹난초 *Bulbophyllum inconspicuum*
76	홍월귤 *Arctous alpinus var. japonicus*
77	황근 *Hibiscus hamabo*

065 도시 내 소생물권과 관련된 설명으로 틀린 것은?

① 「자연환경보전법」에서 규정하는 소생태계의 개념을 포함하는 생물서식공간을 의미한다.
② 해당 지역의 자연환경 상황을 파악하여 '보전', '복원', '창조'의 기법을 조합하여 계획을 수립한다.
③ 보존가치가 있는 생태계는 개발사업 이후부터 보호하되 집중적인 방법으로 대체 방안을 모색한다.
④ 단위생태계로서의 소생물권과 생태계 네트워크로서의 시스템적 기능과 구조를 고려한다.

풀이 보존가치가 있는 생태계는 개발사업으로부터 보호되어야 하며 건전하고 지속 가능한 방법으로 보존방안을 모색한다.

066 상록활엽교목으로만 구성되어 있는 것은?

① 동백나무, 녹나무, 돈나무, 만병초
② 조록나무, 노각나무, 귀룽나무, 산사나무
③ 해당화, 송악, 굴거리나무, 담팔수
④ 가시나무, 후박나무, 녹나무, 구실잣밤나무

풀이 상록활엽교목은 가시나무, 감탕나무, 광나무, 실잣밤나무, 금목서, 녹나무, 메밀잣밤나무, 아왜나무, 은목서, 홍가시나무, 후피향나무 등이 있다.

067 비비추(*Hosta longipes*)에 관한 설명으로 틀린 것은?

① 백합과(科) 식물이다.
② 7~9월에 연보라색 꽃이 핀다.
③ 뿌리는 구근으로 되어 있고 인편번식을 한다.
④ 숙근성 여러해살이풀로 관엽, 관화식물이다.

풀이 비비추는 실생 및 분주로 번식한다.

068 인공조성지의 수목 생육환경과 관련하여 고려되어야 할 사항으로 가장 거리가 먼 것은?

① 유효토양의 과잉
② 토양공기의 부족
③ 토양의 과습
④ 식물양분의 결핍

풀이 인공조성지에서는 하중을 고려하여 토양을 인위적으로 쌓아서 만들기 때문에 토양이 부족하다.

ANSWER 065 ③ 066 ④ 067 ③ 068 ①

069 토양이 단립(團粒) 구조를 갖게 하기 위한 것으로 틀린 것은?

① 배수를 좋게 한다.
② 퇴비 등의 유기질 비료를 준다.
③ 사질 토양은 식토로 객토하는 것이 중요하다.
④ 식질 토양에는 점토로 객토하는 것이 중요하다.

풀이 식질토양은 점토질토양을 말하는 것으로 사질토를 보충해 주어야 한다.

070 수령이 원추형인 것은?

① *Zelkova serrata*
② *Sophora japonica*
③ *Platanus occidentalis*
④ *Abies holophylla*

풀이 ① 느티나무(배상형)
② 회화나무(구형)
③ 플라타너스(구형)
④ 전나무(원추형)

071 여름철 더위에 견디는 힘(耐署性)이 가장 강한 것은?

① Ryegrass류
② Bentgrass류
③ Zoysia grass류
④ Kentucky bluegrass류

풀이 Zoysia grass류는 난지형 잔디로 더위에 잘 견딘다.

072 층층나무(*Cornus controversa*)에 관한 설명으로 틀린 것은?

① 꽃은 흰색계열이다.
② 뿌리는 천근성이다.
③ 가지는 계단상으로 돌려나고 층을 형성한다.
④ 열매는 핵과로 8월 말~10월 초에 검은색으로 성숙한다.

풀이 2번이 정답으로 제시되었으나 층층나무는 천근성 수종으로서 전항정답

073 화살나무(*Euonymus alatus*)의 특징으로 틀린 것은?

① 낙엽활엽관목
② 잎에 있는 날개가 독특함
③ 종자는 황적색 종의로 싸여 있으며 백색
④ 가을의 붉은색 단풍이 감상가치가 높음

풀이 화살나무는 잎 가장자리에 잔톱니가 있는 것이 독특하다.

074 무성(영양) 번식에 대한 설명으로 틀린 것은?

① 영양 번식에 의한 식물체는 종자 번식에 비해 대량번식이 쉽다.
② 영양 번식에 의한 식물체는 생장과 개화가 종자식물에 비해 빠르다.
③ 접목은 분리된 두 식물체의 조직을 유합시켜 하나의 식물체를 만드는 방법이다.
④ 분구는 백합류, 칸나 등의 구근을 지니는 조경식물의 지하부 구근을 분주하여 번식하는 방법이다.

풀이 영양 번식은 종자 번식에 비해 대량 번식이 어렵다.

ANSWER 069 ④ 070 ④ 071 ③ 072 전항 정답 073 ② 074 ①

075 소사나무에 해당하는 속명은?

① *Alnus* ② *Carpinus*
③ *Celtis* ④ *Quercus*

풀이 소사나무 학명 *Carpinus turczaninowii* Hance로 Carpinus 속이다.

076 햇빛을 충분히 받아야만 생육이 좋은 양수는?

① 자작나무(*Betula platyphylla*)
② 감탕나무(*Ilex integra*)
③ 마가목(*Sorbus commixta*)
④ 노각나무(*Stewartia pseudocamellia*)

풀이 **강양수**
낙엽송, 자작나무, 예덕나무, 드릅나무, 붉나무, 순비기나무

077 식재수량 산정 결과, 교목 20주, 관목 100주가 산출되었다. 이 중 상록수의 식재 규정 수량은? (단, 국토교통부 조경기준을 적용한다.)

① 교목 : 2주 이상, 관목 : 10주 이상
② 교목 : 2주 이상, 관목 : 20주 이상
③ 교목 : 4주 이상, 관목 : 10주 이상
④ 교목 : 4주 이상, 관목 : 20주 이상

풀이 상록수는 규정수량의 20%
교목은 20x20% = 4주
관목은 100x20% = 20주 이상

078 다음 [보기]의 ( ) 안에 적합한 용어는?

> [보기]
> 토양수분은 흙 입자 표면에 분자 간 응집력에 의해 흡착되는 수분인 (㉠)와 흙 공극의 표면장력에 의해 유지되는 (㉡)로 구분된다.

① ㉠ 결합수, ㉡ 모관수
② ㉠ 결합수, ㉡ 중력수
③ ㉠ 흡습수, ㉡ 모관수
④ ㉠ 흡착수, ㉡ 결합수

풀이 **토양수분**
- 화합수(결합수) : 어떤 성분과 화학적으로 결합되어 있는 물로 직접 이용 못 함
- 흡습수 : 토양 고물질과 같은 입자 표면에 피막처럼 흡착되는 물로 식물체에 이용 못 함
- 모관수 : 흡습수의 둘레를 싸고 있는 물로 식물에 이용 가능함
- 중력수 : 중력에 의해 자유롭게 흐르는 물

079 국화과(科)에 해당하지 않는 것은?

① 흰민들레 ② 벌개미취
③ 비비추 ④ 구절초

풀이 비비추는 백합과이다.

080 내습성이 가장 강한 수종은?

① 노간주나무(*Juniperus rigida*)
② 싸리(*Lespedeza bicolor*)
③ 가죽나무(*Ailanthus altissima*)
④ 낙우송(*Taxodium distichum*)

풀이 내습성이 강한 수종은 대부분 호수, 강 주변에 많이 식재되어 있으며 낙우송, 삼나무, 능수버들, 오리나무 등이 있다.

ANSWER
075 ② 076 ① 077 ④ 078 ③ 079 ③ 080 ④

제 5 과목 조경시공구조학

081 다음 중 경비에 속하지 않는 것은?

① 기계경비 ② 산재보험료
③ 외주가공비 ④ 작업부산물

풀이 작업부산물은 작업 잔재료 중 환금이 가능한 재료로 재료비에서 공재 시멘트 공포대, 공드럼, 수목의 할증분으로 재료비에서 공제하는 항목이다.

082 다음 중 통계적 품질관리(QC)의 도구가 아닌 것은?

① 산포도 ② 히스토그램
③ 기능계통도 ④ 특성요인도

풀이 TQC 7가지 도구
① 파레토도 : 불량 등 발생건수를 분류항목별로 나누어 크기 순서대로 나열해 놓은 그림
② 특성요인도 : 결과에 원인이 어떻게 관계하고 있는가를 한눈에 알 수 있도록 작성한 그림
③ 층별 : 집단을 구성하고 있는 많은 데이터를 몇 개의 부분집단으로 나누는 것
④ 산점도 : 대응되는 두 개의 짝으로 된 데이터를 그래프 용지 위에 점으로 나타낸 그림
⑤ 히스토그램 : 계량치의 데이터가 어떠한 분포를 하고 있는지 알아보기 위하여 작성하는 그림
⑥ 체크시트
⑦ 각종 그래프

083 50년 강우빈도에 대한 강우강도가 $I=\dfrac{660}{t+0.05}$ 이라고 주어졌다면 강우강도는 약 얼마인가? (단, 유달시간은 유입시간 5분과 900m를 유속 1.5m/sec로 흘러내리는 유하시간으로 한다.)

① 21.9mm/hr ② 43.85mm/hr
③ 65.35mm/hr ④ 130.69mm/hr

풀이 유달시간은 5분+900/1.5초 = 5분+600초(10분) = 15분
강우강도 = 660/(15+0.05) =43.85mm/hr

084 대부분의 살수기(撒水器)는 삼각형이나 사각형의 고유한 살수단면을 가지게 되는데 그중 삼각형 형태로 배치하려고 할 때 열과 열사이의 거리는 살수기 간격의 어느 정도로 하여야 효과적인가?

① 같은 간격의 거리
② 살수기 간격의 약 0.87배
③ 살수기 간격의 약 0.5배
④ 살수기 간격의 약 0.37배

풀이

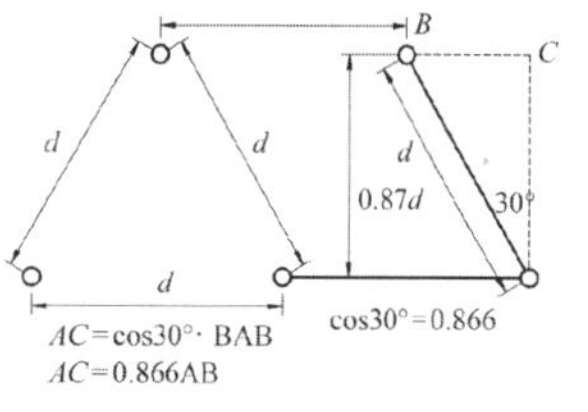

085 조경공사 표준시방서에서 공사기간에 관한 설명으로 틀린 것은?

① 시공 후 잔류침하에 의한 후속 공사물의 파손위험이 예상되는 경우에는 잔류침하가 허용범위 내에 도달할 때까지의 기간을 감안하여 충분한 공사기간을 설정해야 한다.
② 준공일자와 관련하여 공사여건상 불가피하게 식재 부적기에 식재하여야 할 경우 감독자의 승인을 받아 식재공사를 시행하되 부적기에 필요한 수목양생조치를 추가 실시하여야 한다.
③ 식재공사 기한이 차기의 식재적기로 이월될 경우, 일반적으로 식재공사를 제외한 타공사의 공사기한도 식재공사와 같이 이월된다.

ANSWER 081 ④ 082 ③ 083 ② 084 ② 085 ③

④ 이월된 식재공사는 이월공사기간에도 불구하고 식재적기 개시일로부터 최소 15일 이상의 공기가 확보되어야 한다.

풀이 식재공사 기한이 차기의 식재 적기로 이월되더라도 식재공사를 제외한 타공사의 공사기한은 이월되지 않는다. 단, 건축, 토목 등 관련공사의 공사기한이 동절기 물공사 중단기간 등에 해당될 경우에 한하여 시설물 및 기타 공사의 공사기한도 식재공사와 같이 이월한다.

086 「소운반의 운반거리」 설명 중 ( ) 안에 포함될 수 없는 것은?

> ( )에서 포함된 것으로 규정된 소운반 거리는 ( ) 이내의 거리를 말하므로 소운반이 포함된 품에 있어서 소운반 거리가 ( )를 초과할 경우에는 초과분에 대하여 이를 ( ) 계상하며 경사면의 소운반 거리는 수직 1m를 수평거리 ( )의 비율로 본다.

① 품　② 15m
③ 6m　④ 별도

풀이 **1-22 소운반 및 인력운반**
1. 소운반의 운반거리
품에서 포함된 것으로 규정된 소운반 거리는 20m 이내의 거리를 말하므로 소운반이 포함된 품에 있어서 소운반 거리가 20m를 초과할 경우에는 초과분에 대하여 이를 별도 계상하며 경사면의 소운반 거리는 직고 1m를 수평거리 6m의 비율로 본다.

087 표준시방서에서 콘크리트 비비기의 설명으로 틀린 것은?

① 콘크리트의 재료는 반죽된 콘크리트가 균질하게 될 때까지 충분히 비벼야 한다.
② 믹서 안의 콘크리트를 전부 꺼낸 후가 아니면 믹서 안에 다음 재료를 넣지 않아야 한다.
③ 비비기 시간은 시험에 의해 정하는 것을 원칙으로 한다.
④ 비비기는 미리 정해 둔 비비기 시간의 5배 이상으로 계속하여야 한다.

풀이 **콘크리트 표준시방서 2.5.2**
비비기는 미리 정해 둔 비비기 시간의 3배 이상 계속하지 않아야 한다.

088 콘크리트 슬럼프 시험(slump test)과 관련된 설명 중 틀린 것은?

① 슬럼프 콘의 각 층은 다짐봉으로 고르게 한 후 진동기로 다진다.
② 다짐봉은 지름 16mm, 길이 500~600mm의 강 또는 금속제 원형봉으로 그 앞 끝을 반구 모양으로 한다.
③ 슬럼프 콘은 윗면의 안지름이 100mm, 밑면의 안지름이 200mm, 높이 300mm 및 두께 1.5mm 이상인 금속제로 한다.
④ 슬럼프 콘은 수평으로 설치하였을 때 수밀성이 있는 강제평판 위에 놓고 누르고, 시료를 거의 같은 양의 3층으로 나눠서 채운다.

풀이 **슬럼프 시험(KS F 2402)**
시료를 슬럼프 콘 부피의 2/3 정도 되게 넣고 다짐대로 25번 다진다.

089 목재의 절취단면을 나타내는 용어가 아닌 것은?

① 횡단면　② 접선단면
③ 방사단면　④ 수심단면

ANSWER 086 ② 087 ④ 088 ① 089 ④

090 점토의 물리적 성질에 관한 설명 중 옳은 것은?

① 가소성은 점토입자가 클수록 좋다.
② 압축강도는 인장강도의 약 5배 정도이다.
③ 기공률은 20~50%로 보통상태에서 10% 내외이다.
④ 철산화물이 많으면 황색을 띠게 하고, 석회물질이 많으면 적색을 띠게 된다.

풀이 가소성은 점토입자가 작을수록 좋다.
철산화물이 많으면 적색을 띠고, 석회물질이 많으면 황색을 띤다.

091 공원에 설치되는 조명과 관련된 설명 중 '휘도'에 관한 내용으로 맞는 것은?

① 방사속 중에서 가시광선의 방사속을 눈의 감도를 기준으로 하여 측정한 것
② 발광체가 발하는 광속의 밀도
③ 단위면에 수직으로 투하된 광속밀도
④ 광원면에서 어느 방향의 광도를 그 방향에서의 투영면적으로 나눈 것

풀이 ① 광속
② 조도
③ 광도
④ 휘도

092 암질토 비탈면 등 환경조건이 극히 불량한 지역의 녹화공법으로 가장 적합한 것은?

① 식생매트공
② 잔디떼심기공
③ 일반묘식재공법
④ 식생기반재뿜어붙이기공

풀이 **식생기반재뿜어붙이기공**
절토, 성토 등 압축공기를 이용한 모르타르건방법, 수압에 의한 펌프 기계파종기방법 등으로 절성토지의 급구비에 적합하다.

093 그림과 같은 내민보에 모멘트와 집중하중이 작용한다. 지점 B에서의 굽힘 모멘트의 크기는 몇 kNm인가?

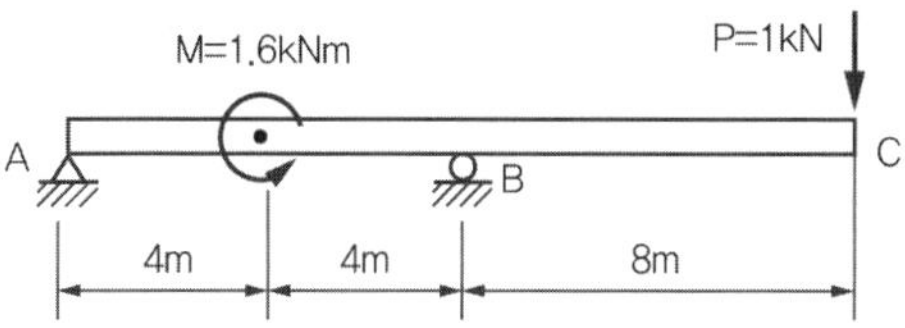

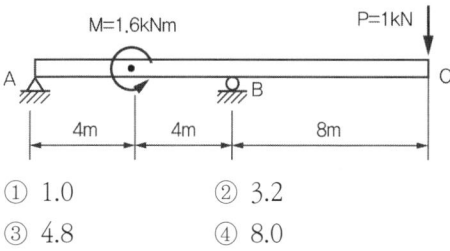

① 1.0 ② 3.2
③ 4.8 ④ 8.0

094 조경공사 재료의 할증률이 바르게 짝지어진 것은?

① 초화류 : 5%
② 잔디 : 10%
③ 조경용수목 : 5%
④ 원석(마름돌용) : 10%

풀이
- 초화류 : 10%
- 조경용수목 : 10%
- 원석(마름돌용) : 30%

095 흙을 쌓은 경사면은 미끄러진 형태로 안정되는데 이 경사면의 각도를 무엇이라 하는가?

① 마찰각(摩擦角) ② 내부 마찰각
③ 전도각(轉倒角) ④ 휴식각(休息角)

풀이 **휴식각**
흙을 높이 쌓아두면 미끄러져 내려와 안정되는 경사면의 각도

Appendix 최근기출문제

ANSWER 090 ② 091 ④ 092 ④ 093 ④ 094 ② 095 ④

096 바람의 속도압이 98kgf/m^2가 되는 곳에 조적식 담장을 쌓을 때 담장을 지지하기 위한 기둥 사이의 최대 허용거리는 얼마인가? (단, 최대비율 L/T = 18, 담장의 폭은 19cm(1.0B)로 한다.)

① 25.2m ② 34.2m
③ 2.52m ④ 3.42m

풀이 L/T = 18(L : 기둥 사이의 거리, T : 담장의 폭)
T = 19cm(표준형벽돌 1.0B이기 때문에)
따라서, L/0.19 =18, L = 3.42(m)

097 구조물에 작용하는 하중 중 바람 및 지진 또는 온난한 지방의 눈하중과 같이 구조물에 잠시 동안만 작용하는 하중을 말하는 것은?

① 이동하중 ② 집중하중
③ 고정하중 ④ 단기하중

풀이 **하중의 종류**
- 이동하중 : 구조물 위를 이동하는 하중. 구조물에 대한 영향은 시시각각으로 변한다.
- 집중하중 : 하중이 한 점에 집중하여 작용. 자동차의 차륜
- 고정하중 : 구조물 자신의 무게. 구조물 위에 정지된 물품의 무게(정하중, 사하중)
- 분포하중 : 일정 면적, 길이에 동일한 세력으로 분포(등분포하중)

098 콘크리트의 시공 관련 설명으로 틀린 것은?

① 연직 시공이음에는 지수판 등의 재료 및 도구의 사용을 원칙으로 한다.
② 팽창제는 습기의 침투를 막을 수 있는 사이로 또는 창고에 시멘트 등 다른 재료와 혼입 저장하는 것이 효과적이다.
③ 소요 품질을 갖는 수밀 콘크리트를 얻기 위해서는 적당한 간격으로 시공 이음을 두어야 하며, 그 이음부의 수밀성에 대하여 특히 주의하여야 한다.
④ 수밀 콘크리트에 사용하는 혼화재료는 적합한 공기연행제, 감수제 또는 포졸란 등을 사용하는 것을 원칙으로 한다.

풀이 팽창제는 습기의 침투를 막을 수 있는 사이로 또는 창고에 시멘트 등 다른 재료와 혼입되지 않도록 구분하여 저장하여야 한다.

099 초점거리가 210mm인 카메라로 표고 500m 지형을 축척 1/20,000으로 촬영한 연직사진의 촬영고도는?

① 4,050m ② 4,250m
③ 4,500m ④ 4,700m

풀이 촬영고도 = (0.21 × 20,000)+500 =4700m

100 시험재의 전건무게가 1,000g이고 건조 전에 시험재의 무게가 1,200g일 때 건량기준 함수율은 얼마인가?

① 20% ② 25%
③ 30% ④ 35%

풀이 건량기준 함수율
= (건조 전 무게-전건무게)/건조 전 무게 × 100
= 200/1,000 × 100 = 20%

ANSWER 096 ④ 097 ④ 098 ② 099 ④ 100 ①

제 6 과목 조경관리론

101 멀칭(Mulching)의 직접적 효과가 아닌 것은?

① 병충해의 발생억제
② 토양수분의 유지
③ 풍화작용의 촉진
④ 잡초의 발생억제

풀이 멀칭은 토양습기 유지, 잡초발생 억제, 유기질 비료제공, 병충해 발생억제, 토양결빙 방지의 효과가 있음

102 칼륨(K) 성분량 10kg을 황산칼륨(보증성분량 : 48%)으로 시용하려면 황산칼륨은 대략 몇 kg을 주어야 하는가?

① 50kg ② 40kg
③ 30kg ④ 20kg

풀이

$$10 \times \frac{100}{48} = 20.83\text{kg}$$

103 바이러스 감염에 의한 수목병의 대표적인 병징에 해당되지 않는 것은?

① 위축 ② 그을음
③ 잎말림 ④ 얼룩무늬

풀이 그을음병은 진딧물에 의해 주로 발생한다.

104 훈증제 농약의 구비 조건으로 옳지 않은 것은?

① 기름이나 물에 잘 녹아야 한다.
② 휘발성이 커서 확산이 잘되어야 한다.
③ 비인화성이어야 하고 침투성이 커야 한다.
④ 훈증 목적물에 이화학적 변화를 일으키지 않아야 한다.

풀이 훈증제는 기체로 훈증되는 것으로 비인화성이고 확산이 잘되는 것이 중요하다. 기름이나 물에 녹을 필요는 없다.

105 골프장 그린(잔디) 관리, 재배상 주의할 점에 해당되지 않는 것은?

① 배수를 원활히 해야 한다.
② 통풍을 양호하게 한다.
③ 비료를 많이 자주 준다.
④ 살수 과잉으로 인한 그린(Green)의 과습은 피한다.

106 일반적인 조경관리 절차로 가장 적합한 것은?

① 관리목표설정 → 관리계획수립 → 관리조직구성 → 업무확정 → 업무수행 → 업무평가
② 관리조직구성 → 관리계획수립 → 관리목표설정 → 업무확정 → 업무수행 → 업무평가
③ 관리목표설정 → 관리조직구성 → 업무확정 → 업무수행 → 관리계획수립 → 업무평가
④ 관리조직구성 → 관리목표설정 → 업무확정 → 업무수행 → 관리계획수립 → 업무평가

ANSWER 101 ③ 102 ④ 103 ② 104 ① 105 ③ 106 ①

107 다음 중 향나무 녹병균은 어떤 것인가?

① 동종기생균 ② 이종기생균
③ 유주포자균 ④ 표면서식균

풀이 향나무 녹병균은 이종기생균으로 전혀 다른 두 종의 기주식물을 옮겨다니며 병을 발생시킨다.

108 토양반응(pH)이 낮아질 때 토양 내 인산의 고정량은 어떻게 되는가?

① 상관이 없다.
② 더욱 커진다.
③ 적어진다.
④ 적어지다 커지다를 반복하다가 한계점 도달 시 적어진다.

풀이 pH 3~4일 때 가장 많이 고정되며, 7 이상 되면 침전한다.

109 보수점검의 법칙에 해당되는 것은?

① 시비량과 수량과의 관계
② 시비량과 품질과의 관계
③ 비료성분과 증수율과의 관계
④ 비료의 흡수율과 최소양분율과의 관계

110 옥외조명기구를 청소하는 방법으로 강한 알칼리성, 산성의 약품을 사용하면 표면의 부식이나 산화피막이 벗겨질 위험이 있는 재료는?

① 알루미늄 ② 법랑
③ 합성수지 ④ 플라스틱

풀이 알루미늄은 내식성이 높으나 청소 시 약품을 잘못 사용하면 피막이 벗겨진다.

111 식물의 즙액을 흡즙하는 입틀 구조를 갖지 않은 곤충은?

① 버즘나무방패벌레
② 느티나무벼룩바구미
③ 솔껍질깍지벌레
④ 가루나무좀

풀이 가루나무좀은 천공성 해충이다.

112 소나무 재선충병에 대한 설명으로 옳지 않은 것은?

① 수분 이동 통로를 막아 고사시킨다.
② 소나무먹좀벌이 천적이므로 생태학적 방제에 의존할 수 밖에 없다.
③ 감염 후 수주 내에 급속히 말라 죽으며, 치사율이 100%이다.
④ 이동능력이 없어 공생관계인 솔수염하늘소를 통해 전파된다.

풀이 소나무 재선충병은 솔수염하늘소, 북방수염하늘소 등 매개충에 기생하여 옮겨 수액의 통로를 막는 것으로 천적이 없다.
소나무먹좀벌은 솔잎혹파리의 천적이다.

113 토양수분포텐셜(soil water potential)의 단위로 쓰이지 않는 것은?

① pF ② %
③ bar ④ kPa

ANSWER 107 ② 108 ② 109 ① 110 ① 111 ④ 112 ② 113 ②

114 공사장 관리를 위한 주변 가설울타리의 설명 중 (　　) 안에 해당되는 것은?

> 판자 울타리의 높이는 공사시방서에서 정하는 바가 없을 때에는 (　　)m 이상(도로상에 현장사무소, 창고, 작업장 및 통로 등의 가설시설물을 둘 때에는 이들 바닥으로부터의 높이)로 한다.

① 1.2　　② 1.8
③ 2.4　　④ 3.0

115 광엽 또는 화본과 잡초의 분류로 옳은 것은?

① 화본과잡초 : 여뀌
② 광엽잡초 : 돌피
③ 광엽잡초 : 명아주
④ 광엽잡초 : 바랭이

풀이
- 광엽잡초 : 쌍자엽 식물로서 망상맥을 가지고 있는 잎이 넓은 잡초로 망초, 토끼풀, 쑥, 냉이, 비름, 물달개비, 가래, 가막사리, 명아주 등
- 화본과잡초 : 잎은 어긋나기이며, 입맥이 평행한 특성이 있으며, 돌피, 바랭이, 뚝새풀, 강아지풀, 갈대, 억새 등이 있다.

116 작물보호제(농약) 살포 시 주의사항으로 옳지 않은 것은?

① 살포 전·후 살포기를 반드시 씻는다.
② 이상기후(이상고온, 이상저온, 과습, 건조 등)에서는 약해의 우려가 있으니 살포를 자제한다.
③ 약을 뿌릴 때에는 마스크, 보안경, 고무장갑 및 방제복 등을 착용 후 바람을 등지고 살포 작업한다.
④ 농약을 섞어 뿌리고자 할 때에는 반드시 1년 정도 경과해 안정된 상태에서 사용한다.

풀이 농약을 섞을 때는 화학반응을 일으킬 수 있기 때문에 반드시 확인해야 한다.

117 생태연못의 유지관리에 대한 설명으로 가장 거리가 먼 것은?

① 모니터링은 조성 직후부터 1년, 2년, 3년, 5년, 10년 등의 주기로 한다.
② 모니터링은 가급적 지역주민, NGO, 전문가 등이 함께 참여하도록 한다.
③ 여름철에 성장한 수초는 겨울철에 말라서 연못 내에 잔존하게 되면 연못 내 식물의 영양분이 되므로 지속적으로 유지시킨다.
④ 붉은귀거북, 블루길, 베스, 비단잉어 등의 외래종은 제거하도록 한다.

풀이 **조경공사표준시방서 생태연못 유지관리**
여름철에 성장한 수초는 겨울철에 말라서 연못 내에 잔존하게 되는데, 부영양화를 가져올 우려가 있을 경우에는 적절한 시기에 제거하도록 한다.

118 옥외 레크레이션의 관리체계를 세울 때 주요기능 관점의 3가지 부체계 기본요소에 해당되지 않는 것은?

① 이용자 관리
② 자원 관리
③ 서비스 관리
④ 매스미디어관리

풀이 **옥외레크리에션 관리체계 3가지 부체계**
이용자 관리, 자원 관리, 서비스 관리

ANSWER
114 ② 115 ③ 116 ④ 117 ③ 118 ④

119 다음 주민참가의 단계 중 시민권력 단계에 속하지 않는 것은?

① 자치관리 ② 권한이양
③ 파트너십 ④ 유화

풀이 **아인시타인의 주민참가 발전과정**
비참가형(치료, 조작) → 형식적 참가(정보제공, 상담, 유화) → 시민권력의 단계(파트너십, 권한위양, 자치관리)

120 조경시설물 정비, 점검방법으로 적합하지 못한 것은?

① 배수구는 정기적으로 점검하여 토사나 낙엽에 의한 유수방해를 제거한다.
② 어린이동원 유희시설물의 회전부분은 충분한 윤활유 공급으로서 회전을 원활히 해준다.
③ 아스팔트 도로포장은 내구성이 큰 포장이므로 전면개수까지 점검사항에서 제외한다.
④ 표지, 안내판 등의 도장(塗裝)상태나 문자는 상시점검 보수한다.

풀이 아스팔트는 균열, 국부적 침하, 파상의 요철, 표면연화, 박리 등의 파손원인이 있으므로 부분 보수, 개조 등 점검사항을 확인하여야 한다.

ANSWER 119 ④ 120 ③

2018 4회 조경기사 최근기출문제

2018년 8월 21일 시행

제 1 과목 조경사

001 창덕궁 옥류천 주변에 있는 정자가 아닌 것은?

① 청의정 ② 농산정
③ 농수정 ④ 취한정

풀이 **옥류천가의 정자**
청의정, 소요정, 태극정, 취한정, 농산정

002 다음 중 일본의 시대별 정원양식이 맞지 않는 것은?

① 침전조 정원 - 평안 시대
② 회유임천식 정원 - 겸창 시대
③ 고산수식 정원 - 실정 시대
④ 다정 - 나양 시대

풀이 다정-도산 시대(모모야마 시대)

003 고려시대 정원에 관한 내용이 기술된 문집이 아닌 것은?

① 동국이상국집 ② 목은집
③ 운곡시사 ④ 운림잡저

풀이 운림잡저는 조선말기 허련이 자신의 문집에 운림산방에 관한 조영기록을 남긴 것이다.

004 명쾌한 균제미로부터 벗어나 번잡하고 지나친 세부기교에 치우치고 복잡한 곡선, 도금한 쇠붙이 장식, 다채로운 색 대리석 등을 풍부히 사용한 정원 양식은?

① 프랑스의 르네상스 평면기하학식
② 이탈리아 르네상스 노단건축식
③ 르네상스 후기 바로크식
④ 중세 고딕식

풀이 바로크 양식은 이태리 북부지방 제노바, 베니스에서 발전한 양식으로 이졸라벨라와 같이 매우 화려하고 기교를 부린 양식이다.

005 중국에서 조정에 관계되는 한자의 의미 설명이 잘못된 것은?

① 원(園) : 과수류를 심었던 곳으로 울타리가 있는 공간
② 포(圃) : 채소를 심거나 기르는 곳
③ 원(苑) : 짐승을 기르거나 자생하던, 울타리가 있는 공간
④ 정(庭) : 건물이나 울타리에 둘러싸인 평탄한 뜰

풀이 **원(苑)**
야생동물을 방사하여 키우는 수렵원으로 울타리를 쳐 짐승과 나무를 키우는 곳

ANSWER
001 ③ 002 ④ 003 ④ 004 ③ 005 ③

006 다음 중 중국 정원의 특성으로 가장 거리가 먼 것은?

① 태호석 등 세부시설에 조석이 많이 사용되었다.
② 자연경관이 수려한 곳에 곡절(曲折) 기법을 사용하여 심산유곡을 형성하였다.
③ 정원의 포지 포장 재료는 주로 목재를 사용하였다.
④ 정원에 차경을 위하여 누창을 조성하였다.

풀이 포지는 전돌로 모양을 내어 포장하는 것이다.

007 경복궁 교태전 후원을 지칭하는 다른 명칭은?

① 귀거래사(歸去來辭)
② 아미산(峨眉山)
③ 삼신산(三神山)
④ 곡수연(曲水宴)

풀이 교태전 후원은 아미산으로 불린다.

008 고대 신들을 위하여 축조한 건축물이나 조형물은 경관적으로 큰 역할을 하였다. 다음 중 신(神)을 위해 조성한 시설에 해당하지 않는 것은?

① Hanging Garden
② Obelisk
③ Ziggurat
④ Funerary Temple of Hat-shepsut

풀이 Hanging Garden은 네부카드네자르왕이 산악지역이 고향인 아미티스 여왕을 위해 축조한 정원이다.

009 연꽃을 군자에 비유한 애련설의 저자는?

① 이태백　② 왕휘지
③ 주렴계　④ 주희

풀이 **주렴계의 애련설**
연이 더러운 진흙에서 자라지만 깨끗함을 지닌 것이 선비의 이미지와 닮아서 연꽃의 이미지를 통해 군자의 고고한 삶을 이야기함

010 일본의 도산(모모야마)시대의 다정(茶庭)을 구성하는 요소로 가장 부적합한 것은?

① 석등(石燈)　② 디딤돌(飛石)
③ 수통(水桶)　④ 방지(方池)

풀이 **다정**
다도를 즐기는 데서 발달한 실용적이고 검소한 미를 추구하는 것으로 돌물그릇, 석등, 석탑, 디딤돌, 수통 등을 활용하였다.

011 중국 명나라 원림에 관한 설명 중 틀린 것은?

① 원명원은 서쪽에 있는 이화원과 더불어 황가원림의 대표로 꼽힘
② 북경과 남경 및 소주와 양주 일대를 중심으로 발달됨
③ 계성의 〈원야〉, 이어의 〈한정우기〉 등 원림관련 서적들이 출간됨
④ 문화와 예술 활동의 장이자 예술작품의 배경이 됨

풀이 원명원, 이화원은 중국 청나라의 대표적 정원이다.

ANSWER
006 ③　007 ②　008 ①　009 ③　010 ④　011 ①

012 다음 중 근대 조경의 흐름에 있어 적절하지 않은 설명은?

① 미국에서 전원도시(田園都市) 운동은 20C 초에 시작되었다.
② 레드번(Radburn)은 쿨데삭(cul-de-sac)의 원리를 정원이 아닌 단지계획에 적용한 것이다.
③ 뉴욕(New York)의 센트럴 파크(Centeral Park)는 조셉 팩스턴(Joseph Paxton)과 옴스테드(Olmsted)의 공동 작품이다.
④ 레치워스(Letchworth) 개발과 웰(Welwyn) 조성은 영국의 대표적 전원도시이다.

풀이 센트럴파크는 조경가 프레드릭 로 옴스테드와 건축가 보우의 설계작품이다.

013 일본의 고산수정원은 어떤 목적에 의하여 조성되었는가?

① 불교 선종(禪宗)의 영향으로 방이나 마루에서 정숙하게 감상하도록 조성
② 도교사상의 영향으로 위락이나 산책을 위한 실용적인 목적으로 조성
③ 불교 정토종(淨土宗)에서 화엄장엄 세대를 구현하는 목적으로 조성
④ 신선사상의 목적으로 정숙하게 관조하는 목적으로 조성

풀이 **고산수정원**
불교의 선종의 영향으로 도를 닦는 목적으로 정토사상과 신선사상을 바탕으로 한다.

014 고대 그리스 일반시민의 주택에 대한 설명이 아닌 것은?

① 가족 공용실을 통해 각 실로 통하는 내향식 주택
② 단순하고 기능적이며, 거리의 소음으로부터 격리
③ 중정은 포장을 하지 않고 방향성 식물을 식재
④ 대리석 분수의 도입

풀이 그리스 시민주택정원은 주랑식 중정으로 바닥은 돌로 포장하고, 분에 방향성 식물을 심었다.

015 다음 설명에 해당하는 이탈리의 정원은?

> 몬탈또(Montalto) 분수, 빛의 분수(Fountain of Lights), 거인의 분수, 돌고래 분수 등과 같은 정원 시설물을 만들어 놓음

① Villa Lante(란테장)
② Villa d' Este(에스테장)
③ Villa Gamberaia(감베라이아장)
④ Villa Aldobrandini(알도브란디니장)

풀이 **빌라 란테장**
이탈리아 16C 노단건축식으로 물의 정원이라 불리는 이탈리아 3개 정원 중 하나이다. 3개의 테라스로 되어 있으며 몬탈또 분수, 빛의 분수, 거인의 분수, 돌고래 분수 등 물을 최대한 이용한 수경을 연출하였다.

ANSWER
012 ③ 013 ① 014 ③ 015 ①

016 동양 3국에서 공통적으로 행해지던 곡수연과 관련이 없는 대상지는?

① 한국 경주의 포석정
② 일본 평성궁의 동원
③ 중국 승복궁의 범상정
④ 한국 궁남지의 포룡정

풀이 곡수연이란 흐르는 물 위에 술잔을 띄우고 시를 읊는 것으로 경주 포석정, 일본 동원, 중국 범상정 등이 해당된다. 백제 궁남지 포룡정은 인공연못 가운데 정자와 목교를 놓은 정원이다.

017 전통담장 조영에 있어 벽돌, 기와 등으로 구멍이 뚫어지게 쌓는 담은?

① 분장(粉牆) ② 곡장(曲墻)
③ 화문장(花紋牆) ④ 영롱장(玲瓏牆)

풀이 **영롱장**
벽돌이나 기와를 띄엄띄엄 쌓아 구멍이 생기는 장식으로 문양을 만든 담

018 미국 역사상 최초의 수도권 공원계통을 수립한 사람은?

① 찰스 엘리오트(Charles Eliot)
② 프레드릭 로 옴스테드(Frederic Law Olmsted)
③ 갈버트 보우(Calvert Vaux)
④ 다니엘 번햄(Daniel Burnham)

풀이 **보스턴 공원계통**
엘리오트와 옴스테드 부자에 의해 보스턴의 홍수 조절과 하수의 악취 제거를 위해 오픈 스페이스 시스템 개념 도입

019 원야(園冶)에 대한 설명으로 옳지 않은 것은?

① 홍조론과 원설로 나누어진다.
② 원야의 저자는 문진향(文震亨)이다.
③ 정원구조물의 그림 설명이 되어 있다.
④ 작자가 중국 강남에서의 작정경험을 기초로 했다.

풀이 문진향은 장물지의 저자, 원야의 저자는 계성이다.

020 알함브라 궁전의 파티오에 대한 설명 중 옳지 않은 것은?

① 사자의 중정은 중에 분수를 두고 +자형으로 수로가 흐르게 한 것으로 사적(私的) 공간기능이 강하다.
② 외국 사신을 맞는 공적(公的) 장소에 긴 연못 양편에서 분수가 솟아오르게 한 알베르카 중정이 있다.
③ 사이프레스 중정 혹은 도금양의 중정이란 명칭은 그 중정에 식재된 주된 식물의 명칭에서 유래하였다.
④ 파티오에 사용된 물은 거울과 같은 반영미(反映美)를 꾀하거나 혹은 청각적인 효과를 도모하되 소량의 물로서 최대의 효과를 노렸다.

풀이 알베르카는 알함브라의 주정에 해당하며, 주변에 도금양(천인화)을 열식하고 남북단에 원형분수를 설치하였다.

ANSWER 016 ④ 017 ④ 018 ① 019 ② 020 ②

제 2 과목 조경계획

021 교통 동선계획은 교통량을 파악하고 적절한 교통량과 방향을 설정하는 계획이다. 주거지, 공원, 어린이놀이터 등에 가장 적합한 도로형태는?

① 위계형 ② 격자형
③ 미로형 ④ 환상형

풀이
- 위계형 : 주거지, 공원, 어린이 놀이터 등 모임과 분산의 체계적 활동이 있는 곳
- 격자형 패턴 : 도심지, 고밀도의 토지 이용에 바람직함

022 Avery(1977)의 자료 중 수지형(樹枝型)의 하천 패턴이 형성될 가능성이 가장 높고, 점토의 함량에 따라 변화가 심한 암석 지질은?

① 화강암 ② 석회암
③ 화산주변 ④ 사암(砂岩)

023 다음 중 야생동물(wild life)의 서식처(분포)와 가장 밀접한 관련이 있는 인자는?

① 지형의 변화 ② 식생분포
③ 토양분포 ④ 인공구조물 분포

풀이 서식처는 동물이 살고 있는 곳으로 동물의 먹이와 안식처가 있는 곳으로 식생과 밀접한 관계가 있다.

024 「도시공원 및 녹지 등에 관한 법률」 시행규칙 중 도시공원별 유치거리(A) 및 규모(B)의 기준이 맞는 것은?

① 소공원 : (A) 150m 이하, (B) 5백m^2 이상
② 어린이 공원 : (A) 200m 이하, (B) 1천m^2 이상
③ 도보권근린공원 : (A) 1천m 이하, (B) 3만m^2 이상
④ 도시지역권근린공원 : (A) 2천m 이하, (B) 100만m^2 이상

풀이
① 소공원 : (A) 제한 없음, (B) 제한 없음
② 어린이공원 : (A) 250m 이하, (B) 1천5백m^2 이상
③ 도보권근린공원 : (A) 1천m 이하, (B) 3만m^2 이상
④ 도시지역권근린공원 : (A) 제한 없음, (B) 10만m^2 이상

025 동선계획에서 고려되어야 할 내용과 거리가 먼 것은?

① 부지 내 전체적인 동선은 가능한 막힘이 없도록 계획한다.
② 주변 토지이용에서 이루어지는 행위의 특성 및 거리를 고려하여 적절하게 통행량을 배분한다.
③ 기본적인 동선 체계로 균일한 분포를 갖는 격자형과 체계적 질서를 가지는 위계형으로 구분할 수 있다.
④ 도심지와 같이 고밀도의 토지이용이 이루어지는 곳은 위계형 동선이 효율적이다.

풀이 도심지에는 격자형 동선이 효율적이다. 위계형 동선은 주거지, 공원, 어린이 놀이터 등에 적합하다.

ANSWER 021 ① 022 ① 023 ② 024 ③ 025 ④

026 공장조경 식재계획 수립의 방법으로 가장 거리가 먼 것은?

① 중부지방의 석유화학지대에는 화백, 은행나무, 양버즘나무를 식재한다.
② 성장 속도가 빠르고 대량공급이 가능한 수종을 선택한다.
③ 공장과의 조화를 위해 수종선정은 경관성에 중심을 둔다.
④ 자연스럽게 천연갱신이 되는 것을 선정한다.

풀이 공장조경의 식재는 경관성보다 기능성 식재를 고려하여야 한다.

027 조경계획 과정에서 시설규모 결정은 매우 중요하며 수요예측에 따라서 결정된다. 방법유형에 대한 설명으로 옳은 것은?

① 단순회귀분석 - 정성적 예측
② 여행발생분석 - 정성적 예측
③ 델파이 분석 - 정량적 예측
④ 중력모형분석 - 정량적 예측

풀이
- 정성적 예측 : 델파이 분석, 전문가 판단 모형, 시나리오 설정법 등
- 정량적 예측 : 시계열 분석, 단순회귀분석, 다중회귀모형, 중력 모형 등

028 「자연공원법 시행령」상 공원기본계획의 내용에 포함되지 않는 사항은?

① 자연공원의 축(軸)과 망(網)에 관한 사항
② 자연공원의 자원보전·이용 등 관리에 관한 사항
③ 자연공원의 관리목표 설정에 관한 사항
④ 환경부장관이 자연공원의 관리를 위하여 필요하다고 인정하는 사항

풀이 **제9조(공원기본계획의 내용 및 절차 등)**
① 법 제11조제2항의 규정에 의한 공원기본계획의 내용에 포함되어야 할 사항은 다음과 같다.
1. 자연공원의 관리목표 설정에 관한 사항
2. 자연공원의 자원보전 · 이용 등 관리에 관한 사항
3. 그 밖에 환경부장관이 자연공원의 관리를 위하여 필요하다고 인정하는 사항
② 법 제11조제2항의 규정에 의하여 환경부장관이 공원기본계획을 수립할 경우에는 관계 시·도지사의 의견을 수렴하여야 한다.

029 자연과학적 근거에서 인간의 환경적응 문제를 파악하여 새로운 환경의 창조에 기여하고자 하는 조경계획의 접근 방법은?

① 생태학적 접근 ② 형식미학적 접근
③ 기호학적 접근 ④ 현상학적 접근

풀이 ① 생태학적 접근 : 자연 형성 과정을 이해하여 경관을 분석하는 방법 즉, 기상, 지질, 수문, 수질, 토양, 식생, 야생동물 등
② 형식미학적 접근 : 형식미의 원리에 의해 인체의 오감에 의한 자극을 중심으로 분석하는 방법
③ 기호학적 접근 : 환경은 의미를 전달하는 기호의 장으로서 그 기호들을 파악하는 분석
④ 현상학적 접근 : 환경이 의식과의 관계에서 일어나는 개인적, 체험적, 현상학적 입장에서 분석하는 방법

ANSWER 026 ③ 027 ④ 028 ① 029 ①

030 GIS의 자료처리 및 구축을 위한 전반적인 작업과정으로 옳은 것은?

① 자료입력 → 자료수집 → 자료조작 및 분석 → 자료처리 → 출력
② 자료수집 → 자료입력 → 자료처리 → 자료조작 및 분석 → 출력
③ 자료수집 → 자료입력 → 출력 → 자료처리 → 자료조작 및 분석
④ 자료수집 → 자료조작 및 분석 → 자료처리 → 자료입력 → 출력

031 다음 자연공원법상의 해안지역의 범위에 맞는 것은?

> 해안 : 「연안관리법」 제2조제2호에 따른 연안해역의 육지 쪽 경계선으로부터 (   )미터까지의 육지지역

① 500　　② 1000
③ 3000　　④ 5000

풀이 **자연공원법 시행령 제 14제14조(해안 및 섬지역의 범위)**

법 제18조제2항 각 호 외의 부분 단서에 따른 해안 및 섬지역과 같은 항 제2호 자목에 따른 섬지역의 범위는 다음 각 호와 같다.

1. 해안 : 「연안관리법」 제2조제2호에 따른 연안해역의 육지쪽 경계선으로부터 1천미터까지의 육지지역
2. 섬 : 만조 시 4면이 바다로 둘러싸인 지역. 다만, 방파제 또는 교량으로 육지와 연결된 경우는 제외한다.

032 주어진 시각적 선호모델과 독립변수들의 값을 사용한 특정 지역의 시각적 선호도 값은?

> (1) 모델 : $Y = -2 + X_1 + 3X_2 - X_3$
> Y : 시각적 선호도
> X_1 : 식생지역의 경계선 길이
> X_2 : 물과 관련된 지역의 면적
> X_3 : 건물이 차지하는 면적
> (2) 이 지역의 식생지역의 경계선 길이 : 3
> 물과 관련된 지역의 면적 : 5
> 건물이 차지하는 면적 : 2

① 4　　② 6
③ 10　　④ 14

풀이 $Y = -2+3+3(5)-2 = 14$

033 이용 후 평가가 도입된 이후 설계 방법론에 대한 설명으로 옳은 것은?

① 생태계의 원리를 이해함을 말한다.
② 자연 및 인문환경의 철저한 분석을 의미한다.
③ 기본계획 보고서 제작을 통해 바람직한 미래상의 청사진적 제시를 말한다.
④ 계획수립, 집행, 결과의 평가를 토대로 한 환류(Feedback)를 포함한 전 과정을 말한다.

풀이 이용 후 평가결과를 계획수립, 집행, 결과에 피드백하여 계획을 평가, 수립하는 설계방법론으로 발전하였다.

ANSWER 030 ② 031 ② 032 ④ 033 ④

034 다음 중 레크리에이션 계획의 접근 방법 분류에 해당하지 않는 것은?

① 자원형 ② 심리형
③ 형태형 ④ 혼합형

풀이 **S.Gold의 5가지 레크리에이션 접근방법**
① 자원접근방법
- 자원의 수용력과 생태적 입장이 중요인자
- 물리적 자원이 레크리에이션의 양을 결정함

② 활동접근법
- 과거의 레크리에이션 참가사례가 앞으로의 기회를 결정하도록 하는 방법
- 이용자 측면이 강조되나 새로운 경향의 여가 형태가 반영되기 어렵다.

③ 경제접근법
- 그 지역의 경제적 기반, 예산규모가 레크리에이션 양과 입지 결정
- 비용편익분석에 의해 가입자가 많이 선택. 이용자 고려 안 함

④ 행태접근방법
- 이용자의 선호도, 만족도에 의해 계획이 반영되는 방법
- 잠재적 수요까지 파악, 수준 높은 시민참여 필요

⑤ 종합접근방법
- 각 방법의 긍정적 측면만 취하여 이용자의 요구와 자원의 활용 가능성을 함께 조화시키도록 하는 방법

035 인간 행동의 움직임을 부호화한 표시법(motation symbols)을 창안하여 설계에 응용한 사람은?

① Ian L. McHarg
② Philip Thiel
③ Laurence Halprin
④ Christopher J. Jones

풀이 **할프린(Halprin) 모테이션 심볼**
인간행동 움직임 표시법으로 진행 중심적으로 상대적 위치를 주로 기록하여 설계에 활용하는 방법

036 주차장의 주차구획 기준은 평행주차형식과 그 외의 경우로 구분된다. 평행주차형식 외의 경우 주차장의 주차구획 최소 기준이 맞는 것은? (단, 규격 표현은 너비×길이로 나타낸다.)

① 일반형 : 2.5m×5.0m
② 장애인 전용 : 3.3m×5.0m
③ 확장형 : 2.8m×5.0m
④ 경형 : 2.1m×3.5m

풀이 **주차장법 시행규칙 제3조(주차장의 주차구획) 평행주차형식 외의 경우**

구분	너비	길이
경형	2.0m 이상	3.6m 이상
일반형	2.3m 이상	5.0m 이상
확장형	2.5m 이상	5.1m 이상
장애인 전용	3.3m 이상	5.0m 이상
이륜자동차 전용	1.0m 이상	2.3m 이상

037 시몬스(J.O.Simonds)가 제시하고 있는 공간구성의 4가지 요소 중 제3차 요소에 해당하는 것은?

① 계절 ② 담장
③ 도로 ④ 수목

풀이 **시몬스(J.O.Simonds) 공간구성의 4가지 요소**
- 1차 공간 : 바닥면(도로, 강 등)
- 2차 공간 : 수직면(담, 벽, 건물 등)
- 3차 공간 : 천정면(수목, 지붕 등)
- 4차 공간 : 시공간(계절, 연속변화)

ANSWER 034 ② 035 ③ 036 ② 037 ④

038 다음 중 생태·경관 보전지역에 포함되지 않는 것은?

① 생태·경관관리보전구역
② 생태·경관핵심보전구역
③ 생태·경관완충보전구역
④ 생태·경관전이보전구역

풀이 **자연환경보전법 제12조 생태경관 보존지역**
② 생태·경관핵심보전구역 : 생태계의 구조와 기능의 훼손방지를 위하여 특별한 보호가 필요하거나 자연경관이 수려하여 특별히 보호하고자 하는 지역
③ 생태·경관완충보전구역 : 핵심구역의 연접지역으로서 핵심구역의 보호를 위하여 필요한 지역
④ 생태·경관전이보전구역 : 핵심구역 또는 완충구역에 둘러싸인 취락지역으로서 지속 가능한 보전과 이용을 위하여 필요한 지역

039 다음 중 아파트 단지 내 울타리 조성 방법 중 자연스러운 경관, 둔덕과 조화된 추가된 높이, 한 번 설치 후 유지관리비용 절감의 이점이 있는 방법은?

① 벽돌 쌓기
② 수목으로 식재하기
③ 목재울타리 만들기
④ 콘크리트 울타리 만들기

풀이 시설물보다 식재로 만든 울타리가 더 자연스러우며 조화롭고 유지관리비도 절감된다.

040 생태연못 및 습지의 계획지침으로 적절하지 않은 것은?

① 되도록 장축 방향은 동서방향으로 배치한다.
② 호안 모양은 내부면적대비 주연길이가 큰 형태로 조성한다.
③ 소형의 다수보다는 대형의 소수가 바람직하다.
④ 호안 사면은 1 : 3~1 : 5 이하의 완경사를 이루도록 한다.

풀이 생태연못 및 습지는 생물 서식처로 소형이라도 다수가 좀 더 다양성이 높다.

제 3 과목 조경설계

041 다음 중 유희시설 설계 시 고려할 사항이 아닌 것은?

① 평탄지, 경사지 등의 지형특성에 맞는 이용을 고려한다.
② 편리성, 예술성보다 안전성을 더욱 고려해야 한다.
③ 놀이기구는 가능한 한 다양하게 많은 기구를 배치하도록 한다.
④ 이용계층(유아, 소년 등)에 맞는 놀이시설을 배치하도록 한다.

풀이 놀이기구 및 기타 시설의 수는 공간의 크기를 고려하여 정한다.

ANSWER
038 ① 039 ② 040 ③ 041 ③

042 조경설계기준상 「경사로」 설계 내용으로 옳은 것은?

① 휠체어 사용자가 통행할 수 있는 경사로의 유효폭은 100cm가 적당하다.
② 바닥표면은 휠체어가 잘 미끄러질 재료를 선택하고, 울퉁불퉁하게 마감한다.
③ 연속경사로의 길이 50m마다 1.2m×3m 이상의 수평면으로 된 참을 설치하여야 한다.
④ 지형조건이 합당한 경우 장애인 등의 통행이 가능한 경사로의 종단기울기는 1/18 이하로 한다.

풀이 **조경설계기준 5.9.2 구조 및 규격**
(1) 바닥표면은 미끄럽지 않은 재료를 채용하고 평탄한 마감으로 설계한다.
(2) 장애인 등의 통행이 가능한 경사로의 종단기울기는 1/18 이하로 한다. 다만, 지형조건이 합당하지 않을 경우에는 종단기울기를 1/12까지 완화할 수 있다.
(3) 휠체어사용자가 통행할 수 있는 경사로의 유효폭은 120cm 이상으로 한다.
(4) 연속 경사로의 길이 30m마다 1.5m×1.5m 이상의 수평면으로 된 참을 설치할 수 있다.

043 조경공간의 보도에 포장면 기울기 설명 중 (　) 안에 알맞은 것은?

- 보도용 포장면의 종단기울기가 (　)% 이상인 구간의 포장은 미끄럼 방지를 위하여 거친 면으로 마무리된 포장 재료를 사용하거나 거친 면으로 마감 처리한다.
- 투수성 포장인 경우에는 횡단경사를 주지 않을 수 있다.

① 2　　② 3
③ 4　　④ 5

풀이 **조경설계기준 6.4.3 포장면 기울기**
(1) 보도용 포장면의 종단기울기는 1/12 이하가 되도록 하되, 휠체어 이용자를 고려하는 경우에는 1/18 이하로 한다.
(2) 보도용 포장면의 종단기울기가 5% 이상인 구간의 포장은 미끄럼 방지를 위하여 거친 면으로 마무리된 포장 재료를 사용하거나 거친 면으로 마감 처리한다.
(3) 보도용 포장면의 횡단경사는 수처리가 가능한 방향으로 2%를 표준으로 하되, 포장 재료에 따라 최대 5%까지 할 수 있다. 광장의 기울기는 3% 이내로 하는 것이 일반적이며, 운동장의 기울기는 외곽방향으로 0.5~1%를 표준으로 한다.
(4) 투수성 포장인 경우에는 횡단경사를 주지 않을 수 있다.

044 다음 색에 관한 설명 중 옳은 것은?

① 파랑 계통은 한색이고, 진출색·팽창색이다.
② 파랑 계통은 난색이고, 후퇴색·팽창색이다.
③ 빨강 계통은 난색이고, 진출색·팽창색이다.
④ 빨강 계통은 한색이고, 후퇴색·팽창색이다.

풀이 난색계열은 따뜻한 색으로 빨강, 노랑, 주황 등으로 진출, 팽창색이고, 한색계열은 차가운 색으로 파랑, 보라 등으로 후퇴, 수축색이다.

045 황금분할(golden section)에 관한 설명으로 옳지 않은 것은?

① 피보나치(Fibonacci) 급수와는 유사하다.
② 황금비의 항수는 $1+\sqrt{5}$ 또는 $\sqrt{5}$ 구형으로 작도할 수 있다.
③ 황금분할 비율을 응용으로 달팽이 등의 성장곡선을 작도할 수 있다.
④ 하나의 선분을 대소 두 개의 선으로 나눌 때 큰 것과 작은 것의 길이의 비가 전체와 큰 것의 길이 비와 동일하다.

ANSWER 042 ④ 043 ④ 044 ③ 045 ②

풀이 황금비는 $\frac{1+\sqrt{5}}{2}$ 수치에 가깝다.

046 다음 중 시각전 선호를 결정짓는 변수에 해당하지 않는 것은?

① 물리적 변수 ② 사회적 변수
③ 상징적 변수 ④ 추상적 변수

풀이 **시각적 선호 변수**
물리적, 상징적, 추상적, 개인적 변수

047 다음 설명에 적합한 혼색 방법은?

> 팽이나 레코드판과 같은 회전원판을 일정면적비의 부채꼴로 나누어 칠해 회전시키면, 표면의 색들은 혼색되어 하나의 새로운 색이 보이게 되며, 이 색은 밝기와 색에 있어서 원래 각 색지각의 평균값으로 나타난다.

① 색광혼색 ② 감법혼색
③ 중간혼색 ④ 병치가법혼색

풀이 혼합한 색이 평균 밝기로 되는 현상을 중간혼색이라 한다.

048 인간 척도(human scale)에 관한 설명으로 틀린 것은?

① 인간을 기준으로 대상을 측정하는 경우를 말한다.
② 주위에 인간 척도를 가진 대상이 없는 경관은 불안감을 준다.
③ 관찰자의 속도가 빠르면 세밀한 경관요소는 보이지 않는다.
④ 인간보다 작은 척도가 많은 공간은 웅장해 보인다.

풀이 인간척도란 인간 크기에 준하는 사물이나 공간을 말하는 것으로 웅장한 느낌을 주는 공간은 초인간적 척도로 인간보다 큰 척도로 조성된 곳을 말한다.

049 다음 기하학적 형태 주제 등 그 상징성과 의미가 부드러움, 혼합, 연결, 조화를 나타내는 것은?

① 45°/90°각의 형태
② 원 위의 원형
③ 호와 접선형
④ 원의 분할형

050 다음 환경미학과 관련된 설명 중 틀린 것은?

① 주로 예술작품을 연구한다고 볼 수 있다.
② 미학과 환경미학의 관계는 예술가와 환경설계가의 관계로써 설명될 수 있다.
③ 종합적으로 미적인 지각과 인지 및 반응에 관계되는 이론 및 응용을 종합적으로 연구한다.
④ 환경미학에서도 보다 종합적인 미적경험과 반응에 관심을 두며, 현실적인 환경문제 해결을 지향한다.

풀이 환경미학은 자연에 내재하는 미적질서를 파악하여 인간환경 창조에 구현시키는 것이다.

051 경관분석 시 경관 통제점의 선정 기준에 적합하지 않는 것은?

① 주요 도로 및 산책로
② 이용밀도가 높은 장소
③ 주변지형 중 가장 표고가 높은 곳
④ 특별한 가치가 있는 경관을 조망하는 장소

ANSWER 046 ② 047 ③ 048 ④ 049 ③ 050 ① 051 ③

풀이 경관통제점은 좋은 조망지점, 이용 많은 지역의 조망점, 독특한 경관을 조망하는 장소 등이 해당된다.

052 다음 중 조경설계기준상의 「조경석 놓기」에 대한 설명이 틀린 것은?

① 돌을 묻는 깊이는 조경석 높이의 1/4이 지표선 아래로 묻히도록 한다.
② 단독으로 배치할 경우에는 돌이 지닌 특징을 잘 나타낼 수 있도록 관상 위치를 고려하여 배치한다.
③ 3석을 조합하는 경우에는 삼재미(천지인)의 원리를 적용하여 중앙에 천(중심석), 좌우에 각각 지, 인을 배치한다.
④ 5석 이상을 배치하는 경우에는 삼재미의 원리 외에 음양 또는 오행의 원리를 적용하여 각각의 돌에 의미를 부여한다.

풀이 돌을 묻는 깊이는 조경석 높이의 1/3 이상 지표선 아래로 묻히도록 한다.

053 할프린(halprin, 1965)에 의해서 수행된 연속적 경관구성에 관한 연구의 내용이라고 볼 수 없는 것은?

① 건물, 수목, 지형 등의 환경적 요소를 부호화하여 기록
② 공간형태보다는 시계에 보이는 사물의 상대적 위치를 기록
③ 장소 중심적인 기록 방법이며, 시각적 요소가 첨가
④ 폐쇄성이 비교적 낮은 교외지역이나 캠퍼스 등에 적용이 용이

풀이 장소 중심적인 기록방법은 틸(Thiel)의 표시법에 해당하며 할프린은 모테이션 심벌이라는 움직임을 고안하여 진행 중심적 움직임을 해석한 것이다.

054 형광등 아래서 물건을 고를 때 외부로 나가면 어떤 색으로 보일까 망설이게 된다. 이처럼 조명광에 의하여 물체의 색을 결정하는 광원의 성질은?

① 색온도 ② 발광성
③ 연색성 ④ 색순응

풀이 **연색성**
물체의 원래 고유의 색을 나타내는 정도로 조명이 물체의 색감에 영향을 미치는 현상을 뜻한다.

055 독립식재의 평면적인 구성에 대한 설명 중 틀린 것은?

① 수목의 전체적인 형태가 아름답고, 수피, 잎, 꽃의 색깔이나 질감이 우수하고 무게감이 있는 수목을 독립적으로 식재하는 방법을 독립식재라 한다.
② 지그재그식으로 어긋나게 식재하는 교호식재와 반원형식재, 원형식재는 열식의 응용형태로 식재 폭을 넓히기 위해 변화를 주기 위함이다.
③ 군식은 식재기능에 따라 규칙적으로 수목을 배열하는 정형식 군식과 자연스러운 모습의 군락을 형성하게 하는 자연형 군식을 나누어 생각할 수 있다.
④ 자연형 군식의 기법은 양적인 식재공간을 조성하면서 엄숙하고 질서정연한 분위기를 조성할 때 사용하는 수법으로 식재 수종, 간격에 따라 군식된 공간의 느낌이 달라질 수 있다.

풀이 정형식과 자연풍경식, 자유식 식재로 크게 나누며 엄숙하고 질서정연한 분위기는 정형식 패턴에서 나온다.

ANSWER 052 ① 053 ③ 054 ③ 055 ④

056 다음 중 자연의 이미지를 형태화하기 위한 방법에 해당하는 것은?

① 직해　　② 위트
③ 유사성　　④ 표절

057 다음 투상도의 평면도로 가장 적합한 것은? (단, 제3각법으로 도시하였다.)

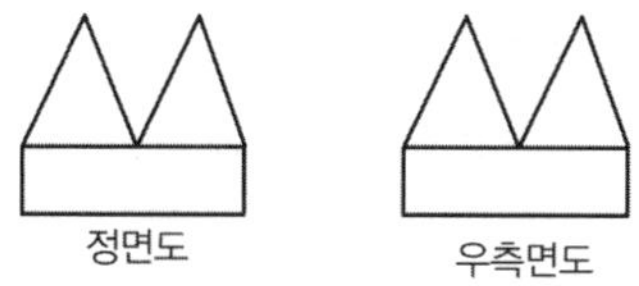

① 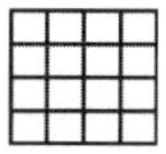
② 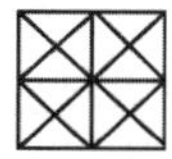
③ 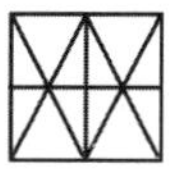
④ 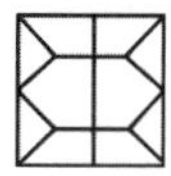

풀이 제 3각법은 물체를 제3각에 놓고 정투상하는 방법으로 도면을 이해하기 쉽고 치수기입이 편하다.

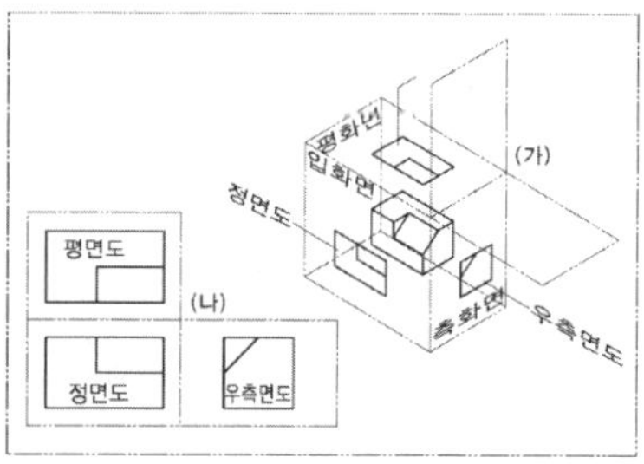

058 조경설계기준상의 쓰레기통 설치기준에 대한 설명으로 옳지 않은 것은?

① 내구성 있는 재질을 사용하거나 내구성 있는 표면 마감 방법으로 설계한다.
② 각 단위 공간마다 배치할 필요는 없고, 단위 공간 몇 개를 조합하여 그 중간에 1개소를 설치한다.
③ 각 단위 공간의 의자 등 휴게시설에 근접시키되, 보행에 방해가 되지 않도록 하고 수거하기 쉽게 배치한다.
④ 설계 대상공간의 휴게공간·운동공간·놀이공간·보행공간과 산책로 등 보행동선의 결절점, 관리사무소·상점 등의 건물과 같이 이용량이 많은 지점의 적정위치에 배치한다.

풀이 쓰레기통은 각 단위공간마다 1개소 이상 배치한다.

059 인공지반에 자연토양 사용 시 식재된 식물에 필요한 최소 생육 토심이 틀린 것은? (단, 배수경사는 1.5~2.0%로 한다.)

① 교목 : 70cm
② 소관목 : 30cm
③ 대관목 : 45cm
④ 잔디 및 초화류 : 10cm

풀이

분류	잔디, 초본	소관목	대관목	천근성 교목	심근성 교목
생존최소 심도(cm)	15	30	45	60	90
생육최소 심도(cm)	30	45	60	90	150

ANSWER 056 ③　057 ②　058 ②　059 ④

060 다음 중 경관구성상 랜드마크(landmark)적 성격에 해당하지 않는 것은?

① 에펠탑 ② 어린이대공원
③ 남대문 ④ 피라미드

풀이 랜드마크는 도시 이미지 형성에서 매우 지배적이고 인상 깊은 지형지물로 점적인 요소가 지배적이며 독특한 이미지를 지닌 지역도 해당된다.

제4과목 조경식재

061 다음 [보기]의 특징을 갖는 수종은?

- 침엽은 2개씩 나오고 길이는 6~12cm이다.
- 수피는 붉은색이고, 뿌리는 심근성이다.
- 생장속도가 느린 관목성으로 악센트 식재나 유도식재 등으로 널리 사용된다.
- 학명 : *Pinus densiflora* for. *multicaulis*

① 곰솔 ② 금송
③ 반송 ④ 잣나무

풀이 ① 곰솔(2엽) : *Pinus thunbergii*
② 금송(2엽) : *Sciadopitys verticillata*
③ 반송(2엽) : *Pinus densiflora* for. multicaulis
④ 잣나무(5엽) : *Pinus koraiensis*

062 다음 벤트그라스(Bentgrasses)에 관한 설명이 틀린 것은?

① 불완전 포복형이지만 포복력이 강한 포복경을 지표면으로 강하게 뻗는다.
② 다른 잔디류에 비하여 답압에 매우 강하여, 많이 이용될지라도 그 피해가 적은 편이다.
③ 호광성 잔디로 그늘에서는 자랄 수 없으며 특히 건조한 지역에서는 자주 관수를 해주어야 한다.
④ 한지형 잔디로 여름철에는 잘 자라지 못하며 병해가 많이 발생하나 서늘할 때는 그 생육이 왕성한 편이다.

풀이 벤트그라스는 답압에 약하지만, 재생력이 강하여 답압의 피해가 그리 크지 않다.

063 거친 돌 조각물을 더욱 돋보이게 하기 위한 배경식재로 가장 적합한 것은?

① 큰 잎이 넓은 간격으로 소생하는 수종
② 작은 잎이 넓은 간격으로 소생하는 수종
③ 작은 잎이 조밀하게 밀생하는 수종
④ 잎이 크고 가시가 있는 수종

풀이 배경 식재로는 잎이 조밀하여 밀생하고 빽빽한 배경이 조각물을 돋보이게 한다.

064 환경영향평가 항목 중 식생 조사를 할 때 위성 데이터를 활용하면 얻을 수 있는 유리한 점이 아닌 것은?

① 광역성 ② 동시성
③ 사실성 ④ 주기성

풀이 위성 데이터를 활용하면 광역성, 동시성, 주기성, 접근성, 이용성, 기능성 등 많은 장점이 있지만 실제현장을 조사하는 것이 아니므로 사실성과는 거리가 멀다.

ANSWER 060 ② 061 ③ 062 ② 063 ③ 064 ③

065 다음 중 여름(6~9월)에 꽃의 향기를 맡을 수 없는 식물은?

① 치자나무(*Gardenia jasminoides*)
② 함박꽃나무(*Magnolia sieboldii*)
③ 인동덩굴(*Lonicera japonica*)
④ 서향(*Daphne odora*)

풀이 서향은 향기가 매우 진하나 3~4월 봄에 핀다.

066 첨가제에 의한 토양 개량공법 중 물리성의 개량 방법이 아닌 것은?

① 펄라이트 첨가
② 이탄이끼 첨가
③ 수피, 톱밥 첨가
④ 석회 첨가

풀이 석회 첨가는 화학적 특성을 개량하는 것이다.

067 다음 중 생리적 기작에서 광보상점(혹은 광포화섬)이 가장 낮은 수종은?

① 버드나무
② 금송
③ 무궁화
④ 소나무

풀이 광보상점이 낮다는 것은 음수식물을 뜻하는 것으로 극음수식물로 금송, 나한백, 주목 등이 해당된다.

068 벽면녹화 설계의 일반사항으로 적합하지 않은 것은?

① 벽면녹화 방법은 등반형, 하수형, 기반 조성형 등으로 구분할 수 있다.
② 에너지 절약, 구조물 보호, 반사광 방지 등의 기능적 효과도 기대할 수 있다.
③ 식물의 생육은 벽면의 방위(방향)에 따라 영향을 받는다.
④ 기반 조성형은 식재기반으로부터 식물을 늘어뜨려 피복하는 방법이다.

풀이
- 등반형 : 벽면하부에 플랜터, 인공 지반을 조성하여 덩굴식물로 피복하는 방법
- 하수형 : 식재기반으로부터 식물을 늘어트려 피복하는 방법
- 기반 조성형 : 식재기반을 벽에 부착하여 피복하는 방법

069 다음 참나무속(屬) 중 잎 뒷면에 성모(星毛)가 밀생하고, 잎이 대형이며 시원하고, 야성적인 미가 있어 자연풍치림 조성에 적당한 수종은?

① 굴참나무(*Quercus variabilis*)
② 상수리나무(*Quercus acutissima*)
③ 졸참나무(*Quercus serrata*)
④ 떡갈나무(*Quercus dentata*)

070 카탈라제(catalase)에 대한 설명으로 옳은 것은?

① 탄수화물을 환원시키는 효소이다.
② 활동이 클수록 영양생장이 활발해진다.
③ 세포 내 호흡작용을 억제하는 작용을 한다.
④ 전자(electron)의 수용체 역할을 하는 특수효소이다.

ANSWER 065 ④ 066 ④ 067 ② 068 ④ 069 ④ 070 ④

풀이 **카탈라제**
과산화수소 분해 시에 몸의 조직을 보호하는 효소로 물과 산소로 촉매한다.

071 흉고 직경이 10cm인 나무의 근원 직경이 흉고직경보다 2cm 더 컸다면 이 나무의 근원부 둘레는 얼마인가?

① 20.0cm ② 24.0cm
③ 31.4cm ④ 37.7cm

풀이 근원부둘레는 근원직경 12cm에 대한 둘레로
$2\pi r = 2 \times 3.14 \times 6 = 37.68$cm

072 다음 중 꽃색이 다른 수종으로 연결된 것은?

① 백목련(*Magnolia denudata* Desr), 때죽나무(*Styrax japonicus* Siebold & Zucc.)
② 미선나무(*Abeliophyllum distichum* Nakai), 마가목(*Sorbus commixta* Hedl.)
③ 풍년화(*Hamamelis japonica* Siebold & Zucc.), 생강나무(*Lindera obtusiloba* Blume)
④ 모감주나무(*Koelreuteria paniculata* Laxmann), 채진목(*Amelanchierasiatica* Endl. ex Walp.)

풀이 ① 백목련, 때죽나무 : 흰색
② 미선나무, 마가목 : 흰색
③ 풍년화, 생강나무 : 노란색
④ 모감주나무 : 노란색, 채진목 : 흰색

073 목본식물에 기생하는 외생균근을 형성하는 수목이 아닌 것은?

① 일본잎갈나무(*Larix kaempferi*)
② 고로쇠나무(*Acer pictum*)
③ 자작나무(*Betula platyphylla*)
④ 너도밤나무(*Fagus engleriana*)

풀이 목본식물은 주로 소나무과, 자작나무과, 참나무과, 버드나무과로서 단풍나무는 단풍나무과에 해당한다.

074 은행나무(*Ginkgo biloba* L.)의 특징으로 틀린 것은?

① 은행나무과(科)이다.
② 낙엽침엽교목이다.
③ 암수한그루이고 꽃은 5월경에 핀다.
④ 회백색의 나무껍질은 세로로 깊이 갈라진다.

풀이 은행나무는 암수딴그루이다.

075 수목의 이식 적기는 수종에 따라 약간의 차이가 있을 수 있다, 다음 중 이식 시기와 관련된 설명으로 부적합한 것은?

① 낙엽활엽수 중 이른 봄에 개화하는 종류는 전년도의 11~12월 중에 이식을 끝마쳐야 한다.
② 가을 이식의 경우 낙엽이 진 후 아직 토양이 얼기 전의 기간을 이용할 수 있다.
③ 상록활엽수는 한국과 같이 겨울이 추울 경우 휴면을 고려할 때 봄 이식보다는 가을 이식이 유리하다.
④ 가을철 낙엽이 지기 시작하는 늦가을부터 봄철 새싹이 나오는 이른 봄까지를 휴면기라고 하며, 이때가 이식 적기이다.

ANSWER 071 ④ 072 ④ 073 ② 074 ③ 075 ③

풀이 상록활엽수는 새잎이 나기전 6월 상순~7월 상순에 신록이 굳은 시기가 적기이다.

076 옥상정원(屋上庭園)의 계획 시 우선적으로 고려해야 할 내용이 아닌 것은?

① 토양, 수목의 무게 등 하중의 계산
② 관수와 배수 그리고 방수관계
③ 전체 건물의 건축계획, 구조계획, 기계설비계획과의 상호 연관성
④ 도시환경 및 기후조절 문제에의 기여성

풀이 옥상정원에서 우선적으로 고려할 사항은 토양, 하중, 관수, 배수, 구조, 설비, 관리 등이다. 도시환경 및 기후조절 문제에의 기여성도 있으나 다른 항목에 비하여 계획 시 우선적으로 고려할 사항은 아니다.

077 다음 중 자연풍경식 식재 수법으로 많이 이용되는 형식은?

① 정삼각형식
② 이등변삼각형식
③ 일직선의 3본형형식
④ 부등변삼각형식

풀이 ① 정형식 식재 : 단식, 대식, 열식, 교호식재, 집단식재
② 자연풍경식 식재 : 부등변 삼각형 식재, 임의식재, 모아심기, 무리심기, 배경식재, 주목
③ 자유식재 : 루버형, 번개형, 아메바형, 절선형 등

078 사고방지를 위한 식재 중 "명암순응식재"의 설명으로 부적절한 것은?

① 중앙분리대가 넓을 경우 교목의 식재도 가능하다.
② 터널 주위의 명암을 서서히 바꿀 목적으로 식재한 것이다.
③ 터널입구로부터 200~300m 구간의 노견과 중앙분리대에 낙엽교목을 식재한다.
④ 터널에서의 거리에 따라 밝기를 조절하기 위해 식재밀도의 변화를 주는 것이 바람직하다.

풀이 명암순응식재는 터널에서 나올 때 갑자기 밝아져 사고의 위험을 줄이기 위해 차츰 밝아지도록 식재하는 것으로서 사계절 항상 유지하고 있어야 하므로 상록수를 식재하여야 한다.

079 식물의 줄기는 단독 또는 잎과 함께 그 모양이 달라지는 경우가 있는데, 다음 설명은 어떤 형태인가?

> 잎이 육질화되어 짧은 줄기의 주위에 밀생하는 것으로 육질의 인편이 기왓장처럼 포개진 것과 바깥쪽의 넓은 인편이 속의 것을 둘러싸고 있는 것으로 되어 있다.
>
> 

① 지하경(rhizome) ② 인경(bulb)
③ 구경(corn) ④ 피경(tuber)

풀이 ① 지하경(땅속줄기) : 땅 속에 있으면서 땅 위로 줄기를 내거나 잎만 땅위로 나게 하는 줄기
② 인경(비늘줄기) : 짧은 줄기 둘레에 많은 양분을 저장하고 있어 비대해진 잎이 빽빽하게 자라서 된 땅속줄기
③ 구경(알줄기) : 땅속줄기가 구형으로 비대한 알뿌리의 한 형태

ANSWER 076 ④ 077 ④ 078 ③ 079 ②

080 식물명명의 기본원칙과 관련된 설명으로 옳지 않은 것은?

① 분류군의 학명은 선취권에 따른다.
② 학명은 라틴어화하여 표기한다.
③ 분류군의 명명은 표본이 명명기본이 된다.
④ 식물의 학명은 동물의 학명과 관계가 있다.

풀이 식물학명은 동물학명과 관계가 없다.

제5과목 조경시공구조학

081 정지설계에서 가장 불필요한 도면은?

① 기본도 ② 개념도
③ 경사분석도 ④ 지질도와 토양도

풀이 개념도는 계획단계에서 전체의 구상을 위해 작성하는 것으로 정지설계에서는 구체적인 도면작성을 위해 지형에 대한 분석과 기본도 등이 필요하다.

082 일반적으로 강은 탄소함유량이 증가함에 따라 비중, 열팽창 계수, 열전도율, 비열, 전기저항 등에 영향을 미친다. 다음 설명 중 틀린 것은?

① 압축강도는 거의 같다.
② 굴곡성은 탄소량이 적을수록 작아진다.
③ 탄소량의 증가에 따라 인장강도, 경도는 증가한다.
④ 탄소량의 증가에 따라 신율, 수축률은 감소한다.

풀이 강의 탄소는 강도를 증가시키는 것으로 굴곡성은 탄소량이 적을수록 높아진다.

083 토지이용도별 기초유출계수의 표준값 중 표면형태가 「잔디, 수목이 많은 공원」에 해당하는 계수값은?

① 0.10~0.30 ② 0.05~0.25
③ 0.20~0.40 ④ 0.40~0.60

풀이 유출계수

지역	유출계수
공원 광장	0.1~0.3
잔디밭 정원	0.05~0.25
삼림지구	0.01~0.2
상업지역	0.6~0.7
주거지역	0.3~0.5
공업지역	0.4~0.06

084 포졸란(pozzolan) 반응의 특징이 아닌 것은?

① 블리딩이 감소한다.
② 작업성이 좋아진다.
③ 초기강도와 장기강도가 증가한다.
④ 발열량이 적어 단면이 큰 대형 구조물에 적합하다.

풀이 포졸란을 사용한 콘크리트는 초기강도가 작으며 장기강도는 크다.

085 건설공사에서 사용되는 「선급금」에 대한 설명으로 옳은 것은?

① 공사가 완공되어 계약한 공사대금을 발주자가 지불하는 금액이다.
② 정해진 공사기간 내에 공사를 완성하지 못했을 때 도급자가 발주자에게 납부하는 금액이다.
③ 공사가 진행되면서 시공이 완성된 부분에 대해 도급자에게 주기적으로 지급하는 대금이다.
④ 공사계약이 체결되었을 때 시공 준비를 위해 계약금액의 일정률을 발주자로부터 지급받는 금액이다.

ANSWER 080 ④ 081 ② 082 ② 083 ② 084 ③ 085 ④

086 건설공사의 시방서 기재사항으로 가장 거리가 먼 것은?

① 건물인도의 시기
② 재료의 종류 및 품질
③ 재료에 필요한 시험
④ 시공방법의 정도 및 완성에 관한 사항

풀이 시방서는 공사의 기술적인 방법에 대해 기술하는 것이다.

087 모멘트(moment)에 대한 설명으로 옳지 않은 것은?

① 모멘트란 힘의 어느 한 점에 대한 회전 능률이다.
② 모멘트 작용점으로부터 힘까지의 수선거리를 모멘트 팔이라 한다.
③ 회전방향이 시계방향일 때의 모멘트 부호는 정(+)으로 한다.
④ 크기와 방향이 같고 작용선이 평행한 한 쌍의 힘을 우력이라 한다.

풀이 우력은 크기가 같고 방향이 반대인 평행인 힘이다.

088 조경공사 현장에서 공정관리를 위해 사용되는 기성고 공정곡선에서 A, B, C, D의 공정현황에 대한 설명으로 틀린 것은?

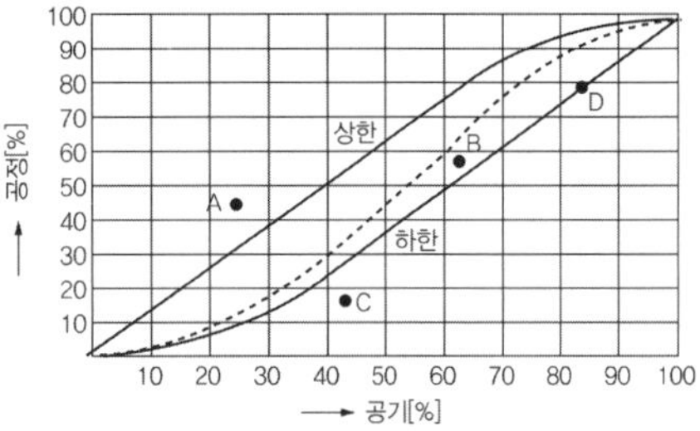

① A : 예정공정보다 실적공정이 훨씬 진척되어 있으나 공정관리의 문제점을 재검토할 필요가 있다.
② B : 예정공정보다 실적공정이 다소 낮으나 허용한계 하한 이내이므로 정상적인 범위에 해당한다.
③ C : 예정공정보다 실적공정이 훨씬 낮아 허용한계 하한을 벗어나므로 공정관리의 위기상황이다.
④ D : 예정공정보다 실적공정이 낮으나 허용한계 하한에 있으므로 공정관리에 최적화되어 있다.

풀이 D점은 하한선에 근접하여 공정의 독려가 필요하다.

089 표준길이보다 3mm 늘어난 50m 테이프로 정사각형의 어떤 지역을 측량하였더니, 면적이 250000m^2이었다. 이때의 실제 면적은 얼마인가?

① 250,030m^2 ② 260,040m^2
③ 270,050m^2 ④ 280,040m^2

풀이 **누적오차 실제면적**

$$= \frac{(\text{부정길이})^2 \times \text{관측면적}}{(\text{표준길이})^2}$$

$$= \frac{(50+0.003)^2 \times 250000}{50^2} = 250030m^2$$

ANSWER 086 ① 087 ④ 088 ④ 089 ① 089 ①

090 그림과 같이 외팔보에 하중이 작용할 때 전단력선도로 옳은 것은?

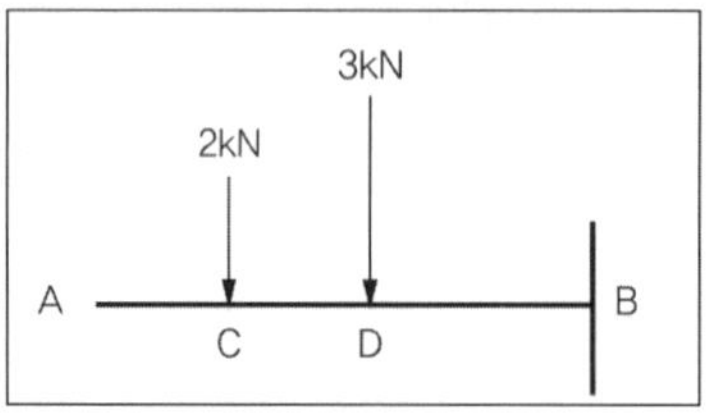

① 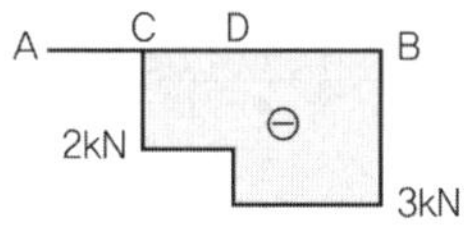

② 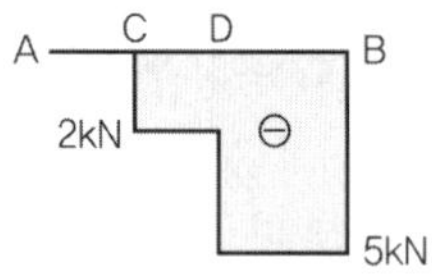

③ 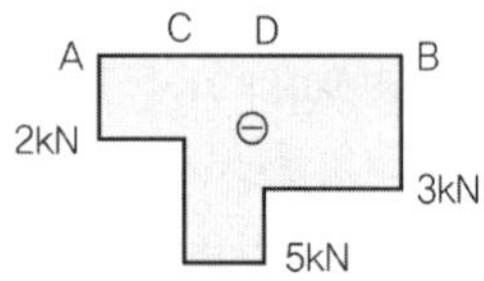

④ 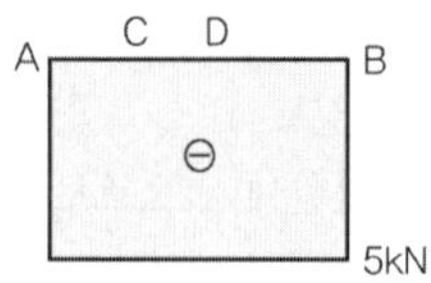

풀이 외팔보에서는 지지점인 B에서 최대의 집중하중을 받는다.

091 다음 그림과 같은 평행력에 있어서 P_1, P_2, P_3, P_4의 합력의 위치는 O점에서의 몇 m 거리에 있겠는가?

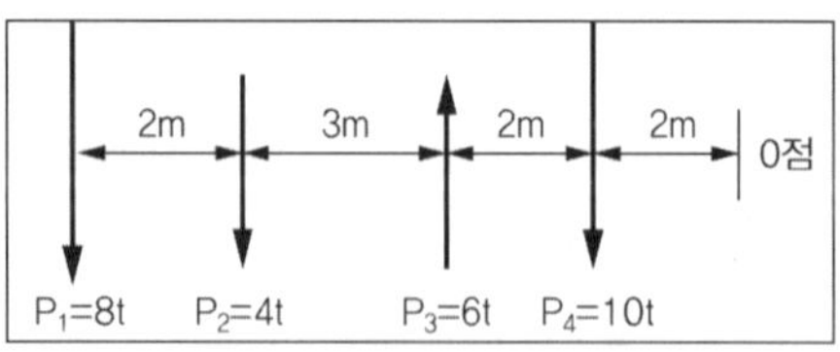

① 5.4m ② 5.7m
③ 6.0m ④ 6.4m

풀이 합력 R = (−8)+(−4)+6+(−10) = −16t
즉 $-16x = -(8\times9)-(4\times9)+(6\times4)-(10\times2)$
$x = 6m$

092 수목 식재공사에서 지주목을 설치하지 않는 기계시공은 식재품의 몇 %를 감하는가?

① 10% ② 20%
③ 25% ④ 30%

풀이 인력시공시는 인력품의 10%, 기계 시공 시는 인력품의 20%를 감한다.

093 어느 지역 토양의 공극률(porosity) 측정을 위해 토양 $60cm^3$을 채취하여 고형입자 부피와 수분 부피를 측정하였더니 각각 $36cm^3$와 $12cm^3$이었다. 이 지역 토양의 공극률(%)은?

① 10% ② 20%
③ 30% ④ 40%

풀이 토양의 공극률은 고형입자 부피 외 나머지 부분으로 수분부피는 고려하지 않는다.

따라서 $(1-\frac{36}{60})\times100 = 40\%$

094 면적을 계산하는 구적기(Planimeter)의 사용방법으로 틀린 것은?

① 구적계의 상수를 미리 계산하는 것이 좋다.
② 상하좌우의 이동이 비슷하게 평면을 잡는 것이 좋다.
③ 이론적으로 많은 횟수의 측정을 할수록 계산이 정확해진다.
④ 정방향보다는 세정한 곡선부의 측정에서 정밀도가 높아진다.

ANSWER
090 ② 091 ③ 092 ② 093 ④ 094 ④

풀이 구적기는 수동으로 선을 읽혀서 면적을 산출하는 기계로 선을 따라 읽혀주는 과정에서 오차가 많이 발생하므로 곡선부에서 정밀도가 매우 낮다.

095 등고선에 대한 설명으로 맞는 것은?

① 강우 시 배수방향은 등고선에 수직방향이다.
② 기존등고선은 실선, 계획등고선은 점선으로 표시한다.
③ 완경사지에서는 등고선 사이의 수평거리가 일정하다.
④ 요(凹, Concave) 경사지에서는 높은 쪽으로 갈수록 등고선 사이의 수평거리가 더 넓다.

풀이 ② 기존등고선은 점선, 계획등고선은 실선으로 표시한다.
③ 완경사지에서는 등고선 사이의 수평거리가 넓다.
④ 요(凹, Concave) 경사지에서는 낮은 쪽으로 갈수록 등고선 사이의 수평거리가 더 넓다.

096 한중콘크리트에 대한 설명으로 옳은 것은?

① 저열시멘트를 사용하는 것을 표준으로 한다.
② 재료를 가열할 경우 물 또는 시멘트를 가열하는 것으로 한다.
③ 물-시멘트가 작아지기 때문에, AE감수제 사용을 가급적 피해야 한다.
④ 타설할 때의 콘크리트 온도는 구조물의 단면치수, 기상조건 등을 고려하여 5~20℃의 범위에서 결정한다.

풀이 **한중콘크리트**
콘크리트 동결 우려가 있을 때 일평균 기온이 4℃ 이하일 때 AE제, AE감수제 등의 혼화제를 사용해 공기포를 도입하는 콘크리트로 양생 중 콘크리트의 온도는 5℃ 이상으로 유지하여야 한다.

097 어느 토량 구조의 양단면적이 $A_1 = 100m^2$, $A_2 = 200m^2$이고, 중앙단면적은 $120m^2$이다. 양단면 간의 거리 L = 10m일 때, 양단면적평균법(Q), 중앙단면적법(W), 각주공식(E)에 의한 토적(m^3)의 조합으로 옳은 것은?

① Q : 1200, W : 1300, E : 1400
② Q : 1300, W : 1400, E : 1500
③ Q : 1400, W : 1300, E : 1600
④ Q : 1500, W : 1200, E : 1300

풀이

$$Q = \frac{L}{2}(A_1 + A_2) = \frac{10}{2}(100+200) = 1500m^3$$

$$W = A_m \times L = 120 \times 10 = 1200m^3$$

$$E = \frac{L}{6}(A_1 + 4A_m + A_2)$$

$$= \frac{10}{6}(100+4\times120+200) = 1300m^3$$

098 미국 농무부 기준의 거친 모래(조사) 굵기는?

① 0.05~0.002mm ② 0.1~0.05mm
③ 1.0~0.5mm ④ 2.0~1.0mm

풀이 **국제토양학회 토양입경구분**
자갈 2.0mm 이상, 조사 2.0~0.2mm,
세사 0.2~0.02mm, 미사 0.02~0.002mm
점토 0.002mm 이하

미국농무부 토양입경구분
- 매우 거친 모래 : 2.0~1.0
- 거친 모래 : 1.0~0.5
- 중간 모래 : 0.5~0.25
- 고운 모래 : .25~0.10
- 매우 고운 모래 : 0.10~0.05

ANSWER 095 ① 096 ④ 097 ④ 098 ③

099 배수관망의 부설방법 중 적합하지 않은 것은?

① 배수관 내의 마찰저항을 줄이기 위해 가급적 등고선과 직교하지 않게 부설한다.
② 배수지역이 광대하여 배수관망을 한곳으로 집중시키기 곤란할 경우 방사식 관망부설법을 사용한다.
③ 지선을 다수 배치하여 처리하는 것보다 간선을 많이 배치하는 것이 더 효율적이다.
④ 지형에 순응하여 자연 유하선을 따라 관을 부설한다.

풀이 간선보다 지선을 많이 배치하는 것이 효율적이다.

100 벽돌 외벽 시공 시 고려해야 할 사항으로 가장 거리가 먼 것은?

① 가로줄눈의 충전도
② 모르타르의 접착강도
③ 세로줄눈의 충전도
④ 벽체의 수직·수평도

풀이 벽돌벽은 횡력(가로로 가하는 힘)에 약하므로 가로줄눈의 충전도가 중요하다.

제6과목 조경관리론

101 질산태 질소화합물에 산성비료를 배합하면 이때의 반응은?

① 질산으로 휘발된다.
② 조해성이 증가된다.
③ 암모니아로 휘발된다.
④ 암모니아로 환원된다.

풀이 질산태 질소화합물에 산성비료를 혼합하면 질산으로 휘발되며, 암모니아태 질소화합물에 알칼리성 비료를 혼합하면 암모니아로 휘발된다.

102 토양의 질산화작용(nitrification)에 대한 설명으로 옳지 않은 것은?

① 토양 중에서 주로 미생물이나 고등식물에 의하여 일어난다.
② 광질산화작용은 미생물에 의한 작용 없이 화학적 작용에 의한 것이다.
③ 질산화작용은 수분함량이 과도할 때 왕성하며, 공기의 유통이 좋을 때 저해된다.
④ 토양 중 또는 비료로서 토양에 사용되는 암모늄태질소가 산화되어 질산태질소로 변하는 것이다.

풀이 질산화작용은 수분이 증가할수록 느려지며, 공기의 유통이 좋을수록 좋다.

103 다음 중 회양목명나방의 설명이 틀린 것은?

① 유충이 거미줄을 토하여 잎을 묶고 그 속에서 잎을 식해한다.
② 포식성 천적인 무당벌레류, 풀잠자리류, 거미류 등을 보호한다.
③ 연 2회 발생하나 3회 발생하기도 하며, 유충으로 활동한다.
④ 대개 10월 상순경부터 피해가 심하게 나타나며 가해부위에서 번데기가 된다.

풀이 회양목명나방은 연 2~3회 발생하며 유충으로 월동한다. 유충은 4월 하순과 7월 하순에 나타나서 약 25일간 가해한 후 번데기가 된다. 성충은 6월, 8월 중순~9월 상순에 나타난다.

ANSWER 099 ③ 100 ③ 101 ① 102 ③ 103 ④

104 주요 조경시설의 대표적인 중요 관리항목과 보수방법으로 가장 부적합한 것은?

① 표지판 - 도장의 퇴색 - 재도장
② 음수전 - 배수구의 막힘 - 이물질 제거
③ 휴지통 - 수거 횟수 및 수거차량의 선정 - 수거계획의 수립
④ 벤치, 야외탁자 - 주변의 물고임 방지 - 포장재료의 교체

풀이 • 벤치, 야외 탁자 : 재료별 파손 부분 교체, 보수

105 농약의 사용법에 의한 약해로 가장 거리가 먼 것은?

① 근접 살포에 의한 약해
② 동시 사용으로 의한 약해
③ 불순물 혼합에 의한 약해
④ 섞어 쓰기 때문에 일어나는 약해

106 공사 현장에서의 부주의에 대한 사고 방지대책 중 정신적 대책과 가장 거리가 먼 것은?

① 적성 배치
② 스트레스 해소 대책
③ 주의력 집중 훈련
④ 표준작업의 습관화

풀이 표준작업의 습관화는 작업측면에서의 대책에 해당한다.

107 수목관리를 할 때에 수형의 전체 모양을 일정한 양식에 따라 다듬는 작업은?

① 정자(整姿, trimming)
② 정지(整枝, training)
③ 전제(剪除, trailing)
④ 전정(剪定, pruning)

풀이 ① 정자(整姿)(trimming) : 나무 전체의 모양을 일정한 양식에 따라 다듬는 것
② 정지(整枝)(training) : 수목의 수형을 영구히 유지 또는 보존하기 위해 줄기나 가지의 생장을 조절하여 심은 목적에 알맞은 수형을 인위적으로 만들어가는 기초정리작업
③ 전제(剪除)(trailing) : 생장력에는 관계가 없는 필요 없는 가지나 생육에 방해가 되는 가지를 잘라버리는 작업
④ 전정(剪定)(pruning) : 수목의 관상, 개화 결실, 생육상태 조절 등의 목적에 따르거나, 조경수의 건전한 발육을 위해 가지나 줄기의 일부를 잘라내는 정리작업

108 다음 설명하는 파손의 형태는?

> 아스팔트양의 과잉이나 골재의 입도불량 즉, 아스팔트 침입도가 부적합한 역청재료를 사용하였을 때 나타나며 연질의 아스팔트 사용 및 택코트의 과잉 사용 때 발생한다.

① 균열　② 국부적 침하
③ 박리　④ 표면연화

풀이 **아스팔트 콘크리트 파손원인**
• 균열 : 아스콘 혼합물 배합이 나쁠 때, 아스팔트 노화 시, 아스팔트 두께가 부족할 때
• 국부적 침하 : 기초노체의 시공불량, 노상의 지지력 부족원인
• 파상의 요철 : 지지력 불균일, 아스팔트 과잉, 아스콘의 입도불량, 공극률 부족 시
• 노면연화 : 아스팔트 과잉, 골재입도불량, 택코트 과잉
• 박리 : 표층 품질 불량, 지하수위 높은 곳이나 차량기름이 떨어진 곳

ANSWER 104 ④　105 ③　106 ④　107 ①　108 ④

109 주민참가에 의한 공원관리 활동 내용으로 적합하지 않은 것은?

① 제초, 청소작업
② 사고, 고장 등을 관리주체에 통보
③ 레크리에이션 행사의 개최
④ 전정, 간벌작업

풀이 **주민참가활동의 내용**

청소	제초
놀이기구의 점검	공원을 사용한 레크리에이션 행사의 개최
병충해 방제	금지행위, 위험행위의 주의
화단 식재	사고, 고장 등의 통보
어린이의 놀이지도	열쇠 등의 보관
공원관리에 관한 제안	관수
시설기구 등의 대출	시비
공원이용에 관한 규칙 만들기	공원 녹화관련행사의 개최
공원에 관한 홍보	

110 다음 설명의 (　　) 안에 적합한 용어는?

> 잡초 개개종의 (　　)는 상대적 개체수와 상대적 건물중을 합하여 2로 나눈 값이다.

① 우점도　　② 다양도
③ 유사도　　④ 비유사성계수

111 잔디 녹병(Rust)의 방제대책으로 가장 거리가 먼 것은?

① 토양 산성화를 방지할 것
② Rough 지역에 잔디의 적정예초 높이를 지킬 것
③ 배수를 개선하고 질소질 비료를 균형 시비하도록 할 것
④ 예초된 잔디와 장비(mower) 등을 통한 전염을 예방할 것

풀이 녹병은 곰팡이에 의해 생기는 것으로 과습하지 않도록 하며, 통풍이 잘되도록 하는 것이 중요하다.

112 옥외 레크리에이션 관리체계에서 주요 기능의 부체계 관리요소가 될 수 없는 것은?

① 시설 관리(facility management)
② 자원 관리(resource management)
③ 이용자 관리(visitor management)
④ 서비스 관리(service management)

풀이 • 옥외 레크리에이션 관리체계의 주요기능 부체계 관리요소 : 이용자 관리, 자원 관리, 서비스 관리

113 화학전 반응 및 현상에 의한 토양질소의 변동과정에 해당되지 않는 것은?

① 탈질작용(denitrification)
② 부동화작용(immobilization)
③ 질산화작용(nitrification)
④ 세탈작용(washing-out)

풀이 **세탈작용**
토양 속으로 침투하는 물에 의하여 토양구성물질이 표층으로부터 하층으로 이동하거나 또는 토양단면 밖으로 제거되는 과정

114 수목의 병해에 대한 설명 중 옳지 않은 것은?

① 자낭균에 의한 빗자루병은 벚나무류는 걸리지 않는다.
② 그을음병은 진딧물이나 깍지벌레의 배설물에 곰팡이가 기생하여 생긴다.
③ 포플러 잎 녹병은 5~6월에 여름포자가 발생하여 8월 말까지 계속 반복 전염된다.
④ 잣나무털녹병은 병든 가지나 줄기 수피는 노란색 또는 갈색으로 변하면서 부푼다.

ANSWER 109 ④　110 ①　111 ①　112 ①　113 ④　114 ①

풀이 자낭균에 의한 빗자류병은 주로 벚나무, 오동나무, 대추나무 등에 많이 발생한다.

115 다음 중 조경작업장에서 기계사용 관련 재해발생 시 조치순서 중 긴급처리의 내용으로 볼 수 없는 것은?

① 현장보존
② 잠재위험요인 적출
③ 재해자의 응급조치
④ 관련 기계의 정지

116 미끄럼판에 사용되는 F.R.P 제품의 일반적 성질 중 물리적 성질이 아닌 것은?

① 내열성　② 압축강도
③ 인장강도　④ 내약품성

풀이 내약품성은 화학적 성질에 해당한다.

117 다음 특징의 병해가 주로 발생하는 수목은?

- 병에 걸린 잎 모습이 마치 불에 구어 부풀어 오른 찰떡과 같다고 해서 '떡병'이라 한다.
- 나무의 건강에 피해를 주기보다 주로 미관에 해를 주어 미관훼손 식물병이다.
- 5월 초순경부터 어린잎, 새순, 꽃망울의 일부 또는 전체가 두껍게 부풀어 오르면서 부드러운 다육질 혹을 만드는데, 그, 모양은 불규칙하며 일정하지 않다.

① 철쭉　② 개나리
③ 사철나무　④ 느티나무

118 다음 중 유희시설과 관련된 설명으로 가장 부적합한 것은?

① 이용자를 고려하여 정적인 놀이시설과 동적인 놀이시설은 함께 배치하여 관리한다.
② 유희시설의 면모서리, 구석모서리는 둥글게 처리하거나 모따기를 한다.
③ 그네, 회전무대 등 충돌의 위험이 많은 시설은 보행동선과 놀이동선이 상충되거나 가로지르지 않도록 배치한다.
④ 시설조립에 사용되는 긴결재는 규정된 도구로만 해체가 가능해야 한다.

풀이 동적놀이시설은 안전의 문제로 이용공간이 충분히 확보되어야 하며, 정적인 놀이시설과 분리되어야 한다.

119 지주목 관리에 관한 설명 중 옳지 않은 것은?

① 결속 끈은 탄력성이 있는 것으로 하고, 일정한 주기로 고쳐 묶기를 해야 한다.
② 가로수 지주목의 횡목(橫木)은 차도와 평행하게 설치하는 것이 좋다.
③ 지주목 자체도 통일미와 반복미를 가지므로 재료와 규격을 통일하는 것이 좋다.
④ 인공지반에 식재하는 수고 1.2m 이상의 수목은 활착 및 지반의 안정을 위해 1년 후 지지시설을 철거하여야 한다.

풀이 **조경공사표준시방서 인공식재기반 중**
3.6.1 인공지반에 식재하는 수고 1.2m 이상의 수목은 바람의 피해를 고려하여 지지시설을 하여야 한다.

ANSWER 115 ② 116 ④ 117 ① 118 ① 119 ④

120 조경운영 관리방식 중 직영방식과 비교한 도급방식의 단점에 해당하는 것은?

① 인사 정체가 되기 쉽다.
② 전문가를 합리적으로 이용할 수 있다.
③ 인건비가 필요 이상으로 들게 된다.
④ 책임의 소재나 권한의 범위가 불명확하게 된다.

풀이 **도급방식의 단점**
- 책임의 소재나 권한의 범위가 불명확하다.
- 전문업자를 충분히 활용 못 할 수 있다.

직영방식의 단점
- 업무의 타성화
- 관리직원의 배치전환 여지가 적다.
- 인건비가 필요 이상으로 든다.
- 인사 정체가 되기 쉽다.

ANSWER
120 ④

2019 1회 조경기사 최근기출문제

2019년 3월 3일 시행

제1과목 조경사

001 센트럴파크에 낭만주의적 풍경식 정원수법을 옮기는 교량적 역할을 한 작품은?

① 스투어헤드(Stourhead)정원
② 몽소(Monceau)공원
③ 보르퐁테느(Morfontaine)정원
④ 무스코(Muskau)정원

풀이 무스코 정원은 독일 생태학적 풍경식 정원으로 센트럴파크에 영향을 주었다.

002 서방사경원(西芳寺景圓) 못 속에 같은 크기와 모양의 암석을 배치하여 보물을 실어 나가거나, 싣고 들어오는 선박을 상징하는 것은?

① 쓰꾸바이
② 야리미즈
③ 비석
④ 야박석

풀이 서방사정원은 남북조시대 몽창국사가 만든 정원으로 야박석은 정토사상을 배경으로 보물을 실어 나르는 선박을 상징함.

003 윤선도의 보길도 부용동 원림과 관련이 없는 것은?

① 세연정 ② 낭음계
③ 수선루 ④ 동천석실

풀이 **윤선도의 부용강정원 공간구성**
낙서재, 낭음계, 동천석실, 세연정역
윤선도의 부용강정원은 조선시대 별서정원으로 선과 관련된 신선정원이다.

004 임원경제지에 의하면 지당(池塘)은 수심양성(修心養性)의 장(場)이 되었음을 기록하고 있다. 다음의 설명 중 기록된 내용이 아닌 것은?

① 물놀이를 할 수 있다.
② 고기를 기르면서 감상 할 수 있다.
③ 논밭에 물을 공급 할 수 있다.
④ 사람의 마음을 깨끗하게 할 수 있다.

풀이 **임원경제지에서의 지당**
고기를 기르고 감상하며, 논밭에 물을 공급하며. 수심양성의 장으로서 사람의 마음을 깨끗하게 하는 장소이다.

ANSWER 001 ④ 002 ④ 003 ③ 004 ①

005 일본의 조경사에 나오는 석립승(石立僧)에 대한 설명이 옳은 것은?

① 연못에 놓여진 입석군을 지칭한다.
② 가마쿠라시대 정원조영을 담당한 스님을 지칭한다.
③ 정치사적으로 무사계급 중 하나이다.
④ 정토사상과 같은 사상적 배경에 의해 헤이안시대부터 나온 정원시설의 일종이다.

풀이 가마쿠라시대는 무사들의 정권이 시작되었으며, 한국과 중국에서 들어온 승려들의 영향을 받기 시작한 시기로 석립승은 승려겸 정원조영을 한 조경가를 지칭한다. 말그대로 해석하면 '돌을 세우는 승려' 라는 뜻으로 돌 뿐아니라 정원을 조영하는 조경가의 의미를 내포한다.

006 서원의 자연환경은 주로 전면에 계류를 끼고 구릉지에 위치하는 것이 많다. 다음의 사례 가운데 서원 전면에 계류가 없는 곳은?

① 도산서원
② 돈암서원
③ 소수서원
④ 옥산서원

풀이 돈암서원은 논산에 위치하며, 사계 김장생의 위폐를 모시고 있는 서원으로 평지에 위치하고 전면에 계류가 없다.

007 동서양 정원에 있어서 문학작품, 전설, 신화 등의 영향에 관한 설명으로 옳지 않은 것은?

① 영국의 스투어 헤드(Stourhead)에서는 비어질(Virgil)의 서사시 「에이네이어스(Aeneid)」를 물리적으로 표현하였다.
② 이슬람 정원은 코란에 묘사된 파라다이스를 표현한 바, 이는 구약성경 「창세기」에 묘사된 에덴동산과 일맥상통하며 대체적으로 방형 정원에 십자형 수로를 가진다.
③ 고대 그리스의 아도니스 원(Adonis Garden)은 아도니스 신을 제사하기 위한 신원적 성격의 광장이다.
④ 영주, 봉래, 방장 등의 이름을 붙인 연못 속의 섬이나 석가산 등은 고대 중국에서 구전되어온 신선사상에서 유래한다.

풀이 아도니스원은 아도니스를 추모하기 위해 화분에 단명식물(아네모네, 밀, 보리, 상추 등)을 심어 만든 것으로 지금의 옥상정원의 시초이다.

008 원명원을 복원하는데 매우 중요한 자료로 평가되는 견문기를 편지로 쓴 사람은?

① William Chambers
② William Temple
③ Harry Beaumont
④ Jean Denis Attiret

풀이 Jean Denis Attiret 가 중국 원명원에 대한 견문기를 써 친구에게 보낸 편지가 1752년 런던에서 발견되었다. 이는 원명원을 복원하는 중요한 자료가 되었다.

ANSWER 005 ② 006 ② 007 ③ 008 ④

009 소정원 운동(영국)의 내용과 맞는 것은?

① Charles Barry에 의해 주도 되었다.
② Knot기법 등 기하학적 형태를 응용하였다.
③ 귀화식물의 사용을 배제하였다.
④ 풍경식 정원의 비합리성에 대한 지적에서 시작되었다.

풀이 소정원 운동은 윌리엄 로빈슨, 재킬여사가 영국의 자생식물, 귀화식물로 야생정원을 최초로 조성한 것으로 풍경식에 대한 지적에 대한 것은 아니다.

010 중국 청나라 시대에 조영된 북경의 북서부에 위치한 삼산오원(三山五園) 중 규모가 가장 큰 정원은?

① 명원　　② 정명원
③ 원명원　　④ 이화원

풀이 이화원은 너비 300ha로 현존하는 유적 중 가장 규모가 크다.

011 조선시대 옥사(교도소) 주변에 다섯줄의 녹음수를 심어 옥사의 환경개선을 도모한 왕은?

① 인조　　② 세조
③ 태조　　④ 세종

풀이 조선왕조실록에 의하면 "세종21년 의정부에 하교하여 따뜻한 감옥을 짓되, 그 남녀와 경중(輕重)의 옥 수효는 서늘한 옥과 같이 모두 토벽(土壁)으로 쌓고, 그 바깥 4면에는 정목(棖木) 다섯줄을 심어서 그것이 무성하기를 기다려 문을 만들어 열고 닫게 하고, 아직 무성하기 전에는 우선 녹각(鹿角)을 설치하게 하며, 평안도·함길도 같은 곳은 토질이 정목은 마땅치 아니하니 가시나무[棘木]를 심게 하되, 두 옥의 거리와 사면 원장의 거리라든가 넓고 좁은 것은 땅의 형편에 따를 것이지만, 요컨대, 죄수들이 넘어가지 못하게 하소서. 이 도면과 설계를 각도에 반포하여 관찰사로 하여금 도면에 따라 형편을 짐작하여 점차로 축조하게 하소서."

012 "국가 – 저자 – 저술서"의 연결이 틀린 것은?

① 진 - 주밀 - 오흥원림기
② 당 - 백거이 - 동파종화
③ 송 - 이격비 - 낙양명원기
④ 명 - 계성 - 원야

풀이 ① 송 – 주밀 – 오흥원림기

013 조선 태종 도입된 후자(後子)의 설명과 관련이 없는 것은?

① 경복궁 앞을 원표로 하였다.
② 10리마다 소후, 30리마다 대후를 두었다.
③ 이정표의 일종으로 흙을 쌓아올린 돈대이다.
④ 10리마다 정자를 세우고, 30리마다 느티나무를 식재하였다.

풀이 후는 땅을 높게 만들어 올린 곳이며, 후자주변에 녹음수를 심어 그늘을 만들어 여행자들이 쉬어갈 수 있게 하였다.

014 발굴조사를 통해 밝혀진 경주 동궁과 월지(안압지)의 조경 기법으로 맞는 것은?

① 좌우대칭의 기하학적인 구성으로 되어 있다.
② 연못의 큰 섬에는 모래를 사용한 평정고산수법으로 꾸몄다.
③ 넓은 바다를 연상할 수 있도록 조성하였고, 수위(水位)를 조절하였다.
④ 회유식(回遊式) 정원의 수법을 도입하여 산책로의 기능을 강화하였다.

풀이 평정고산수법, 회유식정원의 수법은 일본정원의 특징이며, 동궁과 월지는 조산을 만들고 화초, 진귀한 동물을 길렀으며, 직선과 곡선이 함께 있으며 넓은 바다를 상징하여 조성한 것이다.

ANSWER 009 ④　010 ④　011 ④　012 ①　013 ④　014 ③

015 이탈리아 르네상스의 정원에 있어서 건물과 정원의 배치방식에 해당되지 않는 것은?

① 직렬형
② 병렬형
③ 직렬·병렬 혼합형
④ 방사형

풀이 방사형은 프랑은 베르사이유 정원이 대표적이며, 이탈리아 르네상스 정원은 직렬형(랑테장), 병렬형(에스테장), 직교형(메디치장), 혼합형 등의 배치방식을 보인다.

016 중국 소주(蘇州)지방의 명원 조성시대 순서가 맞게 연결된 것은? (단, 사자림(狳子林), 졸정원(拙政園), 창랑정(滄浪亭)을 대상으로 한다.)

① 사자림 → 창랑정 → 졸정원
② 사자림 → 졸정원 → 창랑정
③ 졸정원 → 사자림 → 창랑정
④ 창랑정 → 사자림 → 졸정원

풀이 창랑정(송) → 사자림(원) → 졸정원(명)

017 고려시대 격구(擊逑)를 즐겨, 북원(北園)에 격구장(擊逑場)을 설치한 왕은?

① 예종 ② 의종
③ 인종 ④ 명종

풀이 의종4년 수창궁에 격구장을 조성하였으며, 격구장은 영국의 마상하키와 유사한 경기이다.

018 독일의 풍경식 정원과 관계없는 것은?

① 데시테트(Destedt)는 외래수종을 배제하여 조성한 풍경식 정원의 전형이다.
② 퓌클러 무스카우(Puckler-Muskau)정원은 후기 독일의 풍경식 정원이다.
③ 독일의 풍경식 정원은 자연경관의 재생을 주요 과제로 삼고 있다.
④ 식물생태학과 식물지리학에 기초를 두고 있다.

풀이 데시테트원은 임원형식으로 식물지리학적 생육상테에 맞게 과학적인 설계를 한 곳으로 외국수종이 많다.

019 정절의 꽃이란 상징성과 서향(西向)하는 성질 때문에 동쪽 울타리 밑에 심어 '동리가색(東離佳色)'이란 별칭을 얻은 정원 식물은?

① 매화 ② 국화
③ 작약 ④ 원추리꽃

풀이 홍만선의 산림경제에 국화에 대한 내용으로 동리가색이란 '동쪽 울타리 밑에 핀 국화의 아름다운 색' 이란 뜻이다.

020 고대인도(무굴제국)의 정원요소가 아닌 것은?

① 물 ② 녹음수
③ 연꽃 ④ 마운딩

풀이 **고대인도의 정원요소**
물, 녹음수, 연꽃, 높은 담, 원정 등

ANSWER 015 ④ 016 ④ 017 ② 018 ① 019 ② 020 ④

2과목 조경계획

021 다음 중 고속도로 조경의 특징으로 옳지 않은 것은?

① 조경설계에 있어서 소규모 공간을 강조하는 경향이 있다.
② 연속적이며 대규모의 경관이 시각적으로 중요한 요소로 작용한다.
③ 배수, 경사, 안전, 식생 등 다양한 관련 학문이 연관되어 종합적으로 진행한다.
④ 휴게소, 교차로, 정류장 등 다양한 도로상의 시설이 경관조성에 영향을 끼친다.

풀이 고속도로 조경은 빠른 속도로 진행하면서 보여지는 것이 특징으로 연속적이며 대규모이다.

022 「국토의 계획 및 이용에 관한 법률」상에서 정의 된 (　　)안의 용어는?

> (　　)이란 도시·군계획 수립 대상지역의 일부에 대하여 토지 이용을 합리화하고 그 기능을 증진시키며 미관을 개선하고 양호한 환경을 확보하며, 그 지역을 체계적·계획적으로 관리하기 위하여 수립하는 도시·군관리계획을 말한다.

① 지구단위계획　② 개발실시계획
③ 개발단위계획　④ 도시기반계획

풀이 **국토의 계획 및 이용에 관한 법률 제2조 정의**
②, ③, ④항의 용어는 국토의 계획 및 이용에 관한 법률의 정의에 없는 단어이다.

023 다음 중 조경공사 시행을 위한 구체적이고 상세한 도면을 무엇이라 하는가?

① 기본계획도면　② 계획설계도면
③ 기본설계도면　④ 실시설계도면

풀이 설계의 진행은 기본계획 - 기본설계 - 실시설계로 진행되며 실시로 갈수록 구체적이고 상세하게 설계해야 시공을 할 수 있게 된다.

024 다음 중 국립공원 내 공원자연보존지구에서 할 수 있는 행위가 아닌 것은?

① 학술연구로서 필요하다고 인정되는 최소한의 행위
② 해당 지역이 아니면 설치할 수 없다고 인정되는 통신시설로서 대통령령으로 정하는 기준에 따른 최소한의 시설 설치
③ 산불진화 등 불가피한 경우의 임도 설치 사업
④ 사방사업법에 따른 사방사업으로서 자연 상태로 두면 심각하게 훼손될 우려가 있는 경우에 이를 막기 위하여 실시되는 최소한의 사업

풀이 **자연공원법 제 24조의 2(공원자연보존지구에서의 행위기준)**

1. 「학술진흥법」 제2조제2호에 따른 대학 또는 같은 조 제3호에 따른 연구기관이 학술연구를 위하여 조사하는 행위
2. 「산림보호법」 제7조제1항제5호에 따른 산림유전자원보호구역에서 산림유전자원의 보호·관리를 위하여 필요한 행위
3. 「문화재보호법」 제44조·제45조 및 제74조 제2항에 따른 국가지정문화재, 시·도지정문화재 및 문화재자료의 현상, 관리, 전승(傳乘) 실태, 그 밖의 환경보전상황 등의 조사·재조사 행위
4. 그 밖에 학술연구, 자연보호 또는 문화재의 보존·관리를 위하여 관계 법령에 따라 해당 행정기관의 장이 이 지역이 아니고는 시행할 수 없다고 인정하여 요청하는 행위

ANSWER 021 ① 022 ① 023 ④ 024 ③

025 다음에 해당하는 공원·녹지 체계 유형은?

- 일정한 폭의 녹지가 직선적으로 길게 조성되었을 경우
- 정형적으로 배치된 단지에서 볼 수 있음
- 샹디가르(Chandigarh)에 적용된 유형

① 집중(集中)형　② 분산(分散)형
③ 대상(對狀)형　④ 격자(格子)형

풀이 대상형 녹지체계는 직선형으로 길게 조성하는 것으로 르 꼬르뷔제에 의해 조성된 인도 샹디가르(Chandigarh)가 대표적이다.

026 「주차장법 시행규칙」상 "노상주차장의 구조·설비기준" 내용으로 ㉠~㉣에 들어간 수치가 틀린 것은?

- 너비 (㉠ 6)미터 미만의 도로에 설치하면서는 아니된다. 다만, 보행자의 통행이나 연도의 이용에 지장이 없는 경우로서 해당 지방자치단체의 조례로 따로 정하는 경우에는 그러하지 아니하다.
- 종단경사도가 (㉡ 4)퍼센트를 초과하는 도로에 설치하여서는 아니된다. 다만, 다음 각 목의 경우에는 그러하지 아니한다.
  가. 종단경사도가 6퍼센트 이하인 도로로서 보도와 차도가 구별되어 있고, 그 차도의 너비가 (㉢ 13)미터 이상인 도로에 설치하는 경우
- 노상주차장에서 주차대수 규모가 (㉣ 30)대 이상 50대 미만인 경우에는 장애인 전용 주차구획을 한 면 이상 설치하여야 한다.

① ㉠　② ㉡
③ ㉢　④ ㉣

풀이 **주차장법 시행규칙 제4조(노상주차장의 구조·설비기준)**

1. 노상주차장을 설치하려는 지역에서의 주차수요와 노외주차장 또는 그 밖에 자동차의 주차에 사용되는 시설 또는 장소와의 연관성을 고려하여 유기적으로 대응할 수 있도록 적정하게 분포되어야 한다.
2. 주간선도로에 설치하여서는 아니 된다. 다만, 분리대나 그 밖에 도로의 부분으로서 도로교통에 크게 지장을 주지 아니하는 부분에 대해서는 그러하지 아니하다.
3. 너비 6미터 미만의 도로에 설치하여서는 아니 된다. 다만, 보행자의 통행이나 연도(沿道)의 이용에 지장이 없는 경우로서 해당 지방자치단체의 조례로 따로 정하는 경우에는 그러하지 아니하다.
4. 종단경사도(자동차 진행방향의 기울기를 말한다. 이하 같다)가 4퍼센트를 초과하는 도로에 설치하여서는 아니 된다. 다만, 다음 각 목의 경우에는 그러하지 아니하다.
   가. 종단경사도가 6퍼센트 이하인 도로로서 보도와 차도가 구별되어 있고, 그 차도의 너비가 13미터 이상인 도로에 설치하는 경우
   나. 종단경사도가 6퍼센트 이하인 도로로서 해당 시장·군수 또는 구청장이 안전에 지장이 없다고 인정하는 도로에 제6조의2제1항제1호에 해당하는 노상주차장을 설치하는 경우
5. 고속도로, 자동차전용도로 또는 고가도로에 설치하여서는 아니 된다.
6. 「도로교통법」 제32조 각 호의 어느 하나에 해당하는 도로의 부분 및 같은 법 제33조 각 호의 어느 하나에 해당하는 도로의 부분에 설치하여서는 아니 된다.
7. 도로의 너비 또는 교통 상황 등을 고려하여 그 도로를 이용하는 자동차의 통행에 지장이 없도록 설치하여야 한다.
8. 노상주차장에는 다음 각 목의 구분에 따라 장애인 전용주차구획을 설치하여야 한다.
   가. 주차대수 규모가 20대 이상 50대 미만인 경우 : 한 면 이상
   나. 주차대수 규모가 50대 이상인 경우 : 주차대수의 2퍼센트부터 4퍼센트까지의 범위에서 장애인의 주차수요를 고려하여 해당 지방자치단체의 조례로 정하는 비율 이상

ANSWER 025 ③　026 ④

027 다음 「자연공원법 시행규칙」의 점용료 또는 사용료 요율기준으로 ( )안에 알맞은 것은?

- 건축물 기타 공작물의 신축·증축·이축이나 물건의 야적 및 계류 : 인근 토지 임대료 추정액의 (㉠) 이상
- 토지의 개간 : 수확예상액의 (㉡) 이상

① ㉠ 100분의 20, ㉡ 100분의 10
② ㉠ 100분의 20, ㉡ 100분의 50
③ ㉠ 100분의 50, ㉡ 100분의 25
④ ㉠ 100분의 50, ㉡ 100분의 50

풀이 **자연공원법 시행규칙 제26조(공원점용료 등의 징수)**
- 점용료 또는 사용료 요율기준(제26조관련)

점용 또는 사용의 종류	기준요율
1. 건축물 기타 공작물의 신축·증축·이축이나 물건의 야적 및 계류	인근 토지 임대료 추정액의 100분의 50이상
2. 토지의 개간	수확예상액의 100분의 25이상
3. 법 제20조의 규정에 의한 허가를 받아 공원시설을 관리하는 경우	법 제37조제3항의 규정에 의한 예상징수금액의 100분의 10이상

028 다음 ( )안에 들어갈 내용으로 바르게 연결된 것은?

(㉠)은 환경부장관이 (㉡)년마다 국립공원위원회의 심의를 거쳐 수립하여야 하며, 도립공원에 관한 공원계획은 시·도지사가 결정한다.

① ㉠ 공원기본계획, ㉡ 10
② ㉠ 공원관리계획, ㉡ 10
③ ㉠ 공원관리계획, ㉡ 5
④ ㉠ 공원관리계획, ㉡ 5

풀이 **자연공원법 제11조(공원기본계획의 수립 등)**
① 환경부장관은 10년마다 국립공원위원회의 심의를 거쳐 공원기본계획을 수립하여야 한다.

029 맥하그(Ian McHarg)가 주장한 생태적 결정론(ecological determinism)을 가장 올바르게 설명한 것은?

① 인간행태는 생태적 질서의 지배를 받는다는 이론이다.
② 생태계의 원리는 조경설계의 대안결정을 지배해야 한다는 이론이다.
③ 인간환경은 생태계의 원리로 구성되어 있으며, 따라서 인간사회는 생태적 진화를 이루어 왔다는 이론이다.
④ 자연계는 생태계의 원리에 의해 구성되어 있으며, 따라서 생태적 질서가 인간환경의 물리적 형태를 지배한다는 이론이다.

030 레크리에이션 대상지의 수요를 크게 좌우하는 3요인은 이용자들의 변수, 대상지 자체의 변수, 접근성의 변수이다. 다음 중 접근성의 변수에 해당되지 않는 것은?

① 여행시간, 거리 ② 준비 비용
③ 정보 ④ 여가습관

풀이 **레크리에이션 대상지 수요를 좌우하는 3요인**
- 이용자들의 변수 : 여가시간과 습관, 경험의 수준, 인구수 등
- 대상지 자체의 변수 : 매력도, 자연적 특성, 수용능력 등
- 접근성의 변수 : 여행시간, 거리, 준비비용, 정보, 여행수단 등

Appendix 최근기출문제

ANSWER
027 ③ 028 ① 029 ④ 030 ④

031 미끄럼대 놀이시설에 대한 계획·설계 기준 설명이 틀린 것은?

① 미끄럼판은 높이 1.2~2.2m의 규격을 기준으로 한다.
② 미끄럼판의 높이가 90cm 이상인 경우에는 미끄럼판 아래 끝부분에 감속용 착지판을 설치한다.
③ 1인용 미끄럼판의 폭을 40~50cm를 기준으로 한다.
④ 되도록 남향 또는 서향으로 배치한다.

풀이 조경설계기준 14.4.2
미끄럼대 배치되도록 북향 또는 동향으로 배치한다.

032 자전거 도로와 관련된 기준으로 틀린 것은?

① 종단경사가 있는 자전거도로의 경우 종단경사도에 따라 연속적으로 이어지는 도로의 최소 길이를 "제한길이"라 한다.
② 자전거도로의 통행용량은 자전거의 주행속도 및 자전거 통행 장애 요소 등을 고려하여 산정한다.
③ 자전거전용도로의 설계속도는 시속 30킬로미터 이상으로 한다.
④ 자전거도로의 폭은 하나의 차로를 기준으로 1.5미터 이상으로 한다.

풀이 **자전거 이용시설의 구조, 시설기준에 관한 규칙 제2조(정의)**
"제한길이" 종단경사가 있는 자전거도로의 경우 종단경사도에 따라 연속적으로 이어지는 도로의 최대 길이를 말한다.

033 하천복원 및 습지복원에서 복원(restoration)의 의미로 가장 적합한 것은?

① 현재의 상태를 개선한다.
② 현재의 상태를 완화시킨다.
③ 훼손되기 이전의 상태나 위치로 되돌린다.
④ 훼손되기 전의 원래의 상태에 근접되게 향상시킨다.

풀이 복원은 훼손되기 전으로 되돌리는 것, 이전상태로 되돌아가는 것

034 바람의 영향을 받지 않는 지역의 수경관 연출을 위해 폭 6m의 수조를 설치하려 한다. 다음 중 가장 적절한 분수의 분출 높이는?

① 1m 이하 ② 2m 이하
③ 4m 이하 ④ 6m 이하

풀이 수조너비 = 분수높이의 2배, 바람의 영향을 많이 받는 지역은 4배

035 도시공원의 종류별 유치거리(A) – 면적규모(B)에 대한 기준이 틀린 것은? (단, 도시공원 및 녹지 등에 관한 법률 시행규칙 적용) (순서대로 공원종류, A, B)

① 소공원, 제한없음, 제한없음
② 어린이공원, 250m 이하, 1,500m^2 이상
③ 근린생활권근린공원, 500m 이하, 10,000m^2 이상
④ 역사공원, 1,000m 이하, 30,000m^2 이상

풀이 • 도시공원 및 녹지 등에 관한 법률 시행규칙 제6조(도시공원의 설치 및 규모의 기준) : 역사공원, 문화공원, 수변공원은 제한없음

ANSWER 031 ④ 032 ① 033 ③ 034 ② 035 ④

036 만약 어떤 사람이 공원을 방문해 잔디밭에 앉으려고 돗자리를 깔았다면 돗자리에 의해 새로이 만들어진 공간은 공간 한정 요소 중 어느 것에 속하는가?

① 바닥면 ② 벽면
③ 천정면 ④ 관개면

037 다음 중 종합분석 중 "규모분석"과 상관이 가장 먼 것은?

① 공간량 분석
② 시간적 분석
③ 예산규모분석
④ 구조 및 형태분석

풀이 **규모분석**
공간량 분석, 시간적 분석, 예산규모분석, 토목적 분석이 있다.

038 근린주구이론에 따라 1개의 근린생활권을 구성하려고 한다. 어린이공원은 몇 개소가 적정한가?

① 1개소 ② 2개소
③ 3개소 ④ 4개소

풀이 페리의 근린주구이론은 초등학교를 중심으로 반경 400m를 근린생활권으로 본다. 따라서 우리나라 도시공원법에 의해 어린이공원은 유치거리 250m 임으로 4개가 필요하다.

039 환경영향평가(environmental impact assessment)와 이용 후 평가(post occupancy evalution)의 비교 설명 중 옳지 않은 것은?

① 두 가지 모두 환경설계 평가의 범주에 속한다.
② 환경영향 평가는 개발 전에, 이용 후 평가는 개발 후에 실시한다.
③ 두 가지 모두 미국의 국가환경정책법(NEPA)에 의해 처음 시작되었다.
④ 우리나라의 환경영향평가법은 환경영향평가의 대상 사업을 규정하고 있다.

풀이 환경영향평가는 미국의 국가환경정책법에서부터 시작되었고, 이용 후 평가(POD)는 프리드만(Friedmann)이 인간과 인공환경의 관계성 연구를 하면서 시작되었다.

040 지형 및 지질조사에 대한 설명 중 옳지 않은 것은?

① 토양구(soil type) 확인을 위해 이용할 수 있는 도면은 개략토양도이다.
② 간이산림토양도는 잠재생산 능력급수를 5등급으로 나누어 표현한다.
③ 경사분석도의 간격은 목적에 따라 구분하여 사용할 수 있다.
④ 지형도를 통해 분수선, 계곡선, 지세 등을 분석한다.

풀이 토양구는 토양도을 세분한 단위로 정밀토양도에 기록되어 있다.
개략토양도에는 토양기호, 배수 등이 기록되어 있다.

ANSWER 036 ① 037 ④ 038 ④ 039 ③ 040 ①

3과목 조경설계

041 도로설계 제도에서 축척이 1 : 25,000인 경우 등고선의 주곡선 간격을 몇 m 마다 가는 실선으로 기입하는가?

① 5m ② 10m
③ 20m ④ 40m

풀이

종류 \ 축척	1/50,000	1/25,000	1/10,000
주곡선	20m	10m	5m
계곡선	100m	50m	25m
간곡선	10m	5m	2.5m
조곡선	5m	2.5m	1.25m

042 미적 구성 원리 중 다양성의 원리와 가장 거리가 먼 것은?

① 조화(harmony) ② 변화(change)
③ 리듬(rhythm) ④ 대비(contrast)

풀이 조화는 통일성을 이룬다.

043 색상환에 대한 설명으로 틀린 것은?

① 먼셀표색계는 색의 3속성인 색상, 명도, 채도로 색을 기술하는 방식이다.
② 색상환은 색상에 따라 계통적으로 색을 둥그렇게 배열한 것이다.
③ 색상의 분할은 빨강, 노랑, 초록, 파랑, 보라의 5가지 주요색상에 중간색을 삽입한 10색상을 고리모양으로 배치한다.
④ 오스트발트 표색계에서는 빨강, 노랑, 초록, 파랑, 자주의 다섯 가지를 기본으로 하고 있다.

풀이 **오스트발트 표색계**
빨강, 노랑, 파랑, 녹색 사이에 주황, 청록, 보라, 연두를 더하여 8가지 색상을 기본으로 한다.

044 LCP(Landscape Control Point)의 의미로 가장 적합한 것은?

① 시각 구역을 전망할 수 있는 경관 탐사용 고정 관찰점이다.
② 경관 탐사 시에 초점경관을 이루는 관찰 대상물을 가리킨다.
③ 불량 경관을 개선하기 위한 차폐 시설물의 설치 지점을 말한다.
④ 우수 경관을 선택적으로 조망할 수 있도록 만든 방향표지판의 지점을 말한다.

풀이 **LCP(Landscape Control Point)**
조망 통제점으로 우수한 조망지점에 해당된다.

045 다음의 자연적 형태주제 중 그 상징성과 의미가 부드러움, 흐름, 신비감, 움직임, 파동, 흥미, 리듬, 이완, 편안함, 비정형성을 나타내는 것은 무엇인가?

① 구불구불한 형태
② 불규칙 다각형
③ 집합과 분열형
④ 유기체적 가장자리형

046 조경설계 과정 중 주로 시설의 배치계획 및 공사별 개략설계를 작성하여 사업실시에 관계되는 각종 사항의 판단에 도움을 주기 위해 진행되는 과정은?

① 기본계획 ② 기본설계
③ 실시설계 ④ 현장설계

ANSWER 041 ② 042 ① 043 ④ 044 ① 045 ① 046 ②

풀이 기본설계
시설의 배치계획, 공사별 개략설계를 작성해 사업 실시에 기본이 되도록 하는 것. 배치계획, 도로설계, 공원녹지설계 등

047 파노라마(panorama)의 우리말 표현으로 옳은 것은?

① 무아경　② 만화경
③ 요지경　④ 주마등

048 린치(K. Lynch)가 주장하는 도시경관의 구성 요소가 아닌 것은?

① 매스(mass)
② 통로(paths)
③ 모서리(edge)
④ 랜드마크(landmark)

풀이 린치의 5가지 도시이미지
path, edge, district, node, landmark

049 국토교통부고시 조경기준의 식재수량 및 규격에 관한 설명 중 (　)안에 들어 갈 수 없는 것은?

> 식재하여야 할 교목은 흉고직경 (　)센티미터 이상이거나 근원직경 (　)센티미터 이상 또는 수관 폭 (　)미터 이상으로서 수고 (　)미터 이상이어야 한다.

① 0.8　② 1.0
③ 5.0　④ 6.0

풀이 조경기준 제7조 식재수량 및 규격
교목의 크기는 흉고직경 5cm 이상이거나 근원직경 6cm 이상 또는 수관폭 0.8m 이상으로서 수고 1.5m 이상이어야 한다.

050 그림과 같은 물체의 제 1각법의 평면도에 해당하는 것은? (단, 화살표 방향이 정면임)

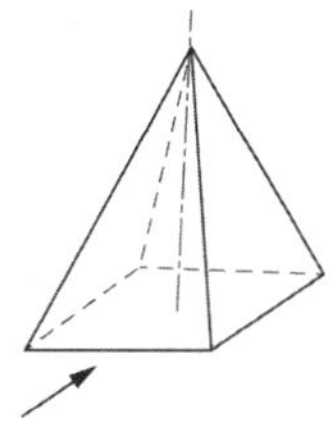

① 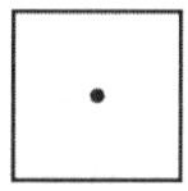
② 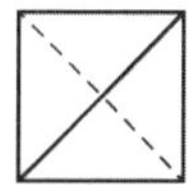
③ 
④ 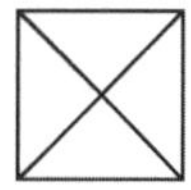

풀이 제1각법
물체를 제1각에 놓고 정투상하는 방법으로 평화면, 측화면을 화면과 같은 평면이 되도록 회전시키면 정면도의 왼쪽에 우측면도가 놓이고, 평면도는 정면도의 아래쪽에 놓이게 된다.

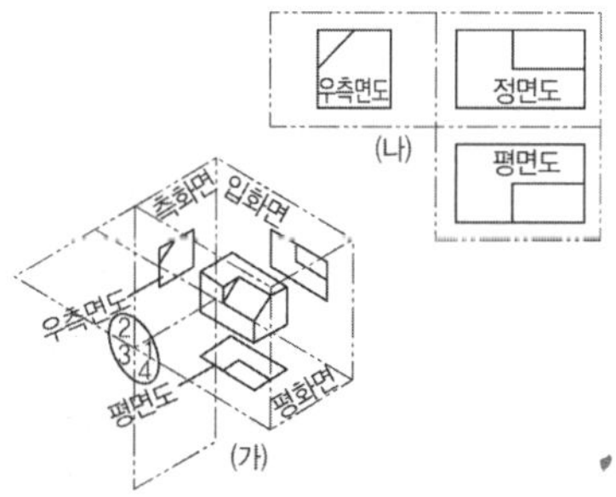

051 색채계획 단계에 있어 사용 목적과 면적에 따라 적용할 색을 3종류로 분류한 것 중 맞는 것은?

① 주조색, 보강색, 강조색
② 주조색, 보조색, 강조색
③ 주요색, 보조색, 강한색
④ 주조색, 보강색, 강한색

ANSWER 047 ④　048 ①　049 ②　050 ④　051 ②

052 시각 디자인상 방향감(方向感)에 관한 설명으로 적합하지 않은 것은?

① 수직과 수평 방향만으로도 시각적 만족과 경험을 준다.
② 대각선 방향은 안정을 깨뜨리고 자극을 준다.
③ 엄숙과 위엄을 강조할 때에는 수직방향의 강조가 필요하다.
④ 우리 눈은 수직 길이 방향보다 수평 길이 방향을 판단하는데 더 노력을 필요로 한다.

풀이 우리 눈은 수평길이보다 수직길이를 인식하는데 더 둔하다.

053 다음 그림은 무엇을 설명하려는 것인가?

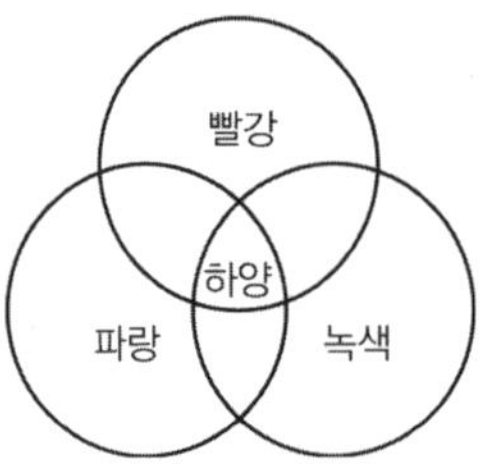

① 색광혼합 ② 색료혼합
③ 중간혼합 ④ 병치혼합

풀이

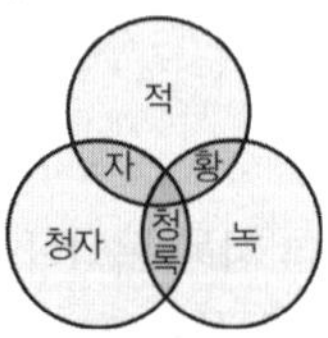

색광혼합(가법)

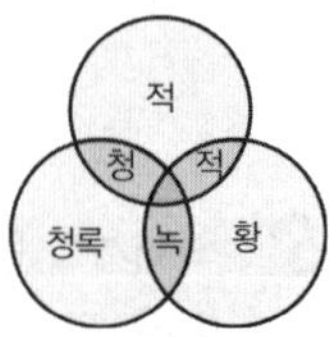

물감혼합(감법)

색광혼합은 성분이 증가할수록 밝아지고, 물감혼합은 혼합할수록 색이 어두워진다.

054 조경설계기준 상 옹벽(콘크리트)과 식생벽(벽면녹화)의 설명으로 틀린 것은?

① 옹벽배면의 뒤채움 설계 시 토압은 물론, 토압보다도 큰 수압이 작용하지 않도록 배수기능을 고려해야 한다.
② 옹벽의 전도에 대한 안전율은 1.5 이상이어야 한다.
③ 활동에 대한 효과적인 저항을 위하여 저판에 활동방지벽을 적용하는 경우 저판과 일체로 설치해야 한다.
④ 식생벽은 용도와 경관·시각적·경제적 기대효과에 따라 와이어, 메시, Pot, 식생보드형 등이 지속가능한 공법을 적용하여 사용한다.

풀이 옹벽의 전도에 대한 안전율은 2.0 이상이어야 한다.

055 다음 중 연두(GY)의 보색으로 맞는 것은?

① 자주(RP) ② 주황(YR)
③ 보라(P) ④ 파랑(B)

풀이 보색이란 색상환의 반대에 있는 색으로 자주-녹색, 주황-파랑, 연두-보라 등이다.

056 ‘한가한 일요일 A씨는 무료하여 신문을 읽다가 원색으로 인쇄된 특정 광고가 눈에 띄었다. 그 광고를 읽어보니 B지역(레크리에이션을 위한 장소)에 관한 것이었다.’ 이 설명 중 “광고가 눈에 띄었다.”라는 부분은 Berlyne이 제시한 미적 반응과정 중 개념적으로 어디에 속하는가?

① 자극탐구 ② 자극선택
③ 자극해석 ④ 자극에 대한 반응

풀이 **Berlyne의 미적 반응과정 4단계**
자극탐구 → 자극선택 → 자극해석 → 반응

ANSWER 052 ④ 053 ① 054 ② 055 ③ 056 ②

057 다음 중 치수선을 표시하는 방법이 틀린 것은?

① 치수의 단위는 원칙적으로 mm이다.
② 치수의 기입은 치수선에 평행하게 기입한다.
③ 협소한 간격이 연속될 때에는 치수선에 겹쳐 치수를 쓸 수 있다.
④ 치수는 특별히 명시하지 않는 한 마무리 치수로 표시한다.

풀이 협소하더라도 치수선에 겹쳐서 치수를 쓰지 않는다.

058 투시도에 사용되는 용어의 설명 중 틀린 것은?

① 기선(GL, Ground line) : 화면상의 눈의 중심을 통한 선이다.
② 족선(FL, Foot line) : 물체의 평면도의 각점과 장점을 이은 직선이다.
③ 소점(VP, Vanishing point) : 선분의 무한 원점이 만나는 점이다.
④ 시점(PS, Point of sight) : 기준면 상에 보는 사람의 위치를 말한다.

풀이 **기선(GL, Ground line)**
화면과 기면이 만나는 선

059 다음 재료의 단면 표시가 의미하는 것은?

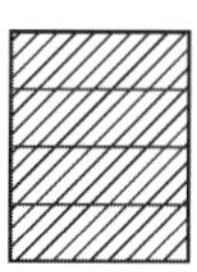

① 야석 ② 벽돌
③ 인조석 ④ 연마석

060 Altman의 영역성 중 서로 성격이 다른 것은?

① 해변 ② 교실
③ 기숙사식당 ④ 교회

풀이

1차적 영역	일상생활 중심의 반영구적 점유 공간	가정, 사무실
2차적 영역	사회적 특정 그룹, 소속이 점유하는 공간	교회, 기숙사, 교실
공적 영역	대중 누구나 이용 가능한 공간	광장, 해변

4 과목 조경식재

061 기린초(*Sedum* kamtschaticum)의 과명(科名)은?

① 범의귀과 ② 국화과
③ 장미과 ④ 돌나물과

풀이 기린초는 돌나물과로 다육성 여러해살이에 해당한다.

062 축의 좌우에 동형 동종의 수목을 한 쌍으로 식재하는 수법은?

① 열식 ② 집단식재
③ 교호식재 ④ 대식

풀이

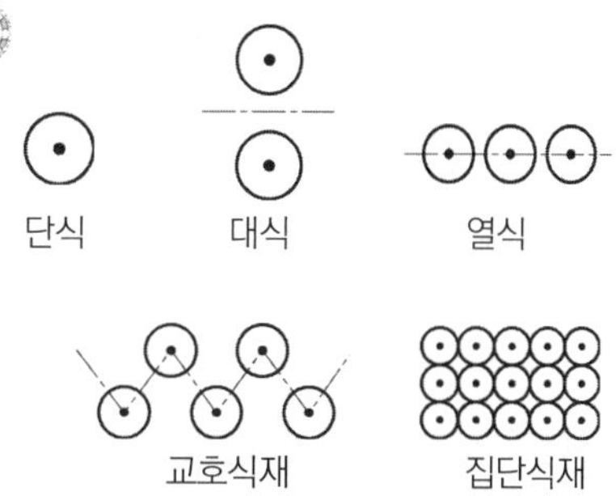

ANSWER
057 ③ 058 ① 059 ① 060 ② 061 ④ 062 ④

063 다음 중 9~10월에 적색의 원형 육질종의(Fleshy Aril)로 성숙하는 수종은?

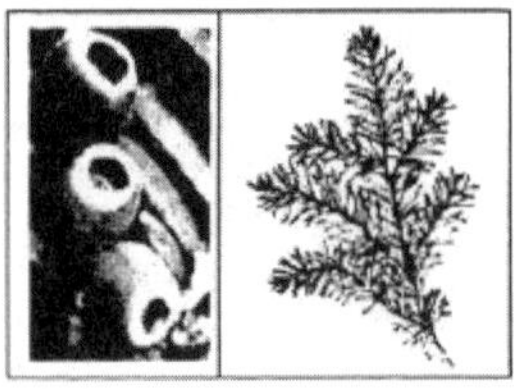

① 주목 ② 후박나무
③ 곰솔 ④ 개잎갈나무

풀이 **육질종의(Fleshy Aril)**
종피가 다육성이라는 뜻. 대표적으로 주목을 든다.

064 경량재 토양에 대한 설명으로 틀린 것은?

① Perlite는 진주암을 고온으로 소성한 것이다.
② Vermiculite는 다공질(多孔質)로서 나쁜 균이 없다.
③ Peat는 고온의 늪지에서 생성되며, 산도가 낮고 보비성이 작다.
④ Hydroball은 점질토를 고온으로 발포시키면서 구워 돌처럼 만든 것이다.

풀이 피트는 보수성, 통기성, 투수성이 좋다. 염기성 치환 용량이 커서 보비성이 좋으며, 산도도 높다.

065 우리나라 중부지방을 기준으로, 꽃피는 시기가 이른 봄부터 순서대로 옳게 배열된 것은?

① 산수유 → 배롱나무 → 모란
② 산딸나무 → 생강나무 → 무궁화
③ 박태기 → 산철쭉 → 풍년화
④ 왕벚나무 → 이팝나무 → 능소화

풀이 왕벚나무(4월) → 이팝나무(4월) → 능소화(7월)

066 수종과 학명의 연결이 틀린 것은?

① 은행나무 : *Ginkgo biloba*
② 느티나무 : *Liriodendron tulipifera*
③ 신갈나무 : *Quercus mongolica*
④ 소나무 : *Pinus densiflora*

풀이 • 느티나무 : *Zelkoca serrata*

067 다음 중 식생 천이(遷移)의 과정을 순서대로 옳게 나열한 것은?

① 나지 → 초생지 → 지의류 → 관목지 → 교목지 → 극상
② 지의류 → 나지 → 초생지 → 관목지 → 교목지 → 극상
③ 나지 → 지의류 → 초생지 → 관목지 → 교목지 → 극상
④ 초생지 → 나지 → 지의류 → 교목지 → 관목지 → 극상

068 극상에 대한 설명으로 틀린 것은?

① 극상 군집은 환경과의 평형을 이루고 있다.
② 토지극상은 변질된 기후 및 배수와 같은 여러 조합과 결부되어 나타난다.
③ 기후극상은 대기후 아래에서 여러 가지 극상으로 수렴된다는 것이다.
④ 극상은 천이계열의 최종적인 안정된 군집이다.

풀이 기후극상은 기후요인을 가장 강하게 반영한 극상으로 특정 장소에서의 기후에 의해 통제되는 최종적 평형군집을 말한다.

ANSWER
063 ① 064 ③ 065 ④ 066 ② 067 ③ 068 ③

069 일본잎갈나무·소나무류·삼나무·편백 등의 저장종자에 효과가 있는 종자 발아 촉진법은?

① 고온처리법
② 냉수처리법
③ 황산처리법
④ 종피의 기계적 가상

풀이 냉수처리법은 1일 내지 5일 냉수에 종자를 담가서 충분히 물을 빨아들이게 한 후 뿌리는 방법으로 매일 물을 갈아주거나 흐르는 물속에 종자 가마니를 넣어둔다. 소나무, 곰솔, 잎갈나무, 참나무류, 아까시나무, 호두나무 등의 종자에 효과적이다.

070 군집의 생태와 관련하여 종의 풍부도 경향을 설명한 것으로 틀린 것은?

① 종의 풍부도는 고위도에서 증가한다.
② 종의 풍부도는 지역의 규모에 따라 증가한다.
③ 종의 풍부도는 서식처의 복잡한 정보에 따라 승가한다.
④ 한 지역에서 종의 풍부도는 종의 지리적 근원지에 가까울수록 증가한다.

풀이 종의 풍부도는 단위지역 내의 종의 수를 말하는 것으로 일반적으로 고도가 낮거나 해수면에 가까울수록 풍부도가 증가한다.

071 조경면적은 식재된 부분의 면적과 조경시설공간의 면적을 합한 면적으로 산정된다. 식재면적은 당해 지방자치단체의 조례에서 정하는 조경의무면적의 얼마 이상으로 하여야 하는가? (단, 국토교통부의 조경기준 적용)

① 100분의 20　② 100분의 30
③ 100분의 40　④ 100분의 50

풀이 **국토교통부 고시 조경기준 제2장 대지안의 식재기준 제4조(조경면적의 산정)** 조경면적은 식재된 부분의 면적과 조경시설공간의 면적을 합한 면적으로 산정하며 다음 각 호의 기준에 적합하게 배치하여야 한다.
1. 식재면적은 당해 지방자치단체의 조례에서 정하는 조경면적(이하 "조경의무면적"이라 한다)의 100분의 50 이상(이하 "식재의무면적"이라 한다)이어야 한다.

072 *Firmiana simplex*의 성상은?

① 낙엽활엽교목　② 낙엽활엽관목
③ 상록활엽교목　④ 상록활엽관목

풀이 *Firmiana simplex*는 벽오동으로 낙엽활엽교목에 해당한다.

073 다음 중 조릿대(*Sasa borealis*)와 특징으로 틀린 것은?

① 양수이고 내건성이 강하며, 생장속도가 늦다.
② 꽃은 4월경에 개화하며, 열매는 5~6월에 결실한다.
③ 잎 길이는 10~30cm로 타원상 피침형이다.
④ 전국 산지에 자생하며, 내한성이 강하다.

풀이 조릿대는 음지에서도 잘 자라며 내건성은 약하나 맹아력이 강하다.

ANSWER
069 ② 070 ① 071 ④ 072 ① 073 ①

074 수목과 열매 종류가 잘못 연결된 것은?

① 사철나무 - 삭과(튀는 열매)
② 복자기 - 시과(날개 열매)
③ 상수리나무 - 핵과(굳은씨 열매)
④ 자귀나무 - 협과(콩깍지 열매)

풀이 • 상수리나무 – 견과(단단한 껍질에 쌓여있는 열매)

075 수형(樹形)이 원추형(圓椎形)인 수종은?

① 전나무 ② 호랑가시나무
③ 후박나무 ④ 산딸나무

풀이 **원추형**
전나무, 삼나무, 독일가문비, 낙엽송, 금송, 개잎갈나무 등

076 다음 중 방화용(防火用)수종으로 내화력(耐火力)이 가장 강한 것은?

① 아왜나무 ② 삼나무
③ 비자나무 ④ 구실잣밤나무

풀이 방화용수종은 잎에 수분이 많아 불이 잘 붙지 않는 수종으로 아왜나무가 대표적이다.

077 수목 굴취시 뿌리분의 크기는 대체로 무엇을 기준으로 정하는가?

① 지하고 ② 수관폭
③ 흉고직경 ④ 근원직경

풀이 수목 굴취시 뿌리분 크기는 근원직경의 4~6배로 한다.

078 가을에 붉은색 단풍이 아름다운 관목은?

① 쉬나무(*Evodia daniellii*)
② 네군도단풍(*Acer negundo*)
③ 화살나무(*Eunoymus alatus*)
④ 칠엽수(*Aesculus turbinata*)

풀이 **단풍색**
• 쉬나무 : 황색
• 네군도단풍 : 황금색
• 화살나무 : 붉은색
• 칠엽수 : 황색

079 다음 중 음수(陰樹)의 특성에 해당하는 것은?

① 햇볕이 닿는 쪽으로 자라는 습성이 있다.
② 유묘시에는 생장속도가 느리지만 자라면서 빨라진다.
③ 가지가 드물게 나고 수관이 개방적이다.
④ 생육상 많은 빛을 필요로 하며 건조에 적응성이 강하다.

풀이 음수식물은 적은 양의 빛에서도 잘 자라는 수종을 말한다.

080 다음과 같은 열매 특징을 가진 수종은?

> 열매는 골돌과로 원통형이며 길이 5~7cm로서 곧거나 구부러지고, 종자는 타원형이며 길이 12~13mm이고, 외피는 적색을 띠며 9~10월에 익는다.

① 불두화(*Viburnum opulus* for. hydrangeoides)
② 좀작살나무(*Callicarpa dichotoma*)
③ 산사나무(*Crataegus pinnatifida*)
④ 목련(*Magnolia kobus*)

ANSWER
074 ③ 075 ① 076 ① 077 ④ 078 ③ 079 ② 080 ④

5 과목 조경시공구조학

081 공사 원가계산 산정식이 옳지 않은 것은?

① 산업재해 보상보험료 = 노무비×산업재해 보상보험료율
② 총공사원가 = 순공사원가+일반관리비+이윤
③ 이윤 = (순공사원가+일반관리비)×이윤률
④ 순공사원가 = 재료비+노무비+경비

풀이 이윤 = (순공사원가+경비+일반관리비)×이윤률

082 공사 진행이 공정표보다 늦어진 경우 공사 현장 관리자로서 즉시 취해야 할 조치로 가장 적합한 것은?

① 노무자를 증원한다.
② 건축자재 반입을 서두른다.
③ 공사가 지연된 원인을 규명한다.
④ 새로운 공정표를 작성한다.

083 다음 그림과 같은 도로의 수평노선에서 곡선장(L)과 접선장(T)의 길이는 약 얼마인가?

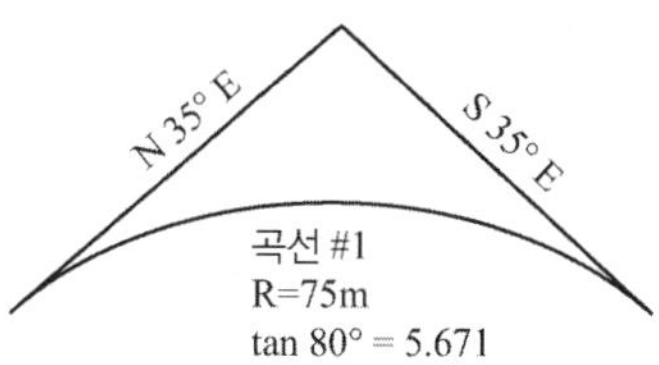

① L : 104.7m, T : 62.9m
② L : 104.7m, T : 25.3m
③ L : 52.5m, T : 62.9m
④ L : 425.3m, T : 104.7m

풀이 $L=\dfrac{2\pi RI}{360}$

(L : 곡선장길이, R : 곡선반경, I : 중심각)

$L=\dfrac{2\pi\times75\times80}{360}=104.7\text{m}$

접선장 $T=R\times\tan(\dfrac{I}{2})=75\times\tan40°$

$=62.9\text{m}$

084 흙의 성질에 관한 산출식으로 틀린 것은?

① 간극비 = 간극의 용적/토립자의 용적
② 예민비 = 이긴시료의 강도/자연시료의 강도
③ 포화도 = (물의 용적/간극의 용적)×100(%)
④ 함수율 = (젖은 흙의 물의 중량/건조한 흙의 중량)×100(%)

풀이 예민비 = 자연시료의 강도/이긴시료의 강도

085 다음 그림에서 No.2의 시반고는?

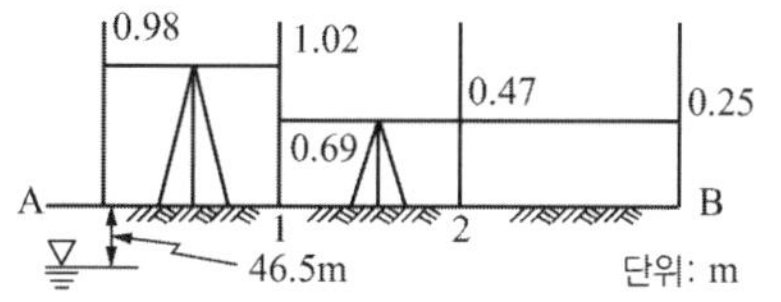

① 47.48m ② 46.46m
③ 46.68m ④ 47.44m

풀이 미지점 지반고 = 기지점 지반고+Σ후시−Σ전시
46.5+(0.98+0.69)−(1.02+0.47) = 46.68m

ANSWER 081 ③ 082 ③ 083 ① 084 ② 085 ③

086 다음 설명에 적합한 건설용 석재는?

- 화성암 중에서도 심성암에 속한다.
- 강도가 가장 크다.
- 대재(大材)를 얻기 쉽고 외관이 미려하고 내산성이 커서 구조재로서 사용한다.

① 대리석 ② 화강암
③ 석회암 ④ 혈암(頁岩)

풀이 화성암 중 심성암은 화강암, 섬록암, 반려암으로 그 중 강도가 가장 크고, 외관이 미려하고 구조재로 사용하는 것은 화강암이다.

087 그림과 같이 85m에서 부터 5m 간격으로 증가하는 등고선이 삽입된 지형도에서 85m 이상의 체적을 구한다면 약 얼마인가? (단, 정상의 높이는 108m이고, 마지막 1구간은 원추공식으로 구한다.)

등고선의 면적
105m : $30.5m^2$
100m : $290m^2$
95m : $545m^2$
90m : $950m^2$
85m : $1525.5m^2$

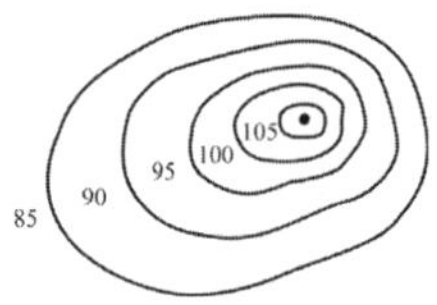

① $12,677m^2$ ② $12,707m^2$
③ $12,894m^2$ ④ $12,516m^2$

풀이 **등고선법 공식**

$$V=\frac{h}{3}\begin{Bmatrix}A_1+4(A_2+A_4+\ldots+A_{n-1}) \\ +2(A_3+A_5+\ldots+A_{n-2})+A_n\end{Bmatrix}$$

h : 등고선 간격, n : 단면수
$A_1 \sim A_n$: 등고선으로 둘러싸인 면적

따라서, $\frac{5}{3}\{30.5+4(290+950)+2(545)+1525.5\}$
$\fallingdotseq 12,676.76m^3$

마지막 구간 원추공식(원뿔체적)

$\frac{1}{3}\pi r^2 h = \frac{1}{3}$밑면넓이×높이

$= \frac{1}{3}\times 30.5\times 3 = 30.5$

따라서, $12,676.67+30.5 = 12,707.17m^3$

088 구조물의 종류별 콘크리트 타설시 사용되는 굵은 골재의 최대치수(mm)로 가장 적합한 것은? (단, 구조물의 종류는 단면이 큰 경우로 제한한다.)

① 20 ② 25
③ 40 ④ 50

풀이 **콘크리트표준시방서 2.4.6 굵은 골재의 최대 치수**

구조물의 종류	굵은 골재의 최대 치수(mm)
일반적인 경우	20 또는 25
단면이 큰 경우	40
무근콘크리트	40 부재 최소 치수의 1/4을 초과해서는 안 됨

089 다음 설명에 적합한 품질관리의 도구는?

모집단에 대한 품질특성을 알기 위하여 모집단의 분포상태, 분포의 중심위치, 분포의 산포 등을 쉽게 파악할 수 있도록 막대그래프 형식으로 작성한 도수 분포도를 말한다.

① 특성요인도 ② 파레토도
③ 체크시트 ④ 히스토그램

풀이 **TQC 7가지 도구**

① 파레토도 : 불량 등 발생건수를 분류항목별로 나누어 크기 순서대로 나열해 놓은 그림
② 특성요인도 : 결과에 원인이 어떻게 관계하고 있는가를 한눈에 알 수 있도록 작성한 그림
③ 층별 : 집단을 구성하고 있는 많은 데이터를 몇 개의 부분집단으로 나누는 것
④ 산점도 : 대응되는 두 개의 짝으로 된 데이터를 그래프 용지 위에 점으로 나타낸 그림
⑤ 히스토그램 : 계량치의 데이터가 어떠한 분포를 하고 있는지 알아보기 위하여 작성하는 그림
⑥ 체크시트
⑦ 각종 그래프

ANSWER 086 ② 087 ② 088 ③ 089 ④

090 그림과 같은 내민보의 점A에 모멘트가, 점 C에 집중하중이 작용한다. 지점 A에서 3m떨어진 단면에 작용하는 전단력의 크기는 몇 kN인가?

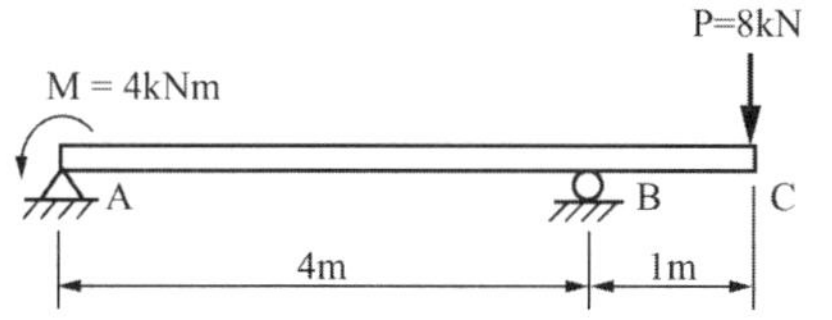

① 1 ② 4
③ 8 ④ 9

풀이
$R_A = \frac{-4+8\times1}{4} = 1kN$

$S_B = -R_A = -1kN$

091 강우강도가 100mm/h인 지역에 유출계수 0.95인 포장 된 주차장 $900m^2$에서 발생하는 초당 유출량은 얼마인가? (단, 소수점 3째자리 이하는 버림한다.)

① $0.237m^2/sec$ ② $0.423m^2/sec$
③ $0.023m^2/sec$ ④ $0.042m^2/sec$

풀이 **우수유출량**

$Q = \frac{1}{360}CIA$

(C : 유출계수, I : 강우강도, A : 배수면적)

$Q = \frac{0.09\times0.9\times100}{360} = 0.02375m^3/sec$

092 비탈면의 잔디식재 공사에 대한 표준시방서 내용으로 틀린 것은?

① 잔디생육에 적합한 토양의 비탈면 기울기가 1 : 1 보다 완만할 때에는 비탈면을 일시에 녹화하기 위해서 흙이 붙어있는 재배된 잔디를 사용하여 붙인다.
② 잔디고정은 떼꽂이를 사용하여 잔디 1매당 2개 이상 견실하게 고정하며, 시공 후에는 모래나 흙으로 잔디붙임면을 얇게 덮은 후 고루 두들겨 다져준다.
③ 비탈면 줄떼다지기는 잔디폭이 0.1m이상 되도록 하고, 비탈면에 0.1m 이내 간격으로 수평골을 파서 수평으로 심고 다짐을 철저히 한다.
④ 비탈면 전면(평떼)붙이기는 줄눈을 틈새없이 붙이고 십자줄이 형성되도록 붙이며, 잔디 소요면적은 비탈면 면적의 10%를 추가 적용한다.

풀이 비탈면 전면(평떼)붙이기는 줄눈을 틈새없이 붙이고 십자줄이 형성되지 않도록 어긋나게 붙이며, 잔디 소요면적은 비탈면 면적과 동일하게 적용한다.

093 네트워크 공정표 작성시 공정계산에 관한 설명으로 옳은 것은?

① 복수의 작업에 선행되는 작업의 LFT는 후속작업의 LST중 최대값으로 한다.
② 복수의 작업에 후속되는 작업의 EST는 선행작업의 EFT 중 최소값으로 한다.
③ 전체여유(TF)는 작업을 EST로 시작하고 LFT로 완료할 때 생기는 여유시간이다.
④ 종속여유(DF)는 후속작업의 EST에 영향을 주지 않는 범위 내에서 한 작업이 가질 수 있는 여유시간이다.

풀이 ① 복수의 작업에 선행되는 작업의 LFT는 후속작업의 LST중 최소값으로 한다.

ANSWER
090 ① 091 ③ 092 ④ 093 ③

② 복수의 작업에 후속되는 작업의 EST는 선행 작업의 EFT 중 최대값으로 한다.
④ 종속여유(DF)는 후속작업의 전체 여유시간에 영향을 미치는 여유시간이다.

094 캔틸레버 보(Cantilever beam)에 해당하는 설명은?

① 보의 양단(兩端)을 메워 넣어서 고정시킨 것
② 일단(一端)이 회전점, 타단(他端)이 이동지점인 것
③ 일단(一端)이 고정지점이고 타단(他端)에는 지점이 없는 자유단인 것
④ 3개 이상의 지점으로 지지하고 있는 보로서 단순보와 내다지보를 조합한 것

풀이 ① 고정보
② 단순보
④ 게르버보

095 돌 공사의 특수 마무리 방법에 해당되지 않는 것은?

① 분사식(sand blasting method)
② 화염분사식(burner finish)
③ chiseled boasted work
④ coloured stone finish

풀이 coloured stone finish – 착색돌마감

096 조명시설의 용어 중 단위 면에 수직으로 투하된 광속밀도를 무엇이라 하는가?

① 광도(luminous intensity)
② 조도(illumination)
③ 휘도(brightness)
④ 배광곡선

풀이 ① 광도 : 광원의 세기를 표시하는 단위. 발광체가 발하는 광속의 밀도 단위. 단위 cd
② 조도(illum ination) : 단위면에 수직으로 투하된 광속밀도
③ 휘도 : 발광면 또는 조명면에 빛나는 율. 단위 스틸브(뉴), 니트(nt) 사용

097 다음 중 품셈을 가장 잘 설명한 것은?

① 물체를 만드는데 필요한 노력과 물질의 수량이다.
② 시공현장에서 소요되는 재료의 물량을 집계한 것이다.
③ 건설공사에 소요되는 공사비를 산정하는 과정을 말한다.
④ 공사에 소요되는 노무량만을 수량으로 표시하여 금액을 산출할 수 있게 한 것이다.

풀이 **품셈**
공사 목적물의 달성을 위해 단위 물량당 소요하는 노력과 물질을 수량으로 표시 한 것으로 건설교통부에서 표준품셈을 제정하여 시행

098 다음 중 철제 조경시설 관리에서 도장의 목적이 아닌 것은?

① 물체표면의 보호
② 부식 및 노화의 방지
③ 미관의 증진
④ 방충성 증진

풀이 방충성 증진은 목재 시설 관리 시 도장의 목적에 해당한다.

ANSWER 094 ③ 095 ③ 096 ② 097 ① 098 ④

099 다음 중 시공·관리 분야에서 일반경쟁 입찰을 바르게 설명한 것은?

① 계약의 목적, 성질 등에 필요하다고 인정될 경우 참가자의 자격을 제한할 수 있도록 한 제도
② 관보, 신문, 게시 등을 통하여 일정한 자격을 가진 불특정다수의 희망자를 경쟁에 참가하도록 하여 가장 유리한 조건을 제시한 자를 선정하는 방법
③ 예산가격 10억원 미만의 공사 낙찰자 결정 방법으로 예정가격의 85% 이상의 금액으로 입찰한 자를 계약하는 방법
④ 설계서 상의 공종 중 대체가 가능한 공종의 방법

풀이 **일반경쟁입찰**
관보, 신문 등을 통하여 일정한 자격을 가진 불특정 다수의 희망경쟁에 참가케 하여 가장 유리한 조건을 선정 계약 체결하는 것
- 장점 : 저렴한 공사비, 기회균등
- 단점 : 낙찰자의 신용, 기술, 경험, 능력의 불확실

100 등고선의 성질이 옳지 않은 것은?

① 동일한 등고선 상에 있는 모든 점은 같은 높이이다.
② 산정과 요지(오목한 곳)에서는 등고선이 폐합된다.
③ 급경사지는 간격이 좁고, 완경사지는 간격이 넓다.
④ 높은 쪽의 등고선 간격이 넓으면 요사면이다.

풀이 높은 쪽의 등고선 간격이 넓으면 철(凸)사면에 해당

제 6 과목 조경관리론

101 조경관리에 있어 각종 하자·부주의에 대한 대책으로 옳지 않은 것은?

① 사전에 점검을 통하여 위험장소 여부에 대한 판단을 한다.
② 유희시설과 같은 위험유발시설은 안내판, 방송 등을 통해 이용지도를 해야 한다.
③ 각 시설에 대한 안전기준을 세우고 점검계획을 세운다.
④ 시설물이나 재료의 내구년수는 시방서를 기준으로 하여 연한 경과 후부터 점검한다.

풀이 시설물이나 재료는 안전과 관련됨으로 준공 후 정기적 점검을 하여야 한다.

102 뿌리혹선충(Meloidogyne spp.)에 대한 설명으로 틀린 것은?

① 세계적으로 광범위하게 분포하는 대표적인 식물기생선충이다.
② 토양 속에서 유충이나 알 상태로 월동한다.
③ 대부분 침엽수 묘목을 주로 가해한다.
④ 자웅이형이며 감염세포는 거대세포가 된다.

풀이 뿌리혹선충은 주로 채소류의 뿌리에 혹을 만들어 수분과 양분의 흡수능력을 저하시킨다.

ANSWER 099 ② 100 ④ 101 ④ 102 ③

103 다음 해충 관련 설명 중 틀린 것은?

① 버즘나무방패벌레 : 성충으로 월동한다.
② 미국흰불나방 : 1년에 1회 발생한다.
③ 잣나무넓적잎벌 : 알 시기의 기생성 천적으로는 알좀벌류가 있다.
④ 느티나무알락진딧물 : 가해 수종은 오리나무, 개암나무, 느릅나무 등이다.

풀이 **미국흰불나방**
1년에 2회 발생한다.

104 습지나 늪지에서 생성되는 부식은?

① 모어(mor) ② 멀(mull)
③ 니탄(peat) ④ 모더(moder)

풀이 니탄(peat)는 토탄(土炭)이라고도 불리며, 한냉한 곳의 습지에 생육하는 갈대나 이끼가 흙 속에 묻혀 저온으로 인해 썩지 않고 반 가량 탄소화된 것을 캐올려 말린 경량토

105 동력예취기의 안전점검 및 보관관리에 대한 설명으로 틀린 것은?

① 엔진, 배터리, 연료탱크 주변을 청소한다.
② 급유는 엔진이 식었을 때 실시해야 한다.
③ 야간작업 시 예취기 본체의 라이트를 켜고 작업해야 한다.
④ 오일류의 폐기는 폐기설비를 갖춘 곳에서만 처리한다.

풀이 야간작업은 가능한 하지 말아야 하며, 불가피한 경우 충분한 조명과 반사복을 착용하여야 한다.

106 공사현장의 안전대책으로 가장 거리가 먼 것은?

① 작업장 내는 관계자 이외의 사람이 출입하지 못하도록 방지책 등으로 봉쇄한다.
② 공사용 차량의 출입구는 표지판을 설치하고 필요에 따라 교통 유도원을 배치한다.
③ 휴일 및 작업이 행해지지 않을 때에는 작업장 출입구를 완전히 봉쇄한다.
④ 작업장 주위의 조명설비는 야간에 꺼두어 불필요한 전기 소모를 막는다.

풀이 작업장 주위의 조명은 안전대책으로 켜두어야 된다.

107 다음 목재로 만들어진 벤치에 대한 특징으로 가장 거리가 먼 것은?

① 내화력이 작다.
② 병해충의 피해를 받기 쉽다.
③ 습기에 약하며 썩기 쉽다.
④ 파손되면 보수가 곤란하다.

풀이 목재는 파손시 보수가 가능하며 도자기는 파손시 보수가 되지 않고 교체해야 한다.

108 배수시설의 점검사항으로 가장 거리가 먼 것은?

① 배수시설 주변의 돌쌓기 현황
② 각 배수시설의 파손 및 결함 상태
③ 지하배수시설, 유출구의 물 빠지는 상태
④ 비탈면 배수시설의 배수상태 및 주위로부터 유입하는 지표수나 토사 유출 상황

ANSWER 103 ② 104 ③ 105 ③ 106 ④ 107 ④ 108 ①

109 다음 작물보호제 중 비선택성 제초제에 해당하는 것은?

① 디캄바액제
② 이사-디액제
③ 베노밀수화제
④ 글리포세이트암모늄액제

풀이 **비선택성 제초제**
근사미(글리포세이트암모늄액제), 그라목손(패러쾃다이클로라이드액제), 글라신액제, 파라크액제

110 소나무 잎녹병에 있어서 여름포자(하포자)의 중간숙주가 되는 것은?

① 까치밥나무 ② 황벽나무
③ 잎갈나무 ④ 참나무류

풀이 **소나무류 잎녹병균의 중간기주**
쑥부쟁이, 취류, 국화과식물, 잔대, 황벽나무 등

111 메프로닐 원제 0.4kg으로 2% 분제를 만들려고 할 때 소요되는 증량제의 양은? (단, 원제의 함량은 80%이다.)

① 1.84kg ② 4.60kg
③ 15.6kg ④ 46.0kg

풀이 희석할 증량제의 양
= 원제의 중량×((원제의 농도/원하는 농도)-1)
= 0.4×((80/2-1) = 15.6kg

112 다음 중 조경석 등 중량물을 운반할 때의 바른 자세는?

① 길이가 긴 물건은 앞쪽을 높게 하여 운반한다.
② 허리를 구부리고, 양손으로 들어올린다.
③ 중량은 보통 체중의 60%가 적당하다.
④ 물건은 최대한 몸에서 멀리 떼어서 들어올린다.

113 토양에 직접 비료를 주는 것보다 엽면살포가 유리한 경우가 아닌 것은?

① 뿌리가 장해를 입어 정상적인 양분흡수 기능이 저하될 때
② 토양 중 미량원소가 불용성으로 되어 흡수가 불량할 때
③ 지온이 낮은 지역에서 양분흡수를 저하시키려고 할 때
④ 뿌리를 통한 양분흡수보다 빨리 양분을 공급하고자 할 때

풀이 엽면시비는 뿌리가 재기능을 하지 못할 때 나 빨리 양분공급을 하거나, 토양이 양분을 흡수하지 못할 때 이용한다.

ANSWER 109 ④ 110 ② 111 ③ 112 ① 113 ③

114 레크리에이션 이용의 특성과 강도를 조절하는 관리기법에 대한 설명으로 옳지 않은 것은?

① 이용자를 유도하는 방법은 부지관리기법에 해당되지 않는다.
② 부지관리기법은 부지설계, 조성 및 조경적 측면에 중점을 두는 방법이다.
③ 간접적 이용제한은 이용행태를 조절하되 개인의 선택권을 존중하는 방법이다.
④ 직접적 이용제한 관리기법은 정책 강화, 구역별 이용, 이용강도 및 활동의 제한 등이 있다.

풀이 **수용능력과 관리기법**
① 부지관리 : 부지강화, 이용유도, 시설개발이 있음
② 직접적 이용제한 : 정책강화, 구역별 이용, 이용강도의 제한, 활동의 제한
③ 간접적 이용제한 : 물리적 시설의 개조, 이용자에 정보를 제공함, 자격요건의 부과

115 부지관리에 있어서 이용자에 의해 생태적 악영향을 미치는 주된 원인으로 가장 거리가 먼 것은?

① 반달리즘(Vandalism)
② 요구도(Needs)
③ 무지(lanorance)
④ 과밀이용(Over-Use)

116 목재보존제의 성능 항목에 해당하지 않는 것은?

① 항온성 ② 철부식성
③ 흡습성 ④ 침투성

117 다음 중 질소(N)를 가장 많이 함유하고 있는 비료는?

① 요소 ② 황산암모늄
③ 질산암모늄 ④ 염화암모늄

풀이 ① 요소 : 46%
② 황산암모늄 : 21%
③ 질산암모늄 : 34%
④ 염화암모늄 : 25%

118 농약 중에서 분제의 물리적 성질에 해당하는 것으로만 나열된 것은?

① 현수성, 유화성
② 수화성, 접촉각
③ 용적비중, 비산성
④ 습전성, 표면장력

풀이 • 용적비중 : 단위용적당 무게로 가비중이라고도 한다.
• 비산성 : 분재의 입자가 살분기에 의해 목적장소까지 날아가는 성질

119 식물에 침입한 병원체가 그 내부에 정착하여 기주관계가 성립되었을 때의 단계는 무엇인가?

① 감염 ② 발병
③ 병징 ④ 표징

풀이 ① 감염 : 병원체가 기주조직 내 침입하고 정착하여 기생관계가 성립되는 과정
② 발병 : 병원체가 기주체 내에 퍼져 병징이 나타나는 것
③ 병징 : 병든 식물 자체의 조직변화에 유래하는 이상 현상
④ 표징 : 병원체 자체가 병든 식물체상의 환부에 나타나 병의 발생을 알리는 것

ANSWER 114 ① 115 ② 116 ① 117 ① 118 ③ 119 ①

120 수목의 유지관리와 관련된 설명으로 옳지 않은 것은?

① 전정은 수목의 활착과 녹화량의 증가를 목적으로 수목의 미관, 수목생리, 생육 등을 고려하면서 가지치기와 수형을 정리하는 작업이다.

② 제초는 식재지 내에서 번성하고 있는 수목들 중 가장 유리한 수종 외에 골라 제거하는 작업이다.

③ 수목시비는 수목의 성장을 촉진하고 쇠약한 수목에 활력을 주기 위하여 퇴비 등 유기질 비료와 화학비료를 주는 것이다.

④ 월동작업은 이식수목 및 초화류가 겨울철 환경에 적응할 수 있도록 하기 위하여 월동에 필요한 제반조치를 시행하는 것이다.

풀이 제초는 잡초류를 제거하는 것이다.

ANSWER

120 ②

2019 2회 조경기사 최근기출문제

2019년 4월 27일 시행

제1과목 조경사

001 다음 중 중세 수도원의 회랑식 중정(Cloister Garden)에 대한 설명으로 옳지 않은 것은?

① 4부분으로 구획되어진 중정이 있다.
② 분수는 중정의 중앙에 설치되어 있다.
③ 페리스틸리움(peristylium)의 구조와 동일하게 흉벽을 두지 않았다.
④ 수도원 내의 다른 건물들에 의하여 둘러싸여 있는 공간을 의미한다.

풀이 중세 수도원 정원은 흉벽(parapet. 가슴높이의 벽)이 있었다.

002 고려시대부터 많이 사용된 정원 용어인 화오(花塢)에 대한 설명과 거리가 먼 것은?

① 오늘날 화단과 같은 역할을 한 정원 수식 공간이다.
② 지형의 변화를 얻기 위해 인공의 구릉지를 만들었다.
③ 화초류나 화목류를 많이 군식 하였다.
④ 사용된 재료에 따라 매오(梅塢), 도오(桃塢), 죽오(竹塢)등으로 불렸다.

풀이 화오는 낮은 둔덕의 꽃밭을 말한다.

003 조선시대 조경 관련 고문헌의 저자와 저술서가 일치하는 것은?

① 강희안 - 택리지
② 홍만선 - 유원총보
③ 신경준 - 순원화훼잡설
④ 이수광 - 임원경제지

풀이 ① 강희안 - 양화소록, 이중환 - 택리지
② 홍만선 - 산림경제, 김육 - 유원총보
④ 이수광 - 지봉유설, 서유거 - 임원경제지

004 일본 용안사 석정과 관련이 없는 것은?

① 암석 ② 장방형
③ 추상적 고산수 ④ 침전조

풀이 용안사 석정은 대표적인 평정고산수식 양식이며, 침전조 양식이다.
침전식이란 가산 위 , 지당주위, 물속 군데군데 자연석을 높은 수법을 말한다.

005 중국 진시왕 31년에 새로이 왕국을 축조하고, 구 안에 큰 연못을 조성한 후 그 속에 봉래산을 만들었다는 연못의 명칭은?

① 곤명호(昆明浩) ② 태액지(太液池)
③ 난지(蘭池) ④ 서호(西浩)

ANSWER 001 ③ 002 ② 003 ③ 004 ④

006 명나라 때 별서정원의 성격으로 꾸며진 소주 지방의 명원은?

① 기창원 ② 이화원
③ 졸정원 ④ 작원

풀이 명나라 소주지방의 정원은 서참의원, 소귀원, 졸정원, 서동경원, 유원 등이며 그 중 졸정원은 민간정원의 별서정원으로 여수동좌헌이라는 부채꽃 정자와 연못으로 유명하다.

007 스페인의 알함브라 궁전의 4개 중정 가운데 이슬람 양식은 부분적으로 보이면서도 기독교적인 색채가 강하게 가미되어 있는 중정은?

① 알베르카 중정(Patio de la Alberca), 사자의 중정(Patio de los Leons)
② 사자의 중정(Patio de los Leons), 다라하 중정(Patio de Daraxa)
③ 린다라야 중정(Lindaraja), 창격자 중정(Patio de Reja)
④ 창격사 중정(Patio de Reja), 알베르카 중정(Patio de la Alberca)

풀이
- 린다라야 중정(Lindaraja) : 부인전용, 원로, 분수(기독교 스타일), 회양목으로 가장자리 처리
- 창격자 중정(Patio de Reja) : 사이프레스(기독교적 색채) Patio. 자갈포장, 소규모, U자 Canel

008 중국 유원(留園)의 설명 중 맞는 것은?

① 소주의 정원 중 가장 소박한 정원이다.
② 처음 조성은 청대 말기 관료의 정원으로 서였다.
③ "홍루몽"의 대관원 경치를 묘사하였다.
④ 변화있는 공간 처리와 유기적 건축배치의 수법을 갖는다.

풀이 유원은 소주지방 4대 명원으로 원래 명나라 태복사 관료 서태시가 조성하여 청나라 용봉의 소유가 됨. 북쪽 누창은 투과해 본 정원으로 남쪽 중정 등으로 변화 있는 공간 처리와 유기적 건축 배치수법으로 유명하다.

009 정원에 많은 관심을 가졌던 백거이(白居易)와 관련 없는 것은?

① 유명한 장한가(長恨歌)를 지었다.
② 진나라 사람으로 유명한 시인이다.
③ 관사(官舍)에 화원을 만들고 동파종화(洞坡種化)라는 시를 지었다.
④ 공무를 마치고 낙향할 때 천축식(天竺石)과 학(鶴)을 가지고 갔다.

풀이 백거이는 당나라 사람이다.

010 창덕궁 후원 조경의 특징은 17개소에 정자를 건립함으로써 공간을 특화하였다. 이 공간 가운데 연못의 이름과 정자(亭子)의 연결이 바르지 않은 것은?

① 존덕지-존덕정 ② 반도지-취한정
③ 몽답지-몽답정 ④ 빙옥지-청심정

풀이 취한정은 옥류천가에 조성되어 있다.

ANSWER 005 ③ 006 ③ 007 ③ 008 ④ 009 ② 010 ②

011 정원에 처음으로 도입된 것들과 밀접한 관계가 있는 조경가들의 연결이 잘못된 것은?

① 물 화단(parterres d'eau) : 르 노트르(Andre Le Notre)
② 수정궁(crystal palace) : 팩스턴(Samuel Paxton)
③ 큐 가든의 중국식 탑 : 챔버(Sir William Chambrrs)
④ 하-하(Ha-ha) : 렙턴(Humphry Repton)

풀이 • 하-하(Ha-ha) : 브리지맨

012 사찰에서 구도자가 제석천왕이 다스리는 도리천에 올라 마지막으로 해탈을 추구하는 것을 상징하는 최종적인 문의 이름은?

① 일주문 ② 사천왕문
③ 금강문 ④ 불이문

풀이
• 일주문 : 사찰에 들어가는 첫 번째문
• 사천왕문 : 일주문, 금강문 다음으로 거치는 문으로 천왕문이라고도 한다.
• 금강문 : 사찰의 대문역할을 한다.

013 담양 소쇄원에 관한 설명 중 옳지 않은 것은?

① 소쇄원 48영시에는 목본 16종, 초본 5종의 식물이 나타난다.
② 광풍, 제월의 당호는 이덕유의 평천장 고사에서 인용한 것이다.
③ 조담에서 떨어지는 물은 홈통을 통해 방지로 유입된다.
④ 매대라고 불리는 화계는 자연석을 2단으로 쌓아 만든 구조물이다.

014 일본의 전통정원 오행석조방식에서 주석(主石)이 되는 바위의 명칭은?

① 기각석 ② 심체석
③ 영상석 ④ 체동석

풀이

영상석은 입체감을 주면서 안정감을 주는 가장 중요한 역할을 한다.

015 이집트 피라미드에 대한 설명 중 가장 거리가 먼 것은?

① 분묘건축의 일종으로서 마스터바(Mastaba)도 여기에 포함된다.
② 선(善)의 혼(Ka)을 통해 태양신(Ra)에게 접근하려는 탑이다.
③ 인간이 세운 가장 거대한 상징으로 볼 수 있다.
④ 신전은 강의 서쪽에 배치하고, 분묘는 강의 동쪽에 배치하였다.

풀이 신전은 강의 동쪽에, 분묘는 강의 서쪽에 배치한다. 이는 동쪽은 탄생, 서쪽을 죽음으로 생각했기 때문이다.

016 1893년 시카고에서 열린 세계 콜롬비아 박람회가 여러 방면에 미친 영향이라 볼 수 없는 것은?

① 도시미화운동이 활발해졌다.
② 로마에 아메리칸 아카데미를 설립하였다.
③ 박람회장 내 건축은 유럽 고전주의 답습으로부터 완전히 탈피하였다.
④ 조경계획의 수립 시 타 분야와의 공동작업이 활발해졌다.

ANSWER
011 ④ 012 ④ 013 ② 014 ③ 015 ④ 016 ③

017 다음 중 프랑스의 영향을 받은 영국 내 조경작품이 아닌 것은?

① 멜버른 홀(Melbourne Hall)
② 브라함 파크(Bramham Paek)
③ 햄프턴 코트(Hampton Court)
④ 버컨헤드 공원(Birkenhead Park)

풀이 **버컨헤드 파크**
시민의 힘으로 개방된 최초의 공원으로 주택과 공적 위탁공간이 구분되어 있으며 미국의 센트럴파크에 영향을 주었다.
프랑스의 영향을 받은 정원은 정형식 정원으로 멜버른홀, 브라함파크, 햄프턴 코트를 들 수 있다.

018 다음 중 회교식 정원양식으로 보기 어려운 것은?

① 이탈리아 - 사라센
② 페르시아 - 사라센
③ 스페인 - 사라센
④ 인도 - 사라센

풀이 이탈리아는 노단건축식 정원양식이며, 회교식은 스페인, 페르시아, 인도 정원을 말한다.

019 조선시대에 조영된 별서정원 작정자의 연결이 틀린 것은?

① 옥호정 - 김조순
② 남간정사 - 송시열
③ 소쇄원 - 양산보
④ 명옥헌 - 정영방

풀이
- 명옥헌 – 오명중
- 서석지원 – 정영방

020 고려시대 궁궐 정원에 대한 내용이 처음 기록된 시기는?

① 태조 5년(942년)
② 경종 2년(977년)
③ 성종 12년(994년)
④ 문종 5년(1052년)

풀이 고려사에 만월대 동지를 경종 2년에 조성된 기록에서부터 시작한다.

2과목 조경계획

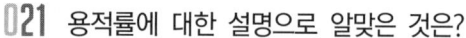

021 용적률에 대한 설명으로 알맞은 것은?

① 건축물의 일조, 채광, 통풍의 확보와 관련된 개념이다.
② 화재시 연소의 차단, 소화 작업, 피난처 역할을 확보 할 수 있게 한다.
③ 식목 공간을 확보하기 위한 방법이다.
④ 입체적인 건축 밀도의 개념이다.

풀이 용적률은 연면적/부지면적×100으로 건물연면적의 합계로 건축밀도를 말한다.

ANSWER 017 ④ 018 ① 019 ④ 020 ② 021 ④

022 휴게시설 중 벤치의 배치는 소시오페탈(sociopetal) 한 형태를 취하여야 하는데, 그것은 다음 인간의 욕구 중 어디에 해당하는가?

① 개인적인 욕구
② 사회적인 욕구
③ 안정에 대한 욕구
④ 장식에 대한 욕구

풀이 **소시오페탈(sociopetal)**
사회적인 공간을 말하며 소시오페탈의 형태는 마주보거나 둘러싼 형태로 이용자 서로 간 대화가 자연스럽게 이루어질 수 있는 배치를 말한다. 인간의 사회적 접촉에 대한 심리적 욕구를 수용하는 형태인 것이다.

023 주거지역 주변의 경관에 대한 시각적 선호를 예측하는 것으로서 다음 [보기]의 가설과, 계량적 예측모델의 효시라고 볼 수 있는 것은?

> [보기]
> 기본적인 가설은 경관에 대한 시각적 선호의 정도는 선호에 영향을 미치는 각 인자(독립변수)들의 영향의 합으로서 나타내진다는 것이다.

① 프라이버스 모델
② 쉐이퍼 모델
③ 중정 모델
④ 피터슨 모델

풀이 **피터슨 모델**
도시경관에 대한 시각적 선호 예측하는 모델로 9개의 독립변수(푸르름, 오픈 스페이스, 건설 후 경과연수, 값비쌈, 안전성, 프라이버시, 아름다움, 자연으로의 근접성, 사진의 질)로 설명한다.

024 「국토기본법」에 대한 설명이 틀린 것은?

① 국토종합계획은 10년을 단위로 수립한다.
② 국토종합계획은 5년을 단위로 전반적으로 재검토하고 실천계획을 수립한다.
③ 국토계획의 유형에는 국토종합계획, 도종합계획, 시·군종합계획, 지역계획 및 부문별계획으로 구분한다.
④ 중앙행정기관의 장은 지역 특성에 맞는 정비나 개발을 위하여 관계 중앙행정기관의 장과 협의하여 관계 법률에 따라 지역계획을 수립할 수 있다.

풀이 국토종합계획은 20년을 단위로 한다.

025 공장조경계획의 기본원칙으로 가장 거리가 먼 것은?

① 환경개선 효과가 큰 수종을 선정한다.
② 공장의 차폐를 위한 부분적 식재에 중점을 둔다.
③ 임해공장의 경우 내조성을, 공장녹화용 수로는 내연성을 고려한다.
④ 공장의 성격과 입지적 특성에 따라 개성적인 계획이 이루어져야 한다.

풀이 공장조경은 차폐, 경관조성, 완충녹지 등 종합적 식재를 고려해야 한다.

ANSWER 022 ② 023 ④ 024 ① 025 ②

026 미적 반응(aesthetic response) 과정이 올바른 것은?

① 자극 → 자극선택 → 자극탐구 → 반응 → 자극해석
② 자극 → 자극선택 → 자극탐구 → 자극해석 → 반응
③ 자극 → 자극탐구 → 자극선택 → 반응 → 자극해석
④ 자극 → 자극탐구 → 자극선택 → 자극해석 → 반응

027 공동 주거 공간 계획 시 주거의 쾌적성 및 안전성 확보 노력과 관련이 가장 먼 것은?

① 인동 간격의 유지
② 완충 공간의 확보
③ 도로 위계에 따른 영역성 확보
④ 자투리땅을 이용한 녹지 확보

028 주택단지 배치 계획시 주거군(住居群)의 조망이 양호하도록 배치하는 방법으로 적합하지 못한 것은?

① 단지의 지형조건을 고려하여 최적 위치 및 적정 높이를 결정하여 배치한다.
② 각 방향의 경관을 조망할 수 있는 위치에 주택을 배치한다.
③ 밑에서 올려다보는 것보다 위에서 내려다 볼 수 있도록 배치한다.
④ 높은 지역에는 저층건물, 낮은 지역에는 고층건물을 배치한다.

029 다음 설명에 해당하는 레크리에이션 계획의 접근 방법은?

- 잠재적인 수요까지도 파악하며 관련시킴
- 다른 방법보다 더 복잡하고, 논쟁의 여지도 있으나 미시적 접근이라는 면에서 매우 중요성이 인식됨
- 일반 대중이 여가 시간에 언제 어디서 무엇을 하는가를 상세히 파악하여 그들의 구체적인 행동 패턴에 맞추어 계획하려는 방법

① 자원접근법 ② 활동접근법
③ 경제접근법 ④ 행태접근법

풀이 **S. Gold의 5가지 레크리에이션 접근방법**

① 자원접근방법
- 자원의 수용력과 생태적 입장이 중요인자
- 물리적 자원이 레크리에이션의 양을 결정함

② 활동접근법
- 과거의 레크리에이션 참가사례가 앞으로의 기회를 결정하도록 하는 방법
- 이용자 측면이 강조되나 새로운 경향의 여가 형태가 반영되기 어렵다.

③ 경제접근법
- 그 지역의 경제적 기반, 예산규모가 레크리에이션 양과 입지 결정
- 비용편익분석에 의해 가업지가 많이 선택, 이용자 고려 안 함

④ 행태접근방법
- 이용자의 선호도, 만족도에 의해 계획이 반영되는 방법
- 잠재적 수요까지 파악, 수준 높은 시민참여 필요

⑤ 종합접근방법
- 각 방법의 긍정적 측면만 취하여 이용자의 요구와 자원의 활용 가능성을 함께 조화시키도록 하는 방법

ANSWER 026 ④ 027 ④ 028 ④ 029 ④

030 「환경영향평가법 시행령」에서 규정한 "전략환경영향평가서"의 내용으로 틀린 것은?

① 대상사업이 실시되는 지역의 경관 및 방재가 포함되어야 한다.
② 전략환경영향평가 항목 등의 결정내용 및 조치 내용이 포함되어야 한다.
③ 개발기본계획의 전략환경영향평가서 초안에 대한 주민, 관계 행정기관의 의견 및 이에 대한 반영 여부가 포함되어야 한다.
④ 전략환경영향평가서에 포함되어야 하는 구체적인 내용과 작성방법 등에 관하여 필요한 세부사항은 관계 중앙행정기관의 장과 협의를 거쳐 환경부장관이 정하여 고시한다.

031 조망(眺望, The vista)의 설계적 처리 방법이 아닌 것은?

① 부분적으로 나눌 수 있다.
② 경관특성과 조화되게 한다.
③ 시각적 관심이 분할되지 않게 한다.
④ 시작지점에서 한 눈에 전체가 보이게 한다.

풀이 **비스타경관**
시선이 좌우로 제한되고 중앙의 한 점으로 시선이 모이도록 구성된 경관

032 「도시공원 및 녹지 등에 관한 법률 시행규칙」에 의한 "녹지의 설치·관리 기준"으로 틀린 것은?

① 전용주거지역에 인접하여 설치·관리하는 녹지는 그 녹화면적률이 50퍼센트 이상이 되도록 할 것
② 재해발생시의 피난을 위해 설치·관리하는 녹지는 녹화면적률이 50퍼센트 이상이 되도록 할 것
③ 원인시설에 대한 보안대책을 위해 설치·관리하는 녹지는 녹화면적률이 80퍼센트 이상이 되도록 할 것
④ 완충녹지의 폭은 원인시설에 접한 부분부터 최소 10미터 이상이 되도록 할 것

풀이 재해발생시의 피난을 위해 설치·관리하는 녹지는 녹화면적률이 70퍼센트 이상이 되도록 할 것

033 「자연환경보전법」에 의해 자연생태·자연경관을 특별히 보전할 필요가 있는 지역을 "생태·경관보전지역"으로 지정할 수 있다. 다음 중 이에 해당되지 않는 것은?

① 자연경관의 훼손이 심각하게 우려되는 지역
② 다양한 생태계를 대표할 수 있는 지역
③ 지형 또는 지질이 특이하여 학술적 연구 또는 자연경관의 유지를 위하여 보전이 필요한 지역
④ 자연 상태가 원시성을 유지하고 있거나 생물다양성이 풍부하여 보전 및 학술적 연구 가치가 큰 지역

ANSWER 030 ① 031 ④ 032 ② 033 ①

034 레크리에이션 계획 시 반영되는 표준치(standard)의 설명으로 옳지 않은 것은?

① 방법론적으로 우수하며, 확실성이 있다.
② 목표의 달성 정도를 평가하는데 도움이 된다.
③ 계획이나 의사결정 과정에서 지침 또는 기준이 된다.
④ 여가시설의 효과도(effectiveness)를 판단하는데 도움이 된다.

풀이 레크리에이션 계획 시 표준치는 목표로 삼는 기준이나 매우 다양한 변수들이 있기 때문에 확실하거나 반드시 우수하다고 할 수 없다.

035 우리나라 스키장 계획 관련 설명으로 가장 부적합한 것은?

① 남서향 사면에 계획
② 정상부는 급경사, 하부는 완경사로 계획
③ 관련 시설을 포함하여 최소 10ha 이상의 면적이 바람직함
④ 동계기간에 강설량이 많고, 적설기의 우천일수가 적은 곳

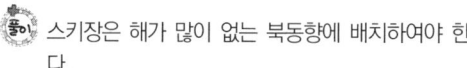

풀이 스키장은 해가 많이 없는 북동향에 배치하여야 한다.

036 골프장 코스 계획 시 잔디가 가장 잘 다듬어진 지역의 명칭은?

① 그린(green)
② 러프(rough)
③ 페어웨이(fairway)
④ 벙커(bunker)

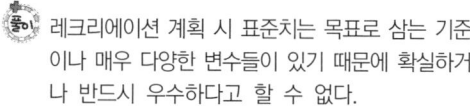

풀이 ① 그린(green) : 홀의 종점부분으로 잔디가 가장 잘 다듬어진 지역
② 러프(rough) : 풀이 자라서 치기 어렵게 해 둔 지역
③ 페어웨이(fairway) : 짧게 잔디를 깎아 둔 곳
④ 벙커(bunker) : Tee에서 바라볼 수 있는 모래 웅덩이로 벌칙을 주고 장애물로서 홀의 난이도에 변화 주는 효과

037 오픈스페이스를 형질, 기능, 소유의 기준으로 공공녹지, 자연녹지 및 공개녹지로 분류할 때 "공개녹지"에 해당하는 것은?

① 도로용지
② 개인정원
③ 학교운동장
④ 공익시설 부속원지

풀이
- 공공녹지 : 공원, 학교운동장, 도로, 광장 등
- 자연녹지 : 하천, 호수, 수로, 해변 등
- 공개녹지 : 상업업무시설 부속정원, 공익시설 부속원지 등

ANSWER 034 ① 035 ① 036 ① 037 ④

038 각 각의 운동시설 계획 시 고려할 사항으로 옳은 것은?

① 농구코트의 장축 방위는 남-북 축을 기준으로 하고, 가까이에 건축물이 있는 경우에는 사이드라인을 건축물과 직각 혹은 평행하게 배치 계획한다.
② 배구장의 코트는 장축을 동-서로 설치하고, 주풍 방향에 수목을 설치하지 않고, 환기를 원활하게 계획한다.
③ 야구장의 방위는 내·외야수의 플레이를 고려하여, 홈 플레이트를 서쪽과 남동쪽 사이에 자리 잡게 계획한다.
④ 테니스 코트 장축의 방위는 정동-서를 기준으로 남서 5~15° 편차 내의 범위로 하며, 가능하면 코트의 장축 방향과 주풍향의 방향이 다르도록 계획한다.

풀이 ② 배구장의 코트는 장축을 남-북로 설치하고
③ 야구장의 방위는 내·외야수가 오후의 태양을 등지고 경기할 수 있도록 홈플레이트를 동쪽과 북서쪽 사이에 자리잡게 한다.
④ 테니스 코트 장축의 방위는 정남-북를 기준으로 동서 5~15° 편차 내의 범위로 하며, 가능하면 코트의 장축 방향과 주 풍향의 방향이 일치하도록 계획한다.

039 의자의 계획·설계기준으로 부적합한 것은?

① 등받이 각도는 수평면을 기준으로 95~110°를 기준으로 한다.
② 앉음판의 높이는 34~46cm를 기준으로 하되 어린이를 위한 의자는 낮게 할 수 있다.
③ 앉음판의 폭은 38~45cm를 기준으로 한다.
④ 의자의 길이는 1인당 최소 70cm를 기준으로 한다.

풀이 의자의 길이는 1인당 최소 45cm를 기준으로 한다.

040 자연지역에서 그 보호와 이용을 합리적으로 하는데 적정수용력의 개념이 사용된다. 이용자가 만족스럽게 공원경험(park experience)을 만끽하는 데는 일정지역에 어느 정도의 인원을 수용하는 것이 적정할 것인가를 기준으로 설정하는 적정 수용력은?

① 물리적 수용력 ② 심리적 수용력
③ 위락적 수용력 ④ 사회적 수용력

3 과목 조경설계

041 시각적 환경의 질을 표현하는 특성과 거리가 먼 것은?

① 친근성(familiarity)
② 복잡성(complexity)
③ 새로움(novelty)
④ 의미성(meaning)

풀이 의미는 정신물리학적 접근에 해당한다.

ANSWER 038 ① 039 ④ 040 ② 041 ④

042 먼셀의 색입체를 수평으로 잘랐을 때 나타나는 특징을 표현한 용어는?

① 등색상면　② 등명도면
③ 등채도면　④ 등대비면

풀이 먼셀표색계는 가로축이 채도, 세로축이 명도임으로 수평으로 자르면 같은 명도의 다른 채도면이 나타난다.

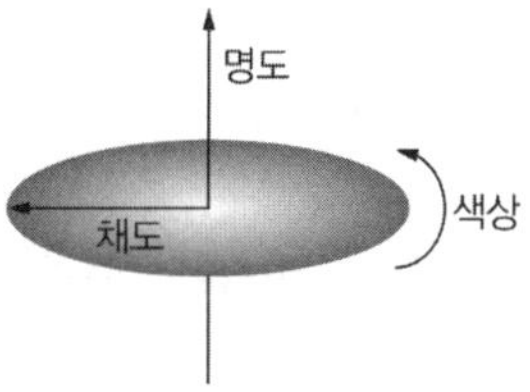

043 조경설계기준 상의 미끄럼대의 설계에 대한 설명이 옳지 않은 것은?

① 미끄럼판의 끝에서 계단까지는 최단거리로 움직일 수 있도록 한다.
② 미끄럼판(면)과 지면이 이루는 각(기울기)은 20~25°로 재질을 고려하여 설계한다.
③ 착지판에서 놀이터 바닥의 답면까지 높이는 10cm 이하로 설계한다.
④ 착지판의 길이는 50cm 이상으로 하고, 물이 고이지 않도록 수평면에서 바깥쪽으로 2~4°의 기울기를 이룰 수 있도록 설계한다.

풀이 미끄럼판(면)과 지면이 이루는 각(기울기)은 30~35°로 재질을 고려하여 설계한다.

044 Gordon Cullen이 도시경관 분석 시 이용했던 분석개념에 해당되지 않는 것은?

① 장소(Place)
② 내용(Content)
③ 동일성(Identity)
④ 연속적 경관(Serial Vision)

045 시몬스(J.P.Simonds)가 말하는 외부공간을 형성하는 요소 중 평면적 요소(base plane)의 특징으로 적합하지 않은 것은?

① 모든 생명체의 근원을 이룬다.
② 대지 내의 토지이용 상황에 직접 관련된다.
③ 우리 자신의 동선(動線)이 이 위에 존재한다.
④ 수직적 요소보다 통제(control)가 용이하다.

풀이 **시몬스(J.O.Simonds) 공간구성의 4가지 요소**
- 1차 공간 : 바닥면(도로, 강 등)
- 2차 공간 : 수직면(담, 벽, 건물 등)
- 3차 공간 : 천정면(수목, 지붕 등)
- 4차 공간 : 시공간(계절, 연속변화)

평면적 요소는 도로, 강 등 지면에 관한 것으로 수직적 요소보다 통제가 더 어렵다.

046 다음 제도용구 중 곡선을 그리는데 사용하기 가장 부적합한 도구는?

① 운형자　② 템플릿
③ 자유곡선자　④ 팬터그래프

풀이 **팬터그래프**
도형을 임의의 크기로 확대 또는 축소하여 그릴 수 있는 제도기

ANSWER 042 ② 043 ② 044 ③ 045 ④ 046 ④

047 뱀이나, 무서운 개 따위는 상당한 거리를 두어도 기분이 나쁘다. 이러한 의식은 다음 항목에서 어느 공간 의식에 해당하는가?

① 시각적 ② 촉각적
③ 운동적 ④ 심리적

048 다음 그림과 같은 재료 단면표시가 나타내는 것은?

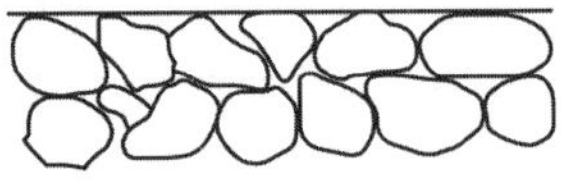

① 일반 흙 ② 바위
③ 잡석 ④ 호박돌

049 다음 중 일반적으로 길이를 재거나 줄이는데 사용하는 축척이 아닌 것은?

① 1/100 ② 1/700
③ 1/200 ④ 1/300

풀이 통상 사용하는 축척은 1/50, 1/100, 1/200, 1/300, 1/500, 1/600, 1/1000 등이다.

050 자연석 및 조경석을 활용한 설계 내용 중 틀린 것은?

① 하천에 있는 둥근 형태의 돌로서 지름 20cm 내외의 크기를 가지는 자연석을 호박돌이라 한다.
② 조형성이 강조되는 자연석을 사용할 때는 상세도면을 추가로 작성한다.
③ 조경석 놓기는 조경석 높이의 1/3 이하가 지표선 아래로 묻히도록 설계한다.
④ 디딤돌(징검돌) 놓기는 2연석, 3연석, 2·3연석, 3·4연석 놓기를 기본으로 설계한다.

풀이 조경석 놓기는 조경석 높이의 1/3 이상이 지표선 아래로 묻히도록 설계한다.

051 도면에서 2종류 이상의 선이 같은 곳에서 겹치게 될 때 표시하는 선의 우선순위가 옳게 나타난 것은?

① 외형선 - 절단선 - 중심선 - 숨은선
② 중심선 - 외형선 - 절단선 - 치수선
③ 무게중심선 - 절단선 - 외형선 - 숨은선
④ 외형선 - 숨은선 - 절단선 - 중심선

풀이 도면의 내용상 가장 중요한 선이 우선되게 한다.

ANSWER 047 ④ 048 ④ 049 ② 050 ③ 051 ④

052 평행주차형식의 경우 일반형 주차구획 규격의 기준은? (단, 규격은 너비×길이 순서임)

① 1.7미터 이상×4.5미터 이상
② 2.0미터 이상×3.6미터 이상
③ 2.5미터 이상×5.0미터 이상
④ 2.0미터 이상×6.0미터 이상

풀이 **주차장법 시행규칙 제3조 평행주차형식의 경우**
- 경형 : 너비 1.7m 이상, 길이 4.5m 이상
- 일반형 : 너비 2.0m 이상, 길이 6.0m 이상
- 보차구분이 없는 주거지역의 도로 : 너비 2.0m 이상, 길이 5.0m 이상
- 이륜자동차전용 : 너비 1.0m 이상, 길이 2.3m 이상

053 시인성(color visibility)에 관한 설명이 틀린 것은?

① 색채마다 고유한 시인성이 있다.
② 다른 용어로 명시성(明視性)이라도로 한다.
③ 검정보다 하양의 바탕이 시인성이 더 높다.
④ 위험 등을 알리는 교통표지판이나 안내물 등에는 시인성을 이용하는 것이 좋다.

풀이 검정바탕의 흰 글씨가 더 시인성이 높다.

054 경관요소가 시각에 대한 상대적 강도에 따라 경관의 표현이 달라지는 것을 우세요소(dominance elements)라 하는데, 다음 중 우세요소에 해당하는 것은?

① 대비, 시간, 연속, 축
② 선, 색체, 질감, 형태
③ 대비, 리듬, 반복, 연속
④ 리듬, 색체, 질감, 형태

풀이
- 경관의 우세요소 : 형태, 선, 색채, 질감
- 경관의 우세원칙 : 대조, 연속성, 축, 집중, 상대성, 조형
- 경관의 변화요인 : 운동, 빛, 기후조건, 계절, 거리, 관찰위치, 규모, 시간

055 시각적 복잡성과 시각적 선호도와의 관계를 나타낸 설명 중 옳지 않은 것은?

① 일반적으로 중간 정도의 복잡성에 대한 시각적 선호도가 가장 높다.
② 복잡성이 아주 낮은 경우에 시각적 선호도가 낮아진다.
③ 시각적 복잡성이 아주 높은 경우에 시각적 선호도가 가장 높다.
④ 시장은 학교보다 훨씬 높은 정도의 복잡성이 요구된다.

풀이 시각적 복잡성은 다양한 모양과 용도의 것이 섞여 있는 것으로 너무 다양한 것이 섞여 있을 때는 시각적 선호가 낮아진다.

ANSWER 052 ④ 053 ③ 054 ② 055 ③

056 표지판 등 안내시설의 배치 시 고려할 사항으로 옳지 않은 것은?

① 종합안내표지판은 이용자가 가능한 한 적은 장소 등 인지도와 식별성이 낮은 지역에 배치한다.
② 표지판의 설치로 인하여 시선에 방해가 되어서는 아니 된다.
③ CIP(Corpirate Identity Program) 개념을 도입하여 시설들이 통일성을 가질 수 있도록 한다.
④ 보행동선이나 차량의 움직임을 고려한 배치계획으로 가독성과 시인성을 확보한다.

풀이 종합안내표지판은 이용자가 가능한 한 적은 장소 등 인지도와 식별성이 높은 지역에 배치한다.

057 다음 그림은 제3각법으로 제도한 것이다. 이 물체의 등각 투상도로 알맞은 것은?

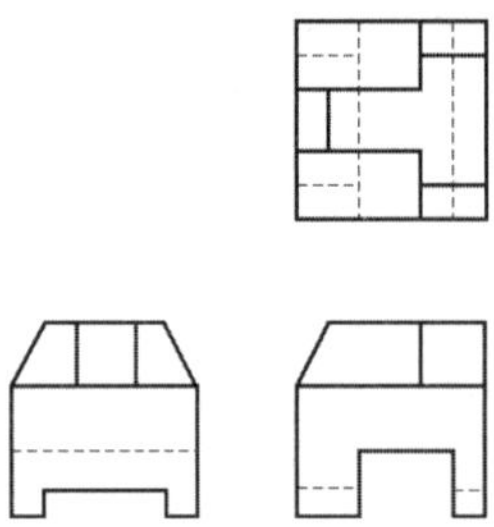

① 
② 
③ 
④ 

풀이
- 위오른쪽 도면 : 평면도
- 아래왼쪽 도면 : 정면도
- 아래오른쪽 도면 : 우측면도

058 도시공간의 분류방법 중 틸(Thiel)에 의한 분류 방법이 아닌 것은?

① 모호한 공간(vagues)
② 한정된 공간(spaces)
③ 닫혀진 공간(volumes)
④ 정적 공간(negative spaces)

풀이 틸(Thiel)은 도시공간을 모호한 공간, 한정된 공간, 닫혀진 공간으로 구분함.

059 자전거도로에서 해당 자전거 설계속도가 시속 35km의 경우 최소 얼마 이상의 곡선반경(m)을 확보하여야 하는가? (단, 자전거 이용시설의 구조·시설 기준에 관한 규칙을 적용한다.)

① 12 ② 17
③ 27 ④ 35

풀이 **자전거도로의 곡선반경**
- 설계속도 30km/hr 이상 : 27m
- 설계속도 20~30km/hr : 12m
- 설계속도 10~20km/hr : 5m

060 A, B 두 점의 표고가 각각 318m, 345m 이고, 수평거리가 280m인 등경사일 때 A 점에서 330m 등고선이 지나는 점까지의 거리는?

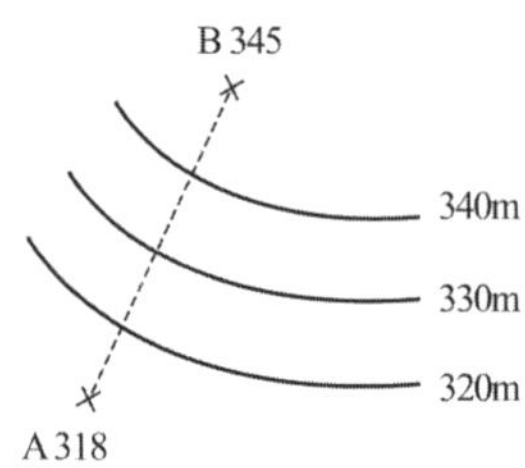

① 80m ② 100.5m
③ 124.4m ④ 145.2m

ANSWER 056 ① 057 ④ 058 ④ 059 ③ 060 ③

풀이 G = D/L×100
(G : 경사도, D : 높이차, L : 두지점간의 수평거리)
G = (345-318)/280×100 = 9.64%
A점에서 330m 등고선이 지나는 지점까지 거리
G(9.64%) = (330-318)/L×100
L = 124.5m

4과목 조경식재

061 일반적인 조경 수목의 형태 및 분류학적인 특징 연결로 가장 거리가 먼 것은?

① 침엽수-풍매화
② 나자식물-구과
③ 쌍자엽식물-은화식물
④ 현화식물-종자식물

풀이 나자식물 - 은화식물

062 "소사나무(Carpinus turczaninowii)"의 특징으로 틀린 것은?

① 한국이 원산지이다.
② 낙엽활엽 수목이다.
③ 4~5월에 개화한다.
④ 잎은 마주난다.

풀이 소사나무의 잎은 어긋나기

063 생울타리용 수종들의 특성으로 옳은 것은?

① 「*Juniperus chinensis* 'Kaizuka'」는 조해, 염해에 약하고 내한, 내서성이 있으며 건습에도 잘 자라나 이식은 어려운 편이다.
② 「*Ligustrum obtusifolium*」는 염해에 강하며 조해에도 비교적 강하고 토질은 가리지 않으며, 강한 전정에 잘 견딘다.
③ 「*Euonymus japonicus*」는 이식이 쉽고 생장이 어느 수종보다도 빠르나 조해, 염해에는 약하다.
④ 「*Chamaecyparis obtusa*」은 조해, 염해에 강하고 이식도 다른 수종에 비해 잘 되나 삽목에 의한 번식은 어렵다.

풀이 ① 가이즈까 향나무 : 이식이 용이하다.
② 쥐똥나무
③ 사철나무 : 조해, 염해에도 강하다.
④ 편백 : 염해에 약하다.

064 생태적 천이(ecological succession)에 대한 설명으로 틀린 것은?

① 내적공생 정도는 성숙단계에 가까울수록 발달된다.
② 생활 사이클은 성숙단계에 가까울수록 길고 복잡하다.
③ 생물과 환경과의 영양물 교환 속도는 성숙단계에 가까울수록 빨라진다.
④ 영양물질의 보존은 성숙단계에 가까울수록 충분하게 된다.

풀이 천이가 거의 진행된 성숙단계에서는 영양물 교환 속도가 초기단계보다 느리다.

ANSWER 061 ③ 062 ④ 063 ② 064 ③

065 배경식재에 관한 설명으로 가장 거리가 먼 것은?

① 주경관의 배경을 구성하기 위한 식재
② 시각적으로 두드러지지 말아야 할 것
③ 대상 수목은 암록색, 암회색 등의 수관 및 수피를 가질 것
④ 대상 수목은 시선을 끄는 웅장한 수형을 가질 것

풀이 배경식재는 다른 주경관을 돋보이게 하기 위한 것으로 두드러지지 않도록 한다.

066 방풍림(防風林, wind shelter) 조성 등에 관한 설명으로 틀린 것은?

① 식물은 공기의 이동을 방해하거나 유도하고 굴절시키며 여과시키는 기능을 한다.
② 수림의 밀폐도가 90%이상이 되면 풍하쪽의 흡인 선풍과 난기류는 줄어든다.
③ 수림대의 길이는 수고의 12배 이상이 필요하다.
④ 주풍과 직각이 되는 방향으로 정삼각형 식재의 수림을 조성한다.

풀이 방풍림의 수림은 50~70% 밀폐도에서 가장 효과가 넓다.

067 수종별 특징이 옳지 않은 것은?

① 후박나무(*Machilus thunbergii*)는 상록성 수종이다.
② 백송(*Pinus bungeana*)의 잎은 3엽 속생이다.
③ 병꽃나무(*Weigela subessilis*)는 경계식재용으로 많이 쓰인다.
④ 상수리나무(*Quercus acutissima*)의 잎은 거치끝에 엽록소가 존재한다.

풀이 상수리나무의 잎은 거치 끝에 엽록소가 없어 희게 보인다.

068 시기적으로 꽃이 가장 먼저 피는 수목은?

① 풍년화(*Hamamelis japonica*)
② 무궁화(*Hibiscus syriacus*)
③ 모란(*Paeonia suffruticosa*)
④ 나무수국(*Hydrangea paniculata*)

풀이 풍년화(2월), 모란(5월), 무궁화, 나무수국(7~8월)

069 시야를 방해하지 않으면서 공간을 분할 및 한정하는데 이용할 수 있는 수종으로만 구성된 것은?

① 백합나무, 맥문동
② 회화나무, 가죽나무
③ 느티나무, 수수꽃다리
④ 화살나무, 병아리꽃나무

풀이 공간을 분할, 한정하는 식재는 경계식재로 시야를 방해하지 않을 정도로 키가 낮은 수종이 적당하다.

ANSWER 065 ④ 066 ② 067 ④ 068 ① 069 ④

070 계절의 변화를 가장 확실하게 보여 주는 수종은?

① 주목(*Taxus cuspidata*)
② 동백나무(*Camellia japonica*)
③ 산벚나무(*Prunus sargentii*)
④ 태산목(*Magnolia grandiflora*)

풀이 계절의 변화는 낙엽수이면서 꽃과 단풍이 명확한 수종이 해당된다.

071 자연풍경식 식재 양식에 속하지 않는 것은?

① 배경식재
② 부등변 삼각형식재
③ 임의식재
④ 표본식재

풀이 ① 정형식 식재 : 단식, 대식, 열식, 교호식재, 집단식재
② 자연풍경식 식재 : 부등변 삼각형 식재, 임의식재, 모아심기, 무리심기, 배경식재, 주목
③ 자유식재 : 루버형, 번개형, 아메바형, 절선형 등
④ 표본식재 : 가장 단순하게 중요지점에 독립수를 식재하여 뛰어난 시각적 효과를 누리는 식재로 단식이라고도 한다.

072 서울 등의 도심지역에 가로수를 식재할 때 고려해야 할 사항으로 가장 거리가 먼 것은?

① 지하고(枝下高)를 고려한다.
② 수고(樹高)를 고려한다.
③ 심근성(深根性)여부를 고려한다.
④ 내염성(耐鹽性)을 고려한다.

풀이 내염성은 염분에 대한 성질로 관계가 없으며. 가로수는 지하고, 수고, 심근성, 흉고직경, 내염성 등을 고려해야 한다.

073 정원공간의 안쪽을 멀고, 깊게 보이게 하는 방법으로서 적합하지 않은 것은?

① 뒤쪽에 황록색(GY), 앞쪽에 청자색(PB)의 식물을 심는다.
② 뒤쪽에 후퇴색, 앞쪽에 진출색의 식물을 심는다.
③ 뒤쪽에 질감(Texture)이 부드러운 수목을 앞쪽에 질감이 거친 것을 심는다.
④ 뒤쪽에 키가 작은 나무를, 앞쪽에 키가 큰 나무를 심는다.

풀이 공간을 멀게 보이게 하기 위해서는 뒤에 후퇴색을 앞에 진출색을 식재하는 것이 좋으며, 황록색과 청자색은 모두 한색계열로 후퇴색에 해당한다.

074 화서(花序, inflorescence) 종류 중 "무한화서(총상화서)"에 해당하는 것은?

① 수수꽃다리(*Syringa oblata*)
② 때죽나무(*Styrax japonicus*)
③ 목련(*Magnolia kobus*)
④ 작살나무(*Callicarpa japonica*)

풀이 무한화서(총상화서)란 꽃이 밑에서 위로, 가장자리에서 가운데로 차차 피어가는 화서로 때죽나무가 해당된다.
수수꽃다리(원추화서), 목련(단정화서)

Appendix 최근기출문제

ANSWER 070 ③ 071 ④ 072 ④ 073 ① 074 ②

075 생물종 다양성에 관한 설명으로 옳은 것은?

① 생물종 다양성의 이론은 열대지방에서만 적용되는 것이므로 온대지방에서는 문제가 없음
② 일반적으로 생태적 천이단계에서 극상림은 생물종 다양성이 발전단계보다 낮아짐
③ 도시지역에서는 인위적으로 생물종 다양성을 높일 수 없음
④ 엔트로피가 증가되면 생물종 다양상은 반드시 증가함

풀이 극상은 더 이상 경쟁이 일어나지 않는 안정한 상태의 수림으로 생물종 다양성이 초기에는 매우 다양하다가 극상에 이르면 낮아진다.

076 두 그루의 수목을 근접 위치에 식재하면, 관련(關聯) 및 대립(對立)으로서의 구성을 보인다. 다음 중 "관련의 구성"에 해당되지 않은 것은?

① 두 그루가 한시야(약 60° 각도)에 들어오게 배식한다.
② 수고보다 수관폭이 큰 경우, 두 그루의 거리를 두 수관폭의 1/2씩의 합계보다 좁게 유지한다.
③ 두 그루의 수고 합계보다 식재거리를 좁게 배식한다.
④ 두 그루의 거리가 두 그루의 수관폭 합계보다 좁게 유지한다.

077 다음 설명에 적합한 한국의 수평적 삼림대는?

- 고유산록활엽수림상은 거의 파괴되고 낙엽활엽수, 침엽혼효림, 소나무림화 된 곳이 많다.
- 붉가시나무, 감탕나무, 후박나무, 녹나무 등이 향토 수종이다.

① 한대림　② 온대북부
③ 온대남부　④ 난대림

풀이 붉가시나무, 감탕나무, 후박나무, 녹나무는 난대림의 대표적인 수종이다.

078 방음식재의 효과를 높이기 위한 유의사항으로 가장 거리가 먼 것은?

① 소음원에 접근해서 식재하는 것이 효과가 높다.
② 경관을 고려하여 지하고가 높은 교목을 선정하고, 식재대는 10m 이하가 적합하다.
③ 수종은 가급적 지하고가 낮은 상록교목을 사용하는 것이 감쇠효과가 높다.
④ 자동차도로 소음 감쇠용 방음식재의 수림대는 높이가 13.5m 이상이 되도록 한다.

풀이 방음식재는 지하고가 낮고 치밀한 상록교목이 적당하다.

ANSWER 075 ② 076 ④ 077 ④ 078 ②

079 다음 설명하는 종자 활력검정방법은?

- 발아력의 간접측정
- 결과를 1~3일 내 도출 가능
- 단단한 종피를 가지고 있어 발아촉진 기간이 긴 휴면성이 깊은 목본류 식물 종자에 유용한 검정방법
- 요소반응을 방해하는 물질을 함유하고 있는 일부 종에는 적용 불가

① 발아검정
② X-ray 검사
③ 배 추출검정(EE검정)
④ 테트라졸리움 검정(TTC검정)

풀이 **테트라졸리움 검정(TTC검정)**
절단한 종자에 TTC 용액을 주가할 때 배유 유아의 단면이 전면 적색으로 염색되며 착색여부를 보고 활력여부를 판정한다.

080 산림생태계 복원 시 자생종으로 활용할 수 있는 수종으로만 조합된 것은?

① 가죽나무(*Ailanthus altissima*), 자귀나무(*Albizia julibrissin*)
② 감나무(*Diospyros kaki*), 버즘나무(*Platanus orientalis*)
③ 모과나무(*Chaenomeles sinensis*), 메타세콰이어(*Metasequoia glyptostroboides*)
④ 상수리나무(*Quercus acutissima*), 때죽나무(*Styrax japonicus*)

풀이 우리나라 산림생태계에는 소나무, 갈참, 상수리, 졸참, 자작, 물푸레, 때죽 등이 자생하고 있다.

5 과목 조경시공구조학

081 다음은 콘크리트 구조물의 동해에 의한 피해현상을 나타낸 것이다. 어느 현상을 설명한 것인가?

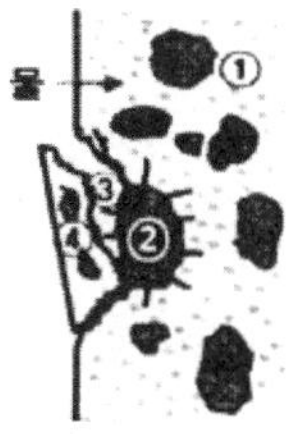

- 콘크리트가 흡수
- 흡수율이 큰 쇄석이 흡수, 포화상태가 됨
- 빙결하여 체적 팽창압력
- 표면부분 박리

① Pop Out
② 폭렬 현상
③ Laitance
④ 알칼리 골재반응

풀이 ① pop out : 콘크리트 표층하에 존재하는 팽창성 물질이나 연석(軟石)이 시멘트나 물과의 반응 및 기상 작용에 의해 팽창하여 콘크리트 표면을 파괴해서 생긴 크레이터 모양으로 움푹 패인 것.
② 폭렬현상 : 콘크리트 부재가 화재 가열을 받아 표층부가 소리를 내어 박리할 때 등의 급격한 파열 현상.
③ Laitance : 콘크리트 타입 후 경화할 때 수분의 상승에 따라 그 표면에 나타나는 미세한 페이스트상 물질.
④ 알칼리 골재반응 : 콘크리트를 구성하는 골재(모래·자갈)가 물과 시멘트 중의 알칼리물질과 반응하여 골재가 비정상적으로 팽창하는 현상

ANSWER 079 ④ 080 ④ 081 ①

082 다음 설명하는 배수 계통의 종류는?

> • 하수처리장이 많아지고 부지경계를 벗어난 곳에 시설을 설치해야 하는 부담이 있다.
> • 배수지역이 광대해서 배수를 한 곳으로 모으기 곤란할 때 여러 개로 구분해서 배수계통을 만드는 방식이다.
> • 관로의 길이가 짧고 작은 관경을 사용할 수 있기 때문에 공사비를 절감할 수 있다.

① 직각식(直角式) ② 차집식(遮集式)
③ 선형식(扇形式) ④ 방사식(放射式)

풀이 ① 직각식 : 하수를 강에 직각으로 연결하는 관거로 배출. 신속하고 구축비 절감.
② 차집식 : 오수를 직접 하천으로 방류하지 않고 집거로 모았다가 우수때 하천으로 방류
③ 선형식 : 지형이 한 방향으로 규칙적 경사가질 때, 하수처리 관계상 전체지역의 하수를 한 개의 어떤 장소로 집중시켜야 할 때 사용
④ 방사식 : 지역이 광대해 하수를 한곳에 모으기 곤란할 때

083 축척 1 : 1,500 지도상의 면적을 잘못하여 축척 1 : 1,000으로 측정하였더니 10,000m^2 나왔다면 실제의 면적은?

① 15,000m^2 ② 18,700m^2
③ 22,500m^2 ④ 24,300m^2

풀이 10,000m^2 = 100m × 100m
1 : 1,000을 측정한 100m = 1 : 1,500에서 150m
따라서 150m × 150m = 22,500m^2

084 회전입상 살수기(回傳立上撒水器, rotary pop-up head)의 설명으로 옳은 것은?

① 고정된 동체와 분사공만으로 된 살수기
② 특수한 경우에 사용되는 분류 살수기
③ 회전하며 한 개 또는 여러 개의 분무공을 갖는 살수기
④ 동체로부터 분무공이 올라와서 회전하는 살수기

085 합성수지 중 건축물의 천장재, 블라인드 등을 만드는 열가소성수지는?

① 요소수지 ② 실리콘수지
③ 알키드수지 ④ 폴리스티렌수지

풀이 • 열가소성 수지 : 염화비닐, 아크릴, 폴리에틸렌 수지
• 열경화성 수지 : FRP, 요소수지, 멜라민 수지, 폴리에스테르 수지, 페놀수지, 실리콘, 우레탄 등

086 공사내역서 작성 시 순공사 원가가 해당되는 항목이 아닌 것은?

① 경비 ② 노무비
③ 재료비 ④ 일반관리비

풀이 순공사원가 = 재료비 + 노무비 + 경비

ANSWER 082 ④ 083 ③ 084 ④ 085 ④ 086 ④

087 시방서 작성에 포함되는 내용이 아닌 것은?

① 시공에 대한 주의사항
② 재료의 수량 및 가격
③ 시공에 필요한 각종 설비
④ 재료 및 시공에 관한 검사

풀이 시방서는 공사수행을 위한 시공방법, 자재성능, 규격 등 도급자가 해당 공사에 대한 내용을 적은 것으로 재료의 수량 및 가격은 적산(공사비산출)에 해당한다.

088 평판 측량에서 평판을 세울 때 발생하는 오차 중 다른 오차에 비하여 그 영향이 매우 큰 오차는?

① 거리 오차
② 기울기 오차
③ 방향 맞추기 오차
④ 중심 맞추기 오차

089 지오이드(Geoid)에 관한 성명으로 틀린 것은?

① 하나의 물리적 가상면이다.
② 평균 해수면과 일치하는 등포텐셜면이다.
③ 지오이드면과 기준 타원체면과는 일치한다.
④ 지오이드 상의 어느 점에서나 중력 방향에 연직이다.

풀이 지오이드는 중력장 이론에 따른 물리학적 정의이며, 타원체는 기하학적으로 정의된 것이다. 또한 지오이드는 육지에서는 타원체면 위에 존재하고, 바다에서는 타원체면 아래에 존재한다. 따라서 지오이드면과 기준 타원체면은 일치하는 것이 아니다.

090 다음 그림과 같이 벽돌을 활용한 내력벽 쌓기의 명칭은?

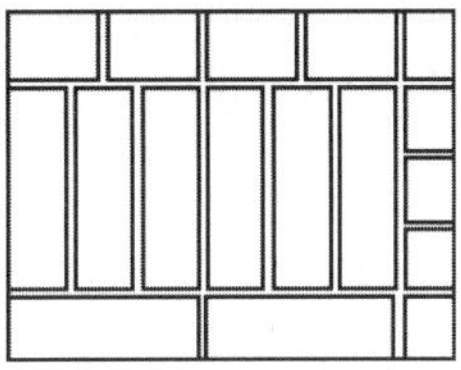

① 길이 쌓기 ② 옆세워 쌓기
③ 마구리 쌓기 ④ 길이세워 쌓기

풀이

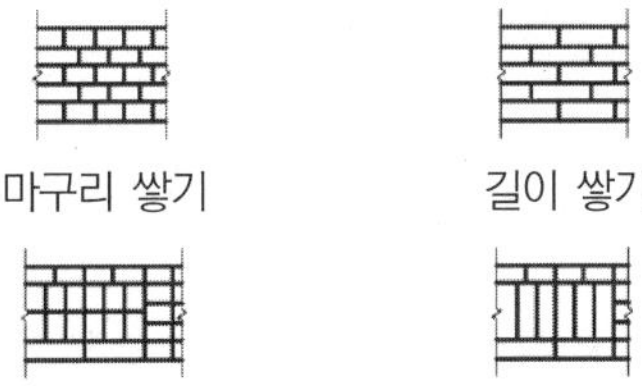

091 다음 중 표준품셈의 재료별 할증률이 가장 큰 것은?

① 이형철근 ② 붉은벽돌
③ 조경용수목 ④ 마름돌용 원석

풀이 ① 이형철근(3%)
② 붉은벽돌(3%)
③ 조경용 수목(10%)
④ 마름돌용 원석(30%)

ANSWER 087 ② 088 ③ 089 ③ 090 ④ 091 ④

092 강우유역 면적이 28ha이고, 평균 우수유출계수가 C = 0.15인 도시공원에 강우강도가 I = 15mm/hr일 때 공원의 우수 유출량(m^3/sec)은?

① 0.175 ② 0.635
③ 1.035 ④ 3.015

풀이 **우수유출량**

$$Q = \frac{1}{360}CIA$$

(C : 유출계수, I : 강우강도, A : 배수면적)

$$Q = \frac{0.15 \times 15 \times 28}{360} = 0.175\text{m}^3/\text{sec}$$

093 0.7m^3 용량의 유압식 백호우를 이용하여 작업상태가 양호한 자연상태의 사질토를 굴착 후 선회각도 90° 로 덤프트럭에 적재하려 할 때 시간당 굴착작업량은? (단, 버킷계수는 1.1, L은 1.25, 1회 사이클 시간은 16초, 토질별 작업효율은 0.85이다.)

① 1.79m^3 ② 3.07m^3
③ 117.81m^3 ④ 184.08m^3

풀이 **백호우 시간당 작업량**

$$Q = \frac{3600 \times q \times K \times f \times E}{C_m}(\text{m}^3/\text{hr})$$

(Q : 시간당 작업량(m^3/hr), q : 버킷용량(m^3), K : 버킷계수, f : 토량환산계수(1/L), E : 작업효율, C_m : 1회 사이클시간(초))

$$Q = \frac{3600 \times 0.7 \times 1.1 \times 0.8 \times 0.85}{16}$$
$$= 117.81\text{m}^3/\text{hr}$$

094 단면 90×90mm의 미송목재 단주(短柱)에 3톤의 고정하중이 축방향 압축력으로 작용한다면 압축 응력은?

① 32 kgf/cm^2 ② 37 kgf/cm^2
③ 42 kgf/cm^2 ④ 47 kgf/cm^2

풀이

$$\sigma_e = \frac{N}{A}(N : \text{고정하중},\ A : \text{단면적})$$

$$\sigma_e = \frac{3000\text{kg}}{9\text{cm} \times 9\text{cm}} = 37\text{kgf/cm}^2$$

095 다음과 같이 평탄지를 조성하는 방법은 어떤 수법에 의한 것인가?

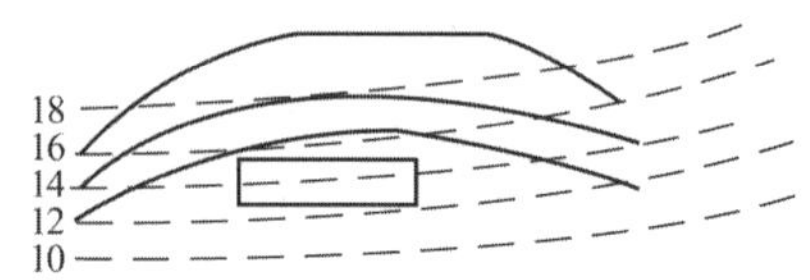

① 성토에 의한 방법
② 절토에 의한 방법
③ 옹벽에 의한 방법
④ 혼합(절토와 성토) 방법

풀이 점선은 기존등고선, 실선은 계획등고선으로 계획등고선이 높은 등고선쪽으로 수정되어 있음으로 기존 높은 곳은 낮게 만든다는 뜻으로 해석하면 됨. 따라서 절토에 의한 방법

096 네트워크 공정표 작성에 대한 설명으로 옳지 않은 것은?

① ○표는 결합점(Event, node)이라 한다.
② 작업(activity)은 화살표로 표시하고 화살표에는 시종으로 동그라미를 표시한다.
③ 동일 네트워크에 있어서 동일 번호가 2개 이상 있어서는 아니 된다.
④ 화살표의 윗부분에 소요시간을 밑 부분에 작업명을 표기한다.

ANSWER 092 ① 093 ③ 094 ② 095 ② 096 ④

097 흙의 함수율, 함수비, 공극률, 공극비에 대한 설명으로 틀린 것은?

① 함수율은 공극수 중량과 흙 전체 중량의 백분율이다.
② 공극률은 흙 전체 용적에 대한 공극의 체적 백분율이다.
③ 공극비는 고체부분의 체적에 대한 공극의 체적비이다.
④ 함수비는 토양에 존재하는 수분의 무게를 흙의 체적으로 나눈 백분율이다.

풀이 흙의 함수비는 포화상태 흙의 무게와 건조상태의 흙의 무게에 대한 비이다.

098 광원에 의해 빛은 받는 장소의 밝기를 뜻하는 조도의 단위는?

① 룩스(lx) ② 암페어(A)
③ 칸델라(cd) ④ 스틸브(sd)

099 구조물에 작용하는 하중의 유형과 그에 대한 설명이 옳지 않은 것은?

① 고정하중 : 구조물과 같이 항상 일정한 위치에서 작용하는 하중이며, 구조체나 벽 등의 체적에 재료의 단위용적 중량을 곱하여 구한다.
② 집중하중 : 하중이 구조물에 얹혀있는 면적이 아주 좁아 한 점으로 생각되는 경우의 하중이다.
③ 눈하중 : 구조물에 쌓이는 눈의 중량을 말하며, 지붕의 경사각이 30°를 넘는 경우 눈하중을 경감할 수 있다.
④ 풍하중 : 구조물에 재난을 주는 빈도가 높은 하중이며, 특히 내륙지방에서는 20%를 증가시켜 적용한다.

풀이 풍하중은 바람으로 인해 구조물에 작용하는 하중이다.

100 물의 흐름과 관련한 설명 중 등류(等流)에 해당하는 것은?

① 유속과 유적이 변하지 않는 흐름
② 물 분자가 흩어지지 않고 질서정연하게 흐르는 흐름
③ 한 단면에서 유적과 유속이 시간에 따라 변하는 흐름
④ 일정한 단면을 지나는 유량이 시간에 따라 변하지 않는 흐름

제 6 과목 조경관리론

101 농약 중 분제(粉劑)에 대한 설명으로 옳은 것은?

① 분제에 대한 검사 항목으로는 주성분과 분말도이다.
② 분제는 유제에 비하여 수목에 고착성이 우수하다.
③ 분제의 물리성 중에서 중요한 것은 입자의 크기와 현수성이다.
④ 주제에 Kaoline 등의 점토광물과 계면활성제 및 분산제를 넣어 제제화한 것이다.

풀이 분제(가루입자)로 된 것으로 유제에 비해 고착성이 떨어진다.
분제는 주제(主劑)를 증량제(增量劑), 물리성 개량제, 분해방지제 등과 균일하게 혼합·분쇄하여 제조한다.

ANSWER 097 ④ 098 ① 099 ④ 100 ① 101 ①

102 다음 중 식물체내의 질소고정작용에 가장 필요한 원소는?

① Mo ② Si
③ Mn ④ Zn

풀이 **몰리브덴(MO)**
질산환원요소 및 질소고정효소의 구성성분으로 식물의 필수미량원소 중 하나이다. 결핍되면 질산환원이 저해되어 식물체 내 질산이 축적된다.

103 부식이 토양의 pH 완충력을 증가시킬 수 있는 이유로 가장 적절한 것은?

① carboxyl기를 많이 가지고 있으므로
② 석회를 많이 흡착 보유할 수 있으므로
③ 미생물의 활성을 증가시키므로
④ 질산화 작용을 억제하므로

풀이 카복실기는 아미노산의 기본 화학구조에서 카복실산(-COOH) 말단기를 지칭하며 용액의 pH 상태에 따라 -COOH는 -COO-로 존재할 수 있다. 이것은 H^+가 떨어져 나가는 것으로 아레니우스(Arrhenius), 브뢴스테드-로우리(Brønsted-Lowry) 정의를 통해 산으로 작용한다.

104 멀칭(mulching)의 효과가 아닌 것은?

① 토양수분이 유지된다.
② 토양의 비옥도를 증진시킨다.
③ 염분농도를 증진시킨다.
④ 점토질 토양의 경우 갈라짐을 방지한다.

풀이 멀칭은 토양수분 유지와 비옥도 증진, 잡초발생억제 등을 위해 수피, 낙엽, 볏짚, 콩까지 등 제재소에서 나오는 부산물을 뿌리분 주위에 5~10cm 두께로 피복하는 것을 말하며, 토양습기 유지, 잡초발생 억제, 유기질 비료제공, 병충해 발생억제, 토양결빙 방지의 효과가 있음

105 수림지의 하예작업 관리계획 수립시의 검토사항으로 가장 거리가 먼 것은?

① 계속 연수 ② 연간 횟수
③ 작업시기 ④ 현존량

풀이 하예작업은 식재한 묘목의 생육을 방해하는 잡초목을 자르는 작업으로 계속연수, 연간횟수, 작업시기 등이 중요하다.

106 농약의 살포방법 중 유제, 수화제, 수용제 등에서 조제한 살포액을 분무기를 사용하여 무기분무(airless spray)에 의하여 안개모양으로 살포하는 방법은?

① 분무법 ② 미스트법
③ 폼스프레이법 ④ 스프링클러법

풀이 ② 미스트법 : 액체농약을 분무기로 살포할 때는 많은 물로 묽게 희석하여 많이 살포하여야 하는데, 미스트법은 근래에 물의 양을 적게 하여 진한 약액을 미립자로 살포하는 방법으로 분무법에 비하여 살포량이 1/3 ~ 1/5로 충분하므로 노동력이 절감됨.
③ 폼스프레이법 : 살포액에 기포제를 넣어 가는 거품을 만들어 살포하는 방법
④ 스프링클러법 : 지면에 설치된 스프링클러를 통한 살포

ANSWER 102 ① 103 ① 104 ③ 105 ④ 106 ①

107 레크레이션 시설의 서비스 관리를 위해서는 제한 인자들에 대한 이해가 필요하며 그것들을 극복할 수 있어야만 한다. 다음 중 그 제한인자에 속하지 않는 것은?

① 관련법규 ② 특별 서비스
③ 이용자 태도 ④ 관리자의 목표

풀이 **서비스 관리 체계**

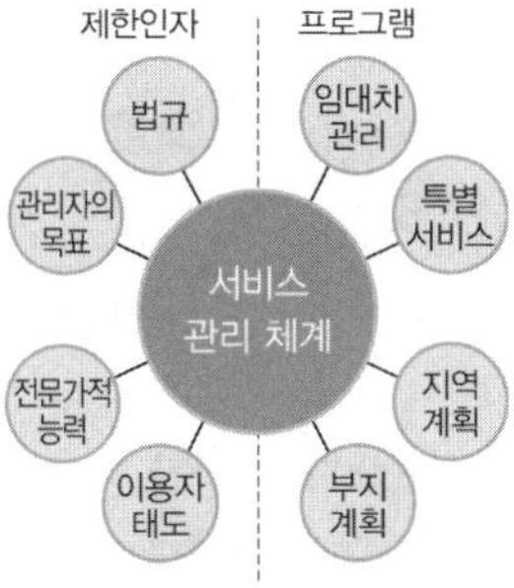

108 각종 운동경기장, 골프장의 Green, Tee 및 Fairway 등과 같이 집중적인 재배를 요하는 잔디 초지는 답압의 내구력과 피해로부터 빨리 회복되는 능력 등이 매우 중요하다. 다음 중 잔디 초지류의 내구성에 대한 저항력이 가장 강한 것은?

① Perennial ryegrass
② Creeping bentgrass
③ Kentucky bluegrass
④ Tall fescue

풀이 한지형잔디 중 저항력이 가장 강한 순서는 Tall fescue - Perennial ryegrass - Kentucky bluegrass - Creeping bentgrass이다.

109 토사로 포장한 원로의 보수 관리 설명으로 틀린 것은?

① 먼지 발생을 억제하기 위해 물을 뿌리거나 염화칼슘을 살포한다.
② 측구나 암거 등 배수시설을 정비하고 제초를 한다.
③ 요철부는 같은 비율로 배합된 재료로 채우고 다진다.
④ 표면배수를 위하여 노면횡단경사를 8~10% 이상으로 유지한다.

풀이 표면배수를 위하여 노면횡단경사를 3~5% 이상으로 유지한다.

110 토양 전염을 하지 않는 것은?

① 뿌리혹병
② 모잘록병
③ 오동나무 탄저병
④ 자주빛날개무늬병

풀이 탄저병은 분생포자에 의해 바람, 비 등으로 전반된다.

ANSWER 107 ② 108 ④ 109 ④ 110 ③

111 하천 생태복원관리의 설명으로 틀린 것은?

① 조성된 생태하천을 효율적으로 관리하기 위해서는 생태적 천이에 교란을 주지 않는 범위 내에서 최소한의 관리를 해주어야 한다.
② 생태하천에서의 비점오염원의 유입차단 및 수질정화효과를 극대화시키기 위해서는 초본의 경우 연 1회(늦가을) 제초를 해주어야 하며 제거된 초본은 하천부지 밖으로 유출하여야 한다.
③ 다년생 초본류와 같은 식생대를 유지하기 위해서는 환삼덩굴과 같은 덩굴성식물이나 단풍잎돼지풀과 같은 외래식물은 지속적으로 구제해주어야 한다.
④ 하천 내에서는 생태하천조성 당시의 원하지 않았던 식물이 도입될 경우, 식물을 조기에 제거하기 위하여 제초제를 사용한다.

풀이 하천내 제초제 사용은 물로 흘러들어갈 수 있기 때문에 매우 조심해야 하며 특히 생태하천조성에서는 취지와 매우 어긋난다.

112 아스팔트 콘크리트 도로 포장의 균열 파손을 보수하는 방법으로 사용할 수 없는 것은?

① 표면처리 공법
② 덧씌우기 공법
③ 모르타르 주입공법
④ 패칭공법

풀이 모르타르 주입공법은 시멘트 콘크리트 포장의 보수방법임.

113 소나무좀은 유충과 성충이 모두 소나무에 피해를 가하는데, 신성충이 주로 가해하는 곳은?

① 소나무 잎　② 소나무 뿌리
③ 수간 밑부분　④ 소나무 새가지

풀이 신성충은 신초(새가지) 잎을 먹는다.

114 다음 중 근로재해의 도수율(度數率)을 가장 잘 설명한 것은?

① 근로자 1000명당 1년간에 발생하는 사상자 수
② 재적근로자 1000명당 년간 근로 재해 수
③ 재적근로자의 근로 시간당의 사상자 수
④ 연 근로시간 합계 100만 시간당의 재해 발생 건수

풀이 도수율은 산업 재해의 지표의 하나로 노동 시간에 대한 재해의 발생 빈도를 나타내는 것으로 연 근로시간 합계 100만 시간당의 재해 발생 건수이다.

115 조경공간에서 잡초가 발아하여 지표면 위로 출현하는 과정에 관여하는 요인과 가장 관련이 적은 것은?

① 토양심도　② 토양강도
③ 토양수분　④ 토양온도

풀이 잡초의 종자가 발아하는 요인은 빛, 온도, 수분과 가장 관계가 깊다.

ANSWER 111 ④　112 ③　113 ④　114 ④　115 ②

116 시공자을 대신하여 공사의 모든 시공관리, 공사업무 및 안전관리업무를 행사하는 사람은?

① 감독관 ② 작업반장
③ 현장대리인 ④ 공사감리자

풀이 ① 감독관 : 공사감독을 담당하는 자로서 발주자가 수급인에게 감독자로 통고한 자와 그의 대리인 및 보조자를 포함한다. 발주자가 감리원을 선정한 경우에는 감리원이 감독자를 대신한다.
② 작업반장 : 작업자들을 팀으로 나누어 관리하는 사람.
③ 현장대리인 : 관계법규에 의하여 수급인이 지정하는 책임 시공기술자로서 그 현장의 공사관리 및 기술관리, 기타 공사업무를 시행하는 현장요원
④ 공사감리자 : 발주자의 위촉을 받아 공사의 시공과정에서 발주자의 자문에 응하고 설계도서대로의 시공여부를 확인하는 등의 감리를 행하는 자

117 다음 설명의 ( )안에 들어갈 용어는?

> 토양의 사상균(곰팡이)은 ( )을/를 형성하여 토양의 입단화를 촉진한다.

① 균사 ② 포자
③ 항생물질 ④ 뿌리혹박테리아

풀이 **사상균**
실 모양의 세포(균사)로 이루어진 토양 내 균류의 총칭. 곰팡이가 여기에 속하며 번식은 포자로 한다.

118 다음 종 조경관리를 위한 동력예취기, 농약살포 연무기, 사다리 등의 장비관리 내용이 틀린 것은?

① 연무기 몸체는 열기를 식힐 수 있도록 주기적으로 물을 뿌려 적셔주도록 한다.
② 가급적 예취기의 날은 작업에 맞도록 사용하며, 일자날 사용은 하지 않도록 한다.
③ 사다리 작업 시 손, 발, 무릎 등 신체의 일부를 사용하여 3점을 사다리에 접촉·유지한다.
④ 예취작업은 오른쪽에서 왼쪽 방향으로 하며, 운전 중 항상 기계의 작업 범위 내에 사람이 접근하지 못하도록 한다.

풀이 연무기 몸체는 물에 젖지 않도록 한다.

119 미국흰불나방의 생태적 특성을 설명한 것으로 틀린 것은?

① 주로 활엽수를 가해한다.
② 성충은 1년에 1회만 발생한다.
③ 수피사이, 판자 틈, 나무의 빈 공간에 형성한 고치를 수시로 채집하여 소각 한다.
④ 8월 상순부터 유충이 부화하여 10월 상순까지 가해한 후 번데기가 되어 월동에 들어간다.

풀이 성충은 1년 2회 발생한다.

120 수목생장에 영향을 끼지는 저해 요인들 중 상대적 비율이 가장 높은 것은?

① 충해 ② 병해
③ 기상피해 ④ 산불피해

풀이 수목생장에는 곰팡이, 세균, 바이러스 등에 의한 병해가 가장 많다.

ANSWER 116 ③ 117 ① 118 ① 119 ② 120 ②

2019 4회 조경기사 최근기출문제

2019년 8월 4일 시행

제1과목 조경사

001 다음 중 동양사상의 일반적인 특징으로 가장 거리가 먼 것은?

① 천지인의 조화를 꾀하였다.
② 자연과 인간이 융합적이다.
③ 분석적이며 물질 중심적이다.
④ 전체주의적이며 정신주의적이다.

풀이 동양사상은 의미, 인간의 내면, 천지인의 조화 등 전체주의적이며 정신주의적이다. 서양사상은 분석적이다.

002 다음 설명에 적합한 대상은?

- 1661년에 조성되어 르 노트르(Le Notre)의 이름을 알리게 현 정원
- 기하학, 원근법, 광학의 법칙이 적용
- 중심축을 따라 시선은 정원으로부터 점차 멀리 수평선을 바라보게 처리

① 보볼리원 ② 벨베데레원
③ 보르 뷔 콩트 ④ 베르사이유 정원

풀이 **보르비 꽁뜨(Vaux le Vicomte)**
르 노트르의 최초의 평면기하학식으로 베르사이유 탄생에 영향을 준다.

003 일본의 헤이안, 가마쿠라 시대 때 조영된 대상과 연못의 명칭 연결이 틀린 것은?

① 대각사 - 대택지
② 모월사 - 대천지
③ 금각사 - 황금지
④ 평등원 - 아(阿)자지

풀이 서방사 - 금지

004 영국 자연풍경식 조경가 중 "자연은 직선을 싫어한다."라는 말을 신조로 삼고 있었던 사람은?

① 켄트(Kent)
② 스위처(Swither)
③ 브라운(Brown)
④ 브리지맨(Bridgeman)

풀이 **켄트**
풍경식 정원의 전성기를 이룬 선도역할로 브리지맨의 제자로 '자연은 직선을 싫어한다' 고 하여 자연 그대로의 나무와 회화적 풍경묘사에 관심을 둠

ANSWER
001 ③ 002 ③ 003 ③ 004 ①

005 동양정원과 관련된 저서에 대한 설명으로 옳은 것은?

① 계성은 원야에서 주인(조영자)보다 장인들의 중요성을 주장하였다.
② 산림경제 복거(卜居)편에는 수목 식재방법이 소개된다.
③ 양화소록에는 조선 시대 정원식물의 특성과 번식법, 화분의 관리법 등이 소개된다.
④ 홍만선(1643~1715)은 임원경제지라는 농가 생활에 필요한 백과전서를 소개했다.

풀이 ① 계성은 원야에서 시공자보다 설계자가 중요하다고 하였다.
② 산림경제 복거편에는 주택의 선정과 건축에 관한 내용이 소개된다.
④ 인원경제지는 서유구가 지은 농가백과사전이다.

006 근대 조경의 아버지라고 불리는 옴스테드(F.L.Olmsted)의 작품 및 프로젝트가 아닌 것은?

① Greensward Plan
② Birkenhead Park
③ Back Bay Fens Plan
④ Wold's Columbian Exposition

풀이 **Birkenhead Park**
조셉 팩스턴이 설계하고 시민의 힘으로 설립된 최초의 공원

007 한국정원에 관한 옛 기록 대동사강에 나오는 고조선 시대 노을왕(魯乙王)과 관련된 내용은?

① 유(囿) ② 누대(樓臺)
③ 도리(桃李) ④ 신산(神山)

풀이 **유(囿)**
"대동사강" 에 노을왕이 유(위요된 울타리) 만들어 짐승을 키웠다는 기록. 최초의 정원

008 메가론(Megaron)이라 불리는 중정 형태가 등장한 시대는?

① 고대 로마
② 고대 이집트
③ 고대 그리스
④ 고대 메소포타미아

풀이 **메가론**
고대 그리스 시대 아트리움의 전신으로 주택 가운에 있는 큰 홀을 말한다.

009 다음 중 세부적 기교, 강렬한 대비효과, 호화로움 그리고 역동성 등의 특성이 나타난 조경 양식은?

① 로코코(rococo) 조경
② 바로크(baroque) 조경
③ 낭만주의(romanticism) 조경
④ 노단건축식(terrace-dominant architectural style) 조경

010 자연사면을 수평면으로 처리한 것이 아니라 인공적인 성토작업을 통하여 축조한 계단식 후원은?

① 경복궁의 교태전 후원
② 창덕궁의 낙선재 후원
③ 전라남도 담양군의 소쇄원
④ 창덕궁의 연경당 선향재 후원

ANSWER 005 ③ 006 ② 007 ① 008 ③ 009 ② 010 ①

011 다음 중 중국 진(秦)나라 시대의 정원은?

① 난지궁　② 서효원
③ 어숙원　④ 태액지원

풀이 **난지궁**
중국 진나라 궁궐로 난지궁 연못에 조성한 봉래산이 신선사상 정원의 시초이다.

012 조선 시대 읍성의 공간 구조적 구성 요소들 가운데 제례공간이 아닌 곳은?

① 여단　② 향청
③ 사직단　④ 성황사

풀이 **향청**
고려 말에 생겨 조선 시대에 그 기능을 발휘한 지방수령의 자문기관이다. 유향소라고도 한다. 수령을 보좌하며 풍속을 바로잡고 향리를 규찰하며, 정령을 민간에 전달하고 민정을 대표하는 기관

013 고대 로마 개인주택에서 5점형 식재나 실용원이 꾸며진 장소는?

① 아트리움(Atrium)
② 지스터스(Xystus)
③ 페리스틸리움(Peristylium)
④ 클로이스터 가든(Cloister Garden)

풀이 ① 아트리움(Atrium) : 제 1중정으로 외부손님 접대용 공간으로 장방형의 홀형태.
② 지스터스(Xystus) : 제 3중정으로 5점 식재, 실용원, 수로중심, 원로와 화단을 대칭배치, 대형주택후원
③ 페리스틸리움(Peristylium) : 제 2중정으로 열주의 중정, 주정으로 사적인 공간
④ 클로이스터 가든(Cloister Garden) : 중세 수도원 장식적 목적의 정원이다.

014 영국 르네상스 시대의 튜더, 스튜어트 왕조 때 정형식 정원의 특징이라고 볼 수 없는 것은?

① 축산(mounding)
② 노트(knot)의 도입
③ 몰(mall)과 대로(grand anenue)
④ 정방형 테라스의 설치

풀이 몰과 대로는 미국 센터럴 파크의 특징이다.

015 이도헌추리(離島軒秋里)의 축산정조전(築山庭造傳)에서 정원(庭園)의 종류로 구분한 것이 아닌 것은?

① 진(眞)　② 초(草)
③ 원(園)　④ 행(行)

풀이 축산정조전에서는 정원을 진, 행, 초 3가지 수법으로 구분한다.

016 일본 다정(茶庭)양식의 전형적 특징이 아닌 것은?

① 심신을 정화하기 위해 준거(蹲踞 : 쓰꾸바이)를 배치하였다.
② 조명과 장식의 목적으로 석등(石燈)을 설치하였다.
③ 연못과 섬을 조성하여 다실(茶室)과 연결하였다.
④ 다실에 이르는 통로인 노지(露地)는 다실과 일체된 공간으로 구성되었다.

풀이 다정양식은 다실과 다실을 연결하는 길을 조성한다.

ANSWER 011 ① 012 ② 013 ② 014 ③ 015 ③ 016 ③

017 '거울의 방 → 물 화단 → Latona 분수 → 타피 베르 → 아폴로분천'으로 이어지도록 조성된 공간 특성을 보이는 곳은?

① 데스테장(Villa d'Este)
② 알함브라(Alhambra)궁
③ 베르사이유(Versailles)궁
④ 퐁텐블로우(Fontainebleau)성

018 주렴계의 애련설이 서술된 연꽃의 의미는?

① 은일자(隱逸者)를 상징
② 부귀자(富貴者)를 상징
③ 군자(君子)를 상징
④ 극락의 세계를 상징

풀이 주돈이의 애련설에 연꽃은 군자라고 하였다.

019 다음 중 사찰에 1탑 3금당식 유형이 나타나지 않는 것은?

① 신라 분황사
② 신라 황룡사지
③ 고구려 청암리 절터(금강사)
④ 백제 익산 미륵사지

풀이 미륵사지는 3탑 3금당식이다.

020 제1노단의 정방형 못 가운데 몬탈토(Montalto) 분수가 있는 곳은?

① 란테장(Villa Lante)
② 데스테장(Villa d'Este)
③ 파르네제장(Villa Famese)
④ 피렌체의 보볼리원(Giardino Boboli)

2과목 조경계획

021 경사도별 지형 특성(시각적 느낌, 용도, 공사의 난이도 등)을 설명한 것으로 적합하지 않은 것은?

① 4% 이하 : 활발한 활동, 별도의 절·성토 없이 건물 배치 가능
② 4~10% : 평탄하고, 소극적인 행위와 활동, 절·성토 작업을 통한 건물과 도로의 배치 가능
③ 10~20% : 가파르고, 언덕을 이용한 운동과 놀이에 적극 이용, 편익시설 배치 곤란
④ 20~50% : 테라스 하우스, 새로운 형태의 건물과 도로의 배치 기법이 요구됨

풀이 4~10% 경사는 절·성토 작업없이 건물, 도로배치가 가능하다.

022 공공디자인으로서 가로시설물을 계획할 때 고려할 요소가 아닌 것은?

① 형태와 이미지의 통합
② 재료와 규격의 통합
③ 내용 및 콘텐츠의 통합
④ 시설과 단위공간의 통합

ANSWER 017 ③ 018 ③ 019 ④ 020 ① 021 ② 022 ④

023 「도시·군계획시설의 결정·구조 및 설치기준에 관한 규칙」에 의한 도시·군계획시설 중 분류가 '공간시설'에 포함되지 않는 것은?

① 광장 ② 공원
③ 유원지 ④ 주차장

풀이 **공간시설**
광장, 공원, 녹지, 유원지, 공공공지 등
주차장은 교통시설에 해당함.

024 단지설계 및 주택설계를 함에 있어서 에너지를 절약할 수 있는 설계안이 많이 제시되고 있는데, 여기서의 주요한 고려 사항으로 가장 거리가 만 것은?

① 태양열의 최대한 이용
② 실내식물의 도입
③ 겨울바람의 차단
④ 여름바람의 통과

025 다음 중 「자연환경보전법」에 대한 설명으로 틀린 것은?

① 환경부장관은 전국의 자연환경보전을 위한 자연환경보전기본계획을 10년마다 수립하여야 한다.
② 환경부장관은 관계 중앙행정기관의 장과 협조하여 생태·자연도에서 1등급 권역으로 분류된 지역과 자연상태의 변화를 특별히 파악할 필요가 있다고 인정되는 지역에 대하여 2년마다 자연환경을 조사할 수 있다.
③ 환경부장관은 자연생태·경관을 특별히 보전할 필요가 있는 지역을 생태·경관보전지역으로 지정할 수 있다.
④ 생태·자연도는 5만분의 1 이상의 지도에 실선으로 표시하여야 한다.

풀이 생태·자연도는 2만5천분의 1 이상의 지도에 실선으로 표시하여야 한다.

026 개인적 공간(personal space)의 기능과 가장 거리가 먼 것은?

① 방어(protection)
② 공공영역의 확보
③ 정보교환(communication)
④ 프라이버시(privacy) 조절

027 조경계획 과정에서 동선계획은 토지이용 상호 간의 이동을 다루는 중요한 계획요소이다. 이에 대한 계획기준으로 적절한 것은?

① 통행량이 많은 곳은 짧은 거리를 직선으로 연결하는 것이 바람직하다.
② 주거지와 공원 등에서는 격자형 패턴이 효과적이다.
③ 쿨데삭(Cul-de-sac)은 통과교통 구간에 적합하다.
④ 다양한 행위가 발생하는 곳은 복잡한 동선 체계로 한다.

풀이 쿨데삭은 통과교통이 발생하지 않는다.
다양한 행위가 발생하는 곳은 단순한 동선체계로 한다.

ANSWER 023 ④ 024 ② 025 ④ 026 ② 027 ①

028 주택정원의 기능 분할(zoning)은 크게 전정(前庭), 주정(庭), 후정(後庭) 및 작업(作業)공간으로 나눌 수 있다. 다음 중 후정을 설명하고 있는 것은?

① 가족의 휴식이 단란하게 이루어지는 곳이며, 가장 특색 있게 꾸밀 수 있는 장소이다.
② 장독대, 빨래터, 건조장, 채소밭, 가구집기, 수리 및 보관 장소 등이 포함될 수 있다.
③ 실내 공간의 침실과 같은 휴양공간과 연결되어 조용하고 정숙한 분위기를 갖는 공간이다.
④ 바깥의 공적(公的)인 분위기에서 주택이라는 사적(私的)인 분위기로 들어오는 전이공간이다.

풀이 ① 주정
② 작업정
③ 후정
④ 전정

029 관련 규정에 따라 '명예습지생태안내인'의 위촉기간은 얼마로 하는가?

① 1년 ② 2년
③ 3년 ④ 5년

풀이 **습지보전법 시행령 제19조2**
규정에 의한 명예습지생태 안내인의 위촉기간은 2년으로 한다.

030 토양에 대한 설명으로 틀린 것은?

① 토성(soil texture)은 토양의 개략적인 성질을 나타내는 것이다.
② 직경이 0.05~0.002mm인 토양입자는 미사로 구분한다.
③ 토성분류는 자갈, 미사, 점토의 구성비로 나타낸다.
④ 토양단면은 유기물층, 용탈층, 집적층, 무기물층, 암반 등으로 구분한다.

풀이 토성은 자갈, 모래, 미사, 점토 구성비로 분류된다.

031 조경가의 역할이 주어진 장소의 단순한 미화 작업이 아니라 생존을 위한 설계, 지구의 파수꾼이라는 측면의 영역으로 확대한 생태적 계획방법을 수립한 사람은?

① 에크보(G.Eckbo)
② 헬프린(L.Halprin)
③ 맥하그(I.McHarg)
④ 옴스테드(F.Olmsted)

032 「도시공원 및 녹지 등에 관한 법률」에서 구분하는 녹지의 유형이 아닌 것은?

① 경관녹지 ② 생산녹지
③ 완충녹지 ④ 연결녹지

풀이 **도시공원 및 녹지 등에 관한 법률 제35조(녹지의 세분)**
녹지는 완충녹지, 경관녹지, 연결녹지로 분류한다.

ANSWER
028 ③ 029 ② 030 ③ 031 ③ 032 ②

033 어린이놀이터의 놀이시설 배치 시 고려할 사항으로 거리가 먼 것은?

① 인접 놀이터와 기능을 달리하여 장소별 다양성을 부여한다.
② 놀이시설은 어린이의 안전성을 먼저 고려하여야 하며, 높이가 급격하게 변화하지 않게 설계한다.
③ 놀이시설은 지역여건과 주변환경을 고려하여 놀이터에 따라 단위놀이시설·복합놀이 시설 등을 조화되게 구분하여 설치한다.
④ 놀이공간 안에서 어린이의 놀이와 보행동선의 연계를 위해 주보행동선 주변에 가급적 시설물을 배치한다.

풀이 놀이공간에서 어린이 놀이와 보행동선이 충돌되지 않도록 해야 안전하며, 주보행동선 주변에 시설물을 배치하지 않는다.

034 「도시공원 및 녹지 등에 관한 법률」시행규칙상 면적 12,000m^2의 도심 공지에 체육공원을 조성하여 한다. 최대 공원시설면적에 설치할 수 있는 운동시설 최소면적은 얼마인가?

① 7,200m^2　② 6,000m^2
③ 4,300m^2　④ 3,600m^2

풀이 체육공원 안 3만제곱미터 미만 시 공원시설 부지면적 : 50/100이하
따라서 12,000m^2×(50/100) = 6,000m^2

035 「국토의 계획 및 이용에 관한 법률」시행령에 따른 '경관지구'의 분류에 해당되지 않는 것은?

① 자연경관지구　② 특화경관지구
③ 생태경관지구　④ 시가지경관지구

풀이 **국토의 계획 및 이용에 관한 법률 시행령 제 31조 (용도지구의 지정)**
- 경관지구(자연경관지구, 시가지경관지구, 특화경관지구)
- 방재지구(시가지방재지구, 자연방재지구)
- 보호지구(역사문화환경보호지구, 중요시설물보호지구, 생태계보호지구)
- 취락지구(자연취락지구, 집단취락지구)
- 개발진흥지구(주거개발진흥지구, 산업유통개발진흥지구, 관광휴양개발진흥지구, 복합개발진흥지구, 특정개발진흥지구)로 구분한다.

036 다음 그림과 같은 대지에 건축물을 건축하고자 한다. 층수는 지하는 1층(200m^2), 지상은 5층으로 하고자 할 경우 최대한 건축할 수 있는 연면적은? (단, 건폐율은 50%, 용적률은 200%이다.)

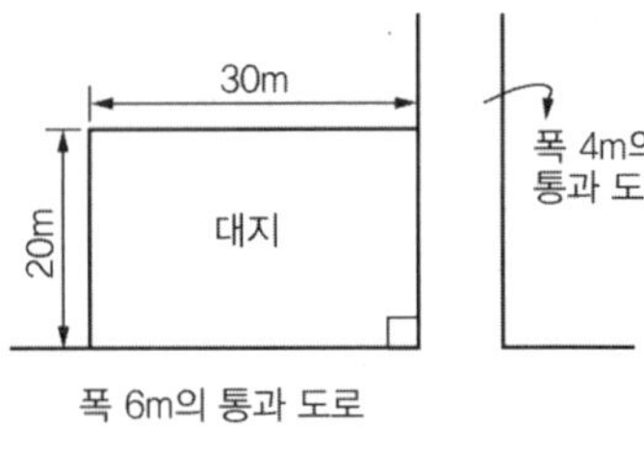

① 1,196m^2　② 1,200m^2
③ 1,396m^2　④ 1,695m^2

풀이
- 건폐율 : 대지면적에 대한 건축면적의 비율
- 용적률 : 대지면적에 대한 건축물 연면적의 비율. 지하층, 지상층주차장, 주민공동시설면적은 연면적에서 제외한다.
- 연면적 : 대지에 들어선 하나의 건축물의 바닥면적의 합계

ANSWER 033 ④ 034 ④ 035 ③ 036 ③

지상층 바닥면적 합과 지하층 바닥면적 합을 포함한다.

공제되는 부분의 면적은 건축법에 의한 도로모퉁이 건축선 가각전제로 너비 8m 미만인 도로의 모퉁이에 위치한 대지의 도로모퉁이 부분의 건축선은 그 대지에 접한 도로경계선의 교차점으로부터 도로경계선에 따라 다음 표에 의한 거리를 각각 후퇴한 2점을 연결한 선으로 한다.

도로의 교차각	당해도로의 넓이		교차되는 도로의 넓이
	6~8m 미만	4~6m 미만	
90도 미만	4	3	6~8m 미만
	3	2	4~6m 미만
90도~120도 미만	3	2	6~8m 미만
	2	2	4~6m 미만

따라서, $1/2 \times 2 \times 2 = 2m^2$(교차되는 도로의 너비 6m 〉 W ≥ 4m일 때 도로모퉁이에서의 건축선 2m)

연면적 = 지상층 바닥면적의 합 + 지하층 바닥면적의 합

따라서, $(20 \times 30 - 2) \times 200\% + 200 = 1,396m^2$

037 인간행태 연구를 위한 현장관찰 방법의 설명으로 틀린 것은?

① 행위자의 의도를 인터뷰 없이 정확하게 알 수 있다.
② 시간의 흐름에 따라 변하는 연속적인 행태를 연구할 수 있다.
③ 연구자의 출현이 피관찰자의 행태에 영향을 미칠 수 있다.
④ 환경적 상황에 따른 행태의 해석이 용이하다.

풀이 현장관찰에서 행동만으로는 정확하게 알 수 없으며 인터뷰를 병행한다.

038 조경계획을 할 경우 지형도에서 파악이 곤란한 것은?

① 자연배수로 ② 경사도
③ 유역(流域) ④ 식생현황생태

풀이 지형도는 등고선만 그려져 있는 것으로 식생현황은 알수 없다.

039 고속도로 조경 시 명암순응식재가 가장 필요한 곳은?

① 휴게소 ② 인터체인지
③ 교량 ④ 터널 입구

풀이 **명암순응식재**
어두운 곳에서 밝은 곳으로, 밝은 곳에서 어두운 곳으로 갑작스레 들어가면 잠시 눈이 안 보이는 순응시간에 맞추어서 주위의 밝기를 차츰차츰 바꾸어 주는 식재로 터널입구와 출구에 가장 필요하다.

040 식재계획에 대한 설명으로 옳지 않은 것은?

① 식재계획은 구역 내 식생의 보호, 관리, 이용 및 배식에 관한 것을 포함한다.
② 계획구역의 기후적 여건에서 생장이 가능한지를 검토한 후 수종을 선택한다.
③ 생태적 측면뿐만 아니라 기능적 측면도 고려하여 수종을 선택한다.
④ 정형식 패턴은 기념성이 높은 장소에 부적합하다.

풀이 정형식 패턴은 기념성 강조되는 장소에 적합하다.

ANSWER 037 ① 038 ④ 039 ④ 040 ④

3과목 조경설계

041 포장설계를 하는 데 있어서 고려해야 할 바람직한 설계 기준에 해당되는 것은?

① 시선유도에는 넓은 스케일의 포장패턴을 사용한다.
② 포장의 변화를 이용하여 도로의 속도감을 표현한다.
③ 편의성, 내구성, 경제성, 재생성을 기준으로 한다.
④ 교통하중, 동결심도, 토질 등의 사항을 고려해야 한다.

풀이 포장설계시 교통량, 교통하중, 노상조건, 포장재료 등을 고려하는 것이 가장 중요하다.

042 조경설계기준상의 환경조경시설 관련 배치 설계 등에 관한 설명으로 틀린 것은?

① 조형물 전체를 감상하기 위해서는 최소 시설물 높이의 2~3배의 관람 거리를 확보한다.
② 기념비형 조형물은 설계대상 공간의 어귀·중앙의 광장과 같이 넓은 휴게공간의 포장 부위 또는 녹지에 배치한다.
③ 인지도와 식별성이 낮은 곳을 선정하여 조형 시설의 도입에 따른 이미지가 부각되지 않도록 배치한다.
④ 환경조성시설은 인간성 회복에 기여하고 주변 환경의 지속성을 높일 수 있도록 설계한다.

풀이 환경조경시설은 경관의 미적기능을 높이기 위해 설치하는 것으로 인지와 식별이 잘 되는 곳에 설치한다.

043 다음 입체도를 제3각법으로 나타낸 3면도 중 옳게 투상한 것은?

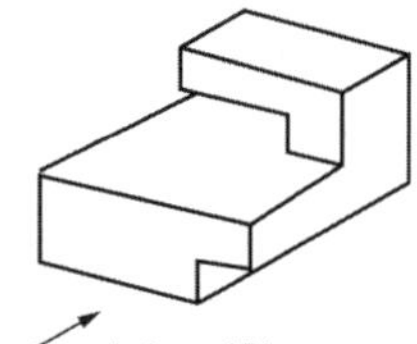

①
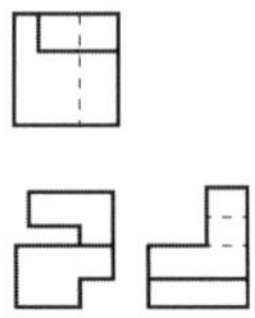

②
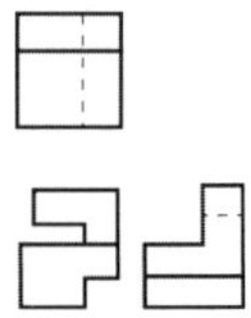

③
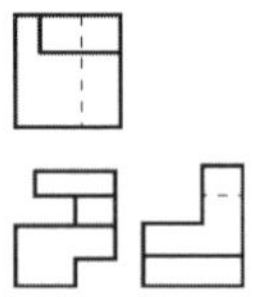

④
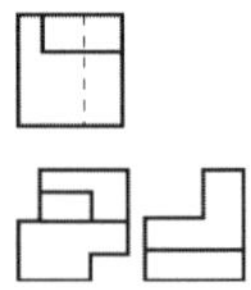

풀이 제3각법에서 제시된 도면 3개중에 위에 것은 평면도, 아래왼쪽그림은 정면도, 아래오른쪽 그림은 우측면도에 해당하는 도면을 그려야함.

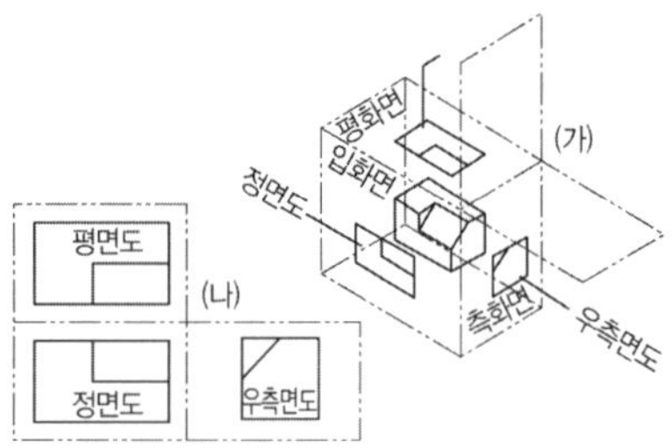

044 다음 경관분석을 위한 기초자료 종합 시 가중치(加重値) 적용 방법 중 가장 객관적이라고 볼 수 있는 것은?

① 회귀분석법(回歸分析法)
② 도면결합법(圖面結合法)
③ 여러 명의 전문가 의견을 평균하는 방법
④ 모든 요소에 동일한 가중치를 적용하는 방법

풀이 회귀분석은 독립변수가 종속변수에 미치는 영향

ANSWER 041 ④ 042 ③ 043 ① 044 ①

력의 크기를 측정하여 독립변수의 일정한 값에 대응되는 종속변수의 값을 예측하기 위한 방법으로 가장 정량적이며 객관적임.

045 흰색 배경의 회색보다 검은색 배경의 회색이 더 밝게 보이는 것은?

① 보색대비 ② 명도대비
③ 색상대비 ④ 채도대비

풀이 **명도대비**
균일한 회색면이 더 어두운 영역에 접근해 있으면 더 밝게 보이는 현상으로 명도가 다른 색을 대비시켜 명도가 달라보이게 하는 현상

046 산림경관 중 인상적이고 명확한 형태의 경관으로 관찰자나 시행자에게 중요한 안내자가 되는 동시에 경관의 지표(指標)가 되는 경관은?

① 전경관 ② 지형경관
③ 위요경관 ④ 초점경관

풀이 ① 전경관(파노라믹경관) : 초원, 시야가 가리지 않고 멀리 퍼져 보이는 경관
② 지형경관 : 지형이 특징적이어서 관찰자가 강한 인상을 받게 되며, 경관의 지표가 됨
③ 위요경관 : 평탄한 중심 공간 주위로 숲이나, 산으로 둘러쌓인 경관
④ 초점경관 : 시선이 한 곳으로 집중되는 경관, 계곡 끝 폭포

047 조경공간에서 휴게시설의 퍼걸러(pergoal) 설계기준이 옳지 않은 것은?

① 기둥과 들보와 보로 구성되며, 햇빛을 막아 그늘을 제공하는 구조물로서 그늘시렁이라고도 한다.
② 평면 행태는 직사각형 및 정사각형을 기본으로 하며, 공간성격에 따라 원형·아치형·부정형으로 할 수 있다.
③ 조형성이 뛰어난 그늘시렁은 시각적으로 넓게 조망할 수 있는 곳이나 통경선(vista)이 끝나는 곳에 초점요소로서 배치할 수 있다.
④ 규격은 공간규모와 이용자의 시각적 반응을 고려하여 결정하며, 일반적으로 길이보다 높이가 길도록 한다.

풀이 **조경설계기준 13.4.2 그늘시렁 형태및규격**
규격은 공간규모와 이용자의 시각적 반응을 고려하여 결정하되 균형감과 안정감이 있도록 하며, 일반적으로 높이에 비해 길이가 길도록 한다.

048 설계자의 창의성을 사고(思考)의 창의성과 표현(表現)의 창의성으로 구분한다면 사고의 창의성과 가장 관계가 깊은 것은?

① 프로그램 작성
② 기본계획 작성
③ 기본설계 작성
④ 실시설계 작성

풀이 사고의 창의성은 무엇을 어떻게 할 것인가에 관한 프로그램 작성에 필요하며, 표현의 창의성은 설계에 필요하다.

ANSWER 045 ② 046 ② 047 ④ 048 ①

049 기본적인 수(手)작업 제도상의 주의 사항으로 틀린 것은?

① 축척자는 선을 그릴 때 사용하지 않는다.
② T자를 제도판으로부터 들어낼 때는 머리 부분을 울려 옮긴다.
③ 제도용 연필은 그리는 방향으로 당기듯이 회전하면서 그려 나간다.
④ 삼각자를 활용해서 수직선을 그릴 때는 위에서 아래로 그려 나간다.

풀이 삼각자를 활용해서 수직선을 그릴 때는 아래에서 위로 그려 나간다.

050 존 딕슨 헌트(John Dixon Hunt)가 자연을 분류한 3가지 유형에 포함되지 않는 것은?

① 정원(garden)
② 이상향(utopia)
③ 원생자연(Wild nature)
④ 문화자연(cultural nature)

풀이 존 딕슨 헌트(John Dixon Hunt)는 자연은 원생자연, 문화자연, 정원 3가지로 분류하였다.

051 다음 그림은 서로 다른 모양과 크기의 체크무늬로 이루어진 사다리꼴 그림으로 받아들이지 않고 같은 크기의 정방형 체크무늬 타일바닥이 비스듬하게 기울어진 것으로 받아들이려는 경향이 있다. 이를 행태주의 심리학(Gestalt Psychology)에서는 무슨 원리로 설명하는가?

① 단순성의 원리 ② 교차조합의 원리
③ 모호성의 원리 ④ 전경배경의 원리

풀이 사물을 단순하게 파악하여 기억하면 쉽게 기억하기 때문에 단순성의 원리가 적용된 심리이다.

052 입체의 각 방향의 면에 화면을 두어 투영된 면을 전개하는 투상도법은?

① 사투상 ② 정투상
③ 투시투상 ④ 축측투상

풀이 ① 사투상도 : 물체의 주요면을 투상면에 평행하게 놓고 투상면에 대하여 수직보다 다소 옆면에서 보고 그린 투상도를 말한다.
② 정투상도 : 서로 직각으로 교차하는 세 개의 화면, 즉 평화면, 입화면, 측화면 사이에 물체를 놓고 각 화면에 수직되는 평행 광선으로 투상한다.

053 다음 중 질감(texture)의 설명으로 적합하지 않은 것은?

① 수목의 질감은 잎의 특성과 구성에 있다.
② 옷감의 질감은 실의 특성과 직조 방법에 있다.
③ 거친 질감은 관찰자에게 접근하는 느낌을 주기 때문에 실제거리보다 가깝게 보인다.
④ 질감은 주로 촉각에 의해서 지각되며 자세히 보면 행태의 집합보다는 부분적 느낌의 종합이다.

풀이 질감은 표면의 거친 정도를 말하며 촉각, 시각에 의해 지각되며 전체적 행태의 집합에서 느낀다.

ANSWER 049 ④ 050 ② 051 ① 052 ② 053 ④

054 다음 색입체에서 가장 채도가 높은 빨강의 순색은?

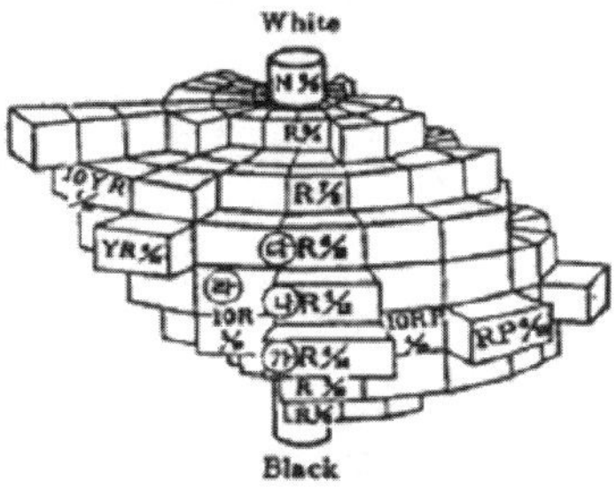

① ㉮ R4/14　　② ㉯ R5/12
③ ㉰ R6/10　　④ ㉱ 10R5/10

풀이 먼셀표색계의 표기법은 색상 명도/채도 순으로 표기한다.

055 조경에서 배수시설 설계와 관련된 설명으로 옳지 않은 것은? (단, 조경설계기준을 적용한다.)

① 배수 계통은 직각식, 차집식, 선형식, 방사식, 집중식 등이 있다.
② 배수의 계통 및 방식은 최소 우수배수량을 합류식으로 산출하여 정한다.
③ 개거는 토사의 침전을 줄이기 위해서 배수 기울기를 1/300 이상으로 한다.
④ 하수도에 방류하는 경우에는 빗물과 오수를 동일 관거로 배제하는 합류식과 분리하는 분류식으로 나눈다.

풀이 **조경설계기준 10.1.4 빗물침투와 배수의 계통 및 방식**
최대 우수배수량을 합류식으로 산출하여 정한다.

056 축척이 1/500인 도면에서 길이가 3cm되는 선은 실제로는 얼마가 되는가?

① 3cm÷500　　② 500÷3cm
③ 500×3cm　　④ 1÷(500×3cm)

풀이 축척은 실제크기를 줄여놓은 정도를 말하는 것으로 실제 길이를 1/550 줄여놓은 것임으로 실제길이는 500×3cm

057 일소점 투시도상에서 사람의 눈높이에 위치하며, 선들이 모이는 점은?

① V.P(Vanishing Point)
② P.S(Point of Sight)
③ S.P(Stand Point)
④ F.P(Foot Point)

풀이 ① V.P(Vanishing Point) : 소점
② P.S(Point of Sight) : 시점
③ S.P(Stand Point) : 입점
④ F.P(Foot Point) : 족점

058 다음 그림에서 각 선의 명칭으로 옳은 것은?

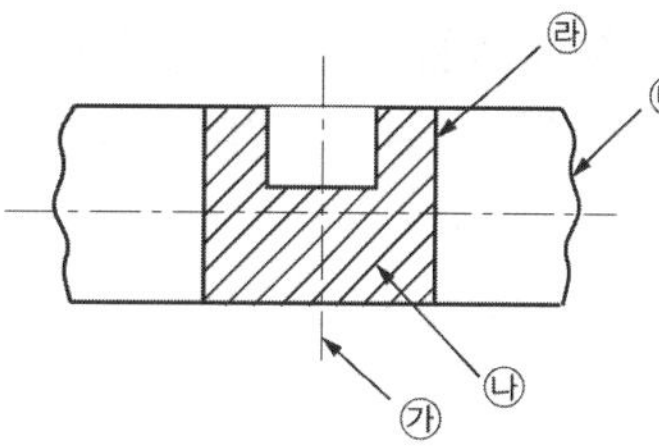

① ㉮ 경계선　　② ㉯ 파단선
③ ㉰ 가상선　　④ ㉱ 외형선

풀이 ㉮ 중심선, ㉰ 파단선, ㉱ 외형선

ANSWER 054 ① 055 ② 056 ③ 057 ① 058 ④

059 "교목들을 건물의 서편에 배치시켜 늦은 오후의 강한 햇살이 실내로 들어오는 것을 차단하였다."는 물리·생태적 분석 요소 중 어느 것이 설계에 반영된 결과인가?

① 지형 ② 기후
③ 토양 ④ 식생

060 물리적 공간을 한정하여 공간규모를 결정하는 옥외 공간 한정 요소로 적당하지 않은 것은?

① 천장면 ② 장식면
③ 바닥면 ④ 벽면

풀이 **공간규모를 산정하는 옥외 공간 한정요소**
바닥, 벽, 천장

4과목 조경식재

061 수목이식을 위한 굴취공사 때 필요로 하는 재료와 가장 거리가 먼 것은?

① 식물생장조절제
② 결속·완충재
③ 가지주재
④ 증산촉진제

풀이 수목이식시 수목의 수분증발을 억제하여야 한다.

062 다음은 온대중부지역의 천이단계를 나타낸 것이다. ( )안의 단계에 해당하는 수종으로 적합한 것은?

> 나지 → 1·2년생 초본가 → 다년생 초본기 → 관목식생기 → 양수성교목림기 → ( ) → 극상림기

① 신갈나무 ② 곰솔
③ 때죽나무 ④ 능수버들

풀이 음수성 교목림기로 신갈나무가 해당된다.

063 다음 중 생태학에서 분류하는 천이에 해당되지 않는 것은?

① 1차 천이 ② 퇴행 천이
③ 2차 천이 ④ 3차 천이

풀이
- 환경에 의한 천이 : 1차 천이, 2차 천이
- 진행방향에 의한 천이 : 진행 천이, 퇴행 천이

064 인공지반(옥상 등)의 식재 환경에 대한 설명으로 옳지 않은 것은?

① 지하 모관수의 상승작용이 없다.
② 잉여수 때문에 양분 유실 속도가 빠르다.
③ 토양 미생물의 활동이 미약하다.
④ 토양 온도의 변화가 거의 없다.

풀이 옥상은 온도변화도 심하며, 지상보다 온도도 높다.

ANSWER 059 ② 060 ② 061 ④ 062 ① 063 ④ 064 ④

065 군집의 발전 과정에서 나타나는 여러 현상에 관한 설명으로 틀린 것은?

① 비생물적 유기물질은 증가한다.
② 개체의 크기는 점점 커지는 경향이 있다.
③ 물리적 환경과의 평형상태를 극상이라고 한다.
④ 천이는 군집 변화 과정을 내포한 방향성 없는 변화이다.

풀이 천이는 종 구성의 변화와 시간에 따른 군집 변화과정을 내포한 군집 발전의 규칙적인 과정이며 방향성이 있다.

066 다음 중 이식이 어려운 수종으로 구성된 것은?

① 은행나무, 사철나무
② 버드나무, 계수나무
③ 느티나무, 명자나무
④ 자작나무, 호두나무

067 지피식물의 이용 목적과 거리가 가장 먼 것은?

① 토양의 침식 방지
② 공간의 장식적 역할
③ 미기후의 완화, 조절
④ 정원수 생육 촉진

풀이 지피식물은 정원수 생육에 오히려 방해가 될 수도 있다.

068 우리나라 산림의 수직분포 중 한대림의 자생 수종에 해당되지 않는 것은?

① 분비나무(*Abies nephrolepis*)
② 개서어나무(*Carpinus tschonoskii*)
③ 눈잣나무(*Pinus pumila*)
④ 잎갈나무(*Larix olgensis*)

풀이 개서어나무는 강한 음수식물이며 온대림의 2차림으로 조성되어 있다.

069 서양 잔디 중 난지형 잔디로 종자 번식이 비교적 잘되어 운동장에 주로 이용하는 것은?

① Bent grass
② Fesce grass
③ Bermuda grass
④ Kentucky bluegrass

풀이 **난지형 잔디**
한국잔디, 버뮤다그래스

070 임해 매립지 위에 식재기반과 관련된 설명으로 옳지 않은 것은?

① 바람의 피해를 받을 우려가 있는 식재지에서는 방풍림 또는 방풍망 등을 설계한다.
② 바람에 날리는 모래로 수목의 생육 장애가 우려되는 지역에는 방사망 설계를 적용한다.
③ 지하에서 염분이 상승하여 수목의 생장에 피해를 줄 우려가 있는 식재지에는 관수 시설을 도입한다.
④ 준설토로부터의 염분 확산이 우려되는 곳에서는 준설토보다 작은 입자의 토양을 객토용으로 채택한다.

풀이 준설토로부터의 염분 확산이 우려되는 곳에서는 준설토보다 큰 입자의 토양을 객토용으로 채택한다.

ANSWER 065 ④ 066 ④ 067 ④ 068 ② 069 ③ 070 ④

071 우리나라의 경토(耕土)와 산림 토양의 일반적인 산도(pH) 범위는?

① 4.5미만 ② 4.5~6.5
③ 6.6~8.0 ④ 8.1~9.0

풀이 보통 점토 pH 5.0~6.5, 산림토양 보통은 pH 4.5~6.5, 콩과식물 pH 6.0 이상

072 다음 특징에 해당하는 수종은?

- 5월에 개화하고 연한 홍색의 꽃이 핀다.
- 줄기는 홍갈색과 녹색의 얼룩무늬가 있다.
- 9월에 익는 노란 열매는 향기가 매우 좋다.

① 호두나무(*Juglans regia* Dode)
② 명자나무(*Chaenomeles speciosa* Nakai)
③ 산딸나무(*Berberis koreana* Palib)
④ 모과나무(*Chaenomeles sinensis* Koehne)

073 다음 수목 중 꽃의 색이 다른 하나는?

① *Cornus controversa*
② *Cornus walteri*
③ *Cornus officinalis*
④ *Cornus kousa*

풀이 ① *Cornus controversa* : 층층나무 흰색
② *Cornus walteri* : 말채나무 흰색 또는 황백색
③ *Cornus officinalis* : 산수유나무 노란색
④ *Cornus kousa* : 산딸나무 흰색

074 종 다양성에 대한 설명으로 옳지 않은 것은?

① 종 이질성을 나타낸다.
② 종들의 생태적 지위가 중복된 군집일수록 종 다양도는 높다.
③ 낮은 종 다양도는 매우 복잡한 군락을 나타낸다.
④ 종 다양도는 천이 초기에 증가하는 경향이 있다.

풀이 종 다양도가 높을수록 복잡한 군락을 나타낸다.

075 인동덩굴(Lonicera japonica Thunb)의 특성에 대한 설명으로 틀린 것은?

① 반상록 활엽 덩굴성 관목이다.
② 잎은 마주나기하며 타원형이고 예두 또는 끝이 둔한 예두이다.
③ 열매는 둥글고 지름이 7~8mm로 검은색이고 9~10월에 성숙한다.
④ 줄기는 덩굴손을 이용하여 올라가고, 1년생 가지는 녹색이다.

풀이 줄기는 오른쪽으로 다른 물체를 감아 올라가고, 1년생 가지는 적갈색이다.

076 유전자급원(遺傳子給源)으로서의 모수(母樹)를 선정할 경우 유의해야 할 사항에 해당되는 것은?

① 열세목 중에서 선택한다.
② 유전적 형질과는 무관하다.
③ 적응 양의 종자를 생산하는 개체를 남긴다.
④ 바람에 의한 넘어짐에 대한 저항력이 높아야 한다.

풀이 유전자급원으로서의 모수는 건전하고 유전적으로 우세한 것을 선정하여 종자를 대량으로 생산하기 위한 것으로 우세한 유전자, 내환경성이 높은 것을 선정한다.

ANSWER 071 ② 072 ④ 073 ③ 074 ③ 075 ④ 076 ④

077 라운키에르(Raunkier)에 의한 식물의 생활양식의 유형이 아닌 것은?

① 다육(多肉)식물
② 초본(草本)식물
③ 반지중(半地中)식물
④ 일년생(一年生)식물

풀이 **라운키에르 식물생활형(휴면아의 위치)에 따른 분류**
- 지상식물(거대, 대형, 소형, 왜소, 다육식물, 착생식물)
- 지표식물
- 반지중식물
- 지중식물(토중식물, 수중식물)
- 하록성 식물
- 한해살이

078 양버즘나무의 특징으로 옳은 것은?

① 학명은 *Platanus orientals* L.이다.
② 암수한그루로 꽃은 3월 말~5월에 핀다.
③ 열매는 둥글고 털이 없으며, 직경이 1cm로 6월에 2개가 성숙하여 그해 가을에 모두 탈락한다.
④ 토심이 얕고 배수가 불량한 점질토양에서도 생육이 양호하며, 각종 공해에 약하고 충해에는 강하다.

풀이 ① 학명은 *Platanus occidentalis* L. 이다.
③ 열매는 많은 수과가 모여 지름 3cm정도 되며, 9~10월에 성숙하여 이듬해 봄까지 달려있다.
④ 토심이 깊고 배수가 양호한 사질양토를 좋아하며, 각종 공해에는 강하지만 충해에는 약하다.

079 하천의 저습지 설계와 관련된 설명으로 틀린 것은?

① 저습지에는 외래식물 중 발아 및 초기생육이 우수한 초본식물을 우선 도입한다.
② 저습지는 침수빈도와 정도를 고려하여 조성하고, 식재하는 식물종을 선정한다.
③ 배수가 불량하거나 물이 많이 고이는 곳에 습초지(濕草地)를 조성하여 조류 서식처가 되도록 한다.
④ 도입 가능한 부유식물(ferr-floating plants)로는 좀개구리밥, 생이가래 등이 있다.

풀이 외래식물보다 자생식물을 우선 도입하여야 한다.

080 식물이 생육하는 토양에서 답압에 의한 영향으로 옳은 것은?

① 토양이 입단(粒團)구조가 된다.
② 용적 비중이 낮아진다.
③ 통수성이 낮아진다.
④ 토양 통수가 빠르다.

풀이 답압이란 시간이 지나면서 토양이 다져져 공극이 많이 줄어든 상태로 용적비중이 높아지고 통수성, 배수성이 나빠진다.

ANSWER 077 ② 078 ② 079 ① 080 ③

5과목 조경시공구조학

081 다음 중 측량의 3대 요소가 아닌 것은?

① 각측량 ② 면적측량
③ 고저측량 ④ 거리측량

풀이 측량은 거리, 방향, 높이를 측정하는 것으로 거리측량, 각측량, 고저측량이 가장 기본이다.

082 건설공사표준품셈 기준에 의한 공사비 예산 내역서 작성 시 일반적인 설계서의 총액 원 단위표준 지위규칙으로 옳은 것은? (단, 지위 이하는 버린다.)

① 지위 1원 ② 지위 10원
③ 지위 100원 ④ 지위 1,000원

풀이 설계서 총액은 1,000원 이하 버림
설계서 소계, 금액란은 1원 미만 버림

083 토적 계산법에 대한 설명으로 틀린 것은?

① 점고법은 단면법의 일종이다.
② 등고선법은 각주공식을 응용하여 계산한다.
③ 중앙단면법은 양단면평균법보다 토양이 적게 계산된다.
④ 사각형분할법보다 삼각형분할법에서 더 정확한 토양이 계산된다.

풀이 단면법을 이용한 체적계산은 각주공식, 양단면 평균법, 중앙단면법이 있다.

084 살수관개시설의 설계 시 고려 사항에 해당되지 않는 것은?

① 관수량, 급수원의 흐름 및 압력에 의해 살수기를 선정한다.
② 어느 동일한 구역에서 살수지관의 압력 변화는 살수기에서 필요한 압력의 20%보다는 크지 않도록 한다.
③ 살수기 배치는 정삼각형보다 정사각형의 경우가 살수 효율이 좋다.
④ 살수지관의 압력손실은 주관 압력의 10% 이내가 되도록 한다.

풀이 살수기 배치는 정삼각형 배치가 가장 효과적이다.

085 공사 발주자가 공사발주를 위한 예정 가격을 책정하기 위한 것으로 공사비 산정의 일반적인 과정이 올바르게 연결된 것은?

㉠ 수량산출
㉡ 현장조사
㉢ 단위품셈결정
㉣ 직접 공사비 산출
㉤ 발주시공
㉥ 기획 및 예산책정

① ㉥ → ㉡ → ㉢ → ㉠ → ㉣ → ㉤
② ㉤ → ㉥ → ㉡ → ㉢ → ㉠ → ㉣
③ ㉥ → ㉡ → ㉠ → ㉢ → ㉣ → ㉤
④ ㉡ → ㉥ → ㉠ → ㉢ → ㉣ → ㉤

풀이 **공사비 산정의 일반적인 과정**
기획 및 예산책정 → 현장조사 → 수량산출 → 단위품셈결정 → 직접공사비 산출 → 발주시공

ANSWER 081 ② 082 ④ 083 ① 084 ③ 085 ③

086 목재의 섬유포화점(fiber saturation point)에서의 함수율은?

① 약 15% ② 약 30%
③ 약 40% ④ 약 50%

087 식재지반 조성에 필요한 자연 상태의 사질 양토 10,000m^3를 현장에서 10km 떨어진 곳에서 버킷 용량 0.7m^3의 유압식 백호우를 이용하여 굴착하고 덤프트럭에 적재하여 운반하고자 한다. 백호우의 시간당 작업량(m^3/h)은?

- C : 0.85, L : 1.25, 버킷계수 : 1.1
- 백호우의 작업효율 : 0.85
- 백호우의 1회 사이클 시간 : 21초

① 89.76 ② 112.2
③ 140.25 ④ 165.0

풀이 **백호우 시간당 작업량**

$$Q=\frac{3600\times q\times K\times f\times E}{C_m}(m^3/hr)$$

(Q : 시간당 작업량(m^3/hr), q : 버킷용량(m^3), K : 버킷계수, f : 토량환산계수(1/L), E : 작업효율, C_m : 1회 사이클시간(초)

$$Q=\frac{3600\times0.7\times1.1\times0.8\times0.85}{21}$$
$$=89.76m^3/hr$$

088 배수지역이 광대해서 하수를 한 곳으로 모으기가 곤란할 때, 배수 지역을 여러 개로 구분하여 배수 구역별로 외부로 배관하고 집수된 하수는 각 구역별로 별도로 처리하는 배수 방식은?

① 직각식 ② 선형식
③ 집중식 ④ 방사식

풀이 ① 직각식 : 하수를 강에 직각으로 연결하는 관거로 배출. 신속하고 구축비 절감.
② 선형식 : 지형이 한 방향으로 규칙적 경사가질 때, 하수처리 관계상 전체지역의 하수를 한 개의 어떤 장소로 집중시켜야 할 때 사용
③ 집중식 : 사방에서 한 지점으로 집중적으로 흐르게 해 다른 지점으로 이동. 저지구의 중간 펌프장으로 집중 양수할 경우
④ 방사식 : 지역이 광대해 하수를 한곳에 모으기 곤란할 때

089 시멘트의 분말도에 관한 설명으로 틀린 것은?

① 시멘트의 분말이 미세할수록 수화반응이 느리게 진행하여 강도의 발현이 느리다.
② 분말이 과도하게 미세하면 풍화되기 쉽거나 사용 후 균열이 발생하기 쉽다.
③ 시멘트의 분말도 시험으로는 체분석법, 피크노메타법, 브레인법 등이 있다.
④ 분말도는 시멘트의 성능 중 수화반응, 블리딩, 초기강도 등에 크게 영향을 준다.

풀이 시멘트의 분말이 미세할수록 접지면이 커져 수화반응이 빨리 일어나서 강도의 발현이 빨라진다.

ANSWER 086 ② 087 ① 088 ④ 089 ①

090 다음 그림에서 같은 두 힘에 의한 A점의 모멘트 크기는?

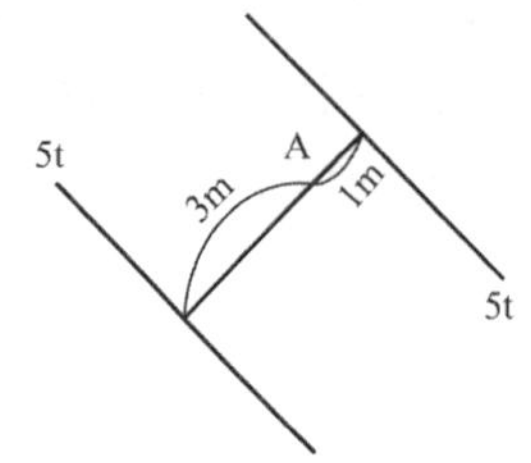

① 5t·m ② 10t·m
③ 15t·m ④ 20t·m

풀이 $M = P \times l = 5 \times 4 = 20t \cdot m$

091 그림과 같은 보에서 A점의 수직반력은?

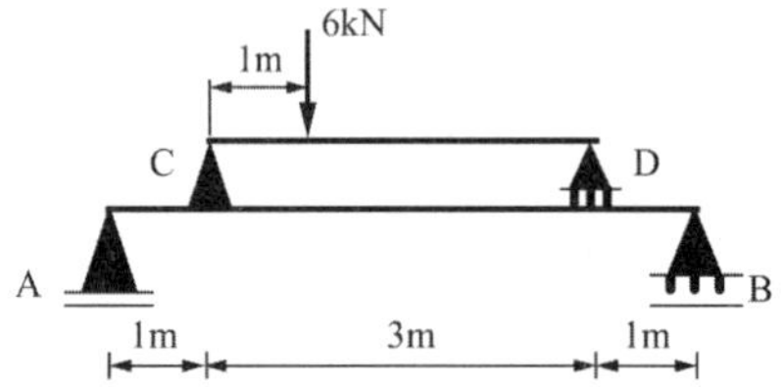

① 2.4kN ② 3.6kN
③ 4.8kN ④ 6.0kN

풀이
$V_c = 6 \times \frac{2}{3} = 4kN$

$V_D = 6 \times \frac{1}{3} = 2kN$

$\Sigma M_B = 0,\ 5V_A - 4 \times 4 - 2 \times 1 = 0$

$V_A = \frac{18}{5} kN$

092 관습적으로 정지계획 설계도 작성 시 고려할 사항으로 틀린 것은?

① 제안하는 등고선은 파선으로 표시한다.
② 계단, 광장, 도로 등의 꼭대기와 바닥의 고저를 표기하도록 한다.
③ 폐합된 등고선은 정상을 표시하기 위해 점고저(Spot Elevation)를 적는다.
④ 등고선의 수직노선 조작은 성토의 경우 높은 방향(위)에서 시작하여 내려온다.

풀이 제안하는 등고선은 실선으로 한다.

093 다음 옹벽 설계조건의 ( )안에 가장 적합한 것은?

> 활동력이 저항력보다 커지면 옹벽은 활동하게 되고, 반대인 경우에 옹벽은 활동에 애해 안전하다고 볼 수 있다. 일반적으로 활동(sliding)에 대한 안전율은 ( )을/를 적용한다.

① 1.0~1.5 ② 1.5~2.0
③ 2.0~2.5 ④ 2.5~3.0

풀이 활동에 대한 안전계수는 1.5~2.0을 적용한다.

ANSWER 090 ④ 091 ② 092 ① 093 ②

094 수목식재 장소가 경관상 매우 중요한 위치일 때 사용하는 방법으로 통나무를 땅에 깊숙이 묻고 와이어로프 등으로 수목이 흔들리지 않도록 하는 수목 지주법은?

① 강관지주 ② 당김줄형지주
③ 매몰형지주 ④ 연계형지주

풀이 ① 강관지주 : 강제 파이프로 된 지주로 콘크리트보나 슬래브를 받치기 위해 설치
② 당김줄형지주 : 경관적 가치가 요구되는 곳에 설치하나 통행이 있는 곳에는 위험
③ 매몰형지주 : 경관상 매우 중요한 위치에 땅속에 만드는 것
④ 연계형지주 : 군식되어 있을 때 나무끼리 연결하는 것

095 다음 평판측량과 관련된 용어는?

> 평판상의 점과 지상의 측점을 일치시키는 것

① 정준 ② 표정
③ 치심 ④ 폐합

풀이 ① 정치(수평맞추기) : 평판 수평되게 하여 지상의 측점과 도면상 점이 수직선상에 오도록 맞추기
③ 치심(중심맞추기) : 평판상의 측점위치와 지상의 측점과 일치시키는 것
② 표정(방향맞추기) : 평판상 그려진 모든 선이 이것에 해당하는 선과 평행하게 평판돌리는 것

096 쇠메로 쳐서 요철이 없게 대충 다듬는 정도의 돌 표면 마무리는 무엇인가?

① 정다듬 ② 잔다듬
③ 도두락다듬 ④ 혹두기

풀이 **표면 가공형태 거친순서**
혹두기 〉 정다듬 〉 도두락다듬 〉 잔다듬

097 비탈면 구축 시 대상(帶狀) 인공뗏장을 수평 방향에 줄 모양으로 삽입하는 식생공법(植生工法)을 무엇이라고 하는가?

① 식생조공(植生條工)
② 식생대공(植生袋工)
③ 식생반공(植生般工)
④ 식생혈공(植生穴工)

풀이 ① 식생조공(植生條工) : 인공뗏장을 수평방향에 줄모양으로 삽입하는 공법
② 식생대공(植生袋工) : 식생자루공이라고도 하며, 종자, 비료, 흙을 자루망에 넣고 비탈면 수평으로 판 골속에 넣어 붙이기, 급경사지, 풍화토 지반시공에 적합
③ 식생반공(植生般工) : 점질토, 비료, 퇴비, 지푸라기 등을 섞은 것을 식생반으로 만들어 붙이는 공법
④ 식생혈공(植生穴工) : 구멍을 뚫어 비료 등 혼합물을 채워넣는 공법으로 비료유실이 적다.

098 골재의 함수상태에 따른 중량이 다음과 같을 경우 표면수율은?

> • 절대건조상태 : 400g
> • 표면건조상태 : 440g
> • 습윤상태 : 550g

① 2% ② 10%
③ 25% ④ 37%

풀이
$$\text{표면수율} = \frac{(\text{습윤상태} - \text{표건상태})}{(\text{표건상태})} \times 100$$
$$= \frac{550 - 440}{440} \times 100 = 25\%$$

ANSWER 094 ③ 095 ③ 096 ④ 097 ① 098 ③

099 도로의 곡선부분에 곡선장(曲線長)을 짧게 할 때 발생하는 현상으로 거리가 먼 것은?

① 도로가 절곡되어 있는 것처럼 보이므로 속도가 증가된다.
② 운전자가 핸들 조작에 불편을 느낀다.
③ 곡선반경이 실제보다 작게 보여 운전상 착각을 느낀다.
④ 원심 가속도의 증가로 운전경로를 이탈하기 쉽다.

풀이 원곡선 또는 단곡선에서 곡선시점과 종점사이의 곡선의 길이를 곡선장이라함. 곡선부의 교각이 작으면 곡선반경이 커 곡선장이 짧아진다. 이는 운전자의 핸들조작불편, 원심 가속도의 증가, 곡선반경에 대한 착각 등의 현상이 발생한다.

100 다음 중 네트워크식 공정표의 계산에 관한 설명으로 적합하지 않은 것은?

① EFT는 EST보다 크다.
② FF는 TF보다 작다.
③ DF는 TF보다 크다.
④ 최초작업의 EST는 0으로 한다.

풀이 **DF(종속여유시간), TF(총여유시간), FF(자유여유시간)**
TF = LFT - EFT
FF = 후속작업 EST - 그 작업의 EFT
DF = TF - FF
종속여유시간 = 총여유시간 - 자유여유시간임으로 종속여유시간이 총여유시간보다 크지는 않다.

제 6 과목 조경관리론

101 솔잎혹파리가 겨울을 나는 형태는?

① 알　② 성충
③ 유충　④ 번데기

풀이 솔잎혹파리는 유충으로 땅속에서 월동한다.

102 공정표의 종류 중 횡선식 공정표(Gantt Chart)에서 가장 정확히 보여주는 특성은?

① 작업 진행도
② 공종별 상호관계
③ 공종별 작업의 순서
④ 공기에 영향을 주는 작업

풀이 횡선식 공정표는 한눈에 파악 가능하도록 공정별, 전체 공사시기 등이 일목요연하게 알아보기 쉽다. 하지만 각 작업에 대한 상세한 일수나 내용, 작업 상호간의 관계를 알기 어렵다.

103 잡초 중에서 가장 많이 분포하며, 잎집과 잎몸의 이음새에는 막이 있고, 털이 밖으로 생장한 모습의 잎혀가 있으며, 잎맥이 평행한 특성을 가지는 것은?

① 화본과　② 명아주과
③ 사초과　④ 마디풀과

ANSWER 099 ① 100 ③ 101 ③ 102 ① 103 ①

104 멀칭의 효과로 가장 거리가 먼 것은?

① 토양 수분 유지 ② 잡초 발생 억제
③ 토양 침식 방지 ④ 토양 고결 조장

풀이 멀칭은 토양습기유지, 잡초발생 억제, 유기질 비료제공, 토양결빙 방지의 효과가 있음.
토양고결은 토양이 단단하게 굳어지는 것을 말한다.

105 재해·안전대책의 설명으로 가장 거리가 먼 것은?

① 각종 재해의 복구는 재산 가치나 높은 것부터 복구한다.
② 각종 시설물은 정기적인 점검과 보수를 한다.
③ 위험한 곳은 사고 방지를 위한 시설을 설치한다.
④ 이용자 부주의에 의한 빈번한 사고라도 안내판 설치 등 이용지도가 필요하다.

106 공원녹지 내에서 행사를 기획할 때 유의해야 할 사항이 아닌 것은?

① 행사 시설이 설치 목적에 맞을 것
② 관계 법령을 준수할 것
③ 대안을 만들어 놓을 것
④ 통상 이용자를 통제할 것

107 가수분해의 우려가 없는 경우에 농약 원제를 물에 녹이고 동결방지제를 가하여 제제화한 제형은?

① 유제(乳劑)
② 액제(液劑)
③ 수화제(水和劑)
④ 수용제(水溶劑)

풀이 ① 유제(乳劑) : 농약의 주제를 용제에 녹여 유화제로 하고 계면활성제를 가하여 제조한 농약 제형
② 액제(液劑) : 액체 상태로해서 분무하는 약제를 말한다.
③ 수화제(水和劑) : 수화제는 물에 녹지 않은 주제를 카올린, 벤트라이트 등에 희석한 후 여기에 계면 활성제를 혼합한 제제
④ 수용제(水溶劑) : 제제의 형태는 수화제와 같으나 유효성분이 수용성이므로 물에 넣어면 투명한 액체가 된다.

108 이용률이 80인 조건에서 요소(N 46%) 10kg 중 유효질소의 양은?

① 약 2.7kg ② 약 3.7kg
③ 약 4.7kg ④ 약 5.7kg

풀이 $10 \times 0.46 \times 0.8 = 3.68$kg

109 공원 내 이용지도는 목적에 따라 3가지(공원 녹지의 보전, 안전·쾌적이용, 유효이용)로 구분할 수 있다. 다음 중「공원녹지의 보전」을 위한 이용지도의 대상이 되는 행위·시설은?

① 공원녹지의 손상·오손
② 공원 내의 루트, 시설의 유무 소개
③ 식물·조류관찰·오리엔터링 등의 지도
④ 유치원, 학교 등의 단체에 대한 활동 프로그램의 조언

ANSWER 104 ④ 105 ① 106 ④ 107 ② 108 ② 109 ①

풀이

목적	내용	대상이 되는 행위·시설
공원녹지의 보전	조례 등에 의해 금지되어 있는 행위의 금지 및 주의	식물의 채취, 공원녹지의 손상·오손·출입금지구역, 광고물의 표시, 불의 사용 등
안전·쾌적이용	위험행위의 금지 및 주의	놀이기구로부터 뛰어내림, 풀에서의 위험행위, 아동공원에서 어른들의 골프·야구를 하는 행위 등
	특수한 시설 혹은 위험을 수반하는 시설의 올바른 이용방법 지도	모험광장, 물놀이터, 수면이용시설(보트풀), 사이클링, 승마장, 롤러스케이트장, 트레이닝기구, 각종 경기장
유효이용	이용안내	시설의 유무소개, 공원 내의 루트
	레크리에이션활동에 대한 상담·지도	식물관찰·조류관찰·오리엔터링·게이트볼등의 지도, 유치원·학교 등의 단체에 대한 활동프로그램의 조언

110 다음 설명의 (   )안에 적합한 용어는?

> 수직깎기인 (   )은/는 수직으로 향한 칼날을 이용해서 수평의 날을 바르게 회전시켜 지나치게 뻗은 포복경이나 옆으로 누운 잎을 잘라내며, 에어레이션(Aeration) 후의 얇은 (   )은/는 코어(Coer)를 깨뜨려서 토양의 재형성을 돕는 효과가 있기도 하고 그렇지 않은 경우도 있다. 이 (   )작업은 종종 북더기 잔디인 대치(Thatc)가 극심한 경우에 한하여 각종 경기장에서 사용이 제한되기도 하는데 이는 특히 잔디초지를 재조성하는 동안에는 금지되고 있다.

① Rolling
② Slicing
③ Spiking
④ Vertical mowing

풀이 ① Rolling : 표면정리작업. 습해, 건조의 해를 받지 않게 봄철 들뜬 토양을 눌러주는 것
② Slicing : 칼로 토양을 베어주는 작업. 잔디의 포복경, 지하경 잘라주어 통기작업.
③ Spiking : 못 같은 것으로 구멍을 내는 것으로 효과는 떨어지나 회복시간이 짧다.
④ Vertical mowing : slicing과 유사하나 토양 표면까지 잔디만 잘라주는 역할

111 질소기아(nitrogen starvation)현상에 대한 설명으로 틀린 것은?

① 토양으로부터 질소의 유실이 촉진된다.
② 탄질률이 높은 유기물이 토양에 가해질 경우 일시적으로 발생한다.
③ 미생물 상호 간은 물론 미생물과 고등식물 사이에 질소 경쟁이 일어난다.
④ 미생물이 토양 중의 질소를 먼저 이용하므로 배수나 휘산에 의한 질소 손실을 막을 수 있다.

풀이 질소기아는 토양 중에 있는 질소의 양이 작물의 생육에는 부족하지 않으나, 탄질율(炭窒率 : 탄소와 질소의 비율)이 30 이상 높은 유기물을 넣을 때 미생물이 원래 토양 중에 있는 질소를 빼앗아 이용하므로서 작물이 일시적으로 질소의 부족증상을 일으키는 현상.

112 콘크리트 옹벽이 앞으로 넘어질 우려가 있을 때 일반적으로 시행하는 공법이 아닌 것은?

① P·C 앵커 공법
② 압성토 공법
③ 전면 부벽식 옹벽 공법
④ 실링 공법

풀이 **콘크리트 옹벽(앞으로 넘어질 우려 있을 때) 공법**
- P.C 앵커공법 : 기존 기초지반이 좋을 때
- 부벽식 콘크리트 옹벽공법 : 기초지반이 암이고 기초가 침하될 우려 없을 때
- 말뚝에 의한 압성토공법 : 옹벽이 활동을 일으킬 때 옹벽 전면에 암을 따서 압성토하는 공법
- 그라우팅 공법 : 옹벽뒷면의 지하수를 배수구멍에 유도시키고 토압을 경감시키는 공법

ANSWER
110 ④ 111 ① 112 ④

113 일반적으로 조경분야의 연간 유지관리 계획에 포함하는 것은?

① 건물의 도색
② 건물의 갱신
③ 공원 지역 내의 순찰
④ 수목의 전정 및 잔디 깍기

풀이 연간 유지관리란 일년동안 관리할 내용이 정해져 있는 수목전정, 잔디깍기가 해당되며, 공원내 순찰은 수시로 하며, 건물도색은 2~3년 간격, 건물의 갱신은 15~30년 간격으로 실시한다.

114 아스팔트 포장의 파손 부분을 사각형 수직으로 따내고 보수하는 공법으로, 포장이 균열되었거나 국부적 침하, 부분적 박리가 있을 때 적용하는 공법은?

① 패칭 공법
② 표면처리 공법
③ 덧씌우기 공법
④ 혈매 공법

풀이 ① 패칭공법(patching) : 가열혼합식, 상온혼합식, 침투식 공법으로 파손부위 절단 → 텍코트 시행 → 가열된 아스팔트 혼합물 주입살포 → 다지기 → 표면에 석재, 모래살포 → 식으면 개통
② 표면처리공법 : 차량통행이 적고 피해가 심각하지 않은 부위에 골재나 아스팔트만으로 균부분을 메우거나 덮어씌우는 방법
③ 덧씌우기공법(overlay) : 파손부위를 패칭과 같이 부분보수

115 조경건설 현장의 근로재해 강도율(强度率)을 나타내는 식은?

① $\frac{\text{근로재해에 의한 사상자수}}{\text{근로총시간수}} \times 1,000$

② $\frac{\text{근로손실일수}}{\text{근로총시간수}} \times 1,000$

③ $\frac{\text{연간근로재해에 의한 사상자수}}{\text{재직근로자수}} \times 1,000$

④ $\frac{\text{근로손실일수}}{\text{재직근로자수}} \times 1,000$

풀이 강도율은 재해발생률을 표시하는 방법 중 하나로, 재해규모의 정도를 표시한다. 1,000노동시간당의 노동손실일수를 나타낸 것으로, 총근로손실일수÷총근로시간수×1,000의 식으로 산출한다. 소수점 이하 세자리에서 반올림하여 구하는데, 수치가 낮으면 중상재해가 적고 높으면 중상재해가 많음을 뜻한다.

116 파이토플라스마(phytoplasma)에 의한 수병(樹病)은?

① 포플러 모자이크병
② 벚나무 빗자루병
③ 대추나무 빗자루병
④ 장미 흰가루병

풀이 파이토플라스마는 바이러스처럼 핵단백질 모양의 병원체가 아니고 극히 미세한 원핵 미생물로서 파이토플라스마에 의한 수병은 대추나무빗자루병, 오동나무빗자루병 뽕나무오갈병가 대표적이다.

ANSWER 113 ④ 114 ① 115 ② 116 ③

117 잎과 뿌리가 없는 기생식물로서 다른 식물의 잎과 줄기를 감고 자라며 바이러스를 매개하는 것은?

① 새삼
② 으름덩굴
③ 겨우살이
④ 청미래덩굴

풀이 새삼은 다른 식물의 영양을 빨아먹는 덩굴성 기생식물로 붉은빛을 띠는 줄기는 굵은 철사 같고, 물기가 많다. 줄기가 다른 식물에 달라붙어 영양분을 빨아들이기 시작하면 스스로 뿌리를 잘라낸다.

118 해충의 가해 형태별 분류에서 흡즙성 해충에 해당되는 것은?

① 점박이응애
② 호두나무잎벌레
③ 개나리잎벌
④ 솔알락명나방

풀이 흡즙성해충은 깍지벌레류, 응애류, 진딧물류가 해당됨.
호두나무잎벌레, 개나리잎벌, 솔알락명나방은 식엽성 해충

119 시설 및 수목관리의 목적으로 활용되는 이동식 사다리의 안전기준으로 틀린 것은?

① 안정성이 확보되면 사다리의 길이는 제한이 없다.
② 발판의 수직간격이 25~35cm사이, 사다리의 폭은 30cm 이상인 것을 사용한다.
③ 사다리의 발판에는 물결모양 등 미끄럼 방지 처리가 된 것을 사용한다.
④ 사다리의 상부 3개 발판 미만에서만 작업하며, 최상부 발판에서는 작업하지 않는다.

풀이 이동식 사다리는 길이 6m 초과해서는 안된다.

120 토양을 100℃로 가열해도 분리되지 않으며, pF 7 이상인 수분은?

① 흡습수 ② 결합수
③ 모세관수 ④ 유리수

풀이 ① 흡습수(PF 4.2~7) : 토양 고물질과 같은 입자 표면에 피막처럼 흡착되는 물로 식물체에 이용 못함
② 결합수(PF 7.0 이상) : 어떤 성분과 화학적으로 결합되어 있는 물로 직접 이용 못 함
③ 모세관수(PF 2.7~4.2) : 흡습수의 둘레를 싸고 있는 물로 식물에 이용 가능함

ANSWER 117 ① 118 ① 119 ① 120 ②

2020 1·2회 조경기사 최근기출문제

2020년 6월 6일 시행

제 1 과목 조경사

001 영국의 공원 중 최초로 시민의 힘에 의해서 만들어진 공원은?

① 리젠트 파크(Regent Park)
② 그린 파크(Green Park)
③ 하이드 파크(Hyde Park)
④ 버컨헤드 파크(Birkenhead Park)

풀이 **버컨헤드 파크**
시민의 힘으로 개방된 최초의 공원으로 주택과 공적 위탁공간으로 구분되어 있으며, 미국의 센트럴파크에 영향을 준 공원이다.

002 중국의 청(淸)나라 때 조성된 이름난 정원은?

① 앵도원(櫻桃園) ② 평천장(平泉莊)
③ 온천궁(溫泉宮) ④ 이화원(頤和园)

풀이 **이화원**
중국 청나라 시대 조성된 북경의 북서부에 위치한 삼산오원(三山五園) 중 규모가 가장 큰 정원이다.

003 고대 로마시대의 정원인 호르투스(hortus)의 초기 구성 요소가 아닌 것은?

① 약초밭 ② 분수
③ 과수원 ④ 채전

풀이 호르투스는 고대 로마시민의 작은 채원중심 정원으로 약초원, 과수원으로 구성되어진 정원이다.

004 고려시대 정원조영의 특징으로 가장 부적합한 것은?

① 격구장을 축조하였다.
② 별서정원(別墅庭園)이 유행하였다.
③ 곡연(曲宴)을 위한 대사누각(臺射樓閣)이 지어졌다.
④ 송나라의 정원을 모방하여 호화롭고 이국적인 화원이 만들어졌다.

풀이 별서정원은 조선시대 은둔사상으로 산속에 유유자적한 공간으로 농사와 시골집, 정원의 기능을 하는 정원이다.

005 다음 정원에 관한 설명에 적합한 일본시대는?

> 거대한 정원석, 호화로운 석조(石粗), 명목(名木) 등을 사용한 화려한 색조 정원이 성행했으며 삼보원(三宝院) 정원이 그 대표적 사례이다.

① 실정(室明 : 무로마치)
② 도산(桃山 : 모모야마)
③ 강호(江戶 : 에도)
④ 겸창(鎌倉 : 가마쿠라)

풀이 일본 도산시대 삼보원정원은 풍신수길이 '등호석'이라 부르는 유명한 돌을 운반하여 장식한 거대한 명석이 있는 정원이다.

ANSWER 001 ④ 002 ④ 003 ② 004 ② 005 ②

006 고대 각 국가의 정원 특징으로 볼 수 없는 것은?

① 이집트-신원(Shrine garden)
② 바빌로니아-공중(Hanging) 공원
③ 그리스-아카데미(academy)
④ 로마-페리스타일(peristyle) 가든

풀이 로마정원은 제1중정 아트리움(Atrium), 제2중정 페리스틸리움(Peristylium), 제3중정 지스터스(Xystus)으로 구성되며 아트리움을 가장 큰 특징으로 든다. 페리스타일은 그리스, 로마시대 신전에서 열주로 공간을 두르는 형태를 말하는 것이다.

007 Radburn 계획의 개념과 관계가 먼 것은?

① 쿨데삭(cul-de-sac)
② 보행자도로(pedestrian road)
③ 슈퍼블럭(super block)
④ 격자 가로망(grid system)

풀이 레드번계획은 라이트와 스타인이 하워드의 전원도시 개념을 적용한 미국전원도시계획으로 보차분리와 쿨데삭도로를 개념으로 하는 것이다.

008 다음 설명에 적합한 형태의 대상자는?

- 궁 내 방지원도의 형태를 취한다.
- 주변으로 사정기비각, 영화당, 어수문, 주합루 등이 있다.
- 전통정원 구성 기법 중 인공미와 자연미가 상생하는 곳이다.

① 창경궁 통명전 옆의 연지
② 경복궁 후원의 향원지
③ 창덕궁 후원의 부용지
④ 창경궁 후원의 춘당지

풀이 **창덕궁 후원의 부용지**
방지원도이며 단층다각기와지붕인 부용정이 있으며, 주변에 주합루, 어수문, 어수당, 연경당, 반월지가 있다. 옥류천 부분은 후원의 북쪽에 자연계류를 활용한 자연미가 가장 잘 살려진 곳이며 반월지는 자연곡선형태의 연목과 원림으로 인공미와 자연미가 상생하여 구성되어 있다.

009 정원에서의 생활을 중요시하여 생전에는 정원에 정자 등 화려한 건물을 지어 친구들과 즐기다가 사후에는 그 곳을 그대로 묘소나 기념관으로 사용하였던 국가는?

① 무굴인도 ② 페르시아
③ 이탈리아 ④ 스페인

풀이 무굴인도의 정원유적으로는 니샷바그, 살리마르바그, 타지마할 등을 들 수 있는데 정원으로 사용하다가 사후에 사후세계를 위해 정원과 묘지의 결합인 묘원으로 조성되었다.

010 이슬람권의 정원은 파라다이스(Paradise)의 개념을 갖는 정원이 대부분이다. 다음 이와 같은 성격으로 분류하기 어려운 정원은?

① 이졸라 벨라(Isola Bella)
② 샤리마르-바그(Shalimar Bagh)
③ 헤네랄리페(Generalife)
④ 타지마할(Taj Mahal)

풀이 이졸라벨라는 이탈리아 바로크 양식정원의 대표작이다.

ANSWER 006 ④ 007 ④ 008 ③ 009 ① 010 ①

011 화목부(花木部)에 식물 특성과 함께 배식법을 다루고 있는 중국 명나라 때의 저술서는?

① 계성의 원야(園冶)
② 문진향의 장물지(長物志)
③ 주밀의 오흥원림기(吳興園林記)
④ 이도헌추리의 축산정조전(築山庭造傳)

풀이 장물지는 12권으로 구성되어 있으며 그 중 1~3권에 신록, 화목, 수석에 관한 내용과 배식법이 기록되어 있다.

012 문헌상 우리나라의 정원에 식물인 연(連)이 최초로 나타난 시기는?

① 기원전 16년경
② 서기 123년경
③ 서기 372서기
④ 서기 600서기

풀이 삼국사기나 삼국유사 등에 나오는 꽃을 모아 놓은 『이천 년의 꽃』(김규원 저, 한티재, 2015.)이란 책에 연(連)이 서기 123년에 등장하였다고 기록되어 있음.

013 르 노트르 양식의 영향을 받은 오스트리아 정원 유적으로 옳은 것은?

① 쇤부룬성
② 샤블롱 정원
③ 님펜부르크 성관
④ 페트로드보레츠 궁전

풀이 르 노트르 양식이 영향을 준 정원으로는 이탈리아 카세르타궁원, 오스트리아 쉔브룬성, 독일 칼스루헤성관, 네덜란드 프랑스식 화단(파르테르), 스페인 라 그랑하, 포르투갈 퀠루츠, 덴마크 플로렌스부르크, 중국 만수산 원명원 이궁이 있다.

014 창경궁과 관련된 설명으로 틀린 것은?

① 낙선재 지역은 후궁들의 침전이었다.
② 동명전 옆에는 장대석을 쌓아올린 원형지당과 중앙에 부정형의 섬을 만들었다.
③ 동궐도에 보면 큰 황새 조류나 동물, 해시계, 풍기(風旗) 등의 기물을 대석 뒤에 설치한 것이 보인다.
④ 홍화문에서 명정문에 이르는 보도는 삼도로 중앙을 높게 해 단을 두고 박석을 깔았다.

풀이 동명전 옆에는 중도형 장방지가 있다.

015 불국사의 구품연지를 지나 대웅전으로 올라가는 청운교와 백운교에 33계단이 조성되었는데, 이 "33계단"의 상징적 의미는?

① 한국 사람이 좋아하는 행운의 숫자
② 입신공명과 부귀영화를 뛰어넘는 해탈
③ 세속의 번외로 부산히 흩어진 마음을 하나로 모아두는 시간
④ 불교의 우주관인 수미산에서 33천(天)을 뛰어 넘어 부처의 세계로 나아감

풀이 중생이 부처의 경지에 이르기 위해서는 33단계를 거쳐야 하는데, 그 다리를 상징적으로 표현한 것을 청운교 · 백운교라고 한다.

ANSWER 011 ② 012 ② 013 ① 014 ② 015 ④

016 알베르티의 저서 "데 레 아에디피카토레(De re Aedificatoria)"에서 제시한 정원의 입지 조건이 아닌 것은?

① 수원의 적절성을 확인한다.
② 배수가 잘되는 견고한 부지가 좋다.
③ 부지의 방향은 태양과 이루는 수평·수직 각도를 고려한다.
④ 도시로부터 조망이 좋고 시장이 형성되는 곳이 좋다.

풀이 **알베르티 입지선정이론**
① 배수가 잘되는 겸허한 곳
② 방향을 태양과 이루는 수평 ·수직각도 선택
③ 여름에는 시원한 바람, 겨울에는 찬바람 막을 수 있어야 함
④ 수원을 적절히 이용할 수 있어야 함
⑤ 구조물, 시설물은 그 지방의 환경에 적합한 그 지방의 재료를 쓰는 것이 좋다.

017 고려시대의 의종(毅宗)이 민가 50여구를 헐어 터를 다듬고 여기에 많은 정자를 세워 명화이과(名花異果)를 심었으며, 괴석으로 가산을 꾸미고 인공폭포를 만들었는데, 그 원렴은 치려(侈麗)하기 그지 없었다고 하였다. 이와 관련된 정자는?

① 만수정(萬壽亭)
② 양성정(養性亭)
③ 중미정(衆美亭)
④ 태평정(太平亭)

풀이 **고려 의종**
수창궁 북원에 가산을 쌓고 만수정 축조하였다. 양성정 곁에 괴석 쌓아 가산 축조하였으며, 민가 50여 구를 헐고 태평정 정원을 조성하였다. 만춘정, 연복정, 중미정 등 경관이 려한 곳에 정자지어 놀이터로 삼는 등 석가산, 인공폭포, 정자를 많이 세웠다.

018 다음 설명에 적합한 용어는?

> 해인사, 불영사, 청평사 등에는 ( )미/가 조성되어 있었다고 전해지고 있다. 이 ( )은/는 불교에서 가장 성스럽게 여기는 부처님, 탑 그리고 산의 그림자를 수면에 비추기 위해 조성된 것이다.

① 영지(影池)　② 연지(連池)
③ 계담(溪潭)　④ 귀루(署湯)

019 다음 설명 중 "도산서원"과 가장 거리가 먼 것은?

① 사산오대(四山五臺)
② 연(連)을 식재한 애련설(愛蓮說)
③ 매(梅), 죽(竹), 송(松), 국(菊)
④ 정우당(淨友糖)과 몽천(夢泉)을 축조

풀이 **사산오대**
옥산서원에 있는 경치로 네 개의 산과 다섯 개의 대를 이름 지은 것

020 한국의 별서 양식의 발달에 배경이 되지 못하는 것은?

① 신라시대의 사절유택
② 조선시대 사화와 당행의 심화
③ 우리나라의 아름다운 자연환경
④ 무역을 통한 문물 교류의 확대

풀이 별서정원은 은둔사상을 바탕으로 유교적이며 경치가 빼어난 산속에 유유자적한 공간을 조성하여 농사, 정원, 시골집의 역할을 하는 공간을 말한다.

ANSWER 016 ④ 017 ④ 018 ① 019 ① 020 ④

제 2 과목 조경계획

021 도시 오픈스페이스의 주요 기능으로 거리가 먼 것은?

① 재해의 방지
② 미기후의 조절
③ 도시 확산의 억제
④ 토지이용율의 제고

풀이 **도시 오픈 스페이스 역할**
도시개발 조절, 도시환경의 질 개선, 시민생활의 질 개선(창조적 생활의 기틀 제공, 도시경관의 질 고양) 등

022 주택건설기준 등에 관한 규정상 "근린생활시설"의 설명 중 ()안에 알맞은 기준값은?

> 하나의 건축물에 설치하는 근린생활시설 및 소매시장·상점을 합한 면적이 (　　)m^2를 넘는 경우에는 주차 또는 물품의 하역 등에 필요한 공터를 설치하여야 하고, 그 주변에는 소음, 악취의 차단과 조경을 위한 식재 그 밖에 필요한 조치를 위하여야 한다.

① 500　② 1000
③ 2000　④ 2500

풀이 **주택건설기준 등에 관한 규정 제50조**
하나의 건축물에 설치하는 근린생활시설 및 소매시장 · 상점을 합한 면적(전용으로 사용되는 면적을 말하며, 같은 용도의 시설이 2개소 이상 있는 경우에는 각 시설의 바닥면적을 합한 면적으로 한다)이 1천제곱미터를 넘는 경우에는 주차 또는 물품의 하역 등에 필요한 공터를 설치하여야 하고, 그 주변에는 소음 · 악취의 차단과 조경을 위한 식재 그 밖에 필요한 조치를 취하여야 한다.

023 자연공원법의 "공원별 보전 · 관리계획의 수립 등"대한 설명 중 A, B에 적합한 값은?

> 공원관리청은 관련 규정에 따라 결정된 공원계획에 연계하여 (A)년마다 공원별 보전·관리계획을 수립하여야 한다. 다만, 자연환경보전 여건 변화 등으로 인하여 계획을 변경할 필요가 있다고 인정되는 경우에는 그 계획을 (B)년마다 변경할 수 있다.

① A:10, B:5　② A:10, B:7
③ A:15, B:5　④ A:15, B:7

풀이 **자연공원법 제17조3(공원별 보전, 관리계획의 수립등)**
① 공원관리청은 제12조부터 제14조까지의 규정에 따라 결정된 공원계획에 연계하여 10년마다 공원별 보전 · 관리계획을 수립하여야 한다. 다만, 자연환경보전 여건 변화 등으로 인하여 계획을 변경할 필요가 있다고 인정되는 경우에는 그 계획을 5년마다 변경할 수 있다.

024 대상 부지 분석의 목적이 아닌 것은?

① 부지계획의 목표 수립
② 부지의 문제점 도출
③ 부지의 잠재력 파악
④ 부지의 특성을 이해

풀이 부지계획의 목표는 부지 분석을 하기 전에 수립된다.

ANSWER 021 ④ 022 ② 023 ① 024 ①

025 건물의 실내정원 배치계획 수립에서 고려해야 할 사항으로 옳지 않은 것은?

① 제한된 환경조건을 갖게 되며, 건물 내부의 환경 및 구조적 조건을 고려해야 한다.
② 일반적으로 식물의 생장에 필요한 습도의 제공 및 관수에 의한 수분공급이 필요하다.
③ 위치 및 조경요소의 배치는 건물 내부의 전체적인 동선 흐름, 이용패턴, 내부공간의 성격 등을 고려한다.
④ 정창(top-light)을 통한 실내 자연광 유입을 위해 남향에 배치하고, 빛을 좋아하고, 생장속도가 빠른 키 큰 식물을 식재한다.

풀이 실내는 창으로 빛이 들어온다고 해도 실외보다 일조량이 적으므로 양지식물은 부적합하며, 또한 공간이 제한적임으로 성장이 빠른 나무도 적합하지 못하다.

026 다음 중 놀이시설 계획과 관련된 용어 설명이 부적합한 것은?

① "개구부" 란 시설물의 일부분이 구조체의 모서리나 면으로 둘러싸인 공간을 말한다.
② "안전거리" 란 놀이시설 이용에 필요한 시설 주위의 보호자 관찰거리를 말한다.
③ "최고 접근높이" 란 정상적 또는 비정상적인 방법으로 어린이가 오를 수 있는 놀이시설의 가장 높은 높이를 말한다.
④ "놀이공간" 이란 어린이들의 신체단련 및 정신수양을 목적으로 설치하는 어린이놀이터 · 유아놀이터 등의 공간을 말한다.

풀이 **조경설계기준 14.1.2 용어정의**
「안전거리」란 놀이시설 이용에 필요한 시설 주위의 이격거리를 말한다.

027 다음 설명에 적합한 계약은?

> 특별시장 등은 도시녹화를 위하여 필요한 경우에는 도시지역의 일정지역의 토지 소유자와 "수림대 등의 보호 조치"를 하는 것을 조건으로 묘목의 제공 등 그 조치에 필요한 지원을 하는 것을 내용으로 하는 계약을 체결할 수 있다.

① 녹지계약 ② 공지계약
③ 생태공간계약 ④ 원상회복계약

풀이 **도시공원및녹지 등에 관한 법률 제 12조 녹지활용계약**
① 특별시장 · 광역시장 · 특별자치시장 · 특별자치도지사 · 시장 또는 군수는 도시민이 이용할 수 있는 공원녹지를 확충하기 위하여 필요한 경우에는 도시지역의 식생 또는 임상(林床)이 양호한 토지의 소유자와 그 토지를 일반 도시민에게 제공하는 것을 조건으로 해당 토지의 식생 또는 임상의 유지 · 보존 및 이용에 필요한 지원을 하는 것을 내용으로 하는 계약(이하 "녹지활용계약"이라 한다)을 체결할 수 있다.
② 특별시장 · 광역시장 · 특별자치시장 · 특별자치도지사 · 시장 또는 군수는 제1항에 따라 녹지활용계약을 체결한 토지에 대하여 녹지활용계약이 체결된 지역임을 알리는 안내표지를 설치하여야 한다.
③ 녹지활용계약의 체결 등에 필요한 사항은 대통령령으로 정하는 바에 따라 특별시 · 광역시 · 특별자치시 · 특별자치도 · 시 또는 군의 조례로 정한다.

ANSWER 025 ④ 026 ② 027 ①

028 설문조사의 특성이 아닌 것은?

① 설문 작성을 위한 예비조사를 실시함이 바람직하다.
② 앞부분의 질문이 나중의 질문에 영향을 줄 수 있다.
③ 표준화된 설문지를 여러 응답자에게 반복적으로 사용함으로써 여러 사람의 응답을 비교할 수 있다.
④ 통계적 처리를 통하여 계량적 결론을 낼 수는 있으나 비계량적 결과보다 연구결과의 설득력이 약하다.

풀이 설문조사를 통한 데이터는 통계처리를 통해 계량적인 결론을 낼 수 있으며, 비계량적 결과보다 연구결과의 설득력이 더 높다.

029 다음의 설명에 해당하는 계획은?

> "I Mcharg가 시도한 바와 같이 지도를 중첩하여 보다 효율적으로 토지이용의 적정성을 평가하며 개발지구에 대한 대안을 선정"
> "지역의 생태계를 보존하면서 인간의 주거나 활동 장소를 선택해 가기 위한 계획"

① 환경시설계획
② 심미적 환경계획
③ 생태환경계획
④ 환경자원관리계획

풀이 맥하그의 오버레이 기법(overlay method)은 지역의 적지를 분석하는데 있어 여러 인자들을 중첩하여 가장 적합한 적지를 찾아내는 방법으로 생태환경적 접근방법에 해당한다.

030 다음 설명에 가장 적합한 용어는?

> "과거 우리 민족의 정치·문화의 중심지로서 역사상 중요한 의미를 지닌 경주·부여·공주·익산 그밖에 관련 절차를 거쳐 대통령령으로 정하는 지역"

① 고도(古都)　② 침상원
③ 비오톱(Biotop)　④ 계획지역

풀이 **고도보존 및 육성에 관한 특별법 제2조(정의)**
"고도"란 과거 우리 민족의 정치 · 문화의 중심지로서 역사상 중요한 의미를 지닌 경주 · 부여 · 공주 · 익산, 그 밖에 제7조의 절차를 거쳐 대통령령으로 정하는 지역을 말한다.

031 배수시설 계획 중 다음 설명의 배수는?

> • 지하수위가 높은 곳, 배수 불량 지반의 지하수를 낮추기 위한 지하수 배수
> • 맹암거, 개거 등을 이용한 배수
> • 완화배수 및 수목주위 배수암거 등 고려

① 개거 배수　② 표면 배수
③ 지표 배수　④ 심토층 배수

풀이
• 개거배수 : 지표수의 배수를 목적으로 하며 개수로나 도랑에 의한 배수방식이다.
• 표면배수 : 지표면에 있는 물이 토양으로 침투하여 지하수로 이동하기 전에 지표수로 배수시키는 방법으로 지표면의 빗물 정체를 방지하기 위해 지표면의 기울기는 2% 이상으로 한다.
• 심토층배수 : 지하수의 관리, 조절, 보호를 위한 배수로 지하수위가 높은 곳, 배수 불량 지반 등 맹암거, 개거 등을 이용한 배수방법

ANSWER 028 ④　029　030 ①　031 ④

032 자연공원의 각 지구별 자연보존 요구도의 크기 순서를 옳게 나타낸 것은?

> ㉠ 공원자연보존기구
> ㉡ 공원마을지구
> ㉢ 공원자연환경지구

① ㉠>㉣>㉡　　② ㉠>㉢>㉡
③ ㉢>㉠>㉡　　④ ㉢>㉡>㉠

풀이 자연보존 요구도가 큰 순서로 공원자연보존지구〉공원자연환경지구〉공원마을지구

033 도로를 기능적으로 구분할 때 다음 설명에 해당되는 것은?

> 도시·군계획시설의 결정·구조 및 설치기준에 관한 규칙에서 설명하는 가구(街區 : 도로로 둘러싸인 일단의 지역을 말한다.)를 구획하는 도로

① 주간선도로　　② 보조간선도로
③ 집산도로　　④ 국지도로

풀이 **도시군계획시설의 결정 · 구조 및 설치기준에 관한 규칙 제9조 기능별구분**

가. 주간선도로 : 시 · 군내 주요지역을 연결하거나 시 · 군 상호간을 연결하여 대량통과교통을 처리하는 도로로서 시 · 군의 골격을 형성하는 도로
나. 보조간선도로 : 주간선도로를 집산도로 또는 주요 교통발생원과 연결하여 시 · 군 교통이 모였다 흩어지도록 하는 도로로서 근린주거구역의 외곽을 형성하는 도로
다. 집산도로(集散道路) : 근린주거구역의 교통을 보조간선도로에 연결하여 근린주거구역내 교통이 모였다 흩어지도록 하는 도로로서 근린주거구역의 내부를 구획하는 도로
라. 국지도로 : 가구(街區 : 도로로 둘러싸인 일단의 지역을 말한다. 이하 같다)를 구획하는 도로
마. 특수도로 : 보행자전용도로 · 자전거전용도로 등 자동차 외의 교통에 전용되는 도로

034 환경계획이나 설계의 패러다임 중 자연과 인간의 조화, 유기적이고 체계적 접근, 상호의존성, 직관적 통찰력 등을 특징으로 하는 패러다임은?

① 직관적 패러다임
② 데카르트적 패러다임
③ 전체론적 패러다임
④ 뉴어버니즘 패러다임

035 산악형 국립공원지역 내 입지한 고찰(古刹) 지역을 관광지로 개발할 때 가장 중요하게 고려하여야 할 것은?

① 등산로와 종교 참배 동선의 연결
② 종교시설의 집단 설치를 위한 이주
③ 관광객과 종교인들 간의 보행동선 공유
④ 종교 및 문화재 보존과 관광 레크레이션 시설 사이에 완충지대 형성

풀이 문화재, 고찰지역을 보존하는 것이 중요함.

036 축척이 1/50,000인 지형도의 어떤 사면 경사를 알기 위해 측정한 계곡선 간의 수평 최단 거리가 1.4cm이었을 때 이 두점의 사면 경사도는 약 얼마인가?

① 8%　　② 10%
③ 14%　　④ 20%

풀이 1/50,000 축척의 계곡선은 100m 간격으로 그리는 것으로 경사도는

$$\frac{100.00\text{m}}{1.4\text{cm} \times 50,000} \times 100 \fallingdotseq 14.29\%$$

ANSWER 032 ② 033 ④ 034 ③ 035 ④ 036 ③

037 주차장법상 주차장의 종류에 해당되지 않는 것은?

① 노상주차장　② 부설주차장
③ 노외주차장　④ 지하주차장

풀이 **주차장법 제2조**
주차장의 종류는 다음 노상주차장, 노외주차장, 부설주차장이 해당된다.

038 "체육시설의 설치 · 이용에 관한 법률"에서 공공체육시설로 분류되지 않는 것은?

① 생활체육시설　② 대중체육시설
③ 전문체육시설　④ 직장체육시설

풀이 **체육시설의 설치 · 이용에 관한 법률" 제2장 공공체육시설**
전문체육시설, 생활체육시설, 직장체육시설을 공공체육시설로 나눈다.

039 생태관광의 범위로 옳지 않은 것은?

① 지속가능한 환경친화적인 관광
② 농촌보다는 도시를 소규모 그룹으로 관광
③ 관광지의 경관, 동 · 식물, 문화유산을 고려하는 관광
④ 훼손이 덜된 자연지역을 소규모 그룹으로 관광

풀이 생태관광은 훼손이 덜된 자연지역으로 도시보다 농촌에 생태관광지역이 더 많음

040 대상지역의 기후에 관한 조사는 계획구역이 속한 지역의 전반적인 기후에 관한 조사와 계획구역 내에 국한된 미기후에 관한 조사로 나누어진다. 다음 중 미기후에 관한 조사 사항이 아닌 것은?

① 강우량
② 태양열
③ 공기유통
④ 안개·서리 피해지역

풀이 미기후는 대상지의 국부적인 기후를 말하는 것으로 태양열, 공기유통, 바람, 안개, 서리, 돌풍 등을 말한다.

3 과목 조경설계

041 주차장법 시행규칙상의 "장애인전용" 주차 단위 구획 기준은? (단, 평행주차형식 외의 경우를 적용한다.)

① 2.0m 이상 × 6.0m 이상
② 2.0m 이상 × 5.0m 이상
③ 2.6m 이상 × 5.2m 이상
④ 3.3m 이상 × 5.0m 이상

풀이 **주차장법 시행규칙 제3조(주차장의 주차구획) 평행주차형식 외의 경우**

구분	너비	길이
경형	2.0m 이상	3.6m 이상
일반형	2.3m 이상	5.0m 이상
확장형	2.5m 이상	5.1m 이상
장애인전용	3.3m 이상	5.0m 이상
이륜자동차전용	1.0m 이상	2.3m 이상

ANSWER 037 ④ 038 ② 039 ② 040 ① 041 ④

042 다음 입체도를 3각법에 의해 3면도로 옳게 투상한 것은? (단, 화살표 방향을 정면으로 한다.)

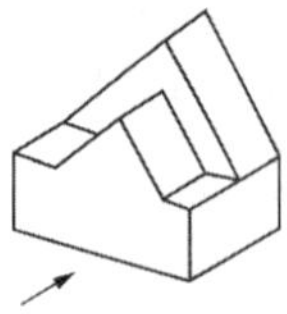

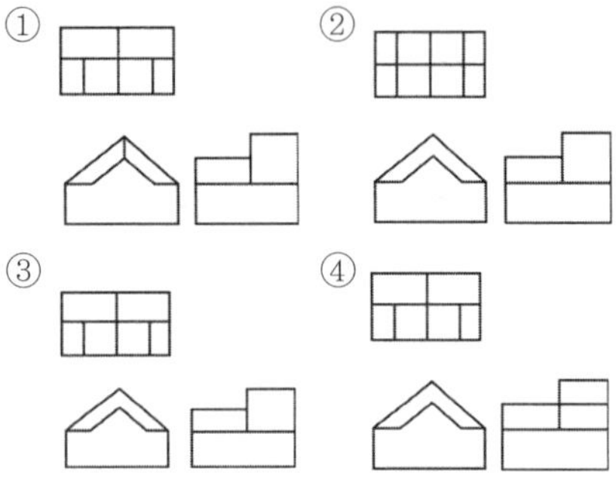

풀이 제3각법 정투상도

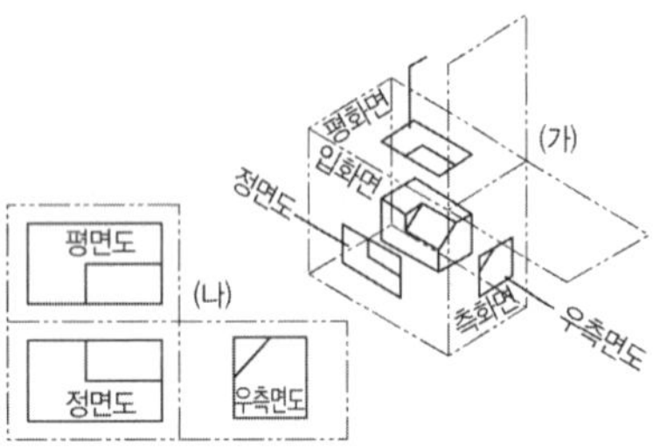

043 가법혼합(Additive mixture)의 3색광에 대한 설명으로 틀린 것은?

① 빨간색광과 녹색광을 흰 스크린에 투영하여 혼합하면 밝은 노랑이 된다.
② 가법혼합은 가산혼합, 가법혼색, 색광혼합이라고 한다.
③ 3색광 모두를 혼합하면 암회색(暗灰色)이 된다.
④ 가법혼색의 방법에는 동시, 계시, 병치 3가지가 있다.

풀이 3색광은 모두 혼합하면 백색이 된다.

044 제도 용지의 나비와 길이의 비가 옳은 것은?

① 1:1 ② 1: $\sqrt{2}$
③ 1: $\sqrt{3}$ ④ 1:2

풀이 제도용지는 황금비로 1 : $\sqrt{2}$

045 조경공간에서 경관조명시설의 설계 검토사항으로 옳지 않은 것은?

① 하나의 설계대상 공간에 설치하는 경관조명 시설은 종류별로 규격、형태・재료에서 체계화를 꾀한다.
② 특정 집단의 집중적인 이용에 대비해 유지 관리가 전문화될 수 있도록 회로구성 등의 설계에 고려한다.
③ 광장과 같은 공간의 어귀는 밝고 따뜻하면서 눈부심이 적은 조명으로 설계한다.
④ 야간 이용의 활성화를 목적으로 설계하는 공원과 같은 공간에서는 야간 이용자들의 흥미유발이 중요하다.

풀이 조경설계기준 19.3.2 경관조명시설 설계 고려사항 중 불특정 다수의 집중적인 이용에 대비하여 청소나 보수 등의 유지관리에 편리하도록 회로구성 등의 설계에 고려한다.

ANSWER 042 ③ 043 ③ 044 ② 045 ②

046 제이콥스와 웨이(Jacobs&Way)는 경관의 시각적 흡수력(Visual absorption)은 경관의 투과(Transparency)의 복잡도(Complexity)에 의해 좌우된다고 하였다. 시각적 흡수력이 가장 높은 것은?

① 투과성이 높고, 복잡도가 낮은 경우
② 투과성이 높고, 복잡도가 높은 경우
③ 투과성이 낮고, 복잡도가 낮은 경우
④ 투과성이 낮고, 복잡도가 높은 경우

풀이 **시각적 흡수력**
시각적 흡수력이란 주변 환경이 얼마나 복잡성을 가져서 새로운 구조물이나 시설이 들어왔을 때 그것을 흡수하여 두드러져 보이는지 아닌지에 관한 것으로 매우 다양한 시각적 요소들로 구성되어 시각적 복잡성이 높은 지역은 새로운 시각적 요소가 생겨도 흡수하여서 두드러지지 않게 된다. 이를 시각적 흡수력이 높다고 한다. 따라서, 시각적 흡수력이 높다는 것은 시각적 요소들이 많아(시각적 복잡성이 높다) 개발에 따른 시각적 영향이 크지 않다는 의미이다.

047 다음 그림은 도형조직의 원리 가운데에서 어느 것에 가장 적당한가?

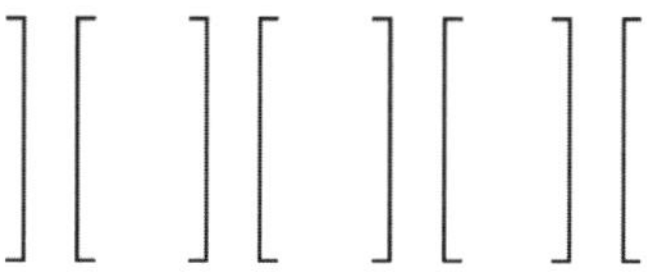

① 근접성 ② 방향성
③ 유사성 ④ 완결성

풀이 ① 근접성 : 가까운 요소들을 하나의 그룹으로 인식하려는 특징
② 방향성 : 동일한 방향으로 움직이는 요소들은 동일한 그룹으로 보인다.
③ 유사성 : 유사한 그룹끼리 하나의 그룹으로 묶는 성질
④ 완결성 : 떨어져 있더라도 완결된 형태로 인식하려는 현상

048 다음 중 속도감이 가장 둔한 느낌의 색상은?

① 노랑 ② 빨강
③ 주황 ④ 청록

풀이 채도와 명도가 높을수록, 난색계열일수록 속도가 빠르게 느껴진다.

049 다음 중 제도용 삼각자에 관한 설명으로 옳지 않은 것은?

① 조경 제도에는 30cm가 적합하다.
② 삼각자는 15° 증가되어 여러 각도를 얻을 수 있다.
③ 자의 길이는 45° 빗면과 60°의 수선길이를 말한다.
④ 삼각자는 30° 와 60° 2가지가 한 세트로 되어 있다.

풀이 삼각자는 45° 한 가지와 30°와 60°로 이루어진 한 가지 총 두 가지가 한 세트이다.

050 장애인 등의 통행이 가능한 계단 그림에서 A와 B의 값이 모두 옳은 것은? (단, 장애인·노인 임산부 등의 편의증진 보장에 관한 법률 시행규칙을 적용한다.)

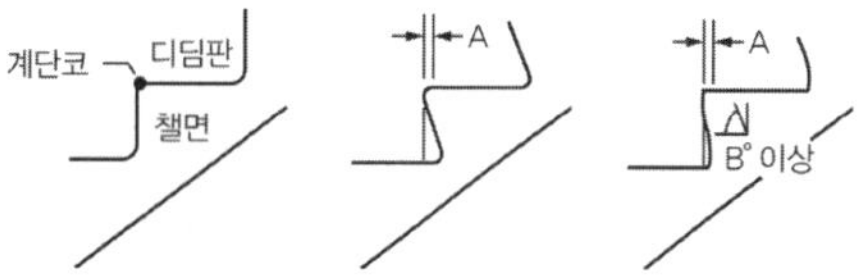

① A:3cm, B:45 ② A:3cm, B:60
③ A:5cm, B:50 ④ A:5cm, B:60

풀이 장애인·노인 임산부 등의 편의증진 보장에 관한 법률 시행규칙 제2조 편의시설의 세부기준

ANSWER
046 ④ 047 ④ 048 ④ 049 ④ 050 ②

051 해가 지면서 주위가 어두워지는 해 질 무렵 낮에 화사하게 보이던 빨간색 꽃은 어둡고 탁해 보이고, 연한 파란색 꽃들 초록색의 잎들은 밝게 보이는 현상은 무엇인가?

① 푸르키니에 현상
② 컬러드 세도우 현상
③ 베졸트-브뤼케 현상
④ 헬슨-저드 효과

풀이 **푸르키니에 현상**
빛의 파장이 긴 적색이나 황색은 어둡게, 파장이 짧은 파랑과 녹색은 비교적 밝게 보이는 현상. 즉 파장이 짧은 색은 약간의 빛만 있어도 잘 보이지만, 긴 파장의 색은 많은 광량이 있어야 보인다.

052 도면에 사용하는 인출선에 대한 설명으로 틀린 것은?

① 치수선의 보조선이다.
② 가는 실선을 사용한다.
③ 도면 내용물의 대상 자체에 기입할 수 없을 때 사용한다.
④ 식재설계 시 수목명, 수량, 규격을 기입하기 위해 사용한다.

풀이 **인출선**
도면에 설명하는 내용을 적기 위해 사용하는 선이다.

053 다음 중 균형과 관계있는 용어로 가장 거리가 먼 것은?

① 대칭　② 점증
③ 비대칭　④ 주도와 종속

풀이 **점증**
자연적인 순서로 점차적인 배열을 하는 것으로 원근, 그라데이션과 같은 배열을 의미한다. 따라서 균형과 가장 거리가 멀다.

054 사람이 눈을 통하여 외계의 사물을 볼 때 그 사물을 구성하고 있는 다음 시각요소들 중에서 어떤 것이 가장 빨리 지각되는가?

① 색채　② 형태
③ 공간　④ 질감

풀이 사람의 눈은 빛에 의해 지각되는 색채를 일차적으로 가장 먼저 지각한다.

055 도시경관과 자연경관에 대한 설명 중 틀린 것은?

① 일반적으로 자연경관이 도시경관에 비해 선호도가 높다.
② 도시경관의 복잡성은 자연경관의 복잡성보다 상대적으로 낮다.
③ 자연경관이 도시경관에 비해 색채대비가 낮다.
④ 자연경관은 도시경관에 비해 부드러운 질감을 가진다.

풀이 도시경관은 자연경관보다 더 복잡성이 높다.

056 좋은 디자인이 되기 위해 요구되는 조건으로 가장 거리가 먼 것은?

① 합목적성　② 대중성
③ 심미성　④ 경제성

풀이 좋은 디자인이 되기 위해서는 합목적성(목적에 부합하는), 심미성, 경제성, 독창성이 요구된다.

ANSWER
051 ①　052 ①　053 ②　054 ①　055 ②　056 ②

057 다음 중 운율미(韻律美)의 표현과 가장 관계가 먼 것은?

① 변화되는 색채
② 수관의 율동적인 선(線)
③ 편평한 벽에 생긴 갈라진 틈
④ 일정한 간격을 두고 들려오는 소리

풀이 **운율**
리듬과 관계되며 연속적인 색, 형태, 선, 소리 등에서 도출된다.

058 비탈면 녹화의 설계 시 고려사항으로 옳지 않은 것은?

① 비탈면 녹화는 인위적으로 깍기, 쌓기된 비탈면과 자연침식으로 이루어진 비탈면을 생태적, 시각적으로 녹화하기 위한 일련의 행위를 말한다.
② 초본류 식재 방법에는 차폐수벽공법, 식생상심기, 새집공법, 새심기가 있다.
③ 소단배수구를 계획하는 소단부에는 횡단구배를 두고, 배수구쪽으로 편구배를 두어 물이 비탈면으로 넘치지 못하도록 설계한다.
④ 비탈면은 조사에서 토사 비탈면의 토양경도가 27cm 이상이면 암반 비탈면과 같이 취급한다.

풀이 차폐수벽공법, 식생상심기, 새집공법은 수목류식재공법으로 초본류 식재방법이 아니다. 초본류 식재공법으로는 줄떼, 평떼, 새심기 등이 있다.(조경설계기준 25.2 참고)

059 조경설계기준에서 정한 의자(벤치) 설계에 관한 설명으로 틀린 것은?

① 지면으로부터 등받이 끝까지 전체 높이는 80~100cm를 기준으로 한다.
② 의자의 길이는 1인당 최소 45cm를 기준으로 하되, 팔걸이 부분의 폭은 제외한다.
③ 앉음판의 높이는 약 34~46cm를 기준으로 하되 어린이용 의자는 낮게 할 수 있다.
④ 등받이 각도는 수평면을 기준으로 95~110° 를 기준으로 하고, 휴식시간이 길어질수록 등받이 각도를 크게 한다.

풀이 **조경설계기준 13.7.2 의자 형태 및 규격**
지면으로부터 등받이 끝까지 전체높이는 75~85cm를 기준으로 한다.

060 다음 재료 구조 표시 시호(단면용)에 해당하는 것은?

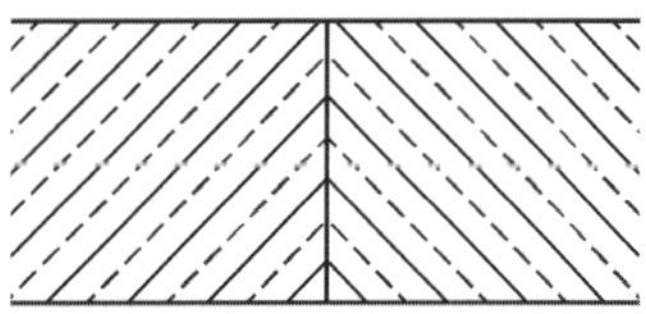

① 지반　　② 석재
③ 인조석　　④ 잡석다짐

풀이

지반	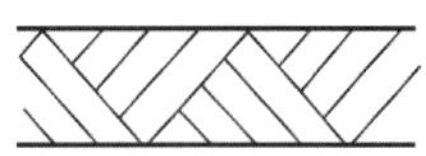
석재	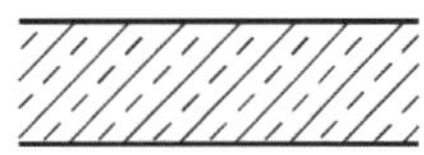
인조석	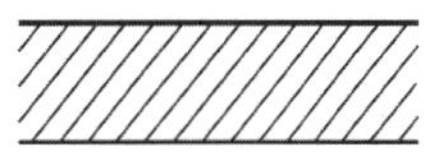
잡석다짐	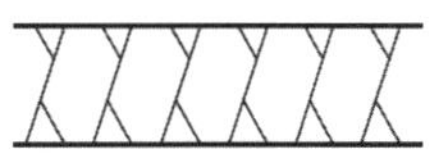

ANSWER
057 ③　058 ②　059 ①　060 ②

제 4 과목 조경식재

061 다음 특징에 해당하는 수종은?

- 콩과(科) 수종이다.
- 성상은 낙엽활엽교목이다.
- 여름 8월경에 황백색의 꽃이 아름답다.
- 나무껍질은 세로로 갈라진다.
- 건조, 공해에 강하며 전통적으로 정자목으로 이용했다.

① 쥐똥나무(*Ligustrum obtusifolium*)
② 귀룽나무(*Prunus padus*)
③ 능수버들(*Salix pseudolasiogyne*)
④ 회화나무(*Sophora japonica*)

풀이
- 쥐똥나무 : 물푸레나무과, 상록관목
- 귀룽나무 : 장미과, 낙엽교목
- 능수버들 : 버드나무과, 낙엽교목

062 개체군 분포에서 Allee의 원리가 뜻하는 것은?

① 어떤 개체군은 불규칙적으로 분포한다.
② 어떤 개체군 분포는 집단화가 유리하다.
③ 어떤 개체군은 개체 내 경쟁이 개체간보다 치열하다.
④ 어떤 개체군은 미환경의 특성에 따라 분포한다.

풀이 **Allee 성장형**
적절한 밀도일 때 최대 생존을 갖는다는 것으로 다음의 그래프로 설명한다.

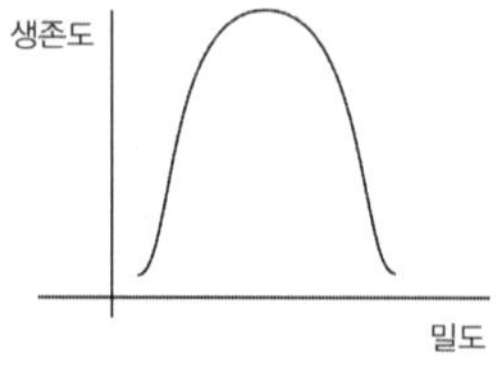

063 다음 중 자생지가 우리나라에서는 울릉도로 한정된 수종은?

① 무화과나무(*Ficus carica* L.)
② 신갈나무(*Quercus mongolica* Fisch. ex Ledeb.
③ 당단풍나무(*Acer pseudosieboldianum* Kom.)
④ 너도밤나무(*Fagus engoeriana Seemen ex* Diels)

풀이 너도밤나무는 울릉도 바닷가에서 자라는 특산수종으로 높이 300~900m에 분포하며, 나무높이가 20m에 달한다.

064 다음 식물 중 상록활엽수에 해당되는 것은?

① 목련(*Magnolia kobus*)
② 함박꽃나무(*Magnolia sieboldii*)
③ 태산목(*Magnolia grandiflora*)
④ 일본목련(*Magnolia obovata*)

풀이 목련, 일본목련, 함박꽃나무 : 낙엽활엽교목

065 다음 협죽도과(科, Apocynaceae)의 수종은?

① 목서(*Osmanthus fragrans*)
② 좀작살나무(*Callicarpa dichotoma*)
③ 마삭줄(*Trachelospermum asiaticum*)
④ 치자나무(*Gardenia jasminoides*)

풀이 목서(물푸레나무과), 좀작살나무(마편초과), 치자나무(꼭두서니과)

ANSWER 061 ④ 062 ② 063 ④ 064 ③ 065 ③

066 식물체를 지탱시키며, 뿌리에 산소를 공급하는 토양단면상의 집적층을 나타내는 기호는?

① A층 ② B층
③ C층 ④ D층

풀이 **토양층**
Ao층(유기물층), A층(용탈층), B층(심토집적층), C층(모재층), D층(기암층)

067 조경설계기준에 제시된 비탈 경사면(法面) 피복용 식물이 갖추어야 할 조건으로 가장 거리가 먼 것은?

① 비탈면의 자연식생 천이 방해
② 주변 식상과의 생태적 · 경관적 조화
③ 우수한 종자발아율과 폭넓은 생육 적응성
④ 목본류는 내건성, 내열성, 내한성 조건을 고루 만족

풀이 **조경설계기준 25.3.1 재료선정기준**
(1) 비탈면의 토질과 환경조건에 적응하여 생존할 수 있는 식물이어야 한다.
(2) 주변식생과 생태적 · 경관적으로 조화될 수 있는 것이어야 한다.
(3) 초기에 정착시킨 식물이 비탈면의 자연식생천이를 방해하지 않고 촉진시킬 수 있어야 한다.
(4) 조기녹화용, 경관녹화용, 조기수림화용, 생태복원용 등의 사용 목적이 뚜렷해야 한다.
(5) 우수한 종자발아율과 폭넓은 생육 적응성을 갖추어야 한다.
(6) 재래초본류는 내건성이 강하고, 뿌리발달이 좋으며, 지표면을 빠르게 피복하는 것으로서 종자발아력이 우수하다.
(7) 외래도입 초본류는 발아율, 초기생육 등이 우수하고 초장이 짧으며, 국내환경에 적응성이 높은 것을 선정하되 도입비율을 최소화해야 한다.
(8) 목본류는 내건성, 내열성, 내척박성, 내한성을 고루 갖춘 것이어야 하며, 종자파종 또는 묘목에 의한 조성이 용이하고, 가급적 빠른 생장률로 조기수림화가 가능한 것이어야 한다.
(9) 생태복원용 목본류는 지역고유수종을 사용함을 원칙으로 하고, 종자파종 혹은 묘목식재에 의한 조성이 가능해야 한다.
(10) 멀칭재로는 부식이 되는 식물원료로 가공한 섬유류의 네트류, 매트류, 부직포, PVC망 등을 사용한다.
(11) 멀칭재 선정 시 경제성과 보온성, 흡수성, 침식방지효과 등을 고려하고, 종자발아에 도움을 줄 수 있는지를 우선적으로 검토한다.

068 다음 중 같은 속(屬)에 속하는 수종으로만 구성된 것은?

① 밤나무, 너도밤나무, 나도밤나무
② 상수리나무, 신갈나무, 굴참나무
③ 족제비싸리, 조록싸리, 꽃싸리
④ 오동나무, 벽오동, 개오동

풀이 ① 밤나무(밤나무속), 너도밤나무(너도밤나무속), 나도밤나무(나도밤나무속)
② 상수리나무, 신갈나무, 굴참나무 : 참나무속
③ 족제비싸리(싸리속), 조록싸리(족제비싸리속), 꽃싸리(싸리속)
④ 오동나무(오동나무속), 벽오동(벽오동속), 개오동(개오동속)

069 영국 윌리암 로빈슨이 제창한 야생원과 같은 목가적인 전원풍경을 그대로 재현시키는 실재 기법은?

① 무늬식재
② 군락식재
③ 자유식재
④ 자연풍경식식재

풀이 식재형식은 정형식, 자연풍경식, 자유식재가 있으며 자연그대로의 모습을 재현시키는 기법은 자연풍경식 식재기법이다.

ANSWER 066 ② 067 ① 068 ② 069 ④

070 **수목이식시 표준 뿌리분의 크기를 결정하는 일반적 기준은?**(문제 오류로 가답안 발표시 4번으로 발표되었지만 확정답안 발표시 전항 정답 처리 되었습니다. 여기서는 가답안인 4번을 누르면 정답 처리됩니다.)

① 근원직경×3
② 근원직경×4
③ 근원직경×5
④ 근원직경×6

풀이 표준적인 뿌리분의 크기는 근원직경의 4배를 기준으로 하되 수목의 이식력과 발근력을 적절히 고려하도록 하며, 분의 깊이는 세근의 밀도가 현저히 감소된 부위로 한다.

071 **조경 식재 설계에서 질감(texture)의 설명으로 옳지 않은 것은?**

① 거친 질감에서 부드러운 질감으로의 점진적인 사용은 식재설계에서 바람직하지 않다.
② 떨어진 거리에서 보았을 때 질감은 식물 전체에 대한 빛과 음영의 효과로 나타난다.
③ 가까이에서 보았을 때 질감은 계절을 통하여 잎, 가지의 크기와 표면, 밀도 등에 따라서 결정된다.
④ 식물개체의 물리적 특성과 빛이 식물에 비추는 상태, 식물이 보이는 거리 등은 식물개체의 질감을 결정한다.

풀이 거친 질감에서 부드러운 질감으로의 점진적인 사용은 식재설계에서 좁은 공간을 넓어 보이게 하는 효과로 사용한다.

072 **아황산가스에 약한 수종은?**

① 은행나무
② 가이즈까향나무
③ 독일가문비
④ 동백나무

풀이 **아황산가스에 약한 수목**
- 침엽수 : 낙엽송, 노간주나무, 젓나무, 섬잣나무, 가문비나무, 독일가문비, 대왕송, 삼나무, 소나무, 일본잎갈나무
- 낙엽수 : 고로쇠나무, 느티나무, 매실나무, 벚나무류, 감나무, 밤나무, 자작나무, 다릅나무, 단풍나무, 홍단풍, 히말라야시더

073 **다음 중 자웅이주이기 때문에 암그루와 숫그루를 함께 심어야 열매를 볼 수 있는 수종으로만 나열된 것은?**

① 계수나무, 해당화
② 먼나무, 산딸나무
③ 낙상홍, 보리수나무
④ 소철, 은행나무

풀이 **암수딴그루 수종**
소철, 은행나무, 버드나무, 물푸레나무 등

074 **다음 중 무궁화의 학명으로 맞는 것은?**

① *Lagerstroemia indica*
② *Cornus controversa*
③ *Cedrus deodara*
④ *Hibscus syriacus*

풀이 ① 배롱나무 ② 층층나무 ③ 개잎갈나무

ANSWER
070 ② 071 ① 072 ③ 073 ④ 074 ④

075 식재방법을 기능별로 분류하면 공간조절, 경관조절, 환경조절로 구분할 수 있다. 이 중 공간을 조절하기 위한 식재방법은?

① 지표식재 ② 경관식재
③ 녹음식재 ④ 경계

풀이 **식재방법의 기능별 분류**
- 공간조절 : 경계식재, 유도식재
- 경관조절 : 지표식재, 경관식재, 차폐식재
- 환경조절 : 녹음식재, 방풍식재, 방음식재, 방화식재 등

076 다음 중 황색 열매가 익어 달리는 수종은?

① 치자나무(*Gardenia jasminoides* Ellis)
② 매자나무(*Berberis koreana* Palib)
③ 식나무(*Aucuba japonica* Thunb)
④ 작살나무(*Callicarpa japonica* Thunb)

풀이
- 치자나무 : 황색열매
- 매자나무, 식나무 : 붉은열매
- 작살나무 : 보라색열매

077 다음 중 생태계 교란 생물(식물)이 아닌 것은? (문제 오류로 가답안 발표시 4번으로 발표되었지만 확정답안 발표시 모두 정답처리 되었습니다.)

① 갯줄풀(Spartina alterniflora)
② 단풍잎돼지풀(Ambrosia trifida)
③ 양미역취(Solidago altissima)
④ 환삼덩굴(Humulus japonicus)

풀이 **생태계 교란식물**
돼지풀, 단풍잎돼지풀, 양미역취, 환삼덩굴, 서양등골나물, 물참새피, 애기수영, 가시상추, 털물참새피, 도깨비가지, 갯드렁새 등

078 자연식생의 군락조사 방법으로 가장 부적합한 것은?

① 모든 방형구의 크기는 5×5m 정도가 일반적이다.
② 방위·경사 등의 입지조건을 기재한다.
③ 식생계층은 교목층, 아교목층, 관목층, 초본층으로 구분하여 기록한다.
④ 각 계층별로 모든 출현종의 우점도와 군도를 기록한다.

풀이 방형구를 이용한 식생조사방법은 조사대상이 단립성 있고, 균질의 식물 집단일 때 일정한 넓이의 크기를 정해 조사하는 방법으로 식물군락에 따라 다르다.
군락 측정 방형구(쿼드라트)의 면적

경지, 잡초군락	0.1~1m^2
방목, 초원군락	5~10m^2
산림 군락	200~500m^2

079 다음 중 비료목(肥料木)으로 분류하기 가장 어려운 수종은?

① 소나무 ② 오리나무
③ 싸리나무 ④ 아까시나무

풀이 **비료목**
지력이 낮은 척박지에 지력을 증진시키기 위한 수단으로 근류근을 가진 수종으로 아까시나무, 자귀나무, 싸리, 족제비, 칡, 사방오리나무, 산오리나무, 오리나무, 보리수 등이 있다.

Appendix 최근기출문제

ANSWER 075 ④ 076 ① 077 ① 078 ① 079 ①

080 식재로 얻을 수 있는 대표적인 기능 중 "공학적 이용"을 통해서 얻을 수 있는 식물의 효과에 해당하는 것은?

① 대기의 정화작용
② 사생활 보호
③ 조류 및 소동물 유인
④ 구조물의 유화

풀이 **식재의 기능적 이용**
1. 건축적 이용 : 사생활의 보호, 차단 및 은폐, 공간분할, 점진적인 이해
2. 공학적 이용 : 토양침식조절, 섬광조절, 음향조절, 반사광선 조절, 대기정화 작용, 통행조절
3. 기상학적 이용 : 태양 복사열 조절, 바람조절, 우수조절, 온도조절, 습도조절
4. 미적이용 : 조각물로서의 이용, 반사, 영상, 섬세한 선형미, 장식적 수벽, 조류 및 소동물 유인, 배경용, 구조물 유화

제 5 과목 조경시공구조학

081 조경시공분야와 관련된 POE(Post Occupancy Evaluation)란?

① 품질관리기법의 일종으로 불량품처리와 재발을 방지하는 것
② 시공으로 인한 환경적 영향을 사전에 평가하는 기법
③ 설계자와 시공자의 입장을 충분히 고려하여 설계하는 기법
④ 시공 후 평가 또는 이용 후 평가

풀이 **POE(이용 후 평가)**
일정 프로젝트가 시공되고 난 후 이용 후 평가를 통해 설계를 평가하는 것

082 토압에 대한 설명 중 틀린 것은?

① 토압이 작용하지 않는 옹벽은 구조적으로 담과 같은 구조물이다.
② 옹벽의 뒷채움 흙을 다지더라도 토압은 크게 변화하지 않는다.
③ 토압의 크기는 토질, 함수량 등에 따라 달라지게 된다.
④ 옹벽과 같은 구조물에 작용하는 흙의 압력이 토압이다.

풀이 토압은 뒷채움 흙의 압력에 따라 영향을 받는다.

083 건물 외벽에 그림과 같은 철봉을 박고 그 끝에 화분을 걸었다. 이 때 발생하는 휨모멘트의 해석도는?

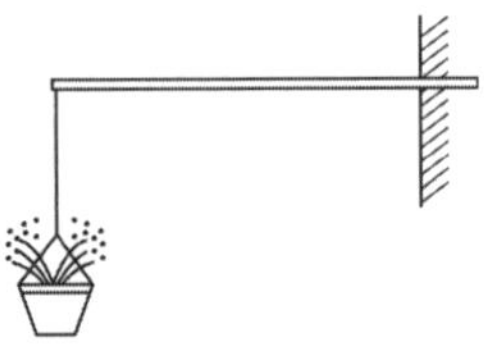

①
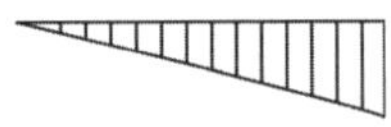

②
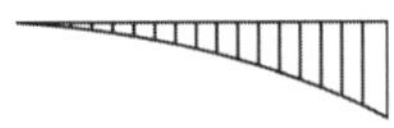

③
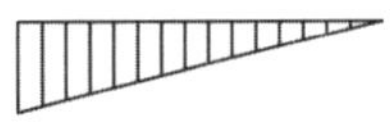

④
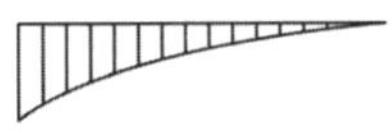

084 다음 중 순공사비의 구성 항목이 아닌 것은?

① 경비 ② 재료비
③ 노무비 ④ 일반관리비

풀이 순공사비는 재료비, 노무비, 경비가 해당되며, 일반관리비는 순공사원가에 일반관리비율을 곱하여 산출한다.

ANSWER 080 ① 081 ④ 082 ② 083 ① 084 ④

085 다음 중 구조물을 역학적으로 해석하고 설계하는데 있어, 우선적으로 산정해야 하는 것은?

① 구조물에 작용하는 하중 산정
② 구조물에 작용하는 외응력 산정
③ 구조물에 발생하는 반력 산정
④ 구조물 단면에 발생하는 내응력 산정

풀이 **구조물 설계 순서**
하중산정 → 반력산정 → 응력산정 → 응력과 재료의 허용 강도 비교

086 그림과 같을 때의 표고 H_b는? (단, n=11.5, D=40m, S=1.50m, I=1.10m, H_a=25.85)

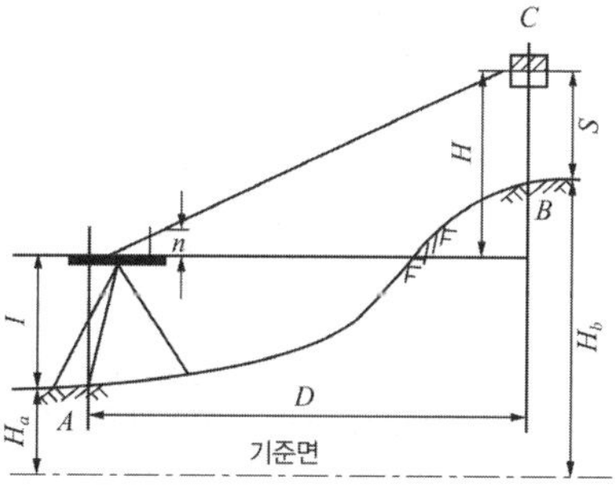

① 31.20m ② 32.20m
③ 30.05m ④ 31.05m

풀이 $H_b = H_a + I + \left(\frac{n \times D}{100}\right) - S$

$H_b = 25.85\text{m} + 1.10\text{m} + \left(\frac{11.5 \times 40\text{m}}{100}\right) - 1.50\text{m} = 30.05\text{m}$

087 다음의 단순보에서 A점의 반력이 B점의 반력의 3배가 되기 위한 거리 x는 얼마인가?

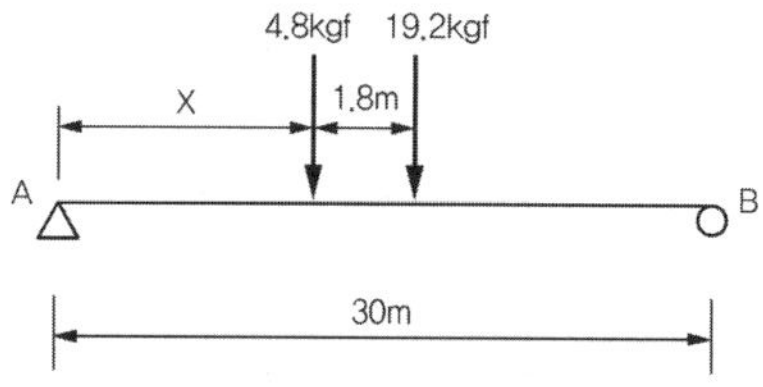

① 3.75m ② 5.04m
③ 6.06m ④ 6.66m

풀이 반력 $V_A = 3V_B \quad V_A + V_B = 4.8 + 19.2 = 24$

$3V_B + V_B = 24 \quad \therefore V_B = 6t,\ V_A = 18t$

$\sum M_B = 0,\ \ 4.8 \times X + 19.2(1.8 + X) - 6 \times 30 = 0$

$4.8X + 34.66 + 19.2X - 180 = 0,\ 24X - 145.44 = 0,$

$X = 6.06\text{m}$

088 15ton 차륜식 불도저를 이용하여 60m 지점에 굴착토를 운반하여 사토하려 할 때 1회 왕복시간은 얼마인가? (단 전진속도 80m/분, 후진속도 100m/분, 기어변속시간 0.25분이다.)

① 3.24분 ② 2.95분
③ 1.60분 ④ 0.91분

풀이 왕복시간 = 전진시간+후진시간+기어변속시간

$C_m = \frac{L}{V_1} + \frac{L}{V_2} + t = \frac{60}{80} + \frac{60}{100} + 0.25 = 1.60$분

089 다음 공식에서 A가 의미하는 것은?

$$A = \frac{\text{흐트러지지 않은 천연시료의 강도}}{\text{흐트러진 시료의 강도}}$$

① 예민비 ② 간극비
③ 함수비 ④ 포화도

풀이 ① 예민비

$= \frac{\text{자연시료의 강도(천연시료의 강도)}}{\text{이긴시료의 강도(흐트러진 시료의 강도)}}$

② 간극비 $= \frac{\text{간극의 용적}}{\text{토립자의 용적}}$

ANSWER
085 ① 086 ③ 087 ③ 088 ③ 089 ①

Appendix 최근기출문제

③ 함수비 = $\frac{\text{젖은 흙의 물의 중량}}{\text{건조한 흙의 중량}}$

④ 포화도 = $\frac{\text{물의 용적}}{\text{간극의 용적}} \times 100(\%)$

090 다음 그림에 관한 설명 중 틀린 것은?

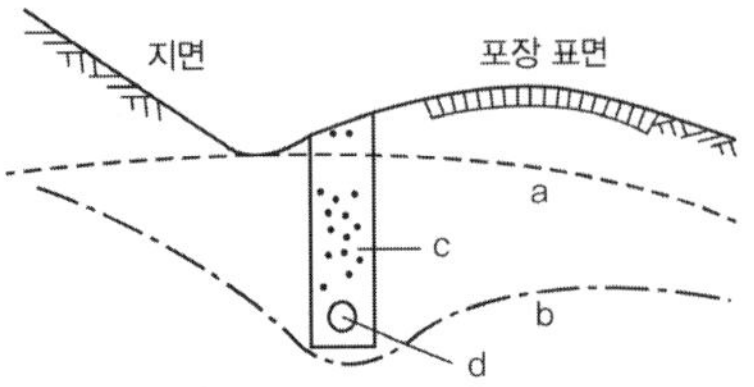

① 차단배수시설이다.
② d는 콘크리트 무공관이다.
③ a는 초기, b는 변경된 지하수위이다.
④ c는 굵은 모래나 모래가 섞인 강자갈이 좋다.

풀이 d는 심토층배수에 사용되는 유공관이다. 유공관은 배수와 통기를 촉진하기 위해 작은 구멍이 있는 것을 말한다.

091 소(小)운반(運搬)에 대한 설명으로 옳은 것은? (단, 건설공사 표준품셈의 기준을 적용한다.)

① 인력을 이용하는 목도운반을 소운반이라 한다.
② 소운반의 거리는 50m 이내의 거리를 말한다.
③ 경사면의 소운반 거리는 수직고 1m를 수평 거리 6m의 비율로 계상한다.
④ 소운반로가 비포장일 경우 비용을 50% 할증 계상한다.

풀이 **소운반**

공사를 위하여 소재를 운반할 때 화물을 적재·운반할 수 있는 지점까지 수송된 소재를 시공 현장의 최종지점까지 인력 또는 소규모 동력기를 사용하여 운반하는 것을 말하며, 품에서 포함된 것으로 규정된 소운반 거리는 20m 이내의 거리를 말하므로 소운반이 포함된 품에 있어서 소운반 거리가 20m를 초과할 경우에는 초과분에 대하여 이를 별도 계상하며 경사면의 소운반 거리는 직고 1m를 수평거리 6m의 비율로 본다.

092 다음 중 금속부식을 최소화하기 위한 방법에 대한 설명 중 옳지 않은 것은?

① 부분적으로 녹이 나면 즉시 제거한다.
② 표면을 평활하고 깨끗이 하며 가능한 한 건조한 상태를 유지한다.
③ 가능한 한 이종금속을 인접 또는 접촉시키지 않는다.
④ 큰 변형을 준 것은 가능한 한 담금질하여 사용한다.

풀이
- 담금질 : 담금질은 강을 강도 및 경도를 증가시킬 목적으로 온도로 일정 시간 가열한 후 물 또는 기름과 같은 담금질제 중에서 급냉시키는 조작
- 풀림 : 재료를 단조, 주조 및 기계 가공을 하면 조직이 불균일하며 거칠어지고 가공경화나 내부응력이 생기게 되는데 이를 제거하기 위해 변태점 이상의 적당한 온도로 가열하여 서서히 냉각시키는 작업을 풀림이라고 한다.
  큰 변형을 준 것은 가능한 풀림을 하여 사용한다.

093 콘크리트 타설시 거푸집에 작용하는 측압이 큰 경우에 해당되지 않는 것은?

① 거푸집 부재단면이 클수록
② 콘크리트의 비중이 작을수록
③ 콘크리트의 슬럼프가 클수록
④ 외기온도가 낮을수록

풀이 콘크리트 비중이 클수록 거푸집에 작용하는 측압이 크다.

ANSWER 090 ② 091 ③ 092 ④ 093 ②

094 다음에 설명하는 특징을 갖는 조명등은?

- 조명등 중 전기효율이 높은 편이다.
- 빛이 먼 거리까지 잘 비춰 가로등이나 각종 시설조명으로 사용된다.
- 발광색은 노란색이어서 매우 특징적이므로 미적 효과를 연출하기 용이하다.
- 곤충들이 모여 들지 않는 특징이 있다.

① 할로겐등　② 크세논램프
③ 고압나트륨등　④ 메탈할라이드등

풀이

백열등	• 수명이 짧고 효율이 낮음 • 열이 나며 전구가 소형, 광속유지 우수하고 색채연출 가능
형광등	• 자연스럽고 청명한 색채 • 빛이 둔하고 흐려 강조조명에 쓸 수 없다. • 면하는 기온, 조건하에서 전등발광과 효율을 일정하게 유지하기 어려움
수은등	• 수명이 가장 길다. • 녹색, 푸른색 외 색채연출이 불량한 것은 보완한 인을 코팅한 전등 사용
금속할로겐등	• 빛 소설이나 통제가 용이하며 색재연출 우수 • 고출력의 높은 전압에서만 작용해 정원, 광장에서 사용 곤란
나트륨등	• 열효율 높고, 투시성이 뛰어남 • 설치비는 비싸고, 유지관리비는 싸다.

095 다음 건설재료 중 단위 m^3당 중량(重量)이 가장 큰 것은?

① 철근콘크리트　② 화강암
③ 자갈(건조)　④ 목재(생송재)

풀이 ① 철근콘크리트 : 2400kg/m^2
② 화강암 : 2600~2700kg/m^2
③ 자갈(건조) : 1600~1800kg/m^2
④ 목재(생송재) : 800kg/m^2

096 다음 네트워크 공정표에서 전체 공정을 마치는데 소요되는 최장 기간(CP)은?

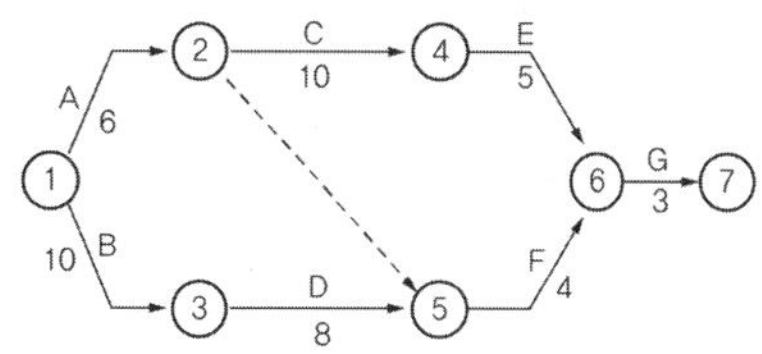

① 23일　② 24일
③ 25일　④ 26일

풀이 크리티컬 패스(CP)는 경로에서 가장 공정이 긴 것을 말한다.
따라서 1→3→5→6→7=10+ 8+4+3 =25일

097 감리원에 대한 설명이 틀린 것은?

① 현장대리인이 감리원을 선정한다.
② 그 공사에 대하여 전문적인 기술자를 선정한다.
③ 감리원은 설계도대로 시공되지 않았을 때는 수급인에게 시정을 요구한다.
④ 감리원은 발주자의 자문에 응하고 기술적으로 설계서대로의 시공여부를 확인한다.

풀이 감리원은 발주자가 선정하며, 공사시공과정을 확인, 감리하는 자를 말한다.

098 보통 포틀랜드 시멘트(평균기온 20℃ 이상)을 사용한 경우 거푸집널의 해체 시기(기초, 보, 기둥 및 벽의 측면)로 옳은 것은? (단, 압축강도를 시험하지 않을 경우) (문제 오류로 가답안 발표시 4번으로 발표되었지만 확정답안 발표 시 3번이 정답처리 되었습니다.)

① 1일　② 2일
③ 3일　④ 4일

ANSWER 094 ③　095 ②　096 ③　097 ①　098 ③

풀이 **콘크리트 표준시방서(2016) 4장 거푸집 및 동바리**
콘크리트의 압축강도를 시험하지 않을 경우 거푸집널의 해체 시기(기초, 보, 기둥 및 벽의 측면)

시멘트의 종류 / 평균 기온	조강 포틀랜드 시멘트	보통포틀랜드 시멘트 고로 슬래그 시멘트(특급) 포틀랜드 포졸란시멘트(A)종 플라이 에쉬 시멘트(A종)
20℃ 이상	2일	3일
20℃ 미만 10℃ 이상	3일	4일

시멘트의 종류 / 평균 기온	고로 슬래그 시멘트(1급) 포틀랜드 포졸란시멘트(B)종 플라이에쉬 시멘트(B종)
20℃ 이상	4일
20℃ 미만 10℃ 이상	6일

099 15분 동안에 15mm의 비가 내렸을 때, 이것을 평균강우강도(mm/hr)로 환산할 경우 맞는 것은?

① 1 ② 30
③ 60 ④ 90

풀이 평균강우강도는 시간당 mm로 표시하는 것임으로 15분에 15mm는 1시간에 60mm가 내리는 것임.

100 다음 중 고사식물의 하자보수 면제 대상에 해당되지 않는 것은?

① 폭풍 등에 준하는 사태
② 천재지변과 이의 여파에 의한 경우
③ 인위적인 원인(생활 활동에 의한 손상등)으로 인한 고사
④ 유지관리비용을 지급받은 준공 후 상태에서 가뭄 등에 의한 고사

풀이 **조경공사 표준시방서 4장 식재**
1.7 하자보수의 면제
(1) 전쟁, 내란, 폭풍 등에 준하는 사태
(2) 천재지변(폭풍, 홍수, 지진 등)과 이의 여파에 의한 경우
(3) 화재, 낙뢰, 파열, 폭발 등에 의한 고사
(4) 준공 후 유지관리비용을 지급하지 않은 상태에서 혹한, 혹서, 가뭄, 염해(염화칼슘) 등에 의한 고사
(5) 인위적인 원인으로 인한 고사(교통사고, 생활활동에 의한 손상 등)

제 6 과목 조경관리론

101 비탈면의 풍화 및 침식 등의 방지를 주목적으로 하며, 1:1.0 이상의 완구배로서 접착력이 없는 토양, 식생이 곤란한 풍화토, 점토 등의 경우에 실시하는 비탈면의 보호공은?

① 콘크리트판 설치공
② 돌붙임 및 블록붙임공
③ 콘크리트 격자형 블록 및 심줄박기공
④ 시멘트 모르타르 및 콘크리트 뿜어붙이기공

풀이 ① 콘크리트판 설치공 : 암의 절리가 많은 지역에서 콘크리트 격자공이나 모르타르 뿜어 붙이기공으로는 약하다고 생각되는 경우
② 돌붙임 및 블록붙임공 : 완구배로 접착력없는 토양, 식생 곤란한 풍화토, 점토의 경우
③ 콘크리트 격자형 블록 및 심줄박기공 : 유수가 있는 절토비탈면, 표준구배보다 급한 성토 비탈면, 식생이 적당하지 않고 표면 무너질 우려 있는 경우
④ 시멘트 모르타르 및 콘크리트 뿜어붙이기공 : 용수가 없고, 붕괴 우려가 없는 지역에 풍화되어 적석이 예상되는 암, 식생이 부적당한 곳에 시공

ANSWER 099 ③ 100 ④ 101 ②

102 미국흰불나방은 북아메리카가 원산지이다. 우리나라에 최초로 피해를 나타낸 시기는?

① 1948년 전후 ② 1958년 전후
③ 1968년 전후 ④ 1978년 전후

풀이 미국흰불나방은 1958년 전후에 서울 용산 외국인 주택에서 처음 발견되었다.

103 토양으로부터 입경분석을 하고, 그리고 입경의 분포비에 의해서 토성(Soil texture)을 결정하게 된다. 이 일련의 과정과 관계가 없는 것은?

① 삼각도표법
② 스톡스(Stokes) 법칙
③ 토양의 양이온치환용량
④ Sodium Hexametaphosphate

풀이 토양의 양이온치환용량은 토양이 음전하에 의해 양이온을 흡착할 수 있는 능력을 말한다.
① 삼각도표법 : 토성의 종류를 나타낸 표
② 스톡스 법칙 : 토양입경의 기계적 분석방법
④ 헥사메타인산소다(Sodium Hexametaphosphate) : 화학물질로서 토성의 기계적 분석에 사용된다.

104 살분법(殺紛法)에 이용되는 분제가 갖추어야 할 물리적 성질로서 가장 거리가 먼 것은?

① 분산성 ② 비산성
③ 안정성 ④ 현수성

풀이 **현수성**
약제의 작은 알맹이가 약액 중에 골고루 퍼져 있게 하는 성질로 살분과 가장 거리가 멀다.

105 콘크리트 재료 시설물의 균열을 줄이기 위한 대책으로 적당하지 않은 것은?

① 양생방법에 주의한다.
② 수축 이음부를 설치한다.
③ 단위 시멘트량을 적게 한다.
④ 수화열이 높은 시멘트를 선택한다.

풀이 수화열이 높으면 단기강도는 높아지나, 장기강도가 낮아짐으로 균열이 발생하기 쉽다.

106 관리업무 중에 위탁하는 것이 유리한 것은?

① 긴급한 대응이 필요한 업무
② 정량적이고 정기적인 관리업무
③ 관리취지가 명확해야 하는 업무
④ 이용자에게 양질의 서비스가 가능한 업무

풀이 긴급한 대응이 필요하거나, 관리취지가 명확해야 하는 업무, 이용자에게 양질의 서비스가 가능한 업무는 직영방식이 바람직하며, 정량적이고 정기적인 관리는 위탁(도급)방식이 유리하다.

107 다음 보기에서 설명하는 제초제는?

- 유기인계 비선택성 제초제이다.
- 작용기작은 아미노산의 생합성 저해이다.
- 원제는 백색, 무취의 결정으로서 분자량이 약 169이다.

① 파라코(Paraquat)
② 글리포세이트(Glyphosate)
③ 시노설프론(Cinosnlfuron)
④ 프렐리라클로로(Pretilachlor)

풀이 ① 파라코(Paraquat) : 비피리딜리움계
② 글리포세이트(Glyphosate) : 유기인계
③ 시노설프론(Cinosnlfuron) : 설포닐우레아계
④ 프렐리라클로로(Pretilachlor) : 산아미드계

ANSWER 102 ② 103 ③ 104 ④ 105 ④ 106 ② 107 ②

Appendix 최근기출문제

108 다음 설명의 A와 B의 들어갈 적합한 용어는?

> 지하수는 작은 공극으로 이루어지는 모세관을 따라 위로 이동하게 되며, 이동되는 높이는 모세관의 지름에 (A)한다. 그러나 모세관 작용에 의하여 이동하는 물의 속도는 모세관의 지름이 (B) 빠르다.

① A : 비례, B : 클수록
② A : 반비례, B : 클수록
③ A : 비례, B : 작을수록
④ A : 반비례, B : 작을수록

풀이 모세관작용은 표면장력에 의해 공극이나 작은 관 내부에서 액체가 이동하는 현상을 말한다. 올라갈수 있는 높이는 모세관의 지름에 반비례하며, 물의 속도는 모세관 지름이 클수록 빠르다.

109 비료의 화학적 반응에 관한 설명으로 틀린 것은?

① 과인산석회는 산성비료이다.
② 비료의 수용액 고유의 반응을 말한다.
③ 화학적으로 중성인 비료는 사용 후 식물의 흡수 후에도 그 반응은 변화되지 않는다.
④ 식물이 뿌리로부터 양분을 흡수하는 것은 그 양분이 가용성(可溶性)이어야 한다.

풀이 비료의 화학적 반응은 수용액 고유의 특성에 관한 것으로 중성비료라도 식물의 흡수 후에 반응이 달라질 수 있다.

110 네트워크에 의한 공정계획 수법 중 자원의 평준화의 목적에 해당하지 않는 것은?

① 유휴시간을 줄일 것
② 일일 동원자원을 최대로 할 것
③ 공기 내에 자원을 균등하게 할 것
④ 소요자원의 급격한 변동을 줄일 것

풀이 자원의 평준화 목적은 일일 동원자원을 최소화하는 것이다.

111 공정관리 곡선 작성 중 아래 표에서와 같이 실시 공정 곡선에 예정 공정 곡선에 대한 항상 안전범위 안에 있도록 예정곡선(계획선)의 상하에 그리는 허용한계선을 일컫는 명칭은?

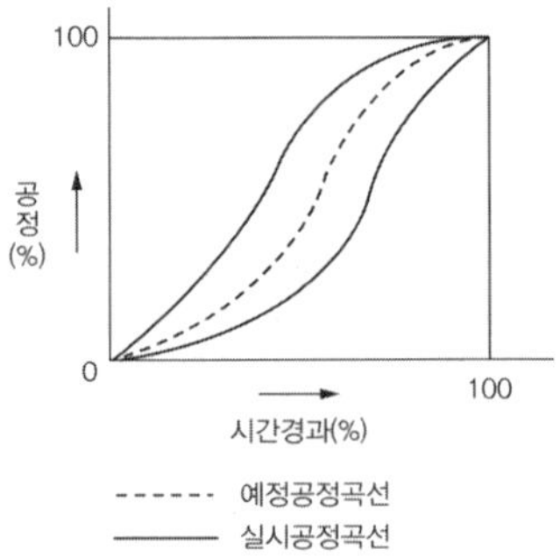

① S-curve
② progressive curve
③ banana
④ net curve

풀이 **바나나곡선(banana curve)**
기성고 공정곡선의 상하에 상한선과 하한선의 허용한계선을 그려서 안전구역내 유지되도록 하기 위한 곡선

ANSWER 108 ② 109 ③ 110 ② 111 ③

112 조경관리에 활용되는 사다리의 넘어짐(전도) 방지에 대한 설명으로 틀린 것은?

① 이동식 사다리의 길이가 6m를 초과하는 것을 사용하지 않도록 한다.
② 기대는 사다리의 설치각도는 수평면에 대하여 75° 이하를 유지해야 한다.
③ 계단식 사다리 (A자형)는 잠금장치를 확실하게 사용하고, 접은 채로 사용하지 않아야 한다.
④ 기대는 사다리(일자형)를 설치할 때는 사다리의 상단이 걸쳐 놓은 지점으로부터 30cm 정도 올라가게 설치한다.

풀이 **산업안전보건기준에 관한 규칙 제24조 1항**
사다리의 상단은 걸쳐놓은 지점으로부터 60센티미터 이상 올라가도록 할 것

113 횡선식공정표로서 각 작업의 완료시점을 100%로 하여 가로축에 그 진행도를 표현하는 것은?

① GANTT Chart
② PERT 기법
③ CPM 기법
④ 기열식 공정표

풀이
- GANTT Chart : 일정관리를 위한 바형태의 횡선식 공정표
- PERT, CPM 기법 : 네트워크 공정표

114 과석, 종과석과 같은 가용성 인산비료에 석회질 비료를 함께 배합할 경우 비효가 감소하는 원인 물질에 해당하는 것은?

① 규산석회 ② 인산3칼슘
③ 질소 ④ 염화칼륨

풀이 과석, 종과석과 같은 가용성 인산비료에 석회질과 같은 칼슘을 함유하는 비료를 혼합하면 칼슘과 인의 결합으로 불용성인산인 인산3칼슘으로 변화됨으로 비효가 저하된다.

115 수목의 수간 외과수술의 과정이 옳은 것은?

A : 부패부 제거	B : 형성층 노출
C : 소독 및 방부	D : 공동충전
E : 방수처리	F : 표면경화처리
G : 인공수피처리	

① A → B → C → D → E → F → G
② A → F → E → D → C → B → G
③ A → F → B → C → E → D → G
④ A → D → C → E → B → F → G

풀이 **수간 외과수술의 과정**
부패부 제거 → 형성층노출 → 소독 및 방부 → 공동충전 → 방수처리 → 표면경화처리 → 인공수피처리

116 공원관리에 있어서 안전대책에 관한 사항으로 틀린 것은?

① 사고 후의 처리 문제는 안전대책에서 제외시킨다.
② 시설의 설치 시 시설의 구조, 재질, 배치 등이 안전한가에 주의해야 한다.
③ 시설을 설치한 후에도 이용방법, 이동빈도 등 이용 상황을 관찰하도록 한다.
④ 이용자, 보호자의 부주의에서 생기는 사고의 경우에는 시설의 개량, 안내판에 의한 지도가 필요하다.

풀이 사고 후 처리문제도 안전대책에서 중요하다.

ANSWER 112 ④ 113 ① 114 ② 115 ① 116 ①

117 포플러류 잎의 뒷면에 초여름부터 오렌지색의 작은 가루덩이가 생기고, 정상적인 나무보다 먼저 낙엽이 지는 현상이 나타나는 병은?

① 갈반병　　② 잎녹병
③ 잎마름병　　④ 점무늬잎떨림병

풀이 **포플러 잎녹병**
5~6월에 잎 뒷면에 오렌지색 여름포자가 생기며 가을에 흑색 덩어리로 변한다. 포자는 바람이나 비에 전반되어 전염된다. 중간기주로 낙엽송이 작용한다.

118 토양 부식(腐植, humus)의 기능으로 틀린 것은?

① 지온을 상승시킨다.
② 공극률을 증가시킨다.
③ 유효인산의 고정을 증가시킨다.
④ 양이온치환용량을 증가시킨다.

풀이 토양 부식은 인산의 고정을 억제한다.

119 곤충의 외분비물질로 특히 개척자가 새로운 기주를 찾았다고 동족을 불러들이는데 사용되는 종내 통신물질로 나무좀류에서 발달되어 있는 물질은?

① 집합 페로몬　　② 경보 페로몬
③ 길잡이 페로몬　　④ 성 페로몬

풀이 ① 집합 페로몬 : 동물 집단의 형성과 유지를 위하여 동물의 몸 안에서 생산하여 분비하는 페로몬
② 경보 페로몬 : 곤충이 분비, 방출하여 냄새로 의사를 전달해 어떤 행동을 일으키게 하는 신호 물질
③ 길잡이 페로몬 : 개미나 꿀벌 따위의 사회성 곤충이 자기 집에서 나와 활동을 하고 난 후 집을 찾아 되돌아가는 길에 이정표로 묻히는 분비물
④ 성 페로몬 : 곤충의 체내에서 생산되어 체외로 배출되어 같은 종의 다른 성에 특이한 반응이나 행동을 유발시키는 물질

120 실내조경용 식물의 인공토양에 해당되지 않는 것은?

① 질석　　② 펄라이트
③ 피트모스　　④ 사질양토

풀이 **인공경량토**
버미큘라이트, 펄라이트, 화산자갈, 화산모래, 석탄재, 피트 등

ANSWER 117 ② 118 ③ 119 ① 120 ④

2020 3회 조경기사 최근기출문제

2020년 8월 22일 시행

제 1 과목 조경사

001 고대 이집트 주택정원의 연못가에 세운 정자는?

① Pylon ② Kiosk
③ Obelisk ④ Sycamore

풀이 ① Pylon : 이집트 정원의 탑문
② Kiosk : 이집트 정원의 연못가 정자
③ Obelisk : 이집트 상징탑
④ Sycamore : 시카모어 나무

002 안동 하회마을과 관련이 없는 것은?

① 화산서원 ② 이화촌
③ 겸암정사 ④ 하당

풀이 화산서원은 전라북도 익산시 금마면 소재의 조선 후기 김장생을 추모하는 서원

003 20세기 초 건축, 조경, 공예 부문에 실용적이고 장식이 별로 가해지지 않는 것이 요구되어 생겨난 미학 용어는?

① 회화미 ② 고전미
③ 복합미 ④ 기능미

풀이 20세기 초 유럽에서 시작된 기능주의 미학은 기능에 미적 가치가 부여된 것이다.

004 다음 보기의 단면도와 같은 배치를 보이는 르네상스 시대의 별장 정원은?

[보기]

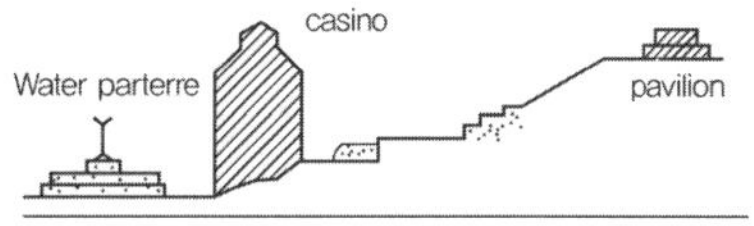

① 란셀로티장(Villa Lancelotti)
② 란테장(Villa Lante)
③ 에스테장(Villa d' Este)
④ 카스텔로장(Villa Castello)

풀이 **카지노 위치에 따른 이탈리아 정원**
1. 최상단에 있는 경우 : D'este, Belvedere
2. 중앙테라스에 있는 경우 : 알도브란디니빌라, Lante
3. 최하단에 있는 경우 : 카스텔로장

005 경복궁 경회루에 대한 내용으로 틀린 것은?

① 외국사신의 영접과 왕이 조정의 군신에게 베풀었던 연회장소로서의 기능
② 유생들에게 왕이 친히 시험을 치르던 공간으로 사용
③ 조선시대의 전형적인 방지원도형 지원으로 2개의 원도를 설치
④ 서쪽에서 볼 때 두 개의 섬은 양분되어 좌우대칭의 기하학적 형태

풀이 경복궁 경회루원은 방지와 3개의 방도로 이루어져있다.

ANSWER 001 ② 002 ① 003 ④ 004 ② 005 ③

Appendix 최근기출문제

006 일본의 정토정원이 아닌 것은?

① 정유리사　② 영구사
③ 장안사　④ 중존사

007 보르뷔콩트(Vaux-Le-Vicomte)의 설명으로 맞지 않는 것은?

① 기하학, 원근법, 광학의 법칙을 적용하였다.
② 루이 14세에 의해 만들어졌다.
③ 비스타 가든(Vista Garden)의 특징을 잘 보여준다.
④ 프랑스 조경의 평면기하학 양식을 대표하는 정원의 하나이다.

풀이 보르뷔콩트는 루이14세 재무대신 니콜라스 푸케의 정원으로 루이14세가 왕의 정원보다 화려해서 질투한 나머지 미콜라스 푸케를 감옥에 보내고 후에 베르사이유를 만들게 된 계기가 된 정원이다.

008 조선시대 기관 중 원포(園圃)와 소채(蔬菜)에 관한 업무를 맡던 곳은?

① 영조사　② 장원서
③ 산택사　④ 사포서

풀이 **사포사**
조선 시대에, 궁중의 원포(園圃) · 채소 따위에 관한 일을 맡아보던 관아

009 스페인의 무어양식의 특징은 중정(Patio)에 있다. 알함브라 궁의 파티오와 헤네랄리페 이 궁의 파티오 가운데 같은 이름으로 불렸던 곳은?

① 사이프러스의 중정
② 사자의 중정
③ 연못의 중정
④ 커넬의 중정

풀이
- 알함브라 궁의 중정 : 알베르카 중정, 사자의 중정, 다라야의 중정, 사이프러스 중정
- 헤네랄리페의 중정 : 수로의 중정, 사이프러스 중정

010 다음 중 왕도(王都)에 배나무가 연이어져 심겨있었던 기록이 있는 국가는?

① 고구려　② 신라
③ 백제　④ 발해

011 조선시대 중기에 조영된 품(品)자형 상류주택으로 풍수지리사상과 방지원도형 연못이 조영된 다음 가도(家圖)의 사례지는?

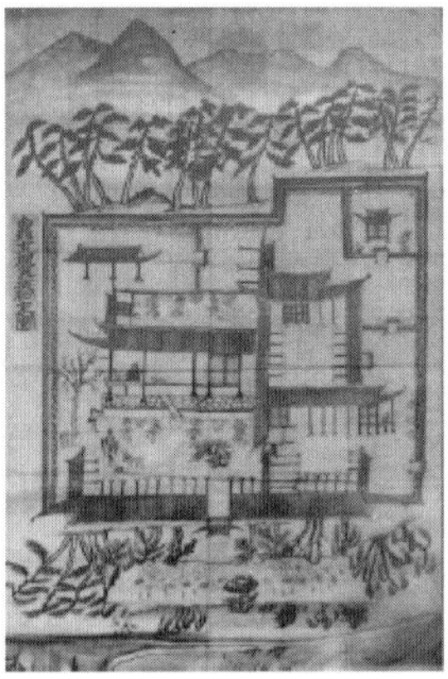

① 구례 운조루
② 강릉 선교장
③ 논산 윤증고택
④ 함양 정여창 고택

풀이 위 그림은 운조루의 옛모습을 그려놓은 전라구례오미동가도(全羅求禮五美洞家圖)이다.

ANSWER
006 ③　007 ②　008 ④　009 ①　010 ①　011 ①

012 각 나라 정원의 연결이 올바른 것은?

① 에카테리나 궁 - 오스트리아
② 바벨성 - 헝가리
③ 엑홀름 - 러시아
④ 돌마바체 - 터키

풀이 ① 에카테리나 궁 – 러시아
② 바벨성 – 폴란드
③ 엑홀름 – 덴마크

013 초암풍(草庵風)의 정원조성으로 다정원(茶庭園) 양식을 창출한 사람은?

① 풍신수길(豐臣秀吉)
② 몽창국사(夢窓國師)
③ 천리휴(千利休)
④ 등원양방(藤原良房)

풀이 천리휴(千利休) : 일본 다도의 대성자

014 중국의 사가정원 가운데 "해당화가 심겨져 있는 봄 언덕(해당춘오 : 海棠春塢)"이라는 정원이 그림과 같이 꾸며진 곳은?

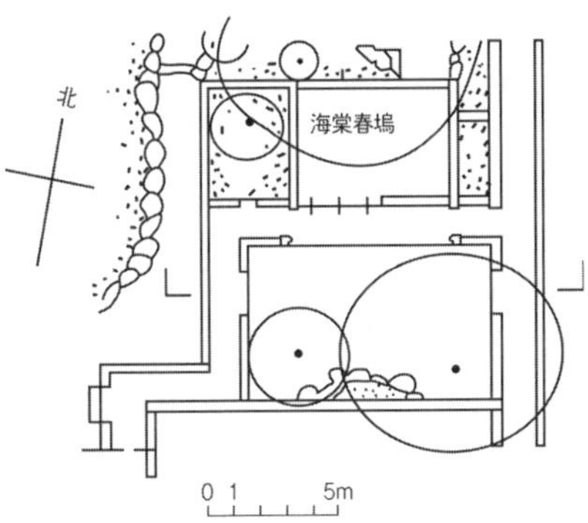

① 유원 ② 사자림
③ 창랑정 ④ 졸정원

풀이 졸정원 정원에 해당화가 만개하여 "해당춘오"라 하였다.

015 이탈리아의 벨베데레원(Belvedere Garden)에 대한 설명으로 틀린 것은?

① 16세기 초 브라망테가 설계하였다.
② 최고 높이의 노단은 장식원으로 꾸몄다.
③ 건물과 공지를 조화시키어 건축적인 중정을 만들었다.
④ 축선을 강조한 커넬과 대분천으로 워터가든을 조성하였다.

풀이 **벨베데르원**
16세기 노단건축식 양식의 정원으로 3개의 테라스로 구성되어 있으며 브라망테가 설계하였다.

016 다음 중 중국 전통정원에 영향을 끼친 문인으로 보기 어려운 인물은?

① 백거이(伯居易) ② 도연명(陶淵明)
③ 계성(計成) ④ 귤준강(橘俊綱)

풀이 귤준강은 일본 정원의 비전서인 작정기를 쓴 사람이다.

017 청평사 선원(문수원 정원)에 관한 내용 중 틀린 것은?

① 청평사 문수원 정원은 고려 중기 이자현이 조성한 것이다.
② 청평사는 사다리꼴 형태의 영지가 경외에 있다.
③ 청평사는 자연동화적 수행 공간으로 조성되었다.
④ 청평사는 축을 강조한 전형적 전통사찰 공간 배치형식을 따른다.

풀이 청평사는 왕들의 지원과 관심으로 인해 흡사 궁궐 공간형식과 유사하였다.

ANSWER
012 ④ 013 ③ 014 ④ 015 ④ 016 ④ 017 ④

018 19세기 초 미국문화와 기후에 따라 부지에 적합하게 설계해야 된다는 점을 깊이 인식한 조경가는?

① 앙드레 파르망티에
② 앤드류 잭슨 다우닝
③ 프레드릭 로 옴스테드
④ 찰스 엘리어트

풀이 Andrew Jackson Downing(다우닝)
ⓐ 미국문화 기후에 맞는 설계해야 함을 주장. 사유지정원 낙원 만듦
ⓑ 영국 Stowe G.을 원형으로 프라이버시 위한 경계수목, 산책로 만듦
ⓒ 미국 최초의 조경관계 문필가
ⓓ 백악관, 의사당 주변 정원설계

019 통일신라시대의 대표적인 조경유적이 아닌 것은?

① 임류각 ② 안압지
③ 포석정 ④ 불국사

풀이 임류각은 백제 조경유적이다.

020 오늘날 옥상정원(Roof Garden)의 효시로 볼 수 있는 고대의 정원은?

① 이집트의 룩소르(Luxor)신전
② 그리스의 아도니스(Adonis)정원
③ 로마의 아드리아나(Adriana)별장
④ 페르시아의 파라다이스(Paradises)

풀이 아도니스원
고대 그리스 아테네의 부인들이 아도니스 신을 기리기 위해 만든 것으로 Pot garden, Roof garden으로 발전하였다. 단명식물(아네모네, 밀, 보리, 상추 등)을 분에 심어 배치하였다.

제 2 과목 조경계획

021 다음 중 기능적 위계가 큰 도로의 순서대로 바르게 나열한 것은?

① 집산도로 > 주간선도로 > 국지도로 > 보조간선도로
② 주간선도로 > 보조간선도로 > 국지도로 > 집산도로
③ 주간선도로 > 집산도로 > 보조간선도로 > 국지도로
④ 주간선도로 > 보조간선도로 > 집산도로 > 국지도로

풀이 **도시군계획시설의 결정, 구조 및 설치기준에 관한 규칙 제 9조 기능별구분**
가. 주간선도로 : 시 · 군내 주요지역을 연결하거나 시 · 군 상호간을 연결하여 대량통과교통을 처리하는 도로로서 시 · 군의 골격을 형성하는 도로
나. 보조간선도로 : 주간선도로를 집산도로 또는 주요 교통발생원과 연결하여 시 · 군 교통이 모였다 흩어지도록 하는 도로로서 근린주거구역의 외곽을 형성하는 도로
다. 집산도로(集散道路) : 근린주거구역의 교통을 보조간선도로에 연결하여 근린주거구역내 교통이 모였다 흩어지도록 하는 도로로서 근린주거구역의 내부를 구획하는 도로
라. 국지도로 : 가구(街區 : 도로로 둘러싸인 일단의 지역을 말한다. 이하 같다)를 구획하는 도로
마. 특수도로 : 보행자전용도로 · 자전거전용도로 등 자동차 외의 교통에 전용되는 도로

ANSWER 018 ② 019 ① 020 ② 021 ④

022 대지면적이 $500m^2$인 필지에서 기준층 건축 면적이 $200m^2$이고, 5층 건물이라고 할 때에 건폐율(A)과 용적률(B)을 맞게 계산한 것은? (단, 모든 층의 면적은 기준층의 면적과 같음)

① A : 20%, B : 100%
② A : 20%, B : 200%
③ A : 40%, B : 200%
④ A : 40%, B : 400%

풀이

$$건폐율 = \frac{1층바닥면적}{대지면적} \times 100,\ \frac{100}{500} \times 100 = 40\%$$

$$용적율 = 건폐율 \times 건물층수 = \frac{건물연면적}{대지면적} \times 100$$

$$\frac{200 \times 5}{500} \times 100 = 200\%$$

023 일반적인 토지이용계획의 순서에 포함되지 않는 것은?

① 적지분석
② 종합배분
③ 토지이용분류
④ 지하매설 공동구 설치

풀이 **토지이용계획**
토지이용분류, 적지분석, 종합배분의 과정으로 진행된다. 지하매설 공동구 설치는 하부구조계획에 해당된다.

024 개인적 공간(Personal Space)을 설명한 것 중 옳지 않은 것은?

① 개인이 이동함에 따라 같이 움직이는 구역
② 사회적 거리(홀, Hall)는 보통 1.2~3.6m
③ 상황과 상관없이 일정한 크기를 유지
④ 인체를 둘러 싼 보이지 않는 경계를 가진 구역

풀이 **개인적 공간**
개인의 주변에 형성되어 보이지 않는 경계를 지닌 공간으로 개인의 상황에 따라서 거리가 달라진다.

홀(Hall)의 개인적 공간

친밀한 거리	0~1.5ft	씨름, 아기 안기 같은 가까운 사람들이 거리
개인적 거리	1.5~4ft	일상적 대화 유지거리
사회적 거리	4~12ft	업무상 대화 유지거리
공적 거리	12ft 이상	연사와 청중과의 거리 등 공적거리

025 GIS에서 사용되는 벡터모델의 기본요소가 아닌 것은?

① Grid ② Line
③ Point ④ Polygon

풀이 벡터의 기본요소는 점, 선, 면이다.

026 일반적으로 "장애인 등의 통행이 가능한 접근로"에 대한 설명 중 ( )안에 적합한 값은? (단, 관련 규정을 적용, 지형상 곤란한 경우는 고려하지 않는다)

> 나. 기울기
> (1) 접근로의 기울기는 ( )분의 1 이하로 하여야 한다.
> (2) 대지 내를 연결하려는 주접근로에 단차가 있을 경우 그 높이 차이는 2센티미터 이하로 하여야 한다.

① 8 ② 10
③ 12 ④ 18

풀이 **장애인 · 노인 · 임산부 등의 편의증진 보장에 관한 법률 시행규칙 [별표 1]**

ANSWER 022 ③ 023 ④ 024 ③ 025 ① 026 ④

편의시설의 구조·재질 등에 관한 세부기준
나. 기울기 등
(1) 접근로의 기울기는 18분의 1이하로 하여야 한다. 다만, 지형상 곤란한 경우에는 12분의 1까지 완화할 수 있다.
(2) 대지 내를 연결하는 주접근로에 단차가 있을 경우 그 높이 차이는 2센티미터 이하로 하여야 한다.

027 조경계획 과정 중 공간배분 계획에 대한 설명으로 옳지 않은 것은?

① 공공성이 높을수록 수목이나 시설물의 높이를 낮게 하여야 한다.
② 유사시설간 연계성을 높이고 집단화를 통하여 토지이용의 효율성을 높여야 한다.
③ 공간축의 성격에 따라 대칭형 공간과 균제형 대칭공간을 형성하게 된다.
④ 휴게공간은 운동공간이나 놀이공간에 비하여 상대적으로 공공성이 높으므로 측면부에 배치하여야 한다.

풀이 휴게공간은 운동공간이나 놀이공간에 비하여 상대적으로 공공성이 높으므로 중심부에 배치하여야 한다.

028 이용자수 추정 시 활용되는 "최대일률(피크율)"에 대한 설명 중 옳은 것은?

① 경제적인 측면에서 볼 때 최대일률이 높을수록 좋다.
② 최대일 이용자 수에 대한 최대 시 이용자 수의 비율이다.
③ 연간 이용자 수에 대한 최대일 이용자 수의 비율이다.
④ 최대일률은 계절형과 관계없이 일정하다.

풀이 최대일률 = 최대일 이용자수/연간 이용자수

029 도시·군계획시설의 결정·구조 및 설치기준에 관한 규칙에 명시된 보행자 전용도로의 구조 및 설치기준으로 옳은 것은?

① 소규모광장·공연장·휴식공간·학교·공공청사·문화시설 등이 보행자전용도로와 연접된 경우에는 이들 공간과 보행자전용도로를 분리하여 위요된 보행공간을 조성할 것
② 보행자전용도로와 주간선도로가 교차하는 곳에서는 평면교차시설을 설치하고 보행자 우선구조로 할 것
③ 포장을 하는 경우에는 빗물이 일정한 장소로 집수될 수 있도록 불투수성 재료를 사용할 것
④ 차량의 진입 및 주정차를 억제하기 위하여 차단시설을 설치할 것

풀이 **19조 보행자전용도로의 구조 및 설치기준**
4. 소규모광장·공연장·휴식공간·학교·공공청사·문화시설 등이 보행자전용도로와 연접된 경우에는 이들 공간과 보행자전용도로를 연계시켜 일체화된 보행공간이 조성되도록 할 것
5. 보행의 안전성과 편리성을 확보하고 보행이 중단되지 아니하도록 하기 위하여 보행자전용도로와 주간선도로가 교차하는 곳에는 입체교차시설을 설치하고, 보행자우선구조로 할 것
8. 노면에서 유출되는 빗물을 최소화하도록 빗물이 땅에 잘 스며들 수 있는 구조로 하거나 식생도랑, 저류·침투조 등의 빗물관리시설을 설치하고, 나무나 화초를 심는 경우에는 그 식재면의 높이를 보행자전용도로의 바닥 높이보다 낮게 할 것
11. 차량의 진입 및 주정차를 억제하기 위하여 차단시설을 설치할 것

ANSWER
027 ④ 028 ③ 029 ④

030 조경계획 과정에서 필요한 인문·사회환경 분석에 대한 설명으로 틀린 것은?

① 조망점은 조망빈도가 낮고, 조망량이 적어 원상태 유지가 잘된 곳으로 정한다.
② 토지 소유권의 특징과 토지취득의 조건을 세밀히 조사해야 한다.
③ 교통은 계획부지 내의 교통체계를 조사하고 계획 대상지에 접근할 수 있는 교통수단과 동선배치 상태를 조사한다.
④ 행태분석의 방법은 실제 이용자를 대상으로 하거나 또는 이와 유사한 계층의 사람들을 대상으로 조사한다.

풀이 조망점은 관찰자가 많이 있어서 조망빈도가 높고, 조망량이 많은 곳을 말한다.

031 자연공원법상 공원계획으로 지정할 수 있는 용도지구 중에서 공원자연보존지구의 완충공간(緩衝空間)으로 보전할 필요가 있는 지역을 지칭하는 용어는?

① 공원자연보존지구
② 공원자연환경지구
③ 공원문화유산지구
④ 공원마을지구

풀이 **자연공원법 제18조 자연공원 용도지구**

1. 공원자연보존지구 : 다음 각 목의 어느 하나에 해당하는 곳으로서 특별히 보호할 필요가 있는 지역
   ㉮ 생물다양성이 특히 풍부한 곳
   ㉯ 자연생태계가 원시성을 지니고 있는 곳
   ㉰ 특별히 보호할 가치가 높은 야생 동식물이 살고 있는 곳
   ㉱ 경관이 특히 아름다운 곳
2. 공원자연환경지구 : 공원자연보존지구의 완충공간(緩衝空間)으로 보전할 필요가 있는 지역
3. 공원자연마을지구 : 취락의 밀집도가 비교적 낮은 지역으로서 주민이 취락생활을 유지하는 데에 필요한 지역
4. 공원밀집마을지구 : 취락의 밀집도가 비교적 높거나 지역생활의 중심 기능을 수행하는 지역으로서 주민이 일상생활을 유지하는 데에 필요한 지역
5. 공원집단시설지구 : 자연공원에 들어가는 자에 대한 편의 제공 및 자연공원의 보전·관리를 위한 공원시설이 모여 있거나 공원시설을 모아 놓기에 알맞은 지역

032 미기후 조사 항목 중 '안개' 및 '서리'는 주로 어느 지역에서 발생하는가?

① 경사가 완만하고 수목이 밀생한 지역
② 지하수위가 낮고 사질양토인 지역
③ 수목이 없고 겨울철 북서풍에 노출되는 지역
④ 지형이 낮고 배수가 불량한 지역

풀이 안개, 서리는 지형이 낮고 배수가 불량한 지역에서 많이 발생한다.

033 환경영향평가와 관련된 설명이 틀린 것은?

① 제안된 사업이 환경에 미치는 영향을 파악하는 과정이다.
② 제안된 사업의 파급 영향에 대한 정보를 정책 결정자에게 제공한다.
③ 사업이 수행되지 않을 때와 사업이 수행될 때의 환경변화의 차이가 환경영향이다.
④ "환경영향평가 등"이란 사전환경영향평가, 환경영향평가 및 집약적 환경영향평가를 말한다.

풀이 "환경영향평가 등"이란 전략환경영향평가, 환경영향평가 및 소규모 환경영향평가를 말한다.

ANSWER 030 ① 031 ② 032 ④ 033 ④

034 다음 설명의 밑줄에 해당되지 않는 것은?

> 공원녹지기본계획 수립자는 공원녹지기본계획을 수립하거나 변경하려면 미리 인구, 경제, 사회, 문화, 토지이용, 공원녹지, 환경, 기후, 그 밖에 대통령령으로 정하는 사항 중 해당 공원녹지기본계획의 수립 또는 변경에 필요한 사항을 대통령령으로 정하는 바에 따라 조사하거나 측량하여야 한다.

① 경관 및 방재
② 상위 계획 등 관련 계획
③ 환경부장관이 정하는 조사방법 및 등급분류 기준에 따른 녹지등급
④ 지형·생태자원·지질·토양·수계 및 소규모 생물서식공간 등 자연적 여건

풀이 **도시공원 및 녹지 등에 관한 법률 시행령 제 7조 고원녹지기본계획의 수립을 위한 기초조사 :**
"대통령령으로 정하는 사항"이란 다음 각 호의 사항을 말한다.
1. 경관 및 방재
2. 상위계획 등 관련 계획
3. 지형 · 생태자원 · 지질 · 토양 · 수계 및 소규모 생물서식공간 등 자연적 여건
4. 그 밖에 공원녹지기본계획수립권자가 공원녹지기본계획의 수립 또는 변경을 위하여 필요하다고 인정하는 사항

035 자연공원에서 하여서는 아니 되는 금지행위에 해당하지 않는 것은?

① 지정된 장소 안에서의 취사와 흡연행위
② 자연공권의 형상을 해치거나 공원시설을 훼손하는 행위
③ 대피소 등 대통령령으로 정하는 장소·시설에서 음주행위
④ 야생동물을 잡기 위하여 화약류·덫·올무 또는 함정을 설치하거나 유독물·농약을 뿌리는 행위

풀이 **자연공원법 제 27조 금지행위**
1. 자연공원의 형상을 해치거나 공원시설을 훼손하는 행위
2. 나무를 말라죽게 하는 행위
3. 야생동물을 잡기 위하여 화약류 · 덫 · 올무 또는 함정을 설치하거나 유독물 · 농약을 뿌리는 행위
4. 제23조제1항제6호에 따른 야생동물의 포획허가를 받지 아니하고 총 또는 석궁을 휴대하거나 그물을 설치하는 행위
5. 지정된 장소 밖에서의 상행위
6. 지정된 장소 밖에서의 야영행위
7. 지정된 장소 밖에서의 주차행위
8. 지정된 장소 밖에서의 취사행위
9. 지정된 장소 밖에서 흡연행위
10. 대피소 등 대통령령으로 정하는 장소 · 시설에서 음주행위
11. 오물이나 폐기물을 함부로 버리거나 심한 악취가 나게 하는 등 다른 사람에게 혐오감을 일으키게 하는 행위
12. 그 밖에 일반인의 자연공원 이용이나 자연공원의 보전에 현저하게 지장을 주는 행위로서 대통령령으로 정하는 행위

036 지질도가 다음 그림과 같이 나타났을 경우 암석층 A의 경사각 표현으로 가장 적합한 것은?

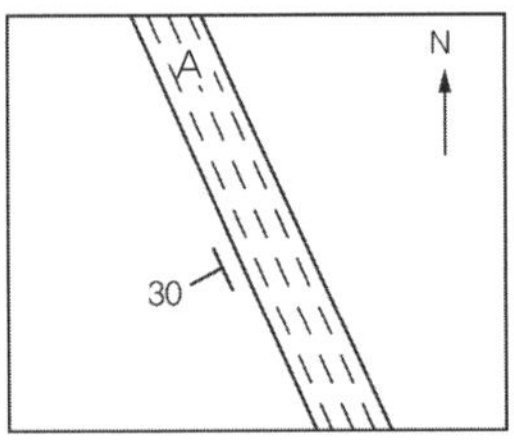

① 수평면으로부터 30° 기울어졌다.
② 지표면으로부터 30° 기울어졌다.
③ 수직면으로부터 좌측으로 30° 기울어졌다.
④ 정북(北)으로부터 좌측으로 30° 기울어졌다.

풀이 암석층 A의 수평면에 대한 경사각이 30도라는 뜻이다.

ANSWER 034 ③ 035 ① 036 ①

037 습지보호지역에서 습지보전 · 이용을 위해 설치 · 운영할 수 없는 시설은?

① 습지를 보호하기 위한 시설
② 습지를 연구하기 위한 시설
③ 습지를 인공적으로 조성하기 위한 시설
④ 습지생태를 관찰하기 위한 시설

풀이 **습지보전법 12조 습지보전 · 이용시설**
환경부장관, 해양수산부장관, 관계 중앙행정기관의 장 또는 지방자치단체의 장은 제13조제1항에도 불구하고 습지의 보전 · 이용을 위하여 다음 각 호의 시설(이하 "습지보전 · 이용시설"이라 한다)을 설치 · 운영할 수 있다.
1. 습지를 보호하기 위한 시설
2. 습지를 연구하기 위한 시설
3. 나무로 만든 다리, 교육 · 홍보 시설 및 안내 · 관리 시설 등으로서 습지보전에 지장을 주지 아니하는 시설
4. 그 밖에 습지보전을 위한 시설로서 대통령령으로 정하는 시설

038 도로설계 시 '최소곡선장'이 기준치보다 짧을 때 발생되는 문제로 옳지 않은 것은?

① 운전 시 핸들조작이 불편하여 안전성을 저하시킨다.
② 원심 가속도 변화율의 증가로 운전에 방해가 될 수 있다.
③ 현재까지 안전상의 문제 해결을 위해 도로 설계 시 최소 원곡선의 길이 규정은 마련되어 있지 않다.
④ 곡선반경이 실제보다 작게 보여 운전 시 착각을 일으키므로 다른 차선을 침범할 수 있다.

풀이 최소곡선장은 운전자의 핸들조작의 범위를 고려한 곡선장으로 결정해야하며, 안전상 문제로 최소곡선장의 기준이 마련되어 있다.

039 다음 중 시간 혹은 비용의 제약 등을 고려해 볼 때 주어진 시간 및 비용의 범위 내에서 얻을 수 있는 최선의 안을 말하는 것은?

① 최적 안(Optimal Solution)
② 규범적인 안(Normative Solution)
③ 만족스런 안(Satisficing Solution)
④ 혁신적인 안(Innovative Solution)

040 수중등에 관한 배치 및 시설기준에 관한 설명이 틀린 것은?

① 여러 종류의 색필터를 사용하여 야간의 극적인 분위기를 연출한다.
② 관리의 효율성을 위해 전구는 수면 위로 노출시키며, 고전압으로 설계한다.
③ 규정된 용기 속에 조명등을 넣어야 하며, 용기에 따라 정해진 최대수심을 넘지 않도록 한다.
④ 폭포 · 연못 등과 같은 대상공간의 수조나 폭포의 벽면에 조명의 기능을 구현할 수 있는 곳에 배치한다.

풀이 수중등의 전구는 수면위로 노출되지 않도록 하여야 하며, 저전압으로 설계한다.

제 3 과목 조경설계

041 다음 중 경관을 변화시키는 요인에 해당하지 않는 것은?

① 대비 ② 거리
③ 관찰점 ④ 시간

풀이 **경관시각요소의 가변인자**
거리, 관찰점, 명도, 형태, 규모, 시간변화, 운동, 장소 등

ANSWER 037 ③ 038 ③ 039 ③ 040 ② 041 ①

042 한 도면 내에서 굵은 선의 굵기 기준을 0.8mm로 하였다면 레터링 보조선이나 치수선의 적절한 굵기에 해당되는 것은?

① 0.2mm ② 0.3mm
③ 0.4mm ④ 0.5mm

풀이 도면 내 선은 가장 굵은 선, 굵은선, 중간선, 가는 선 등으로 위계를 가진다. 레터링 보조선이나 치수선은 가장 가는선으로 가장 굵은 선 0.8mm에 대해 0.2mm가 적정하다.

043 주차장의 설계 시 이용할 주차단위구획(너비×길이)이 3.3m 이상×5.0m 이상의 기준에 해당되는 형식은? (단, 주차장법 시행규칙을 적용한다.)

① 일반형(평행주차형식)
② 보도와 차도의 구분이 없는 주거지역의 도로(평행주차형식)
③ 확장형(평행주차형식 외의 경우)
④ 장애인전용(평행주차형식 외의 경우)

풀이 **주차장법 시행규칙 제3조(주차장의 주차구획)**
평행주차형식 외의 경우

구분	너비	길이
경형	2.0m 이상	3.6m 이상
일반형	2.3m 이상	5.0m 이상
확장형	2.5m 이상	5.1m 이상
장애인전용	3.3m 이상	5.0m 이상
이륜자동차전용	1.0m 이상	2.3m 이상

044 인체의 치수를 기본으로 하여 전체를 황금비 관계로 잡아가는 독자적인 조화 척도는?

① 스케일(Scale)
② 모듈러(Modulor)
③ 비례(Proportion)
④ 피보나치 급수(Fibonacci Series)

풀이 **모듈러**
공간의 크기를 계량화하는 기본으로 인체치수를 분석하여 기하학적 원리에 근거하여 만든 인간척도이다.

045 조경설계기준 상의 "옥외계단" 설계로 옳지 않은 것은?

① 계단의 경사는 최대 30~35° 가 넘지 않도록 한다.
② 옥외에 설치하는 계단은 최소 2단 이상을 설치하여야 한다.
③ 경사가 18%를 초과하는 경우에는 보행에 어려움이 발생되지 않도록 계단을 설치한다.
④ 높이가 1.5m를 넘을 경우 1.5m 이내마다 계단의 유효 폭 이상의 폭으로 너비 100cm 이상인 참을 둔다.

풀이 **조경설계기준 5.10 계단**
높이 2m를 넘는 계단에는 2m 이내마다 당해 계단의 유효폭 이상의 폭으로 너비 120cm 이상인 참을 둔다.

046 다음 설명에 알맞은 형태의 지각심리는?

- 공동운명의 법칙이라고도 한다.
- 유사한 배열로 구성된 형들이 방향성을 지니고 연속되어 보이는 하나의 그룹으로 지각되는 법칙을 말한다.

① 근접성 ② 연속성
③ 대칭성 ④ 폐쇄성

ANSWER
042 ① 043 ④ 044 ② 045 ④ 046 ②

047 다음 입체도를 제3각법 정투상도로 옳게 나타낸 것은?

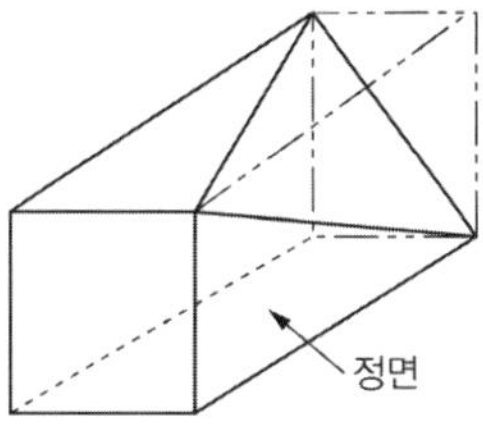

①

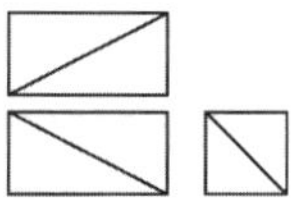

②

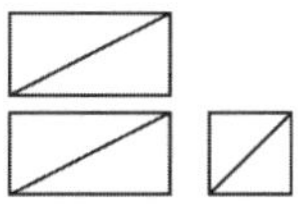

③

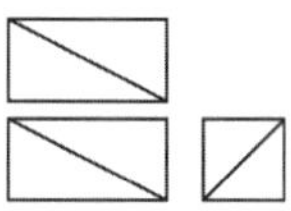

④

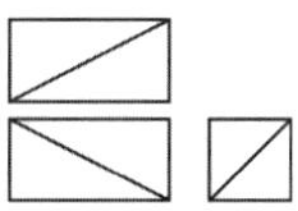

풀이 제3각법 투상도

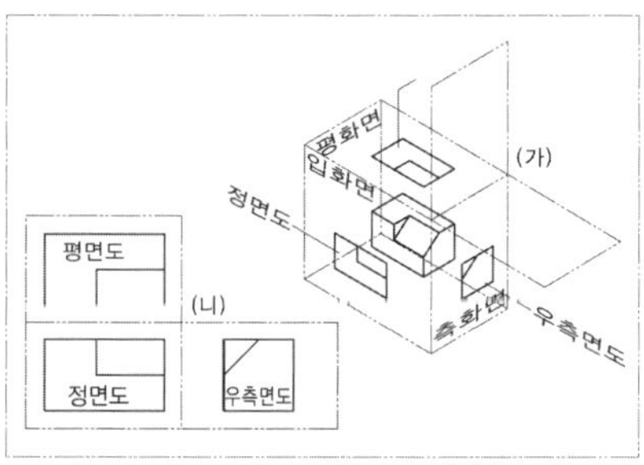

048 아치(Arch)에 대한 설명으로 거리가 먼 것은?

① 동·서양에서 공통적으로 사용된 구조물이다.

② 아치의 기술은 B.C 2세기경 로마인에 의해 크게 발전하였다.

③ 구조적으로 압축력을 인장력으로 전환하여 지반에 전달하는 구조이다.

④ 아치를 이용하면 기둥(Post)과 인방(Lintel)구조에서 경간이 짧은 단점을 극복할 수 있다.

풀이 아치는 인장력을 압축력으로 전환하여 하부에 인장력이 생기지 않도록 하는 구조이다.

049 시각적 선호도 측정방법 중 정신생리 측정법에 대한 설명으로 옳은 것은?

① 주로 오스굿(Osgood)의 어의구별 척도를 사용한다.

② 심리적 상태에 따라 나타나는 생리적 현상을 측정하는 것이다.

③ 여러 대상물을 2개씩 맞추어 서로 비교하는 방식을 사용한다.

④ 이용자의 관찰시간 측정에 의한 주의집중 밀도 파악이 가능하다.

050 설계대안의 작성에 관한 설명으로 옳은 것은?

① 대안은 많을수록 좋은 안을 선택할 수 있는 가능성이 높다.

② 대안 작성의 목적은 대안 중에서 반드시 최종안을 결정하는데 있다.

③ 대안 작성은 문제해결을 보다 합리적이고 객관적으로 수행하기 위한 방법이다.

④ 대안의 평가는 정책적인 요소가 많이 게재됨으로 실질적인 의의는 없다.

ANSWER
047 ④ 048 ③ 049 ② 050 ③

051 프로젝트의 계획방향이 설정되면 조사 분석을 거쳐 계획 · 설계로 진행된다. 다음 중 설계과정의 설명으로 옳은 것은?

① 분석단계에는 부지의 조건을 고려하여 평면 배치를 위한 땅가름 등의 분석 및 구상을 하게 된다.
② 분석내용을 종합하여 기본구상을 하게 되며 이 경우 아이디어의 상징적·추상적 표현을 위하여 도식화된 다이어그램이 많이 사용된다.
③ 기본계획에서는 토지이용계획을 하게 되며, 동선계획과 녹지계획 등은 실시설계 단계에서 구체화하여 간다.
④ 시공을 위한 실시설계는 분석단계 이전에 충분히 고려되어 있어야 한다.

풀이
- 계획 : 분석, 땅가름, 구상, 토지이용계획
- 설계 : 다이어그램을 활용한 기본구상, 구체적 아이디어의 적용 실시설계는 계획, 설계가 이루어진 후 시공을 위해 작성한다.

052 색채이론의 내용이 틀린 것은?

① 고채도의 색은 강한 느낌을 준다.
② 장파장역의 빨강은 팽창색이다.
③ 한색, 암색은 진출색이다.
④ 명도가 높은 색과 한색보다 난색은 주목성이 높다.

풀이 한색, 암색은 후퇴색이다.

053 조경설계 기준상의 축구장의 배치 및 규격 기준으로 가장 거리가 먼 것은?

① 장축을 동-서로 배치한다.
② 경기장 크기는 길이 90~120m, 폭 45~90m 이어야 하며, 길이는 폭보다 길어야 한다.
③ 경기장 라인은 12cm 이하의 명확한 선으로 긋되, V자형의 홈을 파서 그으면 아니 된다.
④ 잔디가 아닐 경우 스파이크가 들어갈 수 있을 정도의 경도로 슬라이딩에 의한 찰과상을 방지할 수 있는 포장으로 한다.

풀이 장축을 남-북으로 배치한다.

054 다음 설명의 ( )에 가장 부적합한 것은?

> 도시·군계획시설의 결정·구조 및 설치 기준에 관한 규칙에 의해 도로에는 ( ) 등을 고려하여 차도와 분리된 보도를 설치하는 것으로 고려하여야 한다.

① 도로 폭
② 보행자의 통행량
③ 주변 토지이용계획
④ 대중교통의 통행량

풀이 **도시·군계획시설의 결정·구조 및 설치기준에 관한 규칙 제 14조2**
도로에는 도로 폭, 보행자의 통행량, 주변 토지이용계획 및 지형여건 등을 고려하여 차도와 분리된 보도를 설치하는 것을 고려하여야 한다.

055 투시도 작성 시 소점(消点, Vanish Point)을 설명한 것은?

① 화면과 지면이 만나는 선
② 물체와 시점 간의 연결선
③ 물체의 각 점이 수평선상에 모이는 점
④ 정육면체의 측면 깊이를 구하기 위한 점

풀이 **소점(消点, Vanish Point)**
물체 각점의 무한원점이 수평선상에서 만나는 점

ANSWER
051 ② 052 ③ 053 ① 054 ④ 055 ③

056 다음 [보기]의 설명 중 ㉠, ㉡에 적합한 것은? (단, 도시공원 및 녹지 등에 관한 법률 시행규칙을 적용한다)

> 하나의 도시지역 안에 있어서의 도시공원의 확보 기준은 해당도시지역 안에 거주하는 주민 1인당 (㉠)m^2 이상으로 하고, 개발제한구역 및 녹지지역을 제외한 도시지역 안에 있어서의 도시공원의 확보기준은 해당 도시지역 안에 주거하는 주민 1인당 (㉡)m^2 이상으로 한다.

① ㉠ 2, ㉡ 4　② ㉠ 3, ㉡ 6
③ ㉠ 4, ㉡ 2　④ ㉠ 6, ㉡ 3

풀이 **도시공원 및 녹지 등에 관한 법률 시행규칙 제4조 도시공원의 면적기준**
하나의 도시지역 안에 있어서의 도시공원의 확보기준은 해당도시지역 안에 거주하는 주민 1인당 6제곱미터 이상으로 하고, 개발제한구역 및 녹지지역을 제외한 도시지역 안에 있어서의 도시공원의 확보기준은 해당도시지역 안에 거주하는 주민 1인당 3제곱미터 이상으로 한다.

057 도면결합법(Overlay Method)을 주로 사용하여 경관의 생태적 목록을 종합하여 분석에 활용한 사람은?

① Lynch　② McHarg
③ Litton　④ Leopold

풀이 **맥하그**
생태적 접근방법에 대한 연구로 유명하며, 오버레이 기법(overlay method)은 지역의 적지를 분석하는데 있는 여러 인자들을 중첩하여 가장 적합한 적지를 찾아내는 방법

058 디자인의 요소에 대한 설명으로 옳지 않은 것은?

① 적극적 입체는 확실히 지각되는 형, 현실적 형을 말한다.
② 소극적인 면은 점의 확대, 선의 이동, 너비의 확대 등에 의해 성립된다.
③ 기하 곡면은 이지적 이미지를 상징하고, 자유 곡면은 분방함과 풍부한 감정을 나타낸다.
④ 점이 일정한 방향으로 진행할 때는 직선이 생기며, 점의 방향이 끊임없이 변할 때는 곡선이 생긴다.

풀이 소극적인 면은 선의 밀집이나 선의 집합, 선으로 둘러싸여 성립되며, 적극적인 면은 점의 확대, 선의 이동, 너비의 확대 등에 의해 성립된다.

059 조경공간에서 배수설계 관련 설명이 옳지 않은 것은?

① 배수시설의 기울기는 지표기울기에 따른다.
② 최대 우수배수량을 합류식으로 산출하여 정한다.
③ 관거 이외의 배수시설의 기울기는 0.5% 이하로 하는 것이 바람직하다.
④ 배수계통은 직각식·차집식·선형식·방사식·집중식 등의 방식 중 배수구역의 지형·배수방식·방류조건·인접시설 그리고 기존의 배수시설과 같은 요소들을 고려하여 결정한다.

풀이 **조경설계기준 10장 빗물침투 및 배수시설 10.1.5 설계일반**
(3) 관거 이외의 배수시설의 기울기는 0.5% 이상으로 하는 것이 바람직하다.

ANSWER 056 ④ 057 ② 058 ② 059 ③

060 조경설계기준상 조경구조물의 계획 · 설계 설명이 옳지 않은 것은?

① 앉음벽은 휴게공간이나 보행공간의 가운데에 배치할 때는 주보행동선과 교차하게 배치한다.
② 앉음벽은 짧은 휴식에 적합한 재질과 마감 방법으로 설계하며, 앉음벽의 높이는 34~46cm로 한다.
③ 장식벽은 경관적 목적을 위하여 수식이나 장식이 필요한 석축, 옹벽, 담장 등의 수직적 구조물의 표면에 부가 설치한다.
④ 울타리 및 담장은 단순한 경계표시 기능이 필요한 곳은 0.5m 이하의 높이로 설계한다.

풀이 **조경설계기준 13.8 앉음벽 배치**
(1) 마당 · 광장 등의 휴게공간과 보행로 · 놀이터 등에 이용자들이 앉아서 쉴 수 있도록 배치한다.
(2) 휴게공간이나 보행공간의 가운데에 배치할 경우에는 주보행동선과 평행하게 배치한다.
(3) 짧은 휴식에 이용되므로 사람의 유동량 · 보행거리 · 계절에 따른 이용빈도를 고려하여 배치한다.
(4) 지형의 높이차 극복을 위한 흙막이구조물을 겸할 경우에는 녹지와 포장부위의 경계부에 배치한다.

제 4 과목 조경식재

061 나자식물 중 상록침엽수가 아닌 것은?

① 개잎갈나무(*Cedrus deodara*)
② 구상나무(*Abies koreana*)
③ 일본잎갈나무(*Larix kaempferi*)
④ 독일가문비(*Picea abies*)

풀이 일본잎갈나무 : 낙엽활엽수

062 여의도공원 내 생태적인 공간에 식재할 수 있는 교목성상의 수목으로 부적합한 것은?

① 느티나무(*Zelkova serrata*)
② 상수리나무(*Quercus acutissima*)
③ 물푸레나무(*Fraxinus rhynchophylla*)
④ 구실잣밤나무(*Castanopsis sievoldii*)

풀이 구실잣밤나무는 따뜻한 남해안에 적합한 수종이다.

063 조경 식재도면의 식물 리스트 작성 시 이용하기에 가장 편리한 순서는?

① 교목, 관목, 덩굴식물, 화초의 순서
② 한국 식물 명칭의 가, 나, 다 순서
③ 학명의 A, B, C 순서
④ 상록활엽수, 낙엽활엽수의 순서

풀이 조경식재설계시 수목목록은 교목(상록, 낙엽), 관목(상록, 낙엽), 초화 등의 순으로 정리한다.

ANSWER 060 ① 061 ③ 062 ④ 063 ①

064 다음 수목 중 생울타리용으로 양지 바른 곳에 가장 적합한 것은?

① 광나무(*Ligustrum japonicum*)
② 감탕나무(*Ilex integra*)
③ 삼나무(*Cryptomeria japonica*)
④ 주목(*Taxus cuspidata*)

풀이 **생울타리 양지바른 곳에 적합한 수종**
향나무, 가이즈까향나무, 가시나무류, 탱자나무, 화백, 편백, 삼나무, 측백나무, 꽝꽝나무, 덩굴장미, 명자나무, 무궁화, 개나리, 피라칸사, 회양목, 보리수나무, 사철나무, 아왜나무 등

생울타리 일조부족한 곳에 적합한 수종
주목, 눈주목, 식나무, 붉가시나무, 비자나무, 동백나무, 솔송나무, 광나무, 감탕나무, 회양목 등

065 다음 중 같은 속(屬)에 속하는 식물들로만 구성된 것은?

① 곰솔, 일본잎갈나무, 백송
② 사시나무, 은백양, 황철나무
③ 소나무, 리기다소나무, 낙우송
④ 자작나무, 개박달나무, 물오리나무

풀이 ① 곰솔(소나무속), 일본잎갈나무(잎갈나무속), 백송(소나무속)
② 사시나무, 은백양, 황철나무 : 사시나무속
③ 소나무(소나무속), 리기다소나무(소나무속), 낙우송(낙우송속)
④ 자작나무(자작나무속), 개박달나무(자작나무속), 물오리나무(오리나무속)

066 *Euonymus japonicus* Thunb.의 식재기능으로 가장 거리가 먼 것은?

① 경계식재 ② 경관식재
③ 녹음식재 ④ 차폐식재

풀이 사철나무에 관한 것으로 주로 차폐, 산울타리용으로 사용된다.

067 조경설계기준에서 제시한 표 중 "H"에 해당하는 수치는?

식물의 종류	생육 최소 토심(cm)		배수층 두께
	토양 등급 중급 이상	토양 등급 상급 이상	
잔디, 초화류	A	B	C
소관목	D	E	F
대관목	G	H	I
친근성 교목	J	K	L
심근성 교목	M	N	O

① 15 ② 30
③ 50 ④ 90

풀이 **조경설계기준 부표 7-4 식물의 생육 토심**

식물의 종류	생존 최소 토심(cm)			생육 최소 토심(cm)		배수층의 두께
	인공토	자연토	혼합토 (인공토 50% 기준)	토양 등급 중급 이상	토양 등급 상급 이상	
잔디, 초화류	10	15	13	30	25	10
소관목	20	30	25	45	40	15
대관목	30	45	38	60	50	20
천근성 교목	40	60	50	90	70	30
심근성 교목	60	90	75	150	100	30

068 침식지 및 사면녹화에 적합하지 않은 수종은?

① 족제비싸리(*Amorpha fruticosa*)
② 물오리나무(*Alnus sibirica*)
③ 등(*Wisteria floribunda*)
④ 노각나무(*Stewartia pseudocamellia*)

풀이 침식지 및 사면녹화에 비료목이나 덩굴류가 적합하다.

ANSWER
064 ③ 065 ② 066 ③ 067 ③ 068 ④

069 중부 임해공업지대에서 공해와 한해의 피해를 가장 적게 받고 생육할 수 있는 수종은?

① 사철나무(*Euonymus japonicus*)
② 광나무(*Ligustrum japonicum*)
③ 개비자나무(*Cephalotaxus koreana*)
④ 일본잎갈나무(*Larix kaempferi*)

풀이 **공장별 적정수종 중 중부 임해공업지대**

공장 유형	재해	적정수종	
		남부지방	중부지방
석유화학지대	아황산 가스	태산목, 후피향나무, 녹나무, 굴거리나무, 아왜나무, 가시나무	화백, 눈향나무, 은행나무, 튤립나무, 버즘나무, 무궁화
제철공업지대 (금속·기계)	불화수계 염화수계	치자나무, 사스레피나무, 감탕나무, 호랑가시나무, 팔손이나무	아카시아나무, 참나무, 포플러, 향나무, 주목
임해공업지대	조해 염해	동백나무, 광나무, 후박나무, 돈나무, 광광나무, 식나무	향나무, 눈향나무, 곰솔, 사철나무, 회양목, 실란
시멘트 공업지대	분진 소음	삼나무, 비자나무, 편백, 화백, 가시나무	잣나무, 향나무, 측백, 가문비나무, 버즘나무

070 페튜니아(*Petunia hybrida*)의 설명이 틀린 것은?

① 여러해살이풀이다.
② 높이 15~25(60)cm 정도로 자란다.
③ 잎에 샘털이 밀생하여 점성을 띠고 냄새가 고약하다.
④ 온실에서 가꾼 꽃은 일찍 피며, 모양, 크기 및 색이 품종에 따라서 다르다.

풀이 페튜니아는 한해살이 화초이다.

071 다음 중 덧파종에 대한 설명으로 옳은 것은?

① 난지형 잔디밭 위에 한지형 잔디를 파종하여 겨울철 녹색의 잔디밭을 만드는 것
② 사전에 종피 처리를 한 잔디종자를 파종하여 대규모로 잔디밭을 만드는 것
③ 잔디 뗏장을 부지 전면에 이식하여 조기에 잔디밭을 만드는 것
④ 잔디 뗏장을 잘라서 일정 간격을 떼고 심어 잔디밭을 만드는 것

풀이 덧파종은 난지형 잔디밭 위에 한지형 잔디를 파종하여 겨울철 잔디밭 조성하여 기간을 늘리고 잔디 품질 향상을 위해 사용한다.

072 쌍자엽식물(A)과 단자엽식물(B)의 일반적인 특징 비교 중 틀린 것은?

① 잎맥 : A(대개 망상맥), B(대개 평행맥)
② 뿌리계 : A(1차근과 부정근), B(부정근)
③ 부름켜 : A(있음), B(없음)
④ 1차 관다발 : A(산재 또는 2~다환배열), B(환상배열)

풀이 줄기의 유관속(관다발)분류에 의하면 쌍자엽식물은 환상배열, 단자엽식물은 산재 또는 2~다환배열을 가진다.

ANSWER
069 ① 070 ① 071 ① 072 ④

073 조경기준(국토교통부)상에 "대지안의 식재기준" 중 ㉠~㉣의 내용이 틀린 것은?

> • 조경면적의 배치
> 대지면적 중 조경의무면적의 (㉠)% 이상에 해당하는 면적은 자연지반이어야 하며, 그 표면을 토양이나 식재된 토양 또는 투수성 포장구조로 하여야 한다. 너비 (㉡)m 이상의 도로에 접하고 (㉢)m^2 이상인 대지 안에 설치하는 조경은 조경의무면적의 (㉣)% 이상을 가로변에 연접하게 설치하여야 한다.

① ㉠ 10　　② ㉡ 20
③ ㉢ 2,000　　④ ㉣ 30

풀이 **조경기준 제5조 조경면적의 배치**

① 대지면적중 조경의무면적의 10퍼센트 이상에 해당하는 면적은 자연지반이어야 하며, 그 표면을 토양이나 식재된 토양 또는 투수성 포장구조로 하여야 한다. 다만, 법 제5조제1항의 허가권자(이하 "허가권자"라 한다)가 자연지반에 설치할 수 없다고 인정하는 경우에는 그러하지 아니하다

② 대지의 인근에 보행자전용도로 · 광장 · 공원 등의 시설이 있는 경우에는 조경면적을 이러한 시설과 연계되도록 배치하여야 한다.

③ 너비 20미터 이상의 도로에 접하고 2,000제곱미터 이상인 대지 안에 설치하는 조경은 조경의무면적의 20퍼센트 이상을 가로변에 연접하게 설치하여야 한다. 다만, 도시설계 등 계획적인 개발계획이 수립된 구역은 그에 따르며, 허가권자가 가로변에 연접하여 설치하는 것이 불가능하다고 인정하는 경우에는 그러하지 아니하다.

074 붉은(赤)색 계통의 단풍이 들지 않는 수종은?

① 고로쇠나무(*Acer pictum subsp. mono Ohashi*)
② 신나무(*Acer tataricum subsp. ginnala*)
③ 화살나무(*Euonymus alatus*)
④ 당단풍나무(*Acer pseudosieboldianum*)

풀이 고로쇠나무 : 노란색 단풍

075 일반적으로 우리나라의 4계절 구분 중 개화시기가 다른 수종은?

① 무궁화(*Hibiscus syriacus*)
② 능소화(*Campsis glandiflora*)
③ 배롱나무(*Lagerstroemia indica*)
④ 병꽃나무(*Weigela subsessilis*)

풀이
• 무궁화, 능소화, 배롱나무 : 7~8월 여름
• 병꽃나무 : 5월 봄

076 식물의 질감과 관계되는 설명 중 옳지 않은 것은?

① 질감은 식물을 바라보는 거리에 따라 결정된다.
② 두껍고 촘촘하게 붙은 잎은 고운 질감을 나타낸다.
③ 부드러운 질감을 가진 식물에 의해서 생긴 그림자는 더욱 짙게 보인다.
④ 어린식물들은 잎이 크고, 무성하게 성장하기 때문에 성목보다 거친 질감을 갖는다.

풀이 부드러운 질감을 가진 식물에 의해 생긴 그림자는 옅게 보인다.

ANSWER
073 ④　074 ①　075 ④　076 ③

077 다음 조경식물의 규격에 관한 설명에 적합한 용어는?

> 묘목의 줄기를 측정하는 방법, 지면에서 1.2m 높이에서 측정, 기호는 B이고 단위는 cm이다.

① 근원직경 ② 흉고직경
③ 지상직경 ④ 수관직경

풀이
- 흉고직경(B) : 가슴높이 1.2m 줄기직경
- 근원직경(R) : 지표면 부근의 줄기직경

078 생태적 천이의 과정이 순서대로 나열된 것은?

① 나지 → 개망초 → 참억새 → 참싸리 → 소나무 → 신갈나무
② 나지 → 망초 → 억새 → 소나무 → 상수리나무 → 붉나무
③ 나지 → 쑥부쟁이 → 찔레꽃 → 망초 → 소나무 → 졸참나무
④ 나지 → 쑥 → 억새 → 소나무 → 옻나무 → 굴참나무

풀이 **천이순서**
나지 → 일년생초본 → 다년생초본 → 양수관목림 → 양수교목림 → 음수교목림

079 가을에 개화하여 꽃을 감상할 수 있는 지피식물은?

① 노루귀 ② 피나물
③ 꽃향유 ④ 원추리

풀이
- 노루귀, 피나물 : 봄꽃
- 원추리 : 여름꽃
- 꽃향유 : 가을꽃

080 다음 중 실내정원 식물인 "페페로미아"의 특징으로 틀린 것은?

① 쥐꼬리망초과(Geraniaceae)이다.
② 줄기삽과 엽삽으로 번식하며 쉽게 뿌리가 내리는 편이다.
③ 배양토의 적정 pH는 5.5~6.0이고 EC는 1.0mS이다.
④ 높은 공중습도를 좋아하며, 토양수분이 적고 광도가 낮은 환경에서 잘 자란다.

풀이 페페로미아는 후추과이다.

5 과목 조경시공구조학

081 거푸집에 가해지는 콘크리트의 측압이 크게 작용하는 경우에 해당하지 않는 것은?

① 철근량이 많을수록
② 특히 유의하여 다질수록
③ 부재의 수평단면이 클수록
④ 콘크리트의 부어넣기 속도가 빠를수록

풀이 거푸집에 가해지는 콘크리트 측압은 철근량이 적을수록 크게 영향을 준다.

082 구조부재에 작용하는 축직교 하중은 부재상의 각 점에서 부재를 자르려고 하는데 이 외력의 세력을 무엇이라 하는가?

① 수직반력 ② 전단력
③ 압축응력 ④ 축력

풀이
① 수직반력 : 구조물의 지점에서 발생하는 반력으로, 지지면에 대한 수직 방향의 힘.
② 전단력 : 부재를 전단하려고 하는 외력의 세력
③ 압축응력 : 재료가 압축력을 받았을 때 그 단면에 대해서 수직방향으로 생기는 응력

ANSWER
077 ② 078 ① 079 ③ 080 ① 081 ① 082 ②

④ 축력 : 구조물상의 한 점에서 부재를 축 방향으로 압축, 인장하려고 하는 외력의 세력

083 공동도급(Joint Venture) 방식의 장점에 대한 설명으로 옳지 않은 것은?

① 2개 이상의 사업자가 공동으로 도급하므로 자금 부담이 경감된다.
② 대규모 공사를 단독으로 도급하는 것보다 적자 등 위험 부담의 분산이 가능하다.
③ 공동도급 구성원 상호간의 이해충돌이 없고 현장 관리가 용이하다.
④ 각 구성원이 공사에 대하여 연대책임을 지므로, 단독도급에 비해 발주자는 더 큰 안정성을 기대할 수 있다.

풀이 공동도급은 구성원 상호간의 이해충돌이 발생하기 쉽다.

084 조경용 합성수지재는 열경화성수지와 열가소성수지로 구별된다. 다음 중 열경화성 수지에 해당되지 않는 것은?

① 폴리에틸렌수지
② 페놀수지
③ 우레탄수지
④ 폴리에스테르 수지

풀이
- 열가소성수지 : 염화비닐, 아크릴, 폴리에틸렌수지
- 열경화성 수지 : FRP, 요소수지, 멜라민 수지, 폴리에스테르 수지, 페놀수지, 실리콘, 우레탄 등

085 다음 중 목재와 관련된 설명으로 틀린 것은?

① 목재의 건조방법은 자연건조와 인공건조로 구분된다.
② 목재방부제는 열화방지 효과 및 내구성이 크고 침투성이 양호해야 한다.
③ 목재는 함수율의 증가에 따라 팽윤하기도 하고, 함수율의 감소와 함께 수축하기도 한다.
④ 목재의 강도 중 섬유와 직각방향의 인장강도가 가장 크다.

풀이 인장강도는 섬유방향이 가장 크다.

086 콘크리트의 블리딩(Bleeding) 현상에 의한 성능저하와 가장 거리가 먼 것은?

① 콘크리트의 응결성 저하
② 콘크리트의 수밀성 저하
③ 철근과 페이스트의 부착력 저하
④ 골재와 페이스트의 부착력 저하

풀이 **블리딩(Bleeding)**
콘크리트 친 후 물이 위로 2~4시간 정도 스며 나오는 현상으로 이 현상이 심하면 콘크리트는 다공질이 되고 강도 · 수밀성 · 내구성이 저하됨

087 다음 사다리꼴(균등측면) 개수로의 관련 식으로 옳은 것은?

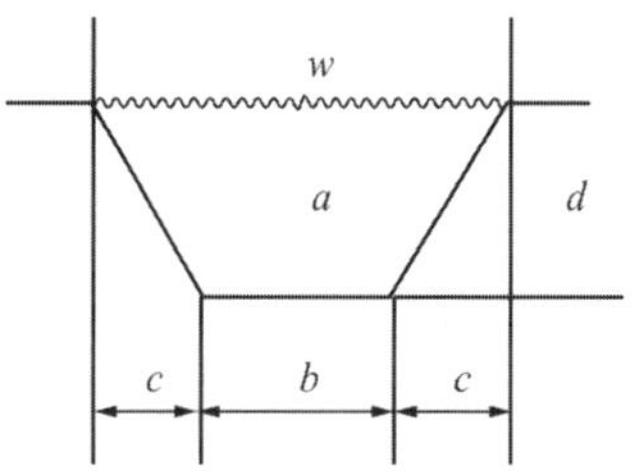

① 유적 : $b+2\sqrt{e^2+d^2}$
② 윤변 : $\dfrac{d(b+e)}{b+2\sqrt{e^2+d^2}}$
③ 경심 : $d(b+2)$
④ 폭 : $b+2e$

ANSWER
083 ③ 084 ① 085 ④ 086 ① 087 ④

088 다음 그림은 기둥을 도해한 것이다. 단면이 같고 하중의 크기가 동일할 때 좌굴장에 대한 설명 중 옳은 것은?

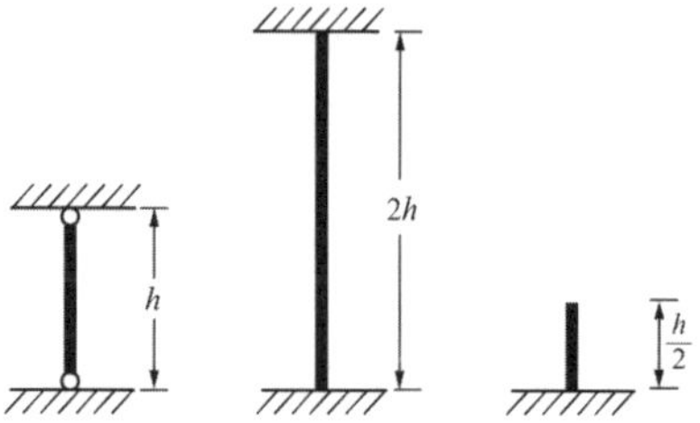

(A) (B) (C)

① A, B, C 모두 같다.
② A가 최대이고 C가 최소이다.
③ B가 최대이고 A가 최소이다.
④ B가 최대이고 C가 최소이다.

풀이 기둥은 양끝단의 지지상태에 따라 좌굴장이 달라진다.
- A : 양단회전으로 좌굴길이는 기둥길이와 같다.
- B : 양단고정으로 좌굴길이는 기둥길이의 0.5배이다.
- C : 한단고정, 타단자유로 좌굴길이는 기둥길이의 2배이다.

따라서, $A=h$, $B=2h\times 0.5=h$, $C=0.5h\times 2=h$ 즉 A=B=C이다.

089 도로와 하수도의 중심선과 같은 선형 구조물의 위치를 평면적으로 표시하는데 가장 적합한 방법은?

① 좌표에 의한 방법
② 단면에 의한 방법
③ 입면에 의한 방법
④ 측점에 의한 방법

풀이 도로와 하수도 같은 선형구조물의 위치는 좌표나 측점으로 평면에 표시하는 것이 바람직하며 추가하여 길이, 높이 등을 표시한다.

090 건설 표준품셈에서 다음의 종목(A) 중 설계서의 단위(B) 및 단위 수량 소수위 기준(C)이 틀리게 구성된 것은? (단, 나열순은 A - B - C의 순서임)

① 공사폭원 - m - 1위
② 직공인부 - 인 - 2위
③ 공사면적 - m^2 - 2위
④ 토적(체적) - m^3 - 2위

풀이 공사면적 - m^2 - 1위

091 고사식물의 하자보수 면제 항목에 해당되지 않는 것은?

① 전쟁, 내란, 폭풍 등에 준하는 사태
② 준공 후 유지관리비용을 지급받은 상태에서 혹한, 혹서, 가뭄, 염해(염화칼슘) 등에 의한 고사
③ 천재지변(폭풍, 홍수, 지진 등)과 이의 여파에 의한 경우
④ 인위적인 원인으로 인한 고사(교통사고, 생활 활동에 의한 손상 등)

풀이 **조경공사 표준시방서 4장 식재**

1.7 하자보수의 면제
(1) 전쟁, 내란, 폭풍 등에 준하는 사태
(2) 천재지변(폭풍, 홍수, 지진 등)과 이의 여파에 의한 경우
(3) 화재, 낙뢰, 파열, 폭발 등에 의한 고사
(4) 준공 후 유지관리비용을 지급하지 않은 상태에서 혹한, 혹서, 가뭄, 염해(염화칼슘) 등에 의한 고사
(5) 인위적인 원인으로 인한 고사(교통사고, 생활 활동에 의한 손상 등)

ANSWER 088 ① 089 ④ 090 ③ 091 ②

092 그림에서 B점의 반력(V_B)값은?

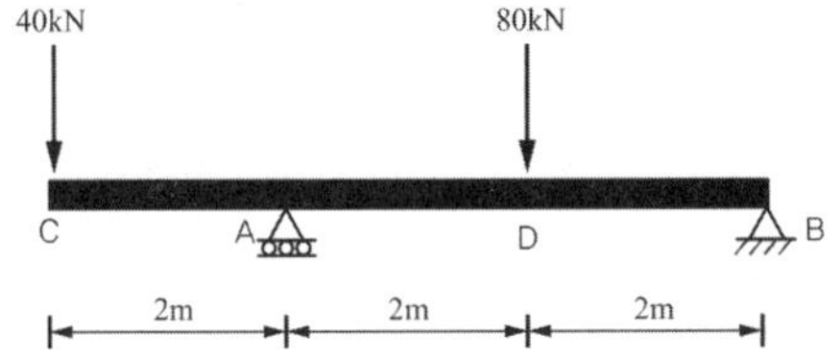

① 0kN ② 20kN
③ 40kN ④ 60kN

풀이

$$V_B = \frac{(40 \times 2) - (80 \times 2)}{4} = 20\text{kN}$$

093 그림과 같이 한쪽은 깎기이고, 한쪽은 쌓기일 경우에 쓰이는 방법으로 매립에 이용되는 절토와 성토 방법은?

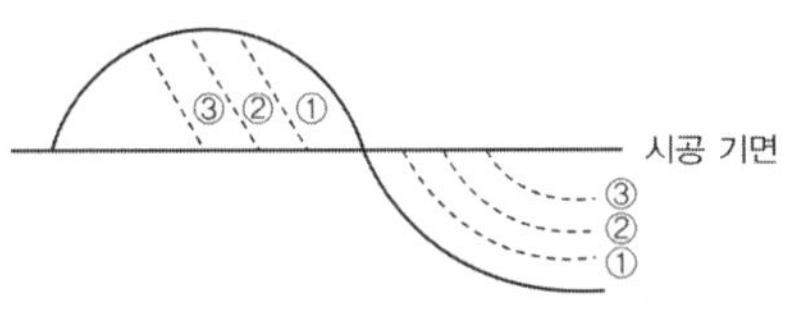

① 비계층쌓기 ② 층따기
③ 전방층쌓기 ④ 수평층쌓기

풀이 **성토시공방법**

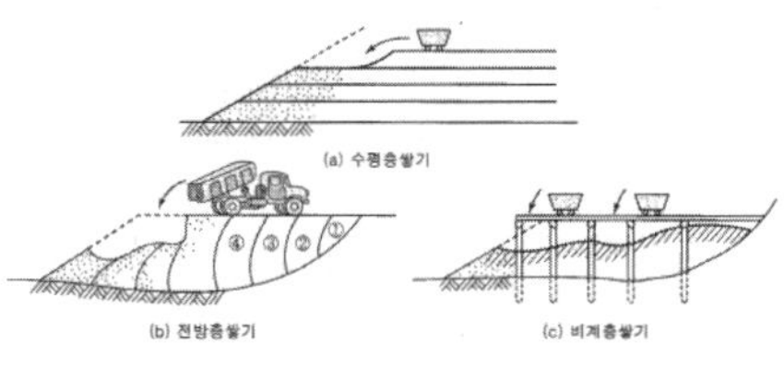

층따기는 활동과 단차발생 우려로 인해 계단모양으로 소단을 설치하는 것을 말한다.

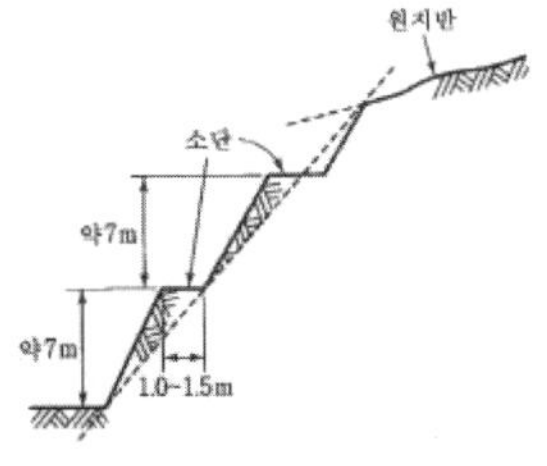

094 횡선식 공정표와 비교한 네트워크 공정표의 설명이 틀린 것은?

① 복잡한 공사, 대형공사, 중요한 공사에 사용된다.
② 최장경로와 여유 공정에 의해 공사의 통제가 가능하다.
③ 네트워크에 의한 종합관리로 작업 선·후 관계가 명확하다.
④ 공정표 작성이 용이하나 문제점의 사전 예측이 어렵다.

풀이 네트워크 공정표는 작성이 어렵고 노력이 많이 드나 사전예측이 유리하다.

095 배수계획에서 다음 그림을 설명한 사항 중 옳은 것은?

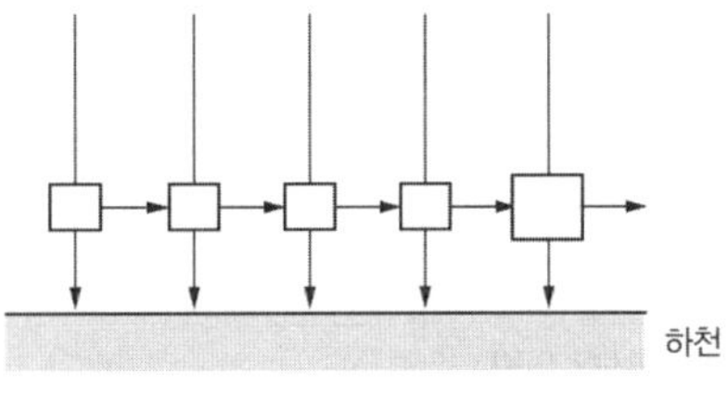

① 배수가 가장 신속하다.
② 수질오염 방지에 적합하다.
③ 평행식(Parallel System)이다.
④ 지형의 고저차가 심할 때 유리하다.

풀이 그림은 차집식 배수계통 방식으로 차집식은 오수를 직접 하천으로 방류하지 않고 차집거로 모았다가 우수 때 하천으로 방류하는 것으로 수질오염 방지에 적합하다.

ANSWER 092 ② 093 ④ 094 ④ 095 ②

096 등고선이 높아질수록 밀집하여 있으며, 반대로 낮은 등고선에서는 간격이 멀어져 있는 경우는 다음 중 지형도의 어느 것에 해당하는가?

① 현애　　② 凹경사
③ 급경사　　④ 평사면

풀이 요(凹)경사에서 높은 등고선은 낮은 것보다 더 좁은 간격으로 증가한다.

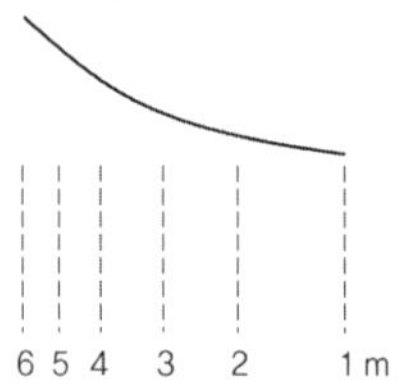

convex slope(凹형)

097 수준측량의 야장 기입법 중 중간점(I.P)이 많을 경우 가장 편리한 방법은?

① 승강식　　② 기고식
③ 횡단식　　④ 고차식

풀이 **야장기입법**

- 고차식(2란식) : 후시와 전시의 2란만으로 고저차를 나타내어 2점간 높이만 구하는 것이 주목적으로 점검이 용이하지 않다.
- 승강식 : F.S값이 B.S값보다 작을 때는 그 차를 승란에, 클 때는 강란에 기입하여 검산할 수 있으나, 중간점이 많을 때는 계산이 복잡하고 시간이 많이 걸림
- 기고식 : 시준높이를 구한 다음 여기에 임의의 점의 지반높이에 그 후시를 가하여 기계높이를 얻은 다음 이것에서 다른 점의 전시를 빼어 그 점의 지반높이를 얻는 방법으로 후시보다 전시가 많을 때 편리하고, 중간시가 많은 경우 편리하나 완전한 검산을 할 수 없는 단점.

098 다음 중 조경시설물 재료에 대한 일반적인 요구 성능이 아닌 것은?

① 가연성　　② 내구성
③ 보존성　　④ 운반가능성

풀이 가연성은 불에 타기 쉬운 성질로 관계가 없다.

099 TQC(Total Quality Control)를 위한 도구 중 다음 설명에 적합한 것은?

> 모집단에 대한 품질특성을 알기 위하여 모집단의 분포 상태, 분포의 중심위치 및 산포 등을 쉽게 파악할 수 있도록 막대그래프 형식으로 작성한 도수분포도를 말한다.

① 체크시트　　② 파레토도
③ 히스토그램　　④ 특성요인도

풀이 **TQC 7가지 도구**

① 파레토도 : 불량 등 발생건수를 분류항목별로 나누어 크기순서대로 나열해 놓은 그림
② 특성요인도 : 결과에 원인이 어떻게 관계하고 있는가를 한눈에 알 수 있도록 작성한 그림
③ 층별 : 집단을 구성하고 있는 많은 데이터를 몇 개의 부분집단으로 나누는 것.
④ 산점도 : 대응되는 두 개의 짝으로 된 데이터를 그래프 용지위에 점으로 나타낸 그림
⑤ 히스토그램 : 계량치의 데이터가 어떠한 분포를 하고 있는지 알아보기 위하여 작성하는 그림
⑥ 체크시트
⑦ 각종 그래프

ANSWER 096 ② 097 ② 098 ① 099 ③

100 단면의 형상에 따라 역T형, L형으로 나누어지며, 옹벽자체 중량과 기초 저판 위 흙의 중량에 의하여 배면토압을 지탱하게 한 형식은?

① 조적식 ② 중력식
③ 부벽식 ④ 캔틸레버식

풀이 **캔틸레버식 옹벽**
- 기단 위의 성토가 주중으로 간주됨으로 중력식 옹벽보다 경제적
- 역T형, L형이 있으며, 6m까지 사용가능
- 철근콘트리트로 구성. 수직 슬라브와 수평 슬라브로 이루어져 수직과 수평적기초가 철근으로 일치되게 경결되고 기초부분 한 방향으로 돌출시켜 안전성 유지

제 6 과목 조경관리론

101 고속도로의 녹지관리 상 기본적 입장으로 볼 수 없는 것은?

① 대부분 가늘고 긴 대상(帶狀)의 벨트로 되어있다.
② 대부분의 이용자는 도로녹지를 이용하는 것이 주목적이다.
③ 미적인 식재관리보다 교통의 안정성과 쾌적성을 중요시 한다.
④ 이용자가 불특정 다수이기 때문에 서비스 수준을 정하기가 어렵다.

풀이 고속도로에서 이용자들이 녹지를 이용하는 것은 사실상 불가능하다. 고속도로 녹지의 목적은 도로교통의 안전, 쾌적성, 자연환경보전 등을 들 수 있다.

102 농약 혼용 시 주의하여야 할 사항으로 틀린 것은?

① 유기인계와 알칼리성 농약은 혼용하지 않는다.
② 되도록 농약과 비료는 혼합하여 살포하지 않는다.
③ 혼용가부표를 반드시 확인하여 혼용여부를 결정한다.
④ 성분특성과 농도유지를 위해 약효가 다른 많은 종류의 약제를 한 번에 다량 혼용한다.

풀이 약효가 다른 많은 종류의 약제는 한꺼번에 혼용할 수 없다. 3종 이상 혼합하면 식물에 오히려 피해를 줄 수 있다.

103 잔디를 정기적으로 적당한 높이에서 예초할 때의 효과로 거리가 먼 것은?

① 잡초 방제 효과
② 깎인 경엽은 거름으로 제공
③ 잔디분얼 촉진과 밀도를 높임
④ 미관을 증진시켜 휴식처의 이용에 적합

풀이 **조경공사 표준시방서 8-2-2 잔디유지관리**
깎여진 잔디는 잔디밭에 남겨두지 말고 비나 레이크로 모아서 버린다.

104 안전관리 사고 중 관리하자에 의한 사고는?

① 그네에서 뛰어내리는 곳에 벤치가 설치되어 팔이 부러진 사고
② 그네를 잘못 타서 떨어지거나, 미끄럼틀에서 거꾸로 떨어진 사고
③ 유아가 방호책을 기어 넘어가서 연못에 빠지는 사고
④ 연못가에 설치된 목재 펜스가 부패되어 부서져 물에 빠진 사고

ANSWER 100 ④ 101 ② 102 ④ 103 ② 104 ④

풀이 ① 설치하자 ② 이용자 부주의
③ 이용자 부주의 ④ 관리하자

105 토성의 분류 방법 중 자갈의 크기는 입경이 몇 mm 이상인가?

① 0.2mm ② 1mm
③ 2mm ④ 3mm

풀이 **국제토양학회 토양입경구분**
자갈 2.0mm 이상, 조사 2.0~0.2mm,
세사 0.2~ 0.02mm, 미사 0.02~0.002mm,
점토 0.002mm 이하

106 조경관리의 특성으로 옳지 않은 것은?

① 조경관리의 규격화, 표준화가 가능하다.
② 관리대상의 기능이 유동성과 다양성을 지닌다.
③ 관리대상은 시간 경과에 따라 성장하고 자연에 적응한다.
④ 조경관리란 경관과 경관을 이루는 모든 경관 구성요소에 대한 관리 개념까지 포함된다.

풀이 조경은 살아있는 식물을 관리하는 것으로 규격화, 표준화가 매우 어렵다.

107 토양의 양이온교환용량(CEC)에 대한 설명으로 옳은 것은?

① 토양이 전하성질과는 무관하게 양이온을 함유할 수 있는 능력이며, 단위는 me/100g이다.
② 토양이 음전하에 의하여 양이온을 함유할 수 있는 능력이며, 단위는 mg/kg이다.
③ 토양이 음전하에 의하여 양이온을 흡착할 수 있는 능력이며, 단위는 cmolc/kg이다.
④ 토양이 양전하에 의하여 염기성 이온을 흡착할 수 있는 능력이며, 단위는 % 이다.

풀이 **양이온 치환용량**
일정량의 토양이나 교질물이 가지고 있는 치환성 양이온의 총량을 당량으로 표시한 것이며, 토양 100g 당 수소이온이 양이온으로 치환할 수 있는 자리의 수 즉 음전하의 수와 같으며 mg 당량(mille equivalent)로 표시하며 단위는 cmolc/kg이다.

108 수목관리의 설명이 옳지 않은 것은?

① 지주목 결속 끈의 보수는 1년 동안 수시로 점검·정비한다.
② 철쭉, 개나리 등의 낙엽화목류 전정은 휴면기인 동계에 실시한다.
③ 거적감기는 가을(10~11월)에 실시하는 것이 병해충 방제에 효과가 있다.
④ 생장이 왕성한 어린 유목(幼木)에는 강전정, 오래된 노목(老木)에는 약전정을 실시한다.

풀이 화목류의 전정은 꽃이 진후에 실시한다.

109 고속도로 주변 녹지관리를 위해 등짐형 동력예초기로 제초작업을 하는 경우 착용해야 하는 개인보호구로 적절하지 않은 것은?

① 보안경 ② 안전화
③ 방진 장갑 ④ 방독마스크

풀이 **등짐형 동력예초시 작업시 개인보호구**
안전모, 안전보호복, 안전장갑, 보안경, 귀마개 등

ANSWER 105 ③ 106 ① 107 ③ 108 ② 109 ④

110 잔디종자는 땅을 잘 갈아서 고른 뒤에 파종한다. 파종 시 주의할 사항으로 옳은 것은?

① 잔디종자는 호암성이므로 복토를 할 때 깊이 묻히도록 해야 한다.
② 잔디종자는 호광성이므로 복토를 할 때 깊이 묻히도록 해야 한다.
③ 잔디종자는 호암성이므로 복토 시 얕게 묻히도록 해야 한다.
④ 잔디종자는 호광성이므로 복토를 할 때 깊이 묻히지 않도록 해야 한다.

풀이 잔디종자는 호광성이므로 복토를 할 때 깊이 묻히지 않도록 1cm 미만으로 흙을 덮어준다.

111 다음의 특징을 갖는 해충에 대한 방제약제는?

- 온도조건에 따라 8~10회(1년) 발생한다.
- 기온이 높고 건조할 때 피해가 심하다.
- 가해식물의 범위가 넓다.
- 밀도가 높으면 잎 주위를 거미줄처럼 뒤엎고 피해 잎은 갈색으로 변색되면서 일찍 떨어진다.

① 글리포세이트암모늄
② 에마멕틴벤조에이트 유제
③ 결정석회황합제
④ 디플루벤주론 액상수화제

풀이 보기의 설명은 응애에 대한 것으로 에마멕틴벤조에이트 유제를 사용한다. 에마멕틴 벤조에이트 유제는 주로 배추좀나방, 꽃노랑총채벌레, 담배가루이, 차먼지응애 등에 사용한다.

112 조경수목에 발생하는 생육장해의 설명이 틀린 것은?

① 만상(晩霜)은 봄의 생장개시 후에 내리는 서리에 의해 어린가지 및 잎의 고사를 초래한다.
② 저온에 의한 수목의 원형질 분리는 저온이 계속 유지되면 큰 문제가 발생되지 않는다.
③ 수목이 가을에 단계적으로 저온에 순화(Acclimation)된 이후에는 동해를 잘 입지 않는다.
④ 건조로 고사를 당하는 대부분의 수목들은 천근성과 토심이 낮은 곳에서 자라는 개체이다.

풀이 저온이 계속되면 원형질 분리가 계속되어 응고되며 수목이 죽는다.

113 요소의 질소함유량을 50%라고 할 때 30kg의 요소 비료 중에 함유된 질소의 성분 함량은?

① 10.5kg ② 11.5kg
③ 15.0kg ④ 20.0kg

풀이 30×50%=15kg

ANSWER 110 ④ 111 ② 112 ② 113 ③

Appendix 최근 기출문제

114 살충제의 설명으로 옳지 않은 것은?

① 직접접촉제는 해충의 몸에 약제를 직접 뿌렸을 때에만 살충력이 기대된다.
② 훈증제는 시안화수소 약제의 유효성분을 연기의 상태로 하여 해충을 죽이는데 쓰인다.
③ 기피제는 수목 또는 저장물에 해충이 모이는 것을 막기 위해 쓰인다.
④ 잔효성접촉제는 대부분의 살충제가 해당된다.

풀이 훈증제는 쉽게 증발하여 그 가스가 살균력 · 살충력을 가진 농약이다. 클로로피크린 · 브로민화메틸 · 이황화탄소 · 사이안화수소산석회 · DD · EDB 등이 있다. 이는 증발을 이용해 용기를 열면 나오는 가스를 활용하는 것으로 가스의 유실을 막기 위해 기밀실, 천막에서 사용하기도 하며, 토양의 경우는 주입 후 흙으로 덮거나 비닐시트로 덮는다.

115 조경시설물 중 낙석방지망에 관한 설명이 틀린 것은?

① 낙석방지망은 암반과 밀착시킨 후 견고하게 설치하여야 한다.
② 앵커볼트는 암반의 절리를 점검하여 천공 깊이와 간격을 결정한 후 천공한다.
③ 암반비탈면의 굴곡부보다 평탄부에 가능한 한 밀착시켜 표면층의 퇴적이 이루어지도록 한다.
④ 수급인은 반드시 설치위치, 범위를 현장 실정에 적합하도록 검토하며, 공사감독과 사전협의 후 설치하여야 한다.

풀이 **조경공사표준시방서 7-5 비탈면 복원**
3.3.5 낙석방지망
암반비탈면의 굴곡부에 가능한 밀착시켜 침식층의 퇴적이 이루어지도록 한다.

116 병원체가 다른 지역이나 식물체에 전반(傳搬)되는 방법 중 주로 바람에 의해 이루어지는 것은?

① 잣나무 털녹병균
② 참나무 시들음병균
③ 밤나무 뿌리혹병균
④ 대추나무 빗자루병균

풀이 **바람에 의한 전반**
잣나무 털녹병균, 밤나무 줄기마름병균, 밤나무 흰가루병균

117 지오릭스 15%, 분제 10kg을 2.5%의 분제로 만들려면 몇 kg의 증량제가 필요한가?

① 40kg ② 50kg
③ 60kg ④ 70kg

풀이
$$\text{증량제의 양} = \text{원제량} \times \left(\frac{\text{원제함량}}{\text{원하는 함량}} - 1\right)$$
$$= 10\text{kg} \times \left(\frac{15\%}{2.5\%} - 1\right) = 50\text{kg}$$

118 지주목 관리에 대한 설명이 옳지 않은 것은?

① 결속 끈의 관리는 지속적으로 해야 한다.
② 지주목 자체의 통일미와 반복미도 중요하다.
③ 이식 수목의 활착과 풍해 등으로부터 보호 역할을 한다.
④ 보행 및 미관에 지장이 되므로 2년 이내에 모두 제거하도록 한다.

풀이 지주목은 수목에 활착과 보호를 위한 것으로 대부분 제거하지 않는다.

ANSWER
114 ② 115 ③ 116 ① 117 ② 118 ④

119 석회석(Limestone)을 태워 CO_2를 제거시켜 제조하는 석회질 비료는?

① 소석회 ② 생석회
③ 탄산석회 ④ 탄산마그네슘

풀이 생석회는 석회석($CaCO_3$)을 고온(1,000~1,200℃)에서 연소시켜 CO_2를 제거하여 제조한 산화칼슘(CaO)이다.

120 다음 중 실내식물의 인공조명에서 가장 경제적이면서 좋은 것은?

① 백열등 ② 형광등
③ 나트륨등 ④ 수은등

풀이 형광등은 자연광에 거의 가까우며 실내식물 인공조명에 가장 적합하다.

ANSWER
119 ② 120 ②

2020 4회 조경기사 최근기출문제

2020년 9월 27일 시행

제1과목 조경사

001 클로이스터 가든(Cloister Garden)에 대한 설명이 아닌 것은?

① 흉벽이 있는 중정
② 원로의 중심에는 커넬 배치
③ 교회건물의 남쪽에 위치한 네모난 공지
④ 두 개의 직교하는 원로에 의한 4분할

풀이 **중세 클로이스터 가든**
가슴높이의 흉벽이 있는 회랑형식으로 지붕은 덮혀 있고, 회랑의 바닥은 포장이 되어있음. 4분하는 원로가 교차하는 중심에는 대형수목과 수반, 우물이 배치되어 있는데 이를 파라디소라 한다.

002 다음 중 고대 로마의 주택 정원에서 나타나지 않은 것은?

① 메갈론(Megalon)
② 아트리움(Atrium)
③ 페리스틸리움(Peristylium)
④ 지스터스(Xystus)

풀이 메갈론(Megalon)은 고대 그리스 미케네의 중정

003 고려시대 경남 합천군의 옥류동 계곡에 위치한 정자로 전면 2칸, 측면 2칸의 팔작지붕의 건물은?

① 거연정(居然亭)
② 초간정(草澗亭)
③ 사륜정(四輪亭)
④ 농산정(籠山亭)

풀이 **농산정(籠山亭)**
경남 합천군 해인사 홍류동에 위치하며 최지원이 벼슬을 지낸 뒤 유랑하다가 들어와 수도하던 곳으로 경관이 뛰어나다.

004 다음 중 소쇄원과 관련된 설명으로 틀린 것은?

① 소쇄원을 경관유형(임수형, 내륙형)으로 분류할 때 산지 내륙형에 해당된다.
② 정자 방의 위치에 따른 유형(중심, 편심, 분리, 배면)구분 중 광풍각은 배면형에 해당된다.
③ 구성 요소 중 경물은 작은 못, 비구, 물방아, 유수구, 석가산, 긴 담이 등장한다.
④ 소쇄원의 정원 요소는 '소쇄원 48영시'에 잘 나타나 있다.

풀이 소쇄원 정자인 광풍각은 중심에 방이 있다.

ANSWER 001 ② 002 ① 003 ④ 004 ②

005 다음 백제의 궁남지(宮南池)에 대한 설명으로 맞지 않는 것은?

① 사비궁 남쪽에 못(池)을 파고, 20여리 밖에서 물을 끌어들였다.
② 못 가운데에는 무산십이봉(巫山十二峰)을 상징하는 섬을 만들었다.
③ 못(池) 주변에는 능수버들을 심었다.
④ 634년(무왕 35년)에 조영하였다.

풀이 무산십이봉(巫山十二峰)은 신선정원의 형태를 말하며, 원래 무산은 중국 쓰완성 우산현 남동쪽의 바산산맥의 아름다운 봉우리 이름이다. 우리나라 통일신라시대 동궁과 월지(안압지)내의 언덕들이 무산십이봉의 영향을 받았다.

006 서양도시에서 발생한 "광장"의 변천과정을 고대에서부터 순서대로 올바르게 나열한 것은?

① Agora → Forum → Square → Piazza → Place
② Agora → Forum → Piazza → Place → Square
③ Forum → Piazza → Agora → Place → Square
④ Forum → Agora → Piazza → Place → Square

풀이 Agora(그리스) → Forum(로마) → Piazza(중세) → Place(프랑스) → Square(영국)

007 프랑스에서 르 노트르(Le Notre)의 조경양식이 이탈리아와 다르게 발전한 가장 큰 요인은?

① 기온　② 역사성
③ 국민성　④ 지형

풀이 이탈리아는 구릉인데 반해 프랑스지형은 평지임으로 경사를 이용한 화려한 경관조성이 불가하였으며, 평지에서 화려한 화단, 비스타 등 르 노트르 양식이 발전되었다.

008 프랑스에 있는 보르비콩트(Vaux-Le-Vicomte) 원에 대한 설명으로 적합하지 않은 것은?

① 건축이 조경에 종속됨으로써 이전의 공간 계획과는 차이가 있다.
② 앙드레 르 노트르(Andre Le Notre)의 출세작이다.
③ 강한 중심축선을 사용하여 공간을 하나로 조직화하고 있다.
④ 앙드레 르 노트르가 조경을, 라퐁테느가 건축을, 몰리에르는 실내장식을 맡아 완성시켰다.

풀이 보르비콩트의 조경은 Le Notre, 건축은 Le Vau, 실내장식은 Le Brum이 하였다.

009 하워드(Ebenezer Howard)의 전원도시 사상과 이념은 후에 현대 도시환경개념에 많은 영향을 미쳤다. 하워드의 전원도시 개념과 거리가 먼 것은?

① 도시인구를 3~5만 명 정도로 제한할 것
② 주민의 자유결합의 권리를 최대한으로 향유할 수 있을 것
③ 중심도시와 주위를 둘러싼 전원도시와의 기능적 연관성 분석
④ 세부적으로 물리적 계획이나 적정인구 규모에 관한 이론 제시

풀이 **하워드의 전원도시론**
영국에서 환경문제를 위해 하워드가 제시한 것으로 도시, 전원, 전원도시를 3개의 자석(margnet)으로 삼고 하나의 전원도시가 계획인구로 성장하

ANSWER 005 ② 006 ② 007 ④ 008 ④ 009 ④

면 또 하나의 전원도시를 건설하여 이것들을 철도와 도로로 연결하여 도시집단을 형성하는 이론이다. 레치워드에 최초로 시행하였으며, 웰윈에 계획하였으나 성공하지 못하고 후에 라이트와 스타인이 레드번 계획의 기본이론으로 활용하였다.

010 조지 런던과 헨리 와이즈의 협력작품으로, 설계는 방사형의 소로와 중심축선의 강조를 통한 바로크적인 새로운 지면분할의 방식을 취하면서 프랑스 왕궁과 경쟁한 저명한 영국의 정원은?

① 스투우원
② 햄프턴 코트
③ 에르메농빌르
④ 말메종

풀이 햄프턴 코트는 여러 나라의 영향을 많이 받은 영국 르네상스 정형식 정원이며 프랑스 퐁텐블로를 경쟁한 정원으로 기하학 패턴이 많이 활용되었다.

011 다음에 설명하는 중국의 정원 유적은?

- 북경의 서북쪽 10km에 위치한 3.4km^2 규모의 황가원림으로 물과 산이 어우러진 원림이다.
- 공간은 크게 만수산 공간과 곤명호 공간으로 나뉜다.

① 이화원　② 원명원
③ 장춘원　④ 졸정원

풀이 **이화원**
중국 청나라 정원으로 가장 규모가 큰 이궁이다. 정원 대부분이 곤명호라는 연못이며 그 중심에 만수산이 있다.

012 서원에서 춘추제향 시 제물로 쓰이는 짐승을 세워놓고 품평을 하기 위해 만든 곳은?

① 관세대(盥洗臺)　② 정료대(庭燎臺)
③ 사대(社臺)　④ 생단(牲壇)

풀이 ① 관세대 : 제사 시에 제관들이 손을 씻기 위한 그릇
② 정료대 : 상석 위에 솔가지나 기름통을 올려놓고 불을 밝히는 일종의 조명대
④ 생단 : 서원에서 제사에 쓰일 제물들을 세워놓고 품평하기 위해 만든 것

013 영양의 서석지(瑞石地) 관련 설명이 틀린 것은?

① 정영방이 축조
② 지당은 중도가 없는 방지
③ 대나무, 소나무, 국화, 매화의 사우단
④ 대지 내 식물은 대부분 외부에서 옮겨 식재

풀이 서석지는 정영방의 경정지원으로 서석지 돌 99개에 이름이 있을 정도의 수석경을 이룬다. 연못에 돌출된 석단 사우단에 매, 송, 국, 죽을 심고 연못에 연꽃을 심었다.

014 다음 설명에 적합한 통일신라의 유적은?

- 다듬은 돌로 축조된 전복과 비슷한 모양을 하고 있는 수로
- 수로 폭의 변화와 경사로의 변화에 따라 술잔이 불규칙적으로 흐르도록 설계
- 유상곡수연을 즐기던 곳

① 동지　② 안압지
③ 포석정　④ 태액지

풀이 유상곡수연을 즐기기 위해 만든 포석정에 대한 설명이다.

ANSWER 010 ② 011 ① 012 ④ 013 ④ 014 ③

015 신라 의상대사의 "화엄일승법계도"에 근거하여 동심원적 공간구성체계로 조영된 사찰 명칭은?

① 양산 통도사　② 경주 불국사
③ 순천 송광사　④ 합천 해인사

풀이 화엄일승법계도란 다음그림과 같이 신라의 승려 의상이 화엄학의 법계연기 사상을 서술한 그림시로 순천 송광사 공간구성이 이 그림에 따라 전각들을 배치하였다고 한다.

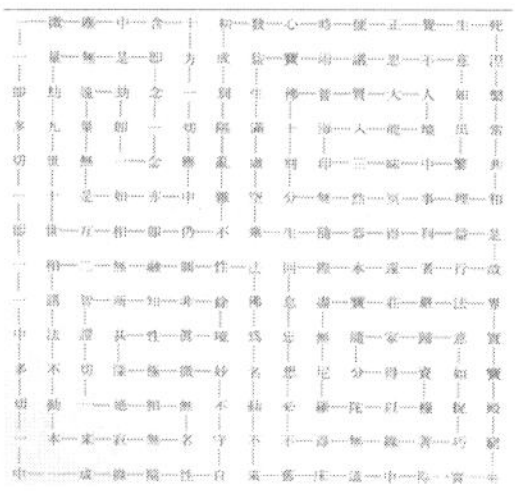

016 비뇰라(Vignola)가 설계한 것으로 몬탈토(Montalto) 분수가 있는 정원은?

① 빌라 란테(Villa Lante)
② 빌라 에스테(Villa d' Este)
③ 빌라 마다마(Villa Madama)
④ 빌라 감베라이아(Villa Gamberaia)

풀이 ① 빌라 란테(Villa Lante) : 비뇰라 설계
② 빌라 에스테(Villa d' Este) : 리고리오 설계
③ 빌라 마다마(Villa Madama) : 라파엘로 설계

017 범세계적인 뉴타운 건설 붐을 일으켰고 새로운 도시공간을 창조하는 데 조경가의 적극적인 참여 계기가 된 것은?

① 전원도시론
② 도시미화운동
③ 시카고 대박람회
④ 그린스워드(Greensward)안

풀이 **영국 전원도시운동**
- 산업혁명 후 문제되는 도시의 인구, 환경문제를 위해 1902년 하워드(Ebenezer Howard 1850~1928)가 Green city of Tomorrow라는 이상도시 제안
- 1903년 레치워드(Letchword), 1920년 웰윈(Welwyne)의 최초의 전원도시를 건설하였으나, 이상적 도시 조성에는 실패함
- 미국의 옴스테드와 번함에게 영향을 주어 레드번(Redburn) 계획으로 이어짐
- 범세계적인 뉴타운 건설의 붐 일으키고 새로운 공간조성에의 조경가의 적극적 참여 계기가 됨

018 다음의 빌라 중 로마의 하드리아누스 빌라의 영감을 받아 "피로 리고리오"가 설계한 것은?

① 에스테 빌라
② 무티빌라
③ 몬드라고네 빌라
④ 알도브란디니 빌라

풀이 **에스테 빌라**
이탈리아 노단건축식 정원으로 리고리오가 설계한다.

019 다음 중 향원지(香遠池)가 있는 후원을 가지고 있는 궁은?

① 경복궁　② 창덕궁
③ 창경궁　④ 덕수궁

풀이 **경복궁 경회루 원지**
방지의 물은 지하에서 샘이 솟아나고 있으며, 북쪽 향원지(香遠池)에서 흐르는 물이 배수로를 타고 동쪽 지안(池岸)에 설치된 용두의 입을 통하여 폭포로 떨어진다.

ANSWER
015 ③　016 ①　017 ①　018 ①　019 ①

020 다음 중 일본에서 가장 먼저 발생한 정원 양식은?

① 다정식(茶庭式)
② 축경식(縮景式)
③ 회유임천식(回遊林泉式)
④ 원주파 임천식(遠州派 林泉式)

풀이 **일본양식 변천사**
임천식 → 침전식 → 회유임천식 → 축산임천식 → 고산수식 → 다정식 → 회유식 → 축경식

제2과목 조경계획

021 「자연공원법」상 용도지구의 분류에 해당하지 않는 것은?

① 공원밀집마을지구
② 공원마을지구
③ 공원자연환경지구
④ 공원자연보존지구

풀이 **자연공원법 제18조 자연공원 용도지구**
1. 공원자연보존지구 : 다음 각 목의 어느 하나에 해당하는 곳으로서 특별히 보호할 필요가 있는 지역
   ㉮ 생물다양성이 특히 풍부한 곳
   ㉯ 자연생태계가 원시성을 지니고 있는 곳
   ㉰ 특별히 보호할 가치가 높은 야생 동식물이 살고 있는 곳
   ㉱ 경관이 특히 아름다운 곳
2. 공원자연환경지구 : 공원자연보존지구의 완충공간(緩衝空間)으로 보전할 필요가 있는 지역
3. 공원자연마을지구 : 취락의 밀집도가 비교적 낮은 지역으로서 주민이 취락생활을 유지하는 데에 필요한 지역
4. 공원밀집마을지구 : 취락의 밀집도가 비교적 높거나 지역생활의 중심 기능을 수행하는 지역으로서 주민이 일상생활을 유지하는 데에 필요한 지역
5. 공원집단시설지구 : 자연공원에 들어가는 자에 대한 편의 제공 및 자연공원의 보전 · 관리를 위한 공원시설이 모여 있거나 공원시설을 모아 놓기에 알맞은 지역

022 환경계획의 차원을 부문별 환경계획, 행정 및 정책구조, 사회기반형성으로 분류할 때 다음 중 사회기반형성 차원의 내용으로 가장 거리가 먼 것은?

① 소음방지
② 에너지계획
③ 환경교육 및 환경감시
④ 시민참여의 제도적 장치

풀이 소음방지는 부문별 환경계획에 해당한다.

023 Berlyne의 미적 반응과정을 순서대로 옳게 나열한 것은?

① 환경적 자극 → 자극선택 → 자극해석 → 자극탐구 → 반응
② 환경적 자극 → 자극탐구 → 자극해석 → 자극선택 → 반응
③ 환경적 자극 → 자극선택 → 자극탐구 → 자극해석 → 반응
④ 환경적 자극 → 자극탐구 → 자극선택 → 자극해석 → 반응

ANSWER 020 ③ 021 ① 022 ① 023 ④

024 다음 중 개인적 공간 및 개인적 거리에 대한 설명으로 옳지 않은 것은?

① 위협을 느낄 때 개인적 거리는 좁아질 수 있다.
② 홀(Hall)은 친밀한 거리, 개인적 거리, 사회적 거리, 공적 거리 등으로 세분하였다.
③ 개인적 공간은 방어 기능 및 정보교환 기능의 2가지 측면에서 설명될 수 있다.
④ 온순한 수감자보다 난폭한 수감자에 대해서 개인적 공간이 더 크게 설정되는 경향이 있다.

풀이 **개인적 공간**
개인의 주변에 형성되어 보이지 않는 경계를 지닌 공간으로 위협을 느끼지 않을 때 개인적 거리는 좁아질 수 있다. 위협을 느낄 때는 먼 거리를 유지하려는 경향이 있다.

025 경관조명시설의 계획·설계 시 고려해야 할 사항으로 가장 거리가 먼 것은?

① 경관조명시설은 야간 이용 시 안전과 방범을 확보하도록 효과적으로 배치한다.
② 안전성, 기능성, 쾌적성, 조형성, 유지관리 등을 충분히 고려하여 계획한다.
③ 계단이나 기복이 있는 곳에는 안전한 보행을 위하여 간접 조명방식을 계획한다.
④ 정원등의 광원은 이용자의 눈에 띄지 않는 곳에 배치한다.

풀이 **조경설계기준 19장 경관조명시설 19.3.4 설계원칙 라. 구조 및 규격**
계단이나 기복이 있는 곳에는 안전한 보행을 위하여 직접 조명방식을 적용한다.

026 시설물의 배치 계획으로 가장 거리가 먼 것은?

① 시설물의 형태, 재료, 색채는 주변경관과 조화를 이루도록 한다.
② 구조물의 배치는 전체적인 패턴이 일정한 질서를 갖도록 한다.
③ 구조물의 평면이 장방형인 경우 짧은 변이 등고선에 평행하도록 배치 계획한다.
④ 여러 기능이 공존할 경우 유산한 기능의 구조물들은 한데 모아 집단별로 배치 계획한다.

풀이 구조물의 평면이 장방형인 경우 긴변이 등고선에 평행하도록 배치 계획한다.

027 일반적인 조경계획의 과정으로 가장 적합한 것은?

① 분석 → 기본 전제 → 기본 계획 → 설계
② 기본 전제 → 분석 → 설계 → 기본 계획
③ 분석 → 기본 전제 → 설계 → 기본 계획
④ 기본 전제 → 분석 → 기본 계획 → 설계

028 휴양림 지역대 진입(進入)도로의 종점(終點)에 설치된 주차장으로부터 휴양림의 주요시설 입구를 순환, 연결하는 기능을 담당하는 도로를 가리키는 용어는?

① 임도 ② 목도
③ 벌도 ④ 녹도

풀이
- 임도 : 산림을 보호관리하기 위한 목적으로 일정한 구조와 규격을 갖추고 산림내 또는 산림에 연결하여 시설하는 차도
- 녹도 : 공간 휴식을 제공할 목적으로 조성된 선형의 녹지

ANSWER
024 ① 025 ③ 026 ③ 027 ④ 028 ①

029 다음 중 공원의 최대일(最大日) 이용객 수 산정 방법으로 옳은 것은?

① 연간 이용객수÷365
② 연간 이용객수×최대일률
③ 연간 이용객수×서비스율
④ 연간 이용개수×회전율×최대일률

풀이 최대일 이용자수 = 연간이용자 수×최대일률

030 설문지(questionnaire) 작성 시 폐쇄형 질문의 장점에 해당되지 않는 것은?

① 민감한 주제에 보다 적합하다.
② 부호화와 분석이 용이하여 시간과 경비를 절약할 수 있다.
③ 설문지에 열거하기에는 응답의 범주가 너무 클 경우에 사용하면 좋다.
④ 질문에 대한 대답이 표준화되어 있기 때문에 비교가 가능하다.

풀이 설문지 문항의 폐쇄형 질문은 미리 준비된 선택지들 또는 항목들 가운데서 답을 선택하도록 하거나 또는 제한된 수만큼의 단어로 답하도록 구성된 질문을 말하며, 개방형 질문은 선택지나 항목들을 미리 준비하거나 답을 일정한 양으로 제한하지 않고 응답자가 자신의 견해나 태도를 자유롭게 표현할 수 있도록 구성된 질문을 말한다. 따라서, 열거하기에 응답의 범주가 너무 클 경우에는 개방형 질문을 하는 것이 좋다.

031 도시지역과 그 주변지역의 무질서한 시가화를 방지하고 계획적·단계적인 개발을 도모하기 위하여 대통령령으로 정하는 일정기간 동안 시가화를 유보할 필요가 있다고 인정하여 지정하는 구역은?

① 시가화 유보구역 ② 시가화 관리구역
③ 시가화 조정구역 ④ 시가화 예정구역

풀이 **국토의 계획 및 이용에 관한 법률 제39조(시가화조정구역의 지정)**
① 시·도지사는 직접 또는 관계 행정기관의 장의 요청을 받아 도시지역과 그 주변지역의 무질서한 시가화를 방지하고 계획적·단계적인 개발을 도모하기 위하여 대통령령으로 정하는 기간 동안 시가화를 유보할 필요가 있다고 인정되면 시가화조정구역의 지정 또는 변경을 도시·군관리계획으로 결정할 수 있다.

032 집수(集水) 구역을 결정하는 가장 중요한 요소는?

① 식생 ② 지형
③ 경관 ④ 강우량

풀이 집수구역이란 빗물은 경사를 타고 흘러가 그 지역의 가장 낮은 구역으로 모이게 되는데, 빗물이 모인 범위. 강의 물이 흘러드는 주변 지역을 의미한다. 따라서 지형이 가장 중요한 요소라 할 수 있다.

033 도시공원 중 묘지공원의 경우 적당한 공원면적의 규모 기준은? (단, 정숙한 장소로 장래 시가화가 예상되지 아니하는 자연녹지지역에 설치한다.)

① $100,000m^2$ 이상
② $300,000m^2$ 이상
③ $500,000m^2$ 이상
④ $700,000m^2$ 이상

풀이 **도시공원 및 녹지 등에 관한 법률 시행규칙**
별표3 도시공원의 설치 및 규모의 기준

주제공원	역사공원	제한없음	제한없음
	문화공원	제한없음	제한없음
	수변공원	제한없음	제한없음
	묘지공원	제한없음	$100,000m^2$ 이상
	체육공원	제한없음	$100,000m^2$ 이상
	도시농업공원	제한없음	$100,000m^2$ 이상

ANSWER 029 ② 030 ③ 031 ③ 032 ② 033 ①

034 계획안을 작성할 때 주어진 시간 및 비용의 범위 내에서 얻을 수 있는 최선의 안(案)을 가리키는 것은?

① 최적안(Optimal Solution)
② 창조적인 안(Creative Solution)
③ 규범적인 안(Normative Solution)
④ 만족스러운 안(Satisficing Solution)

035 도시 및 지역차원의 환경계획으로 생태 네트워크의 개념에 해당되지 않는 것은?

① 공간계획이나 물리적 계획을 위한 모델링 도구이다.
② 기본적으로 개별적인 서식처와 생물종의 보전을 목표로 한다.
③ 지역적 맥락에서 보전가치가 있는 서식처와 생물종의 보전을 목적으로 한다.
④ 전체적인 맥락이나 구조측면에서 어떻게 생물종과 서식처를 보전할 것인가에 중점을 둔다.

풀이 생태는 전지구적인 연결과 상호작용이 중요한 것이며, 네크워크는 전체적인 맥락에서 연결과 보전을 고려하는 것으로 개별적인 서식처에 관한 것은 아니다.

036 「국토의 계획 및 이용에 관한 법률」 시행령에 따라 국토교통부장관이 도시 관리계획결정으로 용도지역 중 "녹지지역"을 세분할 때의 분류 형태에 해당되지 않는 것은?

① 보전녹지지역 ② 전용녹지지역
③ 생산녹지지역 ④ 자연녹지지역

풀이 **국토의 계획 및 이용에 관한 법률 시행령 제 30조 (용도지역의 세분)**
4. 녹지지역
가. 보전녹지지역 : 도시의 자연환경·경관·산림 및 녹지공간을 보전할 필요가 있는 지역
나. 생산녹지지역 : 주로 농업적 생산을 위하여 개발을 유보할 필요가 있는 지역
다. 자연녹지지역 : 도시의 녹지공간의 확보, 도시확산의 방지, 장래 도시용지의 공급 등을 위하여 보전할 필요가 있는 지역으로서 불가피한 경우에 한하여 제한적인 개발이 허용되는 지역

037 골프장 계획 시 구성 요소 중 홀의 처음 샷을 해서 출발하는 곳으로 주변보다 약간 높으며, 사각형 혹은 원형인 곳을 무엇이라 하는가?

① 그린(Green)
② 러프(Rough)
③ 벙커(Bunker)
④ 티잉 그라운드(Teeing ground)

풀이 ① 그린(Green) : 골프 코스에서 퍼팅을 하기 위해 잔디를 짧게 깎아 정비 해 둔 지역
② 러프(Rough) : 페어웨이 양 옆에 있는 어느 쪽이든 기다란 잔디가 나있는 정비되지 않은 지역
③ 벙커(Bunker) : 주위보다 깊거나 표면의 흙을 노출시킨 지역 또는 모래로 되어 있는 장해물
④ 티잉 그라운드(Teeing ground) : 골프에서, 각 홀의 공을 처음 치는 구역

038 자연형성 요소의 상호 관련성은 '매우 밀접한', '밀접한', '간접적인'으로 관계가 분류된다. 다음 중 '매우 밀접한 관계'를 가지는 요소들의 조합은?

① 지형 - 기후 ② 지질 - 기후
③ 지질 - 식생 ④ 토양 - 야생동물

풀이 기후, 식생은 토양과 관계가 있으며, 지형에 따라 기후가 달라지는 영향이 큼으로 매우 밀접한 관계에 있다.

ANSWER 034 ④ 035 ② 036 ② 037 ④ 038 ①

039 도시지역 안에서 도시자연경관의 보호와 시민의 건강·휴양 및 정서생활을 향상시키는 데에 기여하기 위하여 도시관리계획 수립 절차에 의해 조성되는 공원의 유형으로 가장 거리가 먼 것은?

① 근린공원
② 자연공원
③ 묘지공원
④ 어린이공원

풀이 **도시공원 및 녹지 등에 관한 법률 제 15조(도시공원의 세분 및 규모)**
- 생활권 공원 : 소공원, 어린이공원, 근린공원
- 주제공원 : 역사공원, 문화공원, 수변공원, 묘지공원, 체육공원, 도시농업공원, 방재공원 등으로 구분한다.

040 만조 때 수위선과 지면의 경계선으로부터 간조 때 수위선과 지면이 접하는 경계선까지의 지역을 지칭하는 용어는?

① 비오톱 ② 습지 훼손
③ 연안습지 ④ 유비쿼터스

풀이 **습지보전법 제2조(정의)**
1. "습지"란 담수(淡水: 민물), 기수(汽水: 바닷물과 민물이 섞여 염분이 적은 물) 또는 염수(鹽水: 바닷물)가 영구적 또는 일시적으로 그 표면을 덮고 있는 지역으로서 내륙습지 및 연안습지를 말한다.
2. "내륙습지"란 육지 또는 섬에 있는 호수, 못, 늪 또는 하구(河口) 등의 지역을 말한다.
3. "연안습지"란 만조(滿潮) 때 수위선(水位線)과 지면의 경계선으로부터 간조(干潮) 때 수위선과 지면의 경계선까지의 지역을 말한다.
4. "습지의 훼손"이란 배수(排水), 매립 또는 준설 등의 방법으로 습지 원래의 형질을 변경하거나 습지에 시설이나 구조물을 설치하는 등의 방법으로 습지를 보전 목적 외의 용도로 사용하는 것을 말한다.

제 3 과목 조경설계

041 직육면체의 직각으로 만나는 3개의 모서리가 모두 120°를 이루는 투상도는?

① 사투상도
② 정투상도
③ 등각투상도
④ 부등각투상도

풀이 ① 사투상도 : 물체의 주요면을 투상면에 평행하게 놓고 투상면에 대하여 수직보다 다소 옆면에서 보고 그린 투상도를 말한다.
② 정투상도 : 서로 직각으로 교차하는 세 개의 화면, 즉 평화면, 입화면, 측화면 사이에 물체를 놓고 각 화면에 수직되는 평행 광선으로 투상한다.
③ 등각투상도 : 평면, 정면, 측면을 하나의 투상면 위에서 동시에 볼 수 있게 표현된 투상으로 수평면과 각각 30°씩 이루며, 세 축이 120°의 등각을 이룬다.
④ 부등각투상도 : 물체의 3개의 축이 모두 투사면에 다른 각도를 만들 경우에 쓰이며, 30°, 60°를 사용한다.

042 도면에서 치수의 표시와 기입방법이 틀린 것은?

① 전체의 치수는 가장 바깥에 나타낸다.
② 치수선과 치수는 도형 안에 나타내지 않는다.
③ 한 도면에서 치수선의 굵기는 동일하게 한다.
④ 치수선의 외형선이나 중심선을 대신해서 사용하지 않는다.

ANSWER 039 ② 040 ③ 041 ③ 042 ②

043 **야외공연장(야외무대 및 스탠드)의 설계 기준으로 틀린 것은?** (단, 조경설계기준을 적용한다.)

① 객석의 전후영역은 표정이나 세밀한 몸짓을 감상할 수 있는 15㎝ 이내로 한다.
② 평면적으로 무대가 보이는 각도(객석의 좌우영역)는 90° 이내로 설정한다.
③ 객석에서의 부각은 15° 이하가 바람직하며 최대 30°까지 허용된다.
④ 객석의 바닥기울기는 후열객의 무대방향 시선이 전열객의 머리 끝 위로 가도록 결정한다.

풀이 **조경설계기준 20.8 야외공연장 20.8.2 영역설정 및 부지조성**
평면적으로 무대가 보이는 각도(객석의 좌우영역)는 101~108° 이내로 설정한다.

044 **다음 중 설계도의 종류에 속하지 않는 것은?**

① 구상도(diagram)
② 단면도(section)
③ 입면도(elevation)
④ 조감도(birds-eye view)

풀이 **설계도의 종류**
평면도, 입면도, 단면도, 상세도, 투시도, 스케치, 조감도 구상도는 설계를 위해 개념을 잡는 작업으로 그리는 것으로 설계도에는 포함되지 않는다.

045 **디자인 요소 중 조경에 표현되는 면적인 요소와 가장 거리가 먼 것은?**

① 호수면 ② district
③ 수목의 군식 ④ node

풀이 **node(결절점)**
케빈 린치의 도시이미지 5가지 요소 중 하나로 시가지내의 중요한 장소, 도로나 구역이 한데 만나는 곳, 광장, 교차로, 사거리, 로터리와 같은 지점을 말하는 것으로 점적인 요소에 해당된다.

046 **조경용 제도용지 중 A2 용지의 표준 규격은?**

① 297mm×420mm
② 420mm×594mm
③ 594mm×841mm
④ 841mm×1189mm

풀이 A2 : 420mm×594mm임.
A0 841×1189mm를 기준으로 A1은 A0의 1/2, A2는 A1의 1/2

047 **한국의 오방색(五方色)과 방향의 연결 중 "동쪽"에 해당하는 색상은?**

① 백색 ② 적색
③ 청색 ④ 황색

풀이 오방색의 기본색은 청(동쪽), 적(남쪽), 황(중앙), 백(서쪽), 흑색(북쪽)이다.

048 **먼셀의 색입체 관련 설명으로 틀린 것은?**

① 수직축은 맨 위에 명도가 가장 높은 하양을 배치한다.
② 색입체는 전 세계적으로 가장 널리 쓰이는 혼색계 체계이다.
③ 색상 배열 시 보색관계를 중시하여 파랑과 자주가 감각적으로 균등하지 못하다.
④ 색입체의 적도 부근인 원에는 중간 밝기의 색상을 배열한 색상환을 만든다.

풀이 먼셀 색입체는 현색계 체계이며, 혼색계 체계는 CIE 표색계, 오스트발트 표색계가 해당된다.

ANSWER 043 ② 044 ① 045 ④ 046 ② 047 ③ 048 ②

049 K. Lynch가 도시경관 분석에 사용한 도시 구성 요소에 해당하는 것은?

① District ② Form
③ Building ④ Road

풀이 **린치의 5가지 도시이미지**
path, edge, district, node, landmark

050 다음 중 조형예술 측면에서 최초의 요소로 규정지을 수 있고, 기하학 측면에서 위치를 결정하는 것은?

① 면 ② 선
③ 점 ④ 입체

풀이 조형예술 측면의 요소로 점, 선, 면, 입체 등이 있으며 최초의 요소는 점이다.

051 다음 중 통경선(vista)의 예로 볼 수 없는 것은?

① 창문을 통해 보이는 바깥 경치
② 경회루 석주 사이로 보이는 수면
③ 숲 속 나무 사이로 보이는 경치
④ 옥상 전망대에서 보이는 경치

풀이
- 통경선(vista) : 시선의 집중을 이루며 원경을 조망시에 원근감 조성하는 방법
- 전망(view) : 유리한 위치에서 볼 수 있는 장면 통경선(vista)과 전망(view)은 다른 것이며 옥상 전망대에서 보이는 경치는 전망(view)에 해당된다.

052 제도 시 사용하는 선의 종류 중 1점쇄선을 사용하는 경우에 해당되는 것은?

① 외형선 ② 치수선
③ 치수보조선 ④ 중심선

풀이 일점쇄선은 중심선, 물체의 대칭축, 절단선으로 사용한다.

053 고속도로 식재 설계 중 "사고방지기능"의 식재에 해당되지 않는 것은?

① 완충식재 ② 차폐식재
③ 차광식재 ④ 명암순응식재

풀이 **고속도로 식재의 기능과 종류**

기능	식재종류
주행	시선유도식재, 지표식재
사고방지	차광식재, 명암순응식재, 진입방지식재, 완충식재
방재	비탈면식재, 방풍식재, 방설식재, 비사방지식재
휴식	녹음식재, 지표식재
경관	차폐식재, 수경식재, 조화식재
환경보전	방음식재, 임연보호식재

054 경사지에 휴게소를 설계하고자 한다. 절·성토면에 대한 지형설계를 하여 이용자들에게 편리한 공간을 조성하고자 도면을 작성하려 할 때, 다음 중 잘못된 것은?

① 계획이나 설계를 하기 위해 기존의 등고선을 실선으로 그리고, 기본 지형도를 만들며, 변경된 등고선은 파선으로 그린다.
② 경사도 조작에 있어 일반토사의 성토는 1:2, 절토는 1:1의 경사를 유지한다.
③ 배수를 고려하기 위해 잔디로 마감할 경우 1%, 인공적인 재료로 마감할 경우 0.5~1%의 경사를 최소한 유지하도록 한다.
④ 동선을 위한 경사면을 조작한ㄹ 경우 이용자들의 양과 속도의 관점에서 계획하며, 장애인을 위한 동선일 경우 일반인보다 구배를 완만히 유지하도록 한다.

풀이 기존 등고선은 파선으로 그리고, 변경된 등고선은 실선으로 그린다.

ANSWER
049 ① 050 ③ 051 ④ 052 ④ 053 ② 054 ①

055 도시 내 콘크리트 하천을 자연형 하천으로 복원하는 설계를 계획하고자 할 때의 설명으로 가장 부적합한 것은?

① 흐르는 하천의 가운데에 섬을 조성하여 서식환경을 다양하게 만든다.
② 안정된 서식환경이 조성될 수 있도록 급류나 웅덩이가 조성되지 않도록 한다.
③ 수심에 맞는 식물을 선정하여 식재하고, 수변 · 수중 생물의 서식환경을 조성해 준다.
④ 직선 수로를 곡선화하여 자연하천의 흐름과 유사하게 만들어 하천의 자정기능을 높인다.

풀이 자연하천은 여울과 웅덩이가 발달한 하천이다. 여울과 웅덩이는 생물서식공간이 됨으로 환경복원에서 중요하다.

056 관찰자가 느끼는 폐쇄성은 관찰자의 위치에서 수직면까지의 거리에 관계되며, 건물높이(H), 관찰자와 건물의 거리(D)리 할 때, 폐쇄감을 완전히 상실하기 시작하는 시점(H:D)은? (단, P.D.Spreiregen의 이론을 적용한다.)

① 1:2 ② 1:3
③ 1:4 ④ 1:5

풀이 **도시광장의 척도(D : 가로폭, H : 건물높이)**

앙각(°)	D/H비	특징	건물식별 정도
40	1	전방을 볼 때	건물의 세부와 부분 식별. 상당한 폐쇄감
27	2	높이의 2배	건물 전체 식별. 적당한 폐쇄감
18	3	높이의 3배	건물을 포함한 건물군 보기, 최소한의 폐쇄감
14	4	높이의 4배	폐쇄감 소멸하며 특징적 공간으로서 장소식별 불가능

057 비례(比例)에 대한 설명 중 적합하지 않은 것은?

① 치수의 계획적인 관계이다.
② 가장 친근하고 구체적인 구성 형식이다.
③ 모든 단위의 크기와 대소의 상대적인 비교이다.
④ 황금비(黃金比)는 동서고금을 통해 절대적인 유일한 비례 기준으로 적용한다.

풀이 **르 꼬르비지에(Le Corbusier)의 황금비례(1 : 1.618)**
인체치수와 관련지어 설명하는 비례로 주로 서양에서 사용한 이론이다. 동양에서는 천지인, 음양 등 다른 이론들이 존재한다.

058 인공지반 식재기반 조성과 관련된 설명이 옳지 않은 것은?

① 건축 및 토목구조물 등의 불투수층 구조물 위에 조성되는 식재지반을 인공지반이라 한다.
② 버느나무, 아까시나무 등은 바람에 쓰러지거나 줄기가 꺾어지기 쉬우므로 설계 시 고려한다.
③ 인공지반의 건조현상을 방지하기 위해 토성적으로 보수성이 좋은 토양재료를 사용한다.
④ 인공지반조경의 옥상조경에서, 옥상면의 배수구배는 최대 1.0% 이하로, 배수구 부분의 배수구배는 최대 1.5% 이하로 설치한다.

풀이 **조경설계기준 8.4.4 배수시설**
인공지반조경의 옥상조경에서, 옥상면의 배수구배는 최저 1.3% 이상으로 하고 배수구 부분의 배수구배는 최저 2% 이상으로 설치한다.

ANSWER 055 ② 056 ③ 057 ④ 058 ④

059 그림과 같은 입체도에서 화살표 방향이 정면일 때 평면도로 가장 적합한 것은?

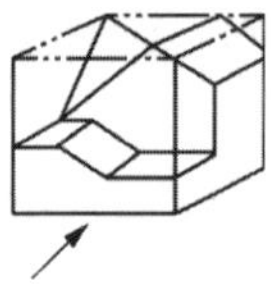

①
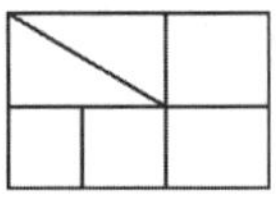

②
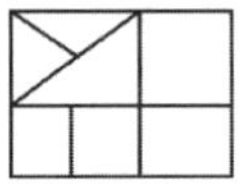

③
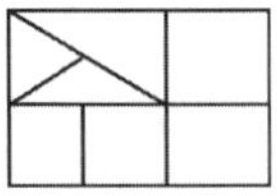

④
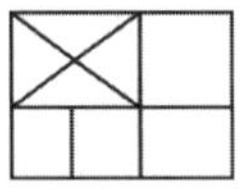

풀이 평면도는 물체를 위에서 아래로 내려다보는 것이다.

060 장애인 등의 통행이 가능한 계단의 설계기준에 맞는 것은? (단, 장애인 · 노인 · 임산부 등의 편의증진 보장에 관한 법률 시행규칙을 적용한다.)

① 계단에는 챌면을 설치하지 아니할 수 있다.
② 계단은 직선 또는 꺾임형태로 설치할 수 있다.
③ 계단 및 참의 유효폭은 0.8미터 이상으로 하여야 한다.
④ 계단은 바닥면으로부터 높이 2.4미터 이내마다 휴식을 할 수 있도록 수평면으로 된 참을 설치할 수 있다.

풀이 **장애인 · 노인 · 임산부 등의 편의증진 보장에 관한 법률 시행규칙**

[별표 1] 편의시설의 구조 · 재질 등에 관한 세부기준(제2조제1항 관련)

8. 장애인 등의 통행이 가능한 계단

가. 계단의 형태

(1) 계단은 직선 또는 꺾임형태로 설치할 수 있다.

(2) 바닥면으로부터 높이 1.8미터 이내마다 휴식을 할 수 있도록 수평면으로된 참을 설치할 수 있다.

나. 유효폭

계단 및 참의 유효폭은 1.2미터 이상으로 하여야 한다. 다만, 건축물의 옥외피난계단은 0.9미터 이상으로 할 수 있다.

다. 디딤판과 챌면

(1) 계단에는 챌면을 반드시 설치하여야 한다.

(2) 디딤판의 너비는 0.28미터 이상, 챌면의 높이는 0.18미터 이하로 하되, 동일한 계단(참을 설치하는 경우에는 참까지의 계단을 말한다)에서 디딤판의 너비와 챌면의 높이는 균일하게 하여야 한다.

(3) 디딤판의 끝부분에 아래의 그림과 같이 발끝이나 목발의 끝이 걸리지 아니하도록 챌면의 기울기는 디딤판의 수평면으로부터 60도 이상으로 하여야 하며, 계단코는 3센티미터 이상 돌출하여서는 아니된다.

제 4 과목 조경식재

061 느티나무(*Zelkova serrata* Makino)의 특징에 대한 설명이 틀린 것은?

① 독립수 및 분재로 활용한다.
② 꽃은 일가화로 5월에 잎과 함께 핀다.
③ 'serrata'는 삼각상 첨두모양을 뜻한다.
④ 수피는 짙은 회색으로 갈라지지 않고 오래되면 비늘 조각으로 떨어진다.

풀이 'serrata'는 톱니가 있다는 뜻이다.

ANSWER 059 ① 060 ② 061 ③

062 방화용(防火用)으로 적합하지 않은 수종은?

① 소나무 ② 가시나무
③ 후박나무 ④ 동백나무

풀이 방화용 수종으로 적합하지 않은 수종 : 녹나무, 삼나무, 소나무, 구실잣밤나무, 모밀잣밤나무, 목서류, 비자나무, 태산목

063 백합나무(*Liriodendron tulipifera*)의 특징으로 틀린 것은?

① 실생 번식률이 좋아 가을에 결실하는 열매를 바로 파종한다.
② 양지에서 잘 자라고 내건성과 내공해성은 강하다.
③ 꽃은 5~6월에 피며 녹황색이고 가지 끝에 튤립 같은 꽃이 1송이씩 달린다.
④ 병충해가 거의 없고 수명이 긴 편이며 내한성이 강하므로 우리나라 전역에 식재가 가능하다.

풀이 백합나무 열매는 노천매장하였다가 이듬해 봄에 파종한다.

064 식물의 질감은 잎의 크기, 모양, 시각, 촉각 등으로 특징지어지는데, 다음의 실내조경용 식물 중 잎의 크기가 가장 작아 고운 질감을 나타내는 수종은?

① 벤자민고무나무(*Ficus benjamina*)
② 행운목(*Dracaena fragrans*)
③ 떡갈나무잎 고무나무(*Ficus lyrata*)
④ 몬스테라(*Monstera deliciosa*)

풀이 벤자민고무나무 잎은 5~10cm로 매우 작다.

065 다음 중 조경과 관련된 용어의 설명이 틀린 것은?

① "자연지반"이라 함은 하부에 투수가능 시설물이 포함되어 있거나 자연 상태의 지층 그대로인 지반으로 공기, 물, 생물 등의 인공순환이 가능한 지반을 말한다.
② "식재"라 함은 조경면적에 수목이나 잔디·초화류 등의 식물을 배치하여 심는 것을 말한다.
③ "조경면적"이라 함은 조경기준에서 정하고 있는 조경의 조치를 한 부분의 면적을 말한다.
④ "옥상조경"이라 함은 인공지반조경 중 지표면에서 높이가 2미터 이상인 곳에 설치한 조경을 말한다. (다만, 발코니에 설치하는 화훼시설은 제외한다.)

풀이 "자연지반"이라 함은 하부에 인공구조물이 없는 자연상태의 지층 그대로인 지반으로 공기, 물, 생물 등의 자연순환이 가능한 지반을 말한다.

066 다음 중 가시가 없는 수종은?

① *Forsythia koreana*
② *Berberis koreana*
③ *Kalopanax pictus*
④ *Acanthopanax sieboldianum*

풀이 ① Forsythia koreana : 개나리(가시가 없다)
② Berberis koreana : 매자나무
③ Kalopanax pictus : 음나무
④ Acanthopanax sieboldianum : 당오갈피(오가나무)

ANSWER 062 ① 063 ① 064 ① 065 ① 066 ①

067 우리나라에 자생하는 후박나무의 학명은?

① Magnolia liliflora
② Magnolia obovata
③ Magnolia grandiflora
④ Machilus thunbergii

풀이 ① Magnolia liliflora : 후박나무
② *Magnolia obovata* : 자목련
③ *Magnolia grandiflora* : 일본목련
④ *Machilus thunbergii* : 태산목

068 식생에 대한 인간의 영향을 설명한 것으로 옳지 않은 것은?

① 인간에 의해 영향을 받기 이전의 식생을 원식생(原植生)이라 한다.
② 인간에 의해 영향을 받지 않고 자연 상태 그대로의 식생을 자연식생이라 한다.
③ 인간에 의한 영향을 받음으로써 대치된 식생을 보상식생이라 한다.
④ 인간의 영향이 제거되었을 때 성립할 수 있는 자연 식생을 잠재자연식생이라 한다.

풀이 **대상식생**
인간에 의한 영향을 받음으로써 대치된 식생

069 정수식물(emerged plant)이 아닌 것은?

① 물질경이　② 애기부들
③ 세모고랭이　④ 매자기

풀이 정수식물은 줄기아래는 수면 아래에 있고 줄기 위쪽은 물 위에 있는 식물을 말하며, 물질경이는 거의 대부분 물에 잠겨서 자라는 침수식물에 해당한다.

070 생태적 도시를 설계하는데 고려해야 할 기본 원리로 옳지 않은 것은?

① 한 가지 토지 이용 패턴이 지속되어 온 공간을 우선적으로 보호한다.
② 토지 이용 시 전체 토지에 대한 균일한 이용성을 갖도록 하는 것이 바람직하다.
③ 동·식물 개체군의 고립 효과를 줄이기 위하여 추가적인 녹지 공간 확보를 통하여 연결성을 증대시킨다.
④ 고밀도 개발 지역에서는 벽면녹화 및 옥상녹화를 통하여 동·식물 서식공간으로 조성하여 이를 기능적으로 연결하다.

풀이 생태적 도시를 위해서는 개발되지 않고 보존되어야 하는 공간이 있어야 함으로 토지에 대한 균일한 이용을 하는 것은 바람직하지 않다.

071 우리나라 서울 인근지역에서 교목-소교목-(아교목)-관목의 순으로 식재를 할 경우 식재 가능한 수종으로 가장 잘 짝지어진 것은?

① 수수꽃다리-때죽나무-조팝나무
② 느티나무-화살나무-철쭉
③ 단풍나무-붉나무-귀룽나무
④ 신갈나무-산사나무-생강나무

풀이 ① 수수꽃다리(관목)-때죽나무(소교목)-조팝나무(관목)
② 느티나무(교목)-화살나무(관목)-철쭉(관목)
③ 단풍나무(교목)-붉나무(소교목)-귀룽나무(교목)
④ 신갈나무(교목)-산사나무(소교목)-생강나무(관목)

ANSWER 067 ④　068 ③　069 ①　070 ②　071 ④

072 잔디관리 작업 중 토양의 단립(單粒)구조를 입단(粒團) 구조로 바꾸기 위한 작업으로 가장 적합한 것은?

① 잔디깎기 ② 시비작업
③ 관수작업 ④ 통기작업

풀이
- 단립구조(單粒構造) : 모래알과 같이 입자가 하나하나 떨어져 있는 것으로 자갈, 모래, 조립질 흙에서 볼 수 있는 대표적인 구조로 충분히 다지면 구조물의 기반으로 적합한 토양
- 입단구조(粒團構造) : 찰흙과 같이 입경이 극히 작아서 입자들간의 전기적 작용이나 점착력에 의해 입자들이 집단화되어 벌집모양이나 면모구조를 이루는 것으로 공극이 크거나 결합이 느슨한 토양 통기작업을 통해 공극을 늘여 잔디뿌리가 잘 뻗어나갈 수 있도록 한다.

073 잎 종류와 수종의 연결이 옳지 않은 것은?

① 3출엽 : 복자기
② 5출엽 : 으름덩굴
③ 단엽 : 중국단풍
④ 기수1회우상복엽 : 피나무

풀이 피나무는 단엽이다.

074 옥상 녹화용 경량토 중 다음과 같은 특징이 있는 것은?

- pH가 낮으나 안정
- 분해에 안정성이 높음
- 보수성 및 통기성 양호
- 이끼 및 갈대류가 수천~수만년 동안 분해되어 형성
- 양이온 치완용량(CEC)이 크고, 무기 이온 함량 적음

① 화산모래 ② 피트모스
③ 펄라이트 ④ 질석(버미큘라이트)

풀이 **피트모스**
토탄(土炭)이라고도 불리며 한냉한 곳의 습지에 생육하는 갈대나 이끼가 흙속에 묻혀 저온으로 인해 썩지 않고 반가량 탄소화된 것을 캐올려 말린 경량토

075 다음 ( )에 들어갈 적합한 용어는?

가을철에 잎이 갈색으로 변하는 상수리나무, 느티나무 등의 경우에는 안토시안계 색소 대신에 다량의 ( )계 물질이 생성되기 때문이다.

① 타닌(Tannin)
② 크산토필(Xanthophyll)
③ 카로티노이드(Carotinoid)
④ 크리산테민(Chrysanthemin)

풀이 갈색단풍의 색소는 타닌(tannin)이다.

076 조경 식물의 일반적인 선정 기준과 가장 거리가 먼 것은?

① 이식과 관리가 용이한 식물
② 희소하여 경제성이 높은 식물
③ 미적, 실용적 가치가 있는 식물
④ 식재지역 환경에 적응력이 큰 식물

풀이 조경식물은 구입이 용이하고 관상가치가 높은 것이 좋다.

ANSWER 072 ④ 073 ④ 074 ② 075 ① 076 ②

077 늦가을부터 초겨울까지 도시의 광장이나 가로변의 플랜터나 화분에 적당한 식물은?

① 과꽃
② 꽃양배추
③ 분꽃
④ 제라늄

풀이 겨울화단에는 꽃양배추가 대표적이다.

078 Berberis속에 관한 설명으로 틀린 것은?

① 수형, 열매, 단풍을 감상함
② 생울타리로 활용 가능함
③ 산성 토양을 좋아함
④ 해충이 별로 없음

풀이 Berberis속은 매자나무속으로 중성 또는 약알칼리성의 토양을 좋아한다.

079 식물 생육을 저해하는 토양 환경압의 요인에 해당되지 않는 것은?

① 토양의 과습 또는 과다 건조
② 토양의 입단화 및 낮은 토양건조
③ 유효토층의 부족과 토양공기의 부족
④ 식물양분의 결핍과 유해물질의 존재

풀이 토양의 입단화 및 낮은 토양건조는 식물생육에 유리한 조건이다.

제5과목 조경시공구조학

080 단조롭고 지루한 경관을 질감, 식재, 형태 등의 요소를 통해 시각적인 변화를 유도하는 식재 기법은?

① 강조식재 ② 군집식재
③ 차폐식재 ④ 배경식재

풀이 **강조식재**
한그루 이상의 수종으로 시각적 변화와 대비에 의한 강조효과 만드는 식재

081 합성수지는 열가소성, 열경화성, 탄성중합체로 분류된다. 다음 중 탄성중합체에 해당되는 것은?

① 폴리에틸렌수지 ② 에폭시수지
③ 클로로프렌 고무 ④ 페놀수지

풀이 탄성중합체는 클로로프렌 고무, 부틸고무, 실리콘 고무 등을 말한다.

082 골재에 대한 설명으로 틀린 것은?

① 골재란 모래, 자갈, 깬 자갈, 부순 자갈, 기타 이와 유사한 재료의 총칭이다.
② 바다 자갈의 염분함량은 절대건조중량의 1% 이하이면 부식의 우려가 없다.
③ 재료에 따라 천연골재와 인공골재로 나눈다.
④ 중량에 따라 보통골재, 경량골재, 중량골재로 나눈다.

풀이 **콘크리트 표준시방서 2.1.3 잔골재 유해물 함유량 한도**
염화물(NaCl 환산량) 최대값 0.04%

ANSWER 077 ② 078 ③ 079 ② 080 ① 081 ③ 082 ②

083 직접노무비에 대한 설명으로 적합한 것은?

① 공사현장 사무소에서 근무하는 직원에 대한 임금
② 공사현장에서 직접 작업에 종사하는 노무자에게 지급하는 임금
③ 작업현장에서 보조적인 작업에 종사하는 노무자에 대한 임금
④ 본사에서 근무하는 직원에 대한 임금

풀이 **직접노무비**
공사현장에서 작업에 종사하는 사람에게 지급하는 수당상여금, 퇴직급여충당금

084 각종 조경용 재료의 일반사항에 대한 설명 중 틀린 것은?

① 석재는 휨강도가 약하므로 들보나 가로대의 재료로는 채택하지 않는다.
② 와이어 메시 보강의 주목적은 콘크리트의 압축강도를 높이기 위해서이다.
③ 구조체에 사용하는 석재는 압축강도 49MPa 이상, 흡수율 5% 이하이어야 한다.
④ 콘크리트 및 모르타르 등의 무기질계 소재의 도장은 함수율 9% 이하, pH 9 이하가 되어야 한다.

풀이 와이어 메시는 그물모양의 철근망으로 원로, 보도, 주차장 등 콘크리트 포장시에 구조보강으로 사용하는 것이다.

085 다음 도로설계와 관련된 설명의 ( )에 적합하지 않은 것은?

> 설계속도를 높게 하면 (   ).

① 차도의 폭원이 넓다.
② 곡선반경이 커진다.
③ 완경사 도로가 된다.
④ 건설비가 적게 든다.

풀이 설계속도를 높이려면 넓은 차도폭원, 큰 곡선반경 등 건설공사비가 많이 든다.

086 종단구배가 변하는 곳에서 사고의 위험 및 차량 성능 저하 등의 문제를 예방하기 위하여 설계 시 주의해야 할 사항으로 가장 거리가 먼 것은?

① 종단선형은 지형에 적합하여야 하며, 짧은 구간에서 오르내림이 많지 않도록 한다.
② 길이가 긴 경사 구간에는 상향경사가 끝나는 정상 부근에 완만한 기울기의 구간을 둔다.
③ 같은 방향으로 굴곡하는 두 종단곡선 사이에 짧은 직선구간을 반드시 두도록 한다.
④ 교량이 있는 곳 전방에는 종단구배를 주지 않도록 한다.

풀이 같은 방향으로 굴곡하는 두 종단곡선 사이에 짧은 직선구간은 매우 위험하다.

ANSWER 083 ② 084 ② 085 ④ 086 ③

087 재료의 성질에 대한 설명으로 옳은 것은?

① 탄성은 재료에 작용하는 외력이 어느 한도에 이르러 외력의 증가없이도 변형이 증대하는 성질을 말한다.
② 강성은 재료의 단단한 정도로서 마감재의 내마모성 등에 영향을 끼치는 요인이 된다.
③ 인성은 재료가 외력으로 변형을 일으키면서도 파괴되지 않고 견딜 수 있는 성질이다.
④ 연성은 재료가 압력이나 타격에 의하여 파괴 없이 판상으로 펼쳐지는 성질이다.

풀이
① 탄성 : 외부 힘에 의하여 변형을 일으킨 물체가 힘이 제거되었을 때 원래의 모양으로 되돌아가려는 성질
② 강성 : 재료가 주어진 변형에 저항하는 정도를 수치화한 것
③ 인성 (toughness) : 재료가 외력을 받으면 변형은 생기나 파괴가 되지 않는 성질
④ 연성 : 탄성한계를 넘는 힘을 가함으로써 물체가 파괴되지 않고 늘어나는 성질

088 조명시설의 용어 중 단위 면에 수직으로 투하된 광속밀도를 가리키는 용어는?

① 배광곡선
② 휘도(brightness)
③ 조도(illumination)
④ 광도(luminous intensity)

풀이
② 휘도 : 발광면 또는 조명면에 빛나는 율. 단위 스틸브(뉴), 니트(nt) 사용
③ 조도(illum ination) : 단위면에 수직으로 투하된 광속밀도
④ 광도 : 광원의 세기를 표시하는 단위. 발광체가 발하는 광속의 밀도 단위. 단위 cd

089 절·성토 공사구간에서 5000m^3의 성토량이 필요하다. 절토할 자연상태의 토량은 얼마인가? (단, L=1.1, C=0.8이다.)

① 4000m^3　② 5500m^3
③ 6250m^3　④ 7500m^3

풀이 기준이 되는 토량(다져진 후의 토량), 구하는 토량(자연상태의 토량)일 때는 1/C를 적용한다. 즉, $5000 \times 1/0.8 = 6250m^3$

090 목재를 방부처리하는 방법으로 가장 거리가 먼 것은?

① 표면탄화법　② 약제도포법
③ 관입법　④ 약제주입법

풀이 **목재 방부법**
도포법, 침지법, 생리적주입법, 상압주입법, 가압주입법, 표면탄화법, 약제도포법 등이 있다.

091 다음 설명에 해당하는 공사 계약방식은?

> 민간도급자가 사회간접시설에 대하여 자금을 대고 설계, 시공을 하여 시설물을 완성한 후 일정기간 동안 시설물을 운영하여 투자금을 회수한 후 발주자에게 소유권을 양도하는 공사계약제도 방식

① B.O.T(Build-Operate-Transfer)
② C.M(Construction Management)
③ E.C(Engineering Construction)
④ 파트너링(Partnering) 방식

풀이
① B.O.T(Build-Operate-Transfer) : 민자사업추진방식
② C.M(Construction Management) : 건설사업관리
③ E.C(Engineering Construction) : 종합건설업화
④ 파트너링(Partnering) 방식 : 발주자와 수급인이 같은 팀으로 작업

ANSWER 087 ③ 088 ③ 089 ③ 090 ③ 091 ①

092 아스팔트 및 콘크리트 포장 시 부등침하나 온도 변화로 수축, 팽창에 의한 파손을 막기 위해 일정 간격으로 설치하여야 하는 것은?

① 줄눈 ② 맹암거
③ 암거 ④ 물빼기공

093 다음 돌쌓기의 설명 중 틀린 것은?

① 찰쌓기의 물빼기 구멍의 배치는 서로 어긋나게 하고, 2~3m^2 간격마다 1개소를 계획하는 것을 표준으로 한다.
② 메쌓기는 뒷채움 등에 콘크리트를 사용하고 줄눈에 모르타르를 사용하는 것을 말한다.
③ 메쌓기는 규격이 일정한 석재의 켜쌓기(수평축)를 원칙으로 한다.
④ 높은 돌쌓기는 밑으로 내려옴에 따라 뒷길이를 길게 하는 것이 원칙이다.

풀이 찰쌓기는 뒷채움 등에 콘크리트를 사용하고 줄눈에 모르타르를 사용하는 것을 말한다.

094 시방서(specification)에 대한 설명 중 틀린 것은?

① 사용재료의 품질, 규격 조건, 시공방법, 완성 후의 마감 등이 수록된다.
② 일반시방서와 특별시방서, 설계설명서로 구분된다.
③ 공사의 수행과 관리방법에 대해 계약자에게 내용을 알려준다.
④ 설계자는 시방서를 통하여 시공방법을 구체적으로 기술하여야 한다.

풀이 시방서의 종류
① 표준시방서 : 발주처 또는 설계가가 활용하기 위해 시설물별로 정해놓은 표준적인 시공기준으로 한국조경학회에서 만들고 국토해양부에서 제정한 것, 토지공사, 수자원공사 등 공기업에서 만든 것들도 있다.
② 전문시방서 : 표준시방서를 근거하여 시설물별 공종을 대상으로 특정한 공사의 시공을 위한 시공기준
③ 공사시방서 : 표준시방서와 전문시방서를 기본으로 공사수행을 위한 시공방법, 자재성능, 규격 등 도급자가 해당 공사에 대한 내용을 적은 도급계약서류에 포함되는 것

095 다음 그림과 같은 단순보에서 하중 P의 값으로 옳은 것은?

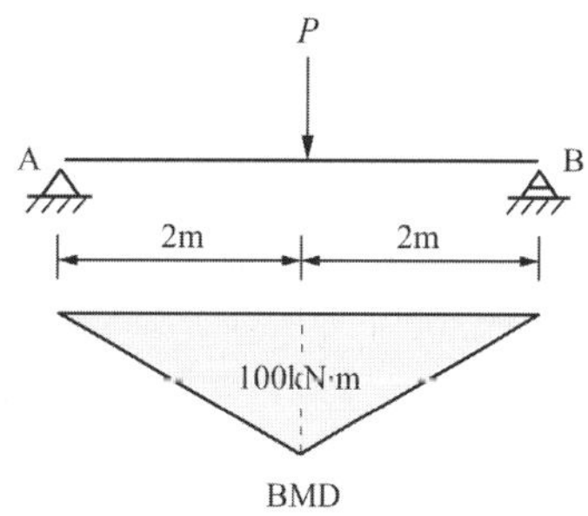

① 50kN
② 100kN
③ 150kN
④ 200kN

풀이

$M_c = P \times \frac{l}{4}$

$100\text{kN}\cdot\text{m} = P \times \frac{4\text{m}}{4}$

$P = 100\text{kN}$

ANSWER
092 ① 093 ② 094 ② 095 ②

096 다음 등고선에 관한 설명 중 옳지 않은 것은?

① 지표면의 경사가 같을 때는 등고선의 간격은 같고 평행하다.
② 등고선은 동굴이나 낭떠러지 이외에는 서로 겹치지 않는다.
③ 등고선은 급경사지에서는 간격이 넓어지며, 완경사지에서는 간격이 좁아진다.
④ 등고선 간의 최단거리 방향은 최급경사 방향을 나타낸다.

풀이 등고선은 급경사지에서는 간격이 좁아지며, 완경사지에서는 간격이 넓어진다.

097 다음과 같은 지형의 기반에 성토하였을 때 포화점토사면의 파괴에 대한 안전율은 얼마인가? (단, 토양의 포화 단위중량은 2.0tf/m3, ϕ=0, 흙의 전단강도정수 C=6.5tf/m3, 안정계수 N_s=5.55이다.)

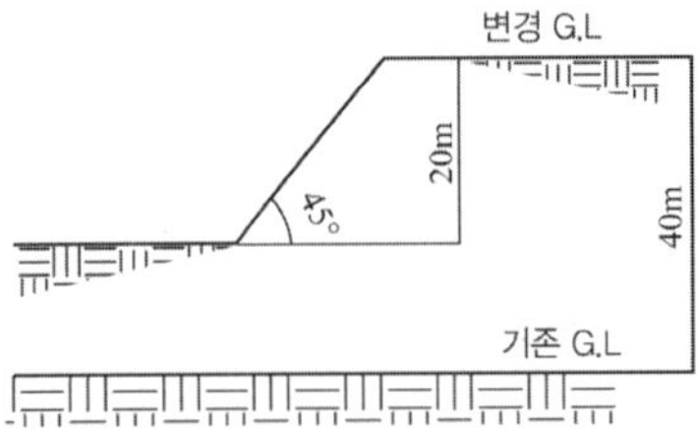

① 0.4509 ② 0.9018
③ 1.2525 ④ 1.9018

풀이

$$\text{안전계수} = \frac{\text{한계고} \times \text{포화단위중량}}{\text{점착력}}$$

$$5.55 = \frac{20\text{m} \times 2.0\text{tf/m}^3}{\chi}$$

$$\chi = 7.2072\text{tf/m}^2$$

$$\text{안전율} = \frac{\text{저항력}}{\text{구동력}} = \frac{6.5\text{tf/m}^2}{7.2072\text{tf/m}^2} = 0.901875$$

098 다음 중 소운반 및 인력운반 공사에 대한 표준품셈 관련 설명으로 틀린 것은? (단, V: 평균왕복속도, T: 1일 실작업시간, L: 운반거리, t : 적재적하 시간)

① 1일 운반 실작업시간은 8시간을 기준으로 480분을 적용한다.
② 지게운반의 1회 운반량은 보통토사의 경우 25kg을 기준으로 산정한다.
③ 1일 운반횟수를 구하는 식은 $\frac{VT}{120L+Vt}$ 이다.
④ 지게운반 경로가 고갯길인 경우에는 수직높이 1m는 수평거리 6m의 비율로 적용한다.

풀이 1일 실작업시간은 450분을 기준으로 적용한다.

099 살수 관개시설 설치 시 고려할 사항으로 가장 거리가 먼 것은?

① 관수량과 급수원의 흐름과 작동압력에 의해 살수기를 선정한다.
② 살수기의 간격은 보통 살수작동 지름의 60~65%로 추정한다.
③ 살수구역에서 첫 번째와 마지막 살수기에 작동하는 압력의 차는 10% 이내이어야 한다.
④ 살수기의 배치는 정사각형의 배치가 정삼각형의 배치보다 균등한 살수를 한다.

풀이 살수기 배치는 정삼각형 배치가 정사각형보다 더 균등한 살수를 한다.

ANSWER 096 ③ 097 ② 098 ① 099 ④

100 콘크리트의 워커빌리티(workability)를 알아보기 위한 시험방법이 아닌 것은?

① 플로우 테스트
② 표준관입시험
③ 슬럼프 테스트
④ 다짐계수시험

풀이 표준관입시험은 지반조사방법에 해당한다.

제 6 과목 조경관리론

101 다음 중 유기물 사용의 효과에 해당되지 않는 것은?

① 토양 온도를 낮춤
② 토양의 구조 개량
③ 토양 중의 양분 저장
④ 토양의 완충작용을 증진

풀이 유기물 사용은 토양온도를 상승시킨다.

102 재료별 유희시설의 관리에 대한 설명으로 옳지 않은 것은?

① 목재시설 기초부분은 조기에 부패하기 쉬우므로 항상 점검하며, 상태가 불량하부분은 교체하거나 콘크리트 두르기 등의 보수를 한다.
② 철재시설은 회전부분의 축부에 기름이 떨어지면 동요나 잡음이 생기지만 계속 사용하면 마모되어 소음이 줄어든다.
③ 콘크리트시설은 콘크리트 기초가 노출되면 위험하므로 성토, 모래 채움 등의 보수를 한다.
④ 합성수지시설에 벌어진 금이 생긴 경우에는 보수가 곤란하고, 이용자가 상처를 입기 쉬우므로 전면 교체한다.

풀이 철재시설의 회전부분에는 정기적으로 그리스를 주입하여 베어링의 마모로 인한 동요나 잡음이 생기지 않도록 하여야 한다.

103 토양의 형태론적 분류체계 단위의 순서가 옳은 것은?

① 목 → 아목 → 대군 → 아군 → 계 → 통
② 목 → 아목 → 대토양군 → 계 → 통 → 구
③ 목 → 대토양군 → 아목 → 통 → 계
④ 목 → 대군 → 아군 → 아목 → 계 → 통

104 대규모 녹지공간의 풀베기를 위한 일반적인 동력예취기 사용 시 안전사항으로 거리가 먼 것은?

① 예취 작업할 곳에 빈병이나, 깡통, 돌 등 위험요인을 제거한다.
② 예취 칼날이 있는 동력예취기 작업 시 왼쪽에서 오른쪽 방향으로 작업한다.
③ 예취 칼날 교체를 위한 해체 시 볼트를 오른쪽에서 왼쪽 방향으로 돌린다.
④ 예취작업 시에는 안전모, 보호안경, 무릎보호대, 안전화 등 보호구를 착용한다.

풀이 동력예취기 작업시 예취작업은 오른쪽에서 왼쪽으로 작업할 것

ANSWER 100 ② 101 ① 102 ② 103 ① 104 ②

105 다음 [보기]에서 설명하는 해충은?

> – 약충은 매우 가는 철사모양의 입을 나뭇가지 인피부에 꽂고 즙액을 흡수한다.
> – 정착한 1령 약충은 여름에 긴 휴면을 가진 후 10월경에 생장하기 시작하고, 11월경에 탈피하여 2령 약충은 생장이 활발한 11월~이듬해 3월에 수목피해를 가장 많이 주고, 수컷은 3월 상순 전후에 탈피하여 3령 약충이 된다.

① 도토리거위벌레
② 솔껍질깍지벌레
③ 참나무재주나방
④ 호두나무잎벌레

106 어떤 물질이 농약으로 사용되기 위하여 구비하여야 할 조건으로 가장 거리가 먼 것은?

① 살포 시 수목에 대한 약해가 없어야 한다.
② 병해충을 방제하는 약효가 뛰어나야 한다.
③ 수목재배 전체기간 중 잔효성이 유지되어야 한다.
④ 사용하는 작업자에 대하여 독성이 낮아야 한다.

풀이 농약의 잔효성이 너무 오래가면 식물, 환경에 나쁜 영향을 미친다. 일반적으로 7~10일 정도 지속되는 것이 일반적이다.

107 나무의 정지, 전정 요령으로 가장 거리가 먼 것은?

① 도장한 가지는 제거한다.
② 병충해의 피해를 입은 가지는 제거한다.
③ 얽힌 가지와 교차한 가지는 제거한다.
④ 같은 부위, 같은 방향으로 평행한 두 가지 모두 제거한다.

풀이 같은 부위, 같은 방향으로 평행한 두 가지(평행지)는 하나를 제거한다.

108 배수시설의 관리에 의한 효용으로 가장 거리가 먼 것은?

① 강우 및 강설량의 조절
② 유속 및 유량감소로 토양침식 방지
③ 토양의 포화상태를 감소시켜 지내력 확보
④ 해충의 번식원인이 될 수 있는 고여 있는 물을 제거

풀이 강우 및 강설량을 분석하여 배수시설을 계획, 관리하는 것이며, 배수시설 관리의 효용으로 강우 및 강설량을 조절할 수는 없다.

109 병균이 식물체에 침투하는 것을 방지하기 위해 쓰이는 약제로, 예방을 목적으로 사용되며 약효시간이 긴 특징을 갖고 있는 것은?

① 토양살균제　② 직접살균제
③ 종자소독제　④ 보호살균제

풀이
• 직접살균제 : 병균 침입의 예방은 물론 침입된균을 죽이는데 쓰는 약제(ex : 석회유황합제, 디폴라탄)
• 보호살균제 : 병균이 식물에 침투하는 것을 예방하기 위한 약제(ex : 보르도액, 도제)

ANSWER 105 ② 106 ③ 107 ④ 108 ① 109 ④

110 옥외레크리에이션 이용자 관리체계는 관리 프로그램적 측면과 이용자의 제특성에 대한 이해 부분으로 구분된다. 이 중 "이용자 관리 프로그램"에 속하는 것은?

① 참가 유형
② 이용의 분포
③ 이용자 요구도 위계
④ 이용자의 지각 특성

풀이

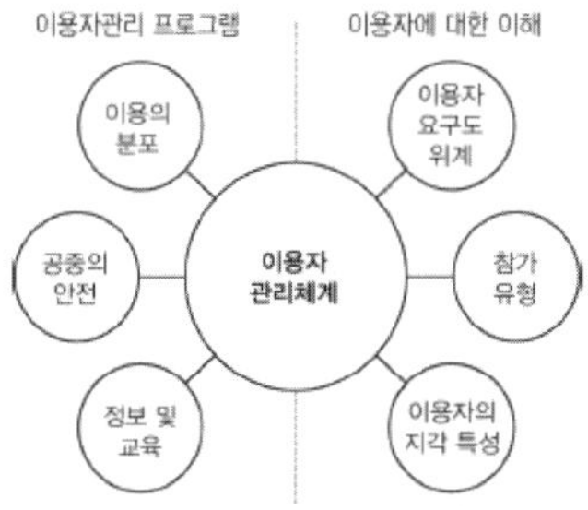

111 화단의 비배관리에 효과적인 방법이 아닌 것은?

① 봄에 파종이나 이식이 끝난 후에 퇴비를 섞어준다.
② 복합비료 입제는 꽃을 식재하기 일주일 정도 전에 뿌려준다.
③ 가을이나 겨울에 토성을 개량하기 위하여 퇴비를 넣고 땅을 일구어서 섞어 준다.
④ 꽃을 피우기 시작할 때 액제의 비료를 잎이나 줄기기부에 일주일에 한두 번씩 뿌려준다.

풀이 봄에 파종이나 이식을 하기 전에 퇴비를 준다.

112 식재공사 후 장기간의 가뭄으로부터 수목을 보호하기 위해 실시하는 관수(灌水)의 요령으로 가장 거리가 먼 것은?

① 물을 줄 때 수관폭의 1/3 정도 또는 뿌리분 크기보다 약간 넓게, 높이 0.1m 정도의 물받이를 만든다.
② 관수량은 물분(깊이 5~10cm)에 반 정도 차게 물을 붓는다.
③ 거목의 경우에는 근부(根部)뿐만 아니라 줄기 전체에도 물을 끼얹어 준다.
④ 매일 관수를 계속할 경우 하층에 뿌리가 부패하는 것을 주의한다.

113 토양의 입경조성(粒徑組成)과 가장 밀접한 관련이 있는 것은?

① 토성(土性)
② 토양통(土壤統)
③ 토양의 구조(構造)
④ 토양반응(土壤反應)

풀이 토성은 토양의 입경크기에 따라 모래, 점토가 얼마만큼의 비율로 구성되어 있는가로 구분하며, 점토는 0.002mm 입자이며, 입자에 따라 자갈, 조사, 세사, 미사로 2mm~0.002mm를 구분하여 말한다.

114 생울타리의 관리 방법이 옳지 않은 것은?

① 맹아력이 약한 수종은 자주 강하게 다듬으면 잔가지 형성에 도움을 준다.
② 전정은 목적에 맞게 보통 1년에 2~3회 실시한다.
③ 주요 수종으로는 쥐똥나무, 무궁화 등이 적합하다.
④ 다듬는 시기는 새잎이 나올 때부터 6월 중순경까지와 9월이 적기이다.

ANSWER 110 ② 111 ① 112 ② 113 ① 114 ①

풀이 맹아력이 약한 수종은 자주 강하게 다듬으면 새로운 가지가 자라지 않으며, 생울타리는 맹아력이 강한 수종이 적합하다.

115 진딧물이나 깍지벌레 등이 기생하는 나무에서 흔히 관찰되는 수목병은?

① 그을음병 ② 빗자루병
③ 흰가루병 ④ 줄기마름병

풀이 그을음병은 진딧물이나 깍지벌레의 배설물에 곰팡이가 기생하여 생긴다.

116 다음 설명은 어떤 양분이 결핍된 증상인가?

- 활엽수는 성숙엽을 관찰하며, 엽맥, 엽병 및 잎 뒷면이 동색~보라색으로 변한다.
- 조기낙엽 현상이 생긴다.
- 꽃의 수는 적게 맺힌다.
- 열매는 크기가 작아진다.

① Mg ② K
③ N ④ P

풀이 인(P)은 주로 열매, 꽃에 관여한다.

117 식물병을 예방하기 위한 방법은 여러 가지가 있다. 다음 중 잣나무 털녹병을 예방하기 위한 가장 효과 있는 방법은?

① 비배 관리
② 윤작 실시
③ 깍지벌레의 방제
④ 중간기주의 제거

풀이 잣나무 털녹병의 중간기주는 송이풀, 까치밥나무로 제거 시 병의 발생을 효과적으로 줄일 수 있다.

118 다음 공원 녹지 내에서의 행사 개최에 대한 설명으로 옳지 않은 것은?

① 공원 내에서의 행사 시 목적에 따라 참가 대상에 대한 고려를 하여야 한다.
② 행사의 프로그램은 가능한 한 풍부한 내용을 가지도록 한다.
③ 행사는 보통 「제작→기획→실시→평가」의 단계를 거치도록 한다.
④ 「도시공원 및 녹지 등에 관한 법률」에서는 행사 개최 시 일시적인 공원의 점용에 대한 기준을 정하고 있다.

풀이 행사는 보통 「기획 → 제작 → 실시 → 평가」의 단계를 거치도록 한다.

119 종자에 낙하산모양의 깃털이나 솜털이 부착되어 있어서 바람에 의하여 전파가 되는 잡초로만 나열 된 것은?

① 민들레, 망초
② 어저귀, 쇠비름
③ 박주가리, 환삼덩굴
④ 명아주, 방동사니

120 80%의 메치온 유제 원액이 있다. 이것의 사용 농도를 20%로 하여 100L의 용액을 만들려면 메치온 유제의 원액량은 얼마인가?

① 1.25L ② 2.50L
③ 12.50L ④ 25.00L

풀이 $\frac{80\%}{20\%} \times X = 100L,\ X = 25L$

ANSWER 115 ① 116 ④ 117 ④ 118 ③ 119 ① 120 ④

2021 1회 조경기사 최근기출문제

2021년 3월 7일 시행

제1과목 조경사

001 전형적인 배치를 보여주고 있다. 이 사찰의 배치는 연지가 있고 중문, 5층 석탑, 금당, 강당이 차례로 놓여져 있으며, 회랑으로 둘러져 있는 사찰의 명칭은?

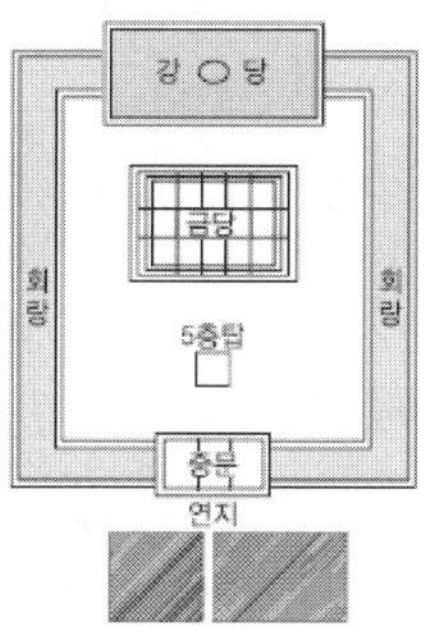

① 미륵사　② 황룡사
③ 정릉사　④ 정림사

풀이
· 1탑 1금당형 : 부여 정림사터, 금강사터
· 1탑 3금당형 : 군수리 절터, 청암리사지(평양근교), 신라 황룡사지
· 3탑3금당식 : 미륵사

002 일본 강호(江戶)시대는 여러 정원의 형식들을 종합하여 회유식(回遊式) 정원이 완성된 시기였다. 이 시대의 대표적인 정원은?

① 계리궁(桂離宮), 수학원이궁(修學院離宮)
② 대덕사(大德寺), 후락원(後樂園)
③ 대선원(大仙院), 영보사(永保寺)
④ 서방사(西芳寺), 서천사(瑞泉寺)

풀이 일본 강호시대 정원 : 계리궁, 수학원 이궁, 후락원, 서원, 낙수천, 취상어원, 포어전, 육의전

003 최저 노단 내 연못들 뒤 감탕나무 총림이 위치하고 서쪽에 물 풍금(Water Organ)이 유명한 로마 근교의 빌라는?

① 빌라 마다마(Villa Madama)
② 빌라 에스테(Villa d'Este)
③ 빌라 랑테(Villa Lante)
④ 빌라 페트라리아(Villa Petraia)

풀이 빌라 에스테 : 최하단 테라스 분수 위쪽에 물풍금이 있음

004 다음 중 창덕궁에 속한 자당(池塘)의 형태가 나머지와 다른 것은?

① 빙옥지　② 부용지
③ 존덕지　④ 애련지

풀이 ① 빙옥지(방지)　② 부용지(방지원도)
③ 존덕지(반원형)　④ 애련지(방지)

005 중국 청조(淸朝)의 원림 중 3산5원에 해당하지 않는 것은?

① 만수산 소원(小園)
② 옥천산 정명원(靜明園)
③ 만수산 창춘원(暢春園)
④ 만수산 원명원(圓明園)

ANSWER
001 ④　002 ①　003 ②　004 ③　005 ①

Appendix 최근기출문제

풀이 3산5원 : 창춘원, 원명원, 향산 정의원, 옥천산 정명원, 만수산 청의원

006 고려시대 궁궐정원을 맡아보던 관서는?

① 내원서 ② 상림원
③ 장원서 ④ 사복시

풀이 우리나라 조경관련부서 변천사 : 고려(내원서) ⇨ 조선태조(상림원) ⇨ 조선태종(산택사) ⇨ 조선세조(장원서) ⇨ 조선연산군(원유사) ⇨ 조선중종(장원서)

007 중국의 사자림에는 「견산루(見山樓)」의 편액을 볼 수 있는데, 그 이름은 다음 중 누구의 문장에서 나왔는가?

① 왕희지(王羲之) ② 주돈이(周敦頤)
③ 도연명(陶淵明) ④ 황정견(黃庭堅)

풀이 도연명 음주시 1~10수(陶淵明 飮酒詩 1~10首) 중 5수에 등장하는 문장 중 '동쪽 울타리 아래서 국화를 따다가(采菊東籬下 (채국동리하)) 멀리 남쪽 산을 바라본다(悠然見南山 (유연견남산)' 에서 따온 것이다.

008 서양의 중세 수도원 정원에 나타난 사항이 아닌 것은?

① 채소원 ② 약초원
③ 과수원 ④ 자수원

풀이 중세 수도원 정원의 특징 : 실용원, 야채원, 장식정원, 회랑식 정원

009 이집트인은 종교관에 따라 거대한 예배신전이나 장제 신전을 건설하고, 그 주위에 신원(神苑)을 설치하였다. 그 중 현존하는 최고(最古)의 것으로 대표적인 조경유적이 있는 신전은?

① Thutmois 3세의 신전
② Menes왕의 장제신전
③ Amenophis 3세의 장제신전
④ Hatshepsut여왕의 장제신전

풀이 이집트 샤린가든(Shrine Garden) : 합셉수트 여왕의 장제신전으로 현존하는 가장 오래된 신원에 딸린 정원유적이다.

010 정약용이 조성한 다산초당(茶山草堂)에 관한 설명으로 옳은 것은?

① 신선사상을 배경으로 한 전통적인 중도형 방지이다.
② 풍수지리설을 배경으로 한 전통적인 화계수법의 정원이다.
③ 유교사상을 배경으로 한 전통적인 중도형의 방지이다.
④ 임전을 배경으로 한 전통적인 화계수법의 정원이다.

풀이 다산초당 : 신선사상을 배경으로 섬 위에 3개의 경석이 있는 중도형 방지, 석가산, 화개중심의 정원

011 질 클레망이 자연, 운동, 건축, 기교의 원리로 개조한 것은?

① 시트로엥 공원 ② 라빌레뜨 공원
③ 발비 공원 ④ 루소 공원

풀이 시트로엥 공원 : 자동차 회사 시트로엥의 설립자 이름을 따 명명된 곳으로 오래된 공장부지를 개조해 정원을 만든 곳으로 1985년 파리시 주최 국제현상공모 '21세기를 위한 공원' 에서 질 끌레망(Gilles Clements)과 알랭 프로보(Alain Provost) 설계안이 동시에 선발되어 공동작업함. 베르사이유를 매우 닮아 '21세기형 바로크' 라 불리기도 하며 파격적이고 미래지향적인 라빌레뜨 공원과 대조된다.

ANSWER 006 ① 007 ③ 008 ④ 009 ④ 010 ① 011 ①

012 고구려의 안학궁원(安鶴宮苑)에 대한 설명으로 옳은 것은?

① 수구문은 동쪽과 서쪽에 설치되어 있었다.
② 궁의 북서쪽 모서리에 태자궁이 있었다.
③ 정원 터는 서문과 외전 사이와 북문과 침전 사이에 있었다.
④ 가장 큰 규모의 정원 터는 동문과 내전 사이이다.

풀이 안학궁 : 남궁, 중궁, 북궁과 동서로 2개의 궁 총 5개의 궁으로 이루어져있으며, 남궁은 외전으로 국가적 행사에 사용되었다. 가장 큰 규모의 정원터는 남궁인 외궁과 서문사이에 동산과 연못이 있었으며, 북문과 침전사이 정원터로 알려져 있다.

013 정자에 만들어진 방의 형태가 "중심형"에 해당하지 않는 것은?

① 소쇄원 광풍각
② 담양 명옥헌
③ 예천 초간정
④ 화순 임대정

풀이 · 예천 초간정 : 편심형으로 방이 정자의 좌우 한쪽에 있다.
· 중심형의 정자 : 소쇄원 광풍각, 명옥헌, 임대정, 세연정 등이 있다.

014 옴스테드(Frederick Law Olmsted)의 센트럴 파크(Central Park)의 설계특징이 아닌 것은?

① 자연경관의 뷰(View) 및 비스타(Vista)
② 정형적인 몰(Mall) 및 대로
③ 입체적 동선 체계
④ 넓은 커낼(Grand Canal)

풀이 센트럴 파크의 특징
① 입체적 동선체계 : 동서 7개 횡단보도, 4개의 지하로, 3개의 평면도로 등
② 공원가장자리의 경계식재로 차음차폐
③ 도시의 격자패턴에 반대하는 아름다운 자연경관 연출
④ 산책, 대화, 만남 위한 정형식 패턴의 몰, 대형도로를 몰과 연결
⑤ 건강과 위락위한 드라이브 코스, 넓고 쾌적한 마차길, 동선분리
⑥ 퍼레이드를 위한 광장, 호수, 적극적 놀이 공간, 교육적 수목원

015 경상북도 봉화군에 있는 권씨가의 청암정 지원(靑巖亭池園)에서 볼 수 있는 못의 형태는?

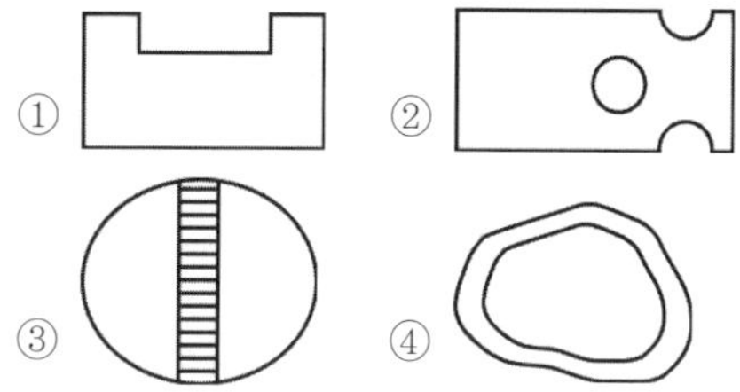

풀이 청암정 지원 : 거북형태의 연못에 거북모양의 암반이 있고 그 위에 정자를 지은 정원

016 다음 서원에 관한 설명 중 옳지 않은 것은?

① 무성서원은 최초의 가사문학 「상춘곡」이 저술된 곳이다.
② 도동서원은 서원철폐령 때 훼철되지 않은 서원 중 하나이다.
③ 도산서원에는 절우사 축조 후 매, 죽, 송, 국이 식재되었다.
④ 병산서원의 광영지(光影池)는 자연석 지안에 방지방도형의 연못이다.

풀이 병산서원의 광영지는 방지원도형의 연못이다.

ANSWER 012 ③ 013 ③ 014 ④ 015 ④ 016 ④

017 네덜란드 르네상스의 정원과 관련된 설명 중 ( )안에 적합한 것은?

과수원(果樹園), 소채원(蔬菜園), 약초원(藥草園), 화단(화단)을 가진 정원은 (   )로 구획 지어진 작은 섬의 형태를 이루고, 서로 다리에 의해서 이어진다.

① 커 낼　② 캐스케이드
③ 폭 포　④ 창살울타리

풀이 네덜란드는 운하식정원으로 커낼이 초본식물 위주의 정원을 구획하는 형태를 말한다.

018 일본 침전조 정원 양식과 관련된 저서는?

① 해유복　② 송고집
③ 작정기　④ 벽암록

풀이 작정기 : 귤준망이 여러 정원을 감상한 이야기를 모아놓은 것으로 일본 침전조 건물에 어울리는 조경법을 소개한 귀족들 사이에 내려온 비전서이다.

019 르네상스 시기 이탈리아의 조경 발달과정에 대한 설명으로 옳지 않은 것은?

① 16세기 건축가 브라망테(Bramante)가 설계한 벨베데레(Belvedare)원은 이탈리아 빌라를 건축적 노단 양식으로 만든 계기가 된다.
② 16세기에는 메디치가가 가장 번성하여 플로렌스는 후기 르네상스의 중심지가 되었다.
③ 15세기 중서부 터스카니 지방을 중심으로 발달한 초기 르네상스의 발라들은 원근법, 수학적 단계 등을 중요시하였고, 미켈로지(M.Michelozzi)는 당대의 대표적 조경가이다.
④ 소 필리니(Pliny the Younger)의 빌라에 대한 연구, 비트리비우스의 「De Architecture」 등이 빌라 조경에 영향을 주었다.

풀이 16세기 후기 르네상스는 베네치아 중심으로 발달하였다.

020 다음 중 이탈리아 르네상스 시대의 정원으로서 10개의 노단(Ten Terraces)으로 이루어진 바로크식 정원은?

① Villa Lante
② Isola Bella
③ Villa Farnese
④ Villa Petraia

풀이 이졸라벨라 : 바로크 정원양식의 대표작으로 호수의 섬 전체를 10개의 노단으로 구성하여 만든 공중정원 같은 형식의 화려한 정원

제 2 과목 조경계획

021 다음 조경 접근방법 중 이용자들이 공유하는 경험과 체험의 중요성을 강조하는 것은?

① 기호학적 접근
② 미학적 접근
③ 환경심리적 접근
④ 현상학적 접근

풀이 ① 기호학적 접근 : 환경은 의미를 전달하는 기호의 장으로서 그 기호들을 파악하는 분석
② 형식미학적 접근 : 형식미의 원리에 의해 인체의 오감에 의한 자극을 중심으로 분석하는 방법
③ 환경심리적 접근 : 환경에 대한 인간의 느낌, 감정, 이미지에 대한 관점에서의 접근방식
④ 현상학적 접근 : 환경이 의식과의 관계에서 일어나는 개인적, 체험적, 현상학적 입장에서 분석하는 방법

ANSWER 017 ① 018 ③ 019 ② 020 ② 021 ④

022 다음 중 미기후(Microclimate)가 가장 안정된 상태는?

① 지표면의 알베도가 낮고, 전도율이 낮은 경우
② 지표면의 알베도가 낮고, 전도율이 높은 경우
③ 지표면의 알베도가 높고, 전도율이 높은 경우
④ 지표면의 알베도가 높고, 전도율이 낮은 경우

풀이 알베도는 빛이 반사되는 비율이며, 전도율은 열을 전달하는 비율을 말한다. 미기후는 알베도가 낮아 빛이 흡수되고, 전도율이 높아 열이 잘 전달되면 온화하고 안정된 상태가 된다.

023 공원관리청이 공원구역 중 일정한 지역을 자연공원특별보호구역으로 지정하여 일정 기간 사람의 출입 또는 차량의 통행을 금지 · 제한하거나, 일정한 지역을 탐방예약구간으로 지정하여 탐방객 수를 제한할 수 있는 경우에 해당되지 않는 것은?

① 자연생태계와 자연경관 등 자연공원의 보호를 위한 경우
② 인위적인 요인으로 훼손되어 자연회복이 불가능한 경우
③ 자연공원에 들어가는 자의 안전을 위한 경우
④ 자연공원의 체계적인 보전관리를 위하여 필요한 경우

풀이 자연공원법 제28조(출입 금지 등)
① 공원관리청은 다음 각 호의 어느 하나에 해당하는 경우에는 공원구역 중 일정한 지역을 자연공원특별보호구역 또는 임시출입통제구역으로 지정하여 일정 기간 사람의 출입 또는 차량의 통행을 금지 · 제한하거나, 일정한 지역을 탐방예약구간으로 지정하여 탐방객 수를 제한할 수 있다.

1. 자연생태계와 자연경관 등 자연공원의 보호를 위한 경우
2. 자연적 또는 인위적인 요인으로 훼손된 자연의 회복을 위한 경우
3. 자연공원에 들어가는 자의 안전을 위한 경우
4. 자연공원의 체계적인 보전관리를 위하여 필요한 경우
5. 그 밖에 공원관리청이 공익을 위하여 필요하다고 인정하는 경우

024 조경계획에서 환경심리학적 접근방법에 속하지 않는 것은?

① 도시경관의 이미지에 관한 연구
② 공원 이용자의 수를 추정하여 이를 설계에 반영하는 연구
③ 공원에 있어서 이용자의 프라이버시에 관한 연구
④ 주민의 사회문화적 특성을 계획에 반영하는 연구

풀이 환경심리적 접근 : 환경에 대한 인간의 느낌, 감정, 이미지에 대한 관점에서의 접근방식으로 환경과 행태의 상호관계, 상호작용에 관한 연구임.

025 다음 설명에 해당하는 계획은?

> 자연공원을 보전 · 이용 · 관리하기 위하여 장기적인 발전방향을 제시하는 종합계획으로서 공원계획과 공원별보전 · 관리계획의 지침이 되는 계획

① 공원기본계획
② 공원조성계획
③ 공원녹지기본계획
④ 공원별 보전 · 관리계획

풀이 자연공원법 제 2조 정의
① 공원기본계획 : 자연공원을 보전 ·이용 ·관리하기 위하여 장기적인 발전방향을 제시하는 종합계획으로서 공원계획과 공원별 보전 ·관리계획의 지침이 되는 계획

ANSWER 022 ② 023 ② 024 ② 025 ①

Appendix 최근기출문제

④ 공원별 보전·관리계획 : 동식물 보호, 훼손지 복원, 탐방객 안전관리 및 환경오염 예방 등 공원계획 외의 자연공원을 보전·관리하기 위한 계획

026 문화재로서 해당 문화재가 역사적·학술적 가치가 크다고 인정되며, 기타의 조건을 만족할 때 「문화재보호법」에 의해 사적(국가지정문화재)으로 지정될 수 없는 유형은?

① 사당 등의 제사·장례에 관한 유적
② 우물 등의 산업·교통·주거생활에 관한 유적
③ 서원 등의 교육·의료·종교에 관한 유적
④ 세계문화유산 및 자연유산의 보호에 관한 협약에 따른 자연유산에 해당하는 곳 중 자연이 미관적으로 현저한 가치를 갖는 것

풀이 문화재보호법 시행령 별표 1 지정기준 (사적)
1. 제2호 각 목의 어느 하나에 해당하는 문화재로서 해당 문화재가 역사적·학술적 가치가 크고 다음 각 목의 어느 하나 이상을 충족하는 것
가. 선사시대 또는 역사시대의 사회·문화생활을 이해하는 데 중요한 정보를 가질 것
나. 정치·경제·사회·문화·종교·생활 등 각 분야에서 그 시대를 대표하거나 희소성과 상징성이 뛰어날 것
다. 국가의 중대한 역사적 사건과 깊은 연관성을 가지고 있을 것
라. 국가에 역사적·문화적으로 큰 영향을 미친 저명한 인물의 삶과 깊은 연관성이 있을 것
2. 해당 문화재의 유형별 분류기준
가. 조개무덤, 주거지, 취락지 등의 선사시대 유적
나. 궁터, 관아, 성터, 성터시설물, 병영, 전적지(戰蹟地) 등의 정치·국방에 관한 유적
다. 역사·교량·제방·가마터·원지(園池)·우물·수중유적 등의 산업·교통·주거생활에 관한 유적
라. 서원, 향교, 학교, 병원, 절터, 교회, 성당 등의 교육·의료·종교에 관한 유적
마. 제단, 고인돌, 옛무덤(군), 사당 등의 제사·장례에 관한 유적
바. 인물유적, 사건유적 등 역사적 사건이나 인물의 기념과 관련된 유적

027 정밀토양도에서 토양의 명칭을 "Mn C2"라고 명명하였을 경우 '2'가 의미하는 것은?

① 침식정도 ② 경사도
③ 비옥도 ④ 배수정도

풀이 Mn(토성), C(경사도 A~F%), 2(침식정도 1~4단계)

028 래드번(Radburn) 택지계획의 개념과 가장 관계 깊은 것은?

① 차도와 보도의 분리
② 개발제한구역(Green Belt) 지정
③ 자동차 전용 도로망을 최초로 도입
④ 고밀도 주거지와 그 사이 넓은 녹지공간의 조화

풀이 래드번 계획
ⓐ 슈퍼 블록(Super block)을 설정해 차도와 보도를 분리하고 쿨데삭(Cul-de-sac)으로 시설을 배치하여 통과교통을 차단하고 전원풍경을 느끼게 하였다.
ⓑ 인구 25,000명을 수용하고 공원 같은 주거지를 창출하고자 함
ⓒ 위락중심지, 학교, 타운센터, 쇼핑시설을 주거지에서부터 공원과 같은 보도로 연결

029 근린공원 계획 시에는 근린공원의 개념과 성격에 대한 명확한 이해가 선행되어야 한다. 다음 중 근린공원의 개념 정의에 적합하지 않은 것은?

① 일상 생활권 내에 거주하는 시민을 위한 공원
② 연령, 성별 구분 없이 누구나 이용 가능한 공원
③ 주민의 규모, 구성 및 행태를 비교적 정확하게 파악하여 조성될 수 있는 공원

ANSWER 026 ④ 027 ① 028 ① 029 ④

④ 도보접근 내에 있는 여러 계층의 주민들에게 필요한 시설과 환경을 갖춰주는 공원

풀이 도시공원 및 녹지 등에 관한 법률 제 15조(도시공원의 세분 및 규모)
근린공원: 근린거주자 또는 근린생활권으로 구성된 지역생활권 거주자의 보건·휴양 및 정서생활의 향상에 이바지하기 위하여 설치하는 공원으로 정의되어 있음.
※ (문제 오류로 가답안 발표시 4번으로 발표되었지만 확정답안 발표시 모두 정답처리 되었습니다.)

030 다음 사후환경영향조사의 대상사업 중 조사 기간이 다른 것은?

① 도시의 개발사업 부문의 주택건설사업 및 대지조성사업
② 도시의 개발사업 부문의 마을정비구역의 조성사업
③ 항만의 건설사업 부문의 항만재개발사업
④ 공항의 건설사업 부문의 비행장

풀이 환경영향평가법 시행규칙 별표 1
①, ②, ③항의 내용은 사업착공시부터 사업준공 후 3년까지
④항의 공항의 건설사업 부문의 비행장은 사업착공시부터 사업준공 후 5년까지

031 다음 중 조경과 관련한 타분야에 대한 설명으로 가장 부적절한 것은?

① 건축은 주로 환경 속에 실체로 나타난 건물의 계획이나 설계에 관련된 분야이다.
② 토목은 주로 도로, 교량, 지형변화, 댐, 상하수설비 등의 설계와 공법에 관심이 있다.
③ 도시계획은 도시 혹은 어느 대단위지역에 관한 사회적, 물리적 계획에 관련한다.
④ 도시설계는 자연과 도시의 조화를 유도하기 위하여 자연생태계의 이해가 가장 중요하다.

풀이 도시설계 : 건물의 위치 순환체계를 위한 건물 사이의 공간의 조직과 공공이용에 대한 것
④항의 설명은 조경에 관한 것임.

032 제1종 지구단위계획으로 차 없는 거리(보행자 전용 도로를 지정, 차량의 출입을 금지)를 조성하고자 하는 경우 「주차장법」 규정에 의한 주차장 설치기준을 얼마까지 완화하여 적용할 수 있는가?

① 100%　② 105%
③ 110%　④ 120%

풀이 국토의 계획 및 이용에 관한 법률 시행령 제46조 6항(도시지역 내 지구단위계획구역에서의 건폐율 등의 완화적용)
⑥지구단위계획구역의 지정목적이 다음 각호의 1에 해당하는 경우에는 법 제52조제3항의 규정에 의하여 지구단위계획으로 「주차장법」 제19조제3항의 규정에 의한 주차장 설치기준을 100퍼센트까지 완화하여 적용할 수 있다.
1. 한옥마을을 보존하고자 하는 경우
2. 차 없는 거리를 조성하고자 하는 경우(지구단위계획으로 보행자전용도로를 지정하거나 차량의 출입을 금지한 경우를 포함한다)
3. 그 밖에 국토교통부령이 정하는 경우

033 근린생활권근린공원의 설명으로 맞는 것은? (단, 도시공원 및 녹지 등에 관한 법률 시행규칙을 적용한다)

① 유치거리는 500m 이하
② 1개소의 면적은 1,500m^2 이상
③ 공원시설 부지면적은 전체의 60% 이하
④ 하나의 도시지역을 초과하는 광역적인 이용에 제공할 것을 목적으로 하는 근린공원

풀이 도시공원 및 녹지 등에 관한 법률 시행규칙 별표 3,4

Appendix 최근기출문제

ANSWER 030 ④　031 ④　032 ①　033 ①

(도시공원의 설치 및 규모의 기준, 도시공원 안 공원시설 부지면적)
근린생활권 근린공원 : 유치거리 500m 이하, 규모 1만m^2 이상, 공원시설부지면적 100분의 40 이하

034 옥상정원 계획 시 건물, 주변현황 이용측면을 고려하여야 하는데, 그 설명이 옳지 않은 것은?

① 지반의 구조 및 강도가 흙을 놓고 수목식재 및 야외조각물 설치에 견딜 정도가 되어야 한다.
② 수목의 생육상 관수를 해야 하므로 구조체가 우수한 방수성능과 배수 계통도 양호해야 한다.
③ 측면에 담장, 차폐식재로 프라이버시를 지키고, 녹음수, 정자, 퍼골라 등을 설치하여 위로부터의 보호 조치가 필요하다.
④ 수종 선정이나 부재 선정에 있어서 미기후의 변화에 대응해야 하며, 교목식재는 40cm 정도의 최소유효토심을 확보해야 한다.

풀이 행정규칙 조경기준 제15조(식재토심)
① 옥상조경 및 인공지반 조경의 식재 토심은 배수층의 두께를 제외한 다음 각호의 기준에 의한 두께로 하여야 한다.
1. 초화류 및 지피식물 : 15센티미터 이상(인공토양 사용시 10센티미터 이상)
2. 소관목 : 30센티미터 이상(인공토양 사용시 20센티미터 이상)
3. 대관목 : 45센티미터 이상(인공토양 사용시 30센티미터 이상)
4. 교목 : 70센티미터 이상(인공토양 사용시 60센티미터 이상)

풀이 조경설계기준 부표8-4 인공지반 식재토심

형태상 분류	자연토양 사용시(cm 이상)	인공토양 사용시 (cm)이상
잔디/초본류	15	10
소관목	30	20
대관목	45	30
교목	70	60

035 시설물 배치계획에 관한 설명으로 옳지 않은 것은?

① 여러 기능이 공존하는 경우, 유사기능의 구조물들은 모아서 집단별로 배치한다.
② 다른 시설물들과 인접할 경우, 구조물들로 형성되는 옥외공간의 구성에 유의해야 한다.
③ 구조물의 평면이 장방형일 때는 긴 변이 등고선에 수직이 되도록 배치한다.
④ 시설물이 랜드마크적 성격을 갖고 있지 않다면, 주변경관과 조화되는 형태, 색채 등을 사용하는 것이 좋다.

풀이 절·성토를 최대한 줄이고 생태적인 설계를 위해서는 구조물이 장방형일 때 긴변이 등고선에 수평으로 배치하는 것이 바람직하다.

036 Mitsch와 Gosselink가 제시한 습지생태계 복원을 위한 일반적인 원리와 가장 거리가 먼 것은?

① 습지 주변에 완충지대를 배치하라
② 범람, 가뭄, 폭풍 등으로부터 피해를 받지 않도록 주변에 제방을 계획하라
③ 식물, 동물, 미생물, 토양, 물은 스스로 분포하고 유지될 수 있도록 계획하라
④ 적어도 하나의 주목표와 여러 개의 부수적 목표를 설정하라

풀이 제방은 동물의 이동경로에 많은 방해를 줌으로 습지복원원리와 거리가 멀다.

ANSWER
034 ④ 035 ③ 036 ②

037 체계화된 공원녹지의 기본 목적이 아닌 것은?

① 접근성과 개방성의 증대
② 경제성과 효율성 증대
③ 포괄성과 연속성의 증대
④ 상징성과 식별성의 증대

풀이 공원녹지 체계는 도시 전체 구조 속에서 광역적 배치나 조직에 관한 사항을 다루는 계획으로 공공의 목적을 위해 만들어지는 것임으로 경제성과는 거리가 멀다.

038 다음 중 공장조경계획 시 고려할 사항으로 가장 거리가 먼 것은?

① 효율적인 공간구성
② 쾌적한 환경 조성
③ 부가적인 효과 창출
④ 신기술 적용

풀이 공장조경은 산업공해완화, 생활환경개선, 생활활동의 제고, 복지시설확보, 부수효과증대 등의 목적이 있다.

039 연결녹지를 설치할 때 고려하여야 할 기준이나 기능이 틀린 것은? (단, 도시공원 및 녹지 등에 관한 법률 시행규칙을 적용한다)

① 산책 및 휴식을 위한 소규모 가로(街路)공원이 되도록 할 것
② 비교적 규모가 큰 숲으로 이어지거나 하천을 따라 조성되는 상징적인 녹지축 혹은 생태통로가 되도록 할 것
③ 도시 내 주요 공원 및 녹지는 주거지역·상업지역·학교 그 밖에 공공시설과 연결하는 망이 형성되도록 할 것
④ 녹지율(도시·군계획시설 면적분의 녹지면적을 말한다)은 60% 이하로 할 것

풀이 도시공원 및 녹지 등에 관한 법률 시행규칙 18조(녹지의 설치, 관리기준)
녹지율(도시·군계획시설 면적분의 녹지면적을 말한다)은 70퍼센트 이상으로 할 것

040 도시 오픈스페이스의 효용성에 해당하지 않는 것은?

① 도시개발의 조절
② 도시환경의 질 개선
③ 시민생활의 질 개선
④ 개발 유보지의 조절

풀이 도시 오픈 스페이스 역할
도시개발 조절, 도시환경의 질 개선, 시민생활의 질 개선(창조적 생활의 기틀 제공, 도시경관의 질 고양) 등

제 3 과목 조경설계

041 다음 중 파노라믹 경관(Panoramic Landscape)의 설명으로 옳은 것은?

① 수림이나 계곡이 보이는 자연경관
② 원거리의 물체들을 시선이 가로막는 장해물 없이 조망할 수 있는 경관
③ 아침 안개 또는 저녁노을과 같이 기상조건에 따라 단시간 동안만 나타나는 경관
④ 원거리의 물체들이 가까이 접근해 있는 물체의 일부에 가려 액자(額子)에 넣어진 듯 보이는 경관

풀이 전경관(파노라믹경관) : 초원, 시야가 가리지 않고 멀리 퍼져 보이는 경관

ANSWER 037 ② 038 ④ 039 ④ 040 ④ 041 ②

042 린치(Lynch, 1979)가 제안한 도시구성요소에 속하지 않는 것은?

① 지역(Districts)
② 통로(Paths)
③ 경관(Views)
④ 랜드마크(Landmarks)

풀이 린치의 5가지 도시이미지
path, edge, district, node, landmark

043 그림과 같은 등각투상도에서 화살표 방향이 정면일 때 우측면도로 가장 적합한 것은?

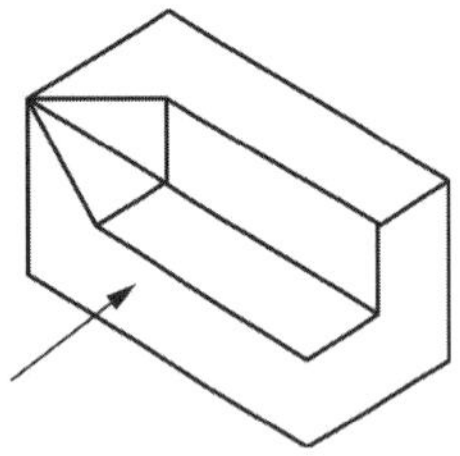

① 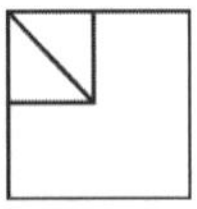
② 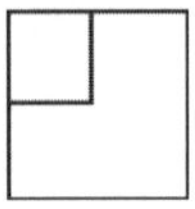
③ 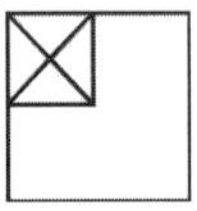
④ 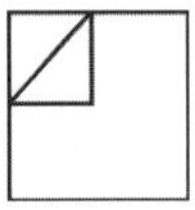

044 오른손잡이 설계자의 일반적인 실선 제도 방법으로 틀린 것은?

① 눈금자, 삼각자 등은 오른쪽에 가깝게 놓는다.
② 선을 그을 때는 심을 자의 아랫변에 꼭 대고 연필을 오른쪽으로 30~40° 뉘어 사용한다.
③ 연필심이 고르게 묻도록 연필을 돌리면서 빠르고 강하게 단번에 긋는다.
④ 사선은 삼각자의 방향에 따라 아래에서 위로 또는 위에서 아래로 긋는다.

풀이 눈금자, 삼각자 등은 왼쪽에 가깝게 두고 오른손으로 그린다.

045 다음 설명 중 ( )에 알맞은 것은?

> 자전거 이용시설의 구조 · 시설 기준에 관한 규칙에서 자전거도로의 폭은 하나의 차로를 기준으로 ( )m 이상으로 한다. (다만, 지역 상황 등에 따라 부득이하다고 인정되는 경우는 고려하지 않는다.)

① 0.6 ② 0.9
③ 1.2 ④ 1.5

풀이 자전거 이용시설의 구조 · 시설 기준에 관한 규칙 제5조【자전거도로의 폭】자전거도로의 폭은 하나의 차로를 기준으로 1.5미터 이상으로 한다. 다만, 지역 상황 등에 따라 부득이하다고 인정되는 경우에는 1.2미터 이상으로 할 수 있다.

046 분광반사율의 분포가 서로 다른 두 개의 색자극이 광원의 종류와 관찰자 등의 관찰 조건을 일정하게 할 때에만 같은 색으로 보이는 경우는?

① 연색성 ② 발광성
③ 조건등색 ④ 색각이상

풀이 ① 연색성 : 형광등 아래에서 같은 두 색이 백열등 아래서는 색이 다르게 보이는 것처럼 광원의 빛의 분광 특성이 물체의 색의 보임에 미치는 효과
③ 조건등색 : 서로 다른 두 가지 색이 하나의 광원 아래에서 같은 색으로 보이는 경우

ANSWER 042 ③ 043 ① 044 ① 045 ④ 046 ③

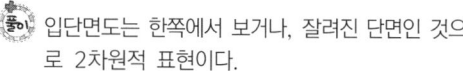

047 설계과정에서 기본구상이 이루어진 다음 구체적인 세부설계에 도달하는데 이때 현실의 제약 조건 때문에 기본구상과 계획이 또 다시 재검토되고 수정되면서 원래의 구상이 점차로 구체화되는 과정을 무엇이라 하는가?

① 구상계획
② 실시계획
③ 계획의 평가
④ 설계에서의 환류(Feedback)

048 조경설계기준상의 보행등의 배치 및 시설 기준으로 옳지 않은 것은?

① 소로・계단・구석진 길・출입구・장식벽에 설치한다.
② 보행등 1회로는 보행등 10개 이하로 구성하고, 보행등의 공용접지는 5기 이하로 한다.
③ 보행인의 이용에 불편함이 없는 밝기를 확보하며, 보행로의 경우 3lx 이상의 밝기를 적용한다.
④ 배치간격은 설치높이의 8배 이하 거리로 하되, 등주의 높이와 연출할 공간의 분위기를 고려한다.

풀이 조경설계기준 19.4 보행등 (19.4.2 배치)
배치간격은 설치높이의 5배 이하 거리로 하되 「KS A 3701」(도로 조명 기준), 등주의 높이와 연출할 공간의 분위기를 고려한다. 다만, 포장면 내부에 설치할 경우에는 보행의 연속성이 끊어지지 않도록 배치해야 한다.

049 다음 중 3차원적인(입체적인) 그림이 아닌 것은?

① 입단면도 ② 1소점투시도
③ 엑소노메트릭 ④ 아이소메트릭

풀이 입단면도는 한쪽에서 보거나, 잘려진 단면인 것으로 2차원적 표현이다.

050 「주택건설기준 등에 관한 규정」에서 규정하고 있는 "부대시설"에 해당하는 것은?

① 안내표지판 ② 주민공동시설
③ 근린생활시설 ④ 유치원

풀이 주택건설기준 등에 관한 규정 제 4장 부대시설의 각 항
진입도로, 주택단지 안의 도로, 주차장, 관리사무소, 수해방지 등, 안내표지판등, 통신시설, 지능형 홈네크워크 설비, 보안등, 가스공급시설, 비상급수시설, 난방설비, 폐기물보관시설, 영상정보처리기기, 전기시설, 방송수신을 위한 공동수신설비의 설치, 급배수시설, 배기설비 등
제 5장 복리시설 : 근린생활시설, 유치원, 주민공동시설

051 다음 중 시각적 밸런스(Balance)를 결정짓는 요소가 아닌 것은?

① 색 채 ② 통 일
③ 질 감 ④ 형태의 크기

풀이 통일성은 미를 구성하는 요소이며, 시각적 밸런스는 색채, 질감, 형태에 의해 결정된다.

052 조경설계기준상의 수경시설의 설계에 대한 설명으로 옳지 않은 것은?

① 수경시설은 적설, 동결, 바람 등 지역의 기후적 특성을 고려하여 설계한다.
② 물놀이를 전제로 한 수변공간(도섭지 등) 시설의 1일 용수 순환 횟수는 2회를 기준으로 한다.
③ 장애물이 없는 개수로의 유량산출은 프란시스의 공식, 바진의 공식을 적용한다.
④ 분수의 경우 수조의 너비는 분수 높이의 2배, 바람의 영향을 크게 받는 지역은

ANSWER
047 ④ 048 ④ 049 ① 050 ① 051 ② 052 ③

분수 높이의 4배를 기준으로 한다.

풀이 조경설계기준 11.3.2 수경관 연출
장애물이 없는 개수로의 유량산출은 매닝의 공식을 적용한다.

053 밝은 태양 아래 있는 석탄은 어두운 곳에 있는 백지보다 빛을 많이 반사하고 있는데도 불구하고 석탄은 검게, 백지는 희게 보이는 현상은?

① 항상성 ② 명암순응
③ 비시감도 ④ 시감 반사율

풀이 색의 항상성 : 물체의 고유한 색을 조명광과 구별해서 느끼는 것

054 다음의 노외주차장의 설치에 대한 계획기준 내용 중 ( ) 안에 알맞은 것은?

> 특별시장 · 광역시장, 시장 · 군수 또는 구청장이 설치하는 노외주차장의 주차대수 규모가 ( )대 이상인 경우에는 주차대수의 2%부터 4%까지의 범위에서 장애인의 주차수요를 고려하여 지방자치단체의 조례로 정하는 비율 이상의 장애인 전용주차구획을 설치하여야 한다.

① 30 ② 50
③ 100 ④ 200

풀이 주차장법 시행규칙 제5조【노외주차장의 설치에 대한 계획기준】: 8. 특별시장 · 광역시장, 시장 · 군수 또는 구청장이 설치하는 노외주차장의 주차대수 규모가 50대 이상인 경우에는 주차대수의 2퍼센트부터 4퍼센트까지의 범위에서 장애인의 주차수요를 고려하여 지방자치단체의 조례로 정하는 비율 이상의 장애인 전용주차구획을 설치하여야 한다.

055 색에도 무거워 보이는 색과 가벼워 보이는 색이 있다. 다음 중 가장 무겁게 느껴지는 색은?

① 노랑 ② 주황
③ 초록 ④ 회색

풀이 명도가 낮을수록 색은 무겁게 느껴진다.

056 투시도에서 실물 크기를 어림잡을 수 있도록 할 수 있는 방법은?

① 사람을 그려 넣는다.
② 정확한 축적을 표시한다.
③ 집의 높이를 잘 그려 넣는다.
④ 나무를 잘 배열하여 그려 넣는다.

057 설계과정을 암상자(Black Box), 유리상자(Glass Box), 자유적 조직(Self-organizing System)의 세 유형으로 구분한 사람은?

① Jones ② Halprin
③ Broadbent ④ Alexander

058 설계에 자주 이용되는 기준적 비례(Proportion)가 아닌 것은?

① 황금비
② 정사각형의 비례
③ Fibonacci 수열의 비례
④ 인체 비례척도(Le Modulor)

059 조경설계에 활용되는 2개의 삼각조(1조)를 이용하여 그릴 수 없는 각은?

① 15° ② 30°
③ 65° ④ 75°

ANSWER
053 ① 054 ② 055 ④ 056 ① 057 ① 058 ② 059 ③

풀이 삼각조의 각도는 15°, 30°, 45°, 60°, 75°와 같이 15°의 배수이다.

060 보도용 포장면의 설계와 관련된 설명 중 ㉠~㉣의 내용이 틀린 것은?

> (1) 종단기울기는 휠체어 이용자를 고려하는 경우에는 (㉠) 이하로 한다.
> (2) 종단기울기가 (㉡)% 이상인 구간의 포장은 미끄럼방지를 위하여 거친 면으로 마감처리 한다.
> (3) 횡단경사는 배수처리가 가능한 방향으로 (㉢)를 표준으로 한다.
> (4) 투수성 포장인 경우에는 (㉣)경사를 주지 않을 수 있다.

① ㉠ 1/12　　② ㉡ 5
③ ㉢ 2%　　④ ㉣ 횡단

풀이 조경설계기준상 6.4 보도포장
보도용 포장면의 종단기울기는 1/12 이하가 되도록 하되, 휠체어 이용자를 고려하는 경우에는 1/18 이하로 한다.

제 4 과목 조경식재

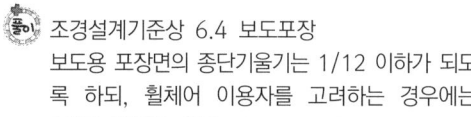

061 생물군집의 특성에 미치는 영향이 아닌 것은?

① 비중　　② 우점도
③ 종의 다양성　　④ 개체군의 밀도

풀이 생물군집의 특성을 평가하는 측도방법은 빈도, 밀도, 수도, 피도, 우점도가 있다.

062 생물종 보호를 위한 자연보호지구 설계의 설명 중 옳지 않은 것은?

① 대형포유동물의 종 보전을 위해서는, 면적이 큰 녹지공간이 작은 것보다 효과적이다.
② 여러 개의 녹지공간이 있을 경우, 원형으로 모여 있는 것보다 직선적으로 배열되는 것이 종의 재정착에 용이하다.
③ 서로 떨어진 녹지공간 사이에 종이 이동할 수 있는 통로를 만들 경우, 종의 이입 증가와 멸종의 방지에 도움을 줄 수 있다.
④ 인접한 녹지공간이 서로 가까울수록 종 보전에 효과가 높다.

풀이 생물종 보호를 위한 녹지공간은 여러 개 있을 때 상호 이동할 수 있으며 여러 개가 근접할수록 좋으며, 원형이 더 바람직하다.

063 식재 설계의 물리적 요소인 질감에 관한 설명이 틀린 것은?

① 거친 텍스처에서 부드러운 텍스처로 점진적인 사용은 흥미로운 식재구성을 할 수 있다.
② 가장자리에 결각이 많은 수종은 그렇지 않은 것보다 거친 질감을 나타낸다.
③ 식재를 보는 사람의 눈은 거친 곳에서 가장 고운 곳으로 이동되도록 해야 한다.
④ 중간지점이나 모퉁이는 제일 부드러운 질감을 갖는 수목을 배치한다.

ANSWER 060 ① 061 ① 062 ② 063 ②

064 다음 특징에 해당되는 수종은?

> -꽃은 5~6월에 백색 계열로 개화한다.
> -생울타리용으로 이용하기 적합하다.
> -열매가 불처럼 붉고, 가지에 가시모양의 단지가 있음

① 녹나무(Cinnamomum camphora)
② 피라칸다(Pyracantha angustifolia)
③ 층층나무(Cornus controversa)
④ 단풍나무(Acer palmatum)

065 하천의 공간별 녹화에 관한 설명과 식재하기에 적합한 수종의 연결이 옳지 않은 것은?

① 하천 저수부는 평상시에는 유수의 영향을 받지 않는 고수부와 저수로 사이의 하안 평탄지 : 물억새, 꽃창포
② 하천 둔치는 홍수 시 침수되는 공간이므로 토양유실을 방지하는 식물의 식재가 좋음 : 갯버들, 찔레꽃
③ 제방사면부는 홍수 시 물의 흐름을 방해하지 않는 범위 내에서 수목식재가 가능 : 조팝나무, 싸리류
④ 하안부는 물과 직접적으로 맞닿는 부분으로 유속에 영향을 받음 : 갈대, 달뿌리풀

풀이 하천 저수부는 강물과 접해 있는 곳으로 물에 잠겨도 무관한 물억세, 부레옥잠, 꽃창포 등을 식재한다.

066 실내조경은 실외조경에 비해 많은 제약을 받는데, 다음 중 실내식물의 환경조건의 설명으로 가장 거리가 먼 것은?

① 광선은 제일 중요한 환경요인으로 광도, 광질, 광선의 공급시간 등에 대하여 검토해야 한다.
② 온도는 식물의 생리적 과정에 작용하는데 아열대원산 식물의 생육최적온도는 20~25℃이다.
③ 물의 공급량은 빛의 공급량과 직접적인 관계가 있는데, 큰 식물에는 자체 급수용기를 사용한다.
④ 식물에 있어서 최적습도는 70~90%이며, 상대습도 30% 이상이면 대부분의 식물은 적응할 수 있다.

풀이 실내식물은 냉난방으로 인한 건조, 토양의 종류, 관수횟수 등에 의해 물의 공급량이 달라진다.

067 다음 설명은 식재설계의 미적 요소 중 어느 것에 해당되는가?

> 연속되거나 형태를 이룬 식물재료들 가운데 일어나는 시각적 분기점으로 질감, 색채, 높이 등을 통하여 그 효과를 높일 수 있다.

① 통일 ② 강조
③ 스케일 ④ 균형

풀이 강조 : 하나의 작품에 여러 가지 요소나 소재가 쓰일 때 그 요소나 소재 사이에 주종의 관계가 형성되는 것

068 효과적인 교통통제를 위해 위요공간의 경우 수목의 어떤 특징을 중요시해야 하는가?

① 폭 ② 높이
③ 색채 ④ 질감

풀이 수목의 산울타리 높이에 따라서 공간의 위요정도가 달라진다.
ⓐ 높이 30cm : 이미지상으로만 공간을 구분하는 역할
ⓑ 높이 60cm : 시각적으로 연속성 가짐
ⓒ 높이 120cm : 공간구분, 안식감을 느끼는 위요정도
ⓓ 높이 150cm : 폐쇄성. 몸이 가려지는 높이
ⓔ 높이 180cm : 완전한 가로막이 역할

ANSWER 064 ② 065 ① 066 ③ 067 ② 068 ②

069 나자식물과 피자식물의 특징 설명으로 옳지 않은 것은?

① 나자식물은 단일수정을 한다.
② 은행나무는 나자식물에 속한다.
③ 종자가 자방 속에 감추어져 있는 식물을 피자식물이라 한다.
④ 초본류는 나자와 피자식물 모두에 들어 있다.

풀이
- 나자식물(겉씨식물) : 씨가 씨방에 싸여있지 않고 밖으로 드러나 있는 식물
- 피자식물(속씨식물) : 밑씨가 씨방 안에 들어있는 식물
- 목본식물이 나자식물과 피자식물로 구분된다.

070 보기는 고속도로식재의 기능과 종류를 연결한 것이다. ( )에 적합한 용어는?

( ) – 차폐식재, 수경식재, 조화식재

① 휴 식 ② 사고방지
③ 경 관 ④ 주 행

풀이 고속도로 식재의 기능

기능	식재종류
주행	시선유도식재, 지표식재
사고방지	차광식재, 명암순응식재, 진입방지식재, 완충식재
방재	비탈면식재, 방풍식재, 방설식재, 비사방지식재
휴식	녹음식재, 지표식재
경관	차폐식재, 수경식재, 조화식재
환경보전	방음식재, 임연보호식재

071 다음 설명에 적합한 수종은?

열매는 핵과로 둥글고 지름은 5~8mm로 붉은색이며, 10월에 성숙하는데 겨울동안에 매달려 있다.

① 먼나무(Ilex rotunda)
② 머루(Vitis Coignetiae)
③ 멀구슬나무(Melia azedarach)
④ 병아리꽃나무(Rhodotypos scandens)

풀이
- 먼나무 열매 : 핵과, 난상 구형, 지름 5-8mm, 붉게 익고, 씨가 5-6개 들어 있다. 10월에 성숙하며 겨울동안도 달려있다.
- 머루 열매 : 장과(漿果: 살과 물이 많고 씨앗이 있는 열매)로 구형이며 9~10월에 검게 익는다.
- 멀구슬나무 열매 : 핵과로 넓은 타원형이고 9월에 황색으로 익으며 겨울에도 달려 있다.
- 병아리꽃나무 열매 : 견과(堅果)로 타원형이고, 9월에 성숙하며 검은색으로 4개씩 달린다.

072 생태 천이의 설명으로 옳은 것은?

① 천이의 순서는 나지 → 1년생초본 → 다년생초본 → 양수관목 → 음수교목 → 양수교목 순이다.
② 시간의 경과에 따른 군집변화 과정으로서 군집발전의 규칙적인 과정을 나타낸다.
③ 천이의 과정을 주도하는 것은 인간이나.
④ 천이는 반드시 1,000년 이내에 이루어진다.

풀이
① 천이의 순서는 나지 → 1년생초본 → 다년생초본 → 양수관목 → 양수교목 → 음수교목순이다.
③ 천이의 과정을 주도하는 것은 빛, 온도, 영양분해자, 포식자들 등의 변화에 의한 것이다.
④ 천이는 수백년에서 수천년에 걸쳐 이루어지며 환경조건에 따라 다르다.

ANSWER
069 ④ 070 ③ 071 ① 072 ②

073 다음 중 상록활엽수에 해당되는 식물은?

① 화살나무(*Euonymus alatus*)
② 회목나무(*Euonymus pauciflorus*)
③ 사철나무(*Euonymus japonicus*)
④ 참빗살나무(*Euonymus hamiltonianus*)

풀이 화살나무, 회목나무, 참빗살나무 : 낙엽활엽수
상록활엽수 : 사철나무, 광나무, 가시나무, 차나무, 소귀나무, 다정큼나무, 피라칸사 등

074 보리수나무(Elaeagnus umbellata)에 대한 설명으로 잘못된 것은?

① 키가 작은 상록활엽수이다.
② 붉은 열매는 식용이 가능하다.
③ 온대 중부 이남의 산지에서 자생한다.
④ 꽃은 5~6월에 피며, 백색에서 연황색으로 변한다.

풀이 보리수나무 : 낙엽활엽관목이다.

075 주요 잔디 초지류의 회복력이 가장 강한 것은?

① Timothy
② Tall Fescue
③ Perennial Ryegrass
④ Bermudagrass

풀이 버뮤다그라스(Bermudagrass) : 난지형잔디로 생육이 빠르고 회복력도 빨라 잔디밭 조성이 빠르다.

076 수목의 색채와 관련된 특징이 틀린 것은?

① 열매가 가을에 붉은색 계열 : 마가목
② 단풍이 홍색(紅色) 계열 : 때죽나무
③ 꽃이 황색 계열 : 매자나무
④ 수피가 회색 계열 : 서어나무

풀이 때죽나무 단풍은 황색이다.

077 일반적인 구근화훼류의 분류는 춘식과 추식으로 구분한다. 다음 중 춘식(봄 심기) 구근에 해당하지 않는 것은?

① 칸 나 ② 달리아
③ 글라디올러스 ④ 구근 아이리스

풀이 구근 아이리스 : 추식구근(가을심기)

078 다음 중 개화 시기가 가장 빠른 수종은?

① 배롱나무(*Lagerstroemia indica*)
② 무궁화(*Hibiscus syriacus*)
③ 치자나무(*Gardenia jasminoides*)
④ 명자나무(*Chaenomeles speciosa*)

풀이 배롱나무(7월), 무궁화(8월), 치자나무(6월), 명자나무(4월)

079 척박하고 건조한 토양에 잘 견디는 수종으로만 바르게 짝지어진 것은?

① 칠엽수, 일본목련, 단풍나무
② 자작나무, 물오리나무, 자귀나무
③ 느티나무, 이팝나무, 왕벚나무
④ 메타세쿼이아, 백합나무, 함박꽃나무

풀이 척박지에서도 잘 견디는 수종 : 소나무, 곰솔, 노간주나무, 향나무, 소귀나무, 졸가시나무, 떡느릅나무, 버드나무, 상수리나무, 아까시나무, 오리나무, 왕버들, 자작나무, 졸참나무, 중국단풍, 능수버들, 다릅나무, 산오리나무, 보리수나무, 자귀나무, 싸리나무, 등나무, 인동덩굴, 해당화

080 다음 형태 특성 중 수형이 다른 것은?

① *Larix kaempferi*
② *Celtis sinensis*
③ *Picea abies*
④ *Taxodium distichum*

풀이 ① *Larix kaempferi* 팽나무 (우산형)
② *Celtis sinensis* 낙엽송 (원추형)

ANSWER
073 ③ 074 ① 075 ④ 076 ② 077 ④ 078 ④ 079 ② 080 ②

③ *Picea abies* 독일가문비나무(원추형)
④ *Taxodium distichum* 낙우송 (원추형)

제 5 과목 조경시공구조학

081 표준품셈에서 수량에 대한 환산의 설명이 틀린 것은?

① 절토량은 자연상태의 설계도의 양으로 한다.
② 수량의 단위 및 소수위는 표준품셈의 단위표준에 의한다.
③ 구적기로 면적을 구할 때는 2회 측정하여 평균값으로 한다.
④ 수량의 계산은 지정 소수위 이하 1위까지 구하고 끝수는 4사5입 한다.

풀이 구적기는 수동으로 선을 읽혀서 면적을 산출하는 기계로 선을 따라 읽혀주는 과정에서 오차가 많이 발생하므로 구적기로 면적을 구할 때는 많이 측정할수록 오차를 줄일수 있으며, 3회 이상 측정하여 평균값으로 한다.

082 슬럼프 시험에 대한 설명으로 틀린 것은?

① 슬럼프 콘의 높이는 25cm이다.
② 슬럼프 콘의 지름은 위쪽이 10cm, 아래쪽이 20cm이다.
③ 시공연도(Workability)의 좋고 나쁨을 판단하기 위한 실험이다.
④ 슬럼프 콘 높이에서 무너져 내린 높이까지의 거리를 cm로 표시한다.

풀이 슬럼프 시험 : 콘크리트 작업의 워커빌리티를 측정하는 방법으로 슬럼프통의 높이는 30cm이다.

083 그림과 같은 수준측량에서 B점의 표고는?
(단, H_A = 50.0m)

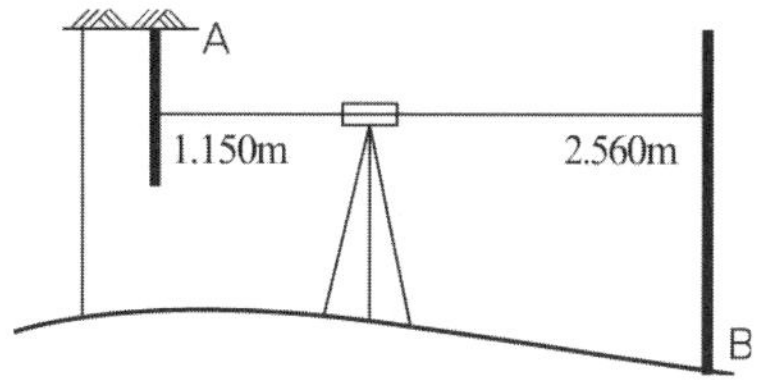

① 42.590m ② 46.290m
③ 48.590m ④ 51.410m

풀이 B의 표고 = 50-1.15-2.56=46.29m

084 지형도 등고선의 종류와 간격의 설명이 옳은 것은?

① 지형도가 1 : 5,000일 때 계곡선은 25m이다.
② 지형도의 표시의 기본이 되는 선이 계곡선이다.
③ 간곡선의 평면간격이 클 때 주곡선의 1/2 간격으로 조곡선을 넣는다.
④ 간곡선은 주곡선의 간격이 클 때 실선으로 나타낸다.

풀이 ② 지형도 표시의 기본이 되는 선은 주곡선이다.
③ 간곡선의 평면간격이 클 때 간곡선의 1/2 간격으로 조곡선을 넣는다.
④ 간곡선은 주곡선의 간격이 클 때 파선으로 나타낸다.

085 표면유입시간 계산도표를 이용하여 우수의 유입시간을 계산하고자 한다. 다음 중 계산 시 고려요소로 가장 거리가 먼 것은?

① 토성 ② 경사도
③ 최대흐름거리 ④ 지표면 토지이용

풀이 우수 유입시간 계산시 고려요소 : 지표형태, 경사, 조도계수, 최대흐름거리 등

ANSWER 081 ③ 082 ① 083 ② 084 ① 085 ①

Appendix 최근기출문제

086 목재를 구조재료로 쓸 경우 다른 재료(강철 등의 재료)보다 가장 떨어지는 강도는? (단, 가력방향은 섬유에 평행하다)

① 인장강도 ② 압축강도
③ 전단강도 ④ 휨강도

풀이 목재는 인장강도가 가장 높고 전단강도가 가장 낮다.
전단강도 : 전단저항이 한계에 이르러 파괴되기 시작하는 강도

087 조경공사를 위한 수량산출 시 주요 자재(시멘트, 철근 등)를 관급으로 하지 않아도 좋은 경우에 해당되지 않는 것은?

① 공사현장의 사정으로 인하여 관급함이 국가에 불리할 때
② 관급할 자재가 품귀현상으로 조달이 매우 어려울 때
③ 조달청이 사실상 관급할 수 없거나 적기 공급이 어려울 때
④ 소량이거나 긴급사업 등으로 행정에 소요되는 시간과 경비가 과도하게 요구될 때

풀이 관급으로 하지 않아도 좋은 경우 : ①③④항 외 관급할 자재가 일천만원 미만일 때

088 덤프트럭의 기계경비 산정에 있어 1회 사이클시간(Cm)에 포함되지 않는 것은?

① 적재시간 ② 왕복시간
③ 정비시간 ④ 적하시간

풀이 덤프트럭 1회 사이클시간
적재시간 + 적하시간 + 왕복시간 + 대기시간 + 적재함 덮개 설치 및 해체시간

089 다음 그림과 같이 하중점 C점에 P의 하중으로 외력이 작용하였을 때 휨 모멘트의 최댓값은 얼마인가?

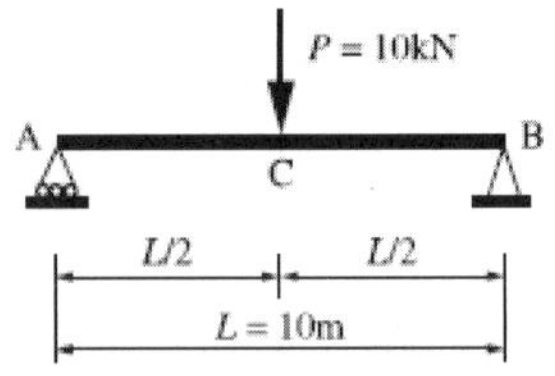

① 100kN · m ② 75kN · m
③ 50kN · m ④ 25kN · m

풀이 $\Sigma M_B = 0$

$R_A = 10 \times \frac{5}{10} = 5t,\ R_B = 10 \times \frac{5}{10} = 5t,$

$M_C = 5t \times 5m = 25\text{kN} \cdot \text{m}$

090 옹벽의 안정에 관한 사항 중 적합하지 않은 것은?

① 옹벽자체 단면의 안정은 허용응력에 관계한다.
② 옹벽의 미끄러짐(滑動)은 토압과 허용지내력에 관련이 깊다.
③ 옹벽의 전도(顚倒)에서 저항모멘트가 회전모멘트보다 커야만 옹벽이 안전하다.
④ 옹벽의 침하(沈下)는 외력의 합력에 의하여 기초지반에 생기는 최대압축응력이 지반의 지지력보다 작으면 기초지반은 안정하다.

풀이 옹벽의 활동(sliding)에 대한 안정 : 옹벽의 중량과 그것이 지지하고 있는 토양의 중량의 합에 마찰계수를 곱한 마찰력이 저항력인데, 이 저항력이 활동력보다 1.5~2.0배 되면 안정

ANSWER 086 ③ 087 ② 088 ③ 089 ④ 090 ②

091 석축 옹벽시공에 대한 설명이 틀린 것은?

① 찰쌓기는 메쌓기보다 비탈면에서 용수가 심하고 뒷면토압이 적을 때 설치한다.
② 신축줄눈은 찰쌓기의 높이가 변하는 곳이나 곡선부의 시점과 종점에 설치한다.
③ 찰쌓기의 1일 쌓기 높이는 1.2m를 표준으로 하며, 이어쌓기 부분은 계단형으로 마감한다.
④ 호박돌쌓기는 줄쌓기를 원칙으로 하고 튀어나오거나 들어가지 않도록 면을 맞추고 양 옆의 돌과도 이가 맞도록 하여야 한다.

풀이 찰쌓기는 뒷채움 콘크리트가 있는 쌓기방식으로 토압이 높을 때 사용하는 것이나 물 빠짐을 위해 물빠짐구멍을 반드시 해야 하며, 용수가 심하고 토압이 적은 곳에는 메쌓기가 더 적당하다.

092 굳지 않은 콘크리트의 성질로서 주로 물의 양이 많고 적음에 따른 반죽의 되고 진 정도를 나타내는 용어는?

① 컨시스턴시(Consistency)
② 펌퍼빌리티(Pumpability)
③ 피니셔빌리티(Finishability)
④ 플라스티시티(Plasticity)

풀이 ② 펌퍼빌리티(Pumpability) : 펌프에서 콘크리트가 잘 밀려나가는 정도
③ 피니셔빌리티(Finishability) : 표면 마무리 작업의 난이도를 나타내는 굳지 않은 콘크리트 성질
④ 플라스티시티(Plasticity) : 거푸집 등의 형상에 순응하여 채우기 쉽고, 분리가 일어나지 않는 성질, 거푸집에 잘 채워질 수 있는지의 난이도 정도, 재료의 분리에 저항하는 정도

093 지상고도 3,000m의 비행기 위에서 초점거리 15cm인 촬영기로 촬영한 수직 공중사진에서 50m의 교량의 크기는?

① 2.0mm ② 2.5mm
③ 3.0mm ④ 3.5mm

풀이 축척 = 초점거리÷촬영거리
=15cm÷300,000cm=0.00005
교량 50m x 0.00005=0.0025m=2.5mm

094 살수관개(撒水灌漑)를 설계할 때 살수기의 균등계수는 어느 정도가 효과적인가?

① 60~65% ② 75~85%
③ 85~95% ④ 95% 이상

풀이 삼각형 배치가 가장 효과적인 균등계수는 85~95%

095 인공지반의 식재 시 사용되는 토양의 보수성, 투수성 및 통기성을 향상시키기 위한 인공적인 다공질 경량토에 해당되지 않는 것은?

① 표토(Topsoil)
② 피트모스(Peat Moss)
③ 펄라이트(Perlite)
④ 버미큘라이트(Vermiculite)

풀이 인공경량토 : 버미큘라이트, 펄라이트, 화산자갈, 화산모래, 석탄재, 피트 등

096 재료의 역학적(力學的) 성질에 대한 설명 중 응력(應力, Stress)에 관한 정의는?

① 구조물에 작용하는 외력(外力)
② 외력에 대하여 견디는 성질
③ 구조물에 작용하는 외력에 대응하려는 내력(內力)의 크기
④ 구조물에 하중이 작용할 때 저항하는 재료의 능력

ANSWER 091 ① 092 ① 093 ② 094 ③ 095 ① 096 ③

097 콘크리트 타설 후의 재료 분리현상에 대한 설명이 틀린 것은?

① AE제를 사용하면 억제할 수 있다.
② 단위수량이 너무 많은 경우 발생한다.
③ 물시멘트비를 크게 하면 억제할 수 있다.
④ 굵은 골재의 최대치수가 지나치게 클 경우 발생한다.

풀이 물시멘트비가 클수록 재료분리가 쉽게 일어난다.

098 배수(排水)의 지선망계통(枝線網系統)을 효율적으로 결정하는 방법이 틀린 것은?

① 우회곡절(迂廻曲折)을 피한다.
② 배수상의 분수령을 중요시한다.
③ 경사가 급한 고개에는 구배가 급한 대관거를 매설하지 않는다.
④ 교통이 빈번한 가로나 지하 매설물이 많은 가로에는 대관거(大管渠)를 매설한다.

풀이 교통이 빈번한 가로, 지하매설물이 많은 가로에는 대관거 매설을 회피해야 한다.

099 어떤 부지 내 잔디지역의 면적 0.23ha(유출계수 0.25), 아스팔트포장 지역의 면적 0.15ha(유출계수 0.9)이며, 강우강도는 20mm/hr일 때 합리식을 이용한 총 우수유출량(m^3/sec)은?

① 0.0032 ② 0.0075
③ 0.0107 ④ 0.017

풀이 우수유출량(m^3/sec) = 1/360CIA
C : 유출계수
I : 강우강도(mm/hr)
A : 배수면적(ha)
따라서, $(1/360 \times 0.25 \times 20 \times 0.23)$
$+(1/360 \times 0.9 \times 20 \times 0.15)$
$\fallingdotseq 0.0107$(m^3/sec)

100 트래버스 측량 중 정확도가 가장 높으나 조정이 복잡하고 시간과 비용이 많이 요구되는 삼각망은?

① 개방형 삼각망 ② 단열 삼각망
③ 유심 삼각망 ④ 사변형 삼각망

풀이
· 단열 삼각망 : 노선, 하천, 터널, 폭이 좁고 긴 지역
· 유심 삼각망 : 농지 및 넓은 지역에 적합
· 사변형 삼각망 : 시가지 및 정도가 높은 지역, 기선측정에 사용으로 정밀도가 가장 높다.

제 6 과목 조경관리론

101 공사원가 구성항목에 포함되는 일반관리비의 계상 설명으로 맞는 것은?

① 순공사비 합계액의 6%를 초과하여 계상할 수 없다.
② 현장사무소의 유지관리를 위하여 사용되는 비용이다.
③ 관급자재에 대한 관리비 계상은 일반관리비요율에 준하여 계상한다.
④ 가설사무소, 창고, 숙소, 화장실 설치비용을 포함해서 계상한다.

풀이 일반관리비 : 공사업체를 지속하기 위해 발생하는 비용으로 순공사비 합계의 6%를 초과할 수 없다.

102 굵은 골재 가운데 질석을 800~1,000℃의 고온에서 튀긴 것으로 일반적으로 비료성분을 가지고 있지 않으며, 경량으로 흡수율이 높아 파종이나 삽목용 토양으로 사용되는 것은?

① 소성점토
② 피트모스(Peat Moss)
③ 펄라이트(Perlite)
④ 버미큘라이트(Vermiculite)

ANSWER 097 ③ 098 ④ 099 ③ 100 ④ 101 ① 102 ④

풀이 ① 소성 점토 : 굵은 골재 중 진흙입자를 700℃ 고온처리한 것
② 피트모스 : 토탄土炭)이라고도 불리며 한냉한 곳의 습지에 생육하는 갈대나 이끼가 흙속에 묻혀 저온으로 인해 썩지 않고 반가량 탄소화된 것을 캐올려 말린 경량토
③ 펄라이트 : 진주암을 고온으로 소성한 다공질로 보수성, 통기성, 투수성이 좋다.
④ 버미큘라이트 : 굵은 골재 가운데 질석을 700~800℃의 고온에서 튀긴 것으로 일반적으로 파종이나 잡목 용도로 주로 사용되는 것

103 안전대책 중 사고처리의 일반적인 순서로서 옳은 것은?

① 사고자의 구호 → 관계자에게 통보 → 사고 상황의 기록 → 사고 책임의 명확화
② 관계자에게 통보 → 사고자의 구호 → 사고 책임의 명확화 → 사고 상황의 기록
③ 사고자의 구호 → 사고 상황의 기록 → 사고 책임의 명확화 → 관계자에게 통보
④ 사고자의 구호 → 사고 책임의 명확화 → 사고 상황의 기록 → 관계자에게 통보

풀이 사고처리순서
① 사고자의 구호
② 관계자에의 통보
③ 사고 상황의 파악 및 기록
④ 사고책임의 명확화

104 일반적인 조건하에서 조경 시설물(철제 그네)의 도장, 도색은 몇 년 주기로 보수하는가?

① 1년 ② 3년
③ 5년 ④ 10년

풀이 그네, 미끄럼틀, 시소 등의 놀이시설은 2~3년마다 도장을 한다.

105 60kg 잔디 종자에 살충제 이피엔 50% 유제를 8ppm이 되도록 처리하려고 할 때의 소요 약량(mL)은 약 얼마인가? (단, 약제의 비중 : 1.07)

① 0.5 ② 0.7
③ 0.9 ④ 1.2

풀이 8ppm(mg/kg) x 60kg=480mg,
50% 함량임으로 0.45g x 0.5=0.96g
부피로 환산하면 0.96g ÷1.07g/ml=0.897ml

106 제초제의 선택성에 관여하는 생물적 요인이 아닌 것은?

① 잎의 각도 ② 제초제 처리량
③ 잎의 표면조직 ④ 생장점의 위치

풀이 생물적 요인은 식물의 생리, 형태, 대사에 관계되는 것임.

107 사다리 이용과 관련한 안전 조치로 적절한 것은?

① 사다리의 상부 3개 발판 이상에서 작업한다.
② 사다리를 기대 세울 때는 가능한 한 나무나 전주 등에 세워 작업한다.
③ 사다리에서 작업할 때 신체의 일부를 사용하여 3점을 사다리에 접촉 · 유지한다.
④ 기대는 사다리의 설치각도는 수평면에 대하여 80° 이상을 유지하여 넘어짐을 예방한다.

풀이 한국산업안전보건공단 이동식사다리 안전작업 지침
① 사다리의 상부 2개 발판 작업 금지한다.
④ 기대는 사다리의 설치각도는 수평면에 대하여 75° 이하를 유지하여 넘어짐을 예방한다.

ANSWER 103 ① 104 ② 105 ③ 106 ② 107 ③

108 병든 식물의 표면에 병원체의 영양기관이나 번식기관이 나타나 육안으로 식별되는 것을 가리키는 것은?

① 병징 ② 병반
③ 표징 ④ 병폐

풀이 ① 병징 : 병든 식물 자체의 조직변화에 유래하는 이상 현상
② 병반 : 병으로 생긴 반점
③ 표징 : 병원체 자체가 병든 식물체상의 환부에 나타나 병의 발생을 알리는 것

109 다음 중 전염성병으로 분류되지 않는 것은?

① 진균에 의한 병
② 바이러스에 의한 병
③ 종자식물에 의한 병
④ 토양 중의 유독물질에 의한 병

풀이 토양 중의 유독물질에 의한 병은 비전염성병이다.

110 수목의 아황산가스 피해에 대한 설명 중 잘못된 것은?

① 공중습도가 높고, 토양수분이 많을 때에 피해가 줄어든다.
② 기온이 낮은 봄철보다 여름철에 더욱 큰 피해를 입는다.
③ 아황산가스는 석탄이나 중유 또는 광석 속의 유황이 연소하는 과정에서 발생한다.
④ 토양 속으로도 흡수되어 토양의 산성을 높임으로써 뿌리에 피해를 주고 지력을 감퇴시키기도 한다.

풀이 아황산가스는 기온이 높고 일사가 강할수록, 공중습도가 높을수록, 토양수분이 윤택할수록 피해가 크다.

111 산성에 대한 저항력이 강하여 산성토양에서도 활동이 강한 미생물은?

① 세균 ② 조류
③ 방선균 ④ 사상균

풀이 사상균은 산성, 중성, 알칼리성 토양 모두에서 발견되며 생육온도는 6~50도이다. 따라서 저온에도 내성을 갖고 낮은 산도에서도 저항성이 있어 산림 유기물 분해에 중요한 역할을 한다.

112 탄소와 화합한 질소화합물로서 물에 녹아 비교적 빨리 비효를 나타내지만 그 자체로는 유해하며 함유하는 비료로는 석회질소가 대표적인 질소 형태는?

① 요소태 질소
② 질산태 질소
③ 암모니아태 질소
④ 시안아미드태 질소

113 식물 방제용 농약의 보관방법으로 틀린 것은?

① 농약은 직사광선을 피하고 통풍이 잘 되는 곳에 보관한다.
② 농약은 잠금장치가 있는 전용 보관함에 보관한다.
③ 사용하고 남은 농약은 다른 용기에 담아 보관한다.
④ 농약 빈병과 농약 폐기물은 분리해서 처리한다.

풀이 사용하고 남은 농약은 반드시 버린다. 남은 원액은 원래용기 그대로 밀봉하여 안전한 곳에 보관한다.

ANSWER 108 ③ 109 ④ 110 ① 111 ④ 112 ④ 113 ③

114 공원 관리업무 수행 시 도급방식 관리에 대한 설명 중 틀린 것은?

① 관리비가 싸다.
② 임기응변적 조처가 가능하다.
③ 관리주체가 보유한 설비로는 불가능한 업무에 적합하다.
④ 전문적 지식, 기능을 가진 전문가를 통한 양질의 서비스를 기할 수 있다.

풀이 임기응변적 조처는 직영방식일 때 가능하다.

115 낙엽수는 낙엽 후부터 다음해 새로운 눈이 싹트기 전, 상록수는 싹트기 시작하는 전후의 시기에 실시하는 전정은?

① 동기전정　② 기본전정
③ 솎음전정　④ 하기전정

116 참나무류에 발생하는 참나무시들음병의 병균을 매개하는 곤충은?

① 참나무방패벌레　② 참나무하늘소
③ 광릉긴나무좀　④ 갈참나무비단벌레

117 레크리에이션 수용능력의 결정인자는 고정인자와 가변인자로 구분되는데 다음 중 고정적 결정인자가 아닌 것은?

① 특정 활동에 필요한 사람의 수
② 특정 활동에 대한 참여자의 반응정도
③ 특정 활동에 필요한 공간의 최소면적
④ 특정 활동에 의한 이용의 영향에 대한 회복능력

풀이 · 고정적 결정인자
ⓐ 특정활동에 대한 참여자의 반응정도
ⓑ 특정활동에 필요한 사람의 수
ⓒ 특정활동에 필요한 공간의 최소면적
· 가변적 결정인자
ⓐ 대상지의 성격
ⓑ 대상지의 크기와 형태
ⓒ 대상지 이용의 영향에 대한 회복능력
ⓓ 기술과 시설의 도입으로 인한 수용능력

118 조경시설물 보관 창고에 전기화재가 발생하였을 때, 사용하는 소화기로 가장 적합한 것은?

① A급 소화기　② B급 소화기
③ C급 소화기　④ D급 소화기

풀이 · A급 소화기(일반화재) : 나무, 섬유, 종이, 고무, 플라스틱 같은 일반 가연물이 타고 나서 재가 남는 화재에 적합
· B급 소화기(유류화재) : 인화성액체, 가연성액체, 석유, 그리스 등 인화성 가스와 같은 유류가 타고나서 재가 남지 않는 화재
· C급 소화기(전기화재) : 전류가 흐르는 전기기, 배선과 관련된 화재로 변전설비, 전선로, 분배전반 등의 화재에 적용
· K급 소화기(주방화재) : 가연성 요리재료를 포함한 조리기구의 화재

119 다음 토양 중 침식(Erosion)을 받을 소지가 가장 작은 것은?

① 투수력이 큰 토양
② 팽창성이 큰 토양
③ 가소성이 큰 토양
④ Na-교질이 많은 토양

풀이 공극이 많아 투수력이 큰 토양은 침식에 비교적 안정하다.

120 소나무혹병의 중간 기주에 해당되는 것은?

① 송이풀　② 졸참나무
③ 까치밥나무　④ 향나무

풀이 중간기주
소나무 혹병균(참나무), 잣나무 털녹병균(까치밥나무류와 송이풀류), 배나무 붉은별무늬병균(향나무)

ANSWER 114 ② 115 ① 116 ③ 117 ④ 118 ③ 119 ① 120 ②

2021 2회 조경기사 최근기출문제

2021년 5월 15일 시행

제1과목 조경사

001 미국 도시계획사에서 격자형 가로망을 벗어나서 자연스러운 가로 계획으로 시카고에 리버사이드 주택단지를 최초로 시도한 사람은?

① 찰스 엘리어트(Charles Eliot)
② 엔드류 다우닝(Andrew J. Downing)
③ 캘버트 보(Calvert Vaux)
④ 프레드릭 로 옴스테드(Frederick L. Olmsted)

풀이 프레드릭 로 옴스테드(Frederick L. Olmsted) 리버사이드 단지계획(1869)

002 고대 로마 소 플리니의 별장정원으로 전망이 좋은 터에 다양한 종류의 과일나무와 여러 가지 모양으로 다듬어진 회양목 토피아리를 장식한 곳은?

① 아드리아나장(Villa Adriana)
② 라우렌틴장(Villa Laurentiana)
③ 디오메데장(Villa Diomede)
④ 토스카나장(Villa Toscana)

풀이 토스카나장(Villa Toscana) : 구릉에 위치한 피서용 별장으로 필리니가 "정원 중 가장 아름다운 곳" 이라 한 곳으로 주건물 동쪽 아래의 평지와 장방형 식재한 곳

003 이탈리아 바로크 양식의 대표적인 작품은?

① 에스테장(Villa d'Este)
② 랑테장 (Villa Lante)
③ 이졸라벨라 (Isola Bella)
④ 보볼리가든(Boboli Garden)

풀이 이졸라벨라 : 바로크 정원양식의 대표작으로 호수의 섬 전체를 10개의 노단으로 구성하여 만든 공중정원 같은 형식의 화려한 정원

004 뉴욕 센트럴 파크의 설명으로 옳지 않은 것은?

① 옴스테드의 단독 설계안을 두어 보우(Vaux)가 시공하였다.
② 장방형의 공원부지 내 도로망은 대부분 자유 곡선에 의하여 처리되고 있다.
③ 4개의 횡단도로는 지하도(地下道)로서 소통하고 있다.
④ 현대 공원으로서의 기본적 요소를 갖춘 최초의 공원이다.

풀이 센트럴 파크는 조경가 프레드릭 로 옴스테드와 건축가 보우가 같이 설계한 작품이다.

005 별장생활이 발달하게 됨에 따라 정원에 Topiary가 다양한 형태(글자, 인간이나 동물, 사냥이나 선대(船隊)의 항해 장면 등)로 등장하여 발달된 시기는?

① 고대 로마 ② 고대 그리스
③ 고대 이집트 ④ 고대 메소포타미아

ANSWER 001 ④ 002 ④ 003 ③ 004 ① 005 ①

풀이 고대 로마 빌라가 발달하기 시작하였으며, 토피아리가 유행하였다.

006 17세기 프랑스의 르노트르 정원구성 특징으로 옳지 않은 것은?

① 비스타를 형성한다.
② 탑과 녹정을 배치한다.
③ 정원은 광대한 면적의 대지 구성요소의 하나로 보고 있다.
④ 대지의 기복에 조화시키되 축에 기초를 둔 2차원적 기하학을 구성한다.

풀이 르 노트르 정원의 특성 : 평면기하학 구성, 비스타 경관, 대규모 부지의 장엄함을 강조, 깎은 산울타리, 보스켓, 화단, 볼링그린 등

007 신라 포석정은 곡수거를 만들어 곡수연을 하였다는데 이것은 중국 진시대의 누구의 영향인가?

① 주돈이의 애연설
② 왕희지의 난징고사
③ 도연명의 귀거래사
④ 중장통의 락지론

풀이 왕희지의 난정고사 : 곡수연(曲水宴)을 즐기기 위해 곡수거(曲水) 조성이 기록

008 다음 중 창덕궁 후원의 기능에 부합되지 않는 것은?

① 왕과 그의 가족을 위한 휴식의 공간이다.
② 학업을 수학하여 사물의 통찰력을 기른다.
③ 자연 속에 둘러 싸여 현실의 속박에서 벗어나 안식을 얻는다.
④ 상징적 선산(仙山)을 조산(造山)하여 축경(縮景)적 조망(眺望)을 한다.

풀이 축경적 특성은 일본조경의 특징이다. 창덕궁 후원은 자연구릉지에 휴식, 위락위한 원림으로 정자, 연못 등이 있다.

009 이탈리아의 노단식(露壇式) 정원과 프랑스의 평면기하학식 정원이 성립되는데 결정적 역할을 한 시대사조 및 배경은?

① 국민성의 차이
② 지형적 조건의 차이
③ 정원 소유주(所有主)의 권위 정도
④ 천재적(天才的)인 조경가의 역할 유무

풀이 이탈리아는 경사지형이 많고, 프랑스는 평지가 대부분으로 지형을 이용한 정원을 만들게 된 것이다.

010 하하(Ha-Ha Wall) 수법이란?

① 담장을 관목류의 생울타리로 조성하여 자연과 조화되게 구성하는 수법
② 담장의 형태나 색채를 주변 자연과 조화되게끔 만드는 수법
③ 담장의 높이를 낮게 하여 외부경관을 차경(借景)으로 이용하는 수법
④ 담장 대신 정원대지의 경계선에 도랑을 파서 외부로부터의 침입을 막도록 한 수법

풀이 하하 : 영국 풍경식 정원의 Sunken Fence로 브리지맨이 고안한 것이다.

011 고려시대에 궁궐과 관가의 정원을 관장하던 관서명은?

① 다방(茶房) ② 상림원(上林園)
③ 장원서(掌苑署) ④ 내원서(內園署)

풀이 궁궐정원 관리 : 고구려(궁원) - 고려(내원서) - 조선 세종(상림원) - 조선 세조(장원서)

ANSWER 006 ② 007 ② 008 ④ 009 ② 010 ④ 011 ④

012 백제시대 방장선산(方丈仙山)을 상징하여 꾸며 놓은 신선 정원은?

① 임류각(臨流閣)
② 월지(月池)
③ 궁남지(宮南池)
④ 임해전지(臨海殿址)

풀이 백제 궁남지 : 정방지, 신선사상(봉주, 영래, 방장), 삼신상, 버드나무, 못가에 포룡정이 있음.

013 일본의 비조(아스카, AD 503~709) 시대에 백제 사람 노자공이 이룩한 조경에 관한 설명으로 틀린 것은?

① 일본서기의 추고 천왕 20년조의 기록에서 볼 수 있다.
② 남쪽 뜰에 봉래섬과 수루를 만들었다.
③ 수미산은 중국의 불교적 세계관을 배경으로 하고 있다.
④ 지기마려(芝耆磨呂)는 노자공의 다른 이름이다.

풀이 백제 노자공이 궁궐뜰에 수미산과 홍교를 만들었다.

014 백제 정림사지에 관한 설명 중 가장 관계가 먼 것은?

① 1탑 1금당식
② 5층 석탑 배치
③ 원내 방지의 도입
④ 구릉지 남사면에 위치

015 중국 조경사에 있어서 유럽식 정원이 축조되었던 곳은 어느 곳인가?

① 이화원
② 사자림
③ 유원
④ 원명원

풀이 원명원
프랑스 선교사 베누아가 설계한 프랑스식 정원으로 대분천을 중심으로 하는 서양식 정원이다.

016 중국정원의 조형적 특성에 대한 설명으로 옳지 않은 것은?

① 주택 건물 사이에 중정을 조성했다.
② 사실주의에 의한 풍경식이 나타나고 있다.
③ 주거용으로 쓰이는 건물의 뒤나 좌우 공지에 축조했다.
④ 자연경관을 주 구성용으로 삼고 있기는 하나 경관의 조화보다는 대비에 중점을 두었다.

017 이집트의 사상은 자연숭배사상과 내세관의 깊은 영향이 반영되어 건축물이 표출되었다. 선(善)의 혼(Ka)을 통해 태양신(Ra)에 접근하려는 기하학적 형태로 인간의 동경과 열망을 대지에 세운 거대한 상징물은?

① 마스터바(Mastaba)
② 피라미드(Pyramid)
③ 스핑크스(Sphinx)
④ 오벨리스크(Obelisk)

018 다음의 주택정원 중 정원 내 연못 수(水)경관이 없는 곳은?

① 구례 운조루
② 괴산 김기응 가옥
③ 강릉 선교장
④ 달성 박황 가옥

풀이 괴산 김기응 가옥 : 조선후기 양반가옥으로 주택의 배치나 형식이 평지에 매우 아름다우며 사랑채 후원의 내담 벽에 각종 문양과 장식이 화려하게 꾸며져 있으며 현재는 연못이 없다.

ANSWER
012 ③ 013 ② 014 ④ 015 ④ 016 ② 017 ② 018 ②

019 데르 엘 바하리(Deir-el Bahari)의 신원에서 나타나는 특징이 아닌 것은?

① Punt보랑의 부조
② 인공과 자연의 조화
③ 직교축에 의한 공간구성
④ 주랑 건축 전면에 파진 식재용 돌구멍

풀이 델 엘 바하리의 신원에는 수직축만 있다.

020 다음 중 고대 로마의 지스터스(Xystus)에 관한 설명으로 옳지 않은 것은?

① 유보하는 자리라는 의미를 나타낸다.
② 주택 부지의 끝부분에 높은 담장과 건물에 둘러싸인 공간이다.
③ 내방객과의 상담이나 업무를 위한 기능 공간이다.
④ 세탁물 건조장 또는 채원으로도 활용된다.

풀이 고대 로마 정원
① 아트리움(Atrium) : 제 1중정으로 외부손님 접대용 공간으로 장방형의 홀형태.
② 페리스틸리움(Peristylium) : 제 2중정으로 열주의 중정, 주정으로 사적인 공간
③ 지스터스(Xystus) : 제 3중정으로 5점 식재, 실용원, 수로중심, 원로와 화단을 대칭배치, 대형주택후원

제 2 과목 조경계획

021 기본계획의 설명으로 옳은 것은?

① 토지이용계획 : 현재의 토지이용에 따라 계획을 수립한다.
② 교통・동선계획 : 주 이용 시기에 발생되는 통행량을 반영한다.
③ 시설물배치계획 : 재료나 구조를 구체적으로 명시한다.
④ 식재계획 : 보식계획은 실시설계 단계에서 반영한다.

풀이 기본계획 : 개략적인 골격, 토지 이용과 동선체계. 각종시설 및 녹지위치 정하는 단계

022 도심 공원 이용객의 이용행태 조사를 위한 '질문의 순서결정'시 고려해야 할 사항이 아닌 것은?

① 질문 항목간의 관계를 고려하여야 한다.
② 첫 번째 질문은 흥미를 유발할 수 있게 인적사항 질문으로 배치하여야 한다.
③ 응답자가 심각하게 고려하여 응답해야 하는 질문은 위치선정에 주의하여야 한다.
④ 조사 주제와 관련된 기본적인 질문들을 우선적으로 배치하여야 한다.

풀이 질문의 순서는 일반적인 것부터 시작하여 주제에 대한 질문을 한다.

023 도시・군계획시설의 결정・구조 및 설치기준에 관한 규칙에 의한 광장의 분류에 포함되지 않는 것은?

① 역전광장 ② 중심대광장
③ 경관광장 ④ 옥상광장

풀이 도시・군계획시설의 결정・구조 및 설치기준 제49조(광장)
① "광장"이라 함은 「국토의 계획 및 이용에 관한 법률 시행령」 제2조제2항제3호 각목의 교통광장・일반광장・경관광장・지하광장 및 건축물부설광장을 말한다.
② 교통광장은 교차점광장・역전광장 및 주요시설광장으로 구분하고, 일반광장은 중심대광장 및 근린광장으로 구분한다.

ANSWER
019 ③ 020 ③ 021 ② 022 ② 023 ④

024 자연공원법에 의한 자연공원의 분류에 해당되지 않는 것은?

① 지질공원 ② 도립공원
③ 수변공원 ④ 군립공원

풀이 자연공원법 제2조(정의)
1. "자연공원" 이란 국립공원 · 도립공원 · 군립공원(郡立公園) 및 지질공원을 말한다.

025 다음 중 환경영향평가 항목 중 '생활환경분야'에 포함되지 않는 것은?

① 인구
② 위락 · 경관
③ 위생 · 공중보건
④ 친환경적 자원 순환

풀이 환경영향평가법 제 2조(환경영향평가등의 분야별 세부평가항목)
환경영향평가 생활환경분야 : 친환경적 자원 순환, 소음 · 진동, 위락 · 경관, 위생 · 공중보건, 전파장해, 일조장애
인구는 사회환경 · 경제환경분야임.

026 지구단위계획 수립 시 '환경관리'를 계획에 포함하는 사업은 무엇인가?

① 신시가지의 개발
② 기존시가지의 정비
③ 기존시가지의 관리
④ 기존시가지의 보존

풀이 국가행정규칙 지구단위계획수립지침 제3장 3-1-2

구역지정 목적	계획에 포함하는 사항
기존시가지의 정비	- 기반시설 - 교통처리 - 건축물의 용도, 건폐물 · 용적률 · 높이 등 건축물의 규모 - 공동개발 및 맞벽건축 - 건축물의 배치와 건축선 - 경관
기존시가지의 관리	- 용도지역 · 용도지구 - 기반시설 - 교통처리 - 건축물의 용도, 건폐물 · 용적률 · 높이 등 건축물의 규모 - 공동개발 및 맞벽건축 - 건축물의 배치와 건축선 - 경관
기존시가지의 보존	- 건축물의 용도, 건폐물 · 용적률 · 높이 등 건축물의 규모 - 건축물의 배치와 건축선 - 건축물의 형태와 색채 - 경관
신시가지의 개발	- 용도지역 · 용도지구 - 환경관리 - 기반시설 - 교통처리 - 가구 및 획지 - 건축물의 용도, 건폐물 · 용적률 · 높이 등 건축물의 규모 - 건축물의 배치와 건축선 - 건축물의 형태와 색채 - 경관
복합구역	- 목적별로 해당되는 계획사항을 포함하되, 나머지 사항은 지역특성에 맞게 필요한 사항을 선택

027 국토의 계획 및 이용에 관한 법률에 명시된 도시 기반시설 중 교통시설에 해당하지 않는 것은?

① 공항 ② 항만
③ 주차장 ④ 광장

풀이 국토의 계획 및 이용에 관한 법률 제2조 정의
교통시설 : 도로, 철도, 항만, 공항, 주차장 등

028 자연환경 · 농지 및 산림의 보호, 보건위생, 보안과 도시의 무질서한 확산을 방지하기 위하여 녹지의 보건이 필요한 녹지지역을 지정할 수 있게 규정한 법은?

① 자연공원법
② 환경영향평가법
③ 국토의 계획 및 이용에 관한 법률
④ 도시공원 및 녹지 등에 관한 법률

ANSWER 024 ③ 025 ① 026 ① 027 ④ 028 ③

풀이 국토의 계획 및 이용에 관한 법률 제36조 (용도지역의 지정)
라. 녹지지역: 자연환경 · 농지 및 산림의 보호, 보건위생, 보안과 도시의 무질서한 확산을 방지하기 위하여 녹지의 보전이 필요한 지역

029 공장의 조경계획 시 고려사항으로 적합하지 않은 것은?

① 운영관리적 측면을 배려한다.
② 식재계획은 필요한 곳에 국지적으로 처리한다.
③ 성장속도가 빠르며 병해충이 적으면서 관리가 쉬운 수종을 선택한다.
④ 공장의 성격과 입지적 특성에 따라 개성적인 식재계획이 이루어져야 한다.

풀이 공장 조경은 산업공해완화, 생활환경개선, 복지시설확보 등의 목적으로 계획하는 것임으로 공장 외곽에서부터 내부까지 전체적으로 공간에 맞는 식재계획을 해야한다.

030 공원 내에 휴게시설인 벤치(의자)에 대한 계획 기준으로 틀린 것은?

① 앉음판에는 물이 고이지 않도록 계획 · 설계한다.
② 장시간 휴식을 목적으로 한 벤치는 좌면을 높게 만든다.
③ 의자의 길이는 1인당 최소 45cm를 기준으로 하되, 팔걸이부분의 폭은 제외한다.
④ 휴지통과의 이격거리는 0.9m, 음수전과의 이격 거리는 1.5m 이상의 공간을 확보한다.

풀이 장시간 휴식을 목적으로 한 벤치는 좌면이 낮고 등받이를 길게하며 적당한 각도를 이루어야 한다.

031 고속도로 조경계획 시 가능노선 선정의 고려사항을 도로 이용도와 경제적 측면, 기술적 측면으로 구분할 수 있는데, 다음 중 기술적 측면의 조건에 포함되지 않는 것은?

① 직선도로를 유지하도록 노선을 선정한다.
② 운수속도(運輸速度)가 가장 빠른 노선을 선정한다.
③ 토량 이동(절 · 성토)이 균형을 이루는 노선을 선정한다.
④ 오르막 구배가 너무 급하게 되면 우회노선을 선정한다.

풀이 운수속도가 빠른 노선을 선정하는 방법은 도로이용도와 경제적 측면을 고려한 것이다.

032 미기후에 대한 설명 중 틀린 것은?

① 건축물은 미기후에 영향을 미친다.
② 지형, 수륙(해안, 호안, 하안)의 분포, 식생의 유무와 종류는 미기후의 변화 요소이다.
③ 현지에서 장기간 거주한 주민과 대화를 통해서도 파악이 가능하다.
④ 미기후 요소는 대기요소와 동일하며 서리, 안개, 자외선 등의 양은 제외한다.

풀이 미기후는 대상지의 국부적인 기후를 말하는 것으로 태양열, 공기유통, 바람, 안개, 서리, 돌풍 등이 영향을 미친다.

ANSWER 029 ② 030 ② 031 ② 032 ④

033 자연공원법에 관한 설명이 옳은 것은?

① 자연공원법은 20년마다 공원구역을 재조정하도록 되어 있다.
② 공원사업의 시행 및 공원시설의 관리는 별도의 예외 없이 환경청이 한다.
③ 자연공원의 지정기준은 자연생태계, 경관 등을 고려하여 환경부령으로 정한다.
④ 용도지구는 공원자연보존지구, 공원자연환경지구, 공원마을지구, 공원문화유산지구로 구분한다.

풀이 자연공원법
① 15조 : 공원관리청은 10년마다 지역주민, 전문가, 그 밖의 이해관계자의 의견을 수렴하여 공원계획의 타당성(공원구역의 타당성을 포함한다)을 검토하고 그 결과를 공원계획의 변경에 반영하여야 한다. 다만, 도립 · 군립공원에 대하여는 시 · 도지사 또는 군수가 필요하다고 인정하는 경우 5년마다 공원계획의 타당성 유무를 검토할 수 있다.
② 19조 : 공원사업의 시행 및 공원시설의 관리는 특별한 규정이 있는 경우를 제외하고는 공원관리청이 한다.
③ 7조 : 자연공원의 지정기준은 자연생태계, 경관 등을 고려하여 대통령령으로 정한다.

034 도시공원 및 녹지 등에 관한 법률 시행규칙의 도시공원 유형 중 규모의 제한이 있는 것은?

① 소공원 ② 체육공원
③ 문화공원 ④ 역사공원

풀이 도시공원 및 녹지 등에 관한 법률 시행규칙 별표3 (도시공원의 설치 및 규모의 기준)
규모의 제한없음 : 소공원, 역사공원, 문화공원, 수변공원, 법 15조제1항제3호아목에 따른공원
체육공원 규모 : 1만제곱미터 이상

035 조경학의 학문적 정의와 가장 거리가 먼 것은?

① 인공 환경의 미적특성을 다루는 전문 분야
② 외부공간을 취급하는 계획 및 설계 전문 분야
③ 인공 환경의 구조적 특성을 다루는 전문 분야
④ 토지를 미적 · 경제적으로 조성하는 데 필요한 기술과 예술이 종합된 실천과학

풀이 조경은 외부환경, 자연환경을 다루는 학문이다.

036 도시 스카이라인 고려 요소가 아닌 것은?

① 하천의 형태 고려
② 구릉지 높이의 고려
③ 조망점과의 관계 고려
④ 고층건물의 클러스터(집합형태) 고려

풀이 스카이라인이란 건물과 하늘이 만나는 경계선을 연결한 것으로 하천의 형태와는 거리가 멀다.

037 생태학자인 오덤(Odum)이 제안한 개념 중 개체 혹은 개체군의 생존이나 성장을 멈추도록 하는 요인으로, 인내의 한계를 넘거나 이 한계에 가까운 모든 조건을 지칭하는 용어는?

① 엔트로피(Entropy)
② 제한인자(Limiting Factor)
③ 시각적 투과성(Visual Transparency)
④ 생태적 결정론(Ecological Determinism)

ANSWER 033 ④ 034 ② 035 ③ 036 ① 037 ②

038 조경계획의 한 과정인 '기본구상'의 설명이 옳지 않은 것은?

① 추상적이며 계량적인 자료가 공간적 형태로 전이되는 중간 과정이다.
② 서술적 또는 다이어그램으로 표현하는 것은 의뢰인의 이해를 돕는데 바람직하지 못하다.
③ 자료의 종합분석을 기초로 하고 프로그램에서 제시된 계획방향에 의거하여 계획안의 개념을 정립하는 과정이다.
④ 자료 분석과정에서 제기된 프로젝트의 주요 문제점을 명확히 부각시키고 이에 대한 해결방안을 제시하는 과정이다.

풀이 다이어그램은 개념계획으로 부지의 기능, 위치, 공간상호 관련성 등의 개략적인 계획에 관한 것으로 이해를 돕기에 좋다.

039 생태적 조경계획에 관한 설명이 옳지 않은 것은?

① Ian McHarg에 의해 주장되었다.
② 생태적 결정론이 하나의 이론적 기초가 된다.
③ 생태적 조경계획은 생태전문가에 의해 수행되어야 한다.
④ 어떤 지역의 자연적·사회적 잠재력이 조경계획을 위해 어떤 기회성과 제한성이 있는가를 판정해야 한다.

풀이 맥하그(I.McHarg) : 조경가의 역할이 주어진 장소의 단순한 미화 작업이 아니라 생존을 위한 설계, 지구의 파수꾼이라는 측면의 영역으로 확대한 생태적 계획방법을 수립

040 다음 설명의 ( )에 적합한 수치는?

> 환경부장관 또는 승인기관의 장은 관련 조항에 따라 원상복구할 것을 명령하여야 하는 경우에 해당하나, 그 원상복구가 주민의 생활, 국민경제, 그 밖에 공익에 현저한 지장을 초래하여 현실적으로 불가능할 경우에는 원상복구를 갈음하여 총 공사비의 ( )% 이하의 범위에서 과징금을 부과할 수 있다.

① 3 ② 5
③ 8 ④ 15

풀이 환경영향평가 제40조의2(과징금)
① 환경부장관 또는 승인기관의 장은 제40조제4항에 따라 원상복구할 것을 명령하여야 하는 경우에 해당하나, 그 원상복구가 주민의 생활, 국민경제, 그 밖에 공익에 현저한 지장을 초래하여 현실적으로 불가능할 경우에는 원상복구를 갈음하여 총 공사비의 3퍼센트 이하의 범위에서 과징금을 부과할 수 있다.

제 3 과목 조경설계

041 기본설계(Preliminary Design)에 대한 설명으로 옳지 않은 것은?

① 실시설계의 이전단계이다.
② 소규모 프로젝트에서는 생략될 수 있다.
③ 프로젝트의 토지이용과 동선체계를 정하는 단계이다.
④ 설계개요서와 공사비 계산서 등의 서류를 만든다.

풀이 토지이용과 동선체계를 정하는 단계는 기본계획이다.

ANSWER 038 ② 039 ③ 040 ① 041 ③

042 옥상조경에 대한 설명으로 틀린 것은?

① 건조에 강한 나무를 선택하는 것이 좋다.
② 식물을 식재할 면적은 전체 옥상면적의 1/2정도가 적합하다.
③ 지반의 구조체에 따른 하중의 위치와 구조 골격의 관계를 검토한다.
④ 사용 조합토는 부엽토와 양토 및 모래를 섞고 약간의 유기질 비료를 넣어도 좋다.

풀이 옥상조경 식물식재면적은 많을수록 좋으며 조경기준 제12조 옥상조경면적산정시에 초화류나 지피식물로 식재된 면적은 그 식재면적의 1/2로 산정한다는 기준이 있음.

043 조경설계기준의 각종 관리시설 설계 시 고려해야 할 사항으로 가장 거리가 먼 것은?

① 단주(볼라드)의 배치간격은 1.5m 정도로 설계한다.
② 자전거보관시설은 비 · 햇볕 · 대기오염으로부터 자전거를 보호할 수 있도록 지붕과 같은 시설을 갖추어야 한다.
③ 공중화장실은 장애인의 진입이 가능하도록 경사로를 설치하며, 경사로 폭은 휠체어의 통행이 가능한 120cm 이상으로 한다.
④ 플랜터(식수대)는 배식하는 수목의 규격에 대응하는 생존 최소 토심을 확보한다.

풀이 조경설계기준 16.16 플랜터(식수대)
설계대상 공간의 포장부위에 배식을 하거나 수목의 적정 생육토심 확보,
*참고 : 생육토심과 생존토심은 다름으로 잘 확인할 것.

044 벤치의 배치 계획 시 Sociopetal 형태로 했다면 인간의 심리적 요소 중 어느 욕구에 해당하는가?

① 사회적 접촉에 대한 욕구
② 안정에 대한 욕구
③ 프라이버시에 대한 욕구
④ 장식에 대한 욕구

풀이 Sociopetal 형태 : 사회적 공간형태에 관한 것.

045 대당 주차 면적이 가장 적게 소요되는 주차 형식은? (단, 형식별 주차 대수는 모두 동일함)

① 30° 주차 ② 45° 주차
③ 60° 주차 ④ 90° 주차

풀이 주차 1대당 소요면적(m^2/대)
45° 주차($32.2m^2$), 60° 주차($29.8m^2$), 90° 주차($27.2m^2$)

046 조경설계기준상의 디딤돌(징검돌) 놓기 설계시 옳지 않은 것은?

① 보행에 적합하도록 지면과 수평으로 배치한다.
② 디딤돌 및 징검돌의 장축은 진행방향에 평행이 되도록 배치한다.
③ 디딤돌은 2연석, 3연석, 2 · 3연석, 3 · 4연석 놓기를 기본으로 설계한다.
④ 정원을 제외한 배치 간격은 어린이와 어른의 보폭을 고려하여 결정하되, 일반적으로 40~70cm로 하며 돌과 돌 사이의 간격이 8~10cm 정도가 되도록 배치한다.

풀이 디딤돌 및 징검돌의 장축은 진행방향에 직각이 되도록 배치한다.

047 다음 먼셀 색상기호 중 채도가 가장 높은 색은?

① 5BG ② 5R
③ 5B ④ 5P

풀이 R(red)채도가 가장높고, B(blue)채도가 가장낮다.

ANSWER
042 ② 043 ④ 044 ① 045 ④ 046 ② 047 ②

048 다음 설명에 적합한 형식미의 원리는?

> –자연경관에서 일정한 간격을 두고 변화되는 형태, 색채, 선, 소리 등
> –다른 조화에 비하면 이해하기 어렵고 질서를 잡기도 간단하지 않으나 생명감과 존재감이 가장 강하게 나타남

① 비례미(Proportion)
② 통일미(Unity)
③ 운율미(Rhythm)
④ 변화미(Variety)

풀이 운율미
일정한 간격으로 색채, 형태, 선, 소리 등이 변화하면서 리듬이 발생

049 어린이공원은 어린이라는 특정 연령층을 대상으로 조성되는 목적 공원이다. 설계 시 고려사항으로 거리가 먼 것은?

① 의자, 평상, 파고라 등 휴식시설은 가급적 한 곳으로 모은다.
② 부모, 노인 등 보호사 및 청소년을 위한 공간도 고려해야 한다.
③ 미끄럼대는 가급적 북향으로 하며, 그네는 태양과 맞보지 않도록 한다.
④ 지형은 단순화시키고 안전을 위하여 주변과 격리되도록 구성한다.

풀이 지형을 이용한 놀이공간배치도 가능하며 안전을 위하여 격리되거나 외진곳은 위험하다.

050 아파트 외곽 담장은 Altman이 구분한 인간의 영역 중에 어느 영역을 구분하고 있는가?

① 1차영역과 2차영역
② 2차영역과 공적영역
③ 1차영역과 공적영역
④ 해당되는 영역이 없다.

풀이
· 1차영역 : 일상생활 중심의 반영구적 점유공간으로 가정, 사무실
· 2차영역 : 사회적 특정 그룹, 소속이 점유하는 공간으로 교회, 기숙사, 교실 등
· 3차영역(공적영역) : 대중 누구나 이용 가능한 공간으로 광장, 해변
따라서, 아파트 내부인 2차영역과 밖의 공적영역을 구분하는 것

051 경관을 사진, 슬라이드 등의 방법을 통하여 평가자에게 보여주고 양극으로 표현되는 형용사 목록을 제시하여 경관을 측정하는 방법은?

① 순위조사(Rank-ordering)
② 리커트 척도(Likert Scale)
③ 쌍체 비교법(Paired Comparison)
④ 어의구별척(Semantic Differential Scale)

풀이 어의구별척 : 경관의 질을 파악하는 것이 아니라, 경관의 특성, 의미를 밝히기 위해 양극으로 표현되는 형용사 목록을 제시해 7단계로 나누어 정도를 표시하는 것

052 연극무대에서 주인공을 향해 녹색과 빨간색 조명을 각각 다른 방향으로 비추었다. 주인공에게는 어떤 색의 조명으로 비추어 질까?

① Cyan ② Gray
③ Magenta ④ Yellow

풀이 색광혼합(가법혼합) : 녹색과 적색의 혼합은 황색

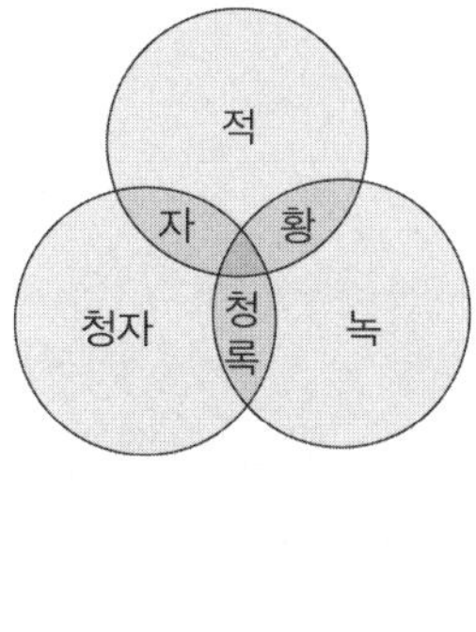

ANSWER 048 ③ 049 ④ 050 ② 051 ④ 052 ④

053 그림과 같이 도형의 한쪽이 튀어나와 보여서 입체로 지각되는 착시 현상은?

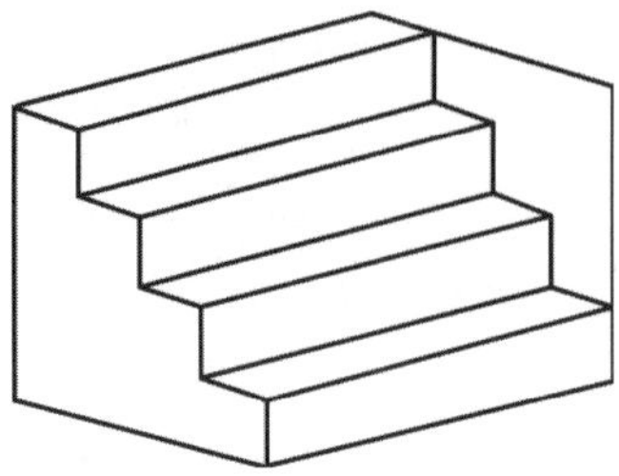

① 대비의 착시 ② 반전 실체의 착시
③ 착시의 분할 ④ 방향의 착시

054 조경설계기준상 생태못 및 인공습지 설계와 관련된 설명으로 옳지 않은 것은?

① 일반적으로 종다양성을 높이기 위해 관목숲, 다공질 공간과 같은 다른 소생물권과 연계되도록 한다.
② 야생동물 서식처 목적을 위해 최소 폭은 5m 이상 확보하고 주변 식재를 위해 공간을 확보한다.
③ 수질정화 목적의 못은 수질정화 시설의 유출부에 설치하여 2차 처리된 방류수(방류수 10ppm)를 수원으로 한다.
④ 수질정화 목적의 못 안에 붕어와 같은 물고기를 도입하고, 부레옥잠, 달개비, 미나리와 같은 수질정화 기능이 있는 식물을 배식한다.

풀이 수질정화 목적의 못은 수질정화 시설의 유출부에 설치하여 1차 처리된 방류수(방류수 20ppm)를 수원으로 한다.

055 우리나라의 제도통칙에서는 투상도의 배치는 몇 각 법으로 작도함을 원칙으로 하고 있는가?

① 제1각법 ② 제2각법
③ 제3각법 ④ 제4각법

풀이 한국산업규격에서 정투상도를 제3각법으로 그리도록 규정되어 있다.

056 다음 설명의 ( ) 안에 적합한 값은?

> 경사가 ( )%를 초과하는 경우는 보행에 어려움이 발생되지 않도록 옥외계단을 설치한다.

① 12 ② 14
③ 16 ④ 18

057 조경제도에서 치수기입에 대한 설명으로 옳은 것은?

① 치수의 단위는 cm를 원칙으로 한다.
② 치수보조선은 치수선과 직교하는 것이 원칙이다.
③ 치수선은 주로 조감도, 시설물상세도, 투시도 등 다양한 도면에 사용된다.
④ 일반적인 방법으로 수치 치수를 기입하기에는 치수선이 너무 짧을 경우, 수치를 세로로 기입할 수 있다.

풀이 ① 치수의 단위는 mm
③ 조감도, 투시도는 nonscale로 치수를 표시할 수 없다.
④ 일반적인 방법으로 수치 치수를 기입하기에는 치수선이 너무 짧을 경우, 인출선을 빼서 기입할 수 있다.

ANSWER 053 ② 054 ③ 055 ③ 056 ④ 057 ②

058 다음 그림과 같은 도형에서 화살표 방향에서 본 투상을 정면으로 할 경우 우측면도로 올바른 것은?

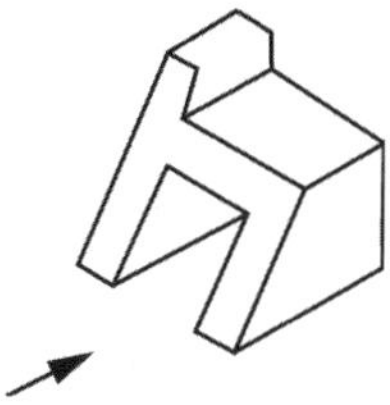

① 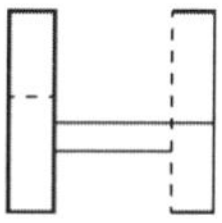
② 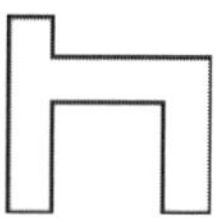
③ 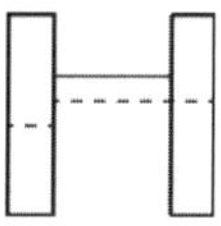
④ 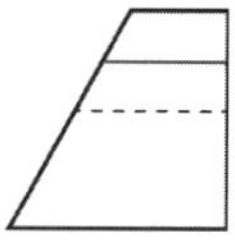

059 표제란에 대한 설명으로 옳은 것은?

① 도면명은 표제란에 기입하지 않는다.
② 도면 제작에 필요한 지침을 기록한다.
③ 범례는 표제란 안에 반드시 기입해야 한다.
④ 도면번호, 작성자명, 작성일자 등에 관한 사항을 기입한다.

풀이 표제란 : 일정한 곳에 표제란을 통일시켜 공사명칭, 도면명칭, 축척, 도면번호, 설계자명, 제도년월일, 제작회사명 등을 기재함

060 한 도면에서 2종류 이상의 선이 같은 장소에 겹치게 될 때 우선순위(큰 것 → … → 작은 것)로 옳은 것은?

A. 숨은선 B. 중심선 C 외형선 D. 절단선

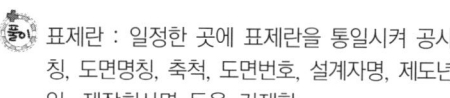

① C → A → D → B
② C → A → B → D
③ D → A → C → B
④ A → B → C → D

제 4 과목 조경식재

061 수목의 전정에 관한 설명이 옳은 것은?

① 전체적인 수형의 균형에 중점을 두어 수시로 잘라준다.
② 재화습성을 감안한 화아분화가 형성되는데 차질이 없도록 한다.
③ 철쭉류는 1년 내내 언제든지 가능하다.
④ 내한성이 없는 수목이라도 강전정을 하여 신초가 도장하도록 유도하는 것이 좋다.

풀이 ① 전정은 수목의 특성을 고려하여 동기전정, 하기전정 할수 있으며 수시로 자르면 안된다.
③ 철쭉류는 꽃이 진 직후에 실시한다.
④ 내한성이 없는 수목은 강전정하면 안된다.

062 다음 설명과 가장 관련이 깊은 용어는?

수분퍼텐셜 −0.033MPa과 −1.5MPa 사이의 수분을 말한다. 이 수분량은 모래, 미사 및 점토가 적절하게 혼합된 양토, 미사질양토, 식양토 등에서 많다.

① 흡습수 ② 유효수분
③ 중력수 ④ 포장용수량

풀이 유효수분(모관수) : 흡습수의 둘레를 싸고 있는 물로 식물이 이용 가능한 수분으로 PF 2.7~4.2, -0.033MPa~-1.5MPa 범위의 유효수

063 식재기능별 수종의 요구 특성에 대한 설명이 옳지 않은 것은?

① 방화식재는 잎이 두텁고, 함수량이 많은 수종이어야 한다.
② 지표식재는 수형이 단정하고 아름다운 수종이어야 한다.
③ 방풍・방설식재는 지하고가 높은 천근성 교목이어야 한다.
④ 유도식재는 수관이 커서 캐노피를 이루거

ANSWER 058 ④ 059 ④ 060 ① 061 ② 062 ② 063 ③

나 원추형이어야 한다.

풀이 방풍·방설식재는 뿌리가 깊이 자라는 심근성 수종이어야 한다.

064 산울타리에 적합한 수종으로 가장 거리가 먼 것은?

① 꽝꽝나무(*Ilex crenata*)
② 돈나무(*Pittosporum tobira*)
③ 탱자나무(*Poncirus trifoliata*)
④ 졸참나무(*Quercus serrata*)

풀이 산울타리용 수종은 맹아력 강하고 전정에 강하고, 지엽이 밀생하고 상록수, 아랫가지가 오랫동안 말라죽지 않는 성질을 가는 수종이 적합하며, 향나무, 가시나무류, 탱자나무, 화백, 편백, 주목, 측백나무, 사철나무, 돈나무 등이 사용된다.

065 척박한 토양에 잘 견디는 수종으로만 이루어진 것은?

① 오동나무(*Paulownia coreana*), 서어나무(*Carpinus laxiflora*)
② 단풍나무(*Acer palmatum*), 자작나무(*Betula platyphylla var. japonica*)
③ 자귀나무(*Albizia julibrissin*), 향나무(*Juniperus chinensis*)
④ 은행나무(*Ginkgo biloba*), 왕벚나무(*Prunus yedoensis*)

풀이 척박지에서도 잘 자라는 수종 : 소나무, 곰솔, 노간주나무, 향나무, 소귀나무, 졸가시나무, 떡느릅나무, 버드나무, 상수리나무, 아까시나무, 오리나무, 왕버들, 자작나무, 졸참나무, 중국단풍, 능수버들, 다릅나무, 산오리나무, 보리수나무, 자귀나무, 싸리나무, 등나무, 인동덩굴, 해당화 등

066 다음 중 6~7월에 피고, 꽃이 백색으로 피었다가 황색으로 변하는 수종은?

① 나무수국(*Hydrangea paniculata*)
② 등(*Wisteria floribunda*)
③ 미선나무(*Abeliophyllum distichum*)
④ 인동덩굴(*Lonicera japonica*)

풀이 꽃색 : 나무수국(흰색, 붉은색), 등나무(보라색), 미선나무(노란색), 인동덩굴(흰색에서 황색으로 변함)

067 화살나무(Euonymus alatus)의 특징 설명이 틀린 것은?

① 노박덩굴과이다.
② 생장속도가 느리며, 병해충에 약하다.
③ 어린가지에 2~4줄의 코르크질 날개가 있다.
④ 보통 3개의 꽃이 달리며, 5월에 피고 지름 10mm로서 황록색이다.

풀이 화살나무는 병해충에 강해 산울타리, 경계수로 많이 사용한다.

068 관목(Shrub, 작은 키 나무)의 분류로 가장 거리가 먼 것은?

① 병아리꽃나무(*Rhodotypos scandens*)
② 금송(*Sciadopitys verticillata*)
③ 황매화(*Kerria japonica*)
④ 눈측백(*Thuja koraiensis*)

풀이 금송은 상록교목이다.

069 식재기능을 공간조절, 경관조절, 환경조절 기능으로 나눌 경우 공간조절 식재 기능은?

① 지표식재 ② 녹음식재
③ 유도식재 ④ 방풍식재

ANSWER 064 ④ 065 ③ 066 ④ 067 ② 068 ② 069 ③

풀이 식재방법의 기능별 분류
- 공간조절 : 경계식재, 유도식재
- 경관조절 : 지표식재, 경관식재, 차폐식재
- 환경조절 : 녹음식재, 방풍식재, 방음식재, 방화식재 등

070 다음 식물의 특성 설명이 옳지 않은 것은?

① 모란은 목본식물이고 작약은 초본식물이다.
② 붓꽃과(科)의 식물에는 창포와 꽃창포가 있다.
③ 얼레지, 처녀치마는 우리나라 전국 각지에 자생하는 숙근성 여러해살이풀이다.
④ 부들은 연못가와 습지에서 자라는 다년초로서 근경은 옆으로 뻗고 수염뿌리가 있다.

풀이 창포는 천남성과, 꽃창포는 붓꽃과이다.

071 일반적인 음수(陰樹)의 설명으로 옳지 않은 것은?

① 음수는 양수보다 광보상점이 낮다.
② 일반적으로 음수는 양수에 비해 어릴 때의 생장이 왕성하다.
③ 음수가 생장할 수 있는 광량은 전수광량의 50% 내외이다.
④ 양수와 음수의 구분은 그늘에서 견딜 수 있는 내음성의 정도로 구분한다.

풀이 음수는 어릴 때 생장이 느리다.

072 다음 중 속명(屬名)이 Abies가 아닌 것은?

① 구상나무 ② 분비나무
③ 종비나무 ④ 전나무

풀이 구상나무 *Abies koreana* WILS.
분비나무 *Abies nephrolepis* MAX.
종비나무 *Picea koraiensis* Nakai
전나무 *Abies holophylla* MAX.

073 다음 설명과 같은 활용성이 높은 번식방법은?

> 특이하게 붉은색 열매가 많이 달리는 먼나무(*flex rofunda*)를 생산 · 재배하며, 조기에 붉은색 열매를 관상하려고 한다.

① 파종 ② 접목
③ 분주 ④ 삽목

풀이 접목은 분리된 두 식물체의 조직을 유합시켜 하나의 식물체를 만드는 방법으로 먼나무는 삽수를 채취하여 꺾꽂이한다.

074 다음에 설명하는 수종은?

> –상록활엽교목이다.
> –수형은 원추형이다.
> –뿌리는 심근성이다.
> –꽃은 백색으로 방향성, 지름 15~20cm, 화피편은 9~12개, 두꺼운 육질로 5~6월에 개화한다.

① 서어나무(*Carpinus laxiflora*)
② 버즘나무(*Platanus orientalis*)
③ 버드나무(*Salix koreensis*)
④ 태산목(*Magnolia grandiflora*)

075 Allee 성장형으로 본 식물종의 성장률 설명으로 옳은 것은?

① 중간밀도에서 다른 경우보다 더 크다.
② 낮은 밀도에서 다른 경우보다 더 크다.
③ 높은 밀도에서 다른 경우보다 더 크다.
④ 항상 동등하게 성장한다.

풀이 Allee 성장형은 중간밀도일 때 최대 생존을 갖는다.

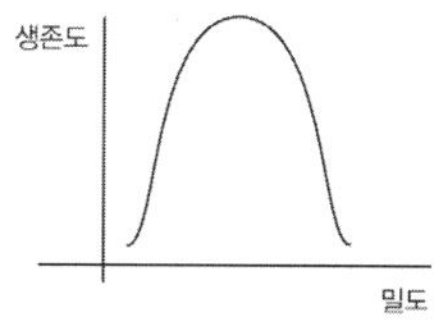

ANSWER 070 ② 071 ② 072 ③ 073 ② 074 ④ 075 ①

076 고속도로 식재의 기능과 종류의 연결이 옳지 않은 것은?

① 휴식 - 녹음식재
② 주행 - 시선유도식재
③ 방재 - 임연보호식재
④ 사고방지 - 완충식재

풀이 · 방재 - 비탈면식재, 방풍식재, 방설식재, 비사방지식재
· 환경보전 - 임연보호식재

077 양버들(*Populus nigra var. Italica Koehne*)에 관한 설명으로 틀린 것은?

① 버드나무과(科) 수종이다.
② 수형은 원주형으로 빗자루처럼 좁은 형태이다.
③ 성상은 낙엽활엽교목이고 뿌리는 천근성이다.
④ 우리나라 자생수종으로 가을에 붉은 단풍이 아름답다.

풀이 양버들은 학명에서 보는바와 같이 유럽, 북부 아프리카가 원산지이다.

078 조경 식물의 일반적인 선정 기준으로 가장 거리가 먼 것은?

① 미적(美的)·실용적 가치가 있는 식물
② 식재지역 환경에 적응성이 큰 식물
③ 야생동물의 먹이가 풍부한 식물
④ 시장이나 묘포(苗圃)에서 입수하기 용이한 식물

풀이 야생동물의 먹이가 풍부한 식물은 학교조경같이 교육적 수종으로 적합하다.

079 토양의 물리적 성질로 옳지 않은 것은?

① 배수 불량지는 양질의 토양으로 객토해야 한다.
② 수목 생육에는 일반적으로 양토나 사양토가 적합하다.
③ 입단(粒團, Aggregated)구조의 토양은 딱딱하고 통기성이 불량하여 수목생육에 좋지 않게 된다.
④ 토양입자의 거침에 따라 사토, 사양토, 양토, 식토로 구분되며, 후자로 갈수로 점토의 함량이 많아진다.

풀이 입단구조(粒團構造) : 찰흙과 같이 입경이 극히 작아서 입자들 간의 전기적 작용이나 점착력에 의해 입자들이 집단화되어 벌집모양이나 면모구조를 이루는 것으로 공극이 크거나 결합이 느슨해서 가벼운 하중에도 쉽게 파괴되므로 시설물 기반보다는 식물생육 기반으로 적당하다. 자연토양의 구조는 단립에서 시작하여 서로 뭉쳐서 입단으로 발달한다.

080 우리나라 수생식물은 정수, 부엽, 침수, 부유의 4가지 유형으로 구분된다. 다음 중 부유식물에 해당되는 것은?

① 창포 ② 수련
③ 나사말 ④ 생이가래

풀이 부유식물 : 개구리밥, 물옥잠, 자라풀, 생이가래 등

ANSWER
076 ③ 077 ④ 078 ③ 079 ③ 080 ④

제 5 과목 조경시공구조학

081 공사현장 관리조직을 구성하는 가장 부적합한 것은?

① 직책과 권한의 위임을 분명히 한다.
② 공사착수 후에 현장관리 조직을 편성한다.
③ 각 부분의 관계를 고려하여 규칙을 마련한다.
④ 일의 성격을 명확히 해서 분류, 통합한다.

풀이 공사착수 전에 현장관리 조직을 편성한다.

082 콘크리트의 표준배합 설계요소에 포함되지 않는 것은?

① 슬럼프값 결정
② 물-시멘트비 결정
③ 단위수량의 결정
④ 굵은 골재의 최소치수 결정

풀이 굵은 골재의 최대치수가 클수록 단위수량, 단위시멘트양이 줄어들고, 소요 워커빌리티를 가진 경제적 콘크리트를 만들 수 있다. 따라서 굵은 골재의 최대치수가 설계요소임.

083 다음 중 수해에 접하는 구조물에 가장 적합한 시멘트는?

① 고로 시멘트
② 보통포틀랜드 시멘트
③ 조강포틀랜드 시멘트
④ 중용열포틀랜드 시멘트

풀이
· 고로시멘트
고철에서 선철을 만들 때 나오는 광재를 공기 중에서 냉각시켜 잘게 부순 것을 포틀랜드 시멘트, 크림커와 혼합해 적당히 분쇄해 분말로 만든 것으로 초기강도는 적지만 팽창이 적고 화학작용에 대한 저항성이 큼. 장기에 걸쳐 강도 증가되며 응결시 발열량이 적고, 해수, 하수, 공장폐수 접하는 공사에 적합
· 중용열 포틀랜드 시멘트
수화열이 낮아 조기강도가 낮으므로 댐이나 교량에 사용

084 그림과 같은 동질(同質), 동단면(同斷面)의 장주(長柱)압축재로 축방향 하중에 대한 강도의 상호관계로서 옳은 것은?

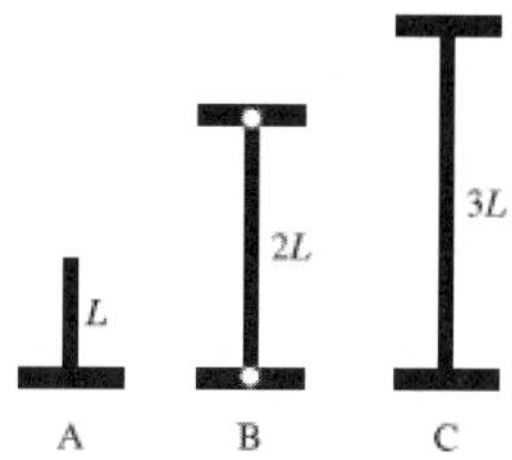

① A > B > C ② A > B = C
③ A = B = C ④ A = B < C

풀이 장주의 길이가 L일 때 A=2L, B=0.7L, C=0.5L
좌굴의 길이는 A=2.0L, B=0.7 x 4L=2.0L, C=0.5 x 4L=2.0L
따라서 A = B < C

085 대기 중의 탄산가스의 작용으로 콘크리트 내 수산화칼슘이 탄산칼슘으로 변하면서 알칼리성을 상실하는 현상은?

① 레이턴스 ② 크리프
③ 슬럼프 ④ 중성화

풀이 콘크리트 중성화
경화(硬化)한 콘크리트는 시멘트의 수화생성물로서 수산화칼슘을 함유하여 강알칼리성(pH 12~13)을 나타낸다. 공기 중의 탄산가스(CO_2) 또는 산성비가 콘크리트 중의 수산화칼슘($Ca(OH)_2$)과 화학반응하여 서서히 탄산칼슘($CaCO_3$)이 되면서 콘크리트의 알칼리성을 상실하는 현상

ANSWER 081 ② 082 ④ 083 전항정답 084 ④ 085 ④

086 다음 중 돌공사에 대한 설명이 틀린 것은?

① 석재는 인장력에 약하다.
② 대리석은 내구성이 약하고, 내화성이 떨어진다.
③ 구조용 석재는 흡수율 30% 이하의 것을 사용한다.
④ 돌쌓기 공사에 사용되는 긴결재로는 철재를 사용한다.

풀이 긴결재는 못, 볼트, 너트, 리벳과 같은 연결하는 철재를 말하며, 건식 돌붙임에 사용되는 긴결재는 알루미늄이나 스테인리스를 사용한다.

087 다음 중 시방서에 포함될 내용이 아닌 것은?

① 사용재료의 종류와 품질
② 단위공사의 공사량
③ 시공상의 일반적인 주의사항
④ 도면에 기재할 수 없는 공사내용

풀이 시방서는 공사수행을 위한 시공방법, 자재성능, 규격 등 도급자가 해당 공사에 대한 내용을 적은 것으로 공사량은 적산에 해당한다.

088 구조관련 용어에 대한 설명으로 틀린 것은?

① 모멘트(Moment) : 어느 한 점에 대한 회전능률이다.
② 모멘트(Moment) : 거리에 반비례 한다.
③ 지점(Support : 구조물의 전체가지지 또는 연결된 지점이다.
④ 힌지(Hinge) : 회전은 가능하지만 어느 방향으로도 이동될 수 없다.

풀이 모멘트는 거리에 비례한다. 모멘트=힘 x 수직거리

089 다음 중 다짐작업을 효과적으로 수행할 수 없는 건설기계의 종류는?

① 탬핑롤러
② 불도저
③ 래머
④ 스크레이퍼

풀이 스크레이퍼는 굴삭, 운반하는 기계이다.
다짐기계는 롤러(타이어, 탬핑, 진동, 로드), 불도저, 진동콤팩터, 래머, 탬퍼 등이 있다.

090 건설공사의 시공 시 작성하는 공정표 중 공사비용절감을 목적으로 개발된 공정표는?

① 바 차트(Bar Chart)
② 칸트 차트(Gantt Chart)
③ CPM(Critical Path Method)
④ PERT(Program Evaluation and Review Technique)

풀이 ① 바 차트(Bar Chart, 횡선식 공정표)는 작업의 선후관계를 파악하기 어려우며 네트워크 공정표가 작업의 선후관계를 파악하기 쉽다.
② GANTT Chart : 일정관리를 위한 바형태의 횡선식 공정표
③ CPM : 비용을 최소화하는 경제적인 일정계획으로 반복사업에 적합
④ PERT : 시간을 기본으로 하는 관리이며, 효율적인 작업순서관계 결정하는 것이 목적이며, 신규사업에 적합

091 목재의 강도에 관한 설명 중 옳지 않은 것은?

① 벌목의 계절은 목재강도에 영향을 끼친다.
② 일반적으로 응력의 방향이 섬유방향에 평행인 경우 압축강도가 인장강도보다 작다.
③ 목재의 건조는 중량을 경감시키지만 강도에는 영향을 끼치지 않는다.
④ 섬유포화점 이하에서는 함수율 감소에 따라 강도가 증대한다.

ANSWER 086 ④ 087 ② 088 ② 089 ④ 090 ③ 091 ③

092 A점과 B점의 표고는 각각 125m, 150m이고, 수평거리는 200m이다. AB간은 동경사라고 가정할 때, AB 선상에 표고가 140m가 되는 점의 A점으로부터 수평 거리는?

① 40m ② 80m
③ 120m ④ 160m

풀이

$경사도 = \frac{수직거리}{수평거리} \times 100,$

$AB간의 경사는 \frac{150-125}{200} \times 100 = 12.5\%$

A에서 표고140m가 되는 점까지의 거리 L은

$12.5\% = \frac{140-125}{L} \times 100,\ L = 120\text{m}$

093 합판거푸집의 설치 및 해체에 관한 건설표준품셈에서 대상 구조물이 측구, 수로, 우물통 등 비교적 간단한 벽체 구조, 교량 및 건축 슬래브인 경우에는 몇 회 사용하는 것이 가장 합당한가? (단, 유형은 보통으로 한다.)

① 2회 ② 3회
③ 4회 ④ 6회

풀이

- 1~2회 : 제물치장 콘크리트
- 2회 : 매우복잡한 구조물(T형보, 난간, 복잡한 교각, 교대 등)
- 3회 : 복잡한 구조물(교대, 교각, 패러핏, 날개벽 등)
- 4회 : 보통 구조물(측구, 수로, 우물통 등 비교적 간단한 벽체구조, 교얄 및 건축 슬래브)
- 5회 : 간단 구조물(수문 또는 관의 기초, 호안 및 보호공의 기초 등 간단한 구조)

094 그림과 같이 사각형분할로 구분되는 지역에서 정지 공사를 위해 각 지점의 계획절토고를 측정하였다. 점고법에 의한 계획지반고에 준거하여 절토할 토공량은? (단, FL±0)

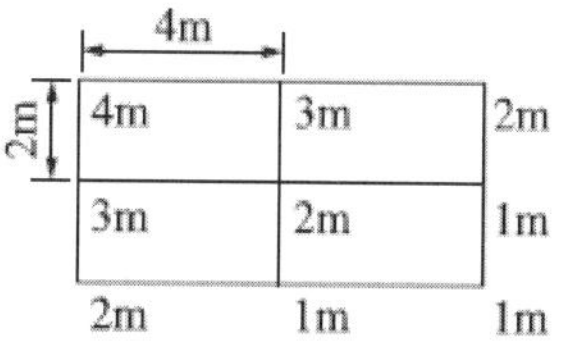

① 38m^3 ② 40m^3
③ 66m^3 ④ 68m^3

풀이

$점고법\ V = \frac{A}{4}(\Sigma h_1 + 2\Sigma h_2 + 3\Sigma h_3 + 4\Sigma h_4)$

A : 수평단면적, h_1, h_2, h_3, h_4 : 각 점의 수

$\Sigma h_1 = 4+2+2+1 = 9$

$\Sigma h_2 = 3+1+1+3 = 8$

$\Sigma h_3 = 2$

$V = \frac{2\times4}{4}(9\times1 + 8\times2 + 2\times4) = 66\text{m}^3$

095 배수지역 내 우수의 유출을 환경 친화적으로 조절하기 위한 방법이 아닌 것은?

① 투수성 포장을 한다.
② 체수지나 연못을 만든다.
③ 지하 배수관로를 많이 만든다.
④ 주차장이나 공원하부에 저수조를 만든다.

풀이 우수의 유출의 환경친화적 조절은 물을 지하로 스며들게 하여 지하수위를 높이고, 물순환체계를 순환시키는 것으로 인위적으로 배수관로로 배수시키는 것은 거리가 멀다.

ANSWER 092 ③ 093 ③ 094 ③ 095 ③

096 0.4m³ 용량의 유압식 백화(Back-Hoe)를 이용하여 작업상태가 양호한 자연상태의 사절토를 굴착 후 덤프트럭에 적재하려 할 때, 시간당 굴착 작업량(m^3)은?

[조건]
–버킷계수 : 1.1
–1회 사이클 시간 : 19초
–서질토의 토량변화율 : 1.25
–작업효율(점성토 : 0.75, 사질토 : 0.85)

① 50.02　② 56.69
③ 78.16　④ 192.79

풀이 백호우 시간당 작업량

$$Q=\frac{3600\cdot q\cdot K\cdot f\cdot E}{Cm}$$

Q : 시간당 작업량(m^3/hr)
q : 버키트의 용량(m3)
f : 토량 환산 계수(1/L)
E : 작업효율
K : 버키트 계수
Cm : 1회 사이클 시간(초)
따라서,

$$Q=\frac{3600\times0.4\times1.1\times0.8\times0.85}{19}=56.69m^3$$

097 인공살수(人工撒水) 시설의 설계를 위한 관개강도(灌漑强度) 결정에 영향을 미치는 요인이 아닌 것은?

① 작업시간
② 가압기의 능력
③ 토양의 종류, 경사도
④ 지피식물의 피복도(被覆度)

풀이 살수 관개시설의 설계 시 살수강도 결정에 영향을 주는 요인 : 살수시간, 토양의 종류, 경사도, 토양의 흡수력, 지피식물의 피복도, 식물의 살수요구도 등

098 도로설계의 수직노선 설정 시 종단곡선으로 사용되는 곡선은?

① 클로소이드곡선
② 렘니스케이트곡선
③ 2차 포물선
④ 3차 포물선

풀이 수직노선 : 종단곡선(원곡선, 2차 포물선), 횡단곡선

099 캔틸레버보에 집중하중을 받고 있을 때 작용하는 힘에 대한 설명이 옳은 것은?

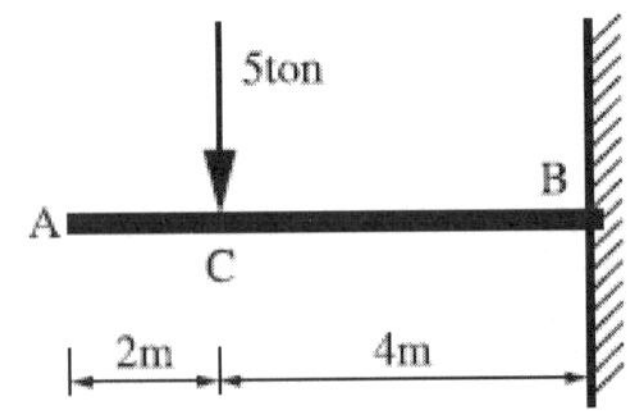

① A~C 구간의 전단력이 0이며, B~C 구간의 전단력은 -5ton이다.
② B지점의 반력은 수직, 수평반력과 휨모멘트 반력이 작용한다.
③ 휨모멘트의 크기는 10t · m이다.
④ B점의 반력의 크기는 -50ton이다.

100 다음 건설재료 중 할증률이 가장 큰 것은?

① 각재　② 일반용합판
③ 잔디　④ 경계블록

풀이 할증률 : 각재(5%), 일반용합판(3%), 잔디(10%), 경계블록(3%)

ANSWER
096 ②　097 ②　098 ③　099 ①　100 ③

제 6 과목 조경관리론

101 수목 유지관리 중 정지(Training) · 전정(Pruning)의 목적에 따른 분류가 가장 부적합한 것은?

① 갱신을 위한 전정 : 소나무
② 조형을 위한 전정 : 향나무
③ 생장조정을 위한 전정 : 묘목
④ 개화결실의 촉진을 위한 전정 : 매화나무

풀이 소나무는 순지르기만 할 수 있으며 생장을 억제하기 위한 전정에 해당됨

102 조경현장의 근로자가 경련(발작)을 할 때 응급처치 방법으로 옳지 않은 것은?

① 발작이 멈출 때까지 환자를 안전하게 보호해야 한다.
② 환자의 치아 사이로 어떠한 물체도 끼우면 아니 된다.
③ 우선 환자를 붙잡아 2차 상해방지와 경련(발작)이 조기에 진정될 수 있도록 한다.
④ 환자에게 먹을 거나 마실 것을 줘서는 안되지만 환자가 당뇨병 환자라면 환자의 혀 아래 각설탕을 넣는 것은 가능하다.

풀이 환자를 억지로 힘을 가해 제지하면 안된다.

103 다음 식물의 병 · 충해 방제 방법이 생태계에 가장 치명적인 해를 주는 것은?

① 기계적 방법에 의한 방제
② 생물적 방법에 의한 방제
③ 재배적 방법에 의한 방제
④ 화학적 방법에 의한 방제

풀이 화학적 방제는 병해충 방제에 효과가 크기는 하지만 생태적으로 환경오염이 발생하는 방법임.

104 이식에 적합한 조경수의 상태로 가장 거리가 먼 것은?

① 뿌리가 되도록 무성하게 많이 꼬인 수목
② 겨울철에 동아가 가지마다 뚜렷한 수목
③ 성숙 잎의 색이 짙은 녹색이며, 크고 촘촘히 달린 수목
④ 골격지가 적절한 간격의 4방향으로 균형있게 뻗은 수목

풀이 꼬인 뿌리가 없어야 한다.

105 다음 중 미량원소(Micro Element)로만 구성된 것은?

① Fe, Mg, S, Mo CI
② Fe, B, Zn, Mo, Mn
③ Fe, Si, Cu, S, CI
④ Fe, Ca, Cu, Mo, B

풀이 다량원소 : C, H, O, N, P, K, S, Ca, Mg
미량원소 : Fe, Hn, Cu, Zn, B, Mo, Cl

106 공정관리를 위한 횡선식 공정표 중 현장 기사들이 주로 사용하고 있으면서 작업소요 일수가 명확하게 표시되어 있는 공정표는?

① 절선공정표
② 열기식 공정표
③ 바 차트(Bar Chart)
④ 네트워크 공정표

풀이 횡선식 공정표는 작성하기 쉽고 한눈에 간단히 파악할 수 있어 간단한 공사에 사용된다.

ANSWER 101 ① 102 ③ 103 ④ 104 ① 105 ② 106 ③

107 시설물에 따른 점검 빈도가 적합하지 않은 것은?

① 많은 비가 내린 후 유입토사에 의해 우수 배수 관의 막힘, 배수 불량 부분의 점검 : 필요시마다.
② 관 내에 지하수, 오수 등 침입의 유무 및 관내의 흐름 상태를 점검 : 1회/2년
③ U형 측구, V형 배수로 등의 지반 침하가 현저하거나 역구배 및 파손된 장소의 유무 점검 : 1회/6개월
④ 운동장 표층의 파손상태, 물웅덩이, 표층의 안정상태 점검 : 1회/6개월

풀이 관 내에 지하수, 오수 등 침입의 유무 및 관내의 흐름상태 점검은 수시로 해야 한다.

108 잡초가 발아하기 전에 지표면에 약제를 살포하여 잡초종자를 발아하지 못하게 하거나 발아 직후 어린식물의 생육을 멈추게 하는 제초제를 무엇이라 하는가?

① 선택성 제초제
② 토양처리 제초제
③ 경엽처리 제초제
④ 비선택성 제초제

109 다음 중 토성별 단위 g당 토양의 공극량(%)이 가장 큰 것은?

① 사토 ② 사양토
③ 미사질 양토 ④ 식토

110 토양 pH가 높을 때 식물에 의한 흡수가 가장 어려운 성분은?

① Mo ② Fe
③ Ca ④ S

111 작업자가 업무에 기인하여 사망, 부상 또는 질병에 이환되지 않는 "무재해" 이념의 3원칙에 해당하지 않는 것은?

① 무(Zero)의 원칙 ② 선취의 원칙
③ 관리의 원칙 ④ 참가의 원칙

풀이 무재해 이념의 3원칙 : 무의 원칙, 선취의 원칙, 참가의 원칙

112 골프장 잔디의 관수와 관련된 설명이 옳은 것은?

① 가능한 한 심층관수 하되 자주하지 않는다.
② 기상조건에 관계없이 관개계획을 수립한다.
③ 관수 소모량의 120%를 관수하여 위조를 막는다.
④ 실린지 효과를 위해 잔디와 토양이 모두 충분히 젖도록 살수한다.

풀이 골프장 잔디는 가능한 한 심층관수하며 자주하지 않는다. 잎이 항상 마른상태가 되어야 병충해가 적게 생기며 관수 후 10시간 이내에 마르도록 하여야 한다.

113 도시공원녹지(U)와 자연공원(N) 관리특성상, 가장 큰 차이점은?

① U는 자원의 보전보다는 이용자의 레크레이션 요구도에 집착한다
② U는 이용관리적 측면이, N은 시설관리적 측면이 우선된다.
③ U는 안전하고 쾌적한 이용의 극대화를 목표로 하며, N은 상대적으로 자연자원의 보존이 고려되어야 한다.
④ 레크레이션 경험의 창출을 위해 U와 N은 모두 서비스(Service) 관리에 주력해야 한다.

ANSWER
107 ② 108 ② 109 ④ 110 ② 111 ③ 112 ① 113 ③

114 운영관리 계획에서 양적(量的)인 변화에 적합하지 않은 것은?

① 간이화장실의 증설량
② 고사목, 밀식지의 수목제거
③ 이용자 증가에 따른 출입구의 임시 개설
④ 잔디블럭으로 포장된 주차공간의 도입

풀이
· 양적변화
-부족이 예측되는 시설의 증설
-이용에 의한 손상이 생기는 시설의 보충
-내구연한이 된 각종 시설물 보강
-군식지의 생태적 조건변화에 따른 갱신
· 질적변화
-양호한 식생의 확보
-개방된 토양면의 확보

115 품질관리(QC)의 목표로 가장 거리가 먼 것은?

① 자기개발 ② 불량률의 감소
③ 고급품의 생산 ④ 생산능률의 향상

116 기주 범위가 가장 넓은 다범성 병균은?

① 녹병균
② 잎마름병균
③ 버즘나무 탄저병균
④ 아밀라리아뿌리썩음병균

풀이 아밀라리아뿌리썩음병균 : 담자균류에 속하며 초본식물, 어린수목, 삼림 등 침엽수나 활엽수를 막론하고 침해하는 다범성 병해이며 병원균이 주로 뿌리를 따라 감염된 수목에서 건강한 수목으로 감염되기도 하며 이미 발생한 산림의 방제는 상당히 어렵다.

117 탄질비가 20인 유기물의 탄소 함량이 60%이면 질소함량은?

① 1.2% ② 3.0%
③ 8.0% ④ 12%

풀이 탄질비는 토양 전질소(N)에 대한 유기탄소(C)의 비로 탄소/질소임.
따라서 20=60/질소, 질소=3%

118 해충의 주화성(走化性)을 이용하는 약제는?

① 유인제 ② 해독제
③ 훈연제 ④ 생물농약

풀이 주화성은 화학물질의 농도의 차가 자극이 되어 일어나는 주성(走性)으로 유인제의 특징이다.

119 조경 수목의 재해방지 대책을 위한 관리 작업에 해당하지 않는 것은?

① 침수 상습 지대는 수목 주위에 배수로를 설치해 준다.
② 태풍에 쓰러진(도복) 수목은 뿌리를 보호한 후 재활용을 위해 가을까지 그대로 둔다.
③ 강설 중이나 직후에는 수관에 쌓이 눈을 즉시 제거해 줌으로서 가지를 보호한다.
④ 태풍, 강풍의 예상시기에는 수목에 지주목이나 철선 등을 묶어 도복을 방지한다.

풀이 태풍에 쓰러진 수목은 전정을 하여 수관의 크기를 줄이고, 뿌리 둘레에 구덩이를 파고 천천히 세운 후 지주목을 설치하고 성장을 돕도록 한다.

120 멀칭(Mulching)의 효과에 해당되지 않는 것은?

① 토양수분 유지
② 토양비옥도 증진
③ 토양구조 개선
④ 토양 고결화 촉진

풀이 멀칭은 토양수분 유지와 비옥도 증진, 잡초발생억제 등을 위해 수피, 낙엽, 볏짚, 콩깍지 등 제재소에서 나오는 부산물을 뿌리분 주위에 5~10cm두께로 피복하는 것을 말하며, 토양습기 유지, 잡초발생 억제, 유기질 비료제공, 병충해 발생억제, 토양 결빙 방지의 효과가 있음

ANSWER 114 ④ 115 ① 116 ④ 117 ② 118 ① 119 ② 120 ④

2021 4회 조경기사 최근기출문제

2021년 9월 12일 시행

제 1 과목 조경사

001 브라질 리오데자네이로 코파카바나 해변의 프로메나드를 남미의 문양으로 조성한 조경가는?

① 프레드릭 로우 옴스테드(F.L. Olmsted)
② 카일리(David urban Kiley)
③ 벌 막스(Roberto Burle Marx)
④ 바리간(Luis Barragan)

풀이 벌 막스 : 모더니즘 조경작가로 '식물로 그린 그림' 이나 대지 위의 '거대한 추상화' 같은 작품 제작, 식물에 대한 깊은 생태적 지식을 바탕으로 향토식물을 적극 활용한 남국 브라질의 환상적 열기를 원색조의 식재패턴으로 설계

002 영국 풍경식 정원 양식의 대표적인 정원인 Stowe Garden과 가장 거리가 먼 사람은?

① Charles Bridgeman
② William Kent
③ Humphry Repton
④ Lancelot Brown

풀이 Humphry Repton(험프리 랩턴) : 풍경식 정원을 완성한 조경가로 궁전 개조, 레드북 창안으로 유명함.

003 다음 중 바로크식의 탄생에 가장 큰 영향력을 미친 수법은?

① Raggaelo의 수법
② Michelangelo의 수법
③ Medich家의 인본주의 수법
④ Bramante의 노단 건축식 수법

004 삼국시대의 대표적인 궁궐을 올바르게 연결한 것은?

① 고구려 - 국내성
② 백제 - 안학궁
③ 신라 - 한산성
④ 백제 - 월성

풀이 고구려-안학궁, 백제-한산성, 통일신라-월성

005 한국의 거석문화를 설명한 것 가운데 적절하지 못한 것은?

① 선돌은 전국적으로 분포한다.
② 고인돌은 신석기시대 때 발달한 분묘이다.
③ 고인돌의 양식은 북방식과 남방식이 있다.
④ 선돌은 종교적 의미를 가진 원신 기념물이다.

풀이 고인돌은 선사시대 거석이며 우리나라는 청동기시대 발달한 분묘이다.

ANSWER 001 ③ 002 ③ 003 ② 004 ① 005 ②

006 아고라(Agora)의 기능과 가장 거리가 먼 것은?

① 토론 ② 시장
③ 선거 ④ 전시회

풀이 아고라는 도시 옥외활동의 구심점으로 시민의 시장, 집회, 종교, 경기 회합, 토론의 장소이다.

007 르네상스 시대의 조경양식에 영향을 미친 예술사조의 순서가 맞게 기술된 것은?

① 매너리즘 → 바로크 → 고전주의
② 바로크 → 고전주의 → 매너리즘
③ 고전주의 → 매너리즘 → 바로크
④ 바로크 → 매너리즘 → 고전주의

008 세계에서 가장 오래된 조경유적이라고 하는 델엘바하리 신전과 관계없는 것은?

① 핫셉수트여왕
② 태양신 아몬
③ 향목(insence tree)
④ 시누헤 이야기

풀이 시누헤 이야기는 고대 이집트 사자의 정원(Cemetry Garden)의 레크미라 무덤벽화에 기록되어 있는 것.

009 문헌상에 기록으로 나타난 고려 예종 때 궁궐에 설치된 화원(花園)에 대한 설명으로 틀린 것은?

① 송나라 상인으로부터 화훼를 구입하였다.
② 궁의 남, 서쪽 2군데 설치하였다.
③ 담장으로 둘러싸인 공간이다.
④ 누각과 연못을 만들어 감상하였다.

풀이 고려 예종 화원 : 관상 목적의 화목, 화훼 중심의 정원, 주연 베풀고 감상, 시문의 대상 장소인 정원

010 다음 조경가와 작품의 연결이 옳은 것은?

① 조셉펙스톤 - 버컨헤드 공원
② 몽빌남작 - 히드 코트 영지
③ 메이저 로렌스 존스톤 - 레츠광야
④ 윌리엄 챔버 -테라스 가든

풀이 몽빌남작 – 레츠광야
메이저 로렌스 존스톤 – 히드 코트 영지
윌리엄 챔버 – 큐 가든

011 고려시대의 조경에 관한 설명으로 옳지 않은 것은?

① 수창궁 북원에는 내시 윤언문이 괴석으로 쌓은 가산과 만수정이 있었다.
② 태평정경원에는 옥돌로 쌓아 올린 환희대와 미성대가 있고, 괴석으로 쌓은 가산이 있었다.
③ 기홍수의 퇴식재경원에는 방지인 연의지가 있고 척서정과 녹균헌과 같은 건축물이 있었다.
④ 수다사의 하지나 문수원(청평사)의 남지(영지)는 모두 네모 형태이다.

풀이 고려 중기 무신인 기홍수의 저택 퇴식재 경관을 읊은 '동국이상국집' 을 분석한 결과 '원경(元景)(퇴식재), 동경(洞景)(영천동), 청경(淸景)(척서정), 명경(明景)(독락원), 진경(眞景)(연묵당), 시경(始景)(연의지), 영경(靈景)(녹균헌), 현경(玄景)(대호석)의 경물구성 체계는 팔채지경색(八采之景色)의 상징적 우주관이 함축되어 있으며, 건물(동(棟))과 뜰(정(庭))이 교차하며 음양의 접합과 같은 상화(相和)원리가 추출된다' 고 한다. 또한 '퇴식재 원유에서는 신선지경(神仙之境)을 경영하며 유상곡수연회를 즐기고, 수심양성을 사유하며 소요유를 즐기는 '유(遊)와 식(息), 그리고 악(樂)'의 풍류미학을 발견하게 된다' (한국전통조경학회지 논문 중)

ANSWER 006 ④ 007 ③ 008 ④ 009 ④ 010 ① 011 ③

012 강한 축선은 없으나 노단과 캐스케이드 등이 이탈리아 르네상스 시대의 빌라정원에 영향을 준 것은?

① 타지마할 ② 알카자르
③ 알함브라 ④ 헤네랄리페

풀이 헤네랄이페이궁 : 왕의 피서지로 르네상스 이탈리아 노단건축식의 시초임.

013 건륭화원(乾隆花園)의 설명으로 맞는 것은?

① 3개의 단으로 이루어진 전통적 계단식 경원이다
② 제1단은 석가산을 이용하여 자연의 웅장함을 갖게 하였다
③ 제2단은 인공연못을 조성하여 심산유곡을 상징화 하였다.
④ 제3단은 석가산위에 팔각문이 달린 죽향관을 세웠다.

풀이 건륭화원 : 5개의 단으로 이루어진 정원으로 제2단은 수초당을 중심으로 하는 삼합원, 제3단은 산석을 배치하여 깊은 산속의 느낌, 제4단은 췌상루를 지나 부망각 앞 비홍교와 바위 위에 세워진 정자와 괴속이 있으며, 제5단은 석자산 위에 팔각문이 달린 죽향관이 세워져 있음.

014 도시조경와 여가활동을 목적으로 독일의 "루드비히 레서"가 제안한 것은?

① 폴크스파르크 ② 분구원
③ 도시림 ④ 전원풍경

풀이 폴크스파크는 국민의 후생을 위해 도시에 조성한 백화점식 공원으로 루드비히 레서가 제창하였다.

015 지형의 고저차를 이용하여 옹벽 겸 화단을 겸하게 한 한국 전통 조경의 대표적 구조물은?

① 취병 ② 화오
③ 화계 ④ 절화

016 도시미화운동(City Beautiful Movement)이 부진했던 가장 큰 이유는?

① 많은 도심 축과 녹음도로의 설치
② 지나치게 웅장하고 고전적이니 건물군 계획
③ 도심지 재개발에 대한 주민의 반발
④ 장식수단에 의존한 획일화된 연출

풀이 도시미화운동 : 시카고 박람회의 영향으로 도시를 아름답게 만듦으로서 도시문제와 이익을 얻을수 있다는 인식에서 일어난 운동이었으나 지나치게 장식적이었던 미에 대한 단점이 있다.

017 다음 설명과 일치하는 일본정원의 양식은?

> 불교 선종의 수행방법 중의 하나인 차를 마시는 법의 영향을 받았으며, 제한된 공간속에 산골의 정서를 담고자 하며 비석(), 통(), 마른 소나무 잎, 석등, 석탑이 구성요서이다.

① 다정(茶庭) 양식
② 고산수(枯山水) 양식
③ 침전조(寢殿造) 양식
④ 회유식(回遊式) 양식

풀이 다정 양식 : 다실을 중심으로 좁은 공간에 효율적으로 시설들을 배치하고 곡선 윤곽 많이 사용한 양식

ANSWER 012 ④ 013 ② 014 ① 015 ③ 016 ④ 017 ①

018 강호(에도)시대 이도헌추리의 "축산정조전후편"에서 밝힌 정원 형식이 아닌 것은?

① 축산 ② 계간
③ 평정 ④ 노지경

풀이 이도헌추리의 축산정조전후편 : 상, 중, 하로 나뉘어져 있으며, 정원의 종류를 축산, 평정, 노지로 분류하고 있음.

019 우리나라 최초의 정원에 관한 기록이 실린 서적 명칭은?

① 대동사강 ② 삼국사기
③ 삼국유사 ④ 산림경제

풀이 고조선시대 노을왕이 유(囿)를 조성하였다는 기록이 대동사강에 기록되어 있으며, 최초의 정원임.

020 석재 점경물의 명칭과 용도가 틀린 것은?

① 석분(石盆) - 괴석을 받치는 작은 돌그릇
② 석가산(石假山) - 인공석을 쌓아 산을 표현
③ 대석(臺石)- 해시계, 화분 등의 받침돌
④ 석연지(石蓮池)- 넓고 두터운 돌을 큰 수조처럼 다듬어 작은 연지, 어항으로 사용

풀이 석가산 - 감상가치가 있는 돌을 쌓아올려 경관을 모방, 재현하는 용도로 활용함.

제 2 과목 조경계획

021 다음에 해당하는 용도지역의 녹지지역은?

> 도시의 녹지공간의 확보, 도시확산의 방지, 장래 도시용지의 공급 등을 위하여 보전할 필요가 있는 지역으로서 불가피한 경우에 한하여 제한적인 개발이 허용되는 지역

① 공원녹지지역 ② 보전녹지지역
③ 생산녹지지역 ④ 자연녹지지역

풀이 국토의 계획 및 이용에 관한 법률 시행령 제 30조(용도지역의 세분)
1. 보전녹지지역 : 도시의 자연환경 · 경관 · 산림 및 녹지공간을 보전할 필요가 있는 지역
2. 생산녹지지역 : 주로 농업적 생산을 위하여 개발을 유보할 필요가 있는 지역
3. 자연녹지지역 : 도시의 녹지공간의 확보, 도시 확산의 방지, 장래 도시용지의 공급 등을 위하여 보전할 필요가 있는 지역으로서 불가피한 경우에 한하여 제한적인 개발이 허용되는 지역

022 조경계획, 생태계획, 환경계획의 과정에서 생태학적 원리와 생태계의 이론을 응용하고, 생태적 관심을 정책결정에 반영할 수 있는 접근방법이 아닌 것은?

① 환경영향평가
② 토지가격의 분석
③ 생태계 구성 요소 간 상호관계파악
④ 환경의 기능과 서비스의 화폐가치 환산

풀이 토지가격의 분석은 경제학적 접근방법임.

023 뉴먼(Newman)은 주거단지 계획에서 환경심리학적 연구를 응용하여 범죄 발생률을 줄이고자 하였다. 뉴먼이 적용한 가장 중요한 개념은?

① 혼잡성(crowding)
② 프라이버시(privacy)
③ 영역성(territoriality)
④ 개인적 공간(personal space)

풀이 영역성 : 뉴먼의 영역성 옥외공간 설계에서 아파트에 중정, 벽, 담장, 문주, 식재 등 2차영역을 구분해 주변과의 귀속감을 증대시키면 범죄발생률을 줄일 수 있다고 한다.

ANSWER 018 ② 019 ① 020 ② 021 ④ 022 ② 023 ③

024 다음 중 조경계획 진행시 인문·사회환경 조사항목이 아닌 것은?

① 식생　　② 교통
③ 토지이용　　④ 역사적 유물

풀이 식생조사는 자연환경 조사항목에 해당함.

025 E. Howard에 의해 창안된 전원도시의 구성조건이 아닌 것은?

① 도시의 계획인구는 3~5만 정도로 제한
② 주변 도시와 연계한 전기, 철도 등의 기반시설을 유입하여 공유자원으로 활용
③ 도시의 주위에 넓은 농업지대를 포함하여 도시의 물리적 확장을 방지하고 중심지역은 충분한 공지를 보유
④ 도시성장과 번영에 의한 개발이익의 일부는 환수하며 계획의 철저한 보존을 위해 토지를 영구히 공유화

풀이 하워드의 전원도시론
영국에서 환경문제를 위해 하워드가 제시한 것으로 도시, 전원, 전원도시를 3개의 자석(margnet)으로 삼고 하나의 전원도시가 계획인구로 성장하면 또 하나의 전원도시를 건설하여 이것들을 철도와 도로로 연결하여 도시집단을 형성하는 이론이다.

026 경부고속도로와 중앙고속도로가 서로 교차하는 고속도로 분기점에 가장 이상적인 형태는?

① 클로버형　　② 트럼펫형
③ 다이아몬드형　　④ 직결Y형

풀이 클로버형은 기하학적으로 대칭이면서 가장 이상적인 형태이다.

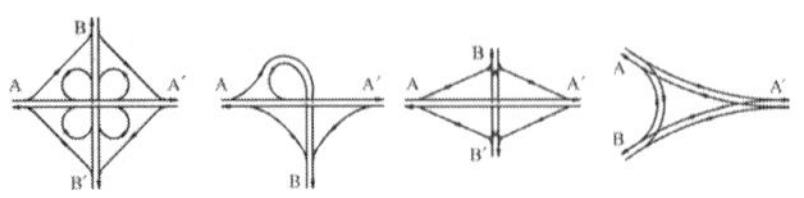

클로버형　트럼프형　다이아몬드형　직결 Y형

027 「도시공원 및 녹지 등에 관한 법률」 상 녹지를 그 기능에 따라 세분하고 있는데, 그 분류에 해당하지 않는 것은?

① 완충녹지　　② 연결녹지
③ 경관녹지　　④ 보완녹지

풀이 도시공원 및 녹지 등에 관한 법률 제 35조 (녹지의 세분)
녹지를 완충녹지, 경관녹지, 연결녹지로 구분하고 있음.

028 다음 설명에 해당하는 표지판의 종류는?

> – 공원내 시야가 막히거나 동선이 급변하는 지점에 설치하고 세계적 공용문자를 사용
> – 개별단위의 시설물이나 목표물의 방향 또는 위치에 관한 정보를 제공하여 목적하는 시설 또는 방향으로 안내하는 시설

① 안내표지　　② 해설표지
③ 유도표지　　④ 주의표지

풀이 표지판 유형
① 유도표지 : 장소의 지명, 다음 대상지 및 주요시설물이 위치한 장소의 방향, 거리 표시
② 안내표지 : 탐방대상지 위치, 거리, 소요시간, 방향 등 대상지 안내도
③ 해설표지 : 문화재나 유물의 배경과 가치의 중요성 설명
④ 도로표지 : 통행상 금지, 제한을 전달해 도로사용 규칙 주지

ANSWER
024 ①　025 ②　026 ①　027 ④　028 ③

029 「도시 및 주거환경정비법」에서 정비사업으로 포함되지 않는 것은?

① 재개발사업
② 재건축사업
③ 주거환경개선사업
④ 공공시설정비사업

풀이 정비사업 : 주택재개발사업, 주택재건축사업, 도시환경정비사업, 주거환경관리사업, 가로주택정비사업

030 환경용량(Environmental Capacity)의 개념을 설명한 것 중 가장 거리가 먼 것은?

① 성장의 한계를 우선적으로 전제한다.
② 재생가능한 자연자원이 지탱할 수 있는 유기체의 최대 규모를 말한다.
③ 비가역적인 손상을 자연시스템에게 가하는 인간 활동의 한계를 의미한다.
④ 다른 조건이 동일하다면 더 넓고 자연자원이 적을수록 더 큰 환경용량을 가진다.

풀이 환경용량(environmental capacity)이란 어떤 장소를 이용하는 이용자들의 만족도의 합이 최대가 될 수 있는 용량을 말하며, 지역의 크기와 지역에 생존하는 유기체의 특성으로 표시할 수 있으며, 다른 조건이 동일하다면 더 넓고 자연자원이 풍부한 지역일수록 더 큰 환경용량을 가진다.

031 주택의 배치 시 쿨데삭(Cul-de-sac) 도로에 의해 나타나는 특징이 아닌 것은?

① 주택이 마당과 같은 공간을 둘러싸는 형태로 배치된다.
② 주민들 간의 사회적인 친밀성을 높일 수 있다.
③ 통과교통이 출입하지 않으므로 안전하고 조용한 분위기를 만들 수 있다.
④ 보행 동선의 확보가 어렵고, 연속된 녹지를 확보하기 어려운 단점이 있다.

풀이 쿨데삭 도로 : 단지 내에 들어가 돌아나오는 형태로 통과교통을 방지할 수 있으며, 교통방해 없는 녹지조성이 가능하다.

032 「도시공원 및 녹지 증에 관한 법률」상 도시공원 안에 설치할 수 있는 공원시설의 부지면적은 당해 도시공원의 면적에 대한 비율로 규정하고 있는데 그 기준이 틀린 것은?

① 어린이 공원 : 100분의 60이하
② 근린공원 : 100분의 30이하
③ 묘지공원 : 100분의 20이상
④ 체육공원 : 100분의 50이하

풀이 도시공원 및 녹지 등에 관한 법률 시행규칙 별표 4 (도시공원 안 공원시설 부지면적) 참고
근린공원 공원시설 부지면적은 100분의 40 이하

033 테니스장 계획·설계의 내용 중 ( )안에 적합한 것은?

> 테니스장의 코트 장축의 방위는 ( )방향을 기준으로 5~15° 편차 내의 범위로 하며, 가능하면 코트의 장축 방향과 풍향의 방향이 일치하도록 계획한다.

① 정동 - 서　② 북동 - 남서
③ 북서 - 남동　④ 정남 - 북

풀이 조경설계기준 15.6 테니스장
테니스장 코트 장축을 정남-북 기준으로 동서 5~10° 편차 내 범위로 가능하면 코트장축과 주풍향의 방향과 일치되게 배치한다.

ANSWER 029 ④ 030 ④ 031 ④ 032 ② 033 ④

034 생태 네트워크 계획에서 고려할 주요 사항과 가장 거리가 먼 것은?

① 환경학습의 장으로서 녹지 활용
② 경제효과를 기대할 수 있는 녹지 공간 구상
③ 생물의 생식ㆍ생육공간이 되는 녹지의 확보
④ 생물의 생식ㆍ생육공간이 되는 녹지의 생태적 기능의 향상

풀이 생태는 생물, 생육, 환경에 관한 것으로 경제효과와는 거리가 멀다.

035 「자연공원법」 상 용도지구를 자연보존 요구도의 크기로 구분할 때 공원자연보존지구와 공원마을지구의 중간에 위치하는 지구는?

① 공원특별보호지역
② 공원자연환경지구
③ 공원자연생태지구
④ 공원자연경관지구

풀이 자연공원법 제18조 자연공원 용도지구 참고
공원자연보존지구, 공원자연환경지구, 공원마을지구로 구분하며, 자연보존 요구도가 큰 순서로 공원자연보존지구〉공원자연환경지구〉공원마을지구이다. 따라서 중간에 위치하는 지구는 공원자연환경지구임.

036 다음 중 옥상조경 계획시 반드시 고려해야 할 사항이라고 볼 수 없는 것은?

① 미기후의 변화
② 유출토사 퇴적량
③ 지반의 구조 및 강도
④ 구조체의 방수 및 배수

풀이 옥상조경은 지대가 높아 바람이 많이불고 건조하여 미기후 변화를 고려해야 하며, 하중, 방수, 옥상지반의 구조 등을 잘 고려해야 한다.

037 조경계획의 설명으로 옳지 않은 것은?

① 부지이용의 경제적 측면을 주로 강조한다.
② 도면중첩법을 활용하여 토지 적합성을 판단한다.
③ 계획부지의 적절한 이용을 제시하거나, 계획된 이용에 적합한 부지를 판단한다.
④ 대단위 부지를 체계적으로 연구하며, 자연과학적, 생태학적 측면을 강조하고, 시각적 쾌적성을 고려한다.

풀이 조경계획은 자연환경을 다루는 것으로 환경, 생태, 부지의 수용능력 등을 고려하여 계획해야 하며, 경제적 측면을 강조하는 것은 거리가 멀다.

038 이용 후 평가(post occupancy evaluation)의 설명으로 옳지 않은 것은?

① 대상지의 시공 전 환경영향 분석에 관한 설명이다.
② 설계프로그램을 위한 과학적 자료를 제공한다.
③ 과거의 경험을 새로운 프로젝트에 반영시키기 위한 방법이다.
④ 주로 이용자의 행태에 적합하게 설계되었는가를 분석한다.

풀이 POE(이용 후 평가) : 일정 프로젝트가 시공되고 난 후 이용 후 평가를 통해 설계를 평가하는 것

039 「자연공원법」 상 "공원자연보존지구"를 인지정하는 이유가 되지 못하는 것은?

① 경관이 특히 아름다운 곳
② 생물다양성이 특히 풍부한 곳
③ 특별히 보호할 가치가 높은 야생 동식물이 살고 있는 곳
④ 보존대상 주변에 완충공간으로 보전할 필요가 있는 곳

ANSWER 034 ② 035 ② 036 ② 037 ① 038 ① 039 ④

풀이 자연공원법 제18조 자연공원 용도지구
1. 공원자연보존지구 : 다음 각 목의 어느 하나에 해당하는 곳으로서 특별히 보호할 필요가 있는 지역
㉮ 생물다양성이 특히 풍부한 곳
㉯ 자연생태계가 원시성을 지니고 있는 곳
㉰ 특별히 보호할 가치가 높은 야생 동식물이 살고 있는 곳
㉱ 경관이 특히 아름다운 곳

040 도시계획시설로 분류되지 않는 것은? (단, 도시 · 군계획시설의 결정 · 구조 및 설치기준에 관한 규칙을 적용한다.)

① 교통시설
② 방재시설
③ 주거시설
④ 공공 · 문화체육시설

풀이 도시 · 군계획시설의 결정 · 구조 및 설치기준에 관한 규칙상 도시계획시설 : 교통시설, 공간시설, 유통 및 공급시설, 공공 · 문화체육시설, 방재시설, 보건위생시설, 환경기초시설

제 3 과목 조경설계

041 장애인 등의 통행이 가능한 접근로를 설계하고자 할 때 기준으로 틀린 것은? (단, 장애인 · 노인 · 임산부 등의 편의증진 보장에 관한 법률 시행규칙을 적용한다.)

① 보행장애물인 가로수는 지면에서 2.1m까지 가지치기를 하여야 한다.
② 접근로의 기울기는 10분의 1 이하로 하여야 한다.
③ 휠체어사용자가 통행할 수 있도록 접근로의 유효폭은 1.2m 이상으로 하여야 한다.
④ 접근로와 차도의 경계부분에는 연석 · 울타리 기타 차도와 분리할 수 있는 공작물을 설치하여야 한다.

풀이 장애인 · 노인 · 임산부 등의 편의증진 보장에 관한 법률 시행규칙 별표 1(편의시설의 구조 · 재질 등에 관한 세부기준)
접근로의 기울기는 18분의 1 이하로 하여야 한다. 다만, 지형상 곤란한 경우에는 12분의 1까지 완화할 수 있다.

042 해가 지고 주위가 어둑어둑 해질 무렵 낮에 화사하게 보이던 빨간 꽃은 거무스름해져 어둡게 보이고, 그 대신 연한 파랑이나 초록의 물체들이 밝게 보이는 현상을 무엇이라고 하는가?

① 푸르킨예 현상
② 하만그리드 현상
③ 애브니 효과 현상
④ 베졸드 브뤼케 현상

풀이 푸르킨예 현상(Purkinje Phenomenon)
파장이 긴 황색이 밝게 보이고, 암순응에서는 파장이 짧은 파랑, 녹색이 더 잘 보이는 현상

043 조경설계기준상의 "놀이시설" 설계로 옳지 않은 것은?

① 안전거리는 놀이시설 이용에 필요한 시설 주위의 이격거리를 말한다.
② 안전접근 높이는 어린이가 비정상적인 방법으로만 오를 수 있는 가장 높은 위치를 말한다.
③ 놀이공간 안에서 어린이의 놀이와 보행동선이 충돌하지 않도록 주보행동선에는 시설물을 배치하지 않는다.
④ 그네 등 동적인 놀이시설 주위로 3.0m 이상, 시소 등의 정적인 놀이시설 주위로 2.0m 이상의 이용공간을 확보하며, 시설물의 이용공간은 서로 겹치지 않도록 한다.

ANSWER 040 ③ 041 ② 042 ① 043 ②

풀이 조경설계기준 제14장 놀이시설 용어정의 「최고 접근높이」란 정상적 또는 비정상적인 방법으로 어린이가 오를 수 있는 놀이시설의 가장 높은 높이를 말한다.

044 미기후(micro climate)의 설명으로 옳지 않는 것은?

① 도심은 교외보다 기온이 높다.
② 우리나라는 여름에 남풍이 주로 분다.
③ 북사면은 남사면보다 눈이 오래 남는다.
④ 남향건물의 뒤쪽은 그림자 때문에 일조량이 적다.

풀이 미기후는 대상지의 국부적인 기후를 말한다.

045 심근성 교목의 A~E중 B에 해당하는 값은?

토심 \ 식물종류		심근성 교육
생존최소 토심(cm)	인공토	A
	자연토	B
	혼합토 (인공토 50% 기준)	C
생육최소 토심(cm)	토양등급 중급 이상	D
	토양등급 상급 이상	E

① 45　② 60
③ 90　④ 150

풀이 조경설계기준 부표 7-4 식물의 생육토심

식물종류	생존 최소 토심(cm)		
	인공토	자연토	혼합토 (인공토 50%기준)
잔디, 초화류	10	15	13
소관목	20	30	25
대관목	30	45	38
천근성 교목	40	60	50
심근성 교목	60	90	75

식물종류	생육 최소 토심(cm)		배수층의 두께
	토양등급 중급 이상	토양등급 상급 이상	
잔디, 초화류	30	25	10
소관목	45	40	15
대관목	60	50	20
천근성 교목	90	70	30
심근성 교목	150	100	30

046 조경설계기준상 게이트볼장의 설계와 관련된 내용 중 거리가 먼 것은?

① 경기라인 밖으로 2m의 규제라인을 긋는다.
② 라인이란 경계를 표시한 실선의 바깥쪽을 말한다.
③ 게이트는 코트 안의 세 곳에 설치하되 높이는 지면에서 20cm로 한다.
④ 코트의 면은 평활하고 균일한 면을 가지고 있어야 하나, 옥외코트는 0.5%까지의 기울기를 둔다.

풀이 경기장 규격은 세로 20m, 가로 25m 또는 세로 15m, 가로 20m로 하며, 경기라인 밖으로 1m의 규제라인을 긋는다.

047 그림과 같이 3각법으로 정투상한 도면에서 A에 해당하는 수치는?

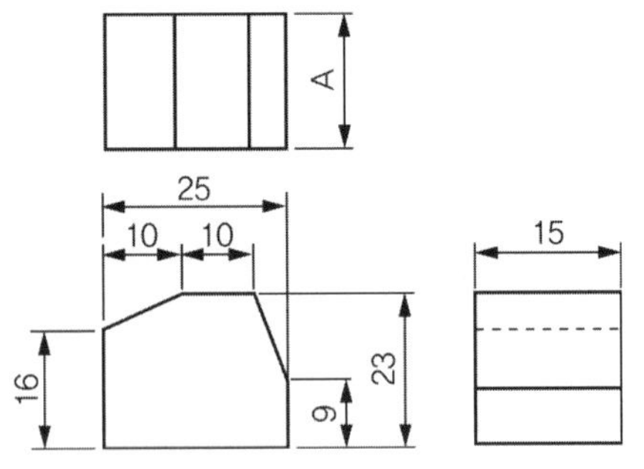

① 15　② 16
③ 23　④ 25

ANSWER 044 ② 045 ③ 046 ③ 047 ①

풀이 제3각법 정투상도는 다음 그림과 같으며 문제의 A는 평면도에 있는 치수로 우측면도의 15에 해당하는 치수이다.

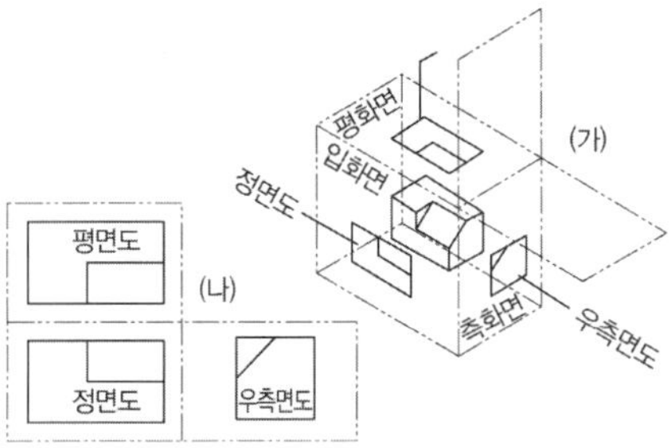

048 「생태숲」이란 자생식물의 현지 내 보전 기능을 강화하고, 특산식물의 자원화 촉진과 숲 복원기법 개발 등 산림생태계에 대한 연구를 위하여 생태적으로 안정된 숲을 말한다. 다음 중 생태숲은 얼마 이상인 산림을 대상으로 지정할 수 있는가? (단, 예외사항은 적용하지 않는다.)

① 30만 제곱미터 ② 50만 제곱미터
③ 80만 제곱미터 ④ 100만 제곱미터

풀이 산림보호법 시행령 제9조(생태숲의 지정기준)
법 제18조제3항에서 "대통령령으로 정하는 기준"이란 산림생태계가 안정되어 있거나 산림생물의 다양성이 높은 산림으로서 30만제곱미터 이상(「산림문화 · 휴양에 관한 법률」 제2조제2호의 자연휴양림, 「도시숲 등의 조성 및 관리에 관한 법률」 제2조제1호의 도시숲 등과 잇닿아 있어 교육 · 탐방 · 체험 등의 기능을 높일 수 있는 경우에는 20만 제곱미터 이상)인 지역을 말한다.

049 다음의 설명에 적합한 용어는?

> 자연지역에 형성되는 경관으로서 자연적요소를 배경으로 인공적 요소가 침입하는 경관이다. 인공적 요소의 규모 및 형태의 따라 경관훼손 정도가 결정되며, 대부분의 경우 인공구조물의 침입은 경관의 질을 저하시킨다. 따라서, 자연경관 보전노력이 가장 많이 필요하다.

① 순수한 자연경관 ② 반자연경관
③ 반인공경관 ④ 인공경관

050 도면을 제도할 때 2종류 이상의 선이 같은 장소에 겹치게 될 경우 우선순위로 먼저 그려야 되는 선의 종류는?

① 중심선 ② 치수보조선
③ 절단선 ④ 외형선

풀이 선의 우선순위는 외형선, 숨은선, 절단선, 중심선, 치수보조선 순이다.

051 다음 중 치수의 기입, 가공 방법 및 기타의 주의사항 등을 기입하기 위하여 도면의 도형에서 빼내 표시하는 선은?

① 치수선 ② 절단선
③ 가상선 ④ 지시선

ANSWER 048 ① 049 ② 050 ④ 051 ④

052 그림과 같은 정투상도(정면도와 평면도)를 보고 우측면도로 가장 적합한 것은?

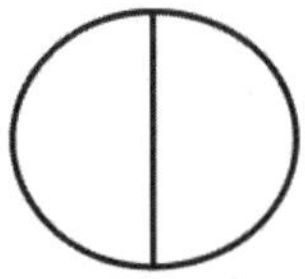

(평면도)

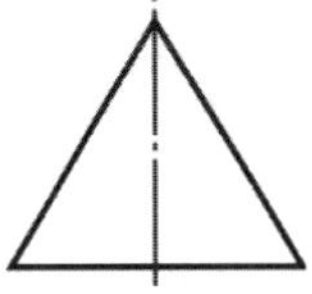

(정면도)

① 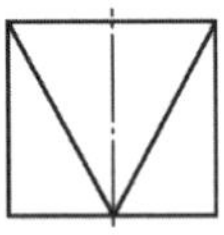
② 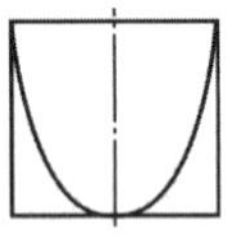
③ 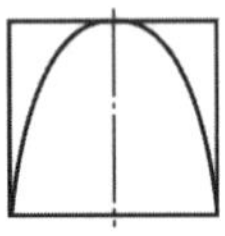
④ 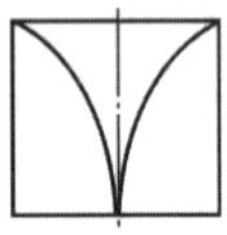

053 전항에 전전항을 더하여 가는 수열(sequence)로서 황금비를 설명하는 것은?

① 조화수열　② 등비수열
③ 펠의 수열　④ 피보나치수열

풀이 피보나치 수열
레오나르도 피보나치가 발견하였으며, 1, 1, 2, 3, 5, 8, 13, 21, 34…등으로 전개되며, 인접하는 2개의 항 중에서 뒤의 항을 앞의 항으로 나누면 숫자가 클수록 황금비에 가까워진다. 앞선 두 개의 수를 더하면 뒤의 수가 된다. 많은 생물계에 이와 같은 비례가 존재한다.

054 주택단지·공공건물·사적지·명승지·호텔 등의 정원에 설치하며, 정원의 아름다움을 밤에 선명하게 보여줌으로써 매력적인 분위기를 연출하는 「정원등」의 세부시설 기준으로 틀린 것은?

① 광원이 노출될 때는 휘도를 낮춘다.
② 등주의 높이는 2m 이하로 설계、선정한다.
③ 숲이나 키 큰 식물을 비추고자 할 때에는 아래방향으로 배광한다.
④ 야경의 중심이 되는 대상물의 조명은 주위보다 몇 배 높은 조도기준을 적용하여 중심감을 부여한다.

풀이 조경설계 기준 19.5 정원등
화단이나 키작은 식물을 비추고자 할 때에는 아래 방향으로 배광한다.

055 렐프(Ralph)는 장소성을 설명하는 개념으로 내부성과 외부성을 거론한 바 있다. 다음 중 내부성과 관련하여 렐프가 제시한 유형에 해당하지 않는 것은?

① 직접적 내부성　② 존재적 내부성
③ 감정적 내부성　④ 행동적 내부성

풀이 랄프의 4가지 내부성 유형
간접적 내부성, 행동적 내부성, 감정적 내부성, 존재적 내부성

056 A2(420×594)제도 용지 도면을 묶지 않을 경우 도면에 테두리의 여백은 최소 얼마나 두어야 하는가?

① 5mm　② 10mm
③ 15mm　④ 20mm

ANSWER 052 ②　053 ④　054 ③　055 ①　056 ②

057 색의 3속성을 나타내는 색입체 표현이 맞는 그림은?

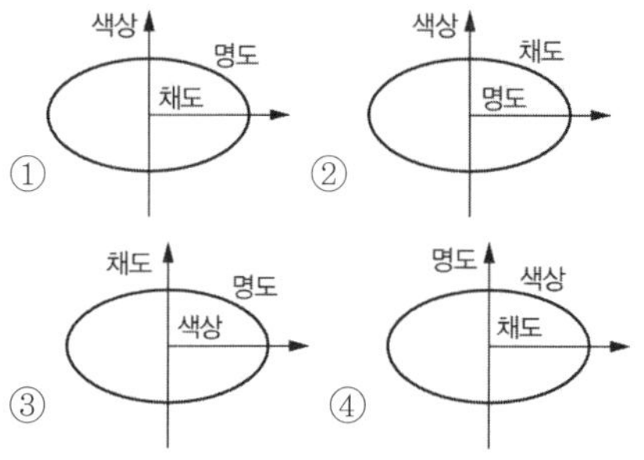

058 다양한 구성 요소끼리 하나의 규칙으로 단일화시키는 원리는?

① 대비 ② 통일
③ 연속 ④ 반복

풀이 통일 : 각 요소와 관계를 맺고 하나의 정리된 형태로 조화되는 것으로 가장 쉬운 방법이나, 지나치면 단순, 지루함을 낳는다.

059 경계석 설치 시 다음 중 그 기능이 가장 약한 것은?

① 차도와 보도 사이
② 차도와 식재지 사이
③ 자연석 디딤돌의 경계부
④ 유동성 포장재의 경계부

060 자갈을 나타내는 재료 단면의 표시는?

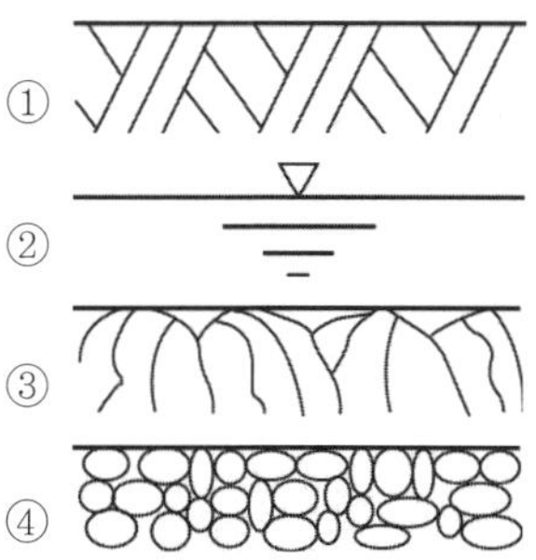

제 4 과목 조경식재

061 식생과 토양간의 관계를 설명한 것 중 옳지 않는 것은?

① 배수불량의 원인은 주로 이층토의 접합부 위에서 나타난다.
② 산중식(山中式) 토양경도계로 측정하여 토양 경도지수가 18~23mm까지는 식물의 근계생장에 가장 적당하다.
③ 우리나라의 산림토양은 일반적으로 알칼리성에 해당하며, 식물의 생육에 적합한 토양산도는 pH 7.6~8.8의 범위이다.
④ 일반적으로 도시지역에 조성되는 식재지반의 경우 투수성이 나쁜 경우가 많다.

풀이 우리나라 산림토양은 산성이며 식물의 생육에 적합한 토양산도는 pH 6.0~7.0의 범위이다.

062 일반적인 방풍림에 있어서 방풍효과가 미치는 범위는 바람 아래쪽일 경우 수고(樹高)의 몇배 거리 정도인가?

① 5~10배 ② 15~20배
③ 25~30배 ④ 35~40배

풀이 방풍효과는 대체로 높이의 5배 수평거리에서 방풍효과가 가장 크며, 그 점을 지나 점점 풍속이 증가해 30배 거리에서 효과가 상실함

063 배롱나무(Lagerstroemia indica L.)의 특징으로 옳지 않은 것은?

① 두릅나무과(科)이다.
② 성상은 낙엽활엽교목이다.
③ 줄기는 매끈하고 무늬가 발달하였다.
④ 꽃은 원추화서로 8월 중순에서 9월 중순에 개화한다.

풀이 배롱나무는 부처꽃과이다.

ANSWER 057 ④ 058 ② 059 ③ 060 ④ 061 ③ 062 ③ 063 ①

064 남부 해안지역에 식재할 수 있는 수종으로 가장 거리가 먼 것은?

① 곰솔(Pinus thunbergii)
② 동백나무(Camellia japonica)
③ 산수유(Cornus officinalis)
④ 후박나무(Machilus thunbergii)

065 온대지방 식생분포의 대국(大局)을 결정하는데 가장 큰 영향을 미치는 환경 요인은?

① 기후요인과 최저온도
② 지형요인과 풍향
③ 토지요인과 강우량
④ 생물요인과 최고온도

풀이 식생분포는 기후와 가장 밀접한 관계가 있다.

066 다음 중 낙엽활엽관목에 해당되는 수종은?

① 황매화(Kerria japonica)
② 송악(Hedera rhombea)
③ 모람(Ficus oxyphylla)
④ 남오미자(Kadsura japonica)

풀이 송악, 남오미자 : 상록활엽덩굴
모람 : 상록만경목

067 가로수의 목적 및 갖추어야 할 조건으로 옳지 않은 것은?

① 병·해충에 잘 견디고 쾌적감을 줄 것
② 도로의 미화를 위해 상록수일 것
③ 이식과 전지에 강한 수종일 것
④ 지역적, 역사적 특성과 향토성을 풍기고 공해에 잘 견딜 것

068 아조변이 된 식물, 반입식물을 번식시키는 방법으로 적당하지 못한 것은?

① 삽목 ② 실생
③ 접목 ④ 취목

풀이 아조변이
생장 중의 가지 및 줄기의 생장점(生長點)의 유전자에 돌연변이가 일어나 두셋의 형질이 다른 가지나 줄기가 생기는 것으로 가지변이라고도 하며 삽목, 접목, 취목 등으로 번식함

069 그림과 같은 식재설계 시 경관목(景觀木)의 위치로 가장 적합한 것은?

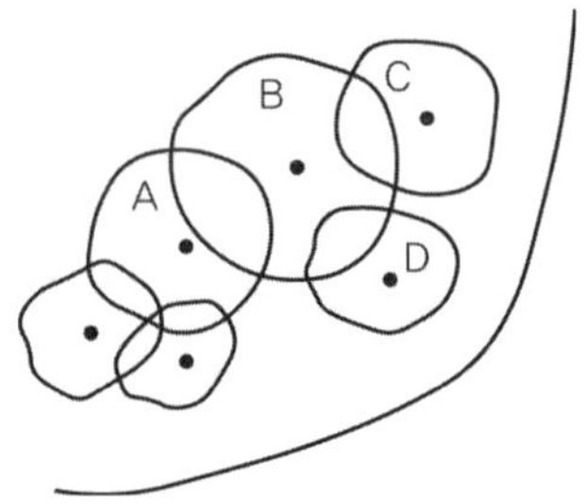

① A ② B
③ C ④ D

풀이 경관목은 가장 중심에 경관의 중심이 되도록 한다.

070 다음 중 양수들로만 짝지어진 수목은?

① 낙엽송, 소나무, 자작나무
② 태산목, 구상나무, 꽝꽝나무
③ 개비자나무, 회양목, 팔손이
④ 독일가문비나무, 아왜나무, 미선나무

풀이 독일가문비나무, 아왜나무, 팔손이, 회양목, 구상나무, 개비자나무는 음수임.

ANSWER
064 ③ 065 ① 066 ① 067 ② 068 ② 069 ② 070 ①

071 식생조사 및 분석에서 두 종의 종간관계를 유추하기 위하여 종간 결합을 조사하는 과정을 순서에 맞게 나열한 것은?

A. χ^2값을 계산한다.
B. 2×2 분할표를 작성한다.
C. 양성, 음성 혹은 기회 결합인지 판단한다.
D. 알맞은 크기의 방형구를 100개 이상 설치하며 두 종의 존재여부를 기록한다.

① B → A → D → C
② B → D → A → C
③ D → B → A → C
④ D → A → B → C

072 다음 중 화재의 방지 또는 확산을 막거나 지연시킬 목적으로 식재하는 방화수종으로 가장 부적합한 것은?

① 동백나무(Camellia japonica)
② 굴거리나무(Daphniphyllum macropodim)
③ 사철나무(Euonymus japonicus)
④ 댕강나무(Abelia mosanensis)

풀이 방화수종은 잎이 넓고 밀생하며 두텁고 함수량이 많은 것일수록 좋다. 댕강나무는 낙엽활엽관목으로 꽃향기가 좋아 정원수로 사용한다.

073 다음 중 과(family)가 다른 수종은?

① 금송 ② 측백나무
③ 향나무 ④ 노간주나무

풀이 금송(낙우송과), 측백나무, 향나무, 노간주나무(측백나무과)

074 다음 특징에 해당하는 수종은?

– 전정을 싫어함
– 여름에 백색의 꽃이 핌
– 수피가 벗겨져 적갈색 얼룩무늬의 특색이 있음

① 노각나무(Stewartia pseudocamellia)
② 모과나무(Chaenomeles sinensis)
③ 채진목(Amelanchier asistica)
④ 느릅나무(Ulmus davidiana var. japonica)

풀이 모과(봄 분홍꽃), 채진목(봄 백색꽃), 느릅나무(봄 자주꽃)

075 다음 중 수도(數度, abundance)를 나타내는 식으로 옳은 것은?

① 조사한 총 면적 / 어떤 종의 총 개체수
② 어떤 종이 출현한 방형구 / 조사한 총 방형구 수
③ 어떤 종의 총 개체수 / 조사한 총 면적
④ 어떤 종의 총 개체수 / 어떤 종이 출현한 방형구 수

풀이 수도 : 밀도와 관계하는 추정적 개체수 또는 출현한 쿼드라트만큼의 평균 개체수
어떤 종의 총 개체수/어떤 종의 출현한 쿼드라트 수이다.

076 다음 중 우리나라 특산수종이 아닌 것은?

① 구상나무 ② 미선나무
③ 개느삼 ④ 계수나무

풀이 계수나무는 일본이 원산지이다.

ANSWER
071 ③ 072 ④ 073 ① 074 ① 075 ④ 076 ④

077 다음 특징에 해당되는 식물은?

- 잎이 장상복엽이다.
- 그늘시렁에 올려 사계절 녹음을 볼 수 있음

① 덩굴장미(Rosa multiflora var platyphylla)
② 멀꿀(Stauntonia hexaphylla)
③ 등(Wisteria floribunda)
④ 으름덩굴(Akebia quinata)

풀이 장미덩굴, 등나무, 으름덩굴은 낙엽성이다.

078 온대성 화목류의 개화에 대한 설명 중 틀린 것은?

① 꽃눈(화아, 花芽)은 보통 개화 전년에 형성된다.
② 대체로 단일이 되면 생장이 중지되었다가 장일이 되면서 생육하며 개화한다.
③ 꽃눈(화아, 花芽)이 저온에 노출되면 정상적으로 생육하지 못한다.
④ 생육과 개화는 Auxin이나 Gibberellin 물질의 증가 및 활성화와 밀접하다.

079 3그루 나무를 배식 단위로 식재할 때 가장 자연스러운 처리 방법은?

① 동일한 선상(線上)에 놓여야 한다.
② 3그루 수목은 수종과 형태가 동일해야 한다.
③ 식재지점을 연결한 형태가 정삼각형이 되어야 한다.
④ 식재지점을 연결했을 때 부등변삼각형이 되어야 한다.

풀이 부등변삼각형 식재 : 비대칭균형을 이루도록 식재하는 것이 가장 미적이다.

080 목련(Magnolia kobus)의 특징으로 옳은 것은?

① 중국이 원산임
② 꽃이 밑으로 향함
③ 꽃잎은 6~9장임
④ 꽃보다 잎이 먼저 나옴

풀이 목련 : 일본 원산, 꽃이 위로 향함, 잎보다 꽃이 먼저 나옴

제 5 과목 조경시공구조학

081 벽돌 담장 시공의 주의사항으로 틀린 것은?

① 하루 쌓기 높이는 1.2m(18켜 정도)를 표준으로 한다.
② 세로 줄눈은 특별히 정한 바가 없는 한 신속한 시공을 위해 통줄눈이 되도록 한다.
③ 모르타르는 사용할 때 마다 물을 부어 반죽하여 곧 쓰도록 하고, 경화되기 시작한 것은 사용하지 않는다.
④ 줄눈은 가로는 벽돌담장 규준틀에 수평실을 치고, 세로는 다림추로 일직선상에 오도록 한다.

풀이 세로줄눈은 특별히 정한 바가 없는 한 통줄눈이 되지 않도록 한다.

ANSWER 077 ② 078 ③ 079 ④ 080 ③ 081 ②

082 다음 그림의 면적을 심프슨(simpson) 제1법칙을 이용하여 구하면 얼마인가?

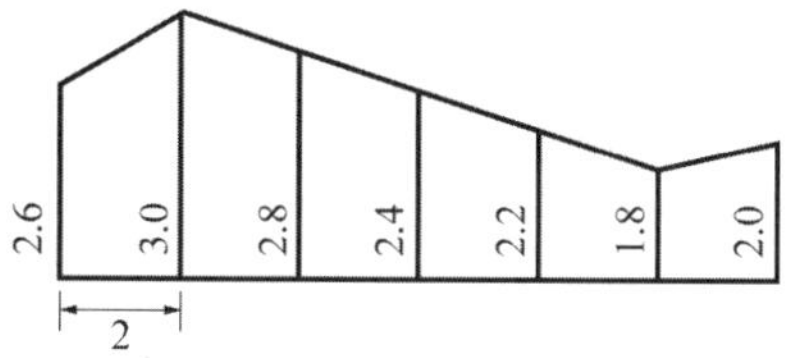

① $28.93m^2$ ② $29.00m^2$
③ $29.10m^2$ ④ $29.17m^2$

풀이 심프슨 제1법칙

$$A = \frac{d}{3}\{y_1 + y_n + 4(y_2 + y_4 + y_6 + \cdots + y_{n-1}) + 2(y_3 + y_5 + \cdots + y_{n-2})\}$$

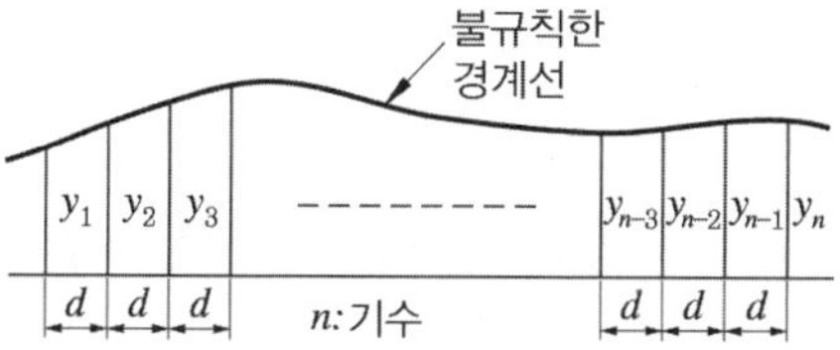

$$A = \frac{2}{3}\{2.6+2.0+4(3.0+2.4+1.8)+2(2.8+2.2)\}$$

$$= \frac{2}{3} \times 43.4 \fallingdotseq 28.93m^2$$

083 평탄면의 마감높이를 평탄면이 지나지 않는 가장 높은 등고선 보다 조금 높게 정하여 평탄면을 통과하는 등고선보다 낮은 방향으로 그 지역을 둘러싸도록 등고선을 조작하는 평탄면 조성 방법은?

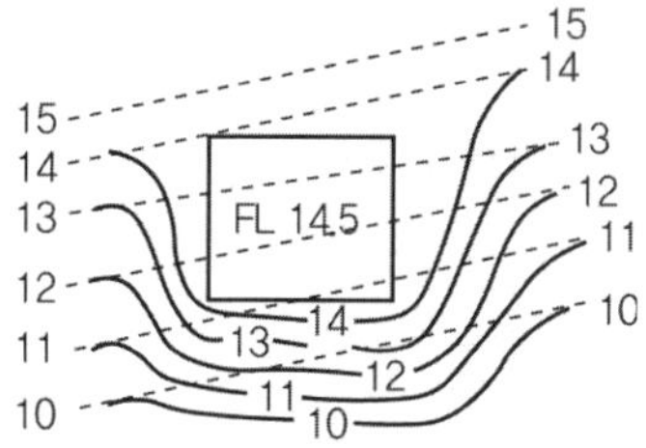

① 절토에 의한 방법
② 성토에 의한 방법
③ 성 · 절토에 의한 방법
④ 옹벽에 의한 방법

풀이 점선은 기존등고선, 실선은 계획등고선임. 14높이 등고선을 예로 볼 때 기존14등고선을 낮은쪽으로 돌려놓은 것은 낮은쪽을 14높이로 만든다는 뜻으로 성토에 해당

084 적산 시 적용하는 품셈의 금액의 단위 표준에 관한 내용으로 잘못 표기된 것은?

① '설계서의 총액'은 1000원 이하는 버린다.
② '설계서의 소계'는 100원 이하는 버린다.
③ '설계서의 금액란'에서는 1원 미만은 버린다.
④ '일위대가표의 금액란'은 0.1원 미만은 버린다.

풀이 '설계서의 소계'는 1원 미만 버린다.

085 원형지하 배수관의 굵기를 결정하기 위한 평균 유속(流速) 산출 공식은?

V = 평균유속
C = 평균유속계수
R = 경심
I = 수면경사

① $V = CRI$ ② $V = \sqrt{CRI}$
③ $V = \frac{\sqrt{RI}}{C}$ ④ $V = C\sqrt{RI}$

086 공사발주를 위해 발주자가 작성하는 서류가 아닌 것은?

① 수량산출서 ② 내역서
③ 시방서 ④ 견적서

풀이 견적서는 공사를 수주하는 수주자가 작성한다.

ANSWER 082 ① 083 ② 084 ② 085 ④ 086 ④

087 다음 수문 방정식(유입량=유출량 + 저류량)에서 유출량에 해당하지 않는 것은?

① 강수량 ② 증발량
③ 지표유출량 ④ 지하유출량

풀이
- 유입량 : 강수량, 지표수유입량, 지하수 등
- 유출량 : 지표, 지하유출량, 증발량, 증산량 등

088 다음의 ( )안에 적당한 ㉠, ㉡의 용어는?

(㉠)란 콘크리트의 (㉡)와 동등 이상의 강도를 발현하도록 배합을 정할 때 품질의 편차 및 양생온도 등을 고려하여 (㉡)에 할증한 압축강도이다.

① ㉠ 배합강도, ㉡ 설계기준강도
② ㉠ 배합강도, ㉡ 호칭강도
③ ㉠ 호칭강도, ㉡ 배합강도
④ ㉠ 설계기준강도, ㉡ 배합강도

089 힘(force)에 대한 설명이 옳지 않은 것은?

① 힘은 작용점, 방향, 크기로 나타낸다.
② 힘의 크기는 표시된 길이에 반비례한다.
③ 일반적으로 힘의 기호는 P 또는 W로 표시한다.
④ 2개의 힘이 1개 힘으로 대치된 경우 이를 합력이라 한다.

풀이 힘의 크기는 표시된 길이에 비례한다.

090 축적 1:25000의 지형도에서 963m의 산 정상으로부터 423m의 산 밑까지 거리가 95mm 이었다면 사면의 경사는?

① $\frac{1}{7.4}$ ② $\frac{1}{6.4}$
③ $\frac{1}{5.4}$ ④ $\frac{1}{4.4}$

풀이

$$축척 = \frac{실제거리}{지도상거리}$$

$$25000 = \frac{실제거리}{35},\ 실제거리 = 2375m$$

$$경사 = \frac{수직거리}{수평거리} = \frac{(963-423)}{2375} = \frac{1}{4.4}$$

091 석재(石材)의 특징으로 틀린 것은?

① 불연성이고 압축강도가 크다.
② 비중이 작고, 가공성이 좋다.
③ 내수성, 내구성, 내화학성이 풍부하다.
④ 조직이 치밀하고 고유의 색조를 갖고 있다.

풀이 석재는 비중이 크고 가공이 어렵다.

092 정지(整地, grading)d 대한 설명으로 틀린 것은?

① 표토는 보존하는 것이 바람직하다.
② 성토와 절토에 균형이 이루어져야 한다.
③ 건설기계에 의해 흙이 과도하게 다져지는 것을 피한다.
④ 실선은 기존 등고선, 파선은 제안된 등고선을 나타낸다.

풀이 파선은 기존 등고선, 실선은 계획 등고선이다.

093 시방서에 대한 설명 중 옳지 않은 것은?

① 공사 수량 산출서
② 공사시행 관계 내용 기록 서류
③ 재료, 공법을 정확하게 지시하고 도면과 상이하지 않게 기록
④ 시방서의 종류에는 공사시방서, 전문시방서, 표준시방서가 있음

풀이 수량산출서는 실시설계도면, 적산에서 작성한다.

ANSWER 087 ① 088 ① 089 ② 090 ④ 091 ② 092 ④ 093 ①

094 100ha의 배수면적인 지역에 강우강도 50mm/hr의 비가 내렸을 때 우수유출량(m^3/sec)은?

- 배수면적 토지이용 : 잔디(30ha), 숲(50ha), 아스팔트포장(20ha)
- 유출계수 : 잔디(0.20), 숲(0.15), 아스팔트포장(0.90)

① 4.375 ② 5.792
③ 6.474 ④ 7.583

풀이 우수유출량

$$Q=\frac{1}{360}CIA$$
$$=\frac{1}{360}\times 50(30\times 0.2)+(50\times 0.15)+(20\times 0.9)$$
$$=4.375\text{m}^3/\text{sec}$$

(C : 유출계수, I : 강우강도, A : 배수면적)

095 옹벽이 횡방향의 압력으로 반시계 방향으로 회전하거나 벽체의 외측으로 움직일 때 뒤채움 흙은 팽창할 것이다. 이 팽창이 증가하여 파괴가 일어날 때의 토압을 무엇이라 하는가?

① 주동토압 ② 이동토압
③ 수동토압 ④ 정지토압

풀이 ① 주동토압 : 압력으로 회전하거나 왼쪽으로 약간 이동 → 배토증가 → 파괴
③ 수동토압 : 옹벽을 배면쪽으로 밀면 배토의 압축을 받아 압축이 커져서 파괴될 때의 압력
④ 정지토압 : 주동 · 수동토압이 평행을 이룰 때

096 도로의 단곡선을 설치할 때 곡선의 시점(B.C) 위치를 구하기 위해서 필요한 요소가 아닌 것은?

① 반경(R)
② 접선장(T.L)
③ 곡선장(C.L)
④ 교점(IP)까지의 추가거리

097 부지의 직접 수준측량 시행에 대한 설명으로 맞지 않는 것은?

① 제일 먼저 고저기준점을 선정한 후 영구표식을 매설한다.
② 1/1200 ~ 1/2400 사이의 적합한 축척을 결정한 후 수준측량을 시행한다.
③ 수준측량의 내용은 부지조건이나 설계자의 요구에 따라 달라질 수 있다.
④ 일반적으로 부지 외부와 부지 내부의 주요지점과 부지의 전반적인 높이를 대상으로 측량한다.

풀이 수준측량은 실측하여 부지의 고저차이를 알아내는 측량방법이다.

098 구조물에 하중이 작용하면, 부재의 각 지점(支点)에는 무엇이 생기는가?

① 우력 ② 합력
③ 전단력 ④ 반력

풀이 ① 우력 : 크기가 같고 방향이 반대인 평행인 힘
② 합력 : 물체에 작용하는 여러 개의 힘을 한 개의 힘으로 합성하였을 때 그 힘의 물체 전체에 대한 역학적 효과가 힘의 합성 전과 동일하고 한 개로 대치된 힘을 여러 개의 힘에 대한 합력
③ 전단력(shear) : 부재를 전단하려고 하는 외력의 세력
④ 반력 : 구조물에 하중이 작용하면 그 지점에 반력이 발생한다.

ANSWER 094 ① 095 ① 096 ③ 097 ② 098 ④

099 다음의 설명에 해당하는 용어는?

> 시멘트에 물을 첨가한 후 화학반응이 발생하여 굳어져 가는 상태를 말하며, 또한 강도가 증진되는 과정을 의미한다.

① 경화 ② 수화
③ 연화 ④ 풍화

100 원가 계산에 의한 공사비 구성 중 "직접경비"에 해당되지 않는 것은?

① 특허권 사용료 ② 가설비
③ 전력비 ④ 폐기물처리비

풀이 경비는 전력비, 운반비, 가설비, 폐기물처리비, 특허권사용료 등이 해당되며 본 문제는 전항 정답 처리됨.

제 6 과목 조경관리론

101 상수리좀벌, 중국긴꼬리좀벌, 노랑꼬리좀벌, 큰다리남색좀벌 등이 천적인 해충은?

① 밤나무혹벌 ② 소나무좀
③ 아까시잎혹파리 ④ 측백하늘소

풀이 밤나무혹벌 천적 : 꼬리좀벌, 노랑꼬리좀벌, 상수리좀벌, 큰다리남색좀벌류

102 병원균은 Cronartium ribicola 이며, 북아메리카 대륙에서는 까치밥나무류, 우리나라에서는 주로 송이풀과 기주교대를 하는 이종 기생균은?

① 묘목의 입고병균
② 근두암종병균
③ 잣나무 털녹병균
④ 낙엽송 잎떨림병균

풀이 잣나무 털녹병균 중간기주 : 까치밥나무류, 송이풀류

103 탄저병 예방약제인 Mancozeb는 어떤 계통의 약제인가?

① 구리 화합물계 농약
② 유기 유황계 농약
③ 무기 유황계 농약
④ 유기 수은제 농약

풀이 Mancozeb
미국에서 다이센 M-45라는 상품명으로 개발한 살균제 농약으로 한국에서는 '만코지' 라는 품목명으로 고시된 유기 유황계 농약으로 주로 탄저병 예방에 쓰임.

104 토양 공기 중에서 토양미생물의 활동이 활발할수록 그 농도가 증가되는 성분은?

① 산소 ② 질소
③ 이산화탄소 ④ 일산화탄소

풀이 토양미생물은 활동하면서 이산화탄소를 배출한다.

105 토양의 양이온 치환용량(Cation Exchange Capacity)과 관계가 없는 것은?

① 염기치환용량과 같은 의미이다.
② 점토와 부식 같은 교질물의 종류와 양에 좌우된다.
③ 주요 토양교질물 중 음전화의 생성량이 많은 것일수록 양이온 치환용량이 작다.
④ 보통 토양이나 교질물 1kg이 갖고 있는 치환성양이온의 총량으로 나타낸다.

풀이 토양의 양이온치환용량은 토양이 음전하에 의해 양이온을 흡착할 수 있는 능력을 말한다.

ANSWER 099 ① 100 전항정답 101 ① 102 ③ 103 ② 104 ③ 105 ③

106 분제(粉劑)의 물리적 성질인 토분성(吐紛性, dustability)에 대한 설명으로 옳은 것은?

① 살분 시 분제의 입자가 풍압에 의하여 목적하는 장소까지 날아가는 성질을 말한다.
② 살분 시 분제의 입자가 살분기의 분출구로 잘 미끄러져 가는 성질을 말한다.
③ 분제가 입자의 크기와 보조제의 성질에 따라 작물해충 등에 잘 달라붙는 성질을 말한다.
④ 분제농약의 저장 시 주성분의 분해 및 응집 등 물리적 변화가 일어나지 않은 성질을 말한다.

풀이 토분성 : 분제(粉劑)를 살포할 때 살분기로 부터 토출되는 약제의 분산성. 1분당 분체 용량(㎖)또는 중량(g)으로 나타냄.

107 겨울철 작업현장에서의 동상(Frostbite) 환자에 대한 응급처치 요령으로 옳은 것은?

① 동상부위를 약간 높게 해서 부종을 줄여준다.
② 동상부위를 모닥불 등에 쬐어 동결조직을 신속하게 녹인다.
③ 조직손상을 최소화하기 위해 동상부위를 뜨거운 물에 담근다.
④ 야외에서 적당한 온열장비가 없는 경우, 동결부위를 마찰시켜 열을 발생시킨다.

108 인산 20%를 함유한 용성인비 25kg의 유효인산의 함량은 몇 kg 인가?

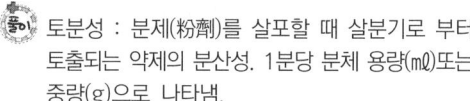

① 3　② 5
③ 7　④ 9

풀이 유효인산의 함량 25kg x 20% = 5%

109 잔디의 이용 및 관리체계에서 다음 설명에 해당하는 작업은?

- 토양표면까지 잔디만 주로 잘라주는 작업
- 태치(thatch)를 제거하고 밀도를 높여 주는 효과를 기대
- 표토층이 건조할 때 시행함은 필요 이상의 상처를 줄 수 있어 작업에 주의가 필요

① Slicing　② Vertical Mowing
③ Topdressing　④ Spiking

풀이 ① Slicing : 칼로 토양을 베어주는 작업. 잔디의 포복경, 지하경을 잘라주어 통기작업
② Vertical mowing : slicing과 유사하나 토양 표면까지 잔디만 잘라주는 역할
③ Topdressing : 배토. 잔디 뗏밥 주는 작업
④ Spiking : 못 같은 것으로 구멍을 내는 것으로 효과는 떨어지나 회복시간이 짧다.

110 조경 시설물의 유지관리에 대한 설명으로 옳지 않은 것은?

① 시설물의 내구년한까지는 보수점검 관리계획을 수립하지 않는다.
② 기능성과 안전성이 도모되도록 유지관리 해야 한다.
③ 주변환경과 조화를 이루는 가운데 경관성과 기능성이 유지되어야 한다.
④ 시설물의 기능저하에는 이용빈도나 고의적인 파손 등의 인위적 원인이 많다.

풀이 내구년한이 되지 않아도 보수점검 해야한다.

ANSWER 106 ② 107 ① 108 ② 109 ② 110 ①

111 직영관리 방식의 단점에 해당되는 것은?

① 업무가 타성화하기 쉽다.
② 긴급한 대응이 불가능하다.
③ 관리실태를 정확이 파악할 수 없다.
④ 관리책임이나 권한의 범위가 불명확하다.

풀이

	직영방식
대상	• 재빠른 대응이 필요한 업무 • 연속해서 행할 수 없는 업무 • 진척상황이 명확치 않고 건사하기 어려운 업무 • 금액이 적고 간편한 업무 • 일상적으로 행하는 유지 관리적인 업무
장점	• 관리책임이나 책임 소재가 명확 • 긴급한 대응이 가능 • 관리실태를 정확히 파악 • 임기응변적 조치 가능 • 이용자에게 양질의 서비스 제공 • 애착심을 가지므로 관리 효율의 향상
단점	• 업무의 타성화 • 관리직원의 배치전환 여지가 적다. • 인건비가 필요이상 든다. • 인사정체가 되기 쉽다.
	도급방식
대상	• 장기에 걸쳐 단순작업을 행하는 업무 • 전문적 지식, 기능, 자격을 요하는 업무 • 규모가 크고, 노력, 재료 등을 포함하는 업무 • 관리 주체가 보유한 설비로는 불가능한 업무 • 직영의 관리인원으로서는 부족한 업무
장점	• 규모가 큰 시설의 관리가 효율적 • 전문가를 합리적으로 이용 • 번잡한 노무관리를 하지 않고 관리의 단순화 • 전문적 지식, 기능, 자격에 의한 양질의 서비스를 기할 수 있다. • 관리비가 싸고 장기적으로 안정된다.
단점	• 책임의 소재나 권한의 범위가 불명확 • 전문업자를 충분히 활용 못할 수 있다.

112 토양 중에서 인산질 비료의 비효를 증진시키는 방법이 아닌 것은?

① 식물의 뿌리가 많이 분포하는 부분에 시비한다.
② 유기물 시용으로 토양의 인산 고정력을 감소시킨다.
③ 입상보다는 분상을 퇴비와 혼합하여 사용한다.
④ 퇴비와 혼합하거나 국부적 사용으로 토양과의 접촉을 적게 한다.

풀이 인산질 비료는 입상이 더 비효를 증진시킨다.

113 옥외 레크리에이션 관리체계의 기본요소가 아닌 것은?

① 예산(Budgets)
② 이용자(Visitor)
③ 관리(Management)
④ 자연자원기반(Natural resource)

풀이 옥외 레크리에이션 관리체계의 세 가지 기본요소 : 이용자, 자연자원기반, 관리

114 일반적으로 동일한 금속 재료로 만들어진 시설물의 부식이 가장 늦게 나타나는 지역은?

① 해안별장지대
② 전원주택지
③ 시가지나 공업지대
④ 산악지의 스키장

풀이 환경오염이나 염분기 등이 없는 깨끗한 환경에서 부식이 가장 늦게 나타난다.

ANSWER
111 ① 112 ③ 113 ① 114 ②

115 공사기간에 따른 공사의 진척상황을 그래프로 표시할 때 다음 중 가장 양호한 것은?

①
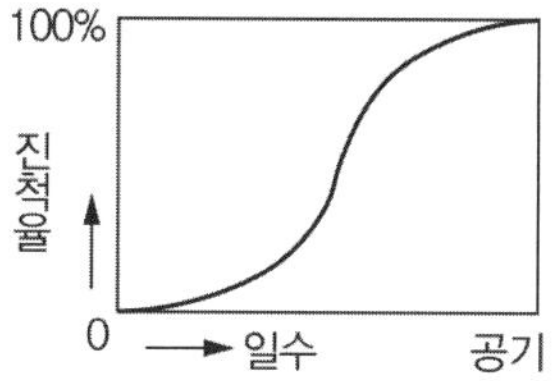

②
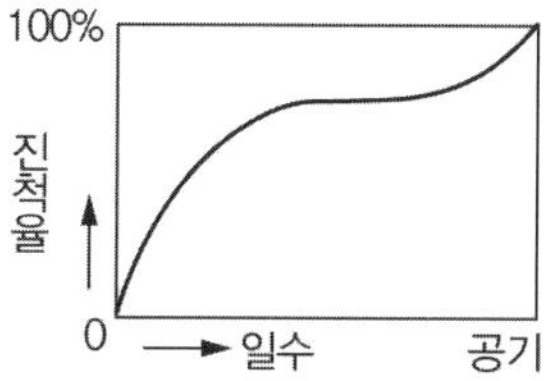

③
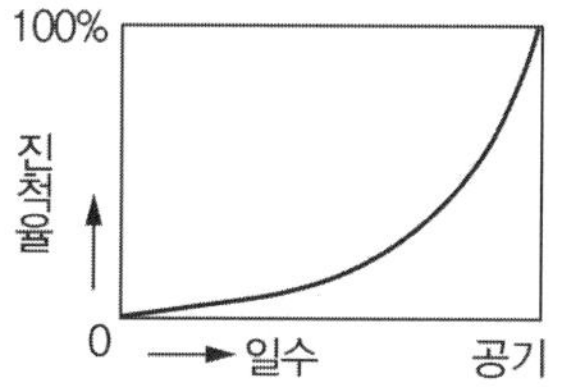

④
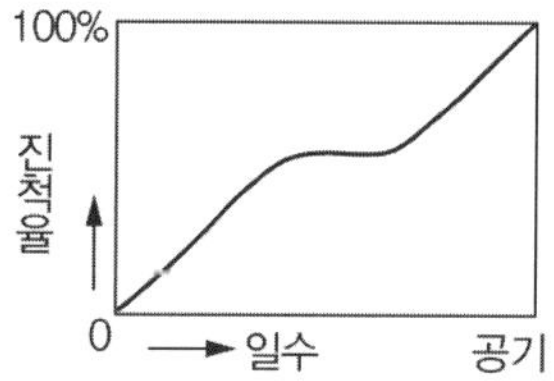

풀이 공사진행 예정공정 곡선은 S-curve이다.

116 자연 레크레이션지역 조경관리의 가장 중요한 현실적 목표라고 인식되는 사항은?

① 자연환경의 보전
② 하자(瑕疵)의 최소화
③ 수목 및 시설물의 지속적 이용촉진
④ 지속가능한 관리를 통한 이용효과의 증진

117 다음 중 솔나방에 관한 설명으로 틀린 것은?

① 식엽성 해충으로 1년에 1회 발생한다.
② 주로 소나무, 해송, 리기다소나무 등을 가해한다.
③ 6~7월 사이에 지오판수화제를 살포하여 방제한다.
④ 지표부근의 나무껍질 사이, 돌, 낙엽 밑에서 월동한다.

풀이 솔나방 : 마라톤유제수관, 디프액제, 파라티온으로 방재

118 일시에 큰 면적을 동시에 관수할 수 있으며, 노동력이 절감되고 비교적 균일한 상태로 관수할 수 있는 방법은?

① 방사식 관수
② 침수식(basin)관수
③ 도랑식(furrow)관수법
④ 스프링클러식(sprinkler) 관수

풀이 ③ 도랑식 관수법 : 도랑의 경사로, 유속에 따라서 도랑 이용해 비교적 균일하게 관수
④ 스프링클러식 관수법 : 지면에 설치된 스프링클러를 통한 살포

119 다음 식물의 병 중 병원체가 세균인 것은?

① 버즘나무 탄저병
② 포플러류 줄기마름병
③ 대추나무 빗자루병
④ 벚나무 불마름병

풀이 세균에 의해 발생하는 병 : 뿌리혹병, 불마름병, 세균무름병 등이 있
빗자루병(파이토플라즈마에 의한 병)
탄저병, 줄기마름병 (곰팡이에 의한 병)

ANSWER 115 ① 116 ④ 117 ④ 118 ③ 119 ④

120 난지형 잔디(금잔디, 들잔디 등)의 뗏밥주기 시기로 가장 적당한 것은?

① 12~1월 ② 2~3월
③ 5~6월 ④ 9~10월

풀이 난지형 잔디 뗏밥주는 시기는 늦봄에서 초여름사이

ANSWER 120 ③

2022 1회 조경기사 최근기출문제

2022년 3월 4일 시행

제1과목 조경사

001 다음 조선시대 사직단(社稷壇)에 관한 설명 중 틀린 것은?

① 동양의 우주관에 의해 궁궐 왼쪽에 사직단을 두었다.
② 토신에 제사지내는 사단(社壇)을 사직단에서 동쪽에 두었다.
③ 곡식의 신에 제사지내는 직단(稷壇)을 사직단에서 서쪽에 두었다.
④ 두 사직의 외각 기단부 사방에 홍살문을 두었다.

풀이 주례고공기의 궁성계획 좌묘우사면조 원리에 의해 종묘는 왼쪽에, 사직단은 오른쪽에 두었다.

002 중국 조경의 특징 중 태호석을 고를 때 주요 고려 요소가 아닌 것은?

① 누(漏) ② 경(景)
③ 수(瘦) ④ 추(皺)

풀이 태호석 고르는 원칙 : 수(瘦, 야위다.), 추(皺, 주름), 누(漏, 구멍), 투(透, 통함)

003 르네상스시대 바로크식 정원의 특징과 가장 관계가 먼 것은?

① 동굴(grotto)
② 토피아리(topiary)
③ 격자울타리(trellis)
④ 비밀분천(secret fountain)

풀이 바로크 양식은 16세기 말~17세기 말까지의 양식으로 주로 이태리 북부지방 제노바, 베니스에서 발전한 양식으로 이졸라벨라와 같이 매우 화려하고 기교를 부린 양식이다. 다양한 사용, 토피어리, 미원, 총림, 동굴, 분천 등이 특징이다.
격자울타리는 프랑스 르 노트르 양식에서 주로 나타난다.

004 인도의 타지마할(Taj-mahal)은 어떤 목적으로 만든 건축물인가?

① 왕궁(王宮)
② 분묘건축(墳墓建築)
③ 서민의 주택(住宅)
④ 귀족의 별장(別莊)

풀이 타지마할은 건축과 능묘가 결합된 분묘건축으로 샤자한왕이 왕비를 위해 축조한 것

ANSWER
001 ① 002 ② 003 ③ 004 ②

005 다음 중 스페인 알함브라 궁전의 「사자의 중정(court of lions)」과 같이 4등분한 수로가 의미하는 바는?

① 동서남북을 의미
② 수로의 편리성을 의미
③ 동일한 모양의 땅 가름을 의미
④ 파라다이스 가든의 네 강을 의미

풀이 4분원 : 천국을 상징하는 4개의 강을 상징하는 것

006 동사강목(東史綱目)에 "궁성의 남쪽에 못을 파고 20여리 밖에서 물을 끌어 들이고 사방의 언덕에 버드나무를 심고, 못 속에 섬을 만들었다."는 기록이 나타난 시기는?

① 백제의 진사왕 ② 백제의 무왕
③ 신라의 경덕왕 ④ 신라의 문무왕

풀이 백제 무왕 35년 궁남지조성에 관한 기록임

007 일본 교토에 위치한 실정(室町, 무로마치) 시대의 전통정원 가운데 은사탄(銀砂灘, 인공모래펄), 향월대(向月臺) 등의 경물이 있는 곳은?

① 금각사 ② 은각사
③ 대선원 ④ 용안사

풀이 은각사는 향월대(모래를 쌓아 후지산과 같은 모양), 은사탄(넓은 바다를 연상시키는 모래포장)으로 유명한 실정시대 서원조정원이다.

008 한국정원의 특징 중 가장 대표적인 것은?

① 산수경관의 축경화와 조화미
② 산수경관의 실경화(實景化)와 조화미
③ 산수경관의 모조화와 강한 대비성
④ 산수경관의 축의화(縮意化)와 대칭성

풀이 한국정원은 자연을 그대로 받아들이면서 원래의 자연을 그대로 정원으로 삼으며 자연과 건축물의 조화를 의도한 정원이다.

009 일반적인 조선시대 상류주택의 정원 중 바깥주인의 거처 및 접객공간이며, 조경수식이 가장 화려한 공간은?

① 안마당 ② 별당마당
③ 사랑마당 ④ 사당마당

풀이 ① 안마당 : 안채 앞의 마당. 큰 나무와 물 금기해 조경요소 거의 없음
② 별당마당 : 내별당은 약간의 수목과 경물의 정적 공간, 외별당은 연지, 정자 등 조경요소가 많음
③ 사랑마당 : 바깥 주인의 거처 및 접객공간인 사랑채 앞의 정원. 연못 등 조경적 요소가 많음
④ 사당마당 : 사당 앞마당으로 주로 큰 나무 몇 그루 식재

010 한국조경에는 석교(石橋), 목교(木橋), 징검다리, 외나무다리 등 다양한 형태가 설치되었는데, 이 중 외나무다리가 설치된 조경 유적은?

① 경주 안압지(雁鴨池)
② 경복궁 향원지(香源池)
③ 남원 광한루지(廣寒樓池)
④ 전남 담양의 소쇄원(瀟灑園)

풀이 소쇄원은 계곡물이 담을 지나 뜰아래로 지나가는데 그 위에 외나무다리가 놓여져 있음

011 다음 중 일본조경의 시초라 할 수 있는 사실과 가장 거리가 먼 것은?

① 일본서기(日本書紀)
② 용안사 석정(龍安寺 石庭)
③ 수미산(須彌山)과 오교(吳橋)
④ 백제인 노자공(路子工)

ANSWER
005 ④ 006 ② 007 ② 008 ② 009 ③ 010 ④ 011 ②

풀이 일본 비조시대 백제 노자공이 일본으로 건너가 궁궐남쪽에 수미산과 오교를 만들었다는 기록이 일본서기에 기록되어 있음

012 서양조경사를 통시적으로 보아 역사적으로 나타난 정원양식의 발달 순서로 적합한 것은?

① 자연풍경식 → 노단건축식 → 평면기하학식
② 노단건축식 → 평면기하학식 → 자연풍경식
③ 평면기하학식 → 노단건축식 → 자연풍경식
④ 노단건축식 → 자연풍경식 → 평면기하학식

풀이 노단건축식(15~16세기 이탈리아)
평면기하학식(17세기 프랑스)
자연풍경식(18세기 영국)

013 프랑스 베르사유궁원에서 사용된 "파르테르(Parterre)"란 명칭으로 가장 적당한 것은?

① 분수 ② 화단
③ 연못 ④ 산책로

풀이 네덜란드, 프랑스식 화단을 파르테르라 한다.

014 영국에 프랑스식 정원 양식을 도입하는데 공헌한 사람들 중 관계없는 인물은?

① 르노트르(Andre Le Notre)
② 로즈(John Rose)
③ 페로(Claude Perrault)
④ 포프(Alexander Pope)

풀이 포프는 영국의 전원시로 유명한 시인, 비평가

015 T.V.A(Tenessee Valley Authority)에 대한 설명 중 옳지 않은 것은?

① 최초의 광역공원계통
② 미국 최초의 광역지역계획
③ 계획 · 설계 과정에 조경가들이 대거 참여
④ 수자원개발의 효시이자 지역개발의 효시

풀이 T.V.A(Tenessee Valley Authority) : 수자원개발, 지역개발에 관한 효시로 미시시피하구에 21개의 댐을 건설하여 하수통제, 홍수조절과 수력 발전으로 공업도시개발을 이루는 목적으로 조경가들이 대거 참여한 사례이다.
최초의 광역조경계통은 찰스 엘리어트의 수도권 공원계통을 말한다.

016 다산초당(茶山草堂) 연못 조성과 관련된 글인 "中起三峯 石假山"에서 삼봉의 의미는?

① 금강산, 지리산과 한라산의 산악신앙에 의한 명산을 상징한다.
② 봉래, 방장과 영주의 신선사상에 의한 삼신산을 상징한다.
③ 돌의 배석기법인 불교에 의한 삼존석불을 상징한다.
④ 천 · 지 · 인의 우주근원을 나타낸 삼재사상을 상징한다.

풀이 삼봉은 신선사상의 삼신산으로 봉래, 방장, 영주를 의미한다.

017 서양에서 낭만주의 시대 자연풍경식 정원이 제일 먼저 발달한 국가는?

① 프랑스 ② 독일
③ 영국 ④ 이탈리아

풀이 새로운 인간에 대한 사상, 풍경화의 유행, 목가적인 자연환경을 바탕으로 영국에서 자연풍경식이 시작함

ANSWER 012 ② 013 ② 014 ④ 015 ① 016 ② 017 ③

018 이탈리아 조경요소는 점, 선, 면적 요소로 나누어 볼 수 있는데, 다음 중 점적 요소에 해당되지 않는 것은?

① 분수 ② 원정(園亭)
③ 조각상 ④ 연못

풀이 점적 요소는 분수, 원정, 조각상이며, 연못은 면적 요소에 해당함

019 조선시대 궁궐 조경에 곡수거 형태가 남아 있는 곳은?

① 창덕궁 후원 옥류천 공간
② 경복궁 후원 향원정 공간
③ 창경궁 통명전 공간
④ 경복궁 교태전 후원 공간

풀이 창덕궁 후원 옥류천역에 청의정, 소요정, 태극정, 취한정 등을 배치하고 계류에서 곡수거를 하였다.

020 다음 중 고려시대(A)와 조선시대(B) 정원을 관장하던 행정부서의 명칭이 옳은 것은?

① A : 식대부, B : 장원서
② A : 내원서, B : 식대부
③ A : 장원서, B : 상림원
④ A : 내원서, B : 장원서

풀이 우리나라 조경관련부서 변천사 : 고려(내원서) ⇨ 조선태조(상림원) ⇨ 조선태종(산택사) ⇨ 조선세조(장원서) ⇨ 조선연산군(원유사) ⇨ 조선중종(장원서)

제 2 과목 조경계획

021 비교적 큰 규모의 프로젝트(예: 유원지, 국립공원)를 수행할 때 기본구상의 단계에서 가장 중요한 항목은?

① 토지이용 및 식재
② 토지이용 및 동선
③ 동선 및 하부구조
④ 시설물 배치 및 식재

풀이 기본구상은 제반자료의 분석, 종합을 기초로 프로그램에 제시된 계획방향에 의거해 구체적 계획안의 개념을 정립하는 것으로 토지이용과 동선이 가장 중요하다.

022 설문지 작성의 원칙과 거리가 먼 것은?

① 직접적, 간접적 질문을 혼용하여 작성한다.
② 조사목적 이외에도 기타 문항을 삽입하여 응답자를 지루하지 않게 배려한다.
③ 편견 또는 편의가 발생하지 않도록 작성한다.
④ 유도질문을 회피하고 객관적인 시각에서 문항을 작성한다.

풀이 설문지 작성의 일반적 원칙 중 2번 항은 다음과 같아야 한다.
질문의 순서를 결정할 때에는 응답자들이 지루함을 느끼지 않도록 가능한 쉽게 응답할 수 있으며 흥미를 유발 할 수 있는 것이어야 한다.
또한 조사목적 이외에도 기타문항을 삽입하면 안 된다.

ANSWER 018 ④ 019 ① 020 ④ 021 ② 022 ②

023 1875년 영국에서 불결한 도시주거환경을 제거하기 위해 새로이 건설되는 주택의 상하수도 시설과 정원 크기 및 주변 도로의 폭 등 주거환경기준을 규제하는 목적으로 제정된 법은?

① 건축법(building act)
② 공중위생법(public health act)
③ 단지조성법(site planning act)
④ 미관지구에 관한 법
(law of beautification district)

024 인간행태 관찰방법 중 시간차 촬영(Time-Lapse Camera)에 이용될 수 있는 가장 적절한 조사 내용은?

① 국립공원의 보행패턴 및 이용 장소 조사
② 대규모 아파트단지의 자동차 통행패턴 조사
③ 광장 이용자의 하루 중 보행통로 및 머무는 장소 조사
④ 초등학교 어린이가 집에서부터 학교에 도달하는 보행통로 조사

풀이 인간행태 관찰의 시간차 촬영은 시간의 제한이 있어야 한다.

025 자연공원체험사업 중 『자연상태 체험사업』의 범위에 해당하지 않는 것은?

① 생태체험사업을 위한 주민지원
② 공원 내 갯벌, 모래 언덕, 연안습지, 섬 등 해양생태계 관찰 활동
③ 자연공원특별보호구역 탐방 및 멸종위기 동식물의 보전·복원 현장 탐방
④ 우수 경관지역, 식물군락지, 아고산대, 하천, 계곡, 내륙습지 등 육상생태계 관찰 활동

풀이 자연공원법 시행령 제 41조 4. 자연공원체험사업의 범위와 종류 별표2

종류	범위
자연생태 체험사업	1. 우수 경관지역, 식물군락지, 아고산대, 하천, 계곡, 내륙습지 등 육상생태계 관찰활동 2. 공원 내 갯벌, 모래 언덕, 연안습지, 섬 등 해양생태계 관찰활동 3. 자연공원특별보호구역 탐방 및 멸종위기 동식물의 보전·복원 현장 탐방
문화생태 체험사업	1. 전통사찰, 역사적·학술적 가치가 큰 건조물, 절터, 성터, 옛무덤 등의 답사 2. 지역을 대표하는 연극, 음악, 무용, 놀이, 전통생활양식 등의 체험
농어촌생태 체험사업	1. 공원 내 농어촌 마을의 문화·생활 체험 2. 공원 내 농어촌 마을에서 생산되는 농수산물 및 특산물을 활용한 생태 체험
건강생태 체험사업	1. 질병을 예방하고 건강을 증진시킬 수 있는 활동 2. 건강한 생활습관의 실천방법
부대사업	1. 전문가 양성 및 교육·홍보 2. 대상지의 조사 및 모니터링 3. 우수 프로그램의 개발·보급 4. 자연공원체험사업을 위한 주민지원 5. 그 밖에 자연공원체험사업에 필요한 사항

026 출입구가 2개 이상일 때 차로의 너비가 가장 큰 주차형식은? (단, 이륜자동차전용 노외주차장 이외의 노외주차장으로 제한)

① 평행주차 ② 직각주차
③ 교차주차 ④ 60° 대향주차

풀이 주차장법 시행규칙 제 6조(노외주차장의 구조·설비기준) 이륜자동차전용 노외주차장

주차형식	차로의 너비	
	출입구가 2개 이상인 경우	출입구가 1개인 경우
평행주차	2.25미터	3.5미터
직각주차	4.0미터	4.0미터
45° 대향(對向) 주차	2.3미터	3.5미터

ANSWER 023 ② 024 ③ 025 ① 026 ②

027 「자연환경보전법 시행규칙」 상 시·도지사 또는 지방 환경관서의 장이 환경부장관에게 보고해야 할 위임업무 보고사항 중 "생태·경관보전지역 등의 토지매수 실적" 보고는 연 몇 회를 기준으로 하는가?

① 수시　② 1회
③ 2회　④ 4회

풀이 자연환경보전법 시행규칙 제 42조 (위임사항의 보고) 별표3

업무내용	보고 횟수	보고기일
1. 생태 · 경관보전지역 안에서의 행위중지 · 원상회복 또는 대체자연의 조성 등의 명령 실적	수시	사유발생시
2. 생태 · 경관보전지역 등의 토지매수 실적	연 1회	매년 종료 후 15일 이내
3. 과태료의 부과 · 징수 실적	연 2회	매반기 종료 후 15일 이내
4. 생태계보전부담금의 부과 · 징수 실적 및 체납처분 현황	연 2회	매반기 종료 후 15일 이내
5. 생태마을의 지정 및 해제 실적	지정 : 연 1회 해제 : 수시	매년 종료 후 15일 이내 해제 : 사유발생시

028 주택단지의 밀도 중 주거목적의 주택용지만을 기준으로 한 것을 무엇이라 하는가?

① 총밀도　② 순밀도
③ 용지밀도　④ 근린밀도

풀이 ① 총밀도 : 주택용지, 일반건축용지, 녹지용지, 교통용지 이들 모든 용지의 합계면적 즉, 단지 총면적에 대한 인구밀도
② 순밀도 : 주택단지의 부지 중 일반 건축용지, 녹지용지, 교통용지를 제외한 주택용지만에 대한 인구밀도

029 인근 거주자의 이용을 대상으로 하여 유치거리 500m 이하로 규모가 1만제곱미터 이상의 기준에 해당하는 공원은?

① 체육공원
② 어린이공원
③ 도보권근린공원
④ 근린생활권근린공원

풀이 도시공원 및 녹지 등에 관한 법률 시행규칙 제 6조 관련 별표3

공원구분	설치기준	유치거리	규모
1. 생활권 공원			
가. 소공원	제한 없음	제한 없음	제한 없음
나. 어린이공원	제한 없음	250미터 이하	1천5백 제곱미터 이상
다. 근린공원			
(1) 근린생활권 근린공원(주로 인근에 거주하는 자의 이용에 제공할 것을 목적으로 하는 근린공원)	제한 없음	500미터 이하	1만제곱미터 이상
(2) 도보권 근린공원(주로 도보권 안에 거주하는 자의 이용에 제공할 것을 목적으로 하는 근린공원)	제한 없음	1천미터 이하	3만제곱미터 이상
(3) 도시지역권 근린공원(도시지역 안에 거주하는 전체 주민의 종합적인 이용에 제공할 것을 목적으로 하는 근린공원)	해당도시공원의 기능을 충분히 발휘할 수 있는 장소에 설치	제한 없음	10만제곱미터 이상
(4) 광역권 근린공원(하나의 도시지역을 초과하는 광역적인 이용에 제공할 것을 목적으로 하는 근린공원)	해당도시공원의 기능을 충분히 발휘할 수 있는 장소에 설치	제한 없음	100만제곱미터 이상
2. 주제공원			
가. 역사공원	제한 없음	제한 없음	제한 없음
나. 문화공원	제한 없음	제한 없음	제한 없음
다. 수변공원	하천 · 호수 등의 수변과 접하고 있어 친수공간을 조성할 수 있는 곳에 설치	제한 없음	제한 없음
라. 묘지공원	정숙한 장소로 장래 시가화가 예상되지 아니하는 자연녹지지역에 설치	제한 없음	10만제곱미터 이상

ANSWER 027 ② 028 ② 029 ④

마. 체육공원	해당도시공원의 기능을 충분히 발휘할 수 있는 장소에 설치	제한 없음	1만제곱미터 이상
바. 도시농업공원	제한 없음	제한 없음	1만제곱미터 이상
사. 법 제15조제1항 제3호아목에 따른 공원	제한 없음	제한 없음	제한 없음

030 다음 중 우수유량을 결정하는데 영향력이 가장 적은 요소는?

① 지표면의 경사방향
② 강우시간 및 강우강도
③ 지표면에 형성된 식생의 종류
④ 지표면을 형성하는 토양의 종류

풀이 우수유량은 지표면의 지형, 지질, 식생, 토양, 강우강도, 강우시간이 가장 많은 영향을 준다. 경사도는 영향이 크나 경사의 방향은 영향이 거의 없다.

031 도시공원 안의 공원시설 부지면적 기준이 상이한 곳은? (단, 도시공원 및 녹지 등에 관한 법률 시행규칙을 적용한다.)

① 근린공원(3만m^2 미만)
② 수변공원
③ 도시농업공원
④ 묘지공원

풀이 도시공원 및 녹지 등에 관한 법률 시행규칙 제 11조(도시공원 안 공원시설 부지면적) 별표4

공원구분	공원면적	공원시설 부지면적
1. 생활권 공원		
가. 소공원	전부 해당	100분의 20 이하
나. 어린이공원	전부 해당	100분의 60 이하
다. 근린공원	(1) 3만제곱미터 미만	100분의 40 이하
	(2) 3만제곱미터 이상 10만제곱미터 미만	100분의 40 이하
	(3) 10만제곱미터 이상	100분의 40 이하
2. 주제공원		
가. 역사공원	전부 해당	제한 없음
나. 문화공원	전부 해당	제한 없음
다. 수변공원	전부 해당	100분의 40 이하
라. 묘지공원	전부 해당	100분의 20 이상

공원구분	공원면적	공원시설 부지면적
마. 체육공원	(1) 3만제곱미터 미만	100분의 50이하
	(2) 3만제곱미터 이상 10만제곱미터 미만	100분의 50이하
	(3) 10만제곱미터 이상	100분의 50이하
바. 도시농업공원	전부 해당	100분의 40 이하
사. 법 제15조제1항제3호아목에 따른 공원	전부 해당	제한 없음

032 다음과 같은 행위기준이 적용되는 자연공원의 용도지구는?

- 공원자연환경지구에서 허용되는 행위
- 대통령령으로 정하는 규모 이하의 주거용 건축물의 설치 및 생활환경 기반시설의 설치
- 지구의 자체 기능상 필요한 시설로서 대통령령으로 정하는 시설의 설치
- 환경오염을 일으키지 아니하는 가내공업(家內工業)

① 공원마을지구
② 공원자연환경지구
③ 공원자연보존지구
④ 공원문화유산지구

풀이 자연공원법 제18조 자연공원 용도지구
1. 공원자연보존지구 : 다음 각 목의 어느 하나에 해당하는 곳으로서 특별히 보호할 필요가 있는 지역
㉮ 생물다양성이 특히 풍부한 곳
㉯ 자연생태계가 원시성을 지니고 있는 곳
㉰ 특별히 보호할 가치가 높은 야생 동식물이 살고 있는 곳
㉱ 경관이 특히 아름다운 곳
2. 공원자연환경지구 : 공원자연보존지구의 완충공간(緩衝空間)으로 보전할 필요가 있는 지역
3. 공원자연마을지구 : 취락의 밀집도가 비교적 낮은 지역으로서 주민이 취락생활을 유지하는데 필요한 지역
4. 공원밀집마을지구 : 취락의 밀집도가 비교적 높거나 지역생활의 중심 기능을 수행하는 지역으로

ANSWER 030 ① 031 ④ 032 ①

서 주민이 일상생활을 유지하는 데 필요한 지역
5. 공원집단시설지구 : 자연공원에 들어가는 자에 대한 편의 제공 및 자연공원의 보전 · 관리를 위한 공원시설이 모여 있거나 공원시설을 모아 놓기에 알맞은 지역

033 집을 출발하여 목적지에 도착한 후 그곳에서 2~3개소의 시설을 광범위하게 구경하고 집으로 돌아오는 관광행위의 유형은?

① 옷핀(pin)형
② 스푼(spoon)형
③ 피스톤(piston)형
④ 탬버린(tambourine)형

풀이 관광행위의 유형
① 피스톤형 : 집을 출발하여 목적 경관지에 직행하여 관광의 목적을 달성하고 다시 집으로 직행해 돌아오는 유형
② 옷핀형(안전핀형) : 집을 출발하여 목적지에 직행한 다음 그 곳에서 유행이나 탐행을 즐기고 곧바로 집에 돌아오는 유형
③ 스푼형 : 옷핀형과 비슷한 형태로 관광 목적지에서 유행이나 탐행의 범위가 넓어(활동범위가 2~3개) 소요시간이 길어짐
④ 탬버린형 : 집에서 출발하여 미리 선정한 4~5개소의 목적지를 순차적으로 유행, 탑행하는 관광행위이며 소요되는 일수는 2~4일이 필요. 집에서 집까지의 노정이 직행코스가 아니고 원형코스가 되어 명칭대로 탬버린 모양의 순환코스를 형성

034 공원녹지 체계를 설명한 것 중 가장 거리가 먼 것은?

① 체계를 구성하는 요소는 하나의 큰 공원이다.
② 가로수나 하천을 공원의 연계요소로 이용한다.
③ 다수의 공원을 연계하여 상호간의 관계를 만든다.
④ 공원을 보완하는 점적 · 면적 요소들로서는 호수, 운동장, 광장 등이 있다.

풀이 체계라는 것은 여러 개가 연결되어 있는 네트워크의 개념이다. 따라서 하나의 큰 공원이라기보다 여러 개의 공원이 연결되어 있는 것을 말한다.

035 수요량 예측이 공간의 규모를 결정짓게 되는데, 반대로 계획의 규모가 수용량의 한계를 결정짓기도 한다. 일반적으로 수요량 산출 공식에 해당하지 않는 것은?

① 시계열 모델
② 중력 모델
③ 요인분석 모델
④ 혼합형 모델

풀이 공간의 수요량 산정 모델
① 시계별 모델 : 시간과 관계하여 예측연도가 단기간일 경우에, 변화가 적은 경우에, 유용 요인 상호가 관계가 적은 경우에 산정
② 중력 모델 : 요인상호관계가 큰 경우에 사용
③ 요인분석모델 : 과거 이용추세로 추정해 보는 인과 모형

036 동질적인 성격을 가진 비교적 큰 규모의 경관을 구분하는 것으로 주로 지형 및 지표 상태에 따라 구분하는 것을 무엇이라고 하는가?

① 경관요소 ② 경관유형
③ 토지형태 ④ 경관단위

풀이 경관단위
동질적 질감을 지닌 경관의 구분으로 경관구역을 형성하는 요소임

037 도시조경의 목표로서 가장 거리가 먼 것은?

① 친환경적 도시건설
② 친인간적 도시건설
③ 아름다운 도시건설
④ 교통 편의적 도시건설

ANSWER
033 ② 034 ① 035 ④ 036 ④ 037 ④

풀이 도시조경은 도시를 환경적으로 생태적으로 만들어 친인간적이고, 아름답고 살기 좋은 공간으로 만드는 것이 목표이다.

038 환경심리학에 관한 설명으로 옳지 않은 것은?

① 환경과 인간행위 상호간의 관계성을 연구한다.
② 사회심리학과 공동의 관심분야를 많이 지니고 있다.
③ 이론적이고 기초적인 연구에만 관심을 둔다.
④ 다소 정밀하지 않더라도 문제해결에 도움이 되는 가능한 모든 연구방법을 사용한다.

풀이 환경심리학의 특징
- 인간 형태와 물리적 환경의 관계성에 관련되는 학문이다.
- 물리적 환경과 인간 형태 및 경험과의 상호관계성에 초점을 맞추는 분야이다.
- 물리적 환경에 내재된 인간을 연구하는 학문이다.

039 환경영향평가의 어려움에 관한 설명으로 옳지 않은 것은?

① 쾌적함, 아름다움 등의 추상적 가치에 관한 정량적 분석이 어렵다.
② 건설 후에 평가를 하게 되므로 완화대책을 시행하는데 비용이 많이 든다.
③ 일정행위로 인해 초래되는 환경적 영향에 대한 과학적 자료가 미흡하다.
④ 환경적 영향을 충분히 분석하기 위하여 어느 정도의 자료가 수집되어야 하는가에 대한 지식이 부족하다.

풀이 환경영향평가는 건설하기 전(사업계획 수립 단계)에 시행한다.

040 세계 최초로 지정된 국립공원과 한국 최초로 지정된 국립공원이 바르게 짝지어진 것은?

① 요세미티(yosemite) - 오대산
② 요세미티(yosemite) - 속리산
③ 옐로우스톤(yellow stone) - 설악산
④ 옐로우스톤(yellow stone) - 지리산

제 3 과목 조경설계

041 균형(Balance)의 원리에 관한 설명으로 옳지 않은 것은?

① 크기가 큰 것은 작은 것보다 시각적 중량감이 크다.
② 거친 질감은 부드러운 질감보다 시각적 중량감이 크다.
③ 불규칙적인 형태는 기하학적인 형태보다 시각적 중량감이 크다.
④ 밝은 색상이 어두운 색상보다 시각적 중량감이 크다.

풀이 어두운 색상이 밝은 색상보다 시각적 중량감이 크다.

042 다음 먼셀 기호에 대한 설명에 틀린 것은?

5R 4/10

① 명도는 4 이다.
② 색상은 5R 이다.
③ 채도는 4/10 이다.
④ 5R 4의 10이라고 읽는다.

풀이 채도는 10이다.

ANSWER 038 ③ 039 ② 040 ④ 041 ④ 042 ③

043 자전거도로의 설계에서 "종단경사가 있는 자전거도로의 경우 종단경사도에 따라 연속적으로 이어지는 도로의 최대 길이"를 무엇이라 하는가?

① 편경사 ② 정지시거
③ 횡단경사 ④ 제한길이

풀이 자전거 이용시설의 구조, 시설기준에 관한 규칙 제2조(정의)
"제한길이" 종단경사가 있는 자전거도로의 경우 종단경사도에 따라 연속적으로 이어지는 도로의 최대 길이를 말한다.

044 다음 색에 관한 설명 중 옳은 것은?

① 파랑 계통은 한색이고, 진출색 · 팽창색이다.
② 파랑 계통은 난색이고, 후퇴색 · 팽창색이다.
③ 빨강 계통은 난색이고, 진출색 · 팽창색이다.
④ 빨강 계통은 한색이고, 후퇴색 · 팽창색이다.

045 가시광선이 주는 밝기의 감각이 파장에 따라 달라지는 정도를 나타내는 것은?

① 명시도 ② 시감도
③ 암시도 ④ 비시감도

풀이
- 명시도 : 두색을 배색했을 때 눈의 잘 띄는 정도
- 시감도 : 가시광선이 주는 밝기의 감각이 파장에 따라서 달라지는 정도를 나타내는 것
- 비시감도 : 파장 분포의 최대 시감도에 대한 어떤 시감도의 비

046 공공을 위한 공원 조성 시 보행동선 계획·설계에 관한 설명으로 틀린 것은?

① 동선은 가급적 단순하고 명쾌해야 한다.
② 상이한 성격의 동선은 가급적 분리시켜야 한다.
③ 이용도가 높은 동선은 가급적 길게 해야 한다.
④ 동선이 교차할 때에는 가급적 직각으로 교차해야 한다.

풀이 이용도가 높은 동선은 가급적 짧게 해야 한다.

047 인간 척도의 측면에서 외부공간에서 리듬감을 주고자 할 때 바닥의 재질변화나 고저차는 어느 정도 간격으로 하는 것이 가장 효과적인가?

① 10~15m ② 15~20m
③ 20~25m ④ 25~30m

풀이
- 스프라이레건의 외부공간에서 인간척도를 느끼는 한계 : 12~24m
- 린치의 도시광장 이론에서의 인간척도 : 24m

048 위요된 공간에서 혼잡하다고 느낄 때, 이를 완화시키기 위한 공간의 구성으로 틀린 것은?

① 천정을 높인다.
② 적절한 칸막이를 만들어 준다.
③ 외부공간으로 시선을 열어준다.
④ 장방형의 공간을 정방형으로 만든다.

풀이 장방형이 정방형보다 덜 혼잡하게 느껴진다.

ANSWER 043 ④ 044 ③ 045 ② 046 ③ 047 ③ 048 ④

049 조경구성에 있어서 질감(texture)의 특성에 대한 설명으로 옳지 않은 것은?

① 질감은 물체의 부분의 형과 크기의 결과이다.
② 수목의 질감은 주로 잎의 특성과 크기 및 배치에 달려 있다.
③ 질감은 관찰자의 떨어진 거리가 영향을 미치지 않는다.
④ 질감의 효과는 매끄럽다, 거칠다 등 경험적 촉각에 의하여 감지된다.

풀이 질감은 물체표면의 요철과 관련이 있어 거리에 영향을 받는다.

050 다음 중 "자연적인 형태" 주제에 해당하지 않는 것은?

① 나선형(spiral)
② 유기체적 모서리형(organic edge)
③ 불규칙 다각형(irregular polygon)
④ 집합과 분열형 (clustering and fragmentation)

풀이 자연적인 형태는 불규칙한 형태가 대부분으로 나선형은 규칙적인 형태이다.

051 다음 중 교차점광장의 결정기준에 해당하지 않는 것은? (단, 도시 · 군계획시설의 결정 · 구조 및 설치기준에 관한 규칙을 적용한다.)

① 자동차전용도로의 교차지점인 경우에는 입체 교차방식으로 할 것
② 주민의 사교, 오락, 휴식 및 공동체 활성화 등을 위하여 근린주거구역별로 설치할 것
③ 혼잡한 주요도로의 교차점에서 각종 차량과 보행자를 원활히 소통시키기 위하여 필요한 곳에 설치할 것
④ 주간선도로의 교차지점인 경우에는 접속도로의 기능에 따라 입체교차방식으로 하거나 교통섬 · 변속차로 등에 의한 평면교차방식으로 할 것

풀이 도시·군계획 시설의 결정·구조 및 설치기준에 관한 규칙 제50조 광장의 결정기준
1. 교차점광장
(1) 혼잡한 주요도로의 교차지점에서 각종 차량과 보행자를 원활히 소통시키기 위하여 필요한 곳에 설치할 것
(2) 자동차전용도로의 교차지점인 경우에는 입체교차방식으로 할 것
(3) 주간선도로의 교차지점인 경우에는 접속 도로의 기능에 따라 입체교차방식으로 하거나 교통섬·변속차로 등에 의한 평면교차방식으로 할 것 다만, 도심부나 지형여건상 광장의 설치가 부적합한 경우에는 그러하지 아니하다.
※ 2번항은 근린광장의 결정기준에 해당함

052 설계 도면의 치수를 나타낸 그림 중 가장 나쁘게 표현한 것은?

①
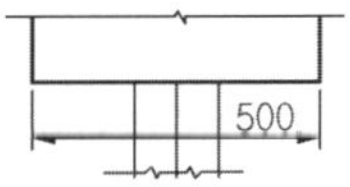

②
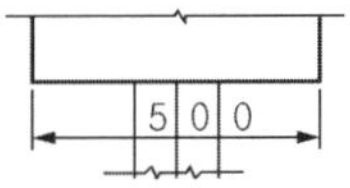

③
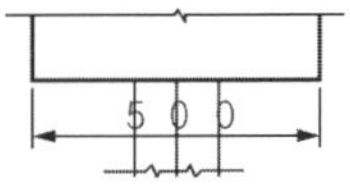

④
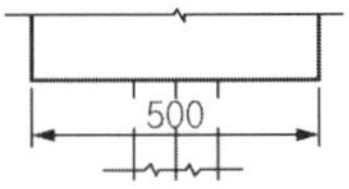

풀이 치수는 치수선의 위에 적으며 가독성을 위해 다른 선과 겹치지 않도록 쓴다.

ANSWER 049 ③ 050 ① 051 ② 052 ③

053 건축물의 피난·방화구조 등의 기준에 관한 규칙상 다음 설명의 ( ) 안에 적합한 수치는?

> 건축물의 바깥쪽으로 나가는 출구를 설치하는 경우 관람실 바닥면적의 합계가 (　　)m^2 이상인 집회장 또는 공연장은 주된 출구 외에 보조출구 또는 비상구를 2개소 이상 설치하여야 한다.

① 250　　② 300
③ 500　　④ 600

풀이 건축물의 피난 · 방화구조 등의 기준에 관한 규칙 제 11조(건축물의 바깥쪽으로의 출구의 설치기준) 건축물의 바깥쪽으로 나가는 출구를 설치하는 경우 관람실의 바닥면적의 합계가 300제곱미터 이상인 집회장 또는 공연장은 주된 출구 외에 보조출구 또는 비상구를 2개소 이상 설치해야 한다.

054 다음 중 일반적인 조경설계 과정에 포함되는 사항이 아닌 것은?

① 프로그램 개발　② 조사와 분석
③ 개념적인 설계　④ 모니터링 설계

풀이 모니터링이란 시공이 끝난 실제 공간에서 이용자들의 패턴을 분석해 공간에 관한 영향을 파악하고자 시행한다. 주로 관리를 위해 활용한다.

055 전망대 설치 시 고려사항으로 틀린 것은?

① 전망대의 면적은 1인당 보통 5~7m^2가 적당하다.
② 위치는 조망에 유리한 방향을 향하도록 하는 것이 좋다.
③ 보안상 안전하고 이용자가 사용하기 좋은 곳을 고려해야 한다.
④ 전망대 위치는 능선이나 산 정상보다는 진입로 근처가 바람직하다.

풀이 전망대는 조망을 위한 것으로 전망이 유리한 능선이나 산정상이 바람직하다.

056 최근의 환경 설계 분야에서는 과학적 설계에 대한 관심이 높아지고 있다. 과학적 설계에 관한 설명으로 틀린 것은?

① 과학적 설계연구 자료에 근거하여 설계한다.
② 이용자의 형태, 선호 및 가치를 최대한 고려한다.
③ 설계자의 창의력은 임의성이 많으므로 과학적 방법으로 완전히 대체하고자 하는 것이다.
④ 설계자의 직관 및 경험에만 의존하지 않고 합리적 접근이 가능한 분야는 과학적 방법을 이용한다.

풀이 과학적 설계는 최대한 합리적, 기초자료에 의거해 접근하는 방법으로 설계과정에서 설계자의 창의력이 필요한 부분도 있음으로 완전히 대체하는 것은 어렵다.

057 다음 그림과 같이 투상하는 방법은?

① 제1각법　　② 제2각법
③ 제3각법　　④ 제4각법

풀이 제1각법 : 물체를 제1각에 놓고 정투상 하는 방법으로 평화면, 측화면을 입화면과 같은 평면이 되도록 회전시키면 (나)와 같이 정면도의 왼쪽에 우측면도가 놓이고, 평면도는 정면도의 아래쪽에 놓이게 된다.

058 설계 시 사용되는 1점 쇄선의 용도가 아닌 것은? (단, 한국산업표준(KS)을 적용한다.)

① 중심선　　② 절단선
③ 경계선　　④ 가상선

풀이 가상선은 2점 쇄선을 사용한다.

ANSWER 053 ②　054 ④　055 ④　056 ③　057 ①　058 ④

059 어린이미끄럼틀의 미끄럼대에 있어서 일반적인 미끄럼판의 기울기 각도와 폭이 가장 적합하게 짝지어진 것은? (단, 폭은 1인용 미끄럼판을 기준으로 한다.)

① 각도 : 20~30°, 폭 : 20~30cm
② 각도 : 30~35°, 폭 : 40~50cm
③ 각도 : 20~30°, 폭 : 40~50cm
④ 각도 : 30~40°, 폭 : 20~30cm

풀이 조경설계시준 14.4.2 미끄럼대
나. 미끄럼판
(1) 미끄럼판은 높이 1.2(유아용)~2.2m(어린이용)의 규격을 기준으로 한다.
(2) 미끄럼판의 기울기는 30~35°로 재질을 고려하여 설계한다.
(3) 1인용 미끄럼판의 폭은 40~50cm를 기준으로 한다.
(4) 미끄럼판과 상계판의 연결부는 틈이 생기지 않도록 밀착 또는 연속되어야 한다.
(5) 미끄럼판 출입구의 폭은 미끄럼판의 폭과 같은 크기로 한다.

060 환경색채디자인에서 주의할 점이 아닌 것은?

① 인공 시설물의 색채는 제외시킨다.
② 자연환경과 인공환경의 조화를 고려해야 한다.
③ 대상 지역 전체의 색채이미지와 부분의 색채이미지가 잘 조화될 수 있도록 계획한다.
④ 외부 환경색채 디자인의 경우 광, 온도, 기후 등 대상지역에 대한 정확한 조사를 바탕으로 색채계획이 이루어져야 한다.

풀이 환경색채디자인은 인간생활환경을 더 아름답고 바람직한 공간으로 만들기 위한 것으로 인공시설물의 색채 또한 매우 중요하다.

제 4 과목 조경식재

061 다음 중 천근성(淺根性)으로 분류되는 수종은?

① 느티나무(*Zelkova serrata*)
② 전나무(*Abies holophylla*)
③ 상수리나무(*Quercus acutissima*)
④ 이태리포푸라(*Populus davidiana*)

풀이 천근성은 뿌리가 얕게 자라는 수종으로 이태리포푸라가 해당됨

062 천이(Succession)의 순서가 옳은 것은?

① 나지 → 1년생초본 → 다년생초본 → 음수교목림 → 양수관목림 → 양수교목림
② 나지 → 1년생초본 → 다년생초본 → 양수교목림 → 양수관목림 → 음수교목림
③ 나지 → 1년생초본 → 다년생초본 → 양수관목림 → 양수교목림 → 음수교목림
④ 나지 → 다년생초본 → 1년생초본 → 양수관목림 → 양수교목림 → 음수교목림

풀이 천이의 순서 : 나지 → 1년생 초본 → 다년생 초본 → 음수관목 → 양수교목 → 음수교목

063 '개체군내에는 최적의 생장과 생존을 보장하는 밀도가 있다. 과소 및 과밀은 제한 요인으로 작용한다.'가 설명하고 있는 원리는?

① Gause의 원리
② Allee의 원리
③ 적자생존의 원리
④ 항상성의 원리

풀이 Allee 성장형 : 적절한 밀도일 때 최대 생존을 갖는다.

ANSWER 059 ② 060 ① 061 ④ 062 ③ 063 ②

064 포장지역에 식재한 독립 교목은 태양열 및 인적 피해로부터의 보호와 미관을 고려하여 수간에 매년 새끼 등 수간보호재 감기를 실시하여야 한다. 이 경우 지표로부터 약 몇 m 높이까지 감아야 하는가?

① 1.0m ② 1.5m
③ 2.0m ④ 2.6m

풀이 조경공사표준시방서 식생유지관리
수간보호 : 포장지역에 식재한 독립교목은 태양열 및 인위적 피해로부터 보호하기 위하여 1.5m 높이까지의 수간에 수간보호재 감기를 실시한다.

065 가로수의 식재 방법으로 옳지 않은 것은?

① 식재구덩이의 크기는 너비를 뿌리분 크기의 1.5배 이상으로 한다.
② 분의 지름은 근원경의 2~3배로해서 분뜨기를 한다.
③ 지주 설치 기간은 뿌리 발육이 양호해질 때까지 약 1~2년간 설치해 둔다.
④ 식재지의 일정용량 중 토양입자 50%, 수분 25%, 공기 25%의 구성비를 표준으로 한다.

풀이 분의 지름은 근원경의 5~6배로해서 분뜨기를 한다.

066 추식구근(秋植球根)에 해당하지 않는 것은?

① 아마릴리스(Amaryllis)
② 아네모네(Anemone)
③ 히아신스(hyacinth)
④ 라넌큘러스(Ranunculus)

풀이 추식구근은 가을심기하여 그 다음해 봄에 화단을 조성하는 수종으로 아네모네, 히아신스, 라넌큘러스 등 아마릴리스는 춘식구근(봄에 심기)에 해당함

067 다음 설명에 적합한 수종은?

- 백색수피가 특이하다.
- 극양수로서 도시공해 및 전지전정에 약하다.
- 종이처럼 벗겨지며 봄의 신록과 가을 황색 단풍이 아름다워 현대 감각에 알맞은 조경수이다.

① 서어나무(*Carpinus laxiflora*)
② 박달나무(*Betula schmidtii*)
③ 개암나무(*Corylus heterophylla*)
④ 자작나무(*Betula platyphylla* var. *japonica*)

풀이 자작나무는 수피가 흰 것으로 겨울철 볼거리를 제공하는 수종으로 유명하다.

068 사실적(寫實的) 식재와 가장 관련이 없는 것은?

① 다수의 수목을 규칙적으로 배식
② 실제로 존재하는 자연경관을 묘사
③ 고산식물을 주종으로 하는 암석원(rock garden)
④ 윌리엄 로빈슨이 제창한 야생원(wild graden)

풀이 사실적 식재는 자연의 모습과 유사하게 식재하는 것으로 규칙적으로 배식하는 것은 거리가 멀다.

069 개울가, 연못 가장자리 등 습윤지에서 잘 자라는 수종이 아닌 것은?

① 낙우송(*Taxodium distichum*)
② 능수버들(*Salix pseudolasiogyne*)
③ 오리나무(*Alnus japonica*)
④ 향나무(*Juniperus chinensis*)

풀이 향나무는 양지에서 잘 자라며 배수가 잘되고 비옥한 토양에서 자란다.

ANSWER 064 ② 065 ② 066 ① 067 ④ 068 ① 069 ④

070 숲의 층위에 해당하지 않는 것은?

① 만경류층 ② 초본층
③ 관목층 ④ 아교목층

풀이 숲의 군락조성표 작성시 층위는 교목층, 아교목층, 관목층, 초본층으로 분류됨

071 다음 중 자동차 배기가스에 가장 강한 수종은?

① 은행나무(*Ginkgo biloba*)
② 전나무(*Abies holophylla*)
③ 자귀나무(*Albizia julibrissin*)
④ 금목서(*Osmanthus fragrans* var. *aurantiacus*)

풀이 자동차 배기가스에 약한 수종
- 침엽수 : 삼나무, 소나무, 왜금송, 젓나무
- 상록활엽수 : 금목서, 은목서, 호랑가시나무
- 낙엽활엽수 : 단풍나무, 고로쇠나무, 벚나무류, 목련, 자목련, 튤립나무, 팽나무, 감나무, 매실나무, 무궁화, 수수꽃다리, 무화과나무, 자귀나무, 개쉬땅나무, 고광나무, 단풍철쭉, 명자나무, 박대기나무, 조팝나무, 신수국, 수국백당, 협죽도, 화살나무

072 식재구성에서 색채와 관련된 이론으로서 옳지 않은 것은?

① 경관마다 우세한 것과 종속적인 요소를 결정하여 조성하여야 한다.
② 색의 변화는 연속성을 파괴하지 않도록 점진적인 단계를 두어야 한다.
③ 밝고 선명한 색채는 희미하고 연한 색체에 비하여 고운 질감을 지닌다.
④ 정원에서 휴식과 평화로운 분위기를 주도록 잎의 녹색은 관목의 꽃보다 더욱 중요하게 취급된다.

풀이 밝고 선명한 색채의 수목은 연한 색채에 비해 거친 질감을 지닌다.

073 장미과 식물 중 속(Genus) 분류가 다른 것은?

① 산돌배 ② 콩배나무
③ 아그배나무 ④ 위봉배나무

풀이 아그배나무 : 장미과 사과나무속
나머지는 장미과 배나무속에 해당함

074 중앙분리대 식재 시 차광효과가 가장 큰 수종으로만 나열된 것은?

① 아왜나무, 돈나무
② 광나무, 소사나무
③ 사철나무, 쉬땅나무
④ 생강나무, 병아리꽃나무

풀이 중앙분리대 식재는 배기가스나 건조에 내성이 강하고 지엽 밀생, 전정에 강한 상록수
- 교목 : 가이즈까향나무, 졸가시나무, 향나무
- 관목 : 광꽝나무, 다정큼나무, 돈나무, 둥근향나무, 섬쥐똥나무, 광나무, 아왜나무
- 화목 : 협죽도, 철쭉류, 큰꽃댕강나무

075 다음 설명에 해당되는 수목은?

- 수형은 원추형
- 내음성과 내조성이 강한 상록침엽수
- 큰 나무는 이식이 곤란하나 전정에 잘 견디며 경계식재나 기초식재에 이용

① 개잎갈나무(*Cedrus deodara*)
② 자목련(*Magnolia liliiflora*)
③ 주목(*Taxus cuspidata*)
④ 단풍나무(*Acer palmatum*)

ANSWER 070 ① 071 ① 072 ③ 073 ③ 074 ① 075 ③

076 기수 1회 우상복엽의 잎 특성을 가진 수종이 아닌 것은?

① 물푸레나무(*Frazinus fhynchophylla*)
② 아카시나무(*Robinia pseudoacacia*)
③ 자귀나무(*Albizia julibrissin*)
④ 쉬나무(*Rutaceae daniellii*)

풀이

(기수 1회 우상복엽)

자귀나무는 2회 우상복엽

077 식물의 화아분화가 가장 잘 될 수 있는 조건은?

① 식물체내의 N 성분이 많을 때
② 식물체내의 K 성분이 많을 때
③ 식물체내의 P 성분이 많을 때
④ 식물체내의 C/N율이 높을 때

풀이 식물체내의 C/N율이 높을 때 꽃눈형성과 결실이 좋아진다.

078 토양을 개선하기 위해 사용되는 부식(humus)의 특성으로 옳지 않은 것은?

① 토양의 용수량을 증대시키고 한발을 경감시킨다.
② 보비력이 강하고 배수력과 보수력이 강하다.
③ 미생물의 활동을 활발하게 하며 유기물의 분해를 촉진시킨다.200
④ 토양을 단립(單粒)구조로 만들고, 토양의 물리적 성질을 약화시킨다.

풀이 부식은 토양을 단립구조로 만들며, 단립구조는 몇 개 토립이 모여 하나의 덩어리를 만드는 것으로 비가 빨리 하층으로 스며들며, 비가 그치면 곧 큰 틈에는 공기, 작은 틈에는 물이 가득해 토양의 물리적 성질이 개선되어 식물생육에 좋은 상태가 된다.

079 흰말채나무(Cornus alba L.)의 특징으로 틀린 것은?

① 노란색의 열매가 특징적이다.
② 층층나무과(科)로 낙엽활엽관목이다.
③ 수피가 여름에는 녹색이나 가을, 겨울철의 붉은 줄기가 아름답다.
④ 잎은 대상하며 타원형 또는 난상타원형이고, 표면에 작은 털, 뒷면은 흰색의 특징을 갖는다.

풀이 흰말채나무의 열매는 백색 또는 청백색이다.

080 팥배나무의 종명에 해당하는 것은?

① *myrsinaefolia* ② *Alnus*
③ *Sorbus* ④ *alnifolia*

풀이 팥배나무의 학명(속명, 종명, 명명자순) : *Sorbus alnifolia* (Siebold & Zucc.) K.Koch

제 5 과목 조경시공구조학

081 다음 중 콘크리트의 혼화재료에 속하지 않는 것은?

① 타르 ② AE제
③ 포졸란 ④ 염화칼슘

풀이 콘크리트 혼화재료는 콘크리트 배합시 성능개선을 목적으로 추가로 넣는 재료를 말하는 것으로 플라이애시, 고로슬래그 분말, 인공 포졸란류, AE제, 분산제, 방수제, 포졸란 등이 있다.
타르는 접착제의 일종이다.

ANSWER 076 ③ 077 ④ 078 ④ 079 ① 080 ④ 081 ①

082 그림과 같은 지형을 평탄하게 정지작업을 하였을 때 평균 표고는?

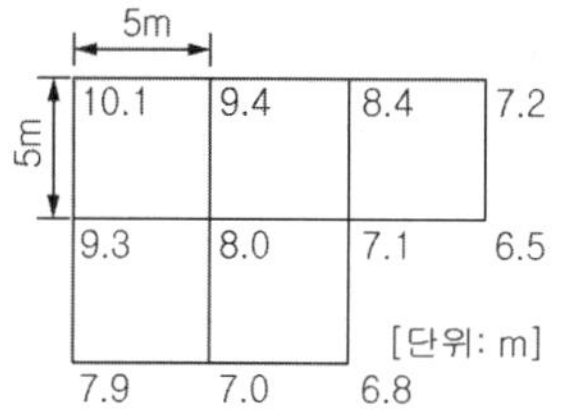

① 7.973m ② 8.000m
③ 8.027m ④ 8.104m

풀이 점고법(A : 수평단면적, h_1, h_2, h_3, h_4 : 각 점의 수직고)

$$V=\frac{A}{4}(\Sigma h_1+2\Sigma h_2+3\Sigma h_3+4\Sigma h_4)$$

$$=\frac{5\times5}{4}(38.5+(2\times34.1)+(3\times7.1)+(4\times8.0))=1{,}000\text{m}^2$$

$\Sigma h_1=10.1+7.2+6.5+6.8+7.9=38.5$
$\Sigma h_2=9.4+8.4+7.0+9.3=34.1$
$\Sigma h_3=7.1$
$\Sigma h_4=8.0$

평균표고$=\frac{V}{nA}=\frac{1{,}000}{5\times5\times5}=8\text{m}$

083 관거의 유속과 유량에 대한 설명이 틀린 것은?

> Q : 유량, V : 유속, A : 유수단면적,
> R :경심, I : 수면구배, C : 평균유속계수,
> n : 조도계수

① $V=C\sqrt{RI}$가 성립된다.
② $Q=A\cdot C\sqrt{RI}$가 성립된다.
③ $C=\dfrac{23+\dfrac{1}{n}+\dfrac{0.00155}{I}}{1+\left(23+\dfrac{0.00155}{I}\right)\times\dfrac{n}{\sqrt{R}}}$가 성립된다.
④ A · C · I 가 일정하면 경심이 최대일 때 유량은 최대가 될 수 없다.

풀이 R : 경심=A/P(m), A : 유수단면적, P : 윤변
따라서 유수단면적, 평균유속계수, 수면경사가 일정하다면 유량은 경심 R에 따라 변하며, R이 최대이면 유량은 최대가 된다.

084 도면에서 곡선으로 된 자연지형 부분의 면적을 구하기에 가장 적합한 방법은?

① 모눈종이법에 의한 방법
② 배횡거법에 의한 방법
③ 지거법에 의한 방법
④ 구적기에 의한 방법

풀이 구적기는 수동으로 선을 읽혀서 면적을 산출하는 기계로 도면에서 곡선형태의 면적을 산출할 수 있는 기구이다. 하지만, 선을 따라 읽혀주는 과정에서 오차가 많이 발생하므로 구적기로 면적을 구할 때는 많이 측정할수록 오차를 줄일 수 있으며, 3회 이상 측정하여 평균값으로 한다.

085 다음 시공관리에 대한 설명이 틀린 것은?

① 시공관리의 3대 목표는 공정관리, 품질관리, 원가관리이다.
② 발주자는 최소의 비용으로 최대의 생산을 올리고자 한다.
③ 품질과 원가와의 관계는 품질을 좋게 하면 원가는 높아지는 경향이 있다.
④ 공사의 품질 및 공기에 대해 계약조건을 만족하면서 능률적이고 경제적 시공을 위한 것이다.

풀이 조경 시공관리의 3대 기능은 공정관리, 품질관리, 원가관리로 관리의 목표를 최대한 수행하고자 하는 것이다.

ANSWER 082 ② 083 ④ 084 ④ 085 ②

Appendix 최근기출문제

086 다음 설명에 적합한 도로의 폭원 요소는?

- 다른 용어로 갓길 또는 노견이라 함
- 도로를 보호하고 비상시에 이용하기 위하여 차로에 접속하여 설치하는 도로의 부분
- 도로의 주요 구조부의 보호, 고장차 대피 등에 이용

① 길어깨(shouler)
② 보도(pedestrian way)
③ 중앙분리대(median strip)
④ 노상시설대(street strip)

풀이 "길어깨" 란 도로를 보호하고, 비상시나 유지관리시에 이용하기 위하여 차로에 접속하여 설치하는 도로의 부분을 말한다.(도로의 구조 · 시설에 관한 규칙 제 2조)
"보도" (步道)란 연석선, 안전표지나 그와 비슷한 인공구조물로 경계를 표시하여 보행자(유모차, 보행보조용 의자차, 노약자용 보행기 등 행정안전부령으로 정하는 기구 · 장치를 이용하여 통행하는 사람을 포함한다. 이하 같다)가 통행할 수 있도록 한 도로의 부분을 말한다.(도로교통법 제2조)
"중앙분리대" 란 차도를 통행의 방향에 따라 분리하고 옆 부분의 여유를 확보하기 위하여 도로의 중앙에 설치하는 분리대와 측대를 말한다.(도로의 구조 · 시설에 관한 규칙 제 2조)
"노상시설" 이란 보도, 자전거도로, 중앙분리대, 길어깨 또는 환경시설대(環境施設帶) 등에 설치하는 표지판 및 방호울타리, 가로등, 가로수 등 도로의 부속물[공동구(共同溝)는 제외한다. 이하 같다]을 말한다.(도로의 구조 · 시설에 관한 규칙 제 2조)

087 네트워크 공정표의 특징으로 가장 거리가 먼 것은?

① 작성 및 검사에 특별한 기능이 요구된다.
② 작업순서와 상호관계의 파악이 용이하다.
③ 계획의 단계에서 만든 여러 데이터의 수집이 가능하다.
④ 변경에 대해 전체적인 영향을 받지 않아 공정표의 수정이 대단히 용이하다.

풀이 네트워크 공정표는 여러 공정이 연결되어 있어서 변경에 대해 전체적인 영향을 많이 받으며 공정표 작성, 수정이 어렵다.

088 시공도면 작성 시 아래와 같은 표시는 일반적으로 무엇을 의미하는가?

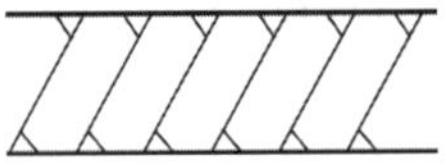

① 지반 ② 잡석다짐
③ 석재 ④ 벽돌벽

089 비탈면에 잔디를 식재하는 방법이 틀린 것은?

① 비탈면 줄떼다지기는 잔디폭이 0.1m 이상 되도록 한다.
② 잔디고정은 떼꽂이를 사용하여 잔디 1매당 2개 이상 견실하게 고정한다.
③ 비탈면 전면(평떼)붙이기는 줄눈을 일정한 틈을 벌려 십자줄이 되도록 붙인다.
④ 잔디시공 후에는 모래나 흙으로 잔디붙임 면을 얇게 덮은 후 고루 두들겨 다져준다.

풀이 조경공사 표준시방서 비탈면 녹화 및 복원
비탈면 전면(평떼)붙이기는 줄눈을 틈새 없이 붙이고 십자줄이 형성되지 않도록 어긋나게 붙이며, 잔디 소요면적은 비탈면 면적과 동일하게 적용한다.

090 콘크리트의 크리프(creep)에 대한 설명으로 틀린 것은?

① 작용응력이 클수록 크리프는 크다.
② 재하재령이 빠를수록 크리프는 크다.
③ 물시멘트비가 작을수록 크리프는 크다.
④ 시멘트페이스트가 많을수록 크리프는 크다.

ANSWER 086 ① 087 ④ 088 ② 089 ③ 090 ③

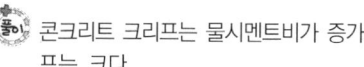

풀이 콘크리트 크리프는 물시멘트비가 증가할수록 크리프는 크다.
콘크리트 크리프
콘크리트에 일정한 하중을 계속 가하면 하중의 증가없이 시간의 경과에 따라 변형이 계속 증대되는 현상으로 증가원인은 다음과 같다.
① 재령이 적은 콘크리트에 재하시기가 빠를수록
② 강도가 낮을수록(물시멘트비가 클수록)
③ 대기습도가 적을수록(건조정도가 높을수록)
④ 양생(보양)이 나쁠수록
⑤ 재하응력이 클수록
⑥ 외부습도가 높을수록 작으며, 온도가 높을수록 크다.
⑦ 부재치수가 작을수록 크리프는 크다.
⑧ 조강시멘트는 보통시멘트보다 크리프가 작고, 중용열시멘트나 혼합시멘트는 크리프가 크다.
⑨ 물시멘트비가 증가할수록 크리프가 크다.

091 다음 중 점토의 특성으로 옳지 않은 것은?

① 주성분은 규산 50~70%, 알루미나 15~35%, 기타 MgO, K_2O, Na_2O_3가 포함되어 있다.
② 암석이 풍화된 세립(細粒)으로 습한상태에서 소성이 크다.
③ 비중은 3.0~3.5정도이고 알루미나 성분이 많은 점토의 비중은 3.0 내외이다.
④ 양질의 점토일수록 가소성이 좋다.

풀이 점토의 비중은 2.5~2.6정도이다.

092 비탈면 안정자재에 대한 설명이 틀린 것은?

① 부착망은 체인링크철선과 염화비닐피복철선의 기준에 합당한 제품을 사용해야 한다.
② 낙석방지철망은 부식성이 있고 충격이나 식물뿌리의 번성에 따라 자연 변형되는 강도를 갖춘 것을 채택한다.
③ 격자틀 및 블록제품을 접합구가 일체식으로 연결될 수 있어야 하며, 녹화식물의 생육최소심도 이상의 토심이 확보될 수 있도록 설계한다.
④ 비탈안정녹화공사용 격자틀 등의 합성수지 제품은 내부식성이 있고 변형 및 탈색이 되지 않으며 자연미가 나도록 제작된 것을 채택한다.

풀이 조경공사 표준시방서 훼손지 생태복원 및 복구 낙석방지철망은 내부식성이 있고 낙석에 견딜 수 있는 충분한 강도를 갖춘 것을 채택한다.

093 8ton 덤프트럭에 지연상태의 사질양토를 굴착 후 적재하려 한다. 덤프트럭의 1회 적재량은? (단, 사질양토 단위중량 : 1700kg/m³, L = 1.25, C = 0.85, 소수 2째 자리에서 반올림한다.)

① 5.9m³ ② 4.7m³
③ 4.0m³ ④ 5.0m³

풀이

$$q = \frac{T}{r^t} \times L$$

q : 덤프트럭 1회적재량
T : 덤프트럭 적재용량
r^t : 자연상태에서의 토석의 단위중량
L : 토량환산계수에서의 토량변화율

따라서, $\frac{8}{1.7} \times 1.25 = 5.88\text{m}^3$

ANSWER 091 ③ 092 ② 093 ①

094 다음 설명에 적합한 심토층 배수의 유형은?

> – 식재지역에 부분적으로 지하수위를 낮추기 위한 방법
> – 경사면의 내부에 불특수층이 형성되어 있어 지하로 유입된 우수가 원활하게 배출되지 못하거나 사면에서 용출되는 물을 제거하기 위하여 사용되는 방법
> – 보통 도로의 사면에 많이 적용되며, 도로를 따라 수로가 만들어짐

① 차단법(intercepting system)
② 자연형(natural type) 배치
③ 완화 배수(relief drainage)
④ 즐치형(gridiron type) 배치

풀이 심토층 배수유형

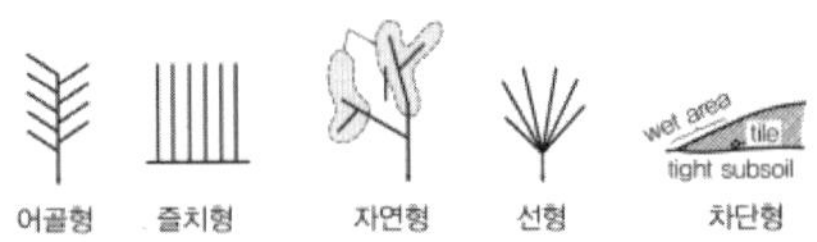

095 다음 조경재료의 역학적 성질 중 "단단한 정도"를 나타내는 용어는?

① 연성(ductility)
② 인성(toughness)
③ 취성(brittleness)
④ 경도(hardness)

풀이
- 연성(ductility) : 재료에 인장력을 주어 가늘고 길게 늘어나게 할 수 있는 재료를 연성이 풍부하다고 한다.
- 인성(toughness) : 재료가 외력을 받으면 변형은 생기나 파괴가 되지 않는 성질
- 취성(brittleness) : 재료가 작은 변형에도 파괴되는 성질을 말한다.

096 계획오수량 산정시 고려사항으로 틀린 것은?

① 지하수량은 1인1일 최대 오수량의 10~20%로 한다.
② 계획 1일 평균 오수량은 계획 1일 최대 오수량의 70~80%를 표준으로 한다.
③ 계획 시간 최대 오수량은 계획 1일 최대 오수량의 1시간당 수량의 1.3~1.8배를 표준으로 한다.
④ 합류식에서 우천 시 계획 오수량은 원칙적으로 계획시간 최대오수량의 3배 이하로 한다.

풀이 합류식에서 우천 시 계획 오수량은 원칙적으로 계획시간 최대 오수량의 3배 이상으로 한다.

097 P가 그림과 같이 AB부재에 작용할 때 A, B점에 발생하는 반력(RA, RB)은 각각 얼마인가?

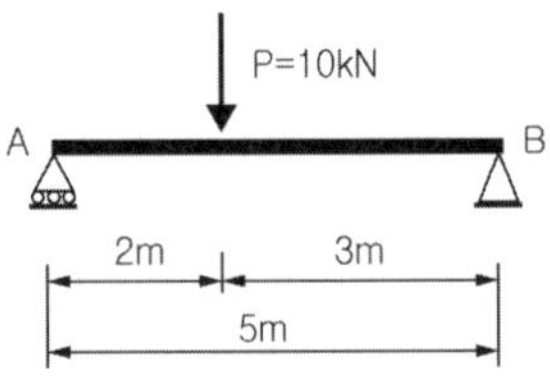

① RA : 6kN, RB : 4kN
② RA : 4kN, RB : 6kN
③ RA : 2kN, RB : 8kN
④ RA : 8kN, RB : 2kN

풀이

$\Sigma M_B = 0$

$R_A = \frac{3}{5} \times 10 = 6kN$

$B_B = \frac{2}{5} \times 10 = 4kN$

ANSWER 094 ① 095 ④ 096 ④ 097 ①

098 노외주차장 또는 노상주차장의 구조·설비 기준이 틀린 것은?

① 노상주차장은 너비 6미터 미만의 도로에 설치하여서는 아니 된다.
② 노외주차장에는 주차구획선의 긴 변과 짧은 변 중 한 변 이상이 차로에 접하여야 한다.
③ 노외주차장의 출구와 입구에서 자동차의 회전을 쉽게 하기 위하여 필요한 경우에는 차로와 도로가 접하는 부분을 곡선형으로 하여야 한다.
④ 노외 및 노상 주차장에서 60° 주차방식이 동일 면적에 토지이용의 효율성이 가장 높다.

풀이 주차 1대당 소요면적(m^2/대)
직각주차(27.2),
60° 주차(29.8),
45° 주차(32.2)
따라서, 토지이용 효율성이 가장 높은 것은 직각주차이다.

099 콘크리트 배합(mix proportion) 중 실제 현장골재의 표면수·흡수량 및 입도상태를 고려하여 시방배합을 현장상태에 적합하게 보정하는 배합은?

① 현장배합(job mix)
② 용적배합(volume mix)
③ 중량배합(weight mix)
④ 계획배합(specified mix)

100 건설공사 표준품셈의 수량계산 기준이 틀린 것은?

① 절토(切土)량은 자연상태의 설계도의 양으로 한다.
② 수량의 계산은 지정 소수의 이하 1위까지 구하고, 끝수는 4사5입 한다.
③ 철근 콘크리트의 경우 철근 양 만큼 콘크리트 양을 공제한다.
④ 곱하거나 나눗셈에 있어서는 기재된 순서에 의하여 계산하고, 분수는 약분법을 쓰지 않는다.

풀이 철근 콘크리트의 경우 철근의 체적과 면적은 구조물 수량에서 공제하지 않는다.

제 6 과목 조경관리론

101 유효인산과 결합하여 식물에 대한 인산의 유효도를 떨어뜨리는 원소는?

① K ② Mg
③ Fe ④ Cu

풀이 유효태 인산은 알루미늄, 철, 칼슘 등과 결합하여 인산의 유효도를 떨어뜨린다.

102 농약을 안전하게 사용하도록 용기색으로 농약의 종류를 구분한다. 농약 종류에 따른 지정색의 연결이 틀린 것은?

① 살충제 - 녹색
② 살균제 - 분홍색
③ 생장조정제 - 청색
④ 비선택성 제초제 - 노란색

풀이
- 비선택성 제초제 - 적색
- 제초제 - 노란색

ANSWER 098 ④ 099 ① 100 ③ 101 ③ 102 ④

103 다음 중 유기물의 탄소와 질소 함량을 비교해 볼 때 가장 빨리 분해가 될 수 있는 것은?

① 탄소 : 50.7%, 질소 : 2.20%
② 탄소 : 50.0%, 질소 : 0.30%
③ 탄소 : 44.0%, 질소 : 1.50%
④ 탄소 : 50.0%, 질소 : 5.00%

풀이 탄질비(토양 전질소(N)에 대한 유기탄소(C)의 비로 탄소/질소임.)가 적은 것이 빨리 부식된다.

104 조경수목 유지관리 작업 계획 시 정기적인 작업으로 분류하기 가장 어려운 것은?

① 전정 ② 시비
③ 병해충 방제 ④ 관수

풀이 관수는 기후상황에 따라 달라짐으로 정지작업이 어렵다.

105 천공성 해충인 소나무좀의 월동 충태는?

① 알 ② 유충
③ 번데기 ④ 성충

풀이 소나무좀은 작은 성충형태로 월동한다.

106 생태연못의 유지관리 사항으로 옳지 않은 것은?

① 모니터링은 최소 조성 10년 후부터 3개년 주기로 실시한다.
② 모니터링은 가급적 지역주민, NGO, 전문가 등이 함께 참여하도록 한다.
③ 물순환시스템이 지속적으로 유지될 수 있도록 유입구와 유출구를 주기적으로 청소한다.
④ 습지식물이 지나치게 번성하였을 경우에는 부수식물이 차지하는 면적이 수면적의 1/3이하가 되도록 식물 하단부(뿌리부근)에 차단막을 설치하거나 수시로 제거해 준다.

풀이 모니터링은 조성직후부터 실시하여야 한다.

107 수목의 병해충 구제 방법이 아닌 것은?

① 기계적 방법 ② 화학적 방법
③ 식생적 방법 ④ 생물학적 방법

풀이 방제 : 생물학적 방제(천적 이용 등), 화학적 방제(농약 사용), 기계적방제(물리적 방제)

108 요소의 성질을 나타낸 설명이 옳은 것은?

① 분자식은 $CO(NH_4)_2$이다.
② 타 질소질 비료에 비해 고온에서 흡습성이 높다.
③ 산(acid)과 함께 가열하면 우레탄이 만들어진다.
④ 알칼리와 함께 가열하면 완전히 분해되어 암모늄염과 이산화탄소가 된다.

풀이 요소의 분자식은 $CO(NH_2)_2$ 이며 고온에서 흡습성이 높다.

109 수목병과 매개충의 연결이 옳지 않은 것은?

① 느릅나무 시들음병 - 나무좀
② 쥐똥나무 빗자루병 - 마름무늬매미충
③ 오동나무 빗자루병 - 담배장님노린재
④ 대추나무 빗자루병 - 담배장님노린재

풀이 대추나무 빗자루병 - 마름무늬매미충

ANSWER 103 ④ 104 ④ 105 ④ 106 ① 107 ③ 108 ② 109 ④

110 식물관리비의 산정식으로 옳은 것은?

① 식물의 수량×작업률×작업횟수×작업단가
② (식물의 수량×작업률)÷(작업횟수×작업단가)
③ (식물의 수량×작업률×작업횟수)÷작업단가
④ 식물의 수량÷(작업률×작업횟수×작업단가)

풀이 식물관리비 = 식물의 수량 × 작업률 × 작업회수 × 작업단가

111 목재에 사용되는 방부제의 성능 기준의 항목으로 가장 거리가 먼 것은?

① 휘산성　② 흡습성
③ 철부식성　④ 침투성

풀이 목재방부제 성능기준 : 방수성능, 철부식성, 흡습성, 침투성으로 파악한다.

112 토양수를 흡습수, 모세관수, 중력수로 구분하는 기준은?

① 토양중의 수분함량
② 대기로의 수분증발력
③ 토양입자와 수분의 장력
④ 토양수분의 중력에 견디는 힘

풀이 토양수분은 흡습수(흙 입자 표면에 분자 간 인력에 의해 흡착되는 수분), 모관수(흙 공극의 표면장력에 의해 유지되는 수분, 식물이 이용 가능한 수분), 중력수(중력에 의해 아래로 이동하는 수분)으로 이들의 구분 기준은 흙입자와 수분장력에 따라 나눈다.

113 콘크리트 포장의 부분 보수를 위한 콘크리트 포설작업이 불가능한 기온은 몇 ℃ 이하 인가? (단, 감독자가 승인한 경우 이외에는 공사를 진행하여서는 안 된다.)

① 10℃　② 8℃
③ 6℃　④ 4℃

114 다음 중 공원이용 관리시의 주민참가를 위한 조건으로 볼 수 없는 것은?

① 이해의 조정과 공평성을 가질 것
② 주민참가 결과의 효과가 기대될 것
③ 행정당국의 지침에 수동적으로 참여할 것
④ 규모 및 전문성이 주민의 수탁능력을 넘지 않을 것

풀이 주민참가의 조건
㉠ 규모 및 전문성이 주민의 수탁능력을 넘지 않을 것
㉡ 주민참가에 의해 효과가 기대될 것
㉢ 운영상 주민의 자발적 참가, 협력을 필요 요건으로 할 것
㉣ 주민참가에 있어서 이해의 조정과 공평심을 가질 것

115 조경관리 계획 수립 시 작업별 1일당 소요 인원을 산출할 경우 기초자료로 활용될 수 있는 내용으로만 구성된 것은?

① 단위작업률, 미래의 예상실적, 작업능률
② 연간작업량, 단위작업률, 과거의 실적
③ 연간작업량, 미래의 예상실적, 작업능률
④ 연간작업량, 단위작업률, 작업능률

ANSWER
110 ① 111 ① 112 ③ 113 ④ 114 ③ 115 ②

116 녹지(綠地) 표면에 물이 고여 정체하고 있어 식물생육에 피해를 주고 있을 경우 대처해야 할 관리방법으로 가장 부적합한 것은?

① 암거(暗渠)를 매설한다.
② 지하수위를 높여 준다.
③ 표토를 그레이딩(Grading)한다.
④ 표토의 토성(土性) 및 구조(構造)를 개량한다.

풀이 지하수위를 낮추어야 물이 고이지 않고 식물생육에 유리하다.

117 수목 병의 주요한 표징 중 영양기관에 의한 것은?

① 포자(胞子)
② 균핵(菌核)
③ 자낭각(子囊殼)
④ 분생자병(分生子炳)

풀이 병원체 영양기관은 균사체, 균사속, 균핵, 자좌 등이 있다. 포자, 자낭각, 분생자병은 병원체 생식기관에 속한다.

118 병원체의 월동방법 중 기주(基主)의 체내에 잠재하여 월동하는 것은?

① 잣나무 털녹병균
② 오리나무 갈색무늬병
③ 묘목의 모잘록병[苗立枯病]균
④ 밤나무 뿌리혹병[根頭癌腫病]균

풀이 잣나무 털녹병균은 중간기주인 까치밥나무류와 송이풀류를 통해 병원균이 월동한다.
중간기주를 통해 병원균이 월동하는 수종은 소나무 혹병균(중간기주 참나무), 잣나무 털녹병균(중간기주 까치밥나무류와 송이풀류), 배나무 붉은별무늬병균(중간기주 향나무) 등이 있다.

119 다음 중 암발아 잡초에 해당하는 것은?

① 광대나물 ② 바랭이
③ 쇠비름 ④ 향부자

풀이
- 암발아 종자 : 별꽃, 냉이, 광대나물, 독말풀
- 광발아 종자 : 바랭이, 쇠비름, 개비름, 향부자, 강피, 참방동사니

120 교차보호(cross protection)란 무엇인가?

① 살균제를 이용하여 해충을 방제하는 것
② 살균제와 살충제를 혼용하여 병과 해충을 동시에 방제하는 것
③ 동일한 영농집단 내에서 병방제, 해충방제 등으로 업무를 분담하는 것
④ 약독 계통의 바이러스를 이용하여 강독 계통의 바이러스 감염을 예방하는 것

풀이 교차보호란 어떤 바이러스에 감염된 식물이 통상 동종의 바이러스에 다시 감염되지 않는 것을 말하다. 이를 방제에 활용하여 약독 바이러스에 감염시키면 강독 바이러스가 감염되지 않게 되는 것이다.

ANSWER
116 ② 117 ② 118 ① 119 ① 120 ④

2022 2회 조경기사 최근기출문제

2022년 4월 5일 시행

제1과목 조경사

001 한옥은 주택공간상 사랑채의 분리로 사랑마당 공간이 생겼는데, 이 사랑마당 공간의 분할에 가장 많은 영향을 미친 사상은?

① 불교사상
② 유교사상
③ 풍수지리설
④ 도교사상

풀이 유교사상의 남녀구분이 공간의 분리로 나타났으며 사랑마당, 안마당, 별당마당 등의 공간을 조성하게 되었다.

002 조선시대 상류 주택에 조영된 연못 중 방지원도(方池圓島) 형태가 아닌 곳은?

① 논산 명재(舊 윤증) 고택
② 정읍 김명관(舊 김동수) 가옥
③ 구례 운조루 고택
④ 달성 박황 가옥

풀이 정읍 김명관 가옥은 지렁이형태의 연못을 집 앞에 조성하였다.

003 서원에서 제사에 쓰일 제물(짐승)들을 세워놓고 품평하기 위해 만든 것은?

① 생단(牲壇) ② 사직단(社稷壇)
③ 관세대(冠洗臺) ④ 정료대(庭燎臺)

풀이
- 생단 : 서원에서 제사에 쓰일 제물들을 세워놓고 품평하기 위해 만든 것
- 관세대 : 제사 시에 제관들이 손을 씻기 위한 그릇
- 사직단 : 사직은 토지신인 국사신(國社神)과 곡물신인 국직신(國稷神), 두 신에게 제사를 드리기 위한 제단
- 정료대 : 상석 위에 솔가지나 기름통을 올려놓고 불을 밝히는 일종의 조명대

004 이탈리아 빌라에서 조영자 가족이나 방문객을 위한 거주 · 휴식의 기능을 하는 곳은?

① 카지노(Casino)
② 카펠라(Cappella)
③ 테라자(Terrazza)
④ 템피에트(Tempietto)

풀이
- 카펠라 : 예배를 위한 장소로 작고 순박한 건축물
- 테라자 : 노단. 경사면을 깍을 때 발생하는 계단상의 평지를 옹벽으로 받친 부분
- 템피에트 : 예배를 위한 장소로 크고 매우 장식적인 돔 건축물

005 정영방(조선시대 중기)이 경북 영양에 조영한 서석지와 가장 관련이 있는 것은?

① 곡수당과 곡수대
② 경정과 사우단
③ 재월당과 매대
④ 정우당과 몽천

풀이 정영방의 경정지원으로 서석지 돌 99개에 이름이 있을 정도의 수석경을 이룬다. 연못에 돌출된 석단 사우단에 매, 송, 국, 죽을 심고 연못에 연꽃을 심었다.

ANSWER 001 ② 002 ② 003 ① 004 ① 005 ②

006 보길도 윤선도 원림과 가장 관련이 먼 것은?

① 세연정 ② 낭음계
③ 수선루 ④ 동천석실

풀이 보길도 윤선도 원림은 낙서재·낭음계공간, 동천석실 공간, 세연정역 공간으로 구분된다.

007 다음 중 고대 신(神)을 위해 조성한 시설에 해당하지 않는 것은?

① Hanging Garden
② Obelisk
③ Ziggurat
④ Funerary Temple of Hat-shepsut

풀이 행잉가든(공중정원)은 네부카드네자르왕이 산악지역이 고향인 아미티스여왕을 위해 축조한 인공숲과 같은 것이다.

008 고려시대 궁원에 관한 기록에서 동지(東池)에 대한 설명으로 옳지 않은 것은?

① 정전(政殿)인 회경전 동쪽에 위치
② 연꽃을 감상하기 위한 정적인 소규모 연못
③ 연못 주변과 언덕에 누각 조성
④ 학, 거위, 산양 등을 길렀던 유원 조성

풀이 고려시대 동지는 뱃놀이 감상, 호수의 자연경관 감상하는 장소, 또는 왕이 진사 시험치는 선발이며 노획한 왜선 띄우기도 하며, 진금기축 사육하였다.

009 레프턴이 완성시켜 놓은 영국 풍경식 조경수법은 자연을 어떤 비율로 묘사해 놓았는가?

① 1 : 1 ② 1 : 2
③ 1 : 10 ④ 2 : 1

풀이 영국 풍경식 조경수법은 사실주의적 자연주의로 원래의 자연과 같은 비율이다.

010 수도원 정원이 자세히 그려진 평면도가 발견된 중세 수도원은?

① San Lorenzo 수도원
② St. Gall 수도원
③ Canterbury 수도원
④ Santa Maria Grazie 수도원

풀이 St. Gall 수도원에는 바로크 시대 조성된 설계도면, 문서 등이 소장되어 있다.

011 중국 평천산장(平泉山莊)에 대한 설명으로 옳은 것은?

① 이덕유가 조성한 정원이다.
② 연못은 태호를 상징하였다.
③ 송나라 때 축조된 정원이다.
④ 소주의 명원으로 유명한다.

풀이 평천산장은 당시대 이덕유의 정원으로 화목, 누대, 거석, 기수 등이 아름다우며 후대에 정원을 팔지말라는 유언이 유명한 정원이다.

012 일본의 작정기(作庭記)에 대한 설명으로 옳지 않은 것은?

① 회유식 정원의 형태와 의장에 관한 것이다.
② 일본에서 정원 축조에 관한 가장 오랜 비전서이다.
③ 이론적인 것에서부터 시공 면까지 상세하게 기록되어 있다.
④ 정원 전체의 땅가름, 연못, 섬, 입석, 작천(作泉) 등 정원에 관한 내용이다.

풀이 일본의 작정기는 침전조 정원양식에 관한 것이다.

ANSWER 006 ③ 007 ① 008 ② 009 ① 010 ② 011 ① 012 ①

013 브라질 조경가 벌 막스(Roberto Burle Marx) 작품의 특징으로 옳은 것은?

① 남미 향토식물의 적극 활용
② 20세기의 바로크 양식
③ 캘리포니아 양식
④ 기하학적 정원

풀이 • 벌 막스 : 모더니즘 조경작가로 '식물로 그린 그림' 이나 대지 위의 '거대한 추상화' 같은 작품 제작, 식물에 대한 깊은 생태적 지식을 바탕으로 향토식물을 적극 활용한 남국 브라질의 환상적 열기를 원색조의 식재패턴으로 설계

014 일본 도산(모모야마) 시대를 대표하는 정원으로 풍신수길이 등호석이라는 유명한 돌을 운반하여 조성한 정원이 있는 곳은?

① 이조성　② 삼보원
③ 계리궁　④ 육의원

풀이 • 삼보원정원 : 정원의 중심에 아미타삼존을 상징하는 돌을 두어 천하의 명석이라 불리움

015 소정원 운동(영국)의 설명으로 옳은 것은?

① Cjarles' Barry에 의해 주도 되었다.
② Knot기법 등 기하학적 형태를 응용하였다.
③ 귀화식물의 사용을 배제하였다.
④ 풍경식 정원의 비합리성에 대한 지적에서 시작되었다.

풀이 소정원 운동은 윌리엄 로빈슨, 재킬여사가 영국의 자생식물, 귀화식물로 야생정원을 최초로 조성한 것으로 풍경식에 대한 지적에 대한 것은 아니다.

016 조선의 능(陵)은 자연의 지세와 규모에 따라 봉분의 형태가 다른데 가장 관계가 먼 것은?

① 우왕좌비　② 상왕하비
③ 국조오례의　④ 향궐망배

풀이 • 향궐망배 : 지방의 관리들이 임금을 상징하는 궐패를 모시고 초하루, 보름에 절을 하며 선정을 다짐하는 의식

017 고려시대부터 사용된 정원 용어인 화오(花塢)에 대한 설명으로 가장 거리가 먼 것은?

① 화초류나 화목류를 군식 하였다.
② 지형의 변화를 얻기 위해 인공의 구릉지를 만들었다.
③ 오늘날 화단과 같은 역항을 한 정원 수식 공간이다.
④ 사용된 식물 재료에 따라 매오(梅塢), 도오(桃塢), 죽오(竹塢) 등으로 불렸다.

풀이 • 화오 : 아주 낮은 둔덕으로 만든 화단을 말함.

018 통일신라시대 경주의 도시구획 패턴으로 가장 적합한 것은?

① 직선형　② 격자형
③ 방사형　④ 동심원형

풀이 통일신라시대부터 격자형 가로망이 정비되었다.

ANSWER 013 ① 014 ② 015 ④ 016 ④ 017 ② 018 ②

019 영국 비컨헤드 파크(Birkenhead Park)에 대한 설명으로 옳지 않은 것은?

① 역사상 최초로 시민의 힘과 재정으로 조성된 공원이다.
② 수정궁을 설계한 조셉 팩스턴(Joseph Paxton)이 설계하였다.
③ 그린스워드(Greensward) 안(案)에 의하여 조성된 공원이다.
④ 넓은 초원, 마찻길, 연못, 산책로 등이 조성되었다.

풀이 그린스워드 계획
미국의 옴스테드가 설계한 센트럴 파크 계획안

020 다음 중 전북 남원에 있는 광한루원에 대한 설명으로 옳지 않은 것은?

① 황희(黃喜)가 세운 광통루(廣通樓)가 그 전신이다.
② 광한루(廣寒樓)라는 이름을 전라감사 정철(鄭撤)이 지은 것이다.
③ 오작교는 장의국(張義國)이 남원부사로 있을 때 만든 것이다.
④ 광한루 앞의 큰 못에는 3개의 섬이 있고 오작교 서쪽의 작은 못에는 1개의 섬이 있다.

풀이 광한루는 황희가 이곳으로 유배 와서 이름을 지은 것이다.

제 2 과목 조경계획

021 관광지의 수요예측 모형 중 방문자 수를 피설명변수(dependent variable)로 그리고 방문자 수에 영향을 미치는 변수들을 설명변수(independent variable)로 설정하여 방문자 수를 선형적으로 예측하는 통계적 방법을 무엇이라 하는가?

① Gravity Model
② Delphi Technique
③ Regression Analysus
④ Judgement Aided Models

풀이 ① Gravity Model(중력모델) : 공간의 수요량 산정시 요인상호관계가 큰 경우에 사용함
인구수 × 관광매력도에 비례, 두지역간 거리에 반비례한다.
② Delphi Technique(델파이 기술) : 각 분야의 첨단을 달리는 전문가들의 의견을 종합하고 이들의 장래에 대한 예측분석에 입각해서 예측하는 장래 예측방법
③ Regression Analysus(회귀분석) : 하나나 그 이상의 독립변수의 종속변수에 대한 영향의 추정을 할 수 있는 통계기법
④ Judgement Aided Models(전문가 판단모델) : 전문가들이 미래 상황에 대한 시나리오를 작성한 후 그에 따른 결과로 미래예측하는 방법

022 다음 중 조경계획의 기초자료 분석에서 인문 · 사회환경 분석 요소에 해당하지 않는 것은?

① 인구 ② 교통
③ 식생 ④ 토지이용

풀이 식생은 자연환경분석에 해당된다.

ANSWER
019 ③ 020 ② 021 ③ 022 ③

023 다음 중 조경과 타 분야와의 관계에 대한 설명으로 가장 거리가 먼 것은?

① 조경이 건축과의 가장 큰 차이는 외부공간을 다룬다는 측면이다.
② 물리적 환경을 다룬다는 점에서 건축, 토목, 도시계획 등의 분야와 밀접한 관계가 있다.
③ 조경계획은 도시계획과 건축의 중간단계로서 도시의 물리적 형태와 골격에 관심을 갖는다.
④ 조경학이 미적인 측면을 강조하면서 계획과 설계의 중점을 둔다는 면에서 토목이나 도시계획과 구분된다.

풀이 도시계획 및 건축의 중간단계. 도시의 물리적 골격과 형태에 관심을 갖는 것은 도시설계에 해당함. 조경은 최종적인 환경의 모습에 관심을 둔다.

024 다음 도시공원 중 관련 법상 설치할 수 있는 공원시설 부지면적의 적용 비율이 가장 큰 곳은?

① 소공원
② 어린이공원
③ 근린공원(3만m^2 미만)
④ 체육공원(3만m^2 미만)

풀이 도시공원 및 녹지 등에 관한 법률 시행규칙(제11조) 참고
소공원 - 20% 이하
어린이공원 - 60% 이하
근린공원 - 40% 이하
체육공원 - 50% 이하

025 다음 중 자연공원의 지정 해제 또는 구역 변경 사유가 아닌 것은?

① 천재지변으로 인해 자연공원으로 사용할 수 없게 된 경우
② 정부출연기관의 기술개발에 중요한 영향을 미치는 연구를 위하여 불가피한 경우
③ 군사목적 또는 공익을 위하여 불가피한 경우로서 대통령령으로 정하는 경우
④ 공원구역의 타당성을 검토한 결과 자연공원의 지정기준에서 현저히 벗어나서 자연공원으로 존치시킬 필요가 없다고 인정되는 경우

풀이 자연공원법 제8조(자연공원의 지정 해제 또는 구역 변경)
① 자연공원은 다음 각 호의 어느 하나에 해당하는 경우를 제외하고는 지정을 해제하거나 그 구역을 축소할 수 없다.
1. 군사목적 또는 공익을 위하여 불가피한 경우로서 대통령령으로 정하는 경우
2. 천재지변이나 그 밖의 사유로 자연공원으로 사용할 수 없게 된 경우
3. 공원구역의 타당성을 검토한 결과 제7조에 따른 자연공원의 지정기준에서 현저히 벗어나서 자연공원으로 존치시킬 필요가 없다고 인정되는 경우

026 아파트 단지의 경계를 나타내는 담장은 주민들에게 상징적으로 소유 의식을 주는 방법의 하나로 볼 수 있다. 이는 환경심리학의 어떤 연구 결과가 응용된 예인가?

① 혼잡(Crowding)
② 반달리즘(Vandalism)
③ 영역성(Teritoriality)
④ 개인적 공간(Personal Spcae)

풀이 • 영역성 : 뉴먼의 영역성 옥외공간 설계에서 아파트에 중정, 벽, 담장, 문주, 식재 등 2차 영역을 구분해 주변과의 귀속감을 증대시키면 범죄발생률을 줄일 수 있다고 한다.

ANSWER
023 ③ 024 ② 025 ② 026 ③

027 조경계획에서 지속가능한 개발의 개념을 응용하고 있다. 지속가능한 개발의 개념이 아닌 것은?

① 개발과 환경보전은 공존할 수 없다는 사고이며, 생태적 측면을 강조한다.
② 현 세대가 물려받은 생태자본의 양과 같은 양의 생태자본을 다음 세대에게 물려준다.
③ 장기적인 관점에서 개발을 판단하며, 개인간, 그룹간의 자원접근에 있어 형평성을 고려한다.
④ 환경의 기능과 서비스를 화폐가치로 환산하여 환경손실 비용을 개발계획의 비용편익 분석에 반영시킨다.

풀이 개발과 환경보전은 같이 고려해야 지속가능한 개발을 할 수 있다.

028 다음 중 야생동물(wild life)의 서식처(분포)와 가장 밀접한 관련이 있는 인자는?

① 지형의 변화
② 식생분포
③ 토양분포
④ 인공구조물 분포

풀이 야생동물의 서식처는 생물이 살고 있는 곳을 말하며 식생지역이 야생동물의 서식처, 먹이 등을 제공함으로 매우 밀접한 관계가 있다.

029 다음 중 조경계획 및 설계의 3대 분석과정에 해당하지 않는 것은?

① 물리 · 생태적 분석
② 사회 · 행태적 분석
③ 시각 · 미학적 분석
④ 환경영향평가적 분석

030 국토의 계획 및 이용에 관한 법률상의 지형도면에 대한 설명으로 ( ) 안에 적합한 것은?

> 지역 · 지구 등의 지형도면 작성에 관한 지침에서는 다음을 정하고 있다.
> - 토지이용규제정보시스템(LURIS) 등재 시에는 JPG파일 형식을 원칙으로 한다.
> - 지형도면 등이 2매 이상인 경우에는 축척 ( )의 총괄도를 따로 첨부할 수 있다.

① 5백분의 1 이상 1천5백분의 1 이하
② 2천5백분의 1 이상 1만분의 1 이하
③ 1천5백분의 1 이상 2천5백분의 1 이하
④ 5천분의 1 이상 5만분의 1 이하

풀이 지역 지구 등의 지형도면 작성에 관한 지침 제 10조(도면의 형식)
① 지형도면 등을 작성하는 때에는 국토이용정보체계에 구축되어 있는 데이터베이스를 사용하여 축척 500분의 1부터 1천500분의 1까지로 작성하여야 한다.
② 녹지지역의 임야, 관리지역, 농림지역 및 자연환경보전지역은 축척 3천분의 1 내지 6천분의 1로 작성할 수 있다.
③ 토지이음에 등재하는 지형도면 등은 PDF파일 형식을 원칙으로 한다.
④ 지형도면 등이 2매 이상인 경우에는 축척 5천분의 1 이상 5만분의 1 이하의 총괄도를 따로 첨부할 수 있다.
⑤ 지형도면 등 작성 및 출력시 사용하는 용지의 크기는 A1(594mm×841mm)을 표준으로 한다.
⑥ 지역 · 지구 등의 표시기준은 개별법령에서 규정한 도식규정을 따른다.
⑦ 모든 지역 · 지구선의 수정은 원칙적으로 인정하지 아니하며, 특히 칼로 긁거나 채색 등으로 은폐하는 것을 금지한다.

ANSWER
027 ① 028 ② 029 ④ 030 ④

031 공원시설의 종류에 해당되지 않는 것은? (단, 도시공원 및 녹지 등에 관한 법률을 적용한다.)

① 편익시설
② 운동시설
③ 교양시설
④ 보호 및 안전시설

풀이 도시공원 및 녹지 등에 관한 법률 시행규칙 제3조 공원시설의 종류 : 조경시설, 휴양시설, 유희시설, 운동시설, 교양시설, 편익시설, 공원관리시설, 도시농업시설, 그 밖의 시설로 구분된다.

032 공원 내에서 측구공사를 계획할 때 우선적으로 고려 사항으로 가장 거리가 먼 것은?

① 지형 조건 ② 강우 조건
③ 토질 조건 ④ 식생 조건

풀이 측구는 도로나 수유지 경계선 따라 도로 수지내 설치하는 배수로로 지형, 강우, 토질조건이 가장 관계가 깊다.

033 특어성 비를 이용한 Leopold의 주된 접근 방법은?

① 현상학적 접근방법
② 경관자원적 접근방법
③ 인간형태적 접근방법
④ 경제학적 접근방법

풀이
- 레오폴드의 특이성비 : 하천 낀 계곡의 경관가치 평가 연구로 12개 대상지역을 상대적 경관가치로 계량해 특이성 정도를 산출한 것으로 생태학적인 경관자원적 접근방법에 해당한다.

034 환경자극에 대한 반응과정의 순서가 올바르게 배열된 것은?

① 자극 → 지각 → 태도 → 인지 → 반응
② 자극 → 인지 → 지각 → 감지 → 반응
③ 자극 → 지각 → 인지 → 태도 → 반응
④ 자극 → 감지 → 지각 → 태도 → 반응

풀이 환경에 대한 반응순서
환경자극 - 환경지각 - 환경인지 - 환경태도
따라서, 자극이 주어진 다음 지각이 가장 먼저 일어난다.

035 특정 대상이 지닌 의미를 파악하고자 할 때 여러 단어로 구성된 목록을 통해 자신들이 느끼는 감정의 정도를 측정하는 방법은?

① 직접관찰
② 물리적 흔적관찰
③ 어의구분 척도
④ 리커드 태도 척도

풀이
- 어의구별 척도 : 경관의 질을 파악하는 것이 아니라 경관의 특성, 의미를 밝히기 위해 양극으로 표현되는 형용사 목록을 제시해 7단계로 나누어 정도를 표시하는 것. 아름답다와 추하다의 정도를 7단계로 나누어 그 정도를 표시하도록 한다.
- 리커드 척도 : 일정 상황에 대한 정도를 5개 구간으로 나누어 등간척으로 답하는 방식. 예로 아름다움의 정도를 높다, 낮다의 5단계로 나눈다.

036 자연공원에서 오물처리 문제의 일반적인 특징에 대한 설명으로 옳지 않은 것은?

① 발생하는 쓰레기는 대부분 소각하기 쉬운 것이다.
② 타 지역에서 일시적으로 방문한 사람들에 의해 초래된다.
③ 방문하는 이용자 수에 의해 발생 쓰레기의 양이 좌우된다.
④ 통제를 하지 않으면 인간의 행위에 따라

ANSWER 031 ④ 032 ④ 033 ② 034 ③ 035 ③ 036 ①

서 쓰레기의 산재(散在)하는 범위가 광범위하다.

풀이 자연공원에서 발생하는 쓰레기는 소각하기 어려운 것도 많다.

037 다음 중 특정연구에 대한 사전 지식이 부족할 때 예비조사(pilot test)에서 사용하기 가장 적합한 질문 유형은?

① 개방형 질문 ② 폐쇄형 질문
③ 유도성 질문 ④ 가치중립적 질문

풀이 폐쇄형 질문은 미리 준비된 선택지들 또는 항목들 가운데서 답을 선택하도록 하거나 또는 제한된 수 만큼의 단어로 답하도록 구성된 질문을 말하며, 개방형 질문은 선택지나 항목들을 미리 준비하거나 답을 일정한 양으로 제한하지 않고 응답자가 자신의 견해나 태도를 자유롭게 표현할 수 있도록 구성된 질문을 말한다. 따라서 사전지식이 부족할 때는 개방형질문이 적합하다.

038 다음 중 공원계획 시 입지선정의 주요 기준요소로서 가장 거리가 먼 것은?

① 생산성 ② 접근성
③ 안전성 ④ 시설적지성

039 공원녹지 관련 법 체계가 상위법에서 하위법으로의 흐름을 바르게 나타낸 것은?

A : 국토기본법
B : 도시공원 및 녹지 등에 관한 법률
C : 국토의 계획 및 이용에 관한 법률

① A → B → C ② B → C → A
③ C → A → B ④ A → C → B

풀이 상위법에서 하위법
국토기본법 → 국토의 계획 및 이용에 관한 법률 → 도시공원 및 녹지 등에 관한 법률

040 옴부즈만(Ombudsman) 제도의 기능과 거리가 먼 것은?

① 갈등해결 기능
② 국가제정확보 기능
③ 국민의 권리구제 기능
④ 사회적 이슈의 제기 및 행정정보 공개 기능

풀이 스웨덴 등 북유럽에서 1808년 이후 발전된 행정통제 제도로, 민원조사관인 옴부즈만의 활동에 의해 행정부를 통제하는 제도를 말한다. 옴부즈만은 잘못된 행정에 대해 관련 공무원의 설명을 요구하고, 필요한 사항을 조사해 민원인에게 결과를 알려주며, 언론을 통해 공표하는 등의 활동을 한다.

제 3 과목 조경설계

041 다음 중 평면도의 표제란에 포함되지 않는 것은?

① 도면명칭 ② 설계자
③ 시공자 ④ 도면번호

풀이
- 표제란 : 일정한 곳에 표제란을 통일시켜 공사명칭, 도면명칭, 축척, 도면번호, 설계자명, 제도년월일, 제작회사명 등을 기재함

042 다음 중 단면도와 투시도에 사용되는 일반적인 그래픽 심벌에 해당되는 것은?

① 수직면의 요소
② 빛과 바람의 요소
③ 어둠과 소리의 요소
④ 원경(배경)적인 요소

풀이 단면도와 투시도는 수직면을 보여주기 위한 도면에 해당한다.

ANSWER 037 ① 038 ① 039 ④ 040 ② 041 ③ 042 ①

043 조경설계기준의 각종 포장재에 대한 설명으로 옳지 않은 것은?

① 투수성 아스팔트 혼합물은 공극률 9~12%, 투수계수 10-2cm/sec 이상을 기준으로 한다.
② 포장용 석재는 흡수율 5% 이내, 압축강도 49MPa 이상의 것으로 한다.
③ 콘크리트 블록 포장재의 포설용 모래의 투수계수는 기준 이상으로 No.200체 통과량이 6% 이하이어야 한다.
④ 포장용 콘크리트의 재령 28일 압축강도 15.4MPa 이상, 굵은 골재 최대지수는 30mm 이하로 한다.

풀이 조경설계 기준 포장용 콘크리트
재령 28일 압축강도 17.64MPa 이상, 굵은 골재 최대치수는 40mm 이하로 한다.

044 근린공원 내 조명에 의하여 물체의 색을 결정하는 광원의 성질은?

① 기능성 ② 연색성
③ 조명성 ④ 조색성

풀이 연색성은 물체의 원래 고유의 색을 나타내는 정도로 조명이 물체의 색감에 영향을 미치는 현상을 뜻한다. 따라서 공원 내 조명에 의해 물체의 색이 달라짐으로 연색성을 고려해 물체의 색을 결정해야 한다.

045 다음 중 디자인에서 형태의 부분과 부분, 부분과 전체 사이의 크기, 모양 등의 시각적 질서, 균형을 결정하는 데 가장 효과적으로 사용되는 디자인 원리는?

① 강조 ② 비례
③ 리듬 ④ 통일

풀이
- 강조 : 하나의 작품에 여러 가지 요소나 소재가 쓰일 때 그 요소나 소재 사이에 주종의 관계가 형성되는 것
- 비례 : 부분과 전체에 대한 척도조화
- 리듬 : 어떤 운율을 느낄 수 있는 변화
- 통일 : 각 요소와 관계를 맺고 하나의 정리된 형태로 조화되는 것

046 다음 설명의 ( ) 인에 적합한 수치는? (단, 자전거 이용시설의 구조 · 시설 기준에 관한 규칙을 적용한다.)

> 자전거도로의 시설한계는 자전가의 원활한 주행을 위하여 폭은 ( )미터 이상으로 하고, 높이는 2.5미터 이상으로 한다. 다만, 지형 상황 등으로 인하여 부득이 하다고 인정되는 경우에는 시설한계 높이를 축소할 수 있다.

① 0.8 ② 1.0
③ 1.5 ④ 2.0

풀이 자전거 이용시설의 구조, 시설에 관한 규칙 제10조 시설한계
자전거도로의 시설한계는 자전거의 원활한 주행을 위하여 폭은 1.5m 이상으로 하고, 높이는 2.5m 이상으로 한다. 다만, 지형 상황 등으로 인하여 부득이 하다고 인정되는 경우에는 시설한계 높이를 축소할 수 있다.
- 시설한계 : 자전거도로 위에서 차량이나 보행자의 교통안전을 위하여 일정한 폭과 일정한 높이의 범위 내에는 장애가 될 만한 시설물을 설치하지 못하게 하는 자전거도로 위 공간 확보의 한계를 말한다.

047 경관의 시각적 선호를 결정짓는 변수가 아닌 것은?

① 사회적 변수 ② 물리적 변수
③ 개인적 변수 ④ 추상적 변수

풀이 경관의 시각적 선호의 변수는 물리적 변수, 추상적 변수, 개인적 변수, 상징적 변수로 구분된다.

ANSWER 043 ④ 044 ② 045 ② 046 ③ 047 ①

048 Kevin Lynch가 제시한 도시 이미지 형성에 기여하는 물리적 요소 개념에 속하지 않는 것은?

① 통로(pahts) ② 모서리(edges)
③ 연결(links) ④ 결절점(node)

풀이 케빈린치의 도시이미지 요소
Path(통로), edge(모서리), district(지역), node(결절점), Landmark

049 단위놀이시설로서 모래밭의 깊이는 놀이의 안전을 고려하여 얼마 이상으로 설계하는가?

① 10cm ② 15cm
③ 20cm ④ 30cm

풀이 조경설계기준 단위놀이시설 모래밭
모래밭의 깊이는 놀이의 안전을 고려하여 30cm 이상으로 설계한다.

050 빛의 반사율(%) 공식으로 맞는 것은?

① $\frac{\text{조도}}{\text{거리}^2} \times 100$

② $\frac{\text{광도}}{\text{조명}} \times 100$

③ $\frac{\text{조도발산도}}{\text{조명}} \times 100$

④ $\frac{\text{광속발산도}}{\text{거리}^2} \times 100$

051 황금비(golden section, 황금분할)에 대한 설명으로 가장 거리가 먼 것은?

① 1 : 1.618의 비율이다.
② 고대 로마인들이 창안했다.
③ 몬드리안의 작품에서 예를 들 수 있다.
④ 건축물과 조각 등에 이용된 기하학적 분할방식이다.

풀이 황금비는 고대 그리스 사람들이 창안했다.

052 다음 설명에서 가장 적합한 배수 방법은?

- 지표수의 배수가 주목적이다.
- U형 측구, 떼수로 등을 설치한다.
- 식재기에 설치하는 경우에는 식재계획 및 맹암거 배수계통을 고려하여 설계한다.
- 토사의 침전을 줄이기 위해서 배수기울기를 1/300 이상으로 한다.

① 심토층배수 ② 개거배수
③ 암거배수 ④ 사구법

풀이
- 심토층배수 : 지하수의 관리, 조절, 보호를 위한 배수로 지하수위가 높은 곳, 배수 불량 지반 등 맹암거, 개거 등을 이용한 배수방법
- 개거배수 : 지표수의 배수를 목적으로 하며 개수로나 도랑에 의한 배수방식이다.
- 암거배수(배수관배수) : 배수관을 지하에 매설하여 처리하는 배수
- 사구법 : 오니층이 가라앉은 가장 낮은 중심부에서 주변부를 통해 배수구를 파놓은 다음, 이 배수구 속에 모래흙을 혼합하여 넣고, 이곳에 수목을 식재하는 방법

053 척도에 대한 설명으로 옳지 않은 것은?

① 현척은 실제 크기를 의미한다.
② 배척은 실제보다 큰 크기를 의미한다.
③ 축척은 실제보다 작은 크기를 의미한다.
④ 그림의 크기가 치수와 비례하지 않으면 NP를 기입한다.

풀이 그림의 크기가 치수와 비례하지 않으면 NS(NonScale)를 기입한다.

ANSWER 048 ③ 049 ④ 050 ② 051 ② 052 ② 053 ④

054 다음 정면도와 우측면도에 알맞은 평면도로 (   ) 안에 가장 적합한 것은?

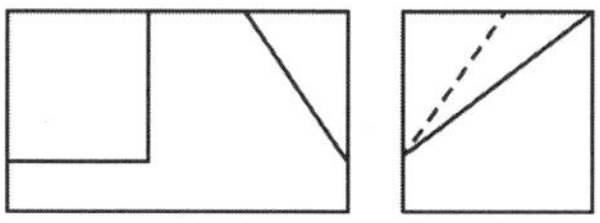

① 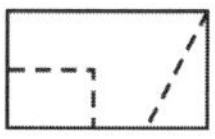 ② 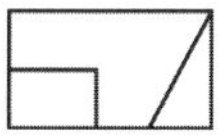

③ 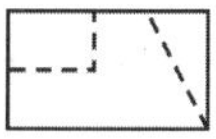 ④ 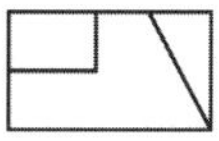

055 다음 배색에서 명도차가 가장 큰 배색은?

① 빨강-파랑 ② 노랑-검정
③ 빨강-녹색 ④ 노랑-주황

풀이 명도차는 색의 밝기 차이로 명시도를 위해 중요하며, 노랑과 검정이 명도차가 가장 크다.

056 다음 설명은 형태심리학(Gestalt psychology)의 지각이론 중 어느 것에 해당하는가?

> 정원에서는 무리를 지어 있는 꽃이 한 송이의 꽃보다 더 우리의 시선을 끈다.

① 폐쇄(Ceosare)
② 근접성(Proximity)
③ 유사성(Similarity)
④ 지속성(Continuance)

풀이 • 근접성 : 가까운 요소들을 하나의 그룹으로 인식하려는 특징으로 무리지어 있는 꽃이 하나의 그룹으로 더 시선을 끈다.

057 조경설계기준에 따른 경기장 배치에 대한 설명으로 옳지 않은 것은?

① 축구장 : 장축은 가능한 동-서로 주풍 방향과 직교시킨다.
② 테니스장 : 코트 장축의 방위는 정남-북을 기준으로 동서 5~15° 편차 내의 범위로 하며, 가능하면 코트의 장축 방향과 주풍 방향이 일치하도록 한다.
③ 배구장 : 장축을 남-북 방향으로 배치하며, 바람의 영향을 받기 때문에 주풍 방향에 수목 등의 방풍시설을 마련한다.
④ 농구장 : 농구코트의 방위는 남-북축을 기준으로 하고, 가까이에 건축물이 있는 경우에는 사이드라인을 건축물과 직각 혹은 평행하게 배치한다.

풀이 조경설계기준 축구장
장축을 남-북으로 배치한다.

058 조경설계의 접근측면 중 가장 거리가 먼 것은?

① 장소의 생태적 측면
② 설계자의 의식적 측면
③ 토지이용의 기능적 측면
④ 이용자의 인간 형태적 측면

풀이 조경설계의 접근은 생태적, 기능적, 인간형태적 측면에서 최대한 과학적인 방법으로 접근하며, 설계자의 의식적 측면은 가장 거리가 멀다.

059 분수 설계에서 주로 고려해야 하는 사항으로 가장 거리가 먼 것은?

① 바닥포장형 분수는 랜드마크성이 강한 곳에 주로 설치한다.
② 동절기 분수 설비의 노출로 인한 미관 저해, 안전 문제를 고려한다.
③ 바람에 의한 흩어짐을 고려하여 주변에 분출 높이의 3배 이상의 공간을 확보한다.
④ 바닥분수는 주변 빗물이나 오염수가 유입되지 않도록 바닥분수 외곽으로 경사가 완만하게 낮아지도록 조성한다.

ANSWER 054 ② 055 ② 056 ② 057 ① 058 ② 059 ①

풀이 일반적인 분수는 설계대상 공간의 어귀나 중심 광장 · 주요 조형요소 · 결절점의 시각적 초점 등으로 경관효과가 큰 곳에 배치한다. 하지만 바닥포장형 분수는 바닥에 매몰되어 있기 때문에 랜드마크 성격이 약하다.

060 어떤 색을 보고 난 후 다른 색을 볼 때 먼저 본 색의 영향으로 뒤에 본 색이 다르게 보이는 현상은?

① 계시대비 ② 동시대비
③ 면적대비 ④ 연변대비

풀이
- 계시대비 : 시각을 직접 자극 후 눈에 나타나는 보색이 잔상으로 나타나는 것
- 동시대비 : 두 색을 같이 놓을 때 보색에 가까울수록 경계선 태도가 높아지며 오래 응시하면 반대색이 보이는 현상
- 면적대비 : 명도가 높은 것이 면적이 더 넓게 느껴지는 현상
- 연변대비 : 단계적으로 채색되어 있는 색의 경계 부분에서 일어나는 대비현상

제 4 과목 조경식재

061 수관(樹冠)의 질감(texture)을 고려할 때 소규모 정원에 가장 어울리지 않는 수종은?

① 영산홍(*Rhododendron indicum*)
② 벚나무(*Prunus serrulata* var. *spontanea*)
③ 편백(*Chamaecyparis obtusa*)
④ 칠엽수(*Aesculis turbinata*)

풀이 칠엽수는 낙엽교목으로 높이 30m까지 자라는 매우 큰 나무이며, 수관의 질감 또한 거칠어서 소규모 정원에 어울리지 않는다.

062 봄철에 노란색 꽃을 볼 수 없는 식물은?

① 산수유(*Cornus officinalis*)
② 개나리(*Forsythia koreana*)
③ 생강나무(*Lindera obtusiloba*)
④ 해당화(*Rosa rugosa*)

풀이 해당화는 5~7월에 붉은색으로 핀다.

063 다음의 그림이 표현하고 있는 식재의 미적 원리는?

① 반복성(repetiton)
② 다양성(variety)
③ 강조성(emphasis)
④ 방향성(sequence)

064 다음 설명의 특징에 가장 적합한 잔디는?

- 한지형 잔디로 여름철에는 잘 자라지 못하며 병해가 많이 발생하나 서늘할 때는 그 생육이 왕성한 편이다.
- 일반적으로 답압에 약하지만 재생력이 강하므로 답압의 피해는 그리 크게 발생하지 않는다.
- 아황산가스에 대한 내성이 약하다.
- 불완전 포복형이지만 포복력이 강한 포복경을 지표면으로 강하게 뻗는다.

① 들잔디 ② 라이 그라스
③ 벤트 그라스 ④ 켄터키블루 그라스

ANSWER 060 ① 061 ④ 062 ④ 063 ① 064 ③

065 다음 특정 설명에 적합한 것은?

- 장미과(科)이다.
- 가을의 단풍이 아름답다.
- 5~6월에 황백색의 꽃이 개화한다.
- 주연부 식재, 경계식재, 지피식재에 적합하다.

① 국수나무(Stephanandra incisa)
② 때죽나무(Sryrax japonicus)
③ 팥배나무(Sorbus alnifolia)
④ 협죽도(Nerium indicum)

066 소나무 및 전나무 등에서 균사가 뿌리피층의 세포간극에 균사망을 형성하는 균근은?

① 외균근　　② 외생균근
③ 내생균근　　④ 내외생균근

풀이 외생균근
균근(菌根) 중 균사가 고등식물의 뿌리의 표면, 또는 표면에 가까운 조직 속에 번식하여 균사는 세포간극에 들어가지만 뿌리의 세포 내에까지 침입하지 않는다. 균체는 식물체로부터 탄수화물의 공급을 받는 한편 토양 중의 부식질을 분해하여 유기질 소화합물을 뿌리가 흡수하여 동화할 수 있는 형태로 식물에 공급한다. 내생균근에 반대되는 용어이다.

067 식재계획 및 설계에 있어서 식물을 시각적 요소로 활용하고자 할 때 중요하게 고려되어야 할 점이 아닌 것은?

① 색채　　② 질감
③ 형태　　④ 향기

풀이 향기는 시각적 요소에 해당하지 않는다.

068 수목의 이용상 분류 중 방화용에 대한 내용에 해당되는 것은?

① 방화용 수목은 잎이 얇으면서 치밀한 수종이어야 한다.
② 수목의 방화력은 수관직경과 수관길이에 좌우되며, 지하고율이 클수록 증대된다.
③ 방화용 수목으로는 가시나무류, 녹나무, 아왜나무 등이 포함된다.
④ 방화용 수목은 그늘을 형성하는 낙엽수이다.

풀이 방화용수종은 잎에 수분이 많아 불이 잘 붙지 않는 수종으로 아왜나무가 대표적이다.

069 수목의 시비에 대한 설명으로 옳은 것은?

① C/N비율이 20 이상인 완숙비료를 토양에 시비한다.
② 엽면시비의 효과를 높이려면 미량원소와 계면활성제를 함께 사용한다.
③ 토양관주는 완효성 비료를 시비할 때 효과적이다.
④ 일반적으로 유실수 〈 활엽수 〈 침엽수 〈 소나무류 순으로 양분요구도가 높다.

풀이 완숙비료는 C/N비율이 20 이하이다.
양분요구도는 유실수 〉 활엽수 〉 침엽수 〉 소나무류 순이다.

070 하목식재(下木植栽)로 차폐(遮蔽)의 기능이 강하고, 척박한 토양에서도 잘 자라기 때문에 토양안정을 위한 사방녹화로 이용되는 속성수종은?

① 자귀나무(*Albizia julibrissin*)
② 배롱나무(*Lagerstroemia india*)
③ 족제비싸리(*Amorpha fruticosa*)
④ 수수꽃다리(*Syringa oblata* var. *dilatata*)

ANSWER 065 ① 066 ② 067 ④ 068 ③ 069 ② 070 ③

풀이 족제비싸리는 비료목으로 척박한 토양에서도 잘 자란다.

071 다음 설명의 (   ) 안에 적합한 용어는?

> 생강나무(*Lindera obtusiloba* Blume)의 꽃은 이가화이며, 3월에 잎보다 먼저 피고 황색으로 화경이 없는 (   )화서에 많이 달린다. 소화경은 짧으며 털이 있다. 꽃받침 잎은 깊게 6개로 갈라진다.

① 산형　② 산방
③ 원추　④ 총상

풀이 생강나무는 노란색 꽃이 여러 개 뭉쳐 있는 산형화서

072 지피식물(地被植物)로 이용하기에 적합한 상록다년초는?

① 자금우(Ardisia japonoca)
② 골담초(Caragana sinica)
③ 수호초(Pachysandra terminalis)
④ 협죽도(Nerium indicum)

풀이 ① 자금우 : 상록소관목
② 골담초 : 낙엽관목
③ 수호초 : 상록 여러해살이풀
④ 협죽도 : 상록관목

073 종자 발아능력 검사방법 중 생리적인 면을 다룰 수 없는 것은?

① 발아시험　② X선사진법
③ 배추출시험　④ 테트라졸리움시험

풀이 X선사진법은 물리적 검사이다.

074 다음 중 과(科) 분류가 다른 것은?

① 개맥문동　② 곰취
③ 구절초　④ 털머위

풀이 개맥문동(백합과), 나머지항은 국화과

075 다음 수종의 공통점에 해당되는 것은?

> • 물푸레나무(*Fraxinus rhynchophylla*)
> • 가죽나무(*Ailanthus altissima*)
> • 느릅나무(*Ulmus davidiana* var. *japonica*)
> • 계수나무(*Cercidiphyllum japonicum*)

① 암수한그루이다.
② 우리나라 자생종이다.
③ 잎은 기수1회우상복엽이다.
④ 종자에는 날개가 달려 있다.

풀이 • 시과(翅果, 翼果, 날개열매) : 과피가 자라서 날개 모양이 되어 바람에 흩어지기 편리하게 된 열매. 단풍나무, 물푸레나무, 복장나무 등

076 야생 조류를 보호하기 위한 자연보호지구를 설정할 때 고려할 사항이 아닌 것은?

① 자연보호지구에 대한 목표설정이 명확해야 한다.
② 생물자원에 대한 목록이 우선적으로 작성되어야 한다.
③ 자연환경의 변화를 지속적으로 모니터링 할 수 있는 장소에 설치되어야 한다.
④ 생태이동 통로 내 여과기능을 높이기 위해서 다양한 수종을 촘촘히 식재 계획한다.

ANSWER 071 ① 072 ③ 073 ② 074 ① 075 ④ 076 ④

077 식재양식을 정형식과 자연풍경식으로 구분할 때 정형식 식재의 기본양식이 아닌 것은?

① 단식 ② 열식
③ 집단식재 ④ 임의식재

풀이 ① 정형식 식재 : 단식, 대식, 열식, 교호식재, 집단식재
② 자연풍경식 식재 : 부등변 삼각형 식재, 임의식재, 모아심기, 무리심기, 배경식재, 주목
③ 자유식재 : 루버형, 번개형, 아메바형, 절선형 등

078 다음 중 습지를 좋아하는 식물들로만 구성된 것은?

① 팥배나무(*Sorbus alnifolia*), 느릅나무(*Ulmus davidiana* var. *japonica*)
② 왕버들(*Salix chaenomeloides*), 낙우송(*Taxodium distichum*)
③ 상수리나무(*Querous acutissima*), 소나무(*Pinus densiflora*)
④ 팽나무(*Celtis sinensis*), 향나무(*Juniperus chinensis*)

079 다음 설명의 ( ) 안에 가장 적합한 용어는?

> ( )은/는 나타니엘 워드(Dr. Nathaniel Ward)가 유리용기 안에 양치식물을 재배하는 방법을 소개하면서 시작되었으며, 광선 이외에는 물 · 비료 등이 거의 차단된 채 생육된다.

① 테라리움(Terrarium)
② 디쉬가든(Dish Garden)
③ 토피아리(Topiary)
④ 트렐리스(Trellis)

080 잎 차례가 대생(對生)인 수종은?

① 박태기나무(*Cercis chinensis*)
② 느티나무(*Zelkova serrata*)
③ 때죽나무(*Styrax japonicus*)
④ 수수꽃다리(*Syringa oblata* var. *dilatata*)

풀이 수수꽃다리(대생, 마주나기)
나머지 수종들은 호생(어긋나기)

제 5 과목 조경시공구조학

081 다음 중 표준시방서의 설명으로 옳지 않은 것은?

① 공사의 마무리, 공법, 규격, 기준 등을 나타낸 것
② 설계도 및 기타서류에 없는 사항을 자세히 명시한 것
③ 공사에 대한 공통적인 협의와 현장관리의 방법을 명시한 것
④ 각 공사마다 제출되며 현장에 알맞은 공법 등 설계자의 특별한 지시를 명시한 것

풀이
- 표준시방서 : 발주처 또는 설계가가 활용하기 위해 시설물별로 정해놓은 표준적인 시공기준으로 한국조경학회에서 만들고 국토해양부에서 제정한 것
- 전문시방서 : 표준시방서를 근거하여 시설물별 공종을 대상으로 특정한 공사의 시공을 위한 시공기준

082 암절토 비탈면 등 환경조건이 극히 불량한 지역의 녹화공법으로 가장 적합한 것은?

① 식생매트공
② 잔디떼심기공
③ 일반묘식재공
④ 식생기반재뿜어붙이기공

ANSWER 077 ④ 078 ② 079 ① 080 ④ 081 ④ 082 ④

풀이 식생기반재뿜어붙이기공
절토, 성토 등 압축공기를 이용한 모르타르건방법, 수압에 의한 펌프 기계파종기방법 등으로 절성토지의 급구비에 적합하다.

083 공사수량 산출 시 운반, 저장, 가공 및 시공과정에서 발생되는 손실량을 사전에 예측하여 산정하는 것은?

① 계획수량 ② 법정수량
③ 설계수량 ④ 할증수량

084 다음 중 시멘트 창고 설치 시 유의사항으로 옳지 않은 것은?

① 시멘트를 쌓을 때 최대 20포대까지 한다.
② 시멘트의 사용은 먼저 반입한 것부터 사용하도록 한다.
③ 창고 주변에 배수도랑을 두어 우수의 침투를 방지한다.
④ 바닥은 지면에서 30cm 이상 높게 하여 깔판을 깔고 쌓는다.

풀이 시멘트 쌓는 높이 13포대 이내로 하며, 장기간 둘 때는 7포대 이상 쌓지 않는다.

085 다음 중 열경화성수지에 속하지 않는 것은?

① 실리콘수지
② 폴리에틸렌수지
③ 멜라민수지
④ 요소수지

풀이 ① 열경화성 수지 : FRP, 프란수지, 요소수지, 멜라민수지, 폴리에스테르 수지, 페놀수지, 실리콘, 우레탄 등
② 열가소성 수지 : 염화비닐, 아크릴, 폴리에틸렌

086 다음 보도의 설계는 어떤 방법으로 정지계획되었는가?

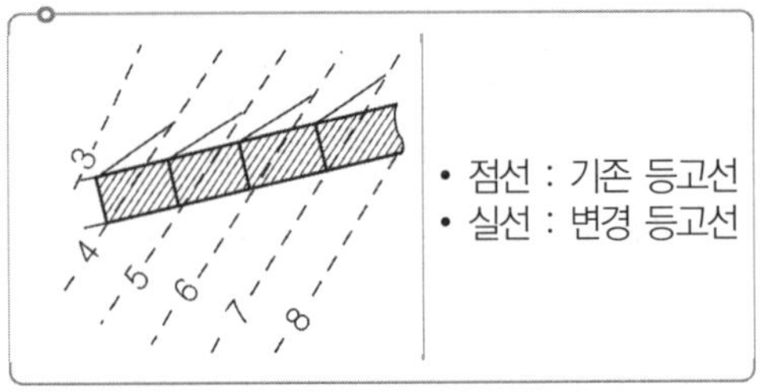

① 절토에 의한 방법
② 성토에 의한 방법
③ 옹벽에 의한 방법
④ 절토와 성토에 의한 방법

풀이 점선은 기존등고선, 실선은 계획등고선으로 계획등고선이 낮은 등고선쪽으로 수정되어 있음으로 기존 낮은 곳은 높게 만든다는 뜻으로 해석하면 됨. 따라서 성토에 의한 방법

087 B.M 표고가 98.760m일 때, C점의 지반고는? (단, 단위는 m이고, 지형은 참고 사항임)

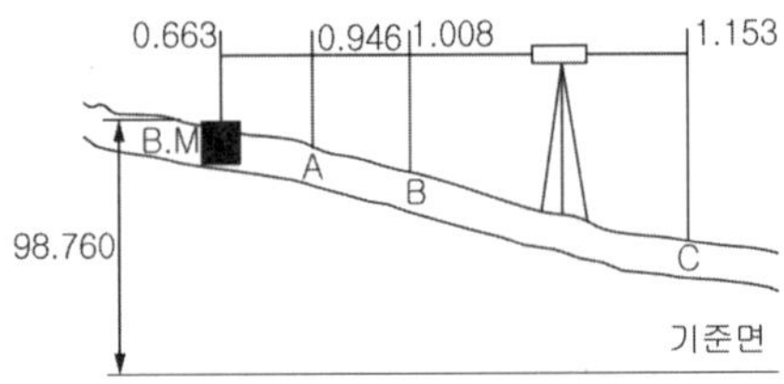

측점	관측값	측점	관측값
B.M.	0.663	B	1.008
A	0.946	C	1.153

① 98.270m ② 98.415m
③ 98.477m ④ 99.768m

풀이 B.M=98.760m
A지점 =98.760+0.663−0.946=98.477m
B지점 =98.477+0.946−1.008=98.415m
C지점 =98.415+1.008−1.153=98.27m

ANSWER 083 ④ 084 ① 085 ② 086 ② 087 ①

088 목재의 실질률을 구하는 공식으로 옳은 것은?

① $\frac{\text{전건비중}}{\text{진비중}} \times 100(\%)$

② $\frac{\text{전건비중}}{\text{가비중}} \times 100(\%)$

③ $\frac{\text{생재비중}}{\text{진비중}} \times 100(\%)$

④ $\frac{\text{생재비중}}{\text{가비중}} \times 100(\%)$

089 재료를 사용하여 동일한 규격의 시설물을 축조하였을 경우, 고정하중(固定荷重)이 가장 큰 구조체는?

① 점토 ② 목재
③ 화강석 ④ 철근콘크리트

풀이 고정하중이 크다는 것은 구조체 자체의 무게가 크다는 것과 같다. 따라서 보기의 재료 중 단위중량이 가장 높은 화강석이 고정하중이 가장 크다.

090 다음 설명에 해당하는 수준측량의 용어는?

> 기준 원점으로부터 표고를 정확하게 측량하여 표시해 둔 점으로 그 지역의 수준측량의 기준이 된다.

① 수평선 ② 기준면
③ 수준선 ④ 수준점

풀이
- 고저기준점(수준점. B.M : bench m ark) : 고저측량의 기준이 되는 점으로 기준
수준면에서의 높이를 정확히 구하여 놓은 점

091 평판측량의 방법에 대한 설명으로 옳지 않은 것은?

① 방사법은 골목길이 많은 주택지의 세부측량에 적합하다.
② 교회법에서는 미지점까지의 거리관측이 필요하지 않다.
③ 현장에서는 방사법, 전진법, 교회법 중 몇 가지를 병용하여 작업하는 것이 능률적이다.
④ 전진법은 평판을 옮겨 차례로 전진하면서 최종 측점에 도착하거나 출발점으로 다시 돌아오게 된다.

풀이 방사법은 장애물 없는 넓은 지역에 가장 많이 사용하는 방법으로 장애물이 있는 곳에는 부적합하다. 측량구역이 좁고 길거나 장애물이 있을 때는 전진법이 적합하다.

092 자연상태의 1500m^3, 모래질흙을 6m^3 적재 덤프트럭으로 운반하여, 성토하여 다지고자 한다. 트럭의 총 소요대수와 다짐 성토량은 각각 얼마인가? (단, 모래질흙의 토양환산계수는 L=1.2, C=0.9이다.)

① 250대, 1350m^3
② 250대, 1620m^3
③ 300대, 1350m^3
④ 300대, 1620m^3

풀이
- 덤프트럭 대수 : 자연상태 토량 × L/덤프트럭 1회적재량 = 1500 × 1.2/6 = 300대
- 다짐 성토량 : 자연상태 토량×C
 = 1500×0.9=1350m^3

093 다음 중 경비의 세비목에 해당하지 않는 것은?

① 기계경비 ② 보험료
③ 외주가공비 ④ 작업부산물

ANSWER 088 ① 089 ③ 090 ④ 091 ① 092 ③ 093 ④

풀이 경비는 전력비, 운반비, 기계경비, 특허권사용료 등이며, 작업부산물은 작업 잔재료 중 환금이 가능한 재료로 재료비에서 공제 시멘트공포대, 공드럼, 수목의 할증분 등을 말하는 것으로 재료비 계산시 공제하는 항목이다.

094 물의 흐름과 관련한 설명 중 등류(等流)에 해당하는 것은?

① 유속과 유적이 변하지 않는 흐름
② 물 분자가 흩어지지 않고 질서정연하게 흐르는 흐름
③ 한 단면에서 유적과 유속이 시간에 따라 변하는 흐름
④ 일정한 단면을 지나는 유량이 시간에 따라 변하지 않는 흐름

풀이
- 등류 : 유속과 유적이 변하지 않는 흐름
- 층류 : 물 분자가 흩어지지 않고 질서정연하게 흐르는 흐름
- 부정류 : 한 단면에서 유적과 유속이 시간에 따라 변하는 흐름
- 정상류 : 일정한 단면을 지나는 유량이 시간에 따라 변하지 않는 흐름

095 목재의 사용환경 범주인 해저드클래스(Hazard class)에 대한 설명으로 틀린 것은?

① 모두 10단계로 구성되어 있다.
② H1은 외기에 접하지 않는 실내의 건조한 곳에 해당된다.
③ 파고라 상부, 야외용 의자 등 야외용 목재 시설은 H3에 해당하는 방부처리방법을 사용한다.
④ 토양과 담수에 접하는 곳은 높은 내구성을 요구할 때는 H4이다.

풀이 해저드클래스는 H1~H5까지 5단계로 구성되어 있다.

096 건설공사의 관리 중 시공계획의 검토 과정에 있어 조달계획에 해당하는 것은?

① 계약서 검토
② 예정공정표 작성
③ 하도급 발주계획
④ 실행예산서 작성

풀이 조달계획
노무계획, 기계계획, 재료계획, 운반계획, 하도급 발주계획

097 암석이 가장 쪼개지기 쉬운 면을 말하며 절리보다 불분명하지만 방향이 대체로 일치되어 있는 것은?

① 석리
② 입상조직
③ 석목
④ 선상조직

풀이
- 석리 : 암석 분류의 기준이 되기도 하며 조직이라고도 한다. 대부분 현미경적인 수준의 성질이며 암석의 층리(層理)나 절리(節理)와 같은 큰 수준의 성질은 구조라고 하여 구별한다.
- 입상조직 : 거의 비슷한 크기의 광물 입자들로 구성된 암석의 조직
- 석목 : 암반내 층에서 볼 수 있는 천연적 균열상, 절리 등으로 결정의 병행상태에 따라 절단이 용이한 방향성을 말한다.
- 선상조직 : 선상 조직은 인을 많이 함유하는 강에 나타나는 편석 조직의 일종이다.

ANSWER 094 ① 095 ① 096 ③ 097 ③

098 다음 그림과 같은 양단고정보에 하중(P)을 가할 때 휨모멘트 값은? (단, 보의 휨강도 EI는 일정하다.)

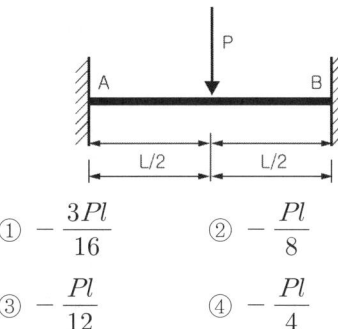

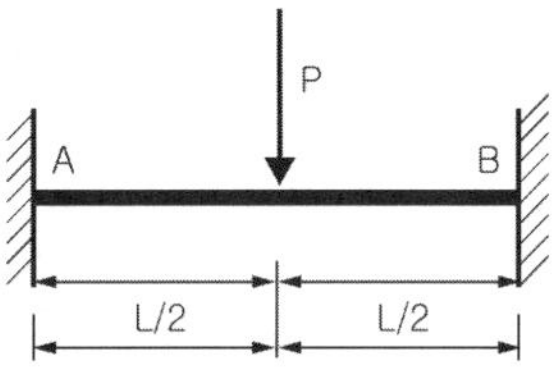

① $-\frac{3Pl}{16}$　　② $-\frac{Pl}{8}$

③ $-\frac{Pl}{12}$　　④ $-\frac{Pl}{4}$

099 도로의 수평노선 곡선부에서 반경이 30m, 교각(交角)을 15°로 한다면 이 수평노선의 곡선장은 약 얼마인가? (단, 소수점 둘째 자리까지 구한다.)

① 1.25m　　② 2.50m

③ 7.85m　　④ 8.50m

풀이 수평노선 곡선장

$L = \frac{2\pi RI}{360}$

(L : 곡선장 길이, R : 곡선변경, I : 중심각)

$= \frac{RI}{57.3}$

따라서, $= \frac{30 \times 15}{57.3} = 7.85\text{m}$

100 대규모 자동 살수 관개 시설에 많이 사용되는 것은?

① 회전 살수기　　② 분무입상 살수기

③ 분무 살수기　　④ 회전입상 살수기

풀이 • 회전입상살수기 : 단순히 물이 흐르면 동체로부터 분무공이 올라와서 살수되는 것으로 가장 많이 사용하는 것

제 6 과목 조경관리론

101 화장실 옥상 슬리브의 보호 콘크리트층에 표면 균열이 발생하여 누수현상이 발생하였다. 원인으로 볼 수 없는 것은?

① 동파현상

② 백화현상

③ 줄눈의 미 시공

④ 시멘트 입자의 재료 분리 현상

풀이 • 백화현상 : 시멘트 콘크리트 양생과정에서 혼합이 잘 안 되거나 동절기 시공 시 발생하며 표면에 흰가루 같은 것이 생기는 현상

102 화목류의 개화 상태를 향상시키기 위한 방법이 아닌 것은?

① 환상박피를 한다.

② 단근조치를 한다.

③ C/N율을 어느 정도 높여준다.

④ 인산과 칼륨질 비료를 줄인다.

풀이 화목류 개화를 향상시키기 위해서는 인산, 칼륨질 비료를 늘린다.

103 다음 [표]와 같이 배치하는 시험구 배치법을 무엇이라고 하는가?

E	C	A	D	B
B	E	D	A	C
C	A	E	B	D

① 완전난괴법　　② 포트 시험법

③ 사경법　　④ 토경법

풀이 • 난괴법 : 모든 처리가 한 블록 안에 포함되도록 하고 블록에 실험 구를 멋대로 배치하는 실험 계획법. 모수 인자와 변량 인자를 반복 없이 이원 배치하는 방법이다.

ANSWER 098 ② 099 ③ 100 ④ 101 ② 102 ④ 103 ①

104 다음 어린이놀이시설의 설치검사 관련 내용 중 밑줄 친 내용에 해당하는 것은?

> 관리주체는 관련 조항에 따라 설치검사를 받은 어린이놀이시설에 대하여 대통령령으로 정하는 방법 및 절차에 따라 안전검사기관으로부터 ( )에 ( )회 이상 정기검사를 받아야 한다.

① 1개월에 1회 ② 6개월에 1회
③ 1년에 1회 ④ 2년에 1회

풀이 어린이놀이시설 안전관리법 제12조(어린이놀이시설의 설치검사 등)
② 관리주체는 제1항에 따라 설치검사를 받은 어린이놀이시설에 대하여 대통령령으로 정하는 방법 및 절차에 따라 안전검사기관으로부터 2년에 1회 이상 정기시설검사를 받아야 한다.

105 동일 분자 내에 친수기와 소수기를 갖는 화합물로 제재의 물리화학적 성질을 좌우하는 역할을 하는 것은?

① 용제 ② 고착제
③ 계면활성제 ④ 고체희석제

풀이 계면활성제
계면이란 고체/기체, 고체/액체, 고체/고체, 액체/기체, 액체/액체가 서로 맞닿은 경계면을 말하며, 계면활성제란 이런 계면에 흡착하여 계면의 경계를 완화시키는 물질

106 파라치온 유제 50%를 0.08%로 희석하여 10a당 100L를 살포하려고 할 때 소요 약량은 약 몇 mL인가? (단, 비중은 1.008, 계산결과 소수점은 절사)

① 148mL ② 158mL
③ 168mL ④ 178mL

풀이

$$\text{소요약량} = \frac{(\text{사용량농도}(\%) \times \text{사용량}(m\ell))}{\text{원액농도}(\%)} = \frac{0.08 \times 100\ell \times 1{,}000}{50} = 160m\ell$$

따라서, 160÷비중 1.008g=158mℓ

107 공원관리에 인근 주거지 내 주민단체가 참가할 경우 효율적으로 수행할 수 없는 작업은?

① 시비 ② 제초
③ 관수 ④ 피압목 벌채

풀이 주민참가활동의 내용

청소	제초
놀이기구의 점검	공원을 사용한 레크리에이션 행사의 개최
병충해 방제	금지행위, 위험행위의 주의
화단 식재	사고, 고장 등의 통보
어린이의 놀이지도	열쇠 등의 보관
공원관리에 관한 제안	관수
시설기구 등의 대출	시비
공원이용에 관한 규칙 만들기	공원 녹화관련행사의 개최
공원에 관한 홍보	

108 다음 중 잎을 가해하는 해충(식엽성 해충)의 피해도 결정인자가 아닌 것은?

① 입목(立木)의 굵기
② 입목(立木)의 밀도
③ 수령
④ 초살도

풀이 초살도는 수간 하부와 상부의 직경의 차이이다.

ANSWER 104 ④ 105 ③ 106 ② 107 ④ 108 ④

109 조경시설물의 유지관리에 대한 내용으로 틀린 것은?

① 내구연한까지는 별다른 보수점검을 생략해도 좋다.
② 기능성과 안전성이 확보되도록 유지관리 한다.
③ 주변환경과 조화를 이루며, 경관성과 기능성이 있도록 관리한다.
④ 기능 저하에는 이용빈도나 고의적인 파손 등의 인위적인 원인이 많다.

풀이 내구연한까지 주기적인 보수점검이 필요하다.

110 질소고정에 관여하는 균 중 콩과식물과 공생에 의하여 질소를 고정하는 미생물은?

① 리조비움(*Rhizobium*)
② 아조토박터(*Azotobacter*)
③ 베제린크키아(*Beijerinckia*)
④ 클로스트리디움(*Clostridoum*)

풀이 • 질소고정미생물

1. 공생질소고정미생물 : 콩과식물의 리조비움(Rhizobium), 균근균, 엽립균, 경립균 등
2. 비공생질소고정미생물 : 유기영양호기성 세균의 Azotobacter, Beijerinckia, Achromobacter, 유기영양혐기성 세균의 Clostridium, Aerobacter 등, 광합성세균의 Chlorobacterium, 메탄세균의 Methanobacterium, 황산환원균의 Desulfovibrio, 방선균의 Nocardia 등, 사상균의 Aspergillus, 효모의 Saccharomyces, 시아노박테리아인 Anabaena 등이 있다.

111 조경관리 중 운영관리 체계화의 부정적 요인으로 작용하는 것이 아닌 것은?

① 직원의 사기
② 규격화의 곤란성
③ 이용주체의 다양화에 따른 예측의 의외성
④ 조경공간의 주요 대상이 자연이라는 특성

112 중량법(gravimetry)에 의한 토양수분측정 과정에서 젖은 토양시료의 중량이 200g, 110℃ 건조기에서 24시간 건조시킨 토양의 중량이 160g이면 이 토양의 질량기준 수분함량은?

① 15% ② 20%
③ 25% ④ 80%

풀이

$$\text{수분함량} = \frac{\text{젖은 토양시료중량}}{\text{건조된 시료중량}} \times 100$$
$$= \frac{200-160}{160} \times 100 = 25\%$$

113 합성 페로몬을 이용한 해충 방제에 있어서 고려해야 할 것은?

① 환경에 대한 오염
② 식물에 대한 약해
③ 저항성 개체의 발현
④ 천적 및 인축에 대한 독성

풀이 페로몬은 다른 개체의 행동을 유발시킬수 있는 분비물질로 합성 페로몬을 이용한 해충방제에서 화학물질에 대한 저항성 개체가 발현할 수 있다.

114 어린이 활동공간의 환경안전관리기준에 따른 모래놀이터의 토양검사 항목이 아닌 것은?

① 염소 ② 수은
③ 카드뮴 ④ 6가크롬

ANSWER

109 ① 110 ① 111 ① 112 ③ 113 ③ 114 ①

풀이 • 모래놀이터 토양검사 항목 : 납, 6가크롬, 카드뮴, 수은, 비소, 기생충량

115 토양광물은 여러 가지 무기화합물로 구성되어 있다. 일반적으로 토양을 구성하는 성분 중 제일 많이 존재하는 것은?

① CaO ② SiO_2
③ Fe_2O_3 ④ Al_2O_3

116 다음 중 표징(sign)이 나타나지 않는 병은?

① 잣나무 털녹병
② 대추나무 빗자루병
③ 단풍나무 타르점무늬병
④ 소나무류 피목가지마름병

풀이 • 표징(標徵)(sign) : 원체 자체가 병든 식물체상의 환부에 나타나 병의 발생을 알리는 것 병원체가 진균일 때 대부분 표징이 나타난다.
• 병징(病徵)(symptom) : 병든 식물 자체의 조직 변화에 유래하는 이상
비전염성병, 바이러스병, 마이코플라즈마에 의한 병은 병징만 나타난다.
대추나무 빗자루병은 병징이 나타난다.

117 수목병의 원인 중 뿌리혹병, 불마름병 등의 원인이 되는 생물적 원인은?

① 세균 ② 선충
③ 곰팡이 ④ 바이러스

풀이 세균에 의해 발생하는 병
뿌리혹병, 불마름병, 들불병, 반점세균병 등

118 참나무류에 치명적인 피해를 주는 참나무 시들음병을 매개하는 곤충은?

① 광릉긴나무좀 ② 솔수염하늘소
③ 참나무재주나방 ④ 도토리거위벌레

풀이 참나무 시들음병
매개충인 광릉긴나무좀을 통해 전염된 라펠리아 병원균이 참나무류의 수액 통로를 막음으로써 말라 죽게 되는 병

119 농약살포 작업 시 안전수칙으로 옳은 것은?

① 농약 희석 작업 시에는 개인보호구를 착용하지 않아도 된다.
② 농약 살포 시 바람을 등지고 살포한다.
③ 농약을 습기가 마른 한낮에 단기간 살포하며, 흡연자는 주기적인 흡연으로 휴식한다.
④ 농약 방제복 세탁 시 중성세제를 넣으면 일반 세탁물과 함께 세탁하여도 영향이 없다.

풀이 농약 살포시에는 개인보호구를 착용해야 하며, 가급적 바람이 없는날을 택하며 바람을 등지고 살포한다. 살포는 뜨거운 낮을 피해 아침저녁으로 서늘한 때 하며 농약 방제복 세탁시는 다른 세탁물과 혼합하면 안된다.

120 레크리에이션 수용능력의 결정인자는 고정인자와 가변인자로 구분된다. 다음 중 고정적 결정인자에 속하는 것은?

① 대상자의 크기와 형태
② 특정 활동에 대한 참여자의 반응 정도
③ 대상지 이용의 영향에 대한 회복능력
④ 기술과 시설의 도입으로 인한 수용능력 자체의 확장 가능성

풀이 • 고정적 결정인자
ⓐ 특정활동에 대한 참여자의 반응정도
ⓑ 특정활동에 필요한 사람의 수
ⓒ 특정활동에 필요한 공간의 최소면적
• 가변적 결정인자
ⓐ 대상지의 성격
ⓑ 대상지의 크기와 형태
ⓒ 대상지 이용의 영향에 대한 회복능력
ⓓ 기술과 시설의 도입으로 인한 수용능력

ANSWER 115 ② 116 ② 117 ① 118 ① 119 ② 120 ②

CBT 제1회 모의고사

제1과목 조경사

001 다음 중 중세 장원제도(feudal system)속에서 발달된 조경 양식의 특징은?

① 내부공간 지향적 정원 수법
② 로마시대의 공지형태 답습
③ 성벽을 의식한 장대한 외부 경관의 조성
④ 풍경식의 도입

002 조선시대 강희안이 조경식물에 대한 양화소록(養花小錄)을 저술하였는데 "양화(養花)"가 의미하는 것은?

① 그 당시 원예에 대한 관심을 기록
② 그 당시 화목에서 뜻을 찾고 수심양성(修心 養成)하려는 목적으로 기록
③ 그 당시 풍수와 관련된 배식기법을 수록
④ 그 당시 화목의 종류를 후세에 전할 목적으로 기록

003 다음에 설명된 내용은 어떤 식물을 의미하는 것인가?

- 연못에 식재되었다.
- 이집트 하(下)대의 상징식물로 여겨졌다.
- 이 식물의 꽃은 즐거움과 승리를 의미하여 신과 사자에게 바쳐졌다.
- 이집트 건축의 주두(柱頭) 장식에도 사용되었다.

① 자스민　② 연
③ 아네모네　④ 파피루스

004 이탈리아 정원의 특징인 노단건축식이 시작된 곳이며, 이탈리아 정원을 수목적인 것에서 건축적 구성으로 전환시키는 계기가 된 정원은?

① 벨베데레원　② 이졸라벨라
③ 메디치장　④ 감베라이아장

005 한국의 누각과 정자에서 전통적인 경관처리 기법 중 가장 기본이 되는 개념은?

① 허　② 취경
③ 읍경　④ 다경

006 성곽의 수문 형식 중 배수용량이 큰 지점에 사용되는 것은?

① 절개식　② 개구식
③ 홍예식　④ 평거식

007 창덕궁 후원 내에 있는 민가(民家)는 연경당(演慶堂)인데 조선시대 상류(上流)민가의 정원 양식을 볼 수 있는 곳으로 이는 어느 시기에 조성된 것인가?

① 인조(仁祖) 1642년
② 순조(純祖) 1828년
③ 영조(霙祖) 1765년
④ 숙종(肅宗) 1704년

008 영국 풍경식 조경가들의 활동 연대 순서가 바르게 배열된 것은?

① 찰스 브릿지맨 → 윌리엄 켄트 → 란셀로트 브라운 → 험프리 랩턴
② 찰스 브릿지맨 → 란셀로트 브라운 → 윌리엄 켄트 → 험프리 랩턴
③ 윌리엄 켄트 → 란셀로트 브라운 → 찰스 브릿지맨 → 험프리 랩턴
④ 윌리엄 켄트 → 찰스 브릿지맨 → 란셀로트 브라운 → 험프리 랩턴

009 고대 로마에서 규모가 큰 집에 5점식재나 화초와 관목의 군식 또는 과수원과 소채원 등이 꾸며진 후원은?

① 아트리움(atrium)
② 페리스틸리움(peristylium)
③ 클로이스터 가든(cloister garden)
④ 지스터스(xystus)

010 이집트인은 종교관에 따라 거대한 예배신전이나 장제신전을 건설하고 그 주위에 신원(神苑)을 설치하였다. 그 중 현존하는 최고의 대표적인 조경 유적인 신원은?

① Thutmois 3세의 신전
② Amenophis 3세의 장제 신전
③ Menes왕의 장제 신전
④ Hatshepsut여왕의 장제 신전

011 불음을 전하는 사물 중 오행원리에 입각해 불을 다루는 부엌에 걸어두어 화재를 막고자 한 것은?

① 법고　② 운판
③ 목어　④ 범종

012 일본정원 중 서로 연결이 잘못된 것은?

① 계리궁(가쓰라 이궁) - 침전조정원양식
② 모월사(모오에쓰지) - 정토정원양식
③ 불심암 - 다정원양식
④ 서천사 - 선종정원양식

013 일본의 임천식회유식정원으로 중국적인 조경요소인 원월교(圓月矯), 소여산(小廬山) 그리고 서호제(西湖堤)가 만들어져 있는 곳은?

① 가쓰라이궁(桂離宮)
② 겸육원(兼六園)
③ 소석천후락원(小石川後樂園)
④ 육의원(六義園)

014 Frederick Law Olmsted 의'공원관'에 강한 영향을 미친 19세기 영국의 공원은?

① Pince's Park ② Victoria Park
③ Hyde Park ④ Birkenhead Park

015 당나라시대 유명한 민간정원인 평천산장(平泉山莊)과 관계없는 것은?

① 산장 정원안에 괴석을 쌓아 무산12봉(巫山十二峰)을 상징하였다.
② 정원 안에 천하에 귀한 화초를 식재하였다.
③ 정원 안에 기석(奇石), 괴석(塊石)을 배치하였다.
④ 이 정원은 당대의 거부 사마광의 산장이었다.

016 불국사의 구품연지(九品蓮池)의 형태로 가장 적합한 것은?

① 타원형 ② 정방형
③ 장방형 ④ 사다리꼴형

017 서원에서 춘추제향시 제물로 쓰이는 짐승을 세워놓고 품평을 하기 위해 만든 곳은?

① 관세대(盥洗臺) ② 정료대(庭燎臺)
③ 사대(社臺) ④ 생단(牲壇)

018 일본 서방사(西芳寺)정원에 맞지 않는 것은?

① 고산수(枯山水)
② 구산팔해석(九山八海石)
③ 정토사상(淨土思想)
④ 황금지(黃金池)

019 다음 중 몬탈토(Montalto)의 분수와 쌍둥이 카지노(twin casino)가 있는 곳은?

① 란테장(Villa Lante)
② 메디치장(Villa Medici)
③ 에스테장(Villa d'Este)
④ 파르네제장(Villa Farnrse)

020 영국에서 일반 대중을 위한 최초의 공원을 설계한 사람은?

① 팩스톤(Paxton)
② 다우닝(Downing)
③ 옴스테드(Olmsted)
④ 엘리옷(Eliot)

제 2 과목 조경계획

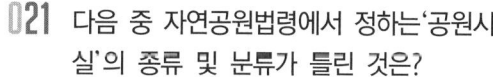

021 다음 중 자연공원법령에서 정하는'공원시설'의 종류 및 분류가 틀린 것은?

① 공원관리사무소, 탐방안내소 등의 공공시설
② 스키장, 골프장 등의 휴양 및 편익시설
③ 방화·방책 등 탐방자의 안전을 도모하는 보호 및 안전시설
④ 탐방로, 주차장 등의 교통·운수시설

022 도시계획지역내 지정된 어린이공원의 면적과 유치거리 기준으로 옳은 것은?

① 면적 : 1500m^2 이상, 유치거리 : 250m 이하
② 면적 : 2000 m^2 이상, 유치거리 : 300m 이하
③ 면적 : 2500m^2 이상, 유치거리 : 350m 이하
④ 면적 : 3000m^2 이상, 유치거리 : 400m 이하

023 다음 시대별 설계방법론으로 잘못 짝지워진 것은?

① 제1세대 방법론(1960년대) : 체계적 설계과정 중시
② 제2세대 방법론(1970년대) : 이용자 참여설계중시
③ 제3세대 방법론(1980년대) : 설계안의 예측과 반박
④ 제4세대 방법론(1990년대) : 전문가적 판단 중시

024 도시계획시설의 결정 · 구조 및 설치기준에 따라 도로의 기능별 분류에 따른 곡선반경 기준으로 틀린 것은? (단, 기능별 분류가 서로 다른 경우 곡선반경이 큰 도로를 기준으로 적용한다.)

① 주간선 도로 : 15미터 이상
② 보조간선도로 : 12미터 이상
③ 집산도로 : 10미터 이상
④ 국지도로 : 8미터 이상

025 시각적 선호에 관한 계량적 모델이 Y = 3.3 + 10A + 0.3B + 0.1C + 0.8D 와 같을 때 시각적 선호에 가장 큰 영향을 주는 변수는? (단, Y = 시각적 선호 값

A = 근경 식생구역의 경계선 길이
B = 중경 비식생구역의 경계선 길이
C = 중경 식생구역의 경계선 길이
D = 원경 식생구역의 경계선 길이)

① A　　② B
③ C　　④ D

026 이용자 행태의 현장 관찰의 이점이 아닌 것은?

① 관찰자가 있음으로 이용자의 행태에 변화가 생길 수 있다.
② 이용자의 행태를 연속적으로 살필 수 있다.
③ 예기치 못한 행태를 도출해낼 수 있다.
④ 이용자 행태가 발생하는데 있어서 영향을 미치는 주변 분위기 조사가 가능하다.

027 우리나라 자연공원 지정기준에 관한 설명으로 옳지 않은 것은?

① 지형보존 : 산업개발에 의하여 지형의 경관이 파괴될 우려가 있거나 이미 파괴된 곳일 것
② 자연생태계 : 멸종위기야생 동 · 식물 등이 서식할 것
③ 위치 및 이용편의 : 국토의 보전 · 이용 · 관리측면에서 균형적인 자연공원의 배치가 될 수 있을 것
④ 문화경관 : 문화재 또는 역사적 유물이 있으며, 자연경관과 조화되어 보전의 가치가 있을 것

028 다음 각각의 ( )안에 적합한 것은?

> 단지계획에서 일조의 문제에서 가장 큰 영향력을 갖는 것이 건물과 건물사이의 인동간격이며, (㉠) 때 (㉡) 시간 이상 일조를 얻을 수 있도록 인동간격을 확보하여야 한다.

① ㉠ 동지, ㉡ 2 ② ㉠ 하지, ㉡ 4
③ ㉠ 하지, ㉡ 2 ④ ㉠ 동지, ㉡ 4

029 도시공원 및 녹지 등에 관한 법률상 독립적 구성일 경우 근린공원으로 조성할 수 있는 최소 규모 기준은? (단, 근린생활권근린공원으로 구분되는 것을 의미한다.)

① 1500 제곱미터
② 5000 제곱미터
③ 10000 제곱미터
④ 100000 제곱미터

030 공장조경의 식재계획으로 옳은 것은?

① 공장경관을 창출하는 종합적인 식재방식을 도입한다.
② 수종선정에 있어서 경관성의 원칙을 최우선으로 한다.
③ 녹화용 수목은 이식이 용이한 수목을 선정한다.
④ 식재방법은 공장의 운영관리적 측면을 배려한다.

031 [보기]에서 도시공원 및 녹지 등에 관한 법률상 녹지 활용계약의 대상이 되는 토지의 요건에 해당되는 것을 모두 고른 것은?

> [보기]
> ① 300제곱미터 이상의 면적인 단일토지일 것
> ② 녹지가 부족한 도시 지역안에 임상이 양호한 토지 및 녹지의 보존 필요성은 높으나 훼손의 우려가 큰 토지 등 녹지 활용 계약의 체결 효과가 높은 토지를 중심으로 선정된 토지일 것
> ③ 사용 또는 수익을 목적으로 하는 권리가 설정되어 있지 아니한 토지일 것

① ① ② ①, ②
③ 2, 3 ④ ①, ②, ③

032 건축법시행령상 단독주택은 단독주택 다중주택, 다가구 주택 등으로 구분하는데 그 중"다중주택"이 갖추어야 할 조건에 해당하지 않는 것은?

① 학생 또는 직장인 등 여러 사람이 장기간 거주할 수 있는 구조로 되어 있는 것
② 독립된 주거의 형태를 갖추지 아니한 것 (각 실별로 욕실은 설치 할 수 있으나, 취사시설은 설치하지 아니한 것을 말한다.)
③ 연면적이 330제곱미터 이하이고 층수가 3층 이하인 것
④ 19세대 이하가 거주할 수 있을 것

033 다음에 열거한 계획 개념어 중 Ian McHarg의 생태학적 결정론과 가장 가까운 것은?

① 형태는 기능을 따른다.
② 형태는 과정을 따른다.
③ 형태는 형태를 따른다.
④ 형태는 자율적이다.

034 사람들이 관광의 행위를 일으키는 데는 여러 가지 요인이 작용한다. 관광을 발생시키는 외적요인에 해당하지 않는 것은?

① 욕구 ② 여가시간
③ 소득 ④ 생활환경

035 주택건설기준 등에 관한 규정에서 공동주택을 건설하는 주택단지에는 그 단지면적의 얼마에 해당하는 면적의 녹지를 확보하여 공해방지 또는 조경을 위한 식재 기타 필요한 조치를 하여야 하는가? (단, 공동주택의 1층에 주민의 공동시설로 사용하는 피로티를 설치하는 경우는 제외한다.)

① 1백분의 5 ② 1백분의 10
③ 1백분의 20 ④ 1백분의 30

036 자연보존지구에서 허용되는 최소한의 공원시설 및 공원사업규모 기준으로 틀린 것은? (단, 자연공원법 시행령의 기준을 적용한다.)

① 공공시설로서 관리사무소 : 부지면적 2천 제곱미터 이하
② 조경시설 : 부지면적 4천 제곱미터 이하
③ 공공시설로서 탐방안내소 : 부지면적 4천 제곱미터 이하
④ 휴양 및 편익시설로서 전망대 : 부지면적 4백 제곱미터 이하

037 인간 행동의 움직임을 부호화한 표시법(motationsymbols)을 창안하여 설계에 응용한 사람은?

① Laurence Halprin
② Philip Thiel
③ Ian L.McHarg
④ Christopher J.Jones

038 자동차 속도에 대한 설명 중 설계속도(design speed)에 대한 설명으로 옳은 것은?

① 도로 조건만으로 정한 최고 속도로서 도로의 기하학적 설계지준이 된다.
② 교통용량이 최대가 되는 속도이며, 이론적으로 교통용량을 생각할 때 적용된다.
③ 일정한 구간을 주행한 시간으로 나누어서 구한 속도이다.
④ 도로 실시 설계시 기준이 되는 속도로서 도로폭원을 정하는데 기준이 된다.

039 다음 중 도시 및 주거환경정비법에 따라 ( )에 들어갈 내용으로 맞지 않은 것은? (단, 보기의 설명은 모두 등기된 권리라고 가정한다.)

> [보기]
> 대지 또는 건축물을 분양받을 자에게 관련 규정에 의하여 소유권을 이전한 경우 종전의 토지 또는 건축물에 설정된 ( )은 소유권을 이전받은 대지 또는 건축물에 설정된 것으로 본다.

① 지역권 ② 저당권
③ 전세권 ④ 지상권

040 관광, 레크리에이션 수요추정에 사용되는 시설 가동율에 대한 설명으로 옳지 않은 것은?

① 관광 수요가 가장 극대점에 도달하는 계절에는 100%를 초과하여 수요추정을 한다.
② 시설의 경영상 수지분기점이 되는 지표이다.
③ 시설의 연중 평균이용율을 고려하여 설정한다.
④ 경영효율은 상한선 보다 하한선 설정이 더 중요하다.

제 3 과목 조경설계

041 다음 투시도의 성격에 대한 설명 중 틀린 것은?

① 같은 크기의 수평면이라도 보이는 면의 폭은 시점의 높이에 가까워질수록 넓게 보인다.
② 화면에 평행하지 않은 선들은 소점으로 모이게 된다.
③ 소점은 항상 관측자의 눈높이의 수평선상에 놓이게 된다.
④ 화면보다 앞에 있는 물체는 실체보다 확대되어 나타난다.

042 설계시 녹지 식재면의 표면배수 기울기로 가장 적합한 것은?

① 1 / 10~1 / 20 정도
② 1 / 20~1 / 30 정도
③ 1 / 30~1 / 40 정도
④ 1 / 40~1 / 50 정도

043 다음의 그림은 2가지의 정의를 보일 수 있다. 하나는 흰 술잔으로, 다른 하나는 얼굴이 마주보고 있는 형상으로 즉, 일정한 시계 내에서 특정한 형태 혹은 사물이 돋보이며, 그 밖의 것들은 주의를 끌지 못하는 원리를 무엇이라 하는가?

① 균형과 대치 ② 도형과 배경
③ 반복과 조화 ④ 리듬과 변화

044 도면에서 치수기입에 대한 설명 중 틀린 것은?

① 치수의 단위는 mm를 원칙으로 하고, 단위 기호도 기입한다.
② 치수 수치는 치수선에 평행하게 기입하고, 되도록 치수선의 중앙 위쪽에 기입한다.
③ 치수는 아라비아 숫자로 나타낸다.
④ 협소한 간격이 연속될 때에는 인출선을 써서 치수를 기입한다.

045 니얼 커크우드(Niall Kirkwood)가 분류한 조경 디테일에 대한 설명으로 틀린 것은?

① 조경 디테일은 표준 디테일과 비표준 디테일로 분류된다.
② 표준 디테일은 성능이 뛰어나기 때문에 반복적으로 사용되어 온 디테일로 규정적 디테일과 권장 디테일로 구분된다.
③ 비표준 디테일인 토속적 디테일은 프로젝트의 특수한 조건을 고려하여 고객의 주문에 의해 만들어진다.
④ 규정적 표준 디테일은 법규, 조례, 설계기준에 의해 강제적으로 준수되어야 하는 디테일이다.

046 경관을 사진, 슬라이드 등의 방법을 통하여 평가자에게 보여주고 양극으로 표현되는 형용사 목록을 제시하여 경관을 측정하는 방법은?

① 어의구별척(semantic differential scale)
② 순위조사(rank - ordering)
③ 리커트 척도(likert scale)
④ 쌍체비교법(paired comparison)

047 린치(Kevin Lynch)가 주장한 도시의 이미지를 구성하는 5대 요소에 포함되지 않는 것은?

① 도로(path)
② 인공구조물(artitacts)
③ 지역(district)
④ 랜드마크(landmark)

048 게쉬탈트 이론 중 그림(Figure)으로서의 통합 요인에 해당되지 않는 것은?

① 근접의 요인 ② 유사 요인
③ 포위의 요인 ④ 폐쇄의 요인

049 먼셀의 표기법에서 10RP 7/8은 무슨 색인가?

① 분홍 ② 빨강
③ 보라 ④ 자주

050 다음 설명하는 것은 무엇인가?

> 대부분의 예술형태들은 기본적으로 이것과 그 시각적 효과에 관계되어 있다. 벽돌, 유리, 나무, 강철과 콘크리트 등의 대비로 이루어진 오늘날의 건축물은 흔히 시각적 흥미를 주기 위한 방법으로서 이것의 변화에 의존하고 있다. 응용된 표면 장식은 비교적 덜 중요하며 재료 자체의 느낌과 외양이 강조된다.

① 공간의 환영(Illusion of space)
② 패턴(Pattern)
③ 동세(Movement)
④ 질감(Texture)

051 음수전은 일반적으로 성인용과 아동용으로 구분하는데, 다음 중 아동용 음수전의 높이로 가장 적합한 것은? (단, 수도꼭지가 위로 향하여 물이 위로 솟게 하는 경우)

① 25~35cm ② 35~ 45cm
③ 45~60cm ④ 60~75cm

052 다음 중 조경공간의 휴게시설물의 설명으로 틀린 것은?

① 그늘시렁(퍼걸러)는 조형성이 뛰어난 것을 시각적으로 넓게 조망할 수 있는 곳이나 통경선이 끝나는 곳에 초점요소로서 배치할 수 있다.
② 그늘막(셸터)는 처마 높이를 2.5~3m를 기준으로 설계한다.
③ 의자는 휴지통과의 이격거리 0.9m 정도 공간을 확보한다.
④ 앉음벽은 긴 휴식에 적합한 재질과 마감방법으로 설계하며, 앉음벽의 높이는 24~35m을 원칙으로 한다.

053 때로는 따뜻하게, 때로는 차갑게 느껴지는 중성색이 아닌 것은?

① 연두 ② 흰색
③ 보라 ④ 초록

054 Munsell system에서 색의 3속성을 표현하는 기호의 순서로 맞는 것은(단, 채도(C), 명도(V), 색상(H)으로 표현한다.)

① HV / C ② VH / C
③ CV / H ④ HC / V

055 해가 지고 주위가 어둑어둑 해질 무렵 낮에 화사하게 보이던 빨간 꽃은 거무스름해져 어둡게 보이고, 그 대신 연한 파랑이나 초록의 물체들이 밝게 보이는 현상을 무엇이라고 하는가?

① 베졸트 브뤼케 현상
② 하만 그리드 현상
③ 애브니 효과 현상
④ 푸르킨예 현상

056 다음 중 색입체에 관한 설명으로 틀린 것은?

① 색입체의 중심축은 무채색 축이다.
② 오스트발트 표색계의 색입체는 타원과 같은 형태이다.
③ 색의 3속성을 3차원 공간에다 계통적으로 배열한 것이다.
④ 번셀표색계의 색입체는 나무의 형태를 닮아 color tree라고 한다.

057 린치(K. Lynch)의 도시 이미지 연구와 가장 관련이 깊은 의미를 지닌 용어는?

① 식별성(legibility)
② 투과성(transparency)
③ 복잡성(complexity)
④ 흡수성(absorption)

058 Litton의 산림경관을 분석하는데 사용한 파노라믹 경관(panoramic landscape)의 설명으로 틀린 것은?

① 전경, 중경, 원경의 수평적 구도가 쉽게 식별 된다.
② 앞에 가로막는 것이 없는 탁 트인 전망이다.
③ 높은 산에 올라가면 많이 볼 수 있는 경관이다.
④ 시야의 거리감이 없다.

059 설계과정을 문제해결이라는 측면에서 볼 때 설계안(設計案)을 가장 적절하게 설명하고 있는 것은?

① 설계안은 단 하나의 정답만이 존재한다.
② 설계안은 정답(正答)과 오답(誤答)으로 구분할 수 있다.
③ 설계안은 더 나은 안(案) 혹은 더 못한 안(案)으로 구분할 수 있다.
④ 설계안은 절대평가 및 상대평가가 가능하다.

060 Meinig는 경관을 해석하는 10가지 다양한 관점을 제시한 바 있다. 다음 중 경관을 해석하는 관점에 해당되지 않는 것은?

① 체계로서의 경관
② 정서로서의 경관
③ 부로서의 경관
④ 문제로서의 경관

제 4 과목 조경식재

061 다음 중 한성(限性) 또는 능성(能性) 음지식물(陰地植物)이식 아닌 수종들로만 나열된 것은?

① 단풍나무, 참나무, 너도밤나무
② 가문비나무, 전나무, 보리수나무
③ 주목, 측백나무, 비자나무
④ 자작나무, 낙엽송, 버드나무

062 나무를 이식하기 위하여 뿌리분을 뜨려고 한다. 근원직경이 25cm일 때 근원간주(根元幹周)로부터 뿌리분 가장자리까지의 거리는 얼마로 해야 하는가? (단, 상수는 4로 한다.)

① 43.5cm ② 68.5cm
③ 112.0cm ④ 136.0cm

063 식재설계 및 공사진행 과정으로 알맞게 구성된 것은?

① 기본계획 → 기본설계 → 실시설계 → 설계도면작성 → 견적 및 발주 → 시공
② 견적 및 발주 → 기본계획 → 기본설계 → 실시설계 → 설계도면작성 → 시공
③ 기본계획 → 기본설계 → 견적 및 발주 → 실시설계 → 설계도면작성 → 시공
④ 기본계획 → 기본설계 → 실시설계 → 견적 및 발주 → 설계도면작성 → 시공

064 잎이 나오기 전에 꽃이 먼저 피는 수목으로만 짝지어진 것은?

① 개나리(Forsythia koreana), 태산목(Magnolia grandiflora)
② 회화나무(Sophora japonica), 산수유(Cornus officinalis)
③ 진달래(Rhododendron mucronulatum), 박태기(Cercis chinensis)
④ 배롱나무(Lagerstroemia indica), 복숭아나무(Prunus persica)

065 광 보상점(light compensation point)이 가장 낮은 식물들로만 짝지어진 것은?

① 회양목, 주목
② 소나무, 미국측백
③ 메타세콰이어, 반송
④ 오동나무, 자작나무

066 다음 중 자연풍경식 식재의 기본양식에 해당되는 것은?

① 교호식재　　② 대식
③ 단식　　④ 임의식재

067 은행나무의 잎과 같이 가을에 노랗게 물드는 변색작용을 하는 물질은?

① 카로티노이드(carotinoid)
② 크리산테민(chrysanthemine)
③ 크로로필(chlorophyll)
④ 탄닌(tannin)

068 다음 [보기]의 설명에 적합한 수종은?

> • 상록침엽수로 생장이 느리고 전정에 매우 강하다.
> • 온대에서 한대까지 분포한다.
> • 수피는 적갈색을 띠고 세로로 갈라진다.
> • 선형의 잎을 갖고, 컵 모양의 붉은 종이 안에 종자가 들어 있다.

① 구상나무(Abies koreana)
② 개비자나무(Cephalotaxus koreana)
③ 측백(Thuja orientalis)
④ 주목(Taxus cuspidata)

069 녹음식재에 관련된 설명으로 옳지 않은 것은?

① 수종선정시 Lambert - Beer법칙을 고려해 본다.
② 파골라는 좁은 정원에 어울리는 녹음시설이다.
③ 주택에 대한 겨울철 일조문제에서 녹음식재 구조는 문제되지 않는다.
④ 태양고도 H 에서 수고 L 의 녹음수 그림자 길이는 L · cot H 인 관계에 있다.

070 식재형식은 자연풍경식 식재와 정형식 식재로 구분할 수 있는데 다음 중 정형식 식재에 속하지 않는 것은?

① 교호식재　　② 군식
③ 열식　　④ 대식

071 다음은 자연풍경식 배식도면이다. 주목 1이 소나무일 경우에 부목 2, 부목 3으로 가장 적합한 수종은? (단, 화살표방향은 배식을 바라보는 방향이다.)

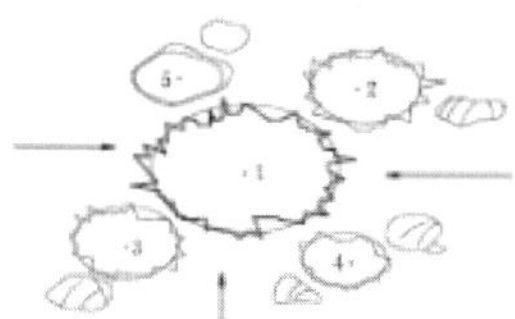

① 백목련(Magnolia denudata Desr.)
② 튤립나무(Liriodendron tulipifera L.)
③ 소나무(Pinus densiflira Siebold & Zucc.)
④ 모과나무(Chaenomeles sinensis Koehne)

072 캔터키블루그래스(Kentucky bluegrass)가 가장 잘 자라는 pH는?

① 3.5 ~ 4.2 ② 4.2 ~5.2
③ 5.2 ~ 6.0 ④ 6.0 ~ 7.8

073 다음 능수버들(Salix pseudolasiogyne H. Lev) 의 특성 설명으로 틀린 것은?

① 수형은 하수형이다.
② 내공해성이 강하다.
③ 이식이 용이하고, 한국이 원산지이다.
④ 심근성이며, 자웅동주이다.

074 다음 중 비늘줄기(鱗莖, bulb)인 것은?

① 수선화 ② 글라디올러스
③ 아네모네 ④ 달리아

075 붉은색(色)으로 단풍이 아름답게 드는 수종은?

① 붉나무(Rhus chinensis Mill)
② 고로쇠나무(Acer mono M.)
③ 튤립나무(Liriodendron tulipifera L)
④ 칠엽수(Aesculus turbinata B.)

076 수목규격의 측정기준 중 틀린 것은?

① 수관폭 : 수관 투영면 양단의 직선거리
② 수고 : 지표면에서 수관 정상까지의 수직거리
③ 근원직경 : 지표면에서 1.2m 부위의 수간의 직경
④ 지하고 : 수간 최하단부의 돌출된 줄기에서 지표면까지의 수직거리

077 다음 식물 중 줄기가 녹색이 아닌 수종은?

① 금식나무(Aucuba japonica)
② 백송(Pinus bungeane)
③ 벽오동(Firmiana simplex)
④ 황매화(Kerria japonica)

078 다음 중 표본식재(specimen planting)의 설명으로 옳지 않은 것은?

① 가장 단순한 식재 형식이다.
② 어느 방향에서 보더라도 좋은 모양이어야 한다.
③ 건축물의 기초 부분 가까운 지면에 식물을 식재한다.
④ 축선상의 끝에서 종점특질로 이용되기도 한다.

079 식재설계의 미적요소에 관계없는 것은?

① 형태 ② 공간
③ 질감 ④ 색채

080 식재로부터 얻을 수 있는 기능을 건축적, 공학적, 미적, 기상학적으로 구분하였다. 다음 중 건축적 이용 목적의 식재 기능과 관계가 먼 것은?

① 사생활의 보호 ② 차폐와 은폐
③ 공간 분할 ③ 섬광 조절

제 5 과목 조경시공구조학

081 다음 토적 계산 방법들 중 가장 오차가 적은 것은?

① 양단면평균법
② 중앙단면법
③ 각주공식에 의한 방법
④ 점고법에 의한 방법

082 물이 흐르는 도수로의 횡단면을 설명한 것 중 틀린 것은?

① 수로를 흐름의 방향에서 직각으로 끊었을 경우, 그 수로의 단면적을 수로단면이라 한다.
② 수로단면 중 유체(流體)가 점유하는 부분에 의해 만들어진 단면을 유적(流積) 또는 유수단면적이라 한다.
③ 수로의 한 단면에 있어서 물이 수로의 면과 접촉하는 길이를 윤변(潤邊)이라 한다.
④ 수로의 한 단면에서 윤변을 유적으로 나눈 값을 경심(徑深) 또는 수리평균심이라 한다.

083 다음 재료를 사용하여 동일한 규격의 시설물을 축조하였을 경우, 고정하중(固定夏中)이 가장 큰 구조체는?

① 호박돌　② 목재
③ 화강석　④ 철근콘크리트

084 다음 중 화강암에 대한 특성 설명으로 틀린 것은?

① 구조용 석조로 쓰기에 매우 훌륭한 특질을 나타내며, 가장 많이 쓰이고 있다.
② 고열과 불에 강하다.
③ 다른 석재와 비교해 단위면적당 압축강도는 높고, 흡수율은 적다.
④ 내산성이 우수하다.

085 다음 중 살수 관개 시설의 압력손실 요인이 아닌 것은?

① 급수계량기의 압력손실
② 살수 지관의 압력손실
③ 높이 차에 따른 압력손실
④ 펌프의 압력손실

086 안전율을 고려하여 허용응력을 구조재의 최고 강도보다 상당히 적게 하는 이유로 부적합한 것은?

① 구소재료의 성실이 반느시 같지 않으며, 내부에 결함이 있을 수 있다.
② 재료가 부식하거나 풍화되어 부재단면이 감소할 수 있다.
③ 구조계산의 이론이 불완전하며, 이론과 실제가 일치하지 않을 수 있다.
④ 구조재료의 강도는 정적으로만 작용하므로 큰 차이가 발생할 수 있다.

087 옹벽의 설계시 옹벽의 안정조건 설명으로 틀린 것은?

① 일반적으로 활동에 대한 안전율은 1.5 ~2.0을 적용한다.
② 옹벽을 전도시키려는 힘에 대한 안전율은 1.5 를 적용한다.
③ 옹벽이 지반을 누르는 힘보다 지내력이 커서 기초가 부등침하에 대한 안정성이 있어야 한다.
④ 옹벽의 재료는 외력보다 강한 재료로 구성되어야 한다.

088 일반적인 조경공사의 특성에 해당되지 않는 것은?

① 공사규모에 비해 공종이 다양하다.
② 세부 공종의 공사 규모가 대부분 소규모이다.
③ 공사구역이 한군데 집약적이지 않고 분산된 경우가 많다.
④ 표준화를 통한 효율적 시공이 용이하다.

089 길어깨(路肩)의 설치 목적으로 틀린 것은?

① 긴급구난시 비상도로로 활용
② 고장차의 대피
③ 도로의 주요 구조부의 보호
④ 고속도로 앞지르기시 통행에 이용

090 길이가 5m, 원구직경이 40cm, 말구직경이 30cm, 중 앙부 직경이 38cm인 원목의 재적은 약 몇 사이인가?(단, 는 3.14로 하고, Newton식을 사용한다.)

① 162사이 ② 154사이
③ 147사이 ④ 136사이

091 1000m 원형배수관에 만류로 흐를 때 유속이 1.34 m/s이다. 수심 30cm로 흐를 때 원형 단면의 수리특성 곡선에 의한 유속과 유량의 교점이 각각 0.75, 0.17이라면 수심 30cm 일 때 유량은 약 얼마인가?

① $1.05m^3/S$ ② $0.79m^3/S$
③ $0.56m^3/S$ ④ $0.18m^3/S$

092 옥외공간에서 바람이 부는 지역의 경우 분수고(물이 분사되는 높이)를 H라고 할 때 수조의 폭(크기)으로 가장 적절한 높이는?

① 2H ② 3H
③ 4H ④ 5H

093 그림과 같은 직사각형 단면의 하단축인 X축에 대한 단면 2차 모멘트는?

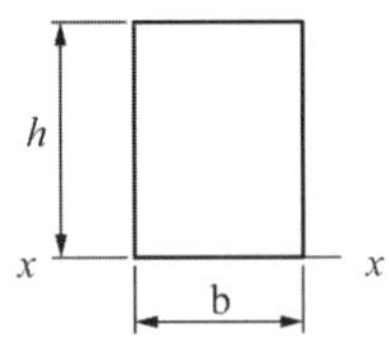

① $\frac{bh^3}{12}$ ② $\frac{bh^3}{3}$
③ $\frac{bh^3}{6}$ ④ $\frac{bh^3}{2}$

094 소정의 품질을 갖는 콘크리트가 얻어지도록 된 배합으로서 시방서 또는 책임기술자 지시한 배합이며 비빈 콘크리트의 $1m^3$에 대한 재료 사용량으로 나타낸 배합을 무엇이라 하는가?

① 현장배합 ② 시방배합
③ 질량배합 ④ 복식배합

095 건축 석재 중 석영, 장석 및 운모로 이루어졌으며 통상적으로 강도가 크고, 내구성이 커서, 내・외부벽체, 기둥 등에 다양하게 사용되는 석재는?

① 화강암　② 석회암
③ 대리석　④ 점판암

096 다음 옥외조명에 관한 사항으로 옳은 것은?

① 광도(光度)는 단위 면에 수직으로 떨어지는 광속밀도로서 단위는 룩스(lx)를 쓴다.
② 수은등은 고압나트륨등에 비해 2배 이상의 효율을 가지고 있다.
③ 도로 조명은 휘도 차에서 오는 눈부심을 줄이기 위해 광원을 멀리한다.
④ 교차로에서는 조명등의 높이가 매우 높으며, 간격은 10m 정도가 좋고, 아래의 여러 방향으로 방사하도록 한다.

097 그림과 같이 20t의 힘을 $\alpha_1 = 30°$, $\alpha_2 = 40°$ 의 두 방향으로 분해하여 분력 P_1과 P_2를 계산한 값은? (단, sin70° = 0.9397, sin40° = 0.6428 이다.)

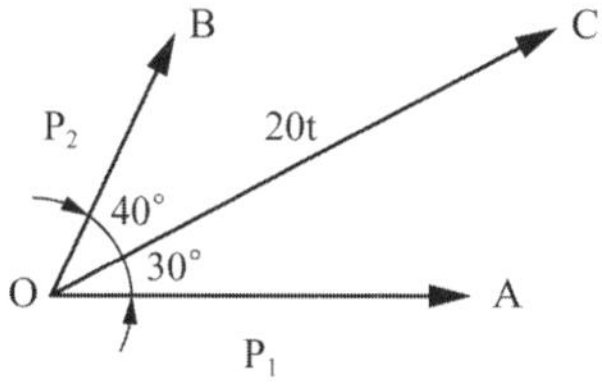

① P_1 = 17.32t , P_2 = 10.00t
② P_1 = 13.68t , P_2 = 10.64t
③ P_1 = 12.86t , P_2 = 15.32t
④ P_1 = 11.25t , P_2 = 14.36t

098 다음 중 유리의 제성질에 대한 일반적인 설명으로 옳지 않은 것은?

① 열전도율 및 열팽창률이 작다.
② 굴절율은 1.5~1.9 정도이고 납을 함유하면 낮아진다.
③ 약한 산에서는 침식되지 않지만 염산・황산・질산 등에는 서서히 침식된다.
④ 광선에 대한 성질은 유리의 성분, 두께, 표면의 평활도 등에 따라 다르다.

099 약 80~120℃의 크레오소트 오일액 중에 3~6시간 침지한 후 다시 냉액(冷液)중에 5~6시간 침지(浸漬)하여 15mm정도 방수처리를 하는 목재 방부제 처리법은?

① 도포(塗布)법
② 생리적 주입법
③ 상압(常壓)주입법
④ 가압(加壓)주입법

100 PERT와 CPM 공정표의 차이전으로 옳은 것은?

① CPM은 신규 및 경험이 없는 건설공사에 이용되나 PERT는 경험이 있는 공사에 이용된다.
② CPM은 더미(Dummy)를 사용하나 PERT는 사용하지 않는다.
③ CPM은 화살선으로 작업을 표시하나 PERT는 원으로 작업을 표시한다.
④ CPM은 소요시간 추정에서 1점 추정인 반면 PERT는 3점 추정으로 한다.

제 6 과목 조경관리론

101 잔디밭의 클로버제초로 사용하는 것은?

① 티오디카브수화제(신기록)
② 기계유유제(상공기계유)
③ 에트리디아졸 · 티오파네이트메틸수화제(가지란)
④ 티캄바액제(반벨)

102 다음 중 소나무류에 주로 피해를 주는 주요 해충이 아닌 것은?

① 솔나방　　② 깍지벌레
③ 미국흰불나방　　④ 진딧물

103 조경 시공관리에 관한 설명으로 옳은 것은?

① 식재공사는 다른 공사와 분리하여 공정계획을 세우는 것이 효율적이다.
② 시공관리의 목표는 품질 좋은 공사 목적물을 공사기간 내에 값싸고, 안전하게 시공하는 방법을 찾는 것이다.
③ 조경공사의 공정관리는 토목공사와는 달리 횡선식공정표가 네트워크공정표 보다 공종상호간의 연관을 파악하기 쉽다.
④ 조경공사에서 시공계획의 수립은 도급업자에게 위임되어 있어서 발주자와의 협의가 필요 없다.

104 도시생태계 변화에 따라 급증된 식물 중 특히 전통조경공간에서 식재관리상 제거가 바람직한 귀화식물은?

① 돼지풀　　② 쑥부쟁이
③ 질경이　　④ 민들레

105 다음 중 콘크리트의 균열폭이 0.2mm 이하의 균열부가 있을 때 적용하는 가장 적합한 보수 방법은?

① 메틸에틸케톤공법
② 표면실링공법
③ V자형 절단공법
④ 고무압식주입공법

106 겨울철에 동사한 낙엽수를 보식하기 위하여 근원직경이 45cm인 느티나무를 포장으로부터 굴취할 때, 뿌리분의 직경(cm)은 얼마가 적당한가? (단, 상수는 상록수 4, 낙엽수 3을 적용한다.)

① 92　　② 105
③ 132　　④ 150

107 잡초종자의 휴면과 관련된 설명으로 옳지 않은 것은?

① 종파가 단단하여 휴면이 생기는 경우도 있다.
② 종자가 발아하는데 필요한 조건이 주어져도 발아하지 않는 것을 말한다.
③ 발육이 불완전하거나 미숙한 배로 인하여 휴면이 일어날 수 있다.
④ 잡초 종자의 휴면은 잡초 방제에 유리하다.

108 다음 중 잔디 깎기의 주 목적으로 가장 적합한 것은?

① 잡초에 의한 잔디의 일조 장해 및 생장의 억제 작용을 해소한다.
② 노출된 지하 줄기를 보호하고, 부정아와 부정근을 촉진시킨다.
③ 줄기 잎의 치밀도를 높이고, 줄기의 형성을 촉진시킨다.
④ 토양 내 통풍을 도모하고 지하줄기, 뿌리의 호흡을 도와 잔디의 노화를 방지한다.

109 난지형 잔디의 뗏밥주기(配土作業)는 언제 실시하는 것이 적기인가?

① 11 ~ 12월　② 2 ~ 3월
③ 5 ~7월　④ 9 ~ 10월

110 TQC(total quality control)를 위한 도구에 대한 다음 설명 중 틀린 것은?

① 파레토도 : 가로축에 시공불량의 내용이나 원인을 분류해서 크기순으로 나열하고 세로축에 불량도를 잡아 막대그래프를 작성하고, 누적비율을 꺾은 것으로 표시한 것이다.
② 관리도: 가로축에 로트(lot), 세로축에 품질 특성치의 항목을 잡아 중심선과 상, 하위의 관리 한계선을 설정하여 공정상의 이상유무를 판정한 것이다
③ 히스토그램 : 공사 또는 품질관리 상태의 만족 여부를 판단하기 위하여, 가로축에 특성치, 세로축에 도수를 잡아 도수분포를 분석한 것이다.
④ 산점도 : 치수나 강도 등 어느 하나의 품질 특성과 이에 대한 분포상태를 나타낸 것이다.

111 다음 설명하는 원소로 가장 적합한 것은?

- 세포질 내에 아주 낮은 농도로 존재한다.
- 체내에서 이동이 안되기 때문에 결핍 증상은 항상어린조직에서 나타난다.
- 결핍시 활엽수의 경우 잎은 변색 및 괴사하고, 어린잎의 경우 정상 잎보다 크기가 다소 작으며 잎 끝부분이 뒤틀린다.

① P　② Ca
③ Mg　④ B

112 한국잔디가 관리면에서 좋은 점에 해당하지 않는 것은?

① 번식력이 왕성하여 뗏장으로도 번식이 용이하다.
② 재배가 용이하고 밟기에 강하다.
③ 음지에서도 강하게 잘 자란다.
④ 병충해에 강하다.

113 낙엽송 가지끝마름병균(선고병)의 월동 형태는?

① 병자각　② 포자각
③ 자낭각　④ 균핵

114 자연공원지역의 관리상황을 파악하기 위한 모니터링체계를 선정함에 있어 고려할 사항이 아닌 것은?

① 고비용의 모니터링 시스템
② 측정기법의 신뢰성과 민감도
③ 측정단위 위치설정의 합리성
④ 영향을 측정할 수 있는 지표설정

115 중국긴꼬리좀벌, 노랑꼬리좀벌, 상수리좀벌, 큰다리남 색좀벌등이 천적인 해충은?

① 밤나무혹벌　② 소나무좀
③ 아까시잎혹파리　④ 측백하늘소

116 파라치온 등 유기인계 살충제의 가장 큰 작용 특성은?

① 살충력이 강하고 광범위하게 사용된다.
② 분해가 느리기 때문에 약효지속 기간이 길다.
③ 알칼리성 물질에 분해가 느린 편이다.
④ 인축에 대해 독성이 약한 편이다.

117 점토광물이 형태상의 변화 없이, 내·외부의 이온이 치환되어 점토광물 표면에 음전하를 갖게 하는 현상을 무엇이라 하는가?

① 동형치환
② 변두리 전하
③ 잠시적 전하
④ pH 의존전하

118 Gymnosporangium asiaticum이 향나무에서 배나무로 침입하는 포자 형태는?

① 녹포자 ② 여름포자
③ 겨울포자 ④ 담자포자

119 전정작업의 목적과 관계가 먼 것은?

① 미관 ② 실용
③ 생리 ④ 법규

120 온대지방의 일반적인 건생 천이단계를 순서대로 바르게 나열한 것은?

① 나지 → 1년생초본 → 다년생초본 → 양수관목 → 양수교목 → 음수교목
② 나지 → 1년생초본 → 다년생초본 → 양수교목 → 양수관목 → 음수교목
③ 음수교목 → 나지 → 1년생초본 → 다년생초본 → 양수관목 → 양수교목
④ 나지 → 1년생초본 → 다년생초본 → 음수교목 → 양수관목 → 양수교목

제1회 CBT 정답 및 해설

1	2	3	4	5	6	7	8	9	10	11	12	13	14	15	16	17	18	19	20
①	②	④	①	①	③	②	①	④	④	②	①	③	④	④	①	④	②	①	①
21	22	23	24	25	26	27	28	29	30	31	32	33	34	35	36	37	38	39	40
②	①	④	④	①	①	①	④	③	②	④	④	②	①	④	④	①	①	①	①
41	42	43	44	45	46	47	48	49	50	51	52	53	54	55	56	57	58	59	60
①	②	②	①	③	①	②	③	①	④	②	④	②	①	④	②	①	①	③	②
61	62	63	64	65	66	67	68	69	70	71	72	73	74	75	76	77	78	79	80
④	①	①	③	①	④	①	④	③	②	③	④	④	①	①	③	②	③	②	④
81	82	83	84	85	86	87	88	89	90	91	92	93	94	95	96	97	98	99	100
③	④	③	②	④	④	②	④	④	①	④	③	②	②	①	③	②	②	③	④
101	102	103	104	105	106	107	108	109	110	111	112	113	114	115	116	117	118	119	120
④	③	②	①	②	④	④	③	③	④	②	③	③	②	①	①	①	④	④	①

제 1과목 조경사

03 ① 이집트 상(上)대 상징식물은 – 연
② 하(下)대 상징식물 – 파피루스

05 누정의 경관기법
① 허 : 비어 있으면 능히 만가지 경관을 끌어들일 수 있다는 가장 기본 되는 개념
② 원경 : 루에서 멀리 탁 트인 원경을 보고 심리적 안정과 원대한 계획을 세울 수 있다
③ 취경과 다경 : 많은 경관을 한 곳의 누정에 모은다는 조망축 갖는 경관구조.
④ 읍경 : 자연경관 구성요소들을 누정 속으로 끌어들이는 기법

09 로마주택정원 : 제1중정(아트리움), 제2중정(페리스틸리움), 제3중정(지스터스) 5점식재 등의 후원은 제3중정에 해당함

12 계리궁은 강호시대 회유임천식과 다정양식의 정원

13 소석천후락원 : 강호(에도)시대 선불 속에 흐르는 물 즉, 곡수식 다정, 중국적 정원요소 소여산, 원월교, 서호 제가 배치

14 버큰히드파크 : 시민의 힘으로 개방된 최초의 공원 미국 선트럴파크, 도시공원설립에 자극적 계기

15 평천산장 : 이덕유의 민간정원

17 관세대 : 소수서원에서 서당 참배시 대야를 올려놓고 손을 씻기 위해 만든 석조물
정료대 : 야간에 불을 밝히기 위해 관솔불을 얹을 수 있는 일종의 등불

18 구산팔해석 : 금각사정원

20 팩스턴이 Chatsworth 정원개조, 수정궁 설계 등 정원 개조해 공원화함

제 2과목 조경계획

21 ① 휴양 및 편익시설 : 야영장, 청소년수련시설, 전망대 등이나 체육시설(골프장, 골프 연습장, 스키장 제외)
② 문화시설 : 식물원, 동물원, 자연 학습장, 공연장 등
③ 상업시설 : 기념품 판매소, 유기장 등

23 ④ 제4세대 방법론 : 이용 후 평가를 통한 순환적 과정을 중시

26 ① 는 단점

27 지형이 이미 파괴된 곳은 보존하지는 않는다.

30 공장식재 : 공장지역의 오염을 최소화 시켜주는 것이 관건

32 건축법시행령 제3조 4.
①, ②, ③ : 다중주택 조건
④ : 다가구주택 조건

34 욕구 : 관광 일으키는 내적요인

35 주택건설기준 등에 관한 규정 제29조(조경기설등)
제29조(조경시설등) ①공동주택을 건설하는 주택단지에는 그 단지면적의 1백분의 30에 해당하는 면적(공동주택의 1층에 주민의 공동시설로 사용하는 피로티를 설치하는 경우에는 그 단지면적의 1백분의 30에 해당하는 면적에서 그 단지면적의 1백분의 5를 초과하지 아니하는 범위안에서 피로티 면적의 2분의 1에 해당하는 면적을 공제한 면적)의 녹지를 확보하여 공해 방지 또는 조경을 위한 식재 기타 필요한 조치를 하여야 한다.

36 자연공원법 시행령
④ 전망대 : 부지면적 200m^2 이하

40 초과수요의 수용은 무리를 따른다.

제 3과목 조경설계

44 ① 단위가 mm가 아닐 경우에 기입하며, 맞을 때는 기입하지 않는다.

46 미적반응 측정방법
① 형용사목록법 : 경관을 서술하는 형용사들로 경관의 특성 파악하도록 하는 것
예) 동적인, 인공적인, 푸른, 넓은, 고요한 등
② 카드분류법 : 경관을 기술하는 문장을 각각 카드 한장에 적어 보여주면서 분류하는 방법.
예) 장엄한 전망을 가지고 있다.
③ 어의구별척 : 경관의 질을 파악하는 것이 아니라, 경관의 특성, 의미를 밝히는 위해 양극으로 표현되는 형용사 목록을 제시해 7단계로 나누어 정도를 표시하는 것
예) 아름답다의 정도를 7단계로 나누어 그 정도를 표시하도록 함
④ 순위조사 : 여러 경관의 상대적 비교로 선호도에 따라 순서대로 늘어놓아 번호를 매기도록 하는 방법으로 등간척을 사용함.
⑤ 리커드 척도 : 일정상황에 대한 정도를 5개 구간으로 나누어 등간척으로 답하는 방식.
예) 경관의 아름다움의 정도를 낮음과 높음으로 5단계 나누어 표시하도록 함

47 린치 5대 도시이미지 구성요소 : Landmark, Path, Edge, District, Node

49 색상, 명도/채도
대표적인 색 : 5R 4/14(빨강), 5Y 9/14(노랑), 5B 4/8(파랑), 5P 3/12(보라), 5G 5/8(녹색)

51 음수대 높이 : 성인용 60~70㎝
어린이용 35~45㎝
장애인 휠체어용 76㎝

52 앉음벽 : 짧은 휴식에 적합한 재질, 마감방법으로 설계
앉음벽 : 높이 34~64㎝ 원칙

56 오스트발트 표색계 : 조화는 질서와 같다는 생각에서 색이 대칭되게 구성되어 있는 원형

57 린치의 5가지 도시이미지 연구 : Edqe, Node, District, Landmark, Path 로서 도시를 인식하는 식별성에 대한 연구

58 파노라믹 경관은 앞에 가려진 것 없이 탁트인 경관으로 원경, 중경, 근경의 구분이 명확치 않다.

60 Meinig의 10가지 경관해석관점 : 자연, 거주지, 인공구조물, 체계, 문제점, 부, 이념, 역사, 장소, 미적으로서의 경관

제 4과목 조경식재

61 ① 한성양지식물 : 그늘에서 잘 자라지 못하는 양지식물
② 능성음지식물 : 양지식물 중 강한 빛에도 잘 자라고, 그늘 밑에서도 잘 자라는 식물

62 뿌리분의 직경
=24+(근원직경−3)×상수
=24+(25−3)×4
=112(㎝)
따라서, 근원간주에서 뿌리분 가장 자리까지의 거리
=(112−25)÷2
=43.5(㎝)

65 광보상점 − 식물이 광합성 작용으로 방출한 이산화탄소량과 흡수한 이산화탄소량이 같은 지점.
이것이 낮다는 것은 음지식물을 말함

66 정형식 식재 : 단식, 대식, 열식, 교호식재, 집단식재
자연풍경식 식재 : 부등변 삼각형식재, 임의식재, 모아심기, 무리심기, 배경식재

69 주택에서도 겨울에는 햇볕을 받을 수 있고 여름에는 녹음이 되는 수종이 바람직

70 정형식 식재 : 단식, 대식, 열식, 교호식재, 집단식재

71 자연풍경식의 비대칭균형식재로 크기 다르면서 무게감이 대립적으로 안정된 형상을 조성함.

73 능수버들은 천근성 수종이다.

76 근원직경 : 지상부와 지하부가 마주치는 줄기의 지름, 주로 지상 30cm정도.
흉고직경 : 지상에서 가슴 높이에 있는 줄기의 지름, 주로 120cm 정도

77 백송은 흰 수피이다.

78 표본식재 : 가장 단순하게 중요지점에 독립수로 식재하여 뛰어난 시각적 효과를 누리는 식재

80 식재의 건축적 이용
① 사생활의 보호 ② 차단 및 은폐
③ 공간분할 ④ 점진적인 이해

제 5과목 조경시공구조학

82 경심(m)은 수면의 반경으로서 유적을 윤변으로 나눈 값

$$R=\frac{A}{P}$$

R : 경심(m)
A : 유수의 단면적(m^2)
P : 유수의 윤변(m)

83 ① 호박돌 : 1,800~2,000㎏/
② 목재 : 800㎏/
③ 화강석 : 2,600~2,700㎏/
④ 철근콘크리트 : 2,400㎏/

87 ② 옹벽을 전도시키려는 힘에 대한 안전율은 2.0 이상

89 길어깨 - 고장차량이나 비상시 주차에 대비해 확보해놓은 장소

90 $A_1=(0.2)^2\times3.14\div0.13$
$A_m=(0.19)^2\times3.14\div0.11$
$A_2=(0.15)^2\times3.14\div0.07$

$$U=\frac{I}{6}(A_1+4Am+A_2)$$

(I : 양단면간 거리, A_1A_2 : 양단면 면적,
A_m : 중앙단면 면적)

$$\frac{5(0.13+(4\times0.11)+0.07)}{6}\times300=160$$

91 수리특성 곡선 - 수로터널, 암지 등의 단면에 대하여 수심의 변화에 따른 통수단면, 윤변, 경심, 유속 및 유량의 변화를 각각 만류 때에 때한 비교치로 나타낸 곡선

92 수조폭 : 바람 부는 곳(분수고의 4배)
바람 없는 곳(분수고의 2배)

96 ① 광도 : 과우언의 PRL를 표시하는 단위로 Cd 사용
④ 교차로에서는 다른 곳 보다 더 밝아야 한다.
② 수은 등 효율 30~55lm/w, 나트륨등 효율 80~150lm/w, 나트륨등의 효율이 더 높다.

97 $$\frac{20}{\sin70}=\frac{P_1}{\sin(180-40)}=\frac{P_2}{\sin(180-30)}$$

$$P_1=\frac{20\times\sin40}{\sin70}=13.68t$$

$$P_2=\frac{20\times\sin30}{\sin70}=10.64t$$

100 PERT : 시간을 기본으로 하는 관리이며, 효율적인 작업순서관계 결정하는 것이 목적이며, 신규 사업에 적합
CPM : 비용을 최소화하는 경제적인 일정계획으로 반복사업에 적합

제 6과목 조경관리론

102 미국흰불나방은 주로 활엽수에 피해를 줌

106 뿌리분 직경
=24+(근원직경-3)×상수
=24+(45-3)×3=150(㎝)

109 잔디 뗏밥 - 잔디포복경이 노출되어 생장 나쁘거나 답압으로 쇠약할 때 4~7월경 흙을 뿌려 부정아와 부정근 발생 시키는 것

110 TQC 산점도 - 서로 대응하는 두 개의 짝으로 된 테이프를 그래프 위에 점으로 나타낸 그림

112 한국잔디는 난지형으로 음지에서는 잘 안자란다.

113 낙엽송 가지끝마름병균은 자낭균에 의한 병으로 자낭각의 형태로 월동한다.

118 배나무 붉은별 무늬병으로 담자균류에 속한다.

CBT 제2회 모의고사

제1과목 조경사

001 고려시대의 이궁 중 특히 풍수지리설의 영향으로 인해 자연풍경이 수려한 곳에 주위 경관과 조화되도록 자연을 그대로 이용하여 꾸며진 곳은?

① 중미정 ② 장원정
③ 만춘정 ④ 연복정

002 정원공간을 원로나 혹은 수로에 의해 기하학적으로 4등분하여 만들어지지 않은 곳은?

① 성(聖) 갤수도원의 클로이스트 가든
② 폼페이 티베르티누스의 정원
③ 이란 이스파한의 정형적인 정원
④ 인도 캐시미르의 샬리마르 바그

003 창덕궁 후원의 괴석(怪石)은 석분(石盆) 위에 설치되어 있는 것이 특징인데 이들이 설치된 공간은 다음 중 어느 곳인가?

① 모두 못 가에 있다.
② 건물 주위나 단(段)위에 있다.
③ 깊은 숲속의 임간(林間)에 있다.
④ 시냇가에 있다.

004 무로마찌(室町)시대 무인(武人)들에 의한 동산문화(東山文化)가 만들어졌는데 다음 설명 중 틀린 것은?

① 선(禪)불교의 직관적 추상성이 전통적인 암시성, 시사성 등과 합류되었다.
② 자연의 아름다움을 작은 것으로 세심하게 다듬어 표현하는 경향이 생기게 되었다.
③ 새 것이나 완전한 것보다는 낡은 것, 어딘가 결여된 것을 좋아하는 취향도 생겨났다.
④ 대표적인 정원으로는 금각사(金閣寺)이다.

005 프랑스의 풍경식 정원 가운데서 저명한 것으로 해당없는 것은?

① 프티트리아농 ② 시뵈베르원
③ 말메이존 ④ 예름논빌

006 「대관원」이라는 "욕양선억"의 수법으로 '억경'이라고 하는 가상(假想)의 정원으로 중국정원 조성에 영향을 미친 책은?

① 원야 ② 홍루몽
③ 장물지 ④ 열하일기

007 남미의 향토식물, 풍부한 색채, 패턴의 창작과 자유로운 구성을 특징으로 하는 브라질의 대표적 조경가는?

① 루이스 바라간(Luis Barragan)
② 벌 막스(R. Burle Marx)
③ 오스카 니마이어(Oscar Niemeyer)
④ 월터 그리핀(Walter Griffin)

008 경주 포석정에 있는 유배거(流盃渠)의 폭과 깊이는 각각 어느 정도인가?

① 폭 30cm, 깊이 20cm
② 폭 50cm, 깊이 30cm
③ 폭 45cm, 깊이 40cm
④ 폭 45cm, 깊이 45cm

009 페르시아 융단(Persian carpet)의 문양과 알함브라궁에 있는 사자의 중정(Court of the Lions) 그리고 인도의 타지마할(Taj-Mahal)의 정원에서 볼 수 있는 공통적인 요소는?

① 화단원(Parterre)
② 중정(patio)
③ 연꽃무늬의 수반(水盤)
④ 십자형의 수로

010 무굴인도에서 발견되는 바그(bagh)의 설명으로 가장 적합한 것은?*

① 4개의 파티오(patio)로 구성된 궁전이다.
② 건물과 정원을 하나의 유니트화 하는 환경계획은 동시대에 이탈리아의 빌라(villa)와 같은 개념이다.
③ 담장으로 둘러 쌓인 공간으로 이집트 스타일의 연못, 수로, 정자 등의 시설이 있다.
④ 네모난 공간으로 공공용 건물이 둘러싸여 있는 중정이다.

011 다음 Peristylium에 관한 설명 중 틀린 것은?

① 장방형의 야트막한 impluvium이 설치
② 포장되지 않은 주정의 역할
③ 넓게 보이도록 하기 위하여 화훼류, 조각품, 분천 따위로 정형적 구성
④ 주랑식 중정

012 다음의 별서 가운데 연못을 조성하면서 인위적인 섬을 여러 곳에 조성한 곳은?

① 양산 소한정 일원
② 영양 서석지 일원
③ 예천 초간정 일원
④ 보길도세연지 일원

013 국민의 기질이 나라에 독특한 정원을 만든다고 한다면, 국가와 그 나라의 외부공간 특징이 잘못 연결된 것은?

① 고대 그리스 - 사회·정치·학문·생활의 중심
② 르네상스 대 이탈리아 - 옥외 미술관적 성격
③ 17세기 프랑스 - 일종의 무대, 즉 옥외 씨름 역할을 한 옥외무대
④ 18세기 영국 - 앉아서 현란한 꽃의 감상과 대화

014 다음 중 백제의 정원 관련 서적과 관계없는 것은?

① 동사강목(東史綱目)
② 동국여지승람(東國與地勝覽)
③ 대동사강(大東史綱)
④ 삼국사기(三國史記)

015 고대 이집트에서 나일강을 중심으로 예배신전과 장제신전(분묘)은 어디에 설치하였는가?

① 예배신전은 동쪽, 장제신전은 서쪽에 입지
② 예배신전은 서쪽, 장제신전은 동쪽에 입지
③ 예배신전과 장제신전 둘 다 동쪽에 입지
④ 예배신전과 장제신전은 나일강 방향에 나란하게 입지

016 「이 정원의 경치, 훌륭한 시설들과 아름다운 화초와 분수, 그리고 거기서 흘러나오는 많은 물은 신사 숙녀들을 만족시켰으며 만일 이 지상에 낙원이 있었다면 그 낙원은 바로 이 정원일 것이다」라고 기록된 빌라 팔리미에리(Villa Palimieri)는 누구와 관련 있는가?

① 알베르티 ② 단테
③ 페트라르카 ④ 보카치오

017 알함브라 궁전의 파티오에 대한 설명 중 옳지 않은 것은?

① 사자의 중정은 중앙에 분수를 두고 + 자형으로 수로가 흐르게 한 것으로서 사적(私的) 공간기능이 강하다.
② 외국 사신을 맞는 공적(公的)장소에 긴 연못 양편에서 분수가 솟아오르게 한 도금양의 중정이 있다.
③ 싸이프레스 중정 혹은 도금양의 중정이란 명칭은 그 중정에 식재된 주된 식물의 명칭에서 유래하였다.
④ 파티오에 사용된 물은 거울과 같은 반영미(反映美)를 꾀하거나 혹은 청각적인 효과를 도모하되 소량의 물로서 최대의 효과를 노렸다.

018 앙드레 르 노트르가 창안한 프랑스 고유의 정원 양식이라고 할 수 있는 평면기하학식 정원이 아닌 것은?

① 프랑스 쁘띠트리아농(Petit Trianon)의 정원
② 독일의 님펜버그(Nymphenburg)의 정원
③ 오스트리아의 쇤브룬(SchÖnbrunn) 성의 정원
④ 오스트리아의 벨베데레(Belvedere)정원

019 조선시대 별서 가운데 충청지방에 조영된 것은?

① 석파정(김흥근)
② 초간정(권문해)
③ 남간정사(송시열)
④ 명옥헌(오명중)

020 니푸르(Nippur)시는 B.C 4500년경에 메소포타미아지역에 건설된 도시로서 점토판에 새겨진 이 도시의 평면도는 세계 최초의 도시계획자료라고 알려져 있다. 이 점토판에서 볼 수 있는 니푸르시의 도시시설이 아닌 것은?

① 운하(Canal)
② 도시공원(City Park)
③ 신전(Temple)
④ 지구라트(Ziggurat)

제 2 과목 조경계획

021 출입구가 2개 이상일 때 차로의 너비가 가장 큰 주차형식은?

① 평행주차 ② 직각주차
③ 교차주차 ④ 60° 대향주차

022 연간 이용자 수가 895,000명 이며, 최대일 이용자가 36,500명이라고 할 때 최대일률을 감안한 계절형은 다음 중 어디에 해당하는가? (단, 1계절형 : $\frac{1}{30}$, 2계절형 : $\frac{1}{40}$, 3계절형 : $\frac{1}{50}$, 4계절형 : $\frac{1}{100}$으로 가정한다.)

① 1계절형 ② 2계절형
③ 3계절형 ④ 4계절형

023 미기후가 가장 안정된 상태는?

① 지표면의 알베도가 낮고, 전도율이 낮은 경우
② 지표면의 알베도가 낮고, 전도율이 높은 경우
③ 지표면의 알베도가 높고, 전도율이 높은 경우
④ 지표면의 알베도가 높고, 전도율이 낮은 경우

024 여러 가지의 종합분석 단계들에서 다음 분석의 항목 중 기능분석에 포함되는 것은?

① 자연환경 분석
② 역사성 분석
③ 경관 분석
④ 재해방지 기능분석

025 연간 50만명이 유입되는 3계절형 관광지의 한 시설로 최대일률이 1/60이 적용된다. 이 시설의 최대일 이용객의 평균 체류시간은 3시간(회전율 : 1/1.9)이고, 시설 이용률은 30%이며, 단위 규모는 $2m^2$이다. 이 시설의 규모는? (단, 소수 두번째 자리 미만은 버린다.)

① $2255.0m^2$　② $2631.5m^2$
③ $3947.5m^2$　④ $5263.0m^2$

026 레크리에이션 수요 가운데에서 사람들로 하여금 패턴을 변경하도록 고무시키는 수요로서 수요 추정시에 반드시 고려해야 하는 것은?

① 잠재수요　② 유도수요
③ 유사수요　④ 표출수요

027 주택정원의 기능 분해(G. Eckbo)시 내·외부공간을 관련시켜 설계하는 것이 바람직하다. 기능군에 따른 내부 및 외부공간 요소를 잘못 연관시킨 것은?

① 포치(porch) - 전정(前庭)
② 거실 - 주정(主庭)
③ 식당 - 후정(後庭)
④ 주방 - 작업정(作業庭)

028 주택건설기준 등에 관한 규정의 어린이놀이터 시설기준에 관한 사항 중 옳은 것은?

① 100세대 미만의 주택을 건설하는 주택단지에는 매 세대당 $3m^2$로 산정한 면적이상의 어린이놀이터를 설치하여야 한다.
② 어린이놀이터는 그 폭을 5m(면적이 $150m^2$ 미만인 경우에는 3m)이상으로 하여야 한다.
③ 주택단지와 접하여 도시공원법에 의한 어린이 공원이 설치되어 있는 경우에도 당해 주택단지 내에 어린이놀이터를 설치하여야 한다.
④ 어린이놀이터는 어린이의 이용에 편리하고 일조가 용이한 곳에 배수에 지장이 없도록 설치하되, 그 1개소의 면적은 $250m^2$ 이상이어야 한다.

029 다음 중 S. Gold(1980)에 의한 레크리에이션 계획의 접근방법 분류에 해당하지 않는 것은?

① 활동접근법(activity approach)
② 미적접근법(beauty approach)
③ 경제접근법(economic approach)
④ 형태접근방법(behavioral approach)

030 아파트 주거 단지내 가로망 기본유형별 특성 중 격자형 (格字型) 가로망의 특징이 아닌 것은?

① 통과교통이 적어져 주거환경의 안전성이 확보된다.
② 토지이용상 효율적이며, 평지에서 정지작업이 용이하다.
③ 경관이 단조로우며, 지형의 변화가 심한 곳에서는 급한 경사가 발생한다.
④ 일조(日照)상 불리하며, 접근로에 혼돈이 유발된다.

031 주차방식에 관한 설명으로 틀린 것은?

① 평행주차는 주차 및 출입폭이 최소이므로 교통량이 많은 곳에 좋다.
② 직각주차는 도로폭이 넓은 곳이나 통과교통이 없는 노외지역에 좋다.
③ 60도 주차는 45도 주차보다 대당 소요면적이 넓다.
④ 45도 주차는 직각 주차보다 토지이용도가 낮으나 차량진출입이 용이하다.

032 자연공원법상 국립공원위원회에 한해서만 심의할 수 있는 사항은?

① 자연공원의 지정, 폐지 및 구역변경에 관한 사항
② 공원 기본계획의 수립에 관한 사항
③ 공원계획의 결정, 변경에 관한 사항
④ 자연공원의 환경에 중대한 영향을 미치는 사업에 관한 사항

033 어린이놀이터는 어린이의 이용에 편리하고 일조가 양호한 곳에 배수에 지장이 없도록 설치하되 그 1개소의 면적은 몇 제곱미터 이상이어야 하는가? (단, 주택건설기준등에 관한 규정을 적용하고, 시군지역은 제외한다.)

① 200　　② 250
③ 300　　④ 330

034 토양상(soil individaul)을 나타내는 방법을 예시하면 SoC2 로 표현할 수 있는데 여기서 So, C, 2가 의미하는 바를 바르게 짝지은 것은?

① So : 경사도, C : 토양통, 2 : 토양군
② So : 토양통, C : 경사도, 2 : 침식정도
③ So : 토양군, C : 침식정도, 2 : 경사도
④ So : 토양통, C : 침식정도, 2 : 경사도

035 다음 주거형태들 중 연립주택의 장점에 대한 설명으로 맞는 것은?

① 자동차의 접근과 직접적으로 연결될 필요가 없으므로 다양한 형태의 주거군 형성이 용이하고 공동설비로 공사비가 절감된다.
② 적절한 일조, 통풍, 유의 및 주차장과 기타의 옥외활동을 위한 충분한 공간 확보가 가능하다.
③ 가로와 전용 뜰에 직접출입이 가능하고, 소음과 시각적 프라이버시가 보장된다.
④ 고도의 토지이용과 건축비 절감 효과가 가능하다.

036 기본계획의 부문별 계획에 포함되지 않는 것은?

① 토지이용계획
② 동선계획
③ 시설물배치계획
④ 세부설계 및 시공상세

037 일반적인 설계의 개념 짓기 순서가 옳게 나열된 것은?

① 개념의 형성 → 관념의 인식 → 아이디어 만들기 → 개념적 시나리오 작성
② 아이디어 만들기 → 개념적 시나리오 작성 → 관념의 인식 → 개념의 형성
③ 관념의 인식 → 아이디어 만들기 → 개념의 형성 → 개념적 시나리오 작성
④ 개념적 시나리오 작성 → 아이디어 만들기 → 관념의 인식 → 개념의 형성

038 다음 S.Gold가 구분한 레크리에이션 계획 접근방법 중 맥하그(Ian McHarg)가 주장하는 생태학적 결정론과 가장 관련 깊은 접근방법은?

① 자원접근(Resource approach)
② 행위접근(Activity approach)
③ 행태접근(Behavioral approach)
④ 경제적 접근(Economic approach)

039 개발로 인하여 기반시설이 부족할 것으로 예상되나 기반시설을 설치하기 곤란한 지역을 대상으로 건폐율이나 용적률을 강화하여 적용하기 위하여 지정하는 구역은? (단, 국토의 계획 및 이용에 관한 법률을 적용한다.)

① 기반시설부담구역
② 개발밀도관리구역
③ 지구단위계획구역
④ 용도구역

040 지질도에서 다음 그림과 같이 나타났을 경우 암석층 A의 경사각 표현으로 가장 적합한 것은?

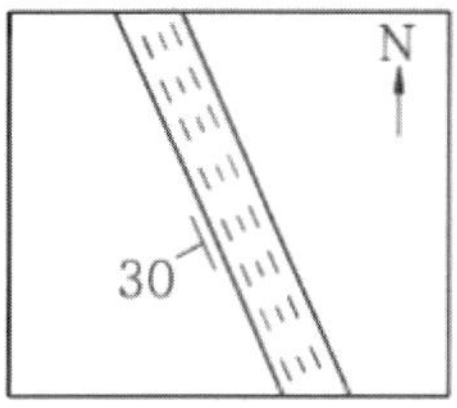

① 수평면으로부터 30° 기울여졌다.
② 수직면으로부터 좌측으로 30° 기울여졌다.
③ 지표면으로부터 30° 기울여졌다.
④ 정북(北)으로부터 좌측으로 30° 기울여졌다.

Appendix 최근 기출문제

제 3 과목 조경설계

041 피보나치(Fibonacci)급수에 대한 사항으로서 틀린 것은?

① 기원전에 이집트의 수학자가 발견했다.
② 1, 1, 2, 3, 5, 8, 13, 21, 34,...등으로 전개된다.
③ 인접하는 2개의 항 중에서 뒤의 항을 앞의 항으로 나누면 숫자가 클수록 황금비에 가까워진다.
④ 많은 생물계에 이와 같은 비례가 존재한다.

042 설계시 녹지 식재면의 표면배수 기울기로 가장 적합한 것은?

① 1/10～1/20 정도
② 1/20～1/30 정도
③ 1/30～1/40 정도
④ 1/40～1/50 정도

043 경계석 설치시 그 기능이 가장 낮은 것은?

① 유동성 포장재의 경계부
② 차도와 식재지 사이
③ 자연석 원로의 경계부
④ 차도와 보도 사이

044 해가 지고 주위가 어둑어둑 해질 무렵 낮에 화사하게 보이던 빨간 꽃은 거무스름해져 어둡게 보이고, 그 대신 연한 파랑이나 초록의 물체들이 밝게 보이는 현상은?

① 베졸트 - 브뤼케 현상
② 색음현상
③ 푸르키니에 현상
④ 대비현상

045 도로모퉁이 부분의 보도와 차도의 경계선은 원호 또는 복합곡선이 되도록 하는데, 기능별 도로 분류의 곡선 반경 기준이 틀린 것은?(단, 도시계획시설의 결정·구조 및 설치기준을 적용하고, 교차하는 도로의 기능별 분류가 서로 다른 경우는 제외한다.)

① 주간선도로 : 15m 이상
② 보조간선도로 : 12m 이상
③ 집산도로 : 10m 이상
④ 국지도로 : 8m 이상

046 할프린(halprin, 1965)에 의해서 수행된 연속적 경관구성에 관한 연구의 내용이라고 볼 수 없는 것은?

① 건물, 수목, 지형 등의 환경적 요소를 부호화하여 기록
② 공간형태보다는 시계에 보이는 사물의 상대적 위치를 기록
③ 장소 중심적인 기록 방법이며, 시각적 요소가 첨가
④ 폐쇄성이 비교적 낮은 교외지역이나 캠퍼스 등에 적용이 용이

047 게이트볼장의 경기장 최소 소요 면적(m^2)의 기준으로 가장 적합한 것은?

① 374　② 414
③ 456　④ 546

048 다음 설명하고 있는 색상은?

> 감정적 효과에 있어서는 중성적이고, 휴식적이며 아늑한 느낌을 준다. 종교에서는 신앙, 불멸, 명상을 상징한다. 일반 관용어에서는 신선한 것, 미숙한 것을 표현한다.

① 녹색　② 회색
③ 청색　④ 황색

049 엔타시스(entasis)란 무엇인가?

① 하중을 받는 기둥에서 힘의 분산을 꾀하려는 착각교정
② 기둥 중앙부가 오목진 곡선으로 보이는 착각을 교정
③ 멀리 있는 물체가 가까이 있게 보이는 착각을 교정
④ 기둥에 받히는 하중을 위로 떠받아 올리려는 착각교정

050 포장 설계시 유의할 사항으로 옳은 것은?

① 포장재료의 재질은 외부공간의 공간감 형성에 많은 영향을 미친다.
② 설계가는 포장유형을 보행자의 활동 유형과 함께 고려하려는 노력이 필요하다.
③ 보도포장에서 석재의 표면처리는 물갈기 마무리가 가장 좋다.
④ 포장패턴의 다양화란 재질, 컬러, 도안 등의 요소들을 총체적으로 고려하는 것을 의미한다.

051 다음 중 아치에 대한 설명으로 부적합한 것은?

① 동,서양에서 공통적으로 사용한 구조물이다.
② 구조적으로 압축력을 인장력으로 전환하여 지반에 전달하는 구조이다.
③ 아치를 이용하면 기둥과 인방구조에서 경간이 짧은 단점을 극복할 수 있다.
④ 아치의 기술은 B.C 2세기경 로마인에 의해 크게 발전하였다.

052 다음 중 조경공간의 휴게시설물에 대한 설명으로 틀린 것은?

① 그늘시렁(퍼걸러)는 조형성이 뛰어난 것을 시각적으로 넓게 조망할 수 있는 곳이나 통경선이 끝나는 곳에 초점요소로서 배치할 수 있다.
② 그늘막(셸터)는 처마 높이를 2.5~3m를 기준으로 설계한다.
③ 의자는 휴지통과의 이격거리 0.9m 정도 공간을 확보한다.
④ 앉음벽은 긴 휴식에 적합한 재질과 마감 방법으로 설계하며, 앉음벽의 높이는 24 ~ 35m을 원칙으로 한다.

053 빨강색과 파란색을 섞으면 어떤 색으로 보이는가?

① 노란색 ② 마젠타
③ 시안 ④ 청록색

054 Litton의 시각회랑에 의한 경관평가에서 경관의 우세요소에 속하지 않는 것은?

① 형태(form) ② 질감(texture)
③ 색채(color) ④ 축(axis)

055 Gordon Cullen이 도시경관 분석시 이용했던 분석개념에 해당되지 않는 것은?

① 장소(Place)
② 연속적 경관(Serial Vision)
③ 동일성(Identity)
④ 내용(Content)

056 다음 중 도면 제작시 가는 실선을 사용해야 하는 경우가 아닌 것은?

① 기준선 ② 치수보조선
③ 인출선 ④ 해칭선

057 형광등 아래서 물건을 고를 때 외부로 나가면 어떤 색으로 보일까 망설이게 된다. 이처럼 조명광에 의하여 물체의 색을 결정하는 광원의 성질은?

① 색온도 ② 발광성
③ 연색성 ④ 색순응

058 자전거도로의 종단구배에 따른 제한길이는 「자전거이용시설의 구조·시설기준에 관한 규칙」에 의해 규정하고 있다. 종단구배가 5% 일 때의 최대 제한길이(m)는? (단, 지형상황 등으로 인하여 부득이 하다고 인정하는 경우는 고려하지 않는다.)

① 90m ② 120m
③ 160m ④ 220m

059 포스트모더니즘 조경에 있어서 나타나는 강한 형태적 특징으로 볼 수 없는 것은?

① 기본도형(원, 삼각형, 사각형)
② 포인트그리드(point-grids)
③ 임의사선
④ 수직선

060 KS표준에 의한 A0용지의 크기에 해당하는 것은?

① 594×841mm
② 841×1189mm
③ 1189×1090mm
④ 1090×1200mm

제 4 과목 조경식재

061 다음 수목 중 차폐 식재용 수목으로 부적합한 것은?

① *Zizyphus jujube*(대추나무)
② *Taxus cuspidata*(주목)
③ *Thuja orientalis*(측백나무)
④ *Ligustrum obtusifolium*(쥐똥나무)

062 잔디 식재 공법으로 공사기간의 단축이 용이하고, 광대한 면적에 빠른 시공이 가능한 공법은?

① 평떼공법
② 줄떼공법
③ 종자살포공법
④ 종자판붙임공법

063 다음 중 부식(Humus)의 작용으로 맞지 않는 것은?

① 토양의 물리적 성질을 양호하게 한다.
② 보수력을 낮추고 건조를 조장한다.
③ 양분의 흡수 및 보유능력을 높인다.
④ 토양 미생물의 활동을 좋게 한다.

064 다음 중 추자목(楸子木), 추목(楸木)), 핵도추(核桃楸)라도고도 하며, 양수이면서 녹음수나 독립수로 많이 이용되고, 발근이 어려워 삽목보다 실생과 접목을 이용하여 번식하는 수종은?

① *Juglans mandshurica* Max.(가중나무)
② *Populus alba* L.(은백양)
③ *Populus nigra* var. italica Koehne.(양버들)
④ *Nerium indicum* Mill.(협죽도)

065 광 보상점(light compensation point)이 가장 낮은 식물들로만 짝지어진 것은?

① 회양목, 주목
② 소나무, 미국측백
③ 메타세콰이어, 반송
④ 오동나무, 자작나무

066 수목의 굴취 방법 중 동토법(凍土法)의 설명으로 틀린 것은?

① 부득이 겨울에 수목을 굴취할 때 사용하는 방법이다.
② 잔뿌리의 손상이 적어 뿌리감기를 하지 않아도 된다.
③ 상록관목이나 낙엽관목 등 크기가 작은 수목에만 사용할 수 있다.
④ 동결심도가 높은 지방이나 낙엽수의 휴면기에는 뿌리 둘레를 파도 흙이 흘러내리지 않아 그대로 굴취하는 방법이다.

067 식물이 생육하는데 필요한 원소는 다량원소와 미량원소로 구분하는데 이 중 미량원소들로만 구성되어 있지 않은 것은?

① B, Cu　② Fe, Mn
③ Mo, Mg　④ Zn, B

068 다음 중 섬잣나무의 학명으로 옳은 것은?

① *Pinus pumila* B.
② *Pinus thunbergii* P.
③ *Pinus bungeana* Z.
④ *Pinus patviflora* S.

069 용도지역이 다른 두 지역간에 충돌을 예방하기 위하여 숲을 조성하게 되는데 이런 식재 또는 도로 외측에 수목을 심어서 운전자에게 안정감을 주게 하는 식재 수법은?

① 위요식재　② 유도식재
③ 지표식재　④ 완충식재

070 식재형식은 자연풍경식 식재와 정형식 식재로 구분할 수 있는데 다음 중 정형식 식재에 속하지 않는 것은?

① 교호식재　② 군식
③ 열식　④ 대식

071 차광을 위한 고속도로의 중앙분리대 식재에 알맞은 수고 cm는? (단, 승용차대 승용차의 경우를 예로 한다.)

① 100　② 150
③ 200　④ 250

072 식재로부터 얻을 수 있는 기능을 건축적, 공학적, 미적, 기상학적으로 구분하였다. 다음 중 건축적 이용 목적의 식재 기능과 관계가 먼 것은?

① 사생활의 보호　② 차폐와 은폐
③ 공간 분할　④ 섬광 조절

073 기수 1회 우상복엽의 잎 특성을 가진 수종이 아닌 것은?

① *Fraxinus rhynchophylla*(물푸레나무)
② *Robinia pseudoacacia*(아까시나무)
③ *Albizia julibrissin*(자귀나무)
④ *Euodia daniellii*(쉬나무)

074 조경수의 특성과 질감을 고려한 배식에서 안쪽으로 깊숙한 느낌을 주는 배식의 설명이 잘못된 것은?

① 수고가 높은 것을 앞쪽, 낮은 것을 뒤쪽에 심는다.
② 잎이 작은 것을 앞쪽, 큰 것을 뒤쪽에 심는다.
③ 잎이 성긴 것을 앞쪽, 밀생된 것을 뒤쪽에 심는다.
④ 수관의 명도가 높은 것을 앞쪽, 낮은 것을 뒤쪽에 심는다.

075 부등변삼각형 식재에 해당되는 식재 유형은?

① 정형식식재　② 자연풍경식식재
③ 자유식재　④ 군락식재

076 조경지의 토양을 개선하기 위해서 사용되는 부식(humus)의 특성에 대한 기술 중 잘못된 것은?

① 부식은 미생물의 활동을 활발하게 하며 유기물의 분해를 촉진시킨다.
② 부식은 토양의 용수량을 증대시키고 한발을 경감시킨다.
③ 부식은 보비력이 강하고 배수력과 보수력이 강하다.
④ 부식은 토양의 단립(單粒)구조를 만들고 토양의 물리적 성질을 약화시킨다.

077 전방을 주시하며 달리고 있는 차량 운전자로부터 측방에 위치한 쓰레기 매립지를 차폐하여 뚜렷하게 보이지 않게 할 수 있는 열식수(列植樹)의 최대 간격은?

① 수관반경의 3배
② 수관반경의 2배
③ 수관직경의 3배
④ 수관직경의 2배

078 두 그루 나무를 심을 때 배식의 원리로 틀린 것은?

① 양자의 높이 합계보다 양자간의 거리가 클 때는 대립되어 보인다.
② 대립으로 심어도 보는 사람 정점으로 60° 범위 내는 관련되어 보인다.
③ 양자의 높이 합계보다 양자간의 거리가 클 때는 관련되어 보인다.
④ 관련되게 심어도 색조와 수형이 현저히 다르면 대립으로 느껴진다.

079 다음 수목들 중 7월경에 꽃이 피는 수종은?

① *Liriodendron tulipifera* L.
② *Albizia julibrissin* Durazz.
③ *Osmanthus fragrans* var. aurantiacus Makino.
④ *Lindera obtusiloba* Blume.

080 페퍼(Pfeffer)에 의하면 수목 생육에 대한 최적온도는 어느 정도가 적합한가?

① 10～17℃ ② 18～20℃
③ 24～34℃ ④ 35～46℃

제 5 과목 조경시공구조학

081 특명입찰(수의계약, individual negotiation)을 요하는 공사가 아닌 것은?

① 실비 청산 보수 공사
② 특수 공법을 요하는 공사
③ 추가공사
④ 도급업자의 선정 여지가 있을 때

082 도로설계에서 원곡선을 설치할 때 원곡선에 2개의 접선이 교점 B에서 교차한다. 접선 AB의 방위는 N60°25′E이고, 접선 CB의 방위는 S45°10′E일 때 교각은?(단, A는 곡선의 시점, C는 곡선의 종점이다.)

① 15°10′ ② 74°25′
③ 105°35′ ④ 15°35′

083 지형도에서 등고선에 관한 설명으로 옳은 것은?

① 계곡선은 지모 상태를 명시하고 표고의 읽음을 쉽게 하기 위하여 주곡선 간격의 1/5 거리로 표시한 곡선이다.
② 산령과 계곡이 만나 이들의 등고선이 서로 쌍곡선을 이루는 것과 같은 부분을 고개(saddle)라고 한다.
③ 등고선은 급경사지에서 간격이 넓고 완경사지에서는 좁다.
④ 조곡선은 주곡선만으로 지형을 완전하게 표시할 수 없을 때 주곡선 간격의 2배로 표시한 곡선이다.

084 건설기술관리법상에서 건설공사가 설계도서 기타 관계서류와 관계 법령의 내용대로 시공되는지의 여부를 확인하는 것은?

① 시공감리 ② 책임감리
③ 수시감리 ④ 검측감리

085 대상물을 강조하고 극적인 연출을 위하여 환경 조각물들에 적용되어 두드러진 시각적 효과를 연출할 수 있는 옥외조명기법은?

① 산포식조명 ② 각광조명
③ 그림자조명 ④ 질감조명

086 식재공사시 지주목을 설치하지 않았을 때 식재 본 품셈의 몇%를 감하는가?

① 10% ② 20%
③ 25% ④ 30%

087 건설공사의 계약도서에 포함되는 시공기준이 되는 시방으로 개별공사의 특수성, 지역여건, 공사방법 등을 고려하여 설계도면에 표시할 수 없는 내용과 공사수행을 위한 시공방법, 품질관리 등에 관한 시공기준을 기술한 시방서는?

① 표준시방서 ② 전문시방서
③ 공사시방서 ④ 현장설명서

088 조경공사의 품셈 적용에 관한 설명으로 틀린 것은?

① 토사의 인력절취 운반에는 수평거리 3m 이상은 2단 던지기 또는 운반으로 계상한다.
② 인력절취시 본 폼은 자연상태를 기준으로 한다.
③ 동일 조건의 떼붙임(재배잔디)에서 보통 인부의 경우 평떼가 줄떼보다 품이 더 든다.
④ 흉고직경에 의한 식재시 객토를 할 경우 식재품을 20%까지 가산할 수 있다.

089 도막방수, 아스팔트 방수, 시트방수에 관한 비교 설명으로 옳지 않은 것은?

① 외기에 대한 영향은 도막방수가 아스팔트 방수보다 민감하다.
② 공사시간은 아스팔트 방수가 도막방수보다 짧다.
③ 방수층의 신축성은 도막방수도 비교적 크지만, 시트방수가 가장 크다.
④ 방수층의 끝마무리는 아스팔트방수는 불확실하나 도막방수는 간단하다.

090 건설기계의 시간당 작업능력(m^3/hr)은 $Q = n \cdot q \cdot f \cdot E$의 기본식을 기준으로 하여 적용하는데 여기서, E는 무엇인가? (단, n은 시간당 작업 사이클 수, q는 1회 작업 사이클 당 표준작업량, f는 토량환산계수이다.)

① 작업효율
② 현장작업능력계수
③ 능력계수
④ 실작업시간율

091 조경공사에 사용되는 금속재료의 분류상 긴결철물에 해당되지 않는 것은?

① 띠쇠 ② 듀벨
③ 리벳 ④ 익스팬드형강

092 관수로가 떨어진 두 지점에서의 수압을 측정하면 차이가 발생한다. 이것은 관내의 마찰과 기타 저항으로 물이 가지고 있는 에너지의 소모가 있기 때문이다. 이 손실에너지의 크기를 수주의 높이로 나타내는 용어는?

① 감소에너지 ② 만류
③ 유실반경 ④ 손실수두

093 사질 및 점토층에 관한 설명 중 옳지 않은 것은?

① 압밀침하량은 점토층보다 사질층이 크다.
② 내부마찰각은 점토층보다 사질층 면이 크다.
③ 점토층은 사질층보다 침하에 시간을 요한다.
④ 사질층은 입도 및 밀도에 따라서 지진시 유동화 현상을 일으킨다.

094 다음 중 시방서에 포함될 수 없는 것은?

① 적용 범위에 관한 사항
② 검사 결과의 보고에 관한 사항
③ 시공 완성 후 뒤처리에 관한 사항
④ 재료의 인수시기에 관한 사항

095 횡선식 공정표와 비교한 네트워크 공정표의 장점이 아닌 것은?

① 공사계획 전체의 파악이 용이하다.
② 작업의 상호관계가 명확하다.
③ 공정상의 문제점을 명확히 파악할 수 있다.
④ 공정표 작성이 간편하다.

096 다음은 수량 산출을 위한 적용방법 및 기준이다. 그 내용이 틀린 것은?

① 수량의 단위 및 소수위는 표준품셈 단위 표준에 의한다.
② 이음줄눈의 간격이나 콘크리트 구조물 중 말뚝머리의 체적과 면적을 구조물의 수량에서 공제한다.
③ 절토(切土)량은 자연상태의 설계도의 양으로 한다.
④ 면적계산시 구적기를 사용할 경우에는 3회 이상 측정하여 그 중 정확하다고 생각되는 평균값으로 한다.

097 살수(撒水)시설을 설치할 때 살수량을 결정하는데 필요한 사항이 아닌 것은?

① 토양의 포장용수량
② 식물의 종(種)에 따른 증발산량
③ 식물의 분얼(分蘖)촉진 상태
④ 토양의 유효수분함량

098 다음 중 토공사를 할 경우 주의해야 할 현상으로 가장 거리가 먼 것은?

① 파이핑(piping)
② 보일링(boiling)
③ 그라우팅(grouting)
④ 히이빙(heaving)

099 다음 중 유리의 제성질에 대한 일반적인 설명으로 옳지 않은 것은?

① 열전도율 및 열팽창률이 작다.
② 굴절율은 1.5~1.9 정도이고 납을 함유하면 낮아진다.
③ 약한 산에서는 침식되지 않지만 염산·황산·질산 등에는 서서히 침식된다.
④ 광선에 대한 성질은 유리의 성분, 두께, 표면의 평활도 등에 따라 다르다.

100 시멘트의 저장방법 중 적합하지 않은 것은?

① 13포대 이상으로 쌓지 않는다.
② 통풍이 잘 되도록 조치한다.
③ 지상에서 30cm이상 떨어지도록 마루판을 설치 한 후 적재한다.
④ 입하(入荷)순서대로 사용한다.

제 6 과목 조경관리론

101 잔디밭의 클로버제초로 사용하는 것은?

① 티오디카브수화제(신기록)
② 기계유유제(상공기계유)
③ 에트리디아졸·티오파네이트메틸수화제(가지란)
④ 티캄바액제(반벨)

102 비탈면 보호시설 공법의 설명으로 옳은 것은?

① 종자뿜어 붙이기공은 일종의 식생공이다.
② 평판 블록 붙임공은 비탈면 길이가 길고 구배(경사)가 비교적 급한 곳에 시행된다.
③ 비탈면 돌망태공은 용수(湧水) 및 토사유실 우려가 없는 곳에 시행된다.
④ 콘크리트 격자 블록공은 식생공법을 배제한 구조물에 의한 비탈면 보호공이다.

103 자연공원의 모니터링(monitoring)을 위한 효과적인 방법이 아닌 것은?

① 측정지표의 합리화
② 신뢰성 있는 기법의 도입
③ 시간 및 노동력의 증대
④ 위치 선정의 타당성

104 클로로피크린, 메틸브로마이드, 캡탄 등은 어떤 용도로 쓰이는 약제인가?

① 살충제 ② 토양살균제
③ 제초제 ④ 목본살균제

105 집수구, 맨홀의 보수 및 점검에 관한 내용 중 틀린 것은?

① 정기적인 청소가 필요하다.
② 지표면이 토사지나 황폐한 구릉의 경사면인 경우에는 청소횟수를 증가시킨다.
③ 주변의 토사 등이 흘러 들어오지 못하게 집수구를 조금 높인다.
④ 뚜껑이 파손되었을 경우 보수 전에 표지판을 설치하고 즉시 보수를 한다.

106 다음 목재의 방부제 종류 중 유용성인 것은?

① 유기요오드화합물계
② 크롬·구리·비소 화합물계
③ 산화크롬·구리화합물계
④ 붕소·붕산화합물계

107 잡초종자의 휴면과 관련된 설명으로 옳지 않은 것은?

① 종파가 단단하여 휴면이 생기는 경우도 있다.
② 종자가 발아하는데 필요한 조건이 주어져도 발아하지 않는 것을 말한다.
③ 발육이 불완전하거나 미숙한 배로 인하여 휴면이 일어날 수 있다.
④ 잡초 종자의 휴면은 잡초 방제에 유리하다.

108 레크리에이션 공간이 이용의 과다로 훼손될 경우 이를 회복시키기 위하여 여러 가지 전략을 생각할 수 있는데 이에 대한 설명 중 틀린 것은?

① 폐쇄 후 육성관리는 짧은 폐쇄·회복기에도 최대한의 회복효과를 얻을 수 있다.
② 폐쇄 후 자연회복형 관리는 초기에는 빠른 회복을 기대할 수 있다.
③ 계속적인 개방·이용상태 하의 육성관리는 최소한의 손상이 발생할 경우에 효과가 있다.
④ 순환식 개방에 의한 관리는 추가적인 공간의 개발, 확보 없이 회복을 위한 휴식기간을 순환적으로 가질 수 있다.

109 토질이 점토나 이토(泥土)인 경우 지지력이 약하고 동결융해로 파괴되므로 동결심도 하부까지 모래나 자갈·모래로 환토하는 포장 시공방법은?

① 노면치환공법
② 배수처리공법
③ 지반치환공법
④ 노면요철부처리공법

110 조경 공간 관리 중 경상적 관리수준에 해당하는 관리는 일반적으로 조성비의 어느 정도 비율의 경비가 소요되는가?

① 0.4~0.8%　　② 0.8~1.2%
③ 1.2~1.6%　　④ 1.6~2.0%

111 공정과 공사 단위당 원가의 관계를 바르게 나타낸 것은? (단, Y축은 원가, X축은 공정을 나타낸다.)

①
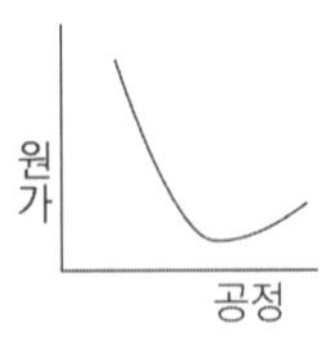

②

③
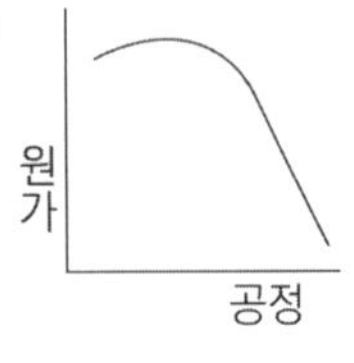

④
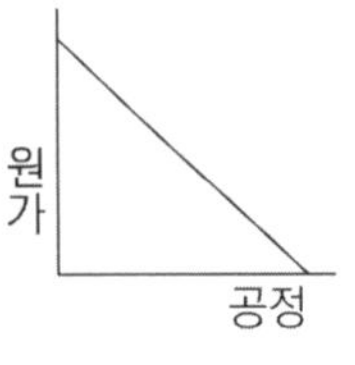

112 병원체의 전반 방법 중 곤충 및 소동물에 의한 것은?

① 대추나무 빗자루병
② 밤나무 흰가루병
③ 향나무 녹병
④ 교목의 입고병

113 병원균 중에서 불완전균류에 의해 병포자(柄胞子)를 형성하는 것은?

① 향나무 녹병균
② 소나무 잎떨림병균
③ 밤나무 흰가루병균
④ 오리나무 갈색무늬병균

114 소나무 재선충병에 대한 설명으로 옳지 않은 것은?

① 주요 매개층은 솔수염하늘소이다.
② 소나무재선충의 암컷 체장은 약 0.8~1.2mm이다.
③ 아바멕틴유제와 같은 살충제를 수간에 직접 주입하여 예방한다.
④ 소나무재선충의 생활주기는 온도 20℃에서 6~7일로, 단기간 내에 기하급수적으로 증가한다.

115 다음 중 솔나방의 월동태는?

① 나방　　② 애벌레(유충)
③ 알　　④ 번데기

116 잔디병의 일종인 라지패치에 대한 설명으로 틀린 것은?

① 한국잔디 등의 난지형 잔디에 발생율이 높은 고온성 병이다.
② 원형 또는 동공형 병징이 형성된다.
③ 비가 많이 오는 봄, 가을에 거의 발병하고 온도가 15℃ 전후의 저온에 발생이 심하다.
④ 북더기 잔디(thatch)의 집적을 유도하여 지면보온을 꾀함으로써 예방할 수 있다.

117 어떤 약제 50% 유제를 1000배액으로 희석하여 ha당 2000L를 살포하려고 할 때, ha당 원액 소요량(cc)은?

① 5000 ② 2000
③ 500 ④ 200

118 탄소와 화합한 질소화합물로서 물에 녹아 비교적 빨리 비효를 나타내지만 그 자체로는 유해하며 함유하는 비료로는 석회질소가 대표적인 질소 형태는?

① 시안아미드계 질소
② 암모니아계 질소
③ 질산계 질소
④ 요소계 질소

119 동·식물원 관리계획에 관한 항목에 해당하지 않는 것은?

① 자연지형의 이용 가능한 정도를 파악해야 한다.
② 생력화(省力化)를 위한 충분한 배려를 하여야 한다.
③ 배수시설과 하수로는 충분한 용량을 확보해야 한다.
④ 기능적인 관리동선을 위해 충분한 너비로 하여 기계화를 가능하게 하여야 한다.

120 전정작업의 목적과 관계가 먼 것은?

① 미관 ② 실용
③ 생리 ④ 법규

제2회 CBT 정답 및 해설

1	2	3	4	5	6	7	8	9	10	11	12	13	14	15	16	17	18	19	20
②	②	②	④	②	②	②	①	④	②	①	④	④	②	①	④	②	①	③	④
21	22	23	24	25	26	27	28	29	30	31	32	33	34	35	36	37	38	39	40
②	①	②	④	②	②	③	①	②	①	③	②	③	②	①	④	③	①	②	①
41	42	43	44	45	46	47	48	49	50	51	52	53	54	55	56	57	58	59	60
①	②	③	③	④	③	①	①	②	③	②	④	②	④	③	①	③	④	④	②
61	62	63	64	65	66	67	68	69	70	71	72	73	74	75	76	77	78	79	80
①	③	②	①	①	③	③	④	④	②	②	④	③	②	②	④	④	③	②	③
81	82	83	84	85	86	87	88	89	90	91	92	93	94	95	96	97	98	99	100
④	②	②	④	②	②	③	④	②	①	④	④	①	④	④	②	③	③	②	②
101	102	103	104	105	106	107	108	109	110	111	112	113	114	115	116	117	118	119	120
④	①	③	②	③	②	④	④	③	②	①	①	④	④	②	④	②	①	①	④

제 1과목 조경사

02 사분원은 중세 수도원 정원, 이슬람 정원양식임
② 폼페이 티베르티누스의 정원은 고대 로마 주택 정원에 해당함.

04 ④ 금각사는 정토사상을 표현한 정원.

06 홍루몽 : 중국 4대 소설 중 하나로 대관원이라는 정원에서 중국 정원의 특징을 매우 잘 나타냄.

07 벌 막스 : 모더니즘 조경작가로'식물로 그린 그림'이나 대지위의'거대한 추상화'같은 작품을 제작, 식물에 대한 깊은 생태적 지식 바탕으로 남국 브라질의 환상적 열기를 원색조의 식재패턴으로 설계함.

09 십자형의 수로에 의해 4분원이 천국의 네강을 상징함.

11 impluvium(수반)은 제1중정인 Atrium에 있음.

12 보길도세연지 일원은 고산 윤선도의 부용강 정원 중에 있으며, 그 중 세연정역 부분을 일컬음.

13 ④ 18세기 영국 – 정적인 것보다 산책, 운동을 즐김으로서 자연풍경식 정원이 발생함.

18 프랑스 쁘띠트리아농 : 프랑스 풍경식 정원

19 ① 석파정 : 서울
② 초간정 : 경상북도 예천군 용문면 죽림리
③ 남간정사 : 대전 동구 가양동
④ 명옥헌 : 전라남도 담양군 고서면 산덕리

20 Nippur 도시지도

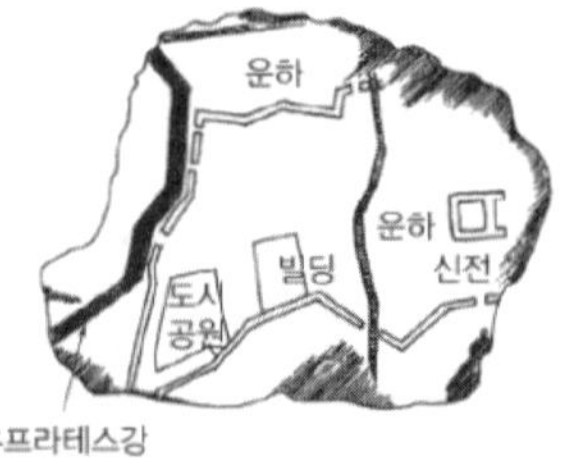

제 2과목 조경계획

21

주차형식	차로너비
평행주차	3.3m
직각주차	6.0m
교차, 45° 대향주차	3.5m
60° 대향주차	4.5

22

$$최대일률 = \frac{최대일\ 이용자수}{연간\ 이용자수} = \frac{36,500}{895,000} ≒ \frac{1}{24.5}$$

25

시설규모(m^2) = 연간이용자수×최대일률×회전율×시설이용률×단위규모
= 50,000×1/60×1/1.9×0.3×2
≒ 2631.578m^2

최대일률 : 1계절형(1/30), 2계절형(1/40), 3계절형(1/60), 4계절형(1/100)

26

① 잠재수요 – 적절한 시설 접근도로 등이 개선되면 앞으로 이용할 가능성이 있는 수요
② 유효수요 – 사람들의 마음속에 있는 주관적 욕망이 아니라 실제 여건이 허락해 관광에 참가할 수 있는 수요
③ 표출수요 – 기존의 레크리에이션으로 기회에 참여하거나 소비하고 있는 수요
④ 현시수요 – 비록 위락의 기회가 불만족스럽지만 어쩔 수 없이 나타나는 수요
⑤ 유도수요 – 광고, 선전, 교육 등을 통해 이용을 권장할 수 있는 수요.

28

주택건설기준 등에 관한 규정 제46조
① 100세대 미만 주택건설시 매 세대당 3m^2 비율로 산정한 면적.
② 100세대 이상인 경우에는 300m^2에 100세대를 넘는 매 세대마다 1m^2를 더한 면적
③ 폭을 9미터(면적이 150m^2 미만인 경우에는 6미터)이상으로 하여야 한다.
④ 어린이의 이용에 편리하고 일조가 양호한 곳에 배수에 지장 없도록 하며, 1개소의 면적이 300m^2(시·군지역은 200m^2)이상이어야 한다. 100세대미만인 경우에는 예외.
⑤ 50세대 이상 주택 건설하는 단지에서 어린이놀이터 설치

29

S. Gold 레크리에이션 접근방법
① 자원접근방법
② 활동접근법
③ 경제접근법
④ 행태접근법
⑤ 종합접근법

31

주차 1대당 소요면적(m^2/대)
직각주차(27.2), 60도 주차(29.8), 45도 주차(32.2)
따라서, 45도 주차가 60도 주차보다 소요면적이 더 넓다.

32

공원위원회 심의 사항 – ①, ②, ③, ④항과 그 밖의 자연공원의 관리에 관한 중요사항 5개 항으로 이루어지나 ②의 공원 기본계획의 수립에 관한 사항은 국립공원위원회에만 해당한다.

36

④ 기본계획이 아니라 세부계획 · 설치에 해당.

39

① 기반시설부담구역 : 개발밀도관리구역 외의 지역으로서 개발로 인하여 도로, 공원, 녹지 등 대통령령으로 정하는 기반시설의 설치가 필요한 지역을 대상으로 기반시설을 설치하거나 그에 필요한 용지를 확보하게 하기 위하여 지정·고시하는 구역
③ 지구단위계획 : "지구단위계획"이란 도시 · 군계획 수립 대상지역의 일부에 대하여 토지 이용을 합리화하고 그 기능을 증진시키며 미관을 개선하고 양호한 환경을 확보하며, 그 지역을 체계적 · 계획적으로 관리하기 위하여 수립하는 도시 · 군관리계획을 말한다.
④ 용도구역 : 토지의 이용 및 건축물의 용도·건폐율·용적률·높이 등에 대한 용도지역 및 용도지구의 제한을 강화하거나 완화하여 따로 정함으로써 시가지의 무질서한 확산방지, 계획적이고 단계적인 토지이용의 도모, 토지이용의 종합적 조정·관리 등을 위하여 도시·군관리계획으로 결정하는 지역

제 3과목 조경설계

41 ① A.D 12~13세기 이탈리아의 수학자 피보나치가 발견함.

46 할프린의 연속경관은 행동 중심적임.

47 게이트볼장 : 가로15m×세로 20m 양쪽 여유 1m 포함하여 17×22≒374(m^2)

49 엔타시스 : 고대 파르테논 신전에서처럼 원주의 약간 불룩한 곡선부를 말하는데, 기둥을 직선으로 만들면 오목해져 보이는 시각적 느낌 때문에 그러한 불안정감을 없애기 위해 인위적으로 볼록하게 만든 것

50 ③ 보도포장에서 석재는 미끄럼방지를 위해 거친 면으로 마무리해야 함.

51 아치 : 하향하는 힘에 대해 양쪽 끝을 눌러 압축력을 발생시켜 유지하게 하는 구조

52 앉음벽은 짧은 휴식에 적합한 재질이나 마감방법으로 설계하고 앉음벽 높이는 34~64cm 원칙.

54
- 경관의 우세요소 : 형태, 선, 색채, 질감
- 경관의 우세원칙 : 대조, 연속성, 축, 집중, 상대성, 조형

58 자전거이용시설의 구조·시설기준에 관한 규칙

종단경사	제한길이
7% 이상	120m 이하
6% 이상 ~ 7% 미만	170m 이하
5% 이상 ~ 6% 미만	220m 이하
4% 이상 ~ 5% 미만	350m 이하
3% 이상 ~ 4% 미만	470m 이하

제 4과목 조경식재

63 부식은 보수력과 보비력을 높여줌.

65 광보상점 : 식물이 광합성 작용으로 방출한 이산화탄소량과 흡수한 이산화탄소량이 같은 지점으로 이것이 낮다는 것은 음지식물을 말함.

66 동토법은 지하 1m 이상 동결하는 한냉지에서 실행하는 수목이식방법으로 낙엽수에만 사용함.

67
- 식물 생육에 필요한 다량원소 : N, P, K, Ca, S, Mg
- 식물 생육에 필요한 소량원소 : Mn, Zn, Cu, Fe, B, Mo, Cl

68 ① 눈잣나무
② 곰솔
③ 백송

70 정형식 식재 : 단식, 대식, 열식, 교호식재, 집단식재

71 승용차의 경우 눈높이는 150cm 정도 됨.

72 식재의 건축적 이용
① 사생활의 보호
② 차단 및 은폐
③ 공간분할
④ 점진적인 이해

74 앞에서 잎이 큰 것 → 작은 것 순으로 식재시 공간 멀어 보임.

75 자연풍경식 식재유형 : 부등변 삼각형 식재, 임의식재, 모아심기, 무리심기, 배경식재, 주목.

78 식물 양자간의 거리가 높이 합계보다 크면 관련이 없어진다.

79 ① 튤립나무(5~6월), ② 자귀나무(7월)
③ 금목서(9월), ④ 생강나무(3월)

제 5과목 조경시공구조학

82

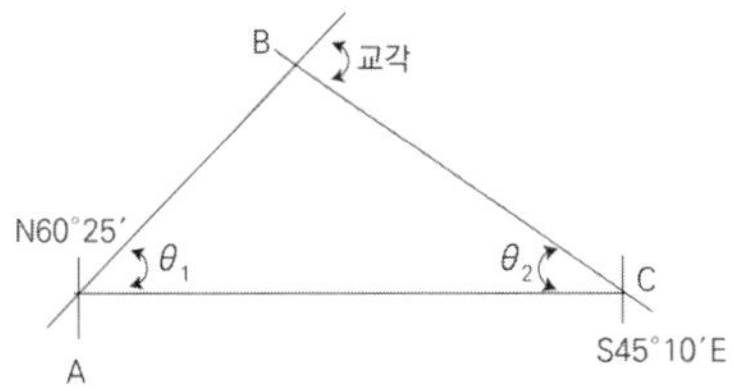

$\theta_1 = 90 - 60°25' = 29°35'$

$\theta_2 = 90 - 45°10' = 44°50'$

교각 $\theta_1 + \theta_2 = 29°35' + 44°50' = 74°25'$

83 ① 계곡선은 주곡선 간격의 5배 거리로 표시한다.
③ 등고선은 급경사지는 간격이 좁고, 완경사지는 넓다.
④ 조곡선은 간곡선 간격의 1/2로 표시한 곡선이다.

88 ④ 식재품 20% → 10%

89 도막방수가 아스팔트 방수보다 공사기간이 짧다.
① 도막방수 : 합성수지 재료를 바탕에 발라 방수도막을 만드는 공법으로 액체상태 방수재를 그대로 바르거나, 방수재를 휘발성 용제에 녹여 방수
② 아스팔트 방수 : 아스팔트루핑 또는 아스팔트펠트를 용융아스팔트로 바탕에 접착시키고 여러층으로 포개서 방수층 구성
③ 시트방수 : 합성고무, 합성수지, 개량아스팔트를 주원료로 만든 방수시트를 겹쳐 붙여서 방수층 형성

91 긴결철물은 벽이나 돌, 테라조블럭 등을 붙이는 경우에 사용하는 후크가 달린 고정철물로 띠쇠, 듀벨, 리벳 등이 있다.

95 네트워크 공정표는 횡선식에 비해 작성이 어렵다.

96 구조물 수량에서 공제하지 않는 것
① 콘크리트 구조물 말뚝머리
② 볼트 구멍
③ 모따기 또는 물구멍
④ 이음줄눈의 간격
⑤ 포장 공종의 1개소당 $0.1m^2$ 이하의 구조물 자리
⑥ 철근 콘크리트 중 철근
⑦ 조약돌 중의 말뚝 체적 및 책동목
⑧ 강구조물의 리베트 구멍

98 ① 그라우팅 : 건축물 균열 보수하는 방법으로 갈라진틈에 모르타르 주입하는 것.
② 파이핑 : 기초 토층내에 있는 유리된 입자의 이동에 의해 생기는 구멍.
③ 보일링 : 흙파기 저면에 투수성이 좋은 사질지반에서 흙막이벽 배면의 지하수위가 굴착저면보다 높을 때 굴착저면 위로 모래와 지하수가 부풀어 오르는 현상
④ 하이빙 : 연약한 점토 지반을 굴착할 경우 굴착된 외측 흙의 중량으로 인해 굴착 저면의 흙이 활동 전단 파괴를 일으켜 굴착저면이 부풀어 오르는 현상.

100 시멘트 저장고에는 창문이 필요없다.

제 6과목 조경관리론

102 ② 평판블록 붙임공은 비탈면의 길이가 짧고, 구배가 완만한 곳에 시행한다.
③ 비탈면 돌망태공은 용수가 있는 곳에 주로 시행된다.
④ 콘크리트 격자블록공은 블록 내에 양질의 흙을 채운 후 식생공을 할 수 있다.

106 ②, ③, ④ - 수용성 방부제

107 잡초 휴면기에는 방제가 불가능하다.

108 순환식 개방 관리는 추가 공간의 개발, 확보 필요.

112 대추나무 빗자루병은 마름무늬 매미충이란 곤충이 병균을 매개하여 전염.

114 ④ 재선충 침입 6일째부터 잎이 처지고 20일째 시들며 30일후 잎이 변색해 고사.

● 서양조경사 한눈에 보는 계보 ●

시대	고 대				중 세				르네상스(15~17 C)					18 C			19 ~ 20 C			시대
나라	이집트	서부아시아	그리스	로마	서구	회교식(사라센식)			이탈리아			프랑스	영국	영국	프랑스	독일	영국	미국	독일	나라
						페르시아	스페인	인도	15c	16c	17c	17c	15~17세기							
조경양식	정형식	정형식	정형식	정형식	정형식	정형식	중정형 정형식	정형식	노단건축식			평면기하학식	정형식	자연풍경식	자연풍경식	생태학적풍경식	풍경식공원	식민지정형식→풍경식→기능주의	생태적풍경식	조경양식
강	Nile 강	티그리스, 유프라테스강 메소포타미아 지방	이오니아해, 에게해	알프스산맥, 티베르강																강
지역민족	Nile강 유역의 많은 나라	최초도시발생 (측량학발전)	산악 많아 독립지방도시	실체적, 과학적 기질	비잔틴 제국(유럽)	아랍민족 (아라비아 반도)	무어인(사라센제국, 에스파니아 안달루시아지방)	무굴인 (에스파니아지방)	Tuscan, 피렌체 중심	로마중심										지역민족
기후, 땅	사막	① 숲, open된 땅 ② 침약이 용이	① 지중해성 기후 ② 옥외생활가	온난, 더워 villa 발생		① 건조한 초원, 사막 ② 기후변화 극심	① 비교적 온난, ② 해류혜택으로 해안 따라 녹지	① 캐시미르-온화한, 비옥한산간 눈덮인 고산지대와 가까워 수원이 풍부 ② 아그라 델리-열대성, 대평원			경사진 구릉	① 지형평탄 ② 삼림풍부		① 습하고 일사량 부족 ② 목가적전원 숲이 풍부						기후, 땅
종교	다신교, 영원불멸, 사후세계 ⇒ 조경의 큰 영향	다신교, 현세관 ⇒ 신전 왕-주권자며 신의 집행자	모든 것은 신에 원인 신 = 인간	현실적, 과학적, 보편적 통합	① 기독교, 암흑시대 ② 봉건영주의 봉건제	이슬람교 (+유대교+기독교)	이슬람교 (+유대교+기독교)	이슬람교 (+유대교+기독교)					① 수도원해체 ② 신 문화흡수	① 휴머니즘 ② 민주주의발달	① 계몽주의 ② 루소자연복귀 사상	삼림위주의 생태학적 과학적 기반	① 산업화,도시화 ② 정원개방	① 시카고만국 박람회 ② 도시미화운동		종교
건축, 미술	① 분묘건축(아스타바, 피라밋, 스핑크스, 암굴분묘) ② 신전건축 ③ 오벨리스크, 주택건축 웅장, 영구적	① Ziggurat(고탑) ② 수평적지붕,평탄 ③ Hanging G. 흙, 벽돌 사용	① 코린트식 ② 조망되어지는 형태미 ③ 경관과의 조화 ④ 파르테논 신전	① 기하학 균제적 열주형태, 화려, 장식적 건축 ② 원형극장, 투기장, 포름, 목욕탕	① 고대~8c : 비잔틴미술 ② 9c~12c : 로마네스크 양식 ③ 13c~15c : 고딕양식	① 코란의 의지에 복종 해야함 ② 페르시아 – 사라센 양식	① 사막에서는 하늘이 지배적 ② 스페인-사라센양식 정원	인도-이슬람 문화 (궁정 중심의 귀족문화)	고대 로마양식 기초		후기 바로크	중세고딕 + 르네상스		풍경화발달					바우하우스	건축, 미술
도시계획		① 최초도시 Nippur 도시계획 ② 바빌론시 의도적 성곽도시 건설 ③ 함무라비 법전	① Hippodamos의 priene시 ② 격자형 가로망 ③ 도시 아테네 건설 이론화 ④ 건축통제, 하수처리-도시계획 기본요소	① 토목기술발달(Pompeii 시) "모든 길은 로마로 통한다." ② 대도로, 고가수로		① 이스파한 도시계획 ② 시라즈 도시계획	안달루시아 코르도바시	① 캐시미르지방 ② 아그라, 델리지방										① 전원도시운동 ② 공원계통 ③ 레드번계획 ④ 광역도시계획		도시계획
식재, 수종	① 유실수, 녹음수 ② 연꽃- 이집트 상징	지상의 모든 과실수	성림, 녹음수, 화훼류	① 정원-화훼, 방향성, 토피아리 ② Villa-실용수, 장식수 ③ Xytus-실용원								① 정원가 : 팔리시, 보이소, 몰레, 세르						① 조경가:소정원(다우닝, 플래트) ② 개인정원(스틸, 처어치)		식재, 수종
조경특징	① 권위, 추상적, 기하학적 ② 정형적, 원예발달, ③ 수목신성시(관개기술발달)	① 의도적 계획적 담, 수로, 농업경관(농업관개기술) ② 방형공간+천국의 4강 상징하는 수로	① 페르시아수렵원+이집트 농업기술 ② 포트가든, 공공조경	① 그리스 영향 빌라발전 ② 농업발달, 원예 ③ Topiary 처음시작	① 수도원 중심의 정원 ② 좌우대칭 정형식 정원	① 종교영향 큼 ② 좌우대칭 정형식 정원	① 궁전정원중심의 Patio정원 ② 좌우대칭 정형식	좌우대칭 정형식 정원	① 메디치가문 ② 비례감, 조망		경사지 단처리	평지형으로 정원형성과 전파에 유리	① 저택형정원 ② 3대 정원요소: 문주, 매듭화단, 토피아리		① 농촌취락같은 정원 ② 첨경물적극 사용	기존농가 중심의 소규모정원	① 영국구성식 ② 소정원운동 ③ 절충식	① 소정원운동 ② 캘리포니아개인 정원스타일	구성식 정원	조경특징
주택정원	① 중거의분묘(아메노피스 3세) ② 메리네 정원	Hanging Garden	① Priene 정원 ② Adonis원(부인들의 정원)	① Pansa가 ② Vetti가 ③ Tiburtinus가		Paradise Garden											수정궁	도넬가든		주택정원
주택정원요소	① 높은 울담 ② 담안의 몇겹의 수목열식 ③ 침상지 ④ 물가에 Kiosk pavilion ⑤ 탑문 ⑥ 아취형 포도등책 ⑦ 분에 식재	① 높은 울담 ② 관수용 수로	① 울타리(소음격리) ② 거실 중정 향하게 ③ 주정식 중정(Patio) ④ 돌로 포장 ⑤ 분에 장식식물	① 제1중정 Atrium ② 제2중정 peristylium ③ 제3중정 Xystus			① Rome중정 ② 비잔틴 정원유형 계승		① 조경가 : 미켈로지	① 조경가: 브라망테, 라파엘, 리고리오, 비뇰라		① 조경가: 르노트르		① 조경가: 스와이저, 브릿지맨, 켄트, 브라운, 랩턴, 챔버		① 조경가: 히르시 펫트, 칸트, 괴테	① 조경가:정원개조(배리,팩스턴) ② 구성식(블롬필드, 무테시우스) ③ 소정원(로빈슨, 재킬여사)	① 조경가:풍경식(파르망띠에, 다우닝, 옴스테드, 엘리어트)		주택정원요소
주요정원	〈 신전주위 정원 〉 ① Shrine Garden ② 사자의 정원(Comet ry G.)	〈 궁전정원 〉 ① Hunting Park ② Ziggrats (슈베르 지방 Z. Uruk의 Z. 바벨탑 바빌론의 Z.)	〈 공공조경 〉 ① 성림(델포이,올림피아) ② Gymmasium ③ Academy ④ Stadia(올림피아.아테네) ⑤ 야외극장(메가로폴리스, 에피쿠로스극장, 디오니서스 극장) 〈 도시조경 〉 ① Agora (아테네) ② Acropolis(파르테논 신전)	〈 귀족 Villa 〉 ① Villa Laurentiana ② Villa Tuscana ③ Villa Adriana ④ 네로황제의 티베르강 서한의 Vill ⑤ Villa Hortus 〈 도시 공공조경 〉 ① Forum ②Temple(신전) ③ Basilica ④ 콜로세움 ⑤ 경마장 ⑥ 욕장 ⑦ 개선문, 기념주	① 수도원 정원 ② 성곽정원 ③ 중세광장(Square)		① Cordoba 대모스크 ② 알함브라 궁원 ③ Generalife 이궁	① 캐시미르지방 : 니샷바그, 살리마흐 바그, 이사벨 B. 베리나그 B. ② 아그라,델리지방 : 타지마할 B. 람바그 B. 아크바르 B.	① 카레지의 메디치빌라 ② 피에졸의 메디치빌라 ③ 팔미에르 빌라 ④ 다지아빌라 ⑤ 카스텔로장	① 벨베데르원 ② 마다마원 ③ 에스테장 ④ 랑테장 ⑤ 파르네제장	① 감베라이아장 ② 알도브란디니장 ③ 이졸라벨라 ④ 가르조니장 ⑤ 란셀로티장	① 보르뷔꽁트 ② 베르사이유궁전 ③ 생 클로트 ④ 샹델리정원	① 튜터조 : 햄턴 코오트 ② 엘리자베스시대 : 몬타큐트 ③ 스튜어트왕조 : 브라함공원, 웨스터파크, 햄프턴코트, 멜보른 홀, 레벤스홀	① 스투어가든 ② 칙스윅가든 ③ 스투어헤드	① 쁘띠 트리아농 ② 엘름논빌 ③ 말메이존 ④ 모폰타인 〈 공공조경 〉 ① 몽소공원 ② 챔프스엘리세스	① 시뵈메르원 ② 데시테드원 ③ 무스카우성의 대임원 ④ 바이마르원	① 리젠트파크 ② 버큰히드파크 ③ 세인트제임스 공원	〈 식민지정원 〉 ① 윌리엄스버그 ② 마운트버논 ③ 몬티첼로 〈 풍경식공공정원 〉 ① 센트럴파크 ② 프랭클린공원 ③ 프로스펙트공원 ④ 보스턴공원계통	① 복스파크 ② 분구원 ③ 도시림	주요정원

조경기사 필기

초　　판 인쇄 | 2011년 6월 20일
초　　판 발행 | 2011년 6월 25일
개정 9판 2쇄 발행 | 2021년 2월 5일
개정 10판 발행 | 2022년 1월 25일
개정 11판 발행 | 2023년 2월 10일
개정 12판 발행 | 2024년 1월 15일
개정 13판 발행 | 2025년 1월 10일

인 지

지은이 | 구민아
발행인 | 조규백
발행처 | **도서출판 구민사**
(07293) 서울특별시 영등포구 문래북로 116, 604호(문래동3가 46, 트리플렉스)
전화 (02) 701-7421(~2)
팩스 (02) 3273-9642
홈페이지 www.kuhminsa.co.kr

신고번호 | 제2012-000055호(1980년 2월 4일)
I S B N | 979-11-6875-470-6 13500

값 44,000원